U0391553

图书在版编目（CIP）数据

建筑施工手册　4/《建筑施工手册》（第五版）编委会．—5 版．
北京：中国建筑工业出版社，2011.12（2023.4重印）
ISBN 978-7-112-13694-0

Ⅰ.①建…　Ⅱ.①建…　Ⅲ.①建筑工程-工程施工-技术手册
Ⅳ.①TU7-62

中国版本图书馆 CIP 数据核字（2011）第 227352 号

　　《建筑施工手册》（第五版）共分 5 个分册，本书为第 4 分册。本书共分 8 章，主要内容包括：建筑装饰装修工程；建筑地面工程；屋面工程；防水工程；建筑防腐蚀工程；建筑节能与保温隔热工程；既有建筑鉴定与加固改造；古建筑工程。

　　近年来，我国先后对建筑材料、建筑结构设计、建筑技术、建筑施工质量验收等标准、规范进行了全面的修订，并新颁布了多项规范和标准，本书修订紧密结合现行规范，符合新规范要求；对近年来发展较快的施工技术内容做了大量的补充，反映了住房和城乡建设部重点推广的新材料、新技术、新工艺；充分体现权威性、科学性、先进性、实用性、便捷性，内容更全面、更系统、更丰富、更新颖，是建筑施工技术人员的好参谋、好助手。

　　本书可供建筑施工工程技术人员、管理人员使用，也可供大专院校相关专业师生参考。

责任编辑：郦锁林　曲汝铎　周世明　郭　栋　岳建光
责任设计：赵明霞
责任校对：张　颖　关　健

建 筑 施 工 手 册
（第 五 版）
4
《建筑施工手册》（第五版）编委会

*

中国建筑工业出版社出版、发行（北京西郊百万庄）
各地新华书店、建筑书店经销
北京红光制版公司制版
天津翔远印刷有限公司印刷

*

开本：787×1092 毫米　1/16　印张：77½　字数：1928 千字
2012 年 12 月第五版　　2023 年 4 月第二十四次印刷
定价：**155.00** 元
ISBN 978-7-112-13694-0
（22778）
如有印装质量问题，可寄本社退换
（邮政编码 100037）

建 筑 施 工 手 册

（第 五 版）

4

《建筑施工手册》（第五版）编委会

中国建筑工业出版社

《建筑施工手册》(第五版) 编委会

参 编 单 位

同济大学

哈尔滨工业大学

东南大学

华东理工大学

上海建工一建集团有限公司

上海建工二建集团有限公司

上海建工四建集团有限公司

上海建工五建集团有限公司

上海建工七建集团有限公司

上海市机械施工有限公司

上海市基础工程有限公司

上海建工材料工程有限公司

上海市建筑构件制品有限公司

上海华东建筑机械厂有限公司

北京城建二建设工程有限公司

北京城建安装工程有限公司

北京城建勘测设计研究院有限责任公司

北京城建中南土木工程集团有限公司

北京市第三建筑工程有限公司

北京市建筑工程研究院有限责任公司

北京建工集团有限责任公司总承包部

北京建工博海建设有限公司

北京中建建筑科学研究院有限公司

全国化工施工标准化管理中心站

中建二局土木工程有限公司

中建钢构有限公司

中国建筑第四工程局有限公司

贵州中建建筑科研设计院有限公司

中国建筑第五工程局有限公司

中建五局装饰幕墙有限公司

中建（长沙）不二幕墙装饰有限公司

中国建筑第六工程局有限公司

中国建筑第七工程局有限公司

中建八局第一建设有限公司

中建八局第二建设有限公司

中建八局第三建设有限公司

中建八局第四建设有限公司

上海中建八局装饰装修有限公司

中建八局工业设备安装有限责任公司

中建土木工程有限公司

中建城市建设发展有限公司

中外园林建设有限公司

中国建筑装饰工程有限公司

深圳海外装饰工程有限公司

北京房地集团有限公司

中建电子工程有限公司

江苏扬安机电设备工程有限公司

第五版出版说明

《建筑施工手册》自 1980 年问世，1988 年出版了第二版，1997 年出版了第三版，2003 年出版了第四版，作为建筑施工人员的常备工具书，长期以来在工程技术人员心中有着较高的地位，对促进工程技术进步和工程建设发展作出了重要的贡献。

近年来，建筑工程领域新技术、新工艺、新材料的应用和发展日新月异，我国先后对建筑材料、建筑结构设计、建筑技术、建筑施工质量验收等标准、规范进行了全面的修订，并陆续颁布出版。为使手册紧密结合现行规范，符合新规范要求，充分体现权威性、科学性、先进性、实用性、便捷性，内容更全面、更系统、更丰富、更新颖，我们对《建筑施工手册》（第四版）进行了全面修订。

第五版分 5 册，全书共 37 章，与第四版相比在结构和内容上有很大变化，主要为：

（1）根据建筑施工技术人员的实际需要，取消建筑施工管理分册，将第四版中"31 施工项目管理"、"32 建筑工程造价"、"33 工程施工招标与投标"、"34 施工组织设计"、"35 建筑施工安全技术与管理"、"36 建设工程监理"共计 6 章内容改为"1 施工项目管理"、"2 施工项目技术管理"两章。

（2）将第四版中"6 土方与基坑工程"拆分为"8 土石方及爆破工程"、"9 基坑工程"两章；将第四版中"17 地下防水工程"扩充为"27 防水工程"；将第四版中"19 建筑装饰装修工程"拆分为"22 幕墙工程"、"23 门窗工程"、"24 建筑装饰装修工程"；将第四版中"22 冬期施工"扩充为"21 季节性施工"。

（3）取消第四版中"15 滑动模板施工"、"21 构筑物工程"、"25 设备安装常用数据与基本要求"。在本版中增加"6 通用施工机械与设备"、"18 索膜结构工程"、"19 钢—混凝土组合结构工程"、"30 既有建筑鉴定与加固"、"32 机电工程施工通则"。

同时，为了切实满足一线工程技术人员需要，充分体现作者的权威性和广泛性，本次修订工作在组织模式、表现形式等方面也进行了创新，主要有以下几个方面：

（1）本次修订采用由我社组织、单位参编的模式，以中国建筑工程总公司（中国建筑股份有限公司）为主编单位，以上海建工集团股份有限公司、北京城建集团有限责任公司、北京建工集团有限责任公司等单位为副主编单位，以同济大学等单位为参编单位。

（2）书后贴有网上增值服务标，凭 ID、SN 号可享受网络增值服务。增值服务内容由我社和编写单位提供，包括：标准规范更新信息以及手册中相应内容的更新；新工艺、新工法、新材料、新设备等内容的介绍；施工技术、质量、安全、管理等方面的案例；施工类相关图书的简介；读者反馈及问题解答等。

本手册修订、审稿过程中，得到了各编写单位及专家的大力支持和帮助，我们表示衷心地感谢；同时也感谢第一版至第四版所有参与编写工作的专家对我们出版工作的热情支持，希望手册第五版能继续成为建筑施工技术人员的好参谋、好助手。

中国建筑工业出版社

2012 年 12 月

第五版执笔人

1

1	施工项目管理	赵福明	田金信	刘　杨	周爱民	姜　旭
		张守健	李忠富	李晓东	尉家鑫	王　锋
2	施工项目技术管理	邓明胜	王建英	冯爱民	杨　峰	肖绪文
		黄会华	唐　晓	王立营	陈文刚	尹文斌
		李江涛				
3	施工常用数据	王要武	赵福明	彭明祥	刘　杨	关　柯
		宋福渊	刘长滨	罗兆烈		
4	施工常用结构计算	肖绪文	王要武	赵福明	刘　杨	原长庆
		耿冬青	张连一	赵志缙	赵　帆	
5	试验与检验	李鸿飞	宫远贵	宗兆民	秦国平	邓有冠
		付伟杰	曹旭明	温美娟	韩军旺	陈　洁
		孟凡辉	李海军	王志伟	张　青	
6	通用施工机械与设备	龚　剑	王正平	黄跃申	汪思满	姜向红
		龚满哗	章尚驰			

2

7	建筑施工测量	张晋勋	秦长利	李北超	刘　建	马全明
		王荣权	罗华丽	纪学文	张志刚	李　剑
		许彦特	任润德	吴来瑞	邓学才	陈云祥
8	土石方及爆破工程	李景芳	沙友德	张巧芬	黄兆利	江正荣
9	基坑工程	龚　剑	朱毅敏	李耀良	姜　峰	袁　芬
		袁　勇	葛兆源	赵志缙	赵　帆	
10	地基与桩基工程	张晋勋	金　淮	高文新	李　玲	刘金波
		庞　炜	马　健	高志刚	江正荣	
11	脚手架工程	龚　剑	王美华	邱锡宏	刘　群	尤雪春
		张　铭	徐　伟	葛兆源	杜荣军	姜传库
12	吊装工程	张　琨	周　明	高　杰	梁建智	叶映辉
13	模板工程	张显来	侯君伟	毛凤林	汪亚东	胡裕新
		王京生	安兰慧	崔桂兰	任海波	阎明伟
		邵　畅				

3

| 14 | 钢筋工程 | 秦家顺 | 沈兴东 | 赵海峰 | 王士群 | 刘广文 |
| | | 程建军 | 杨宗放 | | | |

15	混凝土工程	龚　剑	吴德龙	吴　杰	冯为民	朱毅敏
		汤洪家	陈尧亮	王庆生		
16	预应力工程	李晨光	王　丰	仝为民	徐瑞龙	钱英欣
		刘　航	周黎光	宋慧杰	杨宗放	
17	钢结构工程	王　宏	黄　刚	戴立先	陈华周	刘　曙
		李　迪	郑伟盛	赵志缙	赵　帆	王　辉
18	索膜结构工程	龚　剑	朱　骏	张其林	吴明儿	郝晨均
19	钢-混凝土组合结构工程	陈成林	丁志强	肖绪文	马荣全	赵锡玉
		刘玉法				
20	砌体工程	谭　青	黄延铮	朱维益		
21	季节性施工	万利民	蔡庆军	刘桂新	赵亚军	王桂玲
		项蒿行				
22	幕墙工程	李水生	贺雄英	李群生	李基顺	张　权
		侯君伟				
23	门窗工程	张晓勇	戈祥林	葛乃剑	黄　贵	朱帷财
		唐际宇	王寿华			

4

24	建筑装饰装修工程	赵福明	高　岗	王　伟	谷晓峰	徐　立
		刘　杨	邓　力	王文胜	陈智坚	罗春雄
		曲彦斌	白　洁	宓文喆	李世伟	侯君伟
25	建筑地面工程	李忠卫	韩兴争	王　涛	金传东	赵　俭
		王　杰	熊杰民			
26	屋面工程	杨秉钧	朱文健	董　曦	谢　群	葛　磊
		杨　东	张文华	项桦太		
27	防水工程	李雁鸣	刘迎红	张　建	刘爱玲	杨玉苹
		谢　婧	薛振东	邹爱玲	吴　明	王　天
28	建筑防腐蚀工程	侯锐钢	王瑞堂	芦　天	修良军	
29	建筑节能与保温隔热工程	费慧慧	张　军	刘　强	肖文凤	孟庆礼
		梅晓丽	鲍宇清	金鸿祥	杨善勤	
30	既有建筑鉴定与加固改造	薛　刚	吴学军	邓美龙	陈　娣	李金元
		张立敏	王林枫			
31	古建筑工程	赵福明	马福玲	刘大可	马炳坚	路化林
		蒋广全	王金满	安大庆	刘　杨	林其浩
		谭　放	梁　军			

5

| 32 | 机电工程施工通则 | 刘　青 | 韦　薇 | 鞠　东 | | |

33	建筑给水排水及采暖工程	纪宝松	张成林	曹丹桂	陈　静	孙　勇
		赵民生	王建鹏	邵　娜	刘　涛	苗冬梅
		赵培森	王树英	田会杰	王志伟	
34	通风与空调工程	孔祥建	向金梅	王　安	王　宇	李耀峰
		吕善志	鞠硕华	刘长庚	张学助	孟昭荣
35	建筑电气安装工程	王世强	谢刚奎	张希峰	陈国科	章小燕
		王建军	张玉年	李显煜	王文学	万金林
		高克送	陈御平			
36	智能建筑工程	苗　地	邓明胜	崔春明	薛居明	庞　晖
		刘　森	郎云涛	陈文晖	刘亚红	霍冬伟
		张　伟	孙述璞	张青虎		
37	电梯安装工程	李爱武	刘长沙	李本勇	秦　宾	史美鹤
		纪学文				

手册第五版审编组成员（按姓氏笔画排列）

卜一德　马荣华　叶林标　任俊和　刘国琦　李清江　杨嗣信　汪仲琦　张学助
张金序　张婀娜　陆文华　陈秀中　赵志缙　侯君伟　施锦飞　唐九如　韩东林

出版社审编人员

胡永旭　余永祯　刘　江　郦锁林　周世明　曲汝铎　郭　栋　岳建光　范业庶
曾　威　张伯熙　赵晓菲　张　磊　万　李　王砾瑶

第四版出版说明

《建筑施工手册》自 1980 年出版问世，1988 年出版了第二版，1997 年出版了第三版。由于近年来我国建筑工程勘察设计、施工质量验收、材料等标准规范的全面修订，新技术、新工艺、新材料的应用和发展，以及为了适应我国加入 WTO 以后建筑业与国际接轨的形势，我们对《建筑施工手册》（第三版）进行了全面修订。此次修订遵循以下原则：

1. 继承发扬前三版的优点，充分体现出手册的权威性、科学性、先进性、实用性，同时反映我国加入 WTO 后，建筑施工管理与国际接轨，把国外先进的施工技术、管理方法吸收进来。精心修订，使手册成为名副其实的精品图书，畅销不衰。

2. 近年来，我国先后对建筑材料、建筑结构设计、建筑工程施工质量验收规范进行了全面修订并实施，手册修订内容紧密结合相应规范，符合新规范要求，既作为一本资料齐全、查找方便的工具书，也可作为规范实施的技术性工具书。

3. 根据国家施工质量验收规范要求，增加建筑安装技术内容，使建筑安装施工技术更完整、全面，进一步扩大了手册实用性，满足全国广大建筑安装施工技术人员的需要。

4. 增加补充建设部重点推广的新技术、新工艺、新材料，删除已经落后的、不常用的施工工艺和方法。

第四版仍分 5 册，全书共 36 章。与第三版相比，在结构和内容上有很大变化，第四版第 1、2、3 册主要介绍建筑施工技术，第 4 册主要介绍建筑安装技术，第 5 册主要介绍建筑施工管理。与第三版相比，构架不同点在于：（1）建筑施工管理部分内容集中单独成册；（2）根据国家新编建筑工程施工质量验收规范要求，增加建筑安装技术内容，使建筑施工技术更完整、全面；（3）将第三版其中 22 装配式大板与升板法施工、23 滑动模板施工、24 大模板施工精简压缩成滑动模板施工一章；15 木结构工程、27 门窗工程、28 装饰工程合并为建筑装饰装修工程一章；根据需要，增加古建筑施工一章。

第四版由中国建筑工业出版社组织修订，来自全国各施工单位、科研院校、建筑工程施工质量验收规范编制组等专家、教授共 61 人组成手册编写组。同时成立了《建筑施工手册》（第四版）审编组，在中国建筑工业出版社主持下，负责各章的审稿和部分章节的修改工作。

本手册修订、审稿过程中，得到了很多单位及个人的大力支持和帮助，我们表示衷心地感谢。

第四版总目（主要执笔人）

1

手册第四版审编组成员（按姓氏笔画排列）

王寿华　王家隽　朱维益　吴之昕　张学助　张琰　张惠宗
林贤光　陈御平　杨嗣信　侯君伟　赵志缙　黄崇国　彭圣浩

出版社审编人员

胡永旭　余永祯　周世明　林婉华　刘江　时咏梅　郦锁林

第三版出版说明

《建筑施工手册》自1980年出版问世，1988年出版了第二版。从手册出版、二版至今已16年，发行了200余万册，施工企业技术人员几乎人手一册，成为常备工具书。这套手册对于我国施工技术水平的提高，施工队伍素质的培养，起了巨大的推动作用。手册第一版荣获1971～1981年度全国优秀科技图书奖。第二版荣获1990年建设部首届全国优秀建筑科技图书部级奖一等奖。在1991年8月5日的新闻出版报上，这套手册被誉为"推动着我国科技进步的十部著作"之一。同时，在港、澳地区和日本、前苏联等国，这套手册也有相当的影响，享有一定的声誉。

近十年来，随着我国经济的振兴和改革的深入，建筑业的发展十分迅速，各地陆续兴建了一批对国计民生有重大影响的重点工程，高层和超高层建筑如雨后春笋，拔地而起。通过长期的工程实践和技术交流，我国建筑施工技术和管理经验有了长足的进步，积累了丰富的经验。与此同时，许多新的施工验收规范、技术规程、建筑工程质量验评标准及有关基础定额均已颁布执行。这一切为修订《建筑施工手册》第三版创造了条件。

现在，我们奉献给读者的是《建筑施工手册》（第三版）。第三版是跨世纪的版本，修订的宗旨是：要全面总结改革开放以来我国在建筑工程施工中的最新成果，最先进的建筑施工技术，以及在建筑业管理等软科学方面的改革成果，使我国在建筑业管理方面逐步与国际接轨，以适应跨世纪的要求。

新推出的手册第三版，在结构上作了调整，将手册第二版上、中、下3册分为5个分册，共32章。第1、2分册为施工准备阶段和建筑业管理等各项内容，分10章介绍；除保留第二版中的各章外，增加了建设监理和建筑施工安全技术两章。3～5册为各分部工程的施工技术，分22章介绍；将第二版各章在顺序上作了调整，对工程中应用较少的技术，作了合并或简化，如将砌块工程并入砌体工程，预应力板柱并入预应力工程，装配式大板与升板工程合并；同时，根据工程技术的发展和国家的技术政策，补充了门窗工程和建筑节能两部分。各章中着重补充近十年采用的新结构、新技术、新材料、新设备、新工艺，对建设部颁发的建筑业"九五"期间重点推广的10项新技术，在有关各章中均作了重点补充。这次修订，还将前一版中存在的问题作了订正。各章内容均符合国家新颁规范、标准的要求，内容范围进一步扩大，突出了资料齐全、查找方便的特点。

我们衷心地感谢广大读者对我们的热情支持。我们希望手册第三版继续成为建筑施工技术人员工作中的好参谋、好帮手。

1997年4月

手册第三版主要执笔人

第1册

1 常用数据　　　　　　　　　　　关 柯　刘长滨　罗兆烈

第二版出版说明

《建筑施工手册》（第一版）自 1980 年出版以来，先后重印七次，累计印数达 150 万册左右，受到广大读者的欢迎和社会的好评，曾荣获 1971~1981 年度全国优秀科技图书奖。不少读者还对第一版的内容提出了许多宝贵的意见和建议，在此我们向广大读者表示深深的谢意。

近几年，我国执行改革、开放政策，建筑业蓬勃发展，高层建筑日益增多，其平面布局、结构类型复杂、多样，各种新的建筑材料的应用，使得建筑施工技术有了很大的进步。同时，新的施工规范、标准、定额等已颁布执行，这就使得第一版的内容远远不能满足当前施工的需要。因此，我们对手册进行了全面的修订。

手册第二版仍分上、中、下三册，以量大面广的一般工业与民用建筑，包括相应的附属构筑物的施工技术为主。但是，内容范围较第一版略有扩大。第一版全书共 29 个项目，第二版扩大为 31 个项目，增加了"砌块工程施工"和"预应力板柱工程施工"两章。并将原第 3 章改名为"施工组织与管理"、原第 4 章改名为"建筑工程招标投标及工程概预算"、原第 9 章改名为"脚手架工程和垂直运输设施"、原第 17 章改名为"钢筋混凝土结构吊装"、原第 18 章改名为"装配式大板工程施工"。除第 17 章外，其他各章均增加了很多新内容，以更适应当前施工的需要。其余各章均作了全面修订，删去了陈旧的和不常用的资料，补充了不少新工艺、新技术、新材料，特别是施工常用结构计算、地基与基础工程、地下防水工程、装饰工程等章，修改补充后，内容更为丰富。

手册第二版根据新的国家规范、标准、定额进行修订，采用国家颁布的法定计量单位，单位均用符号表示。但是，对个别计算公式采用法定计量单位计算数值有困难时，仍用非法定单位计算，计算结果取近似值换算为法定单位。

对于手册第一版中存在的各种问题，这次修订时，我们均尽可能——作了订正。

在手册第二版的修订、审稿过程中，得到了许多单位和个人的大力支持和帮助，我们衷心地表示感谢。

手册第二版主要执笔人

上　册

项目名称	修订者
1. 常用数据	关 柯　刘长滨
2. 施工常用结构计算	赵志缙　应惠清　陈 杰
3. 施工组织与管理	关 柯　王长林　董五学　田金信
4. 建筑工程招标投标及工程概预算	侯君伟
5. 材料试验与结构检验	项鬲行
6. 施工测量	吴来瑞　陈云祥

1988 年 12 月

第一版出版说明

《建筑施工手册》分上、中、下三册，全书共二十九个项目。内容以量大面广的一般工业与民用建筑，包括相应的附属构筑物的施工技术为主，同时适当介绍了各工种工程的常用材料和施工机具。

手册在总结我国建筑施工经验的基础上，系统地介绍了各工种工程传统的基本施工方法和施工要点，同时介绍了近年来应用日广的新技术和新工艺。目的是给广大施工人员，特别是基层施工技术人员提供一本资料齐全、查找方便的工具书。但是，就这个本子看来，有的项目新资料收入不多，有的项目写法上欠简练，名词术语也不尽统一；某些规范、定额，因为正在修订中，有的数据规定仍取用旧的。这些均有待再版时，改进提高。

本手册由国家建筑工程总局组织编写，共十三个单位组成手册编写组。北京市建筑工程局主持了编写过程的编辑审稿工作。

本手册编写和审查过程中，得到各省市基建单位的大力支持和帮助，我们表示衷心的感谢。

手册第一版主要执笔人

上　册

1. 常用数据	哈尔滨建筑工程学院	关　柯　陈德蔚
2. 施工常用结构计算	同济大学	赵志绪　周士富
		潘宝根
	上海市建筑工程局	黄进生
3. 施工组织设计	哈尔滨建筑工程学院	关　柯　陈德蔚
		王长林
4. 工程概预算	镇江市城建局	左鹏高
5. 材料试验与结构检验	国家建筑工程总局第一工程局	杜荣军
6. 施工测量	国家建筑工程总局第一工程局	严必达
7. 土方与爆破工程	四川省第一机械化施工公司	郭瑞田
	四川省土石方公司	杨洪福
8. 地基与基础工程	广东省第一建筑工程公司	梁　润
	广东省建筑工程局	郭汝铭
9. 脚手架工程	河南省第四建筑工程公司	张肇贤

中　册

10. 砌体工程	广州市建筑工程局	余福荫
	广东省第一建筑工程公司	伍于聪
	上海市第七建筑工程公司	方　枚

11. 木结构工程	山西省建筑工程局	王寿华	
12. 钢结构工程	同济大学	赵志缙	胡学仁
	上海市华东建筑机械厂	郑正国	
	北京市建筑机械厂	范懋达	
13. 模板工程	河南省第三建筑工程公司	王壮飞	
14. 钢筋工程	南京工学院	杨宗放	
15. 混凝土工程	江苏省建筑工程局	熊杰民	
16. 预应力混凝土工程	陕西省建筑科学研究院	徐汉康	濮小龙
	中国建筑科学研究院		
	建筑结构研究所	裴 骦	黄金城
17. 结构吊装	陕西省机械施工公司	梁建智	于近安
18. 墙板工程	北京市建筑工程研究所	侯君伟	
	北京市第二住宅建筑工程公司	方志刚	

下　册

19. 滑升模板施工	河南省第三建筑工程公司	王壮飞	
	山西省建筑工程局	赵全龙	
20. 大模板施工	北京市第一建筑工程公司	万嗣诠	戴振国
21. 升板法施工	陕西省机械施工公司	梁建智	
	陕西省建筑工程局	朱维益	
22. 屋面工程	四川省建筑工程局建筑工程学校	刘占黑	
23. 地下防水工程	天津市建筑工程局	叶祖涵	邹连华
24. 隔热保温工程	四川省建筑科学研究所	韦延年	
	四川省建筑勘测设计院	侯远贵	
25. 地面工程	北京市第五建筑工程公司	白金铭	阎崇贵
26. 装饰工程	北京市第一建筑工程公司	凌关荣	
	北京市建筑工程研究所	张兴大	徐晓洪
27. 防腐蚀工程	北京市第一建筑工程公司	王伯龙	
28. 工程构筑物	国家建筑工程总局第一工程局二公司	陆仁元	
	山西省建筑工程局	王寿华	赵全龙
29. 冬季施工	哈尔滨市第一建筑工程公司	吕元骐	
	哈尔滨建筑工程学院	刘宗仁	
	大庆建筑公司	黄可荣	

手册编写组组长单位　北京市建筑工程局（主持人：徐仁祥　梅　璋　张悦勤）
手册编写组副组长单位　国家建筑工程总局第一工程局（主持人：俞佾文）
　　　　　　　　　　　同济大学（主持人：赵志缙　黄进生）

手 册 审 编 组 成 员　王壮飞　王寿华　朱维益　张悦勤　项蠹行　侯君伟　赵志缙
出 版 社 审 编 人 员　夏行时　包瑞麟　曲士蕴　李伯宁　陈淑英　周　谊　林婉华
　　　　　　　　　　　胡凤仪　徐竞达　徐焰珍　蔡秉乾

1980 年 12 月

总目录

目　录

25　建筑地面工程

26 屋面工程

24 建筑装饰装修工程

24.1 抹 灰 工 程

将抹面砂浆涂抹在基底材料的表面，兼有保护基层和增加美观作用及为建筑物提供特殊功能的施工过程称之为抹灰工程。

抹灰工程主要有两大功能，一是防护功能，保护墙体不受风、雨、雪的侵蚀，增加墙面防潮、防风化、隔热的能力，提高墙身的耐久性能、热工性能；二是美化功能，改善室内卫生条件，净化空气，美化环境，提高居住舒适度。

抹灰工程通常分一般抹灰和装饰抹灰两大类（表 24-1）。

抹灰工程分类 表 24-1

分 类	名 称
一般抹灰	普通抹灰
	高级抹灰
装饰抹灰	水刷石
	斩假石
	干粘石
	假面砖

24.1.1 抹灰砂浆的种类、组成及技术性能

24.1.1.1 抹灰砂浆的种类

根据抹灰砂浆功能的不同，抹灰砂浆分为一般抹灰砂浆、装饰抹灰砂浆和特种抹灰砂浆。根据生产方式的不同，分为现场拌制抹灰砂浆和预拌抹灰砂浆。

常用一般抹灰砂浆见表 24-2。

常用一般抹灰砂浆 表 24-2

名 称	构 成	特性及使用部位
水泥砂浆	以水泥作为胶凝材料，配以建筑用砂（视需要加入外加剂）	一般用于外墙面、勒脚、屋檐以及有防水防潮要求或强度要求高的部位，水泥砂浆不得涂抹在石灰砂浆层上
石灰砂浆	以熟石灰作为胶凝材料，配以建筑用砂（视需要加入外加剂）	一般用于室内墙面、顶棚等无防水、防潮要求的中层或面层抹灰
水泥石灰混合砂浆	以水泥、熟石灰作为胶凝材料，配以建筑用砂（视需要加入外加剂）	一般用于室内墙面、顶棚等无防水、防潮要求的底层或中层或面层抹灰
石灰膏	在生石灰中加过量的水（约为石灰质量的 2.5～3 倍）所得到的浆体经沉淀并除去表层多余水分后的膏状物	一般用于无防水、防潮要求的室内面层抹灰

名　称	构　成	特性及使用部位
纸筋石灰砂浆（纸筋灰）	掺入纸筋的石灰膏	一般用于无防水、防潮要求的室内中层或面层抹灰
麻刀石灰砂浆（麻刀灰）	掺入麻刀的石灰膏	一般用于无防水、防潮要求的室内中层或面层抹灰，粗麻刀石灰用于垫层抹灰，细麻刀石灰用于面层抹灰
粉刷石膏	以石膏作为胶凝材料，配以建筑用砂、保温集料及多种添加剂制成的抹灰材料	具有和易性好、粘结力强、硬化快，用于顶棚抹灰较好，适合墙面薄层找平
聚合物砂浆	在建筑砂浆中添加聚合物胶粘剂，使砂浆性能得到很大改善的新型建筑材料。聚合物的种类和掺量决定了聚合物砂浆的性能	聚合物胶粘剂与砂浆中的水泥或石膏等无机粘结材料组合在一起，大大提高了砂浆与基层的粘结强度、砂浆的可变形性、砂浆的内聚强度等性能

24.1.1.2　抹灰砂浆的组成材料

1. 胶凝材料

常用的胶凝材料有水泥、石灰、聚合物、建筑石膏等。

（1）水泥

通用硅酸盐水泥均可以用来配制砂浆，水泥品种的选择与砂浆的用途有关。通常对抹灰砂浆的强度要求并不很高，一般采用中等强度等级的水泥就能够满足要求。抹灰砂浆强度不宜超过基体材料强度两个强度等级。粘贴饰面砖的内外墙，中层抹灰砂浆的强度不低于 M15，且优先选用水泥抹灰砂浆。堵塞门窗口边缝及脚手眼、孔洞堵缝，窗台、阳台抹面宜采用 M15、M20 水泥砂浆。水泥砂浆采用的水泥强度等级不宜大于 32.5 级；水泥混合砂浆采用的水泥强度等级不宜大于 42.5 级。如果水泥强度等级过高，会产生收缩裂缝，可适当掺入掺加料避免裂缝的产生。

（2）石灰

为了改善砂浆的和易性和节约水泥，常在砂浆中掺入适量的石灰。石灰有生石灰和熟石灰（即消石灰）。工地上熟化石灰常用两种方法：消石灰浆法和消石灰粉法。根据加水量的不同，石灰可熟化成消石灰粉或石灰膏。石灰熟化的理论需水量为石灰重量的 32%。在生石灰中，均匀加入 60%~80% 的水，可得到颗粒细小、分散均匀的消石灰粉。若用过量的水熟化，将得到具有一定稠度的石灰膏。石灰膏保水性好，将它掺入水泥砂浆中，配成混合砂浆，可显著提高砂浆的和易性。

石灰中一般都含有过火石灰，过火石灰熟化慢，若在石灰浆体硬化后再发生熟化，会因熟化产生的膨胀而引起隆起和开裂。为了消除过火石灰的这种危害，石灰在熟化后，还应"陈伏"2 周左右。

石灰在硬化过程中，要蒸发掉大量的水分，引起体积显著收缩，易出现干缩裂缝。所以，石灰不宜单独使用，一般要掺入砂、纸筋、麻刀等材料，以减少收缩，增加抗拉强度，同时石灰不宜在长期潮湿和受水浸泡的环境中使用。

建筑生石灰粉的技术指标见表 24-3。

建筑生石灰粉的技术指标 表 24-3

项 目		钙质生石灰粉			镁质生石灰粉		
		优等品	一等品	合格品	优等品	一等品	合格品
CaO+MgO 含量（％）不小于		85	80	75	80	75	70
CO_2 含量（％） 不大于		7	9	11	8	10	12
细度	0.90mm 的筛筛余（％）不大于	0.2	0.5	1.5	0.2	0.5	1.5
	0.125mm 的筛筛余（％）不大于	7.0	12.0	18.0	7.0	12.0	18.0

（3）聚合物

在许多特殊的场合可采用聚合物作为砂浆的胶凝材料，制成聚合物砂浆。所谓聚合物水泥砂浆，是指在水泥砂浆中添加聚合物胶粘剂，从而使砂浆性能得到很大改善的一种新型建筑材料。其中的聚合物胶粘剂作为有机粘结材料与砂浆中的水泥或石膏等无机粘结材料完美地组合在一起，大大提高了砂浆与基层的粘结强度、砂浆的可变形性即柔性、砂浆的内聚强度等性能。

聚合物的种类和掺量在很大程度上决定了聚合物水泥砂浆的性能，改变了传统砂浆的技术经济性能，目前已开发出品种繁多、性能优异的各类聚合物砂浆。

（4）建筑石膏

建筑石膏也称二水石膏，将天然二水石膏（$CaSO_4 \cdot 2H_2O$）在 $107 \sim 1700℃$ 的干燥条件下加热可得建筑石膏。建筑石膏与其他胶凝材料相比有以下特性：

1）凝结硬化快。建筑石膏在加水拌合后，浆体在几分钟内便开始失去可塑性，30min 内完全失去可塑性而产生强度。

2）凝结硬化时体积微膨胀。石膏浆体在凝结硬化初期会产生微膨胀。这一性质使石膏制品的表面光滑、细腻、尺寸精确、形体饱满、装饰性好。建筑装饰工程中很多装饰饰品、装饰线条都利用这一特性，广泛使用建筑石膏。

3）孔隙率大与体积密度小。建筑石膏在拌合水化时，在建筑石膏制品内部形成大量的毛细孔隙。所以导热系数小，吸声性较好，属于轻质保温材料。

4）具有一定的调温与调湿性能。由于石膏制品内部大量毛细孔隙对空气中的水蒸气具有较强的吸附能力，所以对室内的空气湿度有一定的调节作用。

5）防火性好，耐水性、抗渗性、抗冻性差。

2. 细骨料

配制砂浆的细骨料最常用的是天然砂。砂应符合混凝土用砂的技术性能要求。由于砂浆层较薄，砂的最大粒径应有所限制，理论上不应超过砂浆层厚度的 1/4～1/5，宜选用中砂，最大粒径不大于 2.5mm 为宜。砂的粗细程度对砂浆的水泥用量、和易性、强度及收缩等影响很大。

3. 水

拌制砂浆用水与混凝土拌合用水的要求相同，均需满足《混凝土用水标准》（JGJ 63—2006）的规定。

4. 外加剂

为改善新拌及硬化后砂浆的各种性能或赋予砂浆某些特殊性能，常在砂浆中掺入适量外加剂。例如为改善砂浆和易性，提高砂浆的抗裂性、抗冻性及保温性，可掺入微沫剂、减水剂等外加剂；为增强砂浆的防水性和抗渗性，可掺入防水剂等；为增强砂浆的保温隔热性能，可掺入引气剂，提高砂浆的孔隙率。

5. 纤维

为了防止砂浆层的收缩开裂，有时需要加入一些纤维材料，或者为了使其具有某些特殊功能需要选用特殊骨料或掺加料，如纸筋、麻刀、玻璃纤维。纸筋、麻刀、玻璃纤维都是纤维材料。纤维是聚合物经一定的机械加工（牵引、拉伸、定型等）后形成细而柔软的细丝，形成纤维。纤维具有弹性模量大，受力时形变小，强度高等特点。纤维大体分天然纤维、人造纤维和合成纤维。

旧麻绳用麻刀机或竹条抽打成絮状的麻丝团叫麻刀。用稻草、麦秸或者是纤维物质加工成浆状，叫纸筋。玻璃纤维按形态和长度，可分为连续纤维、定长纤维和玻璃棉；按玻璃成分，可分为无碱、耐化学、高碱、中碱、高强度、高弹性模量和抗碱玻璃纤维等。纤维技术与建筑技术相结合，可起到防裂、抗渗、抗冲击和抗折性能，提高建筑工程质量。抗裂砂浆就是在聚合物砂浆中添加了纤维。

6. 颜料

颜料就是能使物体染上颜色的物质。颜料有无机的和有机的区别。无机颜料一般是矿物性物质，有机颜料一般取自植物和海洋动物。现代有许多人工合成的化学物质做成的颜料。

抹灰用颜料，应采用矿物颜料及无机颜料，须具有高度的磨细度和着色力，耐光耐碱，不含盐、酸等有害物质。

砂浆常用颜料和特性见表 24-4。

砂浆常用颜料和特性

表 24-4

色彩	颜料名称		特性
	无机	有机	
红色	无机颜料中的红色颜料，主要是氧化铁红。氧化铁有各种不同的色泽，从黄色到红色、棕色直至黑色。氧化铁红是最常见的氧化铁系颜料	甲苯胺红、立索尔红、对位红、大红等	具有很好的遮盖力和着色力、耐化学性、保色性、分散性，价格较廉
白色	钛白、氧化锌、锌钡白（立德粉）、锑白等		
黄色	主要有铅铬黄（铬酸铅）、锌铬黄（铬酸锌）、镉黄（硫化镉）和铁黄（水合氧化铁）等品种。其中以铅铬黄的用途最广泛，产量也最大	耐晒黄、联苯胺黄、汉沙黄等	
	铅铬黄将硝酸铅或醋酸铅与重铬酸钠（或重铬酸钾）、氢氧化钠、硫酸铝等多种原料，按不同配比，不同反应条件，可以制得各种色泽的铅铬黄		铅铬黄的遮盖力强，色泽鲜艳，易分散，但在日光照射下易变暗
	锌铬黄又称锌黄		锌铬黄的遮盖力和着色力均较铅铬黄差，但色浅，耐光性好

色彩	颜料名称 无机	有机	特性
黄色	镉黄　镉黄有纯镉黄和用硫酸钡共沉淀的镉黄两种		镉黄具有良好的耐热、耐光性，色泽鲜艳，但着色力和遮盖力不如铅铬黄，成本也较高，在应用上受到限制
	铁黄　天然氧化铁黄是一种含有各种杂质的水合氧化铁，所含杂质，主要是硅酸盐类。氧化铁黄的热稳定性差，加热到180℃以上，即脱水而变成氧化铁红		铁黄色泽较暗，但耐久性、分散性、遮盖力、耐热性、耐化学性、耐碱性都很好，而且价格低廉
绿色	主要有氧化铬绿和铅铬绿两种	酞菁绿等	
	氧化铬绿　也称三氧化二铬，颜色从亮绿色到深绿色。多用于冶金制品、水泥的着色		氧化铬绿的耐光、耐热、耐化学药品性优良，但色泽较暗，着色力、遮盖力均较差
	铅铬绿　是铬黄和铁蓝的混合物，可获得从黄光绿（2%～3%铁蓝）到深绿（60%～65%铁蓝）的各种不同色泽的绿色颜料		铅铬绿的耐久性、耐热性均不及氧化铬绿，但色泽鲜艳，分散性好，易于加工，因含有毒的重金属，自从酞菁绿等有机颜料问世以后，用量已渐减少
紫色	群青紫、钴紫、锰紫等	甲基紫、苄基紫等	
蓝色	主要有铁蓝、钴蓝、群青等品种。其中群青产量较大	酞菁蓝、孔雀蓝、阴丹士林蓝等	
	铁蓝　由硫酸亚铁、黄血盐（亚铁氰化钾）、硫酸铵反应生成白浆，再以氯酸盐氧化而成。青光铁蓝称为中国蓝（China blue），红光铁蓝称为米洛丽蓝（milori blue）		铁蓝耐酸不耐碱，遮盖力、着色力高于群青，耐久性比群青差。自从酞菁蓝投入市场后，由于它的着色力比铁蓝高两倍，其他性能又好，因而铁蓝用量逐年下降
	群青　由陶土、硫磺、纯碱、芒硝、炭黑和石英粉按照不同配方混匀，装于陶罐中，在高温下焙烧，再经水洗等精制工序制成		群青耐碱不耐酸，色泽鲜艳明亮，耐高温。群青遇氢氧化钙变白，因此不能用于水泥着色

续表

色彩	颜料名称		特性
	无机	有机	
黑色	主要品种是：炭黑、松烟、石墨等	苯胺黑等	颜料用炭黑的性能与橡胶加工用的不同。颜料炭黑的主要质量指标是黑度与色相
	铜铬黑是一种黑色金属氧化物混相无机颜料，有炭黑（槽法炭黑、炉法炭黑、灯黑等）、锰铁黑、氧化铁黑、黑色素等		铜铬黑是所有黑色颜料中，各项牢度性能最优异的一种颜料，它环保无毒，耐高温、耐晒、耐候、耐酸碱、耐溶剂、不迁移、易分散等，因此广泛应用于各种高档涂料、耐高温塑料、建材、玻璃、陶瓷等领域

24.1.1.3 抹灰砂浆主要技术性能

抹灰砂浆的主要技术性能包括新拌砂浆的和易性、与基体的粘结性和硬化后的变形性等。

1. 和易性

新拌砂浆的和易性是指在搅拌、运输和施工过程中不易产生分层、析水现象，并且易于在粗糙的砖、砌块、混凝土、轻体隔墙等表面上铺成均匀的薄层的综合性能。通常用流动性和保水性两项指标表示。

影响砂浆流动性的主要因素有：

（1）胶凝材料及掺加料的品种和用量；

（2）砂的粗细程度，形状及级配；

（3）用水量；

（4）外加剂品种与掺量；

（5）搅拌时间等。

砂浆流动性的选择与基底材料种类、施工条件以及天气情况等有关。对于基体为多孔吸水的材料和干热的天气，则要求砂浆的流动性大一些；相反，对于基体为密实、不吸水的材料和湿冷的天气，要求砂浆的流动性小一些。

2. 粘结性

一般砂浆抗压强度越高，则其与基材的粘结强度越高。此外，砂浆的粘结强度与基层材料的表面状态、清洁程度、湿润状况以及施工养护等条件有很大关系。同时还与砂浆的胶凝材料种类有很大关系，加入聚合物可使砂浆的粘结性大为提高。砂浆的粘接强度用拉拔强度表示。

3. 变形性

砂浆在承受荷载或在温度变化时，会产生收缩等变形。如果变形过大或不均匀，容易使面层产生裂纹或剥离等质量问题。因此，要求砂浆具有较小的变形性。

24.1.2 新技术、新材料在抹灰砂浆中的应用

24.1.2.1 预拌砂浆

预拌砂浆是指经干燥筛分处理的骨料（如石英砂）、无机胶凝材料（如水泥）和添加剂（如聚合物）等按一定比例进行物理混合而成的一种颗粒状或粉状，以袋装或散装的形式运至工地，加水拌合后即可直接使用的物料。又称作砂浆干粉料、干混砂浆、干拌粉，有些建筑黏合剂也属于此类。

1. 预拌砂浆的品种、特点

目前主要的干混砂浆品种有：

饰面类：内外墙壁腻子、彩色装饰干粉、粉末涂料等。

粘结类：瓷板胶粘剂、填缝剂、保温板胶粘剂等。

其他功能性干混砂浆，如自流平地平材料、修复砂浆、地面硬化材料等。

相对于在施工现场配制的砂浆，干混砂浆有以下优势：

(1) 品质稳定可靠，提高工程质量。

(2) 品种齐全，可以满足不同的功能和性能需求。

(3) 性能良好，有较强的适应性，有利于推广应用新材料、新工艺、新技术、新设备。

(4) 施工性好，功效提高，有利于自动化施工机具的应用，改变传统抹灰施工的落后方式。

(5) 使用方便，便于运输和存放，有利于施工现场的管理。

(6) 符合节能减排，绿色环保施工要求。

2. 预拌砂浆的组成

(1) 粘结材料：

1) 无机胶粘剂：普通硅酸盐水泥、高铝水泥、特殊水泥、石膏、无水石膏。

2) 有机胶粘剂：水泥砂浆是一种脆性大、柔性差的材料，用聚合物对砂浆进行改性，提高与各种基材的胶接强度、抗弯强度及耐磨损性等，并提高砂浆的可变形性、保水性，从而满足施工要求。聚合物粒子通过聚结，形成一层聚合物薄膜，起到胶粘剂作用。

(2) 骨料：主要采用天然砂和人工砂。

(3) 掺合料：多选用粉煤灰、重钙、滑石粉、硅粉等。

(4) 添加剂：添加剂是干混砂浆中最重要的组分，决定着干混砂浆的施工性能和硬化后的各种性能。

1) 纤维素醚：纤维素醚用作增稠剂和保水剂。黏着性和施工性这是两个互相影响的因素；保水性，避免水分的快速蒸发，使得砂浆层的厚度能显著降低。

2) 疏水剂（防水剂）：可防止水渗入到砂浆中，并提高了硬化砂浆与基材之间粘接强度。

3) 超塑化剂：主要用在有较高要求的自流平干粉砂浆中。

4) 淀粉醚：增加砂浆稠度。

5) 保凝剂：用它来获得预期的凝结时间。

6) 引气剂：通过物理作用在砂浆中引入微气泡，降低砂浆密度，施工性更好。

7）纤维：分为长纤维和短纤维。长纤维主要用于增强和加固；短纤维用来影响改善砂浆的性能和需水量。

8）减水剂：改善和易性，降低用水量。

3. 常用预拌砂浆的种类和表示方法

（1）普通干拌砂浆：

DM—干拌砌筑砂浆；

DPI—干拌内墙抹灰砂浆；

DPE—干拌外墙抹灰砂浆；

DS—干拌地面砂浆。

（2）特种干拌砂浆：

DTA—干拌瓷砖粘结砂浆；

DEA—干拌聚苯板粘结砂浆；

DBI—干拌外保温抹面砂浆。

预拌砂浆性能见表 24-5。

预拌砂浆性能　　　　　　　表 24-5

项　目	干混抹灰砂浆		湿拌抹灰砂浆
	高　保　水	低　保　水	
强度等级	M5、M10	M5、M10、M15、M20、M25、M30	M5、M10、M15、M20、M25、M30
14d 拉伸粘结强度（MPa）	≥0.50	≥0.20	≥0.20
28d 收缩（%）	≤0.25	≤0.20	≤0.20
保水率（%）	≥98	≥88	≥88

聚合物水泥抹灰砂浆分为普通聚合物水泥抹灰砂浆、柔性聚合物水泥抹灰砂浆、防水聚合物水泥抹灰砂浆。聚合物水泥砂浆一般在专业生产厂家生产，属于预拌砂浆，种类很多。适用于蒸压加气混凝土砌块和混凝土顶棚，有防水要求的块体，总厚度小于 10mm。搅拌及静停时间不宜少于 6min；操作时间应为 1.5～4h。预拌砂浆的使用，要严格按照生产厂家的使用说明书进行操作。

24.1.2.2　粉刷石膏

粉刷石膏是由石膏作为胶凝材料，再配以建筑用砂或保温集料及多种添加剂制成的一种多功能建筑内墙及顶板表面的抹面材料。由于使用了多种添加剂，改善了传统的粉刷石膏的性能。

1. 性能特点

（1）粘结力强。适于各类墙体（加气混凝土、轻质墙板、混凝土剪墙及室内顶棚）可有效防治开裂、空鼓等质量通病。

（2）表面装饰性好。抹灰墙面致密、光滑、不起灰，外观典雅，具有呼吸功能，提高了居住舒适度。

（3）节省工期。凝结硬化快，养护周期短，工作面可当日完成，提高了工作效率。

（4）防火性能好。

（5）使用便捷。直接调水即可，保证了材料的稳定性。

（6）导热系数低，节能保温。

（7）卫生环保。没有现场用砂的环节，减少了人工费用和运输费用，避免了砂尘污染。粉刷石膏预拌砂浆同普通砂浆技术经济性能对比见表24-6。

粉刷石膏预拌砂浆同普通砂浆技术经济性能对比　表24-6

产品类别	优　点	缺　点	适 用 基 材
粉刷石膏砂浆	1. 粘结性好，适用于多种基材 2. 质轻，操作性好，落地灰少 3. 凝结硬化快，节省工期 4. 干缩收缩小，不会开裂、空鼓 5. 便于现场管理，减少施工环节 6. 绿色环保，节能减排效果好，可调节室内湿度	表面强度不如水泥砂浆 不适合有防水、防潮要求的部位 单位价格高	现浇混凝土、加气混凝土墙、顶面抹灰，各类砌体、轻质板材墙面抹灰
普通水泥砂浆、混合砂浆	1. 强度高 2. 耐火性好 3. 材料单价低	1. 粘结性差，易产生空鼓 2. 干缩性大，易产生裂纹 3. 落地灰多 4 抹灰层厚度大	适于烧结普通砖墙

2. 粉刷石膏按其用途分类（表24-7）

粉刷石膏按其用途分类　表24-7

类　别	代号	组成和使用部位
底层粉刷石膏	B	用于基底找平的抹灰，通常含有集料
面层粉刷石膏	F	用于底层粉刷或其他基底上的最后一层抹灰。通常不含集料，具有较高的强度
保温层粉刷石膏	T	含有轻集料的石膏抹灰材料，具有较好的热绝缘性

3. 技术要求

（1）细度

粉刷石膏的细度以 1.0mm 和 0.2mm 方孔筛的筛余百分数计，其值应符合表24-8规定的数值。

粉刷石膏细度技术要求　表24-8

产 品 类 别	面层粉刷石膏	底层和保温层粉刷石膏
1.0mm 方孔筛筛余（%）	0	—
0.2mm 方孔筛筛余（%）	≤40	

（2）凝结时间

粉刷石膏的初凝时间应不小于 60min，终凝时间应不大于 8h。

（3）可操作时间

粉刷石膏的可操作时间应不小于 30min。

（4）强度

粉刷石膏的强度应不小于表 24-9 规定的数值。

粉刷石膏的强度（MPa）

表 24-9

产品类别	面层粉刷石膏	底层粉刷石膏	保温层粉刷石膏
抗折强度	3.0	2.0	—
抗压强度	6.0	4.0	0.6
剪切粘结强度	0.4	0.3	—

24.1.3 抹灰工程常用机具

抹灰操作是一项复杂的工作，人工消耗多，技术含量高，同时，还涉及许多手工工具和施工机械。常用的手工工具有抹子、尺子、刷子等。由于每一种工具的用途各不相同，必须根据实际操作情况和施工要求，在抹灰工作开始前准备就绪，而且工具的使用和工人的操作熟练程度有很大关系。

（1）搅拌机械：

主要有麻刀机、砂浆搅拌机、连续混浆机、纸筋灰拌合机等搅拌机械。此类机械种类繁多，主要技术指标有工作容量、搅拌时间、电动机功率、转速、生产率、外形尺寸、滚筒式、卧式等。

（2）运输机械：

气力运输系统、砂浆泵、机械翻斗送灰车、手推车等。

（3）手工工具：

1）铁抹子：俗称钢板，有方头和圆头两种，常用于涂抹底灰、水泥砂浆面层、水刷石及水磨石面层等。

2）钢皮抹子：与铁抹子外形相似，但比较薄，弹性较大，用于抹水泥砂浆面层和地面压光等。

3）压抹子：用于水泥砂浆的面层压光和纸筋石灰浆、麻刀石灰浆的罩面等。

4）塑料抹子：有圆头和方头两种，用聚乙烯硬质塑料制成，用于压光纸筋石灰浆面层。

5）木抹子：俗称木蟹。有圆头和方头两种，用白红松木制成，用于搓平和压实底子灰砂浆。

6）阴角抹子：又称阴抽角器，有小圆角和尖角两种，用于阴角抹灰的压实和压光。

7）圆角阴角抹子：又称明沟铁板，用于水池阴角和明沟阴角的压光。

（4）水压泵、喷雾器等。

（5）检测工具：靠尺板（2m）、线坠、钢卷尺、方尺、金属水平尺、八字靠尺、方口尺等。

（6）辅助工具：铁锹、筛子、水桶（大小）、灰槽、灰勺、刮杠（大 2.5m，中 1.5m）、托灰板、软水管、长毛刷、鸡腿刷、钢丝刷、茅草帚、喷壶、小线、钻子（尖、扁）、粉线袋、铁锤、钳子、钉子、软（硬）毛刷、小压子、铁溜子、托线板等（图 24-1）。

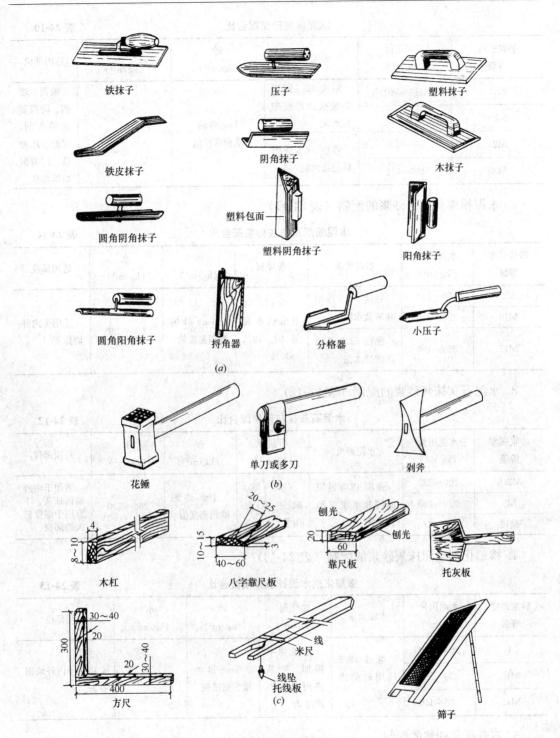

铁抹子　　　　　压子　　　　　塑料抹子

铁皮抹子　　　阴角抹子　　　　木抹子

塑料包面

圆角阴角抹子　塑料阴角抹子　阳角抹子

圆角阳角抹子　捋角器　　分格器　　小压子

(a)

花锤　　单刀或多刀　剁斧

(b)

木杠　　八字靠尺板　靠尺板　托灰板

方尺　　托线板　　筛子

线
米尺
线坠
托线板

(c)

图 24-1　常用抹灰工具

24.1.4　一般抹灰砂浆的配制

1. 水泥抹灰砂浆的配制（表 24-10）

水泥抹灰砂浆配合比 表 24-10

砂浆强度等级	水泥用量（kg/m³）	水泥要求	砂（kg/m³）	水（kg/m³）	适用部位
M15	330～380	强度 42.5 通用硅酸盐水泥或砌筑水泥	1m³ 砂的堆积密度值	260～330	墙面、墙裙、防潮要求的房间、屋檐、压檐墙、门窗洞口等部位
M20	380～450				
M25	400～450	强度 52.5 通用硅酸盐水泥			
M30	460～510				

2. 水泥粉煤灰抹灰砂浆的配制（表 24-11）

水泥粉煤灰抹灰砂浆配合比 表 24-11

砂浆强度等级	水泥用量（kg/m³）	水泥要求	粉煤灰	砂（kg/m³）	水（kg/m³）	适用部位
M5	250～290	强度 42.5 通用硅酸盐水泥	内掺，等量取代水泥量的 10%～30%	1m³ 砂的堆积密度值	260～330	适用于内外墙抹灰
M10	320～350					
M15	350～400	强度 52.5 通用硅酸盐水泥				

3. 水泥石灰抹灰砂浆的配制（表 24-12）

水泥石灰抹灰砂浆配合比 表 24-12

砂浆强度等级	水泥用量（kg/m³）	水泥要求	石灰膏（kg/m³）	砂（kg/m³）	水（kg/m³）	适用部位
M2.5	200～230	强度 42.5 通用硅酸盐水泥或砌筑水泥	（350～400）减去水泥用量	1m³ 砂的堆积密度值	260～300	适用于内外墙面抹灰，不宜用于湿度较大的部位
M5	230～280					
M10	330～380					

4. 掺塑化剂水泥抹灰砂浆的配制（表 24-13）

掺塑化剂水泥抹灰砂浆配合比 表 24-13

砂浆强度等级	水泥用量（kg/m³）	水泥要求	塑化剂（kg/m³）	砂（kg/m³）	水（kg/m³）	适用部位
M5	260～300	强度 42.5 通用硅酸盐水泥	按说明书掺加。砂浆使用时间不超过 2h	1m³ 砂的堆积密度值	260～300	适用于内外墙面抹灰
M10	330～360					
M15	360～410					

5. 石膏抹灰砂浆的配制

石膏抹灰砂浆宜采用专业生产厂家的干混砂浆即预拌砂浆，详见 24.1.2.2 粉刷石膏。

24.1.5 一般抹灰砂浆施工

用水泥抹灰砂浆、水泥粉煤灰抹灰砂浆、水泥石灰抹灰砂浆、聚合物水泥抹灰砂浆、石膏砂浆及塑化剂水泥抹灰砂浆等涂抹在建筑物的墙、顶、柱等表面上，直接做成饰面层的装饰工程，称为"一般抹灰工程"。一般抹灰工程优先选用预拌砂浆。

24.1.5.1 室内墙面抹灰施工

1. 施工准备

（1）技术准备

1）抹灰工程的施工图、设计说明及其他设计文件完成。

2）材料的产品合格证书、性能检测报告、进场验收记录和复验报告完成。

3）施工技术交底（作业指导书）完成。

4）抹灰前应熟悉图纸、设计说明及其他设计文件，制订方案，做好样板间，经检验达到要求标准后方可正式施工。

（2）材料准备

1）水泥

宜采用通用硅酸盐水泥。水泥强度等级宜采用 42.5 级以上，宜使用同一品种、同一强度等级、同一厂家生产的产品。

水泥进场需对产品名称、生产许可证编号、出厂编号、执行标准、日期等进行检查，同时验收合格证，对强度等级和凝结时间、安定性进行复验。

2）砂

宜采用平均粒径 0.35～0.5mm 的中砂，在使用前应根据使用要求过筛，筛好后保持洁净。

3）磨细石灰粉

使用前用水浸泡使其充分熟化，熟化时间不少于 3d。

浸泡方法：提前备好大容器，均匀地往容器中撒一层生石灰粉，浇一层水，然后再撒一层，再浇一层水，依次进行。当达到容器的 2/3 时，将容器内放满水，使之熟化。沉淀池中储存的石灰膏，应采取防止干燥、冻结和污染的措施。严禁使用脱水硬化的石灰膏。消石灰粉不得直接使用于砂浆中。

4）石灰膏

石灰膏与水调和后具有凝固时间快，并在空气中硬化，硬化时体积不收缩的特性。

用块状生石灰淋制时，用筛网过滤，贮存在沉淀池中，使其充分熟化。熟化时间常温一般不少于 15d，用于罩面灰时不少于 30d，使用时石灰膏内不得含有未熟化的颗粒和其他杂质，未熟化颗粒日后可使墙面爆裂产生裂纹。在沉淀池中的石灰膏要加以保护，防止其干燥、冻结和污染。

5）麻刀

必须柔韧干燥，不含杂质，行缝长度一般为 10～30mm，用前 4～5d 敲打松散并用石灰膏调好，也可采用合成纤维、玻璃纤维。纤维分为长纤维和短纤维。长纤维主要用于增强和加固；短纤维用来改善砂浆的性能和需水量。粗麻刀石灰用于垫层抹灰，细麻刀石灰用于面层抹灰。石灰膏、纸筋石灰、麻刀石灰进场后，需要加以保护，防止干燥钙化、冻结和被污染。

6）外加剂

砂浆外加剂可以显著改善砂浆的流变特性、施工性能和硬化后的各项性能。抹灰砂浆作为粘结材料，要求砂浆具有良好的保水性、粘聚性和触变性能。常用的外加剂有塑化剂，主要用在有较高要求的自流平干粉砂浆中；消泡剂，主要用来降低砂浆中的空气含量。使用外加剂时要严格按照说明书进行操作，并对相关指标进行检测，符合《民用建筑工程室内环境污染控制规范》（GB 50325）要求。

（3）其他准备工作

1）主体结构必须经过相关单位（建设单位、设计单位、监理单位、施工单位）检验合格。

2）抹灰前应检查门窗框安装位置是否正确，需埋设的接线盒、电箱、管线、管道套管是否固定牢固。连接处缝隙应用1∶3水泥砂浆或1∶1∶6水泥混合砂浆分层嵌塞密实，若缝隙较大时，应在砂浆中掺少量麻刀嵌塞，或用豆石混凝土将其填塞密实，并用塑料贴膜或铁皮将门窗框加以保护。

3）将混凝土蜂窝、麻面、露筋、疏松部分剔到实处，并刷胶粘性素水泥浆或界面剂，然后用1∶3的水泥砂浆分层抹平。脚手眼和废弃的孔洞应堵严，外露钢筋头、铅丝头及木头等要剔除，窗台砖补齐，墙与楼板、梁底等交接处应用斜砖砌严补齐。

4）加钉镀锌钢丝网部位，应涂刷一层胶粘性素水泥浆或界面剂，钢丝网与最小边搭接尺寸不应小于100mm。

5）对抹灰基层表面的油渍、灰尘、污垢等应清除干净。

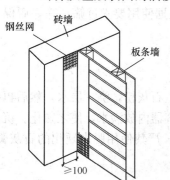

图 24-2　加强网铺钉示意图

2. 抹灰工程关键质量控制点

（1）冬期施工砂浆温度最低不低于5℃，环境温度不应低于5℃。砂浆抹灰层硬化初期不得受冻。

（2）抹灰前基层处理，必须经验收合格，并填写隐蔽工程验收记录。

（3）不同材料基体交接处表面的抹灰，应采取防止开裂的加强措施，当采用加强网时，加强网与各基体的搭接宽度不应小于100mm（图24-2）。

（4）抹灰工程质量关键是保证粘结牢固，无开裂、空鼓和脱落，施工过程应注意：

1）抹灰基体表面应彻底清理干净，对于表面光滑的基体应进行毛化处理。

2）严格各层抹灰厚度。一般抹灰工程施工是分层进行的，以利于抹灰牢固、抹面平整和保证质量。如果一次抹得太厚，由于内外收水快慢不同，容易出现干裂、起鼓和脱落现象（表24-14～表24-16）。

抹灰分层控制和做法参考　　　　　　　　　　　　　表 24-14

灰层	作用	基层材料	一般做法
底层灰	主要起与基层粘结作用，兼初步找平作用	砖墙基层	（1）内墙一般采用石灰砂浆、水泥石灰砂浆 （2）外墙、勒脚、屋檐以及室内有防水防潮要求，采用水泥砂浆打底
		混凝土和加气混凝土基层	（1）采用水泥砂浆或混合砂浆打底，打底前须先刷界面剂 （2）混凝土板顶棚，宜用粉刷石膏或聚合物水泥砂浆打底，也可直接批刮腻子

灰层	作　用	基层材料	一　般　做　法
中层灰	主要起找平作用		(1) 所用材料基本与底层相同 (2) 根据施工质量要求，可以一次抹成，亦可分遍进行
面层灰	主要起装饰作用		(1) 一般抹灰中层灰、面层灰可一次成型 (2) 装饰抹灰按工艺施工

不同基体的抹灰厚度（mm） 表 24-15

项目	内墙面		外墙		顶棚		蒸压加 气混凝土 砌块	聚合物砂浆、 石膏砂浆
	普通抹灰	高级抹灰	墙面	勒脚	现浇混 凝土板	预制混 凝土板		
厚度	≤18	≤25	≤20	≤25	≤5	≤10	≤15	≤10

每层灰控制厚度 表 24-16

抹灰材料	水泥砂浆	水泥石灰砂浆
每层灰厚度（mm）	5~7	7~9

3. 施工工艺

(1) 工艺流程

基层清理 → 浇水湿润 → 吊垂直、套方、找规矩、抹灰饼 → 抹水泥踢脚或墙裙 →

做护角抹水泥窗台 → 墙面充筋 → 抹底灰 → 修补预留孔洞、电箱槽、盒等 → 抹罩面灰

(2) 操作工艺

1) 基层清理

①烧结砖砌体、蒸压灰砂砖、蒸压粉煤灰砖：将墙面上残存的砂浆、舌头灰剔除，污垢、灰尘等清理干净，用清水冲洗墙面，将砖缝中的浮砂、尘土冲掉。抹灰前应将基体充分浇水均匀润透，每天宜浇两次，水应渗入墙面内 10~20mm，防止基体浇水不透造成抹灰砂浆中的水分很快被基体吸收，造成质量问题。

②混凝土墙基层处理：因混凝土墙面在结构施工时大都使用脱膜隔离剂，表面比较光滑，故应将其表面进行处理，其方法为：采用脱污剂将墙面的油污脱除干净，晾干后采用机械喷涂或笤帚涂刷一层薄的胶粘性水泥浆或涂刷一层混凝土界面剂，使其凝固在光滑的基层上，以增加抹灰层与基层的附着力，不出现空鼓、开裂；再一种方法可采用将其表面用尖钻子均匀剔成麻面，使其表面粗糙不平，然后浇水湿润。抹灰时墙面不得有明水。

③加气混凝土砌块基体（轻质砌体、隔墙）：加气混凝土砌体其本身强度较低，孔隙率较大，在抹灰前应对松动及灰浆不饱满的拼缝或梁、板下的顶头缝，用砂浆填塞密实。将墙面凸出部分或舌头灰剔凿平整，并将缺棱掉角、坑凹不平和设备管线槽、洞等同时用砂浆整修密实、平顺。用托线板检查墙面垂直偏差及平整度，根据要求将墙面抹灰基层处理到位，然后喷水湿润，水要渗入墙面 10~20mm，墙面不得有明水。然后涂抹墙体界面砂浆，要全部覆盖基层墙体，厚度 2mm，收浆后进行抹灰。

④混凝土小型空心砌块砌体（混凝土多孔砖砌体）：基层表面清理干净即可，不得

浇水。

⑤涂抹石膏抹灰砂浆时，一般不需要进行界面增强处理。

⑥涂抹聚合物砂浆时，将基层处理干净即可，不需浇水湿润。

2）浇水湿润

一般在抹灰前一天，用水管或喷壶顺墙自上而下浇水湿润。不同的墙体，不同的环境，需要不同的浇水量。浇水要分次进行，最终以墙体既湿润又不泌水为宜。

3）吊垂直、套方、找规矩、做灰饼

根据设计图纸要求的抹灰质量，根据基层表面平整垂直情况，用一面墙做基准，吊垂直、套方、找规矩，确定抹灰厚度，抹灰厚度不应小于7mm。当墙面凹度较大时，应分层抹平。每层厚度不大于7～9mm。操作时应先抹上灰饼，再抹下灰饼。抹灰饼时应根据室内抹灰要求，确定灰饼的正确位置，再用靠尺板找好垂直与平整。灰饼宜用M15水泥砂浆抹成50mm见方形状，抹灰层总厚度不宜大于20mm。

房间面积较大时应先在地上弹出十字中心线，然后按基层面平整度弹出墙角线，随后在距墙阴角100mm处吊垂线并弹出铅垂线，再按地上弹出的墙角线往墙上翻引弹出阴角两面墙上的墙面抹灰层厚度控制线，以此做灰饼，然后根据灰饼充筋。

4）修抹预留孔洞、配电箱、槽、盒

堵缝工作要作为一道工序安排专人负责，把预留孔洞、配电箱、槽、盒周边的洞内杂物、灰尘等物清理干净，浇水湿润，然后用砖将其补齐砌严，用水泥砂浆将缝隙塞严，压抹平整、光滑。

5）抹水泥踢脚（或墙裙）

根据已抹好的灰饼充筋（此筋可以冲的宽一些，80～100mm为宜，因此筋即为抹踢脚或墙裙的依据，同时也作为墙面抹灰的依据）。水泥踢脚、墙裙、梁、柱、楼梯等处应用M20水泥砂浆分层抹灰，抹好后用大杠刮平，木抹搓毛，常温第二天用水泥砂浆抹面层并压光，抹踢脚或墙裙厚度应符合设计要求，无设计要求时凸出墙面5～7mm为宜。凡凸出抹灰墙面的踢脚或墙裙上口必须保证光洁、顺直，踢脚或墙面抹好将靠尺贴在大面与上口平，然后用小抹子将上口抹平压光，凸出墙面的棱角要做成钝角，不得出现毛茬和飞棱。

6）做护角

墙、柱间的阳角应在墙、柱面抹灰前用M20以上的水泥砂浆做护角，其高度自地面以上不小于2m。将墙、柱的阳角处浇水湿润，第一步在阳角正面立上八字靠尺，靠尺突出阳角侧面，突出厚度与成活抹灰面平。然后在阳角侧面，依靠尺边抹水泥砂浆，并用铁抹子将其抹平，按护角宽度（不小于50mm）将多余的水泥砂浆铲除。第二步待水泥砂浆稍干后，将八字靠尺移至到抹好的护角面上（八字坡向外）。在阳角的正面，依靠尺边抹水泥砂浆，并用铁抹子将其抹平，按护角宽度将多余的水泥砂浆铲除。抹完后去掉八字靠尺，用素水泥浆涂刷护角尖角处，并用捋角器自上而下捋一遍，使其形成钝角（图24-3）。

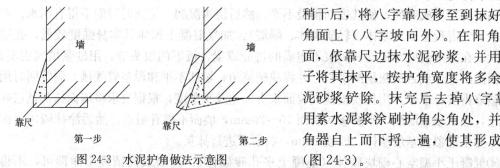

图24-3　水泥护角做法示意图

7) 抹水泥窗台

先将窗台基层清理干净，清理砖缝，松动的砖要重新补砌好，用水润透，用 1∶2∶3 豆石混凝土铺实，厚度宜大于 25mm，一般 1d 后抹 1∶2.5 水泥砂浆面层，待表面达到初凝后，浇水养护 2～3d，窗台板下口抹灰要平直，没有毛刺。

8) 墙面充筋

当灰饼砂浆达到七八成干时，即可用与抹灰层相同砂浆充筋，充筋根数应根据房间的宽度和高度确定，一般标筋宽度为 50mm。两筋间距不大于 1.5m。当墙面高度小于 3.5m 时宜做立筋。大于 3.5m 时宜做横筋，做横向充筋时做灰饼的间距不宜大于 2m。

9) 抹底灰

一般情况下充筋完成 2h 左右可开始抹底灰为宜，抹前应先抹一层薄灰，要求将基体抹严，抹时用力压实使砂浆挤入细小缝隙内，接着分层装档、抹与充筋平，用木杠刮找平整，用木抹子搓毛。然后全面检查底子灰是否平整，阴阳角是否方直、整洁，管道后与阴角交接处、墙顶板交接处是否光滑、平整、顺直，并用托线板检查墙面垂直与平整情况。抹灰面接槎应平顺，地面踢脚板或墙裙，管道背后应及时清理干净，做到活儿完场清。

10) 抹罩面灰

罩面灰应在底灰六七成干时开始抹罩面灰（抹时如底灰过干应浇水湿润），罩面灰两遍成活，每遍厚度约 2mm，操作时最好两人同时配合进行，一人先刮一遍薄灰，另一人随即抹平。依先上后下的顺序进行，然后赶实压光，压时要掌握火候，既不要出现水纹，也不可压活，压好后随即用毛刷蘸水，将罩面灰污染处清理干净。施工时整面墙不宜留施工槎；如遇有预留施工洞时，可甩下整面墙待抹为宜。

11) 水泥砂浆抹灰 24h 后应喷水养护，养护时间不少于 7d；混合砂浆要适度喷水养护，养护时间不少于 7d。

4. 质量标准（见本章 24.1.7）

材料复验要由监理或相关单位负责见证取样，并签字认可。配制砂浆时应使用相应的量器，不得估配或采用经验配制。对配制使用的量器使用前应进行检查标识，并进行定期检查，做好记录。

5. 成品保护

(1) 抹灰前必须将门、窗口与墙间的缝隙按工艺要求将其嵌塞密实，对木制门、窗口应采用薄钢板、木板或木架进行保护，对塑钢或金属门、窗口应采用贴膜保护。

(2) 抹灰完成后应对墙面及门、窗口加以清洁保护，门、窗口原有保护层如有损坏的应及时修补，确保完整直至竣工交验。

(3) 在施工过程中，搬运材料、机具以及使用小手推车时，要特别小心，防止碰、撞、磕划墙面、门、窗口等。后期施工操作人员严禁蹬踩门、窗口、窗台，以防损坏棱角。

(4) 抹灰时墙上的预埋件、线槽、盒、通风篦子、预留孔洞应采取保护措施，防止施工时灰浆漏入或堵塞。

(5) 拆除脚手架、跳板、高马凳时要倍加小心，轻拿轻放，集中堆放整齐，以免撞坏门、窗口、墙面或棱角等。

(6) 当抹灰层未充分凝结硬化前，防止快干、水冲、撞击、振动和挤压，以保证灰层不受损伤和有足够的强度。

6. 施工记录

施工中做好以下记录：

（1）抹灰工程设计施工图、设计说明及其他设计文件。

（2）材料的产品合格证书、性能检测报告、进场验收记录、进厂材料复验报告。

（3）工序交接检验记录。

（4）隐蔽工程验收记录。

（5）工程检验批检验记录。

（6）分项工程检验记录。

24.1.5.2 室外墙面抹灰施工

1. 施工工艺

（1）工艺流程

墙面基层清理浇水湿润 → 堵门窗口缝及脚手眼、孔洞 → 吊垂直、套方、找规矩、抹灰饼、充筋 →

抹底层灰、中层灰 → 嵌分格条、抹面层灰 → 抹滴水线、起分格条 → 养护

（2）施工工艺

室外水泥砂浆抹灰工程工艺同室内抹灰一样，只是在选择砂浆时，应选用水泥砂浆或专用的干混砂浆。

施工中，除参照室内抹灰要点外，还应注意以下事项：

1）根据建筑高度确定放线方法，高层建筑可利用墙大角、门窗口两边，用经纬仪打直线找垂直。多层建筑时，可从顶层用大线坠吊垂直，绷铁丝找规矩，横向水平线可依据楼层标高或施工＋500mm 线为水平基准线进行交圈控制，然后按抹灰操作层抹灰饼，做灰饼时应注意横竖交圈，以便操作。每层抹灰时则以灰饼做基准充筋，使其保证横平竖直。

2）抹底层灰、中层灰：根据不同的基体，抹底层灰前可刷一道胶粘性水泥浆，然后抹 1∶3 水泥砂浆（加气混凝土墙底层应抹 1∶6 水泥砂浆），每层厚度控制在 5～7mm 为宜。分层抹灰抹与充筋平时用木杠刮平找直，木抹子搓毛，每层抹灰不宜跟得太紧，以防收缩影响质量。

3）弹线分格、嵌分格条：大面积抹灰应分格，防止砂浆收缩，造成开裂。根据图纸要求弹线分格、粘分格条。分格条宜采用红松制作，粘前应用水充分浸透。粘时在条两侧用素水泥浆抹成 45°八字坡形。粘分格条时注意竖条应粘在所弹立线的同一侧，防止左右乱粘，出现分格不均匀。条粘好后待底层呈七八成干后，可抹面层灰。

4）抹面层灰、起分格条：待底灰呈七八成干时开始抹面层灰，将底灰墙面浇水均匀湿润，先刮一层薄薄的素水泥浆，随即抹罩面灰与分格条平，并用木杠横竖刮平，木抹子搓毛，铁抹子溜光、压实。待其表面无明水时，用软毛刷蘸水，垂直于地面向同一方向轻刷一遍，以保证面层灰颜色一致，避免出现收缩裂缝，随后将分格条起出，待灰层干后，用素水泥膏将缝勾好。难起的分格条不要硬起，防止棱角损坏，待灰层干透后补起，并补勾缝。

5）抹滴水线：在抹檐口、窗台、窗眉、阳台、雨篷、压顶和突出墙面的腰线以及装

饰凸线时，应将其上面作成向外的流水坡度，严禁出现倒坡。下面做滴水线（槽）。窗台上面的抹灰层应深入窗框下坎裁口内，堵塞密实，流水坡度及滴水线（槽）距外表面不小于40mm，滴水线深度和宽度一般不小于10mm，并应保证其流水坡度方向正确，做法见图24-4。

抹滴水线（槽）应先抹立面，后抹顶面，再抹底面。分格条在底面灰层抹好后，即可拆除。采用"隔夜"拆条法时，需待抹灰砂浆达到适当强度后方可拆除。

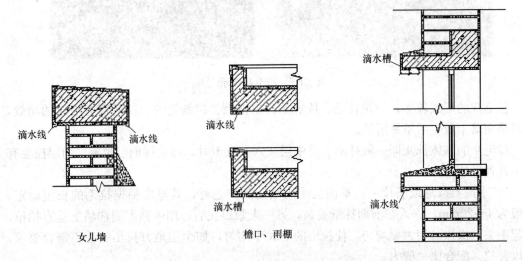

女儿墙   檐口、雨棚

图 24-4 滴水线（槽）做法示意图

6）养护：水泥砂浆抹灰常温24h后应喷水养护。冬期施工要有保温措施。

2. 质量标准

见本章24.1.7。

24.1.5.3 混凝土顶棚抹灰施工

混凝土顶棚抹灰宜用聚合物水泥砂浆或粉刷石膏砂浆，厚度小于5mm的可以直接用腻子刮平。预制混凝土顶棚找平、抹灰厚度不宜大于10mm，现浇混凝土顶棚抹灰厚度不宜大于5mm。抹灰前在四周墙上弹出控制水平线，先抹顶棚四周，圈边找平，横竖均匀、平顺，操作时用力使砂浆压实，使其与基体粘牢，最后压实压光。

24.1.6 装饰抹灰工程

24.1.6.1 装饰抹灰工程分类

装饰砂浆抹灰饰面工程可分为灰浆类饰面和石渣类饰面两大类。

1. 灰浆类饰面

灰浆类饰面主要通过砂浆的着色或对砂浆表面进行艺术加工，从而获得具有特殊色彩、线条、纹理等质感的饰面。其主要优点是材料来源广泛，施工操作简便，造价比较低廉，而且通过不同的工艺加工，可以创造不同的装饰效果。

常用的灰浆类饰面有以下几种：

（1）拉毛灰。拉毛灰是用铁抹子或木蟹，将罩面灰浆轻压后顺势拉起，形成一种凹凸质感很强的饰面层。拉细毛时用棕刷粘着灰浆拉成细的凹凸花纹（图24-5）。

图 24-5 拉毛灰图示

拉毛灰的形式较多，如拉长毛、拉短毛、拉粗毛、拉细毛等。拉毛灰有吸声的功效，同时墙面落上灰尘后不易清理。

拉毛灰的基体抹灰同一般抹灰，待中层灰六七成干时，然后抹面层拉毛。面层拉毛有如下几种做法：

1）水泥石灰加纸筋拉毛：罩面灰采用纸筋灰拉毛时，其厚度根据拉毛的长短而定，一般为 4～20mm，一人在前面抹纸筋灰，另一人紧跟在后边用硬猪鬃刷往墙上垂直拍拉，拉起毛头，操作时用力要均匀，使拉出的毛大小均匀，如个别地方拉出的毛不符合要求，可以补拉。配合比一般为：

粗毛：石灰砂浆：石灰膏：纸筋＝1：5％：3％石灰膏；

中等毛：石灰砂浆：石灰膏：纸筋＝1：10～20％石灰膏：3％石灰膏；

细毛：石灰砂浆：石灰膏：砂子＝1：25～30％石灰膏：适量砂子。

2）水泥石灰砂浆拉毛：用水泥：石灰膏：砂子＝1：0.6：0.9 水泥砂浆拉毛时，用白麻缠成的圆形麻刷子，把砂浆在墙面一点一带，带出毛疙瘩来。麻刷子的大小根据要做的拉毛图案大小确定。

3）纸筋石灰拉毛：用硬毛刷往墙上直接拍拉，拉出毛头。

拉毛施工时，避免中断留槎，做到色彩一致。拉粗毛时，用铁抹子轻触表面用力拉回；拉中等毛头时，可用铁抹子，也可用硬毛刷拉起；拉细毛时，用鬃刷粘着砂浆拉成花纹。

（2）甩毛灰。甩毛灰是用竹丝刷等工具将罩面灰浆甩涂在基面上，形成大小不一而又有规律的云朵状毛面饰面层。

（3）仿面砖。仿面砖是在采用掺入氧化铁系颜料（红、黄）的水泥砂浆抹面上，用特制的铁钩和靠尺，按设计要求的尺寸进行分格划块，沟纹清晰，表面平整，酷似贴面砖饰面。

（4）拉条。拉条是在面层砂浆抹好后，用一凹凸状轴辊作模具，在砂浆表面上滚压出立体感强、线条挺拔的条纹。条纹分半圆形、波纹形、梯形等多种，条纹可粗可细，间距可大可小。模具可用木材制作，拉灰的一面应包硬质光滑材料包面。

拉条灰施工时，先在墙面中层灰上弹垂直线，垂直线间距等于模具长度，按垂直线用素水泥浆将木轨道粘贴上去。待木轨道粘牢后，洒水湿润墙面，刷水泥浆（水灰比为

0.37～0.40）一遍，随即在墙面上抹面层砂浆，面层砂浆一般采用1∶0.5∶2～2.5的水泥石灰砂浆，掺加适量细纸筋。待面层砂浆收水后，用模具紧贴砂浆面从上而下拉动，使模具凸齿将接触的砂浆层拉刮下来，直到模具刮不下砂浆为止，模具要始终沿着木轨道拉动，以保证抹灰条纹垂直，从墙顶到墙底连续拉动。如抹灰条纹上有细缝时，可用水泥纸筋石灰补抹，再用同一模具拉动一次。模具见图24-6。

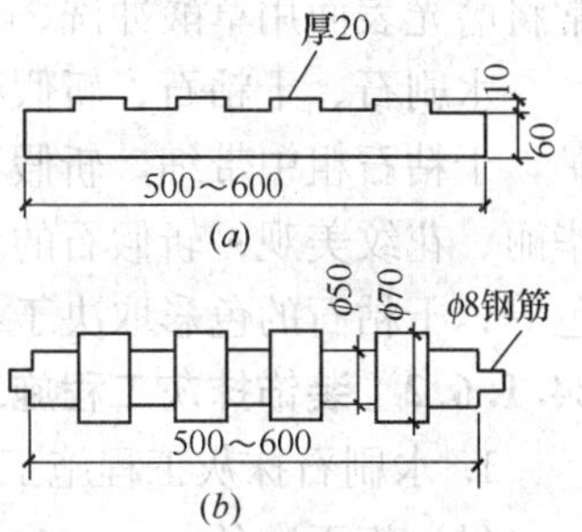

图 24-6　木模
(a) 带凹凸槽形方木模；
(b) 带凹凸槽形圆柱模子
注：用杉木、红松或椴木等木板制作，模具口处包上镀锌铁皮。

（5）喷涂。喷涂是用挤压式砂浆泵或喷斗，将掺入聚合物的水泥砂浆喷涂在基面上，形成波浪、颗粒或花点质感的饰面层。最后在表面再喷一层甲基硅醇钠或甲基硅树脂疏水剂，可提高饰面层的耐久性和耐污染性。

（6）弹涂。弹涂是用电动弹力器，将掺入胶粘剂的2～3种水泥色浆，分别弹涂到基面上，形成1～3mm圆状色点，获得不同色点相互交错、相互衬托、色彩协调的饰面层。最后刷一道树脂罩面层，起防护作用。

（7）硅藻泥饰面。硅藻泥主要原料是硅藻土，是硅藻沉积而成的天然物质，主要成分为蛋白石，不含任何对人体有害的物质，硅藻泥最大的特点体现在他的功能性上，呼吸调湿，吸音隔音；降解有害物质消除异味，能吸收和分解空气中的甲醛、氨、苯等有害物质，吸收分解各种异味和烟气，具有净化空气，除臭的作用；断热保温，硅藻泥热传导率很低，保温隔热性能优异，防火阻燃，硅藻泥壁材耐高温、不燃烧，火灾时不会产生有毒的气体。

2. 石渣类饰面

石渣类饰面是用水泥（普通水泥、白水泥或彩色水泥）、石渣、水拌成石渣浆，同时采用不同的加工手段除去表面水泥浆皮，使石渣呈现不同的外露形式以及水泥浆与石渣的色泽对比，构成不同的装饰效果。

石渣类饰面比灰浆类饰面色泽较明亮，质感相对丰富，不易褪色，耐光性和耐污染性也较好。石渣是天然的大理石、花岗石以及其他天然石材经破碎而成，俗称米石。常用的规格有大八厘（粒径为8mm）、中八厘（粒径为6mm）、小八厘（粒径为4mm）。

常用的石渣类饰面有以下几种：

（1）水刷石。将水泥石渣浆涂抹在基面上，待水泥浆初凝后，以毛刷蘸水刷洗或用喷枪以一定水压冲刷表层水泥浆皮，使石渣半露出来，达到装饰效果。

（2）干粘石。干粘石又称甩石子，是在水泥砂浆粘结层上，把石渣、彩色石子等粘在其上，再拍平压实而成的饰面。石粒的2/3应压入粘结层内，要求石子粘牢，不掉粒并且不露浆。

（3）斩假石。斩假石又称剁假石，是以水泥石渣（掺30%石屑）浆作成面层抹灰，待具有一定强度时，同钝斧或凿子等工具，在面层上剁斩出纹理，而获得类似天然石材经雕琢后的纹理质感。

（4）水磨石。水磨石是由水泥、彩色石渣或白色大理石碎粒及水按一定比例配制，需要时掺入适量颜料，经搅拌均匀，浇筑捣实、养护，待硬化后将表面磨光而成的饰面。常常将磨光表面用草酸冲洗、干燥后上蜡。

水刷石、干粘石、斩假石和水磨石等装饰效果各具特色。在质感方面：水刷石最为粗犷，干粘石粗中带细，斩假石典雅庄重，水磨石润滑细腻。在颜色花纹方面：水磨石色泽华丽、花纹美观；斩假石的颜色与斩凿的灰色花岗石相似；水刷石的颜色有青灰色、奶黄色等；干粘石的色彩取决于石渣的颜色。

24.1.6.2 装饰抹灰工程施工

1. 水刷石抹灰工程施工

（1）施工准备

材料准备：

①石渣：要求颗粒坚实、整齐、均匀、颜色一致，不含黏土及有机、有害物质。所使用的石渣规格、级配，应符合规范和设计要求。一般中八厘为 6mm，小八厘为 4mm，使用前应用清水洗净，按不同规格、颜色分堆晾干后，用苫布苫盖或装袋堆放，施工采用彩色石渣时，要求采用同一品种，同一产地的产品，宜一次进货备足，见表 24-17。

石渣规格与粒径   表 24-17

规格与粒径		质量要求
规格俗称	粒径（mm）	
大二分	约 20	颗粒坚韧、有棱角、洁净，不含黏土、碱质、有机物有害杂质和风化的石粒
一分半	约 15	
大八厘	约 8	
中八厘	约 6	
小八厘	约 4	
米粒石	约 0.3～1.2	

②小豆石：用小豆石做水刷石墙面材料时，其粒径 5～8mm 为宜。其含泥量不大于 1%，质地要求坚硬、粒径均匀。使用前宜过筛，筛去粉末，清除僵块，用清水洗净，晾干备用。

③颜料：颜料应采用耐碱性和耐光性较好的矿物质颜料，使用时应采用同一配比与水泥干拌均匀，装袋备用。

（2）质量控制要点

1）分格要符合设计要求，粘条时要顺序粘在分格线的同一侧。

2）喷刷水刷石面层时，要正确掌握喷水时间和喷头角度。

3）石渣使用前应冲洗干净。

4）注意防止水刷石墙面出现石子不均匀或脱落，表面混浊不清晰。

5）注意防止水刷石与散水、腰线等接触部位出现烂根。

6）水刷石槎子应留在分格条缝或水落管后边或独立装饰部分的边缘。不得将槎子留在分格块中间部位。注意防止水刷石墙面留槎混乱，影响整体效果。

（3）施工工艺

1）工艺流程：

堵门窗口缝 → 基层处理 → 浇水湿润墙面 → 吊垂直、套方、找规矩、抹灰饼、充筋 →

分层抹底层砂浆 → 分格弹线、粘分格条 → 做滴水线条 → 抹面层石渣浆 → 修整、赶实压光、喷刷 →

起分格条勾缝 → 养护

2）施工工艺

①堵门窗口缝：

抹灰前检查门窗口位置是否符合设计要求，安装牢固，四周缝按设计及规范要求填，然后用1∶3水泥砂浆塞实抹严。

②基层清理：

a. 混凝土墙基层处理：

凿毛处理：用钢钻子将混凝土墙面均匀凿出麻面，并将板面酥松部分剔除干净，用钢丝刷将粉尘刷掉，用清水冲洗干净，然后浇水湿润。

清洗处理：用10%的火碱水将混凝土表面油污及污垢清刷除净，然后用清水冲洗晾干，采用涂刷素水泥浆或混凝土界面剂等处理方法均可。如采用混凝土界面剂施工时，应按所使用产品要求使用。

b. 砖墙基层处理：

抹灰前需将基层上的尘土、污垢、灰尘、残留砂浆、舌头灰等清除干净。

③浇水湿润：

基层处理完后，要认真浇水湿润，浇水时应将墙面清扫干净，浇透浇均匀。

④吊垂直、套方、找规矩、做灰饼、充筋：

根据建筑高度确定放线方法，高层建筑可利用墙大角、门窗口两边，用经纬仪打直线找垂直。多层建筑时，可从顶层用大线坠吊垂直，绷铁丝找规矩，横向水平线可依据楼层标高或施工+50cm线为水平基准线交圈控制，然后按抹灰操作层抹灰饼，做灰饼时应注意横竖交圈，以便操作。每层抹灰时则以灰饼做基准充筋，使其保证横平竖直。

⑤分层抹底层砂浆：

a. 混凝土墙：先刷一道胶粘性素水泥浆，然后用1∶3水泥砂浆分层装档抹与筋平，然后用木杠刮平，木抹子搓毛或花纹。

b. 砖墙：抹1∶3水泥砂浆，在常温时可用1∶0.5∶4混合砂浆打底，抹灰时以充筋为准，控制抹灰层厚度，分层分遍装档与充筋抹平，用木杠刮平，然后木抹子搓毛或花纹。底层灰完成24h后应浇水养护。抹头遍灰时，应用力将砂浆挤入砖缝内使其粘结牢固。

c. 加气混凝土墙（轻质砌体、隔墙）：加气混凝土墙底层应抹1∶6水泥砂浆，每层厚度控制在5～7mm为宜。分层抹灰抹与充筋平时用木杠刮平找直，木抹子搓毛，每层抹灰不宜跟得太紧，以防收缩影响质量。

水刷石施工分层做法见表24-18。

⑥弹线分格、粘分格条：

根据图纸要求弹线分格、粘分格条，分格条宜采用红松制作，粘前应用水充分浸透，粘时在条两侧用素水泥浆抹成45°八字坡形，粘分格条时注意竖条应粘在所弹立线的同一侧，防止左右乱粘，出现分格不均匀，条粘好后待底层灰呈七八成干后可抹面层灰。

水刷石施工分层做法

表 24-18

基体	分层做法（体积比）	厚度（mm）	适用范围
砖 墙	1. 1：3 水泥砂浆抹底层 2. 1：3 水泥砂浆抹中层 3. 刮水灰比为 0.37～0.4 水泥浆为结合层 4. 水泥石粒浆（水泥石灰膏粒浆） （1）1：1 水泥大巴厘石粒浆（1：0.5：1.3 水泥石灰膏粒浆） （2）1：1.25 水泥中八厘粒石粒浆（1：0.5：1.5 水泥石灰膏石粒浆） （3）1：1.5 水泥小八厘石粒浆（1：0.5：2.0 水泥石灰膏石粒浆）	5～7 5～7 20 15 10	多用于建筑物墙面檐口、窗楣、窗套、门套、腰线、柱子、壁柱、阳台、雨篷、勒脚、花台等
混凝土墙	1. 刮水灰比为 0.37～0.4 水泥浆或涂刷界面剂 2. 1：3 水泥砂浆抹底层 3. 1：3 水泥砂浆抹中层 4. 刮水灰比为 0.37～0.4 水泥浆为结合层 5. 水泥石粒浆（水泥石灰膏粒浆） 同上	 5～7 5～7	
加气混凝土（轻质砌体、隔墙）	分两次涂刷界面剂，按使用说明适当稀释 1：0.5：4 水泥石灰砂浆打底层 1：4 水泥砂浆抹中层 刮水灰比为 0.37～0.4 水泥浆为结合层 水泥石粒浆（水泥石灰膏粒浆） 同上	 7～9 5～7	

⑦做滴水线：

滴水线做法同水泥砂浆抹灰做法。

⑧抹面层石渣浆：

待底层灰六七成干时首先将墙面润湿涂刷一层胶粘性素水泥浆，然后开始用钢抹子抹面层石渣浆。石渣浆配比按设计要求或根据使用要求及地理环境条件参考表 24-13 配比。自下往上分两遍与分格条抹平，并及时用靠尺或小杠检查平整度（抹石渣层高于分格条 1mm 为宜），有坑凹处要及时填补，边抹边拍打揉平，抹好石渣灰后应轻轻拍压使其密实。

a. 阳台、雨罩、门窗碰脸部位做法：

门窗碰脸、窗台、阳台、雨罩等部位水刷石施工时，应先做小面，后做大面，刷石喷水应由外往里喷刷，最后用水壶冲洗，以保证大面的清洁美观。檐口、窗台、碰脸、阳台、雨罩等底面应做滴水槽、滴水线（槽）应做成上宽 7mm，下宽 10mm，深 10mm 的木条，便于抹灰时木条容易取出，保持棱角不受损坏。滴水线距外皮不应小于 40mm，且应顺直。当大面积墙面做水刷石一天不能完成时，在继续施工冲刷新活前，应将前面做的刷石用水淋湿，以防喷刷时粘上水泥浆后便于清洗，防止对原墙面造成污染。施工楂子应留在分格缝上。

b. 阴阳角做法：

注意防止阴阳角不垂直，出现黑边。

抹阳角时先弹好垂直线，然后根据弹线确定的厚度为依据抹阳角石渣灰。抹阳角时，要使石渣灰浆接槎正交在阳角的尖角处。阳角卡靠尺时，要比上段已抹完的阳角高出 1～2mm。喷洗阳角时要骑角喷洗，并注意喷水角度，同时喷水速度要均匀，特别注意喷刷深度。

⑨修整、赶实压光、喷刷：

将抹好在分格条块内的石渣浆面层拍平压实，并将内部的水泥浆挤压出来，压实后尽量保证石渣大面朝上，再用铁抹子溜光压实，反复 3～4 遍。拍压时特别要注意阴阳角部位石渣饱满，以免出现黑边。待面层初凝时（指捺无痕），用水刷子刷不掉石粒为宜。然后开始刷洗面层水泥浆，喷刷分两遍进行，第一遍先用毛刷蘸水刷掉面层水泥浆，露出石粒；第二遍紧随其后用喷雾器将四周相邻部位喷湿，然后自上而下顺序喷水冲洗，喷头一般距墙面 100～200mm，喷刷要均匀，使石子露出表面 1～2mm 为宜。最后用水壶从上往下将石渣表面冲洗干净，冲洗时不宜过快，同时注意避开大风天，以避免造成墙面污染发花。若使用白水泥砂浆做水刷石墙面时，在最后喷刷时，可用草酸稀释液冲洗一遍，再用清水洗一遍，墙面更显洁净、美观。

⑩起分格条、勾缝：

喷刷完成后，待墙面水分控干后，小心将分格条取出，然后根据要求用线抹子将分格缝溜平、抹顺直。

⑪养护：

待面层达到一定强度后可喷水养护，防止脱水、收缩，造成空鼓、开裂。

2. 斩假石（又称剁斧石）抹灰工程施工工艺

(1) 施工工艺

1) 工艺流程：

基层处理 → 吊垂直、套方、找规矩、做灰饼、充筋 → 抹底层砂浆 → 弹线分格、粘分格条 →

抹面层石渣灰 → 浇水养护 → 弹线分条块 → 面层斩剁（剁石）

2) 操作工艺

同水刷石工艺（表 24-19）。注意以下事项：

①吊垂直、套方、找规矩、做灰饼、充筋：

根据设计要求，在需要做斩假石的墙面、柱面中心线或建筑物的大角、门窗口等部位用线坠从上到下吊通线作为垂直线，水平横线可利用楼层水平线或施工＋500mm 标高线为基线作为水平交圈控制。为便于操作，做整体灰饼时要注意横竖交圈。然后每层打底时以此灰饼为基准，进行层间套方、找规矩、做灰饼、充筋，以便控制各层间抹灰与整体平直。施工时，要特别注意保证檐口、腰线、窗口、雨篷等部位的流水坡度。

②抹面层石渣灰：

首先，将底层浇水均匀湿润，满刮一道水容性胶粘性素水泥膏（配合比根据要求或实验确定），随即抹面层石渣灰。抹与分格条平，用木杠刮平，待收水后用木抹子用力赶压密实，然后用铁抹子反复赶平压实，并上下顺势溜平，随即用软毛刷蘸水把表面水泥浆刷掉，使石渣均匀露出。

③浇水养护：

斩剁石抹灰完成后，养护第一重要，如果养护不好，会直接影响工程质量，施工时要特别重视这一环节，应设专人负责此项工作，并做好施工记录。斩剁石抹灰面层养护，夏日防止暴晒，冬日防止冰冻，最好冬日不要施工。

④面层斩剁（剁石）：

斩剁时应勤磨斧刃，使剁斧锋利，以保证剁纹质量。斩剁时用力应均匀，不要用力过大或过小，造成剁纹深浅不一致、凌乱、表面不平整。

斩假石施工分层做法   表 24-19

基体	分层做法（体积比）	厚度(mm)	适用范围
砖墙	1. 1∶3 水泥砂浆抹底层 2. 1∶3 水泥砂浆抹中层 3. 刮水灰比为 0.37～0.4 水泥浆为结合层 4. 1∶1.25 水泥石粒浆（中八厘掺适量石屑）	5～7 5～7 10～11	多用于建筑物墙面檐口、窗楣、窗套、门套、腰线、柱子、壁柱、阳台、雨篷、勒脚、花台等
混凝土墙	1. 刮水灰比为 0.37～0.4 水泥浆或涂刷界面剂 2. 1∶3 水泥砂浆抹底层 3. 1∶3 水泥砂浆抹中层 4. 刮水灰比为 0.37～0.4 水泥浆为结合层 5. 1∶1.25 水泥石粒浆（中八厘掺适量石屑）	 5～7 5～7 10～11	
加气混凝土（轻质砌体、隔墙）	1. 分两次涂刷界面剂，按使用说明适当稀释 2. 1∶0.5∶4 水泥石灰砂浆打底层 3. 1∶4 水泥砂浆抹中层 4. 刮水灰比为 0.37～0.4 水泥浆为结合层 5. 1∶1.25 水泥石粒浆（中八厘掺适量石屑）	 7～9 5～7 10～11	

掌握斩剁时间，在常温下经 3d 左右或面层达到设计强度 60%～70%时即可进行，大面积施工应先试剁，以石子不脱落为宜。

斩剁前应先弹顺线，并离开剁线适当距离按线操作，以避免剁纹跑斜。

斩剁应自上而下进行，首先将四周边缘和棱角部位仔细剁好，再剁中间大面。若有分格，每剁一行应随时将上面和竖向分格条取出，并及时将分块内的缝隙、小孔用水泥浆修补平整。

斩剁时宜先轻剁一遍，再盖着前一遍的剁纹剁出深痕，操作时用力应均匀，移动速度应一致，不得出现漏剁。

柱子、墙角边棱斩剁时，应先横剁出边缘横斩纹或留出窄小边条（边宽 30～40mm）不剁。剁边缘时应使用锐利的小剁斧轻剁，以防止掉边掉角，影响质量。

用细斧斩剁墙面饰花时，斧纹应随剁花走势而变化，严禁出现横平竖直的剁斧纹，花饰周围的平面上应剁成垂直纹，边缘应剁成横平竖直的围边。

用细斧剁一般墙面时，各格块体中间部分应剁成垂直纹，纹路相应平行，上下各行之间均匀一致。分格条凹槽深度和宽度应一致，槽底勾缝应平顺、光滑，棱角应通顺、整齐，横竖缝交接应平整顺直。

斩剁深度一般以石渣剁掉 1/3 比较适宜，这样可使剁出的假石成品美观大方（图 24-7）。

图 24-7 斩假石图例

斩剁石面层剁好后，应用硬毛刷顺剁纹刷净，清刷时不应蘸水或用水冲，雨天不宜施工。

（2）质量标准

见本章 24.1.7。

3. 干粘石抹灰工程施工工艺

（1）施工准备

所选用的石渣品种、规格、颜色应符合设计规定。要求颗粒坚硬、不含泥土、软片、碱质及其他有害有机物等。使用前应用清水洗净晾干，按颜色、品种分类堆放，并加以保护。

（2）注意事项

1）面层石渣灰厚度控制在 8~10mm 为宜，并保证石渣浆的稠度合适。

2）甩石子时注意甩板与墙面保持垂直，掌握好力度，不可硬砸、硬甩，应用力均匀。然后，用抹子轻拍，使石渣进入灰层 1/2，外留 1/2，使其牢固，不可用力过猛，造成局部返浆，形成面层颜色不一致。

3）防止干粘石面层不平，表面出现坑洼，颜色不一致。防止粘石面层出现石渣不均匀和部分露灰层，防止干粘石面出现棱角不通顺和黑边现象，造成表面花感。

4）抹面层灰时应先抹中间，再抹分格条四周，并及时甩粘石渣，确保分格条侧面灰层未干时甩粘石渣，使其饱满、均匀、粘结牢固、分格清晰美观。

5）阳角粘石起尺时，动作要轻缓，抹大面边角粘结层时要特别细心的操作，防止操作不当碰损棱角。当拍好小面石渣后应当立即起卡，在灰缝处撒些小石渣，用钢抹子轻轻拍压平直。如果灰缝处稍干，可淋少许水，随后粘小石渣，即可防止出现黑边。

（3）施工工艺

1）工艺流程：

基层处理 → 吊垂直、套方、找规矩 → 抹灰饼、充筋 → 抹底层灰 → 分格弹线、粘分格条 →

抹粘结层砂浆 → （喷）撒石粒 → 拍平、修整 → 起条、勾缝 → 浇水养护

2）施工工艺：

①抹粘结层砂浆：

为保证粘结层粘石质量，抹灰前应用水湿润墙面，粘结层厚度以所使用石子粒径确定，抹灰时如果底面湿润有干得过快的部位应再补水湿润，然后抹粘结层。抹粘结层宜采用两遍抹成，第一道用同强度等级水泥素浆薄刮一遍，保证结合层粘牢，第二遍抹聚合物水泥砂浆。然后用靠尺测试，严格按照高刮低添的原则操作，否则，易使面层出现大小波浪造成表面不平整影响美观。在抹粘结层时宜使上下灰层厚度不同，并不宜高于分格条最好是在下部约 1/3 高度范围内比上面薄些。整个分格块面层比分格条低 1mm 左右，石子撒上压实后，不但可保证平整度，且条边整齐，而且可避免下部出现鼓包皱皮现象。

②撒石粒（甩石子）：

当抹完粘结层后，紧跟其后一手拿装石子的托盘，一手用木拍板向粘结层甩粘石子。要求甩严、甩均匀，并用托盘接住掉下来的石粒，甩完后随即用钢抹子将石子均匀地。

拍入粘结层，石子嵌入砂浆的深度应不小于粒径的 1/2 为宜。并应拍实、拍严。操作时要先甩两边，后甩中间，从上至下快速、均匀地进行，甩出的动作应快，用力均匀，不使石子下溜，并应保证左右搭接紧密、石粒均匀，甩石粒时要使拍板与墙面垂直平行，让石子垂直嵌入粘结层内，如果甩时偏上偏下、偏左偏右则效果不佳，石粒浪费也大；甩出用力过大，会使石粒陷入太紧，形成凹陷；用力过小则石粒粘结不牢，出现空白不宜添补；动作慢则会造成部分不合格，修整后宜出接槎痕迹和"花脸"。阳角甩石粒，可将薄靠尺粘在阳角一边，选做邻面干粘石，然后取下薄靠尺抹上水泥腻子，一手持短靠尺在已做好的邻面上一手甩石子并用钢抹子轻轻拍平、拍直，使棱角挺直（表 24-20）。

干粘石施工分层做法

表 24-20

基体	分层做法	厚度（mm）	适用范围
砖墙	1. 1：3 水泥砂浆抹底层 2. 1：3 水泥砂浆抹中层 3. 刮水灰比为 0.37～0.4 水泥浆为结合层 4. 1：0.5：2：（胶粘剂按说明书掺加）水泥：石灰膏：砂：胶粘剂（厚度根据石粒规格调整） 5. 设计规格石粒（一般为中、小巴厘）	5～7 5～7 4～6	多用于建筑物面檐口、窗楣、窗套、门套、腰线、柱子、壁柱、阳台、雨篷、勒脚、花台等
混凝土墙	1. 刮水灰比为 0.37～0.4 水泥浆或涂刷界面剂 2. 1：3 水泥砂浆抹底层 3. 1：3 水泥砂浆抹中层 4. 刮水灰比为 0.37～0.4 水泥浆为结合层 5. 1：0.5：2：（胶粘剂按说明书掺加）水泥：石灰膏：砂：胶粘剂（厚度根据石粒规格调整） 6. 设计规格石粒（一般为中、小巴厘）	5～7 5～7 4～6	

基体	分层做法	厚度（mm）	适用范围
加气混凝土（轻质砌体、隔墙）	1. 分两次涂刷界面剂，使用说明适当稀释 2. 1:0.5:4 水泥石灰砂浆打底层 3. 1:4 水泥砂浆抹中层 4. 刮水灰比为 0.37~0.4 水泥浆为结合层 5. 1:0.5:2:（胶粘剂按说明书掺加）水泥:石灰膏:砂:胶粘剂（厚度根据石粒规格调整） 6. 设计规格石粒（一般为中、小巴厘）	 7~9 5~7 4~6	多用于建筑物面檐口、窗楣、窗套、门套、腰线、柱子、壁柱、阳台、雨篷、勒脚、花台等

门窗碹脸、阳台、雨罩等部位应留置滴水槽，其宽度深度应满足设计要求。粘石时应先做好小面，后做大面。

③拍平、修整、处理黑边：

拍平、修整要在水泥初凝前进行，先拍压边缘，而后中间，拍压要轻、重结合、均匀一致。拍压完成后，应对已粘石面层进行检查，发现阴阳角不顺挺直、表面不平整、黑边等问题，及时处理。

④起条、勾缝：

前工序全部完成，检查无误后，随即将分格条、滴水线条取出，取分格条时要认真小心，防止将边棱碰损，分格条起出后用抹子轻轻地按一下粘石面层，以防拉起面层，造成空鼓现象。然后，待水泥达到初凝强度后，用素水泥膏勾缝。格缝要保持平顺挺直、颜色一致。

⑤喷水养护：

粘石面层完成后常温 24h 后喷水养护，养护期不少于 2~3d，夏日阳光强烈，气温较高时，应适当遮阳，避免阳光直射，并适当增加喷水次数，以保证工程质量。

（4）质量标准

见本章 24.1.7。

4. 假面砖抹灰工程施工工艺

（1）施工准备

应采用矿物质颜料，使用时按设计要求和工程用量，与水泥一次性拌均匀，备足，过筛装袋，保存时避免潮湿。

假面砖抹灰施工工具除需增加铁钩子、铁梳子或铁刨、铁辊外，其他与一般抹灰工具相同，见图 24-8。

（2）施工工艺

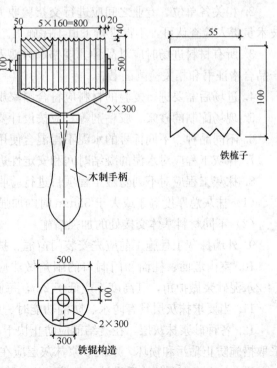

图 24-8 铁辊和铁梳子

1）工艺流程：

堵门窗口缝及脚手眼、孔洞等 → 墙面基层处理 → 吊线、找方、做灰饼、充筋 → 抹底层、中层灰 →

抹面层灰、做面砖 → 清扫墙面

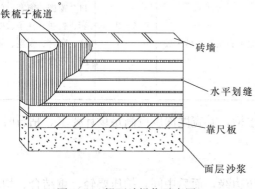

图 24-9 假面砖操作示意图

2）施工工艺

涂抹面层灰前应先将中层灰浇水均匀湿润，再弹水平线，按每步架子为一个水平作业段，然后上中下弹三条水平通线，以便控制面层划沟平直度，随抹 1∶1 水泥结合层砂浆，厚度为 3mm，接着抹面层砂浆，厚度为 3～4mm。

待面层砂浆稍收水后，先用铁梳子沿木靠尺由上向下划纹，深度控制在 1～2mm 为宜，然后再根据标准砖的宽度用铁皮刨子沿木靠尺横向划沟，沟深为 3～4mm，深度以露出层底灰为准（图 24-9）。

面砖面完成后，及时将飞边砂粒清扫干净。不得留有飞棱卷边现象。

24.1.7 抹灰工程质量要求

24.1.7.1 基本规定

1．抹灰工程应有施工图、设计说明及其他设计文件。

2．相关各单位、专业之间应进行交接验收并形成记录，未经监理工程师或建设单位技术负责人检查认可，不得进行下道工序施工。

3．所有材料进场时应对品种、规格、外观和数量进行验收。材料包装应完好，应有产品合格证书和相关检测证书。

4．进场后需要进行复验的材料应符合国家规范规定。

5．现场配制的砂浆、胶粘剂等，应按设计要求或产品说明书配制。

6．不同品种、不同标号的水泥不得混合使用。

7．抹灰工程应对水泥的凝结时间和安定性进行复验。

8．抹灰工程应对下列隐蔽工程项目进行验收：

（1）抹灰总厚度等于或大于 35mm 时的加强措施；

（2）不同材料基体交接处的加强措施。

9．外墙抹灰工程施工前应先安装门窗框、护栏等，并应将墙上的施工孔洞堵塞密实。

10．室内墙面、柱面和门洞口的阳角做法应符合设计要求。设计无要求时，应采用 1∶2 水泥砂浆做护角，其高度不应低于 2m，每侧宽度不应小于 50mm。

11．当要求抹灰层具有防水、防潮功能时，应采用防水砂浆。

12．各种砂浆抹灰层，在凝结前应防止快干、水冲、撞击、振动和受冻，在凝结后应采取措施防止玷污和损坏。水泥砂浆抹灰层应在湿润条件下养护。

13．在施工中严禁违反设计文件擅自改动建筑主体、承重结构或主要使用功能，严禁未经设计确认和有关部门批准擅自拆改水、暖、电、燃气、通信等配套设施。

14. 外墙和顶棚的抹灰层与基层之间及各抹灰层之间必须粘结牢固。

24.1.7.2 主控项目

1. 抹灰前基层表面的尘土、污垢、油渍等应清除干净，并应洒水润湿。

检验方法：检查施工记录。

2. 一般抹灰所用材料的品种和性能应符合设计要求，砂浆的配合比应符合设计要求。

材料质量是保证抹灰工程质量的基础，因此，抹灰工程所用材料如水泥、砂、石灰膏、有机聚合物等应符合设计要求及国家现行产品标准的规定，并应有出厂合格证；材料进场时应进行现场验收，不合格的材料不得用在抹灰工程上，对影响抹灰工程质量与安全的主要材料的某些性能如水泥的凝结时间和安定性进行现场抽样复验。

检验方法：检查产品合格证书、进场验收记录、复验报告和施工记录。

3. 抹灰工程应分层进行。当抹灰总厚度大于或等于 35mm 时，应采取加强措施。不同材料基体交接处表面的抹灰，由于吸水和收缩性不一致，接缝处表面的抹灰层容易开裂，应采取防止开裂的加强措施，当采用加强网时，加强网与各基体的搭接宽度不应小于 100mm。

检验方法：检查隐蔽工程验收记录和施工记录。

4. 抹灰层与基层之间及各抹灰层之间必须粘结牢固，抹灰层应无脱层、空鼓，面层应无爆灰和裂缝。抹灰层拉伸粘结强度实体检测值不应小于 0.20MPa。

检验方法：观察；用小锤轻击检查；检查拉伸粘结强度实体检测记录。

抹灰工程的质量关键是粘结牢固，无开裂、空鼓与脱落。如果粘结不牢，出现空鼓、开裂、脱落等缺陷，会降低对墙体保护作用，且影响装饰效果。经调研分析，抹灰层之所以出现开裂、空鼓和脱落等质量问题，主要原因是基体表面清理不干净，如：基体表面尘埃及疏松物、脱模剂和油渍等影响抹灰粘结牢固的物质未彻底清除干净；基体表面光滑，抹灰前未作毛化处理；抹灰前基体表面浇水不透，抹灰后砂浆中的水分很快被基体吸收，影响砂浆硬化质量；一次抹灰过厚，干缩率较大等，都会影响抹灰层与基体的粘结牢固。

24.1.7.3 一般项目

1. 一般抹灰工程

一般抹灰工程的表面质量应符合下列规定：

(1) 普通抹灰表面应光滑、洁净、接槎平整、阴阳角顺直，分格缝应清晰。

(2) 高级抹灰表面应光滑、洁净、颜色均匀、美观、无接槎痕，分格缝和灰线应清晰美观。

检验方法：观察；手摸检查。

(3) 护角、孔洞、槽、盒周围的抹灰表面应整齐、光滑；管道后面的抹灰表面应平整。

检验方法：观察。

(4) 抹灰层的总厚度应符合设计要求；水泥砂浆不得抹在石灰砂浆层上；罩面石膏灰不得抹在水泥砂浆层上。

检验方法：检查施工记录。

(5) 抹灰分格缝的设置应符合设计要求，宽度和深度应均匀，表面应光滑，棱角应整齐。

检验方法：观察；尺量检查。

（6）有排水要求的部位应做滴水线（槽）。滴水线（槽）应整齐顺直，滴水线应内高外低，滴水槽宽度和深度均不应小于 10mm。

检验方法：观察；尺量检查。

一般抹灰工程质量的允许偏差和检验方法应符合表 24-21 的规定。

一般抹灰的允许偏差和检验方法　　　　　　　　　　　表 24-21

项	项　目	允许偏差（mm）		检 验 方 法
		普通抹灰	高级抹灰	
1	立面垂直度	4	3	用 2m 垂直检测尺检查
2	表面平整度	4	3	用 2m 靠尺和塞尺检查
3	阴阳角方正	4	3	用直角检测尺检查
4	分格条（缝）直线度	4	3	用 5m 线，不足 5m 拉通线，用钢直尺检查
5	墙裙、勒脚上口直线度	4	3	拉 5m 线，不足 5m 拉通线，用钢直尺检查

注：1. 普通抹灰，本表第 3 项阴角方正可不检查；

2. 顶棚抹灰，本表第 2 项表面平整度可不检查，但应平顺；

3. 混凝土基层抹灰只按高级抹灰要求。

2. 装饰抹灰工程

装饰抹灰工程的表面质量应符合下列规定：

（1）水刷石表面应石粒清晰、分布均匀、紧密平整、色泽一致，应无掉粒和接槎痕迹。

（2）斩假石表面剁纹应均匀顺直、深浅一致，应无漏剁处；阳角处应横剁并留出宽窄一致的不剁边条，棱角应无损坏。

（3）干粘石表面应色泽一致、不露浆、不漏粘，石粒应粘结牢固、分布均匀，阳角处应无明显黑边。

（4）假面砖表面应平整、沟纹清晰、留缝整齐、色泽一致，应无掉角、脱皮、起砂等缺陷。

检验方法：观察；手摸检查。

（5）装饰抹灰分格条（缝）的设置应符合设计要求，宽度和深度应均匀，表面应平整光滑，棱角应整齐。

检验方法：观察。

（6）有排水要求的部位应做滴水线（槽）。滴水线（槽）应政治课顺直，滴水线应内高外低，滴水槽的宽度和深度均不应小于 10mm 应采取加强措施。不同材料基体交接处表面的抹灰，应采取防止开裂的加强措施，当采用加强网时，加强网与各基体的搭接宽度不应小于 100mm。

检验方法：观察；尺量检查。

（7）装饰抹灰工程质量的允许偏差和检验方法应符合表 24-22 的规定。

装饰抹灰的允许偏差和检验方法　表 24-22

项　目	允许偏差（mm）				检验方法
	水刷石	斩假石	干粘石	假面砖	
立面垂直度	5	4	5	5	用 2m 靠尺和塞尺检查
表面平整度	3	3	5	4	用 2m 靠尺和塞尺检查
阳角方正	3	3	4	4	用直角检测尺检查
分格条（缝）直线度	3	3	3	3	用 5m 线，不足 5m 拉通线，用钢直尺检查
墙裙、勒脚上口直线度	3	3	—	—	用 5m 线，不足 5m 拉通线，用钢直尺检查

24.2 吊 顶 工 程

24.2.1 吊 顶 分 类

24.2.1.1 石膏板、埃特板、防潮板吊顶

石膏板、埃特板、防潮板吊顶见图 24-10、图 24-11，为固定式吊顶，装饰板表面不外露于室内活动空间，将其固定在龙骨上之后还需要在饰面上再做涂料喷刷。

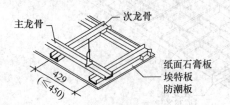

图 24-10　石膏板、埃特板、防潮板吊顶（一）

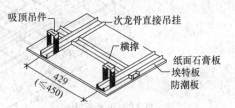

图 24-11　石膏板、埃特板、防潮板吊顶（二）

24.2.1.2 矿棉板、硅钙板吊顶

矿棉板、硅钙板吊顶见图 24-12。活动式吊顶，常与轻钢龙骨或铝合金龙骨配套使用，其表现形式主要为龙骨外露，也可半外露，此类吊顶一般不考虑上人。

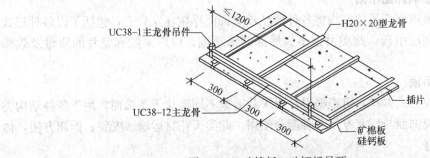

图 24-12　矿棉板、硅钙板吊顶

24.2.1.3 金属罩面板吊顶

金属罩面板吊顶是指将各种成品金属饰面与龙骨固定,饰面板面层不再做其他装饰,此类吊顶包括了金属条板吊顶(图 24-13)、金属方板吊顶、金属格栅吊顶(图 24-14)、金属条片吊顶(图 24-15)、金属蜂窝吊顶、金属造型吊顶等。将成品金属饰面板卡在铝合金龙骨上或用转接件与龙骨固定。

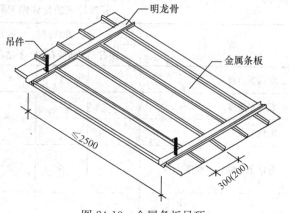

图 24-13　金属条板吊顶

24.2.1.4 木饰面罩面板吊顶

木饰面罩面板吊顶是指将各种成品木饰面与龙骨固定,包括了以各种形式表现的木质饰面吊顶。此类吊顶多为局部装饰顶棚。以厂家配套龙骨的质量及效果较佳。

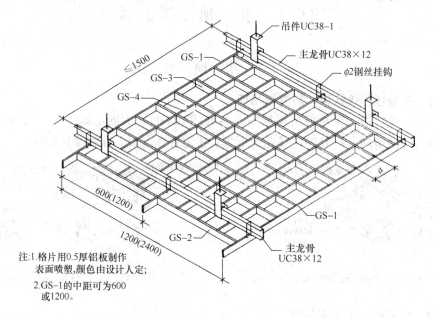

注:1.格片用0.5厚铝板制作
　　　表面喷塑,颜色由设计人定;
　　2.GS-1的中距可为600
　　　或1200。

图 24-14　金属格栅吊顶

24.2.1.5 透光玻璃饰面吊顶

透光玻璃饰面罩面板吊顶是指将各种成品玻璃饰面浮搁在龙骨上,包括了以各种形式表现的多种玻璃饰面吊顶。此类吊顶多为局部装饰顶棚。以厂家配套龙骨的质量及效果较佳。

24.2.1.6 软膜吊顶

软膜天花表现形式多样,可根据设计要求裁剪成不同形状天花饰面,用于各种结构类型的吊顶饰面,膜饰面与厂家专用龙骨配合使用。此类天花材运输、安装、拆卸方便,体现流线型效果较好。

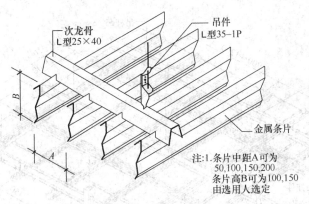

图 24-15　金属条片吊顶

24.2.2　常用材料

24.2.2.1　龙骨材料

龙骨是用来支撑各种饰面造型、固定结构的一种材料。其分类如下：

1. 根据制作材料的不同，可分为木龙骨、轻钢龙骨、铝合金龙骨、钢龙骨等。

（1）木龙骨

吊顶骨架采用木骨架的构造形式。使用木龙骨其优点是加工容易、施工也较方便，容易做出各种造型，但因其防火性能较差只能适用于局部空间内使用。木龙骨系统又分为主龙骨、次龙骨、横撑龙骨，木龙骨规格范围为 60mm×80mm～20mm×30mm。在施工中应作防火、防腐处理。木龙骨吊顶的构造形式见图 24-16。

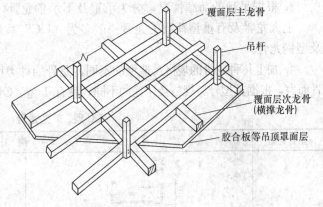

图 24-16　木龙骨吊顶

（2）轻钢龙骨吊顶

吊顶骨架采用轻钢龙骨的构造形式。轻钢龙骨有很好的防火性能，再加上轻钢龙骨都是标准规格且都有标准配件，施工速度快，装配化程度高，轻钢骨架是吊顶装饰最常用的骨架形式。轻钢龙骨按断面形状可分为 U 型、C 型、T 型、L 型等几种类型；按荷载类型分有 U60 系列、U50 系列、U38 系列等几类。每种类型的轻钢龙骨都应配套使用。轻钢龙骨的缺点是不容易做成较复杂的造型，轻钢龙骨构造形式见图 24-17。

（3）铝合金龙骨吊顶

合金龙骨常与活动面板配合使用，其主龙骨多采用 U60、U50、U38 系列及厂家定制的专用龙骨，其次龙骨则采用 T 型及 L 型的合金龙骨，次龙骨主要承担着吊顶板的承重功能，又是饰面吊顶板装饰面的封、压条。合金龙骨因其材质特点不易锈蚀，但刚度较差容易变形。

2. 根据使用部位来划分，又可分为主龙骨、副龙骨、边龙骨以及厂家专用龙骨等。

主龙骨：是吊顶构成中基层的受力骨架，主要承重构件。

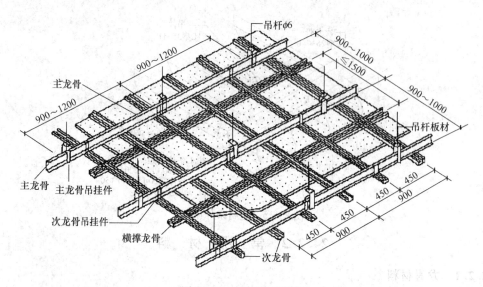

图 24-17　轻钢龙骨吊顶

副龙骨：是吊顶构成中基层的受力骨架，传递向主龙骨吊顶承重构件。

边龙骨：多用于活动式吊顶的边缘，用作吊顶收口。

厂家专用龙骨：由厂家专业定制，多与厂家出产的吊顶饰面板配合使用。

3. 根据吊顶的荷载情况，分为承重及不承重龙骨（即上人龙骨和不上人龙骨）等。

上人龙骨及有重型荷载的龙骨一般多为"UC"系列，常见的有 UC60 双层龙骨系列，及型钢龙骨。

4. 加上每种龙骨的规格及造型的不同，龙骨的种类可谓千差万别，琳琅满目。就轻钢龙骨而言，根据其型号、规格及用途的不同，就有 T 型、C 型、U 型龙骨等见表 24-23。

UC 型、T 型龙骨　　　　　　　　　　　　　　　　　表 24-23

龙骨类型	示 例 图	
UC 型不上人龙骨	不上人龙骨 50×20	不上人龙骨 60×27
	不上人龙骨 50×20	不上人龙骨 60×27
	不上人龙骨 38×12	

龙骨类型	示 例 图	
UC 型上人龙骨	 上人龙骨 50×15	 上人龙骨 60×27
T 型不上人龙骨	 不上人龙骨 24×38	 不上人龙骨 24×28

24.2.2.2　石膏板、埃特板、防潮板材料

纸面石膏板是在建筑石膏中加入少量胶粘剂、纤维、泡沫剂等与水拌和后连续浇注在两层护面纸之间，再经辊压、凝固、切割、干燥而成。主要分为纸面石膏板及装饰石膏板两种。

埃特板是一种纤维增强硅酸盐平板（纤维水泥板），其主要原材料是水泥、植物纤维和矿物质，经流浆法高温蒸压而成，主要用作建筑材料，埃特板是一种具有强度高、耐久等优越性能的纤维硅酸盐板材。

防潮板是在基材的生产过程中加入一定比例的防潮粒子，又名三聚氰胺板，可使板材遇水膨胀的程度大大下降。防潮板具有好的防潮性能。

24.2.2.3　矿棉板、硅钙板材料

矿棉板是以矿渣棉为主要原料，加适量的添加剂如轻质钙粉、立德粉、海泡石、骨胶、絮凝剂等材料加工而成的。矿棉吸声板具有吸声、不燃、隔热、抗冲击、抗变形等优越性能。材料种类见表 24-24。

矿棉板材料种类　　　　　　　　　　　　　　　　表 24-24

1—a	1—b	1—c

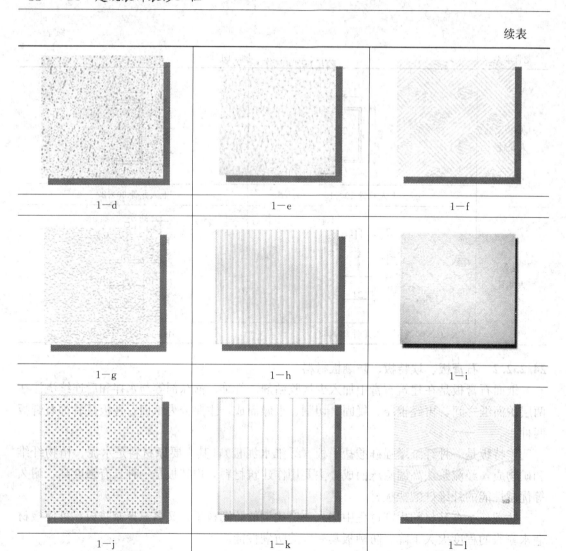

24.2.2.4 金属板、金属格栅材料

金属装饰板是以不锈钢板、防锈铝板、电化铝板、镀锌板等为基板，进行进一步的深加工而成。多见的有金属方板、金属条板（表 24-25）、金属造型板等。

金属方板、条板材料   表 24-25

续表

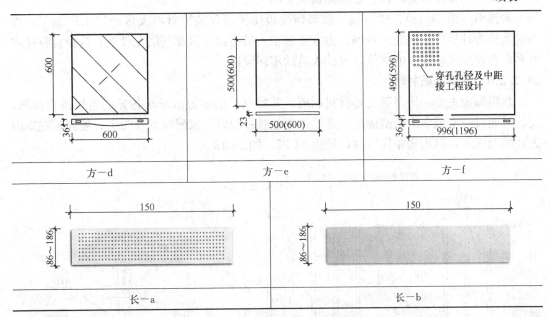

方—d	方—e	方—f

长—a	长—b

金属格栅是开敞式单体构件吊顶，其材质以铝合金材料为主，也有木质及塑料基材的，具有安装简单，防火等优点，多用于超市及食堂等较空阔的空间。详见表24-26。

金属格栅种类   表 24-26

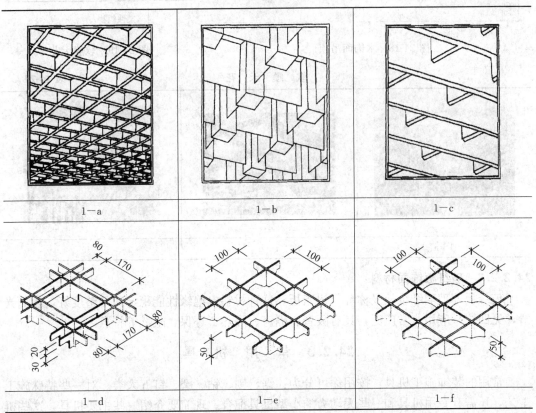

1—a	1—b	1—c

1—d	1—e	1—f

24.2.2.5 木饰面、塑料板、玻璃饰面板材料

木饰面（图24-18）、塑料板、玻璃饰面板用作吊顶装饰材料大多经过工厂加工，成为成品装饰挂板后运至施工现场，由专业施工人员直接挂接在基层龙骨上，这种材料样式繁多，表现形式各异，能够体现设计人员的不同风格。

24.2.2.6 软膜饰面材料

软膜饰面主要采用聚氯乙烯材料制成，其特点是能够做出形状各异的造型吊顶饰面，安装时通过一次或多次切割成形，此类天花龙骨一般以厂家配套龙骨为主，被固定在室内天花的四周上，以用来扣住膜材，见表24-27，图24-19。

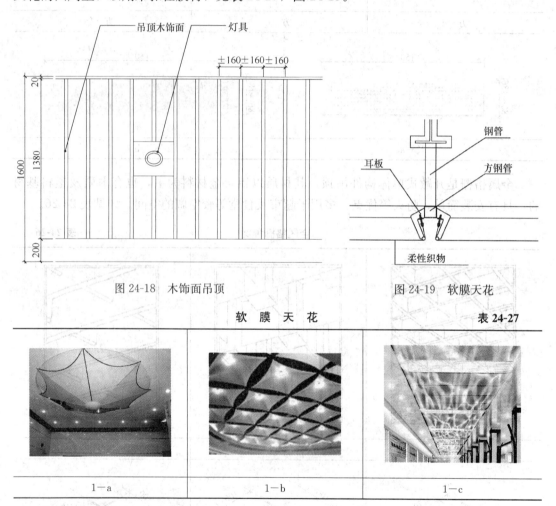

图 24-18 木饰面吊顶   图 24-19 软膜天花

软 膜 天 花   表 24-27

| 1—a | 1—b | 1—c |

24.2.2.7 玻纤板饰面材料

玻纤板即玻璃纤维板又称环氧树脂板，这种材料电绝缘性能稳定，平整度好，表面光滑，无凹坑，应用非常广泛，具有吸音、隔声、隔热、环保、阻燃等特点。

24.2.3 常 用 机 具

常用的装饰施工机具，按用途可分为：锯、刨、钻、磨、钉五大类。对一些特殊施工工艺，还需有专用机具和一些无动力的小型机具配合。现简要介绍一些主要机具，这些机

具不仅可以用于吊顶，也适用于其
他装饰作业。

24.2.3.1　切割机具

切割机具是装饰施工中最常用
的机具，因为装饰工程中的成品和
半成品材料所占比重较大，需要进
行切割的材料十分广泛。但由于切
割对象的不同，机具也有差异，既
有通用的，也有专用的。

1. 型材切割机

型材切割机是一种高效率的电
动工具见图 24-20。它是根据砂轮
磨削原理，用快速旋转的薄片砂轮
来切割各种型材。

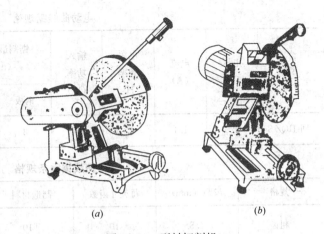

(a)　　　　　　　　　　(b)

图 24-20　型材切割机

(a) J₃G-400 型；(b) J₃GS-300（双速型）

型材切割机机型及主要参数，见表 24-28。

型材切割机机型及主要参数　　　　　　　　　　表 24-28

型　号		J₃G-400 型	J₃GS-300 型（双速）
电动机		三相工频电动机	三相工频电动机
额定电压（V）		380	380
额定功率（kW）		2.2	1.4
转速（r/min）		2880	2880
极　速		二级	二级
增强纤维砂轮片（mm）		400×32×3	300×32×3
切割线速度（m/s）		砂轮片 60	砂轮片 68、木工圆锯片 32
最大切割范围（mm）	圆钢管、导形管	135×6	90×5
	槽钢、角钢	100×10	80×10
	圆钢、方钢	φ50	φ25
	木材、硬质塑料		φ90
夹钳可转角度		0°、15°、30°、45°	0°～45°任意调节
切割中心调整量（mm）		50	
机重（kg）		80	40

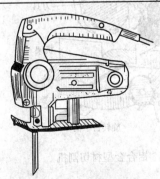

图 24-21　电动曲线锯

2. 电动曲线锯

曲线锯可按照各种要求锯割曲线和直线的金属、木
料、塑料、橡胶、皮革等。可以更换不同的锯条，锯割
不同的材料，其中粗齿锯条适用于锯割木材，中齿锯条
适用于锯割有色金属板材，细齿锯条适用于锯割钢板见
图 24-21。

电动曲线锯的规格以型号及最大锯割厚度表示，见
表 24-29。曲线锯锯条的规格以型号及齿距表示，见表
24-30。

电动曲线锯规格   表 24-29

型号	电压 (V)	电流 (A)	电源频率 (Hz)	输入功率 (W)	锯割最大厚度 (mm)		最小曲率半径 (mm)	锯条负载往复次数 (次/min)	锯条往复行程
					钢板	层压板			
回 JIQZ-3	220	1.1	50	230	3	10	50	1600	25

曲线锯锯条规格   表 24-30

规格	齿距（mm）	每英寸齿数	制造材料	表面处理	适用锯割材质
粗齿	1.8	10	T10		木材
中齿	1.4	14	W18CR4V	发黑	有色金属、层压管
细齿	1.1	18	W18CR4V		普通钢板

　　锯割前应根据被加工件的材料选取不同锯齿的锯条。锯割时，向前推力不能过猛，转角半径不宜小于50mm。

　　3. 手提式电锯（电动圆锯）

　　用于切割木夹板、木方、装饰板、轻金属等，锯片分圆形钢锯片和砂轮锯片两种见图24-22，常用规格有7、8、9、10、12、14英寸（in）几种，其中：

　　9in：功率1750W　转速4000r/min；

　　12in：功率1900W　转速3200r/min。

　　4. 铝合金型材切割机

　　铝合金型材切割机是台式机具。它在结构上与普通型材切割机基本一样，由于它采用硬质合金锯片，也无需进行锯齿的修磨，使用起来，工效高、速度快。如图24-23所示。主要用于装饰工程中铝合金安装。

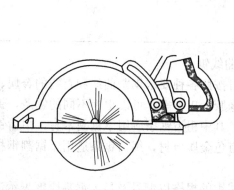

图 24-22　电动圆锯　　　　　　图 24-23　铝合金型材切割机

　　铝合金型材切割机规格，见表24-31。

铝合金型材切割机规格　　　　　　　　　　表 24-31

型号	锯片直径（mm）	最大锯割尺寸（高×宽）(mm)		转数（r/min）	功率（W）	净重（kg）
		90°	45°			
LS1400	355	122×152	122×115	3200		32

5. 双刃电剪刀

双刃电剪刀是一种新型的手持式电动工具，采用双刃口剪刀形式，双重绝缘，是专为各种薄壁金属型材的剪切而制造的。如图 24-24 所示。

双刃电剪刀，可用来剪切薄板金属型材，或将金属薄板剪切各种形状，如图 24-25 所示。双刃电剪刀规格见表 24-32。

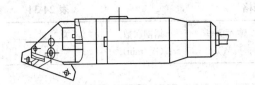

图 24-24　双刃电剪刀

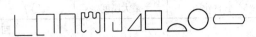

图 24-25　剪切形状

双刃电剪刀规格　　　　　　　　　　　　表 24-32

项目 型号	电压（V）	电流（A）	功率（W）	频率（Hz）	重量（kg）	剪切速度（m/min）	剪切频率（次/min）
J1R-2	220	1.3	280	50	1.8	2	1850

6. 电冲剪

电冲剪是用来冲剪波纹钢板、塑料板、层压板等板材的工具，还可以在各种板材上开各种形状的孔。其外形如图 24-26 所示。电冲剪的规格，见表 24-33。

电冲剪规格　　　　　　　　　　　　表 24-33

最大剪切厚度（mm）	额定电压（V）	输入功率（W）	剪切次数（次/min）	重量（kg）
回 J1H 型				
1.3	220	230	1260	2.2
2.0	220	480	900	
2.5	220	430	700	4.0
3.2	220	650	900	5.5
进口产品				
1.2	220	240	1900	2.4
2.3	220	335	950	3.5
3.2	220	670	900	5.8
4.5	220	1000	850	7.3
6.0	220	1200	720	8.3

7. 往复锯

往复锯，如图 24-27 所示。往复锯是一种电动锯工具，用于锯割木材、金属、管材等。往复锯规格见表 24-34。

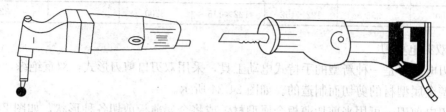

图 24-26 电冲剪   图 24-27 往复锯

往复锯规格   表 24-34

锯割能力（mm）		额定电压 （V）	输入功率 （W）	锯割次数 （次/min）	重 量 （kg）
管材外径	最大厚度				
回 J1FJ					
100	10	220	430	1400	3.6
进口产品					
115	12	220	720	700～2200	3.6

24.2.3.2 钻孔机具

各种规格的电钻，是装饰工程中开孔、钻孔、固定的理想电动工具。

目前装饰施工中主要采用的各种手提式钻孔工具，基本上分为微型电钻和电动冲击钻，常用的电锤与电动螺丝刀也属于此类机具。

1. 微型电钻

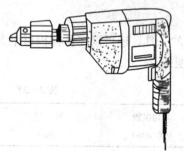

它是用来对金属、塑料或其他类似材料及工件进行钻孔的电动工具，见图 24-28。

电钻由电动机、传动机械、壳体、钻夹头等部件组成。钻头夹装在钻头或圆锥套筒内，13mm 以下的采用钻头夹，13mm 以上的采用莫氏锥套筒。为适应不同钻削特性、单速、双速、四速和无级调速电钻。电钻的规格以钻孔直径表示，见表 24-35。

图 24-28 微型电钻

交直流两用电钻规格   表 24-35

电钻规格（mm）	额定转速（r/min）	额定转矩（N·m）
4	2200	0.4
6	1200	0.9
10	700	2.5
13	500	4.5
16	400	7.5
19	330	3.0
23	250	7.0

操作注意事项：

（1）电钻应符合标准规定要求，能在下列环境条件下额定运行。空气最高温度 35～40℃，最低温度 −10℃，相对湿度为 40%（25℃）。

（2）电钻的最初启动电流与额定电流比应不超过 6 倍，容差＋20%。

（3）电钻用的钻夹头应符合标准，开关的额定电压和额定电流不能低于电钻的额定电压和额定电流。

2. 电动冲击钻

电动冲击钻又称冲击电钻，见图 24-29，是可调节式旋转带冲击的特种电钻。当把旋钮调到纯旋转位置，装上钻头，就像普通电钻一样可对钢制品进行钻孔；如把旋钮调到冲击位置。装上镶硬质合金的冲击钻头，就可对混凝土、砖墙进行钻孔。它是单相串激电动机（交直流两用）。

电动冲击钻的规格以型号及最大钻孔直径表示，见表 24-36。

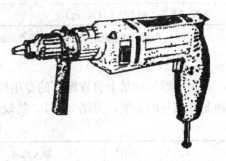

图 24-29　电动冲击钻

电动冲击钻规格型号　　　　　　　　　　表 24-36

型　　号	回 JIZC-10	回 JIZC-20
额定电压（V）	220	220
额定转速（r/min）	≥1200	≥800
额定转矩（N·m）	0.009	0.035
额定冲击次数（次/min）	14000	8000
额定冲击幅度（mm）	0.8	1.2
最大转井直径（mm）	6	13
钢铁中混凝土制品中	10	20

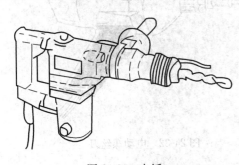

图 24-30　电锤

3. 电锤

电锤又叫冲击电钻，兼备冲击和旋转两种功能，应用范围较广，可用于铝合金门窗、铝合金吊顶以及饰面石材安装工程见图 24-30。使用硬质合金钻头，在砖石、混凝土上打孔时，钻头旋转兼冲击，操作者无须施加压力。可用在混凝土地面打孔，以膨胀螺丝代替通地脚螺丝，安装各种设备。其技术性能见表 24-37。

电锤技术性能表　　　　　　　　　　表 24-37

型　　号	DH₂₂
电压（按不同地区）（V）	110、115、120、127、200、220、230、240
输入功率（W）	520
空载转速（r/min）	800

续表

型　　号	DH₂₂
满载冲击次数（次/min）	3150
工作能力（mm）：混凝土	22
钢	13
木料	30
重量（电缆、侧手柄不计）（kg）	4.3

注：DH₂₂为闽东日立电工具有限公司生产的闽日牌，即 ZIC-22 开型号。

4. 自攻螺钉钻

自攻螺钉钻是上自攻螺钉的专用机具，用于在轻钢龙骨或铝合金龙骨安装饰面板及各种龙骨本身的安装，见图 24-31，其规格见表 24-38。

自攻螺钉钻规格   表 24-38

项目 规格（mm）	输入功率 （W）	空载转速 （r/min）	重　量 （kg）
8	730	2400	2.9
12	1300	2200	5.0

5. 电动螺丝刀

电动螺丝刀的外形如图 24-32 所示，主要用于罩面在所难免与龙骨连接时的螺丝拧固操作，还使用需要拧紧螺丝的其他地方。一般电动螺丝刀所能拧紧的最大螺钉为 M6。电动螺丝刀规格，见表 24-39。

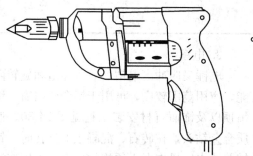

图 24-31 电动自攻螺钉钻

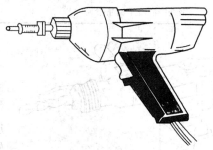

图 24-32 电动螺丝刀

电动螺丝刀规格   表 24-39

适用范围	额定电压 （V）	输入功率 （W）	额定转矩 （N·m）	力矩范围 （N·m）	重量 （kg）
POL-1、2 型（微型）					
M1 及以下	9		1.10		0.15
M2 及以下	9		2.20		0.16

续表

适用范围	额定电压 (V)	输入功率 (W)	额定转矩 (N·m)	力矩范围 (N·m)	重量 (kg)
POL 及 POLZ 型					
M4 及以下	24	20	0.90		1.70
M4 及以下	24		1.0		
PIL 型					
M4～M6	220	230		2.5～8	1.70
M4～M6	220	250		2～8	1.40
进口产品					
M1.4～M3	DC16～38	27	0.05～0.70		0.38
M2.2～M4	DC16～38	47			0.57
M5	220	340	0.20～2.00		1.40
M6	220	340/520			1.50/1.70
M6	220	520			1.90
M8	220	190	0～14.00		1.90

注：有顺定转矩的均附带有控制器。进口产品中还有使用直流电源的电池式螺丝刀。

6. 电动扳手

电动扳手，如图 24-33 所示。电动扳手用于装拆紧固件，拆卸螺栓、螺母等，广泛用于建筑工程和装饰工程中。部分国产电动扳手规格，见表 24-40。

部分国产电动扳手规格　　　　　　　　　　　表 24-40

型　号	拆装螺纹 最大规格	适用范围	额定电压 (V)	额定扭矩 (N·m)	冲击次数 (次/min)
回 P1B-8	M8	M6～M8	220	15	1200
回 P1B-12	M12	M10～M12	220	60	1600～1800
回 P1B-16	M16	M14～M16	220	150	1600～1800
回 P1B-20	M20	M18～M20	220	220	1500
回 P1B-24	M24	M22～M24	220	400	
回 P1B-30	M30	M20～M30	220	800	1600
回 P3B-36	M36	M20～M36	380	1500	
回 P3B-42	M42	M27～M42	380	2000	
回 P3B-48	M48	M36～M48	380	5000	

24.2.3.3　研磨机具

这类机具主要用来对建筑材料的磨平、磨光工作。

1. 手提电动砂轮机

又称电动角向磨光机，是供磨削用的电动工具（图 24-34），由于其砂轮轴线皱轴线成直角，所以特别适用于位置受限制不便于用普通磨光机的场合。该机可配套用粗磨砂轮、细磨砂轮、抛光轮、橡皮轮、切割砂轮、钢丝轮等，从而起到磨削光、切割、除锈等作用。在建筑装修工程中应用极为广泛。

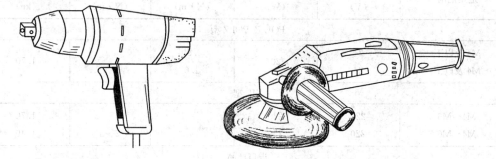

图 24-33   电动扳手   图 24-34   手提电动砂轮机

常用机型、性能及其配件，见表 24-41、表 24-42。

表 24-41

手提电动砂轮机型号和性能

产品型号	SIMJ-100	SIMJ-125	SIMJ-180	SIMJ-230
砂轮最大直径（mm）	ϕ100	ϕ125	ϕ180	ϕ230
砂轮孔径（mm）	ϕ16	ϕ22	ϕ22	ϕ22
主轴螺纹	M10	M14	M14	M14
额定电压（V）	220	220	220	220
额定电流（A）	1.75	2.71	7.8	7.8
额定频率（Hz）	50～60	50～60	50～60	50～60
额定输入功率（W）	370	580	1700	1700
工作头空载转速（r/min）	10000	10000	8000	5800
净重（kg）	2.1	3.5	6.8	7.2

注：本表产品为浙江永康电动工具厂产品。

表 24-42

手提电动砂轮机配件

产品型号	SIMI-100	SIMI-125	SIMJ-180	SIMI-230
轴承	80201，941/8 80029，60027	60202，60201 60027，18	60201，60029 203	60201，60029 230
电刷	D374L 4×6×13	D374L 5×8×19	D374L 5.5×16×20	D374L 5.5.16×20
开关	DKP，2	DKP1-5	KDP，-10	DKP，10

使用注意事项：

（1）定期检查，至少每季度检查一次。除检查砂轮防护罩等零部件是否完好牢固外，还应测量其绝缘电阻，其值不得少于 7MΩ（用 500VMΩ 表测量）。

（2）工作过程中，不要让砂轮受到撞击，使用切割砂轮时不得横向摆动，以免砂轮碎裂。为取得良好的加工效果，应尽可能使工作头旋转平面与工作砂磨表面成15°~30°角。

（3）该机的电缆线与插头，具有加强绝缘性能不要任意用其他导线、插头更换，或任意接长导线。

（4）经常观察电刷磨损状况，及时更换过短的电刷。更换后的电刷在使用时应活动自如，手试电机运转灵活后，再通电空载运行15min，使电刷与换向器间接触良好。

（5）使用过程中，若出现下列情况之一者，必须立即切断电源，进行处理。

1）传动部件卡住，转速急剧下降或突然停止转动；

2）发现有异常振动或声响，温升过高或有异味时；

3）发现电刷下火花过大或有环火时口。

（6）机器应放置于干燥、清洁、无腐蚀性气体的环境中。机壳用碳酸醋制成，不应接触任何有机溶剂。

2. 电动针束除锈机

电动针束除锈机（图24-35），它是专用于除锈的冲击式电动工具。利用机件头部的钢条束的往复式冲击来除去工作表面的锈蚀层。特别适用于对凹凸不平的表面进行除锈作业。如金属构件的除锈、焊渣堆积物的清理等。

3. 砂纸机

砂纸机主要是代替工人用砂纸对部件进行打磨。砂纸机底座有不同的规格，宽度为90~135mm，长度为186~226mm，重1.6~2.8kg。如图24-36所示。

图 24-35　电动针束除锈机

图 24-36　砂纸机

4. 电动角向钻磨机

角向钻磨机（图24-37）是一种供钻孔和磨削两用的电动工具。当把工作部分换上夹头，并装上麻花钻时，即可对金属等材料进行钻孔加工。如把工作部分换上橡皮轮，上砂布、抛布轮时，可对制成品进行磨削或抛光加工。由于钻头与电动机轴线成直角，使它特别适用于空间位置受限制不便使用普通电钻和磨削工具的场合，可用于建筑工程中对

图 24-37　电动角向钻磨机

多种材料的钻扎、清理毛刺表面、表面砂光以及雕刻制品等。所用的电机是勒激交直流两用电动机。

电动角向钻磨机的性能以型号及钻孔最大直径表示，见表 24-43。

电动角向钻磨机性能   表 24-43

型 号	钻孔直径 （mm）	抛布轮直径 （mm）	电压 （V）	电流 （A）	输出功率 （W）	负载转速 （r/min）
回 JIDJ-6	6	100	220	1.75	370	1200

24.2.3.4 钉固机具

在建筑装饰中，使用得最多的紧固技术就是钉固结，由于钉的种类较多，采用机具也多种多样。

1. 电、气动打钉枪

它是用于在木龙骨上钉木夹板、纤维板、刨花板、石膏板等板材和各种装饰木线条工具。

电动打钉枪配有专用枪钉，常用规格有 10、15、20、25mm 四种，只要插入 220V 电源插座，即可使用。

气动打钉枪（FDD25 型），是专供锤打扁头钉的风动工具。使用气压 0.5～0.7N/mm²，打钉范围 25～51mm 普通标准圆钉；风管内径 10mm；冲击次数 60 次/min。

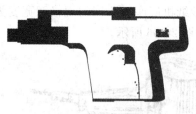

图 24-38 射钉枪

2. 射钉枪

射钉枪又称射钉器，由于外形和原理都与手枪相似，故常称为射钉枪。它是利用发射空包弹产生的火药燃气作为动力，将射钉打入建筑体的工具。

如图 24-38，是一种 JD80 新型、间接作用式低速射钉器，此产品的主要特点是可在设定范围内自由调节射钉力度。此产品采用新型弹夹，便于使用，并内置消声器，极大地降低了工作噪声。

24.2.4 龙 骨 安 装

24.2.4.1 明龙骨安装

明龙骨是将饰面板浮搁在合金龙骨或轻钢龙骨上，属于活动式吊顶见图 24-39，此类吊顶一般不上人，悬吊方式比较简单，采用伸缩式吊杆悬吊即可，表现形式是外露型或半

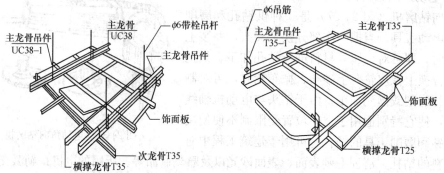

图 24-39 明龙骨吊顶

露型，饰面板以矿棉板、金属板为主。

24.2.4.2 暗龙骨安装

暗龙骨是龙骨隐蔽于面层饰面板内，不外露于装饰空间，龙骨大多采用 U 型和 T 型的轻钢龙骨、铝合金龙骨，在设计为上人龙骨的情况下可使用钢龙骨，饰面板与龙骨的连接方式为企口暗缝连接、卡件连接、螺栓连接，其构造为金属吊杆（吊索）、主龙骨、副龙骨、装饰面板，见图 24-40。

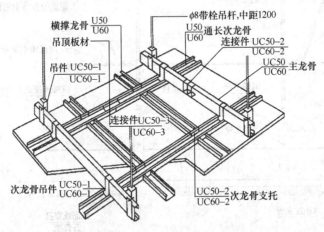

图 24-40 暗龙骨吊顶

24.2.5 罩面板安装

隐闭式罩面板安装方法为饰面板将龙骨层完全覆盖，其施工方法与石膏板、埃特板、防潮板安装相同。

开敞式吊顶，其吊顶装饰形式是通过特定形状的单元体及单元体组合，使建筑室内顶棚饰面既遮又透，并与照明布置统一起来考虑，增加了吊顶构件和灯具的艺术效果，敞开式吊顶既可作为自然采光之用，也可作为人工照明顶棚；既可与 T 型龙骨配合分格安装，也可不加分格的大面积组装，其施工方法与格栅单体安装相同。

24.2.5.1 石膏板、埃特板、防潮板安装

(1) 施工工艺

1) 施工流程

弹线 → 划龙骨分档线 → 安装水电管线 → 安装主龙骨 → 安装副龙骨 → 安装罩面板 → 安装压条

2) 施工工艺

①弹线

用水准仪在房间内每个墙（柱）角上抄出水平点，距地面一般为 500mm 弹出水准线，按吊顶平面图，在混凝土顶板弹出主龙骨的位置。

②固定吊挂杆件

采用膨胀螺栓固定吊挂杆件。不上人的吊顶，吊杆（吊索）长度小于 1000mm，宜采用 $\phi6$ 的吊杆（吊索），如果大于 1000mm，宜采用 $\phi8$ 的吊杆（吊索），如果吊杆（吊索）长度大于 1500mm，还应在吊杆（吊索）上设置反向支撑。上人的吊顶，吊杆（吊索）长度小于等于 1000mm，可以采用 φ8 的吊杆（吊索），如果大于 1000mm，则宜采用 φ10 的吊杆（吊索），如果吊杆（吊索）长度大于 1500mm，同样应在吊杆（吊索）上设置反向支撑，见图 24-41。

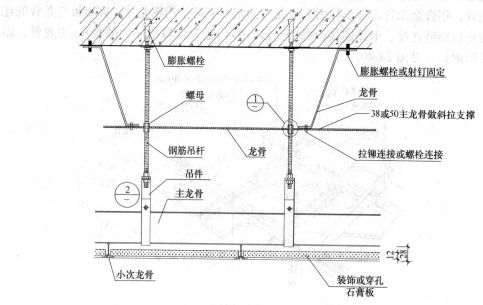

膨胀螺栓

螺母

钢筋吊杆   龙骨

吊件

主龙骨

小次龙骨

膨胀螺栓或射钉固定

龙骨

38或50主龙骨做斜拉支撑

拉铆连接或螺栓连接

装饰或穿孔石膏板

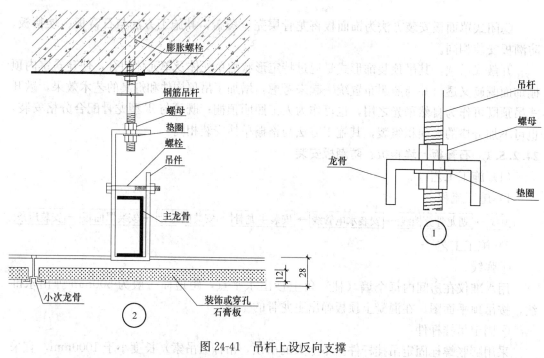

膨胀螺栓

钢筋吊杆

螺母

垫圈

螺栓

吊件

主龙骨

小次龙骨

装饰或穿孔石膏板

吊杆

螺母

龙骨

垫圈

图 24-41 吊杆上设反向支撑

③龙骨在遇到断面较大的机电设备或通风管道时，应加设吊挂杆件，即在风管或设备两侧用吊杆（吊索）固定角铁或者槽钢等钢性材料作为横担，跨过梁或者风管设备。再将

龙骨吊杆（吊索）用螺栓固定在横担上形成跨越结构，见图24-42。

　　a. 吊杆（吊索）距主龙骨端部距离不得超过300mm，否则应增加吊杆（吊索）。

　　b. 吊顶灯具、风口及检修口等应设附加次龙骨及吊杆（吊索），如图24-43、图24-44。

　　④安装边龙骨

　　边龙骨的安装应按设计要求弹线，沿墙（柱）上的水平龙骨线把L形镀锌轻钢条用自攻螺丝固定；如为混凝土墙（柱）上可用射钉固定，射钉间距应不大于吊顶次龙骨的间距。

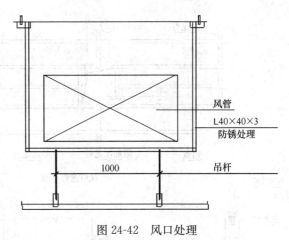

图24-42　风口处理

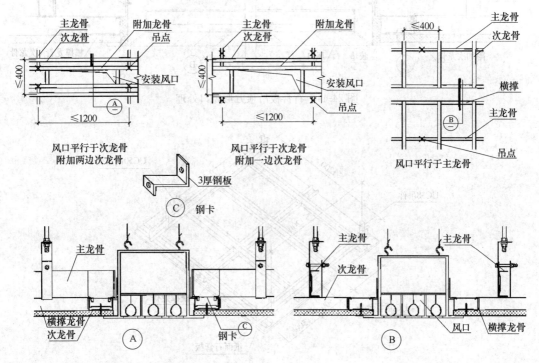

注：风口应吊在主体受力结构上，与吊顶系统分开。

图24-43　石膏板吊顶条形风口处理

　　⑤安装主龙骨

　　a. 主龙骨安装时间距≤1200mm。主龙骨分为不上人UC38小龙骨，见图24-45；上人UC50、UC60大龙骨，见图24-46，两种类型。主龙骨宜平行房间长向安装，同时应适当起拱。

　　b. 跨度大于15m以上的吊顶，应在主龙骨上，每隔15m加一道大龙骨，并垂直主龙骨焊接牢固。

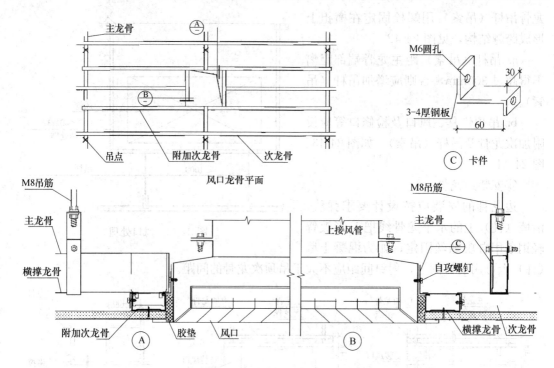

图 24-44   石膏板吊顶方形风口处理

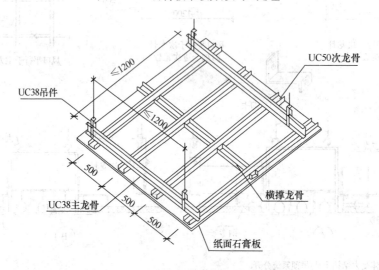

图 24-45   不上人龙骨石膏板吊顶透视图

　　c. 如有大的造型顶棚，造型部分应用角钢或扁钢焊接成框架，并应与楼板连接牢固。

　　d. 吊顶如设检修走道，应另设附加吊挂系统，用 10mm 的吊杆与长度为 1200mm 的∟150×8 角钢横担用螺栓连接，横担间距为 1800～2000mm，在横担上铺设走道，可以用 [63×40×4.8×7.5 槽钢两根间距 600mm，之间用 10mm 的钢筋焊接，钢筋的间距为 @100，将槽钢与横担角钢焊接牢固，在走道的一侧设有栏杆，高度为 900mm 可以用 L50×4 的角钢做立柱，焊接在走道 [63×40×4.8×7.5 槽钢上，之间用 −30×4 的扁钢连接，见图 24-47、图 24-48。

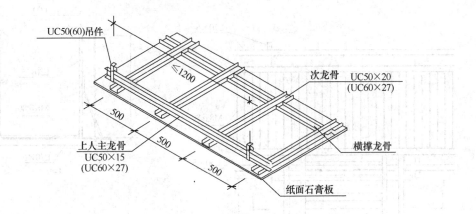

图 24-46　上人龙骨石膏板吊顶透视图

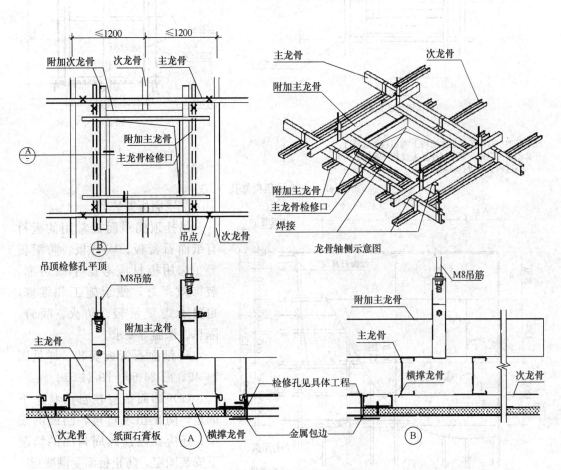

图 24-47　上人吊顶检修孔（一）

⑥安装次龙骨

次龙骨应紧贴主龙骨安装。次龙骨间距 300～600mm。用 T 形镀锌铁片连接件把次龙骨固定在主龙骨上时，次龙骨的两端应搭在 L 型边龙骨的水平翼缘上。次龙骨不得搭接。在通风、水电等洞口周围应设附加龙骨，附加龙骨的连接用拉铆钉铆固。

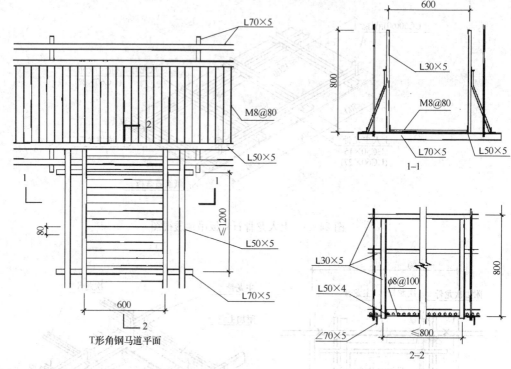

T形角钢马道平面

1—1

2—2

注:1.马道应自行吊在主体结构上,与吊顶系统分开。
　　2.不常用马道可适当减小其宽度及一侧扶手。
　　3.马道端头应设扶栏封闭。

图 24-48　上人吊顶检修孔（二）

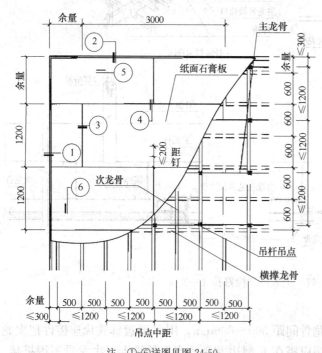

注：①-⑥详图见图 24-50。

图 24-49　纸面石膏板吊顶平视图

⑦罩面板安装

吊挂顶棚罩面板常用的板材有纸面石膏板、埃特板、防潮板等。选用板材应考虑牢固可靠，装饰效果好，便于施工和维修，也要考虑重量轻、防火、吸音、隔热、保温等要求。

a. 纸面石膏板安装，详见图 24-49、图 24-50、图 24-51。

（a）饰面板应在自由状态下固定，防止出现弯棱、凸鼓的现象；还应在棚顶四周封闭的情况下安装固定，防止板面受潮变形。

（b）纸面石膏板的长边（既包封边）应沿纵向次龙骨铺设。

（c）自攻螺丝与纸面石膏板边的距离，用面纸包封的板边以10～15mm为宜，切割的板边以

15～20mm 为宜。

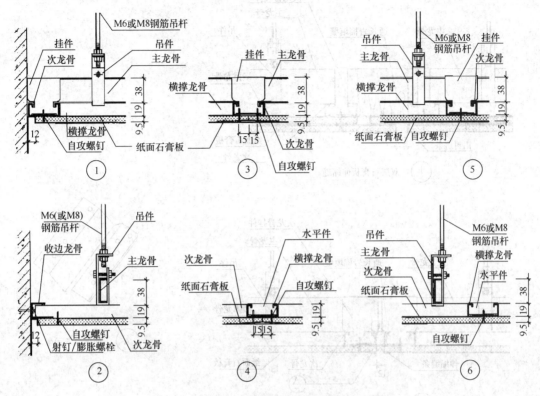

图 24-50　纸面石膏板吊顶详图

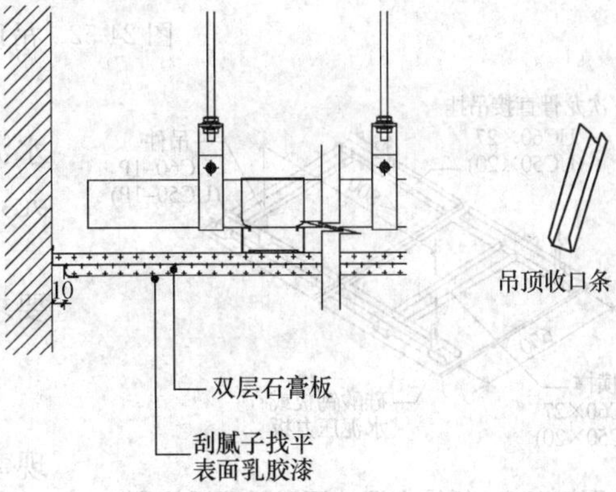

（d）固定次龙骨的间距，间距以 300mm 为宜。

（e）钉距以 150～170mm 为宜，自攻螺丝应与板面垂直，已弯曲、变形的螺丝应剔除，并在相隔 50mm 的部位另安螺丝。

（f）安装双层石膏板时，面层板与基层板的接缝应错开，不得在一根龙骨上。

（g）石膏板的接缝及收口应板缝处理，见图 24-52。

（h）纸面石膏板与龙骨固定，应从一块板的中间向板的四边进行固定，不得多点同时作业。

图 24-51　双层纸面石膏板吊顶详图

（i）螺丝钉头宜略埋入板面，但不得损坏纸面，钉眼应作防锈处理并用石膏腻子抹平。

b. 纤维水泥加压板（埃特板）安装，详见图 24-53。

（a）龙骨间距、螺丝与板边的距离，及螺丝间距等应满足设计要求和有关产品的要求。

（b）纤维水泥加压板与龙骨固定时，所用手电钻钻头的直径应比选用螺丝直径小 0.5～1.0mm；固定后，钉帽应作防锈处理，并用油性腻子嵌平。

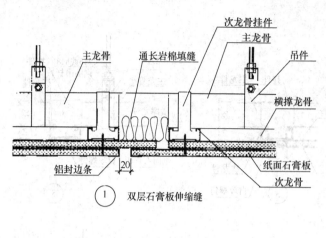

① 双层石膏板伸缩缝

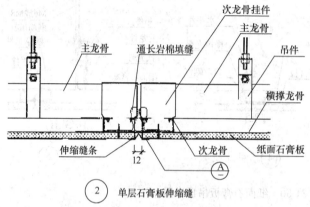

② 单层石膏板伸缩缝

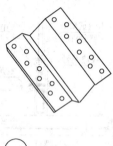

Ⓐ 伸缩缝条示意

图 24-52　吊顶接缝处理

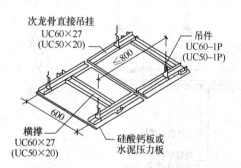

图 24-53　纤维水泥加压板吊顶透视图

(c) 用密封膏、石膏腻子或掺界面剂胶的水泥砂浆嵌涂板缝并刮平，硬化后用砂纸磨光，板缝宽度应小于 50mm。

(d) 板材的开孔和切割，应按产品的有关要求进行。

c. 防潮板

(a) 饰面板应在自由状态下固定，防止出现弯棱、凸鼓的现象。

(b) 防潮板板的长边（既包封边）应沿纵向次龙骨铺设。

(c) 自攻螺丝与防潮板板边的距离，以 10～15mm 为宜，切割的板边以 15～20mm 为宜。

(d) 固定次龙骨的间距，一般不应大于 600mm，钉距以 150～200mm 为宜，螺丝应于板面垂直，已弯曲、变形的螺丝应剔除。

(e) 面层板接缝应错开，不得在一根龙骨上。

(f) 防潮板的接缝处理同石膏板。

(g) 防潮板与龙骨固定时，应从一块板的中间向板的四边进行固定，不得多点同时作业。

(h) 螺丝钉头宜略埋入板面，钉眼应作防锈处理并用石膏腻子抹平。

d. 饰面板上的灯具、烟感器、喷淋头、风口篦子等设备的位置应合理、美观，与饰面的交接应吻合、严密，做好检修口的预留，安装时应严格控制整体性，刚度和承载力。

3）作业条件

①吊顶工程在施工前应熟悉施工图纸及设计说明。

②吊顶工程在施工前应熟悉现场。

③施工前应按设计要求对房间的净高、洞口标高和吊顶内的管道、设备及其支架的标高进行交接检验。

④对吊顶内的管道、设备的安装及管道试压后进行隐蔽验收。

⑤当吊顶内的墙柱为砖砌体时，应在吊顶标高处埋设木楔，木楔应沿墙 $900\sim1200\text{mm}$ 布置，在柱每面应埋设 2 块以上。

⑥吊顶工程在施工中应做好各项施工记录，收集好各种有关文件。

⑦材料进场验收记录和复验报告，技术交底记录。

⑧板安装时室内湿度不宜大于 70% 以上。

24.2.5.2 矿棉板、硅钙板安装

施工工艺：

1）施工流程

顶棚标高弹水平线 → 划龙骨分档线 → 安装水电管线 → 安装主龙骨 → 安装副龙骨 → 安装罩面板 → 安装压条

2）操作工艺

①弹线：

用水准仪在房间内每个墙（柱）角上抄出水平点，距地面一般为 500mm 弹出水准线，按吊顶平面图，在混凝土顶板弹出主龙骨的位置。

②固定吊挂杆件：

采用膨胀螺栓固定吊挂杆件。不上人的吊顶，吊杆长度小于 1000mm，可以采用 $\phi6$ 的吊杆，如果大于 1000mm，宜采用 $\phi8$ 的吊杆，如吊杆长度大于 1500mm，则要设置反向支撑。上人的吊顶，吊杆长度小于等于 1000mm，宜采用 $\phi8$ 的吊杆，如果大于 1000mm，则宜采用 $\phi10$ 的吊杆，如吊杆长度大于 1500mm，同样要设置反向支撑。

③在梁上设置吊挂杆件：

a. 吊杆距主龙骨端部距离不得超过 300mm，否则应增加吊杆。

b. 吊顶灯具、风口及检修口等应设附加吊杆。

④安装边龙骨：

边龙骨的安装应按设计要求弹线，沿墙（柱）上的水平龙骨线把 L 形镀锌轻钢条用自攻螺丝固定；如为混凝土墙（柱）上可用射钉固定，射钉间距应不大于吊顶次龙骨的间距。

⑤安装主龙骨：

a. 主龙骨应吊挂在吊杆上。主龙骨间距不大于 1200mm。主龙骨分为轻钢龙骨和 T 型龙骨。轻钢龙骨可选用 UC50 中龙骨和 UC38 小龙骨。主龙骨应平行房间长向安装，同时应适当起拱。主龙骨的悬臂段不应大于 300mm，否则应增加吊杆。主龙骨的接长应采

取对接，相邻龙骨的对接接头要相互错开。主龙骨挂好后应基本调平。详见图 24-54、图 24-55。

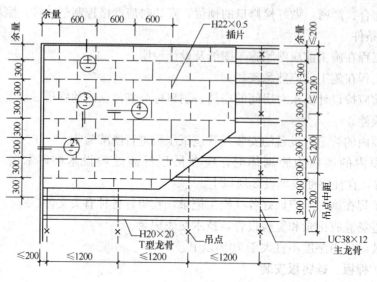

图 24-54 平面示例

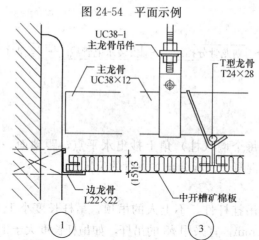

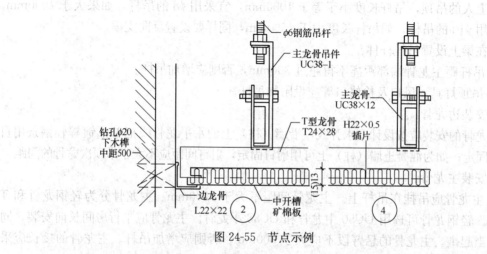

图 24-55 节点示例

b. 跨度大于 15m 以上的吊顶，应在主龙骨上，每隔 15m 加一道大龙骨，并垂直主龙骨焊接牢固。

c. 如有大的造型顶棚，造型部分应用角钢或扁钢焊接成框架，并应与楼板连接牢固。

⑥安装次龙骨：

次龙骨应紧贴主龙骨安装。次龙骨间距 300～600mm。次龙骨分为 T 型烤漆龙骨、T 型铝合金龙骨，和各种条形扣板厂家配带的专用龙骨。用 T 形镀锌铁片连接件把次龙骨固定在主龙骨上时，次龙骨的两端应搭在 L 形边龙骨的水平翼缘上，条形扣板有专用的阴角线做边龙骨。

⑦罩面板安装：

吊挂顶棚罩面板常用的板材有吸音矿棉板、硅钙板、塑料板等。

a. 矿棉装饰吸音板安装：

规格一般分为 600mm×600mm、600mm×1200mm，将面板直接搁于龙骨上。安装时，应注意板背面的箭头方向和白线方向一致，以保证花样、图案的整体性；饰面板上的灯具、烟感器、喷淋头、风口篦子等设备的位置应合理、美观，与饰面的交接应吻合、严密，详见图 24-56。

b. 硅钙板、塑料板安装：

规格一般为 600mm×600mm，将面板直接搁于龙骨上。安装时，

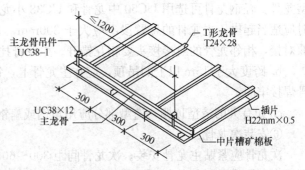

图 24-56 矿棉板安装透视图

应注意板背面的箭头方向和白线方向一致，以保证花样、图案的整体性；饰面板上的灯具、烟感器、喷淋头、风口篦子等设备的位置应合理、美观，与饰面的交接应吻合、严密。

3）作业条件

同 24.2.5.1 作业条件。

24.2.5.3 金属板、金属格栅安装

施工工艺：

1）施工流程

顶棚标高弹水平线 → 划龙骨分档线 → 安装水电管线 → 安装主龙骨 → 安装副龙骨 →

安装罩面板 → 安装压条

2）操作工艺

①弹线：

用水准仪在房间内每个墙（柱）角上抄出水平点，距地面一般为 500mm 弹出水准线，按吊顶平面图，在混凝土顶板弹出主龙骨的位置。

②固定吊挂杆件：

采用膨胀螺栓固定吊挂杆件。不上人的吊顶，吊杆长度小于 1000mm，可以采用 φ6

的吊杆，如果大于1000mm，宜采用φ8的吊杆，如吊杆长度大于1500mm，则要设置反向支撑。上人的吊顶，吊杆长度小于等于1000mm，可以采用φ8的吊杆，如果大于1000mm，则宜采用φ10的吊杆，如吊杆长度大于1500mm，同样要设置反向支撑。

③在梁上设置吊挂杆件：

a. 吊杆距主龙骨端部距离不得超过300mm，否则应增加吊杆。

b. 吊顶灯具、风口及检修口等应设附加吊杆。

④安装边龙骨：

边龙骨的安装应按设计要求弹线，沿墙（柱）上的水平龙骨线把L形镀锌轻钢条用自攻螺丝固定；如为混凝土墙（柱）上可用射钉固定，射钉间距应不大于吊顶次龙骨的间距。

⑤安装主龙骨：

a. 主龙骨应吊挂在吊杆上。主龙骨间距不大于1000mm。主龙骨分为轻钢龙骨和T型龙骨。轻钢龙骨可选用UC50中龙骨和UC38小龙骨。主龙骨应平行房间长向安装，同时应适当起拱。主龙骨的悬臂段不应大于300mm，否则应增加吊杆。主龙骨的接长应采取对接，相邻龙骨的对接接头要相互错开。主龙骨挂好后应基本调平。

b. 跨度大于15m以上的吊顶，应在主龙骨上，每隔15m加一道大龙骨，并垂直主龙骨焊接牢固。

c. 如有大的造型顶棚，造型部分应用角钢或扁钢焊接成框架，并与楼板连接牢固。

⑥安装次龙骨：

次龙骨应紧贴主龙骨安装。次龙骨间距300～600mm。次龙骨分为T型烤漆龙骨、T型铝合金龙骨，和各种条形扣板厂家配带的专用龙骨。用T型镀锌铁片连接件把次龙骨固定在主龙骨上时，次龙骨的两端应搭在L型边龙骨的水平翼缘上，条形扣板有专用的阴角线做边龙骨。

⑦罩面板安装：

吊挂顶棚罩面板常用的板材有铝板、铝塑板、格栅和各种扣板等。

a. 铝板、铝塑板安装：

规格一般为600mm×600mm，将面板直接搁于龙骨上。安装时，应注意板背面的箭头方向和白线方向一致，以保证花样、图案的整体性；饰面板上的灯具、烟感器、喷淋头、风口篦子等设备的位置应合理、美观，与饰面的交接应吻合、严密。

b. 格栅安装：

规格一般为100mm×100mm、150mm×150mm、200mm×200等多种方形格栅，一般用卡具将饰面板卡在龙骨上。详见图24-57、图24-58、图24-59。

c. 扣板安装：

规格一般为100mm×100mm、150mm×150mm、200mm×200mm、600mm×600等多种方形扣板，还有宽度为100mm、150mm、200mm、

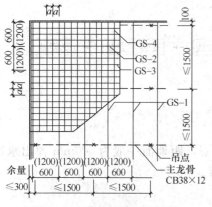

图 24-57　格栅吊平面示例图

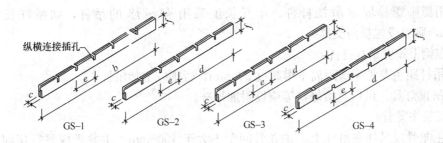

图 24-58 格栅吊顶构件节点图

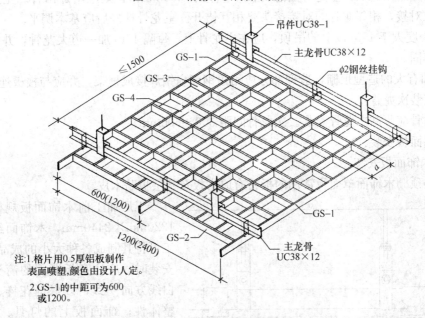

注:1.格片用0.5厚铝板制作
   表面喷塑,颜色由设计人定。
   2.GS-1的中距可为600
   或1200。

图 24-59 格栅吊顶透视图

300mm、600mm 等多种条形扣板;一般用卡具将饰面板卡在龙骨上。

3)作业条件

同 24.2.5.1 作业条件①～⑦项。

24.2.5.4 木饰面、塑料板、玻璃饰面板安装

施工工艺:

1)施工流程

顶棚标高弹水平线 → 划龙骨分档线 → 安装水电管线 → 安装主龙骨 → 安装副龙骨 →

安装罩面板 → 安装压条

2)施工工艺

①弹线:

用水准仪在房间内每个墙(柱)角上抄出水平点,距地面一般为 500mm 弹出水准线,按吊顶平面图,在混凝土顶板弹出主龙骨的位置。

②固定吊挂杆件:

采用膨胀螺栓固定吊挂杆件。吊杆长度采用 $\phi 6 \sim \phi 8$ 的吊杆，如吊杆长度大于1500mm，则要设置反向支撑。

③在梁上设置吊挂杆件：

a.吊杆距主龙骨端部距离不得超过300mm，否则应增加吊杆。

b.吊顶灯具、风口及检修口等应设附加吊杆。

④安装主龙骨：

a.主龙骨应吊挂在吊杆上。主龙骨间距不大于1000mm。主龙骨应平行房间长向安装，同时应适当起拱。主龙骨的悬臂段不应大于300mm，否则应增加吊杆。主龙骨的接长应采取对接，相邻龙骨的对接接头要相互错开。主龙骨挂好后应基本调平。

b.跨度大于15m以上的吊顶，应在主龙骨上，每隔15m加一道大龙骨，并垂直主龙骨焊接牢固。

c.如有大的造型顶棚，造型部分应用角钢或扁钢焊接成框架，并应与楼板连接牢固。

⑤安装次龙骨：

次龙骨应紧贴主龙骨安装。次龙骨间距300～600mm。

⑥罩面板安装：

a.木饰面板安装：

吊挂顶棚木饰面罩面板常用的板材有原木板及基层板贴木皮。

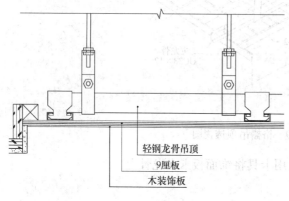

图 24-60　木装饰板吊顶（一）

工厂加工前木饰面板规格一般为1220mm×2440mm，木饰面经工厂加工可将其制成各种大小的成品饰面板。安装时，应注意板背面的箭头方向和白线方向一致，以保证花样、图案的整体性；饰面板上的灯具、烟感器、喷淋头、风口篦子等设备的位置应合理、美观，与饰面的交接应吻合、严密。详见图 24-60、图 24-61。

b.塑料板吊顶：

（a）材料的选用

塑料板吊顶材料聚氯乙烯塑料（PVC）板、聚乙烯泡沫塑料装饰板、钙塑泡沫装饰吸声板、聚苯乙烯泡沫塑料装饰吸声板、装饰塑料贴面复合板等。

（b）安装要点

塑料装饰罩面板的安装工艺一般分为钉固法和粘贴法两种。

a）钉固法

聚氯乙烯塑料板安装时，用20～25mm宽的木条，制成500mm的正方形木格，用小圆钉将聚氯乙烯塑料装饰板钉上，然后再用20mm宽的塑料压条或铝压条钉上。以固定板面或钉上塑料小花来固定板面。

聚乙烯泡沫塑料装饰板安装时，用圆钉钉在准备好的小木框上，再用塑料压条、铝压条或塑料小花来固定板面。

钙塑泡沫装饰吸声板钉固的方法如下：

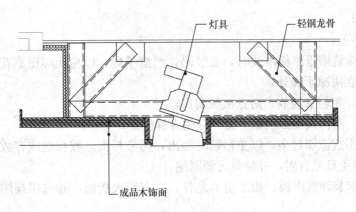

图 24-61　木装饰板吊顶（二）

　　——用塑料小花固定。由于塑料小花面积较小，四角不易压平，加之钙塑板周边厚薄不一，应在塑料小花之间沿板边按等距离加钉固定，以防止钙塑泡沫装饰吸声板周边产生翘曲、空鼓和中闻下垂现象。如采用木龙骨，应用木螺钉固定；采用轻钢龙骨，应用自攻螺钉固定。

　　——用钉和压条固定。常用的压条有木压条、金属压条和硬质塑料压条等。用钉固定时，钉距不宜大于 150mm，钉帽应与板面齐平，排列整齐、并用与板面颜色相同的涂料涂饰。使用木压条时，其材质必须干燥，以防变形。

　　——用塑料小花、木框及压条固定，与聚氯乙烯塑料板安装钉固法相同。用压条固定压条应平直、接口严密、不得翘曲。

　　对吸声要求较高的场所，除采用穿孔板外，可在板后加一层超细玻璃棉，以加强吸声效果。

　　b）粘贴法

　　聚氯乙烯塑料板。可用胶粘剂将罩面板直接粘贴在吊顶面层上或粘贴在吊顶龙骨上。常用胶粘剂有脲醛树脂、环氧树脂和聚醋酸乙烯酯等。

　　聚乙烯泡沫塑料装饰板。可用胶粘剂将聚乙烯泡沫塑料装饰板直接粘贴在吊顶面层上或粘贴在轻钢小龙骨上。如粘贴在水泥砂浆基层上，基层必须坚硬平整、洁净，含水率不得大于 8%。表面如有麻面，宜采用乳胶腻子修平整，再用乳胶水溶液涂刷一遍，以增加粘结力。

　　塑料板粘贴前，基层表面应按分块尺寸弹线预排。粘贴时。每次涂刷胶粘剂的面积不宜过大，厚度应均匀，粘贴后，应采取临时固定措施，并及时擦去挤出的胶液。

　　钙塑泡沫装饰吸声板。当吊顶用轻钢龙骨，一般需用胶粘剂固定板面，胶粘剂的品种较多，可根据安装的不同板材选择胶粘剂。如 XY-401 胶粘剂、氯丁胶粘剂等。

　　c．塑料贴面复合板安装：

　　塑料贴面复合板，是将塑料装饰板粘贴于胶合板或其他板材上，组成一种复合板材，用作表面装饰。

　　（a）安装塑料贴面复合板时，应先钻孔，用木螺钉和垫圈或金属压条固定。

　　a）用木螺钉时，钉距一般为 400～500mm，钉帽应排列整齐；

　　b）用金属压条时，先用钉将塑料贴面复合板临时固定，然后加盖金属压条，压条应平直，接口严密。

（b）注意事项：

a）钙塑泡沫装饰吸声板堆放时，要竖码，严禁平码，以免压坏图案花纹，应距热源3m以外，保存在阴凉干燥处；

b）搬运时，要轻拿轻放，防止机械损伤；

c）安装时，操作人员必须戴手套，以免弄脏板面；

d）胶粘剂不宜涂刷过多，以免粘贴时溢出，污染板面。胶粘剂应存放在玻璃、铝或白铁容器中，避免日光直射，并应与火源隔绝；

e）钙塑泡沫装饰吸声板、如采用木龙骨，应有防火措施，并选用难燃的钙塑泡沫装饰吸声板。

d. 玻璃饰面吊顶：

玻璃安装的方法分为浮搁及螺栓固定，浮搁时应注意点贴位置应尽量隐蔽，避免粘结点外露于饰面，安装压花玻璃或磨砂玻璃时，压花玻璃的花面应向外，磨砂玻璃的磨砂面应向室内，详见图24-62。

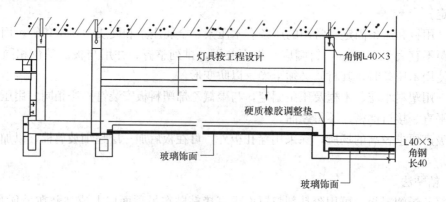

图 24-62　玻璃饰面吊顶

3）作业条件

同 24.2.5.1 作业条件①～⑦项。

24.2.5.5　软膜饰面吊顶安装

施工工艺：

1）施工流程

顶棚标高弹水平线 → 划龙骨分档线 → 安装水电管线 → 安装支撑龙骨 → 安装铝合金龙骨 → 固定、张紧软膜 → 清洁软膜饰面

2）立体异型软膜天花的安装步骤

①弹线：

用水准仪在房间内每个墙（柱）角上抄出水平点，距地面一般为 500mm 弹出水准线，按吊顶平面图，在混凝土顶板弹出主龙骨的位置。

②龙骨安装：

根据图纸设计要求，在需要安装软膜天花的水平高度位置四周围固定一圈支撑龙骨（可以是木方或方钢管）。如遇面积比较大时需分块安装，中间位置应加辅助龙骨。在支撑

龙骨的底面固定安装软膜天花的铝合金龙骨。

③固定、张紧软膜：

安装好软膜天花的铝合金龙骨后，将软膜用专用的加热风充分加热均匀，然后用专用的插刀将软膜张紧固定在铝合金龙骨上，并将多余的软膜修剪完整即可，见图24-63～图24-65。

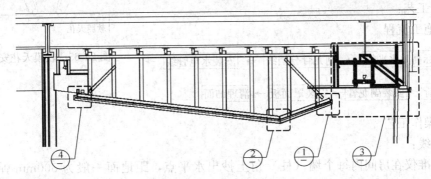

图 24-63 软膜天花剖面图

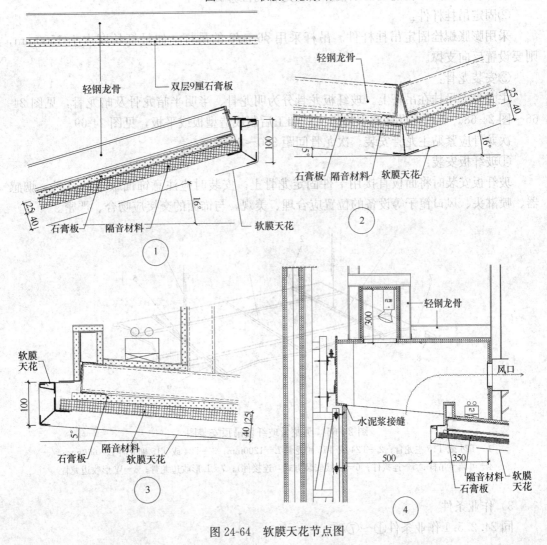

图 24-64 软膜天花节点图

④安装完毕后，擦拭、清洁软膜天花表面。

3）作业条件

同 24.2.5.1作业条件①～⑦项。

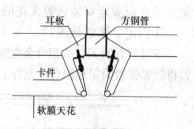

图 24-65   软膜天花安装

24.2.5.6 玻纤板吊顶安装

施工工艺：

1）施工流程

顶棚标高弹水平线 → 划龙骨分档线 → 安装水电管线 →

安装主龙骨 → 安装副龙骨 → 安装罩面板 → 清理饰面

2）操作工艺

①弹线：

用水准仪在房间内每个墙（柱）角上抄出水平点，距地面一般为 500mm 弹出水准线，按吊顶平面图，在混凝土顶板弹出主龙骨的位置。

②固定吊挂杆件：

采用膨胀螺栓固定吊挂杆件。吊杆采用 $\phi 6$～$\phi 8$ 的吊杆，如吊杆长度大于 1500mm，则要设置反向支撑。

③安装龙骨：

主龙骨应吊挂在吊杆上。玻纤板龙骨分为明龙骨、半明半暗龙骨及暗龙骨，见图 24-66～图 24-68。可根据设计要求将板工厂加工后制成造型板或平板，见图 24-69。

次龙骨应紧贴主龙骨安装。次龙骨间距 300～600mm。

④玻纤板安装：

玻纤板安装时将面板直接用卡件固定龙骨上。安装时应注意饰面板上的灯具、烟感器、喷淋头、风口箅子等设备的位置应合理、美观，与饰面的交接应吻合、严密。

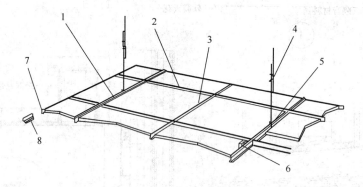

图 24-66   明龙骨玻纤板吊顶安装图

1—T24 或 T15 主龙骨；2—T24 或 T15 副龙骨 L=1200mm；3—T24 或 T15 副龙骨 L=600mm；
4—可调节吊杆；5—连接件；6—直接安装方式（连接件）；7—L 形收边龙骨；8—W 形收边龙骨

3）作业条件

同 24.2.5.1作业条件①～⑦项。

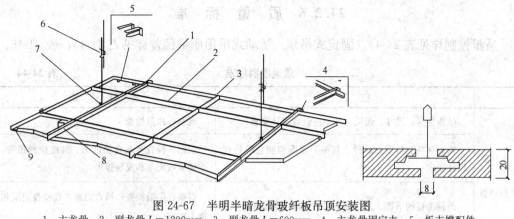

图 24-67　半明半暗龙骨玻纤板吊顶安装图

1—主龙骨；2—副龙骨 $L=1200mm$；3—副龙骨 $L=600mm$；4—主龙骨固定夹；5—板支撑配件；
6—可调节吊杆；7—连接件；8—直接安装方式（连接件）；9—收边龙骨

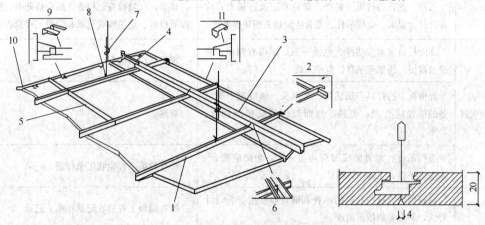

图 24-68　暗龙骨玻纤板吊顶安装图

1—T24 主龙骨；2—T24 主龙骨固定夹；3—定位龙骨；4—定位龙骨固定配件；5—副龙骨；6—固定别针；
7—可调节吊杆；8—连接件；9—板支撑配件；10—收边龙骨；11—收边板固定夹

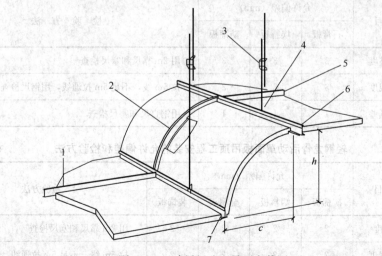

图 24-69　玻纤板造型吊顶安装图

1—副龙骨；2—异形龙骨；3—可调节吊杆；4—连接件；5—副龙骨；6—主龙骨；
7—主龙骨；$c=300\sim450mm$（中心线到中心线）；$h=300\sim450mm$

24.2.6　质　量　标　准

质量控制详见表 24-44。固定式吊顶、活动式吊顶质量偏差详见表 24-45、表 24-46。

质量控制标准　　　　　　　　　　　　　　　　　　　　　　　　　表 24-44

	控　制　点	检　验　方　法
主控项目	吊顶标高、尺寸、起拱和造型应符合设计要求	观察；尺量检查
	饰面材料的材质、品种、规格、图案和颜色应符合设计要求	观察；检查产品合格证书、性能检测报告、进场验收记录和复验报告
	吊顶工程的吊杆、龙骨和饰面材料的安装必须牢固	观察；手扳检查；检查隐蔽工程验收记录和施工记录
	吊杆、龙骨的材质、规格、安装间距及连接方式应符合设计要求。金属吊杆、龙骨应经过表面防腐处理	观察；尺量检查；检查产品合格证书、性能检测报告、进场验收记录和隐蔽工程验收记录
一般项目	饰面材料表面应洁净、色泽一致，不得有翘曲、裂缝及缺损。压条应平直、宽窄一致	观察；尺量检查
	饰面板上的灯具、烟感器、喷淋头、风口箅子等设备的位置应合理、美观，与饰面板的交接应吻合、严密	观察
	金属吊杆、龙骨的接缝应均匀一致，角缝应吻合，表面应平整，无翘曲、锤印	检查隐蔽工程验收记录和施工记录
	吊顶内填充吸声材料的品种和铺设厚度应符合设计要求，并应有防散落措施	检查隐蔽工程验收记录和施工记录

轻钢龙骨固定罩面板吊顶工程安装的允许偏差和检验方法　　　　　表 24-45

项次	项　　目	允许偏差（mm）			检　验　方　法
		石膏板	埃特板	防潮板	
1	表面平整度	3	3	3	用 2m 靠尺和塞尺检查
2	接缝直线度	3	3	3	拉 5m 线，不足 5m 拉通线，用钢尺检查
3	接缝高低差	1		1	用钢直尺和塞尺检查

轻钢龙骨活动罩面板吊顶工程安装的允许偏差和检验方法　　　　　表 24-46

项次	项　　目	允许偏差（mm）				检验方法
		矿棉板	塑料板	金属板	装饰板	
1	表面平度	2	2	2	2	用 2m 靠尺和塞尺检查
2	接缝直线度	2	3	2	2	拉 5m 线，不足 5m 拉通线，用钢尺检查
3	接缝高低差	2	1	1	1	用钢直尺和塞尺检查

24.2.7　吊顶施工中重点注意的问题

24.2.7.1　吊顶的平整性

控制吊顶大面平整，应从标高线水平度、吊点分布固定、龙骨与龙骨架刚度着手。

1. 标高线的水平控制要点：

（1）基准点和标高尺寸要准确。可采用激光水准仪，亦可采用水柱法，见图24-70。找其他标高点时，要等管内水柱面静止时再画线。

（2）吊顶面的水平控制线应尽量拉出通直线，线要拉直，最好采用尼龙线。

（3）对跨度较大的吊顶，应在中间位置加设标高控制点。

2. 注意吊点分布与固定。吊点分布要均匀。在一些龙骨的接口部位和重载部位，应当增加吊点。吊点不牢将引起吊顶局部下沉，产生这种情况的原因是：

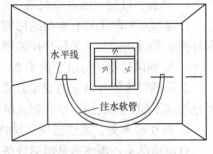

图 24-70　水平标高线的测定示意

（1）吊点与建筑主体固定不牢，例如膨胀螺栓埋入深度不够，而产生松动或脱落；射钉的松动，虚焊脱落等；

（2）吊杆连接不牢，产生松脱；

（3）吊杆的强度不够，产生拉伸变形现象。

3. 注意龙骨与龙骨架的强度与刚度。龙骨的接头处、吊挂处都是受力的集中点，施工中应注意加固。应避免在龙骨上悬吊设备。

4. 安装铝合金饰面板的方法不妥，也易使吊顶不平，严重时还会产生波浪形状。安装时不可生硬用力，并一边安装一边检查平整度。

24.2.7.2　吊顶的线条走向规整控制

吊顶线条是指条板和条板间对缝、铝合金龙骨条以及其他线条形装饰。吊顶线条的不规格会破坏吊顶的装饰效果。控制方法应从材料选用及校正、设置平整控制线、安装固定着手。

1. 材料挑选及校正

对不合格的材料要坚决剔除。校正工作应在一些简易夹具上进行，夹具可以用木板自制。

2. 设置平面平整控制线

吊顶平面平整控制线有两个方面：一种是龙骨平直的控制线，可按龙骨分格位置拉出；一种是饰面条板与板缝的平直控制线。平直控制线应从墙边开始，先设置基准线。因为墙体往往不太平整，安装条板应从基准线的位置进行。

3. 安装与固定

（1）安装固定饰面条板要注意对缝的均匀，安装时不可生扳硬装，应根据条板的结构特点进行。如装不上时，要查看一下安装位置处有否阻挡物体或设备结构，并进行调整。

（2）吊顶内填充的吸声、保温材料的品种和铺设厚度应符合要求，并应有防散落措施。

（3）吊顶与墙面、窗帘盒的交接应符合设计要求。

（4）搁置式轻质饰面板的安装应有定位措施，按设计要求设置压卡装置。

（5）胶粘剂的选用，应与饰面板品种配套。

24.2.7.3 吊顶面与吊顶设备的关系处理

铝合金龙骨吊顶上设备主要有灯盘和灯槽、空调出风口、消防烟雾报警器和喷淋头等。这些设备与顶面的关系要处理得当，总的要求是不破坏吊顶结构，不破坏顶面的完整性，与吊顶面衔接平整，交接处应严密。

1. 灯盘、灯槽与吊顶的关系

灯盘和灯槽除了具有本身的照明功能之外，也是吊顶装饰中的组成部分。所以，灯盘和灯槽安装时一定要从吊顶平面的整体性来着手。

2. 空调风口篦子与吊顶的关系

空调风口篦子与吊顶的安装方式有水平、竖直两种。由于篦子一般是成品，与吊顶面颜色往往不同，如装得不平会很显眼，所以应注意与吊顶面的衔接吻合。

3. 自动喷淋头、烟感器与吊顶的关系

自动喷淋头、烟感器是消防设备，但必须安装在吊顶平面上。自动喷淋头须通过吊顶平面与自动喷淋系统的水管相接（图 24-71*a*）。在安装中常出现的问题有三种，一是水管伸出吊顶面；二是水管预留短了，自动喷淋头不能在吊顶面与水管连接（图 24-71*b*）；三是喷淋头边上有遮挡物（图 24-71*c*）。原因是在拉吊顶标高线时未检查消防设备安装情况。

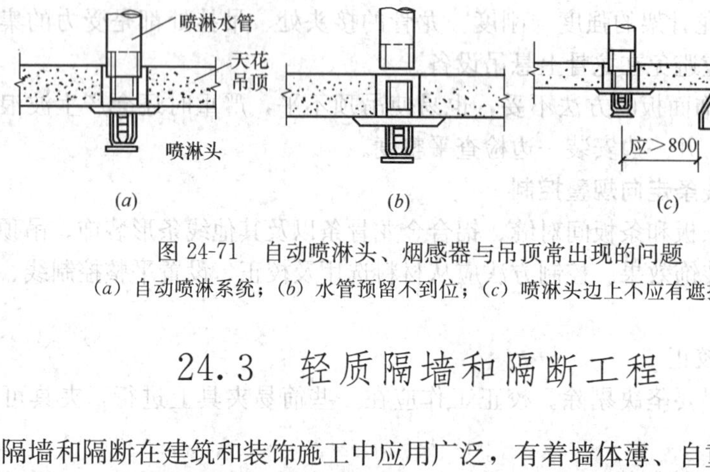

图 24-71 自动喷淋头、烟感器与吊顶常出现的问题

（*a*）自动喷淋系统；（*b*）水管预留不到位；（*c*）喷淋头边上不应有遮挡物

24.3 轻质隔墙和隔断工程

轻质隔墙和隔断在建筑和装饰施工中应用广泛，有着墙体薄、自重轻、施工便捷、节能环保等突出优点，按照结构形式分，可分为条板式、骨架式、活动式、砌筑式等种类。

24.3.1 轻质条板式隔墙构造及分类

轻质条板是指面密度小于 90kg/m^3（90 厚）、110kg/m^3（120 厚），长宽比不小于 2.5 的预制非承重内隔墙板。通常采用轻质骨料和细集料，加胶凝材料，内衬钢筋网片（部分产品）为受力筋，或通过蒸汽养护等工艺加工的墙体材料，近年还有新型的复合型墙板上市。轻质条板按断面分为空心条板、实心条板和夹芯条板三种类别，按板的构件类型分为普通板、门框板、窗框板、过梁板。适用于公用及住宅建筑中非承重内隔墙，大致有蒸压加气混凝土板（ALC 板）、玻璃纤维增强水泥轻质多孔（GRC）、隔墙条板轻集料混凝土条板隔墙板、轻质复合隔墙板（PRC）、钢丝网架轻质夹芯板（GSJ 板）等产品种类。

24.3.1.1　加气混凝土条板

1. 材料及其质量要求

加气混凝土板是指采用以水泥、石灰、砂为原料制作的高性能蒸压轻质加气混凝土板，有轻质、高强、耐火隔音、环保等特点，按用途分外墙、屋面、内隔墙，本节着重介绍内隔墙板。

（1）板材规格与技术参数见表 24-47、表 24-48，室内隔墙常用 150mm 厚以下的板。75mm 厚板用于不超过 2500mm 高的隔墙。

加气混凝土隔墙板规格　　　　　　　　　　　表 24-47

品种	标准宽度（mm）	厚度（mm）	最大公称长度 L（mm）	实际长度（mm）	常用可变荷载标准值（N/m²）
隔墙板	600	75～250 每 25 一种规格	1800～6000（300 模数进位）	L-20	700

加气混凝土板技术参数　　　　　　　　　　　表 24-48

强度级别		A2.5	A3.5	A5.0	A7.5
干密度级别		B04	B05	B06	B07
干密度（kg/m³）		≤425	≤525	≤625	≤725
抗压强度（MPa）	平均值	≥2.5	≥3.5	≥5.0	≥7.5
	单组最小值	≥2.0	≥2.8	≥4.0	≥6.0
干燥收缩值（mm/m）	标准法	≤0.5			
	快速法	≤0.8			
抗冻性	质量损失（%）	≤5.0			
	冻后强度/MPa	≥2.0	≥2.8	≥4.0	≥6.0
导热系数（干态）〔W/(m·k)〕		≤0.12	≤0.14	≤0.16	≤0.18

注：依据《蒸压加气混凝土板》（GB 15762—2008）。

（2）水泥：P.042.5 级普通硅酸盐水泥；砂：符合《建筑用砂》（GB/T 14684）要求的中砂。板材底与主体结构间的坐浆采用豆石混凝土，板与板间灌浆应采用 1:3 水泥砂浆。

（3）钢卡：钢卡分为 L 形和 U 形，90mm 厚及以下板采用 1.2mm 厚钢卡，90mm 厚以上 2mm 厚钢卡，如图 24-72 所示。

图 24-72　U 形卡、直角钢件、半 U 形卡图

（4）专用胶粘剂粘：用于板与板、板与结构之间粘接，隔墙板胶粘剂性能指标要求见表 24-49。

专用胶粘剂性能指标（DA-HR）   表 24-49

项　目	指　标	项　目	指　标
干密度（kg/m³）	≤1800	终凝时间（h）	≤10
稠度（mm）	≤90	抗压强度（MPa）	10
分层度（mm）	≤20	粘结强度（MPa）	≥0.4
初凝时间（h）	≥2	收缩性（mm/m）	≤0.5

注：本表摘自 88J2—3A（2007）《墙身—加气混凝土》（砌块、条板隔墙）。

2. 施工机具

（1）电动工具（表 24-50）

主要工具参数表   表 24-50

序号	工具名称	图　例	型　号	输入功率（W）	主要用途
1	冲击电钻		Z1J-SD02-12	390	用于结构上打孔
2	台式切锯机			5000	切割墙板，便于组装拆卸式
3	搂槽器		ZIC-SD02-18	470	用于结构上打孔
4	锋钢锯		50cm		用于切据板材和异型构件
5	撬棍				调整墙板位置辅助安装
6	钢齿磨板				打磨板面

（2）其他工具

锋钢锯和普通手锯、固定式摩擦夹具、转动式摩擦夹具、电动慢速钻、射钉枪、无齿锯、镂槽、开八字槽工具、橡皮锤、撬棍、水桶、钢丝刷、木楔、扁铲、小灰槽、2m 托线板、靠尺、扫帚等。

3. 施工要点

(1) 根据设计要求,画出深化排板图,在地面弹好隔墙板安装位置线及门窗洞口边线,按板宽(计入板缝宽 5mm)进行排板分档。

(2) 施工环境温度低于 5℃时应采取加温措施。

(3) 板材堆放地点:地势坚实、平坦、干燥,并不得使板材直接接触地面。墙板堆放时,不宜堆码过高,雨季还应采取覆盖措施。运输采用专用小车,见图 24-73。

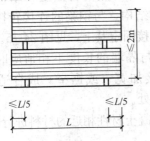

图 24-73 板材堆放和运输

(4) 工艺流程:

结构墙面、顶面、地面清理和找平 → 放墙体门窗口定位线、分档 → 配板、修补 → 支设临时方木 → 配置胶粘剂 → 安装 U 形卡件或 L 形卡件(有抗震设计要求时) → 安装隔墙板 → 安装门窗框 → 设备、电气管线安装 → 板缝处理 → 板面装修

1) 清理隔墙板与顶面、地面、墙面的结合部位,凡凸出墙地面的浮浆、混凝土块等必须剔除并扫净,结合部位应找平。

2) 放墙体门窗口定位线、分档:在结构地面、墙面及顶面根据图纸,用墨斗弹好隔墙定位边线及门窗洞口线,并按板幅宽弹分档线。

3) 配板、修补:

条板隔墙一般都采取垂直方向安装。按照设计要求,根据建筑物的层高、与所要连接的构配件和连接方式来决定板的长度,隔墙板厚度选用应按设计要求并考虑便于门窗安装,最小厚度不小于 75mm。分户墙的厚度,根据隔声要求确定,通常选用双层墙板。

墙板与结构连接的方式分为刚性连接和柔性连接,非震区采用刚性连接,震区采用柔性连接。

刚性连接,即板的上端与上部结构底面用粘结砂浆粘结,下部用木楔顶紧后空隙间填入细石混凝土。当建筑没有特殊抗震要求时,可采用刚性连接,将板的上端与上部结构底面用粘结砂浆或胶粘剂粘结,下部用木楔顶紧后空隙间填入细石混凝土(图 24-74)。隔墙板安装顺序应从门洞口处向两端

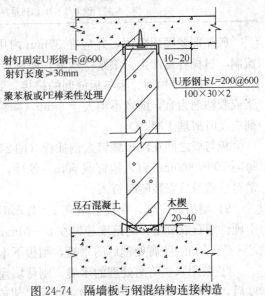

图 24-74 隔墙板与钢混结构连接构造

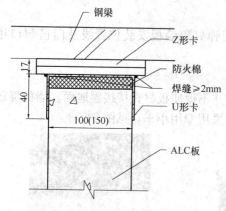

图 24-75　隔墙板与钢结构连接构造

依次进行，门洞两侧宜用整块板；无门洞的墙体，应从一端向另一端顺序安装。

柔性连接：当建筑设计有抗震要求时，应按设计要求，在两块条板顶端拼缝处设 U 形或 L 形钢板卡，与主体结构连接。U 形或 L 形钢板卡（50mm 长，1.2mm 厚）用射钉固定在结构梁和板上。如主体为钢结构，与钢梁的连接转接钢件的方式将钢板卡焊接固定其上，见图 24-75。

4）板的宽度与隔墙的长度不相适应时，应将部分板预先拼接加宽（或锯窄）成合适的宽度，放置到有阴角处。

5）安装前要进行选板，有缺棱掉角的，应用与板材混凝土材性相近的材料进行修补，未经修补的坏板或表面酥松的板不得使用。

6）架立靠放墙板的临时方木：（方木可选择规格 100mm×60mm）上方木直接压墙定位线顶在上部结构底面，下方木可离楼地面约 100mm 左右，上下方木之间每隔 1.5m 左右立竖向支撑方木，并用木楔将下方木与支撑方木之间楔紧。临时方木支撑后，检查竖向方木的垂直度和相邻方木的平面度，合格后即可安装隔墙板。

7）配置胶粘剂：条板与条板拼缝、条板顶端与主体结构粘结采用胶粘剂。

加气混凝土隔墙胶粘剂一般采建筑胶聚合物砂浆。

粘结砂浆、墙面修补材料参考配合比　　　　　　　　　　　　表 24-51

名称和用涂	配　合　比
粘结砂浆	1. 水泥：细砂：界面剂：水＝1：1：0.2：0.3 2. 水泥：砂＝1：3，加适量界面剂胶水溶液
修补材料	1. 水泥：石膏：加气混凝土粉末＝1：1：3，加适量界面剂胶水溶液 2. 水泥：石灰膏：砂＝1：3：9 或 1：1：6，适量加水 3. 水泥：砂＝1：3. 加适量界面剂胶水溶液

胶粘剂要随配随用，并应在 30min 内用完。配置时应注意界面剂掺量适当，过稀易流淌，过稠容易产生"滚浆"现象，使刮浆困难。

8）板与结构间、板与板缝间的拼接，要满抹粘结砂浆或胶粘剂，拼接时要以挤出砂浆或胶粘剂为宜，缝宽不得大于 5mm（陶粒混凝土隔板缝宽 10mm）。挤出的砂浆或胶粘剂应及时清理干净。

板与板之间在距板缝钉入钢插板（图 24-76），在转角墙、T 形墙条板连接处，沿高度每隔 700～800mm 钉入销钉或 ϕ8mm 铁件，钉入长度不小于 150mm（图 24-77），铁销和销钉应随条板安装随时钉入。

9）墙板固定后，在板下填塞 1：2 水泥砂浆或细石混凝土，细石混凝土应采用 C20 干硬性细石混凝土，坍落度控制在 0～20mm 为宜，并应在一侧支模，以利于捣固密实。

① 采用经防腐处理后的木楔，则板下木楔可不撤除；

② 采用未经防腐处理的木楔，则待填塞的砂浆或细石混凝土凝固达到 10MPa 以上强度后，应将木楔撤除，再用 1：2 水泥砂浆或细石混凝土堵严木楔孔。

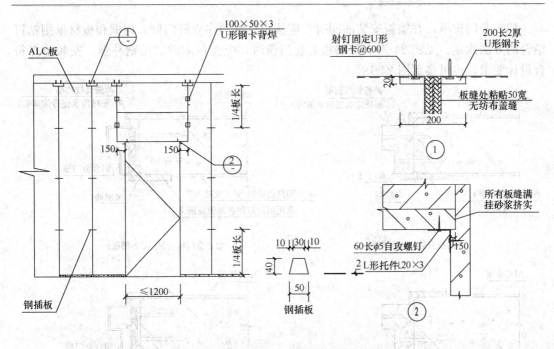

图 24-76　隔墙板与板连接及门头构造（一）

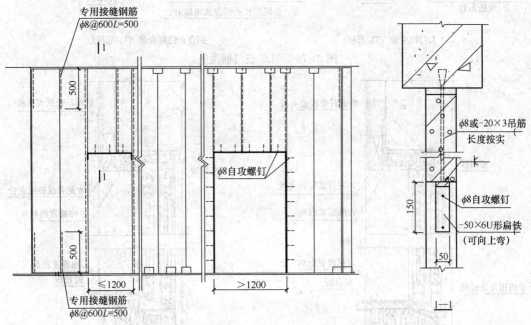

图 24-77　隔墙板与板连接及门头构造（二）

（图引自 03SG715—1《蒸压轻质加气混凝土板（NALC）构造详图》）

10）每块墙板安装后，应用靠尺检查墙面垂直和平整情况，如发现偏差加大，及时调整。

11）对于双层墙板的分户墙，安装时应使两面墙板的拼缝相互错开，拼缝宜设在另一侧板中位置。

12）安门窗框：在墙板安装的同时，应按定位线顺序立好门框，门框和板材采用粘钉结合的方法固定。见图 24-78。隔墙板安装门窗时，应在角部增加角钢补强，安装节点符合设计要求，也可参照图 24-79。

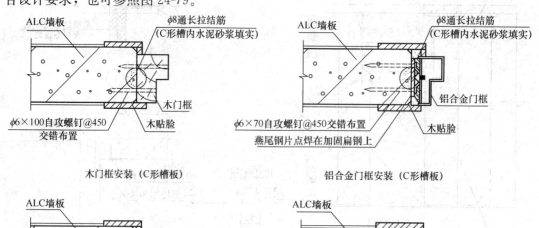

木门框安装（C形槽板）　　　　　铝合金门框安装（C形槽板）

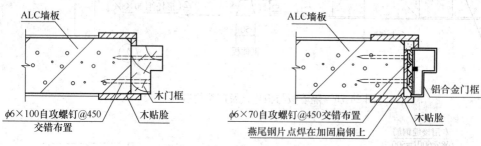

木门框安装（TU形板）　　　　　铝合金门框安装（TU形板）

图 24-78　ALC 板门框做法

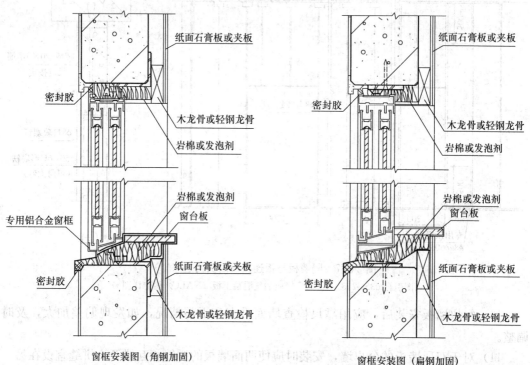

窗框安装图（角钢加固）　　　　　窗框安装图（扁钢加固）

图 24-79　ALC 板隔墙窗框做法

13）墙面支架、吊柜、挂钩安装，见图 24-80。

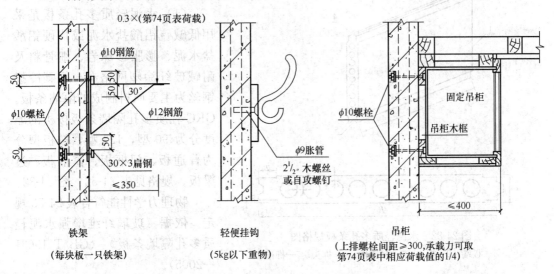

图 24-80　隔墙板设备安装节点

14）电气安装：利用条板孔内敷软管穿线和定位钻单面孔，对非空心板，则可利用拉大板缝或开槽敷管穿线，管径不宜超过 25mm。用膨胀水泥砂浆填实抹平。用 2 号水泥胶粘剂固定开关、插座。

15）板缝和条板、阴阳角和门窗框边缝处理：

板缝处理：隔墙板安装后 10d，检查所有缝隙是否粘结良好，有无裂缝，如出现裂缝，应查明原因后进行修补。

加气混凝土隔板之间板缝在填缝前应用毛刷蘸水湿润，填缝时应在板两侧同时把缝填实。填缝材料采用石膏或膨胀水泥或厂家配套添缝剂，见图 24-81。

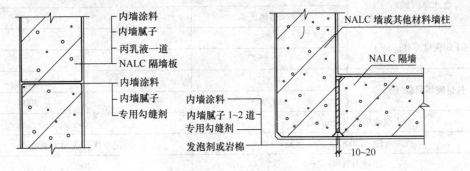

图 24-81　板缝处理节点

加强措施：刮腻子之前先用宽度 100mm 耐碱玻纤网格布塑性压入两层腻子之间。提高板缝的抗裂性。

24.3.1.2　空心条板

空心条板有玻璃纤维增强水泥轻质多孔（GRC）隔墙条板、轻集料混凝土空心板（工业灰渣空心条板）、植物纤维强化空心条板、泡沫水泥条板、硅镁条板、增强石膏空心条板几种。

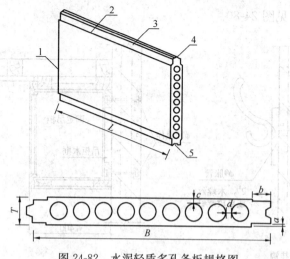

图 24-82 水泥轻质多孔条板规格图

1—板端；2—板边；3—接缝槽；4—榫头；5—榫槽

1. 材料及其质量要求

（1）水泥轻质多孔条板是采用低碱硫铝酸盐水泥或快硬铝酸盐水泥、膨胀珍珠岩、细骨料及耐碱玻纤涂塑网格布、低碳冷拔钢丝为主要原料制成的隔墙条板。GRC 轻质多孔隔墙条板按板的厚度分为 90 型，120 型，按板型分为普通板、门框板、窗框板、过梁板。规格见表 24-52、图 24-82。

物理力学性能符合表 24-53 规定，依据《玻璃纤维增强水泥轻质多孔隔墙条板》（GB/T 19631—2005）。

玻璃纤维增强水泥轻质隔墙条板规格（mm）   表 24-52

型号	长度 （L）	长度 （B）	厚度 （T）	接缝槽深 （a）	接缝槽宽 （b）	壁厚 （c）	孔间肋厚 （d）
90	2500～3000	600	90	2～3	20～30	≥10	≥20
120	2500～3500	600	120	2～3	20～30	≥10	≥20

玻璃纤维增强水泥轻质隔墙条板   表 24-53

项　　目		一 等 品	合 格 品
含水率（%）	采暖地区≤	10	
	非采暖地区≤	15	
气干面密度/（kg/m²）	90 型≤	75	
	120 型≤	95	
抗折破坏荷载（N）	90 型≥	2200	2000
	120 型≥	3000	2800
干燥收缩值（mm/m）≤		0.6	
抗冲击性（30kg，0.5m 落差）		冲击 5 次，板面无裂缝	
吊挂力（N）≥		1000	
空气声计权隔声量（dB）	90 型≥	35	
	120 型≥	40	
抗折破坏荷载保留率（耐久性）（%）≥		80	70
放射性比活度	I_{Ra}≤	1.0	
	I_r≤	2	
耐火极限（h）≥		1	
燃烧性能		不燃	

（2）轻集料混凝土空心板（工业灰渣空心条板）：采用普通硅酸盐水泥，低碳冷拔钢丝或双层钢筋网片、膨胀珍珠岩、浮石、陶粒、炉渣等轻集料为主要原料制成的轻质条板。材料技术指标见表 24-54、表 24-55。

灰渣混凝土板物理性能指标 表 24-54

项　目	指　标		
	板厚 90mm	板厚 120mm	板厚 150mm
抗冲击性能	经 5 次抗冲击试验后，板面无裂纹		
面密度（kg/m²）	≤120	≤140	≤160
抗弯承载（板自重倍数）	≥1		
抗压强度（MPa）	≥5		
空气隔声量（dB）	≥40	≥45	≥50
含水率（%）	≤12		
干燥收缩值（mm/m）	≤0.6		
吊挂力	荷载 1000N，静置 24h，板面无宽度超过 0.5mm 缝隙		
耐火极限/h	≥1.0		
软化系数	≥0.8		
抗冻性	不应出现可见裂纹或表面无变化		

注：依据《灰渣混凝土空心隔墙板》（GB/T 23449—2009）。

灰渣混凝土板放射性核素限量 表 24-55

项　目	指　标
制品中镭—226、钍—232、钾—40 放射性核素含量	空心板（空心率大于 25%）
内照射指数（I_{Ra}）	≤1.0
外照射指数（I_r）	≤1.3

（3）植物纤维强化空心条板：是以锯末、麦秸、稻草、玉米秸秆等植物秸秆中的一种，加入以轻烧镁粉、氯化镁、改性剂、稳定剂等为原料配置而成的粘合剂，以中碱或无碱短玻纤为增强材料之称的中空型轻质条板，产品要求参见表 24-56。

植物纤维强化空心条板 表 24-56

厚度（mm）	长度（mm）	宽度（mm）	耐火极限（h）	重量（kg/m²）	隔声 dB
100	2400～3000	600	≥1	≤60	≥35
200	2400～3000	600	≥1	≤60	≥45

注：依据《轻质条板内隔墙》（图集号 03J113）。

（4）泡沫水泥条板：使用硫铝酸盐水泥或轻烧镁粉为胶凝材料，掺加粉煤灰、适量外加剂，以中碱涂塑或无碱玻纤网格布为增强材料，采用发泡工艺，机制成型的微孔轻质实心或空心隔墙条板。

硅镁条板使用硫铝酸盐水泥或轻烧镁粉，掺加粉煤灰、适量外加剂，以 PVA 维尼纶短切纤维为增强材料，采用发泡工艺，成组立模制成的空心隔墙条板。

泡沫水泥条板、硅美条板规格   表 24-57

厚度（mm）	长度（mm）	宽度（mm）	耐火极限（h）	重量（kg/m²）	隔声（dB）
60	2400～2700	600	≥1	≤60	≥35
90	2400～3000	600	≥1	≤60	≥40
200	2400～3000	600	≥1	≤60	≥45

（5）石膏条板是采用建筑石膏（掺加小于 1% 的普通硅酸盐水泥）、膨胀珍珠岩及中碱玻璃纤维涂塑网格布（或短切玻璃纤维）等为主要原料制成的轻质条板。

（6）建筑轻质板胶粘剂：用于板与板、板与结构之间粘接，要求见表 24-58。

轻质板胶粘剂质量要求   表 24-58

项　　目		质　量　要　求
拉伸胶粘强度（MPa）	常温 14d	≥1.0
	耐水 14d	≥0.7
压剪胶粘强度（MPa）	常温 14d	≥1.5
	耐水 14d	≥1.0
抗压强度（MPa）	14d	≥5.0
抗折强度（MPa）	14d	≥2.0
收缩率（%）		≤0.3
可操作时间（h）		2

配件用胶粘剂：用于吊挂件、构配件与板间的连接。质量要求见表 24-59。

轻质板用配件胶粘剂质量要求   表 24-59

项　　目		质　量　要　求
拉伸胶粘强度（MPa）	常温 14d	≥1.5
	耐水 14d	≥1.0
压剪胶粘强度（MPa）	常温 14d	≥2.0
	耐水 14d	≥1.5
可操作时间（h）		2

（7）嵌缝材料：

嵌缝剂：用于隔墙板接缝嵌缝防裂。质量要求见表 24-60。

隔墙板用嵌缝剂质量要求   表 24-60

项　　目		质　量　要　求
可操作时间（h）与终凝时间协调		≥2
5min 保水性		试饼周围无水泥渗出
28d 柔韧性（抗压/抗折）		≤3.0
凝结时间（min）	初凝	>45
	终凝	>300

续表

项　　目		质 量 要 求
拉伸胶粘强度（MPa）	常温 7d	≥0.7
	耐水 7d	≥0.5
压剪胶粘强度（MPa）	常温 7d	≥1.0
	耐水 7d	≥0.7
抗裂性		5mm 以下

嵌缝带：用于板缝间嵌缝的增强材料。用于墙体等特殊增强部位的采用 200 宽嵌缝带。见表 24-61。

隔墙板用嵌缝带质量要求　　　　　　　　　　表 24-61

项　　目	宽度（mm）	单位面积重量（g/m²）	涂覆量（%）	厚度（mm）	抗拉强度（N/50mm）		延伸率（%）	
					纵向	横向	纵向	横向
玻纤Ⅰ型	100/50	160	≥8	—	>750	>750	≥2	≥2
玻纤Ⅱ型	100/50	160	≥8	—	>1000	>1000	≥2	≥2
聚酯Ⅰ	100/50	100	—	0.4	>280	>260	>20	>20
聚酯Ⅱ	100/50	120	—	0.5	>320	>300	>20	>20
聚酯Ⅲ	100/50	140	—	0.6	>350	>330	>20	>20

2. 施工机具

主要工具参数表　　　　　　　　　　表 24-62

序号	工具名称	图　　例	主要用途
1	搅拌器		与手电钻配合使用搅拌粉状材料
2	刮铲		涂刮胶粘剂
3	平抹板		用于结构上打孔

续表

序号	工具名称	图例	主要用途
4	嵌缝胶枪		用于墙体缝隙嵌缝封堵
5	橡胶锤		调平墙板位置，辅助安装
6	开孔器		与手电钻配合使用墙体开孔
7	拉铆枪	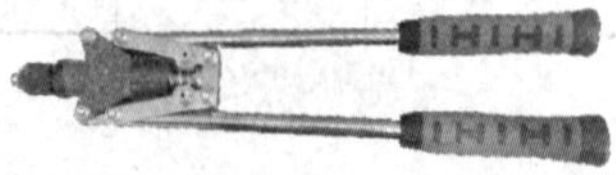	用于抽芯铆钉固定
8	冲击钻		用于在结构上钻孔
9	手持切割机		墙体开槽

3. 施工要点

在安装隔墙板时，按照排版图弹分档线，标明门窗尺寸线，非标板统一加工。

预先将 U 形 L 形钢卡固定与结构梁板下，位于板缝将相邻两块板卡住，无吊顶房间宜选用 L 型钢板暗卡。安装前将端部空洞封堵，顶部及两侧企口处用 I 型砂浆胶粘剂，从板侧推紧板，将挤出胶粘剂刮平用靠尺检查。用2m靠尺及塞尺测量墙面的平整度，用2m托线板检查板的垂直度。板底留20～30mm缝隙，用两组木楔对楔背紧，填实C20混凝土，达到强度后撤出木楔，填实孔洞。

设备安装：设备定好位后用专用工具钻孔，用Ⅱ型水泥砂浆胶粘剂预埋吊挂配件。

电气安装：利用跳板内孔敷管穿线，注意墙面两侧不得有对穿孔出现。

条板接缝处理：在板缝、阴阳角处、门窗框用白乳胶粘贴耐碱玻纤网格布加强，板面宜满铺玻纤网一层。

双层板隔断的安装，应先立好一层板后再安装第二层板，两层板的接缝要错开。隔声墙中填充轻质吸声材料时，可在第一层板安装固定后，把吸声材料贴在墙板内侧，再安装第二层板，做法见图24-83。墙板各种类型连接、接缝做法见图24-84～图24-87。

空心条板上挂式洗面盆、吊柜安装方法见图24-88、图24-89。

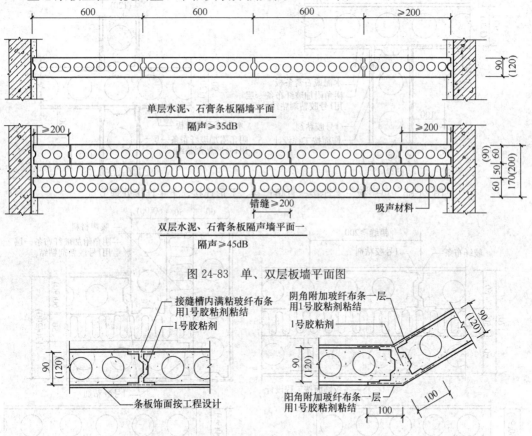

图 24-83　单、双层板墙平面图

图 24-84　单层板平接缝和任意角接缝处理节点

24.3.1.3　轻质复合条板

1. 材料及其质量要求

轻质复合隔墙条板是以3.2mm厚木质纤维增强水泥板为面板，以强度等级42.5普通硅酸盐水泥、中砂、粉煤灰、聚苯乙烯发泡颗粒及添加剂等材料组成芯料，采用成组立模振捣成型。具有轻质、高强、隔声隔热、防火、防水、可直接开槽埋设管线等特点。复合隔墙板的规格和性能指标见表24-63和表24-64。

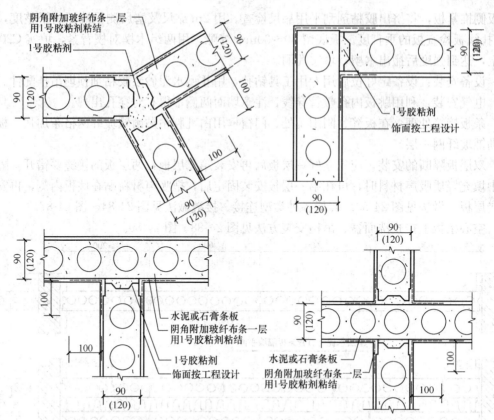

图 24-85　单层板三叉连接、直角连接、T 形连接、十字连接处理节点

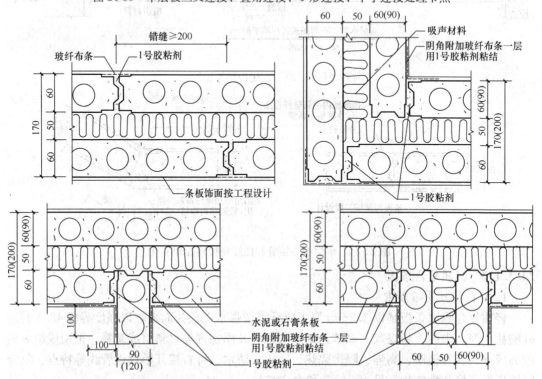

图 24-86　双层平接、隔声墙直角连接、双层 T 形连接、双层十字连接处理节点

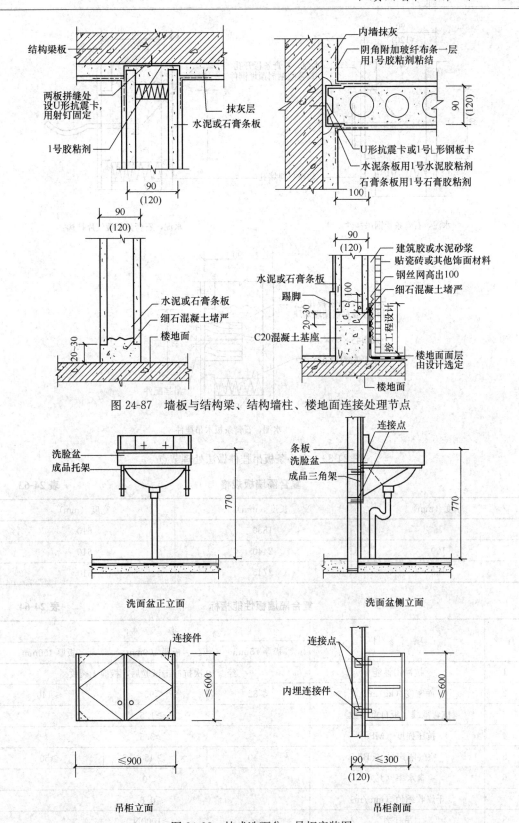

图 24-87　墙板与结构梁、结构墙柱、楼地面连接处理节点

图 24-88　挂式洗面盆、吊柜安装图

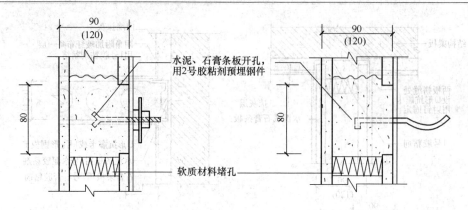

水泥、石膏条板钢吊挂件   水泥、石膏条板暖气片挂钩

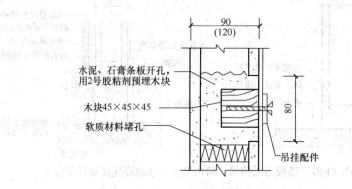

水泥、石膏条板木吊挂件

图 24-89 空心条板吊挂件做法处理节点

复合隔墙板规格   表 24-63

厚度（mm）	长度（mm）	宽度（mm）
75	1830	610
100	2440	610
150	2745	610

复合隔墙板性能指标   表 24-64

序号	项　目	指　标		
		板厚 75mm	板厚 100mm	板厚 150mm
1	抗冲击性能	经≥10 次抗冲击试验后，板面无裂纹		
2	面密度（kg/m²）	≤82	≤95	≤140
3	抗弯承载（板自重倍数）	≥1.5		
4	抗压强度（MPa）	≥3.5		
5	空气隔声量（dB）	≥40	≥45	≥50
6	含水率（%）	≤10		
7	干燥收缩值（mm/m）	≤0.6		
8	吊挂力	≥1000N		

续表

序号	项　目	指　标		
		板厚 75mm	板厚 100mm	板厚 150mm
9	耐火极限（h）	≥1.0		
10	软化系数	≥0.8		
11	空气隔声量（dB）	≥35		
12	传热系数（W/m²·K）			≤2.0

板型及规格示意图见图 24-90。

2. 施工机具

参见表 24-62。

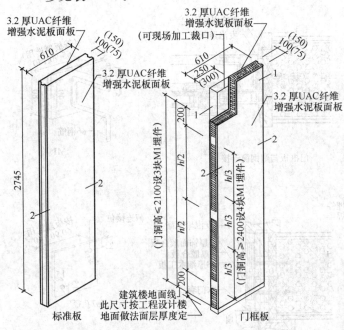

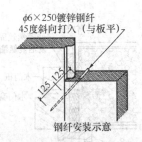

图 24-91　复合隔墙板板面连接固定图

图 24-90　复合隔墙板板型及规格图

图 24-92　复合隔墙板面开槽情况

3. 施工要点

复合隔墙板工艺流程：

清理现场 → 测量放线 → 安装墙板 → 埋设管件线槽 → 板缝处理 → 清理现场 → 验收

1）放线定位后安装固定连接件：隔墙板上、下端用钢连接件固定在结构梁、板下或楼面。隔墙板与板间连接采用长 250mm 的 φ6 镀锌钢钎斜插连接。见图 24-91。

2）板面安装同其他轻质板。

3）板面开孔、开槽：用瓷砖切割机机或凿子开挖竖槽、孔洞。管线埋设好后应及时用聚合物砂浆固定及抹平板面，并按照板缝防裂要求进行处理。墙板贯穿开空洞直径应小于 200mm。见图 24-92。

4）门框安装见图 24-93。

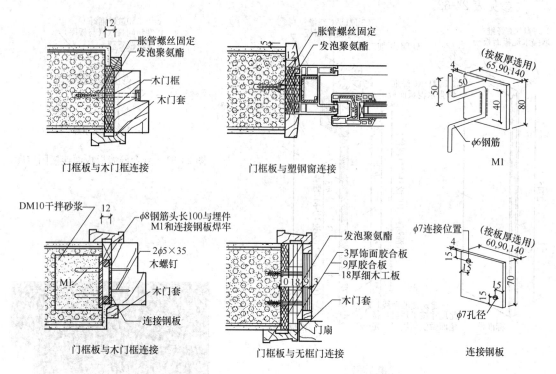

图 24-93　复合隔墙板面门框安装图

24.3.1.4　其他轻质隔墙条板

（1）蜂窝复合墙板：是将高强瓦楞纸经过阴角、热压切割、拉伸定型呈蜂窝状后制成的芯板于不同材质的面板（石膏板、水泥平板等）粘合而成的一种轻型墙体材料。纸基材经过防火、防潮工艺处理，具有阻燃、防潮质轻、加工性能好等特点，见图 24-94。蜂窝隔墙板规格见表 24-65。

（2）钢丝网架轻质夹芯板（GSJ 板、泰柏板、舒乐板）：是一种新型建筑材料，选用强化钢丝焊接而成的三维笼为构架，阻燃 EPS 泡沫塑料芯材组成，是以阻燃聚苯泡沫板，或岩棉板为板芯，两侧配以直径为 2mm 冷拔钢丝网片，钢丝网目 50mm×50mm，腹丝斜

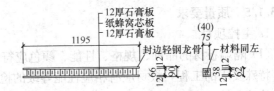

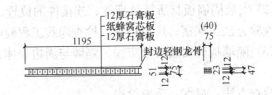

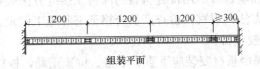

图 24-94 蜂窝复合墙板

蜂窝隔墙板规格　　　　　　　　　　　　表 **24-65**

种　类	长度（mm）	墙板厚（mm）	构　　造	宽度（mm）
石膏板蜂窝复合板	2400~3000	75	双面 12 厚石膏板＋纸蜂窝板，两侧加封边龙骨或封边条	一般常用 90 厚
		90		
水泥板蜂窝复合板		90	双面 8 厚水泥板＋纸蜂窝板，两侧加封边龙骨或封边条	

插过芯板焊接而成。规格见表 24-66，内部可填充岩棉、珍珠岩、玻璃棉。符合 JC 623—1996《钢丝网架水泥聚苯乙烯夹芯板》要求，见图 24-95。

钢丝网架轻质夹芯板板规格　　表 **24-66**

板　厚	两表面喷抹层做法	芯板构造
100	两面各有 25mm 厚水泥砂浆做法	各类GJ板
110	两面各有 30mm 厚水泥砂浆做法	
130	两面各有 30mm 厚水泥砂浆加两面各有 15mm 石膏涂层或轻质砂浆	

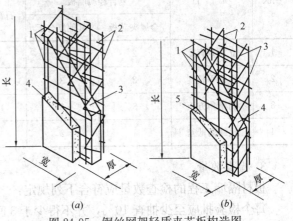

图 24-95　钢丝网架轻质夹芯板构造图

(a) T、TZ 类板　　　　　　(b) S 类板

1—横丝；2—之字条；　　1—横丝；2—竖丝；3—斜
3—聚苯乙烯泡沫塑料；　　丝；4—聚苯乙烯泡沫塑料；
4—水泥砂浆　　　　　　　5—水泥砂浆

24.3.1.5 质量要求

1. 主控项目

（1）隔墙板材的品种、规格、性能、颜色应符合设计要求。有隔声、隔热、阻燃、防潮等特殊要求的工程，板材应有相应性能等级的检测报告。

检验方法：观察；检查产品合格证书、进场验收记录和性能检测报告。

（2）安装隔墙板材所需预埋件、连接件的位置、数量及连接方法应符合设计要求。

检验方法：观察；尺量检查；检查隐蔽工程验收记录。

（3）隔墙板材安装必须牢固。隔墙与周边墙体的连接方法应符合设计要求，并应连接牢固。

检查方法：观察；手扳检查。

（4）隔墙板材所用接缝材料的品种及接缝方法应符合设计要求。

检验方法：观察；检查产品合格证书和施工记录。

2. 一般项目

（1）隔墙板材安装应垂直、平整、位置正确，板材不应有裂缝或缺损。

检验方法：观察；尺量检查。

（2）板材隔墙表面应平整光滑、色泽一致、洁净，接缝应均匀、顺直。

检验方法：观察；手摸检查。

（3）隔墙上的孔洞、槽、盒应位置正确、套割方正、边缘整齐。

检验方法：观察。

板材隔墙安装的允许偏差和检验方法应符合表 24-67 的规定。

轻质板材隔墙安装的允许偏差和检验方法　　　　　　　　表 24-67

项次	项　目	允许偏差（mm）				检验方法
		复合轻质墙板		石膏空心板	钢丝网水泥板	
		金属夹芯板	其他复合板			
1	立面垂直度	2	3	3	3	用 2m 垂直检测尺检查
2	表面平整度	2	3	3	3	用 2m 靠尺和塞尺检查
3	阴阳角方正	3	3	3	4	用直角检测尺检查
4	接缝高低差	1	2	2	3	用钢直尺和塞尺检查

3. 检查数量

板材隔墙工程的检查数量应符合下列规定：

每个检验批应至少抽查 10%，并不得少于 3 间；不足 3 间时应全数检查。

24.3.1.6 安全、职业健康、环保注意事项

1. 水电专业的管线预埋应与隔墙安装同步进行，密切配合。

2. 隔墙板面需开孔时，应在隔墙安装 7 日后进行，并采用专用工具，洞孔尺寸不大于 80mm×80mm。同时避免横向开槽。

3. 墙体吊挂件应按要求设置预埋件，单点挂重不宜大于 80kg。

4. 线盒插座等机电末端在隔墙两面错位安装，避免处在相对的同一位置。

5. 隔墙安装后 24 小时不得碰撞，合理安排工序，加强对墙体的保护。隔墙板门窗框塞灰和抹粘结砂浆后，不得振动墙体，待达到强度后方可进行下一工序。

6. 安装埋件不得用力敲打，宜用电钻钻孔、扩孔。

7. 切割隔墙板时，应采取防尘措施，操作人员戴口罩防止吸入灰尘。

8. 胶粘剂使用后及时清理、回收至指定地点或容器中，分开存放，集中处理。

9. 现场堆放、搬运复合轻质墙板应侧立，板下加垫方木，距两端 500～700mm，不得平放。隔墙板材现场吊运严禁用铁丝捆绑和用钢丝绳兜吊。

10. 严防运输小车等碰撞隔墙板及门口。

11. 施工后的隔墙板上不得吊挂重物。

12. 在施工楼地面时，采取适当遮挡措施，防止砂浆溅污隔墙板。

24.3.2 轻钢龙骨隔墙工程

轻钢龙骨隔墙是以连续热镀锌钢板（带）为原料，采用冷弯工艺生产的薄壁型钢为支撑龙骨的非承重内隔墙。隔墙面材通常采用纸面石膏板、纤维水泥加压板（FC 板）、玻璃纤维增强水泥板（GRC 板）、加压低收缩性硅酸钙板、粉石英硅酸钙板等。面材固定于轻钢龙骨两侧，对于有隔声、防火、保温要求的隔墙，墙体内可填充隔声防火材料。通过调整龙骨间距、壁厚和面材的厚度、材质、层数以及内填充材料来改变隔墙高度、厚度、隔声耐火、耐水性能以满足不同的使用要求。

24.3.2.1 轻钢龙骨石膏板隔墙

1. 材料及质量要求

（1）隔墙龙骨及配件

沿顶龙骨、沿地龙骨、加强龙骨、竖向龙骨、横撑龙骨等轻钢龙骨的配置应符合设计要求。龙骨应有产品质量合格证。龙骨外观应表面平整，棱角挺直，过渡角及切边不允许有裂口和毛刺，表面不得有严重的污染、腐蚀和机械损伤，面积不大于 $1cm^2$ 的黑斑每米长度内不多于 3 处，涂层应无气泡、划伤、漏涂、颜色不均等影响使用的缺陷。技术性能应符合《建筑用轻钢龙骨》（GB/T 11981—2008）要求。

支撑卡、卡托、角托、连接件、固定件、护墙龙骨和压条等附件应符合设计要求。轻钢龙骨规格、允许偏差和平直度见表 24-68～表 24-70。

隔墙轻钢龙骨规格 表 24-68

品 种	断 面 形 状	规 格	备 注
CH 型龙骨 竖龙骨		$A \times B_1 \times B_2 \times t$ 75(73.5)$\times B_1 \times B_2 \times 0.8$ 100(98.5)$\times B_1 \times B_2 \times 0.8$ 150(148.5)$\times B_1 \times B_2 \times 0.8$ $B_1 \geqslant 35$；$B_2 \geqslant 35$	当 $B_1 = B_2$ 时规格为：$A \times B \times t$

品　种		断 面 形 状	规　格	备　注
C型龙骨	竖龙骨		$A \times B_1 \times B_2 \times t$ $50(73.5) \times B_1 \times B_2 \times 0.6$ $75(73.5) \times B_1 \times B_2 \times 0.6$ $100(98.5) \times B_1 \times B_2 \times 0.7$ $150(148.5) \times B_1 \times B_2 \times 0.7$ $B_1 \geqslant 45$；$B_2 \geqslant 45$	当 $B_1 = B_2$ 时规格为：$A \times B \times t$
U型龙骨	横龙骨		$A \times B \times t$ $52(50) \times B \times 0.6$ $77(75) \times B \times 0.6$ $102(100) \times B \times 0.7$ $152(150) \times B \times 0.7$ $B \geqslant 35$	
U型龙骨	贯通龙骨		$A \times B \times t$ $38(50) \times 12 \times 1.0$	
隔声墙龙骨	Z型隔声龙骨		$75 \times 50 \times 0.6$	用于隔声要求较高的场所，作为竖龙骨
隔声墙龙骨	减震龙骨		$65 \times 15 \times 0.6$	用于隔声要求较高的场所，作为竖龙骨
井道墙配套龙骨	不等边龙骨		$A \times B_1/B_2 \times t$ $67 \times 50/25 \times 0.6/0.8$ $78 \times 50/25 \times 0.6/0.8$ $95 \times 50/25 \times 0.6/0.8$ $103 \times 50/25 \times 0.6/0.8$ $149 \times 50/25 \times 0.6/0.8$	井道隔墙横龙骨
井道墙配套龙骨	E型龙骨		$A \times B_1/B_2 \times t$ $64 \times 30/20 \times 0.8/1.0$ $75 \times 30/20 \times 0.8/1.0$ $92 \times 30/20 \times 0.8/1.0$ $100 \times 30/20 \times 0.8/1.0$ $146 \times 30/20 \times 0.8/1.0$	井道隔墙边龙骨

轻钢龙骨断面规格尺寸允许偏差　　　　　　　　　　　表 24-69

项　　目	偏　　差
长度 L	± 5

轻钢龙骨侧面和地面的平直度（mm/1000mm）　　　　　　表 24-70

类别	品　　种	检测部位	偏　　差
墙体	横龙骨和竖龙骨	侧面	≤1.0
		底面	≤2.0
	贯通龙骨	侧面和底面	

轻钢龙骨双面镀锌量≥100g/m²，双面镀锌厚度≥14μm。

（2）石膏板

纸面石膏板采用二水石膏为主要原料，掺入适量外加剂和纤维做成板芯，用特制的纸或玻璃纤维毡为面层，牢固粘贴而成。棱边的形式见图 24-96，技术参数符合表 24-71～表 24-74 要求。

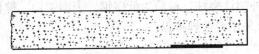
矩形棱边

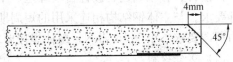
倒角形棱边

楔形棱边

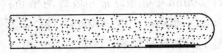
圆形棱边

图 24-96　棱边的形式

纸面石膏板规格尺寸允许偏差（mm）　　　　　　表 24-71

项　　目	长　　度	宽　　度	厚　　度	
			9.5	≥12.0
尺寸偏差	0 −6	0 −5	±0.5	±0.6

注：板面应切成矩形，两对角长度差应不大于5mm。

纸面石膏板断裂荷载值　　　　　　表 24-72

板材厚度（mm）	断裂荷载（N）			
	纵　　向		横　　向	
	平均值	最小值	平均值	最小值
9.5	400	360	160	140
12	520	460	200	180
15	650	580	250	220
18	770	700	300	270
21	900	810	350	320
25	1100	970	420	380

纸面石膏板面密度值　　　　　　表 24-73

板材厚度（mm）	面密度（kg/m²）	板材厚度（mm）	面密度（kg/m²）
9.5	9.5	18.0	18.0
12.0	12.0	21.0	21.0
15.0	15.0	25.0	25.0

纸面石膏板的其他技术要求   表 24-74

项　目	要　　　求	参照标准
护面纸与芯材粘结	不裸露	
吸水率	≤10.0%（仅适用于耐水纸面石膏板）	GB/T 9775—2008
表面吸水量	≤160g/m² （仅适用于耐水纸面石膏板）	
遇火稳定性	板材遇火稳定时间应不小于 20min（仅适用于耐火纸面石膏板）	
燃烧性能	普通纸面石膏板、耐火纸面石膏板、耐水纸面石膏板为难燃性材料，但安装在轻钢龙骨上可视为 A 级不燃材料	GB 50222—95

（3）紧固材料

拉锚钉、膨胀螺栓、镀锌自攻螺丝、木螺丝、短周期螺柱焊钉和粘贴嵌缝材，应符合设计要求。与主体钢结构相连采用的短周期外螺纹螺柱，材质为低碳钢，表面镀铜。螺柱拉力荷载要求不小于 15.3kN，螺柱焊接要求采用专业焊接设备。

（4）接缝材料

1）接缝腻子：抗压强度＞3.0MPa，抗折强度＞1.5MPa，终凝时间＞0.5h。

2）50mm 中碱玻纤带和玻纤网格布：网格 8 目/in，布重 80g/m，断裂强度（25mm×100mm）布条，经纱≥300N，纬纱≥150N。

辅助材料规格见表 24-75。

辅 助 材 料 规 格   表 24-75

名称	图　示	用　途	材料构成	规格	常见包装
自攻螺钉		单层石膏板固定（板厚9.5～15mm）		25	1000 枚/盒
		双层石膏板固定（板厚9.5～15mm）		38	1000 枚/盒
		三层石膏板固定（板厚12mm）		45	1000 枚/盒
		三层石膏板固定（板厚12mm）		55	1000 枚/盒
				70	1000 枚/盒
平头自攻螺丝		薄壁（≤0.8mm）轻钢龙骨间的锚固，自带钻头，头部扁平，不损伤石膏板背纸	钢（灰磷化处理，不需另作防锈漆）	14	1000 枚/盒
平头自钻螺丝		厚壁（＞0.8mm）轻钢龙骨间的锚固，自带钻头，头部扁平，不损伤石膏板背纸		14	1000 枚/盒
自钻螺钉		石膏板和厚壁龙骨间锚固		32	1000 枚/盒
				45	1000 枚/盒
				60	1000 枚/盒

续表

名称	图　　示	用　　途	材料构成	规格	常见包装
嵌缝膏		石膏板拼缝的粘结嵌缝处理对表面破损进行修补	熟石膏粉、添加剂		5kg、10kg、20kg/袋
满批腻子		石膏板表面处理	老粉、黏土、添加剂		20kg/袋
粘结膏		用于石膏板直接粘结墙系统，用于普通板、防火板与结构墙体固定	熟石膏粉、添加剂		25kg/袋

（5）填充隔声材料

玻璃棉、岩棉等应符合设计要求选用。岩棉技术指标见表 24-76。

岩 棉 技 术 指 标　　　　　　表 24-76

序号	项　　目	标准值	序号	项　　目	标准值
1	长度（mm）	−3～10	6	渣球含量（%）	≤4
2	宽度（mm）	±3	7	纤维平均直径（μm）	≤6.5
3	厚度（mm）	±2	8	热荷重缩温度（℃）	≥6200
4	体积密度（kg/m³）	≤15	9	导热系数（W/m·K）	≤0.040
5	尺寸偏差（mm）	−3～0			

（6）密封材料

橡胶密封条、密封胶、防火封堵材料。

2. 常用工具

电圆锯、角磨机、电锤、手电钻、电焊机、切割机、拉铆枪、铝合金靠尺、水平尺、扳手、卷尺、线锤、托线板、胶钳。电动工具和测量工具见图 24-97 和图 24-98。

图 24-97　部分电动工具冲击钻、金属切割机、电圆锯、手电钻

3. 构造做法及形式分类

（1）按照墙体结构形式可分为普通标准隔墙、井道隔墙、Z 型龙骨隔声隔墙、贴面墙等。按照龙骨体系分为有贯通龙骨体系和无贯通龙骨体系。按照墙体功能可分为普通标准隔墙、不同等级耐火隔墙、潮湿环境使用的耐水隔墙及耐水耐火隔墙、气体灭火间使用的耐高压气爆墙、特殊要求的双层隔声墙等。按照隔墙的外形分为普通隔墙、曲面墙、倾斜

图 24-98　部分测量工具红外线水准仪、钢卷尺、水平尺

墙、超高墙等。

（2）轻钢龙骨隔墙的功能与构造密切相关，应根据不同的使用环境和要求来确定隔墙的结构形式。据此来选用不同规格的龙骨、面板、配件。不同的隔墙体系配件选用见表24-77。

隔墙系统选用表　　　　　　　　　　　　　　表 24-77

序号	隔墙图例	排版方式	龙骨宽度（mm）	板材	填充物	墙厚（mm）	单重（kg/m²）	隔声量（dB）	耐火极限（h）
1	龙骨间距	12＋12	50	P	—	74	23	37	0.5
2	龙骨间距	12＋12	75	P	—	99	24	37	0.5
3	龙骨间距	12＋12	75	P	50mm, 100kg/m³	99	29	43	0.75
4	龙骨间距	12×2＋12×2	75	P	—	123	44	44	1.0
5	龙骨间距	12＋12	50	H	50mm, 100kg/m³	74	28	39	1.0

序号	隔墙图例	排版方式	龙骨宽度（mm）	板材	填充物	墙厚（mm）	单重（kg/m²）	隔声量（dB）	耐火极限（h）
6	龙骨间距	12+12	75	H	50mm，100kg/m³	99	29	47	1.0
7	龙骨间距	12×2+12×2	75	P	50mm，100kg/m³	123	49	48	1.5
8	龙骨间距	12×2+12×2	双排75	P	50mm，100kg/m³	223	50	56	1.5
9	龙骨间距	12×2+12×2	75	H	50mm，120kg/m³	123	44	53	2.0
10	龙骨间距	12×2+12×2	Z型75	H	50mm，100kg/m³	123	49	54	2.0
11	龙骨间距	12×3+12×3	100	H	100mm，100kg/m³	172	75	53	3.0

续表

序号	隔墙图例	排版方式	龙骨宽度(mm)	板材	填充物	墙厚(mm)	单重(kg/m²)	隔声量(dB)	耐火极限(h)
12	龙骨间距	15×2+15×2	100	GH	80mm,120kg/m³	160	63	54	3.0
13	龙骨间距	15×3+15×3	100	H	80mm,120kg/m³	190	87	55	4.0

　　1）普通龙骨隔墙竖龙骨间距通常采用600mm、400mm、300mm，不同的龙骨厚度和规格使隔墙有不同的高度限制和变形量，龙骨体系的选用可参照图集07CJ 03—1《轻钢龙骨石膏板隔墙、吊顶》。选用贯通龙骨体系的，隔墙3m以下加一根贯通龙骨，3～5m加两根，5m以上加三根。在板与板横向接缝处设置横城龙骨或安装板带。见图24-99、图24-100。

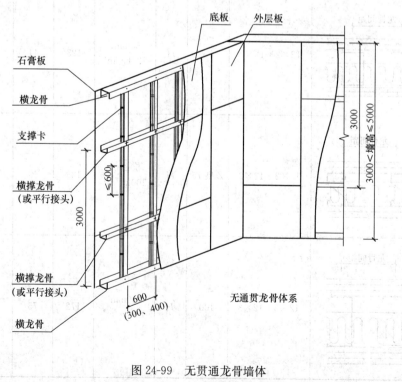

图 24-99　无贯通龙骨墙体

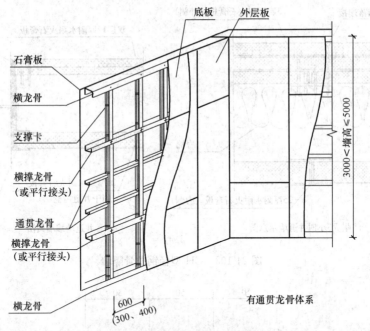

图 24-100　有贯通龙骨墙体

2）当隔墙在钢结构建筑或结构本身存在较大变形的情况下使用时，与结构连接通常采用滑动连接的方式。见图 24-101、图 24-102。

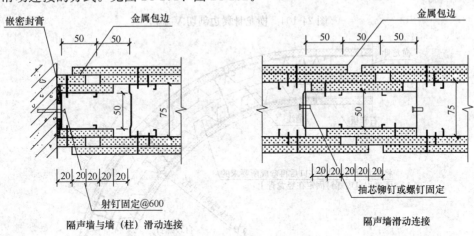

图 24-101　隔声墙滑动连接节点示意（一）

3）井道隔墙墙体构造：为便于井道隔墙的施工，隔墙龙骨采用 CH 型轻钢龙骨，施工人员可站在井道一侧施工，通常墙体形式见图 24-103。

4）曲面墙体构造做法，需将横龙骨翼边剖切处 V 字口以便弯折，石膏板横向布设，见图 24-104～图 24-106。

5）隔声墙体结构做法，常采用 Z 型隔

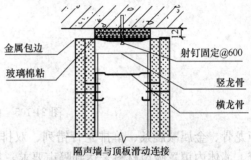

图 24-102　隔声墙滑动连接节点示意（二）

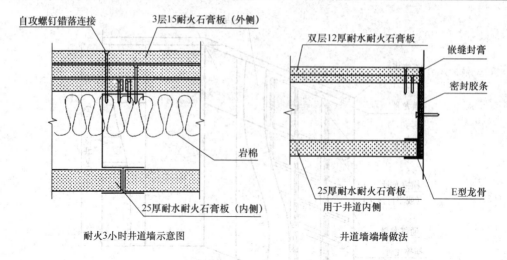

耐火3小时井道墙示意图   井道墙端墙做法

图 24-103   CH 型轻钢龙骨隔墙

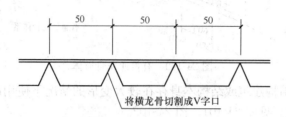

图 24-104   横龙骨翼边剖切 V 字口

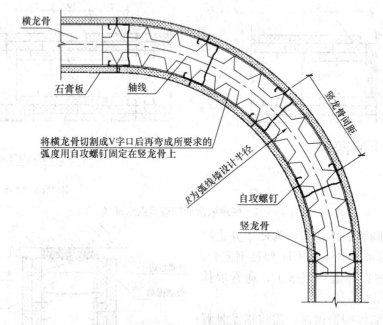

图 24-105   曲面墙体结构

声龙骨、金属减震条、单排龙骨错列、双排龙骨、改变面材板厚、与结构接缝处填密封胶、墙体内填置吸声材料来达到隔声要求，见图 24-107～图 24-111。

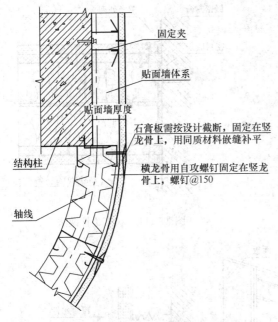

图 24-106　曲面墙体结构与贴面墙相连

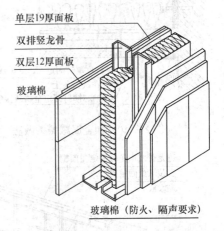

图 24-107　隔声墙板构造示意

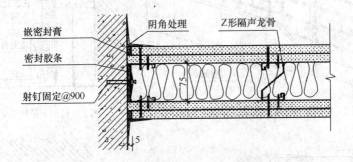

图 24-108　Z 型隔声龙骨连接做法

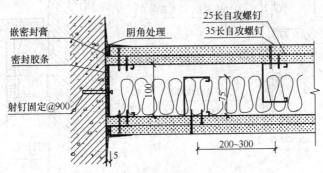

图 24-109　单排龙骨错列连接做法

6）内贴面墙做法：在施工空间较小或修正墙面不平整时采用，使用安装卡或固定夹在 27～125mm 间调整贴面墙厚。见图 24-112～图 24-114。

7）气体灭火间采用的气爆墙结构。建筑的有气体灭火要求的房间。较钢混体系隔墙大大减轻了墙体自重，减轻了结构荷载，且采用半成品装配式施工，具有占用空间少、施

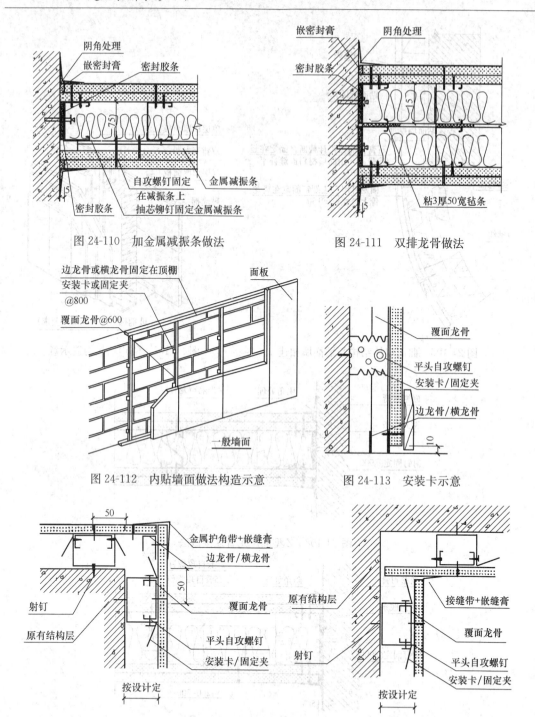

图 24-110   加金属减振条做法

图 24-111   双排龙骨做法

图 24-112   内贴墙面做法构造示意

图 24-113   安装卡示意

图 24-114   固定夹示意

工速度快、环境污染少等优点。见图 24-115、图 24-116。

24.3.2.2   纤维水泥加压板、硅酸钙板、纤维石膏板隔墙

1. 材料及质量要求

（1）纤维水泥加压板（FC 板）、加压低收缩性硅酸钙板技术要求见表 24-78。

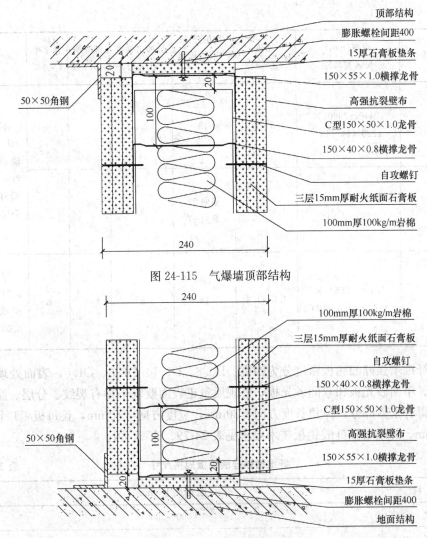

图 24-115　气爆墙顶部结构

图 24-116　气爆墙底部结构

纤维水泥加压板、加压低收缩硅钙板、纤维石膏板

规格及主要物理力学性能指标　　　　　　　表 24-78

板材名称		规格(mm) 长×宽×厚	密度 (g/cm³)	抗折强度 平均值(横纵) (MPa)≥	抗冲击强度 (kJ/m²)≥	湿涨率 (%)≤	含水率 (%)≤	其他指标
加压低收缩硅钙板 (LCFC 板)		(2440－2980)×1220 ×(4－15)	1.1~1.3	13	2	0.08	10	吸水长度变化率0.04%
加压低收缩硅钙板 (NALC 板)	低密度板	(2440－2980)× 1220×(4－15)	0.7~0.9	9	—	10	10	—
	中密度板	(2440－2980)× 1220×(4－15)	1.9~1.2	10	—	10	10	吸水长度变化率0.04%
	高密度板	(2440－2980)× 1220×(4－15)	1.4~1.6	16	—	10	10	吸水长度变化率0.04%

续表

板材名称	规格(mm) 长×宽×厚	密度 (g/cm³)	抗折强度 平均值(横纵) (MPa)≥	抗冲击强度 (kJ/m²)≥	湿涨率 (%)≤	含水率 (%)≤	其他指标
纤维水泥加压板(NAFC板)	21 (2440－2980)× 1220×(4－15)	1.5～1.9	13	2.5	—	—	不透水性经 24h 底面无水 滴出现抗冻 性：经 25 次 循环冻融不 分层
纤维水泥加压板(FC板)	25 (2440－2980)× 1220×(4－15)	1.6～1.7	横向22 纵向17	2	—	—	
纤维水泥加压板(FFG板)	(2440－2980)× 1220×(4/8－12)	1.0～1.3	13	2	—	8	导热系数≤ 0.21W/m·K 干缩率 ≤ 0.05%

（2）纤维增强硅酸钙板密度分为四类：D0.8、D1.1、D1.3、D1.5，表面处理状态分为未砂板、单面砂光板和双面砂光板，外观质量正表面要求不得有裂纹、分层、脱皮、砂光表面不得有未砂部分，掉角长度方向≤20mm，宽度方向≤10mm，且每板≤1 个；掉边深度≤5mm。纤维增强硅酸钙板技术要求见表 24-79、表 24-80。

纤维增强硅酸钙板规格尺寸　　　　　　　　　　　　　　　　　表 24-79

项　　目	公称尺寸（mm）
长度	500～3600
宽度	500～1250
厚度	4、5、6、8、9、10、12、14、16、18、20、25、30、35

纤维增强硅酸钙板物理性能　　　　　　　　　　　　　　　　　表 24-80

类别	密度（g/cm³）	导热系数（W/m·K）	含水率	湿涨率	热收缩率	不燃性	不透水性	抗冻率
D0.8	≤0.05	≤0.2	≤10%	≤0.25%	≤0.5%	A 级 不燃	经 24h 检验后底 面允许有水痕无水 滴出现	经 25 次 循环冻融 不分层
D1.1	0.95<D≤1.2	≤0.25						
D1.3	1.2<D≤1.4	≤0.3						
D1.5	>1.4	≤0.35						

（3）无石棉纤维水泥平板是以非石棉类纤维作为增强材料制成的纤维水泥平板，制品种中石棉成分含量为零，其物理性能要求见表 24-81。

无石棉纤维水泥平板物理性能　　　　　　　　　表 24-81

类别	规格 (mm) 长×宽×厚	密度 (g/cm³)	吸水率 (%) ≤	含水率 (%) ≤	湿涨率 (%) ≤	不透水性	不燃性	抗冻性
低密度板	(595～3600)× (595～1250)×(3—30)	0.8≤D ≤1.2	—	≤12				
中密度板	(595～3600)× (595～1250)×(3—30)	1.1≤D ≤1.4	≤40	—	压蒸养护制品≤0.25;蒸汽养护制品≤0.5	24h 检验后允许板反面出现湿痕,但不得出现水滴	GB 8624—2006 不燃性 A 级	
高密度板	(595～3600)× (595～1250)×(3—30)	1.4≤D ≤1.7	≤28	—				经 25 次冻融循环,不得出现裂痕、分层

温石棉相对于对人体健康有危害的闪石石棉而言是可以安全使用的,温石棉纤维水泥平板市主要以温石棉纤维(或混合掺入有机合成纤维或纤维素纤维)作为增强材料制成的纤维水泥平板,其物理性能要求见表 24-82。

温石棉纤维水泥平板物理性能　　　　　　　　　表 24-82

类别	规格 (mm) 长×宽×厚	密度 (g/cm³)	吸水率 (%) ≤	含水率 (%) ≤	湿涨率 (%) ≤	不透水性	不燃性	抗冻性
低密度板	(600～3600)× (600～1250)×(3—30)	0.9≤ D≤1.2	—	≤12	≤0.3			—
中密度板	(600～3600)× (600～1250)×(3—30)	1.2≤ D≤1.5	≤30	—	≤0.4	24h 检验后允许板反面出现湿痕,但不得出现水滴	GB 8624—2006 不燃性 A 级	经 25 次冻融循环,不得出现裂痕、分层
高密度板	(600～3600)× (600～1250)×(3—30)	1.5≤ D≤2.0	≤25	—	≤0.5			

(4)紧固材料、接缝材料、填充隔声保温材料、密封材料:同轻钢龙骨石膏板轻质隔墙。

2. 常用施工工具

参见 24.3.2.1 第 2 条。

24.3.2.3 布面石膏板、洁净装饰板隔墙

材料及质量要求:

(1)布面石膏板以建筑石膏为主要原料,以玻璃纤维或植物纤维为增强材料,掺入适量改性淀粉胶粘剂构成芯材,表面采用纸布复合新工艺,护面为经过高温处理的化纤布(涤纶低弹丝)。与传统纸面石膏板相比具有柔韧性好、抗折强度高、接缝不易开裂、表面附着力强等优点。布面石膏板规格及技术性能见表 24-83、表 24-84。

布面石膏板规格   表 24-83

	规格尺寸（mm）
长度	1200、1800、2100、2400、2440、2700、3000
宽度	600、900、1200、1220
厚度	9.5、12、15、18、21、25

布面石膏板技术性能   表 24-84

项 目		板厚（mm）					
		9.5	12	15	18	21	25
单位面积质量（kg/m²）		≤9.0	≤11.5	≤15.0	≤18	≤21	≤25
断裂荷载（N）	纵向≥	370	500	680	820	980	1120
	横向≥	160	220	270	300	340	380
燃烧性能		布面石膏板属难燃材料，安装与轻钢龙骨上可视为 A 级不燃材料					

（2）洁净装饰板：是以石膏为基材，表面采用 LLPDE（线性低密度聚乙烯）贴胶粘合，背面贴 UPP（聚丙烯）膜，洁净装饰板的饰面花纹精致美观，安装后无需二次装饰处理，且具有耐高温、耐酸碱的优良性能。洁净装饰板规格及技术性能见表 24-85、表 24-86。

洁净装饰板规格   表 24-85

	规格尺寸（mm）
长度	2400、2440、3000
宽度	1200、1220
厚度	9.5、12、15

洁净装饰板技术性能   表 24-86

项 目		板厚（mm）		
		9.5	12	15
单位面积质量（kg/m²）		≤9.0	≤12.0	≤15.0
断裂荷载（N）	纵向≥	310	380	690
	横向≥	130	170	280
燃烧性能		布面石膏板属难燃材料，安装到轻钢龙骨上可视为 A 级不燃材料		

24.3.2.4 施工要点

1. 作业条件

（1）主体结构必须经过相关单位（建筑单位、施工单位、监理单位、设计单位）检验合格。屋面已作完防水层，室内地面、室内抹灰、玻璃等工序已完成。幕墙安装到位并采取有效地阻止雨水下落的措施。

（2）室内弹出＋500mm 标高线。

（3）安装各种系统的管、线盒弹线及其他准备工作已到位。安装现场应保持通风且清洁干燥，地面不得有积水、油污等，电气设备末端等半成品必须做好半成品和成品保护措施。

（4）设计要求隔墙有地枕带时，应先将 C20 细石混凝土枕带施工完毕，强度达到 10MPa 以上，方可进行龙骨的安装。

（5）根据设计图和提出的备料计划，核查隔墙全部材料，使其配套齐全。并有相应的材料检测报告、合格证。

（6）大面积施工前先做好样板间，经有关质量部门检查鉴定合格后，方可组织班组进行大面积施工。

（7）施工前编制施工方案或技术交底，对施工人员进行全面的交底后方可施工。

（8）安全防护设施经安全部门验收合格后方可施工。

2. 普通隔墙（C 型龙骨）施工工艺流程

（1）工艺流程

弹线 → 安装天地龙骨 → 竖向龙骨分档 → 安装竖龙骨 → 机电管线安装 → 安装横撑龙骨 →

安装门洞口 → 安装罩面板（一侧）→ 安装填充材料（岩棉）→ 安装罩面板（另一侧）

（2）施工工艺

1）弹线：在地面上弹出水平线并将线引向侧墙和顶面，并确定门洞位置，结合罩面板的长、宽分档，以确定竖向龙骨、横撑及附加龙骨的位置以控制隔断龙骨安装的位置、龙骨的平直度和固定点。

设计有混凝土地坎台时，应先对楼地面基层进行清理，并涂刷 YJ302 型界面处理剂一道。浇筑 C20 素混凝土坎台，上表面应平整，两侧面应垂直。

2）天地龙骨与建筑顶、地连接及竖龙骨与墙、柱连接可采用射钉，选用 M5×35mm 的射钉将龙骨与混凝土基体固定，砖砌墙、柱体应采用金属胀铆螺栓。射钉或电钻打孔间距宜为 600～900mm，最大不应超过 1000mm。当与钢结构梁柱连接时，宜采用 M8 短周期外螺纹螺柱焊接，短周期焊接时间约为 0.1s，用时短，对钢结构变形影响小，焊接效果好。间距与使用胀栓螺栓相同，固定点距龙骨端部≤5cm。

轻钢龙骨与建筑基体表面接触处，应在龙骨接触面的两边各粘贴一根通长的橡胶密封条。或根据设计要求采用密封胶或防火封堵材料，见图 24-117、图 24-118。

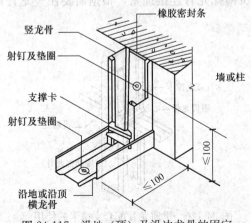

图 24-117 沿地（顶）及沿边龙骨的固定

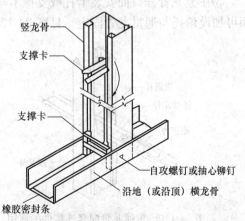

图 24-118 竖龙骨与沿地（顶）横龙骨的固定

3) 安装竖龙骨：

① 按设计确定的间距就位竖龙骨，或根据罩面板的宽度尺寸而定。

a. 罩面板材较宽者，应在其中间加设一根竖龙骨，竖龙骨中距最大不应超过600mm。

b. 隔断墙的罩面层重量较大时（如贴瓷砖）的竖龙骨中距，应以不大于400mm为宜。

c. 隔断墙体的高度较大时，其竖龙骨布置也应加密。墙体超过6m高时，可采取架设钢架加固等方式。

② 由隔断墙的一端开始排列竖龙骨，有门窗者要从门窗洞口开始分别向两侧排列。当最后一根竖龙骨距离沿墙（柱）龙骨的尺寸大于设计规定时，必须增设一根竖龙骨。

a. 将竖龙骨推向沿顶、沿地龙骨之间，翼缘朝罩面板方向就位，龙骨开口方向一致。龙骨的上、下端如为钢柱连接，均用自攻螺钉或抽心铆钉与横龙骨固定。

按照沿顶、地龙骨固定方式把边框龙骨固定在侧墙或柱上。靠侧墙（柱）100mm处应增设一根竖龙骨，罩面板板固定时与该竖龙骨连接，不与边框龙骨固定，以避免结构伸缩产生裂缝。

b. 当采用有冲孔的竖龙骨时，其上下方向不能颠倒，竖龙骨现场截断时一律从其上端切割，并应保证各条龙骨的贯通孔高度必须在同一水平。竖龙骨长度应比实际墙高短10～15mm，保证隔墙适应主体结构的沉降和其他变形。天地龙骨和竖龙骨之间不宜先行固定，以便在罩面板安装时可适当调整，从而适合石膏板尺寸的允许误差。

c. 当石膏板封板需预留缝隙来做缝隙处理时，应先考虑龙骨间距根据预留缝隙作调整分档。

③ 门窗洞口处的竖龙骨安装应依照设计要求，采用双根并用或是扣盒子加强龙骨。如果门的尺度大且门扇较重时，应在门框外的上下左右增设斜撑。

4) 安装通贯龙骨（当采用有通贯龙骨的隔墙体系时）：

① 通贯横撑龙骨的设置：低于3m的隔断墙安装1道；3～5m高度的隔断墙安装2～3道。

② 对通贯龙骨横穿各条竖龙骨进行贯通冲孔，需接长时应使用配套的连接件。见图24-119。

③ 在竖龙骨开口面安装卡托或支撑卡与通贯横撑龙骨连接锁紧，根据需要在竖龙骨背面可加设角托与通贯龙骨固定，见图24-120。

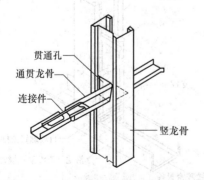

图 24-119 贯通龙骨配套连接件的使用

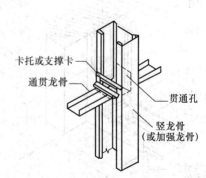

图 24-120 贯通龙骨配套支撑卡的使用

④采用支撑卡系列的龙骨时，应先将支撑卡安装于竖龙骨开口面，卡距为 400～600mm，距龙骨两端的距离为 20～25mm。

5) 安装横撑龙骨：

① 隔墙骨架高度超过 3m 时，或罩面板的水平方向板端（接缝）未落在沿顶沿地龙骨上时，应设横向龙骨。

② 选用 U 型横龙骨或 C 型竖龙骨作横向布置，利用卡托、支撑卡（竖龙骨开口面）及角托（竖龙骨背面）与竖向龙骨连接固定，见图 24-121。

③ 有的系列产品，可采用其配套的金属安装平板作竖龙骨的连接固定件。

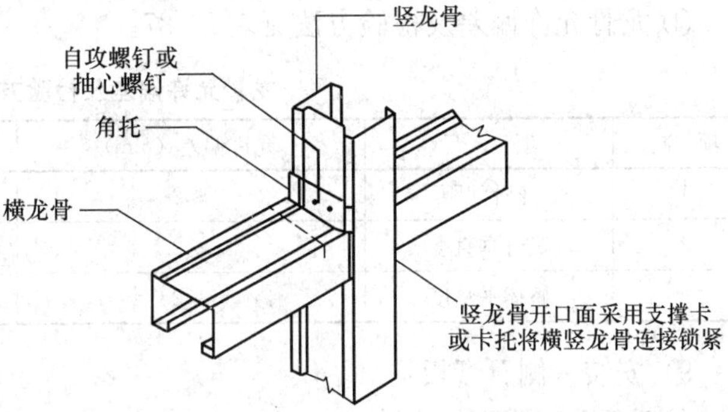

6) 门窗等洞口制作：

① 沿地龙骨在门洞位置断开。

② 在门、窗洞口两侧竖向边框 150mm 处增设加强竖龙骨。

③ 门、窗洞口上樘用横龙骨制作，开口向上。上樘与沿顶龙骨之间插入两根竖龙骨，其间距不大于其他竖龙骨间距，隔墙正反面封板时分别将两面板错开固定于着两根竖龙骨上。用同样方法制作窗口下樘和设备管，风管等部位的加强制作。

④ 门框制作应符合设计要求，一般轻型门扇（35kg 以下）的门框可采取竖龙骨对扣中间加木方的方法制作；重型门根据门重量的不同，采取架设钢支架加强的方法，注意避免龙骨、罩面板与钢支架刚性连接，见图 24-122。

7) 机电管线安装：

① 按照设计要求，隔墙中设置有电源开关插座、配电箱等小型或轻型设备末端时应预装水平龙骨及加固固定构件。消防栓、挂墙卫生洁具必须由机电安装单位另行安装独立钢支架，严禁消防栓、挂墙卫生洁具等设备直接安装在轻钢龙骨隔墙上。

② 机电施工单位按照图纸施工墙体暗装管线和线盒，机电施工单位必须采用开孔器对龙骨进行开孔，严禁随意施工破坏已经施工完毕的龙骨。并且按照装饰龙骨安装的要求把各种管线和线盒加固固定好。

图 24-121 横撑龙骨与竖龙骨

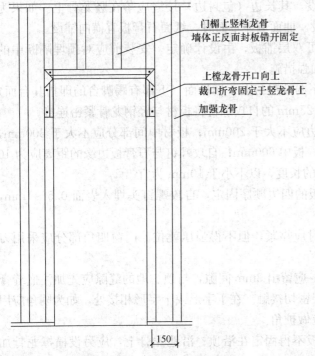

图 24-122 门洞口龙骨做法

③ 机电安装完后应用铅锤或靠尺校正竖龙骨垂直度，和龙骨中心距。

8）龙骨隐蔽验收：

① 龙骨是否有扭曲变形，是否有影响外观质量的瑕疵；

② 门窗框、各种附墙设备、管道的安装和固定是否符合设计要求；

③ 管线是否有凸出外露，管线安装是否合理美观；

④ 龙骨允许偏差及检验方法见表 24-87。

龙骨允许偏差及检验方法   表 24-87

项　次	项　　目	允许偏差（mm）	检 查 方 法
1	龙骨间距	≤2	用钢直尺或卷尺
2	竖骨垂直度	≤2	用线坠或带水准仪靠尺
3	整体平整度	≤2	用 2 米靠尺检查

9）安装一侧石膏板：

①纸面石膏罩面板安装：

根据要求尺寸丈量纸面石膏板并做出记号，使用壁纸刀将面纸划开，弯折纸面石膏板，从背面划断背纸，将石膏板铺放在龙骨框架上，对正缝位，隔墙两侧石膏板应错缝排列。用自攻螺丝将纸面石膏板固定在竖龙骨上，自攻螺丝要沉入板材表面 0.5～1mm，不可损坏纸面，内层板钉距板边 400mm，板中 600mm，自攻钉距石膏板边距离为 10～15mm，从中间向两端钉牢。门窗四角部分应采用刀把型封板；隔墙下端的纸面石膏板不应直接与地面接触，应留有 10mm 缝隙，石膏板与结构墙应留有 5mm 缝隙，缝隙可用密封胶嵌实。

a. 纸面石膏板安装，宜竖向铺设，其长边（包封边）接缝应落在竖龙骨上。如果为防火墙体，纸面石膏板必须竖向铺设。曲面墙体罩面时，纸面石膏板宜横向铺设。

b. 纸面石膏板可单层铺设，也可双层铺板，由设计确定。安装前应对预埋隔断中的管道和有关附墙设备等，采取局部加强措施。

c. 纸面石膏板材就位后，上、下两端应与上下楼板面（下部有踢脚台的即指其台面）之间分别留出 3mm 间隙。用 $\phi 3.5 \times 25mm$ 的自攻螺钉将板材与轻钢龙骨紧密连接。

d. 自攻螺钉的间距为：沿板周边应不大于 200mm；板材中间部分应不大于 300mm，双层石膏板内层板钉距板边 400mm，板中 600mm；自攻螺钉与石膏板边缘的距离应为 10～15mm。自攻螺钉进入轻钢龙骨内的长度，以不小于 10mm 为宜。

e. 板材铺钉时，应从板中间向板的四边顺序固定，自攻螺钉头埋入表面 0.5～1mm，但不得损坏纸面。

f. 板块宜采用整板，如需对接时应靠紧，但不得强压就位。门窗四角部分应采用刀把型封板。

g. 纸面石膏板与墙、柱面之间，应留出 3mm 间隙，与顶、地的缝隙应先加注嵌缝膏再铺板，挤压嵌缝膏使其与相邻表层密切接触。在丁字形或十字形相接处，如为阴角应用腻子嵌满，贴上接缝带，如为阳角应做护角。

h. 安装防火墙石膏板时，石膏板不得固定在沿顶、沿地龙骨上，应另设横撑龙骨加以固定。

i. 隔墙板的下端如用木踢脚板覆盖，罩面板应离地面 20～30mm；用石材踢脚板时，罩面板下端应与踢脚板上口齐平，接缝严密。隔墙下端的纸面石膏板不应直接与地面接触，应留有 10mm 缝隙，

j. 自攻螺钉帽涂刷防锈涂料，有自防锈的自攻钉帽可不涂刷。

② 水泥纤维板（FC 板）罩面板安装：

a. 在用水泥纤维板做内墙板时，严格要求龙骨骨架基面平整。

b. 板与龙骨固定用手电钻或冲击钻，大批量同规格板材切割应委托工厂用大型锯床进行，少量安装切割可用手提式无齿圆锯进行。

c. 板面开孔：分矩形孔和大圆孔两种。

开矩形孔通常采用电钻先在矩形的四角各钻一孔，孔径为 10mm，然后用曲线锯沿四孔圆心的连线切割开孔部位，边缘用锉刀倒角；开大圆孔同样用电钻打孔，再用曲线锯加工，完成后边缘用锉刀倒角。所有开孔均应防止应力集中而产生表面开裂。

d. 将水泥纤维板固定在龙骨上，龙骨间距一般为 600mm，当墙体高度超过 4m 时，按设计计算确定。用自攻螺钉固定板，其钉距根据墙板厚度一般为 200～300mm。钉孔中心与板边缘距离一般为 10～15mm。螺钉应根据龙骨、板的厚度，由设计人员确定直径与长度。

e. 板与龙骨固定时，手电钻钻头直径应选用比螺钉直径小 0.5～1mm 的钻头打孔。固定后钉头处应及时涂防锈漆。

10）保温材料、隔声材料铺设：

① 当设计有保温或隔声材料时，应按设计要求的材料铺设。铺放墙体内的玻璃棉、矿棉板、岩棉板等填充材料，应固定并避免受潮。安装时尽量与另一侧纸面石膏板同时进行，填充材料应铺满铺平。

② 对于有填充要求的隔断墙体，待穿线部分安装完毕，即先用胶粘剂（792 胶或氯丁胶等）按 500mm 的中距将岩棉钉固定粘固在石膏板上，牢固后，将岩棉等保温材料填入龙骨空腔内，用岩棉固定钉固定，并利用其压圈压紧，每块岩棉板不少于 4 个岩棉钉固定。要求用岩棉板把管线裹实。

11）安装另一侧罩面板：

① 装配的板缝与对面的板缝不得布在同一根龙骨上。板材的铺钉操作及自攻螺钉钉距等同上述要求。

② 单层纸面石膏板罩面安装后，如设计为双层板罩面，其第一层板铺钉安装后只需用石膏腻子填缝，尚不需进行贴穿孔纸带及嵌条等处理工作。

③ 第 2 层板的安装方法同第 1 层，但必须与第 1 层板的板缝错开，接缝不得布在同一根龙骨上。固定应用 $\phi 3.5 \times 5mm$ 自攻螺钉。内、外层板应采用不同的钉距，错开铺钉，见图 24-123。

④ 除踢脚板的墙端缝之外，纸面石膏板墙的丁字或十字相接的阴角缝隙，应使用石膏腻子嵌满并粘贴接缝带（穿孔纸带或玻璃纤维网格胶带）。

⑤ 隔墙两面有多层罩面板时，应交替封板，不可一侧封完再封另一侧，避免单侧受力过大造成龙骨变形。

12）接缝处理：

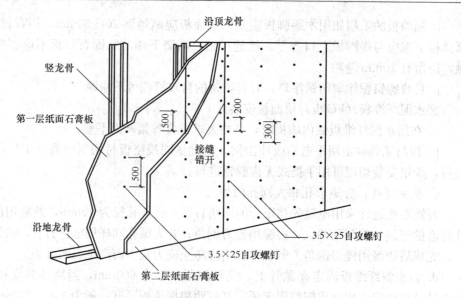

图 24-123   双层纸面石膏板隔墙罩面

石膏板接缝环境温度应在 5～40℃，温度不适合禁止施工。

① 纸面石膏板接缝及护角处理：主要包括纸面石膏板隔断墙面的阴角处理、阳角处理、暗缝和明缝处理等。

a. 阴角处理：

将阴角部位的缝隙嵌满石膏腻子，把穿孔纸带用折纸夹折成直角状后贴于阴缝处，再用阴角贴带器及滚抹子压实。

用阴角抹子薄抹一层石膏腻子，待腻子干燥后（约 12h）用 2 号砂纸磨平磨光。

b. 阳角处理：

阳角转角处应使用金属护角。按墙角高度切断，安放于阳角处，用 12mm 长的圆钉或采用阳角护角器将护角条作临时固定，然后用石膏腻子把金属护角批抹掩埋，待完全干燥后（约 12h）用 2 号砂纸将腻子表面磨平磨光。

c. 暗缝处理：

暗缝（无缝）要求的隔断墙面，一般选用楔形边的纸面石膏板。嵌缝所用的穿孔纸带宜先在清水中浸湿，采用石膏腻子和接缝纸带抹平（见图 24-124）。

对于重要部位的缝隙，可采用玻璃纤维网格胶带取代穿孔纸带。石膏板拼缝的嵌封分以下四个步骤：

（a）清洁板缝，用小刮刀将嵌缝石膏腻子均匀饱满地嵌入板缝，并在板缝处刮涂宽约 60mm、厚 1mm 的腻子，随即贴上穿孔纸带或玻璃纤维网格胶带，使用宽约 60mm 的刮刀顺贴带方向压刮，将多余的腻子从纸带或网带孔中挤出使之平敷，要求刮实、刮平，不得留有气泡。穿孔纸带在使用前应浸湿、浸透。

（b）第一层干透后，用宽约 150mm 的刮刀将石膏腻子填满宽约 150mm 的板缝处带状部分。

（c）第二层干透后，用宽约 300mm 的刮刀再补一遍石膏腻子，其厚度不得超过 2mm。

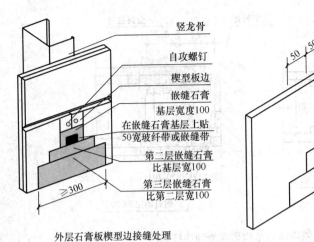

竖龙骨
自攻螺钉
楔型板边
嵌缝石膏
基层宽度100
在嵌缝石膏基层上贴
50宽玻纤带或嵌缝带
第二层嵌缝石膏
比基层宽100
第三层嵌缝石膏
比第二层宽100
≥300

外层石膏板楔型边接缝处理

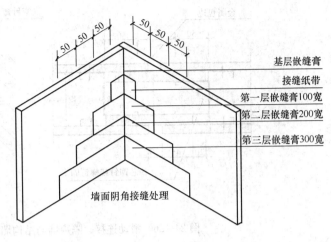

50 50 50   50 50 50
基层嵌缝膏
接缝纸带
第一层嵌缝膏100宽
第二层嵌缝膏200宽
第三层嵌缝膏300宽

墙面阴角接缝处理

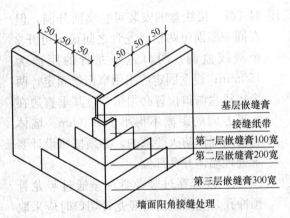

50 50 50   50 50 50
基层嵌缝膏
接缝纸带
第一层嵌缝膏100宽
第二层嵌缝膏200宽
第三层嵌缝膏300宽

墙面阳角接缝处理

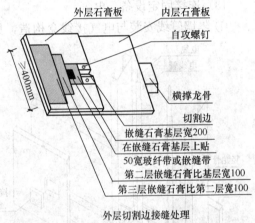

外层石膏板 内层石膏板
自攻螺钉
≥400mm
横撑龙骨
切割边
嵌缝石膏基层宽200
在嵌缝石膏基层上贴
50宽玻纤带或嵌缝带
第二层嵌缝石膏比基层宽100
第三层嵌缝石膏比第二层宽100

外层切割边接缝处理

图 24-124 石膏板接缝

(d) 待石膏腻子完全干燥后（约12h），用2号砂纸或砂布将嵌缝腻子表面打磨平整。

d. 明缝处理：

纸面石膏板隔断墙面设置明缝一般有三种情况。

(a) 采用棱边为直角边的纸面石膏板于拼缝处留出8mm间隙，使用与龙骨配套的金属包边条将石膏板切割边进行修饰，见图24-125。

图 24-125 金属包边条

(b) 留出9mm板缝先嵌入金属嵌缝条，再以金属盖缝条压缝；

(c) 隔墙的长度超过一定限值（一般为10m）时和隔声墙和结构之间需设置滑动连接缝，缝隙的位置可设在石膏板接缝处或隔墙门洞口两侧的上部。见图24-126。

② 水泥纤维板板缝处理：

a. 将板缝清刷干净，板缝宽度5～8mm。

b. 根据使用部位，用密封膏、普通石膏腻子、或水泥砂浆加胶粘剂拌成腻子进行嵌缝。

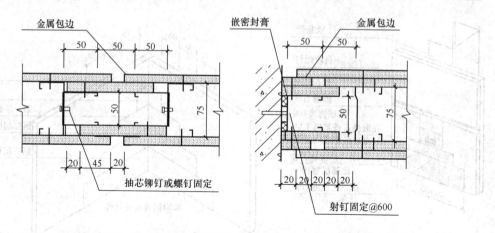

图 24-126 滑动连接、隔声墙与结构墙间滑动连接做法

c. 板缝刮平，并用砂纸、手提式平面磨光机打磨，使其平整光洁。

13) 连接固定设备、电气：

① 隔墙管线安装与电气接线盒构造，见图 24-127。接线盒的安装可在墙面开洞，但在同一墙面每两根竖龙骨之间最多可开 2 个接线盒洞，洞口距竖龙骨的距离为 150mm；线盒固定应采用窄钢带固定，两个接线盒洞口位置必须错开，其垂直边在水平方向的距离不得小于 300mm。墙体有较高隔声防火要求的，必须按照设计要求处理墙体开孔部位。

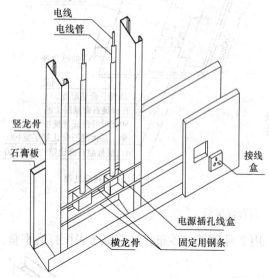

图 24-127 电线管安装示意图

② 线管穿过竖龙骨尽量通过竖龙骨预冲孔，受限制需将竖龙骨切口时应采取措施加固龙骨；接线盒周围应按设计要求在盒周围设置隔离框，见图 24-128。

③风管管道穿过隔墙时，管径小于竖龙骨间距的，参照图 24-129；管径大于竖龙骨间距的，应加设附加龙骨边框加固，参照图 24-130。

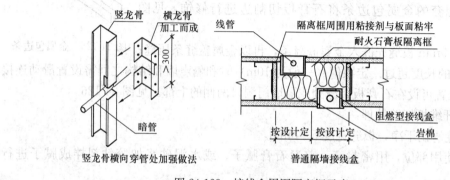

图 24-128 接线盒周围隔离框示意

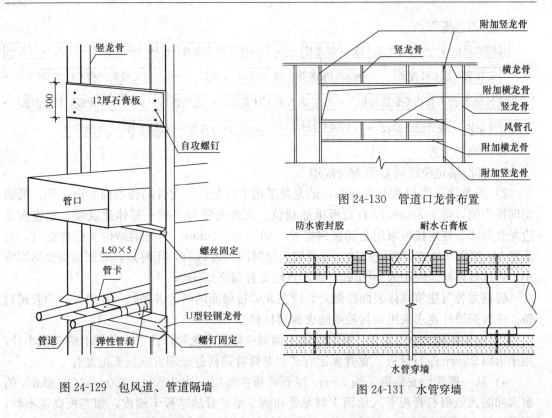

图 24-129 包风道、管道隔墙

图 24-130 管道口龙骨布置

图 24-131 水管穿墙

④ 暖卫水电等管线穿墙：水管穿墙洞口周围应用防水密封胶密封，见图 24-131、图 24-132。

3. 井道 CH 型、J 型龙骨（图 24-133）系统隔墙施工工艺

CH 型、J 型龙骨井道隔墙系统最大的优势在于可以只在楼板一侧安装。

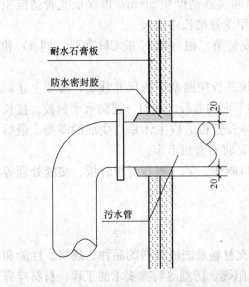

图 24-132 后出水明水箱坐便器涉水管穿墙处理

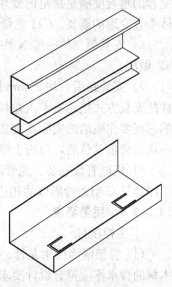

图 24-133 CH 型龙骨、J 型龙骨

(1) 工艺流程

弹隔墙定位线 → 安装天地 J 或 U 型龙骨 → 安装两侧 J 型边龙骨 → 从一侧安装第一块 25 厚石膏板 → 安装第一根 CH 龙骨 → 安装第二块 25 厚石膏板 → 安装第二根 CH 龙骨 → 安装第 N 块 25 厚石膏板安装罩面板 → 安装第 N 根 CH 龙骨 → 安装最后一块 25 厚石膏板安装罩面板 → 机电管线安装 → 龙骨隐蔽验收 → 安装填充材料 → 安装另一侧石膏板 → 板缝处理 → 清理验收

(2) 施工工艺

1) 弹隔墙定位线同 C 型龙骨隔墙。

2) 天龙骨采用 U 型长翼龙骨,地龙骨采用 J 型龙骨,龙骨高边朝向井道一侧,低边朝向操作侧,便于 25mm 厚石膏板推插到位。天地龙骨与混凝土基体建筑顶、地连接及边龙骨与墙、柱连接可采用金属胀铆螺栓。间距为 600mm。当与钢结构梁柱连接时,宜采用 M8 短周期外螺纹螺柱焊接,短周期焊接时间约为 0.1s,用时短,对钢结构变形影响小,焊接效果好。间距为 600mm,固定点距龙骨端部≤5cm。

轻钢龙骨与建筑基体表面接触处,应在龙骨接触面的两边各粘贴一根通长的橡胶密封条。或根据设计要求采用密封胶或防火封堵材料。

3) 安装两侧 J 型边龙骨:安装墙体一侧第一根 J 型龙骨,并弯折龙骨上的金属小片,用于卡固 25mm 厚石膏板。龙骨固定方式和龙骨背部密封处理方式同天地龙骨。

4) 从一侧开始安装第一块 25mm 厚石膏板:将第一块 25mm×600mm×2400mm 的耐水和防火纸面石膏板卡入地面 J 型龙骨和侧 J 型龙骨的芯板卡槽内,如芯板高度不够,则需按照余下的尺寸裁切芯板,按照上述同样的安装方式把芯板卡入龙骨槽内,接长芯板和下面的芯板之间打一道防火密封胶。接长的芯板要比隔墙的实际高度短 5mm,以保证墙体石膏板适应主体垂直变形的需要。

5) 安装第一根 CH 龙骨:待第一块石膏板安装完后,把根据层高定尺的 CH 龙骨卡入天地 J 型(或 U 型长翼)龙骨槽内,同时把卡槽卡住已安装完毕的芯板,同时调整 CH 龙骨的垂直度满足规范的要求,CH 龙骨比隔墙的实际高度短 5mm,以保证龙骨适应主体垂直变形的需要。CH 龙骨不够长时,可用专用龙骨接长件接长。

6) 安装第二块~第 N 块 25 厚石膏板以及安装第二根~第 N 根 CH 龙骨,同 4) 和 5) 做法。

7) 安装最后一块 25mm 厚芯板:把最后一块芯板按照余下的尺寸裁切,按照上述同样的安装方式把芯板卡入龙骨槽内,接长芯板和下面的芯板之间打一道防火密封胶。接长的芯板要比隔墙的实际高度短 5mm,以保证墙体石膏板适应主体垂直变形的需要。最后一块石膏板就位后,弯折 J 型边龙骨上的金属片,将石膏板卡牢。

8) 机电管线安装、龙骨隐蔽验收、门窗洞口制作、另一侧石膏板封板、接缝处理等工序详见 C 型龙骨隔墙的相应工序做法。

24.3.2.5　质量要求

1. 主控项目

(1) 骨架隔墙所用龙骨、配件、墙面板、填充材料及嵌缝材料的品种、规格、性能和木材的含水率应符合设计要求。有隔声、隔热、阻燃、防潮等特殊要求的工程,材料应有相应性能等级的检测报告。

检验方法：观察；检查产品合格证书、进场验收记录、性能检测报告和复验报告。

（2）骨架隔墙工程边框龙骨必须与基体结构连接牢固，并应平整、垂直、位置正确。

检验方法：手扳检查；尺量检查；检查隐蔽工程验收记录。

（3）骨架隔墙中龙骨间距和构造连接方法应符合设计要求。骨架内设备管线的安装、门窗洞口等部位加强龙骨应安装牢固、位置正确，填充材料的设置应符合设计要求。

检验方法：检查隐蔽工程验收记录。

（4）骨架隔墙的墙面板应安装牢固，无脱层、翘曲、折裂及缺损。

检验方法：观察；手扳检查。

（5）墙面板所用接缝材料的接缝方法应符合设计要求。

检验方法：观察。

2. 一般项目

（1）骨架隔墙表面应平整光滑、色泽一致、洁净、无裂缝，接缝应均匀、顺直。

检验方法：观察；手摸检查。

（2）骨架隔墙上的孔洞、槽、盒应位置正确、套割吻合、边缘整齐。

检验方法：观察。

（3）骨架隔墙内的填充材料应干燥，填充应密实、均匀、无下坠。

检验方法：轻敲检查；检查隐蔽工程验收记录。

（4）骨架隔墙安装的允许偏差和检验方法应符合表 24-88 的规定。

骨架隔墙安装的允许偏差和检验方法　　　　　　　　　　　表 24-88

项次	项　目	允许偏差（mm）		检验方法
		纸面石膏板	人造木板、水泥纤维板	
1	立面垂直度	2	3	用 2m 垂直检测尺检查
2	表面平整度	2	3	用 2m 靠尺和塞尺检查
3	阴阳角方正	2	2	用直角检测尺检查
4	接缝直线度	—	3	拉 5m 线，不足 5m 拉通线，用钢直尺检查
5	压条直线度	—	3	拉 5m 线，不足 5m 拉通线，用钢直尺检查
6	接缝高低差	1	1	用钢直尺和塞尺检查

3. 检查数量

骨架隔墙工程的检查数量应符合下列规定：

同一品种的轻质隔墙工程每 50 间（大面积房间和走廊按轻质隔墙的墙面 30m² 为一间）应划分为一个检验批，不足 50 间也应划分为一个检验批。每个检验批应至少抽查 10%，并不得少于 3 间；不足 3 间时应全数检查。

24.3.2.6　安全、职业健康、环保注意事项

1. 安全措施

（1）施工作业人员施工前必须进行安全技术交底。

（2）使用人字梯应遵守以下规定：高度 2m 以下作业（超过 2m 按规定搭设脚手架）使用的人字梯应检查木梯的安全性，四脚落地，摆放平稳，梯脚应设防滑橡皮垫和保险拉

链并在确保安全的情况下进行施工，严禁同时两人在人字梯上操作。

（3）作业过程中遇有脚手架与建筑物之间拉接，未经安全部门同意，严禁拆除。必要时由架子工负责采取加固措施后，方可拆除。

（4）采用井子架、龙门架、外用电梯垂直运输材料时，卸料平台通道的两侧边安全防护必须齐全、牢固，吊盘（笼）内小推车必须加挡车掩，不得向井内探头张望。

（5）如果是采用活动架子施工，架子须经验收合格后使用，要移动活动架子时，施工人员必须下架子，方可移动架子。

（6）夜间或阴暗作业，应用 36V 以下安全电压照明。施工现场的三级电箱和电缆必须由项目安全部验收合格后方可使用，并由具有电工上岗证的专业电工进行操作和维护。

（7）机械操作人员必须身体健康，并经专业培训合格，持证上岗，学员不得独立操作。

（8）凡患有高血压、心脏病、贫血病、癫痫病及不适宜高空作业人员不得从事高空作业。

（9）施工现场临电必须按照现场临电规范要求作后施工用电和临时照明，并好标示。

2. 环保措施

（1）切割作业中产生粉尘，应有洒水降尘措施，操作人员要戴口罩。

（2）施工垃圾要集中堆放，严禁将垃圾随意堆放或抛撒。施工垃圾应由合格消纳单位组织消纳，严禁随意消纳。

（3）清理现场时，严禁将垃圾杂物从窗口、洞口、阳台等处采用抛撒运输方式，以防造成粉尘污染。

（4）施工现场使用或维修机械时，应有防滴漏油措施，严禁将机油滴漏于地表，造成土壤污染。清修机械时，废弃的棉丝（布）等应集中回收，严禁随意丢弃或燃烧处理。

3. 成品保护

（1）各种隔墙面板整垛堆放，场地要求平坦、坚实，垛高不宜超过1.5m。不同类型、规格的板材要分别堆放，装箱时也不应混装。装卸搬运时不得碰撞、抛掷。运输中车、船底面必须平坦。散装高度不宜超过车厢栏板，箱装叠高不准超过两箱，并应采取固定措施，确保车船运输中不移位滑撞。施工中搬运时，必须轻拿轻放，严禁两人在端部平抬，应将板按长向竖起后侧立，提高地面搬运。

（2）隔墙轻钢骨架及罩面板安装时，应注意保护隔墙内装好的各种管线；墙面穿孔应采用山花钻开孔；开方孔时应先开成圆孔再用锯条修边，修成方孔。严禁用凿子或管头凿孔。

（3）在施工过程中，搬运材料、机具以及使用小手推车时，要特别小心，防止碰、撞、磕划墙面、门、窗口等。后期施工操作人员严禁蹬踩门、窗口、窗台，以防损坏棱角。

（4）已经施工完毕的井道隔墙，电梯施工单位在进行电气焊作业时必须采取遮挡接火措施，防止电气焊火花烧伤罩面板面。

（5）拆除脚手架。跳板、高马凳时要加倍小心，轻拿轻放，集中堆放整齐，以免撞坏门、窗口、墙面或棱角等。

24.3.3 玻 璃 隔 墙

24.3.3.1 玻璃砖隔墙

玻璃砖隔墙常用来替代局部非承重实体墙，特点是提供良好的采光效果，并有延续空间的感觉。不论是单块镶嵌使用，还是整片墙面使用，皆可有画龙点睛之效。玻璃砖隔墙以玻璃为基材，制成透明的小型砌块，具有透光、色彩丰富的装饰效果，且具备一定的隔音、隔热、防潮、易清洁、节能环保性能的非承重装饰隔墙，见图24-134。

图 24-134　玻璃砖隔墙实景图

1. 材料及质量要求

（1）玻璃砖：用透明或颜色玻璃制成的块状、空心的玻璃制品或块状表面施釉的制品（图24-135），按照透光性分为透明玻璃砖、雾面玻璃砖，玻璃砖的种类不同，光线的折射程度也会有所不同，玻璃砖可供选择的颜色有多种。产品主要规格性能见表24-89、表24-90。

质量要求：棱角整齐、规格相同、对角线基本一致、表面无裂痕和磕碰。

（2）新技术热敏玻璃砖是通过热敏技术来实现这种效果。它可以根据不同的温度变换不同的色彩。用这样的玻璃砖来装修居室卫生间，可以随温度高低变换砖面色彩。价格较贵，国内尚未普及上市，见图24-136。

玻璃空心砖规格（mm）　　　　表 24-89

长	宽	厚	长	宽	厚
100	100	95	190	190	95
115	115	50	193	193	95
115	115	80	210	210	95
120	120	95	240	115	80
125	125	95	240	240	80
139	139	95	300	90	100
140	140	95	300	145	95
145	145	50	300	196	100
145	145	95	300	300	100
190	190	80			

图 24-135 空心玻璃砖、表面施釉玻璃砖   图 24-136 热敏玻璃砖

玻璃空心砖主要性能   表 24-90

抗压强度 （MPa）	导热系数 W/（m²·K）	重量 （kg/块）	隔声 （dB）	透光率 （%）
6.0	2.35	2.4	40	81
4.8	2.50	2.1	45	77
6.0	2.30	4.0	40	85
6.0	2.55	2.4	45	77
6.0	2.50	4.5	45	81
7.5	2.50	6.7	45	85

玻璃砖类型一般分为：方砖、半砖、收边砖（用于墙体一侧收边）、肩砖（用于墙体两侧收边）、角砖（墙体转角部位使用，分为六角玻璃砖和正方带角玻璃砖）

（3）金属型材的规格应符合下列规定：

轻金属型材或镀锌型材，其尺寸为空心玻璃砖厚度加滑动缝隙。型材深度最少应为50mm，用于玻璃砖墙的边条重叠部分和胀缝。

1）用于 80mm 厚的空心玻璃砖的金属型材框，最小截面应为 90mm×50mm×3.0mm；

2）用于 100mm 厚的空心玻璃砖的金属型材框，最小截面应为 108mm×50mm×3.0mm。

（4）水泥：宜采用 42.5 级或以上普通硅酸盐白水泥。

（5）砂浆：砌筑砂浆与勾缝砂浆应符合下列规定：

1）配制砌筑砂浆用的河砂粒径不得大于 3mm；

2）配制勾缝砂浆用的河砂粒径不得大于 1mm；

3）河砂不含泥及其他颜色的杂质；

4）砌筑砂浆等级应为 M5，勾缝砂浆的水泥与河砂之比应为 1：1。

（6）掺和料：胶粘剂质量要求参见应符合国家现行相关技术标准的规定。

（7）钢筋：应采用 HPB235 级钢筋，并符合相关行业标准要求。

（8）玻璃连连接件、转接件：产品进场应提供合格证。产品外观应平整，不得有裂纹、毛刺、凹坑、变形等缺陷。当采用碳素钢时，表面应作热浸镀锌处理。

（9）缓冲材料：通常采用弹性橡胶条、玻璃纤维等。

2. 常用施工机具

冲击钻、电焊机、灰铲、线坠、托线板、卷尺、铁水平尺、皮数杆、小水桶、存灰槽、橡皮锤、扫帚和透明塑料胶带条。

3. 施工要点

（1）工艺流程

定位放线 → 固定周边框架（如设计） → 扎筋 → 排砖 → 玻璃砖砌筑 → 勾缝 → 边饰处理 → 清洁验收

有框玻璃砖墙构造见图 24-137（引自图集 03J502—1）。

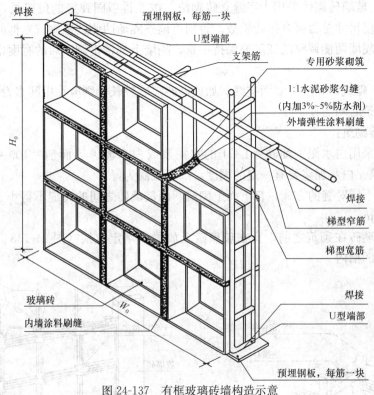

图 24-137　有框玻璃砖墙构造示意

（2）关键工序

1）定位放线：在墙下面弹好摽底砖线，按标高立好皮数杆。砌筑前用素混凝土或垫木找平并控制好标高；在玻璃砖墙四周根据设计图纸尺寸要求弹好墙身线。

2）固定周边框架：将框架固定好，用素混凝土或垫木找平并控制好标高，骨架与结构连接牢固。同时做好防水层及保护层。固定金属型材框用的镀锌钢膨胀螺栓直径不得小于 8mm，间距≤500mm。

3）横向钢筋：

①非增强的室内空心玻璃砖隔断尺寸应符合表 24-91 的规定。

②室内空心玻璃砖隔断的尺寸超过表 24-91 规定时，应采用直径为 6mm 或 8mm 的钢筋增强。

③当隔断的高度超过规定时，应在垂直方向上每 2 层空心玻璃砖水平布一根钢筋；当只有隔断的长度超过规定时，应在水平方向上每 3 个缝垂直布一根钢筋。

非增强的室内空心玻璃砖隔断尺寸表　　　　　**表 24-91**

砖缝的布置	隔断尺寸（m）	
	高　度	长　度
贯通的	≤1.5	≤1.5
错开的	≤1.5	≤6.0

④钢筋每端伸入金属型材框的尺寸不得小于 35mm。用钢筋增强的室内空心玻璃砖隔断的高度不得超过 4m。

4）排砖：玻璃砖砌体采用十字缝立砖砌法。按照排版图弹好的位置线，首先认真核对玻璃砖墙长度尺寸是否符合排砖模数。否则可调整隔墙两侧的槽钢或木框的厚度及砖缝的厚度．注意隔墙两侧调整的宽度要保持一致，隔墙上部槽钢调整后的宽度也应尽量保持一致。

5）挂线：砌筑第一层应双面挂线。如玻璃砖隔墙较长，则应在中间多设几个支线点，每层玻璃砖砌筑时均需挂平线。

6）玻璃砖砌筑：

①玻璃砖采用白水泥：细砂＝1：1 的水泥浆或白水泥：界面剂＝100：7 的水泥浆（重量比）砌筑。白水泥浆要有一定的稠度，以不流淌为好。

②按上、下层对缝的方式，自下而上砌筑。两玻璃砖之间的砖缝不得小于 10mm，且不得大于 30mm。

③每层玻璃砖在砌筑之前，宜在玻璃砖上放置十字定位架（图 24-138、图 24-139），卡在玻璃砖的凹槽内。

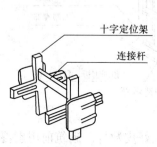

图 24-138　砌筑玻璃砖时的塑料定位架

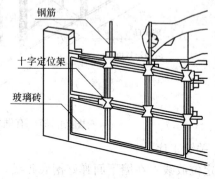

图 24-139　玻璃砖的安装方法

④砌筑时，将上层玻璃砖压在下层玻璃砖上，同时使玻璃砖的中间槽卡在定位架上，两层玻璃砖的间距为 5～10mm，每砌筑完一层后，用湿布将玻璃砖面上沾着的水泥浆擦去。水泥砂浆铺砌时，水泥砂浆应铺得稍厚一些，慢慢挤揉，立缝灌砂浆一定要捣实。缝中承力钢筋间隔小于 650mm，伸入竖缝和横缝，并与玻璃砖上下、两侧的框体和结构体牢固连接（图 24-140）。

⑤玻璃砖墙宜以 1.5m 高为一个施工段，待下部施工段胶结料达到设计强度后再进行上部施工。当玻璃砖墙面积过大时应增加支撑。

⑥最上层的空心玻璃砖应深入顶部的金属型材框中，深入尺寸不得小于 10mm，且不

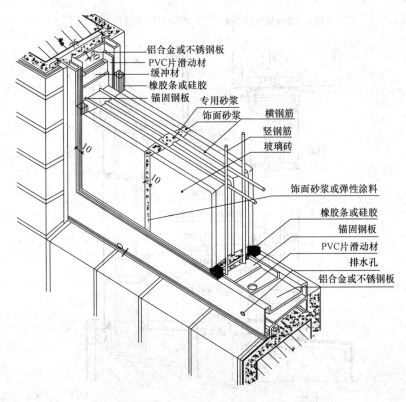

图 24-140 有框玻璃砖墙砌筑图

得大于 25mm。空心玻璃砖与顶部金属型材框的腹面之间应用木楔固定。

⑦勾缝：玻璃砖墙砌筑完后，立即进行表面勾缝。勾缝要勾严，以保证砂浆饱满。先勾水平缝，再勾竖缝，缝内要平滑，缝的深度要一致。勾缝与抹缝之后，应用布或棉纱将砖表面擦洗干净，待勾缝砂浆达到强度后，用硅树脂胶涂敷。也可采用矽胶注入玻璃砖间隙勾缝。

⑧饰边处理：

a. 在与建筑结构连接时，室内空心玻璃砖隔断与金属型材框两翼接触的部位应留有滑缝，且不得小于 4mm。与金属型材框腹面接触的部位应留有胀缝，且不得小于 10mm。滑缝应采用符合现行国家标准《石油沥青油毡、油纸》（GB 326）规定的沥青毡填充，胀缝应用符合现行国家标准《建筑物隔热用硬质聚氨酯泡沫塑料》（GB 10800）规定的硬质泡沫塑料填充。滑缝和胀缝的位置见图 24-141。

b. 当玻璃砖墙没有外框时，需要进行饰边处理。饰边通常有木饰边和不锈钢饰边等。

c. 金属型材与建筑墙体和屋顶的结合部，以及空心玻璃砖砌体与金属型材框翼端的结合部应用弹性密封剂密封。

24.3.3.2 玻璃隔断

也称为玻璃花格墙，采用木框架或金属框架，玻璃可采用磨砂玻璃、刻花玻璃、夹花玻璃、玻璃砖等与木、金属等拼成，有一定的透光性和较高的装饰性，多用作室内的隔墙、隔断或活动隔断等。

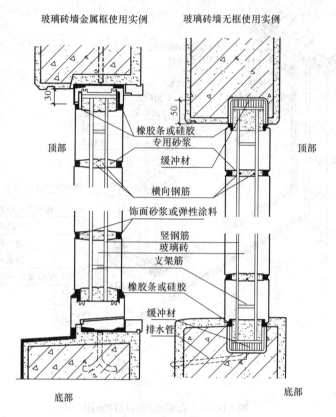

图 24-141   玻璃砖隔墙剖面

1. 材料及质量要求

通常采用钢化玻璃、彩绘玻璃或压花玻璃等装饰玻璃作为隔断主材，利用金属或实木做框架。

平板玻璃、钢化玻璃：玻璃厚度、边长应符合设计要求，表面无划痕、气泡、斑点等，并不得有裂缝、缺角、爆边等缺陷。玻璃技术质量要求可参见《普通平板玻璃标准》（GB 4871）、《建筑用安全玻璃 第 2 部分：钢化玻璃标准》（GB 15763.2—2005）、《镶嵌玻璃标准》（JC/T 979—2005）。有框架的普通退货玻璃和夹丝玻璃的最大许用尺寸见表 24-92，单片玻璃、夹层玻璃最小安装尺寸见表 24-93。

有框架的普通退火玻璃和夹丝玻璃的最大许用尺寸   表 24-92

玻璃种类	公称厚度（mm）	最大许用面积（m²）
普通退火玻璃	3	0.1
	4	0.3
	5	0.5
	6	0.9
	8	1.8
	10	2.7
	12	4.5
夹丝玻璃	6	0.9
	7	1.8
	10	2.4

单片玻璃、夹层玻璃最小安装尺寸（mm）　　　　表 24-93

玻璃公称厚度	前部余隙或后部余隙 a			嵌入深度 b	边缘余隙 c
	①	②	③		
3	2.0	2.5	2.5	8	3
4	2.0	2.5	2.5	8	3
5	2.0	2.5	2.5	8	4
6	2.0	2.5	2.5	8	4
8	—	3.0	3.0	10	5
10	—	3.0	3.0	10	5
12	—	3.0	3.0	12	5
15	—	5.0	4.0	12	8
19	—	5.0	4.0	15	10
25	—	5.0	4.0	18	10

注：1. 表中①适用于建筑钢木门窗油灰的安装，但不适用于安装夹层玻璃。

2. 表中②适用于塑性填料、密封剂或嵌缝条材料的安装。

3. 表中③适用于与成形的弹性材料（如聚氯乙烯或氯丁橡胶制成的密封垫）的安装。油灰适用于公称厚度不大于 6mm，面积不大于 2m² 的玻璃。

4. 夹层玻璃最小安装尺寸，应按原片玻璃公称厚度总和，在表中选取。

5. a、b、c 标注见图 24-142。

2. 常用工具

工作台（台面厚度大于 5cm）、玻璃刀、玻璃吸盘器、直尺、1m 长木折尺、钢丝钳、记号笔、刨刀、胶枪等。

3. 施工要点

（1）工艺流程

定位放线 → 固定隔墙边框架（如设计）→ 玻璃板安装 → 压条固定

（2）关键工序

1）定位放线：根据图纸墙位放墙体定位线。基底应平整、牢固。

2）固定周边框架：根据设计要求选用龙骨，木龙骨含水率必须符合规范规定。金属框架时，

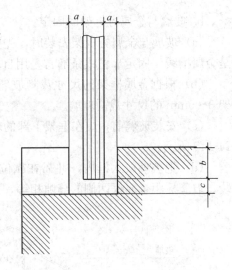

图 24-142 a、b、c 标注示意

多选用铝合金型材或不锈钢型材。采用钢架龙骨或木制龙骨，均应做好防火防腐处理，安装牢固。

3）玻璃板安装及压条固定：把已裁好的玻璃按部位编号，并分别竖向堆放待用。安装玻璃前，应对骨架、边框的牢固程度、变形程度进行检查，如有不牢固应予以加固。玻璃与基架框的结合不宜太紧密，玻璃放入框内后，与框的上部和侧边应留有 3~5mm 左右的缝隙，防止玻璃由于热胀冷缩而开裂。

a. 玻璃板与木基架的安装：

（a）用木框安装玻璃时，在木框上要裁口或挖槽，校正好木框内侧后定出玻璃安装的位置线，并固定好玻璃板靠位线条，见图 24-143。

（b）把玻璃装入木框内，其两侧距木框的缝隙应相等，并在缝隙中注入玻璃胶，然后钉上固定压条，固定压条宜用钉枪钉。

（c）对面积较大的玻璃板，安装时应用玻璃吸盘器将玻璃提起来安装，见图 24-144。

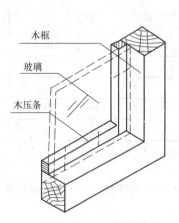

图 24-143   木框内玻璃安装方式

图 24-144   安装玻璃用吸盘器

b. 玻璃与金属方框架的固定：

（a）玻璃与金属方框架安装时，先要安装玻璃靠住线条，靠住线条可以是金属角线或是金属槽线。固定靠住线条通常是用自攻螺丝。

（b）根据金属框架的尺寸裁割玻璃，玻璃与框架的结合不宜太紧密，应该按小于框架 3～5mm 的尺寸裁割玻璃。

（c）安装玻璃前，应在框架下部的玻璃放置面上，放置一层厚 2mm 的橡胶垫，如图 24-145 所示。

（d）把玻璃放入框内，并靠在靠位线条上。如果玻璃面积较大，应用玻璃吸盘器安装。玻璃板距金属框两侧的缝隙相等，并在缝隙中注入玻璃胶，然后安装封边压条。

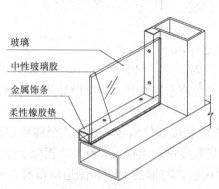

图 24-145   玻璃安装示意

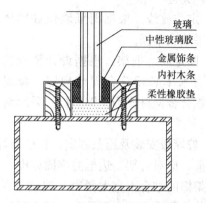

图 24-146   金属框架上的玻璃安装

如果封边压条是金属槽条，且要求不得直接用自攻螺丝固定时，可先在金属框上固定木条，然后在木条上涂环氧树脂胶（万能胶），把不锈钢槽条或铝合金槽条卡在木条上。如无特殊要求，可用自攻螺丝直接将压条槽固定在框架上，常用的自攻螺丝为 M4 或 M5。安装时，先在槽条上打孔，然后通过此孔在框架上打孔。打孔钻头要小于自攻螺丝直径0.8mm。当全部槽条的安装孔位都打好后，再进行玻璃的安装。玻璃的安装方式如图 24-146 所示。

24.3.3.3 质量要求

1. 主控项目

(1) 玻璃隔墙工程所用材料的品种、规格、性能、图案和颜色应符合设计要求。玻璃板隔墙应使用安全玻璃。检验方法：观察；检查产品合格证书、进场验收记录和性能检测报告。

(2) 玻璃砖隔墙的砌筑或玻璃板隔墙的安装方法应符合设计要求。检验方法：观察。

(3) 玻璃砖隔墙砌筑中埋设的拉结筋必须与基体结构连接牢固，并应位置正确。

检验方法：手扳检查；尺量检查；检查隐蔽工程验收记录。

(4) 玻璃板隔墙的安装必须牢固。玻璃板隔墙胶垫的安装应正确。检验方法：观察；手推检查；检查施工记录。

2. 一般项目

(1) 玻璃隔墙表面应色泽一致、平整洁净、清晰美观。检验方法：观察。

(2) 玻璃隔墙接缝应横平竖直，玻璃应无裂痕、缺损和划痕。检验方法：观察。

(3) 玻璃板隔墙嵌缝及玻璃砖墙勾缝应密实平整、均匀顺直、深浅一致。检验方法：观察。

(4) 玻璃隔墙安装的允许偏差和检验方法应符合表 24-94 的规定。

<table>
<tr><td colspan="5" style="text-align:center">玻璃隔墙安装的允许偏差和检验方法</td><td>表 24-94</td></tr>
<tr><td rowspan="2">项次</td><td rowspan="2">项　目</td><td colspan="2">允许偏差（mm）</td><td colspan="2" rowspan="2">检 验 方 法</td></tr>
<tr><td>玻璃砖</td><td>玻璃板</td></tr>
<tr><td>1</td><td>立面垂直度</td><td>3</td><td>—</td><td colspan="2">用 2m 垂直检测尺检查</td></tr>
<tr><td>2</td><td>表面平整度</td><td>3</td><td>—</td><td colspan="2">用 2m 靠尺和塞尺检查</td></tr>
<tr><td>3</td><td>阴阳角方正</td><td>—</td><td>2</td><td colspan="2">用直角检测尺检查</td></tr>
<tr><td>4</td><td>接缝直线度</td><td>—</td><td>2</td><td colspan="2">拉 5m 线，不足 5m 拉通线，用钢直尺检查</td></tr>
<tr><td>5</td><td>接缝高低差</td><td>3</td><td>2</td><td colspan="2">用钢直尺和塞尺检查</td></tr>
<tr><td>6</td><td>接缝宽度</td><td>—</td><td>1</td><td colspan="2">用钢直尺检查</td></tr>
</table>

3. 检查数量

玻璃隔墙工程的检查数量应符合下列规定：

每个检验批应至少抽查 20%，并不得少于 6 间；不足 6 间时应全数检查。

24.3.3.4 安全、职业健康、环保注意事项

1. 施工作业人员施工前必须进行安全技术交底。

2. 施工中所用的手持电动工具的开关箱内必须安装隔离开关、短路保护、过负荷保护和漏电保护器。

3. 切割过程中产生的固体废弃物应及时装袋，并存放到指定地点，集中消纳，

4. 玻璃砖入场，存放使用过程中应妥善保管，保证不污染、无损坏。不宜堆码过高。防止打碎伤人。

5. 玻璃隔墙施工中，各工种间应确保已安装项目不受损坏，墙内电线管及附墙设备不得碰动、错位及损伤。

6. 玻璃砖隔墙宜以 1.5m 高为一施工段，待下部胶凝材料达到设计强度后再行后续施工。

7. 施工部位已安装的门窗、地面、墙面、窗台等应注意保护，防止损坏。已安装好的墙体不得碰撞保证墙面不受损坏和污染。

8. 玻璃砖隔墙砌筑完后，在距玻璃砖隔墙两侧各约 100～200mm 处搭设简易木架栏护，防止玻璃砖墙遭到磕碰。

9. 玻璃板隔墙在完成后在明显位置悬挂醒目的成品保护标志。

24.3.4　活动式隔墙（断）

24.3.4.1　推拉直滑式隔墙

推拉直滑式隔断又称为，轨道隔断、移动隔音墙。具有易安装、可重复利用、可工业化生产、防火、环保等特点。因其具有高隔音、防火、可移动、操作简单等特点，极为适合星级酒店宴会厅，高档酒楼包间，高级写字楼会议室等场所进行空间间隔的使用。目前，活动隔断、固定隔断系列产品已经广泛适用在酒店、宾馆、多功能厅、会议室、宴会厅、写字楼、展厅、金融机构、政府办公楼、医院、工厂等多种场合，见图 24-147。

图 24-147　推拉直滑式隔墙实景图

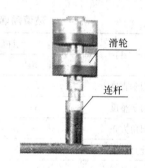

图 24-148　吊轮

通常在专业厂家定制，现场安装。根据不同的使用部位和功能要求，活动隔板可制作成直板、弧板、带角度板、直角转角板等形式，还可制作带单扇门、双扇门墙板。

1. 材料及质量要求

（1）目前多采用悬吊滑轨式结构，通过固定与结构顶面上的钢架结构安装轨道并承担推拉隔断整体重量（图 24-151），活动隔断单元隔板通过吊轮（图 24-148）与滑轨（图 24-149）相连和滑移，隔板片边框由定制铝合金型材或钢管拼装，四周与相邻隔板及顶地接口处设有隔音条（槽）装置（具体形式按照设计要求，见图 24-150），单元隔板饰面由

玻镁板、石膏板、三聚氰胺板、中纤板、彩钢板、玻璃、金属薄板、织物等材料组装，隔音要求较高的，隔板芯内填充吸音材料。

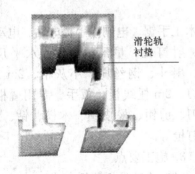

图 24-149 滑轨

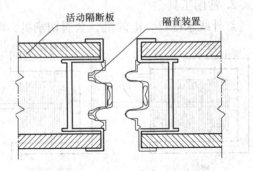

图 24-150 隔音条（槽）装置

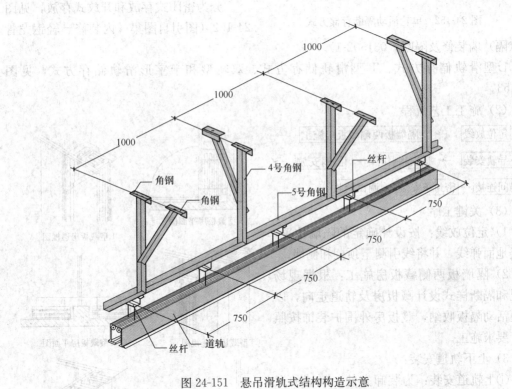

图 24-151 悬吊滑轨式结构构造示意

　　（2）隔墙板材（根据设计确定，一般有木隔扇、金属隔扇、棉、麻织品或橡胶、塑料等制品）、铰链、滑轮、轨道（或导向槽）、橡胶或毡制密封条、密封板或缓冲板、密封垫、螺钉等。所生产隔断使用的板材、胶粘剂应符合《民用建筑工程室内环境污染控制规范》（GB 50325—2010）要求。

　　1）隔墙板材：目前广泛采用的推拉式隔断为厂家加工，现场装配式隔断，按设计要求可选用相应的材料，品种、规格、质量应符合设计要求和规范要求。有隔音防火要求的产品，因出具相应检测报告。

　　2）活动隔墙导轨槽、滑轮及其他五金配件配套齐全，并具有出厂合格证。铝合金型材须符合 GB 5237 要求。

3）防腐材料、填缝材料、密封材料、防锈漆、水泥、砂、连接铁脚、连接板等应符合设计要求和有关标准的规定。

2. 常用工具

红外线水准仪、电焊机、金属切割机、电锯、木工手锯、电刨、手提电钻、电动冲击钻、射钉枪、量尺、角尺、水平尺、线坠、墨斗、钢丝刷、小灰槽、2m靠尺、开刀、2m托线板、扳手、专用撬棍、螺丝刀、剪钳、橡皮锤、木楔、钻、扁铲、射钉枪等。

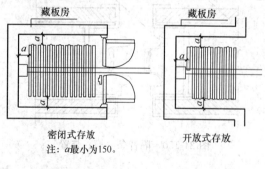

图 24-152 单轮活动隔断存储方式

密闭式存放　开放式存放
注：*a* 最小为150。

3. 施工要点

（1）移动隔板藏板方式

分为密闭式存放和开放式存放，见图 24-152（图引自图集《内装修一轻钢龙骨内（隔）墙装修及隔断》03J502-1）。

L型滑轨储存方式、T型滑轨储存方式、双轨型和十字形滑轨储存方式，见图 24-153。

（2）施工工艺流程

定位放线 → 隔墙板两侧藏板房施工 → 上下导轨安装 → 隔扇制作 → 隔扇安放 → 隔扇间连接 → 密封条安装 → 调试验收

（3）关键工序

1）定位放线：按设计确定的隔墙位置，在楼地面弹线，并将线引测至顶棚和侧墙。

2）隔墙板两侧藏板房施工：根据现场情况和隔断样式设计藏板房及轨道走向，以方便活动隔板收纳，藏板房外围护装饰按照设计要求施工。

3）上下轨道安装：

①上轨道安装：为装卸方便，隔墙的上部有一个通长的上槛，一般上槛的形式有两种：一种是槽形，一种是T形。都是用钢、铝制成的。顶部有结构梁的，通过金属胀拴和钢架将轨道固定于吊顶上，无结构梁固定于结构楼板，做型钢支架安装轨道，多用于悬吊导向式活动隔墙。

滑轮设在隔扇顶面正中央，由于支撑点与隔扇的重心位于同一条直线上，楼地面上就不必再设轨道。上部滑轮的形式较多。隔

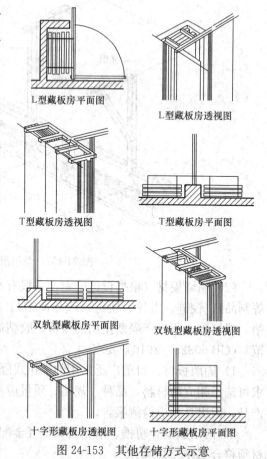

L型藏板房平面图　　L型藏板房透视图
T型藏板房透视图　　T型藏板房平面图
双轨型藏板房平面图　　双轨型藏板房透视图
十字形藏板房透视图　　十字形藏板房平面图

图 24-153 其他存储方式示意

扇较重时,可采用带有滚珠轴承的滑轮,隔扇较轻时,以用带有金属轴套的尼龙滑轮或滑钮。

作为上部支承点的滑轮小车组,与固定隔扇垂直轴要保持自由转动的关系,以便隔扇能够随时改变自身的角度。垂直轴内可酌情设置减震器,以保证隔扇能在不大平整的轨道上平稳地移动。见图24-154～图24-156。

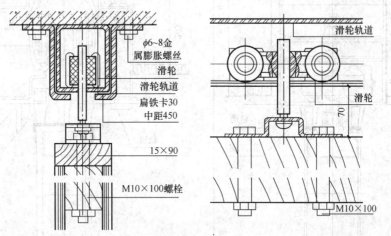

图24-154 悬吊导向式滑轮系统细部剖面

②下轨道(导向槽):一般用于支承型导向式活动隔墙。当上部滑轮设在隔扇顶面的一端时,楼地面上要相应地设轨道,隔扇底面要相应地设滑轮,构成下部支承点。这种轨道断面多数是T形的。如果隔扇较高,可在楼地面上设置导向槽,在楼地面相应地设置中间带凸缘的滑轮或导向杆,防止在启闭的过程中间侧摇摆(图24-157)。

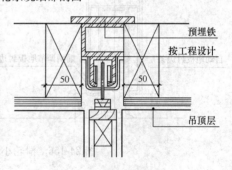

图24-155 型钢支架轨道安装示意

4)隔墙扇制作:

①移动式活动隔墙的隔扇采用金属及木框架,两侧贴有木质纤维板或胶合板,根据设计要求覆装饰面。隔音要求较高的隔墙,可在两层板之间设置隔音层,并将隔扇的两个垂直边做成企口缝,以便使相邻隔扇能紧密地咬合在一起,达到隔音的目的。

②隔扇的下部按照设计做踢脚。

③隔墙板两侧做成企口缝等盖缝、平缝。活动隔墙的端部与实体墙相交处通常要设一个槽形的补充构件,见图24-158。以便于调节隔墙板与墙面间距离误差和便于安装和拆卸隔扇,并可有效遮挡隔扇与墙面之间的缝隙。隔音要求高的,还要根据设计要求在槽内填充隔音材料。

④隔墙板上侧采用槽形时,隔扇的上部可以做成平齐的;采用T形时,隔扇的上部应设较深的凹槽,以使隔扇能够卡到T形上槛的腹板上。

⑤隔墙扇安放及连接:分别将隔墙扇两端嵌入上下槛导轨槽内,利用活动卡子连接固定,同时拼装成隔墙,不用时可打开连接重叠置人藏板房内,以免占用使用面积。隔扇的

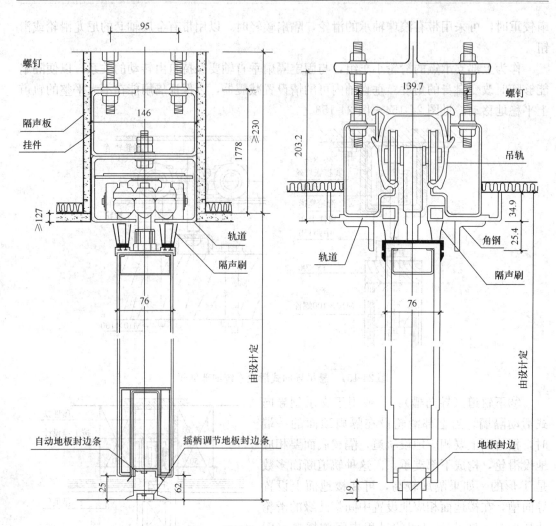

图 24-156　滑轮小车组与隔扇间隔声构造示意

顶面与平顶之间保持 50mm 左右的空隙，以便于安装和拆卸。

⑥密封条安装：隔扇的底面与楼地面之间的缝隙（约 25mm）用橡胶或毡制密封条遮盖。隔墙板上下预留有安装隔音条的槽口，将产品配套的隔音条背筋塞入槽口内，当楼地面上不设轨道时，可在隔扇的底面设一个富有弹性的密封垫，并相应地采取专门装置，使隔墙于封闭状态时能够稍稍下落，从而将密封垫紧紧地压在楼地面，确保隔音条能够将缝隙较好地密闭。

24.3.4.2　折叠式隔断

形式上分为单侧折叠和双侧折叠式，按材质上分为硬质折叠式隔断和软质折叠式隔断，硬质采用木质或金属隔扇组成，软质的采用棉、麻制品或橡胶、塑料制品制成。形式见图 24-159。

1. 材料及质量要求

见 24.3.4.1 第 1 条内容。

2. 常用施工工具

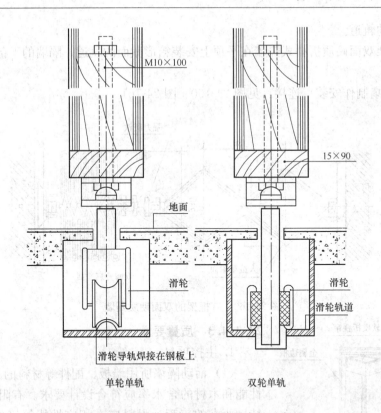

图 24-157 带凸缘的滑轮或导向杆示意

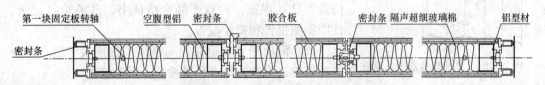

图 24-158 活动隔墙端部与实体墙相交处设置槽形补充构件示意

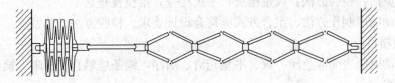

图 24-159 双侧折叠式隔断

见 24.3.4.1 第 2 条内容。

3. 施工要点

双面硬质折叠式隔墙：

1）定位放线：按设计确定的隔墙位，在楼地面弹线，并将线引测至顶棚和侧墙。

2）隔墙板两侧藏板房施工：移动式隔墙。

3）轨道安装：

① 有框架双面硬质折叠式隔墙的控制导向装置有两种：一是在上部的楼地面上设作为支承点的滑轮和轨道，也可以不设，或是设一个只起导向作用而不起支承作用的轨道；另一种是在隔墙下部设作为支承点的滑轮，相应的轨道设在楼地面上，平顶上另设一个只

起导向作用的轨道。

②无框架双面硬质折叠式隔墙在平顶上安装箱形截面的轨道。隔墙的下部一般可不设滑轮和轨道。

4）隔墙扇制作安装、连接：见图 24-160、图 24-161。

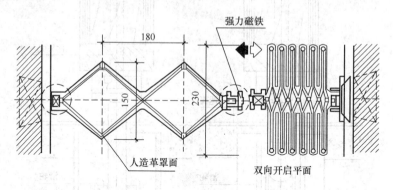

图 24-160 有框架的双面硬质隔墙

图 24-161 软质折叠隔断及立柱

24.3.4.3 质量要求

1. 主控项目

（1）活动隔墙所用墙板、配件等材料的品种、规格、性能和木材的含水率应符合设计要求。有阻燃、防潮等特性要求的工程，材料应有相应性能等级的检测报告。检验方法：观察；检查产品合格证书、进场验收记录、性能检测报告和复验报告。

（2）活动隔墙轨道必须与基体结构连接牢固，并应位置正确。检验方法：尺量检查；手扳检查。

（3）活动隔墙用于组装、推拉和制动的构配件必须安装牢固、位置正确，推拉必须安全、平稳、灵活。检验方法：尺量检查；手扳检查；推拉检查。

（4）活动隔墙制作方法、组合方式应符合设计要求。检验方法：观察。

2. 一般项目

（1）活动隔墙表面应色泽一致、平整光滑、洁净，线条应顺直、清晰。检验方法：观察；手摸检查。

（2）活动隔墙上的孔洞、槽、盒应位置正确、套割吻合、边缘整齐。检验方法：观察；尺量检查。

（3）活动隔墙推拉应无噪声。检验方法：推拉检查。

（4）活动隔墙安装的允许偏差和检验方法应符合表 24-95 的规定。

活动隔墙安装的允许偏差和检验方法   表 24-95

项次	项目	允许偏差（mm）	检验方法
1	立面垂直度	3	用 2m 垂直检测尺检查
2	表面平整度	2	用 2m 靠尺和塞尺检查
3	接缝直线度	3	拉 5m 线，不足 5m 拉通线，用钢直尺检查

续表

项次	项目	允许偏差（mm）	检验方法
4	接缝高低差	2	用钢直尺和塞尺检查
5	接缝宽度	2	用钢直尺检查

3. 检查数量

活动隔墙工程的检查数量应符合下列规定：

每个检验批应至少抽查20%，并不得少于6间；不足6间时应全数检查。

24.3.4.4 安全、职业健康、环保注意事项

1. 活动隔断工程的门式脚手架搭设应符合建筑施工安全标准，经验收合格方可使用。

2. 要移动门式架子时，架子上人员不许留人，施工人员必须下架子，方可移动架子。架子上不得搁置材料。高处施工，必须佩戴好安全带。

3. 工人操作应戴安全帽，施工现场临电必须按照现场临电规范要求使用施工用电和临时照明，并做作好标示。

4. 施工现场必须工完场清。设专人洒水、打扫，不能扬尘污染环境。

5. 有噪声的电动工具应在规定的作业时间内施工，防止噪声污染、扰民。

6. 机电器具必须安装触电保护装置，发现问题立即修理。

7. 遵守操作规程，非操作人员决不准乱动机具，以防伤人。

8. 切割型材时佩戴相应的保护设施，如耳塞、护目镜等。

9. 焊接操作人员应持资质证上岗，开工前办理动火证，配备看火人。施工现场接火和消防设施齐备。

10. 活动隔断墙施工应尽可能地安排在装饰工程后期，至少粗装修之后进行，且在室内油漆、涂料施工之前不得撕除面板保护模。电、通信、暖施工中避免磕碰。

11. 安装完毕的隔断应在明显处悬挂成品保护标牌，收集到藏板房内，阳角部位用木夹板保护，高度不低于1.5m防止碰伤隔断。

12. 运输时，不要碰坏隔断面板，堆放时地面垫衬毡布等软质物品。

13. 管线施工时，注意工序交接顺序，施工中注意保护成品。

24.3.5 集 成 式 隔 墙

本节适用于工业与民用建筑中金属、玻璃、复合板模块化隔墙安装工程的施工及质量

验收。集成式隔墙是由金属型材及玻璃、复合板材装配而成模块化隔墙，具有制造精度高、施工快捷、方便拆装等优点，且具备一定的隔音、防火、环保性能的非承重分隔墙。图24-162为某模块化产品安装实景。

图 24-162 某模块化产品安装实景

24.3.5.1 构造做法和形式分类

集成式隔墙按照内部结构分类可分为内有钢支撑外扣饰面板、支撑和饰面一体型隔墙；按照外饰框架分为高精级铝合金、钢制框喷涂

饰面（多种颜色）等；按照饰面板分类可分为玻璃面板、木饰面、金属板饰面、石膏板饰面等；按照墙体内腔形式分为透光内腔和实体内腔，透光内腔可安装手动或电动式百叶帘，实体内腔可根据需要填充隔音材料。

集成式隔墙通过精巧的构配件设计，可以实现饰面看不到螺丝和钉头，通过板块间连接采用密封胶条、玻璃插槽内特制柔性嵌条、门框周边密封压条来阻隔隔墙内外声音的传输通道，从而实现隔墙整体的隔音性能，见图 24-163。

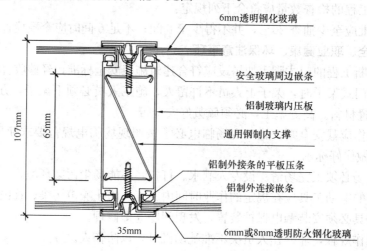

图 24-163　集成式隔墙板块节点示意

24.3.5.2　材料及质量要求

1. 框架材料

根据设计要求，选择能提供隔墙稳定支撑的轻钢型材，通常有 Z 型 H 型断面的钢制内支撑，热镀锌钢板厚 0.75～1.2mm，双面镀锌量符合《建筑用轻钢龙骨》（GB/T 11981）要求。框架外饰扣条通常采用阳极氧化或氟碳漆喷涂、静电粉末涂装等处理方式，应符合《铝合金建筑型材》（GB/T 5237）的技术要求。

2. 墙体板块

（1）钢化玻璃：其质量要求见表 24-96～表 24-98。

钢化玻璃边长允许偏差（mm）　　　　　　　　　　　　　　　　表 24-96

厚　　度	边长（L）允许偏差			
	$L \leqslant 1000$	$1000 < L \leqslant 2000$	$2000 < L \leqslant 3000$	$L > 3000$
3、4、5、6	1 −2	±3	±4	±5
8、10、12	2 −3			
15	±4	±4		
19	±5	±5	±6	±7
>19	供需双方确定			

钢化玻璃厚度及允许偏差 表 24-97

公称厚度（mm）	厚度允许偏差（mm）	公称厚度（mm）	厚度允许偏差（mm）
3、4、5、6	±0.2	15	±0.5
8、10	±0.3	19	±1.0
12	±0.4	>19	供需双方确定

钢化玻璃外观质量（mm） 表 24-98

厚　　度	说　　　明	允许缺陷数
爆边	每片玻璃每米边上允许有长度不超过 10mm，自玻璃边部向玻璃板表面延伸深度不超过 2mm，自板面向玻璃厚度延伸深度不超过厚度 1/3 的爆边个数	1 处
8、10、12	宽度在 0.1mm 以下的轻微划伤，每平方米面积内允许存在条数	长度≤100mm 时，4 条
	宽度大于 0.1mm 的轻微划伤，每平方米面积内允许存在条数	宽度 0.1~1mm，长度≤100mm 时，5 条
夹钳印	夹钳印与玻璃边缘的距离≤20mm，边部变形量≤2mm	±4
裂纹、缺角	不允许存在	

（2）防火玻璃，如选用防火玻璃，产品应符合《建筑用安全玻璃第 1 部分：防火玻璃》（GB 15763）要求。

（3）隔墙其他类型面板材料应符合相应国家标准的质量及环保要求。

（4）紧固材料：膨胀螺栓、射钉、自攻螺丝、钻尾螺丝和粘贴嵌缝料，应符合设计要求。

（5）国内目前尚无有关固定隔断的产品标准或应用标准，建议参照《欧洲技术标准指南—室内隔断系统》（ETAG003）并结合国内相关标准（如防火、有害物质限量等）选用。

（6）使用风险分类与使用区域类型关系及试验荷载：

固定隔断承受水平荷载或其他方向上的荷载，可能产生结构性破坏和功能性破坏，其风险分类与使用区域类型关系及试验荷载见表 24-99 ［引自《建筑产品选用技术（建筑·装修）》］。

使用区域类型和风险分类的关系及试验荷载 表 24-99

风险分类	描述	区域标准 1 ENV1991-2-1：1995 中对区域的分类	高　度	结构性破坏试验荷载	功能性破坏试验荷载
I	有较高防护性措施的区域产品事故和使用不当的风险小	A、B	到达 1.5m 行人的高度	软体 100Nm 硬体（1kg）10Nm	软体 60Nm，3 次 硬体（0.5kg）2.5Nm
			超过 1.5m 行人的高度	—	—

续表

风险分类		描述	区域标准1 ENV1991-2-1:1995 中对区域的分类	高　度	结构性破坏试验荷载	功能性破坏试验荷载
Ⅱ		有一些防护性措施的区域 有一些产生事故和错误使用的风险	A、B	到达 1.5m 行人的高度	软体 200Nm 硬体(1kg)10Nm	软体 120Nm,3 次 硬体(0.5kg)2.5Nm
				超过 1.5m 行人的高度	—	硬体(0.5kg)2.5Nm
Ⅲ		公众出入的区域 较少防护性措施的区域 有产生事故和错误使用的风险	C1~C4、D、E	到达 1.5m 行人的高度	软体 300Nm 硬体(1kg)10Nm	软体 120Nm,3 次 硬体(0.5kg)6Nm
				超过 1.5m 行人的高度	硬体(1kg)10Nm	硬体(0.5kg)6Nm
Ⅳ	a	防护程度等同于Ⅱ、Ⅲ类,失败的风险包括墙体倒地	C5	到达 1.5m 行人的高度	软体 400Nm 硬体(1kg)10Nm	软体 120Nm,3 次 硬体(0.5kg)6Nm
				超过 1.5m 行人的高度	硬体(1kg)10Nm	硬体(0.5kg)6Nm
	b	防护程度等同于Ⅱ、Ⅲ类,失败的风险包括墙体倒地	C5	到达 1.5m 行人的高度	软体 500Nm 硬体(1kg)50Nm	软体 120Nm,3 次 硬体(0.5kg)6Nm
				超过 1.5m 行人的高度	硬体(1kg)10Nm	硬体(0.5kg)6Nm

注：1. 1.5m 高度的区域是建筑物内人群撞击多发区域，但是对于某些建筑如：体育馆、工厂等，可能要考虑更高的高度。

　2. 设计师、制造商、业主，有权要求采用 400Nm 还是 500Nm 进行撞击的结构性破坏测试，以满足使用要求。

　3. 工程选用的固定隔断高度，不得高于试验样板的高度。

（7）目前尚无防火隔断的国家标准或行业标准，北京市地方标准《防火玻璃框架系统设计施工及验收规范》（DBJ 11—624—2006）可供参考。

国内可按《建筑构件耐火试验方法》（GB 9978）和《镶玻璃构件耐火试验方法》（GB 12513）标准检验。

24.3.5.3　集成隔断常用施工工具

电动气泵、电锤、金属切割机、小电锯、小台刨、手电钻、冲击钻、钢锯、锤、螺丝刀、直钉枪、摇钻、线坠、靠尺、钢卷尺、玻璃吸盘、胶枪等。

24.3.5.4　施工要点

1. 作业条件

（1）施工前绘制施工大样图，经相关确认方可制造，并与机电相关专业会签。包括平立面、节点详图。

（2）界面协调与签认：施工前须与水电、空调、网路、顶棚、地板等相关界面开会协调，所得结论送交设计师及业主、监理签认方可施工。

（3）设计有隔断上方吊墙的，吊墙骨必须进行防火防腐处理，按要求填充好隔音材料。

（4）隔断下设计有地坎台的，应该在地坎台混凝土达到强度后再施工隔断墙，对地坎台的上口平整度做好交接验收。

2. 施工工艺

(1) 工艺流程

定位放线 → 顶部轨道安装 → 底部轨道安装 → 靠墙轨道安装 → 垂直立撑 → 横向支撑 → T 型连接 → 面板连接 → 玻璃安装 → 门框及门安装 → 外盖嵌条 → 清理验收

(2) 施工工艺要点

1) 弹线：根据楼层设计标高水平线，顺墙高量至顶棚设计标高，沿墙弹隔断垂直标高线及天地轨的水平线，并在隔断的定位线上划好龙骨的分档位置线。标出门口位置线。

2) 安装顶、地轨：根据产品形式及设计要求固定天地轨，如无设计要求时，可以用8～12mm 膨胀螺栓或专用紧固件固定，膨胀螺栓固定点间距 600～800mm。安装前作好防腐处理。顶、地基面偏差超过 5mm 的，应将基面用水泥砂浆（或其他材料）找平；上部有吊墙的，先检查吊墙的稳固度和水平度再安装顶轨。隔音条应预先装附在顶地轨背面。顶地轨长度超过 3m 的，应配备专用连接件在轨道内部连接。如地板为瓷砖或石材时，则必须以电钻转孔，然后埋入塑料塞，以螺丝固定地轨，见图 24-164。

3) 沿墙边靠墙侧轨安装：根据产品形式或设计要求固定侧轨，边龙骨应启抹灰收口槽，如无设计要求时，可以用 8～12mm 膨胀螺栓或根据需连接的墙柱体形式选择其他紧固件固定，固定点间距 600～800mm。安装前将隔音条附在侧轨背面。隔断墙转角处不靠墙、柱，使用专配型材用于实体 90°转角，见图 24-165。

4) 垂直立撑安装根据立面分档线位置确定，将立撑的准确位置做好标记，用型材专用螺丝将垂直立撑固定在顶部轨道和地面轨道之间。确保每一个模块的宽度精确到和图纸及实际要求相同。立撑的通常间距（中到中距离）为 900mm 和 600mm，也可根据实际情况做相应的调整。垂直立撑需要切割的，基本要保证切割后立撑上预冲孔在同一个水平面上。立撑必须安装牢固，且确保钢撑的绝对垂直，偏差不大于 2mm/2m。注意门框立撑和普通立撑区分安装。

5) 横向支撑安装：横向支撑安装根据设计要求按分档线位置固定横向支撑，将横档支撑固定到垂直立撑上的预冲孔内，用螺丝固定。当垂直立撑上的预冲孔位置不能满足水平分割尺寸时，可弯曲横档钢撑的边缘，再用螺丝固定到垂直立撑上。必须安装牢固。安装时随时调整横撑的水平度。

6) T 型连接（及各种角度转角）：隔断相交处，形成 T 型连接或称转角连接，隔断接触处使用不同角度的特殊支撑配件连接，必须与顶地、轨连接牢固。

7) 实体面板连接：各种电线（如电源线、电话线、网路线、门禁线等）需隐藏在隔断内，一般预排在内部结构中的工作完成后，需要将装饰实体面板条安装在隔断墙的两边。装饰面板的上、下水平边部分是被固定在顶部轨道和底部轨道两侧预开的扁形槽沟中，用专用的自攻自转螺丝将外压条型材和内部垂直立撑之间固定，面板可采取钢制、仿木饰面或铝板饰面等。见图 24-166 示意。具体位置根据产品规格和设计图纸要求确定。面板上设计有机电末端的，应根据底盒尺寸套割准确、居中安装或按设计要求。

8) 玻璃安装：

①隔断应先安装上下两片水平向玻璃间面板，并保证该板在两个垂直钢撑之间完全收紧。另两片垂直向玻璃间面板，需安装在两片水平向玻璃间面板之间。以上所有接口处不应有明显的缝隙，玻璃间面板不得出现拼接。

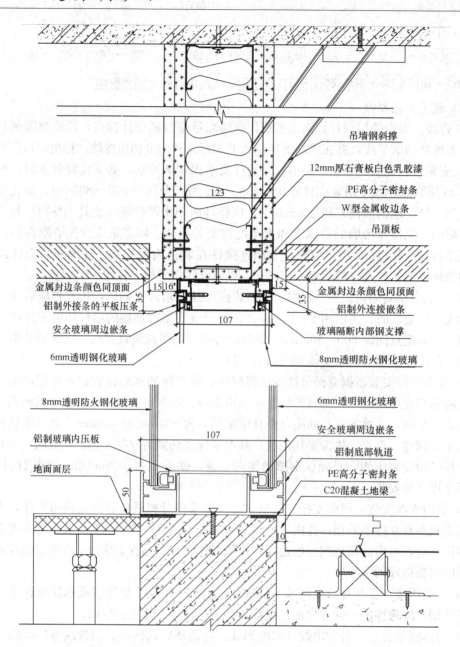

图 24-164 集成隔断顶、地轨做法示意

② 精确测量玻璃加工尺寸，隔断采用钢化玻璃，无法现场裁割。

③ 在安装玻璃之前，先将具有弹性的玻璃密封条插入每个金属玻璃盖板两侧预开的固定槽内。插入水平玻璃盖板两侧玻璃密封条的两端需各长出盖板边缘约 15mm，同时插入垂直玻璃盖板两侧的玻璃密封条的长度和玻璃盖板的边缘等齐并绷紧。

④ 安装双层玻璃时，在隔断完成之前必须在两层玻璃之间做彻底的清扫，不应有任何的残留物和污痕留存其中。安装玻璃之前彻底清洁每一块玻璃的两面。

⑤ 隔断内部安装百叶帘时要注意在左右各留 4mm 的缝隙，避免碰触边缘盖板表面。通常采用内装的方式安装。外置旋钮的旋转方向应与百叶帘的开闭一致，整体百叶上边、

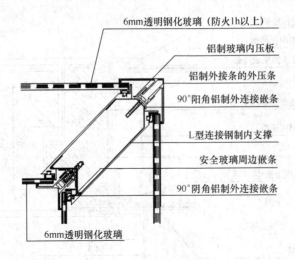

图 24-165　沿墙边靠墙侧轨安装示意

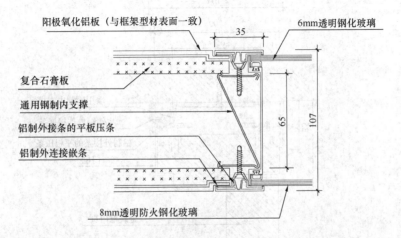

图 24-166　外压条型材和内部垂直立撑之间固定

下边要调至整体水平。

9）门框及门安装（采用配套门及门框时）：

为了做好成品保护，一般集成式隔断配套的门框和门的安装留到装修施工的后期。

门框是由两根垂直的和一根水平的框料组成，当把门框装配到门空档处以后，就开始调整门框的三个边和门扇。然后固定门框。首先需要固定安装铰链的一边，在调整完门框高度后固定另一边。确保门框和门扇之间的垂直和水平空隙是一致的。一般上、左、右各留 2mm 空隙，门扇下口留 7mm 缝隙，再用专用压条槽口覆盖，见图 24-167。

10）外盖嵌条

外盖嵌条是最后的装饰遮盖步骤，其尺寸应切割精准，不能硬性推入，否则可能出现结合处的不平整。水平处嵌条在遇垂直型材时需切断后分开安装，见图 24-168。

24.3.5.5　质量标准

1. 主控项目

（1）任何可以以肉眼在 100cm 察觉之板面凹凸，水平，垂直度不足或墙面弯曲之现象均需修正，隔间墙面与铅垂面最大误差不超过 2mm。检验方法：用 2m 垂直检测尺检查。

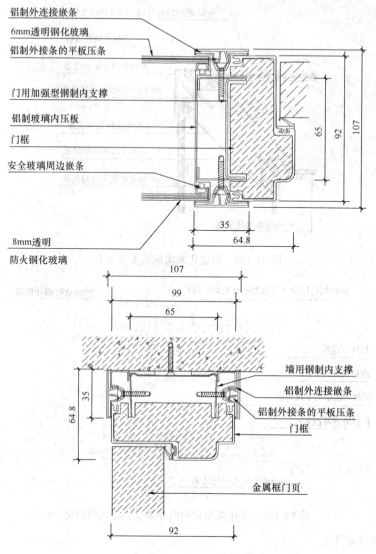

铝制外连接嵌条
6mm透明钢化玻璃
铝制外接条的平板压条
门用加强型钢制内支撑
铝制玻璃内压板
门框
安全玻璃周边嵌条
8mm透明
防火钢化玻璃

墙用钢制内支撑
铝制外连接嵌条
铝制外接条的平板压条
门框
金属框门页

图 24-167　门框及门扇安装示意

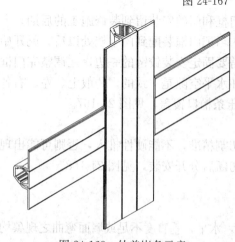

图 24-168　外盖嵌条示意

(2) 钢制面板、玻璃面板、铝制面板、窗面板及转角柱，质量必须符合设计样品要求和有关行业标准的规定。检验方法：观察；尺量检查；检查产品合格证书、进场验收记录和性能检测报告。

(3) 骨架必须安装牢固，无松动，位置正确。检验方法：观察；手扳检查。

(4) 罩面板无脱层、翘曲、折裂、缺楞掉角等缺陷，安装必须牢固。检验方法：观察；手扳检查。

(5) 复合人造板必须具有国家有关环保检

验测试报告。检验方法：检查测试报告。

2. 一般项目

(1) 骨架应顺直，无弯曲、变形和劈裂。

(2) 罩面板表面应平整、洁净，无污染、麻点、锤印，颜色一致。

(3) 罩面板之间的缝隙或压条，宽窄应一致，整齐、平直、压条与板接封严密。

(4) 骨架安装的允许偏差，应符合表 24-100。

隔断骨架安装允许偏差　　　　　　　　　　　表 24-100

项次	项　目	允许偏差（mm）	检　验　方　法
1	立面垂直	2	用 2m 托线板检查
2	表面平整	2	用 2m 直尺和楔型塞尺检查

(5) 隔墙面板安装的允许偏差见表 24-101。

隔墙面板安装的允许偏差　　　　　　　　　　表 24-101

项次	项　目	允许偏差（mm）			检验方法
		钢制石膏板	玻璃面板	铝制面板	
1	立面垂直度	2	2	2	用 2m 垂直检测尺检查
2	表面平整度	1.5	1.5	1.5	用 2m 靠尺和塞尺检查
3	阴阳角方正	2	2	2	用直角检测尺检查
4	接缝直线度	1.5	1.5	1.5	拉 5m 线，不足 5m 拉通线 用钢直尺检查
5	压条直线度	1.5	1.5	1.5	拉 5m 线，不足 5m 拉通线 用钢直尺检查
6	接缝高低差	0.3	0.3	0.3	用钢直尺和塞尺检查

3. 检查数量

集成式隔断墙工程的检查数量应符合下列规定：

每个检验批应至少抽查 20%，并不得少于 6 间；不足 6 间时应全数检查。

24.3.5.6 安全、职业健康、环保注意事项

1. 集成隔断工程的门式脚手架搭设应符合建筑施工安全标准，经验收合格方可使用。

2. 使用门式架子时，须经安全管理部门验收合格方可使用。移动架子时，施工人员必须下架子。架子上不得搁置材料。

3. 工人操作应戴安全帽，施工现场临电必须按照现场临电规范要求使用施工用电和临时照明，并做作好标示。

4. 切割型材时佩戴相应的保护设施，如耳塞、护目镜等。

5. 管线从集成式隔墙的顶底轨穿过时，注意工序交接顺序，施工中注意保护成品。

6. 隔断墙施工应尽可能地安排在装饰工程后期，至少粗装修之后进行，且在室内油漆、涂料施工之前不得撕除面板保护模。电、通信、暖施工中避免磕碰。

7. 安装完毕的隔断应在明显处悬挂成品保护标牌，阳角部位用木夹板保护，高度不

低于 1.5m 防止碰伤隔断。

8. 运输时，不要碰坏隔断面板及玻璃板块，堆放时地面垫衬毡布等软质物品。

24.4　饰面板（砖）工程

24.4.1　瓷　砖　饰　面

24.4.1.1　瓷砖饰面构造及分类

1. 瓷砖饰面构造

瓷砖饰面构造如图 24-169 所示。

2. 形式分类

（1）20mm 厚 1：3 水泥砂浆打底找平，15mm 厚 1：2 建筑胶水泥砂浆结合层粘接。

（2）用 1：1 水泥砂浆加水重 20% 的界面剂胶或专用瓷砖胶在砖背面抹 3～4mm 厚粘贴即可。但此种做法其基层灰必须抹得平整，而且砂子必须用窗纱筛后使用。

（3）用胶粉来粘贴面砖，其厚度为 2～3mm，有此种做法其基层灰必须更平整。

（4）用预拌砂浆粘贴面砖，粘接层厚度为 4mm，有此种做法其基层灰必须更平整。其优势在于节粘接厚度小，省室内空间。

24.4.1.2　陶瓷砖饰面常用材料

陶瓷砖是指以黏土、高岭土等为主要原料，加入适量的助溶剂经研磨、烘干、制坯最后经高温烧结而成。主要分为：釉面瓷砖、陶瓷锦砖、通体砖、玻化砖、抛光砖、大型陶瓷饰面板等。

1. 釉面瓷砖

釉面砖适用于室内墙面装饰的陶瓷饰面砖，因其在高温烧结前在砖坯上涂釉料而得名，如图 24-170 所示。

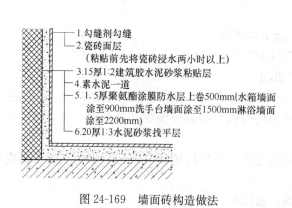

图 24-169　墙面砖构造做法

1. 勾缝剂勾缝
2. 瓷砖面层
　（粘贴前先将瓷砖浸水两小时以上）
3. 15厚1：2建筑胶水泥砂浆粘贴层
4. 素水泥一道
5. 1.5厚聚氨酯涂膜防水层上卷500mm(水箱墙面涂至900mm洗手台墙面涂至1500mm淋浴墙面涂至2200mm)
6. 20厚1：3水泥砂浆找平层

图 24-170　釉面砖

（1）品种规格

由于釉料和生产工艺不同，有白色、彩色、印花、图案等众多品种（表 24-102），主要规格尺寸及分类见表 24-103、表 24-104。

釉面瓷砖种类和特点 表 24-102

种 类		特 点
白色釉面砖		色纯白，釉面光亮，镶于墙面，清洁大方
	有光彩色釉面砖	釉面光亮晶莹，色彩丰富雅致
	无光彩色釉面砖	釉面半无光，不晃眼，色泽一致，色调柔和
装饰釉面砖	花釉砖	系在同一砖上，施以多种彩釉，经高温烧成。色釉互相渗透，花纹千姿百态，有良好的装饰效果
	结晶釉砖	晶花辉映，纹理多姿
	斑纹釉砖	斑纹釉面，丰富多彩
	大理石釉砖	具有天然大理石花纹，颜色丰富
图案砖	白地图案砖	系在白色釉面砖上装饰各种彩色图案，经高温烧成。纹理清晰，色彩明朗，清洁优美
	色地图案砖	系在有光或无光彩色釉面砖上，装饰各种图案，经高温烧成。产生浮雕、缎光、绒光、彩漆等效果。做内墙饰面，别具风格
瓷砖画及色釉陶瓷字	瓷砖画	以各种釉面砖拼成各种瓷砖画，或根据已有画稿烧制成釉面砖拼装成各种瓷砖画，清洁优美，永不褪色
	色釉陶瓷字	以各种色釉、瓷土烧制而成，色彩丰富，光亮美观，永不褪色

（2）用途

厨房、卫生间、游泳池、浴室等。

釉面瓷砖主要规格尺寸 表 24-103

图 例	装配尺寸(mm)C×D	产品尺寸(mm)A×B	厚度(mm)E
模数化	300×250	297×247	生产厂自定
	300×200	297×197	
	200×200	197×197	
	200×150	197×148	
	150×150	148×148	5
	150×75	148×73	5
	100×100	98×98	5

图 例	产品尺寸(mm)A×B		厚度(mm)D
非模数化	300×200		生产厂自定
	200×200		
	100×100		
	152×152		5
	152×75		5
	108×108		5

釉面瓷砖侧边形状与尺寸　　　　　　　　　　　　　　表 24-104

名　称	图　例	名　称	图　例
小圆边		大圆边	
平边		带凸缘边	

注：图中 R、r、H 值由生产厂家自定，$E \leqslant 0.5$mm。

（3）质量要求

瓷砖表面平滑；具有规矩的几何尺寸，圆边或平边平直；不得缺角掉楞；白色釉面砖白度不得低于 78 度，素色彩砖色泽要一致；图案砖、印花转应预先拼图以确保图案完整、线条流畅、衔接自然。

2. 陶瓷锦砖、玻璃锦砖

陶瓷锦砖、玻璃锦砖（图 24-171）旧称"马赛克"又叫"纸皮砖"，是以优质瓷土烧制而成片状小块瓷砖，拼成各种图案贴在纸上的饰面材料，有挂釉和不挂釉两种。其质地坚硬，色泽多样，耐酸碱、耐火、耐磨、不渗水，抗压力强，吸水率小（0.2%～1.2%），在 ±20℃ 温度以下无开裂。由于其规格极小，不易分块铺贴，工厂生产产品是将陶瓷锦砖按各种图案组合反贴在纸板上，编有统一货号，以供选用。每张大小约 30cm 见方，称作一联。陶瓷锦砖标定规格和技术性能见表 24-105、表 24-106。

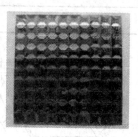

图 24-171　玻璃锦砖、陶瓷锦砖

陶瓷锦砖标定规格　　　　　　　　　　　　　　表 24-105

项　目		规格（mm）	允许公差（mm）		主要技术要求
			一级品	二级品	
单块锦砖	边长	<25.0	±0.5	±0.5	1. 吸水率不大于0.2%
		＞25.0	±1.0	±1.0	
	厚度	4.0	±0.2	±0.2	
		4.5			
每联锦砖	线路	2.0	±0.5	±0.1	2. 锦砖脱纸时间不大于 40min
	联长	305.5	+2.5	+3.5	
			−0.5	−1.0	

陶瓷锦砖的技术性能　　　　　表 24-106

项　目	单　位	指　标
密　度	kg/cm³	2.3～2.4
抗压强度	MPa	15.0～25.0
吸水率	%	<0.2
使用温度	℃	−20～100
耐酸度	%	>95
耐碱度	%	>84
莫氏硬度	%	6～7
耐磨值		<0.5

（1）陶瓷锦砖规格品种见表 24-107。

陶瓷锦砖的基本形状与规格　　　　　表 24-107

基本形状	名　称	规格（mm）				
		a	b	c	d	厚度
正方	大方	39.0	39.0	—	—	5.0
	中大方	23.6	23.6	—	—	5.0
	中方	18.5	18.5	—	—	5.0
	小方	15.2	15.2	—	—	5.0
	长方（长条）	39.0	18.5	—	—	5.0
对角	大对角	39.0	19.2	27.9	—	5.0
	小对角	32.1	15.0	22.8	—	5.0
	斜长条（斜条）	36.4	11.9	37.9	22.7	5.0
	六角	25.0	—	—	—	5.0
	半八角	15.0	15.0	18.0	40.0	5.0
	长条对角	7.5	15.0	18.0	20.0	5.0

（2）用途：可用于卫生间、浴室、游泳池等，也可用于装饰效果贴于客厅、餐厅等室内空间的局部墙面。陶瓷锦砖的几种基本拼花如下表 24-108。

陶瓷锦砖几种基本拼花图案 表 24-108

编号	拼花说明	拼花图案
PH-01	各种正方形与正方形相拼	
PH-02	正方形与长条相拼	
PH-03	大方、中方及长条相拼	
PH-04	中方及大对角相拼	
PH-05	小方及小对角相拼	
PH-06	中方及大对角相拼	
	小方及小对角相拼	
PH-07	斜长条及斜长条相拼	
PH-08	斜长条与斜长条相拼	
PH-09	长条对角与小方相拼	
PH-10	正方与五角相拼	
PH-11	半八角与正方相拼	
PH-12	各种六角相拼	
PH-13	大方、中方、长条相拼	
PH-14	小对角、中大方相拼	
PH-15	各种长条相拼	

（3）质量要求：规格颜色一致，无受潮变色现象。拼接在纸板上的图案应符合设计要求，纸板完整颗粒齐全，间距均匀。

3. 通体砖、玻化砖、抛光砖

与釉面砖相比表面不施釉料就称之为通体砖，其外观主要特征是正反两面材质相同、色泽一致。其具有较好的耐磨性，但其花色不如釉面砖丰富多变。抛光砖也是通体砖的一种，是将通体砖表面抛光而成，外观光洁、耐磨。玻化砖又称全瓷砖，其采用高岭土高温烧制、表面玻化处理而成。其表面光洁无需抛光且质地坚硬耐磨。

品种规格见表 24-109。

通体砖、玻化砖、抛光砖基本规格 表 24-109

长×宽（mm）	250×250	300×300	500×500	600×600	800×800
厚（mm）	6	6	8	8	10

4. 大型陶瓷饰面板

大型陶瓷饰面板是一种新型材料，产品单块面积大、厚度薄、平整度好、线条清晰整齐。该饰面板吸水率为 1%，耐极冷极热为-17～150℃反复三次无裂痕，抗冻性－20℃至常温 10 次循环无裂痕。其花色品种丰富，可以模仿天然大理石、花岗岩等花纹及质地。表面有光面、条纹、网文、波浪纹等。可用于大型公共建筑室内外墙面。

5. 其他材料要求

（1）水泥 32.5 或 42.5 级矿渣水泥或普通硅酸盐水泥。应有出厂证明和复验合格试单，若出厂日期超过 3 个月而且水泥以结有小块的不得使用；白水泥应为 32.5 号以上的，并符合设计和规范质量标准的要求。

（2）砂子：中砂，粒径为 0.35～0.5mm，黄色河砂，含泥量不大于 3%，颗粒坚硬、干净，无有机杂质，用前过筛，其他应符合规范的质量标准。

（3）面砖技术指标见表 24-110。

瓷质砖应满足的技术指标

表 24-110

序号	检测项目	内　容	标准指标
1	长度和宽度（%）	每条边的平均尺寸相对于工作尺寸的允许偏差	±0.4
2	厚度（%）	每块砖厚度的平均值相对于工作尺寸的允许偏差	±5
3	直角度（%）	允许偏差，且最大偏差≤2.0mm	0.2
4	表面平整度（%）	相对于工作尺寸的对角线弯曲度、翘曲度允许偏差	±0.4
5	吸水率（%）	平均值≤	0.5
6	破坏强度（N）	厚度≥7.5mm	1300
7	断裂模数（MPa）	平均值≥35，单值≥32	
8	耐污染性	有釉砖最低 3 级	
9	抗化学腐蚀性	有釉砖不低于 GB 级	

（4）瓷砖胶粘剂见表 24-111、表 24-112。

瓷砖胶粘剂应满足的技术指标

表 24-111

序号	检测项目	标准指标
1	拉伸胶粘原强度（MPa）≥	0.5
2	浸水后的拉伸胶粘强度（MPa）≥	0.5
3	热老化后的拉伸胶粘强度（MPa）≥	0.5
4	冻融循环后的拉伸胶粘强度（MPa）≥	0.5
5	晾置时间 20min 的拉伸胶粘强度（MPa）≥	0.5
6	剪切强度（MPa）≥	1.0
7	收缩率（%）≤	0.3

瓷砖胶粘剂应满足的环保指标

表 24-112

序号	检测项目	标准指标
1	挥发性有机化合物（VOC）（g/L）	≤200
2	游离甲醛（g/kg）	≤0.1
3	内照射指数≤	1.0
4	外照射指数≤	1.0

24.4.1.3 陶瓷砖饰面常用施工机具

砂浆搅拌机、瓷砖切割机、手电钻、冲击电钻、铁板、阴阳角抹子、铁皮抹子、木抹子、托灰板、木刮尺、方尺、铁制水平尺、小铁锤、木槌、錾子、垫板、小白线、开刀、墨斗、小线坠、小灰铲、盒尺、钉子、红铅笔、工具袋等，如图 24-172 所示。

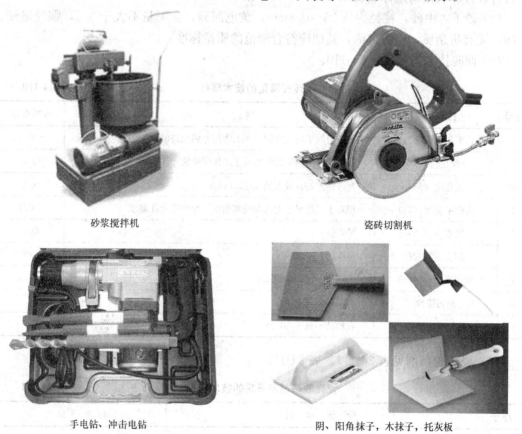

砂浆搅拌机   瓷砖切割机

手电钻、冲击电钻   阴、阳角抹子，木抹子，托灰板

图 24-172   主要机具图

24.4.1.4 陶瓷砖饰面装饰施工

1. 施工作业条件

施工时，必须做好墙面基层处理，浇水充分湿润。在抹底层灰时，根据不同基体采取分层分遍抹灰方法，并严格配合比计量，掌握适宜的砂浆稠度，按比例加界面剂胶，使各灰层之间粘接牢固。注意及时洒水养护；冬期施工时，应做好防冻保温措施，以确保砂浆不受冻，其室内温度不得低于 5℃，但寒冷天气不得施工。防止空鼓、脱落和裂缝。应加强对基层打底工作的检查，合格后方可进行下道工序。施工前认真按照图纸尺寸，核对结构施工的实际情况，分段分块弹线、排砖要细，贴灰饼控制点要符合要求。

（1）做好墙面防水层、保护层和地面防水层、混凝土垫层。

（2）安装好门窗框扇，隐蔽部位的防腐、填嵌应处理好，并用 1：3 水泥砂浆将门窗框、洞口缝隙塞严实，铝合金、塑料门窗、不锈钢门等框边缝所用嵌塞材料及密封材料应符合设计要求，且应塞堵密实，并事先粘贴好保护膜。

（3）脸盆架、镜卡、管卡、水箱、煤气等应埋设好防腐木砖、位置正确。

（4）按面砖的尺寸、颜色进行选砖，并分类存放备用。

（5）统一弹出墙面上＋50cm水平线，大面积施工前应先放大样，并做出样板墙，确定施工工艺及操作要点。样板墙完成后必须经质检部门鉴定合格后，还要经过设计、甲方和施工单位共同认定验收，方可组织班组按照样板墙壁要求施工。

（6）安装系统管、线、盒等安装完并验收。

2. 施工工艺

基层处理 → 吊垂直、套方、找规矩 → 贴灰饼 → 抹底层砂浆 → 弹线分格 → 排砖 → 浸砖 → 镶贴面砖 → 面砖勾缝与擦缝

（1）混凝土墙面基层处理：将凸出墙面的混凝土剔平，对基体混凝土表面很光滑的要凿毛，或用可掺界面剂胶的水泥细砂浆做小拉毛墙，也可刷界面剂、并浇水湿润基层。

（2）10mm厚1∶3水泥砂浆打底，应分层分遍抹砂浆，随抹随刮平抹实，用木抹搓毛。

（3）待底层灰六、七成干时，按图纸要求，釉面砖规格及结合实际条件进行排砖、弹线。

（4）排砖：根据排板图及墙面尺寸进行横竖向的排砖，以保证面砖缝隙均匀，符合设计图纸的要求，注意大墙面、柱子和垛子要排整砖，以及在同一墙面上的横竖排列，均不得有小于1/4砖的非整砖。门头不得有刀把砖。非整砖行要排列在次要部位，如窗间墙或阴角处等，但亦注意一致和对称。如遇有突出的卡件，应用整砖套割吻合，不得用非整砖随意拼凑镶贴。通过选砖器选择瓷砖，把有偏差相对较大的砖分别码放，可用于裁切非整砖。墙面阴角位置在排砖时应注意留出5mm伸缩缝位置，贴砖后用密封胶填缝。排板示意图见图24-173。

（5）用废瓷砖贴标准点，用做灰饼的混合砂浆贴在墙面上，用以控制贴瓷砖的表面平整度。

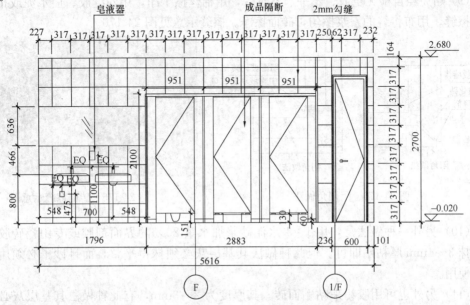

图 24-173 排板示意图

（6）垫底尺、计算准确最下一皮砖下口标高，底尺上皮一般比地面低 1cm 左右，以此为依据放好底尺。

（7）选砖、浸泡：面砖镶贴前，应挑选颜色、规格一致的砖；浸泡砖时，将面砖清扫干净，放入净水中浸泡 2h 以上，取出待表面晾干或擦干净后方可使用（如使用预拌砂浆粘贴则无需泡砖）。

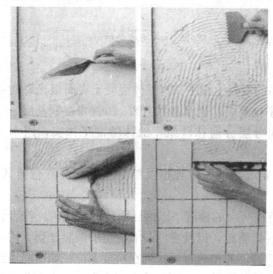

图 24-174 粘贴面砖

（8）粘贴面砖（图 24-174）：面砖宜采用专用瓷砖胶粘剂铺贴，一般自下而上进行，整间或独立部位宜一次完成。阳角处瓷砖采取 45°对角，并保证对角缝垂直均匀。粘结墙砖在基层和砖背面都应涂批胶粘剂，粘结厚度在 5mm 为宜，抹粘结层之前应用有齿抹刀的无齿直边将少量的胶粘剂用力刮在底面上，清除底面的灰尘等杂物，以保证粘结强度，然后将适量胶粘剂涂在底面上，并用抹刀有齿边将砂浆刮成齿状，齿槽以 10mm×10mm 为宜。将瓷砖等粘贴饰材压在砂浆上，并由凸槽横向凹槽方向揉压，以确保全面粘着，瓷砖本身粘贴面凹槽部分太深，在粘贴时就需先将砂浆抹在被贴面上，然后排放在合适铺装位置，轻轻揉压，并由凸槽横向凹槽方向压，以确保全面粘着。要求砂浆饱满，亏灰时，取下重贴，并随时用靠尺检查平整度，同时保证缝隙宽度一致。阴角预留 5mm 缝隙，打胶作为伸缩缝。阳角导 1.5mm 宽边，对角留缝打胶。阴阳角做法见图 24-175。

（9）贴完经自检无空鼓、不平、不直后，用棉丝擦干净，用勾缝胶、白水泥或拍干白水泥擦缝，用布将缝的素浆擦匀，砖面擦净。擦缝示意见图 24-176。

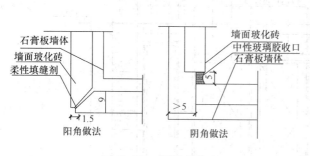

石膏板墙体
墙面玻化砖
柔性填缝剂
9
1.5
阳角做法

墙面玻化砖
中性玻璃胶收口
石膏板墙体
5
>5
阴角做法

图 24-175 阴阳角做法

图 24-176 砖面擦缝示意图

（10）另外一种做法是，用 1∶1 水泥砂浆加水重 20% 的界面剂胶或专用瓷砖胶在砖背面抹 3～4mm 厚粘贴即可。但此种做法其基层灰必须抹得平整，而且砂子必须用窗纱筛后使用。

（11）另外也可用胶粉来粘贴面砖，其厚度为 2～3mm，有此种做法其基层灰必须更平整。

（12）另外也可用预拌砂浆来粘贴面砖，其厚度为 4mm，有此种做法其基层灰必须更平整。

3. 质量要求及质量要点

（1）质量要求详见表 24-113、表 24-114。

墙面砖粘贴质量要求　表 24-113

主 控 项 目	一 般 项 目
饰面砖的品种、规格、颜色、图案和性能必须符合设计要求	饰面砖表面应平整、洁净、色泽一致，无裂痕和缺陷
饰面砖粘贴工程的找平、防水、粘结和勾缝材料及施工方法应符合设计要求、国家现行产品标准、工程技术标准及国家环保污染控制等规定	墙面突出物周围的饰面砖应整砖套割吻合，边缘应整齐。墙裙、贴脸突出墙面的厚度应一致
	饰面砖粘贴的允许偏差项目和检查方法应符合表 24-114 规定
饰面砖镶贴必须牢固	阴阳角处搭接方式、非整砖使用部位应符合设计要求
满粘法施工的饰面砖工程应无空鼓、裂缝	饰面砖接缝应平直、光滑，填嵌应连续、密实；宽度和深度应符合设计要求

（2）施工记录：

1）材料应有合格证或复验合格单。

2）工程验收应有质量验评资料。

3）结合层、防水层、连接节点，预埋件（或后置埋件）应有隐蔽验收记录。

室内贴面砖允许偏差　表 24-114

项次	项　目	允许偏差（mm） 内墙面砖	检 查 方 法
1	立面垂直度	2	用 2m 垂直检测尺检查
2	表面平整度	3	用 2m 直尺和塞尺检查
3	阴阳角方正	3	用直角检测尺检查
4	接缝直线度	2	拉 5m 线，不足 5m 拉通线，用钢直尺检查
5	接缝高低差	0.5	用钢直尺和塞尺检查
6	接缝宽度	1	用钢直尺检查

4. 安全环保、职业健康及成品保护注意事项

（1）施工安全环保措施

1）操作前检查脚手架和跳板是否搭设牢固，高度是否满足操作要求，合格后才能上架操作，凡不符合安全之处应及时修整。

2）禁止穿硬底鞋、拖鞋、高跟鞋在架子上工作，架子上人不得集中在一起，工具要搁置稳定，以防止坠落伤人。

3）在两层脚手架上操作时，应尽量避免再同一垂直线上工作，必须同时作业时，下层操作人员必须戴安全帽。

4）抹灰时应防止砂浆掉入眼内；采用竹片或钢筋固定八字靠尺板时，应防止竹片或

钢筋回弹伤人。

5) 夜间临时用的移动照明灯，必须用安全电压。机械操作人员须培训持证上岗，现场一切机械设备，非机械操作人员一律禁止操作。

6) 饰面砖、胶粘剂等材料必须符合环保要求，无污染。

7) 禁止搭设飞跳板，严禁从高处往下乱投东西。脚手架严禁搭设在门窗、暖气片、水暖等管道上。

(2) 职业健康安全要求

1) 用电应符合《施工现场临时用电安全技术规范》(JGJ 46—2005)。

2) 脚手架搭设应符合相关国家或行业标准规范。

3) 施工过程中防止粉尘污染应采取相应的防护措施。

(3) 环境要求

1) 在施工过程中应符合《民用建筑工程室内环境污染控制规定》(GB 50325—2010)。

2) 在施工过程中应防止噪声污染，在施工场界噪音敏感区域宜选择使用低噪声的设备，也可以采取其他降低噪声的措施。

(4) 成品保护

1) 要及时清擦干净残留在门框上的砂浆，特别是铝合金等门窗宜粘贴保护膜，预防污染、锈蚀，施工人员应加以保护，不得碰坏。

2) 认真贯彻合理的施工顺序，少数工种（水、电、通风、设备安装等）的活应做在前面，防止损坏面砖。

3) 油漆粉刷不得将油漆喷滴在已完的饰面砖上，如果面砖上部为涂料，宜先做涂料，然后贴面砖，以免污染墙面。若需先做面砖时，完工后必须采取贴纸或塑料薄膜等措施，防止污染。

4) 各抹灰层在凝结前应防止风干、水冲和振动，以保证各层有足够的强度。

5) 搬、拆架子时注意不要碰撞墙面。

6) 装饰材料和饰件以及饰面的构件，在运输、保管和施工过程中，必须采取措施防止损坏。

24.4.1.5 玻璃锦砖饰面装饰施工

1. 施工工艺

(1) 工艺流程

基层处理 → 吊垂直、套方、找规矩 → 贴灰饼 → 抹底子灰 → 弹控制线 → 贴陶瓷锦砖 → 揭纸、调缝 → 擦缝

(2) 施工工艺

基层处理：首先将凸出墙面的混凝土剔平，对大钢模施工的混凝土墙面应凿毛，并用钢丝刷满刷一遍，再浇水湿润，并用水泥：砂：界面剂＝1：0.5：0.5的水泥砂浆对混凝土墙面进行拉毛处理。

吊垂直、套方、找规矩、贴灰饼：根据墙面结构平整度找出贴陶瓷锦砖的规矩，如果是高层建筑物在外墙全部贴陶瓷锦砖时，应在四周大角和门窗口边用经纬仪打垂直线找直；如果是多层建筑时，可从顶层开始用特制的大线坠绷低碳钢丝吊垂直，然后根据陶瓷

锦砖的规格、尺寸分层设点、做灰饼。横线则以楼层为水平基线交圈控制，竖向线则以四周大角和层间贯通柱、垛子为基线控制。每层打底时则以此灰饼为基准点进行冲筋，使其底层灰做到横平竖直、方正。同时要注意找好突出檐口、腰线、窗台、雨篷等饰面的流水坡度和滴水线，坡度应小于3%。其深宽不小于10mm，并整齐一致，而且必须是整砖。

抹底子灰：底子灰一般分两次操作，抹头遍水泥砂浆，其配合比为1：2.5或1：3，并掺20%水泥重的界面剂胶，薄薄的抹一层，用抹子压实。第二次用相同配合比的砂浆按冲筋抹平，用短杠刮平，低凹处事先填平补齐，最后用木抹子搓出麻面。底子灰抹完后，隔天浇水养护。找平层厚度不应大于20mm，若超过此值必须采取加强措施。

弹控制线：贴陶瓷锦砖前应放出施工大样，根据具体高度弹出若干条水平控制线，在弹水平线时，应计算将陶瓷锦砖的块数，使两线之间保持整砖数。如分格需按总高度均分，可根据设计与陶瓷锦砖的品种、规格定出缝子宽度，再加工分格条。但要注意同一墙面不得有一排以上的非整砖，并应将其镶贴再较隐蔽的部位。

贴陶瓷锦砖：镶贴应自上而下进行。贴陶瓷锦砖时底灰要浇水润湿，并在弹好水平线的下口上，支上一根垫尺。两手执住陶瓷锦砖上面，再已支好的垫尺上由下往上贴，缝子对齐，要注意按弹好的横竖线贴。如分格贴完一组，将米厘条放在上口线继续贴第二组。镶贴的高度应根据当时气温条件而定。

揭纸、调缝：贴完陶瓷锦砖的墙面，要一手拿拍板，靠在贴好的墙面上，一手拿锤子对拍板满敲一遍，然后将陶瓷锦砖上的纸用刷子刷上水，约等20～30min便可开始揭纸。揭开纸后检查缝子大小是否均匀，如出现歪斜，不正的缝子，应顺序拨正贴实，先横后竖、拨正拨直为止。

擦缝：粘贴后48h，先用抹子把近似陶瓷锦砖颜色的擦缝水泥浆摊放在需擦缝的陶瓷锦砖上，然后用刮板将水泥浆往缝子里刮满、刮实、刮严。再用麻丝和擦布将表面擦净。遗留在缝子里的浮砂可用潮湿干净的软毛刷轻轻带出，如需清洗饰面时，应待勾缝材料硬化后方可进行。起出米厘条的缝子要用1：1水泥砂浆勾严勾平，再用擦布擦净。外墙应选用抗渗性能勾缝材料。

2. 质量要求及质量要点

弹线要准确，经复验后方可进行下道工序。基层处理抹灰前，墙面必须清扫干净，浇水湿润；基层抹灰必须平整；贴砖应平整牢固，砖缝应均匀一致，做好养护。

施工时，必须做好墙面基层处理，浇水充分湿润。在抹底层灰时，根据不同基体采取分层分遍抹灰方法，并严格配合比计量，掌握适宜的砂浆稠度，按比例加界面剂胶，使各灰层之间粘接牢固。注意及时洒水养护；冬期施工时，应做好防冻保温措施，以确保砂浆不受冻，其室外温度不得低于5℃，但寒冷天气不得施工。防止空鼓、脱落和裂缝。

结构施工期间，几何尺寸控制好，外墙面要垂直、平整，装修前对基层处理要认真。应加强对基层打底工作的检查，合格后方可进行下道工序。

施工前认真按照图纸尺寸，核对结构施工的实际情况，要分段分块弹线、排砖要细，贴灰饼控制点要符合要求。

陶瓷锦砖应有出厂合格证及其复试报告，室外陶瓷锦砖应有拉拔试验报告。

24.4.1.6 陶瓷装饰壁画装饰施工

大型陶瓷壁画施工是将大图幅的彩釉陶板壁画分块镶贴在墙上的一种方法，壁画面积可达 2000m²。由于彩釉陶板的生产工艺复杂，须经过放大、制版、刻画、配釉、施釉烧成等一系列工序及复杂多变的窑变技术而制成，周期长而不易复制，因此施工时应绝对保证陶板的完好。

1. 工艺流程

抹找平层→拼图与套割→预排面层→弹线→镶贴→嵌缝→养护

2. 花色瓷砖的拼图与套割

花色瓷砖有两类，一类在烧制前已绘有图案，仅需在施工时按图拼接即可；另一类为单色瓷砖，需经切割加工成某一图案再进行镶贴。

（1）拼花瓷砖：拼花瓷砖为砖面上绘有各种图案的釉面砖或地砖（图 24-177）。在施工前应按设计方案画出瓷砖排列图，使图案、花纹或色泽符合设计要求，经编号和复核各项尺寸后方可按图进行施工。

（2）瓷砖的拼图与套割（图 24-178）：

图 24-177　拼花瓷砖

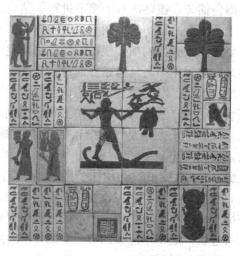

图 24-178　瓷砖拼图

1）瓷砖图案放样：首先根据设计图案及要求在纸板上放出足尺大样，然后按照釉面砖的实际尺寸和规格进行分格。放样时应充分领会原图的设计构思，使大样的各种线条（直线、曲线或圆）及图案符合原图。同时根据原图对颜色的要求，在大样图上对每一分格块编上色码（颜色的代号），一块分格上有两种以上颜色时，应分别标出。

2）彩色瓷砖拼图的套割：在放出的足尺大样上，根据每一分格块的色码，选用相应联色的釉面砖进行裁割，并使各色釉面砖拼成设计所需要的图案。

套割应严格根据大样图进行，首先将大样图上不需裁割的整块砖按所需颜色放上；其次，将需套割的每一方格中的相邻釉面砖按大样图进行裁割、套接。裁割前，先在釉面砖面上用铅笔根据大样图画比需裁的分界线，然后根据不同线型和位置进行裁割。直线条可用合金钢划针在砖面上按铅笔线（稍留出 1mm 左右以作磨平时的损耗）划痕，划痕后将釉面砖的划痕对准硬物的直边角轻击一下即可折断，划痕愈深愈易折断，折断后，将所需一部分的边角在细砂轮上磨平磨直。曲线条可用合金钢划针裁去多余的可裁部分，然后用胡桃钳钳去多余的曲线部分，直至分界线的边缘外（留出 1mm），再用圆锉锉至分界线，使曲线圆润、光滑。釉面砖挖内圆先用手摇钻将麻花钻头在需割去的范围内钻孔，当钻孔在内圆范围内形成一个个圆圈后，用小锤子凿去，然后用圆锉锉至内圆分界线。当钻孔离分界线距离较大时，也可用凿子凿去多余部分，凿时先轻轻从斜向凿去背面，再凿去正面，然后用锉刀修至分界线。裁割完后，将各色釉面砖在大样图上拼好，如有图案或线条衔接不直不光滑，应将错位的部分重新裁判，直至符合要求。

3. 施工要点

施工时，其他工程均应基本结束，以免壁画完工后受损坏，如需钉边框，则边框的预留配件应先安装。

（1）抹找平层：包括清理基层、找规矩、做灰饼、做冲筋、抹底层、找平层。施工方法与内墙面抹砂浆找平层相同。表面应平整粗糙，垂直度、平整度偏差值应控制在 2mm 以内，表面用木抹子抹毛。

（2）拼图与套割：根据设计要求进行。

（3）预排面层：根据设计图在地面上进行预排，画出排列大样图，并分别在陶板背面及大样图上编号，以便施工时对号入座。

（4）弹线：根据陶板的块数和板间 1mm 的缝隙算出尺寸，在找平层上弹出壁画的外围控制线及等距离纵横控制线，纵横控制线宜每 3~5 陶板弹一根线。在壁画下口应根据标高线弹出控制线，以利下皮陶板的铺设，乡护临时固定下口垫尺。根据陶板的厚度及砂浆厚，在下口垫尺.上弹出陶板面的控制线，同时在上方做出灰饼，灰饼面和垫尺上的陶板面控制线应在同一垂直面上，用以控制陶板面的平整度和垂直度。

（5）镶贴：镶贴前陶板应浸透并晾干，可用纯水泥浆加 5%~10% 的 108 胶，或用水泥:细砂:纸筋灰＝1:0.5:0.2 的水泥砂浆粘贴。在充分湿润的找平层上抹一层极薄的水泥浆或砂浆，然后根据大样图及陶板的编号选出陶板，在陶板的背面上抹一层水泥浆或砂浆（总厚度不宜超过 5mm），将面砖镶贴在预定的位置上。陶板应从下往上镶贴，同一皮宜从左向右镶贴，贴一块校正一块，使每块的平整、垂直、水平均符合要求，同时还应注意壁画图案中的主要线条应衔接正确，直至镶贴完工。

（6）嵌缝：镶贴完工后应对陶板缝隙进行嵌缝，嵌缝应采用白水泥浆加颜料，嵌缝的色浆应与被嵌部位的图案基色相同或接近。嵌缝宜用竹片并压紧抽直，还应随时将余浆及板面擦干净。

（7）养护：施工后应用纤维板或夹板覆盖保护，直至工程交付使用，以防损坏。

24.4.2 湿贴石材饰面

24.4.2.1 湿贴石材构造

1. 湿贴石材构造见图 24-179、图 24-180。
2. 胶粘石材构造详见图 24-181。

24.4.2.2 石材饰面常用材料

室内饰面用石材主要分两大类，即天然石材和人造石材。天然石材主要包括大理石和花岗石；人造石材主要包括

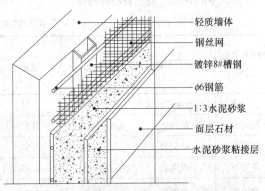

图 24-179　轻质隔墙表面湿贴石材构造节点图

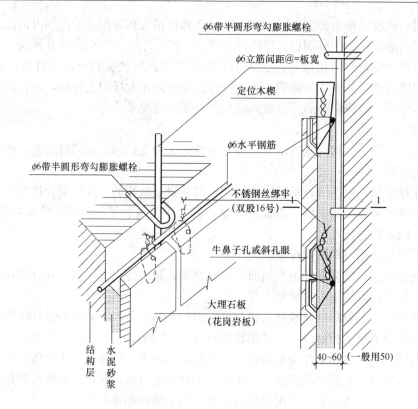

ϕ6带半圆形弯勾膨胀螺栓

ϕ6立筋间距@=板宽

定位木楔

ϕ6水平钢筋

ϕ6带半圆形弯勾膨胀螺栓

不锈钢丝绑牢
（双股16号）

牛鼻子孔或斜孔眼

大理石板
（花岗岩板）

结构层 水泥砂浆

40~60（一般用50）

图 24-180   混凝土墙体湿贴石材构造示意图

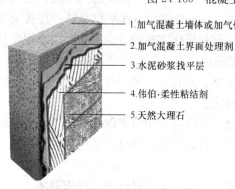

1.加气混凝土墙体或加气快
2.加气混凝土界面处理剂
3.水泥砂浆找平层
4.伟伯·柔性粘结剂
5.天然大理石

图 24-181   胶粘石材构造图

树脂人造石、水泥人造石及复合石材。

1. 花岗石饰面

（1）规格品种及性能

花岗石又称为岩浆岩、火成岩，主要矿物质成分有石英、长石和云母，是一种晶状天然岩石。其抗冻性达 100～200 次冻融循环，有良好的抗风化稳定性、耐磨性、耐酸碱性，耐用年限约 75～200 年。各品种及性能见表 24-115。

花岗石的主要性能   表 24-115

花岗石名称品种	岩石名称	颜色	物理学性能				
			重量（t/m³）	抗压强度（N/mm²）	抗折强度（N/mm²）	肖氏强度	磨损量（cm³）
白虎涧	黑云母花岗岩	粉红色	2.58	137.3	9.2	86.5	2.62
花岗石	花岗岩	浅灰、条纹状	2.67	202.1	15.7	90.0	8.02
花岗石	花岗岩	红灰色	2.61	212.4	18.4	99.7	2.36
花岗石	花岗岩	灰白色	2.67	140.2	14.4	94.6	7.41
花岗石	花岗岩	粉红色	2.58	119.2	8.9	89.5	6.38

续表

花岗石名称品种	岩石名称	颜色	物理学性能				
			重量（t/m³）	抗压强度（N/mm²）	抗折强度（N/mm²）	肖氏强度	磨损量（cm³）
笔山石	花岗岩	浅灰色	2.73	180.4	21.6	97.3	12.18
日中石	花岗岩	灰白色	2.62	171.3	17.1	97.8	4.80
峰白石	黑云母花岗岩	灰色	2.62	195.6	23.3	103.0	7.83
厦门白石	花岗岩	灰白色	2.61	169.8	17.1	91.2	0.31
磐石	黑云母花岗岩	浅红色	2.61	214.2	21.5	94.1	2.93
石山红	黑云母花岗岩	暗红色	2.68	167.0	19.2	101.5	6.57
大黑白点	闪长花岗岩	灰白色	103.6	103.6	16.2	87.4	7.53

（2）适用范围

由于花岗岩的主要性能突出，因此一般用于高级宾馆、饭店、写字楼等室内公共空间的墙、柱、踢脚等。

（3）质量要求

详见表 24-116～表 24-119。

天然花岗石板材规格尺寸允许偏差（mm）　　　　　　表 24-116

分类	细面和镜面板材			粗面板材		
等级	优等品	一等品	合格品	优等品	一等品	合格品
长、宽度	0 −1.0	0 −1.5		0 −1.0	0 −2.0	0 −3.0
厚度 ≤15	±0.5	±1.0	+1.0 −2.0	—		
厚度 >15	±1.0	±2.0	+2.0 −3.0	+1.0 −2.0	+2.0 −3.0	+2.0 −4.0

天然花岗石板材平面度允许极限公差（mm）　　　　　　表 24-117

板材长度范围	细面和镜面板材			粗面板材		
	优等品	一等品	合格品	优等品	一等品	合格品
≤400	0.20	0.40	0.60	0.80	1.00	1.20
>400～<1000	0.50	0.70	0.90	1.50	2.00	2.20
≥1000	0.80	1.00	1.20	2.00	2.50	2.80

天然花岗石板材角度允许极限公差（mm）　　　　　　表 24-118

板材长度范围	细面和镜面板材			粗面板材		
	优等品	一等品	合格品	优等品	一等品	合格品
≤400	0.40	0.60	0.80	0.60	0.80	1.00
>400			1.00		1.00	1.20

天然花岗石板材外观质（mm）　　　　　表 24-119

名称	规 定 内 容	优等品	一等品	合格品
缺棱	长度不超过 10mm（长度小于 5mm 不计），周边每米长（个）	不允许	1	2
缺角	面积不超过 5mm×2mm（面积小 2mm×2mm 不计），每块板（个）			
裂纹	长度不超过两端顺延至板边总长度的 1/10（长度小于 20mm 的不计）每块板（条）			
色斑	面积不超过 20mm×30mm（面积小于 15mm×15mm 不计），每块板（个）			
色线	长度不超过两端顺延至板边总长度的 1/10（长度小于 40mm 的不计）每块板（条）		2	3
坑窝	粗面板材的正面出现坑窝	不明显	出现，但不影响使用	

2. 大理石饰面板

（1）品种规格及性能

大理石是一种变质岩或沉积岩，其主要矿物组成为方解石、白云石等。其结晶细小，结构致密。纯大理石的颜色为白色，但大部分都含有其他的矿物质如氧化铁、云母、石墨，因此呈现红、黄、绿、棕等不同颜色。天然大理石可按照使用需求定制加工尺寸。天然大理石物理性能见表 24-120。

天然大理石板材物理性能（mm）　　　　　表 24-120

化学主成分含量（%）				镜面光泽度（光泽单位）		
氧化钙	氧化镁	二氧化钙	灼烧减量	优等品	一等品	合格品
40~56	0~5	0~15	30~45	90	80	70
25~35	15~25	0~15	35~45			
25~35	15~25	10~25	25~35	80	70	60
34~37	15~18	0~1	42~45			
1~5	44~50	32~38	10~20	60	50	10

（2）适用范围

大理石饰面主要用于建筑室内公共空间墙面、柱面、墙裙、踢脚、卫生间墙面及室内墙面的局部装饰。

（3）质量要求

见表 24-121~表 24-124。

天然大理石板材规格尺寸允许偏差（mm）　　　　　表 24-121

部　位		优等品	一等品	合格品
长、宽度		0 −1.0	0 −1.0	0 −1.5
厚度	≤15	±0.5	±0.8	±1.0
	>15	+0.5 −1.5	+1.0 −2.0	±2.0

天然大理石板材平面度允许极限公差（mm）　　　　　　　　表 24-122

板材长度范围	允许极限公差值		
	优等品	一等品	合格品
≤400	0.20	0.30	0.50
>400～<800	0.50	0.60	0.80
≥800<1000	0.70	0.80	1.00
≥1000	0.80	1.00	1.20

天然大理石板材角度允许极限公差（mm）　　　　　　　　表 24-123

板材长度范围	允许极限公差值		
	优等品	一等品	合格品
≤400	0.30	0.40	0.60
>400	0.50	0.60	0.80

天然大理石石材外观质量（mm）　　　　　　　　表 24-124

缺陷名称	优等品	一等品	合格品
翘曲	不允许	不明显	有，但不影响使用
裂纹			
砂眼			
凹陷			
色斑			
污点			
正面棱缺陷≤8，≤3			1处
正面角缺陷≤3，≤3			1处

3. 树脂型人造石材

树脂型人造石材是以不饱和聚酯树脂为胶粘剂，与石英砂、大理石颗粒、方解石粉、玻璃粉等无机物料搅拌混合，添加适量的阻燃剂和色料，经定坯、振动挤压等方法固化成型，最后通过脱模、烘干、抛光等工序制成。

树脂型人造石材具有天然花岗石和大理石的纹理和色泽花纹，重量轻，吸水率低，抗压强度高，耐久性和耐老化性较好，具有非常好的可塑性和加工性，其拼接处接缝经胶粘、打磨几乎难以识别。

4. 水泥型人造石材

水泥型人造石材又称水磨石，是以各种水泥或石灰磨成细沙为胶粘剂，砂为细骨料，碎大理石、花岗石、工业废渣等作为粗骨料，经配料、搅拌、成型、加压蒸养、磨光、抛光而制成。一般按照设计要求由工厂生产，也可在现场预制。其价格低廉但档次较低，广泛用于室内窗台板、踢脚板等。

5. 复合石材

复合大理石通常分为表层和基层。其表层多为名贵的天然石材，其基层可为花岗石、瓷砖、铝蜂窝板等，表层厚度一般为 3～10mm。不同的基层复合方法有着不同的目的。

图 24-182 铝蜂窝符合石材

以花岗石为基层通常是为提高整体的强度;以瓷砖为基层可降低成本;以蜂窝铝板为基层可减轻重量。其中以蜂窝铝板为基层的复合石材由于其质量轻、强度高等特点,可用于一些普通石材难以实现的部位,见图 24-182。

24.4.2.3 石材饰面常用施工机具

磅秤、铁板、半截大桶、小水桶、铁簸箕、平揪、手推车、塑料软管、胶皮碗、喷壶、合金钢扁錾子、合金钢钻头、操作支架、台钻、铁制水平尺、方尺、靠尺板、底尺、托线板、线坠、粉线包、高凳、木楔子、小型台式砂轮、裁改大理石用砂轮、全套裁割机、开刀、灰板、木抹子、铁抹子、细钢丝刷、笤帚、大小锤子、小白线、铅丝、擦布或棉丝、老虎钳子、小铲、盒尺、钉子、红铅笔、毛刷、工具袋等。如图 24-183 所示。

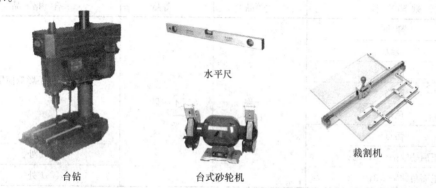

水平尺

裁割机

台钻　　　　台式砂轮机

图 24-183 石材饰面常用机具图

24.4.2.4 湿贴石材饰面装饰施工

1. 施工作业条件

(1) 办理好结构验收,水电、通风、设备安装等应提前完成,准备好加工饰面板所需的水、电源等。

(2) 内墙面弹好 50cm 水平线(室内墙面弹好 ±0 和各层水平标高控制线)。

(3) 脚手架或吊篮提前支搭好,宜选用双排架子(室外高层宜采用吊篮,多层可采用桥式架子等),其横竖杆及拉杆等应离开门窗口角 150~200mm。架子步高要符合施工规程的要求。

(4) 有门窗套的必须把门框、窗框立好。同时要用 1:3 水泥砂浆将缝隙堵塞严密。铝合金门窗框边缝所用嵌缝材料应符合设计要求,且塞堵密实并事先粘贴好保护膜。

(5) 大理石、磨光花岗岩等进场后应堆放于室内,下垫方木,核对数量、规格,并预铺、配花、编号等,以备正式铺贴时按号取用。

(6) 大面积施工前应先放出施工大样,并做样板,经质检部门鉴定合格后,还要经过设计、甲方、施工单位共同认定验收。方可组织班组按样板要求施工。

（7）对进场的石料应进行验收，颜色不均匀时应进行挑选，必要时进行试拼编号。

2. 关键质量要点

（1）水泥：42.5 级普通硅酸盐水泥。应有出厂证明、复验合格单，若出厂日期超过 3 个月或水泥已结有小块的不得使用；块材的表面应光洁、方正、平整、质地坚固，不得有缺楞、掉角、暗痕和裂纹等缺陷。室内选用花岗岩应作放射性能指标复验。

（2）弹线必须准确，经复验后方可进行下道工序。基层处理抹灰前，墙面必须清扫干净，浇水湿润；基层抹灰必须平整；贴块材应平整牢固，无空鼓。

（3）清理预做饰面石材的结构表面，施工前认真按照图纸尺寸，核对结构施工的实际情况，同时进行吊直、套方、找规矩，弹出垂直线水平线，控制点要符合要求。并根据设计图纸和实际需要弹出安装石材的位置线和分块线。

（4）施工安装石材时，严格配合比计量，掌握适宜的砂浆稠度，分次灌浆，防止造成石板外移或板面错动，以致出现接缝不平、高低差过大。

冬期施工时，应做好防冻保温措施，以确保砂浆不受冻，其室外温度不得低于 5℃，但寒冷天气不得施工。防止空鼓、脱落和裂缝。

3. 施工工艺

（1）工艺流程

薄型小规格块材（边长小于 40cm）工艺流程：

基层处理 → 吊垂直、套方、找规矩、贴灰饼 → 抹底层砂浆 → 弹线分格 → 石材刷防护剂 → 排块材 → 镶贴块材 → 表面勾缝与擦缝

普通型大规格块材（边长大于 40cm）工艺流程：

施工准备（钻孔、剔槽）→ 穿铜丝或镀锌铅丝与块材固定 → 绑扎、固定钢丝网或 $\phi6$ 钢筋 → 吊垂直、找规矩、弹线 → 石材刷防护剂 → 安装石材 → 分层灌浆 → 擦缝

（2）施工工艺

薄型小规格块材（一般厚度 10mm 以下）：边长小于 40cm，可采用粘贴方法。

① 进行基层处理和吊垂直、套方、找规矩，其他可参见镶贴面砖施工要点有关部分。要注意同一墙面不得有一排以上的非整材，并应将其镶贴在较隐蔽的部位。

② 在基层湿润的情况下，先刷胶界面剂素水泥浆一道，随刷随打底；底灰采用 1:3 水泥砂浆，厚度约 12mm，分二遍操作，第一遍约 5mm，第二遍约 7mm，待底灰压实刮平后，将底子灰表面划毛。

③ 石材表面处理：石材表面充分干燥（含水率应小于 8%）后，用石材防护剂进行石材六面体防护处理，此工序必须在无污染的环境下进行，将石材平放于木枋上，用羊毛刷蘸上防护剂，均匀涂刷于石材表面，涂刷必须到位，第一遍涂刷完间隔 24h 后用同样的方法涂刷第二遍石材防护剂，如采用水泥或胶粘剂固定，间隔 48h 后对石材粘结面用专用胶泥进行拉毛处理，拉毛胶泥凝固硬化后方可使用。

④ 待底子灰凝固后便可进行分块弹线，随即将已湿润的块材抹上厚度为 2~3mm 的素水泥浆，内掺水重 20% 的界面剂进行镶贴，用木槌轻敲，用靠尺找平找直。

大规格块材：边长大于 40cm，镶贴高度超过 1m 时，可采用如下安装方法。

① 钻孔、剔槽：安装前先将饰面板按照设计要求用台钻打眼，事先应钉木架使钻头

直对板材上端面,在每块板的上、下两个面打眼,孔位打在距板宽的两端 1/4 处,每个面各打两个眼,孔径为 5mm,深度为 12mm,孔位距石板背面以 8mm 为宜。如大理石、磨光花岗岩,板材宽度较大时,可以增加孔数。钻孔后用云石机轻轻剔一道槽,深 5mm 左右,连同孔眼形成象鼻眼,以备埋卧铜丝之用,如图 24-184 所示。

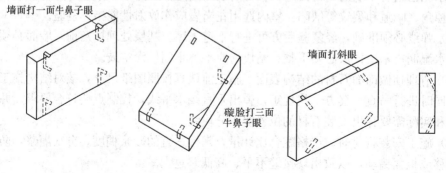

图 24-184 石材钻孔示意图

② 若饰面板规格较大,如下端不好拴绑镀锌钢丝或铜丝时,亦可在未镶贴饰面的一侧,采用手提轻便小薄砂轮,按规定在板高的 1/4 处上、下各开一槽,(槽长约 3~4cm,槽深约 12mm 与饰面板背面打通,竖槽一般居中,亦可偏外,但以不损坏外饰面和不反碱为宜),可将镀锌铅丝或铜丝卧入槽内,便可拴绑与钢筋网固定。此法亦可直接在镶贴现场做,如图 24-185 所示。

③ 穿铜丝或镀锌铅丝:把备好的铜丝或镀锌铅丝剪成长 20cm 左右,一端用木楔粘环氧树脂将铜丝或镀锌铅丝进孔内固定牢固,另一端将铜丝或镀锌铅丝顺孔槽弯曲并卧入槽内,使大理石或磨光花岗石板上、下端面没有铜丝或镀锌铅丝突出,以便和相邻石板接缝严密。

④ 绑扎钢筋:首先剔出墙上的预埋筋,把墙面镶贴大理石的部位清扫干净。先绑扎一道竖向 $\phi6$ 钢筋,并把绑好的竖筋用预埋筋弯压于墙面。横向钢筋为绑扎大理石或磨光花岗石板材所用,如板材高度为 60cm 时,第一道横筋在地面以上 10cm 处与主筋绑牢,用作绑扎第一层板材的下口固定铜丝或镀锌铅丝。第二道横筋绑在 50cm 水平线上 7~8cm,比石板上口低 2~3cm 处,用于绑扎第一层石板上上口

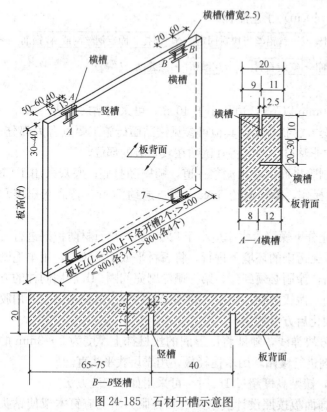

图 24-185 石材开槽示意图

固定铜丝或镀锌铅丝，再往上每60cm绑一道横筋即可。

⑤ 弹线：首先将要贴大理石或磨光花岗石的墙面、柱面和门窗套用大线坠从上至下找出垂直。应考虑大理石或磨光花岗石板材厚度、灌注砂浆的空隙和钢筋网所占尺寸，一般大理石、磨光花岗石外皮距结构面的厚度应以5～7cm为宜。找出垂直后，在地面上顺墙弹出大理石或磨光花岗石等外廓尺寸线。此线即为第一层大理石或花岗岩等的安装基准线。编好号的大理石或花岗岩板等在弹好的基准线上画出就位线，每块留1mm缝隙（如设计 要求拉开缝，则按设计规定留出缝隙）。

⑥ 石材表面处理：石材表面充分干燥（含水率应小于8%）后，用石材防护剂进行石材六面体防护处理，此工序必须在无污染的环境下进行，将石材平放于木枋上，用羊毛刷蘸上防护剂，均匀涂刷于石材表面，涂刷必须到位，第一遍涂刷完间隔24h后用同样的方法涂刷第二遍石材防护剂，如采用水泥或胶粘剂固定，间隔48h后对石材粘接面用专用胶泥进行拉毛处理，拉毛胶泥凝固硬化后方可使用。

⑦ 基层准备：清理预做饰面石材的结构表面，同时进行吊直、套方、找规矩，弹出垂直线水平线。并根据设计图纸和实际需要弹出安装石材的位置线和分块线。阴阳角节点见图24-186。

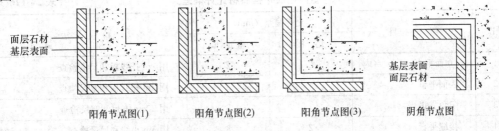

阳角节点图(1)　　阳角节点图(2)　　阳角节点图(3)　　阴角节点图

图 24-186　湿贴石材阴阳角节点图

⑧ 安装大理石或磨光花岗石：用靠尺板检查调整木楔，再拴紧铜丝或镀锌铅丝，依次向另一方进行。第一层安装完毕再用靠尺板找垂直，水平尺找平整，方尺找阴阳角方正，在安装石板时如发现石板规格不准确或石板之间的空隙不符，应用铅皮垫牢，使石板之间缝隙均匀一致，并保持第一层石板上口的平直。找完垂直、平直、方正后，用碗调制熟石膏，把调成粥状的石膏贴在大理石或磨光花岗石板上下之间，使这二层石板结成一整体，木楔处亦可粘贴石膏，再用靠尺检查有无变形，等石膏硬化后方可灌浆。如设计有嵌缝塑料软管者，应在灌浆前塞放好。

⑨ 灌浆：把配合比为1∶2.5水泥砂浆放入半截大桶加水调成粥状，用铁簸箕舀浆徐徐倒入，注意不要碰大理石，边灌边用橡皮锤轻轻敲击石板面使灌入砂浆排气。第一层浇灌高度为15cm，不能超过石板高度的1/3；第一层灌浆很重要，因要锚固石板的下口铜丝又要固定饰面板，所以要轻轻操作，防止碰撞和猛灌。如发生石板外移错动，应立即拆除重新安装。

⑩ 擦缝：全部石板安装完毕后，清除所有石膏和余浆痕迹，用麻布擦洗干净，并按石板颜色调制色浆嵌缝，边嵌边擦干净，使缝隙密实、均匀、干净、颜色一致。

柱子贴面：安装柱面大理石或磨光花岗石，其弹线、钻孔、绑钢筋和安装等工序与镶贴墙面方法相同，要注意灌浆前用木方子钉成槽形木卡子，双面卡住大理石板，以防止灌浆时大理石或磨光花岗石板外胀。

4. 质量标准

(1) 主控项目与一般项目详见表 24-125。

主控项目与一般项目表

表 24-125

主 控 项 目	一 般 项 目
饰面板（大理石、磨光花岗石）的品种、规格、颜色、图案，必须符合设计要求和有关标准的规定	表面：平整、洁净，颜色协调一致
	接缝：填嵌密实、平直、宽窄一致，颜色一致，阴阳角处板的压向正确，非整砖的使用部位适宜
饰面板安装必须牢固，严禁空鼓，无歪斜、缺楞、掉角和裂缝等缺陷	套割：用整板套割吻合，边缘整齐；墙裙、贴脸等上口平顺，突出墙面的厚度一致
石材的检测必须符合国家有关环保规定	坡向、滴水线：流水坡向正确；滴水线顺直
	饰面板嵌缝应密实、平直、宽度和深度应符合设计要求，嵌缝材料色泽应一致

(2) 大理石、花岗石允许偏差项目详见：室内墙面干挂石材允许偏差见表 24-126。

室内墙面干挂石材允许偏差

表 24-126

项次	项　　目		允许偏差（mm）		检 验 方 法
			光　面	粗 磨 面	
1	立面垂直	室内	2	2	用 2m 托线板和尺量检查
2	表面平整		1	2	用 2m 托线板和塞尺检查
3	阳角方正		2	3	用 20cm 方尺和塞尺检查
4	接缝平直		2	3	用 5m 小线和尺量检查
5	墙裙上口平直		2	3	用 5m 小线和尺量检查
6	接缝高低		1	1	用钢板短尺和塞尺检查
7	接缝宽度		1	2	用尺量检查

5. 安全环保措施

在操作前检查脚手架和跳板是否搭设牢固，高度是否满足操作要求。禁止穿硬底鞋、拖鞋、高跟鞋在架子上工作，架子上人不得集中在一起，工具要搁置稳定，以防止坠落伤人。在两层脚手架上操作时，应尽量避免再同一垂直线上工作，必须同时作业时，下层操作人员必须戴安全帽，并应设置防护措施。脚手架严禁搭设在门窗、暖气片、水暖等管道上。禁止搭设飞跳板。严禁从高处往下乱投东西。夜间临时用的移动照明灯，必须用安全电压。机械操作人员须培训持证上岗，现场一切机械设备，非机械操作人员一律禁止乱动。材料必须符合环保要求，无污染。雨后、春暖解冻时应及时检查外架子，防止沉陷出现险情。

6. 成品保护

施工过程中要及时清擦干净残留在门窗框、玻璃和金属饰面板上的污物，宜粘贴保护膜，预防污染、锈蚀。认真贯彻合理施工顺序，其他工种的活应做在前面，防止损坏、污染石材饰面板。拆改架子和上料时，严禁碰撞石材饰面板。饰面完活后，易破损部分的棱角处要钉护角保护，其他工种操作时不得划伤和碰坏石材。在刷罩面剂未干燥前，严禁下渣土和翻架子脚手板等。已完工的石材饰面应做好成品保护。

24.4.3 干 挂 石 材 饰 面

24.4.3.1 石材饰面构造

干挂石材构造详见图 24-187。

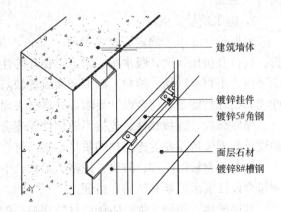

图 24-187 干挂石材饰面构造

（建筑墙体、镀锌挂件、镀锌5#角钢、面层石材、镀锌8#槽钢）

24.4.3.2 石材饰面常用材料

同 24.4.2.2 湿贴石材饰面常用材料。

24.4.3.3 石材饰面常用施工机具

磅秤、铁板、半截大桶、小水桶、铁簸箕、平揪、手推车、塑料软管、胶皮碗、喷壶、合金钢扁錾子、合金钢钻头、操作支架、台钻、铁制水平尺、方尺、靠尺板、底尺、托线板、线坠、粉线包、高凳、木楔子、小型台式砂轮、裁改大理石用砂轮、全套裁割机、切割机、开刀、灰板、木抹子、铁抹子、细钢丝刷、笤帚、大小锤子、小白线、铅丝、擦布或棉丝、老虎钳子、小铲、盒尺、钉子、红铅笔、毛刷、工具袋等，如图 24-188 所示。

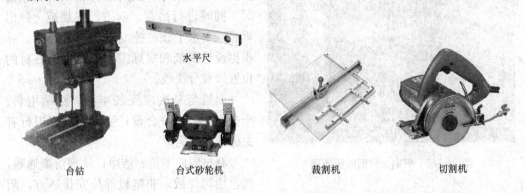

图 24-188 干挂石材主要机具图
（台钻、水平尺、台式砂轮机、裁割机、切割机）

24.4.3.4 干挂石材饰面装饰施工

1. 施工作业条件

检查石材的质量、规格、品种、数量、力学性能和物理性能是否符合设计要求，并进行表面处理工作。中庭需要搭设满堂红脚手架进行墙面施工处理。水电及设备、墙上预留预埋件已安装完。垂直运输机具均事先准备好，如没有安装完成，能够满足进行钢骨架施工的要求，可以先进行钢骨架施工。外门窗已安装完毕，安装质量符合要求。对施工人员进行技术交底时，应强调技术措施、质量要求和成品保护，大面积施工前应先做样板，经质检部门鉴定合格后，方可组织班组施工。固定槽钢的角钢角码已经完成防锈处理，并切割打孔完成。

2. 施工质量要点

根据设计要求，确定石材的品种、颜色、花纹和尺寸规格，并严格控制、检查其抗折、抗拉及抗压强度，吸水率、耐冻融循环等性能。块材的表面应光洁、方正、平整、质地坚固，不得有缺楞、掉角、暗痕和裂纹等缺陷。石材的质量、规格、品种、数量、力学性能和物理性能是否符合设计要求，并进行表面处理工作。

膨胀螺栓、连接铁件、连接不锈钢件等配套的铁垫板、垫圈、螺帽及与骨架固定的各种设计和安装所需要的连接件的质量，必须符合国家现行有关标准的规定。

饰面石材板的品种、防腐、规格、形状、平整度、几何尺寸、光洁度、颜色和图案必须符合设计要求，要有产品合格证。

基层槽钢、角钢龙骨、防锈漆材料规格、型号、质量检测数据合格，已经上报监理、总包单位，并且验收合格。

对施工人员进行技术交底时，应强调技术措施、质量要求和成品保护。

施工现场放线准确，整体中庭各层收边收口处尺寸一致，石材排版满足施工现场实际施工需求。

弹线必须准确，经复验后方可进行下道工序。固定的槽钢、角钢应安装牢固，加固方式应符合设计要求，石材应用护理剂进行石材六面体防护处理。

图 24-189　槽钢、角钢防锈处理

槽钢、角钢已进行防锈漆喷涂处理，喷涂均匀，无流坠等现象，见图 24-189。清理预做饰面石材的结构表面，施工前认真按照图纸尺寸，核对结构施工的实际情况，同时进行吊直、套方、找规矩，弹出垂直线、水平线，控制点要符合要求。并根据设计图纸和实际需要弹出安装石材的位置线和分块线。

面层与基底应安装牢固；粘贴用料、干挂配件必须符合设计要求和国家现行有关标准的规定。

石材表面平整、洁净；纹理清晰通顺，颜色均匀一致；非整板部位安排适宜，阴阳角处的板压向正确。

缝格均匀，板缝通顺，接缝填嵌密实，宽窄一致，无错台错位。

3. 职业健康安全关键要求

用电应符合《施工现场临时用电安全技术规范》(JGJ 46—2005)。

在高空作业时，脚手架搭设应符合国家或行业相关标准规范。

切割石材时应湿作业，防止粉尘污染。

4. 环境关键要求

在施工过程中应防止噪声污染，在施工场界噪声敏感区域宜选择使用低噪声的设备，也可以采取其他降低噪声的措施。

5. 施工工艺

（1）工艺流程

墙面放线 → 石材排版 → 龙骨安装 → 石材准备、刷防护剂 → 干挂件安装、石材安装

→ 石材清理

（2）施工工艺

施工实例图见图 24-190。

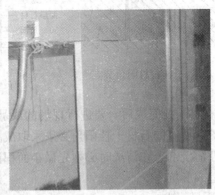

图 24-190 施工实例图

1）按照施工现场的实际尺寸进行墙面放线，编制石材干挂的施工方案。

2）石材排版：根据现场的实际尺寸进行墙面石材干挂安装排版，现场弹线，并根据现场排版图进行石材加工进货依据。石材的编号和尺寸必须准确。

3）弹线作业完成，进行墙面打孔，孔深在 60～80mm，同时将墙面清理干净，原有预埋的废旧铁管进行切割，墙体内的强电、弱电线管不能高于石材面层，按照地面的弹线分隔安装角码，地面角码安装两道，紧密满焊在槽钢两侧，槽钢上部使用 10cm 长角钢固定在龙骨两侧，满焊。如石材上部无承重墙体梁，采用顶棚生根固定槽钢，如顶棚设备密布，无法满足槽钢龙骨生根施工，采用墙体两侧龙骨角钢连接焊接固定，增加稳定性。龙骨施工焊接均为满焊施工，焊缝高度满足设计要求，焊渣清理干净，龙骨喷黑漆处理。

4）将石材支放平稳后，用手持电动无齿磨切机切割槽口，开切槽口后石材净厚度不得小于 6mm，槽口不宜开切过长或者过深，以能配合安装不锈钢干挂件，开槽时尽量干法施工，并要用压缩空气将槽内粉尘吹净。石材安装采用边安装设计选定的不锈钢干挂件，一边进行石材干挂施工，石材的安装顺序一般由下向上逐层施工，石材墙面宜先安装主墙面，门窗洞口宜先安装侧边短板，以免操作困难。墙面第一层石材施工时，下面先用厚木板临时支托，干挂施工过程中随时用线锤或者靠尺进行垂直度和平整度的控制。石材干挂不锈钢挂件中心距板边不得大于 150mm，角钢上安装的挂件中心间距不宜大于700mm，边长不大于 1m 的 20mm 厚石材可设两个挂件，边长大于 1m 时，应增加 1 个挂件，石材干挂开放缝的位置要按照设计要求进行留缝处理。石材干挂完成，调整好整体的

水平度和垂直度，然后在开槽位置满添云石胶，固定石材和干挂件，待云石胶凝固后，方可安装下一块石材。石材干挂前，必须将墙面的线盒、开关整板套割。石材在干挂施工过程中要按照设计的要求，进行板之间开放缝预留。设计要求安装的石材中间要预留 3mm 的缝隙，开放缝按照设计进行预留。干挂石材阴阳角节点详见图 24-191、图 24-192。

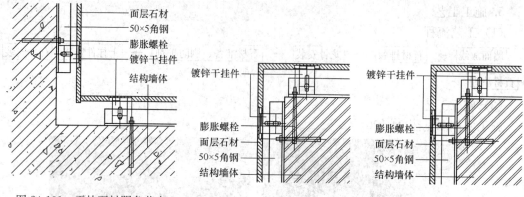

图 24-191　干挂石材阴角节点　　　　图 24-192　干挂石材阳角节点图

5）石材干挂完成后，要进行现场的成品保护，经常走人、墙面拐角的部位要整面墙进行保护，所有的石材干挂阳角必须采取成品保护措施。工程竣工及保洁及其使用时必须采用中性清洗剂，在清洗时必须先做小面积试验，以免选用清洗剂不当，破坏石材的光泽度或者造成麻坑。

6. 质量标准

（1）主控项目一般项目见表 24-127。

主控项目一般项目见表　　　　　　　　　　　　　　表 24-127

主 控 项 目	一 般 项 目
饰面石材板的品种、防腐、规格、形状、平整度、几何尺寸、光洁度、颜色和图案必须符合设计要求，要有产品合格证	表面平整、洁净；纹理清晰通顺，颜色均匀一致；非整板部位安排适宜，阴阳角处的板压向正确
面层与基底应安装牢固；粘贴用料、干挂配件必须符合设计要求和国家现行有关标准的规定	缝格均匀，板缝通顺，接缝填嵌密实，宽窄一致，无错台错位
	滴水线顺直，流水坡向正确、清晰美观
	突出物周围的板采取整板套割，尺寸准确，边缘吻合整齐、平顺，墙裙、贴脸等上口平直

（2）室内、外墙面干挂石材允许偏差见表 24-128。

室内墙面干挂石材允许偏差　　　　　　　　　　　　表 24-128

项次	项　目		允许偏差（mm）		检 验 方 法
			光 面	粗 磨 面	
1	立面垂直	室内	2	2	用 2m 托线板和尺量检查
2	表面平整		1	2	用 2m 托线板和塞尺检查
3	阳角方正		2	3	用 20cm 方尺和塞尺检查

续表

项次	项　目	允许偏差（mm）		检验方法
		光　面	粗磨面	
4	接缝平直	2	3	用5m小线和尺量检查
5	墙裙上口平直	2	3	用5m小线和尺量检查
6	接缝高低	1	1	用钢板短尺和塞尺检查
7	接缝宽度	1	2	用尺量检查

7. 成品保护

要及时清擦干净残留在门窗框、玻璃和金属饰面板上的污物，如密封胶、手印、尘土、水等杂物，宜粘贴保护膜，预防污染、锈蚀。认真贯彻合理施工顺序，少数工种的活应做在前面，防止损坏、污染外挂石材饰面板。拆改架子和上料时，严禁碰撞干挂石材饰面板。外饰面完活后，易破损部分的棱角处要钉护角保护，其他工种操作时不得划伤面漆和碰坏石材。在室外刷罩面剂未干燥前，严禁下渣土和翻架子脚手板等。已完工的干挂石材应设专人看管，遇有害成品的行为，应立即制止，并严肃处理。

8. 安全环保措施

进入施工现场必须戴好安全帽，系好风紧扣。高空作业必须佩带安全带，上架子作业前必须检查脚手板搭放是否安全可靠，确认无误后方可上架进行作业。施工现场临时用电线路必须按用电规范布设，严禁乱接乱拉，远距离电缆线不得随地乱拉，必须架空固定。

小型电动工具，必须安装"漏电保护"装置，使用时应经试运转合格后方可操作。电器设备应有接地、接零保护，现场维护电工应持证上岗，非维护电工不得乱接电源。电源、电压须与电动机具的铭牌电压相符，电动机具移动应先断电后移动，下班或使用完毕必须拉闸断电。

施工时必须按施工现场安全技术交底施工。施工现场严禁扬尘作业，清理打扫时必须洒少量水湿润后方可打扫，并注意对成品的保护，废料及垃圾必须及时清理干净，装袋运至指定堆放地点，堆放垃圾处必须进行围挡。切割石材的临时用水，必须有完善的污水排放措施。对施工中噪声大的机具，尽量安排在白天及夜晚10点前操作，严禁噪声扰民。

24.4.4　玻　璃　饰　面

随着人们对材料的不断探索和重新认知，越来越多的玻璃的功能不在仅仅是采光、密闭，而作为一种重要的装饰饰面材料。

24.4.4.1　玻璃饰面构造

玻璃饰面构造见图 24-193 所示。

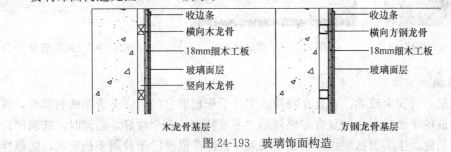

木龙骨基层　　　　　方钢龙骨基层

图 24-193　玻璃饰面构造

24.4.4.2 玻璃饰面常用材料

1. 平板玻璃

普通平板玻璃是以石英砂、纯碱、石灰石等主要原料与其他辅材经高温熔融成型并冷却而成的透明固体。普通的平板玻璃为钙钠玻璃。主要用于门窗,起透光、挡风和保温作用。要求无色,并具有较好的透明度,表面应光滑平整,无缺陷。厚度分别有 3mm、4mm、5mm、6mm、8mm、10mm、12mm。室内门、窗、柜及装饰造型使用 4~5mm;餐桌、隔断使用 8~10mm。单片规格尺寸为 300mm×900mm、400mm×1600mm 和 600mm×2200mm 数种。其可见光线反射率在 7%左右,透光率在 82%~90%之间。

2. 镜面玻璃

镜面玻璃简单说就是从里面能看到外面,从外面看不到里面。一般是在普通玻璃上面加层膜,或者上色,或者在热塑成型时在里面加入一些金属粉末等,使其既能透过光源的光还能使里面的反射物的反射光出不去。拿照镜子打比方,普通玻璃就等于镜子上的玻璃,镜面玻璃的膜就等于镜子后的镀银,但是它反射光线必须有个前提,就是外面的光比里面的亮,否则就是里面的看不到外面了,见图 24-194。

3. 磨砂玻璃

使用机械喷砂或手工碾磨,也可使用氟酸溶蚀、研磨、喷砂等方法将玻璃表面处理成均匀毛面,具有透光不透型的特点,见图 24-195。

它能使室内光线柔和不刺眼。一般用于卫生间、浴室、办公室门窗及隔断,也可用于黑板及灯罩。

4. 压花玻璃

压花玻璃是将熔融的玻璃浆在冷却中通过带图案花纹的辊轴辊压制成,又称花纹玻璃或滚花玻璃。经过喷涂处理的压花玻璃可呈浅黄色、浅蓝色、橄榄色等。压花玻璃分有普通压花玻璃,真空镀膜压花玻璃,彩色膜压花玻璃等。由于压花玻璃的表面凹凸不平,因此,当光线通过玻璃时产生漫射,而具有透光不透视的特点。又因其表面压有各种图案花纹,所以具有良好的装饰性,给人素雅清晰、富丽堂皇的感觉。压花玻璃规格尺寸从 300mm×900mm 到 1600mm×900mm 不等,厚度一般只有 3mm 和 5mm 两种,见图 24-196。

图 24-194   镜面玻璃

图 24-195   磨砂玻璃

图 24-196   压花玻璃

5. 夹层玻璃

夹层玻璃是一种安全玻璃。它是在两片或多片平板玻璃之间,嵌夹透明塑料薄片,再经热压粘合而成的平面或弯曲的复合玻璃制品。主要特性是安全性好,破碎时,玻璃碎片不零落飞散,只能产生辐射状裂纹,不至于伤人。抗冲击强度优于普通平板玻璃,防范性好。并有耐光、耐热、耐湿、耐寒、隔声等特殊功能。多用于与室外接壤的门窗；夹层玻璃的厚度一般为 6～10mm，规格为 800mm×1000mm、850mm×1800mm，见图 24-197。

6. 钢化玻璃

钢化玻璃又称强化玻璃。它是通过加热到一定温度后再迅速冷却的方法进行特殊处理的玻璃。它的特性是强度高。其抗弯曲强度、耐冲击强度比普通平板玻璃高 3～5 倍。安全性能好，有均匀的内应力，破碎后呈网状裂纹。可制成曲面玻璃、吸热玻璃等，主要用于门窗、间隔墙和橱柜门。钢化玻璃还能耐酸、耐碱。一般厚度为 2～5mm。其规格尺寸为 400mm×900mm、500mm×1200mm，见图 24-198。

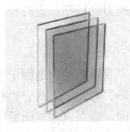  

图 24-197　夹层玻璃　　　　图 24-198　钢化玻璃　　　　图 24-199　中空玻璃

7. 中空玻璃

中空玻璃是由两片或多片平板玻璃构成，用边框隔开，四周用胶结、焊接或熔接密封，中间充入干燥空气或其他惰性气体。中空玻璃还可制成不同颜色或镀上具有不同性能的薄膜。整体拼装在工厂完成。玻璃采用平板原片，有浮法透明玻璃、彩色玻璃、防阳光玻璃，镜片反射玻璃、夹丝玻璃、钢化玻璃等。由于玻璃片中间留有空腔，因此具有良好的保温、隔热、隔声等性能。如在空腔中充以各种漫射光线的材料或介质，则可获得更好的声控、光控、隔热等效果。主要用于需要采暖、空调、防止噪声、结露及需要无直射阳光和需要特殊光线的住宅。其光学性能、导热系数、隔声系数均应符合国家标准，见图 24-199。

8. 雕花玻璃

它是在普通平板玻璃上，用机械或化学方法雕出图案或花纹的玻璃。雕花图案透光不透明，有立体感，层次分明，效果高雅。雕花玻璃可来样加工，常用厚度为 3mm、5mm、6mm，尺寸从 150mm×150mm 到 2500mm×1800mm 不等。

雕花玻璃分为人工雕刻和电脑雕刻两种。其中人工雕刻利用娴熟刀法的深浅和转折配合，更能表现出玻璃的质感，使所绘图案给予人呼之欲出的感受。雕花玻璃是家居装修中很有品位的一种装饰玻璃，所绘图案一般都具有个性"创意"，能够反映居室主人的情趣所在和对美好事物的追求，见图 24-200。

9. 玻璃砖

玻璃砖又称特厚玻璃，有空心砖和实心砖两种。空心砖有单孔和双孔两种，内侧面有各种不同的花纹，赋予它特殊的柔光性，如圆环形、电晕形、莫尔形、彩云形、隐约形、树皮形、切纹形等。按光学性质分有透明型、雾面型、纹路型玻璃砖。按形状分，有正方形、矩形和各种异形玻璃砖。按尺寸分，一般有

图 24-200　雕花玻璃

图 24-201 玻璃砖

145mm、195mm、250mm、300mm 等规格的玻璃砖。按颜色分，有使玻璃本身着色的产品和在内侧面用透明的着色材料涂饰的产品。玻璃砖具有隔声、防噪、隔热、保温的效果。玻璃砖主要用于砌筑透光墙壁、隔墙、淋浴隔断、通道等，见图 24-201。

24.4.4.3 常用施工机具

（1）电动机械：小电锯、小台刨、手电钻、电动气泵、冲击钻。

（2）手动电钻：木刨、扫槽刨、线刨、锯、斧、锤、螺丝刀、摇钻、直钉枪。

24.4.4.4 玻璃饰面装饰施工

1. 施工作业条件

木龙骨、木栓、板材、方管所用材料品种、规格、颜色以及隔断的构造固定方法，均应符合设计要求；龙骨和基层板必须完好，不得有损坏、变形、弯曲、翘曲、边角缺陷等现象。并要注意被碰撞和撞击；电器配件的安装，应安装牢固，表面应与罩面板的底面齐平；施工墙面油渍、水泥清理干净。玻璃安装前，应按照明设计要求的尺寸及结合实测尺寸，预先集中裁制，并按不同规格和安装顺序码放在安全地方待用。

2. 施工作业要点

（1）材料关键要点

方管、龙骨、配件和罩面板的材料以及胶粘剂的材料应符合现行的国家标准和行业标准的规定；人造板、粘胶剂必须有环保要求检测报告。

（2）技术要点

弹线必须准确，经复验后方可进行下道工序。固定沿顶和沿地龙骨，各自交接后的龙骨，应保持平整垂直，安装牢固。靠墙立筋应与墙体的连接牢固紧密。边框应与隔断立筋连接牢固，按照设计做好防火、防腐。

安装玻璃时，使玻璃在框口内准确就位，玻璃安装在凹槽内，内外侧间隙应相等，间隙宽度一般在 2~5mm。安装玻璃应避开风天，安装多少备多少，并将多余的玻璃及时清理或送回库里。

（3）质量要点

沿顶和沿地龙骨与主体结构连接牢固，保证隔断的整体性。大芯板表面应平整光洁，安装罩面板前应严格检查龙骨的垂直度和水平度，防火防腐处理。

（4）职业安全健康关键要求

玻璃属易碎品，作业时容易伤害人体，适当时佩戴手套，并按工程量配备足够的玻璃吸；做好施工协调，以防交叉作业时伤害到其他作业人。

3. 施工工艺

（1）工艺流程

弹隔墙定位线 → 划龙骨分档线 → 木楔防腐处理 → 安装木楔 → 木龙骨防腐处理 →

安装木龙骨（安装方管）→ 安装大芯板（防火处理）→ 安装边龙骨 → 安装面层玻璃 → 安装收边条

（2）施工工艺

1）弹线：在基体上弹出水平线和竖向垂直线，以控制隔断龙骨安装位置、格栅的平直度和固定点。

2）墙龙骨的安装：沿弹线位置的固定木龙骨，龙骨保持平直。固定点间距不应大于1m，龙骨的端部必须固定，固定应牢固。边框龙骨与基体之间，应按设计要求安装密封板。

门窗的特殊节点处，应使用附加龙骨，其安装必须符合设计要求。

龙骨安装的允许偏差数值：立面垂直允许偏差 2mm，表面平整允许偏差 2mm。

按照弹线的垂直距离安装木楔，木楔安装前做好防腐处理。

相邻纵向木龙骨的间距为 300mm，做好木龙骨两侧的防火处理。

3）安装地面木方（防火防腐处理），固定角钢（50mm×50mm）方管（20mm×40mm，壁厚 2mm，防锈处理）方管与地面角钢满焊，地面方管分段安装。

4）基层板安装：安装基层板铺设平整，搭接严密，不得有皱折，裂缝，透孔等。

5）基层板采用直钉固定，如用钉子固定，钉距为 80~150mm，钉子为钢钉。

6）安装边龙骨。平直、整齐。边龙骨与烤釉玻璃接触部位安装防撞条。采用橡胶压条固定玻璃时，先将橡胶压嵌入玻璃两侧密封，容纳后将玻璃挤紧，上面不再注密封胶。橡胶压条长度不得短于所需嵌入长度，不得强行嵌入胶条。

7）安面层玻璃。

8）在安装玻璃的过程中，固定踢脚板基层板，以固定玻璃，安装基层板过程中预留封包不锈钢面层的距离。

（3）质量标准

1）骨架木材和基层板、玻璃的材料、品种、规格、式样应符合设计要求和施工规范规定。

2）木龙骨、方管、边龙骨必须安装牢固，无松动，位置正确。

3）大芯板无脱层、翘曲、折裂、缺棱掉角等现象，安装必须牢固。

（4）基本项目

1）木骨架应顺直、无弯曲、变形和劈裂。

2）罩面板表面应平整、洁净、无污染、麻点、锤印、颜色一致。

3）罩面板之间的缝隙或压条，宽窄应一致，整齐、平直、压条和板接缝严密。

4）骨架隔墙面板安装的允许偏差如表 24-129 所示。

骨架隔墙面板安装的允许偏差（mm）　　　　表 24-129

立体垂直度人造木板	3	表面平整度人造木板	2
阴阳角方正人造木板	3	接缝直线度人造木板	3
压条直线度人造木板	2	接缝高低差人造木板	1

5）玻璃表面应洁净，不得有腻子、密封胶、涂料等污渍。中空玻璃内外表面均应洁净，玻璃中层内不得有灰尘和水蒸气。

6）面层玻璃安装的允许偏差详见表 24-130。

面层玻璃安装的允许偏差   表 24-130

项次	项 目		允许偏差（mm）		检验方法
			明框玻璃	隐框玻璃	
1	立面垂直度		1	1	用 2m 垂直检测检查
2	构件平整度		1	1	用 2m 垂直检测检查
3	表面平整度		1	1	用 2m 靠尺和塞尺检查
4	阳角方正		1	1	用直角检测尺检查
5	接缝直线度		2	2	用钢直尺和塞尺检查
6	接缝高低差		1	1	拉 5m 线，不足 5m 拉通线 用钢直尺检查
7	接缝宽度		—	1	用钢直尺检查
8	相邻板角错位			1	用钢尺检查
9	分格框对角 线长度差	对角线长度 ≤2m	2	—	用钢尺检查
		对角线长度 >2m	3	—	用钢尺检查

4. 成品保护

（1）隔墙木龙骨及罩面板安装时，应注意保护顶棚内、墙面装好的各种管线、木骨架的吊杆。

（2）施工部位已安装的门窗，已施工完的地面、墙面，窗台等应注意保护、防止损坏。

（3）条木骨架材料、特别是罩面板材料，在进场、存放、使用过程中应妥善管理，使其不变行、不受潮、不损坏、不污染。

（4）已安装好门窗玻璃，必须设专人负责看管维护，按时开关门窗，尤其在大风天气，更应该注意，以防玻璃的损坏。

（5）门窗玻璃安装完，应随手挂好风钩或插上插销，以防刮风损坏玻璃。

（6）安装玻璃时，操作人员要加强对其他完成施工作业面的成品保护。

5. 安全环保措施

高处安装玻璃时，检查架子是否牢固。严禁上下两层、垂直交叉作业。玻璃安装时，避免与太多工种交叉作业，以免在安装时，各种物体与玻璃碰撞，击碎玻璃。作业时，不得将废弃的玻璃乱仍，以免伤害到其他作业人员。

24.4.5 金 属 饰 面

近年来各种金属装饰板已广泛应用于公共建筑中，尤其在墙面、柱面装饰更为突出。

24.4.5.1 金属饰面构造做法

金属饰面构造做法详见图 24-202。

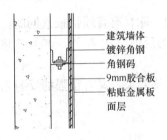
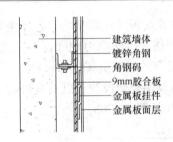
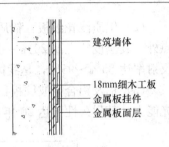

角钢9mm胶合板基层金属板粘贴　　　　角钢9mm胶合板基层金属板挂装　　　　细木工板金属板挂装

图 24-202　金属饰面构造做法

24.4.5.2　金属饰面常用材料

1. 彩色涂层钢板

彩色涂层钢板多以热轧钢板和镀锌钢板为原板，表面层压贴聚氯乙烯或聚丙烯酸醋环氧树脂、醇酸树脂等薄膜，亦可涂覆有机、无机或复合涂料。具有耐腐蚀、耐磨等性能。其中塑料复合钢板，可用做墙板、屋面板等。

塑料复合钢板厚度有 0.35、0.4、0.5、0.6、0.7、0.8、1.4、1.5、2.0（mm）；长度有 1800、2000（mm）；宽度有 450、500、1000（mm）。

2. 彩色不锈钢板

彩色不锈钢板是在不锈钢板材上进行技术和艺术加工，使其成为各种色彩绚丽、光泽明亮的不锈钢板。颜色有蓝、灰、紫、红、茶色、橙、金黄、青、一绿等，其色调随光照角度变化而变幻。

彩色不锈钢板面层的主要特点：能耐 200℃ 的温度；耐盐雾腐蚀性优于一般不锈钢板；耐磨、耐刻画性相当于薄层镀金性能；弯曲 90° 彩色层不损坏；彩色层经久不褪色。适用于高级建筑中的墙面装饰。

彩色不锈钢板厚度有 0.2、0.3、0.4、0.5、0.6、0.7、0.8（mm）；长度有 1000～2000（mm）；宽度有 500～1000（mm）。

不锈钢彩板配套件还有：槽形、角形、方钢管、圆钢管等型材。

3. 镜面不锈钢饰面板

该板是用不锈钢薄板经特殊抛光处理而成。该板光亮如镜，其反射率、变形率与高级镜面相似，并具有耐火、耐潮、耐腐蚀、不破碎等特点。

该板用于高级公用建筑的墙面、柱面以及门厅的装饰。其规格尺寸有 400×400，500×500，600×600，640×1200（mm×mm），厚度为 0.3～0.6（mm）。

4. 铝合金板

装饰工程中常用的铝合金板，从表面处理方法分：有阳极氧化及喷涂处理；从色彩分：有银白色、古铜色、金色等；从几何尺寸分：有条形板和方形板，方形板包括正方形、长方形等。用于高层建筑的外墙板，一般单块面积较大，刚度和耐久性要求较高，因而板要适当厚些。已经生产应用的铝合金板有以下品种：

（1）铝合金花纹板：铝合金花纹板是用防锈铝合金等坯料，由特制的花纹轧辊轧制而成。这种板材不易磨损，耐腐蚀，易冲洗，防滑性好，通过表面处理可以得到不同的色彩。多用于建筑物的墙面装饰。

（2）铝质浅花纹板：铝质浅花纹板的花饰精巧，色泽美观，除具有普通铝板共同的优点外，其刚度约提高 20%，抗划伤、擦伤能力较强，对白光的反射率达 75%～90%，热反射率达 85%～95%，是我国特有的建筑金属装饰材料。

（3）铝及铝合金波纹板：铝及铝合金波纹板既有良好的装饰效果，又有很强的反射阳光能力，其耐久性可达 20 年，详见图 24-203。

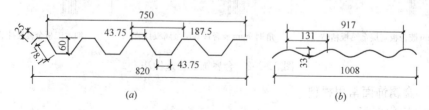

图 24-203　铝及铝合金波纹板
(a) 压型板；(b) 波纹板

（4）铝及铝合金压型板：铝及铝合金压型板具有重量轻、外形美观、耐腐蚀、耐久、容易安装等优点，也可通过表面处理得到各种色彩。主要用于建筑物的外墙和屋面等，也可做成复合外墙板，用于工业与民用建筑的非承重挂板如图 24-204 所示。

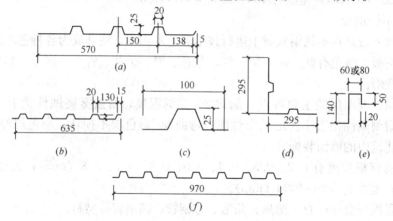

图 24-204　铝及铝合金压型板
(a) 1 型压型板；(b) 2 型压型板；(c) 6 型压型板；
(d) 7 型压型板；(e) 8 型压型板；(f) 9 型压型板

（5）铝合金装饰板：铝合金装饰板具有强度高、重量轻、结构简单、拆装方便、耐燃防火、耐腐蚀等优点，可用于内外墙装饰及吊顶等。选用阳极氧化、喷塑、烤漆等方法进行表面处理，有木色、古铜、金黄、红、天蓝、奶白等颜色。

（6）铝蜂窝装饰板：铝蜂窝板（图 24-205）主要选用合金铝板或高锰合金铝板为基材，面板厚度为 0.8～1.5mm 氟碳滚涂板或耐色光烤漆，底板厚度为 0.6～1.0mm，总厚度为 25mm。芯材采用六角形铝蜂窝芯，铝箔厚度 0.04～0.06mm，边长 5～6mm，质轻、强度高、刚度大。具有相同刚度的蜂窝板重量仅为铝单板的 1/5，钢板的 1/10，相互连接的铝蜂窝芯就如无数个工字钢，芯层分布固定在整个板面内，使板块更加稳定，其抗风压性能大大超于铝朔板和铝单板，并具有不易变形，平面度好的特点，即使蜂窝板的分格尺寸很大。也能达到极高的平面度，是目前建筑业首选的轻质材料。

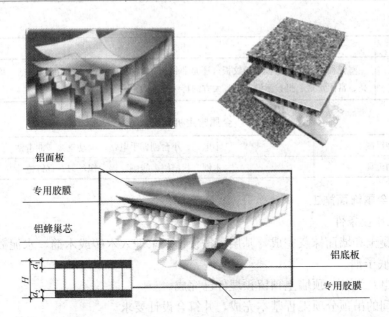

铝面板

专用胶膜

铝蜂巢芯

铝底板

专用胶膜

图 24-205 铝蜂窝板结构

5. 塑铝板

塑铝板为当代新型室内高档装修材料之一，系以铝合金片与聚乙烯复合材复合加工而成。塑铝板基本上可分为镜面塑铝板、镜纹塑铝板和塑铝板（非镜面）三种，其基本构造详见图 24-206，性能特点详见表 24-131。

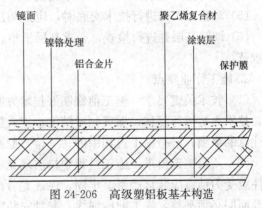

镜面　　　　　　　聚乙烯复合材

镍铬处理　　　　　涂装层

铝合金片　　　　　保护膜

24.4.5.3 金属饰面常用机具

金属饰面常用机具见表 24-132。

图 24-206 高级塑铝板基本构造

塑铝板的装修性能特点 　　　　　　　　　表 24-131

项 目	特 点
质轻	塑铝板一般规格为 3mm×1220mm×2440mm，每张仅重 11.5kg。因此对大面积装修施工来说，非常有利。可大大地节约工作时间，提高工效，缩短周期
耐冲击	塑铝板系由铝合金片、聚乙烯复合材加工而成，材质坚韧，具有一定的耐冲击性能。用以代替镜面玻璃装修墙面、顶棚，可克服玻璃易碎等缺点
防水、防火	塑铝板本身为不吸水材料，表层铝片为不燃材料，故有一定的防水、防火性能。可提高装修面的防水能力及燃烧性能等级
耐候耐久	塑铝板表层铝片系以强硬的镍铬元累处理而成，故具有一定的耐候性。用以装饰墙面、顶棚，由于它耐候性好，故装修面可持久不坏颜色、光亮均耐久不变
易加工	塑铝板不同于镜面玻璃，可用手动或电动工具进行弯曲、开口、切削、切断，易于加工。用以装修各种墙面、顶棚，不论墙面几何形体如何复杂，均可加工制作。这一特点是镜面玻璃所无法相比的

续表

项 目	特 点
装饰效果好	塑铝板不论是镜面板、镜纹板，还是非镜面塑铝板。用以装修墙面、顶棚、均能达到光洁明亮、富丽堂皇、挺拔激港、美观大方的特殊装饰效果

金属常用机具表 表 24-132

电动机械	小电锯、小台刨、手电钻、电动气泵、冲击钻
手动工具	木刨、扫槽刨、线刨、锯、螺丝刀、直钉枪等

24.4.5.4 金属饰面施工

1. 施工作业条件

（1）混凝土和墙面抹灰完成，基层已按设计要求埋入木砖或木筋，水泥砂浆找平层已抹完并刷冷底子油。

（2）水电及设备，顶墙上预留预埋件已完成。

（3）房间的吊顶分项工程基本完成，并符合设计要求。

（4）房间里的地面分项工程基本完成，并符合设计要求。

（5）对施工人员进行技术交底时，应强调技术措施和质量要求。

（6）调整基层并进行检查，要求基层平整、牢固，垂直度、平整度均符合细木制作验收规范。

2. 施工作业要点

（1）技术关键要求：施工前编制好技术方案，对于放线人员进行技术交底。放线结束后，技术人员进行复核，保证测量精度；工人施工前要进行技术交底，重点说明施工中需要注意的事项；坚持施工过程中的"三检"原则，对于发现的问题要及时纠正整改。

（2）质量关键要求：施工过程中易出现龙骨和饰面层松动、不平整现象，施工过程中应注意受力结点应装订严密、牢固、保证龙骨的整体刚度。龙骨的尺寸应符合设计要求；以及面层必须平整，施工前应弹线。龙骨安装完毕，应经检查合格后再安装饰面板。配件必须安装牢固，严禁松动变形。

3. 施工工艺

工艺流程：

1）金属面板粘贴

清理墙面 → 排版、放线、弹线 → 安装角铁底架或钢角码也可使用木质基层板 → 固定 → 调整 → 9mm防火夹板安装（在使用木质基层板时不需要） → 25mm高效金属吸音板装饰墙板（或铝单板）安装 → 清理、成品保护

2）金属面板挂装

清理墙面 → 排版、放线、弹线 → 安装镀锌角铁底架或钢角码 → 固定 → 调整 → 专业挂件挂装25mm高效金属吸音板装饰墙板（或铝单板）→ 清理、成品保护

4. 施工工艺

1）墙面必须干燥、平整、清洁，对于粗糙的砖块或混凝土墙面必须用水泥砂浆找平

后做防潮层，以防止水汽从底部渗到板面上。

2）参照图纸设计要求，按现场实际情况，对要安装铝板（金属吸音板）的墙面进行排版放线，将板需要安装位置的标高线放出，按照图纸的分割尺寸放出龙骨的中心线。

3）按照排版弹线安装龙骨，龙骨采用镀锌角铁或钢角码，使用对撬螺栓固定或膨胀螺钉，调整完后再进行紧固。此外还可在墙面上直接固定基层板但对墙面平整度要求较高。在骨架安装时，必须注意位置准确、立面垂直、表面平整，阴阳角方正，整体牢固无松动。

4）龙骨安装好后先安装防火夹板，防火夹板与镀锌角铁用自攻螺丝固定，而后用专用胶水粘贴面层金属板，此外还可采用专业挂件在龙骨上挂装面层金属板。

5. 质量标准

见表24-133、表24-134。

主控项目及一般项目　　　　　　　　　　　　表 24-133

主 控 项 目	一 般 项 目
饰面板的品种、颜色、规格和性能应符合设计要求，木龙骨、木饰面板的燃烧性能等级应符合设计要求	饰面板表面应平整、洁净、色泽一致，无裂痕和缺损
	饰面板边缘应整齐
饰面板安装工程的连接件的数量、规格、位置、连接方法和防腐处理必须符合设计要求。饰面板安装必须牢固	饰面板嵌缝应密实、平直，宽度和深度应符合设计要求，嵌填材料色泽一致
	饰面板安装的允许偏差

允许偏差项目　　　　　　　　　　　　　　表 24-134

项　　目	允许偏差（mm）	检验方法
立面垂直	2	用2m靠尺和楔形塞尺检查
表面平整	2	用2m靠尺和楔形塞尺检查
阴阳角方正	3	用20cm方尺检查
接缝平直	1	拉5m线（不足5m拉通线）用尺量检查
接缝高低	1	用直尺和塞尺检查

6. 成品保护

(1) 墙面饰面板有划痕或污染：有可能在搬运中受损、工作台上制作时受损，及施工安装时受损、受污染。要求搬运时注意半成品材料的保护，工作台面应随时清理干净，以免饰面划伤，安装时必须小心保护，轻拿轻放，不得碰撞，边施工边检查，有无污损，完工后应派专人巡视看护。

(2) 堆放场地必须平整干燥，垫板要干净，堆放时要面对面安放，板和板之间必须清理干净，以免板面划伤。

(3) 合理安排施工顺序，水、电、通风、设备安装等活应做在前面，防止损坏、污染金属饰面板。

7. 安全环保措施

废料及垃圾必须及时清理干净，并装袋运至指定堆放地点，做到活完料尽，工完场清；进入施工现场必须正确佩带好安全帽，严禁赤膊、穿拖鞋上班；在施工现场严禁打架、斗殴、酒后作业。登高作业时必须系好安全带；使用电动工具必须有良好的接零（接地）保护线，非电工人员不能搭接电源；由于石材较重，搬运时要两人抬步伐一致，堆放要成75°，以免倒塌伤人。

24.4.6 木 饰 面 板

24.4.6.1 木饰面板构造

木饰面板构造可分为胶粘型和挂装型，挂装型又可分为金属挂件和中密度挂件，如图24-207所示。金属挂件挂装法为目前常用做法其结构如图24-208所示，金属挂件如图24-209所示。

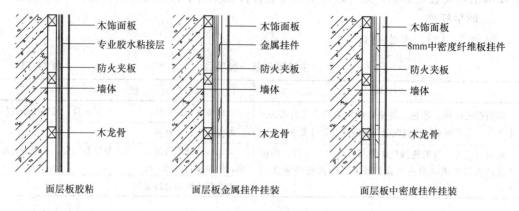

图 24-207 木饰面板构造

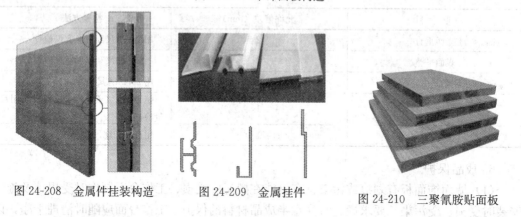

图 24-208 金属件挂装构造   图 24-209 金属挂件   图 24-210 三聚氰胺贴面板

24.4.6.2 木饰面板常用材料

木饰面板是以人造板为基层板，并在其表面上粘贴带有木纹的面层板。

1. 三聚氰胺贴面板

三聚氰胺贴面板（图24-210）是将带有印刷木纹的多层牛皮纸，经过三聚氰胺树脂浸渍，而后复合在刨花板或中密度纤维板上而成。三聚氰胺贴面板图案花色丰富，表面耐磨、耐腐蚀、耐潮湿、阻燃。其规格为 1220mm×2440mm，其表板厚度为 0.6mm、0.8mm、1.0mm、1.2mm；基层板厚度为 8mm、12mm、15mm、18mm。

2. 薄木贴面板

薄木贴面板（图24-211、图24-212）是将各种木材经旋切成薄木，经纹理挑选、裁切将小块木皮用胶线缝合成所需规格。然后再以胶合板、刨花板或中密度纤维板为基材，将薄木粘贴在基层板上。最后对贴面板表面进行涂饰处理。薄木贴面板具有天然木材纹理及质感，具有很好的装饰效果。但由于表层薄木为天然木材，因此其板与板间常常存在色差。

图 24-211　薄木贴面吸音板　　　　　图 24-212　薄木贴面装饰板

3. 材料要求

(1) 木夹板含水率≤12%，不能有虫蚀腐朽的部位；面板应表面平整、边缘整齐、不应有污垢、裂纹、缺角、翘曲、起皮、色差、图案不完整的缺陷。胶合板、木质纤维板不应脱胶、变色和腐朽。

(2) 基层办和面板材料的材质均应符合现行国家标准和行业标准的规定。

(3) 质量要求详见表 24-135。

饰面人造板中甲醛释放试验方法及限量值　　　表 24-135

产品名称	试验方法	限量值	使用范围	限量标志
饰面人造板	气候箱法	≤0.12mg/m³	可直接用于室内	E1
	干燥器法	≤1.5mg/L		

注：1. 仲裁时采用气候箱法。

　　2. E1 为可直接用于室内的人造板。

24.4.6.3　木饰面板安装主要机具

木饰面板安装主要机具如表 24-136 所示。

主 要 机 具　　　表 24-136

电 动 机 具		手 动 机 具	
小电锯	冲击钻	木刨	锯
小台刨	电动气泵	扫槽刨	锤
手电钻	直钉枪	线刨	螺丝刀

24.4.6.4　木饰面板施工工艺

1. 施工作业条件

混凝土和墙面抹灰完成，基层已按设计要求埋入木砖或木筋，水泥砂浆找平层已抹完并刷冷底子油；水电及设备，顶墙上预留预埋件已完成；房间的吊顶分项工程基本完成，并符合设计要求；房间里的地面分项工程基本完成，并符合设计要求；对施工人员进行技术交底时，应强调技术措施和质量要求；调整基层并进行检查，要求基层平整、牢固，垂直度、平整度均符合细木制作验收规范。

2. 施工作业质量要点

施工前编制好技术方案，对于放线人员进行技术交底。放线结束后，技术人员进行复核，保证测量精度；工人施工前要进行技术交底，重点说明施工中需要注意的事项；坚持施工过程中的"三检"原则，对于发现的问题要及时纠正整改。

施工过程中易出现龙骨和饰面层松动、不平整现象，施工过程中应注意：受力结点应装订严密、牢固、保证龙骨的整体刚度。龙骨的尺寸应符合设计要求；面层必须平整；施工前应弹线。龙骨安装完毕，应经检查合格后再安装饰面板。配件必须安装牢固，严禁松动变形。

3. 施工工艺

（1）工艺流程：

面层板粘贴

放线 → 铺设木龙骨 → 木龙骨刷防火涂料 → 安装防火夹板 → 粘贴面层板

面层板挂装

放线 → 铺设木龙骨 → 木龙骨刷防火涂料 → 安装防火夹板 → 专业挂件挂装面层板

（2）施工工艺（图 24-213）：

1）放线：根据图纸和现场实际测量的尺寸，确定基层木龙骨分格尺寸，将施工面积按 300～400mm 均匀分格木龙骨的中心位置，然后用墨斗弹线，完成后进行复查，检查无误开始安装龙骨。

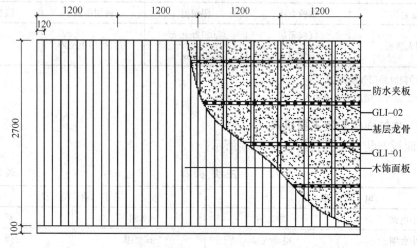

图 24-213 操作工艺

2）铺设木龙骨：用木方采用半榫扣方，做成网片安装墙面上，安装时先在龙骨交叉中心线位置打直径 14～16mm 的孔，将直径 14～16mm，长 50mm 的木契植入，将木龙骨网片用 3 寸铁钉固定在墙面上，再用靠尺和线坠检查平整和垂直度，并进行调整，达到质量要求。

3）木龙骨刷防火涂料：铺设木龙骨后将木质防火涂料涂刷在基层木龙骨可视面上。

4）安装防火夹板：用自攻螺丝固定防火夹板安装后用靠尺检查平整，如果不平整应及时修复直到合格为止。

5）面层板安装：面层板用专用胶水粘贴后用靠尺检查平整，如果不平整应及时修复直到合格为止。挂装时可采用8mm中密度板正、反裁口或专业挂件挂装。

4．质量标准

（1）主控项目和一般项目见表24-137。

主控项目和一般项目   表 24-137

主控项目	一般项目
饰面板的品种、颜色、规格和性能应符合设计要求，木龙骨、木饰面板的燃烧性能等级应符合设计要求	饰面板表面应平整、洁净、色泽一致，无裂痕和缺损
	饰面板嵌缝应密实、平直，宽度和深度应符合设计要求，嵌填材料色泽一致
饰面板安装工程的连接件的数量、规格、位置、连接方法和防腐处理必须符合设计要求。饰面板安装必须牢固	饰面板边缘应整齐

（2）饰面板安装的允许偏差见表24-138。

允许偏差项目（mm）   表 24-138

立体垂直度	3	表面平整度	2
阴阳角方正	3	接缝直线度	3
压条直线度	2	接缝高低差	1

5．安全环保措施

（1）操作前检查脚手架和跳板是否搭设牢固，高度是否满足操作要求，合格后才能上架操作，凡不符合安全之处应及时修整。

（2）禁止穿硬底鞋、拖鞋、高跟鞋在架子上工作，架子上人不得集中在一起，工具要搁置稳定，以防止坠落伤人。

（3）在两层脚手架上操作时，应尽量避免再同一垂直线上工作，必须同时作业时，下层操作人员必须戴安全帽。

（4）夜间临时用的移动照明灯，必须用安全电压。机械操作人员须培训持证上岗，现场一切机械设备，非机械操作人员一律禁止操作。

（5）禁止搭设飞跳板，严禁从高处往下乱投东西。脚手架严禁搭设在门窗、暖气片、水暖等管道上。

6．成品保护

（1）隔墙木龙骨及罩面板安装时，应注意保护顶棚内装好的各种管线、木骨架的吊杆。

（2）施工部位已安装的门窗，已施工完的地面、墙面，窗台等应注意保护、防止损坏。

（3）搬、拆架子时注意不要碰撞墙面。

（4）条木骨架材料、特别是罩面板材料，在进场、存放、使用过程中应妥协管理，使其不变行、不受潮、不损坏、不污染。

24.5 涂 饰 工 程

24.5.1 建筑装饰涂料的分类及性能

建筑涂料是指涂覆于建筑物表面，并能与建筑物表面材料很好地粘结，形成完整涂膜的材料。主要起到装饰和保护被涂覆物的作用，防止来自外界物质的侵蚀和损伤，提高被涂覆物的使用寿命；并可改变其颜色、花纹、光泽、质感等，提高被涂覆物的美观效果。

24.5.1.1 建筑装饰涂料分类

建筑装饰涂料分类有多种形式，主要分类见表24-139。

建筑装饰涂料的主要分类 表 24-139

序号	分 类	类 型
1	按涂料在建筑的不同使用部位分类	外墙涂料、内墙涂料、地面涂料、顶面涂料、屋面涂料等
2	按使用功能分类	多彩涂料、弹性涂料、抗静电涂料、耐洗涂料、耐磨涂料、耐温涂料、耐酸碱涂料、防锈涂料等
3	按成膜物质的性质分类	有机涂料（如聚丙烯酸酯外墙涂料），无机涂料（如硅酸钾水玻璃外墙涂料），有机、无机复合型涂料（如硅溶胶、苯酸合外墙涂料）等
4	按涂料溶剂分类	水溶性涂料、乳液型涂料、溶剂型涂料、粉末型涂料等
5	按施工方法分类	浸渍涂料、喷涂涂料、涂刷涂料、滚涂涂料等
6	按涂层作用分类	底层涂料、面层涂料等
7	按装饰质感分类	平面涂料、砂面涂料、立体花纹涂料等
8	按涂层结构分类	薄涂料、厚涂料、复层涂料等

24.5.1.2 建筑装饰涂料的性能

本章介绍的建筑装饰涂料主要为建筑内墙及外墙涂料。建筑装饰涂料的性能大致可以分为施工性能、内墙涂料性能和外墙涂料性能，详见表24-140。

建筑装饰涂料的性能 表 24-140

主要类型	涂料性能	主 要 作 用
施工性能	重涂性	同一种涂料进行多层涂装时，能够保持良好的层间附着力及颜色和光泽的一致性
	不流性	涂料在涂装过程中不会立即向下流淌，从而不会形成下厚上薄的不均匀外观
	抗飞溅性	用辊筒涂装墙面或天花板时，涂料不会从辊筒向外飞溅
	流平性	涂料在涂装过程中能够均匀的流动，不会留下"印刷"或"辊筒印"，漆膜干燥后均匀、平整
内墙涂料性能	易清洗性	漆膜表面的污渍容易被去除掉
	耐擦洗性	漆膜在刷子、海绵或抹布反复擦拭后不损坏
	抗磨光性	当漆膜经过摩擦或洗刷后，光泽度不会提高
	抗粘连性	两个被涂装的表面互相挤压时，比如门框和窗框，彼此不会粘在一起

主要类型	涂料性能	主 要 作 用
内墙涂料性能	防霉性	涂料不易生霉
	保色性	涂料能保持原有的颜色不变
	遮盖力	涂料遮盖或隐藏被涂装的表面
	抗开裂性	漆膜在老化过程中，不会出现开裂的现象
	环保性	涂料中挥发性有机化合物（VOC）的含量非常低，而且所含有害物质限量符合国家标准
外墙涂料性能	粉化性	涂料涂装一段时间后，漆膜表面不会出现白色粉末
	耐水性	在雨天或潮气很大的环境中，漆膜不会剥落或起泡
	耐沾污性	漆膜表面不容易沾染灰尘和污渍
	抗开裂性	漆膜在老化过程中，不会出现开裂的现象
	防霉性	涂料不易生霉
	抗风化性	漆膜能够抵抗碱的侵蚀
	保色性	涂料能保持原有颜色不变
	附着力	漆膜与被涂面之间结合牢固
	环保性	涂料中挥发性有机化合物（VOC）的含量较低，而且所含有害物质限量符合国家标准

24.5.2 常 用 材 料

24.5.2.1 腻子

腻子是用于平整物体表面的一种装饰材料，直接涂施于物体或底涂上，用以填平被涂物表面上高低不平的部分。

按其性能可分为耐水腻子、821腻子、掺胶腻子。

一般常用腻子根据不同的工程项目和用途可分为两类：

（1）胶老粉腻子：由老粉、化学胶、石膏粉、骨胶配制而成，用于水性涂料平顶内施工。

（2）胶油面腻子：由油基清漆、干老粉、化学胶、石膏粉配制而成，用于原油漆的平顶墙面。

装饰所用腻子宜采用符合《建筑室内用腻子》（JG/T 298—2010）要求的成品腻子，成品腻子粉规格一般为20kg袋装。如采用现场调配的腻子，应坚实、牢固，不得粉化、起皮和开裂。

24.5.2.2 底涂

底涂是用于封闭水泥墙面的毛细孔，起到预防返碱、返潮及防止霉菌孳生的作用。底涂还可增强水泥基层强度，增加面层涂料对基层的附着力，提高涂膜的厚度，使物体达到一定的装饰效果，从而减少面涂的用量。底涂一般都具有一定的填充性，打磨性，实色底涂还具备一定的遮盖力。

其规格一般为桶装有1L、5L、15L、16L、18L、20L等。

24.5.2.3 面涂

面涂具有较好的保光性、保色性，硬度较高、附着力较强、流平性较好等优点，涂施工于物体表面可使物体更加美观，具有较好的装饰和保护作用。

面涂的规格一般为桶装有 1L、5L、15L、16L、18L、20L 等。

24.5.3 常 用 工 具

涂饰工程中常用的施工机具有：涂刷工具、滚涂工具、弹涂工具、喷涂工具等。

24.5.3.1 涂刷工具

涂刷工具见表 24-141。

涂 刷 工 具 　　　　　　　　　表 24-141

序号	工具名称	图 例	规 格	用 途
1	排笔刷		多种	涂刷乳胶漆
2	底纹笔		多种	涂刷乳胶漆
3	料桶		多种	承装及搅拌涂料、腻子等

24.5.3.2 滚涂工具

滚涂工具见表 24-142。

滚 涂 工 具 　　　　　　　　　表 24-142

序号	工具名称	图 例	规 格	用 途
1	长毛绒辊		多种	滚刷涂料

续表

序号	工具名称	图例	规格	用途
2	泡沫塑料辊		多种	滚刷涂料
3	橡胶辊		多种	滚刷涂料
4	压花、印花辊		多种	滚刷涂料
5	硬质塑料辊		多种	滚刷涂料

24.5.3.3 弹涂工具

弹涂工具见表24-143。

弹涂工具   表 24-143

序号	工具名称	图例	规格	用途
1	手动弹涂器	正视图　　　侧视图	多种	用于浮雕涂料、石头漆等弹涂

续表

序号	工具名称	图 例	规格	用 途
2	电动弹涂器		多种	用于浮雕涂料、石头漆等弹涂

24.5.3.4　喷涂工具

喷涂工具见表 24-144。

喷 涂 工 具　　　　　　　　　　　　　　　　**表 24-144**

序号	工具名称	图 例	规 格	用 途
1	空气压缩机		多种	喷涂涂料
2	高压无气喷机		多种	喷涂涂料
3	喷枪		多种	喷涂涂料

24.5.4　涂　饰　施　工

24.5.4.1　外墙涂饰工程

1. 工艺流程

清理墙面 → 修补墙面 → 填补腻子 → 打磨 → 贴玻纤布 → 满刮腻子及打磨 → 刷底漆 → 刷第一遍面漆 → 刷第二遍面漆

2. 施工准备

(1) 清除墙面污物、浮土，基层要求整体平整、清洁、坚实、无起壳。混凝土及抹灰面层的含水率应在 10% 以下，pH 值不得大于 10。未经检验合格的基层不得进行施工。

(2) 外墙脚手架与墙面的距离应适宜，架板安装应牢固。外窗应采取遮挡保护措施，以免施工时被涂料污染。

(3) 施工班组应配技术负责人，施工人员须经本工艺施工技术培训，合格者方可上岗。

(4) 大面积施工前，应按设计要求做出样板，经设计、建设单位认可后，方可进行施工。

(5) 施工前应注意气候变化，大风及雨天不得施工。

3. 基层处理

(1) 将墙面起皮及松动处清除干净，并用水泥砂浆补抹，将残留灰渣铲干净，然后将墙面扫净。

(2) 基层缺棱掉角、孔洞、坑洼、缝隙等缺陷采用 1∶3 水泥砂浆修补、找平，干燥后用砂纸将凸出处磨掉，将浮尘扫净。

4. 施工工艺

(1) 填补腻子

将墙体不平整、光滑处用腻子找平。腻子应具备较好的强度、粘结性、耐水性和持久性，在进行填补腻子施工时，宜薄不宜厚，以批刮平整为主。第二层腻子应等第一层腻子干燥后再进行施工。

(2) 打磨

1) 打磨必须在基层或腻子干燥后进行，以免粘附砂纸影响操作。

2) 手工打磨应将砂纸包在打磨垫块上，往复用力推动垫块进行打磨，不得只用一两个手指直接压着砂纸打磨，以免影响打磨的平整度。机械打磨采用电动打磨机，将砂纸夹于打磨机上，在基层上来回推动进行打磨，不宜用力按压以免电机过载受损。

3) 打磨时先采用粗砂纸打磨，然后再用细砂纸打磨；需注意表面的平整性，即使表面的平整性符合要求，仍要注意基层表面粗糙度及打磨后的纹理质感，如出现这两种情况会因为光影作用而使面层颜色光泽造成深浅明暗不一而影响效果，这时应局部再磨平，必要时采用腻子进行再修平，从而达到粗糙程度一致。

4) 对于表面不平，可将凸出部分用铲铲平，再用腻子进行填补，待干燥后再用砂纸进行打磨。要求打磨后基层的平整度达到在侧面光照下无明显批刮痕迹、无粗糙感，表面光滑。

5) 打磨后，立即清除表面灰尘，以利于下一道工序的施工。

(3) 贴玻纤布

采用网眼密度均匀的玻纤布进行铺贴；铺贴时自上而下用 108 胶水边贴边用刮子赶平，同时均匀地刮透；出现玻纤布的接搓时，应错缝搭接 2~3cm，待铺平后用刀进行裁切，裁切时必须裁齐，并让玻纤维布并拢，以使附着力增强。

(4) 满刮腻子及打磨

采用聚合物腻子满刮，以修平贴玻纤布引起的不平整现象，防止表面的毛细裂缝。干燥后用 0 号砂纸磨平，做到表面平整、粗糙程度一致，纹理质感均匀。

（5）刷底漆、面漆

1）刷涂施工

施工前先将刷毛用水或稀释剂浸湿、甩干，然后再蘸取涂料。刷毛蘸入涂料不要过深，蘸料后在匀料板或容器边口刮去刷毛上多余的涂料，然后在基层上依顺序刷开。涂刷时刷子与被涂面的角度为 $50°\sim70°$，修饰时角度则减少到 $30°\sim45°$。涂刷时动作要迅速、流畅，每个涂刷段不要过宽，以保证相互衔接时涂料湿润，不显接头痕迹。在涂刷门窗、墙角等部位时，应先用小刷子将不易涂刷的部位涂刷一道，然后再进行大面积的涂刷。刷涂施工时，要求前一度涂层表干后方可进行后一度的涂刷，前后两层的涂刷时间间隔不得小于 $2\sim4h$。

2）滚涂施工

施工前先用水或稀释剂将滚筒刷湿润，在干净的纸板上滚去多余的液体再蘸取涂料，蘸料时只需将滚筒的一半浸入料中，然后在匀料板上来回滚动使涂料充分、均匀地附着于滚筒上。滚涂时沿水平方向，按"W"形方式将涂料滚在基层上，然后再横向滚匀，每一次滚涂的宽度不得大于滚筒的 4 倍，同时要求在滚涂的过程中重叠滚筒的 1/3，避免在交合处形成刷痕，滚涂过程中要求要用力均匀、平稳，开始时稍轻，然后逐步加重。

3）喷涂施工

在喷涂施工中，涂料稠度、空气压力、喷射距离、喷枪运行中的角度和速度等方面均

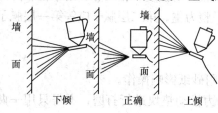

图 24-214 喷涂示意图

有一定的要求。涂料稠度必须始终，太稠，不变施工；太稀，影响涂层厚度，且容易流淌。空气压力在 $0.4\sim0.8N/mm^2$ 之间选择确定，压力选得过低或过高，涂层质感差，涂料损耗多。喷射距离一般为 $40\sim60cm$，喷嘴距离过远，则涂料损耗多。喷枪运行中喷嘴中心线必须与墙面垂直（图 24-214），喷枪应与被涂墙面平行移动（图 24-215），运行速度要保持一致，运行过快，涂层较薄，色泽不均；运行过慢，涂料粘附太多，容易流淌。喷涂施工，应连续作业，一气呵成，争取到分格缝处理再停歇。

4）弹涂施工

① 弹涂施工的全过程都必须根据事先所设计的样板上的色泽和涂层表面形状的要求进行。

② 在基层表面先刷 $1\sim2$ 遍涂料，作为底色涂层，待底色涂层干燥后，才能进行弹涂。门窗等不必进行弹涂的部位应予以遮挡。

③ 弹涂时，手提弹涂机，先调整和控制好浆门、浆量和弹棒，然后开动电机，使机口垂直对正墙面，保持适当距离（一般为 $30\sim50cm$），按一定手势和速度，自上而下，自右（左）至左（右），循序渐进，要注意弹点密度均匀适当，上下左右接头不明显。对于花型彩弹，在弹涂以后，应有一人进行批刮压花，弹涂到批刮压花之间的间歇时间，视施工现

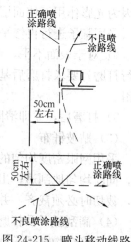

图 24-215 喷斗移动线路

场的温度、湿度及花型等不同而定。压花操作要用力均匀，运动速度要适当，方向竖直不偏斜，刮板和墙面的角度宜在 15°～30°之间，要单方向批刮，不能往复操作，每批刮一次，刮板须用棉纱擦抹，不得间隔，以防花纹模糊。

④ 大面积弹涂后，如出现局部弹点不匀或压花不合要求而影响装饰效果时，应进行修补，修补方法有补弹和笔绘两种，修补所用的涂料，应该用与刷底或弹涂同一颜色的涂料。

24.5.4.2 内墙涂饰工程

1. 施工准备

（1）室内有关抹灰工种的工作已全部完成，基层应平整、清洁、表面无灰尘、无浮浆、无油迹、无锈斑、无霉点、无浮砂、无起壳、无盐类析出物、无青苔等杂物。

（2）基层应干燥，混凝土及抹灰面层的含水率应在 10%以下，基层的 pH 值不得大于 10。

（3）过墙管道、洞口、阴阳角等处应提前抹灰找平修整，并充分干燥。

（4）室内木工、水暖工、电工的施工项目均已完成，门窗玻璃安装完毕，湿作业的地面施工完毕，管道设备试压完毕。

（5）门窗、灯具、电器插座及地面等应进行遮挡，以免施工时被涂料污染。

（6）冬期施工室内温度不宜低于 5℃，相对湿度为 85%，并在采暖条件下进行，室温保持均衡，不得突然变化。同时应设专人负责测试和开关门窗，以利通风和排除湿气。

（7）做好样板间，并经检查鉴定合格后，方可组织大面积喷（刷）。

2. 基层处理

（1）混凝土基层处理

1）在混凝土面层进行基层处理的部分，由于日后修补的砂浆容易剥离，或修补部分与原来的混凝土面层的渗吸状态与表面凹凸状态不同，对于某些涂料品种容易产生涂料饰面外观不均匀的问题。因此原则上必须尽量做到混凝土基层表面平整度良好，不需要修补处理。

2）对于混凝土的施工缝等表面不平整或高低不平的部位，应使用聚合物水泥砂浆进行基层处理，做到表面平整，并使抹灰层厚度均匀一致。具体做法是先认真清扫混凝土表面，涂刷聚合物水泥砂浆，每遍抹灰厚度不大于 9mm，总厚度为 25mm，最后在抹灰底层用抹子抹平，并进行养护。

3）由于模板缺陷造成混凝土尺寸不准，或由于涉及变更等原因使抹灰找平部分厚度增加，为了防止出现开裂及剥离，应在混凝土表面固定焊接金属网，并将找平层抹在金属网上。

4）其他基层事故处理办法

① 微小裂缝。用封闭材料或涂抹防水材料沿裂缝搓涂，然后在表面撒细沙等，使装饰涂料能与基层很好地粘结。对于预制混凝土板材，可用低粘度的环氧树脂或水泥砂浆进行压力灌浆压入缝中。

② 气泡砂孔。应用聚合物水泥砂浆嵌填直径大于 3mm 的气孔。对于直径小于 3mm 的气孔，可用涂料或封闭腻子处理。

③ 表面凹凸。凸出部分用磨光机研磨平整。

④ 露出钢筋。用磨光机等将铁锈全部清除，然后进行防锈处理。也可将混凝土进行少量剔凿，将混凝土内露出的钢筋进行防锈处理，然后用聚合物砂浆补抹平整。

⑤ 油污。油污、隔离剂必须用洗涤剂洗净。

（2）水泥砂浆基层处理

1）当水泥砂浆面层有空鼓现象时，应铲除，用聚合物水泥砂浆修补。

2）水泥砂浆面层有孔眼时，应用水泥素浆修补。也可从剥离的界面注入环氧树脂胶粘剂。

3）水泥砂浆面层凹凸不平时，应用磨光机研磨平整。

（3）加气混凝土板基层处理

1）加气混凝土板材接缝连接面及表面气孔应全刮涂打底腻子，使表面光滑平整。

2）由于加气混凝土基层吸水率很大，会把基层处理材料中的水分吸干，因而在加气混凝土基层表面涂刷合成树脂乳液封闭底漆，使基础渗吸得到适当调整。

3）修补边角及开裂时，必须在界面上涂刷合成树脂乳液，并用聚合物水泥砂浆修补。

（4）石膏板、饰面板的基层处理

1）一般石膏板不适宜用于湿度较大的基层，若湿度较大时，需对石膏板进行防潮处理，或采用防潮石膏板。

2）石膏板多做对接缝。此时接缝及顶空等必须用合成树脂乳液腻子刮涂打底，固化后用砂纸打磨平整。

3）石膏板连接处可做成 V 形接缝。施工时，在 V 形缝中嵌填专用的合成树脂乳液石膏腻子，并贴玻璃接缝带抹压平整。

4）石膏板在涂刷前，应对石膏面层用合成树脂乳液灰浆腻子刮涂打底，固化后用砂纸等打磨光滑平整。

3. 施工工艺

（1）乳胶漆施工

1）工艺流程

清理墙面 → 修补墙面 → 刮腻子 → 刷底漆 → 刷一至三遍面漆

2）施工工艺

① 刮腻子：刮腻子遍数可由墙面平整程度决定，通常为三遍，腻子重量配比为乳胶：双飞粉：2%羧甲基纤维素：复粉＝1：5：3.5：0.8。厨房、厕所、浴室用聚醋酸乙烯乳液：水泥：水＝1：5：1（耐水性腻子）。第一遍用胶皮刮板横向满刮，干燥后打磨砂纸，将浮腻子及斑迹磨光，然后将墙面清扫干净。第二遍用胶皮刮板竖向满刮，所用材料及方法同第一遍腻子，干燥后用砂纸磨平并清扫干净。第三遍用胶皮刮板找补腻子或用钢片刮板满刮腻子，将墙面刮平刮光，干燥后用细砂纸磨平磨光，不得遗漏或将腻子磨穿。

如采用成品腻子粉，只需加入清水（每公斤腻子粉添加约 0.4～0.5 公斤水）搅拌均匀后即可使用，拌好的腻子应呈均匀膏状，无粉团。为提高石膏板的耐水性能，可先在石膏板上涂刷专用界面剂、防水涂料，再批刮腻子。批刮的腻子层不宜过厚，且必须待第一遍干透后方可批刮第二遍。底层腻子未干透不得做面层。

② 刷底漆：涂刷顺序是先刷天花后刷墙面，墙面是先上后下。将基层表面清扫干净。乳胶漆用排笔（或滚筒）涂刷，使用新排笔时，应将排笔上不牢固的毛清理掉。底漆使用

前应加水搅拌均匀，待干燥后复补腻子，腻子干燥后再用砂纸磨光，并清扫干净。

③ 刷一至三遍面漆：操作要求同底漆，使用前充分搅拌均匀。刷二至三遍面漆时，需待前一遍漆膜干燥后，用细砂纸打磨光滑并清扫干净后再刷下一遍。由于乳胶漆膜干燥较快，涂刷时应连续迅速操作，上下顺刷互相衔接，避免出现干燥后出现接头。

3) 成品保护

① 操作前将不需涂饰的门窗及其他相关的部位遮挡好。

② 涂料墙面未干前不得清扫室内地面，以免粉尘沾污墙面涂料，漆面干燥后不得靠近墙面泼水，以免泥水污染。

③ 涂料墙面完工后要妥善保护，不得磕碰损坏。

④ 拆脚手架时，要轻拿轻放，严防碰撞已涂饰完的墙面。

4) 质量要求

乳胶漆质量和检验方法应符合表 24-145 的规定。

表 24-145

乳胶漆质量和检验方法

项次	项 目	普通涂饰	高级涂饰	检验方法
1	颜色	均匀一致	均匀一致	观察
2	泛碱、咬色	允许少量轻微	不允许	
3	流坠、疙瘩	允许少量轻微	不允许	
4	砂眼、刷纹	允许少量轻微砂眼，刷纹通顺	无砂眼，无刷纹	
5	装饰线、分色线直线度允许偏差（mm）	2	1	拉 5mm 线，不足 5mm 拉通线，用钢直尺检查

(2) 美术漆工程

1) 工艺流程

清理基层 → 刮腻子 → 打磨砂纸 → 刷封闭底漆 → 涂装质感涂料 → 画线

2) 施工工艺

① 刮腻子：刮腻子遍数可由墙面平整程度决定，通常为三遍，腻子重量配比为乳胶：双飞粉：2%羧甲基纤维素：复粉＝1：5：3.5：0.8。厨房、厕所、浴室用聚醋酸乙烯乳液：水泥：水＝1：5：1（耐水性腻子）。第一遍用胶皮刮板横向满刮，干燥后打磨砂纸，将浮腻子及斑迹磨光，然后将墙面清扫干净。第二遍用胶皮刮板竖向满刮，所用材料及方法同第一遍腻子，干燥后用砂纸磨平并清扫干净。第三遍用胶皮刮板找补腻子或用钢片刮板满刮腻子，将墙面刮平刮光，干燥后用细砂纸磨平磨光，不得遗漏或将腻子磨穿。

如采用成品腻子粉，只需加入清水（每公斤腻子粉添加 0.4～0.5kg 水）搅拌均匀后即可使用，拌好的腻子应呈均匀膏状，无粉团。在石膏板上施涂美术漆，为提高石膏板的耐水性能，可先在石膏板上涂刷专用界面剂、防水涂料，再批刮腻子。批刮的腻子层不宜过厚，且必须待第一遍干透后方可批刮第二遍。冬期施工时，应注意防冻，底层腻子未干透不得做面层。

② 刷封闭底漆：基层腻子干透后，涂刷一遍封闭底漆。涂刷顺序是先天花后墙面，墙面是先上后下。将基层表面清扫干净。使用排笔（或滚筒）涂刷，施工工具应保持清

洁，使用新排笔时，应将排笔上不牢固的毛清理掉，确保封闭底漆不受污染。

③ 涂装质感涂料：待封闭底漆干燥后，即可涂装质感涂料。一般采用刮涂或喷涂等施工方法。刮涂（抹涂）施工是用铁抹子将涂料均匀刮涂到墙上，并根据设计图纸的要求，刮出各种造型，或用特殊的施工工具制作出不同的艺术效果。喷涂施工是用喷枪将涂料按设计要求喷涂于基层上，喷涂施工时应注意控制涂料的黏度、喷枪的气压、喷口的大小、喷射距离以及喷射角度等。

3）成品保护

① 进行操作前将不进行喷涂的门窗及其他相关的部位遮挡好。

② 喷涂完的墙面，随时用木板或小方木将口、角等处保护好，防止碰撞造成损坏。

③ 涂裱工刷漆时，严禁蹬踩以涂好的涂层部位（窗台），防止小油桶碰翻涂漆污染墙面。

④ 刷（喷）浆工序与其他工序要合理安排，避免刷（喷）后其他工序又进行修补工作。

⑤ 刷（喷）浆前应对已完成的地面面层进行保护，严禁落浆造成污染。

⑥ 移动浆桶、喷浆机等施工工具时严禁在地面上拖拉，防止损坏地面的面层。

⑦ 浆膜干燥前，应防止尘土沾污和热气侵袭。

⑧ 拆架子或移动高凳子应注意保护好以刷浆的墙面。

⑨ 浆活完工后应加强管理，认真保护好墙面。

4）质量要求

美术漆质量要求见表 24-146、表 24-147。

混凝土及抹灰表面油漆美术涂饰工程基本项目　　　　　　　　表 24-146

项次	项　目	中级涂料	高级涂料	检验方法
1	花色	均匀	均匀	观察
2	光泽	光泽基本均匀	光泽均匀一致	观察检查
3	裹棱、流坠、皱皮	明显处不允许	不允许	观察
4	装饰线、分色线直线度允许偏差（mm）	2	1	拉 5m 线，不足 5m 拉通线，用钢直尺检查

注：无光色漆不检查光泽。

室内水性涂料美术粉饰工程基本项目　　　　　　　　表 24-147

项次	项　目	中级涂饰	高级涂饰	检查方法
1	颜色	均匀一致	均匀一致	观察
2	泛碱、咬色	允许少量轻微	不允许	
3	流坠、疙瘩	允许少量轻微	不允许	
4	装饰线、分色直线度允许偏差（mm）	2	1	拉 5m 线，不足 5m 拉通线，用钢直尺检查

24.5.4.3　内、外墙氟碳漆工程

1. 工艺流程

基层处理→铺挂玻纤网→分格缝切割及批刮腻子→封闭底涂施工→中涂施工→面涂施

工→分格缝描涂

2. 施工准备

(1) 外墙施工见 24.5.4.1 的第 2 条。

(2) 墙面必须干燥，基层含水率应符合当地规范要求。

(3) 墙面的设备管洞应提前处理完毕，为确保墙面干燥，各种穿墙孔洞都应提前抹灰补齐。

(4) 门窗要提前安装好玻璃。

(5) 施工前应事先做好样板间，经检查鉴定合格后，方可组织班组进行大面积施工。

(6) 作业环境应通风良好，湿作业已完成并具备一定的强度，周围环境比较干燥。

(7) 冬期施工涂料工程，应在采暖条件下进行，室温保持均衡，一般室内温度不宜低于 5℃，相对湿度为 85%。同时应设专人负责测试温度和开关门窗，以利通风排除湿气。

3. 基层处理

(1) 平整度检查：用 2m 靠尺仔细检查墙面的平整度，将明显凹凸部位用彩笔标出。

(2) 点补：孔洞或明显的凹陷用水泥砂浆进行修补，不明显的用粗找平腻子点补。

(3) 砂磨：用砂轮机将明显的凸出部分和修补后的部位打磨至符合要求≤2mm。

(4) 除尘、清理：用毛刷、铲刀等清除墙面粘附物及浮尘。

(5) 洒水：如果基面过于干燥，先洒水润湿，要求墙面见湿无明水。

(6) 基面修补完成，无浮尘，无其他粘附物，可进入下道工序。

4. 施工工艺

(1) 铺挂玻纤网

满批粗找平腻子一道，厚度 1mm 左右，然后平铺玻纤网，铁抹子压实，使玻纤网和基层紧密连接，再在上面满批粗找平腻子一道。铺挂玻纤网后，干燥 12h 以上，可进入下道工序。

(2) 分格缝切割及批刮腻子

1) 根据图纸要求弹出分格缝位置，用切割机沿定位线切割分格缝，一般宽度为 2cm，深度为 1.5cm，再用锤、凿等工具，将缝蕊挖出，将缝的两边修平。

2) 粗找平腻子施工：第一遍满批刮，用刮尺对每一块由下至上刮平，稍待干燥后，一般 3~4h（晴天），仔细砂磨，除去刮痕印。第二遍满批，用刮尺对每一块由左至右刮平，以上打磨使用 80 号砂纸或砂轮片施工。第三遍满批，用批刀收平，稍待干燥后，一般 3~4h（晴天），用 120 号以上砂纸仔细砂磨，除去批刀印和接痕。每遍腻子施工完成后，洒水养护 4 次，每次养护间隔 4h。

3) 分格缝填充：填充前，先用水润湿缝蕊。将配好的浆料填入缝蕊后，干燥约 5min，用直径 2.5cm（或稍大）的圆管在填缝料表面拖出圆弧状的造型。

4) 细找平腻子施工：腻子满批后，用批刀收平，稍待干燥后，一般 3~4h，用 280 号以上砂纸仔细砂磨，除去批刀印和接痕。细腻子施工完成后，干燥发白时即可砂磨，洒水养护，两次养护间隔 4h，养护次数不少于 4 次。

5) 满批抛光腻子：满批后，用批刀收平。干燥后，用 300 号以上砂纸砂磨；砂磨后，用抹布除尘。

（3）封闭底涂施工

采用喷涂。腻子层表面形成可见涂膜，无漏喷现象。施工完成后，至少干燥 24h，方可进入下道工序。

（4）中涂施工

喷涂二遍。第一遍喷涂（薄涂），一度（十字交叉）。充分干燥后进行第二遍喷涂（厚涂），二度（十字交叉）。干燥 12h 以后，用 600 号以上的砂纸砂磨，砂磨必须认真彻底，但不可磨穿中涂。砂磨后，必须用抹布除尘。

（5）面涂施工

进行二遍喷涂（薄涂），一度（十字交叉）。第一遍充分干燥后进行第二遍。施工完毕并干燥 24h 后，可进入下道工序。

（6）分格缝描涂

用美纹纸胶带沿缝两边贴好保护，然后刷涂两遍分格缝涂料，待第一遍涂料干燥后方可涂刷第二遍。待干燥后，撕去美纹纸。

5. 成品保护

（1）刷油漆前应先清理完施工现场的垃圾及灰尘，以免影响油漆质量。

（2）进行操作前将不不需喷涂的门窗及其他相关的部位遮挡好。

（3）喷涂完的墙面，随时用木板或小方木将口、角等处保护好，防止碰撞造成损坏。

（4）刷漆时，严禁蹬踩以涂好的涂层部位，防止油桶碰翻涂漆污染墙面。

（5）刷（喷）浆工序与其他工序要合理安排，避免刷（喷）后其他工序又进行修补工作。

（6）刷（喷）浆前应对已完成的地面面层进行保护，严禁落浆造成污染。

（7）移动浆桶、喷浆机等施工工具时严禁在地面上拖拉，防止损坏地面的面层。

（8）浆膜干燥前，应防止尘土沾污。

（9）拆架子或移动高凳子应注意保护好已刷浆的墙面。

（10）浆活完工后应加强管理，认真保护好墙面。

6. 质量要求

（1）闪光粉分布均匀，密度与样板相当；

（2）无流挂现象；

（3）无明暗不均匀及发花现象；

（4）光泽均匀，手感细腻，涂膜上极少有颗粒；

（5）无批刮印痕及凹凸不平现象。

24.6 裱糊、软包工程和硬包工程

24.6.1 常 用 工 具

24.6.1.1 电动机具

电动机具见表 24-148。

电动机具 表 24-148

序号	工具名称	图 例	型 号	用 途
1	壁纸上胶机	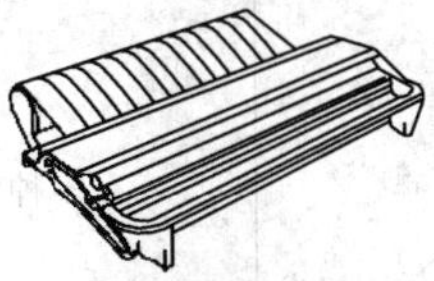	多种	用于壁纸铺贴前打胶
2	空气压缩机	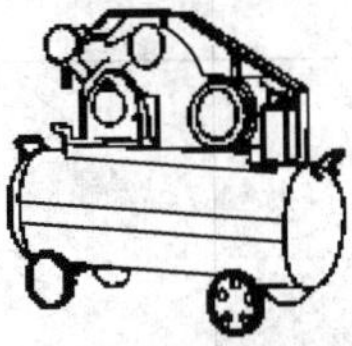	多种	气体压缩机具，配合气钉枪使用，为气钉枪提供气体动力
3	气钉枪	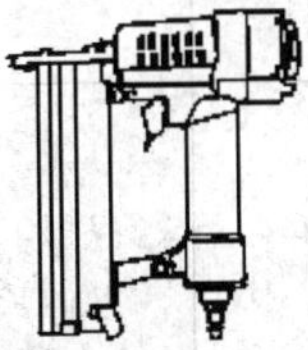	多种	用于打钉的气动工具，配合空气压缩机使用，利用气体压力将钉子射出，以固定对象物件

24.6.1.2 手工工具

手工工具见表 24-149。

手 工 工 具 表 24-149

序号	工具名称	图 例	型 号	用 途
1	工作台	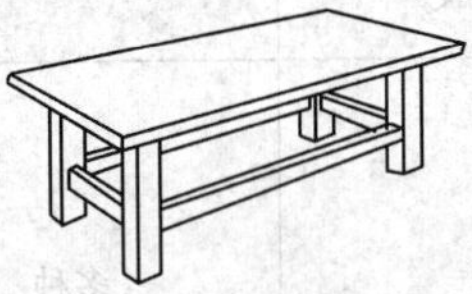	多种	用于壁纸（布）、软硬包面料的裁切、打胶
2	壁纸美工刀		多种	用于裁切壁纸（布）
3	剪刀	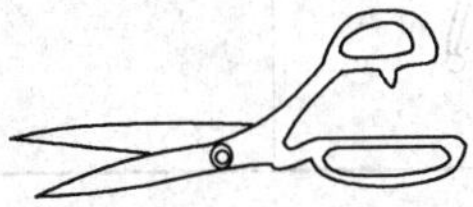	多种	用于裁切壁纸（布）、软硬包的面料
4	羊毛刷		多种	用于壁纸刷胶

续表

序号	工具名称	图　例	型　号	用　途
5	滚筒刷		多种	滚刷底漆、胶水
6	刮板		多种	用于铺贴墙纸（布）、赶出余胶及多余气泡
7	壁纸刷		多种	用于纯纸类壁纸铺平，避免刮板容易破坏纸面
8	壁纸压平滚		多种	用于纯纸类壁纸铺平，压平细小气泡。避免破坏纸面
9	壁纸接缝滚		多种	用于壁纸接缝压平
10	高凳		多种	提升作业面高度

24.6.2 裱　糊　工　程

裱糊工程即为壁纸裱糊工程，壁纸是广泛应用于室内天花、墙柱面的装饰材料之一，具有色彩多样、图案丰富、耐脏、易清洁、耐用等优点。

24.6.2.1 壁纸的分类

壁纸的种类较多，其主要分类见表 24-150。

壁 纸 的 分 类   表 24-150

序号	分 类	种 类	细 分 种 类
1	壁纸	普通壁纸	印花涂塑壁纸、压花涂塑壁纸、复塑壁纸
		发泡壁纸	高发泡印花壁纸、低发泡印花压花壁纸
		麻草壁纸	—
		纺织纤维壁纸	—
		特种壁纸	耐水壁纸、防火壁纸、彩色砂粒壁纸、自粘型壁纸、金属面壁纸、图景画壁纸
2	墙布	玻璃纤维墙布	
		纯棉装饰墙布	—
		化纤装饰墙布	—
		无纺墙布	

24.6.2.2 常用材料

1. 腻子

腻子是用于平整物体表面的一种装饰材料，直接涂施于物体或底漆上，用以填平被涂物表面上高低不平的部分。

装饰所用腻子宜采用符合《建筑室内用腻子》（JG/T 298—2010）要求的成品腻子，成品腻子粉规格一般为 20kg 袋装。如采用现场调配的腻子，应坚实、牢固，不得粉化、起皮和开裂。

2. 封闭底漆

封闭底漆剂主要作用是封闭基材，保护板材，并起到预防返碱、返潮及防止霉菌孳生的作用。

3. 壁纸胶

用于粘贴壁纸的胶水，壁纸胶分为壁纸胶粉和成品壁纸胶。壁纸胶粉一般为盒装或袋装，有多种规格，需按说明书加水调配后方可使用。

布基胶面壁布比较厚重，应采用壁布专用胶水，专用胶水每公斤可以施工 5m²，直接用滚刷涂到墙面和壁布背面即可。

4. 壁纸、壁布

壁纸和壁布的规格一般有大卷、中卷和小卷三种。大卷为宽 920～1200mm，长 50m，每卷可贴 40～90m²；中卷为宽 760～900mm，长 25～50m，每卷可贴 20～45m²；小卷为宽 530～600mm，长 10～12m，每卷可贴 5～6m²。其他规格尺寸可由供需双方协商或以标准尺寸的倍数供应。

24.6.2.3 裱糊施工

1. 工艺流程

基层处理 → 刷封闭底胶 → 放线 → 计算用料、裁纸 → 刷胶 → 裱糊

2. 施工准备

（1）作业条件

1）新建筑物的混凝土或抹灰基层墙面在刮腻子前应涂刷抗碱封闭底漆。

2) 旧墙面在裱糊前应清除疏松的旧装修层，并刷涂界面剂。

3) 水泥砂浆找平层已抹完，经干燥后含水率不大于 8%，木材基层含水率不大于 12%。

4) 水电及设备、顶墙上预留预埋件已完。门窗油漆已完成。

5) 房间地面工程已完，经检查符合设计要求。

6) 房间的木护墙和细木装修底板已完，经检查符合设计要求。

7) 大面积装修前，应做样板间，经监理单位鉴定合格后，可组织施工。

（2）测量放线

1) 顶棚：首先应将顶面的对称中心线通过吊直、套方、找规矩的办法弹出中心线，以便从中间向两边对称控制。

2) 墙面：首先应将房间四角的阴阳角通过吊垂直、套方、找规矩，并确定从哪个阴角开始按照壁纸的尺寸进行分块弹线控制（无图案墙纸通常做法是进门左阴角处开始铺贴第一张，有图案墙纸应根据设计要求进行分块）。

3) 具体操作方法如下：

按壁纸的标准宽度找规矩，每个墙面的第一条纸都要弹线找垂直，第一条线距墙阴角约 15cm 处，作为裱糊时的准线，基准垂线弹得越细越好。墙面上如有门窗口的应增加门窗两边的垂直线。

3. 基层处理

根据基层不同材质，采用不同的处理方法。

（1）混凝土及抹灰基层处理

裱糊壁纸的基层是混凝土面、抹灰面（如水泥砂浆、水泥混合砂浆；石灰砂浆等），要满刮腻子一遍打磨砂纸。但有的混凝土面、抹灰面有气孔、麻点、凸凹不平时，为了保证质量，应增加满刮腻子和磨砂纸遍数。

（2）木质基层处理

木基层要求接缝不显接茬，接缝、钉眼应用腻子补平并满刮油性腻子一遍（第一遍），用砂纸磨平。第二遍可用石膏腻子找平，腻子的厚度应减薄，可在该腻子五六成干时，用塑料刮板有规律地压光，最后用干净的抹布轻轻将表面灰粒擦净。

对要贴金属壁纸的木基面处理，第二遍腻子时应采用石膏粉调配猪血料的腻子，其配比为 10：3（重量比）。金属壁纸对基面的平整度要求很高，稍有不平处或粉尘，都会在金属壁纸裱贴后明显地看出。所以金属壁纸的木基面处理，应与木家具打底方法基本相同，批抹腻子的遍数要求在三遍以上。批抹最后一遍腻子并打平后，用软布擦净。

（3）石膏板基层处理

纸面石膏板比较平整，批抹腻子主要是在对缝处和螺钉孔位处。对缝批抹腻子后，还需用棉纸带贴缝，以防止对缝处的开裂（图 24-216、图 24-217）。在纸面石膏板上，应用腻子满刮一遍，找平大面，在第二遍腻子进行修整。

（4）不同基层对接处的处理

不同基层材料的相接处，如石膏板与木夹板（图 24-218）、水泥或抹灰面与木夹板（图 24-219）、水泥或抹灰面与石膏板之间的对缝（图 24-220），应用棉纸带或穿孔纸带粘贴封口，以防止裱糊后的壁纸面层被拉裂撕开。

24.6　裱糊、软包工程和硬包工程　　205

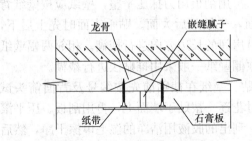

图 24-216　石膏板对缝节点图（一）

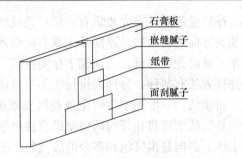

图 24-217　石膏板对缝节点图（二）

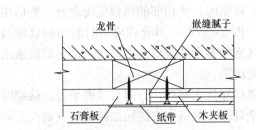

图 24-218　石膏板与木夹板对缝节点图

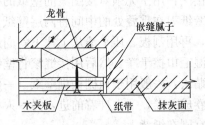

图 24-219　抹灰面与木夹板对缝节点图

4. 施工工艺

（1）刷封闭底胶

涂刷防潮底胶是为了防止壁纸受潮脱胶，一般对要裱糊塑料壁纸、壁布、纸基塑料壁纸、金属壁纸的墙面，涂刷防潮底漆。该底漆可涂刷，也可喷刷，漆液不宜厚，且要均匀一致。

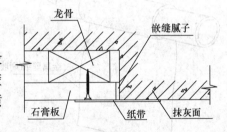

图 24-220　抹灰面与石膏板对缝节点图

涂刷底胶是为了增加粘结力，防止处理好的基层受潮弄污。底胶可涂刷，也可喷刷。在涂刷防潮底漆和底胶时，室内应无灰尘，且防止灰尘和杂物混入该底胶中。底胶一般是一遍成活，但不能漏刷、漏喷。

（2）计算用料、裁纸

按基层实际尺寸进行测量计算所需用量，如采用搭接施工应在每边增加 2～3cm 作为裁纸量。

裁剪在工作台上进行，用壁纸刀、剪刀将壁纸、壁布按设计图纸要求进行裁切。对有图案的材料，无论顶棚还是墙面均应从粘贴的第一张开始对花，墙面从上部开始。边裁边编顺序号，以便按顺序粘贴。

（3）刷胶

纸面、胶面、布面等壁纸，在进行施工前将 2～3 块壁纸进行刷胶，使壁纸起到湿润、软化的作用，塑料纸基背面和墙面都应涂刷胶粘剂，刷胶应厚薄均匀，从刷胶到最后上墙的时间一般控制在 5～7min。

金属壁纸的胶液应是专用的壁纸粉胶。刷胶时，准备一个长度大于壁纸宽的圆筒，一边在裁剪好的金属壁纸背面刷胶，一边将刷过胶的部分向上卷在圆筒上（图 24-221）。

（4）壁纸裱糊

1）普通壁纸裱糊施工

裱糊壁纸时，首先要垂直，后对花纹拼缝，再用刮板用力抹压平整，壁纸应按壁纸背面箭头方向进行裱贴。原则是先垂直面后水平面，先细部后大面。贴垂直面时先上后下，贴水平面时先高后低。在顶棚上裱糊壁纸，宜沿房间的长边方向进行裱糊。相邻两幅壁纸的连接方法有两种，分别为拼接法和搭接法，顶棚壁纸一般采用推贴法进行裱糊。

拼接法：一般用于带图案或花纹壁纸的裱贴。壁纸在裱贴前先按编号及背面箭头试拼，然后按顺序将相邻的两幅壁纸直接拼缝及对花逐一裱贴于墙面上，再用刮板、压平滚从上往下斜向赶出气泡和多余的胶液使之贴实，刮出的胶液用洁净的湿毛巾擦干净，然后用接缝滚将壁纸接缝压平。

搭接法：用于无须对接图案的壁纸的裱贴。裱贴时，使相邻的两幅壁纸重叠，然后用直尺及壁纸刀在重叠处的中间将两层壁纸切开（图 24-222），再分别将切断的两幅壁纸边条撕掉，再用刮板、压平滚从上往下斜向赶出气泡和多余的胶液使之贴实，刮出的胶液用洁净的湿毛巾擦干净，然后用接缝滚将壁纸接缝压平。

推贴法：一般用于顶棚裱糊壁纸。一般先裱糊靠近主窗处，方向与墙面平行。裱糊时将壁纸卷成一卷，一人推着前进，另一人将壁纸赶平，赶密实。推贴法胶粘剂宜刷在基础上，不宜刷在纸背上。

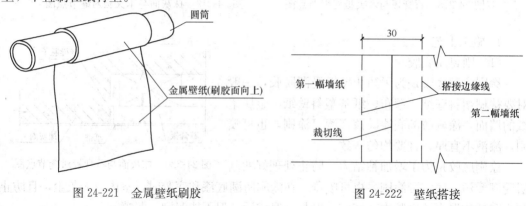

图 24-221 金属壁纸刷胶   图 24-222 壁纸搭接

裱贴壁纸时，注意在阳角处不能拼缝，阴角壁纸应搭缝，阴角边壁纸搭缝时，应先裱糊压在里面的转角壁纸，再粘贴非转角的正常壁纸。搭接面应根据阴角垂直度而定，搭接宽度一般不小于 2～3cm。并且要保持垂直无毛边。

2）金属壁纸裱糊施工

金属壁纸在裱糊前浸水 1～2min，将浸水的金属壁纸抖去多余水分，阴干 5～7min，再在其背面涂刷胶液。

由于特殊面材的金属壁纸，其收缩量很少，在裱贴时可采用拼接裱糊，也可用搭接裱糊。其他要求与普通壁纸相同。

3）麻草壁纸裱糊施工

① 用热水将 20% 的羧甲基纤维素溶化后，配上 10% 的白乳胶，70% 的 108 胶，调匀后待用。用较量为 0.1kg/m²。

② 按需要下好壁纸料，粘贴前先在壁纸背面刷上少许的水，但不能过湿。

③ 将配好的胶液去除一部分，加水 3～4 倍调好，粘贴前刷在墙上，一层即可（达到打底的作用）。

④ 将配好的胶加 1/3 的水调好，粘贴时往壁纸背面刷一遍，再往打好底的墙上刷一遍，即可粘贴。

⑤ 贴好壁纸后用小胶辊将壁纸压一遍，达到吃胶、牢固去褶子目的。

⑥ 完工后再检查一遍，有开胶或粘不牢固的边角，可用白乳胶粘牢。

4）纺织纤维壁纸裱糊施工

① 裁纸时，应比实际长度多出 2～3cm，剪口要与边线垂直。

② 粘贴时，将纺织纤维壁纸铺好铺平，用毛辊沾水湿润基材，纸背的润湿程度以手感柔软为好。

③ 将配置好的胶粘剂刷到基层上，然后将湿润的壁纸从上而下，用刮板向下刮平，因花线垂直布置，所以不宜横向刮平。

④ 拼装时，接缝部位应平齐，纱线不能重叠或留有间隙。

⑤ 纺织纤维壁纸可以横向裱糊，也可竖向裱糊，横向裱糊时使纱线排列与地面平行，可增加房间的纵深感。纵向裱糊时，纱线排列与地面垂直，在视觉上可增加房间的高度。

(5) 墙布裱糊施工

由于墙布无吸水膨胀的特点，故不需要预先用水湿润。除纯棉墙布应在其背面和基层同时刷胶粘剂外，玻璃纤维墙布和无纺墙布只需要在基层刷胶粘剂。胶粘剂应随用随配，当天用完。锦缎柔软易变性，裱糊时可先在其背面衬糊一层宣纸，使其挺括。胶粘剂宜用 108 胶。

1）玻璃纤维墙布施工

基本上与普通壁纸的裱糊施工相同，不同之处如下：

① 玻璃纤维墙布裱糊时，仅在基层表面涂刷胶粘剂，墙布背面不可涂胶。

② 玻璃纤维墙布裱糊，胶粘剂宜采用聚醋酸乙烯酯乳胶，以保证粘接强度。

③ 玻璃纤维墙布裁切成段后，宜存放于箱内，以防止沾上污物和碰毛布边。

④ 玻璃纤维不伸缩，对花时，切忌横拉斜扯，如硬拉即将使整幅墙布歪斜变形，甚至脱落。

⑤ 玻璃纤维前部盖底力差，如基层表面颜色较深时，可在胶粘剂中掺入适量的白色涂料，以使完成后的裱糊面层色泽无明显差异。

⑥ 裁成段的墙布应卷成卷横放，防止损伤、碰毛布边影响对花。

⑦ 粘贴时选择适当的位置吊垂直线，保证第一块布贴垂直。将成卷墙布自上而下按严格的对花要求渐渐放下，上面多留 3～5cm 进行粘贴，以免因墙面或挂镜线歪斜造成上下不齐或短缺，随后用湿白毛巾将布面抹平，上下多余部分用刀片割去。如墙角歪斜偏差较大，可以在墙角处开裁拼接，最后叠接阴角处可以不必要求严格对花，切忌横向硬拉，造成布边歪斜或纤维脱落而影响对花。

2）纯棉装饰墙布裱糊施工

① 在布背面和墙上均刷胶。胶的配合比为：108 胶：4% 纤维素水溶液：乳胶：水＝1：0.3：0.1：适量。墙上刷胶时根据布的宽窄，不可刷得过宽，刷一段裱一张。

② 先好首张裱贴位置和垂直线即可开始裱糊。

③ 从第二张起，裱糊先上后下进行对缝对花，对缝必须严密不搭槎，对花端正不走样，对好后用板式鬃刷舒展压实。

④ 挤出的胶液用湿毛巾擦干净，多出的上、下边用壁纸刀裁割整齐。

⑤ 在裱糊墙布时，应在外露设备处裁破布面露出设备。

⑥ 裱糊墙布时，阳角不允许对缝，更不允许搭搓，客厅、明柱正面不允许对缝。门、窗口面上不允许加压布条。

其他与壁纸基本相同。

3）化纤装饰墙布裱糊施工

① 按墙面垂直高度设计用料，并加长 5～10cm，以备竣工切齐。裁布时应按图案对花裁取，卷成小卷横放盒内备用。

② 应选室内面积最大的墙面，以整幅墙布开始裱糊粘贴，自墙角起在第一、二块墙布间掉垂直线，并用铅笔做好记号，以后第三、四块等与第二块布保持垂直对花，必须准确。

③ 将墙布专用胶水均匀地刷在墙上，不要满刷及防止干涸，也不要刷到已贴好的墙布上去。

④ 先贴距墙角的第二块布，墙布要伸出挂镜线 5～10cm，然后沿垂直线记号自上而下放贴布卷，一面用湿毛巾将墙布由中间向四周抹平。与第二块布严格对花、保持垂直，继续粘贴。

⑤ 凡遇墙角处相邻的墙布可以在拐角处重叠，其重叠宽度约 2cm，并要求对花。

⑥ 遇电器开关应将板面除去，在墙布上画对角线，剪去多余部分，然后再盖上面板使墙面完整。

⑦ 用壁纸刀将上下端多余部分裁切干净，并用湿布抹平。

其他与壁纸基本相同。

4）无纺墙布裱糊施工

① 粘贴墙布时，先用排笔将配好的胶粘剂刷于墙上，涂刷时必须均匀，稀稠适度，涂刷宽度比墙纸宽 2～3cm。

② 将卷好的墙布自上而下粘贴，粘贴时，除上边应留出 50mm 左右的空隙外，布上花纹图案应严格对好，不得错位，并需用干净软布将墙布抹平填实，用壁纸刀裁去多余部分。

其他与壁纸基本相同。

5）绸缎墙面粘贴施工

① 绸缎粘贴前，先用激光测量仪放出第一幅墙布裱贴位置垂直线。然后放出距地面 1.3m 的水平线。使水平线与垂直线相互垂直。水平线应在四周墙面弹通，使绸缎粘贴时，其花形与线对齐，花形图案达到横平竖直的效果。

② 向墙面刷胶粘剂。胶粘剂可以采用滚涂或刷涂，胶粘剂涂刷面积不宜太大，应刷一幅宽度，粘一幅。同时，在绸缎的背面刷一层薄薄的水胶（水∶108 胶＝8∶2），涂刷要均匀，不漏刷。刷胶水后的绸缎应静置 5～10min 后上墙粘贴。

③ 绸缎粘贴上墙。第一幅应从不明显的引脚开始，从左到右，按垂线上下对齐，粘贴平整。贴第二幅时，花形对齐，上下多余部分，随即用壁纸刀裁去。按此法粘贴完毕。贴最后一幅，也要贴阴角处。凡花形图案无法对齐时，可采用取两幅叠起裁划方法，然后将多余部分去掉，再在墙上和绸缎背面局部刷胶，使两边拼合贴密。

④ 绸缎粘贴完毕，应进行全面检查，如有翘边用白胶补好，有气泡应赶出，有空鼓（脱胶）用针筒灌注胶水，并压实严密。有皱纹要刮平。有离缝应重做处理。有胶迹用洁净湿毛巾擦净，如普遍有胶迹时，应满擦一遍。

5. 成品保护

(1) 墙纸、墙布装修饰面已裱糊完的房间应及时清理干净，不得做临时料房或休息室，避免污染和损坏，应设专人负责管理，如房间及时上锁，定期通风换气、排气等。

(2) 在整个墙面装饰工程裱糊施工过程中，严禁非操作人员随意触摸成品。

(3) 暖通、电气、上、下水管工程裱糊施工过程中，操作者应注意保护墙面，严防污染和损坏成品。

(4) 严禁在已裱糊完墙纸、墙布的房间内剔眼打洞。若纯属设计变更所致，也应采取可靠有效措施，施工时要仔细，小心保护，施工后要及时认真修补，以保证成品完整。

(5) 二次补油漆、涂浆活及地面磨石，花岗石清理时，要注意保护好成品，防止污染、碰撞与损坏墙面。

(6) 墙面裱糊时，各道工序必须严格按照规程施工，操作时要做到干净利落，边缝要切割整齐到位，胶痕迹要擦干净。

(7) 冬期在采暖条件下施工，要派专人负责看管，严防发生跑水，渗漏水等灾害性事故。

6. 质量要求

(1) 主控项目

1) 壁纸、墙布的种类、规格、图案、颜色和燃烧性能等级必须符合设计要求及国家现行的有关规定。

2) 裱糊工程基层处理质量应符合要求。

3) 裱糊后各幅拼接应横平竖直，拼接处花纹、图案应吻合，不离缝，不搭接，不显拼缝。

4) 壁纸、墙布应粘贴牢固，不得有漏贴、补贴、脱层、空鼓和翘边。

(2) 一般项目

1) 裱糊后的壁纸、墙布表面应平整，色泽应一致，不得有波纹起伏、气泡、裂缝、皱折及斑污，斜视时应无胶痕。

2) 复合压花壁纸的压痕及发泡壁纸的发泡层应无损伤。

3) 壁纸、墙布与各种装饰线、设备线盒应交接严密。

4) 壁纸、墙布边缘应平直整齐，不得有纸毛、飞刺。

5) 壁纸、墙布阴角处搭接应顺光，阳角处应无接缝。

24.6.3　软　包　工　程

软包工程是建筑中精装修工程的一种，采用装饰布和海绵把室内墙面包起来，有较好的吸音和隔音效果，且颜色多样，装饰效果好。

24.6.3.1　软包的分类

按软包面层材料的不同可以分为：平绒织物软包，锦缎织物软包，毡类织物软包，皮革及人造革软包，毛面软包，麻面软包工，丝类挂毯软包等。

按装饰功能的不同可以分为：装饰软包，吸音软包，防撞软包等。

24.6.3.2 常用材料

软包常用材料见表 24-151。

常用材料   表 24-151

序号	种类	材料	作用
1	龙骨	木龙骨、轻钢龙骨	基层龙骨制作、找平
2	基层板	胶合板或密度板（厚度一般为 9mm、12mm、15mm 等）	铺贴于龙骨上，作为固定软包的基层板材
3	底板及边框	胶合板、松木条、密度板	用于裱贴海绵等填充材料的底板及边框
4	内衬材料	海绵	软包的填充层，固定于底板与边框中间
5	面料	织物、皮革	软包的饰面包裹层
6	木贴脸	各种木氏面板、条（或密度板、条）	用于软包收边的木饰面装饰条

24.6.3.3 软包施工

1. 工艺流程

基层或底板处理 → 放线 → 套割衬板及试铺 → 计算用料、套裁填充料和面料 → 粘贴填充料 → 包面料 → 安装

2. 施工准备

（1）作业条件

1）水电及设备，顶墙上预留预埋件已完成。

2）房间的吊顶分项工程基本完成，并符合设计要求。

3）房间里的地面分项工程基本完成，并符合设计要求。

4）对施工人员进行技术交底时，应强调技术措施和质量要求。

5）调整基层并进行检查，要求基层平整、牢固，垂直度、平整度均符合细木制作验收规范。

6）软包周边装饰边框及装饰线安装完毕。

（2）测量放线

根据设计图纸要求，把该房间需要软包墙面的装饰尺寸、造型等通过吊直、套方、找规矩、弹线等工序，把实际设计的尺寸与造型放样到墙面基层上。并按设计要求将软包挂墙套件固定于基层板上。

3. 基层处理

在做软包墙面装饰的房间基层（砖墙或混凝土墙），应先安装龙骨，再封基层板。龙骨可用木龙骨或轻钢龙骨，基层板宜采用 9~15mm 木夹板（或密度板），所有木龙骨及木板材应刷防火涂料，并符合消防要求。如在轻质隔墙上安装软包饰面，则先在隔墙龙骨上安装基层板，再安装软包。

4. 施工工艺

（1）裁割衬板：根据设计图纸的要求，按软包造型尺寸裁割衬底板材，衬板厚度应符

合设计要求。如软包边缘有斜边或其他造型要求，则在衬板边缘安装相应形状的木边框（图24-223）。衬板裁割完毕后即可将挂墙套件按设计要求固定于衬板背面。

（2）试铺衬板：按图纸所示尺寸、位置试铺衬板，尺寸位置有误的须调整好，然后按顺序拆下衬板，并在背面标号，以待粘贴填充料及面料。

（3）计算用料、套裁填充料和面料：根据设计图纸的要求，进行用料计算和套裁填充材料及面料工作，同一房间、同一图案与面料必须用同一卷材料套裁。

（4）粘贴填充料：将套裁好的填充料按设计要求固定于衬板上。如衬板周边有造型边框，则安装于边框中间，见图24-224。

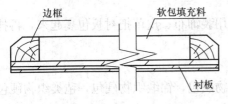
图 24-223　木边框节点图

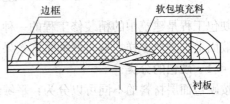
图 24-224　木边框内填充料

（5）粘贴面料：按设计要求将裁切好的面料按照定位标志找好横竖坐标上下摆正粘贴于填充材料上部，并将面料包至衬板背面，然后用胶水及钉子固定（图24-225、图24-226）。

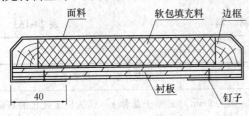
图 24-225　带边框软包节点图

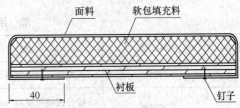
图 24-226　不带边框软包节点图

（6）安装：将粘贴完面料的软包按编号挂贴或粘贴于墙面基层板上，并调整平直。

5. 成品保护

（1）软包墙面装饰工程已完的房间应及时清理干净，不得做料房或休息室，避免污染和损坏成品，应设专人管理（不得随便进入，定期通风换气、排湿）。

（2）在整个软包墙面装饰工程施工过程中，严禁非操作人员随意触摸成品。

（3）暖卫、电气及其他设备等在进行安装或修理工作中，应注意保护墙面，严防污染或损坏墙面。

（4）严禁在已完软包墙面装饰房间内剔眼打洞。若属设计变更，也应采取相应的可靠有效的措施，施工时要小心保护，施工后要及时认真修复，以保证成品完整。

（5）二次修补油、浆工作及地面磨石清理打蜡时，要注意保护好成品，防止污染、碰撞和损坏。

（6）软包墙面施工时，各项工序必须严格按照规程施工，操作时要做到干净利落，边缝要切割修整到位，胶痕及时清擦干净。

6. 质量要求

软包工程的质量要求见表24-152。

软包工程安装的允许偏差和检验方法   表 24-152

项 次	项 目	允许偏差（mm）	检验方法
1	垂直度	3	用1m垂直检测尺检查
2	边框宽度、高度	0；—2	用钢尺检查
3	对角线长度差	3	用钢尺检查
4	裁口、线条接缝高低差	1	用钢直尺和塞尺检查

24.6.4 硬 包 工 程

硬包工程是建筑中的精装修工程的一种，用装饰布、皮革把衬板包裹起来，再挂贴与室内墙面上，颜色多样，有较好的装饰效果好。

24.6.4.1 硬包的分类

按硬包面层材料的不同可以分为：平绒织物硬包，锦缎织物硬包，毡类织物硬包，皮革及人造革硬包，麻面硬包等。

按硬包安装材料的不同可分为：木质硬包工程、塑料硬包工程、石材硬包工程。

24.6.4.2 常用材料

硬包常用材料见表24-153。

常 用 材 料   表 24-153

序 号	种 类	材 料	作 用
1	龙骨	木龙骨、轻钢龙骨	基层龙骨制作、找平
2	基层板	胶合板或密度板（厚度一般为9mm、12mm、15mm等）	铺贴于龙骨上，作为固定硬包的基层板材
3	底板（衬板）	胶合板或密度板	用于裱贴面料的底板及边框
4	面料	织物、皮革	软包的饰面包裹层
5	配件	配套挂件、固定件	用于固定硬包
6	装饰线	各种材质的线条	由于硬包装饰收边

24.6.4.3 硬包施工

1. 工艺流程

基层或底板处理 → 吊直、套方、找规矩、弹线 → 裁割衬板及试铺 → 计算面料、套裁面料 →

粘贴面料 → 安装

2. 施工准备

（1）作业条件

1）混凝土和墙面抹灰完成，基层已按设计要求埋入木砖或木筋（如基层采用轻钢龙骨，则不需埋入木砖或木筋），水泥砂浆找平层已抹完并做防潮层。

2）水电及设备，顶墙上预留预埋件已完成。

3）房间的吊顶分项工程基本完成，并符合设计要求。

4）房间里的地面分项工程基本完成，并符合设计要求。

5）对施工人员进行技术交底时，应强调技术措施和质量要求。

6）调整基层并进行检查，要求基层平整、牢固，垂直度、平整度均符合细木制作验收规范。

（2）测量放线

根据设计图纸要求，把该房间需要硬包墙面的装饰尺寸、造型等通过吊直、套方、找规矩、弹线等工序，把实际设计的尺寸与造型放样到墙面基层上。并按设计要求将硬包挂墙套件固定于基层板上。

3. 基层处理

在做硬包墙面装饰的房间基层（砖墙或混凝土墙），应先安装龙骨，再封基层板。龙骨可用木龙骨或轻钢龙骨，基层板宜采用9～15mm木夹板或密度板，所有木龙骨及木板材应进行防火处理，并符合消防要求。如在轻质隔墙上安装硬包饰面，则在隔墙龙骨上安装基层板即可。

4. 施工工艺

（1）裁割衬板：根据设计图纸的要求，按硬包造型尺寸裁割衬底板材，衬板尺寸应为硬包造型尺寸减去外包饰面的厚度，一般为2～3mm（图24-227），衬板厚度应符合设计要求。衬板裁割完毕后即可将挂墙套件按设计要求固定于衬板背面。

图 24-227 衬板裁割尺寸

（2）试铺衬板：按图纸所示尺寸、位置试铺衬板，尺寸位置有误的须调整好，然后按顺序拆下衬板，并在背面标号，以待粘贴面料。

（3）计算用料、套裁面料：根据设计图纸的要求，进行用料计算、面料套裁工作，面料裁切尺寸需大于衬板（含板厚）40～50mm（图24-228）。同一房间、同一图案与面料必须用同一卷材料套裁。

（4）粘贴面料：按设计要求将裁切好的面料按照定位标志找好横竖坐标上下摆正粘贴于衬板上，并将大于衬板的面料顺着衬板侧面贴至衬板背面，然后用胶水及钉子固定（图24-229）。

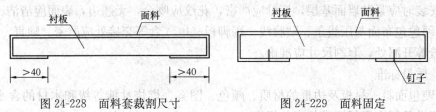

图 24-228 面料套裁割尺寸　　　　　　图 24-229 面料固定

（5）硬包板块安装：将粘贴完面料的板块（硬包）按编号挂贴于墙面基层板上，并调整平直。见图24-230。

5. 成品保护

（1）硬包装饰工程已完的房间应及时清理干净，不得做料房或休息室，避免污染和损坏成品，应设专人管理（加锁，定期通风换气、排湿）。

（2）在整个软包墙面装饰工程施工过程中，严禁非操作人员随意触摸成品。

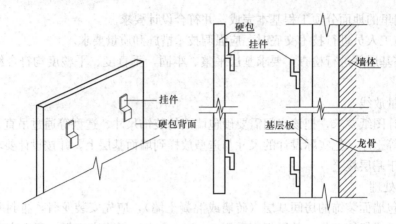

图 24-230 硬包安装

(3) 暖卫、电气及其他设备等在进行安装或修理工作中，应注意保护饰面，严防污染或损坏饰面。

(4) 严禁在已完硬包装饰房间内剔眼打洞。若属设计变更，也应采取相应的可靠有效的措施，施工时要小心保护，施工后要及时认真修复，以保证成品完整。

(5) 二次修补油、浆工作及地面磨石清理打蜡时，要注意保护好成品，防止污染、碰撞和损坏。

(6) 硬包施工时，各项工序必须严格按照规程施工，操作时要做到干净利落，边缝要切割修整到位，胶痕及时清擦干净。

6. 质量要求

(1) 质量关键要求

1) 硬包墙面所用纺织面料、衬板和龙骨、木基层板等均应进行防火处理。

2) 木龙骨宜采用凹槽榫工艺预制，可整体或分片安装，与墙体连接应紧密、牢固。

3) 轻钢龙骨宜采用膨胀螺栓与墙体固定，龙骨间距应符合设计要求，与墙体连接紧密、牢固。

4) 织物面料裁剪时经纬应顺直，与衬板连接固定时应顺直、平整、无波纹起伏、无褶皱。安装时应紧贴墙面基层，接缝应严密，花纹应吻合，无翘边，表面应清洁。

5) 硬包包布面与压线条、贴脸线、踢脚板、电气盒等交接处应严密、顺直、无毛边。电气盒盖等开洞处，套割尺寸应准确。

(2) 质量标准

1) 硬包面料、衬板及边框的材质、颜色、图案、燃烧性能等级和木材的含水率应符合设计要求及国家现行标准的有关规定。

2) 硬包工程的安装位置及结构做法应符合设计要求。

3) 硬包工程的龙骨、衬板、边框应安装牢固，无翘曲，拼缝应平直。

4) 单块硬包面料不应有接缝，四周应绷压平直。

5) 硬包工程表面应平整、洁净，无凹凸不平及皱折；图案应清晰、无色差，整体应协调美观。

6) 硬包边框、线条应平整、顺直、接缝吻合。

24.7 细 部 工 程

24.7.1 木装修常用板材分类

24.7.1.1 胶合板

1. 胶合板的分类及特征（表 24-154）

胶合板的分类及特征   表 24-154

分 类	品 种 名 称	特 征
按板的结构分	单板胶合板	也称夹板（俗称细芯板）。由一层一层的单板构成，各相邻层木纹方向互相垂直
	木芯胶合板	具有实木板芯的胶合板，其芯由木材切割成条，拼接而成。如细木工板（俗称大芯板、木工板）
	复合胶合板	板芯由不同的材质组合而成的胶合板，如塑料胶合板、竹木胶合板等
按耐久性分	干燥条件下使用	在室内常态下使用，主要用于家具制作
	潮湿条件下使用	能在冷水中短时间浸渍，适于室内常温下使用。用于家具和一般建筑用途
	室外条件下使用	具有耐久、耐水、耐高温的优点
按表面加工分	砂光胶合板	板面经砂光机砂光的胶合板
	未砂光胶合板	板面未经砂光的胶合板
	贴面胶合板	表面覆贴装饰单板、木纹纸、浸渍纸、塑料、树脂胶膜或金属薄片材料的胶合板
按形状分	平面胶合板	在压模中加压成型的平面状胶合板
	成型胶合板	在压模中加压成型的非平面状胶合板
按用途分	普通胶合板	适于广泛用途的胶合板
	特殊胶合板	能满足专门用途的胶合板，如装饰胶合板、浮雕胶合板、直接印刷胶合板等

装饰装修中常用的胶合板有：夹板、细木工板。

2. 胶合板的规格

胶合板的厚度为（mm）：2.7、3、3.5、4、5、5.5、6 等。自 6mm 起，按 1mm 递增。厚度在 4mm 以下为薄胶合板。

胶合板的常用规格为：3mm、5mm、9mm、12mm、15mm、18mm。

胶合板的幅面尺寸见表 24-155。

胶合板的幅面尺寸   表 24-155

宽 度 (mm)	长 度 (mm)				
	915	1220	1830	2135	2440
915	915	1220	1883	2135	—
1220	—	1220	1883	2135	2440

24.7.1.2 密度板

1. 密度板的分类及特征

密度板也称纤维板，是以木质纤维或其他植物纤维为原料，施加脲醛树脂或其他合成树脂，在加热加压条件下，压制而成的一种板材。按其密度的不同，分为低密度板、中密度板、高密度板。

密度在 450kg/m^3 以下的为低密度纤维板，密度在 $450\sim800\text{kg/m}^3$ 的为中密度纤维板，密度在 800kg/m^3 以上的为高密度纤维板。目前密度板在装饰装修中较为常用的是中密度板。

国家标准《中密度纤维板》（GB/T 11718—2009）对中密度板的分类及适用范围见表24-156。

中密度板的分类及适用范围   表 24-156

类　型	简　称	适用条件	使　用　范　围
室内型中密度纤维板	室内型板	干燥	所有非承重的应用，如家居和装修件
室内防潮型中密度纤维板	防潮型板	潮湿	
室外型中密度纤维板	室外型板	室外	

密度板表面光滑平整、材质细密、性能稳定，板材表面的装饰性好。但密度板耐潮性及握钉力较差，螺钉旋紧后如果发生松动，则很难再固定。

2. 密度板的规格

幅面规格：宽度为1220mm、915mm；长度为2440mm、2135mm、1830mm。

厚度规格：8mm、9mm、10mm、12mm、14mm、15mm、16mm、18mm、20mm。

24.7.1.3 刨花板

1. 刨花板的分类及特征

由木材碎料（木刨花、锯末或类似材料）或非木材植物碎料（亚麻屑、甘蔗渣、麦秸、稻草或类似材料）与胶粘剂一起热压而成的板材。刨花板多用于办公家具制作。刨花板的具体分类见表24-157。

刨花板的分类   表 24-157

分　类	品　种　名　称	分　类	品　种　名　称
按制造方法分	平压法刨花板	按所使用的原料分	木材刨花板
	辊压法刨花板		甘蔗渣刨花板
按表面状态分	未砂光板		亚麻屑刨花板
	砂光板		麦秸刨花板
	涂饰板		竹材刨花板
	装饰材料饰面板		其他
按表面形状分	平压板	按用途分	在干燥状态下使用的普通用板
	模压板		在干燥状态下使用的家具及室内装修用板
按刨花尺寸和形状分	刨花板		
	定向刨花板		在干燥状态下使用的结构用板
按板的构成分	单层结构刨花板		
	三层结构刨花板		在潮湿状态下使用的结构用板
	多层结构刨花板		在干燥状态下使用的增强结构用板
	渐变结构刨花板		在潮湿状态下使用的增强结构用板

2. 刨花板的规格

幅面规格：1220mm×2440mm。

厚度规格：4mm、6mm、8mm、10mm、12mm、14mm、16mm、19mm、22mm、25mm、30mm等。

24.7.2 木制构件的接合类型

24.7.2.1 板的直角与合角接合

板的直角与合角接合见表 24-158。

表 24-158

板的直角与合角接合

序　号	名　　称	简图及构造要求	用　　途
1	平叠接		用钉子结合，常用于一般简易隔板的结合
2	角叠接		常见于一般简易箱类四个角上的结合
3	肩胛叠接		多用于抽屉面板与旁板的结合，包角板阳角的结合
4	合角肩胛接		常用于包角板阳角的结合
5	纳入接		用于箱柜壁橱等隔板的 T 形结合
6	肩胛纳入接		用于 T 形结合的隔板

序号	名称	简图及构造要求	用途
7	燕尾纳入接		用于要求整体性较高的搁板、隔板
8	暗纳入接		用于高级搁板
9	暗燕尾纳入接		用于高级搁板及木箱
10	对开交接		一般用于简单箱类的结合
11	三枚交接		用于坚固的箱类，并可做成五枚或多枚交接
12	明燕尾交接		用于高级箱类的结合
13	半盖燕尾交接		用于高级箱类、抽屉面板与旁板的结合

序 号	名 称	简图及构造要求	用 途
14	合角燕尾交接		用于高级箱柜的结合
15	平肩胛接		用于抽屉、高级箱类、柜的旁板
16	平斜接（加栓）		常用于柜框的面板和旁板的结合等
17	斜接		用于两种厚度不同木材的结合，如台面板、木架
18	暗木栓斜接		用于柜类、台面板
19	明燕尾楔斜接		用于高级箱类
20	斜肩胛接		用于高级箱类、柜的旁板
21	明薄片楔斜接		用于简单的箱类

续表

序　号	名　　称	简图及构造要求	用　　途
22	明纳入斜接	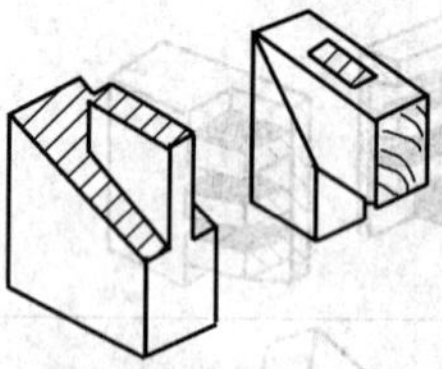	用于台面板外框
23	木销接	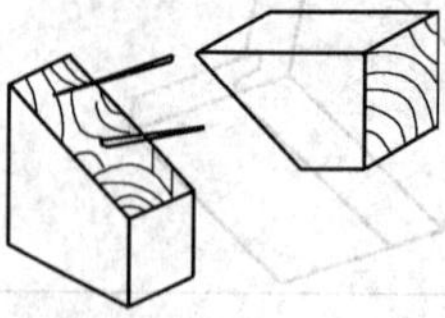	用于包角板等

24.7.2.2　框的直角与合角接合

框的直角与合角接合见表 24-159。

框的直角与合角接合　　　　　　　　　表 24-159

序　号	名　　称	简图及构造要求	用　　途
1	对开重叠角接	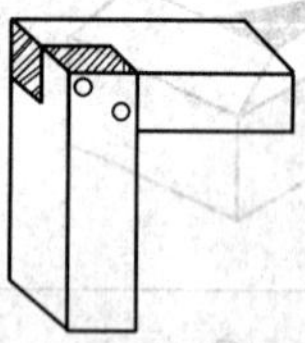	用于简易的门框
2	对开合角接	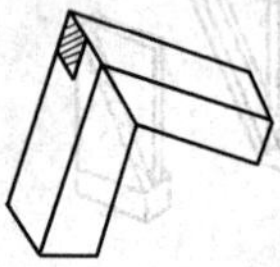	用于简单的门框
3	对开十字接	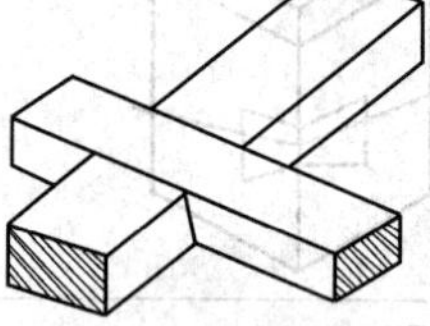	常用于相互交叉的撑子
4	对开重叠十字接	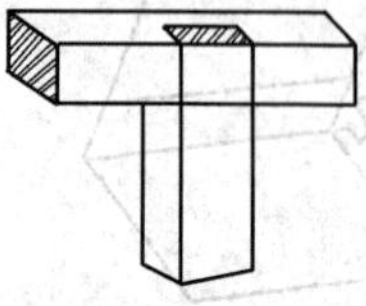	用于框里横竖档的交接
5	明燕尾重叠接	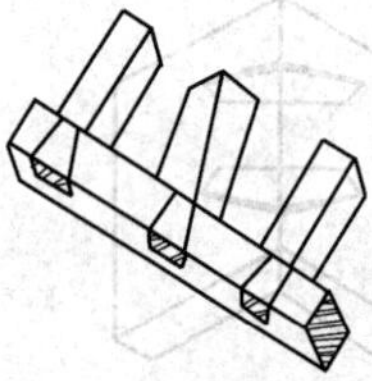	用于框里横、竖、斜档的交接

序 号	名 称	简图及构造要求	用 途
6	暗燕尾重叠接		用于不露榫的横竖档的交接
7	矩形三枚纳接		用于中级框的结合
8	明合角三枚纳接		用于中级框角及门
9	暗合角三枚纳接		用于高级门
10	T形、＜形三枚纳接		用于架类的中档及斜撑
11	明燕尾三枚纳接		用于坚固架类的结合
12	半盖燕尾三枚纳接		用于坚固美观的壁橱窗门框的结合
13	明燕尾合角三枚纳接		用于更强的结合

序 号	名 称	简图及构造要求	用 途
14	暗燕尾合角三枚纳接		用于高级架类的结合
15	小根接		用于框的上下档、架类的脚隅部
16	肩胛纳接		
17	二重纳接		用于门的横档、台的裙板、撑档
18	明纳接		用于单面线脚，用于普通门窗的结合
19	平纳接		用于普通的架类
20	高低纳接（即大进小出）		用于两个成直角的横档，纳在同一框梃的两面的结合
21	明纳接（双面，上下线脚）		用于高级门和外观要求高的架类

续表

序号	名称	简图及构造要求	用途
22	上端斜纳接		用于高级门及外观要求高的架类

24.7.2.3 板面的加宽

板面的加宽见表 24-160。

板面的加宽构造和用途   表 24-160

名称	形式	构造要求和操作方法	用途
胶粘法		1. 用皮胶或白乳胶将木板相邻两侧面粘合 2. 两侧接触面必须刨平、直，对严，不得露"黑缝" 3. 各板对缝后必须平整 4. 材料含水率应在15%以下 5. 注意年轮方向和木纹，以防变形	粘合门心板、箱、柜面板等，用途非常广泛
企口接法		1. 将木板两侧制成凹凸形状的榫槽，将多数木板互相衔接起来 2. 也可将榫槽做成燕尾形式更为坚固结实 3. 榫槽要嵌紧，结合要严密	常用于地板、门心板
裁口接法（高低缝接法）		1. 将木板两侧左上右下裁口，使各板相互搭接在一起 2. 口槽接缝须严密	用于木隔断、顶棚板，有时也用于木大门拼板上
穿条接法		1. 将相邻两板的拼接侧面刨平、对严、起槽 2. 在槽中穿条连接相邻木板 3. 条与槽必须挤紧	用于高级台面板、靠背板等薄工件上，有的模板用穿条法防止缝隙跑浆
明穿带接法		1. 在相邻板的背面垂直木纹方向通长起凹槽 2. 带的一端应略大于另一端，槽的宽度应和其相应 3. 用带的小端由槽的大端逐步楔入楔紧	可增加面板韧性，防止弯曲变形，常配合胶粘法用于桌面板下面，也常见于木板背面穿带
平面栓接法		1. 在相邻两块木板的平面上用硬木制成拉销，嵌入木板内，使两板结合起来 2. 拉销的厚度不超过板厚的1/3 3. 如两面嵌拉销时，位置必须错开	用于台面板底板及中式木板门等较厚的木板接合中

名　称	形　式	构造要求和操作方法	用　途
暗榫接法		1. 在木板侧面栽植木销或圆形木销 2. 木销长度应比孔深短 2mm 3. 两接触侧面要刨直对严后再开孔	台面板及板面较厚的接合中
栽钉法		1. 在两相接木板的侧面画出十字线，并钻出细孔 2. 将两端尖锐的铁钉或竹钉栽在钉位十字线上，对准另一块板的孔轻敲木板侧面至密贴后为止	可用作胶粘的辅助方法，或用于含水量较大的木板
木螺钉接法		1. 在相接木板的侧面，中央画出十字线 2. 在板的一侧面按十字线位置用木螺丝拧入 3/5，留 2/5 3. 相邻板相对位置钻出螺帽形孔（可固紧调节），将木螺钉平头对圆孔套入后，慢慢敲打上板端头，使孔之狭长部分移至螺钉平头部分嵌紧为止	是胶粘法的辅助方法，多用于较长的板面拼合上
齿形拼缝		1. 在相接两块木板侧面刨平、刨直 2. 用机械在结合面上开出齿形缝 3. 刷胶，按齿拼合，加压拿拢 4. 齿为 90°	适用于做家具面

24.7.3　常　用　机　具

24.7.3.1　电动机具

细部工程常用电动机具见表 24-161。

电　动　机　具　　　　　　表 24-161

序号	工具名称	图　例	型　号	用　途
1	冲击电钻		多种	用于结构上打孔
2	电锤钻		多种	用于结构上打孔

序号	工具名称	图 例	型 号	用 途
3	手电钻		多种	用于各种构件上钻孔
4	电动起子机		多种	用于上螺丝,紧固各种物件
5	空气压缩机		多种	气体压缩机具,配合气钉枪使用,为气钉枪提供气体动力
6	气钉枪		多种	用于打钉的气动工具,配合空气压缩机使用,利用气体压力将钉子射出,以固定对象物件
7	电圆锯		多种	用于切割各种木材
8	手电刨		多种	刨削各种木材
9	切割机		多种	裁切各种型材

续表

序号	工具名称	图 例	型号	用 途
10	角磨机		多种	研磨及刷磨金属与石材
11	抛光机		多种	用于抛光金属及镀金属表面
12	曲线锯		多种	切割木材、塑胶、金属、陶板及橡胶。可割锯直线、曲线、斜角
13	修边机		多种	在木材、塑胶和轻建材上进行修边的工作，也可进行铣槽、雕刻、挖长的孔甚至借助模板进行铣挖
14	电焊机		多种	金属焊接
15	氩弧焊机		多种	用于不锈钢薄板及各种异形材料的精密焊接

24.7.3.2 木工工具

细部工程常用木工工具见表24-162。

木工工具　　　　　　　　　　　　　表 24-162

序号	工具名称	图例	规格	用途
1	手刨		多种	用于刨削各种木材
2	木工锯		多种	用于锯切木材
3	铁锤		多种	用于物件加工
4	木工凿		多种	用于木构件加工
5	螺丝刀		多种	紧固螺丝
6	卷尺		多种	测量尺寸
7	钢板尺		多种	测量尺寸
8	水平尺		多种	测量水平及垂直度
9	90°角尺		多种	测量直角及尺寸

续表

序号	工具名称	图　例	规　格	用　途
10	人字梯	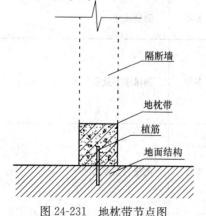	多种	提升作业面高度

24.7.4　细部工程施工

24.7.4.1　木隔断施工

1. 工艺流程

弹隔墙定位线 → 做地枕带 → 龙骨安装 → 防火处理 → 安装罩面板（一侧） → 安装隔音棉 → 安装罩面板（另一侧）

2. 施工准备

（1）作业条件

1）隔断工程施工前，应先安排外装，安装罩面板时先安装好一面，待隐蔽验收工程完成后，并经有关单位、部门验收合格，办理完工种交接手续，再安装另一面。

2）安装各种系统的管、线盒弹线及其他准备工作已到位。

（2）测量放线

在基体上弹出水平线和竖向垂直线，以控制隔断龙骨安装的位置、格栅的平直度和固定点。

3. 基层处理

（1）将墙面、地面起皮及松动处清除干净，并用水泥砂浆补抹，将残留灰渣铲干净，然后将基层扫净。

（2）用水泥砂浆将墙面、地面的坑洼、缝隙等处找平。

4. 施工工艺

（1）做地枕带

在地面隔墙定位线位置用砖、水泥砂浆或混凝土制作地枕带，如原地面已有地枕带则不需再重新制作，见图 24-231。

（2）龙骨的安装

1）沿弹线位置固定沿顶和沿地龙骨，各自交接后的龙骨，应保持平直。固定点间距应不大于 1m，龙骨

隔断墙

地枕带

植筋

地面结构

图 24-231　地枕带节点图

的端部必须固定，固定应牢固。边框龙骨与基体之间，应按设计要求安装密封条。

2）安装隔断竖龙骨及横龙骨：按设计要求先安装竖向龙骨，再安装横向龙骨，龙骨安装需横平竖直。

3）门窗或特殊节点处，应使用附加龙骨，其安装应符合设计要求。

（3）防火处理

龙骨安装完毕后，即刷防火涂料2~3遍，并应满足消防要求。

（4）罩面板安装（一侧）

胶合板、纤维板可采用螺钉、直钉或蚊钉固定于龙骨上，钉距为80~150mm，如用钉子固定，钉帽应钉入板面0.5~1mm；钉眼用油性腻子抹平。胶合板、人造木板如涂刷清油等涂料时，相邻板面的木纹和颜色应近似。胶合板、纤维板用木压条固定时，钉距不应大于200mm，钉帽应钉入木压条0.5~1mm，钉眼用油性腻子抹平。

用胶合板、纤维板作罩面时，应符合防火的有关规定，在湿度较大的房间，不得使用未经防水处理的胶合板和纤维板。

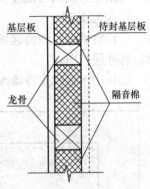

（5）安装隔音棉

需要进行隔声、保温、防火的墙面，应根据设计要求在龙骨安装好及封完一侧罩面板后，在龙骨空腔处进行隔声、保温、防火等材料的填充，再封闭另一侧罩面板。见图24-232。

（6）安装罩面板（另一侧）

施工工艺同第（4）条。

图 24-232 隔音棉的安装

5. 成品保护

（1）轻钢龙骨石膏板隔墙施工过程中，各工种应注意不得损坏已安装部分。避免碰撞隔断内电管线及电盒、电箱等。

（2）隔断安装完后，不要碰撞墙面，墙面上不要悬挂重物，不要损坏和污染隔断墙面。

6. 质量要求

骨架隔墙安装的允许偏差和检验方法应符合表24-163的规定。

骨架隔墙安装的允许偏差和检验方法 表 24-163

项次	项目	允许偏差（mm）	检验方法
1	立面垂直度	4	用2m垂直检测尺检查
2	表面平整度	3	用2m靠尺和塞尺检查
3	阴阳角方正	3	用直角检测尺检查
4	接缝直线度	3	拉5m线，不足5m拉通线，用钢直尺检查
5	压条直线度	3	拉5m线，不足5m拉通线，用钢直尺检查
6	接缝高低差	1	用钢直尺和塞尺检查

24.7.4.2 木家具施工

本条为工厂家具现场安装。

1. 工艺流程

测量放线 → 绘制加工图及工厂加工 → 安装预埋件 → 安装木家具

2. 施工准备

（1）作业条件

1）本分项工程应尽量在加工厂内制作成成品或半成品，然后在施工现场进行安装，所以本分项工程与室内装饰可以分开进行施工。

2）施工的工作面清理干净，按设计图纸弹好控制线，核对现场实际尺寸。

3）预埋件安装完毕。

4）各种系统的管线、线盒已安装到位。

（2）测量放线

根据设计图纸与现场实际情况放出木家具的完成线。

3. 基层处理

（1）将墙面、地面起皮及松动处清除干净，并用水泥砂浆补抹，将残留灰渣铲干净，然后将基层扫净。

（2）用水泥砂浆将墙面、地面的坑洼、缝隙等处找平。

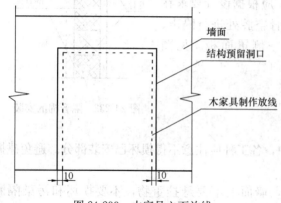

图 24-233　木家具立面放线

4. 施工工艺

（1）根据放线结果绘木家具的加工图，在墙体洞口内的木家具，其宽度及高度尺寸应比门窗洞口小 10～20mm（图 24-233），以防止安装时的误差。加工图绘制完成并经审核后，即可交由工厂生产制作。

（2）安装预埋件

根据设计图纸要求在墙体与木家具连接处埋入木砖或金属连接件。

（3）安装木家具

将工厂加工好的木家具按设计要求拼装并固定于墙体预埋件上，固定应牢固。最后安装收口线将木家具与结构间的间隙隐蔽起来，见图 24-234。

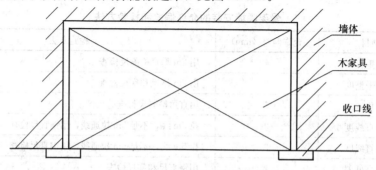

图 24-234　木家具与墙体收口

5. 成品保护

（1）有其他工种作业时，要适当加以掩盖，防止饰面板受到碰撞。

（2）不得将污水、油污等溅湿饰面板。

6. 质量要求

家具安装的允许偏差和检验方法应符合表 24-164 规定。

家具安装的允许偏差和检验方法　　　　　　　　　　表 24-164

项次	项目	允许偏差（mm）	检验方法
1	外形尺寸	3	用钢尺检查
2	立面垂直度	2	用1m垂直检测尺检查
3	门与框架的平行度	2	用钢尺检查

24.7.4.3　木墙裙施工

1. 工艺流程

弹线 → 打孔及埋木塞 → 龙骨制安 → 装钉基层板 → 镶贴饰面板 → 安装踢脚线

2. 施工准备

（1）作业条件

1）混凝土和墙面抹灰完成，基层已按设计要求埋入木砖或木筋（如采用轻钢骨架则无需预埋木砖或木筋），水泥砂浆找平层已抹完并做防潮层。

2）水电及设备，顶墙上预留预埋件已完成。

3）房间的吊顶分项工程基本完成，并符合设计要求。

4）房间里的地面分项工程基本完成，并符合设计要求。

5）对施工人员进行技术交底时，应强调技术措施和质量要求。

6）调整基层并进行检查，要求基层平整、牢固，垂直度、平整度均符合细木制作验收规范。

（2）测量放线弹线

根据设计要求及龙骨间距进行弹线。

3. 基层处理

（1）将墙面、地面起皮及松动处清除干净，并用水泥砂浆补抹，将残留灰渣铲干净，然后将基层扫净。

（2）用水泥砂浆将墙面、地面的坑洼、缝隙等处找平。

4. 施工工艺

（1）打孔及埋木塞

在龙骨间距线上打孔，孔间距不宜超过 400mm，打孔后，敲入木塞，要求牢固，无松动。如采用轻钢龙骨骨架系统则不需打孔及填木塞。

（2）龙骨制安

1）木龙骨制安

① 根据墙裙高度做成龙骨架，整片或分片安装。

② 龙骨间距：一般横龙骨间距为 300mm，竖龙骨间距为 400mm。

③ 龙骨必须与每一个木塞固定牢固。龙骨应作防火、防腐处理。

④ 当龙骨钉完，要检查表面平整、立面垂直和阴、阳角方正。

2）轻钢龙骨制安

采用 50 型轻钢龙骨根据墙裙高度裁切，并用配套连墙件及膨胀螺栓将竖龙骨固定于墙面，再将横龙骨固定于竖龙骨上，一般横龙骨间距为 300mm，竖龙骨间距为 400mm，龙骨安装须垂直、平整。

（3）装钉基层板

根据龙骨的分布情况，在基层板上弹线、锯裁，将基层板装钉在龙骨上，要求板与板之间的接缝必须在龙骨上，钉帽及螺钉不高于基层板面，基层板面必须垂直平整，见图 24-235、图 24-236。

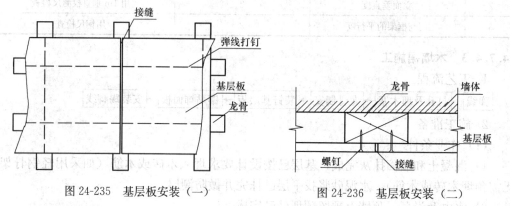

图 24-235　基层板安装（一）　　　　图 24-236　基层板安装（二）

（4）镶贴饰面板

饰面板上涂刷清漆时，在同一房间应挑选颜色、木纹一致的饰面板。镶贴饰面板时，应在基层板面和饰面板的背面均匀涂刷胶粘剂，饰面板纵向接头，最好在视线忽略部位。采用挂贴饰面板时，饰面板背面及基层板上应按设计要求安装挂接构件，挂接应牢固、平整。镶贴饰面板应自下而上，接缝严密，饰面板接缝与基层板接缝不能重叠，饰面板接缝处应根据设计要求做装饰处理。

（5）安装踢脚线

饰面板安装完毕后，在木墙裙底部安装踢脚线，踢脚线应固定于墙板上，踢脚线的型号、规格应符合设计要求，木墙裙安装完毕后，应立即进行饰面处理，涂刷清油一遍，以防止其他工种污染板面。采用工厂加工的成品饰面板，在安装后应做表面覆盖保护工作。

5. 成品保护

（1）木饰面工程已完的房间应及时清理干净，不准做料房或休息室，避免污染和损坏成品，应设专人管理。

（2）在整个木饰面装饰工程施工过程中，严禁非操作人员随意触摸成品。

（3）暖卫、电气及其他设备等在进行安装或修理工作中，应注意保护墙面，严防污染或损坏墙面。

（4）严禁在已完木饰面装饰房间内剔眼打洞。若属设计变更，也应采取相应的可靠有效的措施，施工时要小心保护，施工后要及时认真修复，以保证成品完整。

（5）二次修补油、浆工作及地面磨石清理打蜡时，要注意保护好成品，防止污染、碰撞和损坏。

6. 质量要求

木饰面板安装的允许偏差和检验方法应符合表 24-165 的规定。

木饰面板安装的允许偏差和检验方法　　　表 24-165

项　次	项　目	允许偏差（mm）	检　验　方　法
1	立面垂直度	1.5	用 2m 垂直检测尺检查
2	表面平整度	1	用 2m 靠尺和塞尺检查
3	阴阳角方正	1.5	用直角检测尺检查
4	接缝直线度	1	拉 5m 线，不足 5m 拉通线，用钢直尺检查
5	墙裙、勒脚上口直线度	2	拉 5m 线，不足 5m 拉通线，用钢直尺检查
6	接缝高低差	0.5	用钢直尺和塞尺检查
7	接缝宽度	1	用钢直尺检查

24.7.4.4 窗帘盒施工

窗帘盒分为明窗帘盒和暗窗帘盒，明窗帘是窗帘杆或轨道外露出来，一般安装于吊顶下部。暗窗帘是看不到窗帘杆的，一般安装于吊顶内部隐藏起来。

1. 工艺流程

（1）明窗帘盒的制作流程

下料 → 制作卯榫 → 装配 → 修正砂光

（2）暗窗帘盒的安装流程

定位 → 固定角铁 → 固定窗帘盒

2. 施工准备

（1）如果是明窗帘盒，则先将窗帘盒加工成半成品，再在施工现场安装。

（2）如果是暗窗帘盒，则混凝土和墙面的抹灰及找平已经完成。

（3）安装窗帘盒前，顶棚、墙面、门窗、地面的装饰做完。

3. 施工工艺

（1）明窗帘盒的制作

1）下料：按图纸要求截下的木料要长于要求规格 30～50mm，厚度、宽度要分别大于 3～5mm。

2）制作卯榫：最佳结构方式是采用 45°全暗燕尾卯榫，也可采用 45°斜角钉胶结合，上盖面可加工后直接涂胶钉入下框体。

3）装配：用直角尺测准暗转角度后把结构固定牢固，注意格角处不得露缝。

4）修正砂光：结构固化后可修正砂光。用 0 号砂纸打磨掉毛刺、棱角、立楂，注意不可逆木纹方向砂光。要顺木纹方向砂光。

（2）暗窗帘盒的安装

暗装形式的窗帘盒，主要特点是与吊顶部分结合在一起，常见的有内藏式和外接式。

1）内藏式窗帘盒主要形式是在窗顶部位的吊顶处，做出一条凹槽，凹槽一般采用大芯板制作，完成后在槽内装好窗帘轨。作为含在吊顶内的窗帘盒，与吊顶施工一起做好。

2）外接式窗帘盒是在吊顶平面上，做出一条贯通墙面长度的遮挡板，在遮挡板内吊顶平面上装好窗帘轨。遮挡板一般采用大芯板制作，也可采用木构架双包镶，并把底边做封板边处理。遮挡板与顶棚交接线应用角线压住。遮挡板的固定法可采用射钉固定，也可采用预埋木楔、圆钉固定，或膨胀螺栓固定。

3）窗帘轨安装

窗帘轨道有单、双或三轨道之分。单体窗帘盒一般先安轨道，暗窗帘盒在按轨道时，轨道应保持在一条直线上。轨道形式有工字形、槽形和圆杆形等。

窗帘轨道的安装，应根据产品说明书及设计要求固定在墙面上或窗帘盒的木结构上。

4. 成品保护

（1）安装窗帘盒后，应进行饰面的装饰施工，应对安装后的窗帘盒进行保护，防止污染和损坏。

（2）安装窗帘及轨道时，应注意对窗帘盒的保护，避免对窗帘盒碰伤、划伤等。

5. 质量要求

窗帘盒安装的允许偏差和检验方法应符合表 24-166 的规定。

窗帘盒安装的允许偏差和检验方法　　　　　　表 24-166

项 次	项 目	允许偏差（mm）	检 验 方 法
1	水平度	2	用 1m 水平尺和塞尺检查
2	上口、下口直线度	3	拉 5m 线，不足 5m 拉通线，用钢直尺检查
3	两端距窗洞口长度差	2	用钢直尺检查
4	两端出墙厚度差	3	用钢直尺检查

24.7.4.5　木门窗套及木贴脸板施工

1. 工艺流程

测量放线 → 绘制加工图及工厂加工 → 安装预埋件 → 安装饰面板

2. 施工准备

（1）作业条件

1）验收主体结构是否符合设计要求。采用胶合板制作的门、窗洞口应比门窗樘宽 40mm，洞口比门窗樘高出 25mm。

2）检查门窗洞口垂直度和水平度是否符合设计要求。

3）检查预埋木砖或金属连接件是否齐全、位置是否正确。如有问题必须校正。

（2）测量放线

根据设计图纸与现场实际情况放出门窗套的装饰线。

3. 基层处理

（1）将墙面、地面的杂物、灰渣铲干净，然后将基层扫净。

（2）用水泥砂浆将墙面、地面的坑洼、缝隙等处找平。

4. 施工工艺

（1）根据放线结果绘制门窗套的加工图，门窗套一般有两侧及上部共三片组成，门窗洞内的门窗套线，其宽度及高度（含基层板厚度）尺寸应比门窗洞口小 10～20mm，以防止安装时的误差（图 24-237）。加工图绘制完成并经审核后，即可交由工厂生产制作。

（2）安装预埋件

1）窗套线安装：根据设计图纸要求埋入木塞或木砖，面封大芯板并与木塞固定，板面应平整、垂直，固定应牢固。大芯板应做防火及防腐处理。

2）门套线安装：根据设计图纸要求埋入木塞或金属连接件，面封大芯板。大型或较重的门套及门扇安装，应采用金属连接件，金属连接件可用角钢、方通等制作并用膨胀螺栓与墙体固定，金属件应埋入墙体且表面与墙体平齐。然后面封两层大芯板，用螺丝将板材固定于金属件上，板面应平整、垂直，固定应牢固（图 24-238）。板材与墙体之间的空隙应用防火及隔音材料封堵。并应满足防火要求。

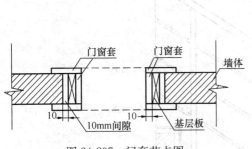

图 24-237   门套节点图

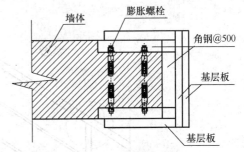

图 24-238   门套基层板安装节点图

（3）安装饰面板

将工厂加工好的门窗套及木贴脸按设计要求固定于基层大芯板上，固定应牢固。

5. 成品保护

（1）有其他工种作业时，要适当加以掩盖，防止对饰面板污染或碰撞。

（2）不能将水、油污等溅湿饰面板。

6. 质量要求

门窗套安装的允许偏差和检验方法应符合表 24-167 规定。

门窗套安装的允许偏差和检验方法   表 24-167

项 次	项　目	允许偏差（mm）	检　验　方　法
1	正、侧面垂直度	3	用 2m 垂直检测尺检查
2	门窗套上口水平度	1	用 1m 水平检测尺和塞尺检查
3	门窗套上口直线度	3	拉 5m 线，不足 5m 拉通线，用钢直尺检查

24.7.4.6 楼梯护栏和扶手施工

1. 工艺流程

弹线 → 安装预埋件 → 安装立柱 → 安装扶手 → 安装踢脚线

2. 施工准备

（1）作业条件

1）脚手架（或龙门架）按施工要求搭设完成，并满足国家安全规范相关要求。

2）施工的工作面清理干净，按设计图纸弹好控制线，核对现场实际尺寸。

3）金属栏杆或靠墙扶手的固定埋件安装完毕。

4）做好样板段，并经检查鉴定合格后，方可组织大面积施工。

（2）测量放线

根据设计要求及安装扶手的位置、标高、坡度校正后弹好控制线；然后根据立柱的点位分布图弹好立柱分布的线。

3. 基层处理

将基层杂物、灰渣铲干净，然后将基层扫净。

4. 施工工艺

楼梯护栏见图 24-239。

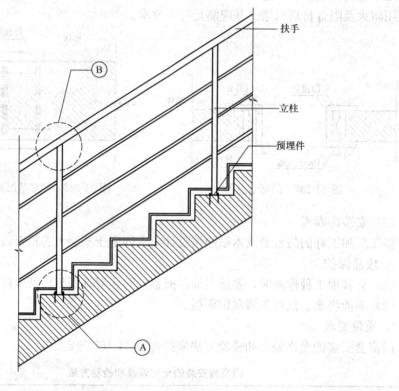

图 24-239 楼梯护栏

（1）安装预埋件：根据立柱分布线，用膨胀螺栓将预埋件安装在混凝土地面上，见图 24-240。

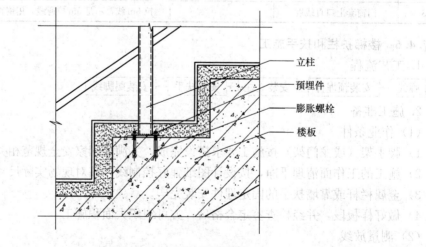

图 24-240 预埋件大样图 A

（2）安装立柱：立柱可采用螺栓或点焊固定于预埋件上，调整好立柱的水平、垂直距离，以及立柱与立柱之间的间距后，即可拧紧螺栓或全焊固定，见图 24-240。

（3）安装扶手：立柱按图纸要求固定后，将扶手固定于立柱上。弯头处按栏板或栏杆顶面的斜度，配好起步弯头。

1）木扶手：可用扶手料割配弯头，采用割角对缝粘接，在断块割配区段内最少要考虑用四个螺钉与支撑固定件连接固定，见图24-241。

2）金属扶手：金属扶手应是通长的，如要接长时，可以拼接，但应不显接槎痕迹，见图24-242。

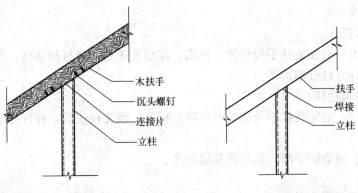

图 24-241　木扶手大样图 B1　　　　图 24-242　金属扶手大样图 B2

3）石材扶手：石材扶手应是通长的，如要接长时，可以在拼接处采用金属套来连接。

（4）安装踢脚线：立柱、扶手安装完毕后，将踢脚线按图纸要求安装好，踢脚线一般常用以下三种材料：不锈钢、石材和瓷砖。

5. 成品保护

（1）安装好的扶手、立柱及踢脚线应用泡沫塑料等柔软物包好、裹严，防止破坏、划伤表面。

（2）禁止以护栏及扶手作为支架，不允许攀登护栏及扶手。

6. 质量要求

护栏和扶手安装的允许偏差和检验方法应符合表24-168的规定。

护栏和扶手安装的允许偏差和检验方法　　　　　　　表 24-168

项　次	项　目	允许偏差（mm）	检　验　方　法
1	护栏垂直度	3	用1m垂直检测尺检查
2	栏杆间距	3	用钢尺检查
3	扶手直线度	4	拉通线，用钢直尺检查
4	扶手高度	3	用钢尺检查

24.7.4.7　玻璃栏杆施工

1. 工艺流程

（1）点式玻璃栏杆

弹线 → 预埋件 → 立柱 → 爪件 → 扶手 → 踢脚线 → 玻璃 → 成品保护 → 清洁

（2）入槽式玻璃栏杆

弹线 → 预埋件 → U 型钢槽 → 胶垫 → 玻璃 → 扶手 → 踢脚线 → 成品保护 → 清洁

2. 施工准备

（1）作业条件

1）脚手架（或龙门架）按施工要求搭设完成，并满足国家安全规范相关要求。

2）施工的工作面清理干净，按设计图纸弹好控制线，核对现场实际尺寸。

3）预埋件安装完毕。

4）做好样板段，并经检查鉴定合格后，方可组织大面积施工。

（2）测量放线

1）点式玻璃栏杆

根据设计要求，对安装扶手的位置、标高、坡度校正后，弹好控制线；然后根据立柱的点位分布图弹好立柱分布的线。

2）入槽式玻璃栏杆

根据设计要求，对安装扶手及玻璃的位置、标高、坡度校正后，弹好控制线。

3. 基层处理

将基层杂物、灰渣铲干净，然后将基层扫净。

4. 施工工艺

（1）点式玻璃栏杆（图 24-243）

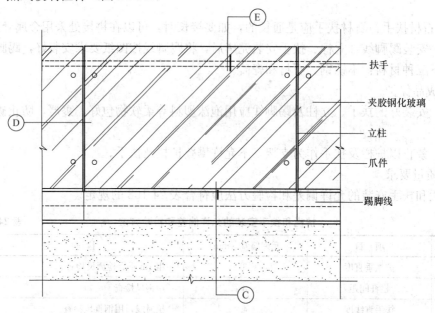

图 24-243　点式玻璃栏杆立面图

1）安装预埋件：根据立柱分布线，用膨胀螺栓将预埋件安装在混凝土地面上，见图 24-244。

2）安装立柱：立柱用螺栓固定在预埋件上，调整好立柱的水平、垂直距离，以及立柱与立柱之间的间距后，拧紧螺栓。

3）安装爪件：爪件用 2 个螺栓固定在立柱上，调整好爪件之间水平、垂直距离后，以及爪件之间的间距后（必须保证爪件之间的间距与玻璃上孔距相等），拧紧螺栓，见图 24-245。

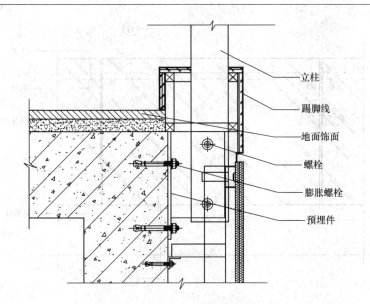

图 24-244　预埋件大样图 C

（右侧标注：立柱、踢脚线、地面饰面、螺栓、膨胀螺栓、预埋件）

4）安装扶手：立柱与爪件按图纸要求固定完后，将扶手固定在立柱上。弯头处按栏板或栏杆顶面的斜度，配好起步弯头。

① 木扶手：可用扶手料割配弯头，采用割角对缝粘接，在断块割配区段内最少要考虑用四个螺钉与支撑固定件连接固定，见图 24-246。

② 金属扶手：金属扶手应是通长的，如要接长时，可以拼接，但应不显接缝痕迹。见图 24-247。

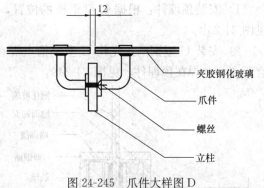

图 24-245　爪件大样图 D

（标注：夹胶钢化玻璃、爪件、螺丝、立柱；尺寸 12）

③ 石材扶手：石材扶手应是通长的，如要接长时，可以在拼接处采用金属套来连接。

5）安装踢脚线：立柱、爪件、扶手安装完毕后将踢脚线按图纸要求安装好，踢脚线一般常用以下三种材料：不锈钢、石材和瓷砖。

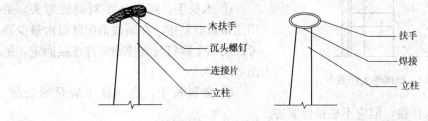

图 24-246　木扶手大样图 E1　　图 24-247　金属扶手大样图 E2

（左图标注：木扶手、沉头螺钉、连接片、立柱；右图标注：扶手、焊接、立柱）

6）安装玻璃：将玻璃安装在爪件上，水平、垂直方向及玻璃缝调好后，拧紧装饰螺丝。

（2）入槽式玻璃栏杆（图 24-248）

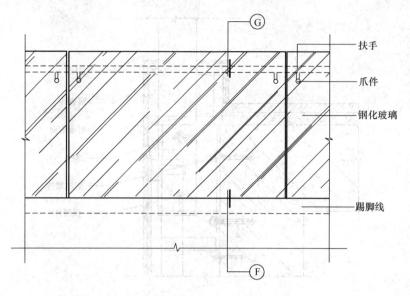

图 24-248 入槽式玻璃栏杆立面图

1）安装预埋件：根据 U 型钢槽的位置，用膨胀螺栓将预埋件安装在混凝土地面上，见图 24-249。

2）安装 U 型钢槽：先将 U 型钢槽点焊在预埋件上，待调整好 U 型钢槽的水平、垂直距离，全焊在预埋件，见图 24-249。

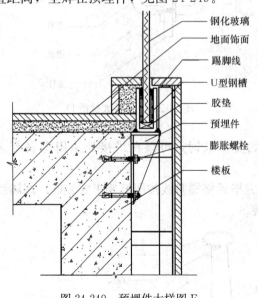

图 24-249 预埋件大样图 F

3）安装胶垫：根据玻璃分格，在每块玻璃安装处按设计要求将胶垫放入 U 型钢槽内，见图 24-249。

4）安装玻璃：将玻璃放入 U 型钢槽内的胶垫上，待玻璃调整好水平、垂直高度以及玻璃与玻璃之间的间隙后，进行加固，见图 24-249。

5）安装扶手：玻璃按图纸要求安装完后，将扶手固定在玻璃上。弯头处按栏板或栏杆顶面的斜度，配好起步弯头。

① 木扶手：可用扶手料割配弯头，采用割角对缝粘接，在断块割配区段内最少要考虑用四个螺钉与支撑固定件连接固定，见图 24-250。

② 金属扶手：金属扶手应是通长的，如要接长时，可以拼接，但应不显接槎痕迹。

③ 石材扶手：石材扶手应是通长的，如要接长时，可以在拼接处采用金属套来连接，见图 24-251。

6）安装踢脚线：玻璃、扶手安装完后将踢脚线按图纸要求安装好，踢脚线一般常用以下三种材料：不锈钢、石材和瓷砖。

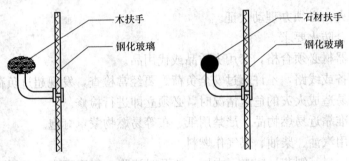

图 24-250　木扶手大样图 G1　　　图 24-251　石材扶手大样图 G2

5. 成品保护

（1）安装好的玻璃护栏应在玻璃表面涂刷醒目的图案或警示标识，以免因不注意而碰、撞到玻璃护栏。

（2）安装好的扶手、立柱及踢脚线等应用泡沫塑料等柔软物包好、裹严，防止破坏、划伤表面。

（3）禁止以玻璃护栏及扶手作为支架，不允许攀登玻璃护栏及扶手。

6. 质量要求

玻璃栏杆安装的允许偏差和检验方法应符合表 24-169 的规定。

玻璃栏杆安装的允许偏差和检验方法　　　　　　　　表 24-169

项 次	项 目	允许偏差（mm）	检 验 方 法
1	护栏垂直度	3	用 1m 垂直检测尺检查
2	栏杆间距	3	用钢尺检查
3	扶手直线度	4	拉通线，用钢直尺检查
4	扶手高度	3	用钢尺检查

24.8　装饰工程防火及安全生产

24.8.1　施工防火安全

贯彻以“以防为主，防消结合”的消防方针，结合施工中的实际情况，加强领导，组织落实，建立防火责任制。

成立工地防火领导小组，由项目负责人任组长，由安全员、仓库保管员及有关工长为组员。

对进场的操作人员进行安全防火知识教育，从思想上使每个职工重视安全防火工作，增强防火意识。

对易燃易爆物品要单独存放保管，远离火源。

施工现场按要求配置消防水桶和干粉灭火器。

保证消防环道畅通无阻，并悬挂防火标志牌、防火制度、及 119 火警电话等醒目标志。

现场动用明火，必须办理动火证。

临建必须符合防火要求。

电器设备、器材必须合格，禁用劣质品或代用品。

各种电器设备或线路，不许超过安全负荷。要经常检查，发现超过负荷、短路、发热和绝缘损坏等容易造成火灾的危险情况时，必须立即进行检修。

照明灯具不准靠近易燃物品，严禁用纸、布等易燃物蒙罩灯泡。

宿舍内严禁用汽油、柴油、煤气作燃料。

木工车间内废料（刨花、锯末、木屑）要及时清除，每天下班前必须清扫干净。

焊、割作业要选择安全地点，周围的可燃物必须清除如不能清除时，应采取安全可靠措施加以防护。

现场不能有与焊接操作有抵触的油漆、汽油、丙酮、乙醚、香蕉水等；排出大量易燃气体的工作场所，不得进行焊接。

24.8.2　安全生产技术措施及操作规程

24.8.2.1　安全技术措施

1. 一般安全措施

（1）参加施工的工人，要熟知本工种安全技术操作规程，要严守工作岗位。

（2）电工、焊工等特殊工种，必须经过专门培训，持证上岗。

（3）正确使用个人防护用品和安全防护措施。

（4）进入施工现场必须戴安全帽，高空作业必须系安全带，上下交叉作业有危险的出入口要有防护棚或其他隔离措施，距地面 3 米以上作业要有防护栏杆、挡板或安全网。

（5）施工现场的脚手架、防护设施、安全标志和警示牌，不得擅自拆动，需要拆动时，要经工地施工负责人同意。

（6）施工现场的"三宝"及"四口"等危险处，应有防护设施或明显标志。

2. 机械设备安全措施

（1）工作前必须检查机械、仪表、工具等完好后方准使用。

（2）操作机械前必须懂得该设备的正确操作方法，不可盲目使用。

（3）电气设备和线路必须绝缘良好，电线不得与金属物绑在一起。

（4）各种电动工具必须按规定接零接地，并设置单一开关；遇有临时停电或停工休息时，必须拉闸上锁。

（5）施工机械和电气设备不得带病运转和超负荷作业。发现不正常情况应停机检查，不得在运转中检修。

（6）从事腐蚀、粉尘、有毒作业，要有防护措施，并进行定期体检。

3. 高空作业安全防护措施

（1）凡患高血压、心脏病、贫血病、癫痫病以及其他不适于高空作业的，不得从事高空作业。

（2）高空作业要衣着灵便，禁止穿硬底和带钉易滑的鞋。

（3）凡是进行高处作业施工的，应使用脚手架、平台、梯子、防护围栏、挡脚板、安全带和安全网，作业前应认真检查所用的安全设施是否牢固、可靠。

（4）项目经理部为作业人员提供合格的安全帽、安全带等必备的个人安全防护用具，作业人员应按规定正确佩戴和使用。

（5）高空作业所用材料要堆放平稳，工具应随手放入工具袋（套）内；上下传递物件禁止抛掷，上下立体交叉作业确有需要时，中间须设隔离设施。

（6）项目经理部应按类别，有针对性地将各类安全警示标志悬挂于施工现场各相应部位，夜间应设置警示灯。

（7）高处作业应设置可靠扶梯，作业人员应沿着扶梯上下，不得沿着立杆与栏杆攀登。

（8）高处作业前，项目经理部应组织有关单位或部门对安全防护设施进行验收，经验收合格签字后方可作业。

（9）遇有恶劣天气影响施工安全时，禁止进行露天高空作业。

（10）发生安全措施有隐患时，必须采取措施、消除隐患、必要时停止作业。

（11）搭拆防护棚和安全设施，需设警戒区、有专人防护。

（12）人字梯不得缺挡，不得垫高使用。使用时下端要采取防滑措施。单面梯与地面夹角以 60°～70°为宜，禁止两人同时在一个梯子上作业。如需接长使用，应绑扎牢固。人字梯底脚要拉牢。

4. 安全用电措施

（1）安全用电技术措施

1）施工临时用电必须按临时用电施工方案的要求进行布设。

2）临时用电系统必须采用三相五线制 TN-S 系统。

3）禁止使用已损坏或绝缘性能不良的电线，配电线路必须架空敷设，用电设备与开关箱的距离不得超过 5m。

4）施工临时用电施工系统和设备必须接地和接零，杜绝疏漏。所有接地、接零必须安全可靠，专用 PE 线必须严格与相线、工作零线区分。

5）施工现场的配电箱均应配置漏电开关，确保三级配电二级保护；开关箱中实行一机一闸一漏电保护，开关箱内所设漏电开关漏电动作电流值不超过 30mA/0.1s，漏电开关必须灵敏有效。

6）配电箱及开关箱中的电气装置必须完好，装设端正、牢固，底部应距地面 400mm，各接头应接触良好。

7）电焊机上有防雨盖，下铺防潮垫；一、二次电源接头处有防护装置，二次线使用接线柱，一次电源线采用橡皮套电缆或穿塑料软管，长度不大于 3m。

（2）安全用电组织措施

1）建立健全临时用电施工组织设计和安全用电技术措施的技术交底制度。

2）建立安全检测巡视制度，加强职工安全用电教育，建立健全运行记录、维修记录、设计变更记录。

3）非专业电气人员严禁在系统内乱拉乱接电线、检修电气设备等一切有关工作。

（3）电气防火措施

1）合理配置、整改、更换各种保护电器，对电路和设备的过载、短路故障进行可靠的保护。

2）在电气装置和线路下方不准堆放易燃易爆和强腐蚀物，不使用火源。

3）在用电设备及电气设备较集中的场所配置一定数量干粉式 J1211 灭火器和用于灭火的绝缘工具，并禁止烟火，挂警示牌。

4）加强电气设备、线路、相间、相与地的绝缘，防止闪烁，及因接触电阻过大，而产生的高温、高热现象。

（4）使用与维护

1）所有配电箱均应标明其名称、用途，并作出分路标记。

2）所有配电箱门应配锁，箱内不得放置任何杂物，保持整洁。

3）所有配电箱、开关箱在使用过程中必须按：

① 送电操作顺序：总配电箱→分配电箱→开关箱→设备。

② 停电操作顺序：设备→开关箱→分配电箱→总配电箱。（出现电气故障的紧急情况除外。）

③ 施工现场停止作业 1h 以上时，应将动力开关箱断电上锁。

④ 所有线路的接线、配电箱、开关箱必须由专业人员负责，严禁任何人以任何方式私自用电。

⑤ 对配电箱、开关箱进行检查、维护时，必须将其前一级相应的电源开关分闸断电，并悬挂停电标志牌，严禁带电作业。

⑥ 所有配电箱、开关箱每 15 天进行检查和维修一次，并认真做好记录。

5. "三宝"、"四口"及临边的防护措施

（1）安全帽、安全带、安全网必须是有资格证书的企业生产的合格产品。

（2）进入施工现场必须戴安全帽，系好扣带。高处作业（基准面＋2m 以上）必须系好安全带。

（3）外架满挂密目式安全网，绑扎牢固，接头无缝。

（4）楼梯口和边长大于 1.5m 的洞口，四周用红白相间颜色的钢管搭设 1.2m 高栏杆，小的预留洞用模板封堵。

（5）建筑物出入口、电梯出入口和各人行通道均按规定塔设双层防护棚，尺寸为：宽度每边比洞口宽 1m，长度为 5m。

（6）电梯各停靠楼层通道处设置用镀锌管和钢筋焊制的工具式平开门。

（7）主体电梯井口安装可上下翻转的 φ12 钢筋焊制的防护门；电梯井内每四层设一道水平网。

（8）楼梯侧边及楼层、阳台等周边用钢管塔设临时防护栏杆。

6. 特种作业人员安全保证措施

（1）特种作业人员必须持政府劳动管理部门核发的特种作业人员上岗证，并按期进行年审。

（2）特种作业人员进场后，应接受安全教育及安全技术交底，然后才能上岗。

（3）特种作业人员上岗后，项目经理部应检查其实际操作的熟练程度；操作生疏者，由项目经理部施工员指导和监督其工作，一周后仍不熟练者，应更换工种或退场。

（4）项目经理部应建立特种作业人员台账，并将特种作业人员的上岗证复印件保存备案。

（5）高处作业人员应每年进行体检，凡患有高血压、心脏病以及其他不适合高处作业的人员，应停止高处作业。

7.职业性中毒防护措施

操作人员在从事喷漆（涂料）作业时，吸入有毒有害的油漆、涂料造成的中毒现象称为职业性中毒。

职业性中毒的主要原因，使用有毒有害的油漆涂料、作业现场通风不畅、操作工人未采取防护措施。项目需采取的控制措施：

（1）改进操作工艺，对油漆作业尽量采取场外加工。

（2）选择绿色环保型油漆涂料。

（3）注意施工现场通风，对于封闭的场所（如地下室等）必须采取通风措施。

（4）现场操作人员必须使用采取佩戴防毒面具等防护措施。

（5）现场操作人员必须即时进行轮换，减少暴露时间。

（6）对于作业场所，由专业工长负责对作业环境进行监测，发现现场有毒有害品浓度过高及时停止作业，撤出人员。

8.易燃易爆危险品的管理措施

（1）采购：材料员采购时应向供货方索取所购物资的有关安全资料，并随材料的发放，逐级传达有关使用注意事项，直至具体操作人员。

（2）运输：项目经理部应要求供应商严格按国家易燃易爆危险品运输规定安全运输。

（3）搬运：项目经理部应监督装卸人员严格按易燃易爆危险品的装卸要求进行装卸，同时做好相应的防火、防爆措施。

（4）贮存：仓管员对各种酸液和乙醇应单独分柜存放，防止遗洒和泄漏；对氧气、乙炔瓶应分开存放，要有防砸、防雨、防火、防晒具体措施，做好危险品标识，保持安全距离；严格控制油漆、稀料库存量，专人专库管理并作好封闭和配备足够的消防器材。

（5）发放：易燃易爆危险品由专人负责管理，建立独立分发台账，对领用物品、数量、领用人及日期进行登记，做到控制数量，限量发放。

（6）使用：严格按照操作规程和使用说明书进行操作，同时配备必要的安全防护措施和用具；使用氧气瓶和乙炔瓶时，气瓶间距大于5m要距明火10m以上，小于此间距时要采取隔离措施，搬动时不能碰撞，氧气瓶要有瓶盖，减压器上要有安全阀，严防油脂沾染，不得暴晒、倒置。气瓶要设置防震胶圈及防曝、晒措施。各种气瓶要设置标准色标或明显标识。

24.8.2.2 安全技术操作规程

1.电工安全操作规程

（1）所有电工必须熟悉电工安全技术规程。

（2）每个电工必须穿绝缘鞋才能上岗。

（3）禁止带电操作。

（4）经常检查漏电保护器的有效性。

（5）有两个电源的倒顺闸刀开关，送电时先合闸刀开关，再合上电源控制自动空气开关；停电时一定拉掉电源，先断开控制自动空气开关，后拉开闸刀开关。

（6）每根电线的接头要有足够的接触面，并拧紧，按工艺要求的接头方式去接。

（7）对自动空气开关要检查，看三个触点是否接触严实一致，否则应进行调整。

（8）对接好的设备、线路应检查是否正确，不要盲目送电。

（9）所有的设备外壳都要接地，接地电阻不大于 10Ω。

（10）对现场负荷要做到心中有数，尽量做到三相平衡。

（11）对动力、照明线、电动工具线路及其他线路要经常检查，发现有问题的线路要及时处理。

（12）所有的配电箱都有防雨措施。

（13）发现有人触电，应立即切断电源，进行急救；电器着火，应采取有效的灭火措施。

（14）在线路上有人操作时，必须挂严禁合闸和有人操作标志。

（15）当班电工责任重大，对自己、对其他用电的操作者，必须保证安全用电。

2. 木工安全操作规程

（1）严格遵守施工现场的安全生产制度。

（2）工作前检查所用的工具是否牢固，作业场所是否符合安全规定，所有工具利器不用时要放回工具箱或工具袋内，不得随意乱放。

（3）使用各种木作机械的人员，必须熟悉本机械的性能、刀具及锯片要适应操作要求，凡是崩口的刀具和有裂痕、钝口的锯片不得使用。

（4）长度小于 400mm 的短料，不得入电锯操作。

（5）无防护罩和锯尾刀的电圆锯，不得使用。

（6）用电动圆锯操作，必须集中精神，操作者不能站于刀具旋转切削的直线上，应注意站偏，凡需 2 人同时操作配合要协调，不得在工作当中谈笑嬉戏，操作中留意机械运转声音是否正常，如发现异音必须立即停机检查。

（7）木工的作业现场，应在当天下班前清扫干净，把木屑垃圾堆放在指定地点。

3. 抹灰工安全操作规程

（1）室内抹灰使用木凳、金属支架搭设平稳牢固，脚手板跨度不得大于 2m。

（2）架上堆放材料不得过于集中，在同一跨度内不应超过 2 人。

（3）不准在门窗、暖气片、洗脸池等器物处搭设脚手板。

（4）阳台部位粉刷，外侧必须挂设安全网。严禁踩踏在脚手架的护身栏杆和阳台栏板上进行操作。

（5）机械喷灰涂料时应戴防护用品。压力表、安全阀应灵敏可靠，输浆管各部位接口应拧紧卡牢，管路摆放顺直，避免折弯。

（6）顶棚抹灰应戴防护眼镜，防止砂浆掉入眼内。

（7）高空作业时应戴好安全带施工。

（8）应避免交叉作业，防止坠物伤人。

4. 油漆工安全操作规程

（1）涂刷作业时操作工人应佩戴相应的保护设施如：防毒面具、口罩、手套等，以免危害身体健康。

（2）各类油漆有专门存放地点，有"严禁烟火"明显标志，不得与其他材料混放。

（3）挥发性油料应装入密闭容器内，妥善保管。

（4）保持室内通风良好，不准住人，设置消防器材和"严禁烟火"明显标记。

（5）使用煤油、汽油、松香水、丙酮等调配油料时要戴好防护用品。

（6）油棉纱、油布、油纸等物要集中放在金属桶内。

（7）在室内或容器内喷涂，要保持通风良好，喷漆作业周围不准有火种。

（8）采用静电喷漆，为避免静电聚集，喷漆室内应有接地保护装置。

（9）刷外开窗扇必须将安全带挂在牢固的地方，刷封檐板、水落管等应搭设脚手架或吊架。

（10）使用喷浆机，手上沾有浆水时不准开关电闸，喷头堵塞疏通时不准对人。

5. 玻璃工安全操作规程

（1）割玻璃在指定地点，边角余料要集中堆放，及时处理，搬运玻璃应戴手套。

（2）在高处安装玻璃应将玻璃放置平稳，垂直下放不准通行，安装屋顶采光玻璃应铺设脚手板或其他安全设施。

（3）工具要放在工具袋内，不准口含铁钉，装完玻璃挂好风钩。

（4）玻璃施工完成后应在玻璃表面粘贴安全标语和警示标志。

（5）施工中破损的玻璃应及时更换，若不能及时更换时应采取相应的防护措施。

（6）工作前检查所用的工具是否牢固，作业场所是否符合安全规定，所有工具利器不用时要放回工具箱或工具袋内，不得随意乱放。

（7）高空作业时应戴好安全带施工。

6. 石材工安全操作规程

（1）搬运石料要拿稳放牢，绳索工具要牢固；两人抬运要相互配合，动作一致；用车子或筐运送，不要装得太满，防止滚落伤人。

（2）往坑槽运石料，应用溜槽或吊运，下方不准有人。

（3）在脚手架上砌石，不得使用大锤，修整石块时要带防目镜，不准两人对面。

（4）工作完毕，应将脚手架上的石渣碎片清扫干净。

（5）正确使用小型电动工具，严禁乱接乱搭，遵守施工机具操作规程。

（6）石材施工作业时，对于有水施工的地方，必须要检查电缆表面是否完好，是否有漏电现场。

（7）工作前检查所用的工具是否牢固，作业场所是否符合安全规定，所有工具利器不用时要放回工具箱或工具袋内，不得随意乱放。

（8）高空作业时应戴好安全带施工。

7. 给水排水工安全操作规程

（1）水管吊挂件必须牢固，按照规范要求设置吊挂件位置和数量。

（2）管道过墙打凿时，首先确定打凿不会伤击其他作业人员，必要时需采取一定的防护措施以免碎片或渣屑打击伤人。

（3）管道过地面或楼板时，首先确定下一楼层无作业人员施工，必要时需采取一定的防护措施以免碎片或渣屑打击伤人。

（4）排水口要临时封堵，脸盆需覆盖，防止被砸碰损坏伤人。

（5）搬运安装时防止脸盆破损以及破损伤人。

（6）固定小便器、疗斗及洗手台盆固定要牢固，打胶要密实，以防止坠物伤人。

（7）搬运器具时防止损坏或不慎伤人。

（8）正确使用小型电动工具，严禁乱接乱搭，遵守施工机具操作规程。

（9）工作前检查所用的工具是否牢固，作业场所是否符合安全规定，所有工具利器不用时要放回工具箱或工具袋内，不得随意乱放。

（10）使用各种木作机械的人员，必须熟悉本机械的性能、刀具及锯片要适应操作要求，凡是崩口的刀具和有裂痕、钝口的锯片不得使用。

（11）长度不到40cm的短料，不得入电锯操作。

8. 空调工安全操作规程

（1）通风和回风管道安装吊挂件要牢固，按照规范要求设置吊挂件位置和数量。

（2）管道过墙打凿时，首先确定打凿不会伤击其他作业人员，必要时需采取一定的防护措施以免碎片或渣屑打击伤人。

（3）管道过地面或楼板时，首先确定下一楼层无作业人员施工，必要时需采取一定的防护措施以免碎片或渣屑打击伤人。

（4）工作前检查所用的工具是否牢固，作业场所是否符合安全规定，所有工具利器不用时要放回工具箱或工具袋内，不得随意乱放。

（5）使用各种木作机械的人员，必须熟悉本机械的性能、刀具及锯片要适应操作要求，凡是崩口的刀具和有裂痕、钝口的锯片不得使用。

（6）长度不到40cm的短料，不得入电锯操作。

（7）无防护罩和锯尾刀的电圆锯，不得使用。

（8）严格按照电动工具操作规程施工，熟悉掌握折板机、剪板机、套丝机、辘骨机操作要领，防止电动作业伤人。

（9）高空作业要戴好安全帽，系好安全带，防止安全事故发生。

9. 电焊工安全操作规程

（1）电焊机外壳，必须接地良好，其电源的装拆应由电工完成。

（2）电焊机要设单独的配电箱，开关应放在防雨的箱内，拉合时应戴手套侧向操作。

（3）焊钳与把线必须绝缘良好，连接牢固，更换焊条应戴手套。在潮湿地点工作，应站在绝缘胶板或木板上。

（4）严禁在带压力容器或管道上施焊，焊接带电的设备必须先切断电源。

（5）把线、地线禁止与钢丝绳接触，更不得用钢丝绳或机电设备代替零线，所有地线接头，必须连接牢固。

（6）更换场地移动把线时应切断电源，并不得手持把线爬梯登高。

（7）电焊时，应戴防护面罩。

（8）多台焊机在一起集中施焊时，焊接平台或焊件必须接地，并应有隔光板。

（9）雷雨时，应停止露天焊接作业。

（10）施焊场地周围应清除易燃易爆物品，或进行覆盖、隔离。

（11）工作结束应切断焊机电源，并检查操作地点，确认无起火危险后，方可离开。

10. 气焊工安全操作规程

（1）施焊场地周围应清除易燃易爆物品，或进行覆盖、隔离。

（2）乙炔发生器必须设有防止回火的安全装置、保险链。

(3) 氧气瓶、氧气表及焊割工具，严禁沾染油脂。

(4) 氧气瓶应有防震胶圈，旋紧安全罩，避免碰撞和剧烈震动，并防止暴晒。

(5) 乙炔气管用后需清出管内积水。

(6) 点火时，焊枪口不准对人，正在燃烧的焊枪不得放在工件或地面上。带有乙炔和氧气时，不准放在金属容器内，以防气体逸出，发生燃烧事故。

(7) 不得手持连接胶管的焊枪爬梯登高。

(8) 严禁在带压的容器或管道上焊、割，在带电设备上焊、割应先切断电源。

(9) 工作完毕，应将氧气瓶气闸关好，拧上安全罩。乙炔浮桶提出时，头部应避开浮桶上升方向，拔出后要卧放，禁止扣放在地上。检查操作场地，确认无着火危险后，方准离开。

(10) 氧气和乙炔瓶之间的距离不得小于 2m，距作业点的距离不得小于 5m。

(11) 气瓶等焊接设备上的安全附件应完整而有效。

(12) 高空焊割作业时，下面必须封闭隔离，避免熔渣飞溅伤人。

(13) 焊割作业点必须配备灭火器，无消防器材不准施工。

11. 脚手架工安全操作规程

(1) 脚手架搭设人员必须是经过按现行国家标准《特种作业人员安全技术考核管理规则》考核合格的专业架子工，上岗人员应定期体检，合格者方可持证上岗。

(2) 搭设脚手架人员必须戴安全帽、系安全带。

(3) 脚手架的构配件质量与搭设质量，应按规范的规定要求进行检查验收，合格后方可使用。

(4) 作业层上的施工荷载应符合设计要求，不得超载。不得将模板支架等固定在脚手架上，严禁悬挂吊挂设备。

(5) 当有六级及六级以上大风和雾、雨、雪天气时应停止脚手架搭设与拆除作业；雨、雪后上架作业应有防滑措施，并应扫除积雪。

(6) 脚手架的安全检查与维护应按规范规定要求进行，安全网应按有关规范规定要求搭设和拆除。

(7) 在使用期间，严禁拆除主节点的纵、横水平杆，纵、横扫地杆及连墙件。

(8) 不得在脚手架基础及其临近处进行挖掘作业，否则应采取安全措施，并报主管部门批准。

(9) 临街搭设脚手架时，外侧应有防止坠物伤人的防护措施。

(10) 在脚手架上进行电、气焊作业时，必须有防火措施和专人看守。

(11) 工地临时用电线路的架设及脚手架接地、避雷措施等，应按现行行业标准《施工现场临时用电安全技术规范》的有关规定执行。

(12) 搭拆脚手架时，地面应设围栏和警戒标志，并派专人看守，严禁非操作人员入内。

12. 电动工具安全防护措施

(1) 电焊机

1) 电焊机一、二次接线输入电压必须符合电焊机的铭牌规定。焊机必须有完整的防护外壳，一、二次接线柱处应有保护罩。

2）次级插头连接钢板必须压紧，接线柱应有垫圈。合闸前详细检查接线螺帽、螺栓及其他部件应无松动或损坏。

3）移动电焊机时，应切断电源，不得用拖拉电缆的方法移动电焊机。如焊接中突然停电，应切断电源。

4）长期停用的电焊机，使用时须检查其绝缘电阻不得低于 0.5MΩ，接线部位不得有腐蚀和受潮现象。

5）荷载运行中，焊接人员应经常检查电焊机的升温，若超过 A 级 60℃、B 级 80℃ 时，必须停止运转并降温。

（2）圆盘锯

1）锯片上方必须安装保险挡板和滴水装置，在锯片后面，离齿 10～15mm 处，必须安装弧形楔刀。锯片的安装，应保持与轴同心。

2）锯片的锯齿尖锐，不得连续缺齿两个，裂纹长度不得超过 20mm，裂纹末端应冲止裂孔。

3）被锯木料厚度，以锯片能露出木料 10～20mm 为限，夹持锯片的法兰盘的直径应为锯片直径的 1/4。

4）启动后，待转速正常后方可进行锯料。送料时不得将木料左右晃动或高抬，遇木节要缓缓送料。锯料长度应不小于 500mm。接近端头时，应用推棍送料。

5）如锯线走偏，应逐渐纠正，不得猛扳，以免损坏锯片。

6）操作人员不得站在与锯片旋转的离心力方向操作，手不得跨越锯片。

7）锯片温度过高时，应用水冷却。直径 600mm 以上的锯片，在操作中应喷水冷却。

（3）平刨机

1）作业前，检查安全防护装置必须齐全有效。

2）刨料时，手应按在料的上面，手指必须离开刨口 150mm 以上。

3）被刨木料的厚度小于 30mm，长度小于 400mm 时，应用压板或压棍推进。厚度在 15mm，长度在 250mm 以下的木料，不得在平刨机上加工。

4）被刨木料如有破裂或硬节等缺陷时，必须处理后再施刨。刨旧料前，必须将料上的钉子、杂物清除干净，遇木槎、节疤要缓慢送料。

5）刀片和刀片螺丝的厚度、重量必须一致，刀架夹板必须平整贴紧，合金片焊缝的高度不得超过刀头，刀片紧固螺丝应嵌入刀片槽内，槽端离刀背不得小于 10mm。紧固刀片螺丝时，用力应均匀一致，不得过松或过紧。

6）机械运转时，不得将手伸进安全挡板里侧去移动挡板或拆除安全挡板进行刨削。严禁戴手套操作。

（4）压刨机安全操作规程

1）压刨机必须用单面开关，不得安装倒顺开关，三、四面刨应按顺序开动。

2）作业时，严禁一次刨削两块不同材质、规格的木料，操作者应站在机床的一侧，接、送料时不得戴手套，送料时必须先进大头。

3）刨刀与刨床台面的水平间隙应在了 10～30mm 之间，刨刀螺丝必须重量相等，紧固时用力应均匀一致，不得过紧或过松，严禁使用带开口槽的刨刀。

4）每次进刀量应为 2～5mm，如遇硬木或节疤，应减少进刀量，降低送料速度。

5) 刨料长度不得短于前后压滚的中心距离，厚度小于 10mm 的薄板，必须垫托板。

6) 压刨必须装有回弹灵敏的逆止爪装置，进料齿辊及托料光辊应调整水平和上下距离一致，齿辊应低于工件表面 1~2mm，光辊应高出台面 0.3~0.8mm，工作台面不得歪斜和高低不平。

24.9 装饰装修绿色施工

24.9.1 施工工序的选择

装饰工程一般属于整个建筑工程施工的最后一道工序，其作用就像任何一件产品的最后"包装"。正是由于装饰工程的特点，在施工阶段，建筑工程中其他的如土建、消防、智能化、空调安装等都会对装饰工程造成影响；同时，装饰工程本身施工有一定的顺序和要求。我们只有按照装饰工程的施工顺序，结合施工现场的特点，才能制订出合理的施工步骤，否则将因其他工程对装饰的工程影响而造成返工、装饰被污染乃至破坏，从而带来材料、工期、劳动力的损失。

1. 公共装饰施工顺序

公共装饰一般采取自上而下，即先天花、墙面、柱面，再地面的施工顺序，地面面层须待吊顶、隔断全部完成后方可进行施工。从专业上先电气、消防管道、通风空调管线，然后再顶棚面板。在各个专业工种（如木工、油漆工等）的穿插施工中，要坚持按工序进行，前一道施工工序未完，不得进行下一道工序。公共装饰由于工种配合较多，实际施工过程中的影响因素也较多，有时为了各工种的配合和其他要求，也可能采用一些相反的工序。

2. 家庭装饰施工顺序

家庭装修的分项工程比较单一，但施工顺序要安排合理，尽量避免上道工序影响下道工序及各工种之间相互干扰。家庭装修的基本施工顺序如下（也可根据业主的实际情况做一定的调整）：

现场测量，图纸设计 → 拆墙，砌墙 → 部分地面、墙面基层处理 → 卫生间、厨房地面防水，并做 24h 闭水试验（卫生间工序较复杂，单独列出）→ 凿线槽，水电改造并验收（如新砌墙体内有埋线应提前进入）→ 封埋线槽隐蔽水电改造工程 → 卫生间、厨房贴墙面瓷片 → 木工进场，吊天花，石膏角线 → 制作木柜框架（建议在工厂定做）→ 同步制作各种木门，造型门及平压（建议工厂定做）→ 木制面板刷甲醛清除剂 → 木饰面板粘贴，线条制作并精细安装 → 墙面基层处理，打磨，找平 → 包门套，窗套基层 → 封闭漆，墙面油乳胶漆三遍 → 家私油漆进场，补钉眼，油漆（如有）→ 处理边角，铺设地砖，实木或复合木地板，防水大理石条，踢脚线 → 灯具，洁具，拉手，门锁安装调试 → 清理卫生，地砖补缝 → 内部验收 → 交付业主

卫生间施工顺序：

墙地面基层处理 → 卫生间水、电线路的改造和调整 → 上下水改管（推荐使用铜管，PVC 管接头容易坏）→ 防水（墙面做 1.8m）→ 24h 闭水试验（最好邀请楼下的邻居）→ 电路根据卫生

间配套电器的数量和安装位置进行调整检验合格后，铺贴墙面瓷砖 → 进行吊顶施工和细木装修 → 安装浴缸或制作浴房 → 铺贴浴缸裙板瓷砖 → 安装坐便器等卫生洁具和洗手台板等设备 → 最后进行铺贴地面和油漆作业

装修施工过程中的验收程序：

材料进场验收 → 隐蔽工程验收（吊顶、墙面龙骨做好后） → 木工收口验收 → 瓦工验收 → 油漆验收 → 五金灯具安装验收 → 竣工验收

24.9.2　保证绿色环保施工的措施

施工工序（表 24-170）对整个装饰工程有重要的环保作用，在确定整个工程的施工顺序之后，就要关注每一个工序了。以下将装饰装修过程中应注意的环保要点和控制要点罗列出来，以便业主监督施工方在施工过程中予以控制。

各施工工序环保要点及控制措施　　　　　　　　　表 24-170

序号	项　目	环保要点	控制要点
1	拆除工程 砌筑工程 基层处理 水电线槽的剔凿	①拆除时产生的噪声	①拆除时尽量选择对周围影响较小的时间段
		②拆除及剔凿时产生的粉尘	②拆除时工人佩戴口罩，并洒水降尘
		③拆除产生的建筑垃圾	③选择合格的垃圾处理场地
		④各种建筑材料的消耗/水电的消耗	④根据预算，对材料进行限额领量
2	防水工程	①防水材料的有害性	①选择环保的防水材料，家庭装修尽量采用涂膜防水剂
		②有些防水材料施工时采用烤枪产生的污染	
		③防水材料施工中产生的污水	②将污水进行沉淀后排入市政管网
		④施工过程中产生的有害气味的散发	③现场保持良好的通风，必要时设置排风装置
			④施工工人佩戴口罩
		⑤防水材料容器的丢弃	⑤对有毒有害的废弃容器集中处理
		⑥防水材料及水电的消耗	⑥根据预算，对材料进行限额领量
3	吊顶工程： 木夹板吊顶 石膏板吊顶 矿棉板吊顶 铝塑板吊顶	①各种吊筋钻孔时冲击钻的噪声、各种板材切割时的噪音和粉尘排放	①打孔和板材切割尽量选择在对周围影响较小的时间段，板材切割应设专门加工区
		②胶黏剂的选择（主要关注甲醛、苯含量） ③吊顶预埋件、吊杆等防锈漆的选择 ④木夹板材料的选择（主要关注甲醛含量） ⑤防火涂料的选择木夹板吊顶、石膏板吊顶及矿棉板吊顶中乳胶漆选择	②选择合格的各种材料，包括辅助材料
		⑥夹板切割后断面释放有害物质	③夹板切割后采用甲醛清除剂的封闭
		⑦木夹板吊顶、石膏板吊顶及矿棉板吊顶中腻子的调配	④腻子的调配应尽量选择成品腻子，自己配置时重点关注胶水的甲醛含量

续表

序号	项 目	环 保 要 点	控 制 要 点
3	吊顶工程： 木夹板吊顶 石膏板吊顶 矿棉板吊顶 铝塑板吊顶	⑧腻子施工过程中撒落 ⑨腻子打磨过程中的粉尘 ⑩各种废弃物的排放，焊渣、焊锡烟的排放	⑤在批腻子过程和打磨腻子的过程中，工人都应佩戴口罩并注意通风。对于撒落的腻子及其乳胶漆应及时清理
		⑪各种建筑材料及水电的消耗	⑥根据预算，对材料进行限额领量
4	墙面铺贴面砖、马赛克、石材	①关注面砖、石材等的放射性 ②石材嵌缝胶的有害性	①各种材料的选择包括辅助材料
		③各种粉尘的排放（面砖、石材的切割）	②施工工人佩戴口罩，面砖、石材采用湿切割并注意保持通风
		④切割过程中噪声的排放	③切割尽量选择在对周围影响较小的时间段
		⑤施工污水的排放	④将污水进行沉淀后排入市政管网
		⑥各种建筑材料及水电的消耗	⑤根据预算，对材料进行限额领量
5	干挂石材	①关注石材的放射性	①各种材料的选择包括辅助材料
		②干挂件使用的黏胶有害性	
		③干挂件的选择	
		④石材嵌缝胶的有害性	
		⑤主龙骨、干挂件钻孔过程的噪声和粉尘	②石材的切割时间尽量选在对周围影响小的时间段
		⑥石材现场切割过程中的粉尘排放	③施工过程中工人都应佩戴口罩并注意通风
		⑦干挂件与龙骨焊接过程烟尘与光	
		⑧施工污水的排放	④污水进行沉淀后排入市政管网
		⑨各种建筑材料的消耗	⑤根据预算，对材料进行限额领量
6	墙纸裱糊与软包	①墙纸的选择	①各种材料的选择包括辅助材料
		②防潮底漆的选择	
		③胶水的选择	
		④各种建筑材料的消耗	②根据预算，对材料进行限额领量
7	墙面涂乳胶漆	①乳胶漆的选择（主要关注 VOC 和甲醛含量） ②胶粘剂的选择（主要关注 TVOC 和苯含量）	①各种材料的选择包括辅助材料
		③现场腻子的调配	②应尽量选择成品腻子，现场配置时重点关注稀料的甲醛含量
		④施工过程中腻子、涂料的撒落 ⑤腻子打磨过程中的粉尘 ⑥乳胶漆气味的排放	③在批腻子和打磨腻子过程中，工人都应佩戴口罩并注意通风。对于撒落的腻子及其乳胶漆应及时清理
		⑦涂料刷、桶的废弃	④对有毒有害的废弃容器集中处理
		⑧各种建筑材料的消耗	⑤根据预算，对材料进行限额领量

续表

序号	项　目	环　保　要　点	控　制　要　点
8	木门窗、门套、家具、护墙等木作施工	①木板材及木制品的选择（主要关注甲醛含量） ②油漆、稀料、胶黏剂的选择（主要关注TVOC、甲醛和苯含量）	①各种材料的选择包括辅助材料
		③电锯、切割机等施工机具产生的噪声排放 ④锯末粉尘的排放 ⑤电钻粉尘的排放 ⑥油漆、胶粘剂气味的排放	②钻孔和板材切割尽量选择在对周围影响较小的时段
		⑦油漆、稀料、胶粘剂的泄漏和遗撒	③施工过程中工人都应佩戴口罩并注意通风，对泄漏、遗撒的漆料和胶料及时清理 ④木制品尽量采用工厂加工、现场安装的方式
		⑧油漆刷、桶的废弃夹板等施工垃圾的排放	⑤对有毒有害的废弃容器集中处理
		⑨各种建筑材料的消耗	⑥根据预算，对材料进行限额领量
9	地面石材铺贴	①石材的选择（主要关注放射性）	①各种材料的选择包括辅助材料
		②电锯、切割机等施工机具产生的噪声排放	②选用低噪声的施工机具，石材切割尽量选择在对周围影响较小的时段
		③石材现场切割过程中的粉尘排放	③施工过程中工人都应佩戴口罩并注意通风
		④施工污水的排放	④将污水进行沉淀后排入市政管网
		⑤各种建筑材料的消耗	⑤根据预算，对材料进行限额领量
10	地面砖铺贴	①地面砖的选择（主要关注放射性）	①各种材料的选择包括辅助材料
		②电锯、切割机等施工机具产生的噪音声排放	②石材切割尽量选择在对周围影响较小的时段
		③面砖现场切割中的粉尘排放	③施工过程中工人都应佩戴口罩并注意通风
		④各种建筑材料的消耗	④根据预算，对材料进行限额领量
11	地毯铺设	①地毯和地毯衬垫的选择（主要关注TVOC和甲醛含量） ②地毯胶粘剂的选择（主要关注TVOC和甲醛含量）	①各种材料的选择包括辅助材料
		③胶粘剂气味的排放	②施工过程中工人都应佩戴口罩并注意通风
		④胶粘剂等废料和包装物的废弃	③对有毒有害的废弃容器集中处理
		⑤各种建筑材料的消耗	④根据预算，对材料进行限额领量
12	实木地板铺设	①实木地板的选择（主要关注正规品牌） ②木格栅的选择 ③防火、防腐、涂料的选择	①各种材料的选择包括辅助材料
		④基层大芯板尽量不要切割，切割后涂刷封闭剂 ⑤各种建筑材料的消耗	②根据预算，对材料进行限额领量

续表

序号	项　目	环 保 要 点	控 制 要 点
13	复合地板铺设	①复合地板的选择（主要关注甲醛含量） ②胶粘剂的选择（主要关注甲醛和苯含量）	①各种材料的选择包括辅助材料
		③胶粘剂气味的排放	②施工过程中工人都应佩戴口罩并注意通风
		④胶粘剂等废料和包装物的废弃	③对有毒有害的废弃容器集中处理
		⑤各种建筑材料的消耗	④根据预算，对材料进行限额领量

24.9.3　材料环保性能检测

（1）在装饰装修施工前应将产生放射性污染物氡（Rn-222），化学污染物甲醛、氨、苯、甲苯二异氰酸酯（TDI）及总挥发性有机物（VOCs）的材料送有资格的检测机构进行检测，检测合格后方可使用。

（2）对于需要进行环保性能检测的材料，质检员应按有关规定取样，必要时，应邀请甲方或监理进行见证，并履行相应手续。材料检测完毕后，应获取并保存材料检测报告作为材料环保性能控制的记录。

（3）需要对材料进行环保性能检测的情况和对应的检测要求如下：

① 室内饰面采用天然花岗岩石材或瓷质砖面积大于 $200m^2$ 时，应对不同产品、不同批次材料分别进行放射性指标检测；

② 室内采用人造板面积大于 $500m^2$ 时，应对不同产品、不同批次材料分别进行游离甲醛含量或释放量检测（及复验）；

③ 室内装修中采用水性涂料、水性胶粘剂、水性处理剂时，应对同批次产品进行 VOCs 和游离甲醛含量检测；

④ 室内装修中采用溶剂型涂料、溶剂型胶粘剂时，应对同批次产品进行 VOCs、苯、TDI 含量检测。

24.9.4　绿色环保施工工艺

1. 一般绿色环保施工要点

（1）采取防氡措施的民用建筑工程，其地下工程的变形缝、施工缝、穿墙管（盒）、埋设件、预留孔洞等特殊部位的施工工艺，应符合现行国家标准《地下工程防水技术规范》（GB 50108—2008）的有关规定。

（2）室内装修所采用的稀释剂和溶剂，严禁使用苯、工业苯、石油苯、重质苯及混苯，消费者应严格选择。

（3）室内装修施工时，不应使用苯、甲苯、二甲苯和汽油进行除油和清除旧油漆作业。

（4）涂料、胶粘剂、水性处理剂、稀释剂和溶剂等使用后，应及时封闭存放，废料应及时清出室内。

（5）民用建筑工程室内严禁使用有机溶剂清洗施工用具。

（6）采暖地区的民用建筑工程，室内装修工程施工不宜在采暖期内进行。

（7）室内装修中，应尽量选择E1级人造木板。进行饰面人造木板拼接施工时，除芯板为A级外，应对其断面及无饰面部位进行密封处理。大芯板做的柜子，内部要用甲醛封闭剂或水性漆加以封闭，而外部所涂油漆也要尽量选择封闭性好的。同时要尽量少切割板材，割断后木板断面刷封闭剂或甲醛清除剂。有专家专门进行过刨花板研究测试，结果表明，板材端面散发甲醛量起码是其平面的2倍。因此，对饰面人造木板的断面部位进行密封处理，将可以有效减少甲醛散发量。甲醛清除剂的原理是，基于其活性成分具有易与甲醛分子结合的活性基团，当游离甲醛分子向浓度较低的板面移动时，活性基团可以吸附和捕捉甲醛分子并与之结合生成无毒无味的木质素胶类高分子网状化合物。断面涂刷清除剂后，人造板面就具有了足够的能清除板内游离甲醛的改性的木素质类物质，当板内游离甲醛沿板材内空隙向外释放时，靠近板材外表面的游离醛首先被清除剂吸附、捕捉、聚合、清除，形成一个游离甲醛浓度较低的区域，按照气体的移动规律，总是从浓度高处向浓度低处移动，则板内游离甲醛不断地从中间向板材两表面移动，最终被甲醛清除剂彻底清除。这个过程的时间长短决定于板材质量、气温和湿度等多种因素。

（8）不要在复合木地板下面填充大芯板做毛板。

（9）在装修过程中，要注意填平、密封地板和墙上所有裂缝。地下室和一楼以及室内氡含量比较高的房间更要注意，这种做法可以有效减少氡的析出。

（10）装修中使用的一些辅料，主要是胶类，需要特别注意。现在已经被淘汰的胶主要有107胶和803胶，可以使用108胶和801胶，施工队在材料进场时一定要审核清楚。有条件的话，还可以使用水性胶。

（11）贴壁纸时，有的装饰公司用油漆来做墙面基层处理，结果增加了空气中苯的含量。如果想用漆来做墙面处理，那么最好选用专用的水性封闭漆。

2. 木作加工

木作施工中常涉及的分项有木门、门套、家具、踢脚线、木饰墙面等。家庭室内装修中，很多业主喜欢自己请木工师傅做门套、窗套甚至家具，还有的吊顶都是采用9mm木夹板做基层等。其实这种做法已经不太符合现在的装修潮流，质量不容易得到控制，也容易造成更大的污染。前面我们已经指出，现在的大芯板和人造板为了达到强度要求都或多或少添加了甲醛以满足胶水的黏度要求，而且现在木夹板市场比较混乱，一般的业主也比较难把握达到E1级的夹板。同时，在木门窗套、家具的后期，工人贴木饰面用的胶水和表面采用的溶剂型木器漆再次造成了对室内环境的污染（苯及甲苯、二甲苯），而且质量得不到保证。

所以，关于家庭装修中的木作加工，尽量选择大的厂家进行定做，或制成品，或半成品，现场安装。表24-171对家庭装修中木作量最大的几项进行比较。

现场木作与工厂加工的比较

表 24-171

序号	比较内容	现场手工木作	工 厂 加 工
1	夹板环保指标	一般业主以难分辨	厂家可选择合格供应商，同时可用合同控制各项指标

序号	比较内容	现场手工木作	工 厂 加 工
2	质量控制	木作产品质量受木工个人水平和其他因素影响较大,不容易控制	木作采用机械化加工,产品质量高,有保证
3	工期	工期较长	只需测量及加工时间,安装时间极短
4	胶水用量	多	很少
5	油漆污染	多,且都在室内	厂家选择水性清漆,污染基本在厂区内,容易控制处理

如果业主由于其他原因需要在现场制作,除了应选 E1 级的人造板(大芯板、中密度板等)外,应尽量使用整张板材,并在施工前请师傅计算好使用量,在施工过程中少裁板。因为即使达标的板材在多次割断的情况下,有害物质释放量也会增加。同时,要求对切割面用甲醛清除剂及其他封闭漆进行封闭。封闭剂一般由水性材料制成,具有封闭性好、抗菌防霉的特点。施工方法:在基层经过打磨处理后,直接涂刷 2~3 遍即可,层间不需打磨。

3. 地面装修

地面装修中,业主应尽量选择污染较小的地面材料,不要选择单一的复合型地面材料,可以集中材料搭配使用。

(1) 强化木地板。获有 E1 级认证的强化木地板才被称为环保健康地板,对人体伤害较小。欧洲按这一标准把强化木地板分为几个等级,常用的有 E1、E2 级;甲醛含量:E1<10mg/100g,E2<40mg/100g,所以 E1 标准的强化木地板更环保、更可靠。

(2) 实木地板。一般的实木地板铺装工艺流程为: 基层处理 → 安装木格栅(木筋) → 铺毛地板(一般选用 18mm 大芯板) → 铺实木地板 。重点关注实木地板本身的材料指标以及大芯板指标即可。

(3) 地面石材。现在很多家庭喜欢用大理石和花岗石进行地面铺贴,但应注意在确定装修方案时,要合理选用石材,最好不要在居室内大面积使用同一种石材,同时尽量避免使用红、绿色系列花岗石(放射性较高)。

(4) 地毯。一般地毯施工的工艺流程主要包括: 基层处理 → 弹线、套方、分格、定位 → 地毯裁剪 → 钉倒刺板 → 铺设衬垫 → 铺设地毯 → 细部处理及清理 。地毯施工应重点关注地毯材料本身以及采用点粘法铺设衬垫时用的地毯胶。

4. 墙面装修

室内墙面装修中最常用的就是各种涂料、油漆,在一般装修中,墙、顶面的涂料、油漆也是室内污染的主要来源,如油漆中含有苯、甲苯、二甲苯等有害物质。

(1) 墙面乳胶漆:一般乳胶漆的施工工艺为: 清理墙面 → 修补墙面 → 刮腻子 → 墙面预处理(底层封闭漆) → 涂刷三遍乳胶漆

所有的墙面都用腻子作基层,而装修用的腻子,现在市场上种类繁多,比较混乱。传统内外墙钢化、仿瓷涂料腻子,均采用以聚乙烯醇熬制的胶水作为黏合剂,加工、运输、储存不方便，而且成本高、有毒，对人体有害。建议消费者直接购买合格的环保腻子粉，不要用施工单位自己调配的腻子粉，因为施工单位在调配过程必须要加入胶水等调兑腻子、涂料，如采用非环保型胶水本身就是污染源。所以大家在选购的时候一定要注意在正规商店购买大厂的品牌。

在墙面乳胶漆施工中，底漆通常用于封固基底，增强附着力，起到抗碱、防锈等作用。中层漆则用于增强漆膜厚度、提高遮盖力或提供与面漆近似颜色之效果。某些中层漆还能提供弹性或各种不同立体花纹效果。面漆则提供最终的装饰及保护作用，抵抗外界物质侵蚀。使用底漆和中层漆通常还能起到增强体系的质感、节省面漆用量及缩短施工时间等作用。所以，底漆的作用是非常重要的。现在很多施工队伍用清漆来封闭墙面的做法是很不科学的，清漆本身就会产生污染，而且起不到抗碱的作用，建议业主使用专门的底漆。

（2）木器漆：建议尽量使用水性的木器漆，少使用溶剂型的木器漆，表 24-172 对比列出了水性木器漆与溶剂型油漆的各项指标。

水性木器漆与溶剂型油漆的对比表　　　　　　　　　　表 24-172

对比项目	水性木器漆	溶剂型聚酯漆	硝基漆
环保性能	无毒无害，全环保	含有苯类、游离 TDI 等有害物质	含有苯类、酮类等有害物质
稀释剂	水	有毒、有害的有机溶剂	有毒、有害的有机溶剂
气味	气味小	强烈刺激性气味	强烈刺激性气味
易燃性	不燃	易燃	易燃
施工性	单组份，容易施工	需混配，施工麻烦	单组份，容易施工
流平性	优	较好	较好
耐黄变性	不易黄变	易黄变	易黄变
耐冲击性	特优	优	差
耐磨性	特优	一般	差
打磨性	好	一般	好
涂刷面积（m^2/kg/遍）	15～20	15～20	约 15
施工周期	短	长	短
丰满度	好	好	一般
硬度	H	H～3H	HB～H

（3）木器漆施工流程，见表 24-173。

木器漆施工流程　　　　　　　　　　表 24-173

序号	工序	材料	施工方法	说明	注意事项
1	素材整理	320 号砂纸	手磨或机磨	去污渍、毛刺	
2	封闭	防霉封固底	刷涂	封闭底材，隔水、隔油、防霉	均匀刷涂、无漏刷

续表

序号	工序	材料	施工方法	说　明	注意事项
3	打磨	320 号砂纸	手磨去	毛刺	轻轻打磨，不要漏底
4	刮腻子	腻子	刮涂	补钉眼，填平木孔、间隙	顺木纹反复刮涂，刮涂时用力按动刮刀将腻子压进木孔内，刮刀和物面倾斜角 60°左右，填平木孔并将木径上的腻子刮净，干透后进入下一道工序
5	打磨	320 号砂纸	手磨或机磨	增加附着力，清除　木径上的残留腻子	必须彻底打磨使木径上的腻子清除干净
6	底漆	底漆	刷涂或喷涂	进一步填平木孔，达到整体平整	均匀刷涂，切忌一次性厚涂，干透后才能打磨
7	打磨	320 号砂纸	手磨	增加附着力，使漆膜平整	打磨后表面呈毛玻璃状，倾斜45°角看无亮点
8	底漆	底漆	刷涂或喷涂	使漆膜具有一定厚度，增加漆膜的丰满度	均匀刷涂，切忌一次性厚涂，干透后才能打磨
9	打磨	320 号砂纸	手磨	使漆膜平整，增加漆膜的附着力	先用 320 号，后用 600 号打磨，注意边角，打磨后表面呈毛玻璃状，倾斜 45°角查看无亮点
10	面漆	面漆	刷涂或喷涂	使漆膜具有均匀的光泽，其装饰和保护作用	均匀刷涂，切忌一次性厚涂

清漆：参照上述工艺，一般使用： 透明底 2 遍 → 透明面 2 遍

白漆：参照上述工艺，一般使用： 白底漆 2 遍 → 白面漆 2 遍

24.9.5　绿色环保施工现场管理

1. 环境因素识别与评价及环境管理方案

施工过程中，施工活动的不当和一些原材料本身也会对施工现场或施工后环境产生影响。最好的方法是在施工前将施工过程中，对可能影响环境的因素按照一定的评定方法进行识别和评定，并对识别出来的环境因素进行控制，这也是环境管理体系最核心的部分。

2. 施工现场环境控制

(1) 向顾客获取排污申报信息（针对大型公共装饰）

工程开工前，项目经理部应以公函或工程联系单的形式向顾客索取排污申报登记，得到顾客是否有排污申报登记的信息。如果有排污申报登记，应向顾客索取，项目经理部保存；如果没有，公函或工程联系单应得到顾客的答复，保存相关的答复信息。

(2) 建筑废弃物的分类管理

1) 建筑废弃物可分为无毒无害可回收、无毒无害不可回收、有毒有害可回收、有毒有害不可回收等四类。

2) 按建筑废弃物的类别，在施工现场分别设置废弃物临时堆放点，并做好明确标识。有毒有害类废弃物堆放处还应设置不泄露的容器。

3）项目经理部对建筑废弃物进行分类堆放。

4）对于有毒有害类废弃物，由项目经理部按照总包方或顾客要求进行处理，并向总包方或顾客索取清运单位的资质证明及清运协议；或由项目经理部委托施工所在地环保局批准的有毒有害废弃物清运、消纳单位进行处理，签订《废弃物清运协议书》，并向消纳单位索取资质证明及相关的资料。

（3）施工场界噪声的控制

1）概念：施工场界指施工现场建筑物围墙外 1m 范围内，根据《建筑施工场界环境噪声排放标准》（GB 12523—2011），装饰施工噪声标准限值如下：

昼间（6：00～22：00）≤65dB；夜间（22：00～6：00）≤55dB。

2）措施：产生较大噪声的施工机具应采取降噪措施，如设置封闭的电锯房；在合理的时间段安排有噪声的施工；石材和木制品尽量在工厂加工等。

（4）施工污水的沉淀和排放

施工现场如有石材切割以及大面积水磨石施工时，应在施工现场设置沉淀池，然后在排放至市政管网。

（5）有毒有害挥发气体的散发

1）采购材料时严格按照《室内装饰装修材料有害物质限量十个国家强制性标准》选择环保材料。

2）保持现场良好的通风，必要时设置排风装置。

3）作业人员在施工时应戴好面罩。

4）油漆作业尽量采用场外作业等。

（6）扬尘的控制

1）对易产生粉尘的材料，装卸时应轻拿轻放，并严密遮盖存放。

2）现场设专人对现场进行洒水降尘。

3）对必须产生较大粉尘的作业空间，应保持良好的通风，必要时设置排风装置，或进行临时封闭，并要求作业人员戴好面罩。

4）车辆运输水泥、砂石、渣土和废弃物时，应做到不超载，严密覆盖，防止遗撒。

（7）施工现场资源、能源消耗的管理

1）现场材料的管理：编制合理的采购计划，严格审批手续，防止超预算采购；合理控制材料的使用，对可重复使用的材料应加以充分利用。

2）现场水电管理：优先选用节能型照明灯具；合理布置照明灯具，使光照射在施工场界范围以内；杜绝施工机具无负荷运转及长流水现象；充分利用废水，节约水资源。

3）工艺及设备选型：在进行工艺和设备选型时，优先采用技术成熟、能源消耗低的工艺技术和设备；对耗电较大的工艺及设备在条件许可的条件下逐步替代。

主 要 参 考 文 献

1　中国建筑工程总公司. 建筑装饰装修工程施工工艺标准. 第 1 版. 北京：中国建筑工业出版社，2003.

2　陕西省建筑科学研究院等. 抹灰砂浆技术规程（JGJ/T 220—2010）. 北京：中国建筑工业出版社，2010.

3　周海涛. 装饰工实用便查手册. 北京：中国电力出版社，2010.

4　第四版编写组. 建筑施工手册. 第4版. 北京：中国建筑工业出版社，2003.

5　北京华建标建筑标准技术开发中心. PRC复合隔板 88JZ29（2007）. 北京：华北地区建筑设计标准化办公室，2007.

25 建筑地面工程

25.1 建筑地面的组成和作用

25.1.1 建筑地面工程组成构造

1. 建筑地面的组成

建筑地面是建筑物底层地面（地面）和楼层地面（楼面）的总称。它是构成房屋建筑各层水平结构层的面层，是直接承受各层使用荷载和物理化学作用的表面层。

2. 建筑地面构成的层次与构造

建筑地面主要由基层和面层组成。基层包括结构层和垫层，直接坐落于基土上的底层地面的结构层是基土，一般地面的结构层是楼板或结构底板。面层即地面和楼面的表面层，根据生产、工作、生活特点和不同的使用要求做成整体面层、板块面层和竹木面层等。

当基层和面层之间的构造不能满足使用或构造要求时，必须在基层和面层间增设结合层、找平层、填充层、隔离层等附加的构造层。

建筑地面工程构成的各层次简图见图 25-1。

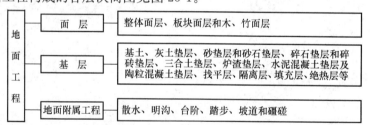

图 25-1 建筑地面工程构成的各层次简图

建筑地面工程构成的各层构造示意图见图 25-2。

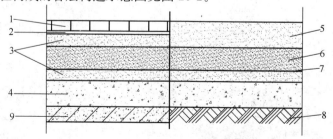

图 25-2 建筑地面工程构成的各层构造示意图

1—块料面层；2—结合层；3—找平层；4—垫层；5—整体面层；6—填充层；7—隔离层；8—基土；9—楼板

25.1.2 建筑地面工程层次作用

1. 面层

面层是建筑地面直接承受各种物理和化学作用的表面层。面层品种和类型的选择，由设计单位根据生产特点、功能使用要求，同时结合技术经济条件和就地取材的原则来确定。

2. 基层

（1）基土：基土是直接坐落于基土上的底层地面的结构层，起着承受和传递来自地面面层荷载的作用。

（2）楼板：楼板是楼层地面的结构层，承受楼面上的各种荷载。楼板包括现浇混凝土楼板、预制混凝土楼板、钢筋混凝土空心楼板、木结构楼板等。

（3）垫层：垫层是地面基层上承受并传递荷载于基层的构造层，垫层分为刚性垫层和柔性垫层，常用的有水泥混凝土垫层、水泥砂浆垫层、碎石垫层、炉渣垫层等。

3. 构造层

（1）结合层：结合层是面层与下一构造层相联结的中间层。各种板块面层在铺设（贴）时都要有结合层。不同面层的结合层根据设计及有关规范采用不同的材料，使面层与下一层牢固的结合在一起。

（2）找平层：找平层是为使地面达到规范要求的平整度，在垫层、楼板或填充层（轻质、松散材料）上起整平、找坡或加强作用的构造层。

（3）填充层：填充层是当面层和基层间不能满足使用要求或因构造需要（如在建筑地面上起到隔声、保温、找坡或敷设暗管线、地热采暖等作用）而增设的构造层。常用表观密度值较小的轻质材料铺设而成，如加气混凝土，膨胀珍珠岩块等材料。

（4）隔离层：隔离层是防止建筑地面上各种液体（含油渗）侵蚀或地下水、潮气渗透地面等作用的构造层，仅防止地下潮气透过地面时可称作防潮层。隔离层应用不透气、无毛细渗透现象的材料，常用的有防水砂浆、沥青砂浆、聚氨酯涂层和 SBS 防水等，其位置设于垫层或找平层之上。

25.2 基 本 规 定

25.2.1 一 般 原 则

（1）建筑地面施工应在符合设计要求和满足使用功能前提下，充分采用地方材料和环保材料，合理利用、推广工业废料，尽量节约材料、做到技术先进、经济合理、控制污染、卫生环保，确保工程质量和安全适用。

（2）根据现行国家标准《建筑工程施工质量验收统一标准》（GB 50300）和《建筑地面工程施工质量验收规范》（GB 50209），建筑地面子分部工程、分项工程的划分见表25-1。

（3）建筑地面施工在执行现行国家标准《建筑地面工程施工质量验收规范》（GB 50209）和《建筑工程施工质量验收统一标准》（GB 50300）的同时，尚应符合相关现行国家标准的规定，包括《建筑地面设计规范》（GB 50037）、《建筑地基基础工程施工质量验收规范》（GB 50202）、《混凝土结构工程施工质量验收规范》（GB 50204）、《木结构工程施工质量验收规范》（GB 50206）、《民用建筑工程室内环境污染控制规范》（GB 50325）、《地下防水工程质量验收规范》（GB 50208）以及《建筑防腐蚀工程施工及验收规范》（GB 50212）等。

建筑地面子分部工程、分项工程划分表   表 25-1

分部工程	子分部工程		分 项 工 程
建筑装饰装修工程	地面	整体面层	基层：基土、灰土垫层、砂垫层和砂石垫层、碎石垫层和碎砖垫层、三合土及四合土垫层、炉渣垫层、水泥混凝土垫层和陶粒混凝土垫层、找平层、隔离层、填充层、绝热层
			面层：水泥混凝土面层、水泥砂浆面层、水磨石面层、硬化耐磨面层、防油渗面层、不发火（防爆）面层、自流平面层、涂料面层、塑胶面层、地面辐射供暖的整体面层
		板块面层	基层：基土、灰土垫层、砂垫层和砂石垫层、碎石垫层和碎砖垫层、三合土及四合土垫层、炉渣垫层、水泥混凝土垫层和陶粒混凝土垫层、找平层、隔离层、填充层、绝热层
			面层：砖面层（陶瓷锦砖、缸砖、陶瓷地砖和水泥花砖面层）、大理石面层和花岗石面层、预制板块面层（水泥混凝土板块、水磨石板块、人造石板块面层）、料石面层（条石、块石面层）、塑料板面层、活动地板面层、金属板面层、地毯面层、地面辐射供暖的板块面层
		木、竹面层	基层：基土、灰土垫层、砂垫层和砂石垫层、碎石垫层和碎砖垫层、三合土及四合土垫层、炉渣垫层、水泥混凝土垫层和陶粒混凝土垫层、找平层、隔离层、填充层、绝热层
			面层：实木地板、实木集成地板、竹地板面层（条材、块材面层）、实木复合地板面层（条材、块材面层）、浸渍纸层压木质地板面层（条材、块材面层）、软木类地板面层（条材、块材面层）、地面辐射供暖的木板面层

（4）建筑地面工程施工前，应做好下列技术准备工作：

1）进行图纸会审，复核设计做法是否符合现行国家规范的要求。

2）复核结构与建筑标高差是否满足各构造层总厚度及找坡的要求。

3）实测楼层结构标高，根据实测结果调整建筑地面的做法。结构误差较大的应做适当处理，如局部剔凿，局部增加细石混凝土找平层等；外委加工的各种门框的安装，应以调整后的建筑地面标高为依据。

4）对板块面层的排板如设计无要求，应依据现场情况做排板设计。对大理石（花岗石）面层及楼梯，应根据结构的实际尺寸和排板设计提出加工计划。

5）施工前应编制施工方案和进行技术交底，必要时应先做样板间，经业主（监理）或设计认可后再大面积施工。

25.2.2 材 料 控 制

（1）建筑地面工程采用的材料应按设计要求和现行《建筑地面工程施工质量验收规范》（GB50209）的规定选用，并应符合国家标准的规定；进场材料应有中文质量合格证明文件，规格、型号及外观等应进行验收，对重要材料或产品应抽样进行复验。对有防火要求的材料，应有消防检测报告。

（2）建筑地面工程采用的水泥砂浆、水泥混凝土的原材料，如水泥、砂、石子、外加剂等，其质量应符合现行《混凝土结构工程施工质量验收规范》（GB 50204）的规定。当要求进场复试时，复试取样方法（数量）、复试项目按现行《混凝土结构工程施工质量验收规范》（GB 50204）的规定执行；防水卷材、防水涂料等防水材料按现行《屋面工程质量验收规范》（GB 50207）的规定执行。当地建设主管部门另有规定的，应按其规定执行。

（3）建筑地面工程采用的大理石、花岗石、料石等天然石材以及砖、预制板块、地毯、人造板材、胶粘剂、涂料、水泥、砂、石、外加剂等材料或产品应符合现行国家标准《民用建筑工程室内环境污染控制规范》（GB 50325）的规定。材料进场应具有检测报告。

25.2.3 技 术 规 定

（1）建筑地面各构造层采用拌合料的配合比或强度等级，应按施工规范规定和设计要求通过试验确定，填写配合比通知单并按规定做好试块的制作、养护和强度检验。

（2）水泥混凝土和水泥砂浆试块的制作、养护和强度检验应按现行国家标准《混凝土结构工程施工质量验收规范》（GB 50204）和《砌体结构工程施工质量验收规范》（GB 50203）的有关规定执行。

（3）检验同一施工批次同一配合比水泥混凝土和水泥砂浆强度的试块，应按每一层（或每一检验批）不应少于一组；当每一层地面面积大于 $1000m^2$ 时，每增加 $1000m^2$（小于 $1000m^2$ 按 $1000m^2$ 计算）增加一组试块；检验同一批次、同一配合比的散水、明沟、踏前台阶、坡道的水泥混凝土、水泥砂浆强度的试块，应按每 150 延长米不少于 1 组。

（4）建筑地面构造层的厚度应符合设计要求及施工规范的规定。

（5）厕浴间和有防滑要求的建筑地面应选用符合设计要求的具有防滑性能的材料。

（6）建筑地面工程施工时，各层环境温度的控制应符合下列规定：

1）采用掺有水泥、石灰的拌和料铺设以及用石油沥青胶结料铺贴时，不应低于 5℃；

2）采用有机胶粘剂粘贴时，不宜低于 10℃；

3）采用砂、石材料铺设时，不应低于 0℃。

4）采用自流平、涂料铺设时，不应低于 5℃，也不应高于 30℃。

（7）结合层和板块面层的填缝采用的水泥砂浆，应符合下列规定：

1）配制水泥砂浆应采用硅酸盐水泥、普通硅酸盐水泥或矿渣硅酸盐水泥。

2）水泥砂浆采用的砂应符合现行的行业标准《普通混凝土用砂、石质量及检验方法标准》（JGJ 52）的规定。

3）配制水泥砂浆的体积比或强度等级和稠度，应符合设计要求。当设计无要求时可按表 25-2 采用。

水泥砂浆的体积比、强度等级和稠度　　　　　　　　　　表 25-2

面层种类	构造层	水泥砂浆体积比	强度等级	砂浆稠度（mm）
条石、无釉陶瓷地砖面层	结合层和面层的填缝	1:2	≥M15	25～35
水泥钢（铁）屑面层	结合层	1:2	≥M15	25～35
整体水磨石面层	结合层	1:3	≥M10	30～35

续表

面层种类	构造层	水泥砂浆体积比	强度等级	砂浆稠度（mm）
预制水磨石板、大理石板、花岗石板、陶瓷马赛克、陶瓷地砖面层	结合层	1:2	≥M15	25～35
水泥花砖、预制混凝土板面层	结合层	1:3	≥M10	30～35

（8）铺设有坡度的地面应采用基土高差达到设计要求的坡度；铺设有坡度的楼面（或架空地面）应在钢筋混凝土板上改变填充层（或找平层）铺设的厚度或以结构起坡达到设计要求的坡度。

（9）室外散水、明沟、踏步、台阶和坡道等附属工程，其面层和基层（各构造层）均应符合设计要求。施工时应按本章基层铺设中基土和相应垫层以及面层的规定执行。

（10）水泥混凝土散水、明沟，应设置伸、缩缝，其延米间距不得大于 10m 对日晒强烈且昼夜温差大于 15℃的地区，其延长米间距宜为 4～6m。房屋转角处应做 45°缝。水泥混凝土散水、台阶等与建筑物连接处应设缝处理。上述缝宽度应为 15～20mm，缝内应填嵌柔性密封材料。

（11）厕浴间、厨房和有排水（或其他液体）要求的建筑地面面层与相连接各类面层的标高差应符合设计要求。当设计无要求时，宜至少低 20mm。

25.2.4 施 工 程 序

（1）建筑地面工程下部遇有沟槽、暗管、保温、隔热、隔声等工程项目时，应待该项工程完成并经检验合格做好隐蔽工程记录（或验收）后，方可进行建筑地面工程施工。

建筑地面工程结构层（各构造层）和面层的铺设，均应待其下一层检验合格后方可施工上一层。建筑地面工程各层铺设前与相关专业的分部（子分部）工程、分项工程以及设备管道安装工程之间，应进行交接检验并做好记录，未经监理单位检查认可，不得进行下道工序施工。

（2）建筑地面各类面层的铺设宜在室内装饰工程基本完工后进行。木、竹面层以及活动地板、塑料板、地毯面层的铺设，应待抹灰工程或管道试压等施工完工后进行，以保证建筑地面的施工质量。

（3）建筑地面工程完工后，应对铺设面层采取保护措施，防止面层表面磕碰损坏。

25.2.5 变形缝和镶边设置

1. 变形缝的设置

建筑地面的变形缝包括伸缩缝、沉降缝和防震缝，应按设计要求设置，并应与结构相应的缝位置一致，且应贯通建筑地面的各构造层。设置方法如下：

（1）整体面层的变形缝在施工时，可先在变形缝位置安放与缝宽相同的木板条，木板条应刨光后涂隔离剂，待面层施工并达到一定强度后，将木板条取出。

（2）变形缝一般填以沥青麻丝或其他柔性密封材料，变形缝表面可用柔性密封材料嵌填，或用钢板、硬聚氯乙烯塑料板、铝合金板等覆盖，并应与面层齐平。其构造做法见图 25-3。

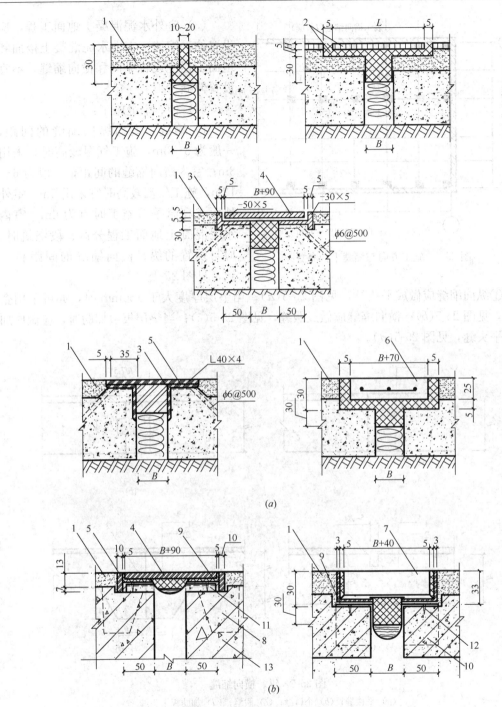

图 25-3　建筑地面变形缝构造

(a) 地面变形缝各种构造做法；(b) 楼面变形缝各种构造做法

▨示嵌柔性密封材料；▧示填实沥青麻丝或其他柔性材料

1—整体面层按设计；2—板块面层按设计；3—5 厚钢板（或铝合金、硬板塑料）；4—5 厚钢板；5—C20 混凝土预制板；
6—钢板或块材、铝板；7—40×60×60 木楔 500 中距；8—24 号镀锌薄钢板；
9—40×40×60 木楔 500 中距；10—木螺钉固定 500 中距；11—L30×3 木螺丝固定 500 中距；12—楼层结构层；
B—缝宽按设计要求；L—尺寸按板块料规格；H—板块面层厚度

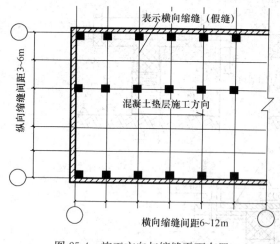

图 25-4　施工方向与缩缝平面布置

（3）室外水泥混凝土地面工程，应设置伸、缩缝；室内水泥混凝土楼面和地面工程应设置纵向和横向缩缝，不宜设置伸缝。

（4）伸、缩缝施工：

1）缩缝：室内纵向缩缝的间距，一般为 3～6m，施工气温较高时宜采用3m；室内横向缩缝的间距，一般为 6～12m，施工气温较高时宜采用 6m。室外地面或高温季节施工时宜为 6m。室内水泥混凝土地面工程分区、段浇筑时，应与设置的纵、横向缩缝的间距相一致，见图 25-4。

①纵向缩缝应做成平头缝，见图 25-5(a)；当垫层厚度大于 150mm 时，亦可采用企口缝，见图 25-5(b)；横向缩缝应做成假缝，见图 25-5(c)；当垫层板边加肋时，应做成加肋板平头缝，见图 25-5(d)。

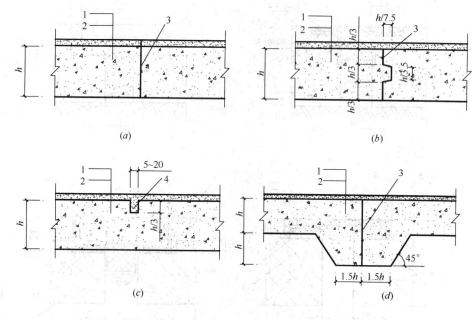

图 25-5　纵、横向缩缝

（a）平接缝；（b）企口缝；（c）假缝；（d）加肋板平头缝

1—面层；2—混凝土垫层；3—互相紧贴不放隔离材料；4—1：3水泥砂浆填缝

②平头缝和企口缝的缝间不应放置任何隔离材料，浇筑时要互相紧贴。企口缝尺寸亦可按设计要求，拆模时的混凝土抗压强度不宜低于 3MPa。

③假缝应按规定的间距设置吊模板；或在浇筑混凝土时，将预制的木条埋设在混凝土中，并在混凝土终凝前取出；亦可采用在混凝土强度达到一定要求后用锯割缝。假缝的宽

度宜为 5～20mm，缝深度宜为垫层厚度的 1/3，缝内应填水泥砂浆。

2）伸缝：室外伸缝的间距一般为 30m，伸缝的缝宽度一般为 20～30mm，上下贯通。缝内应填嵌沥青类材料，见图 25-6(*a*)。当沿缝两侧垫层板边加肋时，应做成加肋板伸缝，见图 25-6(*b*)。

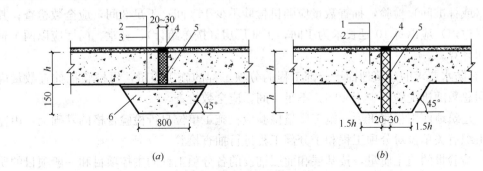

(*a*)　　　　　　　　　　　　(*b*)

图 25-6　伸缝构造

(*a*) 伸缝；(*b*) 加肋板伸缝

1—面层；2—混凝土垫层；3—干铺油毡一层；4—沥青胶泥填缝；

5—沥青胶泥或沥青木丝板；6—C15 混凝土

2. 镶边设置

建筑地面镶边的设置，应按设计要求，当设计无要求时，做法应符合下列要求。

(1) 在有强烈机械作用下的水泥类整体面层，如水泥砂浆、水泥混凝土、水磨石、水泥钢（铁）屑面层等与其他类型的面层邻接处，应设置金属镶边构件，见图 25-7。

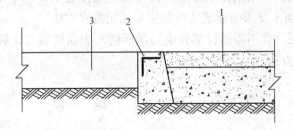

图 25-7　镶边角钢

1—水泥类面层；2—镶边角钢；3—其他面层

(2) 采用水磨石整体面层时，应用同类材料以分格缝设置镶边。

(3) 条石面层和各种砖面层与其他面层相邻接处，应用丁铺的同类块材镶边。

(4) 采用实木地板、竹地板和塑料板面层时，应用同类材料镶边。

(5) 在地面面层与管沟、孔洞、检查井等邻接处，均应设置镶边。

(6) 管沟、变形缝等处的建筑地面面层的镶边构件，应在铺设面层前装设。

(7) 建筑地面的镶边宜与柱、墙面或踢脚线的变化协调一致。

25.2.6　施 工 质 量 检 验

(1) 建筑地面工程施工质量的检验，应符合下列规定：

1) 基层（各构造层）和各类面层的分项工程的施工质量验收，应按每一层次或每层施工段（或变形缝）划分检验批，高层建筑的标准层可按每三层（不足三层按三层计）划分检验批。

2) 每检验批应以各子分部工程的基层（各构造层）和各类面层所划分的分项工程按自然间（或标准间）检验，抽查数量应随机检验不少于3间；不足3间，应全数检查；其中走廊（过道）应以每10延长米为1间，工业厂房（按单跨计）、礼堂、门厅应以两个轴线为1间计算。

3) 有防水要求的建筑地面子分部工程的分项工程的施工质量，每检验批抽查数量应按其房间总数随机检验不少于4间，不足4间，应全数检查。

（2）建筑地面工程完工后，施工质量检验应在施工单位自行检验合格的基础上，由监理单位组织有关单位对分项工程和子分部工程进行抽查检验。

（3）检验批的施工质量，按基层和面层铺设的各分项工程的主控项目和一般项目的质量标准逐项检验。

（4）建筑地面工程的分项工程施工质量检验的主控项目，必须达到地面施工质量验收规范规定的质量标准，方可认定为合格；一般项目80％以上（含80％）的检查点（处）符合施工规范规定的质量标准，而其余检查点（处）不得有明显影响使用且最大偏差值不得大于允许偏差值的50％为合格。

（5）质量标准检验方法应采取下列规定：

1) 检查允许偏差应采用钢尺、2m靠尺、楔形塞尺、坡度尺和水准仪；

2) 检查空鼓应采用敲击的方法；

3) 检查防水隔离层应采用蓄水方法，蓄水深度最浅处不得小于10mm，蓄水时间不得少于24h；检查有防水要求的建筑地面面层应采用泼水方法。

4) 检查各类面层（含不需铺设部分或局部面层）表面的裂纹、脱皮、麻面和起砂等缺陷，应采用观察的方法。

25.3　基　层　铺　设

25.3.1　一　般　要　求

（1）基层铺设的材料质量、密实度和强度等级（或配合比）等应符合设计要求和施工质量验收规范的规定。

（2）基层铺设前，其下一层表面应干净、无积水。

（3）垫层分段施工时，接槎处应做成阶梯形每层接槎处的水平距离应错开0.5m～1.0m。接槎不应设在地面荷载较大的部位。

（4）当垫层、找平层、填充层内埋设暗管时，管道应按设计要求予以稳固。

（5）对有防静电要求的整体地面的基层，应清除残留物，将露出基层的金属物涂绝缘漆两遍晾干。

（6）基层的标高、坡度、厚度等应符合设计要求。基层表面应平整，其允许偏差和检验方法应符合表25-3的规定。

基层表面的允许偏差和检验方法（mm）　　　　　　　　　　　表 25-3

项次	项目	允许偏差（mm）														检验方法
		基土	垫层					找平层				填充层		隔离层	绝热层	
						垫层地板		用胶结料做结合层铺设板块面层	用水泥砂浆做结合层铺设板块面层	用胶粘剂做结合层铺设拼花木板、浸渍纸层压木质地板、实木复合地板、竹地板、软木地板面层	金属板面层			防水、防潮、防油渗	板块材料、浇筑材料、喷涂材料	
		土	砂、砂石、碎石、碎砖	灰土、三合土、四合土、炉渣、水泥混凝土、陶粒混凝土	木搁栅	拼花实木地板、拼花实木复合地板、软木类地板面层	其他种类面层					松散材料	板、块材料			
1	表面平整度	15	15	10	3	3	5	3	5	2	3	7	5	3	4	用 2m 靠尺和楔形塞尺检查
2	标高	0～-50	±20	±10	±5	±5	±8	±5	±8	±4	±4	±4	±4	±4	±4	用水准仪检查
3	坡度	不大于房间相应尺寸的 2/1000，且不大于 30														用坡度尺检查
4	厚度	在个别地方不大于设计厚度的 1/10，且不大于 20														用钢尺检查

25.3.2 基　土

基土系底层地面和室外散水、明沟、踏步、台阶和坡道等附属工程中垫层下的地基土层，是承受由整个地面传来荷载的地基结构层。

1. 基土的构造做法

（1）基土包括开挖后的原状土层、软弱土层和土层结构被扰动需加固处理及回填土等。

（2）基土标高应符合设计要求，软弱土层的更换或加固以及回填土等的厚度均应按施工规范和设计要求进行分层夯实或碾压密实。基土构造做法见图 25-8。

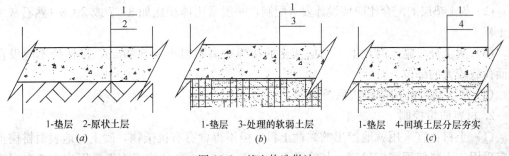

1-垫层　2-原状土层　　　　　1-垫层　3-处理的软弱土层　　　　1-垫层　4-回填土层分层夯实
(a)　　　　　　　　　　　　　　(b)　　　　　　　　　　　　　　(c)

图 25-8　基土构造做法

(a) 基土为均匀密实的原状土；(b) 基土为已处理的软弱土层；(c) 基土为回填土层

2. 材料质量控制

（1）按设计标高开挖后的原状土层，如为碎石类土、砂土或黏性土中的老黏土和一般黏性土等，均可作为基土层。

（2）填土尽量采用原开挖出的土，必须控制土料的含水量、有机物含量，粒径不大于50mm，并应过筛。填土时应为最优含水量，重要工程或大面积的地面填土前，应取土样，按击实试验确定最优含水量与相应的最大干密度。最优含水量和最大干密度宜按表25-4采用。

土的最优含水量和最大干密度参考表　　　　　　　　　表 25-4

项 次	土的种类	变 动 范 围	
		最优含水量（%）重量比	最大干密度（t/m³）
1	砂土	8～12	1.80～1.88
2	黏土	19～23	1.58～1.70
3	粉质黏土	12～15	1.85～1.95
4	粉土	16～22	1.61～1.80

注：表中土的最大干密度应以现场实际达到的数字为准。

（3）对淤泥、腐殖土、杂填土、冻土、耕植土和有机物大于8%的土，均不得作为地面下的填土土料；膨胀土作填土土料时应按设计要求进行利用与处理。选用砂土、粉土、黏性土及其他有效填料作为填土，土料中的土块粒径不应大于50mm，并应清除土中的草皮杂物等。

3. 施工要点

基土的施工要点参见本手册地基处理章节的相关内容。

25.3.3 灰 土 垫 层

灰土垫层采用熟石灰与黏土（或粉质黏土、粉土）的拌合料铺设而成。用于雨水少、地下水位较低，有利于施工和保证灰土垫层质量的地区，一般在北方使用较多。

1. 灰土垫层的构造做法

（1）灰土垫层应铺在不受地下水浸泡的基土上，其厚度不低于100mm，施工后应有防止水浸泡的措施。

（2）灰土垫层的配合比应按设计要求配制，一般常用体积比如 3：7 或 2：8（熟石灰：黏土）。

（3）灰土分段施工时，上下两层灰土的接槎距离不得小于500mm，接槎处不应设在地面荷载较大的部位。

（4）灰土垫层的构造做法见图25-9。

2. 材料质量控制

（1）土料：宜采用就地挖出的黏性土料，但不得含有有机杂物，砂土、地表面耕植土不宜采用。土料使用前应过筛，其粒径不得大于15mm。冬期施工不得采用冻土或夹有冻土块的土料。

（2）熟化石灰：熟化石灰应采用生石灰块（块灰的含量不少于 70%），在使用前 3～4d 用清水予以熟化，充分消解后成粉末状，并加以过筛。其最大粒径不得大于 5mm，并不得夹有未熟化的生石灰块。

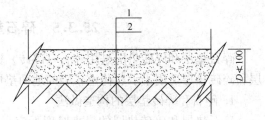

图 25-9　灰土垫层构造做法
1—灰土垫层；2—基土；D—灰土垫层厚度

（3）采用磨细生石灰代替熟化石灰时，在使用前按体积比预先与黏土拌和洒水堆放 8h 后方可铺设。

（4）采用粉煤灰或电石渣代替熟石灰时，其粒径不得大于 5mm，其拌合料配合比应经试验确定。

（5）灰土拌合料的体积比为 3∶7 或 2∶8（熟化石灰∶黏土），灰土体积比与重量比的换算可参照表 25-5 选用。

灰土体积比相当于重量比参考表　　　　　　表 25-5

体积比（熟化石灰∶黏土）	重量比（熟化石灰∶干土）
2∶8	12∶88
3∶7	20∶80

3. 施工要点

灰土垫层的施工要点参见本手册地基处理章节的相关内容。

25.3.4　砂垫层和砂石垫层

砂垫层和砂石垫层适用于处理软土、透水性强的黏性基土层上，不适用于湿陷性黄土和透水性小的黏性基土层上。

1. 砂和砂石垫层的构造做法

砂垫层的厚度应不小于 60mm；砂石垫层的厚度应不小于 100mm。

砂垫层和砂石垫层分段施工时，接槎处应做成斜坡，每层接槎处的水平距离应错开 500～1000mm，并充分压（夯）实。砂垫层和砂石垫层的构造做法见图 25-10。

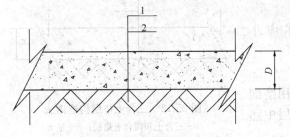

图 25-10　砂垫层和砂石垫层构造做法
1—砂和砂石垫层；2—基土；
D—砂垫层≥60mm，砂石垫层≥100mm

2. 材料质量控制

（1）砂和砂石中不得含有草根等有机杂质，冬期施工不得含有冻土块。

（2）砂：砂宜选用质地坚硬的中砂或中粗砂和砾砂。在缺少中砂、粗砂和砾砂的地区，也可采用细砂，但宜同时掺入一定数量的碎石或卵石，其掺量不应大于 50%，或按设计要求。颗粒级配应良好。

（3）石子：石子宜选用级配良好的材料，石子的最大粒径不得大于垫层厚度的 2/3。也可采用砂与卵（碎）石、石屑或其他工业废粒料按设计要求的比例拌制。

3. 施工要点

砂垫层和砂石垫层的施工要点参见本手册地基处理章节的相关内容。

25.3.5　碎石垫层和碎砖垫层

碎石垫层和碎砖垫层是用碎石（碎砖）铺设于基土层上，轻夯（压）实而成，碎石垫层和碎砖垫层适用于承载荷重较轻的地面垫层。

1. 碎石和碎砖垫层的构造做法

碎石垫层和碎砖垫层的最小厚度不应小于 60mm 和 100mm。碎石垫层和碎砖垫层的构造做法见图 25-11。

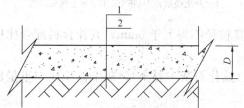

图 25-11　碎石垫层和碎砖垫层构造做法
1—碎石和碎砖垫层；2—基土
D—碎石垫层厚度≥60mm，碎砖垫层厚度≥100mm

2. 材料质量控制

（1）碎石应强度均匀、未经风化，碎石粒径宜为 5～40mm，且不大于垫层厚度的 2/3。

（2）碎砖用废砖断砖加工而成，不得夹有风化、酥松碎块、瓦片和有机杂质，颗粒粒径宜为 20～60mm。如利用工地断砖，需事先敲打，过筛备用。

3. 施工要点

碎石垫层和碎砖垫层的施工要点参见本手册地基处理章节的相关内容。

25.3.6　三合（四合）土垫层

三合土垫层是用石灰、砂（可掺适量黏土）和碎砖（或碎石）按一定体积比加水拌合后铺在经夯实的基土层上而成的地面垫层。四合土垫层多一项水泥。三合土、四合土垫层适用于承载荷重较轻的地面。

1. 三合土和四合土垫层的构造做法

（1）三合土垫层可先铺碎砖（石）料，后灌石灰砂浆，再经夯实而成的垫层做法。

（2）三合土在铺设后硬化期间应避免受水浸泡。

（3）三合土垫层的最小厚度不应小于 100mm，其构造做法如图 25-12 所示。

（4）四合土垫层的最小厚度不应小于 80mm。

2. 材料质量控制

（1）石灰：应为熟化石灰（也可采用磨细生石灰），熟化石灰参见 25.3.3 灰土垫层中熟化石灰的质量要求。

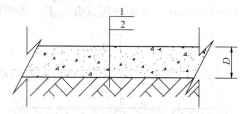

图 25-12　三合土垫层构造做法
1—三合土和四合土垫层；2—基土
D—垫层厚度≥100mm 或 80mm

（2）碎砖：不得夹有风化、酥松碎块、瓦片和有机杂质，颗粒粒径不应大于 60mm。

（3）砂：应为中、粗砂，参见 25.3.4 砂垫层和砂石垫层中砂的质量要求。

（4）黏土：参见 25.3.3 灰土垫层中黏土的质量要求。

3. 施工要点

三合土垫层的施工要点参见本手册地基处理章节的相关内容。

25.3.7 炉渣垫层

炉渣垫层采用炉渣或水泥与炉渣或水泥、石灰与炉渣的拌合料铺设而成。炉渣垫层适用于承载荷重较轻的地面工程中面层下的垫层，或因敷设管道以及有保温隔热要求的地面工程中面层下的垫层。

1. 炉渣垫层的构造做法

（1）炉渣垫层的厚度不应小于 80mm。

（2）炉渣垫层按所配制材料的不同，可分为以下四种做法：

1）炉渣垫层，常用于有保温隔热要求的地面工程垫层；

2）石灰炉渣垫层；

3）水泥炉渣垫层；

4）水泥石灰炉渣垫层。

（3）炉渣垫层的构造做法见图 25-13。

2. 材料要求

（1）水泥：水泥强度等级不低于 32.5，要求无结块，有出厂合格证和复试报告。

（2）炉渣：炉渣内不应含有有机杂质和未燃尽的煤块，颗粒粒径不应大于 40mm，粒径在 5mm 及其

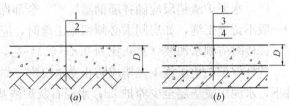

图 25-13　炉渣垫层构造做法

（a）地面做法；（b）楼面做法；

1—炉渣垫层；2—基土；3—水泥类找平层；

4—楼板结构层；D—垫层厚度≥80mm

以下的颗粒，不得超过总体积的 40%。炉渣使用前应浇水闷透；水泥石灰炉渣垫层的炉渣，使用前应用石灰浆或用熟化石灰浇水拌合闷透；闷透的时间均不得少于 5d。

（3）熟化石灰：熟化石灰应采用生石灰块（灰块的氧化镁和氧化钙含量不少于75%），在使用前 3~4d 用清水予以熟化，充分消解后成粉末状，并加以过筛。其最大粒径不得大于 5mm，并不得夹有未熟化的生石灰块；采用加工磨细生石灰粉时，加水溶化后方可使用。

3. 施工要点

（1）基层处理：铺设炉渣垫层前，基层表面应清扫干净，并洒水湿润。

（2）炉渣（或其拌合料）配制：

1）炉渣在使用前必须过两遍筛，第一遍过大孔径筛，筛孔径为 40mm，第二遍用小孔径筛，筛孔为 5mm，主要筛去细粉末。

2）炉渣垫层的拌合料体积比应按设计要求配制。如设计无要求，水泥与炉渣拌合料的体积比宜为 1:6（水泥:炉渣），水泥、石灰与炉渣拌合料的体积比宜为 1:1:8（水泥:石灰:炉渣）。

3）炉渣垫层的拌合料必须拌合均匀。先将闷透的炉渣按体积比与水泥干拌均匀后，再加水拌合，颜色一致，加水量应严格控制，使铺设时表面不致出现泌水现象。

（3）测标高、弹线、做找平墩：根据墙上 +500mm 水平标高线及设计规定的垫层厚度往下量测出垫层的上平标高，并弹在周墙上。然后拉水平线抹水平墩（用细

石混凝土或水泥砂浆抹成 60mm×60mm 见方，与垫层同高），其间距 2m 左右，有泛水要求的房间，按坡度要求拉线找出最高和最低的标高，抹出坡度墩，用以控制垫层的表面标高。

（4）铺设炉渣拌合料：

1）铺设炉渣前在基层刷一道素水泥浆（水灰比为 0.4～0.5），将拌和均匀的拌合料，由里往外退着铺设，虚铺厚度与压实厚度的比例宜控制在 1.3：1；当垫层厚度大于 120mm 时，应分层铺设，每层压实后的厚度不应大于虚铺厚度的 3/4。

2）在垫层铺设前，其下一层应湿润；铺设时应分层压实，铺设后应养护，待其凝结后方可进行下一道工序施工。

（5）刮平、滚压：以找平墩为标志，控制好虚铺厚度，用滚筒往返滚压（厚度超过 120mm 时，应用平板振动器），直到滚压平整出浆且无松散颗粒为止。对于墙根、边角、管根周围不易滚压处，应用木拍板拍打密实。

（6）水泥炉渣垫层应随拌随铺随压实，全部操作过程应控制在 2h 内完成。施工过程中一般不留施工缝，如房间大必须留施工缝时，应用木方或木板挡好留槎处，保证直槎密实，接槎时应刷水泥浆（水灰比为 0.4～0.5）后，再继续铺炉渣拌合料。

（7）养护：垫层施工完毕应防止受水浸泡。做好养护工作（进行洒水养护），常温条件下，水泥炉渣垫层至少养护 2d；水泥石灰炉渣垫层至少养护 7d。养护期间严禁上人踩踏，待其凝固后方可进行面层施工。

4. 质量标准

炉渣垫层的质量标准和检验方法见表 25-6。

炉渣垫层的质量标准和检验方法

表 25-6

项目	序号	检验项目	质量标准	检验方法
主控项目	1	垫层材料质量	炉渣内不应含有有机杂质和未燃尽的煤块，颗粒粒径不应大于 40mm，且颗粒粒径在 5mm 及其以下的颗粒，不得超过总体积的 40%；熟化石灰颗粒粒径不得大于 5mm	观察检查和检查材质合格证明文件及检测报告
	2	拌合料配合比	应符合设计要求	观察检查和检查配合比通知单
一般项目	1	表面质量	炉渣垫层与其下一层结合牢固，不得有空鼓和松散炉渣颗粒	观察检查和用小锤轻击检查
	2	允许偏差	见表 25-3	见表 25-3

25.3.8 水泥混凝土及陶粒混凝土垫层

水泥混凝土垫层及陶粒混凝土垫层是建筑地面中一种常见的刚性垫层。一般铺设在地面基土层上或楼面结构层上，适用于室内外各种地面工程和室外散水、明沟、台阶、坡道等附属工程。

1. 水泥混凝土垫层及陶粒混凝土垫层的构造做法

（1）水泥混凝土垫层的厚度不应小于 60mm，强度等级符合设计要求，水泥混凝土强度等级不小于 C15，坍落度宜为 10～30mm；陶粒混凝垫层厚度不应小于 80mm，土强度等级不小于 LC7.5。

（2）垫层铺设前，当为水泥类基层时，其下一层表面应湿润。

（3）水泥混凝土垫层铺设在基土上，当气温处于 0℃ 以下，设计无要求时应设置伸缩缝。

（4）室内外地面的水泥混凝土垫层及陶粒混凝土垫层的伸缩缝设置参见 25.2.5 变形缝和镶边设置中相关要求。

（5）水泥混凝土垫层及陶粒混凝土垫层的构造做法如图 25-14 所示。

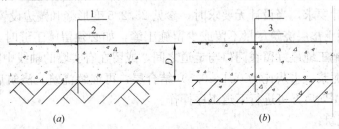

图 25-14　水泥混凝土垫层及陶粒混凝土垫层构造做法简图
(a) 地面做法；(b) 楼面做法
1—水泥混凝土垫层及陶粒混凝土垫层；2—基土；3—混凝土楼板；$D \geqslant 60\text{mm}$ 或 80mm

2. 材料要求

（1）水泥：水泥强度等级不低于 42.5，要求无结块，有出厂合格证和复试报告。

（2）砂：采用中砂或粗砂，含泥量不大于 3%。

（3）石子：宜选用粒径 5～32mm 的碎石或卵石，其最大粒径不得大于垫层厚度的 2/3。含泥量不大于 3%。

（4）陶粒：陶粒中粒径小于 5mm 的颗粒含量应小于 10%；粉煤灰陶粒中粒径大于 15mm 的颗粒含量不应大于 5%，并不得混夹杂物或黏土块。陶粒宜选用粉煤灰陶粒、页岩陶粒等。

（5）水：宜选用符合饮用标准的水。

3. 施工要点

（1）基层处理：清除基土或结构层表面的杂物，并洒水湿润，但表面不应留有积水。

（2）测标高、弹水平控制线：做法参见 25.3.7 第 3 条第（3）款的相关内容。

（3）混凝土搅拌：

1）根据设计要求或实验确定的配合比进行投料，搅拌要均匀，搅拌时间不少于 90s。

2）检验混凝土强度的试块组数，按 25.2.3 技术规定中的第（3）条制作试块。当改变配合比时，亦应相应地制作试块组数。

3）陶粒进场后要过两遍筛，第一遍用大孔径筛（筛孔为 30mm），第二遍过小孔径筛（筛孔为 5mm），使 5mm 粒径含量控制在不大于 5% 的要求，在浇筑垫层前应将陶粒浇水闷透，水闷时间应不少于 5d。

4）陶粒混凝土骨料的计量允许偏差应小于 ±3%，水泥、水和外加剂计量允许偏差应小于 ±2%。由于陶粒预先进行水闷处理，因此搅拌前根据抽测陶粒的含水率，调整配合比的用水量。

（4）铺设混凝土：

1）为了控制垫层的平整度，首层地面可在填土中打入小木桩（30mm×30mm×200mm），在木桩上拉水平线做垫层上平的标记（间距 2m 左右）。在楼层混凝土基层上可抹 60mm×60mm 的找平墩（用细石混凝土做），墩上平为垫层的上标高。

2）铺设混凝土前其下一层表面应湿润，刷一层素水泥浆（水灰比 0.4～0.5），然后从一端开始铺设，由里往外退着操作。

3）水泥混凝土垫层铺设在基土上，设计无要求时，垫层应设置伸、缩缝。伸、缩缝的设置应符合设计要求，当设计无要求时，参见 25.2.5 变形缝和镶边设置中相关要求。

4）陶粒混凝土垫层浇筑尽量不留或少留施工缝，如必须留施工缝时，应用木方或木板挡好断槎处，施工缝最好留在门口与走道之间，或留在有实墙的轴线中间，接槎时应在施工缝处涂刷水泥浆（水灰比为 0.4～0.5）结合层，再继续浇筑。浇筑后应进行洒水养护。强度达 1.2MPa 后方可进行下道工序操作。

5）混凝土浇筑：

①当垫层比较厚时可采用泵送混凝土，泵送混凝土应尽量采用较小的坍落度。

②混凝土铺设应按分区、段顺序进行，边铺边摊平，并用大杠粗略找平，略高于找平墩。

③振捣：用平板振动器振捣时其移动的距离应保证振动器平板能覆盖已振实部分的边缘。若垫层厚度较厚（超过 200mm）时，应采用插入式振动器振捣。振动器移动间距不应超过其作用半径的 1.5 倍，做到不漏振，确保混凝土密实。

（5）找平：混凝土振捣密实后，以水平标高线及找平墩为准检查平整度。有坡度要求的地面，应按设计要求找坡。

（6）养护：已浇筑完的混凝土垫层，应在 12h 左右覆盖和洒水，一般养护不少于 7d。

（7）在 0℃以下环境中施工时，所掺防冻剂必须经试验合格后方可使用。垫层混凝土拌合物中的氯化物总含量按设计要求或不得大于水泥重量的 2%。混凝土表面应覆盖防冻保温材料，在受冻前混凝土的抗压强度不得低于 $5.0N/mm^2$。

4. 质量标准

水泥混凝土垫层及陶粒混凝土垫层的质量标准和检验方法见表 25-7。

水泥混凝土垫层及陶粒混凝土垫层的质量标准和检验方法　　　　　　表 25-7

项目	序号	检验项目	质量标准	检验方法
主控项目	1	垫层材料质量	水泥混凝土垫层采用的粗骨料，其最大粒径不应大于垫层厚度的 2/3；含泥量不应大于 3%；砂为中粗砂，其含泥量不应大于 3%；陶粒中粒径小于 5mm 的颗粒含量应小于 10%；粘煤灰陶粒中大于 15mm 的颗粒含量不应大于 5%；陶粒中不得混夹杂物或黏土块	观察检查和检查材质合格证明文件及检测报告
	2	混凝土强度	混凝土的强度等级应符合设计要求，且不应低于 C15；陶粒混凝土强度等级不低于 LC7.5	观察检查和检查配合比通知单及检测报告
一般项目	1	允许偏差	见表 25-3	见表 25-3

25.3.9 找 平 层

找平层是在垫层或楼板面上进行抹平或找坡，起整平、找坡或加强作用的构造层。通常采用水泥砂浆找平层、细石混凝土找平层。

1. 找平层的构造做法

（1）找平层厚度一般由设计确定，水泥砂浆不小于 20mm，不大于 40mm；当找平层厚度大于 30mm 时，宜采用细石混凝土做找平层。

（2）找平层采用水泥砂浆时，体积比不宜小于 1∶3（水泥∶砂）；采用水泥混凝土时，其强度等级不应小于 C15；采用改性沥青砂浆时，其配合比宜为 1∶8（沥青∶砂和粉料）；采用改性沥青混凝土时，其配合比应由计算并经试验确定，或按设计要求配制。

（3）铺设找平层前，当下一层有松散填充料时，应予以铺平振实。

（4）有防水要求的建筑地面工程，铺设前必须对立管、套管或地漏与楼板节点之间进行密闭处理，并应进行隐蔽验收；排水坡度应符合设计要求。

（5）找平层构造做法如图 25-15 所示。

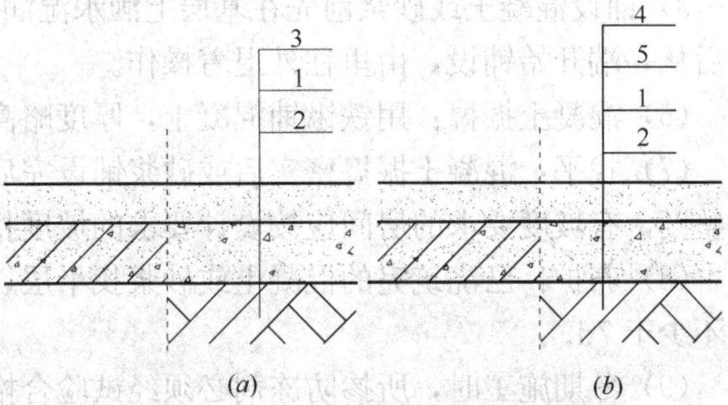

2. 材料质量控制

参见 25.3.8 水泥混凝土及陶粒混凝土垫层中第 2 条中相关的质量要求。

图 25-15 找平层构造做法
(a) 水泥类找平层；(b) 改性沥青类找平层
1—混凝土垫层（楼面结构层）；2—基土；3—水泥砂浆找平层；
4—改性沥青砂浆（或混凝土）找平层；5—刷冷底子油二遍

3. 施工要点

（1）基层处理：

1）清除混凝土基层上的浮浆、松动混凝土、砂浆等，并用扫帚扫净。

2）有防水要求的楼地面工程，如厕所、厨房、卫生间、盥洗室等，必须对立管、套管和地漏与楼板节点之间进行密封处理。首先应检查地漏的标高是否正确；其次采用水泥砂浆或细石混凝土对管、套管和地漏等穿过楼板管道，管壁四周进行密封处理使其稳固堵严。施工时节点处应清洗干净并予以湿润，吊模后振捣密实。沿管的周边尚应划出深8~10mm 沟槽，采用防水类卷材、涂料或油膏裹住立管、套管和地漏的沟槽内，以防止顺管道接缝处出现渗漏现象。

3）对有防水要求的楼地面工程，排水坡度应符合设计要求。

4）在有防静电要求的整体面层的找平层施工前，其下敷设的导电地网系统应与接地引下线接地体有可靠连接，经电性能检测且符合相关要求后进行隐蔽工程验收。

（2）在预制钢筋混凝土板上铺设找平层时，板缝填嵌的施工应符合下列要求：

1）预制钢筋混凝土板缝底宽不应小于 20mm；

2）填嵌时，板缝内应清理干净，保持湿润；

3）填缝采用细石混凝土，其强度等级不得低于 C20。填缝高度应低于板面 10~20mm，且振捣密实，表面不应压光；填缝后应养护，混凝土强度达到 15MPa 后方可施工找平层。

4）当板缝底宽大于 40mm 时，应按设计要求配置钢筋。

5）在预制混凝土板端应按设计要求采取防裂的构造措施。

（3）测标高弹水平控制线：根据墙上的＋500mm 水平标高线，往下量测出垫层标高，有条件时可弹在四周墙上。

（4）混凝土或砂浆搅拌：参见 25.3.8 水泥混凝土及陶粒混凝土垫层中第 3 条第（3）款混凝土或砂浆搅拌的相关内容。

（5）铺设混凝土或砂浆：

1）找平层厚度应符合设计要求。当找平层厚度不大于 30mm 时，用水泥砂浆做找平层；当找平层厚度大于 30mm 时，用细石混凝土做找平层。

2）大面积地面找平层应分区段浇筑。区段划分应结合变形缝、不同面层材料的连接和设备基础等综合考虑。找平层变形缝设置参见 25.2.5 变形缝和镶边设置中相关要求。

3）铺设混凝土或砂浆前先在基层上洒水湿润，刷一层素水泥浆（水灰比 0.4～0.5），然后从一端开始铺设，由里往外退着操作。

（6）混凝土振捣：用铁锹铺混凝土，厚度略高于找平墩，随即用平板振动器振捣。

（7）找平：混凝土振捣密实后或砂浆铺设完后，以墙上水平标高线及找平墩为准检查平整度，有坡度要求的房间应按设计要求的坡度找坡。

（8）养护：已浇筑完的混凝土或砂浆找平层，应在 12h 左右覆盖和洒水养护，一般养护不少于 7d。

（9）冬期施工时，所掺防冻剂必须经试验合格后方可使用，氯化物总含量不得大于水泥重量的 2%。

4. 质量标准

找平层的质量标准和检验方法见表 25-8。

找平层的质量标准和检验方法　　　　　　　　　　　　表 25-8

项目	序号	检验项目	质 量 标 准	检 验 方 法
主控项目	1	找平层材料质量	找平层采用碎石或卵石的粒径不应大于其厚度的 2/3，含泥量不应大于 2%；砂为中粗砂，其含泥量不应大于 3%	观察检查和检查材质合格证明文件及检测报告
	2	水泥砂浆配合比或水泥混凝土强度等级	应符合设计要求，且水泥砂浆体积比不应小于 1：3（或相应的强度等级）；水泥混凝土强度等级不应低于 C15	观察检查和检查配合比通知单及检测报告
	3	有防水要求的地面质量	有防水要求的地面工程的立管、套管、地漏处严禁渗漏，坡向应正确、无积水	观察检查和蓄水、泼水检验及坡度尺检查
一般项目	1	与下一层结合情况	与其下一层结合牢固，不得有空鼓	用小锤轻击检查
	2	表面质量	应密实，不得有起砂、蜂窝和裂缝等缺陷	观察检查
	3	允许偏差	见表 25-3	见表 25-3

25.3.10　隔　离　层

隔离层适用于有水、油渗或非腐蚀性和腐蚀性液体经常浸湿（或作用），为防止楼层地面出现渗漏以及底层地面有潮气渗透而在面层下铺设的构造层。对空气有洁净要求或对湿度有控制要求的建筑地面，底层地面应铺设防潮隔离层。

1. 构造做法

（1）隔离层可采用防水类卷材、防水类涂料或掺防水剂的水泥类材料（砂浆、混凝土）等铺设而成。

（2）在水泥类找平层上铺设防水卷材、防水涂料或以水泥类材料作为防水隔离层时，其表面应坚固、洁净、干燥。铺设前应涂刷基层处理剂，基层处理剂应采用与卷材性能配套的材料或采用同类涂料的底子油。

（3）隔离层所采用的材料及其铺设层数（或厚度）以及当采用掺有防水剂的水泥类找平层作为隔离层时其防水剂掺量和强度等级（或配合比）应符合设计要求。

（4）厕浴间和有防水要求的建筑地面必须设置防水隔离层。楼层结构必须采用现浇混凝土或整块预制混凝土板，混凝土强度等级不应低于 C20；楼板四周除门洞外，应做混凝土翻边，其高度不应小于 200mm，宽度同墙厚。施工时结构层标高和预留孔洞位置应准确，严禁凿洞。

（5）铺设隔离层时，在管道穿过楼板面的四周，防水、防油渗材料应向上铺涂，并超过套管的上口；在靠近柱、墙处，应高出面层 200～300mm 或按设计要求的高度铺涂。阴阳角和管道穿过楼板面的根部应增加铺涂附加隔离层。

（6）防水材料铺设后，必须蓄水检验。蓄水深度最浅处不得小于 10mm，24h 内无渗漏为合格，并做好记录。

（7）防水隔离层严禁渗漏，坡向应正确，排水通畅。

（8）隔离层的构造做法见图 25-16。

2. 材料要求

（1）水泥、砂子、石子的质量要求与控制见 25.3.8 水泥混凝土垫层及陶粒混凝土垫层中材料质量控制的相关内容。

（2）防水卷材：有高聚物改性沥青卷材、合成高分子卷材，应根据设计要求选用。卷材胶粘剂的质量应符合下列要求：改性沥青胶粘剂的粘结剥离强度不应小于 8N/10mm 合成高分子胶粘剂的粘结剥离强度不应小于 15N/10mm，浸水 168h 后的保

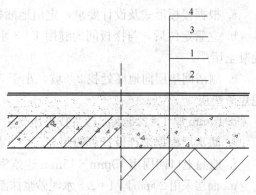

图 25-16 隔离层构造简图
1—混凝土类垫层（或楼板结构层）；2—基土；
3—水泥类找平层；4—隔离层

持率不应小于 70%；双面胶粘带剥离状态下的粘合性不应小于 10N/25mm，浸水 168h 后的保持率不应小于 70%。

（3）防水类涂料：防水涂料包括无机防水涂料和有机防水涂料。

1）要求具有良好的耐水性、耐久性、耐腐蚀性及耐菌性；无毒、难燃、低污染。无机防水涂料应具有良好的湿干粘结性、耐磨性和抗刺穿性；有机防水涂料应具有较好的延伸性及较大适应基层变形能力。

2）进场的防水涂料应进行抽样复验，不合格产品不得使用。

3）质量按现行国家标准《屋面工程质量验收规范》（GB50207）中材料要求的规定

执行。

3. 施工要点

（1）柔性防水施工

参见本手册屋面工程中柔性防水施工要点。

（2）细部构造

1）地漏

① 地漏构造及防水做法，见图 25-17。

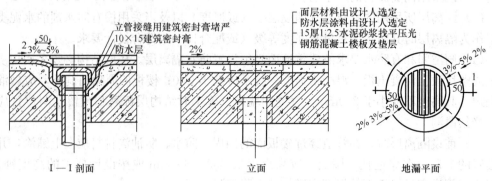

图 25-17　地漏构造及防水做法

② 施工要点：

a. 根据楼板形式及设计要求，定出地漏标高，向上找泛水。

b. 立管定位后，与楼板间的缝用 1∶3 水泥砂浆堵严，缝大于 20mm 用 1∶2∶4 细石混凝土堵严。

c. 厕浴间垫层向地漏处找 2% 坡，小于 30mm 厚用混合灰，大于 30mm 厚用 1∶6 水泥焦渣垫层。

d. 15mm 厚 1∶2.5 水泥砂浆找平压光。

e. 防水层根据工程设计可选用高、中、低档的一种防水涂料及做法。

f. 地漏上口四周用 10mm×15mm 建筑密封膏封严，上做防水层。

g. 面层采用 20mm 厚 1∶2.5 水泥砂浆抹面压光，也可以根据设计采用其他面层材料。

h. 地漏箅子安装在面层，四周地面向地漏处找 2% 坡，便于排水。

2）下水管、钢套管

① 下水管构造及防水做法，见图 25-18、图 25-19。

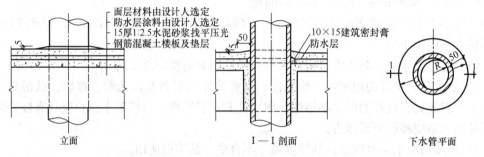

图 25-18　下水管及其转角墙防水构造及做法（一）

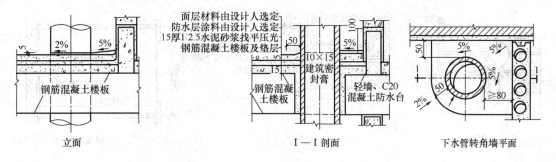

图 25-19 下水管及其转角墙防水构造及做法（二）

② 钢套管构造及防水做法，见图 25-20。

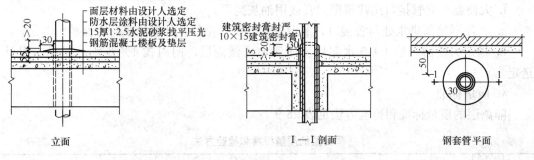

图 25-20 钢套管防水构造及做法

③下水管、钢套管施工要点：

a. 立管定位后，与楼板间的缝用 1：3 水泥砂浆堵严，缝大于 20mm 用 1：2：4 细石混凝土堵严。

b. 厕浴间垫层向地漏处找 2% 坡，小于 30mm 厚用混合灰，大于 30mm 厚用 1：6 水泥焦渣垫层。

c. 15mm 厚 1：2.5 水泥砂浆找平压光。

d. 防水层根据工程设计可选用高、中、低档的一种涂料及做法。

e. 管根防水层下面四周用 10mm×15mm 建筑密封膏封严。

f. 面层采用 20mm 厚 1：2.5 水泥砂浆抹面压光，也可以根据设计采用其他面层材料。

g. 管根四周 50mm 处，最少高出地面 5mm。

h. 立管位置靠墙或转角处，向外坡度为 5%。

3) 蹲式大便器

① 蹲式大便器构造及防水做法，见图 25-21。

② 施工要点：

a. 大便器立管定位后，与楼板间的缝用 1：3 水泥砂浆堵严，缝大于 20mm 用 1：2：4 细石混凝土堵严。

b. 20mm 厚 1：2.5 水泥砂浆找平层。

c. 防水层根据工程设计可选用高、中、低档的一种防水涂料及做法。

d. 立管接口防水层下面管四周用 10mm×15mm 建筑密封膏封严，上面防水层做到管顶部。

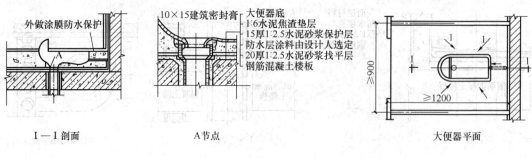

图 25-21　大便器防水构造及做法

e. 15mm 厚 1：2.5 水泥砂浆保护层。

f. 大便器与立管接口用建筑密封膏或用油灰封严。

g. 大便器尾部进水处与管接口，照设备安装图册接好，外做涂膜防水保护。

h. 稳定大便器，填 1：6 水泥焦渣压实，再做面层，向内找 1% 泛水，面材由设计选定。

4. 质量标准

隔离层的质量标准和检验方法见表 25-9。

隔离层的质量标准和检验方法　　　　　　　　　　　　　　　　表 25-9

项目	序号	检验项目	质量标准	检验方法
主控项目	1	隔离层材料质量	必须符合设计要求和国家产品标准的规定	观察检查和检查材质合格证明文件、检测报告
	2	厕浴间和有防水要求的建筑地面的结构层	必须设置防水隔离层。楼层结构必须采用现浇混凝土或整块预制混凝土板，混凝土强度等级不应低于 C20；楼板四周除门洞外，应做混凝土翻边，其高度不应小于 200mm。施工时结构层标高和预留孔洞位置应准确，严禁乱凿洞	观察检查和检查配合比通知单及检测报告
	3	水泥类防水隔离层	防水性能和强度等级必须符合设计要求	观察检查和检查检测报告
	4	防水隔离层要求	严禁渗漏，坡向应正确、排水畅通	观察检查和蓄水、泼水检验或坡度尺检查及检查检验记录
一般项目	1	隔离层厚度	应符合设计要求	观察检查和用钢尺检查
	2	表面质量	防水涂层应平整、均匀，无脱皮、起壳、裂缝、鼓泡等缺陷	观察检查
	3	与下一层结合情况	与其下一层结合牢固，不得有空鼓	用小锤轻击检查
	4	允许偏差	见表 25-3	见表 25-3

25.3.11　填　充　层

填充层是在楼地面构造中起隔声、保温、找坡或暗敷管线等作用的构造层。填充层通常采用轻质的松散材料（炉渣、膨胀蛭石、膨胀珍珠岩等）或块体材料（加气混凝土、泡沫混凝土、泡沫塑料、矿棉、膨胀珍珠岩、膨胀蛭石块和板材等）。

1. 填充层的构造做法

（1）填充层的下一层表面应平整。当为水泥类时，尚应洁净、干燥，并不得有空鼓、裂缝和起砂等缺陷。

（2）采用松散材料铺设填充层时，必须分层铺平拍实；采用板、块状材料铺设填充层时必须错缝铺贴。

（3）采用发泡水泥铺设填充层，其厚度必须符合设计要求，设计无要求时宜为40～50mm；其配合比、发泡剂种类、抗压强度必须符合设计要求。

（4）低温辐射供暖地面的填充层施工时必须保证加热管内水压不低于0.6MPa，并避免使用机械设备振捣；养护过程中系统管内保持不小于0.4MPa的水压，并控制施工荷载，不得有高温热源接近。低温辐射供暖地面系统加热前，混凝土填充层的强度要求不小于设计值的75%。

（5）低温热水系统的填充层厚度不小于50mm；发热电缆系统的填充层厚度不小于35mm。填充层的材料采用石子粒径不大于12mm的C15细石混凝土。当设计无要求时，填充层内设置间距不大于200mm×200mm的构造钢筋。

（6）低温辐射供暖地面的填充层按设计要求设置伸缩缝，当设计无要求时，按下列原则设置伸缩缝：

1）在与内外墙、柱等垂直构件交接处留不间断的伸缩缝；

2）当地面面积超过30m^{2}或边长超过6m时，按不大于6m的间距设置伸缩缝；

3）伸缩缝采用发泡聚乙烯泡沫塑料或弹性膨胀膏嵌填密实；

4）伸缩缝必须贯通填充层，宽度不小于10mm。

（7）隔声楼面的隔音垫应超出楼面装饰完成面20mm，且应收口于踢脚线内。地面上有竖向管道时，隔音垫必须包裹管道四周，高度同卷向墙面的高度。隔音垫保护膜之间错缝搭接，搭接长度应大于100mm，并用胶带等封闭。隔音垫上部必须设置保护层，保护层构造做法应符合设计要求。设计无要求时，混凝土保护层厚度不应小于30mm，内配间距不大于200mm×200mm的ϕ6钢筋网片。

2. 材料质量控制

（1）水泥：强度等级不低于42.5，应有出厂合格证及试验报告。

（2）松散材料：炉渣，粒径一般为6～10mm，不得含有石块、土块、重矿渣和未燃尽的煤块，堆积密度为500～800kg/m^3，导热系数为0.16～0.25W/(m·K)。膨胀珍珠岩粒径宜大于0.15mm，粒径小于0.15mm的含量不应大于8%，导热系数应小于0.07W/(m·K)。膨胀蛭石导热系数0.14W/(m·K)，粒径宜为3～15mm。

（3）板块状保温材料：产品有出厂合格证，根据设计要求选用，厚度、规格一致，均匀整齐；密度、导热系数、强度应符合设计要求。

（4）泡沫混凝土块：表观密度不大于500kg/m^3，抗压强度不低于0.4MPa；

（5）加气混凝土块：表观密度不大于500～600kg/m^3，抗压强度不低于0.2MPa；

（6）聚苯板：表观密度≤45kg/m^3，抗压强度不低于0.18MPa，导热系数0.043W/(m·K)。

3. 施工要点

(1) 基层清理：将杂物、灰尘等清理干净。

(2) 弹线找坡：按设计要求及流水方向，找出坡度走向，确定填充层的厚度。

(3) 松散填充层铺设：

1) 松散材料应干燥，含水率不得超过设计规定，否则应采取干燥措施。

2) 松散材料铺设填充层应分层铺设，并适当拍平拍实，每层虚铺厚度不宜大于150mm。压实的程度应根据试验确定。压实后填充层不得直接推车行走和堆积重物。

3) 填充层施工完成后，应及时进行下道工序（抹找平层或做面层）。

(4) 板块填充层铺设：

1) 采用板、块状材料铺设填充层应分层错缝铺贴。

2) 干铺板块填充层：直接铺设在结构层上，分层铺设时上下两层板块缝错开，表面两块相邻的板边厚度一致。

3) 粘结铺设板块填充层：将板块材料用粘结材料粘在基层上，使用的粘结材料根据设计要求确定。

4) 用沥青胶结材料粘贴板块材料时，应边刷、边贴、边压实。务必使板状材料相互之间与基层之间满涂沥青胶结材料，以便互相粘牢，防止板块翘曲。

5) 用水泥砂浆粘贴板状材料时，板间缝隙应用保温灰浆填实并勾缝。保温灰浆的配合比一般为 1 : 1 : 10（水泥 : 石灰膏 : 同类保温材料的碎粒，体积比）。

(5) 整体填充层铺设：

1) 整体填充层铺设应分层铺平拍实。

2) 水泥膨胀蛭石、水泥膨胀珍珠岩填充层的拌和宜采用人工拌制，并应拌和均匀，随拌随铺。

3) 水泥膨胀蛭石、水泥膨胀珍珠岩填充层的虚铺厚度应根据试验确定，铺后拍实抹平至设计要求的厚度。拍实抹平后宜立即铺设找平层。

4. 质量标准

填充层的质量标准和检验方法见表 25-10。

填充层的质量标准和检验方法 表 25-10

项目	序号	检验项目	质量标准	检验方法
主控项目	1	填充层材料质量	必须符合设计要求和国家产品标准的规定	观察检查和检查材质合格证明文件
	2	填充层的厚度、配合比	必须符合设计要求	用钢尺检查和检查配合比检测报告
	3	填充材料接缝封闭	应密封良好	观察检查
一般项目	1	松散材料填充层	应密实	观察检查
	2	板块材料填充层	应压实、无翘曲	观察检查
	3	坡度	应符合设计要求，不应有倒泛水和积水现象	观察和采用泼水或用坡度尺检查
	4	允许偏差	见表 25-3	见表 25-3

25.3.12 绝 热 层

绝热层是用以阻挡热量传递，减少无效热耗的构造层。

1. 绝热层的构造做法

（1）绝热层的厚度、构造做法应符合设计要求，其材质和导热系数应符合国家现行产品标准的规定。

（2）建筑物室内接触基土的首层地面增设水泥混凝土垫层后方可铺设绝热层，垫层的厚度及强度等级应必须符合设计要求。首层地面及楼层楼板铺设绝热层前，其表面平整度宜控制在 3mm 以内。

（3）绝热层与地面面层之间应设有水泥混凝土结合层，其构造做法及强度等级必须符合设计要求。设计无要求时，水泥混凝土结合层厚度不应小于 30mm，层内应设置间距不大于 200mm×200mm 的 $\phi6$ 钢筋网体。穿越地面进入非采暖区域的金属管道应采取隔断热桥的措施。

（4）有地下室的建筑，其地上、地下交界部位的楼板的绝热层应采用外保温做法，绝热层表面应设有外保护层。外保护层应安全、耐候，表面应平整、无裂纹。

（5）无地下室的建筑，勒脚处绝热层的铺设应符合设计要求。设计无要求时，应符合下列规定：

1）当地区冻土深度≤500mm 时，应采用外保温做法；

2）当地区冻土深度>500mm≤1000mm 时，宜采用内保温做法；

3）当地区冻土深度>1000mm 时，应采用内保温做法；

4）当建筑物的基础有防水要求时，宜采用内保温做法；

5）采用外保温做法的绝热层，宜在建筑物主体结构完成后再施工。

（6）绝热层与内外墙、柱及过门等垂直部件交接处应敷设不间断的伸缩缝，伸缩缝宽度不小于 20mm，伸缩缝宜采用聚苯乙烯或高发泡聚乙烯泡沫塑料；当地面面积超过 30m² 或边长超过 6m 时，应设置伸缩缝，伸缩缝宽度不小于 8mm，伸缩缝宜采用高发泡聚乙烯泡沫塑料或满填弹性膨胀膏。

（7）绝热层使用的保温材料，其导热系数、表观密度、抗压强度或压缩强度、阻燃性能等必须符合设计要求，进场应进行复验。

（8）绝热层的铺设应平整，绝热层相互间接合应严密。

2. 材料质量控制

（1）发泡水泥绝热层的水泥强度等级不低于 42.5，应有出厂合格证及试验报告。

（2）发泡剂不应含有硬化物、腐蚀金属的化合物及挥发性有机化合物等，游离甲醛含量应符合现行国家标准。

（3）聚苯乙烯泡沫塑料板的主要技术指标详见表 25-11。

聚苯乙烯泡沫塑料板的主要技术指标 表 25-11

项 目		单 位	指 标
表观密度	不小于	kg/m³	20.0
压缩强度（即在 10%形变下的压缩应力）	不小于	kPa	100

续表

项　目		单　位	指　标
导热系数	不大于	W/(m·k)	0.041
吸水率（体积分数）	不大于	%（v/v）	4
70℃48h后尺寸变化率	不大于	%	3
熔结性（弯曲变形）	不大于	km	20
氧指数	不小于	%	30
燃烧分级	不小于		达到B2级

3. 施工要点

（1）发泡水泥绝热层：

1）把基层地板杂物清理干净后，浇水湿润，并用细砂放置分隔埂，以隔离发泡和不发泡的区域。

2）直接与土壤接触或有潮气侵入的地面，必须先铺设一层防潮层。

3）按设计要求，用水泥砂浆打好 2m×2m 的定点。

4）根据要求严格控制水泥、发泡剂和水的配合比，发泡混凝土的物性表见表 25-12。

发泡混凝土的物性表　　　　　　　　　　　　　　　　　　表 25-12

密度 （kg/m³）	原材料水泥 （kg/m³）	发泡剂	导热系数 （W/m·k）	抗压强度（MPa）	
				7d强度	28d强度
500	500	1.113L	0.145～0.175	≥1.2	≥1.6

5）发泡水泥采用高压泵送方法送到地板，自流平整后，用刮板根据定点及时、迅速刮平。

6）在刮平的发泡水泥表面用铁抹予以压光，至少两遍，确保表面光滑、平整、密实。

7）施工完毕后，发泡水泥表面见白后立即洒水养护，每天浇水次数应能保持发泡水泥处于湿润状态，养护时间不少于 3～7d。

（2）聚苯乙烯泡沫塑料板绝热层：

1）基层表面的灰尘、污垢必须清除干净，过于凹凸的部位必须做剔平、填实处理。

2）根据平面布置确定保温板材的铺贴方向并在基层上弹出网格线。

3）对穿结构层的管洞必须用细石混凝土塞堵密实。

4）聚苯板粘贴前必须在粘贴面薄薄刷一道专用界面剂，界面剂晾干后方可进行粘贴。

5）聚苯板粘贴采用改性沥青粘结剂或聚合物粘结砂浆粘贴铺设。粘贴时板缝应挤紧，相邻板块厚度要一致，板间隙≤2mm，板间高差≤1.5mm。当板间缝隙＞2mm 时，必须采用聚苯板条，将缝塞满；板条不得用砂浆或胶粘剂粘结；板间高差＞1.5mm 的部位采用木锉粗砂纸或砂轮打磨平整。前后排板必须错缝 1/2 板长，局部最小错缝≥200mm。

6）聚苯板铺贴完成后在表面涂刷一层专用界面剂，晾干后抹一层 1～2mm 厚的聚合物水泥砂浆后方可进行下道工序施工。

4. 质量标准

绝热层的质量标准和检验方法见表 25-13。

绝热层的质量标准和检验方法　　　　　　　　　　　　　　　　　　表 25-13

项目	序号	检验项目	质量标准	检验方法
主控项目	1	绝热层材料质量	必须符合设计要求和国家产品标准的规定	观察检查和检查型式检验报告、出厂检验报告、出厂合格证
	2	材料的导热系数、表观密度、高压强度或压缩强度、阻燃性	必须符合设计要求和国家产品标准的规定	检查现场抽样复验报告
	3	板块材料的拼接、平整度	无缝铺贴、表面平整	观察检查、楔形塞尺检查
一般项目	1	绝热层厚度	符合设计要求，表面平整	直尺或钢尺检查
	2	绝热层表面	无开裂	观察检查
	3	坡度	应符合设计要求，不应有倒泛水和积水现象	观察和采用泼水或用坡度尺检查
	4	允许偏差	见表 25-3 找平层的要求	见表 25-3 找平层的方法

25.4　整体面层铺设

25.4.1　一般要求

整体面层包括水泥混凝土（含细石混凝土）面层、水泥砂浆面层、水磨石面层、水泥基硬化耐磨面层、防油渗面层、不发火（防爆的）面层、自流平面层、薄涂型地面涂料面层、塑胶面层、地面辐射供暖的整体面层等。

（1）铺设整体面层时，其水泥类基层的抗压强度不得低于 1.2MPa；表面应粗糙、洁净、湿润并不得有积水。铺设前，宜凿毛或涂刷界面处理剂，水泥基硬化耐磨面层、自流平面层的基层处理必须符合设计及产品的要求。

（2）铺设整体面层时，面层变形缝应符合下列规定：

1）建筑地面的沉降缝、伸缩缝和防震缝，应与相应的结构缝的位置一致，且应贯通建筑地面的各构造层。

2）沉降缝和防震缝的宽度应符合设计要求，缝内清理干净，以柔性密封材料填嵌后用板封盖，并应与面层齐平。

3）当设计无规定时，参见 25.2.5 变形缝和镶边设置中变形缝要求设置。

（3）整体面层施工后，养护时间不应少于 7d；抗压强度应达到 5MPa 后，方准上人行走；抗压强度应达到设计要求后，方可正常使用。

（4）配制面层、结合层用的水泥应采用硅酸盐水泥、普通硅酸盐水泥或矿渣硅酸盐水泥以及白水泥。结合层配制水泥砂浆的体积比、相应强度等级应符合下列规定：

1）配制水泥砂浆应采用硅酸盐水泥、普通硅酸盐水泥或矿渣硅酸盐水泥，其强度等级不低于 42.5。

2）水泥砂浆采用的砂应符合现行的行业标准《普通混凝土用砂石质量及检验方法标

准》(JGJ 52)的规定。

3）配制水泥砂浆的体积比、相应的强度等级和稠度，应符合设计要求。

（5）当采用掺有水泥的拌和料做踢脚线时，不得用石灰混合砂浆打底。

（6）厕浴间和有防水要求的建筑地面的结构层标高，应结合房间内外标高差、坡度流向等进行确定，面层铺设后不应出现倒泛水。

（7）水泥类面层分格时，分格缝应与水泥混凝土垫层的缩缝相应对齐。

（8）室内水泥类面层与走道邻接的门口处应设置分格缝；大开间楼层的水泥类面层在结构易变形的位置应设置分格缝。

（9）整体面层的抹平工作应在水泥初凝前完成，压光工作应在水泥终凝前完成。

（10）低温辐射供暖地面的整体面层宜采用水泥混凝土、水泥砂浆等，并铺设在填充层上。整体面层铺设时，不得钉、凿、切割填充层，并不得扰动、损坏发热管线。

（11）整体面层的允许偏差应符合表 25-14 的规定。

整体面层的允许偏差和检验方法   表 25-14

项次	项目	允许偏差（mm）									检验方法
		水泥混凝土面层	水泥砂浆面层	普通水磨石面层	高级水磨石面层	硬化耐磨面层	防油渗混凝土和不发火（防爆）面层	自流平面层	涂料面层	塑胶面层	
1	表面平整度	5	4	3	2	4	5	2	2	2	用 2m 靠尺和楔形塞尺检查
2	踢脚线上口平直	4	4	4	4	4	4	3	3	3	拉 5m 线和用钢尺检查
3	缝格顺直	3	3	3	2	3	3	2	2	2	

25.4.2 水泥混凝土面层

水泥混凝土面层在工业与民用建筑中应用较多，在一些承受较大机械磨损和冲击作用较多的工业厂房以及一般辅助生产车间、仓库等建筑地面中使用比较普遍。

在一些公共场所，水泥混凝土面层还可以做成各种色彩，或做成透水性混凝土面层。彩色混凝土面层其色彩鲜艳、丰富，可在普通混凝土表面上创造出类似天然大理石、花岗岩、各类砖、木材等不同格调及色彩的图案，具有古朴、自然的风采，同时克服了天然材料价格昂贵、施工麻烦、拼接缝处容易渗水损坏、不宜重复重压等缺陷。彩色混凝土面层适用于街道人行路面、步行小道、广场、公园、游乐场等。

透水混凝土是具备一定强度的高孔隙混凝土材料，具有良好的排水、透水性。透水地坪的承载力完全能够达到 C20～C25 混凝土的承载标准，高于一般透水砖的承载力。透水地坪拥有色彩优化配比方案，能够配合设计师独特创意，实现不同环境和个性所要求的装饰风格。特有的透水性铺装系统使其只需通过高压水洗的方式就可以轻而易举的解决孔隙堵塞问题。另外，透水混凝土材料的密度较低（15%～25%的空隙）降低了热储存的能力，独特的孔隙结构使得较低的地下温度传入地面从而降低整个铺装地面的温度，这些特点使透水铺装系统在吸热和储热功能方面接近于自然植被所覆的地面。结构本身的较大孔隙，使透水性铺装比一般混凝土路面拥有更强的抗冻融能力，不会受冻融影响面断裂。透水性地坪的耐用耐磨性能接近于普通的地坪，避免了一般透水砖存在的使用年限短，不经济等缺点。

透水混凝土较多应用于广场、球场、停车场、地下建筑工程等。

1. 构造做法

（1）水泥混凝土面层的厚度一般为 30～40mm，面层兼垫层的厚度按设计要求，但不应低于 60mm。

（2）水泥混凝土面层的强度等级应符合设计要求，且不应小于 C20；水泥混凝土垫层兼面层的强度等级不应小于 C15。

（3）水泥混凝土面层铺设不得留施工缝，当施工间隙超过允许时间规定时，应对接槎处进行处理。

（4）面积较大的水泥混凝土地面应设置伸缩缝。伸缩缝的设置参见 25.2.5 变形缝和镶边设置中变形缝的相关要求。

（5）彩色混凝土其着色方法很多，可以在混凝土中掺入适量的彩色外加剂、化学着色剂或者干撒着色硬化剂等。

（6）水泥混凝土面层常用的构造做法见图 25-22。

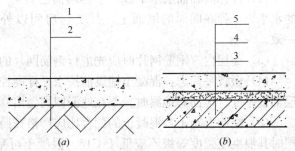

图 25-22　水泥混凝土面层构造做法

(a) 地面工程；(b) 楼面工程

1—混凝土面层兼垫层；2—基土；3—楼面混凝土结构层；4—水泥砂浆找平层；5—细石混凝土面层

2. 材料质量控制

（1）水泥：水泥采用硅酸盐水泥、普通硅酸盐水泥或矿渣硅酸盐水泥等，其强度等级不低于 42.5，有出厂合格证和复试报告。

（2）砂：砂应采用粗砂或中粗砂，含泥量不应大于 3%。

（3）石子：采用碎石或卵石，其最大粒径不应大于面层厚度的 2/3；细石混凝土面层采用的石子的粒径不应大于 15mm。石子含泥量不应大于 2%。

（4）外加剂：外加剂性能应根据施工条件和要求选用，有出厂合格证，并经复试性能符合产品标准和施工要求。

（5）水：采用符合饮用标准的水。

透水混凝土用的碎石，其物理性能指标应符合表 25-15 的要求。同时，碎石颗粒大小范围分 1 号、2 号、3 号三种，具体的颗粒范围见表 25-16。

碎石的物理性能指标表　　　　　　　　　　　　　表 25-15

序　号	指标名称	指　标
1	压碎指标（%）	＜15
2	针片状颗粒含量（%）	＜15
3	含泥量（%）	＜1

续表

序 号	指标名称	指 标
4	表观密度（kg/m³）	>2500
5	紧装堆积密度（kg/m³）	1350
6	空隙率（%）	<47

碎石按颗粒分号（2级）   表 25-16

碎石的分号	1 号	2 号	3 号
粒度范围（mm）	2.4～4.75	4.75～9.5	9.6～13.2

3. 施工要点

（1）基层清理：将基层表面的泥土、浮浆块等杂物清理冲洗干净，若楼板表面有油污，可用5%～10%浓度的火碱溶液清洗干净。铺设面层前1d浇水湿润，表面积水应予扫除。

（2）弹标高和面层水平线：根据墙面已有的+500mm水平标高线，测量出地面面层的水平线，弹在四周的墙面上，并要与房间以外的楼道、楼梯平台、踏步的标高相互一致。

（3）面层内有钢筋网片时应先进行钢筋网片的绑扎，网片要按设计要求制作、绑扎。

（4）做找平标志：混凝土铺设前按水平标高控制线用板条隔成相应的区段，以控制面层铺设厚度。地面有地漏时，要在地漏四周做出0.5%的泛水坡度。

（5）配制混凝土：混凝土的配合比应严格按照设计要求试配，水泥混凝土垫层兼做面层时其混凝土强度等级不应低于C15。混凝土可采用商品混凝土，亦可采用现场机械搅拌。当采用现场机械搅拌混凝土时，搅拌时间不应少于90s，拌合均匀，随拌随用。施工试块的留置应符合25.2.3第（3）条中规定。

（6）铺设混凝土：

1）当采用细石混凝土铺设时：铺前预先在湿润的基层表面均匀涂刷一道1∶0.4～1∶0.45（水泥∶水）的素水泥浆，随刷随铺。按分段顺序铺混凝土（预先用板条隔成宽度小于3mm的条形区段），随铺随用刮杠刮平，然后用平板振动器振捣密实；采用滚筒人工滚压时，滚筒要交叉滚压3～5遍，直至表面泛浆为止。

2）当采用普通混凝土铺设时：混凝土铺筑后，先用平板振动器振捣，再用刮杆刮平、木抹子揉搓提浆抹平。

3）当采用泵送混凝土时：在满足泵送要求的前提下尽量采用较小的坍落度，布料口要来回摆动布料，禁止靠混凝土自然流淌布料。随布料随用大杠粗略找平后，用平板振动器振动密实。然后用大杠刮平，多余的浮浆要随即刮除。如因水量过大而出现表面泌水，宜采用表面撒一层拌合均匀的干水泥砂子（一般采用体积比为水泥∶砂＝1∶1），待表面水分吸收后即可抹平压光。

4）大面积水泥混凝土面层应设置伸缩缝，伸缩缝的设置参见25.2.5变形缝和镶边设置中第1条相关要求。

（7）抹平压光：水泥混凝土振捣密实后必须做好面层的抹平和压光工作。水泥混凝土初凝前，应完成面层抹平、揉搓均匀，待混凝土开始凝结即分遍抹压面层，压光时间应控制在终凝前完成。

(8) 养护：第三遍抹压完 24h 内加以覆盖并浇水养护（亦可采用分间、分块蓄水养护），在常温条件下连续养护时间不应少于 7d。养护期间应封闭，严禁上人。

(9) 施工缝处理：混凝土面层应连续浇筑不留施工缝。当施工间歇超过规定时间时，应对已凝结的混凝土接槎处进行处理，剔除松散的石子、砂浆，润湿并铺设与混凝土配合比相同的水泥砂浆再浇筑混凝土，应重视接缝处的捣实压平，不应显出接槎。

(10) 浇筑钢筋混凝土楼板或水泥混凝土垫层兼做面层时，可随打随抹，以节省材料、加快施工进度、提高施工质量。

(11) 踢脚线施工：水泥混凝土地面面层一般用水泥砂浆做踢脚线，并在地面面层完成后施工。底层和面层砂浆宜分两次抹成。抹底层砂浆前先清理基层，洒水湿润，然后按标高线量出踢脚线标高，拉通线确定底灰厚度，贴灰饼，抹 1:3 水泥砂浆，刮板刮平，搓毛，洒水养护。抹面层砂浆须在底层砂浆硬化后，拉线粘贴尺杆，抹 1:2 水泥砂浆，用刮板紧贴尺杆垂直地面刮平，用铁抹子压光，阴阳角、踢脚线上口，用角抹子溜直压光。踢脚线的出墙厚度宜为 5～8mm。

(12) 彩色混凝土面层是在水泥混凝土面层的基础上做进一步处理而形成的一种地面面层，其基本施工方法同水泥混凝土面层，但又有自身的具体要求，彩色混凝土面层宜按以下要求进行施工：

1) 在混凝土表面初凝前加上 10mm 水泥浆用手工铁板将混凝土表面水泥砂浆抹均匀、找平并拉毛表面。

2) 混凝土基层处理后，撒料量宜控制在使用总量的 2/3，撒强化料后，待混凝土中的水分将强化料润湿，即可进行第一次收光，待硬化材料初凝至一定阶段后，在混凝土表面再撒总量的 1/3 的彩色强化料，经二次收光。根据混凝土的硬化情况，实行至少三次以上的手工铁板收光找平作业，且收光操作应相互交错进行。

3) 在硬化材料初凝阶段，且表面干燥无明显水分的情况下，均匀撒布一层与硬化材料配套的脱模粉，以保证混凝土彩色面层在受压后不被粘起而损坏图纹。

4) 待面层混凝土与彩色强化料结合在一起，尚未完全凝固时，撒上脱模粉，将定型模具沿着放样图案依照线位铺设，并将其垂直压入混凝土进行花纹图案成型。施压成型的时间与现场气温、日照、风力、施工面积以及混凝土的凝结状况等因素有直接的关系，且定形模具花纹的深浅不同压模时间亦不相同。一般暑热期施工约为混凝土振捣完成后 1～2h；冬期施工 3～4h。施工环境温度一般应在 3℃ 以上，35℃ 以下为宜。雨天及大风天气不宜进行作业。

5) 养护时间与气温和湿度有关，一般暑期 2～3d；冬期 7～10d。养护结束后，且当彩色面层混凝土抗压强度达到设计强度约 70% 后，应对彩色混凝土面层进行冲洗，待晒干后，即可进行封面作业。

6) 彩色混凝土面层冲洗时，应边冲边刷，将脱模粉及污垢冲刷干净，必要时可在水中加入 5% 左右的稀盐酸。当彩色面层完全干燥后，应用专用工具将封面保护剂均匀喷洒或涂刷在彩色面层上进行封面保护，封面保护剂的喷涂用量约为 0.2kg/m²，喷刷 24h 内禁止踩压混凝土面层。

7) 彩色混凝土的缩缝及胀缝的施工及验收应符合标准及设计要求。当水泥混凝土抗压强度达到 8～12MPa 时，进行切缝作业，也可在施工现场用试切法来确定合适的切缝时间。切缝宽度宜为 5～8mm，缝深为混凝土面层板厚的 1/3～2/5。如天气炎热或温差较大，可先在中间进行跳切，然后依次补切，以防混凝土板未切先裂。

8）灌填缝料前，缝隙的两侧表面宜先贴宽 10cm 的美工纸或其他材料作为隔离层，须先清除缝内的水泥砂浆或彩色强化料等杂物。

9）填缝料一般可采用聚氨酯低模量嵌缝油膏或聚硫橡胶类嵌缝膏。填缝料深度宜为 20mm，填缝料下可用泡沫塑料等填塞。填缝完成后用刮刀铲平面层表面多余的填缝料。

（13）透水混凝土的施工可按下列进行：

1）透水混凝土拌合物中水泥浆的稠度较大，宜采用强制式搅拌机，搅拌时间为 5min 以上。

2）透水混凝土浇筑之前，基层应先用水湿润，避免透水地坪快速失水减弱骨料间的粘结强度。由于透水地坪拌合物比较干硬，因此可直接将拌好的透水地坪材料铺在路基上铺平即可。浇筑过程中要注意对摊铺厚度进行确认，端部用木抹子、小型振动机械进行找平，以确保铺平整。

3）在浇筑过程中不宜强烈振捣或夯实。一般用平板振动器轻振铺平后的透水性混凝土混合料，但必须注意不能使用高频振捣器，否则它会使混凝土过于密实面减少孔隙率，并影响透水效果。同时高频振捣器也会使水泥浆体从粗骨料表面离析出来，流入底部形成一个不透水层，使材料失去透水性。

4）振捣以后，使用混凝土专用压实机进行压实，考虑到拌合料的稠度和周围温度等条件，可能需要多次辊压。

5）透水混凝土由于存在大量的孔洞，易失水，干燥很快，所以养护非常重要。尤其是早期养护，要注意避免地坪中水分大量蒸发。通常透水混凝土拆模时间比普通混凝土短，因此其侧面和边缘就会暴露于空气中，可用塑料薄膜或彩条布及时覆盖透水混凝土表面和侧面，以保证湿度和水泥充分水化。透水地坪应在浇注后 1d 开始洒水养护，淋水时不宜用压力水柱直冲混凝土表面，这样会带走一些水泥浆，造成一些较薄弱的部位，但可在常态的情况下直接从上往下浇水。透水地坪的浇水养护时间应不少于 7d。

6）伸缩缝的处理：

①当混凝土整体浇筑后进行伸缩缝切割处理时，将透水混凝土按伸缩缝留置原则和沿边沟同方向的收缩缝全部切透（图 25-23a），垂直于分隔带方向的收缩缝切割深度 5cm 左右（图 25-23b），沿边沟同方向的伸缩缝也应全部切透（图 25-23c）。

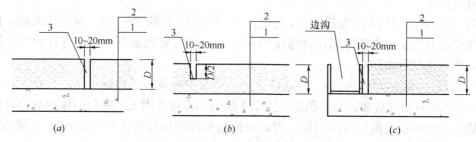

图 25-23 透水混凝土伸缩缝构造做法简图

1—地面垫层；2—透水混凝土；3—伸缩缝；D—透水混凝土厚度

②伸缩缝表面处理：按所确定的养护时间养护结束后，在伸缩缝处插入发泡材，注入弹性硅胶进行处理，为使透水混凝土的雨水顺利排出，发泡材料填入缝隙深度为10～15mm，使伸缩缝下部构造为空腔。伸缩缝接缝处理见图25-24。

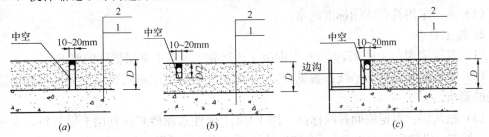

图 25-24 透水混凝土伸缩缝接缝处理构造做法简图
1—地面垫层；2—透水混凝土；D—透水混凝土厚度

25.4.3 水泥砂浆面层

水泥砂浆面层是使用最广泛的一种地面面层类型，采用水泥砂浆涂抹于混凝土基层（垫层）上而成，具有材料来源广、整体性能好、强度高、造价低、施工操作简便、快速等特点，适用于工业与民用建筑中地面。

1. 构造做法

（1）水泥砂浆的强度等级不应低于M15，体积配合比例尺宜为1：2（水泥：砂）。缺少砂的地区，可用石屑代替砂使用，水泥石屑的体积比宜为1：2（水泥：石屑）。水泥砂浆面层的厚度不应小于20mm。

（2）当水泥砂浆地面基层为预制板时，宜在面层内设置防裂钢筋网，宜采用直径$\phi3$～$\phi5$@150～200mm 的钢筋网。

（3）水泥砂浆面层下埋设管线等出现局部厚度减薄时，应按设计要求做防止面层开裂的处理。当结构层上局部埋设并排管线且宽度大于等于400mm时，应在管线上方局部位置设置防裂钢筋网片，其宽度距管边不小于150mm；当底层水泥砂浆地面内埋设管线，可采用局部加厚混凝土垫层的做法；当预制板块板缝中埋设管线时，应加大板缝宽度并在其上部设置防裂钢筋网片或做局部现浇板带。

（4）面积较大的水泥砂浆地面应设置伸缩缝，在梁或墙柱边部位应设置防裂钢筋网。伸缩缝设置参见25.2.5变形缝和镶边设置中变形缝的相关要求。

（5）水泥砂浆面层的坡度应符合设计要求，一般为1%～3%，不得有倒泛水和积水现象。

（6）水泥砂浆面层的构造做法见图25-25。

2. 材料要求

（1）水泥：参见 25.4.2 水泥混凝土面层材料质量控制中水泥的要求。

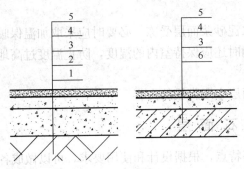

图 25-25 水泥砂浆面层构造图
1—基土层；2—混凝土垫层；3—细石混凝土找平层；4—素水泥浆；5—水泥砂浆面层；6—混凝土楼板结构层

（2）砂：参见 25.4.2 水泥混凝土面层材料质量控制中砂的要求。

（3）石屑：粒径宜为 1～5mm，其含粉量（含泥量）不应大于 3%。当含粉（泥）量超过要求时，应采取淘洗、过筛等办法处理。

（4）水：采用符合饮用标准的水。

3. 施工要点

（1）基层清理：参见 25.4.2 水泥混凝土面层施工要点中基层清理的要求。

（2）弹标高和面层水平线：参见 25.4.2 水泥混凝土面层施工要点中弹标高和面层水平线的要求。

（3）贴灰饼：根据墙面弹线标高，用 1：2 干硬性水泥砂浆在基层上做灰饼，大小约50mm 见方，纵横间距约 1.5m。有坡度的地面，应坡向地漏。如局部厚度小于 10mm 时，应调整其厚度或将局部高出的部分凿除。对面积较大的地面，应用水准仪测出基层的实际标高并算出面层的平均厚度，确定面层标高，然后做灰饼。

（4）配制砂浆：面层水泥砂浆的配合比宜为 1：2（水泥：砂，体积比），稠度不大于35mm，强度等级不应低于 M15。使用机械搅拌，投料完毕后搅拌时间不应少于 2min，要求拌合均匀。

（5）铺砂浆：铺砂浆前先在基层上均匀扫素水泥浆（水灰比 0.4～0.5）一遍，随扫随铺砂浆。注意水泥砂浆的虚铺厚度宜高于灰饼 3～4mm。

（6）找平、压光：铺砂浆后，随即用刮杠按灰饼高度，将砂浆刮平，同时把灰饼剔掉，并用砂浆填平。然后用木抹子搓揉压实，用刮杠检查平整度。在砂浆终凝前（即人踩上去稍有脚印，用抹子压光无痕时）再用铁抹子把前遍留的抹纹全部压平、压实、压光。当采用地面抹光机压光时，水泥砂浆的干硬度应比手工压光时要稍干一些。

（7）分格缝：水泥砂浆面层的分格，应在水泥面层初凝后进行。在水泥砂浆面层沿弹线，用木抹子搓一条一抹子宽的毛面，再用铁抹子压光，然后用分格器压缝。大面积水泥砂浆面层的分格缝位置应与水泥类垫层的缩缝对齐。分格缝要求平直，深浅一致。

（8）养护：水泥砂浆地面的养护应在面层压光 24h 后，一般以手指按表面无指纹印时即可进行，养护时可视气温高低，在表面洒水或洒水后覆盖薄膜保持湿润，养护时间不少于 7d。

（9）冬期施工水泥砂浆楼地面时，应防止水泥砂浆面层受冻，必要时应采取加温保暖措施。采用生炉火保温时，应注意通风顺畅，同时还应保持室内的湿度，防止温度过高地面水分蒸发过快面使地面产生塑性收缩裂缝。

（10）踢脚线施工参见 25.4.2 水泥混凝土面层中踢脚线的内容。

25.4.4 水 磨 石 面 层

水磨石面层具有表面光滑、平整、观感好等特点，根据设计和使用要求，可以做成各种颜色图案的地面。水磨石面层适用于有一定防潮（防水）要求、有较高清洁要求或不起尘、易清洁等要求以及不发生火花要求的建筑物楼地面。如工业建筑中的一般装配车间、恒温恒湿车间等，在民用建筑和公共建筑中使用也较广泛，如库房、室内旱冰场、餐厅、酒吧、舞厅等。

1. 构造做法

(1) 水磨石面层有防静电要求时，其拌合料内应按设计要求掺入导电材料。面层厚度除特殊要求外，一般宜为12~18mm，并按选用的石料粒径确定厚度。

(2) 白色或彩色的水磨石面层，采用白水泥；深色的水磨石面层，采用硅酸盐水泥、普通硅酸盐水泥或矿渣硅酸盐水泥；同颜色的面层使用同一批水泥。同一彩色面层使用同厂、同批的矿物颜料，其掺入量宜为水泥重量的3%~6%或由试验确定。

(3) 水磨石面层结合层的水泥砂浆体积比宜为1:3，相应的强度等级不应低于M10，水泥砂浆的稠度宜为30~35mm。

(4) 普通水磨石面层的磨光遍数不应少于3遍，高级水磨石面层的厚度和磨光遍数由设计确定。其分格不宜大于1m。

(5) 防静电水磨石面层应在清洁、表面干燥后，在其上均匀涂抹一层防静电剂和地板蜡，并作抛光处理。当采用导电金属分格条时，分格条须经绝缘处理，且十字交叉处不得碰接。

(6) 水磨石面层拌合料的体积比应符合设计要求，或为1:1.5~1:2.5（水泥:石粒）。

(7) 水磨石面层的构造做法见图25-26。

2. 材料要求

(1) 水泥：水磨石面层宜采用强度等级不低于42.5的硅酸盐水泥、普通硅酸盐水泥或矿渣硅酸盐水泥，不得使用粉煤灰硅酸盐水泥。水泥必须有出厂合格证和复试报告，白色或彩色水磨石面层应采用白水泥；同一颜色的面层应使用同一批水泥。不同品种、不同强度等级的水泥严禁混用。

(2) 石粒：

1) 采用白云石、大理石等坚硬可磨的岩石加工而成。

2) 石粒应洁净无杂物，其粒径除特殊要求外宜为6~15mm。

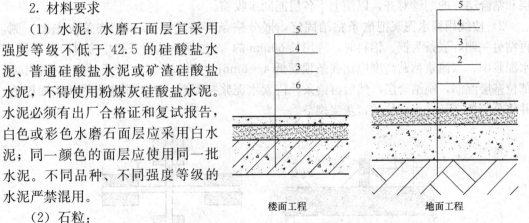

图 25-26　水磨石面层构造做法
1—基土层；2—混凝土垫层；3—水泥砂浆找平层；
4—素水泥浆；5—水泥石子浆面层；6—楼板结构层

3) 石子在运输、装卸和堆放过程中，应防止混入杂质，并应按产地、种类和规格分别堆放，使用前应用水冲洗干净、晾干待用。

(3) 颜料：采用耐光、耐碱的矿物颜料，不得使用酸性颜料。同一彩色面层应使用同厂、同批的颜料，以避免造成颜色深浅不一；其掺入量宜为水泥重量的3%~6%或由试验确定。

(4) 分格条：

1) 铜条厚1~1.2mm，铝合金条厚1~2mm，玻璃条厚3mm，彩色塑料条厚2~3mm。

2）分格条宽度根据石子粒径确定，当采用小八厘（粒径 10～12mm）时为 8～10mm，中八厘（粒径 12～15mm）、大八厘（粒径 12～18mm）时均为 12mm。

3）分格条长度以分块尺寸而定，一般 1000～1200mm。铜条、铝条需经调直使用，下部 1/3 处每米钻 4 个 ϕ2mm 的孔，穿铁丝备用。

（5）草酸、白蜡、钢丝：草酸为白色结晶，块状、粉状均可。白蜡用川腊和地板蜡成品。钢丝用 22 号。

3. 施工要点

（1）水磨石面层的颜色和图案应符合设计要求。

（2）基层处理：参见 25.3.9 找平层第 3 条施工要点中的操作要求。

（3）抹水泥砂浆找平层。水泥砂浆找平层的施工要点可按水泥砂浆面层 25.3.9 找平层中的施工要点。但最后一道工序为木抹子搓毛面。水磨石面层应在找平层的抗压强度达到 1.2N/mm^2 后方可进行。

（4）镶嵌分格条：

1）按设计分格和图案要求，用色线包在基层上弹出清晰的线条，弹线时，先根据墙面位置及镶边尺寸弹出镶边线，然后复核内部分格与设计是否相符，如有余量或不足，则按实际进行调整。分格间距以 1m 为宜，面层分格的一部分分格位置必须与基层（包括垫层和结合层）的缩缝对齐，以使上下各层能同步收缩。

2）按线用稠水泥浆把嵌条粘结固定，嵌分格条方法见图 25-27。嵌条应先粘一侧，再粘另一侧，嵌条为铜、铝料时，应用长 60mm 的 22 号钢丝从嵌条孔中穿过，并埋固在水泥浆中，水泥浆粘贴高度应比嵌条顶面低 4～6mm，并做成 45°。镶条时应先把需镶条部位基层湿润，刷结合层，然后再镶条。待素水泥浆初凝后，用毛刷蘸水将其表面刷毛，并将分隔条交叉接头部位的素灰浆掏空。

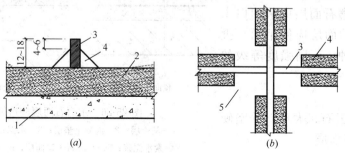

图 25-27　分格条嵌法

(a) 嵌分格条；(b) 嵌分格条平面图

1—混凝土垫层；2—水泥砂浆底灰；3—分格条；4—素水泥浆；5—40～50mm 内不抹水泥浆区

3）镶条后 12h 开始洒水养护，不少于 2d。

（5）铺石粒浆：

1）水磨石面层应采用水泥与石粒的拌合料铺设。如几种颜色的石粒浆应注意不可同时铺抹，要先抹深色的，后抹浅色的，先做大面，后做镶边，待前一种凝固后，再铺后一种，以免串色，界限不清，影响质量。

2）地面石粒浆配合比为 1：1.5～1：2.5（水泥：石粒，体积比）；要求计量准确，拌合均匀，宜采用机械搅拌，稠度不得大于 60mm。彩色水磨石应加色料，颜料均以水泥重量的百分比计，事先调配好过筛装袋备用。

3）地面铺浆前应先将积水扫净，然后刷水灰比为 0.4～0.5 的水泥浆粘结层，并随刷随铺石子浆。铺浆时，用铁抹子把石粒由中间向四面摊铺，用刮尺刮平，虚铺厚度比分格条顶面高 5mm，再在其上面均匀撒一层石粒，拍平压实、提浆（分格条两边及交角处要特别注意拍平压实）。石粒浆铺抹后高出分格条的高度一致，厚度以拍实压平后高出分格条 1～2mm 为宜。整平后如发现石粒过稀处，可在表面再适当撒一层石粒，过密处可适当剔除一些石粒，使表面石子显露均匀，无缺石子现象，然后用滚子进行滚压。

（6）滚压密实：

1）面层滚压应从横竖两个方向轮换进行。碾子两边应大于分格至少 100mm，滚压前应将嵌条顶面的石粒清掉。

2）滚压时用力应均匀，防止压倒或压坏分格条，注意嵌条附近浆多石粒少时，要随手补上。滚压到表面平整、泛浆且石粒均匀排列、碾子表面不沾浆为止。

（7）抹平：

1）待石粒浆收水（约 2h）后，用铁抹子将滚压波纹抹平压实。如发现石粒过稀处，仍要补撒石子抹平。

2）石粒面层完成后，于次日进行浇水养护，常温时为 5～7d。

（8）试磨：水磨石面层在开始磨光前必须进行试磨，以不掉粒、不松动为准，检查认可后，才能正式开磨。一般开磨时间参考表 25-17。

水磨石开磨时间参考表 表 25-17

平均气温（℃）	开磨时间（d）	
	机磨	人工磨
20～30	2～3	1～2
10～20	3～4	1.5～2.5
5～10	5～6	2～3

（9）粗磨：

1）粗磨用 60～90 号金刚石，磨石机在地面上呈横"8"字形移动，边磨边加水，随时清扫磨出的水泥浆，并用靠尺不断检查磨石表面的平整度，至表面磨平，全部显露出嵌条与石粒后，再清理干净。

2）待稍干再满涂同色水泥浆一道，以填补砂眼和细小的凹痕，脱落石粒应补齐。

（10）中磨：

1）中磨应在粗磨结束并待第一遍水泥浆养护 2～3d 后进行。

2）使用 90～120 号金刚石，机磨方法同头遍，磨至表面光滑后，同样清洗干净，再满涂第二遍同色水泥浆一遍，然后养护 2～3d。

（11）细磨（磨第三遍）：

1）第三遍磨光应在中磨结束养护后进行。

2）使用 180～240 号金刚石，机磨方法同头遍，磨至表面平整光滑，石子显露均匀，无细孔磨痕为止。

3) 边角等磨石机磨不到之处，用人工手磨。

4) 当为高级水磨石时，在第三遍磨光后，经满浆、养护后，用240~300号油石继续进行第四、第五遍磨光。

（12）踢脚线施工：

1) 踢脚线在地面水磨石磨后进行，施工时先做基层清理和抹找平层，其操作要点同本章25.4.2第3中（11）项。

2) 踢脚线抹石粒浆面层，踢脚线配合比为1:1~1:1.5（水泥∶石粒）。出墙厚度宜为8mm，石粒宜为小八厘。铺抹时，先将底子灰用水湿润，在阴阳角及上口，用靠尺按水平线找好规矩，贴好尺杆，刷素水泥浆一遍后，随即抹石粒浆，抹平、压实；待石粒浆初凝时，用毛刷蘸水刷去表面灰浆，次日喷水养护。

3) 踢脚线面层可采用立面磨石机磨光，亦可采用角向磨光机进行粗磨、手工细磨或全部采用手工磨光。采用手工磨光时开磨时间可适当提前。

4) 踢脚线施工的磨光、刮浆、养护、酸洗、打蜡等工序和要求同水磨石面层。但需注意踢脚线上口必须仔细磨光。

（13）草酸清洗：

1) 在水磨石面层磨光后，涂草酸和上蜡前，其表面不得污染。

2) 用热水溶化草酸（1:0.35，重量比），冷却后在擦净的面层上用布均匀涂抹。每涂一段用240~300号油石磨出水泥及石粒本色，再冲洗干净，用棉纱或软布擦干。

3) 亦可采取磨光后，在表面撒草酸粉洒水，进行擦洗，露出面层本色，再用清水洗净，用拖布拖干。

（14）打蜡抛光：

1) 酸洗后的水磨石面，应经擦净晾干。打蜡工作应在不影响水磨石面层质量的其他工序全部完成后进行。

2) 地板蜡有成品供应，当采用自制时其方法是将蜡、煤油按1:4的重量比放入桶内加热、溶化（120~130℃），再掺入适量松香水后调成稀糊状，凉后即可使用。

3) 用布或干净麻丝沾蜡薄薄均匀涂在水磨石面上，待蜡干后，用包有麻布或细帆布的木块代替油石，装在磨石机的磨盘上进行磨光，或用打蜡机打磨，直到水磨石表面光滑洁亮为止。高级水磨石应打二遍蜡，抛光两遍。打蜡后铺锯末进行养护。

（15）防静电水磨石面层在施工前及施工完成后2~3个月内应进行接地电阻和表面电阻检测，并做好记录。

25.4.5　水泥基硬化耐磨面层

水泥基硬化耐磨面层采用金属渣、屑、纤维或石英砂等与水泥类胶凝材料拌合铺设或在水泥类基层上撒布铺设而成。特点是强度高，耐撞击、耐磨损。适用于工业厂房或经常承受坚硬物体的撞击接触、磨损等有较强耐磨损要求的建筑地面。

1. 构造做法

（1）水泥基硬化耐磨面层采用拌合料铺设时，拌合料的配合比应通过试验确定；采用撒布铺设时，耐磨材料的撒布量应符合设计要求，且应在水泥类基层初凝前完成撒布。

（2）水泥基硬化耐磨面层采用拌合料铺设时，宜先铺设一层强度等级不小于M15、厚度不小于 20mm 的水泥砂浆，或水灰比宜为 0.4 的素水泥浆结合层。

（3）水泥基硬化耐磨面层采用撒布铺设时，耐磨材料应撒布均匀，厚度应符合设计要求；混凝土基层或砂浆基层的厚度及强度应符合设计要求。当设计无要求时，混凝土基层的厚度不应小于 50mm，强度等级不应小于 C25；砂浆基层的厚度不应小于 20mm，强度等级不应小于 M15。

（4）水泥基硬化耐磨面层采用拌合料铺设时，其铺设厚度和拌合料强度应符合设计要求。当设计无要求时，水泥钢（铁）屑面层铺设厚度不应小于 30mm，抗压强度不应小于 40MPa；水泥石英砂浆面层铺设厚度不应小于 20mm，抗压强度不应小于 30MPa；钢纤维混凝土面层铺设厚度不应小于 40mm，面层抗压强度不应小于 40MPa。

（5）水泥基硬化耐磨面层分格缝的间距及缝深、缝宽、填缝材料应符合设计要求。

（6）硬化耐磨面层铺设后应在湿润条件下静置养护，养护期限应符合材料的技术要求，并应在达到设计强度后方可投入使用。

（7）水泥基硬化耐磨面层的构造做法如图 25-28 所示。

2. 材料要求

（1）钢（铁）屑：钢（铁）屑粒径为 1～5mm；钢纤维的直径宜为 1.0mm 以内，长度不大于面层厚度的 2/3，且不大于 60mm；钢（铁）屑和钢纤维不应含其他杂质，如有油脂，用 10% 浓度的氢氧化钠溶液煮沸去油，再用热水清洗干净并干燥。如有锈蚀，用稀酸溶液除锈，再以清水冲洗后使用。

（2）水泥：采用硅酸盐水泥或普通硅酸盐水泥，强度等级不应低于 42.5。

（3）砂：采用中粗砂或中粗石英砂，含泥量不应大于 2%。

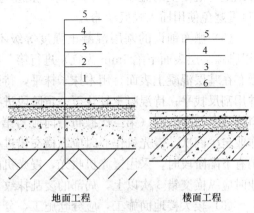

图 25-28　水泥基硬化耐磨面层构造做法
1—基土层；2—混凝土垫层；3—水泥砂浆找平层；4—水泥砂浆结合层；5—水泥基硬化耐磨面层；6—楼板结构层

（4）水：采用符合饮用标准的水。

3. 施工要点

（1）基层清理、弹控制线及做找平层。将基层表面的积灰、浮浆、油污及杂物清扫并冲洗干净，面层铺设前一天浇水湿润；弹控制线、做找平层的具体施工操作要点见 25.3.9 找平层做法的相关内容。

（2）拌合料配制：

1）水泥基硬化耐磨面层的配合比应通过试验（或按设计要求）确定，以水泥浆能填满钢（铁）屑的空隙为准。

2）水泥基硬化耐磨面层的施工参考配合比为 42.5 水泥：钢屑：水＝1：1.8：0.31（重量比），密度不应小于 2.0t/m³，其稠度不大于 10mm。采用机械拌制，投料程序为：钢屑→水泥→水。严格控制用水量，要求搅拌均匀至颜色一致。搅拌时间不少于 2min，配制好的拌合物在 2h 内用完。

（3）面层铺设：

1）水泥基硬化耐磨面层的厚度一般为 5mm（或按设计要求），面层铺设时应先铺一层厚 20mm 的水泥砂浆结合层，面层的铺设应在结合层的水泥初凝前完成。水泥砂浆结合层采用体积比宜为 1：2，稠度为 25～35mm，且强度等级不应低于 M15。

2）待结合层初步抹平压实后，接着在其上铺抹 5mm 水泥钢屑拌合物，用刮杠刮平，随铺随振（拍）实，待收水后，随即用铁抹子抹平、压实至起浆为止。在砂浆初凝前进行第二遍压光，用铁抹子边抹边压，将死坑、孔眼填实压平使表面平整，要求不漏压。在终凝前进行第三遍压光，用铁抹子把前遍留下的抹纹抹痕全部压平、压实，至表面光滑平整。

3）结合层和水泥钢屑砂浆铺设宜一次连续操作完成，并按要求分次抹压密实。

（4）钢纤维拌合料搅拌质量应严格控制，确保搅拌质量，浇筑时应加强振捣，由于钢纤维阻碍混凝土的流动，振捣时间一般应为普通混凝土的 1.5 倍，且宜采用平板振动器（尽量避免使用插入式振动棒）。

（5）撒布铺设的基层混凝土强度等级不低于 C25，厚度不小于 50mm。基层初凝时（以脚踩基层表面下陷 5mm 为宜）进行第一次撒布作业：将全部用量的 2/3 耐磨材料均匀撒布在基层混凝土表面，用木抹子抹平，待耐磨材料吸收一定水分后，采用镘光机碾磨，并用刮尺找平；待混凝土硬化至一定阶段进行第二次撒布作业：将全部用量的 1/3 耐磨材料均匀撒布在表面（第二次撒布方向应与第一次垂直），立即抹平、镘光，并重复镘光机作业至少两次。镘光机作业时应纵横交错进行，边角处用木抹子处理；当面层硬化至指压稍有下陷阶段时，采用镘光机收光，镘光机的转速及镘刀角度视硬化情况调整。镘光机作业时应纵横交错 3 次以上，局部的凌乱抹纹可采用薄钢抹人工同向、有序压光处理。

（6）较大楼地面施工，应分仓施工，分仓伸缩缝间距和形式符合设计的要求。

（7）养护：面层铺好后 24h，应洒水进行养护，或用草袋覆盖浇水养护，时间不少于 7d。撒布法施工 5～6h 后喷洒养护剂养护，用量 0.2L/m² 或覆盖塑料薄膜养护。

（8）表面处理：表面处理是提高面层耐磨性和耐腐蚀性能，防止外露钢（铁）屑遇水生锈。表面处理可用环氧树脂胶泥喷涂或涂刷。

1）环氧树脂胶泥采用环氧树脂及胺固化剂和稀释剂配制而成。其配方根据产品说明书和施工时的气温情况经试验确定，一般为环氧树脂：乙二胺：丙酮=100：80：30。

2）表面处理时，需待水泥钢（铁）屑面层基本干燥后进行。

3）先用砂纸打磨表面，后清扫干净。在室内温度不低于 20℃情况下，涂刷环氧树脂稀胶泥一度。

4）涂刷应均匀，不得漏涂。

5）涂刷后可用橡皮刮板或油漆刮刀轻轻将多余的胶泥刮去，在气温不低于 20℃的条件下，养护 48h 后即成。

（9）养护完成后需做切割缝、切割缝间距宜为 6～8m，切割深度至少为地面厚度的 1/5，切割缝可采用密封胶（或弹性树脂）填缝。

25.4.6 防 油 渗 面 层

防油渗面层采用防油渗混凝土铺设或采用防油渗涂料涂刷，防止油类介质侵蚀或渗透的一种地面面层。适用于有阻止油类介质侵蚀和渗透入地面要求的楼地面。

1. 构造做法

(1) 防油渗面层及防油渗隔离层与墙、柱连接处的构造做法，应符合设计要求。

(2) 防油渗混凝土面层厚度应符合设计要求，防油渗混凝土的配合比应按设计要求的强度等级和抗渗性能通过试验确定。

(3) 防油渗混凝土面层应按厂房柱网分区段浇筑，区段划分及分区段缝应符合设计要求。缝宽 15～20mm，缝深 50～60mm。缝隙下部采用耐油胶泥材料，上部采用膨胀水泥封缝。

(4) 防油渗混凝土面层内不得敷设管线。凡露出面层的电线管、接线盒、预埋套管和地脚螺栓等的处理，以及与墙、柱、变形缝、孔洞等连接处泛水均应采取防油渗措施，并应符合设计要求。

(5) 防油渗面层采用防油渗涂料时，材料应按设计要求选用，防油渗涂料粘结强度不应小于 0.3MPa，涂层厚度宜为 5～7mm。

(6) 防油渗面层的构造做法见图 25-29。

2. 材料质量控制

(1) 防油渗混凝土：

1) 水泥：采用普通硅酸盐水泥，要求有出厂合格证及复试报告。

2) 砂：中砂，应洁净无杂物，含泥量不大于 3%。其细度模量应控制在 2.3～2.6。

3) 石子：采用花岗石或石英石碎石，粒径为 5～15mm，最大不应大于 20mm；含泥量不应大于 1%。

4) 水：采用符合饮用标准的水。

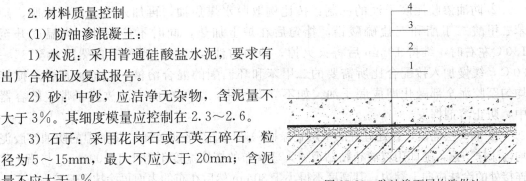

图 25-29　防油渗面层构造做法
1—混凝土楼板或现浇混凝土结构层；
2—水泥砂浆找平层；3—隔闻层；
4—防油渗混凝土

5) 外加剂：防油外加剂种类很多，常用的有三氯化铁混合剂、氢氧化铁胶凝剂、ST

（糖蜜）、木钙及 NNO、SNS 等。掺入的外加剂和防油渗剂种类应符合设计要求，质量应符合有关标准的规定。

(2) 防油渗涂料：

1) 涂料的品种应按设计的要求选用，宜采用树脂乳液涂料，其产品的主要技术性能应符合现行有关产品质量标准。

2) 树脂乳液涂料主要有聚醋酸乙烯乳液涂料、氯偏乳液涂料和苯丙-环氧乳液涂料等。

3) 防油渗涂料应具有耐油、耐磨、耐火和粘结性能，粘结强度不应低于0.3MPa。

4) 涂料的配合比及施工，应按涂料的产品特点、性能等要求进行。

(3) B 型防油渗剂（或密实剂）、减水剂、加气剂或塑化剂应有生产厂家产品合格证，并应取样复试，其产品的主要技术性能应符合产品质量标准。

(4) 防油渗涂料、外加剂、防油渗剂等的保管要求：按一般危险化学品搬运、运输和贮存，防止阳光直射。

(5) 玻璃纤维布：用无碱网格布。

(6) 防油渗胶泥应符合产品质量标准，并按使用说明书配制。

(7) 蜡：可用石油蜡、地板蜡、200 号溶剂油、煤油、颜料、调配剂等调配而成；可选用液体型、糊型和水乳化型等多种地板蜡。

3. 施工要点

(1) 混凝土防油渗面层施工工艺

1) 清理基层：将基层表面的泥土、浆皮、灰渣及杂物清理干净，油污清洗掉。铺抹找平层前一天将基层湿润，但无积水。

2) 抹找平层：在基层表面刷素水泥浆一度，在其上抹一层厚 15～20mm、1：3 水泥砂浆找平层，使表面平整、粗糙。

3) 在防油渗混凝土面层铺设前，满涂防油渗水泥浆结合层。

4) 防油渗隔离层设置（当设计无防油渗隔离层时，无此道工序）：

① 防油渗隔离层宜采用一布二胶无碱网格防油渗胶泥玻璃纤维布，其厚度为 4mm。亦可采用的防油渗胶泥（或聚胺酯类涂膜材料），其厚度为 1.5～2.0mm。

② 防油渗胶泥底子油的配制：按比例取脱水煤焦油，再加入聚氯乙烯树脂、磷苯二甲酸二丁酯和三盐硫酸铅，拌匀后在炉上加热，同时不停搅拌，当温度升至 130℃左右时，维持 10min 后将火灭掉，即为防油渗胶泥，当胶泥自然冷却至 85～90℃，缓慢加入按配合比所需要的二甲苯和环己酮的混合溶液，边加边搅拌，搅拌均匀至胶泥全部融化即成底子油。如不立即使用，需将冷底子油放置于带盖的容器中，防止溶剂挥发。

③ 隔离层铺设，在处理好的基层上涂刷一遍防油渗胶泥底油，将加温的防油渗胶泥均匀涂抹一遍，随即用玻璃布粘贴覆盖，玻璃布的搭接宽度不得小于 100mm；与墙、柱连接处的涂抹应向上翻边，其高度不得小于 30mm 然后在布的表面再涂抹一遍胶泥。

④ 防油渗面层设置防油渗隔离层（包括与墙、柱连接处的构造）时，应符合设计要求。

5) 防油渗混凝土配置：

① 防油渗混凝土面层厚度应符合设计要求，防油渗混凝土的配合比应按设计要求的强度等级和抗渗性能通过试验确定，且强度等级不应低于 C30。

② 防油渗混凝土配制：防油渗混凝土的配合比通过试验确定。材料应严格计量，用机械搅拌，投料程序为：碎石→水泥→砂→水和 B 型防油渗剂（稀释溶液），拌合均匀、颜色一致；搅拌时间不少于 2min，浇筑时坍落度不宜大于 10mm。

6) 防油渗混凝土面层铺设：

① 面层铺设前应按设计尺寸弹线，支设分格缝模板，找好标高。

② 在整浇水泥基层上或做隔离层的表面上铺设防油渗面层时，其表面必须平整、洁净、干燥，不得有起砂现象。铺设前应满涂刷防油渗水泥浆结合层一遍，然后随刷随铺设防油渗混凝土，用刮杆刮平，并用振动器振捣密实，不得漏振，然后再用铁抹子将表面抹平压光，吸水后，终凝前再压光 2～3 遍，至表面压光压实为止。

7) 分格缝处理：

① 防油渗混凝土面层应按厂房柱网分区段浇筑，区段划分及分区段缝应符合设计

要求。

② 当设计无要求时，每区段面积不宜大于 $50m^2$；分格缝应设置纵、横向伸缩缝，纵向分格缝间距为 3～6m，横向为 6～9m，并与建筑轴线对齐。分格缝的深度为面层的总厚度，上下贯通，其宽度为 15～20mm。防油渗面层分格缝构造做法参照图 25-30 所示的方法设置。

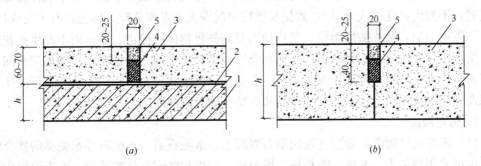

图 25-30　防油渗面层和分格缝的做法
(a) 楼层地面；(b) 底层地面
1—水泥基层；2——布二胶隔离层；3—防油渗混凝土面层；4—防油渗胶泥；5—膨胀水泥砂浆

③ 分格条在混凝土终凝后取出并修好，当防油渗混凝土面层的强度达到 5MPa 时，将分格缝内清理干净，并干燥，涂刷一遍防油渗胶泥底子油后，应趁热灌注防油渗胶泥材料，亦可采用弹性多功能聚胺酯类涂膜材料嵌缝，缝的上部留 20～25mm 深度采用膨胀水泥砂浆封缝。

8）养护：

防油渗混凝土浇筑完 12h 后，表面应覆盖草袋，浇水养护不少于 14d。

（2）防油渗涂料面层施工要点

1）防油渗面层采用防油渗涂料时，材料应按设计要求选用，涂层厚度宜为 5～7mm。

2）基层处理：

① 水泥类面层的强度要在 5.0MPa 以上，表面应平整、坚实、洁净、无酥松、粉化、脱皮现象，并不空鼓、不起砂、不开裂、无油脂。含水率不应大于 9%。用 2m 靠尺检查表面平整度不大于 2mm。表面如有缺陷，应提前 2～3d 用聚合物水泥砂浆修补。

② 地面基层必须充分干燥，施工前 7d 不得溅水。

3）防油渗水泥浆结合层配置、涂刷（打底）：

① 按混凝土防油渗面层中的方法配置防油渗水泥浆结合层。

② 或用水泥胶粘剂腻子打底。所使用的腻子应坚实牢固，不粉化、不起皮和无裂纹，并按基层底涂料和面层涂料的性能配套应用。将腻子用刮板均匀涂刷于面层上，满刮 1～3 遍，每遍厚度为 0.5mm。最后一遍干燥后，用 0 号砂纸打磨平整光滑，清除粉尘。

4）涂刷防油渗涂料：涂料宜采用树脂乳液涂料，按所选用的原材料品种和设计要求配色，涂刷 1～3 遍，涂刷方向、距离应一致，勤蘸短刷。如所用涂料干燥较快时，应缩短刷距。在前一遍涂料表干后方可刷下一遍。每遍的间隔时间，一般为 2～4h，或通过试验确定。

5）待涂料层干后即可采用树脂乳液涂料涂刷 1～2 遍罩面。

6) 待干燥后，在表面上打蜡上光，后养护，时间应不少于 7d。养护应保持清洁，防止污染。夏天一般为 4～8h 可固化，冬天则需要 1～2d。

25.4.7 不发火（防爆）面层

不发火性的定义：当所有材料与金属或石块等坚硬物体发生摩擦、冲击或冲擦等机械作用时，不发生火花（或火星），致使易燃物引起发火或爆炸危险，即为具有不发火性。

不发火面层，又称防爆面层，是指地面受到外界物体的撞击、摩擦而不发生火花的面层。适用于有防爆要求的一些工厂车间和仓库，如精苯车间、精馏车间、钠加工车间、氢气车间、钾加工车间、胶片厂棉胶工段、人造橡胶的链状聚合车间、人造丝工厂的化学车间以及生产爆破器材、爆破产品的车间和火药仓库、汽油库等的建筑地面工程。

1. 构造做法

(1) 不发火（防爆）面层宜选用细石混凝土、水泥石屑、水磨石等水泥类的拌合料铺设。也可采用菱苦土、木砖、塑料板、橡胶板、铅板和铁钉不外露的竹木地板面层作为不发火（防爆）建筑地面。施工时应符合下列要求：

1) 选用的原材料和其拌合料应经试验确定的不发火的材料。

2) 不发火（防爆）混凝土、水泥石屑、水磨石等水泥类面层的厚度和强度等均应符合设计要求。

(2) 不发火（防爆）面层应有一定的弹性，减小冲击荷载作用下产生的振动，避免产生火花，同时应防止有可能因摩擦产生火花的材料粘结在面层上。

(3) 不发火（防爆）水泥类面层的构造做法见图 25-31。

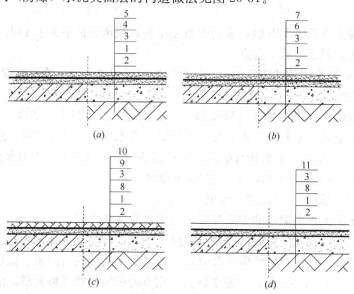

图 25-31 不发火（防爆）面层构造做法示意图
(a) 水泥类不发火面层；(b) 沥青类不发火面层；(c) 木地板类不发火面层；
(d) 橡胶类不发火面层
1—混凝土垫层（楼面结构层）；2—基土；3—水泥砂浆找平层；4—素水泥浆结合层；
5—水泥类面层；6—冷底子油1～2道；7—沥青砂浆或沥青混凝土面层；8—防潮隔离层；
9—粘结剂或沥青粘结层（或为木楞、毛地板）；10—木地板面层；11—橡胶板块面层

2. 材料要求

(1) 水泥：应选用普通硅酸盐水泥，强度等级不应低于 42.5，有出厂检验报告和复试报告。

(2) 砂：选用质地坚硬、表面粗糙并有颗粒级配的砂，其粒径宜为 0.15~5mm，含泥量不应大于 3%，有机物含量不应大于 0.5%。

(3) 石料（水磨石面层时采用石粒）：采用大理石、白云石或其他石料加工而成，并以金属或石料撞击时不发生火花为合格。

(4) 嵌条：采用不发生火花的材料配制，配制时应随时检查，不得混入金属或其他易发生火花的杂质。

(5) 砂、石均应按下列试验方法检验不发火性，合格后方可使用。试验方法如下：

1) 试验前的准备。材料不发火的鉴定，可采用砂轮来进行。试验的房间应完全黑暗，以便在试验时易于看见火花。

试验用的砂轮直径为 150mm，试验时其转速应为 600~1000r/min，并在暗室内检查其分离火花的能力。检查砂轮是否合格，可在砂轮旋转时用工具钢、石英岩或含有石英岩的混凝土等能发生火花的试件进行摩擦，摩擦时应加 10~20N 的压力，如果发生清晰的火花，则该砂轮即认为合格。

2) 粗骨料的试验。从不少于 50 个试件中选出做不发生火花试验的试件 10 个。被选出的试件，应是不同表面、不同颜色、不同结晶体、不同硬度的。每个试件重 50~250g，准确度应达到 1g。

试验时也应在完全黑暗的房间内进行。每个试件在砂轮上摩擦时，应加以 10~20N 的压力，将试件任意部分接触砂轮后，仔细观察试件与砂轮摩擦的地方，有无火花发生。

必须在每个试件上磨掉不少于 20g 后，才能结束试验。

在试验中如没有发现任何瞬时的火花，该材料即为合格。

3) 粉状骨料的试验。粉状骨料除着重试验其制造的原料外，并应将这些细粒材料用胶结料（水泥或沥青）制成块状材料来进行试验，以便于以后发现制品不符合不发火的要求时，能检查原因，同时，也可以减少制品不符合要求的可能性。

4) 不发火水泥砂浆、水磨石和水泥混凝土的试验。主要试验方法同前。

3. 施工要点

(1) 不发火（防爆）面层应采用水泥类的拌合料铺设，其厚度应符合设计要求。

(2) 施工所用的材料应在试验合格后使用，不得任意更换材料和配合比。

(3) 清理基层：施工前应将基层表面的泥土、灰浆皮、灰渣及杂物清理干净，油渍污迹清洗掉，抹底灰前一天，将基层浇水湿润，但无积水。

(4) 抹找平层：水泥类不发火地面施工时，应按常规方法先做找平层，具体施工方法参见 25.3.9 水泥砂浆找平层施工要点。如基层表面平整，亦可不抹找平层，直接在基层上铺设面层。

(5) 拌合料配制：

1) 不发火混凝土面层强度等级应符合设计要求，当设计无要求时可采用 C20。其施工配合比可按水泥：砂：碎石：水＝1：1.74：2.83：0.58（重量比）试配。所用材料严格计量，用机械搅拌，投料程序为：碎石→水泥→砂→水。要求搅拌均匀，混凝土灰浆颜色一致，搅拌时间不少于 90s，配制好的拌合物在 2h 内用完。

2）采用不发火（防爆）水磨石面层时其拌合料配制见 25.4.4 中的相关内容。

（6）铺设面层：

1）不发火（防爆）各类面层的铺设，应符合本节中相应面层的规定。

2）不发火（防爆）混凝土面层铺设时，先在已湿润的基层表面均匀地涂刷一道素水泥浆，随即分仓顺序摊铺，随铺随用刮杠刮平，用铁辊筒纵横交错来回滚压 3～5 遍至表面出浆，用木抹子拍实搓平，然后用铁抹子压光。待收水后再压光 2～3 遍，至抹平压光为止。

3）试块的留置，按每一层（或检验批）建筑地面工程不应小于 1 组。当每一层（或检验批）建筑地面工程面积大于 1000m² 时，每增加 1000m² 应增做 1 组试块；小于 1000m² 按 1000m² 计算。当改变配合比时，亦应相应地制作试块组数。除满足上述要求外，尚应留置一组用于检验面层不发火性的试件。

（7）养护：最后一遍压光后根据气温（常温情况下 24h），洒水养护，时间不少于 7d，养护期间不得上人和堆放物品。

25.4.8　自流平面层

自流平是一种多材料同水混合而成的液态物质，倒入地面后，这种物质可根据地面的高低不平顺势流动，对地面进行自动找平，并很快干燥，固化后的地面会形成光滑、平整、无缝的地面施工技术。自流平面层可采用水泥基、石膏基、合成树脂基等拌合物或涂料铺涂。根据材料的不同可分为水泥基自流平、环氧树脂自流平、环氧砂浆自流平、ABS 自流平等等。

1. 构造特点

（1）自流平地面洁净，美观，又耐磨，抗重压，除找平功能之外，水泥自流平还可以起到防潮、抗菌的重要作用。适用于无尘室、无菌室、制药厂（包括实行 GMP 标准的制药工业）、食品厂、化工厂、微电子制造厂、轻工厂房等对地面有特殊要求的精密行业中的地面工程，或作为 PVC 地板、强化地板、实木地板的基层。

（2）基层地面结实，混凝土强度等级不应小于 C20；基层强度不小于 1.2MPa。

（3）自流平面层的基层面的含水率符合下列规定：

1）水泥基自流平面层的基层面的含水率不低于 12%；

2）石膏基自流平面层的基层面的含水率不低于 14%；

3）环氧树脂基自流平面层的基层面的含水率不高于 8%。

（4）水泥基自流平地面施工时室内及地面温度应控制在 10～28℃，一般以 15℃为宜，相对空气湿度控制在 20%～75%。

（5）自流平面层的结合层、基层、面层的构造做法、厚度、颜色应符合设计要求，设计无要求时，其厚度：结合层宜为 0.5～1.0mm，基层宜为 2.0～6.0mm，面层宜为 0.5～1.0mm。

2. 材料要求

（1）自流平材料：根据设计要求选用适合的水泥基自流平材料，材料必须有出厂合格证和复试报告。

（2）环氧树脂自流平涂料的质量标准见表 25-18。

环氧树脂自流平涂料的技术指标 表 25-18

试验项目	技术指标	试验项目	技术指标
涂料状态	均匀无硬块	附着力（级）	≤1
涂膜外观	平整光滑	硬度（摆杆法）	≥0.6
干燥时间	表干（25℃）≤4h	光泽度（%）	≥30
实干（25℃）	≤24h	耐冲击性	40kg·cm，无裂纹、皱纹及剥落现象
耐磨性(750g/500r)	g≤0.04	耐水性	96h 无异常

（3）固化剂：固化剂应具有较低的粘度。应该选用两种或多种固化剂进行复配，以达到所需要的镜面效果。同时复配固化剂中应该含有抗水斑与抗白化的成分。

（4）颜料及填料的选择：宜选用耐化学介质性能和耐候性好的无机颜料，如钛白、氧化铁红、氧化铬绿等，填料的选用对涂层最终的性能影响极大，适量的加入不仅能提高涂层的机械强度、耐磨性和遮盖力，而且能减少环氧树脂固化时的体积收缩，并赋予涂料良好的贮存稳定性。

（5）助剂的选择：

1）分散剂：为防止颜料沉淀、浮色、发花，并降低色浆粘度，提高涂料贮存稳定性，促进流平。

2）消泡剂：因生产和施工中会带入空气，而厚浆型涂料粘度较高，气泡不易逸出。因此，需要在涂料中加入一定量的消泡剂来减少这种气泡，力争使之不影响地坪表面的观感。

3）流平剂：为降低体系的表面张力，避免成膜过程中发生"缩边"现象，提高涂料流平性能，改善涂层外观和质量，需加入一些流平剂。以上助剂的加入，可大大改善涂料的性能，满足施工要求。

（6）水：采用饮用水。

（7）储运与贮存：密闭储运，避免包装破损和雨淋。置于干燥通风处，避免高温，严禁阳光下暴晒及冷冻。在 5～40℃时贮存期为 6～12 个月。

3. 施工要点

（1）基层检查

基层应平整、粗糙，清除浮尘、旧涂层等，混凝土要达到 C25 以上强度等级，并作断水处理，不得有积水，干净、密实。不能有粘接剂残余物、油污、石蜡、养护剂及油腻等污染物附着。

1）基层含水率测定：基层含水率的测定有以下几种方法：

① 塑料薄膜法：将 450mm×450mm 塑料薄膜平放在混凝土表面，用胶带纸密封四边 16min 后，薄膜下出现水珠或混凝土表面变黑，说明混凝土过湿，不宜涂装。

② 无线电频率测试法：通过仪器测定传递、接收透过混凝土的无线电波差异来确定含水量。

③ 氯化钙测定法：是一种间接测定混凝土含水率的方法。原理是将密封容器密封固定于基层表面，根据水分从混凝土中逸出的速度，测定密封容器中氯化钙在 72h 后的增重

来确定含水率大小，其值应不大于 $46.8g/m^2$。

2）基层水分的排除：基层含水率应小于 8%，否则应排除水分后方可进行涂装。排除水分的方法有以下几种：

① 通风：加强空气循环，加速空气流动，带走水分，促进混凝土中水分进一步挥发。

② 加热：提高混凝土及空气的温度，加快混凝土中水分迁移到表层的速率，使其迅速蒸发，宜采用强制空气加热或辐射加热。直接用火源加热时生成的燃烧产物（包括水），会提高空气的雾点温度，导致水在混凝土上凝结，故不宜采用。

③ 降低空气中的露点温度：用脱水减湿剂、除湿器或引进室外空气（引进室外空气露点低于混凝土表面及上方的温度）等方法除去空气中的水汽。

（2）水泥自流平

1）基层处理：

① 基层表面的裂缝要剔凿成 V 形槽，并用自流平砂浆修补平整。对于大的凹坑、孔洞也要用自流平砂浆修补平整。如果原有基层混凝土地面强度太低，混凝土基层表面有水泥浮浆，或是起砂严重，要把表面的一层全部打磨掉。基层混凝土强度低会导致自流平材料和基层混凝土之间粘接程度降低，可能造成自流平地面成品形成裂纹和起壳现象，因此要求打磨这道工序必须细致。如果平整度不好，要把高差大的地方尽量打磨平整，否则会影响自流平成品的平整度。

② 新浇混凝土不得少于 4 周，起壳处需修补平整，密实基面需机械方法打磨，并用水洗及吸尘器吸净表面疏松颗粒，待其干燥。有坑洞或凹槽处应与 1d 前以砂浆或腻子先行刮涂整平，超高或凸出点应予铲除或磨平，以节省用料，并提升施工质量。

2）地面的清理：打磨工作结束后的工序是清理打磨的水泥浆粉尘和废弃物，首先用笤帚把废弃物清扫一遍，然后用吸尘器把清理过的地面彻底清理干净。注意：清理工作一定要很细致，不然会导致影响以后涂刷界面剂、水泥自流平的施工速度和成品效果。

3）施工环境的保护：在水泥自流平施工过程中，很容易污染施工现场周边的墙面，最好粘贴 $50\sim70mm$ 宽的美纹纸在踢脚板上，在地坪施工完后，用刀片将多余的美纹纸去除。

4）界面剂的涂刷：在清理干净的基层混凝土基层上，涂刷界面剂两遍。两次采用不同方向涂刷顺序，以便保证，避免漏刷，每次涂刷时要采用每滚刷压上滚刷半滚刷的涂刷方法。涂刷第二遍界面剂时，要待第一遍界面剂干透，界面剂已形成透明的膜层，没有白色乳液。等第二遍界面剂完全干燥后，才能进行水泥自流平的施工，否则容易在自流平表面形成气泡。

5）水泥自流平的施工：水泥自流平面层施工前，需要根据作业面宽度及现场条件设置施工缝。水泥自流平施工作业面宽度一般不要超过 $6\sim8m$。施工段可以采用泡沫橡胶条分隔，粘贴泡沫橡胶条前应放线定位。

按照给定的加水量称量每袋自流平粉料所需清水，将自流平干粉料缓慢倒入盛有清水的搅拌桶中，一边加粉料一边用搅拌器搅拌，粉料完全加入搅拌均匀后，放置 $1\sim2min$，再用搅拌器搅拌 1min 即可使用。

把搅拌好的自流平浆料均匀浇注到施工区域，要注意每一次浇注的浆料要有一定的搭接，不得留间隙。用刮板辅助摊平至要求厚度。

6) 水泥自流平地坪成品的养护：施工作业前要关闭窗户，施工作业完成后将所有的门关闭。施工完 3～5h 可上人，7d 后可正常使用（取决于现场条件和厚度）。现场不具备封闭条件时，要在施工结束 24h 后用塑料薄膜遮盖养护。

7) 伸缩缝处理：在自流平地面施工结束 24h 后，可以用切割机在基层混凝土结构的伸缩缝处切出 3mm 的伸缩缝，将切割好的伸缩缝清理干净，用弹性密封胶密封填充。

8) 施工时应注意：

①施工进行时不得停水、停电，不得间断性施工；

②用水量必须使用电子秤来控制；

③水泥自流平材料必须搅拌均匀才能铺设。

(3) 环氧自流平

1) 基层表面处理：对于平整地面，常用下列方法处理：

①酸洗法（适用于油污较多的地面）：用 10%～15% 的盐酸清洗混凝土表面，待反应完全后（不再产生气泡），再用清水冲洗，并采用毛刷刷洗，此法可清除泥浆层并提高光滑度。

②机械方法（适用于大面积场地）：用喷砂或电磨机清除表面突出物、松动颗粒，破坏毛细孔，增加附着面积，以吸尘器吸除砂粒、杂质、灰尘。对于有较多凹陷、坑洞的地面，应用环氧树脂砂浆或环氧腻子填平修补后再进行下步操作。经处理后的混凝土基层性能指标应符合表 25-19。

混凝土基层性能指标值　　　　　　　　　　　　　　　表 25-19

测定项目	湿度（%）	强度（MPa）	平整度（mm/m）	表面状况
合格指标	≤9	>21	≤2	无砂无裂无油无坑

2) 底涂施工：将底油加水以 1:4 稀释后，均匀涂刷在基面上。1kg 底油涂布面积为 5m²。用漆刷或滚筒将自流平底涂剂涂于处理过的混凝土基面上，涂刷二层，在旧基层上需再增一道底漆。第一层干燥后方可涂第二层（间隔时间 30min 左右）。采用滚涂、刮涂或刷涂，使其充分润湿混凝土，并渗入到混凝土内层。底涂剂干燥后进行自流平施工。

3) 浆料拌合：按材料使用说明，先将按配比的水量置于拌合机内，边搅拌边加入环氧树脂自流平材料，直到均匀不见颗粒状，再继续搅拌 3～4min，使浆料均匀，静止 10min 左右方可使用。

4) 中涂施工：中涂施工比较关键，将环氧色浆、固化剂与适量混合粒径的石英砂充分混合搅拌均匀（有时需要熟化），用刮刀涂成一定厚度的平整密实层，推荐采用锯齿状镘刀镘涂，然后用带钉子的辊子滚压以释出膜内空气。中涂层固化后，刮涂填平腻子并打磨平整，为面涂提供良好表面。

5) 腻子修补：对水泥类面层上存在的凹坑，填平修补，自然养护干燥后再打磨平整。

6) 面涂施工：待中涂层半干后即可浇注面层浆料，将搅拌均匀的自流平浆料浇注于中涂过的基面上，一次浇注需达到所需厚度，再用镘刀或专用齿针刮刀摊平，再用放气滚筒放弃，待其自流。表面凝结后，不用再涂抹。面层涂刷用量标准见表 25-20。

面层涂刷用量表   表 25-20

基面平整情况厚度（mm）	用量（kg/m²）	基面平整情况厚度（mm）	用量（kg/m²）
微差表面整平≥2	约 3.2	标准全空间整平≥6	约 9.6
一般表面整平≥3	约 4.8	严重不平整基体整平≤10	约 16

注：如局部过高，料浆不能流到的地方，可用抹子轻轻刮平即可。

7）自流平施工时间最好在 30min 内完成，施工后的机具及时用水冲洗干净。

8）养护：温度低于 5℃，则需 1～2d。固化后，对其表面采用蜡封或刷表面处理剂进行养护，养护期最低不得小于 7d。

9）注意事项：

① 具体施工应参照设计要求及产品的使用说明书。

② 普通环氧自流平材料不能直接用于表面耐磨层。

③ 避免在低温高湿条件下施工，施工温度在 5～35℃，最佳温度 15～30℃，结硬前应避免风吹日晒。

④ 施工时如有凸起或溅落的浆料，初凝后可用镘刀刮去。

⑤配料多少要与施工用量相匹配，避免浪费。一次配料要一次用完，不可中间加水稀释，以免影响质量。

⑥ 如有楼板加热装置应关闭，待地面冷却后方可进行自流平的施工。

⑦ 涂料使用过程中不得交叉污染，材料应密封储存。

⑧ 应充分养护方可投入使用，在养护期内自流平地面禁止上人。

25.4.9　塑　胶　地　面

塑胶地面分为室内塑胶地面和室外塑胶地面。室内塑胶地面又分为运动塑胶地面、商务塑胶地面等。运动塑胶地面适用于羽毛球、乒乓球、排球、网球、篮球等各种比赛和训练场馆、大众健身场所和各类健身房、单位工会活动室、幼儿园、社会福利设施的各类地面。商务塑胶地板使用范围：夜总会、酒吧、展示厅、专卖店、健身房、办公室、美容院等场所的地面。室外塑胶地面适用于运动场所的跑道、幼儿园户外运动场地等。

1. 构造做法

（1）塑胶地板基层宜采用自流平基层。体育场馆塑胶地板基层宜采用架空木地板基层。

（2）基层含水率应小于 3%。采用架空木地板基层，基层应采取防潮措施。

（3）塑胶面层铺设时的环境温度宜在 15～30℃之间。

（4）运动场塑胶地面的类型、用途见表 25-21。

运动场塑胶地面的类型、用途   表 25-21

类型	构　　成	适用范围	地板厚度（mm）
QS 型	全塑性，由胶层及防滑面层构成，全部为塑胶弹性体	高能量运动场地	9～25 2～10
HH 型	混合型，由胶层及防滑面层构成，胶层含 10%～50%橡胶颗粒	高能量运动场地	9～25 4～10

续表

类型	构 成	适用范围	地板厚度（mm）
KL 型	颗粒型，由塑胶粘合橡胶颗粒构成，表面涂于一层橡胶	一般球场	9～25 8～10
FH 型	复合型，由颗粒型的底层胶、全塑型的中层胶及防滑面层构成	田径跑道	9～25 8～10

2. 材料质量控制

（1）水泥：宜采用硅酸盐水泥、普通硅酸盐水泥或矿渣硅酸盐水泥，其强度等级应在 42.5 级以上；不同品种、不同强度等级的水泥严禁混用。

（2）砂：应选用中砂或粗砂，含泥量不大于 3%。

（3）塑胶面层：塑胶面层的品种、规格、颜色、等级应符合设计要求和现行国家标准的规定。

（4）胶粘剂：塑胶板的生产厂家一般会推荐或配套提供胶粘剂，如没有，可根据基层和塑胶板以及施工条件选用乙烯类、氯丁橡胶类、聚氨酯、环氧树脂、建筑胶等，所选胶粘剂必须通过实验确定其适用性和使用方法。如室内用水性或溶剂型粘胶剂，应测定其总挥发性有机化合物（TVOC）和游离甲醛的含量，游离甲醛的含量应符合有关现行国家规范标准。

3. 施工要点

（1）塑胶板块

塑胶板块施工要点参见 25.5.7 塑料板面层的施工要点做法。

（2）塑胶跑道施工要点

1）垫层的施工：参见 25.3 基层铺设中的相关垫层做法。

2）改性沥青混凝土层施工：

①改性沥青混凝土铺设前应调整校核摊铺机的熨平板宽度和高度，并调整好自动找平装置，尽量采用全路幅摊铺。如采用分片幅摊铺，接槎应紧密、顺直。

②改性沥青混凝土拌合料加热温度控制在 130～150℃，混合料到达工地控制温度为 120～130℃，摊铺温度应不低于 110℃，开始碾压温度 80～100℃为宜。

③改性沥青混凝土摊铺的虚铺系数由摊铺前试铺来确定，一般虚铺系数为 1.15～1.35。

④碾压：压实作业分初压、复压和终压三遍完成。初压温度一般为 110～130℃，碾压后检查平整度，不平整的部位应予以修整；复压时，用 10～12t 静作用压路机或 10～12t 振动压路机碾压 4～6 遍至稳定和无明显轮迹即可，复压温度宜控制在 90～110℃；终压采用 6～8t 振动压路机静压 2～4 遍，终压温度宜控制在 70～90℃。

⑤碾压过程中，压路机滚轮要洒水湿润，以免粘附沥青混合料。

3）底层塑胶铺设：

①铺设底层塑胶前基层应清扫干净，去除表面浮尘、污垢，修补基层缺陷，基层完全干燥后（含水率≤8%）方可铺设底层胶。

②按照现场情况合理划分施工板块并根据施工图纸要求的厚度，在所有施工板块中调试好厚度，放好施工线。

③底层胶铺设过程中必须保持机器行走速度均匀,从场地一侧开始,按板块宽度一次性刮胶,同时修边人员要及时对露底、凹陷处进行补胶,对凸起部位刮平。

④底层胶完全胶凝固化后,对全场进行检查,对边缘不整齐或凹凸不平处进行削割、补胶,并用专业塑胶打磨机做修整处理。

⑤在底层胶修整处理后进行试水找平,有积水的位置,采用面层材料和方法进行修补。需反复试水、修补,直到无积水现象方可进行面层施工。

4) 面层塑胶的摊铺:

① 配料:按照材料的配比要求投料并充分搅拌均匀后待用。

② 将调制好的塑胶混凝料倒在底层塑胶表面上,使用具有定位施工厚度功能的专用刮耙摊铺施工,也可采用专业喷涂机在底层塑胶面上均匀地喷涂,确保喷涂厚度(平均厚度一般为3mm)。

③ 颗粒型塑胶场地必须在面层塑胶开始胶联反应前,将所用颗粒采用专业播撒工具完全均匀覆盖在面层塑胶上即可。

④每一桶胶液的操作时间尽量缩短,保证面层塑胶成胶凝固速度均匀一致。

25.4.10 薄涂型地面涂料面层

薄涂型地面涂料面层采用丙烯酸、环层、聚氨酯等树脂型涂料涂刷而成。

1. 构造做法

(1) 薄涂型地面涂料面层的基层,其混凝土强度等级不低于C20,表面平整、洁净。

(2) 薄涂型地面涂料面层的基层面的含水率应符合下列规定:

1) 面层为丙烯酸、环氧等树脂型涂料时,基层面的含水率不高于8%;

2) 面层为聚氨酯树脂涂料时,基层面的含水率不高于12%。

(3) 环养树脂型涂料施工的环境和基层温度不低于10℃,相对空气湿度不大于80%。

2. 材料质量控制

(1) 薄涂型环氧面漆的技术参数见表25-22。

薄涂型环氧面漆的技术参数   表 25-22

类型项目	薄涂型环氧面漆			备 注
	薄涂型环氧亮光面漆	防静电薄涂型环氧面漆	薄涂型环氧平光或哑光面漆	
容器中状态	搅拌后均匀无硬块	搅拌后均匀无硬块	搅拌后均匀无硬块	目视法
适用期	≤1.5h	≤1.5h	≤1.5h	杯中固化时间
耐冲击性	50cm/1kg	50cm/1kg	50cm/1kg	GB/T 1732—1993
邵氏硬度	≥H	≥H	≥H	GB/T 2411—2008
耐水性 (30d)	不起泡, 不脱落, 允许轻微变色	不起泡, 不脱落, 允许轻微变色	不起泡, 不脱落, 允许轻微变色	GB/T 1733—1993
耐磨性	≤0.07mg	≤0.05mg	≤0.096mg	

（2）水性环氧地坪涂料为甲、乙两组分组成。

1）甲组分为液态环氧树脂配以适当比例的活性稀释剂，甲组分配方见表 25-23。

水性环氧地坪涂料甲组分配方 表 **25-23**

组　分	质量百分比（%）
低分子量液态环氧树脂	15.0
活性稀释剂	85.0

2）乙组分由水性固化剂分散体、水、颜填料以及助剂等组成，其基本配方见表 25-24。

水性环氧地坪涂料乙组分配方 表 **25-24**

组　分	质量百分比（%）	组　分	质量百分比（%）
水性固化剂	16.0～35.0	消泡剂	0.1～0.7
水	15.0～30.0	流平剂	0.1～0.5
颜填料	32.0～60.0	增稠剂	0.1～0.8
润湿分散剂	0.1～0.8	色浆	0～3.0

3）水性环氧地坪涂料的基本性能指标见表 25-25。

薄涂型水性环氧地坪涂料面漆性能指标 表 **25-25**

项　目		指　标	项　目	指　标
干燥时间（h）	表干	3	耐冲击性/（cm/1kg）	50 通过
	实干	18	耐洗刷性（次）	≥10000
铅笔硬度（H）		2	耐 10%NaOH	30d 无变化
附着力/级		0	耐 10%HCl	10d 无变化
耐磨性(750g/500r，失重)(g)		≤0.02	耐润滑油（机油）	30d 无变化

（3）聚氨酯涂料分为单组分聚氨酯涂料和双组分聚氨酯涂料。

双组分聚氨酯涂料一般是由异氰酸酯预聚物（也叫低分子氨基甲酸酯聚合物）和含羟基树脂两部分组成，通常称为固化剂组分和主剂组分。单组分聚氨酯涂料主要有氨酯油涂料、潮气固化聚氨酯涂料、封闭型聚氨酯涂料等品种。

3. 施工要点

（1）薄涂型环氧涂料

1）基层表面必须用溶剂擦拭干净，无松散层和油污层，无积水或无明显渗漏，基面应平整，在任意 $2m^2$ 内的平整度误差不得大于 2mm。水泥类基面要求坚硬、平整、不起砂，地面如有空鼓、脱皮、起砂、裂痕等，必须按要求处理后方可施工。水磨石、地板砖等光滑地面，需先打磨成粗糙面。

2）底层涂漆施工：双组分料混合时应充分、均匀，固化剂乳化液态环氧树脂使用手持式电动搅拌机在 400～800r/min 速度下搅拌漆料数分钟。底层涂漆采用辊涂或刷涂法施工。

3）面层涂漆施工：根据环氧树脂涂料的使用说明按比例将主剂及固化剂充分搅拌均

匀，用分散机或搅拌机在 200～600r/min 速度下搅拌 5～15min。采用专用铲刀、镘刀等工具将材料均匀涂布，尽量减少施工结合缝。

4）养护措施：

①与地面接触处要注意避免产生划痕，严禁钢轮或过重负载的交通工具通过。

②表面清洁一般用水擦洗，如遇难清洗的污渍，采用清洗剂或工业去脂剂、除垢剂等擦洗，再用水冲洗干净。

③地面被化学品污染后，要立即用清水洗干净。对较难清洗去的化学品，采用环氧专用稀释剂及时清洁，并注意通风。

5）薄涂型环氧涂料施工的注意事项：

①施工时要掌握好漆料的使用时间，根据漆料的适用期和现场施工人员数量合理调配漆料，以免漆料一次调配过多而造成浪费。

②严禁交叉施工，非施工人员严禁进入施工现场。

③施工时室内温度控制在 10℃以上，低于 10℃严禁施工；雨天、潮湿天不宜施工。

④施工时建筑物的门窗必须安装完毕。

（2）聚氨酯涂料

1）基层清理参见本条"薄涂型环氧涂料"的基层处理方法。基层表面必须干燥。橡胶基面必须用溶剂去除表面的蜡质，钢板喷砂后 4～8h 内涂刷。

2）双组份聚氨酯涂料按规定的配比充分搅匀，搅匀后静置 20min，待气泡消失后方可施工。涂刷可采用滚涂或刷涂，第一遍涂刷未完全干透即进行第二遍涂刷。两遍涂料间隔太长时，必须用砂纸将第一遍涂膜打毛后才能进行第二遍涂料施工。

3）涂膜可采用高温烘烤固化，提高附着力、机械性能、耐化学药品性能。

4）涂料涂刷后 7d 内严禁上人。

5）聚氨酯涂料施工的注意事项：

① 双组份涂料要按当日需用量调配，固化剂严格按标准要求使用，避免干燥后降低涂料的耐水、耐化学品性能。

② 如果漆膜局部破损需修补时，可将该局部打毛后再补漆。

③ 聚氨酯漆不可用普通硝基稀释剂稀释。

④ 涂料施工完毕后，涂料取用后必须密闭保存，防止涂料吸潮变质；施工工具必须及时清洗干净。

25.4.11 地面辐射供暖的整体面层

1. 构造做法

（1）与土壤相邻的地面，必须设绝热层，且绝热层下部必须设置防潮层。直接与室外空气相邻的楼板，必须设绝热层。

（2）地面构造由楼板或与土壤相邻的地面、绝热层、加热管、填充层、找平层和面层组成。当工程允许地面按双向散热进行设计时，各楼层间的楼板上部可不设绝热层。

（3）面层宜采用热阻小于 $0.05m^2 \cdot k/W$ 的材料。

（4）当面层采用带龙骨的架空木地板时，加热管应敷设在木地板与龙骨之间的绝热层上，可不设置豆石混凝土填充层；绝热层与地板间净空不宜小于 30mm。

（5）地面辐射供暖系统绝热层采用聚苯乙烯泡沫塑料板时，其厚度不应小于表 25-26 规定值；绝热层采用低密度发泡水泥制品时，其厚度应符合相关规定值；采用其他绝热材料时，可根据热阻相当的原则确定厚度。

聚苯乙烯泡沫塑料板绝热层厚度（mm）　　　　　　表 25-26

楼层之间楼板上的绝热层	20
与土壤或不采暖房间相邻的地板上的绝热层	30
与室外空气相邻的地板上的绝热层	40

（6）填充层的材料宜采用 C15 豆石混凝土，豆石粒径宜为 5～12mm。加热管的填充层厚度不宜小于 50mm。

2. 材料质量控制

（1）地面辐射供暖系统中所用材料，应根据工作温度、工作压力、荷载、设计寿命、现场防水、防火等工程环境的要求，以及施工性能，经综合比较后确定。

（2）所有材料均应按国家现行有关标准检验合格，有关强制性性能要求应由国家认可的检测机构进行检测，并出具有效证明文件或检测报告。

（3）绝热材料：

1）绝热材料应采用导热系数小、吸湿率低、难燃或不燃，具有足够承载能力的材料，且不宜含有殖菌源，不得有散发异味及可能危害健康的挥发物。

2）地面辐射供暖工程中采用的聚苯乙烯泡沫塑料主要技术指标应符合表 25-27 的规定。

聚苯乙烯泡沫塑料主要技术指标　　　　　　表 25-27

项　目	单　位	性能指标
表现密度	kg/m³	≥20.0
压缩强度（10%形变下的压缩应力）	kPa	≥100
导热系数	W/m·k	≤0.041
吸水率（体积分数）	%（v/v）	≤4
尺寸稳定性	%	≤3
水蒸气透过系数	ng/Pa·m·s	≤4.5
熔结性（恋曲变形）	mm	≥20
氧指数	%	≥30
燃烧分级	达到 B2 级	

3）地面辐射供暖工程中采用的低密度发泡水泥绝热层主要技术指标应符合表 25-28 的规定。

发泡水泥绝热层的技术参数　　　　　　表 25-28

干体积密度（kg/m³）	抗压强度		导热系数 W（m·k）
	7d（MPa）	28d（MPa）	
350	≥0.4	≥0.5	≤0.07
400	≥0.5	≥0.6	≤0.088
450	≥0.6	≥0.7	≤0.1

注：可采用内插法确定干体积密度在 350～450kg/m³ 之间各部位发泡水泥绝热层厚度。

(4) 发泡水泥绝热层应采用符合现行国家标准《硅酸盐水泥、普通硅酸盐水泥》（GB175）的有关规定，其抗压强度等级不应低于 32.5。

(5) 发泡水泥表面质量应符合下列要求：

1) 厚度方向不允许有贯通性裂纹；表面不允许有宽度＞1.8mm、长度＞800mm 的裂纹；表面宽度为 1～1.8mm、长度为 500～800mm 的裂纹每平方米不得多于 3 处。

2) 表面应该平整，不允许有明显的凹坑和凸起。

3) 发泡水泥绝热层表面平整度±5mm。

4) 发泡水泥绝热层的厚度偏差应控制为±5mm。

5) 表面疏松面积应不大于总面积的 5%，单块面积不大于 0.25m²。

(6) 当采用其他绝热材料时，按表 25-27 的规定，选用同等效果绝热材料。

3. 施工准备

(1) 设计施工图纸和有关技术文件齐全；

(2) 有完善的施工方案、施工组织设计，并已完成技术交底。

(3) 土建专业已完成墙面粉刷（不含面层），外窗、外门已安装完毕，并已将地面清理干净。

(4) 相关电气预埋等工程已完成并验收合格。

4. 施工要点

(1) 绝热层的铺设：

1) 绝热层的铺设参见 25.3.12 绝热层的相关内容。

2) 绝热层施工时还应注意下列方面：

① 绝热层的铺设应平整，绝热层相互间接合应严密。直接与土壤接触或有潮湿气体侵入的地面，在铺放绝热层之前应先铺一层防潮层。

② 发泡水泥绝热层施工浇注前，室内抹面全部完成，窗框、门框作业完毕。

(2) 低温热水系统加热管的安装：

低温热水系统加热管的安装由专业安装单位安装并调试验收合格后移交下一道工序施工。

(3) 填充层施工：

1) 填充层的施工参见 25.3.11 填充层的相关内容。

2) 填充层施工应具备以下条件：

① 所有伸缩缝已安装完毕；

② 加热管安装完毕且水压试验合格、加热管处于有压状态下；

③ 低温热水系统通过隐蔽工程验收。

(4) 找平层、面层施工：

1) 找平层的施工参见 25.3 中相关垫层的相关内容。

2) 整体面层的施工参见 25.4 中相关面层的相关内容。

3) 面层施工尚应符合下列规定：

① 面层施工，应在填充层达到规定强度后方可进行。

② 面层的伸缩缝应与填充层的伸缩缝对应。伸缩缝填充材料宜采用高发泡聚乙烯泡沫塑料。

5. 注意事项

(1) 施工过程中，应防止油漆、沥青或其他化学溶剂接触污染加热管的表面。

(2) 施工的环境温度不宜低于 5℃；在低于 0℃ 的环境下施工时，现场应采取升温措施。

(3) 施工时不宜与其他工种交叉施工作业，所有地面留洞应在填充层施工前完成。

(4) 填充层施工过程，供暖系统安装单位应密切配合。

(5) 填充层施工中，加热管内的水压不应低于 0.6MPa；填充层养护过程中，系统水压不应低于 0.4MPa。

(6) 填充层施工中，严禁使用机械振捣设备；施工人员应穿软底鞋，采用平头铁锹；在浇筑和养护过程中，严禁踩踏。

(7) 系统初始加热前，混凝土填充层的养护期不应少于 21d。施工中，应对地面采取保护措施，不得在地面上加以重载、高温烘烤、直接放置高温物体和高温加热设备。

(8) 在填充层养护期满以后，敷设加热管的地面，应设置明显标志，加以妥善保护，防止房屋装修或安装其他管道时损伤加热管。

(9) 地面辐射供暖工程施工地过程中，严禁人员踩踏加热管。

25.5 板块面层铺设

25.5.1 一般要求

板块面层包括砖面层、大理石面层和花岗石面层、预制板块面层、料石面层、玻璃面层、塑料板面层、活动地板面层、钢板面层、地毯面层等。

(1) 低温辐射供暖地面的板块面层采用具有热稳定性的陶瓷锦砖、陶瓷地砖、水泥花砖等砖面层或大理石、花岗石、水磨石、人造石等板块面层，并应在填充层上铺设。

(2) 低温辐射供暖地面的板块面层应设置伸缩缝，缝的留置与构造做法应符合设计要求和相关现行国家行业标准的规定。填充层和面层的伸缩缝的位置宜上下对齐。

(3) 铺设低温辐射供暖地面的板块面层时，不得钉、凿、切割填充层，不得向填充层内楔入物件，不得扰动、损坏发热管线。

(4) 铺设板块面层时，其水泥类基层的抗压强度不得低于 1.2MPa。在铺设前应刷一道水泥浆，其水灰比宜为 0.4~0.5 并随铺随刷。

(5) 铺设板块面层的结合层和板块间的填缝采用水泥砂浆，配制水泥砂浆应采用硅酸盐水泥、普通硅酸盐水泥或矿渣硅酸盐水泥；其水泥强度等级不宜小于 42.5；配制水泥砂浆的砂应符合国家现行行业标准《普通混凝土用砂、石质量及检验方法标准》（JGJ 52）的规定；配制水泥砂浆的体积比（或强度等级）应符合设计要求。

(6) 板块面层的结合层和板块面层填缝的胶结材料，应符合国家现行有关产品标准和设计要求。

(7) 板块的铺砌应符合设计要求，当设计无要求时，宜避免出现板块小于 1/4 边长的边角料。施工前应根据板块大小，结合房间尺寸进行排砖设计。非整砖应对称布置，且排在不明显处。

（8）铺设板块面层的结合层和填缝的水泥砂浆，在面层铺设后应覆盖、湿润，其养护时间不应少于 7d。当板块面层水泥砂浆结合层的抗压强度达到设计要求后，方可正常使用。

（9）厕浴间及设有地漏（含清扫口）的建筑板块地面面层，地漏（清扫口）的位置除应符合设计要求外，块料铺贴时，地漏处应放样套割铺贴，使铺贴好的块料地面高于地漏约 2mm，与地漏结合处严密牢固，不得有渗漏。

（10）板、块面层的允许偏差应符合表 25-29 的规定。

板、块面层的允许偏差和检验方法（mm）　　　　　　表 25-29

项次	项目	允许偏差											检验方法
		陶瓷锦砖面层、高级水磨石板、陶瓷地砖面层	缸砖面层	水泥花砖面层	水磨石板块面层	大理石面层、花岗石面层、人造石面层、金属板面层	塑料板面层	水泥混凝土板块面层	碎拼大理石、碎拼花岗石面层	活动地板面层	条石面层	块石面层	
1	表面平整度	2.0	4.0	3.0	3.0	1.0	2.0	4.0	3.0	2.0	10.0	10.0	用 2m 靠尺和楔形塞尺检查
2	缝格平直	3.0	3.0	3.0	3.0	2.0	3.0	3.0	—	2.5	8.0	8.0	拉 5m 线和用钢尺检查
3	接缝高低差	0.5	1.5	0.5	1.0	0.5	0.5	1.5	—	0.4	2.0	—	用钢尺和楔形塞尺检查
4	踢脚线上口平直	3.0						1.0					拉 5m 线和用钢尺检查
5	板块间隙宽度	2.0	2.0	2.0	2.0	1.0		6.0		0.3	5.0		用钢尺检查

25.5.2　砖　面　层

砖面层是指采用陶瓷锦砖、缸砖、陶瓷地砖和水泥花砖在水泥砂浆、沥青胶结材料或胶粘剂结合层上铺设而成。

1. 构造做法

（1）在水泥砂浆结合层上铺贴缸砖、陶瓷地砖和水泥花砖面层时应符合下列规定：

1）铺贴前应对砖的规格尺寸、外观质量、色泽等进行预选，浸水湿润晾干待用；

2）勾缝和压缝应采用同品种、同强度等级、同颜色的水泥，并做养护和保护。

（2）在水泥砂浆结合层上铺贴陶瓷锦砖面层时，砖底面应洁净，每联陶瓷锦砖之间、与结合层之间以及在墙角、镶边和靠柱、墙处，应紧密贴合。在靠柱、墙处不得采用砂浆填补。

（3）有防腐蚀要求的砖面层采用耐酸瓷砖、浸渍沥青砖、缸砖等和有防火要求的砖，其材质、铺设及施工质量验收应符合设计要求和现行国家标准《建筑防腐蚀工程施工及验收规范》（GB 50212）、《建筑设计防火规范》（GB 50016）的规定。

（4）大面积铺设陶瓷地砖、缸砖地面时，室内最高温度大于 30℃、最低温度小于 5℃

时，应符合下列规定：

1）板块紧贴镶贴的面积宜控制在 1.5mm×1.5m；

2）板块留缝镶贴的勾缝材料宜采用弹性勾缝料，勾缝后应压缝，缝隙深应不大于板块厚度的 1/3。

（5）砖面层的基本构造见图 25-32。

2. 材料要求

（1）水泥：采用硅酸盐水泥、普通硅酸盐水泥或矿渣硅酸盐水泥，强度等级不应低于42.5。应有出厂合格证及检验报告，进场使用前进行复试合格后使用。

（2）砂：砂采用洁净无有机杂质的中砂或粗砂，使用前应过筛，含泥量不大于 3%。

（3）白水泥及颜料：白水泥及颜料用于擦缝，颜色按照设计要求或视面材色泽确定。同一面层应使用同厂、同批的颜料，采用同品种、同强度等级、同颜色的水泥，以避免造成颜色深浅不一；颜料掺入量宜为水泥重量的3%～6%或由试验确定。

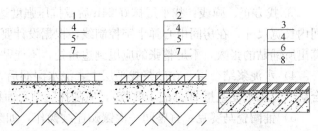

图 25-32　砖面层基本构造
1—普通黏土砖；2—缸砖；3—陶瓷锦砖；4—结合层；
5—垫层（或找平层）；6—找平层；7—基土；
8—楼层结构层

（4）砖材填缝剂：近几年来，随着设计的逐步深入，大量的室内装饰铺贴越来越讲究，使用彩色砖材填缝剂成为突出砖材整体美或线条感的首选产品。选用时应根据缝宽大小、颜色、耐水要求或特殊砖材的填缝需要选择专业生产厂家的不同类型、颜色的填缝剂，应有合格证及检验报告。检验报告应包括工作性、稠度和收缩性（抗开裂性）等指标。

（5）砖材胶粘剂：应符合《陶瓷墙地砖胶粘剂》（JC/T 547）的相关要求，其选用应按基层材料和面层材料使用的相容性要求，通过试验确定，并符合现行国家标准《民用建筑工程室内环境污染控制规范》（GB 50325）的规定。产品应有出厂合格证和技术质量指标检验报告。超过生产期三个月的产品，应取样检验，合格后方可使用；超过保质期的产品不得使用。

（6）陶瓷马赛克：进场后应拆箱检查颜色、规格、形状等是否符合设计要求和有关标准的规定。每箱内必须盖有检验标志的产品合格证和产品使用说明书。

（7）陶瓷地砖、缸砖、水泥花砖：砖花色、品种、规格按图纸设计要求并符合有关标准规定。应有出厂合格证和技术质量性能指标的试验报告。

3. 施工要点

（1）陶瓷马赛克地面施工要点

1）清理基层、弹线：将基层清理干净，表面浮浆皮要铲掉、扫净，弹水平标高线在墙上。

2）刷素水泥浆：在清理好的地面上均匀洒水，然后用笤帚均匀洒刷素水泥浆（水灰比为 0.5），刷的面积不得过大，与下道工序铺砂浆找平层紧密配合，随刷水泥浆随铺水泥砂浆。

3）水泥砂浆找平层：

① 冲筋：以墙面+50cm水平标高线为准，测出面层标高，拉水平线做灰饼，灰饼上平面为马赛克下平面。然后进行冲筋，在房间中间每隔1m冲筋一道。有地漏的房间按设计要求的坡度找坡，冲筋应朝地漏方向呈放射状。

② 冲筋后，用1:3干硬性水泥砂浆（干硬程度以手捏成团，落地开花为准），铺设厚度为20～25mm，用大杠（顺标筋）将砂浆刮平，木抹子拍实，抹平整。有地漏的房间要按设计要求的坡度做出泛水。

③ 找方正、弹线：找平层抹好24h后或抗压强度达到1.2MPa后，在找平层上量测房间内长宽尺寸，在房间中心弹十字控制线，根据设计要求的图案结合马赛克每联尺寸，计算出所铺贴的张数，不足整张的应甩到边角处，不能贴到明显部位。

4）水泥浆结合层：在砂浆找平层上，浇水湿润后，抹一道2～2.5mm厚的水泥浆结合层（宜掺水泥重量20%的108胶），应随抹随贴，面积不要过大。

5）铺陶瓷马赛克：宜整间一次镶贴连续操作，如果房间大一次不能铺完，须将接槎切齐，余灰清理干净。具体操作时应在水泥浆尚未初凝时开始铺贴（背面应洁净），从里向外沿控制线进行，铺时先翻起一边的纸，露出砖以便对正控制线，对好后立即将陶瓷马赛克铺贴上（纸面朝上）；紧跟着用手将纸面铺平，用拍板拍实（人站在木板上），使水泥浆渗入到砖的缝内，直至纸面上显露出砖缝水印时为止。继续铺贴时不得踩在已铺好的砖上，应退着操作。

6）修整：整间铺好后，在陶瓷马赛克上垫木板，人站在垫板上修理四周的边角，并将陶瓷马赛克地面与其他地面门口接槎处修好，保证接槎平直。

7）刷水、揭纸：铺完后紧接着在纸面上均匀地刷水，常温下过15～30min纸便湿透（如未湿透可继续洒水），此时可以开始揭纸，并随时将纸毛清理干净。

8）拨缝：在水泥浆结合层终凝前完成，揭纸后，及时检查缝子是否均匀，缝子不顺不直时，用小靠尺比着开刀轻轻地拨顺、调直，并将其调整后的砖用木拍板拍实（用锤子敲拍板），同时粘贴补齐已经脱落、缺少的陶瓷马赛克颗粒。地漏、管口等处周围的马赛克，要按坡度预先试铺进行切割，要做到陶瓷马赛克与管口镶嵌紧密相吻合。在以上拨缝调整过程中，要随时用2m靠尺检查平整度，偏差不超过2mm。

9）灌缝：拨缝后第二天（或水泥浆结合层终凝后），用白水泥浆或砖材填缝剂擦缝，从里到外顺缝揉擦，擦满、擦实为止，并及时将表面的余灰清理干净，防止对面层的污染。

使用专用填缝剂施工的要求：

①表面处理：使用填缝剂前应先将砖缝隙清洁干净，去除所有灰尘、油渍及其他污染物。

②搅拌：使用带合适搅拌叶的低速电钻进行机械搅拌。将粉料加入适量的水中，然后开始搅拌，直至均匀没有块状为止。待拌合物静置5min，再略搅拌后即可使用。

③施工：用橡胶填缝刀或合适刮刀．将搅拌好的填缝剂填入砖缝隙内，按对角线方向或以环形转动方式将填缝剂填满缝隙。尽可能不在砖面上残留过多的填缝剂，并在物料凝固前用湿海绵或湿布定期清洁砖表面。尽快清除发现的任何瑕疵，并尽早修补完好。

④清洗：使用微湿的海绵清洁表面，局部使用干净湿布擦净，并于填缝剂膜层干燥之前进行。工具使用后应立即用清水冲洗。

填缝剂初干固化后，用干布将表面已经粉化的填缝剂擦掉，或者用水进行最后的清洗。

10) 养护：陶瓷马赛克地面擦缝 24h 后，铺上锯末常温养护（或用塑料薄膜覆盖），其养护时间不得少于 7d，且不准上人。

（2）陶瓷地砖、缸砖、水泥花砖地面施工要点

1) 处理基层、弹线：混凝土地面应将基层凿毛，凿毛深度 5～10mm，凿毛痕的间距为 30mm 左右。清净浮灰、砂浆、油渍。根据房间中心线（十字线）并按照排砖方案图，在地面弹出与门口成直角的基准线，弹线应从门口开始，以保证进口处为整砖，非整砖置于阴角或家具下面，弹线应弹出纵横定位控制线。

2) 地砖浸水湿润：铺贴前对砖的规格尺寸、外观质量、色泽等进行预选，浸水湿润晾干待用。

3) 摊铺水泥砂浆，安装标准块：根据排砖控制线安装标准块，标准块应安放在十字线交点，对角安装，根据标准块先铺贴好左右靠边基准行（封路）的块料。

4) 铺贴地面砖：根据基准行由内向外挂线逐行铺贴。并随时做好各道工序的检查和复验工作，以保证铺贴质量。铺贴时宜采用干硬性水泥砂浆，厚度为 10～15mm，然后用水泥膏（2～3mm 厚）满涂块料背面，对准挂线及缝子，将块料铺贴上，用小木槌着力敲击至平正。挤出的水泥膏及时清干净。随铺砂浆随铺贴。面砖的缝隙宽度，当紧密铺贴时不宜大于 1mm；当虚缝铺贴时宜为 5～10mm，或按设计要求。

5) 勾缝：面层铺贴 24h 内，根据各类砖面层的要求，分别进行擦缝、勾缝或压缝工作。勾缝深度比砖面凹 2～3mm 为宜，擦缝和勾缝应采用同品种、同强度等级、同颜色的水泥。

6) 清洁、养护：铺贴完成后，清理面砖表面，2～3h 内不得上人，做好面层的养护和保护工作。

（3）卫生间等有防水要求的房间面层施工

1) 根据标高控制线，从房间四角向地漏处按设计要求的坡度进行找坡，并确定四角及地漏顶部标高，用 1∶3 水泥砂浆找平，找平打底灰厚度一般为 10～15mm，铺抹时用铁抹子将灰浆摊平拍实，用刮杠刮平，木抹子搓平，做成毛面，再用 2m 靠尺检查找平层表面平整度和地漏坡度。找平打底灰抹完后，于次日浇水养护 2d。

2) 对铺贴的房间检查净空尺寸，找好方正，定出四角及地漏处标高，根据控制线先铺贴好靠边基准行的块料，由内向外挂线逐行铺贴，并注意房间四边第一行板块铺贴必须平整，找坡应从第二行块料开始依次向地漏处找坡。

3) 根据地面板块的规格，排好模数，非整砖块料对称铺贴于靠墙边，且不小于 1/4 整砖，与墙边距离应保持一致，严禁出现"大小头"现象，保证铺贴好的块料地面标高低于走廊和其他房间不少于 20mm，地面坡度符合设计要求，无倒泛水和积水现象。

4) 地漏（清扫口）位置在符合设计要求的前提下，宜结合地面面层排板设计进行适当调整。并用整块（块材规格较小时用四块）块材进行套割，地漏（清扫口）双向中心线应与整块块材的双向中心线重合；用四块块材套割时，地漏（清扫口）中心应与四块块材

的交点重合。套割尺寸宜比地漏面板外围每侧大 2～3mm，周边均匀一致。镶贴时，套割的块材内侧与地漏面板平，且比外侧低（找坡）5mm（清扫口不找坡）。待镶贴凝固后，清理地漏（清扫口）周围缝隙，用密封胶封闭，防止地漏（清扫口）周围渗漏。

5）铺贴前在找平层上刷素水泥浆一遍，随刷浆随抹粘结层水泥砂浆，配合比为 1：2～1：2.5，厚度 10～15mm，铺贴时对准控制线及缝子，将块料铺贴好，用小木槌或橡皮锤敲击至表面平整，缝隙均匀一致，将挤出的水泥浆擦干净。

6）擦缝、勾缝应在 24h 内进行，用 1：1 水泥砂浆（细砂），要求缝隙密实平整光洁。勾缝的深度宜为 2～3mm。擦缝、勾缝应采用同品种、同一强度等级、同一颜色的水泥。

7）面层铺贴完毕 24h 后，洒水养护 2d，用防水材料临时封闭地漏，放水深 20～30mm 进行 24h 蓄水试验，经监理、施工单位共同检查验收签字确认无渗漏后，地面铺贴工作方可完工。

（4）在胶粘剂结合层上铺贴砖面层

1）采用胶粘剂在结合层上粘贴砖面层时，胶粘剂选用应符合现行国家标准《民用建筑工程室内环境污染控制规范》（GB 50325）的规定。

2）水泥基层表面应平整、坚硬、干燥、无油脂及砂粒，含水率不大于 9%。如表面有麻面起砂、裂缝现象时，宜采用乳液腻子等修补平整，每次涂刷的厚度不大于 0.8mm，干燥后用 0 号铁砂布打磨，再涂刷第二遍腻子，直至表面平整（基层表面平整度应符合 4.1.6 条规定）后，再用水稀释的乳液涂刷一遍，以增加基层的整体性和粘结力。

3）铺贴应先编号，将基层表面清扫洁净，涂刷一层薄而匀的底胶，待其干燥后，再在其面上进行弹线，分格定位。

4）铺贴应由内向外进行。涂刷的胶粘剂必须均匀，并超出分格线 10mm，涂刷厚度控制在 1mm 以内，砖面层背面应均匀涂刮胶粘剂，待胶层干燥不粘手（10～20min）即可铺贴，涂胶面积不应超过胶的晾置时间内可以粘贴的面积，应一次就位准确，粘贴密实。

25.5.3　大理石面层和花岗石面层

大理石面层和花岗石面层指采用各种规格型号的天然石材板材、合成花岗石（又名人造大理石）在水泥砂浆结合层上铺设而成。大理石面层和花岗石面层适用于高等级的公共场所、民用建筑及耐化学反应的工业建筑中的生产车间等建筑地面工程。

1. 构造做法

（1）对室内使用的大理石、花岗石等天然石材的放射性应符合国家现行建材行业标准《天然石材产品放射防护分类控制标准》（JC 518）的规定。

（2）大理石、花岗石面层的结合层厚度一般宜为 20～30mm。

（3）大理石板材不适宜用于室外地面工程。

（4）基本构造见图 25-33。

2. 材料要求

（1）大理石、花岗石板块：

1）天然大理石、花岗石板块的花色、品种、规格应符合设计要求。其技术等级、光泽度、外观等质量要求应符合现行《天然大理石建筑板材》（GB/T 19766）、《天然花岗石

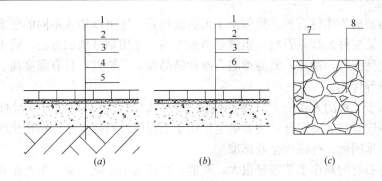

图 25-33   石材面层基本构造图

(a) 地面构造一；(b) 地面构造二；(c) 面层

1—大理石（碎拼大理石）、花岗石面层；2—水泥砂或水泥砂浆结合层；

3—找平层；4—垫层；5—素土夯实；6—结构层（钢筋混凝土楼板）；

7—碎拼大理石；8—水泥砂浆或水泥石粒浆填缝

建筑板材》(GB/T 18601) 的规定。

2) 大理石、花岗石等天然石材特别要注意色差控制、加工偏差控制。石材的加工及选用，必须根据加工图进行排板，为了保证石材花纹及色泽一致性，每一块出厂石材必须编号，对进场材料必须进行对号检查，对出现变形和色差较大板块进行筛选更换。

3) 加工好的成品饰面石材，其质量好坏可以通过"一观二量三听四试"来鉴别。

一观，即肉眼观察石材的表面结构。一般说来，均匀的细料结构的石材具有细腻的质感，为石材之佳品；粗粒及不等粒结构的石材其外观效果较差，机械力学性能也不均匀，质量稍差。另外，天然石材由于地质作用的影响常在其中产生一些细脉、微裂隙，石材最易沿这些部位发生破裂，应注意剔除。至于缺棱少角更是影响美观，选择时尤应注意。

二量，即量石材的尺寸规格，以免影响拼接，或造成拼接后的图案、花纹、线条变形，影响装饰效果。

三听，即听石材的敲击声音。一般而言，质量好的，内部致密均匀且无显微裂隙的石材，其敲击声清脆悦耳；相反，若石材内部存在显微裂隙或细脉或因风化导致颗粒间接触变松，则敲击声粗哑。

四试，即用简单的试验方法来检验石材质量好坏。通常在石材的背面滴上一小滴墨水，如墨水很快四处分散浸出，即表示石材内部颗粒较松或存在显微裂隙，石材质量不好；反之，若墨水滴在原处不动，则说明石材致密质地好。

(2) 水泥：一般采用硅酸盐水泥，强度等级不低于 42.5，应有出厂合格证和试验报告。严禁使用受潮结块水泥。

(3) 砂：宜采用中砂或粗砂，粒径不大于 5mm，不得含有杂物，含泥量小于 3%。

(4) 胶粘剂：胶粘剂应有出厂合格证和使用说明书，有害物质限量符合国家有关标准。

(5) 人造石材：目前市场上的人造石材主要有三种：一种为人造复合石材。以不饱和聚酯树脂为胶粘结剂，配以天然大理石或方解石、白云石、硅砂、玻璃粉等无机物粉料，以及适量的阻燃剂、颜料等，经配料混合、以高压制成板材。第二种为人造花岗石，是将原石打碎后，加入胶质与石料真空搅拌，并采用高压震动方式使之成形，制成一块块的岩块，再经过切割成为建材石板。除保留了天然纹理外，还可以加入不同的色素，丰富其色泽的多样性。第三种为微晶石材，也就是微晶玻璃。采用制玻璃的方法，将不同的天然石料按一定的比例配料，粉碎，高温熔融，冷却结晶而成。特点：具有强度高、厚度薄、耐酸碱、抗污染等优点。

确定拟用于工程的人造石时，要严格执行封样制度，设计封样时除对材料外观、颜色、尺寸、厚度等指标确定外，还要确定拟用于工程的材料技术指标和物化性能指标，该指标的确定依据国标、行标或企业标准。

由于人造石材的制作工艺差异很大，性能、特征也不完全一致，生产企业技术水平参差不齐，国家相关的检验标准尚未出台，在选择单位时应全面考察，审慎决策。考察厂家应重点控制以下内容：

1）厂家资质、业绩、规模、生产能力、运输；

2）质量保证体系和认证情况；

3）厂家提供的企业产品标准情况，是否完善、全面；

4）检测报告是否在有效期内，按常规应控制在一年内，主要技术指标是否达到相应行业要求；

5）技术研发和支持能力；

6）厂家对产品的不定期抽检情况，出现问题的解决及时有效情况；

7）售后技术服务能力。

对选定的材料供货单位在签定合同时应将执行的标准和技术质量要求写入合同，特别是物化性能指标标注清楚。

3. 施工要点

（1）基层处理要干净，高低不平处要先凿平和修补，基层应清洁，不能有砂浆，尤其是白灰砂浆、油渍等，并用水湿润地面。

（2）根据水平控制线，用干硬性砂浆贴灰饼，灰饼的标高应按地面标高减板厚再减2mm，并在铺贴前弹出排板控制线。

（3）大理石和花岗石板材在铺贴前应先对色、拼花并编号。按设计要求的排列顺序，对铺贴板材的部位，以现场实际情况进行试铺，核对楼地面平面尺寸是否符合要求，并对大理石和花岗石的自然花纹和色调进行挑选排列并编号。试拼中将色板好的排放在显眼部位，花色和规格较差的铺贴在较隐蔽处，尽可能使楼地面的整体图面与色调和谐统一。

（4）将板材背面刷干净，铺贴时保持湿润，阴干或擦干后备用。

（5）根据控制线，按预排编号铺好每一开间及走廊左右两侧标准行（封路）后，再进行拉线铺贴，并由里向外铺贴。

（6）铺贴大理石、花岗石、人造大理石：

1）铺贴前，先将基层浇水湿润，然后刷素水泥浆一遍，水灰比0.5左右，并随刷随铺底灰，底灰采用干硬性水泥砂浆，配比为1：2，以手握成团不出浆为准。然后进行试铺，检查结合层砂浆的饱满度（如不饱满，应用砂浆填补），随即将大理石背面均匀地刮上2mm厚的素灰膏。铺贴浅色大理石时，素灰膏应采用R32.5建筑白水泥，然后用毛刷蘸水湿润砂浆表面，再将石板对准铺贴位置，使板块四周同时落下，用小木槌或橡皮锤敲击平实，随即清理板缝内的水泥浆。

2）人造石材在铺装过程中因其材料的不稳定，除应严格执行天然石材地面铺装质量验收规范标准外，特别要注意对石材防护、预留缝隙清理、固化养护工序的质量控制，同时在确定施工工艺时参照人造石企业标准，制定严格的施工流程，并在施工前做好样板再推广。人造石材切割应采用水刀切割，严禁现场切割，应严格按照现场绘制加工图，专业厂家进行切割。

（7）板材间的缝隙宽度如设计无规定时，对于花岗石、大理石不应大于1mm。相邻两块高低差应在允许偏差范围内，严禁二次磨光板边。

（8）铺贴完成24h后，开始洒水养护。3d后用水泥浆（颜色与石板块调和）擦缝饱满，并随即用干布擦净至无残灰、污迹为止。铺好的板块禁止行人和堆放物品。

（9）大理石和花岗石板材如有破裂时，可采用环氧树脂或502胶粘剂修补。

1）采用环氧树脂胶，其配合比宜为：环氧树脂∶苯二甲酸二丁酯∶乙二胺∶同面层颜料＝100（kg）∶10～20（L）∶10（L）∶适量面层颜料。

2）粘结时，粘结面必须清洁干净。

3）采用环氧树脂胶时，两个粘结面涂胶厚0.5mm左右，在15℃以上环境温度粘结，胶粘剂在1h内完成；采用502胶时，在粘结面注入502胶，稍加压力粘合。

4）粘结后应注意养护。养护时间：采用环氧树脂时，室温在20～30℃应为7d，室温在30～35℃应为3d；采用502胶时，室温在15℃应为24h。

（10）碎拼大理石或碎拼花岗石面层施工：

1）碎拼大理石或碎拼花岗石面层施工可分仓或不分仓铺砌，亦可镶嵌分格条。为了边角整齐，应选用有直边的一边板材沿分仓或分格线铺砌，并控制面层标高和基准点。用干硬性砂浆铺贴，施工方法同大理石地面。铺贴时，按碎块形状大小相同自然排列，缝隙控制在15～25mm，并随铺随清理缝内挤出的砂浆，然后嵌填水泥石粒浆，嵌缝应高出块材面2mm。待达到一定强度后，用细磨石将凸缝磨平。如设计要求拼缝采用灌水泥砂浆时，厚度与块材上面齐平，并将表面抹平压光。

2）碎块板材面层磨光，在常温下一般2～4d即可开磨，第一遍用80～100号金刚石，要求磨匀磨平磨光滑，冲净渣浆，用同色水泥浆填补表面所呈现的细小空隙和凹痕，适当养护后再磨。第二遍用100～160号金刚石磨光，要求磨至石子粒显露，平整光滑，无砂眼细孔，用水冲洗后，涂抹草酸溶液（热水∶草酸＝1∶0.35，重量比，溶化冷却后用）一遍。如设计有要求，第三遍应用240～280号的金刚石磨光，研磨至表面光滑为止。

（11）当板材采用胶粘剂做结合层粘结时，尚应满足以下要求：

1）双组分胶粘剂拌和程序及比例应严格按照产品说明书要求执行。

2）根据石料、胶粘剂及粘贴基层情况确定胶粘剂厚度，粘接的胶层厚度不宜超过3mm。应注意产品说明书对胶粘剂标明的最大使用厚度，同时应考虑基材种类和操作环境条件对使用厚度的影响。

3）石料胶粘剂的晾置时间为15～20min，涂胶面积不应超过胶的晾置时间内可以粘贴的面积。

（12）镶贴踢脚板：

1）踢脚板在地面施工完后进行，施工方法有镶贴法和灌浆法两种，施工前均应进行基层处理，镶贴前先将石板块刷水湿润，晾干。踢脚板的阳角按设计要求，宜做成海棠角或割成 45°角。

2）板材厚度小于 12mm 时，采用镶贴法施工，施工方法同砖面层。当板材厚度大于 15mm 时，宜采用灌浆法施工。

3）采用灌浆法施工时，先在墙两端用石膏（或胶粘剂）各固定一块板材，其上楞（上口）高度应在同一水平线上，突出墙面厚度应控制在 8～12mm。然后沿两块踢脚板上楞拉通线，用石膏（或胶粘剂）逐块依顺序固定踢脚板。然后灌 1：2 水泥砂浆，砂浆稠度视缝隙大小而定，以能灌实为准。

4）镶贴时应随时检查踢脚板的平直度和垂直度。

5）板间接缝应与地面缝贯通（对缝），擦缝做法同地面。

（13）打蜡或晶面：踢脚线打蜡同楼地面打蜡一起进行。应在结合层砂浆达到强度要求、各道工序完工、不再上人时，方可打蜡或晶面处理，应达到光滑亮洁。

25.5.4 预制板块面层

预制板块面层指采用各种规格型号的混凝土预制板块、水磨石预制板块在水泥砂浆结合层上铺设而成。

1. 构造做法

（1）预制板块地面结合层、变形缝、伸缩缝和防震缝等做法执行 25.4.1 中相关规定。

（2）水泥混凝土预制板块面层的缝隙应采用水泥浆（或砂浆）填缝，彩色混凝土板块和水磨石板块应用同色水泥浆（或砂浆）擦缝。

（3）预制板块面层的构造做法见图 25-34。

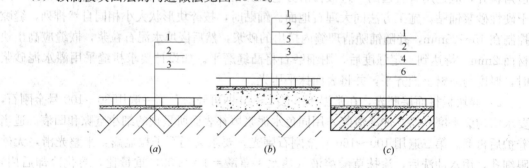

图 25-34 预制板块面层构造做法示意图

（a）地面构造之一；（b）地面构造之二；（c）楼面构造

1—预制板块面层；2—结合层；3—素土夯实；4—找平层；5—混凝土

或灰土垫层；6—结合层（楼层钢筋混凝土板）

2. 材料要求

（1）水泥：采用硅酸盐水泥、普通硅酸盐水泥或矿渣硅酸盐水泥，强度等级不应低于 32.5。应有出厂合格证及检验报告，进场使用前进行复试合格后使用。

（2）砂：宜采用中砂或粗砂，必须过筛，颗粒要均匀，不得含有杂物，粒径不大于 5mm。含泥量不大于 3%。

（3）水磨石板块：

1）水磨石预制板块规格、颜色、质量符合设计要求和有关标准的规定，并有出厂合格证；要求色泽鲜明，颜色一致。凡有裂纹、掉角、翘曲和表面上有缺陷的板块应予剔除，强度和品种不同的板块不得混杂使用。其质量应符合现行《建筑水磨石制品》（JC 507）的规定。

2）运输和贮存：运输水磨石应直立放置，倾斜度不大于15°。水磨石包装件与运输工具接触部分必须支垫，使之受力均匀；运输时要平稳，严禁冲击。

（4）混凝土板块：

1）混凝土板块边长通常为250～500mm，板厚等于或大于60mm，混凝土强度等级不低于C20。其余质量要求同水磨石板块质量控制要求。

2）运输和贮存：装运时应捆扎牢固，卸货时，严禁抛掷。堆放时场地应平整、坚实，并应正面相向，每垛高度不得超过1.5m，且每垛的产品规格等级应相同。

3. 施工要点

（1）水泥混凝土板块面层，应采用水泥浆（或水泥砂浆）填缝；彩色混凝土板块和水磨石板块应用同色水泥浆（或砂浆）擦缝。

（2）清理基层、弹控制线、定位、排板：

1）将基层表面的浮土、浆皮清理干净，油污清洗掉。

2）依据室内+500mm标高线和房间中心十字线，铺好分块标准块，与走道直接连通的房间应拉通线，分块布置应对称。走道与房间使用不同颜色的水磨石板，分色线应留在门框裁口处。

3）按房间长宽尺寸和预制板块的规格、缝宽进行排板，确定所需块数，必要时，绘制施工大样图，以避免正式铺设时出现错缝、缝隙不匀、四周靠墙不匀称等缺陷。

4）预制水磨石板块面层铺贴前应进行试铺，对好纵横缝，用橡皮锤敲击板块中间，振实砂浆，锤击至铺设高度，试铺合适后掀起板块，用砂浆填补空虚处，满浇水泥浆粘结层。再铺板块时要四角同时落下，用橡皮锤轻敲，并随时用水平尺和直线板找平，以达到水磨石板块面层平整、线路顺直、镶边正确。

（3）板块浸水和砂浆拌制：

1）在铺砌板块前，背面预先刷水湿润，并晾干码放，使铺时达到面干内潮。

2）结合层用1:2或1:3干硬性水泥砂浆，应用机械搅拌，要求严格控制加水量，并搅拌均匀。拌好的砂浆以手捏成团，落地即散为宜；应随拌随用，一次不宜拌制过多。

（4）基层湿润和刷粘结层：

1）基层表面清理干净后，铺前一天洒水湿润，但不得有积水。

2）铺砂浆时随刷一度水灰比为0.5左右的素水泥浆粘结层，要求涂刷均匀，随刷随铺砂浆。

（5）铺结合层和预制板：

1）根据排板控制线，贴好四角处的第二块，作为标准块，然后由内向外挂线铺贴。

2）铺干硬性水泥砂浆，厚度以25～30mm为宜，用铁抹子拍实抹平，然后进行预制板试铺，对好纵横缝，用橡皮锤敲板块中间，振实砂浆至铺设高度后，将板掀起移至一边，检查砂浆上表面，如有空隙应用砂浆填补，满浇一层水灰比为0.4～0.5的素水泥浆（或稠度60～80mm的1:1.5水泥砂浆），随刷随铺，铺时要四角同时落下，用橡皮锤轻敲使其平整密实，防止四角出现空鼓并随时用水平尺或直尺找平。

3）板块间的缝隙宽度应符合设计要求。当无设计要求时，应符合下列规定：混凝土板块面层缝宽不宜大于 6mm；水磨石板块间的缝宽一般不应大于 2mm。铺时要拉通长线对板缝的平直度进行控制，横竖缝对齐通顺。

（6）在砂结合层上铺设预制板块面层时，结合层下的基层应平整，当为基土层尚应夯填密实。铺设预制板块面层前，砂结合层应洒水压实，并用刮尺找平，而后拉线逐块铺贴。

（7）镶贴踢脚板：

1）安装前先将踢脚板背面预刷水湿润、晾干。踢脚板的阳角处应按设计要求，做成海棠角或割成 45°角。

2）镶贴方法主要有以下两种：

① 灌浆法：将墙面清扫干净浇水湿润，镶贴时在墙两端各镶贴一块踢脚板，其上端高度在同一水平线上，出墙厚度应一致。然后沿两块踢脚板上端拉通线，逐块依顺序安装，随装随时检查踢脚板的平直度和垂直度，使表面平整，接缝严密。在相邻两块之间及踢脚板与地面、墙面之间用石膏作临时固定，待石膏凝固后，随即用稠度 8～12cm 的 1：2 稀水泥砂浆灌注，并随时将溢出砂浆擦净，待灌入的水泥砂浆凝固后，把石膏剔去，清理干净后，用与踢脚板颜色一致的水泥砂浆填补擦缝。踢脚板之间缝宜与地面水磨石板对缝镶贴。

② 粘贴法：根据墙面上的灰饼和标准控制线，用 1：2.5 或 1：3 水泥砂浆打底、找平，表面搓毛，待打底灰干硬后，将已湿润、阴干的踢脚板背面抹上 5～8mm 厚水泥砂浆（掺加 10％的 801 胶），逐块由一端向另一端往底灰上进行粘贴，并用木槌敲实，按线找平找直，24h 后用同色水泥浆擦缝，将余浆擦净。

（8）嵌缝、养护：预制板块面层铺完 24h 后，用素水泥浆或水泥砂浆（水泥：细砂＝1：1）灌缝 2/3 高，再用同色水泥浆擦（勾）缝，并用干锯末将板块擦亮，铺上湿锯末覆盖养护，7d 内禁止上人。

（9）水磨石板块面层打蜡上光应在结合层达到强度后进行。

25.5.5 料 石 面 层

料石面层采用天然条石和块石，应在结合层上铺设。采用块石做面层应铺在基土或砂垫层上；采用条石做面层应铺在砂、水泥砂浆或沥青胶结料结合层上。

1. 构造做法

（1）块石面层结合层铺设厚度：砂垫层在夯实后不应小于 60mm；基土层应为均匀密实的基土或夯实的基土。

（2）条石面层应组砌合理，无十字缝，铺砌方向和坡度应符合设计要求；块石面层石料缝隙应相互错开，通缝不超过两块石料。

（3）料石面层的基本构造见图 25-35。

2. 材料要求

（1）料石：

1）条石和块石面层所用的石材的规格、技术等级和厚度应符合设计要求。

2）条石采用质量均匀，强度等级不应低于 MU60 的岩石加工而成。其形状接近矩形六面体，厚度为 80～120mm。

3) 块石采用强度等级不低于 MU30 的岩石加工而成。其形状接近直棱柱体或有规则的四边形或多边形，其底面截锥体，顶面粗琢平整，底面积不应小于顶面积的 60%，厚度为 100~150mm。

4) 不导电料石应采用辉绿岩石制成。填缝材料亦采用辉绿岩石加工的砂嵌实。耐高温的料石面层的石料，应按设计要求选用。

(2) 水泥：采用硅酸盐水泥、普通硅酸盐水泥或矿渣硅酸盐水泥，强度等级不应低于 42.5。应有出厂合格证及试验报告。

(3) 砂：砂采用洁净无有机杂质的中砂或粗砂，含泥量不大于 3%。

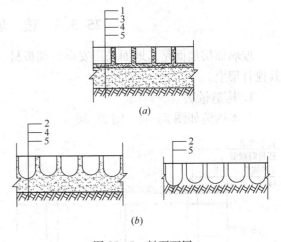

图 25-35 料石面层
(a) 条石面层；(b) 块石面层
1—条石；2—块石；3—结合层；4—垫层；5—基土

3. 施工要点

(1) 铺设前，应对基层进行清理和处理，要求基层平整、清洁。

(2) 料石面层采用的石料应洁净。在水泥砂浆结合层上铺设时，石料在铺砌前应洒水湿润，基层应涂刷素水泥浆，铺贴后应养护。

(3) 料石面层铺砌时不宜出现十字缝。条石应按规格尺寸及品种进行分类挑选，铺贴时板缝必须拉通长线加以控制，垂直于行走方向铺砌成行。铺砌时方向和坡度要正确。相邻两行条石应错缝铺贴，错缝尺寸应为条石长度的 1/3~1/2。

(4) 铺砌在砂垫层上的块石面层，基土应均匀密实。石料的缝隙互相错开，通缝不得超过两块石料。块石嵌入砂垫层的深度不小于石料厚度的 1/3。石料间的缝隙宜为 10~25mm。

(5) 块石面层铺设后，以 10~20mm 粒径的碎石嵌缝，然后进行夯实或用碾压机碾压，再填以 5~15mm 粒径的碎石，经碾压至石粒不松动为止。

(6) 在砂结合层上铺砌条石面层时，缝隙宽度不宜大于 5mm。当采用水泥砂浆嵌缝时，应预先用砂填缝至 1/2 高度，然后用水泥砂浆填满缝并抹平。

(7) 在水泥砂浆结合层上铺设条石时，混凝土垫层必须清理干净，然后均匀涂刷素水泥浆，随刷随铺结合层砂浆。结合层砂浆必须用干硬性砂浆，厚 15~20mm。石料间的缝隙应采用同类水泥砂浆嵌缝抹平，缝隙宽度不应大于 5mm。

(8) 结合层和嵌缝的水泥砂浆应符合下列要求：

水泥砂浆体积比 1:2；相应的水泥砂浆强度等级≥M15；水泥砂浆稠度 25~35mm。

(9) 在沥青胶结料结合层上铺砌条石面层时，下一层表面应洁净、干燥，其含水率不应大于 9%，并应涂刷基层处理剂。沥青胶结料及基层处理剂配合比均应通过试验确定。一般基层处理剂涂刷一昼夜即可施工面层。条石要洁净，铺贴时应在摊铺热沥青胶结料后随即进行，并应在沥青胶结料凝结前完成。填缝前，缝隙内应予清扫并使其干燥。

25.5.6　玻　璃　面　层

玻璃面层地面是指地面采用安全玻璃板材（钢化玻璃、夹层玻璃等）固定于钢骨架或其他骨架上。

1. 构造做法

基本构造如图 25-36～图 25-38。

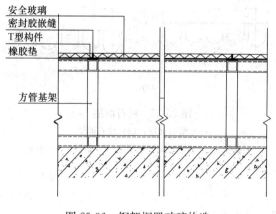

图 25-36　钢架搁置玻璃构造

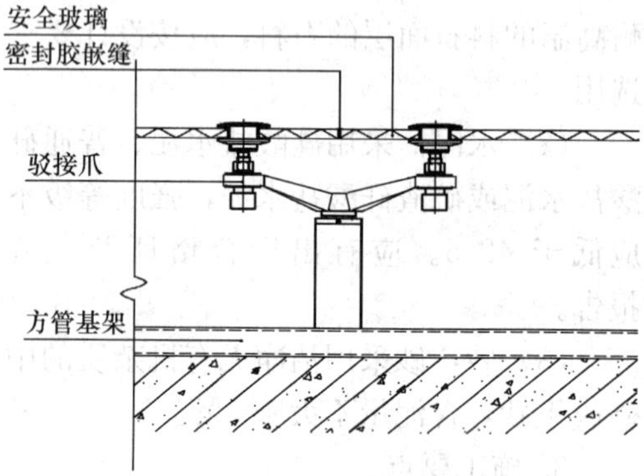

2. 材料要求

（1）安全玻璃：

1）玻璃地面常用的安全玻璃主要包括钢化玻璃和夹层玻璃，直接做钢化玻璃的较少，一般用夹层玻璃的较多。

2）钢化玻璃的质量标准应符合现行《建筑安全玻璃 第二部分 钢化玻璃》（GB 15763.2）的有关规定。玻璃外观质量不能有裂纹、缺角。长方形平面钢化玻璃边长允许偏差见表 25-30；长方形平面钢化玻璃对角线差允许值见表 25-31。

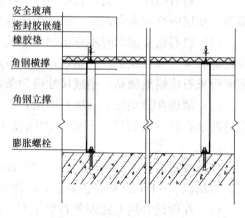

图 25-37　钢架接驳固定构造

图 25-38　钢架粘贴玻璃构造

长方形平面钢化玻璃边长允许偏差　　　　表 25-30

厚　度 (mm)	边长（L）允许偏差（mm）			
	$L \leqslant 1000$	$1000 < L \leqslant 2000$	$2000 < L \leqslant 3000$	$L > 3000$
3、4、5、6	+1 −2	±3	±4	±5
8、10、12	+2 −3			
15	±4	±4		
19	±5	±5	±6	±7
＞19	供需双方商定			

长方形平面钢化玻璃对角线差允许值（mm） 表 25-31

玻璃公称厚度	对角线允许差		
	边长≤2000	2000<边长≤3000	边长>3000
3、4、5、6	±3.0	±4.0	±5.0
8、10、12	±4	±5	±6
15、19	±5	±6	±7
>19	供需双方商定		

3）夹层玻璃：夹层玻璃质量标准应符合国家标准《夹层玻璃》（GB 9962），外观质量不允许存在裂纹。爆边长度或宽度不得超过玻璃的厚度，划伤和磨伤不得影响使用，不允许脱胶、气泡、中间层杂质及其他可观察到的不透明物等缺陷符合标准，夹层玻璃边长的允许偏差见表 25-32。

夹层玻璃边长的允许偏差（mm） 表 25-32

总厚度 D	长度或宽度 L		总厚度 D	长度或宽度 L	
	$L≤1200$	$1200<L<2400$		$L≤1200$	$1200<L<2400$
$4≤D<6$	+2 -1	—	$11≤D<17$	+3 -2	+4 -2
$6≤D<11$	+2 -1	+3 -1	$17≤D<24$	+4 -3	+5 -3

（2）支撑骨架一般有砖墩、混凝土墩、钢支架、不锈钢支架、木支架或铝合金支架等几种，常用的是钢支架和铝合金、不锈钢支架。质量控制按照相关专业工程施工技术标准。

（3）橡胶垫：橡胶垫的厚度应满足设计要求，厚度要均匀。

（4）密封胶：密封胶必须是防霉型的，并且符合环保要求。

3. 施工要点

（1）基层清理：施工前应先检查楼地面的平整度，清除地面杂物及水泥砂浆，如结构为砖墩、混凝土墩，地面应凿毛。

（2）地面找平：玻璃支撑结构为钢结构、不锈钢或铝合金支架，如地面平整度不能达到施工要求，应重新用水泥砂浆找平并养护。

（3）测量放线：根据设计要求，弹出 50cm 水平基准线，根据基准线弹出玻璃地面标高线，测量长宽尺寸，按照玻璃规格加上缝隙（2~3mm），弹出支撑结构中心线。

（4）支撑结构施工：按照设计要求支撑结构形式进行施工，按照要求开设通风孔。结构上表面必须水平，误差控制 1mm 以内。

（5）支撑结构表面处理：支撑结构表面要求达到一定的装饰设计效果，结构施工完毕需进行结构部分的装饰施工。如涂料、油漆等方式。

（6）定位橡胶条安装：橡胶条必须与支撑结构上表面固定牢，以免地面在使用过程中滑落，可采用双面胶。

（7）玻璃安装：玻璃安装固定方式包括接驳爪固定、格栅固定和胶结固定，玻璃安装前必须清理干净，并佩戴手套以防污染玻璃背面，影响观感，安装时采用玻璃吸盘，避免碰撞玻璃。

(8) 密封胶：清理玻璃缝隙，缝隙两边纸胶带保护，采用密封胶灌缝，缝隙要求饱满平滑。打胶后应进行保护，待胶固化后方可上人。

25.5.7 塑 料 板 面 层

塑料板面层指采用塑料板材、塑料板焊接、塑料板卷材以胶粘剂在水泥类基层上采用实铺或空铺法铺设而成。塑料板面层适用于对室内环境具有较高安静要求以及儿童和老人活动的公共活动场所。如宾馆、图书馆、幼儿园、老年活动中心、计算机房等。

1. 构造做法

(1) 水泥类基层表面应平整、坚硬、干燥、密实、洁净、无油脂及其他杂质，不得有麻面、起砂、裂缝等缺陷。基层含水率不大于 8%。

(2) 铺贴塑料板面层时，室内相对湿度不大于 70%，温度宜在 10～32℃之间。

(3) 塑料板块地面应根据使用场所、使用功能要求，选用合适的厚度、硬度、光泽度、耐低温性等技术指标的材料。

(4) 铺贴塑料板块面层需要焊接时，其焊条成分和性能应与被焊的板材相同。

(5) 塑料板面层施工完成后养护时间应不少于 7d。

2. 材料要求

(1) 塑料板：

1) 品种、规格、色泽、花纹应符合设计要求，其质量应符合现行国家标准的规定。

2) 面层应平整、厚薄一致、边缘平直、色泽均匀、光洁、无裂纹、密实无孔、无皱纹，板内不允许有杂物和气泡，并应符合产品各项技术指标。

3) 外观目测 600mm 距离应看不见有凹凸不平、色泽不匀、纹痕显露等现象。

4) 运输、贮存：塑料板材搬运过程中，不得乱扔乱摔、冲击、重压、日晒、雨淋。塑料板应贮存在干燥洁净、通风的仓库内，并防止变形。温度一般不超过 32℃，距热源不得小于 1m，堆放高度不得超过 2m。凡是在低于 0℃ 环境下贮存的塑料地板，施工前必须置于室温 24h 以上。

(2) 塑料焊条：选用等边三角形或圆形截面，表面应平整光洁，无孔眼、节瘤、皱纹，颜色均匀一致，质量应符合有关技术标准的规定，并有出厂合格证。

(3) 乳胶腻子：

1) 石膏乳液腻子的配合比（体积比）为：石膏:土粉:聚醋酸乙烯乳液:水＝2:2:1:适量。

2) 滑石粉乳液腻子的配合比（重量比）为：滑石粉:聚醋酸乙烯乳液:水:羧甲基纤维素溶液＝1:(0.2～0.25):适量:0.1。

3) 前者用于基层表面第一道嵌补找平，后者用于第二道修补打平。

(4) 胶粘剂：

1) 胶粘剂产品应按基层材料和面层材料使用的相容性要求，通过试验确定。一般常与地板配套供应。根据不同的基层，铺贴时应选用与之配套的粘结剂，并按使用说明选用，在使用前应经充分搅拌。对于双组份胶粘剂要先将各组份分别搅拌均匀，再按规定的配比准确称量，然后混合拌匀后使用。

2）产品应有出厂合格证和使用说明书，并必须标明有害物质名称及其含量。有害物质含量必须符合《民用建筑工程室内环境污染控制规范》（GB 50325）及现行国家标准的规定。超过生产期三个月的产品，应取样检验合格后方可使用；超过保质期的产品，不得使用。

3. 施工要点

（1）基层处理

1）水泥类基层表面应平整、坚硬、干燥、密实、洁净、无油脂及其他杂质，阴阳角必须方正，含水率不大于 9%。不得有麻面、起砂、裂缝等缺陷。应彻底清除基层表面残留的砂浆、尘土、砂粒、油污。

2）水泥类基层表面如有麻面、起砂、裂缝等缺陷时，宜采用乳液腻子等修补平整。修补时每次涂刷的厚度不大于 0.8mm，干燥后用 0 号铁砂布打磨，再涂刷第二遍腻子，直至表面平整后，再用水稀释的乳液涂刷一遍，以增加基层的整体性和粘结力。基层表面的平整度不应大于 2mm。

3）在木板基层铺贴塑料板地面时，木板基层的木搁栅应坚实，凸出的钉帽应打入基层表面，板缝可用胶粘剂配腻子填补修平。

4）地面基层平整度达不到要求，用普通水泥砂浆又无法保证不空鼓的情况下，宜采用自流平水泥处理。自流平施工配料为每包 25kg 自流平拌 6.25L 水，即 4∶1。自流平施工前需涂刷专用界面剂，自流平搅拌方法：先把 6.25L 清水倒入 30L 以上的空桶内，再倒入 1 包 25kg 水泥自流平干粉料，再用电动搅拌器搅拌约 5min，把桶壁上的粉块刮入桶内，继续搅拌约 1min，至均匀无结块。浇注自流平浆料，用自流平刮刀连续批刮，用排气滚筒滚轧浆面，以避免气泡、麻面和接口高差，开调后的每桶浆料必须在 10min 内用完。

（2）弹线、分格

铺贴塑料板面层前应按设计要求进行弹线、分格和定位，见图 25-39。在基层表面上弹出中心十字线或对角线，并弹出板材分块线；在距墙面 200～300mm 处作镶边。如房间长、宽尺寸不符合模数时，或设计有镶边要求时，可沿地面四周弹出镶边位置线。线迹

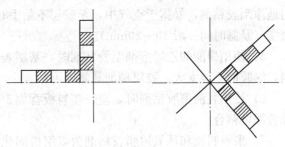

图 25-39　定位方法

必须清晰、方正、准确。地面标高不同的房间，不同标高分界线应设在门框裁口线处。塑料板面层铺贴形式与方法见图 25-40。

（3）裁切试铺

1）塑料板面层应采用塑料板块材、塑料板焊接、塑料卷材以胶粘剂在水泥类基层上铺设。

2）半硬质聚氯乙烯板（石棉塑料板）在铺贴前，应用丙酮∶汽油＝1∶8 的混合溶液进行脱脂除蜡。

3）软质聚氯乙烯板（软质塑料板）在试铺前进行预热处理，宜放入 75℃ 左右的热水

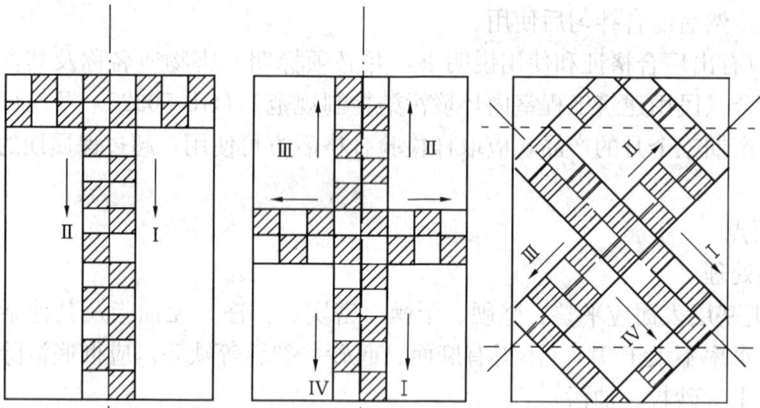

图 25-40　塑料板面层铺贴形式与方法

浸泡 10～20min，至板面全部软化伸平后取出晾干待用（不得用炉火和用电热炉预热）。

4）按设计要求和弹线对塑料板进行裁切试铺，试铺完成后按位置对裁切的塑料板块进行编号就位。

（4）涂胶

1）铺贴时应将基层表面清扫洁净后，涂刷一层薄而均匀的底胶，不得有漏涂，待其干燥后，即按弹线位置和板材编号沿轴线由中央向四面铺贴。

2）基层表面涂刷胶粘剂应用锯齿形刮板均匀涂刮，并超出分格线约 10mm，涂刮厚度应控制在 1mm 以内。

3）同一种塑料板应用同种胶粘剂，不得混用。

4）使用溶剂型橡胶胶粘剂时，基层表面涂刷胶粘剂，同时塑料板背面用油刷薄而均匀地涂刮胶粘剂，暴露于空气中，至胶层不粘手时即可粘合铺贴，应一次就位准确，粘贴密实（暴露时间一般 10～20min）。

5）使用聚醋酸乙烯溶剂型胶粘剂时，基层表面涂刷胶粘剂，塑料板背面不需涂胶粘剂，涂胶面不能太大，胶层稍加暴露即可粘合。

6）使用乳液型胶粘剂时，应在塑料板背面、基层上同时均匀涂刷胶粘剂，胶层不需晾置即可粘合。

7）聚氨脂胶和环氧树脂胶粘剂为双组份固化型胶粘剂，有溶剂但含量不多，胶面稍加暴露即可粘合，施工时基层表面、塑料板背面同时用油漆刷涂刷薄薄一层胶粘剂，但胶粘剂初始粘力较差，在粘合时宜用重物（如砂袋）加压。

（5）铺贴

1）塑料板的铺贴，应先将塑料板一端对准弹线粘贴，轻轻地用橡胶滚筒将塑料板顺次平服地粘贴在地面上，粘贴应一次就位准确，排除地板与基层间的空气，用压滚压实或用橡胶锤敲打粘合密实。

2）地面塑料卷材铺贴，按卷材铺贴方向的房间尺寸裁料，应注意用力拉直，不得重复切割，以免形成锯齿使接缝不严。使用的割刀必须锋利，宜用切割皮革用的扁口刀，以保证接缝质量。涂胶铺贴顺序与塑料板相同，先对缝后大面铺贴。粘贴时先将卷材一边对齐所弹的尺寸线（或已贴好相邻卷材的边缘线）对缝，连接应严密，并用橡胶滚筒压密实后，再顺序粘贴和滚压大面，压平、压实，切忌将大面一下子贴上后滚压，以免残留气泡造成空鼓。

3）低温环境条件铺贴软质塑料板，应注意材料的保暖，应提前一天放在施工地点，使其达到与施工地点相同的温度。铺贴时，切忌用力拉伸或撕扯卷材，以防变形或破裂。

4）铺贴时应及时清理塑料地面表面的余胶。

对溶剂型的胶粘剂可用松节水或200号溶剂汽油擦去拼缝挤出的余胶。

对水乳型胶粘剂可用湿布擦去拼缝挤出的余胶。

5）塑料板接缝处必须进行坡口处理，粘接坡口做成同向顺坡，搭接宽度不小于30mm。板缝焊接时，将相邻的塑料板边缘切成 V 型槽，坡口角 β：板厚 10～20mm 时，$\beta=65°～75°$；板厚 2～8mm 时，$\beta=75°～85°$。板越厚，坡口角越小，板薄则坡口角大。焊缝应高出母材表面 1.5～2.0mm，使其呈圆弧形，表面应平整。

6）软质塑料板的铺贴：软质塑料板在基层粘贴后，缝隙如果需要焊接，须经 48h 后方可施焊。焊接一般采用热空气焊，空气压力控制在 0.08～1MPa，温度控制在 180～250℃。

7）踢脚板铺贴：

①塑料踢脚板铺贴的要求和板面相同，地面铺贴完成后，按已弹好的踢脚板上口线及两端铺贴好的踢脚板为标准，挂线粘贴，铺贴的顺序是先阴阳角、后大面。踢脚板与地面对缝一致粘合后，应用橡胶滚筒反复滚压密实。

② 施工时，应先将塑料条钉在墙内预留的木砖上，钉距 400～500mm，然后用焊枪喷烤塑料条，随即将踢脚板与塑料条粘结。

③阴角塑料踢脚板铺贴时，先将塑料板用两块对称组成的木模顶压在阴角处，然后取掉一块木模，在塑料板转折重叠处，划出剪裁线，剪裁试装合适后，再把水平面45°相交处的裁口焊好，作成阴角部件，然后进行焊接或粘结。

④阳角踢脚板铺贴时，需在水平封角裁口处补焊一块软板，作成阳角部件，再行焊接或粘结。

（6）清理养护及上蜡

全部铺贴完毕，应用大压辊压平，用湿布进行认真的清理，均匀满涂上蜡，揩擦 2～3 遍。塑料地板的养护不少于 7d。

25.5.8 活 动 地 板 面 层

活动地板面层指采用特制的活动地板块，配以横梁、橡胶垫条和可供调节高度的金属支架组装成的架空活动地板，在水泥类基层或面层上铺设而成。活动地板适用于管线比较集中以及一些对防尘、导电要求较高的机房、办公场所、电化教室、会议室等的建筑地面。

1. 构造做法

（1）活动地板面层是活动地板块配以横梁、橡胶垫条和可供调节高度的金属支架组装的架空活动地板面层在水泥类基层（面层）上铺设而成。活动地板面层与基层（面层）间的空间可敷设有关管道和导线，并可结合需要开启检查、清理和迁移。

（2）活动地板面层与原楼地面间的空间可按使用要求进行设计，可容纳大量的电缆、管线等。

（3）活动地板的所有构件均可预制、运输、安装、拆卸十分方便。不符合模数的板块可进行切割，但切割边四周侧边用耐磨硬质板材封闭或用镀锌钢板包裹，胶条封边应符合耐磨要求。

（4）当房间的防静电要求较高，需要接地时，应将活动地板面层的金属支架、金属横梁相互连通，并与接地体相连，接地方法应符合设计要求。

（5）活动地板在门口处或预留洞口处应符合设置构造要求。

（6）活动地板构造见图 25-41。

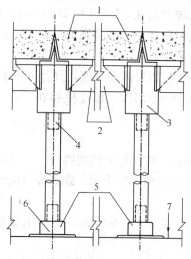

图 25-41　活动地板面层构造
1—活动面板块；2—横梁；
3—柱帽；4—螺栓；5—活动
支架；6—底座；7—楼地面

2. 材料要求

地板所用的材料大体分为三类：纯木质地板、复合地板、金属地板，纯木质地板的优点是造价低、易加工，但强度较差、易受潮变形，且易引起火灾。复合地板的基材是层压刨花板、水泥刨花板或硫酸钙板，上下表面贴有塑料贴面，四周用油漆封住，或用镀锌铁皮包封的地板。其优点是平整光滑、不起尘、易清洁、有一定弹性、耐腐性、防火、颜色美观，是目前使用较为普遍的一种活动地板。金属地板铝合金浇铸或压铸而成，其上表面贴有抗静电贴面。金属地板的优点是：强度高，受温度和湿度的影响小，地板的精度高，关键尺寸易于保证，铺设后地面平整，结合处缝隙小，而且能够提高抗静电效果，但是金属地板造价高。选择活动地板时应以房内所有设备中最重设备的重量为基准来确定地板的载荷，这样可以防止有些设备过重而引起地板的永久变形或破损。

活动地板面层包括标准地板、异形地板和地板附件（即支架和横梁组件）。采用的活动地板块面层承载力不得小于 7.5MPa，其系统体积电阻率宜为：A 级板为 $1.0×10^5 \sim 1.0×10^8 \Omega$；B 级板为 $1.0×10^5 \sim 1.0×10^{10} \Omega$。

地板附件是承载并传输荷载的构件，包括支架组件和横梁组件。支架组件一般采用钢支柱，钢支柱用管材制作，横梁组件一般采用轻型槽钢制成。支架有高架（1000mm）和低架（200、300、350mm）两种。

各项技术性能与技术指标应符合现行有关产品标准的规定，应有出厂合格证及设计要求性能的检测报告。

3. 施工要点

（1）活动地板面层施工时，室内各项工程必须全部完成、超过地板块承载力的设备进入房间预定位置后，方可进行活动地板的安装。不得进行交叉施工。

（2）活动地板面层与通过的走道或房间的建筑地面面层构造应符合设计要求。

（3）活动地板面层的金属支架应支承在水泥类基层上，水泥混凝土应为现浇，不应采用预制空心楼板。

（4）基层表面应平整、光洁、干燥、不起灰，安装前清扫干净，并根据需要，在其表面涂刷 1～2 遍清漆或防尘剂，涂刷后不允许有脱皮现象。

（5）按设计要求，在基层上弹出支架定位方格十字线，测量底座水平标高，将底座就位。同时，在墙四周测好支架水平线。

（6）铺设活动地板面层的标高，应按设计要求确定。当房间平面是矩形时，其相邻墙体应相互垂直；与活动地板接触的墙面的缝应顺直，其偏差每米不应大于 2mm。

（7）根据房间平面尺寸和设备等情况，应按活动地板模数选择板块的铺设方向。当平面尺寸符合活动地板模数，而室内无控制柜设备时，宜由里向外铺设；当平面尺寸不符合活动地板模数时，宜由外向里铺设。当室内有控制柜设备且需要预留洞口时，铺设方向和先后顺序应综合考虑选定。

（8）在铺设活动地板面层前，室内四周的墙面应设置标高控制位置，并按选定的铺设方向和顺序设基准点。在基层表面上应按板块尺寸弹线并形成方格网，标出地板块的安装位置和高度，并标明设备预留部位。

（9）先将活动地板各部件组装好，以基准线为准，将底座摆平在支座点上，核对中心线后，按安装顺序安放支架和横梁，固定支架的底座，连接支架和框架。用水平仪逐点抄平、水平尺调整每个支座面的高度至全部等高。

（10）在所有支座柱和横梁构成的框架成为一体后，应用水平仪抄平。然后将环氧树脂注入支架底座与水泥类基层之间的空隙内，使之连接牢固，亦可用膨胀螺栓或射钉连接。

（11）在横梁上按活动地板尺寸弹出分格线，铺放缓冲胶条时，应采用乳胶液与横梁粘合。从一角或相邻的两个边依次向外或另外两个边铺装，并调整好活动地板缝隙使之顺直。四角接触处应平整、严密，但不得采用加垫的方法调整。

（12）当铺设的地板块不合模数时，其不足部分可根据实际尺寸将板面切割后镶补，并配装相应的可调支撑和横梁。支撑可用木带或角钢固定在房间四周墙面上，木带或角钢定位高度与支架标高相同，在木带或角钢上粘贴橡胶垫条。也可采用支架安装，将支架上托的定位销钉去掉三个，保留沿墙面的一个，使靠墙边的地板块越过支架紧贴墙面。

（13）对活动地板块切割或打孔时，可用无齿锯或钻加工，但加工后的边角应打磨平整，采用清漆或环氧树脂胶加滑石粉按比例调成腻子封边，或用防潮腻子封边，亦可采用铝型材镶嵌封边。以防止板块吸水、吸潮，造成局部膨胀变形。在与墙体的接缝处，应根据接缝宽窄分别采用活动地板或木条镶嵌，窄缝隙宜采用泡沫塑料镶嵌。

（14）活动地板面层上的机柜安装时，如果是柜架支撑可随意安装；如果是四点支撑，应使支撑点尽量靠近活动地板的框架。当机柜重量超过活动地板块额定承载力时，宜在活动地板下部增设金属支架。

（15）在与墙边的接缝处，宜采用木条或泡沫塑料镶嵌，地板沿墙面宜做木踢脚线。

（16）通风口处的活动地板应选用异形板块铺贴。

（17）活动地板下面的线槽和管道安装，应在铺设活动地板前安装并固定在地面上。

（18）活动地板块的安装或开启，必须使用吸板器，严禁采用铁器硬撬。安装时应做到轻拿轻放。

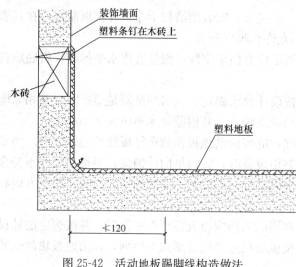

图 25-42　活动地板踢脚线构造做法

（19）在设备全部就位以及所有地下管线、电缆安装完成后，对活动地板再抄平一次并进行调整，直至符合设计及验收规范要求，最后将板面全面进行清理。

（20）塑料踢脚线铺贴时，应先将塑料条钉在墙内预留的木砖上，钉距 40~50mm，然后用焊枪喷烤塑料条，随即将踢脚线与塑料条粘结，见图 25-42。

（21）阴阳角塑料踢脚板铺贴时，采用专用的塑料阴阳角收口模块将相互转接的塑料踢脚线连接。

25.5.9　地　毯　面　层

地毯面层采用地毯块材或卷材，在水泥类或板块类面层（或基层）上铺设而成。地毯面层适用于室内环境具有较高安静要求以供儿童、老人公共活动的场所，一些高级装修要求的房间。如会议场所、高级宾馆、礼堂、娱乐场所等。

1. 构造做法

（1）地毯面层可采用空铺法或实铺法铺设。

（2）铺设地毯的地面面层（或基层）应坚实、平整、洁净、干燥，无凹坑、麻面、起砂、裂缝，并不得有油污、钉头及其他突出物。

（3）地毯衬垫应满铺平整，地毯拼缝处不得露底衬。

（4）楼梯地毯面层铺设时，梯段顶级地毯应固定于平台上，其宽度不小于标准楼梯踏步尺寸；阴阳角处应固定牢固；梯段末级地毯与水平段地毯的连接处应顺畅、牢固。

（5）地毯面层的基本构造见图 25-43。

2. 材料要求

（1）地毯

按编织工艺分为手工地毯、机织地毯、簇绒编织地毯、针刺地毯；按地毯规格分为方块地毯、成卷地毯、圆形地毯；按地毯材质分为纯毛地毯、混纺地毯、化纤地毯、塑料地毯。

1）纯毛地毯：重量为 $1.6~2.6kg/m^2$，是高级客房、会堂、舞台等地面的高级装修材料。

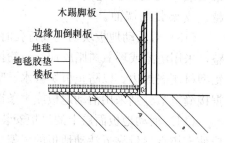

图 25-43　地毯面层基本构造图

2）混纺地毯：以毛纤维与各种合成纤维混纺而成的地面装修材料。混纺地毯中因掺有合成纤维，所以价格较低，使用性能有所提高。如在羊毛纤维中加入 20% 的尼龙纤维混纺后，可使地毯的耐磨性提高五倍，装饰性能不亚于纯毛地毯，并且价格下降。

3）化纤地毯：也叫合成纤维地毯，如聚丙烯化纤地毯、丙纶化纤地毯、腈纶（聚乙烯腈）化纤地毯、尼龙地毯等。它是用簇绒法或机织法将合成纤维制成面层，再与麻布底层缝合而成。化纤地毯耐磨性好并且富有弹性，价格较低，适用于一般建筑物的地面装修。

4）塑料地毯：塑料地毯是采用聚氯乙烯树脂、增塑剂等多种辅助材料，经均匀混炼、塑制而成，它可以代替纯毛地毯和化纤地毯使用。塑料地毯质地柔软，色彩鲜艳，舒适耐用，不易燃烧且可自熄，不怕湿。塑料地毯适用于宾馆、商场、舞台、住宅等。因塑料地毯耐水，所以也可用于浴室起防滑作用。

地毯的品种、规格、颜色、主要性能和技术指标必须符合设计要求，应有出厂合格证明文件。

（2）衬垫

衬垫的品种、规格、主要性能和技术指标必须符合设计要求。应有出厂合格证明。

（3）倒刺钉板条

在1200mm×24mm×6mm的板条上钉有两排斜钉（间距为35～40mm），另有五个高强钢钉均匀分布在全长上（钢钉间距约400mm，距两端各约100mm）。铝合金倒刺条用于地毯端头露明处，起固定和收头作用。用在外门口或与其他材料的地面相接处。倒刺板必须符合设计要求。

（4）金属压条

宜采用厚度为2mm左右的铝合金材料制成，用于门框下的地面处，压住地毯的边缘，使其免于被踢起或损坏。

（5）胶粘剂

参见本章25.5.7塑料板面层材料质量控制中胶粘剂的要求。

3．施工要点

（1）空铺法地毯铺设

1）空铺法地毯铺设应符合下列规定：

①地毯拼成整块后直接铺在洁净的地面上，地毯周边应塞入踢脚线下；

②与不同类型的建筑地面连接处，应按设计要求收口；

③小方块地毯铺设，块与块之间应挤紧服贴。

2）空铺式地毯的水泥类基层（或面层）表面应坚硬、平整、光洁、干燥，无凹坑、麻面、裂缝，并应清除油污、钉头和其他突出物。水泥类基层平整度偏差不应大于4mm。

3）铺设方块地毯，首先要将基层清扫干净，并应按所铺房间的使用要求及具体尺寸，弹好分格控制线。铺设时，宜先从中部开始，然后往两侧均铺。要保持地毯块的四周边缘棱角完整，破损的边角地毯不得使用。铺设毯块应紧靠，常采用逆光与顺光交错方法。

4）在两块不同材质地面交接处，应选择合适的收口条。如果两种地面标高一致，可以选用铜条或不锈钢条，以起到衔接与收口作用。如果两种地面标高不一致，一般选用铝合金L形收口条，将地毯的毛边伸入收口条内，再把收口条端部砸扁，起到收口与固定的双重作用。做法见图25-44。

5）在行人活动频繁部位地毯容易掀起，在铺设

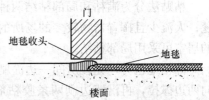

图25-44　地毯门边收口条示意图

方块地毯时，可在毯底稍刷一点胶粘剂，以增强地毯铺放的耐久性，防止被外力掀起。

（2）实铺法地毯铺设

1）实铺法地毯铺设应符合下列规定：

①固定地毯用的金属卡条（倒刺板）、金属压条、专用双面胶带等必须符合设计要求；

②铺设的地毯张拉应适宜，四周卡条固定牢；门口处应用金属压条等固定；

③地毯周边应塞入卡条和踢脚线下面的缝中；

④地毯应用胶粘剂与基层粘贴牢固。

2）基层处理同空铺法地毯基层处理要求，如有油污，须用丙酮或松节油擦净。水泥类地面应具有一定的强度，含水率不大于9%。

3）要严格按照设计图纸对各个不同部位和房间的具体要求进行弹线、套方、分格，如图纸有规定和要求时，则严格按图施工。如图纸没具体要求时，应对称找中，弹线、定位。

4）地毯裁剪应在比较宽阔的地方集中统一进行。一定要精确测量房间尺寸，并按房间和所用地毯型号逐一登记编号。然后根据房间尺寸、形状用裁边机裁下地毯料，每段地毯的长度要比房间长出20mm左右，宽度要以裁去地毯边缘线后的尺寸计算。弹线，以手推裁刀从毯背裁切去边缘部分，裁好后卷成卷编上号，放入对号房间里，大面积房间应在施工地点剪裁拼缝。

5）沿房间或走道四周踢脚板边缘，用高强水泥钉将倒刺板钉在基层上（钉朝向墙的方向），其间距约400mm。倒刺板应离开踢脚板面8～10mm，以便于钉牢倒刺板。

6）铺设衬垫：将衬垫采用点粘法用聚醋酸乙烯乳胶粘在地面基层上，要离开倒刺板10mm左右。海绵衬垫应满铺平整，地毯拼缝处不露底衬。

7）铺设地毯：

① 将裁好的地毯虚铺在垫层上，然后将地毯卷起，在拼接处缝合。缝合完毕，将塑料胶纸贴于缝合处，保护接缝处不被划破或勾起，然后将地毯平铺，用弯针将接缝处绒毛密实缝合，表面不显拼缝。

② 将地毯的一条长边固定在倒刺板上，毛边掩到踢脚板下，用张紧器拉伸地毯。拉伸时，用手压住地毯撑，用膝撞击地毯撑，从一边一步步推向另一边。如一遍未能拉平，应重复拉伸，直至拉平为止。然后将地毯固定在另一条倒刺板上，掩好毛边。长出的地毯，用裁割刀割掉。一个方向拉伸完毕，再进行另一个方向的拉伸，直至四个边都固定在倒刺板上。

③ 采用粘贴固定式铺贴地毯，地毯具有较密实的基底层，一般不放衬垫（多用于化纤地毯），将胶粘剂涂刷在基底层上，静待5～10mim，待胶液溶剂挥发后，即可铺设地毯。

粘贴法分为满粘和局部粘结两种方法。一般人流多的公共场所地面采用满粘法粘贴地毯；人流少且搁置器物较多的场所的楼地面采用局部刷胶粘贴地毯，如宾馆的客房和住宅的居室可采用局部粘结。

铺粘地毯时，先在房间一边涂刷胶粘剂后，铺放已预先裁割的地毯，然后用地毯撑子向两边撑拉，再沿墙边刷两条胶粘剂，将地毯压平掩边。在走道等处地毯可顺一个方向铺设。

8) 细部处理及清理：要注意门口压条的处理和门框、走道与门厅，地面与管根、暖气罩、槽盒，走道与卫生间门槛，楼梯踏步与过道平台，内门与外门，不同颜色地毯交接处和踢脚板等部位地毯的套割、固定和掩边工作，必须粘结牢固，不应有显露、后找补条等。要特别注意上述部位的基层本身接槎是否平整，如严重者应返工处理。地毯铺设完毕，固定收口条后，应用吸尘器清扫干净，并将毯面上脱落的绒毛等彻底清理干净。

（3）楼梯地毯铺设

1) 先将倒刺板钉在踏步板和挡脚板的阴角两边，两条倒刺板顶角之间应留出地毯塞入的空隙，一般约 15mm，朝天小钉倾向阴角面。

2) 海绵衬垫超出踏步板转角应不小于 50mm，把角包住。

3) 地毯下料长度，应按实量出每级踏步的宽度和高度之和。如考虑今后的使用中可挪动常受磨损的位置，可预留 450~600mm 的余量。

4) 地毯铺设由上至下，逐级进行。每梯段顶级地毯应用压条固定于平台上，每级阴角处应用卡条固定牢，用扁铲将地毯绷紧后压入两根倒刺板之间的缝隙内。

5) 防滑条应铺钉在踏步板阳角边缘。用不锈钢膨胀螺钉固定，钉距 150~300mm。

25.6 木、竹面层铺设

25.6.1 一 般 规 定

木、竹面层包括实木、实木集成、竹地板面层、实木复合地板面层、浸渍纸层压木质地板面层、软木类地板面层等。

（1）低温辐射供暖地面的木、竹面层宜采用实木集成地板、竹地板、实木复合地板、浸渍纸层压木质地板及耐热实木地板等（包括免刨免漆类）铺设。

（2）低温辐射供暖地面的木、竹面层无龙骨时，采用空铺或胶粘法在填充层上铺设；有龙骨时，龙骨应采用胶粘法铺设。胶粘剂的耐热性能应满足设计和使用要求。带龙骨的架空木、竹地板可不设填充层，绝热层与地板间的净空高度不宜小于 30mm。

（3）低温辐射供暖地面的木、竹面层与周边墙面间应留置不小于 10mm 的缝隙。当面层采用空铺法施工时，应在面层与墙面之间的缝隙内设金属弹簧卡或木楔子，其间距宜为 200~300mm。

（4）铺设低温辐射供暖地面的木、竹面层时，不得钉、凿、切割填充层，不得向填充层内楔入物件，不得扰动、损坏发热管线。

（5）木、竹地板面层下的木搁栅、垫木、毛地板等采用木材的树种、选材标准和铺设时木材含水率以及防腐、防蛀处理等，均应符合现行国家标准《木结构工程施工质量验收规范》（GB 50206）的有关规定。所选用的材料，进场时应对其断面尺寸、含水率等主要技术指标进行抽检，抽检数量应符合产品标准的规定。

（6）与厕浴间、厨房等潮湿场所相邻的木、竹面层连接处应做防水（防潮）处理。

（7）木、竹面层应避免与水长期接触，不宜用于长期或经常潮湿处，以防止木基层腐蚀和面层产生翘曲、开裂或变形等。在无地下室的建筑底层地面铺设木、竹面层时，地面基层（含墙体）应采取防潮措施。

（8）木、竹面层铺设在水泥类基层上，基层表面应坚硬、平整、洁净、干燥、不起砂。表面含水率不大于 9%。

（9）建筑地面工程的木、竹面层搁栅下架空结构层（或构造层）的质量检验，应符合相应现行国家标准规定。

（10）木、竹面层的通风构造层（包括室内通风沟、室外通风窗），均应符合设计要求。

（11）木、竹地板用于有采暖要求的地面应符合采暖工程的相关要求：地板尺寸稳定性高、高温下不开裂、不变形，不惧潮湿环境、甲醛释放量不超标、传热性能好、不惧高温。

（12）龙骨间、龙骨与墙体间、毛地板间、毛地板与墙体间均应留有伸缩缝。

（13）木、竹地板面层的允许偏差，应符合表 25-33 的规定。

木、竹面层的允许偏差和检验方法   表 25-33

项次	项　目	允许偏差（mm）				检验方法
		实木地板、实木集成地板、竹地板面层			浸渍纸层压木质地板、实木复合地板、软木类地板面层	
		松木地板	硬木地板、竹地板	拼花地板		
1	板面缝隙宽度	1.0	0.5	0.2	0.5	用钢尺检查
2	表面平整度	3.0	2.0	2.0	2.0	用 2m 靠尺和楔形塞尺检查
3	踢脚线上口平齐	3.0	3.0	3.0	3.0	拉 5m 线和用钢尺检查
4	板面拼缝平直	3.0	3.0	3.0	3.0	
5	相邻板材高差	0.5	0.5	0.5	0.5	用钢尺和楔形塞尺检查
6	踢脚线与面层的接缝	1.0				楔形塞尺检查

25.6.2　实木、实木集成、竹地板面层

实木、实木集成、竹地板采用条材或块村或拼花，以空铺或实铺方式在基层上铺设。实木、实木集成地板面层分为"免刨免漆类"和"原木无漆类"两类产品；竹地板均为免刨免漆类成品。

1. 构造做法

实木、实木集成、竹地板铺设主要分条材、拼花两种面层，空铺和实铺两种做法，胶粘和钉接两种结合方式。空铺方式如图 25-45；底层架空木地板的铺设方式见图 25-46；实铺方式如图 25-47。

2. 材料要求

（1）实木、实木集成地板面层的厚度、木搁栅的截面尺寸应符合设计要求，且根据地区自然条件，含水率最小为 7%，最大为该地区平衡含水率。地板材料应在施工前 10d 进场，拆开包装后平铺在房间里，让它和施工现场的空气充分接触，使木地板能与房间干湿度相适应，减少铺贴后的变形。

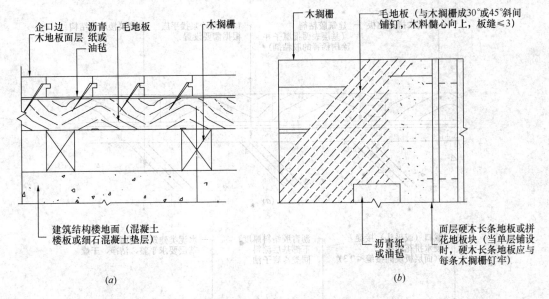

图 25-45 空铺式木地板的铺设方法（面层为单层或双层木地板）

(a) 剖面构造示意图；(b) 平面分层示意图

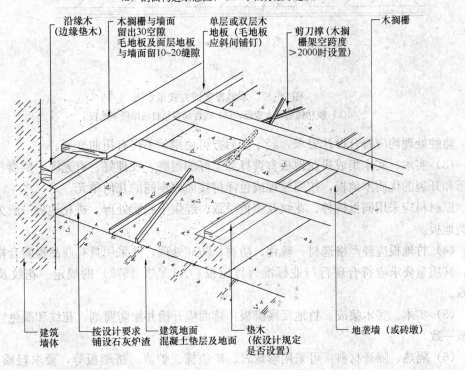

图 25-46 底层架空木地板构造示意图

实木、实木集成、竹地板均为长条形，可分为平口和企口地板两种。平口地板侧边为平面，企口地板侧边为不同形式的连接面，如榫槽式、踺榫式、燕尾榫式、斜口式等。

实木地板面层条材和块材应具有商品检验合格证，质量应符合现行国家标准的规定。

(2) 搁栅、毛地板、垫木、剪刀撑：必须做防腐、防蛀处理。用材规格、树种和防

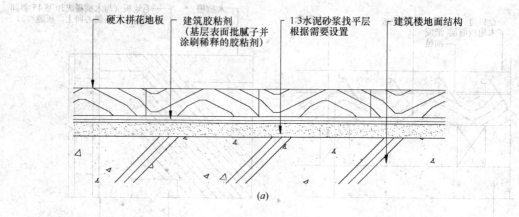

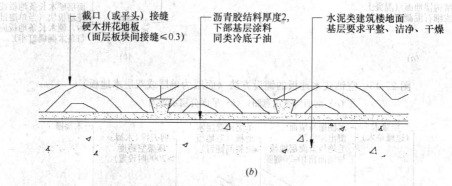

图 25-47　木地板实铺方式示意图

(a) 胶粘铺贴硬木地板；(b) 改性沥青给料粘结硬木地板

腐、防蛀处理均应符合设计要求，经干燥后方可使用，不得有扭曲变形。

（3）实木、实木集成拼花地板宜选择加工好的耐磨、纹理好、有光泽、耐腐朽、不易变形和开裂的优质木地板，按照纹理或色泽拼接而成不同的几何单元。

原材料应采用同批树种、花纹及颜色一致、经烘干脱脂处理。拼花地板一般为原木无漆类地板。

（4）竹地板应经严格选材、硫化、防腐、防蛀处理，并采用具有商品检验合格证的产品，其质量要求应符合现行行业标准《竹地板》（LY/T 1573）的规定。花纹及颜色应一致。

（5）实木、实木集成、竹地反踢脚板：背面应开槽并涂防腐剂，花纹和颜色宜和面层地板一致。

（6）隔热、隔音材料：可采用珍珠岩、矿渣棉、炉渣、挤塑板等，要求轻质、耐腐、无味、无毒。

（7）胶粘剂：粘贴材料应采用具有耐老化、防水和防菌、无毒等性能的材料，或按设计要求选用。

3. 施工要点

（1）免刨免漆类实木长条地板施工要点

1）实木、实木集成、竹地板面层下基层的要求和处理按本章 25.5.1 一般要求中的相关规定执行。

2）选用木板应为同一批材料树种，花纹及色泽力求一致。地板条应先检查挑选，将有节疤、劈裂、腐朽、弯曲等缺点及加工不合要求的剔除。

3）按照设计要求做地垄墙，可采用砖砌、混凝土、木结构、钢结构。其施工和质量验收分别按照相关国家规范和相关技术标准的规定执行。当设计有通风构造层（包括室内通风沟、室外通风窗等），应按设计要求施工通风构造层，如有壁炉或烟囱穿过，搁栅不得与其直接接触，应保持距离并填充隔热防火材料。

4）铺设垫木、橡木、搁栅应按下列进行：

① 铺设实木、实木集成、竹地板面层时，其木搁栅的截面尺寸、间距和稳固方法等均应符合设计要求。设计无要求时，主次搁栅的间距应根据地板的长宽模数确定，并注意地板的端头必须搭在搁栅上，表面应平整。搁栅接口处的夹木长度必须大于300mm，宽度不小于1/2搁栅宽。

② 木搁栅固定时，不得损坏基层和预埋管线。木搁栅应垫实钉牢，其间距不大于300mm与墙之间应留出20mm的缝隙，表面应平直。

③ 在地垄墙上用预埋铁丝捆绑橡木，并在橡木上划出各搁栅中线，在搁栅两端也划出中线，先对准中线摆两边搁栅，然后依次摆正中间搁栅。

④ 当顶部不平整时，其两端应用防腐垫木垫实钉牢。为防止搁栅移动，应在找正固定好的木搁栅上钉临时木拉条。

⑤ 搁栅固定好后，在搁栅上按剪刀撑间距弹线，按线将剪刀撑或横撑钉于搁栅之间，同一行剪刀撑应对齐，上口应低于搁栅上表面10~20mm。

⑥ 铺钉毛地板、长条硬木板前，应注意先检查搁栅是否垫平、垫实、捆绑牢固，人踩搁栅时不应有响声，严禁用木楔或用多层薄木片垫平。

⑦ 当设计有通风槽设置要求时，按设计设置。当设计无要求时，沿搁栅长向不大于1m设一通风槽，槽宽200mm，槽深不大于10mm，槽位应在同一直线上，并应避免剔槽过深损伤搁栅。

⑧ 按设计要求铺防潮隔热隔声材料，隔热隔声材料必须晒干，并加以拍实、找平，即可铺设面层。防潮隔热隔音材料应慎用炉渣或石灰炉渣，当使用时应采取熟化措施，注意材料本身活性——吸水后产生气体，当通气不畅时会造成木地板起鼓。

⑨ 如对地板有弹性要求，应在搁栅底部垫橡皮垫板，且胶粘牢固，防止振脱。

⑩ 如对地板有防虫要求，应在地板安装前放置专用防虫剂或樟木块、喷洒防白蚁药水。

5）长条地板面层铺设应按下列进行：

①长条地板面层铺设的方向应符合设计要求，设计无要求时按"顺光、顺主要行走方向"的原则确定。

② 在铺设木板面层时，木板端头接缝应在搁栅上，并应间隔错开。板与板之间应紧密，但仅允许个别地方有缝隙，其宽度不应大于1mm；当采用硬木长条形板时，不应大于0.5mm。

③地板面层铺设时，面板与墙之间应留8~12mm缝隙。

6）实木单层板铺设应按下列要求进行：

① 木搁栅隐蔽验收后，从墙的一边开始按线逐块铺钉木板，逐块排紧。

② 单层木地板与搁栅的固定，应将木地板钉牢在其下的每根搁栅上。钉长应为板厚的 2～2.5 倍。并从侧面斜向钉入板中，钉头不应露出。铺钉顺序应从墙的一边开始向另一边铺钉。

7）双层板铺设应按下列进行：

① 双层木板面层下层的毛地板可采用钝棱料，其宽度不宜大于 120mm。在铺设前应清除毛地板下空间内的刨花等杂物。

② 在铺设毛地板时，应与搁栅成 30°或 45°并应斜向钉牢，使髓心向上；当采用细木工板、多层胶合板等成品机拼板材时，应采用设计规格铺钉。无设计要求时可锯成 1220mm×610mm、813mm×610mm 等规格。

③ 每块毛地板应在每根搁栅上各钉两个钉子固定，钉子的长度应为板厚的 2.5 倍，钉帽应砸扁并冲入板面深不少于 2mm。毛地板接缝应错开不小于一格的搁栅间距，板间缝隙不应大于 3mm。毛地板与墙之间应留 8～12mm 缝隙，且表面应刨平。

④ 当在毛地板上铺钉长条木板或拼花木板时，宜先铺设一层用以隔声和防潮的隔离层。然后即可铺钉企口实木长条地板，方法与单层板相同。

⑤ 企口木板铺设时，应从靠门较近的一边开始铺钉，每铺设 600～800mm 宽度应弹线找直修整后，再依次向前铺钉。铺钉时应与搁栅成垂直方向钉牢，板端接缝应间隔错开，其端接缝一般是有规律在一条线上。板与板间拼缝仅允许个别地方有缝隙，但缝隙宽度不应大于 1mm，如用硬木企口木板不得大于 0.5mm。企口木板与墙间留 10～15mm 的缝隙，并用木踢脚线封盖。企口木板表面不平处应刨光处理，刨削方向应顺木纹。刨光后方可装钉木踢脚线。

8）打蜡

地板蜡有成品供应，当采用自制时将蜡、煤油按 1：4 重量比放入桶内加热、溶化（120～130℃），再掺入适量松香水后调成稀糊状，凉后即可使用。用布或干净丝棉蘸蜡薄薄均匀涂在木地板上，待蜡干后，用木块包麻布或细帆布进行磨光，直到表面光滑洁亮为止。

（2）无漆类实木长条地板施工要点

1）"面层刨平磨光、油漆打蜡"前的施工工序同（1）"免刨免漆类实木长条地板"中的相关内容。

2）面层刨平、磨光：

木材面层的表面应刨平磨光，刨平和磨光所刨去的厚度不宜大于 1.5mm，并无刨痕。

① 第一遍粗刨，用地板刨光机（机器刨）顺着木纹刨，刨口要细、吃刀要浅，刨刀行速要均匀、不宜太快，多走几遍、分层刨平，刨光机达不到之处则辅以手刨。

② 第二遍净面，刨平以后，用细刨净面。注意消除板面的刨痕、戗槎和毛刺。

③ 净面之后用地板磨光机磨光，所用砂布应先粗后细，砂布应绷紧绷平，磨光方向及角度与刨光相同。个别地方磨光不到可用手工磨。磨削总量应控制在 0.3～0.8mm 内。

3）油漆和打蜡：地板磨光后应立即上漆。先清除表面尘土和油污，必要时润油粉，满刮腻子两遍，分别用 1 号砂纸打磨平整、洁净，再涂刷清漆。应按设计要求确定清漆遍数和品牌，厚薄均匀、不漏刷，第一遍干后用 1 号砂纸打磨，用湿布擦净晾干，对腻子疤、踢脚板和最后一行企口板上的钉眼等处点漆片修色；以后每遍清漆干后用 280～320号砂纸打磨。最后打蜡、擦亮。

（3）水泥类基层上粘结单层拼花地板施工要点

1）水泥类基层应表面平整、粗糙、干燥，无裂缝、脱皮、起砂等缺陷。施工前将表面的灰砂、油渍、垃圾清除干净，凹陷部位用 801 胶水泥腻子嵌实刮平，用水洗刷地面、晾干。

2）准备胶结料：

促凝剂——用氯化钙复合剂（冬季在白胶中掺少量）；

缓凝剂——用酒石酸（夏季在白胶中掺少量）；

水泥——强度等级 42.5 以上普通硅酸盐水泥或白水泥；

丙酮、汽油等。

胶粘剂配合比（重量比）：

10 号白胶：水泥＝7：3。或者用水泥加 801 胶搅拌成浆糊状。

过氯乙烯胶：过氯乙烯：丙酮：丁酯：白水泥＝1：2.5：7.5：1.5

聚氨酯胶——根据厂家确定的配合比加白水泥，如：甲液：乙液：白水泥＝7：1：2 等。

3）在地面上弹十字中心线及四周圈边线，圈边宽度当设计未规定时以 300mm 为宜。根据房间尺寸和拼花地板的大小算出块数。如为单数，则房间十字中心线与中间一块拼花地板的十字中心线一致；如为双数，则房间十字中心线与中间四块拼花地板的拼缝线重合。

4）面层铺设应按下列进行：

① 涂刷底胶：铺前先在基层上用稀白胶或 801 胶薄薄涂刷一遍，然后将配制好的胶泥倒在地面基层上，用橡皮刮板均匀铺开，厚度一般为 5mm 左右。胶泥配制应严格计量，搅拌均匀，随用随配，并在 1～2h 内用完。

② 铺板图案形式一般有正铺和斜铺两种。正铺由中心依次向四周铺贴，最后圈边（亦可根据实际情况，先贴圈边，再由中央向四周铺贴）；斜铺先弹地面十字中心线，再在中心弹 45°斜线及圈边线，按 45°方向斜铺。拼花面层应每粘贴一个方块，用方尺套方一次，贴完一行，需在面层上弹细线修正一次。

③ 铺设席纹或人字地板时，更应注意认真弹线、套方和找规矩；铺钉时随时找方，每铺钉一行都应随时找直。板条之间缝隙应严密，不大于 0.2mm。可用锤子或垫木适当敲打，溢出板面的胶粘剂要及时清理干净。地板与墙之间应有 8～12mm 的缝隙，并用踢脚板封盖。

④ 胶结拼花木地板面层及铺贴方法见图 25-48。

⑤拼花地板粘贴完后，应在常温下保养 5～7d，待胶泥凝结后，用电动滚刨机刨削地板，使之平整。滚刨方向与板条方向成 45°角斜刨，刨时不宜走得太快，应多走几遍。第一遍滚刨后，再换滚磨机磨二遍；第一遍用 3 号粗砂纸磨平，第二遍用 1～2 号砂纸磨光，四周和阴角处辅以人工刨削和磨光。

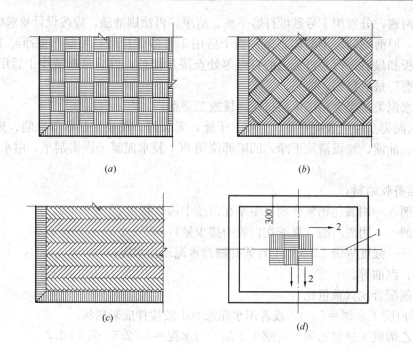

图 25-48 胶结拼花木地板面层及铺贴方法

（a）正方格形；（b）斜方格形；（c）人字形；（d）中心向外铺贴方法

1—弹线；2—铺贴方向

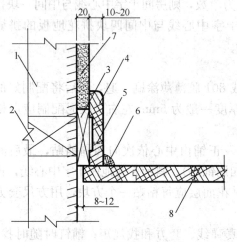

图 25-49 踢脚板铺设方法

1—砖墙；2—预埋防腐木砖 120mm×120mm×
60mm@750mm；3—防腐木块 120mm×120mm×
20mm@750mm；4—木踢脚板 150mm×20mm；
5—通风孔 φ6mm@1000mm；6—木条 15mm×
15mm；7—内墙粉刷；8—企口长条硬木板

⑥油漆、打蜡参见本节"（2）无漆类实木长条地板"施工要点中相关内容。

5）如采用免刨免漆类，则省去"面层刨平磨光、油漆打蜡"工序。

6）踢脚板的安装：

① 采用实木制作的踢脚板，背面应留槽并做防腐处理。

② 预先在墙内每隔 300mm 砌入一块防腐木砖，在防腐木砖外面钉一块防腐木块（如未预埋木砖，可用电锤打眼在墙面固定防腐木楔）。然后再把踢脚线的基层板用明钉钉牢在防腐木块上，钉帽砸扁使冲入板内，随后粘贴面层踢脚板并刷漆。踢脚板板面要竖直，上口呈水平线。木踢脚板上口出墙厚度应控制在 10～20mm 范围。踢脚板做法见图 25-49。

③ 踢脚板安装完后，在房间不明显处，每隔 1m 开排气孔，孔的直径 6mm，上面加铝、镀锌、不锈钢等金属箅子，用镀锌螺钉与踢脚板拧牢。

25.6.3 实木复合地板面层

1. 实木复合地板的种类和性能特点

（1）实木复合地板，是将优质实木锯切刨切成表面板、蕊板和底板单片，然后根据不同品种材料的力学原理将三种单片依照纵向、横向、纵向三维排列方法，用胶水粘贴起来，并在高温下压制成板，这就使木材的异向变化得到控制。实木复合地板分为三层实木复合地板、多层实木复合地板、新型实木复合地板三种，由于它是由不同树种的板材交错层压而成，因此克服了实木地板单向同性的缺点，干缩湿胀率小，具有较好的尺寸稳定性，并保留了实木地板的自然木纹和舒适的脚感。

（2）规格厚度：实木复合地板表层的厚度决定其使用寿命，表层板材越厚，耐磨损的时间就长，欧洲实木复合地板的表层厚度一般要求到 4 毫米以上。

（3）材质：实木复合地板分为表、芯、底三层。表层为耐磨层，应选择质地坚硬、纹理美观的品种。芯层和底层为平衡缓冲层，应选用质地软、弹性好的品种，但最关键的一点是，芯层底层的品种应一致，否则很难保证地板的结构相对稳定。

（4）加工精度：实木复合地板的最大优点，是加工精度高，因此，选择实木复合地板时，一定要仔细观察地板的拼接是否严密，而且两相邻板应无明显高低差。

（5）表面漆膜：高档次的实木复合地板，应采用高级 UV 亚光漆，这种漆是经过紫外光固化的，其耐磨性能非常好，使用过程一般不必打蜡维护。另外一个关键指标是亚光度，地板的光亮程度应首先考虑柔和、典雅，对视觉无刺激。

2. 材料要求

（1）搁栅、毛地板、垫木（包括橡木、剪刀撑）参见本章 25.6.2 中材料要求的相关内容。

（2）长条、块材、拼花实木复合地板：

1）实木长条复合地板各生产厂家的产品规格不尽相同，一般为免刨免漆类成品，采用企口拼缝；实木块材复合地板常用较短实木长条复合地板，长度多在 200～500mm 之间；实木拼花复合地板常用较短实木长条复合地板组合出多种拼板图案。

2）实木复合地板应采用具有商品检验合格证的产品，其质量要求应符合现行国家标准《实木复合地板》（GB/T 18103）的要求。

3）一般为免刨免漆类的成品木地板。要求选用坚硬耐磨，纹理清晰、美观，不易腐朽、变形、开裂的同批树种制作，花纹及颜色力求一致。企口拼缝的企口尺寸应符合设计要求，厚度、长度一致。

4）面层下衬垫的材质和厚度应符合设计要求。隔热、隔音材料、胶粘剂参见本章 25.6.2 中材料要求的相关内容。

3. 施工要点

（1）条材实木复合地板施工要点

参见本章 25.6.2 中第 3 条中（1）"免刨免漆类实木长条地板"的施工要点。

（2）水泥类基层上粘贴单层实木复合地板（点贴法）施工要点

水泥类基层上粘贴实木复合地板可采用局部涂刷胶粘剂粘贴。常用胶粘剂、适用范围、施工要点等与 25.6.2 中第 3 条中（3）"水泥类基层上粘结单层拼花地板"的施工要点基本相同。不同之处在"粘贴面层"时应符合以下规定：

1）在每条木地板的两端和中间涂刷胶粘剂（每点涂刷面积根据胶粘剂性质和规格而定，一般为150mm×100mm）。按顺序沿水平方向用力推挤压实。每铺钉一行均应及时找直。

2）板条之间缝隙应严密，不大于0.5mm。可用锤子通过垫木适当敲打，溢出板面的胶粘剂要及时清理擦净。实木复合地板相邻板材接头位置应错开不小于300mm距离，地板与墙之间应有10～12mm缝隙，并用踢脚板封盖。

（3）水泥类基层上粘贴单层拼花实木复合地板（整贴法）施工要点

本工艺是在拼花实木复合地板上满涂胶粘剂并粘贴在水泥砂浆（混凝土）楼地面上拼成多种图案。适用于首层地面和楼层楼面。施工要点参见25.6.2中第3条中（3）"水泥类基层上粘结单层拼花地板"的施工要点。

（4）铺设双层拼花实木复合地板（钉接式、空铺法）施工要点

参见25.6.2中第3条中（1）"免刨免漆类实木长条地板"的施工要点。

（5）块材实木复合地板施工要点

块材实木复合地板的铺设参见25.6.2中第3条有关拼花实木复合地板施工要点相同。

25.6.4 浸渍纸层压木质地板面层

1. 浸渍纸层压木质地板的种类和性能特点

浸渍纸层压木质地板是以一层或多层专用纸浸渍热固性氨基树脂，铺装在刨花板、中密度纤维板、高密度纤维板等人造板基材表层，背面加平衡层，正面加耐磨层，经热压而成的地板。这种地板有表层、基材（芯层）和底层三层构成。其表层由耐磨层和装饰层组成，或由耐磨层、装饰层和底层纸组成。前者厚度一般为0.2mm，后者厚度一般为0.6～0.8mm；基材为中密度纤维板、高密度纤维板或刨花板；底层是由平衡纸或低成本的层压板组成，厚度一般为0.2～0.8mm。

与实木地板相比强化复合地板的特点是耐磨性强，表面装饰花纹整齐，色泽均匀，抗压性强，价格便宜，便于清洁护理。但弹性和脚感不如实木地板。此外，从木材资源的综合有效利用的角度看，浸渍纸层压木质地板更有利于木材资源的可持续利用。

2. 材料要求

浸渍纸层压木质地板面层的材料以及面层下的板或衬垫等材质应符合设计要求，并采用具有商品检验合格证的产品，其技术等级及质量要求均应符合国家现行标准《浸渍纸层压木质地板》（GB/T 18102）的规定。

浸渍纸层压木质地板面层铺设的材料质量控制参见本章26.6.2实木、实木集成、竹地板面层材料质量控制中的相关内容。

3. 施工要点

（1）悬浮铺设法施工要点

1）基层处理参见本章25.6.2实木、实木集成、竹地板面层中第3条施工要点（1）"免刨免漆类实木长条地板施工要点"中的相关内容。

2）基层的表面平整度应控制在每平方米为2mm，达不到要求的必须二次找平。当表

面平整度超过每平方米 2mm 且未进行二次找平的，中密度（强化）复合地板的厚度应选用 8mm 以上的地板，避免地板因基层不平而出现胶水松脱或裂缝。

3）铺设前，房间门套底部应留足伸缩缝，门口接合处地下无水管、电管以及离地面 120mm 的墙内无电管等。如不符合上述要求，应做好相关处理。

4）浸渍纸层压木质地板铺设应按下列要求进行：

① 浸渍纸层压木质地板一般采用长条铺设，铺设前应在地面四周弹出垂直控制线，作为铺板的基准线。

② 衬垫层一般为卷材，按铺设长度裁切成块，铺设宽度应与面板相配合，距墙（不少于 10mm）比地板略短 10～20mm，方向应与地板条方向垂直，衬垫拼缝采用对接（不能搭接），留出 2mm 伸缩缝。加设防潮薄膜时应重叠 200mm。

③ 浸渍纸层压木质地板面层铺设时，地板面层与墙之间放入木楔控制离墙距离，距离应不小于 10mm。铺装方向按照设计要求，通常与房间长度方向一致或按照"顺光、顺行走方向"原则确定，自左向右逐排铺装，凹槽向墙。

④ 铺装第一排时必须拉线找直，每排最后一块地板可旋转 180°画线后切割。相邻条板端头应错开不小于 300mm 距离，上一排最后一块地板的切割余量大于 300mm 时，应用于下一排的起始块。当房间长度等于或略小于 1/2 板块长度的倍数时可采用隔排对中错缝。

⑤ 将胶瓶嘴削成 45°斜口，将胶粘剂均匀地涂在地板榫头上沿，涂胶量以地板拼合后均匀溢出一条白色胶线为宜。立即将溢出胶线用湿布擦掉。地板粘胶榫槽配合后，用橡皮锤轻敲挤紧，然后用紧板器夹紧并检查直线度。最后一排地板要用适当方法测量其宽度并切割、施胶、拼板，用紧板器（拉力带）拉紧使之严密，铺装后继续使紧板器拉紧 2h 以上。

⑥ 铺设浸渍纸层压木质地板面层的面积达 70m² 或房间长度达到 8m 时，宜在每间隔 8m 宽处放置铝合金条，以防止整体地板受热变形。

⑦ 预先在墙内每隔 300mm 砌入一块防腐木砖，在其外面钉一块防腐木块；如未预埋木砖，亦可钉防腐木楔；在木楔上钉基层板，然后再把踢脚线用胶粘在基层板上，踢脚线接缝处用钉从侧口固定，但保证表面无痕。踢脚线板面要垂直，上口呈水平线。木踢脚线上口出墙厚度应控制在 10～20mm 范围。钉踢脚线前将板墙间隙内的木楔和杂物清理干净。

⑧ 对于门口部位地板边缘，采用胶粘剂粘结贴边压条。

⑨ 铺板后 24h 内不准上人，安装踢脚线前将板面清擦干净、取出木楔。

（2）无胶悬浮铺设法施工要点

无胶悬浮铺设法适用于具有锁扣式榫槽的浸渍纸层压木质地板。其施工要点与本节 (1)"悬浮铺设法"基本相同，但不用涂胶粘剂。当用于临时会场展厅和短期居住房屋地板时，应在地板四周用压缩弹簧或聚苯板塞紧定位，保证周边有适当的压紧力。

25.6.5 软木地板面层

1. 软木地板的种类和性能特点

（1）软木地板适用范围：软木地板具有优异性能，它适用于宾馆、图书馆、医院、托儿所、计算机房、播音室、会议室、练功房及家庭场合，但必须根据房间的性能，选择适合的软木地板品种。

（2）软木地板的类别：软木地板共分五类如下：

1）第一类：软木地板表面无任何覆盖层，此产品是最早期的。

2）第二类：在软木地板表面做涂装。即在胶结软木的表面涂装 UV 清漆或色漆或光敏清漆 PVA。根据漆种不同，又可分为三种，即高光、亚光和平光。此类产品对软木地板表面要求比较高，所用的软木料较纯净。

3）第三类：PVC 贴面，即在软木地板表面覆盖 PVC 贴面，其结构通常为四层：表层采用 PVC 贴面，其厚度为 0.45mm；第二层为天然软木装饰层其厚度为 0.8mm；第三层为胶结软木层其厚度为 1.8mm；最底层为应力平衡兼防水 PVC 层，此一层很重要，若无此层，在制作时当材料热固后，PVC 表层冷却收缩，将使整片地板发生翘曲。

4）第四类：聚氯乙烯贴面，厚度为 0.45mm；第二层为天然薄木，其厚度为0.45mm；第三层为胶结软木，其厚度为 2mm 左右；底层为 PVC 板与第三类一样防水性好，同时又使板面应力平衡，其厚度为 0.2mm 左右。

5）第五类：塑料软木地板，树脂胶结软木地板、橡胶软木地板。

（3）根据使用部位可分别选择类别：

1）一般家庭使用可选择第一类、第二类，因第一类最原始，但其优异功能全部能显示，第二类软木地板，软木层稍厚，质地纯净，但层厚仅 0.1～0.2mm，较薄，但柔软、高强度的耐磨层不会影响软木各项优异性能的体现。虽表层薄，但家庭使用比较仔细，因此，不会影响使用寿命，而且铺设方便，消费者只要揭掉隔离纸就可自己直接粘到干净干燥的水泥地上。

2）商店、图书馆等人流量大的场合，可选用第二、三类地板。由于第二、第三类材料其表有较厚（0.45mm）的柔性耐磨层，砂粒虽然会被带到软木地板表面，而且压入耐磨层后不会滑动，当脚离开砂粒还会被弹出，不会划破耐磨层，所以人流量虽大，但不影响地板表面。

3）练功房、播音室、医院等适宜用橡胶软木作地板，其弹性、吸振、吸声、隔声等性能也非常好，但通常橡胶有异味，因此，这种地板改变其表面，在其表面用 PU 或 PUA 高耐磨层作保护层使其消除异味，而且又耐磨。

（4）软木地板完全继承了软木原有的优良特性，并产生出许多自身特点，是它成为独立于传统木质地板的新型建材。

（5）高品质的软木地板各项性能都很优异，它具有防潮防滑、安全静音、舒适美观、安装维护简单、抗压耐磨等特点，再经过科学规范的安装，它不但可以铺在卧室、客厅，甚至可以铺进厨房，所以软木地板是相当耐用的。

2. 材料要求

（1）格栅、毛地板（或木芯板）、垫木（包括橡木、剪刀撑）参见本章 25.6.2 中第 2条"材料要求"中相关内容。

（2）软木地板：软木地板应采用有商品检验合格证的产品，软木地板尚无国家和行业标准，其质量应符合相关产品企业标准的有关规定，颜色、花纹应一致。

1）软木地板选择时先看地板表面是否光滑，有无鼓凸颗粒，软木颗粒是否纯净。

2）看软木地板边长是否直，其方法是：取 4 块相同地板，铺在玻璃上或较平的地面上拼装，看其是否合缝。

3）检验板面弯曲强度，其方法是将地板两对角线合拢，看其弯曲表面是否出现裂痕，没有则为优质品。

4）胶合强度检验。将小块样品放入开水中浸泡，发现其砂光的光滑表面变成癞蛤蟆皮一样，凹凸不平的表面，则此产品为不合格品，优质品遇开水表面无明显变化。

5）隔声、隔热、防潮材料、胶粘剂见本章 25.6.2 实木、实木集成、竹地板面层第 2 条"材料要求中（6）、（7）"的相关内容。

（3）地板密度：软木地板密度分为三级：$400 \sim 450 kg/m^3$；$450 \sim 500 kg/m^3$；大于 $500 kg/m^3$。一般家庭选用 $400 \sim 450 kg/m^3$ 足够，若室内有重物，可选稍高些，总之能选用密度小尽量选密度小，因其具有更好的弹性、保温、吸声、吸振等性能。

3. 施工要点

（1）悬铺法基层的处理要点参见本章 25.6.4 浸渍纸层压木质地板面层第 3 条（1）"悬浮铺设法"施工要点中的相关内容。

（2）软木地板铺设要求地面含水率小于 4%，水分过高容易导致地板变形。对于潮湿地面，要等其自然干燥后才可铺装。

（3）基层处理：一般地面做水泥自流平找平，详参见本章 25.4.8 自流平面层第 3 条"施工要点"的相关内容。

（4）在地板背面和地面涂胶。用刮板将胶均匀地涂在地板背面和地面基层上，晾置一段时间，待胶不粘手时即可粘贴。

（5）将地板沿基线进行铺设，铺设时用力要均匀，要保证地板与地板之间没有空隙。粘贴完一块地板后，要用橡皮锤敲打地板，使地板和地面粘贴紧密及地板与地板接缝处平整无高低差。软木地板与周边墙面之间应留出 $8 \sim 12 mm$ 的空隙，并在空隙内加设钢卡子，钢卡子间距宜为 $300 mm$。

（6）填缝及清洁：用腻子将缝隙填平，并用清洁剂（如瑞典产的博纳清洁剂兑水以 1∶50 的比例）将地板表面擦净（没有博纳清洁剂的也可以用稀料将胶擦净）。等腻子阴干后，在地板表面涂上一层耐磨漆。

（7）填缝：手工铺设粘贴式地板不可避免地会出现误差，地板之间可能会产生缝隙，用颜色相同的水性腻子将缝隙填平。

（8）施工场地温度低于 5℃以下时，粘合剂的固化可能会比通常情况下要慢，粘着力也会降低。所以在施工过程中请注意板面的温度。

（9）软木材料请存放在 $2 \sim 40℃$ 的环境下。还要注意的是，如果材料曾经有过冻结的现象不得使用。

（10）地热采暖房地面的施工要使用专门针对地热采暖地面设计的软木地板；使用粘贴式纯软木地板事先应对地面基层凹凸处进行修整，保持基层的平整度；铺设过程中使用地热采暖地面专用地板粘着剂，涂布用量应按使用说明书上的规定。

（11）有采暖要求的地面不应在施工后立即进行通热测试，通常情况下通热测试应在地板铺设施工前或施工后的 $10 \sim 14 d$ 进行。

25.7 地面附属工程

25.7.1 散 水

散水是与外墙垂直交接、留有一定坡度的室外地面部分，起到排除雨水，保护墙基免受雨水侵蚀的作用。

散水多采用混凝土散水、块料面层散水等。构造做法见图 25-50、图 25-51。

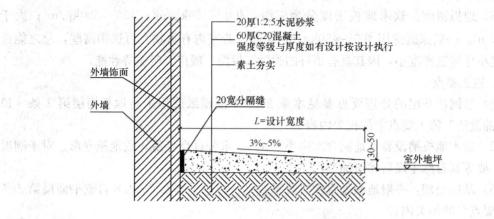

图 25-50   混凝土散水构造做法简图

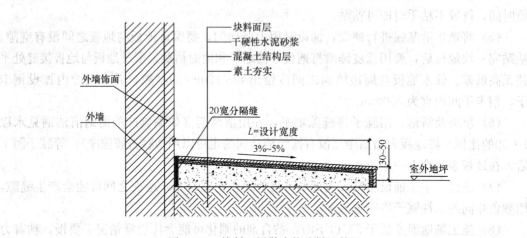

图 25-51   块料面层散水构造做法简图

散水的宽度应符合设计文件的要求。如无设计要求，无组织排水的建筑物散水宽度一般为 700～1500mm，有组织排水一般为 600～1000mm。

散水的坡度一般控制在 3%～5%，外缘高出室外地坪 30～50mm。

散水与建筑物外墙应分离，顺外墙一周设置 20mm 宽的分隔缝。纵向设置分隔缝，转角处与墙面成 45°角，缝宽 20mm，其他部位与外墙垂直，间隔 6m 左右且不大于 12m，并避开落水口位置。分隔缝采用弹性材料（沥青砂浆、油膏、密封胶等）填塞。填塞完工的缝隙应低于散水 3～5mm，做到平直、美观。

散水施工时，首先按横向坡度、散水宽度在墙面上弹出标高线，散水的基层按照散水坡度及设计厚度，厚度均匀一致，各种基层的施工要求参照 25.3 中相关内容。

25.7.2 明　　沟

明沟是散水坡边沿收集屋面雨水并有组织排水的雨水沟。常见的明沟有独立明沟做法见图 25-52 或散水带明沟做法见图 25-53。

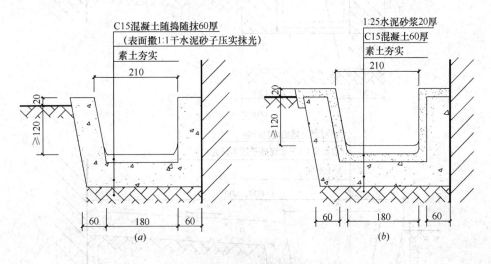

图 25-52　明沟构造做法简图（一）
(a) 水泥混凝土面层明沟；(b) 水泥砂浆面层明沟

当屋面采用有组织排水系统时，大多单独设置明沟，明沟的宽度根据最大降雨量和屋面承水面积来确定，一般在 200～300mm。

明沟应分块铺设，每块长度按各地气候条件和传统做法确定，但不应大于 10m。房屋转角处应设置伸缩缝，其缝与外墙面 45°角。明沟分格缝宽一般为 15～20mm，明沟与墙基间也应设置 15～20mm 缝隙，缝中嵌填胶泥密封材料。

室外明沟和各构造层次应为：素土夯实、垫层和面层。其各层采用的材料、配合比、强度等级以及厚度均应符合设计要求。施工时应按基土、同类垫层、面层有关章节中的施工要点进行施工。严寒地区的明沟下应设置防冻胀层，防止冬季产生冻胀破坏。

明沟在纵向应有不小于 0.5% 的排水坡度，在通向排水管井的下水口应设有带洞的盖板，防止杂物落入排水井。

25.7.3 踏　　步

踏步分为台阶踏步与楼梯踏步。

1. 台阶

在室外或室内的地坪或楼层不同标高处设置的供人行走的阶梯。

(1) 台阶面层的常用材料较多采用水泥砂浆、整体混凝土等整体面层及花岗石板、大理石板、瓷砖等块料面层，体育场馆多采用塑胶台阶。其构造做法见图 25-54～图 25-56。

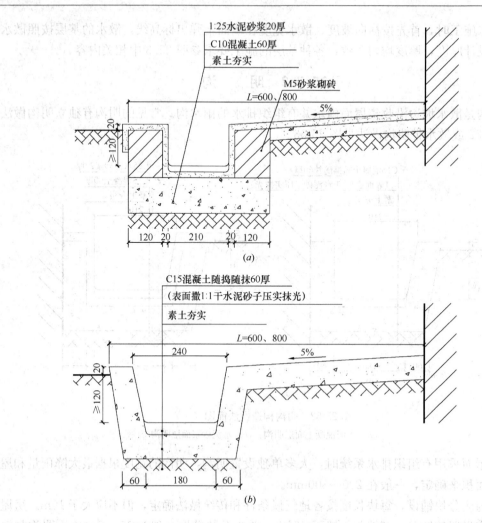

图 25-53　明沟构造做法简图（二）

（*a*）水泥砂浆面层散水带明沟；（*b*）水泥混凝土面层散水带明沟

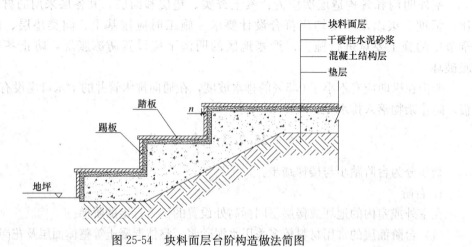

图 25-54　块料面层台阶构造做法简图

注：*n* 根据踏步板厚度确定，一般宜为 10～15mm，当踏步板厚度 10mm 时不宜留设。

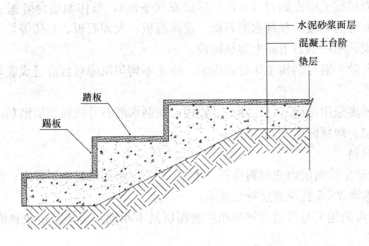

图 25-55 整体面层台阶构造做法简图

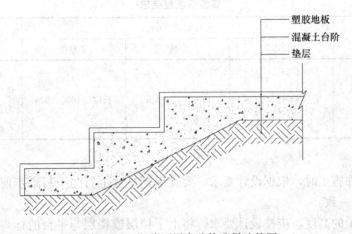

图 25-56 塑胶面层台阶构造做法简图

（2）台阶踏级的高度和宽度应根据不同的使用要求确定。踏级高度宜为 100～150mm，不宜大于 150mm，踏级宽度宜为 300～350mm，不宜小于 300mm。块料面层台阶施工时，应根据设计图纸的建筑尺寸，预先提出材料加工计划，台阶立板高度及踏步板宽度（图 25-57）按下式计算：

踢面板高度＝设计踏步高度－踏面板厚度－面层缝隙×2

踏面板宽度＝设计踏步宽度＋踢面板厚度＋n（图 25-54）

（3）人流密集的公共场所的台阶或高度超过 1m 的台阶，应设护栏。护栏高度应不低于 1050mm。在台阶与入门口处应设一段过渡平台，作为缓冲，平台的标高应比室内地面低 20mm，防止雨水倒流入室内。

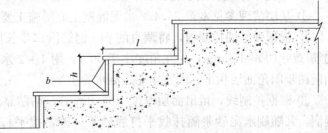

图 25-57 台阶块料面层加工做法简图

h—设计踏步高度；b—面层缝宽；l—设计踏步宽度

（4）台阶面层施工应先踢面（立面）后踏面（平面），整体面层台阶施工应自上而下进行，当踏步面层为木板、预制水磨石板、花岗石板、大理石板、瓷砖等块料面层时分梯段自上而下铺设，梯段内自下而上逐级铺设。

（5）室外台阶一般与结构主体分离砌筑，防止不均匀沉降对台阶造成破坏。

2. 楼梯

常用的楼梯多采用花岗岩、大理石、瓷砖、预制水磨石等块料面层铺贴，亦可做成水泥砂浆整体面层、地毯面层等。

（1）组成材料

1）水泥砂浆整体面层组成材料应符合本章 25.4.3 水泥砂浆面层要求；块料面层的组成材料应符合本章 25.5 板块面层铺设要求。

2）楼梯踏步的施工与质量要求与相应的面层基本相同，楼梯踏步块料面层还应符合表 25-34 要求。

<table>
<tr><td colspan="5" style="text-align:center">踏步板质量要求　　　　　　　　　　　　　　　　　表 25-34</td></tr>
<tr><td rowspan="2">种　类</td><td colspan="3">允许偏差（mm）</td><td rowspan="2">外观要求</td></tr>
<tr><td>长度</td><td>厚度</td><td>平整度</td></tr>
<tr><td>同一级踏步板</td><td>+0、－1</td><td>+0.5、－0.5</td><td>长度≥1000　0.8</td><td>表面洁净、平整、色泽一致、无裂纹、无吊角缺楞、边角方正</td></tr>
</table>

（2）施工要点

1）楼梯装饰施工时，根据设计要求，要确保同平台上行与下行踏步前缘线在一条直线上，踢井宽度一致。

2）楼梯踏步的高度，应按设计要求，将上下楼层或楼层与平台的标高误差均分在各踏步高度内，使完工后的每级踏步的高度与相邻踏步的高度差控制在 10mm 以内。

3）楼梯踏步施工前，应按设计要求，确定每个踢段内最下一级踏步与最上一级踏步的标高及位置，在侧墙画出完工后踏步的高宽尺寸及形状，块料面层在两个踏步口拉线施工。

4）踏步面层施工顺序先踢面（立面）后踏面（平面），水泥砂浆等整体面层应自上而下，块料面层宜自下而上，踏步完工并具有一定强度后，进行踢脚线施工。

5）水泥砂浆楼梯踏步施工：

① 基层清理参见本章 25.4.2 水泥混凝土面层施工要点中"基层清理"的相关内容。

② 根据弹好的控制线，将调直的 $\phi 10$ 钢筋沿踏步长度方向每 300mm 焊两根 $\phi 6$ 固定锚筋（$l = 100 \sim 150mm$，相互角度小于 90°），用 1：2 水泥砂浆牢固固定，$\phi 10$ 钢筋上表面同踏步阳角面层相平。固定牢靠后洒水养护 24h。

③ 根据控制线，留出面层厚度（6～8mm），粘贴靠尺，抹找平砂浆前，基层要提前湿润，并随刷水泥砂浆随抹找平打底砂浆一遍，找平打底砂浆配合比宜为 1：2.5（水泥：砂，体积比），找平打底灰的顺序为：先做踏步立面，再做踏步平面，后做侧面，依次顺序做完整个楼梯段的打底找平工序，最后粘贴尺杆将梯板下滴水沿找平、打底灰抹

完，并把表面压实搓毛，洒水养护，待找平打底砂浆硬化后，进行面层施工。

④ 抹面层水泥砂浆前，按设计要求，镶嵌防滑条木条。抹面层砂浆时要随刷水泥浆随抹水泥砂浆，水泥砂浆的配合比宜为1∶2（水泥∶砂，体积比）。抹砂浆后，用刮尺杆将砂浆找平，用木抹子搓揉压实，待砂浆收水后，随即用铁抹子进行第一遍抹平压实至起浆为止，抹压的顺序为：先踏步立面，再踏步平面，后踏步侧面。

⑤ 楼梯面层抹完后，随即进行梯板下滴水沿抹面，粘贴尺杆抹1∶2水泥砂浆面层，抹时随刷素水泥浆随抹水泥砂浆，并用刮尺杆将砂浆找平，用木抹子搓揉压实，待砂浆收水后，用铁抹子进行第一遍压光，并将截水槽处分格条取出，用溜缝抹子溜压，使缝边顺直、线条清晰。在砂浆初凝后进行第二遍压光，将砂眼抹平压光。在砂浆终凝前即进行第三遍压光，直至无抹纹，平整光滑为止。

⑥ 楼梯面层灰抹完后应封闭，24h后覆盖并洒水养护不少于7d。

⑦ 抹防滑条金刚砂砂浆：待楼梯面层砂浆初凝后即取出防滑条预埋木条，养护7d后，清理干净槽内杂物，浇水湿润，在槽内抹1∶1.5水泥金刚砂砂浆，高出踏步面4～5mm，用圆阳角抹子捋实捋光。待完活24h后，洒水养护，保持湿润养护不少于7d。

6）水磨石楼梯踏步施工：

① 楼梯踏步面层应先做立面，再做平面，后做侧面及滴水线。每一梯段应自上而下施工，踏步施工要有专用模具，楼梯踏步面层模板见图25-58，踏步平面应按设计要求留出防滑条的预留槽，应采用红松或白松制作嵌条提前2d镶好。

② 楼梯踏步立面、楼梯踢脚线的施工方法同踢脚线，平面施工方法同地面水磨石面层。但大部分需手工操作，每遍必须仔细磨光、磨平、磨出石粒大面，并应特别注意阴阳角部位的顺直、清晰和光洁。

③ 现制水磨石楼梯踏步的防滑条可采用水泥金刚砂防滑条，做法同水泥砂浆楼梯面层；亦可采用镶成品铜条或L型铜防滑护板等做法，应根据成品规格在面层上留槽或固定埋件。

7）大理石或花岗石楼梯踏步施工：

① 大理石或花岗石面层施工可分仓或不分仓铺砌，亦可镶嵌分格条。为了边角整齐，应选用有直边的一边板材沿分仓或分格线铺砌，并控制面层标高和基准点。用干硬性砂浆铺贴，施工方法同大理石地面。铺贴时，按碎块形状大小相同自然排列，缝隙控制在15～25mm，并随铺随清理缝内挤出的砂浆，然后嵌填水泥石粒浆，嵌缝应高出块材面2mm。待达到一定强度后，用细磨石将凸缝磨平。如设计要求拼缝采用灌水泥砂浆时，厚度与块材上面齐平，并将表面抹平压光。

② 在常温下一般2～4d即可开磨，第一遍用80～100号金刚石，要求磨匀磨平磨光滑，冲净渣浆，用同色水泥浆填补表面所呈现的细小空隙和凹痕，适当养护后再磨。第二遍用100～160号金刚石磨光，要求磨至石子粒显露，平整光滑，无砂眼细孔，用水冲洗后，涂抹草酸溶液（热水∶草酸＝1∶0.35，重量比，溶化冷

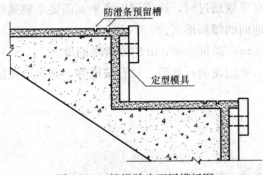

图25-58 楼梯踏步面层模板图

却后用) 一遍。如设计有要求,第三遍应用 240～280 的金刚石磨光,研磨至表面光滑为止。

8) 塑胶地板踏步根据设计要求,有采用成品踏步材料、有使用大板砖踏步材料切割而成。塑胶地板踏步施工时,在做好的水泥砂浆踏步的基础上,采用自流平水泥或专用材料找平,使用专用胶黏剂粘贴,其质量要求同地面中相应要求。

9) 防滑材料做成的踏步面层可不设防滑条(槽),踏步防滑可采用防滑条或防滑槽,防滑条(槽)不宜少于 2 道,见图 25-59、图 25-60。

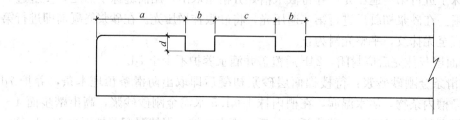

图 25-59　防滑槽构造做法简图

a—40～50mm;　b—8～10mm;　c—20～30mm;　d—1～2mm

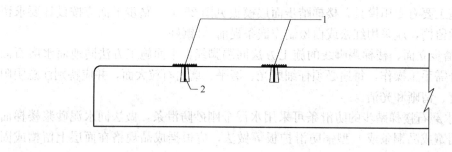

图 25-60　防滑条构造做法简图

1—金属防滑条(以 T 型为主);2—防滑开口槽(槽宽及深度视防滑条确定,
防滑条内采用结构胶、玻璃胶或云石胶等材料固定)

10) 楼梯踏步面层未验收前,应严加保护,以防碰坏、撞掉踏步边角。

25.7.4　坡道与礓磋

当室内、外地面标高存在高差,内外又有车辆通过时,或不同标高平面需要车辆通行时设计成的斜坡。实际就是有一定防滑要求地面的倾斜形式。

礓磋是将普通坡道抹成若干道一端高 10mm,宽 50～60mm 的锯齿形的坡。

坡道常采用水泥面层、混凝土防滑坡道、机刨花岗石坡道、豆石坡道等,其构造做法见图 25-61。

1. 组成材料

组成材料应符合相应地面材料的要求。

2. 施工要点

(1) 坡道下土层的夯实质量应符合设计要求,特别有机动车辆行驶的坡道,其土层夯

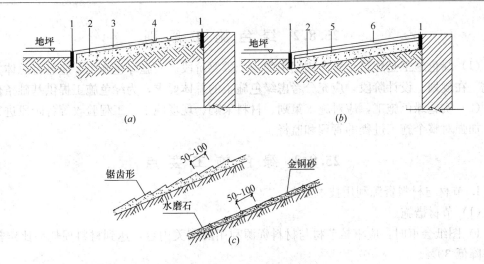

图 25-61 坡道面层构造做法简图

(a) 整体面层坡道；(b) 块料面层坡道；(c) 礓礤坡道

1—沉降缝 15～20mm 弹性材料填充；2—混凝土垫层；3—水泥面层或其他防滑面层；
4—防护条或槽（间距 50～60mm）；5—干性砂浆结合层；6—块料防滑面层

实后的变形模量必须满足计算要求。

（2）寒冷地区室外坡道的防冻层厚度、使用材料应符合设计要求，严禁在冻土层上直接施工。

（3）豆石坡道施工时，豆石的粒径不宜小于 20mm，露出尺寸不宜超过粒径的 1/3。

（4）坡道面层采用机刨花岗岩板时，施工交底要清楚，板面不宜采用磨光板机刨，机刨槽深度、宽度要明确，机刨方向应垂直于车辆行驶方向。

（5）坡道的坡度应符合设计要求。当坡道的坡度大于 10% 时，斜坡面层应做成齿槽形，亦称礓礤。

礓礤表面齿槽做法：当面层砂浆抹平时，用两根靠尺（断面为 50mm×6mm），相距 50～60mm，平行地放在面层上，用水泥砂浆在两靠尺间抹面，上口与上靠尺顶边平齐，下口与下靠尺底边相平。

礓礤也可用砖砌，即在礓礤的上边及下边各砌一行立砖，斜段部分用普通黏土砖侧砌，用砂作垫层及扫缝。

（6）坡道施工时与建筑物交接处应设置分隔缝，防止不均匀沉降造成断裂，分隔缝宽度约 15～20mm，采用弹性材料填充。

25.8 绿 色 施 工

25.8.1 绿色施工的定义

绿色施工是指工程建设中，在保证质量、安全等基本要求的前提下，通过科学管理和技术进步，最大限度地节约资源与减少对环境负面影响的施工活动，实现四节一环保（节能、节地、节水、节材和环境保护）。

25.8.2 绿色施工原则

（1）绿色施工是建筑全寿命周期中的一个重要阶段。实施绿色施工，应进行总体方案优化。在规划、设计阶段，应充分考虑绿色施工的总体要求，为绿色施工提供基础条件。

（2）实施绿色施工，应对施工策划、材料采购、现场施工、工程验收等各阶段进行控制，加强对整个施工过程的管理和监督。

25.8.3 绿色施工要点

1. 节材与材料资源利用技术要点

（1）节材措施

1）图纸会审时，应审核节材与材料资源利用的相关内容，达到材料损耗率比定额损耗率降低 30%。

2）根据施工进度、库存情况等合理安排材料的采购、进场时间和批次，减少库存。

3）现场材料堆放有序。储存环境适宜，措施得当。保管制度健全，责任落实。

4）材料运输工具适宜，装卸方法得当，防止损坏和遗洒。根据现场平面布置情况就近卸载，避免和减少二次搬运。

5）优化安装工程的预留、预埋、管线路径等方案。

6）应就地取材，施工现场 500 公里以内生产的建筑材料用量占建筑材料总重量的 70% 以上。

（2）施工控制要点

1）贴面类材料在施工前，应进行总体排板策划，减少非整块材的数量。

2）防水卷材、油漆及各种胶粘剂基层必须符合要求，避免起皮、脱落。

2. 节水与水资源利用的技术要点

（1）提高用水效率

1）施工中采用先进的节水施工工艺。

2）现场搅拌用水、养护用水应采取有效的节水措施，严禁无措施浇水养护混凝土。

3）施工现场供水管网应根据用水量设计布置，管径合理、管路简捷，采取有效措施减少管网和用水器具的漏损，做到无长流水现象。

4）施工现场建立可再利用水的收集处理系统，使水资源得到梯级循环利用。

5）在签订不同标段分包或劳务合同时，将节水定额指标纳入合同条款，进行计量考核。

6）对混凝土搅拌点等用水集中的区域和工艺点进行专项计量考核。施工现场建立雨水、中水或可再利用水的搜集利用系统。

7）浸砖等产生的废水可用来拌和水泥砂浆。

8）力争施工中非传统水源和循环水的再利用量大于 30%。

（2）用水安全

在非传统水源和现场循环再利用水的使用过程中，应制定有效的水质检测与卫生保障措施，确保避免对人体健康、工程质量以及周围环境产生不良影响。

3. 节能与能源利用的技术要点

(1) 节能措施

1) 制订合理施工能耗指标，提高施工能源利用率。

2) 优先使用国家、行业推荐的节能、高效、环保的施工设备和机具，如选用变频技术的节能施工设备等。

3) 施工现场分别设定生产、生活、办公和施工设备的用电控制指标，定期进行计量、核算、对比分析，并有预防与纠正措施。

4) 在施工组织设计（施工方案）中，合理安排施工顺序、工作面，以减少作业区域的机具数量，相邻作业区充分利用共有的机具资源。安排施工工艺时，应优先考虑耗用电能的或其他能耗较少的施工工艺。避免设备额定功率远大于使用功率或超负荷使用设备的现象。

5) 根据当地气候和自然资源条件，充分利用太阳能、地热等可再生能源。

6) 需养护的面层应采用湿麻袋片或锯末养护，防止废水横流产生污染。

(2) 机械设备与机具

1) 建立施工机械设备管理制度，开展用电计量，完善设备档案，及时做好维修保养工作，使机械设备保持低耗、高效的状态。

2) 选择功率与负载相匹配的施工机械设备，避免大功率施工机械设备低负载长时间运行。机电安装可采用节电型机械设备，如逆变式电焊机和能耗低、效率高的手持电动工具等，以利节电。机械设备宜使用节能型油料添加剂，在可能的情况下，考虑回收利用，节约油量。

3) 合理安排工序，提高各种机械的使用率和满载率，降低各种设备的单位耗能。

(3) 施工用电及照明

1) 临时用电优先选用节能电线和节能灯具，临电线路合理设计、布置，临电设备宜采用自动控制装置。采用声控、光控等节能照明灯具，做到人走灯灭。

2) 照明设计以满足最低照度为原则，照度不应超过最低照度的20%。

4. 节地与施工用地保护的技术要点

(1) 施工总平面布置应做到科学、合理，充分利用原有建筑物、构筑物、道路、管线为施工服务。

(2) 施工现场搅拌站点、水泥、石料等仓库、块材加工厂、作业棚、材料堆场等布置应尽量靠近已有交通线路或即将修建的正式或临时交通线路，缩短运输距离。

5. 环境保护技术要点

(1) 扬尘控制

1) 运送材料、垃圾等，不得损场外道路。运输砂、石等容易散落、飞扬、流漏的物料的车辆，必须采取措施封闭严密，保证车辆清洁。施工现场出口应设置洗车槽。

2) 作业区目测扬尘高度小于0.5m。对砂、石等易产生扬尘的堆放材料应采取覆盖措施；对水泥等粉末状材料应封闭存放；场区内可能引起扬尘的材料及建筑垃圾搬运应有覆盖、洒水等降尘措施；浇筑混凝土前清理灰尘和垃圾时尽量使用吸尘器，避免使用吹风器等易产生扬尘的设备；机械剔凿作业时可用局部遮挡、掩盖、水淋等防护措施；高层或多层建筑清理垃圾应搭设封闭性临时专用道或采用容器吊运。

①施工现场水泥应设库封闭保管。

②石灰现场熟化应做好遮挡和排水工作，防止扬尘和污水漫流。最好采用成品袋装灰或磨细灰。

③灰土现场拌和应选在无风天气或采取遮挡，防止扬尘。炉渣拌合料拌制时应采取遮挡和排水措施，防止扬尘和污水漫流。

3）施工现场非作业区达到目测无扬尘的要求。对现场易飞扬物质采取有效措施，如洒水、地面硬化、围挡、密网覆盖、封闭等，防止扬尘产生。

（2）噪声与振动控制

1）现场噪声排放不得超过国家标准《建筑施工场界噪声限值》（GB 12523）的规定。白天不应超过85dB，夜间不应超过55dB。

2）在施工场界对噪声进行实时监测与控制。监测方法执行国家标准《建筑施工场界噪声测量方法》（GB 12524）。并做好记录，注明测量时间、地点、方法做好噪声测量记录，以验证噪声排放是否符合要求，超标时及时采取措施。

3）使用低噪声、低振动的机具，采取隔音与隔振措施，避免或减少施工噪声和振动。

4）噪声控制措施：

①施工机械进场必须先试车，确定润滑良好，各紧固件无松动，无不良噪声后方可使用。

②设备操作人员应熟悉操作规程，了解机械噪声对环境造成的影响。

③机械操作人员必须按照要求操作，作业时轻拿轻放。

④切割板块时，应设置在室内并应加快作业进度，以减少噪声排放时间和频次。

⑤搅拌司机每天操作前对机械进行例行检查；严禁敲击料斗，防止产生噪声；夜间禁止搅拌作业。

（3）水污染控制

1）施工现场污水排放应达到国家标准《污水综合排放标准》（GB8978）的要求。

2）污水排放应委托有资质的单位进行废水水质检测，提供相应的污水检测报告。

3）对于化学品等有毒材料、油料的储存地，应有严格的隔水层设计，做好渗漏液收集和处理。

4）搅拌站点做好排水沟和沉淀池，清洗机械的污水经沉淀后有组织排放。

5）水磨石施工时的废浆不得随便排放，现场应设置沉淀池。

（4）土壤保护

1）保护地表环境，防止土壤侵蚀、流失。因施工造成的裸土，及时覆盖砂石或种植速生草种，以减少土壤侵蚀；因施工造成容易发生地表径流土壤流失的情况，应采取设置地表排水系统、稳定斜坡、植被覆盖等措施，减少土壤流失。

2）沉淀池、隔油池等不发生堵塞、渗漏、溢出等现象。及时清掏各类池内沉淀物，并委托有资质的单位清运。

3）对于有毒有害废弃物如电池、墨盒、油漆、涂料等应回收后交有资质的单位处理，不能作为建筑垃圾外运，避免污染土壤和地下水。

4）防止机械漏油污染土地。

5）施工后应恢复施工活动破坏的植被（一般指临时占地内）。与当地园林、环保部门或当地植物研究机构进行合作，在先前开发地区种植当地或其他合适的植物，以恢复剩余空地地貌或科学绿化，补救施工活动中人为破坏植被和地貌造成的土壤侵蚀。

（5）大气污染的控制措施

1）施工现场垃圾应分拣分放并及时清运，由专人负责用毡布密封，并洒水降尘。

2）应注意对粉状材料的覆盖，防止扬尘和运输过程中的遗洒。

3）沙子使用时，应先用水喷洒，防止粉尘的产生。

4）进出工地使用柴油、汽油的机动机械，必须使用无铅汽油和优质柴油做燃料，以减少对大气的污染。

5）胶粘剂用后应立即盖严，不能随意敞放，如有洒漏，及时清除，所用器具及时清洗，保持清洁。

6）使用热熔或涂膜类材料施工时，注意避免或减少大气污染。

7）各种涂布料、溶剂多有毒，使用前、使用后应封闭，以避免和减少挥发至空气中。使用后的废弃料不得随意丢弃，应有专门的存放器具回收废料。

（6）固体废弃物的控制措施

1）各种废料应按"可利用"、"不可利用"、"有毒害"等进行标识。可利用的垃圾分类存放，不可利用垃圾存放在垃圾场，及时运走，有毒害的物品，如胶粘剂等应密封存放。

2）各种废料在施工现场装卸运输时，应用水喷洒，卸到堆放地后及时覆盖或用水喷洒。

3）机械保养，应防止机油泄漏，污染地面。

4）加强有毒有害物体的管理，对有毒有害物体要定点排放。

5）水泥袋等包装物，应回收利用并设置专门场地堆放，及时收集处理。

6）调制水磨石的颜料不得随便丢弃，应集中收集和销毁，或送固定的废弃地点。

（7）建筑垃圾控制

1）制定建筑垃圾减量化计划。

2）加强建筑垃圾的回收再利用，力争建筑垃圾的再利用和回收率达到 30%，建筑物拆除产生的废弃物的再利用和回收率大于 40%。对于碎石类、块料类建筑垃圾，可采用地基填埋、铺路等方式提高再利用率，力争再利用率大于 50%。

3）施工现场生活区设置封闭式垃圾容器，施工场地生活垃圾实行袋装化，及时清运。对建筑垃圾进行分类，并收集到现场封闭式垃圾站，集中运出。

主 要 参 考 文 献

1　《建筑工程施工质量验收统一标准》GB 50300—2001

2　《建筑地面工程施工质量验收规范》GB 50209—2010

3　《建筑施工手册》中国建筑工业出版社 2003 年 9 月第四版

4　《建筑地面设计规范》GB 50037—1996

5　《民用建筑工程室内环境污染控制规范》GB 50325—2010

6　《混凝土结构工程施工质量验收规范》GB 50204—2002

7 《屋面工程质量验收规范》GB 50207—2002

8 《普通混凝土用砂、石质量及检验方法标准》JGJ 52—2006

9 《建筑防腐蚀工程施工及验收规范》GB 50212—2002

10 《建筑地面与楼面手册》 中国建筑工业出版社 2005 年第一版

11 《绿色施工管理规程》 北京市地方标准 2008 年 5 月实施

12 《透水混凝土路面技术规程》CJJ/T 135—2009

13 《彩色透水混凝土系统施工方案》 建国亚洲有限公司的标美编写

26 屋面工程

屋面工程是房屋建筑的一项重要的分部工程，其节能设计是工程整体节能设计的重要组成部分。其施工质量的优劣，不仅关系到建筑物的使用寿命，而且直接影响到生产活动和人民生活的正常进行，也关系到整个城市的市容。

屋面工程包括屋面结构层以上的屋面找坡层、找平层、隔汽层、防水层、保温隔热层、保护层和使用面层（各种屋面的构造层次的组合不尽相同）。

屋面工程按形式划分，可分为平屋面、斜坡屋面；按保温隔热功能划分，可分为保温隔热屋面和非保温隔热屋面；按防水层位置划分，可分为正置式屋面和倒置式屋面；按屋面使用功能划分，可分为非上人屋面、上人屋面、绿化种植屋面、蓄水屋面、停车、停机屋面、运动场所屋面等；按采用的防水材料划分，可分为卷材防水屋面、涂膜防水屋面、复合防水屋面、瓦屋面、金属板材屋面等。

根据建筑物的性质、重要程度、使用功能要求及防水层合理使用年限等要求，国家标准《屋面工程质量验收规范》（GB 50207）将屋面防水划分为不同等级，并规定了不同等级的设防要求及防水层厚度，详见表26-1。

屋面防水等级和设防要求 　　　　　　　　　　　　　　　表 26-1

防水等级	建筑类别	防水设计	设防要求	防水层选用材料	
				防水材料名称	厚度（mm）≥
I级	重要的建筑高层建筑	20年	单道设防	三元乙丙橡胶防水卷材（硫化橡胶类）	1.5
				聚氯乙烯防水卷材（内增强型）	2.0
				弹性体（塑性体）改性沥青防水卷材（聚酯胎、II型）	5.0
			二道设防 主防水层	合成高分子防水卷材	1.2
				高聚物改性沥青防水卷材	3.0
				自粘聚合物改性沥青聚酯胎防水卷材	2.0
			次防水层	合成高分子防水卷材	1.0
				高聚物改性沥青防水卷材	3.0
				合成高分子防水涂料	1.5
				高聚物改性沥青防水涂料	2.0
				自粘橡胶沥青防水卷材	2.0
				自粘聚合物改性沥青聚酯胎防水卷材	2.0

续表

防水等级	建筑类别	防水设计	设防要求	防水层选用材料	
				防水材料名称	厚度（mm）≥
Ⅱ级	一般建筑	10年	单道设防	合成高分子防水卷材	1.5
				高聚物改性沥青防水卷材	4.0
				合成高分子防水涂料	2.0
				自粘橡胶沥青防水卷材	1.5
				自粘聚合物改性沥青聚酯胎防水卷材	3.0
				高聚物改性沥青防水涂料	3.0
				金属板、采光顶	
			复合防水	合成高分子防水卷材　复合 合成高分子防水涂料	1.2 1.0
				高聚物改性沥青防水卷材　复合 高聚物改性沥青防水涂料	3.0 1.2
				自粘橡胶沥青防水卷材　复合 合成高分子防水涂料	1.2 1.0
				聚乙烯丙纶防水卷材　复合 聚合物水泥防水胶粘材料	0.8 1.2
				瓦面＋垫层	

本章主要按国家标准《屋面工程质量验收规范》（GB 50207）中对屋面的分类介绍各类屋面的基本构造、节点做法，同时介绍了屋面各构造层的材料要求、施工方法、质量控制及环保措施等。

26.1　卷材防水屋面

卷材防水屋面是指采用胶粘剂粘贴卷材或采用带底面自粘胶的卷材进行热熔或冷粘贴于屋面基层进行防水的一种屋面形式。

本节重点介绍了以下内容：

1. 柔性防水屋面的典型构造层次和做法

以简图的形式分别介绍了正置式屋面、倒置式屋面典型构造层次和做法。

主要介绍了卷材防水层和作为防水基层的找平层及防水保护层的常用种类、做法及施工要求。

2. 细部构造

以简图的形式介绍了柔性防水屋面的天沟、檐沟、泛水、水落口、变形缝、伸出屋面管道、屋面出入口等屋面细部构造。

3. 主要分项工程的质量控制

主要介绍了找平找坡层、隔汽层、隔离层、防水层、保护层和细部构造六个分项工程的质量要求和检验项目、方法等。

　　4. 保温隔热层及接缝密封防水的主要材料、施工方法及质量控制参见"26.10 屋面保温隔热"和"26.11 屋面接缝防水密封"的相关内容。

26.1.1 基 本 要 求

26.1.1.1 设计要求

　　屋面工程防水设计应遵循"合理设防、防排结合、因地制宜、综合治理"的原则，确定屋面防水等级和设防要求。根据设防等级和要求，选用防水材料，选用时应考虑其主要物理性能是否满足工程需要。

　　1. 屋面构造设计

　　(1) 单坡跨度大于 9m 的屋面应在结构上进行找坡，坡度设计不小于 3%。一般情况下，天沟、檐沟纵向设计坡度不小于 1%，沟底水落差不得大于 200mm；天沟、檐沟排水严禁流过变形缝和防火墙。当用轻质材料或保温层找坡时，坡度一般为 2%。

　　(2) 卷材、涂膜防水层的基层应设找平层，找平层应留设分格缝，缝宽宜为 5~20mm。纵横缝的间距不宜大于 6m，分格缝内宜嵌填密封材料。

　　(3) 在空气湿度较大的地区，如在纬度 40°以北地区且室内空气湿度大于 75%，或其他地区室内空气湿度常年大于 75%，或其他地区室内空气湿度常年大于 80%屋面防水施工时，若采用吸湿性保温材料做保温层，应选用气密性、水密性好的防水卷材或防水涂料作隔汽层。隔汽层应沿墙面向上铺设，并与屋面的防水层相连接，形成全封闭的整体。

　　(4) 卷材、涂膜防水层上设置块体材料、水泥砂浆或细石混凝土，应在两者之间设置隔离层。

　　(5) 高低跨屋面防水设计为无组织排水时，其低跨屋面受水冲刷的部位，应加铺一层卷材附加层，上铺 300~500mm 宽的 C20 混凝土板材加强保护；为有组织排水时，水落管下应加设水簸箕。变形缝处的防水处理，应采用有足够变形能力的材料和构造措施。

　　(6) 混凝土的结构层、现喷硬质聚氨酯等泡沫塑料保护层、装饰瓦以及不搭接的屋面卷材或涂膜厚度不符合规范规定的防水层以及隔汽层，不得作为屋面的一道防水设防。

　　(7) 多种防水材料复合使用时，应注意：合成高分子卷材或合成高分子涂膜的上部，不得采用热熔型卷材或涂料；卷材与涂膜复合使用时，涂膜宜放在下部；反应型涂料和热熔型改性沥青涂料，可作为铺贴材性相容的卷材胶粘剂并进行复合防水。

　　(8) 按现行《建筑给水排水设计规范》(GB 50015) 的有关规定，通过水落管的排水量及每根水落管的屋面汇水面积计算来确定屋面水落管的数量。

　　2. 材料选用

　　屋面工程采用的防水材料应符合环境保护要求。屋面防水采用多种材料多道设防(如卷材、涂膜、瓦等材料等的复合使用或者卷材叠层)时，耐老化、耐穿刺的防水层应放在最上面，相邻材料之间应具相容性。根据选用的材料确定屋面防水工程的构造系统设计和排水系统设计，以及细部构造的密封防水措施和材料。如天沟、檐沟、阴阳角、水落口、变形缝等部位，应设置附加层的防水层细部构造。屋面防水材料可选用合成高分子防水卷材、高聚物改性沥青防水卷材、自粘橡胶沥青防水卷材、合成高分子防水涂料、聚合物水泥防水涂料等。

屋面防水多道设防时，可将卷材、涂膜等材料复合使用；也可使用卷材叠层。采用多种材料复合时，应注意：

（1）两种或两种以上柔性材料复合使用时，应具有相容性。包括防水材料（指卷材、涂料，下同）与基层处理剂、防水材料与胶粘剂、防水材料与密封材料、防水材料与保护层的涂料、复合使用的防水材料、基层处理剂与密封材料。

（2）外露使用的不上人屋面，应选用与基层粘结力强和耐紫外线、热老化保持率、耐酸雨、耐穿刺性能优良的防水材料。

（3）蓄水屋面、种植屋面，应选用耐腐蚀、耐腐烂、耐穿刺性能优良的防水材料。

（4）薄壳、装配式结构、钢结构等大跨度建筑屋面，应选用自重轻和耐热性、适应变形能力优良的防水材料。

（5）倒置式屋面应选用适应变形能力优良、接缝密封保证率高的防水材料；斜坡屋面应选用与基层粘结力强、感温性小的防水材料；屋面接缝密封防水，应选用与基层粘结力强、耐低温性能优良，并有一定适应位移能力的密封材料。

26.1.1.2　施工要求

（1）施工企业应当具备承担屋面防水和保温隔热工程的相应资质；作业人员应持当地建设行政主管部门颁发的上岗证。

（2）屋面工程采用的防水、保温材料应有产品合格证书和性能检测报告，材料的品种、规格、性能等应符合现行国家产品标准和设计要求。严禁使用国家明令禁止使用及淘汰的材料。施工企业应按规范要求，对进场的防水、保温材料进行检查验收。

（3）屋面工程施工时，每道工序施工完成后，应经监理单位或建设单位检查验收，合格后方可进行下道工序的施工。当下道工序或相邻工程施工时，应对屋面已完成的部分采取保护措施。伸出屋面的管道、设备或预埋件等，应在防水层施工前安设完毕。屋面防水层完工后，不得在其上凿孔、打洞或重物冲击。

（4）屋面防水层完工后，应检验屋面有无渗漏和积水，排水系统是否通畅，可在雨后或持续淋水 2h 以后进行。有可能做蓄水检验的屋面应做蓄水检验，其蓄水时间不宜小于24h。确认屋面无渗漏后，再做保护层。

（5）国家规定屋面防水工程保修期定为 5 年。在屋面竣工后，为保证其使用年限和质量，应确立管理、维修、保养制度，同时做好水落口、天沟、檐沟的疏通情况检查，确保屋面排水系统畅通。实际屋面防水工程质量保证期的期限、效果（工程质量等事宜），双方通过协议商定。

26.1.2　屋面典型构造层次和做法

26.1.2.1　正置式屋面（防水层在保温层上面）构造层次及做法
正置式屋面（防水层在保温层上面）构造层次及做法示意，见图 26-1。

26.1.2.2　倒置式屋面（防水层在保温层下面）构造层次及做法
倒置式屋面（防水层在保温层下面）构造层次及做法示意，见图 26-2。

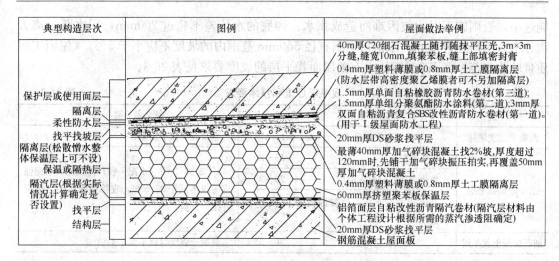

图 26-1 正置式屋面构造层次及做法示意

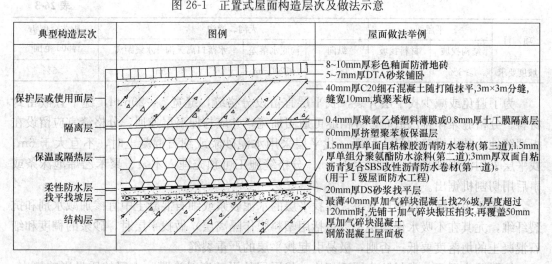

图 26-2 倒置式屋面构造层次及做法示意

26.1.3 找平层、隔汽层、隔离层

26.1.3.1 找平层的种类和技术要求

防水层的基层从广义上讲，包括结构基层、找坡层和直接依附防水层的找平层；从狭义上讲，防水层的基层是指在结构层上或保温层上面起到找平作用的基层，俗称找平层。找平层是防水层依附的一个层次，为了保证防水层受基层变形影响小，基层应有足够的刚度和强度，使它变形小、坚固。还要有足够的排水坡度，使雨水迅速排走。

目前，作为防水层基层的找平层有细石混凝土、水泥砂浆、混凝土随浇随抹等几种做法。它的技术要求见表 26-2。

屋面防水技术以防为主，以排为辅。防水基层采用正确的排水坡度可以保证水迅速排走，从而减少渗水的机会，避免防水层长期被水浸泡而加速损坏。平屋面在建筑功能许可的情况下尽可能做成结构找坡，坡度应尽可能大些，过小施工不易准确。材料找坡时，为了减轻屋面荷载，可用轻质材料或保温层找坡，坡度宜为 2%。天沟、檐沟的纵向坡度不能过小，否则施工时找坡困难而造成积水。沟底的水落差不超过 200mm，即水落口离天沟分水线不得超过 20m。水落口周围直径 500mm 范围内的坡度不应小于 5％。《屋面工程质量验收规范》（GB 50207）中有关屋面找平层的坡度要求见表 26-3。

找平层厚度和技术要求   表 26-2

类　别	基层种类	厚度（mm）	技　术　要　求
混凝土随浇随抹	整体现浇混凝土	—	原浆表面抹平压光
水泥砂浆找平层	整体混凝土	15～20	1：2.5～1：3（水泥：砂）体积比，水泥强度等级不低于 32.5 级，宜掺微膨胀剂、抗裂纤维等材料
	整体或板状材料保温层	20～25	
	装配式混凝土板，松散材料保温层	20～30	
细石混凝土找平层	松散材料保温层	30～35	混凝土强度等级不低于 C20

找平层的坡度要求   表 26-3

项　目	平屋面		天沟、檐沟			水落口周边 φ500 范围
	结构找坡	材料找坡	纵向	沟底水落差	水落口离天沟分水线距离	
坡度要求	≥3％	≥2％	≥1％	≤200mm	≤20m	≥5％

为了避免或减少找平层开裂，找平层宜留设分格缝，缝宽 5～20mm，缝中宜嵌密封材料。分格缝兼作排汽道时，分格缝可适当加宽，并应与保温层连通。分格缝宜应留设在板端缝处，其纵横缝的最大间距：找平层采用水泥砂浆或细石混凝土时，不宜大于 6m；找平层采用沥青砂浆时，不宜大于 4m。分格缝施工可预先埋入木条、聚苯乙烯泡沫条或事后用切割机锯出。

为了避免或减少找平层开裂，在找平层的水泥砂浆或细石混凝土中宜掺加减水剂和抗裂纤维，尤其在不吸水保温层上（包括用塑料膜作隔离层）做找平层时，砂浆的稠度和细石混凝土的坍落度要低；否则，极易引起找平层的严重裂缝。

涂膜防水屋面与卷材防水屋面相比，找平层的平整度对涂膜防水层的质量影响更大，因此对平整度的要求更严格，否则涂膜防水层的厚度得不到保证，必将造成涂膜防水层的防水可靠性和耐久性降低。涂膜防水层是满粘于找平层的，按剥离区理论，找平层开裂（强度不足）易引起防水层的开裂，因此涂膜防水层的找平层应有足够的强度，尽可能避免裂缝的产生，出现裂缝应进行修补。

基层与突出屋面结构（女儿墙、山墙、天窗壁、变形缝、烟囱等）的交接处和基层的转角处，称阴阳角，是防水层应力集中的部位，该处找平层均应做成圆弧形。圆弧半径的大小会影响卷材的粘贴，根据不同防水材料，对阴阳角的弧度做不同的要求。合成高分子卷材薄且柔软，弧度可小；沥青基卷材厚且硬，弧度要求大。见表 26-4。

找平层转角处圆弧半径弧度   表 26-4

卷材种类	沥青防水卷材	高聚物改性沥青卷材	合成高分子卷材	聚合物水泥防水涂料
圆弧半径（mm）	100～150	50	20	20

26.1.3.2　水泥砂浆找平层施工

（1）屋面结构层为装配式钢筋混凝土屋面板时，应用强度等级不小于 C20 细石混凝土嵌缝。当板缝宽度大于 40mm 或上窄下宽时，板缝内应设置构造钢筋，灌缝高度应与板平齐，板端应用密封材料嵌缝。

（2）检查屋面板等基层是否安装牢固，不得有松动现象。铺砂浆前，基层表面应清扫干净并洒水湿润（有保温层时，不得洒水）。

（3）留在屋架或承重墙上的分格缝，应与板缝对齐。板端方向的分格缝也应与板端对齐，用小木条或聚苯泡沫条嵌缝留设，或在砂浆硬化后用切割机锯缝。缝高同找平层厚度，缝宽 5～20mm 左右。

（4）砂浆配合比要称量准确，搅拌均匀，底层为塑料薄膜隔离层、防水层或不吸水保温层，宜在砂浆中加减水剂并严格控制稠度。砂浆铺设应按由远到近、由高到低的程序进行，最好在每一分格内一次连续抹成，严格掌握坡度，可用 2m 左右的刮杠找平。天沟一般先用轻质混凝土找坡。

（5）待砂浆稍收水后，用抹子抹平压实、压光；终凝前，轻轻取出嵌缝木条，完工后表面少踩踏。砂浆表面不允许撒干水泥或水泥浆压光。

（6）注意气候变化，如气温在 0℃ 以下，或终凝前可能下雨时，不宜施工。如必须施工时，应有技术措施，保证找平层质量。

（7）铺设找平层 12h 后，需洒水养护或喷冷底子油养护。

（8）找平层硬化后，应用密封材料嵌填分格缝。

26.1.3.3 细石混凝土找平层施工

（1）铺设细石混凝土前，基层表面应清扫干净并洒水湿润；对铺砌的亲水型板块状保温层表面不得湿润过度，憎水型保温板块表面不必湿润，棉毡或松散保温层表面则应予以隔离。

（2）支好分格缝模板，按设计屋面坡度标出混凝土浇捣厚度。施工中，可在每个操作分格块的四角、中间等位置做出标准灰饼或冲筋，一般间隔 1～2m，作为找平层铺设控制标记。

（3）材料及混凝土质量要严格保证，经常检查是否按配合比准确计量，每工作班进行不少于两次的坍落度检查，并按规定制作检验的试块。加入外加剂时应准确计量，投料顺序得当，搅拌均匀。

（4）混凝土搅拌宜采用机械搅拌，搅拌时间不少于 2min。混凝土运输过程中应防止漏浆和离析。

（5）屋面找平层的摊铺按"由远到近、由高到低"的程序进行；每个分格内宜连续铺设、一气呵成，不得留施工缝。施工时，用 2m 左右的刮杠循标准灰饼指示拍紧刮平，同时找出坡度，再用木抹子搓平、铁抹子压光。

（6）混凝土收水初凝后（表面浮水沉失，人踏有脚印但不下陷为准），及时取出分格缝隔板，用铁抹子第二次压实抹光，并及时修补分格缝的缺损部分，做到平直、整齐；待混凝土终凝前，进行第三次压实抹光，要求做到表面平光、不起砂、不起皮、无抹板压痕为止。

（7）待混凝土终凝后及时养护，完工后的找平层表面做好保护，少踩踏。

（8）找平层硬化并干燥后，用密封材料嵌填分格缝。

26.1.3.4 隔汽层的设置与施工

在空气湿度较大的地区，如在纬度 40°以北地区且室内空气湿度大于 75%，或其他地区室内空气湿度常年大于 75%，或其他地区室内空气湿度常年大于 80%屋面防水施工时，若采用吸湿性保温材料做保温层，应选用气密性、水密性好的防水卷材或防水涂料作隔汽层。

（1）隔汽层位置应铺设在结构层与保温层之间。

（2）铺设隔汽层前，基层应平整、干净、干燥。

（3）隔汽层应沿墙面向上连续铺设，并与屋面防水层相连接；隔汽层高出保温层上表面不得小于 100mm。

（4）隔汽层采用卷材时宜空铺，卷材搭接缝应满粘，其搭接宽度不得小于 70mm。采用涂膜时，涂层应均匀，无皱折、流淌和露底现象。

（5）穿过隔汽层的管线应封严，转角处无折损；隔汽层凡有缺陷或破损的部位，均应返修。

26.1.3.5 隔离层的设置与施工

防水层与上层混凝土之间、保温层与上层混凝土之间等处，应设置允许上下层之间有适当错动的隔离层，一般采用粘结力不强、便于滑动的材料，施工时应确保层间的完全分离。

1. 隔离层的材料

隔离层材料通常有聚氯乙烯塑料薄膜、沥青油毡、土工膜、无纺聚酯纤维布等。

2. 隔离层的施工

（1）隔离层施工

隔离层铺设前，应将基层表面的砂粒、硬块等杂物清扫干净，防止铺贴时损伤隔离层。隔离层采用干铺隔离材料一层，搭接宽度 100mm，做到连片平整。防水层带高密度聚乙烯膜者，可不另设隔离层。

（2）施工注意事项

隔离层材料强度低，在隔离层继续施工时，要注意对隔离层加强保护。混凝土运输不能直接在隔离层表面进行，应采取垫板等措施。绑扎钢筋时不得扎破表面，浇捣混凝土时更不能振酥隔离层。

26.1.4 卷 材 防 水 层

卷材防水是用胶粘剂或采用热熔法、冷粘法等由基层开始逐层粘贴卷材而形成的防水系统。

常用屋面卷材防水施工方法有：采用胶粘剂进行卷材与基层及卷材与卷材搭接粘结的方法；对卷材底面热熔来实现卷材与基层及卷材之间粘贴的方法；利用卷材底面自粘胶进行粘结的方法；采用冷胶粘贴或机械固定方法将卷材固定于基层、卷材间搭接采用焊接的方法等。

26.1.4.1 材料要求

目前，屋面防水工程常用的防水卷材有高聚物改性沥青卷材和合成高分子卷材，高聚物改性沥青卷材包括自粘橡胶沥青防水卷材和自粘聚合物改性沥青聚酯胎防水卷材；合成高分子卷材主要有：三元乙丙、改性三元乙丙、氯化聚乙烯、聚氯乙烯、氯磺化聚乙烯防水卷材等。高聚物改性沥青卷材和合成高分子防水卷材的物理性能应符合表26-5、表26-6的要求，自粘橡胶沥青防水卷材和自粘聚合物改性沥青聚酯胎防水卷材的物理性能应符合表26-7、表26-8的要求。

用于粘贴卷材的胶粘剂可分为卷材与基层粘贴的胶粘剂及卷材与卷材搭接的胶粘剂，粘贴各类防水卷材应采用与卷材材性相容的胶粘材料。防水卷材及配套材料的品种、物理性能应符合表26-9、表26-10、表26-11相关内容的要求。密封胶粘带用于合成高分子卷材与卷材间搭接粘结和封口粘结，丁基橡胶防水密封胶粘带的主要物理性能应符合表26-12的要求。

高聚物改性沥青防水卷材主要物理性能　表 26-5

项　目		性　能　要　求		
		聚酯毡胎体	玻纤胎体	聚乙烯胎体
可溶物含量（g/m²）	≥	3mm厚2100；4mm厚2900；5mm厚3500		
拉力（N/50mm）	≥	450	纵向350　横向250	100
最大拉力时延伸率（%）	≥	最大拉力时，30	—	断裂时，200
耐热度（℃）		弹性体90，塑性体110，无滑动、流淌、滴落		90，无流淌、起泡
低温柔性（℃）		弹性体—20，塑性体—5，无裂纹		—10，无裂纹
不透水性30min（MPa）	≥	0.3	0.2	0.3

合成高分子防水卷材主要物理性能　表 26-6

项　目		性　能　要　求			
		硫化橡胶	非硫化橡胶	树脂类	纤维增强类
断裂拉伸强度（MPa）	≥	6	3	10	9
扯断伸长率（%）	≥	400	200	200	100
低温弯折性（℃）		—30，无裂纹	—20，无裂纹	—20，无裂纹	—20，无裂纹
不透水性30min（MPa）		0.3	0.2	0.3	0.3

自粘橡胶沥青防水卷材主要物理性能　表 26-7

项　目	表　面　材　料	
	聚乙烯膜	铝　箔
拉力（N/5cm）　≥	130	100
断裂延伸率（%）　≥	450	200
耐热度（℃）	80，无气泡、滑动	
低温柔性（℃）	—20，无裂纹	
不透水性120min（MPa）	0.2	

自粘聚合物改性沥青聚酯胎防水卷材主要物理性能 表 26-8

项 目		技 术 指 标
可溶物含量（g/m²）≥		2mm 厚，1300；3mm 厚，2100
不透水性 30min（MPa）≥		0.3
耐热度（℃）	聚乙烯膜与细纱	70，无滑动、流淌、滴落
	铝箔面	80，无滑动、流淌、滴落
拉力（N/50mm）≥		350
最大拉力时延伸率（%）≥		30
低温柔度（℃）		—20，无裂纹

沥青基防水卷材用基层处理剂的主要物理性能
表 26-9

项 目	性 能 要 求
表干时间（h）≤	水性 4；溶剂型 2
固体含量（%）≥	水性 40；溶剂型 30
耐热度（℃）	80，无流淌
低温柔性（℃）	0，无裂纹

改性沥青胶粘剂的主要物理性能
表 26-10

项 目	性 能 要 求
固体含量（%）≥	60
耐热度（℃）	85，无流淌、鼓泡、滑动
低温柔性（℃）	—5，无裂纹
剥离强度（N/mm）	0.8

合成高分子胶粘剂的主要物理性能
表 26-11

项 目	性 能 要 求
适用期（min）	≥180
剪切状态下的粘合性（N/mm）	卷材与卷材≥2.0
	卷材与基材≥1.8
剥离强度（N/mm）	卷材与卷材≥1.5，浸水后保持率≥70%

丁基橡胶防水密封胶粘带主要物理性能
表 26-12

项 目	性 能 要 求
持粘性（min）≥	20
剥离强度（N/mm）≥	防水卷材 0.4；金属板 0.6

26.1.4.2 设计要求

（1）防水卷材品种选择：应根据当地历年最高气温、最低气温、屋面坡度和使用条件等因素，应选择耐热度、柔性相适应的卷材；根据地基变形程度、结构形式、当地年温差、日温差和振动等因素，应选择拉伸性能相适应的卷材；根据屋面防水卷材的暴露程度，应选择耐紫外线、耐穿刺、热老化保持率或耐霉烂性能相适应的卷材。外露的防水层不得采用自粘橡胶沥青防水卷材和自粘聚酯胎改性沥青防水卷材（铝箔覆面者除外）。

（2）每道卷材防水层厚度选用应符合规范的规定。

（3）屋面设施的防水处理：当设施基座与结构层相连时，防水层应包裹设施基座的上部，并在地脚螺栓周围做密封处理；在防水层上放置设施时，设施下部的防水层应做卷材增强层，必要时应在其上浇筑厚度不小于 50mm 的细石混凝土；需经常维护的设施周围和屋面出入口至设施之间的人行道，应铺设刚性保护层。

26.1.4.3 施工要求

1. 施工准备

伸出屋面的管道、设备或预埋件等，应在防水层施工前安装完毕。基层应验收合格，现场环境气温符合防水材料施工的要求。屋面与突出屋面结构交接处及转角处（如女儿墙、变形缝、天沟、檐口、伸出屋面管道、水落口等）找平层均应抹成圆弧。内部排水水落口周围，应做成略低的凹坑。找平层应干燥、干净。干燥程度的简易检验方法为：将 $1m^2$ 的卷材平坦地干铺在找平层上，静置 3～4h，然后掀起检查，找平层覆盖部位与卷材上未见水印视为合格。找平层应设分格缝，并嵌填密封材料，上面覆盖 100mm 宽防水卷材，单边粘结固定。

2. 施工环境条件

卷材防水工程施工环境气温要求见表 26-13。

卷材防水工程施工环境气温要求　　　　　　　　　　**表 26-13**

项　目	施工环境气温
高聚物改性沥青防水卷材	冷粘法不低于 5℃；热熔法不低于 -10℃
合成高分子防水卷材	冷粘法不低于 5℃；热风焊接法不低于 -10℃

3. 屋面卷材施工要求

屋面卷材施工要求同地下工程卷材施工的要求，需重点注意的问题有：

(1) 涂刷或喷涂基层处理剂前，要检查找平层的质量和干燥程度并清扫干净，符合要求后才可进行。在大面积喷、涂前，应用毛刷对屋面节点、周边、转角等部位先行处理。

(2) 节点附加增强处理：防水层施工时，应先做好节点、附加层和屋面排水比较集中部位（如屋面与水落口连接处、檐口、天沟、檐沟、天窗壁、变形缝、烟囱、屋面转角处、阴阳角、板端缝等）的处理，检查验收合格后方可进行大面积施工。

(3) 铺贴方向：卷材的铺贴方向应根据屋面坡度和屋面是否有振动来确定。当屋面坡度小于 3% 时，卷材宜平行于屋脊铺贴；屋面坡度在 3%～15% 时，卷材可平行或垂直于屋脊铺贴；屋面坡度大于 15% 或受振动时，沥青卷材应垂直于屋脊铺贴，高聚物改性沥青卷材和合成高分子卷材可根据屋面坡度、屋面有否受振动、防水层的粘结方式、粘结强度、是否机械固定等因素综合考虑采用平行或垂直屋脊铺贴。上、下层卷材不得相互垂直铺贴。屋面坡度大于 25% 时，卷材宜垂直屋脊方向铺贴，并应采取防止卷材下滑的固定措施，固定点应密封。

(4) 施工顺序：由屋面最低标高处向上施工。铺贴天沟、檐沟卷材时，宜顺天沟、檐口方向，减少搭接。铺贴多跨和有高低跨的屋面时，应按先高后低、先远后近的顺序进行。大面积屋面施工时，为提高工效和加强管理，可根据面积大小、屋面形状、施工工艺顺序、人员数量等因素划分施工流水段。流水段的界线宜设在屋脊、天沟、变形缝等处。

(5) 搭接方法及宽度要求：铺贴卷材应采用搭接法，上下层及相邻两幅卷材的搭接缝应错开。平行于屋脊的搭接缝应顺流水方向搭接；垂直于屋脊的搭接缝应顺年最大频率风向（主导风向）搭接。

叠层铺设的各层卷材，在天沟与屋面的交接处应采用叉接法搭接，搭接缝应错开；接缝宜留在屋面或天沟侧面，不宜留在沟底。

坡度超过 25% 的拱形屋面和天窗下的坡面上，应尽量避免短边搭接；如必须短边搭接时，在搭接处应采取防止卷材下滑的措施；如预留凹槽，卷材嵌入凹槽并用压条固定密封。

高聚物改性沥青卷材和合成高分子卷材的搭接缝，宜用与它材性相容的密封材料封严。上下层及相邻两幅卷材的搭接缝应错开，同一层相邻两幅卷材短边搭接缝错开应不小于500mm，上下层卷材长边搭接缝错开应不小于幅宽1/3，各种卷材的搭接宽度应符合表26-14的要求。

卷材搭接宽度（mm）　　　　　　　　　　　　表26-14

卷材种类 \ 铺贴方法		短边搭接		长边搭接	
		满粘法	空铺、点粘、条粘法	满粘法	空铺、点粘、条粘法
高聚物改性沥青防水卷材		80	100	80	100
自粘聚合物改性沥青防水卷材		60	—	60	—
合成高分子防水卷材	胶粘剂	80	100	80	100
	胶粘带	50	60	50	60
	单焊缝	60，有效焊接宽度不小于25			
	双焊缝	80，有效焊接宽度10×2+空腔宽			

（6）卷材与基层的粘贴方法：可分为满粘法、条粘法、点粘法和空铺法等形式，屋面防水施工通常都采用满粘法。当防水层上有重物覆盖或基层变形较大的情况下，为防止基层变形拉裂卷材防水层，对可采用的空铺法、点粘法、条粘法和机械固定法，设计中应选择确定明确、适用的工艺方法。卷材铺贴施工的操作工艺见27.1.2.3中相关内容。

26.1.4.4 细部做法

卷材屋面节点部位的施工十分重要，既要保证质量，又要施工方便。大面积防水层施工前，应先对节点进行处理，如进行密封材料嵌填、附加增强层铺设等，这有利于大面积防水层施工质量和整体质量的提高，对提高节点处防水密封性、防水层的适应变形能力非常有利。由于节点处理工序多、用料种类多、用量零星，而且工作面狭小、施工难度大，因此应在大面积防水层施工前进行。但有些节点，如卷材收头、变形缝等处，则要在大面积卷材防水层完成后进行。附加增强层材料的选择，可采用与防水层相同材料多做一层或数层，也可采用其他防水卷材或涂料予以增强。

1. 分格缝

分格缝的设置是为了使防水层有效地适应各种变形的影响，提高防水能力。但如果分格缝施工质量不好，则有可能成为漏源之一。

分格缝应按设计要求填嵌密封材料。分格缝位置要准确。一般应先弹线后嵌分格木条或聚苯乙烯（或聚乙烯）泡沫条，待砂浆或混凝土终凝后立即取出木条，泡沫条不必取出。分格缝两侧应做到顺直、平整、密实；否则，应及时修补，以保证嵌缝材料粘结牢固。

2. 檐口

无组织排水檐口800mm范围内的卷材应采用满粘法，卷材收头应固定密封，檐口下端应做滴水处理。

在距檐口边缘50～100mm处留设凹槽，将铺贴到檐口端头的卷材裁齐后压入凹槽内，然后将凹槽用密封材料嵌填密实。如用压条（20mm宽薄钢板等）或用带垫片钉子固定时，钉子应敲入凹槽内，钉帽及卷材端头用密封材料封严。嵌填密封材料后不应产生阻水。

3. 天沟、檐沟

天沟、檐沟必须按设计要求找坡，转角处应抹成规定的圆角。找坡（找平层）宜用水泥砂浆抹面。厚度超过 20mm 时，应采用细石混凝土，表面应抹平、压光。如天沟、檐沟过长，则应按设计规定留好分格缝或设后浇带，分格缝需填嵌密封材料。

天沟、檐沟卷材铺设前，应先对水落口进行密封处理。

由于天沟、檐沟部位水流量较大，防水层经常受雨水冲刷或浸泡，因此在天沟或檐沟转角处应先用密封材料涂封，每边宽度不少于 30mm，干燥后再增铺一层卷材或涂刷涂料作为附加增强层。

卷材附加增强层应顺沟铺贴，以减少卷材在沟内的搭接缝。屋面与天沟交角和双天沟上部宜采取空铺法，沟底则采取满粘法铺贴。

天沟或檐沟铺贴卷材应从沟底开始，顺天沟从水落口向分水岭方向铺贴，边铺边用刮板从沟底中心向两侧刮压，赶出气泡，使卷材铺贴平整、粘贴密实。如沟底过宽时，会有纵向搭接缝，搭接缝处必须用密封材料封口。

4. 泛水与卷材收头

泛水是指屋面的转角与立墙部位。这些部位结构变形大，容易受太阳暴晒，因此为了增强接头部位防水层的耐久性，一般要在这些部位加铺一层卷材或涂刷涂料作为附加增强层。

泛水部位卷材铺贴前，应先进行试铺，将立面卷材长度留足（泛水高度不应小于 250mm），先铺贴平面卷材至转角处，然后从下向上铺贴立面卷材。如先铺立面卷材，由于卷材自重作用，立面卷材张拉过紧，使用过程易产生翘边、空鼓、脱落等现象。

铺贴泛水处的卷材应采用满粘法。待大面卷材铺贴后，再对泛水和收头做统一处理。

泛水收头应根据泛水高度和泛水墙体材料，确定其密封形式。

墙体为砖墙时，卷材收头可直接铺至女儿墙压顶下，用压条钉压固定并用密封材料封闭严密，压顶应做防水处理。

卷材收头也可压入砖墙凹槽内固定密封，凹槽距屋面高度不应小于 250mm，凹槽上部的墙体应做防水处理。

墙体为混凝土时，卷材收头可采用金属压条钉压，并用密封材料封固。

若采用预留凹槽收头（收头凹槽应抹聚合物水泥砂浆，使凹槽宽度和深度一致，并能顺直、平整），将端头全部压入凹槽内，用压条钉压，再用密封材料封严，最后用水泥砂浆抹封凹槽。如无法预留凹槽，应先用带垫片钉子或金属压条将卷材端头固定在墙面上，用密封材料封严，再将金属或合成高分子卷材条用压条钉压作盖板，盖板与立墙间用密封材料封固或采用聚合物水泥砂浆将整个端头部位埋压。

5. 变形缝

屋面变形缝以及变形缝处附加墙与屋面交接处的泛水部位，应作好附加增强层；接缝两侧的卷材防水层铺贴至缝边；然后，在缝中填嵌直径略大于缝宽的衬垫材料，如聚苯乙烯泡沫塑料棒、聚苯乙烯泡沫板等。为了使其不掉落，在附加墙砌筑前，缝口用可伸缩卷材或金属板覆盖。附加墙砌好后，将衬垫材料填入缝内。嵌填完衬垫材料后，再在变形缝上铺贴盖缝卷材，并延伸至附加墙立面。卷材在立面上应采用满粘法，铺贴宽度不小于

100mm。为提高卷材适应变形的能力，卷材与附加墙顶面上宜粘结。

高低跨变形缝处，低跨的卷材防水层应铺至附加墙顶面缝边。然后将金属或合成高分子卷材盖板上、下两端用带垫片的钉子分别固定在高跨外墙面和低跨的附加墙立面上，盖板两端及钉帽用密封材料封严。变形缝内宜填充泡沫塑料，上部填放衬垫材料，并用卷材封盖，顶部应加扣混凝土盖板或金属盖板。

女儿墙、山墙可采用现浇混凝土或预制混凝土压顶，也可采用金属制品或合成高分子卷材封顶。

6. 水落口

水落口防水构造按规范要求宜采用金属或塑料制品；水落口埋设标高，应考虑水落口设防时增加的附加层和柔性密封层的厚度及排水坡度加大的尺寸；水落口周围直径500mm范围内坡度不应小于5%，并应用防水涂料或密封材料涂封作为附加增强层，其厚度不应小于2mm，涂刷时应根据防水材料的种类采用不同的涂刷遍数来满足涂层的厚度要求。水落口与基层交接处，应留宽10mm、深10mm凹槽，嵌填密封材料。

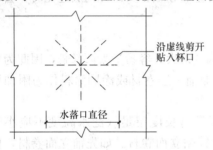

沿虚线剪开贴入杯口

水落口直径

图26-3　水落口处卷材剪贴方法

铺至水落口的各层卷材和附加增强层，均应粘贴在杯口上，用雨水罩的底盘将其压紧，底盘与卷材间应满涂胶结材料予以粘结，底盘周围用密封材料填封。水落口处卷材裁剪方法见图26-3。

7. 反梁过水孔

大挑檐、大雨篷、内天沟有反梁时，反梁下部应预留过水孔，作为排水通道。过水孔留置时，首先要按排水坡度和找平层厚度来测定过水孔底标高；如果孔底标高留置不准，必然会造成孔中积水。过水孔防水施工难度大，由于孔小、工作面狭小、卷材铺贴剪口多，所以必须精心施工，铺贴平服，密封严密。如采用预埋管道，两端须用密封材料封严。

反梁过水孔构造应根据排水坡度要求留设反梁过水孔，图纸应注明孔底标高；留置的过水孔高度不应小于150mm，宽度不应小于250mm，采用预埋管道时其管径不得小于75mm；过水孔可采用防水涂料、密封材料防水。预埋管道两端周围与混凝土接触处应留凹槽，并用密封材料封严。

8. 排气孔与伸出屋面管道

排气孔与屋面交角处卷材的铺贴方法和立墙与屋面转角处相似，所不同的是流水方向不应有逆槎，排气孔阴角处卷材应作附加增强层，上部剪口交叉贴实或者涂刷涂料增强。伸出屋面管道卷材铺贴与排气孔相似，但应加铺两层附加层。防水层铺贴后，上端用细钢丝扎紧，最后用密封材料密封，或焊上薄钢板泛水增强。附加层卷材裁剪方法参见水落口做法。

管道穿过防水层分直接穿过和套管穿过两种。直接穿过防水层的管道四周找平层应按设计要求放坡，与基层交接处必须预留10mm×10mm的槽，填嵌密封材料，再将管道四周除锈打光，然后加铺附加增强层。用套管穿过防水层时，套管与基层间的做法与直接穿管做法相同，穿管与套管之间先填弹性材料（如泡沫塑料），每端留深10mm以上凹槽嵌填密封防水材料，然后再作保护层。

伸出屋面管道周围的找平层应做成圆锥台，管道与找平层间应留凹槽，并嵌填密封材料；防水层收头处应用金属箍箍紧，并用密封材料填严。

9. 屋面出入口

屋面垂直出入口防水层收头，应压在混凝土压顶下；水平出入口防水层收头，应压在混凝土踏步下，防水层的泛水应设护墙。

10. 阴阳角

防水层阴阳角的基层应按设计要求作成圆角或倒角。由于交接处应力集中，往往先于大面积防水层提前破损，因此在这些部位应加做附加增强层，附加增强层可采用涂料加筋涂刷，或采用卷材条加铺。阴角处常以全粘实铺为主，阳角处常采用空铺为主。附加层的宽度按设计规定，一般每边粘贴 50mm 为宜。目前，还有采用密封材料涂刷 2mm 厚作为附加层。

阴阳角处的基层涂胶后要用密封材料涂封，宽度为距转角每边 100mm，再铺一层卷材附加层，附加层卷材剪成如图 26-4 所示形状。铺贴后，剪缝处用密封材料封固。

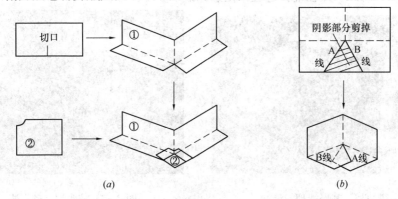

图 26-4　阴阳角卷材剪贴方法
(a) 阳角做法；(b) 阴角做法

11. 高低跨屋面

高跨屋面向低跨屋面自由排水的低跨屋面，在受雨水冲刷的部位应采用满粘法铺贴，并加铺一层整幅的卷材，再浇抹宽 300～500mm、厚 30mm 的水泥砂浆或铺相同尺寸的块材加强保护；如为有组织排水，水落管下加设钢筋混凝土簸箕，应坐浆安放平稳。

12. 板缝缓冲层

在无保温层的装配式屋面上铺贴卷材时，为避免因基层变形而拉裂卷材防水层，应沿屋架、梁或内承重墙的屋面板端缝上，先干铺一层宽 300mm 的卷材条作缓冲层。为准确固定干铺卷材条的位置，可将干铺卷材条的一边点粘于基层上，但在檐口处 500mm 内要用胶结材料粘贴牢固。

26.1.4.5　高聚物改性沥青卷材施工

高聚物改性沥青卷材可采用热熔、自粘、自粘卷材湿铺方法施工，下面重点介绍自粘和自粘卷材湿铺方法施工。

1. 高聚物改性沥青卷材热熔法施工

见 27.1.2.3 中"4. 常见卷材防水的施工方法"。

2. 自粘型高聚物改性沥青卷材自粘法施工

自粘型高聚物改性沥青卷材的施工方法简单、易于操作。在铺贴前应将基层处理干净，并涂刷基层处理剂。干燥后，应及时铺贴自粘型橡胶沥青防水卷材。铺贴卷材时应将卷材自粘胶底面的隔离纸完全撕净，并排除卷材下面的空气，用压辊辊压粘结牢固。铺贴的卷材应平整、顺直，搭接缝宽度应达到100mm并排除空气、辊压粘结牢固。低温下施工可采用热风机加热，加热后随即粘贴牢固，做好成品保护工作。

3. 自粘型高聚物改性沥青卷材湿铺法施工

自粘型高聚物改性沥青卷材湿铺法施工分为素浆滚铺法和砂浆抬铺法。

（1）基层清理、湿润：用扫帚、铁铲等工具将基层表面的灰尘、杂物清理干净，干燥的基面需预先洒水润湿，但不得残留积水。如图26-5所示。

（2）抹水泥（砂）浆：其厚度视基层平整情况而定，铺抹时应注意压实、抹平。在阴角处，应抹成半径为50mm以上的圆角。铺抹水泥（砂）浆的宽度比卷材的长、短边宜各宽出100～300mm，并在铺抹过程中注意保证平整度。如图26-6所示。

 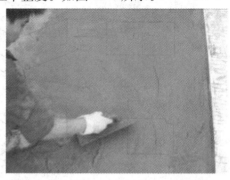

图 26-5　基层清理、湿润　　　　　　　图 26-6　抹水泥（砂）浆

（3）节点加强处理：在节点部位（如：阴阳角、变形缝、管道根、出入口等）先做加强层。

（4）大面铺贴宽幅 PET 防水卷材：揭除宽幅 PET 防水卷材下表面隔离膜，将 PET 防水卷材铺贴在已抹水泥（砂）浆的基层上。第一幅卷材铺贴完毕后，再抹水泥（砂）浆，铺设第二幅卷材，以此类推。如图26-7所示。

（5）提浆、排气：用木抹子或橡胶板拍打卷材表面，提浆，排出卷材下表面的空气，使卷材与水泥（砂）浆紧密贴合。如图26-8所示。

图 26-7　大面铺贴卷材　　　　　　　图 26-8　提浆、排气

（6）长、短边搭接粘结：根据现场情况，可选择铺贴卷材时进行搭接，或在水泥（砂）浆具有足够强度时再进行搭接。搭接时，将位于下层的卷材搭接部位的透明隔离膜揭起，将上层卷材平服粘贴在下层卷材上，卷材搭接宽度不小于60mm。

（7）卷材铺贴完毕后，卷材收头、管道包裹等部位，可用密封膏密封。

26.1.4.6 合成高分子卷材施工

合成高分子防水卷材可采用冷粘、自粘、焊接、机械固定方法施工，冷粘法、机械固定方法施工见27.1.2.3中"4. 常用卷材防水的施工方法"相关内容，下面重点介绍焊接方法施工。

1. 冷粘法施工时应注意的问题

（1）复杂部位附加层：大面积铺贴前，用毛刷在阴角、水落口、排汽孔根部等部位涂刷均匀，作为细部附加层，厚度以1.5mm为宜，待其固化24h后，即可进行下道工序。

（2）铺贴卷材防水层：

铺贴前在未涂胶的基层表面排好尺寸，弹出基准线，为铺卷材创造条件。卷材铺贴方向应符合下列规定：屋面坡度小于3‰时，卷材宜平行屋脊铺贴；屋面坡度在3‰以上，卷材可平行或垂直屋脊铺贴；上、下层卷材不得相互垂直铺贴。

铺贴时从流水坡度的下坡开始，按先远后近的顺序进行，使卷材长向与流水坡度垂直，搭接顺流水方向。将已涂刷好胶粘剂预先卷好的卷材，穿入φ30mm、长1.5m铁管，由两人抬起，将卷材一端粘结固定，然后沿弹好的基准线向另一端铺贴；操作时卷材不要拉得太紧，每隔1m左右向基准线靠贴一下，依次顺序对准线边铺贴。但是无论采取哪种方法，均不得拉伸卷材，也要防止出现皱折。铺贴卷材时，要减少阴阳角的接头。铺贴平面与立面相连接的卷材，应由下向上进行，使卷材紧贴阴阳角，不得有空鼓等现象。

屋面防水层完工后，应作蓄水试验。有女儿墙的平屋面做蓄水试验，蓄水24h无渗漏为合格。坡屋面可做淋水试验，一般淋水2h无渗漏为合格。

2. 合成高分子卷材机械固定方法施工应注意的问题

机械固定法适用于挤塑聚苯乙烯泡沫保温板或发泡聚氨酯保温板作为防水基层的屋面工程。采用胶粘或机械固定方法，将保温板材铺设于屋面板。

3. 合成高分子卷材焊接施工

目前国内用焊接法施工的合成高分子卷材有PVC（聚氯乙烯）防水卷材、PE（聚乙烯）防水卷材、TPO防水卷材、TPV防水卷材。

施工时，将卷材展开铺放在需铺贴的位置，按弹线位置调整对齐，搭接宽度应准确，铺放平整、顺直，不得皱折。然后，将卷材向后一半对折，这时使用滚刷在屋面基层和卷材底面均匀涂刷胶粘剂（搭接缝焊接部位切勿涂胶），不应漏涂露底，亦不应堆积过厚。根据环境温度、湿度和风力，待胶粘剂溶剂挥发、手触不粘时，即可将卷材铺放在屋面基层上，并使用压辊压实，排出卷材底空气。另一半卷材，重复上述工艺将卷材铺粘。

需进行机械固定的，则在搭接缝下幅卷材距边30mm处，按设计要求的间距用螺钉（带垫帽）钉于基层上，然后用上幅卷材覆盖焊接。

接缝焊接是该工艺的关键。在正式焊接卷材前，必须进行试焊，并进行剥离试验，以此来检查当时气候条件下焊接工具和焊接参数及工人操作水平，确保焊接质量。接缝焊接分为预先焊接和最后焊接。预先焊接是将搭接卷材掀起，焊嘴深入焊接搭接部分后半部

（一半搭接宽度），用焊枪一边加热卷材，一边立即用手持压辊充分压在接合面上使之压实。待后部焊好后，再焊前半部，此时焊接缝边应光滑并有熔浆溢出，立即用手持压辊压实，排出搭接缝间气体。搭接缝焊接，先焊长边，后焊短边。焊接前应先对接缝焊接面进行清洗，使之干燥。焊接时注意气温和湿度的变化，随时调整加热温度和焊接速度。在低温下（0℃以下）焊接时，要注意卷材有否结冰和潮湿现象。如出现上述现象，必须使其干净、干燥，所以在气温低于−5℃以下时施工很难保证质量。焊接时还必须注意，焊缝处不得有漏焊、跳焊或焊接不牢（加温过低），也不得损害非焊接部位卷材。

26.1.5　保　护　层

屋面防水层完工后，应检验屋面有无渗漏和积水，排水系统是否通畅，可在雨后或持续淋水 2h 以后进行。有可能做蓄水检验的屋面应做蓄水检验，其蓄水时间不宜少于 24h。确认屋面无渗漏后，再做保护层。

保护层施工前，应将防水层上的杂物清理干净，并对防水层质量进行严格检查，并经雨后或淋水、蓄水检验合格后才能铺设保护层。如采用刚性保护层，保护层与女儿墙之间预留 30mm 以上空隙并嵌填密封材料，防水层和刚性保护层之间还应做隔离层。

为避免损坏防水层，保护层施工时应做好防水层的防护工作。施工人员应穿软底鞋，运输材料时必须在通道上铺设垫板、防护毡等保护。小推车往外倾倒砂浆或混凝土时，应在其前面放上垫木或木板进行保护，以免小推车前端损坏防水层。在防水层上架设梯子、立杆时，应在底端铺设垫板或橡胶板等。防水层上需堆放保护层材料或施工机具时，也应铺垫木板、铁板等，以防戳破防水层。保护层施工前，还应准备好所需的施工机具，备足保护层材料。

面层的设计，根据不同使用功能要求，按照楼地面的设计和施工规范有关要求进行。

26.1.5.1　反射涂料保护层

热反射隔热涂料是由高分子有机树脂添加特种填料配制而成的一种功能性涂料。

反射涂料保护层是在涂膜防水层上涂刷具有热反射隔热性能的涂料，从而起到保护防水层并隔热的作用。目前，常用的浅色反射涂料有丙烯酸浅色涂料、氧化铝粉反射涂料等。溶剂型涂料由于需采用二甲苯等溶剂溶解，环保性较差。随着硅酮树脂热反射涂料等水溶性新材料的不断涌现，热反射涂料逐步向功能化、超耐候性、环保型的方向发展。有些涂料已经不局限于浅色，目前已有颜色鲜艳且具有反射降温隔热性能的涂料。目前，热反射涂料一般为多层涂料体系，底漆防锈遮盖（一般用于钢结构），中涂漆是主要的反射隔热层，传导系数小，面漆反射太阳光中的可见光和近红外光区的能量，并提供期望的颜色。

涂刷反射涂料应等防水层养护完毕后进行，一般卷材防水层应养护 2d 以上，涂膜防水层应养护 1 周以上。涂刷前，应清除防水层表面的浮灰，浮灰用柔软、干净的棉布、扫帚擦扫干净。材料用量应根据材料说明书的规定使用，涂刷工具、操作方法和要求与防水涂料施工相同。涂刷应均匀，避免漏涂。二遍涂刷时，第二遍涂刷的方向应与第一遍垂直。

26.1.5.2　细砂、云母及蛭石保护层

细砂、云母或蛭石主要用于非上人屋面的涂膜防水层的保护层，使用前应先筛去

粉料。

用砂作保护层时，应采用天然水成砂，砂粒粒径不得大于涂层厚度的1/4。使用云母或蛭石时，不受此限制，因为这些材料是片状的，质地较软。

当涂刷最后一道涂料时，应边涂刷边撒布细砂（或云母、蛭石），同时用软质的胶辊在保护层上反复轻轻滚压，务必使保护层牢固地粘结在涂层上。涂层干燥后，应扫除未粘结材料并堆集起来再用。如不清扫，日后雨水冲刷就会堵塞水落口，造成排水不畅。

26.1.5.3 预制板块保护层

预制板块保护层的结合层宜采用砂或水泥砂浆。板块铺砌前应根据排水坡度要求挂线，以满足排水要求，保护层铺砌的块体应横平竖直。

在砂结合层上铺砌块体时，砂结合层应洒水压实，并用刮尺刮平，以满足块体铺设的平整度要求。块体应对接铺砌，缝隙宽度一般为10mm左右。块体铺砌完成后，应适当洒水并轻轻拍平、压实，以免产生翘角现象。板缝先用砂填至一半的高度，然后用1:2水泥砂浆勾成凹缝。为防止砂流失，在保护层四周500mm范围内，应改用低强度等级水泥砂浆做结合层。

采用水泥砂浆做结合层时，应先在防水层上做隔离层。预制块体应先浸水湿润并阴干。如板块尺寸较大，可采用铺灰法铺砌，即先在隔离层上将水泥砂浆摊开，然后摆放预制块体；如板块尺寸较小，可将水泥砂浆刮在预制板块的粘结面上再进行摆铺。每块预制块体摆铺完后应立即挤压密实、平整，使块体与结合层之间不留空隙。铺砌工作应在水泥砂浆凝结前完成，块体间预留10mm的缝隙，铺砌1~2d后用1:2水泥砂浆勾成凹缝。

为了防止因热胀冷缩而造成板块拱起或板缝开裂过大，块体保护层分格缝纵横间距不应大于10m，分格缝宽度不宜小于20mm，缝内嵌填密封材料。

上人屋面的预制块体保护层，块体材料应按照楼地面工程质量要求选用，结合层应选用1:2水泥砂浆。

26.1.5.4 水泥砂浆保护层

水泥砂浆保护层与防水层之间也应设置隔离层，隔离层可采用石灰水等薄质低粘结力涂料。保护层用的水泥砂浆配合比一般为水泥:砂=1:(2.5~3)（体积比）。

保护层施工前，应根据结构情况每隔4~6m用木板条或泡沫条设置纵横分格缝。铺设水泥砂浆时，应随铺随拍实，并用刮尺找平，随即用直径为8~10mm的钢筋或麻绳压出表面分格缝，间距不大于1m。终凝前，用铁抹子压光保护层。

保护层表面应平整，不能出现抹子抹压的痕迹和凹凸不平的现象，排水坡度应符合设计要求。

为了保证立面水泥砂浆保护层粘结牢固，在立面防水层施工时，预先在防水层表面粘上砂粒或小豆石。若防水层为防水涂料，应在最后一道涂料涂刷时，边涂边撒布细砂，同时用软质胶辊轻轻滚压使砂粒牢固地粘结在涂层上；若防水层为沥青或改性沥青防水卷材，可用喷灯将防水层表面烤热发软后，将细砂或豆石粘在防水层表面，再用压辊轻轻滚压，使其粘结牢固。对于高分子卷材防水层，可在其表面涂刷一层胶粘剂后粘上细砂，并轻轻压实。防水层养护完毕后，即可进行立面保护层的施工。

26.1.5.5 细石混凝土保护层

细石混凝土整浇保护层施工前，也应在防水层上铺设一层隔离层，并按设计要求支设好分格缝木板条或泡沫条；设计无要求时，分格缝纵横间距不应大于 6m，分格缝宽度为 10～20mm。一个分格内的混凝土应尽可能连续浇筑，不留施工缝。振捣宜采用铁辊滚压或人工拍实，不宜采用机械振捣，以免破坏防水层。振实后随即用刮尺按排水坡度刮平，并在初凝前用木抹子提浆抹平，初凝后及时取出分格缝木模（泡沫条不用取出），终凝前用铁抹子压光。抹平压光时，不宜在表面掺加水泥砂浆或干灰，否则表层砂浆易产生裂缝与剥落现象。

若采用配筋细石混凝土保护层时，钢筋网片的位置设在保护层中间偏上部位，在铺设钢筋网片时用砂浆垫块支垫。

细石混凝土保护层浇筑完后，应及时进行养护，养护时间不应少于 7d。养护完后，将分格缝清理干净（泡沫条割去上部 10mm 即可），嵌填密封材料。

此外，还可以利用隔热屋面的架空隔热板作为防水层的保护层，其施工方法和要求参见 "26.10 屋面保温隔热" 的相关内容。

26.1.6　屋面细部构造

26.1.6.1　屋面排水方式

平屋面排水系统一般由檐沟、天沟、山墙泛水、水落管等组成。最常见的有铸铁水落管排水，它由水落口、弯头、雨水斗、铸铁水落管等组成，有的还有通向阳台排水的三通。排水方式还应与檐口做法相配合。

1. 自由落水

屋面板伸出外墙，叫做挑檐，屋面雨水经挑檐自由落下。挑檐的作用是防止屋面落水冲刷墙面，渗入墙内，檐头下面要做出滴水，这种排水的方法适用于底层的建筑物。

2. 檐沟外排水

屋面伸出墙外做成檐沟，屋面雨水先排入檐沟，再经落水管排到地面。落水管常采用管径为 100mm 的镀锌薄钢管、铸铁落水管和 PVC 塑料排水管。

3. 女儿墙外排水

屋顶四周做女儿墙或栏杆，在女儿墙根部每隔一定距离设水落口，雨水经水落口、落水管排到地面。

4. 内排水

有些大公共建筑屋面面积大，雨水流经屋面的距离过长，大雨时来不及排出。可在屋顶中央隔一定距离设水落口和设置在房屋内部的铸铁排水管相连，把雨水排入地下水管引出屋外。

26.1.6.2　屋面排汽做法

当正置式屋面保温层或找平层干燥有困难时，例如当地空气湿度较大、雨期施工或保温隔热材料的含湿量较大等，宜将屋面设置成排汽屋面，以避免因防水层下部水分汽化造成防水层起鼓破坏，避免因保温层含水率过高，造成保温性能降低。

1. 排汽道及排汽孔的设置

排汽屋面是通过在保温层中设置纵横贯通的排汽通道，通过排汽孔与大气（室外或室内）连通来实现排汽功能的。

排汽道间距宜为 6m 纵横设置，通常应与保温层上的找平层的分格缝重合，在保温层中预留槽做排汽道时，其宽度一般为 20～40mm；在保温层中埋置打孔细管（塑料管或镀锌钢管）做排汽道时，管径 25mm；排汽孔设置在排汽道纵横交叉点，即屋面面积每 36m² 设置 1 个排汽孔，可采用外排式和内排式，在建筑屋面周边也可采用檐口或侧墙部位留排汽孔的方法，节点如图 26-9～图 26-12 所示。

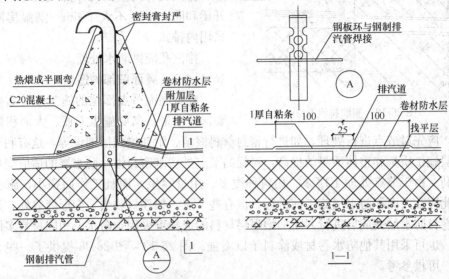

图 26-9 屋面排汽孔（外排式）

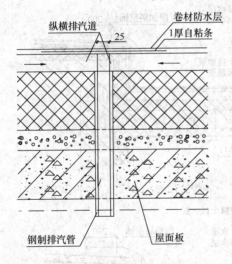

图 26-10 室内排汽孔（内排式）

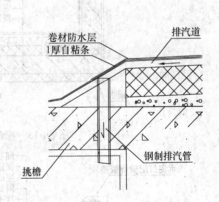

图 26-11 檐口排汽孔

　　排汽屋面还可利用空铺、条粘、点粘第一层卷材，或第一层为打孔卷材铺贴防水层的方法使其下面形成连通排汽通道，再在一定范围内设置排汽孔。这种方法比较适合非保温屋面的找平层不能干燥的情形。此时，在檐口、屋脊和屋面转角处及突出屋面的连接处，卷材应满涂胶粘结，其宽度不得小于 800mm。当采用热玛瑞脂时，应涂刷冷底子油。

　　2. 施工中应注意的问题

　　排汽屋面防水层施工前，应检查排汽道是否被堵塞，并加以清扫。然后宜在排汽道上粘贴一层 1mm 厚的自粘条或塑料薄膜，宽度约 200mm，在排汽道上对中贴好，完成后才

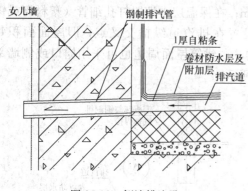

图 26-12　侧墙排汽孔

可铺贴防水卷材（或涂刷防水涂料）。防水层施工时不得刺破自粘条，以免胶粘剂（或涂料）流入排汽道，造成堵塞或排汽不畅。

排汽孔开向室内时，排汽孔的位置应避开梁和肋，中距不大于 6m。潮湿房间不得采用内排式。

排汽孔应做防水处理。

26.1.6.3　屋面细部构造

卷材屋面节点部位的施工十分重要，既要保证质量，又要施工方便。大面积防水层施工前，应先对节点进行处理，如进行密封材料嵌填、附加增强层铺设等，这有利于大面积防水层施工质量和整体质量的提高，对提高节点处防水密封性、防水层的适应变形能力非常有利。由于节点处理工序多、用料种类多、用量零星，而且工作面狭小，施工难度大，因此应在大面积防水层施工前进行。但有些节点，如卷材收头、变形缝等处，则要在大面积卷材防水层完成后进行。附加增强层材料的选择可采用与防水层相同材料多做一层或数层，也可采用其他防水卷材或涂料予以增强。图 26-13～图 26-28 提供了一些节点构造做法，可供参考。

1. 檐沟

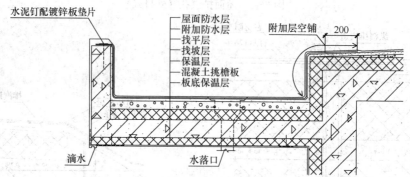

图 26-13　檐沟一（正置式屋面）

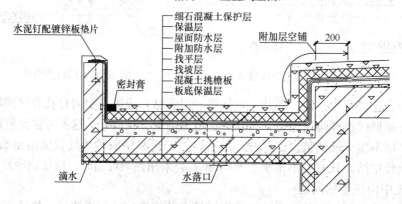

图 26-14　檐沟二（倒置式屋面）

2. 女儿墙泛水收头与压顶

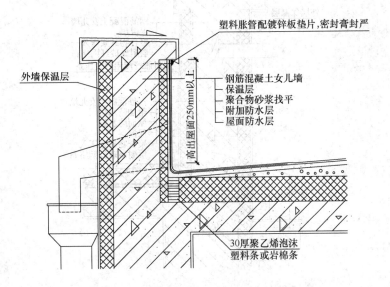

塑料胀管配镀锌板垫片,密封膏封严

外墙保温层

钢筋混凝土女儿墙
保温层
聚合物砂浆找平
附加防水层
屋面防水层

高出屋面250mm以上

30厚聚乙烯泡沫
塑料条或岩棉条

图 26-15 女儿墙泛水收头与压顶一（正置式屋面）

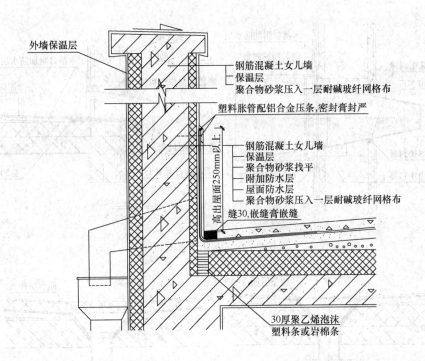

外墙保温层

钢筋混凝土女儿墙
保温层
聚合物砂浆压入一层耐碱玻纤网格布

塑料胀管配铝合金压条,密封膏封严

钢筋混凝土女儿墙
保温层
聚合物砂浆找平
附加防水层
屋面防水层
聚合物砂浆压入一层耐碱玻纤网格布

缝30,嵌缝膏嵌缝

高出屋面250mm以上

30厚聚乙烯泡沫
塑料条或岩棉条

图 26-16 女儿墙泛水收头与压顶二（正置式屋面）

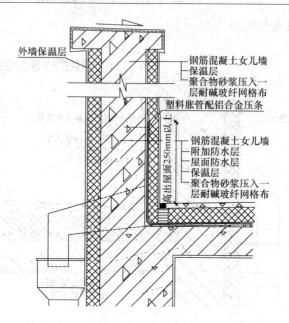

图26-17　女儿墙泛水收头与压顶三（倒置式屋面）

3. 水落口

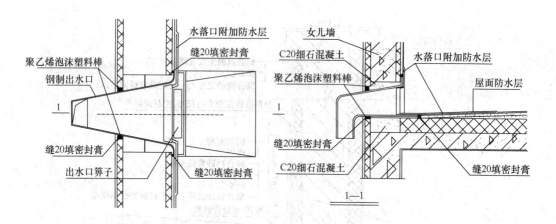

图 26-18　女儿墙水落口

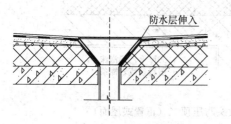

图 26-19　正置式屋面内排水水落口

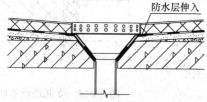

图 26-20　倒置式屋面内排水水落口

4. 变形缝

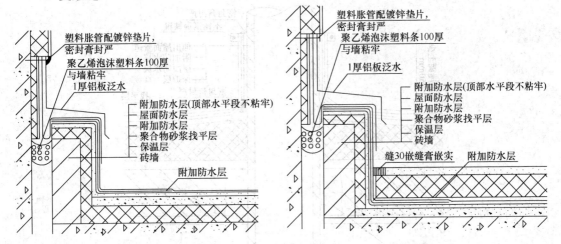

图 26-21 正置式屋面高低跨变形缝　　　图 26-22 倒置式屋面高低跨变形缝

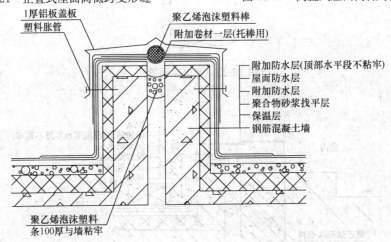

图 26-23 正置式平屋面变形缝

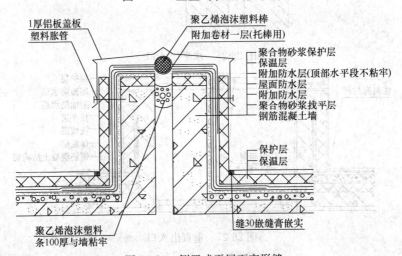

图 26-24 倒置式平屋面变形缝

5. 伸出屋面管道

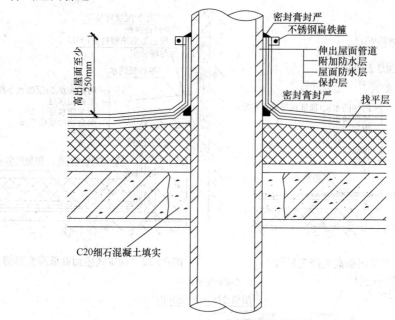

图 26-25　伸出屋面管道

6. 出入口

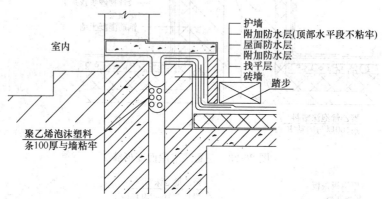

图 26-26　水平出入口

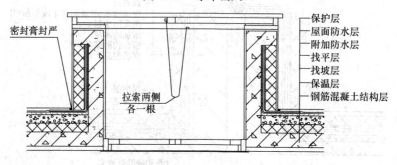

图 26-27　垂直出入口

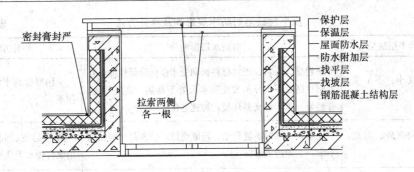

图 26-28　垂直出入口

26.1.7　质 量 控 制

26.1.7.1　找平层

1. 质量要求

找平层是防水层的依附层，其质量好坏将直接影响到防水层的质量，所以找平层必须做到：坡度要准确，使排水通畅；混凝土和砂浆的配合比要准确；表面要二次压光、充分养护，使找平层表面平整、坚固，不起砂、不起皮、不酥松、不开裂，并做到表面干净、干燥。

但是不同材料防水层对找平层的各项性能要求有侧重，有些要求必须严格，达不到要求就会直接危害防水层的质量，造成对防水层的损害，有些则可要求低些，有些可不予要求，见表 26-15。

<table>
<tr><td colspan="5" align="right">不同防水层对找平层的要求　　　　　　　　　　　　　表 26-15</td></tr>
<tr><td rowspan="2">项　目</td><td colspan="2">卷材防水层</td><td rowspan="2">涂膜防水层</td><td rowspan="2">密封材料防水</td></tr>
<tr><td>实　铺</td><td>点、空铺</td></tr>
<tr><td>坡度</td><td>足够排水坡度</td><td>足够排水坡度</td><td>足够排水坡度</td><td>—</td></tr>
<tr><td>强度</td><td>较好强度</td><td>一般要求</td><td>较好强度</td><td>坚硬整体</td></tr>
<tr><td>表面平整</td><td>平整、不积水</td><td>平整、不积水</td><td>平整度高，不积水</td><td>一般要求</td></tr>
<tr><td>起砂起皮</td><td>不允许</td><td>少量允许</td><td>严禁出现</td><td>严禁出现</td></tr>
<tr><td>表面裂纹</td><td>少量允许</td><td>不限制</td><td>不允许</td><td>不允许</td></tr>
<tr><td>干净</td><td>一般要求</td><td>一般要求</td><td>一般要求</td><td>严格要求</td></tr>
<tr><td>干燥</td><td>干燥</td><td>干燥</td><td>干燥</td><td>严格干燥</td></tr>
<tr><td>光面或毛面</td><td>光面</td><td>毛面</td><td>光面</td><td>光面</td></tr>
<tr><td>混凝土原表面</td><td>直接铺贴</td><td>直接铺贴</td><td>刮浆平整</td><td>刮浆平整</td></tr>
</table>

2. 找平层缺陷对防水层的影响和处理

找平层缺陷会直接危害防水层，有些还会造成渗漏，但由于种种原因，找平层施工时存在缺陷，那就必须采取补救的办法。只要找平层强度没有问题（强度不足必须返工重作），为避免过大损失和延误工期，还可以进行修补。找平层缺陷对防水层影响及修补方法，见表 26-16。

找平层缺陷对防水层影响及修补方法　　　　表 26-16

序号	找平层缺陷	对防水层影响	修补方法
1	坡度小、不平整、积水	使卷材、涂料、密封材料长期受水浸泡降低性能，在太阳和高温下水分蒸发使防水层处于高热、高湿环境，并经常处于干湿交替环境，加速老化	采用聚合物水泥砂浆修补抹平
2	表面起砂、起皮、麻面	使卷材、涂料不能粘结、造成空鼓，使密封材料粘结不牢，立即造成渗漏	清除起皮、起砂、浮灰，用聚合物水泥浆涂刷、养护
3	转角圆弧不合格	转角处应力集中，常常会开裂，弧度不合适时，会使卷材或涂膜脱层、开裂	用聚合物水泥砂浆修补或放置聚苯乙烯泡沫条
4	找平层裂纹	易拉裂卷材或会增加防水层拉应力，在高应力状况下，卷材、涂膜会加速老化	涂刷一层压密胶，或用聚合物水泥浆涂刮修补
5	潮湿不干燥	使卷材、涂料、密封材料粘结不牢，并使卷材、涂料起鼓破坏，密封材料脱落，造成渗漏水	自然风干，刮一道"水不漏"等表面涂刮剂
6	未设分格缝	使找平层开裂	切割机锯缝
7	预埋件不稳	刺破防水层造成渗漏	凿开预埋件周边，用聚合物水泥砂浆补好

3. 找平层质量检验

高质量找平层的基础是材料本身的质量和一定的排水坡度，只要首先控制好这个基本要求，在施工过程中再进行有效的控制，找平层的质量就可以达到要求。施工过程的控制主要应控制表面的二次压光和充分养护，检查其表面平整度；有否起砂、起皮；转角圆弧是否正确；分格缝设置是否合理。找平层质量检验见表 26-17。

找平层质量检验　　　　表 26-17

	检验项目及要求	检 验 方 法
主控项目	找平层的材料质量及配合比必须符合设计要求	检查出厂合格证、质量检验报告和计量措施
	屋面（天沟、檐沟）找平层排水坡度必须符合设计要求	用水平仪（水平尺）、拉线和尺量检查
一般项目	基层与突出屋面结构的交接处和基层的转角处应做成圆弧，且整齐平顺	观察和尺量检查
	水泥砂浆、细石混凝土找平层应平整、压光，不得有酥松、起砂、起皮现象	观察检查
	找平层分格缝的位置和间距应符合设计要求	观察和尺量检查
	找平层表面平整度的允许偏差为 5mm	2m 靠尺和楔形塞尺检查

26.1.7.2　隔汽层

隔汽层质量检验见表 26-18。

隔汽层质量检验　　　　　　　　　　　　　　**表 26-18**

	检验项目及要求	检 验 方 法
主控项目	隔汽层所用材料的质量必须符合设计要求	检查出厂合格证、质量检验报告和进场抽样检验报告
	隔汽层不得有破损现象	观察检查
一般项目	卷材隔汽层应铺设平整，搭接缝应粘（焊）结牢固，密封严密，不得有皱折、翘边、鼓泡和滑动等缺陷	观察检查
	涂膜隔汽层应粘结牢固、表面平整、涂刷均匀，不得有裂纹、皱折、流淌、鼓泡、露底等缺陷	观察检查
	隔汽层应与屋面防水层相连接，形成对保温层全封闭	观察和钢尺量检查

26.1.7.3 隔离层

隔离层质量检验见表 26-19。

隔离层质量检验　　　　　　　　　　　　　　**表 26-19**

	检验项目及要求	检 验 方 法
主控项目	隔离层所用材料质量及配合比必须符合设计要求	检查隐蔽工程验收记录
	隔离层不得破损和漏铺	观察检查
一般项目	隔离层采用卷材、塑料薄膜的搭接缝应粘（焊）牢固，搭接宽度应不小于 50mm；土工布的搭接缝粘合或缝合	观察和用钢尺检查
	隔离层采用低强度等级砂浆的表面应平整、压实，抹光并养护	观察检查和检查施工记录

26.1.7.4 防水层

1. 质量要求

（1）所有的施工材料，其技术指标需符合设计要求。

（2）天沟、檐沟、泛水和变形缝、阴阳角等处的构造，必须符合设计要求。

（3）卷材铺贴方法和搭接顺序、搭接宽度均符合设计要求，接缝严密，无皱折、鼓泡和翘边现象。

（4）卷材防水层的基层、附加层、天沟、檐沟、泛水和变形缝等细部做法，刚性保护层与卷材防水层之间设置的隔离层，密封防水处理部位等，应作隐蔽工程验收，并有记录。

（5）屋面不得有渗漏和积水现象。

2. 质量验收

卷材防水层的质量主要是指施工的质量和施工后卷材耐久使用年限内不得渗漏。作为主控项目，要求所有材料质量必须符合设计规定，施工后不渗漏、不积水，极易产生渗漏的节点防水设防应严密。搭接、密封、基层粘结、铺设方向、搭接宽度、保护层、排汽屋面的排汽通道等项目，也列为检验项目，见表 26-20。

卷材防水层质量检验　　　　　表 26-20

	检验项目及要求	检 验 方 法
主控项目	卷材防水层所用卷材及其配套材料必须符合设计要求	检查出厂合格证、质量检验报告和现场抽样复验报告
	卷材防水层不得有渗漏或积水现象	雨后或淋水、蓄水试验
	卷材防水层在天沟、檐沟、泛水、变形缝和水落口等处细部做法必须符合设计要求	观察检查和检查隐蔽工程验收记录
一般项目	卷材防水层的搭接缝应粘结（焊接）牢固、密封严密，并不得有皱折、翘边和鼓泡	观察检查
	防水层的收头应与基层粘结并固定牢固、缝口封严，不得翘边	观察检查
	卷材的铺设方向，卷材的搭接宽度允许偏差铺设方向应正确；搭接宽度的允许偏差为 −10mm	观察和尺量检查

3. 防水卷材现场抽样复验项目

防水卷材现场抽样数量和质量检验项目见表 26-21。

防水卷材现场抽样数量和质量检验项目　　　　　表 26-21

材料名称	现场抽样数量	外观质量检验	物理性能检验
高聚物改性沥青防水卷材	大于 1000 卷抽 5 卷，每 500～1000 卷抽 4 卷，100～499 卷抽 3 卷，100 卷以下抽 2 卷，进行规格尺寸和外观质量检验。在外观质量检验合格的卷材中，任取 1 卷作物理性能检验	孔洞、缺边、裂口，边缘不整齐，胎体露白、未浸透，撒布材料粒度、颜色，每卷卷材的接头	拉力，最大拉力时延伸率，耐热度，低温柔度，不透水性
合成高分子防水卷材	大于 1000 卷抽 5 卷，每 500～1000 卷抽 4 卷，100～499 卷抽 3 卷，100 卷以下抽 2 卷，进行规格尺寸和外观质量检验。在外观质量检验合格的卷材中，任取 1 卷作物理性能检验	折痕，杂质，胶块，凹痕，每卷卷材的接头	断裂拉伸强度，扯断伸长率，低温弯折，不透水性

26.1.7.5 保护层

保护层质量检验见表 26-22。

保护层质量检验项目、要求和检验方法　　　　　表 26-22

	检验项目及要求	检 验 方 法
主控项目	保护层所用材料的质量及配合比必须符合设计要求	检查出厂合格证、质量检验报告和计量措施
	水泥砂浆、水泥混凝土强度必须符合设计要求	检查砂浆、混凝土和抗压强度试验报告
	保护层表面的坡度必须符合设计要求	用坡度尺检查及雨后或淋水检验
	块体材料与结合层粘结牢固，无空鼓现象	用小锤轻击检查

续表

	检验项目及要求	检 验 方 法
一般项目	水泥砂浆、水泥混凝土保护层表面洁净，不得有裂缝、起壳、起砂等缺陷	观察检查
	块体材料保护层应表面洁净，接缝平整，周边顺直，不得有裂缝、掉角和缺楞等缺陷	观察检查
	浅色涂料保护层应与防水层粘结牢固，厚薄均匀，不得漏涂	观察检查
	水泥砂浆、水泥混凝土或块体材料保护层与女儿墙、山墙之间应预留缝隙，并进行密封处理	观察检查
	水泥砂浆、水泥混凝土保护层表面平整度的允许偏差为5mm	用2m靠尺和楔形塞尺检查
	块体材料保护层表面平整度的允许偏差为3mm	用2m靠尺和楔形塞尺检查
	水泥砂浆、水泥混凝土和块体材料保护层分格缝平直度的允许偏差为3mm	拉5m线和用钢尺检查
	块体材料保护层板块接缝高低差和间隙宽度的允许偏差分别为0.5mm和2mm	用直尺和楔形塞尺检查
	保护层厚度的允许偏差为设计厚度的±10%，且不大于5mm	用钢针插入和钢尺检查

26.1.7.6 细部构造

1. 细部构造质量要求

(1) 天沟、檐沟的防水构造质量要求

1) 沟内附加层在天沟、檐沟与屋面交接处宜空铺，空铺的宽度不应小于200mm。

2) 卷材防水层应由沟底翻上至沟外檐顶部，卷材收头应用水泥钉固定，并用密封材料封严。

3) 涂膜收头应用防水涂料多遍涂刷或用密封材料封严。

4) 在天沟、檐沟与细石混凝土防水层的交接处，应留凹槽并用密封材料嵌填严密。

(2) 檐口的防水构造质量要求

1) 铺贴檐口800mm范围内的卷材应采取满粘法。

2) 卷材收头应压入凹槽，采用金属压条钉压，并用密封材料封口。

3) 涂膜收头应用防水涂料多遍涂刷或用密封材料封严。

4) 檐口下端应抹出鹰嘴和滴水槽。

(3) 女儿墙泛水的防水构造质量要求

1) 铺贴泛水处的卷材应采取满粘法。

2) 砖墙上的卷材收头可直接铺压在女儿墙压顶下，压顶应做防水处理；也可压入砖墙凹槽内固定密封，凹槽距屋面高度不应小于250mm，凹槽上部的墙体应做防水处理。

3) 混凝土墙上的卷材收头应采用金属压条钉压，并用密封材料封严。

4) 涂膜防水层应直接涂刷至女儿墙的压顶下，收头处理应用防水涂料多遍涂刷封严，压顶应做防水处理。

(4) 水落口的防水构造质量要求

1) 水落口杯上口的标高应设置在沟底的最低处。

2）防水层贴入水落口杯内不应小于 50mm。

3）水落口周围直径 500mm 范围内的坡度不应小于 5%，并采用防水涂料或密封材料涂封，其厚度不应小于 2mm。

4）水落口杯与基层接触处应留宽 20mm、深 20mm 凹槽，并嵌填密封材料。

（5）变形缝的防水构造质量要求

1）变形缝的泛水高度不应小于 250mm。

2）防水层应铺贴到变形缝两侧砌体的上部。

3）变形缝内应填充聚苯乙烯泡沫塑料，上部填放衬垫材料，并用卷材封盖。

4）变形缝顶部应加扣混凝土或金属盖板，混凝土盖板的接缝应用密封材料嵌填。

（6）伸出屋面管道的防水构造质量要求

1）管道根部直径 500mm 范围内，找平层应抹出高度不小于 30mm 的圆台。

2）管道周围与找平层或细石混凝土防水层之间，应预留 20mm×20mm 的凹槽，并用密封材料嵌填严密。

3）管道根部四周应增设附加层，宽度和高度均不应小于 300mm。

4）管道上的防水层收头处应用金属箍紧固，并用密封材料封严。

2. 细部构造质量检验

细部构造的质量检验按表 26-23 进行。

细部构造质量检验项目、要求和检验方法

表 26-23

部位	检验项目及要求		检 验 方 法
檐口	主控项目	檐口、檐沟和天沟、女儿墙和山墙、水落口、变形缝、伸出屋面管道、屋面出入口、反梁过水孔、设施基座的防水构造必须符合设计要求	观察检查和检查隐蔽工程验收记录
		檐口部位的排水坡度必须符合设计要求，不得出现爬水现象	用坡度尺检查和雨后或淋水后观察检查
	一般项目	铺贴檐口 800mm 范围内的卷材应满粘。卷材收头应用金属压条钉压固定在找平层的凹槽内，并用密封材料封严	观察检查
		涂膜收头应用防水涂料多遍涂刷或在找平层的凹槽内用密封材料封严	观察检查
		檐口端部应抹聚合物水泥砂浆，其下端应做成鹰嘴或滴水槽	观察检查
檐沟和天沟	主控项目	天沟、檐沟的排水坡度必须符合设计要求	用水平仪（水平尺）、拉线和尺量检查
	一般项目	檐沟、天沟应增铺附加层，与屋面板交接处的附加层宜空铺，空铺宽度不应小于 200mm	检查隐蔽工程验收记录
		檐沟防水层应由沟底翻上至沟外侧顶部。卷材收头应用金属压条钉压，并用密封材料封严；涂膜收头应用防水涂料多遍涂刷或用密封材料封严	观察检查
		檐沟外侧顶部及侧面均应抹聚合物水泥砂浆，其下端应做成鹰嘴或滴水槽	观察检查

续表

部位		检验项目及要求	检 验 方 法
女儿墙和山墙	主控项目	女儿墙和山墙上压顶的做法必须符合设计要求。压顶向内排水坡度不应小于 5%，压顶内侧下端应做成鹰嘴	观察和用坡度尺检查
	一般项目	女儿墙和山墙的泛水处应增铺附加层	检查隐蔽工程验收记录
		混凝土女儿墙和山墙上的卷材收头应采用金属压条钉压固定，并用密封材料封严	观察检查
		铺贴立面的卷材应满粘。砖女儿墙和山墙上的卷材收头可直接铺压在压顶下，压顶应做防水处理；卷材收头也可用金属压条钉压固定在砖墙凹槽内，并用密封材料封严，凹槽上部的墙体应做防水处理	观察检查
		女儿墙和山墙的涂膜应直接涂刷至压顶下，涂膜收头应用防水涂料多遍涂刷，压顶应做防水处理	观察检查
水落口	主控项目	水落口杯上口的标高必须设在沟底最低处；水落口处不得有渗漏水和积水现象	蓄水后观察检查
		水落口杯周围与基层接触处应预留凹槽，并用密封材料封严	观察检查和检查隐蔽工程验收记录
	一般项目	水落口的数量和位置应符合设计要求；水落口杯应安装牢固	观察和手扳检查
		水落口周围直径 500mm 范围内坡度不应小于 5%	观察检查
		水落口周围直径 500mm 范围内应增铺附加层	观察检查和检查隐蔽工程验收记录
		防水层贴入水落口杯内不应小于 50mm，并用防水涂料涂刷	观察检查
变形缝	主控项目	变形缝采用附加卷材封盖，其做法必须符合设计要求，变形缝处不得渗漏水	观察检查和检查隐蔽工程验收记录
	一般项目	变形缝的泛水墙高度应符合设计要求，泛水处应增铺附加层	用钢尺检查和检查隐蔽工程验收记录
		防水层应铺贴或涂刷至泛水墙的顶部	观察检查
		变形缝内填充做法应符合设计要求	观察检查
		变形缝顶部应加扣混凝土或金属盖板；金属盖板应铺钉牢固，接缝顺流水方向，并做好防锈处理	观察检查
伸出屋面管道	主控项目	管道根部的泛水距屋面高度应符合设计要求；防水层应用金属箍固定，上端用密封材料封严	观察和用钢尺检查
		伸出屋面管道根部不得有积水和渗漏现象	雨后或淋水后观察检查
	一般项目	管道根部找平层应抹出高度不小于 30mm 的圆锥台，并增铺附加层	观察和用钢尺检查
		管道周围与找平层之间应预留凹槽，并用密封材料封严	检查隐蔽工程验收记录
屋面出入口	主控项目	屋面出入口 1m 范围内不得有积水现象	雨后或淋水后观察检查
	一般项目	屋面垂直出入口防水层收头应压在压顶圈下，泛水处应增设附加防水层	观察检查和检查隐蔽工程验收记录
		屋面水平出入口防水层收头应压在混凝土踏步下，泛水处应增设附加防水层和护墙	观察检查和检查隐蔽工程验收记录
		屋面出入口泛水距屋面高度不应小于 250mm	用钢尺检查

续表

部位		检验项目及要求	检 验 方 法
反梁过水孔	主控项目	反梁过水孔的孔底标高必须符合设计要求；反梁过水孔及周围不得有积水现象	雨后或淋水检验
	一般项目	过水孔的高度和宽度以及预埋管道的管径均应符合设计要求	用钢尺检查和检查隐蔽工程验收记录
		过水孔应用防水涂料或密封材料防水；预埋管道两端周围与混凝土接触处应留凹槽，并用密封材料封严	观察检查和检查隐蔽工程验收记录
设施基座	主控项目	设施基座的预埋地脚螺栓周围必须做密封处理	观察检查
	一般项目	设施基座与结构层相连时，防水层应包裹设施基座的上部	观察检查
		设施直接放置在防水层上时，设施下应增设卷材附加层，必要时应在其下浇筑细石混凝土，其厚度不应小于50mm	观察检查和检查隐蔽工程验收记录
		设施周围和屋面出入口至设施之间的人行道，应铺设刚性保护层	观察检查

26.1.7.7　保温隔热层

参见"26.10 屋面保温隔热"的相关内容。

26.1.7.8　接缝防水密封

参见"26.11 屋面接缝防水密封"的相关内容。

26.1.7.9　质量控制的相关资料

1. 屋面工程施工应按工序或分项工程进行验收，构成分项工程的各检验批应符合相应质量标准的规定。

2. 屋面工程验收的文件和记录，应按表 26-24 要求执行。

屋面工程验收的文件和记录　　　　　　　　　　　　　　　表 26-24

序号	项 目	文 件 和 记 录
1	防水设计	设计图纸及会审记录、设计变更通知单和材料代用核定单
2	施工方案	施工方法、技术措施、质量保证措施
3	技术交底记录	施工操作要求及注意事项
4	材料质量证明文件	出厂合格证、质量检验报告和试验报告
5	中间检查记录	分项工程质量验收记录、隐蔽工程验收记录、施工检验记录、淋水或蓄水检验记录
6	施工日志	逐日施工情况
7	工程检验记录	抽样质量检验及观察检查
8	其他技术资料	事故处理报告、技术总结

3. 屋面工程隐蔽验收记录应包括以下主要内容：

（1）卷材、涂膜防水层的基层。

（2）密封防水处理部位。

（3）天沟、檐沟、泛水和变形缝等细部做法。

（4）卷材、涂膜防水层的搭接宽度和附加层。

（5）刚性保护层与卷材、涂膜防水层之间设置的隔离层。

4. 屋面工程质量应符合下列要求：

（1）防水层不得有渗漏或积水现象。

（2）使用的材料应符合设计要求和质量标准的规定。

（3）找平层表面应平整，不得有酥松、起砂、起皮现象。

（4）保温层的厚度、含水率和表观密度应符合设计要求。

（5）天沟、檐沟、泛水和变形缝等构造，应符合设计要求。

（6）卷材铺贴方法和搭接顺序应符合设计要求，搭接宽度正确，接缝严密，不得有皱折、鼓泡和翘边现象。

（7）涂膜防水层的厚度应符合设计要求，涂层无裂纹、皱折、流淌、鼓泡和露胎体现象。

（8）嵌缝密封材料应与两侧基层粘牢，密封部位光滑、平直，不得有开裂、鼓泡、下塌现象。

5. 检查屋面有无渗漏、积水和排水系统是否畅通，应在雨后或持续淋水 2h 后进行。有可能作蓄水检验的屋面，其蓄水时间不应少于 24h。

6. 屋面工程验收后，应填写分部工程质量验收记录，交建设单位和施工单位存档。

26.2　涂膜防水屋面

涂膜防水屋面是指在屋面基层上用刷子、滚筒、刮板、喷枪等工具涂刮或喷涂防水涂料，经溶剂（水）挥发或反应固化后形成一层具有一定的厚度和弹性的整体涂膜，从而达到屋面防水抗渗功能的一种屋面形式。

本节主要介绍涂膜防水层的材料、设计、施工要求、施工方法及质量控制。基层、保护层及屋面细部构造等，参考 26.1 的相关内容。

26.2.1　涂膜防水层

屋面涂膜防水是在屋面基层上涂刷防水涂料，该涂料在固化后凝结成一层整体涂膜，该涂膜具有一定厚度、弹性和很好的防水性能，从而达到了屋面防水要求的一种屋面防水形式。

26.2.1.1　材料要求

防水涂料按成膜物质的属性，可分为无机防水涂料和有机防水涂料两种；按成膜物质的主要成分，可将涂料分成高聚物改性沥青防水涂料和合成高分子防水涂料。施工时根据涂料品种和屋面构造形式的需要，可在涂膜防水层中增设胎体增强材料。涂料和胎体增强材料主要性能指标见表 26-25～表 26-27。

高聚物改性沥青防水涂料的主要物理性能　　　　　　表 26-25

项　　目		性 能 要 求	
		水乳型	溶剂型
固体含量（%）	≥	45	48

续表

项　目		性 能 要 求	
		水乳型	溶剂型
耐热度（℃）		80，无流淌、起泡、滑动	
低温柔性（℃）		－15，无裂纹	－15，无裂纹
不透水性 30min（MPa）	≥	0.1	0.2
断裂伸长率（%）	≥	600	—
抗裂性（mm）		—	基层裂缝 0.3mm，涂膜无裂纹

合成高分子防水涂料的主要物理性能　　　　　表 26-26

项　目		性 能 要 求		
		反应固化型	挥发固化型	聚合物水泥涂料
固体含量（%）	≥	80（单组分），92（双组分）	65	65
拉伸强度（MPa）	≥	1.9（单组分、多组分）	1.0	1.2
断裂延伸率（%）	≥	550（单组分），450（多组分）	300	200
低温柔性（℃）		－40（单组分），－35（多组分），无裂纹	－10，无裂纹	
不透水性 30min（MPa）		0.3		

胎体增强材料的主要物理性能　　　　　表 26-27

项　目			性 能 要 求	
			聚酯无纺布	化纤无纺布
拉力（N/50mm）	≥	纵向	150	45
		横向	100	35
延伸率（%）	≥	纵向	10	20
		横向	20	25

26.2.1.2　设计要求

1. 防水涂料品种选择应符合下列规定：

根据当地历年最高气温、最低气温、屋面坡度和使用条件等因素，应选择耐热性和低温柔性相适应的涂料；根据地基变形程度、结构形式、当地年温差、日温差和振动等因素，应选择拉伸性能相适应的涂料；根据屋面防水涂膜的暴露程度，应选择耐紫外线、热老化保持率相适应的涂料；屋面排水坡度大于 25% 时，不宜采用干燥成膜时间过长的涂料。

2. 每道涂膜防水层厚度选用应符合规范的规定。

3. 按屋面防水等级和设防要求选择防水涂料。对易开裂、渗水的部位，应留凹槽嵌填密封材料，并增设一层或多层带有胎体增强材料的附加层。

4. 涂膜防水层应沿找平层分格缝增设带有胎体增强材料的空铺附加层，其空铺宽度宜为 100mm。

5. 涂膜防水屋面应设置保护层。保护层材料可采用细砂、云母、蛭石、浅色涂料、水泥砂浆、块体材料或细石混凝土等。采用水泥砂浆、块体材料或细石混凝土时，应在涂膜与保护层之间设置隔离层。水泥砂浆保护层厚度不宜小于 20mm。

26.2.1.3　施工要求

1. 施工准备：参见 26.1.4.3 中"1. 施工准备"的相关内容。
2. 施工环境条件：涂膜防水工程施工环境气温要求见表 26-28。

涂膜防水工程施工环境气温要求　　　　　　　　　　　　表 26-28

项　　目	施工环境气温
高聚物改性沥青防水涂料	溶剂型宜为 0～35℃；水乳型宜为 5～35℃；热熔型不低于−10℃
合成高分子防水涂料	溶剂型宜为−5～35℃；乳胶型、反应型宜为 5～35℃
聚合物水泥防水涂料	宜为 5～35℃

3. 涂膜施工的一般要求，可参见 27.1.2.4 中"4. 防水涂料施工基本操作要求"的相关内容。屋面防水涂膜施工时应注意的问题如下：

(1) 涂膜防水层的施工顺序。因其材料本身的特性，决定了施工应按"先高后低，先远后近"的原则进行，遇高低跨屋面时，一般先涂布高跨屋面，后涂布低跨屋面。从施工成品保护角度因素考虑，对于相同高度屋面，要合理安排施工段，先涂布距上料点远的部位，后涂布近处；在同一屋面上，先涂布排水较集中的水落口、天沟、檐沟、檐口等节点部位，再进行大面积涂布。

(2) 涂膜防水层施工前，应先对一些特殊部位如水落口、天沟、檐沟、泛水、伸出屋面管道根部等节点，可先加铺胎体增强材料，然后涂刷涂膜材料进行处理。

(3) 防水涂膜应分遍涂布，待先涂布的涂料干燥成膜后，方可涂布后一遍涂料，且前后两遍涂料的涂布方向应相互垂直。

(4) 对于涂膜防水屋面使用不同防水材料先后施工时，应考虑不同材料之间的相容性（即亲合性大小、是否会发生侵蚀、剥离）；如相容则可使用，否则会造成相互结合困难或互相侵蚀，引起防水层短期失效。

(5) 涂料和卷材混合使用时，卷材和涂膜的接缝应顺水流方向，搭接宽度不得小于 100mm。

(6) 坡屋面涂刷防水涂料时，必须采取安全措施，如系安全带等。防止任何原因引起的滑倒，甚至引起的坠落事故发生。

26.2.1.4　细部做法

(1) 屋面板缝在进行防水处理处理前应清理干净，需要用混凝土密实的应浇捣密实，在板端缝中嵌填的密封材料与基层粘结牢固、封闭严密。无保温层屋面的板端缝和侧缝按要求预留凹槽，嵌填密封材料。涂膜施工前，在板缝部位空铺附加层的宽度为 100mm。

(2) 分格缝应在浇筑找平层时预留，分格缝的宽度和距离应符合设计要求，与板端缝或板的搁置部位对齐，均匀顺直，嵌填密封材料前清扫干净。分格缝处应铺设带胎体增强材料的空铺附加层，其宽度为 200～300mm。

(3) 涂膜施工需铺设胎体增强材料时，其胎体铺贴方向随屋面的坡度不同而不同。当屋面坡度小于 15%，可平行屋脊铺设；当屋面坡度大于 15%，应垂直于屋脊铺设，并由屋面最低处向上进行。胎体增强材料长边搭接宽度不得小于 50mm，短边搭接宽度不得小于 70mm。采用二层胎体增强材料时，上、下层不得垂直铺设，搭接缝应错开，其间距不应小于幅宽的 1/3。

(4) 涂膜防水层的收头，应用防水涂料多遍涂刷或用密封材料封严。

26. 2. 1. 5 高聚物改性沥青防水涂膜施工

高聚物改性沥青防水涂膜可采用涂刷、刮涂和喷涂的施工方法，涂膜需多遍涂布。最上面的涂层厚度不应小于 1.0mm；涂膜施工应先做好节点处理，铺设完带有胎体增强材料的附加层后，再进行大面积涂布；屋面转角及立面的涂膜应薄涂多遍，不得有流淌和堆积现象；当采用细砂、云母或蛭石等撒布材料做保护层时，应筛去粉料。在涂布最后一遍涂料时，应边涂布边撒布均匀，不得露底；然后，进行辊压粘牢。待干燥后，将多余的撒布材料清除。

1. 涂料冷涂刷施工

要求每遍涂刷必须待前遍涂膜实干后才能进行，否则涂料的底层水分或溶剂被封固在上层涂膜下不能及时挥发，从而形不成有一定强度的防水膜。后一遍涂料涂刷时，容易将前一遍涂膜刷皱、起皮而破坏。一旦遇雨，雨水渗入易冲刷或溶解涂膜层，破坏涂膜的整体性。涂层厚度是影响涂膜防水层质量的一个关键问题，涂刷时每个涂层要涂刷几遍才能完成。要通过手工准确控制涂层厚度比较困难。为此，涂膜防水层施工前，必须根据设计要求的每平方米涂料用量、涂膜厚度及涂料材性，事先试验确定每道涂料涂刷的厚度以及每个涂层需要涂刷的遍数。如一布二涂，即先涂底层，再加胎体增强材料，再涂面层。施工时按试验的要求，每涂层涂刷几遍，而且面层至少应涂刷 2 遍以上。合成高分子涂料还要求底涂层有 1mm 厚，才可铺设胎体增强材料，这样才能较准确地控制涂层厚度，并使每遍涂刷的涂料都能实干，从而保证施工质量。

铺胎体增强材料是在涂刷第 2 遍或第 3 遍涂料涂刷前，采用湿铺法或干铺法铺贴。

湿铺法就是在第 2 遍涂料或第 3 遍涂料涂刷时，边倒料、边涂布、边铺贴的操作方法。

干铺法区别于湿铺法为没有底层的涂料，即在上道涂层干燥后，先干铺胎体增强材料（可用涂料将边缘部位点粘固定，也可不用），然后在已展平的表面上用刮板均匀满刮一道涂料，接着再在上面满刮一道涂料，使涂料浸透网眼渗透到已固化的底层涂膜上而使得上、下层涂膜及胎体形成一个整体。因此，渗透性较差的涂料与较密实的胎体增强材料尽量不采用干铺法施工。干铺法适用于无大风的情况施工，能有效避免因胎体增强材料质地柔软、容易变形造成的铺贴时不易展开，经常出现皱折、翘边或空鼓现象，较好地保证防水层质量。

2. 涂料热熔刮涂施工

涂料热熔刮涂方法适用于热熔型高聚物改性沥青防水涂料的施工。需要将涂料在熔化釜中加热至 190℃ 左右保温待用。该熔化釜采用带导热油的加热炉，涂料能均匀加热。在将熔化的涂料倒在基面上后，要快速、准确地用带齿的刮板刮涂，刮板应略向刮涂前进方向倾斜，保持一定的倾斜角度平稳地向前刮涂并在涂料冷却前刮匀，否则涂料冷却后涂膜发黏，难以施工。

涂料每遍涂刮的厚度控制在 1~1.5mm。铺贴胎体增强材料应采用分条间隔施工法，在涂料刮涂均匀后立即铺贴胎体增强材料，然后再刮涂第二遍至设计厚度。表面需做粒料保护层时，应在最后一遍涂刮的同时撒布粒料；如做涂膜保护层时，宜在防水层完全固化后再涂刷保护层涂膜。

采用热熔涂料与防水卷材复合使用的办法，能在很大程度上提高防水层的可靠性，因为卷材可以保证防水层的厚度，在涂料的粘结下可以形成连续的防水涂层，弥补卷材接缝易渗漏的问题。可在一定程度上消除结构层、找平层开裂产生的拉应力对防水层的破坏影响，将因卷材破损引起的渗漏由原来的整体限制在现在的局部范围内。

3. 涂料喷涂施工

涂料热喷涂施工法常用于高聚物改性沥青防水涂膜屋面，是将涂料加入加热容器中，加热至 $180 \sim 200℃$，待全部熔化成流态后，启动沥青泵开始输送涂料并喷涂，具有施工速度快、涂层没有溶剂挥发等优点。但应注意安全，防止烫伤。喷涂设备由加热搅拌容器、沥青泵、输油管、喷枪等组成。

26.2.1.6 合成高分子防水涂膜施工

合成高分子防水涂膜施工，可采用喷涂和刮涂的施工方法。当采用涂刮施工时，每遍涂刮的推进方向宜与前一遍相互垂直；多组分涂料应按配合比准确计量，搅拌均匀。已配成的多组分涂料应及时使用。配料时，可加入适量的缓凝剂或促凝剂来调节固化时间，但不得混入已固化的涂料；在涂层间夹铺胎体增强材料时，位于胎体下面的涂层厚度不宜小于 1mm，最上层的涂层不应少于两遍，其厚度不应小于 0.5mm；当采用浅色涂料做保护层时，应在涂膜固化后进行。

涂料冷喷涂施工的防水施工工艺是将黏度较小的防水涂料放置于密闭的容器中，通过齿轮泵或空压泵，将涂料从容器中泵出，经输送管至喷枪处，均匀喷涂于基面，形成一层均匀、质密的防水膜。其特点是施工速度快、工效高，适合于各种屋面。施工操作工人要熟练掌握喷涂机械的操作、配料、搅拌和运输过程及调整喷料喷出的速度、均匀度，确保防水膜的质密效果。下面重点介绍喷涂聚脲弹性体防水层施工。

1. 构造层次

喷涂聚脲弹性体防水层构造层次，见图 26-29。

2. 作业条件

喷涂聚脲施工区域环境以温度 $5 \sim 35℃$、相对湿度在 10% $\sim 90\%$ 之间为宜，混凝土表面温度不应低于 $2℃$。不宜在强太阳、狂风或恶劣环境条件下施工。如果在强太阳下施工或施工温度接近上限温度时，应先将表面喷水降温。喷涂作业区域不得有其他工种交叉施工，特别是相邻区域不得有粉尘污染，其他对基层要求与防水施工对基层要求大致相同。

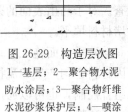

图 26-29 构造层次图
1—基层；2—聚合物水泥防水涂层；3—聚合物纤维水泥砂浆保护层；4—喷涂聚脲弹性体防水层

3. 现场防护

对施工区域内不施工部位及现场周围所涉及的非喷涂区域，应用防护布进行遮挡处理。对工作区域所留的预埋件进行封套处理，对处于下风口部位，遮挡高度应不低于 1.8m，以免喷涂施工时物料飞溅，污染墙体或其他成品。

4. 喷涂底漆

聚脲弹性体涂料在混凝土表面使用专用的底漆进行封闭处理，其主要作用为：封闭混凝土基层表面毛细孔中的空气和水分，避免聚脲涂料层施工后出现鼓泡和针孔现象；封闭底漆还可以起到胶粘剂的作用（界面材料），提高聚脲涂层与混凝土基层的附着力，保证施工质量。底漆一般为100%固含量的环氧、聚氨酯和聚脲类涂料封闭，底漆的黏度较低，以保证其充分渗透性。

底漆的涂布量视基层干燥程度而定，一般干燥的混凝土基层表面，底漆的涂布量为 $0.8\sim1.0kg/m^2$，机械喷涂用人工涂刷即可，喷涂或涂刷时应均匀涂布，无漏点或堆积。底漆涂布完成后，应间隔6~8h使其干燥后再进行聚脲的喷涂施工。

5. 喷涂聚脲

（1）施工时设备参数设定：喷枪总压力 $65kg/m^2$（650Pa）；主加热器和管道加热器温度65℃；将B料桶用电动搅拌器搅拌30min以上。

将主机及附属设备接电进行调试，特别注意调节主机和空气压缩机的接电相位，调节完成后还应检查：空压机和干燥器是否工作正常；喷涂主机的加热系统是否运转正常；打开空压机，达到最大压力，停止运转后，检查输出气管与主机的气管连接是否正常；喷涂时，一部分压缩空气的作用是帮助喷出的聚脲涂料雾化，注意将空压机汽缸中的水分放出，以免喷涂时水分混在聚脲涂料中喷涂到底材上，造成材料性能下降而影响施工质量；检查原料温度是否在21~45℃之间，使其温度达到21℃以上；喷涂前先将管道加热器打开，待管道加热器温度达到所设定的温度后，进行其他主机参数设定，然后进行喷涂施工。

（2）喷涂施工：喷涂施工时应预先划分好区域，逐区域完成。1.2~1.5mm厚的聚脲涂层一般应喷涂3~4遍完成。喷涂时，操作人员应左右移动喷枪，边操作边后退，每一喷涂幅宽应覆盖上一喷涂幅宽50%，俗称"压枪"；下一遍喷涂方向应与上一遍喷涂方向呈垂直。完成喷涂后，涂层薄厚均匀一致、平整、美观。

（3）平面施工：平面施工时，除注意每幅宽搭接厚度和喷涂方向外，还应注意操作人员的移动速度和喷枪与基层的距离，这是喷涂后涂层厚薄是否均匀的关键所在。喷涂进行中，应及时清理基层上未清理或者二次污染的渣物等。在每一遍喷涂完成后，应立即进行检查。对于凸出表面的杂质，用壁纸刀割除；对于针孔和缝洞引起的凹陷，应用快速固化封堵材料填平。

（4）垂直面施工：垂直面施工在平面施工要求基础上要注意每次喷涂不能太厚，以防止因材料不匀产生"流挂"。为达到表面平整、均匀，可以通过喷枪、混合室和喷嘴的不同组合控制，也可以通过控制喷枪的移动速度来控制。

（5）特殊部位施工：对于阴阳角、金属预埋件等特殊部位，应作增强处理，即先喷涂一遍聚脲弹性体材料作为附加层。

26. 2. 1. 7　聚合物水泥防水涂料（简称 JS 防水涂料）施工

聚合物水泥防水涂料适用于坡屋面防水层及非暴露型屋面防水施工，应用Ⅰ型材，不得使用Ⅱ型材。

1. JS防水涂料（Ⅰ型）配合比见表26-29。

JS防水涂料（Ⅰ型）各涂层配合比　　　　　　　表 26-29

涂层类别	重量配比	涂层类别	重量配比
底层涂料	液料：粉料：水＝10：（7~10）：14	中层涂料	液料：粉料：水＝10：（7~10）：（0~2）
下层涂料	液料：粉料：水＝10：（7~10）：（0~2）	面层涂料	液料：粉料：水＝10：（7~10）：（0~2）

2. 配料、涂刷遍数、用料量及涂膜厚度,见 27.1.2.4 相关内容。

26.2.2 涂膜防水层质量控制

1. 质量要求

（1）所用的防水涂料、胎体增强材料、配套进行密封处理的密封材料及复合使用的卷材和其他材料,应有产品合格证书和性能检测报告。材料的品种、规格、性能等,必须符合现行国家产品标准和设计要求。

（2）材料进场后,应按有关规范的规定进行抽样复验,并提出试验报告；不合格的材料,严禁在屋面工程中使用。

（3）屋面的坡度、找平层的水泥砂浆配合比、细石混凝土的强度等级、厚度应符合设计要求。找平层平整度偏差不得超过 5mm,不得有酥松、起砂、起皮等现象,出现裂缝应作修补。施工时的基层需平整、干净、干燥。

（4）各节点做法应符合设计要求。水落口杯和伸出屋面的管道应与基层固定牢固,密封严密,附加层设置正确,不得开缝翘边。

（5）防水层与基层应粘结牢固,不得出现裂纹、脱皮、流淌、鼓泡、露胎体和皱皮等缺陷。

（6）涂膜防水屋面不得有渗漏和积水现象。

2. 施工过程质量控制

（1）涂膜防水层施工前,应仔细检查找平层质量；如找平层存在质量问题,应先进行修补并经再次验收,合格后才能进行下道工序施工。

（2）节点及附加层要严格按设计要求设置和施工,完成后应按设计的节点做法进行检查验收。构造和施工质量均应符合设计和《屋面工程质量验收规范》（GB 50207）的要求。

（3）每遍防水涂层涂布完成后均应进行严格的质量检查,对出现的质量问题应要先修补,合格后方可进行下一遍涂层涂布。

（4）涂膜防水层完成后,进行表观质量的检查,并做好淋水、蓄水检验,合格后再进行保护层的施工。

（5）保护层施工时应有成品保护措施,保护层的施工质量应达到有关规定的要求。

3. 质量验收

涂膜防水层的质量验收包括涂膜防水层施工质量和涂膜防水层成品质量,其质量检验包括原材料、辅材、施工过程和成品等几个方面。主控项目为原材料质量、防水层有无渗漏及涂膜防水层的厚度、细部做法。涂膜防水层表观质量和保护层质量对涂膜防水层质量作为一般项目。涂膜防水层质量检验的项目、要求和检验方法见表 26-30。

涂膜防水层质量检验的项目、要求和检验方法 表 26-30

	检 验 项 目	要 求	检 验 方 法
主控项目	1. 防水涂料和胎体增强材料	必须符合设计要求	检查出厂合格证、质量检验报告和现场抽样复验报告
	2. 涂膜防水层	不得有渗漏或积水现象	雨后或淋水、蓄水试验

续表

	检验项目	要求	检验方法
主控项目	3. 涂膜防水层的厚度	平均厚度符合设计要求，最小厚度不应小于设计厚度的80%	用涂层测厚仪取样量测
	4. 涂膜防水层在天沟、檐沟、檐口、水落口、泛水、变形缝和伸出屋面管道等处细部做法	必须符合设计要求	观察检查和检查隐蔽工程验收记录
一般项目	1. 防水层表观质量	与基层粘结牢固，表面平整，涂刷均匀，无流淌、皱折、鼓泡、露胎体和翘边等缺陷	观察检查
	2. 胎体增强材料表观质量	应铺贴平整，同一层短边搭接缝和上下层搭接缝应错开	观察检查
	3. 胎体增强材料搭接宽度	允许偏差为—10mm	用钢尺检查

4. 防水涂料现场抽样复验项目

进入施工现场的防水涂料和胎体增强材料，应按表26-31的规定进行抽样检验。不合格的防水涂料严禁在建筑工程中使用。

防水涂料现场抽样复验项目　　　　　　　　　　　　　　表 26-31

材料名称	现场抽样数量	外观质量检验	物理性能检验
高聚物改性沥青防水涂料	每10t为一批，不足10t按一批抽样	包装完好无损，且标明涂料名称、生产日期、生产厂名、产品有效期；无沉淀、凝胶、分层	固含量，耐热度，柔性，不透水性，延伸率
合成高分子防水涂料	每10t为一批，不足10t按一批抽样	包装完好无损，且标明涂料名称、生产日期、生产厂名、产品有效期	固体含量，拉伸强度，断裂延伸率，柔性，不透水性
胎体增强材料	每3000m²为一批，不足3000m²按一批抽样	均匀、无团状、平整、无皱折	拉力，延伸率

26.3　复合防水屋面

复合防水屋面是指采用彼此相容的两种或两种以上的防水材料复合组成一道防水层的屋面形式，复合防水层一般采用防水卷材和防水涂膜复合使用，从而充分利用各种材料在性能上的优势互补，提高防水质量。在节点部位采用复合防水的优越性尤为明显。目前常见的复合形式有：两种不同性能涂膜的复合，涂膜与卷材的复合，两种不同性能卷材的复合等。

26.3.1　材料要求

无论是何种防水形式，每一防水层的厚度都必须达到要求，才能保证其能够形成一个独立的防水层。卷材与涂膜复合使用时，涂膜防水层应设置在卷材防水层的下面，防水卷材与防水涂料的粘结剥离强度应符合下列要求：

（1）高聚物改性沥青防水卷材与高聚物改性沥青防水涂料不应小于8N/10mm；

（2）合成高分子防水卷材与合成高分子防水涂料不应小于15N/10mm，浸水168h后保持率不应小于70%；

（3）自粘橡胶沥青防水卷材与合成高分子防水涂料不应小于8N/10mm。

26.3.2　施 工 要 求

复合防水层施工时，卷材防水层施工应符合26.1节有关规定。涂膜防水层施工应符合26.2节有关规定。复合屋面施工时还应注意：

（1）基层的质量应满足底层防水层的要求。

（2）不同胎体和性能的卷材复合使用时，或夹铺不同胎体增强材料的涂膜复合使用时，高性能的应作为面层。

（3）不同防水材料复合使用时，耐老化、耐穿刺的防水材料应设置在最上面。

（4）卷材与涂膜复合使用时，选用的防水卷材和防水涂料应相容。

（5）防水涂料作为防水卷材粘结材料使用时，应按复合防水层进行整体验收；否则，应分别按涂膜防水层和卷材防水层验收。

（6）挥发固化型防水涂料不得作为防水卷材粘结材料使用；水乳型或合成高分子类防水涂料不得与热熔型防水卷材复合使用；水乳型或水泥基类防水涂料应待涂膜实干后，方可铺贴卷材。

26.3.3　质 量 控 制

复合防水层质量检验见表26-32。

复合防水层质量检验的项目、要求和检验方法　　　　　　表26-32

	检 验 项 目	要　　求	检 验 方 法
主控项目	防水材料及其配套材料	必须符合设计要求	检查出厂合格证、质量检验报告和现场抽样复验报告
	复合防水层	不得有渗漏或积水现象	雨后或淋水、蓄水试验
	复合防水层在天沟、檐沟、檐口、水落口、泛水、变形缝和伸出屋面管道等处细部做法	必须符合设计要求	观察检查和检查隐蔽工程验收记录
一般项目	复合防水层表观质量	卷材防水层与涂膜防水层应粘贴牢固，不得有空鼓和分层现象	观察检查
	其他检验项目	符合26.1和26.2节的有关规定	

26.4　瓦 屋 面

瓦屋面防水是我国传统的屋面防水技术，它采取以排为主的防水手段，在10%～50%的屋面坡度下，将雨水迅速排走，并采用具有一定防水能力的瓦片搭接进行防水。瓦片材料和形式繁多，有黏土小青瓦、水泥瓦（英红瓦）、沥青瓦、装饰瓦、琉璃瓦、筒瓦、黏土平瓦、金属板、金属夹心板等。所以，瓦屋面的种类也很多，有平瓦屋面、青瓦屋面、筒瓦屋面、石板瓦屋面、石棉水泥瓦屋面、玻璃钢波形瓦屋面、沥青瓦屋面、薄钢板瓦屋面、金属压型夹心板屋面等。本节主要介绍其中常用的平瓦屋面、沥青瓦屋面两种。

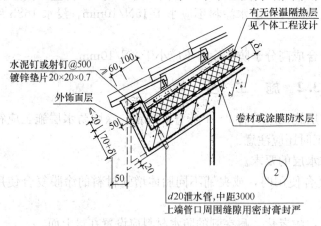

　　根据斜坡瓦屋面的特点和防水设防的要求，用于斜坡屋面的防水材料，除要求防水效果好外，还要求强度高、粘结力大。在面层瓦的重力作用下，在斜坡面上不会发生下滑现象，同时也不会因温度变化引起性能的太大变化。适合于斜坡屋面的防水材料应该是强度高、粘结力大的防水涂料，以及聚合物水泥防水涂料和聚合物防水砂浆。聚合物水泥防水涂料和聚合物防水砂浆的

图 26-30　块瓦屋面檐口（钢挂瓦条）

抗渗性好、强度高，尤其是粘结力，比普通水泥砂浆大好几倍，而且不受气温影响。聚合物防水砂浆具有很好的韧性，能适应屋面混凝土的干缩和温差引起的裂缝而不开裂，聚合物水泥防水涂料有较大的延伸率，对基层的裂缝有更好的适应能力。这两种材料是目前斜坡屋面防水材料的最佳选择。瓦屋面的主要构造形式见图 26-30～图 26-34。

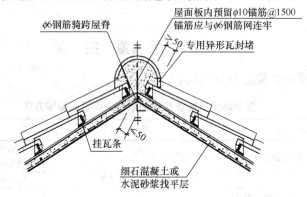

图 26-31　块瓦屋面屋脊（钢挂瓦条）

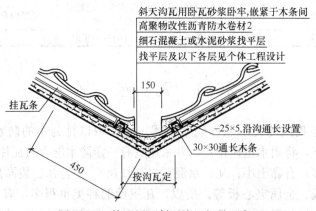

图 26-32　块瓦屋面斜天沟（钢挂瓦条）

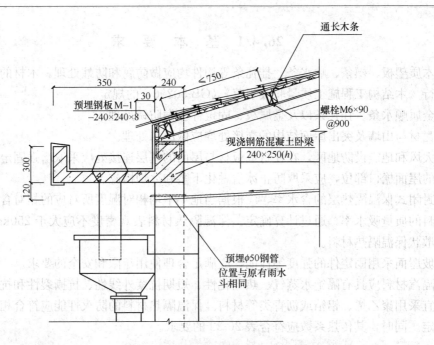

图 26-33　沥青瓦屋面檐口详图

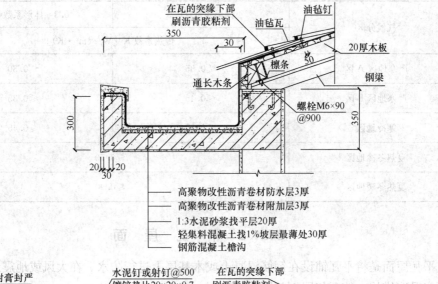

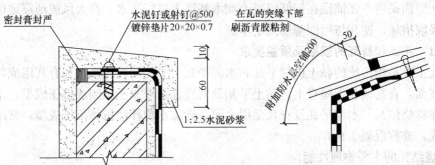

图 26-34　沥青瓦屋面构造

26.4.1　基　本　要　求

木质望板、檩条、顺水条、挂瓦条等构件均应做防腐和防蛀处理。木材的含水率应符合现行《木结构工程施工质量验收规范》(GB 50206)的规定。

金属顺水条、挂瓦条以及金属板、固定件应做防锈处理。

瓦材与山墙及突出屋面结构的交接处均应做泛水处理。

大风和地震设防地区，在瓦材或板材与屋面的基层连接处应采取增强固定措施；寒冷地区的屋面檐口部位，应采取防止冰雪融化下坠和冰坝措施。

封闭式保温隔热层的含水率，应根据当地年平均相对湿度所对应的相对含水率以及给定材料的质量吸水率，通过计算确定。保温隔热材料表观密度不应大于 $250kg/m^3$，不得选用散状保温隔热材料。

坡屋面采用固定件的强度等性能，应满足合理使用年限和安全的要求。

隔汽材料应具有隔绝水蒸气、热老化性、短期抗紫外线性、抗撕裂性和抗拉伸性等性能。宜采用聚乙烯、铝箔或沥青类等材料。保温隔热材料的防火性能应符合相关防火规范的规定。同时，其传热系数应符合表 26-33 的要求。

保温隔热材料传热系数　　　　　　　　　　表 26-33

气候分区	体形系数≤0.3	0.3＜体形系数≤0.4
	传热系数 K [W/($m^2 \cdot K$)]	
严寒地区 A 区	≤0.35	≤0.30
严寒地区 B 区	≤0.45	≤0.35
寒冷地区	≤0.55	≤0.45
夏热冬冷地区	≤0.70	
夏热冬暖地区	≤0.90	

26.4.2　平　瓦　屋　面

平瓦屋面是将平瓦铺设在钢筋混凝土或木基层上进行防水。在大风或地震地区，平瓦屋面应采取措施，使瓦与屋面基层固定牢固。

26.4.2.1　平瓦和脊瓦的规格及质量要求

平瓦主要是指传统的黏土机制平瓦和水泥平瓦。平瓦屋面由平瓦和脊瓦组成，平瓦用于铺盖坡面，脊瓦铺盖于屋脊上。黏土平瓦及其脊瓦是以黏土压制或挤压成型、干燥焙烧而成，亦称烧结瓦。水泥平瓦及脊瓦是用水泥、砂加水搅拌经机械滚压成型，常压蒸汽养护后制成，亦称混凝土瓦。

1. 烧结瓦的主要物理性能

(1) 检验项目：抗冻性能、耐急冷急热性、吸水率、抗渗性能。

(2) 烧结瓦主要物理性能应符合表 26-34 的要求。

烧结瓦的主要物理性能 表 26-34

项 目	性 能 要 求
抗冻性能	经 15 次冻融循环不出现剥落、掉角、掉棱及裂纹增加现象
耐急冷急热性	经 10 次急冷急热循环不出现炸裂、剥落及裂纹延长现象
吸水率（%）	不大于 21.0
抗渗性能	经过渗性能试验，瓦背面无水滴产生

2. 烧结瓦的规格和质量要求

烧结瓦的规格尺寸及质量要求分别见表 26-35～表 26-38。

烧结瓦的规格及主要规格尺寸（mm） 表 26-35

产品类别	规 格	基 本 尺 寸						
		厚度	瓦槽深度	边筋高度	搭接部分长度 头尾	搭接部分长度 内外槽	瓦抓	
							压制瓦	挤出瓦	后抓有效高度
平瓦	400×240 ～ 360×220	10～20	≥10	≥3	50～70	25～40	具有四个瓦抓	保证两个后抓	≥5
脊瓦	L≥300 b≥180	h 10～20	l_1 25～35				d >b/4		h_1 ≥5

烧结瓦的尺寸允许偏差（mm） 表 26-36

外形尺寸范围	优等品	一等品	合格品
L(b)≥350	±5	±6	±8
250≤L(b)<350	±4	±5	±7
200≤L(b)<250	±3	±4	±5
L(b)<200	±2	±3	±4

烧结瓦的表面质量要求 表 26-37

缺陷项目		优等品	一等品	合格品
有釉类瓦	无釉类瓦			
缺釉、斑点、落脏、棕眼、熔洞、图案缺陷、烟熏、釉缕、釉泡、釉裂	斑点、起包、熔洞、麻面、图案缺陷、烟熏	距 1m 处目测不明显	距 2m 处目测不明显	距 3m 处目测不明显
色差、光泽差	色差	距 3m 处目测不明显		

烧结瓦的裂缝长度允许范围 表 26-38

产品类别	裂纹分类	优等品	一等品	合格品
平瓦	未搭接部分的贯穿裂纹	不允许		
	边筋断裂	不允许		
	搭接部分的贯穿裂纹	不允许		不得延伸至搭接部分的 1/2 处
	非贯穿裂纹（mm）	不允许	≤30	≤50
脊瓦	未搭接部分的贯穿裂纹	不允许		
	搭接部分的贯穿裂纹	不允许		不得延伸至搭接部分的 1/2 处
	非贯穿裂纹	不允许	≤30	≤50

3. 混凝土瓦的主要物理性能、质量要求和承载力标准值

混凝土瓦的主要物理性能、质量要求和承载力标准值分别见表 26-39～表 26-41。

混凝土瓦的主要物理性能   表 26-39

项　目	性　能　要　求
质量标准差（g）　≤	180
承载力　　　　　≥	承载力标准值
抗渗性能	经抗渗性能试验后，瓦背面无水滴现象
抗冻性能	经抗冻性能检验后，承载力仍不小于承载力标准值

混凝土瓦的质量要求   表 26-40

项　目		性　能　指　标
尺寸允许偏差（mm）		长度±4，宽度±3
掉角欠缺部分（mm）		在瓦面上造成的破坏尺寸不得同时大于 10
瓦爪残缺：边筋坍塌或外槽外缘边筋断裂		不允许
瓦面裂缝长度（mm）		≤15
擦边长度不得超过（在瓦面上造成的破坏宽度小于 5mm 者不计）		30mm
吸水率（%）	优等品、一等品	≤10
	合格品	≤12

混凝土瓦的承载力标准值   表 26-41

项　目	有筋槽平瓦		无筋槽平瓦
瓦脊高度 d（mm）	$d<5$		—
遮盖宽度 b_1（mm）	≥300	≤200	—
承载力标准值 F_c（N）	1200	800	550

注：1. 遮盖宽度 200～300mm 间的有筋槽平瓦，其承载力标准值应按表中所列的值用线性内插法确定。

2. 平瓦承载力实测平均值不得小于承载力可验收值（F_{0k}）；

$$F_{0k} \geqslant F_c + 1.64\sigma \tag{26-1}$$

26.4.2.2　平瓦和脊瓦的运输堆放

瓦材为易碎材料，在包装、搬运和存放时，应注意瓦材的完整性。每块瓦均应用草绳花缠出厂；运输车厢用柔软材料垫稳，搬运轻拿轻放，不得碰撞、抛扔；堆放应整齐，平瓦侧放靠紧，堆放高度不超过 5 层，脊瓦呈人字形堆放。

26.4.2.3　施工准备工作

1. 瓦面基层应符合下列要求：

（1）结构层内应预埋 $\phi10$ 锚筋，锚筋长度应符合构造要求，锚筋应做防腐处理。

（2）防水层应符合设计要求，封闭严密。

（3）保温层应铺设在垫层上，保温材料宜采用干铺法或粘贴法。

（4）保温层上应做 C20 细石混凝土找平层，找平层内应设 $\phi6$ 钢筋网骑跨屋脊并绷直，钢筋网应与预埋锚筋连牢。

2. 屋面木基层的施工要求

（1）檩条、椽条、封檐板等的施工允许偏差及检查方法见表 26-42。

檩条、椽条、封檐板质量检查表 表 26-42

项次	项 目		允许偏差（mm）	检 查 方 法
1	檩条、椽条	方木截面	-2	钢尺量
		原木梢径	-5	钢尺量，椭圆时取大小径的平均值
		间距	-10	钢尺量
		方木上表面平直	4	沿坡拉线钢尺量
		原木上表面平直	7	
2	油毡搭接宽度		-10	钢尺量
3	挂瓦条间距		±5	
4	封山、封檐板平直	下边缘	5	拉 10m 线，不足 10m 拉通线，钢尺量
		表面	8	

（2）挂瓦条的施工要求：

1）挂瓦条的间距要根据平瓦的尺寸和一个坡面的长度经计算确定，黏土平瓦一般间距为 280～330mm。

2）檐口第一根挂瓦条，要保证瓦头出檐（或出封檐板外）50～70mm；上下排平瓦的瓦头和瓦尾的搭扣长度 50～70mm；屋脊处两个坡面上最上两根挂瓦条，要保证挂瓦后，两个瓦尾的间距在搭盖脊瓦时，脊瓦搭接瓦尾的宽度每边不小于 40mm。

3）挂瓦条断面一般为 30mm×30mm，长度一般不小于 3 根椽条间距，挂瓦条必须平直（特别是保证挂瓦条上边口的平直），接头在椽木上，钉置牢固，不得漏钉，接头要错开，同一椽木条上不得连续超过 3 个接头；钉置椽口条（或封椽板）时，要比挂瓦条高 20～30mm，以保证椽口第一块瓦的平直；钉挂瓦条一般从椽口开始逐步向上至屋脊，钉置时要随时校核挂瓦条间距尺寸的一致。为保证尺寸准确，可在一个坡面两端，准确量出瓦条间距，通长拉线钉挂瓦条。

3. 平瓦铺挂前的准备工作

（1）堆瓦：平瓦运输堆放应避免多次倒运。要求平瓦长边侧立堆放，最好一顺一倒合拢靠紧，堆放成长条形，高度以 5～6 层为宜，堆放、运瓦时，要稳拿轻放。

（2）选瓦：平瓦的质量应符合要求。砂眼、裂缝、掉角、缺边、少爪等不符合质量要求规定的不宜使用，但半边瓦和掉角、缺边的平瓦可用于山檐边、斜沟或斜脊处，其使用部分的表面不得有缺损或裂缝。

（3）上瓦：待基层检验合格后，方可上瓦。上瓦时应特别注意安全；如在屋架承重的屋面上，上瓦必须前后两坡同时同一方向进行，以免屋架不均匀受力而变形。

（4）摆瓦：一般有"条摆"和"堆摆"两种。"条摆"要求隔 3 根挂瓦条摆一条瓦，每米约 22 块；"堆摆"要求一堆 9 块瓦，间距为：左右隔 2 块瓦宽，上下隔 2 根挂瓦条，均匀错开，摆置稳妥。

在钢筋混凝土挂瓦板上，最好随运随铺。如需先摆瓦时，要求均匀、分散平摆在板上，不得在一块板上堆放过多，更不准在板的中间部位堆放过多，以免荷载集中而使板断裂。

4. 材料用量

平瓦屋面材料用量见表 26-43。

平瓦屋面主要材料用量参考表　　表 26-43

材　料	平瓦（100m²）	脊瓦（100m）	掺抗裂纤维灰浆（100m）	水泥砂浆（100m²）
数量	1530 块	240 块	0.4m³	0.03m³

注：表列各项数字供估算参考，各地可以当地定额为准。

26.4.2.4　平瓦屋面施工

1. 平瓦屋面施工工艺（图 26-35）

图 26-35　平瓦屋面
　　　施工工艺

2. 平瓦屋面的施工要求

（1）屋面、檐口瓦：挂瓦次序从檐口由下到上、自左向右方向进行。檐口瓦要挑出檐口 50～70mm；瓦后爪均应挂在挂瓦条上，与左边、下边两块瓦落槽密合，随时注意瓦面、瓦楞平直，不符合质量要求的瓦不能铺挂。为保证铺瓦的平整、顺直，应从屋脊拉一斜线到檐口，即斜线对准屋脊下第一张瓦的右下角，顺次与第二排的第二张瓦、第三排的第三张瓦，直到檐口瓦的右下角，都在一直线上。然后，由下到上依次逐张铺挂，可以达到瓦沟顺直，整齐、美观。檐口瓦用镀锌钢丝拴牢在檐口挂瓦条上。当屋面坡度大于 50% 或在大风、地震地区，每片瓦均需用镀锌钢丝固定于挂瓦条上。瓦的搭接应顺主导风向，以防漏水。檐口瓦应铺成一条直线，天沟处的瓦要根据宽度及斜度弹线锯料。整坡瓦应平整，行列横平竖直，无翘角和张口现象。

（2）斜脊、斜沟瓦：先将整瓦（或选择可用的缺边瓦）挂上，沟边要求搭盖泛水宽度不小于 150mm，弹出墨线，编好号码，将多余的瓦面砍去（最好用钢锯锯掉，保证锯边平直），然后按号码次序挂上；斜脊处的平瓦也按上述方法挂上，保证脊瓦搭接平瓦每边不小于 40mm，弹出墨线，编好号码，砍（或锯）去多余部分，再按次序挂好。斜脊、斜沟处的平瓦要保证使用部分的瓦面质量。

（3）脊瓦：挂平脊、斜脊脊瓦时，应拉通长麻线，铺平挂直。扣脊瓦用 1:2.5 石灰砂浆铺座平实，脊瓦接口和脊瓦与平瓦间的缝隙处，要用掺抗裂纤维的灰浆嵌严刮平，脊瓦与平瓦的搭接每边不少于40mm；平脊的接头口要顺主导风向；斜脊的接头口向下（即由下向上铺设），平脊与斜脊的交接处要用麻刀灰封严。铺好的平脊和斜脊平直，无起伏现象。

3. 平瓦屋面节点泛水的施工要求

（1）山墙边泛水做法见图 26-36。

（2）天沟、檐沟的防水层宜采用 1.2mm 厚的合成高分子防水卷材、3mm 厚的高聚物改性沥青防水卷材铺设，或采用 1.2mm 合成高分子防水涂料涂刷

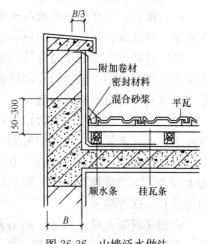

图 26-36　山墙泛水做法

设防，亦可用镀锌薄钢板铺设。

26.4.3 沥青瓦屋面

沥青瓦是一种新型屋面防水材料，除具有较好防水效果外，还对建筑物有很好的装饰效果，且施工简便、易于操作。沥青瓦是以玻璃纤维毡为胎基，经浸涂石油沥青后，一面覆盖彩砂矿物粒料，另一面撒以隔离材料，并经切割所制成的瓦片状屋面防水材料。

1. 检验项目：可溶物含量、拉力、耐热度、柔度、不透水性。

2. 玻纤胎沥青瓦的主要物理性能应符合表 26-44 的要求。

玻纤胎沥青瓦的主要物理性能　　　　　　　　　表 26-44

序号	项　目		平瓦	叠瓦
1	可溶物含量（g/m²）　　　　　　　≥		1000	1800
2	拉力（N/50mm）　≥	纵向	500	
		横向	400	
3	耐热度（90℃）		无流淌、滑动、滴落、气泡	
4	柔度[a]（10℃）		无裂纹	
5	撕裂强度（N）　　　　　　　　　≥		9	
6	不透水性（0.1MPa，30min）		不透水	
7	耐钉子拔出性能（N）　　　　　　≥		75	
8	矿物料粘附性[b]（g）　　　　　　≤		1.0	
9	金属箔剥离强度[c]（N/mm）　　　≥		0.2	
10	人工气候加速老化	外观	无气泡、渗油、裂纹	
		色差* ΔE　　　　≤	3	
		柔度（10℃）	无裂纹	
11	抗风揭性能		通过	
12	自粘胶耐热度	50℃	发黏	
		75℃	滑动≤2mm	
13	叠层剥离强度（N）　　　　　　　≥		—	20

a　供需双方可以根据使用要求商定温度更低的柔度指标。

b　仅适用于矿物粒（片）料沥青瓦。

c　仅适用于金属箔沥青瓦。

26.4.3.1 沥青瓦规格及质量要求

1. 规格

沥青瓦的规格：长×宽×厚＝1000mm×333mm×3.5(4.5)mm，长度尺寸偏差为±3mm，宽度尺寸偏差为＋5mm、－3mm。形状如图 26-37。

2. 外观质量要求

（1）10～45℃环境温度时应易于打开，

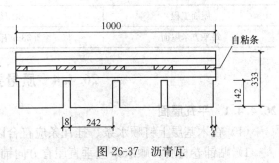

图 26-37　沥青瓦

不得产生脆裂和粘连。

(2) 玻纤毡必须完全用沥青浸透和涂盖。

(3) 沥青瓦不应有孔洞和边缘切割不齐、裂缝、断裂等缺陷。

(4) 矿物料应均匀、覆盖紧密。

(5) 自粘结点距末端切槽的一端不大于 190mm，并与沥青瓦的防粘纸对齐。

3. 沥青瓦运输保管：应符合如下要求：

(1) 不同撒布料颜色、不同等级分别堆放；

(2) 保管环境温度不应高于 45℃；

(3) 储存运输时应平放，高度不得超过 15 捆，并应避免雨淋、日晒、受潮，注意通风和远离火源。

26.4.3.2 沥青瓦屋面施工

(1) 沥青瓦施工工艺，见图 26-38。

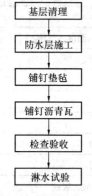

图 26-38 沥青瓦屋面施工工艺

(2) 沥青瓦屋面坡度宜为 20%～85%。

(3) 屋面基层应清除杂物、灰尘，基层应具有足够的强度、平整、干净，无起砂、起皮等缺陷。

(4) 细部节点处理和防水层施工：根据设计要求，对屋面与突出屋面结构的交接处、女儿墙泛水、檐沟等部位，用涂料或卷材进行防水处理。验收合格后进行防水层施工，防水层的施工方法、要求及质量检验参见"26.1 卷材防水屋面"、"26.2 涂抹防水屋面"的相关内容。

(5) 沥青瓦应自檐口向上铺设；第一层瓦应与檐口平行；切槽应向上指向屋脊，用油毡钉固定。第二层沥青瓦应与第一层叠合，但切槽应向下指向檐口。第三层沥青瓦应压在第二层上，并露出切槽 125mm，沥青瓦之间的对缝，上下层不应重合。每片沥青瓦不应少于 4 个油毡钉。当屋面坡度大于 80%时，应增加油毡钉固定。

(6) 沥青瓦铺设在木基层上时，可用油毡钉固定；沥青瓦铺设在混凝土基层上时，可用射钉固定；也可以采用冷玛瑞脂或粘结胶粘结固定。

(7) 将沥青瓦切槽剪开分成四块即可作为脊瓦，并搭盖两坡面沥青瓦 1/3，脊瓦相互搭接面不应小于 1/2。

(8) 屋面与突出屋面结构的交接处，沥青瓦应铺贴至立面上，高度不应小于 250mm。

(9) 材料用量：沥青瓦屋面材料参考用量见表 26-45。

沥青瓦屋面用量参考表 表 26-45

屋面工程	面积用量	重 量
每平方米屋面	2.33m² 瓦材	2.5kg

26.4.4 质量要求和验收

26.4.4.1 平瓦屋面

(1) 在木基层上钉顺水条、挂瓦条应符合以下规定：

1) 贴铺卷材后，顺水条应垂直屋脊方向铺钉入基层，间距不应大于 500mm，顺水条表面应平整。

2）挂瓦条应平直，上棱成一直线，并应钉牢固，不得漏钉。

（2）铺瓦前应选瓦，凡缺边、掉角、裂缝、砂眼、翘曲不平、张口缺爪的瓦，不得使用。

（3）挂瓦时应符合以下规定：

1）挂瓦应从两坡的檐口同时对称进行。瓦应与挂瓦条挂牢，瓦爪与瓦槽搭扣紧密，并保证搭接宽度。

2）檐口瓦、斜天沟瓦应用镀锌钢丝拴牢在挂瓦条上。当屋面坡度大于 1：0.67（大于 56°）时，大风和地震设防地区，每片瓦均需与挂瓦条固定牢固。

3）檐口应铺成一条直线，瓦头挑出封檐板长度和沟边瓦伸入天沟、檐沟内长度均应符合要求。

4）整坡瓦面应平整，行列横平竖直，无翘角和张口现象。

5）平脊和斜脊应铺平挂直，接头顺主导风向。脊瓦搭扣、脊瓦与坡面瓦的缝隙和平脊与斜脊的交接处，应用掺纤维的混合砂浆嵌严刮平。

（4）烧结瓦和混凝瓦铺装的有关尺寸应符合下列要求：

1）脊瓦在两坡面瓦上的搭盖宽度，每边不应小于 40mm。

2）檐口瓦片伸入檐沟内的长度宜为 50～70mm。

3）天沟、檐沟的防水层伸入瓦下的宽度不应小于 150mm。

4）瓦头挑出封檐板的长度宜为 50～70mm。

5）突出屋面结构的侧面瓦伸入泛水的宽度不应小于 50mm。

6）钉檐口条或封檐板时，条（板）应比挂瓦条高 20～30mm。

（5）主控项目：

1）瓦材及防水垫层的质量，必须符合设计要求。

检验方法：检查出厂合格证、质量检验报告和进场检验报告。

2）屋面排水坡度必须符合设计要求，不得有渗漏现象。

检验方法：雨后或淋水检验。

3）瓦片必须铺置牢固。地震设防地区、大风地区或屋面坡度大于 50%的屋面，应采取固定加强措施。

检验方法：观察或手扳检查。

（6）一般项目：

1）挂瓦条应分档均匀，铺钉平整、牢固；瓦面平整，行列整齐，搭接紧密，檐口平直。

检验方法：观察检查。

2）脊瓦应搭盖正确，间距均匀，封固严密；屋脊和斜脊应顺直，无起伏现象。

检验方法：观察检查。

3）泛水做法应符合设计要求，顺直整齐，结合严密，无渗漏。

检验方法：观察检查和雨后或淋水检查。

为了防止质量不合格的平瓦在工程中使用，或因贮运、保管不当而造成平瓦的缺陷，进入施工现场的平瓦应按表 26-46 的要求进行抽样复验，不合格的材料不得在建筑工程中使用。

平瓦现场抽样复验项目

表 26-46

材料名称	现场抽样数量	外 观 质 量 检 验
平瓦	同一批至少抽一次	边缘整齐，表面光滑，不得有分层、裂纹、露砂

26.4.4.2 沥青瓦屋面

(1) 沥青瓦铺设在木基层上时，应先铺设卷材防水垫层，再用屋面钉将沥青瓦固定在基层上。沥青瓦铺设在混凝土基层上时，应先在基层表面抹 1∶3 水泥砂浆找平层，再铺设卷材防水垫层和沥青瓦。当有保温层时，应先铺卷材防水垫层，再铺设保温层，并在其上铺抹找平层，再铺设沥青瓦。

(2) 在女儿墙泛水处，沥青瓦应沿基层与女儿墙的八字坡铺设，其高度不应小于150mm。并用镀锌金属压条钉压固定于墙上，泛水上口与墙间的缝隙应用密封材料封严。

(3) 沥青瓦与天沟、檐沟、水落口、女儿墙泛水和伸出屋面管道等交接处，应用卷材附加层加强处理。

(4) 沥青瓦应自檐口向上铺设，第一层瓦应与檐口平行，切槽向上指向屋脊；第二层瓦应与第一层叠合，但切槽向下指向檐口；第三层瓦应压在第二层上，并露出切槽。相邻两层沥青瓦，其拼缝及瓦槽应均匀错开。

(5) 铺设脊瓦时，应将沥青瓦切槽剪开，分成四块作为脊瓦，并用 2 个屋面钉固定；脊瓦应顺年最大频率风向搭接，并应搭盖住两坡面沥青瓦接缝的 1/3；脊瓦与脊瓦的压盖面，不应小于脊瓦面积的 1/2。

(6) 沥青瓦的固定应符合下列要求：

1) 在木望板上每片沥青瓦不得少于 4 个固定钉，在混凝土或水泥砂浆基层上，每片沥青瓦不得少于 6 个固定钉。

2) 固定钉钉入沥青瓦后，钉帽应与瓦片表面齐平；固定钉应有防腐功能。

3) 固定钉穿入持钉层深度不应小于20mm。采用木质持钉层时，固定钉可贯穿。

4) 屋面坡度大于 1∶0.67（大于 56°）或受大风作用的屋面，施工时应酌情增加固定瓦材用钉的数量。坡度大于 100% 的屋面或强风地区，每片沥青瓦固定钉不能少于 6 个；檐口、脊瓦等屋面边缘部位沥青瓦之间及起始层沥青瓦与基层之间，均应采用沥青基胶粘材料满粘。

(7) 沥青瓦铺装的有关尺寸应符合下列要求：

1) 脊瓦在两坡面的搭盖宽度每边不应小于 150mm。

2) 脊瓦与脊瓦的压盖面不应小于脊瓦面积的 1/2。

3) 沥青瓦与突出屋面墙体的泛水高度不应小于 250mm。

4) 沥青瓦挑出檐口的长度宜为 10~20mm。

5) 金属泛水板与沥青瓦的搭盖宽度不应小于 100mm。

(8) 主控项目：

1) 沥青瓦及垫层材料的质量，必须符合设计要求。

检验方法：检查出厂合格证、质量检验报告和进场检验报告。

2) 屋面排水坡度必须符合设计要求，不得有渗漏现象。

检验方法：雨后或淋水检验。

3）沥青瓦铺设搭接应正确，瓦片外露部分应不得超过切口长度。

检验方法：观察检查。

（9）一般项目：

1）沥青瓦所用的固定钉必须钉平、钉牢，严禁钉帽外露在沥青瓦表面。

检验方法：观察检查。

2）沥青瓦铺钉方法应正确，沥青瓦之间的切口上下层不得重合。

检验方法：观察检查。

3）檐口、天沟及细部构造应符合设计要求，顺直、平整，结合严密。

检验方法：观察检查。

4）沥青瓦应与基层贴紧，瓦面平整，屋脊顺直，搭接正确，密封严密。

检验方法：观察检查。

5）沥青瓦铺装的有关尺寸，应符合以上第（7）条的有关规定。

检验方法：用钢尺检查。

26.5 金属板材屋面

26.5.1 基本规定

金属板材屋面是指用金属板材（钢板、铝合金板、钛锌板、铜板、不锈钢板等）按设计要求经工厂（现场）加工成的屋面板，用各种紧固件和各种泛水配件组装成的屋面围护结构。

金属屋面系统是以金属材料作为屋面层，通过合理的方式，借助现代屋面施工机具和屋面接口技术，将符合建筑物功能要求的各屋面层体有机组合而成。建成后的屋面系统，可以同时或根据需要部分满足建筑物屋面的结构支撑、吸声、降噪、隔热、保温、防潮、防水、排水和内外装饰等功能，配合其他建筑附件，兼顾采光、消防、排烟、防雷等功能。

26.5.2 材料要求

屋面一般采用钢板、铝合金板、钛锌板、铜板等金属板材，各种材料性能参数如表26-47所示：

金属板材材料性能参数　　　　　　　　　　表 26-47

材料名称	密度 ρ （t/m³）	膨胀系数 α （10^{-6}/℃）	屈服强度 σ_s （MPa）	弹性模量 E （GPa）	伸长率 δ_5 （%）
钢板	7.85	10～18	205～300	206	12～30
铝合金板	2.6～2.8	23	35～500	70～79	45
钛锌板	7.18	2.2	156	150	15～18
铜板	8.39	19.1～21.2	70～760	96～110	60
不锈钢板	7.93	17	205	190～210	40
钛合金板	4.5	8.1～11	760～1000	100～120	10

金属屋面的特点：制作工艺简单、自重轻、安装方便、防火性能好。

26.5.2.1　金属板材的构造形式、规格及性能

包括金属板立边咬合屋面、平锁扣金属瓦屋面、金属板饰面屋面。

金属板立边咬合屋面又分直立锁边点支撑系统、直立锁边面支撑系统。

1. 直立锁边点支撑系统

立边高度 65mm，板的宽度为 250mm、305mm、333mm、400mm、500mm、600mm，板型截面形式如图 26-39 所示，点支撑系统连接形式如图 26-40 所示。

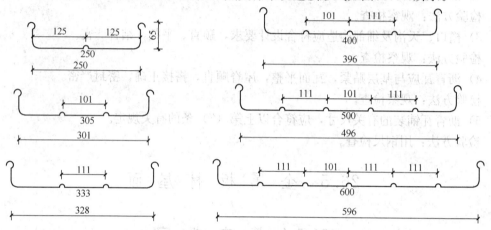

图 26-39　点支撑系统板型截面形式

此种屋面板用于直立锁边点支撑屋面系统，主要针对大跨度支撑式安装体系，在屋面上看不到任何穿孔，支撑方式采用与之相配合使用的铝合金支座，隐藏在面板之下，板块与板块的立边由机械咬合形成密合的连接，咬合边与支座形成的连接方式可以产生相对滑动，解决因热胀冷缩产生的板块应力，可制作纵向超长尺寸的板块，屋面板采用的材料一般为 0.9～1.0mm 的铝合金板、0.5～0.7mm 的钢板。

图 26-40　点支撑系统连接形式

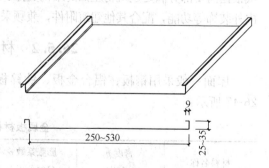

图 26-41　面支撑系统板型截面形式

2. 直立锁边面支撑系统

立边高度 25～35mm，采用自动机械咬合设备，把两块板条沿长度方向将立边通过双重锁定，从而使屋面连接成为一个整体，此种系统在面板下面一般设置结构支撑层。由于立边较低，此种屋面连接方式对复杂造型的屋面有很高的适应性。面支撑系统的板型截面形式如图 26-41 所示，其连接形式如图 26-42 所示。

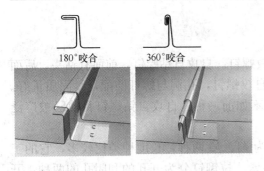

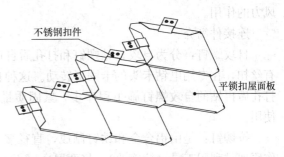

图 26-42　面支撑系统连接形式　　　　　　图 26-43　平锁扣系统连接形式示意

　　此种屋面连接方式在欧美已经非常成熟，其技术与材料在建筑领域已超过 200 年的历史，材料较多地采用 0.6～0.8mm 的钛锌板、铜板、铝合金板。

　　3. 平锁扣系统

　　平锁扣系统为统一加工的金属瓦片（一般为菱形或矩形）相互扣接成一个整体，主要用于坡度较大的屋面及墙面，为一种面支撑屋面系统，采用固定扣件将金属瓦片与结构支撑层连为一体，由于其规格小巧，几乎可以拟合所有的曲线类型，材料较多地采用 0.6～0.8mm 的钛锌板、铜板、铝合金板。平锁扣系统连接形式如图 26-43 所示。

　　方形、菱形的平锁扣系统板块具有向前折的上边和向后折的下边，折边由人工或特定的机械进行加工，大尺寸的矩形板块通常采用 600mm 的宽度，长度则可达到 3000mm。

　　平锁扣板块的内折下边勾住下部固定板块的前向折边，上部折边则通过平金属扣件固定在檩条或满铺的基层上。具体的单位扣件数则依据建筑规范的风压值、板块大小、厚度、基层状况等相应设计决定。

　　4. 金属板饰面屋面

　　金属板饰面屋面是在点支撑屋面系统上，采用锁夹、龙骨等作为饰面的支撑层，采用不锈钢板、钛合金板、钛锌复合板、铝单板等作为饰面层，饰面层一般无防水功能，屋面的防排水为饰面层下的支撑屋面系统。金属板饰面屋面如图 26-44 所示。

图 26-44　金属板饰面屋面

26.5.2.2　金属板材连接件及密封材料的要求

　　1. 连接件

　　(1) 连接件的分类

　　连接件分为两类：一类为将板与承重件相连的连接件，也可称为结构连接件；一类是用于将板与板、板与配件、配件与配件等相连的连接件，也可称为构造连接件。

　　结构连接件：是将建筑物的围护板材与承重结构连接成整体的重要部件，用以抵抗风的吸力、下滑力、地震荷载等。一般应进行承载力验算设计，在风荷载大的地区尤为重要。

　　构造连接件：是将各种金属屋面板连成整体，用于防水、密封、美观，当然也要承受风力的作用。

连接件简介：

自攻螺钉：分为自攻自钻螺钉和打孔后自攻螺钉。自攻自钻螺钉，前面有钻头，后面有丝扣，在专用电钻卡头的卡固下转动。这种自攻螺钉，孔洞与螺杆匹配，紧固质量好。打孔后再钻的自攻螺钉施工程序多，紧固质量不如前一种。自攻自钻螺钉目前已被广泛使用。

拉铆钉：是由铝合金和铁钉制成，直径多为 $\phi4$、$\phi5$ 两种，长度种类比较多，它的工作原理是利用工具（拉铆枪），将两层金属板夹紧。拉铆钉分为开孔的和闭孔的两种，开孔的多用在内装修，闭孔的用在室外工程中。

其他几种连接件：大开花螺栓和小开花螺栓也都是单向施工操作的连接件，这种连接件主要用于高波板型的连接。

（2）连接件的选用要求

1）结构连接件：

结构连接件的强度：结构连接件主要作用是抵抗风的吸力，因此在选择时应考虑连接件自身的抗拉性能，连接件与被连接承重结构件的抗拔性能，以及由风吸力造成的金属压型板、附件板件在连接件下的抗拔脱性能。以上三种情况下，往往第三种性能是较弱环节。在选购自攻螺钉等连接件时，一般只能提供前两项的力学性能，第三种性能因与金属屋面板的厚度、地区风荷载、建筑体形、金属板材质有关，是不能直接得到的参数。为了解决这个问题，国外一些公司进行了试验，使用经验公式进行计算，下面的公式是某公司提供的，供选用时参考 $F=\sigma\times0.58\times\pi\times D\times t$，式中，$F$ 是一个自攻螺钉所承受的最大风吸力，D 为螺丝六角头下端直径，t 为金属板厚度，σ 为金属板的抗拉强度，0.58 是试验经验系数。

结构连接件的表面处理：结构连接件的使用寿命应与金属板原材的使用寿命相匹配，因此应对钢连接件的表面处理提出要求。目前使用的自攻螺钉等有镀锌、镀铝锌和镀层后再作有机涂层等多种，镀层和涂层的厚度也各异，订货时应按建筑物的重要程度不同选用，并应由供应厂家提供标准的技术数据，以供选择。

结构连接件的密封垫圈：是连接件的重要组成部分，它起着阻止雨水从板材的孔洞中渗入的作用，因此选择自攻螺钉时，应对密封垫圈提出使用寿命要求和密封要求，它的使用寿命应与金属板的使用寿命相匹配，应具有良好的密封性能和抗老化的性能。

2）构造连接件：

构造连接件使用的是自攻螺钉和铝合金拉铆钉，对其选择要求与结构连接件相同。选用铝合金拉铆时应选用铝合金铆钉，不可选用纯铝铆钉。室外使用时，应选用闭孔式。铝合金拉铆钉在金属板构件上使用时，其密封问题要特别注意。一般用密封胶封头，这种方法受施工条件和施工人员的影响往往不能满足要求，因此建议在铝合金拉铆钉上配置使用抗老化性能好的密封垫圈。

2. 密封材料

（1）密封材料的种类

金属板建筑密封材料分为防水密封材料和保温隔热密封材料两种。

防水密封材料：主要使用密封胶和密封胶条。密封胶应为中性硅酮胶，包装多为筒装，并用推进器（挤膏枪）挤出；也有软包装，用专用推进器，价格比筒装的低。密封胶条是一种双面有胶粘剂的带状材料，多用于金属板与金属板之间的纵向缝搭接。

保温隔热密封材料：主要有软泡沫材料、玻璃棉、聚苯乙烯泡沫板、岩棉材料及聚氨酯现场发泡封堵材料。这些材料主要用于封堵屋面保温材料不能达到的位置。

（2）密封材料的选用要求

1）防水密封材料的选用要求

密封材料应为中性，对金属板和彩涂层无腐蚀作用；要进行粘结性能测试，以保证密封材料与金属板间的粘结性能，避免假粘；要进行相容性测试，以免密封材料变质失效和丧失粘结性能；要有明确的施工操作温度规定，一般应在5～40℃温度下有良好的挤出性能和触变性；要有良好的抗老化性能，耐紫外线、耐臭氧和耐水性能；固化后要有良好的低温下延展性，高温下不变软、降解，保持良好的弹性；购入的密封材料必须要有出厂合格证书，操作工艺规定和产品的技术性能数据。

2）选择保温隔热密封材料的要求

要有良好的隔热密封性能，与建筑物使用的保温隔热材料相匹配；要有良好的施工操作性能；要有良好的耐老化、耐候性能等；要有出厂合格证书和施工操作工艺说明书。

26.5.2.3 金属板材保管运输的要求

（1）构件运输时应注意便于堆放和拼装，在装卸时严禁损坏。

（2）构件运输时宜在下部用木方垫起，板材搬运时宜先抬高再移动，板面之间不得相互摩擦。构件吊起时，防止变形。

（3）重心高的构件立放时应设置临时支撑或立柱，并绑扎牢固。

（4）板材堆放应设在安装点的相近点，避免长距离运输，可堆放在建筑的周围和建筑内的场地中。

（5）板材宜随进度运到堆放点，避免在工地堆放时间过长，造成板材不可挽回的损坏。

（6）堆放板材的场地旁应有二次加工的场地。

（7）堆放场地应平整，不易受到工程运输施工过程中的外物冲击、污染、磨损、雨水浸泡。

（8）按施工顺序堆放板材，同一种板材应放在一叠内，避免不同种类的叠压和翻倒板材。

（9）堆放板材应设垫木或其他承垫材料，并应使板材纵向成一倾角放置，以便雨水排出。

（10）当板材长期不能施工时，现场应在板材干燥时用防雨材料覆盖。

（11）金属板材应在避雨处或有防雨措施下堆放。

（12）现场组装用作保温屋面的玻璃棉应堆放在避雨处。

26.5.3 施 工 准 备 工 作

26.5.3.1 材料准备

（1）常用的板材：压型金属板、平锁扣金属板、饰面金属板等。

（2）檩条：卷边槽形冷弯薄壁型钢檩条、卷边Z形及斜卷边Z形冷弯薄壁型钢檩条。

(3) 密封材料：耐候密封胶、结构密封胶、密封棒、密封带、聚氨酯发泡胶等。

(4) 紧固件：自攻螺钉、钩头螺栓、拉铆钉、不锈钢螺栓、螺钉等。

对小型工程，材料需一次性准备完毕。对大型工程，材料准备需按施工进度计划分步进行，并向供应商提出分步供应清单，清单中需注明每批板材的规格、型号、数量、连接件、配件的规格数量等，并应规定好到货时间和指定堆放位置。材料到货后应立即清点数量、规格，并核对送货清单与实际数量是否相符合。当发现质量问题时需及时处理（更换、代用或其他方法），并应将问题及时反映到供货厂家。

26.5.3.2 机具准备

金属屋面因其体轻，一般不需大型机具。机具准备应按施工组织设计的要求准备齐全，基本有以下几种：

(1) 提升设备：有汽车式起重机、卷扬机、滑轮、拔杆、吊盘等，按不同工程面积、高度，选用不同的方法和吊具。

(2) 手提工具：按安装队伍分组数量配套，电钻、自攻枪、拉铆枪、手提圆盘锯、钳子、螺钉旋具、铁剪、手提工具袋等。

(3) 电源连接器具：总用电配电柜、按班组数量配线、分线插座、电线等，各种配电器具必须考虑防雨条件。

(4) 脚手架准备：按施工组织计划要求准备脚手架、跳板、安全防护网。

(5) 要准备临时机具库房，放置小型施工机具和零配件。

26.5.3.3 技术准备

(1) 认真审读施工设计详图、排板图、节点构造及施工组织设计要求等相关技术文件，并编制专项施工方案。

(2) 组织施工人员学习以上内容，并由技术人员向工人讲解施工要求和规定，进行专项技术交底。

(3) 编制施工操作条例，下达开工、竣工时间和安全操作规定。

(4) 准备下达的施工详图资料。

(5) 检查安装前的结构安装是否满足围护结构安装条件。

26.5.3.4 场地准备

(1) 按施工组织设计要求，对堆放场地装卸条件、设备行走路线、提升位置、马道设置、施工道路、临时设施的位置等进行全面检查，以保证运输畅通、材料不受损坏和施工安全。

(2) 堆放场地要求平整、不积水、不妨碍交通，系材料不易受到损坏的地方。

(3) 施工道路要雨期可使用，允许大型车辆通过和回转。

26.5.3.5 组织和临时设施准备

(1) 施工现场应配备项目经理、技术负责人、安全负责人、质量负责人、材料负责人等管理人员。

(2) 按施工组织设计或施工方案要求，分为若干工作组，每组应设组长、安装工人、板材提升、板材准备的工人。

(3) 工地应配具有上岗证的电工、焊工等专业人员。

(4) 施工临时设施应配备现场办公室、工具库、小件材料库、工人休息和准备的房间。

26.5.4 金属板材屋面施工

26.5.4.1 板材现场加工

对使用大于 12m 长的单层压型板的项目，使用面积较大时多采用现场加工的方案。现场加工的注意事项如下：

(1) 现场加工的场地应选在屋面板的起吊处。设备的纵轴方向应与屋面板的板长方向相一致，加工后的板材位置靠近起吊点。

(2) 加工的原材料（金属板卷材）应放置在设备附近，以利更换板卷。板卷上应设防雨措施，堆放地不得放在低洼地上，板卷下应设垫木。

(3) 设备宜放在平整的水泥地面上，并应有防雨设施。

(4) 金属材料温度应控制在最低 10℃。挤压成型或者在低温下操作时，应该事先加热，以避免锌在低温下因脆性而断裂。设备就位后需作调试并作试生产，产品合格后方可成批生产。

26.5.4.2 放线

在已完成的施工作业面上放出檩条位置、天沟、天窗位置，用红油漆标记好，并通过水平控制按图纸确定好屋面的坡度，用角钢或钢筋做出临时坡度控制点。

26.5.4.3 安装檩条（楼承板）及天沟龙骨、天窗龙骨

应将屋面的檩条（楼承板）、天沟龙骨、天窗龙骨按着顺序安装上并固定好。同时，应检查檩条（楼承板）位置、屋面坡度是否符合设计要求，檩条（楼承板）与天沟龙骨、天窗龙骨之间的相对位置是否符合实际要求，确保铺贴金属屋面的质量。

26.5.4.4 板材吊装

(1) 金属压型板的吊装方法很多，如汽车式起重机、塔式起重机吊升、卷扬机吊升和人工提升等方法。

(2) 塔式起重机、汽车式起重机的提升方法，多使用吊装钢梁多点提升，这种吊装法一次可提升多块板，但往往在大面积工程中，提升的板材不易送到安装点，增大了屋面的长距离人工搬运，屋面上行走困难，易破坏已安装好的金属屋面板，不能发挥大型提升吊车大吨位提升能力的特长，使用率低、机械费用高。但是提升方便，被提升的板材不易损坏。

(3) 使用卷扬机提升的方法，由于不用大型机械，设备可灵活移动到需要安装的地点，因此方便又价低。这种方法每次提升数量少，但是屋面运距短，是一种被经常采用的方法。

(4) 使用人工提升的方法也常用于板材不长的工程中，这种方法最为方便和低价，但必须谨慎从事，否则易损伤板材；同时，使用的人力较多，劳动强度较大。

26.5.4.5 安装金属屋面系统

当檩条安装完后，可以在其上安装金属屋面系统。根据不同系统的金属屋面构造方式，有以下几种安装方式。

1. 直立锁边点支撑屋面系统

(1) 钢丝网的安装

在钢结构上搭设移动吊架施工平台或搭设可移动的脚手架平台，高度以工人方便操作为宜。

将镀锌钢丝网通过人工搬运到操作平台。

将钢丝网沿主檩垂直方向铺设，对准定位线，先用螺钉临时固定一端，再用拉紧器将另一端用力拉紧，确保无下垂现象后，再用压条通过螺钉固定。

（2）"T"码铝质支架安装

"T"码即直立锁边点支撑屋面系统的T形固定座。"T"码是将屋面风载传递到副檩的受力配件，它的安装质量直接影响到屋面板的抗风性能；"T"码的安装误差还会影响到屋面板的纵向自由伸缩，因此，"T"码安装成为金属屋面工程的关键工序。

"T"码安装主要有以下几个施工步骤：

1）放线

用经纬仪将轴线引测到檩条上，作为"T"码安装的纵向控制线。第一列"T"码位置要多次复核，以后的"T"码位置用特殊标尺确定。"T"码沿板长方向的位置要保证在檩条顶面中心，"T"码的数量决定屋面板的抗风能力。"T"码沿板长方向的排数按建筑物的高度、屋面坡度、不同位置和迎风方向、最不利荷载（屋顶转角和边缘区域）等因素而定，尤其是转角和边缘部位更是重点。

2）钻孔

"T"码用自攻螺钉固定，为了操作方便，减少现场钻孔，需要先在工厂预冲孔。钻孔直径应根据不锈钢螺钉的规格确定，一般应比螺钉直径略小，这样才能保证自攻螺钉的抗拔能力。

3）安装"T"码（图26-45、图26-46）

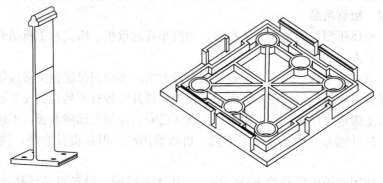

图26-45　铝合金支座　　　　　　　　　图26-46　支座下隔热垫

将钻好孔后的"T"码，按放线位置置于檩条之上，再用电钻螺钉枪将"T"码与檩条通过自攻钉固定好，要求自攻螺钉松紧适度，不出现歪斜。安装"T"码时，其下面的隔热垫必须同时安装。

4）复查"T"码位置

用目测及钢丝拉线的方法检查每一列"T"码是否在一条直线上；如发现有较大偏差时，在屋面板安装前一定要纠正，直至满足板材安装的要求。"T"码如出现较大偏差，屋面板安装咬边后，会影响屋面板的自由伸缩，严重时板肋将在温度变形反复作用下被磨穿。

（3）保温层安装

保温棉材料吊至合适高度后，直接铺盖在气密层上，要求完全覆盖并贴紧，棉与棉之间不能有间隙，此道工序特别要注意防潮、防雨。

保温棉安装一般分两层，上、下错缝铺放在铺有铝塑加筋膜的底板上，缝隙处应挤压密，上、下错缝搭接宽度≥150～250mm。

保温棉的铺设速度应与屋面板的安装速度相适应，便于施工中途遇雨时能及时覆盖，避免雨淋，影响保温棉质量。

安装保温板时，应挤密板间缝隙。当就位准确、仍有缝隙时，应用保温材料填充。

保温层铺设后表面应平整，厚度符合设计要求。

（4）屋面板安装

1）放线

在"T"码安装合格后，只需设面板端定位线，一般以面板出天沟的距离为控制线，板块伸入天沟的长度以略大于设计为宜，以便于修剪。

2）就位

施工人员将板抬到安装位置，就位时首先对准板端控制线，然后将搭接边用力压入前一块板的搭接边，最后检查搭接边是否紧密接合。

3）咬边

面板位置调整好后，安装端部面板下的泡沫塑料封条，然后用专用咬边机进行咬边。要求咬过的边连续、平整，不能出现扭曲和裂口。在咬边机咬合爬行的过程中，其前方1mm范围内必须用力卡紧，使搭接边接合紧密，这也是机械咬边的质量关键所在。当天就位的面板必须完成咬边，以免来风时板块被吹坏或刮走。

4）板边修剪

檐口和天沟处的板边需要修剪，保证屋面板伸入天沟的长度与设计的尺寸一致，以防止雨水在风的作用下吹入屋面夹层中。

5）折边

屋面板在水流入天沟处的下端折边向下，屋脊处的上端折边向上。折边时不可用力过猛，应均匀用力，折边的角度应保持一致。

2. 立边咬合面支撑系统（平锁扣屋面系统）

面支撑系统一般安装在已具有混凝土结构的屋顶或檩条下方已安装底板和保温层的屋面结构中，在檩条上方直接安装面支撑系统屋面结构。

（1）底板支撑层

底板支撑层一般为彩钢板或镀锌钢板，厚度及板型根据檩条跨度、荷载等计算选用。安装方式同一般彩钢板安装。

1）安装放线前应对安装面上的已有建筑成品进行测量，对达不到安装要求的部分提出修改。对施工偏差作出记录，并针对偏差制定相应的安装措施。

2）根据排板设计确定排板起始线的位置。屋面施工中，首先在檩条上标定出起点，即沿跨度方向在每个檩条上标出排板起始点，各个点的连线应与建筑物的纵轴线相垂直；然后，在板的宽度方向每隔几块板继续标注一次，以限制和检查板的宽度安装偏差积累。不按规定放线，将出现锯齿和超宽现象。

3）屋面板安装完毕后应对配件安装作二次放线，以保证檐口线、屋脊线、洞口和转角线等的水平直度和垂直度。忽视这种步骤，仅用目测和经验的方法，将达不到安装质量要求。

4）实测安装板材的实际长度，按实测长度核对对应板号的板材长度，需要时对该板材进行剪裁。

将提升到屋面的板材按排板起始线放置，并使板材的宽度覆盖标志线对准起始线，并在板长方向两端排出设计的构造长度。

用紧固件紧固两端后，再安装第二块板，其安装顺序为先自左（右）至右（左），后自下而上。

5）安装到下一放线标志点处，复查板材安装的偏差。当满足设计要求后，进行板材的全面紧固。不能满足要求时，应在下一标志段内调正。当在本标志段内可调正时，可调整本标志段后再全面紧固，依次全面展开安装。

（2）找平钢板安装

镀锌找平板采用 0.8～1.0mm 镀锌钢板，找平板与压型底板最后在屋面檩条之上通过拉钉构造成一种强有力的蜂窝支承结构，形成整个屋面板支承基层。

镀锌找平板的安装与压型钢板相同，其具体安装步骤如下：

1）由下往上安装找平钢板；

2）镀锌找平钢板用拉钉固定在压型钢板之上；

3）镀锌找平板之间搭接 30～50mm。

镀锌找平板安装前需按图放线加工，并标识出板块区域位置。

（3）防水层安装

1）准备工作：去除灰尘、泥土和所有锋利的凸出物。

2）铺设过程：打开卷材，沿屋面边缘放好、展开，撕去不粘纸并且均匀按压。卷边部位必须用手动滚筒压实。所有端部和边缘至少搭接 100mm，钛锌板屋面的防水层必须铺设整个屋面，确保防水层连续地契合到系统中。

（4）保温层安装

1）保温材料吊至合适高度后，直接铺盖在气密层上，要求完全覆盖并贴紧，棉与棉之间不能有间隙，此道工序特别要注意防潮、防雨。

2）保温棉安装一般分两层，上、下错缝铺放在铺有铝塑加筋膜的底板上，缝隙处应挤压密，上、下错缝搭接宽度≥150～250mm。

3）安装保温板时，应挤密板间缝隙。当就位准确、仍有缝隙时，应用保温材料填充。

4）保温棉的铺设速度应与屋面板的安装速度相适应，便于施工中途遇雨时能及时覆盖，避免雨淋，影响保温棉质量。

（5）通风降噪丝网的安装

1）通风降噪丝网是三维网状结构，其通风空隙至少为 95%，其作用为在屋面板下层形成空腔构造，兼有干燥屋面板下层、排除冷凝水和降低屋面敲击噪声的作用。

2）将已验收合格的待安装区域清理干净，将通风降噪丝网吊至屋面操作平台。将丝网沿副檩垂直方向铺开，适度拉紧后，通过拉钉固定在基层结构上。

（6）不锈钢扣件的安装

不锈钢扣件是屋面系统的固定座，是将屋面风载传递到副檩的受力配件，它的安装质量直接影响到屋面板的抗风性能；不锈钢扣件的安装还会影响到屋面板块的纵向自由伸缩，因此，不锈钢扣件安装是本工程的关键工序。

不锈钢扣件安装主要有以下几个施工步骤：

1）放线

用经纬仪将轴线引测到待安装工作面，作为不锈钢扣件安装的纵向控制线。屋面板为纵向安装，扣件的放线位置亦为纵向，应根据设计图从中间位置开始往两侧平行放线，间距为屋面板安装宽度。

不锈钢扣件数量决定屋面板的抗风能力，沿板长方向的排数按建筑物的高度、屋面坡度、不同位置和迎风方向、最不利荷载（屋顶转角和边缘区域）等因素而定，尤其是转角和边缘部位更是重点。

2）固定扣与滑动扣相结合

根据建筑物的高度、屋面坡度、不同位置和迎风方向、最不利荷载（屋顶转角和边缘区域）等因素，首先确定固定扣件，再沿板长方向布置滑动扣件。

3）安装不锈钢扣件

定好位后，用拉钉将扣件固定于基层结构上，固定扣设两个钉，滑动扣设三个拉铆钉，注意滑动扣件的滑动扣应处于扣座可移动空间的中间部位，以利于板块热胀冷缩时沿纵向可自己移动。

4）复查不锈钢扣件安装

发现安装不牢靠的不锈钢扣件要取出来，移动位置后再打。扣件之间的纵向间距根据设计计算，扣件间距一般为250~300mm。

（7）立边咬合屋面板安装

1）安装工作应由经过厂家培训的员工操作，依据厂家规范并且严格按图施工。

2）屋面板的纹路应保持同一方向，屋面安装须从下到上，先由屋面中间向两边安装，所有异形调节板应最后确定尺寸后才加工安装。

3）屋面板位置固定调整好后，用屋面系统专用咬边机进行咬边锁扣，咬边根据扣件定向、扣边机的走向，均为从顶端往下扣边；要求咬过的边连续、平整，不能出现扭曲和裂口。在咬边机咬合爬行的过程中，当天就位的面板必须完成咬边，以免来风时板块被吹坏或刮走。

（8）平锁扣屋面板安装

1）屋面板的纹路应保持同一方向，屋面安装须从下到上，先由屋面中间向两边安装，所有异形调节板应最后确定尺寸后才加工安装。

2）平锁扣板块根据设计要求，用不锈钢扣件固定在屋面基层结构上。

3）安装时根据排版图在安装面上测量弹线，控制安装精度，以免产生误差积累。

4）收边用专用工具弯折咬合固定牢靠。

3. 装饰板屋面

金属板装饰板屋面一般安装在直立锁边点支撑系统屋面结构上，做法类同于金属板幕墙。

（1）按照面层装饰板的分格龙骨布置，在龙骨与直立锁边屋面板的立边上，安装铝合金锁夹，铝合金锁夹为主副钩合构件，且主构件为完整的带钩合口的支撑面，副件带钩合口。与主构件合并安装钩合后，不得在支撑组合构件上有结合面，以避免安装结构的不稳定性。

(2) 先测量放线，确定好安装位置，然后将主构件夹住屋面立边的一侧，又将副件夹住屋面立边的另一侧并与主构件钩合，再将不锈钢螺栓穿过主副构件的螺孔，套上螺母，检查平齐后拧紧。

(3) 将面层龙骨固定在铝合金锁夹上。

(4) 最后铺设金属面层装饰板，用不锈钢螺栓与龙骨固定牢靠，装饰板安装中要注意光学方向的考虑，以免产生反光不均匀的色差。

4. 泛水件安装

(1) 在金属板泛水件安装前应在泛水件的安装处放出准线，如屋脊线、檐口线、洞口线等。

(2) 安装前检查泛水件的端头尺寸，挑选搭接口处的合适搭接头。

(3) 安装泛水件的搭接口时应在被搭接处涂上密封胶或设置双面胶条，搭接后立即紧固。

(4) 安装泛水件至拐角处时，应按交接处的泛水件断面形状加工拐折处的接头，以保证拐点处有良好的防水效果和外观效果。

(5) 应特别注意门窗洞的泛水件转角处搭接防水口的相互构造方法，以保证建筑的立面外观效果。

26.5.5 质 量 控 制

(1) 屋面板安装时，楼承板或檩条应保持平直。

(2) 面板的接缝方向应避开主要视角。当主风向明显时，应将面板搭接边朝向下风方向。

(3) 纵向搭接长度应能防止漏水和腐蚀，按规范要求采用 200～250mm。

(4) 屋面板搭接处均应设置胶条，纵横方向搭接边设置的胶条应连续，胶条本身应拼接，檐口的搭接边除胶条外，尚应设置与压型钢板剖面相应的堵头。

26.5.5.1 质量控制要点

(1) 金属屋面安装完毕后即为最终成品，保证安装全过程中不损坏金属板表面是十分重要的环节，因此应注意以下几点：

现场搬运屋面板应轻抬轻放，不得拖拉。不得在上面随意走动。

现场切割过程中，切割机械的底面不宜与屋面板板面直接接触，最好垫以薄三合板材。

吊装中不要将屋面板与脚手架、柱子、砖墙等碰撞和摩擦。

在屋面上施工的工人应穿胶底不带钉子的鞋。

操作工作携带的工具等应放在工具袋中，如放在屋面上，应放在专用的布或其他片材上。

不得将其他材料散落在屋面上，或污染板材。

(2) 金属屋面板是以不到 1mm 的金属板材制成。屋面的施工荷载不能过大，因此保证结构安全和施工安全十分重要。

当天吊至屋面上的板材应安装完毕，如果有未安装完的板材应做临时固定，以免被风刮下，造成事故。

早上屋面易有露水，坡屋面上金属板面滑，应特别注意防护措施。

26.5.5.2 质量控制的相关资料

金属屋面在竣工验收时，应提交下列文件：

（1）压型板及夹芯板所采用的板材出厂材质证书。

（2）保温材料的材质证书。

（3）压型板、夹芯板的出厂合格证。

（4）防水密封材料的出厂合格证。

（5）连接件的出厂合格证。

（6）围护结构的施工图设计文件及变更通知书。

（7）围护结构的质量事故处理记录等。

26.6 聚氨酯硬泡体防水保温屋面

建筑防水与保温是当前我国建筑业重点关注的两大问题，而屋面渗漏问题一直是我国房屋建筑中最突出的质量问题之一，建筑保温则是实现我国建设节能型建筑必须要解决的问题。目前，我国现行的五大类防水材料与保温材料都存在着性能单一、施工程序复杂的问题，防水的不保温，保温的不防水；一旦防水层出现了渗漏，保温层即随之失去保温性能。而且，建筑防水工程与建筑节能工程是分别设计并分别施工的。

聚氨酯硬泡体防水保温工程技术是一种集防水与保温隔热性能于一体的现场连续喷涂施工的新技术。使用专用喷涂设备，喷涂施工完成后，在施工作业面上形成一层无接缝的连续壳体。这种新型的工程技术与现行的五大类防水与保温材料相比，无论在材料性能方面，还是在设计、施工、验收、维修管理等方面都有很大不同。

聚氨酯硬泡体是指聚氨酯在喷涂过程中产生闭孔率不低于 95% 的硬泡体化合物，简称为 PUR。

26.6.1 基 本 要 求

（1）聚氨酯硬泡体防水保温材料适用于防水等级为 Ⅰ～Ⅳ 级的工业与民用建筑的平屋面、斜屋面、墙体及大跨度的金属网架结构屋面、异形屋面与需防渗漏的构筑物的防水保温，还适用于旧建筑的维修和改造。

（2）聚氨酯硬泡体防水保温材料适用于混凝土结构、金属结构、木质结构的屋面、墙体的保温隔热。其保温隔热效果必须满足建筑节能标准的要求。根据我国各地区对建筑保温隔热性能的不同要求，聚氨酯硬泡体防水保温层的厚度可分为 25mm、30mm 和 40mm 三个厚度等级。有特殊要求时，其厚度可达 80mm。

（3）建筑屋面的结构层为混凝土时，应设找坡层或找平层。找坡层或找平层应坚实、平整（其平整度要求不得有明显积水）、干燥（其含水率应小于 8%），表面不应有浮灰和油污，应有足够的强度和平整度，以便喷涂聚氨酯硬泡体时，能与其牢固地粘结，不脱层、不起鼓。

（4）平屋面的排水坡度不应小于 2%，天沟、檐沟的纵向排水坡度不应小于 1%。且平屋面、天沟、檐沟找坡层的坡度必须与聚氨酯硬泡体防水保温层表面的排水坡度一致，其坡度应符合设计要求。

（5）屋面与山墙、女儿墙、天沟、檐沟以及突出屋面结构的连接处应为圆弧形，其圆弧半径为 $R=80\sim100mm$，屋面上的异形结构按"细部构造"示意图喷涂施工即可，无特殊要求。

（6）屋面上的设备、管线等应在聚氨酯硬泡体防水保温层喷涂施工前安装就位，避免硌破防水保温层的表面。

（7）聚氨酯硬泡体防水保温材料的防水性能指标应符合《建筑设计防火规范》（GB 50016）的要求。

（8）聚氨酯硬泡体防水保温层施工完成后，在其表面上应设防护层。

（9）施工现场的大气温度不应低于 15℃，空气相对湿度应小于 85%，否则会影响工程质量，降低施工效率和固化时间；风力应小于 3 级，否则聚氨酯硬泡体泡沫在风力作用下会四处飞扬，影响施工现场的周围环境和喷涂施工，无法保证聚氨酯硬泡体喷涂层表面呈现连续、均匀的喷涂波纹。当风力大于 3 级时，应采取挡风措施。

26.6.2　材料要求及主要技术性能指标

聚氨酯硬泡体材料是一种集防水、保温隔热于一体的新型材料。它主要是由多元醇（polyol）与异氰酸酯（MDI）两组分液体原料组成，采用无氟发泡技术，在一定状态下两组分液体原料——多元醇与异氰酸酯发生热反应，产生闭孔率不低于 95% 的硬泡体化合物——聚氨酯硬泡体（PUR）。

聚氨酯硬泡体防水保温材料的主要技术性能指标参照德国（DIN）标准，该材料的主要技术性能标准符合我国有关标准。工程质量保证期不应低于 20 年，在有计划维修条件下，其工程使用寿命可达 30 年以上。

26.6.2.1　防水性能要求

聚氨酯硬泡体的吸水率按《硬质泡沫塑料吸水率的测定》（GB/T 8810—2005）测定应≤1%。若单作防水用时，防水层厚度不应低于 20mm。防水耐用年限不应低于 25 年。

26.6.2.2　保温隔热性能要求

高密度封闭式硬泡体的聚氨酯材料，按《绝缘材料稳态热阻及有关特性的测定　防护热板法》（GB/T 10294—2008）测定，热导率应≤0.022W/(m•K)，衰减倍数 $V_0=44\sim91$，工程耐用年限不应低于 25 年。

26.6.2.3　粘结强度要求

聚氨酯硬泡体防水保温材料与混凝土、金属、木质等基面均有较强的粘结强度，平均粘结强度应≥40kPa。

26.6.2.4　密度要求

聚氨酯硬泡体防水保温材料的密度按《泡沫塑料及橡胶　表观密度的测定》（GB/T 6343—2009）测定应≥55kg/m³。

26.6.2.5　尺寸稳定性要求

聚氨酯硬泡体防水保温材料适应环境温度为 -50~150℃，在 70±1℃ 温度下照射 48h 后，尺寸变化率按《硬质泡沫塑料　尺寸稳定性试验方法》（GB/T 8811—2008）测定应≤1%。

26.6.2.6 强度要求

抗压强度按《硬质泡沫塑料 压缩性能的测定》（GB/T 8813—2008）测定应≥0.3MPa，抗拉强度应≥500kPa（《软木纸试验方法》LY/T 1321—1999）。

26.6.2.7 主要原料要求

主要原材料为多元醇和异氰酸酯两组分液体原料，其性能指标应符合我国现行的有关标准。发泡剂等添加剂不应含氟并无毒。

1. A组分原料

多元醇（Polyol）应为密封桶装液体，在热反应过程中不应产生有毒气体。

2. B组分原料

异氰酸酯（MDI）应为密封桶装液体，在热反应过程中不应产生有毒气体。

26.6.3 设 计 要 求

（1）聚氨酯硬泡体防水保温工程设计方案的选择，应根据各类建筑防水与保温隔热性能要求、区域气候条件、建筑结构特点、工程耐用年限、维修管理等因素，经技术经济综合比较后确定。

（2）聚氨酯硬泡体防水保温工程设计应根据各地区气候条件、各类建筑对防水设防等级要求和保温隔热性能指标要求，选择不同等级的设计，并应符合《民用建筑热工设计规范》（GB 50176—93）。按屋面传热系数 $K[(W/m^2 \cdot K)]$ 的大小，目前暂分三个厚度等级（25mm、30mm、40mm），特殊要求应依条件而定。此外，还应对不同类型的防水工程与保温工程的经济投入进行综合分析比较。若使用聚氨酯硬泡体防水保温材料单做防水工程时，在经济投入上是否合算，亦应进行综合分析比较。

1）当屋面传热系数 $K \leq 0.80$ 时，防水保温层厚度应为25mm；

2）当屋面传热系数 $K \leq 0.70$ 时，防水保温层厚度应为30mm；

3）当屋面传热系数 $K \leq 0.60$ 时，防水保温层厚度应为40mm；

4）当屋面传热系数 $K \leq 0.50$ 时，防水保温层厚度应≥50mm，最大厚度可达80mm。

5）不需保温部位（如山墙、女儿墙及突出屋面的结构）的结构防水层厚度不应小于20mm。

（3）混凝土结构平屋面找坡层的坡度，天沟、檐沟、直式水落口集水范围内的坡度，应符合26.6.1.4条的要求。

平屋面聚氨酯硬泡体防水保温层上的全部雨水均需从水落口排出，这就要求水落管内径不应太小。应根据当地降水量的大小确定水落管的最小内径和最大集水面积，一般水落管内径不应小于直径75mm，一根水落管的最大汇水面积宜小于200m²。

（4）屋面与山墙、女儿墙、天沟、檐沟以及突出屋面结构的连接处应为圆弧连接，其圆弧半径应符合26.6.1.5条的要求。

细部构造不需加强处理，连续地直接喷涂聚氨酯硬泡体即可。但山墙、女儿墙、天沟、檐沟、伸出屋面的管道、出入口、水落口、设备基础机座等的连接处必须圆弧连接。圆弧半径的大小应根据当地气候条件而定（热胀冷缩的最大值），其最小圆弧半径（R）不应小于80mm（按细部构造示意图设计、施工即可）。在屋面上安置设备或附加设施（如天线塔、太阳能座等），一般应在聚氨酯硬泡体防水保温层喷涂施工前安装就位，而且必须在屋面结构层上加设混凝土或钢架基础机座。基础机座的高度必须高于泛水高度的要求，防水保温层应包裹基础机座周围至泛水高度即可。地脚螺栓周围亦应喷涂聚氨酯硬泡体防水保温层，不需加强处理。

（5）防水保温层表面上应设防护层，防护层应采用透气的防紫外线涂料喷涂。

26.6.4　细　部　构　造

（1）屋面与山墙、女儿墙间的聚氨酯硬泡体防水保温层应直接连续地喷涂至泛水高度，最低泛水高度不应小于250mm（图26-47）。

（2）聚氨酯硬泡体防水保温层在天沟、檐沟的连接处应连续地直接喷涂（图26-48）。

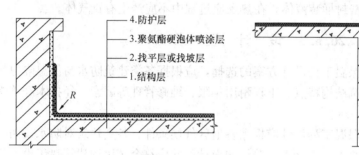

图26-47　山墙、女儿墙的泛水收头　　　　图26-48　檐沟防水保温层的构造

（3）无组织排水檐口聚氨酯硬泡体防水保温层收头应连续地喷涂到檐口平面端部，喷涂厚度应逐步连续、均匀地减薄，至不小于15mm为止（图26-49）。

（4）伸出屋面的管道或通气管应根据泛水高度要求连续地直接喷涂（图26-50）。

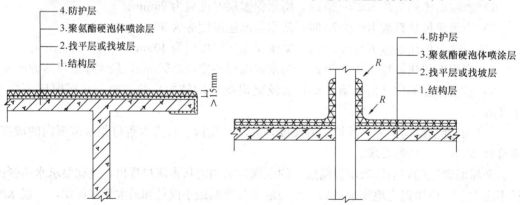

图26-49　无组织排水檐口防水保温层收头　　图26-50　伸出屋面的管道或通气管的保温层构造

（5）出入口聚氨酯硬泡体防水保温层收头应连续地直接喷涂至帽口（图26-51）。

（6）水落口防水保温层收头构造应符合下列规定：

1）水落口杯宜采用塑料制品或铸铁。

2）直式水落口周围直径500mm范围内的坡度不应小于2%。

3）横式水落口在山墙或女儿墙上应根据泛水高度要求，聚氨酯硬泡体防水保温层应连续地直接喷涂至水落口内（图26-52、图26-53）。

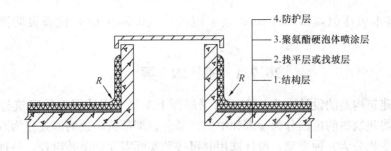

图 26-51 垂直出入口防水保温层的构造

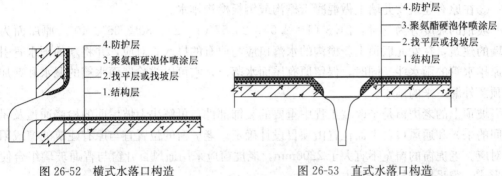

图 26-52 横式水落口构造   图 26-53 直式水落口构造

（7）伸缩缝防水保温层的构造：

在伸缩缝内应填充塑料棒，并用密封膏密封，然后连续地直接喷涂至帽口（图 26-54）。

屋面与山墙间变形缝的制作方法：聚氨酯硬泡体防水保温层应连续地直接喷涂至泛水高度。然后，在变形缝内填充塑料棒并用密封膏密封，再在山墙上用螺钉固定能自由伸缩的钢板（图 26-55）。

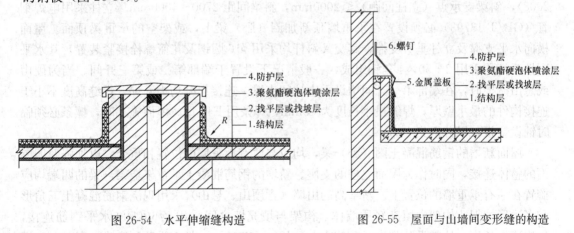

图 26-54 水平伸缩缝构造   图 26-55 屋面与山墙间变形缝的构造

26.7 平 改 坡 屋 面

平屋面改坡屋面适用于既有建筑中横墙承重的平屋面改为坡屋面建筑（以多层住宅为主，以下简称"平改坡"），适用于基础承载能力和日照间距都允许的多层建筑。使用年限按 25 年；基本风压值≤0.8kN/m²；基本雪压值≤0.5kN/m²，抗震设防烈度 6～8 度地区。

26.7.1　基　本　要　求

平改坡建筑构造的设计内容为在原有平屋面上增加一层坡屋面的建筑与结构构造做法。通常是将建筑物的屋面分为端部和中部两部分。端部按屋顶的形式分为八种类型，中部按平面的变化分为九种类型，设计选用时可按照实际需要选型并组合。每种类型分为三种构造做法：①利用原有建筑檐沟排水；②拆除原有建筑女儿墙改做钢筋混凝土檐沟排水；③在原有建筑女儿墙上做混凝土檐沟或钢板檐沟排水。

坡顶的坡度分为五种：21.8°（1∶2.5）、26.57°（1∶2）、30°、35°、40°。原屋面为女儿墙的建筑，在女儿墙顶上新檐沟的水落口应与原有的排水管对应，并将新的雨水管引入与原排水管的雨水斗。同时，保留原有屋面水落口，它可以排除屋面水箱的漏水和新加的坡顶意外漏下来的雨水。

坡顶上的老虎窗是平改坡工程中重要的装饰部件，可解决上坡屋面的检修通道及屋顶空间的采光和通风口，平面位置由项目设计确定。老虎窗的位置宜与原有建筑的窗或阳台相对应。老虎窗的窗宽不宜大于 2200mm，老虎窗应采用通风百叶窗与普通玻璃组合使用的形式，窗采用推拉式开启方式。

凡外露的金属与木材配件均需做防锈、防腐及表面涂层处理，所用材料与色彩由具体工程自定。除当地消防部门有要求者外，一般平改坡的钢结构部分不刷防火涂料。

新增坡屋面结构一般以普通钢结构为主，所用钢材均为 Q235B.F。檩条采用热轧不等边角钢（GB/T 706—2008），长边向上，水平檩距≤750mm 及≤375mm 两种，跨长（屋面梁间距或开间）为 2700～4000mm。屋面斜梁采用热轧普通工字钢（GB/T 706—2008），斜梁支承点（立柱间距）≤2000mm，斜梁间距 2700～4000mm。立柱采用电焊钢管（GB/T 13793）必须设置在承重墙顶新加圈（卧）梁上，或架空的承重梁顶面。屋面横向水平支撑及立柱垂直支撑，其交叉斜杆均采用 ϕ16 圆钢及花篮螺栓紧装置，其水平刚性系杆均采用 2+50×4 角钢组成，一般情况下设置于端部第二或第三开间。当为硬山或悬山搁檩时，在端部第一开间增设垂直柱间支撑。连接焊缝均为满焊，焊缝高度不小于连接构件的最小壁厚，焊缝最小长度为 40mm，焊条用 E43 型。屋面施工时，檩条必须临时铺设垫板，以分散集中力。

屋面新增的钢筋混凝土圈（卧）梁，均应与原有承重墙的位置相重合，以加强新旧屋面的整体连接，同时作为屋面立柱的支座。新增的钢筋混凝土承重架空梁，梁的两端均应搁置在原有承重墙的位置上。新增高的山墙（含硬山、悬山）采用现浇钢筋混凝土三角形和多边形构架，构架内填充轻质墙体，构架与填充墙之间采用 2ϕ6@500 水平钢筋连接，每边连接长度：抗震设防烈度≤7 度时，不应小于 700mm；抗震设防烈度为 8 度时，宜沿墙全长贯通。山墙构架，也可采用先砌墙后浇构造柱的方法施工。圈（卧）梁、架空梁及立柱均采用植筋方式，与原屋面的承重墙体连接。沿原屋面四周天沟梁上植入 1ϕ12@1000 的锚筋，沿纵横内墙新设置的立柱处，植入 4ϕ12 的钢筋与立柱连接。圈（卧）梁、架空梁两端及立柱支承处须直接立在原屋面结构上，其余梁底均用 20mm 厚聚苯乙烯泡沫塑料垫起，不与原屋面直接接触。

屋面材料分为沥青瓦、合成树脂瓦、块瓦型钢板彩瓦和彩色混凝土瓦（或烧结瓦）四种。除合成树脂瓦屋面以外，其他屋面材料的做法，可参见本章前面的相关内容，下面重点介绍合成树脂瓦屋面。

合成树脂瓦是采用高耐候性树脂加工压制成块瓦状的条板形屋面瓦。它具有质轻、坚韧、防腐、抗污、降噪、色彩丰富及施工简便等优点。重量为 $6.1 kg/m^2$，厚度为 3mm，瓦宽为 720mm，长度可根据工程需要而定。为方便运输，一般常用长度不超过 12m。其檩条间距为 660mm，常用檩条尺寸为：木方 60mm×40mm、方钢管 60mm×40mm×3mm、C 型钢 100mm×50mm×20mm×3mm。

平改坡一般屋面坡度较大，距离地面的高度较高，再加上抗风压、抗震等要求，所以瓦材应采取固定措施。

26.7.2 平改坡屋面构造

平改坡屋面构造示意图，见图 26-56～图 26-60。

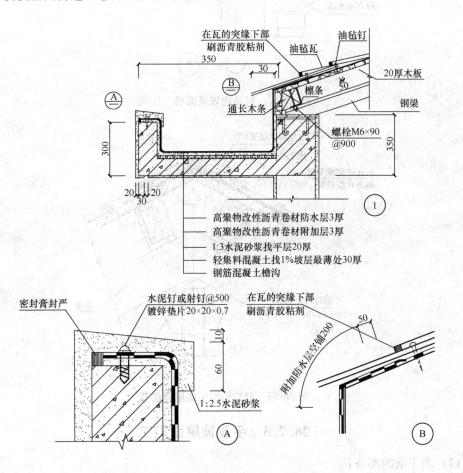

图 26-56 屋面钢结构檩条挂瓦构造详图

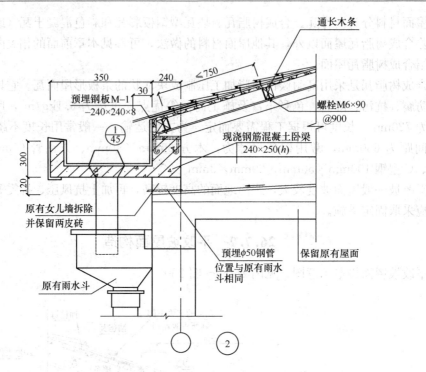

图 26-57　钢结构坡屋面檐口详图

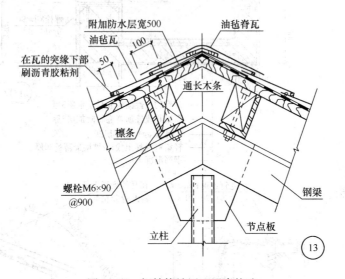

图 26-58　钢结构坡屋面屋脊构造

26.7.3　平改坡屋面施工

（1）施工前的准备：

1）"平改坡"施工图设计前，应按原有建筑物的竣工图、地质资料与房屋的现状情况做结构分析，凡是墙体、砖垛、基础等达不到安全规范要求的，均须做加固处理。

2）对于设有架空隔热层的原有平屋面，施工前应拆除架空隔热支承墩子，清扫干净，并应注意保护好原有防水层；如有损坏，应做好修补。

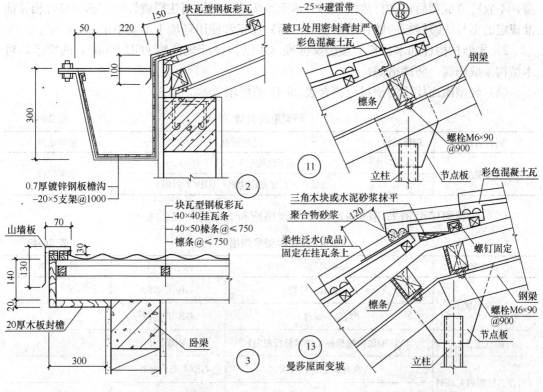

图 26-59　彩色混凝土瓦钢结构坡
　　　　　屋面檐口、悬山山墙顶构造

图 26-60　彩色混凝土瓦钢结构坡屋面构造

3）在改顶之前做供水系统改造施工的项目，应保护好原有防水层；如有损坏，应做好修补。

4）保留原有屋顶檐沟及雨水入管的项目，如果檐沟及雨水管有缺陷，应该做好修补。

（2）施工前，对原有建筑物的屋顶现状应做实地测量，避免新做坡顶钢构件的返工。

（3）在"平改坡"整个施工过程中，都应注意保护原有屋面的防水层。

26.7.4　施工要点及质量控制

26.7.4.1　一般规定

（1）既有建筑平屋面改作坡屋面（平改坡），采用轻型屋面。轻型屋面结构在规定的设计使用年限内不得渗漏。平改坡屋顶应根据既有建筑进深宽度、承载情况确定屋架承载。平改坡屋顶设计使用年限不应少于既有建筑的剩余使用年限。

（2）轻型屋面宜采用轻质保温隔热材料，表观密度不宜大于 70kg/m^3。

26.7.4.2　材料要求

（1）轻型屋面宜选用工业化生产的节能环保材料，使用的材料应符合相关国家标准的规定。

（2）轻型屋面使用的配套材料不得腐蚀钢或木质材料。

（3）材料防腐应符合下列规定：

1) 冷弯薄壁型钢要求有镀锌涂层保护时，应采用热浸镀锌板（卷）直接进行冷弯成型，不宜冷弯成型后再进行热浸镀锌。承重冷弯薄壁型钢用热浸镀锌板宜选用符合相关标准规定的型号。镀锌板的镀锌层重量（双面）在正常使用环境下不应小于 $180g/m^3$。

2) 木结构构件和木望板应按国家标准《木结构设计规范》（GB 50005）的要求，对木结构采取防腐、防潮措施。

(4) 轻型屋面使用的钢材应符合表 26-48 的要求。

表 26-48

轻型屋面钢材

钢材名称	规格型号	适用标准	使用范围
冷弯薄壁型钢	Q235	《碳素结构钢》（GB/T 700）	承重结构
	Q345	《低合金高强度结构钢》（GB/T 1591）	

(5) 冷弯薄壁型钢采用的固定件型号规格应符合表 26-49 的要求。

表 26-49

固定件型号规格

固定件名称	标准名称	标 准 号	规 格
普通螺栓	《六角头螺栓　C级》	GB/T 5780	
	《六角头螺栓》	GB/T 5782	
膨胀螺栓	《YG 型胀锚螺栓施工技术暂行规定》	YBJ 204	
《自攻自钻螺钉》系列	《自攻自钻螺钉》系列	GB/T 15856.1~5	
	《紧固件机械性能　自攻自钻螺钉》	GB/T 3098.11	机械性能
自攻螺钉	《十字槽盘头自攻螺钉》	GB 845	
	《十字槽沉头自钻螺钉》系列	GB/T 5282~5285	
	《紧固件机械性能　自钻螺钉》	GB 3098.5	机械性能

(6) 用于轻型屋面的承重木结构用材、木结构用胶及配件，应符合国家标准《木结构设计规范》（GB 50005）的规定。

(7) 新建轻型屋面的防水垫层按下列要求选择：

1) 防水等级为一级时，应选用自粘沥青防水垫层、2mm 改性沥青防水垫层、金属复合隔热防水垫层、透汽防水垫层、波形沥青板通风防水垫层、改性沥青防水卷材和高分子防水卷材；

2) 防水等级为二级时，宜选用 1.2mm 改性沥青防水垫层、沥青复合胎柔性防水卷材、聚乙烯丙纶复合防水卷材。既有建筑的防水垫层，宜选用 1.2mm 改性沥青防水垫层、沥青复合胎柔性防水卷材、聚乙烯丙纶复合防水卷材、高分子防水卷材以及石油沥青纸胎油毡等。

(8) 新建轻型屋面、平改坡屋面，望板宜采用定向刨花板（简称 OSB 板）、人造复合板、结构胶合板及普通木板等材料；如采用波形板作为屋面瓦，则可取消望板。望板应符合国家标准《木结构工程施工质量验收规范》（GB 50206）的要求。

屋面板的规格应符合表 26-50 的要求。

基 层 规 格

表 26-50

屋面望板	厚度（mm）	宽（mm）	长（mm）
结构胶合板	≥9.5	≥1200	≥2400
定向木片板	≥11.0	≥1200	≥2400
普通木板	≥20	≥150	—

（9）新建建筑轻型屋面、既有建筑轻型屋面的屋面瓦，宜选用沥青瓦（双层）、沥青波形瓦、树脂波形瓦等轻质瓦。屋面瓦的材质，应符合建筑本身不同等级的要求。

（10）保温隔热层、通风层与防潮层设计应符合下列规定：

1）轻型屋面保温隔热层宜设置在吊顶上方，做内保温设计；

2）屋顶宜采用通风设计，通风口面积不宜小于屋顶投影面积的 1/150。通风间层高度不应小于 50mm。在屋顶通风口处应设置格栅。木结构构件和木望板应采取防潮和通风措施；

3）室内吊顶、灯具和其他屋顶装修或设备穿过屋顶封板处应进行密封处理；

4）平改坡屋面可根据实际项目的要求，有选择地设置保温隔热层、通风层与防潮层。

（11）轻型屋面宜在保温隔热层下面设置隔汽层。下列情况宜不设置隔汽层：

1）建筑所属气候分区为ⅣA、ⅣB 或全年的月平均温度超过 7.0℃，年降水量超过 500mm 的湿热地区；

2）已采取其他措施防止屋顶出现冷凝的屋面。

（12）构造：

1）新建轻型屋面宜采用成品轻型檐沟，屋面保温隔热材料既可以平置于室内水平吊顶之上，亦可斜置于屋面板下方。应确保在轻型屋面外墙支座上侧的保温隔热材料安装空间和保温隔热材料的外侧遮挡（图 26-61）。

2）轻型屋面在既有平屋建筑改建坡屋面中应用。既有屋面新增的钢筋混凝土（钢结构）承重架空梁，梁的两端应搁置在原有承重结构的位置上。根据既有建筑的具体情况，可利用原有混凝土檐沟（图 26-62），也可采取新建混凝土檐沟或采用成品轻型檐沟的方式。

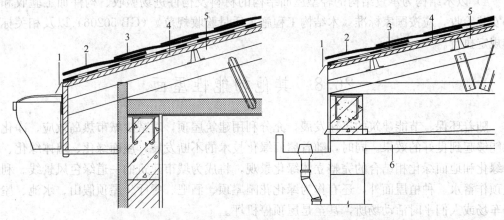

图 26-61　新建房屋轻型屋面檐口作法　　　图 26-62　平改坡屋面檐口作法
1—金属泛水；2—轻质瓦；3—防水垫层；4—望板；5—轻钢檩条及桁架；6—原有屋面

3）轻型屋面的山墙宜采用轻型外挂板材封堵，既有建筑改造项目亦可采用现浇钢筋

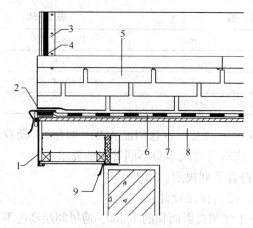

图 26-63　轻型屋面山墙挑檐作法

1—封檐板；2、9—金属泛水；
3—金属泛水安装在防水垫层上；
4—满粘密封胶；5—轻质瓦；
6—防水垫层；7—望板；
8—轻钢檩条及桁架

混凝土三角形和多边形构架，构架内填充轻质墙体，构架与填充墙之间采用水平钢筋连接（图 26-63）。

（13）施工要点：

1）轻型屋面工程施工的单位应具有相应的建筑工程施工资质。

2）屋面工程施工顺序：结构安装、防水垫层铺设、细部构造处理及泛水和瓦片铺设、其他屋面附属部件安装。

3）望板铺装宜错缝对接，采用结构胶合板或定向木片板时，板缝不小于 3mm。

4）平改坡屋面安装屋架及其他施工过程不得破坏既有建筑防水层。

5）在坡屋面的所有阳面突出处（屋脊），均应设置避雷带。在建筑外四周卧梁上避雷针可安装在卧梁内侧，然后与原避雷系统可靠焊接；如原无避雷设施，应按规范另做接地极。

（14）工程验收：

1）轻型屋面的泛水材料、保温隔热材料和防水垫层材料的进场验收，应符合规范和设计要求。

2）轻型屋面防水垫层和瓦材的安装施工质量验收，应依据所采用的瓦片种类，参照相应的国家规范执行。

3）以轻钢屋架与龙骨为承重结构的轻型屋面结构的材料及构件进场验收、构件加工验收和现场安装验收，应符合国家标准《钢结构工程施工质量验收规范》（GB 50205）的规定。

4）以木结构为承重结构的轻型屋面结构的材料及构件进场验收、构件加工验收和现场安装验收，应按国家标准《木结构工程施工质量验收规范》（GB 50206）以及相关标准的规定执行。

26.8　其他功能性屋面

随着环保、节能建筑的迅速发展，充分利用建筑屋顶，对减少城市热岛效应、净化空气能够起到良好的效果。同时，随着屋面绿化技术的不断发展，屋面绿化、墙体绿化、阳台绿化和地面绿化相结合的完整立体绿化景观，将成为城市建筑的一道绿色风景线。利用屋顶作蓄水、种植屋面外，还有作为绿化花园屋顶、酒吧、餐厅、屋顶假山、水池、屋顶停车场或人们平时活动场所，甚至是屋顶停机坪。

26.8.1　基　本　要　求

除屋面结构设计应增加荷载外，还对防水层提出了较高的要求。首先，要提高防水层的抗疲劳、耐穿刺能力和耐久性；同时，还要做好防水层的保护层。而面层的设计，则根据不同使用功能要求，按照设计和施工规范有关要求进行。

(1) 使用屋面防水层应至少有二道以上设防，至少有一道柔性防水层；

(2) 为了增强结构层刚度，装配式板上应浇筑一层配筋细石混凝土；

(3) 在停车场屋面和有振动的使用屋面上，板端应留置 20mm 以上的分格缝，并嵌填合成高分子密封材料；种植植物的屋面，应有整体细石混凝土面层，以抵抗植物根系的穿刺。

本章节中所述功能性屋面主要包括：蓄水屋面、种植屋面、屋面停机坪等。种植屋面适用于夏热冬冷地区和部分寒冷地区屋面，可满足夏季隔热、冬季保温和改善环境的要求，屋面坡度为 1‰～3‰（夏热冬暖地区可参照选用）。蓄水屋面适用于夏热冬暖地区和部分夏热冬冷地区（极端最低温度高于－5℃地区）。为了提高防水质量，选用二道防水设防的构造，蓄水屋面主要用作夏季隔热，屋面坡度为 0.5‰。

26.8.2　一 般 构 造

26.8.2.1　防水层

防水层应至少有二道以上设防。

26.8.2.2　隔离层

防水层下，可设≤10mm 厚白灰砂浆作隔离层，也可干铺一层卷材，以使防水层与基层完全分离。

26.8.2.3　找平层

找平层的水泥砂浆中宜掺入聚丙烯或尼龙纤维，每立方米水泥砂浆的掺量为 750～900g。应设分格缝，纵横间距 3～6m。

26.8.2.4　找坡层

找坡层材料采用 1∶8 水泥陶粒或其他轻骨料混凝土（抗压强度不小于 3MPa）。

26.8.2.5　保温隔热层

采用板状保温隔热材料。

26.8.2.6　隔汽层

经常处于高湿状态下的房间（如公共浴室、主食厨房的蒸煮间等）屋面应设置隔汽层。严寒地区、寒冷地区一般潮湿房间（室温 13～24℃、相对湿度 61‰～75‰）和室温大于 24℃、相对湿度 51‰～60‰的屋面，应按《民用建筑热工设计规范》（GB 50176）的有关规定计算，确定是否需设隔汽层以及选定隔汽层材料和厚度。

26.8.3　蓄 水 屋 面

屋面上蓄水，由于水的蓄热和蒸发，可大量消耗投射在屋面上的太阳辐射热，有效地减少通过屋盖的传热量，从而起到有效的保温隔热作用。在屋面上蓄水，由于太阳辐射热作用（90‰辐射热被水吸收）使水温升高，因水的比热较大，1kg 水升高 1℃时，需 1000cal 的热量，这使蓄水后传到屋面上的热量要比太阳辐射热直接作用到屋面上的热量少得多。另外，蓄水屋面的水在蒸发时，需消耗大量汽化热，这也有助于屋面散热，以降低室内温度。因为屋面蓄水层每 1kg 水汽化需吸收热量 580kcal，这对调节室内温度起到很大的作用。同时，蓄水屋面对防水层和屋盖结构起到有效的保护，延缓了防水层的老化。

26.8.3.1　基本要求

（1）蓄水屋面分为深蓄水、浅蓄水、植萍蓄水。深蓄水屋面蓄水深宜为 500mm，浅蓄水屋面蓄水深宜为 200mm，植萍蓄水一般在水深 150～200mm 的浅水中种植浮萍、水浮莲等，具有良好的保温隔热效果。

（2）蓄水屋面的最大问题是及时的水源补给。当炎热干旱季节，城市用水最紧张的时候，也是水分蒸发量最大、最需要补水的时候。如不及时补水，将会造成屋面蓄水干涸。一旦蓄水干涸，就会使面层开裂，再充水裂缝也不能愈合而发生渗漏水。蓄水屋面的蓄水池以人工补水为主，蓄水池的最小蓄水深度为 150mm。蓄水池的供水系统由供排水专业设计，供水采用人工控制或自动控制，由个体工程设计决定，水池应常年蓄水，不得排空或干涸。

（3）蓄水屋面的防水层，应是耐腐蚀、耐霉烂的涂料或卷材。最佳方案应是涂膜防水层和卷材防水层复合，然后在防水层上浇筑配筋细石混凝土。防水层与保护层间应设置隔离层。

（4）蓄水屋面坡度不宜大于 0.5%，并应划分为若干蓄水区，每区的边长不宜大于 10m；在变形缝两侧，应分成两个互不连通的蓄水区；长度超过 40m 的蓄水屋面，应做横向伸缩缝一道，分区隔墙可用混凝土，也可用砖砌抹面，同时兼作人行通道。分隔墙间应设可以关闭和开启的连通孔、进水孔、溢水孔。

（5）蓄水屋面的泛水和隔墙应高出蓄水深度 100mm，并在蓄水高度处留置溢水口。在分区隔墙底部设过水孔，泄水孔应与水落管连通。

26.8.3.2　细部构造

详细构造见图 26-64～图 26-66。

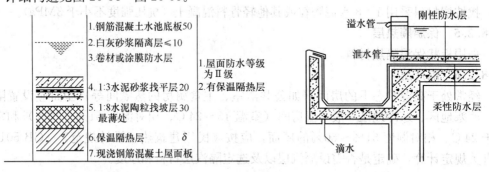

图 26-64　蓄水屋面构造　　　　　图 26-65　蓄水屋面檐沟构造

26.8.3.3　蓄水屋面的施工

（1）蓄水屋面预埋管道及孔洞应在浇筑混凝土前预埋牢固和预留孔洞，不得事后打孔凿洞。

（2）蓄水屋面的细石混凝土原材料和配比应符合有关设计和规范要求，宜掺加膨胀剂、减水剂和密实剂，以减少混凝土的收缩。

（3）蓄水屋面的分格缝不能过多，一般要放宽间距，分格间距不宜大于 10m。分格缝嵌填密封材料后，上面应做砂浆保护层埋置保护。每分格区内的混凝土应一次浇完，不得留设施工缝。

（4）防水混凝土必须机械搅拌、机械振捣，随捣随抹，抹压时不得洒水、撒干水泥或加水泥浆。混凝土收水后应进行二次压光、及时养护。如放水养护应结合蓄水，不得再使之干涸。

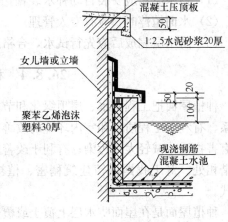

图 26-66 女儿墙泛水

26.8.3.4 质量控制

1. 质量要求

蓄水屋面工程质量主要是要求防水层质量可靠，构造设置合理，特别注意蓄水屋面一旦放水，就不能干涸，否则就会发生渗漏。当蓄水面积较大时，在蓄水区中部还应设置通道板。

2. 质量验收

（1）主控项目

1）蓄水池配筋和防水混凝土的原材料及配合比，必须符合设计要求。

检验方法：检查出厂合格证、质量检验报告、进场检验报告和计量措施。

2）防水混凝土的抗压强度和抗渗压力必须符合设计要求。

检验方法：检查混凝土的抗压和抗渗试验报告。

3）蓄水池不得有渗漏现象。

检验方法：蓄水至规定高度观察检查。

（2）一般项目

1）混凝土表面应密实、平整，不得有蜂窝、麻面、露筋等缺陷。

检验方法：观察检查。

2）混凝土表面的裂缝宽度不应大于 0.2mm，并不得贯通。

检验方法：用刻度放大镜检查。

3）蓄水池上留设的溢水口、过水孔、排水管、溢水管等，其位置、标高和尺寸应符合设计要求。

检验方法：观察和用钢尺检查。

4）蓄水池结构的允许偏差和检验方法应符合表 26-51 的规定。

蓄水池结构的允许偏差和检验方法　　　　　　　　　表 26-51

项　　目	允许偏差（mm）	检 验 方 法
长度、宽度	+15，-10	用钢尺检查
厚度	±5	用钢尺检查
表面平整度	5	用 2m 靠尺和楔形塞尺检查
排水坡度	符合设计要求	用坡度尺检查

26.8.3.5 使用要求

（1）蓄水屋面应安装自动补水装置，蓄水后就不得干涸。

（2）水面植萍时，应有专人管理。

（3）防水层完成后应先行试水，合格后才可蓄水。

26.8.4 种 植 屋 面

种植屋面把工程防水、屋顶绿化和节能隔热三者结合起来，在技术上形成一个完整的体系，有利于工程质量和室内环境的改善和提高，有利于增加城市大气中的氧气含量，吸收有害物质，减轻大气污染；有利于改善居住生态环境，美化城市景观，实现人与自然的和谐相处。对于我国城镇建筑稠密、植被绿化不足，种植屋面是一种很有发展前途的形式。

种植屋面是在屋面防水层上覆土或覆盖锯木屑、膨胀蛭石、膨胀珍珠岩、轻砂等多孔松散材料，进行种植草皮、花卉、蔬菜、水果或设架种植攀缘植物等作物。覆土的叫有土种植屋面，覆有多孔松散材料的叫无土种植屋面。

26.8.4.1 基本要求

种植屋面不仅要求屋面不渗、不漏，满足房屋的使用功能，还要保证植物有良好的生长环境，同时还要求屋面能够保水和顺利排除多余积水。因此，相对于传统屋面，在构造上要保证防水层耐根系穿刺，多了隔根层、疏水层、隔土层、种植介质和植物层等层次的施工，其给水排水系统要实现灌、蓄、疏、排一体化的要求，施工程序复杂、技术要求高。

种植屋面适用于一般工业与民用建筑工程中采用种植物的隔热屋面工程，以及地下室顶板、裙楼屋面、架空层和屋顶等有种植要求的园林建筑工程。

种植介质的选用和种植物的选配，宜由个体工程设计根据当地的气候条件和其他实际情况，并商请有经验的园艺师共同确定。按种植浅根植物考虑，种植介质厚度为 100～300mm。

常用种植介质下的排水层做法，有以下两种可供选用。排水层上均铺设 200～300g/m² 的聚酯针刺土工布一层作过滤层用，土工布接缝应严密，防止种植介质流失。

26.8.4.2 详细构造和相关要求

（1）种植屋面构造见图 26-67、图 26-68。

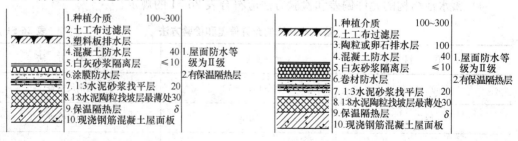

图 26-67 种植屋面构造（一）　　　　　图 26-68 种植屋面构造（二）

（2）种植屋面构造节点见图 26-69～图 26-71。

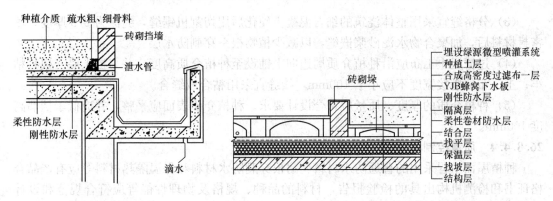

图 26-69　种植屋面构造檐口节点　　　　　图 26-70　种植屋面构造节点

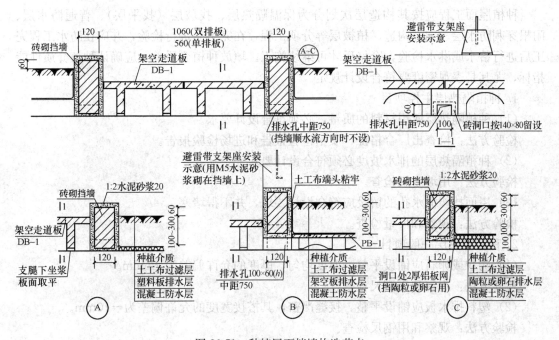

图 26-71　种植屋面挡墙构造节点

26.8.4.3　种植屋面的施工

（1）种植屋面应有 1%～3% 的排水坡度，在大雨时多余雨水及时排走。屋面四周应设混凝土或砖砌挡墙，挡墙下部应设泄水孔，孔内侧放置疏水粗、细骨料或铺聚酯无纺布过滤层，以免种植介质流失。排水层应与排水系统相通，并保持排水畅通。排水层施工应符合下列要求：

1）陶粒或卵石的粒径不宜小于 25mm，含泥量不应大于 1%，排水层应铺设平整，厚度均匀。

2）带支点塑料板应铺设平整，塑料板的支点应向上，塑料板的搭接宽度不应小于 100mm。

3）挡墙泄水孔不得堵塞。

（2）种植隔热层与防水层之间应设细石混凝土保护层。种植介质的施工应避免损坏防水层；覆盖材料的表观密度、厚度应按设计的要求选用。

（3）分格缝宜采用整体浇筑的细石混凝土硬化后用切割机锯缝，缝深为 2/3 厚度，填密封材料后，加聚合物水泥砂浆嵌缝，以减少植物根系穿刺防水层。

（4）过滤层土工布应沿种植介质周边向上铺设至种植介质高度，并与挡土墙（板）粘牢；土工布的搭接宽度不应小于 100mm，接缝宜采用粘合或缝合。

（5）种植介质的厚度、质量应符合设计要求。种植介质表面应平整，并应低于挡墙高度 100mm。

26.8.4.4　质量控制

种植屋面工程采用的普通防水材料、耐根穿刺防水材料和保温隔热材料等应有产品合格证书和检测机构出具的检验报告，材料的品种、规格及物理性能等应符合规范和设计要求。

种植屋面工程应按其构造层次划分为保温隔热层、找坡层（找平层）、普通防水层、耐根穿刺防水层、细部构造、植被层等分项工程，在完工后进行检验，并应在防水工程完工后进行蓄水或淋水检验，合格后才可继续施工。填放种植介质前，应确认种植介质性能指标，尤其是表观密度要符合设计规定。

1. 种植隔热层主控项目

（1）种植隔热层所用材料的质量，必须符合设计要求。

检验方法：检查出厂合格证、质量检验报告和进场检验报告。

（2）种植隔热层的排水坡度必须符合设计要求。

检验方法：用坡度尺检查。

（3）屋面挡墙泄水孔的留设应符合设计要求，并不得堵塞。

检验方法：观察和尺量检查。

2. 种植隔热层一般项目

（1）陶粒或卵石应铺设平整，厚度均匀，厚度的允许偏差为 ±5mm。

检验方法：观察和用钢尺检查。

（2）塑料排水板应铺设平整、接缝严密，其搭接宽度的允许偏差为 −10mm。

检验方法：观察和用钢尺检查。

（3）过滤层土工布应铺设平整、接缝严密，其搭接宽度的允许偏差为 −10mm。

检验方法：观察和用钢尺检查。

（4）种植介质的厚度允许偏差为 −5%，且不大于 50mm。

检验方法：用钢尺检查。

26.8.4.5　使用要求

（1）屋面防水层完工后应及时养护，及时覆土或覆盖多孔松散种植介质。

（2）种植屋面应有专人管理，及时清除枯草、藤蔓，翻松植土，并及时洒水。

（3）定期清理泄水孔和粗细骨料，检查排水是否通畅、顺利。

26.8.5　停 机 坪 屋 面

近年来随着城市建设的迅猛发展，越来越多的超高层建筑在城市中涌现，为适应城市对国防、治安、反恐、消防、金融、通信、旅游等的需求，许多超高层建筑在屋顶设置了直升机停机坪，这类屋面不仅需要满足防水、抗渗、隔热、防雷等普通屋面的功能要求外，而且还要满足直升机起飞、降落和停留等航空的需求。目前，常见于特殊建筑（如医院和急救中心）以及高层、超高层建筑屋面作为直升机停机坪。

26.8.5.1 构造特点

1. 混凝土结构直升机停机坪的构造特点

（1）标识：彩色标记罩防水面油，标记要明显，材料要耐候、耐久；

（2）面层：满足抗渗、耐磨要求；

（3）保温隔热层：抗压强度≥250kPa；

（4）防水层：防水卷材或防水涂膜；

（5）找平层：水泥砂浆找平层；

（6）结构层：混凝土结构，结构找坡2%，坡向天沟或水落口；

（7）屋面灯光照明和灯光信号系统：必须符合航空要求；

（8）防雷接地：防雷系统必须符合航空要求；

（9）消防设施：消防系统必须符合航空要求。

2. 钢结构直升机停机坪的构造特点

在原有屋面上，重新作钢结构的停机坪，面积较小，刚刚满足小型直升机的降落。此种做法，可用于原有建筑的功能增加和改造。在上述构造特点上，亦可取消找平层、防水层、保温隔热层等。

26.8.5.2 一般要求

针对建筑屋面和停机坪的特点，在保证屋面使用功能的同时尚应满足航空标准。屋顶直升机停机坪承受荷载大、受到振动也较大，因此满足结构安全和使用功能都极为重要。按航空要求，停机坪面上的附属设施以及标记、航标灯、消防、防雷接地等的施工验收应符合《建筑工程施工质量验收统一标准》（GB 50300）和国际航空标准要求。

26.8.5.3 质量控制要求及使用要求

按航空要求，停机坪面上的附属设施以及标记、航标灯、消防、防雷接地等的施工验收应符合《建筑工程施工质量验收统一标准》（GB 50300）和国际航空标准要求。

停机坪面上应有色彩鲜明的标记，显示停机坪的中心位置和边界位置。防止被污染，保证色彩鲜明。按要求设置缆风环、航标灯等设施。

1. 航空标记

按航空要求，停机坪面上应有色彩鲜明的标记，显示停机坪的中心位置和边界位置。先用白水泥掺建筑胶和颜料，按设计要求刷出图案，然后在上面打砂纸、刷底漆、中漆、反光面漆。最后，再统一罩防水面油，应注意防止屋面被污染，保证色彩鲜明。此外，还应按国际民航公约标准规定设置直升机边界位标志。

2. 缆风环

预埋在结构中，顶部比面层标高低5～10mm，外环为封闭式圆环，外径250mm，在面层上预制成环状凹槽，保证缆风环不用时能与面层相平，用船舶漆做防腐处理。

3. 航标灯

为了使飞行员能准确找到停机坪位置并准确定位，在停机坪的周边设置安装了不同色彩的各种信号灯，实现全天候起飞、降落。以上航标灯，除航空障碍灯按景观照明平时点亮外，其余直升机停机坪的功能照明在需要时才点亮。

(1) 机坪瞄准灯——嵌入式安装，瞄准灯须保证频闪同步。

(2) 机坪围界灯——围界灯安装在停机坪外边界位置，标明停机坪边界。

(3) 机坪泛光灯——同时串联相接，保证频闪同步。

(4) 航空障碍灯——航空障碍灯分层立体设置，每个方向不少于两盏，单亮与频闪相结合，兼做景观照明。

(5) 风向灯——用不同色彩示意风向的灯，用来指挥飞行员使机头迎风停下。

4. 防雷接地系统

所有突出屋面的金属部件皆应与避雷带可靠连接，同时利用结构内避雷设施，钢筋重复接地作防雷引下线，防雷引下线上连屋顶避雷带，下连基础接地钢筋网。

5. 消火栓及监控系统

在停机坪边界处应设置消火栓，消火栓按消防要求应离停机坪边界外不小于 5m 距离，消火栓与消防加压泵连接，其报警、控制、通信等系统直接与消防控制中心联网，电源应由市电及应急发电机组双回路供给，并能在末端自动切换。整个停机坪设置四个电视探头，保证始终处于中心的监控之中。

26.9　倒　置　屋　面

26.9.1　基　本　规　定

倒置式屋面是将防水层设在保温层下面的屋面构造。

倒置式屋面与正铺式屋面相比，倒置式屋面有以下优点：将防水层放置在保温层的下面，使防水层受到了保护，因而防水层寿命长，约为正铺式屋面的 3～5 倍；倒置式屋面可以省去隔汽层，不需做排汽措施，较正铺式屋面构造简单。

倒置式屋面要求保温层必须采用低吸水率（体积吸水率≤3%）的保温材料。

倒置式屋面由于防水层在保温层之下，对防水层的可靠性的要求高，防水等级应为Ⅰ级，防水层合理使用年限不少于 20 年，保温层使用年限宜与防水层使用年限相同。

保温层施工过程中，尤其要注意对防水层的成品保护。倒置式屋面一旦出现防水问题，找漏点难度大，而且要先将保温层及保温层的保护层拆除后再行修补，不但工艺复杂，维修费用也大大增加。

26.9.2　倒置式屋面构造

1. 找坡层

为了保证屋面排水畅通，倒置式屋面坡度不宜小于 3%。屋面单向坡度＞9m 时应采用结构找坡，且坡度≥3%。屋面坡度＞3%时，应在结构层采取防止防水层和保温层下滑的措施。尤其坡度＞5%时，要沿垂直坡度方向设置与结构连接的防滑条。

当采用材料找坡时，坡度宜为 3%，最薄处厚度不小于 30mm，材料可选用轻质材料或保温材料。

2. 找平层

采用结构找坡时，结构面抹平、压光即可。采用材料找坡时，可采用水泥砂浆或细石混凝土找平层作为防水层的基层。找平层应设置分隔缝，缝宽 10～20mm，间距不大于 6m。

3. 防水层

倒置式屋面中，雨水在保温层和防水层之间滞留时间较长，防水层要求选用耐霉烂、耐腐蚀性能好，适应变形能力优良、接缝密封保证率高的柔性防水材料。由于防水层长期在正温下工作，耐高温、低温柔性、耐紫外线能力可以低一些。可采用涂料与卷材复合的柔性防水层，提高防水的可靠性。根据倒置式屋面的特点选用适当的防水材料，可以提高倒置式屋面的经济性。

4. 保温层

倒置式屋面的保温层必须采用低吸水率（体积吸水率≤3％）且可长期浸水不腐烂的保温材料，导热系数≤0.080W/(m·K)，抗压强度或压缩强度≥0.15N/mm²。如干铺或粘贴挤压式聚苯乙烯泡沫塑料板（挤塑板）、泡沫玻璃保温板、硬质聚氨酯泡沫塑料板、硬质聚氨酯泡沫塑料防水保温复合板等板状保温材料，也可采用现喷硬质聚氨酯泡沫塑料。保温层的厚度应根据材料导热系数由设计决定，但不得小于 25mm。

5. 保温层上的保护层

为了避免保温层直接暴露在外而可能导致的材料老化、机械损坏或泡水后上浮，倒置屋面的保温层上应做保护层。保护层可根据需要选用细石混凝土、水泥砂浆、卵石、地砖、混凝土板材、金属板材、人造草皮、蔓生植物等，但须核算保护层的重量应大于轻质保护层的浮力，以避免保温层被冲走，也可以先将保温层粘于防水层上，再做覆盖层。保温层上的保护层采用卵石时，粒径宜为 20～60mm，干铺一层无纺聚酯纤维布做隔离层。采用块材保护层时，如为上人屋面须坐砂浆铺砌，如为非上人屋面可干铺。CCP 复合板作为保温层时，可不另设保护层。

26.9.3 倒置式屋面施工

（1）施工单位在倒置屋面施工前，应根据设计要求和工程实际情况编制专项施工方案，作业前对操作人员进行技术交底。

（2）找坡层、找平层、防水层、保护层施工参见"26.1 卷材防水屋面"相关内容，保温层施工参见"26.10 屋面保温隔热"相关内容。

（3）防水层施工后应进行全面检查，无缺陷、试水不渗漏和不积水后，方可进行保温层的施工。保温层铺设时应平稳，与防水层不得架空，拼缝应严密。破损应补好，碎块应用胶结料胶结后使用。

（4）保护层施工时应对保温层采取保护措施，不可直接在保温层上施工。保护层与保温层之间的隔离层应满铺，搭接宽度不小于 100mm，不得有露底。

（5）采用现浇水泥砂浆、细石混凝土作或各种块材作为保护层时，应留分格缝。

（6）当保护层采用卵石铺压时，卵石的质（重）量应符合设计规定。保护层施工时，应避免损坏保温层和防水层。卵石铺设应防止过量，以免加大屋面荷载，致使结构开裂或变形过大，甚至造成结构破坏，故应严加注意。

26.9.4 质 量 控 制

（1）倒置屋面工程的施工应建立质量控制制度，各工序严格执行"三检制"，检验批、分项工程应经监理验收合格。

（2）倒置屋面所用各种材料应按规定进行进场检验并按规定进行复试，合格后方可使用。

（3）防水层施工后进行蓄水或淋水试验，合格后方可进行保温层施工。

（4）各分项工程质量控制参见"26.1 卷材防水屋面"相关内容。

26.10 屋 面 保 温 隔 热

26.10.1 基 本 要 求

建筑屋面保温是建筑节能这一系统工程中的重要组成部分。建筑物能源消耗的 30%～50% 是通过屋面与围护结构损失的，因而提高屋面的保温功能是降低建筑物能源消耗的有效措施。

屋面保温效果通过在屋面系统中设置保温材料层，增加屋面系统的热阻来达到。保温材料的性能对保温效果的影响是决定性的。

保温材料种类繁多，其中泡沫玻璃、挤塑聚苯乙烯泡沫板、硬泡聚氨酯这几种材料性能最优，它们同属于低吸水率材料，而且具有表观密度小、导热系数小、强度高、耐久性好的优点，适用于倒置式屋面。这几种材料于 20 世纪 90 年代中期出现，目前生产、施工工艺均成熟，已获得越来越广泛的应用。

目前可采用的其他保温材料，膨胀珍珠岩制品、膨胀蛭石制品、岩棉制品、微孔硅酸钙制品、加气混凝土及其制品等均为高吸水率、吸湿性保温材料，部分制品添加了憎水剂，改善了吸水性能，如憎水膨胀珍珠岩板等。采用这些保温材料时，一般都要采用排汽屋面的形式，构造较为复杂，施工难度大。

架空隔热屋面是在平屋面上用砖墩支承钢筋混凝土薄板等架空隔热制品，架设一定高度，形成隔热层，一方面避免太阳直接照射屋面，使屋面表面温度大为降低，减少热量向室内传导；另一方面，利用空气流动，加快屋面热量的散发。它要求采用平檐口，即非女儿墙屋面。架空隔热是一种自然通风降温的措施，它尤其适用于无空调要求而炎热多风地区屋面，不适用于寒冷地区。

架空隔热屋面可与保温层同时采用，可以单独使用。

26.10.2 保温隔热材料性能及要求

26.10.2.1 保温材料的种类

我国目前屋面保温层按形式，可分为松散材料保温层、板状保温层和整体现浇（喷）保温层三种；松散材料保温层采用松散膨胀珍珠岩、松散膨胀蛭石；板状保温层采用的材料包括各种膨胀珍珠岩板制品、膨胀蛭石板制品、聚苯乙烯泡沫塑料、硬泡聚氨酯板、泡沫玻璃等；整体现浇（喷）保温层使用的材料有沥青膨胀蛭石和硬泡聚氨酯。

按材料性质，可分为有机保温材料和无机保温材料。有机保温材料有聚苯乙烯泡沫塑料、硬泡聚氨酯，其他均为无机材料。

按吸水率可分为高吸水率和低吸水率（<6%）保温材料。泡沫玻璃、聚苯乙烯泡沫板、硬泡聚氨酯为低吸水率材料，独立闭孔结构。

26.10.2.2 常见保温材料性能

保温材料的选用，应考虑采用导热系数小、表观密度小、吸水率低并具有一定强度的无机或有机保温材料。

导热系数"λ"是保温材料最重要的热物理指标，它说明材料传导热量的能力，其单位为瓦特/（米·开尔文）[W/(m·K)]，即在一块面积为 $1m^2$、厚度为 1m 的材料，当两侧表面温度差为 1℃，在 1h 内传递的热量。它表示材料在稳定传热状况下的导热能力，显然 λ 值愈小，保温性能就愈好。它与材料的化学成分、分子结构、密度及材料的湿度状况、工作温度有关。

吸水率和吸湿性都会极大影响材料的保温性能。吸水性是指材料在水中吸收水分并保持水分的性质，其大小用吸水率表示；吸湿性是指材料在空气中，因周围空气的相对湿度变化而改变材料湿度的性质，用含湿率表示。材料吸收外来的水分或湿气，称为含水率。从结构上看，各类保温材料都是由固相和气相（气孔）构成，利用空气导热系数小的特点达到保温效果。水的导热系数为 λ=0.58，冰的导热系数为 λ=2.22，而空气 λ=0.024，可见，水的导热系数比空气的导热系数大 20 多倍，冰的导热系数更相当于水的导热系数的 4 倍。因此，保温材料中含水后，即水代替了部分空气后，会对导热系数产生严重影响，材料受冻后影响更大。因此，除低吸水率材料外，在保温材料的运输、贮存、施工及使用过程中，保持保温材料的干燥是十分重要的。

导热系数、表观密度和强度是保温材料三个相互关联的指标。表观密度大，则导热系数大、强度高；表观密度减小，则强度降低，导热系数也减少，但表观密度小过某个限值后，导热系数会因通过气孔的气相导热、辐射导热和对流导热的显著增加而使导热系数增大。所以，每种保温材料在综合考虑导热系数、强度等因素后，都可以得到各自的最佳表观密度，这样不仅保温性能最好，而且节约材料。

保温材料的燃烧性能也需注意。对无机材料而言，均为不燃材料。而聚苯乙烯泡沫板、硬泡聚氨酯等有机材料，均为可燃的高分子碳氢化合物，在使用中都要选择经过阻燃处理的产品。

常见保温材料性能见表 26-52。

保 温 材 料 性 能 表　　　　　　　　　　　　表 26-52

序号	材料名称	表观密度 (kg/m³)	导热系数 λ	强度 (N/mm²)	吸水率 (%)	使用温度 (℃)
1	松散膨胀珍珠岩	40~250	0.05~0.07	—	250	−200~800
2	水泥珍珠岩制品 1:8	500	0.08~0.12	0.3~0.8	120~220	650
3	水泥珍珠岩制品 1:10	300	0.063	0.3~0.8	120~220	650
4	憎水珍珠岩制品	200~250	0.056~0.08	0.5~0.7	憎水	−20~650
5	沥青珍珠岩	500	0.1~0.2	0.6~0.8		

续表

序号	材料名称	表观密度 （kg/m³）	导热系数 λ	强度 （N/mm²）	吸水率 （%）	使用温度 （℃）
6	松散膨胀蛭石	80～200	0.04～0.07	—	200	−200～1000
7	微孔硅酸钙	250	0.06～0.07	0.5	87	650
8	矿棉保温板	130	0.035～0.047	—		600
9	加气混凝土	400～800	0.14～0.18	3	35～40	200
10	水泥聚苯板	240～350	0.09～0.1	0.3	30	—
11	水泥泡沫混凝土	350～400	0.1～0.19	—	—	—
12	模塑聚苯乙烯泡沫板	≥30	≤0.039	* 10%压缩 ≥0.15	≤2.0	−80～75
13	挤塑聚苯乙烯泡沫板	≥20	≤0.030	* 10%压缩 ≥0.15	≤1.5	−80～75
14	硬泡聚氨酯	≥35	≤0.024	* 10%压缩 ≥0.15	≤3.0	−200～130
15	泡沫玻璃	≥150	≤0.062	≥0.40	≤0.5	−200～500

* 12、13、14 项为压缩强度，对于压缩时不会产生粉碎断裂的材料的压缩强度，须定义为当材料变形到任意量
所需的压应力值。

26.10.2.3 保温材料的贮存保管

（1）进场的保温材料应对密度、厚度、形状和强度进行检查，松散材料尚应进行粒径
检查，施工时还应检查含水率是否符合设计要求。

（2）保温材料储运保管时应分类堆放，防止混杂并应采取防雨、防潮措施。块状保温
板搬运时应轻放，防止损伤断裂、缺棱掉角，保证外形完整。

26.10.3 保温层构造及材料选用

（1）保温屋面的构造见图 26-72，架空隔热屋面的构造见图 26-73。

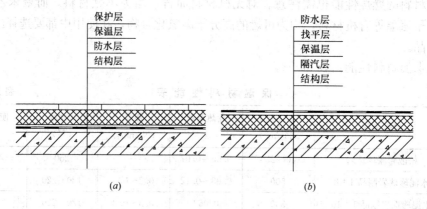

图 26-72 保温屋面构造

（a）倒置式屋面构造；（b）正置式屋面构造

（2）屋面保温可采用板状材料或整体现浇（喷）保温层，应优先选用表观密度小、导热系数小、吸水率低或憎水性的保温材料，尤其在整体封闭式保温层和倒置式屋面，必须选用低吸水率的保温材料。松散材料保温层基本均为高吸水率、高吸湿性材料，难以保证保温效果，通常不建议采用。

（3）屋面保温材料的强度应满足搬运和施工要求，在屋面上只要求大于等于 $0.1N/mm^2$ 的抗压强度就可以满足。

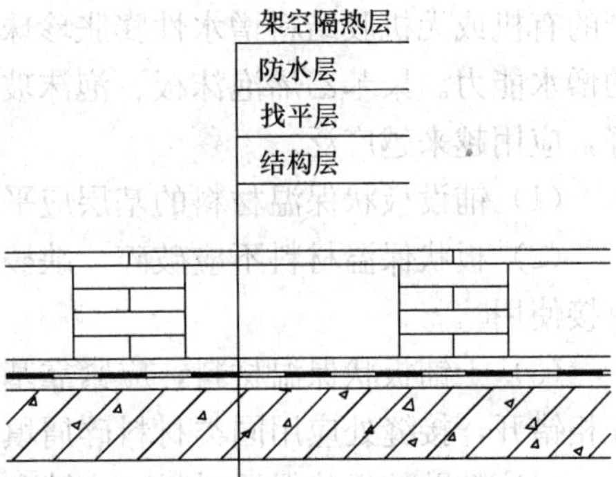

图 26-73 架空隔热屋面构造

（4）保温材料含水率过大，不能干燥或施工中浸水不能干燥时，应采取排汽屋面做法。封闭式保温层的含水率，应相当于该材料在当地自然风干状态下的平衡含水率。吸湿性保温材料不宜用于封闭式保温层。

（5）保温层设置在防水层上部时，保温层的上面应做保护层；保温层设置在防水层下部时，保温层的上面应做找平层。

（6）保温层的厚度应根据热工计算确定，但还应考虑自然状态下保温材料含水率对保温性能降低的因素。

26.10.4　找平层与隔汽层施工

当室内产生水蒸气或室内常年空气湿度大于75%时，保温屋面应设置隔汽层。隔汽层应选用气密性、水密性好的防水卷材或防水涂料，沿墙面向上铺设，并与屋面防水层相连，形成全封闭的整体。

（1）屋面结构层为现浇混凝土时，宜随打随抹并压光，不再单独做找平层；结构层为装配式预制板时，应在板缝灌掺膨胀剂的 C20 细石混凝土，然后铺抹水泥砂浆。找平层宜在砂浆收水后进行二次压光，表面应平整。

（2）隔汽层可采用单层卷材或涂膜，卷材可采取空铺法、点粘法、条粘法，其搭接宽度不得小于70mm，搭接要严密；涂膜隔汽层，则应在板端处留分格缝嵌填密封材料，采用沥青基防水涂料时，其耐热度应比室内或室外的最高温度高出 20～25℃，隔汽层在屋面与墙面连接处应沿墙面向上连续铺设，高出保温层上表面不得小于150mm。

（3）排汽道应纵横贯通，找平层设置的分格缝可兼作排汽道；并同与大气连通的排汽管相通；排汽管可设在檐口下或屋面排汽道交叉处。

（4）排汽道宜纵横设置，间距宜为6m。屋面面积每 $36m^2$ 宜设置一个排汽孔，排汽孔应做防水处理。

（5）在保温层下也可铺设带支点的塑料板，通过空腔层排水、排汽。

26.10.5　板状保温材料施工

板状保温材料有水泥、沥青或有机材料作胶结料的膨胀珍珠岩、蛭石保温板、微孔硅酸钙板、泡沫混凝土、加气混凝土和岩棉板、挤塑或模塑聚苯乙烯泡沫板、硬泡聚氨酯板、泡沫玻璃等。其中，泡沫混凝土、加气混凝土等表观密度大，保温性能较差。目前生产的有机或无机胶结料憎水性膨胀珍珠岩和沥青作胶结料的膨胀珍珠岩、蛭石，具有较好的憎水能力。聚苯乙烯泡沫板、泡沫玻璃和发泡聚氨酯吸水率低、表观密度小、保温性能好，应用越来越广泛。

（1）铺设板状保温材料的基层应平整、干净、干燥。

（2）板状保温材料不应破碎、缺棱掉角，铺设时遇有缺棱掉角、破碎不齐的，应锯平拼接使用。

（3）干铺板状保温材料，应紧靠基层表面，铺平、垫稳。分层铺设时，上、下接缝应互相错开，接缝处应用同类材料碎屑填嵌饱满。

（4）粘贴的板状保温材料，应铺砌平整、严实。分层铺设的接缝应错开，胶粘剂应视保温材料的材性选用，如热沥青胶结料、冷沥青胶结料、有机材料或水泥砂浆等。板缝间或缺角处应用碎屑加胶料拌匀，填补严密。

26.10.6　整体保温层施工

整体保温层目前有沥青膨胀蛭石，现喷硬质聚氨酯泡沫塑料。

（1）保温层的基层应平整、干净、干燥。

（2）沥青膨胀蛭石应采取人工搅拌，避免颗粒破碎。

（3）以热沥青作胶结料时，沥青加热温度不应高于240℃，使用温度不宜低于190℃，膨胀蛭石的预热温度宜为100~120℃，拌合以色泽均匀一致、无沥青团为宜。

（4）沥青膨胀蛭石整体保温层，应拍实、抹平至设计厚度，虚铺厚度和压实厚度应根据试验确定。保温层铺设后，应立即进行找平层施工。

（5）现喷硬质聚氨酯泡沫塑料保温层的施工，见"26.6 聚氨酯硬泡体防水保温屋面"相关内容。

26.10.7　松散材料保温层施工

松散保温材料主要有膨胀珍珠岩、膨胀蛭石，它们具有堆积密度小、保温性能高的优越性能，但当松铺施工时，一旦遇雨或浸入施工用水，则保温性能大大降低，而且容易引起柔性防水层鼓泡破坏。所以，在干燥少雨地区尚可应用，而在多雨地区应避免采用。同时，松散保温材料施工时，较难控制厚薄匀质性和压实表观密度。

（1）松散材料保温层应干燥，含水率不得超过设计规定；否则，应采取干燥或排汽措施。

（2）松散材料保温层应分层铺设，并适当压实、每层虚铺厚度不宜大于150mm；压实的程度与厚度应经试验确定；压实后，不得直接在保温层上行车或堆放重物。

（3）保温层施工完成后，应及时进行下道工序，抹找平层和防水层施工。雨期施工时，应采取遮盖措施，防止雨淋。

（4）为了准确控制铺设的厚度，可在屋面上每隔1m摆放保温层厚度的木条作为厚度标准。

（5）下雨和五级风以上不得铺设松散保温层。

（6）铺抹找平层时，可在松散保温层上铺一层塑料薄膜等隔水物，以阻止砂浆中水分被吸收，造成砂浆缺水、强度降低；同时，可避免保温层吸收砂浆中的水分而降低保温性能。

26.10.8 架空隔热制品的要求

（1）架空隔热制品混凝土板的混凝土强度等级不应低于 C20，板内宜配置钢筋网片。

（2）架空隔热制品的支座，非上人屋面应采用强度等级不低于 MU7.5 的砌块材料，上人屋面应采用不低于 MU10 的砌块材料。

26.10.9 架空隔热层施工

（1）架空屋面的坡度不宜大于 5%，架空隔热层的架空高度应按照屋面宽度或坡度大小来确定；如设计无要求，一般以 100～300mm 为宜。

（2）架空墩砌成条形，成为通风道，不让风产生紊流。屋面过大、宽度超过 10m 时，应在屋脊处开孔架高，形成中部通气孔，称为通风屋脊。

（3）架空隔热层的进风口，宜设置在当地炎热季节最大频率风向的正压区，出风口宜设置在负压区。

（4）架空隔热层施工时，应根据架空板的尺寸弹出支座中线。

（5）架空隔热制品架设在防水层上时，支座部位的防水层上应采取加强措施，操作时不得损坏防水层。

（6）铺设架空板时应将灰浆刮平，随时扫净屋面防水层上的落灰、杂物等，保证架空隔热层气流畅通。

（7）架空板的铺设应平整、稳固；缝隙宜采用水泥砂浆或混合砂浆嵌填，并应按设计要求留变形缝。

（8）架空隔热板距女儿墙不小于 250mm，以保证屋面胀缩变形的同时，防止堵塞和便于清理。

26.10.10 质 量 控 制

26.10.10.1 屋面保温

1. 主控项目

（1）保温材料的堆积密度或表观密度、导热系数以及板材的强度、吸水率，必须符合设计要求。

检验方法：检查出厂合格证、质量检验报告和现场抽样复验报告。

（2）保温层的含水率必须符合设计要求，封闭式保温层的含水率，应相当于该材料在当地自然风干状态下的平衡含水率。

检验方法：检查现场抽样检验报告。

2. 一般项目

（1）保温层的铺设应符合下列要求：

1）松散保温材料：分层铺设，压实适当，表面平整，找坡正确。

2）板状保温材料：紧贴（靠）基层，铺平垫稳，拼缝严密，找坡正确。

3）整体现浇（喷）保温层：拌合均匀，分层铺设，压实适当，表面平整，找坡正确。

检验方法：观察检查。

（2）保温层厚度的允许偏差：松散保温材料和整体现浇（喷）保温层为＋10％，
－5％；板状保温材料为±5％，且不得大于 4mm。

检验方法：用钢针插入和尺量检查。

（3）当倒置式屋面保护层采用卵石铺压时，卵石应分布均匀，卵石的质（重）量应符
合设计要求。

检验方法：观察检查和按堆积密度计算其质（重）量。

保温材料的质量要求应符合表 26-53、表 26-54 的规定。

松散保温材料质量要求   表 26-53

项　目	膨胀蛭石	膨胀珍珠岩
粒径	3～15mm	≥0.15mm，＜0.15mm 的含量不大于 8％
堆积密度	≤300kg/m³	≤120kg/m³
导热系数	≤0.14W/（m·K）	≤0.07W/（m·K）

板状保温材料质量要求   表 26-54

项　目	聚苯乙烯泡沫塑料类		硬质聚氨酯泡沫塑料	泡沫玻璃	微孔混凝土类	膨胀蛭石（珍珠岩）制品
	挤压	模压				
表观密度（kg/m³）	≥32	15～30	≥30	≥150	500～700	300～800
导热系数［W/（m·K）］	≤0.03	≤0.041	≤0.027	≤0.062	≤0.22	≤0.26
抗压强度（N/mm²）				≥0.4	≥0.4	≥0.3
在 10％形变下的压缩应力（N/mm²）	≥0.15	≥0.06	≥0.15			
70℃，48h 后尺寸变化率（％）	≤2.0	≤5.0	≤5.0	≤0.5		
吸水率（V/V，％）	≤1.5	≤6	≤3	≤0.5		
外观质量	板的外形基本平整，无严重凹凸不平；厚度允许偏差为5％，且不大于 4mm					

26.10.10.2 架空隔热屋面

1. 主控项目

架空隔热制品的质量必须符合设计要求，严禁有断裂和露筋等缺陷。

检验方法：观察检查和检查构件合格证或试验报告。

2. 一般项目

（1）架空隔热制品的铺设应平整、稳固，缝隙勾填应密实；架空隔热制品距山墙或女
儿墙不得小于 250mm，架空层中不得堵塞，架空高度及变形缝做法应符合设计要求。

检验方法：观察和尺量检查。

（2）相邻两块制品的高低差不得大于 3mm。

检验方法：用直尺和楔形塞尺检查。

26.10.10.3　质量控制的相关资料

(1) 屋面工程所采用的保温隔热材料及配套材料的产品合格证书和性能检测报告；

(2) 保温材料的抽样复验试验报告；

(3) 保温层含水率测试记录；

(4) 隐检资料和质量检验评定资料；

(5) 松散材料的粒径、密度、级配资料；

(6) 相容性试验报告。

26.11　屋面接缝防水密封

屋面防水系统的各种节点部位及各种材料接缝（以下统称为接缝）是屋面渗漏水的主要原因，为此密封处理质量、效果的好坏直接影响屋面防水系统的整体性能，影响屋面的保温隔热功能。

屋面接缝防水密封主要用于屋面构件与构件，各种防水材料的接缝及收头的密封防水处理和卷材防水屋面、涂膜防水屋面、及保温隔热屋面等配套使用。屋面密封防水是各种形式防水屋面完好连接的重要组成部分，对实现屋面防水功能的可靠性起着不可缺少的作用。

26.11.1　材　料　要　求

密封材料是指能承受接缝处一定的合理的位移量，并能达到气密、水密效果而嵌入在建筑接缝中的定型和不定型材料。屋面工程中常使用不定型密封材料，即各种膏状体，俗称密封膏、嵌缝油膏。按其组成材料的不同，屋面工程中使用的密封材料可分为两类，即改性沥青密封材料和合成高分子密封材料。

1. 密封材料要求

采用的密封材料应具有弹塑性、粘结性、施工性、耐候性、水密性、气密性和位移性。

2. 基层处理剂与背衬材料

(1) 基层处理剂

基层处理剂的主要作用是使被粘结基层表层受到浸润，从而增强密封材料和被粘结体的粘结性，并可以封闭混凝土及水泥砂浆基层表层，防止从其内部渗出碱性物及水分。因此，基层处理剂要符合下列要求：

1) 有易于操作的黏度（流动性）；

2) 对被粘结体有良好的浸润性和渗透性；

3) 不含能溶化被粘结体表面的溶剂，与密封材料有很好的相容性，不造成侵蚀，有良好的粘结性；

4) 干燥快。基层处理剂一般采用密封材料生产厂家配套提供的或推荐的产品，如果采取自配或其他生产厂家时，应作粘结试验。

(2) 背衬材料

背衬材料是填塞在接缝的底部，控制密封膏嵌填的深度，以防止密封膏与接缝底部粘结而形成三面粘结现象的一种弹性材料。采用的背衬材料应能适应基层的膨胀和收缩，具有施工时不变形、复原率高和耐久性好等性能。背衬材料宜采用半硬质的泡沫塑料，一般以泡沫聚乙烯塑料、泡沫聚苯乙烯塑料为主，形状有圆形棒状或方形板状及薄膜。不同接缝形状，可选用不同的背衬材料，一般以圆形棒状使用较多。在填塞时，圆形棒状背衬材料直径应稍大于接缝宽度 1~2mm；如接缝较浅，可用扁平的隔离条。

3. 改性石油沥青密封材料

以石油沥青为基料，加入适量高分子聚合物改性材料（例如：橡胶、树脂）、助剂、填料等配制而成的膏状密封材料。常用的有两类，即改性石油沥青密封材料和改性焦油沥青密封材料。由于改性焦油沥青密封材料中的焦油具有一定的毒性，施工熬制时会产生较多的有害气体，所以近年逐渐在建筑工程中限制使用并淘汰。

改性石油沥青密封材料的质量要求，应符合表 26-55 的规定。

改性石油沥青密封材料质量要求 表 26-55

项目		性能要求	
		I 类	II 类
耐热度	温度（℃）	70	80
	下垂值（mm）	≤4.0	
低温柔性	温度（℃）	-20	-10
	粘结状态	无裂纹和剥离现象	
拉伸粘结性（%） ≥		125	
施工度（mm） ≥		22.0	20.0

注：改性石油沥青密封材料按耐热度和低温柔性分为 I 类和 II 类。

4. 合成高分子密封材料

以合成高分子材料为主体，加入适量的化学助剂、填充料和着色剂等，经过特定生产工艺制成的膏状密封材料，按性状可分为弹性体、弹塑性体和塑性体三种。常用的有聚氨酯密封胶、丙烯酸酯密封胶、有机硅密封胶、丁基密封胶及聚硫密封胶等。与改性沥青密封材料相比，合成高分子密封材料具有优良的性能，如高弹性、高延伸、优良的耐候性、粘结性强及耐疲劳性等，为高档密封材料。合成高分子密封材料的质量应符合表 26-56 的规定。

合成高分子密封材料物理性能 表 26-56

项目	性能要求
适用期（min）	≥180
剪切状态下的粘合性（N/mm）	卷材与卷材≥2.0
	卷材与基材≥1.8
剥离强度（N/mm）	卷材与卷材≥1.5，浸水后保持率≥70%

5. 密封材料的储运保管及进场验收

（1）密封材料的储运、保管应避开火源、热源，避免日晒、雨淋，防止碰撞，保持包装完好、无损；应分类储放在通风、阴凉的室内，环境温度不应高于50℃。

(2) 进场的改性石油沥青密封材料以同一规格、品种的密封材料每 2t 为一批，不足 2t 者按一批进行抽检；合成高分子密封材料以同一规格、品种的密封材料每 1t 为一批，不足 1t 者按一批进行抽检。

(3) 检验项目见表 26-57。

密封材料的检验项目表　　　　　　　　　　　表 26-57

序号	材 料 品 种	检 验 项 目
1	改性石油沥青密封材料	耐热度、低温柔性、拉伸粘结性和施工度
2	合成高分子密封涂料	下垂度、挤出性和定伸粘结性

26.11.2 设 计 要 点

(1) 屋面密封防水设计，应保证密封部位不渗水，并满足防水层合理使用年限的要求。

(2) 密封材料品种选择应根据当地历年最高气温、最低气温、屋面构造特点和使用条件等因素，应选择耐热度、柔性相适应的密封材料；还需根据屋面接缝位移的大小和特征，选择位移能力相适应的密封材料。

(3) 接缝处的密封材料底部设置背衬材料，背衬材料宽度应比接缝宽度大 20%，嵌入深度应为密封材料的设计厚度。背衬材料应选择与密封材料不粘结或粘结力弱的材料；采用热灌法施工时，应选用耐热性好的背衬材料。

(4) 密封防水处理连接部位的基层，应涂刷基层处理剂；基层处理剂应选用与密封材料材性相容的材料。接缝部位外露的密封材料上，应设置保护层。宽度不小于 100mm，可采用卷材、涂料或水泥砂浆配合使用。

26.11.3 施 工 要 求

1. 施工前准备工作

密封材料嵌填前，应充分做好施工机具、安全防护设施、材料的准备工作。进场材料应按规定要求抽检，合格后才能使用。

2. 施工的环境气候要求

密封材料严禁在雨天、雪天、五级风及以上或其他影响嵌缝质量的条件下施工。施工环境气温，改性沥青密封材料宜为 0~35℃，溶剂型密封材料宜为 0~35℃，乳胶型及反应固化型密封材料宜为 5~35℃。产品说明书对温度的要求温度范围与上述规定不符时，按说明书要求温度范围使用。

3. 基层要求

(1) 基层应牢固，表面应平整、密实，不得有裂缝、蜂窝、麻面、起皮和起砂现象；密封材料嵌填前对基层上粘附的灰尘、砂粒、油污等均应作清扫、擦拭。接缝处浮浆可用钢丝刷刷除，然后宜采用小型电吹风器吹净，否则会降低粘结强度，特别是溶剂型或反应固化型密封材料。

(2) 嵌填密封材料前，基层应干净、干燥。一般水泥砂浆找平层完工 10d 后接缝才可嵌填密封材料，并且施工前应晾晒干燥。

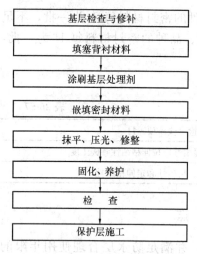

图 26-74 接缝密封防水施工工艺流程

4. 接缝密封防水施工的一般方法及要求

（1）密封防水施工工艺流程

密封防水施工工艺流程，如图 26-74 所示。

（2）配料与搅拌

当采用双组分密封材料时，必须把甲、乙组分按规定的配合比准确计量并充分搅拌均匀后才能使用。

配料时，甲、乙组分应按重量比分别准确称量，然后倒入容器内进行搅拌。人工搅拌时用搅拌棒充分混合均匀，混合量不应太多，以免搅拌困难。搅拌过程中，应防止空气混入。搅拌混合是否均匀，可用腻子刀刮薄后检查；如色泽均匀一致，没有不同颜色的斑点、条纹，则为混合均匀。采用机械搅拌时，应选用功率大、旋转速度慢的机械，以免卷入空气。机械搅拌的搅拌时间为 2～3min，搅拌过程中需停机，用刀刮下容器壁和底部的密封材料后继续搅拌，直至色泽均匀一致为止。

（3）粘结性能试验

根据设计要求和厂方提供的资料，在正式施工前，应采用简单的方法进行粘结试验，以检查密封材料及基层处理剂是否满足要求，其试验方法如下：

以实际粘结体或饰面试件作粘结体，先在其表面贴塑料膜条，再涂以基层处理剂，然后在塑料膜条和涂层上粘上条状密封材料，见图 26-75（a）。置于现场固化后，用手将密封材料条揭起，见图 26-75（b）。当密封条拉伸直到破坏时，粘结面仍留有破坏的密封材料，则可认为密封材料及基层处理剂粘结性能合格。

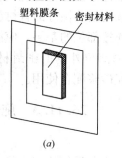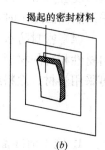

图 26-75 粘结性能试验

（4）填塞背衬材料

背衬材料的形状应根据实际需要选定，常用的有泡沫塑料棒或条、油毡，以及现场喷灌的硬泡聚氨酯泡沫条等。

填塞时，要保证背衬材料与接缝两侧紧密接触。如果接缝较浅时，可用扁平的片状背衬材料起隔离作用。

硬泡聚氨酯为筒装材料，在现场喷涂发泡，使用时应根据发泡比例确定喷涂的用量。背衬材料的填塞应在涂刷基层处理剂前进行，以免损坏基层处理剂，削弱其作用。填塞的高度以保证设计要求的最小接缝深度为准。由于接缝口施工时难免有一些误差，不可能完全与要求的形状一致，因此要备有多种规格的背衬材料，供施工选用。

（5）涂刷基层处理剂

涂刷基层处理剂前，必须对接缝作全面的严格检查。待全部符合要求后，再涂刷基层处理剂。基层处理剂可采用配套材料或密封材料稀释后使用。

涂刷基层处理剂应注意以下几点：

1) 基层处理剂有单组分与双组分之分。双组分的配合比，按产品说明书的规定执行。当配制双组分处理剂时，要考虑处理剂在有效时间内使用完，避免浪费。单组分基层处理剂要摇匀后使用。基层处理剂干燥时间一般为 20～60min，干燥后应立即嵌填密封材料；

2) 涂刷时选用与接缝处大小合适的刷子进行涂刷，使用后的刷子要及时用溶剂洗净；

3) 对涂刷后的露白处或涂刷后 24h 内未进行嵌缝施工，必须在嵌缝施工前重新涂刷；

4) 用密闭容器盛装基层处理剂，用后即加盖封严，以防溶剂挥发；

5) 过期、凝结的基层处理剂不得使用。

(6) 嵌填密封材料

密封材料的嵌填操作可分为热灌法和冷嵌法施工，详见表 26-58。

接缝密封施工方法

表 26-58

施工方法		具 体 做 法	适 用 条 件
热灌法		采用塑化炉加热，将锅内材料加温，加热温度为 110～130℃，然后用灌缝车或鸭嘴壶将密封材料灌入接缝中，浇灌时温度不宜低于 110℃	适用于平面接缝的密封处理
冷嵌法	批刮法	密封材料不需加热，手工嵌时可用腻子刀或刮刀批刮刀缝槽两侧的粘结面，然后将密封材料填满整个接缝	适用于平面或立面接缝的密封处理
	挤出法	可采用专用的挤出枪，并根据接缝宽度选用合适的枪嘴，将密封材料挤入接缝内。若采用桶装密封材料时，可将包装桶塑料嘴斜向切开作为枪嘴，将密封材料挤入接缝内	适用于平面或立面接缝的密封处理

基层处理剂一般含有易挥发溶剂，涂刷待溶剂挥发后，即基层处理剂表干后方可即嵌填密封材料，这样既不影响密封材料与基层处理剂的粘结性能，又能更好发挥基层处理剂的使用效果。同时，表干后应立即嵌填密封材料，基层表面不易被污染，也不会降低密封材料与基层的粘结力。

(7) 固化、养护

接缝嵌填完密封材料后，一般应养护 2～3d。接缝密封防水处理通常为隐蔽工程，下一道工序施工前，必须对接缝部位的密封材料采取临时性或永久性的良好的保护措施。这样，在进行施工现场清扫或进行找平层、保温隔热层施工时，不致污染或碰损嵌填材料。嵌填的密封材料固化前不得踩踏，因为固化的密封材料尚不具备足够的弹性，踩踏后易发生塑性变形，从而导致其构造尺寸不符合设计要求。

26.11.4　节　点　构　造

密封防水处理的水落口、伸出屋面管道与屋面连接处、天沟、檐沟、檐口及泛水收头等节点的密封防水处理作法，见"26.1 卷材防水屋面"、"26.2 涂膜防水屋面"的相关内容。

26.11.5　改性石油沥青密封材料防水施工

改性石油沥青密封材料常用热灌法施工。施工时应由下向上进行，尽量减少接头。垂直于屋脊的板缝宜先浇灌，同时在纵横交叉处宜沿平行于屋脊的两侧板缝各延伸浇灌

150mm，并留成斜槎。密封材料熬制及浇灌温度，应按不同材料要求严格控制。

采用热灌法工艺施工的密封材料需要在现场加热，使其具有流动性后使用。热灌法适用于平面接缝的密封处理。其主要是采用导热油传热和保温的加热炉，用文火缓慢加热、熔化装入锅中密封材料，锅内材料要随时用棍棒进行搅拌，以使加热均匀，避免锅底材料温度过高而老化、变质。在加热过程中，要注意温度变化，可用 200～300℃ 的棒式温度计测量温度。加热温度应由厂家提供，或根据材料的种类确定。若现场没有温度计时，温度控制以锅内材料液面发亮、不再起泡，并略有青烟冒出为度。

加热到规定温度后，应立即运至现场进行浇灌，灌缝时温度应能保证密封材料具有很好的流动性。若运输距离过长，应采用保温桶运输。这种施工方法现场使用很少，这里不再详述。

26.11.6　合成高分子密封材料防水施工

合成高分子密封材料常用冷嵌法施工。施工时应先将少量密封材料批刮在缝槽两侧，分次将密封材料嵌填在缝内，并防止裹入空气。接头应采用斜槎。

冷嵌法施工大多采用腻子刀或刮刀手工嵌填，较先进的有采用电动或手动嵌缝枪进行嵌填的。用腻子刀嵌填时，先用刀片将密封材料刮到接缝两侧的粘结面，然后将整个接缝填满。嵌填时应注意密封材料中不得混入气泡，并要嵌填密实、饱满。这就是冷嵌法中的批刮法。嵌填前先将刀片在煤油中蘸一下，避免密封材料粘结在刀片上。

冷嵌法中的挤出法是采用挤出枪进行施工，根据接缝的宽度选用合适的枪嘴。采用筒

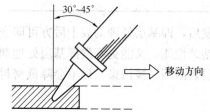

图 26-76　挤出枪嵌填

装密封材料时，可把包装筒的塑料嘴斜切开，作为枪嘴。嵌填时，把枪嘴贴近接缝底部，并朝移动方向倾斜一定角度，边挤边以缓慢、均匀的速度使密封材料从底部充满整个接缝，见图 26-76。

在嵌填交叉部位的接缝时，首先充填一个方向的接缝，然后把枪嘴插进交叉部位刚填充的密封材料内，慢慢填好另一个方向的接缝。密封材料衔接部位的嵌填，应在密封材料未固化前进行。嵌填时应将枪嘴移动到已嵌填好的密封材料内重新填充，以保证衔接部位的密实、饱满。填充接缝端部时，只填到离顶端 200mm 处，然后从顶端往已填充好的方向填充，以保证接缝端部密封材料与基层粘结牢固。如接缝尺寸大或接缝底部呈圆弧形，一次填满有困难时，宜采用二次填充法嵌填。即待先填充的密封材料固化后，再进行第二次填充。需要强调的是：能一次嵌填的应尽量一次性进行，避免嵌填的密封材料出现分层现象。

在嵌填完的密封材料表干前，用刮刀对嵌填完的密封材料压平、修整，这样能很好地保证密封材料的嵌填质量。修整时，要逆着嵌填时枪嘴移动的方向，并且要稍用力，不要来回揉压。压平、修整结束，再用刮刀朝压平的反方向缓慢刮压一遍，使密封材料表面平滑。

26.11.7　质　量　控　制

1. 质量要求

（1）密封防水处理部位不得有渗漏现象。

（2）密封防水所使用的密封材料、背衬材料及基层处理剂等，必须符合质量标准和设计要求。现场应按规定进行抽样复验，合格后才能使用。

（3）密封防水处理部位的密封材料与基层应粘结牢固，密封部位应光滑、平整，无气泡、龟裂、脱壳、凹陷等现象。接缝的宽度和深度应符合设计要求。

（4）保护层应粘结牢固、覆盖密实，并应盖过密封材料，宽度不小于100mm。

（5）密封防水处理部位的质量经检查合格后，才能隐蔽或进行下一道工序施工。

2. 质量验收

密封材料嵌缝质量检验和材料抽样复验，应符合表 26-59 的要求。

密封材料嵌缝质量检验项目、要求和检验方法   表 26-59

	检 验 项 目	要　求	检验方法
主控项目	1. 密封材料的质量	必须符合设计要求	检查合格证、配合比和现场抽样复验报告
	2. 密封材料嵌缝	必须密实、连续、饱满、粘结牢固，无气泡、开裂、脱落	观察检查
	3. 接缝的宽度和深度	必须符合设计要求	观察检查
一般项目	1. 嵌缝材料的基层	应牢固、干净、干燥，表面应平整、密实	观察检查
	2. 嵌填的密封材料表面	应平滑，无凹凸不平整现象，缝边顺直	观察检查
	3. 接缝防水密封接缝宽度	允许偏差为设计宽度的±10%	尺量检查

3. 密封材料现场抽样复验项目

密封材料现场抽样复验项目应符合表 26-60 的要求。

密封材料现场抽样复验项目   表 26-60

材料名称	现场抽样数量	外观质量检验	物理性能检验
改性石油沥青密封材料	每2t为一批，不足2t按一批抽样	黑色均匀膏状，无结块和未浸透的填料	耐热度，低温柔性，拉伸粘结性，施工度
合成高分子密封材料	每1t为一批，不足1t按一批抽样	均匀膏状物，无结皮、凝胶或不易分散的固体团状	拉伸粘结性，柔性

26.12　绿　色　施　工

建筑业的发展趋势是，既要大力发展，以满足经济、社会发展的需要，又要注重环境保护、资源节约，推行可持续发展战略。

一个建筑从设计到施工，都要贯彻落实节地、节能、节水、节材和保护环境的技术经济政策，建设资源节约型、环境友好型社会，通过采用先进的技术措施和管理，最大限度地节约资源，提高能源利用率，减少施工活动对环境造成的不利影响。

26.12.1   建筑屋面的绿色设计、施工理念

屋面工程的绿色理念应贯穿整个设计、施工、使用全过程。

(1) 重视功能性屋面的设计开发，综合利用能源。如采用新型太阳能防水一体化屋面等。

(2) 对易于产生建筑热桥部位的节点构造，如：女儿墙、挑檐、变形缝、水落口等处的构造节点，从建筑节能的角度对其保温构造处理予以加强。

(3) 重视屋面的排水和集水功能，争取做到雨水收集再利用。

(4) 尽量采用结构找坡，简化屋面构造层次，减少屋面荷载。当坡面较长时，可采用增设内落水的设计；当采用材料找坡时，应尽量采用加气碎块，清除消纳加气厂堆积的碎块。

(5) 现浇钢筋混凝土屋面板上做柔性防水层时，宜直接将结构板面压实、抹光，不做找平层，既省工、省料，又能保证防水层基底的刚度。

(6) 除因设计要求设置隔汽层外，尽量不要因所选用的保温材料或施工原因（赶工期）而设置隔汽层。

26.12.2   职业健康与安全

屋面施工在高空、高温环境下进行，大部分材料易燃并含有一定的毒性，必须采取必要的措施，防止发生火灾、中毒、烫伤、坠落等工伤事故。

(1) 施工前应进行安全技术交底工作，施工操作过程符合安全技术规定。

(2) 皮肤病、支气管炎病、结核病、眼病以及对沥青、橡胶刺激过敏的人员，不得参加操作。

(3) 按有关规定配给劳保用品，合理使用。沥青操作人员不得赤脚或穿短袖衣服进行作业，应将裤脚袖口扎紧，手不得直接接触沥青。接触有毒材料需戴口罩和加强通风。

(4) 操作时应注意风向，防止下风操作人员中毒、受伤。熬制玛琋脂和配制冷底子油时，应注意控制沥青锅的容量和加热温度，防止烫伤。

(5) 防水卷材和胶粘剂多数属易燃品，在存放的仓库及施工现场内都要严禁烟火；如需明火，必须有防火措施。

(6) 运输线路应畅通，各项运输设施应牢固、可靠，屋面孔洞及檐口应有安全措施。

(7) 高空作业操作人员不得过分集中，必要时应系安全带。

(8) 屋面施工时，不允许穿带钉子鞋的人员进入。

(9) 由于浅色涂料、反射涂料具有良好的阳光反射性，施工人员在阳光下操作时，应佩戴墨镜，以免强烈的反射光线刺伤眼睛。

(10) 坡屋面防水涂料涂刷时，如不小心踩踏尚未固化的涂层，很容易滑倒，甚至引起坠落事故。因此，在坡屋面涂刷防水涂料时，必须采取安全措施，如系安全带等。

27　防水工程

建筑防水工程有不同的分类方法。按其构造做法，可分为结构构件自身防水和采用不同材料的防水层防水；按材料的不同，分为刚性防水和柔性防水；按建筑工程不同的部位，又可分为地下防水、屋面防水、室内防水等。

此次本章修编内容主要按部位进行编目分类，分为地下防水、屋面防水、室内防水、外墙防水四大节。每节内容包括了基本规定、主要材料及施工要求、工程质量检验与验收等内容。修编内容主要依据相关技术规程，去除了原有手册中一些过时的材料及施工工艺，增加了塑料板、金属板防水、桩头防水等一些新材料、新做法。

27.1　地下防水工程

我国自 20 世纪 80 年代以来建筑业迅速发展，建筑防水工程技术也取得了举世瞩目的发展和进步。国家标准《地下防水工程质量验收规范》（GB 50208）、《地下工程防水技术规范》（GB 50108）是随着建筑业的发展多年来对地下防水工程设计与施工实践成功经验的总结。《地下工程防水技术规范》（GB 50108）将混凝土结构自防水和外包防水层统称为主体防水，规定地下防水工程设计与施工应遵循"防、排、截、堵相结合，刚柔相济，因地制宜，综合治理"的原则。从防水耐久性出发把防水混凝土作为防水第一道防线，并根据建筑工程的重要程度和使用功能对防水的要求，确定防水等级和设防构造，地下工程的变形缝、施工缝、后浇带、穿墙管、预埋件、预留通道接头、桩头等细部构造的防水采取有效的加强措施。地下工程混凝土结构主体防水应采取混凝土自防水外包卷材或涂膜等柔性材料防水相结合，设计为多道设防的防水构造组合成为刚柔相济、优势互补的防水系统。

27.1.1　基本要求

27.1.1.1　设计基本要求

1. 地下工程防水等级及标准

现行规范规定地下工程的防水等级应分为四级，各等级防水标准见表 27-1。

2. 不同防水等级的适用范围

地下工程不同防水等级适用范围，应根据工程的重要性和使用中对防水的要求，按表 27-2 选定。

3. 防水设防要求

地下工程的防水设防要求，应根据使用功能、使用年限、水文地质、结构形式、环境条件、施工方法及材料性能等因素确定。明挖法地下工程的防水设防要求，应按表 27-3 选用。对于处于侵蚀性介质中的工程，应采用耐侵蚀的防水混凝土、防水砂浆、防水卷材或防水涂料等防水材料；对处于冻融侵蚀环境中的地下工程，其混凝土抗冻融循环不得少于 300 次；对于结构刚度较差或受振动作用的工程，宜采用延伸率较大的卷材、涂料等柔性防水材料。

地下工程防水等级及标准　　　　　　　　　　　　表 27-1

防水等级	防 水 标 准
一级	不允许渗水，结构表面无湿渍
二级	不允许漏水，结构表面可有少量湿渍； 工业与民用建筑：总湿渍面积不应大于总防水面积（包括顶板、墙面、地面）的 1/1000；任意 100m² 防水面积上的湿渍不超过 2 处，单个湿渍的最大面积不大于 0.1m²；其他地下工程：总湿渍面积不应大于总防水面积的 2/1000；任意 100m² 防水面积上的湿渍不超过 3 处，单个湿渍的最大面积不大于 0.2m²；其中，隧道工程还要求平均渗水量不大于 0.05L/(m²·d)，任意 100m² 防水面积上的渗水量不大于 0.15L/(m²·d)
三级	有少量漏水点，不得有线流和漏泥沙； 任意 100m² 防水面积上的漏水或湿渍点数不超过 7 处，单个漏水点的最大漏水量不大于 2.5L/d，单个湿渍的最大面积不大于 0.3m²
四级	有漏水点，不得有线流和漏泥沙； 整个工程平均漏水量不大于 2L/(m²·d)；任意 100m² 防水面积上的平均漏水量不大于 4L/(m²·d)

不同防水等级的适用范围　　　　　　　　　　　　表 27-2

防水等级	适 用 范 围
一级	人员长期停留的场所；因有少量湿渍会使物品变质、失效的贮物场所及严重影响设备正常运转和危及工程安全运营的部位；极重要的战备工程、地铁车站
二级	人员经常活动的场所；在有少量湿渍的情况下不会使物品变质、失效的贮物场所及基本不影响设备正常运转和工程安全运营的部位；重要的战备工程
三级	人员临时活动的场所；一般战备工程
四级	对渗漏水无严格要求的工程

明挖法地下工程防水设防要求　　　　　　　　　　表 27-3

工程部位		主体结构							施工缝							后浇带				变形缝（诱导缝）						
防水措施		防水混凝土	防水卷材	防水涂料	塑料防水板	膨润土防水材料	防水砂浆	金属防水板	遇水膨胀止水条（胶）	外贴式止水带	中埋式止水带	外抹防水砂浆	外涂防水涂料	渗透结晶型防水材料	预埋注浆管	补偿收缩混凝土	外贴式止水带	预埋注浆管	遇水膨胀止水条（胶）	防水密封材料	中埋式止水带	外贴式止水带	可卸式止水带	防水密封材料	外贴防水卷材	外涂防水涂料
防水等级	一级	应选	应选一至二种						应选二种							应选	应选二种			应选	应选一至二种					
	二级	应选	应选一种						应选一至二种							应选	应选一至二种			应选	应选一至二种					
	三级	应选	宜选一种						宜选一至二种							应选	宜选一至二种			应选	宜选一至二种					
	四级	宜选	—						宜选一种							应选	宜选一种			应选	宜选一种					

4. 地下工程防水设计方案选择的内容

地下工程防水方案根据工程规划、结构设计、材料选择、结构耐久性和施工工艺等确定。地下工程防水设计应做到定级准确、方案可靠、施工简便、耐久适用、经济合理，并根据地表水、地下水、毛细管水等的作用，以及由于人为因素引起的附近水文地质改变的影响确定。单建式的地下工程，宜采用全封闭、部分封闭的防排水设计；附建式的全地下或半地下工程的防水设防高度，应高出室外地坪高程 500mm 以上。地下工程防水设计，应包括防水等级和设防要求；防水混凝土的抗渗等级和其他技术指标、质量保证措施；其他防水层选用的材料及其技术指标、质量保证措施；工程细部构造的防水措施，选用的材料及其技术指标、质量保证措施；工程的防排水系统、地面挡水、截水系统及工程各种洞口的防倒灌措施等内容。地下工程迎水面主体结构应采用防水混凝土，并应根据防水等级的要求采取其他防水措施。地下工程的变形缝（诱导缝）、施工缝、后浇带、穿墙管（盒）、预埋件、预留通道接头、桩头等细部结构，应加强防水措施。地下工程的排水管沟、地漏、出入口、窗井、风井等，应采取防倒灌措施；寒冷及严寒地区的排水沟应采取防冻措施。

27.1.1.2 施工基本要求

地下防水工程施工前，应进行图纸会审，掌握工程主体及细部构造的防水技术要求。地下防水工程必须由相应资质的专业防水队伍进行施工；主要施工人员应持有建设行政主管部门或其指定单位颁发的执业资格证书。地下防水工程所使用的防水材料，应有产品的合格证书和性能检测报告，材料的品种、规格、性能等应符合现行国家产品标准和设计要求。防水混凝土的配合比应按设计抗渗等级提高 0.2MPa 并由试验室试配确定。地下防水工程施工期间，明挖法的基坑以及暗挖法的竖井、洞口，必须保持地下水位稳定在基底 0.5m 以下，必要时应采取降水措施。地下防水工程的防水层，严禁在雨天、雪天和五级风及其以上时施工，施工环境气温条件：高聚物改性沥青防水卷材及合成高分子防水卷材冷粘法不低于 5℃，热熔法不低于 −10℃；有机防水涂料溶剂型 −5～35℃，水溶性 5～35℃；无机防水涂料、防水混凝土及水泥砂浆，5～35℃。

27.1.2 地下工程混凝土结构主体防水

27.1.2.1 防水混凝土

1. 防水混凝土的种类、特点及适用范围

钢筋混凝土在保证浇筑及养护质量的前提下能达到 100 年左右的寿命，其本身具有承重及防水双重功能、便于施工、耐久性好、渗漏水易于检查、修补简便等优点，是防水混凝土作为防水第一道防线。混凝土结构自防水不适用于允许裂缝开展宽度大于 0.2mm 的结构、遭受剧烈振动或冲击的结构、环境温度高于 80℃ 的结构，以及可致耐蚀系数小于 0.8 的侵蚀性介质中使用的结构。防水混凝土的抗渗等级应不小于 P6，分为普通防水混凝土、掺外加剂防水混凝土。普通防水混凝土是由胶凝材料（水泥及胶凝掺合料）、砂、石、水搅拌浇筑而成的混凝土，不掺加任何混凝土外加剂，通过调整和控制混凝土配合比各项技术参数的方法，提高混凝土的抗渗性，达到防水的目的。这类混凝土的水泥用量较大。掺外加剂防水混凝土是在普通混凝土中掺加减水剂、膨胀剂、密实剂、引气剂、复合型外加剂、水泥基渗透结晶型材料、掺合料等材料搅拌浇筑而成的防水混凝土。常用有减水剂防水混凝土、引气剂防水混凝土、密实剂防水混凝土、水泥基渗透结晶型掺合剂防水混凝土、补偿收缩防水混凝土、纤维防水混凝土、自密实高性能防水混凝土、聚合物水泥混凝土。常用防水混凝土的种类、特点及适用范围，见表27-4。

常用防水混凝土的种类、特点及适用范围　　　　　　　　表27-4

种　　类		特　　点	适　用　范　围
普通防水混凝土		水泥用量大，材料简便	一般工业、民用、公共建筑地下防水工程
外加剂混凝土	减水剂防水混凝土	拌合物流动性好	钢筋密集或振捣困难的薄壁型防水结构及对混凝土凝结时间和流动性有特殊要求的防水工程、冬期暑期混凝土施工、大体积混凝土的施工等
	引气剂防水混凝土	抗冻性好	高寒、抗冻性要求较高、处于地下水位以下遭受冰冻的地下防水工程和市政工程
	密实剂防水混凝土	密实性好，抗渗性高，早期强度高	工期紧、抗渗性能及早期强度要求高的防水工程和各类防水工程，如游泳池、基础水箱、水电、水工等
水泥基渗透结晶型掺合剂防水混凝土		强度高、抗渗性好	需提高混凝土强度、耐化学腐蚀、抑制碱骨料反应、提高冻融循环的适应能力及迎水面无法做柔性防水层的地下工程
补偿收缩防水混凝土		抗裂、抗渗性能好	地下防水工程、隧道、水工、地下连续墙、逆作法、预制构件、坑槽回填及后浇带、膨胀带等防裂防渗工程，尤其适用于超长的大体积混凝土的防裂抗渗工程
纤维防水混凝土		高强、高抗裂、高韧性、高耐磨、抗高渗性	对抗拉、抗剪、抗折强度和抗冲击、抗裂、抗疲劳、抗震、抗爆性能等要求均较高的工业与民用建筑地下防水工程
自密实高性能防水混凝土		流动性高、不离析、不泌水	浇筑量大、体积大、密筋、形状复杂或浇筑困难的地下防水工程
聚合物水泥混凝土		抗拉、抗弯强度较高，密实性好、裂缝少，抗渗明显，价格高	地下建（构）筑物防水以及化粪池、游泳池、水泥库、直接接触饮用水的贮水池等防水工程

2. 防水混凝土材料要求

（1）水泥品种宜采用硅酸盐水泥、普通硅酸盐水泥。采用其他品种水泥时，应通过试验确定；在受侵蚀性介质作用的条件下，应按介质的性质选用相应的水泥品种。如：在受硫酸盐侵蚀性介质作用的条件下，可采用粉煤灰硅酸盐水泥、火山灰质硅酸盐水泥或抗硫酸盐硅酸盐水泥；不得使用过期或受潮结块的水泥，并不得将不同品种或不同强度等级的水泥混合使用。防水混凝土水泥品种选用参考，见表27-5。

防水混凝土水泥品种选用参考表　　　　　　　　　表27-5

水泥品种	优　　点	缺　　点	适　用　范　围
硅酸盐水泥	强度高，抗冻性能、耐磨性能、不透水性能好，早强快硬	水化热高，耐侵蚀能力差，抗水性差	适用于高强度等级、预应力混凝土工程；不适用于大体积混凝土

水泥品种	优点	缺点	适用范围
普通硅酸盐水泥	早期强度较高，抗冻性能、耐磨性能较好，低温条件下强度增长快，泌水性、干缩率小	水化热较高，耐硫酸盐侵蚀能力较差，抗水性较差	适用于一般地下防水工程、干湿交替的防水工程及水中结构；不适用于含有硫酸盐地下水侵蚀介质地区地下防水工程
矿渣硅酸盐水泥	水化热较低，抗硫酸盐侵蚀能力较好，耐热性较普通硅酸盐水泥高	早期强度较低，保水性、抗冻性较差，泌水性及干缩变形大	适用于大体积混凝土，一般地下防水工程应掺入外加剂，减小泌水现象
火山灰质硅酸盐水泥	水化热较低，抗硫酸盐侵蚀能力较好，耐水性强	早期强度较低，低温条件下强度增长较慢，保水性、抗冻性较差，需水性及干缩性大	适用于含有硫酸盐地下水侵蚀介质地区地下防水工程，不适用于干湿交替作用及受反复冻融的防水工程
粉煤灰硅酸盐水泥	水化热低、抗硫酸盐侵蚀能力好、保水性好、需水性及干缩性小、抗裂性较好	早期强度低，低温条件下强度增长较慢	适用于大体积混凝土，地下防水工程，不适用于干湿交替作用及受反复冻融的防水工程
复合硅酸盐水泥	水化热低、抗硫酸盐侵蚀能力好、保水性好	早期强度低，后期强度增长较快、抗冻性较差	适用于大体积混凝土地下防水工程，不适用于干湿交替作用及受反复冻融的防水工程

(2) 石子宜选用坚固耐久、粒形良好的洁净石子；最大粒径不宜大于 40mm，泵送时其最大粒径不应大于输送管径的 1/4。当钢筋较密集或防水混凝土的厚度较薄时，应采用 5~25mm 粒径的细石料。石子吸水率不应大于 1.5%，含泥量不得大于 1%，泥块含量不得大于 0.5%。不得使用碱活性骨料。石子的质量要求应符合国家现行标准《普通混凝土用砂、石质量及检验方法标准》(JGJ 52) 的有关规定。

(3) 砂宜选用坚硬、抗风化性强、洁净的中粗砂，不宜使用海砂；含泥量不得大于 2.0%，泥块含量不得大于 1.0%；砂的质量要求应符合国家现行标准《普通混凝土用砂、石质量标准及检验方法》(JGJ 52) 的有关规定。

(4) 水应符合国家现行标准《混凝土用水标准》(JGJ 63) 的有关规定。

(5) 掺合料：随着混凝土技术的发展，现代混凝土的设计理念正在更新，尽可能地减少硅酸盐水泥用量而掺入一定量具有一定活性的粉煤灰、粒化高炉矿渣粉、硅粉等矿物掺合料，配制出性能良好的防水混凝土。

矿物掺合料的重要作用是降低水泥水化热，减少混凝土裂缝，提高混凝土的耐久性与安全性。减小混凝土孔隙率，改善混凝土孔隙特征，提高抗渗性能，增加混凝土密实性。矿物掺料过去配制防水混凝土是作为一种惰性的精细料，起节约水泥、改善石子级配、填充微细空隙作用。磨细工艺的发展激发了矿物掺合料的潜在活性，外加剂对砂料也有一定激活作用。矿粉粒化高炉矿渣粉的品质要求应符合现行国家标准《用于水泥和混凝土中的粒化高炉矿渣粉》（GB/T 18096）的有关规定。

粉煤灰的品质应符合国家现行标准《用于水泥和混凝土中的粉煤灰》（GB 1596）的有关规定，级别不应低于Ⅱ级，烧失量不应大于5%，用量宜为胶凝材料总量的20%～30%；当水胶比小于0.45时，粉煤灰用量可适当提高。

硅粉品质应符合《用于水泥和混凝土中的粉煤灰》（GB 1596）的有关规定，用量宜为胶凝材料总量的2%～3%。硅质粉末作为细掺料直接填充到砂浆或混凝土的颗粒间隙之中，提高了密实性及抗渗性。如粉煤灰、火山灰、硅藻土、硅粉等。这些细粉末掺入砂浆或混凝土中，改善了材料的微级配以及和易性，特别是粉煤灰，可较大地降低单位用水量、减少空隙率。矿物质的细掺料可促进水化反应，且火山灰反应产物可填充混凝土中的孔隙，大大改善长期的抗渗性。硅灰是活性很高的细掺料，其比表面积高达20m²/g，几乎全是活性非晶态的SiO_2，掺入一定量（10%）的硅灰可显著改善混凝土的水密性。若将矿物细掺料与超塑化剂结合使用，提高混凝土密实性和抗渗性的效果更好。

纤维分为钢纤维、聚丙烯类纤维。当其作为增强材料使用时，必须将其分散后方可使用。钢纤维是最为有效的混凝土纤维配筋材料，它是用钢质材料加工而成的短纤维，分为切断、剪切、铣削、熔融抽丝等几种类型。一般钢纤维的抗拉强度不低于380MPa，其弹性模量较混凝土高4倍，并且在混凝土中化学稳定性能良好。聚丙烯类纤维抗拉强度为276～773MPa，其弹性模量较低、耐火性能差、在氧气或空气中光照易老化、具有憎水性，不易被水泥浆浸湿。掺入混凝土中，可显著提高混凝土的抗冲击强度。纤维按弹性模量，可分为高弹性模量纤维及低弹性模量纤维。高弹性模量纤维中钢纤维应用较多，低弹性模量纤维中聚丙烯纤维应用较多。

（6）外加剂：

1）减水剂是一种表面活性剂，它以分子定向吸附作用，将凝聚在一起的水泥颗粒絮凝状结构高度分散解体，并释放出其中包裹的拌合水，使在坍落度不变的条件下，减少了拌合用水量；同时，由于高度分散的水泥颗粒更能充分水化，使混凝土更加密实，提高了混凝土的密实性和抗渗性。防水混凝土掺入减水剂，其拌合物具有很好的流动性，掺入高效型减水剂，减水率高、坍落度大；掺入早强型减水剂，可提高混凝土早期强度；掺入缓凝型减水剂可推迟水化峰值出现，大体积混凝土施工可减小混凝土内外温差。

常用的减水剂有高效减水剂、木质素磺酸钙、引气减水剂、聚羧酸高效引气减水剂等。聚羧酸系超塑剂（PCA）与传统的高效减水剂相比，在减水率、保坍性、降低水泥水化热、减少收缩及与矿物掺合料的适应性等方面，具有突出的优点，为制备高抗渗，高抗裂和高耐久性的混凝土呈现出明显的优势。当PCA的掺入量仅为萘系高效减水剂的1/10～1/5时，其减水率可高达30%以上。坍落度损失小，保持性好大大改善了混凝土浇筑时的流动性。降低水泥水化热，延缓水化放热峰值出现，PCA对延缓水泥水化放热和降低7d水泥水化热作用极为明显，这对降低混凝土水化热、减少温度应力引起的开裂具有良好作用。我国城市地铁隧道混凝土工程中已获得较为广泛应用，成效显著。常用于防水混凝土的减水剂适用范围及优缺点，见表27-6。

常用于防水混凝土的减水剂适用范围及优缺点 　　　　表 27-6

种　类	适　用　范　围	优　　点	缺　　点
高效减水剂 FDN、UNF	一般防水混凝土工程及高强度等级防水混凝土工程	除具有普通减水剂优点外，防冻性、抗渗性好	水化热释放集中，硬化初期内外温差大
木质素磺酸钙	一般防水混凝土工程，大型设备基础等大体积混凝土，不同季节施工的防水混凝土工程	有增塑及引气作用，提高抗渗性能最为显著，有缓能作用，可推迟水化热峰出现	分散作用不及高效减水剂低温强度增长慢
引气剂减水剂	各种防水混凝土工程，抗渗、抗冻要求高的混凝土工程 含气量增加 1%，W/C 可降低 0.02	对抗冻融性能有较大提高，对贫混凝土更适合高抗渗等级混凝土工程	强度随含气量增加而降低，含气量增加 1% 约降低强度 2%
聚羧酸系高效引气减水剂			

2) 引气剂在混凝土拌合物中加入后，会产生大量微小、密闭、稳定而均匀的气泡，而使混凝土黏滞性增大，不易松散和离析，可以显著地改善混凝土的和易性，同时改变混凝土毛细管的形状及分布发生，切断渗水通路，因而提高了混凝土的密实性和抗渗性；由于弥补了混凝土内部结构的缺陷，抑制其胀缩变形，可减少因干湿及冻融交替作用而产生的体积变化，有效地提高混凝土的抗冻性，较普通混凝土提高 3～4 倍。常用的引气剂有松香酸钠（松香皂）、松香热聚物；另外，还有烷基磺酸钠、烷基苯磺酸钠等。

3) 膨胀剂是能使混凝土在硬化过程中产生化学反应而导致一定的体积膨胀的外加剂。其特点为遇水与水泥中矿物组分发生化学反应，反应产物是导致体积膨胀效应的水化硫铝酸钙（即钙矾石）、氢氧化钙或氢氧化亚铁等。在钢筋和邻位约束下使结构中产生一定的预压应力，从而防止或减少结构产生有害裂缝。同时，生成的反应物晶体具有填充、堵塞毛细孔隙作用，增高混凝土密实性。膨胀剂按化学组成分为四类：硫铝酸钙类、硫铝酸钙-氧化钙类、氧化钙类和氧化镁类。常用的膨胀剂有 U 型膨胀剂、明矾石膨胀剂、复合膨胀剂，以及脂膜石灰膨胀剂等。U 型膨胀剂 UEA-H 不仅膨胀性能更好，还可提高混凝土的抗压强度，且碱度更低、与水泥和其他外加剂的适应性更强、施工更方便。膨胀剂不宜与氯盐类外加剂复合使用，与防冻剂复合使用时应慎重。硫铝酸钙类、硫铝酸钙-氧化钙类膨胀剂不适用于环境温度长期高于 80℃ 的工程，氧化钙类膨胀剂不得用于海水工程，各类膨胀剂均不适用于厚度 2m 以上混凝土结构、厚度 1m 以上混凝土结构应慎用，而且不适用于温差大的结构（如屋面、楼板等）。

4) 密实剂是能降低混凝土在静水压力下的透水性的外加剂，在搅拌混凝土过程中添加的粉剂或水剂，在混凝土结构中均匀分布，充填和堵塞混凝土中的裂隙及气孔，使混凝土更加密实而达到阻止水分透过的目的。有一类密实剂在混凝土硬化后涂刷在其表面，使渗入混凝土表面以达到表面层密实而产生防止水分透过的作用。这种抗渗型防水剂不能阻止较大压力的水透过，主要是防止水分渗透的作用。氯化钙可以促进水泥水化反应，获得早期的防水效果，但后期抗渗性会降低。氯化钙对钢筋有锈蚀作用，可以与阻锈剂复合使用，但不适用于海洋混凝土。三氯化铁防水剂掺入混凝土中，与 $Ca(OH)_2$ 反应生产氢氧化铁凝胶，提高混凝土密实性及抗渗等级，抗渗压力可达 2.5～4.6MPa。不适用于钢筋量大及预应力混凝土工程。三乙醇胺对水泥的水化起加快作用，水化生成物增多，水泥石结晶变细、结构密实，因此提高了混凝土的抗渗性，抗渗压力可提高 3 倍以上。同时，具有早强和强化作用，质量稳定，施工简便，可提高模板周转率、加快施工进度。Fs102 混凝土密实剂属无机液态外加剂，是将硫磺、砂与矿物掺合料在 1200℃高温下煅烧，提取的液态溶液。只需水泥重量±0.2%的微小掺量与水泥拌合，即可获得高密实性、高抗渗性的混凝土。Fs102 密实剂的优点是：与水极易溶合；能显著减小收缩，提高了混凝土的抗裂性及耐久性；抗氯离子渗透性可提高 13%～18%，而且自身不含碱、氯、氨等有害成分，对钢筋无锈蚀作用；可减小或取消超长板块混凝土后浇带或加强带。

3. 防水混凝土配合比

(1) 防水混凝土各项技术参数

胶凝材料用量应根据混凝土的抗渗等级和强度等级等选用，其总用量不宜小于 320kg/m³；当强度要求较高或地下水有腐蚀性时，胶凝材料用量可通过试验调整；在满足混凝土抗渗等级、强度等级和耐久性条件下，水泥用量不宜小于 260kg/m³；砂率宜为 35%～45%，泵送时可增至 45%；灰砂比宜为 1：1.5～1：2.5；水胶比不得大于 0.50，有侵蚀性介质时，水胶比不宜大于 0.45；普通防水混凝土坍落度不宜大于 50mm。防水混凝土采用预拌混凝土时，入泵坍落度宜控制在 120～160mm，坍落度每小时损失值不应大于 20mm，坍落度总损失值不应大于 40mm；掺引气剂或引气型减水剂时，混凝土含气量应控制在 3%～5%；预拌混凝土的初凝时间宜为 6～8h。

(2) 防水混凝土配合比设计原则及要点

根据工程性质及设计图纸的要求，由混凝土的抗渗性和耐久性以及施工季节确定水泥的品种，由混凝土的强度等级确定水泥的强度等级。在必须符合工程要求，以及防水混凝土选材要求的前提下，应优先考虑当地的砂、石材料。根据混凝土强度等级、水泥品种、地理环境、钢筋配筋情况、施工工艺等，选择相应的外加剂。依据抗渗性以及施工最佳和易性来确定水胶比。施工和易性要由结构条件（如结构截面、钢筋布置等）和施工方法（如运输、浇筑和振捣等）综合因素决定。

抗渗混凝土不等同于高强、高性能混凝土，它是以抗渗等级作为设计依据，与普通混凝土也是两个完全不同的概念。以抗渗等级作为配制设计的主要依据，提高砂浆的不透水性，增大砂浆数量，在混凝土粗骨料周边形成足够数量和良好质量的砂浆包裹层，使粗骨料彼此隔离，有效地阻隔沿粗骨料互相连通的渗水孔网，采用普通混凝土级配。突出矿物掺合料在防水混凝土配制中的重要地位，以胶凝材料用量（含水泥与矿物掺合料）取代传统的水泥用量；水胶比（水与胶凝材料之比）取代传统的水灰比；水泥依然占据主导地位，其他胶凝材料、粉煤灰、磨细矿渣粉、硅粉等，也占有重要位置；矿物掺合料掺量一般为胶凝材料的 25%～35%；采用复合掺合料时，其品种数量应经试验确定。严格控制防水混凝土中总碱含量及氯离子含量，各类材料的总碱量（Na_2O 当量）不得大于 3kg/m³；氯离子含量不应超过胶凝材料总量的 0.1%；可加入合成纤维或钢纤维，以提高混凝土抗裂性。

(3) 减水剂防水混凝土配制要点：应根据结构要求、混凝土原材料的组成、特性等因素以及施工工艺、施工季节的温度，正确地选择减水剂品种。并根据相关标准进行钢筋锈蚀、28d 抗压强度比及减水率等项目的试验。参考产品说明书推荐的"最佳掺量"，根据实际混凝土所用其他原材料、施工要求及施工时的气温，经过试验确定减水剂适宜掺量。减水剂的掺量增加时混凝土的凝结时间也随之延长。尤其是木质素类减水剂若超量掺加，减水效果提高不大，且混凝土凝结时间也更加延长，强度还会相应降低。高效减水剂若超量掺加，泌水率也随着加大，影响混凝土施工质量。在试配过程中，注意所用水泥是否与所选减水剂相适应，在有条件的情况下，宜对水泥和减水剂进行多品种比较，不宜在单一的狭隘范围内寻求"最佳掺量"。混凝土中若掺加粉煤灰，应调整减水剂用量，以解决粉煤灰含有一定量的碳，降低减水效果情况。使用引气型减水剂含气量应控制在 3%～5%，可与消泡剂复合使用。减水剂也可与其他外加剂复合使用，掺量应根据试验确定。

（4）三乙醇胺防水混凝土配制要点：三乙醇胺密实剂适用于各种水泥，尤其能改善矿渣水泥的泌水性和黏滞性，明显提高其抗渗性。三乙醇胺防水混凝土的水泥用量可有所降低，砂率应随水泥用量的降低而相应提高。当水泥用量为 280～300kg/m³ 时，砂率以 40% 为宜。掺三乙醇胺的混凝土灰砂比可小于普通混凝土 1：2.5 的限制，具体用量应经试验确定。由于三乙醇胺对不同品种的水泥作用不同，更换水泥品种应重新进行试验。三乙醇胺防水剂应制成浓度适当的溶液后使用。配制溶液时先将水放入容器中，再将配制好的三乙醇胺放入水中，搅拌直至完全溶解，即成防水剂溶液。拌合混凝土每 50kg 水泥随拌合水掺入 2kg 三乙醇胺防水剂溶液。溶液中的用水量应从拌合水中扣除，以免使水胶比增加。

（5）引气剂防水混凝土配制要点：由于水胶比的大小直接影响混凝土内部气泡的数量与质量，因此引气剂防水混凝土水胶比的控制很必要。适宜的水胶比可使混凝土获得最佳含气量和较高的抗渗性，配制混凝土时要注意调整水胶比。砂的细度影响混凝土内部气泡的生成。粗砂生成的气泡较大，中砂、细砂有利于混凝土的物理力学性能和抗渗性。细度模数约 2.6 的砂效果较好。混凝土的含气量直接影响着引气剂防水混凝土的质量，混凝土含气量应控制在 3%～5%。影响混凝土含气量的材料因素：水泥品种、细度、碱含量及用量，掺合料的品种及用量，骨料的类型、级配及最大粒径，水的硬度，复合使用的外加剂品种，混凝土配合比等。影响混凝土含气量的施工因素：搅拌机的类型、状态，搅拌速度，搅拌量，搅拌持续时间，振捣方式及施工环境等。

（6）补偿收缩混凝土及配制要点：补偿收缩混凝土使用膨胀水泥或添加膨胀剂的混凝土，能同步抑制混凝土自身孔隙和裂缝。补偿收缩混凝土硬化初期，由于水泥水化作用生成的水化物结晶体体积增大而产生膨胀，其生长膨胀过程中将水泥石中的孔隙填充，堵塞并切断混凝土内连通的毛细孔道，使混凝土内的总孔隙率变小，可抑制孔隙、改善孔隙结构；同时，补偿收缩混凝土在硬化初期产生的适度膨胀，在钢筋、相邻物体等限制条件下产生的收缩应力（即自应力）可抵消混凝土在干缩和徐变时产生的大部分拉应力，使混凝土的拉应变值小于允许极限拉伸变形值或接近于零，因此，混凝土可减少或不出现裂缝。在补偿收缩混凝土硬化过程后期产生膨胀而消除裂缝，达到抗渗、防水的目的。

膨胀剂的性能指标应符合《混凝土膨胀剂》（GB 23439—2009）的标准，不得使用硫铝酸盐水泥、铁铝酸盐水泥及高铝水泥。常用的膨胀水泥有：明矾石膨胀水泥、石膏矾土膨胀水泥、低热微膨胀水泥。贮存超过 3 个月的膨胀水泥，应复试其膨胀率符合要求后再用。膨胀剂的掺量应代替胶凝材料，一般普通型膨胀剂掺量为胶凝材料的 8%～12%，单方掺量≥30kg/m³，低掺量的高性能膨胀剂掺量为胶凝材料的 6%～8%，填充用膨胀混凝土，膨胀剂掺量为胶凝材料的 10%～15%，单方掺量≥40kg/m³。掺膨胀剂的补偿收缩防水混凝土应在限制条件下使用，混凝土的膨胀只有在限制条件下才能产生预压力，才能起到控制混凝土出现有害裂缝的作用。因此，应根据结构部位的限制膨胀率设定值，确定膨胀剂的适宜掺量。《混凝土外加剂应用技术规范》（GB 50119）规定：水泥的组分和活性不同，化学外加剂的品种及掺量不同，根据施工现场原材料及混凝土坍落度要求，在达到设计强度等级和抗渗等级的同时，配制的补偿收缩混凝土应达到水中 14d 的限制膨胀率≥0.015%，一般为 0.02%～0.03%，相当于在混凝土结构中建立大于 0.2MPa 的预压应力。填充性膨胀混凝土水中 14d 的限制膨胀率≥0.025%，一般为 0.035%～0.045%。补偿收缩混凝土配合比的各项技术参数，可参考普通防水混凝土的技术参数。确定膨胀剂的掺量应按防水混凝土技术规范要求，其水泥用量不得小于 260kg/m³，水胶比不宜大于0.5。用于地下或水中的掺入粉煤灰的大体积混凝土，为减少混凝土温差应降低水泥用量，可采用 60d 抗压强度作为设计强度等级。补偿收缩混凝土配合比试验室可在考虑施工和易性的前提下，参考普通防水混凝土的技术参数，初步选出水胶比、水泥用量，计算出用水量，再依据选定的砂率，求出砂、石的重量，得出初步配合比，以此制作强度试件及膨胀试件（包括自由膨胀试件和限制膨胀试件），在检验试件的强度、膨胀率（特别是限制膨胀率）均满足设计要求后，下达补偿收缩混凝土配合比。

（7）自密实高性能防水混凝土及配制要点：自密实高性能防水混凝土是通过外加剂、胶凝材料及粗细骨料的选择及配合比设计，使混凝土拌合物屈服值减小并具有足够的塑性黏度，粗骨料能悬浮在水泥浆中具有很高的流动性而不泌水、不离析，在自重力作用下不经振捣自动流平，并包裹钢筋及充满模板空隙，形成密实而均匀的混凝土结构。密实混凝土的强度等级一般为 C25～C60。自密实混凝土的拌合物具有高流动性、保塑性、抗离析性、充填性及可泵性等特点。高流动性可保证混凝土拌合物在自重力作用下，通过钢筋稠密区不需任何密实成型措施即可不留下任何孔洞，工作性能可达到坍落度 250～270mm，扩展坍落度 550～700mm，流过高差≤15mm。穿过靴形仪前、后混凝土中骨料含量差≤10%。保塑性既要保证混凝土泵送要求，又要保证混凝土流动性在 2～3h 内保持不变。免振捣自密实混凝土拌合物的保塑性比普通混凝土高很多，其指标要求 90min 内混凝土拌合物满足流动性、抗离析性、充填性的要求。抗离析性直接影响混凝土拌合物浇筑后的均匀性，因此自密实混凝土的抗离析性是指混凝土在流动过程中始终保持匀质性能力，即不泌水、不离析、不分层；充填性是衡量混凝土拌合物能否通过钢筋稠密区，自动填充整个模腔的能力；高施工性能，能保证混凝土在不利的建筑条件下密实成型，由于使用大量的矿物细掺料可降低混凝土的升温，提高抗劣化能力，从而提高混凝土的耐久性。由于自密实混凝土体积收缩小、抗渗性能高，同时可避免混凝土因振捣不足而造成的孔洞、蜂窝、麻面等质量缺陷。

所选水泥应与所选的高效减水剂具有相容性。掺入矿物细掺料可以调节混凝土的施工性能、提高混凝土的耐久性、降低混凝土的温升。应选用具有高活性、低需水量的矿物细掺料。粉煤灰比矿渣的需水量小、收缩少，但抗碳化性能差，矿渣比粉煤灰需水量大，抗离析性差，但活性高。通常可利用不同细掺料的复合效应取长补短，按适当比例同时掺用矿渣及粉煤灰。当混凝土强度等级不高时，也可用石英砂粉、石灰石粉做填充细掺料，以提高混凝土流动度。影响混凝土流动性的主要因素是粗骨料的含量。随着粗骨料体积的增加，粗骨料间咬合、摩擦的几率也增大，混凝土拌合物的流动性就会明显下降。粗骨料的粒径、粒形及级配对自密实混凝土拌合物的施工性，特别是对拌合物的间隙通过性影响很大。选用卵石最大粒径不超过 25mm；选用碎石最大粒径不超过 20mm；稠密钢筋及预埋件部位等间隙小的构件石子粒径应满足规范要求。石子吸水率不应大于 1.5%。自密实混凝土砂率大，应选用中粗砂，以偏粗砂为好。应严格控制砂中细颗粒的含量，保证 0.63 筛的累计筛余大于 70%，0.35 筛的累计筛余大于 98%。要求高效减水剂不但减水率高、保塑性能好，而且配制的混凝土拌合物具有高流动性，适合的凝结时间及泌水率，良好的泵送性，对硬化混凝土力学性质、干缩及徐变无坏影响，耐久性好。多选用高性能引气型减水剂，如萘系或聚羧酸系高效减水剂。自密实混凝土应在满足拌合物高施工性能的要求的同时，具有高流动性、抗离析性及保塑性。因此，配合比各项参数与同强度普通防水混凝土相比不同之处为：浆骨比较大，粗骨料用量较小；胶浆材料总量一般大于 $500kg/m^3$；砂率最大可高达 50% 左右；细掺料总量占胶凝材料总量的 30% 以上，水胶比不宜大于 0.4。由于自密实混凝土粗骨料用量小，粉体材料用量大，其干缩会大一些，可掺加粉煤灰及少量膨胀剂，以减少收缩。也可加入合成纤维，减少收缩、提高抗裂性。自密实混凝土虽然掺入大量的混合材料，碱度降低会加速碳化，但因其水胶比低、密实度高，抵抗碳化的能力会增加。其掺加矿物细掺料后，在水胶比相同的情况下较普通混凝土碳化速率增加，而由于水胶比的降低碳化速率可达到与较普通混凝土相近，细掺料的品种、掺量及水胶比直接影响碳化速率。因此，选用适当的矿物细掺料通过调整配合比，可解决自密实混凝土抵抗碳化性能。配合比实例见表 27-7。

北京电视中心工程 C60 自密实混凝土配合比实例（kg/m^3）　　　　表 27-7

水泥	水	砂	石子	外加剂	掺合料	其他
P.O. 42.5	自来水	Ⅱ区中砂	碎石	Sikavisco（减水）/UEA	粉煤灰/S75 矿粉	
415	160	780	900	9.15	60/100	35

（8）钢纤维抗裂防水混凝土及配制要点：纤维抗裂防水混凝土是以混凝土作基材，添加非连续的短纤维或连续的长纤维作增强材料组成的复合材料。纤维混凝土在建筑防水领域的开发应用，是近几年来众多混凝土改性技术中效果最明显的应用技术之一。在混凝土中掺加纤维，由于纤维均匀地分布在混凝土拌合物中，可结合紧密，改变微裂缝发展的方向、阻止微细裂缝的连通。纤维分散了混凝土定向收缩的拉应力，从而达到抗裂效果。这将有效地提高混凝土的抗裂性和其他机械力学性能。

钢纤维抗裂防水混凝土是在混凝土拌合物中掺入钢纤维组合而成的复合材料。因大量很细的钢纤维均匀地分散在混凝土的骨料周围，主要起增强、增韧、限裂和阻裂作用，其与混凝土接触的面积很大，在所有的方向都使混凝土的强度得到提高，水泥浆在拌合料中包裹在骨料和钢纤维的表面，填充骨料与骨料、骨料与钢纤维之间的缝隙，并起润滑作用，使混凝土拌合料具有一定的和易性，硬化后的水泥浆将骨料、钢纤维粘结成坚固、密实的整体。与普通防水混凝土相比，钢纤维抗裂防水混凝土的抗拉强度、抗弯强度、耐磨、耐冲击、耐疲劳、韧性及抗裂等性能都有提高。钢纤维混凝土的性能取决于基体混凝土的性能和钢纤维的性能以及相对含量，同时也与施工搅拌、浇筑、振捣、养护等工艺有关。除钢纤维外，混凝土的其他组成材料与普通混凝土相同。

钢纤维的增强效果与钢纤维的直径（或等效直径）、长度、长径比及表面形状有关。直径或等效直径为 0.3～1.2mm，长度为 15～60mm，长径比在 30～100 范围内的钢纤维，可满足增强效果及施工性能。钢纤维混凝土中钢纤维的体积率同样影响其增强效果，一般浇筑成型的钢纤维混凝土体积率为 0.5%～2%。用于钢纤维混凝土的水泥用量较普通混凝土大，一般为 360～450kg/m^3。石子粒径过大，将削弱钢纤维的增强作用，且钢纤维易集中于大骨料周围，不便于钢纤维的分散，石子的最大粒径不宜大于 20mm。石子的级配应符合要求，否则将影响钢纤维混凝土拌合物的流动性及水泥用量。为改善混凝土拌合物的和易性、减少水泥用量或提高混凝土强度，可掺加一定量的外加剂。用于防水混凝土的外加剂均可使用，常用的为减水剂。钢纤维抗裂防水混凝土配合比除满足普通防水混凝土的一般要求外，还应满足抗拉强度、抗折强度、韧性及施工时混凝土拌合物的和易性和钢纤维不结团的要求。因此，钢纤维抗裂防水混凝土配合比除按抗压强度控制外，还应根据工程性质及要求，分别按抗拉强度及抗折强度控制，确定配合比，同时能充分发挥钢纤维混凝土的增强作用。对有耐腐蚀及耐高温要求的结构，应选用不锈钢纤维。钢纤维抗裂防水混凝土在拌合料中加入钢纤维后，和易性有所下降，可适当增加单位用水量及单位水泥用量，来获取适当的和易性。在配合比设计时，还应考虑钢纤维在拌合物中能分散均匀，使钢纤维的表面包满砂浆，确保钢纤维抗裂防水混凝土的质量。水灰比宜选用 0.45～0.50，水泥用量宜为 360～400kg/m^3。钢纤维体积率较大时，可适当增加水泥用量，但不应大于 500kg/m^3；坍落度可比相应的普通防水混凝土小 20mm。

（9）聚丙烯纤维抗裂防水混凝土及配制要点：聚丙烯纤维抗裂防水混凝土是在普通防水混凝土拌合物中掺加适量聚丙烯纤维配制成的一种复合材料。在混凝土中，作为骨料胶粘材料的水泥，同时也握裹了大量的微细纤维。混凝土凝结的过程中，均匀分散的纤维彼此相联结为乱向分布的多重网状承托系统，承托骨料，有效减少骨料的离析及泌水，在一定程度上改善了混凝土的密实度，黏聚性更好；由于泌水的改善，保水性更好，水泥基体水化反应更均匀、彻底，从而从根本上改善了混凝土的质量。同时，在混凝土凝结的过程中，当水泥基体收缩时，由于纤维这些微细配筋的作用，有效地消耗了能量。聚丙烯纤维因大量的能量吸收，控制了水泥基体内部微裂的生成及发展，可以抑制混凝土开裂的过程，使混凝土抗裂能力、抗折强度大幅度提高，并极大改善其抗冲击性能及降低其脆性，提高混凝土的韧性，也在一定程度上提高了混凝土的抗拉强度。同时，也提高了混凝土的抗冻、耐磨及抗渗能力，大大增强了混凝土的耐久性。凝结后即使有微裂缝产生，在内部或外部应力作用下，它要扩展为大的裂纹，极难形成贯通性的渗水毛细孔道或裂缝，从而有效地达到了抗裂及抗渗、防水的目的。经我国国家建筑材料检测中心，对杜拉纤维混凝土（每立方米混凝土掺入约 0.5kg 的杜拉纤维）的测试，其混凝土抗裂性能提高约 70%；抗冻融性能提高 85%；抗渗性能提高 60%～70%；抗冲击性能也有显著提高。

用来增强水泥基复合材料的聚丙烯纤维在形式上主要有单丝、纤化纤维及挤压带三种。聚丙烯纤维增强水泥基材有两种不同的方式，有连续网片和短切纤维。聚丙烯纤维混凝土主要分网状膜裂纤维和同束状单丝纤维。聚丙烯纤维的主要优点是良好的化学稳定性及抗碱性，熔点较高，原材料价格低廉；其不足之处是弹性模量低，耐火性差。当温度超过 120℃时，纤维就软化，使聚丙烯纤维增强水泥基复合材料的强度显著下降。在空气或氧气中光照易老化，有憎水性而不易被水泥浆浸湿。因包裹纤维的混凝土可提供保护层，有助于减小对火和其他环境因素的损伤。聚丙烯纤维完全为物理性配筋，与混凝土集料及外加剂不起任何化学反应，故不需改变混凝土或砂浆的其他配合比，对坍落度影响很小，初凝、终凝时间变化甚微，黏聚性增强，泵送性能可以改善。聚丙烯纤维混凝土配合比，见表 27-8。

C30 抗渗等级 P6 聚丙烯纤维混凝土配合比（kg/m³）   表 27-8

水泥 P.O42.5	石子 （碎石 5～25）	砂 （中）	水	聚丙烯纤维	粉煤灰 （一级）	外加剂 （ZK-901）	膨胀剂 （UEA）
360	1010	725	200	0.3	60	2.79	45

（10）聚合物水泥混凝土及配制要点：聚合物水泥混凝土是高分子材料与普通混凝土有机结合的性能较普通混凝土优越的复合材料。聚合物加入混凝土中，聚合物在混凝土内形成弹性网膜状体，填充水泥水化产物与骨料之间的空隙，并结合为一体，起到增强与骨料的粘结作用，因此，聚合物水泥混凝土较普通混凝土具有优良的特性。既提高了混凝土的密实度、抗压强度，又使抗拉强度、抗弯强度有显著的提高，同时也不同程度地改善了混凝土的耐化学腐蚀性能，并且减少了混凝土的收缩变形，增加了适应变形的能力，因此，减少混凝土裂缝，使抗渗性获得显著提高。

聚合物掺入水泥混凝土中，不应影响水泥水化过程或对水泥水化产物有不良作用。聚合物本身在水泥碱性介质中，不会被水解或破坏。聚合物应对钢筋无锈蚀作用。聚合物可与水泥、骨料、水等一起搅拌，其使用方法与混凝土外加剂相同，其掺量一般为水泥用量的 5%～25%，不宜过多。用于与水泥掺合使用的聚合物分为以下三类。聚合物分散体乳胶类的橡胶胶乳有天然橡胶胶乳、合成橡胶胶乳；树脂乳液有热塑性及热固性树脂乳液、沥青质乳液；混合分散体有混合橡胶、混合乳胶；水溶性聚合物的甲基纤维素（MC）、聚乙烯醇、聚丙烯酸盐—聚丙烯酸钙及糠醇；液体聚合物的环氧树脂、不饱和聚酯。主要助剂包括稳定剂、消泡剂、抗水剂、促凝剂等。稳定剂是水溶性聚合物分散体（乳胶类）树脂在生产过程中，乳液聚合多数采用阴离子型进行，这些聚合物乳胶与水泥浆混合后与水泥浆中大量溶出的多价钙离子作用，而致使乳液变质、破乳、凝聚，以及在搅拌过程中聚合物乳液产生析出及过早凝聚，使聚合物不能在水泥浆中均匀分散，必须加入稳定剂阻止这种变质现象。改善聚合物乳液对水泥水化生成物的化学稳定性以及对搅拌剪切力的机械稳定性，使聚合物与水泥混合均匀，有效结合并紧密粘附成稳定的聚合物水泥多相体。常用的稳定剂有 OP 型乳化剂、均染剂 102、农乳 600 等。稳定剂多采用表面活性剂，应根据聚合物品种选择稳定剂及掺量。乳胶与水泥拌合时，因乳液中的稳定剂及乳化剂等表面活性剂的影响，会产生大量的小气泡。这些气泡如不消除，将增加混凝土的空隙率，使混凝土的强度及抗渗性能明显下降。为避免这种情况，必须加入适量的消泡剂。常用的消泡剂有异丁烯醇、3-辛醇、磷酸三丁酯、二烷基聚硅氧烷等。消泡剂的针对性很强，同种材料在一种体系中能消泡，在另一种体系中却能助泡，必须有针对性地选择消泡剂。通常用于聚合物水泥混凝土中的聚合物已加入消泡剂，购买前应确认。在选用的聚合物、乳化剂、稳定剂耐水性较差时，应加入适量的抗水剂。当聚合物掺量较多而延缓聚合物水泥混凝土的凝结时，应加入适量的促凝剂，促使其凝结。

聚合物的品种、性能、掺量及其相应的助剂种类和掺量，是影响聚合物水泥混凝土呈现最佳力学性能的主要因素。水胶比的影响没有普通混凝土的大，聚合物水泥混凝土的水胶比以和易性来表示。聚合物的掺量对混凝土影响较大，其掺量过小，对混凝土性能的改善也小；其掺量加大，混凝土各项性能也随之提高。但其掺量超过一定范围时，混凝土强度、粘结性、干缩等性能反而向劣质转化。聚合物水泥混凝土配合比设计时，除抗压强度及和易性外，还应考虑抗拉强度、防水性（水密性）、粘结性及耐腐蚀性等，水胶比会影响一些，但聚灰比（聚合物和水泥在整个固体中的重量比）影响更大、更密切。聚合物水泥混凝土配合比，除设计聚灰比外，其他组分与普通混凝土基本相同。聚灰比在 5%～20% 的范围内，水胶比在 0.3～0.6 范围内。聚丙烯酸乙酯水泥混凝土配合比，见表 27-9。

聚丙烯酸乙酯水泥混凝土配合比 表 27-9

聚灰比 (%)	水胶比	砂率 (%)	聚合物分散体用量 (kg/m³)	用水量 (kg/m³)	水泥用量 (kg/m³)	砂 (kg/m³)	石子 (kg/m³)	测定值	
								坍落度 (mm)	含气量 (%)
0	0.5	45	0	160	320	510	812	50	5
5	0.5	45	36	140	320	485	768	70	7
10	0.5	45	71	121	320	472	749	210	7

4. 防水混凝土施工

（1）施工准备

编制先进、合理的"防水混凝土施工方案"，做好方案交底工作，落实施工所用机械、工具、设备。施工现场消防、环保、文明工地等准备工作已完成，临时用水、用电到位，做好基坑的降水、排水工作，使地下水位稳定保持在基底最低标高 0.5m 以下，直至施工完毕。基坑上部采取措施，防止地面水流入基坑内。

（2）钢筋工程

钢筋应绑扎牢固，避免因碰撞、振动使绑扣松散、钢筋移位，造成露筋。钢筋及绑扎钢丝均不得接触模板。墙体采用顶模棍或梯格筋代替顶模棍时，应在顶模棍上加焊止水环，马凳应置于底铁上部，不得直接接触模板。钢筋保护层应符合设计规定，并且迎水面钢筋保护层厚度不应小于 50mm。应以相同配合比的细石混凝土或水泥砂浆制成垫块，将钢筋垫起，以保证保护层厚度，严禁以垫铁或钢筋头垫钢筋，或将钢筋用铁钉及钢丝直接固定在模板上。在钢筋密集的情况下，更应注意绑扎或焊接质量，并用自密实高性能混凝土浇筑。

（3）模板工程

模板吸水性要小并具有足够的刚度、强度，如钢模、木模、木（竹）胶合板等材料。模板安装应平整，拼缝严密、不漏浆。模板构造及支撑体系：应牢固、稳定，能承受混凝土的侧压力及施工荷载，并应装拆方便。固定模板防水措施使用的螺栓可采用工具式螺栓、螺栓焊止水环、预埋钢套管加焊止水环、对拉螺栓穿塑料管堵孔等做法。止水环尺寸及环数，应符合设计规定；如设计无明确规定，止水环应为 100mm×100mm 的方形止水环。模板拆除应符合《混凝土结构工程施工质量验收规范》（GB 50204）规定，并注意防水混凝土结构成品保护。工具式螺栓分为螺栓内置节及外置节，内置节上焊止水环。拆模时，将工具式螺栓外置节取下，再以嵌缝材料及聚合物水泥砂浆将螺栓凹槽封堵严密，工具式螺栓的防水做法示意图见图 27-1；在对拉螺栓中部加焊止水环，止水环与螺栓必须满焊严密。固定模板时，可在混凝土结构两边螺栓周围加垫木块或铁片，拆模后取出垫木块或铁片形成凹槽，将螺栓沿平凹底割去，再用防水或膨胀水泥砂浆将凹槽封堵，螺栓加焊止水环作法见图 27-2；混凝土结构内预埋钢套管，钢套管上焊止水环，钢套管长度同墙厚（或其长度加上两端垫木的厚度之和等于墙厚），起撑模作用，以确保模板之间混凝土结构的设计尺寸。支模时在预埋套管中穿入对拉螺栓拉紧，固定模板。拆模后将螺栓抽出，套管两端如有垫木，拆模时一并拆除。套管内及两端垫木留下的凹坑，用膨胀水泥砂浆封堵密实。预埋套管支撑做法见图 27-3；对拉螺栓穿过塑料套管（长度相当于结构厚度），将模板固定压紧。浇筑混凝土后，拆模时将螺栓及塑料套管均拔出，然后用膨胀水泥砂浆或防水砂浆将螺栓孔封堵严密，此做法可节约螺栓，加快施工进度，降低工程成本。用于填孔料的膨胀水泥砂浆应经试配确定配合比，稠度不能大，以防砂浆干缩；用于结构复合防水则效果更佳。预埋塑料套管防水，见图 27-4。

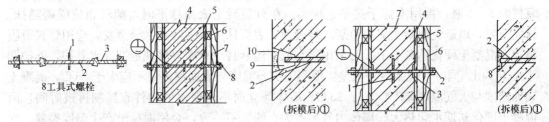

图 27-1　工具式螺栓的防水做法示意图
1—止水环；2—螺栓内置节；3—螺栓外置节；
4—混凝土结构；5—模板；6—次龙骨；7—主龙骨；
8—工具式螺栓；9—嵌缝材料；10—防水砂浆

图 27-2　螺栓加焊止水环作法示意图
1—止水环；2—螺栓；3—垫木或铁片；
4—模板；5—次龙骨；6—主龙骨；
7—混凝土结构；8—防水砂浆

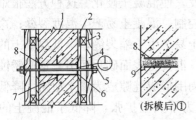
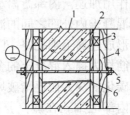

图 27-3　预埋套管加止水示意图
1—混凝土结构；2—模板；3—次龙骨；
4—主龙骨；5—螺栓；6—垫木或铁片；
7—预埋套管加止水环；8—预埋套管；
9—膨胀水泥砂浆或防水砂浆封堵

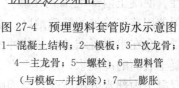

图 27-4　预埋塑料套管防水示意图
1—混凝土结构；2—模板；3—次龙骨；
4—主龙骨；5—螺栓；6—塑料管
（与模板一并拆除）；7——膨胀
水泥砂浆或防水砂浆封堵

（4）混凝土工程

1）防水混凝土施工共性

混凝土的搅拌、运输、浇筑、振捣的常规做法及季节性见第 15 章混凝土施工。外墙抗渗混凝土与内墙非抗渗混凝土交接处，为防止非抗渗混凝土流入到抗渗混凝土中，浇筑时先浇筑抗渗混凝土，并且抗渗混凝土往非抗渗混凝土的内墙中浇筑 300mm 的距离。抗渗混凝土和非抗渗混凝土相交处，先浇抗渗混凝土，后浇非抗渗混凝土。该处墙体部分分层浇筑时，非抗渗混凝土每层的高度稍低于抗渗混凝土的厚度。混凝土后浇带两侧混凝土浇筑后，应用盖板封闭严密，避免落入杂物和进入雨水，污染钢筋。

墙体水平施工缝不应留在剪力最大处或底板与侧墙的交接处，应留在高处底板表面不小于 300mm 的墙体上。拱（板）墙结合的水平施工缝，宜留在拱（板）墙接缝线以下 150～300mm 处。墙体有预留孔洞时，施工缝距孔洞边缘不应小于 300mm。

防水混凝土的养护对其抗渗性能影响极大，尤其是早期湿润养护。浇筑后的前 14d，水泥硬化速度快，强度增长可达 28d 标准强度的 80%。混凝土在湿润条件下内部水分蒸发缓慢，不会造成早期失水，对水泥水化有利。当水泥充分水化时，其生成物将混凝土内部毛细孔堵塞，切断毛细通路，使水泥石结晶致密，混凝土抗渗性及强度可迅速提高；14d 以后，水泥水化速度逐渐减慢，强度增长也趋缓慢。继续养护虽然仍有益，对质量的影响远不如早期，因此应加强前 14d 的养护。大体积混凝土和大面积板面混凝土，浇筑后的混凝土应立即在混凝土表面覆盖一层塑料布，3～6h 内表面用长刮尺刮平，在初凝前反复搓面 3～4 遍，再用木抹子搓平、压实。在对混凝土表面抹平时，塑料布应随揭随抹，抹完即盖，以避免混凝土表层龟裂。终凝前，表面抹压后为防止水分蒸发，应用塑料薄膜覆盖，混凝土硬化达到可上人时采用蓄水或用湿麻袋、草席等覆盖定期浇水养护，养护期不小于 14d。同时，控制内外温差：混凝土中心温度与表面温差值不应大于 25℃，混凝土表面温度与大气温度差不应大于 25℃。墙体等立面不易保水的构件宜控制拆模时间，因混凝土硬化初期水化热大、墙体内外温差大、膨胀不一致，会使混凝土产生温度裂缝。立面构件浇筑完毕 1d 后，松模板螺栓 2～3mm，从顶部进行喷淋养护。3d 后拆模，拆模后宜用湿麻袋或草席包裹后喷淋养护，养护期不小于 14d。冬期施工，混凝土浇筑后不能浇水养护，应采用综合蓄热法、蓄热法、暖棚法、掺化学外加剂等方法，不得采用电热法或蒸汽直接加热法。电热法属"干热养护"，是在混凝土凝结前，通过直接或间接对混凝土加热，促使水泥水化作用加速，内部游离水很快蒸发，使混凝土硬化。这种方法很难使混凝土内部温度均匀，混凝土内外部之间的温差更难控制，混凝土易产生温度裂缝；这种方法还可使混凝土内部形成连通毛细孔路，同时混凝土易产生干缩裂缝，降低混凝土的抗渗性；直接法常利用钢筋作为插入混凝土的金属电极，混凝土表面碳化而引起钢筋锈蚀，混凝土与钢筋的粘结随碳化的深入而逐渐破坏，钢筋周围形成缝隙成为渗水通路，降低混凝土的抗渗性。混凝土内部毛细孔在蒸汽养护的汽压力下大量扩张，降低了混凝土的抗渗性。在必须使用蒸汽养护的特殊地区，必须做到以下几点：不宜直接喷射蒸汽加热混凝土表面；冷凝水会在水泥凝结前将灰浆冲淡，导致混凝土表层起皮及疏松等缺陷，应及时排除聚在混凝土表面的冷凝水；混凝土表面结冰，会使其内部水泥水化作用非常缓慢，当温度低至使混凝土内部水分结冰时，会因膨胀而破坏混凝土内部致密的组织结构，以致强度和抗渗等级均大为降低。必须防止结冰；结构表面系数小于 6 的升温速度不宜超过 6℃/h，结构表面系数等于和大于 6 的升温速度不宜超过 8℃/h；降温速度不宜超过 5℃/h；恒温温度不得高于 50℃。

2) 减水剂防水混凝土施工要点：严格控制减水剂掺量，误差每盘控制在 ±2% 以内，微机控制计量的搅拌站累计计量误差控制在 ±1% 以内。粉剂减水剂的掺量很小，直接掺入易使减水剂分散不均匀，影响混凝土的质量，因此减水剂宜配制成一定浓度的溶液。严禁将减水剂干粉倒入混凝土搅拌机内拌合。干粉状减水剂在使用前，先将干粉倒入 60℃ 左右的热水中搅匀，制成 20％浓度的溶液（用比重计控制溶液浓度）。溶液中的用水量应从拌合水中扣除，以免水胶比增加。减水剂掺加方法有先掺加法和后掺加法。先掺加法是将配好的减水剂溶液与拌合水一同加入搅拌机内，使减水组分尽快得到分散；后掺加法是当混凝土搅拌运输车到达施工现场浇筑前 2min，将减水剂掺入混凝土搅拌运输车的料罐中，同时加快搅拌料罐的转速，使减水剂与混凝土搅拌均匀。后掺加法技术使减水剂更有效地发挥作用，可减少混凝土坍落度的损失，提高混凝土的和易性及强度，效果很好。无论采用哪种掺加方法，掺减水剂的混凝土必须搅拌均匀后方可出料。因工程需要，需二次添加减水剂时，应通过试验确定。使用引气型减水剂，应采取高频振动、插入振动，或与消泡剂复合使用等方法，以消除过多的有害气泡。应注意养护，尤其是早期潮湿养护。

3）三乙醇胺混凝土施工要点：配制防水剂溶液应严格，必须充分搅拌至完全溶解，以防三乙醇胺分布不均匀，或氯化钠和亚硝酸钠溶解不充分而造成不良后果。掺量应严格，防水剂溶液应和拌合用水掺合均匀使用，不得将防水剂材料直接投入搅拌机中，致使拌合不均匀而影响混凝土的质量。重要的防水工程可采用加入亚硝酸钠阻锈剂的配方配制三乙醇胺防水混凝土，可抑制钢筋锈蚀。寒冷地区冬期施工，可掺用三乙醇胺早强外加剂，提高混凝土的早强抗冻性，但应由试验室根据该地区的具体条件进行试配，确定外加剂掺量，以保混凝土强度的增长及混凝土抗渗质量。

4）引气剂防水混凝土施工要点：引气剂制成溶液使用。溶液中的用水量应从拌合水中扣除，以免使水灰比增加。采用机械搅拌。先将砂、水泥、石子倒入搅拌机，再将引气剂与拌合水搅匀后投入搅拌机。不得单独将引气剂直接投入搅拌机，以免气泡分布不均匀，影响混凝土质量。混凝土从搅拌机出料口输出，经运输、浇筑振捣后，含气量损失大约为 1/4～1/3。在搅拌机出料口进行取样，检测混凝土拌合物的坍落度及含气量时，应考虑混凝土在运输、浇筑及振捣过程中含气量的损失，施工中每隔一定时间进行现场检查，使含气量严格控制在规定范围内。采用高频振捣器振捣，排除大气泡，保证混凝土质量及抗渗性。养护应注意保持湿润。引气剂防水混凝土在低温（5℃）下养护，会完全丧失抗渗能力。冬期施工要注意蓄热保温，否则影响混凝土质量。

5）补偿收缩混凝土施工要点：严格掌握混凝土配合比，确保膨胀剂掺量准确。膨胀剂称量误差应小于 0.5％，膨胀水泥称量误差应小于 1％。计量装置必须准确，开盘前应检验、校正，使用中应进行校核。膨胀剂可直接投入料斗同水泥、砂、石子干拌 0.5～1min，拌合均匀后再加水搅拌，拌合时间应较普通混凝土延长 30s，预拌混凝土拌合时间延长 10s。预拌混凝土可将膨胀剂以混凝土罐车所载混凝土量，按比例预先称好放在装料架上备用，待混凝土罐车到达施工现场后，再将称好的膨胀剂通过架子加料口投入罐内，至少搅拌 5min，拌匀后方可使用。人工浇筑，现场坍落度为 70～80mm；泵送混凝土浇筑，现场坍落度为 120～160mm。混凝土出罐温度宜小于 30℃；现场施工温度超过 30℃，或混凝土运输、停放时间超过 30～40min，应在混凝土拌合前采取加大坍落度的措施；混凝土拌合后，不得再次加水搅拌。现场施工温度超过 30℃，墙体混凝土应适当调高膨胀剂的掺量，降低入模温度。负温施工，混凝土入模温度不得低于 5℃。混凝土应连续运输、连续浇筑，不得中断。混凝土浇筑应分层阶梯式推进，浇筑间隔不得超过混凝土的初凝时间。混凝土浇筑时间间隔若超过初凝时间，应事先考虑设置施工缝。再次浇筑时，按施工缝要求进行处理后方可施工。运输距离较远或夏季炎热天气施工，可在混凝土中掺入适量缓凝减水剂，以确保混凝土的流动性及坍落度满足施工要求。低温施工时，可掺入防冻减水剂或早强减水剂，以提高混凝土的早期强度。混凝土浇筑的自由落距应控制在 2m 以内。混凝土楼板及厚度小于 1m 的底板可一次浇筑完成；厚度大于 1m 的底板应分层浇筑，采用"斜面布料、分层振捣"的方法。楼板混凝土浇筑时，为防止上层钢筋下沉，应将上层钢筋置于铁马凳上。浇筑墙体混凝土，采用溜槽或输料管从一端逐渐推向另一端，分层厚度一般为 500mm。必须采用机械振捣，振捣应均匀、密实，不允许有欠振、漏振和超振等现象。混凝土终凝前，应对其表面反复抹压，以防止表面出现沉降收缩裂缝。

补偿收缩混凝土的养护非常重要，混凝土中膨胀结晶体钙矾石（$C_3A \cdot 3CaSO_4 \cdot 32H_2O$）的生成需要充足的水，一旦失水就会粉化。混凝土浇筑完毕 $1 \sim 7d$ 内是膨胀变形的主要阶段，必须加强混凝土的早期养护；若早期养护开始时间较迟，不但可能抑制混凝土膨胀，还可能产生大量的有害裂缝。常温下混凝土浇筑后 $8 \sim 12h$，即应进行浇水养护。保持外露混凝土表面呈湿润状态。养护用水不得浇冷水，也不得在阳光下暴晒，应与环境温度相同。现场施工温度超过 30℃，应特别加强湿养护。大体积混凝土和大面积板面混凝土，终凝前表面抹压后，为防止水分蒸发，应用塑料薄膜覆盖。混凝土硬化达到可上人时，采用蓄水或用湿麻袋、草席等覆盖，定期浇水养护，养护期不小于 14d。同时，控制内外温差应小于 30℃。墙体等立面不易保水的构件宜控制拆模时间，因混凝土硬化初期水化热大，墙体内外温差大，膨胀不一致会使混凝土产生温度裂缝。立面构件浇筑完毕 1d 后，松模板螺栓 $2 \sim 3mm$，从顶部进行喷淋养护。3d 后拆模，拆模后宜用湿麻袋或草席包裹后喷淋养护。冬期施工，混凝土应用塑料薄膜和保温材料覆盖养护。浇筑补偿收缩混凝土前，施工缝应剔除表面松散部分至密实处，清水湿润 $12 \sim 24h$ 后，铺 30mm 厚 1：2 掺膨胀剂的水泥砂浆。C40 以上的补偿收缩混凝土墙体裂缝，多为表层裂缝。宽度小于 0.2mm 的非贯穿裂缝不需修补，在潮湿环境下微裂缝可自愈。补偿收缩混凝土浇筑完毕后，出现狗洞、蜂窝及渗漏等缺陷，应认真处理：狗洞首先将松散部分剔除，剔凿至密实处，重新支带有喇叭的模板，用提高一个强度等级和抗渗等级的补偿收缩混凝土浇筑，并严格养护。混凝土达到强度等级的 80% 以后，将凸出部位剔平；宽度大于 0.2mm 裂缝应开 $30 \sim 50mm$ 的缝，表面蜂窝剔凿至密实处，清水冲洗干净后，用 1：2 掺膨胀剂的水泥砂浆修补好；贯穿裂缝应使用无机或有机灌浆，并局部采用柔性防水涂料或防水卷材加强处理。补偿收缩混凝土养护及缺陷护理完毕后，应及时维护。地下室应尽早创造条件进行回填土的施工，屋面应尽早施工保温层、找平层和防水层。遇骤冷或强风时，地下通道应临时封闭，以防出现温差裂缝。

UEA 无缝技术——膨胀加强带施工：设计规范考虑混凝土收缩变形，规定 $30 \sim 40m$ 设置一道后浇带。采用补偿收缩混凝土时，后浇缝的最大间距可延长为 60m。60d 后，再用膨胀混凝土灌填。施工繁琐、工期长，并且易留渗水隐患。超长结构超出 60m 的，可用膨胀加强带代替后浇带——在结构收缩应力最大部位施与较大的膨胀应力，即为膨胀加强带。膨胀加强带一般宽 2m，膨胀加强带两侧用限制膨胀率大于 0.015%（UEA 掺量为 10%~12%）的补偿收缩混凝土，膨胀加强带内部用限制膨胀率大于 0.03%（UEA 掺量为 14%~15%）、强度等级较带外提高 5MPa 的补偿收缩混凝土。膨胀加强带两侧用钢筋固定，钢丝网拦隔加强带外混凝土流入加强带内。地下超长混凝土结构可连续浇筑，避免设置若干条后浇带的间隔施工法；取消后浇带，增强了混凝土结构的整体性，减少处理后浇带的难度及质量缺陷；可缩短工期，提高施工速度；增强了混凝土的密实性，有效地提高了混凝土结构的抗裂性，从而提高了混凝土结构的抗渗能力。膨胀加强带的施工技术要点：原材料除符合本节有关要求外，尚应注意膨胀剂以 UEA-H 型为宜，并选用低水化热的水泥。不得使用碱活性骨料。膨胀加强带及其两侧混凝土的配合比，必须经试验确定。严格区分膨胀加强带及其两侧混凝土的不同配合比，严禁混淆。计量应准确，由专人负责。为防止不同配合比的混凝土流入膨胀加强带内，膨胀加强带的两侧应设置孔径 2～5mm 的钢丝网片拦隔，并用 $\phi16$ 钢筋固定。底板等平面结构能连续施工、不设施工缝时，先浇筑带外小膨胀混凝土，浇至加强带时，改为大膨胀混凝土；加强带浇筑完毕后，再改为小膨胀混凝土。也可将加强带两侧小膨胀混凝土同时浇筑完毕后，再浇筑带内大膨胀混凝土；底板等平面结构不能连续施工时，先浇筑一侧的小膨胀混凝土至加强带。按施工缝要求留置及处理后，浇筑加强带内大膨胀混凝土后，再浇筑带外另一侧的小膨胀混凝土；由于边墙厚度小，若长度较大、养护困难大、易产生竖向裂缝，边墙膨胀加强带每隔 30～40m 设置一道，并在加强带两侧设止水钢板。加强带两侧小膨胀混凝土浇筑完毕 14d 后，再浇筑带内大膨胀混凝土。振捣宜采用高频插入式振捣器。混凝土浇筑后、凝结前用抹子抹压混凝土表面两三遍，防止混凝土表面龟裂。要求严格养护，防止混凝土早期失水。

6) 自密实高性能防水混凝土施工要点：原材料进场后应单独放置，并按规定进行抽检复试。自密实混凝土配合比应经试验确定，并实测现场砂石含水率进行配合比调整，应严格控制原材料计量及混凝土坍落度。后台工作应由专人负责。现场搅拌时，应设置两台以上强制式搅拌机。水胶比小、易粘结的自密实混凝土搅拌应均匀。现场应设置两台混凝土输送泵，以防止混凝土泵送时中断。泵管布置应合理，出料口处水平管长度适当增加，尽量减少弯头，硬管接头垫圈保持密封，防止因漏浆造成堵管。泵管应牢固，以减少其晃动。混凝土搅拌投料顺序为：骨料→胶凝材料→水→外加剂。搅拌时间不低于 3min，要充分搅拌均匀。混凝土施工过程中，应经常检测搅拌机（或混凝土运输车）及泵管出口的坍落度，根据情况及时调整，确保泵送顺利。坍落度的调整由专人负责，严禁随意加水。混凝土浇筑应连续，尽量采用泵送及塔吊配合。为减少坍落度损失，搅拌完毕的混凝土应及时输送至浇筑位置，尽可能缩短出料口与入模口的距离。可配合使用串筒或溜槽，防止混凝土产生离析。如搅拌不及时或混凝土运输车受阻，应放缓泵送速度，也可采用隔 5min 开泵一次，使泵正转、反转两个冲程，以防止堵管。尽管是"自密实"、"自流平"、"免振"，但对狭窄部位或钢筋稠密处，仍须稍加振捣，以排除可能截留的空气，确保混凝土密实。振捣采用插入式高频振捣器，分层振捣厚度为 500mm，插入下一层混凝土约50mm，振捣密实、均匀。自密实混凝土水胶比较小，早期强度增长快，一般 3d 强度可达设计强度的 60%，因此混凝土的早期养护非常重要，防止因脱水影响混凝土强度增长。养护方法同本节的补偿收缩混凝土养护。

7) 钢纤维抗裂防水混凝土施工要点：混凝土配合比及钢纤维适宜掺量须经试验确定，原材料的计量应准确。为提高纤维的分散性，采用非离子型界面活性剂聚氧乙烯辛基苯酚醚是有效的。但该活性剂会使混凝土增加伴生空气量，为了防止形成多孔而降低强度，可并用 0.05% 的消泡剂硅乳浊液。搅拌设备可采用水平双轴强制式搅拌机。当纤维掺量较大时，应适当减少一次拌合量，一次搅拌量不宜大于其额定搅拌量的 80%。在搅拌过程中，应避免结团、纤维折断与弯曲，搅拌机因超负荷停止运转及出料口堵塞等情况的发生。为使纤维能均匀分散于混凝土中，除使用集束状钢纤维外，其他品种的钢纤维均应通过摇筛或分散机加料。钢纤维混凝土在投料、搅拌、运输、浇筑过程的各个环节中，关键是有利于钢纤维混凝土分布的均匀性及密实性。采用预拌法制作纤维混凝土，关键要使纤维在水泥硬化体中均匀分散。特别是当纤维掺量较多时，如不能使其充分分散，就容易同水泥浆或砂一起，结成球状的团块，显著降低增强效果。目前，常用的投料与搅拌工艺有以下三种：湿拌工艺——先将除钢纤维以外的粗细骨料、水泥进行干拌，再加水湿拌，同时用纤维分散机均匀投入钢纤维共同搅拌。这种方法的关键是钢纤维的投料应采用纤维分散机；先干后湿搅拌工艺——先将钢纤维、粗骨料、细骨料、水泥进行干拌，使钢纤维均匀分散到固体组分中，再加水湿拌。这样可避免钢纤维尚未分散，即被水泥净浆或水泥砂浆包裹成钢纤维团，达到钢纤维在混凝土中分散均匀的目的。分段加料搅拌工艺 50%（砂＋石子）＋100% 钢纤维混合干拌均匀→50%（砂＋石子）＋100% 水泥＋水及外加剂湿拌。这种投料及搅拌工艺搅拌时间应延长，适合于自由落体搅拌机。钢纤维混凝土的搅拌时间应通过试验确定，应较普通混凝土规定的搅拌时间延长 1～2min。采用先干拌后加水的搅拌方法，干拌时间不宜少于 1.5min。

　　钢纤维混凝土的浇筑与传统的施工方法有区别，特别是密实成型和纤维处理等工艺措施。钢纤维相互摩擦和相互缠绕，具有一定的刚性，形成空间网结构，抑制了内部水及水泥浆的流动度。即使掺有表面活性剂，搅拌后纤维混凝土的流动性，也随着纤维掺量的增加而显著下降，这就增加了施工难度。钢纤维成型工艺常用有振动成型、喷射成型、挤压成型、灌浆或渍浆成型等工艺。钢纤维混凝土振捣成型工艺已普遍采用，可参照普通混凝土的工艺，重点应注意纤维方向有效系数的提高。为防止施工和易性下降，除增加活性剂的数量外，掺加聚合物乳浊液，有效的方法是成型过程中施以外部振动和加压等。纤维掺量不能过多；否则，在浇筑时不但不能密实填充模型，反而引起强度下降；采用平板振动，可使钢纤维由三维乱向趋于二维乱向，以提高纤维方向有效系数，可避免振捣时将纤维折断，也防止钢纤维起团。与普通混凝土相比，钢纤维混凝土的振动时间要适当延长；采用插入式振动器，不得将振动器垂直插入结构受力方向的混凝土中；否则，钢纤维沿振动器取向分布，降低纤维方向有效系数，影响纤维的增强效果。一般采用与平面夹角不大于 30° 的斜向插入。振动时间不宜过长，特别是大流动性混凝土拌合物，其黏性阻力小，纤维比重大，振动时间过长则会使钢纤维下沉，造成新的不均匀现象。钢纤维混凝土喷射成型工艺是采用喷射机经压缩空气，将钢纤维混凝土拌合物喷射至要求部位，喷射层与受喷面粘结应良好。

　　纤维定向处理：不同的振实方法，对钢纤维混凝土中纤维的取向有很大影响。振捣混凝土时，根据结构构件的受力特点，采用磁力定向、振动定向及挤压定向等方法，人为地使纤维定向。如除了预拌法外，外国也有采用喷射法、离心法、离心-振动复合成型法及泵送法等。尤其是喷射法施工，喷射物分布均匀，钢纤维在喷射时不易受到损伤，不会产生结团现象，能提高长径比，提高界面粘结性能；同时，也可增大纤维含量，使钢纤维混凝土的物理力学性能有较大的改善。采用离心法或离心-振动复合成型法，可使钢纤维处于最有利的环向受力状态。泵送流态的钢纤维混凝土拌合物直接浇筑入模，不加插捣，则纤维在其中呈三维乱向。插入式振动器振实钢纤维混凝土时，大部分钢纤维在与振动方向垂直的平面上呈二维乱向，少部分纤维为三维乱向。喷射混凝土，纤维在喷射面上呈二维乱向。离心法或挤出法制备钢纤维混凝土制品，纤维的取向介于一维定向与二维乱向之间。钢纤维混凝土拌合物在磁场中振捣时，钢纤维可沿磁力线方向分布，即钢纤维呈一维定向分布。

浇筑前应检查混凝土是否离析，并测定和控制坍落度。若产生离析或出现坍落度损失、不能满足施工要求时，应加入原水灰比的水泥浆或二次掺入减水剂，进行二次搅拌，严禁直接加水搅拌。浇筑施工应不间断地连续进行。浇筑时间，混凝土拌合物从搅拌机出料到浇筑完毕所需时间不宜超过 30min。浇筑时如需留置施工缝，应按现行防水技术规范的规定处理，加强养护。要特别注意：混凝土早期的保温、保湿养护不得少于 14d。

8）聚丙烯纤维抗裂防水混凝土施工要点：聚丙烯纤维的使用非常方便，可根据配比确定的掺量（一般为体积掺量 0.05%～0.15%），与加入料斗中的骨料一同送入搅拌机加水搅拌。在混凝土搅拌站，可直接将整袋纤维置于传送带上的骨料中。由于包装纸袋由特制的快速水降解纸制成，进入搅拌机后见水迅速溶解，分散于水泥中。采用常规搅拌设备搅拌，要适当延长搅拌时间（约 120s），纤维束即可彻底分散为纤维单丝，并均匀分布于混凝土中；采用强制式搅拌设备，无需延长搅拌时间。每立方米混凝土掺入 0.7kg 纤维，纤维丝数量即可达 2000 多万条。聚丙烯纤维抗裂防水混凝土施工及养护，与普通防水混凝土相同。

9）聚合物水泥混凝土施工要点：配制方法有三种。一种与普通混凝土配制工艺相同，容器中加入聚合物乳胶、稳定剂、消泡剂等，用一定量的水混合搅拌均匀，制成聚合物乳液。水泥和砂投入搅拌机中干拌均匀，加入石子、水、聚合物乳液共同搅拌均匀，制成聚合物水泥混凝土。另一种单体直接加入后聚合的方法配制。还有可分散聚合物粉末直接加入水泥中，配制聚合物水泥混凝土，混凝土浇筑成型及初始硬化后，加热混凝土，使聚合物溶化。这种聚合物水泥混凝土由于聚合物浸入混凝土的孔隙中，冷却及聚合物凝固后抗水性能好。配合比应计量准确。聚合物水泥混凝土的浇筑及振捣，与普通混凝土的施工方法相同，其基层应洁净、无尘土等杂物；若基层为旧有混凝土或砂浆层，应将其表面的杂物及油污除去，剔凿至坚实、洁净的面层，用水冲刷一遍，表面不得有积水。基层如有渗漏水，应先行堵漏；基层如有孔隙、裂缝或管道穿过，应沿裂缝或管道开 V 形凹槽，并用高等级砂浆填实抹平。不得任意加水。拌合及浇筑过程中，如出现拌合物趋于黏稠而影响施工和易性时，可补加适量备用乳液，再行搅拌均匀后使用。当所选胶乳凝聚较快时，应掌握拌合量及浇筑时间，根据浇筑速度，随拌随用。聚合物水泥混凝土的养护方法取决于聚合物的种类。例如：聚醋酸乙烯酯乳液耐水性很差，在水中养护强度将大大降低。由于聚合物性能不同，应根据所选聚合物的特殊性，采取相应的养护方法。混凝土浇筑完毕，在硬化前不得直接浇水养护，同时应避免遭受雨淋。聚合物水泥混凝土的养护方法与普通防水混凝土不同，通常采取干湿交替的养护方法。混凝土硬化后的 7d 以内，保持湿润养护，在此期间使水泥充分水化，水泥强度增长快，形成混凝土的刚性骨架；7d 以后，混凝土在大气环境中自然干燥养护，以利于聚合物胶乳脱水固化，使聚合物形成的点、网、膜交联于水泥混凝土的刚性骨架之中紧密粘结，将混凝土内部毛细孔道填塞。地下施工应防止中毒、加强通风，以免形成污染的施工环境；施工道路应畅通，原材料的堆放处应有防火措施；有腐蚀性的聚合物，应设专人管理和操作，管理和操作人员应佩戴必要的防护用品。

10) 超长超厚一次连续浇筑大体积无微膨胀混凝土裂缝控制技术：北京电视中心工程综合业务楼基础底板长 88.2m，宽 77.45m，厚 2m，局部厚达 6.5m，总浇筑量在 15000m³ 左右，属超长、超宽、超厚的大体积混凝土。不掺加任何微膨胀剂，掺加高效减水剂、Ⅰ级粉煤灰和 S75 磨细矿粉，配合比见表 27-10，利用 60d 强度评定混凝土的强度等级，增设构造配筋，在基础底板上铺设钢丝网，在外墙外侧增设 $\phi6@150$ 分布钢筋网片，采用斜面分层浇筑方法和严密的保温、保湿养护措施，不留设任何形式的施工缝、变形缝、沉降缝、伸缩缝、加强带和后浇带，在 72h 内一次连续浇筑完成。经工程实践检验，基础底板未出现有害裂缝。该技术达到了国际先进水平，荣获 2005 年度北京市科学技术三等奖，所形成的工法被批准为国家级工法。

混凝土配合比（单位 kg/m³，水胶比 0.42、砂率 0.43%）　　　　表 27-10

材料	P. O32.5 水泥	水	Ⅱ区中砂	石子	Ⅰ级粉煤灰	S75 磨细矿粉	WDN-7 高效减水剂
用量	248	170	778	1035	100	60	9

11) 水泥基渗透结晶型防水材料施工方法

渗晶防水材料由胶凝材料、细骨料、渗透材料、活性物质、催化剂、辅助材料等经烘干、研磨、混合搅拌而成。其防水机理是在水的引导下，以水为载体，借助强有力的渗透物质，在混凝土微孔及毛细孔中进行传输、充盈，发生生物化反应，也和未水化水泥颗粒或游离的 $Ca(OH)_2$、CaO 等碱性物质发生反应，生成不溶于水的枝蔓状结晶体。结晶体与混凝土结构结合成封闭式的整体防水层，堵截来自任何方向的水流及其他液体侵蚀，以达到防水目的。纵观渗透结晶型防水剂在国内外的应用实例，绝大多数是用于旧工程渗漏的修补。该类材料在国外的应用也主要是用作防水破坏后的修理，所以在新建工程中应用渗透结晶型防水剂，需慎重考虑。渗透结晶型防水剂的水基与水泥基产品除"渗透结晶"这一共性外，我们更应注意其因载体不同、组成不同而形成的特性。

水泥基渗透结晶型防水材料在混凝土结构、构筑物的防水以地下室防水工程为例，可用以下几种简便方法完成防水施工。

混凝土底板防水：防水施工方法为混凝土垫层上按设计绑扎钢筋后，混凝土浇筑前 30min 撒渗晶防水材料干粉的形式，均匀撒在润湿的混凝土垫层上，以 1.5～2.0kg/m² 为宜。

钢筋混凝土侧墙（剪力墙）防水：钢筋混凝土拆模后即可做防水。检查混凝土表面，清理混凝土基面浮灰，出现的蜂窝麻面用渗晶防水材料加水搅拌成腻子状刮抹填平。渗晶防水材料涂抹前 30min，混凝土基面用水喷、刷、滚的方法湿润。渗晶防水材料：水＝1：(0.4～0.5) 比例搅拌，采用毛刷、滚刷、涂刷或喷涂 0.8～1.2kg/m²。待终凝结束后重复按第一次施工方法，湿润基面、配料、涂刷，其两次涂刷总用量以 1.5～2.0kg/m² 为准。其防水材料在混凝土基面上的总厚度应 0.8mm 以上。每次涂刷后即检查有无漏刷部位，漏刷部位应随时涂刷处理。渗晶材料终凝后应浇水、喷雾养护 2～3d。养护后的防水层基面无需做保护层，侧墙按设计要求或直接回填土。

　　地下室顶层板：可参照地下室底板防水施工法，即模板上铺设钢筋后，混凝土浇筑前30min，在润湿的模板上撒渗晶防水材料干粉，1.5~2.0kg/m²。混凝土浇筑完毕初凝后，撒在现浇混凝土面上压实（根据防水工程设计一道或二道防水）。防水层终凝后，用水润湿养护 2~3d，可做水泥砂浆饰面层或培土、草坪、花木，均按设计。

27.1.2.2　水泥砂浆抹面防水

　　砂浆防水是一种刚性防水层，防水砂浆包括聚合物水泥防水砂浆、掺外加剂或掺合料的防水砂浆，宜采用多层抹压法施工。水泥砂浆抹面防水由于价格低廉、操作简便，在建筑工程中多年来被广泛采用。水泥砂浆防水层可用于地下工程主体结构的迎水面或背水面，不应用于环境有侵蚀性、受持续振动或温度高于80℃的地下工程防水。水泥砂浆防水层应在初期支护、围护结构及内衬结构验收合格后，方可施工。

　　1. 防水砂浆的适用范围及性能

　　防水砂浆的适用范围：结构稳定，埋置深度不大，不会因温度、湿度变化、振动等产生有害裂缝的地上及地下防水工程。在普通砂浆使用材料的基础上，掺加聚合物、外加剂及掺合料后的防水砂浆性能有所改变。改变后的防水砂浆主要性能，见表27-11。其中，耐水性指标是指砂浆浸水 168h 后材料的粘结强度及抗渗性的保持率。

防水砂浆主要性能　　　　　　　　　　　　表 27-11

防水砂浆种类	粘结强度（MPa）	抗渗性（MPa）	抗折强度（MPa）	干缩率（%）	吸水率（%）	冻融循环（次）	耐碱性	耐水性（%）
掺外加剂、掺合料的防水砂浆	>0.6	≥0.8	同普通砂浆	同普通砂浆	≤3	>50	10%NaOH 溶液浸泡 14d 无变化	—
聚合物水泥防水砂浆	>1.2	≥1.5	≥0.8	≤0.15	≤4	>50		≥80

　　2. 防水砂浆材料及设防要求

　　使用硅酸盐水泥、普通硅酸盐水泥或特种水泥。砂与拌制水泥砂浆用水同混凝土。聚合物乳液的外观应为均匀液体，无杂质、无沉淀、不分层。聚合物乳液的质量要求应符合国家现行标准《建筑防水涂料用聚合物乳液》（JC/T 1017—2006）的有关规定。外加剂的技术性能应符合国家现行国家有关标准的质量要求。水泥砂浆的品种和配合比设计应根据防水工程要求确定。聚合物水泥防水砂浆厚度单层施工宜为 6~8mm；双层施工宜为 10~12mm；掺外加剂或掺合料的水泥防水砂浆厚度宜为 18~20mm。水泥砂浆防水层的基层混凝土强度或砌体用的砂浆强度，均不应低于设计值的 80%。

　　3. 防水砂浆施工

　　（1）基层处理：基层处理是使防水砂浆与基层结合牢固、不空鼓和密实、不透水的关键。基层处理包括清理、刷洗、补平、浇水湿润等工序。基层表面应平整、坚实、清洁，并应充分润湿、无明水。基层表面的孔洞、缝隙，应采用与防水层相同的防水砂浆堵塞并抹平。施工前应将预埋件、穿墙管预留凹槽内嵌填密封材料后，再施工水泥砂浆防水层。新建混凝土工程表面，可在拆除模板后用钢丝刷将其刷毛，在抹面前应浇水冲刷干净；旧混凝土工程表面可用錾子、剁斧、钢丝刷等工具凿毛，清理后冲水，并用棕刷刷洗干净。混凝土基层表面孔洞、缝隙处理：可根据孔洞、缝隙的不同程度，分别进行处理。混凝土

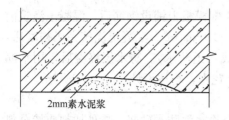

图 27-5 基层蜂窝、麻面的处理

密实、表面不深的蜂窝麻面，用水冲洗干净、表面无明水后，用 2mm 厚水泥砂浆压实找平即可（见图 27-5）。混凝土密实、表面棱角及凸起部位，可用扁铲或錾子剔凿平整。厚度大于 1mm 的凹坑，其边缘应用錾子剔凿成慢坡。浇水清洗干净、表面无明水，用 2mm 厚素水泥浆打底，用水泥砂浆找平（见图 27-6）。混凝土基层较大的蜂窝、孔洞，用錾子将蜂窝、孔洞处松散、不牢的石子剔凿至混凝土密实处，用水冲洗干净、表面无明水后，用 2mm 厚素水泥浆打底，用豆石混凝土抹至与混凝土基层面平齐（见图 27-7）。混凝土结构的缝隙处沿施工缝剔成八字形凹槽，用水冲洗、表面无明水，用 2mm 厚素水泥浆打底，水泥砂浆压实、抹平。砌体表面残留的砂浆等污物应清除干净，并浇水冲洗。毛石和料石砌体基层将砌体基层的灰缝剔深 10mm 的直缝。石砌体表面的凹凸不平清理完毕后，基层表面应做找平层，先在石砌体表面刷一道厚约 1mm、水灰比 0.5 左右的水泥素浆，再抹 10~15mm 厚的 1∶2.5 水泥砂浆，表面扫毛。一次抹灰不能找平时，分次抹灰找平应间隔 2d。为保证防水砂浆层和基层结合牢固、不空鼓，基层处理完毕后，必须浇水充分湿润。尤其是砌体，必须浇至其表面基本饱和，抹灰浆后没有吸水现象。

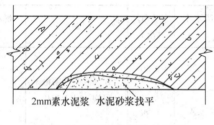

图 27-6 基层凹坑部位的处理

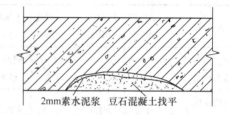

图 27-7 基层蜂窝、孔洞的处理

（2）防水砂浆的拌制：聚合物水泥防水砂浆的用水量，应包括乳液中的含水量。砂浆的拌制可采用人工搅拌或机械搅拌，拌合料要均匀一致。拌合好的砂浆应在规定时间内用完，不宜存放过久，防止离析与初凝，落地灰及初凝后的砂浆不得加水搅拌后继续使用。当自然环境温度不满足要求时，应采取有效措施确保施工环境温度达到要求。工程在地下水位以下，施工前应将水位降到抹面层以下并排除地表积水。旧工程维修防水层，为保证防水层施工顺利进行，应先将渗漏水堵好或堵漏，抹面交叉施工。

（3）铺抹水泥砂浆防水层：应分层铺抹或喷射，铺抹时应压实、抹平，最后一层表面应提浆压光。水泥砂浆防水层各层应紧密粘合，每层宜连续施工。必须留设施工缝时，应采用

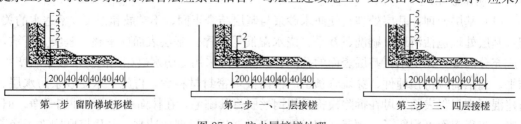

图 27-8 防水层接槎处理

1—地面；2—阴阳角素砂浆；3—防水砂浆层；4—防水砂浆层；5—面层

阶梯坡形槎，槎的搭接要依照层次操作顺序层层搭接。接槎与阴阳角处的距离不得小于 200mm，见图 27-8。聚合物水泥防水砂浆拌合后，应在规定时间内用完，施工中不得任意加水。

地面防水层在施工时为防止踩踏，由里向外顺序进行，见图 27-9。

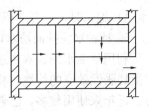

图 27-9　地面施工顺序

（4）养护：聚合物水泥防水砂浆未达到硬化状态时，不得浇水养护或直接受雨水冲刷，硬化后应采用干湿交替的养护方法。潮湿环境中，可在自然条件下养护。使用特种水泥、掺合料及外加剂的防水砂浆，应按产品相关的要求进行养护。

4. 聚合物水泥防水砂浆的施工要点

用于改性水泥的专用胶乳产品有丙烯酸酯乳液、羧基丁苯胶乳、丁苯胶乳、阳离子氯丁胶乳及环氧乳液等。聚合物水泥中，聚合物和水泥同时承担胶结材料的功能。它是有机高分子材料与无机水硬性材料的有机复合材料。聚合物水泥砂浆除具有优良的机械力学性能外，还具有优良的抗裂性及抗渗性，弥补了普通水泥砂浆“刚性有余、韧性不足”的缺陷，使刚性抹面技术对防水工程的适应能力得以提高。它可以在潮湿的基面上直接施工，特别适用于渗漏地下工程在背水面作防水层；适用于地下和地上建（构）筑物的防水工程及人防、涵洞、地下沟道、地铁、水下隧道的防水工程。为获取聚合物水泥砂浆良好的抗渗性能，使其基本显示为刚性防水层，必须采用低聚灰比的水泥砂浆。应采用生产厂家用于地下工程的配比，拌制聚合物水泥砂浆产品。如施工单位自行配制聚合物水泥砂浆时，其聚灰比应由试验室根据工程所需的抗渗性能经试配确定。用于地下工程聚合物水泥砂浆的聚灰比，一般小于 0.12。除以下所提要点外，其他要求均按本节“3. 防水砂浆施工”执行。

如阳离子氯丁胶乳等多数乳液凝聚较快，在低聚灰比的情况下，乳液砂浆凝固速度更快。拌制好的乳液砂浆，应在规定的时间内用完。应根据施工用量随拌随抹，以免浪费。涂布结合层：混凝土基面的浮灰、杂物清理干净，浇水充分湿润后，涂刷乳液水泥浆。涂刷应均匀，将基层的缝隙、细小孔洞都封堵严密。立面部位由上至下涂刷，平面由一端开始涂刷至另一端。乳液水泥浆涂刷约 15min 后，可进行铺抹乳液水泥砂浆。施工顺序宜为，先立面后平面。一般立面每次抹面厚度为 5～8mm，平面 8～12mm。阴阳角处防水层必须抹成圆弧。应顺着一个方向一次抹压成型，也即边铺压、边抹平。乳液具有成膜特性，抹压时切勿反复搓动，以防砂浆起壳或表面龟裂。本层乳液水泥砂浆施工完毕后，应对其施工质量进行严格检验。表面如发现细微孔洞或裂缝，应再涂刷一遍乳液水泥浆，使防水层表面达到密实。聚合物水泥砂浆的凝固时间比普通水泥砂浆长，水泥砂浆保护层应待聚合物水泥砂浆初凝后铺抹，一般为 4h。聚合物水泥砂浆的养护，应采用干湿交替的方法。聚合物水泥砂浆防水层铺抹后，未达到硬化时不得直接浇水养护或直接受雨水冲刷，以防表面浮出的白色乳液被冲掉，聚合物乳液的密封性能将失去，降低防水性能。为使水泥在得到乳液中的水分后进行水化反应，乳液在干燥状态下脱水固化。早期（施工后 7d 内）保持湿润养护，后期应在自然条件下养护。在潮湿的地下室施工时，在自然状态下养护即可，不必采用湿润养护。

绿色施工：聚合物水泥砂浆的配制工作应有专人负责，配料人员应佩戴防护手套。乳液中的低分子物质挥发较快，尤其是炎热季节，在通风较差的地下室、水塔内或地下水池

（水箱）施工时，应采取机械通风措施，以免中毒及降低聚合物乳液的防水性能。

　　5.特种水泥抹面防水砂浆的施工要点

　　利用早强水泥、双快水泥及自流平水泥等特种水泥早期强度提高快、凝结时间短，又有微膨胀性效应的特性，将5层砂浆抹面简化成2～3层砂浆防水层。操作方便，效果明显。近年来使用较多，已普遍用作地下工程的内防水层。基层凿毛充分湿润后，刷水灰比为0.38～0.4，2～3mm厚的净浆层。在其硬化前，将水灰比为0.4～0.42，灰砂比为1∶2、5～8mm厚的砂浆抹压在净浆层上。砂浆层未凝固前（约10min），再抹一层3～7mm砂浆层。抹压应来回多次，特别是初凝前需抹面。使浆水挤压入面层，起到防水效果。凝固后，不少于7d喷水养护。

27.1.2.3　地下工程卷材防水

　　近年来，柔性防水材料从普通纸胎沥青油毡向聚酯胎、玻纤胎高聚物改性沥青以及合成高分子片材方向发展。防水卷材具备水密性，抗渗能力强，吸水率低，浸泡后防水效果基本不变。抗阳光、紫外线、臭氧破坏作用稳定性较好。适应温度变化能力强，高温不流淌、不变形，低温不脆断，在一定温度条件下保持性能良好。能很好地承受施工及合理变形条件下产生的荷载，具有一定的强度和伸长率。施工可行性高，易于施工，操作工艺简单。从目前科学所能了解的范围来讲，对人体和环境没有任何污染或危害。

　　1.地下工程的防水卷材及配套材料的品种、主要物理性能

　　（1）地下工程的防水卷材品种、主要物理性能

　　1）用于地下工程的防水卷材有以聚酯毡、玻纤毡或聚乙烯膜为胎基的高聚物改性沥青防水卷材和三元乙丙橡胶防水卷材，聚氯乙烯（PVC）、聚乙烯丙纶复合防水卷材，高分子自粘胶膜等合成高分子防水卷材。卷材防水层的品种及厚度见表27-12。

卷材防水层的品种及厚度　　　　　　　　　　　　　　表27-12

卷材品种	高聚物改性沥青类防水卷材			合成高分子类防水卷材			
	弹性体改性沥青防水卷材、改性沥青聚乙烯胎防水卷材	本体自粘聚合物沥青防水卷材		三元乙丙橡胶防水卷材	聚氯乙烯防水卷材	聚乙烯丙纶复合防水卷材	高分子自粘胶膜防水卷材
		聚酯毡胎体	无胎体				
单层厚度（mm）	≥4	≥3	≥1.5	≥1.5	≥1.5	卷材≥0.9 粘结料≥1.3 芯材厚度≥0.6	≥1.2
双层总厚度（mm）	≥(4+3)	≥(3+3)	≥(1.5+1.5)	≥(1.2+1.2)	≥(1.2+1.2)	卷材≥(0.7+0.7) 粘结料≥(1.3+1.3) 芯材厚度≥0.5	—

　　2）地下工程的防水卷材主要物理性能：高聚物改性沥青类防水卷材的主要物理性能，见表27-13～表27-15。合成高分子类防水卷材的主要物理性能，见表27-16。

　　（2）地下工程的防水卷材配套材料的品种、主要物理性能

　　1）基层处理剂：为了增强防水材料与基层之间的粘结力，在防水层施工前，预先喷、涂在基层上的稀质涂料。常用的基层处理剂有冷底子油及高聚物改性沥青卷材和合成高分子卷材配套的底胶，它与卷材的材性应相容，以免与卷材发生腐蚀或粘结不良。冷底子油

多采用厂家生产的配套专用成品，直接使用。

弹性体改性沥青防水卷材性能   表 27-13

序号	项目			指标				
				I		II		
				聚酯毡胎基（PY）	玻纤毡胎基（G）	聚酯毡胎基（PY）	玻纤毡胎基（G）	玻纤增强聚酯毡胎基（PYG）
1	可溶物含量（g/m²）≥		3mm	2100				—
			4mm	2900				
			5mm	3500				
			试验现象	—	胎基不燃	—	胎基不燃	—
2	耐热性		℃	90		105		
			≤mm	2				
			试验现象	无流淌、滴落				
3	低温柔性（℃）			—20		—25		
				无裂缝				
4	不透水性 30min			0.3MPa	0.2MPa	0.3MPa		
5	拉力	最大峰拉力（N/50mm）≥		500	350	800	500	900
		次高峰拉力（N/50mm）≥		—	—	—	—	800
		试验现象		拉伸过程中，试件中部无沥青涂盖层开裂或与胎基分离现象				
6	延伸率	最大峰时延伸率（%）≥		30		40		—
		第二峰时延伸率（%）≥		—		—		15
7	浸水后质量增加（%）≤	聚乙烯膜（PE）、细砂（S）		1.0				
		矿物粒料（M）		2.0				
8	热老化	拉力保持率（%）≥		90				
		延伸率保持率（%）≥		80				
		低温柔性（℃）		—15		—20		
				无裂缝				
		尺寸变化率（%）≤		0.7	—	0.7	—	0.3
		质量损失（%）≤		1.0				
9	渗油性	张数 ≤		2				
10	接缝剥离强度（N/mm）≥			1.5				
11	钉杆撕裂强度ª（N）≥							300
12	矿物粒料粘附性ᵇ（g）≤			2.0				
13	卷材下表面沥青涂盖层厚度ᶜ（mm）≥			1.0				
14	人工气候加速老化	外观		无滑动、流淌、滴落				
		拉力保持率（%）≥		80				
		低温柔性（℃）		—15		—20		
				无裂缝				

a 仅适用于单层机械固定施工方式卷材。

b 仅适用于矿物粒料表面的卷材。

c 仅适用于热熔施工的卷材。

无胎基（N类）自粘聚合物改性沥青防水卷材物理力学性能　　　表 27-14

序号	项目			指标				
				聚乙烯膜（PE）		聚酯膜（PET）		无膜双面自粘（D）
				I	II	I	II	
1	拉伸性能	拉力（N/50mm）	≥	150	200	150	200	—
		最大拉力时延伸率（%）	≥	200		30		—
		沥青断裂延伸率（%）	≥	250		150		450
		拉伸时现象		拉伸过程中，在膜断裂前无沥青涂盖层与膜分离现象				—
2	钉杆撕裂强度（N）		≥	60	110	30	40	—
3	耐热性			70℃滑动不超过2mm				
4	低温柔性（℃）			−20	−30	−20	−30	−20
				无裂纹				
5	不透水性			0.2MPa，120min不透水				—
6	剥离强度（N/mm）≥	卷材与卷材		1.0				
		卷材与铝板		1.5				
7	钉杆水密性			通过				
8	渗油性（张数）		≤	2				
9	持粘性（min）		≥	20				
10	热老化	拉力保持率（%）	≥	80				
		最大拉力时延伸率（%）	≥	200		30		400（沥青层断裂延伸率）
		低温柔性（℃）		−18	−28	−18	−28	−18
				无裂纹				
		剥离强度卷材与铝板（N/mm）	≥	1.5				
11	热稳定性	外观		无起鼓、皱褶、滑动、流淌				
		尺寸变化（%）	≤	2				

聚酯胎基（PY类）自粘聚合物改性沥青防水卷材物理力学性能　　　表 27-15

序号	项目			指标	
				I	II
1	可溶物含量（g/m²）　≥		2.0mm	1300	—
			3.0mm	2100	
			4.0mm	2900	
2	拉伸性能	拉力（N/50mm） ≥	2.0mm	350	—
			3.0mm	450	600
			4.0mm	450	800
		最大拉力时延伸率（%）	≥	30	40
3	耐热性			70℃无滑动、流淌、滴落	

续表

序号	项 目		指 标	
			Ⅰ	Ⅱ
4	低温柔性（℃）		−20	−30
			无裂纹	
5	不透水性		0.3MPa，120min 不透水	
6	剥离强度 (N/mm)≥	卷材与卷材	1.0	
		卷材与铝板	1.5	
7	钉杆水密性		通过	
8	渗油性（张数） ≤		2	
9	持粘性（min） ≥		15	
10	热老化	最大拉力时延伸率（%） ≥	30	40
		低温柔性（℃）	−18	−28
			无裂纹	
		剥离强度 卷材与铝板（N/mm）≥	1.5	
		尺寸稳定性（%） ≤	1.5	1.0
11	自粘沥青再剥离强度（N/mm） ≥		1.5	

合成高分子类防水卷材的主要物理性能　　　　　　　　　表 27-16

项 目	性 能 要 求			
	三元乙丙橡胶防水卷材	聚氯乙烯防水卷材	聚乙烯丙纶复合防水卷材	高分子自粘胶膜防水卷材
断裂拉伸强度	≥7.5MPa	≥12MPa	≥60N/10mm	≥100N/10mm
断裂拉伸率	≥450%	≥250%	≥300%	≥400%
低温弯折性	−40℃，无裂纹	−20℃，无裂纹	−20℃，无裂纹	−20℃，无裂纹
不透水性	压力 0.3MPa，保持时间 120min，不透水			
撕裂强度	≥25kN/m	≥40kN/m	≥20N/10mm	≥120N/10mm
复合强度（表层与芯层）	—	—	≥1.2kN/mm	—

　　2）胶粘剂：用于粘贴高分子卷材的胶粘剂，可分为卷材与基层粘贴的胶粘剂及卷材与卷材搭接的胶粘剂。胶粘剂均由卷材生产厂家配套供应。聚乙烯丙纶复合防水卷材粘贴采用聚合物水泥防水粘结材料，其物理性能见表 27-17；粘贴各类防水卷材，应采用与卷材材性相容的胶粘材料，其粘结质量应符合表 27-18 的要求；粘结密封胶带用于合成高分子卷材与卷材间搭接粘结和封口粘结，分为双面胶带和单面胶带。双面粘结密封胶带的技术性能见表 27-19。高聚物改性沥青防水卷材之间的粘结剥离强度不应小于 8N/10mm；合成高分子防水卷材配套胶粘剂的粘结剥离强度不应小于 15N/10mm，浸水 168h 后的粘结剥离强度保持率不应小于 70%。

聚合物水泥防水粘结材料物理性能　　　　　　表 27-17

项　目		性　能　要　求
与水泥基面的粘结拉伸强度（MPa）	常温 7d	≥0.6
	耐水性	≥0.4
	耐冻性	≥0.4
可操作时间（h）		≥2
抗渗性（MPa，7d）		≥0.1
剪切状态下的粘合性（N/mm，常温）	卷材与卷材	≥2.0 或卷材断裂
	卷材与基面	≥1.8 或卷材断裂

防水卷材粘结质量要求　　　　　　表 27-18

项　目		自粘聚合物沥青防水卷材粘合面		三元乙丙橡胶和聚氯乙烯防水卷材胶粘剂	合成橡胶胶粘带	高分子自粘胶膜防水卷材粘合面
		聚酯毡胎体	无胎体			
剪切状态下的粘合性（卷材-卷材）	标准试验条件（N/10mm）≥	40 或卷材断裂	20 或卷材断裂	20 或卷材断裂	20 或卷材断裂	40 或卷材断裂
粘结剥离强度（卷材-卷材）	标准试验条件（N/10mm）≥	15 或卷材断裂		15 或卷材断裂	4 或卷材断裂	—
	浸水 168h 或保持率（%）≥	70		70	80	
与混凝土粘结	标准试验条件（N/10mm）≥	15 或卷材断裂		15 或卷材断裂	6 或卷材断裂	20 或卷材断裂

双面粘结密封胶带技术性能　　　　　　表 27-19

名　称	粘结剥离强度≥（N/10mm）（7d 时）		剪切状态下的粘合性（N/mm）≥	耐热度（℃）	低温柔性（℃）	粘结剥离强度保持率		
	23℃	−40℃				耐水性 70℃7d	5%酸 7d	碱 7d
双面粘结密封胶带	6.0	38.5	4.4	80℃2h	−40	80%	76%	90%

2. 卷材防水设置做法

外防水是把卷材防水层设置在建筑结构的外侧迎水面，是建筑结构的第一道防水层。受外界压力水的作用防水层紧压于结构上，防水效果好。地下工程的柔性防水层应采用外防水，而不采用内防水做法。混凝土外墙防水有"外防外贴法"和"外防内贴法"两种：外防外贴法是墙体混凝土浇筑完毕、模板拆除后将立面卷材防水层直接铺设在需防水结构的外墙外表面；外防内贴法是混凝土垫层上砌筑永久保护墙，将卷材防水层铺贴在底板垫层和永久保护墙上，再浇筑混凝土外墙。"外防外贴法"和"外防内贴法"两种设置方式的优点、缺点比较，见表 27-20。

"外防外贴法"和"外防内贴法"的优点、缺点   表 27-20

名称	优　点	缺　点
外防外贴法	便于检查混凝土结构及卷材防水层的质量，且容易修补 卷材防水层直接贴在结构外表面，防水层较少受结构沉降变形影响	工序多、工期长 作业面大、土方量大 外墙模板需用量大 底板与墙体留槎部位预留的卷材接头不易保护好
外防内贴法	工序简便、工期短 无需作业面、土方量较小 节约外墙外侧模板 卷材防水层无需临时固定留槎，可连续铺贴，质量容易保证	卷材防水层及混凝土结构的抗渗质量不易检查，修补困难 受结构沉降变形影响，容易断裂、产生漏水 墙体单侧支模质量控制较难 浇捣结构混凝土时，可能会损坏防水层

（1）外防外贴法施工顺序

浇筑混凝土垫层，在垫层上砌筑永久性保护墙，墙下干铺一层油毡。墙的高度应大于需防水结构底板厚度加 100mm；在永久性保护墙上，用石灰砂浆接砌高度大于 200mm 的临时保护墙；在永久性保护墙上抹 1∶3 水泥砂浆找平层，在临时保护墙上抹石灰砂浆找平层，并刷石灰浆；找平层基本干燥达到防水施工条件后，根据所选卷材的施工要求进行铺贴。大面积铺贴卷材前，应先在转角处粘贴一层卷材附加层；底板大面积的卷材防水层宜空铺，铺设卷材时应先铺平面，后铺立面，交接处应交叉搭接。从底面折向立面的卷材与永久性保护墙的接触部位，应采用空铺法施工；卷材与临时性保护墙或围护结构模板的接触部位，应将卷材临时贴附在该墙或模板上，并应将顶端临时固定。当不设保护墙时，从底面折向立面的卷材接槎部位，应采取可靠的保护措施；底板卷材防水层上应浇筑厚度不小于 50mm 的细石混凝土保护层，然后浇筑混凝土结构底板和墙体；混凝土外墙浇筑完成后，应将穿墙螺栓眼进行封堵处理，对不平整的接槎处进行打磨处理，铺贴立面卷材，应先将接槎部位的各层卷材揭开，并将其表面清理干净；如卷材有局部损伤，应及时进行修补；卷材接槎的搭接长度，高聚物改性沥青类卷材为 150mm，合成高分子类卷材为 100mm；当使用两层卷材时，卷材应错槎接缝，上层卷材应盖过下层卷材。墙体卷材防水层施工完毕，经过检查验收合格后，应及时做好保护层。侧墙卷材防水层宜采用软质保护材料或铺抹 20mm 厚 1∶2.5 水泥砂浆。卷材防水层甩槎、接槎构造做法见图 27-10。

（2）外防内贴法施工顺序

浇筑混凝土垫层，在垫层上砌筑永久性保护墙，墙下干铺一层油毡，在永久性保护墙内表面应抹厚度为 20mm 的 1∶3 水泥砂浆找平层。找平层干燥后涂刷基层处理剂，干燥后方可铺贴卷材防水层。在全部转角处均应铺贴卷材附加层，附加层应粘贴紧密。铺贴卷材应先铺立面，后铺平面；先铺转角，后铺大面。卷材防水层经验收合格后，应及时做保护层，顶板卷材防水层上的细石混凝土保护层当采用机械碾压回填土时，保护层厚度不宜小于 70mm。采用人工回填土时，保护层厚度不宜小于 50mm。防水层与保护层之间宜设置隔离层。底板卷材防水层上的细石混凝土保护层厚度不应小于 50mm。侧墙卷材防水层宜采用软质保护材料或铺抹 20mm 厚 1∶2.5 水泥砂浆保护层。卷材防水施工完毕后，再施工混凝土底板及墙体。外防内贴法示意图见图 27-11。

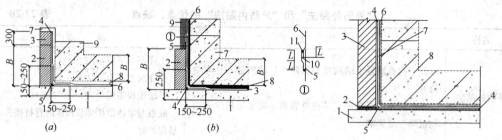

图 27-10 卷材防水层甩槎、接槎构造

(a) 甩槎；

1—垫层；2—永久保护墙；3—临时保护墙；4—找平层；
5—卷材附加层；6—卷材防水层；7—墙顶保护层压砖；
8—防水保护层；9—主体结构

(b) 接槎

1—垫层；2—永久保护墙；3—找平层；4—卷材附加层；
5—原有防水层；6—后接立面防水层；7—结构墙体；
8—防水保护层；9—外墙防水保护层；10—盖缝条；
11—密封材料；

L—合成高分子卷材 100mm，高聚物改性沥青卷材 150mm

图 27-11 外防内贴法示意图

1—混凝土垫层；2—干铺油毡；
3—永久性保护墙；4—找平层；
5—卷材附加层；6—卷材防水层；
7—保护层；8—混凝土结构

3. 卷材防水施工基本方法及作业要求

(1) 卷材防水粘接基本形式可分为满粘、点粘、条粘及空铺法。满粘法是卷材下基本实行全面粘贴的施工方法；点粘法是每平方米卷材下粘五点（100mm×100mm），粘贴面积不大于总面积的 6%；条粘法是每幅卷材两边各与基层粘贴 150mm 宽；空铺法是卷材防水层与基层不粘贴的施工方法。卷材防水层是粘附在结构层或找平层上的。当结构层因各种原因产生变形时，卷材应有一定的延伸率来适应这种变形。卷材铺贴采用点粘、条粘、空铺的措施，能够充分发挥卷材的延伸性能，有效地减少卷材被拉裂的可能性。

(2) 卷材防水的粘接方法有冷粘法、热熔法、自粘法、焊接法和机械固定法。高聚物改性沥青类防水卷材可采用热熔法、冷粘法和自粘法，一般常用热熔法；合成高分子防水卷材可采用冷粘法、自粘法、焊接法和机械固定法，一般常用冷粘法。

冷粘法是采用与卷材配套的专用冷胶粘剂粘铺卷材而无须加热的施工方法，主要用于铺贴合成高分子防水卷材。

热熔法是以专用的加热机具将热熔型卷材底面的热熔胶加热熔化而使卷材与基层或卷材与卷材之间进行粘结，利用熔化的卷材在冷却后的凝固力来实现卷材与基层或者卷材之间有效粘贴的施工方法。这种方法施工时受气候影响小，但基层表面应干燥。且烘烤时对火候的掌握要求适度。

自粘法是采用自粘型防水卷材，不需涂刷胶粘剂，只需将卷材表面的隔离纸撕去，即可实现卷材与基层或卷材与卷材之间粘贴的方法。

焊接法是用半自动化温控热熔焊机、手持温控热熔焊枪，或专用焊条对所铺卷材的接缝进行焊接铺设的施工方法。

机械固定法是使用专用螺钉、垫片、压条及其他配件，将合成高分子卷材固定在基层上但其接缝应用焊接法或冷粘法进行的方法。

(3) 卷材防水铺贴方法有滚铺法、展铺法和抬铺法。滚铺法是一种不展开卷材边滚转卷材边粘结的方法，用于大面积满粘，先铺粘大面、后粘结搭接缝。这种方法可以保证卷材铺贴质量，用于卷材与基层及卷材搭接缝一次铺贴；展铺法用于条粘，将卷材展开平铺在基层上，然后沿卷材周边掀起进行粘铺；抬铺法用于复杂部位或节点处，也适用于小面积铺贴，即按细部形状将卷材剪好，先在细部预贴一下，其尺寸、形状合适后，再根据卷材具体的粘结方法铺贴。

（4）铺贴卷材防水层的基本要求：结构底板垫层的卷材防水层可采用空铺法或点粘法施工，其粘结位置、点粘面积应按设计要求确定；侧墙为外防外贴法施工的卷材，应采用满粘法。卷材与基面、卷材与卷材间的粘结应牢固；铺贴完成的卷材应平整、顺直，搭接尺寸应准确，不得产生扭曲与皱褶；卷材搭接处和接头部位应粘贴牢固，接缝口应封严或采用材性相容的密封材料封缝；铺贴立面卷材防水层，应采取防止卷材下滑的措施；铺贴双层卷材时，上、下两层和相邻两幅卷材的接缝应错开 1/3～1/2 幅宽，且两层卷材不得相互垂直铺贴。防水卷材短边和长边的搭接宽度：弹性体改性沥青防水卷材和改性沥青聚乙烯胎防水卷材为 100mm，本体自粘聚合物沥青防水卷材为 80mm，三元乙丙橡胶防水卷材为 100/60mm（胶粘剂/胶粘带），聚氯乙烯防水卷材为 100/60mm（胶粘剂/胶粘带）；聚乙烯丙纶复合防水卷材为 100mm（粘结料），高分子自粘胶膜防水卷材为 70/80mm（自粘胶/胶粘带）。

弹性体改性沥青和改性沥青聚乙烯胎防水卷材采用热熔法施工应加热均匀，不得加热不足或烧穿卷材，搭接缝部位应溢出热熔的改性沥青胶。铺贴本体自粘聚合物改性沥青防水卷材基层表面应平整、干净、干燥，无尖锐突起物或孔隙；排除卷材下面的空气，应辊压粘贴牢固，卷材表面不得有扭曲、皱折和起泡现象；立面卷材铺贴完成后，应将卷材端头固定，或嵌入墙体顶部的凹槽内，并用密封材料封严；低温施工自粘卷材时，宜对卷材和基面适当加热，然后铺贴卷材。铺贴三元乙丙橡胶防水卷材，应采用冷粘法施工，基底胶粘剂应涂刷均匀，不应露底、堆积；胶粘剂涂刷与卷材铺贴的间隔时间应根据胶粘剂的性能控制；铺贴卷材时，应辊压粘贴牢固；搭接部位的粘合面应清理干净，采用接缝专用胶粘剂或胶粘带粘结。铺贴聚氯乙烯防水卷材，接缝选用焊接法施工，卷材的搭接缝可采用单焊缝或双焊缝。单焊缝搭接宽度为 60mm，有效焊接宽度不应小于 30mm；双焊缝搭接宽度应为 80mm，中间应留置 10～20mm 的空腔，每条焊缝的有效焊接宽度不应小于 10mm；焊缝的结合面应清理干净，焊接应严密；施焊时应先焊长边，后焊短边。铺贴聚乙烯丙纶复合防水卷材，应采用配套的聚合物水泥粘结材料；卷材与基层粘结应采用满粘法，粘结面积不应小于 90%，刮涂粘结料应均匀，不应露底、堆积；固化后的粘结料厚度不应小于 1.3mm；施工完的防水层应及时做保护层。高分子自粘胶膜防水卷材宜采用预铺反粘法施工；在潮湿基面铺设时，基面应平整、坚固、无明水；卷材长边应采用自粘边搭接，短边应采用胶粘带搭接，卷材端部搭接区应相互错开；立面施工时，在自粘边位置距离卷材边缘 10～20mm 内，应每隔 400～600mm 进行机械固定，应保证固定位置被卷材完全覆盖；浇筑结构混凝土时，不得损伤防水层。

（5）卷材防水施工作业要求

作业条件要求施工期间必须采取有效措施，使基坑内地下水位稳定降低在底板垫层以下不少于 500mm 处，直至施工完毕。铺贴防水卷材严禁在雨天、雪天、五级及以上大风中施工；冷粘法、自粘法施工的环境气温不宜低于 5℃，热熔法、焊接法施工的环境气温不宜低于－10℃。施工过程中下雨或下雪时，应做好已铺卷材的防护工作。铺贴卷材的基层应洁净、平整、坚实、牢固，阴阳角呈圆弧形。防水卷材施工前，基面应干净、干燥，并应涂刷基层处理剂；当基面潮湿时，应涂刷湿固化型胶粘剂或潮湿界面隔离剂。基层处理剂、胶粘剂、密封材料等配套材料，均应与铺贴的卷材材性相容；基层处理剂喷涂或刷涂应均匀一致，不应露底，表面干燥后方可铺贴卷材。铺贴各类防水卷材，应铺设卷材加强层；对变形较大、易遭破坏或易老化部位，如变形缝、转角、三面角，以及穿墙管道周围、地下出入口通道等处，均应铺设卷材附加层。附加层可采用同种卷材加铺1~2层，亦可用其他材料作增强处理。为使卷材防水层增强适应变形的能力，提高防水层整体质量，在分格缝、穿墙管道周围、卷材搭接缝以及收头部位，应做密封处理。施工中，要重视对卷材防水层的保护。防水卷材及其配套辅助材料多属易燃物，进场后应放在通风干燥的仓库；仓库及施工现场均应严禁烟火，且必须备有消防器材。消防道路要畅通。施工使用的易燃物及易燃材料应储放在指定处所，并有防护措施及专人看管。

4. 常见卷材防水的施工方法

(1) 三元乙丙橡胶防水卷材施工方法

三元乙丙橡胶防水卷材是一种高档硫化型合成橡胶防水卷材。它是具有传统的纸胎石油沥青油毡无可比拟的高强度和高延伸率防水卷材，具有很好的高低温性能和弹性。三元乙丙橡胶防水卷材的耐久性，是任何其他品种的合成高分子防水卷材所无法比拟的。三元乙丙橡胶防水卷材有很轻的质量，采用单层或双层冷粘工法施工或胶粘带法施工。三元乙丙橡胶卷材由1980年开始在我国生产并应用，至今已有长期的生产和施工经验。多年来，从事生产和施工技术研究与应用的工程技术人员一直在不断地对三元乙丙橡胶防水卷材的生产和施工技术进行改进、完善和提高。三元乙丙橡胶防水卷材曾多次被列为住房和城乡建设部重点推广项目。它具有优秀的耐老化性能；TPV具有优秀的耐候性和耐臭氧性，暴露在紫外线及臭氧状态下，物理机械性能保持稳定、耐久性能和抗老化性能好；良好的耐热性以及耐寒性，可在−60~135℃范围内使用；很高的撕裂强度及延伸率，对建筑物的伸缩或开裂变形的适应性强；优良的耐磨性及抗疲劳性；密度小，只有0.95~0.98 g/cm³，重量轻，具有一定的柔韧性与弹性；焊接性好，材料与材料之间接缝可直接焊接，保证接缝的可靠性；尺寸稳定性好，加热伸缩量很小，变形性小，保持施工时的良好状态；不含有毒物质。从分子结构组成看出，只有烯烃类聚合物，不含苯环、杂环和其他有害元素的聚合物。在与淡化水接触时，不产生钠、氯等对动物、植物有害的化学物质，具有可回收再利用性，无论是生产过程还是使用过程产生的废边、废品、废弃物均可回收利用，不产生建筑垃圾；耐油性、耐溶剂性及耐化学药品性能优良等特点。

三元乙丙橡胶防水卷材适用于迎水面的防水施工。当使用于背水面时，必须有可靠的措施，才能保证防水层的应用效果。三元乙丙橡胶防水卷材应根据工程部位、施工季节，选定与基层连接方式；地下防水底板垫层混凝土平面部位的卷材，宜采用空铺、点粘法施工；从底板折向立面的卷材与永久性保护墙的接触部位，亦应采用空铺法施工；其他与混凝土结构相接触的部位，应采用满粘法施工。地下室卷材防水层一般应采用外防外贴法施工；根据设计及施工现场、工期的具体情况，也可采用外防内贴法施工。

主要工序：基层处理→涂布基层处理剂→局部加强层处理→涂布基层胶粘剂→铺设卷材→卷材收头处理→施工保护层。

1) 基层必须牢固，无松动、起砂等缺陷。基层表面应平整、洁净、均匀一致。基层与变形缝或管道等相连接的阴角，应做成均匀一致、平整、光滑的折角或圆弧。排水口、地漏应低于基层；有套管的管道部位，应高于基层表面不少于 20mm。基层应干燥，其干燥程度的简易检测方法是：将 1m 见方的三元乙丙橡胶卷材覆盖在基层表面上，静置 2～3h；若覆盖部位的基层表面无水印，且紧贴基层一侧的卷材亦无凝结水痕，即可铺贴卷材。基层若高低不平或凹坑较大时，采用掺加乳胶（占水泥重量的 15%）的 1：3 水泥砂浆抹平。基层表面突出的异物、砂浆疙瘩等必须铲除，尘土、杂物清除干净。阴阳角、管道根部等处更应仔细清理；若有油污、铁锈等，应以砂纸、钢丝刷、溶剂等予以清除干净。

2）涂布与所选防水卷材相配套的基层处理剂。对阴角、管道根部等复杂部位，应用油漆刷蘸底胶先均匀涂刷一遍，再用长把滚刷进行大面涂布。涂布应均匀。

3）弹线。应根据所选卷材的宽度留出搭接缝尺寸，按卷材铺贴方向弹基准线，卷材铺贴施工应沿弹好线的位置进行。

4）细部施工。在铺贴卷材前，应对阴阳角、排水口、管道等薄弱部位做加强层处理，方法有两种：采用聚氨酯涂膜防水材料处理，涂刷在细部周围，涂刷宽度应距细部中心不小于 200mm，涂刷厚度约为 2mm。涂刷 24h 后，进行下一道工序的施工；采用非硫化密封胶片或自硫化密封胶片粘贴作为加强层，采用"抬铺法"，按细部形状将卷材剪好，先在细部预贴一下，其尺寸、形状合适后冷粘于细部上。

5）涂刷胶粘剂。预先量好卷材尺寸（扣除搭接宽度），在卷材铺贴面弹出标准线。装胶粘剂的铁桶打开后，采用木棍将胶粘剂搅拌均匀，在基层表面及卷材表面分别进行涂布。基层的涂布，用长把滚刷蘸满胶粘剂迅速而均匀地进行涂布（卷材接头处 100mm 内不涂胶），不得漏涂露底，不允许有凝聚胶块存在。不得在同一处反复涂刷，以免"咬"起底胶，形成凝胶。复杂部位滚刷不便施工，可用油漆刷涂刷。卷材的涂布应展开，平铺在干净的基层上按上述方法进行。涂布胶粘剂完成后静置 10～20min，胶膜基本干燥（以手感不粘手为准）后，将卷材用原纸筒芯重新反卷胶结面朝外，卷时卷材两端应松弛、平直，不得折皱，防止粘上砂或尘土等造成污染。卷材筒芯中插入 1 根 ϕ30、长 1.5m 的钢管待用。

6）卷材铺粘施工。当基层与卷材表面胶粘剂达到要求干燥度后，可开始铺贴。大面积铺贴采用滚铺法，将卷材一端粘贴固定在起始部位后沿弹好的标准线滚铺卷材，每隔 1m 对准标准线粘贴一下，一张卷材铺完立即排除粘结层之间的空气，用松软、干净的长把滚刷从卷材一端开始，沿卷材横向用力滚压一遍。滚铺时，卷材不要拉得太紧，粘贴对线工作需专人做，不要拉伸卷材，也不得使卷材折皱；排除空气前，不要踩踏卷材；排除空气后，用压辊沿整个粘结面用力滚压，大面积可用外包橡胶的铁辊滚压。采用外防外贴法铺贴卷材分两阶段施工，应先铺平面后铺立面，并根据卷材的配置方案从垫层一端开始铺贴。铺贴卷材时，胶粘剂应涂布均匀，并控制胶粘剂涂刷后的晾置时间（溶剂挥发至不粘手）和保证卷材的洁净。进行卷材的铺贴时，须排除卷材下面的空气，并用滚刷沿卷材横幅方向辊压，粘结牢固，不得有空鼓；铺贴卷材时，严禁用力拉伸卷材，也不得有皱折。铺贴的卷材应平整、顺直。立面铺贴应自下而上进行铺贴。在铺贴的同时，用长柄压辊粘铺卷材并予以排气，排气时先滚压卷材中部，再从中部斜向上往两边排气，最后用手持压辊将卷材压实、粘牢。立面铺贴卷材应注意保护好已铺卷材不受损坏，架子或梯子两端应用橡皮包裹，以防打滑和压破卷材及人身安全。

卷材接缝搭接及收头是防水层密封质量的关键之一，搭接宽度为100mm，搭接缝必须采用接缝专用胶粘剂或胶粘带粘结处理。在大面积卷材滚铺好后，搭接部位的粘合面应清理干净，并用毛刷将接缝专用胶粘剂均匀涂刷在翻开卷材接缝的两个粘结面上，待干燥（手感不粘手）后即可从一端开始，边压合边驱除空气，最后再用手持小铁辊顺序用力滚压一遍。粘结牢固后，再用专用胶粘剂沿卷材搭接缝骑缝粘贴一条宽120mm的卷材条，滚压粘牢，卷材条的两侧再用专用密封胶予以密封。

三元乙丙橡胶防水卷材一般采用冷粘法施工。冷粘法施工的特点是，需要将溶剂型胶粘剂分别涂刷在被粘的两幅卷材搭接部位表面，或者卷材与基层的表面，晾置至不粘手时，将其压合。这种粘结方式受工人的操作水平和现场的气温、风、砂等气候环境的条件的影响极大，不易达到一致的粘结效果。近年来，自硫化型丁基橡胶胶粘带的应用有效地解决了三元乙丙橡胶防水卷材搭接缝的粘结密封问题。丁基橡胶胶粘带是一种具有一定厚度的无溶剂型的橡胶带，与三元乙丙橡胶防水卷材有很好的相容性，它具有很好的初粘性和持粘性，为三元乙丙橡胶防水卷材搭接缝处理提供了新的无溶剂、无污染处理方式。具有适应变形能力强、施工操作简单的特点。丁基橡胶胶粘带在较长的时间内处于黏滞状态，逐步缓慢进行自硫化，在塑性条件下可在受力后自身产生位移，粘结面搭接宽度变窄但不被破坏，仍可保持粘结密封状态，不但提高了卷材接缝的安全系数，同时通过受力产生的位移，也起到缓释卷材存在的内应力的作用，可提高防水层的使用年限。

图 27-12　平缝自动焊机焊接

7）卷材收头。可采用专用的接缝胶粘剂及密封胶进行密封处理，也可焊接处理。卷材搭接缝宽度60mm，有效焊接宽度不小于25mm。对平直的卷材接缝，采用热风单缝自动焊机进行焊接（图27-12）。对人员不易接触的部位，并且接缝留置在立面时，也可采用胶贴方法。变截面不便焊机施焊的部位，卷材的接缝采用热风焊枪进行手工焊接（图27-13、图27-14）。卷材的搭接缝应焊接（粘结）牢固，封闭严密。

 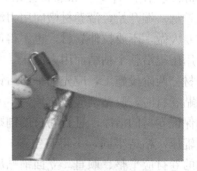

图 27-13　垂直缝手工焊接施工　　　　　图 27-14　水平缝手工焊接施工

8) 保护层的施工,在卷材防水层质量验收合格后。平面、坡面使用细石混凝土保护层,立面可使用水泥砂浆、泡沫塑料、砖墙保护层。细石混凝土保护层密封纸胎油毡等作隔离层,在立面卷材防水层外侧用氯丁系胶粘剂直接粘贴 5~6mm 厚的聚乙烯泡沫塑料做保护层。也可用聚醋酸乙烯乳液粘贴 40mm 厚的聚苯泡沫塑料做保护层。在卷材防水层外侧砌筑永久保护墙时,不得损坏已完工的卷材防水层。

(2) 高聚物改性沥青卷材施工方法

工艺流程:基层清理→涂刷基层处理剂→铺贴节点卷材附加层→热熔铺贴卷材→热熔封边→作保护层。

1) 基底要求、基层处理、弹线、细部做法及辊压排汽参见本节三元乙丙橡胶防水卷材施工方法。细部附加层"抬铺法"施工将已裁剪好的卷材片将卷材有热熔胶的一面烘烤,待其底面呈熔融状态,即可立即粘贴在已涂刷基层处理剂的基层上,并压实、粘牢。

2) 热熔铺贴卷材:热熔铺贴卷材时,火焰加热器的喷嘴应处在成卷卷材与基层夹角中心线上,距粘贴面 300mm 左右处。

"滚铺法"先铺贴起始端,施工时手持液化气火焰喷枪,使火焰对准卷材与基面交接处,同时加热卷材底面与基层面,当卷材底面呈熔融状即进行粘铺。至卷材端头剩余约 300mm 时,将卷材端头翻放在隔热板上再行熔烤后,将端部卷材铺牢、压实。起始端卷材粘牢后,持火焰喷枪的人应站在滚铺前方,对着待铺的整卷卷材,使火焰对准卷材与基层面的夹角,喷枪距卷材及基层加热处约 0.3~0.5m,往复移动,烘烤至卷材底面胶层呈黑色光泽并伴有微泡时推滚卷材进行粘铺。采用外防外贴法的卷材由底面转到立面铺贴时,仍用热熔法。上层卷材盖过下层卷材应不小于 150mm。铺贴同三元乙丙橡胶防水卷材施工方法。

3) 卷材收头可用垫铁压紧、射钉固定,并用密封材料填实封严。

4) 保护层作法见本节三元乙丙橡胶防水卷材施工方法。

(3) 自粘型橡胶沥青防水卷材施工方法

自粘型橡胶沥青防水卷材是一种由 SBS 弹性体或合成橡胶、合成高分子材料改性沥青为主体材料,并在表面覆以防粘隔离层的自粘防水卷材。也有在橡胶沥青自粘层的表面,加覆 PE 面层或纤维面层的自粘型橡胶沥青防水卷材;自粘型橡胶沥青防水卷材不含溶剂,在应用时不会造成对大气的污染。自粘型橡胶沥青防水卷材的橡胶沥青自粘层具有强度低、柔韧、蠕动变形强、无溶剂等特点,具有很好的粘结、密封性能。自粘层应能够长时间保持粘结密封性能,对基层可起到长期密封作用。这种卷材有满粘法的特点,对基层可起到长期密封作用,防止渗漏、窜流现象。自粘层也是覆面层与基层之间的应力缓冲吸收层。当基层因应力作用产生裂缝时,粘贴在基层表面的粘结、密封层随着受拉,由于粘结、密封层的变形能力强并具有相当的延伸能力,因此可通过自身的位移和厚度变化,缓冲、吸收基层应力对覆面层的影响,从而解决了满粘法施工的"0"开裂,达到空铺法施工卷材的效果。

橡胶沥青自粘层的表面可根据需要加覆隔离纸或 PE 片材面层,或纤维植物面层的自粘型橡胶沥青防水卷材。橡胶沥青自粘层表面覆面材料的功能对比:隔离纸:隔离覆面材料,使卷材在存放、运输、施工过程中性能稳定,粘结功能得到正常发挥;PE 膜覆面:PE 膜覆面材料用于自粘型橡胶沥青防水卷材的上表面覆面,PE 膜可有效地保护自粘型橡胶沥青防水卷材，尤其是双向复合的 PE 膜尺寸稳定性好、耐穿刺能力强，可有效地保护自粘型橡胶沥青防水卷材，保证使用效果；丙纶纤维覆面用于自粘型橡胶沥青防水卷材的上表面覆面，丙纶纤维覆面多用于道路、桥梁等工程。当铺设沥青混凝土时，可通过热、压力，使自粘型橡胶沥青防水卷材透过丙纶纤维覆面层，与沥青混凝土结合为一起，达到应用要求。

自粘型橡胶沥青防水卷材适用于非外露、外露屋面及地下、土木工程的一道防水设防；当需要应用于外露防水工程时，应采用铝箔覆面自粘型橡胶沥青防水卷材或覆有耐老化、耐热性能好的覆面的自粘型橡胶沥青防水卷材。自粘型橡胶沥青防水卷材还可用于防水施工的密封、补强。

施工时，剥去隔离纸即可直接铺贴。自粘型卷材的粘结胶通常有高聚物改性沥青粘结胶、合成高分子粘结胶两种。施工铺贴一般采用满粘法。为增加粘结强度，基层表面应涂刷基层处理剂，干燥后即可铺贴卷材。卷材铺贴可采用滚铺法、展铺法或抬铺法进行。

1) 基底要求、基层处理、弹线、细部做法及辊压排汽参见本节三元乙丙橡胶防水卷材施工方法。细部附加层"抬铺法"施工，将已裁剪好的卷材片隔离纸掀开，即可粘贴在已涂刷基层处理剂的基层上，并压实、粘牢。

2) 大面积铺贴自粘卷材时，可采用滚铺法和展铺法。将卷材置于起始位置，对好长短方向搭接缝，先隔离纸朝下滚展卷材 500mm 左右，将掀开已展开的部分隔离纸剥开，慢慢放下卷材平铺在基层上，推压卷材，粘好起始端。然后，一人在卷材前边展开卷材边，剥去隔离纸；另一人在卷材后用辊子压实卷材，使之与基层粘贴密实，并随时控制好卷材的平整、顺直和搭接缝宽度。展铺法是首先应弹线定位，并按需裁剪卷材，将卷材展开，对准基准线试铺。将卷材展开，沿中线对卷，从中线将隔离纸剪开。将半幅卷材重新铺开就位，拉住已经撕开的隔离纸纸头均匀用力向后拉，同时用压辊从卷材中部向两侧滚压，将气体排出，再铺贴另半幅卷材。较复杂或隔离纸不易掀剥的铺贴部位，可采用"抬铺法"。剪好的卷材认真、仔细地剥除隔离纸，用力要适度。已剥开的隔离纸与卷材宜成锐角，这样不易拉断隔离纸。如出现小片隔离纸粘连在卷材上时，可用小刀仔细挑出，注意不能刺破卷材。实在无法剥离时，应用密封材料加以涂盖。铺放完毕后，再进行排汽、辊压。

粘结搭接缝时，应掀开搭接部位卷材，宜用扁头热风枪加热卷材底面胶粘剂，加热后随即粘贴、排汽、辊压，溢出的自粘胶随即刮平封口。搭接缝粘贴密实后，所有接缝口均用密封材料封严，宽度不应小于 10mm。地下工程搭接缝要求做增强处理，骑缝加粘一层宽 120mm 的卷材。对 3 层重叠部分再做密封处理，其方法与冷粘法相同，参见本节三元乙丙橡胶防水卷材施工方法。

3) 卷材收头及保护层作法参见本节三元乙丙橡胶防水卷材施工方法。

4) 注意事项：由于自粘型卷材与基层的粘结力相对较低，在立面或大坡面上卷材容易产生下滑现象，因此在立面或大坡面上粘贴施工时，宜用手持式汽油喷枪将卷材底面的胶粘剂适当加热后，再进行粘贴、排汽和辊压。自粘型卷材上表面常带有防粘层（聚乙烯膜或其他材料），在铺贴卷材前，应将相邻卷材待搭接部位上表面的防粘层先熔化掉，使搭接缝能粘结牢固。操作时，用手持热风焊枪沿搭接缝粉线进行。铺贴卷材不要拉得太紧，否则卷材易出现拉裂、转角处脱开，或加速卷材老化。自粘型卷材的运输及存放均应注意防潮、防热。堆放场地应干燥、通风，环境温度不超过 35℃。卷材叠放层数不应超过 5 层，以免材料变形。

(4) 聚氯乙烯 PVC 防水卷材施工方法

铺贴 PVC、TPO 等合成高分子卷材，与基底粘结可采用冷粘、自粘等方法，接缝可选用焊接法。焊接法工艺先进、焊缝强度高、密封性可靠，由于只是卷材与卷材焊接，因而可适应基层变形较大的建（构）筑物。施工时，卷材的搭接缝可采用单焊缝或双焊缝。焊缝搭接宽度要求，见地下卷材防水施工作业要求。使用机具为半自动化温控热熔焊机、手持温控热熔焊枪、打毛机、热风机、真空泵及真空盒等。

1) 基底要求、基层处理、弹线、细部做法及辊压排汽，参见本节三元乙丙橡胶防水卷材施工方法。细部增强处理可用复合做法，以高分子防水涂膜或密封胶作密封增强处理，也可增焊双层卷材。

2) 卷材平面施工时，将卷材展开，铺放在需铺贴的位置，按弹线位置调整对齐。搭接宽度应准确，铺放平整、顺直，不得皱折。大面采用冷粘法铺粘完毕后，搭接缝采用焊接法施工。在正式焊接卷材前，应进行试焊并做剥离试验，以此来检查当时气候条件下焊接工具和焊接参数及工人操作水平，确保焊接质量。接缝焊接分为预先焊接和最后焊接。预先焊接是将搭接卷材掀起，焊嘴深入焊接搭接部分后半部（一半搭接宽度），用焊枪一边加热卷材，一边用手持压辊压合，待后部焊好后，再焊前半部，此时焊接缝边应光滑并有熔浆溢出。焊接时，应先焊长边后焊短边。焊接过程中，应根据现场的气候环境随时调整加热温度和焊接速度。不得有漏焊、跳焊或焊接不牢等现象，也不得损害非焊接部位的卷材。

当立面卷材铺贴时，需进行机械固定，在搭接缝下幅卷材距边 30mm 处，按设计要求的间距用螺钉（带垫帽）钉于基层上，钉周不严处可用焊条将缝隙焊实，然后用上幅卷材覆盖焊接。如立墙较高，可在中部每隔 500mm 用射钉或 M10 膨胀螺栓固定；如立墙过高，可自下而上地分段固定、分段铺设卷材；同时，分段设置保护层并分段进行回填土的施工。

3) 卷材的收头，参见本节高聚物改性沥青卷材施工方法。

4) 保护层作法，参见本节三元乙丙橡胶防水卷材施工方法。

(5) 聚乙烯丙纶防水卷材施工方法

聚乙烯丙纶防水卷材是采用聚乙烯、高强丙纶无纺布、黑色母、抗氧剂等原料复合加工制成。中间层是防水层和防老化层，上、下两面是增强粘结层（丙纶长丝无纺布）。具有抗拉强度高、防水抗渗性能好、施工简便等特点。其相配套的专用胶具有良好的粘结性能和防水性能。采用胶、水、水泥混合在一起，形成聚合物水泥防水粘结料。粘结料本身就是一道防水层，其主要成分含：有机硅防水剂、甲基纤维素醚和保水剂等，与防水卷材共同形成防水体系。这种体系具有以下特点：产品无毒、无味、无污染、无明火作业、安全、可靠；其卷材的主防水层（即芯层）是以聚乙烯树脂为主要原料，并掺入适量的抗氧剂、防腐剂等制造而成，其抗老化、耐腐蚀、耐高低温及抗渗等性能好，使用寿命长；其卷材韧性好、易弯曲，能随弯就弯，任意折叠，易于铺贴、施工简便、速度快、效率高；聚合物水泥防水粘结料粘结力强，防水、堵漏效果好；卷材施工中采用冷粘法，可在潮湿而无明水的基层上直接施工；由于卷材两面是丙纶长丝无纺布，上面有无数个均匀小孔洞，与基层粘结力强、亲和性好，并可直接粘贴瓷砖，达到粘贴牢固、永不脱落的效果。施工后的卷材与基层粘结强度高，无空鼓、翘边现象。

1）施工机具：扫帚、冲子、铲刀、毛刷、剪刀、卷尺、胶桶、刮板、搅拌器、搅拌桶等。

2）基底要求：基层表面灰尘、杂物清理干净，其他参见本节三元乙丙橡胶防水卷材施工方法。

3）找平层：阴阳角做成圆弧形，阴角最小半径50mm，阳角最小半径20mm。应抹平、压光，表面平顺、洁净，接槎平整。不允许有明显的尖凸、凹陷、起皮、起砂、空鼓和开裂现象。找平层完工后，可直接在潮湿而无明水的基面上进行防水施工。

4）配制聚合物水泥粘结料：按厂家提供比例现场配制好聚合物水泥粘结料。施工前应认真检查调配粘结料容器及工具，要求清理干净，配制好的粘结料内不得有硬性颗粒和杂质。

5）涂刷聚合物水泥粘结料：卷材与基层用粘结料满面涂刷粘结涂刷应均匀一致。

6）加强层的施工：阴角、阳角、管根、电梯坑、后浇带、穿墙孔等复杂部位的附加层做好后，再大面积展开。

7）聚乙烯丙纶防水卷材铺贴：底板铺设在基层上弹出卷材铺贴控制线，将卷材对准基准线空铺于基层上，搭接边满涂粘结料，使卷材搭接边粘结严密。大面卷材与附加层卷材间为满粘。立墙施工时，卷材与墙面同时涂胶进行粘贴，刮板由中间向上下两个方向赶压。相邻卷材之间为搭接，长边、短边均为100mm。相邻两边接缝应错开，第一层与第二层长边接缝错开1/2幅宽，接缝搭接应粘结牢固防止翘边和开裂，对接缝边缘应用聚合物水泥粘结料封闭严密。

27.1.2.4 地下工程涂膜防水

1. 涂膜防水种类及主要性能指标

涂料防水层应包括无机防水涂料和有机防水涂料。涂料防水层所选用的涂料应具有良好的耐水性、耐久性、耐腐蚀性及耐菌性；应无毒、难燃、低污染；无机防水涂料应具有良好的湿、干粘结性和耐磨性，有机防水涂料应具有较好的延伸性及较强的适应基层变形能力。

（1）无机防水涂料及主要性能指标

无机防水涂料宜用于结构主体的背水面。无机防水涂料有掺外加剂、掺合料的水泥基防水涂料、水泥基渗透结晶型防水涂料。防水宝等以水化反应为主，XYPEX等以渗透结晶为主。无机防水涂料的性能指标，见表27-21。

无机防水涂料的性能指标   表27-21

涂料种类	抗折强度（MPa）	粘结强度（MPa）	一次抗渗性（MPa）	二次抗渗性（MPa）	冻融循环（次）
掺外加剂、掺合料水泥基防水涂料	≥4	≥1.0	>0.8	—	>50
水泥基渗透结晶型防水涂料	≥4	≥1.0	>1.0	>0.8	>50

（2）有机防水涂料及主要性能指标

有机防水涂料宜用于地下工程主体结构的迎水面，用于背水面的有机防水涂料应具有较高的抗渗性，且与基层有较好的粘结性。有机防水涂料有反应型、水乳型、聚合物水泥等涂料。

反应型：单组分聚氨酯防水涂料主要成膜物为聚氨基甲酸酯预聚体，涂刷在基层后，通过与空气中的水分进行反应，固化成膜。其特点为涂膜致密，涂层可适当涂厚；涂层具有优良的防水抗渗性、弹性及低温柔性。

水乳型：有氯丁胶乳沥青防水涂料、硅橡胶防水涂料等。涂料通过水分挥发固化成膜。以水乳型涂形成的涂膜防水层长期浸水后强度有所下降，用于地下工程应进行耐水性试验。

聚合物水泥：丙烯酸酯、醋酸乙烯－丙烯酸酯共聚物、乙烯－醋酸乙烯共聚物等聚合物水泥复合涂料。该类涂料的力学性能因复合比例的异同而有所区别。有机防水涂料的性能指标见表 27-22。

有机防水涂料的性能指标

表 27-22

涂料种类	可操作时间（min）	潮湿基面粘结强度（MPa）	抗渗性（MPa）			浸水 168h 后拉伸强度（MPa）	浸水 168h 后断裂伸长率（%）	耐水性（%）	表干（h）	实干（h）
			涂膜（120min）	砂浆迎水面	砂浆背水面					
反应型	≥20	≥0.5	≥0.3	≥0.8	≥0.3	≥1.7	≥400	≥80	≤12	≤24
水乳型	≥50	≥0.2	≥0.3	≥0.8	≥0.3	≥0.5	≥350	≥80	≤4	≤12
聚合物水泥	≥30	≥1.0	≥0.3	≥0.8	≥0.6	≥1.5	≥80	≥80	≤4	≤12

注：1. 浸水 168h 后的拉伸强度和断裂伸长率是在浸水取出后经擦干即进行试验所得的值。

2. 耐水性指标是指材料浸水 168h 后取出擦干即进行试验，其粘结强度及抗渗性的保持率。

（3）胎体增强材料分为聚酯无纺布和化纤无纺布，其外观应均匀、无团状、平整、无折皱。其拉力（N/50mm）：聚酯无纺布纵向≥150、横向≥100，化纤无纺布纵向≥45、横向≥35；其延伸率（%）：聚酯无纺布纵向≥10、横向≥20，化纤无纺布纵向≥20、横向≥25。

（4）储运保管及进场检验

防水涂料包装容器必须密封，容器表面应标明涂料名称、生产厂名、执行标准号、生产日期和产品有效期，运输和储存条件。水乳型涂料储运和保管环境温度不宜低于 5℃。不同规格、品种和等级的防水涂料，应分别存放。溶剂型涂料及胎体增强材料储运和保管环境温度不宜低于 0℃，并不得日晒、碰撞和渗漏；保管环境应干燥、通风，并远离火源。仓库内应有消防设施。

材料进场后应按规定取样复验，同一规格、品种的防水涂料，每 10t 为一批，不足 10t 者按一批进行抽样。胎体增强材料，每 3000m² 为一批，不足 3000m² 者按一批进行抽样。防水涂料和胎体增强材料的物理性能检验，全部指标达到标准规定时为合格。其中，若有一项指标达不到标准要求，允许在受检产品中加倍取样进行该项复检；复检结果如仍不合格，则判定该产品为不合格。不合格的防水材料严禁在建筑工程中使用。

2. 防水涂料品种的选择

潮湿基层宜选用可在潮湿基面的无机或有机防水涂料，也可采用先涂无机防水涂料后涂有机防水涂料，构成复合防水涂层；冬期施工宜选用反应型涂料；埋置深度较深的重要工程、有振动或有较大变形的工程，宜选用高弹性防水涂料；有腐蚀性的地下环境，宜选用耐腐蚀性较好的有机防水涂料，并应做刚性保护层；聚合物水泥防水涂料应选用Ⅱ型产品。

3. 防水涂料设置做法，可参见前述卷材防水设置做法。防水涂料宜采用外防外涂，外防外涂构造做法见图 27-15，外防内涂构造做法见图 27-16。

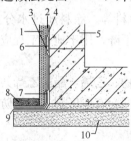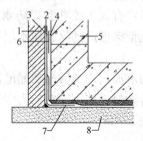

图 27-15　防水涂料外防外涂构造做法
1—结构墙体；2—砂浆保护层；3—涂料防水层；
4—找平层；5—保护层；6—涂料防水加强层；
7—涂料防水加强层；8—搭接部位保护层；
9—涂料防水层搭接部位；10—混凝土垫层

图 27-16　防水涂料外防内涂构造做法
1—保护墙；2—涂料保护层；3—涂料防水层；
4—找平层；5—结构墙体；6—涂料防水加强层；
7—涂料防水加强层；8—混凝土垫层

4. 防水涂料施工基本操作要求

基层：无机防水涂料基层表面应干净、平整，无浮浆和明水。有机防水涂料基层表面应基本干燥，无气孔、凹凸不平、蜂窝、麻面等缺陷。涂料施工前，基层阴角、阳角应做成圆弧形。阴角直径宜大于 50mm，阳角直径宜大于 10mm，管道等细部基层也应抹平、压光。基层应干燥，不同基层衔接部位、施工缝处，以及基层因变形可能开裂或已开裂的部位，均应嵌补缝隙，并用密封材料进行补强处理。

细部做法：阴角、阳角部位应增加胎体增强材料，并应增涂防水涂料。具体做法是在基层涂布底层涂料后，把胎体增强材料铺贴好，再涂布第一道、第二道防水涂料。阳角做法见图 27-17，阴角做法见图 27-18。管道根部需用砂纸打毛并清除油污，管根周围基层清洁干燥后与基层同时涂刷底层涂料，其固化后做增强涂层，增强层固化后再涂刷涂膜防水层，见图 27-19。施工缝处先涂刷底层涂料，固化后铺设 1mm 厚、100mm 宽的橡胶条，然后再涂布涂膜防水层，见图 27-20。

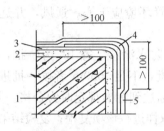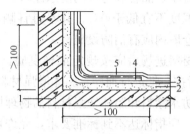

图 27-17　阳角做法
1—需防水结构；2—水泥砂浆找平层；
3—底涂层；4—胎体增强涂布层；
5—涂膜防水层

图 27-18　阴角做法
1—需防水结构；2—水泥砂浆找平层；
3—底涂层；4—胎体增强涂布层；
5—涂膜防水层

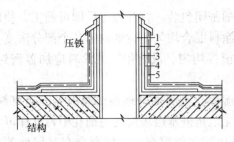

图 27-19　管道根部做法
1—穿墙管；2—底涂层（底胶）；
3—十字交叉胎体增强材料，并用
铜线绑扎增强层；4—找平层；增
强涂布层；5—第二道涂
膜防水层

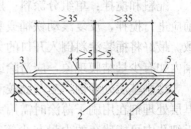

图 27-20　施工缝或裂缝处理
1—混凝土结构；2—施工缝或裂
缝、缝隙；3—底层涂料（底胶）；
4—10cm自粘胶条或一边粘贴的
胶条；5—涂膜防水层

涂层厚度：掺外加剂、掺合料的水泥基防水涂料厚度不得小于 3.0mm；水泥基渗透结晶型防水涂料的用量不应小于 1.5kg/m²，且厚度不应小于 1.0mm；有机防水涂料的厚度不得小于 1.2mm。防水涂料的配制应按涂料的技术要求进行。防水涂料应分层刷涂或喷涂，涂刷应均匀，不得漏刷、漏涂。当涂膜防水层与其他材料做复合防水时，涂膜材料与相邻材料应具有相容性，以避免因相互侵蚀而致防水层失败。

作业条件：涂料防水层严禁在雨天、雾天、五级及以上大风时施工，不得在施工环境温度低于 5℃ 及高于 35℃ 或烈日暴晒时施工。涂膜固化前如有降雨可能时，应及时做好已完涂层的保护工作。

施工原则及接槎要求：涂膜防水层的施工顺序应遵循"先远后近、先高后低、先细部后大面、先立面后平面"的原则。接槎宽度不应小于 100mm。铺贴胎体增强材料时，应使胎体层充分浸透防水涂料，不得有露槎及褶皱。

保护层：有机防水涂料施工完后应及时做保护层，在养护期不得上人行走，亦禁止在涂膜上放置物品等。底板、顶板细石混凝土保护层厚度不应小于 50mm，防水层与保护层之间宜设置隔离层；侧墙背水面保护层应采用 20mm 厚 1：2.5 水泥砂浆；侧墙迎水面保护层宜选用软质保护材料或 20mm 厚 1：2.5 水泥砂浆。

5. 常见涂层防水的施工方法

(1) 聚氨酯防水涂料的施工

聚氨酯防水层由于材料技术性能较好、价格适中，在无紫外线的照射下，其耐久性能好，一般可使用 20 年以上。聚氨酯涂膜防水属冷作业施工，应涂刷在地下室结构的迎水面，其形成的涂膜防水层能够适应结构变形，因此地下工程中外防水应用广泛。由于黏度较大，结构内层使用时，将防水层涂布在顶面上操作难度大。主要材料有聚氨酯防水涂料、聚酯纤维无纺布、聚乙烯泡沫塑料片材及用于稀释剂和机具清洗剂的有机溶剂、促凝剂的二月桂酸二丁基锡、缓凝剂的苯磺酰氯等辅料。施工机具有电动搅拌器、拌料桶、油漆刷、弹簧秤以及消防器材等。

基层处理：基层表面如不能达到操作要求时，应用水泥砂浆找平，并采用掺入水泥量 15% 的聚合物乳液调制的水泥腻子填充刮平。遇有穿墙套管时，套管应安装牢固、收头圆滑。

配料和搅拌：单组分涂料一般用铁桶或塑料桶密闭包装，打开桶盖后即可施工。使用前应进行搅拌，反复滚动铁桶或塑料桶，使桶内涂料混合均匀，达到内部各个部分浓度一致。最好将桶装涂料倒入开口的大容器中，机械搅拌均匀。没有用完的涂料应加盖密封，桶内如有少量结膜现象，应清除或过滤后使用。

涂刷基层处理剂：当基面较潮湿时，应涂刷湿固化型界面处理剂或潮湿界面隔离剂；基层处理剂在用刷子薄涂时需用力，使涂料尽可能地挤进基层表面的毛细孔中，这样可将毛细孔中可能残存的少量灰尘等无机杂质部分挤出，并像填充料一样混合在基层处理剂中，增强了其与基层的结合力。

细部加强层：见防水涂料施工基本操作要求。防水涂料大面积施工前，阴阳角、变形缝、穿墙管根部等部位均需增加一层胎体增强材料，并增涂 2～4 遍防水涂料，宽度不应小于 600mm。

涂布防水涂料：涂布立面涂料时宜采用蘸涂法，涂刷应均匀。平面涂布时可先倒料在待涂刷的地上，用橡胶刮板将其均匀刮涂在基面上，每层用料为 0.8～1.0kg/m²，厚度为 0.6～0.8mm。第 1 层涂完后静置约 12～24h，再涂第 2 层厚度为 0.8～1.0mm，施工时可在第 1 层与第 2 层之间铺设无纺布，以提高涂层强度。涂层总厚度约为 1.5mm。当设计厚度为 2.0mm 时，在第 2 层涂料固化、不粘手时，再涂刷 0.3～0.5mm 厚的第 3 层涂层。这一层对防水性能要求较高，应与第 2 层交叉涂刷。注意不可在一处倒得过多，否则涂料难以刷开，造成厚薄不匀现象。涂刷时涂层中不能裹入气泡，如有气泡应及时消除。涂刷的遍数应按试验确定，不可一遍涂刷过厚。在前一遍涂层干燥后，进行后一遍涂层的涂刷前，要将涂层上的灰尘、杂质清理干净。后遍涂料涂布前，应检查并修补前遍涂层存在的气泡、露底、漏刷、胎体增强材料皱折、翘边、杂物混入等有缺陷，然后再涂布后遍涂层。涂料涂布应分条或按顺序进行。分条进行时，每条宽度应与胎体增强材料宽度相一致。各道涂层之间按相互垂直的方向涂刷，以提高涂膜防水层的整体性和均匀性，同层涂膜的先后搭压宽度宜为 30～50mm；涂膜防水层的甩槎处搭槎宽度应大于 100mm，接涂前应将其甩槎表面处理干净。

铺设胎体增强材料：涂膜防水层中铺贴的胎体增强材料，同层相邻的搭接宽度不应小于 100mm，上下层接缝应错开 1/3 幅宽。铺胎体增强材料是在涂刷第 2 遍或第 3 遍涂料前，采用湿铺法或干铺法铺贴。湿铺法就是在第 2 遍涂料或第 3 遍涂料涂刷时，边倒料、边涂布、边铺贴的操作方法。在施工时，用刷子或刮板将涂料仔细、均匀地涂布在已干燥的涂层上，使全部胎体增强材料浸透涂料，这样上下两层涂料就能结合良好，保证了防水效果。干铺法是在上道涂层干燥后，先干铺胎体增强材料，然后用刮板均匀满刮一道涂料，并使涂料浸透到已固化的底层涂膜上，使得上、下层涂膜及胎体形成一个整体的涂膜防水层。

收头处理：所有胎体增强材料收头均应用密封材料压边，防止收头部位翘边，压边宽度不得小于 10mm。收头处的胎体增强材料应裁剪整齐；如有凹槽时，可压入凹槽内，不得出现翘边、皱折、露白等现象；否则，应进行处理后再涂封密封材料。

保护层：平面可在油毡或无纺布保护隔离层上直接浇筑 40～50mm 厚细石混凝土作保护层，施工时必须防止机具或材料损伤隔离层和涂膜防水层。立墙可在涂膜完全固化后，再均匀刮涂一遍涂膜。在该遍涂膜固化前，应立即粘贴 5～6mm 的聚乙烯泡沫塑料片材作软保护层。粘贴时要求泡沫塑料片材拼缝严密，以防回填灰土时损伤防水涂膜。立面也可采用砂浆保护层。为使砂浆层与防水层结合紧密牢固，在涂刷防水涂料 1h 后，再均匀撒粒径为 1.5～2.0mm 干净的砂并轻拍干砂，使其嵌入聚氨酯防水层中 0.2～0.3mm。聚氨酯防水层硬化后（约 24h），在其上涂刷水灰比为 0.35～0.4 的水泥净浆，然后在其上抹压水灰比为 0.4～0.42、灰砂比为 1：2～2.5 砂浆，其厚度为 15～20mm。为防止砂浆因自重而下垂，造成空鼓，产生剥离，大面应分两层铺抹，边墙必须分 2～3 层铺抹。

注意事项：聚氨酯涂料不应涂在保护墙上。每次施工用完的机具，要及时用有机溶剂清洗干净。其他要求见本节涂料防水的储运保管。

（2）氯丁胶乳沥青防水涂料的施工

氯丁胶乳沥青防水涂料具有橡胶和沥青的双重优点，主要成膜物质为氯丁橡胶和石油沥青，无毒、无燃爆、无环境污染。施工方法可参见聚氨酯防水涂料的施工方法。

（3）水乳型硅橡胶防水涂料的施工

该涂料由硅橡胶乳液加入无机填料、助剂等配制而成，分甲、乙两种型号组成。甲液中有机硅橡胶乳液含固量较多，乙液无机填料含量较多，具有涂膜防水和浸透性防水材料两者的优良性能，防水性、渗透性、成膜性、弹性、粘结性及耐高低温性良好。适宜冷作业施工。硅橡胶类水乳型防水涂料施工中，对基层要求高。基层混凝土所有蜂窝、气泡、裂缝处，用硅类防水腻子修补平整，将腻子掺水调成浆糊状，在基层面上涂刷 1.0mm 厚。待其硬化后，可进行硅橡胶乳液的涂刷。硅类防水腻子采用硅类防水剂与水的配比为 1：1 拌合均匀后，掺加 42.5 级普通硅酸盐水泥调合成腻子状。硅橡胶乳液较稀，共需 10 层施工。第 1、4、7、10 层采用甲涂料，第 2、3、5、6、8、9 层采用乙涂料。第 2、3 层需待前一层干燥后再涂刷，第 5、6 层涂刷后 5～6h 涂刷第 7 层，3～4h 表干后，进行第 8、9 层涂刷，6～7h 后涂刷第 10 层。在其中铺贴无纺布，可加强涂膜防水层的强度。一般可第 3 道涂层干燥后，铺贴无纺布。也可在第 5、6 道涂层涂刷后再铺一层无纺布，铺设必须平整、顺直。其他施工内容，可参见聚氨酯涂料防水层的施工方法。

（4）丙烯酸酯防水涂料（R 型涂料）防水层施工方法

丙烯酸酯防水涂料无毒、无味、不污染环境、有透气性，是单组分防水涂料。在丙烯酸酯乳液或有机橡胶乳液与丙烯酯共聚乳液的基料内，掺入一定的其他助剂、纤维及特种水泥混合而成，材料适用性强，可在潮湿、无渗水的基面施工。R 型涂料施工对基层平整度要求高。防水层水灰比为 0.37～0.42，堵漏水灰比为 0.3～0.32，拌合水应一次掺入，拌合初期亲水性较差，继续拌合瞬间就成一般水泥浆状液体。涂刷应分层施工，每层厚度为 0.6～0.8mm，每层涂刷间隔时间为 8～12h，干透时间约 12～24h（夏天快、冬天慢）。层与层之间涂刷方向应交叉进行，不得来回反复搓抹。一般分 2～3 层施工。在 1～2 层之间设置无纺布，可提高其防水层抗裂性。第一层已实干后，即可铺设。铺设后涂刷第 2 层时，浆液应渗透到底层不露面；如有气泡，应将其挤压平整。第 3 层应待上层干透后，再进行施工。最后一层施工完毕，间隔 4～5h 后应洒水养护，养护期 3～14d。无法进行洒水养护的环境，可防水层涂刷结束时，迅速在其上涂刷一层 R 型涂料，硬化后形成一种无形的薄膜状防水涂层，既起到防水效果，又起到养护的目的。其他施工内容，可参见聚氨酯涂料防水层的施工方法。

(5) 聚合物水泥防水涂料（简称 JS 防水涂料）的施工方法

聚合物水泥防水涂料是以聚丙烯酸乳液、乙烯-醋酸乙烯酯共聚乳液和各种添加剂组成的有机液料，再与高铁高铝水泥、石英砂及各种添加料组成的无机粉料制成的双组分水性建筑防水涂料（简称 JS 防水涂料）。由液料、粉料组成，无毒、无害，属环保型防水涂料，经检测符合国家生活饮用水标准；可在潮湿基层施工，基层不受含水率限制，可缩短施工工期；具有较高的抗拉强度和延伸率。对基层有微小裂缝追随性强，涂层坚韧，具有明显的柔韧性，粘结力强。涂膜与基层、饰石层粘结牢固，不论涂刷在垂直面、斜面及各种基层上，均有良好的粘结效果；涂料为乳白色，可按工程需要在面层涂料中掺入各种中性、无机颜料配制彩色涂层；可做彩色外墙面防水；具有施工工具简单、易于操作、能保证工程质量等优点。

该涂料由特点决定，可在潮湿或干燥的砖石、砂浆、混凝土、金属等各种保温层、防水层（如 SBS 卷材、三元乙丙卷材、聚氨酯涂膜等）基层上涂刷，粘结力强，对各种新旧建筑物、构筑物，以及隧道、桥梁、游泳池、水池等均可使用。特别是建筑的非暴露型屋面、厨房、厕浴间以及外墙面的防水、防渗和防潮工程等，更为适宜。

使用机具：清理基层的工具有铁锹、锤子、凿子、笤帚、钢丝刷、油开刀、吹尘器、抹布等；搅拌配料工具有台秤、搅拌桶、电动搅拌器、装料桶、壁纸刀、剪刀等；涂料涂覆工具有滚刷、刮板、油漆刷等。

JS 防水涂料配料：将液料、粉料、水按厂家说明书的比例依次加入塑料桶内，用搅拌器充分搅拌均匀，直至料中不含团粒。附加层可铺贴一层聚酯无纺布或低碱玻纤网格布作附加增强层，其无纺布宽度不应小于 300mm，搭接宽度不应小于 100mm。施工时先涂刷一道涂料，铺好附加增强层后，上面再涂刷一道涂料。JS 防水涂膜应分层涂刷，即底层、中层及面层，每层涂刷须待下层涂料干燥后方可涂刷上层涂刷。底层涂料应用滚刷涂刷均匀、不漏底。中层及面层用滚刷均匀涂刷。前后两层涂刷方向应相互垂直，需铺设胎体增强材料时，应按由内到外、先立面后地面的顺序铺贴，边铺边用滚动刷铺平，使其均匀贴附于涂料层，不得用力拉扯。面层可多刷一遍或几遍，直至达到设计规定的涂膜厚度。防水涂膜的收头，应用该涂料多遍涂刷或用密封材料封严。JS 防水涂料与卷材复合使用时，涂膜防水层宜放在下面；涂膜与刚性防水材料复合使用时，刚性防水层放在上面。其他参见防水涂料施工基本操作要求。

(6) 水泥基渗透结晶型防水涂料的施工

水泥基渗透结晶型防水涂料是一种新型刚性防水材料，它既可以作为防水剂直接加入到混凝土中，又可以作为防水涂层涂刷在混凝土的迎水面或背水面。是以普通硅酸盐水泥熟料及石英砂为基料，并掺入活性化学物质组成的刚性防水涂料，无毒、无味、无污染。材料中的活性物质以水为载体渗透到混凝土内部一定的深度，并在混凝土中形成不溶于水的结晶体，填塞毛细孔道，从而提高抗渗性能。在水的作用下，具有自愈修补微细裂纹的能力，又能在潮湿基面施工。

基层处理：基面应洁净、坚固，适当粗糙，阴阳角应做成圆弧形。涂刷前应将涂刷部位的浮渣、灰尘、油污清理干净，并用清水冲净；基面应充分润湿，但不得有明水。新浇的混凝土表面在浇筑 20h 后，方可使用该类防水涂料。混凝土浇筑后的 24～72h 为使用该类涂料的最佳时段，因为新浇的混凝土仍然潮湿，所以基面仅需少量的预喷水。

涂料配制：按厂家规定的体积比将浓缩剂粉料与净水调合，用手持电动搅拌器充分搅拌，混合均匀，每次应按需备料，不宜配制过多。配制好的涂料应在 1h 内用完，混合物变稠时要频繁搅动，施工中严禁加水。

防水涂料施工：涂刷时须使用半硬的尼龙刷，不得使用抹子、滚筒、油漆刷或喷枪等工具。涂刷时应用力均匀，并来回纵横地进行，以保证凹凸处都能均匀地涂上涂料。涂层要求均匀，各处都要涂到，该涂料应分 2～3 遍涂刷，涂层的厚度应小于 1.2mm。对水平地面或台阶阴、阳角，必须注意将涂料涂匀，阳角要刷到，阴角及凹陷处不能有涂料的过厚沉积，否则在堆积处可能开裂。每遍涂刷时，应交替改变涂层的涂刷方向，同层涂料的先后搭接宽度为 30～50mm。第二层涂刷应在第一层初凝并呈湿润状态时进行；如第一层表面干燥，应喷水后施工。涂料不得少于两层，最终厚度应≥1.0mm，总用料量不应小于 1.5kg/m²。

养护：涂层呈半干状态后，即应开始用雾状水喷洒养护，养护必须用净水，水流不能过大，否则会破坏涂层。每日喷水不得少于 4 次，并视其湿润程度进行喷水。应连续喷水养护 2～3d。在养护过程中，必须在施工后 48h 内防避雨淋、烈日暴晒及污水污染、霜冻损害，冬期不得施工。

注意事项：在热天施工时，宜在早晚或夜间进行，防止涂层过早干燥而造成表面起皮、龟裂，影响其渗透效果。水泥基渗透结晶型防水涂料不得在雨中施工。

(7) 单组分聚脲液体防水涂膜

单组分聚脲以含多异氰酸酯－NCO 的高分子预聚体和经封端的多元胺（包括氨基聚醚）混合，并加入其他功能性助剂所构成的组合物。在无水状态下，体系稳定。一旦开桶施工，在空气中水分作用下，迅速产生多元胺，多元胺与异氰酸酯－NCO 反应迅速。整个过程没有二氧化碳产生，也就不会有二氧化碳气泡产生。它不含催化剂、固化快，可在任意曲面、斜面、垂直面上喷涂成型，不会产生流挂现象，凝胶时间短，1min 即可达到步行强度；对湿度、温度不敏感，基层潮湿也可施工；施工时，不受环境温度、湿度等条件的影响；涂料无溶剂、挥发性有机物，涂层固化后无毒、无味，经权威部门检测符合国家环保要求；优异的理化性能，成膜后表面光滑、平整、连续，集塑料、橡胶和玻璃钢的优点于一身，成为真正意义上的"万能"高分子材料；具有良好的热稳定性，可在－40～120℃温度范围内长期使用，并可承受 150℃ 的短时热冲击；对混凝土、金属、塑料等各类基层材质，均具有优良的附着力；聚脲弹性体被称为"耐磨橡胶"，具有优异的耐磨性，其耐磨性能是碳钢的 10 倍，是环氧树脂的 3～5 倍；喷涂施工速度快，可一次性完成设计的涂膜厚度，单机工作量可以达到 1000m² 以上；由于聚脲特定的分子结构以及体系中不含催化剂，该材料表现出优异的耐老化性能，可适用于户外长期使用。暴露型单组分聚脲防水耐磨涂料能调成装饰色，并且在阳光下暴晒不发生颜色改变。单组分聚脲防水耐磨涂料的性能如下所述。

聚脲作为一种新型材料，用在建筑防水工程上有较好的应用前景，其为一种高等级的涂膜防水材料。聚脲在建筑防水效果和性能、耐久性方面具有一定优势，但其价格较高，一般建筑防水工程尚未广泛采用。聚脲从其材料性能上难以填充粉料和添加溶剂，其在市场上难以产生劣质产品，这有利于规范市场。双组分喷涂聚脲具有快速固化的特点，但是对于一些异形部位，喷涂时易于鼓包。如果改用单组分聚脲涂膜，则其有足够长的时间对基材进行浸润,形成化学粘结。对于大型公共工程,如隧道、桥梁路面,单组分聚脲和双组分聚脲可配合使用。对于潮湿基面,无论是双组分喷涂聚脲还是单组分涂膜聚脲,常用的环氧底涂剂应谨慎使用,其仍会造成粘结不牢、起鼓现象。潮湿基面应采用特殊底涂剂方可解决问题。

该材料有一定的自流平性能,施工方法简便。其有自流平型和非下垂型。自流平型用于水平面可自动流平,非下垂型用于垂直立面不流挂。底涂剂采用与其配套的专用产品,用作混凝土表面进行预处理。变形缝采用聚氨酯密封胶。将单组分聚脲倒在地上,用刮板刮平,用带齿形的刮板效果更好。开放时间在 2h 以上,涂布两遍效果更佳。可以用硬质的刷子、硬质滚筒涂布,也可用特殊喷枪涂布。其厚度可以通过面积和用料量来控制,也可用刮板齿的高度控制。对于室内,建议厚度为 1.3~1.7mm,即平均 1.5mm。对于屋顶,建议厚度为 1.8~2.2mm,即平均 2mm。

施工时先将混凝土进行打磨,去掉原有疏松层。如为大面积混凝土平台,在其最上部每隔 5m 作切割缝(宽 5~20mm)。将浮土打刷干净,并用吸尘器吸去表面灰土。在干净、干燥的混凝土基层上,直接倒上底涂剂并用软质刮板刮平,凹处用金刚砂和底涂剂混合补平。每平方米耗用底涂剂约 0.2~0.3kg。变形缝嵌填聚氨酯胶进行密封处理并刮平,密封胶表干后,涂抹单组分聚脲,然后粘贴聚酯无纺布,以加强接缝区域。原在雨棚下贵宾席有 250mm 宽变形缝由土建方作防水和装修处理。第一遍聚脲涂布:立面采用塑料刮板刮涂非下垂型单组分聚脲。水平面用齿形刮板涂刮自流平型聚脲,然后用消泡滚筒滚动消泡。第二遍聚脲涂布:立面采用滚筒涂布,水平面用齿形刮板刮平,自流平。然后,用消泡滚筒滚动消泡,阳角用聚酯无纺布做加强,阴角用聚氨酯密封。然后,再涂布两遍聚脲。

27.1.2.5 塑料防水板防水

1. 塑料防水板材料性能

塑料防水板一般选用乙烯-醋酸乙烯共聚物、乙烯-沥青共混聚合物、聚氯乙烯、高密度聚乙烯类或其他性能相近的材料。塑料防水板幅宽宜为 2~4m;厚度不得小于 1.2mm;具有良好的耐刺穿性、耐久性、耐水性、耐腐蚀性和耐菌性。缓冲层宜采用无纺布或聚乙烯泡沫塑料片材。暗钉圈应采用与塑料防水板相容的材料制作,直径不应小于 80mm。塑料防水板主要性能指标见表 27-23。缓冲层材料性能指标:聚乙烯泡沫塑料片材的抗拉强度≥0.4N/50mm,伸长率≥100%,顶破强度≥5kN,厚度≥5mm;无纺布的纵横向抗拉强度≥700N/50mm,纵横向伸长率≥50%,质量>300g/m²。

塑料防水板主要性能指标　　　　　　　　　　　　　　表 27-23

项　目	性　能　指　标			
	乙烯-醋酸乙烯共聚物	乙烯-沥青共混聚合物	聚氯乙烯	高密度聚乙烯
拉伸强度(MPa)	≥16	≥14	≥10	≥16
断裂延伸率(%)	≥550	≥500	≥200	≥550
不透水性,120min(MPa)	≥0.3	≥0.3	≥0.3	≥0.3
低温弯折性	−35℃无裂纹	−35℃无裂纹	−20℃无裂纹	−35℃无裂纹
热处理尺寸变化率(%)	≤2.0	≤2.5	≤2.0	≤2.0

2. 塑料防水板适用范围

塑料防水板防水层宜铺设在地铁、隧道、岩石洞库等复合式衬砌的初期支护和二次衬砌之间。塑料防水板防水层宜在初期支护结构趋于基本稳定后铺设。塑料防水板防水层应由塑料防水板与缓冲层组成。塑料防水板防水层可根据工程地质、水文地质条件和工程防水要求，采用全封闭、半封闭或局部封闭铺设。塑料防水板防水层应牢固地固定在基面上。

3. 塑料防水板施工

塑料防水板的基层应平整、无明显凹凸不平和尖锐突出物，基面平整度 D/L 不大于 1/6（D 为初期支护基面相邻两凸面间凹进去的深度，L 为初期支护基面相邻两凸面间的距离）。铺设塑料防水板前应先铺缓冲层，缓冲层应采用暗钉圈固定在基面上。固定点的间距应根据基面平整情况确定，拱部宜为 $0.5\sim0.8$m、边墙宜为 $1.0\sim1.5$m、底部宜为 $1.5\sim2.0$m。局部凹凸较大时，应在凹处加密固定点。

铺设塑料防水板时，宜由拱顶向两侧展铺，并应边铺边用压焊机将塑料板与暗钉圈焊接牢靠，不得有漏焊、假焊和焊穿现象。两幅塑料防水板的搭接宽度不应小于 100mm。搭接缝应为热熔双焊缝，每条焊缝的有效宽度不应小于 10mm；环向铺设时，应先拱后墙，下部防水板应压住上部防水板；塑料防水板铺设时，宜设置分区预埋注浆系统。

接缝焊接时，塑料板的搭接层数不得超过三层。塑料防水板铺设时，应少留或不留接头。当留设接头时，应对接头进行保护。再次焊接时，应将接头处的塑料防水板擦拭干净。铺设塑料防水板时，不应绷得太紧，宜根据基面的平整度留有充分的余地。防水板的铺设应超前混凝土施工，超前距离宜为 $5\sim20$m，并应设临时挡板，防止机械损伤和电火花灼伤防水板。二次衬砌混凝土施工时，绑扎、焊接钢筋时应采取防穿刺、灼伤防水板的措施；混凝土出料口和振捣棒不得直接接触塑料防水板。塑料防水板防水层铺设完毕后，应进行质量检查。验收合格后，方可进行下道工序的施工。

4. 高密度聚乙烯（HDPE）土工膜施工

该材料是由高密度聚乙烯树脂为主要原料，添加多种化学助剂，经造粒和吹塑成型等工序加工制成的膜状防渗材料。幅宽有 4m、$6\sim8$m 等；厚度有 1.0mm、1.2mm、1.5mm 和 2.0mm 等；长度有 20m、40m、$80\sim100$m 等。其主要特点是拉伸强度和硬度高、延伸率大、耐腐蚀和耐穿刺性能好，对基层伸缩或开裂变形的适应性强；产品的幅宽大、接缝少，且接缝可采用双缝自动焊机或挤出压焊机焊接，焊缝易于粘结牢固、封闭严密，施工简便、快捷，有利于确保防渗工程质量。主要辅助材料有：用高强度的合成纤维经针撼、粘合等工艺加工制成的毡状无纺布，可用作 HDPE 土工膜的衬垫和保护层；挤出压焊接缝的专用焊条、钉压固定土工膜的压条、垫片和水泥钉等。机具采用土工膜专用的双缝自动焊接机和挤出压焊机、砂轮机、热风焊枪和射钉枪等。

高密度聚乙烯（HDPE）土工膜的施工要点如下所述。

基底要求：土方开挖后对基底及边坡基底的树根、碎石、砖瓦块以及垃圾等杂物清除干净，依次分层回填、分层压实符合设计要求的素土。对池底及边坡的大面，应用压路机碾压密实，对边角及截面变化大的部位，可用蛙夯或人工夯实，其密实度不应小于 90%。

铺设土工布衬垫：在经过压实处理和验收合格的池底及边坡基面上，按施工安排顺序、分段、分块铺设土工布，铺设时土工布应平整、顺直并紧贴基层。在铺设土工布衬垫后，应紧接着铺设土工膜；对未铺土工膜的土工布边缘，应用砂袋等重物压紧，以防止风吹发生位移。

铺设 HDPE 土工膜：铺设时土工膜应沿最大坡度线方向，使其长边垂直于锚固沟，短边应放入锚固沟内。土工膜在边坡与池底的交接处，应使边坡的土工膜搭盖在池底的土工膜上，并向池底延长 1.5m，以防止应力集中。所铺设的土工膜应松紧适度，不拉伸也不得有皱折，并应与基面紧贴。两幅土工膜的搭接宽度不得小于 100mm，铺完的土工膜应及时用砂袋等重物压紧，以免发生位移。对阴阳角或圆弧等变截面土工膜的搭接缝，应在每隔 300～500mm 处，用电动砂轮机将其上、下表面打毛和清理干净后，用热风焊枪焊接定位；然后，采用带焊条的挤出压焊机沿搭接缝的边缘进行焊接处理。焊缝质量检验方法：对土工膜双焊缝质量检验时，可将土工膜双焊缝空腔的两端封闭，再从空腔处插入特制的空心针头，通过导管充入压缩空气，在 0.2MPa 压力下保持 5min，压力表的数值下降以不超过 10％为合格；对挤压焊缝质量检验时，可采用真空法，即将检验的焊接区域涂刷肥皂液，再在其上加扣透明的专用检验罩，并通过导管与真空泵连接，然后启动真空泵，使其真空度在 0.028～0.055MPa 下保持 5s 以上。从透明罩外观察，以焊接缝区域无气泡出现为合格；在焊缝部位按标准规定，切取试件放在拉力试验机上进行剪切强度试验，对双焊缝则以在焊缝外断裂为合格；对挤压焊缝，则以剪切强度不小于本体强度的 70％为合格。

铺设土工布保护层：对土工膜防渗层检查验收合格后，即可铺设土工布保护层，铺设时应尽量减少沿边坡长方向的搭接数量。边坡上的土工布应盖过池底的土工布，且不应小于 1.5m。土工布的搭接宽度不应小于 150mm，土工布的接缝应用热合机或缝纫机连接牢固。铺完的土工布边缘，应及时用砂袋等重物压紧。对土工膜及土工布，均应分段分块铺设、分段分块验收，并分段分块回填素土和碾压密实。

土方回填：回填土的质量应符合设计要求，不得含有容易损伤土工布和土工膜的碎石、砖瓦块或树根等杂物。土方应采用推土机水平推进，分段、分块由四周向中心回填，应边推平边用压路机碾压密实。在施工中，车辆和所有机械必须在回填土的上面行驶，以免损伤土工布和土工膜防渗层。

铺砌预制混凝土板：回填土的密实度达到设计要求后，对池底应按设计规定部位弹线，并用干硬水泥浆铺砌预制混凝土板。铺砌时要求混凝土板横平竖直，其拼缝宽度为 10mm 且应均匀一致。铺砌完成后，应用水泥砂浆进行勾缝处理。

边坡铺设卵石或混凝土格栅：根据设计规定的边坡不同区域，分别铺设卵石或混凝土格栅，并应由坡底顺序向上铺设，要求铺设牢固、密实、平整。

锚固沟的施工：为防止土工膜防渗层发生下滑和位移，应在边坡周边开挖出深和宽各 500mm 左右的锚固沟。将土工膜防渗层置入锚固沟内，再按设计要求分层回填素土或浇筑混凝土进行锚固处理。

土工膜防渗层与混凝土墙体的固定：土工膜应铺至混凝土墙的顶部，然后再距墙顶以下 300～400mm 处，用垫片和射钉钉压固定后，将剩余的土工膜沿固定部位折回并全面包裹射钉及垫片，再用挤压焊机沿土工膜边缘将其焊接粘牢。土工膜防渗层上部边缘应用密封材料嵌填，并封闭严密。

27.1.2.6 金属板防水

1. 金属板防水适用范围

金属板防水适用于抗渗性能要求较高的地下工程结构主体，一般地下防水工程极少使用。但对于一些抗渗性能要求较高的构筑物（如铸工浇注坑、电炉钢水坑等），金属板防水层仍占有重要地位和使用价值。所用金属板和焊条的规格及材料性能，应符合设计要求。

2. 金属板防水施工

金属板的拼接应采用焊接，拼接焊缝应封闭严密。竖向金属板的垂直接缝，应相互错开。主体结构内侧设置金属防水层时，金属板应与结构内的钢筋焊牢，也可在金属防水层上焊接一定数量的锚固件，见图 27-21。主体结构外侧设置金属防水层时，金属板应焊在混凝土结构的预埋件上。金属板经焊缝检查合格后，应将其与结构间的空隙用水泥砂浆灌实，见图 27-22。金属板防水层应用临时支撑加固。金属板防水层底板上应预留浇捣孔，并应保证混凝土浇筑密实，待底板混凝土浇筑完后应补焊严密。金属板防水层如先焊成箱体，再整体吊装就位时，应在其内部加设临时支撑，防止变形。金属板防水层必须全面涂刷防腐蚀涂料，进行防锈蚀处理。

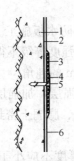

图 27-21 暗钉圈固定
缓冲层示意图

1—初期支护；2—缓冲层；
3—热塑性圆垫圈；4—金属
垫圈；5—射灯；6—防水板

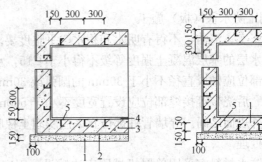

图 27-22 金属板内防水层

1—砂浆防水层；2—结构；3—金属防水层；
4—垫层；5—锚固筋

27.1.2.7 膨润土防水毯（板）防水

1. 膨润土防水毯（板）适用范围

膨润土防水材料防水层应用于 pH 值为 4～10 的地下环境，含盐量较高的地下环境应采用经过改性处理的膨润土，并应经检测合格后方可使用。膨润土防水材料应用于地下工程主体结构的迎水面。

2. 膨润土防水毯（板）材料要求

膨润土防水材料应包括膨润土防水毯和膨润土防水板及其配套材料，并应采用机械固定法铺设。膨润土防水材料中的膨润土颗粒应采用钠基膨润土，不应采用钙基膨润土；膨润土防水材料应具有良好的不透水性、耐久性、耐腐蚀性和耐菌性；膨润土防水毯的非织布外表面宜附加一层高密度聚乙烯膜；膨润土防水毯的织布层和非织布层之间应连接紧密、牢固，膨润土颗粒应分布均匀；基材应采用厚度为 0.6～1.0mm 的高密度聚乙烯片材。膨润土防水材料的性能指标见表 27-24。

膨润土防水材料的性能指标

表 27-24

项 目		性 能 指 标		
		针刺法钠基膨润土防水毯	刺覆膜法钠基膨润土防水毯	胶粘法钠基膨润土防水毯
单位面积质量（g/m²、干重）		≥4000		
膨润土膨胀指数（mL/2g）		24		
拉伸强度（N/100mm）		≥600	≥700	≥600
最大负荷下延伸率（%）		≥10	≥10	≥8
剥离强度	非制造布—编织布（N/10cm）	≥40	≥40	—
	PE膜非制造布（N/10cm）	—	≥30	—
渗透系数（cm/s）		≤5×10⁻¹¹	≤5×10⁻¹²	≤1×10⁻¹³
滤失率（mL）		≤18		
膨润土耐久性（mL/2g）		≥20		

3. 膨润土防水毯（板）施工

基层应坚实、清洁，不得有明水和积水。平整度要求同塑料防水板施工。铺设膨润土防水材料防水层的基层混凝土强度等级不得小于 C15，水泥砂浆强度等级不得低于 M7.5。阴角、阳角部位应做成直径不小于 30mm 的圆弧或 30mm×30mm 的钝角。

变形缝、后浇带等接缝部位应设置宽度不小于 500mm 的加强层，加强层应设置在防水层与结构外表面之间。穿墙管件部位宜采用膨润土橡胶止水条、膨润土密封膏或膨润土粉进行加强处理。

膨润土防水材料宜采用单层机械固定法铺设；固定的垫片厚度不应小于 1.0mm，直径或边长不宜小于 30mm；固定点宜呈梅花形布置，立面和斜面上的固定间距宜为 400～500mm，平面上应在搭接缝处固定。膨润土防水毯的织布面应向着结构外表面或底板混凝土。

立面与斜面铺设膨润土防水材料时，应上层压着下层，防水毯与基层、防水毯与防水毯之间应密贴，并应平整、无褶皱。膨润土防水材料分段铺设时，应采取临时防护措施。

膨润土防水材料甩槎与下幅防水材料连接时，应将收口压板、临时保护膜等去掉，并应将搭接部位清理干净，涂抹膨润土密封膏，然后采用搭接法连接，接缝处应采用钉子和垫圈钉压固定，搭接宽度应大于 100mm。搭接部位的固定间距宜为 200～300mm，固定位置距搭接边缘的距离宜为 25～30mm。平面搭接缝可干撒膨润土颗粒，用量宜为 0.3～0.5kg/m。破损部位应采用与防水层相同的材料进行修补，补丁边缘与破损部位边缘的距离不应小于 100mm；膨润土防水板表面膨润土颗粒损失严重时，应涂抹膨润土密封膏。

膨润土防水材料的永久收口部位应用金属收口压条和水泥钉固定，压条断面尺寸应不小于 1.0mm×30mm，压条上钉子的固定间距应不大于 300mm，并应用膨润土密封膏密封覆盖。膨润土防水材料与其他防水材料过渡时，过渡搭接宽度应大于 400mm，搭接范围内应涂抹膨润土密封膏或铺撒膨润土粉。

27.1.3 地下工程混凝土结构细部构造防水

27.1.3.1 常用材料及做法

1. 止水带

止水带是地下工程变形缝（诱导缝）、后浇带、施工缝等部位应选的防水配件，它具有适应变形的能力。当缝两侧建筑沉降不一致时，可继续起防水作用；可以阻止大部分地下水沿变形缝（诱导缝）、后浇带、施工缝等部位进入室内；可以成为衬托，便于堵漏修补等作用。

（1）常用止水带形式

止水带有橡胶或塑料止水带、金属止水带、钢边橡胶止水带、注浆橡胶止水带、橡胶或塑料止水带加遇水膨胀止水条复合止水带、橡胶腻子加橡胶或塑料复合止水带、钢板橡胶腻子复合止水带等。止水带形式见图 27-23。

（2）止水带选用

常用止水带的构造及适用防水等级、环境条件，见表 27-25。按防水等级要求，正确选用止水带。橡胶或塑料止水带适用于水压小、变形裂缝较小的变形缝。金属止水带适应变形能力较差，采用不锈钢板或紫铜片制成，制作较难，一般用于环境温度高于 50℃ 部位。钢边橡胶止水带两侧钢边与混凝土的粘附性较好，其中间的橡胶部分可满足混凝土变形缝的扭转、膨胀及扯离等变形需要，可承受较大的扭力及拉力。在设计允许的变形范围内，止水带不会产生松动及脱落现象。适用于水压大、变形大的变形缝及施工缝。注浆橡胶止水带及止水带两翼预埋注浆管，既可增加与止水带混凝土的粘附性，又可满足变形缝的扭转、膨胀及扯离等变形需要，提高止水性能，适用于水压大、变形裂缝较大的变形缝。橡胶或塑料止水带加遇水膨胀止水条复合止水带：遇水膨胀止水条阻塞了止水带与混凝土之间的缝隙，止水效果明显。适用于水压大、变形裂缝较小的变形缝。橡胶腻子加橡胶或塑料复合止水带：止水带无论是双翼单面还是双面复合橡胶腻子，都可使止水带与混凝土粘结良好，提高止水性能。适用于水压小、变形裂缝较小的变形缝。钢板橡胶腻子复合止水带：橡胶腻子与混凝土物理及化学的结合力均较强，含固量较高，冬期不脆裂，夏季炎热不流淌。它可将起骨架作用的钢板粘于混凝土中，止水效果明显。适用于水压大、变形较大的变形缝及施工缝。止水带的宽度不宜过宽或过窄，一般取值为 250～500mm，常用值为 320～370mm。遇有腐蚀性介质时，应选用氯丁橡胶、丁基橡胶、三元乙丙橡胶止水带。

常用止水带适用防水等级、环境条件   表 27-25

编号	适用部位	适用防水等级	适用环境条件
1～4	变形缝	一级	水压大、变形裂缝小
5	变形缝	一级	水压大、变形裂缝大
6	变形缝、施工缝	一级	水压大、变形大
7	变形缝、施工缝	一级	水压大、变形较大
8～10	变形缝	一、二级	水压小、变形裂缝小
11、12	变形缝、施工缝	三、四级	水压大、变形裂缝大
13、14	变形缝	一、二级	水压较大、变形小
15、16	变形缝	二、三级	水压较小、变形小

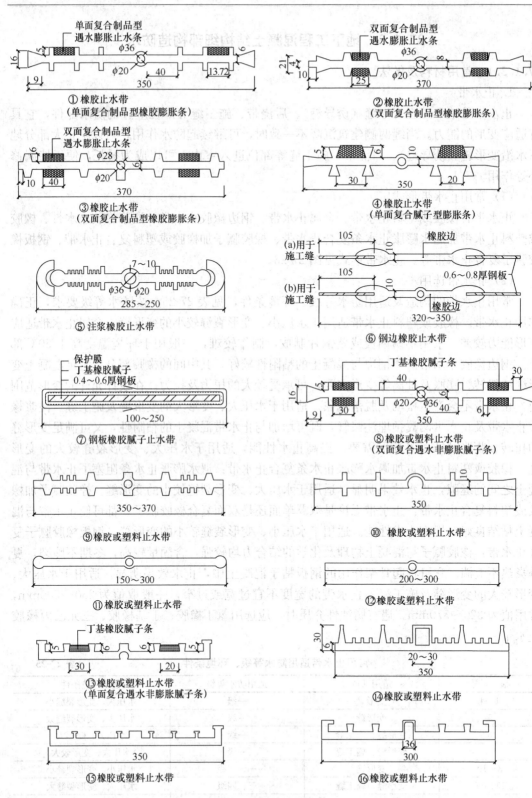

① 橡胶止水带
（单面复合制品型橡胶膨胀条）

② 橡胶止水带
（双面复合制品型橡胶膨胀条）

③ 橡胶止水带
（双面复合制品型橡胶膨胀条）

④ 橡胶止水带
（单面复合腻子型膨胀条）

⑤ 注浆橡胶止水带

⑥ 钢边橡胶止水带

⑦ 钢板橡胶腻子止水带

⑧ 橡胶或塑料止水带
（双面复合遇水非膨胀腻子条）

⑨ 橡胶或塑料止水带

⑩ 橡胶或塑料止水带

⑪ 橡胶或塑料止水带

⑫ 橡胶或塑料止水带

⑬ 橡胶或塑料止水带
（单面复合遇水非膨胀腻子条）

⑭ 橡胶或塑料止水带

⑮ 橡胶或塑料止水带

⑯ 橡胶或塑料止水带

图 27-23　止水带形式

　　设计、施工应采取有效措施，使沉降的变形缝最大沉降差值小于30mm。必要时可采用可卸式止水带，使用螺栓将其覆盖在变形缝上可使止水带固定。它具有易安装、拆卸方便的优点。但其材料为不锈钢，造价高，制作安装精度要求高，止水效果也不如中埋式和外贴式止水带好。因此，可卸式止水带不能替代中埋式和外贴式止水带。外贴式止水带止将水于变形缝外，与外防水层结合共同发挥防水作用，效果较中埋式止水带好。环境温度高于50℃处的变形缝，可采用中埋式金属止水带，见图27-24。重要工程应使用两种止水带，如中埋止水带与外贴止水带相结合、中埋止水带和可卸式止水带相结合。中埋式止水带与外贴防水层、遇水膨胀橡胶条、嵌缝材料、可卸式止水带等复合使用，见图27-25～图27-27。

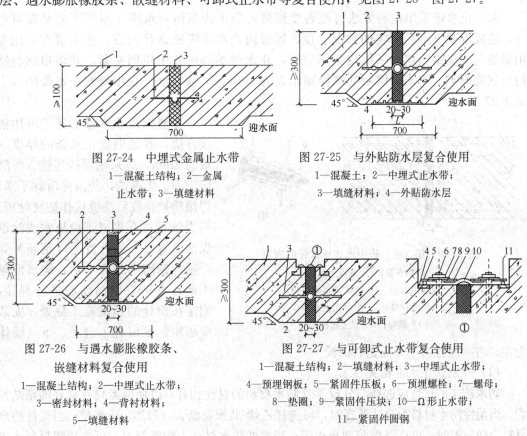

图 27-24　中埋式金属止水带
1—混凝土结构；2—金属
止水带；3—填缝材料

图 27-25　与外贴防水层复合使用
1—混凝土；2—中埋式止水带；
3—填缝材料；4—外贴防水层

图 27-26　与遇水膨胀橡胶条、
嵌缝材料复合使用
1—混凝土结构；2—中埋式止水带；
3—密封材料；4—背衬材料；
5—填缝材料

图 27-27　与可卸式止水带复合使用
1—混凝土结构；2—填缝材料；3—中埋式止水带；
4—预埋钢板；5—紧固件压板；6—预埋螺栓；7—螺母；
8—垫圈；9—紧固件压块；10—Ω形止水带；
11—紧固件圆钢

　　（3）止水带的安装
　　中埋式止水带尽量靠近外防水层安装，漫射位置应准确，其中间空心圆环应与变形缝的中心线重合；止水带应固定，墙体内止水带可平直安装，顶、底板内止水带应成盆状安设；中埋式止水带先施工一侧混凝土时，其端模应支撑牢固，并应严防漏浆；止水带的接缝宜为一处，应设在边墙较高位置上，不得设在结构转角处，接头宜采用热压焊接；中埋式止水带在转弯处应做成圆弧形，橡胶（钢边橡胶）止水带的转角半径不应小于200mm，转角半径应随止水带的宽度增大而相应加大。安设于结构内侧的可卸式止水带，所需配件应一次配齐；转角处应做成45°折角，并应增加紧固件的数量。变形缝与施工缝均用外贴式止水带（中埋式）时，其相交部位采用十字配件（图27-28）。变形缝用外贴式止水带的转角部位采用直角配件（图27-29）。

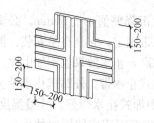
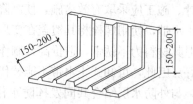

图 27-28　外贴式止水带在施工缝与
　　　变形缝相交处的专用配件

图 27-29　外贴式止水带在转角处的
　　　直角专用配件

水平止水带采用盆装方法可改善变形缝混凝土浇筑时，水平止水带下方易窝有空气，造成混凝土不易密实的情况。顶、底板内止水带应成盆状安设，止水带宜采用专用钢筋套或扁钢固定。采用扁钢固定时，止水带端部应先用扁钢夹紧，并将扁钢与结构内钢筋焊牢。固定扁钢用的螺栓间距宜为 500mm，顶（底）板中埋式止水带的固定见图 27-30。

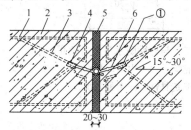
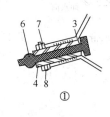

图 27-30　顶（底）板中埋式止水带的固定

1—结构主筋；2—混凝土结构；

3—固定用钢筋；4—固定止水带扁钢；

5—填缝材料；6—中埋式止水带；

7—螺母；8—双头螺杆

普通钢板止水带的施工可用搭接方法，普通钢板止水条的厚度一般为 2mm，应采用焊接连接。焊缝应饱满、无渗透，药渣应清除干净，焊接质量验收后焊缝应作防腐处理。是否渗透可在焊缝部位淋水或涂刷煤油后观察，如有渗透应重新补焊严密。钢筋绑扎完毕后、浇筑混凝土前，将钢板用锚固筋进行焊接，固定在设计的预留施工缝处，安装应居中，预留施工缝上、下（墙体为左、右）应各占 1/2 板宽的钢板。

（4）外贴式止水带相关要求

防水施工的材性应选择与外设柔性防水材料的材性相容，以使两者具有良好的粘结性能。当柔性防水材料为改性沥青时，可选择乙烯-共聚物沥青（ECB）止水带；当柔性防水材料为橡胶型时，可选择橡胶型止水带；当柔性防水材料为塑料型时，可选择塑料型止水带；当柔性防水材料为涂料时，可直接在止水带表面涂刷涂料。止水带的接缝宜为一处，应设在边墙较高的部位，不得设在结构的转角处。乙烯-共聚物沥青（ECB）止水带及塑料型止水带的接头应采用热熔焊接连接，橡胶型止水带的接头应采用热压硫化连接。当柔性防水材料为涂料时，因其材性与止水带相容，两者具有良好的粘结性能，可直接在止水带表面涂刷涂料。当柔性防水材料为卷材时，热熔焊接或用沥青玛蹄脂粘贴，用于改性沥青防水卷材与乙烯-共聚物沥青止水带之间；橡胶型胶粘剂粘结，用于橡胶型防水卷材与橡胶型止水带之间；热熔焊接，用于塑料型防水卷材与塑料型止水带之间。当柔性防水材料的材性与外贴式止水带的材性不相容时，两者之间可采用卤化丁基橡胶防水胶粘剂粘结。

2. 止水条

遇水膨胀止水条（胶）应具有缓胀性能，7d 的净膨胀率不宜大于最终膨胀率的 60%，最终膨胀率宜大于220%。

(1) 止水条的敷设：可用于水平、侧向、垂直或仰面施工缝。橡胶型遇水膨胀止水条在敷设前，先在基层涂刷胶粘剂；本身具有粘结性能的腻子型遇水膨胀止水条，将粘结表面附设的防粘隔离纸撕掉，粘结面朝向基面即可敷设。根据遇水膨胀止水条不同的种类，选择不同的粘贴方法。

(2) 遇水不缓膨胀的止水条，应涂刷缓膨胀剂进行缓膨处理。遇水不缓膨胀的止水条，可吸收混凝土中拌合水。若止水条在混凝土收水凝固前已膨胀，即失去止水的作用。生产厂家在产品使用说明文件中明确说明，所用膨胀条自身是否具有遇水缓膨胀特性。如该产品已具备遇水缓膨胀特性，可不必涂刷；不具有遇水缓膨胀特性的止水条，生产厂家应提供缓膨胀剂，施工单位应按厂家的要求在浇筑混凝土前进行涂刷，使其7d的膨胀率≤60%的最终膨胀率。膨胀止水条表面涂刷2mm厚的水泥浆，可起缓膨胀作用。采用水泥浆的水灰比原则为：水泥浆中的水不能使大部分的水泥完成水化反应，水泥浆涂刷完后水分立即被蒸发，水泥浆变成灰白色。浇筑混凝土（或夏季）即使遇有水分，也会立即被止水条外部的水泥吸收，水泥条由灰白色变成了深色，将水与止水条隔离，止水条就不会预先膨胀。因此，低水灰比的水泥浆作为缓膨胀剂更有效。水泥浆水灰比一般为0.35，在使用前应根据施工要求经试验确定。

(3) 止水条连接及固定方法：遇水膨胀止水条的连接可采用重叠连接（图27-31）、斜面对接（图27-32）及错位靠接（图27-33）等方法。为避免在浇捣混凝土时，止水条可能出现移位、弹起、脱落、翻转等现象，尤其是垂直施工缝，浇捣混凝土时很可能将其振落，止水条不起作用。为此，敷设粘贴止水条后，应用水泥钉将止水条钉压固定。水泥钉间距一般为800～1000mm，平面部位的钉压间距可宽些，拐角、立面等部位的间距应适当加密，见图27-34～图27-36。

复合条对合

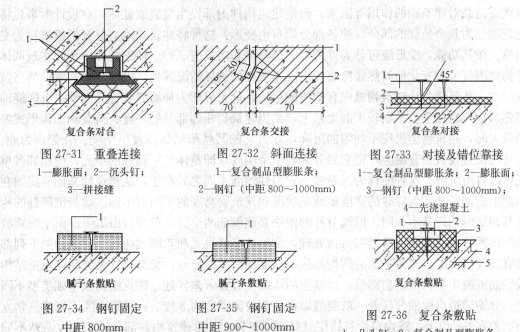

图27-31 重叠连接

1—膨胀面；2—沉头钉；3—拼接缝

复合条交接

图27-32 斜面连接

1—复合制品型膨胀条；2—钢钉（中距800～1000mm）

复合条对接

图27-33 对接及错位靠接

1—复合制品型膨胀条；2—膨胀面；3—钢钉（中距800～1000mm）；4—先浇混凝土

腻子条敷贴

图27-34 钢钉固定

中距800mm

1—腻于平面

腻子条敷贴

图27-35 钢钉固定

中距900～1000mm

1—腻子条粘贴于平面凹槽

复合条敷贴

图27-36 复合条敷贴

1—凸头钉；2—复合制品型膨胀条；3—膨胀面；4—施工缝；5—先浇混凝土

3. 水泥基渗透结晶型防水涂料或水泥砂浆接浆层

水泥基渗透结晶型防水涂料也可用于施工缝防水，与外贴式止水带复合使用可提高防水效果。水泥砂浆接浆层即 1：1 水泥砂浆或在其中掺入水泥基渗透结晶型防水剂、膨胀剂，二次混凝土浇筑前在施工缝处铺设 30mm 厚的接浆层，也是施工缝防水的一种有效方法。接浆层砂浆与混凝土砂浆配比相同，故收缩应力一致，相互间不易产生收缩裂缝。掺加水泥基渗透结晶型防水剂，遇水时可发挥渗透结晶堵塞毛细孔缝的特性，起到止水防渗作用。掺入混凝土膨胀剂可产生膨胀应力，起防渗抗裂作用。同时，可防止后浇筑混凝土时因模板封闭不严而漏浆，或因浆料难以达到施工缝部位而出现蜂窝、麻面、疏松等现象；增加新、老混凝土之间的粘结力；提高施工缝部位后浇混凝土的密实性。铺设水泥接浆层既施工方法简便、费用低，又可使新旧混凝土结合良好，因此无论施工缝采用何种构造形式，二次浇筑混凝土时都应采用铺设水泥接浆层的施工方法。用于补偿收缩混凝土的水泥、砂、石、拌合水及外加剂、掺合料等，应符合本章第 27.1.2.1 节防水混凝土的有关规定。

4. SM 胶及 SJ 条新型材料

SM 胶具有遇水缓膨胀、防渗功能，凝固时间一般为 36h，对基层干燥度要求不高，并可与混凝土、钢板、PVC 等多种基层粘结牢固。SM 胶既可单独使用，也可与 SJ 条或止水钢板配合使用。施工使用标准的填缝枪即可。SJ 条是空心复合遇水膨胀橡胶条，其表面粗糙，中部凸起与混凝土结合较好。单独使用时，对基层的干燥及平整度要求高。可采用涂胶粘结加钉钉的固定方法。

27.1.3.2　变形缝

1. 变形缝的种类

为了避免建筑物由于过长而受到气温变化的影响，或因荷载不同及地基承载能力不均或地震荷载对建筑物的作用等因素，致使建筑构件内部发生裂缝或破坏，在设计时事先将建筑物分为几个独立的部分，使各部分能自由变形，这种将建筑物垂直分开的缝统称为变形缝。按其功能，变形缝可分为伸缩缝、沉降缝和防震缝三种。伸缩缝即为预防建筑墙体等构件因气温的变化使其热胀冷缩而出现不规则的破坏情况发生，沿建筑物长度的适当位置设置一条竖缝，让建筑物纵向有伸缩的余地，这条缝即为伸缩缝或称温度缝；沉降缝即当建筑物建造在土质差别较大的地基上，或因建筑物相邻部分的高度、荷载和结构形式差别较大时，建筑物会出现不均匀的沉降，导致它的某些薄弱部位发生错动、开裂。为此，在适当位置设置垂直缝隙，把它划分为若干个刚度（即整体性）较好的单元，使相邻各单元可以自由沉降，这种缝称为沉降缝。它与伸缩缝不同之处在于，从建筑物基础到屋顶在构造上全部断开。沉降缝的宽度随地基状况和建筑物高度的不同而不同。墙身沉降缝的构造与伸缩缝构造基本相同。但调节片的做法必须保证两个独立单元自由沉降。由于沉降缝沿基础断开，故基础沉降缝需另行处理，常见的有悬挑式和双墙式两种。建筑物的下列部位宜设置沉降缝：建筑平面的转折部位；高度或荷载差异处；长高比过大的砌体承重结构或钢筋混凝土结构的适当部位；地基土的压缩性有显著差异处；建筑结构或基础类型不同处；分期建造房屋的分界处。防震缝即在抗震设防烈度为 8 度、9 度的地区，当建筑物立面高差在 6m 以上，或建筑物有错层且楼层高差较大，或建筑物各部分结构刚度截然不同时，应设防震缝；防震缝和伸缩缝一样，将整个建筑物分成若干体形简单、结构刚度均匀的独立单元。防震缝沿建筑物全高设置且两侧布置墙体。一般基础可不设防震缝,但地震区凡需设置伸缩缝、沉降缝者,均按防震缝要求考虑。多层砌体房屋,当抗震设防烈度为8度和9度且有下列情况之一时宜设置防震缝,缝两侧均应设置墙体,缝宽为50~100mm。

2. 变形缝的构造形式

变形缝的构造比较复杂,施工难度也比较大,地下室常常在此部位发生渗漏,堵漏修补也比较困难。因此,变形缝应满足密封防水、适应变形、施工方便、检修容易等要求。用于伸缩的变形缝宜少设,可根据不同的工程结构类别、工程地质情况采用后浇带、加强带、诱导缝等替代措施。变形缝处混凝土结构的厚度不应小于300mm。用于沉降的变形缝,最大允许沉降差值不应大于30mm。变形缝的宽度宜为20~30mm。变形缝止水带的使用有很大关系,主要原因有止水带材料与混凝土材性不一致,两者不能紧密粘结。当混凝土收缩结合处产生裂缝,水便缓慢地沿裂缝处渗入;变形缝止水带搭接方式基本是叠搭,不能完全封闭成为渗水隐患;变形缝两侧结构不均匀沉降量过大,沉降差使止水带受拉变薄、扭裂或扯断,与混凝土之间出现大缝,形成渗水通道;变形缝混凝土施工时,水平止水带下方易窝有空气,造成混凝土不易密实,甚至产生孔隙,使止水带不起作用。20~30mm宽的变形缝内塞填聚苯板或其他柔性填缝材料,变形缝两侧浇筑混凝土时不易振捣密实;应采取有效的解决方法。根据工程开挖方法、防水等级,变形缝可采用的几种复合防水构造形式见图27-37~图27-44。

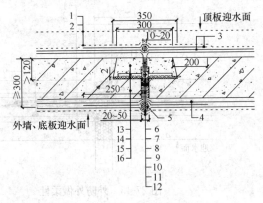

图27-37 外墙、顶板、底板
中埋式止水带的变形缝

1—结构轮廓线;2—柔性隔离层轮廓线;3—顶板防水层,附加层;4—找平层、隔离层;5—聚乙烯棒;6—聚苯板;7—齿型橡胶止水带;8—密封材料;9—背衬防粘隔离条;10—聚苯板;11—防水层、加强层;12—保护层;13—细石混凝土;14—宽齿型橡胶止水带;15—丁基橡胶粘剂;16—外墙或底板

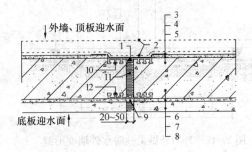

图27-38 外墙、顶板、底板
粘贴式橡胶止水带的变形缝

1—弹性泡沫塑料或密封材料;2—保护层轮廓线;3—低档卷材隔离条;4—水泥砂浆防水层;5—外墙或顶板;6—混凝土底板;7—水泥砂浆防水层;8—混凝土垫层;9—密封材料;10—外贴式止水带;11—聚苯板;12—外贴式止水带

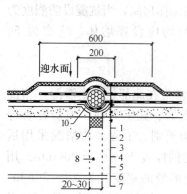

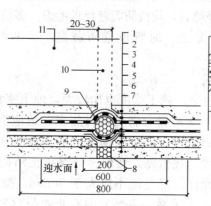

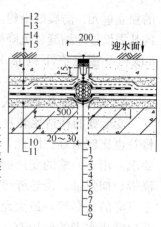

图 27-39   涂料防水外涂外墙变形缝
1—聚乙烯泡沫塑料片材；2—涂料加强层；3—涂料防水层；4—牛皮纸；5—基层处理剂；6—找平层；7—混凝土外墙；8—变形缝；9—低模量密封材料；10—聚乙烯棒

图 27-40   涂料防水外涂底板变形缝
1—细石混凝土；2—低档卷材保护层；3—涂料加强层；4—涂料防水层；5—牛皮纸；6—找平层；7—垫层；8—聚苯板；9—聚乙烯棒；10—变形缝；11—混凝土底板

图 27-41   涂料防水外涂非承重顶板变形缝
1—镀锌薄钢板；2—弹性橡胶嵌缝条；3—高模量密封材料；4—U形镀锌薄钢板；5—低档卷材隔离层；6—涂料加强层；7—聚乙烯棒；8—涂料防水层；9—牛皮纸；10—找平层；11—顶板；12—回填土；13—保护层；14—保护层；15—塑料薄膜隔离层

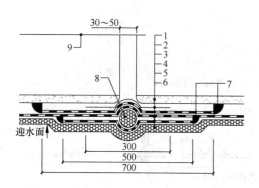

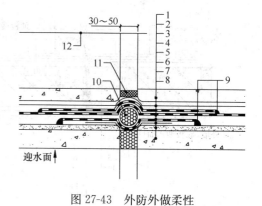

图 27-42   外防外做柔性防水外墙变形缝
1—找平层；2—牛皮纸；3—防水加强层；4—防水层；5—防水加强层；6—聚乙烯泡沫塑料片材；7—聚乙烯棒；8—轮廓线

图 27-43   外防外做柔性防水底板变形缝
1—细石混凝土；2—保护层；3—防水加强层；4—防水层；5—防水加强层；6—牛皮纸；7—找平层；8—垫层；9—密封材料；10—聚乙烯棒；11—密封材料；12—轮廓线

3. 变形缝的施工

（1）变形缝的留置：混凝土浇筑与变形缝的留置时，背水面变形缝两侧混凝土浇筑、振捣一定要密实。变形缝内填塞聚苯板或其他柔性填缝材料，浇筑变形缝两侧混凝土时振捣不易密实，应采取有效措施。可按变形缝宽度预先用 3mm 厚钢板制作凹槽，凹槽内用木楔塞实后固定于变形缝内。混凝土浇筑养护完成后，将其取出用聚苯板或其他柔性填缝材料将变形缝填实。变形缝留置，见图 27-45。变形缝两侧同时浇筑混凝土时，支撑固定

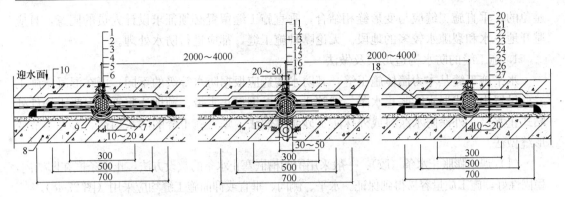

图 27-44 顶板变形缝、分隔缝

1—专用密封材料；2—捋细砂；3—U形镀锌薄钢板；4—聚苯板；5—低档卷材隔离层；
6—防水层构造；7—分隔缝；8—顶板；9—聚乙烯棒；10—混凝土保护层；
11—20~30 厚密封材料；12—3 厚U形镀锌铁皮；13—聚苯板；14—低档卷材隔离层；15—防水层构造；
16—变形缝内构造；17—U形镀锌铁皮；18—密封材料；19—φ40~φ60 聚乙烯棒；20—刚性保护层；
21—低档卷材隔离层；22—柔性材料加强层；23—柔性材料防水层；24—柔性材料加强层；
25—牛皮纸隔离层；26—20 厚 1∶2.5 水泥砂浆找平层；27—顶板

填缝材料的钢筋可能会成为渗水通路的载体，可采用预制细石混凝土或聚合物水泥砂浆压条支撑固定填缝材料解决，压条内预埋 φ6 钢筋与结构钢筋相连，压条预埋 φ6 钢筋外露部位加腻子型膨胀条。外墙变形缝两侧混凝土同时浇筑，见图 27-46。顶板、底板变形缝两侧混凝土同时浇筑，见图 27-47。

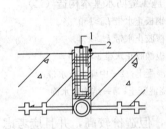

图 27-45 变形缝留置示意图

1—木楔子；2—3 厚钢板凹槽

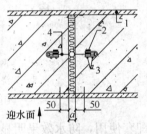

图 27-46 外墙变形缝两侧混凝土同时浇筑示意图

1—侧模；2—压条；
3—结构筋；4—止水带

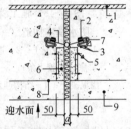

图 27-47 顶板、底板变形缝两侧混凝土同时浇筑示意图

1—模板（顶板）；2—膨胀条；3—与结构筋焊接；4—止水带；5—7×25 腻子型止水条；6—聚合物水泥砂浆压条；7—钢筋卡；8—结构面；9—垫层（底板）

（2）变形缝止水带的安装见止水带相关内容。

（3）嵌填密封材料：密封材料嵌填施工时，缝内两侧基面应坚实、平整、干净、干燥，并应刷涂与密封材料相容的基层处理剂；嵌缝底部应设置背衬材料；嵌填应密实、连续、饱满，并应粘结牢固。

（4）变形缝处防水层的施工在缝表面粘贴卷材或涂刷涂料前，应在缝上设置隔离层。卷材防水层、涂料防水层的施工参见本章卷材防水层、涂料防水层内容。

27.1.3.3 施工缝

由于施工工序要求，混凝土非一次浇筑完成，前、后两次浇筑的混凝土之间形成的缝即施工缝。施工缝处由于混凝土的收缩，易形成渗水的隐患。防水混凝土应连续浇筑，尽量减少留置施工缝。施工缝分为水平施工缝和垂直施工缝两种。水平施工缝是施工中不可避免的；垂直施工缝应与变形缝相结合，垂直施工缝留置必须征求设计人员的同意，且应避开地下水和裂隙水较多的地段。无论哪种施工缝，都应进行防水处理。

1. 施工缝的防水构造形式及做法

水平施工缝基本为墙体施工缝，其防水构造应根据防水等级的不同，可在混凝土施工缝处设置中埋式遇水膨胀止水条、橡胶止水带、钢板止水带、预埋注浆管及混凝土构件外贴式止水带、外涂防水涂料或外抹防水砂浆等做法。垂直施工缝的防水构造，参见本节变形缝做法。

（1）遇水膨胀止水条（胶）：一般采用留凹槽嵌塞止水条的敷设方法，止水条嵌在凹槽内，稳固性好，施工质量容易得到保证。水平、侧向、垂直或仰面施工缝均应采用（图27-48）。

（2）中置式止水带有橡胶止水带、钢板止水带。钢板止水带由于造价低、与混凝土结合较好，防水效果较橡胶止水带好。一般采用2mm厚、300mm宽的低碳钢板。钢板止水带与缓膨型遇水膨胀腻子条复合使用，效果更好（图27-49）。

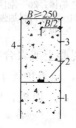

图27-48　施工缝
防水基本构造（一）
1—先浇混凝土；2—遇水
膨胀止水胶（条）；3—后
浇混凝土；4—结构迎水面

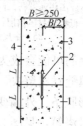

图27-49　施工缝防水基本构造（二）
钢板止水带 $L \geqslant 150$
橡胶止水带 $L \geqslant 125$
钢板橡胶止水带 $L \geqslant 120$
1—先浇混凝土；2—中埋式止水带；
3—后浇混凝土；4—结构迎水面

（3）外贴式止水带可与防水卷材配套使用，防水效果明显，但造价较高，并且应考虑外贴式止水带的材性与外设柔性防水材料的相容性（图27-50）。

（4）采用中埋式止水带或预埋注浆管时，应确保位置准确、牢固可靠，严防混凝土施工时错位（图27-51）。

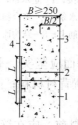

图27-50　施工缝防水基本构造（三）
外贴止水带 $L \geqslant 150$
外涂防水涂料 $L = 200$
外抹防水砂浆 $L = 200$
1—先浇混凝土；2—外贴防水层；
3—后浇混凝土；4—结构迎水面

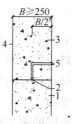

图27-51　施工缝防水
基本构造（四）
1—先浇混凝土；2—预埋注浆管；
3—后浇混凝土；4—结构迎水面；
5—注浆导管

（5）水泥基渗透结晶型防水涂料或水泥砂浆接浆层：施工缝防水的一种有效方法是二次混凝土浇筑前，在施工缝处铺设 30mm 厚的接浆层。接浆层砂浆与混凝土砂浆配比相同。铺设水泥接浆层既施工方法简便、费用低，又可使新旧混凝土结合良好，因此无论施工缝采用何种构造形式，二次浇筑混凝土时都应采用铺设水泥接浆层的施工方法。

（6）SM 胶及 SJ 条新型材料：采用涂胶粘结加钉钉的固定方法。主体柔性防水材料在施工缝部位宜增设加强层，加强层宽度为 400～500mm，即缝上、下为 200～250mm。

2. 施工缝的施工

（1）敷设遇水膨胀止水条、钢板止水带的安装做法，参见本节 1、2 相关内容。

（2）铺设接浆层的施工，混凝土表面松散部分、灰浆等杂物剔除干净，并用空气压缩机将浮灰等彻底清理后浇水，使混凝土表面及模板充分湿润至饱和，并且无明水。基层混凝土表面湿润至饱和后，均匀铺设接浆层，最薄处不应小于 30mm。接浆层铺设的同时可浇筑混凝土，铺设面应先于混凝土浇筑面 6～8m。

（3）浇筑下部混凝土时，应严格控制预留施工缝的高度，误差不宜大于±20mm。上部混凝土浇筑前，应将下部混凝土表面的浮灰、碎片等杂物清理干净。施工缝混凝土表面浇水、充分湿润后，即可浇筑上部混凝土。

（4）施工缝部位柔性防水材料宜增设附加增强层，附加层宽度为 500mm，防水卷材的封缝胶粘剂应反复涂刷至粘结牢固，防水涂料应增加涂刷遍数 1～2 遍。

27.1.3.4 后浇带

后浇带分为温度收缩后浇带及结构沉降后浇带。由于很多建筑平面形状复杂、立面体形不均衡，使用及立面要求不设置沉降缝、防震缝和伸缩缝。混凝土结构在施工期间临时保留一条未浇筑混凝土的带，起变形缝作用，待混凝土结构完成变形后，用补偿收缩混凝土将此缝补浇筑，使结构成为连续、整体、无伸缩缝的结构，以满足建筑的使用及立面要求。后浇带着重解决混凝土结构在强度增长过程中因温度变化、混凝土收缩及高低不同结构沉降等产生的裂缝，以释放大部分变形、减小约束力，避免出现贯通裂缝。不允许留设变形缝的工程部位宜设置后浇带，它应设在受力和变形较小的部位，其间距和位置应按结构设计要求确定，后浇带的宽度为 700～1000mm。后浇带不宜过宽，以防浇捣混凝土前，地下水向上压力过大时，将防水层破坏。后浇带应用抗渗强度和抗压强度等级不低于两侧混凝土的补偿收缩混凝土浇筑，温度收缩后浇带在其两侧混凝土达到 42d 后进行浇筑；高层建筑的结构沉降后浇带应结构封顶沉降完成后，按规定时间进行浇筑。

1. 后浇带防水构造

后浇带两侧混凝土可做成平直缝或阶梯缝，后浇带处底板钢筋不断开，特殊工程需断开时两侧钢筋应伸出，搭接长度应符合《混凝土结构工程施工质量验收规范》GB 50402 的要求，并设附加钢筋。后浇带处的柔性防水层必须是一个整体，不得断开，并应采取设置附加层、外贴止水带或中埋式止水带等措施（图 27-52）。沉降后浇带两侧底板可能产生沉降差，其下方防水层因受拉伸会造成撕裂，因此，沉降后浇带局部垫层混凝土应加厚并附加钢筋，使沉降差形成时垫层混凝土产生斜坡，避免防水层断裂（图 27-53）。采用掺膨胀剂的补偿收缩混凝土（图 27-54），水中养护 14d 后的限制膨胀率不应小于 0.015%，膨胀剂的掺量应根据不同部位的限制膨胀率设定值经试验确定。采用超前止水方法（图 27-55）。

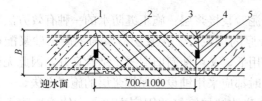

图 27-52 后浇带防水构造（一）

1—先浇混凝土；2—结构主筋；3—外贴式止水带；

4—后浇补偿收缩混凝土；5—遇水膨胀止水条

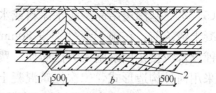

图 27-53 后浇带防水构造（二）

1—外贴止水带；2—附加钢筋长 $b+100$

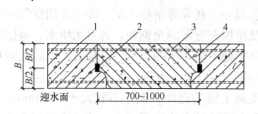

图 27-54 后浇带防水构造（三）

1—先浇混凝土；2—遇水膨胀止水条；

3—结构主筋；4—后浇补偿收缩混凝土

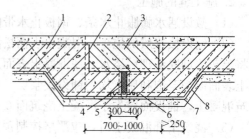

图 27-55 后浇带超前止水构造

1—混凝土结构；2—钢丝网片；3—后浇带；

4—填缝材料；5—外贴式止水带；6—混凝土

保护层；7—卷材防水层；8—垫层混凝土

2. 后浇带的施工

（1）在后浇带处的柔性防水层应设附加层。底板后浇带下部柔性防水层应在底板混凝土施工前完成。柔性防水层施工完毕后，做细石混凝土保护层；外墙后浇带处柔性防水层应在外墙混凝土施工完毕后，并在混凝土后浇带处加设钢板或混凝土板后连续施工；顶板后浇带处柔性防水层的施工，应在顶板后浇带混凝土填充完毕后施工。

（2）后浇带两侧施工缝的止水材料施工方法，见本章施工缝的内容。

（3）后浇带混凝土的施工前，后浇带部位和外贴式止水带应认真保护，防止落入杂物和损伤外贴式止水带。后浇带混凝土应在其两侧混凝土龄期达到 42d，高层建筑的结构沉降后浇带应在结构封顶沉降完成后，按规定时间进行浇筑，并且应认真清理落入带内的建筑垃圾、污水等杂物。因底板很厚、钢筋又密、清理杂物较困难，结构施工期间应采取有效的防护措施，清理工作应认真。带两侧施工缝表面如粘有油污等，则需将其凿毛至清新的混凝土面。为保施工质量，可将带两侧施工缝涂刷水泥基渗透结晶型防水涂料。后浇带混凝土的浇筑，当采用膨胀剂拌制补偿收缩混凝土时，应按配合比准确计量。补偿收缩混凝土的配合比除应符合 27.1.2.1 的要求外，膨胀剂掺量不宜大于 12%。后浇带混凝土应一次浇筑，不得留设施工缝；后浇带两侧的接缝处理同本章的施工缝要求。混凝土浇筑后应及时养护，养护时间不得少于 28d。

27.1.3.5 穿墙管（盒）

穿墙管（盒）应在浇筑混凝土前预埋。穿墙管与内墙角、凹凸部位的距离，应大于 250mm。

1. 穿墙管（盒）的防水构造

（1）结构变形或管道伸缩量较小时，穿墙管可采用主管直接埋入混凝土内的固定式防水法，主管应加焊止水环或环绕遇水膨胀止水圈，并应在迎水面预留凹槽，槽内应采用密封材料嵌填密实。其防水构造宜采用的形式：穿墙管直径较小的，可选用遇水膨胀胶条，距混凝土表面不宜小于100mm的管中偏外设置。主管加焊的止水环应满焊密实。止水环与遇水膨胀胶条复合使用，效果更好。膨胀胶条应装在止水环迎水面一侧，紧贴止水环与穿墙管焊接处。主体柔性防水层，应在穿墙管处增设附加层。防水附加层宜选用加无纺布或玻纤胎体的防水涂层，其宽度在管道上、混凝土上均不小于100～150mm（图27-56、图27-57）。直埋式金属管道进入室内时，为防止电化学腐蚀作用，应在管道伸出室外部分加涂宽度为管径10倍的树脂涂层，也可用缠绕自粘防腐材料代替树脂涂层。

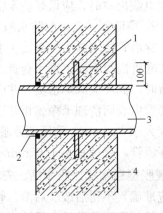

图27-56　固定式穿墙管防水构造（一）
1—止水环；2—密封材料；
3—主管；4—混凝土结构

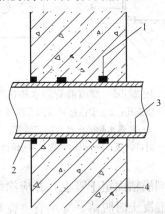

图27-57　固定式穿墙管防水构造（二）
1—遇水膨胀橡胶圈；2—密封材料；
3—主管；4—混凝土结构

　　（2）结构变形或管道伸缩量较大或有更换要求时，应采用套管式防水法，套管应加焊止水环（图27-58）。套管内外侧设计的翼环与止水环一样，也应满焊密实。为确保混凝土在此处振捣密实，并有一定的操作空间，管与管之间的间距不应小于300mm。主体柔性外防水层在套管四周应作加强层，防水加强层也选用加无纺布或玻纤胎体的防水涂层，防水加强层可以延长至管道的宽不宜小于150mm，并用密封材料封严。

　　（3）穿墙管线较多时，宜相对集中，并且应采用穿墙盒方法。穿墙盒的封口钢板应与墙上的焊埋角钢焊严。小盒可用改性沥青填满；大盒应浇筑自密实混凝土或CGM灌浆料，必要时掺水泥基渗透结晶型防水剂。管径较大且排管较疏时，可用3.5～5.0mm厚的钢板与钢套管焊严密，置于模板内浇筑混凝土，墙内钢筋适当移位、不断开。小型地下室，可按排管要求预埋钢套管预制钢筋混凝土孔板，直接浇

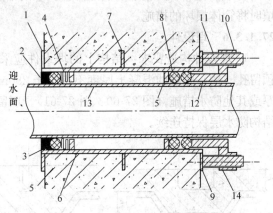

图27-58　套管式穿墙管防水构造
1—翼环；2—密封材料；3—背衬材料；
4—填缝材料；5—挡圈；6—套管；
7—止水环；8—橡胶圈；9—翼盘；
10—螺母；11—双头螺栓；12—短管；
13—主管；14—法兰盘

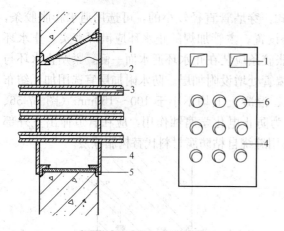

图 27-59　穿墙群管防水构造

1—浇筑孔；2—柔性材料或细石混凝土；

3—粘遇水膨胀止水圈的穿墙管；

4—封口钢板；5—固定角钢；6—预留孔

入混凝土侧壁中，或用聚合物水泥砂浆随墙砌入（图 27-59）。穿管后，两端密封焊实。室外若设置管沟，可采用法兰连接后装管道，法兰钢板厚度根据管径大小而定。主体的柔性防水层应按前述方法，增设防水附加层。室外直埋电缆入户前宜设置接线井，室内外电缆在接线井内连接。室内电缆出户时，应做好防水密封处理。

2. 穿墙管（盒）的防水施工

穿墙管防水施工时金属止水环应与主管或套管满焊密实。采用套管式穿墙防水构造时，翼环应满焊密实，并应在施工前将套管内表面清理干净。相邻穿墙管的间距应大于 300mm。采用遇水膨胀止水圈的穿墙管，管径宜小于 50mm，止水圈应采用胶粘剂满粘固定于管上，并应涂缓胀剂或采用缓胀型遇水膨胀止水圈。安装应牢固，以免浇捣混凝土时脱落。穿墙管（盒）的预埋位置应准确，不得后改、后凿。管（盒）周围的混凝土应浇筑、振捣密实。穿墙盒处从钢板上的预留浇筑孔注入柔性密封材料或细石混凝土处理。柔性防水层在穿墙管部位的收头应采用管箍或钢丝紧固，并用密封材料封严。防水附加层及收头涂膜材料，应选择与防水卷材相容的材料，涂膜附加层内加无纺布或玻纤胎体材料，其剪裁方法与防水卷材相同。柔性防水层在穿墙盒部位的四周，用螺栓、金属压条固定在封口钢板上，并用密封材料封严。当工程有防护要求时，穿墙管除应采取防水措施外，尚应采取满足防护要求的措施。穿墙管伸出外墙的部位，应采取防止回填时将管体损坏的措施。

27.1.3.6　埋设件

1. 埋设件构造要求：结构上的埋设件应采用预埋或预留孔（槽）等。埋设件端部或预留孔（槽）底部的混凝土厚度不得小于 250mm；当厚度小于 250mm 时，应采取局部加厚或其他防水措施（图 27-60、图 27-61）。预留孔（槽）内的防水层，宜与孔（槽）外的结构防水层保持连续。

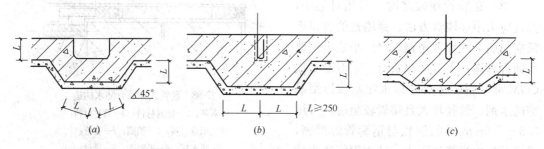

图 27-60　预埋件或预留孔（槽）处理示意图

(a) 预留槽；(b) 预留孔；(c) 预埋件

2. 埋设件的施工要求：埋设件的预埋、凹槽的位置应准确，不得后改、后埋。采用滑模施工边墙设有埋设件时，墙内外螺栓之间宜采用预埋螺母或钢板焊接连接。埋设件周围的混凝土应浇筑、振捣密实。

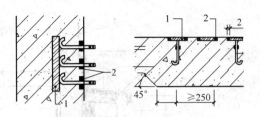

图 27-61　预埋件处理示意图
1—预埋钢板；2—止水条

27.1.3.7　预留通道接头

1. 预留通道接头处的最大沉降差值不得大于 30mm。预留通道接头应采取变形缝防水构造形式，如图 27-62～图 27-64 所示。

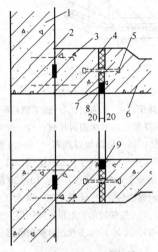

图 27-62　预留通道接头防水构造
1—先浇混凝土结构；2—连接钢筋；3—止水条（胶）；4—填缝材料；5—中埋式止水带；6—后浇混凝土结构；7—橡胶条（胶）；8—嵌缝材料；9—背衬材料

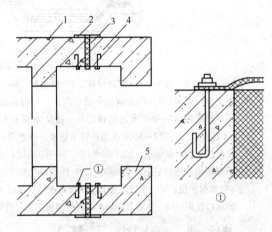

图 27-63　预留通道接头防水构造
1—先浇混凝土结构；2—防水涂料；3—填缝材料；4—可卸式止水带；5—后浇混凝土结构

2. 预留通道接头的防水施工

预留通道对先施工部位的混凝土、中埋式止水带和防水有关的预埋件等，应及时保护，并应确保表面混凝土和中埋式止水带清洁，埋设件不得锈蚀。中埋式止水带、遇水膨胀橡胶条（胶）、预埋注浆管、密封材料、可卸式止水带的施工，应符合本章节施工缝的有关要求。接头混凝土施工前，应将先浇筑混凝土端部表面凿毛，露出钢筋或预埋的钢筋接驳器钢板，与待浇混凝土部位的钢筋焊接或连接好后再行浇筑。当先浇混凝土中未预埋可卸式止水带的预埋螺栓时，可选用金属或尼龙的膨胀螺栓固定可卸式止水带。采用金属膨胀螺栓时，可选用不锈钢材料或金属涂膜、环氧涂料等涂层进行防锈处理。

27.1.3.8　桩头

1. 桩基渗水通道主要发生部位：桩基钢筋与混凝土之间、底板与桩头之间出现的施工缝，混凝土桩与地基土两者膨胀收缩不一致，在桩壁与地基土之间形成的缝隙。桩头所用防水材料应具有良好的粘结性、湿固化性，桩头防水材料应与其他防水材料具有良好的亲合性，应与垫层防水层连为一体。桩头防水构造形式见图 27-65。

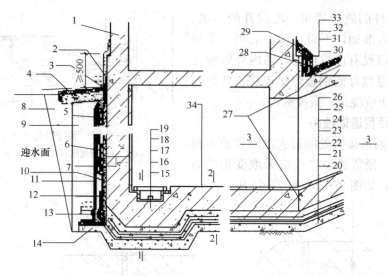

图 27-64　地下车库防水构造

1—外墙；2—收头；3—密封材料；4—散水板；5—250 宽加强层；6—加强层；7—施工缝；8—原土分层夯实；9—2：8 灰土分层夯实；10—防水层；11—5 厚聚乙烯泡沫塑料片材；12—加强层（空铺）；13—φ50 聚乙烯棒；14—按防水材料种类甩接槎；15—局部加厚底板；16—20 厚1：2防水砂浆；17—φ100 硬塑料管至集水井排水管；18—明沟；19—明沟箅子；20—垫层；21—找平层；22—加强层；23—防水层；24—隔离层；25—细石混凝土；26—底板；27—10×30 腻子型膨胀条膨胀钢钉中距 500～800；28—纵横分格缝中距 4～6m 嵌缝密封；29—收头；30—30 厚1：3 砂浆保护层；31—甩槎坡形通道顶板防水层（至出入口收头）32—甩槎坡形通道顶板加强层（至出入口收头）33—外墙柔性防水层（与顶板防水层有效交圈）；34—20 厚1：2.5 水泥砂浆耐磨层

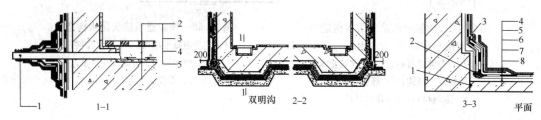

1—硬塑料管；2—明沟箅子；3—明沟；　　　　　1—止水条；2—密封材料；3—收头；4—保护层；
4—防水砂浆；5—局部加厚底板　　　　　　　　5—加强层；6—防水层；7—找平层；8—通道外墙

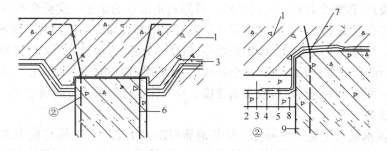

图 27-65　桩头防水构造

1—结构底板；2—底板防水层；3—细石混凝土保护层；4—聚合物水泥防水砂浆；
5—水泥基渗透结晶型防水涂料；6—桩基受力筋；7—遇水膨胀止水条；8—混凝土垫层；9—桩基混凝土

2. 桩头防水施工应按设计要求将桩顶剔凿至混凝土密实处，并应清洗干净；破桩后如发现渗漏水，应及时采取堵漏措施。涂刷水泥基渗透结晶型防水涂料时，应连续、均匀，不得少涂或漏涂，并应及时进行养护，对遇水膨胀止水条（胶）进行保护。采用其他防水材料时，基面应符合施工要求。

27.1.3.9 孔口、窗井

1. 孔口、窗井防水构造要求

地下工程通向地面的各种孔口应采取防地面水倒灌的措施。人员出入口高出地面的高度宜为 500mm，汽车出入口设置明沟排水时，其高度宜为 150mm，并应采取防雨措施。窗井的底部在最高地下水位以上时，窗井的底板和墙应做防水处理，并宜与主体结构断开，如图 27-66 所示。通风口应与窗井同样处理，竖井窗下缘离室外地面高度不得小于 500mm。窗井或窗井的一部分在最高地下水位以下时，窗井应与主体结构连成整体，其防水层也应连成整体，并应在窗井内设置集水井，如图 27-67 所示。无论地下水位高低，窗台下部的墙体和底板应做防水层。窗井内的底板，应低于窗下缘 300mm。窗井高出地面不得小于 500mm。窗井外地面应作散水，散水与墙面间应采用密封材料嵌填。

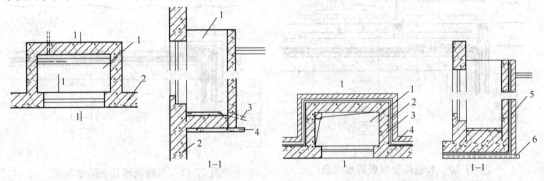

图 27-66　窗井防水示意图
1—窗井；2—主体结构；3—排水管；4—垫层

图 27-67　窗井防水示意图
1—窗井；2—防水层；3—主体结构；
4—保护层；5—集水井；6—垫层

2. 孔口、窗井防水施工方法

参见本章：防水混凝土、卷材防水、涂层防水的施工。

27.1.3.10 坑、池

（1）坑、池、储水库宜采用防水混凝土整体浇筑，内部应设防水层。受振动作用时应设柔性防水层。底板以下的坑、池，其局部底板应相应降低，并应使防水层保持连续（图 27-68～图 27-71）。

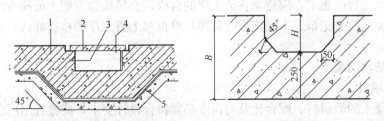

图 27-68　底板下坑、池的防水构造
1—底板；2—盖板；3—坑、池防水层；4—坑、池；5—主体结构防水层

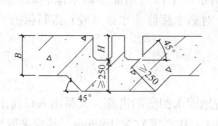
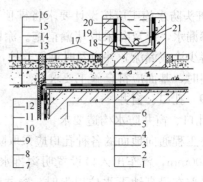

图 27-69　水池花池顶板防水构造

1—混凝土顶板；2—找平层；3—加强层、防水层；4—低档材料隔离层；5—保护层；
6—自防水钢筋混凝土水池或花池；7—外墙；8—找平层、防水层；9—防水加强层；
10—聚乙烯泡沫塑料片材；11—聚乙烯泡沫塑料片材；12—回填灰土；13—回填素土；
14—垫层；15—砂浆粘结层；16—面砖装饰层；17—密封材料；18—防水层；19—水
泥砂浆层；20—水或种植土；21—花池设排水管

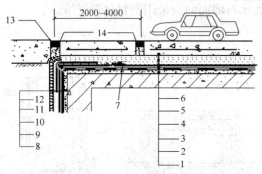
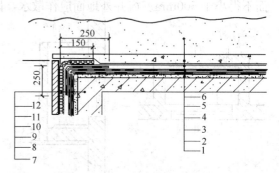

图 27-70　水池花池顶板防水构造	图 27-71　水池花池顶板防水构造
1—混凝土顶板；2—找平层；3—柔性防水层；4—塑料板防水层；5—保护层；6—保护层；7—异种材料搭接；8—找平层；9—双层材料防水层；10—防水加强层；11—聚乙烯泡沫塑料片材；12—回填土；13—密封材料；14—分格缝	1—混凝土顶板；2—找平层；3—双层材料防水层；4—低档材料隔离层；5—保护层；6—种植土；7—找平层；8—双层材料防水层；9—防水加强层；10—聚乙烯泡沫塑料片材；11—砌体保护层；12—回填土

（2）坑、池防水施工方法参见本章：防水混凝土施工、卷材防水施工、涂层防水施工。

27.1.4　工程质量检验与验收

地下防水工程的施工，应建立各道工序的自检、交接检和专职人员检查的"三检"制度，并有完整的检查记录。未经建设（监理）单位对上道工序的检查确认，不得进行下道工序的施工。

27.1.4.1　防水混凝土

1. 主控项目

防水混凝土的原材料、配合比及坍落度必须符合设计要求，应检查出厂合格证、质量检验报告、计量措施和现场抽样复验报告。防水混凝土的抗压强度和抗渗压力必须符合设计要求，应检查混凝土抗压、抗渗试验报告。防水混凝土的变形缝、施工缝、后浇带、穿墙管道、埋设件等设置和构造，均须符合设计要求，严禁有渗漏。应进行观察检查和检查隐蔽工程验收记录。

2. 一般项目

观察和尺量检查，防水混凝土结构表面应坚实、平整，不得有露筋、蜂窝等缺陷；埋设件位置应正确。用刻度放大镜检查防水混凝土结构表面的裂缝宽度不应大于 0.2mm，并不得贯通。用尺量方法检查防水混凝土结构厚度不应小于 250mm，其允许偏差为 +15mm、-10mm；迎水面钢筋保护层厚度不应小于 50mm，其允许偏差为 ±10mm。同时，应检查隐蔽工程验收记录。

27.1.4.2　防水砂浆

1. 主控项目

水泥砂浆防水层的原材料及配合比必须符合设计要求。检查出厂合格证、质量检验报告、计量措施和现场抽样试验报告。观察和用小锤轻击检查，水泥砂浆防水层各层之间必须结合牢固，无空鼓现象。

2. 一般项目

观察和尺量检查，水泥砂浆防水层表面应密实、平整，不得有裂纹、起砂、麻面等缺陷；阴阳角处应做成圆弧形。观察检查，水泥砂浆防水层施工缝留槎位置应正确，接槎应按层次顺序操作，层层搭接紧密。检查隐蔽工程验收记录。观察和尺量检查，水泥砂浆防水层的平均厚度应符合设计要求，最小厚度不得小于设计厚度的 85%。

27.1.4.3　防水卷材

1. 主控项目

卷材防水层所用卷材及主要配套材料必须符合设计要求。检查出厂合格证、质量检验报告和现场抽样试验报告。观察检查，卷材防水层及其转角处、变形缝、穿墙管道等细部做法均须符合设计要求。检查隐蔽工程验收记录。

2. 一般项目

观察和尺量检查，卷材防水层的基层应牢固，基面应洁净、平整，不得有空鼓、松动、起砂和脱皮现象；基层阴阳角处应做成圆弧形。检查隐蔽工程验收记录。观察检查，卷材防水层的搭接缝应粘（焊）结牢固，密封严密，不得有皱折、翘边和鼓泡等缺陷。观察检查，侧墙卷材防水层的保护层与防水层应粘结牢固，结合紧密、厚度均匀一致。观察和尺量检查，卷材搭接宽度的允许偏差为 -10mm。

27.1.4.4　防水涂料

1. 主控项目

涂料防水层所用的材料及配合比必须符合设计要求。检查出厂合格证、质量检验报告、计量措施和现场抽样试验报告。观察检查，涂料防水层及其转角处、变形缝、穿墙管道等细部做法均须符合设计要求。检查隐蔽工程验收记录。

2. 一般项目

观察和尺量检查，涂料防水层的基层应牢固，基面应洁净、平整，不得有空鼓、松动、起砂和脱皮现象；基层阴阳角处应做成圆弧形，并检查隐蔽工程验收记录。观察检查，涂料防水层应与基层粘结牢固，表面平整、涂刷均匀，不得有流淌、皱折、鼓泡、露胎体和翘边等缺陷。针测法或割取 20mm×20mm 实样用卡尺测量，涂料防水层的平均厚度应符合设计要求，最小厚度不得小于设计厚度的80%。观察检查，侧墙涂料防水层的保护层与防水层应粘结牢固，结合紧密，厚度均匀一致。

27.1.4.5　塑料板防水层

1. 主控项目

检验出厂合格证、质量检验报告和现场抽样试验报告，防水层所用塑料板及配套材料必须符合设计要求。双焊缝间空腔内充气方法检查，塑料板的搭接缝必须采用热风焊接，不得有渗漏。

2. 一般项目

观察和尺量检查，塑料板防水层的基面应坚实、平整、圆顺，无漏水现象；阴阳角处应做成圆弧形。观察检查，塑料板的铺设应平顺并与基层固定牢固，不得有下垂、绷紧和破损现象。尺量检查，塑料板搭接宽度的允许偏差为－10mm。

27.1.4.6　金属板防水层

1. 主控项目

检查出厂合格证或质量检验报告和现场抽样试验报告。金属板防水层所采用的金属板材和焊条（剂）必须符合设计要求。检查焊工执业资格证书和考核日期，焊工必须经考试合格并取得相应的执业资格证书。

2. 一般项目

观察检查，金属板表面不得有明显凹面和损伤。观察检查和无损检验，焊缝不得有裂纹、未熔合、夹渣、焊瘤、咬边、烧穿、弧坑、针状气孔等缺陷。观察检查，焊缝的焊波应均匀，焊渣和飞溅物应清除干净；保护涂层不得有漏涂、脱皮和反锈现象。

27.1.4.7　细部构造

1. 主控项目

检查出厂合格证、质量检验报告和进场抽样试验报告，细部构造所用止水带、遇水膨胀橡胶腻子止水条和接缝密封材料必须符合设计要求。观察检查和检查隐蔽工程验收记录，变形缝、施工缝、后浇带、穿墙管道、埋设件等细部构造作法，均须符合设计要求，严禁有渗漏。

2. 一般项目

观察检查和检查隐蔽工程验收记录。中埋式止水带中心线应与变形缝中心线重合，止水带应固定牢靠、平直，不得有扭曲现象。观察检查和检查隐蔽工程验收记录。穿墙管止水环与主管或翼环与套管应连续满焊，并做防腐处理。观察检查，接缝处混凝土表面应密实、平顺、洁净、干燥，不得有蜂窝、麻面、起皮和起砂等缺陷；密封材料应嵌填严密、连续、饱满、粘结牢固，不得有开裂、鼓泡和下塌现象。

27.1.4.8　防水工程验收资料

1. 管理类资料

防水工程施工方案，防水工程施工技术交底；专业防水施工单位、各类防水产品厂家的企业资质、营业执照；专业防水施工人员上岗证；砂、石等采矿证；技术总结报告等其他必须提供的资料。

2. 原材料

防水混凝土、防水砂浆应具有：水泥、砂、石、外加剂、掺合料等出厂合格证、试验报告（或质量检验报告）、产品性能和使用说明书、复验报告；防水材料及主要配套材料应具有：出厂合格证、质量检验报告、产品性能和使用说明书、现场复验报告。

3. 施工记录

隐蔽工程检查记录（如防水混凝土、防水砂浆、柔性防水基层、细部处理、多层柔性防水每一层的隐蔽工程检查）；防水混凝土的浇灌申请、开盘鉴定、拆模申请及预拌混凝土运输单等；地下工程防水效果检查记录。

4. 施工试验资料

混凝土、砂浆配合比申请单；混凝土、砂浆试块抗压强度、抗渗试验记录及强度统计，结构实体混凝土强度试验记录等。

5. 检查验收资料

结构实体混凝土强度验收；各分项工程的检验批、分项工程质量验收记录，子分部工程质量验收记录等。

6. 竣工图

27.1.5 地下工程渗漏治理

地下工程渗漏治理应遵循"以堵为主，堵排结合，因地制宜，多道设防，综合治理"的原则。渗漏治理前，应进行现场调查和工程技术资料的收集。应调查工程所在周围的环境，渗漏水水源及变化规律，渗漏水发生的部位、现状及影响范围，结构稳定情况及损害程度，使用条件、气候变化和自然灾害对工程的影响及现场作业条件等。掌握工程设计相关资料，原防水设防构造使用的防水材料及其性能指标，渗漏部位相关的施工方案，相关验收资料及历次渗漏水治理的技术资料等。

根据掌握工程情况，选定治理措施、治理材料及治理方法制定治理方案。任何渗漏水情况，都应采取先止水后防水的治理方案。地下工程渗漏水治理施工，应按制定的治理方案进行。地下工程渗漏水治理，应由防水专业设计人员和有防水资质的专业施工队伍承担。治理过程中的安全措施、劳动保护，应符合有关安全施工技术规定。有降水和排水条件的地下工程，治理前应做好降水、排水工作。结构仍在变形、未稳定的裂缝，应待结构稳定后再进行处理。渗漏治理应在结构安全的前提下进行。当渗漏部位有结构安全隐患时，应先进行结构修复，再进行渗漏治理。严禁采用有损结构安全的渗漏治理措施及材料。渗漏水治理施工时，应按先顶（拱）后墙然后底板的顺序进行，尽量少破坏原结构和防水层。治理过程中应严格每道工序的操作，上道工序未经验收合格，不得进行下道工序施工。

27.1.5.1 渗漏治理材料的选用

渗漏治理材料应能适应施工现场环境条件，应与原防水材料相容并避免对环境造成污染，应满足工程的特定使用功能要求。注浆止水材料有聚氨酯、丙烯酸盐、水泥-水玻璃或水泥基灌浆料。裂缝堵水注浆宜选用聚氨酯或丙烯酸盐等化学浆液。有结构补强要求时，可选用环氧树脂、水泥基或油溶性聚氨酯等固结体强度高的灌浆料。聚氨酯灌浆材料在存放和配制过程中，不得与水接触。环氧树脂灌浆材料不宜在水流速度较大的条件下使用，且不宜用作注浆止水材料。丙烯酸盐灌浆材料不得用于有补强要求的工程。刚性防水材料宜选用环氧树脂防水涂料、水泥渗透结晶型防水涂料、聚合物水泥防水砂浆等。防水涂料宜选用与基面粘结强度高和抗渗性能好的材料。衬砌后注浆宜选用特种水泥浆、掺有膨润土、粉煤灰等掺合料的水泥浆或水泥砂浆。导水、排水材料宜选用排水板、金属排水槽或渗水盲管等。密封材料宜选用硅酮、聚硫橡胶和聚氨酯类等柔性密封材料。

27.1.5.2 渗漏治理技术措施

无论是混凝土结构还是砌体结构的渗漏，都必须先止水后防渗漏。渗漏治理的技术措施有：注浆止水、快速封堵、安装止水带、设置刚性防水层、设置柔性防水层等。现浇混凝土结构及实心砌体结构地下工程渗漏治理的技术措施，见表 27-26 和表 27-27。

现浇混凝土结构地下工程渗漏治理的技术措施　　　　　　　　表 27-26

技术措施		渗 漏 部 位					材　料
		裂缝及施工缝	变形缝	大面积渗漏	孔洞	管道根部	
注浆止水	钻孔注浆	●	●	○	×	●	聚氨酯灌浆材料、丙烯酸盐灌浆材料、水泥-水玻璃灌浆材料、环氧树脂灌浆材料、水泥基灌浆材料等
	埋管（嘴）注浆	×	○	×	○	○	
	贴嘴注浆	○	×	×	×	×	
快速封堵		○	×	●	●	●	速凝型无机防水堵漏材料等
安装止水带		×	●	×	×	×	内置式密封止水带、内装可卸式橡胶止水带
设置刚性防水层		●	●	●	●	○	水泥基渗透结晶型防水涂料、缓凝型无机防水堵漏材料、环氧树脂类防水涂料、聚合物水泥防水砂浆
设置柔性防水层		×	×	×	×	○	Ⅱ型或Ⅲ型聚合物水泥防水涂料

注：●——宜选，○——可选，×——不宜选。

实心砌体结构地下工程渗漏治理的技术措施　　　　　　　　表 27-27

技术措施	渗 漏 部 位			材　料
	裂缝/砌块灰缝	大面积渗漏	管道根部	
注浆止水	○	×	●	丙烯酸盐灌浆材料、水溶性聚氨酯灌浆材料
快速封堵	●	●	●	速凝型无机防水堵漏材料等
设置刚性防水层	●	●	○	聚合物水泥防水砂浆、环氧树脂类防水涂料
设置柔性防水层	×	×	○	Ⅱ型或Ⅲ型聚合物水泥防水涂料

注：●——宜选，○——可选，×——不宜选。

1. 注浆止水

注浆工艺可分为钻孔注浆、埋管（嘴）注浆和贴嘴注浆三类。钻孔注浆是近年来使用广泛的注浆工艺，具有对结构破坏小并能使浆液注入结构内部、止水效果好的优点；适用于由于混凝土施工不良引起的混凝土结构内部的松散等形成的渗漏水孔道，造成大面积严重渗漏水；埋管（嘴）注浆需要开槽，不但会造成基层破坏而且注浆压力偏低，一般仅用于孔洞和底板变形缝的渗漏治理；贴嘴注浆由于不能快速止水，一般用于无明水的潮湿裂缝。

(1) 钻孔注浆

用于水压或渗漏量大的裂缝。

1) 水泥类浆液法：具备加固与防水两种效果。普通砂浆水灰比可根据进浆快慢调整。一般先用配合比 1:2、水灰比为 0.6～0.8 的砂浆注入结构壁，如进浆顺畅、速度快，应适当减小配合比、水灰比；如进浆缓慢，水灰比可调至 0.8～1.0 并适当加大压力。孔隙较大以及宽度大于 0.2mm 的裂缝，水泥浆液水灰比可为 0.5～0.6，也可掺入适量外加剂进行注浆堵水。孔隙较小以及宽度小于 0.2mm 的裂缝，可采用超细水泥浆液或自流平水泥浆液等进行注浆。普通硅酸盐水泥浆液的凝固时间较长，可掺入一定的速凝剂，注入的浆液在一般情况下有效，而在干湿交替的地下岩石中，凝固的浆液易产生干缩裂缝。由于裂缝的发生，使注入的浆液失去了效果，采用普通硅酸盐水泥与双快水泥按 1:(1～3) 掺合、水灰比为 0.6～0.8，可改善这种现象。采用双快水泥、自流平水泥或 CGM 灌浆料等水泥注浆料，它们具有速凝、早强、20min 后水泥强度可达 1～3MPa、可灌注性好的特点，能渗透到混凝土内部各细小裂缝空隙中，有效地堵住渗水通道。借助外界施加的压力，使水泥浆充满于结构中。

2) 化学注浆法：经水泥浆液注浆后仍有洇渗现象，可再采用化学注浆法进行注浆堵漏。化学注浆法材料有低模数水玻璃掺超细水泥，采用聚醚为环氧乙烷聚合物的水溶性聚氨酯浆液。这些浆液具有黏度低、可灌性好等特点。遇水膨胀注浆液是一种快速、高效的防渗漏堵漏化学灌浆材料，对于各类工程出现的大量涌水、漏水等有独特的止水效果，已在大量的工程中得到广泛应用，适用于各种渗漏、堵漏处理。其产品具有良好的亲水性。水既是稀释剂，又是固化剂。浆液遇水后先分散乳化，进而凝胶固结。可在潮湿或涌水的情况下进行灌浆，对水质适应性强。固结体经急性毒性试验属实际无毒类。固体为弹性体可遇水膨胀，具有弹性止水和以水止水的双重功能。

3) 注浆机具：手压泵由泵体加材料筒组成，体积轻、小，移动方便，注浆堵漏、水泥浆液、化学浆液，单液、双液均可使用。注水泥浆液的泵体宜选用高耐磨性，注化学浆液时可用一般泵体，也可采用塑料泵体。机械或液压式注浆泵适用于注浆量大、压力高的工程，也可在结构背面注浆，分为单液注浆机及双液注浆机。双液注浆机的混合器用于两种不同浆液混合注浆，如化学浆液的甲乙液、水泥浆与玻璃水等。注浆施工应一次注入。注浆量大的部位，应选用可连续注浆的设备；注浆系统的工作能力，必须达到所需的注浆压力和流量。所选用的输浆管必须有足够的强度；浆液在管内要流动通畅；管件装配及拆卸方便。注浆机具使用完毕后应彻底清洗，以免影响下次使用。丙凝和水泥浆液的注浆机具用水冲洗，聚氨酯注浆机具用丙酮或二甲苯清洗。应经常检查注浆活塞杆的磨损情况，当出现杆壁冒浆多时，需及时更换。

4) 注浆施工：根据工程混凝土裂缝孔洞的大小、渗漏水量及地下水的压力情况，选定注浆范围及浆液种类。根据渗漏水流速、孔隙水压力，确定注浆压力、浆液配合比、凝结时间及注浆的孔位位置、数量及埋深。注浆材料应选多种品种，分 2～3 次进行注浆。注浆孔的孔距，应根据工程情况调查及浆液的扩散半径而定。渗水面广时，孔位布置应加密，一般按梅花形布置。注水泥浆液间距 0.8～1m，孔深不应穿透结构物，留 100～200mm 长度为安全距离。水泥浆液注浆后仍有洇渗现象，再用化学注浆法，孔间距一般为 0.3～0.5m，钻孔深度为结构厚度的 1/3～1/2。孔径略大于注浆嘴。注浆孔位置应选在漏水量最大的部位，使注浆孔的底部与漏水缝隙相交，以达到几乎引出全部漏水的效果。水平裂缝可沿缝由下向上造斜孔，垂直裂缝可正对缝隙造直孔。埋入式注浆嘴将集中渗漏点剔凿成深 100～120mm、外径 150～200mm 的喇叭口孔洞。观察缝隙方向，用 φ12～20mm 的钻头对准缝口，向结构内钻 100～150mm 深，将孔洞内清洗干净，用快凝胶浆把注浆嘴稳固于孔洞内，其埋深不应小于 50mm。压环式注浆嘴插入钻孔后，用扳手转动螺母压紧活动套管及压环，弹性橡胶圈在压力作用下向孔壁四周膨胀，使注浆嘴与孔壁连接牢固。楔入式注浆嘴缠麻后，用锤将其打入孔内，与孔壁连接牢固。除单孔漏水埋入一个注浆嘴外，一般埋设的注浆嘴不少于两个：一嘴为注浆嘴，另一嘴供水（气）外排。注浆嘴埋设后，为避免出现漏浆、跑浆现象，其周围漏水或可能漏水的部位，均应采取封闭措施。水只由注浆嘴内渗漏。注浆前应安装并检查注浆机具，确保在注浆施工中的安全使用。为确定浆液配合比、注浆压力，在埋设注浆嘴具有一定的强度及漏水处封闭后，用有色水代替浆液进行预注浆，可计算注浆量、注浆时间，同时观察封堵情况及各孔连通情况，以保证注浆正常进行。注浆一般从漏水量较大或在较低处的注浆嘴开始，待其他多孔处漏浆时关闭各孔，停止压浆。稳定 1～2h 再次注浆，注到进浆困难不再进浆时即可停止压浆，关闭注浆嘴。先关闭注浆嘴的阀门，再停止压浆，以防止浆液回流，堵塞注浆管道。注浆结束后，将注浆孔及检查孔封填密实。注浆过程中，应注意观察注浆压力和输浆量的变化。当管路堵塞或被注物内不畅时，泵压骤增、注浆量减少；当泵压不上升、进浆量较大时，应调整浆液黏度和凝固时间，或掺入惰性材料。注浆施工中当遇有跑浆、冒浆现象，属封闭不严导致，应停止注浆，重做封闭工作。注浆过程中局部通路被暂时堵塞，可引起压力增高现象，在高压下充塞物会被冲开，压力相应下降。浆液凝固后剔除注浆嘴，检查注浆堵漏效果，仍有洇渗现象，可再采用化学注浆法进行注浆堵漏，必要时可重复注浆。

注浆施工前应严格检查机具、管路及接头处的牢靠程度，以防压力爆破伤人。有机化工材料具有一定的腐蚀性和刺激性。操作人员在配制浆液和注浆时，应戴眼镜、口罩、手套等劳保用品，以防浆液误入口中或溅到皮肤上。丙凝浆液溅到皮肤上，应立即用肥皂清洗。聚氨酯浆液溅到皮肤上，先用酒精或丙酮清洗，再用肥皂水或稀氨水清洗，并涂抹油脂膏。溅到眼睛内立即就医处理。在通风不良的环境进行注浆施工时，应有通风或排气设备。聚氨酯浆液具有可燃性，注意防火。施工现场严禁吸烟并远离火源，还要设置消防器材。

（2）埋管（嘴）注浆

埋设管（嘴）前，应清理裂缝基层并沿裂缝剔凿成深度不小于 50mm 的凹槽。注浆管（嘴）宜使用硬质金属或塑料管，并配制阀门。注浆管（嘴）宜位于凹槽中部，并采用速凝型无机防水堵漏材料。埋设注浆管（嘴）的凹槽应封闭。注浆管（嘴）间距可为 500～1000mm，并宜根据漏水压力、漏水量及灌浆材料的凝结时间确定。注浆材料宜使用聚氨酯灌浆材料，注浆压力宜为静水压力的 1.5～2.0 倍。

（3）贴嘴注浆

注浆嘴底座宜带有锚固孔。注浆嘴宜布置在裂缝较宽的位置及其交叉部位，间距宜为 200～300mm，裂缝封闭宽度宜为 50mm。

2. 快速封堵

快速封堵法适用于渗水不大的结构破损点、大面积轻微渗漏水的漏水点、施工缝、裂缝等部位。优点是快速简便，缺点是不能将水拒之于结构外部，材料的耐久性也有待于提高。可作为一种临时快速止水措施，与其他技术措施共同使用。快速封堵法常用以水泥为基料，掺有速凝剂及催化剂等化学物品，使材料很快凝固并增强，如堵漏灵、堵漏王、赛柏斯、R 类等。此类材料由于掺有外加剂，凝结时间快、强度高，后期收缩量也加快，修补处易产生裂缝，使修补点不久又失效。采用超早强速凝水泥、双快水泥、自流平速凝水泥的纯水泥净浆直接堵漏的方法，近年来多有使用。这种纯水泥净浆的特点是水泥既初凝终凝时间短，强度增强快，又具有一定的微膨胀，加强养护效果很好。

将渗漏处沿裂缝走向切割出深 40～50mm、宽 40mm 的"U"形凹槽，清除碎块及砂粒后，用清水将其清洗干净，孔壁用稀水泥浆刷一遍，将堵缝材料用水调合成半干硬性，搓成柱状，待快干硬块将发热时，迅速堵塞于所凿孔洞，用力挤压四周壁，使胶泥与周壁混凝土紧密相贴，并待发热硬化后即可松手。挤压处理无水渗出后，嵌填腻子状水泥基渗透结晶型防水涂料，再用聚合物水泥防水砂浆找平即可（图 27-72）。

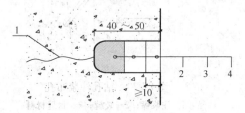

图 27-72 裂缝快速封堵止水
1—裂缝；2—速凝型无机防水堵漏材料；
3—腻子状水泥基渗透结晶型防水材料；
4—聚合物水泥防水砂浆

3. 设置刚性防水层

大面积漏水，漏水点封堵后使用刚性防水层。刚性防水材料可分为涂料（如水泥基渗透结晶型防水涂料、缓凝型无机防水堵漏材料、环氧树脂类防水涂料）和聚合物水泥防水砂浆两类。通常复合使用这两类材料，形成一道完整的防水层。设置刚性防水层时，宜沿裂缝走向，在两侧各 200mm 范围内的基层表面先涂布水泥基渗透结晶型防水涂料，再宜单层抹压聚合物水泥防水砂浆。对于裂缝分布较密的基层，宜用聚合物水泥防水砂浆大面积设置刚性防水层。具体施工方法见本章。

4. 设置柔性防水层

具体施工方法见本章。

27.1.5.3 现浇混凝土结构地下工程渗漏治理

1. 裂缝漏水治理

对无补强要求的裂缝，注浆孔可布置在裂缝一侧或交叉布置在裂缝两侧，钻孔应斜穿裂缝，垂直深度宜为混凝土结构厚度的 1/3～1/2，钻孔与裂缝水平距离宜为 100～250mm，孔间距宜为 300～500mm，孔径不宜大于 20mm，斜孔倾角 θ 宜为 45°～60°。当需要预先封缝时，封缝的宽度不宜小于 50mm，厚度不宜小于 10mm（图 27-73）。对有补强要求的裂缝，宜先钻斜孔并注入聚氨酯灌浆材料止水，钻孔垂直深度宜为结构厚度的 1/4～1/3；再宜二次钻斜孔，注入可在潮湿环境下固化的环氧树脂灌浆材料或水泥基灌浆材料，钻孔垂直深度不宜小于结构厚度的 1/2（图 27-74）。注浆嘴深入钻孔的深度不宜大于钻孔长度的 1/2。出水点明显、水压较小、水量不大或较大范围整体结构良好而局部洇渗等情况，采用快速封堵法。渗水较多处，采用先引水后注浆堵漏法，适用于结构多年渗水已疏松、出水成线的渗漏情况。化学浆液注浆适于总体质量较好建设时间不长的结构。注压加固性水泥浆适于结构年久疏松、渗水范围大、凹槽缝两侧混凝土显湿的情况。

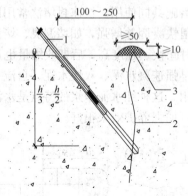

图 27-73　钻孔注浆布孔
1—注浆嘴；2—裂缝；3—封缝材料

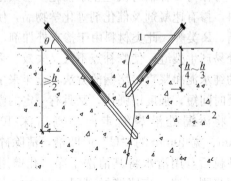

图 27-74　钻孔注浆止水及补强的布孔
1—注浆嘴；2—裂缝

　　钻孔注浆时宜严格控制注浆压力等参数，并宜沿裂缝走向从下而上依次进行。使用速凝型无机防水堵漏材料快速封堵止水时，应在材料初凝前，用力将拌合料紧压在待封堵区域，直至材料完全硬化。潮湿而无明水裂缝的贴嘴注浆粘贴注浆嘴和封缝前，宜先将裂缝两侧待封闭区域内的基层打磨平整并清理干净，再宜用配套的材料粘贴注浆嘴并封缝。粘贴注浆嘴时，宜先用定位针穿过注浆嘴、对准裂缝插入，将注浆嘴骑缝粘压在基层表面，宜以拔出定位针时不粘附胶粘剂为合格。不合格时应清理缝口，重新贴嘴，直至合格。粘贴注浆嘴时，可不拔出定位针。立面上裂缝的注浆，应沿裂缝走向自下而上依次进行。当观察到临近注浆嘴出浆时，可停止从该注浆嘴注浆，并从下一注浆嘴重新开始注浆。注浆全部结束且孔内灌浆材料固化，并经检查无湿渍、无明水后，应按工程要求拆除注浆嘴、封孔、清理基面。

　　2. 大面积渗漏水治理

　　(1) 大面积严重渗漏且有明水时，宜先采取钻孔注浆或快速封堵止水，再在基层表面设置刚性防水层。当采取钻孔注浆止水时，宜在基层表面均匀布孔。钻孔间距不宜大于 500mm，钻孔深度不宜小于结构厚度的 1/2，孔径不宜大于 20mm，灌浆材料宜采用聚氨酯或丙烯酸盐灌浆材料。当工程周围土体疏松且地下水位较高时，可钻孔穿透结构至迎水面并注浆，钻孔间距及注浆压力宜根据浆液及周围土体的性质确定，注浆材料宜采用水泥基、水泥、水玻璃或丙烯酸盐等灌浆材料。注浆时，应采取有效措施防止浆液对周围建筑物及设施造成破坏。当采取快速封堵止水时，宜大面积均匀抹压速凝型无机防水堵漏材料，厚度不宜小于 5mm。对于抹压速凝型无机防水堵漏材料后出现的渗漏点，宜在渗漏点处进行钻孔注浆止水。设置刚性防水层时，宜先涂布水泥基渗透结晶型防水涂料或渗透型环氧树脂防水涂料，再抹压聚合物水泥防水砂浆，必要时可在砂浆层中铺设耐碱纤维网格布。

　　(2) 大面积渗漏而无明水时，宜先多遍涂刷水泥基渗透结晶型防水涂料或渗透型环氧树脂防水涂料，再抹压聚合物水泥防水砂浆。

　　(3) 施工中应注意当向地下工程结构的迎水面注浆止水时，钻孔及注浆设备应符合设计要求。当采取快速封堵止水时，宜先清理基层，除去表面的酥松、起皮和杂质，然后分多遍抹压速凝型无机防水堵漏材料，形成连续的防水层。涂刷渗透型环氧树脂防水涂料或渗透型环氧树脂防水涂料时，应按照从高处向低处、先细部后整体、先远处后近处的顺序进行施工。

3. 孔洞的渗漏治理

孔洞的渗漏，宜先采取注浆或快速封堵止水，再设置刚性防水层。当水压大或孔洞直径大于等于50mm时，宜采用埋管（嘴）注浆止水。注浆管（嘴）宜使用硬质金属管或塑料管，并宜配制阀门，管径宜符合引水卸压及注浆设备的要求。注浆材料宜使用速凝型水泥——水玻璃或聚氨酯灌浆材料，注浆压力应根据灌浆材料及工艺进行选择。当水压小或孔洞直径小于50mm时，可采用埋管（嘴）注浆止水，也可采用快速封堵止水。当采用快速封堵止水时，宜先清除孔洞周围疏松的混凝土，并宜将孔洞周围剔凿成V形凹坑。凹坑最宽处的直径宜大于孔洞直径50mm以上，深度不宜小于40mm，再在凹坑中嵌填速凝型无机防水堵漏材料止水，并宜用聚合物水泥防水砂浆找平。止水后宜在孔洞周围200mm的范围内的基层表面涂布水泥基渗透结晶型防水涂料或渗透型环氧树脂防水涂料，并宜抹压聚合物水泥防水砂浆。埋管注浆止水施工中应注意，注浆管（嘴）应埋置牢固并做好引水泄压处理。待浆液固化并经检查无明水后，宜按设计要求处理注浆嘴、封孔并清理基面。

4. 凸出基层管道根部的渗漏治理

凸出基层管道根部的渗漏宜先止水，再设置刚性防水层，必要时可设置柔性防水层。当管道根部渗漏量大时，宜采用钻孔注浆止水，钻孔宜斜穿基层并到达管道表面，钻孔与管道外侧最近直线距离不宜小于100mm，注浆嘴不宜少于2个，并宜对称布置。也可采用埋管（嘴）注浆止水。埋设硬质金属或塑料注浆管（嘴）前，宜先在管道根部剔凿直径不小于50mm、深度不大于30mm的凹槽，宜用速凝无机防水堵漏材料以$45°\sim60°$的夹角埋设，并用速凝型无机防水堵漏材料封闭管道与基层间的接缝。注浆压力不宜小于静水压力的2倍，注浆材料宜采用聚氨酯灌浆材料。当管道根部渗漏量小时，可采用注浆止水，也可采用快速封堵止水。当采用快速封堵止水时，宜先沿管道根部剔凿环形凹槽。凹槽的宽度不宜大于40mm，深度不宜大于50mm，再嵌填速凝型无机防水堵漏材料。嵌填速凝型无机防水堵漏材料止水后，预留凹槽的深度不宜小于10mm，并宜用聚合物水泥防水砂浆找平。止水后，宜在管道周围200mm宽范围内的基层表面涂布水泥基渗透结晶型防水涂料。当形变量较大时，宜在四周涂布柔性防水涂料，涂层在管壁上的高度不宜小于100mm，收头部位宜用金属箍压紧，并宜设置厚度为20mm的水泥砂浆保护层。必要时，可在涂层中铺设胎体增强材料。金属管道宜采取除锈及防锈措施。

施工中应注意，采用钻斜孔注浆止水时应采取措施，避免由于钻孔造成管道的破损，注浆时宜自下而上进行。柔性防水涂料的施工基层表面应无明水，阴角宜处理成圆弧形。涂料宜分层刷涂，不得漏涂。铺贴胎体增强材料时，胎体增强材料应铺设平整，并且充分浸透防水涂料。

5. 对拉螺栓根部的渗漏治理

先剔凿螺栓根部的基层，形成深度不小于40mm的凹槽，再切割螺栓并嵌填速凝型无机防水堵漏材料止水，并用聚合水泥防水砂浆找平。

6. 施工缝漏水治理

施工缝渗漏宜先止水,再设置刚性防水层。预埋注浆系统完好的施工缝,宜先使用预埋注浆系统注入超细水泥或水溶性灌浆材料止水。止水可采用钻孔注浆止水,或速凝型无机防水堵漏材料快速封堵止水。逆筑结构墙体施工缝的渗漏,宜采取钻孔注浆止水并补强。注浆止水材料宜使用聚氨酯或水泥基灌浆材料;止水后,宜再二次钻孔并注入可在潮湿环境下固化的环氧树脂灌浆材料。在倾斜的施工缝面布孔时,钻孔宜垂直基层并穿过施工缝。设置刚性防水层时,宜沿施工缝走向在两侧各 200mm 范围内的基层表面,先涂布水泥基渗透结晶型防水涂料,再单层抹压聚合物水泥防水砂浆。

利用预埋注浆系统注浆止水时,宜采取较低的注浆压力从一端向另一端、由低到高进行注浆。当浆液不再流入并且压力损失很小时,应维持该压力并保持 2min 以上,然后终止注浆。需要重复注浆时,应在固化前清除注浆通道内的浆液。

7. 变形缝渗漏治理

变形缝渗漏的治理宜先注浆止水,并且安装止水带,必要时可设置排水装置。

(1) 变形缝采用钻孔注浆

对于中埋式止水带宽度已知且渗漏量大的变形缝,宜采取钻斜孔穿过结构至止水带迎水面、注入油溶性聚氨酯灌浆材料止水。钻孔距变形缝边缘的距离,宜为结构厚度和中埋式止水带宽度之和的一半,钻孔间距宜为 500～1000mm (图 27-75);对于查清漏水点位置的,注浆范围宜为漏水部位左右两侧各 2m;对于未查清漏水点位置的,宜沿整条变形缝注浆止水。当钻斜孔至中埋式止水带迎水面并注浆有困难时,可垂直钻孔穿透中埋式橡胶止水带并注浆止水。对于顶板上查明渗漏点且渗漏量较小的变形缝,可在漏点附近的变形缝两侧混凝土中垂直钻孔,至中埋式橡胶钢边止水带翼部并注入聚氨酯灌浆材料止水,宜在止水后二次钻孔,并注入可在潮湿环境下固化的环氧树脂灌浆材料,钻孔间距宜为 500mm (图 27-76)。施工中应注意浆液阻断点应埋设牢固,并且能承受注浆压力的破坏。

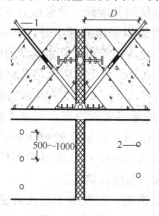

图 27-75 钻孔至止水带
迎水面注浆止水
1—注浆嘴;2—钻孔

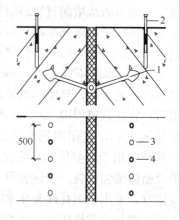

图 27-76 变形缝钻孔注浆止水
1—中埋式橡胶钢边止水带;2—注浆嘴;
3—注浆止水钻孔;4—注浆补强钻孔

(2) 变形缝采用埋嘴(管)注浆止水

因结构底板上中埋式止水带损坏而发生渗漏的变形缝,可采用埋嘴(管)注浆止水。

对于查清渗漏位置的变形缝，宜先在渗漏部位左右各不大于3m变形的缝中布置浆液阻断点；对于未查清渗漏位置的变形缝，浆液阻断点宜布置在底板与侧墙相交处的变形缝中。埋设管（嘴）前，宜清理浆液阻断点之间变形缝内的填充物，形成深度不小于50mm的凹槽。注浆管（嘴）宜使用硬质金属或塑料管，并宜配制阀门。注浆管（嘴）宜位于变形缝中部并垂直于止水带中心孔，并宜采用速凝型无机防水堵漏材料。埋设注浆管（嘴）并封闭凹槽（图27-77）。注浆管（嘴）间距可为500～1000mm，并宜根据漏水压力、漏水量及灌浆材料的凝结时间确定。施工中应注意注浆管（嘴）应埋置牢固，并应做好引水处理。注浆过程中，当观察到临近注浆嘴出浆时，可停止注浆，

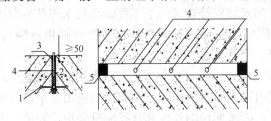

图 27-77　变形缝埋管（嘴）注浆止水

1—中埋式橡胶止水带；2—填缝材料；

3—速凝型无机防水堵漏材料；

4—注浆嘴；5—浆液阻断点

并应封闭该注浆嘴，然后从下一注浆嘴开始注浆。停止注浆且待浆液固化，并经检查无湿渍、无明水后，应按要求处理注浆嘴、封孔并清理基面。

（3）变形缝背水面安装止水带

对于有内装可卸式橡胶止水带的变形缝，应先拆除止水带，然后重新安装。安装内置式密封止水带前，应先清理并修补变形缝两侧各100mm范围内的基层，做到坚固、密实、平整、干燥。必要时可向下打磨基层，并修补形成深度不大于10mm凹槽。内置式密封止水带应采用热焊搭接，搭接长度不应小于60mm，中部应形成"Ω"形，"Ω"弧长宜为变形缝宽度的1.2～1.5倍。当采用胶粘剂粘贴内置式密封止水带时，应先涂布底涂料，并宜在厂家规定的时间内用配套的胶粘剂粘贴止水带，止水带与变形缝两侧混凝土基层的粘结宽度均不应小于80mm（图27-78）。当采用螺栓固定内置式密封止水带时，宜先在变形缝两侧埋设膨胀螺栓或用化学植筋方法设置螺栓，螺栓间距不宜大于300mm，转角附近的螺栓可适当加密，止水带与变形缝两侧混凝土基层的粘结宽度各不应小于100mm。在混凝土基层及金属压板间，应用丁基橡胶防水密封胶粘带压密封实，螺栓根部应做好密封处理（图27-79）。当工程埋深较大且静水压力较高时，宜采用螺栓固定内置

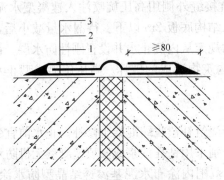

图 27-78　粘贴内置式密封止水带

1—胶粘剂层；2—内置式密封止水带；

3—胶粘剂固化形成的锚固点

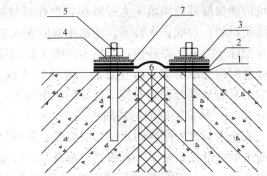

图 27-79　螺栓固定内置式密封止水带

1—丁基橡胶防水密封胶粘带；2—内置

式密封止水带；3—金属压板；4—金属

垫片；5—预埋螺栓；6—填缝材料；

7—丁基橡胶防水密封胶粘带

式密封止水带，并采用纤维内增强型密封止水带；在易遭受外力破坏的环境中使用，应采取可适应形变的止水带保护措施。

施工时止水带的安装应在无渗漏水的条件下进行。与止水带接触的混凝土基层表面条件应符合设计要求。内装可卸式橡胶止水带的安装应符合《地下工程防水技术规范》（GB 50108）的规定。粘贴内置式密封止水带：阴角处应使用专用修补材料做成圆角或钝角。底涂料及专用胶粘剂应涂布均匀，用量应符合设计要求；粘贴止水带时，宜使用压辊在止水带与混凝土基层搭接部位来回多遍辊压排气；胶粘剂未完全固化前，止水带应避免受压或发生位移，并宜采取保护措施。螺栓固定内置式密封止水带：阴角处应使用专用修补材料做成钝角，并宜配备专用的金属压板配件；膨胀螺栓的长度和直径应符合设计要求，金属膨胀螺栓宜采取防锈处理工艺。安装时应采取措施，避免造成变形缝两侧混凝土的破坏。进行止水带外设保护装置施工时，应采取措施避免造成止水带破坏。

（4）对于注浆止水后遗留局部、微量渗漏水或受现场施工条件限制无法彻底止水的变形缝，可沿变形缝走向，在结构顶部及两侧设置排水槽。排水槽宜为不锈钢或塑料材质，并宜与排水系统相连，排水应畅通，排水流量应大于最大渗漏量。采用排水系统时，应加强对结构安全的监测。施工中安装变形缝外置排水槽时，排水槽应固定牢固，排水坡度应符合设计要求，转角部位宜使用专用的配件。

8. 地下连续墙幅间接缝渗漏治理

当渗漏量小时，宜先沿接缝走向采用钻孔注浆或快速封堵止水，再在接缝部位两侧各 500mm 范围内的基层表面涂布水泥基渗透结晶型防水涂料，并宜用聚合物水泥防水砂浆找平或重新浇筑补偿收缩混凝土。浇筑补偿收缩混凝土前，宜在混凝土基层表面涂布水泥基渗透结晶型防水涂料，补偿收缩混凝土的浇筑及养护宜符合《地下工程防水技术规范》（GB 50108）的规定。采用注浆止水宜先钻孔穿过接缝，并注入聚氨酯灌浆材料止水，再二次钻孔注入可在潮湿环境下固化的环氧树脂类灌浆材料，注浆压力不宜小于静水压力的 2 倍。采用快速封堵止水，宜沿接缝走向切割形成 U 形凹槽，凹槽的宽度不宜小于 100mm，深度不宜小于 50mm。嵌填速凝型无机防水堵漏材料止水后，预留凹槽的深度不宜小于 20mm。

当渗漏水量大、水压高且可能发生涌水、涌砂、涌泥等险情或危及结构安全时，应先在基坑内侧渗漏部位回填土方或砂包，再在基坑接缝外侧用高压旋喷注入速凝型水泥-水玻璃灌浆材料，形成止水帷幕，止水帷幕应深入结构底板 2m 以下。待漏水量减小后，宜再逐步挖除土方或移除砂包，并按本条第 1 款的规定从内侧止水并设置刚性防水层。设置止水帷幕时应采取措施，防止对周围建筑物或构筑物造成的破坏。高压旋喷成型止水帷幕，宜由具有地基处理专业施工资质的队伍施工。

9. 混凝土蜂窝、麻面的渗漏

宜先止水再设置刚性防水层，必要时宜重新浇筑补偿收缩混凝土修补。止水前宜先凿除混凝土中的酥松及杂质，再根据渗漏现象，分别采用钻孔注浆或嵌填速凝型无机防水堵漏材料止水，宜在渗漏部位及其周边 200mm 的范围内涂布水泥基渗透结晶型防水涂料，并抹压聚合物水泥防水砂浆。当混凝土质量较差时，宜在止水后先清理渗漏部位及其周边 1m 范围内的基层，露出坚实的混凝土，再涂布水泥基渗透结晶型防水涂料，并浇筑补偿收缩混凝土。当清理深度大于钢筋保护层厚度时，宜在新浇混凝土中设置直径不小于

6mm 的钢筋网片。混凝土蜂窝、麻面渗漏治理的施工,宜分别按照裂缝、孔洞或大面积潮湿等不同病害形式进行处理。

27.1.5.4 实心砌体结构地下工程渗漏治理

实心砌体结构地下防水工程渗漏治理后,宜在背水面形成完整的防水层。

1. 裂缝或砌块灰缝的渗漏

渗漏量大时,采取埋管(嘴)注浆止水。注浆管(嘴)宜选用金属管或硬质塑料管,并配置阀门。注浆管(嘴)宜沿裂缝或砌块灰缝走向布置,间距不宜小于 500mm。埋设注浆管(嘴)前宜在选定位置开凿深度为 30~40mm、宽度不大于 30mm 的 U 形凹槽,注浆嘴应垂直对准凹槽中心部位裂缝,并用速凝型无机防水堵漏材料埋置牢固,注浆前阀门宜保持开启状态。裂缝表面宜采用速凝型无机防水堵漏材料封闭,封缝的宽度不宜小于 50mm。注浆材料宜选用丙烯酸盐、水溶性聚氨酯等黏度较小的灌浆材料,注浆压力不宜大于 0.3MPa。注浆宜按照从下往上、由里向外的顺序进行。当观察到浆液从相邻注浆嘴中流出时,宜关闭阀门并停止从该注浆孔注浆,并从相邻注浆嘴开始注浆。注浆全部结束、待孔内灌浆材料固化,并经检查无明水后,应按要求处理注浆嘴、封孔并清理基面。

渗漏量小时,可注浆止水也可采用快速封堵止水。沿裂缝或接缝走向,切割出深度20~30mm、宽度不大于 30mm 的 U 形凹槽,然后在凹槽中嵌填速凝型无机防水堵漏材料止水,再用聚合物水泥防水砂浆找平。

设置刚性防水层时,宜沿裂缝或接缝走向在两侧各 200mm 范围内的基层表面涂布渗透型环氧树脂防水涂料或抹压聚合物水泥防水砂浆。对于裂缝分布较密的基层,宜大面积设置刚性防水层。

2. 实心砌体结构地下工程墙体大面积渗漏的治理

先在有明水渗出的部位埋管引水卸压,再在砌体结构表面大面积抹压厚度不小于5mm 的速凝型无机防水堵漏材料止水。经检查无渗漏后,宜涂刷改性渗透型环氧树脂防水涂料或抹压聚合物水泥防水砂浆,最后再用速凝型无机防水堵漏材料封闭引水孔。当基层表面无渗漏明水时,宜直接大面积多遍涂刷改性渗透型环氧树脂防水涂料,并单层抹压聚合物水泥防水砂浆。在砌体结构表面抹压速凝型无机防水堵漏材料止水前,宜清理基层表面,做到坚实、干净,再抹压速凝型无机防水堵漏材料止水。

3. 砌体结构地下工程管道根部渗漏的治理

宜先止水,再设置刚性防水层,必要时设置柔性防水层。

4. 砌体结构地下工程发生因毛细作用导致的墙体返潮、析盐等病害

宜在墙体下部用聚合物水泥防水砂浆设置防潮层,防潮层的厚度不宜小于 10mm 并应抹压平整。

27.1.5.5 PCM 聚合物水泥砂浆及混凝土治理地下渗漏工程

北京某别墅小区共有连体别墅 50 多幢,均有埋深约 2m 的半地下室,因该工程处于地下水位较低的地段,故底板不是钢筋混凝土结构,也未进行刚性或柔性的防水设防。地下室外墙的迎水面,也仅涂刷了一道塑料油膏进行防潮处理,未能在地下室的迎水面形成全封闭的防水层。工程完工后,由于地表水和周围生活用水等作用的结果,使地下室发生了不同程度的渗漏水现象,严重影响了地下室的使用功能。为此,建设单位要求对该小区的地下室全面进行防水堵漏处理。

1. 治理原则

由于地下室底板仅为 50mm 厚的 C20 素混凝土，刚度不足，抗裂性能较差，本应浇筑钢筋混凝土对底板进行增强处理，由于多种因素难以实施，故改用抗裂和抗渗性能优良的 PCM 聚合物纤维混凝土进行增强的防水处理；对墙体，则采用铺抹纤维聚合物水泥砂浆的方法，从背水面进行防水抗渗治理。

2. 材料

PCM 防水胶主要为丙烯酸酯多元共聚乳液，pH 值为 3～5，固体含量为 40%±2%。将其掺入水泥砂浆或混凝土中，可以显著增大对基层的粘结性能，并能在固结体内形成互穿网络的结构，可以填充和堵塞毛细孔隙。固结体内填充的聚合物遇水后，尚能产生适度的溶胀作用，从而进一步切断渗漏水的通道，提高砂浆或混凝土的防水抗渗功能。聚丙烯纤维采用表面经过特殊化学处理的聚丙烯纤维，掺入水泥砂浆或混凝土中，极易均匀分散并形成乱向的支撑体系，从而大幅度地提高砂浆或混凝土的抗裂性能。聚丙烯纤维的主要性能如下：密度 $0.91g/cm^3$；直径 $18～30\mu m$；长度 $6～12mm$；抗拉强度 276MPa；弹性模量 3793MPa；极限伸长率 15%；熔点 165℃；耐酸碱性优良。水泥采用强度等级不低于 32.5 级的硅酸盐水泥或 42.5 级的普通硅酸盐水泥，不得使用过期和受潮结块的水泥。砂采用粒径为 2～3mm 的中砂，含泥量小于 2%。石采用粒径为 5～20mm 的豆石或碎石，含泥量小于 1%。水采用符合《混凝土用水标准》(JGJ 63—2006) 规定的洁净水。

3. 配合比及其性能指标

纤维聚合物水泥砂浆配合比（重量比）：PCM 防水胶∶水泥∶中砂∶洁净水∶聚丙烯纤维＝20∶100∶250∶38∶0.24。主要性能指标为初凝≥30min；终凝≤4h；28d 抗折强度 6.9MPa；抗压强度 36.8MPa；粘结强度 1.0MPa；抗渗等级≥P12。

纤维聚合物混凝土配合比（重量比）：PCM 防水胶∶水泥∶砂∶石∶聚丙烯纤维∶洁净水＝20∶100∶250∶300∶0.36∶(35～38)。

4. 墙体施工工艺基层处理

凡有渗漏水的部位，先采用压力灌注化学浆液或用速凝堵漏材料封堵漏水点。对基层有松散和空鼓的混凝土应剔除，并将基层表面的尘土、杂物清理干净，再用水冲洗一遍。将 PCM 界面胶、水和水泥按 1∶10∶15 的比例配合，用电动搅拌器搅拌均匀至无粉团后，即可用棕刷均匀涂刷在干净而无明水的基层表面。涂刷时不得漏涂或堆积，其厚度以 0.1～0.3mm 为宜。

铺抹 PCM 防水砂浆：按配合比要求，先将水泥、中砂和聚丙烯纤维放入砂浆搅拌机中干拌 1～2min，再将 PCM 防水胶与水按规定比例混合均匀后，倒入搅拌机中继续搅拌 2min，倒出待用。将拌合好的 PCM 防水砂浆，及时铺抹在界面剂表干后的基层上（不得在界面剂涂层实干后铺抹，否则容易降低其粘结性能）。铺抹砂浆时，需二道成活，每道砂浆厚度宜为 5～8mm，且应连续铺抹，尽量不留或少留施工缝。必须留设施工缝时，应留阶梯坡形槎，并且离开阴阳角处不得小于 200mm。其中，第二道砂浆应抹压密实，表面搓毛，第二道砂浆应抹平压光，二道砂浆的施工缝必须错开 500mm 以上，其总厚度不得小于 15mm。

养护：铺抹完的 PCM 砂浆防水层应保湿养护不少于 7d，7d 后可在自然环境中养护。

验收：PCM 砂浆防水层的施工质量检验数量，应按施工面积每 $100m^2$ 抽查 1 处，每处 $10m^2$，且不得少于 3 处。砂浆防水层各层之间必须结合牢固，不得有空鼓和渗漏现象。砂浆防水层应密实、平整，不得有裂纹、起砂、起皮、麻面等缺陷，阴阳角应抹成圆弧形。砂浆防水层的施工缝位置应正确，接槎应按层次顺序操作，层层搭接紧密。

5. 地面施工工艺

基层处理及涂刷 PCM 界面剂同上。

(1) 浇筑 PCM 防水混凝土：按配合比要求，先将石、砂、水泥和聚丙烯纤维按顺序投入混凝土搅拌机中，干拌 1～2min，再将 PCM 防水胶与水按规定比例混合均匀后，倒入搅拌机中继续搅拌 2～3min，即可将其浇筑在界面剂表干的素混凝土地面上。每个房间地面的混凝土应一次浇筑完成，不得留设施工缝，混凝土的厚度应控制在 35～40mm，抹压时不得在表面洒水、加水泥浆或撒干水泥，混凝土收水后应进行二次压光。混凝土地面与立墙的交接处，应抹成圆弧形（图 27-80）。

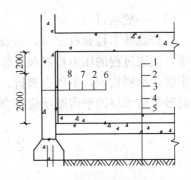

图 27-80 PCM 防水构造示意图
1—PCM 防水混凝土；2—PCM 界面剂；3—素混凝土地面；4—夯实灰土；5—夯实素土；6—PCM 防水砂浆；7—混凝土墙体；8—塑料油膏防潮层

(2) 养护：PCM 防水混凝土浇筑完成后应及时进行保湿养护，养护时间不得少于 14d，养护初期地面不得上人。

(3) 验收：PCM 防水混凝土的施工质量检验数量，应按施工面积每 100m² 抽查 1 次，每处 10m²，且不得少于 3 处。PCM 防水混凝土的厚度不应小于 35mm，表面应坚实、平整，不得有裂纹和渗漏现象。

6. 治理效果

按上述办法对该小区 3 万多 m² 的地下室进行治理后，已达到不再渗漏的要求。经建设、监理和施工等部门检查验收，一致认为治理效果良好，具有推广应用价值。

27.1.5.6 质量验收

1. 对于需要进场检验的材料，应进行现场抽样复验，材料的性能应提交检验合格报告。隐蔽工程在隐蔽前，应由施工方会同有关各方进行验收。工程施工质量的验收，应在施工单位自行检查评定合格的基础上进行。渗漏治理的部位应全数检查。工程质量验收应有调查报告、设计方案、图纸会审记录、设计变更、洽商记录单；施工方案及技术交底、安全交底；材料的产品合格证、质量检验报告；隐蔽工程验收记录；工程检验批质量验收记录；施工队伍的资质证书及主要操作人员的上岗证书；技术总结报告等其他必须提供的资料。

2. 质量验收

(1) 主控项目

检查出厂合格证、质量检测报告等检查材料性能应符合设计要求；检查计量措施或试验报告及隐蔽工程验收记录等检查浆液配合比应符合设计要求；观察检查或采用钻孔取芯等方法检查注浆效果必须符合设计要求；观察检查止水带与紧固件压块以及止水带与基面之间应结合紧密；检查隐蔽工程验收记录或用涂层测厚仪量测检查涂料防水层的用量或平均厚度应符合设计要求，最小厚度不得小于设计厚度的 80%；观察检查和隐蔽工程验收记录检查，柔性涂料防水层在管道根部等细部做法应符合设计要求；观察和用小锤轻击检查，聚合物水泥砂浆防水层与基层及各层之间应粘结牢固，无脱层、空鼓和裂缝；观察检查，渗漏治理效果应符合设计要求，治理部位不得有渗漏或积水现象，排水系统应畅通。

（2）一般项目

检查隐蔽工程验收记录，检查注浆孔的数量、钻孔间距、钻孔深度及角度应符合设计要求，注浆过程的压力控制和进浆量应符合设计要求；观察检查，涂料防水层应与基层粘结牢固，涂刷均匀，不得有皱折、鼓泡、气孔、露胎体和翘边等缺陷；观察和尺量检查，水泥砂浆防水层的平均厚度应符合设计要求，最小厚度不得小于设计值的 85%。

27.2 屋面防水工程

屋面防水工程作为屋面工程中最重要的一个分项工程，其施工质量的优劣，不仅关系到建筑物的使用寿命，而且直接影响到生产活动和人民生活的正常进行。屋面工程防水设计遵循"合理设防、防排结合、因地制宜、综合治理"的原则，确定屋面防水等级和设防要求，根据设防等级和要求，综合考虑其主要物理性能是否满足工程需要来选用防水材料。屋面防水层的施工内容详见本手册第 26 章相关章节。屋面防水等级和设防要求，见表 27-28。

屋面防水等级和设防要求　　　　　　　　　表 27-28

防水等级	建筑类别	防水设计	设防要求		防水层选用材料	
					防水材料名称	厚度（mm）≥
Ⅰ级	重要的建筑高层建筑	20年	单道设防		三元乙丙橡胶防水卷材（硫化橡胶类）	1.5
					聚氯乙烯防水卷材（内增强型）	2.0
					弹性体（塑性体）改性沥青防水卷材（聚酯胎、Ⅱ型）	5.0
			二道设防	主防水层	合成高分子防水卷材	1.2
					高聚物改性沥青防水卷材	3.0
					自粘聚合物改性沥青聚酯胎防水卷材	2.0
				次防水层	合成高分子防水卷材	1.0
					高聚物改性沥青防水卷材	3.0
					合成高分子防水涂料	1.5
					高聚物改性沥青防水涂料	2.0
					自粘橡胶沥青防水卷材	2.0
					自粘聚合物改性沥青聚酯胎防水卷材	2.0
Ⅱ级	一般建筑	10年	单道设防		合成高分子防水卷材	1.5
					高聚物改性沥青防水卷材	4.0
					合成高分子防水涂料	2.0
					自粘橡胶沥青防水卷材	1.5
					自粘聚合物改性沥青聚酯胎防水卷材	3.0
					高聚物改性沥青防水涂料	3.0
					金属板、采光顶	
			复合防水		合成高分子防水卷材	1.2
					复合合成高分子防水涂料	1.0
					高聚物改性沥青防水卷材	3.0
					复合高聚物改性沥青防水涂料	1.2
					自粘橡胶沥青防水卷材	1.2
					复合合成高分子防水涂料	1.0
					聚乙烯丙纶防水卷材	0.8
					复合聚合物水泥防水胶粘材料	1.2
					瓦面+垫层	

27.3 室内防水工程

厕浴间、厨房等室内的楼地面应优先选用涂料或刚性防水材料在迎水面做防水处理，也可选用柔性较好且易于与基层粘贴牢固的防水卷材。墙面防水层宜选用刚性防水材料或经表面处理后与粉刷层有较好结合性的其他防水材料。水池中使用的防水材料应具有良好的耐水性、耐腐性、耐久性和耐菌性；高温池防水，宜选用刚性防水材料。选用柔性防水层时，材料应具有良好的耐热性、热老化性能稳定性、热处理尺寸稳定性；在饮用水水池和游泳池中使用的防水材料及配套材料，必须符合现行国家标准《生活饮用水输配水设备及防护材料的安全性评价标准》(GB/T 17219) 等现行有关标准的规定。

27.3.1 基 本 规 定

27.3.1.1 设计基本规定

1. 设计选材

室内防水工程做法和材料选用，根据不同部位和使用功能，可按表 27-29、表 27-30的要求设计。

室内防水做法选材（楼地面、顶面）　　　　　　表 27-29

序号	部位	保护层、饰面层	楼地面（池底）	顶面
1	厕浴间、厨房间	防水层面直接贴瓷砖或抹灰	各种防水涂料、刚性防水材料、聚乙烯丙纶卷材	聚合物水泥防水砂浆、刚性无机防水材料
		混凝土保护层	刚性防水材料、合成高分子涂料、改性沥青涂料、渗透结晶防水涂料、自粘卷材、弹（塑）性体改性沥青卷材、合成高分子卷材	
2	蒸汽浴室、高温水池	防水层面直接贴瓷砖或抹灰	刚性防水材料	
		混凝土保护层	刚性防水材料、合成高分子涂料、聚合物水泥砂浆、渗透结晶防水涂料、自粘橡胶沥青卷材、弹（塑）性体改性沥青卷材、合成高分子卷材	
3	游泳池、水池（高温）	无饰面层	刚性防水材料	
		防水层面直接贴瓷砖或抹灰	刚性防水材料、聚乙烯丙纶卷材	
		混凝土保护层	刚性防水材料、合成高分子涂料、改性沥青涂料、渗透结晶防水涂料、自粘橡胶沥青卷材、弹（塑）性体改性沥青卷材、合成高分子卷材	

室内防水做法选材（立面）   表 27-30

序号	部位	保护层、饰面层	立面（池壁）
1	厕浴间、厨房间	防水层面直接贴瓷砖或抹灰	刚性防水材料、聚乙烯丙纶卷材
		防水层面经处理或钢丝网抹灰	刚性防水材料、合成高分子防水涂料、合成高分子卷材
2	蒸汽、浴室	防水层面直接贴瓷砖或抹灰	刚性防水材料、聚乙烯丙纶卷材
		防水层面经处理或钢丝网抹灰、脱离式饰面层	刚性防水材料、合成高分子防水涂料、合成高分子卷材
3	游泳池、水池（高温）	无保护层和饰面层	刚性防水材料
		防水层面直接贴瓷砖或抹灰	刚性防水材料、聚乙烯丙纶卷材
		混凝土保护层	刚性防水材料、合成高分子防水涂料、改性沥青防水涂料、渗透结晶防水涂料、自粘橡胶沥青卷材、弹（塑）性体改性沥青卷材、合成高分子卷材
4	高温水池	防水层面直接贴瓷砖或抹灰	刚性防水材料
		混凝土保护层	刚性防水材料、合成高分子防水涂料、渗透结晶防水涂料、合成高分子卷材

2. 室内工程防水层最小厚度要求

室内工程防水层最小厚度要求，见表 27-31。

室内工程防水层最小厚度（mm）   表 27-31

序 号	防水层材料类型		厕所、卫生间、厨房	浴室、游泳池水池	两道设防或复合防水
1	聚合物水泥、合成高分子涂料		1.2	1.5	1.0
2	改性沥青涂料		2.0	—	1.2
3	合成高分子卷材		1.0	1.2	1.0
4	弹（塑）性体改性沥青防水卷材		3.0	3.0	2.0
5	自粘橡胶沥青防水卷材		1.2	1.5	1.2
6	自粘聚酯胎改性沥青防水卷材		2.0	3.0	2.0
7	刚 性防水材料	掺外加剂、掺合料防水砂浆	20	25	20
		聚合物水泥防水砂浆Ⅰ类	10	20	10
		聚合物水泥防水砂浆Ⅱ类、刚性无机防水材料	3.0	5.0	3.0
		水泥基渗透结晶型防水涂料	0.8	1.0	0.6

3. 排水坡度

地面向地漏处排水坡度应不小于 1%；从地漏边缘向外 50mm 内的排水坡度为 5%；大面积公共厕浴间地面应分区，每一个分区设一个地漏。区域内排水坡度应不小于 1%，坡度直线长度不大于 3m。

27.3.1.2 施工基本规定

（1）二次埋置的套管，其周围混凝土强度等级应比原混凝土提高一级，并应掺膨胀剂；二次浇筑的混凝土结合面应清理干净后进行界面处理，混凝土应浇捣密实；加强防水层应覆盖施工缝，并超出边缘不小于 150mm。防水卷材与基层应采用满粘法铺贴；卷材接缝必须粘贴严密。以水泥基胶结料作搭接缝胶粘剂的卷材，用于水池防水时，单层卷材搭接缝和双层迎水面卷材搭接缝，应进行密封处理。

（2）施工管理：自然光线较差的室内防水施工应配备足够的照明灯具。通风较差时，应准备通风设备；施工现场应配备防火器材，注意防火、防毒。

27.3.2 防水细部构造

27.3.2.1 厕浴间、厨房防水细部构造

（1）厕浴间防水平面构造见图 27-81，防水细部剖面构造见图 27-82。

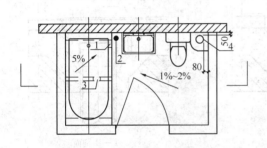

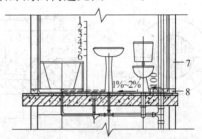

图 27-81 厕浴间防水平面构造

1—检查门；2—地漏；
3—排水孔；4—下水立管

图 27-82 厕浴间防水剖面构造

1—饰面地面；2—水泥砂浆保护层；3—防水层；4—水泥
砂浆找平层；5—找坡层；6—钢筋混凝土楼板；7—轻质
隔墙；8—混凝土防水台

（2）套管防水构造见图 27-83。如立管是热水管，在立管外设置外径大 2～5mm 的套管，立管与套管间的空隙嵌填密封胶。套管安装时，在套管周边预留 10mm×10mm 凹槽，凹槽内嵌填密封胶。套管高度不小于 50mm。

（3）转角墙下水管防水构造见图 27-84。管根孔洞在立管定位后，楼板四周缝隙用微膨胀水泥砂浆堵严。缝大于 40mm 时，先做底模再用微膨胀豆石混凝土堵严。垫层向地漏处找 2% 的坡，小于 30mm 厚用混合砂浆，大于 30mm 厚用 1：6 水泥焦渣。管根平面与管根周围立面转角处抹出找平层圆弧，做防水附加层和涂膜防水层。在管根与混凝土（或水泥砂浆）之间应留凹槽，槽深 10mm、宽 20mm，凹槽内嵌填密封胶。管根四周 50mm 处，最少高出地面 5mm。立管位置靠墙或转角处，向外坡度为 5%。

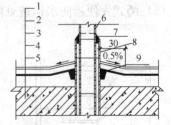

图 27-83 厕浴间套管防水剖面

1—饰面层；2—水泥砂浆保护层；
3—防水层；4—水泥砂浆找平层；
5—钢筋混凝土楼板；6—立管；7—建
筑密封胶；8—套管；9—建筑密封胶

（4）地漏防水构造见图 27-85。与土建施工配合，定出地漏标高，向上找泛水。立管定位后，楼板四周缝隙用微膨胀水泥砂浆堵严。缝大于

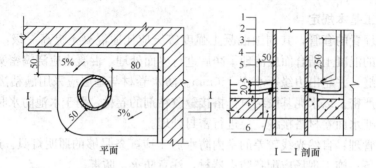

图 27-84　转角墙下水管防水构造

1—饰面层；2—防水层；3—水泥砂浆找平层；4—垫层；5—钢筋混凝土楼板；6—填防水砂浆或豆石混凝土

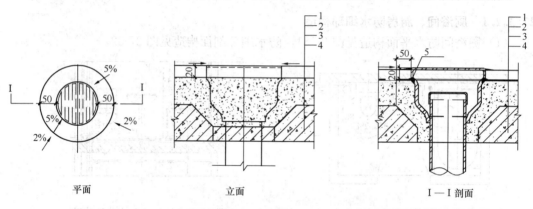

图 27-85　地漏防水构造

1—饰面层；2—防水层；3—水泥砂浆找平层；4—垫层及混凝土楼板；5—建筑密封胶封严

40mm 时，先做底模再用微膨胀细石混凝土堵严。垫层向地漏处找 2% 的坡，小于 30mm 厚用混合砂浆；大于 30mm 厚用 1：6 水泥焦渣。15mm 厚 1：2.5 水泥砂浆找平、压光，做防水附加层和涂膜防水层。地漏上口外围找平层处留 10mm×15mm 的凹槽，在凹槽中填嵌防水密封胶，上做防水层。地漏四周 50mm 内，找 3‰～5‰ 的坡，便于排水。地漏算子安装在面层，并要低于地坪面层不小于 5mm。

（5）蹲式大便器防水构造见图 27-86。立管定位后，与周边楼板的缝隙用微膨胀水泥

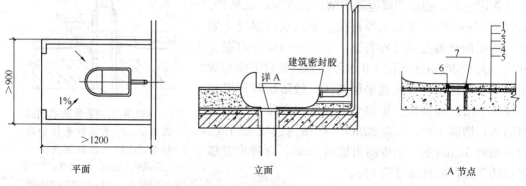

图 27-86　大便器防水构造

1—大便器底；2—保护层或垫层；3—防水层；4—水泥砂浆找平层；
5—混凝土楼板；6—建筑密封胶；7—10×10 建筑密封胶交圈

砂浆堵严。缝大于 40mm 时，先做底模再用微膨胀细石混凝土堵严。立管和大便器接口周围在找平层上留 10mm×10mm 的凹槽，凹槽内填嵌密封材料。大便器找正位置后插入立管的内壁，将胶泥挤紧。把挤出的油灰刮净、挤实、抹平，严禁用水泥砂浆抹口承插连接。尾部进水接口处极易漏水。在安装胶皮碗前，应检验胶皮碗与大便器进水连接处是否有破损处，口径要吻合，绞紧端头，经试水无渗漏。稳定大便器，填 1:6 水泥焦渣压实，尾部进水接口处用干砂填满，上部按设计要求做面层，向内找 1% 坡度。

27.3.2.2 游泳池、水池防水构造

为防止室内游泳池、水池等的渗漏或水的流失和便于循环使用，可根据工程实际，分别采用刚性防水或刚柔结合的防水构造。

1. 刚性防水构造：

对工程结构稳固、基本无振动或结构变形的池体工程，一般采用多道刚性或以刚性为主的防水构造，其构造层次见图 27-87、图 27-88。

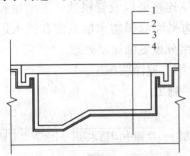

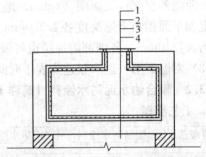

图 27-87 游泳池刚性防水构造

1—高分子益胶泥满粘贴瓷砖饰面层；2—纤维聚合物水泥砂浆防水层；3—水泥基渗透结晶型防水涂层；4—自防水混凝土结构（结构找坡）

图 27-88 贮水池（箱）刚性防水构造

1—水泥砂浆保护层；2—纤维聚合物水泥砂浆防水层；3—水泥基渗透结晶型防水涂层；4—自防水混凝土结构

2. 刚柔结合防水构造：

对工程结构基本稳固并有可能产生微量变形的工程，宜选用多道刚柔结合的防水构造，其构造层次见图 27-89、图 27-90。

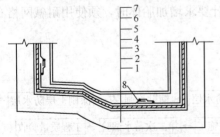

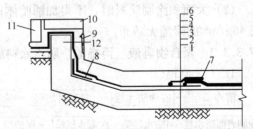

图 27-89 楼层游泳池防水构造

1—自防水混凝土结构；2—水泥砂浆找平层；3—沥青基聚氨酯涂膜防水层；4—自粘型高分子卷材防水层；5—自粘卷材附加补强层；6—细石混凝土保护层；7—饰面材料；8—自粘卷材附加缝

图 27-90 贮水池或喷水池防水构造

1—素土夯实；2—自防水混凝土结构底板；3—基层处理剂；4—自粘型高分子卷材防水层搭接缝；5—自粘卷材附加补强层；6—细石混凝土保护层；7—密封胶嵌缝；8—自粘卷材附加缝；9—高分子益胶泥粘结层；10—饰面块体材料；11—混凝土压块；12—自防水混凝土结构池壁

27.3.3 涂 料 防 水

27.3.3.1 单组分聚氨酯防水涂料施工

1. 工艺流程

清理基层 → 细部附加层施工 → 第一遍涂膜防水层 → 第二遍涂膜防水层 → 第三遍涂膜防水层 →

第一次蓄水试验 → 保护层、饰面层施工 → 第二次蓄水试验 → 工程质量验收

2. 操作要点

(1) 清理基层:将基层表面的灰皮、尘土、杂物等铲除清扫干净,对管根、地漏和排水口等部位应认真清理。遇有油污时,可用钢刷或砂纸刷除干净。表面必须平整,如有凹陷处应用 1:3 水泥砂浆找平。最后,基层用干净的湿布擦拭一遍。

(2) 细部附加层施工:地漏、管根、阴阳角等处应用单组分聚氨酯涂刮一遍做附加层处理,两侧各在交接处涂刷 200mm。地面四周与墙体连接处以及管根处,平面涂膜防水层宽度和平面拐角上返高度各≥250mm。地漏口周边平面涂膜防水层宽度和进入地漏口下返均为≥40mm,各细部附加层也可做一布二涂单组分聚氨酯涂刷处理。

(3) 常温下第一遍涂膜达到表干时间后,再进行第二遍涂膜施工。

27.3.3.2 聚合物水泥防水涂料(简称 JS 防水涂料)施工

1. 工艺流程

清理基层 → 配制防水涂料 → 底面防水层 → 细部附加层 → 涂刷中间防水层 → 涂刷表面防水层

→ 第一次蓄水试验 → 保护层、饰面层施工 → 第二次蓄水试验 → 工程质量验收

2. 操作要点

(1) 细部附加层:对地漏、管根、阴阳角等易发生漏水的部位应进行密封或加强处理,方法如下:按设计要求在管根等部位的凹槽内嵌填密封胶,密封材料应压嵌严密,防止裹入空气,并与缝壁粘结牢固,不得有开裂、鼓泡和下塌现象。在地漏、管根、阴阳角和出入口等易发生漏水的薄弱部位,可加一层增强胎体材料,材料宽度不小于 300mm,搭接宽度应不小于 100mm。施工时先涂一层 JS 防水涂料,再铺胎体增强材料,最后,涂一层 JS 防水涂料。

(2) 大面积涂刷涂料时,不得加铺胎体;如设计要求增加胎体时,须使用耐碱网格布或 40g/m² 的聚酯无纺布。

27.3.3.3 聚合物乳液(丙烯酸)防水涂料施工

1. 工艺流程

清理基层 → 底面防水层 → 细部附加层 → 涂刷中间防水层 → 铺贴增强层 → 涂刷上层防水层 →

涂刷表面防水层 → 防水层第一次蓄水试验 → 保护层、饰面层施工 → 第二次蓄水试验 → 工程质量验收

2. 操作要点

(1) 涂刷底层:取丙烯酸防水涂料倒入一个空桶中约 2/3,少许加水稀释并充分搅拌,用滚刷均匀地涂刷底层,用量约为 0.4kg/m²,待手摸不粘手后进行下一道工序。

(2) 细部附加层:按设计要求在管根等部位的凹槽内嵌填密封胶,密封材料应压嵌严密,防止裹入空气,并与缝壁粘结牢固,不得有开裂、鼓泡和下塌现象;地漏、管根、阴

阳角等易漏水部位的凹槽内，用丙烯酸防水涂料涂覆找平；在地漏、管根、阴阳角和出入口易发生漏水的薄弱部位，须增加一层胎体增强材料，宽度不小于 300mm，搭接宽度不得小于 100mm，施工时先涂刷丙烯酸防水涂料，再铺增强层材料，然后再涂刷两遍丙烯酸防水涂料。

（3）涂刷中、面层防水层：取丙烯酸防水涂料，用滚刷均匀地涂在底层防水层上面，每遍涂约 $0.5\sim0.8kg/m^2$，其下层增强层和中层必须连续施工，不得间隔；若厚度不够，加涂一层或数层，以达到设计规定的涂膜厚度要求为准。

27.3.3.4 改性聚脲防水涂料施工

1. 材料

改性聚脲防水涂料是以聚脲为主要原料，配以多种助剂制成，属于无有机溶剂环保型双组分合成高分子柔性防水涂料。

2. 施工要点

（1）工艺流程

清理基层 → 细部附加层施工 → 第一遍涂膜防水层 → 第二遍涂膜防水层 → 第一次蓄水试验 →
保护层、饰面层施工 → 第二次蓄水试验 → 工程质量验收

（2）操作要点：①配料：将甲、乙料先分别搅拌均匀，然后按比例倒入配料桶中充分拌合均匀备用，取用涂料应及时密封。配好的涂料应在 30min 内用完。②附加层施工：地漏、管根、阴阳角等处用调配好的涂料涂刷（或刮涂）一遍，做附加层处理。③涂膜施工：附加层固化后，将配好的涂料用塑料刮板在基层表面均匀刮涂，厚度应均匀、一致。第一遍涂膜固化后，进行第二遍刮涂。刮涂要求与第一遍相同，刮涂方向应与第一遍刮涂方向垂直。在第二遍涂膜施工完毕尚未固化时，其表面可均匀地撒上少量干净的粗砂。

27.3.3.5 水泥基渗透结晶型防水涂料施工

1. 工艺流程

基层检查 → 基层处理 → 基层润湿 → 制浆 → 重点部位的加强处理 → 第一遍涂刷涂料 → 制浆 →
第二遍涂刷涂料 → 检验 → 养护 → 检验 → 第一次蓄水试验 → 找坡层、垫层、饰面层施工 →
第二次蓄水试验 → 工程质量验收

2. 操作要点

（1）基层处理：先修理缺陷部位，如封堵孔洞，除去有机物、油漆等其他粘结物，遇有大于 0.4mm 以上的裂纹，应进行裂缝修理；对蜂窝结构或疏松结构，均应凿除，松动杂物用水冲刷至见到坚实的混凝土基面并将其润湿，涂刷浓缩剂浆料，再用防水砂浆填补、压实，掺合剂的掺量为水泥含量的 2%；打毛混凝土基面，使毛细孔充分暴露；底板与边墙相交的阴角处加强处理。用浓缩剂料团趁潮湿嵌填于阴角处，用手锤或抹子捣固压实。

（2）制浆：按体积比将粉料与水倒入容器内，搅拌 $3\sim5min$ 混合均匀。一次制浆不宜过多，要在 20min 内用完，混合物变稠时要频繁搅动，中间不得加水、加料。

（3）第一遍涂刷涂料：涂料涂刷时，需用半硬的尼龙刷，不宜用抹子、滚筒、油漆刷等；涂刷时应来回用力，以保证凹凸处都能涂上，涂层要求均匀，不应过薄或过厚，控制在单位用量之内。

（4）第二遍涂刷涂料：待上道涂层终凝 $6\sim12h$ 后，仍呈潮湿状态时进行；如第一遍

涂层太干，则应先喷洒些雾水后再进行增效剂涂刷。此遍涂层也可使用相同量的浓缩剂。

（5）养护：养护必须用干净水，在涂层终凝后做喷雾养护，不应出现明水，一般每天需喷雾水3次，连续数天，在热天或干燥天气应多喷几次，使其保持湿润状态，防止涂层过早干燥。蓄水试验需在养护完3~7d后进行。

（6）重点部位加强处理：房间的地漏、管根、阴阳角、非混凝土或水泥砂浆基面等处用柔性涂料做加强处理。做法同柔性涂料或参考细部构造做法，厕浴间下水立管防水做法见图27-91，地漏防水做法见图27-92。

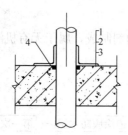

图 27-91　下水立管防水做法

1—柔性材料附加层；2—水泥基渗透结晶型防水材料；3—现浇混凝土；4—浓缩剂半干料团

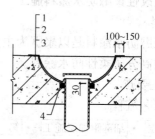

图 27-92　地漏防水做法

1—柔性材料附加层；2—水泥基渗透结晶型防水材料；3—现浇混凝土；4—浓缩剂半干料团

27.3.4　复合防水施工

27.3.4.1　聚乙烯丙纶卷材-聚合物水泥复合防水施工

指采用聚乙烯丙纶卷材为主体以一定厚度的聚合物水泥防水粘结料冷粘卷材，形成整体的复合防水层施工。聚乙烯丙纶卷材的中间芯片为低密度聚乙烯片材，两面为热压一次成型的高强丙纶长丝无纺布，厚度≥0.7mm。聚乙烯丙纶的原料必须是原生的正规优质品，严禁使用再生原料及二次复合生产的卷材。聚合物水泥防水粘结料是以配套专用胶与水泥加水配制而成，粘结料应具有较强的粘结力和防水功能。

1. 工艺流程

验收基层 → 清理基层 → 聚合物水泥防水粘结料配制 → 细部附加层处理 → 涂刷聚合物水泥防水粘结料 → 防水层粘贴 → 嵌缝封边 → 验收 → 第一次蓄水试验 → 验收 → 保护层 → 饰面施工 → 第二次蓄水试验 → 工程质量验收

2. 操作要点

（1）聚合物水泥防水粘结料配制及使用要求：配制时，将专用胶放置于洁净的干燥器中，边加水边搅拌至专用胶全部溶解，然后加入水泥继续搅拌均匀，直至浆液无凝结块体、不沉淀时即可使用。每次配料必须按作业面工程量预计数量配制，聚合物水泥粘结料宜于4h内使用完，剩余的粘结料不得随意加水使用。聚合物水泥防水粘结料用于卷材与基层或卷材与卷材之间粘结，也可作为卷材接缝的密封嵌填。

（2）防水层应先做立墙、后做地面，墙体防水做法见图27-93，管道穿楼面防水做法见图27-94。

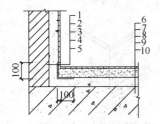

图 27-93　墙体防水做法

1—釉面砖专用粘铺料粘铺；2—卷材一层 1.3 厚专用贴铺料铺贴；3—墙体用水泥砂浆找平；4—墙地转角处及管遇套管等处需附加一层点粘防水卷材；5—外墙；6—防滑地砖用砂浆铺；7—40 厚细石混凝土；8—卷材一层 1.3 厚专用贴铺料铺贴；9—门口处水泥砂浆找 1%坡，坡向地漏；

10—现浇混凝土

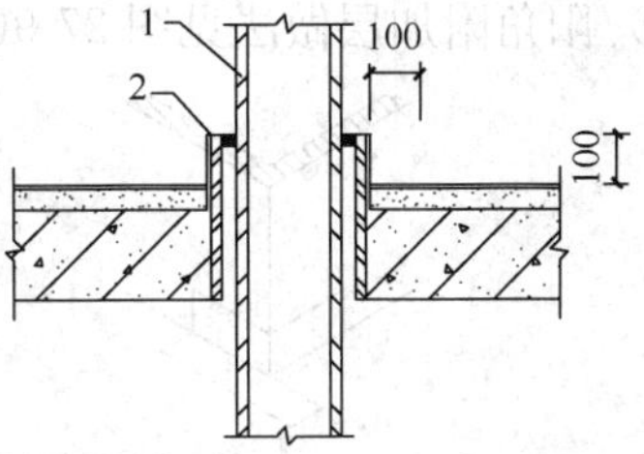

图 27-94　管道穿楼面防水做法

1—套管按工程设计；
2—套管外复加卷材一层

（3）管根附加层处理，详见图 27-95。

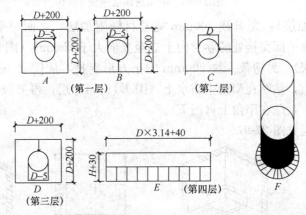

图 27-95　管根附加层做法示意

第一层：先测出已安装的（非敞开管口）管道直径 D，然后以 $D+200$mm 为边长，裁卷材成正方形，在正方卷材中心以 $D-5$mm 为直径画圈，用剪刀沿圆周边剪下（图 A），再从正方形一边的中部为起点裁剪开至圆形外径（图 B）；在已裁好的正方形卷材和管根部位，分别涂刷聚合物水泥防水粘结料，将附加层卷材套粘在管道根部紧贴在管壁和地面上，粘贴必须严密压实、不空鼓；第二层：指大面防水层的卷材作业至管根时，方法与第一层相同，圆口应大于直径剪裁，粘贴时应注意剪裁口应与第一层的剪裁口错开（图 C）；第三层：另剪裁一块正方形卷材，尺寸均同第一层做法，但侧边的剪口，粘贴时应与图 A 相反（图 D）；然后，涂刷聚合物水泥防水粘结料在管根粘贴牢固；第四层：做管根卷材围子。裁一块长方形卷材，长度为管周长即 $D×3.14+40$mm，宽度为围子高度即 $H+30$mm（H 一般为 80mm），从垂直长边方向均匀剪成小口，剪裁尺寸深度等于二分之一高度（图 E）。将卷材围子与管根分别涂刷聚合物水泥防水粘结料，绕管根将围子紧紧粘贴牢固并压实，用粘结料封边（图 F）。

（4）地漏、坐便器出水管、穿墙管做法的卷材裁剪，与图 27-95 相同，但不剪口，直接套在管根上。

（5）阳角附加层做法见图 27-96。

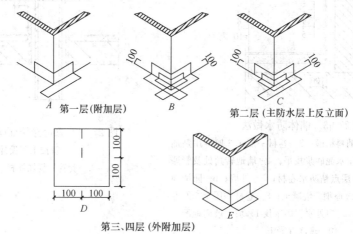

图 27-96　阳角附加层做法

第一层（内附加层）：先剪裁 200mm 宽卷材做附加层，立面与平面各粘结 100mm（图 A）；第二层：将平面交接处的卷材向上返至立面大于 250mm（图 B、图 C）；第三层及第四层（外附加层）：另剪裁一块 200mm 的正方形卷材，从任意一边的中点剪口直线至中心，剪开口朝上，粘贴在阳角主防水上（图 D）；第四层：再剪裁与上述尺寸相同的附加层，剪口朝下，粘贴在阳角上（图 E）。

（6）阴角附加层见图 27-97。

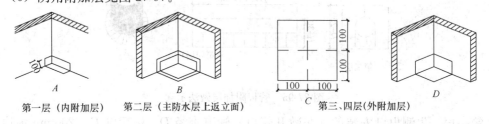

图 27-97　阴角附加层做法

第一层（内附加层）：先剪裁 200mm 宽卷材做附加层，立面与平面各粘结 100mm（图 A）；第二层（主防水层）：将平面交接处的卷材向上翻至立面大于 250mm（图 B）；第三层及第四层（外附加层）：将卷材用剪刀裁成 200mm 的正方形片材，从其中任意一边的中点剪至方片中心点（图 C）；然后，将被剪开部位折合重叠，折叠口朝上，涂刷水泥粘结阴角部位（图 D）；第四层方法与第三层相同，只是折叠口朝下。

（7）主体防水层（大面积防水层）施工程序：①基层涂刷聚合物水泥防水粘结料：用毛刷或刮板均匀涂刮粘结料，厚度达到 1.3mm 以上，涂刮完的粘结料面上及时铺贴卷材。②卷材的铺贴：按粘贴面积将预先剪裁好的卷材铺贴在立墙、地面，铺粘时不应用力拉伸卷材，不得出现皱折。用刮板推擀压实并排除卷材下面的气泡和多余的防水粘结料浆。③卷材搭接：卷材的搭接缝宽度长边为 100mm，短边 120mm。搭接缝边缘用聚合物水泥防水粘结料勾缝涂刷封闭，密封宽度不小于 50mm。相邻两边卷材铺贴时，两个短边接缝应错；如双层铺贴时，上下层的长边接缝应错开 1/2～1/3 幅宽。

27.3.4.2 刚性防水材料与柔性防水涂料复合施工

刚柔防水材料复合施工，指底层采用无机抗渗堵漏防水材料做刚性防水，上层做柔性涂膜防水的两者复合施工。

1. 无机抗渗堵漏防水材料与单组分聚氨酯防水涂料复合施工

无机抗渗堵漏防水材料是由无机粉料与水按一定比例配制而成的刚性抗渗堵漏剂。

（1）工艺流程

| 清理基层 | → | 细部附加层 | → | 刚性防水层 | → | 单组分聚氨酯防水涂料柔性防水层 | → | 撒砂 | → |

| 第一次蓄水试验 | → | 保护层、面层施工 | → | 第二次蓄水试验 | → | 工程质量验收 |

（2）操作要点

1）附加层施工：将地漏、管根、阴阳角等部位清理干净，用无机抗渗堵漏材料嵌填、压实、刮平。阴阳角用抗渗堵漏材料刮涂两遍，立面与平面分别为 200mm。

2）刚性防水层：以抗渗堵漏材料与水按产品使用说明比例配制，搅拌成均匀、无团块的浆料，用橡胶刮板均匀刮涂在基面上，要求往返顺序刮涂，不得留有气孔和砂眼，每遍的刮压方向与上遍相垂直，共刮两遍，每遍刮涂完毕，用手轻压无印痕时，开始洒水养护，避免涂层粉化。

3）柔性防水层：刚性防水层养护表干后，管根、地漏、阴阳角等节点处用单组分聚氨酯涂刮一遍，做法同附加层施工。

4）大面积涂刮单组分聚氨酯防水涂料，涂刷 2～3 遍。

5）最后一遍防水涂料施工完尚未固化前，可均匀撒布粗砂，以增加防水层与保护层之间的粘结力。

2. 抗渗堵漏防水材料与聚合物防水涂料复合施工

（1）工艺流程

| 清理基层 | → | 细部附加层 | → | 刚性防水层 | → | 聚合物水泥防水涂料柔性防水层 | → | 撒砂 | → |

| 第一次蓄水试验 | → | 保护层、面层施工 | → | 第二次蓄水试验 | → | 工程质量验收 |

（2）操作要点

1）附加层施工：地漏、管根、阴阳角、沟槽等处清理干净，用水不漏材料嵌填、压实、刮平。

2）刚性防水层：将缓凝型水不漏搅拌成均匀浆料。用抹子或刮板抹两遍浆料，抹压后潮湿养护。

3）柔性防水层：刚性防水层表面必须平整干净，阴阳角处呈圆弧形。按规定比例配制聚合物水泥防水涂料，在桶内用电动搅拌器充分搅拌均匀，直到料中不含团粒。

4）涂覆底层：待刚性防水层干固后，即可涂覆底层涂膜。

5）涂覆中、面层：待底层涂膜干固后，即可涂覆中、面层涂膜。涂膜厚度不小于 1.2mm。涂覆时涂料如有沉淀，应随时搅拌均匀；每层涂覆必须按规定取料，切不可过多或过少；涂覆要均匀，不应有局部沉积。涂料与基层之间粘结严密，不得留有气泡；各层之间的间隔时间，以前一层涂膜干固、不粘手为准。

27.3.4.3　界面渗透型防水液与柔性防水涂料复合施工

采用界面渗透型防水液进行大面积喷涂，管根、阴阳角等细部采用柔性防水涂料进行处理的复合防水施工。界面渗透型防水液可直接喷于混凝土表面、水泥砂浆和水泥方砖面层，柔性防水涂料可采用浓缩乳液防水涂料、单组分聚氨酯防水涂料、聚合物水泥防水涂料。

1. 材料

（1）界面渗透型防水液，又称防水液、DPS。

（2）柔性防水涂料：浓缩乳液防水涂料，又称 Rmo 涂料，是以防水浓缩乳液与水泥混合后制成的防水涂料。

（3）单组分聚氨酯防水涂料、聚合物水泥防水涂料、水泥同前。

2. 工艺流程

清理基层 → 基层湿润 → 大面喷涂防水液（刚性防水层）→ 细部附加层施工（柔性防水涂料）→ 局部涂刷柔性防水涂料 → 第一次蓄水试验 → 保护层施工 → 饰面层施工 → 第二次蓄水试验 → 工程质量验收

3. 操作要点

（1）基层处理：基层应清除干净，去除污迹、灰皮、浮渣等。混凝土基层应坚实、平整；若有蜂窝、麻面、干裂、酥松等缺陷，应进行修补。修补前剔凿缺陷部位，彻底清洗干净后喷涂界面渗透型防水液，用水泥砂浆修补抹平。遇有可见裂缝，用浓缩乳液防水涂料刮涂。

（2）基层湿润：旧混凝土或新浇筑的混凝土表面，先用水冲刷或润湿，湿润后的基层不应有明水。

（3）制备防水液：防水液是使用原液直接喷涂，严禁掺水稀释；使用前，将溶液储存桶摇动 2～3min，再把桶内溶液倒入背伏式喷雾器备用。如果溶液有冻结现象，应待完全溶化后使用；防水液使用前，应加入微量酚酞（粉红色酸碱指示剂），并用力摇匀溶液至产生泡沫时，喷涂于混凝土表面（粉红色 4h 后自动消失）。

（4）喷涂防水液：防水液可直接喷于混凝土表面或水泥方砖、水泥砂浆面层。一般只需喷涂一次。对特殊要求的部位，可视混凝土及砂浆表面粗糙程度不同加喷。新浇筑混凝土强度到 1.2MPa 能上人时，即可进行喷涂。大面积喷涂时，应先里后外，左右喷射，每次喷涂应覆盖前一喷涂圈的一半，使防水液充分、均匀地浸透全部施工面。平面与立面之间的交接处喷涂，应有 150mm 的搭接层。垂直表面上喷涂时，如果溶液往下流，应加快喷嘴喷射速度；同时，边喷边刷，使整个区域均匀覆盖之后再以同样的覆盖率进行一次。为使喷涂面完全饱和，要在喷涂后 15～20min 内检查该区域；如发现某些区域干得较快，则待检查完毕再重新在该区域加以喷涂，多余的防水液并不能渗透，而浮于表面成黏稠状。对多余的黏状物，可用水冲掉或刮掉。防水液正常的渗透时间为 1～2h；若天气干燥时，可在喷涂后 1h 于混凝土表面轻喷清水，以便溶液更好地渗入。30min 后便可允许轻度触碰。处理 3h 后或表面干燥时可行走，喷涂 24h 后可进行其他作业。

（5）细部附加层施工：①采用浓缩乳液防水涂料施工：先按体积比配制涂料，搅拌均匀后静止 10min（使其反应充分）待用，严禁在使用过程中加水、加料。已搅拌好的浓缩乳液防水涂料应在 2h 内用完，已凝固的料不得搅拌再用。在大面喷涂防水液 24h 后，对管根、阴阳角、地漏等部位，即可进行局部附加层部位的施工。先在附加层部位涂刷底料后，涂刷第一遍净浆涂粘料。每次涂层表干后（约 4h）再涂刷一遍，一般涂刷 3～4 遍，每次涂刷均匀，总涂层厚度为 0.8mm。冬期施工时，可用热风机进行局部加热。管道穿墙防水构造见图 27-98，下水立管防水构造见图 27-99，套管防水构造见图 27-100，地漏防水构造见图 27-101。②采用单组分聚氨酯防水材料、聚合物水泥防水涂料（JS）做附加层施工：在大面积喷涂完防水液 24h 后，对管根、阴阳角、地漏等部位，即可进行局部附加层部位的施工。附加层涂层厚度不小于 1.5mm。操作要点与单组分聚氨酯防水材料、聚合物水泥涂料施工相同。混凝土基层出现表面疏松或可见裂缝较多时，应采用刚柔复合做法。

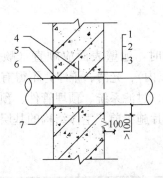

图 27-98　管道穿墙防水构造

1—柔性材料附加层；2—界面渗透型防水液；3—现浇混凝土；4—翼环；5—套管；6—金属管；7—建筑密封胶

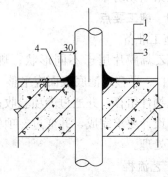

图 27-99　下水管防水构造

1—柔性材料附加层；2—界面渗透型防水液；3—现浇混凝土；4—聚合物涂料

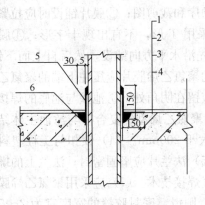

图 27-100　套管防水构造

1—面层；2—柔性材料附加层；3—界面渗透型防水液；4—现浇混凝土；5—建筑密封胶；6—管根加强处理

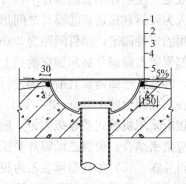

图 27-101　地漏防水构造

1—地漏；2—找坡层；3—柔性材料附加层；4—界面渗透型防水液；5—现浇混凝土

27.3.5　泳池用聚氯乙烯膜片施工

27.3.5.1　材料

聚氯乙烯膜片是以聚氯乙烯树脂为主要原料、并加入添加剂等制成的片材，分为增强型聚氯乙烯膜片和非增强型聚氯乙烯膜片,增强型是在膜片中加入纤维网而提高片材的强度。该膜片可用于主体结构为混凝土或钢等材料的泳池的防水和装饰工程,铺设在泳池主体结构的迎水面。

27.3.5.2 设计

聚氯乙烯膜片的安装方式可分为导轨锁扣式和聚氯乙烯复合型钢(钢板)焊挂式。应根据工程的具体条件,选择聚氯乙烯膜片的安装方式。对有特殊防滑要求的部位,应铺设具有特殊防滑功能的聚氯乙烯膜片。在泳池底表面,最好在聚氯乙烯膜片下设置聚酯无纺布。对聚氯乙烯膜片下设置盲沟的工程,优先选用增强型聚氯乙烯膜片,并在聚氯乙烯膜片下铺设聚酯无纺布。

27.3.5.3 施工要点

1. 施工准备

聚氯乙烯膜片用于不同形状、规模、结构的泳池时,池壁表面应顺直(顺直度在3mm以内)、平整,池底表面应平整(平整度在3mm以内)、光滑、干净,不得有砂砾或其他尖锐物件留存,并通过专项验收;泳池的排水系统、过滤系统、预埋管件、预留洞口等,应按设计要求完成,并通过专项验收;聚氯乙烯膜片施工前,主体结构的基层表面应进行杀菌处理。

2. 工艺流程

铺设泳池池壁 → 铺设泳池池底 → 铺设泳池池角或弧形角边 → 焊接泳池池壁和池底的交接叠缝 →
检验 → 修补 → 复验

3. 操作要点

(1)聚氯乙烯膜片施工的环境气温宜为10~36℃。(2)聚氯乙烯膜片铺设应符合下列规定:①膜片铺设前应作下料分析,绘出铺设顺序和裁剪图;②膜片铺设时应拉紧,不可人为硬折和损伤;③膜片之间形成的节点,应采用T形,不宜出现十字形;④膜片应采用固定件固定,铆钉间距为200mm;⑤池壁应先沿水平方向铺设,然后自上而下铺设。宽幅聚氯乙烯膜片必须铺在池壁上端。池壁上端的聚氯乙烯膜片应压住下端的聚氯乙烯膜片;⑥池底平面铺设宜沿横向进行,多层搭接缝应留在阴角处;⑦池壁与池底的焊接缝应留在池底距池壁150mm处。(3)工程塑料导轨和聚氯乙烯型钢复合件与泳池主体结构的连接应采用机械式或焊接固定,固定点间隔不得大于200mm。(4)锁扣与工程塑料导轨间应紧密结合,聚氯乙烯膜片受压后不得脱落。(5)法兰片应坚固密封;法兰上的螺钉头不得外露。(6)加强型聚氯乙烯膜片应采用热空气焊接技术。(7)应采用聚氯乙烯膜片密封胶对焊接缝进行密封处理。涂密封胶处应均匀、圆滑,密封胶缝的宽度宜为2~5mm。(8)非加强型聚氯乙烯膜片应按照泳池的实际尺寸,采用高周波焊接机焊接加工后,再运至泳池现场安装。

27.3.5.4 维护和管理

膜片泳池工程竣工验收后,应由使用单位指派专人负责管理。严禁在聚氯乙烯膜片上凿孔打洞、重物冲击;不得在聚氯乙烯膜片上堆放杂物和增设构筑物。需要在聚氯乙烯膜片上增加设施时,应做好相应的防水和装饰处理;泳池每7~15d应定期进行水线清洗;泳池中严禁直接投加原装药品。药品应进行稀释后投加;泳池池水的pH值应控制在7.2

～7.6 范围内；当聚氯乙烯膜片表面有明显污迹时，应及时采用专用吸污工具清理干净，严禁使用金属刷或其他尖硬、锋利工具清洁聚氯乙烯膜片表面。不得采用硫酸铜类清洗剂清洗；对难洗的严重污迹，可采用低酸化学清洁剂清洗；泳池使用时，环境温度应控制在 5～40℃ 范围内。当环境温度低于 5℃，在冰冻来临前，应在聚氯乙烯膜片泳池内安装或使用防冰冻装置（例如：泳池防冰冻浮箱、防冰冻液等）；同时，应将池水排干，及时清洗聚氯乙烯膜表面上的脏物、污迹，做好保护措施。

27.3.6 刚 性 防 水

27.3.6.1 聚合物水泥防水砂浆施工

施工要点：同 27.1.2.2 中 7 聚合物水泥防水砂浆的施工要点。室内施工时，应注意管根部、地漏口、结构转角等细部构造处，应进行增强处理。管根部周围在基层剔宽深约为 10mm 的槽，用聚合物水泥防水砂浆嵌入后涂抹聚合物水泥防水砂浆一遍，压入一层网格布。其上再进行聚合物水泥防水砂浆抹灰。

27.3.6.2 水泥基渗透结晶型防水砂浆施工

1. 工艺流程

基层检查 → 基层处理 → 基层润湿 → 制水泥浆 → 第一遍涂刷水泥净浆 → 调制防水砂浆 →
防水砂浆施抹 → 检验 → 养护 → 重点部位的加强处理 → 检验 → 第一次蓄水试验 →
找坡层、垫层、饰面层施工 → 第二次蓄水试验 → 工程质量验收

2. 操作要点

（1）先处理缺陷部位、封堵孔洞，除去有机物、油漆等其他粘结物，清除油污及疏松物等。如有大于 0.4mm 以上的裂纹，应先进行裂缝修理；沿裂缝两边凿出 20（宽）mm×30（深）mm 的 U 形槽，用水冲净、润湿后，除去明水，沿槽内涂刷浆料后用浓缩剂半干料团填满、夯实；遇有蜂窝或疏松结构应凿除，将所有松动的杂物用水冲刷掉，直至见到坚实的混凝土基面并将其润湿后，涂刷灰浆，再用防水砂浆填补、压实；经处理过的混凝土表面，不应存留任何悬浮等物质。

（2）底板与边墙相交的阴角处做加强处理，用浓缩剂料团趁潮湿嵌填于阴角处，用手锤或抹子捣固压实。用油漆刷等将水泥净浆涂刷在基层上。

（3）配制防水砂浆，将制备好的防水砂浆均摊在处理过的结构基层上用抹子用力抹平、压实，所有施工方法按防水砂浆的施工方法及标准进行施工。陶粒、砖等砌筑墙面在做地面砂浆防水层时，可进行侧墙防水砂浆层的施抹，施抹完成后即完成了防水施工作业。

（4）防水砂浆施工面积大于 $36m^2$ 时应加分格缝，缝隙用柔性嵌缝膏嵌填。

（5）防水砂浆层养护必须用干净水做喷雾养护，不应出现明水，一般每天需喷雾水 3 次。连续 3～4d，热天或干燥天气应多喷几次用湿草垫或湿麻袋片覆盖养护，保持湿润状态，防止防水砂浆层过早干燥。蓄水试验需在养护完 3～7d 后进行。

（6）重点部位附加层处理：地漏、管根、阴阳角等处用柔性涂料做附加层处理，方法同柔性涂料施工，参照细部构造图（见图 27-102）。

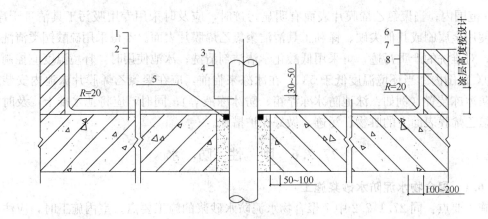

图 27-102 水泥基渗透结晶型防水砂浆立管做法
1—水泥基掺合剂防水砂浆层；2—结构底板；3—内加网格布；4—管道；
5—水泥基浓缩剂半干料团 10×10；6—水泥基掺合剂防水砂浆层；7—胶粘剂涂层；8—墙体

27.3.7　工程质量检验与验收

建筑室内防水工程各分项工程的施工质量检验批应符合下列规定：

(1) 防水混凝土的施工质量检验数量，应按混凝土外露面积每 100m² 抽查 1 处，每处 10m²，且不得少于 3 处；细部构造应按全数检查。

(2) 砂浆防水层、涂膜防水层、卷材防水层应按防水施工面积每 100m² 抽查 1 处，每处 10m²，且不得少于 3 处。

(3) 单间防水施工面积小于 30m² 时，按单间总量的 20% 抽查，且不得少于 3 间。

(4) 所有有防水要求的房间均应进行二次蓄水检验。

(5) 细部构造应根据分项工程的内容全部进行检查。

27.4　外墙防水及抗渗漏

墙体是建筑物的重要组成部分。墙体的渗漏现象，在各类建筑体系中都不同程度地出现。外墙渗漏不仅影响建筑的使用寿命和结构安全，而且还直接影响使用功能。随着墙体多种新型材料的开发与应用，导致外墙面的渗漏率有逐年增加的趋势，给人们的生活和工作带来极大的不便，特别是多雨地区高层建筑外墙渗漏更为严重，危害更大。为了克服外墙渗漏问题，应采取有针对性的技术措施。

27.4.1　基　本　规　定

27.4.1.1　建筑外墙防水防护应满足的基本功能要求

应具有防止雨雪水侵入墙体的作用，保证火灾情况下的安全性，可承受风荷载的作用及可抵御冻融和夏季高温破坏的作用。

27.4.1.2　防水设防要求

(1) 符合下列情况之一的外墙，应采用墙面整体防水设防：

1）年降水量≥800mm 地区的外墙。

2）年降水量≥600mm 且基本风压≥0.5kN/m² 地区的外墙。

3）年降水量≥400mm 且基本风压≥0.4kN/m²，或年降水量≥500mm 且基本风压≥0.35kN/m²，或年降水量≥600mm 且基本风压≥0.3kN/m² 的地区有外保温的外墙。

（2）以上条件之外，年降水量≥400mm 地区的外墙，应采用节点构造防水措施。

27.4.2　一　般　规　定

27.4.2.1　设计一般规定

（1）建筑外墙的防水防护层应设置在迎水面。

（2）不同结构材料的交接面应采用宽度不小于 300mm 的耐碱玻璃纤维网格布或经防腐处理的金属网片做抗裂增强处理。

（3）外墙各构造层次之间应粘结牢固，并宜进行界面处理。界面处理材料的种类和做法，应根据构造层次材料确定。

27.4.2.2　施工一般规定

外墙门窗框及伸出外墙的管道、设备或预埋件应在防水防护施工前安装完毕，并验收合格。其他规定同防水工程相关内容。

27.4.2.3　材料一般规定

应符合国家现行有关标准的要求，防水材料的性能指标应满足建筑外墙防水设计的要求，防水材料可使用普通防水砂浆、聚合物水泥防水砂浆、聚合物水泥防水涂料、聚合物乳液防水涂料、聚氨酯防水涂料、防水透气膜，密封材料可使用硅酮密封胶、聚氨酯密封胶、聚硫密封胶、丙烯酸酯密封胶。饰面材料兼作防水层时，应满足防水功能及耐老化性能要求。

27.4.2.4　外墙防水防护层最小厚度要求

外墙防水防护层最小厚度要求，见表 27-32。

外墙防水防护层最小厚度要求（mm）　　　　　　表 27-32

墙体结构	饰面层	防水砂浆			防水涂料	防水饰面涂料
		干粉聚合物	乳液聚合物	普通防水砂浆		
现浇混凝土	涂料	3	5	8	1.0	1.2
	面砖				—	—
	干挂幕墙				1.0	—
砌体	涂料	5	8	10	1.2	1.5
	面砖				—	—
	干挂幕墙				1.2	—

27.4.3　构造及细部节点防水

27.4.3.1　外墙防水构造

1.外墙防水防护层构造

外墙防水防护构造，见表 27-33。

外墙防水防护层构造   表 27-33

外墙体系	饰面材料	防水层设置位置	防水材料选用
无外保温外墙	涂料	找平层和涂料面层之间（见图 27-103）	防水砂浆和防水涂料
	面砖	找平层和面砖粘结层之间（见图 27-104）	防水砂浆
	幕墙	找平层和幕墙饰面之间（见图 27-105）	防水砂浆、聚合物水泥防水涂料、丙烯酸防水涂料或聚氨酯防水涂料
外保温外墙	涂料	聚合物水泥防水砂浆设在保温层和涂料饰面之间（见图 27-106）；涂料防水层设在抗裂砂浆层和涂料饰面之间（见图 27-107）	聚合物水泥防水砂浆和防水涂料，聚合物水泥防水砂浆可兼作保温层的抗裂砂浆层
	面砖	保温层的迎水面上（见图 27-108）	聚合物水泥防水砂浆，并可兼做保温层的抗裂砂浆层
	幕墙	找平层和幕墙饰面之间（见图 27-109）	聚合物水泥防水砂浆、聚合物水泥防水涂料、丙烯酸防水涂料、聚氨酯防水涂料、防水透汽膜（当保温层选用矿物棉材料时采用）

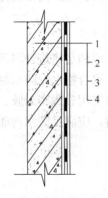

图 27-103　涂料饰面外墙防水防护构造
1—结构墙体；2—找平层；
3—防水层；4—涂料面层

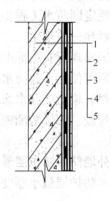

图 27-104　面砖饰面外墙防水防护构造
1—结构墙体；2—找平层；3—防水层；
4—粘贴层；5—饰面砖面层

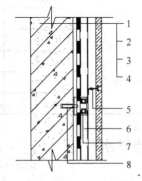

图 27-105　幕墙饰面外墙防水防护构造
1—结构墙体；2—找平层；3—防水层；4—面板；
5—挂件；6—竖向龙骨；7—连接件；8—锚栓

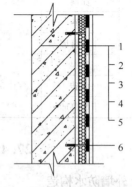

图 27-106　涂料饰面外墙防水防护构造
1—结构墙体；2—找平层；3—保温层；4—防水层；
5—涂料层；6—锚栓

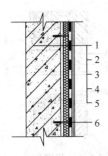

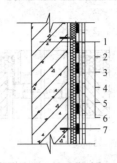

图 27-107　抗裂砂浆层兼作防水层的
外墙防水防护构造

1—结构墙体；2—找平层；3—保温层；4—防水抗裂
层；5—防水层；6—锚栓

图 27-108　砖饰面外保温外墙防水防护构造

1—结构墙体；2—找平层；3—保温层；
4—防水层；5—粘贴层；6—饰面面砖层；7—锚栓

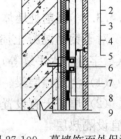

2. 砂浆防水层分格缝

砂浆防水层留分格缝，分格缝设置在墙体结构不同材料交接处，水平缝与窗口上沿或下沿平齐；垂直缝间距不大于 6m，且与门、窗框两边垂直线重合。缝宽为 8～10mm，缝内采用密封材料或防水涂料做密封处理，涂层厚度不小于 1.2mm。

3. 外墙饰面层要求

（1）防水砂浆饰面层应留置分格缝，分格缝间距根据建筑层高确定，但不应大于 6m，缝宽为 10mm。

图 27-109　幕墙饰面外保温
外墙防水防护构造

1—结构墙体；2—找平层；
3—保温层；4—防水层；
5—面板；6—挂件；
7—竖向龙骨；8—连接件；
9—锚栓

（2）面砖饰面层留设宽度为 5～8mm 的面砖接缝，用聚合物水泥砂浆勾缝，勾缝能够连续、平直、密实、光滑、无裂缝、无空鼓。

（3）涂料饰面层应涂刷均匀，厚度应根据具体的工程与材料进行，但不得小于 1.5mm。

（4）幕墙饰面的石材面板吸水率不得大于 0.8%，板缝间留设宽度为 5～8mm 的接缝，并用密封材料封严。

27.4.3.2　外墙门窗防水

（1）门窗框与墙体间的缝隙宜采用发泡聚氨酯填充。外墙防水层应延伸至门窗框，防水层与门窗框间应预留凹槽、嵌填密封材料；门窗上楣的外口应做滴水处理；外窗台应设置坡度不小于 5% 的排水坡度（见图 27-110、图 27-111）。

（2）窗框不应与外墙饰面齐平，应凹进不少于 50mm，窗框周边装饰时应留设凹槽。外墙装饰面层收口后，窗框内、外侧的四周均嵌填耐候密封胶，胶体应连续，厚度、宽度符合设计要求。

（3）塑钢窗扇百叶及平开窗的滑撑螺钉均采用橡胶垫片支垫，操作不便部位用耐候胶封闭螺钉顶面及四周，防止雨水进入塑钢窗空腔。

（4）推拉窗的下框轨道应设置泄水槽或泄水孔。

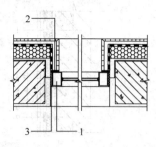

图 27-110　门窗框防水
防护平剖面构造

1—窗框；2—密封材料；
3—发泡聚氨酯填充

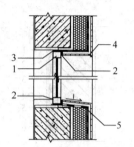

图 27-111　门窗框防水防护
立剖面构造

1—窗框；2—密封材料；
3—发泡聚氨酯填充；
4—滴水槽或鹰嘴；5—外墙防水层

27.4.3.3　屋盖处墙体防裂防水

对于钢筋混凝土屋盖的温度变化和砌体干缩变形引起的墙体裂缝（如顶层墙体的"八"字缝、水平缝等）可根据具体情况采取下列预防措施：

（1）浇筑顶层梁、板、檐口板、天沟等处的混凝土时，应选用水化热低的水泥。

（2）屋盖上宜设置保温层或隔热层。在我国，北方寒冷地区宜设保温层，南方炎热地区宜设隔热层。

（3）对于非烧结硅酸盐砖和砌块房屋，应严格控制块体出厂到砌筑的时间，应避免现场堆放时块体遭受雨淋。

（4）顶层砌体承重墙应合理设置圈梁及构造配筋。

（5）顶层空心板应改为柔性接头，在空心板支撑处铺一层油毡隔开，缝内填可塑性材料。

27.4.3.4　女儿墙防裂防水

（1）现浇钢筋混凝土女儿墙应双向配筋，厚度应≥150mm；设分格缝，间距 6m，缝宽 20～30mm，用密封材料填嵌密实；女儿墙混凝土应与屋面结构边跨同时浇筑；如必须留施工缝时，应在与女儿墙相连接的屋面结构层以上 100mm 处留设向外倾的斜槎施工缝，缝的外端应嵌填密封材料。

（2）砖混结构女儿墙不应设分格缝，避免出现渗水。

（3）保温层、找平层和女儿墙之间应留 50～80mm 伸缩缝，内填密封油膏，以构成柔性防水节点。

（4）刚性或板块保护层和女儿墙接合处应设 30mm 宽变形缝，缝内清理干净后用密封材料嵌填严实。

（5）女儿墙压顶宜采用现浇钢筋混凝土或金属压顶，压顶向内找坡，坡度不应小于 2%。采用混凝土压顶时，外墙防水层应上翻至压顶，内侧的滴水部位用防水砂浆作防水层（见图 27-112）。采用金属压顶时，防水层应做到压顶的顶部，金属压顶采用专用金属配件固定（见图 27-113）。

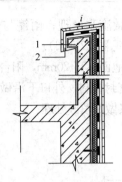 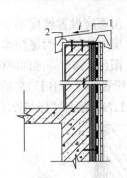

图 27-112 混凝土压顶女儿墙防水构造
1—混凝土压顶；2—防水砂浆

图 27-113 金属压顶女儿墙防水构造
1—金属压顶；2—金属配件

27.4.3.5 外墙变形缝防水构造

（1）变形缝内应清理干净，不得填塞建筑垃圾，寒冷地区填嵌保温材料。

（2）变形缝处应增设合成高分子防水卷材附加层，卷材两端应满粘于墙体，并用密封材料密封，满粘的宽度应≥150mm（见图 27-114）。

（3）外墙变形缝金属盖板的设置应符合变形缝构造要求，确保沉降、伸缩变形自由。安装盖板必须整齐、平整、牢固，搭接接头处必须平咬口且顺流水方向咬口严密。

27.4.3.6 外墙预埋件防水

外墙预埋件，如水落管卡具栽钩、旗杆孔、避雷带支柱、空调托架、接地引下线竖杆等，必须在外墙饰面前，安装预埋完毕，严禁在装饰后打洞埋设预埋件。预埋件根部应精心抹压严密，严禁急压成活或挤压成活。外墙预埋件四周应用密封材料封闭严密，密封材料与防水层应连续。

27.4.3.7 外墙穿墙孔洞防水

穿过外墙的管道宜采用套管，墙管洞应内高外低，坡度不小于5%，套管周边应做防水密封处理（见图 27-115）。

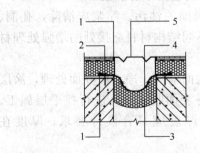 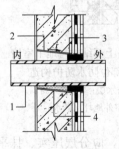

图 27-114 变形缝防水防护构造
1—密封材料；2—锚栓；3—保温衬垫材料；
4—合成高分子防水材料（两端粘结）；5—不
锈钢板或镀锌薄钢板

图 27-115 穿墙管道防水防护构造
1—穿墙管道；2—套管；
3—密封材料；4—聚合物砂浆

27.4.3.8 挑檐、雨罩、阳台、露台等节点防水

（1）突出外墙面的腰线、檐板等部位，均做成不小于5%的向外排水坡，下部做滴水，与墙面交角处做成直径100mm的圆角。与外墙连接的根部缝隙应嵌填密封材料。

（2）雨篷应设置坡度不小于1‰的排水坡，外口下沿应做滴水处理；雨篷与外墙交接处的防水层应连续；雨篷防水层应沿外口下翻至滴水部位（见图27-116）。

（3）阳台、露台等地面应做防水处理，标高应低于同楼层地面标高20mm，阳台、露台应向水落口设置坡度不小于1‰的排水坡，水落口周边留槽嵌填密封材料，外口下沿做滴水设计（见图27-117）。阳台栏杆与外墙体交接处，应用聚合物水泥砂浆做好填嵌处理。

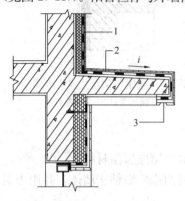

图 27-116 雨篷防水防护构造
1—外墙防水层；
2—雨棚防水层；3—滴水

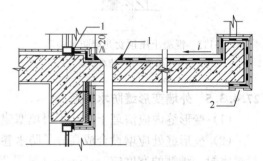

图 27-117   阳台、露台防水防护构造
1—密封材料；2—滴水

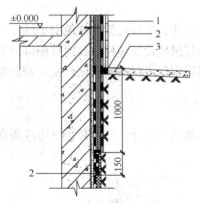

图 27-118 上部结构与地下室墙
体交接部位防水防护构造
1—外墙防水层；2—密封材料；
3—室外地坪（散水）

27.4.3.9   上部结构与地下室墙体交接部位节点防水

在严寒和寒冷地区外墙保温层及防水防护层延伸至室外地坪下，深度应根据当地的冻土深度确定，并不小于1000mm，防水层与地下外墙防水层搭接，搭接长度不小于150mm，收头用密封材料封严（见图27-118）。

27.4.4   外墙防水施工

27.4.4.1   无外保温外墙防水防护施工

（1）外墙结构表面的油污、浮浆应清除，孔洞、缝隙应堵塞抹平，不同结构材料交接处的增强处理材料应固定牢固。

（2）外墙结构表面清理干净，做界面处理，涂层应均匀，不露底，待表面收水后，进行找平层施工。找平层砂浆强度和厚度应符合设计要求。厚度在10mm以上时，应分层压实、抹平。

（3）防水砂浆施工：

1）基层表面应为平整的毛面，光滑表面做界面处理，并充分湿润。

2）防水砂浆按规定比例搅拌均匀，配制好的防水砂浆在1h内用完，施工中不得任意加水。

3）界面处理材料涂刷厚度应均匀、覆盖完全，收水后应及时进行防水砂浆的施工。

4）防水砂浆涂抹施工

厚度大于10mm时应分层施工，第二层应待前一层指触不粘时进行，各层粘结牢固。

每层连续施工，当需要留槎时，应采用阶梯坡形槎，接槎部位离阴阳角不小于 200mm，上、下层接槎应错开 300mm 以上。接槎应依层次顺序操作、层层搭接紧密。涂抹时应压实、抹平，并在初凝前完成。遇气泡时应挑破，保证铺抹密实。

5）窗台、窗楣和凸出墙面的腰线等部位上表面的流水坡应找坡准确，外口下沿的滴水线应连续、顺直。

6）砂浆防水层分格缝的留设位置和尺寸应符合设计要求。分格缝的密封处理应在防水砂浆达到设计强度的 80% 后进行，密封前将分格缝清理干净，密封材料应嵌填密实。

7）砂浆防水层转角抹成圆弧形，圆弧半径应大于等于 5mm，转角抹压应顺直。

8）门框、窗框、管道、预埋件等与防水层相接处留 8～10mm 宽的凹槽，做密封处理。

9）砂浆防水层未达到硬化状态时，不得浇水养护或直接受雨水冲刷。聚合物水泥防水砂浆硬化后，应采用干湿交替的养护方法；普通防水砂浆防水层应在终凝后进行保湿养护。养护时间不少于 14d，养护期间不得受冻。

（4）防水涂膜施工：

1）涂料施工前应先对细部构造进行密封或增强处理。

2）涂料的配制和搅拌：双组分涂料配制前，将液体组分搅拌均匀。配料应按规定要求进行，采用机械搅拌。配制好的涂料应色泽均匀，无粉团、沉淀。

3）涂料涂布前，应先涂刷基层处理剂。

4）涂膜分多遍完成，后遍涂布应在前遍涂层干燥成膜后进行。每遍涂布应交替改变涂层的涂布方向，同一涂层涂布时，先后接槎宽度为 30～50mm。甩槎应避免污损，接涂前应将甩槎表面清理干净，接槎宽度不小于 100mm。

5）胎体增强材料应铺贴平整、排除气泡，不得有褶皱和胎体外露，胎体层充分浸透防水涂料；胎体的搭接宽度不小于 50mm，底层和面层涂膜厚度不小于 0.5mm。

27.4.4.2 外保温外墙防水防护施工

（1）保温层应固定牢固，表面平整、干净。

（2）外墙保温层的抗裂砂浆层施工

1）抗裂砂浆施工前应先涂刮界面处理材料，然后分层抹压抗裂砂浆。

2）抗裂砂浆层的中间设置耐碱玻纤网格布或金属网片。金属网片与墙体结构固定牢固。

3）玻纤网格布铺贴应平整、无皱折，两幅间的搭接宽度不小于 50mm。

4）抗裂砂浆应抹平压实，表面无接槎印痕，网格布或金属网片不得外露。防水层为防水砂浆时，抗裂砂浆表面搓毛。

5）抗裂砂浆终凝后，及时洒水养护，时间不得少于 14d。

（3）防水层施工同无外保温外墙防水施工。

（4）防水透汽膜施工：

1）基层表面应平整、干净、干燥、牢固，无尖锐凸起物。

2）铺设从外墙底部一侧开始，将防水透汽膜沿外墙横向展开，铺于基面上。沿建筑立面自下而上横向铺设，按顺水方向上下搭接。当无法满足自下而上铺设顺序时，应确保沿顺水方向上下搭接。

3）防水透汽膜横向搭接宽度不小于 100mm，纵向搭接宽度不小于 150mm。搭接缝采用配套胶粘带粘结。相邻两幅膜的纵向搭接缝相互错开，间距不小于 500mm。

4）防水透汽膜随铺随固定，固定部位预先粘贴小块丁基胶带，用带塑料垫片的塑料锚栓将透汽膜固定在基层墙体上，固定点每平方米不少于3处。

5）铺设在窗洞或其他洞口处的防水透汽膜，以Ⅰ形裁开，用配套胶粘带固定在洞口内侧。与门、窗框连接处应使用配套胶粘带满粘密封，四角用密封材料封严。

6）幕墙体系中穿透防水透汽膜的连接件周围用配套胶粘带封严。

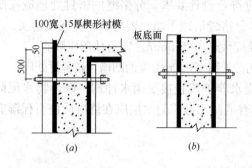

图 27-119   剪力墙与顶板交接处示意

27.4.4.3   整体浇筑混凝土外墙防水施工

墙顶一次浇筑在支设外墙板外侧模板时，在其顶端加设楔形衬模，见图27-119（a）；墙顶分开浇筑时，墙板混凝土应高出板底20～30mm，待顶板模板支设后将浮浆剔除，使墙体上口高出板底10mm，形成企口缝，以达到止水效果，见图27-119（b）。

27.4.4.4   外墙砌体防水施工

（1）砌块墙构造柱与框架梁的节点做成柔性节点，使其既能抵抗地震时的水平推力，又能消除柱两侧墙体压应力集中导致的剪切变形开裂。

（2）悬臂梁上的墙体，在L形和T形交接处均设置构造柱，与悬臂梁节点柔性连接。每2皮砌块高度设2φ6通长拉结筋，与构造柱可靠连接，墙顶与悬臂梁之间用20mm厚聚苯板填实。内外装饰时留出10mm宽缝，用耐候硅酮胶嵌成防水柔性缝，以消除悬臂梁下挠而导致的墙体开裂。

（3）砌筑过程中，砌体与框架柱、剪力墙的节点缝逐皮填实砂浆后，再每侧划入30mm深；每砌完5皮砌块，用嵌缝抹子将内外灰缝原浆压实，以封闭毛细孔。

（4）在墙体预埋电气配管，可待砌体砂浆达到设计强度后用无齿锯切槽，使槽深大于配管直径10mm，将配管在槽内固定牢固。用喷雾器吹洗湿润管槽后，再用1∶2石膏砂浆抹平、压实并凿毛。对穿越墙体的通风空调管道，在砌筑时准确预留孔洞，严禁遗漏；对消防、给水系统穿越墙体的管道，用成孔机在墙体上打孔，并埋设钢套管。

27.4.5   质量检查与验收

27.4.5.1   外墙防水防护工程的质量规定

（1）防水层不得有渗漏现象。

（2）使用的材料应符合设计要求。

（3）找平层应平整、坚固，不得有空鼓、酥松、起砂、起皮现象。

（4）门窗洞口、穿墙管、预埋件及收头等部位的防水构造，应符合设计要求。

（5）砂浆防水层应坚固、平整，不得有空鼓、开裂、酥松、起砂、起皮现象。防水层平均厚度不小于设计厚度，最薄处不小于设计厚度的80%。

（6）涂膜防水层应无裂纹、皱折、流淌、鼓泡和露胎体现象。平均厚度不小于设计厚度，最薄处不小于设计厚度的80%。

（7）防水透汽膜应铺设平整、固定牢固，构造符合设计要求。

27.4.5.2 外墙防水层渗漏检查

应在持续淋水 30min 后进行。

27.4.5.3 外墙防水防护使用的材料要求

应有产品合格证和出厂检验报告，对进场的防水防护材料应抽样复检，并提出抽样试验报告，不合格的材料不得在工程中使用。

27.4.5.4 外墙防水防护工程检验批划分

外墙防水防护工程分为砂浆防水层、涂膜防水层、防水透汽膜防水层三个分项，各分项按外墙面积，每 $100m^2$ 查一处，每处 $10m^2$，不少于 3 处；不足 $100m^2$ 时，按 $100m^2$ 计算。节点构造全部检查。

27.4.5.5 工程隐蔽验收记录

工程隐蔽验收记录包括防水层的基层；密封防水处理部位；门窗洞口、穿墙管、预埋件及收头等细部做法。

27.4.5.6 外墙面防水工程质量检验项目、标准及方法

外墙面防水工程质量检验项目、标准及方法，见表 27-34。

质量检验项目、标准及方法   表 27-34

分部分项工程名称	检验项目	标 准	检验方法
外墙面防水工程	门窗口	周围密封	观察、水密性试验
	面砖缝	勾缝材料质量符合要求	观察检查
	板缝密封	密封完全	观察、淋水试验
	窗台坡度、滴水	向外排水、滴水	浇水检查
	不同材料交接处密封	密封严密	观察检查

28 建筑防腐蚀工程

28.1 建筑防腐蚀工程基本类型与要求

钢材、水泥与砂石等的不同组合，形成了以钢结构为主或钢筋混凝土结构为主的各类建筑物、构筑物。处于工业环境的建筑物、构筑物由于受到各种腐蚀性介质的影响，材料失效发生结构腐蚀破坏而造成损失。如何采取措施将损失减少到最低限度，是建筑防腐蚀工程面临的重要问题。

28.1.1 建筑防腐蚀工程的基本类型

工业生产环境中的建、构筑物，受到各种腐蚀介质作用，产生不同程度的物理、化学、电化学腐蚀，引起结构破坏而失效。各种腐蚀介质按其聚集态可分为气态、液态和固态。

1. 气态介质

气态介质对建、构筑物的腐蚀程度取决于气体的性质、作用量、环境相应湿度、温度、作用时间，也和建筑材料的性质、致密性相关。对气态介质腐蚀最敏感的建筑材料是金属，比如钢结构生锈等，其次是钢筋混凝土，后者在气相腐蚀环境中也主要表现为钢筋腐蚀。在同等条件下，黏土砖、混凝土在气相腐蚀环境中腐蚀较轻缓。在各种腐蚀气体中，以氯化氢、氯、硫酸酸雾等酸性气体对钢结构和混凝土结构的腐蚀最为严重。湿度是气体对金属形成电化学腐蚀的重要因素，在一定温度条件下，大气湿度如果保持在60%以下，金属的腐蚀速度比较缓慢，随着大气温度、湿度的增加，腐蚀速度急剧加快。对于钢筋混凝土来说，环境湿度的作用是通过对材料的渗透在其内部显现的，故材料的致密性决定了水分的渗透量。

2. 液态介质

液态介质对建、构筑物的腐蚀程度取决于液体的性质、浓度、作用量、作用时间和温度以及建筑材料的性质、致密程度。液态介质主要作用于设备基础、地面、基础和地基，也作用于墙面和柱面等其他部位。不同性质的液体对建筑材料的腐蚀差别很大。例如酸对钢结构的腐蚀，体现在可以直接与钢结构发生化学反应置换出氢，导致钢材强度快速消失，酸对于混凝土的腐蚀也十分严重。而碱对钢结构、混凝土结构的腐蚀则较轻缓。硫酸钠虽然是盐类，但高浓度的硫酸钠溶液对砖墙的腐蚀甚至比酸还严重。对一般建筑材料，溶液浓度越高，腐蚀性越强。液态介质的腐蚀作用不仅在建筑物表面进行化学溶蚀，同时还在其内部进行。

3. 固态介质

固态介质对建筑物、构筑物的腐蚀程度取决于固体的性质、溶解度、吸湿性、再结晶后的体积膨胀率及环境的温度、湿度以及建筑材料的性质及致密程度。附着在金属构件表面的吸湿性固体盐会导致金属构件表面的露点降低，形成附着液膜，此时电阻降低而腐蚀加快，形成盐雾对建筑物、构筑物的腐蚀。盐的溶解度和吸湿性越大，腐蚀性也越强。大部分盐类都具有再结晶的特点，盐类吸湿溶解后渗入材料内，可因水分的挥发在材料的孔隙中产生再结晶，在此条件下，材料的致密性和盐类再结晶后的体积膨胀率是导致材料发生膨胀腐蚀的重要因素。

4. 化学溶蚀

腐蚀介质与材料相互作用，生成可溶性化合物或无胶结性能产物的过程，称为化学溶蚀。建筑材料的化学溶蚀主要与三个因素有关：一是介质的 pH 值，pH 值愈低，则腐蚀性愈强；二是建筑材料中与介质可起化学反应的组分愈多，则腐蚀性愈强；三是腐蚀产物的溶解度愈高，则腐蚀速度愈快。这类腐蚀以酸对水泥类材料的腐蚀最具代表性。

5. 膨胀腐蚀

腐蚀介质与建筑材料组分发生化学反应，生成体积膨胀的新物质，或盐溶液渗入材料孔隙积聚后再脱水结晶，形成固态水化物体积膨胀，在材料中产生内应力，使材料结构破坏的过程，称为膨胀腐蚀。一般情况下，硫酸盐类的膨胀腐蚀比较严重且最具代表性。

钢结构、钢筋混凝土结构等是工业建筑的主体，建筑物防腐蚀工程针对材料失效引起的结构破坏，通过采取多种措施，有效减少这些危害，以延长建筑物、构筑物使用寿命，确保工业生产安全。这些措施包括：科学合理地进行结构计算、在建筑结构上采取加强措施（尤其是细部结构、重要构配件：如地漏、围堰、隔离设施、防水层等）降低腐蚀影响；对腐蚀情况严重、介质经常作用、反复作用的部位，正确选用各种耐蚀材料，有针对性地采用耐蚀材料保护；防腐蚀施工中严格掌握操作规程，严格执行各项管理制度，严格检查每一道工序与工程质量。

工业建筑由于所处环境、作用部位、介质条件不同，其防腐蚀技术有严格的适用范围。有时为达到更理想的防护效果，或由于使用条件及介质情况复杂，采用一种防腐蚀材料或措施无法进行有效保护时，就需要采用两种或多种材料复合、多种结构复合等技术与措施作联合保护。

28.1.1.1 涂料类防腐蚀工程

简单、方便、常用、有效的表面防护工程，若与树脂材料构造复合使用，防护效果更好，更具耐久性。主要用于大气环境下的墙面及部分构筑物的保护。

28.1.1.2 树脂类防腐蚀工程

简单、常用、高效、复杂介质、苛刻条件下的防护工程，若用于耐蚀块材的砌筑或复合，防护耐久性高、效果更好，周期短、可修复性强。

28.1.1.3 水玻璃类防腐蚀工程

氧化性强酸介质条件下混凝土结构表面的防护工程，常用于砌筑耐蚀块材，也可单独使用，但一般情况需采用树脂材料设置隔离层。

28.1.1.4 块材类防腐蚀工程

必须与其他材料复合，一般不能单独使用。主要用于重要建、构筑物，如池、槽、设备基础的防护，针对介质状况，可采用树脂材料作结合层。

28.1.1.5   聚合物水泥砂浆防腐蚀工程

碱、碱性盐介质条件下混凝土结构表面的防护工程，还可用于砌筑耐蚀块材。

28.1.1.6   其他类型防腐蚀工程

塑料类防腐蚀工程：可与其他材料复合，也可单独使用。

沥青类防腐蚀工程：主要用于地下工程。

建筑防腐蚀工程涉及建筑物、构筑物的各个方面，从地下结构到地面结构以及顶部结构，从室内到室外，范围很广，处理方法各异，但就工业建筑遇到的腐蚀情况分析，最主要的包括三个方面：第一，地面的防护；第二，墙面（含结构）等保护；第三，重要的构筑物保护，如池、槽、设备基础等。

上述防腐蚀工程类型的基本应用范围见表 28-1，根据表中所列举的因素可以初步确认材料选用、施工原则及注意事项，对保证防腐蚀工程质量具有积极作用。

建、构筑物各类型防腐蚀工程的基本适用范围　　　　　　　　表 28-1

种类		适用场合	不宜使用场合	慎用场合
涂料类	温度	液态介质≤120℃	液态介质>120℃	大于 80℃的液态介质
	介质	中弱腐蚀性液态介质、气态介质、大气腐蚀	中高浓度液态介质、经常作用	用于特殊环境或有复杂介质作用
	部位	建筑结构构配件的表面防护（包括轻微腐蚀的地面、基础表面等）、弱腐蚀污水池里	有机械冲击和磨损的部位、重要的池槽衬里	高温或高湿环境
树脂类	温度	液态介质≤140℃，气态介质≤180℃	大于 160℃的介质或环境	液态介质>120℃，气态介质>140℃
	介质	酸溶液（含氧化性酸）、碱、盐和腐蚀性水溶液、烟道气、气态介质	高浓度氧化性酸、热碱液、高温醋酸、冰醋酸、丙酮等有机溶剂	氢氟酸、常温强碱液、氨水、各类有机溶剂
	部位	楼面、地面、设备基础、沟槽、池和各类上部结构的表面防护、烟道衬里、块材砌筑	屋面等室外长期暴晒部位、地下构筑物	室外工程、潮湿环境
水玻璃类	温度	液态介质≤300℃	液态介质>1000℃	液态介质>300℃
	介质	中高浓度的酸、氧化性酸	氢氟酸、碱及呈碱性的介质、干湿交替的盐类	盐类、经常有 pH>1 稀酸或水作用
	部位	池槽衬里、设备基础、烟囱衬里、块材砌筑	室外工程、经常有水作用	地下工程
聚合物水泥砂浆类	温度	液态介质≤60℃，气态介质≤80℃	液态介质>60℃，气态介质>80℃	
	介质	中等以下浓度的碱液、部分有机溶剂、中性盐、腐蚀性水（pH>7）	各类酸溶液、中等浓度以上的碱	稀酸（>2%）、盐类
	部位	室内外地面、设备基础及上部结构表面防护、块材砌筑	池槽衬里	污水池衬里

28.1.1.7　地面的防护方法

地面面层材料，根据腐蚀性介质的类别、性能、浓度以及对建筑结构材料的腐蚀等级条件，结合设备安装和生产过程中的机械磨损等要求有诸多选择：

耐酸石材；耐酸砖、耐酸耐温砖；树脂胶泥或树脂砂浆；水玻璃混凝土；聚合物水泥砂浆；软 PVC 板等。

目前施工工艺较为成熟、应用范围较广的是树脂胶泥或砂浆地面、耐酸石材、耐酸砖、耐酸耐温砖等块材地面（采用树脂胶泥、砂浆、水玻璃材料挤缝或灌缝）。

28.1.2　腐蚀性介质分类

腐蚀性介质按其性质、含量、环境条件及对建筑材料的长期作用可分为：强腐蚀、中腐蚀、弱腐蚀、微腐蚀四个等级。环境相对湿度以工程所在地区年平均相对湿度值或构配件所处部位的实际相对湿度为准。

28.1.2.1　气态介质对建筑材料与结构的腐蚀性

常温下，气态介质对建筑物、构筑物的腐蚀性见表 28-2。

气态介质对建筑材料与结构的腐蚀性等级　　　　表 28-2

介质类别	介质名称	介质含量（mg/m³）	环境相对湿度（%）	钢筋混凝土、预应力混凝土	水泥砂浆、素混凝土	普通碳钢	烧结砖砌体
Q1、Q3	氯、氯化氢	>1.0	>75	强	中	强	中
			60～75	强	弱	强	弱
			<60	中	微	中	微
Q2、Q4		≤1.0	>75	中	弱	强	弱
			60～75	中	弱	中	微
			<60	弱	微	弱	微
Q5	氮氧化物（折合二氧化氮）	5～25	>75	强	中	强	中
			60～75	中	弱	中	弱
			<60	弱	微	中	微
Q6		0.1～5.0	>75	中	弱	中	弱
			60～75	弱	微	中	微
			<60	微	微	弱	微
Q10	二氧化硫	10～200	>75	强	弱	强	弱
			60～75	中	弱	中	弱
			<60	弱	微	中	微
Q11		0.5～10.0	>75	中	弱	中	微
			60～75	弱	微	中	微
			<60	微	微	弱	微

续表

介质类别	介质名称	介质含量 （mg/m³）	环境相 对湿度 （%）	钢筋混 凝土、 预应力 混凝土	水泥砂浆、 素混凝土	普通碳钢	烧　结 砖砌体
Q12	硫酸酸雾	经常作用	>75	强	强	强	中
Q13		偶尔作用	>75	中	中	强	弱
			≤75	弱	弱	中	弱
Q14	醋酸酸雾	经常作用	>75	强	中	强	中
Q15		偶尔作用	>75	中	弱	强	弱
			≤75	弱	弱	中	微
Q17	氨	>20	>75	弱	微	中	微
			60～75	弱	微	中	微
			<60	微	微	弱	微

28.1.2.2　液态介质对建筑材料与结构的腐蚀性

常温下，液态介质对建筑物、构筑物的腐蚀性见表 28-3。

液态介质对建筑材料与结构的腐蚀性等级　　　　　　　　表 28-3

介质类别	介质名称		pH 值 或浓度	钢筋混 凝土、 预应力 混凝土	水泥砂浆、 素混凝土	烧　结 砖砌体
Y1	无机酸	硫酸、盐酸、硝酸、 铬酸、磷酸、各种酸 洗液、电镀液、 电解液（pH 值）	<4.0	强	强	强
Y2			4.0～5.0	中	中	中
Y3			5.0～6.5	弱	弱	弱
Y4	有机酸	含氟酸（%）	>2	强	强	强
Y5		醋酸、柠檬酸（%）	>2	强	强	强
Y6		乳酸、C_5—C_{20}脂肪酸（%）	>2	中	中	中
Y7	碱	氢氧化钠（%）	>15	中	中	强
Y8			8～15	弱	弱	强
Y9		氨水（%）	>10	弱	微	弱
Y10	盐	钠、钾、铵的碳酸盐（%）	>2	弱	弱	中
Y11		钠、钾、铵、镁、铜、 镉、铁的硫酸盐（%）	>1	强	强	强
Y12		钠、钾的亚硫酸盐（%）	>1	中	中	中
Y13		硝酸铵（%）	>1	强	强	强
Y14		钠、钾的硝酸盐、 亚硝酸盐（%）	>2	弱	弱	中
Y15		铵、铝、铁的氯化物（%）	>1	强	强	强
Y16		钙、镁、钾、钠的 氯化物（%）	>2	强	弱	中
Y17		尿素（%）	>10	中	中	中

注：表"%"系指介质的质量分数。

28.1.2.3 固态介质对建筑材料与结构的腐蚀性

常温下，固态介质（含气溶胶）对建筑物、构筑物的腐蚀性见表28-4。

固态介质对建筑材料与结构的腐蚀性等级　　　　　　　表 28-4

介质类别	溶解性	吸湿性	介质名称	环境相对湿度（%）	钢筋混凝土、预应力混凝土	水泥砂浆素混凝土	普通碳钢	烧结砖砌体
G1	难溶	—	硅酸铝，磷酸钙，钙、钡、铅的碳酸盐和硫酸盐，镁、铁、铬、铝、硅的氧化物和氢氧化物	＞75	弱	微	弱	微
				60～75	微	微	弱	微
				＜60	微	微	弱	微
G2			钠、钾的氯化物	＞75	中	弱	强	弱
				60～75	中	微	强	弱
				＜60	弱	微	中	弱
G3	易溶	难吸湿	钠、钾、铵、锂的硫酸盐和亚硫酸盐，硝酸铵，氯化铵	＞75	中	中	强	中
				60～75	中	中	中	中
				＜60	弱	弱	弱	弱
G4			钠、钡、铅的硝酸盐	＞75	弱	弱	中	中
				60～75	弱	弱	中	弱
				＜60	微	微	弱	微
G5			钠、钾、铵的碳酸盐	＞75	弱	弱	中	中
				60～75	弱	弱	弱	弱
				＜60	微	微	微	微
G6			钙、镁、锌、铁、铝的氯化物	＞75	强	中	强	中
				60～75	中	弱	中	弱
				＜60	中	微	中	微
G7	易溶	易吸湿	镉、镁、镍、锰、铜、铁的硫酸盐	＞75	中	中	强	中
				60～75	中	中	中	中
				＜60	弱	弱	中	弱
G8			钠、钾的亚硝酸盐，尿素	＞75	弱	弱	中	中
				60～75	弱	弱	中	弱
				＜60	微	微	弱	微
G9	易溶	易吸湿	钠、钾的氢氧化物	＞75	中	中	中	强
				60～75	弱	弱	弱	中
				＜60	弱	弱	弱	弱

注：1. 在1L水中，盐、碱类固态介质的溶解度小于2g时为难溶，大于或等于2g时为易溶。

2. 20℃时，盐、碱类固态介质平衡时的相对湿度＜60%时为易吸湿，≥60%时为难吸湿。

28.1.2.4 典型生产部位腐蚀性介质类别

工业领域各种工艺过程中典型生产部位腐蚀性介质类别见表28-5。

生产部位腐蚀性介质类别

表 28-5

行业	生产部位名称	环境相对湿度（%）	气态介质		液态介质		固态介质	
			名称	类别	名称	类别	名称	类别
化工	硫酸净化工段、吸收工段	—	二氧化硫	Q10	硫酸	Y1	—	—
	硫酸街区大气	—	二氧化硫	Q11	—	—	—	—
	稀硝酸泵房	—	氮氧化物	Q6	硝酸	Y1	—	—
	浓硝酸厂房	—	氮氧化物	Q5	硝酸	Y1	—	—
	食盐离子膜电解厂房	—	氯	Q2	氢氧化钠、氯化钠	Y7、16	—	—
	盐酸吸收、盐酸脱析	>75	氯化氢	Q3	盐酸	Y1	—	—
	氯碱街区大气	—	氯、氯化氢	Q2、4	—	—	—	—
	碳酸钠碳化工段	—	二氧化碳、氨	Q16、17	碳酸钠、氯化钠	Y10、16	碳酸钠	G5
	氯化铵滤铵机、离心机部位	—	氨	Q17	氯化铵母液	Y15	—	—
	硫酸铵饱和部位	>75	硫酸酸雾、氨	Q12、17	硫酸、硫铵母液	Y1、11	—	—
	硝酸铵中和工段	—	氮氧化物、氨	Q6、17	硝酸、硝酸铵	Y1、13	—	—
	尿素散装仓库	60~75	氨	Q17	—	—	尿素	G8
	醋酸氧化工段、精馏工段	—	醋酸酸雾	Q14	醋酸	Y5	—	—
	氢氟酸反应工段	—	氟化氢	Q9	硫酸	Y1	—	—
有色冶金	铜电解液废液处理	>75	硫酸酸雾	Q12	硫酸、硫酸铜	Y1、11	—	—
	铜浸出、电解硫酸盐	>75	硫酸酸雾	Q12	硫酸	Y1	硫酸铜	G7
	锌电解过滤、压滤	>75	硫酸酸雾	Q12	硫酸、硫酸锌	Y1、11	—	—
	镍电解净液	>75	硫酸酸雾、氯化氢	Q12、4	硫酸	Y1	—	—
	钴电解净液	>75	硫酸酸雾	Q12	硫酸	Y1	—	—
	铅电解	60~75	氟化氢	Q9	氟硅酸	Y4	—	—
	氟化盐制酸车间吸收塔部位				氢氟酸	Y4		
	氧化铝压滤厂房、分解过滤厂房	—	碱雾	Q18	氢氧化钠、碳酸钠	Y7、10	—	—
	镁电解	—	氯、氯化氢	Q1、3	—	—	氯化镁	G6
钢铁	酸洗	>75	氯化氢	Q3	硫酸	Y1	—	—
	半连轧酸洗槽	>75	硫酸酸雾	Q12	盐酸	Y1	—	—

注：1. 环境相对湿度表中未注明者，可按地区年平均相对湿度确定。

2. 本表为典型生产状况下的腐蚀性介质类别，当工艺流程变更或采用先进工艺或设备而改变腐蚀条件时，生产部位的腐蚀性介质和类别应根据实际情况确定。

28.1.3 建筑防腐蚀工程的基本要求

建筑防腐蚀工程要求整体性好、抗渗性强，基层有足够的强度、干燥度、洁净度和平整度。防腐蚀施工的特点：怕水、怕脏、怕晒，合理安排防腐蚀工程与相关建筑、安装工程相互协调，密切配合，施工后应注意充分养护。

28.1.3.1 防腐蚀材料的规定

（1）建筑物、构筑物防腐蚀工程施工前，首先明确耐腐蚀材料是否符合现行国家标准的施工使用指南。材料供应方对防腐蚀施工所用材料均须提供完整的产品质量证明文件，供货时确认产品质量，提供产品说明书、合格证、质量检验报告、材料的使用方法、注意事项等；建设方应及时对材料进行现场检验、检测。

（2）建筑物、构筑物防腐蚀工程中耐腐蚀材料的使用，必须有施工使用指南。

（3）施工时，进入现场的所有材料，必须计量准确，有配制要求的应进行试配，确定配合比满足施工范围规定，供应方提供的材料，应明确说明其施工配合比调整范围。

（4）根据施工环境温度、湿度、原材料及工况特点，通过试验选定适宜的施工配合比和施工操作方法，再进行大面积施工。

28.1.3.2 防腐蚀工程要求

（1）施工技术、施工环境条件、施工准备符合相关技术规范。

（2）防腐蚀层必须均匀、平滑、致密，满足设计要求。

28.1.4 建筑防腐蚀工程常用的技术规范

建筑物、构筑物防腐蚀工程的设计、施工、验收等过程，均应严格执行国家相关规范。

28.1.4.1 设计环节

国家标准《工业建筑防腐蚀设计规范》（GB 50046）、《建筑地面设计规范》（GB 50037）、《建筑结构可靠度设计统一规定》（GB 50068）、《岩土工程勘察规范》（GB 50021）及《建筑防腐蚀构造》（08J333）等。

28.1.4.2 施工环节

国家标准《建筑防腐蚀工程施工及验收规范》（GB 50212）、《建筑地面工程施工及验收规范》（GB 50209）。

28.1.4.3 质量验收

国家标准《建筑防腐蚀工程施工质量验收规范》（GB 50224）。

28.1.4.4 相关技术规范

有关环境保护、安全施工与管理的规定。

28.2 基层处理及要求

建筑防腐蚀面层结构常出现短期内开裂、脱壳、起鼓、剥落等现象，而不能达到预期的效果。重要原因就是基层表面处理施工工艺存在缺陷，技术手段落后。随着科学技术的进步和处理要求的不断提高，基面处理机械、装备广泛应用，不仅减少工作强度、有利环境保护，同时提高了施工质量和效率。

28.2.1　钢结构基层

钢结构的基层表面处理工艺与技术，通常执行我国现行国家标准《涂装前钢材表面锈蚀等级和除锈等级》（GB 8923）。钢结构的表面处理过程包含两个方面：

（1）建筑防腐蚀工程对钢结构基层表面的基本要求；

（2）采取正确处理工艺使钢结构表面符合施工要求。

28.2.1.1　钢结构基层表面的基本要求

（1）表面平整，施工前把焊渣、毛刺、铁锈、油污等清除干净并不破坏基层平整性。在清理铁锈、油污的过程中，不损坏基层强度。

（2）保护已经处理的钢结构表面不再次污染，受到二次污染时，重新进行表面处理。

（3）已经处理的钢结构基层，及时涂刷底层涂料。

28.2.1.2　基层处理方法及质量

建筑防腐蚀工程常采用：喷射或抛射除锈、手工和动力工具除锈，其质量要求如下：

（1）喷射或抛射除锈：喷射或抛射除锈等级，Sa2级、Sa2½级，其含义是：

1）Sa2级：钢材表面无可见的油脂和污垢，并且氧化皮、铁锈和涂料等附着物已基本清除，其残留物是牢固可靠的。

2）Sa2½级：钢材表面无可见的油脂、污垢、氧化皮、铁锈和涂料等附着物，任何残留的痕迹应仅是点状或条纹状的轻微色斑。

（2）手工和动力工具除锈：手工和动力工具除锈等级，St2级、St3级，其含义是：

1）St2级：钢材表面无可见的油脂和污垢，并且没有附着不牢的氧化皮、铁锈和涂料等。

2）St3级：钢材表面无可见的油脂和污垢，并且没有附着不牢的氧化皮、铁锈和涂料等附着物。除锈等级应比St2更为彻底，底材显露部分的表面具有金属光泽。

28.2.1.3　基层表面处理的工程验收

建筑防腐蚀工程施工前，对钢结构基层进行检查交接。基层检查交接记录通常作为交工验收文件。对基层的交接包括：有无焊渣、毛刺、油污，除锈等级是否符合设计要求。当工程施工质量不符合设计要求时，必须修补或返工。返修记录也同时纳入交工验收文件。

28.2.1.4　常用机具

建筑防腐蚀工程中，钢结构表面处理的常用设备包括：铣刨机、研磨机、抛丸机等，这些设备可以根据钢材的厚度、施工质量及不同的处理要求来选用。

1. 喷射或抛射除锈的设备

抛丸机是利用电机驱动抛丸轮产生的离心力将大量的钢丸以一定的方向"甩"出，这些钢丸以巨大的冲击能量打击待处理的表面，然后在大功率除尘器的协助下返回到储料斗循环使用。

2. 手工和动力工具除锈的机具

（1）铣刨机

铣刨机是以铣刀来铣钢结构表面，其强烈的冲击力能应用于钢结构表面的清洗、拉毛和铣刨。铣刨的工作类似于一种"抓挠"的方法。其机器带有电机或汽油机驱动的刀毂，刀毂上根据钢结构材质和目的不同安装有一定数量、类似齿轮形状刀齿的铣刀片。

（2）研磨机

研磨机是利用水平旋转的磨盘来磨平、磨光或清理钢结构的表面。其工作原理是利用沉淀在一定硬度的金属基体内、分布均匀、有一定的颗粒大小和数量要求的金刚石研磨条，镶嵌在圆形或三角形的研磨片上，在电机或其他动力的驱动下高速旋转，以一定的转速和压力作用在钢结构的表面，对钢结构表面进行磨削处理。

（3）手持式轻型机械

钢结构表面少量的有机涂层、油污等附着物，可用手持式轻型处理机械，如手持式研磨机、砂轮机等来去除。

28.2.2　混凝土结构基层

加强对混凝土基层处理的控制，可以有效地保证防腐蚀层的施工质量和使用效果，最大程度地减少损失及资源浪费，提高整个防腐蚀工程的安全性、耐久性。

28.2.2.1　混凝土基层的基本要求

（1）坚固、密实，有足够强度。表面平整、清洁、干燥，没有起砂、起壳、裂缝、蜂窝、麻面等现象。

（2）施工块材铺砌，基层的阴阳角应做成直角。进行其他类型防腐蚀施工时，基层的阴阳角处应做成斜面或圆角。

（3）施工前清理干净基层表面的浮灰、水泥渣及疏松部位，有污染的部位用溶剂擦净并晾干。

（4）预先埋置或留设穿过防腐蚀层的管道、套管、预留孔、预埋件。

28.2.2.2　基层处理方法及质量

基层表面采用机械打磨、铣刨、喷砂、抛丸，手工或动力工具打磨处理，质量要求包括：

（1）检测强度符合设计要求并坚固、密实，没有地下水渗漏、不均匀沉陷，没有起砂、脱壳、裂缝、蜂窝、麻面等现象。

（2）基层表面平整，用2m直尺检查平整度：

1）当防腐蚀面层厚度大于5mm时，允许空隙不应大于4mm；

2）当防腐蚀面层厚度小于5mm时，允许空隙不应大于2mm。

（3）基层干燥，在深度为20mm的厚度层内，含水率不大于6%；采用湿固化型材料时，表面没有渗水、浮水及积水；当设计对湿度有特殊要求时，应按设计要求进行施工。

（4）检测基层坡度符合设计要求，允许偏差应为坡长的±0.2%，最大偏差值不大于30mm。

（5）采取措施使用大型清水模板或脱模剂不污染基层的钢模板，一次浇筑承重及结构件等重要部位混凝土：

1）用大型木质模板，减少模板拼缝。

2）两模板搭接处用胶带粘贴，避免漏浆。

3）采用水溶性材料作隔离剂，以利脱模和脱模后的清理。

（6）施工块材铺砌时，基层的阴阳角应做成直角；其他施工时，基层的阴阳角做成圆角 $R=30\sim50mm$，或 $45°$ 斜角的斜面。

（7）经过养护的基层表面，去除白色析出物。防腐蚀层施工选用耐碱性良好的材料。

28.2.2.3 基层表面处理的工程验收

建筑防腐蚀工程基层表面的验收，包括中间交接、隐蔽工程交接。基层表面检查交接记录应纳入交工验收文件中。

1. 基层交接

密实度、强度等级、含水率、坡度、平整度、阴阳角处理、穿过防腐蚀层的套管、预留孔、预埋件是否符合设计要求，基层表面有无起砂、起壳、裂缝、麻面、油污等缺陷。质量不符合设计要求时，必须修补或返工。返修记录应纳入交工验收文件中。

2. 强度检测

严格检查地下水渗漏及不均匀沉陷。采用强度测定仪、回弹仪等。定量给出实测指标，判断基层是否可以做防腐蚀构造层。对地下水渗漏、不均匀沉陷、裂缝、蜂窝、麻面等，通过目测判断是否存在问题。经过养护的基层表面用钢丝刷轻拉表面判断是否存在起砂，用小榔头敲打判断是否存在起壳、空鼓等现象，通过上述方法直观而准确地检验基层强度。

3. 平整度

《建筑地面工程施工及验收规范》（GB 50209）规定，基层允许空隙不超过 2mm。在块材砌筑中，随着块材加工技术装备、机械和工具的提高与改进，块材平整度完全可以根据要求加工。所需费用较低，是经济、可靠的手段。因此选用机械切割生产、厚度较薄的块材并采用揉挤法施工时，其基层平整度允许空隙不超过 2mm。采用树脂、水玻璃材料、聚合物水泥砂浆等整体构造或厚度大于 40mm 的块材时，基层允许空隙不超过 4mm（以上测试均采用 2m 直尺）。

4. 基层含水率

（1）薄膜覆盖法：用薄膜覆盖基层表面，封闭四周，观察水分情况。

（2）取样称重法：属破坏性检测手段，取适当大小样块，称重、烘干、再称重，计算失重百分比。

（3）仪器检测法：可选择各类含水率测定仪，随时随地、任意选择测试点，定量分析。

28.2.2.4 常用机具

1. 常见设备的种类和功能

混凝土表面处理机械主要包括研磨设备、铣刨设备和抛丸设备等，其工作原理与钢结构表面处理设备基本相同，通过改变机械的功率，选用不同种类的刀具而达到处理混凝土表面的功能。

2. 机器的选择和应用

（1）研磨机的选择

1）手持研磨机

处理边角等大型机器不能处理的地方，也常用来进行小面积凸凹不平的打磨处理。

2）轻型研磨机

新建地面的处理。可以连接除尘器，或根据不同场合选配不同的工具。轻型研磨机可以处理到距离边角 10mm 的地方，便于搬运，效率高。

3）重型研磨机

新建地面的处理以及旧地面的涂层的处理。机器的自重一般都超过 120kg，效率高，可以连接除尘器，有单盘和双盘、多盘等机型。

（2）铣刨机的选择

去除表面的旧涂层和凸起较大情况下的找平处理。机器的重量和功率的大小直接影响机器清理的深度和效率。一般来讲，4kW 以下的机器很难清理超过 2mm 的旧环氧涂层。但要注意机器会对混凝土地面造成轻度的损坏（很粗糙）。

混凝土地面可以选择标准刀片，标准刀片数量的多少直接决定了处理后地面的粗糙程度。去除旧环氧涂层时，可采用星形刀片，对原来地面的损坏比较小，但刀片的寿命相对比较低。

（3）抛丸机的选择

处理的地面会留下均匀的粗糙表面，可以大大提高涂层的结合强度，选择时要注意：电机的功率和抛丸的幅度直接影响清理的效率。功率大施加在钢丸上的动能大，可以去除的浮浆、涂层的厚度大。抛丸幅度的大小应和电机的功率匹配。

28.3 涂料类防腐蚀工程

适用于建筑物、构筑物遭受化工大气或粉尘腐蚀、酸雾与盐雾腐蚀、腐蚀性固体作用及液体滴溅等部位。涂料是由成膜物质（油脂、树脂）与填料、颜料、增韧剂、有机溶剂等按一定比例配制生产而成。

常用的耐腐蚀涂料品种有：

环氧树脂涂料、聚氨酯树脂涂料、玻璃鳞片涂料、高氯化聚乙烯涂料、氯化橡胶涂料、丙烯酸树脂及其改性涂料、醇酸树脂耐酸涂料、聚氨酯聚取代乙烯互穿网络涂料、氟碳涂料、有机硅树脂耐高温涂料、专用底层涂料（富锌涂料、热喷涂等）、锈面涂料（俗称"带锈涂料"）、喷涂型聚脲涂料等建构筑物、构配件防腐蚀涂料。环氧树脂自流平涂料、防腐蚀耐磨洁净涂料、防腐蚀导静电涂料、防水防霉涂料等建筑防腐蚀特种功能、特种地面涂料及其他防护涂料。

28.3.1 防腐蚀涂料品种的选用

耐蚀涂料的选用包括：面层耐蚀涂料的品种选择与综合性能、中间涂层（过渡层或称加强层）耐蚀涂料的品种选择与综合性能、底层耐蚀涂料的品种选择与综合性能、防护结构的选择要求、涂层之间的配套性、使用年限、涂层总厚度等。

28.3.1.1 面层耐蚀涂料的品种选择与综合性能

常用的耐蚀涂料品种很多，在涂装设计与涂料施工前，必须对面层涂料的综合性能有所了解，表 28-6 列出了常用防腐蚀面层涂料的性能。耐蚀涂料品种除表中列出的常用品种外，还有很多新型涂料，如：耐候型脂肪族聚氨酯面层涂料、喷涂型聚脲防腐蚀涂料、氟碳涂料等。

常用防腐蚀面层涂料的性能　　　　　　　　　　表 28-6

涂料种类	耐酸	耐碱	耐水	耐候	耐磨	耐油	与基层附着力		使用温度（℃）
							混凝土	钢	
环氧	√	☆	√	○	☆	○	☆	☆	≤60
高氯化聚乙烯	√	√	√	☆	√	√	√	√	≤90
氯化橡胶	√	√	☆	☆	√	√	√	√	≤50
聚氨酯聚乙烯互穿网络	☆	√	√	√	√	√	√	√	≤120
玻璃鳞片涂料	☆	○	☆	×	☆	√	√	√	60～80
	☆	○	☆	×	☆	○	√	√	
聚氨酯（含氰凝）	√	√	☆	×	☆	☆	√	☆	≤130
	√	√	☆	×	☆	☆	√	○	≤120
环氧沥青	√	☆	√	○	○	○	☆	☆	≤50
醇酸	○	×	○	☆	√	√	×	√	≤70
有机硅	○	○	☆	☆	√	—	☆	☆	≤450

注：1. 表中符号"☆"表示性能优异，优先使用；"√"表示性能良好，推荐使用；"○"表示性能一般，可以使用，但使用年限降低；"×"表示性能差，不宜使用。
　　2. 厚膜型涂料的性能与同类涂料基本相同，但一次成膜较厚。
　　3. 涂料基层的附着力与钢材的除锈等级和混凝土含水率等因素有关，本表系在同等基层处理条件下的相对比较。
　　4. 表中使用温度除注明者外，均为湿态环境温度；用于气态介质时，使用温度可相应提高 10～20℃。
　　5. 乙烯基酯树脂鳞片涂料的最高使用温度（湿态）与树脂型号有关，酚醛环氧型可达到 80～120℃。

28.3.1.2　中间涂层耐蚀涂料的品种选择与综合性能

经过专用生产机械加工的涂料，其分散性、机械性能才可得以体现。中间涂层耐蚀涂料品种，主要功能是增加保护层厚度、提供优良的力学性能、有效的层间过渡。用于中间修补，更具优越性。

当设计方案或现场施工没有中间层涂料，需要修补时，可采用耐腐蚀树脂配制胶泥修补。不得自行将涂料掺加粉料，配制胶泥，也不得在现场用树脂等自配涂料。

28.3.1.3　底层耐蚀涂料的品种选择与综合性能

防腐蚀涂料应用于钢结构时，应注意选择合适的配套底涂层。表 28-7 列出了常用防腐蚀底层涂料的品种与性能。

常用防腐蚀底层涂料的品种与性能　　　　　　　　　表 28-7

底层涂料名称	性　能	适用基层		
		钢铁	锌、铝	水泥
无机富锌	对钢铁基层有阴极保护作用，耐水、耐油、防锈性能优异，耐高温，不能在低温环境下施工；对除锈要求很严格，与有机、无机涂料均能配套，但不得与油性涂料配套；不宜刷过厚，并不得长期暴露。适用于高温或室外潮湿环境的钢铁基层	√	—	×

续表

底层涂料名称	性　　能	适用基层		
		钢铁	锌、铝	水泥
环氧富锌	对钢铁有阴极保护作用，耐水、耐油，附着力强，基层除锈要求严格，适用于室内外潮湿环境或对涂层耐久性要求较高的钢铁基层，后道涂料宜采用环氧云铁	√	—	×
环氧云铁	附着力与物理力学性能良好，具有较好的耐盐雾、耐湿热和耐水性能，适用于环氧富锌的后道涂料，也可直接作底层涂料，可与多种涂料配套	√	—	—
环氧铁红	涂膜坚韧，附着力良好，能与多种涂料配套，不适用于有色金属基层的底层涂料	√		√
环氧锌黄	涂膜坚韧，附着力良好，适用于有色金属基层，也可用于钢铁基层，可与多种涂料配套	√	√	√
稳定型锈面涂料	根据不同品种和要求，可对钢铁基层进行简单除锈后使用，能与多种涂料配套，对锈蚀基面有一定要求，施工时不易掌握，确有经验时可使用	√	×	×
镀锌板专用底层涂料	附着力好，耐盐水、盐雾和湿热，适用于锌、铝等有色金属基层	—	√	×

注：表中符号"√"表示适用；"—"表示不推荐；"×"表示不适用。

28.3.1.4 防护结构的涂装厚度与使用年限的选择要求

腐蚀环境下的结构设计，除根据各类材料对不同化学介质的适应性，合理选择结构材料、结构类型、布置和构造，有利于腐蚀性介质的及时排除和减少在构件表面的积聚，方便防护层的设置和维护外，还要保证在合理设计、正确施工和正常维护的条件下，防腐蚀构件、地面、墙面涂层等防护层能满足正常使用年限。

在气态和固态粉尘介作用下，钢筋混凝土结构和预应力混凝土结构的表面防护厚度按表 28-8 确定，钢结构的表面防护厚度按表 28-9 确定，室外工程的涂层厚度宜再增加 20~40μm。基础梁表面防护层，可根据腐蚀性介质的性质和作用程度、基础梁的重要性及基础与垫层的防护要求选用。

钢筋混凝土结构和预应力混凝土结构的涂层厚度　　　　　表 28-8

防护层设计使用年限（a）	强腐蚀	中腐蚀	弱腐蚀
10~15	≥200μm	≥160μm	≥120μm
5~10	≥160μm	≥120μm	1. ≥80μm 2. 普通内外墙涂料两遍
2~5	≥120μm	1.≥80μm 2. 普通内外墙涂料两遍	不做表面防护

钢结构保护层厚度，包括涂料层的厚度或金属层与涂料复合层的厚度。采用喷锌、铝及其合金时，金属层厚度不宜小于 120μm；采用热镀浸锌时，锌的厚度不宜小于 85μm。

钢结构的表面防护层最小厚度   表 28-9

防护层设计使用年限 （a）	防腐蚀涂层最小厚度（μm）		
	强腐蚀	中腐蚀	弱腐蚀
10～15	320	280	240
5～10	280	240	200
2～5	240	200	160

　　储槽和污水池的内表面防护层厚度可根据腐蚀性介质的性质和作用程度以及储槽和污水池的重要性等因素按表 28-10 确定。储槽和污水池的内表面防护措施是玻璃钢增强后再在表面上涂刷树脂面料的，也包含在涂装结构中，采用玻璃钢复合涂层防护的储槽和污水池，在受冲刷和磨损的部位还要增设块材或树脂砂浆层。

储槽和污水池的表面防护层厚度   表 28-10

腐蚀性等级	侧壁和池底		钢筋混凝土顶盖的底面
	储槽	污水处理池	
强	—	—	玻璃鳞片胶泥 （厚度≥2mm）
中	—	玻璃鳞片胶泥 （厚度≥2mm）	1. 玻璃鳞片胶泥 （厚度≥2mm） 2. 玻璃鳞片涂层 （厚度≥250μm） 3. 厚浆型防腐蚀涂层 （厚度≥300μm）
弱	玻璃鳞片胶泥 （厚度≥2mm）	1. 玻璃鳞片涂层（厚度≥250μm） 2. 厚浆型防腐蚀涂层（厚度≥300μm）	防腐蚀涂层 （厚度≥200μm）

28.3.1.5 钢铁基层防护结构的除锈等级与配套底涂层的选择要求

　　钢铁基层的除锈等级与配套的底涂层，按表 28-11 确定。

钢铁基层的除锈等级与配套的底涂层   表 28-11

项目	最低除锈等级
喷锌及其合金	$Sa2\frac{1}{2}$
富锌底涂料	
环氧或乙烯基酯玻璃鳞片底涂料	Sa2
氯化橡胶、聚氨酯、环氧、聚氨酯聚取代乙烯互穿网络、高氯化聚乙烯、丙烯酸及其改性树脂等底涂料	Sa2 或 St3
锈面涂料	除去浮锈等不牢物

28.3.2 一 般 规 定

28.3.2.1 材料规定

　　（1）耐腐蚀涂料的使用要注意涂层之间的配套性。

（2）施工后，涂膜一般均需自然养护7d以上，充分干燥后方可使用。

（3）使用前应先搅拌均匀，选用有固化剂的合成树脂涂料应根据品种随配随用。

（4）涂料及其辅助材料均应有产品质量证明文件，符合相关规定，涂料供应方还需提供MSDS文件。

28.3.2.2 施工规定

（1）刷涂施工应在处理好的基层上按底层、中间层（过渡层）、面层的顺序进行，涂刷方法随涂料品种而定，一般涂料可先斜后直、纵横涂刷，从垂直面开始自上而下再到水平面。涂刷完毕后，工具应及时清洗，以防止涂料固化。溶剂型树脂涂料的施工用具严禁接触水分而影响附着力。

（2）喷涂施工应按自上而下，先喷垂直面后喷水平面的顺序进行。喷枪沿一个方向来回移动，使雾流与前一次喷涂面重合一半。喷枪应匀速移动，以保证涂层厚度一致，喷涂时应注意涂层不易过厚，以防止流淌或溶剂挥发不完全而产生气泡，同时应使空气压力均匀。喷涂完毕后要及时用溶剂清洗喷涂用具，涂料要密闭保存。

（3）施工环境温度为10～30℃，相对湿度不大于85％。施工现场应控制或改善环境温度、相对湿度和露点温度。

（4）在大风、雨、雾、雪天及强烈日光照射下，不宜进行室外施工；通风较差的施工环境，须采取强制通风，以改善作业环境。

（5）钢材表面温度必须高于露点温度3℃方可作钢结构涂装施工。

28.3.2.3 质量检验规定

用5～10倍的放大镜检查涂层表面是否光滑平整，颜色一致，有无流挂、起皱、漏刷、脱皮等现象，涂层厚度是否均匀、符合设计要求。对于钢基层可采用磁性测厚仪检查；对于水泥砂浆、混凝土基层，在其上进行涂料施工时，可同时做出样板，测定其厚度。

28.3.3 常用涂料品种及涂层的质量要求

28.3.3.1 环氧树脂涂料

涂膜坚韧耐久，附着力好，耐水、抗潮性好，环氧树脂底层涂料与环氧树脂鳞片涂料配套使用可提高涂膜防潮、防盐雾、防锈蚀性能，并且能耐溶剂和碱腐蚀。适用于钢结构、地下管道、水下设施等混凝土表面的防腐蚀涂装。但是这类涂料耐候性能较差。

28.3.3.2 聚氨酯树脂涂料

防锈性能优良，涂膜坚韧、耐磨、耐油、耐水、耐化学品，对室内混凝土结构防水、地下工程堵漏、水泥基面防水性能优越。特别适合于钢结构的涂装保护。也可用作地面涂装、墙体及有色金属涂装。随着技术的提高，许多新品种综合性能更为优异。如：耐候防腐蚀脂肪族聚氨酯涂料、环保型水性聚氨酯涂料，不仅用于防水、堵漏，还广泛应用于复杂化工腐蚀环境、户外建构筑物保护、车间地面等。

水性聚氨酯是以水代替有机溶剂作为分散介质的新型无污染聚氨酯体系，包括单组分水性聚氨酯涂料、双组分水性聚氨酯涂料和特种涂料3大类。

28.3.3.3 玻璃鳞片涂料

适用于腐蚀条件较为苛刻的环境。具有防腐蚀范围广、抗渗性突出、机械性能好、强度高、能耐温度剧变、施工方便、修复容易等特点，是公认的长效重防腐蚀涂料。应用效果较突出的品种，包括：环氧树脂、不饱和聚酯树脂、环氧乙烯基酯树脂为成膜物的玻璃鳞片涂料。

28.3.3.4　高氯化聚乙烯涂料

高氯化聚乙烯（含氯量＞65％）为主要成膜物。其特点是：性能稳定，具有优异的耐老化性、耐盐雾性、防水性。对气态复杂介质具有优良的防腐蚀性；涂层含薄片状填料，具有独特的屏障结构，延缓了化学介质的渗透作用；良好的防霉性和阻燃性。适用于室内外钢结构涂装；防止工业大气腐蚀及酸、碱、盐等介质腐蚀。

28.3.3.5　氯化橡胶涂料

主要特点是：耐候性好，抗渗透能力强，施工方便，耐紫外线性能显著，气干性好，低温可以施工，又可防水。常用于室内外钢结构及混凝土结构的保护。

28.3.3.6　丙烯酸树脂涂料

优异的耐候性、耐化学品腐蚀性；高光泽度，较强的抗洗涤剂性；气干性较佳，涂膜附着力好，硬度高。主要应用于各种腐蚀环境下建筑物内外墙壁、钢结构表面的防腐蚀。

28.3.3.7　醇酸树脂耐酸涂料

普通防腐蚀涂料，工程中常选用耐候性突出的品种。涂层的耐久性较差，不宜作为长效涂料使用。

28.3.3.8　聚氨酯聚取代乙烯互穿网络涂料

双组分常温干燥的防腐蚀材料。具有防腐蚀性较好、附着力高、使用范围广、耐候、耐水、干燥迅速、施工简单及维修方便等特点。

28.3.3.9　氟碳涂料

氟碳涂料分氟橡胶涂料、氟树脂涂料两大类。具有耐温、耐候、耐冷热交变、抗辐射、抗污染、阻燃、可常温固化、易维修保养等特性；具有较强的附着力和硬度。

28.3.3.10　有机硅涂料

附着力强，耐腐蚀、耐油；抗冲击、防潮。具有常温干燥或低温烘干，高温下使用的优点。能耐 400～600℃高温、适用于＜500℃高温的钢或镀锌基体。

28.3.3.11　专用底层涂料

钢结构施工中，有些涂料专用于底层防锈，不仅防锈功能好，而且附着力强，与面层有良好的过渡并结合牢固。如，富锌涂料、热喷涂等。

28.3.3.12　锈面涂料（俗称"带锈涂料"）

该涂料是根据现场施工的实际情况研制、开发的一类实用型涂料。它可以在未充分除锈的钢材基面涂刷。

28.3.3.13　喷涂型聚脲涂料

喷涂聚脲防腐蚀材料包括芳香族聚脲和聚脲聚氨酯，其结构基本特征为：以端异氰酸酯基半预聚体、端氨基聚醚和胺扩链剂为基料，在设备内经高温高压混合喷涂而形成防护层。

良好的耐腐蚀能力和抗渗透能力且对腐蚀介质的适用性广，能耐稀酸、稀碱、无机盐、海水等的侵蚀。耐老化性、耐候性及耐温性比聚氨酯涂料优异。施工工艺性好，对施工环境的水分、湿气及温度的敏感度比一般涂料低，广泛适用于混凝土表面微裂纹抗渗。喷涂聚脲不含挥发溶剂，凝胶固化速度快，施工养护周期短，2～10s 就能达到初凝状态，并且在任意型面、垂直面及顶部连续喷涂而不产生流挂现象，施工厚度一次喷涂可达 1～3mm。喷涂聚脲涂层具有良好的力学性能，拉伸强度 5～25MPa，邵氏硬度达 A60～D65，伸长率在 30%～450% 内可调节，喷涂聚脲在钢材及混凝土表面有良好的附着力，一般在 5～10MPa。

喷涂聚脲弹性体涂料依其用途分为 I 型和 II 型。 I 型为弹性防腐蚀涂装材料，主要用于石油、石化、油田、化工等行业的各类混凝土储槽及附属设施； II 型为弹性耐蚀铺装材料，主要用于工业地面、建筑防水以及各类防护工程。

28.3.3.14 环氧自流平地面涂料

以无溶剂环氧树脂为主要成膜物，配合耐磨颜填料组成，可用于有环保、卫生、洁净、耐磨要求的食品、医药、医院等场合地面及建筑物表面涂装。

28.3.3.15 防腐蚀耐磨洁净涂料

以无机耐磨填料为主、配合涂层制作的无机材料地面。具备耐磨、洁净、防起尘、抗冲击和承载高之特种功能。表面平滑、整体无缝，强韧耐磨，适合各种有防尘、洁净要求的仓库等场所。性能稳定，使用寿命长久。

28.3.3.16 防腐蚀导静电涂料

综合性能优越、涂层附着强度高、结构致密、美观，装饰效果好。适用于有防静电要求的生产工厂，钢、混结构表面涂装。

28.3.3.17 防腐蚀防霉防水涂料

防止霉菌衍生、符合食品卫生要求。耐腐蚀性优越、涂层粘附强度高、结构致密、抗紫外线辐射，可有效地防止霉菌的生长，适用于钢材及混凝土表面防护。

28.3.4 施 工 准 备

28.3.4.1 材料验收

（1）进场材料应有出厂质量检验报告、产品合格证，经检验合格后，方能使用。

（2）防腐蚀涂料多为易燃物质，各种溶剂为有毒、易燃液体，挥发出的气体与空气混合可形成爆炸性气体。

（3）材料应密闭保存在阴凉干燥仓库内，温度以 10℃ 为宜，不应低于 0℃。夏季应能自然通风或机械通风。

28.3.4.2 人员培训

编制施工网络图，人员均已进行三级安全教育、技术交底、施工技能与工艺要求的培训，并经理论与实践操作考核"合格"。

28.3.4.3 施工环境

现场温度一般以 15～30℃ 为宜，相对湿度以 60%～70% 较好。若喷涂现场自然通风不能满足要求，应进行机械通风。防暴晒、防尘及防火措施应到位。

28.3.5 涂料的施工要点

28.3.5.1 涂料的配制与施工

建筑物、构筑物涂料类防腐蚀工程中，有些涂料品种比较有特色，其相应的施工工艺如下：

1. 聚氨酯涂料的施工要点

聚氨酯底层涂料、中层涂料、面层涂料、防水聚氨酯等，有单组分与双组分之分，要特别注意配套使用。

(1) 各组分按比例配好，混合均匀。

(2) 配好的涂料不宜放置太久。

(3) 水泥砂浆、混凝土基层，先用稀释的聚氨酯涂料打底，在金属基层上直接用聚氨酯底层涂料打底。涂料实干前即可进行下层涂料的施工。

(4) 聚氨酯涂料对水分、胺类、含有活泼氢的醇类都很敏感，除使用纯度较高的溶剂外，容器、施工工具等都必须清洁、干燥。建筑物及构件表面除污清理，保持混凝土干燥。

2. 高氯化聚乙烯涂料的施工要点

高氯化乙烯涂料的成膜物"高氯化聚乙烯"兼有橡胶和塑料的双重特性，对各种类型的材质都具有良好的附着力。涂料为单组分，常温干燥，施工方便。

(1) 钢铁基层除锈要求不得低于 St3 级或 Sa2 级。

(2) 施工时不需要加稀释剂，但必须充分搅拌均匀。

(3) 涂料分普通型和厚膜型。

(4) 钢材基层常用的配套方案：环氧铁红底层涂料、高氯化聚乙烯中间层涂料、面层涂料。

3. 树脂玻璃鳞片防腐蚀涂料的施工要点

(1) 配料时注意投料顺序，涂刷前需搅拌充分。

(2) 乙烯基酯树脂玻璃鳞片涂料采用环氧类底层涂料时，应做表面处理。

(3) 树脂鳞片涂料，不允许加稀释剂及其他溶剂。

(4) 常用的配套方案：

1) 钢结构表面：环氧富锌类底层涂料、环氧云铁类中间层涂料、树脂玻璃鳞片涂料。也可采用环氧铁红底层涂料、树脂玻璃鳞片涂料中间层涂料、树脂玻璃鳞片涂料。

2) 混凝土基层：树脂玻璃鳞片底层涂料、中间涂料（玻璃鳞片胶泥）、面层涂料。

4. 有机硅耐高温涂料的施工要点

有机硅耐高温涂料兼有耐温、防腐蚀等特性。具有附着力强、耐温度剧变、干燥迅速、施工简单等特点。

(1) 有机硅耐高温涂层总厚度 $80\sim100\mu m$；

(2) 涂料需随配随用，边用边搅拌，不需要加稀释剂，注意通风、防火、防毒；

(3) 施工环境温度不宜低于 5℃，相对湿度不应大于 70%；不得用乙烯磷化底层涂料打底。

28.3.5.2 施工工艺新发展

涂料在建筑、构筑物防腐蚀工程中应用非常广泛，它的特点是施工方便，价格低，但也存在污染环境的弊端。因此近年来防腐蚀涂料的施工除传统的刷涂、滚涂、喷涂和高压无气喷涂外，大力发展无公害化涂料是总趋势。在研发新品种涂料时，综合考虑成膜物质、耐蚀颜料、溶剂及助剂、原材料的合成及涂料生产过程、基材预处理过程、施工过程等整体的无公害化，形成清洁防腐蚀涂料体系。比如：水性无机富锌涂料是防腐蚀底层涂料的重要品种，具有优异的耐蚀性能。高固体分子与无溶剂涂料是近几年来低污染涂料中发展最快、应用最广的品种。比如，采用活性稀释剂的环氧树脂涂料，对环境污染少，特殊的施工工具和工艺，综合性能更加显著。环氧粉末涂料是新建管道工程的首选防腐蚀涂料品种，但在建筑防腐蚀工程中应用较少，其耐冲击性、吸湿性、贮存稳定性及涂覆施工性方面的性能有待改善和提高。

28.3.6 喷涂型聚脲涂料的施工

喷涂聚脲弹性体技术（SPUA）适应环保要求、无溶剂、无污染的喷涂施工技术。

28.3.6.1 喷涂设备的选择

适用于喷涂聚脲弹性体的设备，要求具有的主要性能在于 A、R 料混合反应，均采用 RIM 瞬间撞击混合原理。

28.3.6.2 基面状况验收

基面状况，符合"28.2 基层处理及要求"的内容规定。

28.3.6.3 施工工艺流程

（1）底层清理、修复：清除表面浮灰，底层涂料填补细小孔洞，形成表面连续结合层。

（2）立面和顶面施工：用环氧涂料滚刷一道，厚度 $0.20\sim0.40\mu m$（干膜），将涂料渗透到基面，养护干燥 $2\sim8h$ 后用环氧或丙烯酸修补，补孔率 100%。干燥养护 $2\sim4h$ 后打磨平整，去除浮灰。

（3）潮湿面的施工要求：清除积水、渗水，漏水处用快干材料堵漏。

（4）采用聚氨酯水性涂料满刮一道，干膜厚度一般为 $0.3\sim0.4mm$，保证充分渗透，并且封闭基面细孔。$\geqslant15℃$，养护 $8\sim12h$，或 $\leqslant15℃$，养护 $16\sim24h$，喷涂聚脲层。

（5）养护干燥后，检查是否有未封闭的细孔及底面渗水，若有则重复前述步骤。

28.3.6.4 修补与检验

质量检查：涂层的外观，涂膜光滑平整、颜色均匀一致，无返锈、无气泡、无流挂、无开裂及剥落等缺陷；涂层表面采用电火花检测，无针孔；涂层厚度均匀。金属表面可用测厚仪、水泥基层及混凝土表面可用无损探测仪器直接检测，也可对同步样板进行检测；涂层附着力应符合设计要求。

28.3.7 环氧自流平涂料的施工

双组分常温固化的厚膜型无溶剂环氧树脂地面涂料，通常称为"无溶剂环氧自流平洁净耐磨地面涂料"，即俗称的"环氧自流平地面涂料"，以活性溶剂配合环氧树脂为主要成膜物，辅以耐磨填料组成，可满足有环保、卫生、洁净、耐磨要求的食品、医药、医院等场合地面及建筑物表面涂装。

28.3.7.1 环氧自流平地面涂料技术

耐磨、洁净、防腐蚀之特种功能；表面平滑整体无缝，强韧耐磨，适合有防尘、洁净要求的场所；具有排除积累静电荷的能力，性能稳定，长期有效地防止静电。材料在施工过程中能呈现良好的流展性，固化后涂膜平整光滑，一次成膜可达 3mm。主要用于地面防护。

28.3.7.2 环氧自流平地面涂料的参考配合比、性能与一般规定

（1）常用环氧自流平地面涂料的参考配方与配合比，见表 28-12；

（2）涂料与涂层的技术指标，见表 28-13；

（3）涂膜耐药品性，见表 28-14。

无溶剂环氧自流平耐磨洁净地面涂料参考配方

表 28-12

环氧自流平地面涂料	组　成
树脂组分	229
脂环族固化剂组分	103
砂＜0.06mm	132
砂＜0.1~0.3mm	264
砂＜0.1~0.75mm	264
颜料	5
消泡剂	3
总份数	1000
基料含量	33%

环氧自流平地面涂料与涂层的技术指标

表 28-13

项　目	技术指标
容器中涂料的状态	搅拌混合后无硬块、呈均匀状态
施工性	刮涂无障碍
涂膜外观	正常
黏度 25℃＞	1.0Pa·s
铅笔硬度≥	2H
固体含量	85%
20℃表干时间≤	8h
20℃实干时间≤	48h
涂层抗冲击强度 1kg 钢球	1m 自由下落，无开裂、不起壳
涂层抗压强度	70MPa
涂层粘结强度	2.5MPa
耐磨性（CS17，500g，1000R）	40mg

环氧自流平地面涂料涂膜耐药品性（参照 ISOC59SC3 法）　　表 28-14

药品名	评定	药品名	评定	药品名	评定
大豆油	耐	5%苯酚	不耐	酒精	耐
润滑油	耐	20%硫酸	耐（略变色）	汽油	耐
5%醋酸	尚耐	15%氨水	耐	洗涤剂	耐
1%盐酸	耐	5%氢氧化钠	耐	丙酮	尚耐
15%盐酸	耐（略变色）	10%氢氧化钠	耐	饱和食盐水	尚耐

现场施工，根据各涂料供应方提供的材料配合比配制，通常涂料与固化剂的比例为：环氧自流平涂料主料 A：固化剂 B＝100：25 左右。

28.3.7.3　环氧自流平地面涂料施工工艺

1. 施工基面要求

符合"28.2 基层处理及要求"的内容规定，且符合下列要求：

（1）基层强度：采用钢丝刷或回弹仪作混凝土基面强度测试，也可用小铁锤敲打基层面来判定，还可现场做粘结强度（大于 1MPa 为宜）试验。

（2）基层干燥度：以养护时间来简单判定，即观察表面是否发白，见表 28-15；或者现场测含水率。

混凝土干燥程度的简单判定法　　表 28-15

施工季节	混凝土施工后	找平层施工后
夏季	3~4 星期	1~2 星期
冬季	5~6 星期	3~4 星期

（3）基层平整度：用 2m 直尺贴于基面，确认所出现的缝隙是否在 2mm 以内来作为基层平整度测定的方法。施工时，可借助机械打磨机进行局部"找平"或修整。

（4）基层粗糙度：采用轻度喷砂（丸）机进行适当表面处理，并吸去浮尘。

2. 涂装施工工具

（1）主要工具：打磨机、喷砂机、电动工业吸尘器、手提式电动磨光机、铁锤、錾刀、手提式电动搅拌机（主材与固化剂混合用）。

（2）其他工具及材料：电子秤（最大限度20kg）、照明灯、消泡针（辊）、涂料刷子、滚筒、带锯齿刮板、橡胶刮板、护面胶带、提示板。

3. 主要施工工序

环氧自流平地面涂料主要施工工序，见表28-16。

环氧自流平地面涂料施工工序 表 28-16

工序	用量（kg/m² 道）	作业方式	保养时间（h）
基面处理		打磨、吸尘	
底层	0.1～0.2	刷涂或辊涂	12
中间层	按基层需要处理	抹刮	24～72
面层	0.4～0.6/1.4～1.6	镘刮（自流平）	>24
养护		打蜡抛光	>7d

4. 施工中常见问题及对策

施工环节由于环境温度、湿度、作业面及工期等诸多因素的影响，常常会有一些施工缺陷。针对这些问题，可以采取相应的技术措施进行改进，见表28-17。

常见施工缺陷、原因及处理对策 表 28-17

类 型	缺陷状况	原 因	处理对策
与基层有关的问题	1. 凸起 表面有直径2～5mm到30～50mm的凸起 2. 剥离 （1）基层与涂膜界面剥离 （2）涂膜与涂膜之间剥离 3. 裂缝 （1）涂膜收缩而断开 （2）受基层裂缝影响涂膜断开	（1）基层干燥不够，气体聚集在涂膜之下；固化之前杂质未清除 （2）涂膜的抗张强度大大超过基层强度 （3）底涂附着力差 （4）复涂间隔长导致层间剥离 （5）颜基比偏差较大 （6）基面裂缝，涂膜附着力越好越易随基层裂缝变动；附着力不好，涂膜易起壳	（1）有问题的部分进行小修补 （2）表面打磨后全面重涂 （3）涂膜全部铲掉，清扫干净，重新施工
施工中常见的问题	固化慢：温度较低固化变慢 涂膜被灰尘、沙粒等污染 固化不均：出现软和硬涂膜 固化不良：硬化状态差，重物或人员走动有压痕 表面发粘：初凝时，表面发粘 表面发白：表面呈云雾状不固化	（1）低于10℃，硬化变慢，现场加溶剂，溶剂的挥发带走一部分热量而冷却涂膜 （2）配好的涂料在容器里放置过久，蓄积反应热，固化变快，可使用时间大大缩短 （3）混合过程搅拌不匀 （4）施工温度低，反应不完全，或固化剂加入比例不符 （5）涂料搅拌不充分，有游离的未反应成分 （6）环境潮湿，涂膜结霜，固化剂里的胺析出产生白雾 （7）固化剂计量不准或加错	（1）施工环境温度：15～25℃，现场不要随意加溶剂 （2）混合好的材料，及时流展在施工基面上，涂料接触混凝土被冷却，可使时间相对延长。严格根据环境温度的变化确定固化剂及其用量 （3）搅拌工序标准化，人员专门培训 （4）采用加温、保暖措施，提高环境温度 （5）跟（3）相同 （6）打开窗户尽量减少室温与地面的温差 （7）加强管理，对施工人员进行技术培训，及时发现问题、解决问题

续表

类型	缺陷状况	原因	处理对策
涂膜施工面的问题	1. 针孔 施工面上出现许多针状孔隙 2. 环形山孔 施工面发生环形状的孔 3. 凹陷 施工面上出现圆形凹窝的状态	（1）固化剂与主料混合时，因搅拌而在涂料里产生大量气泡，气泡不断发散，基层面留下痕迹而成为针孔 （2）基面不密实；填料分散不足 （3）涂料表面张力不均一，局部呈现不规则性	（1）用抹子边压气泡边抹，每一次涂抹厚度不超过 2mm （2）严格控制施工质量。在夏季，施工人员流淌的汗珠如滴在未固化涂膜上往往也会造成凹陷，施工时防止任何水分接触材料（未固化前）
涂膜均一性的问题	1. 抹刀痕迹 用抹刀涂抹后留下痕迹 2. 涂抹接头 接头部分不均匀 3. 颜色不均 加工面有色差	（1）涂料缺少流平性或施工人员操作不熟练 （2）接头材料初凝时间相差较大或施工人员不熟练 （3）颜料分散不良，或溶剂、助剂与填料相容性不好	（1）检查颜料、填料、树脂的配合状态和黏度 合格的地面涂料，熟练程度对抹痕影响极大 （2）尽量选择性质接近的颜料、填料等，控制研磨细度

28.3.8 常用防腐蚀涂层配套举例

在气态和固态粉尘介质作用下，常用防腐蚀涂层的配套可按表 28-18 选用。

防腐蚀涂层配套举例　　　　表 28-18

基层材料	除锈等级	底层涂料名称	遍数	厚度(μm)	中间层涂料名称	遍数	厚度(μm)	面层涂料名称	遍数	厚度(μm)	涂层总厚度(μm)	强腐蚀	中腐蚀	弱腐蚀
钢材	St2	醇酸底涂料	2	80	—	—	—	醇酸面涂料	2	80	160	—	—	2~5
		锈面涂料	1	30	环氧云铁中间涂料	1	60		2	70	160	—	—	2~5
	Sa2或St3	与面层同品种的底涂料	2	60	—	—	—	环氧、聚氨酯、氯化橡胶、丙烯酸、高氯化聚乙烯、聚氨酯聚取代乙烯互穿网络等面涂料	3	100	1600	—	—	2~5
			1	30	环氧云铁中间涂料	1	60		2	70	160	—	—	2~5
			3	100	—	—	—		3	100	200	—	2~5	5~10
			2	60	环氧云铁中间涂料	1	70		2	70	200	—	2~5	5~10
	St2½		2	60	环氧云铁中间涂料	1	80		3	100	240	2~5	5~10	10~15
		环氧防锈底涂料	2	60	环氧云铁中间涂料	1	80		3	100	240	2~5	5~10	10~15
			2	60	环氧云铁中间涂料	2	120		3	100	280	5~10	10~15	15~18

续表

基层材料	除锈等级	底层 涂料名称	底层 遍数	底层 厚度(μm)	中间层 涂料名称	中间层 遍数	中间层 厚度(μm)	面层 涂料名称	面层 遍数	面层 厚度(μm)	涂层总厚度(μm)	强腐蚀	中腐蚀	弱腐蚀
钢材	St2½	环氧防锈底涂料	2	60	环氧云铁中间涂料	1	60	环氧、聚氨酯厚膜型面涂料	2	160	280	5~10	10~15	15~18
			2	60		2	100	环氧、聚氨酯厚膜型面涂料	2	160	320	10~15	15~18	18~20
			2	60	—		—	环氧、聚氨酯、乙烯基酯玻璃鳞片面涂料	2	260	320	10~15	15~18	18~20
		乙烯基酯玻璃鳞片底涂料	1	60				乙烯基酯玻璃鳞片面涂料	2	260	320	10~15	15~18	18~20
钢材	St2½	富锌底涂料	见表注	70	环氧云铁中间涂料	1	60	环氧、聚氨酯、氯化橡胶、丙烯酸、高氯化聚乙烯、聚氨酯聚取代乙烯互穿网络等面涂料	2	70	200	—	2~5	5~10
				70		1	70		3	100	240	2~5	5~10	10~15
				70		2	110		3	100	280	5~10	10~15	15~18
				70		1	50	环氧、聚氨酯厚膜面涂料	2	160	280	10~15	15~18	18~20
				70		2	90		2	160	320	10~15	15~18	18~20
				70		1	50	环氧、聚氨酯、乙烯基酯玻璃鳞片面涂料	2	200	320	10~15	15~18	18~20
混凝土	—	与面层面品种的底涂料	1	30	—		—	环氧、聚氨酯、氯化橡胶、丙烯酸、高氯化聚乙烯、聚氨酯聚取代乙烯互穿网络等面涂料	2	60	90	—	2~5	5~10
			2	60					2	60	120	5~10	5~10	10~15
			2	60					3	100	160	10~15	10~15	15~18

注：富锌底涂料的遍数与品种有关，当采用正硅酸乙酯富锌底涂料、硅酸锂富锌底涂料、硅酸钾富锌底涂料时，宜为1遍；当采用环氧富锌底涂料、聚氨酯富锌底涂料、硅酸钠富锌底涂料和冷涂锌底涂料时，宜为2遍。

28.3.9　环保与绿色施工工艺

倡导环保与绿色建筑防腐蚀工程就是要求"节约能源、节约资源、保护环境、以人为本"。现场环境控制达标是企业环境绩效的基本要求，达标以环境设施、人员、材料、设备、污水、噪声、扬尘为主要控制内容，并强化过程控制和应急管理。

施工现场设置满足污水处理要求的隔油池、化粪池、沉淀池等，并保证正常发挥作用；按照规定配置消防设施，配备与火灾等级、种类相适应的灭火器材，并有防火标识；对于裸露的空地进行种树、植草，垃圾或废弃物分类堆放；按规定设置环境管理部门，配备满足环境管理需要的作业人员，按规定对作业人员进行环境交底、培训、检查等，满足施工现场环境管理需要；所有进场材料应验收合格，符合环保要求。尤其加强防腐蚀涂料、稀释剂、固化剂等辅助材料的环保验收，并保存验收资料，不得使用环保不达标或国家明令禁止的材料；施工现场配置的设备，应满足噪声、能耗等环境管理要求，如设备的能耗、尾气和噪声排放，不得出现漏油、遗洒、排放黑烟，不得超出相关法规的限值要求；施工现场污水排放应达到国家标准《污水综合排放标准》（GB 8978）的要求。污水排放应委托有资质的单位进行废水水质检测，提供相应的污水检测报告；确保扬尘控制目标、指标和控制措施完善有效；制定有毒有害气体排放计划，有效控制有毒有害气体排放。

28.3.10 质量要求及检验

涂料类防腐蚀工程施工的质量要求及涂层的检验，最常用的方法，包括：

（1）涂层外观：涂层表面应光滑平整，颜色一致，无流挂、起皱、漏刷、脱皮等现象，用5～10倍的放大镜进行检查。

（2）涂层厚度：涂层厚度应均匀并符合设计要求。钢基层可采用磁性测厚仪检查；水泥砂浆、混凝土基层，在其上进行涂料施工时，可同时做出样板，测定其厚度。

（3）涂层附着力、底涂层及层间附着力应符合设计规定，可采用拉拔仪进行试验检测。

（4）针孔：涂层应无针孔，可采用电火花仪进行检测。

28.3.11 安　全　防　护

（1）涂料中的大部分溶剂和稀释剂具有不同程度的毒性，故施工前应对施工人员进行安全教育。

（2）施工现场严禁烟火，必须配备消防器材和消防水源。

（3）现场具有通风排气设备，有害气体、粉尘符合表28-19的规定，不超过最高允许浓度。

（4）涂料操作人员必须穿戴防护用品，必要时按规定佩戴防毒面具。

施工现场有害气体、粉尘的最高允许浓度　　　　　　　　　表 28-19

物质名称	最高允许浓度（mg/m^3）	物质名称	最高允许浓度（mg/m^3）
二甲苯	100	溶剂油	350
甲苯	100	硫化氢	10
苯乙烯	40	二氧化硫	15
苯（皮）	40	甲醛	3
环己酮	50	含有10%以上游离二氧化硅粉尘（石英、石英岩等）	2
丙酮	400	含有10%以下游离二氧化硅的水泥粉尘	6

注：1. "皮"标记为除经呼吸道外，还易经皮肤吸收的有毒物质。

2. 本表所列各项有毒物质的检验方法，应按国家现行标准《车间空气监测检验方法》执行。

28.4　树脂类防腐蚀工程

树脂类防腐蚀工程有：树脂胶料铺衬的玻璃钢整体面层和隔离层（衬里结构）；树脂胶泥、树脂砂浆铺砌或树脂胶泥灌缝的块材面层（池、槽、地面）；树脂稀胶泥或砂浆制作的单一与复合的整体面层及隔离层；树脂玻璃鳞片胶泥面层等。树脂类防腐蚀工程往往采用几种构造复合使用，适用于腐蚀状况比较严重、介质条件复杂且苛刻的液态环境，与其他耐腐蚀材料相比，选用的树脂材料品种不同，防腐蚀工程的功能以及适用范围将有很大的不同，这也使得树脂类防腐蚀工程更具有针对性、广泛性、适应性。

28.4.1　一般规定

28.4.1.1　材料规定

（1）用于建筑防腐蚀工程施工的树脂材料包括：环氧树脂、环氧乙烯基酯树脂、不饱和聚酯树脂、呋喃树脂等。施工材料必须具有产品质量证明文件，其主要内容：

1）产品质量合格证及材料检测报告。

2）质量技术指标及检测方法。

3）复验报告或技术鉴定文件。

（2）建筑防腐蚀工程使用的材料必须符合下列规定：

1）需要现场配制的材料，其配合比必须经试验确定，符合《建筑防腐蚀施工及验收规范》（GB 50212）的规定。经试验确定的配合比不得任意改变。

2）树脂、固化剂、稀释剂等材料应密闭贮存在阴凉、干燥的通风处，并采取防火措施。玻璃纤维布（毡）、粉料等材料均应防潮贮存。

3）环氧树脂的固化剂，应优先选用低毒固化剂，对潮湿基层可采用湿固化型环氧树脂固化剂。

4）环氧乙烯基酯树脂和不饱聚酯树脂常温固化使用引发剂和促进剂。

28.4.1.2　施工规定

树脂类防腐蚀工程质量的优劣不仅取决于树脂材料本身的质量性能，还取决于现场施工的管理。

（1）施工必须严格按设计文件规定进行。当需要变更设计、材料代用或采用新材料时，必须征得设计部门的同意。

（2）树脂类防腐蚀工程使用的材料，均属化学反应型，各反应组分加入量对材料的耐蚀效果有明显影响。制成品是多种材料混配的，当级配不恰当时，不仅影响耐蚀效果，也影响施工工艺性及物理力学性能，因此所有材料在进入现场施工时，必须计量准确，按配制要求进行试配，确定的配合比必须同时满足施工规范的规定。

配制施工材料时，应注意：

1）出厂时生产企业已经明确施工配合比的，如双组分材料，现场施工时只需按要求将两组分直接混合均匀，不需调整配合比。

2）虽然施工配合比有一定的范围，但由于加入量相对较大，对整个系统影响不显著的材料，如环氧树脂、环氧树脂胶泥等施工时固化剂的加入，按施工规范试验确定至一个相对稳定的配合比，不宜经常调整。

3）不饱和聚酯树脂、环氧乙烯基酯树脂等，其固化体系中加入的材料种类较多，且每种材料加入量随施工环境条件的变化影响较大，因此施工时，其配合比除应符合规范规定的范围外，还应通过试验确定一个固定值，当环境条件发生较大变化时，必须重新确定。

（3）施工环境温度宜为 15～30℃，相对湿度不宜大于 80%。施工环境温度低于 10℃

时，应采取加热保温措施，严禁用明火或蒸汽直接加热。原材料使用时的温度，不低于允许的施工环境温度。

（4）呋喃树脂在基层表面应采用环氧树脂胶料、环氧乙烯基酯树脂胶料、不饱和聚酯树脂类胶料或玻璃钢作隔离层。

28.4.1.3　质量检验规定

（1）原材料进场后，必须检查其规格、质量是否符合要求。

（2）树脂等原材料应根据出厂说明确定是否在有效期内，如无说明或黏度过大时应进行检测，合格后才能使用。

（3）其他辅助材料应根据实际情况，进行必要的检测。

（4）上述原材料和配好的复合材料均需密封贮存于阴凉干燥库房内，并标明材料名称、性能等有关参数。同时注意落实防火、防晒、防毒、防爆、防高温等措施。

28.4.2　原材料和制成品的质量要求

树脂类防腐蚀工程常用材料与制品的质量，包括树脂材料、固化剂、纤维增强材料（如：玻璃纤维丝、玻璃纤维布、玻璃纤维表面毡、玻璃纤维短切毡或涤纶布、涤纶毡和丙纶布、丙纶毡等）、填充材料（如：粉料、细骨料和经过处理的玻璃鳞片等）。

28.4.2.1　树脂类材料及其制成品的质量要求

1. 环氧树脂等

环氧树脂、呋喃树脂是传统的耐蚀树脂。其共同特点是通常条件下树脂的黏度比较大，施工操作较困难，常常需要加入稀释剂，固化剂的加入量较大（约占 15％～30％）。

2. 不饱和聚酯树脂

分为：双酚 A 型不饱和聚酯树脂、二甲苯型不饱和聚酯树脂、对苯型不饱和聚酯树脂、间苯型不饱和聚酯树脂、邻苯型不饱和聚酯树脂等五类。在过氧化物引发下，进行室温接触成型，工艺简单，除了采用手工操作工艺外，机械化连续生产工艺也得到快速发展。

防腐蚀工程用的不饱和聚酯树脂具有一定的耐蚀性，在固化过程中不产生小分子，没有挥发物逸出，能室温下固化，常压下成型，并可以通过多种措施来调节其工艺性能，因而施工方便，容易保证质量。耐腐蚀树脂按照性能用途不同可分为中等耐腐蚀树脂和高度耐腐蚀树脂，高度耐腐蚀按结构不同又包括：双酚 A 型树脂、二甲苯型树脂等品种，中等耐腐蚀树脂有：对苯型、间苯型树脂。

不饱和聚酯树脂（技术指标见表 28-20）具有如下特性：

（1）工艺性能良好，具有适宜的黏度，可以在室温下固化，常压下成型，颜色浅，易制成浅色或彩色制品。

（2）固化过程中没有挥发物逸出，制品综合性能良好。

（3）耐腐蚀性能突出。常温下对非氧化酸、盐溶液、极性溶液等都较稳定。

3. 环氧乙烯基酯树脂

综合性能优越、高度耐蚀材料，综合了环氧树脂与不饱和聚酯树脂的优点，树脂固化产物的性能类似于环氧树脂，而比不饱和聚酯树脂好得多。环氧乙烯基酯树脂的工艺性能与固化性能类似于不饱和聚酯树脂，改进了环氧树脂低温固化时的操作性。这类树脂的突出优点还在于：耐腐蚀性及良好的韧性、对玻璃纤维的浸润性。大量的工程以及试验表明：环氧乙烯基酯树脂的耐酸性超过胺固化环氧树脂，耐碱性超过酸固化环氧树脂及不饱和聚酯树脂，耐有机物和含氯介质腐蚀性能强，其耐温范围 80～120℃。

用于防腐蚀工程效果突出的几个品种：丙烯酸双酚 A 环氧型乙烯基酯树脂、甲基丙烯酸双酚 A 环氧型乙烯基酯树脂、酚醛环氧型乙烯基酯树脂、阻燃性环氧型乙烯基酯树脂等。常用的环氧乙烯基酯树脂品种的主要技术性能，见表 28-21。

典型不饱和聚酯树脂品种的技术指标　　　　　　　　　表 28-20

项目名称	双酚 A 型不饱和聚酯树脂	二甲苯型不饱和聚酯树脂	对苯型不饱和聚酯树脂	间苯型不饱和聚酯树脂	邻苯型不饱和聚酯树脂
外　观	浅黄色液体	淡黄色至浅棕色液体	黄色浑浊液体	黄-棕色液体	淡黄色透明液体
黏度 Pa·s（25℃）	0.45±0.10	0.32±0.09	0.40±0.10	0.45±0.15	0.40±0.10
含固量（%）	62.5±4.5	63.0±3.0	62.0±3.0	63.5±2.5	66.0±2.0
酸值（mgKOH/g）	15.0±5.0	15.0±4.0	20.0±4.0	23.0±7.0	25.0±3.0
凝胶时间（min）（25℃）	14.0±6.0	10.0±3.0	14.0±4.0	8.5±1.5	6.0±2.0
热稳定性（h）（80℃）	≥24	≥24	≥24	≥24	≥24

常用环氧乙烯基酯树脂品种的主要技术性能　　　　　　表 28-21

项目名称	丙烯酸双酚 A 环氧型乙烯基酯树脂	甲基丙烯酸双酚 A 环氧型乙烯基酯树脂	酚醛环氧型乙烯基酯树脂	阻燃性环氧型乙烯基酯树脂
外　观	淡黄色透明	淡黄色透明液体	淡黄色液体	淡黄色透明液体
黏度 Pa·s（25℃）	0.50±0.15	0.35	0.28±0.08	0.40±0.10
含固量（%）	58.0±4.0	苯乙烯 45%	63.0±3.0	61.0±3.0
拉伸模量（GPa）	3.5	2.9	3.6	3.4
弯曲强度（MPa）	110	148	110	90
HDT（℃）	90	99~104	120	108

4. 不饱和聚酯树脂、环氧乙烯基酯树脂的耐蚀性

不饱和聚酯树脂、环氧乙烯基酯树脂具有良好的耐蚀性，其耐腐蚀性能见表 28-22。

常温下不饱和聚酯树脂、环氧乙烯基酯树脂耐腐蚀性能　　表 28-22

介质名称	不饱和聚酯类材料					环氧乙烯基酯类材料
	双酚 A 型	二甲苯型	对苯型	间苯型	邻苯型	
硫酸（%）	≤70 耐	≤70 耐	≤60 耐	≤50 耐	≤50 耐	≤70 耐
盐酸（%）	耐	≤31 耐	≤31 耐	≤31 耐	≤20 耐	耐
硝酸（%）	≤40 耐	≤40 耐	≤25 耐	≤20 耐	≤5 耐	≤40 耐

介质名称	不饱和聚酯类材料					环氧乙烯基酯类材料
	双酚 A 型	二甲苯型	对苯型	间苯型	邻苯型	
醋酸（%）	≤40 耐	≤40 耐	≤40 耐	≤40 耐	≤30 耐	≤40 耐
铬酸（%）	≤20 耐	≤20 耐	≤10 耐	≤10 耐	≤5 耐	≤20 耐
氢氟酸（%）	≤40 耐	≤30 尚耐	≤30 耐	≤30 耐	≤20 耐	≤30 耐
氢氧化钠	尚耐	尚耐	尚耐	尚耐	不耐	尚耐
碳酸钠	≤20 耐	耐	耐	尚耐	不耐	耐
氨水	不耐	不耐	不耐	不耐	不耐	尚耐
尿素	耐	尚耐	耐	耐	耐	耐
氯化铵	耐	耐	耐	耐	耐	耐
硝酸铵	耐	耐	耐	耐	耐	耐
硫酸钠	尚耐	耐	耐	耐	尚耐	耐
丙酮	不耐	不耐	不耐	不耐	不耐	不耐
乙醇	尚耐	尚耐	尚耐	尚耐	不耐	尚耐
5%硫酸和 5%氢氧化钠交替	尚耐	耐	尚耐	尚耐	不耐	耐

  酚醛环氧乙烯基酯树脂、双酚 A 型环氧乙烯基酯树脂是目前国内外工程建设中最常用的耐蚀材料。

  5. 不饱和聚酯树脂、环氧乙烯基酯树脂制品性能

  不饱和聚酯树脂、环氧乙烯基酯树脂常用的材料制品，包括树脂胶泥、树脂砂浆、玻璃钢和树脂玻璃鳞片等，其物理力学性能，见表 28-23。

不饱和聚酯树脂、环氧乙烯基酯树脂材料制品物理力学性能   表 28-23

项目		不饱和聚酯类材料					环氧乙烯基酯类材料
		双酚 A 型	二甲苯型	对苯型	间苯型	邻苯型	
抗压强度（MPa）不小于	胶泥	80	80	80	80	80	80
	砂浆	70	70	70	70	70	70
抗拉强度（MPa）不小于	胶泥	9	9	9	9	9	9
	砂浆	7	7	7	7	7	7
	玻璃钢	100	100	95	90	90	100
胶泥粘结强度（MPa）不小于	与耐酸砖	3	3	2.5	1.5	1.5	2.5
	与花岗石	2.5	2.5	2.5	2.5	2.5	2.5
	与水泥基层	1.5	1.5	1.5	1.5	1.5	1.5
收缩率不大于（%）	胶泥	0.4	0.4	0.7	0.9	0.9	0.8
	砂浆	0.3	0.3	0.7	0.7	0.7	0.6
胶泥使用温度（℃）不大于		100	—	90	100	60	—

  注：1. 各种树脂胶泥、玻璃钢的吸水率不大于 0.2%，砂浆的吸水率不大于 0.5%。

    2. 表中使用温度是指无腐蚀条件下的温度；环氧乙烯基酯树脂胶泥的使用温度与品种有关，为 80～140℃；二甲苯型不饱和聚酯树脂胶泥的使用温度与品种有关，为 65～85℃。

    3. 当采用石英粉、石英砂时，玻璃钢的密度为 1.6～1.8g/cm³，砂浆的密度为 2.2～2.4g/cm³。

28.4.2.2　辅助材料的质量指标

　　辅助材料：交联剂、引发剂、促进剂等，常用填充料：石英砂、石英粉、重晶石砂、重晶石粉。增强材料：玻璃纤维、玻璃纤维布、玻璃纤维毡、涤纶纤维、丙纶纤维等。制成品包括：整体玻璃钢结构（面层、隔离层等）、树脂砂浆、树脂胶泥等。

　　1. 树脂用辅助材料

　　（1）常用的交联剂：交联剂除在固化时能同树脂分子链发生交联，产生网状和体形结构的大分子外，还起着稀释剂的作用，形成具有一定黏度的树脂溶液。交联剂常用的是苯乙烯，加入量为树脂重量的 20%～50%。含有交联剂的树脂与引发剂、促进剂混合后，便开始固化。

　　（2）常用的阻聚剂：为增加贮存期可加入阻聚剂，常用的阻聚剂是对苯二酚，加入量为树脂重量的 0.01%，贮存期可以用加入量的多少来控制。

　　（3）常用的引发剂：引发剂习惯称之为固化剂或催化剂（表 28-24），一般为过氧化物。

不饱和聚酯树脂、环氧乙烯基酯树脂常用的引发剂　　　　　表 28-24

名　　称	组　　成	用　量	备　注
Ⅰ引发剂（催化剂糊 B）	过氧化苯甲酰二丁酯糊	2%～4%	与Ⅰ促进剂配套
Ⅱ引发剂（催化剂糊 H）	过氧化环己酮二丁酯糊	1.5%～4%	与Ⅱ或Ⅲ引发剂配套使用
Ⅲ引发剂（催化剂 M）	过氧化甲乙酮溶液	1%～3%	与Ⅲ或Ⅱ促进剂配套

　　（4）常用的促进剂：促进剂习惯称之为加速剂（表 28-25），其作用是加速引发树脂与交联剂发生聚合反应，它是常温固化中不可缺少的。

不饱和聚酯树脂、环氧乙烯基酯树脂常用的促进剂　　　　　表 28-25

名　　称	组　　成	用　量	备　注
Ⅰ引发剂（加速剂 D）	二甲基苯胺苯乙烯液	1%～4%	与Ⅰ引发剂配套使用
Ⅱ引发剂（加速剂 E）	萘酸钴液	1%～4%	与Ⅱ或Ⅲ引发剂配套使用
Ⅲ引发剂（加速剂 E）	异辛酸钴液	1%～4%	与Ⅱ或Ⅲ引发剂配套使用

　　2. 增强纤维材料的品种、性能和质量指标

　　增强纤维主要采用玻璃纤维及其制品，按接触的化学介质及其性能、工艺条件不同，也常选用棉、麻纤维，或合成纤维及其制品。有关玻璃纤维制品本章不作赘述，仅讨论玻璃纤维毡、棉纤维、合成纤维。

　　（1）玻璃纤维毡：短切毡和表面毡。短切毡的基本特点为：由长度 50～70mm 不规则分布的短切纤维粘结而成。胶粘剂常用不饱和聚酯、环氧乙烯基酯树脂，也有用机缝的方法使其具有一定强度。它铺覆性好，无定向性，不仅适用于手糊成型，也可用于模压及各种连续预浸渍工艺。表面毡的基本特点：用胶粘剂将定长玻璃纤维随机、均匀铺放后粘结成毡。这种毡很薄，约为 0.3～0.4mm，主要用于手糊成型制品表面，使制品表面光滑，而且树脂含量较高，防止胶衣层产生微细裂纹，有助于遮住下面的玻璃纤维纹路，使表面具有一定弹性，改善其抗冲击性、耐磨性、耐老化性、耐腐蚀性。

（2）棉纤维：棉纤维的表面有许多褶皱，有利于树脂吸附，与树脂浸润性好，粘结强度高。它有纱布、棉布两类，前者经酒精脱脂后常用作玻璃钢衬里的底层使用。脱脂纱布衬里与基体的粘结强度高于玻璃纤维，能防止树脂层的开裂、降低固化收缩率，故近年亦有用于耐腐蚀涂料的增强层。由于棉纤维的抗拉强度和弹性模量低于玻纤，因此不用来制作大承载力的玻璃钢部件。棉纤维的耐酸性能低于玻纤，故在玻璃钢衬里设备中，常用于底层衬里。棉纤维的物理机械性能见表 28-26。

棉 纤 维 的 性 能

表 28-26

项　　目	性　　能	项　　目	性　　能
拉伸模量（MPa）	641～1048	断裂伸长率（%）	7.8
弹性模量（MPa）	9800～11760	伸长率可延伸部分（%）	2～3

（3）合成纤维：用作增强材料的合成纤维主要有聚酯纤维及织物、聚丙烯纤维、改性丙烯酸纤维等有机纤维薄纱。在耐腐蚀增强塑料领域，均被作为防腐蚀富树脂层的增强材料。它与合成树脂有较高的黏附性和浸润性，制品表面光滑、耐磨、抗刮削。合成树脂薄纱可以防止树脂热应力和热变形所导致的开裂，提高防腐蚀层的抗渗能力。芳酰胺纤维是最新开发的一类新型合成纤维，密度低，强度和模量高，热稳定性好，在高温下不熔融软化，可代替玻璃纤维和棉纤维。

1）聚酯纤维：聚酯纤维俗称涤纶纤维，学名为聚对苯二甲酸乙二酯纤维。密度约 $1.38g/cm^3$，纤维软化点 238～249℃，熔点 255～260℃。能满足玻璃钢衬里设备的使用温度。其耐盐酸性能优于玻璃纤维，但耐硫酸性能较差，可用于玻纤不耐蚀的含氟介质环境。聚酯纤维晶格布在工程施工时须进行防缩处理。采用聚酯短纤维制成的涤纶毡（即涤纶无纺布）对树脂的浸润性优于涤纶布。

2）聚丙烯纤维：俗称"丙纶纤维"，学名等规聚丙烯纤维，纤维的软化点为 140～165℃，熔点为 160～177℃，可满足衬里的使用温度。耐蚀性能优良，可耐除氯磺酸、浓硝酸及某些氧化剂之外的任何酸、碱介质。亦可用于玻纤不能使用的氢氟酸及含氟介质腐蚀。

涤纶布和丙纶布的经纬密度，为每平方厘米 8×8 根纱。

3. 填充料的品种、性能和质量指标

粉料、细骨料、粗骨料、片状骨料可以统称为填充料。加入适当的填充料可以降低制品的成本，改善其性能。在胶液中填充料的用量一般为树脂用量 20%～40%（重量），配制胶泥时加入量可多些，一般可为树脂用量的 2～4 倍。常用的粉料为石英粉，此外还有石墨粉、辉绿岩粉、滑石粉、云母粉等。粉料的主要物理性能见表 28-27；常用的粉料性能比较，见表 28-28；配制树脂砂浆用的细（粗）骨料常用石英砂；常用片状骨料为玻璃鳞片，此外还有石墨鳞片、云母鳞片等。

用玻璃鳞片增强的树脂系统，具有耐腐蚀性强、耐磨及抗渗漏，物理机械性能良好、施工简便等特点。玻璃鳞片增强树脂防腐蚀材料是一种玻璃薄片（薄片像鱼鳞，故称鳞片）和耐蚀树脂的混合物。玻璃鳞片的厚度为 2～5μm、粒径 0.2～3mm。表面经过一定的加工处理，具有良好的分散性能、抗渗透效果和机械强度。

粉料的主要物理性能　　　　　　　　　　　表 28-27

项　目		要　求
耐酸率（％）≮		9
含水率（％）≯		0.5
细　度	0.15mm 筛孔筛余量（％）	≯5
	0.09mm 筛孔筛余量（％）	10～30

注：1. 如用酸性固化剂时粉料耐酸率不小于 97％，无铁质杂物。

　　2. 如含水率过大，使用前应加热脱水。

常用粉料的性能比较　　　　　　　　　　　表 28-28

性能＼材料	玻璃鳞片	碳酸钙	辉绿岩粉	云母粉	石英粉	滑石粉	石墨粉	重晶石粉
相对密度	2.50～2.65	2.60～2.75	1.60～1.70	2.70～3.02	2.50～2.65	2.70～2.85	2.10～2.15	4.30～4.50
耐酸性	好	不耐	好	好	较好	不耐	好	好
耐氢氟酸性	不耐	不耐	不耐	不耐	不耐	不耐	好	好
耐碱性	一般	好	好	一般	一般	好	好	好
耐热性	一般	一般	好	好	一般	一般	好	好
导热性	一般	一般	一般	好	一般	一般	高	一般
吸水性	较高	高	一般	高	较高	高	低	较高
耐磨强度	高	一般	高	好	一般	一般	低	高
收缩率	小	小	小	小	大	小	小	中
价格	很高	一般	一般	一般	低	低	较高	中

4. 各种材料品种的匹配与选用原则

（1）在含氟介质中，填料应选用重晶石类或沉淀硫酸钡。为改变脆性，可混合使用硫酸钡和石墨粉（1∶1）。为增强密实度，提高粘结强度和降低收缩率，可混合使用石英粉和硅石粉（4∶1）；增强材料应采用涤纶纤维。

（2）碱环境下，增强材料不宜采用玻璃纤维类。

28.4.3　施　工　准　备

施工准备工作是全面质量管理最重要的一环。其内容包括：原材料的准备、施工现场察看、施工机具的安排、技术培训、管理网络的制定等。

28.4.3.1　材料的准备、保管、检查与验收

1. 原材料

原材料进场后，必须检查其规格、质量是否符合要求。树脂材料应根据出厂说明确定是否在有效期内，如无说明或黏度过大时应进行检测，合格后才能使用。对其他辅助材料

应根据实际情况，进行必要的检测分析。上述原材料和辅助材料均需密封贮存于阴凉干燥仓库内，并标明材料名称、性能等有关参数。

2. 纤维材料及填充材料的贮存、保管与检验

石蜡润滑剂型玻璃布应进行脱蜡处理，脱蜡后放于干燥处备用。不宜折叠，以免产生皱纹，影响玻璃钢质量。

其他纤维材料、涤纶、棉纤维材料须进行防缩处理。

填充材料应注意防潮、防水、防污染。

28.4.3.2　人员培训

对施工人员做好技术交底和技术培训工作。

28.4.3.3　施工环境

施工前，有关人员应当查看了解环境。一般环境温度以 15～25℃ 为宜，相对湿度不应大于 80%。温度低于 10℃，应采取加热保温措施，但不得用明火、蒸汽等直接加热升温。室外施工时应搭设棚盖，以防雨、防晒、防风沙。

28.4.3.4　施工机具设备

往复式粉料筛分机、防腐蚀胶泥真空搅拌机、砖板切割机、气割设备、电热切割设备、普通砂轮机等。

28.4.3.5　技术准备

重视企业自身建设，加强人员的培训，提高员工的素质，加强技术创新和环境意识，经常与建设、监理、设计等各方沟通协调。

（1）施工组织设计阶段，根据施工现场的环境状况制定相应的技术实施细则、环保措施，在进行工艺和施工设备、机具选型时，优先选用技术领先的有利于环保的机具、设备。

（2）技术交底阶段，加强管理人员的业务学习，由管理人员对操作人员进行培训，增强整体质量意识、环保意识，对质量终身负责，自觉履行环保义务。

（3）施工阶段，要求操作人员严格按照制定的技术规程、环保措施进行操作；倡导操作人员节约用水、节约材料、注重机械设备的保养，注意施工现场的清洁文明施工。

（4）施工过程中，把质量管理、安全管理、环保管理有机地结合起来，做到既注重质量安全，又重视环保，质量、环保两不误。通过加强施工的全程控制，改进生产工艺，合理利用资源，展开清洁生产，减少废物及污染物的产生和排放，促进施工现场与环境相协调，全面提高工程质量，在竞争激烈的防腐蚀工程中立于不败之地。

28.4.4　树脂材料的配制及施工

28.4.4.1　材料的配合比、配制工艺及施工要点

1. 环氧树脂类胶料、胶泥和砂浆的配制

（1）环氧树脂胶料的配制：配合比参考表 28-29。将稀释剂和预热到约 40℃ 左右的环氧树脂，按需要量称取并加入容器内，搅拌均匀后冷却至室温待用。使用时称取一定量树脂，加入固化剂搅拌均匀即制成环氧树脂胶料。配制玻璃钢封底料时，可加入一些稀释剂，然后加入固化剂并搅拌均匀。

环氧树脂胶料、胶泥及砂浆材料的参考配合比　　表 28-29

材料名称		环氧树脂	稀释剂	固化剂		矿物颜料	耐酸粉料	石英砂
				低毒固化剂	乙二胺			
封底料		100	40~60	15~20	6~8	—	—	—
修补料			10~20			—	150~200	—
树脂胶料	铺衬与面层胶料					0~2	—	—
	胶料						—	—
胶泥	砌筑或勾缝料					0~2	150~200	—
稀胶泥	灌缝或地面面层料						100~150	—
砂浆	面层或砌筑料						150~200	300~400
	石材灌浆料						100~150	150~200

注：1. 除低毒固化剂和乙二胺外，还可用其他胺类固化剂，应优先选用低毒固化剂。
　　2. 当采用乙二胺时，将所用乙二胺预先配制成乙二胺丙酮溶液（1∶1）。
　　3. 当使用活性稀释剂时，固化剂的用量应适当增加。
　　4. 本表以环氧树脂 EP01451—310 举例。

（2）环氧树脂胶泥的配制：称取一定数量环氧树脂胶料，搅拌均匀后加入粉料，再进行搅拌，配制成胶泥。如固化速度快或初凝期短，可在环氧树脂中先加粉料拌匀，使用前再加固化剂。

（3）环氧树脂砂浆的配制：称取一定数量环氧树脂胶料，搅拌均匀后按一定级配加入细（粗）骨料，再进行搅拌，配制成砂浆。如固化速度快或初凝期短，可在环氧树脂中先加骨料拌匀，使用前再加固化剂。

2. 不饱和聚酯树脂类胶料、胶泥和砂浆的配制

（1）不饱和聚酯树脂胶料的配制：配合比参考表 28-30。将不饱和聚酯树脂，按需要量称取放入容器内，按比例加入促进剂，搅拌均匀后，再加入引发剂进行搅拌，搅拌均匀即制成不饱和聚酯树脂胶料。配制封底料时，可先在树脂中加入苯乙烯，再按上述步骤操作。

不饱和聚酯树脂胶料、胶泥及砂浆材料的参考配合比　　表 28-30

材料名称		树脂	引发剂	促进剂	苯乙烯	矿物颜料	苯乙烯石蜡液	粉料		细骨料	
								耐酸粉	硫酸钡粉	石英砂	重晶石砂
封底料		100	2~4	0.5~4	0~15	—		—	—	—	—
修补料					—			200~350	（400~500）	—	—
树脂胶料	铺衬与面层胶料				—	0~2		0~15		—	—
	封面料						3~5			—	—
	胶料									—	—
胶泥	砌筑或挤缝料				0~15			200~300	（250~350）	—	—
稀胶泥	灌缝或地面整体面层料				—			120~200		—	—
砂浆	面层或砌筑料				—	0~2		150~200	（350~450）	300~450	（600~750）
	石材灌浆料						3~5	120~150		150~180	

注：1. 表中括号内的数据用于耐含氟类介质工程。
　　2. 苯乙烯石蜡液的配合比为苯乙烯∶石蜡＝100∶5；配制时，先将石蜡削成碎片，加入苯乙烯中，用水浴法加热至 60℃，待石蜡完全溶解后冷却至常温。苯乙烯石蜡液应在最后一遍封面料中使用。

(2) 不饱和聚酯树脂胶泥的配制：称取一定数量的不饱和聚酯树脂胶料，按比例加入粉料，进行搅拌，配制成胶泥。

(3) 不饱和聚酯树脂砂浆的配制：称取定量已配好的不饱和聚酯树脂胶料，随即倒入已经按比例称量拌匀的砂、粉混合料中充分搅拌均匀，配制成砂浆。

注意事项：1. 树脂和引发剂等的作用是放热反应，胶液应随配随用，在初凝期内用完；

2. 施工过程发现凝聚、结块等现象，不得继续使用；

3. 树脂胶泥、树脂砂浆的配制宜机械搅拌，当用量不大时，可用人工搅拌，但必须充分拌匀；

4. 严禁将引发剂和促进剂直接混合。

3. 环氧乙烯基酯树脂类胶料、胶泥和砂浆的配制

环氧乙烯基酯树脂胶料、胶泥和砂浆的配制工艺均同不饱和聚酯树脂。

目前，环氧乙烯基酯树脂材料有些已采用预促进技术，促进剂在树脂出厂时加入，施工现场只需要加入引发剂即可。

28.4.4.2 树脂底涂层的施工工艺要点

(1) 基层表面处理要求与工艺：符合国家标准《建筑防腐蚀工程施工及验收规范》(GB 50212) 并经过验收；地面防腐蚀施工还应同时符合国家标准《建筑地面工程施工质量验收规范》(GB 50209) 的要求并经过检查验收合格。

(2) 采用喷涂法施工，也可以用毛刷、滚筒蘸封底料在基层上进行二次封底施工，期间应自然固化 24h 以上。封底厚度不应超过 0.4mm，不得有流淌、气泡等。

(3) 胶泥修补：基层表面或层面间凹陷不平处，需用胶泥予以填平修补，24h 后再进行下道工序。胶泥不宜太厚，否则会出现龟裂。

(4) 混凝土表面施工操作过程一般应注意：涂刷第一道底涂层时，胶料应渗入到基层。固化后，如果基层表面整体情况差（如麻面、凹凸不平等）应满刮树脂胶泥，通常情况下采用局部刮树脂胶泥，待树脂胶泥固化后再进行第二道底涂层的施工。

28.4.4.3 树脂玻璃钢的施工要点

树脂玻璃钢的主要用途在于：防护构造的隔离层部分、玻璃钢防腐蚀整体构造层。

1. 玻璃纤维材料的准备

玻璃钢成型用的玻璃纤维布要预先脱脂处理，在使用前保持不受潮、不沾染油污。玻璃纤维布不得折叠，以免因褶皱变形而产生脱层。

(1) 玻璃纤维布的经纬向强度不同，对要求各向同性的施工部位，应注意使玻璃纤维布纵横交替铺放。对特定方向要求强度较高时，则可使用单向布增强。

(2) 表面起伏很大的部位，有时需要在局部把玻璃纤维布剪开，但应注意尽量减少切口，并把切口部位层间错开。

(3) 璃纤维布搭接宽度一般为 50mm，在厚度要求均匀时，可采用错缝搭接。

(4) 糊制圆形结构部分时，玻璃布可沿径向 45°的方向剪成布条，以利用布在 45°方向容易变形的特点，糊成圆弧。剪裁玻璃纤维布块的大小，应根据现场作业面尺寸要求和操作难易来决定。布块小，接头多，强度低。因此，如果强度要求严格，尽可能采用大块

布施工。

(5) 涤纶、棉纤维材料须进行防缩处理。

2. 施工要点

玻璃钢的施工有手糊法、模压法、喷射法等几种。建筑防腐蚀工程现场施工利用手糊成型工艺较多，手糊工艺各工序要点如下：

(1) 基层处理：检查验收合格，涂刷底涂层。

(2) 粘贴玻璃布：

1) 玻璃布的粘贴顺序：一般应与泛水方向相反，先沟道、孔洞、设备基础等，后地面、墙裙、踢脚。其搭接应顺物料流动方向，搭接宽度一般不小于50mm，各层搭接缝应互相错开。铺贴时玻璃布不要拉得太紧，达到基本平衡即可。

2) 粘贴方法：包括间断法和连续法两种，应根据施工条件和要求选用。如施工面积大，便于流水作业，防污染的条件较好，宜采用间断法；否则，宜采用连续法。不饱和聚酯树脂和乙烯基酯树脂，宜采用连续法。环氧树脂，应采用间断法施工。

3) 连续法：用毛刷蘸上胶料纵横各刷一遍后，随即粘贴第一层玻璃布，并用刮板或毛刷将玻璃布贴紧压实，也可用辊子反复滚压使充分渗透胶料，挤出气泡和多余的胶料。待检查修补合格后，不待胶料固化即按同样方法连续粘贴，直至达到设计要求的层数和厚度。玻璃布一般采用鱼鳞式搭接法，即铺两层时，上层每幅布应压住下层各幅布的半幅；铺三、四、五层时，每幅布应分别压住前一层各幅布的2/3、3/4幅。连续法施工一般铺贴层数以三层为宜，否则容易出现脱层、脱落等质量事故，铺贴中的缺陷不便于修补。

4) 间断法：贴第一层玻璃布的方法同上。贴好后再在布上涂刷胶料一层，待其自然固化24h，再铺贴第二层。依此类推，直至完成所需层数和厚度。在铺贴每层时都需进行质量检查，清除毛刺、突边和较大气泡等缺陷并修理平整。

注：贴布时，玻璃布的衬贴应强调树脂胶料浸入到玻璃纤维中去，保证每一层玻璃布贴实，不产生气泡等缺陷。当采用环氧乙烯基酯树脂和不饱和聚酯树脂制作玻璃钢整体面层时，应在涂刷最后一道的封面层胶料中添加苯乙烯石蜡溶液，以隔离空气防止树脂表面发粘。在立面或斜面铺贴玻璃钢时，由于树脂自重及黏度小，往往造成树脂胶料流挂现象，因此工程中可在胶料中加入1%～3%的轻质二氧化硅（俗称"气相白炭黑"），以使胶料具有良好的触变性能。阴阳角处的玻璃钢与基层仅是点线的接触，应将阴阳角处理成圆角（如上面采用块材铺砌，应处理成45°斜角），使玻璃钢与基层形成平稳过渡的面接触，同时在转角处增加1～2层玻璃布。在阴阳角处铺贴玻璃钢时，由于不处于同一平面上，铺贴的玻璃布在树脂未固化前有回缩作用而造成气泡，因此可在衬布树脂胶料中加入适量粉料，以增加树脂黏性，起到压住玻璃布，消除气泡的作用。用玻璃钢作隔离层时，在做完最后一层玻璃布以后，表面稀撒一层砂，以利于树脂砂浆整体面层或衬砌块材的施工。在转角处，管、孔、预埋件、设备基础周围，多应把布剪开铺平，并可多铺1～2层，予以增强。

(3) 涂刷面层料：面层料要求有良好的耐磨性和耐腐蚀性，表面要光洁。一般应在贴完最后一层玻璃布的第二天涂刷第一层面胶料，干燥后再涂第二层面胶料。当以玻璃钢做隔离层，其上采用树脂胶泥或树脂砂浆材料施工时，可不涂刷面层胶料。

(4) 养护：玻璃钢施工后，需经常温养护或热处理后方可交付使用。养护时间，见表28-31。

玻璃钢常温养护时间　　　　　　　　　　　　　　　表 28-31

内　容 名　称	养护期不少于（d） 隔离层
环氧玻璃钢	7
不饱和聚酯玻璃钢	7
环氧乙烯基酯玻璃钢	7

注：1. 常温养护温度不低于 20℃。

　　2. 养护时严禁明火、蒸汽、水及日晒。

28.4.4.4 树脂稀胶泥、树脂砂浆整体面层施工工艺流程

在建筑防腐蚀工程中，除防腐蚀外，还对耐磨、承载等有要求。树脂稀胶泥、树脂砂浆整体防腐蚀面层，与块材砌筑相比具有特别重要的意义：

(1) 自重轻，减少结构承重载荷，综合造价大大小于块材构造。

(2) 选用树脂余地较大，特别是不饱和聚酯树脂及环氧乙烯基酯树脂的选用，提高了耐蚀等级。

(3) 整体无缝隙的构造，随意调配的色彩，不仅便于清洗，且有较好的装饰效果。

(4) 抗渗、耐磨及承载、抗冲击能力高。

1. 整体面层施工步骤

设置在不饱和聚酯树脂及环氧乙烯基酯树脂玻璃钢隔离层上，面层与隔离层的施工间隔时间一般＞24h。

(1) 隔离层上应先薄且均匀地涂刷树脂浆料。

(2) 随即在树脂浆料上铺树脂砂浆，并随铺摊随揉压，使表面出浆，然后一次抹平压光。

(3) 施工缝应留成整齐的斜槎。继续施工时，应将斜槎清理干净，涂一层树脂浆料后继续摊铺。

(4) 抹压好的砂浆自然固化后，表面涂第一层封面料，待其固化后，再涂第二层封面料。

2. 整体面层施工注意事项

树脂砂浆整体面层的施工方法是成熟的。近年来出现的整体地面质量问题，主要归结为：施工环境温度过低、湿度过大，在工期不允许又没有采取措施的情况下施工，而致使树脂砂浆假固化；树脂砂浆中的树脂含量过低，填料多，致使砂浆的力学性能下降，使用寿命缩短；骨料含水率过高，导致砂浆固化程度不完全，其耐腐蚀和力学性能达不到设计要求。为提高施工效率，采用施工机械进行树脂砂浆的摊铺，机械抹压制成的树脂砂浆地面性能更佳。

3. 环氧乙烯基酯树脂或不饱和聚酯树脂砂浆面层施工注意事项

(1) 隔离层的设置：环氧乙烯基酯树脂或不饱和聚酯树脂砂浆整体面层下设置不小于1mm 的玻璃钢隔离层，实际使用效果比没有设置隔离层的要好。玻璃钢隔离层能起到第

二道防线的作用。

（2）树脂浆料工序：在玻璃钢隔离层（或基层）上摊铺树脂砂浆前，应涂刷树脂浆料（树脂胶料），它是保证树脂砂浆与玻璃钢（或基层）粘结良好，防止砂浆与玻璃钢隔离层（或基层）之间脱层的主要措施之一。

（3）树脂砂浆的凝胶时间：凝胶时间太快，来不及施工而浪费材料，或造成树脂砂浆收缩应力集中而产生裂缝或起壳现象。凝胶时间太慢，往往延长施工工期和养护期，同时树脂砂浆的强度偏低。

（4）树脂砂浆骨料和粉料的级配：往往有两种情况，第一种是采用大量粗骨料，且粒径大于2mm，而细骨料、粉料用量少，这种级配虽然可以起到防止树脂砂浆开裂作用，但由于其空隙率大，密实性差，易造成树脂胶料向底部沉降，抗渗性能降低；第二种情况是细骨料、粉料用量太大，这种级配虽然可以使树脂砂浆的密实性提高，表面美观性增强，但随之带来的问题是会出现裂缝或不规则的短小微裂纹。因此需要选择粗细骨料及粉料的合理级配。

（5）树脂砂浆的立面施工：立面用的树脂砂浆如采用平面用的树脂砂浆配合比，常常发生砂浆下滑现象，因此立面用的树脂砂浆应调整粗细骨料的比例，以细骨料（40～70目）和粉料为主，不用或少用粗骨料，使砂浆密度下降。

28.4.4.5　树脂胶泥、树脂砂浆铺切块材施工工艺流程

抗重载、耐磨耗环境下，块材通过胶泥、砂浆的过渡有效地与基层结合在一起。

1. 铺砌材料

耐腐蚀用的块材包括天然石材、耐酸砖、耐酸耐温砖、铸石板及石墨砖（碳砖）等。

小型块材及薄型块材铺砌应采用揉挤法。铺砌时，块材间的缝隙较小，一般采用树脂胶泥，既做结合层又作块材缝隙间的防腐蚀材料。揉挤法操作分为二步：第一步打灰：包括打坐灰和砖打灰。打坐灰就是在基层或已砌好的前一块砖上刮胶泥，以保铺砌密实。砖打灰最好分二次进行，第一次用力薄薄打上一层，要求打满，厚薄均匀。第二次再按结合层厚度略厚2mm的要求，满打一层。打灰应由一端向另一端用力打过去，不要来回刮，以免胶泥卷起，包入空气形成气泡，影响密实性。第二步铺砌，把打好灰的砖找正放平，使缝内挤出胶泥，然后用刮刀刮去。

大型块材宜采用坐浆法施工。坐浆法施工时，先在基层铺上一层树脂砂浆或树脂胶泥，厚度大于设计的结构层厚度1/2，将块材找准位置轻轻放下，找正压平，并将缝清理干净，待勾（灌）缝施工。

立面块材连续铺砌高度，应与胶泥硬化时间相适应，以防砌体变形。

2. 块材挤缝与灌缝

树脂胶泥挤缝、灌缝，必须待铺砌胶泥养护后方可进行。

采用树脂胶泥或砂浆进行大型块材铺砌时，块材间的缝隙较大，一般采用耐腐蚀胶泥做挤（灌）缝材料。铺砌块材时，用按灰缝宽度要求备好的木条顶留出缝隙。待铺砌的胶泥初凝后，将木条取出，用抠灰刀修缝，保证缝底平整，缝内无灰尘油垢等，然后在缝内涂一遍环氧或不饱和聚酯树脂打底料，待其干燥后再勾缝。勾缝胶泥要饱满密实，不得有空隙、气泡，灰缝表面平整光滑。

树脂胶泥铺砌块材的结合层厚度、灰缝宽度和挤灌缝尺寸见表 28-32。

块材的结合层厚度、灰缝宽度和挤缝灌缝尺寸 表 28-32

块材种类	铺砌（mm）		灌缝或挤缝（mm）	
	结合层厚度	灰缝宽度	缝宽	缝深
耐酸砖	4～6	2～4	2～4	≥15
耐酸耐温砖	4～6	2～4	2～4	≥10
铸石板	4～6	3～5	6～8	≥10
花岗石及其条石	4～12	4～12	8～15	≥20

3. 树脂胶泥及其树脂砂浆灌注法施工工艺流程

树脂胶泥或树脂砂浆在进行大型块材铺砌时，可以采用灌注法施工。在水平面施工时，更显优越性。铺砌块材时，用按灰缝宽度要求备好的木条顶留出缝隙，采用碎石将块材铺平整，将木条取出。通过注入法或灌注法将树脂材料充入块材结合层，待铺砌的胶泥初凝后，用抠灰刀修缝，保证缝底平整，缝内无灰尘油垢等，检查缝隙，使得树脂胶泥或树脂砂浆饱满密实，无空隙、气泡，灰缝表面平整光滑。

28.4.4.6 树脂玻璃鳞片胶泥面层施工工艺流程

树脂玻璃鳞片胶泥面层，主要适用于：操作平台、部分池槽、建筑构配件等受液相复杂介质作用的部位，其施工工艺、作业流程和质检规章的主要内容，包括：

（1）施工准备：制定详细的施工技术方案书、施工作业规程及质检验收表。配备完好的施工质检仪器，施工用材料、机具与设备齐全合格。施工现场环境条件满足施工作业要求。施工对象（构件）满足设计要求，具备施工条件。

（2）表面处理：防腐蚀表面的油污，油脂以及较厚的锈进行预处理。焊缝、焊渣及飞溅物，加工面毛刺应打磨光滑平整。表面喷砂处理达到 Sa2 1/2 级。

（3）封底料及面层涂刷：表面处理后立即完成第一层封底料喷涂。涂刷前，表面必须清扫并用挥发性溶剂清洗干净。

封底料配制应符合施工技术要求，涂刷应无漏涂，涂刷表面应无突出胶滴。第二道底涂应在第一道底涂初凝后即涂刷，且涂刷方向与第一道相垂直。涂刷后的构件应采取遮雨、防潮措施。

（4）第一道鳞片涂抹时，涂抹面必须干净，焊缝处涂覆应相应凸起，自然固化、修补。

（5）第二道鳞片涂抹与上述操作相同，施工料颜色与第一道不同，自然固化、修补。

（6）增强层：表面无缺胶、大气泡存在，增强区底部用腻子找平，增强范围应符合工艺规定，增强用胶应符合工艺配比要求，增强区固化后，其端面应打磨光滑，表面无毛刺及胶滴。

（7）面层料：被涂表面洁净无尘，无滴落的残料及其他杂物，面层料配制应符合工艺规定，二次涂刷方向垂直、涂刷面无漏涂，涂刷后表面明亮无气泡、杂物，色泽均匀。

（8）养护：养护期间表面无损伤、划伤，无腐蚀性介质及溶剂泼溅，养护期符合工艺规定。

28.4.5 树脂喷射工艺的施工

高效率工法，适用于池、槽等衬里，也适用于隔离层。防腐蚀层均匀、密实，防护效果好。

28.4.5.1　喷射设备的选择

喷射成型的主要设备是喷枪和玻璃纤维切割器。

1. 喷枪

压缩空气将树脂和玻璃纤维压送到喷枪，主要有三个喷嘴，中间一个喷嘴喷射玻璃纤维短切丝，旁边两个喷嘴喷射经过计量控制的引发剂（固化剂）和加有促进剂的树脂。

2. 玻璃纤维切割器

玻璃纤维切割器的作用是把玻璃纤维切短，切割器由两个辊轮组成，其中一个辊轮（或两个辊轮）表面用橡胶包覆，另一个辊轮装有数片刀片，由风动电动机带动有刀片的辊轮转动，引入的玻璃纤维挤在两个辊轮中间被刀片切断。

28.4.5.2　基面状况验收

基层表面处理要求与工艺：符合国家标准《建筑防腐蚀工程施工及验收规范》（GB 50212）并经过验收；地面防腐蚀施工还应同时符合国家标准《建筑地面工程施工质量验收规范》（GB 50209）的要求并经过检查验收合格。

28.4.5.3　施工工艺流程

利用喷枪将树脂和引发剂喷成细粒，并与玻璃纤维切割器喷射出来的短切纤维混合后喷覆在基层表面，再经滚压固化而成。建筑防腐蚀工程采用这套工艺制作隔离层。

具体做法是：加有促进剂的树脂和引发剂（或固化剂）分别由喷枪上的两个喷嘴喷出，与其协同动作的切割器将连续玻璃纤维切割成短切纤维，由喷枪的第三个喷嘴同时均匀地喷到基层表面，然后用小碾压实，经固化而成制品。

喷射成型也可称为半机械化手糊法，其优点有：

(1) 利用粗纱代替玻璃布，可降低材料费用。

(2) 半机械化操作，生产效率可比手糊法高 2～4 倍。

(3) 喷射成型无搭接缝，构件整体性好，树脂含量高。

喷射成型的主要工序包括：树脂和引发剂组分喷射、玻璃纤维粗纱切断和喷散，沉积在基层表面或被衬里基层表面的树脂纤维铺层辊压、固化、脱模及后处理等。

树脂喷射系统分两部分：

(1) 树脂喷射系统有两个贮罐，分别装入引发剂（或固化剂）和含有促进剂的树脂；

(2) 从两个贮罐中取出等量的分别加有促进剂和引发剂的树脂的混合设备。树脂喷射系统是用压缩空气或低压泵使树脂雾化。

28.4.5.4　施工工艺过程注意事项

(1) 喷射工艺操作是在常温常压下进行的，其适宜温度为 $25\pm5^{\circ}\text{C}$。如温度过高，树脂胶料固化太快，会引起喷射系统的阻塞。温度过低，树脂胶料过黏，混合不均，难以喷射，而且固化太慢。

(2) 喷射装置的容器和管路内，不允许有水分，否则会影响固化。

(3) 喷射时三种成分的喷出物应积聚在离喷枪口外 300～500mm 的成型面上。喷射时，喷枪应对准被喷射的表面。先开启两个组分的树脂开关，在基层表面喷一层树脂，然后开动切割器，开始喷射纤维和树脂混合物。

(4) 注意喷枪匀速移动，不要留有空缺，每次喷层（指松散的纤维树脂层）厚度控制在 1.0mm 左右。

喷射成型后的工序（固化、后处理、涂面层等）同手糊法。喷射完毕后，所用容器、管道及压辊等都要及时清洗干净，防止树脂固化后损坏设备。

28.4.6　树脂缠绕工艺的施工

28.4.6.1　缠绕工艺的应用范围

建筑防腐蚀工程中，有些重要的构配件需要现场缠绕。

28.4.6.2　施工工艺

缠绕成型工艺按树脂基体的状态不同分为干法、湿法和半干法三种。

1. 干法

缠绕前预先将玻璃纤维制成预浸渍带，然后卷在卷盘上待用。使用时使浸渍带加热软化后绕制在芯模上。这种方法可提高缠绕速度至 $100 \sim 200 \mathrm{m/min}$，缠绕张力均匀，设备清洁，劳动条件得到改善，易实现自动化缠绕，可严格控制纱带的含胶量和尺寸，制品质量较稳定。

2. 湿法

缠绕成型时将玻璃纤维经集束后进入树脂胶槽浸胶，在张力控制下直接缠绕在芯模上，然后固化成型。这种方法设备较简单，对原材料要求不高，对纱带质量不易控制、检验，张力不易控制，对缠绕设备如浸胶辊、张力控制辊等，要经常维护，不断洗刷，否则，一旦在辊上发生纤维缠结，将影响生产的正常进行。

3. 半干法

这种方法与湿法相比，增加了烘干工序；与干法相比，缩短了烘干时间，降低了绞纱的烘干程度，使缠绕过程可以在室温下进行，这样既除去了溶剂，又提高了缠绕速度和制品质量。

4. 缠绕工艺后处理

（1）固化

充分固化是保证制品质量的重要条件，直接影响制品的物理性能。固化包括加热的温度范围、升温速度、恒温温度及时间、降温冷却等。

根据制品的不同性能要求可采用不同的固化方法，而且不同的树脂系统，固化方法也不相同。一般都要根据树脂配方、制品性能要求，以及制品的形状、尺寸及构造情况，通过实验来确定合理的固化方法。

（2）工艺措施

1）逐层递减张力

由于缠绕张力的作用，后绕上的一层纤维会对先绕上的纤维发生压缩变形造成内松外紧，纤维不能同时受力，严重影响强度和疲劳性能。采用逐层递减张力后，可使整个玻璃钢层都具有相同的初应力和张紧程度，受压时同时受力，强度发挥好，制品质量高。

2）分层固化

在内衬上先缠绕一定厚度的玻璃钢缠绕层，使其固化，冷却至室温经表面打磨再缠绕第二次，依次类推，直至缠绕到强度设计要求的层数为止。

28.4.7　环保与绿色施工工艺

建筑防腐蚀工程施工对自然资源、环境影响较大，围绕环保综合要求，以节约能源、降低能耗、减少污染为宗旨。

（1）工艺设备选型时，优先采用技术成熟、能源消耗低的设备。

（2）采用高强、高性能的材料，减少传统材料用量，扩大新材料、新工艺的使用。

（3）施工与生产过程中不使用容易形成新污染源的材料，使用以提高生产质量、改善生态环境为目标的防腐蚀材料。

（4）减少污染物排放，限制采用高 VOC 材料，最大限度地减少对周围环境的影响。

1）分析施工现场扬尘状况：施工现场的粉尘源，主要是基面处理时，由于机械打磨过程产生的扬尘，易产生尘埃物料（填充料、耐酸粉料、砂石等）的运输、存放，建筑垃圾的运输、存放。

2）扬尘的控制措施：采用大型工业吸尘机同步配套，净化基面；覆盖易产生尘埃的物料；洒水降尘，施工现场垃圾封闭处理；施工车辆出入现场采取措施防止泥土带出现场；施工过程堆放的废料采取防尘措施并及时清运。

28.4.8　质量要求及检验

28.4.8.1　玻璃钢防腐蚀构造的质量检验

质量检验标准在国家标准《建筑防腐蚀工程施工及验收规范》（GB 50212）中有较细致的要求，内容包括：树脂原材料标准、制成品质量检验标准、工程验收与评定标准等，并经过组织验收。

28.4.8.2　树脂增强玻璃鳞片的质量检验

鳞片衬里施工的质检范围包括该技术施工的全部工序，每道工序施工完毕后，都应严格按规定的质检条款验收。凡未经质检人员质检并签署工序合格手续的部分，不得转入下道工序。

28.4.8.3　喷射成型工艺的质量控制

玻璃钢喷射成型各组分比例的控制是决定玻璃钢制品性能的关键因素，因此必须严格控制各工艺参数。

1. 树脂含量要求

喷射成型属于接触成型，树脂含量要求较高，约在 60% 左右。含胶量过低，纤维浸胶不透也不均匀，粘结不牢。调整树脂贮罐压力，能改变树脂喷射量。

2. 喷雾压力选择

喷雾压力大小要保证两种不同组分树脂均匀混合，同时还要减少树脂的损失。压力太小树脂雾化效果不好，两种组分树脂混合不匀。压力太大则树脂流失过多。压力大小的调整与树脂黏度有关。当树脂黏度降低时，喷射压力可适当减少。

28.4.9　安　全　防　护

（1）树脂类防腐蚀工程中的许多原材料，如乙二胺、苯类、酸类等，都具有不同程度的毒性或刺激性，使用或配制时要有良好的通风。

操作人员应进行体格检查。患有气管炎、心脏病、肝炎、高血压者以及对某些物质有过敏反应者均不得参加施工。

研磨、筛分、搅拌粉状填料最好在密封箱内进行。操作人员应戴防护口罩、防护眼镜、手套、工作服等防护用品，工作完毕应冲洗、淋浴。

(2) 施工过程中不慎与腐蚀或刺激性物质接触后，要立即用水或乙醇清洗。毒性较大的材料施工时，应适当增加操作人员的工间休息。施工前应制定有效的安全、防护措施，并应遵照安全技术及劳动保护制度执行。

(3) 在配制、使用乙醇、苯、丙酮等易燃材料的施工现场，应严禁烟火，并应配备消防器材，还要有适当的通风。

(4) 为防止与有害物质接触，一般可用乳胶手套。与有害物质接触不多时也可用"液体"手套。这种手套由干酪素混合液形成薄膜，把皮肤与有害物质隔开而起保护作用，它不溶于大多数溶剂但溶于水。

28.5　水玻璃类防腐蚀工程

建筑防腐蚀工程中水玻璃类材料是适用于高浓度酸介质环境下的主要材料。水玻璃类防腐蚀工程所用的材料包括水玻璃胶泥、水玻璃砂浆和水玻璃混凝土，水玻璃胶泥和水玻璃砂浆又是耐蚀块材砌筑的胶结料。水玻璃材料品种，依据化学成分可分为：钠水玻璃、钾水玻璃及其改性产品。这类材料是以水玻璃为胶粘剂、固化剂、一定级配的耐酸粉料或粗细骨料配制而成。其特点是耐酸性能好，尤其对较高浓度的无机酸稳定性更好，机械强度高，资源丰富，价格较低，但抗渗性和耐水性能较差，不耐碱。施工较复杂，养护期较长。其中水玻璃胶泥和水玻璃砂浆的主要用途是铺砌各种耐酸块材面层，水玻璃混凝土常用于浇筑整体面层、设备基础及池槽体等。

28.5.1　一　般　规　定

28.5.1.1　材料规定

水玻璃类材料应具有出厂合格证和质量检验资料。对原材料的质量有怀疑时，应进行复验。按《建筑防腐蚀工程施工质量验收规范》（GB 50224）规定的有关检验项目和《建筑防腐蚀工程施工及验收规范》（GB 50212）中有关试验方法进行复验。

(1) 钠水玻璃的使用温度不应低于15℃，钾水玻璃使用温度不应低于20℃。钠水玻璃材料施工的环境温度低于10℃、钾水玻璃材料施工的环境温度低于15℃时，水玻璃的黏度增大不利于施工，质量指标低。

(2) 水玻璃应防冻，受冻的水玻璃必须加热并充分搅拌均匀后方可使用。

(3) 钾水玻璃材料的注意点：

1) 直接与细石混凝土、黏土砖砌体或钢铁基层接触，不宜用水泥砂浆找平。

2) 钾水玻璃的固化剂为缩合磷酸铝，已掺入钾水玻璃胶泥、砂浆或混凝土混合料内。

3) 拌制好的水玻璃胶泥、水玻璃砂浆、水玻璃混凝土内严禁加入任何物料，必须在初凝前30min内用完。每次拌合量不宜太多，胶泥或砂浆一般以3kg为宜。

(4) 水玻璃类材料在氧化性酸和高浓度、高温酸性介质作用的部位具有良好的耐蚀性能，但在盐类介质干湿交替作用频繁、碱及呈碱性反应的介质、含氟酸作用的部位等不得使用。

（5）密实型水玻璃材料适用于常温介质作用的环境。当介质温度高于100℃时，应选用普通型水玻璃材料。经常有稀酸或水作用的部位，不应选用普通型水玻璃材料。

（6）钠水玻璃材料不得与水泥砂浆、混凝土等呈碱性反应的基层直接接触。配筋水玻璃混凝土的钢筋表面，应涂刷环氧或其他类型防腐蚀涂料。

28.5.1.2　施工规定

1. 施工环境温度

水玻璃类防腐蚀工程施工的环境温度宜为15～30℃，高于30℃时，水玻璃的黏稠度显著增加，不易于施工，配制的水玻璃材料易过早脱水硬化反应不完全，质量指标低。但采取适当的技术措施，如：防曝晒措施、保证原配合比等质量情况下水玻璃比重降低，是可以满足30～38℃施工的；当钠水玻璃材料施工的环境温度低于10℃，钾水玻璃材料施工的环境温度低于15℃时，养护期达到28d或更长时间，但在浸水28d或更长时间，会导致已成型的制品溶解溃裂，这是水玻璃类材料的通性。低于施工环境温度，采取加热保温措施，亦是可以满足施工要求的。施工时钠水玻璃材料温度不应低于15℃，钾水玻璃材料温度不应低于20℃。

2. 防冻措施

水玻璃受冻后，冻结部分无法与混合料混合。在使用前将冻结的水玻璃加热搅拌溶化，即能得到有效恢复，使其与冻结前的溶液性能相近。

3. 防止早期过快脱水

水玻璃类材料施工后的养护期间严禁与水或水蒸气接触。因为水解化合反应，尚未充分形成稳定的Si-O键，没有参与反应的部分或反应不完全的部分，如遇到水或水蒸气，都会被溶解析出而遭到破坏。过早脱水，材料来不及进行充分反应而达到硬化，制成品质量指标很低，遇水就会溶解析出。

4. 灌缝

块材砌筑工程灌缝前应清除缝内杂物。灌缝时应随时分层捣至表面泛浆，刮除多余的水玻璃砂浆，并在初凝前整平压实。采用密实型水玻璃胶泥、砂浆时，灰缝应饱满密实，可用木抹轻捣或分层轻捣，排除气泡泛浆。

5. 隔离层设置

在混凝土基层上进行水玻璃类材料施工，先采用树脂材料做玻璃钢隔离层或卷材隔离层；也可以采用底涂层做隔离。

6. 施工机具

除使用一般混凝土施工用具外，还需配置各类专用机具，包括：氟硅酸钠加热脱水设备、氟硅酸钠和粉料密封搅拌箱、强制式搅拌机、粉料密封搅拌箱、平板或插入式振动器、比重计、铁板、抽油器。

28.5.2　原材料和制成品的质量要求

28.5.2.1　钠水玻璃

1. 钠水玻璃外观为略带色的透明黏稠状液体，技术指标见表28-33。

钠水玻璃技术指标   表 28-33

项　目	指　标
模　数	2.6～3.0
密度（g/cm³）	1.38～1.42

注：1. 液体内不得混入油类或杂物，必要时使用前应过滤。

　　2. 钠水玻璃模数或密度如不符合本表要求时，应进行调整。

2. 氟硅酸钠分子式为 Na_2SiF_6，外观为白、浅灰或浅黄色粉末，其技术指标见表 28-34。

氟硅酸钠的技术指标   表 28-34

项　目	技术指标	
	一　级	二　级
外观	白色或浅黄色	浅灰色
氟硅酸钠含量（%）不小于	95	93
游离酸含量（以盐酸计）（%）不大于	0.2	0.3
氟化钠含量（%）不大于	3	5
含水率（%）不大于	1	1.2
细度（0.15mm 筛孔）	全部通过	全部通过

氟硅酸钠的用量可根据下式计算：

$$G = 1.5 \times \frac{N_1}{N_2} \times 100 \tag{28-1}$$

式中　G——氟硅酸钠用量占水玻璃用量的百分率（%）；

　　　N_1——水玻璃中 Na_2O 含量（%）；

　　　N_2——氟硅酸钠纯度（%）。

注：受潮结块时，应在不高于 100℃的温度下烘干并研细过筛后使用。

3. 钠水玻璃材料配套粉料、粗细骨料的质量

(1) 常用粉料：铸石粉、石英粉、辉绿岩粉、安山岩粉、瓷粉和石墨粉等，其技术指标见表 28-35。

粉 料 技 术 指 标   表 28-35

项　目	指　标	项　目		指　标
耐酸率（%）不小于	97	细度	0.15mm 筛孔余量（%）不大于	5
含水率（%）不大于	0.5		0.09mm 筛孔余量（%）	10～30
亲水系数，不大于	1.1			

注：石英粉因粒度过细，收缩率大，易产生裂纹，故可与等重量的铸石粉混合使用。

(2) 细骨料常用石英砂，其技术指标见表 28-36。

细骨料技术指标   表 28-36

项　目	指　标	项　目	指　标
耐酸率（%）不小于	95	含泥量（%）不大于（用天然砂时）	1
含水率（%）不大于	1		

注：一般工程中也可用黄砂，但需经严格筛选，并作必要的耐腐蚀检验。

（3）粗骨料常用石英石、花岗石，其技术指标见表28-37。

粗骨料技术指标 表 28-37

项　目	指　标	项　目	指　标
耐酸率（%）不小于	95	含泥量	不允许
含水率（%）不大于	0.5	浸酸安定性	合格
吸水率（%）不大于	1.5		

4. 细、粗骨料的颗粒级配要求

当用钠水玻璃砂浆铺砌块材时，采用细骨料的粒径不大于 1.25mm。钠水玻璃混凝土用细骨料和粗骨料颗粒级配要求见表28-38和表28-39。

钠水玻璃混凝土用细骨料级配要求 表 28-38

筛孔（mm）	5	1.25	0.315	0.16
累计筛余量（%）	0~10	20~55	70~95	95~100

钠水玻璃混凝土用粗骨料级配要求 表 28-39

筛孔（mm）	最大粒径	1/2 最大粒径	5
累计筛余量（%）	0~5	30~60	90~100

注：粗骨料的最大粒径，应不大于结构最小尺寸的1/4。

5. 钠水玻璃制成品的技术指标见表28-40和表28-41。

钠水玻璃胶泥技术指标 表 28-40

项　目		指　标	项　目	指　标
凝结时间	初凝（min）不小于	0~45	浸酸安定性	合格
	终凝（h）不大于	0~12	吸水率（%）不大于	0~15
抗拉强度（MPa）不小于		2.5	与耐酸砖粘结强度（MPa）不小于	1.0

钠水玻璃砂浆、钠水玻璃混凝土、密实型钠水玻璃混凝土技术指标 表 28-41

项　目	指　标		
	钠水玻璃砂浆	钠水玻璃混凝土	密实型钠水玻璃混凝土
抗压强度（MPa）不小于	15	20	25
浸酸安定性	合格	合格	合格
抗渗强度（MPa）不小于	0.2	0.2	1.2

28.5.2.2 钾水玻璃

1. 钾水玻璃外观为无色透明液体，其技术指标见表28-42。

钾水玻璃技术指标 表 28-42

项　目	指　标	项　目	指　标
模　数	2.6~2.9	密度（g/cm³）	1.4~1.45

注：1. 液体内不得混入油类或杂物，必要时使用前应过滤。

2. 钾水玻璃模数或密度如不符合本表要求时，应进行调整。

2. 缩合磷酸铝

钾水玻璃的固化剂已经商品化，其有效成分缩合磷酸铝已掺入钾水玻璃胶泥、钾水玻璃砂浆或钾水玻璃混凝土混合料内。

3. 钾水玻璃材料的粉料、粗细骨料的质量

(1) 粉料同钠水玻璃材料常用：铸石粉、石英粉、安山岩粉等，其技术指标见表28-35。

(2) 细骨料同钠水玻璃材料常用：石英砂等，其技术指标见表 28-36。

(3) 粗骨料同钠水玻璃材料常用：石英石、花岗石，其技术指标见表 28-37。

4. 钾水玻璃胶泥、砂浆、混凝土混合料的质量

(1) 钾水玻璃胶泥混合料的含水不大于 0.5%，细度要求 0.45mm 筛孔筛余量不大于5%，0.16mm 筛孔筛余量宜为 30%～50%。

(2) 钾水玻璃砂浆混合料的含水率不大于 0.5%，细度要求见表 28-43。

钾水玻璃砂浆混合料的细度　　　　　　　表 28-43

最大粒径（mm）	筛余量（%）	
	最大粒径的筛	0.16mm 的筛
1.25	0～5	60～65
2.5	0～5	63～68
5.0	0～5	67～72

(3) 钾水玻璃混凝土混合料的含水率不大于 0.5%，粗骨料的最大粒径，不大于结构截面最小尺寸的 1/4，用作整体地面面层时，不大于面层厚度的 1/3。

5. 钾水玻璃制成品的质量

钾水玻璃制成品的质量，见表 28-44。

钾水玻璃制成品的质量　　　　　　　表 28-44

项　　目	密实型			普通型		
	胶泥	砂浆	混凝土	胶泥	砂浆	混凝土
初凝时间（min）不小于	45	—	—	45	—	—
终凝时间（h）不大于	15	—	—	15	—	—
抗压强度（MPa）不小于	—	25	25	—	20	20
抗拉强度（MPa）不小于	2.5	2.5		3	3	
与耐酸砖粘结强度（MPa）不小于	1.2	1.2	1.2	1.2	1.2	1.2
抗渗等级（MPa）不小于	1.2			0.4		—
浸酸安定性	合格			合格		
耐热极限温度（℃） 100～300	—			合格		
300～900				合格		

注：1. 表中砂浆抗拉强度和粘结强度，仅用于最大粒径 1.25mm 的钾水玻璃砂浆。

　　2. 表中耐热极限温度，仅用于有耐热要求的防腐蚀工程。

28.5.2.3　水玻璃类材料的物理力学性能

水玻璃类材料的物理力学性能，见表 28-45。

水玻璃类材料的物理力学性能　　　　　　　　　　　表 28-45

项　　目	普通型钾水玻璃	密实型钾水玻璃	普通型钠水玻璃	密实型钠水玻璃
抗压强度（MPa） 不小于	砂浆 20 混凝土 20	砂浆 25 混凝土 25	砂浆 15 混凝土 20	砂浆 20 混凝土 25
抗拉强度（MPa） 不小于	胶泥、 砂浆 3.0	胶泥、 砂浆 2.5	胶泥、 砂浆 2.5	胶泥、 砂浆 2.5
粘结强度（MPa） 不小于	胶泥、砂浆与耐酸砖 1.2 砂浆与水泥基层 1.0		胶泥、砂浆与耐酸砖 1.0	
抗渗等级（MPa） 不小于	0.4	1.2	0.2	1.2
吸水率（%） 不大于	10	3	15	—
使用温度（℃） 不大于	300	100	300	100

28.5.2.4　水玻璃模数和密度调整方法

钾水玻璃、钠水玻璃或它们的混合物，化学组成可分别表示为：

钾水玻璃　　　　　　　　$K_2O \cdot mSiO_2 \cdot nH_2O$　　　　　　　　　　　　　(28-2)

钠水玻璃　　　　　　　　$Na_2O \cdot mSiO_2 \cdot nH_2O$　　　　　　　　　　　　(28-3)

式中　m——玻璃的模数，它决定于水玻璃中 SiO_2 与 Na_2O（K_2O）的含量，可表示如下：

$$模数\ m = \frac{SiO_2\ 摩尔数}{Na_2O\ 摩尔数} = 1.031 \times \frac{SiO_2\ 含量\%}{Na_2O\ 含量\%} \quad (28-4)$$

式中　1.031——Na_2O 分子量与 SiO_2 分子量比值。

$$模数\ m = \frac{SiO_2\ 摩尔数}{K_2O\ 摩尔数} = 1.567 \times \frac{SiO_2\ 含量\%}{K_2O\ 含量\%} \quad (28-5)$$

式中　1.567——K_2O 分子量与 SiO_2 分子量比值。

水玻璃的模数、密度是影响水玻璃胶泥性能的重要参数，在配制胶泥时必须严格控制。模数以 2.6~2.8 为宜。高模数胶泥的耐酸性能及强度较好，但固化速度太快，表面结皮对施工不利；低模数胶泥的耐酸性能差，固化时间长，施工时易流淌，影响衬里质量。

水玻璃的密度决定于水玻璃中固体物含量，配制水玻璃胶泥时以 1.4~1.5 为宜。密度过大含水量低，黏度大；密度小含水量高则胶泥的孔隙率高，强度低。

28.5.2.5　水玻璃材料的耐蚀性能

水玻璃类材料与其他耐蚀材料相比，在氧化性酸和高浓度、高温度的酸性介质作用的部位具有良好的耐蚀性能，但是在盐类介质干湿交替作用频繁的部位、碱及呈碱性反应的介质、含氟酸作用的部位等，由于耐蚀性能很差，所以不得用在上述部位。其在常用介质条件下的耐蚀性能，见表 28-46。

水玻璃材料在常用化学介质中的耐蚀性能   表 28-46

介质名称	水玻璃类材料	介质名称	水玻璃类材料	介质名称	水玻璃类材料
硫酸（%）	耐	盐酸（%）	耐	硝酸（%）	耐
醋酸（%）	耐	铬酸（%）	耐	氢氟酸（%）	不耐
氢氧化钠（%）	不耐	碳酸钠	不耐	氨水	不耐
尿素	不耐	氯化铵	尚耐	硝酸铵	尚耐
硫酸钠	尚耐	乙醇	渗透作用	汽油	渗透作用
5%硫酸和 5%氢氧化钠 交替作用	不耐	丙酮	渗透作用	苯	渗透作用

注：1. 表中介质为常温，%系指介质的质量百分比浓度。
　　2. 水玻璃类材料对氯化铵、硝酸铵、硫酸钠"尚耐"，仅适用于密实型水玻璃类材料。

28.5.3　施　工　准　备

28.5.3.1　材料的验收、保管

（1）材料进场后，应进行核对，注明品名、规格，根据材料性能、特点分别采取防雨、防潮、防火、防冻等措施。

（2）氟硅酸钠有毒，应作出标记，安全存放，专人保管。

28.5.3.2　人员培训

水玻璃类材料防腐蚀工程对施工、技术人员要求较高。应具备一定的化学知识，进行技术培训。按照工种不同实施技术考核，合格后方可上岗。编好施工方案，做好技术交底工作，会同材料供应方熟悉材料性能，有序组织生产。

28.5.3.3　施工环境

水玻璃类防腐蚀工程施工的环境温度，一般为 15～30℃，相对温度为不大于 80%。当施工的环境温度，钠水玻璃材料低于 10℃，钾水玻璃材料低于 15℃时，应采取加热保温措施。原材料使用时的温度，钠水玻璃不应低于 15℃，钾水玻璃不应低于 20℃。

28.5.3.4　施工机具

强制式搅拌机、平板或插入式振动器、密度测定仪、电子秤、容器等。

氟硅酸钠加热脱水装备，氟硅酸钠和粉料密封搅拌箱。

28.5.3.5　技术准备

技术准备工作的主要内容包括：

加强技术创新和环境意识；技术方案与建设、监理、设计等各方协调；技术交底。

（1）以技术创新为切入点，优先选用技术领先的工艺和施工设备、机具。

（2）加强管理人员的培训，兼顾质量终身负责制，使施工过程体现优质高效。

（3）施工阶段严格按照技术规程、环保措施进行操作，厉行节约，施工现场清洁文明。

28.5.4　材料的配制及施工

28.5.4.1　水玻璃类材料的配制

水玻璃类胶泥材料的配合比根据所用原料的不同略有差异，表 28-47 为常用水玻璃胶泥材料的配合比。

常见水玻璃胶泥材料的配合比　　　　　　　　　　表 28-47

原　料	配料比		原　料	配料比	
	钠水玻璃	钾水玻璃		钠水玻璃	钾水玻璃
钠水玻璃	40～42		缩合磷酸铝		6
钾水玻璃		42～44	耐酸粉料	100	94
氟硅酸钠	6				

(1) 严格控制原料的技术性能指标，施工前每批原料要进行性能测定。

(2) 配制胶泥时必须搅拌均匀。施工前应进行试验，验证配料比和性能是否适宜。

(3) 施工过程中不要往胶泥中补加水玻璃、固化剂或耐酸粉料。

28.5.4.2　密实型钾水玻璃砂浆整体面层的施工

受液态介质作用的部位应选用密实型钾水玻璃砂浆，钾水玻璃砂浆整体面层的施工宜分格或分段进行。平面的钾水玻璃砂浆整体面层，宜一次抹压完成。面层厚度小于 25mm 时，宜选用混合料最大粒径为 2.5mm 的钾水玻璃砂浆；面层厚度大于 25mm 时，宜选用混合料最大粒径为 5mm 的钾水玻璃砂浆。立面的钾水玻璃砂浆整体面层，应分层抹压，每层厚度不宜大于 5mm，总厚度应符合设计要求，混合料的最大粒径应为 1.25mm。抹压钾水玻璃砂浆时，平面应按同一方向抹压平整；立面应由下往上抹压平整。每层抹压后，当表面不粘抹具时轻拍轻压，不得出现褶皱和裂纹。

28.5.4.3　水玻璃混凝土的施工

浇筑水玻璃混凝土的模板应支撑牢固，拼缝严密，表面应平整，并涂矿物油脱膜剂。如水玻璃混凝土内埋有金属嵌件时，金属件必须除锈，并应涂刷防腐蚀涂料。

水玻璃混凝土设备（如耐酸贮槽）的施工浇筑必须一次完成，严禁留设施工缝。当浇筑厚度大于规定值时（当采用插入式振动器时，每层灌筑厚度不宜大于 200mm，插点间距不应大于作用半径的 1.5 倍，振动器应缓慢拔出，不得留有孔洞。当采用平板振动器或人工捣实时，每层灌筑厚度不宜大于 100mm。应分层连续浇筑）。分层浇筑时，上一层应在下一层初凝前完成。水玻璃混凝土整体地面应分格施工，分格间距不宜大于 3m，缝宽宜为 12～16mm。待地面浇筑硬化后，再用钾水玻璃砂浆填平压实。地面浇筑时，应控制平整度和坡度：平整度采用 2m 直尺检查，允许空隙不应大于 4mm；坡度允许偏差为坡长的 ±0.2%，最大偏差值不大于 30mm。水玻璃混凝土浇筑应在初凝前振捣至排除气泡泛浆，最上一层捣实后，表面应在初凝前压实抹平。当需要留施工缝时，在继续浇筑前应将该处打毛清理干净，薄涂一层水玻璃胶泥，稍干后再继续浇筑。地面施工缝应留成斜槎。水玻璃混凝土在不同环境温度下的立面拆模时间见表 28-48。

水玻璃混凝土的立面拆模时间　　　　　　　　　　表 28-48

材　料　名　称		拆模时间 (d) 不少于			
		10～15℃	16～20℃	21～30℃	31～35℃
钠水玻璃混凝土		5	3	2	1
钾水玻璃混凝土	普通型	—	5	4	3
	密实型	—	7	6	5

承重模板的拆除，应在混凝土的抗压强度达到设计值的 70% 时方可进行。拆模后不得有蜂窝、麻面、裂纹等缺陷。当有大量上述缺陷时应返工。少量缺陷应将该处的混凝土

凿去，清理干净，待稍干后用同型号的水玻璃胶泥或水玻璃砂浆进行修补。

28.5.4.4 水玻璃类材料的养护和酸化处理

水玻璃类材料的养护期见表 28-49。

水玻璃类材料的养护期   表 28-49

材料名称		养护期（d）不小于			
		10～15℃	16～20℃	21～30℃	31～35℃
钠水玻璃材料		12	9	6	3
钾水玻璃材料	普通型	—	14	8	4
	密实型	—	28	15	8

水玻璃类材料防腐蚀工程养护后，应采用浓度为 30%～40% 硫酸作表面酸化处理，酸化处理至无白色结晶盐析出时为止。酸化处理次数不宜少于 4 次。每次间隔时间：钠水玻璃材料不应少于 8h；钾水玻璃材料不应少于 4h。每次处理前应清除表面的白色析出物。如为酸池衬里时，可不进行酸化处理。

28.5.4.5 水玻璃胶泥的酸化工艺

（1）水玻璃类材料块材铺砌层施工后应在不低于 15℃ 的气温下养护 14d，加热可促进胶泥固化，但温度不宜过高，一般以低于 60℃ 为宜。

（2）养护 14d 后的水玻璃类材料块材铺砌层在使用前应以 40% 硫酸溶液或 20% 盐酸溶液进行胶泥缝的酸处理，每隔 4h 处理一次，共处理 4 次，仅限于比较重要的构筑物或构配件处理。

28.5.5 环保与绿色施工工艺

绿色施工包括：施工管理、环境保护、节约材料、合理利用资源等。绿色施工是资源节约型、环境友好型社会建设的需要。在保证工程质量、安全的前提下，要求工程技术人员通过分析和研究、科学管理、技术创新，最大限度地节约资源和减少对环境的负面影响。

（1）合理利用新技术、新材料、新工艺，以减少传统材料的用量。

（2）施工中力求做到降低能耗，提高能源利用率。施工现场采用与工程量相匹配的施工机械设备，引进变频技术、改进设备的能耗，优化施工方案，合理安排工序，提高机械设备的满载率。

（3）加强施工现场管理，合理规划施工现场管理区、生活服务区、材料堆放与仓储区、材料加工作业区，并对临时用房、围墙、道路等根据施工规模、员工人数、材料设备需用计划和现场条件进行控制。对于材料的供应、存储、加工、成品半成品堆放使用，进行合理的流水管理，避免二次搬运。根据工程量的大小，确定采购产品的数量，尽量达到零库存。

（4）在进行水玻璃类材料防腐蚀工程施工过程中，尽可能避免和减少对环境的破坏。水玻璃类材料防腐蚀工程施工过程中主要的污染物来自于胶泥和辅助的有机溶剂（如清洗用丙酮）。胶泥的使用应按施工规范的要求，定量配用。对于剩余的胶泥进行收集，作为固体垃圾交由环保部门处理。对于施工过程中用于清洗设备和工具的有机溶剂，要做到集中回收，集中处理，不能随意倾倒，以免造成环境污染。

28.5.6 质量要求及检验

28.5.6.1 水玻璃胶泥、砂浆整体面层质量检验

（1）水玻璃类材料的整体面层应平整洁净、密实、无裂缝、起砂、麻面、起皱等现象。面层与基层应结合牢固，无脱层、起壳等缺陷。

（2）水玻璃类材料整体面层的平整度，采用2m直尺检查，其允许空隙不大于4mm。坡度应符合设计要求，允许偏差为坡长的+0.2%，最大偏差值不得大于30mm。作泼水试验时，水应能顺利排除。

28.5.6.2 水玻璃类材料块材铺砌层的质量检验

（1）水玻璃胶泥或砂浆铺砌块材的结合层和灰缝应饱满密实，粘结牢固，无疏松、裂缝和起鼓现象。

（2）块材面层的平整度和坡度、排列、缝的宽度应符合设计要求。

（3）块材衬砌时要保证胶泥饱满，防止胶泥流淌和块材移位。

（4）块材铺砌层的养护和热处理要符合热处理要求。

28.5.6.3 水玻璃类材料块材铺砌层常见的缺陷和原因

水玻璃类材料块材铺砌层施工中常见的缺陷和原因见表28-50，根据所分析的原因，采取相应措施。

衬里施工缺陷和原因　　　　　　表28-50

缺陷与现象	原因与处理	缺陷与现象	原因与处理
块材移动、胶泥固化速度慢、强度低	（1）施工现场温度低； （2）固化剂用量不足； （3）水玻璃模数低； （4）水玻璃密度小	粘结力差	（1）被粘结表面不清洁； （2）胶泥配方不当； （3）胶泥不饱满，有空洞
固化速度快	（1）施工现场温度高； （2）固化剂加入量大； （3）水玻璃模数高； （4）水玻璃密度大	胶泥空隙率大	（1）水玻璃密度小； （2）填料细度级配不合适
		胶泥表面裂纹	（1）施工时接触水； （2）填料颗粒太细； （3）固化速度太快

28.6 聚合物水泥砂浆类防腐蚀工程

氯丁胶乳水泥砂浆、聚丙烯酸酯乳液水泥砂浆和环氧乳液水泥砂浆。这类材料的特点是粘结力强，可在潮湿的水泥基层上施工，能耐中等浓度以下的碱和呈碱性盐类介质的腐蚀。在防腐蚀工程中聚合物水泥砂浆常用于混凝土、砖石结构或钢结构表面上铺抹的整体面层和铺砌的块材面层。

28.6.1 一般规定

28.6.1.1 材料规定

原材料的技术指标应符合要求，并具有出厂合格证或检验资料，对原材料的质量有怀

疑时，应进行复验。

28.6.1.2 施工规定

（1）聚合物水泥砂浆不应在养护期少于 3d 的水泥砂浆或混凝土基层上施工。

（2）聚合物水泥砂浆在水泥砂浆或混凝土基层上进行施工时，基层表面应平整、粗糙、清洁、无油污、起砂、空鼓、裂缝等现象。

（3）聚合物水泥砂浆在钢基层上施工时，基层表面应无油污、浮锈，除锈等级宜为 St3。焊缝和搭接部位，应用聚合物水泥砂浆或聚合物水泥砂浆找平后，再进行施工。

（4）施工前，应根据施工环境温度、工作条件等因素，通过实验确定适宜的施工配合比和操作方法后，方可进行正式施工。

（5）施工用的机械和工具必须及时清洗。

28.6.1.3 质量检验规定

按《建筑防腐蚀工程施工质量验收规范》（GB 50224）规定的有关检验项目和《建筑防腐蚀工程施工及验收规范》（GB 50212）中有关试验方法进行复验。

28.6.2 原材料和制成品的质量要求

28.6.2.1 氯丁胶乳

1. 硅酸盐水泥

氯丁胶乳水泥砂浆应采用强度等级不低于 42.5 的硅酸盐水泥或普通硅酸盐水泥。硅酸盐水泥和普通硅酸盐水泥的质量应符合现行国家标准《通用硅酸盐水泥》（GB 50175）的规定。

2. 细骨料及颗粒级配

拌制聚合物水泥砂浆的细骨料应采用石英砂或河砂。砂料应满足国家建筑用砂标准的规定，细骨料的质量与颗粒级配见表 28-51 和表 28-52。

细骨料的质量   表 28-51

含泥量（%）	云母含量（%）	硫化物含量（%）	有机物含量
≤3	≤1	≤1	浅于标准色

注：有机物含量比标准色深时，应配成砂浆进行强度对比试验，抗压强度比不低于 0.95。

细骨料的颗粒级配   表 28-52

筛孔（mm）	5.0	2.5	1.25	0.63	0.315	0.16
筛余量（%）	0	0~25	10~50	41~70	70~92	90~100

注：细骨料的最大粒径不宜超过涂层厚度或灰缝宽度的 1/3。

3. 氯丁胶乳的质量

（1）氯丁胶乳的质量见表 28-53。

氯丁胶乳的质量   表 28-53

项 目	氯丁胶乳	项 目	氯丁胶乳
外 观	乳白色无沉淀的均匀乳液	密度（g/cm³）不小于	1.080
黏 度	10~55（MPa·s）		
总固物含量（%）	≥47	贮存稳定性	5~40℃，三个月无明显沉淀

（2）氯丁胶乳助剂的质量：拌制好的水泥砂浆应具有良好的和易性，并不应有大量气泡；助剂应使胶乳由酸性变为碱性，在拌制砂浆时不应出现胶乳破乳现象。

4. 氯丁胶乳水泥砂浆配合比

氯丁胶乳水泥砂浆配合比，见表28-54。

氯丁胶乳水泥砂浆配合比（质量比）　　　　表 28-54

项　目	氯丁砂浆	氯丁净浆	项　目	氯丁砂浆	氯丁净浆
水　泥	100	100～200	消泡剂	0.3～0.6	0.3～1.2
砂　料	100～200		pH 值调节剂	适量	适量
氯丁胶乳	38～50	38～50	水	适量	适量
稳定剂	0.6～1.0	0.6～2.0			

注：氯丁胶乳的固体含量按 50%，当采用其他含量的氯丁胶乳时，可按含量比例换算。

28.6.2.2　聚丙烯酸酯乳液

1. 硅酸盐水泥

聚丙烯酸酯乳液水泥砂浆宜采用强度等级不低于 42.5 的硅酸盐水泥或普通硅酸盐水泥。硅酸盐水泥和普通硅酸盐水泥的质量应符合现行国家标准《通用硅酸盐水泥》（GB 50175）的规定

2. 细骨料及颗粒级配

拌制聚合物水泥砂浆的细骨料应采用石英砂或河砂。砂料应满足国家建筑用砂标准的规定，细骨料的质量与颗粒级配见表28-51和表28-52。

3. 聚丙烯酸酯乳液的质量

聚丙烯酸酯胶乳的质量见表28-55。

聚丙烯酸酯胶乳的质量　　　　表 28-55

项　目	聚丙烯酸酯乳液	项　目	聚丙烯酸酯乳液
外　观	乳白色无沉淀的均匀乳液	密度（g/cm³）不小于	1.056
黏　度	11.5～12.5（涂 4 杯，MPa·s）	贮存稳定性	5～40℃，三个月无明显沉淀
总固物含量（%）	39～41		

注：聚丙烯酸酯乳液配制丙乳砂浆不需另加助剂。

4. 聚丙烯酸酯乳液水泥砂浆配合比

聚丙烯酸酯乳液水泥砂浆配合比，见表28-56。

聚丙烯酸酯乳液水泥砂浆配合比（质量比）　　　　表 28-56

项　目	丙乳砂浆	丙乳净浆
水　泥	100	100～200
砂　料	100～200	—
聚丙烯酸酯乳液	25～38	50～100
水	适量	

注：表中聚丙烯酸酯乳液的固体含量按 40% 计。

28.6.2.3 环氧乳液

环氧乳液所用的辅助材料，与其他聚合物基本相同。

聚合物水泥砂浆类材料的物理力学性能，见表 28-57。

聚合物水泥砂浆类材料的物理力学性能   表 28-57

项　　目	氯丁胶乳水泥砂浆	聚丙烯酸酯乳液水泥砂浆	环氧乳液水泥砂浆
抗压强度（MPa）不小于	20	30	35
抗拉强度（MPa）不小于	3.0	4.5	5.0
粘结强度（MPa）不小于	与水泥基层 1.2 与钢铁基层 2.0	与水泥基层 1.2 与钢铁基层 1.5	与水泥基层 2.0 与钢铁基层 2.0
抗渗等级（MPa）不小于	1.5	1.5	1.5
吸水率（%）不大于	4.0	5.5	4.0
使用温度（℃）不大于	60	60	70

28.6.2.4 材料的耐蚀性能

聚合物水泥砂浆类材料的耐腐蚀性能，见表 28-58。

聚合物水泥砂浆类材料的耐腐蚀性能   表 28-58

介质名称	氯丁胶乳水泥砂浆	聚丙烯酸酯乳液水泥砂浆	环氧乳液水泥砂浆
硫酸（%）	不耐	≤3 尚耐	≤5 尚耐
盐酸（%）	≤2 尚耐	≤3 尚耐	≤5 尚耐
硝酸（%）	≤2 尚耐	≤5 尚耐	≤5 尚耐
醋酸（%）	≤2 尚耐	≤5 尚耐	≤5 尚耐
铬酸（%）	≤2 尚耐	≤3 尚耐	≤3 尚耐
氢氟酸（%）	≤2 尚耐	≤3 尚耐	≤3 尚耐
氢氧化钠（%）	≤20 尚耐	≤20 尚耐	≤30 尚耐
碳酸钠	尚耐	尚耐	耐
氨水	耐	耐	耐
尿素	耐	耐	耐
氯化铵	尚耐	尚耐	耐
硝酸铵	尚耐	尚耐	尚耐
硫酸钠	尚耐	尚耐	耐
丙酮	耐	尚耐	耐
乙醇	耐	耐	耐
汽油	耐	尚耐	耐
苯	耐	耐	耐
5%硫酸和5%氢氧化钠交替	不耐	不耐	尚耐

28.6.3　施　工　准　备

28.6.3.1　材料的验收

（1）原材料进场后应放在防雨的干燥仓库内。胶乳、乳液、复合助剂和水泥等应分别堆放，避免曝晒和杂物污染；冬季应采取防冻措施。

（2）胶乳、乳液的贮存温度一般为 5～30℃。贮存超过 6 个月的产品，应经质量检查合格后方可使用。

28.6.3.2　人员培训

同前所述。

28.6.3.3　施工环境

聚合物水泥砂浆施工的环境温度宜为 10～35℃。当施工环境温度低于 5℃时，应采取加热保温措施。不宜在大风、雨天或阳光直射、高温环境中施工。

28.6.3.4　施工机具

（1）通风机具。

（2）水泥砂浆施工机具，施工量大时，配备水泥拌合机械、离心式或积压式喷浆机。

28.6.4　材料的配制及施工

28.6.4.1　聚合物水泥砂浆类材料的配制

（1）聚合物水泥砂浆宜采用人工拌合。当采用机械拌合时，应使用立式复式搅拌机。

（2）氯丁砂浆配制时应按确定的施工配合比称取定量的氯丁胶乳，加入稳定剂、消泡剂及 pH 值调节剂，并加入适量水，充分搅拌均匀后，倒入预先拌合均匀的水泥和砂子的混合物中，搅拌均匀。拌制时，不宜剧烈搅动。拌匀后，不宜再反复搅拌合加水。配制好的氯丁砂浆应在 1h 内用完。

（3）丙乳砂浆配制时，应先将水泥与砂子干拌均匀，再倒入聚丙烯酸酯乳液和试拌时确定的水量，充分搅拌均匀。配制好的丙乳砂浆应在 30～45min 内用完。

（4）拌制好的聚合物水泥砂浆应在初凝前用完，如发现有凝胶、结块现象，不得使用。拌制好的水泥砂浆应有良好的和易性，水灰比宜根据现场试验最后确定。每次拌合量应以施工能力确定。

28.6.4.2　聚合物水泥砂浆材料整体面层施工工艺流程

聚合物水泥砂浆整体面层的施工：聚合物水泥砂浆不应在养护期少于 3d 的水泥砂浆或混凝土基层上施工。施工前应用高压水冲洗并保持潮湿状态，但不得存有积水。铺抹聚合物水泥砂浆前应先在基层上涂刷一层薄而均匀的氯丁胶乳水泥浆或聚丙烯酸酯乳液水泥浆，边刷涂边摊铺聚合物水泥砂浆。聚合物水泥砂浆一次施工面积不宜过大，应分条或分块错开施工，每块面积不宜大于 $10m^2$，条宽不宜大于 1.5m，补缝或分段错开的施工间隔时间不应小于 24h。接缝用的木条或聚氯乙烯条应预先固定在基层上，待砂浆抹面后可抽出留缝条并在 24h 后进行补缝。分层施工时，留缝位置应相互错开。聚合物水泥砂浆摊铺完毕后应立即压抹，并宜一次抹平，不宜反复抹压。遇有气泡时应刺破压紧，表面应密实。在立面或仰面上施工时，当面层厚度大于 10mm 时，应分层施工，分层抹面厚度宜为 5～10mm。待前一层干至不黏手时可进行下一层施工。聚合物水泥砂浆施工 12～24h

后，宜在面层上在涂刷一层水泥净浆。聚合物水泥砂浆抹面后，表面干至不黏手时即进行喷雾或覆盖塑料薄膜等进行养护。塑料薄膜四周应封严，潮湿养活 7d，在自然养护 21d 后方可使用。

丙乳砂浆整体面层施工时，也可采用挤压式灰浆泵或混凝土潮喷机进行喷涂施工。施工中使用的机具必须随时清洗。对于未硬化的聚合物水泥砂浆，可用水清洗；对于已硬化的聚合物水泥砂浆，可采用石脑油和甲苯的混合溶剂进行浸泡，软化后再进行铲除。

28.6.4.3 聚合物水泥砂浆铺切块材的施工

聚合物水泥砂浆铺砌耐酸砖块材面层时，应预先用水将块材浸泡 2h，擦干水迹即可铺砌。铺砌耐酸砖块材时应采用揉挤法。铺砌厚度大于等于 60mm 的天然石材时可采用坐浆法。铺砌块材时应在基层上边涂刷接浆料边铺砌，块材的结合层及灰缝应密实饱满，并应采取措施防止块材移动。立面块材的连续铺砌高度应与胶泥、砂浆的硬化时间相适应，防止位移变形。铺砌块材时，灰缝应填满压实，灰缝的表面应平整光滑，并应将块材上多余的砂浆清理干净。聚合物水泥砂浆铺砌块材时的结合层厚度、灰缝宽度见表28-59。

结合层厚度和灰缝宽度（mm）

表 28-59

块 材 种 类		结合层厚度	灰缝宽度
耐酸砖、耐酸耐温砖		4～6	4～6
天然石材	厚度≤30	6～8	6～8
	厚度>30	10～15	8～15

28.6.5 环保与绿色施工工艺

聚合物水泥砂浆类材料防腐蚀工程施工过程中，主要的污染物来自于胶泥和辅助的有机溶剂（如丙酮）、配料过程少量的粉尘等。由于是水性材料，污染情况并不严重。胶泥的使用应按施工规范的要求定量配用，对于剩余的胶泥要注意收集，作为固体垃圾交由环保部门处理。对于施工过程中用于清洗设备和工具的有机溶剂，要做到集中回收，集中处理，不能随意倾倒，以免造成环境污染。

28.6.6 质量要求及检验

28.6.6.1 整体面层的质量要求与检验

（1）聚合物水泥砂浆整体面层应与基层粘结牢固，表面应平整，无裂缝、起壳等缺陷。

（2）对于金属基层，应使用测厚仪测定聚合物水泥砂浆面层的厚度。对于水泥砂浆和混凝土层，每 50m² 抽查一处，进行破坏性凿取检查测定厚度。对不合格处及在检查中破坏的部位必须全部修补好后，重新进行检验直至合格。

（3）整体面层的平整度，采用 2m 直尺检查，其允许空隙不应大于 4mm。

（4）整体面层的坡度允许偏差为坡长的 ±0.2%，最大偏差值不得大于 30mm；作泼水试验时，水应能顺利排除。

28.6.6.2　块材面层平整度和坡度的质量要求与检验方法

见本章有关内容。

28.7　块材防腐蚀工程

块材砌筑就是在混凝土或金属结构的表面贴衬耐腐蚀花岗岩、耐酸砖、耐酸耐温砖等材料，块材类防腐蚀工程是以各类防腐蚀胶泥或砂浆为胶结材料，铺砌各种耐腐蚀块材，适用重载，强冲击、重腐蚀环境的建、构筑物。其范围决定于胶泥和块材的物理、机械性能和耐腐蚀性能。因而在进行块材铺砌时，应根据工艺操作条件进行胶泥和耐酸砖板的选择，并进行合理的铺砌结构设计和施工。块材砌筑具有较好的耐蚀性、耐热性和机械强度，抗冲击性优越，一些难以用其他方法解决的腐蚀问题，采用块材砌筑，得到了较好的解决。但块材砌筑整体性、热稳定性较差，接缝易出现质量问题，使用维护不当时易渗漏。在建筑防腐蚀工程中常用作地面、沟槽、基础的防腐蚀面层或衬里。

28.7.1　一　般　规　定

28.7.1.1　块材规定

块材的品种、规格等级应符合设计要求。并具有出厂合格证或检验资料。对外观质量应按规定进行检查和挑选，对其质量有怀疑时，应进行复验。按《建筑防腐蚀工程施工质量验收规范》（GB 50224）规定的有关检验项目和《建筑防腐蚀工程施工及验收规范》（GB 50212）中有关试验方法进行复验。

28.7.1.2　施工规定

混凝土基层，见"28.2 基层处理及要求"的有关内容。

（1）块材使用前应挑选、洗净、干燥后备用。

（2）铺砌前，对块材先实施试排。铺砌时，铺砌顺序应由低往高，先地坑、地沟，后地面、踢脚板或墙裙。阴角处立面块材应压住平面块材，阳角处平面块材应盖住立面块材。块材铺砌不应出现十字通缝，多层块材不得出现重叠缝。

（3）块材的结合层及灰缝应饱满密实，粘结牢固，不得有疏松、裂缝和起鼓现象。灰缝的表面应平整，结合层和灰缝的尺寸应符合施工规范的规定。

（4）采用树脂胶泥灌缝或挤缝的块材面层，铺砌时应随时刮除缝内多余的胶泥或砂浆。挤缝前，应将灰缝清理干净。

28.7.1.3　质量检验规定

（1）块材表面如沾有油污、其他杂质或潮湿都会导致铺砌后的块材粘结不牢，使用后局部会产生脱落现象。故施工前认真挑选，并对块材表面进行处理，保持块材表面洁净、干燥。

（2）块材防腐蚀层的质量主要取决于灰缝的质量。灰缝尺寸的大小是由块材种类及灰缝填充材料决定的。灰缝过小，施工时不易做到饱满密实，影响使用年限。灰缝过大，则胶泥或砂浆用量多，造价高，灰缝中胶泥或砂浆收缩亦大，易出现裂纹。

28.7.2　原材料和制成品的质量要求

28.7.2.1　耐腐蚀胶泥或砂浆

耐腐蚀块材砌筑用胶粘剂俗称胶泥或砂浆，常用的耐蚀胶泥或砂浆包括：树脂胶泥或砂浆（环氧树脂胶泥或砂浆、不饱和树脂胶泥或砂浆、环氧乙烯基酯树脂胶泥或砂浆、呋喃树脂胶泥）、水玻璃胶泥或砂浆（钠水玻璃、钾水玻璃）、聚合物水泥砂浆（氯丁胶乳水泥砂浆、聚丙烯酸酯乳液水泥砂浆和环氧乳液水泥砂浆）等。

各种胶泥的主要性能、特性见表 28-60。

各类胶泥的主要性能、特征　　　　　　　　　　　　　　表 28-60

胶泥名称	性　能、特　征
环氧树脂胶泥	耐酸、耐碱、耐盐、耐热性能低于环氧乙烯基酯树脂和呋喃胶泥；粘结强度高；使用温度 60℃以下
不饱和聚酯树脂胶泥	耐酸、耐碱、耐盐，耐热及粘结性能低于环氧乙烯基酯树脂和呋喃胶泥、常温固化、施工性能好、品种多、选择余地大，耐有机溶剂性差
环氧乙烯基酯树脂胶泥	耐酸、耐碱、耐有机溶剂、耐盐、耐氧化性介质，强度高；常温固化，施工性能好，粘结力较强；品种多，耐热性好
呋喃树脂胶泥	耐酸、耐碱性能较好；不耐氧化性介质，强度高；抗冲击性能差；施工性能一般
水玻璃胶泥	耐温、耐酸（除氢氟酸）性能优良，不耐碱、水、氟化物及 300℃以上磷酸，空隙率大，抗渗性差
聚合物水泥砂浆	耐中低浓度碱、碱性盐；不耐酸、酸性盐；空隙率大，抗渗性差

28.7.2.2　耐腐蚀块材

常用的耐腐蚀块材有：耐酸砖、耐酸耐温砖、天然耐酸碱石材、铸石制品、浸渍石墨等。

1. 耐酸砖

常用的耐酸砖制品是以黏土为主体，并适当地加入矿物、助熔剂等，按一定配方混合、成型后经高温烧结而成的无机材料。耐酸砖的主要化学成分是二氧化硅和氧化铝，根据原料的不同一般可分为陶制品和瓷制品。陶制品表面大多呈黄褐色，断面较粗糙，孔隙率大，吸水率高，强度低，耐热冲击性能好；瓷制品表面呈白色或灰白色，质地致密，孔隙率小，吸水率低，强度高，耐酸腐蚀性能优良，可耐酸、碱、盐类介质的腐蚀，但不耐含氟酸和熔融碱的腐蚀。一般用的耐酸砖和耐酸耐温砖均属此类。其物理化学性能见表 28-61。

耐酸砖的物理化学性能　　　　　　　　　　　　　　表 28-61

项　　目	要　　求		
	1 类	2 类	3 类
吸水率（%），≤	0.5	2.0	4.0
弯曲强度（MPa），≥	39.2	29.8	19.6
耐酸度（%），≥	99.80	99.80	99.70
耐急冷急热性（℃）	100	130	150
	试验一次后，试样不得有裂纹、剥落等破损现象		

化工陶瓷砖板的耐化学介质腐蚀性能优良，除氢氟酸、300℃以上的磷酸、硅氟酸和浓度较高的碱类介质会破坏其结构外，对各类无机酸、有机酸、氧化性介质、氯化物、溴化物都具有较强的抵抗力。

常用耐酸砖的规格，见表 28-62，施工现场还可以根据用户要求定制、加工异型砖。耐酸砖的外形尺寸、外观质量等要求，见表 28-63。耐酸砖的长度偏差及变形，见表 28-64。

常用耐酸砖规格　　　　表 28-62

产品名称		外形尺寸（长×宽×厚）mm	
耐酸砖	标型砖	230×113×65	230×113×55
	普型砖	230×113×75	210×100×60
		200×100×50	200×50×30
	楔型砖	230×113×55/65	230×113×60/65
		230×113×45/55	230×113×45/65
		230×113×25/65	230×113×25/75
		230×113×45/65	
	耐酸薄砖	200×100×20	180×110×20
		180×90×20	180×75×20
		150×150×20	110×75×20
		200×200×20	100×100×20

耐酸砖的外观质量（mm）　　　　表 28-63

缺陷类别	质量要求（mm）	
	一 等 品	合 格 品
裂纹	工作面：不允许有裂纹；非工作面：宽不大于 0.25mm，长 5～15mm，允许 2 条	工作面：宽不大于 0.25mm，长 5～15mm，允许 1 条；非工作面：宽不大于 0.25mm，长 5～15mm，允许 2 条
磕碰	工作面：深入工作面 1～2mm；砖厚小于 20mm 时，深不大于 3mm，砖厚 20～30mm 时，深不大于 5mm，砖厚大于 30mm 时，深不大于 10mm 的磕碰允许 2 处，总长不大于 35mm；非工作面：深 2～4mm，长不大于 35mm，允许 3 处	工作面：深入工作面 1～4mm；砖厚小于 20mm 时，深不大于 5mm，砖厚 20～30mm 时，深不大于 8mm，砖厚大于 30mm 时，深不大于 10mm 的磕碰允许 2 处，总长不大于 40mm；非工作面：深 2～5mm，长不大于 40mm，允许 4 处
疵点	工作面：最大 1～2mm，允许 3 个；非工作面：最大 1～3mm，每面允许 3 个	工作面：最大 2～4mm，允许 3 个；非工作面：最大 3～6mm，每面允许 4 个
开裂	不允许	不允许
缺釉	总面积不大于 1cm²，每处不大于 0.3cm²	总面积不大于 2cm²，每处不大于 0.5cm²
釉裂	不允许	
桔釉		
干釉		

注：裂纹长小于 5mm 时不考核，其他同样的表达方式，含义相同。

耐酸砖的长度偏差及变形   表 **28-64**

项　　目		允许偏差（mm）	
		一等品	合格品
长度偏差	长度≤30mm	±1	±2
	长度 30～150mm	±2	±3
	长度＞150mm	±2	±4
翘　　曲		2	2.5
大小头		2	3

2. 耐酸耐温砖

耐温性能大大提高。其物理化学性能见表 28-65，规格与耐酸砖相同，其外形尺寸、外观质量等要求见表 28-66，其长度偏差及变形见表 28-67。

耐酸耐温砖的物理化学性能   表 **28-65**

项　　目	要　　求	
	NSW1 类	NSW2 类
吸水率（%）	≤5.0	5.0～8.0
耐酸度（%）≥	99.7	99.7
压缩强度（MPa）≥	80	60
耐急冷急热性	试验温差 200℃	试验温差 250℃
	试验 1 次后，试样不得有新生裂纹和破损剥落	

耐酸耐温砖的外观质量   表 **28-66**

缺陷类别		要求（mm）		
		优等品	一级品	合格品
裂纹	工作面	不允许有裂纹	1～2mm 的允许 3 条	3～5mm 的允许 3 条
	非工作面	3～5mm 的允许 3 条	3～5mm 的允许 5 条	3～5mm 的允许 3 条
磕碰	工作面	不允许	1～2mm 的允许 3 条	3～5mm 的允许 3 条
	非工作面	3～5mm 的允许 3 条	3～5mm 的允许 3 条	3～5mm 的允许 3 条
穿透性裂纹		不允许		
疵点	工作面	1～2mm，允许 2 个	1～2mm，允许 2 个	1～2mm，允许 2 个
	非工作面	1～2mm，每面允许 2 个	1～2mm，每面允许 2 个	1～2mm，每面允许 2 个
缺釉		不允许	总面积大于 1cm²	总面积大于 1cm²
釉裂			不允许	不明显
桔釉、干釉			不明显	不严重

注：缺陷不允许集中，10cm² 正方形内不得多于 5 处。

耐酸耐温砖的尺寸偏差及变形　　　　　　　　表 28-67

项　　目		允许偏差（mm）		
		优等品	一级品	合格品
长度偏差	长度小于 30mm	±1	±1	±2
	长度 30～150mm	±1.5	±2	±3
	长度大于 150mm	±2	±3	±4
变形	翘　曲	1.5	2	2.5
	大小头			

3. 天然石材

天然耐酸石材常用的有花岗岩、安山岩等，其主要化学成分由二氧化硅、三氧化二铝以及钙、镁、铁等氧化物所组成，其性能取决于化学组成和矿物组成。防腐蚀工程用的天然石材由各种岩石直接加工而成。根据天然石材的化学组成及结构致密程度分为耐酸和耐碱两大类，其中二氧化硅含量不低于 55% 者耐酸，含量越高越耐酸；氧化镁、氧化钙含量越高者越耐碱。由于地质状况的差异，同一种石材的氧化硅、氧化铝及氧化铁的含量有较大差异。有些石料虽然二氧化硅含量很高，但由于它具有结构致密、表观密度大、孔隙率小的优点，亦可作耐碱材料使用。

在进行防腐蚀施工时要尽可能选用铁含量低的石材。常见的各种天然耐酸石材的性能见表 28-68、耐化学介质腐蚀性能见表 28-69、物理、力学性能见表 28-70。

天然耐酸石材性能特征　　　　　　　　　　表 28-68

项　　目	性能特征	
	花岗岩	安山岩
主要化学成分	SiO_2，Al_2O_3，CaO，MgO	SiO_2，Al_2O_3，CaO，MgO
耐腐蚀性	耐酸性能优良，不耐氢氟酸	耐酸性能一般
加工性能	加工困难	易加工
使用温度	200～300℃	

天然耐酸石材的耐化学介质性能　　　　表 28-69

化学　介质	评　定	
	花岗岩	安山岩
98%硫酸	耐	耐
36%盐酸	耐	耐
磷酸	不耐（高温）	
氢氟酸	不耐	不耐
碱类	不耐	不耐
有机物	耐	耐

天然耐酸石材物理、力学性能　　　　表 28-70

项　　目	性能指标	
	花岗岩	安山岩
密度（g/cm³）	2.5～2.7	2.7
抗压强度（MPa）	＞88.3	196
抗弯强度（MPa）		39.2
吸水率（%）	＜1	＜1
耐酸度（%）	＞96	＞98
热稳定性		600℃合格

建筑防腐蚀工程中，可能用到的天然石材除上面的两种外，还经常遇到其他各种耐酸碱石材。为了方便选材，将这些石材的组成、性能和质量要求列入表 28-71 和表 28-72。

各种耐酸碱石材的组成及性能　　　　　　　　　　　　表 28-71

性　能	花岗岩	石英岩	石灰岩	安山岩	文岩
组成	长石、石英及少量云母等组成的火成岩	石英颗粒被二氧化硅胶结而成的变质岩	次生沉积岩（水成岩）	长石（斜长石）及少量石英、云母组成的火成岩	由二氧化硅等主要矿物组成
颜色	呈灰、蓝、或浅红色	呈白、淡黄或浅红色	呈灰、白、黄褐或黑褐色	呈灰、深灰色	呈灰白或肉红色
特性	强度高、抗冻性好，热稳定性差	强度高、耐火性好，硬度大，难于加工	热稳定性好，硬度较小	热稳定性好，硬度较小，加工比较容易	构造层理呈薄片状，质软易加工
主要成分	SiO_2：70%～75%	SiO_2：90%以上	CaO：61%～65%	SiO_2：61%～65%	SiO_2：60%以上
密度（g/cm^3）	2.5～2.7	2.5～2.8	—	2.7	2.8～2.9
抗压强度（MPa）	110～250	200～400	22～140	200	50～100
耐酸 硫酸（%）	耐	耐	不耐	耐	耐
耐酸 盐酸（%）	耐	耐	不耐	耐	耐
耐酸 硝酸（%）	耐	耐	不耐	耐	耐
耐碱	耐	耐	耐	较耐	不耐

各种耐酸碱石材表面的外观质量要求　　　　　　　　　　表 28-72

名　称		质量要求	用　途
豆光面	粗豆光	要求边、角、面基本上平整，以便砌缝坐浆；表面凿间距在 12～15mm，凹凸高低相差不超过 5mm	用于底层地面
豆光面	细豆光	要求凿点细密、均匀、整齐、平直、凿点间距在 6mm 左右，表面平坦度在 300mm 直尺下，低凹处不超过 5mm，从正面直观不得有凹窟，其面、边、角平直方整，不能有掉棱缺角和扭曲	用于楼、地面的正面和侧面
剁斧面		细剁斧加工、表面粗糙，具有规划的条状斧纹，平整度允许公差 2.0mm	用于楼、地面的正面
机刨面		经机械加工，表面平整，有相互平行的机械刨纹，平整度允许 2.0mm	用于楼地面的正面

注：1. 耐酸石材的规格及加工尺寸允许偏差；

2. 耐酸石材采用手工加工时，正面和侧面的表面加工要求为细豆光，其允许偏差为不超过 5mm；背面为中豆光，其允许偏差为不超过 8mm。规格一般为 600mm×400mm×（80～100mm）和 400mm×300mm×（50～60mm）；采用机械切割和机械刨光时，其表面允许偏差为不超过 2mm，规格一般为 300mm×200mm ×（20～30mm）。

4. 铸石制品

铸石是用辉绿岩、玄武岩等火成天然岩石矿物为主要原料,并适当地混以工业废渣,加入一定的附加剂(如角闪岩、白云石、萤石等)和结晶剂(如铬铁矿、钛铁矿等)经高温熔化、浇铸、结晶、退火等工序制成的一种非金属耐腐蚀材料(人造石材)。铸石材料制品具有耐磨、耐腐蚀、绝缘和较高的力学性能。铸石的耐酸性能优良,除了氢氟酸、含氟介质、热磷酸、熔融碱外,对各种酸、碱、盐类及各种有机介质都是稳定的,耐蚀性能突出。并可用于100℃以内的稀碱中,常用于塔、池、槽、沟等衬里。

铸石的化学组成见表28-73。铸石板强度高,硬度高,耐磨性好,孔隙率小,介质难以渗透。缺点是脆性较大,不耐冲击,传热系数小,热稳定性差,不能用于有温度剧变的场合。其物理、力学性能见表28-74。铸石板的 SiO_2 含量并不高,但由于它经过高温熔融,结晶后形成了结构致密而均匀的普通辉绿岩晶体。同时又由于铸石与酸、碱作用后,表面会逐步形成一层硅的铝化合物薄膜,这层薄膜达到一定厚度,即在铸石表面与酸、碱介质之间形成了一层保护膜,最后使介质的化学腐蚀趋于零,这是铸石能够高度耐蚀的主要原因。耐化学介质腐蚀性能见表28-75。铸石板因为太硬,现场难以加工,对其衬里异形结构部位应选用异型铸石板,常用制品的规格及尺寸见表28-76。

铸石的主要化学组成 表 28-73

化学成分	SiO_2	Al_2O_3	CaO	MgO	Na_2O+K_2O	Fe_2O_3
含量(%)	47~52	16~21	9.0~11.0	6.0~8.0	3.0~6.0	6.0~9.0

铸石的物理、力学性能 表 28-74

项　　目	性能指标	项目	性能指标
耐急冷急热性能	水溶法 20~70℃ 反复一次 (50/14)	磨损度 (g/cm²)	<0.09 (通用型)
	水溶法 25~200℃ 反复一次 (50/19)		<0.12 (通用异型)
密度 (g/cm³)	2.9~3.0	抗弯强度 (MPa)	49.0~73.5
抗压强度 (MPa)	196~294	抗冲击强度 (J/cm²)	8.14
抗拉强度 (MPa)	39.2	耐磨系数 (g/cm²)	0.36

注: 1. (50/14) 表示抽取 50 块样品经检验后,不合格品不超过 14 块,则该指标合格。

2. (50/19) 表示抽取 50 块样品经检验后,不合格品不超过 19 块,则该指标合格。

铸石的耐化学介质性能 表 28-75

化学介质	浓度 (%)	耐酸度 (%)	化学介质	浓度 (%)	耐酸度 (%)
硫酸	95~98	>99	硝酸	97	>99
硫酸	20	>96	磷酸	浓	>90
盐酸	30	>98	醋酸	浓	>99

铸石制品的规格与尺寸   表 28-76

名称	尺寸（mm）			名称	尺寸（mm）		
	L	H	δ		L	H	δ
平板	180	150	15，20，30	弧型板	300～1000	100	140
	110	70	15，20			125	165
	150	150	20			150	190
	150	110	15，20			175	215
	195	93	20			200	240
	200	200	25			250	280
	220	180	20				
	300	150	25				
	300	300	25				
	400	200	20				
	400	300	30				
	400	350	35				

5. 浸渍石墨材料

石墨材料有天然石墨和人造石墨两种，作为防腐蚀材料一般使用人造石墨材料。由于人造石墨在制造过程中挥发份的逸出，使其本身具有多孔性，其空隙率在30％左右，所以使用时均以各种浸渍剂进行浸渍，以增加其致密性（不透性），常用的浸渍剂有酚醛树脂、环氧乙烯基酯树脂、呋喃树脂、水玻璃、聚四氟乙烯乳液等。浸渍石墨材料具有优良的导热性、耐腐蚀性、耐磨性，并且热膨胀系数很小。表 28-77 为各类浸渍石墨制品的物理、力学性能，其耐化学介质腐蚀性能主要取决于各类胶泥的耐化学介质腐蚀性能。

各类浸渍石墨板的物理、力学性能   表 28-77

项　　目	酚醛浸渍	呋喃浸渍	水玻璃浸渍
密度（g/cm³）	1.8～1.9	1.8	
抗压强度（MPa）	58.8～68.6	49.0～58.8	40.67
抗拉强度（MPa）	7.35～9.81	7.85～9.81	4.99
抗弯强度（MPa）	23.5～27.5	23.5	
抗冲击强度（J/cm²）	0.275～0.314		
热导率（W/m·K）	116～128	116～128	
线膨胀系数（10^{-6}/K）	55		
水压试验（MPa）	0.588 不透	0.588 不透	0.294 不透
最高使用温度（℃）	180	200	450
长期使用温度（℃）	－30～+120	－30～+180	－30～+420

28.7.2.3 国内外常用耐腐蚀块材的规格

1. 国产耐酸耐温砖性能指标，见表 28-78 所示。

耐酸耐温砖性能指标　　　　　　　　　　　　　　表 28-78

项　目	指　标
抗压强度（MPa），＞	98.06
耐温度急变性 400→20℃	一次不裂，二次有裂纹但仍有钢音
耐酸度（%），＜	0.3
抗渗透性（50mm）（MPa）	0.98（50min 不透）
弹性模量（MPa）	37069
平均热膨胀系数（10^{-6}/K）	7.6～10.7

2. 日本国耐酸砖规格，见表 28-79 所示。

日本国耐酸砖性能指标　　　　　　　　　　　　　表 28-79

项　目	耐酸瓷砖		耐酸耐温砖	
	一类	二类	一类	二类
弯曲强度（MPa），＞	39.2	19.2		
耐热试验（℃），＞	100	130	—	250
吸水率（%），＜	0.5	2.0		8
耐酸度（%），＜	0.2	0.2		0.3

3. 德国耐酸砖的化学组成，见表 28-80，物理、力学性能，见表 28-81。

德国耐酸砖化学组成　　　　　　　　　　　　　　表 28-80

组　分	化学组成（%）		组　分	化学组成（%）	
	Sk-A	SF		Sk-A	SF
SiO_2	70±2	70±2	Fe_2O_3	1～1.5	1～1.5
Al_2O_3	23±1.5	23±1.5	$CaO+MgO$	0.5～1.0	0.5～1.0
TiO_2	1～1.5	1～1.5	Na_2O+K_2O	3	3

德国耐酸砖性能指标　　　　　　　　　　　　　　表 28-81

项　目	性能指标		项　目	性能指标	
	SK-A	SF		SK-A	SF
密度（g/cm³）	2.10±0.05	2.10±0.05	抗压强度（MPa）	＞60	＞60
孔隙率（%）	＜15	＜11	耐酸度（%）	＜1.5	＜1.5
吸水率（%）	＜6	＜5	最大工作温度（℃）	900	900
耐热冲击性/次	＞10	＞6			

28.7.3　施　工　准　备

28.7.3.1　材料的验收

（1）块材应具备产品合格证、质量证明书或第三方的性能检测报告，其规格、型号、尺寸、外观、物理和化学性能等应符合设计要求和相关规范规定。

（2）块材加工方法，一般可分为动力工具切割法、手工法、烧割法和电割法。

1) 动力工具切割法是采用手提式电动切割机直接对块材进行切割。在切割过程中，由于摩擦放热，因此应采取浇水的办法来进行降温，以保证切割的正常进行。

2) 手工法主要是用手锤分次敲击，利用材料脆性的特点，先在砖板边缘处用力击破一点，然后逐步向里敲至要求位置。对于耐酸砖，如需从横向断开时，先划好线，然后用钻头沿线将表皮剥离，再用力敲击，即能沿线断裂。加工后砖板的断面如果不平可在普通砂轮机上研磨。弧面也可用手工法加工。

3) 烧割法适用于铸石制品。根据铸石制品质脆、耐热冲击性能较差、冷热不均时开裂的特点，用两块浸过水的石棉布放在铸石板上，中间留出一条加工线，然后用氧乙炔沿加工线烧 1~2min，铸石板即开裂。

4) 电割法适用于加工厚度 20mm 以下的陶瓷、铸石板。用镍铬电阻丝缠绕在加工位置上，控制调压器，使电阻丝烧红，加热 2~3min 后断电，用冷水沿加工线刷一下，板材即开裂。

(3) 在正式铺砌砖板前，应先在铺砌位置进行块材预排。当块材排列尺寸不够时，不能用碎砖、石或胶泥填塞，需对块材进行加工。将块材加工到适当尺寸，使之与实际需要的尺寸相符。块材加工一般可用手工（手锤和錾子）或用切割机切割。

28.7.3.2　人员培训

(1) 建立施工项目组织机构，明确各级责任人。

(2) 应按工程大小、施工进度，配备操作工。

(3) 对施工作业人员进行基本知识、操作、安全措施等的培训，经考核合格后方可上岗。

28.7.3.3　施工环境

(1) 个人防护用具已备齐，现场的消防器材、安全设施经安全监督部门验收通过。

(2) 施工机具应按规定位置就位，安装引风和送风装置，安装动力电源和低压安全照明设备。

(3) 材料已经验收合格。露天场所应搭起临时工棚、配制材料的工作台。

28.7.3.4　施工机具

(1) 空压机（泵）、手提砂轮机、磨光机、砖板切割机、胶泥搅拌机、灰刀、刮刀、手捶等。气割设备（烧割铸石板用）、电热切割设备（2cm 以下板材加工用）、普通砂轮机、其他工具。

(2) 操作人员必须严格遵守设备安全操作规程，不得违章作业。

(3) 新增设备使用前，施工单位应将机械性能、操作要领、注意事项、常见故障的排除和保养知识等向操作人员进行交底，确认掌握操作要领后方可上岗操作。

28.7.3.5　施工技术准备

(1) 块材砌筑施工应具备下列技术文件：

1) 设计图纸和技术说明文件、相关的施工规范及质量验收标准。

2) 根据施工图及相关法规、标准及现场条件编制施工方案。

(2) 编制包含下面内容的施工组织技术方案：

1) 施工概况及特点；

2) 施工编制依据；

　　3) 施工详图、施工进度安排及网络计划;

　　4) 劳动力需要计划、施工机具及施工用料计划;

　　5) 施工程序与施工操作工艺、方法;

　　6) 质量及验收标准。

28.7.4　块材的施工工艺

28.7.4.1　块材铺砌"揉挤法"工艺

　　主要适用于耐酸砖等人工生产的块材、厚度小于 30mm 的天然石材等块材的砌筑。特点是:块材体积小、重量轻、表面平整,通常用胶泥作为砌筑材料。

　　(1) 平面铺砌块材时,不宜出现十字通缝。立面铺砌块材时,可留置水平或垂直直通缝。在进行块材铺砌时,块材必须错缝排列,可提高砌层的强度。对于立面铺砌,横向应为连续缝,纵向应错开。

　　(2) 铺砌平面和立面的交角时,阴角处立面块材应压在平面块材之上。阳角处平面块材应压住立面块材。铺砌一层以上块材时,阴阳角的立面和平面块材应互相交错,不宜出现重叠缝。

　　(3) 块材砌筑胶泥缝的结构形式分为挤缝和灌缝两种形式。挤缝俗称"揉挤法",是指块材铺砌时,将砌筑的基体表面按二分之一结合层厚度涂抹胶泥,然后在块材铺砌面涂抹胶泥,中部胶泥涂量应高于边部,然后将块材按压在应铺砌的位置,用力揉挤,使块材间及块材与基体间的缝隙充满胶泥的操作方法。揉挤时只能用手挤压,不能用木槌敲打。挤出的胶泥应及时用刮刀刮去,并应保证结合层的厚度与胶泥缝的宽度。

　　(4) 块材铺砌时应拉线控制标高、坡度,平整度,并随时控制相邻块材的表面高差及灰缝偏差。铺砌顺序应由低往高,先地沟、后地面再踢脚墙裙。

　　(5) 平面铺砌施工:在平面上铺砌块材时,块材排列一般以横向为连续缝、纵向为错缝。块材砌筑时,应每铺砌一块,在待铺的另一行用块材顶住以防止滑动,待胶泥稍干后,进行下一行铺砌。

　　(6) 立面铺砌施工:铺砌立面时,应由下向上铺砌,铺砌上层块材时会对下层块材产生压力,使下层砌好但胶泥未固化的块材层错位或移动。因此,立面铺砌时不能连续铺砌多层,连续铺砌 2~3 层高度后,应稍停片刻,待下层胶泥初凝不发生位移后继续铺砌。

28.7.4.2　块材铺砌"坐浆法"工艺

　　主要适应于厚度大于 30mm 的天然石材等块材砌筑工艺。特点是:块材面积较大、重量大、表面平整性一般,无法采用胶泥作为结合层,必须用砂浆材料砌筑的构造。

　　(1) 采用"坐浆法"施工的块材,通常进行灌缝处理。灌缝是指采用抗渗性较差,成本较低的胶泥(一般用水玻璃胶泥)做结合层铺砌块材,而块材四周边缝用树脂胶泥填满的操作方法。灌缝操作时,要按规定留出块材四周结合缝的宽度和深度。为了保证结合缝的尺寸,可在缝内预埋等宽的木条或硬聚氯乙烯板条,在砖板结合层固化后,取出预埋条,清理干净预留缝,然后刷一遍环氧树脂打底。采用树脂胶泥灌缝的块材面层,铺砌时,应随时刮除缝内多余的胶泥或砂浆。灌缝前,应将灰缝清理干净。

　　(2) 块材铺砌坐浆灌缝处理法,容易使铺砌的相邻部分的灰缝在凝固阶段受到震动,产生微小裂缝或松动,垂直面也易成中空,因此推荐采用揉挤法,必要时辅以木槌敲打。

28.7.4.3 铺砌块材的"挤缝"

耐酸砖、厚度小于 30mm 的天然石材等表面平整度高的块材砌筑工艺，通常用胶泥作为砌筑材料，一次成型，结合层与砖缝构成一体化的防护构造。厚度大于 30mm、面积较大的天然石材等块材砌筑工艺，由于表面平整性一般，无法采用胶泥作为结合层，必须用砂浆材料砌筑，这样形成的缝隙较宽，必须灌注。

（1）块材铺砌前应对基层或隔离层进行质量检查，合格后再进行施工。块材铺砌前应先预排。铺砌顺序应由低往高，先地沟、后地面再踢脚墙裙。平面铺砌块材时，不宜出现十字通缝。立面铺砌块材时，可留置水平或垂直直通缝再进行块材铺砌。

（2）铺砌平面和立面的交角时，阴角处立面块材应压在平面块材之上，阳角处平面块材应压住立面块材。铺砌一层以上块材时，阴阳角的立面和平面块材应互相交错，不宜出现重叠缝。

28.7.4.4 大型块材铺砌的灌注工艺

对于厚度大于 60mm、面积很大的、人工开凿出的天然石材等块材砌筑工艺，由于重量和面积均很大，表面平整性一般，移动十分困难，无法采用胶泥或铺砌砂浆材料砌筑，因此采用灌注技术。

28.7.4.5 块材铺砌的机械注射工艺

对于精度、平整度要求高的块材施工，无法采用胶泥或铺砌砂浆材料砌筑，可采用机械注射灌注技术。有些注射工艺还准备有注射袋，以保证注射量与参数的准确控制。

28.7.4.6 环保与绿色施工工艺

耐蚀块材砌筑施工，由于用到了各种胶泥：树脂胶泥、水玻璃类胶泥、聚合物水泥砂浆等有机或无机材料，应尽量避免和减少对环境的破坏。各类胶泥防腐蚀材料在施工过程中，主要的污染物来自于有机溶剂（如清洗用丙酮）。胶泥的使用应按施工规范的要求，定量配用，对于剩余的胶泥要注意收集，交由环保部门处理。对于施工过程中用于清洗设备和工具的有机溶剂，要做到集中回收，集中处理，不能随意倾倒。

28.7.5 质量要求及检验

28.7.5.1 块材面层的质量检验

（1）天然石材、耐酸砖板及铸石制品的品种、规格等级应符合设计要求及规范要求。

（2）块材结合层及灰缝内的胶结料应饱满密实，粘结牢固，不得有疏松、裂纹、起泡等现象。块材和灰缝表面应平整无损，灰缝尺寸应符合各种胶结材料的有关要求。块材铺砌不宜出现十字通缝，多层块材不得出现重叠缝。

（3）块材铺砌采用揉挤法与座浆灌缝处理法。后一种容易使铺砌的相邻部分的灰缝在凝固阶段受到震动，产生微小裂缝或松动，垂直面也易成中空，必要时辅以木槌敲打。

（4）块材面层的平整度，相邻块材之间的高差和坡度应符合设计要求，允许偏差为坡长的 $\pm 0.2\%$，最大允许偏差不得大于 30mm。作泼水试验时，水应能顺利排除。

28.7.5.2 块材面层的平整度、相邻块材之间的高差和坡度的检验

（1）地面的面层应平整，并采用 2m 直尺检查，其允许空隙不应大于下列数值：

耐酸砖，耐酸耐温砖的面层	4mm
天然石材的面层（厚度≤30mm）	4mm

天然石材的面层（厚度＞30mm）　　　　　　　8mm

（2）块材面层相邻块材之间的高差，不应大于下列数值：

耐酸砖，耐酸耐温砖的面层　　　　　　　　　1mm

天然石材的面层（厚度≤30mm）　　　　　　　1mm

天然石材的面层（厚度＞30mm）　　　　　　　2mm

28.7.5.3　块材砌筑的结合层厚度、灰缝宽度和灌缝尺寸（mm）的检验

块材砌筑的结合层及灰缝应饱满密实、粘结牢固，不得有疏松、裂纹、起鼓和固化不完全等缺陷。灰缝表面应平整、色泽均匀。灰缝尺寸如设计无规定时，应符合表28-82的规定。

砖、板结合层厚度、灰缝宽度和勾缝尺寸（mm）　　　　　　表28-82

块材种类	水玻璃胶泥衬砌				聚合物水泥砂浆		树脂胶泥衬砌	
	结合层厚度		灰缝宽度					
	钠水玻璃胶泥	钾水玻璃胶泥	钠水玻璃胶泥	钾水玻璃胶泥	结合层厚度	灰缝宽度	结合层厚度	灰缝宽度
标形耐酸瓷砖	7～8	6～8	2～3	4～6	7～8	6～8	(4～6)	(2～4)
板形耐酸瓷砖	4～5	5～7	1～2	3～4	4～5	5～7	(4～6)	(2～4)
浸渍石墨板	4～5				4～5		3～4	(2～4)
铸石板	4～5	5～7	1～2	4～6	4～5	5～7	3～4	1～1.5

28.7.5.4　块材砌筑层的检验

（1）施工中应进行中间检查，有可疑处，根据实际情况揭开5～7块，检查胶泥气孔和胶泥饱满程度，如不符合规范要求时，可再揭开15块以上，如仍不合格，则全部拆除返工。

（2）用5～10倍的放大镜检查胶泥衬砌砖、板的质量，胶泥缝不得有气孔和裂纹现象。

（3）用手锤轻轻敲击砖、板面，如发出金属清脆声，证明衬砌良好，质量合格；若有空音，则胶泥与砖、板结合不好，应返工重衬。

（4）胶泥固化度的检查：

1）检查胶泥的抗压强度；

2）用白棉花团蘸丙酮擦拭胶泥表面，如无染色或粘挂现象，则表面树脂已固化。

28.7.5.5　块材砌筑主要质量控制环节及控制点

块材砌筑质量主要控制环节及控制点见表28-83。

块材砌筑的控制环节及控制点　　　　　　表28-83

控制环节	控　制　点
钢基面处理	1）焊缝；2）除锈等级
底涂	1）除锈后上底涂时间；2）底涂无酸性作用
衬砖	1）胶泥的固化特性；2）胶泥的防流淌；3）胶泥与砖板的粘结
养护及热处理	1）养护时间与温度；2）热处理时间及降温速度；3）酸化处理效果

28.7.5.6　块材砌筑质量检验记录

块材砌筑质量检验记录见表 28-84。

块材砌筑质量检验记录　　　　　表 28-84

工程编号或名称：　　　　　　　　　　　　　　　　　　　年　月　日

衬里部位	基层表面处理		隔离层			块材砌筑面层			质量评定
	处理方法	检验结果（等级）	固化情况	层数或厚度	检验结果	固化情况	灰缝与结合层	检验结果	

技术负责人：　　　　　　　施工班（组）：　　　　　　　　　质检员：

28.7.5.7　块材砌筑应注意的质量问题

块材砌筑操作中常见缺陷与原因分析见表 28-85。

衬里操作中常见缺陷与原因分析　　　　　表 28-85

现　象	原　因　分　析
硅质胶泥固化慢，影响施工质量	(1) 水玻璃模数低于 2.5 (2) 氟硅酸钠贮存或处理不当，分解变质 (3) 水玻璃密度低，填料中水分或其他杂质较多
硅质胶泥固化过快，固化后产生裂缝	(1) 水玻璃模数超过 3.0，密度超过 $1.5g/cm^3$ 以上时 (2) 固化剂加入过多 (3) 热处理时局部过热
合成树脂胶泥膨胀，敲碎胶泥后内部充满气泡	填料中含有碳酸盐，与酸性固化剂作用后生成大量气体产生膨胀
合成树脂胶泥不固化或固化过慢	(1) 呋喃胶粘剂 1) 树脂中水分超过 5% 2) 用硫酸乙酯固化剂时，硫酸含量低 (2) 环氧胶粘剂 1) 用乙二胺做固化剂时，乙二胺浓度低于 80% 2) 增塑剂加入量超过 20%
合成树脂胶粘剂硬化过快，或产生焦化现象	(1) 配制量过多，以致配制时产生的热量不能放出，产生焦化现象 (2) 呋喃胶粘剂用硫酸乙酯固化剂，在空气不流通、温度过高的地方会发生焦化
合成树脂胶粘剂贴衬立面砖板材料时，胶泥流淌	(1) 树脂过粘，填料混入很少，没过到配比要求。 (2) 固化剂加入量不够或失效，胶泥不硬，立面砖板层会产生胶泥流失 (3) 胶泥配制过稀与温度低于 10℃，立面可产生流失现象
砖板粘结不牢，使用后局部脱落	(1) 胶泥质量不佳，如树脂聚合时不良，杂物多 (2) 衬前砖板表面油污未清除 (3) 砖板表面不干燥，有积水，粘结不良，当合成树脂接触有水的砖板时，均不粘结 (4) 衬砌时未打底，砖板表面较光滑，则粘结不牢
胶泥渗透	(1) 硅质胶泥本身有一定渗透性，如果填料中的水分过多，水玻璃密度过低，则增加固化后的孔隙加速渗透 (2) 合成树脂胶粘剂水分过多，溶剂加入过多，虽然固化，但造成胶泥中大量孔隙，渗透性大 (3) 填料中水分含量超过指标，以及有微量碳酸盐存在造成孔率大

28.7.5.8 块材砌筑保护

（1）交工前再次检查，确认其合格无损后方可投入使用。

1）由施工单位做好："防火、防冻、防水"。

2）交付试车时，特殊区域非操作人员严禁入内。

（2）使用后的保护：

1）投入使用后应严格按照生产工艺条件进行操作。

2）避免局部冲击。

28.7.6 安 全 防 护

28.7.6.1 职业健康安全主要控制措施

（1）从事防腐蚀工程的操作人员，应采取下列劳动保护措施：

操作人员应根据施工工艺的要求，配备必要的劳动保护用品如工作服、工作鞋、手套、安全帽、防护眼镜、防尘防毒口罩、防护面具、急救氧气呼吸器、毛巾、肥皂及防护油膏等；操作人员定期进行健康检查，不适合从事某项防腐蚀作业的人员，应调离此项工作岗位。

（2）表面处理时，应穿戴好防尘面具等设施，严防吸入粉尘。

（3）在研磨筛选、干燥、酸处理粉状填料时，要防止吸入粉尘，防止酸液接触皮肤和粉尘飞入眼睛。

（4）配制各种胶粘剂时，操作场所必须有良好的通风设施。

（5）在密闭环境内施工时，必须装有移动式通风机。当使用易燃和含挥发性溶剂（丙酮、甲苯、酒精等）的材料时，应注意防火，所用照明设备应有防爆装置。

28.7.6.2 环境管理主要控制措施

施工现场和各种粉尘、废气、废水、固体废物、震动对环境污染和危害应采取相应的措施，环境因素辨识及控制措施见表28-86。

环境因素辨识及控制措施　　　　　　表 28-86

序 号	主要作业活动	环境因素	主要控制措施
1	表面处理	砂尘、噪声、除锈废弃物	封闭施工，及时清除喷砂产生的砂尘。施工设备和电动工具应定期保养和维护，减少或降低因摩擦产生的噪声。废弃物应妥善处理
2	底涂、衬砖施工	易燃、有害气体	开启排风通风设备。严禁烟火
3	配料	易燃、有害气体；固化废物；切割剩余废砖	通风，固体废物妥善处理

注：表中内容仅供参考，现场应根据实际情况辨识。

28.7.6.3 作业环境要求

（1）现场通风：施工现场应设置排风通风设备，有害气体粉尘不得超过允许含量极限，施工人员要在上风操作。

（2）现场照明：在自然光线不足的作业点或者夜间作业时，采取合适的方式照明。

(3) 电气设备必须接地。每个电源开关应安装漏电安全保护开关。

(4) 电气工具在使用完后或操作人员离开工作岗位时，关闭电气开关，切断电源。

28.7.6.4 现场安全措施和设施

(1) 施工时应设有专人负责安全管理工作。

(2) 在封闭式防腐蚀作业时，至少应设有二个人孔，设置送排气量机，保证足够的换气量。

(3) 在高度 2m 以上的脚手架或吊架上进行操作时，应戴安全帽及安全带。

(4) 在易燃、易爆气体环境中，动火除必须办理动火证外，还应经安全部门批准后，方可动火。

28.8 其他类型防腐蚀工程

28.8.1 塑料板防腐蚀工程

主要有硬聚氯乙烯板和软聚氯乙烯板两种，由于其具有良好的耐蚀性能和加工性能，因此在建筑防腐蚀工程中得到了广泛应用。其中硬聚氯乙烯板产量大，价格低，其板材可用作池、槽的衬里，也可用于排气筒、地漏和下水管等的配件。软聚氯乙烯板的耐候性较差，易老化，其板材可用于池、槽衬里及室内地面面层。聚乙烯塑料和聚丙烯塑料目前在建筑防腐蚀工程中应用较少，主要用于制作构配件。

28.8.1.1 一般规定

(1) 原材料的质量应符合要求，并具有产品出厂合格证和检验资料。对质量有怀疑时，应进行复验。按《建筑防腐蚀工程施工及验收规范》（GB 50212）中有关实验方法检测。

(2) 混凝土基层，应符合本手册"28.2 基层要求及处理"的有关内容。

(3) 从事聚氯乙烯塑料板焊接作业的焊工，须经考核合格，并持证上岗。

(4) 施工前焊工应焊接试件，接受过程测试，并通过试件检测及过程测试鉴定。

28.8.1.2 原材料和制成品的质量要求

1. 聚氯乙烯、聚乙烯和聚丙烯塑料的质量要求

作为衬里的普通塑料：聚氯乙烯、聚乙烯和聚丙烯的主要性能和用途见表 28-87。

聚氯乙烯、聚乙烯和聚丙烯的主要性能和用途　　　　　表 28-87

名　称	英　文	熔点（℃）	密度（g/cm³）	用　途
聚氯乙烯	PVC	80	1.4~1.6	池槽衬里，耐蚀地面；化工设备、管道、阀门及其衬里
聚乙烯	PE	110~131	0.96	化工管道、设备及其衬里
聚丙烯	PP	164~170	0.9	化工管道、设备、换热器及其衬里

2. 胶粘剂的质量要求

用于聚氯乙烯塑料粘贴法施工的氯丁胶粘剂、聚异氰酸酯的质量见表 28-88。超过生产期三个月或保质期的产品应取样检验，合格后方可使用。

氯丁胶粘剂、聚异氰酸酯质量指标　　　表 28-88

项　目	指　　标	
	氯丁胶粘剂	聚异氰酸酯
外　观	米黄色黏稠液体	紫红色或红色液体
固体含量（％）	≥25	20±1
黏度（25℃，Pa·s）	2～3	≤0.1
使用温度（℃）	≤110	

3. 聚氯乙烯焊条

聚氯乙烯焊条应与焊件材质相同，焊条表面应平整光洁、无节瘤、折痕、气泡和杂质，颜色均匀一致。

4. 辅助材料及质量要求

由于聚乙烯和聚丙烯塑料在建筑防腐蚀工程中应用较少，多用于购配件的制造，因此相关的辅助材料及其质量要求，在此不作赘述。

28.8.1.3　施工准备

1. 材料的准备

（1）板材进场后，应贮存在通风良好的仓库内，并按其规格和类别分别堆放。避免表面受到损伤或冲击。距离热源应不小于 1m，贮存温度不宜大于 30℃。在低于 0℃环境中贮存的板材，使用前应在室温下保持 24h。

（2）软板应在使用前 24h 打开包装卷、放平，解除包装应力，并尽可能放到施工地点，使材料温度能与施工温度相同，以便裁剪和施工时尺寸准确。

（3）塑料板接缝处均应进行坡口处理。粘接时坡口多做成同向顺坡，焊接时多做成 V 形坡口。坡口角度与板材厚度、焊缝形式有关，一般板厚则坡口夹角小，板薄则坡口夹角大。

2. 施工准备

（1）软板粘贴前应用酒精或丙酮等溶剂进行去污脱脂处理，粘贴面应打毛至无反光。

（2）焊枪　枪嘴有直形、弯形两种。枪嘴直径与焊条直径相等为宜。如采用双焊条时也可使用双管枪嘴。

（3）调压变压器　每把焊条需配 1kVA 的调压变压器，如焊枪较多，可配备较大容量的调压变压器。

（4）空气压缩机　根据工程量大小选用。

（5）其他小工具、机具：如 V 形切口刀、切条刀、刮板、焊条、压辊等。

（6）施工环境温度宜为 15～30℃，相对湿度不宜大于 70％。

28.8.1.4　聚氯乙烯塑料板防腐蚀工程施工

（1）施工时基层阴阳角应做成圆角，圆角半径宜为 30～50mm。基层表面平整度用 2m 直尺检查，允许空隙不应大于 2mm，混凝土基层强度应大于 C20。

（2）聚氯乙烯塑料板防腐蚀工程的画线、下料应准确。尽量减少焊缝，不宜采用十字焊缝和在焊缝上开口。在焊接或粘贴前应进行预拼。形状复杂的部位，应制作样板，按样板下料。

（3）硬板的焊接：

1）焊接的结构形式，应根据结构的特点、施工便利和经济性来决定。焊条的直径与被焊材料厚度有关，可参考表 28-89。

焊件厚度（mm）	2～5	5.5～15	16 以上
焊条直径（mm）	2～2.5	2.6～3	3～4

焊条的直径与被焊材料厚度关系　　　　　　表 28-89

2）焊接时第一条焊条（根部焊条）最好选用 2～2.5mm 的，以便焊条挤入坡口根部。

3）焊接温度与焊接速度：聚氯乙烯在 180℃ 以上处于黏流状态，附加不大的压力即可彼此粘结。焊接温度一般可控制在 200～240℃，枪嘴喷出温度一般控制在 230～270℃，可用温度计测量。焊接速度一般以 15～25cm/min 为宜。

4）焊条与焊件的夹角一般应保持在 90° 左右，如使用焊条压辊时，随焊随推进压辊将焊缝压牢。

5）焊枪嘴与焊件的夹角，一般应为 30°～45°。焊条粗、焊件薄时应少加热焊条，即焊枪嘴与焊件的夹角取得小一些；焊件厚、焊条细时则应多加热焊件，及焊枪嘴与焊件的夹角取得大一些。为达到加热均匀，焊枪应上下左右抖动。

6）为了保证焊缝强度，焊缝应高出母材表面 2mm 左右，如表面要求平整时再用铲刀把高出部分铲去。用两根以上焊条的焊缝，焊条接头必须错开，一般在 100mm 以上。

（4）软板的粘贴：

1）软板粘贴时坡口应做成同向顺坡，搭接宽度应为 25～30mm；搭缝处应用热熔法焊接。焊接时，在上、下两板搭接内缝处每 200mm 先点焊固定，再采用热风枪本体熔融加压焊接，不宜采用烙铁烫焊和焊条焊接。搭接外缝处应用焊条满焊封缝。

2）粘贴方法：ⓐ满涂胶粘法用于摩擦力较大的地方，胶粘剂耗量较大；ⓑ局部涂胶粘法：在接头的两旁和房间或场地的周边涂胶粘剂。塑料板中间胶粘剂带的间距不大于 500mm，其宽度一般为 100～200mm。胶粘剂耗量较小。

3）粘贴时，应在塑料板和基层面上各涂胶粘剂两遍，纵横交错进行。薄涂均匀，不要漏涂。第二遍须在第一遍胶粘剂干至不黏手时再涂。第二遍涂好后其略干再粘贴塑料板。软板粘贴后可用辊子滚压，或软锤高支击法进行压合，赶出气泡，接缝处必须压合紧密。粘贴时不得用力拉扯塑料板，不得出现剥离和翘角等缺陷。

4）粘贴完成后应进行养护，养护时间以所用粘合剂固化期而定。硬化前不应使用或扰动。为保证粘结质量，在阴阳角处可用沙袋加压。

5）当胶粘剂不能满足耐腐蚀要求时，应在接缝处用焊条封焊。

6）胶粘剂和溶剂多为易燃毒品，应带防毒口罩和手套，操作要有良好通风，并做好防火措施。

（5）软板的空铺法和压条焊栓固定法。为方便施工，软板的预拼焊工作应在设备外进行；施工时接缝应搭接，搭接宽度宜为 20～25mm。应先铺衬立面，后铺衬底部。支撑扁钢或压条下料应准确。棱角应打磨光滑，焊接接头应磨平，支撑扁钢与池槽内壁应撑紧，压条用螺钉拧紧，固定牢靠。支撑扁钢或压条外应覆盖软板并焊牢。用压条螺钉固定时，螺钉应成三角形布置，行距约为 400～500mm。软板接缝应采用热风枪本体熔融加压焊接法。不宜采用烙铁烫焊法和焊条焊接法。焊接前，距离焊道每侧各 100mm 范围内的软板表面，应用干净抹布擦净灰尘和油污。必要时，可用酒精进行脱脂处理。焊接时，应用分段预热法，将其焊道预热到发软时，立即进行焊接。焊接工艺参数见表 28-90。每条焊缝应一次连续焊完，接头处必须焊透。焊接时，压碾锤头用力应均匀一致，并紧随焊枪向前压碾，不得中断或延后。软板与介质接触的一面，焊后应削去边缘棱角。

软板本体熔融加压焊接工艺参数　　　　　　　　　　表 28-90

名　　　　称	工　艺　参　数
焊嘴静态出口温度（℃）	160～170
焊接速度（m/min）	4～0.5
焊嘴与焊道间夹角（°）	30
焊枪与软板平面夹角（°）	
平焊（cm/min）	20～25
立焊（cm/min）	20～30

28.8.1.5 质量要求及检验

塑料板防腐蚀工程的质量要求及检验方法，包括外观检验、坡度检验、密封效果检验等等，常见的标准与方法，见表 28-91。

塑料板防腐蚀工程的质量要求及检验方法　　　　　　　　表 28-91

项次	项　　目	标　　　　准	检验方法
1	塑料板外表面	平整光滑、色泽一致，无裂纹、皱纹、孔洞	外观查看
2	板材截面	厚薄均匀一致，无杂物、气泡	切开观察
3	焊条外表面	光滑且粗细一致，无裂纹、褶皱	外观查看
4	焊条截面	质均、无孔眼、无杂物、无气泡	切开观察
5	焊条抗拉强度（MPa）	不小于 11	查试验记录
6	焊条 180°弯折（15℃）	无裂纹	试验观察
7	工程外表面	平整、光滑无隆起、无皱纹、不得翘边和鼓泡。接缝横竖顺直	外观查看
8	工程表面平整度	不多于 1 处，不大于 2mm	用 2mm 靠尺及契形塞尺检查
9	相邻板块高差	相邻板块的拼缝高差应不大于 0.5mm	用尺量检查
10	粘贴脱胶现象	（1）3mm 厚板材的脱胶处不得大于 20cm² （2）0.5～1mm 厚板材脱胶处不得大于 9 cm² （3）各板材胶粘处间距不得小于 50cm	用锤敲击法估计（原局部粘贴的不在此限）
11	焊缝外表面	平整、光滑、无焦化变色、无斑点焊瘤起鳞，无缝隙，凹凸不大于±0.6mm	缝隙用 20 倍放大镜观察，凹凸误差用板尺检查
12	焊缝牢固度	用焊枪吹烤不应开裂，拉扯焊条不应轻易脱落。焊条排列必须紧密，不得有空隙。接头必须错开，距离一般在 100mm 以上	用焊枪吹烤检查。外观查看
13	焊缝强度（焊缝系数）	不小于 60%，一般应在 75%	作焊件材料和焊件试件拉伸试验求得

(1) 空铺法衬里和压条螺钉固定法衬里应进行 24h 的注水试验，检漏孔内应无水渗出。若发现渗漏，应进行修补。修补后应重新试验，直至不渗漏为合格。

(2) 做气密实验检测。可将氨气通入建筑、构筑物衬里的夹层中，维持试验压力为 98～196Pa。用浸有酚酞指示剂的试纸在焊道上移动，试纸不变色即为合格。修焊缺陷处时，必须置换合格，方可动火施焊。

(3) 用电火花检测仪进行针孔检查，探头电火花长度应为 25mm。

28.8.2　沥青类防腐蚀工程

沥青胶泥、沥青砂浆、沥青混凝土、碎石灌沥青、沥青卷材等。在防腐蚀工程中，沥青胶泥常用于混凝土表面铺贴沥青卷材隔离层或涂覆隔离层；沥青砂浆、沥青混凝土多用于垫层；碎石灌沥青多用于基础垫层；沥青卷材则用于防腐蚀隔离层。

28.8.2.1　一般规定

(1) 原材料的技术指标应符合要求，并具有出厂合格证和检验资料。对原材料的质量有怀疑时，应进行复验。按《建筑防腐蚀工程施工质量验收规范》（GB 50224）规定的有关检验项目和《建筑防腐蚀工程施工及验收规范》（GB 50212）中有关试验方法进行检测。

(2) 混凝土基层符合"28.2 基层要求及处理"的有关内容。

28.8.2.2　原材料和制成品的质量要求

(1) 常用的为石油沥青中的道路石油沥青和建筑石油沥青。高聚物改性沥青防水卷材质量，见表 28-92。

高聚物改性沥青防水卷材的质量　　　　　　　　表 28-92

项　目		指　标			
		Ⅰ类	Ⅱ类	Ⅲ类	Ⅳ类
拉伸性能	拉力（N）≥	400	400	50	200
	延伸率（%）≥	30%	5	200	3
耐热度（85±2℃，2h）		不流淌，无集中性气泡			
柔性（−5℃～−25℃）		绕规定直径圆棒无裂纹			
不透水性	压力≥	0.2MPa			
	保持时间≥	30min			

(2) 沥青类材料制成品的质量：

1) 沥青胶泥的技术指标见表 28-93。

沥青胶泥的技术指标　　　　　　　　表 28-93

项　目	使用部位最高温度（℃）			
	30	31～40	41～50	51～60
耐热稳定性（℃）不低于	40	50	60	70
浸酸后重量变化率（%）	1			

2) 沥青砂浆和沥青混凝土的技术指标见表 28-94。

沥青砂浆和沥青混凝土的技术指标   表 28-94

项 目		指 标	项 目	指 标
抗压强度（MPa）	20℃时不小于	3	饱和吸水率（％）以体积计不大于	1.5
	50℃时不小于	1	浸酸安定性	合格

28.8.2.3 施工准备

1. 材料的保管及检验

（1）沥青卷材应立放，不可平放，要防雨、防晒。

（2）耐酸粉料、细骨料等应放在防雨棚内。

（3）沥青应按不同标号、品种分开存放，避免曝光或黏附杂物。

2. 施工机具

（1）搭设防雨工作棚。

（2）备好熔解设备、浇注壶、烙铁、铁板、铁桶、铁锹、铁勺、台秤、温度计以及碾压滚筒（40～50kg重）、平板振捣器等。

3. 施工环境的温度

不宜低于5℃，施工时工作面应保持清洁干燥。

28.8.2.4 材料配制与施工

1. 材料参考配合比及配制工艺

（1）沥青胶泥的施工配合比和配制工艺

沥青胶泥的施工配合比应根据工程部位、使用温度和施工方法等因素确定。配制工艺：将沥青碎块加热至160～180℃搅拌脱水、去渣，使不再起泡沫；当用两种不同软化点的沥青时，应先熔低软化点的，待其熔融后，再加高软化点的；当沥青升至规定温度时（建筑石油沥青200～300℃），按施工配合比，将预热至114～140℃的干燥粉料（有时加入纤维填料）逐渐加入，不断搅拌，直至均匀。当施工环境温度低于5℃时，应取最高值。熬好的沥青胶泥，应取样做软化点试验。熬制好的沥青胶泥应一次用完，在未用完前，不得再加入沥青或填料。取用沥青胶泥时，应先搅匀，以防填料沉底。

（2）沥青砂浆和沥青混凝土的施工配合比和配制工艺

1）粉料及骨料混合物的颗粒级配，见表28-95。

粉料及骨料混合物的颗粒级配   表 28-95

种 类	混合物累计筛余（％）								
	25	15	5	2.5	1.25	0.63	0.315	0.16	0.08
沥青砂浆	—	—	0	14.38	33～57	45～71	55～80	63～86	70～90
细粒式沥青混凝土	—	0	22～37	37～60	47～70	55～78	65～85	70～88	75～90
中粒式沥青混凝土	0	10～20	30～50	43～67	52～75	60～82	68～87	72～90	77～92

2）沥青砂浆和沥青混凝土的施工配合比，见表28-96。

沥青砂浆、沥青混凝土参考配合比   表 28-96

种　类	粉料骨料混合物	沥青（重量计，%）
沥青砂浆	100	11～14
细粒式沥青混凝土	100	8～10
中粒式沥青混凝土	100	7～9

注：1. 为提高沥青砂浆抗裂性可适当加入纤维状填料；

  2. 沥青砂浆用于涂抹立面时，沥青用量可达 25%；

  3. 本表是采用平板振动器振实的沥青用量，采用辗压机或热滚筒压实时，沥青用量应适当减少；用平板振动器或热滚筒压实时宜采用 30 号沥青，采用碾压机施工时宜采用 60 号沥青；普通石油沥青不宜用于配制沥青砂浆和沥青混凝土。

3）沥青砂浆和沥青混凝土的配制：沥青的熬制与配制沥青胶泥时相同。按施工配合比将预热至 140℃左右的干燥粉料和骨料混合均匀，随即将熬制好升温至 200～230℃的沥青逐渐加入，拌合至全部粉料和骨料被沥青包匀为止。拌合温度：当环境温度在 5℃以上时为 160～180℃；当环境温度在 -10～5℃时为 190～210℃。

（3）常温固化沥青（俗称"冷底子油"）质量配合比及配制工艺

1）沥青冷底子油配合比：第一遍，建筑石油沥青与汽油之比为 30：70；第二遍，建筑石油沥青与汽油之比为 50：50。建筑石油沥青与煤油或轻柴油之比为 40：60。

2）冷底子油的配制：将沥青碎块加热溶化，冷却至 100℃左右时，将汽油徐徐注入，并搅拌均匀。

2. 沥青类防腐蚀工程施工

（1）沥青玻璃布卷材隔离层的施工

沥青类防腐蚀隔离层一般有两种：卷材式隔离层和涂覆式隔离层。其施工要点如下：① 采用卷材隔离层时，卷材使用前表面撒布物应清除干净，并保持干燥。卷材隔离层的基层表面应涂冷底子油两遍，待其干燥后方可做隔离层。卷材铺贴顺序应由低往高，先平面后立面，地面隔离层延续铺至墙面的高度为 100～150mm。贮槽等构筑物的隔离层应延续铺至顶部，转角或穿过管道处，均应做成小圆角，并附加卷材一层。② 卷材隔离层的施工应随浇随贴，每层沥青稀胶泥的涂抹厚度不应大于 2mm，铺贴必须展平压实，接缝处应粘牢。卷材的搭接宽度，短边和长边均不应小于 100mm。上下两层卷材的搭接缝、同一层卷材的短边搭接缝均应错开。③ 沥青稀胶泥的浇铺温度应不低于 190℃。当环境温度低于 5℃时，应采取措施提高温度后方可施工。④ 隔离层上采用树脂砂浆材料、水玻璃类材料施工时，应在铺完的油毡层上浇铺一层沥青胶泥，并随即均匀稀撒预热的耐酸粗砂粒（粒径 2.5～5mm）。砂粒嵌入沥青胶泥的深度为 1.5～2.5mm。涂覆的隔离层的层数，当设计无要求时，宜采用两层，总厚度宜为 2～3mm。⑤ 涂抹时要纵横交错进行。

（2）高聚物改性沥青卷材隔离层的施工

1）施工作业的共性说明：铺贴卷材前，应先在基层上满涂一层底涂料，底涂料宜选用与卷材材性相容的高聚物改性沥青胶粘剂。底料干燥后，方可进行卷材铺贴。施工环境的温度不宜低于 0℃，热熔法施工环境温度不宜低于 -10℃。最高施工环境温度不宜大于 35℃。不应在雨、雪和大风天气进行室外施工。铺贴卷材应采用搭接法，上下层及相邻两幅卷材的搭接缝应错开，不得相互垂直铺贴，搭接宽度宜为 100mm。

2) 冷粘法铺贴卷材：胶粘剂涂刷应均匀，不得漏涂。胶粘剂涂刷和铺贴的间隔时间，应按产品说明。铺贴卷材时，应排除卷材下面的空气，并应辊压粘贴牢固。铺贴卷材时应平整顺直，搭接尺寸准确，不得扭曲，皱折。搭接接缝应满涂胶粘剂。接缝处应用密封材料封严，宽度不应小于 10mm。

3) 自粘法铺贴卷材：铺贴卷材前，基层表面应均匀涂刷与卷材相配套的基层处理剂，干燥后应及时铺贴卷材。铺贴卷材时，应将自粘胶底面隔离纸完全撕净，并应排除卷材下面的空气，辊压粘结牢固。铺贴的卷材应平整顺直，搭接尺寸应准确，不得扭曲、皱折。搭接部位宜采用热风焊枪加热，加热后随即粘贴牢固，溢出的自粘胶随即刮平封口。接缝处应用密封材料封严，宽度不应小于 10mm。

4) 热熔法铺贴卷材：火焰加热器的喷嘴与卷材的加热距离，与卷材表面熔融直光亮黑色为宜，加热应均匀，不得烧穿卷材。卷材表面热熔后应立即滚铺卷材，并应排除卷材下面的空气使之平展，不得出现皱折，并应辊压粘结牢固。在搭接缝部位应有热熔的改性沥青溢出，并应随即刮封接口。铺贴卷材时应平整顺直，搭接尺寸准确，不得扭曲。

(3) 沥青砂浆、沥青混凝土的施工

沥青砂浆和沥青混凝土，应采用平板振动器或碾压机和热滚筒压实。墙脚等处，应采用热烙铁拍实。沥青砂浆或沥青混凝土摊铺前，应在已涂有沥青冷底子油的水泥砂浆或混凝土基层上先涂一层沥青稀胶泥（沥青∶粉料＝100∶30 质量比）。沥青砂浆或沥青混凝土一般情况下铺摊温度为 150～160℃，压实后的温度不低于 110℃。当环境温度低于 5℃时，开始压实温度应取最高值，压实后的温度不低于 100℃。铺摊后应用热滚筒压实。为防止滚筒表面粘结，可涂刷防粘液（柴油∶水＝1∶2 质量比）。沥青砂浆或沥青混凝土应尽量不留施工缝。如工程量大，需留施工缝时，垂直施工缝应留成斜槎并拍实。继续施工时应把槎面清理干净，然后覆盖热沥青砂浆或热沥青混凝土进行预热，预热后将覆盖层除去，涂一层热沥青或沥青稀胶泥后继续施工。分层施工时，上下层的垂直施工缝要错开，水平施工缝间也应涂一层热沥青或沥青稀胶泥，沥青砂浆和细粒式沥青混凝土每层压实厚度不宜超过 30mm。中粒式沥青混凝土不应超过 60mm，虚铺厚度应经试压确定，用平板振动器时一般为压实厚度的 1.3 倍。立面涂抹沥青砂浆时每层厚度应不大于 7mm，最后一层用热烙铁烫平。沥青砂浆或沥青混凝土表层如有起鼓、裂缝、脱落等缺陷，可将缺陷处挖除，清理干净后涂一层热沥青，然后用沥青砂浆或沥青混凝土趁热填补压实。

(4) 碎石灌沥青的施工

碎石灌沥青垫层不得在有明水或冻结的基土上进行施工。沥青软化点应低于 90℃，石料应干燥，材质应符合设计要求。碎石灌沥青时，先在基层土上铺一层粒径 30～60mm 的碎石并夯实，再铺一层粒径 10～30mm 的碎石找平拍实，随后浇灌热沥青。如设计要求表面平整时，在浇灌热沥青后随即撒布一层粒径为 5～10mm 的细石找平，面上再浇一层热沥青。

28.8.2.5　质量要求及检验

(1) 卷材隔离层的质量标准及检验方法，见表 28-97。

卷材隔离层的质量标准及检验方法 表 28-97

项　目		标　准	检验方法
与基层粘结		牢固无空鼓	观察、手触
平面、转角及边沿		平整、无翘皮、无皱折、封口严实	
卷材搭接	搭接长度搭接处	不小于100mm粘结严实、无翘边	尺量、观察
平面延伸至立面高度		不小于150mm	尺量

（2）沥青砂浆或混凝土面层应密实，无裂纹、无空鼓和缺损现象。表面平整度用2m直尺检查，允许空隙不应超过6mm。面层坡度允许偏差为坡长的+0.2%，最大偏差值不大于30mm。泼水试验时，水应顺利排除。

28.8.2.6 安全防护

（1）高温条件下的施工需注意高温防护、安全防护检查。

（2）沥青类防腐蚀施工，高温下挥发物多，具有一定的毒副作用，必须注意通风，防护措施要落实。

28.9 地面防护工程

28.9.1 地面防护工程的基本类型

28.9.1.1 涂装型地面防腐蚀工程

针对引进项目对建筑防腐蚀提出的要求，国内研制、开发出具有防腐蚀、导静电、洁净、耐磨等多功能地面材料和技术，并在许多工程项目得到应用。这些材料构成多数为环氧树脂类与聚氨酯类，其施工工艺以涂装的方式为主，操作简便，效果显著。

1. 典型主要材料的技术性能指标

典型主要材料的技术性能指标，见表28-98。

典型主要材料的技术性能指标 表 28-98

项目 名　称	抗压强度 (MPa)	粘结强度 (MPa)	耐磨性 (CS17, 500g, 1000R)	抗冲性（1kg钢球 1.0m自由落地）	表面电阻 (Ω)
MS	≥60	2.5~5.0	≤26mg/cm²	无裂缝、不起砂	—
MX	≥60	2.5~5.0	≤40mg/cm²	无裂缝、不起砂	1.0×105~ 1.0×1010

2. 构造及施工工艺

涂装型环氧类地面涂料施工工序主要步骤，如表28-99所示。

涂装型环氧类地面涂料施工工序 表 28-99

工　序	用量（kg/m²道）	作业方式
1. 基面处理		打磨、吸尘
2. 底层	0.1~0.2	刷涂或辊涂
保养时间	12小时	
3. 中间层	按基层需要处理	抹刮
保养时间	24~72h	
4. 面层	0.4~0.6/1.4~1.6 mm	镘刮（自流平）
保养时间	24h以上	
5. 打蜡抛光		毛巾、拖把、抛光机

　　施工时，根据作业环境、构造有较大的变化，主要是厚度增加，施工方法随之作相应改变。由于每一种材料的配比都有区别，施工过程应严格执行有关技术规程、标准。

28.9.1.2　树脂类整体地面防腐蚀工程

　　树脂类整体地面可用于有耐磨、洁净要求的环境。树脂砂浆地面材料可用于有重载、抗冲击的场合。

　　复杂介质环境条件下，树脂类整体地面构造采用玻璃纤维增强材料作为隔离层。当玻璃纤维增强材料不能满足介质环境时，根据试验情况可以采用有机纤维等其他增强材料。

28.9.1.3　型材贴面地面防腐蚀工程

　　工程中应用广泛的是：聚氯乙烯材料及其改性材料为主的卷材或块材。

28.9.1.4　块材类地面防腐蚀工程

　　以天然石材、人工烧结或机械加工的砌块材料为主。

28.9.1.5　复合结构地面防腐蚀工程

　　上述几种方式或材料的集成。

28.9.2　地面防护工程的构造选择

28.9.2.1　涂装型地面防腐蚀工程的适用范围与选择

　　涂装型地面防腐蚀工程的适用范围与选择，如图 28-1 所示。检查基面（基面要求）根据国家标准《建筑防腐蚀工程施工及验收规范》（GB 50212）基层处理条款：目测混凝土地面是否密实、无空壳、不起砂。

28.9.2.2　树脂类整体地面防腐蚀工程的适用范围与选择

　　树脂类整体地面防腐蚀工程的适用范围与选择，如图 28-2 所示。

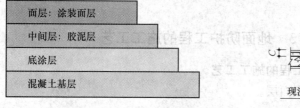

图 28-1　涂装型地面构造示意图　　　　图 28-2　树脂类整体地面构造图

28.9.2.3　型材贴面地面防腐蚀工程的适用范围与选择

　　1. PVC 地板（块材防静电）采用高级银纳米技术，抗菌处理：有抗菌、杀霉菌特点尺寸稳定性：采用高级玻璃纤维层吸声性能极佳：15dbB 极佳耐污性、容易清洁：特殊 U. V. 处理防火性：0.58kW/m² 超耐磨性：采用高厚度耐磨层和特殊 U. V. 处理 U. V. 涂层免打蜡。

　　使用范围：制药厂医院办公室宾馆餐厅学校健身房体育场家庭等等。

　　2. 特性：

　　（1）确保地板长期使用；

　　（2）多种厚度可供不同耐用度和预算的需求；

　　（3）多种色彩可供组合，提供更多的设计选择；

　　（4）商用片装地材，适用于所有商业环境；

（5）片装地材修补只需调换污染严重的部位即可。

28.9.2.4 块材类地面防腐蚀工程的适用范围与选择

块材类地面防腐蚀工程的适用范围与选择，如图 28-3 和图 28-4 所示。

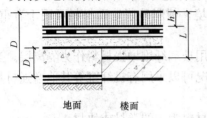
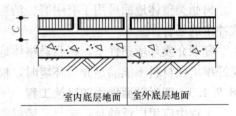

图 28-3 块材类防腐蚀地面构造图（一）　　　图 28-4 块材类防腐蚀地面构造图（二）

28.9.2.5 复合结构地面防腐蚀工程的适用范围与选择

复合结构地面防腐蚀工程的适用范围与选择，如图 28-5 所示。

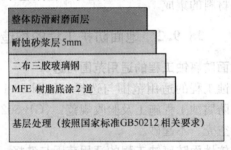

图 28-5 复合结构防腐蚀地面构造示意图

28.9.3 地面防护工程的施工工艺

28.9.3.1 涂装型地面防腐蚀工程的施工工艺

以树脂玻璃鳞片胶泥涂装型面层。

1. 材料配制

大面积施工，胶泥由生产厂家直接生产、供料。用量很小也可以进行现场配料。施工时，按有关配比及操作规程进行。

2. 基层处理

基层符合"28.2 基层处理及要求"。

施工工序：

待施工的基层表面应保持干燥、清洁、无杂物、无污染。

用树脂胶料打底二道。涂刷方向互相垂直。

刮涂鳞片胶泥，一般厚度为 0.8～1.2mm。

3. 注意事项

（1）施工现场必须通风良好，注意防火、防风雨、防阳光直射。

（2）配制胶泥的玻璃鳞片不得受潮或被污染。

（3）每次操作都要注意一定的时间间隔（一般为 12～24h），使其自然固化。

（4）两次涂抹的端界面应避免对接，必须采用搭接方式。每一施工层应有不同颜色，以便发现漏涂。

4. 树脂玻璃鳞片涂层施工工艺

（1）底料涂刷

1）根据环境条件，确定固化体系加入量，以利施工。

2）取规定量封底料液，加入现固化剂，充分搅拌均匀。

3）封底应在喷砂清扫后5h内涂覆。涂刷前应使用易挥发溶剂将表面擦洗一遍，待溶剂充分挥发后方可涂刷。

4）将调配好的底层胶液，用刷子或辊子均匀地涂覆在施工面上，避免漏涂。

5）一次配制胶液使用时间为30～40min，应设专人配料。

（2）鳞片涂层第一道施工

1）封底涂层干燥并清扫干净后才可实施鳞片涂抹施工。

2）取鳞片混合料，加入规定量的固化剂和颜料，经真空搅拌机搅拌均匀，每次混料量≤8kg。

3）将调制好的混合料铲到木质托板上，用金属抹刀尽可能均匀地将其涂覆到待施工物表面上，控制涂抹厚度为1.0±0.2mm。调好的混合料应尽量减少在容器及工具上翻动。

4）在混合料的涂覆过程中，如发现混合料的流淌性较严重，应通过触变剂调整料的黏度。若施工料过干，则需加相关溶剂调整。

5）在混合料涂抹过程中，要求施工面始终保持清洁无尘、无溶剂、无水污染。

6）涂抹后，应直接用浸有少许液体（环氧用丙酮或酒精，聚酯及环氧乙烯基酯用苯乙烯）的羊毛磙用力反复推滚，使衬层表面光亮平滑。

7）在涂抹中，若两区域施工时间间隔在30min以上时，应特别注意两区域结合端面的施工质量，需通过斜面搭接保证端面质量。

（3）中间检查

（4）中间修补

（5）鳞片涂层第二道涂抹

1）涂抹过程及要求同上述规定。

2）涂抹厚度为2.0±0.2mm。

（6）中间检查

（7）中间修补

（8）增强

鳞片涂层一般在易损部位需增强，以提高局部机械强度。

（9）面涂

1）取足够量已配制的面层料，加入适当颜料，充分搅拌均匀。

2）取面层料加入固化剂，充分搅拌均匀。

3）用刷子或毛辊均匀涂刷，直至被防护面完全覆盖为止。

4）应连续涂刷二道面料，时间间隔为4h。

（10）终检

1) 应严格执行质检规定。

2) 终检应由三方，即使用方、施工方、质检方联合进行。

5. 鳞片涂料施工

鳞片涂料因填料加入量较一般涂料量大，且为片状粒料，又加了抗沉剂，黏度较一般涂料大得多，涂刷亦较难。故其涂刷工艺与一般涂料相比，其主要技术问题如下：

（1）防止起毛：鉴于鳞片涂料黏度较大，且为片状填料。施工中，如刷子来回无规律的涂刷，将会因刷子毛的回带作用，使涂刷面起毛，导致表面疏松，产生许多孔隙。在下一道鳞片涂料涂刷时，这些孔隙就会因难以填满而产生层下气泡。此外，用贫胶的刷子有序定向涂刷亦有此效应。因此，施工时，刷子应定向有序涂刷，不得来回随意或无规则涂刷。当需对涂层重复涂刷压实抹光时，刷子应蘸少量易挥发溶剂。

（2）相交涂刷原则：在施工中，要求每道鳞片涂料相交涂刷，以便使涂层厚度相互补偿。同时，也有利于因起毛而产生的孔隙的充填与封闭。

（3）因为在涂刷中，刷子下去时初始涂刷区总是较终点涂刷区厚。

（4）若总沿一个方向刷，一般情况下，难以保证涂层均匀。

刷子断面亦有厚薄不均匀处，特别在刷子贫胶时。相交涂刷原则从施工规范角度改变了施工者的行为，从而改善了厚度不均程度。

28.9.3.2　树脂类整体地面防腐蚀工程的施工工艺

没有重载、强冲、运输车辆进出等情况下可采用树脂稀胶泥、树脂砂浆整体防腐蚀面层。

1. 整体面层施工步骤

不饱和聚酯树脂及环氧乙烯基酯树脂砂浆面层，一般设置在不饱和聚酯树脂及环氧乙烯基酯树脂玻璃钢隔离层上，厚度为 4～6mm。面层与隔离层的施工间隔时间一般≥24h。施工时，每次拌制量不宜过多，以 5kg 左右为宜。施工要点如下：

（1）隔离层上应先刷接浆料（其配比同玻璃钢面层料），涂刷要薄而均匀。

（2）随即在接浆料上铺树脂砂浆，并随摊随揉压，使表面出浆，然后一次抹平压光。抹压应在砂浆胶凝前完成，已胶凝的砂浆不得使用。

（3）施工缝应留成整齐的斜槎。继续施工时，应将斜槎清理干净，涂一层接浆料，然后继续摊铺。

（4）抹压好的砂浆经自然固化后，表面涂第一层封面料，待其固化后，在涂第二层封面料。

（5）采用彩色面层时，可添加颜料，但应严格注意颜料品种并控制掺入量，最好将一个区域的用料一次拌好。当大面积施工时，可以采取多种方式减少色差。比如：将颜料加入树脂中；面层胶料由生产单位直接配制成有色料等。

2. 整体面层施工注意事项

近年来出现的整体地面质量问题，主要归结为：施工环境温度过低、湿度过大，在工期不允许又没有采取措施的情况下施工，而致使树脂砂浆假固化。树脂砂浆中的树脂含量过低、填料多，致使砂浆的力学性能下降，使用寿命缩短。粗细粉骨料含水率过高，导致砂浆固化程度不完全，其耐腐蚀和力学性能达不到设计所规定的要求。只要严格按规范规定的要求操作，是完全可以保证质量的。为提高施工效率，目前还可以采用施工机械进行树脂砂浆的摊铺，机械抹压制成的树脂砂浆地面性能更佳。

采用环氧乙烯基酯树脂或不饱和聚酯树脂砂浆面层时，须注意：

(1) 隔离层的设置：在环氧乙烯基酯树脂或不饱和聚酯树脂砂浆整体面层下设置≥1mm玻璃钢隔离层的实际使用效果比没有设计隔离层的要好。玻璃钢隔离层能起到第二道防线的作用。

(2) 接浆料工序：在玻璃钢隔离层（或基层）上摊铺树脂砂浆前，应涂刷接浆料（树脂胶料），保证树脂砂浆与玻璃钢（或基层）粘结良好，防止砂浆与玻璃钢隔离层（或基层）之间脱层。

(3) 树脂砂浆的凝胶时间：凝胶时间太快，往往造成来不及施工而浪费材料，或造成树脂砂浆收缩应力集中而产生裂缝或起壳现象。凝胶时间太慢，往往延长施工工期和养护期，同时树脂砂浆的强度偏低。大面积施工前，必须做凝胶试验。

(4) 树脂砂浆骨料和粉料的级配：往往有两种情况，第一种是采用大量粗骨料，且粒径大于 2mm，而细骨料、粉料用量少，这种级配虽然可以起到防止树脂砂浆开裂作用，但由于其空隙率大，密实性差，易造成树脂胶料向底部沉降，使树脂砂浆强度下降，抗渗性能降低；第二种情况是细骨料、粉料比例大，这种级配虽然可以使树脂砂浆的密实性提高，表面美观性增强，但会出现裂缝或不规则的短小微裂纹。因此需要选择粗细骨料及粉料的合理级配。

(5) 树脂砂浆局部固化不良主要原因有：过氧化苯甲酰二丁酯等糊状固化剂未能在树脂中混合均匀；局部位置受水分影响；固化剂、促进剂加入量不准确；粗细骨料和粉料含水率过大。

(6) 树脂砂浆面层上用树脂稀胶泥罩面后会产生细微裂纹的原因：树脂砂浆整体面层施工养护 2～3d 后，树脂砂浆的收缩率基本趋于稳定，所以在树脂稀胶泥罩面之前，树脂砂浆养护时间不应少于 3 昼夜，否则急于在树脂砂浆上进行稀胶泥罩面，胶泥固化产生的收缩应力能使砂浆面层产生短小微裂纹。树脂稀胶泥的厚度不宜大于 0.5mm。设计要求超过 1mm 时，则应分 2～3 次刮抹。罩面稀胶泥的粉料选用辉绿岩粉比石英粉有较小的收缩率，但前者价格高，且面层不易着色。当防腐蚀面层用于碱性介质时，选用辉绿岩粉比石英粉有更好的耐碱性。选用石英粉作树脂稀胶泥填料时，罩面后可能会产生雪花状的花斑，其主要原因是粉料吸水受潮。

(7) 树脂砂浆的立面施工：立面用的树脂砂浆如采用平面用的树脂砂浆配合比，常常发生砂浆下滑现象，因此立面用的树脂砂浆应调整粗细骨料的比例，以细骨料（40～70目）和粉料为主，不用或少用粗骨料，使砂浆密度下降。由于细骨料和粉料的比表面积比粗骨料大，拌合在树脂中其相互间接触面增大，黏性也增大，可以防止立面砂浆的下滑。当立面的树脂砂浆厚度超过 3mm 时，宜分次抹压。另外立面用的树脂砂浆应适当增加固化剂用量。采用上述措施后，立面砂浆可能会产生细微裂纹（不是裂缝！），这种短小不连续的微裂纹是不影响工程使用的。为了防止微裂纹的产生，可以在树脂砂浆料中添加入适量的热塑性树脂（如聚氯乙烯、聚丙烯、聚乙烯等）。热固性树脂固化时能使热塑性树脂受热膨胀，冷却后热塑性树脂周围产生空穴，抵消了热固性树脂固化时产生的收缩。因热塑性树脂品种的不同，其加入量应经试验确定。加入量过多，成本增高，树脂砂浆的机械性能会有所下降。

28.9.3.3　型材贴面地面防腐蚀工程的施工工艺

参见"28.8.1.4 聚氯乙烯塑料板材防腐蚀工程施工"。

28.9.3.4　块材类地面防腐蚀工程的施工工艺

（1）铺砌材料。耐腐蚀用的块材包括天然石材、耐酸砖、耐酸耐温砖、铸石板等。当采用酸性固化剂配制胶泥时，在水泥砂浆、混凝土和金属基层上必须先涂一道环氧或不饱和聚酯树脂打底料，以免基层受酸性腐蚀，影响粘结。

小型块材及薄型块材铺砌应采用揉挤法。铺切时，块材间的缝隙较小，一般采用单一的胶泥，既做结合层又作块材缝隙间的防腐蚀材料。揉挤法操作分为二步：第一步打灰，包括打坐灰和砖打灰。打坐灰就是在基层或已砌好的前一块砖上刮胶泥，以保铺砌密实。砖打灰最好分二次进行，第一次用力薄薄打上一层，要求打满，厚薄均匀。第二次再按结合层厚度略厚 2mm 的要求，满打一层。打灰应由一端向另一端用力打过去，不要来回刮，以免胶泥卷起，包入空气形成气泡，影响密实性。第二步铺砌，把打好灰的砖找正放平，使缝内挤出胶泥，然后用刮刀刮去。

大型块材宜采用座浆法施工。座浆法施工时，先在基层铺上一层树脂砂浆或树脂胶泥，厚度大于设计的结构层厚度 1/2，将块材找准位置轻轻放下，找正压平，并将缝清理干净，待勾（灌）缝施工。

（2）块材灌缝。树脂胶泥灌缝，待铺砌胶泥养护后方可进行。

采用树脂胶泥或砂浆进行大型块材铺砌时，块材间的缝隙较大，一般采用耐腐蚀胶泥做灌缝材料。铺砌块材时，用事先按灰缝宽度要求备好的木条预留出缝隙。待铺砌的胶泥初凝后，将木条取出，用抠灰刀修缝，保证缝底平整，缝内无灰尘油垢等，然后在缝内涂一遍环氧或不饱和聚酯树脂打底料，待其干燥后再灌缝。灌缝胶泥要饱满密实，不得有空隙、气泡，灰缝表面要平整光滑。

树脂胶泥铺砌块材的结合层厚度、灰缝宽度和灌缝尺寸见表 28-100。

块材构造结合层厚度、灰缝宽度和灌缝尺寸 表 28-100

块材种类	铺砌（mm）		灌缝（mm）	
	结合层厚度	灰缝宽度	缝　度	缝　深
耐酸砖	4~6（3~5）	2~4（3~5）	6~8（8~10）	≥15（15~25）
耐酸耐温砖	4~6（3~5）	2~3（3~5）	6~8（8~10）	≥10（15~25）
铸石板	4~6（3~5）	3~5（3~5）	6~8（8~10）	≥10（15~25）
花岗石及其条石	4~12（8~15）	4~12（8~15）	8~15（10~15）	≥20（>25）

注：本表（ ）内数据为采用 YJ 型呋喃胶泥的数据。

树脂胶泥的常温养护期、热处理温度及时间可以参照树脂玻璃钢（见表 28-31），块材铺砌前应对基层或隔离层进行质量检查，合格后再进行施工。

（3）块材铺砌前应先试排。铺砌顺序应由低往高，先地沟、后地面再踢脚墙裙。

（4）平面铺砌块材时，不宜出现十字通缝。立面铺砌块材时，可留置水平或垂直直通缝在进行块材铺砌时，块材必须错缝排列，这对单层铺砌来说，可提高砌层的强度，而对多层铺砌来说通过层与层之间的错缝，不仅可以提高结构强度，还可以增加防渗透能力。一般来说，对于立面铺砌，横向应为连续缝，纵向应错开。

（5）阴角处立面块材应压住平面块材；阳角处平面块材应压住立面块材。铺砌一层以上块材时，阴阳角的立面和平面块材应互相交错，不宜出现重叠缝。

（6）块材铺砌时应控制标高、坡度、平整度，并随时控制相邻块材的表面高差及灰缝偏差。

1）平面铺砌施工

在平面上铺砌块材时，块材排列以横向为连续缝、纵向为错缝。块材砌筑时，应每铺砌一块，在待铺的另一行用块材顶住以防止滑动，待胶泥稍干后，进行下一行铺砌。

2）立面铺砌施工

铺砌立面时，应由下向上铺砌，铺砌上层块材时会对下层块材产生压力，使下层砌好但胶泥未固化的块材层错位或移动。因此，立面铺砌时不能连续铺砌多层，一般可连续铺砌 2～3 层高度后，应稍停片刻，待下层胶泥初凝结牢后才可继续铺砌。

28.10　重要工业建、构筑物的防护与工程案例分析

28.10.1　化学工业的基本防护类型与实例

28.10.1.1　化肥装置

1. 尿素造粒塔的结构特点及腐蚀状况

尿素造粒塔是尿素生产工艺过程的一个重要装置，其直径大于 20m，塔高接近 100m，就其构造讲是一座建筑物，就其功能来说，是十分重要的非金属化工设备。

（1）尿素造粒塔的结构特点

尿素造粒塔由喷淋层、筒体造粒及刮料层三部分构成，其特点是：刚度好、整体性好、稳定行好、抗渗性好。

（2）尿素造粒塔内腐蚀特点

尿素颗粒在干燥状态，腐蚀性很小，一旦受潮、吸水、溶解，则腐蚀危害极大。

尿素在造粒塔内的形成是由熔融尿液经过塔顶喷头喷射，遇到上升冷气流后急剧收缩的结果。现代化大型装置的生产工艺，提高了喷头出口温度，塔内基本形成气、液、固三相，对塔内壁产生腐蚀影响。塔顶高温潮湿气雾的扩散、渗透；塔中部液体渗透、结晶、溶胀；塔下部颗粒冲刷。其中，塔中部腐蚀最为严重，破坏性最大。

2. 尿素造粒塔常见的防护效果

针对尿素腐蚀对造粒塔内的影响（塔壁、塔底、刮料层），曾经采取了不少防护措施，产生的效果也有较大区别，每种防护措施都有一定的局限性。

塔底及刮料平台多采用不锈钢板、花岗石或两者搭接作面层，下面附设防腐蚀隔离层，并采用防腐蚀材料作结合层的结构，提高抗渗、抗冲、承载及防腐蚀功能。

塔外表面选择抗紫外线、耐候性较好的防腐蚀涂料进行防护。

3. 新型防腐蚀材料选用及构造设计

（1）新型材料选用原则及依据

选用塔内壁防腐蚀材料，必须具备：自身寿命长，耐温度急变性好、抗渗透性能强、粘结强度高、防腐蚀效果突出。塔外表面材料应能抗紫外线、耐蚀性好、对刮料平台还得考虑抗冲击性能。

（2）防腐蚀构造设计及特点

综合塔内腐蚀特点，防蚀层构造设计，除保留传统的做法外，应在提高耐温、抗渗、防黏塔、抗冲刷方面有新的进步。若兼顾施工等因素，塔内壁防腐蚀构造设计如下：

1)［方案 A］

- 浇筑塔体（加减水剂、密实剂等）提高抗渗强度等级。
- 基层表面处理，符合《建筑防腐蚀工程施工及验收规范》（GB 50212）要求。
- 稀释的环氧乙烯基酯树脂打底二道（视具体情况，酌情增加粉料）。
- 环氧乙烯基酯树脂贴玻纤布二层、玻纤毡一层（形成富树脂层）。
- 环氧乙烯基酯鳞片涂料三道（达到抗渗、耐磨效果），涂层厚度 ≥300m。
- 自然养护 7～15d。

2)［方案 B］

- 浇筑筒体（加减水剂、密实剂等）提高抗渗强度等级。
- 基层表面处理符合国家规范《建筑防腐蚀工程施工及验收规范》（GB 50212）要求。
- 稀释的环氧乙烯基酯树脂打底二道。
- 环氧乙烯基酯树脂鳞片胶泥一道厚度 ≥1mm。
- 环氧乙烯基酯鳞片涂料二道，涂层厚度 >2mm。
- 自然养护 7～15d。

(3) 两种防腐蚀构造设计方案的比较

方案 A 采用环氧乙烯基酯树脂作为耐蚀树脂，玻璃鳞片为抗渗、耐磨填料，结构设计合理，这是一种"刚柔相济"的构造，实践证明取得了良好防腐蚀效果。方案 B 复合构造性能及施工优点更加突出。方案 A 与方案 B 具体防护特点比较见表 28-101。

方案 A 与方案 B 具体防护特点比较 表 28-101

	方案 A：玻璃钢（FRP）结构	方案 B：鳞片胶泥结构
基层材料	混凝土结构	混凝土结构
基本要求	混凝土符合：GB 50212	混凝土符合：GB 50212
甲基丙烯酸型耐蚀树脂	甲基丙烯酸乙烯基酯树脂	甲基丙烯酸型乙烯基酯树脂
增强材料	玻璃布/毡	玻璃鳞片（片径：2～3mm）
施工方法	间歇式手糊成型	手工镘、刮、压平成型
施工周期	成型慢，要求施工人员素质高，阴阳角处理复杂，施工周期较长	非常适合结构较复杂的场合，容易成型，施工周期较短
粘结力	FRP成型太厚收缩应力大，易引起起壳而破坏粘结	片状填料使横向应力很小，粘结力强
耐磨耗性	一般	好
修复性	，不易修复	修复容易，操作简单

简单归结如下：

1) 抗渗透性能

据测定，1mm 厚的玻璃鳞片胶泥层有 100 多层鳞片平行排列，因此，气体、液体要透过涂层常常需要迂回曲折，延长了腐蚀路径。

2）粘结力

鳞片胶泥固化时，鳞片同树脂在法线方向的收缩应力受到限制，因而胶泥与基体的粘结力强。如果施工中不采取一定的措施，玻璃钢是很容易起壳的。

3）施工结构

FRP 一般要达到 2～3mm，某些部位甚至更厚，玻璃鳞片胶泥通常只须 1～1.5mm 即可达到要求，施工过程大为简化。

4. 新型防腐蚀构造设计的应用前景

方案 A 的构造设计，已经在我国西北某大化肥厂尿素造粒塔选用，经过十余年的运转，虽然生产过程经常有开停车，但应用状况良好。方案 B 的构造设计，目前在北方某化学工业公司大型尿素装置造粒塔使用，经过十多年的运转，效果显著。

采用树脂鳞片胶泥涂层的方案，不但兼顾了贴布、复合涂料等特点，而且在提高施工可操作性、加速工程进度、有利控制工程质量等方面，显出优越性。

目前采用的防护措施，综合造价基本与环氧树脂同类构造相当，经济上是合理的，从而具有十分广阔的应用前景。大力推广这项新技术，具有特别重要的意义，它不仅对尿素造粒系统有利，对硝胺、磷肥等造粒过程也都大有益处。当然，我们还应不断改进，加强新型构造设计的开发，使这些新型耐蚀材料及综合应用技术更上新台阶。

28.10.1.2 纯碱装置

1. 纯碱生产概况

纯碱生产通常采用氨碱法工艺，目前的工艺技术和国外先进的单机设备，综合了长距离（数十公里）输卤管道、盐矿、泊位码头、热电装置、玻璃行业生产线和完善的基础设施。纯碱产品，包括：轻质纯碱、重质纯碱、食品纯碱和副产品芒硝。

2. 纯碱工艺

（1）纯碱工艺路线

纯碱生产主要采用氨碱法和联碱法两种生产工艺，少量以天然碱为原料加工制作。氨碱法因不需要配套合成氨装置，纯碱产品质量优异而备受欢迎。目前国内大规模的纯碱生产装置多采用氨碱法，主要以粗盐水、石灰石、氨及无烟煤为原料，生产轻质纯碱，以固相水合法生产重质纯碱。

（2）工艺原理

氨碱法生产纯碱为比利时人 solvay 首创，故也称索尔维制碱法。它是以食盐和氯化钠为原料，在氨参与下，通过一系列反应而制得的。

（3）工艺流程

1）盐硝车间

来自硝盐矿车间和从盐矿购进的原料卤水混合进入氨蒸发器，由液氨蒸发间接冷冻降温度，产生 $Na_2SO_4 \cdot 10H_2O$ 结晶后进入沉硝罐。经自然沉降分离后，脱硝卤水，进入制盐多效蒸发器，蒸发浓缩产生固体盐结晶。盐结晶重新溶解制成饱和粗盐水。饱和粗盐水经旋液分离器夹带的盐结晶后被送至重碱车间盐水岗位，用于纯碱生产。

2）石灰车间

石灰石和无烟煤块按照一定的比例混合后进入石灰窑，空气从石灰窑底部进入，使无烟块煤或焦炭和石灰石燃烧，利用无烟煤块燃烧产生的热量令石灰石分解成为 CO_2、氧化钙。CO_2 从石灰窑顶离开并经过窑气净化系统除尘处理后到重碱车间压缩岗位。氧化钙则从石灰窑底离开后进入化灰机，与热水混合消化成石灰乳送至重碱车间蒸吸和盐水岗位，分离出来的未分解石灰石则返回石灰窑再次利用。

3）重碱车间

利用盐硝送来的粗盐水经过石灰纯碱法精制合格的精盐水。

利用精盐水、CO_2 和液氨，生产中间产品碳酸氢钠，并送往煅烧车间。利用来自石灰车间的石灰乳、压缩岗位送来的低压蒸汽回收生产母液中的氨，循环用于碳酸氢钠的生产，并产生蒸馏废液，送往石灰车间净化岗位处理。

4）煅烧车间

碳酸氢钠结晶在轻灰煅烧炉内与中压蒸汽间接换热，产生分解反应，生成纯碱产品，并分解出 CO_2 和水，从轻灰炉出来的轻灰进行凉碱炉进行降温，分类包装。

5）热电车间

自来水或直流水依次经过机械过滤器去除机械杂质、反渗透装置去除有机杂质、阳离子交换床去除阳离子和阴子交换床去除阴离子后成为脱盐水，作为锅炉给水进入锅炉。

3. 腐蚀与防护方案选择

（1）腐蚀与防护方案选择的原则和依据

目前我国纯碱生产企业由于腐蚀存在的问题很多，主要包括：防腐蚀材料选择单一、不合理、传统材料有局限性；结构设计不严密，总体构造简单，没有根据实际做针对性防护；施工环节监控力度不够，施工技术水平不高，缺乏对新材料、新技术的认识；疏于管理，缺少经常性、制度化的维护检修，小缺陷形成大漏洞。

（2）腐蚀与防护方案的基本要点

1）盐硝车间

①介质情况：

Na_2SO_4、$Na_2SO_4 \cdot 10H_2O$ 晶浆、母液、卤水、饱和粗盐水。

②防护方案要点：

室内楼层地面：环氧自流平，厚度 3mm（有冲击部位，环氧树脂砂浆，厚度 5mm）；

室内底层地面：环氧乙烯基酯树脂砂浆，厚度 5mm（局部贴耐酸砖）；

室内墙面：环氧玻璃鳞片涂料，厚度 $300\mu m$；

室外墙面：高氯化聚乙烯涂料，厚度 $200\mu m$；

母液、卤水、饱和粗盐水池：环氧乙烯基酯树脂玻璃钢衬里，厚度大于 4mm；

同时复合玻璃鳞片涂层，厚度 2mm；

2）石灰车间

①介质情况：

原料石灰石、石灰乳、氧化钙、澄清清废液、碱渣等。

②防护方案要点：

室内楼层地面：环氧自流平，厚度 3mm（有冲击部位，环氧树脂砂浆，厚度 5mm）；

室内底层地面：环氧乙烯基酯树脂砂浆，厚度 5mm（局部贴耐酸砖）；

室内墙面：环氧玻璃鳞片涂料，厚度 $300\mu m$；

室外墙面：高氯化聚乙烯涂料，厚度 $200\mu m$；

澄清桶：环氧乙烯基酯树脂玻璃钢衬里，厚度大于 4mm；

同时复合玻璃鳞片涂层，厚度 2mm；

碱渣外运平台：环氧乙烯基酯树脂砂浆，厚度 5mm（局部贴耐酸砖）。

3）重碱车间

①介质情况：

粗盐水、精盐水、增稠盐泥、碳酸氢钠、液氨等。

②防护方案要点：

室内楼层地面：环氧自流平，厚度 3mm（有冲击部位，环氧树脂砂浆，厚度 5mm）；

室内底层地面：环氧乙烯基酯树脂砂浆，厚度 5mm（局部贴耐酸砖）；

室内墙面：环氧玻璃鳞片涂料，厚度 $300\mu m$；

室外墙面：高氯化聚乙烯涂料，厚度 $200\mu m$；

精盐水、饱和粗盐水池：环氧乙烯基酯树脂玻璃钢衬里，厚度大于 4mm；

同时复合玻璃鳞片涂层，厚度 2mm。

4）煅烧车间

①介质情况：

碳酸氢钠、重碱、回收碱液等。

②防护方案要点：

室内楼层地面：环氧自流平，厚度 3mm（有冲击部位，环氧树脂砂浆，厚度 5mm）；

室内底层地面：环氧乙烯基酯树脂砂浆，厚度 5mm（局部贴耐酸砖）；

室内墙面：环氧玻璃鳞片涂料，厚度 $300\mu m$；

室外墙面：高氯化聚乙烯涂料，厚度 $200\mu m$；

回收碱液：环氧乙烯基酯树脂玻璃钢衬里，厚度大于 4mm；

同时复合玻璃鳞片涂层，厚度 2mm。

5）热电车间

①介质情况：

脱盐水等。

②防护方案要点：

室内楼层地面：环氧自流平，厚度 3mm（有冲击部位，环氧树脂砂浆，厚度 5mm）；

室内底层地面：环氧乙烯基酯树脂砂浆，厚度 5mm（局部贴耐酸砖）；

室内墙面：环氧玻璃鳞片涂料，厚度 $300\mu m$；

室外墙面：高氯化聚乙烯涂料，厚度 $200\mu m$；

脱盐水箱：环氧乙烯基酯树脂玻璃钢衬里，厚度大于 4mm；

同时复合玻璃鳞片涂层，厚度 2mm。

（南方地区，可以直接采用：环氧树脂玻璃鳞片涂层，厚度 2mm ）

4. 传统的防护方案介绍

目前，在纯碱行业中，传统的防腐蚀方案及材料，包括：

（1）地面：聚合物水泥砂浆，厚度 10～20mm（有冲击部位，厚度 25mm）；

（2）墙面：氯磺化聚乙烯涂料或高氯化聚乙烯涂料，厚度 $200\mu m$；

（3）设备：环氧树脂玻璃钢衬里，厚度大于 4mm。

28.10.2 有色工业的基本防护类型与实例

28.10.2.1 有色冶金电解装置

电解槽是有色冶金的关键设备，如果防腐蚀措施不当、效果不理想，对建筑的安全构成危害。

（1）镍电解槽（典型规格 7500×1500×1200），典型工艺条件：

温度：60～70℃；pH：1.5～2.5；腐蚀环境成分：Ni^{2+}：60～80g/L；CL^-：60～100g/L；SO_4^{2-}：90～120g/L；Na^+：20～50g/L；硼酸：4～10g/L。

（2）镍电积槽（典型规格 7500mm×1500mm×1200mm，采用不溶阳极），典型工艺条件：

温度：65～85℃，H_2SO_4：50～60g/L；腐蚀环境成分：Ni^{2+}：75～85g/L；CL^-：60～80g/L；SO_4^{2-}：90～120g/L；硼酸：5～10g/L；在阳极区有 O_2 放出。

（3）铜电解槽：（典型规格 5700mm×1200mm×1400mm），典型工艺条件：

温度：60～70℃，H_2SO_4：160～200g/L；腐蚀环境成分：Cu^{2+} 45～55g/L；Ni^{2+} ＜20g/L；CL^-＜0.005g/L。

（4）钴电积槽（典型规格 6100mm×1000mm×1300mm），典型工艺条件：

温度：60～70℃，pH：0.5～2.0；游离氯；阴极区＜30mg/L，阳极罩内：400～550mg/L；腐蚀环境成分：Cu^{2+}＜0.0005g/L；CL^-＜0.005g/L；硼酸：5～10g/L。在阳极区有 CL^- 放电产生 CL_2。

28.10.2.2 防腐蚀措施概述

FRP 具有质量轻、强度高、绝缘、耐温性好、良好的施工工艺性和可设计等特点，某冶炼厂于 20 世纪 90 年代开始使用 FRP 内衬或 FRP 整体设备，主要应用在铜、镍等电解槽上。电解槽防腐蚀方案见表 28-102。

某公司若干电解槽防腐蚀情况 表 28-102

		镍电槽	镍电积槽	铜电解槽	钴电积槽
曾用防护方案		①混凝土衬生漆麻布；②混凝土衬软 PVC；③混凝土衬硬 PVC，维护量大，使用寿命短，平均使用 1.3 年就大修更换；④呋喃混凝土槽，大型槽体极易出现裂缝，成本高	—	①混凝土衬呋喃煤焦油；②197#聚酯混凝土槽；③呋喃混凝土槽；④整体花岗石槽；⑤混凝土衬环氧玻璃钢	①环氧整体 FRP 槽；②197#、3301#聚酯整体 FRP 槽；变形渗漏、表面粗化
现采用方案	选用树脂	E44 环氧树脂	MFE-3 树脂	MFE-3 树脂	MFE-4 树脂
	防护结构	①混凝土衬 0.2mm 厚 6 布中碱无纺方格布环氧玻璃钢；②混凝土衬 0.2m 厚 6 层布中碱无纺方格布环氧玻璃钢	混凝土衬 0.2mm 厚 6 层布中碱无纺布＋50g/m² 表面毡两层	混凝土衬 0.2mm 厚＋0.4 布＋短切毡＋表面毡	混凝土衬 0.2mm 布＋表面毡

28.10.2.3 合理选材步骤

FRP 的耐腐蚀性能主要取决于耐蚀树脂的品种以及耐腐蚀层结构中的树脂含量。目前采用的电解槽 FRP 结构中，较多采用表面毡或短切毡，在制品表面形成富树脂层（其含胶量可达到 70%～90%）以进一步提高耐蚀等级。常用树脂类材料的性能比较见表 28-103。

常用树脂类材料的性能比较 表 28-103

树　脂		工　艺　性　能	备　注
环氧树脂		粘结强度高，收缩率低，吸水率小，耐热能较差（<60℃），容易改性，工艺性能良好	低温时施工性需改进
不饱和聚酯树脂	二甲苯型	黏度低，收缩小，耐热性一般，有厌氧性，对玻璃纤维浸润性好，固化时无小分子放出，机械强度高，施工操作方便	应用广，成型快
	双酚A型	黏度低，耐热性较好，有厌氧性，其他同二甲苯树脂	施工方便，成型快
环氧乙烯基酯树脂		黏度低，粘结强，收缩率大，韧性好，机械强度高，对纤维浸润性好，施工操作简便，耐温性好（80～150℃）	应用范围广，施工简便，成型快
呋喃树脂		耐热性好（<160℃），粘结强度低，性质较脆，通过改性可提高强度，工艺性较复杂，固化反应剧烈	一次成膜太厚易出现小分子聚集，产生"气泡"，后期固化需加热处理

28.10.2.4 新型环氧乙烯基酯树脂

针对有色行业电解槽的腐蚀工况，选用 MFE-3 环氧乙烯基酯树脂作为防腐蚀材料。

MFE-3 树脂的力学性能突出，韧性高、抗疲劳性好，特别适用于制作玻璃钢制品的抗渗漏层。

（1）施工工艺性

MFE-3 树脂具有类似于不饱和聚酯树脂的优良成型工艺性，即适宜的黏度、室温固化和凝胶时间的可调节性，其分子中羟基的存在还有助于提高了树脂对玻璃纤维的浸润性，适合于制作玻璃钢制品。其质量指标见表 28-104。

MFE-3 树脂质量指标 表 28-104

项　目	MFE-3	项　目	MFE-3
外观	淡黄色透明液体	凝胶时间（min）（25℃）	12.0 ± 4.0
黏度（Pa·s）（25℃）	0.40 ± 0.10	固含量（%）	60.0 ± 3.0
酸值（mgKOH/g）	14.0 ± 4.0	热稳定性（h）（80℃）	≥24

（2）耐腐蚀性能

MFE-3 树脂的酯基都处在可交联双键附近，树脂固化后形成的不溶、不熔致密三维网状结构大分子对酯基具有空间保护作用，从而使其具有高度的水解稳定性。其耐蚀性能见表 28-105。

MFE-3 树脂相关耐蚀性能（浇筑体） 表 28-105

介质	浓度（%）	使用温度（℃）	介质	浓度（%）	使用温度（℃）
Cl_2（气相）	—	105	次氯酸	10	85
盐酸	≤20	95		20	70
	20～36	75	次氯酸钠	5～15	65
氯化钠	饱和	95	氢氧化钠	10	75

(3) 力学性能

MFE-3 树脂分子链中的双酚 A 结构、交联剂中的苯环赋予了固化物良好的刚性、高的热变形温度及硬度，其韧性、抗疲劳性、防渗漏性和密封性较为突出。这对应力下减少 FRP 的微裂纹，提高耐蚀性有着重大意义。其力学性能见表 28-106。

MFE-3 树脂力学性能（浇筑体）		表 28-106	
项 目	MFE-3	项 目	MFE-3
拉伸强度（MPa）	60	弯曲强度（MPa）	105
拉伸模量（MPa）	3.5×10^3	弯曲模量（MPa）	3.3×10^3
断裂延伸率（%）	4.0	热变形温度（℃）	105

28.10.3　钢结构公共设施的基本防护类型与实例

28.10.3.1　工程概况

上海铁路南站位于上海市西南部的柳州路、沪闵（徐家汇一闵行）高架公路、桂林路、石龙路范围内的区域中。北与地铁 1 号线、3 号线相接，原有沪杭（上海－杭州）铁路线从上海地图纬线坐标 H7 和 H8 轴线中穿行。

28.10.3.2　建筑特点

造型新颖、结构独特的大型钢结构建筑物，是当前世界上第一座主站建筑采用圆形平面造型的铁路客站。客站直径为 $\phi 278m$，屋面高度 42m，屋面由中心内亚环、钢柱、分叉钢梁、钢檩条、钢管等 4000 余件钢构件焊接而成，大型钢结构屋面通过地面均布的 18 根钢内柱和 36 根钢外柱、支撑于标高 9.9m 的环形钢筋混凝土结构的平台上。钢结构工程安装面积 6 万余平方米，钢材用量 7000 余吨，防护涂料用量 100 余吨。

28.10.3.3　涂装设计

为保证钢结构工程底涂料的附着力、涂层系统（涂层结构）各类不同涂料的相容性（配套性）及涂装的可操作性，制定涂装设计前，工程建设单位和相关单位对工程拟用涂料进行了相容实验、附着力实验及层间附着实验，确定了上海南站大型钢结构涂装设计方案和涂装作业方案，工程涂装前还对进场涂料实物进行了质量抽查送检和试涂。

钢结构涂装设计方案为：钢结构表面喷射处理/水性硅酸锂富锌底涂料一道/环氧封闭涂料一道/环氧云铁中间涂料一道/可覆涂性聚氨酯丙烯酸面涂料两道。设计涂层厚度为 $290\mu m$。要求硅酸锂富锌底涂料与钢材表面拉开法附着力 $\geqslant 3.5MPa$，各类涂膜之间的划格法层间附着 >1 级。涂层设计预期使用寿命 >10 年。

钢结构涂装作业方案为：①于钢结构企业工厂内实施钢构件制造、表面处理、硅酸锂富锌底涂涂料及环氧封闭涂料的涂装。②于工程现场实施钢构件安装、损坏涂膜的修复、环氧云铁中间涂料及聚氨酯丙烯酸面涂料的涂装。③涂装工艺（方法）为：依钢构件形状、多寡、面积等状况，采用刷涂、辊涂、高压无气喷涂或空气喷涂。

28.10.3.4　钢结构表面处理和涂装

1. 钢结构工厂表面处理和涂装

钢结构表面喷砂处理，质量等级 $Sa2\frac{1}{2}$ 级，表面粗糙度 $40\sim 70\mu m$。

2. 钢结构表面涂装

第一道涂装 硅酸锂富锌底涂料，干膜厚度 $100\mu m$，覆涂间隔时间 24～144h（25℃，RH≥65%）。

第二道涂装 环氧封闭涂料，干膜厚度 $30\mu m$ 最小覆涂间隔时间≥6h（25℃）。

3. 现场安装钢结构后涂装

修补运输和安装时不慎损坏的涂膜，现场涂装。

第三道涂装 环氧铁红中间涂料，干膜厚度 $80\mu m$，最小覆涂间隔时间≥6h（25℃）。

第四道涂装 聚氨酯丙烯酸面涂料（中灰色），干膜厚度 $40\mu m$，最小覆涂间隔时间≥6h（25℃）。

第五道涂装 聚氨酯丙烯酸面涂料，干膜厚度 $80\mu m$，涂层厚度＞$290\mu m$。

实践表明，上海铁路南站建设单位对其大型钢结构工程的涂装设计、涂装方案、涂装实验、涂料抽检等技术管理举措，是保证钢结构涂装工程质量和涂装工程进度的重要因素。

28.10.4 电力行业的基本防护类型与实例

28.10.4.1 火电厂湿法烟气脱硫技术

硫烟气处于脱硫工况时，在强制氧化环境作用下，烟气中的 SO_2 首先与水生成 H_2SO_3 及 H_2SO_4，再与碱性吸收剂反应生成硫酸盐沉淀分离。

28.10.4.2 脱硫装置腐蚀区域及构成

主要分为三个部分：一是烟气输送及热交换系统；二是烟气含 SO_2 的吸收及氧化系统；三是吸收剂（石灰石浆液）传输及回收系统。图 28-6 为湿法空塔吸收烟气脱硫装置工艺流程示意图。

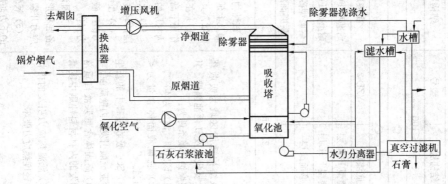

图 28-6 湿法空塔吸收烟气脱硫装置工艺流程示意

28.10.4.3 烟气脱硫装置结构的防腐蚀设计

吸收塔作为烟气脱硫装置的主要工作设备，因其承载较大，在设备结构设计中，其结构、强度、刚性往往考虑较充分。

烟道结构设计整体结构强度及钢性实施烟道防腐蚀结构设计。

28.10.4.4 衬里结构总体设计

充分认识防腐蚀衬里材料特性和待衬设备的结构、强度、刚性及装置运行状态对衬里材料的影响，有效兼顾鳞片防腐蚀衬里材料与待衬设备的结构、强度、刚性及运行状态的匹配关系。各区域腐蚀环境分析和衬里结构构成见表28-107。

各区域腐蚀环境分析和衬里结构构成

表28-107

	普通型		耐磨型 A		耐磨型 B		耐热型		耐热耐磨型	
	结构层	型号	结构层	型号	结构层	型号	结构层	型号	结构层	型号
	≤100		≤100		≤100		≤160		≤160	
	◎		≤100 ◎		≤100 ◎		◎		◎	
	○		⊙		◎		○		○	
底漆层		YZD-2		YZD-2		YZD-2		YZD-3		YZD-3
	普通型 FGL 层	YZJ-2	耐磨型 FGL 层		耐磨型 FGL 层		耐热型 FGL 层		耐热耐磨型 FGL 层	
	普通型 FGL 层	YZJ-2	耐磨型 FGL 层		耐磨型 FGL 层		耐热型 FGL 层		耐热耐磨型 FGL 层	
面漆层		YZM-2	耐磨面漆层		耐磨面漆层		耐热面漆层		耐热耐磨型面漆层	
	5~2.0mm		2.0mm		3.5mm		1.5~2.0mm		3.5mm	

普通型

该结构适用区域为吸收塔出口烟道、除雾器区、静烟气换热器区及出口烟道内壁处。其主要腐蚀环境条件为:

(1)该区烟气温度为40~90℃。

(2)含微量 SO₂ 腐蚀性湿烟气引发的内壁腐蚀。

(3)大气环境湿度及烟气露点腐蚀。

(4)低固体含量、高流速烟气轻度磨损引发的内衬内壁层轻度磨损。

耐磨型 A

该结构适用区域为吸收塔 SO₂ 吸收区及氧化区内壁。其主要腐蚀环境条件为:

(1)该区烟气温度为46℃。

(2)脱硫液固体含量为<25wt%。

(3)SO₂ 吸收过程中的新生态亚硫酸引发的内壁腐蚀。

(4)高固体含量重浆液自重落体引发的内衬材料冲刷中度磨损。

(5)低温热应力引发的内衬材料轻度热应力破坏

耐磨型 B

该结构适用区域为氧化池底部及上延1m高,搅拌桨中心2m区域。其主要腐蚀环境条件为:

(1)在机械搅拌及氧化空气作用下高固体含量浆液引发的重度磨损。

(2)低温热应力引发的轻度破坏。

(3)在维修条件下人为机械力碰撞破坏引发的内衬层机械力损伤。

(4)因设备基座变形导致的内衬层变形损伤。

(5)因底板变形引发的内衬层变形应力开裂。

(5)氧化空气冲刷作用引发的下方防腐蚀局部腐蚀。

耐热型

该区是指原烟气换热器出口至吸收塔入口烟道。其主要腐蚀环境条件为:

(1)该区烟气温度为101~150(事故状态)℃。

(2)未处理烟气固体含量为3~8wt%。

(3)树脂高温失强、烟道刚性不足,因结构震颤引发的内衬层高度龟裂粘性失效。

(4)高温腐蚀。

(5)装置停用时大环境湿度吸收残存 SO₂ 引发的露点腐蚀(温度大于160℃时)。

(6)低固体含量、高流速引发的内衬层轻度磨损

耐热耐磨型

该结构适用区域为高温原烟气与低温脱硫液交汇区域,即吸收塔入口及低温液液喷淋区。其主要腐蚀环境条件为:

(1)该区烟气温度为101~146℃,低温脱硫液温度为室温。

(2)脱硫浆液固体含量为25wt%。

(3)高固体重浆液液压力喷射及自重落体引发的内衬冲刷磨损。

(4)区域环境冷热应力分布不均导致的内衬层强度力强龟裂形成(嘴完非雾化喷浆时)。

(5)树脂高温腐蚀导致磨耐性能下降,力学龟裂形成介质穿透性渗透导致金属基体腐蚀。

说明:表中符号:◎一好;⊙一较好;○一可。

以鳞片结构层（抗渗层）、纤维鳞片结构层（抗渗、抗热应力层）、鳞片纤维耐磨砂浆结构层（抗渗、抗磨、抗热应力层）、鳞片耐磨砂浆结构层（抗渗、抗磨）作为复合衬里结构的基本结构层。其复合结构衬里基本材料的物理力学性能见表28-108。

烟气脱硫装置用鳞片衬里材料性能 　　　　　　表 28-108

型号　性能	YZJ-3 高温胶泥	YZJ-2 低温胶泥	YNM-3 耐磨砂浆	YZD-3 高温底漆	YZM-3 高温面漆	YZD-2 低温底漆	YZM-2 低温面漆
抗拉强度（MPa）	36	35					
弯曲强度（MPa）	82	79	69				
抗压强度（MPa）	13、4	12、8	98				
冲击强度（J/cm²）	0、43	0、52	0、38				
密度（g/cm³）	1、47	1、52	1、32	1、1	1、1	1、1	1、1
树脂含量（重量%）	49	48	45	90	80	90	80
孔隙率（%）	1、41	1、43	1、30				
巴氏硬度	54	52	58				
线膨胀系数（$10^{-6}K^{-1}$）	1.04	1.06	1.07				
固化收缩率（%）	≤0.5	≤0.5	≤0.5				
磨损系数	59	57	80		74		68
使用温度（℃）	160	90	160	160	160	90	90
不可溶含量（%）	88	86	90				
黏度（MPa·s，25℃）	胶泥状	胶泥状	胶泥状	≈5	≈10	≈5	≈10
施工料使用时间（h）	40～50	40～50	40～50	40～50	40～50	40～50	40～50
单层施工厚度（mm）	$1^{-0.2}$	$1^{-0.2}$	0.3～0.5	≈50μm	≈100μm	≈50μm	≈100μm
单层涂敷料量（g/m²）	2250	2250	1100	≈180	≈300	≈180	≈300
涂敷间隔时间（h）	4	4	4	4	4	4	4

28.10.4.5　鳞片衬里施工技术

1. 施工料固化时间的控制

所谓固化时间，从施工角度讲就是施工料配制后的有效使用时间，这一时间的有效控制是方便施工和保证施工质量的前提。控制固化时间应兼顾：固化剂用量范畴（或最佳用量）；配料量；施工人员单位施工能力；施工现场条件（包括温度、湿度、配料场所与施工现场的距离）；被防护设备及零部件施工难度等几个方面的问题。

2. 界面生成气泡的消除

鳞片衬里材料填料量大、十分黏稠，在大气中任何情况下的翻动及搅拌、堆滩都会导致料体与空气界面间裹入大量空气，形成气泡。此外，在鳞片衬里涂抹过程中，被防护表面与涂层间也不可避免地要包裹进许多空气，形成气泡。鉴于上述两类气泡均是由界面包裹进空气生成的，故称之为界面生成气泡。对于界面生成气泡的消除，主要可从抑制生成及滚压消除两方面入手。抑制生成是从控制施工操作入手，对施工人员提出两个方面的要求：一是施工用料在施工作业中严禁随意搅动，托料、上抹刀、镘抹依此循序进行，应尽可能减少随意翻动，堆积等习惯性行为；二是镘抹时，抹刀应与被抹面保持一适当角度，施工操作应沿夹角方向适当速度推抹，使胶料沿被防护表面逐渐涂敷，达到使界面间空气在涂抹中不断自界面间推挤出。

3. 滚压作业

滚压作业是鳞片衬里施工特有的一道工序，其方法是用专门制作的沾有少量滚压液的羊毛滚在已施工镘抹定位的鳞片衬里表面往复滚动施压。滚压时应特别注意以下几点：一是滚压液不可浸沾过多；二是不可漏滚；三是当衬层出现流淌现象时，应多次重复滚压。

4. 表面流淌性的抑制

鳞片衬里涂抹后的流淌性是由高分子材料的特性及鳞片衬里本身因重力悬垂产生的坠流引起的。尽管在材料配方中已考虑此问题，但由于树脂黏度是随温度变化的，故还需视现场环境气温条件加以调整。

5. 衬里层间界面及端界面处理

鳞片衬里每次施工只能是区域性的，因此，就有一个端界面处理问题。在施工中，端界面必须采用搭接，不允许对接（见图28-7）。因为端界面形状自由性较大，对接难以保证两端面相互间有效密合，鳞片排列亦处于不良状态，使其成为防腐蚀薄弱点。此外，每层施工的端界面应尽可能相互错开，使其处于逐层封闭状态。

6. 衬层厚度控制

控制厚度的目的在于使整个被防护表面具有近似等同的抗腐蚀能力，避免局部首先破坏。此外，控制厚度还可以有效地降低材料投资成本。

7. 鳞片的定向排列

鳞片在衬层中的定向有序排列，是鳞片衬里抗介质渗透结构形成的前提。所谓定向有序，就是使鳞片成垂直于介质渗透方向有序的叠压排列。在施工中，这主要靠有序的涂抹及滚压来实现。

8. 鳞片衬里修补

在鳞片衬里施工中，不可避免地会出现这样那样的施工缺陷，因此必须通过修补，将经检测确认的衬里施工质量缺陷完全消除。(1) 衬层针孔；(2) 表面损伤；(3) 层内有显见杂物；(4) 衬层厚度不足区；(5) 衬层固化不足区；(6) 表面流淌；(7) 脚手架支撑点拆除后补涂。其修补过程是：首先用砂轮机将检查出来的缺陷处打磨成平滑的波形凹坑（针孔打磨至金属基体表面），且务必将缺陷完全消除，而后用溶剂擦洗干净打磨区，按鳞片衬里施工方法逐次补涂。具体各类缺陷的修补要求见图28-8。

图 28-7 端界面搭接结构　　　　　　　　图 28-8 填补型修补

对漏涂、施工厚度不合格质量缺陷实施填补型修补。填平补齐，滚压合格即可。

对漏滚、表面流淌质量缺陷实施调整型修补，即将漏滚麻面、流淌痕打磨平滑用溶剂擦洗干净后，填平补齐，滚压合格即可见图28-9。

对第一道鳞片衬里未硬化、漏电点、夹杂物、碰伤等质量缺陷实施挖除型修补。衬里缺陷区打磨坑边沿坡度为15°～25°，用溶剂擦洗干净后按鳞片衬里施工方法逐次补涂见图28-10。

图 28-9 调整型修补

图 28-10 挖除型修补

对第二道鳞片衬里漏电点、碰伤质量缺陷实施两道一起挖除型修补,需用砂轮机将缺陷处打磨至底漆后用溶剂擦洗干净,依图 28-11 按鳞片衬里施工方法逐次补涂。

图 28-11 两道衬里缺陷挖除型修补

9. 玻璃钢局部增强结构作业

采用玻璃布增强时,应先用预先配制好的略稠胶泥将待增强鳞片衬里表面区找平,然后按玻璃钢施工规程逐层铺帖。需要强调的是,玻璃布增强后端部的玻纤毛刺由于胶液浸渍固化而成坚硬的毛刺或翘边,妨碍面漆的刷涂及时对玻璃布端部的封闭,因此,必须打磨平整。

28.11 建筑防腐蚀工程验收

建筑防腐蚀工程的施工过程,包括:基层表面处理→防腐蚀结构底层→防腐蚀结构中层或过渡层→防腐蚀结构面层→防腐蚀层保护等阶段,每一个阶段均是前一步的隐蔽工程。新版国家标准规定要对防腐蚀施工进行过程控制,因而每个环节的交接构成了防腐蚀工程验收的全部内容。

28.11.1 防腐蚀工程交工

建筑防腐蚀工程的交工过程,有许多内容凡是涉及的部分,都必须进行交接,方可进入下一步的施工。以地面防腐蚀工程交工要求为例:

1. 基层检查交接

基层检查交接记录是交工验收文件的重要组成,其内容包括:混凝土基层和钢结构基层。

(1) 混凝土基层交接要求见表 28-109。

混凝土基层交接要求   表 28-109

强度	无起砂、起壳、开裂	洁净度	无油污、水泥皮等
密实度	无蜂窝麻面	平整度	用 2m 直尺检查
干燥度	含水率在 20mm 厚度内<6%	阴阳角	已做处理
坡度	符合设计要求	预留孔	符合规范要求

(2) 钢结构基层交接要求见表 28-110。

钢结构基层交接要求   表 28-110

表面	无焊渣、毛刺	洁净	无油污、灰尘
除锈	符合设计要求	保护	已做配套底层涂装处理

进行工程交接时，须有明确写明交接内容：合格、需要整改或不合格字样的签单，工程签单须由设计方、业主、施工方、质检方（监理方）代表共同签字有效，并作为最终交工验收文件。

2. 中间交接

建筑防腐蚀工程面层以下各部分，以及其他将为以后工序所覆盖的工程部位和部件，在覆盖前应进行中间交接、隐蔽工程记录交接。防腐蚀工程的中间交接、隐蔽工程记录，包括下列内容：

（1）底涂层和刮胶泥：打底胶料有无漏涂、流挂，胶泥料填充凹陷处的质量。

（2）隔离层：层数或厚度，玻璃布浸透、接缝、脱层、气泡、毛刺、阴阳角处增加的玻璃纤维布层数。

（3）砂浆整体面层：坡度、平整度、裂缝、起壳、脱壳、固化程度。

（4）块材结合层：饱满密实程度、粘结强度。

（5）钢结构：达到的除锈等级，底涂、中间涂的厚度测定。

3. 工程结束时的交接

全部内容结束，须进行工程结束时的交工。交工现场应处于全封闭状态，工作面无垃圾等杂物，且表面已经进行过整理。

当建筑防腐蚀工程施工质量不符合国家规范规定和设计要求时，须进行返工或修补，这部分内容亦作为交工记录列入工程验收文件中。

28.11.2 工 程 验 收

28.11.2.1 资料准备

建筑防腐蚀工程的交工验收，应提交下列资料：

原材料的出厂合格证、质量检验报告（质量保证书）或复验报告。

耐腐蚀胶泥、砂浆、混凝土、玻璃钢胶料和涂料的配合比及主要技术性能的试验报告。各类试验项目用的试件，在现场随施工一起制作，每一试验项目应各取试件一组，工程量较大时，应适当增加试件。

设计变更单、材料代用单。

基层检查交接记录。

中间交换或隐蔽工程记录。

修补或返工记录。

交工验收记录。

28.11.2.2 各种检查、检验记录及其表格

建筑防腐蚀工程检验批、分项工程、分部（子分部）工程质量的验收流程大致为：施工单位自检合格、各检验批的质量符合规定、进行分部（子分部）工程验收。

同时根据需要提交下列资料，见表 28-111～表 28-118。

表 28-111 检验批质量验收记录 表 **28-111**

单位工程名称							
分项工程名称						验收部位	
施工单位			分项技术负责			项目经理	
分包单位			施工班组长			分包项目经理	
施工执行标准 名称及编号							

		施工质量验收规范规定		施工单位检查记录		监理（建 设）单位 验收记录
主控 项目	1					
	2					
	3					
	4					
一般项目	基本项目	项目				
		1				
		2				
		3				
		4				
	允许偏差项目	项目	允许偏差 （mm）			
		1				
		2				
		3				
		4				
		5				
		6				
	其他	1				
		2				

检查 结果	主控项目			
	一般项目	基本项目	检查　项，其中合格　项，合格率　　%	
		允许偏差项目	检查　点，其中合格　点，合格率　　%	
		其他		

施工单位检查结果	项目专业质量检查员：　　　　　　　　　　　　　　　年　月　日
监理（建设）单位验收结论	监理工程师（建设单位项目专业技术负责人）：　　　　　　年　月　日

分项工程质量验收记录 表 28-112

单位工程名称					
分部工程名称				检验批数	
施工单位		项目技术负责人		项目经理	
分包单位		分包单位负责人		分包项目经理	

序号	检验批部位、区段	施工单位检查结果	监理（建设）单位验收结论

检查结论	项目专业质量检查员： 项目技术负责人：	验收结论	监理工程师： （建设单位项目专业技术负责人）

分部（子分部）工程质量验收记录　　　　　　　　表 28-113

单位工程名称					
施工单位		项目技术 负责人		项目经理	
分包单位		分包单位 负责人		分包项目经理	

序号		分项工程名称	检验 批数	施工单位 检查意见	监理（建设）单位验收结论

验收单位	分包单位	项目经理： 　　　　　　　　　　　年　　月　　日
	施工单位	项目经理： 　　　　　　　　　　　年　　月　　日
	建设单位	项目专业技术负责人： 　　　　　　　　　　　年　　月　　日
	监理单位	总监理工程师： 　　　　　　　　　　　年　　月　　日

质量保证资料核查记录

表 28-114

单位工程名称		施工单位		
序号	资料名称	份数	核查意见	核查人
1	原材料出厂合格证、质量证明书或复验报告			
2	耐腐蚀胶泥、砂浆、混凝土、玻璃钢胶料和涂料的配合比和主要技术性能的试验报告			
3	设计变更单、材料代用单			
4	基层检查交接记录			
5	中间交接记录			
6	隐蔽工程施工记录			
7	修补或返工记录			
8	交工验收记录			

结论：

施工单位项目经理：　　　　　　　　　总监理工程师：
　　　　　　　　　　年　月　日（建设单位项目负责人）　　　　　年　月　日

注：1. 有特殊要求的可据实增加核查项目。
　　2. 质量证明书、合格证、试（检）验单或记录内容应齐全、准确、真实；复印件应注明原件存放单位，并有复印件单位的签字和盖章。

隐蔽工程检查记录 表 28-115

工程名称		分部分项名称	
图　号		隐　蔽　日　期	
隐蔽内容			
简图或说明			
检查意见			

建设单位（或总承包）： 现场代表： 　　　　年　月　日	监理单位： 现场代表： 　　　　年　月　日	施工单位： 技术负责人： 质量检查员： 施工班组长： 　　　　年　月　日

基层表面处理检查记录 表 28-116

工程名称		项目经理	
部位名称		施工图号	
相对湿度		环境温度	
处理等级		表面处理方式	

实测项目	质量标准	实测数据（表面粗糙度）							
			3	4	5	8	9	1	平均

建设单位（或总承包）：	监理单位：	施工单位：
		技术负责人：
现场代表：	现场代表：	质量检查员：
		施工班组长：
年　月　日	年　月　日	年　月　日

建筑防腐蚀工程施工记录 表 28-117

工程名称				项目经理			
分项名称				施工图号			
检查部位				施工阶段			
防腐种类				环境温度（℃）			
检查内容	目测	防腐层数					
检查结果							
实测项目		实 测 值					平均值
	厚度 （mm）						

建设单位（或总承包）：	监理单位：	施工单位：
		技术负责人：
现场代表：	现场代表：	质量检查员：
		施工班组长：
年 月 日	年 月 日	年 月 日

建筑防腐蚀工程交接报告

表 28-118

工程名称				
开工日期	年 月 日	移交日期		年 月 日
工程简要内容：				
交工情况：（符合设计的程度，主要缺陷及处理意见）				
工程质量：				
工程接收意见：				
建设单位（或总承包）： 现场代表：	监理单位： 现场代表；		施工单位： 技术质量负责人： 项目负责人：	
年 月 日	年 月 日		年 月 日	

29   建筑节能与保温隔热工程

29.1   基 本 规 定

29.1.1   建筑节能涵盖的范围

建筑节能是指在建筑物的规划、设计、建造和使用过程中，依据建筑节能标准和施工质量验收规程，合理设计建筑围护结构的热工性能，采用低能耗建筑材料、设备与系统，提高采暖、制冷、配电与照明、给水排水和通风系统的运行效率，加强建筑物用能设备的运行管理，以及利用可再生能源，在保证建筑物使用功能和室内热环境质量的前提下，降低建筑能耗，合理、有效地利用能源。

29.1.2   建筑节能工作的重点

建筑节能的重点是降低建筑物的建造和使用能耗，提高能源的有效利用率。

对于新建建筑来讲，应注重节能设计，使用低能耗建筑材料、设备和系统，绿色施工，节能减排，提高采暖、制冷、照明、给水排水和通风系统的运行效率，加强建筑物用能设备的运行管理，以及最大可能地利用可再生能源。

对于既有建筑来讲，建筑节能的重点是降低采暖空调通风能耗，加强建筑物用能设备的运行管理，并提高全民节能意识，重视采用节能型的照明、炊事和家用电器，减少能耗。既有建筑中节能建筑的重点是提高采暖、制冷、照明、给水排水和通风系统的运行效率，加强建筑物用能设备的运行管理；非节能建筑的重点是要进行节能改造，提高建筑围护结构的保温隔热性能、选用节能型的用能设备和提高采暖、制冷、照明、给水排水和通风系统的运行效率，加强建筑物用能设备的运行管理。

29.1.3   建筑节能工作目标

建筑节能的总体目标：到 2020 年，我国住宅和公共建筑建造和使用的能源资源消耗水平要接近或达到现阶段中等发达国家的水平。

29.1.4   建 筑 节 能 工 程

按照《建筑节能工程施工质量验收规范》（GB 50411）的规定，建筑节能工程包括新建、改建和扩建的民用建筑工程中墙体、幕墙、门窗、屋面、地面、采暖、通风与空调、采暖与空调系统的冷热源和附属设备及其管网、配电与照明、监测与控制等建筑节能工程，本章仅涉及与建筑节能有关的施工要点、质量控制和检测验收。常规施工请查阅本手册相应的章节。

29.1.5　建筑节能工程技术与管理的规定

（1）承担建筑节能工程的施工企业应具备相应的资质，施工现场应建立相应的质量管理体系、施工质量控制和检验制度，具有相应的施工技术标准。

（2）参与工程建设各方不得任意变更建筑节能施工图设计。当确需变更时，应与设计单位洽商，办理设计变更手续。当变更可能影响建筑节能效果时，设计变更应获得原审查机构审查同意，并应获得监理或建设单位的确认。

（3）建筑节能工程采用的新技术、新设备、新材料、新工艺，应按照有关规定进行鉴定及备案。施工前应对新的或首次采用的施工工艺进行评价，并制定专门的施工技术方案。

（4）单位工程的施工组织设计应包括建筑节能工程施工内容。建筑节能工程施工前，施工单位应编制建筑节能工程施工技术方案并经监理（建设）单位审查批准。施工单位应对从事建筑节能工程施工作业的人员进行技术交底和必要的实际操作培训。

（5）既有建筑节能改造前，根据节能诊断和节能改造技术经济性评估，按照节能要求，进行既有居住建筑节能改造设计。当涉及主体和承重结构改动或增加荷载时，必须由原设计单位或具有相应资质的设计单位对既有建筑结构的安全性进行核验确认后，方可实施。

（6）建筑节能工程施工检测验收应符合《建筑节能工程施工质量验收规范》（GB 50411）的规定及现行的相关标准。

29.1.6　建筑节能工程材料与设备的规定

（1）建筑节能工程材料、构件与设备必须符合国家有关标准规定和设计要求。严禁使用国家明令禁止使用的、已淘汰的材料与设备。

（2）材料、构件和设备进场应对其品种、规格、包装、外观和尺寸等进行检查验收，并应经监理工程师（建设单位代表）确认，形成相应的质量记录。材料和设备应有质量合格证明文件、中文说明书及相关性能检测报告；进口材料和设备应按规定进行出入境商品检验。

（3）建筑节能工程使用材料的燃烧性能等级和阻燃处理，应符合设计要求和《高层民用建筑设计防火规范》（GB 50045）、《建筑内部装修设计防火规范》（GB 50222）和《建筑设计防火规范》（GB 50016）等规范的规定。

（4）建筑节能工程使用的材料应符合《民用建筑室内环境污染控制规范》（GB 50325）和国家现行有关标准对材料有害物质限量的规定，不得对室内外环境造成污染。

（5）建筑节能工程进场材料和设备应按照表 29-1 规定的项目及合同中约定的项目进行复验，应有 30％为施工现场见证取样送检。

（6）现场配制的材料，应按产品说明、设计要求配制。当无上述要求时，应按施工技术方案或试验室给出的配合比配制。

29.1.7　建筑节能工程施工与控制的规定

（1）建筑节能工程应按照经审查合格的设计文件和经审查批准的节能施工技术方案的

要求施工。

（2）建筑节能工程施工前，对于采用相同建筑节能设计的房间和构造做法，应在现场采用相同材料和工艺制作样板间或样板构件，经有关各方确认后方可进行施工。

（3）建筑节能工程施工中，应采取覆盖、隔离、专人看管有机保温隔热材料等措施，并应制定火灾应急预案。

（4）建筑节能工程的施工作业环境条件，应满足相关标准和施工工艺的要求。

29.1.8 建筑节能工程验收的规定

（1）建筑节能工程为单位建筑工程的一个分部工程，必须在单位工程竣工验收前，对建筑节能分部工程进行验收，验收合格后，方可进行工程竣工验收。

（2）建筑节能工程划分为墙体、幕墙、门窗、屋面、地面、采暖、通风与空调、空调与采暖系统的冷热源和附属设备及其管网、配电与照明、监测与控制、太阳能光热系统节能工程、太阳能光伏系统节能工程、地源热泵换热系统节能工程等 13 个分项工程（表 29-1）进行验收。当建筑节能分项工程的工程量较大时，可以将分项工程划分为若干个检验批进行验收。

（3）当建筑节能工程验收中，无法按规定进行分项工程和检验批划分时，可由建设、监理、施工等各方协商进行划分。但验收项目、验收内容、验收标准和验收记录均应遵守《建筑节能工程施工质量验收规范》（GB 50411）的规定。

（4）建筑节能分项工程（包括隐蔽工程）和检验批的验收应单独填写验收记录，节能验收资料应齐全完整和单独组卷。

建筑节能分项工程划分、复验项目与验收内容 表 29-1

序号	章节号	分项工程	进场材料与设备复验项目	主要验收内容
1	29.4	墙体节能工程	1. 保温材料：导热系数、密度、抗压或拉伸强度、燃烧性能和保温浆料的软化系数和凝结时间等； 2. 粘结材料：粘结强度； 3. 增强网：力学性能、抗腐蚀性能	主体结构基层；保温材料；粘结层；饰面层；隐蔽工程等
2	29.5	幕墙节能工程	1. 保温材料：导热系数、密度和燃烧性能； 2. 幕墙玻璃：可见光透射比、传热系数、遮阳系数、中空玻璃露点、密封性能； 3. 隔热型材：抗拉强度、抗剪强度； 4. 透光、半透光遮阳材料的太阳光透射比、太阳光反射比	主体结构基层；隔热材料；保温材料；隔汽层； 幕墙玻璃；单元式幕墙板块；通风换气系统；遮阳设施；冷凝水收集排放系统； 幕墙的气密性；隐蔽工程
3	29.6	门窗节能工程	1. 严寒、寒冷地区：气密性、传热系数和露点； 2. 夏热冬冷地区：气密性、传热系数； 3. 夏热冬暖地区：气密性、传热系数、玻璃透过率、可见光透射比	门；窗；玻璃；遮阳设施

序号	章节号	分项工程	进场材料与设备复验项目	主要验收内容
4	29.7	屋面节能工程	保温材料：导热系数、密度、压缩强度、燃烧性能	基层；保温隔热层；保护层；防水层；面层
5	29.8	地面节能工程	保温材料：导热系数、密度、压缩强度、燃烧性能	基层；保温隔热层；隔离层；保护层；防水层；面层
6	29.9	采暖节能工程	1. 保温材料：导热系数、密度、吸水率； 2. 散热设备的热工性能（单片散热量、金属热强度等）	系统制式；散热器；设备、阀门与仪表；热力入口装置；保温材料；调试
7	29.10	通风与空调节能工程	1. 风机盘管机组的供冷（供热）量、风量、出口静压、噪声及功率； 2. 绝热材料：导热系数、密度、吸水率	系统制式；通风与空气设备；空调末端设备；阀门与仪表；绝热材料；调试
8	29.11	空调与采暖系统的冷热源和附属设备及管网节能工程	绝热材料：导热系数、密度、吸水率	系统制式；冷、热源设备；辅助设备；管网；阀门与仪表；绝热、保温材料；调试
9	29.12	配电与照明节能工程	1. 低压配电电缆截面、电阻值； 2. 照明光源、灯具及其附属装置的技术性能	低压配电电源；照明光源、灯具；附属装置；控制功能；调试
10	29.13	监测与控制节能工程	—	冷热源系统的监测控制系统；通风与空调系统的监测控制系统；监测与计量装置；供配电的监测控制系统；照明自动控制系统；综合控制系统
11	29.14	太阳能光热系统节能工程	1. 集热设备的集热效率； 2. 保温材料的导热系数、密度吸水率	太阳能集热器、储热水箱、控制系统、管路系统（包括混水阀、花洒等配件）等
12	29.15	太阳能光伏系统节能工程	光伏组件（太阳能电池）	太阳能电池板、逆变器、蓄电池、配电系统，计量仪表等
13	29.16	地源热泵换热系统节能工程	1. 地埋管材及管件导热系数、公称压力及使用温度等参数； 2. 绝热材料的导热系数、密度、吸水率	地埋管换热系统、热泵机组、室内末端系统、控制系统等

29.2   建筑节能的影响因素

29.2.1   围护结构对建筑能耗的影响

29.2.1.1   围护结构热工性能对建筑采暖能耗的影响

围护结构的热工性能决定了围护结构的传热耗热量和空气渗透耗热量，直接影响着建筑物的采暖和空调能耗。

1. 围护结构传热系数对耗热量的影响

(1) 不同节能阶段对围护结构传热系数的规定

围护结构传热系数是指在稳态条件下，围护结构两侧空气温差为1℃，在单位时间内通过单位面积围护结构的传热量。冬季，采暖建筑室内外温差大，外围护结构各部位由室内向室外传热，传热系数越大通过该部位向外的传热耗热量就越大。在不同的节能阶段，对围护结构主要部位的传热系数限值作了相应的减少，对减少建筑能耗是明显的。

围护结构各部位的传热耗热量在不同节能阶段耗热量指标是不同的，随着对建筑物节能要求提高，围护结构各部位的耗热量逐渐下降。以北京地区三个节能阶段对居住建筑围护结构各部位的传热系数限值为例，见表29-2。

北京地区居住建筑围护结构各部位传热系数限值　　　　表 29-2

项　　目		基线 0% (80 住 2-4)		节能 30% (JGJ 26-86)		节能 50% (JGJ 26-95)		节能 65% (DBJ 11-602-2006)	
		$S=0.28$		$S\leqslant 0.3$	$S>0.3$	$S\leqslant 0.3$	$S>0.3$	4 层及以 上建筑	3 层及以 下建筑
外墙 $K[W/(m^2 \cdot K)]$		1.57		1.25		1.16	0.82	0.60 (0.30)	0.45
屋顶 $K[W/(m^2 \cdot K)]$		1.26		0.91		0.8	0.6	0.6	0.45
窗户(阳台门玻璃)$K[W/(m^2 \cdot K)]$		6.40		6.40		4.00		2.80	
阳台门下部 $K[W/(m^2 \cdot K)]$		6.40		1.72		1.70		1.70	
不采暖 楼梯间	户门 $K[W/(m^2 \cdot K)]$	2.91		2.91		2.00		2.00	
	隔墙 $K[W/(m^2 \cdot K)]$	1.83		1.83		1.83		1.50	
地面 K $[W/(m^2 \cdot K)]$	周边	0.52		0.52		0.52		0.52	
	非周边	0.30		0.30		0.30		0.30	
地板 K $[W/(m^2 \cdot K)]$	接触室外空气	—		—		0.50		0.50	
	不采暖空间上部					0.55		0.55	
空气渗透	换气次数(次/h)	0.8		0.8		0.5		0.5	
	耗热量(W/m²)*	8.19		8.19		5.12		5.12	
采暖耗热量指标(W/m²)		31.82		25.3		20.6		14.65**	
采暖耗煤量指标(kg/m²)		25.09		17.4		12.4		8.82**	

注:表中:K 为传热系数限值,节能 50% 以后的外墙传热系数限值应为平均传热系数;括号内的数据是外墙内保温主
　　体墙传热系数限值;S 为体型系数。

　＊　空气渗透耗热量按北京地区(80 住 2-4)住宅建筑计算值。

　＊＊　此数值是计算值,不是标准规定指标。

(2) 不同气候区、不同体形系数建筑对围护结构各部位传热系数限值的规定

1) 不同气候区 (表 29-3~表 29-6)

严寒地区对围护结构各部位传热系数限值的规定　　表 29-3

气候区 (JGJ 26—2010)	严寒 (A) 区			严寒 (B) 区			严寒 (C) 区		
围护结构部位	传热系数 K [W/ (m²·K)]								
	≤3层	4~8层	≥9层	≤3层	4~8层	≥9层	≤3层	4~8层	≥9层
体形系数	≤0.50	≤0.30	≤0.28/ 0.25	≤0.50	≤0.30	≤0.28/ 0.25	≤0.50	≤0.30	≤0.28/ 0.25
屋面	0.20	0.25	0.25	0.25	0.30	0.30	0.30	0.40	0.40
外墙	0.25	0.40	0.50	0.30	0.45	0.55	0.35	0.50	0.60
架空或外挑楼板	0.30	0.40	0.40	0.30	0.45	0.45	0.35	0.50	0.60
非采暖地下室顶板	0.35	0.45	0.45	0.35	0.50	0.50	0.50	0.60	0.60
分隔采暖与非采暖空间的隔墙	1.2			1.2			1.5		
分隔采暖非采暖空间的户门	1.5			1.5			1.5		
阳台门下部门芯板	1.2			1.2			1.2		
外窗　窗墙面积比≤20%	2.0	2.5	2.5	2.0	2.5	2.5	2.0	2.5	2.5
外窗　20%<窗墙面积比≤30%	1.8	2.0	2.2	1.8	2.2	2.2	1.8	2.2	2.2
外窗　30%<窗墙面积比≤40%	1.6	1.8	2.0	1.6	1.9	2.0	1.6	2.0	2.0
外窗　40%<窗墙面积比≤45%	1.5	1.6	1.8	1.5	1.7	1.8	1.5	1.8	1.8

寒冷地区对围护结构各部位传热系数限值的规定　　表 29-4

气候区 (JGJ 26—2010)	寒冷 (A) 区			寒冷 (B) 区		
围护结构部位	传热系数 K [W/ (m²·K)]					
	≤3层	4~8层	≥9层	≤3层	4~8层	≥9层
体形系数	≤0.52	≤0.33	≤0.28	≤0.52	≤0.33	≤0.30/ 0.28 *
屋面	0.35	0.45	0.45	0.35	0.45	0.45
外墙	0.45	0.60	0.70	0.45	0.60	0.70
架空或外挑楼板	0.45	0.60	0.60	0.45	0.60	0.60
非采暖地下室顶板	0.50	0.65	0.65	0.50	0.65	0.65
分隔采暖与非采暖空间的隔墙	1.5			1.5		
分隔采暖非采暖空间的户门	2.0			2.0		
阳台门下部门芯板	1.7			1.7		
外窗　窗墙面积比≤20%	2.8	3.1	3.1	2.8	3.1	3.1
外窗　20%<窗墙面积比≤30%	2.5	2.8	2.8	2.5	2.8	2.8
外窗　30%<窗墙面积比≤40%	2.0	2.5	2.5	2.0	2.5	2.5
外窗　40%<窗墙面积比≤45%	1.8	2.0	2.3	1.8	2.0	2.3

注：表 29-3 和表 29-4 摘自《严寒和寒冷地区居住建筑节能设计标准》(JGJ 26—2010)。

　　* "/" 的左侧为 9~13 层的体形系数限值，"/" 的右侧为 ≥14 层的体形系数限值。

夏热冬冷地区居住建筑围护结构各部分的传热系数 $K[W/(m^2 \cdot K)]$ 表 29-5

标准号	体形系数	屋顶	外墙	外窗（含阳台门透明部分）	分户墙和楼板	底面接触室外空气的架空或外挑楼板	户 门
JGJ 134—2010	≤0.40	$D\leqslant 2.5$，$K\leqslant 0.8$	$D>2.5$，$K\leqslant 1.0$	见表29-12	$K\leqslant 2.0$	$K\leqslant 1.5$	$K\leqslant 3.0$（通往封闭空间）
		$D>2.5$，$K\leqslant 1.0$	$D>2.5$，$K\leqslant 1.5$				$K\leqslant 2.0$（通往非封闭空间或户外）
	>0.40	$D\leqslant 2.5$，$K\leqslant 0.5$	$D\leqslant 2.5$，$K\leqslant 0.8$		$K\leqslant 2.0$	$K\leqslant 1.0$	$K\leqslant 3.0$（通往封闭空间）
		$D>2.5$，$K\leqslant 0.6$	$D>2.5$，$K\leqslant 1.0$				$K\leqslant 2.0$（通往非封闭空间或户外）

注：D 为热惰性指标表征围护结构抵御温度波动和热流波动能力的无量纲指标，其值等于各构造层材料热阻与蓄热系数的乘积之和。当屋顶和外墙的 K 值满足要求，但 D 值不满足要求时，应按《民用建筑热工设计规范》（GB 50176）的规定验算隔热设计要求。

夏热冬暖地区居住建筑屋顶与外墙的传热系数 K $[W/(m^2 \cdot K)]$ 表 29-6

屋 顶	外 墙	天 窗
$K\leqslant 1.0$，$D\geqslant 2.5$	$K\leqslant 2.0$，$D\geqslant 3.0$ 或 $K\leqslant 1.5$，$D\geqslant 3.0$ 或 $K\leqslant 1.0$，$D\geqslant 2.5$	天窗面积不应大于屋顶总面积的4%，$K\leqslant 4.0$，天窗本身的遮阳系数 $SC_C\leqslant 0.5$
$K\leqslant 0.5$	$K\leqslant 0.7$	

注：$D<2.5$ 的轻质屋顶和外墙，还应满足《民用建筑热工设计规范》（GB 50176）所规定的隔热要求。

2）不同体形系数（表 29-7、表 29-8）。

不同体形系数(S)公共建筑对围护结构的传热系数限值 $K[W/(m^2 \cdot K)]$ 表 29-7

气候分区	屋顶		外墙（包括非透明幕墙）		底面接触室外空气的架空或外挑楼板		非采暖房间与采暖房间的隔墙或楼板	
	$S\leqslant 0.3$	$0.3<S\leqslant 0.4$	$\leqslant 0.3$	$0.3<S\leqslant 0.4$	$S\leqslant 0.3$	$0.3<S\leqslant 0.4$	$S\leqslant 0.3$	$0.3<S\leqslant 0.4$
严寒地区 A 区	≤0.35	≤0.30	≤0.45	≤0.40	≤0.45	≤0.40	≤0.6	≤0.6
严寒地区 B 区	≤0.45	≤0.35	≤0.50	≤0.45	≤0.50	≤0.45	≤0.8	≤0.8
寒冷地区	≤0.55	≤0.45	≤0.60	≤0.50	≤0.60	≤0.50	≤1.5	≤1.5
夏热冬冷地区	≤0.70		≤1.0		≤1.0		—	
夏热冬暖地区	≤0.90		≤1.5		≤1.5			

不同体形系数(S)公共建筑对外窗的传热系数限值 $K[\mathrm{W/(m^2 \cdot K)}]$　　表 29-8

窗墙 面积比 M_c	严寒地区 A 区		严寒地区 B 区		寒冷地区		夏热 冬冷	夏热 冬暖
	$S \leqslant 0.3$	$S > 0.3$, $S \leqslant 0.4$	$S \leqslant 0.3$	$S > 0.3$, $S \leqslant 0.4$	$S \leqslant 0.3$	$S > 0.3$, $S \leqslant 0.4$		
$M_c \leqslant 0.2$	$\leqslant 3.0$	$\leqslant 2.7$	$\leqslant 3.2$	$\leqslant 2.8$	$\leqslant 3.5$	$\leqslant 3.0$	$\leqslant 4.7$	$\leqslant 6.5$
$0.2 < M_c \leqslant 0.3$	$\leqslant 2.8$	$\leqslant 2.5$	$\leqslant 2.9$	$\leqslant 2.5$	$\leqslant 3.0$	$\leqslant 2.5$	$\leqslant 3.5$	$\leqslant 4.7$
$0.3 < M_c \leqslant 0.4$	$\leqslant 2.5$	$\leqslant 2.2$	$\leqslant 2.6$	$\leqslant 2.2$	$\leqslant 2.7$	$\leqslant 2.3$	$\leqslant 3.0$	$\leqslant 3.5$
$0.4 < M_c \leqslant 0.5$	$\leqslant 2.0$	$\leqslant 1.7$	$\leqslant 2.1$	$\leqslant 1.8$	$\leqslant 2.3$	$\leqslant 2.0$	$\leqslant 2.8$	$\leqslant 3.0$
$0.5 < M_c \leqslant 0.7$	$\leqslant 1.7$	$\leqslant 1.5$	$\leqslant 1.8$	$\leqslant 1.6$	$\leqslant 2.0$	$\leqslant 1.8$	$\leqslant 2.5$	$\leqslant 3.0$

注：1. 表 29-7、表 29-8 摘自《公共建筑节能设计标准》(GB 50189)。

　　2. 单一朝向外窗，包括透明幕墙。

2. 体形系数对围护结构耗热量的影响

建筑物体形系数是建筑物与室外大气接触的外表面积与其所包围的体积的比值。体形系数越大，建筑物的外表面积越大，则冬天通过外表面的传热耗热量越大，建筑物热损失越大；夏天室内通过外表面的传热得热也大，增加冷负荷，对节能不利。相反，体形系数太小，又不利于建筑造型、平面布局等。因此，不同气候区根据体形系数大小对不同类型建筑围护结构的传热系数作了相应的规定。体形系数越大，要求围护结构的传热系数限值越小，见表 29-2～表 29-8。

根据建筑物体形系数对围护结构耗热量的影响和结合当地气候条件，在建筑节能设计标准中对不同类型的建筑的体形系数作了规定（见表 29-9）。

不同气候区对居住和公共建筑体形系数的规定　　表 29-9

标准号	气候区		对建筑物体形系数的规定			
JGJ 26—95	采暖居住建筑部分		> 0.3 时，屋顶和外墙应加强保温		$\leqslant 0.3$	
JGJ 26—2010	严寒与寒冷 地区居 住建筑	建筑层数	$\leqslant 3$ 层	4～8 层	9～13 层	$\geqslant 14$ 层
		严寒	0.50	0.30	0.28	0.25
		寒冷	0.52	0.33	0.30	0.26
JGJ 134—2001	夏热冬冷地区居住建筑		点式建筑不应超过 0.40		条式建筑不应超过 0.35	
JGJ 134—2010			3 层	4～11 层	> 12 层	
			0.55	0.40	0.35	
JGJ 75—2003	夏热冬暖地区居住建筑		塔式住宅不宜超过 0.40		北区内，单元式、通廊式住宅不宜超过 0.35	
DBJ 11—602—2006	北京市居住建筑		低层住宅不宜超过 0.45		多层住宅不宜 超过 0.35	高层和中层住 宅不宜超过 0.3
GB 50189—2005	公共建筑节能设计标准		严寒、寒冷地区应小于或等于 0.40			
DBJ 01-621-2005	北京市公共建筑		不宜大于 0.40			

3. 窗墙面积比对围护结构耗热量的影响

窗墙面积比是建筑物窗户洞口面积与房间立面单元面积（即建筑层高与开间定位线围成的面积）之比。外窗的传热系数远大于墙面的平均传热系数，外窗的面积越大，通过外窗的传热损失就越大，窗缝隙的空气渗透也会导致热损失。在节能建筑中窗墙面积比应给予一定的限制，窗墙面积比与传热系数限值（或允许最小传热阻）的对应关系也应作出规定。

（1）在不同气候区的居住建筑中对不同朝向的窗墙面积比的规定，见表 29-10。

不同气候区居住建筑不同朝向窗墙面积比   表 29-10

标准号	气候区	建筑类型	朝向	北	东、西	南
JGJ 26—2010	严寒	居住建筑	窗墙面积比	0.25	0.30	0.45
	寒冷			0.30	0.35	0.50
JGJ 75—2003	夏热冬暖			0.45	0.30	0.50
JGJ 134—2010	夏热冬冷			0.40	0.35	0.45

（2）不同气候区对建筑外窗的窗墙面积比与传热系数限值的规定见表 29-8、表 29-16。

29.2.1.2 围护结构空气渗透对建筑能耗的影响

当室内外空气存在压差时，高压部分的空气通过围护结构上的缝隙、洞口渗透到低压一侧，为空气渗透。夏季室内外温差比较小，主要是风压造成空气渗透；冬季室内采暖，室内外温差比较大，室外的冷空气从建筑物下部的开口进入，室内的热空气从建筑物上部的开口流出，热压形成烟囱效应会增强空气渗透。因此，空气渗透会消耗热量，以北京地区不同节能阶段对居住建筑围护结构的空气渗透耗热量为例，由表 29-2 可见，空气渗透耗热量在不同节能阶段占围护结构各部位总耗热量分别为 23％、28％、21％和 28％。在不同节能阶段，对围护结构各部位保温隔热采取措施的同时要对外围护结构的气密性进行改善，确保总体建筑的总耗热量降低的要求。

气密性是指外门窗在正常关闭状态时，阻止空气渗透的能力或幕墙可开启部分在关闭状态时，可开启部分以及幕墙整体阻止空气渗透的能力，用单位开启缝长空气渗透量（在标准状态下，单位时间通过单位开启缝长的空气量）和单位面积空气渗透量（在标准状态下，单位时间通过试件单位面积的空气量）表示。气密性越差，通过空气渗透的耗热量越大。

换气次数作为房间气密性的指标，是建筑物在自然状态下单位时间内通过缝隙，渗入室内的空气量与换气体积的比值。换气次数大，通过空气渗透的耗热量大；反之，换气次数小，通过空气渗透的耗热量也小。在人活动的建筑物中，需要不断有新鲜空气供应室内，并排除污浊空气，这就是通风换气。当保证新鲜空气不断供应的同时，室外低温（或高温）空气进入室内，与室内的空气温度热交换，而使室内空气温度下降（或上升），需要消耗热量（或冷量）来维持室内舒适环境。

1. 不同地区建筑对换气次数和外窗气密性的要求

（1）不同地区建筑对换气次数和外窗气密性的要求（表 29-11）

不同地区建筑对换气次数和外窗气密性的要求　　　　表 29-11

标准号	气候区	换气次数 （次/h）	外窗气密性的要求
JGJ 26—95	采暖居住建筑部分	0.5	1～6 层建筑外窗空气渗透量≤2.5m³/(m·h)
			7～30 层建筑外窗空气渗透量≤1.5m³/(m·h)
JGJ 26—2010	严寒地区居住建筑	0.5	建筑外窗空气渗透量≤1.5m³/(m·h)，单位面积的空气渗透量不应大于 4.5m³/(m²·h)
	寒冷地区居住建筑		1～6 层建筑外窗空气渗透量≤2.5m³/(m·h)，单位面积的空气渗透量不应大于 7.5m³/(m²·h)
			7 层及 7 层以上建筑外窗空气渗透量≤1.5m³/(m·h)，单位面积的空气渗透量不应大于 4.5m³/(m²·h)
JGJ 134—2001	夏热冬冷地区居住建筑	1.0	1～6 层建筑外窗空气渗透量≤2.5m³/(m·h)
			7～30 层建筑外窗空气渗透量≤1.5m³/(m·h)
JGJ 134—2010			1～6 层建筑外窗空气渗透量≤3.0m³/(m·h)，单位面积的空气渗透量不应大于 9.0m³/(m²·h)
			7 层及 7 层以上建筑外窗空气渗透量≤2.5m³/(m·h)，单位面积的空气渗透量不应大于 7.5m³/(m²·h)
JGJ 75—2003	夏热冬暖地区居住建筑	1.0	1～9 层建筑外窗空气渗透量≤2.5m³/(m·h)，单位面积的空气渗透量不应大于 7.5m³/(m²·h)
			10 层及 10 层以上建筑外窗空气渗透量≤1.5m³/(m·h)，单位面积的空气渗透量不应大于 4.5m³/(m²·h)
GB 50189—2005	公共建筑	按主要空间设计新风量	外窗可开启面积不应小于窗面积的 30%，单位缝长的空气渗透量在 0.5～1.5m³/(m·h) 的范围内，单位面积的空气渗透量在 1.5～4.5m³/(m²·h) 的范围内

（2）建筑外窗气密性能分级表（表 29-12）

建筑外窗气密性能分级表　　　　　　　　　　　　　　表 **29-12**

分　级	1	2	3	4	5	6	7	8
单位缝长分级 长指标值 q_1 $[m^3/(m \cdot h)]$	$4.0 \geqslant q_1$ >3.5	$3.5 \geqslant q_1$ >3.0	$3.0 \geqslant q_1$ >2.5	$2.5 \geqslant q_1$ >2.0	$2.0 \geqslant q_1$ >1.5	$1.5 \geqslant q_1$ >1.0	$1.0 \geqslant q_1$ >0.5	$q_1 \leqslant 0.5$
单位面积分级 长指标值 q_2 $[m^3/(m^2 \cdot h)]$	$12 \geqslant q_2$ >10.5	$10.5 \geqslant$ $q_2 > 9.0$	$9.0 \geqslant q_2$ >7.5	$7.5 \geqslant q_2$ >6.0	$6.0 \geqslant q_2$ >4.5	$4.5 \geqslant q_2$ >3.0	$3.0 \geqslant q_2$ >1.5	$q_2 \leqslant 1.5$

注：摘自《建筑外窗气密、水密、抗风压性能分级及检测方法》（GB/T 7106）。

2. 建筑幕墙气密性能的规定

（1）建筑幕墙对气密性能设计要求（表 29-13）

建筑幕墙对气密性能的设计要求　　　　　　　　　　表 **29-13**

地区分类	建筑层数、高度	气密性能分级	气密性能指标小于	
			开启部分 q_L $[m^3/(m \cdot h)]$	幕墙整体 q_A $[m^3/(m^2 \cdot h)]$
夏热冬暖地区	10 层以下	2	2.5	2.0
	10 层及以上	3	1.5	1.2
其他地区	7 层以下	2	2.5	2.0
	7 层及以上	3	1.5	1.2

（2）建筑幕墙开启部分气密性能分级指标（表 29-14）

建筑幕墙开启部分气密性能分级指标　　　　　　　表 **29-14**

分级代号	1	2	3	4
分级指标值 q_L（$m^3/m \cdot h$）	$4.0 \geqslant q_L > 2.5$	$2.5 \geqslant q_L > 1.5$	$1.5 \geqslant q_L > 0.5$	$q_L \leqslant 0.5$

（3）建筑幕墙整体（含开启部分）气密性能分级指标（表 29-15）

建筑幕墙整体（含开启部分）气密性能分级指标　　　表 **29-15**

分级代号	1	2	3	4
分级指标值 q_A （$m^3/m^2 \cdot h$）	$4.0 \geqslant q_A > 2.0$	$2.0 \geqslant q_A > 1.2$	$1.2 \geqslant q_A > 0.5$	$q_A \leqslant 0.5$

注：摘自《建筑幕墙》（GB/T 21086）。

29.2.1.3　建筑遮阳对建筑能耗的影响

在建筑中玻璃的通透性能使人们充分感受到自然景观、自然光线和自然空间，但通过玻璃进入室内的热量，使室内温度迅速上升，产生温室效应。在夏季，通过采用建筑遮阳，可以遮挡紫外线和辐射热，调节可见光，防止眩光，减少传入室内的太阳辐射热量，有效地降低室内温度，减少空调的能耗。而在冬季，最好减少遮阳，让阳光进入室内，提高室内温度，降低采暖能耗。采用对太阳光线中的热辐射有遮蔽作用的建筑构件或遮阳设施，可以节约空调用电 25% 左右，设置良好遮阳的建筑，可以使外窗保温性能提高约一倍，节约建筑采暖用能 10% 左右。因此，应选用合适的遮阳设施。

1. 遮阳系数包括综合遮阳系数（SC）、玻璃遮阳系数（SC_B）、窗本身的遮阳系数（SC_C）和建筑外遮阳系数（SD）。

（1）综合遮阳系数（SC）是窗本身的遮阳系数（SC_C）与窗口的建筑外遮阳系数（SD）的乘积。

（2）玻璃遮阳系数（SC_B）是透过窗玻璃的太阳辐射得热与透过 3mm 透明窗玻璃的太阳辐射得热的比值。

（3）窗本身的遮阳系数（SC_C）可近似地取窗玻璃的遮阳系数乘以窗玻璃面积与整窗面积之比。当窗口外面没有任何形式的建筑外遮阳时，综合遮阳系数（SC）就是窗本身的遮阳系数（SC_C）。

（4）建筑外遮阳系数（SD）是依据建筑外遮阳设施的外挑系统和挡板轮廓透光比及构造透射比计算。

2. 不同建筑对外窗的传热系数 K 和综合遮阳系数作了相应的规定。

（1）居住建筑，见表 29-16～表 29-18。

夏热冬暖地区北区居住建筑外窗的传热系数 K 和综合遮阳系数 SC 的限值　表 29-16

外墙	外窗综合遮阳系数 SC	外窗的传热系数限值 $K[\text{W}/(\text{m}^2 \cdot \text{K})]$				
		$C_M \leqslant 0.25$	$0.25 < C_M \leqslant 0.3$	$0.3 < C_M \leqslant 0.35$	$0.35 < C_M \leqslant 0.4$	$0.4 < C_M \leqslant 0.45$
	0.9	2.0	—	—	—	—
	0.8	≤2.5	—	—	—	—
	0.7	≤3.0	≤2.0	≤2.0	—	—
$K \leqslant 2.0$	0.6	≤3.0	≤2.5	≤2.5	≤2.0	—
$D \geqslant 3.0$	0.5	≤3.5	≤2.5	≤2.5	≤2.0	≤2.0
	0.4	≤3.5	≤3.0	≤3.0	≤2.5	≤2.5
	0.3	≤4.0	≤3.0	≤3.0	≤2.5	≤2.5
	0.2	≤4.0	≤3.5	≤3.0	≤3.0	≤3.0
	0.9	≤5.0	≤2.5	—	—	—
	0.8	≤5.5	≤4.0	≤3.0	≤2.0	—
	0.7	≤6.0	≤4.5	≤3.5	≤2.5	≤2.0
$K \leqslant 1.5$	0.6	≤6.5	≤5.0	≤4.0	≤3.0	≤3.0
$D \geqslant 3.0$	0.5	≤6.5	≤5.0	≤4.5	≤3.5	≤3.5
	0.4	≤6.5	≤5.5	≤4.5	≤4.0	≤3.5
	0.3	≤6.5	≤5.5	≤5.0	≤4.0	≤4.0
	0.2	≤6.5	≤6.0	≤5.0	≤4.0	≤4.0
	0.9	≤6.5	≤6.5	≤4.0	≤2.5	—
	0.8	≤6.5	≤6.5	≤5.0	≤3.5	≤2.5
$K \leqslant 1.0$	0.7	≤6.5	≤6.5	≤5.5	≤4.5	≤3.5
$D \geqslant 2.5$	0.6	≤6.5	≤6.5	≤6.0	≤5.0	≤4.0
或 $K \leqslant 0.7$	0.5	≤6.5	≤6.5	≤6.5	≤5.0	≤4.5
	0.4	≤6.5	≤6.5	≤6.5	≤5.5	≤5.0
	0.3	≤6.5	≤6.5	≤6.5	≤5.5	≤5.0
	0.2	≤6.5	≤6.5	≤6.5	≤6.0	≤5.5

注：表中：C_M 为平均窗墙面积比，是整栋建筑外墙面上的窗及阳台门的透明部分的总面积与整栋建筑的外墙面总面积（包括其上的窗及阳台门的透明部分面积）之比。

3. 室外管网热输送效率

室外管网热输送效率是管网输出总热量与输入管网的总热量的比值。室外管网输送效率越大，反映室外管道保温隔热越好，热损失越少；反之就必须检查系统管道的保温性能和水密程度，查出热损失率大的原因，减少能量的浪费。室外管网热输送效率应符合《建筑节能工程施工质量验收规范》（GB 50411）的规定，不小于 0.92。

4. 采暖系统耗电输热比

采暖系统耗电输热比是在采暖室内外计算温度下，全日理论水泵输送耗电量与全日系统供热量的比值。采暖系统热水循环水泵的耗电输热比越小越好，说明此热水循环水泵越节能。采暖系统中循环水泵的耗电输热比应符合《严寒和寒冷地区居住建筑节能设计标准》（JGJ 26）的规定，计算见本章式（29-33）。

5. 锅炉运行效率

锅炉运行效率是采暖期内锅炉实际运行工况下的效率。锅炉运行效率的高低，直接影响着整个系统的能耗，因此选用锅炉额定效率高的产品，有利于建筑节能。采暖锅炉日平均运行效率不应小于《严寒和寒冷地区居住建筑节能设计标准》（JGJ 26）的规定，见表 29-21。

采暖锅炉最低设计效率 表 29-21

锅炉类型、燃料种类			在下列锅炉容量（MW）下的设计效率（%）						
			0.7	1.4	2.8	4.2	7.0	14.0	>28.0
燃煤	烟煤	II	—	—	73	74	78	79	80
		III	—	—	74	76	78	80	82
	燃油、燃气		86	87	87	88	89	90	90

29.2.2.2 空调系统对建筑能耗的影响

空调系统向建筑物内提供冷量或热量，以保持室内的舒适环境或满足工艺条件。空调能耗是指空调系统提供冷量或热量所消耗的能量。降低空调能耗的主要途径是降低建筑物的耗冷量或耗热量，以及提高空调系统与设备的能源利用效率。

影响空调系统能耗的主要因素和采暖系统基本相似，也包括系统形式、材料设备的性能和实际运行工况等，对于集中空调系统能耗的影响因素主要有以下几个方面。

1. 风机的单位风量耗功率

风机的单位风量耗功率越大，空调系统能耗越大。在公共建筑中，选用空气调节风系统的风机单位风量耗功率不应大于表 29-22 中的规定值。

风机单位风量耗功率 $[W/(m^3/h)]$ 表 29-22

系统型式	办公建筑		商业、旅馆建筑	
	粗效过滤	粗、中效过滤	粗效过滤	粗、中效过滤
两管制定风量系统	0.42	0.48	0.46	0.52
四管制定风量系统	0.47	0.53	0.51	0.58
两管制变风量系统	0.58	0.64	0.62	0.68
四管制变风量系统	0.63	0.69	0.67	0.74
普通机械通风系统	0.32			

注：摘自《公共建筑节能设计标准》（GB 50189）中风机单位风量耗功率的规定，普通机械通风系统中不包括厨房等需要特定过滤装置的房间的通风系统；严寒地区增设预热盘管时，单位风量耗功率可增加 0.035$[W/(m^3/h)]$；当空气调节机组内采用湿膜加湿方法时，单位风量耗功率可增加 0.053 $[W/(m^3/h)]$。

2. 风系统平衡度

风系统平衡度是风系统某支路的实际风量与设计风量之比,平衡系统风量,不至于有的地方冷,而有的地方温度降不下去。定风量系统平衡度应保证90%的受检支路的平衡度符合《公共建筑节能检测标准》(JGJ/T 177)的规定,达到0.9~1.2。

3. 输送能效比

输送能效比是空调冷热水循环水泵在设计工况点的轴功率,与所输送的显热交换量的比值。在公共建筑中,选用空气调节冷热水系统的输送能效比不应大于表29-23中的规定值。

空调冷热水系统的最大输送能效比   表 29-23

管道类型	两管制热水管道			四管制热水管道	空调冷水管道
	严寒地区	寒冷/夏热冬冷地区	夏热冬暖地区		
ER	0.00577	0.00618	0.00865	0.00673	0.0241

注:摘自《公共建筑节能技术规范》(JGJ 176)中空调冷热水系统的最大输送能效比的规定。适用于独立建筑物内的空调冷热水系统,最远总长度一般在200~500m;对于区域供冷(热)或超大建筑物设集中冷(热)站,管道总长达长的水系统可参照执行。两管制热水管道系统中的输送能效比值,不适用于采用直燃式冷(温)水机组、空气源热泵、地源热泵等作为热源,供回水温差小于10℃的系统。

4. 冷源系统能效系数

冷源系统能效系数是冷源系统单位时间制冷量与冷水机组、冷冻水泵、冷却水泵和冷却风机单位时间耗能的比值。冷源系统能效系数限值见表29-24。

冷源系统能效系数限值   表 29-24

类 型	单台额定制冷量(kW)	冷源系统能效系数(kW/kW)
水冷冷水机组	＜528	2.3
	528~1163	2.6
	＞1163	3.1
风冷或蒸发冷却	≤50	1.8
	＞50	2.0

注:摘自《公共建筑节能检测标准》(JGJ/T 177)中冷源系统能效系数限值的规定。

5. 制冷性能系数

制冷性能系数是制冷机在规定工况下的制冷量与相应输入功率之比。制冷性能系数对不同类型的机组有相应的要求。

(1)在公共建筑中,选用电机驱动压缩机的蒸汽压缩循环冷水(热泵)机组,在额定制冷工况和规定条件下,性能系数(COP)不应低于表29-25的规定。

(2)蒸汽、热水型溴化锂吸收式冷水机组及直燃型溴化锂吸收式冷(温)水机组,在实测工况下的性能系数应符合表29-26的规定。

冷水（热泵）机组制冷性能系数　　　　　　　　　表 29-25

类　型		额定制冷量（kW）	性能系数（W/W）
水冷	活塞式/涡旋式	＜528	3.8
		528～1163	4.0
		＞1163	4.2
	螺杆式	＜528	4.10
		528～1163	4.30
		＞1163	4.60
	离心式	＜528	4.40
		528～1163	4.70
		＞1163	5.10
风冷或蒸汽冷却	活塞式/涡旋式	≤50	2.40
		＞50	2.60
	螺杆式	≤50	2.60
		＞50	2.80

注：摘自《公共建筑节能设计标准》（GB 50189）中的冷水（热泵）机组制冷性能系数。

溴化锂吸收式机组性能参数　　　　　　　　　表 29-26

机型	名义工况			性能参数		
	冷(温)水进/出口温度（℃）	冷却水进/出口温度（℃）	蒸汽压力（MPa）	单位制冷量蒸汽耗量[kg/(kW·h)]	性能系数	
					制冷	供热
蒸汽双效	18/13	30/35	0.25	≤1.40		
			0.4			
	12/7		0.6	≤1.31		
			0.8	≤1.28		
直燃	供冷 12/7	30/35			≥1.10	
	供热出口 60					≥0.90

注：直燃机的性能系数为：制冷量(供热量)/[加热源消耗量(以低位热值计)＋电力消耗量(折算成一次能)]，摘自《公共建筑节能设计标准》(GB 50189)。

6. 空调水系统水力平衡

空调水系统和采暖系统相同，水力失调将会直接造成过冷或不冷、设备运行在低效率段，增加运行能耗。在《建筑节能工程施工质量验收规范》（GB 50411）中规定：空调系统冷热水、冷却水总流量允许偏差不大于 10%；空调机组的水流量允许偏差不大于 20%。

29.2.2.3　照明与配电系统对建筑能耗的影响

在建筑能耗中照明与配电系统的能耗约占 14%，因此，建筑节能工程中对照明与配电系统采取必需的节能措施是重要环节之一。我国照明耗电约占全国总发电量的 10%～12%，今后全国照明耗电量还将以每年 15% 的速度递增。为了能使国民经济持续、高速、健康地发展，必须控制照明用电量、减少配电线路电能损耗，重视配电与照明节能事业的发展。

1. 照明系统能耗的影响因素

照明系统能耗的影响因素包括照度值、照明功率密度、灯具效率和公共区照明控制等因素，决定着照明系统的节电率。常用光源的主要性能及适用场所，见表 29-101。

（1）表面上一点的照度（E）是入射在包含该点的面元上的光通量除以该面元面积之商。照度值不得小于设计值的 90%。

（2）照明功率密度（LPD）是单位面积上的照明安装功率（包括光源、镇流器或变压器）。不同类型的建筑照明功率密度应符合《建筑照明设计标准》（GB 50034）的规定。居住建筑每户照明功率密度值不宜大于 $6W/m^2$；办公建筑照明功率密度值按不同用途，可为 $7～15W/m^2$；商业建筑照明功率密度值按不同类型，可为 $10～17W/m^2$；旅馆建筑照明功率密度值按不同用途，可为 $4～15W/m^2$；医院建筑照明功率密度值按不同用途，可为 $5～25W/m^2$；学校建筑照明功率密度值按不同用途，可为 $9～15W/m^2$。

（3）灯具效率是在相同的使用条件下，灯具发出的总光通量与灯具内所有光源发出的总光通量之比。荧光灯灯具和高强度放电灯灯具的效率不应低于表 29-96 的规定。

2. 配电系统能耗的影响因素

低压供配电系统的电能质量是系统能耗的主要影响因素，它包括三相电压不平衡、谐波电压及谐波电流、功率因数、电压偏差等。谐波会使系统的能效下降，产生额外热效应。适当增大导线截面以减小配电线路的电能损耗，从而达到在不增加变压器容量的情况下增加供电能力的目的，减少母线、电缆对系统能耗的影响。

（1）三相电压不平衡度是指三项电力系统中三相不平衡的程度，用电压或电流负序分量与正序分量的均方根值百分比表示。三相电压不平衡度允许值为 2%，短时不超过 4%。

（2）总谐波畸变率是周期性交流量中的谐波含量的均方根值与其基波分量的均方根之比。公共电网谐波电压限值为 380V 的电网标称电压，电压总谐波畸变率（THD_u）为 5%，奇次（1～25 次），谐波含有率为 4%；偶次（2～24 次），谐波含有率为 2%。谐波电流不应超过表 29-99 的允许值。

（3）供电电压允许偏差：三相供电电压允许偏差为标称系统电压的 ±7%；单相 220V 为 +7%、—10%。

29. 2. 3 我国不同地区节能建筑热工性能要求

29. 2. 3. 1 建筑热工设计气候区的划分

我国所处地理位置为北半球的中低纬度（北纬 20°～55°）；大部分地区属于东亚季风气候，同时带有很强的大陆性气候特征。冬季十分寒冷，冬季气温与世界同纬度地区相比，低 5～18℃；夏季十分炎热，夏季气温与世界同纬度地区相比，又高出 2℃，并有不断增高的趋势；同时，冬夏持续时间长，春秋季节短。按《民用建筑热工设计规范》（GB 50176）中全国建筑热工设计分区图见图 29-1。

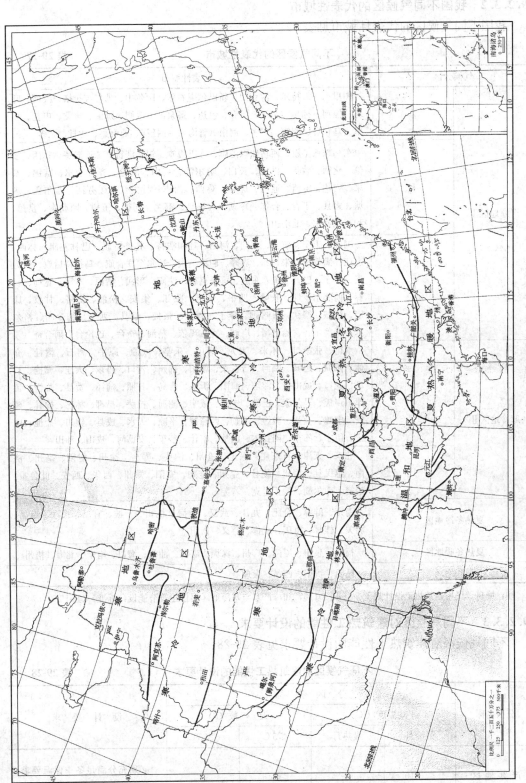

图 29-1 全国建筑热工设计分区图

29.2.3.2 我国不同气候区的代表性城市

我国不同气候区的代表性城市见表29-27。

不同气候区的代表性城市   表 29-27

气候分区		代表性城市
严寒地区Ⅰ	A	图里河、海拉尔、博克图、新巴尔虎右旗、阿尔山、那仁宝拉格、漠河、呼玛、黑河、孙吴、嫩江、伊春、色达、狮泉河、改则、那曲、班戈、申扎、帕里、乌鞘岭、刚察、玛多、河南（青海）、托托河、曲麻莱、达日、杂多
	B	东乌珠穆沁旗、西乌珠穆沁旗、阿巴嘎旗、锡林浩特、二连浩特、林西、多伦、化德、敦化、桦甸、长白、哈尔滨、克山、海伦、齐齐哈尔、富锦、泰来、安达、宝清、通河、虎林、鸡西、尚志、牡丹江、绥芬河、若尔盖、理塘、索县、丁青、合作、冷湖、大柴旦、都兰、同德、玉树、阿勒泰、富蕴、和布克赛尔、北塔山
	C	围场、丰宁、蔚县、大同、河曲、呼和浩特、扎鲁特旗、巴林左旗、林西、通辽、满都拉、朱日和、赤峰、额济纳旗、达尔罕联合旗、乌拉特后旗、海力素、集宁、巴音毛道、东胜、鄂托克旗、沈阳、彰武、清原、本溪、宽甸、长春、前郭尔罗斯、长岭、四平、延吉、临江、集安、松潘、德格、甘孜、康定、稻城、德钦、日喀则、隆子、酒泉、张掖、岷县、西宁、德令哈、格尔木、乌鲁木齐、哈巴河、塔城、克拉玛依、精河、奇台、巴伦台、阿合奇
寒冷地区Ⅱ	A	承德、张家口、怀来、表龙、唐山、乐亭、太原、原平、离石、榆社、介休、阳城、运城、临河、吉兰太、朝阳、锦州、营口、丹东、大连、赣榆、长岛、龙口、成山头、潍坊、海阳、沂源、青岛、日照、菏泽、费县、临沂、孟津、卢氏、马尔康、巴塘、毕节、威宁、昭通、拉萨、昌都、林芝、榆林、延安、宝鸡、兰州、敦煌、民勤、西峰镇、平凉、天水、成县、银川、盐池、中宁、伊宁、库车、阿拉尔、巴楚、喀什、莎车、安德河、皮山、和田
	B	北京、天津、石家庄、保定、沧州、泊头、弄台、徐州、射阳、亳州、济南、惠民县、德州、凌县、兖州、定陶、安阳、郑州、西华、西安、吐鲁番、哈密、库尔勒、铁干里克、若羌
夏热冬冷地区		南京、蚌埠、合肥、九江、武汉、上海、杭州、宁波、宜昌、长沙、南昌、韶关、桂林、重庆、成都、遵义、衡阳
夏热冬暖地区		福州、泉州、厦门、广州、深圳、湛江、汕头、海口、南宁、北海、梧州
温和地区		昆明、贵阳、西昌、大理

注：摘自《民用建筑热工设计规范》（GB 50176）和《严寒与寒冷地区居住建筑节能设计标准》（JGJ 26）

29.2.3.3 不同气候区对建筑热工性能的设计要求

不同气候区对建筑热工性能的设计要求见表29-28。

不同气候区对建筑热工性能的设计要求   表 29-28

分区名称	分区指标				设计要求
	平均温度（℃）		天数（d）		
	最冷月	最热月	≤5℃	≥25℃	
严寒地区	≤−10	—	≥145	—	必须充分满足冬季保温要求，一般可不考虑夏季防热

续表

分区名称	分 区 指 标				设 计 要 求
	平均温度（℃）		天　　数（d）		
	最冷月	最热月	≤5℃	≥25℃	
寒 冷 地 区	−10～0	—	90～145	—	应满足冬季保温要求，部分地区兼顾夏季防热
夏热冬冷地区	0～10	25～30	0～90	40～110	必须满足夏季防热要求，适当兼顾冬季保温
夏热冬暖地区	>10	25～29	—	100～200	必须充分满足夏季防热要求，一般可不考虑冬季保温
温 和 地 区	0～13	18～25	0～90	—	部分地区应考虑冬季保温，一般可不考虑夏季防热

29.2.3.4　严寒与寒冷地区主要城市的建筑物耗热量指标

严寒与寒冷地区主要城市的建筑物耗热量指标见表 29-29～表 29-33。

严寒 I（A）地区主要城市的建筑物耗热量指标　　　　　　　表 29-29

城　　　市	建筑物耗热量指标（W/m²）			
	≤3 层	4～8 层	9～13 层	≥14 层
图里河	24.3	22.5	20.3	20.1
博克图	21.1	19.4	17.4	17.3
新巴尔虎右旗	20.9	19.3	17.3	17.2
漠河	25.2	23.1	20.9	20.6
黑河	22.4	20.5	18.5	18.4
嫩江	22.5	20.7	18.6	18.5
色达	12.1	10.3	8.5	8.1
改则	13.3	11.4	9.6	8.5
班戈	12.5	10.7	8.9	8.6
帕里	11.6	10.1	8.4	8.0
刚察	14.1	11.9	10.1	9.9
河南（青海）	13.1	11.0	9.2	9.0
曲麻莱	13.8	12.1	10.2	9.9
杂多	12.7	11.1	9.4	9.1
海拉尔	22.9	20.9	18.9	18.8
阿尔山	21.5	20.1	18.0	17.7
那仁宝拉格	19.7	17.8	15.8	15.7
呼玛	23.3	21.4	19.3	19.2
孙吴	22.8	20.8	18.8	18.7
伊春	21.7	19.9	17.9	17.7
狮泉河	11.8	10.1	8.2	7.8
那曲	13.7	12.3	10.5	10.3
申扎	12.0	10.4	8.6	8.2
乌鞘岭	12.6	11.1	9.3	9.1
玛多	13.9	12.5	10.6	10.3
托托河	15.4	13.4	11.4	11.1
达日	13.2	11.2	9.4	9.1

严寒Ⅰ（B）地区主要城市的建筑物耗热量指标　表 29-30

城　市	建筑物耗热量指标（W/m²）			
	≤3 层	4～8 层	9～13 层	≥14 层
东乌珠穆沁旗	23.6	20.8	19.0	17.6
阿巴嘎旗	23.1	20.4	18.6	17.2
二连浩特	17.1	15.9	14.0	13.8
林西	20.8	17.9	16.6	14.6
桦甸	22.1	19.3	17.7	16.3
哈尔滨	22.9	20.0	18.3	16.9
海伦	25.2	22.0	20.2	18.7
富锦	24.1	21.1	19.3	17.8
安达	23.2	20.4	18.6	17.2
通河	24.4	21.3	19.5	18.0
鸡西	21.4	18.8	17.1	15.8
牡丹江	21.9	19.2	17.5	16.2
若尔盖	12.4	11.2	9.9	9.1
索县	12.4	11.2	9.9	8.9
合作	13.3	12.0	10.7	9.9
大柴旦	15.3	13.9	12.4	11.5
同德	14.6	13.3	11.8	11.0
阿勒泰	19.9	17.7	16.1	14.9
和布克赛尔	16.6	14.9	13.4	12.4
北塔山	17.8	15.8	14.3	13.3
西乌珠穆沁旗	21.4	18.9	17.2	16.0
锡林浩特	21.6	19.1	17.4	16.1
多伦	19.2	17.1	15.5	14.3
化德	18.4	16.3	14.8	13.6
敦化	20.6	18.0	16.5	15.2
长白	21.5	18.9	17.2	15.9
克山	25.6	22.4	20.6	19.0
齐齐哈尔	22.6	19.8	18.1	16.7
泰来	22.1	19.4	17.7	16.4
宝清	22.2	19.5	17.8	16.5
虎林	23.0	20.1	18.5	17.0
尚志	23.0	20.1	18.4	17.0
绥芬河	21.2	18.6	17.0	15.6
理塘	9.6	8.9	7.7	7.0
丁青	11.7	10.5	9.2	8.4
冷湖	15.2	13.8	12.3	11.4
都兰	12.8	11.6	10.3	9.5
玉树	11.2	10.2	8.9	8.2
富蕴	21.9	19.5	17.8	16.6

严寒Ⅰ（C）地区主要城市的建筑物耗热量指标　表 29-31

城　市	建筑物耗热量指标（W/m²）			
	≤3 层	4～8 层	9～13 层	≥14 层
围场	19.3	16.7	15.4	13.5
蔚县	18.1	15.6	14.4	12.6
河曲	17.6	15.2	14.0	12.3
扎鲁特旗	20.6	17.7	16.4	14.4
满都拉	19.2	16.6	15.3	13.4

城　　　市	建筑物耗热量指标（W/m²）			
	≤3层	4～8层	9～13层	≥14层
赤峰	18.5	15.6	14.7	12.9
达尔罕联合旗	20.0	17.3	16.0	14.0
海力素	19.1	16.6	15.3	13.4
巴音毛道	17.1	14.9	13.7	12.0
鄂托克旗	16.4	14.2	13.1	11.4
彰武	19.9	17.1	15.8	13.9
本溪	20.2	17.3	16.0	14.0
长春	23.3	19.9	18.6	16.3
长岭	23.5	20.1	18.8	16.5
延吉	22.5	19.2	17.9	15.7
集安	20.8	17.7	16.5	14.4
德格	11.6	10.0	9.0	7.8
康定	11.9	10.3	9.3	8.0
稻城	9.9	8.7	7.7	6.3
隆子	11.5	10.0	9.0	7.6
张掖	15.8	13.8	12.6	11.0
西宁	15.3	13.3	12.1	10.5
格尔木	14.0	12.3	11.2	9.7
哈巴河	22.2	19.1	17.8	15.6
克拉玛依	23.6	20.3	18.9	16.8
奇台	24.1	20.9	19.4	17.2
阿合奇	16.0	13.9	12.8	11.2
丰宁	17.8	15.4	14.2	12.4
大同	17.6	15.2	14.0	12.2
呼和浩特	18.4	15.9	14.7	12.9
巴林左旗	21.4	18.4	17.1	15.0
通辽	20.8	17.8	16.5	14.5
朱日和	20.5	17.6	16.3	14.3
额济纳旗	17.2	14.9	13.7	12.0
乌拉特后旗	18.5	16.1	14.8	13.0
集宁	19.3	16.6	15.4	13.4
东胜	16.8	14.5	13.4	11.7
沈阳	20.1	17.2	15.9	13.9
清原	23.1	19.7	18.4	16.1
宽甸	19.7	16.8	15.6	13.7
前郭尔罗斯	24.2	20.7	19.4	17.0
四平	21.3	18.2	17.0	14.9
临江	23.8	20.3	19.0	16.7
松潘	11.9	10.3	9.3	8.0
甘孜	10.1	8.9	7.9	6.6
德钦	10.9	9.4	8.5	7.2
日喀则	9.9	8.7	7.7	6.4
酒泉	15.7	13.6	12.5	10.9
岷县	13.8	12.0	10.9	9.4
德令哈	16.2	14.0	12.9	11.2
乌鲁木齐	21.8	18.7	17.4	15.4
塔城	20.2	17.4	16.1	14.3
精河	22.7	19.4	18.1	15.9
巴伦台	18.1	15.5	14.3	12.6

寒冷Ⅱ（A）地区主要城市的建筑物耗热量指标   表 29-32

城　　市	建筑物耗热量指标（W/m²）			
	≤3 层	4～8 层	9～13 层	≥14 层
唐山	17.6	15.3	14.0	12.4
承德	21.6	18.9	17.4	15.5
怀来	18.9	16.5	15.1	13.5
太原	17.7	15.4	14.1	12.5
介休	16.7	14.5	13.3	11.8
原平	18.6	16.2	14.9	13.3
监河	20.0	17.5	16.0	14.3
锦州	21.0	18.3	16.9	15.0
大连	16.5	14.3	13.0	11.5
朝阳（辽宁）	21.7	18.9	17.2	15.5
长岛	14.4	12.4	11.2	9.9
成山头	13.1	11.3	10.1	9.0
潍坊	16.1	13.9	12.7	11.3
沂源	15.7	13.6	12.4	11.0
日照	12.7	10.8	9.7	8.5
荷泽	13.7	11.8	10.7	9.5
卢氏	14.7	12.7	11.5	10.2
马尔康	12.7	10.9	9.7	8.8
毕节	11.5	9.8	8.8	7.7
昭通	10.2	8.7	7.6	6.8
昌都	15.2	13.1	11.9	10.5
延安	17.9	15.6	14.3	12.7
榆林	20.5	17.9	16.5	14.7
西峰镇	16.9	14.7	13.4	11.9
平凉	16.9	14.7	13.4	11.9
天水	15.7	13.5	12.3	10.9
银川	18.8	16.4	15.0	13.4
伊宁	20.5	18.0	16.5	14.8
阿拉尔	18.9	16.6	15.1	13.7
喀什	16.2	14.1	12.8	11.6
安德河	18.5	16.2	14.8	13.4
和田	15.5	13.5	12.2	11.0
乐亭	18.4	16.1	14.7	13.1
张家口	20.2	17.7	16.2	14.5
青龙	20.1	17.6	16.2	14.4
榆社	18.6	16.2	14.8	13.2
阳城	15.5	13.5	12.2	10.9
离石	19.4	17.0	15.6	13.8
吉兰太	19.8	17.3	15.8	14.2
营口	21.8	19.1	17.6	15.6
丹东	20.6	18.0	16.6	14.7
赣榆	14.0	12.1	11.0	9.7
龙口	15.0	12.9	11.7	10.4
海阳	14.7	12.7	11.5	10.2
朝阳（山东）	15.6	13.6	12.3	11.0
青岛	13.0	11.1	10.0	8.8
费县	14.0	12.1	10.9	9.7
临沂	14.2	12.3	11.1	9.8

续表

城 市	建筑物耗热量指标（W/m²）			
	≤3 层	4～8 层	9～13 层	≥14 层
孟津	13.7	11.8	10.7	9.4
巴塘	7.8	6.6	5.5	5.1
威宁	12.0	10.3	9.2	8.2
拉萨	11.7	10.0	8.9	7.9
林芝	9.4	8.0	6.9	6.2
宝鸡	14.1	12.2	11.1	9.8
兰州	16.5	14.4	13.1	11.7
敦煌	19.1	16.7	15.3	13.8
民勤	18.4	16.1	14.7	13.2
成县	8.3	7.1	6.0	5.5
中宁	17.8	15.5	14.2	12.6
盐池	18.6	16.2	14.8	13.2
库车	18.8	16.5	15.0	13.5
巴楚	17.0	14.9	13.5	12.3
莎车	16.3	14.2	12.9	11.7
皮山	16.1	14.1	12.7	11.5

寒冷Ⅱ（B）地区主要城市的建筑物耗热量指标 表 29-33

城 市	建筑物耗热量指标（W/m²）			
	≤3 层	4～8 层	9～13 层	≥14 层
北京	16.1	15.0	13.4	12.1
石家庄	15.7	14.6	13.1	11.6
泊头	16.1	15.0	13.4	11.9
邢台	14.9	13.9	12.3	11.0
徐州	13.8	12.8	11.4	10.1
射阳	12.6	11.6	10.3	9.2
济南	14.2	13.2	11.7	10.5
兖州	14.6	13.6	12.0	10.8
陵县	15.9	14.8	13.2	11.8
郑州	13.0	12.1	10.7	9.6
安阳	15.0	13.9	12.4	11.0
铁干里克	19.8	18.6	16.7	15.2
吐鲁番	19.9	18.6	16.8	15.0
天津	17.1	16.0	14.3	12.7
保定	16.5	15.4	13.8	12.2
沧州	16.2	15.1	13.5	12.0
运城	15.5	14.4	12.9	11.4
亳州	14.2	13.2	11.8	10.4
惠民县	16.1	15.0	13.4	12.0
德州	14.4	13.4	11.9	10.7
定陶	14.7	13.6	12.1	10.8
西华	13.7	12.7	11.3	10.0
库尔勒	18.6	17.5	15.6	14.1
若羌	18.6	17.4	15.5	14.1
哈密	21.3	20.0	18.0	16.2

29.3   建筑节能工程常用的计算

29.3.1   围护结构热工性能计算方法[1]

29.3.1.1   导热系数

导热系数按式（29-1）计算：

$$\lambda = \delta/R \tag{29-1}$$

式中 λ——材料导热系数[W/(m·K)]；

　　　　δ——材料层厚度（m）；

　　　　R——该厚度材料层的热阻（m^2·K/W），按式（29-2）计算：

$$R = \Delta T \cdot A/Q \tag{29-2}$$

式中 ΔT——材料试件冷、热表面的温度差（K）；

　　　　A——材料试件计量单元的面积（m^2）；

　　　　Q——在稳定状态下流过材料试件计量单元的一维恒定热流量，其值等于平均发热功率（W）。

29.3.1.2   传热系数

1. 传热系数的计算

（1）实测围护结构热流密度计算传热系数

围护结构热流密度平均值 q（W/m^2），按式（29-3）计算：

$$q = \Sigma q_{in}/n \tag{29-3}$$

式中 q_{in}——每次时间间隔的围护结构实测热流密度（W/m^2）；

　　　　n——测试次数。

室内(外)空气温度平均值 $T_{p,in}$（$T_{p,en}$）（℃），按式（29-4）计算：

$$T_{p,in}(T_{p,en}) = \Sigma T_{in}(T_{en})/n \tag{29-4}$$

围护结构热阻 R[（m^2·K）/W]，按式（29-5）计算：

$$R = (T_{p,iB} — T_{p,eB})/q \tag{29-5}$$

式中 $T_{p,iB}$——围护结构内表面温度算术平均值（℃）；

　　　　$T_{p,eB}$——围护结构外表面温度算术平均值（℃）。

围护结构传热系数 K[W/(m^2·K)]，按式（29-6）计算：

$$K = 1/(1/\alpha_i + R + 1/\alpha_e) = 1/(R_i + R + R_e) \tag{29-6}$$

式中 $\alpha_i(R_i)$——内表面换热系数[W/(m^2·K)]〈换热阻[（m^2·K）/W]〉，取值见表29-45；

　　　　$\alpha_e(R_e)$——外表面换热系数[W/(m^2·K)]〈换热阻[（m^2·K）/W]〉，取值见表29-46。

（2）实测围护结构传热量计算传热系数

围护结构传热系数 K[W/(m^2·K)]，按式（29-7）、式（29-8）计算：

$$K_n = Q_n/[A_1 \cdot (T_{in} - T_{en})] \tag{29-7}$$

---

[1]   当计算方法与现行标准有矛盾时，以现行标准为准。

$$K = \Sigma K_n / n \qquad (29\text{-}8)$$

式中　Q_n——热箱单位测试时间通过围护结构传输的热量(W)；

　　　A_1——热箱内开口面积(m^2)；

　　　K_n——第 n 次测出的传热系数值[$W/(m^2 \cdot K)$]；

　　　n——数据采集的有效次数($n \geqslant 48$)；

　　　T_{in}——室内空气温度(℃)；

　　　T_{en}——室外空气温度(℃)。

(3) 理论传热系数计算

1) 单层结构热阻 R[$W/(m^2 \cdot K)$]，按式(29-9)计算：

$$R = \delta / \lambda \qquad (29\text{-}9)$$

式中　δ——材料层厚度(m)；

　　　λ——材料导热系数[$W/(m \cdot K)$]。

2) 多层结构热阻 R[$W/(m^2 \cdot K)$]，按式(29-10)计算：

$$R = R_1 + R_2 + \cdots\cdots R_n = \delta_1 / \lambda_1 + \delta_2 / \lambda_2 + \cdots\cdots + \delta_n / \lambda_n \qquad (29\text{-}10)$$

式中　R_1、R_2、…、R_n——各层材料热阻[$(m^2 \cdot K)/W$]；

　　　δ_1、δ_2、…、δ_n——各层材料厚度(m)；

　　　λ_1、λ_2、…、λ_n——各层材料导热系数[$W/(m \cdot K)$]。

3) 围护结构的传热阻 R_0，按式(29-11)计算：

$$R_0 = R_i + R + R_e \qquad (29\text{-}11)$$

式中　R_i——内表面换热阻[$(m^2 \cdot K)/W$]，取值见表 29-45；

　　　R_e——外表面换热阻[$(m^2 \cdot K)/W$]，取值见表 29-46；

　　　R——围护结构热阻[$(m^2 \cdot K)/W$]。

4) 围护结构传热系数 K[$W/(m^2 \cdot K)$]，按式(29-12)计算：

$$
\begin{aligned}
K &= 1/R_0 \\
&= 1/(R_i + R + R_e) = 1/[(1/\alpha_i) + R + (1/\alpha_e)] \\
&= 1/\{R_i + [(\delta_1/\lambda_1) + (\delta_2/\lambda_2) + \cdots\cdots + (\delta_n/\lambda_n)] + R_e\} \qquad (29\text{-}12)
\end{aligned}
$$

2. 平均传热系数计算

(1) 围护结构受周边热桥的影响部位的热工性能，以平均传热系数表示，按式(29-13)计算：

$$K_i = (K_P \cdot F_P + K_{B1} \cdot F_{B1} + K_{B2} \cdot F_{B2} + K_{B3} \cdot F_{B3}) / (F_P + F_{B1} + F_{B2} + F_{B3}) \qquad (29\text{-}13)$$

式中　　　K_i——平均传热系数[$W/(m^2 \cdot K)$]；

　　　　　K_P——主体部位的传热系数[$W/(m^2 \cdot K)$]；

K_{B1}、K_{B2}、K_{B3}——周边各热桥部位的传热系数[$W/(m^2 \cdot K)$]；

　　　　　F_P——主体部位的面积(m^2)；

F_{B1}、F_{B2}、F_{B3}——周边各热桥部位的面积(m^2)。

(2) 传热系数计算实例：

某住宅楼围护结构各部位传热系数，依据竣工图计算如下：

1) 单玻彩钢窗传热系数，按式(29-13)计算：

实测：窗户面积：1.94m²；窗框面积：0.60m²；玻璃面积：1.34m²；窗框传热系数：5.11W/(m²·K)；玻璃传热系数：8.43W/(m²·K)

计算：$K_{彩钢} = (5.11 \times 0.60 + 8.43 \times 1.34)/1.94 = 7.4$W/(m²·K)

2）双玻塑钢窗传热系数，按式（29-13）计算：

实测：窗户面积：2.07m²；窗框面积：0.53m²；玻璃面积：1.54m²；窗框传热系数：2.29W/(m²·K)；玻璃传热系数：2.95W/(m²·K)

计算：$K_{塑钢} = (2.29 \times 0.53 + 2.95 \times 1.54)/2.07 = 2.8$W/(m²·K)

3）外墙平均传热系数

①围护结构各部位的面积

外围护结构：东、西方向：3105.66m²；南向：1444.47m²；北向：1444.47m²；地下室顶板、屋顶（包括楼梯间）：792.99m²

外门窗：东、西方向：1029.60m²；南向：533.43m²；北向：528.67m²

热桥面积：楼板：东、西方向：105.24m²；南向：44.80m²；北向：44.80m²

隔墙：东、西方向：9.00m²；南向：7.488m²；北向：7.488m²

分户墙：东、西方向：54.216m²

主体墙面积：（不含热桥）

东、西向：3105.66−1029.6−105.24−54.216−9=1907.604m²

南向：1444.47−533.43−44.80−7.488=858.752m²

北向：1444.47−528.67−44.80−7.488=863.512m²

② 实测主体北墙外保温、主体西墙内保温及屋顶的传热系数为：

$$K_{北墙外保温} = K_{东西墙外保温} = 0.83 \text{W/(m}^2 \cdot \text{K)}$$

$$K_{西墙内保温} = 0.83 \text{W/(m}^2 \cdot \text{K)}$$

$$K_{屋顶} = 0.49 \text{W/(m}^2 \cdot \text{K)}$$

③ 楼板、隔墙、分户墙热桥传热系数：（热桥均为现浇混凝土），按式（29-6）计算：

$$K_{楼板} = 1/(0.11 + 0.18/1.74 + 0.05/1.74 + 0.04) = 3.54 \text{W/(m}^2 \cdot \text{K)}$$

$$K_{隔墙} = 3.54 \text{W/(m}^2 \cdot \text{K)}$$

$$K_{分户墙} = 3.54 \text{W/(m}^2 \cdot \text{K)}$$

④ 外墙平均传热系数，按式（29-13）计算：

计算：$K_i = [K_P \cdot (F_{P北} + F_{P西} + F_{P东西}) + K_B \cdot (F_{B楼板} + F_{B隔墙} + F_{B分户墙})]/(F_{P北} + F_{P西} + F_{P东西} + F_{B楼板} + F_{B隔墙} + F_{B分户墙})$

$K = (863.512 + 858.752 + 1907.604) \times 0.83 + (105.24 + 54.216 + 9 + 44.80 + 7.488 + 44.80 + 7.488) \times 3.54/(863.512 + 858.752 + 1907.604 + 105.24 + 54.216 + 9 + 44.80 + 7.488 + 44.80 + 7.488)$

$= (3629.868 \times 0.83 + 273.032 \times 3.54)/3902.900$

$= (3012.790 + 966.533)/3902.900 = 1.02$W/(m²·K)

地下室顶板传热系数，按式（29-6）计算：

$$K_{地下室顶板} = 1/(0.11 + 0.2/1.74 + 0.04) = 3.77 \text{W/(m}^2 \cdot \text{K)}$$

3. 线传热系数

（1）结构性热桥线传热系数，在建筑外围护结构中，墙角、窗间墙、凸窗、阳台、屋顶、楼板、地板等处形成的热桥称为结构性热桥。结构性热桥对墙体、屋面传热的影响，可用线传热系数描述，按《严寒与寒冷地区居住建筑节能设计标准》(JGJ 26—2010)中附录 B 计算。

(2) 框与面板接缝的线传热系数，门窗或幕墙玻璃(或其他镶嵌板)边缘与框的组合传热效应所产生附加传热量的参数为线传热系数，按《建筑门窗玻璃幕墙热工计算规程》(JGJ 151—2008)中第 7 章的规定计算。

29.3.1.3 建筑物耗热量的计算方法

(1) 建筑物耗热量指标 q_H(W/m²)，按式(29-14)计算：

$$q_H = q_{HT} + q_{INF} - q_{IH} \tag{29-14}$$

式中　q_H——建筑物耗热量指标(W/m²)；

　　　q_{HT}——折合到单位建筑面积上单位时间内通过围护结构传热耗热量(W/m²)；

　　　q_{INF}——折合到单位建筑面积上单位时间内的空气渗透耗热量(W/m²)；

　　　q_{IH}——折合到单位建筑面积上单位时间内的建筑物内部得热，取 3.80W/m²。

(2) 围护结构传热耗热量 q_{HT}(W/m²)，按式(29-15)计算：

1) 建筑围护结构的传热量 q_{HT}，按式(29-15)计算：

$$q_{HT} = q_{Hq} + q_{Hw} + q_{Hd} + q_{Hmc} + q_{Hy} \tag{29-15}$$

式中　q_{Hq}——折合到单位建筑面积上单位时间内通过墙的传热量(W/m²)；

　　　q_{Hw}——折合到单位建筑面积上单位时间内通过屋顶的传热量(W/m²)；

　　　q_{Hd}——折合到单位建筑面积上单位时间内通过地面的传热量(W/m²)；

　　　q_{Hmc}——折合到单位建筑面积上单位时间内通过门、窗的传热量(W/m²)；

　　　q_{Hy}——折合到单位建筑面积上单位时间内非采暖封闭阳台的传热量(W/m²)。

2) 外墙的传热量，按式(29-16)计算：

$$q_{Hq} = \Sigma q_{Hqi}/A_0 = [\Sigma \varepsilon_{qi} K_{mqi} F_{qi}(t_n - t_e)]/A_0 \tag{29-16}$$

式中　q_{Hq}——折合到单位建筑面积上单位时间内通过外墙的传热量(W/m²)；

　　　t_n——室内计算温度，取 18℃；当外墙内侧是楼梯间时，则取 12℃；

　　　t_e——采暖期室外平均温度(℃)，按相关标准确定；

　　　ε_{qi}——外墙传热系数的修正系数，按相关标准确定；

　　　K_{mqi}——外墙平均传热系数[W/(m²·K)]；

　　　F_{qi}——外墙的面积(m²)；

　　　A_0——建筑面积(m²)。

3) 屋顶的传热量，按式(29-17)计算：

$$q_{Hw} = \Sigma q_{Hwi}/A_0 = [\Sigma \varepsilon_{wi} K_{mwi} F_{wi}(t_n - t_e)]/A_0 \tag{29-17}$$

式中　q_{Hw}——折合到单位建筑面积上单位时间内通过屋顶的传热量(W/m²)；

　　　ε_{wi}——屋顶传热系数的修正系数，按相关标准确定；

　　　K_{mwi}——屋顶传热系数[W/(m²·K)]；

　　　F_{wi}——屋顶的面积(m²)。

4) 地面的传热量，按式(29-18)计算：

$$q_{Hd} = \Sigma q_{Hdi}/A_0 = [\Sigma K_{di} F_{di}(t_n - t_e)]/A_0 \tag{29-18}$$

式中　q_{Hd}——折合到单位建筑面积上单位时间内通过地面的传热量(W/m²)；

K_{di}——地面的传热系数[W/(m² · K)];

F_{di}——地面的面积(m²)。

5) 外窗(门)的传热量按式(29-19)计算:

$$q_{Hmc} = \Sigma q_{Hmci}/A_0 = [\Sigma K_{mci}F_{mci}(t_n - t_e) - I_{tyi}C_{mci}F_{mci}]/A_0 \qquad (29\text{-}19)$$

$$C_{mci} = 0.87 \times 0.70 \times SC \qquad (29\text{-}20)$$

式中 q_{Hmc}——折合到单位建筑面积上单位时间内通过外窗(门)的传热量(W/m²);

K_{mci}——窗(门)的传热系数[W/(m² · K)];

F_{mci}——窗(门)的面积(m²);

I_{tyi}——窗(门)外表面采暖期平均太阳辐射热(W/m²),按相关标准确定;

C_{mci}——窗(门)的太阳辐射修正系数,按相关标准确定;

SC——窗的综合遮阳系数,按式 29-24 计算;

0.87——3mm普通玻璃的太阳辐射透过率;

0.70——折减系数。

6) 非采暖封闭阳台的传热量,按式(29-21)计算:

$$q_{Hy} = \Sigma q_{Hyi}/A_0 = [\Sigma K_{qmci}F_{qmci}\zeta_i(t_n - t_e) - I_{tyi}C'_{mci}F_{mci}]/A_0 \qquad (29\text{-}21)$$

$$C'_{mci} = (0.87 \times 0.70 \times SC_W) \times (0.87 \times 0.70 \times SC_N) \qquad (29\text{-}22)$$

式中 q_{Hy}——折合到单位建筑面积上单位时间内通过非采暖封闭阳台的传热量(W/m²);

K_{qmci}——分隔封闭阳台和室内的墙、窗(门)的平均传热系数[W/(m² · K)];

F_{qmci}——分隔封闭阳台和室内的墙、窗(门)的面积(m²);

ζ_i——阳台的温差修正系数,按相关标准确定;

I_{tyi}——封闭阳台外表面采暖期平均太阳辐射热(W/m²),按相关标准确定;

F_{mci}——分隔封闭阳台和室内的窗(门)的面积(m²);

C'_{mci}——分隔封闭阳台和室内的窗(门)的太阳辐射修正系数;

SC_W——外侧窗的综合遮阳系数,按式(29-24)计算;

SC_N——内侧窗的综合遮阳系数,按式(29-24)计算。

(3) 建筑物空气换气耗热量 q_{INF}(W/m²),按式(29-23)计算:

$$q_{INF} = \Delta T_{标}(C_p \cdot \rho \cdot N \cdot V)/A \qquad (29\text{-}23)$$

式中 q_{INF}——折合到单位建筑面积上单位时间内建筑物的空气换气耗热量(W/m²);

C_p——空气比热容,取 0.28W · h/(kg · K);

ρ——空气密度(kg/m³),取 t_e 下的值;

N——换气次数,取 0.5 次/h;检测验算:当测得值小于 0.5 次/h 时,取标准值 0.5 次/h;当测得值大于 0.5 次/h 时,取实测值;

V——换气体积(m³)。

29.3.1.4 关于面积和体积的计算

1. 围护结构各部分的面积计算(m²)

(1) 屋顶或顶棚面积:按支承屋顶的外墙外包线围成的面积计算。

(2) 外墙面积:按不同朝向分别计算。某一朝向的外墙面积,由该朝向外表面积减去窗户和外门洞口面积。当楼梯间不采暖时,减去楼梯间的外墙面积。

(3) 外窗(包括阳台门上部透明部分)面积,按朝向和有无阳台分别计算,取洞口面积。

（4）外门面积：按不同朝向分别计算，取洞口面积。

（5）阳台门下部不透明部分面积：不同朝向分别计算，取洞口面积。

（6）地面面积：按外墙内侧围成的面积计算。

（7）地板面积：按外墙内侧围成的面积计算，并应区分接触室外空气的地板和不采暖地下室上部的地板。

2. 建筑面积（A_0），按各层外墙外包线围成的平面面积的总和计算，包括半地下室的面积，不包括地下室的面积。

3. 建筑体积（V_0），按与计算建筑面积所对应的建筑物外表面和底层地面所围成的体积计算。

4. 换气体积（V），楼梯间及外廊不采暖时按 $V=0.60V_0$；楼梯间及外廊采暖时，按 $V=0.65V_0$ 计算。

5. 凹凸墙面的朝向归属

（1）当某朝向有外凸部分时，应符合下列规定：

1）当凸出部分的长度（垂直于该朝向的尺寸）小于或等于 1.5m 时，该凸出部分的全部外墙面积应计入该朝向的外墙总面积；

2）当凸出部分的长度大于 1.5m 时，该凸出部分应按各自实际朝向计入各自朝向的外墙总面积。

（2）当某朝向有内凹部分时，应符合下列规定：

1）当凹入部分的宽度（平行于该朝向的尺寸）小于 5m，且凹入部分的长度小于或等于凹入部分的宽度时，该凹入部分的全部外墙面积应计入该朝向的外墙总面积；

2）当凹入部分的宽度（平行于该朝向的尺寸）小于 5m，且凹入部分的长度大于凹入部分的宽度时，该凹入部分的两个侧面外墙面积应计入北向的外墙总面积，该凹入部分的正面外墙面积应计入该朝向的外墙总面积；

3）当凹入部分的宽度大于或等于 5m 时，该凹入部分应按各实际朝向计入各自朝向的外墙总面积。

6. 内天井墙面的朝向归属应符合下列规定：

（1）当内天井的高度大于等于内天井最宽边长的 2 倍时，内天井的全部外墙面积应计入北向的外墙总面积；

（2）当内天井的高度小于内天井最宽边长的 2 倍时，内天井的外墙应按各实际朝向计入各自朝向的外墙总面积。

29.3.1.5 综合遮阳系数

综合遮阳系数（SC），按式（29-24）计算：

$$SC = SC_C \times SD = SC_B \times (1 - F_K/F_C) \times SD \tag{29-24}$$

式中　SC——综合遮阳系数；

　　　SC_C——窗本身的遮阳系数；

　　　SC_B——玻璃的遮阳系数；

　　　F_K——窗框的面积（m^2）；

　　　F_C——窗的面积（m^2）（F_K/F_C 为窗框面积比，PVC 塑钢窗或木窗可取 0.30，铝合金窗取 0.20）；

SD——建筑外遮阳系数。

29.3.1.6 室内外计算温度条件下热桥部位内表面温度

室内外计算温度条件下热桥部位内表面温度，按式(29-25)计算：

$$\theta_I = t_{di} - [(t_{rm} - \theta_{Im})/(t_{rm} - t_{em})] \cdot (t_{di} - t_{de}) \tag{29-25}$$

式中　θ_I——室内外计算温度条件下热桥部位内表面温度(℃)；

　　　θ_{Im}——检测持续时间内热桥部位内表面表面逐时值的算术平均值(℃)；

　　　t_{rm}——受检房间的室内平均温度(℃)；

　　　t_{em}——检测持续时间内室外空气温度逐时值的算术平均值(℃)；

　　　t_{di}——冬季室内计算温度(℃)，应根据具体设计图纸确定或按《民用建筑热工设计规范》(GB 50176)中的规定；

　　　t_{de}——围护结构冬季室外计算温度(℃)，应根据具体设计图纸确定或按《民用建筑热工设计规范》(GB 50176)中的规定。

29.3.1.7 换气次数

1. 50Pa、-50Pa 压差下房间的换气次数 $N_{50}^{\pm}(h^{-1})$，按式(29-26)计算：

$$N_{50}^{\pm} = L/V \tag{29-26}$$

式中　N_{50}^{+}、N_{50}^{-}——50Pa、-50Pa 压差下房间的换气次数(h^{-1})；

　　　　　L——空气流量的平均值(m^3/h)；

　　　　　V——被测房间换气体积(m^3)。

2. 房间的换气次数 $N(h^{-1})$(换算系数为 17)，按式(29-27)计算：

$$N = (N_{50}^{+} + N_{50}^{-})/2 \times 17 \tag{29-27}$$

29.3.2 采暖、空调及照明与配电系统性能计算方法

29.3.2.1 采暖系统

1. 室外管网水力平衡度(HB_j)，按式(29-28)计算：

$$HB_j = G_{wm,j}/G_{wd,j} \tag{29-28}$$

式中　HB_j——第 j 个热力入口的水力平衡度；

　　　$G_{wm,j}$——第 j 个热力入口循环水量检测值(m^3/s)；

　　　$G_{wd,j}$——第 j 个热力入口的设计循环水量(m^3/s)。

2. 供热系统补水率(R_{mu})，按式(29-29)～式(29-31)计算：

$$R_{mp} = (g_a/g_d) \times 100\% \tag{29-29}$$

$$g_d = 0.861 \times g_p/(t_s - t_r) \tag{29-30}$$

$$g_a = G_a/A_0 \tag{29-31}$$

式中　R_{mp}——采暖系统补水率；

　　　g_a——采暖系统单位设计循环水量[$kg/(m^2 \cdot h)$]；

　　　g_d——检测持续时间内采暖系统单位补水量[$kg/(m^2 \cdot h)$]；

　　　G_a——检测持续时间内采暖系统平均单位时间内补水量(kg/h)；

　　　A_0——居住小区内所有采暖建筑物的总建筑面积(m^2)；

　　　g_p——供热设计热负荷指标(W/m^2)；

t_s、t_r——采暖热源设计供水、回水温度(℃)。

3. 室外管网热损失率(α_{ht})，按式(29-32)计算：

$$\alpha_{ht} = (1 - \Sigma Q_{a,j}/Q_{a,t})$$ (29-32)

式中 α_{ht}——采暖系统室外管网热损失率；

$Q_{a,j}$——检测持续时间内第 j 个热力入口处的供热量(MJ)；

$Q_{a,t}$——检测持续时间内热源的输出热量(MJ)。

4. 采暖系统耗电输热比

采暖系统循环水泵耗电输热比(EHR)，按式(29-33)计算：

$$HER = N/Q\eta \leqslant A \times (20.4 + \alpha\Sigma L)/\Delta t$$ (29-33)

式中 N——水泵在设计工况点的轴功率(kW)；

Q——建筑供热负荷(kW)；

η——电机和传动部分的效率(%)，见表 29-34；

Δt——设计供回水温度差(℃)，按设计要求选取；

A——计算系数，见表 29-34；

ΣL——室外管网主干线(包括供回水管)的总长度(m)；

α——系数，其取值：当 $\Sigma L \leqslant 400m$ 时，$\alpha = 0.0115$；当 $400m < \Sigma L < 1000m$ 时，$\alpha = 0.003833 + 3.067/\Sigma L$；当 $\Sigma L \geqslant 1000m$ 时，$\alpha = 0.0069$。

电机和传动部分的效率及循环水泵的耗电输热比计算系数　　　表 29-34

热负荷 Q(kW)		<2000	≥2000
电机和传动部分的效率 η	直联方式	0.87	0.89
	联轴器连接方式	0.85	0.87
计算系数 A		0.0062	0.0054

5. 锅炉运行效率

采暖锅炉日平均运行效率，按式(29-34)计算：

$$\eta_{2,a} = (Q_{a,t}/Q_i) \times 100\%$$ (29-34)

$$Q_i = G_c \cdot Q_c^y \cdot 10^{-3}$$ (29-35)

式中 $\eta_{2,a}$——检测持续时间内采暖锅炉日平均运行效率；

$Q_{a,t}$——检测持续时间内采暖锅炉的输出热量(MJ)；

Q_i——检测持续时间内采暖锅炉的输入热量(MJ)；

G_c——检测持续时间内采暖锅炉的燃料用量(kg)或(Nm³)；

Q_c^y——检测持续时间内燃料的平均低位发热量(kJ/kg)或(kJ/Nm³)。

29.3.2.2 空调系统

1. 单位建筑面积采暖空调能耗，按式(29-36)计算：

$$E_0 = \Sigma E_i/A$$ (29-36)

式中 E_0——单位建筑面积采暖、空调能耗；

E_i——各个系统一年的采暖、空调能耗；

A——建筑面积(m²)，不包括没有设置采暖空调的地下车库面积。

2. 年冷源系统能效系数(EER_{-SL})，按式(29-37)计算：

$$EER_{-SL} = Q_{SL}/\Sigma N_{si}$$ (29-37)

式中 EER_{-SL}——年冷源系统能效系数；

Q_{SL}——冷源系统供冷季的总供冷量(kW·h)；

N_{si}——冷源系统供冷季各设备所消耗的电量(kW·h)。

3. 风机单位风量耗功率(W_s)，按式(29-38)计算：

$$W_s = N/L \qquad (29-38)$$

式中 W_s——单位风量耗功率[W/(m³/h)]；

N——风机的输入功率(W)；

L——风机的实际风量(m³/h)。

4. 定风量系统平衡度(FHB_j)，按式(29-39)计算：

$$FHB_j = G_{a,j}/G_{d,j} \qquad (29-39)$$

式中 FHB_j——第 j 个支路的风系统平衡度；

$G_{a,j}$——第 j 个支路的实际风量(m³/h)；

$G_{d,j}$——第 j 个支路的设计风量(m³/h)。

5. 输送能效比(ER)

在公共建筑中，选用空气调节冷热水系统的输送能效比(ER)，按式(29-40)计算：

$$ER = 0.002342H/(\Delta T \cdot \eta) \qquad (29-40)$$

式中 H——水泵设计扬程(m)；

ΔT——供回水温差(℃)；

η——水泵在设计工作点的效率(%)。

6. 冷源系统能效系数(EER)

(1) 冷源系统供冷量(Q_0)，按式(29-41)计算：

$$Q_0 = V\rho c\Delta t/3600 \qquad (29-41)$$

式中 Q_0——冷源系统供冷量(kW)；

V——冷水平均流量(m³/h)；

ρ——冷水平均进、出口温差(℃)；

c——冷水平均密度(kg/m³)；

Δt——冷水平均定压比热[kJ/(kg·℃)]；

ρ、c 根据介质进出口平均温度由物性参数表查取。

(2)冷源系统能效系数(EER)，按式(29-42)计算：

$$EER = Q_0/\Sigma N_i \qquad (29-42)$$

式中 EER——冷源系统能效系数(kW/kW)；

ΣN_i——冷源系统各用电设备的平均输入功率之和(kW)。

7. 制冷性能系数(COP)

(1) 冷水(热泵)机组的供冷(热)量(Q_0)，按式(29-43)计算：

$$Q_0 = V\rho c\Delta t/3600 \qquad (29-43)$$

式中 Q_0——冷水(热泵)机组的供冷(热)量(kW)；

V——冷水平均流量(m³/h)；

ρ——冷水平均进、出口温差(℃)；

c——冷水平均密度(kg/m³)；

Δt——冷水平均定压比热[kJ/(kg·℃)];

ρ、c 根据介质进出口平均温度由物性参数表查取。

（2）电驱动压缩机的蒸汽压缩循环冷水（热泵）机组的实际性能系数（COP_d），按式（29-44）计算：

$$COP_d = Q_0/N \qquad (29\text{-}44)$$

式中　COP_d——电驱动压缩机的蒸汽压缩循环冷水（热泵）机组的实际性能系数；

　　　N——实测工况下机组平均输入功率(kW)。

（3）溴化锂吸收式冷水机组的实际性能系数（COP_x），按式（29-45）计算：

$$COP_x = Q_0/[(Wq/3600) + p] \qquad (29\text{-}45)$$

式中　COP_x——溴化锂吸收式冷水机组的实际性能系数；

　　　W——实测工况下机组平均燃气消耗量(m^3/h)，或燃油消耗量(kg/h)；

　　　q——燃料发热量(kJ/m^3 或 kJ/kg)；

　　　p——实测工况下机组平均电力消耗量(折算成一次能，kW)。

8. 空调实际耗电量计算

空调实际耗电量计算，因为空调制冷有开有停，间隙工作，空调的工作时间又因房间面积、设置温度和室内温度的不同而有长有短，因此，需要实测空调的累计工作时间才能算出空调的实际耗电量，按式（29-46）计算：

空调日耗电量(kWh)＝制冷功率(W)×日累计工作小时(h)/1000 　(29-46)

1 匹的制冷量大约为 2000kcal/h，换算为国际单位 1kcal/h＝1.163W，1 匹空调的制冷量为 2000×1.163＝2326W。如果，空调日累计 4 小时工作，1 匹空调日耗电量＝2326×4/1000＝9.30(kWh)。

9. 空调系统的水力计算

系统正常运行过程中，实测主机房总冷却水管的冷热水、冷却水总流量(简称水总流量)与设计值之比，按式（29-47）计算：

空调系统的水力＝[(设计水总流量值－实测水总流量)/设计水总流量值]×100%

(29-47)

29.3.2.3　照明与配电系统

1. 照明系统节能率 η(%)，按式（29-48）计算：

$$\eta = 1 - [(E_z' + A)/E_z] \times 100\% \qquad (29\text{-}48)$$

式中　E_z、E_z'——改造前后照明电耗量(kW·h)；

　　　A——调整量(kW·h)。

2. 照明功率密度值 ρ(kW/m^2)，按式（29-49）计算：

$$\rho = P/S \qquad (29\text{-}49)$$

式中　P——实测照明功率(kW)；

　　　S——被测区域面积(m^2)。

29.3.3　建筑材料热工计算参数

29.3.3.1　常用建筑材料热工计算参数

1. 建筑材料热物理性能计算参数(表 29-35)

建筑材料热物理性能计算参数   表 29-35

序号	材料名称		干密度 ρ (kg/m³)	计 算 参 数			
				导热系数 λ [W/(m·K)]	蓄热系数 S(周期 24h) [W/(m²·K)]	比热容 C [kJ/(kg·K)]	蒸汽渗透系数 μ [g/(m·h·Pa)]
1	普通混凝土	钢筋混凝土	2500	1.74	17.20	0.92	0.0000158
		碎石、卵石混凝土	2300	1.51	15.36	0.92	0.0000173
			2100			0.92	0.0000173
2	轻骨料混凝土	膨胀矿渣珠混凝土	2000	0.77	10.49	0.96	
			1800	0.63	9.05		
			1600	0.53	7.87		
		自然煤矸石、炉渣混凝土	1700	1.00	11.68	1.05	0.0000548
			1500	0.76	9.54		0.0000900
			1300	0.56	7.63		0.0001050
		粉煤灰	1700	0.95	11.40	1.05	0.0000188
			1500	0.70	9.16		0.0000975
			1300	0.57	7.78		0.0001050
			1100	0.44	6.30		0.0001350
		黏土陶粒混凝土	1600	0.84	10.36	1.05	0.0000315
			1400	0.70	8.93		0.0000390
			1200	0.53	7.25		0.0000405
			1300	0.52	7.39		0.0000855
			1500	0.77	9.65		0.0000315
			1300	0.63	8.16		0.0000390
			1100	0.50	6.70		0.0000435
			1700	0.57	6.30		0.0000395
			1500	0.67	9.09		
			1300	0.53	7.54		0.0000188
			1100	0.42	6.13		0.0000353
3	轻混凝土	加气混凝土、泡沫混凝土	700	0.22	3.59	1.05	0.0000998
			500	0.19	2.81	1.05	0.0001110
4	砂浆	水泥砂浆	1800	0.93	11.37	1.05	0.0000210
		石灰水泥砂浆	1700	0.87	10.75	1.05	0.0000975
		石灰砂浆	1600	0.81	10.07	1.05	0.0000443
		石灰石膏砂浆	1500	0.76	9.44	1.05	
		保温砂浆	800	0.29	4.44	1.05	

续表

序号	材料名称		干密度 ρ (kg/m³)	计算参数			
				导热系数 λ [W/(m·K)]	蓄热系数 S(周期 24h) [W/(m²·K)]	比热容 C [kJ/(kg·K)]	蒸汽渗透系数 μ [g/(m·h·Pa)]
5	砌体	重砂浆砌筑黏土砖砌体	1800	0.81	10.63	1.05	0.0001050
		轻砂浆砌筑黏土砖砌体	1700	0.76	9.96		0.0001200
		灰砂砖砌体	1900	1.10	12.72		0.0001050
		硅酸盐砌体	1800	0.87	11.11		0.0001050
		炉渣砖砌体	1700	0.81	10.43		0.0001050
		重砂浆砌筑 26、33 及 36 孔黏土空心砖砌体	1400	0.58	7.92		0.0000158
6	纤维绝热材料	矿棉、岩棉、玻璃棉板	80 以下	0.050	0.59	1.22	—
			80~200	0.045	0.75	1.22	0.0004880
		矿棉、岩棉、玻璃棉毡	70 以下	0.050	0.58	1.34	—
			70~200	0.045	0.77	1.34	0.0004880
		矿棉、岩棉、玻璃棉松散材料	70 以下	0.050	0.46	0.84	—
			80~120	0.045	0.51	0.84	0.0004880
		麻刀	150	0.070	1.34	2.10	—
7	膨胀珍珠岩、蛭石制品	水泥膨胀珍珠岩	800	0.26	4.37	1.17	0.0000420
			600	0.21	3.44	1.17	0.0000900
			400	0.16	2.49	1.17	0.0001910
		沥青、乳化沥青膨胀珍珠岩	400	0.12	2.28	1.55	0.0000293
			300	0.093	1.77	1.55	0.0000675
		水泥膨胀蛭石	350	0.14	1.99	1.05	—
8	泡沫材料、多孔聚合物	聚乙烯泡沫塑料	100	0.047	0.70	1.38	
		聚苯乙烯泡沫塑料	30	0.042	0.36	1.38	0.0000162
		聚氨酯硬泡沫塑料	30	0.033	0.36	1.38	0.0000234
		聚氯乙烯硬泡沫塑料	130	0.048	0.79	1.38	
		钙塑	120	0.049	0.83	1.59	
		泡沫玻璃	140	0.058	0.70	0.84	0.000225
		泡沫石灰	300	0.116	1.70	1.05	
		炭化泡沫石灰	400	0.14	2.33	1.05	
		泡沫石膏	500	0.19	2.78	1.05	0.0000375

续表

序号	材料名称		干密度 ρ (kg/m³)	计 算 参 数			
				导热系数 λ [W/(m·K)]	蓄热系数 S(周期 24h) [W/(m²·K)]	比热容 C [kJ/(kg·K)]	蒸汽渗透系数 μ [g/(m·h·Pa)]
9	木材	橡木、枫树(热流方向垂直木纹)	700	0.17	4.90	2.51	0.0000562
		橡木、枫树(热流方向顺木纹)	700	0.35	6.93		0.0003000
		松木、云杉(热流方向垂直木纹)	500	0.14	3.85		0.0000345
		松木、云杉(热流方向顺木纹)	500	0.29	25.55		0.0001680
10	建筑板材	胶合板	600	0.17	4.57	2.51	0.0000225
		软木板	300	0.093	1.95	1.89	0.0000255
			150	0.058	1.09	1.89	0.0000285
		纤维板	1000	0.34	8.13	2.51	0.0001200
			600	0.23	5.28	2.51	0.0001130
		石棉	1800	0.52	8.52	1.05	0.0000135
		石棉水泥隔热板	500	0.16	2.58	1.05	0.0003900
		石膏板	1050	0.33	5.28	1.05	0.0000790
		水泥泡花板	1000	0.34	7.27	2.01	0.0000240
			700	0.19	4.56	2.01	0.0001050
		稻草板	300	0.13	2.33	1.68	0.0003000
		木屑板	200	0.065	1.54	2.10	0.0002630
11	无机松散材料	锅炉渣	1000	0.29	4.40	0.92	0.0001930
		粉煤灰	1000	0.23	3.93	0.92	
		高炉炉渣	900	0.26	3.92	0.92	0.0002030
		乳石、凝灰岩	600	0.23	3.05	0.92	0.0002630
		膨胀蛭石	300	0.14	1.79	1.05	
			200	0.10	1.24	1.05	
		硅藻土	200	0.076	1.00	0.92	
		膨胀珍珠岩	120	0.07	0.84	1.17	
			80	0.058	0.63	1.17	
12	有机松散材料	木屑	250	0.093	1.84	2.01	0.0002630
		稻壳	120	0.06	1.02	2.01	
		干草	100	0.047	0.83	2.01	

续表

序号	材料名称		干密度 ρ (kg/m³)	计 算 参 数			
				导热系数 λ [W/(m·K)]	蓄热系数 S(周期 24h) [W/(m²·K)]	比热容 C [kJ/(kg·K)]	蒸汽渗透系数 μ [g/(m·h·Pa)]
13	土壤	夯实黏土	2000	1.16	12.99	1.01	
			1800	0.93	11.03		
		加草黏土	1600	0.76	9.37		
			1400	0.58	7.69		
		轻质黏土	1200	0.47	6.36		
		建筑用砂	1600	0.58	8.26		
14	石材	花岗岩、玄武岩	2800	3.49	25.49	0.92	0.0000113
		大理石	2800	2.91	23.27		0.0000113
		砾石、石灰石	2400	2.04	18.03		0.0000375
		石灰石	2000	1.16	12.56		0.0000600
15	防水材料	沥青油毡、油毡纸	600	0.17	3.33	1.47	
		混凝土	2100	1.05	16.39	1.68	0.0000075
		石油沥青	1400	0.27	6.72	1.68	
			1050	0.17	4.71	1.68	0.0000075
16	玻璃	平板玻璃	2500	0.76	10.69	0.84	
		玻璃钢	1800	0.52	9.25	1.26	
17	金属	紫铜	8500	407	324	0.42	
		青铜	8000	64.0	118	0.38	
		建筑钢材	7850	58.2	126	0.48	
		铝	2700	203	191	0.92	
		铸铁	7250	49.9	112	0.48	

注：摘自《民用建筑热工设计规范》(GB 50176)。

2. 建筑门窗、玻璃幕墙用材料热工计算参数(表 29-36)

建筑门窗、玻璃幕墙用材料热工计算参数　　　　　表 **29-36**

用途	材料	密度 (kg/m³)	导热系数 λ [W/(m·K)]	表面发射率	
框	铝	2700	237.0	涂漆	0.90
				阳极氧化	0.20~0.80
	铝合金	2800	160.0	涂漆	0.90
				阳极氧化	0.20~0.80
	铁	7800	50.0	镀锌	0.20
				氧化	0.80
	不锈钢	7900	17.0	浅黄	0.20
				氧化	0.80
	建筑钢材	7850	58.2	镀锌	0.20
				氧化	0.80
				涂漆	0.90
	PVC	1390	0.17	0.90	
	硬木	700	0.18	0.90	
	软木(用于建筑构件中)	500	0.13	0.90	
	玻璃钢(UP树脂)	1900	0.40	0.90	

续表

用途	材料	密度 (kg/m³)	导热系数 λ [W/(m·K)]	表面发射率	
透明材料	建筑玻璃	2500	1.00	玻璃面	0.84
				镀膜面	0.03~0.80
	丙烯酸树脂玻璃	1050	0.20	0.90	
	PMMA(有机玻璃)	1180	0.18	0.90	
	聚碳酸酯	1200	0.20	0.90	
隔热材料	聚酰胺(尼龙)	1150	0.25	0.90	
	尼龙66+25%玻璃纤维	1450	0.30		
	高密度聚乙烯 HD	980	0.52		
	低密度聚乙烯 LD	920	0.33		
	固体聚丙烯	910	0.22		
	聚丙烯+25%玻璃纤维	1200	0.25		
	PU(聚氨酯树脂)	1200	0.25		
	刚性 PVC	1390	0.17		
防水密封条	氯丁橡胶(PCP)	1240	0.23	0.90	
	EPDM(三元乙丙)	1150	0.25		
	纯硅胶	1200	0.35		
	柔性 PVC	1200	0.14		
	聚酯马海毛	—	0.14		
	柔性人造橡胶泡沫	60~80	0.05		
密封剂	PU(硬质聚氨酯)	1200	0.25	0.90	
	固体/热熔异丁烯	1200	0.24		
	聚硫胶	1700	0.40		
	纯硅胶	1200	0.35		
	聚异丁烯	930	0.20		
	聚酯树脂	1400	0.19		
	硅胶(干燥剂)	720	0.13		
	分子筛	650~750	0.10		
	低密度硅胶泡沫	750	0.12		
	中密度硅胶泡沫	820	0.17		

注：摘自《建筑门窗玻璃幕墙热工计算规程》(JGJ/T 151)。

3. 导热系数的修正系数 a 值(表 29-37)

导热系数 λ 及蓄热系数 S 的修正系数 a 值		表 29-37
序　号	材料、构造、施工、地区及使用情况	a 值
1	作为夹芯层浇筑在混凝土墙体及屋面构件中的块状多孔保温材料(如加气混凝土、泡沫混凝土及水泥膨胀珍珠岩等),因干燥缓慢及灰缝的影响	1.60
2	铺设在密闭屋面中的多孔保温材料(加气混凝土、泡沫混凝土、水泥膨胀珍珠岩及石灰炉渣等),因干燥缓慢	1.50
3	铺设在密闭屋面中用作为夹芯层浇筑在混凝土构件中的半硬质矿棉、岩棉、玻璃棉板等,因压缩及吸湿	1.20
4	作为夹芯层浇筑在混凝土构件中的泡沫塑料等,因压缩	1.20
5	开孔型保温材料(水泥刨花板、木丝板、稻草板等),表面抹灰或与混凝土浇筑在一起,因灰浆渗入	1.30
6	加气混凝土、泡沫混凝土砌块墙体及加气混凝土条板墙体、屋面,因灰缝的影响	1.25
7	填充在空心墙体及屋面构件中的松散保温材料(如稻壳、木屑、矿棉、岩棉等),因下沉	1.20
8	矿渣混凝土、炉渣混凝土、浮石混凝土、粉煤灰陶粒混凝土、加气混凝土等实心墙体及屋面构件,在严寒地区,且室内平均相对湿度超过 65% 的采暖房间内使用,因干燥缓慢	1.15

注:摘自《民用建筑热工设计规范》(GB 50176)。

4. 常用建筑材料的导热系数

(1) 金属的导热系数(表 29-38)

金属的导热系数						表 29-38
材料	钻石	银	铜	金	锡	铅
$\lambda[W/(m \cdot K)]$	2300	429	401	317	67	34.8
密度(g/cm³)	3.52		8.93	19.32		
折射率	2.417					

(2) 窗体材料的导热系数

1) 窗框材料的导热系数(表 29-39)

窗框材料的导热系数							表 29-39
窗框材料	不锈钢	铝合金	PVC	软木	松木	UP 玻璃钢	铁
密度(kg/m³)	7900	2800	1390	500	700	1900	7800
$\lambda[W/(m \cdot K)]$	17	160	0.17	0.13	0.18	0.4	50

2) 玻璃材料的导热系数(表 29-40)

玻璃材料的导热系数							表 29-40
材　料	普通玻璃	石英玻璃	燧石玻璃	重燧石玻璃	精制玻璃	有机玻璃	聚碳酸酯
温度℃	20	4	32	12.5	12		
$\lambda[W/(m \cdot K)]$	1.0	1.46	0.795	0.78	0.9	0.18	0.2

3) 阻断热桥用材料的导热系数(表 29-41)

阻断热桥用材料的导热系数   表 29-41

阻断材料	聚酰胺树脂	高密度聚乙烯	低密度聚乙烯	聚丙烯	25%玻纤聚丙烯	聚氨酯	刚性 PVC
密度(kg/m³)	1150	980	920	910	1200	1200	1390
$\lambda[W/(m \cdot K)]$	0.25	0.5	0.33	0.22	0.25	0.25	0.17

4) 密封材料的导热系数(表 29-42)

密封材料的导热系数   表 29-42

密封材料	氯丁橡胶	三元乙丙	硅胶	柔性 PVC	柔性橡胶泡沫	固体热熔异丁烯	聚硫	聚异丁烯	聚酯	硅胶泡沫
密度(kg/m³)	1240	1150	1200	1200	60~80	1200	1700	930	1400	750
$\lambda[W/(m \cdot K)]$	0.23	0.25	0.35	0.14	0.05	0.24	0.4	0.2	0.19	0.12

5. 围护结构传热系数举例

(1) 几种窗的线传热系数(表 29-43)

几种窗的线传热系数 $\psi[W/(m^2 \cdot K)]$ 表 29-43

窗框材料	双层或三层未镀膜中空玻璃 $\psi[W/(m^2 \cdot K)]$	双层 Low-E 镀膜或三层(其中两片 Low-E 镀膜)中空玻璃 $\psi[W/(m^2 \cdot K)]$
木窗框和塑料窗框	0.04	0.06
带热断桥的金属窗框	0.06	0.08
没有热断桥的金属窗框	0	0.02

注: 表 29-43 摘自《建筑门窗玻璃幕墙热工计算规程》(JGJ/T 151)。

(2) 几种保温外墙的传热系数(表 29-44)

几种保温外墙的传热系数   表 29-44

序号	外墙名称	保温层厚度(mm)	热惰性指标 D	传热阻 R_0 $[(m^2 \cdot K)/W]$	传热系数 K_P $[W/(m^2 \cdot K)]$
1	180mm 现浇混凝土＋模塑聚苯板	70	2.38	1.65	0.60
		100	2.64	2.25	0.44
2	240mm KP1 多孔砖＋模塑聚苯板	60	3.80	1.76	0.57
		100	4.14	2.56	0.39
3	190mm 混凝土空心砌块＋模塑聚苯板	70	1.98	1.71	0.58
		110	2.33	2.51	0.40
4	180mm 现浇混凝土＋单层钢丝网架聚苯板	90	2.55	1.68	0.59
		110	2.72	2.00	0.50
5	180mm 现浇混凝土＋(无网)聚苯板	75	2.43	1.67	0.60
		95	2.59	2.05	0.49

续表

序号	外墙名称	保温层厚度(mm)	热惰性指标 D	传热阻 R_0 $[(m^2 \cdot K)/W]$	传热系数 K_P $[W/(m^2 \cdot K)]$
6	180mm 现浇混凝土+面砖聚氨酯复合板	40	2.35	1.68	0.59
		70	2.77	2.75	0.36
7	240mm KP1 多孔砖+面砖聚氨酯复合板	35	3.77	1.81	0.55
		70	4.27	3.06	0.33
8	190mm 混凝土空心砌块+装饰面砖聚氨酯复合板	40	1.94	1.74	0.58
		70	2.37	2.81	0.36
9	加气混凝土砌块 $\lambda_c=0.2(W/m \cdot K)$ 计	300	5.62	1.68	0.59
		450	8.24	2.43	0.41
10	240mm 砖墙+胶粉聚苯颗粒外保温	50	4.32	1.23	0.81
		60	4.50	1.39	0.72
11	240mm 黏土多孔砖墙,胶粉聚苯颗粒外保温	50	4.41	1.35	0.74
		60	4.59	1.49	0.67
12	200mm 混凝土墙,胶粉聚苯颗粒外保温	50	2.82	1.03	0.97
		60	3.00	1.18	0.85
13	190mm 混凝土空心砌块墙,胶粉聚苯颗粒外保温	50	2.27	1.14	0.88
		60	2.45	1.30	0.77

6. 内表面换热系数和换热阻(表 29-45)

内表面换热系数 α_i 和换热阻 R_i **表 29-45**

选用季节	表面特性	$\alpha_i[W/(m^2 \cdot K)]$	$R_i[(m^2 \cdot K)/W]$
冬季和夏季	墙面、地面、表面平整或有肋状突出物的顶棚,当 $h/s \leqslant 0.3$ 时	8.7	0.11
	有肋状突出物的顶棚,当 $h/s > 0.3$ 时	7.6	0.13

7. 外表面换热系数和换热阻 (表 29-46)

外表面换热系数 α_e 和换热阻 R_e **表 29-46**

选用季节	表面特性	$\alpha_e[W/(m^2 \cdot K)]$	$R_e[(m^2 \cdot K)/W]$
冬季	外墙、屋顶、与室外空气直接接触的表面	23.0	0.04
	与室外空气相通的不采暖地下室上面楼板	17.0	0.06
	闷顶、外墙上有窗的不采暖地下室上面楼板	12.0	0.08
	外墙上无窗的不采暖地下室上面楼板	6.0	0.17
夏季	外墙、屋顶	19.0	0.05

注:表 29-45 和表 29-46 摘自《民用建筑热工设计规范》(GB 50176)。

29.3.3.2 建筑材料光学、热工参数

1. 典型玻璃系统的光学热工参数,在没有精确计算的情况下,表 29-47 中数值作为

玻璃系统光学热工参数的近似值。

典型玻璃系统的光学热工参数   表 29-47

玻 璃 品 种		可见光透射比 τ_v	太阳光总透射比 g_g	遮阳系数 SC	传热系数 $K_g[W/(m^2 \cdot K)]$
透明玻璃	3mm 透明玻璃	0.83	0.87	1.00	5.8
	6mm 透明玻璃	0.77	0.82	0.93	5.7
	12mm 透明玻璃	0.65	0.74	0.84	5.5
吸热玻璃	5mm 绿色吸热玻璃	0.77	0.64	0.76	5.7
	6mm 蓝色吸热玻璃	0.54	0.62	0.72	5.7
	5mm 茶色吸热玻璃	0.50	0.62	0.72	5.7
	5mm 灰色吸热玻璃	0.42	0.60	0.69	5.7
玻璃	6mm 高透光热反射玻璃	0.56	0.56	0.64	5.7
	6mm 中等透光热反射玻璃	0.40	0.43	0.49	5.4
	6mm 低透光热反射玻璃	0.15	0.26	0.30	4.6
	6mm 特低透光热反射玻璃	0.11	0.25	0.29	4.6
单片 Low-E	6mm 高透光 Low-E 玻璃	0.61	0.51	0.58	3.6
	6mm 中等透光 Low-E 玻璃	0.55	0.44	0.51	3.5
中空玻璃	6 透明+12 空气+6 透明	0.71	0.75	0.86	2.8
	6 绿色吸热+12 空气+6 透明	0.66	0.47	0.54	2.8
	6 灰色吸热+12 空气+6 透明	0.38	0.45	0.51	2.8
	6 中等透光热反射+12 空气+6 透明	0.28	0.29	0.34	2.4
	6 低透光热反射+12 空气+6 透明	0.16	0.16	0.18	2.3
	6 高透光 Low-E+12 空气+6 透明	0.72	0.47	0.62	1.9
	6 中透光 Low-E+12 空气+6 透明	0.62	0.37	0.50	1.8
	6 较低透光 Low-E+12 空气+6 透明	0.48	0.28	0.38	1.8
	6 低透光 Low-E+12 空气+6 透明	0.35	0.20	0.30	1.8
	6 高透光 Low-E+12 氩气+6 透明	0.72	0.47	0.62	1.5
	6 中透光 Low-E+12 氩气+6 透明	0.62	0.37	0.50	1.4

注：摘自《建筑门窗玻璃幕墙热工计算规程》（JGJ/T 151）。

2. 常用遮阳设施的太阳辐射热透过率（表 29-48）

常用遮阳设施的太阳辐射热透过率（％）   表 29-48

外窗类型	窗帘内遮阳		活动外遮阳	
	浅色较紧密织物	浅色紧密织物	铝制百叶卷帘（浅色）	金属或木制百叶卷帘（浅色）
单层普通玻璃窗 3～6mm 厚玻璃	45	35	9	12
单框双层普通玻璃窗 （3+3）mm 厚玻璃 （6+6）mm 厚玻璃	42 42	35 35	9 13	13 15

3. 遮阳板的透射比（η^*）（表 29-49）

遮阳板的透射比 表 29-49

遮阳用材料	规　　格	η^*
织物面料	浅色	0.40
玻璃钢类板	浅色	0.43
玻璃、有机玻璃类板	深色：$0 < SC_g \leqslant 0.6$	0.60
	浅色：$0.6 < SC_g \leqslant 0.8$	0.80
金属穿孔板	开孔率：$0 < \phi \leqslant 0.2$	0.10
	开孔率：$0.2 < \phi \leqslant 0.4$	0.30
	开孔率：$0.4 < \phi \leqslant 0.6$	0.50
	开孔率：$0.6 < \phi \leqslant 0.8$	0.70
铝合金百叶板	—	0.20
木质百叶板	—	0.25
混凝土花格	—	0.50
木质花格	—	0.45

29.4 墙体节能工程

29.4.1 一般规定

29.4.1.1 保温隔热墙体的热工性能

1. 采用的板材、浆料、块材等保温隔热材料或构件，其规格、性能必须符合节能设计要求及相关标准的规定。

2. 构造合理，特殊部位的措施到位：

（1）外墙热桥部位应按设计要求采取隔断热桥和保温措施；

（2）窗口外侧四周墙面应按设计要求进行保温处理；

（3）机械固定系统的金属锚固件、网片和承托架等，应满足防锈要求；

（4）外墙采用内保温构造时，应按设计要求采取可靠的防潮、防结露措施，热桥部位宜有保温或"断桥"措施。

3. 设计变更不得降低保温隔热墙体的热工性能。

29.4.1.2 墙体节能工程施工

1. 主体结构完成后进行施工的墙体节能工程，应在基层质量验收合格后施工。

2. 保温工程：

（1）保温材料在运输、储存和施工过程中应采取防潮、防水、防火等保护措施；

（2）保温层（板）与基层及各构造层之间的粘结或连接必须牢固安全，粘结强度和连接方式应符合设计要求；

（3）外墙与屋面的热桥部位和变形缝等均应进行保温处理，并应保证热桥部位和变形缝两侧墙的内表面温度不低于室内空气设计温、湿度条件下的露点温度，防止结露；

（4）地下室外墙应根据地下室不同用途，采取合理的保温措施。

3. 防护层施工必须按系统供应商的要求做好防裂处理，并符合系统性能要求。

4. 施工过程中应及时进行质量检查、隐蔽工程验收和检验批验收，施工完成后进行墙体分项工程验收。

29.4.1.3 隐蔽工程验收

应随施工进度及时验收，并做好下列内容的详细文字记录和必要的图像资料：

(1) 保温层附着的基层及其表面处理；

(2) 保温板粘结或固定；

(3) 锚固件；

(4) 增强网铺设；

(5) 墙体热桥部位处理；

(6) 预置保温板或保温墙板的板缝及构造节点；

(7) 现场喷涂或浇注有机类保温材料的界面；

(8) 被封闭的保温材料厚度；

(9) 保温隔热砌块填充墙体。

29.4.2   外墙外保温系统施工方法

29.4.2.1 聚苯板薄抹灰外墙外保温系统

1. 基本构造与适用范围

(1) 基本构造

聚苯板薄抹灰外墙外保温系统是以阻燃型聚苯乙烯泡沫塑料板为保温材料，用聚苯板胶粘剂（必要时加设机械锚固件）安装于外墙外表面，用耐碱玻璃纤维网格布或者镀锌钢丝网增强的聚合物砂浆作防护层，用涂料、饰面砂浆或饰面砖等进行表面装饰，具有保温功能和装饰效果的构造总称。聚苯乙烯泡沫塑料板保温板包括模塑聚苯板（EPS 板）和挤塑聚苯板（XPS 板）。聚苯板薄抹灰外墙外保温系统基本构造，见表 29-50。系统饰面层应优先采用涂料、饰面砂浆等轻质材料。

(2) 适用范围

采取防火构造措施后，聚苯板薄抹灰外墙外保温系统适用于各类气候区域的，按设计需要保温、隔热的新建、扩建、改建的，高度在 100m 以下的住宅建筑和 24m 以下的非幕墙建筑。基层墙体可以是混凝土或砌体结构。

聚苯板薄抹灰外墙外保温系统基本构造   表 29-50

基层墙体①	基本构造							构造示意图
	粘结层②	保温层③	抹面层				饰面层⑧	
			底层④	增强材料⑤	辅助联结件⑥	面层⑦		
现浇混凝土墙体，各种砌体墙	聚苯板胶粘剂	聚苯乙烯泡沫塑料板	抹面砂浆	耐碱玻纤网或镀锌钢丝网	机械锚固件	抹面砂浆	涂料、饰面砂浆或饰面砖	⑧⑦⑥⑤④ ③ ② ①

2. 系统性能

聚苯板薄抹灰外墙外保温系统性能指标，见表 29-51。

聚苯板薄抹灰外墙外保温系统性能指标　　　　　　　　表 **29-51**

项　　目			指　　标	
			涂料饰面系统	饰面砖系统
系统热阻（$m^2 \cdot K/W$）			复合墙体热阻符合设计要求	
耐候性	外观质量		无可见裂缝，无粉化、空鼓、剥落现象	
	系统拉伸粘结强度（MPa）	EPS 板	$\geqslant 0.10$	
		XPS 板	$\geqslant 0.20$	
	面砖拉伸粘结强度（MPa）		—	切割至抹面砂浆表面 $\geqslant 0.40$
抗冲击性	二层及以上		3J 级	
	首层		10J 级	
不透水性			试样防护层内侧无水渗透	
耐冻融	外观		表面无裂纹、空鼓、起泡、剥离现象	
	拉伸粘结强度（MPa）		$\geqslant 0.10$	$\geqslant 0.40$
水蒸气湿流密度（包括外饰面）〔g/（$m^2 \cdot h$）〕			$\geqslant 0.85$	
24h 吸水量（g/m^2）			$\leqslant 500$	

3. 施工流程

施工准备→基层处理→测量、放线→挂基准线→配胶粘剂（XPS 板背面涂界面剂）→贴翻包网布→粘贴聚苯板（按设计要求安装锚固件，做装饰条）→打磨、修理、隐检→（XPS 板面涂界面剂）抹聚合物砂浆底层→压入翻包网布和增强网布→贴压增强网布→抹聚合物砂浆面层→（伸缩缝）→修整、验收→外饰面→检测验收。

4. 施工要点

(1) 外保温工程应在外墙基层的质量检验合格后，方可施工。施工前，应装好门窗框或附框、阳台栏杆和预埋件等，并将墙上的施工孔洞堵塞密实。

(2) 聚苯板胶粘剂和抹面砂浆应按配合比要求严格计量，机械搅拌。超过可操作时间后严禁使用。

(3) 粘贴聚苯板时，基面平整度≤5mm 时宜采用条粘法，>5mm 时宜采用点框法；当设计饰面为涂料时，粘结面积率不小于 40%；设计饰面为面砖时粘结面积率不小于 50%；聚苯板应错缝粘贴，板缝拼严。对于 XPS 板宜采用配套界面剂涂刷后使用。

(4) 锚固件数量：当采用涂料饰面时，墙体高度在 20～50m 时，不宜少于 4 个/m^2，50m 以上时不宜少于 6 个/m^2；当采用面砖饰面时不宜小于 6 个/m^2。锚固件安装应在聚苯板粘贴 24h 后进行，涂料饰面外保温系统安装时锚固件盘片压住聚苯板，面砖饰面盘片压住抹面层的增强网。

(5) 增强网：涂料饰面时应采用耐碱玻纤网，面砖饰面时宜采用后热镀锌钢丝网；施工时增强网应绷紧绷平，搭接长度玻纤网不少于 80mm，钢丝网不少于 50mm 且保证两个完整网格的搭接。

（6）聚苯板安装完成后应尽快抹灰封闭，抹灰分底层砂浆和面层砂浆两次完成，中间包裹增强网，抹灰时切忌不停揉搓，以免形成空鼓；抹灰总厚度宜控制在表29-52范围内。

抹 面 砂 浆 厚 度   表 29-52

外饰面	涂 料		面 砖		
增强网	玻纤网		玻纤网		钢丝网
层数	单层	双层	单层	双层	单层
抹面砂浆总厚度（mm）	3～5	5～7	4～6	6～8	8～12

（7）各种缝、装饰线条及防火构造措施的具体做法参见相关标准。

（8）外墙饰面宜选用涂装饰面。当采用面砖饰面时，其相关产品要求应符合《外墙饰面砖工程施工及验收规程》（JGJ 126）、《外墙外保温工程技术规程》（JGJ 144）和《膨胀聚苯板薄抹灰外墙外保温系统》（JG 149）等相关现行标准的规定。外饰面应在抹面层达到施工要求后方可进行施工。选择面砖饰面时应在样板件检测合格、抹面砂浆施工7d后，按《外墙饰面砖工程施工及验收规程》（JGJ 126）的要求进行。

29.4.2.2 聚苯板现浇混凝土外墙外保温系统

1. 基本构造与适用范围

（1）基本构造

采用内表面带有齿槽的聚苯板作为现浇混凝土外墙的外保温材料，聚苯板内外表面喷涂界面剂，安装于墙体钢筋之外，用尼龙锚栓将聚苯板与墙体钢筋绑扎，安装内外大模板，浇筑混凝土墙体并拆模后，聚苯板与混凝土墙体联结成一体，在聚苯板表面薄抹抹面抗裂砂浆，同时铺设玻纤网格布，再做涂料饰面层。其基本构造见表29-53。

聚苯板现浇混凝土外墙外保温系统基本构造   表 29-53

基层墙体①	系统的基本构造				构造示意图
	保温层②	联结件③	抹面层④	饰面层⑤	
现浇混凝土墙体或砌体墙	EPS板或XPS板	锚栓	抗裂砂浆薄抹面层	涂料	 ① ② ③ ④ ⑤

（2）适用范围

采取防火构造措施后，聚苯板现浇混凝土外墙外保温系统可适用于各类气候区域现浇混凝土结构的100m以下住宅建筑和24m以下非幕墙建筑涂料做法。

2. 系统性能

聚苯板现浇混凝土外墙外保温系统性能指标，见表29-54。

聚苯板现浇混凝土外墙外保温系统性能指标   表 29-54

项 目	指 标
抗风压值（kPa）	≥1.5倍风荷载设计值
系统热阻（m²·K/W）	复合墙体热阻符合设计要求

续表

项 目			指 标
耐候性	外观质量		无宽度大于 0.1mm 的裂缝，无粉化、空鼓、剥落现象
	系统拉伸粘结强度（MPa）	EPS 板	切割至聚苯板表面≥0.10
		XPS 板	切割至聚苯板表面≥0.20
抗冲击强度（J）	标准做法		≥3.0 且无宽度大于 0.1mm 的裂缝
	首层加强做法		≥10.0 且无宽度大于 0.1mm 的裂缝
不透水性			试样防护层内侧无水渗透
耐冻融			表面无裂纹、空鼓、起泡、剥离现象
水蒸气湿流密度（包括外饰面）[g/（m²·h）]			≥0.85
24h 吸水量（g/m²）			≤500
耐冻融（10 次）			裂纹宽度≤0.1mm，无空鼓、剥落现象

3. 施工流程

聚苯板分块→聚苯板安装→模板安装→混凝土浇筑→模板拆除→涂刮抹面层浆→压入玻纤网布→饰面→检测验收。

4. 施工要点

（1）垫块绑扎。外墙围护结构钢筋验收合格后，应绑扎按混凝土保护层厚度要求制作的水泥砂浆垫块，同时在外墙钢筋外侧绑扎砂浆垫块（不得采用塑料垫卡），每 m² 板内不少于 3 块，用以保证保护层厚度并确保保护层厚度均匀一致。

（2）聚苯板安装。当采用 XPS 保温板时，内外表面及钢丝网均应涂刷界面砂浆，采用 EPS 保温板时，外表面应涂刷界面砂浆。施工时先安装阴阳角保温构件，再安装角板之间的保温板。安装前先在保温板高低槽口均匀涂刷聚苯胶，将保温板竖缝两侧相互粘结在一起。在保温板上弹线标出锚栓的位置再安装尼龙锚栓，其锚入混凝土长度不得小于 50mm。

（3）模板安装。宜采用钢质大模板，按保温板厚度确定模板配制尺寸、数量。安装外墙外侧模板前应在保温板外侧根部采取可靠的定位措施，模板连接必须严密、牢固，以防止出现错台和漏浆现象。不得在墙体钢筋底部布置定位筋。宜采用模板上部定位。

（4）浇筑混凝土。混凝土浇筑前在保温板槽口处用金属"Ⅱ"形遮盖"帽"，将外模板和保温板扣上。现浇用混凝土的坍落度应不小于 180mm，分层浇筑，每次浇筑高度不大于 500mm，捣实，注意门窗洞口两侧对称浇筑。

（5）模板拆除后穿墙套管的孔洞应以干硬性砂浆捻塞，保温板部位孔洞用保温浆料堵塞。聚苯板表面凹进或破损、偏差过大的部位，应用胶粉聚苯颗粒保温浆料填补找平。

（6）抹面层。用聚合物水泥砂浆抹灰。标准层总厚度 3～5mm，首层加强层 5～7mm。玻纤网搭接长度不小于 80mm。首层与其他需加强部位应满足抗冲击要求，在标准外保温做法的基础上加铺一层玻纤网，并再抹一道抹面砂浆罩面，厚度 2mm 左右。

（7）各种缝、装饰线条及防火构造措施的具体做法参见相关标准。

29.4.2.3 聚苯板钢丝网架现浇混凝土外墙外保温系统

1. 基本构造与适用范围

（1）基本构造

聚苯板钢丝网架现浇混凝土外墙外保温系统是采用外表面有梯形凹槽和带斜插丝的单面钢丝网架聚苯板，在聚苯板内外表面及钢丝网架上喷涂界面剂，将带网架的聚苯板安装于墙体钢筋之外，在聚苯板上插入经防锈处理的 L 形 $\phi6$ 钢筋或尼龙锚栓，并与墙体钢筋绑扎，安装内外大模板，浇筑混凝土墙体并拆模后，有网聚苯板与混凝土墙体联结成一体，在有网聚苯板表面厚抹掺有抗裂剂的水泥砂浆，再做饰面层。其基本构造，见表 29-55。

聚苯板钢丝网架现浇混凝土外墙外保温系统基本构造   表 29-55

基层墙体①	系统的基本构造					构造示意图
	保温层②	抹面层③	钢丝网④	饰面层⑤	联结件⑥	
现浇混凝土墙体	EPS 单面钢丝网架	聚合物砂浆厚抹面层	钢丝网架	饰面砖或涂料	钢筋	

（2）适用范围

采取防火构造措施后，聚苯板钢丝网架现浇混凝土外墙外保温系统适用于各气候分区高度小于 100 以下的住宅建筑和 24m 以下的非幕墙建筑涂料或面砖做法。

2. 系统性能

聚苯板钢丝网架现浇混凝土外墙外保温系统性能指标，见表 29-56。

聚苯板钢丝网架现浇混凝土外墙外保温系统性能指标   表 29-56

项 目			指 标	
			非饰面砖系统	饰面砖系统
抗风压值（kPa）			≥1.5 倍风荷载设计值	
系统热阻（$m^2 \cdot k/W$）			复合墙体热阻符合设计要求	
耐候性	外观质量		无宽度大于 0.1mm 的裂缝，无粉化、空鼓、剥落现象	
	系统拉伸粘结强度（MPa）	EPS 板	切割至聚苯板表面≥0.10	
		XPS 板	切割至聚苯板表面≥0.20	
	面砖拉伸粘结强度（MPa）		切割至抹面砂浆表面≥0.40	
抗冲击强度（J）	标准做法		≥3.0 且无宽度大于 0.1mm 的裂缝	—
	首层加强做法		≥10.0 且无宽度大于 0.1mm 的裂缝	—
不透水性			试样防护层内侧无水渗透	
耐冻融			表面无裂纹、空鼓、起泡、剥离现象	
水蒸气湿流密度(包括外饰面)[$g/(m^2 \cdot h)$]			≥0.85	
24h 吸水量（g/m^2）			≤1000	
耐冻融（10 次）			裂纹宽度≤0.1mm，无空鼓、剥落现象	面砖拉伸粘结强度切割至抹面砂浆表面≥0.40MPa

3. 施工流程

钢丝网架聚苯板分块→钢丝网架聚苯板安装→模板安装→混凝土浇筑→模板拆除→抹专用抗裂砂浆→外饰面。

4. 施工要点

(1) 安装聚苯板。保温板内外表面及钢丝网均应涂刷界面砂浆。施工时外墙钢筋外侧需绑扎水泥砂浆垫块（不得采用塑料垫卡），安装保温板就位后，应将塑料锚栓穿过保温板，锚入混凝土长度不得小于50mm，螺丝应拧入套管，保温板和钢丝网宜按楼层层高断开，中间放入泡沫塑料棒，外表用嵌缝膏嵌缝。板缝处钢丝网用火烧丝绑扎，间隔150mm。

(2) 砂浆抹灰。拆除模板后，应用专用抗裂砂浆分层抹灰，在常温下待第一层抹灰初凝后方可进行上层抹灰，每层抹灰厚度不大于15mm。总厚度不宜大于25mm。

(3) 采用涂料饰面时，应在抗裂砂浆外再抹5～6mm厚聚合物水泥砂浆防护层。

(4) 各种缝、装饰线条及防火构造措施的具体做法参见相关标准。

29.4.2.4　胶粉聚苯颗粒保温复合型外墙外保温系统

1. 基本构造与适用范围

(1) 基本构造

胶粉聚苯颗粒保温复合型外墙外保温系统是设置在外墙外侧，由胶粉聚苯颗粒保温浆料复合基层墙体或复合其他保温材料构成的具有保温隔热、防护和装饰作用的构造系统。其较典型的做法有胶粉聚苯颗粒外墙外保温系统（简称保温浆料系统）和胶粉聚苯颗粒贴砌聚苯板外墙外保温系统（简称贴砌聚苯板系统），其基本构造分别见表29-57和表29-58。

胶粉聚苯颗粒外墙外保温系统基本构造　　　　表 29-57

基层墙体	系统基本构造				构造示意图
	界面层①	保温层②	抗裂防护层③	饰面层④	
混凝土墙及各种砌体墙	界面砂浆	胶粉聚苯颗粒保温浆料	抗裂砂浆复合耐碱涂塑玻纤网或热镀锌钢丝网	涂料或面砖	

胶粉聚苯颗粒贴砌聚苯板外墙外保温系统基本构造　　　　表 29-58

基层墙体①	系统基本构造				构造示意图
	界面层②	保温层③	抗裂防护层④	饰面层⑤	
混凝土墙及各种砌体墙	界面砂浆	贴砌浆料+梯形槽EPS板或双孔XPS板+贴砌浆料（设计要求时）	抗裂砂浆复合耐碱涂塑玻纤网或热镀锌钢丝网	涂料或面砖	

（2）适用范围

采取防火构造措施后，胶粉聚苯颗粒复合型外墙外保温系统可适用于建筑高度在100m以下的的住宅建筑和50m以下的非幕墙建筑，基层墙体可以是混凝土或砌体结构。而单一胶粉聚苯颗粒外墙外保温系统不适用于严寒和寒冷地区。

2. 系统性能

（1）胶粉聚苯颗粒复合型外墙外保温系统性能指标，见表29-59。

胶粉聚苯颗粒复合型外墙外保温系统性能指标 表 29-59

项　目		性　能　指　标	
耐候性		不得出现开裂、空鼓或脱落。抗裂砂浆层与保温层的拉伸粘结强度不应小于0.1MPa，破坏部位位于保温层	
吸水量（g/m²），浸水 1h		≤1000	
抗冲击性	涂料饰面	普通型（单网）	3J 级
		加强性（双网）	10J 级
抗风压值		不小于工程项目的风荷载设计值	
耐冻融		30 次循环表面无裂纹、空鼓、起泡、剥离现象	
水蒸气湿流密度（g/m²·h）		≥0.85	
不透水性		试样抗裂砂浆层内侧无水渗透	
耐磨损，500L 砂		无开裂、龟裂或表面剥落、损伤	
抗拉强度（涂料饰面）（MPa）		≥0.1 并且破坏部位不得位于各层界面	
饰面砖拉拔强度（MPa）		≥0.4	
抗震性能（面砖饰面）		设防烈度地震作用下面砖饰面及外保温系统无脱落	

（2）胶粉聚苯颗粒浆料性能指标

胶粉聚苯颗粒浆料性能指标，见表29-60。

胶粉聚苯颗粒浆料性能指标 表 29-60

项　目	胶粉聚苯颗粒保温浆料	胶粉聚苯颗粒粘结找平浆料
湿表观密度(kg/m³)	≤420	≤520
干表观密度(kg/m³)	≤250	≤300
导热系数[W/(m·K)]	≤0.060	≤0.070
蓄热系数[W/(m²·K)]	≥0.95	—
抗压强度(56d)（MPa）	≥0.25	≥0.3
压剪粘结强度(56d)（kPa）	≥50	—
线形收缩率(%)	≤0.3	—
软化系数	≥0.5	—
拉伸粘结强度，常温常态 56d（与带界面砂浆的聚苯板）（MPa）	—	≥0.10 或聚苯板破坏
拉伸粘结强度，常温常态 56d（与带界面砂浆的水泥砂浆试块）（MPa）	—	≥0.12
燃烧性能	B1 级	B1 级

3. 施工流程

基层处理→喷刷基层界面砂浆→吊垂直线、弹控制线→抹胶粉聚苯颗粒保温浆料（或贴砌聚苯板→喷刷聚苯板界面砂→抹胶粉聚苯颗粒找平浆料→抹抗裂砂浆复合增强网布）→外饰面→检测验收。

4. 施工要点

（1）基层处理。基层墙面应清理干净、清洗油渍、清扫浮灰等。墙面松动、风化部分应剔除干净。墙表面凸起物大于 10mm 时应剔除。

（2）界面处理。基层均应做界面处理，用喷枪或滚刷均匀喷刷界面处理剂。

（3）采用保温浆料系统时，应先按厚度控制线做标准厚度灰饼、冲筋。当保温层厚度大于 20mm 时应分层施工，抹灰不应少于两遍，每遍施工间隔应在 24h 以上，最后一遍宜为 10mm。

（4）采用贴砌聚苯板系统时，梯形槽 EPS 板应在工厂预制好横向梯形槽并且槽面涂刷好界面砂浆。XPS 板应预先用专用机械钻孔，贴砌面涂刷 XPS 板界面剂。贴砌聚苯板时，胶粉聚苯颗粒粘结层厚度约 15mm，聚苯板间留约 10mm 的板缝用浆料砌筑，灰缝不饱满处及聚苯两开孔处用浆料填平。贴砌 24h 后再满涂聚苯板界面砂浆，涂刷界面砂浆再经 24h 后用胶粉聚苯颗粒粘结找平砂浆罩面找平。

（5）抗裂砂浆层施工。待聚苯颗粒保温层或找平层施工完成 3～7d 且验收合格后方可进行抗裂砂浆层施工。涂料饰面时抗裂砂浆复合耐碱玻纤网布，总厚度 3～5mm；面砖饰面时抗裂砂浆复合热镀锌电焊网，总厚度 8～12mm。

（6）在抗裂砂浆抹灰基面达到施工要求后，按相应标准进行外饰面施工。

29.4.2.5　喷涂硬泡聚氨酯外墙外保温系统

1. 基本构造与适用范围

（1）基本构造

喷涂硬泡聚氨酯外墙外保温系统是指由聚氨酯硬泡保温层、界面层、抹面层、饰面层构成，形成于外墙外表面的非承重保温构造的总称。其聚氨酯硬泡保温层为采用专用的喷涂设备，将 A 组分料和 B 组分料按一定比例从喷枪口喷出后瞬间均匀混合，迅速发泡，在外墙基层上形成无接缝的聚氨酯硬泡体，基本构造见表 29-61。

喷涂硬泡聚氨酯外墙外保温系统基本构造　　　　表 29-61

基层墙体①	系统的基本构造					构造示意图
	保温层②	界面层③	增强网④	防护层⑤	饰面层⑥	
混凝土墙或砌体墙（砌体墙需用水泥砂浆找平）	喷涂的聚氨酯硬泡体	硬泡聚氨酯专用界面剂	耐碱网格布或热镀锌钢丝网	抹面胶浆	柔性耐水腻子＋涂料或面砖	

（2）适用范围

采取防火构造措施后，喷涂硬泡聚氨酯外墙外保温系统可适用于各类气候区域建筑高度在 100m 以下的住宅建筑和 24m 以下的非幕墙建筑，基层墙体为混凝土或砌体结构。

2. 系统性能

（1）喷涂硬泡聚氨酯外墙外保温系统性能指标见表 29-62。

喷涂硬泡聚氨酯外墙外保温系统性能指标   表 29-62

试 验 项 目		性 能 指 标
热阻（m²·K/W）		符合设计要求
耐候性		不得出现开裂、空鼓或脱落。抹面层与保温层的拉伸粘结强度不应小于 0.1MPa，破坏界面应位于保温层
吸水量（g/m²）浸水 1h		≤1000
抗冲击性	普通型（单网）	3J 级
	加强型（双网）	10J 级
抗风压值		不小于工程项目的风荷载设计值
耐冻融		严寒及寒冷地区 30 次冻融循环，夏热冬冷地区 10 次循环后，表面无裂缝、空鼓、起泡、剥离现象
水蒸气湿流密度 [g/（m²·h）]		≥0.85
不透水性		试样防护层内侧 2h 无水渗透
耐磨损，500L 砂		无开裂，龟裂或表面剥落、损伤
系统抗拉强度（涂料饰面）（MPa）		≥0.1 并且破坏部位不得位于各层界面
饰面砖粘结强度（MPa）（现场抽测）		≥0.4

（2）硬泡聚氨酯主要性能指标见表 29-63。

硬泡聚氨酯主要性能指标   表 29-63

项 目	指 标
喷涂效果	无流挂、塌泡、破泡、烧芯等不良现象，泡孔均匀、细腻、24h 后无明显收缩
表观密度(kg/m³)	30～50
导热系数[W/(m·K)]	≤0.025
抗拉强度(kPa)	≥150
压缩强度(屈服点时或变形超过 10%时的强度)(kPa)	≥150
水蒸气透湿系数[ng/(pa·m·s)]	≤6.5
吸水率(V/V)(%)	≤3
尺寸稳定性(48h)(%)	≤5

（3）喷涂硬泡聚氨酯外墙外保温系统材料的其他性能还需符合《聚氨酯硬泡外墙外保温工程技术导则》的要求。

3. 施工工艺流程

基层处理→吊垂线、弹控制线→门窗口等部位遮挡→喷涂硬泡聚氨酯保温层→修整硬泡聚氨酯保温层→涂刷聚氨酯专用界面剂→抹面胶浆复合增强网→饰面层→检测验收。

4. 施工要点

（1）基层处理。基层墙体应干燥、干净，坚实平整，平整度超差时可用抹面砂浆找平，找平后允许偏差应小于4mm，潮湿墙面和透水墙面宜先进行防潮和防水处理，必要时外墙基层应涂刷界面剂。

（2）硬泡聚氨酯喷涂施工。喷涂施工前，门窗洞口及下风口宜做遮蔽，防止泡沫飞溅污染环境。喷涂施工时的环境温度宜为10～40℃，风速应不大于5m/s（3级风），相对湿度应小于80%，雨天不得施工。喷枪头距作业面的距离不宜超过1.5m，移动的速度要均匀。在作业中，上一层喷涂的聚氨酯硬泡表面不粘手后，才能喷涂下一层。喷涂后的聚氨酯硬泡保温层应避免雨淋，表面平整度允许偏差不大于6mm，且应充分熟化48～72h后，再进行下道工序的施工。

（3）硬泡聚氨酯保温层处理。聚氨酯保温层表面应用聚氨酯专用界面进行涂刷。

（4）防护层抹灰。硬泡聚氨酯保温层经过处理后用抹面胶浆进行找平刮糙，抹面胶浆中应复合玻纤网格布或热镀锌钢丝网。

29.4.3 外墙内保温系统施工方法

29.4.3.1 增强石膏聚苯复合保温板外墙内保温施工方法

1. 基本构造与适用范围

（1）基本构造

增强石膏聚苯复合保温板外墙内保温施工方法是采用工厂预制的以聚苯乙烯泡沫塑料板同中碱玻纤涂塑网格布、建筑石膏等复合而成的增强石膏聚苯复合保温板，在外墙内面用石膏胶粘剂进行粘贴，然后在板面铺设中碱玻纤涂塑网格布并满刮腻子，最后在表面做饰面施工。其基本构造，见表29-64。

（2）适用范围

增强石膏聚苯板复合保温板适用于各气候区域的钢筋混凝土、混凝土砌块、多孔砖、其他非粘土砖等外墙内保温施工，但不宜用于厨房、卫生间等潮湿的房间。

增强石膏聚苯复合保温板外墙内保温基本构造				表 29-64
外墙①	保温系统构造			构造示意
	空气层②	保温层③	面层④	
钢筋混凝土、混凝土砌块、多孔砖、其他非黏土砖等外墙	如设计无特殊要求，则一般为20mm厚	增强石膏聚苯复合保温板	接缝处贴50mm宽玻纤布条，整个墙面粘贴中碱玻纤涂塑网格布，满刮腻子	①②③④

2. 系统性能

(1) 增强石膏聚苯复合保温板性能要求，见表 29-65。

增强石膏聚苯复合保温板性能要求   表 29-65

项　　目	指　　标
热阻（m²·K/W）	符合设计要求
面密度（kg/m²）	≤25
含水率（%）	≤5
抗弯荷载（G）（板材重量）	≥1.8
面层抗压强度（MPa）	≥7.0
收缩率（%）	≤0.08
软化系数	>0.5
抗冲击性	垂直冲击 10 次，背面无裂纹
燃烧性能	B1

(2) 其他材料性能，见相关规定。

3. 施工流程

基层处理→分档、弹线→配板→抹冲筋点→安装接线盒、管卡、埋件→粘贴防水保温踢脚板→粘贴、安装保温板→板缝处理、粘贴玻纤网格布→保温墙面刮腻子→饰面→检测验收。

4. 施工要点

(1) 施工前基层墙面应进行处理，特别是结构墙体表面凸出的混凝土或砂浆要剔平，表面应清理干净，预埋件要留出位置或埋设完。

(2) 根据开间或进深尺寸及保温板实际规格，预排保温板。排板应从门窗口开始，非整板放在阴角，有缺陷的板应修补，弹线时应按保温层的厚度在墙、顶上弹出保温墙面的边线；按防水保温踢脚层的厚度在地面上弹出踢脚边线，并在墙面上弹出踢脚的上口线。

(3) 抹冲筋点。在冲筋点位置，用钢丝刷刷出直径不少于 100mm 的洁净面并浇水润湿，并刷一道聚合物水泥浆；用 1：3 水泥砂浆做 $\phi100$ 冲筋点，厚度 20mm 左右（空气层厚度），在需设置埋件处做出 200mm×200mm 的灰饼。

(4) 粘贴防水保温踢脚板。在踢脚板内侧，上下各按 200～300mm 的间距布设粘结点，同时在踢脚板底面及侧面满刮胶粘剂。按线粘贴踢脚板。粘结时用橡皮锤贴紧敲实，挤实碰头灰缝，并将挤出的胶粘剂随时清理干净。粘贴踢脚板必须平整和垂直，踢脚板与结构墙间的空气层控制在 10mm 左右。

(5) 粘贴、安装保温板。将接线盒、管卡、埋件的位置准确地翻样到板面，并开出洞口。在冲筋点、相邻板侧面和上端满刮胶粘剂，并且在板中间抹梅花状粘结石膏点，数量应大于板面面积的 10%，按弹线位置直接与墙体粘牢。粘贴后的保温板整体墙面必须垂直平整，板缝及接线盒、管卡、埋件与保温板开口处的缝隙，应用胶粘剂嵌塞密实。

(6) 保温墙上贴玻纤网布。保温板安装完和胶粘剂达到强度后，检查所有缝隙是否粘结良好。板拼缝处应粘贴 50mm 宽玻纤网格布一层，门窗口角加贴玻纤网格布，粘贴时要压实、粘牢、刮平。墙面阴角和门窗口阳角处加贴 200mm 宽玻纤布一层（角两侧各100mm）。然后在板面满贴玻纤布一层，玻纤布应横向粘贴，粘贴时用力拉紧、拉平，上下搭接不小于 50mm，左右搭接不小于 100mm。

（7）待玻纤布粘贴层干燥后，墙面满刮 2～3mm 石膏腻子，分 2～3 遍刮平，与玻纤布一起组成保温墙的面层，最后按设计规定做内饰面层。

29.4.3.2 增强粉刷石膏聚苯板外墙内保温施工方法

1. 基本构造与适用范围

（1）基本构造

增强粉刷石膏聚苯板外墙内保温系统，是由石膏粘贴聚苯板保温层、粉刷石膏抗裂防护层和饰面层构成的外墙内保温构造。其基本构造，见表 29-66。

增强粉刷石膏聚苯板外墙内保温系统基本构造   表 29-66

基层墙体 ①	系统的基本构造				构造示意图
	胶粘层 ②	保温层 ③	抗裂防护层 ④	饰面层 ⑤	
钢筋混凝土墙、砌体墙、框架填充墙等	用 10mm 厚粘结石膏粘结	粘贴聚苯板（厚度按设计要求）	抹粉刷石膏 8～10mm 横向压入 A 型玻璃纤维网格布，再用建筑胶粘一层 B 型玻璃纤维网格布	耐水腻子＋涂料或壁材	

注：1. A 型玻璃纤维网格布：被覆用，网孔中心距 4～6mm，单位面积质量≥130g/m²，经向断裂强力≥600N/50mm，纬向断裂强力≥400N/50mm。

2. B 型玻纤涂塑网格布：粘贴用，网孔中心距 2.5mm，单位面积质量≥40 g/m²，经向断裂强力≥300N/50mm，纬向断裂强力≥200N/50mm。

（2）适用范围

增强粉刷石膏聚苯板外墙内保温系统适用于各气候区域的钢筋混凝土、混凝土砌块、多孔砖、其他非黏土砖等外墙内保温施工，但不宜用于厨房、卫生间等潮湿房间和踢脚板等部位。

2. 系统性能

增强粉刷石膏聚苯板外墙内保温系统性能指标，见表 29-67。

增强粉刷石膏聚苯板外墙内保温系统性能指标   表 29-67

项　目	性　能　要　求
抗冲击性（含饰面层）	3J 级
吸水量（含饰面层）（24h）	小于 2.0kg/m²
水蒸气渗透阻（含饰面层）	符合设计要求
热　阻	复合墙体热阻符合设计要求
抗裂性	墙体表面无裂痕、空鼓
燃烧性能	B1

3. 施工流程

基层处理→吊垂直、套方、弹线控制→配制粘贴石膏→粘贴聚苯板→抹灰，压入 A 型玻纤网格布→做门窗洞口护角及踢脚→粘 B 型玻纤网格布→刮柔性耐水腻子→涂刷饰面

→检测验收。

　4. 施工要点

（1）基层处理。去除墙面影响附着的物质，凸出的混凝土或砂浆应剔平。

（2）弹线、贴灰饼。根据空气层与聚苯板的厚度以及墙面平整度，在与墙体内表面相邻的墙面、顶棚和地面上弹出聚苯板粘贴控制线，门窗洞口控制线；如对空气层厚度有严格要求，可根据聚苯板粘贴控制线，做出 50mm×50mm 灰饼，按 2m×2m 的间距布置在基层墙面上。

（3）粘贴聚苯板。墙面聚苯板应错缝排列，拼缝处不得留在门窗口四角处。加水配制的粘结石膏一次拌合量要确保 50min 内用完，稠化后严禁加水稀释再用。粘贴聚苯板可用点框法和条粘法。点框法适用于平整度较差的墙面，应保证粘贴面积不少于 30%。如采用挤塑聚苯板，应先在挤塑板上涂刷挤塑板界面剂，界面剂表干后再布粘结石膏。聚苯板的粘结要确保垂直度和平整度，粘贴 2h 内不得触碰、扰动。

（4）抹灰、挂网格布。用粉刷石膏砂浆在聚苯板面上按常规抹灰做法做出标准灰饼，抹灰平均厚度 8～10mm，待灰饼硬化后即可大面积抹灰。在抹灰层初凝之前，横向绷紧 A 型网格布，用抹子压入到抹灰层内，网格布要尽量靠近表面。网格布接槎处搭接不小于 100mm。待粉刷石膏抹灰层基本干燥后，再在抹灰层表面绷紧粘贴 B 型网格布，网格布接槎处搭接不小于 150mm。

（5）刮腻子。待网格布胶粘剂凝固硬化后，宜在网格布上直接刮内墙柔性腻子，腻子层控制在 1～2mm，不宜在保温墙再抹灰找平。

（6）门窗洞口护角、厨厕间、踢脚板的处理。门窗洞口、立柱、墙阳角部位宜用粉刷石膏抹灰找好垂直后压入金属护角。水泥踢脚应先在聚苯板上满刮一层建筑用界面剂，拉毛后再用聚合物水泥砂浆抹灰；预制踢脚板应采用瓷砖胶粘剂满贴。厨房、卫生间墙体宜采用聚合物水泥胶粘剂和聚合物水泥罩面砂浆，防水层的施工宜在保温施工后进行。

29.4.3.3　胶粉聚苯颗粒保温浆料玻纤网格布聚合物砂浆外墙内保温施工方法

　1. 基本构造与适用范围

（1）基本构造

胶粉聚苯颗粒保温浆料玻纤网格布聚合物砂浆外墙内保温系统由界面层、胶粉聚苯颗粒保温浆料保温层、抗裂防护层和饰面层构成。其基本构造，见表 29-68。

胶粉聚苯颗粒保温浆料玻纤网格布聚合物砂浆外墙内保温系统基本构造　　表 29-68

基层墙体 ①	系统基本构造				构造示意图
	界面层	保温层 ②	抗裂防护层 ③	饰面层 ④	
混凝土墙及各种砌体墙	界面砂浆	胶粉聚苯颗粒保温浆料	抗裂砂浆复合耐碱涂塑玻璃纤维网格布	涂料或壁材	①②③④

（2）适用范围

胶粉聚苯颗粒保温浆料玻纤网格布聚合物砂浆外墙内保温做法适用于夏热冬冷和夏热冬暖地区钢筋混凝土、混凝土砌块、多孔砖、其他非黏土砖等外墙内保温施工和寒冷地区无条件实现外保温的楼梯间、电梯间等部位的局部保温。

2. 系统性能

同增强粉刷石膏聚苯板外墙内保温系统性能指标，见表 29-67。其他材料符合《胶粉聚苯颗粒外墙外保温系统》（JG 158）中的相关要求。

3. 施工要点

（1）基层处理：基层均应做界面处理，用喷枪或滚刷均匀喷刷。

（2）界面砂浆基本干硬后方可抹保温浆料，保温浆料应分层抹灰，每层抹灰厚度宜为 20mm 左右，间隔时间应在 24h 以上，第一遍抹灰应压实，最后一遍抹灰厚度宜控制在 10mm 左右。

（3）门窗边框与墙体连接应预留出保温层的厚度，缝隙应分层填塞密实 并做好门窗框表面的保护。

（4）保温层固化干燥后方可抹抗裂砂浆，抗裂砂浆抹灰厚度为 3～4mm，然后压入玻纤网格布，网格布搭接宽度不小于 100mm，楼梯间隔墙等需要加强的位置应铺贴双层网格布，底层网格布采用对接，面层网格布采用搭接。门窗洞孔边角处应应沿 45°方向提前设置增强网格布，网格布尺寸宜为 400mm×200mm。

（5）抹完抗裂砂浆 24h 后方可进行饰面施工。

29.4.4 夹芯保温系统施工方法

29.4.4.1 混凝土砌块外墙夹芯保温施工方法

1. 基本构造与适用范围

（1）基本构造

混凝土砌块外墙夹芯保温系统是集承重、保温和装饰为一体的墙体构造。该系统由内叶结构层、保温层、外叶装饰层组成，结构层由承重砌块砌筑，装饰层由装饰砌块砌筑，保温层由聚苯板、聚氨酯泡沫塑料、玻璃棉等保温材料填充。结构层、保温层、装饰层随砌随放置拉结钢筋网片，使三层牢固结合，外墙全部荷载由结构层承担，在圈梁和门窗洞口过梁挑出的混凝土挑檐支撑外侧装饰层。混凝土砌块外墙夹芯保温系统基本构造以 190 承重砌块和 90 装饰砌块加保温材料为例，及保温材料主要性能指标见表 29-69。

（2）适用范围

混凝土小型空心砌块夹心墙体系适用于多层与中、低层建筑的墙体，可用于不同气候区的节能设计要求。

2. 施工流程

施工准备→砌筑内叶承重结构层→防锈钢筋网片放置→按步砌筑→勾缝→贴保温层→砌筑外叶装饰层→芯柱施工→检测验收。

混凝土砌块外墙夹芯保温系统基本构造及保温材料主要性能指标　　表 29-69

混凝土砌块外墙夹芯保温系统	基 本 构 造
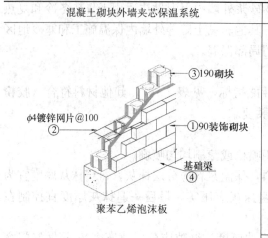 聚苯乙烯泡沫板	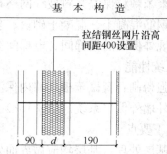 1. 90 厚装饰砌块 2. d 厚夹心空腔内填聚苯板（或灌装氨酯发泡） 3. 190 厚承重砌块 4. 内墙抹灰按工程设计

模塑聚苯板厚度 d (mm)	传热系数 [W/(m²·K)]	挤塑聚苯板厚度 d (mm)	传热系数 [W/(m²·K)]	硬泡聚氨酯厚度 d (mm)	传热系数 [W/(m²·K)]	软泡聚氨酯厚度 d (mm)	传热系数 [W/(m²·K)]
				灌发泡聚氨酯体系			
30	1.04	25	0.95	20	0.97	25	1.21
40	0.87	30	0.85	25	0.85	30	1.01
50	0.75	40	0.70	30	0.75	40	0.85
60	0.66	50	0.59	35	0.67	50	0.73
70	0.59	60	0.52	40	0.61	60	0.64
80	0.54	70	0.46	45	0.56	70	0.57
90	0.49	80	0.41	50	0.52	80	0.52
100	0.45	90	0.37	55	0.48	90	0.47
110	0.42	95	0.35	60	0.45	100	0.43
120	0.36	—	—	65	0.42	110	0.40
130	0.35	—	—	70	0.39	120	0.37
—	—	—	—	80	0.35	130	

3. 施工要点

（1）施工准备

1）砌块应按设计的强度等级和施工进度要求，配套运入施工现场。

2）砌块的堆放场地应夯实或硬化并便于排水，不宜贴地码放。砌块须按规格、强度等级分别覆盖码放，且码放高度不宜超过两垛。二次搬运和装卸时，不得采用翻斗卸车和随意抛掷。

3）砌筑前要先根据排块图，进行摞底排砖，由墙体转角开始，沿一个方向排，宜根据设计图上的门、窗洞口尺寸、柱、过梁和芯柱位置及楼层标高、预留洞大小、管线、开关、插座的位置、砌块的规格、灰缝厚度，编制排块图。排块应对孔、错缝搭接排列，并以主砌块为主，辅以相应的辅助块。

4）墙体砌筑前，应在转角处立好皮数杆，间距宜小于 15m，皮数杆应标明砌块的皮数、灰缝的厚度以及门窗洞口、过梁、圈梁和楼板等部位的位置。

5）工具准备：灰斗、线垂、小线、柳叶铲、橡胶锤、切割机等。

（2）砌筑内外墙

1）混凝土砌块应反砌（底面朝上），错缝对孔（每步 600mm 高）。内、外墙同时砌筑。墙体临时间断处，必须留斜槎。斜槎的长度不应小于高度的 2/3。

2）不得使用潮湿、含水率超标的砌块。不得使用断裂或有竖向裂缝的砌块。砌块承重墙不得混用其他墙体材料。

3）砌筑时，先砌承重部分，网片随砌放，每 600mm 高度一道。承重部分砌筑到一步的高度，在承重墙外侧粘贴一步 600mm 高的聚苯保温板，再砌筑一步 600mm 高外叶装饰部分。

4）砌筑灰缝要求：

灰缝做到横平竖直，竖缝两侧的砌块两面挂灰，水平灰缝、竖缝砂浆饱满度不低于90%，不得出现瞎缝、透明缝。水平灰缝的厚度和垂直灰缝的厚度控制在 8～12mm。

砌筑时的铺灰长度不得超过 400mm（一个砌块的长度），严禁用水冲浆灌缝，不得用石子、木楔等垫塞灰缝。

墙体砌筑前除在墙的转角处设皮数杆外，墙的中心部位宜设皮数杆，皮数杆间距不大于 6m，砌筑时为防止中间部位弹线，应挑线作业，以保证水平灰缝的顺直。严禁用水冲浆灌缝。砌筑时宜以原浆压缝。随砌随压。竖向灰缝在已施工的墙体上或梁的部位用粉线弹好控制线，及时用垂线检查竖向灰缝的情况，以确保竖向灰缝的垂直。

5）网片设置原则：

为了防止砌块墙体开裂、砌块砌体灰缝中设置 $\phi4$ 镀锌拉接网片，网片必须置于灰缝和芯柱内，不得流放，网片搭接长度≥40d、且不小于 200mm，竖向间距不大于 400mm。

6）导水麻绳设置：

由于雨水可能进入（或因"结露"）砌块墙的空腔内，为防止水掺入室内，需在有可能形成积水的部位设置导水麻绳。具体设置原则：在外墙无芯柱处、圈梁或暗混凝土现浇带上第一皮砌块下放 $\phi8$mm 的麻绳，水平间距 200mm，一头压入砌块空洞内，另一头出墙体约 5cm 便于排水又不影响墙体美观（待外墙勾缝完工后可截去外露部分）。

（3）内外墙勾缝

1）内墙勾缝

内墙用原浆勾缝，在砂浆达到"指纹硬化"时随即勾缝，要压密实平整，勾成平缝。墙体平整度、垂直度很好的情况下可以直接刮腻子，不再抹灰。

2）外墙勾缝

为防止外墙灰缝渗水，外墙可采用二次勾缝。

①首先砌筑时按原浆勾缝。在砂浆达到"指纹硬化"时，把灰缝略勾深一些，留10～15mm 的余量，灰缝要压密实，不必压光（拉毛处理）。

②主体完工另行二次勾缝，勾缝前将墙体灰缝处用喷壶稍加湿润，勾缝砂浆采用1：2：(0.03～0.05)的防水砂浆勾成凹缝，压密实、保持光滑平整均匀，外留2～4mm左右。

（4）芯柱施工

1）每根芯柱柱脚应设清扫口，砌筑时清扫口内的砂浆和杂物须及时清扫。

2）每层的板带位置的芯柱应上下贯通，飘窗、梁等位置须浇筑混凝土的芯柱，砌筑时应在砌筑的第一皮砌块留有清扫口。

3）当砌筑砂浆的平均强度大于1MPa时方可进行芯柱灌筑，灌筑芯柱混凝土前，须浇水湿润，先浇50mm厚的水泥砂浆，水泥砂浆应与芯柱混凝土的成分相同。

4）芯柱混凝土宜采用流态混凝土，每楼层每根芯柱的混凝土分3～4段连续浇灌振捣密实，若混凝土坍落度大于200mm可一次浇灌，分2～3段振捣密实。

5）芯柱施工应实行混凝土定量浇灌，并设专人检查混凝土灌入量，认可后方可继续施工。浇灌后的芯柱面应低于最上一皮砌块表面30～50mm。

4. 成品保护

砌筑时应严格控制砌筑砂浆的黏稠度，铺浆应均匀饱满，不宜过多，以防挤出的砂浆坠落到已砌筑的墙体上。

成品砌筑完后，应防止砂浆早期受冻或烈日曝晒而影响质量。外侧装饰性砌块每层砌筑完工后，应及时冲刷干净，并注意防止人为破损、污染。对已砌筑完工的墙体遮盖保护。

为防止污染，支模时应严密，模板与墙体不留缝隙，周围用海棉条粘贴防止漏浆，模板间的缝隙用胶带粘贴，对已经漏浆的墙体应及时用高压水或清洗剂清洗，直至清除整个墙体。

29.4.4.2　砖砌体夹芯保温施工方法

1. 基本构造及特征

砖砌体夹芯保温系统是在砖砌体的内叶墙和外叶墙中间安装保温材料而形成的外墙复合保温体系。通常集承重、保温和装饰为一体。常用砖砌体材料主要有多孔砖、烧结砖、蒸压灰砂砖和空心砖等。该体系的特点是施工速度快、外观效果佳，造价相对较低等优点。但由于砖砌体夹芯保温系统需要设置拉结钢筋把内叶墙、保温层和外叶墙拉结成稳固的整体，所以保温性能受到影响。

2. 施工流程

施工准备→砌筑内叶承重结构层→防锈钢筋网片放置→按步砌筑→勾缝→贴保温层→砌筑外叶装饰层→芯柱施工→检测验收。

3. 施工要点

（1）施工准备

1）砌筑前要先根据图纸设计排块图，由墙体转角开始，沿一个方向排，宜根据设计图上的门、窗洞口尺寸、柱、过梁和芯柱位置及楼层标高、预留洞大小、管线、开关、插座的位置、砌块的规格、灰缝厚度编制排块图。并根据排板图剪裁保温板的规格及尺寸。

2）砖砌块应按设计的强度等级和施工进度要求，配套运入施工现场。堆放场地应夯实或硬化并便于排水,不宜贴地码放。砌块须按规格、强度等级分别覆盖码放。二次搬运和装卸时,不得采用翻斗卸车和随意抛掷。

3)墙体砌筑前,应在转角处立好皮数杆,间距宜小于15m,皮数杆应标明砌块的皮数、灰缝的厚度以及门窗洞口、过梁、圈梁和楼板等部位的位置。

4)工具准备:线锤、小线、柳叶铲、橡胶锤、切割机等。

(2)砌筑内墙和放置保温板

1)砌筑时先砌内叶承重部分。做法应符合砖砌体结构砌筑的相关要求。

2)内叶承重墙经质量检查合格后,方可在内叶墙外侧放置保温板。现场剪裁保温板应使用专用工具。最下层保温板应从防潮层向上安装。施工时注意成品保护,当保温板出现空隙时应用同材质保温材料补实,同时防止砂浆落在保温板上造成热桥。

(3)砌筑外墙

1)保温层经质量检查合格并做好隐蔽工程记录后,方可进行外叶墙砌筑施工。做法应符合砖砌体结构砌筑的相关要求。

2)内外墙拉结钢筋随砌随放。竖向距离不大于500mm,水平距离不大于1000mm。并应埋置在砂浆层中。

3)墙体端部构造:沿高度方向每300mm设置一道拉结钢筋,见图29-2。

(4)圈梁及过梁处构造

外墙圈梁及过梁外侧在浇筑混凝土前应采用保温材料进行处理,见图29-3。

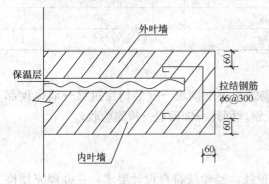

图 29-2 门窗洞口边拉结详图

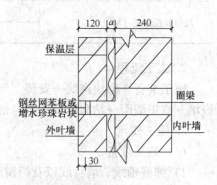

图 29-3 圈梁挑耳外侧保温详图

(5)成品保护

做好外墙防污染,对已砌筑完工的墙体遮盖保护。为防止污染,支模时应严密,模板与墙体不留缝隙,周围用海棉条粘贴防止漏浆,模板间的缝隙用胶带粘贴,对已经漏浆的墙体应及时用高压水或清洗剂清洗,直至清除整个墙体。

29.4.5 自保温系统施工方法

墙体自保温系统中采用蒸压砂加气混凝土、陶粒增强加气砌块和硅藻土保温砌块(砖)等为墙体材料,辅以节点保温构造措施,适用于夏热冬冷地区和夏热冬暖地区的节能设计要求;辅以其他保温隔热措施,可用于不同气候区的节能设计要求。

1. 主要材料及技术要求

(1) 砌块常用规格尺寸和主要性能指标，见表 29-70。

砌块常用规格尺寸和主要性能指标   表 29-70

项 目	密度级别	B04	B05
规格尺寸	长度（mm）	600	600
	高度（mm）	250	250
	厚度（mm）	200、250、300	200、250、300
干密度（kg/m³）		≤430	≤530
抗压强度（MPa）		≥2.0	≥2.5
干燥收缩值（mm/m）		≤0.5	≤0.5

(2) 砌块砌筑应使用砌筑胶粘剂，其主要性能指标，见表 29-71。

砌筑胶粘剂主要性能指标   表 29-71

试 验 项 目		性 能 指 标
外观		均匀，无结块
保水性（mg/cm²）		≤8
流动度（mm）		150～180
28d 抗压强度（MPa）		7.0～15.0
28d 抗折强度（MPa）		≥2.2
压剪胶接强度（MPa）	原强度	≥1.0
	耐冻融	≥0.4

2. 施工流程

施工准备→砌块砌筑→安装 L 形铁件→砌筑混凝土砌块→安装门窗过梁→墙体顶部嵌填→修正墙面→粘贴玻璃纤维网格布或设置钢丝网片→饰面层→检测验收。

3. 施工要点

(1) 施工准备

1) 弹好轴线、墙身线以及门窗洞口的位置线，经验线符合设计要求，并办理完预检手续。

2) 砌筑前要先编制排块图，根据排块图进行摆底排砖。

3) 砌块应堆置于室内或不受雨、雪影响并能防潮的干燥场所。

4) 墙体砌筑前，应在转角处立好皮数杆，间距宜小于 15m，皮数杆应标明砌块的皮数、灰缝的厚度以及门窗洞口、过梁、圈梁和楼板等部位的位置。

5) 主要机具：刮勺、橡皮锤、水平尺、搅拌器、射钉枪、磨砂板、台式切割机等。

(2) 砌块砌筑和安装 L 形铁件

1) 砌筑胶粘剂等应使用电动工具搅拌均匀，水灰比按产品说明书规定。

2) 砌块不得洒水后进行砌筑。

3) 第一皮砌块砌筑前，应先用水湿润基面，再施铺 M7.5 水泥砂浆，并将砌块底面水平灰缝和侧面垂直灰缝满涂胶粘剂后方可砌筑。

4) 第二皮砌块的砌筑，应待第一皮砌块灰缝砂浆和胶粘剂初凝后方可进行。

5）已砌筑的砌块表面（铺灰面）应平整，否则，需用磨砂板磨平并清理尘灰后，方可继续往上砌筑。

6）砌筑砌块时，砌块之间（灰缝）的胶粘剂应饱满并相互挤紧；砌块与墙体间的粘结面必须均匀满铺胶粘剂，不得漏铺，严禁空鼓与裂缝。灰缝大小宽度和厚度应为2～3mm，并及时将挤出的胶粘剂清理干净。

7）砌上墙或刚砌筑的砌块不应受到外来撞击或随意移动。若需校正，应重新铺抹胶粘剂后进行砌筑。

8）砌块与结构柱相接处应顶留10～15mm宽的缝隙，并按每两皮砌块高度设置L形铁件。缝隙内侧应嵌塞PE棒再打发泡剂，外侧缝隙应在发泡剂外再用外墙弹性腻子封闭。

9）砌块墙体砌完后，应检查墙体平整度。不平整之处，应用钢齿磨板和磨砂板磨平，控制偏差值在允许范围内。

（3）安装门窗过梁等其他施工要点

1）安装砌块墙体内的过梁、圈梁、连梁、窗台扳、预制混凝土块等构件应平齐，还应按设计要求采取保温措施。

2）建筑物外围的混凝土结构柱和梁应根据设计要求，采用保温措施，如外侧粘贴保温块，其表面应与相邻接的填充墙齐平。

3）砌块墙体上的各种预留孔洞，管线槽、接线盒等应在安装后用专用修补材料修补，也可用砌块碎屑拌以水泥、石灰膏及适量的建筑胶水进行修补，配合比为水泥：打灰膏：砌块碎屑＝1：1：3。

4）砌块墙体与构造柱、剪力墙、框架柱、混凝土梁交界处批嵌时，应粘贴耐碱网格布；粉刷时，应设置镀锌钢丝网片。镀锌钢丝网片中钢丝直径为1.0mm，网孔尺寸为10mm×10mm。宽度为界面缝两侧各不小于100mm。

（4）饰面层

1）砌块墙体外粉刷施工前，墙面应满刷专用界面剂或专用防水界面剂。粉刷施工应分层进行，总厚度宜为20mm。

2）砌块墙体外饰面采用饰面砖时，必须按满粘法粘贴牢固。饰面砖的厚度宜≤10mm。

3）砌块墙体内侧的粉刷、批嵌、饰面砖粘贴及饰面板安装应按相应规定执行。

4．施工要点

（1）在建筑构造柱、圈梁、框架梁柱的部位要采用高效保温材料做外保温防止"冷桥"的形成。

（2）含水率对保温材料热工性能的影响很大，加气混凝土尤其突出，在施工过程中应采取措施减少加气混凝土的含水率。

（3）在施工中应采取措施减少砌筑灰缝对加气混凝土墙体的整体热工性能影响。

29.4.6 检测与验收

29.4.6.1 检测

1．材料检测

外墙节能的材料进厂后需进行抽样复验，其具体检测项目见表 29-72。

2. 现场实体检测

外墙节能工程完工后，需对节能构造进行实体检测。当对围护结构的传热系数进行检测时，应由建设单位委托具备检测资质的检测机构承担。外墙节能构造的现场检验应在监理（建设）人员见证下实施，可委托有资质的检测机构实施，也可由施工单位实施。

检测方法：按照《建筑物围护结构传热系数及采暖供热量检测方法》（GB/T 23483）和《居住建筑节能检测标准》（JGJ/T 132）和有关规定进行。

检测数量：抽样数量当无合同约定时每个单位工程的外墙至少抽查 3 处，每处一个检查点。当一个单位工程外墙有两种以上节能保温做法时，每种节能保温做法的外墙应抽查不少于 3 处。

当合同中对检测方法、抽样数量、检测部位和合格判定标准等有约定时，按约定进行。

29.4.6.2 外墙节能工程质量验收

1. 一般规定

（1）保温系统的性能和构造措施应符合《建筑节能工程施工验收规范》（GB 50411）、《外墙外保温工程技术规程》（JGJ 144）等相关技术标准的要求。当采用粘贴饰面砖做饰面层时，饰面砖粘结强度尚应符合《建筑工程饰面砖粘结强度检验标准》（JGJ 110）的规定。

（2）对于隐蔽工程及特殊部位的验收，应有详细的文字记录和必要的图像资料。

（3）外墙饰面层施工质量应符合《建筑装饰装修工程施工质量验收规范》（GB 50210）的规定。

2. 主控项目

（1）所用材料和半成品、成品的品种、规格、性能必须符合设计和有关标准的要求。

1）检查产品合格证和型式检验报告；

2）检查进场复验报告，复验项目见表 29-1，要求见表 29-72。

表 29-72

围护结构保温隔热用材料质量控制

序号	材料名称	控制项目	检验方法标准	现场抽样数量		评定标准	备注
1	模塑聚苯乙烯泡沫塑料板（EPS）	表观密度	GB/T 6343	以同一厂家生产、同一规格产品、同一批次进场，每 500m³ 为一批，不足 500m³ 也为一批	同厂家、同品种、同规格产品，每1000m² 扣除窗洞面积后的墙面使用的材料为一个检验批，每个检验批抽查 1 次；不足 1000m² 时抽查 1 次；墙面超过 1000m² 时，每增加 2000m² 应增加 1 次抽样；墙面超过 5000m² 时，每增加 3000m² 应增加 1 次抽样。节能保温隔热材料的燃烧性能每种产品应至少检验 1 次	设计指标/JGJ 144 JG 149	
		抗拉强度	JG 149				
		尺寸稳定性	GB/T 8811				
		导热系数	GB 10294 GB 10295				
		燃烧性能	GB 8626 GB 2406				
2	挤塑聚苯乙烯泡沫塑料板（XPS）	压缩强度	GB/T 8813			设计指标/GB/T 10801.2	
		尺寸稳定性	GB/T 8811				
		导热系数	GB 10294 GB 10295				
		燃烧性能	GB 8626				

续表

序号	材料名称	控制项目	检验方法标准	现场抽样数量		评定标准	备注
3	围护结构用绝热用岩棉	渣球含量	GB 5480	以同一厂家、同一原料、同一生产工艺、同一品种、同一批次进场，以5000m² 为一批，不足 5000m² 也为一批	同厂家、同品种、同规格产品，每1000m² 扣除窗洞面积后的墙面使用的材料为一个检验批，每个检验批抽查 1 次；不足 1000m² 时抽查1次； 墙面超过 1000m² 时，每增加 2000m² 应增加 1 次抽样；墙面超过 5000m² 时，每增加 3000m² 应增加 1 次抽样。 节能保温隔热材料的燃烧性能每种产品应至少检验1次	GB/T 19686	
		纤维平均含量	GB 5480				
		密度	GB 5480				
		热阻	GB 10294 GB 10295				
4	硬质聚氨酯泡沫塑料（PU）	表观密度	GB/T 6343	每 10t 为一批，不足 10t 也为一批		设计指标	
		抗拉强度	JG 149				
		导热系数	GB 10294 GB 10295				
5	胶粉聚苯颗粒保温浆料	导热系数	GB 10294 GB 10295	每 35t 为一批，不足 35t 亦为一批。每批现场制作 3 块同条件试样		设计指标	
		干密度	JG 158				
		压缩强度	JG 158				
6	胶粘剂	常温常态拉伸粘结强度（与水泥砂浆）	JG 149	每 30t 为一批，不足 30t 也为一批。其余同上		设计指标	
		浸水48h拉伸粘结强度（与水泥砂浆）	GB/T 9779				
7	界面剂	常温常态拉伸粘接强度（与配套保温材料）	JG 158	每 3t 为一批，不足 3t 亦为一批。其余同上		设计指标	
8	抹面胶浆	常温常态拉伸粘结强度（与配套保温材料）	JG 149	每 30t 为一批，不足 30t 亦为一批。从一批中随机抽取 5 袋，每袋取 2kg，总计不少于 10kg		设计指标	
		浸水48h拉伸粘结强度（与配套保温材料）					
		柔韧性					
		抗冲击强度					
9	耐碱玻纤网格布	耐碱拉伸断裂强度（抗腐蚀性能）	GB/T 20102			设计指标/JGJ 144	
		断裂强度保留率					
10	保温板钢丝网	锌量指标	GB/T 2973	每 7000m² 为一批，不足 7000m² 亦为一批		GB/T 2973	
		网孔中心距	GB/T 3897			设计指标/产品标准	
		丝径					
		焊点强度					
11	聚氨酯饰面板	保温层厚度	JGJ 144	每 5000m² 为一批，不足 5000m² 亦为一批		设计指标/产品标准	
		保温板瓷砖拉拔强度	JGJ 110			设计指标/产品标准	

序号	材料名称	控制项目	检验方法标准	现场抽样数量	评定标准	备注
12	瓷砖胶粘剂	粘结拉伸强度	JC/T 547	每 30t 为一批，不足 30t 亦为一批，其余同上	设计指标	
13	聚合物水泥聚苯保温板	保温层厚度	JGJ 144	每 5000m² 为一批，不足 5000m² 亦为一批	设计指标/产品标准	
14	保温砌块	热阻	GB/T 13475		设计指标/产品标准	
		密度	GB/T 4111		设计指标/产品标准	

(2) 墙体节能工程的施工，应符合下列规定：

1) 保温隔热材料的厚度必须符合设计要求。

2) 保温板材与基层及各构造层之间的粘结或连接必须牢固。保温板材与基层的粘结面积、拉伸粘结强度和连接方式应符合设计要求。保温板材与基层的拉伸粘结强度应做现场拉拔试验。保温板材与基层粘结的饱满度应符合设计和标准要求，应进行饱满度检查。

3) 当采用保温浆料做外保温时，保温浆料与基层之间及各层之间的粘结必须牢固，不应脱层、空鼓和开裂，拉伸粘结强度应符合设计要求，保温浆料与基层的拉伸粘结强度应做现场拉拔试验。

4) 当墙体节能工程的保温层采用预埋或后置锚固件固定时，锚固件数量、位置、锚固深度和拉拔力应符合设计要求。后置锚固件应进行锚固力现场拉拔试验。

检验方法：观察；手扳检查；保温材料厚度采用尺量、钢针插入或剖开检查；粘结面积采用剥离检验；保温板材、保温浆料与基层的拉伸粘结强度现场拉拔试验；锚固拉拔力核查试验报告；隐蔽工程核查验收记录。检查数量：每个检验批抽查不少于 3 处。粘结面积检验每个检验批抽检不少于 2 处。

(3) 外墙采用预置保温板现场浇筑混凝土墙体时，保温板的安装应位置正确、接缝严密，保温板应固定牢固，在浇筑混凝土过程中不得移位、变形，保温板表面应采取界面处理措施，与混凝土粘结应牢固。混凝土和模板的验收，应按《混凝土结构工程施工规范》（GB 50666）和《混凝土结构工程施工质量验收规范》（GB 50204）的相关规定执行。全数观察检查，并核查其隐蔽工程验收纪录。

(4) 板状保温材料厚度用钢针插入和尺量检查，检查隐蔽工程验收记录。其负偏差不得大于 3mm，现场喷涂的保温材料厚度不得有负偏差。

(5) 外墙采用内置保温板现场浇筑混凝土墙体时，观察检查，检查隐蔽工程验收记录。保温板的安装应位置正确、接缝严密，保温板在浇筑混凝土过程中不得移位、变形，钢丝网的位置及间距应符合设计和标准要求，保温板内外表面及钢丝网表面应预喷涂界面剂，与混凝土粘结应牢固。

(6) 采用预制保温墙板现场安装的墙体，核查型式检验报告，检查隐蔽工程验收记录，应符合下列规定：

1) 保温墙板应有型式检验报告，其安全性应符合设计要求；

2) 保温墙板的结构性能、热工性能及与主体结构的联结方法应符合设计要求，与主体结构连接必须牢固；

3) 保温墙板的板缝处理、构造节点及嵌缝做法应符合设计要求；

4) 保温墙板板缝不得渗漏。

(7) 饰面层采用饰面板开缝安装时，保温层表面应按设计要求采取相应的防水措施。对照设计观察检查，检查隐蔽工程验收记录。

(8) 当设计要求在墙体内设置隔气层、防火隔离带时，隔气层、防火隔离带的位置、使用的材料及构造做法应符合设计要求和相关标准的规定。观察检查，检查隐蔽工程验收记录。

(9) 公共建筑及 7 层以上（含 7 层）居住建筑，其外墙外保温工程当采用预制构件、定型产品或成套技术时，应提供型式检验报告。型式检验报告中应包括安全性能、耐久性能和节能性能。当无型式检验报告时，应委托具备资质的检测机构对产品或工程的安全性能、耐久性能和节能性能进行现场抽样检验。抽样检验的方法、结果应符合相关标准和设计的要求。按照构件、产品或成套技术的类型进行核查型式检验报告或抽样检验报告。

(10) 严寒和寒冷地区外保温使用的粘结材料，其冻融试验结果应符合该地区最低气温环境的使用要求。全数核查其质量证明文件。

(11) 墙体节能工程各类饰面层的基层及面层施工，应符合设计和《建筑装饰装修工程质量验收规范》（GB 50210）的要求，并应符合下列规定：

1) 饰面层施工前应对基层进行隐蔽工程验收。基层应无脱层、空鼓和裂缝，并应平整、洁净，含水率应符合饰面层施工的要求。

2) 外墙外保温工程不宜采用粘贴饰面砖做饰面层；7 层以上（含 7 层）建筑不得采用粘贴饰面砖做饰面层。

当 7 层以下外墙外保温建筑采用粘贴饰面砖做饰面层时，应按外保温要求单独进行型式检验并应合格，耐候性检验中应包含耐冻融周期试验，其安全性与耐久性必须符合设计要求。饰面砖应做粘结强度拉拔试验，试验结果应符合设计和有关标准的规定。

3) 外墙外保温工程的饰面层不得渗漏。当外墙外保温工程的饰面层采用饰面板开缝安装时，保温层表面应具有防水功能或采取其他防水措施。

4) 外墙外保温层及饰面层与其他部位交接的收口处，应采取密封措施。

全数观察检查，并核查试验报告和隐蔽工程验收记录。

(12) 保温砌块砌筑的墙体，应采用具有保温功能的砂浆砌筑。砌筑砂浆的强度等级及导热系数应符合设计要求。砌体的水平灰缝饱满度不应低于 90%，竖直灰缝饱满度不应低于 80%。检验方法：对照设计核查砂浆品种，核查砂浆强度试验及导热系数报告。用百格网检查灰缝砂浆饱满度。检查数量：每楼层的每个施工段至少抽查一次，每次抽查 5 处。每处不少于 3 个砌块。

3. 一般项目

(1) 进场节能保温材料与构件的外观和包装应完整、无破损，符合设计要求和产品标准的规定，全数观察检查。

(2) 保温层面表面应平整洁净无裂缝，接茬平整、线角顺直、清晰。观察检查和尺量检查。

(3) 增强网应铺压严实，不得有空鼓、褶皱、翘曲、外露等现象，搭接长度必须符合规定要求。加强部位的做法应符合设计要求。每个检验批抽查不少于 5 处，每处不少于 $2m^2$。观察检查，检查隐蔽工程验收记录。

(4) 设置空调的房间，其外墙热桥部位应按设计要求采取隔断热桥措施。按不同热桥种类，每种抽查 10%，并不少于 5 处。可采用对照设计和施工方案观察检查；使用热成像仪检查和核查隐蔽工程验收记录。

(5) 施工产生的墙体缺陷，如穿墙套管、脚手眼、孔洞等，应按照施工方案采取隔断热桥措施，不得影响墙体热工性能。检验方法：对照施工方案观察检查。检查数量：全数检查。

(6) 墙体保温板材的粘贴面积、粘贴方法和接缝方法应符合施工方案要求。保温板接缝应平整严密。每个检验批抽查 10%，并不少于 5 处，进行观察检查。

(7) 墙体采用保温浆料时，保温浆料层宜连续施工；保温浆料厚度应均匀、接槎应平顺密实。全数观察，保温浆料厚度每个检验批抽查 10%，并不少于 10 处，用尺量检查。

(8) 墙体上容易碰撞的阳角、门窗洞口及不同材料基体的交接处等特殊部位，其保温层应采取防止开列和破损的加强措施。按不同部位，每类抽查 10%，并不少于 5 处进行观察检查，并核查隐蔽工程验收记录。

(9) 采用现场喷涂或模板浇注的有机类保温材料做外保温时，有机类保温材料应达到陈化时间后方可进行下道工序施工。全数对照施工方案和产品说明书进行检查。

29.4.6.3　墙体节能分项工程检测验收

1. 节能工程应按照分项工程进行验收。当建筑节能分项工程的工程量较大时，可以将分项工程划分为若干个检验批进行验收。

2. 检验批应按主控项目和一般项目验收，主控项目应全部合格，一般项目应合格；当采用计数检验时，至少应有 90% 以上的检查点合格，且其余检查点不得有严重缺陷。

3. 当全检验批验收合格后，方可进行分项工程验收。并核查隐蔽工程验收资料、检验批资料、材料的质量证明文件及复试报告、墙体节能专项方案等资料。

29.5　幕墙节能工程

29.5.1　一般规定

29.5.1.1　建筑幕墙的热工性能

1. 用于幕墙节能工程的材料和构件等其品种、规格必须符合节能设计要求及相关标准的规定。

2. 隔热型材的生产厂（供应商）应提供型材隔热材料的力学性能和耐老化性能试验报告。

3. 使用的材料、构件进场时，应进行复验，复验项目见表 29-1。

4. 构造合理，特殊部位的措施到位。

5. 设计变更不得降低保温隔热建筑幕墙的热工性能。

29.5.1.2　幕墙节能工程施工安装

1. 附着于主体结构上的隔气层、保温层应在主体结构工程质量验收合格后施工。

2. 施工过程中应及时进行质量检查、隐蔽工程验收和检验批验收，施工完成后进行幕墙节能分项工程验收。

3. 对隐蔽部分工程进行验收，并有详细的文字和图片资料：

(1) 被封闭的保温材料厚度和保温材料的固定；

(2) 幕墙周边与墙体、屋面、地面的接缝处保温、密封构造；

(3) 构造缝、结构缝保温、密封构造；

(4) 隔汽层；

(5) 热桥部位、断热节点；

(6) 单元式幕墙板块之间的保温、密封接缝构造；

(7) 凝结水收集和排放构造；

(8) 幕墙的通风换气装置；

(9) 遮阳构件的锚固。

4. 幕墙节能工程使用的保温材料在安装过程中，应采取防潮、防水等保护措施。

29.5.2　玻璃幕墙的新型节能形式

29.5.2.1　双层通风玻璃幕墙

双层通风玻璃幕墙又称为热通道幕墙、呼吸式幕墙、通风式幕墙等，国外也有称作主动式幕墙，由内、外两道幕墙组成：外幕墙有点支式玻璃幕墙和有框玻璃幕墙；内层采用有框玻璃幕墙，常常开有门、窗。热空气由内、外幕墙之间的空间，通过下部的进风口进入，从上部排风口排出，热量可以在这空间自由流动。

1. 分类

双层通风玻璃幕墙有封闭式内通风玻璃幕墙和开敞式外通风玻璃幕墙两类。

(1) 封闭式内通风玻璃幕墙的外幕墙是密封的，从室内的下通道吸入空气，从热通道上升至上部排风口，空气排至吊顶的排风管排出。由于进风是室内空气，所以热通道的温度基本上与室内相同，这样就大大减少了取暖或制冷的电能消耗。这种形式的通风玻璃幕墙多用于北方地区以取暖为主的建筑物中。但这种封闭循环体系依赖于机械通风，对设备有较高要求。

(2) 开敞式外通风玻璃幕墙的内幕墙是密封的，室外空气由外幕墙的下部进风和上部排风，利用室外来的新风和向室外排气，带走夏季太阳辐射产生的热量，节约能源；冬天关闭上、下风口，形成封闭的温室，在太阳光辐射下温度升高，达到保温节能的效果。

2. 节能效果

与传统的单层玻璃幕墙相比，双层通风玻璃幕墙能耗在采暖时节省40％～50％；在制冷时节省40％～60％。其隔声的效果也十分显著。

29.5.2.2　智能玻璃幕墙

智能玻璃幕墙是指幕墙和自动监测系统、自动控制系统相结合，根据外界条件的变化（如光、热、烟等条件变化），自动调节幕墙的一些功能部件，实现遮光、进风、排风、室内温度调节、火灾排烟等建筑功能。

智能玻璃幕墙一般包括以下几个部分：热通道幕墙、通风系统、遮阳系统、空调系统、环境监测系统、智能化控制系统等。智能玻璃幕墙与建筑物内的空调、通风、遮阳、灯光、数字控制系统相连，根据外界条件变化进行自动调节，高效地利用能源。据国外对某个已建成的智能玻璃幕墙进行测算，其能耗只相当于传统建筑能耗的30%。

智能玻璃幕墙节能的关键在于智能化控制系统。这种智能化控制系统是从功能要求到控制模式，从信息采集到执行指令传动机构的全过程的控制系统。它通过对气候、温度、湿度、空气新鲜度、照度的监测，自动控制取暖、通风、空调、遮阳等多方面因素，调节室内的热舒适性和视觉舒适性等。

29.5.3　节能幕墙的面板材料

29.5.3.1　幕墙用自洁玻璃

通过在玻璃内植入电热夹层，防止冷凝现象。玻璃表面敷加不粘涂层，防止积灰。玻璃上覆盖反应涂层，在紫外线作用下可以把有机污物分解。目前国外已经在玻璃上被覆特殊的涂层，达到自行清洁的功能。涂层材料的颗粒小到纳米，也称之为纳米材料玻璃或纳米玻璃。

29.5.3.2　幕墙用自动变性玻璃

1. 将溶胶夹在两层玻璃之间制成幕墙玻璃和窗玻璃，溶胶能随温度的变化而自动从透明渐变为不透明。当温度低时溶胶是透澈的，能透过90%的阳光。当温度高时溶胶从透明状态变为不透明的白色，可阻挡90%的阳光透过。它具有自动调光和调节室内温度的作用。

2. 在两层玻璃之间加入两层很薄的氧化钨和氧化钒电解液，通电后，玻璃之间的化学成分产生电脉冲，使玻璃随阳光强弱改变颜色。阳光强时，玻璃呈蓝色，95%的阳光被反射出去；阳光弱时，玻璃无色透明，大部分阳光可进入室内。

29.5.3.3　幕墙用热玻璃

1. 电热玻璃

电热玻璃是由两块浇铸玻璃型料之间铺设极细的电热丝热压制成，吸光量在1%～5%之间。用在幕墙工程中，这种玻璃面上不会发生结露和冰花等现象，可减少采暖能耗。

2. 低辐射玻璃（Low-E玻璃）

低辐射玻璃是对近红外线具有较高的透射比，它能使太阳光中的近红外线透过玻璃进入室内；而被太阳光加热的室内物体所辐射出的 $3\mu m$ 以上的远红外线则几乎不能透过玻璃向室外散失，因而具有良好的太阳光取暖效果。低辐射玻璃对可见光具有很高的透射比（75%～90%），具有良好的自然采光效果。低辐射玻璃特别适用于严寒、寒冷地区的建筑物等。

29.5.3.4　幕墙用阳光辐射控制玻璃

1. 光谱选择透过性玻璃

光谱选择透过性玻璃是通过在玻璃表面覆盖一层或几层特殊材料涂层，使玻璃对不同波长的太阳辐射或者热辐射具有不同的透过率，使该玻璃能满足人们特定需要的透过特性。它可以使太阳辐射中的可见光最大量的通过，同时阻挡具有较高热量的紫外线或者红外线，从而最大限度地利用自然光照亮室内，从采光和制冷（或者采暖）两方面同时起到了节能效果。也可以使用它相反的特性，阻挡可见光，透过热量，从而适用于高纬度地区以消除进入室内的眩光，同时充分利用太阳辐射热来加温室内空气。目前，国外光谱选择透过性玻璃的可见光透过率与太阳辐射能透过率之比可达到 2.0。

2. 透过率可调玻璃

透过率可调玻璃是一种能随外部条件的变化而改变自身颜色的玻璃。可用于建筑装饰幕墙和各种特殊要求的门窗玻璃。该种玻璃随环境改变自身的透过特性，实现对太阳辐射能量的有效控制，满足节能要求。根据玻璃特性改变的机理不同，这种可调玻璃又分为热致变色玻璃、光致变色玻璃和电致变色玻璃。热致变色就是玻璃随着温度升高而透过率降低，光致变色就是玻璃随光强增大而透过率降低，电致变色则是当有电流通过的时候玻璃透过率降低。以上过程都是可逆的。其中，光致色变玻璃和电致色变玻璃是较为主要的两种类型。

（1）光致变色玻璃是在玻璃的组成原料中加入卤化银或者在玻璃与有机夹层中加入了铝和钨的感光化合物而制成的。目前，光致色变玻璃的可见光透过率可以在 25%~75% 的范围内变化，太阳辐射能透过率的变动范围是 23%~53%。

（2）电致变色玻璃是指在电场或电流的作用下，玻璃对光的透射率和发射率能够产生可逆变化的一种玻璃。目前，电致变色玻璃可以在 5 分钟内实现可见光透过率 10%~67%、太阳辐射能透过率 10%~66% 的变化。

29.5.3.5 幕墙用隔热玻璃

1. 惰性气体隔热玻璃

通过在中空玻璃的空腔内充入惰性气体，可以得到更高隔热性能的玻璃。国外已有充氩气的三层中空玻璃（4+8+4+8+4），结合 Low-E 技术，它的传热系数可以达到 $0.7W/(m^2 \cdot K)$。

2. 气凝胶隔热玻璃

气凝胶是以超微颗粒相互聚集构成纳米多孔网络结构，并在网络孔隙中充满气态分散介质的轻质纳米固态材料。具有极低的热导率和较高的透光性，在两层普通玻璃中间夹一层气凝胶，使传热系数从 $3W/(m^2 \cdot K)$ 下降到 $0.5W/(m^2 \cdot K)$。

3. 真空隔热玻璃

通过把中空玻璃空腔里的空气抽走，消除掉空腔内部的对流和传导传热，可以获得更好的隔热效果。这种玻璃的空腔很窄，一般为 0.5~2.0mm，两层玻璃之间用一些均匀分布的支柱分开。通过附加 Low-E 涂层改善其辐射特性，真空隔热玻璃的传热系数已经达到 $0.5W/(m^2 \cdot K)$。这种隔热玻璃相对于其他的隔热玻璃具有厚度薄、重量轻的优点，但生产工艺较为复杂，中间小立柱的存在也影响了它的外观，在一定程度上限制了它在幕墙、门窗上的应用。

4. 吸热玻璃

吸热玻璃是指能吸收大量红外线辐射能而又保持良好的可见光透过率的玻璃。其节能性能有：

（1）吸收太阳的辐射热，吸热玻璃的颜色和厚度不同，对太阳的辐射热吸收程度也不同。可根据不同地区日照条件选择不同颜色的吸热玻璃。如 6mm 蓝色吸热玻璃可挡住

50%左右的太阳辐射热，所以有明显的隔热效果。

（2）吸收太阳的可见光，比普通玻璃吸收可见光要多很多。如 6mm 厚的普通玻璃能透过太阳光的 78%，同样厚度的古铜色镀膜玻璃仅能透过太阳光的 26%。能使刺目的阳光变得柔和，起到良好的反眩作用，特别在炎热的夏天，能有效地改善室内色泽，使人感到凉爽舒适。

（3）吸收太阳的紫外线，还可以显著减少紫外线透射对人体的伤害。

（4）具有一定的透明度，能清晰地观察室外景物，广泛适用于既需采光又需隔热的空间，尤其是炎热地区需设置空调、避免眩光的建筑物门窗或建筑幕墙。

5. 热反射玻璃

热反射玻璃对太阳光具有较高的反射比和较低的总透射比，能较好地隔绝太阳辐射能。热反射玻璃的太阳光反射比可达 10%～40%（普通玻璃仅为 7%），太阳光总透射比为 20%～40%。遮蔽系数为 0.20～0.45。热反射玻璃具有良好的隔绝太阳辐射能作用，可降低夏季制冷电能消耗。

29.5.3.6 幕墙用隔声玻璃

幕墙、门窗的隔声降噪性能无论对于创造舒适的室内环境还是减少室内噪声对环境的污染来讲都是至关重要的。目前国外已经出现了一种新型 PVB 材料（聚乙烯醇缩丁醛），使用该种 PVB 的夹层玻璃的隔声性能提高 5～15dB。

29.5.3.7 光电玻璃幕墙

1. 光电玻璃幕墙的组成

将足够大面积的太阳能板封装在两片透明玻璃之内，并将引线引出，形成光电玻璃幕墙单元。然后，将若干光电玻璃幕墙单元组装到幕墙框架或支承钢结构上，形成整幅的光电玻璃幕墙。

光电玻璃幕墙系统由各种太阳能板（如屋面太阳能板、玻璃幕墙太阳能板、窗下墙太阳能板等）在阳光照射下产生直流电，汇集成足够大的电流，通过变流器转换为交流电，适应现有的办公和家庭用电设备。

光电目前产生的电流无法贮存，当夜晚和阴雨天无法直接利用光电玻璃幕墙的电力时，还要由市电供电，因此，光电玻璃幕墙不可能单独作为供电电源，只能作为市电的补充和调峰，起削峰填谷、平衡负荷的作用。

2. 光电玻璃幕墙的几个技术问题

（1）在幕墙构件中安装光电板

按照工艺流程生产出光电板，可将光能转换为电能。但用于光电玻璃幕墙，这些太阳能板要与幕墙构件有机地结合起来，这就要求建筑设计师与幕墙厂家紧密合作，恰当地布置太阳能光电板的位置，既保证充分发挥光电作用，又能适当遮阳。

（2）光电玻璃幕墙的安装方向

太阳直射光中蕴藏的能量较大，所以光电玻璃幕墙通常只安装在楼房中受阳光照射时间长的部位，但并不意味着只有直射光才能够被光电板吸收，故在既能接受直射光也能接受漫射光的表面安装光电玻璃幕墙效果最好。

通常光电玻璃幕墙应面向南，在东南和西南之间，在一定条件下也可面向东和面向西。安装遮阳板和顶棚应考虑到其通过雨水的玻璃幕墙自我清洁作用，因此，其倾角角度应不低于 20°，而垂直的幕墙则无需考虑附加清洁设施。

29.5.4　幕墙节能工程施工安装要点

29.5.4.1　一般要求

1. 安装幕墙的主体结构，应符合有关结构施工质量验收规范的要求。

2. 进场安装幕墙的构件及附件的材料品种、规格、色泽和性能，应符合设计要求。

3. 建筑幕墙的安装施工应单独编制施工组织设计，具体安装施工详见本手册第 22 章相关内容。

29.5.4.2　幕墙玻璃安装要点

1. 玻璃安装前应进行表面清洁。除设计另有要求外，应将单片阳光控制镀膜玻璃的镀膜面朝向室内，非镀膜面朝向室外。

2. 按规定型号选用玻璃四周的密封材料，并应符合现行有关标准的规定：

(1) 橡胶条，其长度宜比边框内槽口长 2%；橡胶条斜面断开后应拼成预定的设计角度，并应采用胶粘剂粘结牢固，镶嵌平整；

(2) 硅酮建筑密封胶不宜在夜晚、雨天打胶，打胶温度、湿度应符合设计要求和产品要求，打胶前应使打胶面清洁、干燥。

3. 铝合金装饰压板的安装，应表面平整、色彩一致，接缝均匀严密。

4. 密封胶在接缝内应与缝隙的两侧面粘结，与缝隙的底面或嵌填的泡沫材料不粘结。密封胶注胶应严密平顺，粘结牢固，不渗漏、不污染相邻的表面。

29.5.4.3　附着于主体结构上的隔汽层、保温层施工要点

1. 当幕墙的隔汽层和保温层附着在建筑主体的实体墙上时，保温材料和隔汽层需要在实体墙的墙面质量满足要求后才能进行施工作业。

2. 保温材料性能及填塞、厚度应符合设计要求，填塞饱满、铺设平整、固定牢固，拼接处不留缝隙。在安装过程中应采取防潮、防水等保护措施。在采暖地区，保温棉板的隔汽铝箔面应朝向室内，无隔汽铝箔面时应在室内侧有内衬隔汽板。

3. 隔汽层（或防水层）、凝结水收集和排放构造必须符合设计要求。

4. 凝结水管排出管及其附件应与水平构件预留孔连接严密，与内衬板出水孔连接处应设橡胶密封圈密封。

29.5.4.4　隔热构造施工要点

1. 铝合金隔热型材，既有足够的强度，又有较小的导热系数，应满足设计要求和有关标准规定。

用穿条工艺生产的隔热型材，其隔热材料应使用尼龙（聚酰胺＋玻璃纤维）材料，不得使用 PVC 材料；用浇注工艺生产的隔热型材，其隔热材料应使用 PUR（聚氨基甲酸乙酯）材料。连接部位的抗剪强度必须满足设计要求。

2. 当幕墙节能工程采用隔热型材时，隔热型材生产企业应提供型材隔热材料的力学性能、隔热性能和耐老化性能试验报告。

29.5.4.5　幕墙其他部位安装施工要点

1. 幕墙周边与墙体缝隙的密封，幕墙周边与墙体缝隙处、幕墙的构造缝、沉降缝、热桥部位、断热节点等部位，必须按设计要求处理好。

2. 其他通气槽孔及雨水排出口等应按设计要求施工，不得遗漏。

3. 单元式幕墙板块间的接缝构造及单元式幕墙板块间缝隙的密封非常重要，应做好防空气渗漏和雨水渗漏的措施。

4. 封品应按设计要求进行封闭处理。

5. 幕墙的通风换气装置，必须按设计要求安装。

29.5.5   建筑幕墙节能工程检测与验收

29.5.5.1   一般要求

1. 适用于透明和非透明的各类建筑幕墙节能工程的质量验收。

2. 对隐蔽部分工程进行验收，应有详细的文字和图片资料。

3. 幕墙用材料质量控制见表 29-73。

4. 建筑幕墙节能工程质量检测验收，按照《建筑装饰装修工程质量验收规范》（GB 50210）的规定执行。

幕墙用材料质量控制   表 29-73

控制项目	检验方法标准	现场抽样数量	评定标准
气密性、水密性	GB 7106	以同一厂家、同一原料、同一生产工艺、同一品种，同一批次 $10000m^2$ 建筑面积为一个检验批，不足 $10000m^2$ 亦为一批	设计要求
传热系数	GB/T 8484		
玻璃传热系数	GB/T 8484		
玻璃遮阳系数	GB/T 2680		
玻璃可见光透射比	GB/T 2680		
中空玻璃露点	GB/T 11944		

29.5.5.2   主控项目

1. 幕墙用材料、构件应符合下列规定：

（1）保温材料

1）导热系数应不大于设计值；

2）表观密度偏差不超过 10%；

3）燃烧性能应符合相关标准和法规、管理文件的规定。

（2）幕墙玻璃

1）品种、性能应符合设计要求；

2）传热系数不应大于设计值；

3）遮阳系数应符合设计要求；

4）可见光透射比不小于设计值；

5）中空玻璃露点、密封性能应满足产品标准要求。

（3）隔热型材

1）导热系数应不大于设计值；

2）隔热型材的力学性能及耐老化性能应符合设计要求和相关产品标准的规定。

（4）密封材料

1）硅酮结构密封胶、硅酮耐候密封胶必须与所接触材料相容；

2) 橡胶条的老化性能，必须符合设计要求。

（5）遮阳材料

1) 遮阳构件的尺寸、材料及构造应符合设计要求。

2) 透光、半透光遮阳材料的太阳光透射比、太阳光反射比应符合设计要求。

3) 遮阳产品的抗风性能应符合设计要求。

检查方法：检查材料的质量证明文件、进场复验报告。检查数量：全数核查。

2. 幕墙节能工程使用的材料、构件等进场时，应对其下列性能进行复验，复验应为见证取样送检：

（1）保温材料：导热系数、密度；

（2）幕墙玻璃：可见光透射比、传热系数、遮阳系数、中空玻璃密封性能；

（3）隔热型材：抗拉强度、抗剪强度；

（4）有机保温材料的燃烧性能；

（5）透光、半透光遮阳材料的太阳光透射比、太阳光反射比。

检验方法：进场时抽样复验，验收时核查复验报告。幕墙玻璃检验宜在材料进场随机抽样送检。检查数量：同一生产厂家的同一种产品每一批次抽查不少于一组，中空玻璃密封性能抽样每组应为 10 块。

3. 幕墙气密性

（1）气密性能指标应符合设计规定的等级要求。当幕墙面积大于建筑外墙面积 50% 或 3000m² 时，应按规定进行气密性能检测，检测结果应符合设计规定的等级要求。

（2）密封条应镶嵌牢固、位置正确、对接严密。单元幕墙板块之间的密封应符合设计要求。开启扇应关闭严密。

检查方法：观察及启闭检查；核查气密性能检测报告、见证记录、隐蔽工程验收记录。检查数量：现场检查按检验批划分的检查数量抽查 30% 并不少于 5 件（处）。气密性能检测应对一个单位工程中面积超过 1000m² 的每种幕墙均进行检测。

4. 每幅建筑幕墙的传热系数、遮阳系数、可见光透射比等节能性能指标均应符合设计要求。检验方法：查幕墙热工性能计算书，幕墙节点及安装应与设计计算书进行 核对。检查数量：计算书全数核查，节点及开启窗按照检验批抽查 30%，并不少于 10 处。

5. 保温材料应可靠固定，保温材料的厚度应不小于设计值。检验方法：对保温板或保温层采取针插法或剖开法，尺量厚度；手扳检查。检查数量：按检验批抽查 10%，并不少于 10 处。

6. 遮阳设施的安装位置应满足设计要求。遮阳设施的安装应牢固，满足抗震、维护检修的要求，外遮阳设施还应满足抗风的要求。检验方法：核查质量证明文件，检查隐蔽工程验收记录，观察，尺量，手扳检查。检查数量：核查全数的 10%，并不少于 10 处；全数检查牢固程度，全数核查报告。

7. 幕墙工程热桥部分的隔断热桥措施应有效可靠，断热节点的连接应牢固。检查方法：对照幕墙热工性能设计文件，观察检查。检查数量：按检验批 10% 并不少于 5 处抽查。

8. 幕墙可开启部分开启后的通风面积应满足设计要求。幕墙通风器的通道应通畅、尺寸满足设计要求，开启装置应能顺畅开启和关闭。检验方法：尺量核查开启窗通风面积，观察、手试检查，通风器启闭测试。检查数量：按检验批抽查 30% 并不少于 5 处，开启窗通风面积全数核查。

9. 幕墙隔汽层应完整、严密、位置正确，穿透隔汽层处的节点构造采取密封措施。检查方法：观察检查。检查数量：按检验批划分的检查数量抽查 10%，并不少于 10 处。

10. 冷凝水的收集和排放应通畅，并不得渗漏。检查方法：通水试验、观察检查。检查数量：按检验批划分的检查数量抽查 10%，并不少于 5 处。

29.5.5.3 一般项目

1. 镀（贴）膜玻璃的安装方向、位置应正确。中空玻璃采取双道密封，中空玻璃的均压管密封处理。进行观察，检查施工记录。按检验批划分的检查数量抽查 10%，并不少于 5 件（处）。

2. 单元式幕墙板块组装，按检验批抽查 10%，并不少于 5 处（件），通过观察检查，手扳检查或通水试验。检查结果应符合下列要求：

（1）密封条：规格正确，长度无负偏差，接缝的搭接符合设计要求；

（2）保温材料：固定牢固，厚度无负偏差；

（3）隔汽层：密封完整、严密；

（4）冷凝水排水通畅，无渗漏。

3. 幕墙与周边墙体间的缝隙应采用弹性闭孔材料填充饱满，并采用耐候性密封胶密封。通过观察检查，按检验批抽查 10%，并不少于 5 处（件）。

4. 建筑伸缩缝、沉降缝、防震缝的保温或密封做法，按检验批抽查 10%，并不少于 5 处（件），通过对照设计文件观察检查，检查结果应符合设计要求。

5. 活动遮阳设施的调节机构，按检验批抽查 10%，并不少于 10 处（件），通过现场调节试验，观察检查，应灵活，并应能调节到位。

29.6 门窗节能工程

29.6.1 一般规定

29.6.1.1 门窗节能工程的分类

建筑外门窗节能工程包括金属门窗、塑料门窗、木质门窗、各种复合门窗、特种门窗、天窗以及门窗玻璃安装等节能工程。

29.6.1.2 节能门窗产品的质量

1. 断桥铝合金门窗的品种、类型、规格、尺寸、性能、开启方向及铝合金门窗的型材壁厚应符合设计要求；塑料门窗的品种、类型、规格、尺寸、开启方向及填嵌密封处理、内衬增强型钢的壁厚及设置应符合设计要求和国家现行产品标准的质量要求。

2. 节能门窗气密性能、保温性能、采光性能须达到节能设计要求。

3. 不同气候区域，外门窗选用节能门窗时，必须确保其保温隔热性、气密性。严寒和寒冷地区，不宜采用推拉窗和凸窗。

29.6.1.3 节能门窗的施工安装

1. 节能门窗进入施工现场时，应按表 29-83 和表 29-84 进行复验。

2. 门窗正式施工前，应在现场制作样板间或样板件，经有关各方确认后方可进行施工。

3. 门窗工程施工中，应进行隐蔽工程验收，并应有验收记录和必要的图像资料。隐蔽工程验收记录应包括以下几方面：

（1）外门窗框与周边墙体连接部位的保温和密封处理。

（2）遮阳构件的锚固。

（3）天窗的密封处理。

（4）门窗安装的允许偏差：结构施工门窗留洞偏差、门窗安装的允许偏差及检验方法遵照第23章门窗工程中相关规定执行，并做好隐蔽验收记录。

（5）金属副框安装：

1）金属副框隔热断桥方式；

2）金属副框的防腐处理，预埋件的数量、位置、埋设方式、与门窗框的连接方式；

3）外门窗框或副框与洞口之间的间隙处理。

（6）其他。

29.6.2　节能门窗的类型及特点

29.6.2.1　按框扇材料分类

1. 金属保温门窗

节能金属保温门窗种类较多，目前采用较为普遍的有断桥铝合金门窗、涂色镀锌钢板门窗、铝塑门窗和铝镁门窗等。

（1）断桥铝合金门窗

断桥铝合金门窗是利用 PA66 尼龙将室内外两层铝合金既隔开又紧密连接成一个整体，构成一种新的隔热型的铝型材，按其连接方式不同可分为穿条式和注胶式。门窗两面为铝材，中间用 PA66 尼龙做断热材料，兼顾尼龙与铝合金两种材料的优势，同时满足装饰效果和门窗强度及耐老性能的多种要求。断桥铝型材可实现门窗的三道密封结构，合理分离水气腔，成功实现气水等压平衡，显著提高门窗的水密性和气密性。

断桥铝合金门窗的传热系数 K 值为 $3W/(m^2 \cdot K)$ 以下，比普通门窗热量散失减少一半，降低取暖费用 30% 左右，隔声量达 29dB 以上，水密性、气密性良好，均达国家 A1 类窗标准。断桥铝合金门窗性能参数表见表 29-74。

断桥铝合金门窗性能参数表　　　　　　　表 29-74

项目 门窗型号		玻璃配置 （白玻）	抗风压性能 （kPa）	水密性能 ΔP(Pa)	气密性能		保温性能 K [W/(m²·K)]
					q_1 [m³/(m·h)]	q_2 [m³/(m²·h)]	
A 型	60 系列 平开窗	5＋9A＋5	≥3.5	≥500	≤1.5	≤4.5	2.9～3.1
		5＋12A＋5	≥3.5	≥500	≤1.5	≤4.5	2.7～2.8
		5＋12A＋5 暖边	≥3.5	≥500	≤1.5	≤4.5	2.5～2.7
		5＋12A＋5 Low-E	≥3.5	≥500	≤1.5	≤4.5	1.9～2.1
		5＋12A＋5＋ 6A＋5	≥3.5	≥500	≤1.5	≤4.5	2.2～2.4

续表

项目 门窗型号		玻璃配置 （白玻）	抗风压性能 （kPa）	水密性能 ΔP(Pa)	气密性能		保温性能 K [W/(m² · K)]
					q_1 [m³/(m · h)]	q_2 [m³/(m² · h)]	
A 型	70 系列 平开窗	5+12A+5	≥3.5	≥500	≤1.5	≤4.5	2.6～2.8
		5+12A+5 暖边	≥3.5	≥500	≤1.5	≤4.5	2.4～2.6
		5+12A+5 Low-E	≥3.5	≥500	≤1.5	≤4.5	1.8～2.0
		5+12A+5+ 6A+5	≥3.5	≥500	≤1.5	≤4.5	2.1～2.4
	90 系列 推拉窗	5+12A+5	≥3.5	≥350	≤1.5	≤4.5	<3.1
	60 系列 平开门	5+12A+5	≥3.5	≥500	≤0.5	≤1.5	<2.5
	60 系列 折叠门	5+12A+5	≥3.5	≥500	≤0.5	≤1.5	<2.5
	提升 推拉门	5+12A+5	≥3.5	≥350	≤1.5	≤4.5	<2.8
B 型	EAHX50 平开窗	5+12A+5	≥3.5	≥350	≤1.5	≤4.5	2.7～2.8
	EAHX55 平开窗	5+12A+5	≥3.5	≥350	≤1.5	≤4.5	2.7～2.8
	EAHD55 平开窗	5+9A+5+ 9A+5	≥4	≥350	≤1.5	≤4.5	2.0
	EAHX60 平开窗	5+12A+5	≥3.5	≥350	≤1.5	≤4.5	2.7～2.8
	EAHD60 平开窗	5+9A+5+ 9A+5	≥4	≥350	≤1.5	≤4.5	2.0
	EAHX65 平开窗	5+12A+5	≥3.5	≥350	≤1.5	≤4.5	2.7～2.8
	EAHD65 平开窗	5+9A+5+ 9A+5	≥4	≥350	≤1.5	≤4.5	2.0
	EAH70 平开窗	5+9A+5+ 9A+5	≥4	≥350	≤1.5	≤4.5	2.0

(2) 涂色镀锌钢板门窗

涂色镀锌钢板门窗，又称"彩板钢门窗"、"镀锌彩板门窗"，是钢门窗的一种。涂色镀锌钢板门窗是以涂色镀锌钢板和 4mm 厚平板玻璃或双层中空玻璃为主要材料，经过机械加工制成。其门窗四角用插接件插接，玻璃与门窗交接处以及门窗框与扇之间的缝隙，全部用橡皮密封条和密封胶密封。传热系数 K 值可达 $3.5W/(m^2 \cdot K)$，空气渗透值可达 $0.5m^3/(m \cdot h)$，具有很好的密封性能。

根据构造的不同，涂色镀锌钢板门窗又分为带副框和不带副框两种类型。带副框涂色镀锌钢板门窗适用于外墙面为大理石、玻璃马赛克、瓷砖、各种面砖等材料，或门窗与内墙面需要平齐的建筑；不带副框涂色镀锌钢板门窗适用于室外为一般粉刷的建筑，门窗与墙体直接连接，但洞口粉刷成型尺寸必须准确。

钢塑共挤复合门窗和不锈钢门窗亦属于钢门窗，其保温隔热性能均高于普通碳钢和铝门窗的保温隔热性能。

节能性能：①具有良好的保温、隔声性能，当室外温度降到—40℃时，室内玻璃仍不结霜；②装饰性、气密性、防水性和使用的耐久性好。

（3）铝塑门窗

铝塑门窗是将铝型材与塑料异型材复合在一起的，即外部铝合金框，内部塑料异型材框。组装时通过各自的角码用加工断桥铝的组角机连接。铝塑门窗性能参数，见表29-75。

铝塑门窗性能参数表　　　　　　　　　表 29-75

项目 门窗型号	玻璃配置 （白玻）	抗风压性能 （kPa）	水密性能△ P(Pa)	气密性能		保温性能 K [W/(m²·K)]
				q_1 [m³/(m·h)]	q_2 [m³/(m²·h)]	
H型 60系列 平开窗	5+9A+5	≥4.5	≥350	≤1.5	≤4.5	2.7~2.9
	5+12A+5 Low-E	≥4.5	≥350	≤1.5	≤4.5	2.3~2.6
	5+12A+5 Low-E	≥4.5	≥350	≤1.5	≤4.5	1.8~2.0
	5+12A+5+12A+5	≥4.5	≥350	≤1.5	≤4.5	1.6~1.9
	5+12A+5+12A+5 Low-E	≥4.5	≥350	≤1.5	≤4.5	1.2~1.5

（4）铝镁门窗

铝镁合金门窗一般采用推拉门。因为材质较轻常用于厨、卫推位门，目前较少用于外门窗。

2. 非金属保温门窗

（1）塑料门窗

非金属节能保温门窗节能效果从材质热传导系数、结构的保温节能和玻璃的保温节能三种特性归纳来讲首推塑料门窗。塑料门窗是继木门窗、钢门窗、铝门窗之后的第四代节能门窗，是以聚氯乙烯（UPVC）树脂为主要原料，经挤出成型材，然后通过切割、焊接或螺栓连接的方式制成门窗框扇，配装上密封胶条、毛条、五金件等，同时为增强型材的刚性，超过一定长度的型材空腔内需要填加钢衬（加型钢或钢筋），这样制成的门窗，称之为塑料门窗。

塑料窗的开启方式主要有推拉、外开、内开、内开上悬等，新型的开启方式有推拉上悬式。不同的开启方式各有其特点，一般讲，推拉窗有立面简洁、美观、使用灵活、安全可靠、使用寿命长、采光率大、占用空间小、方便带纱窗等优点；外开窗则有开启面大、密封性、通风透气性、保温抗渗性能优良等优点。

节能性能：① 保温节能效果好，具有良好的隔热性能，尤其是多腔室结构的塑料门窗的传热性能更小；②物理性能良好；③隔声性能好。塑料门窗性能参数，见表 29-76、表 29-77。

塑料门窗性能参数表

表 29-76

门窗型号	项目 玻璃配置（白玻）	抗风压性能 (kPa)	水密性能 ΔP (Pa)	气密性能 q_1 $[m^3/(m \cdot h)]$	气密性能 q_2 $[m^3/(m^2 \cdot h)]$	保温性能 K $[W/(m^2 \cdot K)]$
C 型	60 系列平开窗	4+12A+4	5.0	333	0.42	1.62	1.9
	60A 系列平开窗	4+12A+4	4.9	300	0.41	1.58	1.9
	66 系列平开窗	4+12A+4	4.9	300	0.41	1.58	1.9
	65 系列平开窗	4+12A+4	4.9	150	0.46	1.73	2.0
	68 系列平开窗	5+9A+5	4.8	333	0.22	0.80	2.1
	70A 系列平开窗	5+9A+4+9A+5	3.5	133	0.46	1.76	1.7
	80 系列推拉窗	4+12A+4	1.6	167	1.37	4.36	2.3
	88 系列推拉窗	4+12A+4	2.1	250	1.21	3.83	2.2
	88A 系列推拉窗	4+12A+4	2.1	250	1.21	3.83	2.2
	95 系列推拉窗	4+12A+4	2.9	250	1.74	5.44	2.1
	106 系列平开门	4+12A+4	3.5	100	1.05	3.28	2.1
	62 系列推拉门	4+12A+4	1.5	100	1.51	4.38	2.2
D 型	60 系列内平开窗	4+12A+4	3.6	300	0.40	0.90	1.9
	80 系列推拉窗	5+9A+5	3.2	250	1.00	3.10	2.2
	88 系列推拉窗	5+6A+5	3.2	250	1.00	3.10	2.3
E 型	60F 系列平开窗	4+12A+4	4.9	420	0.02	1.00	2.176
	60G 系列平开窗	4+12A+4	4.7	390	0.15	1.20	2.198
	60C 系列平开窗	4+12A+4+12A+4	5.0	450	0.64	1.26	1.769
	60C 系列平开窗	框 4+10A+4+10A+4 扇 4+12A+4+12A+4	3.0	250	0.60	1.00	1.893
F 型	AD58 内平开窗	6Low-E+12A+5	4.0	500	0.5	—	1.8
	AD58 外平开窗	6Low-E+12A+5	3.5	500	0.5	—	1.82
	MD58 内平开窗	6Low-E+12A+5	4.5	700	0.5	—	1.73
	AD60 彩色共挤内平开窗	6Low-E+12A+5	4.0	600	0.5	—	1.82
	AD60 彩色共挤外平开窗	6Low-E+12A+5	3.5	600	0.5	—	1.82

续表

门窗型号	项目 玻璃配置（白玻）	抗风压性能 （kPa）	水密性能 ΔP （Pa）	气密性能		保温性能 K $[W/(m^2 \cdot K)]$
				q_1 $[m^3/(m \cdot h)]$	q_2 $[m^3/(m^2 \cdot h)]$	
F型	MD60 塑铝内平开窗	6Low-E＋12A＋5	4.0	350	1.0	—	2.0
	MD65 内平开窗	6Low-E＋12A＋5	4.0	600	0.5	—	1.70
	MD70 内平开窗	6Low-E＋12A＋5	4.5	700	0.5	—	1.5
	美式手摇外开窗	5＋12A＋5	3.0	350	1.0	—	2.5
	上、下提拉窗	5＋12A＋5	3.5	350	1.0	—	2.5
	83 推拉窗	5＋12A＋5	4.5	350	1.0	—	2.5
	85 彩色共挤推拉窗	5＋12A＋5	4.5	350	1.0	—	2.5
	73 推拉门		3.5	350	1.5	—	2.5
	90 推拉门		4.0	350	1.5	—	2.5
	90 彩色共挤推拉门		4.0	350	1.5	—	2.5

60 系列平开窗隔声性能表 表 29-77

玻璃配置（白玻）	5＋9A＋5	5＋12A＋5	Low-E	12A＋5	5＋12A＋5＋12A＋5	Low-E
隔声性能（DB）	$R_w \geqslant 30$	$R_w \geqslant 32$	$R_w \geqslant 32$	$R_w \geqslant 30$	$R_w \geqslant 35$	$R_w \geqslant 35$

（2）玻璃钢门窗

玻璃钢门窗是以玻璃纤维及其制品为增强材料，以不饱和聚酯树脂为基体材料，通过拉挤工艺生产出空腹异型材，然后通过切割等工艺制成门窗框，再配上毛条、橡胶条及五金件制成成品门窗。

玻璃钢门窗是继木、钢、铝、塑料后又一新型门窗，玻璃钢门窗综合了其他类门窗的防腐、保温、节能性能，更具有自身的独特性能，在阳光直接照射下无膨胀，在寒冷的气候下无收缩，轻质高强无需金属加固，耐老化使用寿命长，其综合性能优于其他类门窗。

节能性能：轻质高强，密封性能佳，节能保温，尺寸稳定性好，耐候性好。玻璃钢门窗性能参数，见表 29-78。

玻璃钢门窗性能参数表 表 29-78

门窗型号	项目 玻璃配置（白玻）	抗风压性能 （kPa）	水密性能 ΔP（Pa）	气密性能		保温性能 K $[W/(m^2 \cdot K)]$
				q_1 $[m^3/(m \cdot h)]$	q_2 $[m^3/(m^2 \cdot h)]$	
G型	50 系列平开窗	4＋9A＋5	3.5	250	0.10	0.3	2.2
	58 系列平开窗	5＋12A＋5 Low-E	5.3	250	0.46	1.20	2.2
	58 系列平开窗	5＋9A＋4＋6A＋5	5.3	250	0.46	1.20	1.8
	58 系列平开窗	5Low-E ＋12A＋4＋9A＋5	5.3	250	0.46	1.20	1.3
	58 系列平开窗	4＋V（真空） ＋4＋9A＋5	5.3	250	0.46	1.20	1.0

3. 发展趋势

（1）组成材料的生产配方向高效、无毒高性能发展。采用钙锌稀土或有机锡稳定剂等无铅或低铅配方取代铅盐配方，以满足与增强环保意识的需求。目前，严格限制产品中的铅含量已经成为许多发达国家的一个基本国策。我国在这方面还有相当大的差距，还有待改进。

（2）防菌塑料异型材是采用银离子等防菌配方，可以满足健康意识的需求。

（3）增强型材物理性能：

1）在严寒与寒冷地区，适当增加抗冲击改性剂或采用新型抗冲击改性剂 ACR 取代原抗冲击改性剂 CPE，以提高塑料异型材抗冲击性能。

2）在炎热、紫外线辐射强度高的地区，适当增加钛白粉、紫外线吸收剂掺量，以提高塑料异型材的抗老化性能。

3）在沿海地区高层建筑，应使用壁厚 2.8mm 或 2.5mm 型腔较大的异型材，以提高塑料门窗抗风压性能。

29.6.2.2 按玻璃构造分类

1. 中空玻璃窗

中空玻璃窗是一种良好的隔热、隔声、美观适用的节能窗。中空玻璃是由两层或多层平板玻璃构成，四周用高强度气密性好的复合粘剂将两片或多片玻璃与铝合金框、橡皮条或玻璃条粘结、密封，密封玻璃之间留出空间，充入干燥气体或惰性气体，框内充以干燥剂，以保证玻璃片间空气的干燥度，以获取优良的隔热隔声性能。由于玻璃间封存的空气或气体传热性能差，因而产生优越的隔声隔热效果。

中空玻璃采用的玻璃厚度有 4、5、6mm，空气层厚度有 6、9、12mm。根据要求可选用各种不同性能的玻璃原片，如无色透明浮法玻璃、压花玻璃、吸热玻璃、热反射玻璃、夹丝玻璃、钢化玻璃等与边框（铝框架或玻璃条等），经胶结、焊接或熔接而制成。

中空玻璃是采用密封胶来实现系统的密封和结构稳定性，中空玻璃在使用期间始终面临着外来的水汽渗透和温度变化的影响以及来自外界的温差、气压、风荷载等外力的影响，因此，要求密封胶不仅能防止外来的水汽进入中空玻璃的空气层内，而且还要保证系统的结构稳定，保证中空玻璃空气层的密封和保持中空玻璃系统的结构稳定性是同样重要的。中空玻璃系统采用双道密封，第一道密封胶防止水汽的进犯，第二道密封胶保持结构的稳定性。

在两层玻璃中间除封入干燥空气之外，还在外侧玻璃中间空气层内侧，涂上一层热性能好的特殊金属膜，它可以截止由太阳射到室内的相当的能量，起到更大的隔热效果。这种高性能中空玻璃，遮蔽系数可达到 0.22~0.49，减轻室内空调（冷气）负荷；传热系数达到 $1.4 \sim 2.8 W/(m^2 \cdot K)$，减轻室内采暖负荷，发挥更大的节能效率。

节能性能：①良好的保温、隔热、隔声性能；②抗水汽渗透能力和防渗水能力强；③抗紫外线能力强。

2. 双玻窗

双玻窗是一个窗扇上装两层玻璃，两层玻璃之间有空气层的窗。双层玻璃有利于隔热、隔声。提高双玻窗保温隔热效果的主要手段之一是增加玻璃与窗扇之间的密封，确保双层玻璃之间空气层为不流动空气。根据窗的传热系数计算公式可得出：传热系数并不是随着空气层厚度逐渐增加而降低，是有一定范围的。当空气层厚度在 6～30mm 范围内，传热系数呈递减趋势（见图 29-4），超过 30mm 以上传热系数降低幅度不大，一般采用 20mm 左右的空气层比较合适。

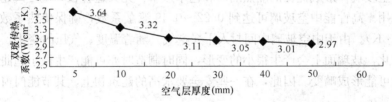

图 29-4　不同空气层厚度的双玻传热系数

普通双玻窗构造及安装工艺简单，没有分子筛、干燥剂和密封，只是简单地用隔条将两层玻璃隔开，因此，保温隔热性能不如中空玻璃窗，易生雾、结露、凝霜，适用于中低档住宅的隔热保温。

节能性能：①相对于单玻窗，提高了保温隔热性能；②性价比比较合适。

3. 多层窗

多层窗是由两道或以上窗框和两层或以上的多层中空玻璃组成的保温节能窗。多层窗集双玻窗及中空玻璃窗的性能优点，其结构特点决定了多层窗保温节能效果优于双玻窗和中空玻璃窗，适用于严寒地区和大型公建、高档公寓、高级饭店及特殊要求的建筑物。

4. 发展趋势

（1）构造先进性。随着节能要求的不断提高，节能门窗从结构上不断改进，出现了三玻窗及多层窗，使保温节能更趋于理想效果。

（2）太阳能热反射玻璃，又称阳光控制玻璃。特点是利用镀膜能透过可见光而把起加热作用的远红外光反射到室外，同时玻璃材料吸收的太阳热能被镀膜所隔离，使热主要散发到室外一侧，尽可能地减少太阳的热作用，使室内热环境得到控制，同时减少眩光和色散，降低室内空调负荷和减少设备投资，从而达到节能的目的。

（3）低辐射玻璃（ILE）和多功能镀膜玻璃（IMF）又称保温镀膜玻璃，这类材料具有最大的日光透射率和最小的反射系数，可让 80% 的可见光进入室内被物体所吸收，同时又能将 90% 以上的室内物体所辐射的长波保留在室内。ILE 和 IMF 大大提高了能量的利用率，在寒冷地区能有选择地传输太阳能量，同时把大部分的热辐射反射进室内，因此，在采暖建筑中可起到保温和节能的作用。IMF 与 ILE 相比，在热传输控制方面作用相同，但在减少热进入方面 ILE 性能更为优越。另外，低辐射玻璃和多功能镀膜玻璃对不同频谱的太阳光透过具有选择性，它能滤掉紫外线，还能吸收部分可见光，可起到防眩光的作用，因此，广泛用于美术馆以及科学实验楼等。

还有一种节能更好的 Low-E 玻璃，也称低辐射镀膜玻璃，是一种对中远红外线（波长范围 2.5～25μm）具有较高反射率的镀膜玻璃。辐射率 $E<0.25$，当外来辐射的能量通过低辐射镀膜玻璃时，只有小于 25% 的能量被辐射（散失）出去。而普通透明玻璃 $E=0.84$。

薄膜型热反射材料是一种新型功能复合材料，它不仅能反射较宽频带的红外线，还具有较高的可见光透射率。可见光透射率高达 70% 以上，太阳光全光谱不同波长反射率在 75% 以上，在 4mm 厚普通玻璃上贴一层隔热膜片后，太阳热辐射透过减少 82.5%，在建筑上有极为广泛的应用前景。

（4）高性能中空玻璃，用不同的镀膜玻璃和普通透明玻璃的多种组合，能形成具有特殊性能的中空玻璃，形成优良的隔热隔声和艺术效果，尤其适合在大型公共建筑门窗、采光天棚中应用。高性能中空玻璃可达到0.22～0.49遮蔽系数，确保传热系数达到1.4～2.8W/(m²·K)。由于中空玻璃中间封入干燥空气，随着温度、气压的变化，内部空气压力也随之变化，玻璃面上会产生很小的变形，同时制造时亦可能产生微小翘曲，再加上施工过程中也可能形成畸变。因此，在一些安全要求高的建筑物上，其节能门窗中空玻璃也可采用钢化玻璃。

29.6.2.3　不同节能门窗适用区域

不同节能门窗适用区域见表29-79。

不同节能门窗适用区域　　　　　　　　　表29-79

构造分类	名称	适用气候	适用地区	适　用　建　筑
框扇材料	断桥铝合金门窗	严寒、寒冷地区	东北、西北、华北	大型公建、住宅、公寓、办公楼等
	涂色镀锌钢板门窗	我国各个地区		商店、超级市场、试验室、教学楼、宾馆、剧场影院、住宅等
	塑料门窗	夏热地区		公建、住宅、公寓、办公楼、试验室、教学楼等
	玻璃钢门窗	我国各个地区		办公楼、试验室、教学楼、洁净厂房等
玻璃构造	双玻窗	严寒、寒冷地区		大型公建、住宅、公寓、办公楼等
	中空玻璃窗	我国各个地区		住宅、饭店、宾馆、办公楼、学校、医院、商店、展览馆、图书馆等
	多层窗	严寒地区	东北、西北	大型公建、高档公寓、高级饭店

29.6.2.4　不同窗的节能效果比较实例

严寒地区某普通住宅，建筑面积96m²，窗户总面积占房间建筑面积的12%。选取有代表性的9种平开式窗户，对其传热系数（K）和太阳得热系数（SHGC）进行计算对比。K值的计算条件：室外气温-16℃，室内温度21℃；风速6.7m/s；无阳光。SHGC的计算条件：室外气温-30℃，室内温度26℃；风速3.4m/s；太阳直射783W/m²。玻璃厚度为6mm。中空窗结构：6mm玻璃+12mm干燥空气层+6mm玻璃。低辐射镀膜玻璃的膜层位于两层玻璃之间朝外的玻璃上。计算结果见表29-80。

不同材料和构造的节能窗的传热系数及太阳得热系数汇总表　　　表29-80

窗户编号	玻璃类型	窗框材料	$K[W/(m^2 \cdot K)]$	SHGC
1	白色单玻	铝合金	7.50	0.80
2	白色单玻	塑料	4.83	0.62
3	白色中空玻璃	铝合金断热	3.71	0.65
4	白色中空玻璃	塑料	2.78	0.55
5	双层白玻璃	木框	2.77	0.56
6	茶色中空玻璃	塑料	2.60	0.44

续表

窗户编号	玻璃类型	窗框材料	$K[W/(m^2 \cdot K)]$	SHGC
7	三层白玻璃	塑料	2.01	0.53
8	中空低辐射膜，$e=0.2$	塑料	1.86	0.52
9	中空低辐射膜，$e=0.08$	塑料	1.71	0.41

注：表中 e 表示低辐射镀膜玻璃的远红外发射率。

由表 29-79 可见，相同的窗框材料和窗型，而玻璃的类型不同对窗的传热系数影响较大。选择不同的玻璃和构造，可以获得满足不同气候区对窗户的传热系数要求的节能窗。

以表 29-79 中编号为 1 号窗户的传热系数为基准，记为 H，其他窗户的传热系数为 H_n，相对节能率 HR 按式（29-50）计算，HR 越大，节能效果越好。计算结果见表 29-81。

$$HR = [(H - H_n)/H] \times 100\% \tag{29-50}$$

式中　H_n——其他窗户的传热系数；

H——基准窗户的传热系数。

窗户节能效果和传热系数对照表　　　　　　　　　**表 29-81**

窗户编号	1	2	3	4	5	6	7	8	9
$K[W/(m^2 \cdot K)]$	7.50	4.83	3.71	2.78	2.77	2.60	2.01	1.86	1.70
HR（%）	100	36	51	63	63	65	73	75	77
节能效果排序		8	7	5	4	6	3	1	2

29.6.3　节能门窗施工安装要点

29.6.3.1　门窗框、副框和扇的安装要点

1. 门窗框、副框和扇的安装必须牢固。固定片或膨胀螺栓的数量与位置应正确，连接方式应符合设计要求，安装实施中，不应影响门窗的气密性能、保温性能。固定点应距窗角、中横框、中竖框 150～200mm，固定点间距应不大于 600mm，并做好隐蔽验收记录。门窗外框与副框间隙应满足表 29-82 的要求。

门窗外框与副框间隙表　　　　　　　　　**表 29-82**

项目名称	技术要求
左、右间隙值（两侧）	4～6mm
上、下间隙值（两侧）	3～5mm

2. 塑料门窗拼樘料内衬增强型钢的规格、壁厚必须符合设计要求，型钢应与型材内腔紧密吻合，其两端必须与洞口固定牢固。窗框必须与拼樘料连接紧密，固定点间距应不大于 600mm。

29.6.3.2　窗及窗框与墙体间缝隙保温密封处理要点

1. 窗框与墙体间缝隙应采用高效保温材料填堵，表面采用弹性密封胶密封；外窗（门）洞口室外部分的侧墙面应做保温处理。并做好隐蔽验收记录。

2. 不同气候区封闭式阳台的保温应符合下列规定：

(1) 当阳台和直接连通的房间之间不设置隔墙和门、窗时，阳台与室外空气接触的墙板、顶板、地板的传热系数应符合表 29-3～表 29-6 中的规定，阳台的窗墙面积比必须符合表 29-10 的规定。

(2) 当阳台和直接连通的房间之间设置隔墙和门、窗，且所设隔墙、门、窗的传热系数不大于表 29-3～表 29-6 中所列限值，窗墙面积比不超过表 29-10 的限值时，可不对阳台外表面作特殊热工要求。

(3) 当阳台和直接连通的房间之间设置隔墙和门、窗，且所设隔墙、门、窗的传热系数大于表 29-3～表 29-6 中所列限值时，应按《严寒和寒冷地区居住建筑节能设计标准》(JGJ 26) 的规定，进行围护结构的热工性能的权衡判断。

当阳台的面宽小于直接连通房间的开间宽度时，可按房间的开间计算隔墙的窗墙面积比。

29.6.4 检 测 与 验 收

29.6.4.1 一般要求

1. 门窗工程施工前，施工单位须备齐相关资质、门窗工程设计和门窗制品各项检验报告等文件资料。

2. 建筑外门窗进场后，应对其外观、品种、规格及附件等进行检查验收，对质量证明文件进行核查。

3. 当门窗采用隔热型材时，隔热型材生产厂家应提供型材所使用的隔热材料的力学性能和热变形性能试验报告。

4. 在建筑外门窗施工中，对隐蔽部位或项目进行隐蔽工程验收。

5. 外门窗检验批的划分：

(1) 同一厂家的同一品种、类型、规格的门窗每 100 樘划分为一个检验批，不足 100 樘也为一个检验批。

(2) 同一品种、类型、规格的特种门窗每 50 樘划分为一个检验批，不足 50 樘也为一个检验批。

(3) 对于异形或有特殊要求的门窗，检验批划分可根据其特点和数量，由监理（建设）单位和施工单位协商确定。

6. 检验数量：

(1) 每个检验批抽查 5%，并不少于 3 樘，不足 3 樘时，全数检查。

(2) 高层建筑的外窗，每个检验批抽查 10%，并不少于 6 樘，不足 6 樘时，全数检查。

(3) 特种门每个检验批抽查 50%，并不少于 10 樘，不足 10 樘时，全数检查。

29.6.4.2 主控项目

1. 建筑外门窗的品种、类型、规格、可开启面积应符合设计要求和相关标准的规定。按 29.6.4.1 中检验数量的规定，通过观察和尺量检查，并核查质量证明文件。

2. 建筑门窗玻璃应符合下列要求：

玻璃的品种、传热系数、可见光透射比、中空玻璃露点、密封性和遮阳系数应符合设计要求。按 29.6.4.1 中检验数量的规定，通过观察，检查施工记录和技术性能检测报告。

3. 建筑外窗进入现场后，应按现行有关规定，进行见证取样送检。随机抽样，同一厂家、同一品种、同一类型的产品各抽查不少于 3 樘（件）（复验传热系数 1 樘窗即可），送第三方见证试验室进行复验，复验项目见表 29-83，外门窗质量控制见表 29-84。

建筑外窗保温隔热性能复验项目 表 29-83

地区名称	复 验 项 目		透光、部分透光遮阳材料
	外 窗	玻 璃	
严寒、寒冷地区	气密性、传热系数	中空玻璃露点、密封性能	太阳光透射比、太阳光反射比
夏热冬冷地区	气密性、传热系数	中空玻璃露点、密封性能、玻璃遮阳系数、可见光透射比	
夏热冬暖地区	气密性	中空玻璃露点、密封性能、玻璃遮阳系数、可见光透射比	

外门窗质量控制 表 29-84

控制项目	检验方法标准	现场抽样数量		评定标准
气密性	GB 7106	以同一厂家、同一原料、同一生产工艺、同一品种，同一批次 10000m² 建筑面积为一个检验批，不足 10000m² 亦为一批	不少于 3 樘（件）	设计要求/产品标准
传热系数	GB/T 8484		不少于 1 樘（件）	
玻璃传热系数遮阳系数	GB/T 8484 GB/T 2680		不少于 3 樘（件）	
玻璃可见光透射比	GB/T 2680		不少于 3 樘（件）	
遮阳材料太阳光透射比及太阳光反射比	GB/T 2680		不少于 3 樘（件）	
中空玻璃露点、密封性能	GB/T 11944		10 块	

4. 外门窗框的隔断热桥措施应符合设计要求和产品标准的规定，金属副框的隔断热桥措施应与门窗框的隔断热桥措施相当。检验方法：随机抽样同一厂家同一品种、类型的产品各抽查不少于 1 樘，金属副框的隔断热桥措施按检验批抽查 30%，对照产品设计图纸，剖开或拆开检查。

5. 严寒、寒冷地区以及超高层建筑的建筑外窗，应对其气密性做现场实体检验，检测结果应满足设计需要。检验方法：随机抽样同一厂家同一品种、类型的产品各抽查不少于 3 樘，现场检验。

6. 外门窗框或副框与洞口之间的间隙应采用弹性闭孔材料填充饱满，并使用密封胶密封；外门窗框与副框之间的缝隙应使用密封胶密封。全数观察检查，核查隐蔽工程验收记录。

7. 严寒、寒冷地区的外门应按照设计要求采取保温、密封等节能措施。全数观察检查。

8. 外窗遮阳设施的性能、位置、尺寸应符合设计和产品标准要求；遮阳设施的安装应位置正确、牢固，满足安全和使用功能的要求。按 29.6.4.1 中检验数量的规定进行核查质量证明文件，观察、尺量、手扳检查，核查遮阳设施的抗风计算报告。全数检查安装牢固程度。

9. 特种门的性能应符合设计和产品标准要求；特种门安装中的节能措施，应符合设计要求。全数核查质量证明文件，观察、尺量检查。

10. 天窗安装的位置、坡向、坡度应正确，封闭严密，嵌缝处不得渗漏。按 29.6.4.1 中检验数量的规定进行观察检查，用水平尺（坡度尺）检查，淋水检查。

29.6.4.3   一般项目

1. 门窗扇和玻璃的密封条，其物理性能应符合相关标准的规定。查看该工程使用的密封条型式检验报告和全数观察检查结果。密封条位置应正确，嵌装牢固，不得脱槽，接头处不得开裂，关闭门窗时密封条是否接触严密。

2. 五金件全数观察检查，应符合设计要求及产品相关规定。

3. 镀（贴）膜玻璃的安装方向应正确，采用密封胶密封的中空玻璃采用双道密封，均压管密封处理。全数观察检查。

4. 外观检查：

（1）金属门窗表面应洁净、平整、光滑、色泽一致、无锈蚀。大面无划痕、碰伤，漆膜或保护层应连续；

（2）塑料门窗表面应洁净、平整、光滑，大面无划痕、碰伤；

（3）门窗镀（贴）膜玻璃的安装方向应正确，中空玻璃的均压管应密封处理。

5. 遮阳设施检测，核查质量证明文件，观察、尺量、手扳检查，并全数检查：

（1）遮阳设施的性能尺寸，应符合设计和产品标准要求；

（2）遮阳设施的安装应位置正确牢固，满足安全和使用功能的要求；

（3）遮阳设施调节应灵活，能调节到位。

29.7　屋　面　节　能　工　程

屋面节能主要措施有保温屋面（用高效保温隔热材料做外保温或内保温）、加贴绝热反射膜的"凉帽"屋面、架空通风屋面、蓄水屋面、绿化屋面和坡屋面等。

屋面保温可采用板状高效保温材料或加贴绝热反射膜的保温材料、现场整体喷涂保温材料作保温层。封闭式保温层的含水率应相当于该材料在当地自然风干状态下的平衡含水率。

屋面隔热可采用架空、蓄水、种植或加贴绝热反射膜的隔热层。但当屋面防水等级为Ⅰ级、Ⅱ级时，或在寒冷地区、地震地区和振动较大的建筑物上，不宜采用蓄水屋面；架空屋面宜在通风较好的建筑物上采用，不宜在寒冷地区采用；种植屋面根据地域、气候、建筑环境、建筑功能等条件，选择相适应的屋面构造形式。屋面节能工程的施工、质量控制等内容，详见本手册第 26 章"屋面工程"，本节只涉及屋面节能工程的检测验收。

29.7.1　一　般　规　定

29.7.1.1   屋面保温隔热用材料的质量

1. 保温隔热材料包括松散材料、现浇材料、喷涂材料、板材和块材以及绝热反射膜、绝热反射涂料等应符合设计要求和国家现行产品标准的质量要求。严禁使用国家明令禁止的材料和严格执行限用材料的使用范围。

2．不同气候区域选用保温屋面、加贴绝热反射膜（或绝热反射涂料）的"凉帽"屋面、架空通风屋面、蓄水屋面、绿化屋面、采光屋面和坡屋面等，以达到节能设计要求。

29.7.1.2 屋面保温隔热的施工

1．屋面保温隔热施工，应基层质量验收合格后进行。

2．施工过程中，应及时进行质量检查、隐蔽工程验收，并应有验收记录和必要的图像资料。隐蔽工程验收记录应包括以下几方面：

（1）基层；

（2）保温层的敷设方式、厚度，板材缝隙填充质量；

（3）屋面热桥部位；

（4）隔汽层。

3．屋面保温隔热层施工完成后，应及时进行找平层和防水层施工，避免保温隔热层受潮、浸泡或受损。

29.7.2 主 控 项 目

29.7.2.1 保温隔热材料

1．用于屋面节能工程的保温隔热材料的品种、规格，按进场批次，每批随机抽取 3 个试样进行检查，并对质量证明文件按照其出厂检验批进行核查，应符合设计要求和相关标准的规定。

检验方法：观察、尺量检查；核查质量证明文件。

2．保温隔热材料的导热系数、密度、抗压强度或压缩强度、燃烧性能，全数核查质量证明文件及进场复验报告，应符合设计要求。

3．保温隔热材料，进场时应对其导热系数、密度、抗压强度或压缩强度、燃烧性能进行复验。复验应为见证取样送检，核查复验报告，应符合设计要求。

检查数量：同厂家、同品种，每 1000 m^2 屋面使用的材料为一个检验批，每检验批抽查 1 次；不足 1000 m^2 时抽查 1 次；屋面超过 1000 m^2 时，每增加 1000 m^2 应增加 1 次抽样。

保温隔热材料的燃烧性能每种产品应至少检验 1 次。

同项目、同施工单位且同时施工的多个单位工程（群体建筑）可合并计算屋面抽检面积。

29.7.2.2 屋面保温隔热层

屋面保温隔热层的敷设方式、厚度、缝隙填充质量及屋面热桥部位的保温隔热做法，每 100 m^2 抽查一处，每处 10 m^2，整个屋面抽查不得少于 3 处，进行观察、尺量检查，应符合设计要求和有关标准的规定。

29.7.2.3 屋面的通风隔热架空层

屋面的通风隔热架空层的架空高度、安装方式、通风口位置及尺寸，每 100 m^2 抽查一处，每处 10 m^2，整个屋面抽查不得少于 3 处，进行观察和尺量检查，应符合设计及有关标准要求。架空层内不得有杂物。架空面层应完整，不得有断裂和露筋等缺陷。

29.7.2.4 采光屋面

1．采光屋面的传热系数、遮阳系数、可见光透射比、气密性，全数观察检查并核查质量证明文件，应符合设计要求。节点的构造做法应符合设计和相关标准的要求。采光屋面的可开启部分按外门窗节能工程的相关要求验收。

2. 采光屋面的安装质量，全数检查，应牢固、坡度正确、封闭严密，嵌缝处不得渗漏。

29.7.2.5 屋面的隔汽层

屋面的隔汽层位置，每 100m² 抽查一处，每处 10m²，整个屋面抽查不得少于 3 处。对照设计观察检查，并核查隐蔽工程验收记录，应符合设计要求，隔汽层应完整、严密。

29.7.3 一 般 项 目

29.7.3.1 屋面保温隔热层

屋面保温隔热层应按施工方案施工，并应符合下列规定：

(1) 松散材料应分层敷设，按要求压实，表面平整，坡向正确。

(2) 现场采用喷、浇、抹等工艺施工的保温层，其配合比应计量准确，搅拌均匀、分层连续施工，表面平整，坡向正确。

(3) 板材应粘贴牢固、缝隙严密、平整。

检验方法：观察、尺量、称重检查。检查数量：每 100m² 抽查一处，每处 10m²，整个屋面抽查不得少于 3 处。

29.7.3.2 金属板保温夹芯屋面

金属板保温夹芯屋面应铺装牢固、接口严密、表面洁净、坡向正确。

检验方法：全数观察，尺量检查，核查隐蔽工程验收记录。

29.7.3.3 坡屋面、内架空屋面

坡屋面、内架空屋面当采用敷设于屋面内侧的保温材料做保温隔热层时，保温隔热层应有防潮措施，其表面应有保护层，保护层的做法应符合设计要求。

检验方法：观察检查，核查隐蔽工程验收记录。检查数量：每 100m² 抽查一处，每处 10m²，整个屋面抽查不得少于 3 处。

29.8 地 面 节 能 工 程

楼、地面的保温隔热技术一般分两种，普通的楼、地面在楼板的下方粘贴膨胀聚苯板或其他高效保温材料后吊顶；另一种采用地板辐射采暖的楼、地面，在楼、地面基层完成后，在该基层上先铺保温材料，再将交联聚乙烯、聚丁烯、无规共聚聚丙烯、嵌段共聚聚丙烯、耐热聚乙烯或铝塑复合等材料制成的管道，按一定的间距，双向循环的盘曲方式固定在保温材料上，然后回填豆石混凝土，经平整振实，最后在其上铺设地面材料。地板辐射采暖地面工程，应符合《地面辐射采暖技术规程》（JGJ 142）的规定。地面节能工程的施工和质量控制等内容，详见本手册第 25 章"地面工程"，本节只涉及地面节能工程的检测验收。

29.8.1 一 般 规 定

29.8.1.1 适用范围

地面的保温隔热包括不采暖地下室顶板作为首层的保温隔热，楼板底面下方接触室外

空气、土壤或毗邻不采暖空间的地面节能工程；也包括分户采暖和计量收费的建筑，上下楼层之间的楼地面要求保温隔热。

29.8.1.2　地面节能工程的施工

应在主体或基层质量验收合格后进行。施工过程中应及时进行质量检查、隐蔽工程验收和检验批验收，施工完成后应进行地面节能分项工程验收。

29.8.1.3　隐蔽工程验收

应对以下部位进行隐蔽工程验收，并应有详细的文字记录和必要的图像资料：

（1）基层；

（2）被封闭的保温材料厚度；

（3）保温材料粘结；

（4）隔断热桥部位。

29.8.1.4　地面节能分项工程检验批划分

应符合下列规定：

（1）检验批可按施工段或变形缝划分；

（2）当面积超过 200m² 时，每 200m² 划分为一个检验批，不足 200m² 也为一个检验批；

（3）不同构造做法的地面节能工程应单独划分检验批。

29.8.2　主　控　项　目

29.8.2.1　用于地面节能工程的材料的质量

1. 地面节能工程使用的保温材料品种和规格，按进场批次，每批随机抽取 3 个试样进行观察、质量或称重检查，质量证明文件按其出厂检验批进行核查，应符合设计要求和相关标准的规定。

2. 地面节能工程使用的保温材料导热系数、密度、抗压强度或压缩强度、燃烧性能全数核查质量证明文件和复验报告，应符合设计要求。

3. 地面节能工程采用的保温材料，进场时应对其导热系数、密度、抗压强度或压缩强度、燃烧性能进行复验，复验应为见证取样送检。核查复验报告，应符合设计要求。

检查数量：同厂家、同品种，每 1000m² 地面使用的材料为一个检验批，每检验批抽查 1 次；不足 1000m² 时抽查 1 次；地面超过 1000m² 时，每增加 1000m² 应增加 1 次抽样。

同项目、同施工单位且同时施工的多个单位工程（群体建筑）可合并计算地面抽检面积。

29.8.2.2　地面节能工程施工

1. 地面节能工程施工前，应对基层进行处理，全数对照设计和施工方案观察检查，使其达到设计和施工方案的要求。

2. 地面保温层、隔离层、保护层等各层的设置和构造做法以及保温层的厚度全数对照设计和施工方案观察检查和尺量检查，应符合设计要求，并应按施工方案施工。

3. 地面节能工程的施工质量应符合下列规定：

（1）保温板与基体之间、各构造层之间的粘结应牢固，缝隙应严密；

（2）保温浆料应分层施工；

（3）穿越地面直接接触室外空气的各种金属管道应按设计要求，采取隔断热桥的保温措施。

每个检验批抽查 2 处，每处 10m²，穿越地面的金属管道处全数观察检查，并核查隐蔽工程验收记录。

29.8.2.3　有防水要求的地面

全数用长度 500mm 水平尺检查节能保温做法不得影响地面排水坡度，观察检查保温层面层不得渗漏。

29.8.2.4　有采暖要求的地面

有采暖要求的地面全数对照设计观察检查，应符合设计要求。

29.8.2.5　保温层的表面防潮层、保护层

全数观察检查，应符合设计要求。

29.8.3　一　般　项　目

采用地面辐射供暖的工程，其地面节能做法全数观察检查，应符合设计要求，并应符合《地面辐射供暖技术规程》（JGJ 142）的规定。

29.9　采暖节能工程

29.9.1　一　般　规　定

29.9.1.1　采暖节能工程系统用材料

1. 设备、配件：采暖节能工程系统所采用的散热器、各类阀门、仪表、管材等必须符合设计要求和国家现行的有关标准和规范的要求。施工过程中不得随意减少和更换。

2. 保温隔热材料的导热系数、密度、吸水率是采暖节能的重要性能参数，必须符合设计要求和国家现行的有关标准和规范的要求。

29.9.1.2　采暖系统施工安装和调试

1. 室内热水采暖系统形式，必须按照图纸设计的采暖系统形式施工，不得任意更改。

2. 对于低温热水地板辐射采暖系统，施工时应按照设计划分的采暖分区进行施工，不得任意更改采暖分区和回路。

3. 室内热水采暖节能系统安装应符合设计要求，如散热器、阀门、过滤器、温度计的安装位置、数量符合设计要求，不得随意增减和更换；室内温控装置、计量装置、水力平衡装置、热力入口装置的安装位置和方向符合设计要求，并便于观察、操作和调试；保温隔热材料性能和厚度符合设计要求，系统安装均不能影响节能效果。

4. 采暖系统的调试是检测采暖系统是否满足设计对其功能的要求，确保系统在设计工况状态下正常运行。否则可能造成系统水力失衡，局部过热或不热，从而造成系统热量损耗超出设计指标。它是影响采暖系统正常运行和节能的重要因素。

29.9.1.3　采暖节能工程的其他要求

1. 施工前应编制专门节能系统施工技术方案，报监理（建设）单位审批。

2. 施工应按照规范要求单独作为分部工程进行验收。

3. 施工方案应包括设计要求的设备、材料的质量指标、复验要求、施工工艺、系统检测、质量验收要求等。

29.9.2 材 料 与 设 备

29.9.2.1 散热器

1. 散热器是采暖系统中重要的末端的设备，散热器的单位散热量、金属热强度是采暖散热器热效率的重要参数。

2. 散热器的单位散热量 K 值，是指散热器内热媒的平均温度与室内气温相差 1℃ 时，每平方米散热面积单位时间所传出的热量。该值与暖气片面积（F）的乘积，再乘以标准传热温度（64.5℃）就是该散热器的标准散热量（Q），即 $Q = K \cdot F \cdot 64.5$。在散热面积一定的情况下，K 值越大，则暖气片的散热量就越大。K 值测量方法按《采暖散热器散热量测试方法》（GB/T 13754）采用上进下出连接方式，在闭式小室条件下检测确定。

3. 散热器的金属热强度（q）是指 1kg 的采暖散热器片每升高 1℃ 所散发的热量。q 值越大，说明散出同样的热量所耗用的金属质量越少。这个指标是衡量同一材质散热器节能和经济性的一个指标。对于各种不同材质的散热器，应分别按本材质的金属热强度进行比较，见表 29-85。

4. 散热器表面涂料：散热器一般采用银粉漆作表面涂料，这种金属涂料对散热器的辐射散热有一定的阻隔作用。为改善散热器的热工品质，节约能耗，应尽量采用非金属涂料。非金属涂料一般可使散热量提高 13%～17%，参见表 29-86。且非金属涂料颜色和种类很多，可配合建筑装修选择协调一致的颜色，增加室内的美观。

各类型散热器金属热强度值 $[W/(kg \cdot ℃)]$　　　　表 29-85

散热器类型	钢制柱型散热器	钢制板型散热器	钢管散热器	铝制柱翼型散热器	铜铝复合柱翼型散热器	铜管对流散热器	铸铁散热器	卫浴型采暖散热器		
金属热强度	1.1	1.2	1.1	2.8	2.0	1.8	0.35	钢质	不锈钢质	铜质
								0.80	0.75	1.0

不同表面状况的散热效率　　　　表 29-86

表面状况	散热效率（%）	表面状况	散热效率（%）
银粉漆	100	米黄色漆	116
自然金属表面	109	深棕色漆	116
浅绿色漆	113	浅蓝色漆	117
乳白色漆	114		

29.9.2.2 采暖系统附属配件

1. 散热器温度控制阀

散热器温度控制阀，属于比列式调节阀，利用感温元件控制阀门开度，改变采暖热水流量，达到调节、控制室内温度目的。工作过程无需外加能量，用于分户控制散热器散热量的热水采暖系统。可节约能量 20%～25%。

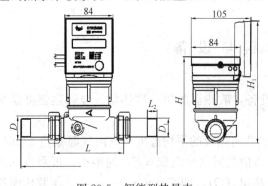

图 29-5　智能型热量表

2. 热量表

热量表是用于测量及显示水流经热交换系统所释放或吸收热量的仪表，安装在热交换回路的入口或出口，用以对采暖设施中的热耗进行准确计量及收费控制。智能型热量表见图 29-5。

3. 平衡阀

平衡阀分为动态和静态平衡阀。动态流量平衡阀亦称自力式流量控制阀、自力式平衡阀、定流量阀、自动平衡阀等，它根据系统工况（压差）变动而自动变化阻力系数，即当阀门前后的压差增大时，通过阀门的自动关小的动作能够保持流量不增大，反之，当压差减小时，阀门自动开大，流量仍保持恒定，从而在一定的压差范围内，有效地控制通过的流量保持一个常值，见图 29-6。

静态平衡阀是一种具有数字锁定特殊功能的调节型阀门，采用直流型阀体结构，阀门设有开启度指示、开度锁定装置及用于流量测定的测压小阀，只要在各支路及用户入口装上适当规格的平衡阀，并用专用智能仪表进行一次性调试后锁定，即可将系统的总水量控制在合理的范围内，从而克服了"大流量、小温差"的不合理现象，见图 29-7。

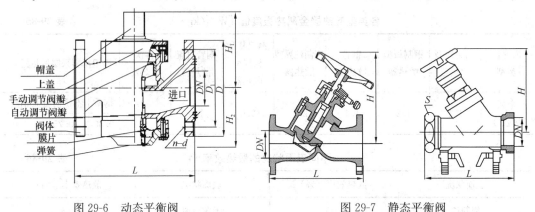

图 29-6　动态平衡阀　　　　　图 29-7　静态平衡阀

29.9.2.3　设备材料检验

1. 采暖系统管材阀门仪表等配件验收

（1）采暖系统的散热设备、阀门、仪表、管材、保温材料等产品进场时，按设计要求对其类型、材质、规格及外观等进行逐一核对验收。验收应由供货商、监理单位、施工单位的代表等共同参加，并应经监理工程师（建设单位代表）检查确认，且形成相应的验收记录。各种产品和设备的质量证明文件和相关技术资料应齐全，并应符合国家现行有关标准的规定。

（2）采暖系统选用的管道其质量应符合相应产品标准中的各项规定和要求，并应符合以下规定：

1）加热管的表面应光滑、清洁，无分层、针孔、裂纹、气泡；并应有连续、清晰的生产厂家和生产标准的明确标识。

2）加热管和管件的颜色、材质应一致，色泽均匀，无分解变色。分、集水器（含连接件等附件）的材质一般为黄铜。黄铜件直接与 PP－R 或 PP－B 接触的表面必须镀镍。金属连接及过渡管件之间应采用专用管螺纹连接密封。

2. 散热器验收

（1）散热器应有产品合格证，进场时应对其单位散热量、金属热强度进行复验，复验采取见证取样送检的方式，即在监理工程师或建设单位代表见证下，按照同一厂家同一规格的散热器随机抽取 1‰，但不得少于两组的规定，从施工现场随机抽取试样，送至有见证检测资质的检测机构进行检测，并形成相应的复验报告。

（2）散热器的外观检查应符合以下要求：

1）铸铁散热器应无砂眼、裂缝、对口面凹凸不平，偏口和上下口中心距不一致等现象。翼型散热器翼片完好，钢串片的翼片不得松动、卷曲、碰损。组对用的密封垫片，可用耐热胶板或石棉橡胶板，垫片厚度不大于 1mm，垫片外径不应大于密封面，且不宜用两层垫片。

2）钢制、铝制合金散热器规格尺寸应正确，丝扣端正，表面光洁、油漆色泽均匀。无碰撞凹陷，表面平整完好。

3）散热器的组对零件：对丝、丝堵、补心、丝扣圆翼法兰盘、弯管、短丝、三通、弯头、活接头、螺栓螺母等应符合质量要求，无偏扣、方扣、乱丝、断扣，丝扣端正，松紧适宜。石棉橡胶垫以 1mm 厚为宜（不超过 1.5mm 厚），并符合使用压力要求。

4）散热器安装其他材料：圆钢、拉条垫、托钩、固定卡、膨胀螺栓、钢管、放风阀、机油、铅油、麻丝及防锈漆的选用应符合质量和规范要求。

3. 保温材料

保温材料的性能、规格应符合设计要求，并有合格证。保温材料进场时，应对其导热系数、密度、吸水率进行复验，复验采取见证取样送检的方式，即在监理工程师或建设单位代表见证下，按照同一厂家同材质的保温材料见证取样送检的次数不得少于两次的规定，从施工现场随机抽取试样，送至有见证检测资质的检测机构进行检测，并形成相应的复验报告。

29.9.3 施 工 技 术 要 点

29.9.3.1 采暖系统管道节能安装要点

采暖系统管道安装包括、干管、支管、立管、支架及附属装置安装，施工时严格按照《建筑给排水及采暖工程施工质量验收规范》（GB 50242）施工外，并应执行《建筑节能工程施工质量验收规范》（GB 50411）相关条款。

1. 采暖系统管道竖井施工：采暖系统管道竖井应保证留有保温施工安装及检修的空间，当竖井不能进入时，其中一侧须设置能够开启的检修门或活动墙板，见图 29-8。

2. 在采暖系统中，散热器的连接应尽量采用上进下出同侧连接方式，既节省管材、

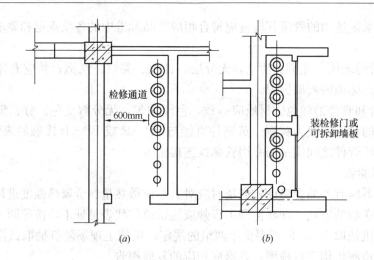

图 29-8　竖向管井的管道排列

(a) 进入检修管井；(b) 开门检修管井

方便安装，散热效果也好。下进下出的连接方式散热效果较差，常用于单管水平串联系统中。而下进上出的连接方式散热效果最差，一般不宜采用。散热器连接方式对散热效果的影响见表 29-87。

散热器不同连接方式的散热效率　　　　　　　　　　　表 29-87

图　示	连接方式	散热效果（%）
	同侧上进下出	100
	异侧上进下出	99
	异侧下进下出	81
	异侧下进上出	73
	同侧下进上出	71

29.9.3.2　散热器安装

散热器安装应控制散热器中心线与墙面的距离和与窗口中心线取齐；同一层或同一房间的散热器，应安装在同一水平高度。

1. 各种散热器的固定卡及托钩的型式、位置应符合标准图集或说明书的要求。各种散热器支架、托架数量，应符合设计或产品说明书要求。如设计无要求时，应符合表 29-88 的规定。

散热器支架、托架数量　　　　　　　　　　　　　**表 29-88**

项次	散热器形式	安装方式	每组片数	上部托钩或卡架数	下部托钩或卡架数	合计
1	长翼型	挂墙	2～4	1	2	3
			5	2	2	4
			6	2	3	5
			7	2	4	6
2	柱型柱翼型	挂墙	3～8	1	2	3
			9～12	1	3	4
			13～16	2	4	6
			17～20	2	5	7
			21～25	2	6	8
3	柱型柱翼型	带足落地	3～8	1	—	1
			8～12	1	—	1
			13～16	2	—	2
			17～20	2	—	2
			21～25	2	—	2

2. 散热器安装底部距地大于或等于 150mm，当散热器下部有管道通过时，距地高度可提高，但顶部必须低于窗台 50mm。

3. 散热器的背面与装修后的墙内表面安装距离，应符合设计及产品说明要求，如设计无要求，应为 30mm。

4. 散热器与管道连接，必须安装可拆卸件。

5. 散热器的外表面刷非金属性涂料。

29.9.3.3 采暖系统阀件附属设备安装

1. 恒温阀、温度调控装置安装

(1) 恒温阀主要用于分户控制散热器散热量的热水采暖系统。

(2) 恒温阀或温度控制装置的型号、规格、公称压力及安装位置应符合设计要求。

(3) 室内温控装置传感器安装在距地面 1.4m 的内墙面上（或与室内照明开关并排设置），不要装在阳光直射、冷风直吹或受散热器直接影响的位置。

(4) 明装散热器的恒温阀不应安装在狭小和封闭空间，其恒温阀阀头水平安装，且不应被散热器、窗帘或其他障碍物遮挡。暗装散热器的恒温阀采用外置式温度传感器。

(5) 为了避免由焊渣及其他杂物引起功能故障，应对管道和散热器进行彻底清洗。对特别旧的采暖系统进行改装时，宜在散热器恒温阀前端安装过滤器。

(6) 采暖恒温调节阀尺寸及安装见图 29-9、图 29-10。

2. 热计量装置安装

(1) 户用热量表主要用于集中供暖系统分户热计量，通常有普通型及预付费两种类型。

(2) 热量表水平安装在进水管管道上。水流方向与热量表箭头指示的方向一致。安装

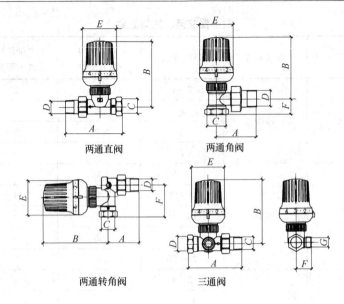

两通直阀　　　两通角阀

两通转角阀　　　三通阀

图 29-9　采暖恒温调节阀尺寸

时热量表表头位置如果不便读数，可旋转表头至适合读数的位置，旋转时用力应均衡。

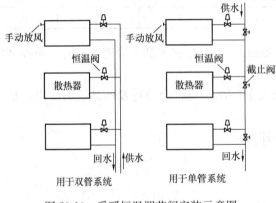

用于双管系统　　　用于单管系统

图 29-10　采暖恒温调节阀安装示意图

（3）热量表前应留够一定距离的直管段（大于 200mm）。

（4）测温球阀或测温三通必须安装在散热回路的回水管管道上。

（5）热量表表前应安装过滤器，并且系统管路在安装热量表前进行彻底清洗，以保证管道中没有污染物和杂物。

（6）流量传感器的方向不能接反，且前后管径要与流量计一致。

（7）热量表安装见图 29-11。

3. 减压阀安装

（1）减压阀的型号、规格、公称压力及安装位置应符合设计要求。安装时要按照产品

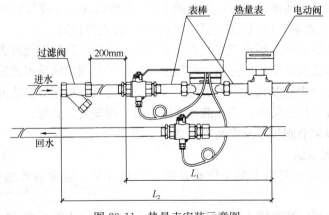

图 29-11　热量表安装示意图

说明书进行操作，使阀后压力符合设计要求。减压阀安装时，减压阀前的管径与阀体的直径要一致，减压阀后的管径宜比阀前的管径大 1～2 号。

（2）减压阀的阀体要垂直安装在水平管路上，阀体上的箭头必须与介质流向一致。减压阀两侧安装阀门，采用法兰连接截止阀。

（3）减压阀前应装有过滤器，对于带有均压管的薄膜式减压阀，其均压管接在低压管道的一侧。

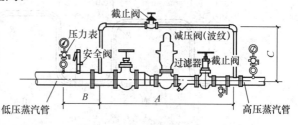

（4）减压阀前、后均安装压力表。减压阀安装见图 29-12。

图 29-12　减压阀安装图

4. 平衡阀、调节阀安装

（1）平衡阀属于调节阀，包括动态平衡阀和静态平衡阀。平衡阀的选用应严格按照设计图纸要求的种类选用，特别是用于系统初平衡的静态平衡阀，不得更改为动态平衡阀。

（2）平衡阀安装时，平衡阀及调节阀的型号、规格、公称压力及安装位置应符合设计要求。

（3）平衡阀按设计要求安装在设计指定的管路上。

（4）由于平衡阀具有流量计量功能，为使流经阀门前后的水流稳定，保证测量精度，应尽可能将平衡阀安装在直管段处。

（5）平衡阀安装见图 29-13。

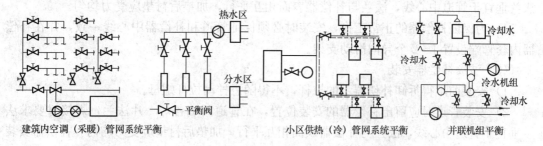

图 29-13　平衡阀安装示意图

5. 安全阀安装

（1）安全阀安装在振动较小、便于检修的地方，且垂直安装，不得倾斜。

（2）与安全阀连接的管道应畅通，出口管道的公称直径应不小于安全阀连接口的公称直径，排出管应向上排至室外，离地面 2.5m 以上。

6. 补偿器安装

热水管道应尽量利用自然弯补偿热伸缩量，直线管段过长应设置补偿器。补偿器的型号、安装位置及预拉伸和固定支架的构造及安装位置应符合设计要求。

（1）方型补偿器安装

1）安装前检查是否符合设计要求，补偿器的三个臂应在一个平面上。水平安装时应与管道坡度、坡向一致。当沿其臂长方向垂直安装时，高点设放风阀，低点处设疏水器。安装时调整支架，使补偿器位置标高正确，坡度符合规定。

2）应做好预拉伸，设计无要求时预拉神长度为其伸长量的一半。

3）方形伸缩器制作时，DN40 以下可采用焊接钢管，DN50 以上弯制补偿器用整根无缝钢管煨制，如需要接口，其焊口位置设在垂直臂的中间位置，且接口必须焊接。

4）方形伸缩器外形见图 29-14（弯曲半径 $R=4D$）。

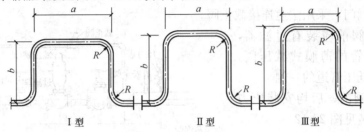

Ⅰ型 　　　　 Ⅱ型 　　　　 Ⅲ型

图 29-14 方形伸缩器

（2）套筒补偿器安装

1）套筒补偿器应靠近固定支架，并将外套管一端朝向管道的固定支架，内套管一端与产生热膨胀的管道连接。

2）套筒补偿器的预拉伸长度应根据设计要求。预拉伸时，先将补偿器的填料压盖松开，将内套管拉出预拉伸的长度，然后再将填料压盖紧住。填料采用涂有石墨粉的石棉盘根或浸过机油的石棉绳，压盖的松紧程度在试运行时进行调整，以不漏水、不漏气，内套管又能伸缩自如为宜。

3）安装管道时应留出补偿器的安装位置，在管道两端各焊一片法兰盘，焊接时要求法兰垂直于管道中心线，法兰与补偿器表面相互平行，加垫后衬垫应受力均匀。

4）为保证补偿器的正常工作，安装时必须保证管道和补偿器中心线一致，并在补偿器内套管端设置 1～2 个导向滑动支架。

（3）波纹补偿器安装

1）安装前不得拆卸补偿器上的拉杆，不得随意拧动拉杆螺母。

2）安装管道时应留出补偿器的安装位置，在管道两端各焊一片法兰，焊接时要求法兰垂直于管道中心线，法兰与补偿器表面相互平行，加垫后衬垫应受力均匀。补偿器安装时，卡架不得吊在波节上。试压时不得超压，不允许侧向受力，将其固定牢固。

3）固定管架和导向管架的分布应符合：第一导向管架与补偿器端部的距离不超过 4 倍管径；第二导向架与第一导向架的距离不超过 14 倍管径；第二导向管架以外的最大导向间距由设计确定，见图 29-15。

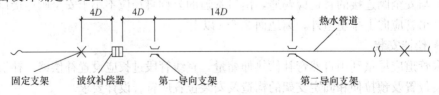

固定支架　　波纹补偿器　　第一导向支架　　　第二导向支架

图 29-15 装有波纹补偿器的管道支架（D 为管道直径）

29.9.3.4 金属辐射板采暖系统安装

1. 辐射板安装前必须作水压试验，如设计无要求时，试验压力为工作压力的 1.5 倍，但不得小于 0.6MPa。在试验压力下保持 2～3min 压力不降且不渗不漏为合格。

2. 辐射板管道及带状辐射板之间的连接，宜使用法兰连接。辐射板的送、回水管，不宜和辐射板安装在同高度上。送水管宜高于辐射板，回水管宜低于辐射板，并且有不小于5‰的坡度坡向回水管。

3. 辐射板之间的连接设置伸缩器，辐射板安装后不得低于最低安装高度。

4. 辐射板在安装完毕应参与系统进行试压、冲洗。冲洗时加临时过滤网，防止系统管道内杂质进入辐射板排管内的保护措施。

5. 辐射板表面的防腐及涂漆要附着良好，无脱皮、起泡、流淌和漏涂缺陷。板面宜采用耐高温防腐蚀漆。

29.9.3.5 热力入口装置安装

1. 典型带计量地上安装热力入口安装见图 29-16。

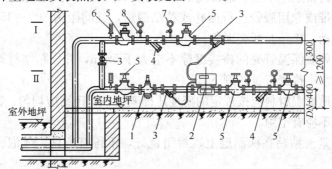

图 29-16　带计量地上安装热力入口示意

1—平衡阀；2—热量表；3—温度传感器底座；4—y 型过滤器；
5—截止阀；6—温度计；7—压力表；8—压力表旋塞阀

2. 热力入口装置中各种部件的规格、数量、应符合设计要求；热计量装置、过滤器、压力表、温度计的安装位置、方向应正确，并便于观察、维护。

3. 热力入口小室的四壁和顶部，绝热性能良好。热水回水管上要加装平衡阀，阀前装过滤器，避免杂质流回换热站。热力入口管道、阀门保温应符合设计和规范要求，接缝应严密，减少热量损失。

4. 热力入口干管上的阀门均应在安装前进行水压试验。水力平衡装置及各类阀门的安装位置、方向应正确，并便于操作和调试。安装完毕后，应根据系统水力平衡要求进行调试并做出标志。

5. 室内采暖系统的管道冲洗一般以热力入口作为冲洗的排水口，具体的排水部位是尚未与外网联通的干管头，而不宜采用泄水阀作排水口。

6. 热力入口安装的温度计和压力表，其规格应根据介质的工作最高和最低值来选择温度计，压力表则按系统在该点处的静压和动压之和来确定其量程范围。安装仪表后做好保护工作，避免受损。

29.9.3.6 保温工程

保温结构一般由保温层和保护层组成。保温结构的设计或选用应符合保温效果好、造价低、施工方便、防火、耐火、美观等要求。

保温层结构按保温材料和施工方法不同，分为绑扎式、涂抹式、预制保温管、浇灌式、填充式、喷涂式等。

保护层应具有保护保温层和防潮的性能，且要求其容重轻、耐压强度高、化学稳定性好，不易燃烧、保温外形美观等，根据供应条件、设备和管道所处的环境、保温材料类型等因素选用，常用的保护层有三类：包扎式复合保护层、金属保护层和涂抹式保护层。

1. 采暖管道保温层和防潮层的施工应符合系列规定：

（1）保温材料采用不燃或难燃材料，其强度、密度、导热系数、规格及保温做法必须符合设计和施工规范。

（2）管道保温层厚度应符合设计要求。

（3）保温层表面平整，做法正确，搭接方向合理，封口严密，无空鼓和松动。

（4）保温管壳的粘贴应牢固、铺设应平整；硬质或半硬质的保温管壳每节至少应用防腐金属丝或难腐织带或专用胶带进行捆扎或粘贴两道，其间距为 300～350mm，且捆扎、粘贴应紧密，无滑动、松弛及断裂现象。

（5）硬质或半硬质保温管壳的拼接缝隙不应大于 5mm，并用粘结材料勾缝填满；纵缝应错开，外层的水平接缝应设在侧下方。

（6）松散或软质保温材料应按规定的密度压缩其体积，疏密应均匀；毡类材料在管道上包扎时，搭接处不应有空隙。

（7）防潮层应紧密粘贴在保温层上，封闭良好，不得有虚粘、气泡、褶皱、裂缝等缺陷。

（8）防潮层的立管应由管道的低端向高端敷设，环向搭接缝应朝向低端；纵向搭接缝应位于管道的侧面，并顺水。

（9）卷材防潮层采用螺旋形缠绕的方式施工时，卷材的搭接宽度宜为 30～50mm。

（10）阀门及法兰部位的保温层结构应严密，且能单独拆卸并不得影响其操作功能。

2. 地板辐射采暖绝热层应符合下列规定：

（1）土壤防潮层上部、住宅楼板上部及其下为不供暖房间的楼板上部的地板加热管之下，以及辐射采暖地板沿外墙的周边，应铺设绝热层。

（2）绝热层采用聚苯乙烯泡沫塑料板时，厚度不宜小于下列要求（当采用其他绝热材料时，宜按等效热阻确定其厚度）：楼板上部：30mm（受层高限制时不应小于 20mm）；土壤上部：40mm；沿外墙周边：20mm。

（3）铺设绝热层的地面应平整、干燥、无杂物。墙面根部应直，且无积灰现象。绝热层的铺设应平整，绝热层相互接合应严密。

（4）当敷有真空镀铝聚酯薄膜或玻璃布基铝箔贴面层时，铝箔面朝上。当钢筋、电线管、散热器支架、加热管固定卡钉或其他管道穿过时，只允许垂直穿过，不准斜插，其插口处用胶带封贴严实、牢固，不得有其他破损。

（5）绝热层铺设结合处应无缝隙，绝热层厚度允许偏差+0.1δ。

29.9.4 试运转与检测验收

29.9.4.1 试运转

1. 工艺流程

连接管路→检查采暖系统→管道冲洗→试压→系统调试。

2. 连接安装水压试验管路

(1) 根据水源的位置和工程系统情况制定出试压程序和技术措施，编制试压方案。

(2) 在试压管路的加压泵端和系统的末端安装试压用的压力表。

3. 灌水前的检查

(1) 检查全系统管路、设备、阀件、固定支架、套管等，必须安装无误，系统完整。各类连接处均无遗漏。

(2) 根据全系统试压或分系统试压的方案，检查系统上各类阀门的开、关状态，不得漏检。试压管道阀门全打开，试验管段与非试验管段连接处必须隔断。

4. 水压试验

(1) 打开水压试验管路中的阀门，开始向采暖系统注水。开启系统上各高处的排气阀，使管道及供暖设备里的空气排尽。待水注满后，关闭排气阀和进水阀。

(2) 打开连接加压泵的阀门，用试压泵通过管路向系统加压，同时打开压力表上的旋塞阀，观察压力升高情况，每加压至一定数值时，停下来对管道进行全面检查，无异常现象再继续加压，一般分 2～3 次升至试验压力。

(3) 试验压力应符合设计要求。当设计无规定时，应按《建筑给水排水及采暖工程施工质量验收规范》（GB 50242）的相关规定执行。

5. 室内采暖系统冲洗

(1) 系统试压合格后，对系统中的过滤器进行清洗。

(2) 采暖系统冲洗时全系统内各类阀件应全部开启，并拆下除污器、自动排气阀等。

(3) 冲洗中，管路通畅，无堵塞现象，当排入下水道的冲洗水为清净水时可认为冲洗合格。全部冲洗后，再以流速 1～1.5m/s 的速度进行全系统循环，延续 20h 以上，循环水色透明为合格。

6. 采暖系统调试

(1) 系统冲洗完毕应充水，进行试运行和调试。

(2) 制定出调试方案、人员分工和处理紧急情况的各项措施。

(3) 向系统内充水（以软化水为宜），先打开系统最高点的排气阀，指定专人看管。再打开系统回水干管的阀门，待最高点的排气阀见水后立即关闭。然后开启总进口供水管的阀门，最高点的排气阀须反复开闭数次，直至将系统中冷空气排净。

(4) 调整各个分路、立管、支管上的阀门，使其基本达到平衡。

(5) 高层建筑的采暖系统调试，可按设计系统的特点进行划分，按区域、独立系统、分若干层等逐段进行。

29.9.4.2 采暖系统节能性能检测验收

1. 一般要求

温度不超过 95℃，室内集中热水采暖系统的施工质量验收，除应符合《建筑节能工程施工质量验收规范》（GB 50411）的规定外，尚应按照批准的设计图纸和《建筑给水排水及采暖工程施工质量验收规范》（GB 50242）及《通风与空调工程施工质量验收规范》（GB 50243）等的规定执行。

2. 主控项目

(1) 采暖系统节能工程采用的散热设备、阀门、仪表、管材、保温材料等产品进场时，应按设计要求对其类型、材质、规格及外观等进行验收，并应经监理工程师（建设单位代表）检查认可，且应形成相应的验收记录。各种产品和设备的质量证明文件和相关技术资料应齐全，并应符合国家现行有关标准和规定。全数观察检查，并核查其质量证明文件和相关技术。

（2）采暖系统节能工程采用的散热器和保温材料等进场时，应对其下列技术性能参数进行复验，复验应为见证取样送检：

1）散热器的单位散热量、金属热强度；

2）保温材料的导热系数、密度、吸水率。

检验方法：现场随机抽样送检；核查复验报告。

检查数量：同一厂家、同材质、同规格的散热器，按其数量 500 组及以下时，各抽检 2 组，500 组以上时，各抽检 3 组；由同一施工单位施工的同一建设单位的多个单位工程（群体建筑），当使用同一生产厂家、同材质、同规格、同批次的散热器时，可合并计算按每 10 万 m² 建筑各抽检 3 组。同一厂家同材质的保温材料见证取样送检的次数不得少于 2 次。

（3）采暖系统的安装应符合下列规定：

1）采暖系统的制式，应符合设计要求；

2）散热设备、阀门、过滤器、温度计及仪表应按设计要求安装齐全，不得随意增减和更换；

3）室内温度调控装置、热计量装置、水力平衡装置以及热力入口装置的安装位置和方向应符合设计要求，并便于观察、操作和调试；

4）温度调控装置和热计量装置安装后，采暖系统应能实现设计要求的分室（户或区）温度调控、分楼栋热计量和分户或分室（区）热量（费）分摊的功能。

检验方法：观察检查。检查数量：全数检查。

（4）散热器及其安装应符合下列规定：

1）每组散热器的规格、数量及安装方式应符合设计要求；

2）散热器外表面应刷非金属性涂料。

检验方法：观察检查。检查数量：按散热器组数抽查 5%，不得少于 5 组。

（5）散热器恒温阀及其安装应符合下列规定：

1）恒温阀的规格、数量应符合设计要求；

2）明装散热器恒温阀不应安装在狭小和封闭空间，其恒温阀阀头应水平安装，且不应被散热器、窗帘或其他障碍物遮挡；

3）暗装散热器的恒温阀应采用外置式温度传感器，并应安装在空气流通且能正确反映房间温度的位置上。

检验方法：观察检查。检查数量：按总数抽查 5%，不得少于 5 个。

（6）低温热水地面辐射供暖系统的安装除了应符合本节（3）条的规定外，尚应符合下列规定：

1）防潮层和绝热层的做法及绝热层的厚度应符合设计要求；

2）室内温控装置的传感器应安装在避开阳光直射和有发热设备且距地 1.4m 处的内墙面上。

检验方法：防潮层和绝热层隐蔽前观察检查；用钢针刺入绝热层、尺量；观察检查、尺量室内温控装置传感器的安装高度。检查数量：防潮层和绝热层按检验批抽查 5 处，每处检查不少于 5 点；温控装置按每个检验批抽查 10 个。

(7) 采暖系统热力入口装置的安装应符合下列规定：

1) 热力入口装置中各种部件的规格、数量，应符合设计要求；

2) 热计量装置、过滤器、压力表、温度计的安装位置、方向应正确，并便于观察、维护；

3) 水力平衡装置及各类阀门的安装位置、方向应正确，并便于操作和调试。安装完毕后，应根据系统水力平衡要求进行调试并做出标志。

检验方法：观察检查；核查进场验收记录和调试报告。检查数量：全数检查。

(8) 采暖管道保温层和防潮层的施工应符合下列规定：

1) 保温材料的燃烧性能、材质、规格及厚度等应符合设计要求；

2) 保温管壳的粘贴应牢固、铺设应平整。硬质或半硬质的保温管壳每节至少应用防腐金属丝或难腐织带或专用胶带进行捆扎或粘贴 2 道，其间距为 300~350mm，且捆扎、粘贴应紧密，无滑动、松弛及断裂现象；

3) 硬质或半硬质保温管壳的拼接缝隙不应大于 5mm，并用粘结材料勾缝填满；纵缝应错开，外层的水平接缝应设在侧下方；

4) 松散或软质保温材料应按规定的密度压缩其体积，疏密应均匀。毡类材料在管道上包扎时，搭接处不应有空隙；

5) 防潮层应紧密粘贴在保温层上，封闭良好，不得有虚粘、气泡、褶皱、裂缝等缺陷；

6) 防潮层的立管应由管道的低端向高端敷设，环向搭接缝应朝向低端；纵向搭接缝应位于管道的侧面，并顺水；

7) 卷材防潮层采用螺旋形缠绕的方式施工时，卷材的搭接宽度宜为 30~50mm；

8) 阀门及法兰部位的保温层结构应严密，且能单独拆卸并不得影响其操作功能。

检验方法：观察检查；用钢针刺入保温层、尺量。检查数量：按数量抽查 10%，且保温层不得少于 10 段、防潮层不得少于 10m、阀门等配件不得少于 5 个。

(9) 采暖系统应随施工进度对与节能有关的隐蔽部位或内容进行验收，并应有详细的文字记录和必要的图像资料。全数观察检查；核查隐蔽工程验收记录。

(10) 采暖系统安装完毕后，应在采暖期内与热源进行联合试运转和调试。联合试运转和调试结果应符合设计要求，采暖房间温度不得低于设计计算温度 2℃，且不高于设计值 1℃。全数检查室内采暖系统试运转和调试记录。

3. 一般项目

(1) 采暖系统过滤器等配件的保温层应密实、无空隙，并符合采暖系统过滤器等配件的保温层施工的要求。

(2) 采暖系统过滤器等配件的保温，不得影响其操作功能。通过观察检查，抽查同类别数量的 10%，且不少于 2 件。

29.10 通风与空调节能工程

29.10.1 一 般 规 定

29.10.1.1 通风与空调节能工程使用的设备、材料

通风与空调工程使用的材料与设备必须符合设计要求及国家有关标准的规定，严禁使用国家明令禁止使用与淘汰的产品。

1. 风管系统

(1) 风管的材质、断面尺寸及厚度应符合设计要求；

(2) 正确选用保温材料，降低冷量损耗。

2. 水管系统

(1) 管材和各类阀门的选用应符合设计和规范的要求；

(2) 正确选用水力平衡阀门，保证其调节作用的实现；

(3) 正确选用保温材料，降低冷量损耗。

3. 应选用节能设备，其规格、数量应符合设计要求。如在系统中使用变频水泵、热回收机组等。

29.10.1.2 通风与空调节能工程施工安装

空调系统的制式应严格按照设计要求，并做好施工和调试工作，保证其功能的实现。

1. 节能系统对施工的要求往往比较高，应提高施工技术和方法，严格按照设计要求进行施工，保证节能系统的良好运行。

(1) 风管的制作与安装

1) 风管与部件、风管与土建风道及风管间的连接应严密、牢固；

2) 做好风管系统的保温隔热，有防热桥处理，并应符合设计要求。

(2) 水管系统安装

1) 水管的安装应符合设计要求，做好防渗漏处理和防腐保温隔热；

2) 确保水系统的水力平衡，根据设计要求水力平衡阀门安装的数量和部位正确无误；

3) 水系统阀门的安装应严格按规范进行，防止阻力增加或者漏水造成安全隐患。

(3) 设备的安装

1) 安装位置和方向应正确，且风管、送风静压箱、回风箱的连接应严密可靠；

2) 现场组装的组合式空调机组各功能段之间连接应严密，并应做现场漏风量检测；其漏风量必须符合现行国家标准《组合式空调机组》(GB/T 14294)的规定；

3) 机组内的空气热交换器翅片和空气过滤器应清洁、完好，且安装位置和方向正确。

2. 通风与空调系统施工中，对隐蔽部位或内容进行验收，并有详细的文字记录和必要的图像资料：

(1) 风管制作。

(2) 水管系统：

1) 管道绝热层的基层及其表面处理；

2) 管道绝热层的铺设、厚度、粘结或固定；

3）管道绝热层的接缝、构造节点、热桥部位处理；

4）管道穿楼板、穿墙处绝热层；

5）管道防潮层铺设、接缝处理；

6）管道阀门、过滤器、法兰部位绝热层铺设、厚度；

7）冷热水管道与支、吊架连接的绝热衬垫安装、填缝处理。

3. 随施工进度，做好节能系统的调试工作，并有详细的文字记录和必要的图像资料：

（1）风管系统：

1）风管安装检查、漏风量测试记录；

2）风机盘管检查、试验记录；

3）通风机、空调风机检查、试运行记录；

4）风口风量测试、调整记录；

5）通风空调系统总风量测试记录。

（2）水管系统：

1）管道系统冲洗记录；

2）水泵试运行记录。

29.10.2 材料、设备进场检验

29.10.2.1 风管材料进场检验

1. 风管的材料品种、规格、性能与厚度等应符合设计和《通风与空调工程施工质量验收规范》（GB 50243）的有关规定。

2. 成品风管的材质、厚度、尺寸偏差、管口平面度偏差等应符合设计和有关国家规范、标准的要求。

29.10.2.2 空调水管材料及阀门、配件进场检验

1. 空调水管及阀门的材质、规格、型号、厚度及连接方式等应符合设计和有关国家规范、标准的规定。

2. 焊接管件外径和壁厚应与管材匹配，管道、阀件法兰密封面不得有毛刺及径向沟槽，带有凹凸面的法兰应能自然嵌合，凸面的高度不得小于凹槽的深度。

3. 阀件铸造规矩、无毛刺、裂纹，开关灵活严密。

4. 法兰垫片应质地柔韧，无老化变质或分层现象，表面不应有折损、皱纹等缺陷。

29.10.2.3 保温隔热材料进场检验

保温隔热材料进场应复检，复检其导热系数、密度、吸水率、有机保温材料的燃烧性能等性能。复验应为见证取样送检。同一厂家同材质的保温隔热材料复检次数不得小于两次。

29.10.2.4 通风与空调设备进场检验

各种设备的型号、规格、技术参数应符合设计要求。

1. 通风机及空调机组、风机盘管的风机应有性能检测报告及出厂合格证。

2. 进场复验，现场随机见证取样送检。

（1）风机盘管，应对其供冷量、供热量、风量、出口静压、噪声及功率；

（2）多联式空调（热泵）机组室内机和室外机的制冷量、制热量、风量、功率、

噪声；

检查数量：同一厂家的风机盘管机组或多联式空调（热泵）机组室内机，总台数在500台及以下时，抽检2台；500台以上时抽检3台。由同一施工单位施工的同一建设单位的多个单位工程（群体建筑），当使用同一生产厂家的风机盘管机组或多联式空调（热泵）机组室内机时，可合并计算按每10万 m² 抽检3组。多联式空调（热泵）机组室外机按室外机总台数复验5%，但不得少于1台。

3. 设备开箱检验：开箱后检查设备名称、规格、型号是否符合设计图纸要求，产品说明书、合格证是否齐全。并根据装箱清单和设备技术文件，检查设备附件、专用工具等是否齐全，设备表面有无缺陷、损坏、锈蚀、受潮等现象。填写开箱检验记录，参与开箱检查责任人员签字盖章，作为交接资料和设备技术档案依据。

29.10.3 施 工 技 术 要 点

29.10.3.1 风管系统

通风与空调节能工程中的送、排风系统及空调风系统中使用的金属、非金属与复合材料风管或风道的制作、加工、安装、清洗及其严密性，应符合设计要求或现行国家规范《通风与空调工程施工质量验收规范》（GB 50243）的有关规定。

1. 风管的制作要点

（1）风管的材质、断面厚度及尺寸应符合设计要求。

（2）根据施工图纸和现场实测情况绘制风管加工图，板材的放样、下料要尺寸准确，切边平直。

（3）风管的密封可采用密封胶嵌缝和其他方法密封。密封胶性能应符合使用环境的要求，密封面宜设在风管的正压面。

（4）常用风管配件如弯管、三通、异径管及来回弯管等，其加工所使用的材料厚度、连接方法及制作要求与风管制作相同。

2. 风管的安装要点

（1）风管安装的位置、标高、走向，应符合设计要求。

（2）风管接口的连接应严密、牢固。连接法兰的螺栓应均匀拧紧，法兰垫片厚度不应小于3mm。

（3）风管与部件、风管与土建风道及风管间的连接应严密、牢固。

（4）各类风管部件及操作机构的安装，应能保证其正常的使用功能，并便于操作。

3. 风管的严密性及风管系统的严密性检验及漏风量

风管系统安装后，进行严密性检验，合格后方能交付下道工序。风管系统严密性检验以主、干管为主。低压系统风管可采用漏光法检测。

4. 空调风管系统清洗

依据《空调通风系统清洗规范》（GB 19210）所规定的风管清洗操作规程进行清洗。

（1）部分直径小的风管使用手动设备进行清洗，将风管内的灰尘杂物扫落或松动。

（2）使用大功率吸尘设备，利用强大气流将扫除和松动的灰尘等杂物吸入完全密闭的积尘箱，彻底清除有害物质。

（3）高精密度的风管检测仪和清扫机器人彻底侦测了解风管内部情况。

（4）施工前后用机器人对风管内部进行检测录像，并做好记录。

29.10.3.2 空调水系统

空调工程水系统主要包括冷（热）水、冷却水、凝结水系统的管道及附件施工。

空调水系统中管道的主要连接方式有焊接、丝接、法兰连接、卡箍连接等。为了减少系统阻力，保证系统的抗压能力，提高系统的运行效率，从而减少不必要的能量损失，在施工中要严格按照规范要求和相关规定进行安装，安装完毕后，还要依据《建筑节能工程施工质量验收规范》（GB 50411）进行验收。为满足节能要求，在管道施工中施工要点如下：

1. 管道安装施工要点

（1）空调水系统的管道、管配件及阀门的规格、材料及连接形式应符合设计规定。

（2）管道与设备的连接，应在设备安装完毕后进行，与水泵、制冷机组的接管必须为柔性接口。

（3）管道阀部件的安装位置、高度、进出口方向必须符合设计要求，连接应牢固紧密。

2. 管道强度与严密性检验

冷热水和冷却循环水管道安装完毕，应分段、分系统进行强度与严密性检验；冷凝水管安装完毕应进行充水试验。

29.10.3.3 保温施工技术要点

1. 玻璃棉板保温

（1）保温钉连接固定，保温钉与风管、部件及设备表面的连接，采用粘结，结合应牢固，不得脱落；保温钉的分布应均布，其数量底面每平方米不应少于 16 个，侧面不应少于 12 个，顶面不应少于 8 个。首行保温钉至风管或保温材料边沿的距离应小于 120mm。

（2）保温材料纵向接缝不宜设在风管底面，保温钉按要求放置，并牢固可靠。

（3）保温材料紧贴风管表面，不得有明显突起和散材外露，包扎牢固严密。

2. 橡塑海绵板

（1）橡塑保温板的安装根据管道外形剪裁后，保温材料内表面至少 80% 涂上胶水，粘贴在风管上；在接缝处使用 10cm 宽的胶带密封，防止水气渗入。

（2）绝热制品的拼缝宽度，当作为保温层时，不应大于 5mm；当作为保冷层时，不应大于 2mm。

（3）在绝热层施工时，同层应错缝，上下层应压缝，其搭接的长度不宜小于 50mm。当外层管壳绝热层采用粘胶带封缝时，可不错缝。

（4）水平管道的纵向接缝位置，不得布置在管道垂直中心线 45°范围内。当采用大管径的多块硬质成型绝热制品时，绝热层的纵向接缝位置，可不受此限制，但应偏离管道垂直中心线位置。

29.10.3.4 设备安装技术要点

1. 风机安装

（1）安装在无减振器支架上的风机，应垫 4～5mm 厚的橡胶板（消防风机除外），找平、找正后固定牢固。

（2）安装在有减振器基座上的风机，地面要平整，各组减振器承受的荷载应均匀，不得偏心；安装后应采取保护措施，防止减振器损坏。

(3) 风机吊挂安装时，宜采用减振吊架。为减少吊架因风机启动的位移，应设置吊架摆动限制装置，以阻止风机启动惯性前移过量。

(4) 风机与电机用皮带连接时，两者应进行找正，使两个皮带轮的中心线重合。

(5) 风机与电机的传动装置外露部分应安装防护罩，风机的吸入口或吸入管直通大气时，应加装保护网或其他安全装置。

(6) 风机进、出口应通过软短管与风管连接，进、出风管应有单独的支撑。

(7) 轴流风机安装在墙内时，应在土建施工时配合预留孔洞和预埋件，墙外应装带钢丝网的 45°弯头，或在墙外安装活动百叶窗。

2. 组合式空调机组安装

(1) 组合式空调机组安装前应检查各段体与设计图纸是否相符，各段体内所安装的设备、部件是否完备无损，配件是否齐全。

(2) 多台空调箱安装前对段体进行编号，段体的排列顺序必须与设备图相符。

(3) 清理干净段体内的杂物、垃圾和积尘，从设备的一端开始，逐一将段体抬上基础，校正位置后加上衬垫，将相邻两个段体连接严密、牢固。

(4) 过滤器的安装应平整、牢固，并便于拆卸和更换；过滤器与框架之间、框架与机组的围护结构之间缝隙应封堵严密。

(5) 机组组装完毕，应做漏风量检测，漏风量必须符合现行国家标准《组合式空调机组》(GB/T 14294) 的规定。

3. 柜式空调机组、新风机组安装

(1) 安装位置应正确；与风管、静压箱的连接应严密、可靠；与管道连接采用软连接。

(2) 冷凝水管的水封高度应符合要求。

4. 风机盘管安装

(1) 吊挂安装的风机盘管应平整牢固，位置正确；吊架应固定在主体结构上，吊杆不应自由摆动，吊杆与托架相连应用双螺母紧固。

(2) 凝结水管的坡度和坡向应正确，凝结水应能畅通地流到指定位置。

(3) 供回水阀、过滤器、电磁阀应靠近风机盘管安装，尽量安装在凝结水盘上方范围内，凝结水盘不得倒坡。

5. 风幕安装

(1) 安装位置、方向应正确，与门框之间采用弹性垫片隔离，防止风幕的振动传递到门框上产生共振。

(2) 风幕的安装不得影响其回风口过滤网的拆除和清洗。

(3) 安装高度应符合设计要求，风幕吹出的空气应能有效地隔断室内外空气的对流。

(4) 纵向垂直度和横向水平度的偏差均不应大于 2/1000。

6. 单元式空调机组安装

(1) 分体单元式空调器的室外机和风冷整体单元式空调器的安装，固定应牢固可靠，无明显振动。遮阳、防雨措施不得影响冷凝器排风。

(2) 分体单元式空调器的室内机的位置应正确，并保持水平，冷凝水排放应畅通，管道穿墙处必须密封，不得有雨水渗入。

（3）整体单元式空调器的四周应留有相应的检修空间。

（4）冷媒管道的规格、材质、走向及保温应符合设计要求；弯管的弯曲半径不应小于 3.5D（管道直径）。

7. 热回收装置安装

（1）转轮式热回收装置安装的位置、转轮旋转方向及接管应正确，运转应平稳。

（2）排风系统中的排风热回收装置的进、排风管的连接应正确、严密、可靠，室外进、排风口的安装位置、高度及水平距离应符合设计要求。

29.10.4 系统调试与检测验收

根据《建筑节能工程施工质量验收规范》（GB 50411）要求，通风与空调节能工程，安装完成后，为了达到系统正常运行和节能的目标，必须进行通风机和空调机组等设备的单机试运转和调试及系统的风量平衡。本章的调试主要是通风系统和空调风管系统的调试，以及水系统的联动调试。

29.10.4.1 调试流程

1. 无负荷试运

施工准备→设备单机试运转→无负荷联合试运转的测定与调整（风机风量、风压及转速测定，系统风口风量平衡，冷热源试运转，制冷系统压力、温度及流量等测定）。

2. 有负荷调试

带负荷综合效能的测定与调整（室内温度、相对湿度的测定与调整，室内气流组织的测定，室内噪声的测定，自动调节系统参数整定和联合试运调试，防排烟系统测定）→综合效能评定。

29.10.4.2 准备工作

1. 绘制系统单线布局示意图，在示意图中标注各管段风量、风口风量、阀件位置、测点位置等。

2. 根据实际情况确定系统内风量、风压、风速的检测方法及各室内送风口、回风口风速、风量的检测方法。

3. 准备好测试用的器具和仪表。主要测量器具：压力表、温度计、转速表、电流表、声级计、风速表、风压表、湿度计等。计量器具的种类、规格及精度应满足有关规定的要求，并应检定合格，使用时在有效期内。

4. 设备单机试运转前应对设备本体进行检查测试：

（1）系统已全部安装完毕，满足使用功能。

（2）电气及控制系统：电力供电已正常；电气控制系统已进行模拟动作试验；接地和绝缘已检测合格；敏感元件、调节器、调节执行机构等安装接线完毕，具备调试条件；自动控制装置的性能已达到要求；自动控制系统已进行模拟动作试验。

（3）设备、零部件上的杂物、灰尘、油污已彻底清理，运转部件处于良好润滑状态。

（4）手动盘车，机械转动部位灵活，无卡住、阻滞现象，传动情况良好。

（5）设备、底座与基础连接无误，减振器安装牢固。

（6）相关项目已没有影响调试结果的后续工序。

（7）已具备调试场所，调试安全设施完善。

29.10.4.3　设备单机试运转

通风与空调系统安装完毕后，进行通风机和空调机组等设备的单机试运转和调试，单机试运转和调试结果应符合设计要求。

（1）通风机、空调机组中的风机，叶轮旋转方向正确、运转平稳、无异常振动与声响，其电机运行功率应符合设备技术文件的规定。在额定转速下连续运转 2h 后，滑动轴承外壳最高温度不得超过 70℃；滚动轴承不得超过 80℃；

（2）按照《制冷设备、空气分离设备安装工程施工及验收规范》（GB 50274）的有关规定，设备正常运转不应少于 8h；

（3）电控防火、防排烟风阀（口）的手动、电动操作应灵活、可靠，信号输出正确。

29.10.4.4　系统联动调试

1. 空调冷（热）水、冷却水系统的联动

系统调试前应对管路系统进行全面检查。支架固定良好；试压、冲洗用的临时设施已拆除，系统已复原；管道保温已结束等。

（1）将调试管路上的手动阀门、电动阀门全部开到最大状态，开启排气阀。

（2）向系统内充水，充水过程中要有人巡视，发现漏水情况及时处理。

（3）系统冲满水后启动循环水泵和冷却塔，观察各部位的压力表和流量计读数及冷却塔集水盘的水位，流量和压力应符合设计要求。

（4）调试定压装置。采用高位水箱的，应调试浮球阀的进水水位至最佳位置；采用低位定压装置的，应调试其正常工作压力。

（5）调整循环水泵进出口阀门开启度，使其流量、扬程达到设计要求（总流量与设计流量的偏差不应大于 10%）。同时观察分水器、集水器上的压力表读数和压差是否正常，如不正常，调整压差旁通控制系统，直至达到设计要求（压差旁通控制系统手动调试只能粗调）。调整管路上的静态平衡阀，使其达到设计流量。

（6）调试水处理装置、自动排气装置等附属设施，使其达到设计要求。

（7）投入冷、热源系统及空调风管系统，进行系统的联动调试与检测。

2. 风量、风压的测定与调整

（1）系统总风量、风压的测定截面位置应选择在气流均匀处，按气流方向应选择在局部阻力之后 4~5 倍管径（或矩形风管大边尺寸）或局部阻力之前 1.5~2 倍管径（或矩形风管大边尺寸）的直管段上。测定截面上测点的位置和数量主要根据风管形状（矩形或圆形）和尺寸大小而定。

（2）送、回风口风量测定可用热电风速仪或叶轮风速仪测得风速，求得风量。测量时应贴近格栅或网格，采用匀速移动法或定点测量法测定平均风速，匀速移动法不应少于 3 次，定点测量法不应少于 5 个，散流器可采用加罩测量法。风口的风量与设计风量的允许偏差不应大于 15%。

3. 系统风量调整一般采用流量等比分配法结合基准风口调整法进行。

（1）流量等比分配法：一般从系统的最远管段，即从最不利风口开始，逐步调向风机。

（2）基准风口调整法：调整前，将全部风口的送风量初测一遍，计算出各个风口的实测风量与设计风量比值的百分数，选取最小比值的风口分别作为调整各分支干管上风口风量的基准风口；借助调节阀，使基准风口与任一风口的实测风量与设计风量的比值百分数近似相等。

4. 经调整后，在各调节阀不动的情况下，重新测定各处的风量作为最后的实测风量，实测风量与设计风量偏差应不大于10%。使用红油漆在所有风阀的把柄处作标记，并将风阀位置固定。

5. 防排烟系统及正压送风系统调试完成后，应与消防系统联动调试。

6. 风管系统测试的主要内容

（1）风机的风量、风压、噪声；

（2）系统的总风量及各风口的风量、风速；

（3）正压送风区域的正压；

（4）卫生间负压；

（5）空调房间的气流组织和噪声。

29.10.4.5 通风与空调工程节能性能的检测验收

1. 一般要求

（1）通风与空调系统节能工程验收应符合《建筑节能工程施工质量验收规范》（GB 50411）和《通风与空调工程施工质量验收规范》（GB 50243）等国家现行相关标准的要求。

（2）通风与空调系统节能工程所使用的设备、管道、阀门、仪表、绝热材料等产品的规格、型号和技术参数符合施工图设计要求。

（3）对于随施工进度验收的隐蔽工程和内容，应有详细的文字记录和必要的图像资料。

（4）通风与空调系统节能工程验收，可按系统、楼层进行，并符合相关标准要求。对于楼层较多、系统较大的空调系统，可将6~9楼层的空调系统作为一个检验批，但一个项目不少于两个检验批。

2. 主控项目

（1）对通风与空调系统节能工程所使用的材料、设备进场检验项目，全数检查其技术资料、性能检测报告和复验报告质量证明文件与实物核对。通风与空调节能工程用材料及系统质量控制，见表29-106和表29-107。

（2）风管及风管系统必须通过工艺性检测或验证，其严密性和强度应符合设计和国家现行标准《通风与空调工程施工质量验收规范》（GB 50243）的有关规定，并做好现场检测。按数量抽查10%，且不少于1个系统，观察、尺量检查，并核查风管严密性和强度的检测报告。

（3）联合式运转及调试结果应符合设计要求，且允许偏差或规定值应符合《建筑节能工程施工质量验收规范》（GB 50411）的要求，见表29-95。

（4）现场组装的组合式空调机组应做现场漏风量检测；其漏风量必须符合《组合式空调机组》（GB/T 14294）的规定。按同类产品的数量抽查20%，且不少于1台，观察检查，并核查组合式空调机组漏风量检测报告。

（5）空调机组内的空气过滤器应现场检测初阻力。当设计未注明过滤器的阻力时，应满足表29-89中的要求。同类产品的数量抽查20%，且不少于1台，观察检查，并核查组合式空调机组空气过滤器的初阻力检测报告。

空气过滤器的初阻力　　　　　　　　　　　　　　表 29-89

| 粗效过滤器的初阻力（Pa） | ≤50 | 粒径≥5.0μm，效率：80%>E≥20% |
| 中效过滤器的初阻力（Pa） | ≤80 | 粒径≥1.0μm，效率：70%>E≥20% |

(6) 风机盘管机组其安装的位置、高度及方向应正确，且与风管、回风箱及风口的连接严密、可靠。按总数抽查 10%，且不少于 5 台，对照设计图纸，观察检查，并查阅产品进场验收记录。

(7) 系统中风机的型号、规格、方向、台数及技术性能参数应符合施工图设计要求，其单位风量耗功率应满足国家现行标准的规定。风机安装的位置及出口方向应正确。全数检查，对照设计图纸，观察检查，并查阅产品进场验收记录。

(8) 带热回收功能的双向换气装置和集中排风系统中的排风热回收装置的型号、规格、方向、台数及技术性能参数应符合施工图设计要求，额定热回收效率（全热和显热）不低于 60%，安装和进出口位置及接管应正确。按总数抽查 20%，且不少于 1 台，对照设计图纸，观察检查，并查阅产品进场验收记录。

(9) 空调机组回水管上和风机盘管机组回水管上的电动两通调节阀、空调冷热水系统中的水力平衡装置、冷（热）量计量装置等自控阀门与仪表，其型号、规格、方向、台数及技术性能参数应符合施工图设计要求，安装位置、方向应正确。按类别数量抽查 10%，且均不少于 1 台，对照设计图纸，观察检查，并查阅产品进场验收记录。

(10) 绝热工程

1) 空调风管系统及部件的绝热层和防潮层施工应符合下列规定：

① 绝热材料的燃烧性能、材质、规格及厚度等应符合设计要求；

② 绝热层与风管、部件及设备应紧密贴合，无裂缝、空隙等缺陷，且纵、横向的接缝应错开；

③ 绝热层表面应平整，当采用卷材或板材时，其厚度允许偏差为 5mm；采用涂抹或其他方式时，其厚度允许偏差为 10mm；

④ 风管法兰部位绝热层的厚度，不应低于风管绝热层厚度的 80%；

⑤ 风管穿楼板和穿墙处的绝热层应连续不间断；

⑥ 防潮层（包括绝热层的端部）应完整，且封闭良好，其搭接缝应顺水；

⑦ 带有防潮层隔汽层绝热材料的拼缝处，应用胶带封严，粘胶带的宽度不应小于 50mm；

⑧ 风管系统部件的绝热，不得影响其操作功能。

检验方法：观察检查；用钢针刺入绝热层、尺量检查。检查数量：管道按轴线长度抽查 10%；风管穿楼板和穿墙处及阀门等配件抽查 10%，且不得少于 2 个。

2) 空调水系统管道、冷媒管道及配件的绝热层和防潮层施工，应符合下列规定：

① 绝热材料的燃烧性能、材质、规格及厚度等应符合设计要求；

② 绝热管壳的粘贴应牢固、铺设应平整；硬质或半硬质的绝热管壳每节至少应用防腐金属丝或难腐织带或专用胶带进行捆扎或粘贴 2 道，其间距为 300～350mm，且捆扎、粘贴应紧密，无滑动、松弛与断裂现象；

③ 硬质或半硬质绝热管壳的拼接缝隙，保温时不应大于 5mm、保冷时不应大于 2mm，并用粘结材料勾缝填满；纵缝应错开，外层的水平接缝应设在侧下方；

④ 松散或软质保温材料应按规定的密度压缩其体积，疏密应均匀；毡类材料在管道上包扎时，搭接处不应有空隙；

⑤ 防潮层与绝热层应结合紧密，封闭良好，不得有虚粘、气泡、褶皱、裂缝等缺陷；

⑥ 防潮层的立管应由管道的低端向高端敷设，环向搭接缝应朝向低端；纵向搭接缝应位于管道的侧面，并顺水；

⑦ 卷材防潮层采用螺旋形缠绕的方式施工时，卷材的搭接宽度宜为 30～50mm；

⑧ 空调冷热水管穿楼板和穿墙处的绝热层应连续不间断，且绝热层与穿楼板和穿墙处的套管之间应用不燃材料填实不得有空隙；套管两端应进行密封封堵；

⑨ 管道阀门、过滤器及法兰部位的绝热结构应能单独拆卸，且不得影响其操作功能。

检验方法：观察检查；用钢针刺入绝热层、尺量检查。检查数量：按数量抽查 10%，且绝热层不得少于 10 段、防潮层不得少于 10m、阀门等配件不得少于 5 个。

3）空调水系统的冷热水管道及冷媒管道与支、吊架之间应设置绝热衬垫，其厚度不应小于绝热层厚度，宽度应大于支、吊架支承面的宽度。衬垫的表面应平整，衬垫与绝热材料之间应填实无空隙。按数量抽检 5%，且不得少于 5 处。观察、尺量检查。

（11）通风与空调系统安装完毕，应进行通风机和空调机组等设备的单机试运转和调试，并应进行系统的风量平衡调试。单机试运转和调试结果应符合设计要求，系统的总风量与设计风量的允许偏差不应大于 10%，风口的风量与设计风量的允许偏差不应大于 15%。全数观察检查，并核查试运转和调试记录。

（12）多联机空调系统安装完毕，应对系统进行气密性试验和抽真空干燥试验，以及制冷剂充注；在系统工程验收前，尚应进行系统带负荷运行的综合效果检验，检验效果应符合设计要求。全数核查系统清洗、气密性、真空干燥的试验记录及运行效果检验记录。

（13）单机试运行和调试及空调通风系统在无生产负荷上的联合试运行和调试，应符合施工图设计要求。全数检查，观察检查各系统试运行和调试的记录及第三方检测报告。

3. 一般项目

（1）空气风幕机的规格、数量、安装位置和方向应正确，纵向垂直度和横向水平度偏差均不应小于 2‰。按总数抽查 10%，且不少于 1 台，观察检查。

（2）变风量末端装置与风管连接前宜做动作试验，确认运行正常后再封口。按总数抽查 10%，且不少于 2 台，观察检查。

29.11 空调与采暖系统冷热源及管网节能工程

29.11.1 一 般 规 定

29.11.1.1 空调与采暖系统冷热源设备、辅助设备的性能

1. 锅炉的单台容量及其额定热效率；

2. 热交换器的单台换热量；

3. 电机驱动压缩机的蒸气压缩循环冷水（热泵）机组的额定制冷量（制热量）、输入

功率、性能系数及综合部分负荷性能系数；

4. 电机驱动压缩机的单元式空气调节机、风管送风式和屋顶式空气调节机的名义制冷量、供热量、输入功率、性能系数；

5. 蒸汽和热水型溴化锂吸收式机组及直燃型溴化锂吸收式冷（温）水机组的名义制冷量、供热量、输入功率、性能系数；

6. 集中采暖系统热水循环水泵流量、扬程、电机功率及耗电输热比；

7. 空调冷热水循环水泵流量、扬程、电机功率及输送能效比；

8. 冷却塔的流量及电机功率；

9. 自控阀门与仪表的技术参数。

29.11.1.2　空调与采暖系统冷热源及管网组成形式

采暖及制冷系统组成形式指冷热源系统管道的制式，按照《严寒和寒冷地区居住建筑节能设计标准》（JGJ 26）及相关节能的要求。

1. 当系统的规模较大时，宜采用间接连接的一、二次水系统。

2. 系统容量较大时，可合理增加台数。

3. 对锅炉房、热力站和建筑物入口进行参数监测与计量的要求。锅炉房总管，热力站和每个独立建筑物入口应设置供回水温度计、压力表和热表（或热水流量计）。补水系统应设置水表。

4. 施工图纸修改必须有设计单位的设计变更通知书或技术核定签证。

29.11.1.3　空调与采暖系统冷热源及管网施工安装及调试

1. 冷热源系统设备及管网的（主要包括冷热源设备、辅助设备及管网、保温等）的安装符合相关节能技术规范的要求。空调采暖系统中冷热源设备的规格、数量符合设计要求，安装位置连接合理、正确。

2. 空调与采暖系统冷热源及管网系统的施工安装，应符合下列规定：

（1）管道系统的制式及其安装，应符合施工图设计要求；

（2）各种设备、自控阀门与仪表应安装齐全，不得随意增加、减少和更换；

（3）空调冷（热）水系统的变流量或定流量运行，应达到设计要求；

（4）热水采暖系统能根据热负荷及室外温度的变化，自动控制运行；

（5）空调与采暖系统冷热源及管网系统的施工安装中，随施工进度对与节能有关的隐蔽部位或内容进行验收，并有详细的文字记录和图片资料。

3. 绝热工程

绝热材料的安装符合相关节能技术规范的要求；冷热源管道绝热层施工时加强对下列部位的处理：

（1）冷热源管道绝热层的基层及其表面处理，绝热层的铺设、厚度，粘结或固定，绝热层的接缝、构造节点、热桥部位处理；

（2）冷热源管道阀门、过滤器、法兰部位绝热层的铺设、厚度；

（3）冷热源管道与支、吊架的绝热衬垫安装和填缝处理。

4. 系统调试

空调与采暖系统冷热源和辅助设备及其管道和管网系统安装完毕后，进行空调冷热源和辅助设备的单机试运转及系统调试，并应有详细的文字记录和必要的图像资料。

　　1）空调水系统流量测试记录；

　　2）冷却塔安装调试记录；

　　3）循环水泵安装、试运行记录；

　　4）冷热源、辅助设备单机安装、试运行记录；

　　5）冷热源、辅助设备与空调系统联机试运行记录。

29.11.2　材料与设备

29.11.2.1　锅炉

　　锅炉是利用热能将水加热使其产生热水或蒸汽的热源装置。锅炉的额定热效率是反映设备节能效果的重要参数，其数值越大，节能效果就越好。

　　锅炉的额定效率不应低于《建筑节能工程施工质量验收规范》（GB 50411）中规定数值，见表29-21。

29.11.2.2　冷水（热泵）机组

　　1. 冷水机组是将蒸气压缩循环压缩机、冷凝器、蒸发器以及自控元件等组装成一体，可提供冷水的压缩式制冷机。冷水机组见图29-17。

　　2. 热泵机组是将蒸气压缩循环压缩机、冷凝器、蒸发器以及自控元件等组装成一体，能实现蒸发器与冷凝器功能转换，可提供热水（风）、冷水（风）的压缩式制冷机。

　　3. 冷水（热泵）机组要求制冷性能系数：

　　冷水（热泵）机组工况差异对机组满负荷效率存在很大的影响。故在选用冷水机组时，必须重视工况不同对冷水机组性能产生的影响，考虑并满足中国气候和水质条件的要求，以保证机组长期高效运行。

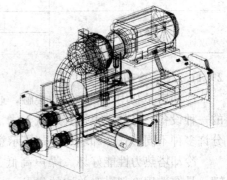

图 29-17　冷水机组线框图

　　冷水（热泵）机组的制冷性能系数（COP）及综合部分负荷性能系数（IPLV）不应低于《建筑节能工程施工质量验收规范》（GB 50411）中规定数值，见本章表29-25及表29-90中所示。

冷水（热泵）机组综合部分负荷性能系数（IPLV）　　　　　　　　　　　表 29-90

类　型		额定制冷量（kW）	综合部分负荷性能系数（W/W）
水冷	螺杆式	＜528	4.47
		528~1163	4.81
		＞1163	5.13
	离心式	＜528	4.49
		528~1163	4.88
		＞1163	5.42

29.11.2.3　吸收式制冷机组

　　1. 以热能为动力，由制冷剂气化、蒸汽被吸收液吸收、加热吸收液取出制冷剂蒸汽以及制冷剂冷凝、膨胀等过程组成的制冷循环，完成制冷循环和吸收剂循环的制冷机组，称吸收式制冷机组。

2. 溴化锂吸收式机组要求性能参数，见表29-26。

29.11.2.4 空调机组

由各种空气处理功能段组装而成的不带冷、热源的一种空气处理设备。这种机组应能用于风管阻力等于大于100Pa的空间系统；机组的功能段是对空气进行一种或几种处理功能的单元体，功能段可包括：空气混合、均流、粗效过滤、中效过滤、离中拉过滤或亚高效过滤、冷却、一次和二次加热、加湿、送风机、回风机、中间、喷水、消声、热回收等。

空调机组节能效果是以能效比为依据，能效比越高，能耗越小。空调能效比是空调器的制冷性能系数，表示空调器的单位功率制冷量（EER＝制冷量/制冷消耗功率）。

空调机组能效比（EER）不应低于《建筑节能工程施工质量验收规范》（GB 50411）中规定数值，见表29-91。

单元式机组能效比（EER）   表 29-91

类　　型		能效比（W/W）
风冷式	不接风管	2.60
	接风管	2.30
水冷式	不接风管	3.00
	接风管	2.70

29.11.2.5 冷却塔

冷却塔是利用水和空气的接触，通过蒸发作用来散去工业上或制冷空调中产生的废热的一种设备。冷却塔根据其通风方式、水和空气接触方式、热水和空气的流动方向等，可分许多种不同形式冷却塔，冷却塔示意图见图29-18。

冷却塔热力性能好坏、噪声高低、耗电大小、漂水多少是衡量冷却塔品质优劣的关键，是在选用冷却塔时关注的焦点。

29.11.2.6 换热器

换热器是将热流体的部分热量传递给冷流体的设备，又称热交换器，见图29-19。

换热器在使用时，应选用传热系数高、使用寿命长的换热器。

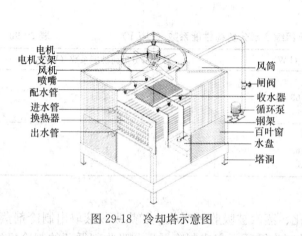

图 29-18　冷却塔示意图

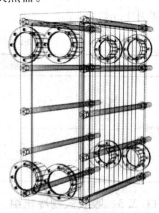

图 29-19　板式换热器

29.11.2.7 冰蓄冷设备

冰蓄冷设备是利用用电高、低峰期的电价差额，通过有效控制下的能量储存和释放，为空调系统提供经济冷源的设备。蓄冰槽亦可与电热锅炉配合，用于蓄热系统。

冰蓄冷设备主要是以设备制冷系统的蒸发温度、名义蓄冷量、净可利用蓄冷量、蓄冰率、融冰率、蓄冷特性与释冷特性等几方面来看。其中蓄冰率与融冰率这两个概念是冰蓄冷式系统中评价冰蓄冷设备的两个非常重要数值。通常对于同种冰蓄冷设备在相同条件下，其制冰率和融冰率越高越好，见表 29-92。

冰蓄冷设备的蓄冰率　　　　　　　　　　　　　表 29-92

类型	冷媒盘管式	完全冻结式	制水滑落式	冰晶或冰泥	冰球式
蓄冰率 IPF1	20%～50%	50%～70%	40%～50%	45%左右	50%～60%
蓄冰率 IPF2	30%～60%	70%～90%	—	—	90%以上

29.11.2.8 绝热材料

绝热材料是指阻抗热流传递的材料或者材料复合体。绝热材料一方面满足了建筑空间或热工设备的热环境，另一方面也节约了能源。

绝热材料在建筑中常见的应用类型及设计选用应符合《建筑绝热材料的应用类型和一般规定》（GB/T 17369）的规定。

选用时除应考虑材料的导热系数外，还应考虑密度、吸水率等指标。

29.11.2.9 绝热管道

聚氨酯直埋保温管采用高功能聚醚多元醇和多次甲基多苯基多异氰酸酯为主要原料，在催化剂、发泡剂、表面活性剂等作用下，经化学反应发泡而成。

聚氨酯直埋保温管结构为：外保护层、保温层、防渗漏层三部分，外保护层材料为聚乙烯或玻璃钢或其他材料，其结构形式见图 29-20。直埋保温管及其配件检验要求详见表 29-93。

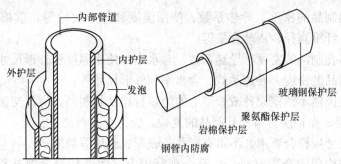

图 29-20　直埋保温管结构

直埋保温管及其配件检验要求　　　　　　　　　　表 29-93

序号	产品名称	执行标准	复验时主要的检验项目	复验批构成	备注
1	"钢套钢"直埋保温管	—	防腐层性能	每公里为一批	
2	"钢套塑"直埋保温管	CJ/T 114	外护管：壁厚、拉伸屈服强度、断裂伸长率；保温层：密度	每公里为一批	

续表

序号	产品名称	执行标准	复验时主要的检验项目	复验批构成	备注
3	通用阀门	GB/T 3927	壳体强度、密封试验、上密封试验	每公里为一批	
4	压力容器波纹膨胀节	GB 16749	尺寸公差、压力试验	每公里为一批	

29.11.3   设备、材料进场检验

29.11.3.1   一般要求

空调与采暖系统冷热源及管网节能工程所使用的设备、管道、阀门、仪表、绝热材料等产品进场验收，应遵守下列规定：

1. 对材料和设备的类型、材质、规格、包装、外观等进行检查验收，并应经监理工程师（建设单位代表）确认，形成相应的验收记录。

2. 对材料和设备的质量证明文件进行核查，并应经监理工程师（建设单位代表）确认，纳入工程技术档案。上述材料和设备均应有出厂合格证、中文说明书及相关性能检测报告；进口材料和设备应有商检报告。

29.11.3.2   主要材料检验

1. 绝热材料及其制品，必须具有产品质量证明书或出厂合格证，其规格、性能等技术要求应符合设计文件的规定。

2. 绝热材料的材质、密度、规格和厚度应符合设计要求；绝热材料不得受潮；进场后，应对其导热系数、密度和吸水率进行复验。

3. 当绝热材料及其制品的产品质量证明书或出厂合格证中所列的指标不全或对产品质量（包括现场自制品）有怀疑时，供货方应负责对下列性能进行复检，并应提交检验合格证：

（1）多孔颗粒制品的密度、机械强度、导热系数、外形尺寸等；松散材料的密度、导热系数和粒度等；

（2）矿物棉制品的密度、导热系数、使用温度和外形尺寸等；散棉的密度、导热系数、使用温度、纤维直径、渣球含量等；

（3）泡沫多孔制品的密度、导热系数、含水率、使用温度和外形尺寸等；

（4）软木制品的密度、导热系数、含水率和外形尺寸等；

（5）用于奥氏体不锈钢设备或管道上的绝热材料及其制品，应提交氯离子含量指标。

4. 对防潮层、保护层材料及其制品的复检，应符合下列规定：

（1）外形尺寸应符合要求，不得有穿孔、破裂、脱层等缺陷；

（2）绝热结构用的金属材料，应符合现行国家《铝及铝合金热轧板》（GB 3193）、《一般工业用铝及铝合金板、带材第3部分：尺寸偏差》（GB/T 3880.3）、《碳素结构钢和低合金结构钢　热轧薄钢板和板带》（GB 912）和《连续热镀锌薄钢板和钢带》（GB/T 2518）等标准的要求；

（3）抽样检查：抗拉强度、抗压强度、密度、透湿率、耐热性、耐寒性等指标，均应符合标准或产品说明书的要求；

（4）管的管径、壁厚及材质的化学成分应符合设计和国家标准要求。

29.11.3.3　主要设备检验

1. 对《建筑节能工程施工质量验收规范》(GB 50411) 要求的设备的技术性能参数进行核查（设计要求、铭牌、质量证明文件进行核对），并应经监理工程师（建设单位代表）确认，形成相应的验收记录。

2. 冷热源设备及附属设备的型号、规格和技术参数必须符合设计要求，设备主体和零部件表面应无缺损、锈蚀等情况。

（1）为了保证空调与采暖系统冷热源及管网节能工程的质量，在空调与采暖系统冷热源及其辅助设备进场时，应对其热力等技术性能进行核查，应根据设计要求对其技术资料和相关性能检测报告等所表示的热工等技术性能参数进行一一核对。

（2）锅炉的额定热效率、电机驱动压缩机的蒸汽压缩循环冷水（热泵）机组的性能系数和综合部分负荷性能系数、单元式空气调节机、风管送风式和屋顶式空气调节机组的能效比、蒸汽和热水型溴化锂吸收式机组及直燃型溴化锂吸收式冷（温）水机组的性能参数，其数值越大，节能效果就越好；反之亦然。因此，在上述设备进场时，应核查它们的有关性能参数是否符合设计要求并满足国家现行有关标准的规定。

3. 整体式蓄冰装置的保温结构，应有在安装地区气候条件下外壁不结露的计算书。

4. 其他材料和设备的要求，符合相关标准。

29.11.4　施 工 技 术 要 点

29.11.4.1　设备安装通用施工要点

1. 设备进场前，应熟悉和审查对应设备的施工图纸，检查样本，基础图是否符合要求；提前完成设备基础的验收工作，并作好同装修配合工作；检查机组安放位置及基础尺寸是否符合要求；做好设备安装时人、机、料的安排工作。

2. 设备进场时，应对设备进行拆箱检查，按照产品装箱清单清点附件，并检查设备的有关性能参数是否符合设计要求并满足国家现行有关标准的规定。

3. 设备安装时应注意事项：

（1）设备就位的先后顺序，应由里向外。

（2）设备的减振形式及位置正确。减振器的型号、定位尺寸、选配数量等参数直接关系到设备的稳定性和减振效果，该参数的确定必须是经过厂家技术人员的精确核算，并征得设计师确认。

（3）设备不得承担外接管道的重量，所有进出风管应设支承和固定。

（4）固定时地脚螺栓稳固，承受荷载范围应满足规范要求，并有防松动措施。

29.11.4.2　冷热源系统管道及管网安装

1. 冷热源室外管网安装

（1）室外冷热源管道一般采用聚氨酯直埋保温管。

（2）管道系统的制式，应符合设计要求。

（3）根据设计图纸的位置，进行测量、扫桩、放线、挖土、地沟垫层处理等。

1）为便于管道安装，挖沟时应将挖出来的土堆放在沟边的一侧。土堆底边应与沟边保持 0.6~1m 的距离。

2）下沟前，应检查沟底标高、沟宽尺寸是否符合设计要求。保温管应检查保温层是否有损伤，如局部有损伤时，应将损伤部位放在上面，并做好标记，便于统一修理。

3）管道应先在沟外进行分段焊接以减少固定焊口。每段长度一般在 25～35m 为宜。

4）沟内管道焊接，连接前必须清理管腔，找平找直，焊接处要挖出操作坑，其大小要便于焊接操作。

5）阀门、配件、补偿器支架等，应在施工前按施工要求预先放在沟边沿线，并在试压前安装完毕。

6）管道水压试验应符合设计要求和规范规定，办理隐检试压手续。

7）管道防腐应预先集中处理，管道两端留出焊口的距离，焊口处的防腐在试压完后再处理。

2. 地沟管道安装

（1）在地沟安装管道时，应在土建垫层完毕后立即进行安装。

（2）土建打好垫层后，按图纸标高进行复查并在垫层上弹出地沟的中心线，按规定间距安放支座及支架。

（3）管道应先在沟边分段连接，管道放在支座上时，用水平尺找平找正。

（4）地沟的管道应安装在地沟的一侧或两侧，支架一般采用型钢，支架的最大距离按照《通风与空调工程施工质量验收规范》（GB 50243）中要求执行，见表 29-94。管道的坡度应按设计规定确定。

管道支架件的最大距离　　　　　　　　　　　　　表 29-94

工程直径 DN（mm）		15	20	25	32	40	50	65	80	100	125	150	200	250	300
支架最大间距	保温管	1.3	2	2	2.5	3	3	4	4	4.5	5	6	7	8	8.5
	不保温管	2.5	3	3.5	4	4.5	5	6	6	6.5	7	8	9.5	11	12

（5）支架安装要平直牢固，同一地沟内有几层管道时，安装顺序应从最下面一层开始，再安装上面的管道，为了便于焊接，焊接连接口要选在便于操作的位置。

（6）遇有伸缩器时，应在预制时按规范要求做好预拉伸并做好记录，按设计位置安装。

（7）管道安装时坐标、标高、坡度、甩口位置、变径等复核无误后，再把吊卡架螺栓紧好，最后焊牢固定卡处的止动板。

（8）试压冲洗，办理隐检手续。

（9）管道防腐保温，应符合设计要求和施工规范规定。

29.11.4.3　管道及配件绝热层、防潮层施工工艺

1. 绝热层的施工

（1）当采用一种绝热制品，保温层厚度大于 100mm，保冷层厚度大于 80mm 时，应分为两层或多层逐层施工，各层的厚度宜接近。

（2）当采用两种或多种绝热材料复合结构的绝热层时，每种材料的厚度必须符合设计文件的规定。

（3）绝热制品的拼缝宽度，当作为保温层时，不应大于 5mm；当作为保冷层时，不应大于 2mm。

（4）在绝热层施工时，同层应错缝，上下层应压缝，其搭接的长度不宜小于50mm。当外层管壳绝热层采用粘胶带封缝时，可不错缝。

（5）水平管道的纵向接缝位置，不得布置在管道垂直中心线45°范围内（图29-21）。当采用大管径的多块硬质成型绝热制品时，绝热层的纵向接缝位置，可不受此限制，但应偏离管道垂直中心线位置。

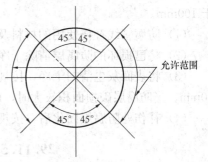

图29-21　纵向接缝布置

（6）方形设备或方形管道四角的绝热层采用绝热制品敷设时，其四角角缝应做成封盖式搭缝，不得形成垂直通缝。

（7）干拼缝应采用性能相近的矿物棉填塞严密，填缝前，必须清除缝内杂物。湿砌带浆缝应采用同于砌体材质的灰浆拼砌。灰缝应饱满。

（8）保温设备或管道上的裙座、支座、吊耳、仪表管座、支架、吊架等附件，当设计无规定时，可不必保温。保冷设备或管道的上述附件，必须进行保冷，其保冷层长度不得小于保冷层厚度的四倍或敷设至垫木处。

（9）支承件处的保冷层应加厚；保冷层的伸缩缝外面，应再进行保冷。

（10）管道端部或有盲板的部位，应敷设绝热层，并应密封。

（11）除设计规定需按管束保温的管道外，其余管道均应单独进行保温。

（12）施工后的绝热层，不得覆盖设备铭牌，可将铭牌周围的绝热层切割成喇叭形开口，开口处应密封规整。

2. 防潮层的施工

（1）设备或管道保冷层和敷设在地沟内管道的保温层，其外表面均应设置防潮层。

（2）设置防潮层的绝热层外表面，应清理干净，保持干燥，并应平整、均匀。不得有突角、凹坑及起砂现象。

（3）室外施工不宜在雨、雪天或夏日曝晒中进行。操作时的环境温度应符合设计文件或产品说明书的规定。

（4）防潮层以冷法施工为主。当用沥青胶粘贴玻璃布，绝热层为无机材料（泡沫玻璃除外）时，方可采用热法施工。沥青胶的配方，应按设计文件或产品标准的规定执行。

（5）当涂抹沥青胶或防水冷胶料时，应满涂至规定厚度，其表面应均匀平整。并应符合下列规定：

1）玻璃布应随沥青层边涂边贴。其环向、纵向缝搭接不应小于50mm，搭接处必须粘贴密实。

2）立式设备和垂直管道的环向接缝，应为上搭下。卧式设备和水平管道的纵向接缝位置，应在两侧搭接，缝口朝下。

3）粘贴的方式，可采用螺旋形缠绕或平铺。待干燥后，应在玻璃布表面再涂抹沥青胶或防水冷胶料。

（6）管道阀门、支、吊架或设备支座处防潮层的做法，应按设计文件的规定进行。

3. 修补

管道下沟、组焊、试压完毕进行补口。由于补口工作在管沟内完成，管道表面多粘有泥土、水及铁锈，为降低其对防腐质量的影响，可用氧—乙炔焰除去补口部位的粉尘及水分。补口处的防腐层结构与管身防腐层结构相同，补口层与原防腐层搭接宽度应不小于100mm。

(1) 防腐管线补伤使用的材料及防腐层结构，应与管体防腐层相同。

(2) 将已损坏的防腐层清除干净，用砂纸打毛，损伤面及附近的防腐层。

(3) 将表面灰尘清扫干净，按规定的顺序和方法涂漆和缠玻璃布，搭接宽度应不小于50mm。当防腐层破损面积较大时，应按补口方法处理。

(4) 补伤处防腐层固化后，按规定进行质量检验，其中厚度只测1个点。

29.11.5　系统调试与检测验收

29.11.5.1　设备单机调试

调试前，应编制调试方案，报送专业监理工程师审核批准；调试结束后，必须提供完整的调试资料和报告。

1. 制冷机组

(1) 制冷机组的单机调试应在冷冻水系统和冷却水系统正常运行的过程中进行，由制冷机组厂家技术人员完成。

(2) 制冷机组主要检验、测试的内容：蒸发器/冷凝器气压/水压试验、整机强度试验、氨检漏、电气接线测试、绝缘测试和运转测试等。各项测试的结果应符合设计和设备技术文件的要求，然后进行不少于8小时的试运转。

(3) 各保护继电器、安全装置的整定值应符合技术文件规定，其动作应灵敏可靠。

(4) 机组的响声、振动、压力、温度、温升等应符合技术文件的规定，并记录各项数据。

2. 冷却塔

(1) 冷却塔进水前，应将冷却塔布水槽、集水盘内清扫干净。

(2) 冷却塔风机的电绝缘应良好，风机旋转方向应正确。

(3) 冷却塔试运转时，应检查风机的运转状态和冷却水循环系统的工作状态，并记录运转中的情况及有关数据，如无异常情况，连续运转时间应不少于2h。

(4) 冷却塔试运转结束后，应将集水盘清洗干净，如长期不使用，应将循环管路及集水盘中的水全部排出，防止设备冻坏。

3. 锅炉

锅炉的单体调试必须在燃烧系统、供水系统、供气（油）系统、安全阀、配电及控制系统均能正常运行的条件下进行。锅炉调试的内容有：

(1) 锅炉所有转动设备的转向、电流、振动、密封、噪声等检测，保护联锁定值的设定。

(2) 水位保护、安全联锁指示调整。

(3) 燃烧系统联锁保护调整：火焰检测保护系统；点火系统；安全保护联锁系统；各负荷、风、燃料配比系统。

4. 水泵

(1) 水泵试运转前，应检查水泵和附属系统的部件是否齐全，用手盘动水泵应轻便灵活、正常，不得有卡碰现象。

（2）水泵在试运转前，应将入口阀打开，出口阀关闭，待水泵启动后缓慢开启出口阀门。

（3）点动，检查水泵的旋转方向是否正确。

（4）水泵启动时，若声音、振动异常，应立即停机检查。

（5）水泵正常运转后，定时测量轴承温升，所测温度应低于设备说明书中的规定值，如无规定值时，一般滚动轴承的温度不大于 75℃，滑动轴承的温度不大于 70℃。运转持续时间不小于 2h。

（6）水泵试运转结束后，应将水泵出入口阀门和附属管路系统的阀门关闭，将泵内积存的水排净，防止锈蚀或冻裂。

29.11.5.2　系统联动调试

通风与空调系统的联动调试应在风系统的风量平衡调试结束和冷冻水、冷却水及热水循环系统均运转正常的条件下进行。

1. 空调冷（热）水、冷却水系统的调试

（1）系统调试前应对管路系统进行全面检查。支架固定良好；试压、冲洗用的临时设施已拆除，系统已复原；管道保温已结束等。

（2）将调试管路上的手动阀门、电动阀门全部开到最大状态，开启排气阀。

（3）向系统内充水，充水过程中要有人巡视，发现漏水情况及时处理。

（4）系统冲满水后启动循环水泵和冷却塔，观察各部位的压力表和流量计读数及冷却塔集水盘的水位，流量和压力应符合设计要求。

（5）调试定压装置。采用高位水箱的，应调试浮球阀的进水水位至最佳位置；采用低位定压装置的，应调试其正常工作压力、启泵压力、停泵压力至设计要求。

（6）调整循环水泵进出口阀门开启度，使其流量、扬程达到设计要求（总流量与设计流量的偏差不应大于 10%）。同时观察分水器、集水器上的压力表读数和压差是否正常，如不正常，调整压差旁通控制系统，直至达到设计要求（压差旁通控制系统手动调试只能粗调）。

（7）调整管路上的静态平衡阀，使其达到设计流量。

（8）调试水处理装置、自动排气装置等附属设施，使其达到设计要求。

（9）投入冷、热源系统及空调风管系统，进行系统的联动调试与检测。

2. 供热系统联动调试与检测

（1）开启锅炉房分汽缸或分水器的阀门，向空调系统供热，调整减压阀后的压力至设计要求。

（2）调试换热装置进汽（热水）管上的温控装置，使换热装置出口的温度、压力、流量等达到设计要求。

（3）观察分水器、集水器及空调末端水系统的温度，应符合设计要求。

（4）供热系统调试过程中，应检查锅炉及附属设备的热工性能和机械性能；测试给水、炉水水质、炉膛温度、排烟温度及烟气的含尘、含硫化合物、一氧化碳、二氧化碳等有害物质的浓度是否符合国家规定的排放标准（此项应事先委托环保部门测试）；测试锅炉的出率（即发热量或蒸发量）、压力、温度等参数；同时测试给水泵、油泵、除氧水泵等的相关参数。

3. 供冷系统联动调试

制冷机组投入系统运行后，进行水量、温度、压力、电流、油温等参数及控制的调试。

29.11.5.3 检测验收

1. 一般要求

空调与采暖系统冷、热源和辅助设备及其管网系统的施工质量验收，除应符合《建筑节能工程施工质量验收规范》（GB 50411）的规定外，尚应按照批准的设计图纸和《建筑给水排水及采暖工程施工质量验收规范》（GB 50242）及《通风与空调工程施工质量验收规范》（GB 50243）等现行相关技术标准的规定执行。

2. 主控项目

（1）空调与采暖系统冷、热源和辅助设备及其管网系统的安装质量全数观察检查，应符合下列规定：

1）管道系统的制式，应符合设计要求；

2）各种设备、自控阀门与仪表应按设计要求安装齐全，不得随意增减和更换；

3）空调冷（热）水系统，应能实现设计要求的变流量或定流量运行；

4）供热系统应能根据热负荷及室外温度变化实现设计要求的集中质调节、量调节或质—量调节相结合的运行。应符合施工图设计要求。

（2）空调与采暖系统冷、热源和辅助设备及其管网系统的设备的型号、规格、技术参数及台数应符合施工图设计要求。通过对照设计图纸核查、观察检查，查阅产品进场的验收记录对系统设备全数检查。

（3）空调与采暖系统冷热源设备、辅助设备的性能应符合施工图设计要求。通过对照设计要求及有关国家现行标准，核对有关设备的性能参数，对系统设备全数检查。

（4）空调与采暖系统冷、热源和辅助设备及其管网系统的安装完毕后，必须进行单机试运行及调试和管网平衡调节；整个空调和采暖系统安装完毕后，必须进行系统无生产负荷下的联合试运行及调试，应满足施工图设计要求。并应经有检测资质的第三方检测，出具报告，合格后方可通过验收。单机试运行及调试按设备数量抽查10%，且不少于1台；系统联合试运行及调试，检查整个系统。

（5）联合式运转及调试结果应符合设计要求，且允许偏差或规定值应符合《建筑节能工程施工质量验收规范》（GB 50411）的要求，见表29-95。

联合试运转及调试检测项目与允许偏差或规定值   表 29-95

序号	检 测 项 目	允许偏差或规定值
1	室内温度	冬季不得低于设计计算温度2℃，且不应高于1℃； 夏季不得高于设计计算温度2℃，且不应低于1℃
2	供热系统室外管网的水力平衡度	0.9~1.2
3	供热系统的补水率	≤0.5%
4	室外管网的热输送效率	≥0.92
5	空调机组的水流量	≤20%
6	空调系统冷热水、冷却水总流量	≤10%

（6）空调与采暖系统冷热源及管网节能工程用材料和设备质量控制见表 29-103 和表 29-104。

3. 一般项目

（1）空调与采暖系统冷热源设备、辅助设备和配件的绝热，不得影响其操作功能。通过观察检查，抽查同类别数量的 10%，且不少于 2 件。

（2）空调与采暖系统冷、热源和辅助设备及其管网系统的绝热衬垫和防潮应符合空调与采暖系统的绝热衬垫和防潮施工的要求。

29.12 配电与照明节能工程

29.12.1 一 般 规 定

29.12.1.1 对材料、设备的一般规定

1. 建筑节能工程使用的材料、设备等，必须符合设计要求及国家有关标准的规定。严禁使用国家明令禁止使用与淘汰的材料、设备。

2. 材料和设备进场验收应遵守下列规定：

（1）对材料和设备的品种、规格、包装、外观和尺寸等进行检查验收，并应经监理工程师（建设单位代表）确认，形成相应的验收记录。

（2）对材料和设备的质量证明文件进行核查，并应经监理工程师（建设单位代表）确认，纳入工程技术档案。进入施工现场用于节能工程的材料和设备均应具有出场合格证、中文说明书及相关性能检测报告；定型产品和成套技术应有型式检验报告，进口材料和设备应按规定进行出入境商品检验。

3. 建筑节能工程使用材料的燃烧性能等级和阻燃处理，应符合设计要求和国家现行标准《高层民用建筑设计防火规范》（GB 50045）、《建筑内部装修设计防火规范》（GB 50222）和《建筑设计防火规范》（GB 50016）的规定。

4. 建筑节能工程使用的材料应符合国家现行有关标准对材料有害物质限量的规定，不得对室内外环境造成污染。

29.12.1.2 建筑节能对配电与照明材料的特殊要求

1. 荧光灯灯具、高强度放电灯灯具及 LED 灯具的效率

（1）荧光灯灯具和高强度放电灯灯具的效率不应低于表 29-96 的规定。

荧光灯灯具和高强度气体放电灯灯具的效率允许值 　　　　　　表 **29-96**

灯具出光口形式	开敞式	保护罩（玻璃或塑料）		格栅	格栅或透光罩	功率因数
		透明	磨砂、棱镜			
荧光灯灯具	75%	65%	55%	60%	—	0.9
高强度气体放电灯灯具	75%	—	—	60%	60%	0.9

（2）LED 灯具的效率不应低于表 29-97 的规定。

LED 灯具的效率允许值　　　　　　　　　　　　表 29-97

灯具类型	光源效率（Lm/W）	电源效率（%）	功率因数	整灯光效（Lm/W）
LED 面板灯	120	92	0.95	75
LED 灯管	120	92	0.95	90
LED 筒灯	120	85	0.90	65
LED 路灯	120	90	0.95	90
LED 投光灯	120	90	0.95	80

2. 管型荧光灯镇流器能效限定值不应小于表 29-98 的规定。

镇流器能效限定值　　　　　　　　　　　　表 29-98

标称功率（W）		18	20	22	30	32	36	40
镇流器能效因数（BEF）	电感型	3.154	2.952	2.77	2.232	2.146	2.03	1.992
	电子型	4.778	4.370	3.998	2.870	2.678	2.402	2.270

3. 照明设备谐波含量限值应符合表 29-99 的规定。

照明设备谐波含量的限值　　　　　　　　　　　　表 29-99

谐波次数 n	基波频率下输入电流百分比数表示的最大允许谐波电流（%）
2	2
3	30×λ（电路功率因数）
5	10
7	7
9	5
11≤n≤39（仅有奇次谐波）	3

4. 低压配电系统选择的电线、电缆每芯导体电阻值应符合表 29-100 的规定。

不同标称截面的电缆、电线每芯导体最大电阻值　　　　　　　　　　　　表 29-100

标称截面（mm²）	20℃时导体最大电阻（Ω/km）圆铜导体（不镀金属）	标称截面（mm²）	20℃时导体最大电阻（Ω/km）圆铜导体（不镀金属）
0.5	36	35	0.524
0.75	24.5	50	0.387
1	18.1	70	0.268
1.5	12.1	95	0.193
2.5	7.41	120	0.153
4	4.61	150	0.124
6	3.08	185	0.0991
10	1.83	240	0.0754
16	1.15	300	0.0601
25	0.727		

29.12.2　配电与照明节能工程技术要点

29.12.2.1　按设计及规范要求选择合理的材料

1. 照明光源、灯具及其附属装置、电线、电缆选择必须符合设计要求。

2. 常用光源的主要性能及适用场所，见表 29-101。

常用光源的性能及适用场所　　　表 **29-101**

光源名称	发光效能 （lm/W）	显色指数 （Ra）	使用寿命 （h）	使用场所
白炽灯	8～12	99	1000	严格限制
卤素灯	12～16	99	2000	商店小型贵重商品的重点照明
直管荧光灯（卤磷酸钙荧光粉）	60～80	57～72	8000	不再应用
直管荧光灯（三基色荧光粉）	70～100	83～85	12000	办公室、镜灯、走廊、餐厅、会议室
紧凑型荧光灯（三基色荧光粉）	45～65	80～85	6000	大堂、电梯厅、客房、走廊、多功能厅
石英金属卤化物灯	60～90	60～65	6000～8000	高空间、夜景照明
陶瓷金属卤化物灯	70～100	80～85	12000	中庭、大堂、商店
高压钠灯	90～130	23～25	16000	道路照明
发光二极管（LED）	40～60	60～80	30000～50000	夜景照明、标志灯、广告牌

3. 选用高效长寿电光源：

（1）高发光效率，预计气体放电灯光效将普遍超过 100lm/W，HID 灯将更高。

（2）高显色性能，多数光源的显色指数将超 80，荧光灯将普遍使用三基色荧光粉。

（3）使用寿命长，气体放电灯将超过 10000h。

4. 选用高效节能的照明灯具及配件：

（1）高效率、高光通维持率和配光合理，适合不同使用功能的灯具。

（2）低损耗电能的配电线路，尽量少地产生谐波，与高效节能灯具相配套的配件与系统。

5. 选用智能化自动控制系统。

29.12.2.2　对材料设备的质量控制及检测

1. 光源灯具及其附属装置的质量控制

（1）物资进场后，通过现场检查，对其技术资料和性能检测报告等质量证明文件与实物进行一一核对。

（2）检查内容包括产品出厂质量证明文件及检测报告（或相关认证文件）是否齐全；实际进场产品及其配件数量、规格等是否满足设计及施工要求；产品的外观质量能否满足设计要求或有关标准的规定。

合格证明文件必须是中文的表示形式，应具备产品名称、规格、型号，国家质量标准代号，出厂日期，生产厂家的名称、地址，必要的检测报告，检测报告内容必须包含《建筑节能工程施工质量验收规范》（GB 50411）中的相关性能参数，其性能参数应满足规范对照明光源灯具及其附属装置的参数要求。

2. 电缆、电线的质量控制

（1）除应进行常规检查外，还要在监理或甲方的监督下进行见证取样，送到具有国家认可检测资质的检验机构进行检验，并出具检验报告。

（2）检验内容包括主要检测电线电缆导体电阻，送检的电线电缆应全部合格，并由检测单位出具检测报告，检测结果中的电线电缆导体电阻应符合表 29-100 的要求。

（3）检查数量，按照《建筑节能工程施工质量验收规范》（GB 50411）要求，检查数量为同厂家各种规格总数的 10%，且不少于两个规格。其中相同截面、相同材料（如镀金属、圆或成型铝导体、铝导体）导体和相同芯数为同规格，如 VV-3×50 与 YJV-3×50 为同规格，BV2.5 与 BVV2.5 为同规格。

29.12.2.3 减少母线、电缆因安装造成的能源消耗

加强母线接头的制作质量，母线与母线、母线与电器接线端子搭接时，母线与各类搭接连接的钻孔直径和搭接长度及力矩扳手钢制连接螺栓的力矩值应符合《建筑电气工程施工质量验收规范》（GB 50303）中的要求，防止接头虚接造成的局部发热，造成无用的能源消耗。

29.12.3 配电与照明节能工程调试与测试

29.12.3.1 照明通电试运行及照度检测

1. 通电前的检查

（1）电气线路的绝缘电阻满足规范要求（不小于 0.5MΩ）。

（2）复查总电源开关至各照明回路开关接线是否正确，各回路标识正确一致。

（3）检查漏电保护器的接线是否正确，严格区分工作零线与保护接地线，保护接地线严禁接入漏电开关。

（4）检查开关箱内各接线端子连接是否正确、牢固可靠。

（5）断开所有开关、合上总进线开关，检查漏电测试按钮是否灵敏可靠，并用漏电开关测试仪检测，动作电流≤30mA，在 0.1s 漏电开关能有效跳闸。

（6）分回路试通电：

1）各回路灯具等用电设备全部置于断开位置；

2）分路电源开关逐次合上，并应合一路试一路，以保证标志和顺序一致；

3）逐个合上灯具的开关，检查灯具的开关控制顺序是否对应；

4）用插座检验器检查各插座相序连接是否正确，漏电时是否跳闸；

5）将插座加入设计负荷，进行负荷试验。

2. 查找故障

（1）发现故障应首先断开电源。确认无电后，再进行修复或整改。

（2）对开关一经闭合，漏电保护器马上跳闸的现象，应重点检查工作零线是否与保护地线混接，导线是否绝缘不良，也可能外接负荷接地绝缘不良。

3. 系统通电运行

公用建筑照明系统通电连续试运行时间应为 24h，民用住宅照明系统通电连续试运行时间应为 8h，所有照明器具均应开启，照明插座应按设计负荷每 2 h 记录运行状态一次。通电试运行中还应测试并记录照明系统的照度和功率密度，测试所得的照度值不小于设计值的 90%。

照度值检验应与功率密度检验同时进行，被检测区内发光灯具的安装总功率除以被检测区域面积即可得出被检测区域的照明功率密度值。每种功能区检查不少于两次。

4. 照度测量

（1）一般照明时测点的布置

预先在测定场所打好网格，作测点记号，一般室内或工作区为 2~4m 正方形网格。

对于小面积的房间可取 1m 的正方形网格。对走廊、通道、楼梯等处在长度方向的中心线上按 1~2m 的间隔布置测点。网格边线一般距房间各边 0.5~1m。

（2）局部照明时测点布置

局部照明时，在需照明的地方测量。当测量场所狭窄时，选择其中有代表性的一点；当测量场所广阔时，可按一般照明时测点的布置所述布点。

（3）测量平面和测点高度

无特殊规定时，一般为距地 0.8m 的水平面。对走廊和楼梯，规定为地面或距地面为 15cm 以内的水平面。

（4）测量条件

根据需要点燃必要的光源，排除其他无关光源的影响。测定开始前，白炽灯需点燃 5min，荧光灯需点燃 15min，高强气体放电灯需点燃 30min，待各种光源的光输出稳定后再测量。对于新安设的灯，宜在点燃 100h（气体放电灯）和 20h（白炽灯）后进行照度测量。

（5）测量仪器

照度测量应采用照度计，用于照明测量的照度计宜为光电池式照度计。按接收器的材料，照度计可分为硒光电池式和硅光电池式的照度计。照明测量宜采用精确度为二级以上的照度计。

（6）测量方法

1）测量时先用大量程挡数，然后根据指示值大小逐步找到需测的挡数，原则上不允许在最大量程的 1/10 范围内测定。

2）指示值稳定后读数。

3）要防止测试者人影和其他各种因素对接收器的影响。

4）在测量中宜使电源电压不变，在额定电压下进行测量，如做不到，在测量时应测量电源电压，当与额定电压不符时，则应按电压偏差对光通量变化予以修正。

5）为提高测量的准确性，一测点可取 2~3 次读数，然后取算术平均值。

（7）测量数据要求

1）照度值不得小于设计值的 90%。

2）功率密度值不得大于《建筑照明设计标准》（GB 50034）中的规定。

29.12.3.2 低压配电电源质量检测

1. 工程安装完成后对低压配电系统进行调试，调试合格后对低压配电电源质量进行检测。

2. 全数检测，在已安装的变频和照明等可产生谐波的用电设备均可投入使用的情况下，使用三相电能质量分析仪在变压器的低压侧（变压器低压出线或低压配电总进线柜）进行测量。

3. 检测结果应符合下列要求，并形成检测记录。

（1）三相供电电压允许偏差：三相供电电压允许偏差为标称系统电压的 ±7%；单相 220V 为 +7%、−10%。

（2）公共电网谐波电压限值为：380V 的电网标称电压，电压总谐波畸变率（THD_u）为 5%，奇次（1~25 次）谐波含有率为 4%，偶次（2~24 次）谐波含有率为 2%。

（3）谐波电流不应超过表 29-102 中规定的允许值。

谐波电流允许值　　　　　　　　　　　　表 29-102

标称电压 (kV)	基准短路容量 (MVA)	谐波次数及谐波电流允许值 (A)											
		2	3	4	5	6	7	8	9	10	11	12	13
		78	62	39	62	26	44	19	21	16	28	13	24
0.38	10	谐波次数及谐波电流允许值 (A)											
		14	15	16	17	18	19	20	21	22	23	24	25
		11	12	9.7	18	8.6	16	7.8	8.9	7.1	14	6.5	15

(4) 三相电压不平衡度允许值为 2%，短时不得超过 4%。

29.12.3.3　大容量导线或母线检测

大容量（630A 及以上）导线或母线连接处，在设计计算负荷运行情况下应作温度抽查记录，温升稳定且不大于设计值。

29.12.4　配电与照明节能工程施工质量验收

29.12.4.1　一般规定

1. 配电与照明节能工程的施工质量验收适用于建筑物内的低压配电（380/220）和照明配电系统，以及与建筑物配套的道路照明、小区照明、泛光照明等。

2. 配电与照明节能工程的施工质量验收，除应符合《建筑节能工程施工质量验收规范》（GB 50411）和《建筑电气工程施工质量验收规范》（GB 50303）的有关规定外，还应按照批准的设计图纸，合同约定的内容和相关技术规定进行。

29.12.4.2　主控项目

1. 动力设备、电线电缆、照明光源、灯具及其附属装置的选择必须符合设计要求，进场验收时应对其类型、材质、规格及外观等进行验收，并经监理工程师（建设单位代表）检查认可，形成相应的验收、核查记录。质量证明文件和相关技术资料齐全，并符合国家现行有关标准和规定。检验方法：观察检查；技术资料和性能检测报告等质量证明文件与实物核查。检查数量：全数核查。

2. 照明光源、灯具及其附属装置进场时应对其下列技术性能进行复验，复验应为见证取样送检：

(1) 荧光灯灯具和高强度放电灯灯具的效率不应低于表 29-96 的规定。

(2) 荧光灯、金属卤化物灯、高压钠灯初始光效不应低于表 29-97 的规定。

(3) 管型荧光灯镇流器能效限定值不应小于表 29-98 的规定。

(4) 照明设备谐波含量限值应符合表 29-99 的规定。

检验方法：现场随机抽样送检，核查复验报告。检查数量：同一厂家、同材质、同类型的，按其数量 500 个（套）及以下时各抽检 2 个（套），500 个（套）以上时各抽检 3 个（套）；由同一施工单位施工的同一建设单位的多个单位工程（群体建筑），当使用同一生产厂家、同材质、同类型、同批次的，可合并计算按每 10 万平方米建筑各抽检 3 个（套）。

3. 低压配电系统选择的电缆、电线截面不得低于设计值，进场时应对其截面和每芯导体电阻值进行见证取样送检。每芯导体电阻值应符合表 29-100 的规定。检验方法：进场时抽样送检，验收时核查检验报告。检查数量：同生产厂各种规格总数的 10%，且不少于 2 个规格。

　　4. 工程安装完成后应对低压配电系统进行调试，调试合格后应对低压配电电源质量进行检测。对供电电压允许偏差、公共电网谐波电压限值、谐波电流、三相电压不平衡度允许值用测量仪器全部进行测定，检测结果应符合 29.12.3.2 中的规定。

29.12.4.3　一般项目

　　1. 母线与母线或母线与电器接线端子，使用力矩扳手按母线检验批抽查 10%，对压接螺栓进行力矩检测。当采用螺栓搭接连接时，应采用力矩扳手拧紧，制作符合《建筑电气工程施工质量验收规范》(GB 50303) 标准中的有关规定。母线搭接螺栓的拧紧力矩见表 29-103。

母线搭接螺栓的拧紧力矩 表 29-103

螺栓规格	M8	M10	M12	M14	M16	M18	M20	M24
力矩值 (N·m)	8.8～10.8	17.7～22.6	31.4～39.2	51.0～60.8	78.5～98.1	98.0～127.4	156.9～196.2	274.6～343.2

　　2. 交流单芯电缆或分项后的每项电缆全数观察检查，宜品字形（三叶形）敷设，且不得形成闭合铁磁回路。

　　3. 三相照明配电干线的各相负荷宜分配平衡，在建筑物照明通电试运行时开启全部照明负荷，使用三相功率计检测各相负载电流、电压和功率，全数检查。其最大相负荷不宜超过三相负荷平均值的 115%，最小相负荷不宜小于三相负荷平均值的 85%。

29.13　监测与控制节能工程

29.13.1　一般规定

29.13.1.1　监测与控制系统设置

　　1. 集中采暖与空调系统应进行监测与控制。

　　2. 间歇运行的空调系统，宜设自动启停控制装置。

　　3. 对建筑面积 20000m² 以上的全空调建筑，在条件许可的情况下，空调系统、通风系统以及冷热源系统宜采用直接数字控制系统。

　　4. 总装机容量较大、数量较多的大型工程冷、热源机房，宜采用机组群控方式。

　　5. 采用集中空调系统的公共建筑，宜设置分楼层、分室内区域、分用户或分室的冷、热量计量装置；建筑群的每栋公共建筑及其冷、热源站房，应设置冷、热量计量装置。

29.13.1.2　与建筑节能工程相关部分的建筑设备监测与控制

　　1. 可再生能源的利用。

　　2. 建筑冷热电联供系统。

　　3. 能源回收利用。

　　4. 其他与节能有关的项目。

29.13.1.3　监测与控制节能工程监控项目

　　监测与控制节能工程监控具体项目汇总，见表 29-104。

建筑节能工程系统监测与控制项目汇总表   表 29-104

类型	系统名称	监测与控制项目	备注
通风与空气调节控制系统	空气处理系统控制	空调箱手、自动状态显示 空调箱启停控制状态及故障显示 送回风温湿度检测 焓值控制 过渡季节新风温度控制 最小新风量控制 过滤器报警	
	空气处理系统控制	送风压力检测 风机故障报警 冷（热）水流量调节 加湿器控制 风门控制 风机变频调速 二氧化碳浓度、室内温湿度检测 与消防自动报警系统联动	
	变风量空调系统控制	总风量调节 变静压控制 定静压控制 加热系统控制 智能化变风量末端装置控制 送风温湿度控制 新风量控制	
	通风系统控制	风机手、自动状态显示 风机启停控制状态显示 风机故障报警 风机排风排烟联动 地下车库一氧化碳浓度控制 根据室内外温差中空玻璃幕墙通风控制	
	风机盘管系统控制	室内温度检测 冷热水量开关控制 风机启停和状态显示 风机变频调速控制	
冷热源、空调的监测控制	压缩式制冷机组控制	运行状态、故障状态监视 启停程序控制与连锁 台数控制（机组群控） 机组疲劳度均衡控制	能耗计量
	变制冷剂流量空调系统控制		
	吸收式制冷系统/冰蓄冷系统控制	运行状态、故障状态监视 启停控制 制冰/蓄冰控制 对设备（冷机、蓄冰箱、乙二醇泵、冰水泵、冷却水泵、冷却塔、软水装置、膨胀水箱等）的监控	冰库蓄冰量检测、能耗累计
	锅炉系统控制	台数控制 燃烧负荷控制 换热器一次侧供回水温度监视 换热器一次侧供回水流量控制 换热器二次侧供回水温度监视 换热器二次侧供回水流量控制 换热器二次侧变频泵控制 换热器二次侧供回水压力监视 换热器二次侧供回水压差旁通控制 换热站其他控制	能耗计量

续表

类型	系统名称	监测与控制项目		备注
冷热源、空调的监测控制	再生能源系统	太阳能热水系统	供回水温度监视 辅助能源能耗计量	
		热泵系统	供回水温度监视 系统能效比 机组性能系数	
	冷冻水系统控制	供回水温差控制 供回水流量控制 水泵水流开关检测 冷冻机组蝶阀控制 冷冻水循环泵启停控制和状态显示（二次冷冻水循环泵变频调速） 冷冻水循环泵过载报警 供回水压力监视 供回水压差旁通控制		冷源负荷监视，能耗计量
	冷却水系统控制	冷却水进出口温度检测 冷却水泵启停控制和状态显示 冷却水泵变频调速 冷却水循环泵过载报警 冷却塔风机启停控制和状态显示 冷却塔风机变频调速 冷却塔风机故障报警 冷却塔排污控制		能耗计量
	供配电系统监测	功率因数控制 电压、电流、功率、频率、谐波、功率因数检测 中/低压开关状态显示 中/低压开关故障报警 变压器温度检测与报警		用电量计量
	建筑热电联供系统	初级能源检测与计量 发电系统运行状态显示 蒸气（热水）系统检测与控制 备用电源控制系统		
	照明系统控制	磁卡、传感器、照明的开关控制 根据照度进行调节的照明控制 办公区照度控制 时间表控制 自然采光控制 公共照明区（减半）开关控制 局部照明控制 照明的全系统优化控制 室内场景设定控制 室外景观照明场景设定控制 路灯时间表及亮度开关控制		照明系统用电量计量
综合控制系统	综合控制系统	建筑能源系统的协调控制 采暖、空调与通风系统的优化监控 能源回收利用检测		

续表

类型	系统名称	监测与控制项目	备注
建筑能源管理系统的能耗数据采集与分析	建筑能源管理系统的能耗数据采集与分析	管理软件功能检测	

29.13.1.4　监测与控制节能工程的施工

监测与控制节能工程施工应符合国家现行有关标准与施工图的节能设计要求。

29.13.2　监测与控制要点

29.13.2.1　冷热源系统控制

1. 对系统冷、热量的瞬时值和累计值进行监测，冷水机组优先采用由冷量优化控制运行台数的方式。

2. 冷水机组或热交换器、水泵、冷却塔等设备连锁启停。

3. 对供、回水温度及压差进行控制或监测。

4. 对设备运行状态进行监测及故障报警。

5. 技术可靠时，宜对冷水机组出水温度进行优化设定。

29.13.2.2　空气调节系统控制

1. 空气调节冷却水系统控制

（1）冷水机组运行时，冷却水最低回水温度的控制；

（2）冷却塔风机的运行台数控制或风机调速控制；

（3）采用冷却塔供应空气调节冷水时的供水温度控制；

（4）排污控制。

2. 空气调节风系统（包括空调机组）控制

（1）空气温、湿度的监控；

（2）采用定风量全空气空调系统时，宜采用变新风比焓值控制方式；

（3）采用变风量系统时，风机宜采用变速控制方式；

（4）设备运行状态的监测及故障报警；

（5）需要时，设置盘管防冻保护；

（6）过滤器超压报警或显示。

3. 采用二次泵系统的空气调节水系统，其二次泵应采用自动变速控制方式。

4. 对末端变水量系统中风机盘管，应采用电动温控阀和三挡风速结合的控制方式。

5. 以排除房间余热为主的通风系统，宜设置通风设备的温控装置。

6. 地下停车库的通风系统，宜根据使用情况对通风机设置定时启停（台数）控制或根据车库内的 CO 的浓度进行自动运行控制。

29.13.3　检　测　验　收

29.13.3.1　一般要求

1. 监测与控制系统施工质量的检测验收执行《智能建筑工程质量验收规范》（GB 50339）和《建筑节能工程施工质量验收规范》（GB 50411）的相关规定。

2. 监测与控制系统的验收分为工程实施和系统检测两个阶段。

(1) 工程实施由施工单位和监理单位随工程实施过程进行，分别对施工质量管理文件、设计符合性、产品质量、安装质量进行检查，及时对隐蔽工程和相关接口进行检查，同时，应有详细的文字和图像资料，并对监测与控制系统进行不少于 168h 的不间断试运行。工程实施过程检查为逐项检查。

(2) 系统检测由具备相应资质的专业检测机构检测。检测内容应包括对工程实施文件和系统自检文件进行复核，对监测与控制系统的安装质量、系统优化监控功能、能源计量及建筑能源管理等进行检查和检测。系统检测内容分为主控项目和一般项目，系统检测结果是监测与控制系统验收依据。

3. 对不具备试运行条件的项目，应在审核调试记录的基础上进行模拟检测，以检测监测与控制系统的节能监控功能。

29.13.3.2　主控项目

1. 监测与控制系统采用的设备、材料及附属产品进场时，应按照设计要求对其品种、规格、型号、外观和性能等进行检查验收，并应经监理工程师（建设单位代表）检查认可，且应形成相应的质量记录。各种设备、材料和产品附带的质量证明文件和相关技术资料应齐全，并应符合国家现行有关标准和规定。全数进行外观检查，对照设计要求核查质量证明文件和相关技术资料。还应对下列产品进行重点检查：

(1) 涉及系统集成的部分应在设备进场前进行工厂测试（FAT），测试内容包括接口兼容性、接口双方各自故障不影响另一方；

(2) 自动控制阀门和执行机构应检查相关设计计算书，并校核阀门口径等参数；

(3) VAV 末端自带控制器时，控制器应具备 PID 控制功能和基本运算功能。

2. 监测与控制系统安装质量应符合以下规定：

(1) 传感器的安装质量应符合《自动化仪表工程施工及验收规范》（GB 50093）的有关规定；

(2) 阀门型号和参数应符合设计要求，其安装位置、阀前后直管段长度、流体方向等应符合产品安装要求；

(3) 压力和差压仪表的取压点、仪表配套的阀门安装应符合产品要求；

(4) 流量仪表的型号和参数、仪表前后的直管段长度等应符合产品要求；

(5) 温度传感器的安装位置、插入深度应符合产品要求；

(6) 变频器安装位置、电源回路敷设、控制回路敷设应符合设计要求；

(7) 智能化变风量末端装置的温度设定器安装位置应符合产品要求；

(8) 涉及节能控制的关键传感器应预留检测孔或检测位置，管道保温时应做明显标注；

(9) 阀门执行机构、变频器的动力线路必须与控制线路分管走线，在与马达连接处应采用软管连接；

(10) 模拟控制线应采用多芯铜导线，并做好屏蔽和接地；

(11) 户外设备进入建筑物时应设置防雷装置。

每种仪表按 20% 抽检，不足 10 台全部检查。对照图纸或产品说明书目测和尺量检查。

3. 软件安装完毕并完成系统地址配置后，在软件加载到现场控制器前，应对中央控制站软件功能进行逐条测试，测试内容包括：系统集成功能、数据采集功能、报警器连锁控制、设备运行状态显示、远动控制功能、程序参数下载、瞬间保护功能、紧急事故运行模式切换、历史数据处理等。上述检测均应符合设计要求。全部按照施工检测验收大纲进行检测。

4. 对现场控制器和现场仪表进行逐台通电测试。检验方法：用信号发生器、毫伏表、脉冲发生器等输入现场控制器，观察系统参数采集控制器输出等功能。

5. 系统调试和试运行

系统调试应和 HAVC 的系统平衡调试一起进行，实现监控系统和被控设备协调稳定运行，自动控制系统成功投入并稳定运行。系统调试完成后应进行不少于 168h 的连续试运行，其中应包括不少于 24h 的满负荷运行。

6. 对经过试运行的项目，其系统的投入情况、监控功能、故障报警连锁控制及数据采集等功能，应符合设计要求。检验方法：调用节能监控系统的历史数据、控制流程图和试运行记录，对数据进行分析。检查数量：检查全部进行过试运行的系统。

7. 空调与采暖的冷热源、空调水系统的监测控制系统应成功运行，控制及故障报警功能应符合设计要求。全部检测，在中央工作站使用监测系统软件，或采用在直接数字控制器或冷热源系统自带控制器上改变参数设定值和输入参数值，检测控制系统的投入情况及控制功能；在工作站或现场模拟故障，检测故障监视、记录和报警功能。

8. 通风与空调的监测控制系统的控制功能及故障报警功能应符合设计要求。按总数的 20% 抽样检测，不足 5 台全部检测。在中央工作站使用系统监测软件，或采用在直接数字控制器或通风与空调系统自带控制器上改变参数设定值和输入参数值，检测控制系统的投入情况及控制功能；在工作站或现场模拟故障，检测故障监视、记录和报警功能。

9. 监测与计量装置的检测计量数据应准确，并符合系统对测量准确度的要求。检验方法：用标准仪器仪表在现场实测数据，将此数据分别与直接数字控制器和中央工作站显示数据进行比对。检查数量：按 20% 抽样检测，不足 10 台全部检测。

10. 供、配电的监测与数据采集系统应符合设计要求。全部检测，试运行时，监测供配电系统的运行工况，在中央工作站检查运行数据和报警功能。

11. 照明自动控制系统的功能应符合设计要求，当设计无要求时应实现下列控制功能：

(1) 大型公共建筑的公用照明区应采用集中控制并应按照建筑使用条件和天然采光状况采取分区、分组控制措施，并按需要采取调光或降低照度的控制措施；

(2) 旅馆的每间（套）客房应设置节能控制型总开关；

(3) 居住建筑有天然采光的楼梯间、走道的一般照明，应采用节能自熄开关；

(4) 房间或场所设有两列或多列灯具时，应按下列方式控制：

1) 所控灯列与侧窗平行；

2) 电教室、会议室、多功能厅、报告厅等场所，按靠近或远离讲台分组。

(5) 每个照明开关所控制的光源数量不宜太多，每个房间的开关数不宜少于 2 个（只设一个光源除外）。

现场操作检查为全数检查，在中央工作站上检查按照明控制箱总数的 5% 检测，不足 5 台全部检测。检验方法：①现场操作检查控制方式；②依据施工图，按回路分组，在中央工作站上进行被检回路的开关控制，观察相应回路的动作情况；③在中央工作站改变时间表控制程序的设定，观察相应回路的动作情况；④在中央工作站采用改变光照度设定值、室内人员分布等方式，观察相应回路的控制情况；⑤在中央工作站改变场景控制方式，观察相应的控制情况。

12. 综合控制系统应对以下项目进行功能检测，检测结果应满足设计要求：

(1) 建筑能源系统的协调控制；

(2) 采暖、通风与空调系统的优化监控。

全部检测，采用人为输入数据的方法进行模拟测试，按不同的运行工况检测协调控制和优化监控功能。

13. 建筑能源管理系统的能耗数据采集与分析功能，设备管理和运行管理功能，优化能源调度功能，数据集成功能应符合设计要求。全部检查，对管理软件进行功能检测。

14. 监测与计量系统需符合以下要求：

(1) 数据应准确，用于结算的计量装置应符合《中华人民共和国计量法》的规定；用于节能、管理的监测装置应符合设计要求或系统对测量准确度的要求；

(2) 重要计量、监测装置应采用不间断电源供电；

(3) 重要数据应具备存储、导出功能；

(4) 监测装置设置应符合以下原则：

1) 分区、分类、分系统、分项进行监测；

2) 对主要能耗系统、大型设备的耗能量（含燃料、水、电、汽）、输出冷（热）量等参数进行检测。

(5) 系统宜具备数据远传功能。

检验方法：观察检查，用标准仪器现场实测数据，并将此数据与直接数字控制器和工作站显示数据进行比对。检测数量：按总数 20% 抽样，10 台以下全部检测。

15. 可再生能源监测系统的功能应符合设计要求，当设计无要求时，应实现下列监测功能：

(1) 地源热泵系统：室外温度、典型房间室内温湿度、系统热源侧与用户侧进出水温度和流量、系统耗电量、机组热源侧与用户侧进出水温度和流量、机组耗电量。

(2) 太阳能热水、太阳能供热采暖系统：室外温度、典型房间室内温度、辅助热源耗电量、集热系统进出口水温、集热系统循环水流量、太阳总辐射量。

(3) 太阳能供热制冷系统：室外温度、辅助热源耗电量、集热系统进出口水温、集热系统循环流量、机组进出口水温、机组用户侧循环水流量、典型房间室内温湿度。

(4) 太阳能光伏系统：室外温度、太阳总辐射量、光伏组件背板表面温度、发电量。

检验方法：用标准仪器仪表在现场实测数据，将此数据分别与工作站显示数据进行比对，电量变送器精度偏差不大于 1%，温度传感器精度偏差不大于 0.1℃。检查数量：全部检查。

16. 冷冻水泵采取变频调节控制方式时，其最低频率工况下，机组、水泵应能满足设计要求，安全、可靠、节能运行。全部检测。用标准仪器现场实测数据，计算得出机组 COP、水泵运行效率。

17. 自动扶梯无人乘行时，应自动减速运行或停运。全部观察检查。

29.13.3.3 一般项目

检测监测与控制系统的可靠性、实时性、可维护性等系统性能，主要包括下列内容：

（1）控制设备的有效性，执行器动作应与控制系统的指令一致，控制系统性能稳定符合设计要求；

（2）控制系统的采样速度、操作响应时间、报警反应速度应符合设计要求；

（3）冗余设备的故障检测正确性及其切换时间和切换功能应符合设计要求；

（4）应用软件的在线编程（组态）、参数修改、下载功能，设备及网络故障自检测功能应符合设计要求；

（5）控制器的数据存贮能力和所占存储容量应符合设计要求；

（6）故障检测与诊断系统的报警和显示功能应符合设计要求；

（7）设备启动和停止功能及状态显示应正确；

（8）被控设备的顺序控制和连锁功能应可靠；

（9）应具备自动控制/远程控制/现场控制模式下的命令冲突检测功能；

（10）人机界面及可视化检查。

全部检测，分别在中央站、现场控制器和现场利用参数设定、程序下载、故障设定、数据修改和事件设定等方法，通过与设定的显示要求对照，进行上述系统的性能检测。

29.14 太阳能光热系统节能工程

29.14.1 一 般 规 定

29.14.1.1 太阳能光热系统

太阳能光热系统包括太阳能热水系统和太阳能供热采暖系统节能工程。

1. 太阳能热水系统是将太阳能转换成热能，以加热水的装置。系统通常包括太阳能集热器、贮水箱、泵、连接管道、支架、控制系统和必要时配合使用的辅助能源。

2. 太阳能供热采暖系统是将太阳能转换成热能，供给建筑物冬季采暖和全年其他用热系统。系统通常包括太阳能集热器、换热蓄热装置、控制系统、其他能源辅助加热/换热设备、泵或风机、连接管道和末端供热采暖系统等。

29.14.1.2 太阳能光热系统分类

太阳能光热系统按照供水方式分为分散式、集中分散式、集中式。

29.14.1.3 太阳能光热系统节能工程的验收

1. 可根据施工安装特点按系统组成、楼层等进行验收。

2. 验收主要项目有太阳能集热器、储热水箱、控制系统、管路系统等。

29.14.2 主 控 项 目

29.14.2.1 材料与设备进场检验

1. 太阳能光热系统节能工程采用的集热设备、贮热设备、辅助热源设备、换热器、水处理设备、水泵、电磁阀、阀门及仪表、管材、保温材料、电气及控制设备等产品进场时，应按设计要求对其类型、材质、规格及外观等进行验收，并应经监理工程师（建设单位代表）检查认可，且应形成相应的验收记录。各种产品和设备的质量证明文件和相关技术资料应齐全，并应符合国家现行有关标准和规定。全数观察检查，核查质量证明文件和相关技术资料。

2. 太阳能光热系统节能工程采用的集热设备和保温材料等进场时，应对其下列技术性能进行复验，复验应为见证取样送检：

(1) 集热设备的集热效率；

(2) 保温材料的导热系数、密度、吸水率。

检验方法：现场随机抽样送检；核查复验报告。检查数量：同一厂家同一品种的集热器按照下列规定进行见证取样送检，分散式：500 台及以下抽检 1 台，500 台以上抽检 2 台；集中分散式、集中式：200 台及以下抽检 1 台，200 台以上抽检 2 台；同一厂家同材质的保温材料见证取样送检的次数不得少于 2 次。

29.14.2.2 设备与系统安装

1. 太阳能光热系统的安装全数观察检查，应符合下列规定：

(1) 太阳能光热系统的形式，应符合设计要求；

(2) 集热器、阀门、过滤器、温度计及仪表应按设计要求安装齐全，不得随意增减和更换；

(3) 贮热装置、水泵、换热装置、水力平衡装置安装位置和方向应符合设计要求，并便于观察、操作和调试；

(4) 超温报警装置必须可靠并应与安全阀联动；

(5) 集热系统基座应与建筑主体结构连接牢固；支架应采取抗风、抗震、防雷、防腐措施，并与建筑物接地系统可靠连接。

2. 集热器及其安装按总数抽查 5%，但不得少于 5 组观察检查，应符合下列规定：

(1) 每台集热器的规格、数量及安装方式应符合设计要求；

(2) 集热器与基座、支架连接必须牢固且应做防腐处理；

(3) 集热器安装倾角和定位应符合设计要求，安装倾角和定位误差为±3°；

(4) 集热器连接波纹管安装不得有凸起现象。

3. 贮水箱检验，应符合下列规定：

(1) 用于制作贮水箱的材质、规格应符合设计要求；

(2) 贮水箱应与底座固定牢靠；

(3) 贮水箱内外壁均按设计要求做好防腐处理，内壁防腐应卫生、无毒，且应能承受所贮存热水的最高温度和压力要求；

(4) 贮水箱内箱应做接地处理；

(5) 贮水箱保温材料及性能应符合设计要求；

(6) 敞口水箱的满水试验和密闭水箱的水压试验必须符合设计。

检验方法：观察检查；满水试验静置 24h 观察，不渗不漏；水压试验在试验压力下10min 压力不降，不渗不漏。检查数量：同一厂家同一品种的集热器按照下列规定进行见证取样送检，分散式：500 台及以下抽检 1 台，500 台以上抽检 2 台；集中分散式、集中式：200 台及以下抽检 1 台，200 台以上抽检 2 台；同一厂家同材质的保温材料见证取样送检的次数不得少于 2 次。

4. 排气阀、安全阀及其安装，按总数抽查 5%，排气阀不得少于 5 个，安全阀不得少于 1 个，观察检查，应符合下列规定：

(1) 排气阀、安全阀的规格、数量应符合设计要求；

(2) 排气阀、安全阀安装位置应符合设计要求，并便于观察、操作和调试。

5. 太阳能光热系统的管道敷设安装，全数观察检查，核查进场验收记录和调试报告，应符合下列规定：

(1) 管道部件的材质及规格应符合设计要求；

(2) 管道应独立设置管井，冷热水管道应分别敷设、压力表、温度计的安装位置、方向应正确，并便于观察、维护；

(3) 各类阀门的安装位置、方向应正确，并便于操作、调试和维修。安装完毕后，应根据系统要求进行调试并做出标志；

(4) 管道的坡向及坡度应符合设计要求，当设计没有要求时，坡度为 0.3%～0.5%；

(5) 管道的最高端排气阀及最低端排污阀数量、规格、位置应符合设计要求；

(6) 水泵等设备在室外安装应采取妥当的防雨、防晒、防冻等保护措施。

29.14.2.3　系统检测

1. 太阳能光热系统的管道安装完成后必须全数进行观察检查管道的水压试验及管道的冲洗且水压试验及管道冲洗必须符合设计要求。当设计未注明时，管道系统水压试验压力为系统顶点压力加 0.1MPa，同时在系统顶点压力的试验压力不小于 0.3MPa；管道冲洗排放口水质必须清澈无杂质。

2. 辅助能源加热设备的电水加热器安装，全数观察检查，核查质量证明文件和相关技术资料，应符合设计要求，对永久接地保护可靠固定，并加装防漏电、防干烧等保护装置。

3. 太阳能光热系统的控制系统安装，全数观察检查，核查质量证明文件和相关技术资料，应符合下列规定：

(1) 传感器的规格、数量及安装方式应符合设计要求。

(2) 传感器的接线应牢固可靠，接触良好。接线盒与管套之间的传感器屏蔽线应做二次防护处理，两端应做防水保护。

(3) 所有电气设备和与电气设备相连接的金属部件应做接地处理。

(4) 电气与自动控制系统高温保护、防冻保护、过压保护必须可靠并应与安全报警联动。

29.14.2.4　绝热工程

1. 管道保温层和防潮层的施工应符合下列规定：

(1) 管道保温应在水压实验合格后进行，保温层的燃烧性能、材质、规格及厚度等应符合设计要求；

(2) 保温管壳的粘贴应牢固、铺设应平整。软质保温材料应按规定的密度压缩其体积，疏密应均匀。毡类材料在管道上包扎时，搭接处不应有空隙；

(3) 防潮层应紧密粘贴在保温层上，封闭良好，不得有虚粘、气泡、褶皱、裂缝等缺陷；

(4) 防潮层的立管应由管道的低端向高端敷设，环向搭接缝应朝向低端；纵向搭接缝应位于管道的侧面，并顺水；

(5) 卷材防潮层采用螺旋形缠绕的方式施工时，卷材的搭接宽度宜为 30～50mm；

（6）阀门及法兰部位的保温层结构应严密，且能单独拆卸并不得影响其操作功能。

检验方法：观察检查；用钢针刺入保温层、尺量。检查数量：按数量抽查 10%，且保温层不得少于 10 段、防潮层不得少于 10m、阀门等配件不得少于 5 个。

29.14.2.5　隐蔽工程

太阳能热水系统应随施工进度对与节能有关的隐蔽部位或内容进行全数观察检查，核查隐蔽工程验收记录，并应有详细的文字记录和必要的图像资料。

29.14.2.6　系统验收

1. 太阳能热水系统安装完毕后，应进行联合试运转和调试。联合试运转和调试结果应符合设计要求。系统联动调试完成后，系统应连续运行 72h，设备及主要部件的联动必须协调，动作准确，无异常现象。全数检查系统试运转和调试记录。

2. 太阳能热水系统联合试运转和调试正常后应对太阳能系统热性能进行现场检验，应符合表 29-105。

检验方法：现场实体检验，根据辐照量、环境温度、贮热水箱温度、集热系统进出口温度、系统流量、系统耗电量、辅助能源耗电量、控制系统进行检查得热量、系统保证率等进行现场检验。

检查数量：分散式：500 台及以下抽检 1 台，500 台以上抽检 2 台；集中分散式、集中式：200 台及以下抽检 1 台，200 台以上抽检 2 台。

不同资源区的太阳能保证率要求　　　　　　　　表 29-105

资源区划	年太阳辐照量 MJ/（m² · a）	太阳能保证率（%）
Ⅰ资源丰富区	≥6700	≥60
Ⅱ资源较富区	5400～6700	≥50
Ⅲ资源一般区	4200～5400	≥40
Ⅳ资源贫乏区	<4200	≥30

29.14.3　一　般　项　目

1. 太阳能热水系统过滤器等配件的保温层应密实、无空隙，且不得影响其操作功能。

检验方法：观察检查。检查数量：按类别数量抽查 10%，且均不得少于 2 件。

2. 末端用热水设备（淋浴器、水龙头）其安装，按散热器组数抽查 5%，不得少于 5 组，观察检查，应符合下列规定：

（1）每组设备的规格、数量及安装方式应符合设计要求；

（2）启闭阀门应灵活、并便于操作。

3. 太阳能集中热水供应系统，全数观察检查，核查质量证明文件和相关技术资料。应设热水回水管道；应保证干管和立管中的热水循环及供水压力平衡。

4. 根据建筑类型和使用要求合理确定太阳能热水系统在建筑中的位置，并做到太阳能热水系统与建筑一体化。全数观察检查，核查质量证明文件和相关技术资料。

29.15　太阳能光伏节能工程

29.15.1　一　般　规　定

29.15.1.1　太阳能光伏系统

太阳能光伏系统即太阳能光伏发电系统，是利用太阳能电池或光伏子系统有效地吸收太阳光辐射能转换成电能。

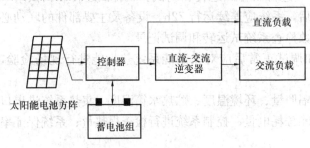

图 29-22　太阳能电池发电系统示意图

29.15.1.2　分类

1. 独立运行的太阳能电池发电系统是指与电力系统不发生任何关系的完备系统，通常由太阳能电池板、逆变器、配电系统、计量仪表、蓄电池等组成，见图 29-22。

2. 太阳能光伏系统是由光伏子系统、功率调节器、电网接入单元、主控和监视系统、配套设备等组成的。

29.15.1.3　太阳能光伏系统节能工程的验收

1. 可根据施工安装特点按系统组成进行验收。

2. 太阳能光伏系统节能工程验收主要内容项目有太阳能电池板、逆变器、配电系统、计量仪表、蓄电池等。

29.15.2　主　控　项　目

29.15.2.1　材料与设备进场检验

太阳能光伏系统节能工程采用的太阳能电池板、逆变器、配电系统、计量仪表、蓄电池或光伏组件、汇流箱、电缆、并网逆变器、配电设备等进场时，应按设计要求对其类型、材质、规格及外观等进行验收，并应经监理工程师（建设单位代表）检查认可，且应形成相应的验收记录。各种产品和设备的质量证明文件和相关技术资料应齐全，并应符合国家现行有关标准的规定。全数观察检查，核查质量证明文件和相关技术资料。

29.15.2.2　设备与系统安装

1. 太阳能光伏系统的安装，全数观察检查，应符合下列规定：

（1）太阳能光伏系统的形式，应符合设计要求。

（2）光伏组件、汇流箱、直流配电柜、连接电缆、触电保护和接地、并网逆变器、配电设备及配件等应按照设计要求安装齐全，不得随意增减、合并和替换。

（3）配电设备和控制设备安装位置等应符合设计要求，并便于观察、操作和调试。

（4）电气设备的外观、结构、标识和安全性应符合设计要求。

2. 太阳能光伏系统的性能，全数观察检查，应符合下列规定：

（1）测量显示正常；

（2）数据存储与传输正常；

（3）交（直）流配电设备保护功能应合格；

（4）标签与标识应合格。

29.15.2.3 系统试运行及检测

太阳能光伏系统的试运行与测试，根据项目类型，抽取不少于每个类型 2 个点进行观察检查内容及专业测试设备如万用表、光照测试仪等，应符合下列规定：

（1）电气设备的应符合《建筑物电气装置》（GB/T 16895）的要求；

（2）保护装置和等电位体的测试应合格；

（3）极性测试应合格；

（4）光伏组串电流和试运转应合格；

（5）功能测试应合格；

（6）光伏方阵绝缘阻值测试应合格；

（7）光伏方阵标称功率测试应合格；

（8）电能质量的测试应合格；

（9）系统电气效率测试应合格。

29.16 地源热泵换热系统节能工程

29.16.1 一 般 规 定

地源热泵换热系统是利用浅层地热资源（包括地埋管、地下水、地表水、海水、污水）的低品位的热能转换为高品位的热能，可供采暖或制冷的换热系统节能工程，见图 29-23。

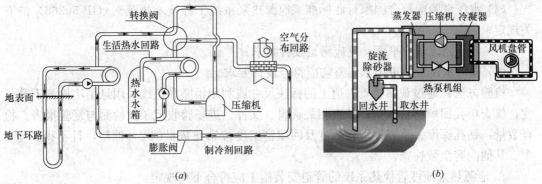

图 29-23 地源热泵换热系统示意图

（*a*）地源热泵供热系统工作原理示意图；（*b*）地源热泵空调系统工作原理示意图

29.16.2 主 控 项 目

29.16.2.1 材料与设备进场检验

1. 地源热泵换热系统节能工程采用的管材、管件、热源井水泵、阀门、仪表及绝热材料等产品进场时，应按设计要求对其类型、材质、规格及外观等进行验收，并应经监理工程师（建设单位代表）检查认可，且应形成相应的验收记录。各种产品和设备的质量证明文件和相关技术资料应齐全，并应符合国家现行有关标准和规定。全数观察检查，核查性能检测报告等质量证明文件和相关技术资料。

2. 地源热泵换热系统节能工程的地埋管材及管件、绝热材料进场时，应对其下列技术性能参数进行复检，复检应为见证取样送检。

(1) 地埋管材及管件导热系数、公称压力及使用温度等参数；

(2) 绝热材料的导热系数、密度、吸水率。

检验方法：现场随机抽样送检，核查复验报告。检查数量：每批次地埋管材进场取1~2m 进行见证取样送检；每批次管件进场按其数量的 1% 进行见证取样送检；同一厂家、同材质的绝热材料见证取样送检的次数不得少于 2 次。

29. 16. 2. 2　地源热泵换热系统施工

1. 地源热泵地埋管换热系统设计施工前，应对项目地点进行岩土热响应试验，并应符合下列规定：

(1) 地源热泵系统的应用面积小于 10000m² 时，设置一个测试孔；

(2) 地源热泵系统的应用面积大于或等于 10000m² 时，测试孔的数量不应少于 2 个。

全数观察检查，核查热响应试验测试报告。

2. 地源热泵地埋管换热系统的施工应符合下列规定：

(1) 施工前应具备埋管区域的工程勘察资料、设计文件和图纸，了解埋管场地内已有地下管线、其他构筑物的功能及其准确位置，进行地面清理和平整，完成施工组织设计；

(2) 钻孔、水平埋管的位置和深度、地埋管的材质、直径、厚度及长度均应符合设计要求；

(3) 回填料及配比应符合设计要求，回填应密实；

(4) 水压试验应符合国家行业标准《地源热泵系统工程技术规范》（GB 50366）的有关规定；

(5) 各环路流量应平衡，且应满足设计要求；

(6) 循环水流量及进出水温差均应符合设计要求。

检验方法：通过观察检查管道上的标注尺寸或利用铅坠和鱼线采用悬吊法检测下管长度；核查单孔回填材料数量；核查相关资料、文件、进场验收记录及检测与复验报告。检查数量：钻孔深度、垂直地埋管长度及回填密实度按钻孔数量的 2% 抽检，且不得少于 2个。其他内容全数检查。

3. 地源热泵地埋管换热系统的管道安装施工应符合下列规定：

(1) 埋地管道应采用热熔或电熔连，并应符合国家现行标准《埋地聚乙烯给水管道工程技术规程》（CJJ 101）的有关规定；

(2) 竖直地埋管换热器的 U 形弯管接头，应选用定型的 U 形弯头成品件；

(3) 竖直地埋管换热器 U 形管的组队长度应能满足插入钻孔后于环路集管连接的要求，组队好的 U 形管的两开口端部应及时密封。

检验方法：观察检查；核查相关资料。检查数量：管道连接检查按钻孔数目的 2% 抽检，且不得少于 2 个。其他内容全数检查。

4. 地源热泵地下水换热系统的施工应符合下列规定：

(1) 施工前应具备热源井及周围区域的水文地质勘察资料、设计文件和施工图纸，并完成施工组织设计；

(2) 热源井的数量、井位分布及取水层位应符合设计要求；

(3) 井身结构、井管配置、填砾位置、滤料规格、止水材料和管材及抽灌设备选用均应符合设计要求；

(4) 对热源井和输水管网应单独进行验收，且应符合现行国家标准的规定；

(5) 热源井持续出水量和回灌量应稳定，并应满足设计要求；

(6) 抽水试验结束前应采集水样进行水质测定和含沙量测定，经处理后的水质应满足系统设备的使用要求；

(7) 施工单位应提交热源成井报告作为验收依据。报告应包括热源井的井位图和管井综合柱状图，洗井和回灌试验、水质检验及验收资料。

全数观察检查，核查相关资料、文件、进场验收记录及检测报告。

5. 地源热泵地表水换热系统的施工应符合下列规定：

(1) 施工前应具备地表水换热系统勘察资料、设计文件和施工图纸，并完成施工组织设计；

(2) 换热盘管的材质、直径、厚度及长度，布置方式及管沟设置，均应符合设计要求；

(3) 水压试验应符合国家行业标准《地源热泵系统工程技术规范》(GB 50366) 的有关规定；

(4) 各环路流量应平衡，且应满足设计要求；

(5) 循环水流量及进出水温差均应符合设计要求。

全数观察检查，核查相关资料、文件、进场验收记录及检测报告。

6. 地源热泵海水换热系统的施工应符合下列规定：

(1) 施工前应具备当地海域的水文条件、设计文件和施工图纸，并完成施工组织设计；

(2) 水泵，管材，阀门，换热器选型均应符合设计要求；

(3) 系统应具备过滤、杀菌祛藻类设备；

(4) 取水口与排水口设置应符合设计要求，并应保证取水外网的布置不影响该区域的海洋景观或船只等的航线。

全数观察检查，核查相关资料、文件、进场验收记录及检测报告。

7. 地源热泵污水换热系统的施工应符合下列规定：

(1) 施工前应对项目所用污水的水质，水温及水量进行测定，应具备相应设计文件和施工图纸，并完成施工组织设计；

(2) 水泵，管材，阀门，过滤设备，换热器选型均应符合设计要求，并应具备防阻设备；

(3) 循环水流速应符合设计要求；

(4) 水压试验应符合国家行业标准《地源热泵系统工程技术规范》(GB 50366) 的有关规定。

全数观察检查，核查相关资料、文件、进场验收记录及检测报告。

29.16.2.3 隐蔽工程

地源热泵换热系统应随施工进度对与节能有关的隐蔽部位或内容进行验收，并应有详细的文字记录和必要的图像资料。全数观察检查，核查隐蔽工程验收记录。

29.16.2.4 地源热泵换热系统验收

地源热泵换热系统安装完毕后，应根据国家现行有关规范的规定进行整体运转与调试。整体运转与调试结果应符合设计要求。全数检查系统整体运转与调试记录。

29.16.3 一 般 项 目

1. 地源热泵地埋管换热系统的水平干管管沟开挖及管沟回填应符合下列规定：

（1）水平干管管沟开挖应保证 0.002 的坡度；

（2）水平管沟回填料应保证与管道接触紧密，并不得损伤管道。

全数观察检查，核查隐蔽工程验收记录。

2. 地源热泵地下水换热系统的热源井应具备长时间抽水和回灌的双重功能，并且抽水井与回灌井间应设排气装置。全数观察检查，核查相关资料、文件。

29.17 建筑节能工程现场检验

29.17.1 围护结构现场实体检验

29.17.1.1 现场检验范围

1. 围护结构的传热系数

节能建筑围护结构施工完成后，应对围护结构的外墙节能构造和严寒、寒冷、夏热冬冷地区的外窗进行现场实体检测其传热系数。

2. 建筑外门窗气密

严寒、寒冷、夏热冬冷地区的外门窗现场实体检测，按照国家现行有关标准的规定执行。检验建筑外窗气密性是否符合节能设计要求和国家有关标准的规定。

3. 外墙节能构造

用钻芯检验方法，检验墙体保温材料的种类是否符合设计要求，保温层厚度是否符合设计要求和保温层构造做法是否符合设计和施工方案要求。

29.17.1.2 现场实体检验数量

外墙节能构造和外窗气密性的现场实体检验抽样数量可以在合同中约定，但合同约定的抽样数量不应低于下列规定，或无合同约定时应按照下列规定抽样：

1. 每个单位工程的外墙至少抽查 3 处，每处一个检查点。当一个单位工程外墙有两种以上节能保温做法时，每种节能保温做法的外墙应抽查不少于 3 处。

2. 每个单位工程的屋面至少抽查 3 樘。

3. 当一个单位工程外窗有两种以上品种、类型和开启方式时，每种品种、类型和开启方式的外窗应抽查不少于 3 樘。

29.17.1.3 现场实体检验

1. 外墙节能构造的现场检验应在监理（建设）人员见证下实施，可委托有资质的检测机构实施，也可由施工单位实施。

2. 外窗气密性的现场实体检测应在监理（建设）人员见证下抽样，委托有资质的检测单位实施。

3. 当对围护结构的传热系数进行检测时，应由建设单位委托具备检测资质的检测机构承担；其检测方法、抽样数量、检测部位和合格判定标准等可在合同中约定。

29.17.1.4 现场实体检验的判定

当外墙节能构造或外窗气密性现场实体检验出现不符合设计要求和标准规定的情况时，应委托有资质的检测机构扩大一倍数量抽样，对不符合要求的项目或参数再次检验。仍然不符合要求时应给出"不符合设计要求"的结论。

29.17.1.5 现场实体检验不符合项的处理

1. 对于不符合设计要求的围护结构节能构造应查找原因，对因此造成的对建筑节能的影响程度进行计算或评估，采取技术措施予以弥补或消除后重新进行检测，合格后方可通过验收。

2. 对于建筑外窗气密性不符合设计要求和国家现行标准规定的，应查找原因进行修理，使其达到要求后重新进行检测，合格后方可通过验收。

29.17.2 系统节能性能检测

29.17.2.1 系统节能性能检测

采暖、通风与空调、配电与照明系统工程安装完成后，应进行系统节能性能的检测，且应由建设单位委托具有相应检测资质的检测机构检测并出具报告。受季节影响未进行的节能性能检测项目，应在保修期内补做。

29.17.2.2 系统节能性能检测内容及要求

1. 采暖、通风与空调、配电与照明系统节能性能检测的主要项目其检测方法应按国家现行有关标准规定执行，见表 29-106。

系统节能性能检测项目汇总表　　　　　　　　　　　　表 29-106

分项工程	项目名称	试验项目	相关检验标准	取样规定
采暖节能工程	保温材料	导热系数 表观密度 吸水率	GB/T 10294 GB/T 10295 GB/T 6343 GB/T 17794	同一厂家、同材质的保温材料送检不得少于 2 次
	散热器	单位散热量 金属热强度	GB/T 13754	单位工程同一厂家、同一规格按数量的 1% 送检，不得少于 2 组
	采暖系统（自检）	系统水压试验、室内外系统联合运转及调试 水力平衡 室内温度 补水率	GB 50242 GB 50411 JGJ 132	全数检查 调试后检测

分项工程	项目名称	试验项目	相关检验标准	取样规定
通风与空调节能工程	保温绝热材料	导热系数 表观密度 吸水率	GB/T 10294 GB/T 10295 GB/T 6343 GB/T 17794	同一厂家、同材质的绝热材料送检不得少于2次
	风机盘管	供冷量、供热量 风量、出口静压、功率、噪声	GB/T 19232	同一厂家的风机盘管机组按数量复验2%，不得少于2组
	风管系统严密性（自检）	漏风量	GB 50234	抽查10%，且不得少于1个系统
	现场组装的组合式空调机组（自检）	漏风量	GB 50243 GB/T 14294	抽查20%，且不得少于1台
	通风与空调系统设备（自检）	单机试运转和调试	GB 50243	全数检查
空调与采暖系统冷热源及管网节能工程	保温绝热材料	导热系数 密度 吸水率	GB/T 10294 GB/T 10295 GB/T 6343 GB/T 17794	同一厂家、同材质的绝热材料送检不得少于2次
	冷热源及管网系统（自检）	系统运转和调试	GB 50243	
	锅炉	单台容量 额定热效率	GB 50411	
	热交换器	单台换热量	GB 50411	
	电机驱动压缩机 蒸汽压缩循环冷水（热泵）机组	额定制冷量（制热量）输入功率、性能系数（COP）、综合部分负荷性能系数（IPLV）	GB/T 18430.1	
	单元式空气调节机、风管送风式和屋顶式空气调节机组	名义制冷量、输入功率及能效比（EER）	GB/T 17758 GB/T 18836 GB/T 20738	全数检查
	蒸汽和热水型溴化锂吸收式机组及直燃型溴化锂吸收式冷（温）水机组	名义制冷量、供热量、输入功率及性能系数	GB/T 18431 GB/T 18362	
	集中采暖系统热水循环水泵	流量、扬程、电机功率及输电耗热比（EHR）	GB 50189	
	空调冷热水系统循环水泵	流量、扬程、电机功率及输送能效比（ER）	GB 50189	
	冷却塔	流量 电机功率	GB 50189	

2. 系统节能性能检测主要项目的要求见表 29-107。

系统节能性能检测主要项目及要求   表 29-107

序号	检验项目	抽样数量	允许偏差或规定值
1	室内温度	居住建筑每户抽测卧室或起居室 1 间，其他建筑按房间总数抽测 10%	冬季不得低于设计计算温度 2℃，且不应高于 1℃；夏季不得高于设计计算温度 2℃，且不应低于 1℃
2	供热系统是外管网的水力平衡度	每个热源与换热站均不少于 1 个独立的供热系统	0.9～1.2
3	供热系统的补水率		≤0.5%
4	室外管网的热输送效率		≥0.92
5	各风口的风量	按风管系统数量抽查 10%，且不得少于 1 个系统	≤15%
6	通风与空调系统的总风量		≤10%
7	各空调机组的水流量	按系统数量抽查系统 10%，且不得少于 1 个系统	≤20%
8	空调冷热水、冷却水总流量	全数	≤10%
9	平均照度与照明功率密度	按同一功能区不少于 2 处	照度不小于设计值 90%，功率密度不大于设计或规范要求值

29.18 建筑节能工程质量验收

29.18.1 一般规定

建筑节能工程应在检验批、分项工程全部验收合格的基础上，进行外墙节能构造实体检验，严寒、寒冷和夏热冬冷地区的外窗气密性现场检测，以及系统节能性能检测和系统联合试运转与调试，确认建筑节能工程质量达到验收条件后方可进行。

29.18.2 建筑节能工程验收的程序和组织

建筑节能工程应遵守《建筑工程施工质量验收统一标准》（GB 50300）的要求，并符合下列规定：

1. 节能工程的检验批验收和隐蔽工程验收应由监理工程师主持，施工单位相关专业的质量检查员与施工员参加。

2. 节能分项工程验收应由监理工程师主持，施工单位项目技术负责人和相关专业的质量检查员、施工员参加；必要时可邀请设计单位相关专业的人员参加。

3. 节能工程验收应由总监理工程师（建设单位项目负责人）主持，施工单位项目经理、项目技术负责人和相关专业的质量检查员、施工员参加；施工单位的质量或技术负责人应参加；设计单位节能设计人员应参加。

29.18.3 建筑节能工程检验批质量验收

建筑节能工程的检验批质量验收合格，应符合下列规定：

1. 检验批应按主控项目和一般项目验收；

2. 主控项目应全部合格；

3. 一般项目应合格；当采用计数检验时，至少应有 90％以上的检查点合格，且其余检查点不得有严重缺陷；

4. 应具有完整的施工操作依据和质量验收记录。

29.18.4 建筑节能分项工程质量验收

建筑节能分项工程质量验收合格，应符合下列规定：

1. 分项工程所含的检验批均应合格；
2. 分项工程所含检验批的质量验收记录应完整。

29.18.5 建筑节能工程质量验收

建筑节能工程质量验收合格，应符合下列规定：

1. 分项工程应全部合格；
2. 质量控制资料应完整；
3. 外墙节能构造现场实体检验结果应符合设计要求；
4. 严寒、寒冷和夏热冬冷地区的外窗气密性现场实体检验结果应合格；
5. 建筑设备工程系统节能性能检测结果应合格；
6. 建筑能效测评达到设计要求。

29.18.6 建筑节能工程资料验收

建筑节能工程验收时应对下列资料核查，并纳入竣工技术档案：

1. 设计文件、图纸会审记录、设计变更和洽商；
2. 主要材料、设备和构件的质量证明文件、进场检验记录、进场核查记录、进场复验报告、见证试验报告；
3. 隐蔽工程验收记录和相关图像资料；
4. 分项工程质量验收记录，必要时应核查检验批验收记录；
5. 建筑围护结构节能构造现场实体检验记录；
6. 严寒、寒冷和夏热冬冷地区外窗气密性现场检测报告；
7. 风管及系统严密性检验记录；
8. 现场组装的组合式空调机组的漏风量测试记录；
9. 设备单机试运转及调试记录；
10. 系统联合试运转及与调试记录；
11. 系统节能性能检验报告；
12. 其他对工程质量有影响的重要技术资料。

29.19 既有建筑节能改造工程

29.19.1 一 般 规 定

1. 节能改造前的诊断：

(1) 既有建筑节能改造前应首先进行抗震、结构、防火安全评估，对不能保证继续安全使用 20 年的建筑，不宜开展建筑节能改造，或者对此类建筑应同步开展安全和节能改造。

(2) 既有建筑节能改造前应进行节能诊断，由建设单位委托具备相应资质的检测、评估机构进行。

1) 居住建筑节能诊断内容，见表 29-108。

居住建筑节能诊断内容 表 29-108

诊断部位	节能诊断内容
围护结构 热工性能	1）建筑围护结构主体部位的传热系数； 2）建筑围护结构热工缺陷； 3）建筑围护结构热桥部位内表面温度
供热采暖系统	1）热源运行效率； 2）循环水泵耗电输热比； 3）建筑物室内平均温度； 4）室外管网水力平衡度； 5）供热系统补水率； 6）室外管网输送效率

2) 既有公共建筑节能诊断内容，见表 29-109。

既有公共建筑节能诊断内容 表 29-109

诊断部位	节能诊断内容
围护结构 热工性能	1）传热系数； 2）热工缺陷及热桥部位内表面温度； 3）遮阳设施的综合遮阳系数； 4）外围护结构的隔热性能； 5）玻璃及其他透明材料的可见光透射比和遮阳系数； 6）外窗、透明幕墙的气密性； 7）房间气密性或建筑物整体气密性
采暖通风空调及生活热水供应系统	1）建筑物室内平均温度、湿度； 2）冷水机组、热泵机组的实际性能系数、运行效率、新风量； 3）锅炉运行效率； 4）水系统回水温度一致性； 5）水系统供回水温差； 6）水泵效率； 7）水系统补水率； 8）冷却塔冷却性能； 9）冷源系统能效系数； 10）风机单位风量耗功率； 11）系统新风量； 12）风系统平衡度； 13）能量回收装置效率； 14）空气过滤器的积尘情况； 15）管道保温性能

续表

诊断部位	节　能　诊　断　内　容
供配电系统	1) 系统中仪表、电动机、电器、变压器等设备状况； 2) 供配电系统容量及结构； 3) 用电分项计量； 4) 无功补偿； 5) 供用电电能质量： ①三相电压不平衡度； ②功率因数； ③各次谐波电压和电流及谐波电压和电流总畸变率； ④电压偏差
照明系统	1) 灯具类型； 2) 照明灯具效率和照度值； 3) 照明功率密度值； 4) 照明控制方式； 5) 有效利用自然光的情况； 6) 照明系统的节能率
监测与控制系统	1) 集中采暖与空调系统监测与控制的基本要求； 2) 生活热水供应系统监测与控制的基本要求； 3) 照明、动力设备监测与控制的基本要求； 4) 现场控制设备及元件状况； ①控制阀门及执行器的选型与安装； ②变频器型号和参数； ③温度、流量、压力仪表的选型与安装； ④与仪表配套的阀门安装； ⑤传感器的准确性； ⑥控制阀门、执行器及变频器工作状态

3) 既有公共建筑在分项节能诊断的基础上进行综合诊断。包括以下内容：

①公共建筑的年能耗量及其变化规律；

②能耗构成及各分项所占比例；

③针对公共建筑的能源利用情况，分析存在的问题和关键因素，提出节能改造方案；

④进行节能改造的技术经济分析；

⑤编制节能诊断总报告。

2. 根据节能诊断和节能改造技术经济性评估，按照节能改造设计要求，施工单位编制既有建筑节能改造施工技术方案。

3. 节能改造工程应优先选用对住户干扰小、工期短、对环境污染小、安装工艺便捷的围护结构及系统的改造技术。

4. 对于基层结合因素复杂的工程，应在既有建筑基层的结合力（粘结力和锚固力）试验验收合格的基层上制作从结合层、保温层到抹面层和装饰层的系统样板，样板通过验收后方可大面积施工。

5. 节能改造工程施工前，施工单位按施工技术方案对施工人员进行技术交底和专业技术培训并按相关的施工技术标准对施工过程及结果进行质量控制。

6. 节能改造工程施工前，按相关的安全、防火的标准规范，做好安全防护措施。

7. 节能改造各分项工程具体施工方法，参见本章相应各节内容。

8. 采暖供热系统改造与调试应在冬期采暖前完成，不得影响冬期采暖和热计量系统的使用。

9. 节能改造工程验收应符合《建筑节能工程施工质量验收规范》(GB 50411) 的规定及国家现行相关标准。

29.19.2　围护结构节能改造

29.19.2.1　既有居住建筑围护结构节能改造

1. 改善围护结构保温隔热性，对屋面、外墙（包括不采暖楼梯间隔墙）、直接接触室外空气和非采暖地下室的楼地面、外窗、户门、不封闭阳台门和单元入口门以及分户采暖的户与户之间的隔墙和楼地面，增加保温隔热措施。

对外墙与屋面的热桥部位进行保温隔热处理，使其内表面温度不低于室内空气露点温度。

2. 改善外门窗的气密性，对外窗、户门、不封闭阳台门和单元入口门等及其周围增加密封措施。

29.19.2.2　既有公共建筑围护结构节能改造

1. 对外墙、屋面、外窗或幕墙进行节能改造时，应对原结构的安全性进行复核、验算；当结构安全不能满足节能改造要求时，应采取结构加固措施。

2. 围护结构节能改造过程中应对冷热桥采取合理措施。

3. 对于制冷负荷大的建筑，外窗或透明幕墙进行遮阳设施改造时，优先采用外遮阳措施。

29.19.2.3　注意事项

1. 围护结构改造施工准备，对基层进行处理，损坏的、不平整的表面予以修复，污染的清理，达到施工要求后，方可施工。

2. 应提前安装完毕，并预留出外保温层的厚度。墙外侧管道、线路应拆除改装，在可能的条件下，宜改为地下管道或暗线。

3. 脚手架宜采用与墙面分离的双排脚手架。

4. 墙体增加保温层，使原有窗台相应加宽，要注意可能踩踏窗台的安全性。

5. 注重细节的处理，包括首层托架、阴阳角、窗口滴水檐、窗台、窗口侧边、防火隔离带等。

6. 外保温系统和保温隔热屋面系统，应做好相应的防水密封。

7. 采用预制外保温系统板缝应采用相应保温和防水材料进行防水密封，满足保温防水及防裂要求。

29.19.3　系 统 节 能 改 造

29.19.3.1　既有居住建筑采暖供热系统节能改造

1. 对热源（或热力站）增加气候补偿装置、烟气余热回收装置、锅炉集中控制系统和风机变频装置。

2. 对室外管网采用水力平衡、气候补偿和变流量调节装置，还应根据各建筑实际使用时段采用分时供热装置。

3. 室内采暖系统采用增加温控装置、计量装置和采用自动排气阀。

4. 对于分户采暖系统，可采用太阳能热水采暖系统。

5. 注意事项：应根据既有室内采暖系统现状选择改造后的室内采暖系统形式，改造应尽量减少对居民生活的干扰。

29.19.3.2　既有公共建筑采暖通风空调及生活热水供应系统节能改造

1. 冷热源系统

（1）冷水机组或热泵机组，在确保系统的安全性、匹配性及经济性的情况下，在原机组上增设变频装置，提高机组实际运行效率；

（2）采用蒸汽吸收式制冷机组，宜采用闭式系统回收凝结水；

（3）对于室内有稳定的大量余热的建筑物，宜采用水环热泵空调系统；

（4）集中生活热水供应系统的热源，优先采用工业余热、废热和冷凝热；有条件时，可利用地热和太阳能；

（5）燃气锅炉和燃油锅炉，增设烟气热回收装置。

2. 输配系统

（1）对于全空气空调系统，可增设风机变速控制装置，改善各区域的冷热负荷差异和变化大低负荷运行时间长等缺陷；对于随季节或使用情况变化较大的系统和集中热水水箱的生活热水系统，也可增设变速控制系统；

（2）对于系统较大、阻力较高、各环路负荷我或压力损失相差较大的一次泵系统，可采用二次泵系统变流量控制方式；

（3）空调冷却水系统，增设随系统负荷以及外界温湿度的变化而自动控制装置；

（4）在采暖空调水系统的分、集水器和主管段处，应增设平衡装置。

3. 末端系统

（1）对于全空气空调系统，宜采用新风和回风的焓值控制方法，实现全新风和可调新风比的运行方式；

（2）过渡季节或供暖季节局部房间需要供冷时，可采用直接利用室外空气降温；

（3）对排风系统应设置排风热回收装置；

（4）对于风机盘管加新风系统，处理后和新风宜直接送入空调区域。

29.19.3.3　既有公共建筑供配电与照明系统节能改造

1. 供配电系统

（1）改造的线路敷设宜使用原有路由，当现场条件不允许或原路由不合理时，应按照合理、方便施工的原则重新敷设；

（2）根据变压器、配电回路的情况，合理设置用电分项计量监测系统；

（3）无功补偿宜采用自动补偿设备；

（4）供用电电能质量改造按照测试结果确定改造的位置和方式。

2. 照明系统

（1）采用节能灯具；

（2）公共区照明采用就地控制方式时，设置声控或延时等感应功能；当采用集中控制时，根据照度自动控制照明；

（3）充分利用自然光。

29.19.3.4　既有公共建筑监测与控制系统节能改造

1. 采暖通风空调及生活热水供应系统

（1）冷热源监控系统，宜对冷冻、冷却水进行变流量控制，并具有连锁保护功能；

（2）公共场合的风机盘管温控器，宜联网控制；

（3）生活热水供应系统监控系统应具备以下功能：热水出口压力、温度、流量显示，运行状态显示，顺序启停控制，安全保护和设备故障信号显示，能耗量统计记录以及热交换器按出水温度自动控制进汽或进水量，并能与热水循环泵连锁控制。

2. 供配电与照明系统

（1）低压配电系统电压、电流、有功功率、功率因数等监测参数，宜满足分项计量的要求；

（2）照明系统监测及控制应具备以下功能：分组照明控制，经济技术合理时，宜采用办公区的照明调节控制，照明系统与遮阳系统的联动控制，走道、门厅、楼梯的照明控制，洗手间的照明控制与感应控制，泛光照明控制和停车场照明控制。

29.19.3.5　注意事项

1. 系统节能改造应根据单项判定，对于不能在原基础上改造的系统，应更新；

2. 对于既有居住建筑系统节能改造，主要是针对集中供热系统。

29.19.4　节能改造效果检测与评估

1. 节能改造完成后，对改造工程的节能效果进行检测与评估。

2. 检测与评估应由建设单位委托具有相应检测资质的检测机构检测，并出具报告。

3. 检测与评估内容包括：

（1）改造后建筑物能耗测试及与改造前能耗的对比分析，并测算建筑物的节能率，应符合节能改造设计要求；

（2）建筑物平均室温测试与分析；

（3）单项改造措施效果测试与分析；

（4）改造投资与技术经济分析。

30　　既有建筑鉴定与加固改造

所谓既有建筑，《民用建筑可靠性鉴定标准》（GB 50292）定义为：已建成两年以上且已投入使用的建筑物。

在我国，既有建筑加固改造工程正在与日俱增，范围广、数量多，主要原因有：

（1）新中国成立以来所建造的大量工业建筑与民用建筑，已超过或临近设计使用年限。由于环境因素的影响，材料逐渐老化，房屋的可靠度和可靠性逐渐降低，需要进行加固改造；一些古建筑，因为建造年代久远或其他原因，也需要进行加固和修缮，继续延长使用寿命。

（2）2008 年四川汶川地震后，国家提高了中小学校舍等一些重要公共建筑的抗震设防标准，需要进一步鉴定和加固。

（3）随着信息化技术的发展，为改变房屋的使用功能或提高使用质量，部分建筑存在改造、加固的客观需求。

（4）与世界其他国家相比，我国人口众多，人均占地非常少，建设用地与农业等其他用地的矛盾越来越突出，城市建设用地越来越紧张，地价越来越贵，新建房屋成本越来越高，而对既有建筑进行加固改造，是节约建设用地，节省投资的有效途径。

（5）我国是个自然灾害频发的国家，因遭受自然灾害（如地震、水灾、风沙灾害、冰雪灾害、滑坡、泥石流、沉陷灾害等）和人为灾害（如人为爆炸、火灾等）造成损坏的建筑物，需要根据检测鉴定意见进行加固，以恢复房屋的使用功能。

既有建筑加固改造是通过对既有建筑工程的检测鉴定并结合业主要求，分别对地基与基础、主体结构、装饰装修、机电设备等进行加固或改造。

30.1　基　本　规　定

既有建筑的加固改造，除了遵守《建筑结构加固工程施工质量验收规范》（GB 50550）等相关规定外，还符合下列基本要求。

30.1.1　掌握既有建筑加固改造的主要特点

既有建筑加固、改造与新建工程的差异，主要体现在既有建筑构配件可能给加固改造施工造成不便，应掌握既有建筑加固改造的主要特点。

1. 未知因素多

原结构的隐蔽工程及施工偏差、长期使用或承受突变荷载导致构件内部变化等情况，难以全面掌握。对一些建造年代较早、几经改造而资料又不完整的工程，加固改造施工图与现场实况的出入会更大，未知因素更多，增大了加固改造的施工难度和风险。

2. 原结构影响加固改造施工

加固改造施工是在已经定格的有限空间内实施，限制了某些施工机械的使用，原结构构件、设备、管道也会妨碍某些施工操作，呈现出结构加固施工困难、机械化作业程度低、人工降效等特点。需要针对加固改造工程的特点，认真考虑经济合理的施工技术方案。

3. 加固改造带来系列次生问题

加固改造施工过程中，免不了对原结构进行剔凿、开孔、局部拆除，可能影响既有建筑某些构件的强度、刚度和稳定性，也可能造成既有建筑防水系统的破坏；管道进出穿过建筑物外墙、外框柱加固对外墙的拆改可能埋下外墙渗水的隐患；楼板洞口粘钢加固、楼地面布线等影响，会导致相应部位地面加厚，可能涉及建筑 50cm 线（或 1m 线）的调整，进而影响到安装标高与 50cm 线密切相关的构配件（如电气开关）等安装位置调整；随着改造工程系统升级，吊顶内可能需要增设大量的管线、桥架、设备等，以致吊顶标高下降压缩原有净空，甚至影响门窗开启等使用功能。需要充分考虑加固改造带来系列次生问题，在加固改造施工中一并完善。

30.1.2 合理选用加固改造的方法

既有建筑的改造加固，既可以直接对工程部件进行加固，提高其强度、刚度、稳定性，也可以通过增加支点、托梁拔柱、改变结构类型等形式改变传力途径，使结构的受力体系发生改变达到加固改造既有建筑的目的。既有建筑物的加固改造，需要合理选用加固方法。

地基、基础、结构构件（杆件）主要加固方法见表 30-1。

地基、基础、结构构件（杆件）主要加固方法　　　　　　表 30-1

部件			主要加固方法
地基			灰土桩法、深层搅拌法、硅化法、碱液法、注浆法
基础			基础补强注浆法、加大基础底面积法、加深基础法、锚杆静压桩法、树根桩法、坑式静压桩法、预压桩托换法、灌注桩托换法、打入桩托换法、沉井托换法
构件 （杆件）	墙	混凝土墙	增大截面加固法、局部置换混凝土加固法、钢绞线网片—聚合物砂浆复合面层加固法、钢筋网—砂浆面层加固法
		砌体墙	钢绞线网片-聚合物砂浆复合面层加固法、砂浆面层加固法、钢筋网-砂浆面层加固法、增设扶壁柱法、增大截面加固法
	柱	混凝土柱	增大截面加固法、粘贴钢板加固法、粘贴纤维增强复合材料加固法、外包钢加固法、局部置换混凝土加固法、体外预应力加固法、绕丝加固法
		钢柱	增大截面加固法、体外预应力加固法、增补型钢加固法
		砌体柱	外包钢筋混凝土加固法、外包钢加固法、外加预应力撑杆法、增大截面加固法
	梁	混凝土梁	增大截面加固法、粘贴钢板加固法、粘贴纤维增强复合材料加固法、局部置换混凝土加固法、钢绞线网片-聚合物砂浆复合面层加固法、增设支点加固法、体外预应力加固法
		钢梁	增大截面加固法、增设支点加固法、体外预应力加固法

续表

部件		主要加固方法
构件（杆件）	楼板 · 混凝土楼板	增大截面加固法、粘贴钢板加固法、粘贴纤维增强复合材料加固法、钢绞线网片-聚合物砂浆复合面层加固法、增设支点加固法、体外预应力加固法
	楼板 · 钢楼板	增大截面加固法、增设支点加固法、体外预应力加固法
	屋架 · 混凝土屋架	增大截面加固法、体外预应力加固法、改变传力途径加固法、外粘型钢加固法、增设支点加固法
	屋架 · 钢屋架	增大截面加固法、体外预应力加固法、增设支点加固法、改变支座连接加固法、增设杆件加固法

改变结构体系的加固改造，也有多种形式。如：框架结构体系，可增加剪力墙，形成框架-剪力墙结构体系，也可在部分柱间加交叉钢支撑，形成带钢支撑系统的框架结构体系；混凝土弱剪力墙体系，可加厚剪力墙或拆除薄弱墙段改为增强的新墙段，形成强剪力墙结构体系；砌体结构体系，可将部分墙段改为混凝土夹板墙或混凝土墙，形成砌体和混凝土的复合结构体系，等等。

30.1.3　建筑物加固改造施工注意事项

（1）施工中发现原结构或相关工程隐蔽部位的构造或质量有严重缺陷时，应暂停施工，会同设计、建设、监理单位相关人员协商处理，采取有效措施处理后方可继续施工，必要时进行地基和结构的补充勘察和检测。

（2）施工中应尽量采取避让或减少损伤原结构的措施。保护好保留的设备、管线。避免对未加固构件或设施造成不利影响。

（3）施工时应按设计规定的顺序进行加固和治理。

（4）对原结构需要采取保护措施的部位（件），应事先制定保护方案，做好保护工作，并由专人负责。

（5）应采取措施，处理好新增构件或加固部件与原有构件的连接，确保新增构件、扩大截面与原结构可靠连接，形成共同工作的整体，同时避免对未加固构配件造成不利影响。

（6）加强现场和图纸的双向了解：

需要充分考虑既有建筑对加固改造施工的影响，是加固改造工程与新建工程的明显不同。因此，施工前要深入现场，充分了解原工程概况，认真熟悉图纸，掌握加固改造的施工内容，加强图纸和现场的双向了解，提早发现和解决问题，保障加固改造施工顺利进行。

（7）关注规范的适应性：

《建筑结构加固工程施工质量验收规范》（GB 50550）已于 2010 年颁布，2011 年 2 月起执行。该规范规定某些工序验收如加大钢筋混凝土截面的受力钢筋的连接和安装等仍是按照《混凝土结构工程施工质量验收规范》（GB 50204）执行。

改造工程的验收，若完全执行新建工程的质量验收标准，对于某些特殊部位，确实存在一定的施工难度。特殊情况下需要事先与工程参建方共同协商，并确定解决办法。

（8）综合考虑加固改造施工对土建、设备、电气等相关专业的影响，消除质量隐患。

（9）优化加固改造方案：

加固施工必然引发拆改施工，某些拆改工程往往牵一发而动全身，引起关联构件连环拆改。加固构件引起拆除但加固施工完成后仍需恢复原貌时，宜反复斟酌，全面分析构件受力状态，综合利用加固技术，优化加固改造方案，降低改造成本。

（10）施工期间应加强沉降观测，尤其是地基与基础施工时应加大观测频率，发现异常情况，及时报告有关人员，采取相关措施。

（11）加固改造工程的施工，应根据设计要求和现场情况，认真策划，精心组织，精心施工。

30.2　既有建筑的鉴定与评估

30.2.1　鉴 定 分 类

（1）按照鉴定对象的不同可分为三类：民用建筑可靠性鉴定、工业建筑可靠性鉴定和建筑抗震鉴定。目前这三类鉴定相应的国家规范分别是：《民用建筑可靠性鉴定标准》（GB 50292）、《工业建筑可靠性鉴定标准》（GB 50144）和《建筑抗震鉴定标准》（GB 50023）。

（2）按照鉴定的性质，一般建筑物鉴定可分为日常鉴定和应急鉴定。日常鉴定是日常管理、定期维修和房屋改造、扩建、加固之用，鉴定比较全面，工作较细，资料齐全，花费时间较长。应急鉴定是当日常鉴定或突发事故发现重大问题时，要求简便、直观、快速，主要以目测调查和简单工具检测以及必要的结构验算，结合相关情况和以往积累的经验进行分析与判断，最后得出建筑物可靠性鉴定意见。

30.2.2　可靠性鉴定适用条件、鉴定程序及其工作内容

由于工业建筑的鉴定和民用建筑的鉴定程序基本一致，且民用建筑量大面广，故本手册主要针对民用建筑可靠性鉴定做介绍。

30.2.2.1　民用建筑可靠性鉴定适用条件

（1）民用建筑可靠性鉴定适用于以下三种情况：

1）建筑物的安全鉴定（其中包括危房鉴定及其他应急鉴定）；

2）建筑物使用功能鉴定及日常维护检查；

3）建筑物改变用途、改变使用条件或改造前的专门鉴定。

（2）民用建筑可靠性鉴定，可分为安全性鉴定和正常使用性鉴定。

1）在下列情况下，应进行可靠性鉴定：

①建筑物大修前的安全检查；

②重要建筑物的定期检查；

③建筑物改变用途或使用条件的鉴定；

④建筑物超过设计基准期继续使用的鉴定；

⑤为制定建筑群维修改造规划而进行的普查。

2) 在下列情况下，可仅进行安全性鉴定：

① 危房鉴定及各种应急鉴定；

② 房屋改造前的安全检查；

③ 临时性房屋需延长使用期的检查；

④ 使用性鉴定中发现的安全问题。

3) 在下列情况下，可仅进行正常使用性鉴定：

① 建筑物日常维护的检查；

② 建筑物使用功能的鉴定；

③ 建筑物有特殊使用要求的专门鉴定。

30.2.2.2 可靠性鉴定内容

1. 确定鉴定目的、范围和内容

既有建筑可靠性鉴定的目的、范围和内容，应在接受鉴定委托时根据委托方提供的鉴定原因和要求，经协商后确定。

2. 初步调查

初步调查宜包括收集图纸资料、了解建筑物历史、考察现场以及制定详细调查计划及检测、试验工作大纲并提出需由委托方完成的准备工作，拟订鉴定方案。

3. 鉴定方案

应根据鉴定对象的特点和初步调查结果、鉴定目的和要求制定鉴定方案。

4. 详细检查

可根据实际需要选择下列工作内容：

(1) 结构基本情况勘查；

(2) 结构使用条件调查核实；

(3) 地基基础（包括桩基础）检查；

(4) 材料性能检测分析；

(5) 承重结构检查；

(6) 围护系统使用功能检查；

(7) 易受结构位移影响的管道系统检查。

5. 可靠性分析和验算

应根据详细调查与检测结果，对建、构筑物的整体和各个组成部分的可靠度水平进行分析与验算。

30.2.3 鉴 定 评 级

既有建筑的可靠性鉴定评级，划分为构件、子单元、鉴定单元三个层次，这三个层次的鉴定评级均分为安全性等级和正常使用性等级评定。当不要求评定可靠性等级时，可直接给出安全性和正常使用性评定结果。本手册以构件的安全性鉴定评级、子单元正常使用性鉴定评级和鉴定单元安全性及使用性评级为例对鉴定内容加以说明。

30.2.3.1 构件的安全性评级

1. 一般规定

(1) 当验算被鉴定结构或构件的承载能力时，应遵守下列规定：

1）结构构件验算采用的结构分析方法，应符合国家现行设计规范的规定。

2）结构构件验算使用的计算模型，应符合其实际受力与构造状况。

3）结构上的作用应经调查或检测核实，并应按《民用建筑可靠性鉴定标准》（GB 50292）附录 B 的规定取值。

4）结构构件作用效应的确定，应符合下列要求：

① 作用的组合、作用的分项系数及组合值系数，应按《建筑结构荷载规范》（GB 50009）的规定执行。

② 当结构受到温度、变形等作用，且对其承载有显著影响时，应计入由之产生的附加内力。

5）构件材料强度的标准值应根据结构的实际状态按下列原则确定：

① 若原设计文件有效，且不怀疑结构有严重的性能退化或设计、施工偏差，可采用原设计的标准值。

② 若调查表明实际情况不符合上款的要求，应进行现场检测，按照《民用建筑可靠性鉴定标准》（GB 50292）附录 C 的规定确定其标准值。

6）结构或构件的几何参数应采用实测值，并应计入锈蚀、腐蚀、腐朽、虫蛀、风化、局部缺陷或缺损以及施工偏差等的影响。

7）当需检查设计责任时，应按原设计计算书、施工图及竣工图，重新进行一次复核。

（2）结构构件安全性鉴定采用的检测数据，应符合下列要求：

1）检测方法应按国家现行有关标准采用。

2）检测应按相关标准划分的构件单位进行，并应有取样、布点方面的详细说明。

3）当怀疑检测数据有异常值时，其判断和处理应符合国家现行有关标准的规定，不得随意舍弃数据。

（3）当需通过荷载试验评估结构构件的安全性时，应按现行专门标准进行。

（4）当建筑物中的构件符合下列条件时，可不参与鉴定：

1）该构件未受结构性改变、修复、修理或用途、使用条件改变的影响。

2）该构件未遭明显的损坏。

3）该构件工作正常，且不怀疑其可靠性不足。

（5）当检查一种构件的材料与时间有关的环境效应或其他系统性因素引起的性能退化时，允许采用随机抽样的方法，在该种构件中确定 5～10 个构件作为检测对象，并按现行的检测方法标准测定其材料强度或其他力学性能。

2. 混凝土构件

（1）混凝土结构构件的安全性鉴定，应按承载能力、构造以及不适于继续承载的位移（或变形）和裂缝等四个检查项目，分别评定每一受检构件的等级，并取其中最低一级作为该构件安全性等级。

（2）当混凝土结构构件的安全性按承载能力评定时，应按规定分别评定每一验算项目的等级，然后取其中最低一级作为该构件承载能力的安全性等级。

（3）当混凝土结构构件的安全性按构造评定时，应按《民用建筑可靠性鉴定标准》（GB 50292）表 4.2.3 的规定，分别评定各个检查项目的等级，然后取其中较低一级作为该构件构造的安全性等级。

（4）当民用建筑的混凝土结构构件的安全性按不适于继续承载的位移或变形评定时，应遵守下列规定：

1）对桁架（屋架、托架）的挠度，当其实测值大于其计算跨度的 1/400 时，应按《民用建筑可靠性鉴定标准》（GB 50292）第 4.2.2 条验算其承载能力。验算时，应考虑由位移产生的附加应力的影响，并按下列原则评级：

① 若验算结果不低于 b 级，仍可定为 b 级，但宜附加观察使用一段时间的限制；

② 若验算结果低于 b 级，可根据其实际严重程度定为 c 级或 d 级。

2）对其他受弯构件的挠度或施工偏差造成的侧向弯曲，应按《民用建筑可靠性鉴定标准》（GB 50292）表 4.2.4 中的规定评级。

3）对柱顶的水平位移（或倾斜），当其实测值大于《民用建筑可靠性鉴定标准》（GB 50292）表 6.3.5 所列的限值时，应按下列规定评级：

① 若该位移与整个结构有关，应根据《民用建筑可靠性鉴定标准》（GB 50292）第 6.3.5 条的评定结果，取与上部承重结构相同的级别作为该柱的水平位移等级；

② 若该位移只是孤立事件，则应在其承载能力验算中考虑此附加位移的影响，并根据验算结果按本条第 1 款的原则评级；

③ 若该位移尚在发展，应直接定为 d 级。

（5）当混凝土结构构件出现《民用建筑可靠性鉴定标准》（GB 50292）表 4.2.5 中所列受力裂缝时，应视为不适于继续承载裂缝，并根据其实际严重程度评定为 c_u 级或 d_u 级。

（6）当混凝土结构构件出现下列情况的非受力裂缝时，也应视为不适于继续承载的裂缝，并应根据其实际严重程度定为 c_u 级或 d_u 级：

1）因主筋锈蚀产生的沿主筋方向的裂缝，其裂缝宽度已大于 1mm；

2）因温度收缩等作用产生的裂缝，其宽度已比规定的弯曲裂缝宽度值超出 50%，且分析表明已显著影响结构的受力。

（7）当混凝土结构构件出现下列情况之一时，不论其裂缝宽度大小，应直接定为 d_u 级：

1）受压区混凝土有压坏迹象；

2）因主筋锈蚀导致构件掉角以及混凝土保护层严重脱落。

3. 砌体结构构件

（1）砌体结构构件的安全性鉴定，应按承载能力、构造以及不适于继续承载的位移和裂缝等四个检查项目，分别评定每一受检构件等级，并取其中最低一级作为该构件的安全性等级。

（2）当砌体结构的安全性按承载能力评定时，应按《民用建筑可靠性鉴定标准》（GB 50292）表 4.4.2 的规定，分别评定每一验算项目的等级，然后取其中最低一级作为该构件承载能力的安全性等级。

（3）当砌体结构构件的安全性按构造评定时，应按《民用建筑可靠性鉴定标准》（GB 50292）表 4.4.3 的规定，分别评定两个检查项目的等级，然后取其中低一级作为该构件构造的安全性等级。

（4）当砌体结构构件安全性按不适于继续承载的位移或变形评定时，应遵守下列规定：

1) 对墙、柱的水平位移（或倾斜），当其实测值大于《民用建筑可靠性鉴定标准》（GB 50292）表 6.3.5 所列的限值时，应按下列规定评级：

① 若该位移与整个结构有关，应根据《民用建筑可靠性鉴定标准》（GB 50292）第 6.3.5 条的评定结果，取与上部承重结构相同的级别作为该墙、柱的水平位移等级；

② 若该位移系孤立事件，则应在其承载能力验算中考虑此附加位移的影响：若验算结果不低于 b 级，仍可定为 b 级；若验算结果低于 b 级，可根据其实际严重程度定为 c 级或 d 级；

③ 若该位移尚在发展，应直接定为 d 级；

2) 对偏差或其他使用原因造成的柱（不包括带壁柱）的弯曲，当其矢高实测值大于柱的自由长度的 1/500 时，应在其承载能力验算中计入附加弯矩的影响，并根据验算结果按本条第 1 款第 2 项的原则评级。

3) 拱或壳体结构构件出现下列位移或变形时，可根据其实际严重程度定为 c 级或 d 级：

① 拱脚或壳的边梁出现水平位移；

② 拱轴线或筒拱、扁壳的曲面发生变形。

（5）当砌体结构的承重构件出现下列受力裂缝时，应视为不适于继续承载的裂缝，并应根据其严重程度评为 c 级或 d 级：

1) 桁架、主梁支座下的墙、柱的端部或中部、出现沿块材断裂（贯通）的竖向裂缝；

2) 空旷房屋承重外墙的变截面处，出现水平裂缝或斜向裂缝；

3) 砌体过梁的跨中或支座出现裂缝；或虽未出现肉眼可见的裂缝，但发现其跨度范围内有集中荷载；

4) 筒拱、双曲筒拱、扁壳等的拱面、壳面，出现沿拱顶母线或对角线的裂缝；

5) 拱、壳支座附近或支承的墙体上出现沿块材断裂的斜裂缝（块材指砖或砌块）；

6) 其他明显的受压、受弯或受剪裂缝。

（6）当砌体结构、构件出现下列非受力裂缝时，也应视为不适于继续承载的裂缝，并应根据其实际严重程度评为 c 级或 d 级：

1) 纵横墙连接处出现通长的竖向裂缝；

2) 墙身裂缝严重，且最大裂缝宽度已大于 5mm；

3) 柱已出现宽度大于 1.5mm 的裂缝，或有断裂、错位迹象；

4) 其他显著影响结构整体性的裂缝。

30.2.3.2　子单元正常使用性鉴定评级

1. 一般规定

民用建筑安全性的第二层次鉴定评级，应按地基基础（含桩基和桩，以下同）、上部承重结构和围护系统的承重部分划分为三个子单元，并应分别按规定的鉴定方法和评级标准进行评定。

2. 地基基础

（1）地基基础（子单元）的安全性鉴定，包括地基、桩基和斜坡三个检查项目，以及基础和桩两种主要构件。

（2）当鉴定地基、桩基的安全性时，应遵守下列规定：

1）一般情况下，宜根据地基、桩基沉降观测资料或其不均匀沉降在上部结构中的反应的检查结果进行鉴定评级。

2）当现场条件适宜于按地基、桩基承载力进行鉴定评级时，可根据岩土工程勘察档案和有关检测资料的完整程度，适当补充近位勘探点，进一步查明土层分布情况，并采用原位测试和取原状土做室内物理力学性能试验方法进行地基检验，根据以上资料并结合当地工程经验对地基、桩基的承载力进行综合评价。

若现场条件许可，尚可通过在基础（或承台）下进行载荷试验以确定地基（或桩基）的承载力。

3）当发现地基受力层范围内有软弱下卧层时，应对软弱下卧层地基承载能力进行验算。

4）对建造在斜坡上或毗邻深基坑的建筑物，应验算地基稳定性。

3. 上部承重结构

（1）上部承重结构（子单元）的正常使用性鉴定，应根据其所含各种构件的使用性等级和结构的侧向位移等级进行评定。

（2）当评定一种构件的使用性等级时，应根据其每一受检构件的评定结果，按下列规定进行评级：

1）对主要构件，应按《民用建筑可靠性鉴定标准》（GB 50292）表 7.3.2-1 的规定评级；

2）对一般构件，应按《民用建筑可靠性鉴定标准》（GB 50292）表 7.3.2-2 的规定评级。

（3）当上部承重结构的正常使用性需考虑侧向（水平）位移的影响时，可采用检测或计算分析的方法进行鉴定。

（4）上部承重结构的使用性等级，按下列原则确定：

1）一般情况下，应按各种主要构件及结构侧移所评等级，取其中最低一级作为上部承重结构的使用性等级；

2）若上部承重结构按上款评为 As 级或 Bs 级，而一般构件所评等级为 Cs 级时，尚应按下列规定进行调整：

① 当仅发现一种一般构件为 Cs 级，且其影响仅限于自身时，可不作调整，若其影响波及非结构构件、高级装修或围护系统的使用功能时，则可根据影响范围的大小，将上部承重结构所评等级调整为 Bs 级或 Cs 级；

② 当发现多于一种一般构件为 Cs 级时，可将上部承重结构所评等级调整为 Cs 级。

（5）当遇到下列情况之一时，而直接将该上部承重结构定为 Cs 级：

1）在楼层中，其楼面振动（或颤动）已使室内精密仪器不能正常工作，或已明显引起人体不适感；

2）在高层建筑的顶部几层，其风振效应已使用户感到不安；

3）振动引起的非结构构件开裂或其他损坏，已可通过目测判定。

30.2.3.3 鉴定单元安全性及使用性评级

1. 鉴定单元安全性评级

（1）民用建筑鉴定单元的安全性鉴定评级，应根据其地基基础、上部承重结构和围护系统承重部分等的安全性等级，以及与整幢建筑有关的其他安全问题进行评定。

（2）鉴定单元的安全性等级，按下列原则确定：

1）一般情况下，应根据地基基础和上部承重结构的评定结果按其中较低等级确定；

2）当鉴定单元的安全性等级按上款评为 Asu 级或 Bsu 级，围护系统承重部分的等级为 Cu 级或 Du 级时，可根据实际情况将鉴定单元所评等级降低一级或二级，但最后所定的等级不得低于 Csu 级。

（3）对下列任一情况，可直接评为 Dsu 级建筑：

1）建筑物处于有危房的建筑群中，且直接受到其威胁；

2）建筑物朝一方向倾斜，且速度开始变快。

（4）当新测定的建筑物动力特性，与原先记录或理论分析的计算值相比，有下列变化时，可判其承重结构可能有异常，经进一步检查、鉴定后，再评定该建筑物的安全性等级：

1）建筑物基本周期显著变长（或基本频率显著下降）；

2）建筑物振型有明显改变（或振幅分布无规律）。

2. 鉴定单元使用性评级

（1）民用建筑鉴定单元的正常使用性鉴定评级，应根据地基基础、上部承重结构和围护系统的使用性等级，以及与整幢建筑有关的其他使用功能问题进行评定。

（2）鉴定单元的使用性等级，按三个子单元中最低的等级确定。

（3）当鉴定单元的使用性等级按本节第 2 条评为 Ass 级或 Bss 级，但若遇到下列情况之一时，宜将所评等级降为 Css 级：

1）房屋内外装修已大部分老化或残损；

2）房屋管道、设备已需全部更新。

30.2.3.4 民用建筑可靠性评级

（1）民用建筑的可靠性鉴定，应按《民用建筑可靠性鉴定标准》（GB 50292）第 3.2.5 条划分的层次，以其安全性和正常使用性的鉴定结果为依据逐层进行。

（2）当不要求给出可靠性等级时，民用建筑各层次的可靠性，可采取直接列出其安全性等级和使用性等级的形式予以表示。

（3）当需要给出民用建筑各层次的可靠性等级时，可根据其安全性和正常使用性的评定结果，按下列原则确定：

1）当该层次安全性等级低于 bu 级、Bu 级或 Bsu 级时，应按安全性等级确定；

2）除上款情形外，可按安全性等级和正常使用性等级中较低的一个等级确定；

3）当考虑鉴定对象的重要性或特殊性时，允许对本条第 2 款的评定结果作不大于一级的调整。

30.2.3.5 民用建筑适修性评估

（1）在民用建筑可靠性鉴定中，若委托方要求对 Csu 级和 Dsu 级鉴定单元，或 Cu 级和 Du 级子单元（或其中某种构件）的处理提出建议时，宜对其适修性进行评估。

（2）适修性评估按《民用建筑可靠性鉴定标准》（GB 50292）第 3.3.4 条进行，并可按下列处理原则提出具体建议：

1）对评为 Ar、Br 或 A′r、B′r 的鉴定单元和子单元（或其中某种构件），应予以修复使用；

2）对评为 Cr 的鉴定单元和 C′r 子单元（或其中某种构件），应分别做出修复与拆换两方案，经技术、经验评估后再作选择；

3）对评为 Csu-Dr、Dsu-Dr 和 Cu-D′r、Du-D′r 的鉴定单元和子单元（或其中某种构件），宜考虑拆换或重建。

（3）对有纪念意义或有文物、历史、艺术价值的建筑物，不进行适修性评估，而应予以修复和保存。

30.2.4 建筑抗震鉴定

30.2.4.1 基本规定

（1）现有建筑的抗震鉴定应包括下列内容及要求：

1）搜集建筑的勘察报告、施工和竣工验收的相关原始资料；

2）调查建筑现状与原始资料相符合的程度、施工质量和维护状况，发现相关的非抗震缺陷；

3）根据各类建筑结构的特点、结构布置、构造和抗震承载力等因素，采用相应的逐级鉴定方法，进行综合抗震能力分析；

4）对现有建筑整体抗震性能做出评价，对符合抗震鉴定要求的建筑应说明其后续使用年限，对不符合抗震鉴定要求的建筑提出相应的抗震减灾对策和处理意见。

（2）现有建筑的抗震鉴定，应根据下列情况区别对待：

1）建筑结构类型不同的结构，其检查的重点、项目内容和要求不同，应采用不同的鉴定方法；

2）对重点部位与一般部位，应按不同的要求进行检查和鉴定；

3）对抗震性能有整体影响的构件和仅有局部影响的构件，在综合抗震能力分析时应分别对待。

（3）抗震鉴定分为两级。第一级鉴定应以宏观控制和构造鉴定为主进行综合评价，第二级鉴定应以抗震验算为主结合构造影响进行综合评价。

1）A 类建筑的抗震鉴定，当符合第一级鉴定的各项要求时，建筑可评为满足抗震鉴定要求，不再进行第二级鉴定；当不符合第一级鉴定要求时，除《建筑抗震鉴定标准》（GB 50023）各章有明确规定的情况外，应由第二级鉴定做出判断。

2）B 类建筑的抗震鉴定，应检查其抗震措施和现有抗震承载力再做出判断。当抗震措施不满足鉴定要求而现有抗震承载力较高时，可通过构造影响系数进行综合抗震能力的评定；当抗震措施鉴定满足要求时，主要抗侧力构件的抗震承载力不低于规定的 95%，次要抗侧力构件的抗震承载力不低于规定的 90%，也可不要求进行加固处理。

（4）现有建筑宏观控制和构造鉴定的基本内容及要求，应符合下列规定：

1）当建筑的平、立面，质量、刚度分布和墙体等抗侧力构件的布置在平面内明显不对称时，应进行地震扭转效应不利影响的分析；当结构竖向构件上下不连续或刚度沿高度分布突变时，应找出薄弱部位并按相应的要求鉴定；

2）检查结构体系，应找出其破坏会导致整个体系丧失抗震能力或丧失对重力的承载能力的部件或构件；当房屋有错层或不同类型结构体系相连时，应提高其相应部位的抗震鉴定要求；

3) 检查结构材料实际达到的强度等级，当低于规定的最低要求时，应提出采取相应的抗震减灾对策；

4) 多层建筑的高度和层数，应符合规定的最大值限值要求；

5) 当结构构件的尺寸、截面形式等不利于抗震时，宜提高该构件的配筋等构造抗震鉴定要求；

6) 结构构件的连接构造应满足结构整体性的要求；装配式厂房应有较完整的支撑系统；

7) 非结构构件与主体结构的连接构造应满足不倒塌伤人的要求；位于出入口及人流通道等处，应有可靠的连接；

8) 当建筑场地位于不利地段时，尚应符合地基基础的有关鉴定要求。

(5) 6 度和《建筑抗震鉴定标准》（GB 50023）各章有具体规定时，可不进行抗震验算；当 6 度第一级鉴定不满足时，可通过抗震验算进行综合抗震能力评定；其他情况时，至少在两个主轴方向分别按《建筑抗震鉴定标准》（GB 50023）各章规定的具体方法进行结构的抗震验算。

当《建筑抗震鉴定标准》（GB 50023）未给出具体方法时，可采用《建筑抗震设计规范》（GB 50011）规定的方法，按式（30-1）进行结构构件抗震验算：

$$S \leqslant R / \gamma_{Ra} \tag{30-1}$$

式中　S——结构构件内力（轴向力、剪力、弯矩等）组合的设计值；计算时，有关的荷载、地震作用、作用分项系数、组合值系数，应按《建筑抗震设计规范》（GB 50011）的规定采用；其中，地震作用效应（内力）调整系数应按规定采用，8、9 度的大跨度和长悬臂结构应计算竖向地震作用；

　　　　R——结构构件承载力设计值，按《建筑抗震设计规范》（GB 50011）的规定采用；其中，各类结构材料强度的设计指标应按相关规范，材料强度等级按现场实际情况确定。

　　　　γ_{Ra}——抗震鉴定的承载力调整系数，一般情况下，可按《建筑抗震设计规范》（GB 50011）的承载力抗震调整系数值采用，A 类建筑抗震鉴定时，钢筋混凝土构件应按《建筑抗震设计规范》（GB 50011）承载力抗震调整系数值的 0.85 倍采用。

(6) 对不符合鉴定要求的建筑，可根据其不符合要求的程度、部位对结构整体抗震性能影响的大小，以及有关的非抗震缺陷等实际情况，结合使用要求、城市规划和加固难易等因素的分析，提出相应的维修、加固、改变用途或更新等抗震减灾对策。

(7)《建筑抗震鉴定标准》（GB 50023）中根据房屋结构形式的不同，将常见房屋分为六类：多层砌体房屋、多层及高层钢筋混凝土房屋、内框架和底层框架砖房、单层钢筋混凝土柱厂房、单层砖柱厂房和空旷房屋、木结构和土石墙房屋，对这六类房屋分类进行抗震鉴定，并介绍了两种构造物（烟囱和水塔）的抗震鉴定方法。本手册主要对多层砌体房屋和多层及高层钢筋混凝土房屋的抗震鉴定进行介绍。

30.2.4.2　抗震鉴定原则

（1）既有建筑的抗震鉴定应按照《建筑抗震鉴定标准》（GB 50023）进行。

（2）《建筑抗震鉴定标准》（GB 50023）适用于抗震设防烈度为 6～9 度地区现有建筑抗震鉴定，不适用于新建建筑工程抗震设计和施工质量评定，也不适用于古建筑的抗震鉴定。

（3）下列情况下，现有建筑应进行抗震鉴定：

1）接近或超过设计使用年限需要继续使用的建筑；

2）原设计未考虑抗震设防或抗震设防要求提高的建筑；

3）需要改变结构的用途和使用环境的建筑；

4）其他有必要进行抗震鉴定的建筑。

（4）现有建筑应按《建筑工程抗震设防分类标准》（GB 50223）分为四类，其抗震措施核查和抗震验算的综合鉴定应符合下列要求：

1）丙类，应按本地区设防烈度的要求核查其抗震措施并进行抗震验算；

2）乙类，6～8 度应按比本地区设防烈度提高一度的要求核查其抗震措施，9 度时应适当提高要求；抗震验算应按不低于本地区设防烈度的要求采用；

3）甲类，应经专门研究按不低于乙类的要求核查其抗震措施，抗震验算应按高于本地区设防烈度的要求采用；

4）丁类，7～9 度时，应允许按比本地区设防烈度降低一度的要求核查其抗震措施，抗震验算应允许比本地区设防烈度适当降低要求；6 度时应允许不做抗震鉴定。

（5）现有建筑应根据实际需要和可能，按下列规定选择其后续使用年限：

1）在 20 世纪 70 年代及以前建造经耐久性鉴定可继续使用的现有建筑，其后续使用年限不应少于 30 年；在 20 世纪 80 年代建造的现有建筑，其后续使用年限宜采用 40 年或更长，且不得少于 30 年；

2）在 20 世纪 90 年代（按当时施行的抗震设计规范系列设计）建造的现有建筑，后续使用年限不宜少于 40 年，条件许可时应采用 50 年；

3）在 2001 年以后（按当时施行的抗震设计规范系列设计）建造的现有建筑，后续使用年限宜采用 50 年。

（6）不同后续使用年限的现有建筑，其抗震鉴定方法应符合下列要求：

1）后续使用年限 30 年的建筑（简称 A 类建筑），应采用《建筑抗震鉴定标准》（GB 50023）各章规定的 A 类建筑抗震鉴定方法；

2）后续使用年限 40 年的建筑（简称 B 类建筑），应采用《建筑抗震鉴定标准》（GB 50023）各章规定的 B 类建筑抗震鉴定方法；

3）后续使用年限 50 年的建筑（简称 C 类建筑），应按《建筑抗震设计规范》（GB 50011）的要求进行抗震鉴定。

30.2.4.3　多层砌体房屋抗震鉴定

1. 一般规定

（1）本节所说的多层砌体房屋指烧结普通黏土砖、烧结多孔黏土砖、混凝土中型空心砌块、混凝土小型空心砌块、粉煤灰中型实心砌块砌体承重的多层房屋。

（2）现有多层砌体房屋抗震鉴定时，房屋的高度和层数、抗震墙的厚度和间距、墙体实际达到的砂浆强度等级和砌筑质量、墙体交接处的连接以及女儿墙、楼梯间和出屋面烟囱等易引起倒塌伤人的部位应重点检查；7～9度时，尚应检查墙体布置的规则性，检查楼、屋盖处的圈梁，检查楼、屋盖与墙体的连接构造等。

（3）多层砌体房屋的外观和内在质量应符合下列要求：

1）墙体不空鼓、无严重酥碱和明显歪闪；

2）支承大梁、屋架的墙体无竖向裂缝，承重墙体、自承重墙体及其交接处无明显裂缝；

3）木楼、屋盖构件无明显变形、腐朽蚁蚀和严重开裂；

4）砌体结构中的混凝土构件符合《建筑抗震鉴定标准》（GB 50023）相应的规定。

（4）现有砌体房屋的抗震鉴定，应按房屋高度和层数、结构体系的合理性、墙体材料的实际强度、房屋整体性连接构造的可靠性、局部易损易倒部位构件自身及其与主体结构连接构造的可靠性以及墙体抗震承载力的综合分析，对整幢房屋的抗震能力进行鉴定。当砌体房屋层数超过规定时，应评为不满足抗震鉴定要求；当仅有出入口和人流通道处的女儿墙、出屋面烟囱等不符合规定时，应评为局部不满足抗震鉴定要求。

（5）对多层砌体房屋应根据其后续使用年限的不同，分别按照《建筑抗震鉴定标准》（GB 50023）中A类砌体房屋或B类砌体房屋的建筑抗震鉴定方法进行。

1）A类砌体房屋应进行综合抗震能力的两级鉴定。在第一级鉴定中，墙体的抗震承载力应依据纵、横墙间距进行简化验算，当符合第一级鉴定的各项规定时，应评为满足抗震鉴定要求；不符合第一级鉴定要求时，除有明确规定的情况外，应在第二级鉴定中采用综合抗震能力指数的方法，计入构造影响做出判断。

2）B类砌体房屋，在整体性连接构造的检查中尚应包括构造柱的设置情况，墙体的抗震承载力应采用《建筑抗震设计规范》（GB 50011）的底部剪力法等方法进行验算，或按照A类砌体房屋计入构造影响进行综合抗震能力的评定。

2. 鉴定方法

（1）A类多层砌体房屋的鉴定方法

1）A类多层砌体房屋的鉴定方法与《建筑抗震鉴定标准》（GB 50023）的适用范围基本相同。其强调房屋综合抗震能力，将承重墙体、次要墙体、附属构件、楼盖和屋盖整体性及各种连接的要求归纳起来进行综合评价，来评价整幢房屋的综合抗震能力。并根据现有房屋的特点，对其抗震能力进行分级鉴定。

2）A类多层砌体房屋的第二级鉴定实质就是进行抗震承载力验算，应根据房屋的实际情况区别采用不同的方法进行：

① 房屋质量和刚度沿高度分布明显不均匀，或7、8、9度时房屋层数分别超过6、5、3层，可按B类砌体房屋的抗震承载力验算方法进行验算。

② 第①款中所述以外的情况，应根据房屋不符合第一级鉴定的具体情况，分别采用楼层平均抗震能力指数方法、楼层综合抗震能力指数方法和墙端综合抗震能力指数方法进行第二级鉴定。

3）A类多层砌体房屋第二级鉴定的三种鉴定方法

① 楼层平均抗震能力指数方法

现有结构体系、整体性连接和易引起倒塌的部位符合第一级鉴定，但横墙间距和房屋宽度均超过或其中一项超过第一级鉴定限值的房屋，可采用楼层平均抗震能力指数方法进行第二级鉴定，又称二（甲）级鉴定。

② 楼层综合抗震能力指数方法

现有结构体系、楼屋盖整体性连接、圈梁布置和构造柱及易引起局部倒塌的结构构件不符合第一级鉴定的房屋，可采用楼层综合抗震能力指数方法进行第二级鉴定，又称二（乙）级鉴定。

③ 墙端综合抗震能力指数方法

实际横墙间距超过刚性体系规定的最大值、有明显扭转效应和易引起局部倒塌的结构构件不符合第一级鉴定要求的房屋，当最弱的楼层综合抗震能力指数小于 1.0 时，可采用墙端综合抗震能力指数法进行第二级鉴定，又称二（丙）级鉴定。

（2）B 类多层砌体房屋的鉴定方法

1）B 类多层砌体房屋主要是针对按照 89 版抗震设计规范设计建造的房屋，其适用范围除增加多孔砖外，基本与 89 抗震设计规范一致。对 B 类建筑抗震鉴定的主要内容是依据 89 规范中的有关条文，从鉴定的角度予以归纳、整理而成，同 A 类建筑相同的是，同样对结构体系、材料强度、整体连接和局部易损部位进行鉴定，不同的是，B 类建筑还必须经过墙体抗震承载力的综合评定。

2）B 类多层砌体房屋第二级鉴定

① 对 B 类现有砌体房屋的抗震分析，可采用底部剪力法，并可按《建筑抗震设计规范》（GB 50011）规定，只选择从属面积较大或竖向应力较小的墙段进行抗震承载力验算；

② 各层层高相当且较规则均匀的 B 类多层砌体房屋，尚可按 A 类砌体房屋的第二级鉴定方法进行综合抗震能力验算。

30.2.4.4　多层及高层钢筋混凝土框架房屋抗震

1. 一般规定

（1）本节所说的框架房屋是指现浇及装配整体式钢筋混凝土框架（包括填充墙框架）、框架—抗震墙及抗震墙结构。

（2）现有钢筋混凝土房屋的抗震鉴定，应依据其设防烈度重点检查下列薄弱部位：

1）6 度时，应检查局部易掉落伤人的构件、部件以及楼梯间非结构构件的连接构造；

2）7 度时，除应按第 1）项检查外，尚应检查梁柱节点的连接方式、框架跨数及不同结构体系之间的连接构造；

3）8、9 度时，除应按第 1）、2）项检查外，尚应检查梁、柱的配筋，材料强度，各构件间的连接，结构体型的规则性，短柱分布，使用荷载的大小和分布等。

（3）钢筋混凝土房屋的外观和内在质量宜符合下列要求：

1）梁、柱及其节点的混凝土仅有少量微小开裂或局部剥落，钢筋无露筋、锈蚀；

2）填充墙无明显开裂或与框架脱开；

3）主体结构构件无明显变形、倾斜或歪扭。

（4）现有钢筋混凝土房屋的抗震鉴定，应按结构体系的合理性、结构构件材料的实际强度、结构构件的纵向钢筋和横向箍筋的配置和构件连接的可靠性、填充墙等与主体结构的拉接构造以及构件抗震承载力的综合分析，对整幢房屋的抗震能力进行鉴定。

当梁柱节点构造和框架跨数不符合规定时，应评为不满足抗震鉴定要求；当仅有出入口、人流通道处的填充墙不符合规定时，应评为局部不满足抗震鉴定要求。

（5）A 类钢筋混凝土房屋应进行综合抗震能力两级鉴定。当符合第一级鉴定的各项规定时，除 9 度外应允许不进行抗震验算而评为满足抗震鉴定要求；不符合第一级鉴定要求和 9 度时，除有明确规定的情况外，应在第二级鉴定中采用屈服强度系数和综合抗震能力指数的方法做出判断。

B 类钢筋混凝土房屋应根据所属抗震等级进行结构布置和构造检查，并应通过内力调整进行抗震承载力验算；或按照 A 类钢筋混凝土房屋计入构造影响对综合抗震能力进行评定。

（6）当砌体结构与框架结构相连或依托于框架结构时，应加大砌体结构所承担的地震作用，再按《建筑抗震鉴定标准》（GB 50023）第 5 章进行抗震鉴定；对框架结构的鉴定，应计入两种不同性质的结构相连导致的不利影响。

（7）砖女儿墙、门脸等非结构构件和突出屋面的小房间，应符合《建筑抗震鉴定标准》（GB 50023）第 5 章的有关规定。

2. 鉴定方法

（1）现有钢筋混凝土房屋的抗震鉴定，应按结构体系的合理性、结构构件材料实际强度、结构构件的纵向钢筋和横向箍筋的配置和构件连接的可靠性、填充墙等与主体结构的拉接构造以及构件抗震承载力的综合分析，对整栋房屋的抗震能力进行鉴定。当梁柱节点构造和框架跨数不符合规定时，应评为不满足抗震鉴定要求，如 8、9 度时的单向框架，以及乙类设防的框架为单跨结构等，应要求进行加固或提出防震减灾对策。当仅有出入口、人流通道处的填充墙不符合规定时，应评为局部不满足抗震鉴定要求，应进行处理。

（2）A 类钢筋混凝土房屋的抗震鉴定方法：进行综合抗震能力两级鉴定，当符合第一级的各项规定时，除 9 度外应允许不进行抗震验算而评为满足抗震鉴定要求；不符合第一级鉴定要求和 9 度时，除明确规定的情况外，应在第二级鉴定中采用屈服强度系数和综合抗震能力指数的方法做出判断。

（3）B 类钢筋混凝土房屋的抗震鉴定方法：应根据所属的抗震等级进行结构布置和构造检查，并应通过内力调整进行抗震承载力验算；或按照 A 类钢筋混凝土房屋计入构造影响对综合抗震能力进行评定。

30.3 地 基 加 固

既有建筑地基加固常用的方法有灰土桩法、深层搅拌桩法、硅化法、碱液法、注浆加固法、石灰桩法、高压喷射注浆法等。本节只对灰土桩法、深层搅拌法、硅化法、碱液法进行详细叙述，注浆加固法、石灰桩法、高压喷射注浆法的施工方法及质量控制要点详见本手册 10.3 章节相关内容。

30.3.1 灰 土 桩 法

灰土桩法又称灰土挤密桩法，由土桩挤密法发展而成，是将不同比例的石灰和土掺合，通过不同方式将灰土夯入孔内，在成孔和夯实灰土时将周围土挤密，提高桩间土密度和承载力。

灰土桩适用范围如下：（1）消除地基的湿陷性；（2）地下水位以上湿陷性黄土、素填土、杂填土、黏性土、粉土的地基处理；（3）灰土桩复合地基承载力可达 250kPa，可用于 12 层左右的建筑物地基处理;(4)深基开挖中,用来减少主动土压力和增大坑内被动土压力;(5)用于公路或铁路路基加固;(6)大面积的堆场加固等。当地基含水量大于 23％及其饱和度大于 65％时,不宜采用灰土桩。

30.3.1.1 材料与机具

1. 材料

主要材料有石灰和天然土,掺料有粉煤灰、炉渣、水泥等。

2. 机具

主要机具有成孔机和夯实机,应依据不同的施工环境、地层和施工工艺,选择合理的施工机具。

30.3.1.2 施工方法

1. 施工流程

施工准备→机械或人工成孔→分层填料→机械或人工夯实。

2. 施工要点

(1)依据设计和规范要求,编制合理的施工方案,做好交底工作,平整施工场地,检查好所有施工机具,准备足够的填料。

(2)灰土桩法各种施工工艺都是由成孔和夯实两部分工艺所组成,且成孔和夯实均有机械和人工两种方式。成孔和孔内回填夯实在整片处理时,宜从里(或中间)向外间隔 1～2 孔进行,对大型工程可采用分段施工;当局部处理时,宜从外向里间隔 1～2 孔进行。

(3)根据现场实际条件和设计情况,选择机械或人工法进行成孔。

(4)用机械或人工将拌制好的灰土料分层填入孔内,再用机械或人工进行分层夯实,完成灰土桩施工。

(5)沉管法施工是利用沉管灌注桩机,打入或振入套管,到设计深度后,拔出套管,分层投入灰土,利用套管反插或用夯实机分层夯实。

(6)冲击成孔法是利用冲击钻机将 0.6～3.2t 重的锥形锤头提升 0.5～2m 的高度后自由落下,反复冲击下沉成孔,锤头直径 350～450mm,孔径可达 500～600mm,成孔深度不受机架限制,成孔后分层填入灰土,用锤头分层击实。

(7)管内夯击法是在成孔前,管内填入一定数量的灰土,内击式锤将套管打至设计深度,提管并冲击管内灰土;分层投入灰土,用内击锤分层夯实,内击锤重 1～1.5t,成孔深度不大于 10m。

30.3.1.3 质量控制要点

(1)在机械或人工成孔时,设计标高上的预留土层应满足下列要求:沉管(锤击、振动)成孔宜为 0.50～0.70m,人工成孔宜为 0.50～0.70m,冲击成孔宜为 1.20～1.50m。

(2)灰土桩需对桩间土进行挤密,挤密效果以桩间土平均压实系数不小于 0.93 来控制。

(3)灰土桩的材料质量,应满足下列要求:宜采用有机质含量不大于 5％的素土,严禁使用膨胀土、盐碱土等活动性较强的土。使用前应过筛,最大粒径不得大于 15mm。石灰宜用消解(闷透)3～4d 的新鲜生石灰块,使用前过筛,粒径不得大于 5mm,熟石灰中不得夹有未熟的生石灰块。

(4)灰土料应按设计体积比要求拌合均匀,颜色一致。施工时使用的灰土含水量应接近最优含水量,应通过击实试验确定,一般控制灰土的含水量为 10％左右,施工现场检验的方法是用手将灰土紧握成团，轻捏即碎为宜，如果含水量过多或不足时，应晒干或洒水湿润，拌合后的灰土料应当日使用。

（5）灰土桩的成桩质量检验标准见表 30-2。

灰土桩成桩质量检验标准   表 30-2

项目	序号	检查项目	允许偏差或允许值		检查方法
			单位	数值	
主控项目	1	桩体及桩间土干密度	设计要求		现场环刀取样检查
	2	桩长	mm	+500，-0	测桩管长度或垂球测孔深
	3	地基承载力	设计要求		按规定的方法
	4	桩径	mm	-20	尺量
一般项目	1	灰料有机质含量	%	≤5	试验室焙烧法
	2	石灰粒径	mm	≤5	筛分法
	3	桩位偏差	满堂布桩≤0.4D，条基布桩≤0.25D		用钢尺量，D 为桩径
	4	垂直度	%	≤1.5	用经纬仪测桩管

30.3.2 深层搅拌法

深层搅拌法是用深层搅拌机钻进切削土体，同时注入水泥浆液，经反复搅拌充分混合后，形成搅拌桩。搅拌桩有较好的抗渗能力，是一种较好的地基处理方法，目前有单轴、双轴和三轴三种形式。深层搅拌法适用于淤泥、淤泥质土、粉土和含水量较高的黏性土等土层的地基处理。

30.3.2.1 材料与机具

1. 材料

主要材料有水泥、石灰、沥青、水玻璃、氯化钙、尿素树脂、丙烯酸盐等。

2. 机具

主要机具设备有深层搅拌机、起吊设备、灰浆搅拌机、灰浆泵、水泵等。

30.3.2.2 施工方法

1. 工艺流程

施工准备→搅拌机就位→制备泥浆→预搅下沉→提升喷浆搅拌→重复上、下搅拌→清洗→移位。

2. 施工要点

（1）依据设计和规范要求，编制合理的施工方案，做好交底工作，平整施工场地，检查好所有施工机具，尤其应检查主机上的水平控制装置，确保主机架处于铅垂状态。

（2）将搅拌机械按设计位置就位，为保证桩位准确桩位应使用定位卡，桩位对中偏差不大于 20mm，导向架和搅拌轴应与地面垂直，垂直度的偏差不大于 1.5%。按设计确定的配合比拌制水泥浆，压浆前将水泥浆倒入集料斗。

（3）待搅拌机的冷却水循环正常后，启动搅拌机电机，放松起重机钢丝绳，使搅拌机沿导架搅拌切土下沉，搅拌机下沉时开启灰浆泵将水泥浆压入地基中，边喷边旋转，直至设计深度，继续压浆，按照方案确定的提升速度提升搅拌机。

（4）搅拌机提升至设计加固深度的顶面标高时，集料斗中的水泥浆应正好排空，为使软土和水泥浆搅拌均匀，再次将搅拌机边旋转边沉入土中，至设计加固深度后再将搅拌机提升出地面，搅拌过程同时喷水泥浆。

（5）尽量保证输浆均匀，应根据地层吃浆变化，调整输浆量，总浆量应不少于设计要求。输浆压力宜为 0.3～1.0MPa。

（6）为保证桩孔不偏斜，开始入土时不宜用高速钻进，一般钻进速度不应大于 0.8m/min；土层较硬时，速度不应大于 0.6m/min。

（7）提升速度和输浆量应密切配合。提升速度快，输浆量应大，二者关系可按设计水泥掺入量来确定。

（8）主机调平后，可能因施工振动产生整机滑移，造成桩位偏差，为减少累计误差，应及时进行校核。

（9）当施工完一个单元后，向集料斗注入适量热水，开启灰浆泵、清洗全部管线中的残存水泥浆，直到基本干净，将粘附在搅拌头上的杂物清洗干净，并将搅拌机移入下一单元进行施工。

（10）压浆阶段不允许发生断浆现象，输浆管不能发生堵塞。严格按设计控制喷浆、搅拌和提升速度，以保证加固范围得到充分搅拌。

（11）如遇意外使成桩施工中断，为防止断桩，在搅拌机重新启动后，应将深层搅拌叶下沉半米后再继续成桩。

（12）对于桩状加固体，相邻两桩施工间隔时间不得超过 12h；对于壁状加固体，为确保其连续性，按设计要求桩体要搭接一定长度时，原则上每一施工段要连续施工，相邻桩体施工间隔时间不得超过 24h。

（13）在搅拌桩施工中，根据摩擦型搅拌桩受力特点，可采用变掺量的施工工艺，即用不同的提升速度和注浆速度来满足水泥浆的掺入比要求。

30.3.2.3 质量控制要点

（1）深层搅拌桩使用的水泥品种、强度等级、水泥浆的水灰比，水泥加固土的掺入比和外加剂的品种掺量，必须符合设计要求。

（2）加固体内任意一点的水泥土均能被搅拌 20 次以上，按《建筑地基处理技术规范》（JGJ 79）条文说明中第 11.3.2 条公式（10）计算出每遍搅拌次数 N，再确定搅拌遍数。

（3）每根桩搅拌遍数不应少于 3 遍。

（4）深层搅拌桩的深度、断面尺寸、搭接情况、整体稳定、桩身强度必须符合设计要求。一般成桩后两周内用钻机取样检验，开挖检查断面尺寸，观察桩身搭接情况及搅拌均匀程度，桩身不能有渗水现象。进行轻便触探，根据触探击数判断搅拌桩各段水泥浆强度。

（5）利用现场载荷试验进行工程加固效果检验。

30.3.3 硅 化 法

硅化法可分单液硅化法和双液硅化法，硅化法根据溶液注入的方式分为压力硅化、电动硅化和加气硅化三类。双液硅化法是指依据地层条件，将水玻璃与氯化钙（或铝酸钠）溶液用泵或压缩空气，通过注液管压入土中，溶液接触反应后生成硅胶，将土壤颗粒胶结在一起，起到加固和止水作用。

单液硅化法和双液硅化法施工只是使用的材料和适用的地层不一样,其工艺和质量控制要点基本相同,因此,在此只阐述双液硅化法(电动)的施工,单液硅化法可参考双液硅化法。当地基土为渗透系数大于 2.0m/d 的粗颗粒土时,可采用双液硅化法(水玻璃和氯化钙);当地基土为渗透系数介于 0.1~2.0m/d 之间的湿陷性黄土时,可采用单液硅化法(水玻璃);对自重湿陷性黄土宜采用无压力单液硅化法。

电动双液硅化法、电化学加固法,是在压力双液硅化法的基础上设置电极通入直流电,经过电渗作用扩大溶液的分布半径。施工时,把有孔灌浆浆液管作为阳极,铁棒作为阴极(也可用滤水管进行抽水),将水玻璃和氯化钙溶液先后由阳极压入土中,通电后,孔隙水由阳极流向阴极,而化学溶液也随之渗流分布于土的孔隙中,经化学反应后生成硅胶。经过电渗作用还可以使硅胶部分脱水,加速加固过程,并增加其强度。

双液硅化法具有价格低廉、施工简单、施工工期短、质量易于保证、不需要投入大型设备、浆液渗透性强、对环境无污染、加固效果明显、浆体结石率高、加固过程中附加沉降小、对相邻建筑基础无扰动、能够保证整体结构的安全等特点,被广泛用于既有建筑地基的补强加固工程,也是加固既有建筑地基行之有效且较为成熟的方法之一。

30.3.3.1 材料与机具

1. 材料

使用的材料主要有水玻璃、氯化钙、铝酸钠等,其主要性能参数见表 30-3。

材料的主要性能参数 表 30-3

序号	溶液名称	主要性能
1	水玻璃	模数 2.3~2.5,比重 1.35~1.44,杂质不得超过 2%
2	氯化钙	比重 1.26~1.28,pH 值>5.5,杂质的含量<60g/L,悬浮颗粒<1%
3	铝酸钠	含铝量为 180g/L,苛化系数为 2.4~2.5

2. 机具设备

使用的主要机具设备见表 30-4。

主要机具设备 表 30-4

序 号	机具设备名称	使用功能
1	振动打拔管机	打拔管
2	齿轮泵	压力注入浆液
3	浆液搅拌机	搅拌浆液
4	蓄浆桶	蓄存浆液
5	磅秤	称量浆液材料
6	压力管	压力输送浆液
7	注浆花管	插入地层注入浆液

30.3.3.2 施工方法

1. 工艺流程

施工准备→选择浆液及配合比→灌浆试验确定技术参数→放线布孔→成孔→灌注浆液→封孔。

2. 施工要点

(1)施工前,依据设计和规范要求,编制好施工方案,尤其应先在现场进行灌浆试验，确定各项技术参数，选择好浆液及配合比。

（2）按照设计位置，进行灌浆管的设置。采用打入法或钻孔法（振动打拔管机、振动钻或三角架穿心锤）将灌浆管沉入土中；灌注溶液钢管可采用内径为 20～50mm，壁厚大于 5mm 无缝钢管，灌浆管网系统的规格应能适应灌注溶液所采用的压力；灌浆管间距为1.73R，各行间距为 1.5R（R 为一根灌浆管的加固半径），灌浆管四周孔隙用土填塞夯实。电极可用打入法或先钻孔 2～3m 再打入，电极沿每行注液管设置，间距与灌浆管相同。通过不加固土层的注浆管和电极表面，须涂沥青绝缘，以防电流的损耗和作防腐。

（3）泵或空气压缩设备应能以 0.2～0.6MPa 的压力，向每个灌浆管供应 1～5L/min的溶液压入土中。

（4）灌注溶液的压力一般在 0.2～0.4MPa（始）和 0.8～1.0MPa（终）范围内，采用电动硅化法时，不超过 0.3MPa（表压）。

（5）灌注溶液次序，根据地下水的流速而定，当地下水流速在 1m/d 时，向每个加固层自上而下的灌注水玻璃，然后再自下而上的灌注氯化钙溶液，每层厚 0.6～1.0m；当地下水流速为 1～3m/d 时，轮流将水玻璃和氯化钙溶液均匀地注入每个加固层中；当地下水流速大于 3m/d 时，应同时将水玻璃和氯化钙溶液注入，以降低地下水流速，然后再轮流将两种溶液注入每个加固层。

（6）加固程序，一般自上而下进行，如土的渗透系数随深度增大时，则应自下而上进行；如相邻土层的土质不同时，渗透系数较大的土层应先进行加固；砂类土每一加固层的厚度为灌浆管有孔部分的长度加 0.5R，湿陷性黄土及黏土类土按试验确定。

（7）加固土层以上应保留 1m 厚的不加固土层，以防溶液上冒，必要时须夯填素土或打灰土层。

（8）硅化完毕，用桩架或三脚架借倒链或绞磨将注浆管和电极拔出，遗留孔洞用1∶5 水泥砂浆或黏土填实封孔，进行养护。

（9）地基加固结束后，尚应对已加固地基的建（构）筑物或基础进行沉降观测，直至沉降稳定，观测时间不应少于半年。

30.3.3.3　质量控制要点

（1）注浆点位置、浆液配比、注浆施工参数、注浆顺序、注浆过程的压力控制、检测要求等应符合设计和规范要求。

（2）硅酸钠溶液灌注完毕，检查应在注浆 15d（砂土、黄土）或 60d（黏性土）进行。

（3）单液硅化法处理后的地基验收，应检查注浆体强度、承载力及其均匀性，应采用动力触探或其他原位测试检验，检查孔数为总量的 2%～5%，不合格率大于或等于 20%时应进行二次注浆。必要时，应在加固土的全部深度内，每隔 1m 取土样进行室内试验，测定其压缩性和湿陷性。

（4）原材料要有材质报告，且应定期检查材料的比重。

（5）砂性土的硅化地基加固体的检测应在施工完毕 15d 后进行，黏性土的硅化地基加固体的检测应在 60d 进行。

30.3.4　碱　液　法

碱液法加固是将一定浓度、温度的碱液借自重以无压自流方式注入土中，与土中二氧化硅及三氧化铝、氧化钙、氧化镁等可溶性及交换性碱土金属阳离子发生置换反应，使土粒表面溶合形成胶结难溶于水的且具有一定强度的钙、铝硅酸盐胶结物，胶结物能起到胶结土颗粒，使土粒相互牢固地粘结在一起，增强土颗料附加粘聚力的作用，从而使土体得到加固，提高地基承载力。碱液法适用于非自重湿陷性黄土地基加固。

30.3.4.1　材料与机具

1. 材料

材料主要有氢氧化钠和氯化钙。

2. 机具

机具主要有贮浆桶、注浆管、输浆胶管、磅秤、浆液搅拌机、贮液罐、阀门以及加热设备等。

30.3.4.2　施工方法

1. 工艺流程

施工准备→定位打管（钻）→封孔→配制浆液→灌注浆液→拔管→管路冲洗→填孔。

2. 施工要点

（1）施工前，依据设计和规范要求，编制好施工方案，做好交底工作。

（2）进行单孔灌注试验，以确定单孔加固半径、溶液灌注速度、温度及灌注量等技术参数。

（3）灌注孔可用洛阳铲或麻花钻成孔，或用带锥形头的钢管打入土中然后拔出成孔，直径一般为 50～70mm。

（4）插入直径 20mm 镀锌铁皮注液管，下部沿管长每 20cm 钻 3～4 个直径 3～4mm 的孔眼。向孔中填入粒径 5～10mm 石子，直至注液管下端标高。

（5）灌注孔应分期分批间隔打设和灌注，同一批打设的灌注孔的时间距为 2～3m，每个孔必须灌注完全部溶液后，才可打设相邻的灌注孔。

（6）碱液加固所用 NaOH 溶液可用浓度大于 30％或固体烧碱加水配制，对于 NaOH 含量大于 50g/L 的工业废碱液和土烧碱液，经试验对加固有效时亦可使用。配制好的碱液中，其不溶性杂质含量不宜超过 1g/L，Na_2CO_3 含量不应超过 NaOH 的 5％。$CaCl_2$ 溶液要求杂质含量不超过 1g/L，而悬浮颗粒不得超过 1％，pH 值不得小于 5.5～6.0。

（7）碱液加固多采用不加压的自渗方式灌注，溶液宜采取加热（温度 90～100C°）和保温措施。

（8）单液法先灌注浓度较大（100％～130％）的 NaOH 溶液，接着灌注较稀（50％）的 NaOH 溶液，灌注应连续进行，不应中断。双液法按单液法灌完 NaOH 溶液后，间隔 4h 至 1d 再灌注 $CaCl_2$ 溶液。$CaCl_2$ 溶液同样先浓（100％～130％）后稀（50％）。为加快渗透硬化，灌注完后，可在灌注孔中通入 1～1.5 大气压的蒸汽加温约 1h。

（9）当碱液的加入量为干土重的 2％～3％时，土体即可得到很好的加固。单液加固每方土体需 NaOH 为 40～50kg，双液加固 NaOH、$CaCl_2$ 各需 30～40kg。

（10）加固时，用蒸汽保温可使碱液与地基地层作用快而充分，即在 70～100kPa 的压力下通蒸汽 1～3h，如需灌 $CaCl_2$ 溶液，在通汽后随即灌注。对自重湿陷性显著的黄土而言，需用挤密成孔方法，并且注浆和注汽要交叉进行，使地基尽快获得加固强度，以消除灌浆过程中所产生的附加沉陷。

(11) 加固已湿陷基础，灌浆孔设在基础两侧或周边各布置一排。如要求将加固体连成一体，孔距可取 0.7~0.8m。单孔的有效加固半径 R 可达 0.4m，有效厚度为孔长加 0.5R。如不要求加固体连接成片，加固体可视作桩体，孔距为 1.2~1.5m，加固土柱体强度可按 300~400kPa 使用。

30.3.4.3 质量控制要点

(1) 应在盛溶液桶中将碱液加热到 90℃ 以上才能进行灌注，灌注过程中桶内温度应保持不低于 80℃。

(2) 灌注碱液的速度，宜为 2~5L/min。

(3) 当采用双液加固时，应先灌注氢氧化钠溶液，间隔 8~12h 后，再灌注氯化钙溶液，后者用量应为前者的 1/2~1/4。

(4) 注浆施工时，宜采用自动流量和压力记录仪，并应及时对资料进行整理分析。

(5) 碱液加固地基验收，应在加固施工完毕 28d 后进行。可通过开挖或钻孔取样，对加固土体进行无侧限抗压强度试验和水稳性试验。取样部位应在加固土体中部，试块数不少于 3 个，28d 龄期的无侧限抗压强度平均值不得低于设计值的 90%。将试块浸泡在自来水中，无崩解现象。当需要查明加固土体的外形和整体性时，可对有代表性加固土体进行开挖，量测其有效加固半径和加固深度。

(6) 地基经碱液加固后应继续进行沉降观测，观测时间不得少于半年，按加固前后沉降观测结果或用触探法检测加固前后土中阻力的变化，确定加固质量。

30.4 基 础 加 固

30.4.1 基础补强注浆加固法

基础补强注浆加固是指依据液压、气压或电化学原理，通过注浆管把按一定配比拌合的具有流动性、填充性、胶凝性的浆液，注入开裂或损坏的基础裂隙中，使浆液与原来基础材料胶结成整体，从而提高原来基础的强度。其注浆类型按加固机理可分为充填注浆、渗透注浆、挤密注浆和劈裂注浆等四种方法，可根据不同的地层选用不同的注浆类型。

30.4.1.1 材料与机具

1. 材料

主要材料有注浆管（可采用 PVC 管或普通钢管）、浆液（一般为水泥浆、水泥砂浆或环氧树脂胶泥）。浆液应具有流动性、填充性和胶凝性。在凝固后，浆液凝固体应有一定的强度和黏性，以满足注浆和加固的作用。

2. 机具

主要机具有钻孔机、空压机、注浆机、搅拌机等。

30.4.1.2 施工方法

1. 施工流程

施工准备→搭设钻孔平台→分区或分段钻孔→清孔→搅拌浆液→安放注浆管→注浆→封堵→等强→效果检测。

2. 施工要点

（1）施工前应编制好施工方案，确定施工参数，依据施工方案做好交底工作，检查所需材料和设备机具满足施工要求。

（2）依据加固基础的结构形式，用脚手架或型钢，搭设稳固的钻孔平台，平台应满足钻孔设备钻孔施工要求。

（3）在搭设好的钻孔平台上，用钻机按设计位置，在原基础裂损处钻孔。钻孔应分区分段进行，钻孔应沿裂隙方向或重力方向向下钻孔，满足浆液的流动性和填充性。钻孔孔径应比注浆管直径大 2~3mm，对独立基础每边钻孔不应少于 2 个，对条形基础应沿基础纵向分段进行。

（4）钻孔完成后，用空压机的高压风管对准孔内，将杂物或粉末清理干净。

（5）按方案中的配合比和搅拌机的容积，配置浆液材料，放入搅拌筒内，经搅拌机拌制均匀。浆液材料可采用水泥浆、水泥砂浆或环氧树脂胶泥浆等。

（6）依据钻孔深度，安放注浆管，检查注浆头及管路状况是否良好，防止堵塞。

（7）开启注浆机，进行注浆，注浆压力可取 0.1~0.3MPa。

（8）当基础裂缝内浆液饱和、压力升高且达到注浆量时，上提注浆管。

（9）注浆过程中主要通过听声音、看压力、看注浆量来判断注浆效果。

（10）在注浆操作及拆除管路时，应戴防护眼镜，以免浆液溅入眼内，并做好劳动防护，作业人员必须佩戴橡胶手套。

（11）注浆完成后，及时清洗注浆机、搅拌机和管路。

（12）应依据现场试验和实际情况，对布孔方式、注浆参数、浆液配比及浆液材料进行调整。

（13）建立沉降观测网，对既有建筑及相关建筑、地下管线和地面的沉降、倾斜、位移和裂缝进行连续监测，做好监测记录，内容包括建筑物损坏区的照片、裂缝位置和裂缝开展日期、编号、大小及其发展等。

30.4.1.3 质量控制要点

基础补强注浆加固质量控制要点按表 30-5 执行。

基础补强注浆加固质量控制标准   表 30-5

项目	序号	检查项目		允许偏差或允许值		检 查 方 法
				单 位	数 值	
主控项目	1	原材料检验	水泥	设计要求		检查产品合格证书或抽样送检
			注浆用砂：粒径	mm	<2.5	试验室试验
			细度模数		<2.0	
			含泥量及有机物		<3	
			含量	%		
			粉煤灰：细度	不粗于同时使用的水泥		试验室试验
			烧失量	%	<3	
			水玻璃：模数	2.5~3.3		抽样送检
			其他化学浆液	设计要求		查出厂质保书或抽样送检
	2	注浆体强度		设计要求		取样检验
	3	地基承载力		设计要求		按规定的方法

项目	序号	检查项目	允许偏差或允许值		检查方法
			单位	数值	
一般项目	1	各种注浆材料称量误差	%	<3	抽查
	2	注浆孔位	mm	±20	用钢尺量
	3	注浆孔深	mm	±100	量测注浆管长度
	4	注浆压力（与设计参数比）	%	±10	检查压力表读数

30.4.2 加大基础底面积法

当既有建筑的地基承载力或基础面积尺寸不满足设计要求时，可用混凝土套或钢筋混凝土套加大基础承载面积，提高承载力，达到加固既有建筑物的目的。

30.4.2.1 材料与机具

1. 材料

主要材料有锚栓、界面剂、钢筋、混凝土、水泥等。

2. 机具

主要机具有小型挖掘机、空压机、清洗机、钻孔机、风镐或凿子、电焊机、振捣器等。

30.4.2.2 施工方法

1. 施工流程

施工准备→挖出原基础→清理原基础面→凿露钢筋或钻孔植筋→焊接、绑扎钢筋→搭设模板→浇筑混凝土→拆除模板→回填土方。

2. 施工要点

（1）当基础偏心受压时，可采用不对称加宽；当基础中心受压时，可采用对称加宽。

（2）当采用混凝土套加固时，基础每边加宽的宽度及外形尺寸应符合《建筑地基基础设计规范》（GB 50007）中有关刚性基础台阶宽高比允许值的规定。

（3）当采用钢筋混凝土套加固时，加宽部分主筋宜与原基础内主筋焊接。

（4）加宽部分基础垫层铺设厚度和材料均与原基础垫层一致。

（5）施工前详细调查加固基础的环境条件，编制可行的施工方案，做好交底工作，准备完好的施工机具与设备，采购合格材料，满足施工要求。

（6）用小型设备或人工开挖出原基础，开挖深度控制在原基础垫层位置，清理干净原基础面，且开挖时应防止原基础破坏。

（7）用风镐或凿子凿除加宽部位基础混凝土，露出主筋，也可采取植筋措施将增加钢筋与原基础连接。

（8）按设计和规范要求将新增钢筋与原基础钢筋进行焊接和绑扎，支设稳固模板支架。

（9）在浇注混凝土前，应将原基础凿毛和刷洗干净，再涂刷水泥浆或混凝土界面剂，以增加新老混凝土基础的粘结力。

（10）对条形基础加宽时，应按长度1.5～2.0m划分成单独区段，分批、分段、间隔进行施工。

（11）分层浇筑混凝土，待强度达到拆模要求时拆除模板并回填土方。

30.4.2.3　质量控制要点

（1）植筋施工应满足《混凝土结构后锚固技术规程》（JGJ 145），钻孔过程中严禁切断原受力钢筋，防止留下结构安全隐患。

（2）钢筋的连接应符合《混凝土结构设计规范》（GB 50010）及设计要求。

（3）混凝土施工质量应符合《混凝土结构工程施工质量验收规范》（GB 50204）的规定。

（4）进场水泥或界面剂材料应符合质量要求，应有产品合格证、产品质量检验报告、产品试验报告。

<h2 style="text-align:center">30.4.3　加深基础法</h2>

加深基础法适用于地基浅层有较好的土层可作为持力层且地下水位较低的情况。可将原基础埋置深度加深，使基础支承在较好的持力层上，以满足设计对地基承载力和变形的要求。当地下水位较高时应采取相应的降水或排水措施。加深基础法费用低、施工简便，加固施工期间既有建筑仍可以使用。

30.4.3.1　材料与机具

1. 材料

主要材料有混凝土墩、混凝土、水泥、砂、木板等。

2. 机具

主要机具有小型挖掘机、砂浆搅拌桶、镐、铲等。

30.4.3.2　施工方法

1. 施工流程

开挖托换导坑→将导坑扩展至托换基础下方→挖至基础下方持力层→用混凝土浇筑基础下方导坑→填实现浇混凝土与基础间空隙，重复上述步骤，直至基础托换全部完成。

2. 施工要点

（1）根据被托换加固结构荷载和坑下地基承载力大小，选用间断或连续混凝土墩进行加深基础。

（2）进行间断的墩式托换，应满足建筑物荷载条件对坑底土层的地基承载力要求。施工时，首先设置间断墩，以提供临时支承。

（3）当间断混凝土墩的底面积不能满足建筑物荷载提供足够支承时，则可设置连续墩式基础。开挖间断墩间土，坑内灌注混凝土，干填砂浆，形成连续混凝土墩式基础。

（4）当大的柱基用坑式托换时，可将柱基面积划分几个单元，进行逐坑托换。

（5）依据基础的形式和设计情况，在贴近被托换基础侧面，人工或机械开挖一个比原有基础底面深 1.5m 且满足施工要求的竖向导坑。在开挖原基础和加深开挖时，应依据开挖深度，做好支护和防雨等施工措施，防止基坑壁坍塌，确保施工安全。

（6）将导坑扩展到托换基础下面，并继续在基础下面开挖至设计持力层标高。

（7）用现浇混凝土浇筑基础下的挖坑，至离原有基础底面 8～10cm 处停止浇筑，养护一天后，用干硬性水泥砂浆塞填 8～10cm 的空隙，用铁锤锤击短木，使填塞砂浆充分捣实成为密实的填充层。

（8）采用同样的步骤，继续分段分批挖坑和修筑墩子，直至基础托换全部完成。

30.4.3.3　质量控制要点

（1）应严格按设计文件和有关规范要求进行施工。

（2）混凝土、砂浆等材料应有产品合格证、质量检验报告、产品试验报告，符合规范及设计要求。

（3）施工工序应严格进行隐蔽验收。

30.4.4　锚杆静压桩法

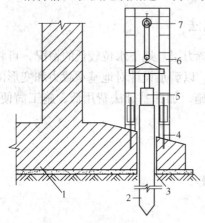

图 30-1　锚杆静压桩装置示意图
1—基础；2—桩；3—压桩孔；4—锚杆；
5—千斤顶；6—反力架；7—电动葫芦

锚杆静压桩法是利用建（构）筑物的自重作为压载，先在基础上开凿出压桩孔和锚杆孔，借锚杆反力，通过反力架，用千斤顶将桩段从基础压桩孔内逐段压入土中，然后将桩与基础连接在一起，从而达到提高既有建筑物地基承载力和控制沉降的目的。施工示意见图 30-1。

锚杆静压桩法具有施工机具轻便灵活、施工方便、作业面小、可在室内施工，且耗能低、无振动、无噪声、无污染、施工不影响建筑物的使用等优点，广泛应用于既有建筑基础加固工程中，适用于粉土、黏土、人工填土、淤泥、淤泥质土、黄土等地层的既有建筑基础加固，特别适用于地基不均匀沉降引起上部结构开裂或倾斜、建筑物加层或厂房扩大、在密集建筑物群中或在精密仪器车间附近建造多层建筑物。

30.4.4.1　材料与机具

1. 材料

主要施工材料有锚杆螺栓、预制桩段、硫磺胶泥、环氧树脂胶泥、钢筋等。

2. 机具

主要机具有小型挖掘机、钻孔机、锚杆静力压桩机、电焊机、切割机、空压机、风钻、风镐、配制环氧树脂胶泥（砂浆）及硫磺胶泥用的器具等。

30.4.4.2　施工方法

1. 施工流程

施工准备→挖出基础工作面→开凿压桩孔→钻锚杆孔→埋设锚杆→安装压桩架→起吊桩段→就位桩孔→压桩→起吊下节桩段→接桩→压桩→重复接桩压桩直至满足设计要求→封桩→桩与基础连接→压桩施工完成。

2. 施工要点

（1）锚杆静压桩设计应综合考虑既有建筑上部荷载和基础结构形式、加固目的、地质和水文条件以及周围地下管线、地下障碍、周围环境等因素。

（2）当既有建筑基础承载力不能满足压桩要求时，应先对基础进行加固补强；也可采用新浇筑钢筋混凝土挑梁或抬梁作为压桩的承台。

（3）依据设计和规范要求，编制合理的施工方案，做好交底工作，制作加工好桩段、锚杆螺栓、硫磺胶泥，平整施工工作面。

（4）用小型挖掘机或人工开挖基础上部土方，提供工作面。

（5）按设计要求凿出压桩孔，并将压桩孔壁凿毛，清理压桩孔。

（6）按设计要求施钻锚杆孔，清理锚杆孔，孔内必须清洁干燥后再埋设粘结锚杆。

（7）压桩架应安装牢固，并保持竖直，应均衡紧固锚固螺栓的螺帽或锚具，压桩过程中应随时检查螺帽，如有松动立即拧紧。

（8）就位的桩段应保持垂直，使千斤顶、桩段及压桩孔轴线重合，不得偏心加压，压桩时应垫钢板或麻袋，套上钢桩帽后再进行压桩，防止桩段破裂。

（9）整根桩应一次连续压到设计标高，当必须中途停压时，桩端应停留在软弱土层中，且停压的间隔时间不宜超过24h。

（10）压桩施工时，不应将数台压桩机放在一个独立基础上同时加压，施工期间压桩力的总和不得超过该基础及上部结构所能发挥的自重，以防基础上抬造成破坏。压桩应连续进行，不得中途停顿，以防因间歇时间过长使压桩力骤增，造成桩压不下去或把桩头压碎。当压力表读数突然上升或下降时，要停机对照地质资料进行分析，判断是否遇到障碍物或产生断桩现象等。压桩施工应对称进行，防止基础受力不平衡而导致倾斜。

（11）接桩时或中途暂停压桩时，应避免桩端停在砂土层上，以免再压桩时阻力增大压入困难。

（12）当采用焊接接桩时，应对准上、下节桩的垂直轴线，清除焊面铁锈，进行满焊施工连接，确保焊接质量。

（13）采用硫磺胶泥接桩时，硫磺胶泥的重量配合比可参照：硫磺∶水泥∶砂∶聚硫橡胶＝44∶11∶44∶1，可通过试配试验后适当调整施工配比。

（14）桩尖应到达设计持力层深度，压桩力应达到《建筑地基基础设计规范》（GB 50007）规定的单桩竖向承载力标准值的1.5倍，持续时间不应少于5min。

（15）桩顶未压到设计标高时，外露的桩头必须切除。严禁在悬臂情况下，切除桩头。

（16）封桩（桩与基础的联结）是整个压桩施工中的关键工序之一，可分不施加预应力法和预应力法两种方法。当封桩不施加预应力时，在桩端达到设计压桩力和设计深度后，使千斤顶卸载，拆除压桩架，切除外露桩头，清洗孔壁，清除桩孔内杂物，焊接锚杆交叉钢筋，涂刷混凝土界面剂，然后与桩帽梁一起浇筑C30微膨胀早强混凝土，使桩与桩基承台结合成整体，保湿养护7d以上，封桩混凝土达到设计强度后，方可卸载。

30.4.4.3 质量控制要点

（1）桩身和封桩混凝土质量应符合设计要求，硫磺胶泥性能应符合《建筑地基与基础工程施工及验收规范》（GB 50202）的规定。

（2）压桩孔与设计位置的平面偏差不得超过±20mm。压桩时桩段的垂直偏差不得超过桩段长的1%。

（3）压桩施工的控制标准应以设计最终压桩力为主，设计桩入土深度为辅。最终压桩力与桩压入深度应符合设计要求。严格控制接桩间歇时间和施工质量。压桩力不得大于该加固部分的结构自重，压桩孔宜为上小下大的正方棱台状，其孔口每边宜比桩截面边长大50～100mm。

（4）钢筋混凝土桩宜为方桩，其边长为180～300mm，桩身混凝土强度等级不应低于

C30。桩内主筋应按计算确定。当方桩截面边长为 200mm 时，配筋不宜少于 4Φ10；当边长为 250mm 时，配筋不宜少于 4Φ12；当边长为 300mm 时，配筋不宜少于 4Φ16。

（5）每段桩节长度应根据施工净空高度及机具条件确定，宜为 1.0～3.0m。

（6）原基础承台应满足有关承载力要求，承台周边至边桩的净距不宜小于 200mm，承台厚度不宜小于 350mm。

（7）桩顶嵌入承台内长度应为 50～100mm；当桩承受拉力或有特殊要求时，应在桩顶四角增设锚固筋，伸入承台内的锚固长度应满足钢筋锚固要求。

（8）压桩孔内应采用 C30 微膨胀早强混凝土浇筑密实。

（9）当原基础厚度小于 350mm 时，封桩孔应用 2Φ16 钢筋交叉焊接于锚杆上，并应在浇筑压桩孔混凝土的同时，在桩孔顶面以上浇筑桩帽，厚度不得小于 150mm。

（10）锚杆规格及质量应满足设计要求。锚杆可用光面直杆镦粗螺栓或焊箍螺栓。当压桩力小于 400kN 时，可采用 M24 锚杆；当压桩力为 400～500kN 时，可采用 M27 锚杆；锚杆螺栓的锚固深度可采用 10～12 倍螺栓直径，并不应小于 300mm；锚杆露出承台顶面长度应满足压桩机具要求，一般不应小于 120mm。锚杆螺栓在锚杆孔内的胶粘剂可采用环氧树脂胶泥，或硫磺胶泥；锚杆与压桩孔、周围结构及承台边缘的距离不应小于 200mm。

（11）当桩身承受拉应力时，应采用焊接接头，桩节两端均应设置预埋铁件。其他情况可采用硫磺胶泥接头连接，桩节两端应设置焊接钢筋网片，一端预埋插筋，另一端预留插筋孔和吊装孔。

（12）桩与基础联结前，应对压桩孔进行认真检查，验收合格后，方可浇捣混凝土。

30.4.5　树　根　桩　法

树根桩是一束不同倾斜度、向各方向分叉开、形状如同树根的小直径钻孔灌注桩，其直径通常为 100～300mm。国外是在钢套管的导向下用旋转法钻进。在托换工程中使用时，往往要钻穿既有建筑基础进入地基土中直至设计标高，清孔后下放钢筋（钢筋数量从 1 根到数根，视桩径而定），同时放入注浆管，压力注入水泥浆或水泥砂浆；边灌、边振、边拔管（升浆法）而成桩。亦可放入钢筋笼和注浆管，再填骨料，然后通过注浆管注入水泥浆或水泥砂浆而成桩。树根桩有垂直的和倾斜的，有单根的和成排的，有端承桩和摩擦桩。

采用树根桩法有以下特点：施工方便、噪声小、振动小、所需施工场地小、不危害既有建筑物、不扰动地基土、整体性好，可适用于碎石土、砂土、粉土、黏性土、湿陷性黄土、淤泥、淤泥质土、人工填土和岩石等各类地层。

30.4.5.1　材料与机具

1. 材料

主要施工材料有钢筋、水泥、砂子、碎石、混凝土等。

2. 机具

主要施工机具有钻机、电焊机、切割机、注浆泵等。

30.4.5.2　施工方法

1. 施工流程

施工准备→钻孔→清孔→安放钢筋笼和注浆管→填灌碎石→注浆→拔注浆管→振捣桩

头→浇筑承台。

2. 施工要点

(1) 依据设计和规范要求，编制合理的施工方案，做好交底工作，制作加工好钢筋笼、注浆管，合理选择起吊设备，尽可能一次起吊钢筋笼，平整施工工作面。

(2) 钻机就位后，按设计钻孔倾角和方位，调整钻机的方向和立轴的角度，钻机要求安装牢固和平衡。

(3) 钻进到设计标高后进行清孔，控制供水压力的大小，直至孔口溢出清水为止。

(4) 用起吊设备起吊钢筋笼，钢筋笼应顺直，因大部分钻孔是斜孔，下钢筋笼时，以人工配合，顺放钢筋笼至设计深度。在吊放钢筋笼的过程中，若发现缩颈、塌孔而使钢筋笼下放困难时，应起吊钢筋笼，分析原因后进行扫孔。特殊环境可分节起吊钢筋笼，用机械连接或焊接不断接长，施工时应尽量缩短吊放和焊接时间。

(5) 注浆管可采用直径 20~25mm 无缝铁管，在接头处应采用内缩节，使外管壁光滑，便于拔出，注浆管的管底口需用黑胶布或聚氯乙烯布封住。

(6) 钢筋笼和注浆管入孔后，应立即投入用水清洗过的粒径为 5~25mm 的碎石，如果钻孔深度超过 20m 时，可分二次投入。碎石应计量投入孔口填料区，并轻摇钢筋笼，促使石子下沉和密实，直至填满桩孔。填入量不应小于计算体积的 0.9 倍，在填灌过程中应始终利用注浆管注水清孔。

(7) 注浆时应控制压力，使浆液均匀上冒（俗称升浆法）。注浆管可在注浆过程中随注随拔，且须埋入水泥浆和水泥砂浆中 2~3m，以保证浆体质量。注入水泥浆和水泥砂浆时，碎石孔隙中的泥浆，被比重较大的水泥浆和水泥砂浆所置换，直至水泥浆和水泥砂浆从钻孔口溢出为止。注浆压力随桩长而增加，当桩长为 20m 时，其压力为 0.3~0.5 MPa；当桩长为 30m 时，其压力为 0.6~0.7 MPa。在注浆过程中，应对注浆管进行不定时上下松动。注浆施工时，应采用间隔施工、间歇施工或增加速凝剂掺量等措施，以防止出现相邻桩冒浆和串孔现象。树根桩施工不应出现缩颈和塌孔。

(8) 浆液材料通常采用 P.O 42.5 或 P.O 52.5 普通硅酸盐水泥，砂料需过筛，配制中可加入适量减水剂及早强剂。纯水泥浆的水灰比一般采用 0.4~0.55。水泥砂浆的水灰比可控制在 0.5~0.6。由于压浆过程会引起振动，使桩顶部石子有一定数量的沉落，故在整个压浆过程中，应逐渐投入石子至桩顶，当浆液泛出孔口，压浆方可结束。

(9) 注浆结束后，起拔注浆管，每拔 1m 必须补浆一次，直至拔出为止。拔出注浆管之后，再往桩头加入水泥、砂子和石子，并在 1~2m 范围内补充注浆，然后用细长软管振动棒振捣密实。

(10) 树根桩用作承重、支护或托换时，为使各根桩能联系成整体和加强刚度，通常都需浇筑承台，应凿开树根桩桩顶混凝土，露出钢筋，锚入所浇筑的承台内。

(11) 为提高树根桩的承载力，采用二次注浆的成桩法，需放置二根注浆管。一般二次注浆管做成花管形式，在管底口以上 1.0m 范围作成花管，其孔眼直径 0.8cm，纵向四排，间距 10cm，然后用聚氯乙烯胶布封住，防止放管时泥浆水或第一次注浆时水泥浆进入管内，注浆管一般是在钢筋笼内一起放到钻孔中。采用二次注浆工艺时，应在第一次注浆达到初凝（一般控制在 60min 范围内）后，才能进行第二次注浆。二次注浆除要冲破封口的聚氯乙烯胶布外，还要冲破初凝的水泥浆和水泥砂浆浆液的凝聚力并剪裂周围土体，从而产生劈裂现象。第二次注浆压力一般为 2～4MPa。因此，用于二次注浆的注浆泵额定压力不应低于 4MPa。经二次注浆后，桩承载力一般可提高约 25%～40%。

30.4.5.3 质量控制要点

（1）桩位平面位置允许偏差±20mm，直桩垂直度和斜桩倾斜度偏差均应按设计要求不得大于 1%。

（2）钢筋笼主筋间距允许偏差为±10mm，长度允许偏差±100mm，钢筋材质应满足设计要求，箍筋间距允许偏差为±10mm。

（3）每 3～6 根桩应留一组试块，测定抗压强度，桩身强度应符合设计要求。

（4）应采用载荷试验检验树根桩的竖向承载力，有条件时也可采用动测法检验桩身质量，两者均应符合设计要求。

30.4.6　坑式静压桩法

坑式静压桩法亦称压入桩或顶承静压桩，是在已开挖基础下的托换坑内，利用建筑物上部结构自重做支撑反力，用千斤顶将预制好的钢管桩或钢筋混凝土桩段接长后逐段压入土中的托换方法。坑式静压桩法是将坑式托换与桩式托换融为一体的托换方法，适用于淤泥、淤泥质土、黏性土、粉土和人工填土等且地下水位较低的情况。

30.4.6.1　材料与机具

1. 材料

主要材料有预制桩段、环氧树脂胶泥（砂浆）及硫磺胶泥（砂浆）等。

2. 机具

主要机具有油压千斤顶、高压油泵、电动葫芦、电焊机、切割机、空气压缩机、风钻、风镐、配制环氧树脂胶泥（砂浆）及熬制硫磺胶泥（砂浆）用的器具等。

30.4.6.2　施工方法

1. 施工流程

施工准备→开挖竖向导坑→开挖托换坑→托换压桩→接桩→封顶→回填托换坑及导坑。

2. 施工要点

（1）坑式静压桩是在既有建筑物基础底下进行施工作业，难度大且有一定的风险，施工前应详细调查加固基础的环境条件，编制可行的施工方案，做好交底工作，准备完好的施工机具与设备，采购合格材料，清理好压桩作业面，满足施工要求。

（2）施工时先在被托换既有建筑的一侧，用人工或小型设备开挖一个比原有基础底面深 1.5m 的竖向导坑。

（3）将竖向导坑朝横向扩展到基础梁、承台梁或基础板下，垂直开挖一个托换坑。对不能直立的砂土或软土坑壁，进行适当支护；如坑内有水时，应在不扰动地基土的条件下降水后施工；为保护既有建筑安全，托换坑不能连续开挖，必须进行间隔式开挖和托换加固。

（4）压桩托换时，先在托换坑内垂直放正第一节桩，并在桩顶上加钢垫板，再在钢垫板上安装千斤顶及压力传感器，校正好桩的垂直度后，驱动千斤顶压桩，每压入一节桩，再接上一节桩。当日开挖的托换坑应当日托换完成，切不可撤除千斤顶，决不可使基础梁和承台梁处于悬空状态。压桩过程中，应随时注意使桩保持轴心受压，若有偏移，要及时调整。

（5）当钢管桩压桩到位后，要拧紧钢板垫上的大螺栓，即顶紧螺栓下的钢管桩。对钢管桩，接桩可采用焊接；对钢筋混凝土桩，接桩可采用硫磺胶泥或焊接。接桩时应保证上、下节桩的轴线一致，并尽可能地缩短接桩时间。

（6）在压桩过程中，应随时记录压入深度及相应的桩阻力，并须随时校正桩的垂直度。

（7）对钢管桩，应根据工程要求，在钢管内浇筑 C20 微膨胀早强混凝土，最后用 C30 混凝土将桩与原基础浇筑成整体。

（8）对钢筋混凝土方桩，用 C30 微膨胀早强混凝土将桩与原基础浇筑成整体。当施加预应力封桩时，可采用型钢支架，而后浇筑混凝土。

（9）封顶回填时，应根据不同的工程类型，确定封顶回填的方案，通常在封顶混凝土里掺加膨胀剂或预留空隙后填实的方法。

30.4.6.3 质量控制要点

（1）桩位平面允许偏差为±20mm，桩节垂直度不得大于 1% 的桩节长。

（2）施工前应对成品桩做外观及强度检验，接桩用焊条或半成品硫磺胶泥应有产品合格证书；压桩用千斤顶应进行标定后方可使用。硫磺胶泥半成品应每 100kg 做一组试件（3 件）进行试验。

（3）桩尖应到达设计持力层深度，压桩力应达到《建筑地基基础设计规范》（GB 50007）规定的单桩竖向承载力标准值的 1.5 倍，且持续时间不应少于 5min。

（4）压桩过程中应检查压力、桩垂直度、接桩间歇时间、桩的连接质量及压入深度。

30.4.7 预压桩托换法

预压桩的设计思路是针对坑式静压桩的施工存在的问题而予以改进的工法。坑式静压桩施工中在撤出千斤顶时，桩体会发生回弹，影响施工质量。预压桩能阻止坑式静压桩施工中撤出千斤顶时压入桩的回弹，其方法是在撤出千斤顶之前，在被预压的桩顶与基础之间加进一个楔紧的工字钢。预压桩主要适用于黄土、湿陷性黄土、地下水位较高且建筑物荷载不大的情况。施工示意见图 30-2。

30.4.7.1 材料与机具

1. 材料

主要材料有预制桩段、工字型钢、钢垫板、环氧树脂胶泥（砂浆）及硫磺胶泥（砂浆）等。

2. 机具

主要机具有油压千斤顶、高压油泵、电动葫芦、电焊机、切割机、空气压缩机、风钻、风镐、配制环氧树脂胶泥（砂浆）及熬制硫磺胶泥（砂浆）用的器具等。

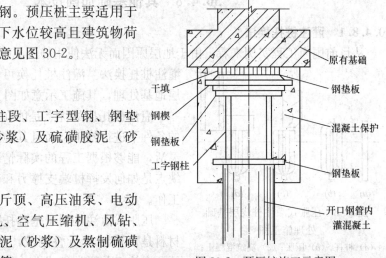

图 30-2 预压桩施工示意图

30.4.7.2　施工方法

1. 施工流程

施工准备→开挖竖向导坑→开挖托换坑→托换压桩→安装托换千斤顶→塞入钢柱及钢垫板→托换千斤顶卸载至零→钢柱两端与桩顶和基底焊接牢固→回填→支模、浇筑混凝土承台。

2. 施工要点

(1) 当钢管桩达到要求的设计深度，即可进行预压，如果是预制钢筋混凝土桩，则需要等混凝土强度达到预压要求后才能进行预压。

(2) 用两个并排设置的千斤顶放在基础底和桩顶面之间，其间应能够安放楔紧的工字钢钢柱。

(3) 加压至设计荷载的150%，保持荷载不变，等桩基础沉降稳定后（一个小时内沉降量不增加被认为是稳定的），将一段工字钢竖放在两个千斤顶之间并打紧，这样就有一部分荷载由工字钢承担，并有效地对桩体进行了预压，并阻止了其回弹，此时可将千斤顶撤出。

(4) 撤出千斤顶后，将混凝土灌注到基础底面，将桩顶与工字钢柱用混凝土包起来。

(5) 一般不采用闭口或实体的桩，因为桩顶的压力过高或桩端遇到障碍物时，闭口钢管或预制混凝土难以顶进。

(6) 沉桩过程中，出现压力桩反常，桩身倾斜，桩身或桩顶破损等异常情况时，应停止沉桩，会同有关方面查明原因，并进行必要的处理后，方可继续进行施工。

30.4.7.3　质量控制要点

(1) 施工前应对成品桩做外观及强度检验，接桩用焊条或半成品硫磺胶泥应有产品合格证书；压桩用千斤顶应进行标定后方可使用。硫磺胶泥半成品应每100kg做一组试件（3件）进行试验。

(2) 桩尖应到达设计持力层深度，压桩力应达到《建筑地基基础设计规范》（GB 50007）规定的单桩竖向承载力标准值的1.5倍，且持续时间不应少于5min。

(3) 压桩过程中应检查压力、桩垂直度、接桩间歇时间、桩的连接质量及压入深度。

30.4.8　其他基础加固技术

30.4.8.1　灌注桩托换法

从目前国内工程实例来看，由于地层原因而无法使用静压成桩工法时，普遍采用的是灌注桩托换法。灌注桩托换可分为浅层地基处理和深层地基处理，其施工示意如图30-3、图30-4所示。

灌注桩托换的优点是能在密集建筑群而又不搬迁的条件下进行施工，而且其施工占地面积较小，操作灵活，能够根据工程的实际情况变动桩径和桩长。其缺点是如何发挥桩端支撑力和改善泥浆的处理、回收工作。

压胀式灌注桩用于基础托换工程，此种工法桩杆材料是由薄钢板折叠制成，使用时靠注浆的压力张开。在施工前要先行成孔，然后放入钻杆。若进行浅

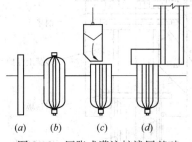

图30-3　压胀式灌注桩浅层基础处理施工图
(a) 桩杆；(b) 压胀；(c) 浇筑混凝土；(d) 制作承台

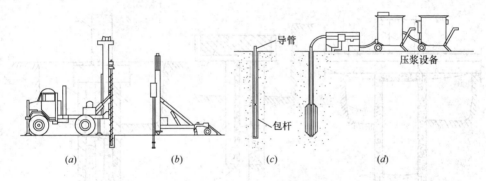

图 30-4 压胀式灌注桩深层基础处理施工图
(*a*) 钻孔；(*b*) 放包杆；(*c*) 包杆与导管就位；(*d*) 压力注浆

层处理，则用气压将桩杆胀开，然后截去后浇筑混凝土而成桩的外露端头（图 30-3）；若进行的是深层处理，则用压力注浆设备和导管，将桩杆胀开的同时，压入水泥砂浆而成桩（图 30-4）。

30.4.8.2 打入桩托换法

当地层中含有障碍物，或是上部结构较轻且条件较差而不能提供合适的千斤顶反力，或是桩身设计较深而成本较高时，静压成桩法不再适用，此时可考虑采用打入桩进行托换加固。

打入桩的桩体材料主要采用钢管桩，这是由于相比其他形式的桩，钢管桩更容易连接，其接头可用铸钢的套管或焊接而成。常用的打桩设备是压缩空气锤，空气锤安装在叉式装卸车或特制龙门导架上。导架的顶端是敞口的，这样可以更充分地利用有限的空间。在打桩过程中，还需要在桩管内不断取土。如遇到障碍物时，可采用小型冲击式钻机，通过开口钢管劈裂破碎或钻穿而将土取出。这种钻机可使钢管穿越最难穿透的卵石、碎石层。在桩端达到设计土层深度时，则可以进行清孔和浇筑混凝土。

在所有的桩都按要求施工完成后，则可用搁置在桩上的托换梁（抬梁法或挑梁法托换）或承台系统来支撑被托换的柱或墙，其荷载的传递是靠钢楔或千斤顶来转移的。

打入桩的另一个优点是钢管桩桩端是开口的，对桩周的土体排挤较少，所以对周围环境影响不大。

30.4.8.3 沉井托换加固法

沉井托换加固法也是建筑物增层、纠偏时常用的方法。尤其是在场地比较狭窄的既有建筑加固工程中，更有其明显的效果。

图 30-5 (*a*) 为柱下条形基础，由于地基不均匀沉降造成基础开裂，采用沉井托换加固法支撑已经开裂的条形基础。用千斤顶和挖土法支撑条基并使沉井下沉，达到设计标高后封底或全部灌填低强度等级素混凝土，然后将已开裂的基础进行灌浆加固修复。

图 30-5 (*b*) 是采用沉井托换加固桩基础。由于单桩承载力不足，造成建筑物下沉，或在增加荷载作用下，原柱基础承载力已不能满足要求时，可在承台下开挖施工坑，并现场浇筑沉井，分节下沉，用挖土法和千斤顶加压法，至计算标高后，清底并封底或全部充填低强度等级素混凝土。

图 30-5 (*c*) 是采用沉井托换加固法修复已断的桩基础。

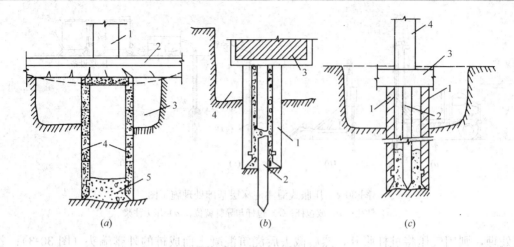

图 30-5 沉井托换加固法

(a) 柱下条基加固法；(b) 沉井法加固桩基础；(c) 沉井法修复已断桩基础

(a) 1—墙体；2—条基；3—挖坑；4—沉井；5—填混凝土；

(b) 1—沉井；2—原桩；3—基础；4—挖坑；(c) 1—沉井；2—原柱；3—基础；4—墙体

30.5 结 构 加 固

30.5.1 阻 尼 器

阻尼器是一种采用特殊阻尼材料制作的被动减振装置，通过与主体结构相连，利用其阻尼特性耗散结构构件在地震或风振等作用下的能量，减轻结构的变形和损伤，改善既有建筑的抗震性能。具有施工工艺简单，安装便捷，性能稳定，对建筑物的空间配置及外观影响小，地震后检验修复及更换方便等优点。适用于需要减小地震或风等外部动力作用下振动反应的钢结构、钢筋混凝土结构、劲性钢筋混凝土结构等类型的建筑物。

30.5.1.1 材料与机具

1. 阻尼器

根据阻尼材料和耗能机理不同，结构减振常用阻尼器有油阻尼器、黏滞阻尼器、黏弹阻尼器、软钢阻尼器和摩擦阻尼器等多种类型。

(1) 油阻尼器、黏滞阻尼器：都属于流体体系阻尼器，利用阻尼器内流体惯性力耗散结构振动能量的称为油阻尼器，利用阻尼器内流体黏滞力耗散结构振动能量的称为黏滞阻尼器。油阻尼器构造由油缸、活塞杆、调压阀、溢流阀等组成，通过油缸内活塞部分内藏的阀门产生阻尼力，阻尼器用油有：精制矿物油、硅油等。黏滞阻尼器构造有由油缸、活塞杆、活塞和硅流体组成的"流动阻抗型"和由外部钢板构成的墙形容器中注入高黏度的黏滞体，并在外部钢板之间插入多层内部钢板组成的"剪切阻抗型"，其中"剪切阻抗型"又分为墙型、多层型及旋转筒型。其黏滞体一般为烃类和丁烷类高分子材料。

(2) 黏弹阻尼器：黏弹阻尼器是采用黏弹性材料夹在两块平板之间使其产生剪切变形的构造，当两块外部钢板产生相对平行位移时，黏弹性体产生剪切变形，有滞回特性的阻抗力发挥作用达到吸收振动能量的目的。其构造类似于三明治，阻尼材料的主要成分一般为苯乙烯类合成橡胶和丙烯类黏弹性体，其与平板的结合，采用化学胶粘结和利用材料本身固有的粘结等方式。

（3）软钢阻尼器：利用软钢作为能量吸收材料，通过金属屈服（弹塑性变形）来耗散振动输入能量，达到结构减振目的。其构造是采用软钢制作的平板钢支撑芯材和对其进行防弯曲加固的一般钢管所构成，阻尼材料为阻尼器专用软钢。

（4）摩擦阻尼器：通过受预紧力的两块固体之间的相对滑动所产生的摩擦力来耗散结构振动能量，达到减振目的。其构造由发生装置、摩擦材料和对手材料组成，发生装置主要有螺栓装置、环形装置等；阻尼材料主要有复合摩擦材料、金属类摩擦材料等。

2. 相关要求

（1）阻尼器产品外观及相关性能应满足设计要求。

（2）钢板、焊条等应符合设计及相关规范要求。板材切割、成孔应机械作业。

（3）结构胶满足植筋的相关要求，高强度螺栓满足钢结构的相关规定。

3. 机具

主要机具设备有电锤、钢筋探测仪、磁力钻、电焊机、钢板矫平机、切割机、倒链、水准仪等。

30.5.1.2 阻尼器的设置形式及连接方法

1. 阻尼器的设置形式

阻尼器的设置形式有支撑型、墙型、剪切连接型、节点型、中间柱型、角撑型、悬臂型、阶梯柱型、放大装置型等（图30-6）。

2. 阻尼器与结构连接

阻尼器与结构之间一般通过后置锚板连接。设置在加固改造工程现浇结构上时，阻尼器也可通过预埋件连接主体结构。后置锚板通过植筋塞焊或化学锚栓固定在主体结构上，阻尼器通过焊接、铰接或高强度螺栓与后置锚板（或预埋件）连接。阻尼器的连接要利于充分发挥其性能。

（1）油阻尼器与结构的连接

油阻尼器的设置方式有支撑型、剪切连接型等，考虑连接部分的刚度、节点有无间隙等因素，其连接有铰接和高强度螺栓连接两种。铰接是后置锚板上设置球面轴承后与阻尼器连接，必须根据用途区分有间隙和无间隙的情况。在连接长度无富余的情况下采用高强度螺栓连接，油阻尼器两端带球面轴承的法兰盘与后置锚板上设置的法兰盘用高强度螺栓连接。

（2）黏滞阻尼器与结构的连接

1）流动阻抗式

流动阻抗式的设置方式有支撑型、剪切连接型等。与结构的连接设置中有采用两端面轴承的铰接方式，也有采用单侧铰接、另侧螺栓固定的方式。

2）剪切阻抗式

① 墙型、多层型

墙型、多层型黏滞阻尼器的设置方式一般为墙型，采用焊接或高强度螺栓与结构连接。连接方法一般是连接在上下层的梁之间，垂直于水平楼面设置，保证黏滞体表面必须水平。

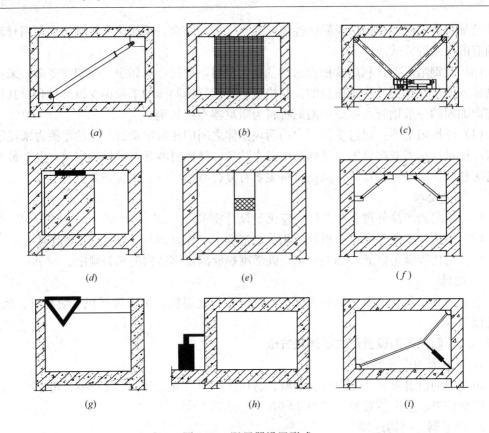

图 30-6　阻尼器设置形式

(*a*) 支撑型；(*b*) 墙型；(*c*) 剪切连接型；(*d*) 节点型；(*e*) 中间柱型；(*f*) 角撑型；
(*g*) 悬臂型；(*h*) 阶梯柱型；(*i*) 放大装置型

② 旋转筒型

旋转筒型一般设置在上下层的梁之间，形式有支撑型和剪切连接型。与结构的连接设置中有铰接、螺栓固定和焊接多种方式。对支撑型的情况，阻尼器速度放大部分应朝向支撑构件的任一端部。对剪切连接型的情况，阻尼器速度放大部分应朝向柱的端部。

(3) 黏弹阻尼器与结构的连接方法

1) 剪切连接型、中间柱型、墙型

剪切连接型、中间柱型、墙型的黏弹阻尼器分别通过支撑构件、中间柱构件、墙式支承构件、节点板连接到主体结构框架的梁、柱上。连接方法一般采用焊接或高强度螺栓，当需对阻尼器进行更换时多采用高强度螺栓连接。

2) 支撑型

支撑型黏弹阻尼器通过节点板连接到框架的梁柱节点或梁中央。连接方法一般采用焊接或高强度螺栓，有时也可采用铰接。当需对阻尼器进行更换时多采用高强度螺栓连接。

(4) 软钢阻尼器与结构的连接方法

软钢阻尼器与主体结构连接方法与一般钢结构构件大致相同，考虑到特殊情况下，构件更换的可能性，常采用的是高强度螺栓连接。考虑到为防止主体结构和连接构件的变形导致阻尼器发生附加弯曲变形时，也可采用铰连接和焊接。

（5）摩擦阻尼器与结构的连接方法

摩擦阻尼器与主体结构的连接可采用具有内部摩擦装置的整体型支撑阻尼器通过高强度螺栓、铰、现场焊接等的连接；剪切连接型阻尼器＋支撑的连接；支撑与主结构连接部分直接采用平板型摩擦阻尼器的连接，将平板型摩擦阻尼器组装在中间柱内的连接等。

30.5.1.3 施工方法

1. 阻尼器在混凝土结构加固中的施工方法

（1）工艺流程

施工准备→测量放线→基层处理→后置锚板安装→阻尼器安装→验收及保养。

（2）施工要点

1）施工准备

① 根据设计图纸和生产厂家提供的操作使用说明书，准备阻尼器安装配件。

② 搭设操作平台，并拆除既有建筑中影响阻尼器安装的构配件。

③ 对原结构梁、柱、板构件的轴线尺寸进行实测和检查，发现原结构有严重破损影响阻尼器安装使用时，应及时反馈给相关方采取补强措施。

④ 采用钢筋探测仪器探查原有混凝土结构内钢筋位置，并作出标记。

2）测量放线

按设计图纸要求在施工面划定后置锚板（埋件）准确位置、植筋孔位等，用水准仪抄测阻尼器的安装标高，轴线校核准确。标出植筋孔位，植筋位置与原结构钢筋位置冲突时与设计协商调整。

3）基层处理

剔除原结构装饰层及抹灰层，露出混凝土表面。检查混凝土质量情况，对于混凝土表面有剥落、腐蚀、松动等现象时，将该部位剔凿至坚实基层后，用清水冲洗润湿，然后用环氧砂浆进行修复。对于混凝土表面不平整的部位，用混凝土角磨机、砂纸等工具将表面的凸起部位磨平。如混凝土构件存在裂缝的，裂缝部分应进行封闭或灌浆处理。

4）后置锚板安装

后置锚板与结构的连接一般采用植筋塞焊或化学锚栓固定的形式。

① 钻孔、植筋（化学螺栓）

植筋（化学螺栓）一般采用电锤钻孔，孔深及孔径按照设计要求，成孔深度、直径及清理、植筋（化学锚栓）等要求详见 30.5.5 "混凝土钻孔植筋" 的有关内容。

② 钢板成孔

为避免偏差，后置锚板一般采用后开孔的方式，即植筋（化学螺栓安装）完成后，将构件上的实际孔位反映到锚板上，用石笔画出钻孔位置，然后用磁力钻钻孔。

如采用植筋塞焊的方式，应先将钢板钻穿后扩孔。先用大于植筋直径 4mm 的钻头钻孔，再用大钻头进行扩孔，扩孔应扩成 45°坡口。

③ 锚板安装

后置锚板与钢筋采用塞焊连接时，应认真按坡口焊接的有关要求执行。每一焊道焊接完成后应及时清理焊渣及表面飞溅物，发现影响焊接质量的缺陷时，应清除后重新焊接。

钢板表面在焊接后应用角磨机磨平，打磨至光滑。锚板安装示意见图 30-7。

采用化学锚栓固定时，按照设计要求预紧至相应力值，紧固螺栓。

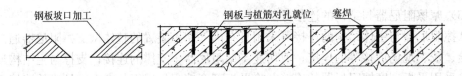

图 30-7　后置锚板成孔及安装示意图

钢板与混凝土之间缝隙采用灌注结构胶填实或按设计要求进行处理。

5）阻尼器安装

阻尼器与后置锚板的安装固定主要是焊接、铰接和高强度螺栓连接三种形式，其安装方法类似钢结构安装，施工工艺可参照钢结构连接的相关章节执行。

① 焊接

a. 按设计图纸要求在施工面弹出阻尼器安装位置线。

b. 按照安装位置线将阻尼器吊装就位。在加固工程的施工中，因受场地条件限制，阻尼器体型较大或较重时，可采用倒链吊装就位。在安装前应提前搭设吊装支撑架，或采用在上层楼板设置吊钩固定倒链。

c. 焊接。阻尼器位置经检查无误后进行焊接作业，焊接工艺参见钢结构安装相关内容。

d. 阻尼器与连接构件焊接时，应对称施焊，减少焊接变形。

e. 分层焊接。阻尼器焊缝应分层焊接，且每焊完一层，应用小锤将焊皮敲净，然后继续焊接，直至焊缝饱满、均匀。

f. 焊缝检测。阻尼器在焊接完毕后应进行焊缝检测。可采用超声波探伤仪进行检测，阻尼器安装焊缝为Ⅰ级焊缝，需要进行100%焊缝检测。

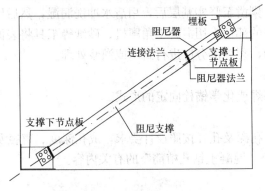

图 30-8　阻尼器高强度螺栓连接图

② 铰接和高强度螺栓连接

铰接和高强度螺栓连接时，先将节点板（法兰盘）与后置锚板焊接，然后节点板（法兰盘）与阻尼器采用高强度锚栓连接，见图 30-8、图 30-9。

a. 节点板（法兰盘）安装

节点板（法兰盘）下料前，应进行现场放样，保证开孔位置准确，并复核上下节点板之间销轴孔的净距离无误后与后置锚板焊接固定。

b. 上下节点板焊接完成后，按照设计图纸要求，将阻尼器吊装就位，调整完毕后用高强度螺栓将阻尼器的铰座与连接板连接，连接方法参见钢结构连接章节中相关内容。

6）验收及保养

① 阻尼器安装完成后应对其设置位置、连接情况、外观等进行验收，验收合格后按照设计要求进行防腐、防火处理。

② 阻尼器在使用期间，需定期进行检测和保养，保证其工作性能。

③ 阻尼器在经历水灾、火灾或设计水平之上的地震、大风之后，需要对阻尼器进行检查及性能检测，对已不能满足性能要求的阻尼器，需及时更换。

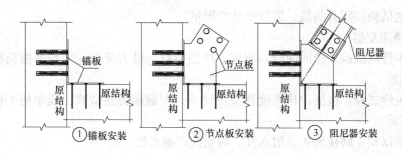

图 30-9　高强度螺栓连接安装顺序

2. 阻尼器在钢结构加固中的施工方法

在钢结构的加固施工中，后置锚板安装一般直接与原钢结构构件进行焊接，然后再进行阻尼器的安装固定，阻尼器的安装方法与在混凝土结构加固中的施工方法相同。

30.5.1.4　质量控制要点

1. 质量要求

施工质量应符合《混凝土结构后锚固技术规程》（JGJ 145）、《钢结构工程施工质量验收规范》（GB 50205）、《钢结构高强度螺栓连接的设计施工及验收规程》（JGJ 82）的相关规定并满足设计要求。

2. 质量检验

（1）阻尼器使用时需进行相关性能检验，其中包括阻尼器的基本特性及各种相关性，性能检验应根据设计要求进行，主要试验项目有：

1）油阻尼器

① 基本特性试验：检验位移时程和阻尼力，项目为阻尼力时程、阻尼力—位移关系、第1阻尼力斜率、第2阻尼力斜率、等效黏滞阻尼系数、刚度。

② 相关性试验：包括频率相关性试验、环境温度相关性试验、微振动特性试验、循环次数相关性试验。

③ 其他试验：耐久性试验和耐火性试验。

2）黏滞阻尼器

① 基本特性试验：检验阻尼力和滞回曲线的平滑性。

② 相关性试验：包括频率相关性试验、速度相关性试验、位移振幅相关性试验、温度相关性试验。

③ 其他试验：循环性能、老化性能、耐火性、耐热性、温度稳定性、耐候性、耐水性。

3）黏弹阻尼器

① 基本特性试验：储存弹性模量和损失系数。

② 相关性试验：包括应变相关性试验、频率相关性试验、温度相关性试验。

③ 其他试验：疲劳曲线、老化性能、耐水性、耐候性、耐火性。

4）软钢阻尼器

① 基本特性试验：滞回曲线、弹性刚度、第2刚度、屈服承载力、极限位移。

② 相关性试验：包括位移速度相关性试验、循环次数相关性试验、频率相关性试验。

③ 其他试验：疲劳曲线、累积塑性变形量。

5）摩擦阻尼器

① 基本特性试验：滞回曲线、刚度、摩擦荷载、最大荷载、平均摩擦荷载，起点位移和第 2 刚度。

② 相关性试验：包括位移速度相关性试验、振幅相关性试验、频率相关性试验、温度相关性试验。

③ 其他试验：磨耗耐久、耐水性、耐候性、耐火性。

（2）阻尼器安装检查项目及方法如表 30-6 所示。

表 30-6

阻尼器的安装检验

检查项目	检查数量	检查方法	控制标准
设置位置	全数检查	外观检测	确认设置方向及产品类型
连接螺栓的紧固状况	全数检查	外观检测	螺栓数量无误，紧固螺栓无松弛
与建筑物的相互影响	全数检查	外观检测	是否存在阻碍阻尼器工作的障碍物
外观	全数检查	外观检测	涂层无脱落和生锈
保养	全数检查	外观检测	确认保养材料的状态

（3）对钢构件的安装质量要求及检查

钢构件的检验按《钢结构工程施工质量验收规范》（GB 50205）执行。

（4）植筋、化学锚栓等锚固件的质量检查

在施工现场同种环境下做抗拔试验，抗拔力应达到设计要求。

（5）对高强度螺栓的安装质量要求及检查

需进行高强度螺栓连接摩擦面的抗滑移系数试验和复验，高强度螺栓连接副的施拧顺序和初拧、复拧扭矩应符合设计要求和《钢结构高强度螺栓连接的设计施工及验收规程》（JGJ 82）的规定。

30.5.2　增加竖向结构

增加竖向结构是提高既有建筑承载力及抗震性能的加固方法，常用于增层改造对原结构的墙、柱进行加固或新增墙、柱构件以提高工程整体承载力，以及通过增加剪力墙将框架结构变成框剪结构，改变原结构形式，提高既有建筑抗震性能。

增加竖向结构施工中涉及的加大构件截面、粘贴钢板、植筋等加固技术，在本章其他节均有详述，因此，本节只侧重介绍增加竖向结构连接节点的做法。

30.5.2.1　材料与机具

1. 材料

（1）混凝土

1）混凝土应满足设计和相关规范的要求，其强度等级应比原结构构件提高一级，且不低于 C20，并适量添加膨胀剂。

2）必要时可选用高强度灌浆料来替代混凝土。

（2）钢材

1）钢材的品种、质量和性能应满足设计和相关规范的要求。

2）钢材的连接方式、工艺等应满足设计和相关规范的要求。

2. 机具

主要施工机具有开洞用的水钻、拆除混凝土用的墙锯、打孔用的电锤等。

30.5.2.2 施工方法

1. 局部置换混凝土

局部置换混凝土是指用合格的混凝土置换既有混凝土结构构件中存在裂损、蜂窝、孔洞、夹渣、疏松或混凝土强度偏低等缺陷或劣化的混凝土，达到恢复结构基本功能的目的。

施工要点：

（1）置换前进行全部卸荷或部分卸荷，并进行施工阶段的结构强度验算。

（2）将原构件缺陷或劣化混凝土剔凿至密实部位，并将表面用花锤打毛或人工剔出横向沟槽，沟槽深度不宜小于 6mm，间距为 100～150mm，除去浮渣、粉尘及松动的石子。

（3）新旧混凝土结合面冲洗干净。混凝土浇筑前涂刷同等级水泥浆或界面剂，然后浇筑混凝土。置换混凝土的强度等级应比原混凝土提高一级，且不应小于 C25。

2. 增加柱节点连接

（1）新加框架柱与原基础的连接

1）当基础需要进行加固时，可结合基础加固一起考虑，把新加纵向钢筋锚入加固基础内，并满足锚固长度要求，见图 30-10。

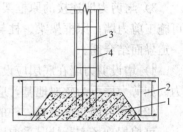

图 30-10 新加柱纵向钢筋锚入原基础示意
1—原基础；2—基础加固部分；
3—新加柱纵筋；4—新加柱

2）当原基础不需加固时，增加柱纵向钢筋可通过植筋植入原基础。在原基础顶面新加柱部位凿毛，按新加纵向钢筋位置钻孔植筋，植筋直径与新加纵筋相同，植入基础深度不小于 15 倍钢筋直径，伸出基础的长度根据钢筋的连接形式确定，并满足国家现行规范要求。

（2）新加框架柱穿过中间楼层的连接

1）新加柱纵向钢筋需穿过中间各楼层，无抗震要求时搭接位置可从各楼层板面开始；有抗震要求时搭接位置应避开柱端箍筋加密区。

2）新加纵向钢筋穿过楼层，其中间的钢筋与楼层梁相碰时，可采用绕梁而过。绕梁困难时，可在梁上做钢套，将不能穿过楼板的纵向钢筋与钢套的角钢焊接，钢套侧面钢板截面按未穿过楼板的钢筋进行等强代换来确定，见图 30-11。

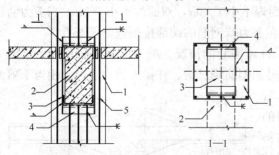

图 30-11 新加纵向钢筋与钢套连接示意
1—新加柱；2—原梁；3—钢套；4—钢套角钢；
5—新加纵向钢筋

（3）（增层时）新加框架柱与原框架顶层的连接

1）当原框架柱承载力不能满足要求需要加固时，在对原框架柱加固过程中，将下层柱加固纵向钢筋穿过楼板作为新加框架柱的纵向钢筋。

2）当原框架柱承载力满足要求不需要加固时，可把原框架最顶层梁下一段（避开不好焊接操作的部位）的柱表面凿毛并露出需要连接的原柱内纵向钢

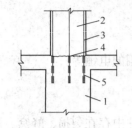

图 30-12　新加柱柱脚纵向
钢筋植筋示意

1—原柱；2—新加柱；3—新
加柱纵筋；4—原柱顶混凝土
保护层剔凿面；5—新加纵筋
植入原柱中

筋，将新加柱的纵向钢筋伸到屋面以下与原柱纵向钢筋焊接（单面焊 $10d$，d 为植筋直径），然后浇筑混凝土。也可把原柱顶的混凝土保护层打掉，按新加柱纵向钢筋的位置钻孔植筋，植入深度不宜小于为 $15d$，见图 30-12。当原柱顶钢筋较多，钻孔位置发生偏离时，可用角钢在原柱顶部位做钢套，将新加柱纵向钢筋按设计位置焊接在钢套上。

3. 增加墙节点连接

(1) 增加剪力墙的做法要求

1) 剪力墙应设在框架柱之间并靠近框架轴线位置。剪力墙的厚度不宜小于 160mm，且不小于墙净高的 1/20。

2) 钢筋采用双排钢筋，钢筋直径不应小于 8mm，钢筋间距一般为 200mm、250mm，最大不宜大于 300mm；双排钢筋之间的拉筋直径不宜小于 6mm，间距不应大于 600mm。若有开洞应符合有关规定，并在洞口四周设置加强钢筋。

3) 与剪力墙连接的原框架梁、柱等构件，如有损伤或裂缝，应先进行修补处理后才可施工剪力墙；原框架梁、柱与剪力墙的接触面应凿毛和清洁处理，在浇筑混凝土前涂刷一道界面结合剂。

4) 增设剪力墙在底层应设有基础，并和两侧框架柱的基础可靠连接成整体，共同受力。如剪力墙下为软弱地基，应进行地基处理，防止不均匀沉降。

(2) 剪力墙与框架梁、柱的连接要求

可根据现场实际情况采取以下连接方式：

1) 植筋连接：适用于原框架梁、柱不需要加固的情况。植筋直径宜用 10～16mm，植筋距梁、柱边缘不宜小于 $5d$（d 为钢筋直径），排距不宜小于 $5d$；沿梁长、柱高方向的间距可根据剪力墙钢筋的位置每隔 1～2 根植筋，但不宜大于 500mm，两排植筋应梅花形布置，植筋的总截面面积不得小于剪力墙各自方向钢筋截面面积的总和；植入梁柱的深度不应小于 $10d$，锚入剪力墙内的长度不应小于 $40d$。植筋施工工艺参见 30.5.5 "混凝土钻孔植筋"的有关内容。

2) 焊接连接：适用于原框架梁、柱不需要加固的情况。施工时，把框架梁、柱与剪力墙接触面的混凝土保护层凿开，并露出纵筋，根据剪力墙钢筋的位置，焊接连接短筋，短筋的总截面面积不得小于剪力墙各自方向的钢筋截面面积的总和，连接短筋锚入剪力墙的长度不小于 $40d$，与梁、柱纵向钢筋单面焊不小于 $10d$，双面焊不小于 $5d$。当剪力墙钢筋与框架梁、柱内纵向钢筋有偏离时，可在剪力墙钢筋的端部按规范要求弯折。

3) 外包梁、柱连接：适用于框架梁、柱做围套的情况。剪力墙的竖向和水平钢筋分别伸到框架梁、柱表面，在梁、柱的侧面另加钢筋绕过梁、柱锚入剪力墙内，相当于剪力墙在梁、柱处加斜腋，斜腋的坡度为1：3，绕过柱的斜腋钢筋的直径和间距与剪力墙的水平钢筋相同，见图 30-13；穿过楼板的斜腋钢筋间距一般是剪力墙竖向钢筋间距的1～2倍，但不应大于1m，穿过楼板的斜腋钢筋总截面面积不应少于剪力墙竖向钢筋截

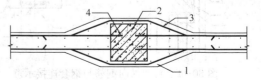

图 30-13　新加剪力墙包裹柱示意

1—斜腋；2—原柱；3—斜腋钢筋；4—新增剪力墙钢筋

面面积的总和,所有斜腋钢筋锚入剪力墙的长度不小于 $40d$,见图 30-14。

4)锚入柱围套连接:适用于框架柱做围套的加固,剪力墙的水平钢筋直接锚入围套内,锚入长度为 $35d$,与剪力墙连接一侧的围套厚度不宜小于 150mm。

4. 墙体开洞、扩洞

(1)按图纸设计要求测量确定墙体开洞、扩洞的位置,根据开洞尺寸确定加固方法,并在墙体表面做出标记。

(2)若洞宽度较大时,开洞、扩洞前要对洞上方的梁板进行临时支撑。必要时要沿开洞方向搭设横梁进行临时支撑,待粘钢加固完毕后再行拆除。

(3)墙体开洞、扩洞时,先用静力切割将拆除部分墙体与保留结构断开,再将切下的混凝土整体移除或就地进行破碎后清除。

(4)开洞、扩洞的洞口混凝土应采用人工凿平,严禁用风镐等振动大的机具进行剔凿。

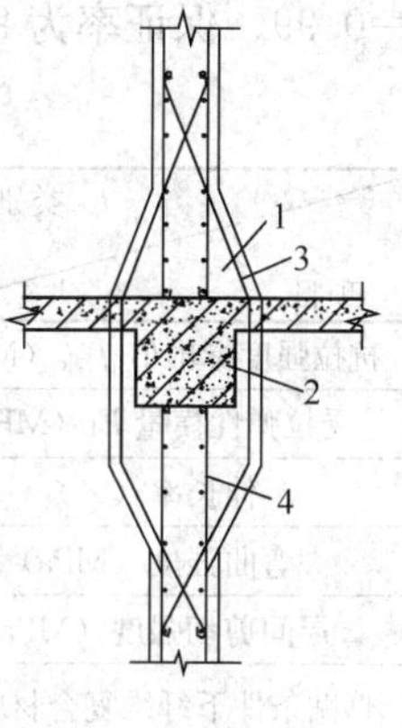

(5)开洞扩洞完成后,可按设计要求采用粘钢加固、粘碳纤维加固或在洞口四周增加梁柱加固等方法进行加固处理。

(6)拆弃的混凝土块体或渣土应及时清运,严禁集中堆放在楼板上。

图 30-14 新加剪力墙包裹梁示意
1—斜腋;2—原梁板;
3—斜腋钢筋;4—新增剪力墙钢筋

30.5.2.3 质量控制要点

(1)植筋施工应符合《混凝土结构后锚固技术规程》(JGJ 145)及设计要求的相关规定,钻孔过程中严禁切断原受力钢筋,防止留下结构安全隐患。

(2)钢筋的连接应符合《混凝土结构设计规范》(GB 50010)及设计要求。

(3)混凝土施工质量应符合《混凝土结构工程施工质量验收规范》(GB 50204)的规定。

30.5.3 碳 纤 维 粘 贴

碳纤维粘贴加固是指碳纤维材料通过胶粘剂(浸渍树脂)充分浸润、固化,完全粘结固定在构件表面,形成坚韧的复合层,从而对被加固构件起到补强作用。要求被加固构件的现场实测混凝土强度等级不低于 C15,且混凝土表面的正拉粘结强度不低于 1.5MPa。

粘贴在混凝土构件表面的碳纤维,不得直接暴露于阳光或有害介质中,其表面应进行防护处理。被加固的混凝土结构长期使用的环境温度不应高于 60℃,如果被加固结构处于特殊环境(如高温、高湿、介质侵蚀、放射等)中,除按国家现行有关标准要求采取相应防护措施外,还应采用耐环境因素作用的胶粘剂,并按专门的工艺要求进行粘贴。

30.5.3.1 材料与机具

1. 材料

(1)碳纤维

1)碳纤维必须为连续纤维,应选用聚丙烯腈基(PAN 基)12k 或 12k 以下的小丝束纤维,严禁使用大丝束纤维。

2)碳纤维的安全性能指标应符合表 30-7 的要求。其抗拉强度标准值应根据置信水平

$c=0.99$、保证率为95%的要求确定。

碳纤维复合材料安全性及适配性检验合格指标

表 30-7

项目 类别	单向织物（布）		条形板	
	高强度Ⅰ级	高强度Ⅱ级	高强度Ⅰ级	高强度Ⅱ级
抗拉强度标准值 $f_{\mathrm{f,k}}$（MPa）	≥3400	≥3000	≥2400	≥2000
受拉弹性模量 E_{f}（MPa）	≥2.4×10^5	≥2.1×10^5	≥1.6×10^5	≥1.4×10^5
伸长率（%）	≥1.7	≥1.5	≥1.7	≥1.5
弯曲强度（MPa）	≥700	≥600	—	—
层间剪切强度（MPa）	≥45	≥35	≥50	≥40
仰贴条件下纤维复合材料与混凝土正拉粘结强度（MPa）	≥2.5，且为混凝土内聚破坏			
纤维体积含量（%）	—	—	≥65	≥55
单位面积质量（g/m²）	≤300	≤300		

注：L形板的安全性及适配性检验合格指标按高强度Ⅱ级条形预成型板（条形板）采用。

3）承重结构的现场粘贴加固，严禁使用单位面积质量大于 $300\mathrm{g/m^2}$ 的碳纤维织物或预浸法生产的碳纤维织物。

（2）胶粘剂

1）碳纤维配套用胶粘剂必须进行安全性能检验，其粘结抗剪强度标准值应根据置信水平 $c=0.99$、保证率为95%的要求确定。

2）浸渍、粘结碳纤维的胶粘剂必须采用专门配套的改性环氧树脂胶粘剂，其安全性能指标应符合表30-8的规定。承重结构加固工程中不得使用不饱和聚酯树脂、醇酸树脂等作浸渍、粘结胶粘剂。

碳纤维浸渍/粘结用胶粘剂安全性能指标

表 30-8

性能项目		性能要求		试验方法标准
		A 级胶	B 级胶	
胶体性能	抗拉强度（MPa）	≥40	≥30	GB/T 2567
	受拉弹性模量（MPa）	≥2500	≥1500	
	伸长率（%）	≥1.5		
	弯曲强度（MPa）	≥50	≥40	
		且不得呈脆性（碎裂状）破坏		
	抗压强度（MPa）	≥70		
粘结强度	钢—钢拉伸抗剪强度标准（MPa）	≥14	≥10	GB/T 7124
	钢—钢不均匀扯离强度（kN/m）	≥20	≥15	GJB 94
	与混凝土的正拉粘结强度（MPa）	≥2.5，且为混凝土内聚破坏		GB 50367 附录F
不挥发物含量（固体含量）（%）		≥99		GB/T 2793

注：1. B级胶不用于粘贴预成型板；

2. 表中的性能指标，除标有强度标准值外，均为平均值；

3. 当预成型板为仰面或立面粘贴时，其所使用胶粘剂的下垂度（40℃）不应大于3mm；

4. 当按《胶粘剂拉伸剪切强度的测定（刚性材料对刚性材料）》（GB/T 7124）制备试件时，其加压养护应在侧立状态下进行。

3）底胶和修补胶应与浸渍、粘结胶粘剂相适配，其安全性能应分别符合表30-9和表

30-10 的要求。

底胶的安全性能指标 表 30-9

性能项目	性能要求		试验方法标准
钢—钢拉伸抗剪强度标准值（MPa）	当与 A 级胶匹配：≥14	当与 B 级胶匹配：≥10	GB/T7124
与混凝土的正拉粘结强度（MPa）	≥2.5，且为混凝土内聚破坏		GB 50367 附录 F
不挥发物含量（固体含量）（%）	≥99		GB/T 2793
混合后初黏度（23℃时）（MPa·s）	≤6000		GB/T 22314

修补胶的安全性能指标 表 30-10

性能项目	性能要求	试验方法标准
胶体抗拉强度（MPa）	≥30	GB/T 2567
胶体抗弯强度（MPa）	≥40，且不得呈脆性破坏	GB/T 2567
与混凝土的正拉粘结强度（MPa）	≥2.5，且为混凝土内聚破坏	GB 50367 附录 F

注：表中的性能指标均为平均值。

4）碳纤维粘贴工艺有两种：一种是由配套底胶、修补胶和浸渍、粘结胶组成；另一种为免底涂，且浸渍、粘结与修补兼用的单一胶粘剂；工艺应符合设计要求，当设计无要求时，可根据工程需要任选一种。当选用免底涂胶粘剂时，厂商应出具免底涂胶粘剂的证书，使用单位应留档备查。

5）碳纤维粘贴用胶粘剂，应通过毒性检验，严禁使用乙二胺作改性环氧树脂固化剂，严禁掺加挥发性有害溶剂和非反应性稀释剂。

2. 机具

碳纤维粘贴加固的机具设备主要有角磨机（金刚石碗磨）、吹风机、小台称、滚刷等，可根据现场情况及施工面积、工期要求合理配置。

30.5.3.2 施工方法

1. 工艺流程

基面处理→底涂胶配制、涂刷→找平胶配制、修补混凝土表面不平整处→粘贴胶配制、涂刷→粘贴第一层碳纤维布→粘贴第二层碳纤维布→表面防护。

2. 操作要点

（1）基面处理

1）按设计图尺寸要求进行放线定位。

2）剔除混凝土表面疏松混凝土，修补混凝土内部的裂缝。

3）打磨平整被粘贴的混凝土表面，露出混凝土结构新面。转角处打磨成圆弧状，圆弧半径不小于 25mm，见图 30-15。

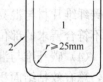

图 30-15　被加固结构转角处打磨示意
1—被加固构件；2—拟粘贴的碳纤维

4）将混凝土表面清理干净，去除灰尘并保持混凝土表面干燥。若混凝土表面有油污，可用棉纱蘸丙酮擦拭混凝土表面。

（2）涂刷底涂胶

1）按配合比准确计量配制底涂胶，搅拌均匀。

2）用专用工具将底涂胶均匀涂抹在混凝土表面。待胶表面指触干燥时即可进行下一步工序施工。

(3) 修补基面

1) 按配合比准确计量配制找平胶,搅拌均匀。填充料根据施工情况进行适量添加。

2) 用找平胶填补平整混凝土表面凹陷部位,且没有棱角。转角处用找平胶修整为光滑的圆弧。

3) 待找平胶表面指触干燥时,即可进行下一步工序施工。

(4) 粘贴碳纤维布

1) 按设计要求的尺寸裁剪碳纤维布。裁剪好的碳纤维布必须成卷状妥善摆放,不得展开铺在地上,防止污染。

裁剪及使用碳纤维片材时应尽量远离电源,与高压电线及输电线路要有可靠隔离措施。

2) 配制粘结胶,严格按粘结胶配合比准确计量,搅拌均匀后涂抹于所要粘贴的混凝土表面,再将裁剪好的碳纤维布贴到涂好加固部位。

配制胶粘剂的原料应密封贮存。碳纤维片材的配套用胶及用丙酮时应远离火源,避免阳光直接照射。

3) 用专用工具沿纤维方向多次涂刷,挤出气泡,使胶液充分浸透纤维布。涂刷时不得损伤碳纤维布。

4) 多层粘贴时重复上述步骤,待纤维布表面指触干燥时,即可进行下一层的粘贴。

5) 在最后一层的碳纤维布表面均匀涂抹粘结胶。

(5) 表面防护

在纤维布外表面粘贴洁净砂,增加碳纤维表面粗糙度,以保证防护材料与原有纤维布之间有可靠的粘结。

30.5.3.3 质量控制要点

(1) 碳纤维片材及其配套胶进场时,必须有生产厂家提供的产品出厂合格证及质量证明文件,各项性能指标应符合有关标准的规定。

(2) 每一道工序结束后,均按工艺要求进行检查,做好相关验收记录,如出现质量问题,应立即返工。

(3) 大面积粘贴前需做样板,待相关材料现场复试验证后,方可大面积施工。为了确保碳纤维片材与混凝土之间的粘结质量,基底处理首先检查需加固部位本身的质量情况,对不符合要求的部位应采取措施进行处理。

(4) 碳纤维与混凝土间的粘结质量,可用小锤轻轻敲击或手压碳纤维表面的方法检查,总有效粘结面积不应低于 95%。当碳纤维的空鼓面积不大于 $10000mm^2$ 时,允许采用注射法充胶修复;当空鼓面积大于 $10000mm^2$ 时,应割除修补,重新粘贴等量的碳纤维。粘贴时,其受力方向(顺纹方向)每端的搭接长度不应小于 200mm;若粘贴层数超过 3 层,该搭接长度不应小于 300mm;对非受力方向(横纹方向)每边的搭接长度可取为 100mm。

(5) 严格控制施工现场的温度和湿度,冬期施工要有可靠的保证措施。

(6) 碳纤维片材和配套胶粘剂按规范规定进行现场取样复试。

碳纤维粘贴施工质量现场检验按规范要求进行拉拔试验,现场检验应在已完成碳纤维粘贴加固的结构表面上进行。取样原则：按实际粘贴碳纤维加固结构表面面积计，500m² 以下取一组试样，500～1000m² 取两组试样，1000m² 以上工程每 1000m² 取两组试样。

（7）施工质量应符合《碳纤维片材加固修复混凝土结构技术规程》（CECS 146）的规定。

30.5.4 钢 板 粘 贴

钢板粘贴加固法是用胶粘剂将钢板粘贴在混凝土构件表面，以提高原构件的承载能力的加固方法。粘贴施工时，应采取措施卸除作用在被加固结构上的全部或大部分活荷载。

钢板粘贴加固按工艺分为直接粘贴钢板加固和灌注粘贴钢板加固两种。直接粘贴钢板加固是用胶粘剂直接将钢板粘贴在被加固构件混凝土表面。如果钢板不能在粘贴施工前完成焊接，则应采用灌注粘贴钢板加固。灌注粘贴钢板加固是先将钢板安装到被加固构件混凝土表面，焊接完成后用封缝胶密封钢板边缘与混凝土间、钢板间的所有缝隙，并留出灌胶嘴和排气嘴，最后将胶粘剂灌满钢板与混凝土间的间隙，完成粘钢加固。

粘贴在混凝土构件表面的钢板，其外表面应进行防锈蚀处理，表面防锈蚀材料对钢板及胶粘剂应无害。被加固的混凝土结构长期使用的环境温度不应高于 60℃，如果被加固结构处于特殊环境（如高温、高湿、介质侵蚀、放射等）中，除按国家现行有关标准的要求采取相应的防护措施外，还应采用耐环境因素作用的胶粘剂，并按专门的工艺要求粘贴。

30.5.4.1　材料与机具

1. 材料

（1）钢材

1）钢材的品种、质量和性能应满足设计和相关规范的要求。

2）钢材的连接方式、工艺等应满足设计和相关规范的要求。

（2）粘钢胶粘剂

1）粘贴钢板的胶粘剂必须采用专门配制的改性环氧树脂胶粘剂，其安全性能指标必须符合表 30-11 的规定。

2）粘钢用胶粘剂必须进行安全性能检验。检验时，其粘结抗剪强度标准值应根据置信水平 $c=0.90$、保证率为 95% 的要求确定。

粘钢用胶粘剂安全性能指标　　表 30-11

性能项目		性能要求		试验方法标准
		A 级胶	B 级胶	
胶体性能	抗拉强度（MPa）	≥30	≥25	GB/T 2567
	受拉弹性模量（MPa）	≥3.5×10³（3.0×10³）		
	伸长率（%）	≥1.3	≥1.0	
	抗弯强度（MPa）	≥45 且不得呈脆性（碎裂状）破坏	≥35	
	抗压强度（MPa）	≥65		

性能项目		性能要求		试验方法标准
		A 级胶	B 级胶	
粘结能力	钢—钢拉伸抗剪强度标准值（MPa）	≥15	≥12	GB/T 7124
	钢—钢不均匀扯离强度（kN/m）	≥16	≥12	GJB 94
	钢—钢粘结抗拉强度（MPa）	≥33	≥25	GB/T 6329
	与混凝土的正拉粘结强度（MPa）	≥2.5，且为混凝土内聚破坏		GB 50367 附录 F
不挥发物含量（固体含量）（%）		≥99		GB/T 2793

注：表中括号内的受拉弹性模量指标仅用于灌注粘结型胶粘剂。

3）混凝土结构加固用粘钢胶粘剂，应通过毒性检验。对完全固化的胶粘剂，其检验结果应符合实际无毒卫生等级的要求。严禁使用乙二胺作改性环氧树脂固化剂，严禁掺加挥发性有害溶剂和非反应性稀释剂。

（3）混凝土基材

若采用粘贴钢板加固，被加固混凝土结构实测混凝土强度等级不得低于 C15，且混凝土表面的正拉粘结强度不得低于 1.5MPa。

风化混凝土、严重裂损混凝土、不密实混凝土、结构抹灰层、装饰层等均不得作为粘贴基面。

2. 机具

粘贴钢板加固的机具设备主要有角磨机（金刚石碗磨）、吹风机、空压机、等离子切割机、剪板机、钢筋探测仪、电锤、台钻、注胶泵、小台称、电焊机等，可根据现场情况及施工面积、工期要求合理配置。

30.5.4.2 施工方法

1. 粘贴钢板加固

（1）工艺流程

定位放线→混凝土基面处理→钢板加工→确定锚栓位置、钻孔→预安装→混凝土基面再清理→钢板除锈、表面清理→配制胶粘剂→粘贴钢板→固化养护。

（2）操作要点

1）定位放线

根据施工图纸要求及现场具体情况，确定钢板的数量、规格、粘贴位置。

2）混凝土基面处理

剔除加固区域结构表面装饰层、抹灰层等直至混凝土结构层，对粘合面凹凸较大的部位用凿子将凸面打平，用角磨机打磨混凝土粘合面，直至露出坚硬新茬，要求混凝土基面平整度≤2mm/m。打磨区各边比粘钢区宜大 20mm。

打磨好后用钢丝刷或无油空压机清除表面浮灰，如发现构件表面有蜂窝麻面缺陷，要将疏松混凝土剔除，用胶粘剂填补平整。如果混凝土表面有油污或其他污染，可用脱脂棉蘸丙酮进行清洗、擦拭，达到手触无灰尘无油污为止。

3）钢板加工

按设计要求及现场构件实际尺寸统计钢板的尺寸、接头位置和数量，列表作为钢板的下料单。钢板下料应按实际尺寸下料，钢板加工时采取措施防止窄条钢板翘曲变形，一旦产生变形必须事先调直调平，成形钢板要做出标识堆放在坚实平整的地面上，钢板搬运过程中，要保证钢板不变形。

钢板长度不够时可采用等强度焊接接长，钢板焊接全部采用等强全熔焊缝，焊接要求和焊缝质量要符合规范的有关要求。钢板焊接前要做焊接试件，合格后方可大批量焊接。

4）确定锚栓位置、钻孔

根据设计要求，在混凝土表面确定锚栓位置并钻孔，钻孔前用钢筋探测仪探明钻孔处是否有受力钢筋，若遇钢筋可作适当调整，孔深、孔径根据固定锚栓的规格而定，成孔后用高压空气吹净孔内浮尘。然后按混凝土表面钻孔的位置量测到钢板上，并在钢板上对应位置成孔。

5）预安装

将固定锚栓安装好，再将钢板安装到粘贴位置，钢板与混凝土面就位线要吻合，且平整度要符合要求。如果不符合要求，要对混凝土面再进行处理，直至合格为止。

6）混凝土表面再清理

再次对混凝土表面进行清理，清除干净浮尘。粘钢时保持混凝土表面干净干燥，无油污、浮尘等杂物。

7）钢板除锈、表面清理

采用平砂轮打磨钢板粘贴面，直至出现金属光泽，打磨纹路要与钢板受力方向垂直。并对钢板粘贴面进行除锈、清洗，要求表面干净无尘无污染。禁止使用锈蚀严重的钢板。

8）配制胶粘剂

粘钢用胶粘剂均由甲、乙两组份组成。应严格按照产品说明书要求的比例准确计量、分份配制、搅拌均匀。配好的胶要在固化前用完。

9）粘贴钢板

钢板粘贴前，用抹灰刀将配制好的胶粘剂同时均匀地涂抹在钢板或混凝土表面，涂抹厚度为1～3mm，中间厚，两边薄。然后将钢板粘贴于预定位置，用锚栓紧固施压，也可用可调支撑进行加压支撑，使胶粘剂从钢板边缘挤出。并用手锤沿粘贴面轻轻敲击钢板，如无空洞声，表示已粘贴密实。否则要剥下钢板，重新补胶粘贴。

10）固化养护

粘钢后在−5～0℃固化养护48h，0℃以上固化时间为24h即可，三天达到受力使用要求。固化期内不得在粘贴好的构件上走动、堆放重物或其他作业，严禁扰动粘钢构件。

11）清理

粘贴钢板达到受力条件后，拆除加压支撑，并及时进行清理。剔除挤出的胶粘剂残渣并磨平钢板侧楞和胶的毛刺，清除其他杂物，检查粘钢质量。

2. 灌胶粘贴钢板加固

（1）工艺流程

定位放线→混凝土基面处理→钢材加工→确定锚栓位置、钻孔→安装固定锚栓→混凝土基面清理→钢材除锈、清理→安装钢板、焊接→密封钢材边缘与混凝土间缝隙→灌注胶粘剂→固化养护。

（2）操作要点

1）定位放线

根据施工图纸要求及现场具体情况，确定钢板的数量、规格、粘贴位置。

2）混凝土基面处理

剔除加固区域结构表面装饰层、抹灰层等直至混凝土结构层，对粘贴面凸凹较大的部位用凿子将凸面打平，用角磨机打磨混凝土粘合面，直至露出坚硬新槎。打磨区各边比粘钢区宜大20mm。

用钢丝刷或无油空压机清除混凝土表面的浮灰，如发现构件表面有蜂窝麻面缺陷，要将疏松混凝土剔除。如果混凝土表面有油污或其他污染，可用脱脂棉蘸丙酮进行清洗、擦拭，达到手触无灰尘无油污为止。

3）钢板加工

按设计要求及现场构件实际尺寸统计钢板的尺寸、接头位置和数量，列表作为钢板的下料单。钢板下料应按实际尺寸下料，钢板加工时采取措施防止窄条钢板翘曲变形，一旦产生变形必须事先调直调平，成形钢板要做出标识堆放在坚实平整的地面上，钢板搬运过程中，要保证钢板不变形。

4）确定固定锚栓位置、钻孔

在混凝土表面确定锚栓位置并钻孔，钻孔前用钢筋探测仪探明钻孔处是否有受力钢筋，若遇钢筋可作适当调整，孔深、孔径根据固定锚栓的规格而定，成孔后用高压空气吹净孔内浮尘。然后按混凝土表面钻孔的位置量测到钢板上，并在钢板上对应位置成孔。

5）混凝土基面再清理

再次对混凝土表面进行清理，清除干净浮尘，粘钢时保持混凝土表面干净干燥，无油污、浮尘等杂物。

6）钢板除锈、清理

采用角磨机打磨钢材粘贴面，直至出现金属光泽，打磨纹路要与钢材受力方向垂直。并对钢材粘贴面进行除锈、清洗，要求表面干净无尘无污染。禁止使用锈蚀严重的钢板。

7）安装钢板、焊接

按设计要求安装钢板，拧紧锚栓固定钢板，将需连接的钢板焊接好。钢材焊接采用等强全熔焊缝，焊接要求和焊缝质量要符合有关规范要求。

钢材焊接前要做焊接试件，合格后方可进行焊接，电焊工要持证上岗。

8）密封钢材边缘与混凝土间缝隙

用密封胶粘剂将钢板与混凝土间的缝隙及固定锚栓的孔隙密闭严密，并根据钢板的尺寸大小，安装足够的灌浆嘴和排气孔。待胶粘剂固化后进行密封情况检查，对未密封好的部位再补胶，直至全部密封。

9）灌注胶粘剂

粘钢灌注胶粘剂由甲、乙两种组分组成。配制使用时必须严格按照产品说明书要求的比例进行准确计量、分份配制、搅拌均匀。配好的胶要在固化前用完。

用专用灌胶设备将配制好的灌注胶粘剂从下向上（或从一端向另一端）进行灌注，当相邻的排气孔出胶后，将正灌注的灌胶嘴密封，把出胶的排气孔作为灌浆嘴继续灌胶，依次进行直至灌完。灌胶过程中要检查是否有漏胶的情况，若有漏胶现象则立即停止灌胶，将漏胶部位封闭严密后方可继续灌胶。灌胶结束后要及时检查灌胶效果，若发现有漏灌的情况，及时打孔补灌。

10）固化养护

固化期内不得在粘贴好的构件上走动、堆放重物或其他作业，严禁扰动粘钢构件。低于常温时，固化时间随温度降低而延长。

11）检查验收

粘钢结束后及时清理混凝土表面。剔除胶粘剂残渣并磨平钢板侧楞和胶的毛刺，清除其他杂物。清理完毕后，再用小锤轻轻敲击钢板进行检查，从声音判断灌胶效果。发现漏灌面积大于规范规定时，要钻孔补灌。

30.5.4.3 质量控制要点

（1）钢板及胶粘剂应有出厂合格证及质量证明文件，并按规范要求进行复试，合格后方可使用。

（2）施工质量应符合按《混凝土结构加固技术规范》（CECS 25）的规定。

（3）基面打磨要尽可能平整，混凝土表面要清理干净，并保持干燥。基底处理要彻底，不能只停留在构件的表面处理。对于老结构，先检查是否有空鼓、裂缝等现象，粘钢前应采取相应措施保证粘贴质量。

（4）在灌注胶粘剂前要将钢板四周的所有缝隙封堵严密，防止有漏胶粘剂的现象发生。

（5）对于重大工程，尚需抽样进行荷载试验，一般仅作标准使用荷载试验，即将卸去的荷载重新全部加上，其结构的变形和裂缝开展应满足设计使用要求。

30.5.5　混凝土钻孔植筋

植筋是指将胶粘剂灌注于已清洁好的基材（混凝土）孔中，然后把钢筋（或螺杆）植埋于孔中与胶粘剂粘结固化于基材中。植筋部位的混凝土不得有缺陷，新增构件为悬挑结构构件的，其原构件混凝土强度等级不得低于C25；新增构件为非悬挑结构构件的，其原构件混凝土强度等级不得低于C20。

采用植筋锚固的混凝土结构，其长期使用环境温度不应高于60℃。处于特殊环境（如高温、高湿、介质腐蚀等）的混凝土结构植筋时，除应按国家现行有关标准的规定采取相应的防护措施外，尚应采用耐环境因素作用的胶粘剂。

30.5.5.1　材料与机具

1. 材料

（1）钢材

1）钢材的品种、质量和性能应满足设计和相关规范的要求。

2）当植埋钢螺杆时，钢螺杆应符合下列规定：

①应采用锚入部位有螺纹或全螺纹的螺杆，不得采用锚入部位无螺纹的螺杆；

②螺杆的钢材等级应为Q345级或Q235级；

③螺杆的质量应符合《低合金高强度结构钢》（GB/T 1591）和《碳素结构钢》（GB/T 700）的规定。

3）当植埋锚栓时，锚栓的钢材性能指标应符合表30-12或表30-13的规定。

碳素钢及合金钢锚栓的钢材安全性能指标　　　　　　　　表 30-12

性能等级	4.8	5.8	6.8	8.8
抗拉强度标准值 f_{stk}（MPa）	400	500	600	800
屈服强度标准值 f_{yk}或 $f_{s,0.2k}$（MPa）	320	400	480	640
伸长率 δ_5（%）	14	10	8	12

注：性能等级 4.8 表示：f_{stk}＝400MPa；f_{yk}/f_{stk}＝0.8。

不锈钢锚栓的钢材安全性能指标　　　　　　　　表 30-13

性能等级	50	70	80
螺纹公称直径 d（mm）	≤39	≤24	≤24
抗拉强度标准值 f_{stk}（MPa）	500	700	800
屈服强度标准值 f_{yk}或 $f_{s,0.2k}$（MPa）	210	450	600
伸长率 δ_5（mm）	0.6d	0.4d	0.3d

4）当植埋钢筋时，植筋用钢筋的质量和规格应符合现行国家标准的规定。

（2）植筋锚固胶

1）植筋锚固胶必须采用专门配制的改性环氧树脂胶粘剂或改性乙烯基脂类锚固胶（包括改性氨基甲酸酯锚固胶），按其基本性能分为 A 级胶和 B 级胶；对重要结构、悬挑构件、承受动力作用的结构、构件，或植筋直径大于 22mm 时应采用 A 级胶；对一般结构可采用 A 级胶或 B 级胶。

2）植筋锚固胶按使用形态可分为管装式、现场配制式、机械注入式等，应根据使用对象的特征和现场条件合理选用。

3）植筋锚固胶必须进行安全性能检验。检验时，其粘结抗剪强度标准值应根据置信水平 c＝0.90、保证率为 95% 的要求确定。

4）植筋锚固胶的性能指标应符合表 30-14 的规定。植筋锚固胶中的填料必须在工厂制胶时添加，严禁在施工现场掺入。

植筋锚固用胶粘剂安全性能指标　　　　　　　　表 30-14

性 能 项 目		性能要求		试验方法标准
		A 级胶	B 级胶	
胶体性能	劈裂抗拉强度（MPa）	≥8.5	≥7.0	GB 50367 附录 G
	抗弯强度（MPa）	≥50	≥40	GB/T 2567
	抗压强度（MPa）	≥60		GB/T 2567
粘结能力	钢套筒拉伸抗剪强度标准值（MPa）	≥16	≥13	GB 50367 附录 J
	约束拉拔条件下带肋钢筋与混凝土的粘结强度（MPa）　C30、Φ25，l＝150mm	≥11.0	≥8.5	GB 50367 附录 J
	约束拉拔条件下带肋钢筋与混凝土的粘结强度（MPa）　C60、Φ25，l＝125mm	≥17.0	≥14.0	
不挥发物含量（固体含量）（%）		≥99		GB/T 2793

注：1. 表中各项性能指标，除标有强度标准值外，均为平均值。

　　2. 表中 l 为钢筋植入混凝土构件的植入深度。

　　3. 当按现行国家标准《树脂浇铸体性能试验方法》（GB/T 2567）进行胶体抗弯强度试验时，其试件的厚度 h 应改为 8mm。

5）混凝土结构加固用植筋锚固胶，应通过毒性检验，对完全固化的植筋锚固胶，其检验结果应符合实际无毒卫生等级的要求。严禁使用乙二胺作改性环氧树脂固化胶，严禁掺加挥发性有害溶剂和非反应性稀释剂。

（3）混凝土基材

1）混凝土基材应坚实可靠且具有较大体量，能承担对被连接件的锚固和传递的荷载。

2）风化混凝土、严重裂损混凝土、不密实混凝土、结构抹灰层、装饰层等均不得作为锚固基材。

3）混凝土基材的强度等级不应低于 C20。

2. 机具

主要机具设备有水钻、电锤、吹风机、空压机、钢筋探测仪、注胶泵、小台秤等，根据现场情况及施工面积、工期要求合理配置。

30.5.5.2 施工方法

1. 工艺流程

定位放线→钻孔→清孔→钢筋或螺杆处理→注胶→插入钢筋（或螺杆）→固定养护。

流程图示见图 30-16。

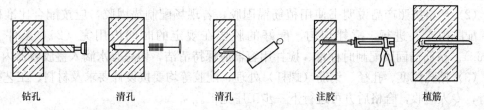

钻孔　　　　清孔　　　　清孔　　　　注胶　　　　植筋

图 30-16　植筋工艺流程图

2. 操作要点

（1）测量放线、定位

按设计要求进行测量定位，并在混凝土表面标出钻孔的位置。要求植筋钻孔最小间距不小于 $5d$，最小边距不小于 $5d$（d 为植入钢筋直径或螺杆外径）。

钻孔前应用钢筋探测仪探测钻孔处混凝土内部是否有受力钢筋，若有受力钢筋，则必须调整钻孔位置以避开钢筋，防止钻孔过程中切断原受力钢筋。

（2）钻孔

根据钻孔直径、现场条件可选用电锤或水钻进行钻孔，钻孔直径和深度按设计要求确定，若设计无要求时可参照表 30-15 来确定。钻孔深度允许偏差为 0～20mm，垂直度允许偏差为 5°，位置允许偏差为 5mm。

各种直径钢筋的钻孔直径和深度对应表　　　　表 30-15

钢筋直径 d（mm）	10	12	14	16	18	20	22	25	28	32
钻孔直径（mm）	14	16	18	20	22	25	28	32	35	40
钻孔深度（mm）	100～150	120～180	140～210	160～320	180～360	260～400	300～440	375～500	420～560	460～640

（3）清孔

若电锤钻孔，先用高压空气将孔内的粉尘吹出，再用毛刷或棉纱进行擦拭，重复以上操作直至清理干净孔壁。

若用水钻钻孔，可用高压空气吹出孔内的粉尘及积水，再用毛刷或棉纱进行擦拭；也可先用高压水冲洗孔壁，再用棉纱吸干孔内的水，最后晾干孔壁，必要时可对孔壁进行烘烤，保证植筋施工时孔壁干燥。

(4) 钢筋（螺杆）处理：加工植筋用钢筋，将钢筋截成植筋设计长度。对钢筋植筋端进行除锈，若钢筋上有油污，则用清洗剂对植筋端进行清洗并晾干。

植筋用螺栓，先用清洗剂清洗干净螺杆植筋端，然后用胶带对螺栓外露部分进行包裹，以防植筋锚固胶粘到螺栓丝扣上，影响螺母安装。

(5) 注胶：将注胶管伸入到孔底，从孔底开始注胶，直至注满孔深的 2/3 左右。

(6) 插入钢筋（螺杆）：将钢筋（螺杆）插入注好植筋锚固胶的孔内，边插边按一个方向旋转，确保旋达孔底。

(7) 固定养护：钢筋（螺杆）插好后，等待锚固胶固化，期间不得扰动钢筋（螺杆）。

30.5.5.3 质量控制要点

(1) 施工前，应确认植筋锚固胶、钢筋（螺杆）的产品合格证、出厂检验报告，各项性能指标应符合有关标准的规定。

(2) 严格按照产品说明书使用植筋锚固胶，若现场配制锚固胶，应按配合比准确计量，配胶由专人进行，搅拌均匀，配好的胶要在规定的时间内用完（25℃条件下约40min）。植筋锚固胶配制时称量、搅拌用容器应保持清洁，切忌有水滴入盛胶容器内。

(3) 钻孔深度、孔径、钢筋（螺杆）处理、配胶等均要按设计要求及材料、工艺要求进行，专人验收，合格后方可进行下一步工序施工。

(4) 确保养护质量，养护期间严禁扰动植埋好的钢筋（螺杆）。

(5) 钢材和植筋锚固胶按规范规定进行现场取样复试。

植筋（螺杆）施工质量现场检验按规范要求进行拉拔试验，现场检验可根据结构构件的重要性或设计要求进行破坏性抽样检验，也可进行非破损抽样检验。若受现场条件限制，无法进行原位取样检验时，也可进行模拟试件检验。

(6) 植筋质量现场检验抽样时，应以同品种、同规格、同强度等级的，安装于锚固部位基本相同的同类构件为一检验批，并从每一检验批中进行抽样。取样原则：对重要结构构件，应按其检验批植筋总数的 3%，且不少于 5 件进行随机抽样；对一般结构构件，应按其检验批植筋总数的 1%，且不少于 3 件进行随机抽样。

(7) 施工质量应符合《混凝土结构后锚固技术规程》（JGJ 145）、《建筑结构加固工程施工质量验收规范》（GB 50550）及设计要求。

30.5.6 高强度化学螺栓

高强度化学螺栓锚固是指用化学药剂将高强度螺栓锚固在基材（混凝土）中的后锚固连接方式，适于锚固在普通混凝土承重结构，不能锚固在轻质混凝土及严重风化的结构。采用高强度化学螺栓时，重要构件混凝土强度等级不应低于 C30，一般构件混凝土强度等级不应低于 C20。

30.5.6.1 材料与机具

1. 材料

化学螺栓：由药剂管、螺管、垫圈及螺母组成。螺杆、垫圈、螺母一般有镀锌和不镀锌两种，药剂管内药剂有反应树脂、固化剂和石英颗粒等成分。

2. 机具

主要机具设备有水钻、电锤、吹风机、空压机、钢筋探测仪、手枪钻等，可根据现场情况及施工面积、工期要求合理配置。

30.5.6.2 施工方法

1. 工艺流程

钻孔→清孔→置入药剂管→钻入螺杆→凝胶固化→安装被固定物。

2. 操作要点

（1）钻孔：根据设计要求，按图纸间距、边距定好位置，在混凝土中进行钻孔，钻孔直径、深度按设计化学螺栓型号确定，钻孔深度一般大于锚固深度。化学螺栓型号的选择要满足锚固厚度的要求。

（2）清孔：用高压空气或手持式风机将孔内浮尘清除，保持孔内洁净。

（3）置入药剂管：将药剂管插入洁净的孔中，保证药剂管中的树脂在室温条件下能像蜂蜜一样流动。

图 30-17　旋入螺杆

（4）旋入螺杆：用低速电钻旋入螺杆，药剂管破碎，树脂、固化剂和石英颗粒混合，并填充螺栓与孔壁间的孔隙，直至螺杆插至预定深度为止，这时应有药剂流出，见图 30-17。

（5）凝胶固化：螺杆插入到孔底后，调整好角度，保持不动，静待药剂固化。凝胶硬化时间不低于表 30-16 的要求。

化学螺栓凝胶固化时间　　　　　　　　　　　　　　　　表 30-16

温度（℃）	初凝时间（min）	固化时间（d）
−5～0	60	15
0～10	30	10
10～20	20	5
20～40	8	3

30.5.6.3 质量控制要点

（1）材料进场应有化学螺栓的产品合格证、出厂检验报告，各项性能指标应符合有关标准的规定。化学螺栓的间距、边距、构件厚度等数据以厂家提供的技术参数为准。

（2）钻孔时，宜使用与化学螺栓相匹配的钻头，钻孔时不得损伤原混凝土中的钢筋。必要时可用钢筋探测仪探测钢筋位置，钻孔若遇钢筋可作适当的调整以避开原有钢筋。

（3）化学螺栓施工质量现场检验按规范要求进行拉拔试验，现场检验可根据结构构件的重要性或设计要求进行破坏性抽样检验，也可进行非破损抽样检验。若受现场条件限制，无法进行原位取样检验时，也可进行模拟试件检验。

（4）现场检验抽样时，应以同品种、同规格、同强度等级、安装于锚固部位基本相同的同类构件为一检验批，并从每一检验批中抽样。取样原则：应按其检验批植筋总数的1%，且不少于 3 件进行随机抽样。

（5）施工质量应符合《混凝土结构后锚固技术规程》（JGJ 145）及设计要求。

30.5.7 喷射混凝土

喷射混凝土由喷射砂浆发展而来，它是利用压缩空气或其他动力，将按一定配比拌制的混凝土混合物，沿管路输送至喷头处，以较高速度垂直喷射于受喷面，依赖喷射过程中水泥与骨料的连续撞击压密而形成的一种混凝土。

喷射混凝土加固施工技术常用于加大构件截面施工，可以省去支模、浇筑和拆模工序，将混凝土的搅拌、输送、浇筑和捣实合为一道工序，具有与基层粘接力强（新旧结构粘接抗拉强度接近于混凝土的内聚抗拉强度）、加快施工进度、强度增长快、密实性良好、施工准备简单、适应性较强、应用范围较广、施工技术易掌握、工程投资较少等优点，缺点是施工厚度不易掌握、回弹量较大、表面不平整、劳动条件较差需用专门的施工机械等。

30.5.7.1 材料与机具

1. 原材料

（1）水泥：优先采用硅酸盐或普通硅酸盐水泥；也可采用矿渣硅酸盐水泥或火山灰质硅酸盐水泥。强度等级应不低于 32.5MPa。水泥性能应符合国家现行有关水泥标准的规定。当有防腐、耐高温等要求时，应采用特种水泥。

（2）骨料：喷射混凝土用的骨料及其质量，除应符合国家现行有关标准的规定外，尚应符合下列要求：

1）细骨料应采用坚硬耐久性好的中粗砂，细度模数不宜小于 2.5，使用时砂子含水率宜控制在 5%～7%。

2）粗骨料应采用坚硬耐久性好的卵石或碎石，粒径不应大于 12mm。当使用短纤维材料时，粗骨料粒径不应大于 10mm。不得使用含有活性二氧化硅制成的粗骨料。粗骨料的级配宜采用连续级配，且应满足表 30-17 的要求。

粗骨料通过筛径的累计重量百分率（%） 表 30-17

筛网孔径（mm）	0.15	0.3	0.6	1.2	3.5	5.0	10.0	12.0
优	5～7	10～15	17～22	23～31	35～43	50～60	73～82	100
良	4～8	5～22	13～31	18～41	26～54	40～70	62～90	100

3）粗骨料的材质应满足表 30-18 的要求。

喷射混凝土用粗骨料的材质要求 表 30-18

项　目		石子		砂子
		碎石	卵石	—
强度	岩石试块（边长≥50mm 的立方体）在饱和状态下的抗压强度与喷射混凝土抗压强度设计强度之比不小于（%）	200	—	—
	软弱颗粒含量按重量计不大于（%）	—	5	—
	针状、片状颗粒含量按重量计不大于（%）	15	15	—
	泥土杂物含量（用冲洗法试验）按重量计不大于（%）	—	1	3
有机质含量（用比色法试验）		颜色不深于标准色，如深于标准色，则对混凝土进行强度试验加以复核		

注：1. 对有抗冻性能要求的喷射混凝土，所采用的碎石和卵石，除符合上述要求外，尚应有足够的坚实性，即在硫酸钠溶液中浸泡至饱和又使其干燥，反复循环 5 次后，其重量损失不得超过 10%；

2. 石子中不得掺入煅烧过的白云石或石灰石块，碎石中不宜含有石粉，卵石中不得含有石粉，卵石中也不得含有黏土团块或冲洗不掉的黏土薄膜。

4）喷射混凝土拌合用水的水质与普通混凝土相同，必须符合《混凝土用水标准》（JGJ 63）的规定。不得采用污水、pH 值小于 4 的酸性水、硫酸盐按 SO_4^{2-} 含量大于水重 1％的水和海水等。

5）砌体结构加固用的混凝土，当采用预拌混凝土时，其所掺的粉煤灰应是 I 级灰，且其烧失量不应大于 5％。

（3）外加剂

1）当掺加速凝剂时，应采用无机盐类速凝剂，并与水泥相容，初凝时间不超过 5min，终凝时间不应超过 10min，掺量宜为水泥重量的 2％～4％。

2）当掺加增黏剂（黏稠剂）时，增黏剂性能应能满足相关要求，过期变质的不得使用，不得对混凝土性能有不良影响。

3）膨胀剂掺量应按说明书使用，最佳掺量应通过试验确定。

（4）短纤维材料

1）当掺加钢纤维时，钢纤维直径宜为 0.25～0.4mm，长度宜为 20～25mm，抗拉强度不应低于 380MPa，掺量宜为 1％～1.5％（按混凝土体积计）。

2）当掺加合成短纤维时，短纤维不能含有杂质或被污染，纤度不小于 13.5dtex（g/ 10^4 m）；（dtex 是分特，纤维纤度国际单位），单丝拉断力不小于 3.5×10^{-2} N，长度为 12～19mm，具有良好的耐酸、耐碱性和化学稳定性、耐老化性能，分散性好，不结团，每立方米混凝土掺量宜为 0.6～0.9kg。

2. 配合比

（1）喷射混凝土的配合比宜通过试配试喷确定。其强度应符合设计要求，且应满足节约水泥、回弹量少、黏附性好等要求。喷射混凝土的胶（水泥）骨（砂＋石子）比宜为 1：（3.5～4.5），砂率宜为 0.45～0.55，水灰比宜为 0.4～0.5。施工中，由于粗骨料易于回弹，故受喷面上的实际配合比中水泥含量较高。

（2）喷射混凝土的抗压强度一般可达 20～35MPa，轴心抗拉强度约为抗压强度的 8.5％～10.2％，抗弯强度约为抗压强度的 15％～20％，抗剪强度一般在 3～6.5MPa，与旧混凝土的黏结强度一般在 1.0～2.5MPa，弹性模量在（2.16～2.85）$\times 10^4$ MPa，抗渗指标一般在 0.5～3.2MPa（抗渗等级可达 P8），抗冻性良好（抗冻等级可达 F200～F300）。

（3）当喷射混凝土掺入外加剂和短纤维时，其掺量、配合比和搅拌时间应通过试配试喷确定。加入合成短纤维可与水泥、粗细骨料一起搅拌，搅拌时间延长 20s。

3. 施工机具

喷射混凝土的施工机具，包括混凝土喷射机（分干式和湿式两类）、喷嘴、混凝土搅拌机、上料装置、动力及贮水容器等。

30.5.7.2 施工方法

1. 施工准备

（1）喷射混凝土加固修复工程施工前应编制施工方案。

（2）加固修复结构构件的表面，应按下列方法处理：

1）混凝土结构的表面必须清除装饰层，露出原结构层后进行凿毛处理，再用压缩空气和水交替冲洗干净；

2) 对砌体结构表面，除清除装饰层外，还应对受浸蚀砌体或疏松灰缝进行处理。灰缝的处理深度宜为 10mm。

（3）当结构加固部位的配筋有锈蚀现象时，钢筋表面应除锈；当结构中钢筋锈蚀造成的截面面积削弱达原截面的 1/12 以上时，应补配钢筋。

（4）喷射混凝土前应支设边框模板。边框模板应牢固。在大面积加固时应设置喷射厚度标志，其间距宜为 1000～1500mm。

（5）喷射混凝土前应对空压机、喷射机进行试运转。经检验运转正常后，应对混凝土拌合料输送管道进行送风试验、对水管进行通水试验、不得出现漏风、漏水情况。

（6）在喷射作业前，应检查结构加固配筋与锚固件的连接是否牢固可靠。

（7）当喷射机司机与喷射手不能直接联系时，应配备联络装置。

（8）作业区应有良好的通风和照明。

（9）采用湿法喷射时，宜备有液态速凝剂并应检查速凝剂的泵送及计量装置性能。

2. 喷射作业

（1）喷射作业的好坏直接影响混凝土强度的高低和均匀与否。喷射作业时，必须调整好喷射空气压力、水压力和水量大小、喷射角度、喷射距离、喷射顺序和喷射头的移动轨迹、喷射段高、喷射和找平的配合作业等。

（2）在喷射作业前应对受喷表面进行喷水湿润。喷射作业应按施工技术方案要求分片、分段进行，且应按先侧面后顶面的喷射顺序自下而上施工。

（3）当设计的加固修复厚度大于 70mm 时，可分层喷射。一次喷射厚度可按表 30-19 的规定选用。对于砌体结构采用喷射混凝土加固时，外加面层的截面厚度不应小于 50mm。

素喷混凝土一次喷射厚度（mm）   表 30-19

喷射方法	部 位	配 比 成 分	
		不掺速凝剂	掺速凝剂
干法	侧立面	50～70	70～100
	顶面	30～40	50～60
湿 法	侧立面	—	80～150
	顶 面	—	60～100

（4）当分层喷射时，前后两层喷射的时间间隔不应少于混凝土的终凝时间。当在混凝土终凝 1h 后再进行喷射时，应先喷水湿润前一层混凝土的表面。当在间隔时间内，前层混凝土表面有污染时，应先采用风、水清洗干净。

（5）为了控制喷射厚度，一般在喷射之前，制作标志筋或者贴灰饼，喷射作业完成后由抹灰工及时用刮尺找平以满足抹灰的要求。

（6）用于喷射混凝土作业的台架，必须牢固可靠，并应设置安全护栏。

（7）钢纤维喷射混凝土施工中，应采取措施防止钢纤维扎伤操作人员。

（8）当采用大风压处理堵管故障时，应先停风关机将输料软管顺直，并锤击管路堵塞部位，使输塞料松散；加大风压清除堵塞料时，操作人员必须紧按喷头。喷头前方不得有人，疏通管道的风压不得超过 0.4MPa。

(9) 喷射混凝土时，应采用湿喷。对于干法喷射混凝土，应采用综合方法减少粉尘。

(10) 混凝土喷射操作应遵守下列规定：

1) 混凝土喷射射手必须经过专业培训方可上岗；

2) 应保持喷头具有良好的工作性能；施工中应经常检查输料管、接头和出料弯头的磨损情况。当有磨薄、击穿或松脱等现象时应及时处理。

3) 喷头与受喷面应基本垂直，喷射距离宜保持 0.6～1.0m；

4) 干法喷射时，喷射手应控制好水灰比，保持喷射混凝土表面平整，湿润光泽，无干块滑移、流淌现象；

5) 应控制喷射混凝土作业的回弹率，墙面不宜大于 20%，楼板（向上喷射）或拱面不宜大于 30%。落地回弹料宜及时收集并打碎，防止结块。回弹料应过筛分类，其粒径满足表 30-17 粗骨料通过筛径的累计重量百分率（%）要求的可再利用，已污染的回弹料不得再用于结构加固。

(11) 喷射混凝土的养护应遵守下列规定：

1) 喷射混凝土厚度达到设计要求后，应刮抹修平，修平应在混凝土初凝后及时进行，修平时不得扰动新鲜混凝土的内部结构及其与基层的粘结；

2) 待最后一层喷射混凝土终凝 2h 后，应保湿养护，养护时间不应少于 14d；

3) 当气温低于 +5℃时，不宜喷水养护，应采取保水养护。

(12) 冬期施工应遵守下列规定：

1) 喷射作业区的气温不应低于 +5℃；

2) 混合料进入喷射机的温度不应低于 +5℃；

3) 喷射混凝土强度在下列数值时不得受冻：

① 普通硅酸盐水泥配制的喷射混凝土低于设计强度等级 30% 时；

② 矿渣硅酸盐水泥配制的喷射混凝土低于设计强度等级 40% 时。

30.5.7.3 质量控制要点

(1) 喷射混凝土的原材料检验应遵守下列规定：

1) 每批材料均应进行质量检查，合格后方可使用：

① 水泥进场时必须有质量合格证明书，并应对其品种、级别、包装或散装仓号、出厂日期等进行检查。当发现问题时应进行复检，并按其复检结果使用；

② 进场的粗、细骨料应有质量合格证明，按批进行现场检验，符合质量要求方可使用；

③ 当喷射混凝土施工使用非饮用水时，应对水质进行检验，其中的 pH 值和水中硫酸盐按 SO_4^{2-} 的含量，应符合规范要求，不能采用污水和海水；

④ 外加剂的质量应符合现行国家标准的要求，外加剂的品种和掺量应根据对喷射混凝土性能的要求、施工和气候条件、喷射混凝土所采用的原材料及其配合比等因素，根据相关规定确定。

2) 喷射混凝土混合料配合比及拌合均匀性，每工作班的检查次数不宜少于两次，条件变化时，应及时检查。

(2) 喷射混凝土加固层厚度的检验方法及允许偏差应符合下列规定：

1) 喷射混凝土施工时，可用测针、预埋短钢筋和砂浆饼厚度标志等方法控制喷射层厚度。当无厚度检控标志时，应在喷射施工结束后8h以内钻孔检查喷射加固层厚度；

2）喷射混凝土加固层厚度的检查部位，应根据不同构件的加固面确定。检查点间距不得大于2m，单个构件每一加固面的检查点不宜少于3个；

3）喷射混凝土加固层厚度允许偏差值为：+8mm或−5mm。当设计有特殊规定时，应符合其规定的值，但设计规定的允许偏差值，不得大于相关规范规程要求的规定值。

（3）喷射混凝土强度的检验应遵守下列规定：

1）喷射混凝土必须进行抗压强度试验，当设计有特殊要求时，应增做相应性能要求的试验。

2）采用同材料、同配合比、同喷射工艺的喷射混凝土可划分为一个验收批，在同一验收批中，每一工作班每50m³或小于50m³混凝土应至少制取一组（3块）用于检验混凝土强度的试块。

3）用于检验喷射混凝土抗压强度的试块，应在喷射现场随机制取。

4）喷射混凝土抗压强度是指在与实际工程相同的条件下，向规定尺寸的模具中喷筑混凝土板件，并在标准养护条件下养护28d后，切割成边长100mm的立方块试块或钻取成Φ100mm×100mm的芯样试块，用标准试验方法测得的极限抗压强度。

（4）每组3个试块应在同一批混凝土喷筑的同一板件上制取，对有明显缺陷的试块应予舍弃。

（5）喷射混凝土强度的合格判定应按承重构件和非承重构件分别进行。

（6）当对喷射混凝土试块强度的代表性有怀疑时，可采用直接从喷射混凝土构件上钻取样芯的方法，对受检构件喷射混凝土的强度进行推定。

（7）结构加固修复工程竣工后，应按设计要求和质量合格条件进行分项工程验收。

30.5.8 加大混凝土截面

加大混凝土截面加固法是在原结构构件外增加（大）钢筋混凝土截面，使之与原结构形成整体，共同受力，达到提高构件承载力和满足正常使用要求的加固方法。

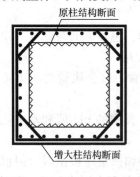

图 30-18 加大钢筋混凝土截面示意图

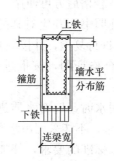

一般来说，加大混凝土截面壁厚较薄，见图 30-18，采用喷射混凝土施工更加可行。但当加大截面的混凝土强度等级＞C35，喷射混凝土难于满足要求时，宜采用支模浇筑混凝土的施工方法。

30.5.8.1 材料与机具

1. 材料

主要材料：钢筋、混凝土、模板、木方、Φ48×3.5钢管、扣件、型钢柱箍、Φ14及以上规格通丝对拉螺杆等；钢筋、商品混凝土等工程实体材料应具有质量证明书，符合设计要求和国家现行规范的规定。

2. 机具

主要机具有錾子、电锤、水钻、钢筋加工机械（切断机、调直机、套丝机等）、木加工机械（电锯、电刨等）、振捣棒、钢钎等。

30.5.8.2 施工方法

1. 工艺流程

基层处理→钢筋制安→模板支设→混凝土浇筑→混凝土养护。

2. 施工要点

（1）基层处理

对需要加大截面的混凝土构件表面装饰层、抹灰层等剔除干净，并用錾子凿毛。原结构构件混凝土强度等级较高凿毛困难时，可以采用打沟槽的方式，沟槽深度不宜小于 6mm，间距不大于箍筋间距及 200mm。打掉混凝土棱角，并除去浮渣和尘土，以保证新旧混凝土结合良好。

剔凿前应先对增大构件截面外边线（与其他构件相连部位）弹线，顺线用切割机切至原结构件混凝土表层下约 10mm 深，然后剔毛原结构加大截面的结合部位，避免剔凿时混凝土崩裂豁缺伤及非加大截面而增大支模难度，同时减少修复工作。

（2）钢筋制安

1）加大截面的纵向受力钢筋，可采取植筋、锚入加大截面、穿越原结构构件、焊接等多种形式与原结构相连，应符合设计和现行规范要求。

2）下料前，应充分熟悉图纸和既有建筑的现状，对于贯通纵筋，要计算钢筋接头的部位并考虑现场连接时的可操作性。受空间限制钢筋机械连接无法实施时，应满足焊接接头的相关规定。

3）箍筋批量制作前，应先进行试套。检查既有结构构件是否妨碍箍筋入位，如需调整箍筋形式，应办理设计变更。

4）施工前，对原结构构件的实际尺寸、偏差、钢筋位置进行实测实量，根据设计图纸推算加大截面的钢筋排布，需要调整时，需征得设计人员同意。

5）受既有结构限制，钢筋接头位置、锚固长度等难以满足现行规范要求时，要与设计、甲方、监理沟通，达成一致处理意见。

（3）模板支设

1）为了适应加大截面的各种状态和组拼方便，宜采用木模板。

2）加大截面加固施工，截面加大尺寸较小而钢筋较粗，致使混凝土浇筑振捣尤为困难。当无法实施插入式振捣时，需要通过敲打模板背楞等措施加强外部振捣，因此，模板的强度、刚度、稳定性比新建工程要求更高。

① 加大混凝土截面柱模板宜用型钢柱箍加通丝螺杆加固，通丝对拉螺杆规格不应小于Φ14。第一道柱箍离地≤250mm，其余间距以不大于 500mm 为宜。外侧设置钢管斜撑加固模板，斜撑的设置数量根据模板的高度确定，间距以 1～2m 为宜。

② 加大混凝土截面墙模板必须设置穿越原结构构件墙体的对拉螺栓，水平和竖向间距宜≤500mm。当层高较高时，模板支撑可分别支顶于楼板和顶板上，以确保支撑稳定。

③ 模板背楞宜比新建工程同类构件的模板背楞适当加密。

3）竖向构件加大截面的模板宜一次支设到顶。层高较高时，可在模板侧面沿高度方向每隔 2m 和水平方向每隔 1m 留置混凝土浇筑口。浇筑口宜统一规格，孔口模板做成活动盖板的形式，待混凝土浇筑至孔口部位，将孔口模板盖上，用两道柱箍或钢管背楞锁紧，防止孔口模板歪斜。根据混凝土的浇筑进程，从下至上依次封堵浇筑口模板。

（4）混凝土浇筑

1）浇筑前用水冲洗并充分润湿表面，打沟槽的混凝土表面用界面剂进行表面处理。

2）宜采用自密实混凝土或扩展度大的细石混凝土，通过试配确定配合比，混凝土坍落度宜大于 200mm。大面积施工前，先选择 1～2 个代表性构件浇筑混凝土，验证施工方案的可行性，获取混凝土施工相关数据，积累经验教训，为顺利开展大面积施工创造条件。

3）浇筑混凝土前，先浇筑同强度等级的砂浆封闭墙脚和柱脚，砂浆铺筑厚度约为 50mm。

4）混凝土应严格分层浇筑，每层浇筑高度不宜超过 300mm，待下层混凝土振捣密实，方可浇筑上层混凝土。混凝土的振捣可采取内外振捣相结合的方式。当不能进行插入式振捣时，可从对称的两个面敲击柱箍、背楞等方式加强外部振捣混凝土，外部振捣严禁直接敲击模板。

5）混凝土应从顶板浇筑口（或模板两侧浇筑口）对称下料，见图 30-19。接近板底时，相邻孔口应相间作为浇筑口和出气口，加强浇筑口混凝土振捣，直至出气口混凝土翻浆至与原结构板面平。避免相邻孔口同时浇筑导致模内闭气影响混凝土质量。

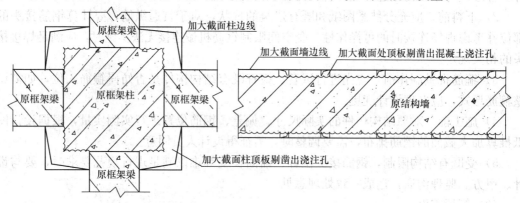

图 30-19 加大截面构件顶板混凝土浇筑的设置

加大截面构件上口顶着梁底时，宜在结合处设置簸箕口，混凝土浇筑至突出构件 30～50mm，侧模拆除后剔除多余部分。

6）施工过程中，严禁对自密实混凝土或高流动性细石混凝土加水，避免混凝土离析，影响混凝土强度。需要添加外加剂时，应在技术人员指导下进行。

（5）混凝土养护

加大混凝土截面构件宜包裹（缓拆模板、外包塑料薄膜等）养护，也可涂刷养护剂养护。包裹应严密，保湿养护时间不少于 14d。

30.5.8.3 质量控制要点

（1）合理安排施工顺序，由底层向顶层组织加固施工。

（2）严格控制钢筋制作和安装的施工质量，钢筋连接应符合《混凝土结构设计规范》（GB 50010）及设计要求。

（3）模板应拼缝严密、支撑牢固，强度、刚度、稳定性及制作安装质量应满足《混凝土结构工程施工质量验收规范》（GB 50204）的规定。

（4）混凝土应符合设计要求并有良好的扩展度，浇筑时禁止加水和擅自添加外加剂，施工质量应符合《混凝土结构工程施工质量验收规范》（GB 50204）的规定。

（5）植筋施工应符合《混凝土结构后锚固技术规程》（JGJ 145）及设计要求的相关规定，钻孔过程中严禁切断原受力钢筋，防止留下结构安全隐患。

30.5.9　体 外 预 应 力

体外预应力加固法分为预应力筋（束）加固法和预应力拉杆横向收紧加固法（包括水平拉杆加固法、下撑式拉杆加固法和组合式拉杆加固法）两种。预应力筋（束）加固法是指将经过防腐处理的带有外套管的高强度低松弛钢绞线布置于被加固构件体外，通过千斤顶张拉钢绞线达到加固目的的一种加固方法；预应力拉杆横向收紧加固法通常采用的是HPB235 级钢筋或 HRB335 级钢筋作为补强拉杆布置于被加固构件上，通过人工横向收紧产生预应力而达到加固的目的。

由于预应力拉杆横向收紧加固法施加的预应力值较低，只能用于加固单跨钢筋混凝土梁或屋架，且长期条件下，钢筋松弛后预应力损失较大以及钢筋锈蚀严重等原因使其加固作用减小，近年来在加固工程中很少应用。本节主要介绍体外预应力筋（束）加固法。

近 20 多年来，采用高强度低松弛预应力钢绞线进行体外预应力加固工程的应用较多，其适用范围非常广泛，既可用于预应力桥梁、特种结构和建筑工程结构等新建结构，也可用于既有钢筋混凝土结构、钢结构或其他结构类型的加固与改造等工程。与传统的预应力筋布置于混凝土截面内的体内预应力结构相比，体外预应力筋（束）是布置在结构截面之外的一种预应力筋，通过与结构构件相连的锚固端块和转向块将预应力传递到结构上。

体外预应力束在加固改造工程的应用中具有以下优点：

（1）能在结构使用期内检测、维护和更换；

（2）减小结构尺寸，减轻结构自重；

（3）体外束形简单，一般为折线布置，摩阻损失小；

（4）由于体外预应力束自身材质的特点可以连续跨布束，加强了结构的整体性；

（5）提高结构刚度和承载能力，适用于加固不能满足正常使用极限状态和承载能力极限状态的结构；

（6）由于原有结构梁的强度可以充分利用，且只需要对结构本身进行加固，柱子和基础可以不做加固处理，所以加固费用较低；

（7）体外束施工方便，工期短，质量易保证。

目前，体外预应力技术主要用于预制节段拼装梁桥、钢结构拉索、混凝土结构加固与改造等，具有广阔的发展前景。

30.5.9.1　材料与机具

1. 混凝土

体外预应力加固的原结构混凝土强度不应低于 C30。

2. 体外预应力筋的种类

（1）单根有（无）粘结束：带 HDPE（高密度聚乙烯或聚丙烯套管材料，以下简称HDPE）套管、钢套管或其他套管的单根有（无）粘结束。

(2) 多根有（无）粘结束：带 HDPE 套管、钢套管或其他套管内的多根有（无）粘结束。

(3) 无粘结钢绞线多层防护束：带 HDPE 套管、钢套管或其他材料套管，套管内可采取灌浆与不灌浆两种方式。

(4) 多层防护的热挤聚乙烯成品体外预应力束：工厂加工制作的成品束，包括热挤聚乙烯高强钢丝拉索，热挤聚乙烯钢绞线拉索。

(5) 双层涂塑多根无粘结筋带状束：在单根无粘结筋的基础上，开发的多根并联式双层涂塑预应力筋。

(6) 体外束预应力筋可选用镀锌预应力筋、环氧涂层钢绞线、缓粘结预应力钢绞线、精轧螺纹钢筋和钢拉杆等。

3. 对体外预应力束的材料要求

(1) 预应力钢材

1) 预应力筋的技术性能应符合现行国家标准，并应附有钢绞线生产厂家提供的产品质量证明文件以及检测报告。

2) 体外预应力束折线筋应按《预应力混凝土用钢绞线》（GB/T 5224）附录 B 偏斜拉伸试验方法确定其力学性能。

3) 设计和施工对体外预应力筋的特殊要求。

(2) 护套（HDPE 用于无粘结和缓粘结预应力筋）

1) 体外预应力束的护套和连接接头应完全密闭防水，护套应能承受 $1.0N/mm^2$ 的内压，在使用期内应有可靠的耐久性。

2) 体外预应力束护套应能抵抗运输、安装和使用过程中所受到的各种作用力。

3) 体外预应力束护套的原料应与预应力筋和防腐蚀材料具有兼容性。

4) 体外预应力束护套的原料应采用挤塑型高密度聚乙烯树脂，其质量应符合《高密度聚乙烯树脂》（GB/T 1115）的规定。

5) 在建筑工程中，应采取必要防火保护措施，以符合设计要求的耐火性技术指标。

(3) 外套管（HDPE）

体外预应力束用的外套管（HDPE）原料应采用吹塑型高密度聚乙烯树脂，其质量应符合《高密度聚乙烯树脂》（GB/T 1115）的规定。

体外束的外套管，可选用高密度聚乙烯管（HDPE）或镀锌钢管。钢管壁厚宜为管径的 1/40，且不应小于 2mm。HDPE 管壁厚：对波纹管不宜小于 2mm，对光圆管不宜小于 2~5mm，且应具有抗紫外线功能。

体外束的外套管应同时满足上述护套（HDPE）要求。

(4) 防腐蚀材料

无粘结预应力钢绞线束多层防腐蚀体系由多根平行的无粘结预应力筋组成，外套高密度聚乙烯管或镀锌钢管，管内应采用水泥灌浆或防腐油脂保护。体外束的防腐蚀材料应符合下列要求：

1) 对于水泥基浆体材料，其原浆浆体的质量要求应符合现行国家标准《混凝土结构工程施工质量验收规范》（GB 50204）的规定，且应能填满外套管和连续包裹无粘结预应力筋的全长，并使气泡含量最小。

2）专用防腐油脂的质量要求符合《无粘结预应力筋专用防腐润滑脂》（JG 3007）的规定。

3）采用防腐化合物如专用防腐油脂等填充管道时，除应遵守有关标准规定的温度和内压外，在管道和防腐化合物之间，因温度变化发生的效应不得对钢绞线产生腐蚀作用。

4）工厂制作的体外预应力束防腐蚀材料，在加工制作、运输、安装和张拉等过程中，应能保持稳定性、柔性和无裂缝，并在所要求的温度范围内不流淌。

5）防腐蚀材料的耐久性能指标应能满足体外预应力束所处的环境类别和相应设计使用年限的要求。

4. 对选择锚固体系的要求

（1）体外束的锚固体系、在锚固区体外束与锚固装置的连接应符合下列规定：

1）体外束的锚固体系应按使用环境类别和结构部位等设计要求选用，可采用后张锚固体系或体外束专用锚固体系，其性能应符合《预应力筋用锚具、夹具和连接器》（GB/T 14370）的规定。

体外预应力锚具应满足分级张拉及调束补张拉预应力筋的要求；对于有整体调束要求的钢绞线夹片锚固体系，可采用外螺母支撑承力方式调束；对处于低应力状态下的体外束，对锚具夹片应设防松装置；对于有更换要求的体外束，应采用体外束专用锚固体系，且应在锚具外预留预应力筋的张拉工作长度。

2）体外束应与承压板相垂直，其曲线段的起始点至张拉锚固点的直线段长度不宜小于 600mm。

3）在锚固区附近体外束最小曲率半径宜按表 30-21 适当增大采用。

（2）对于有灌浆要求的体外预应力体系，体外预应力锚具或其附件上宜设置灌浆孔或排气孔。灌浆孔的孔位及孔径应符合灌浆工艺要求，且应有与灌浆管连接的构造。

（3）体外预应力锚具应有完善的防腐蚀构造措施，且能满足结构工程的耐久性要求。

5. 钢构件制作质量要求

（1）钢构件由钢板焊接而成，钢板材质和焊接的等级应符合设计要求。

（2）为保证钢构件制作的质量，应选择在工厂加工，钢板切割采用切板机切割，机床成孔。采用机械加工工艺能确保钢构件的材质不受影响。

（3）焊接工艺宜采用气体保护焊，按有关要求选择焊条。在锚固端的钢构件由于尺寸小，宜采用手工焊接，为确保焊缝的质量，应进行熔透焊。在跨中和张拉端的钢构件尺寸较大，焊接的钢板数量又多，可采用间隔焊但必须采取工艺措施（如临时焊接支架）以减小焊接变形。

6. 结构胶

用于生根的结构锚固胶应能在潮湿环境下施工和固化，并能确保螺栓锚固生根连接可靠，其胶体性能达到 30.5.5 "混凝土钻孔植筋" 所要求的 "植筋锚固用胶粘剂安全性能指标" 表 30-14 中 A 级胶的标准。

7. 机具设备

主要机具设备见表 30-20。

主要机具设备表   表 30-20

序号	设备名称	单位	用 途
1	钢筋探测仪	台	探测钢筋位置
2	静力钻孔机	台	混凝土上打孔
3	电焊机	台	点焊螺母
4	磨光机	台	磨平混凝土表面
5	千斤顶、油泵、压力表	套	张拉设备
6	电线盘（220V）、电线盘（380V）	套	张拉、切割
7	倒链	个	张拉用
8	水准仪	台	测量用
9	砂轮切割机	台	用于切割钢绞线
10	百分表	套	计量用
11	台称	台	配胶计量用
12	通信设备	台	张拉通话用

30.5.9.2 体外预应力混凝土结构构造

1. 一般规定

（1）体外预应力体系包括可更换束和不可更换束两大类。可更换束又包括整体更换和套管内单根换束两种。对整体更换的体外束，在锚固端和转向块处，体外束套管应与结构分离，以方便更换体外束。对套管内单根换束的体外束预应力筋与套管应能够分离。

（2）体外束的锚固区除进行局部受压承载力计算外，尚需对锚固区与主体结构之间的抗剪承载力进行验算；转向块需根据体外束产生的垂直分力和水平分力进行设计，并考虑转向块的集中力对结构局部受力的影响，以保证将预应力可靠地传递至主体结构。

（3）对于荷载变化以活载为控制因素的情况，加固体外预应力束的张拉控制应力不宜过大，需要对体外预应力束张拉施工阶段进行验算。

（4）体外预应力转向块处曲率半径 R 不宜小于表 30-21 的最小曲率半径 R_{min}。

体外束最小曲率半径 R_{min} 表 30-21

钢绞线束	最小曲率半径 R_{min}（m）	钢绞线束	最小曲率半径 R_{min}（m）
7 Φ^s15.2（12 Φ^s12.7）	2.0	19 Φ^s15.2（31 Φ^s12.7）	3.0
12 Φ^s15.2（19 Φ^s12.7）	2.5	37 Φ^s15.2（55 Φ^s12.7）	5.0

（5）体外束及其锚固区应进行防腐蚀保护，并应符合相关的防火设计规定。

2. 体外预应力束布置

（1）根据结构设计需要，体外预应力束可选用直线、双折线或多折线布置方式，见图 30-20。

体外预应力束布置应使结构对称受力，对矩形或工字形截面梁，体外束应布置在梁腹板的两侧；对箱形截面梁，体外束应布置在梁腹板的内侧。

（2）体外预应力束的锚固点，宜位于梁端的形心线以上。对多跨连续梁采用多折线多根体外束时，可在中间支座或其他部位增设锚固点。

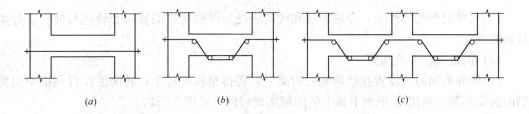

图 30-20 体外预应力束布置

(a) 直线形；(b) 双折线形；(c) 多跨双折线形

（3）对多折线体外束，弯折点宜位于距梁端 1/4～1/3 跨度范围内。体外束锚固点与转向块之间或两个转向块之间的自由端长度不应大于 8m；超过该长度时宜设置防振动装置。

（4）体外束在每个转向块处的弯折角不应大于 15°。体外束与鞍座的接触长度由设计计算确定。

（5）体外预应力束与转向块之间的摩擦系数 μ 可按表 30-22 取值。

转向块处摩擦系数 μ 表 30-22

体外束套管	μ 值	体外束套管	μ 值
镀锌钢管	0.20～0.25	无粘结预应力筋	0.08～0.12
HDPE 塑料管	0.15～0.20		

3. 体外预应力体系构成

体外预应力体系有单根无粘结钢绞线体系、多根有粘结预应力筋体系、无粘结钢绞线束多层防腐蚀体系等，可根据结构特点、体外束作用、防腐蚀要求等选用。

体外预应力体系主要有以下部分构成：

（1）体外预应力束主体（包括预应力筋材料、单层或多层外套管及防腐材料等）；

（2）体外预应力锚固系统（包括锚具、连接器、中间锚具及锚固系统的防护构造等）；

（3）体外预应力转向块节点及转向器构造或装置；

（4）体外预应力束的减振装置与定位构造。

4. 体外预应力构造要求

（1）混凝土箱形梁

混凝土箱形梁体外预应力的构造，见图 30-21。

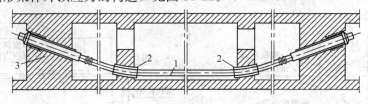

图 30-21 箱形梁体外束布置构造

1—预应力束及套管；2—转向块；3—锚固端

1）体外束的锚固端宜设置在梁端隔板或腹板外凸块处，应保证传力可靠，且变形符合设计要求。

2）体外束的转向块可采用通过隔梁、肋梁或独立的转向块等形式实现转向。转向块处的钢套管鞍座应预先弯曲成型，埋入混凝土中。

3）对可更换的体外束，在锚固端和转向块处与结构相连的鞍座套管应与外套管分离且相对独立。

（2）混凝土框架梁加固

1）体外束锚固端设置在柱两侧的边梁上，再传至框架柱上；转向块设置在框架梁两侧的次梁底部，利用U形钢卡箍上的圆钢实现转向，见图30-22。

在靠近预应力梁端，设计一个用膨胀螺栓（或高强度螺栓）锚固在混凝土梁上的钢制转向装置，使体外束由斜向转为水平向。

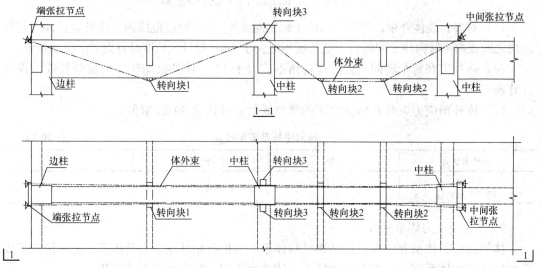

图 30-22　框架梁单根体外束布置构造

2）体外束锚固端应采用钢板箍或钢板块传递预应力。在框架梁底横向设置双悬臂的短钢梁，并在钢梁底焊有圆钢或带圆弧曲面的转向块。

5. 体外预应力锚固区

（1）体外束的锚固区应保证传力可靠且变形符合设计要求。

（2）混凝土梁加固用体外束的锚固端可采用下列构造：采用现浇混凝土将预应力传至混凝土梁或楼板上；采用梁侧牛腿将预应力直接传至混凝土梁上；采用钢板箍或钢板块将预应力传至框架柱上；采用混凝土或钢垫块先将预应力传至端横梁，再传至框架柱上，见图30-23和图30-24。

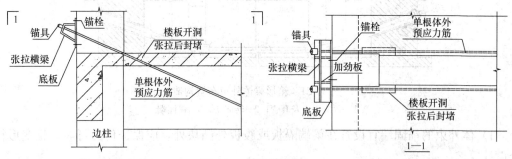

图 30-23　端张拉节点

6. 体外预应力转向块

体外束的转向块应能保证将预应力可靠地传递给结构主体，可采用独立转向块或结合

30.5.9.3 施工方法

1. 体外预应力施工注意事项

（1）混凝土结构的体外预应力加固设计应与施工方法紧密结合，采取有效措施，合理选用预应力筋、锚固方式、张拉方式等，保证受力合理、施工方便；并应避免对未加固部分以及相关的结构和构件造成不利影响。

（2）体外束制作应保证束体的耐久性等要求。当有防火要求时，应涂刷防火涂料或采取其他可靠防火措施。防火涂料技术性能应符合《钢结构防火涂料》（GB 14907）的规定。

（3）体外束外套管的安装应保证连接平滑和完全密封防水，束体线形和安装误差应符合设计和施工要求。在穿束过程中应防止束体护套受到机械损伤。

（4）在混凝土梁加固工程中，体外束锚固端的孔道可采用静态开孔机成型。在箱梁底板加固工程中，体外束锚固块的做法可开凿底板植入锚筋，绑焊钢筋和锚固件，再浇筑端块混凝土。

（5）在转向块鞍座出口处应进行倒角处理形成圆弧曲面，避免预应力体外束出现尖锐的转折或受到损伤；转向块的偏转角制造误差应小于 $1.2°$，安装误差应控制在 $±5\%$ 以内，否则应采用可调节的转向块。

（6）布置在梁两边体外束，应对称张拉和保证受力均匀，以免梁发生侧向弯曲或失稳。

（7）体外束的张拉应保证构件对称均匀受力，必要时可采取分级循环张拉方式。在构件加固中，如体外束的张拉力小，也可采取横向张拉或机械调节方式。

（8）在钢结构中，张拉端锚垫板应垂直于预应力筋中心线，与锚垫板接触的钢管与加劲肋端切口的角度应准确，表面应平整。锚固区的所有焊缝应符合《钢结构设计规范》（GB 50017）的规定。

（9）钢结构中施加的体外预应力，应验算施工过程中的预应力作用，制定可靠的张拉工序，并经设计人员确认。

（10）如果无粘结预应力筋平行，并在转向块处有传力装置，则可以将钢绞线张拉到 10% 抗拉强度标准值后进行灌浆，该体系允许逐根张拉无粘结预应力筋。若采取措施将单根无粘结预应力筋定位，也可以在张拉后向孔道内灌水泥浆进行防腐保护。

（11）体外束在使用过程中完全暴露于空气中，应保证其耐久性。对刚性外套管，应具有可靠的防腐蚀性能，在使用一定时期后应重新涂刷防腐涂层；对高密度聚乙烯等塑料外套管，应保证长期使用的耐久老化性能，并允许在必要时予以更换。

（12）体外束的锚具应设置全密封防护罩。对不可更换的体外束，可在防护罩内灌注水泥浆或其他防腐蚀材料；对可更换的束应保留必要的预应力筋长度，在防护罩内灌注油脂或其他可清洗掉的防腐蚀材料。

（13）为防止预应力钢绞线弹出伤人，未拆捆的钢绞线应放在牢固的放线架中，然后拆除包装，进行下料。

（14）新建体外预应力结构工程中，体外束的锚固区和转向块应与主体结构同时施工。预埋锚固件与管道的位置和方向应符合设计要求，混凝土必须精心振捣，保证密实。

（15）体外束施工除遵守上述规定外，尚应符合设计、施工及现行国家与行业标准的有关规定。

2. 工艺流程

施工准备→定位放线→钻孔→钢构件与混凝土连接界面剔凿、打磨和清理→试安装钢构件→预应力束的制作和防护处理→安装钢构件→预应力筋穿束、锚具安装→预应力筋张拉→隐蔽验收→张拉端端部处理→对钢构件、锚具防腐处理→张拉端端部的钢构件、锚具封闭→检查验收。

3. 操作要点

(1) 施工准备

1) 搭设操作平台，操作平台面距离梁底 1.2~1.5m。

2) 距离梁边 300mm 范围内的设备、管道及阻碍预应力束通过的障碍应拆除并清理干净。

3) 根据设计图纸和施工方案的要求对原结构梁、柱、板构件的轴线尺寸进行实测。

4) 如发现原混凝土梁柱截面破损严重，应进行核算并经设计人员确认后采取补强措施。

5) 落实所有预应力钢材、钢构件、螺栓安排采购和加工制作、验收、运输、现场临时存放点。

6) 锚固体系和转向器、减振器的验收与存放。

7) 准备好体外预应力束安装设备。

8) 准备好已经标定的张拉设备。

9) 准备好灌浆材料与设备等。

(2) 定位放线

1) 在钻孔前应清除装饰层，露出密实结构基层。

2) 根据结构竣工图或钢筋探测仪器探查钻孔部位原有混凝土结构内钢筋分布情况。

3) 按设计图纸要求在施工面划定钻孔位置，孔径一般大于钢筋直径 (d) 6~10mm 或由设计选定。

4) 但若结构上存在受力钢筋，钻孔位置可适当调整 (宜在 $4d$ 范围内)，但对梁、柱均宜在箍筋 (或分布筋) 内侧或由设计确定。

5) 钻孔位置标明后由现场负责人验线。

(3) 高强度螺栓钻孔

1) 根据螺栓直径选定钻头和机械设备。

2) 采用水钻成孔操作时，严格按照定位放线的位置钻孔，并保证钻杆的平直度。

3) 孔径、孔深需经验收合格后方可进行下一步施工。

(4) 钢构件与混凝土连接的界面剔凿、打磨及清理

1) 所有与钢构件连接的混凝土表层剥落、空鼓、蜂窝、腐蚀等劣化部位应予以凿除，对于较大面积的劣质层在凿除后，用清水冲洗润湿，用环氧砂浆进行修复。

2) 对于露筋的混凝土表面，需用钢丝刷将钢筋表面除锈，再剔除松动的混凝土，用清水冲洗润湿，用环氧砂浆进行修复。

3) 必要时，混凝土梁柱裂缝部分应进行封闭或灌浆处理。

4) 用混凝土角磨机、砂纸等工具除去混凝土表面的浮浆、油污等杂质，与钢构件连

接界面的混凝土要打磨平整，表面的凸起部位要磨平，为安装钢构件做好准备。

5）用吹风机将混凝土表面及高强螺栓孔内粉灰、杂物清理干净并保持干燥。

（5）试安装钢构件

1）钢构件安装要经过试安装阶段。将螺栓放入孔道内，检验螺栓孔位是否合适，以及钢构件安装后高度是否满足设计要求。在这两种条件均能满足的条件下进行钢构件的安装。

2）根据试安装结果将钢构件配对情况逐一记录，并在钢构件上做好标记，以便正确安装。

（6）预应力束的制作及防护处理

1）体外预应力筋的制作

① 为使预应力束在受荷后组成的各根钢绞线均匀受力，制束下料时应尺寸精确、等长。

② 下料设备采用砂轮切割机进行下料。

③ 每根钢绞线之间保持相互平行，防止互相扭结。

2）体外预应力筋的耐腐蚀的防护

① 在单根无粘结预应力筋外包裹 1.5mm 厚高密度聚乙烯 HDPE 塑料护套。

② 多根预应力筋平行组成一束后，每隔 1m 同样用高强粘胶带缠绕扎紧，束外再采用 HDPE 塑料外套管包裹，管与预应力束间的空隙用专用的无粘结筋油脂或水泥基浆体填充。

③ 预应力筋在套管就位以后，用防水胶带封堵两端部位，以防油脂溢出。

（7）安装钢构件

1）锚固螺栓安装

① 用电动钢丝刷或人工钢丝刷清除螺栓表面的锈蚀、油污及灰尘。

② 使用前将螺栓锚固部分用丙酮或酒精清洗干净。

③ 螺丝段用塑料管套保护好。

2）配胶和螺栓植锚

锚固胶的配置和螺栓植锚参 30.5.5 "混凝土钻孔植筋" 施工工艺及要求。

3）安装钢构件

① 待结构胶凝固后，根据试安装钢构件的配对记录表，将钢构件对应就位，两人配合施工，注意调整好钢构件角度，放入垫片和螺母并拧紧。

② 个别钢构件与混凝土之间如有空隙要用砂浆填塞密实。

（8）预应力筋穿束、锚具安装

1）安装顺序。从低点到高点，预应力束依次通过各钢构件节点。

2）调整。预应力束就位后，需对束位进行调整，以满足设计图纸的要求。调整的重点在跨中和弯折钢构件节点，要让预应力束与钢构件形成线接触，避免点接触。

3）安装锚具。预应力束就位后，立即复核图纸尺寸，留出两端张拉设备需要的长度，打紧张拉端锚具夹片，避免预应力束下滑造成返工或安全事故。

（9）预应力筋张拉

1）预应力张拉前标定张拉设备

张拉设备采用相应的千斤顶和配套油泵。根据设计和张拉工艺要求的实际张拉力对千斤顶、油泵进行标定。所用压力表的精度不宜低于 1.4 级。

2）张拉控制应力

预应力筋的张拉控制应力应符合设计要求。施工中如需超张拉，可比设计规定提高 5%，但其最大张拉控制应力：钢丝、钢绞线不得超过 $0.65f_{ptk}$，精轧螺纹钢筋不得超过 $0.65f_{pyk}$。

锚具下口建立的最大预应力值：对于预应力钢丝和钢绞线不宜大于 $0.60f_{ptk}$，对于精轧螺纹钢筋不宜大于 $0.6f_{pyk}$。

3）预应力束张拉采用"应力控制、伸长值校核"法，每束预应力筋在张拉以前先计算理论伸长值和控制压力表读数作为施工张拉的依据。实际伸长值与计算伸长值之差应控制在 +6% 至 −6% 以内，如发现异常，应暂停张拉，待查明原因，采取措施后再继续张拉。

4）计算伸长值 Δl

体外预应力筋的计算伸长值 Δl 可按式（30-2）、式（30-3）计算：

$$\Delta l = \frac{P \cdot l}{A_p \cdot E_s} \tag{30-2}$$

$$P = P_j\left(\frac{1 + e^{-(kx+\mu\theta)}}{2}\right) \tag{30-3}$$

式中　P——预应力筋平均张拉力，取张拉端拉力 P_j 与计算截面扣除孔道摩擦损失后的拉力平均值；

　　　l——预应力筋的实际长度。

5）张拉操作要点

① 张拉设备安装

钢绞线体外束安装预紧就位后，使用大吨位千斤顶对体外束进行整体张拉；或采用两次张拉法，即采用小型千斤顶逐根张拉的方式，再进行整体调束张拉到位。

② 预应力张拉

油泵启动供油正常后，开始加压，当压力达到设计拉力时，超张拉 3%，然后停止加压，完成预应力张拉。张拉时，要控制给油速度，给油时间不应低于 0.5min。

③ 张拉时，千斤顶应与承压板垂直，高压油管不能出现死弯现象。

④ 张拉操作现场 10m 范围内不应有闲杂人员，防止预应力筋滑落和油管崩裂伤人。

⑤ 张拉作业时，在任何情况下严禁站在预应力束端部正后方位置。操作人员严禁站在千斤顶后部。在张拉过程中，不得擅自离开岗位。张拉操作工人必须持证上岗，其他操作人员必须经过专业培训上岗。

6）预应力张拉测量记录

由于张拉控制应力较低，为避免测量伸长值过大误差，初始张拉力可提高到 $20\%\sigma_{con}$ 作用下的长度作为原始长度。张拉前测量预应力筋端头至承压板的长度 L_1，并作记录，然后安装千斤顶，启动油泵进行预应力筋的张拉，张拉力达到设计值后退出千斤顶，测量预应力筋端头至承压板的长度 L_2，并作记录，L_2 与 L_1 之差即为实际伸长值。

7) 预应力同步张拉的控制措施

张拉时每根预应力筋都在两端同时张拉，需要多台千斤顶同时张拉，因此控制张拉的同步是保证结构受力均匀的重要措施。控制张拉同步按如下步骤进行：首先在张拉前调整预应力筋的长度，使露出的长度相同，即初始张拉位置相同。第二在张拉过程中将每级张拉力在张拉过程中再次细分为若干小级，在每小级中尽量使千斤顶给油速度同步，在张拉完成每小级后，所有千斤顶停止给油，测量预应力筋的伸长值。如果同一束体两侧的伸长值不同，则在下一级张拉时候，伸长值小的一侧首先张拉出这个差值，然后通知另一端张拉人员再进行张拉。如此通过每一个小级停顿调整的方法来达到整体同步的效果。

（10）隐蔽验收

按预应力张拉施工顺序每张拉至一定数量孔数后，及时组织有关人员进行验收合格后，方可进行下一步施工。

（11）张拉端端部处理

1) 经隐检验收合格后，用手提式砂轮切割机切割掉锚具外多余的钢绞线，外露长度不小于 30mm。

2) 在锚具的外侧面安装防松板通过螺栓与锚具紧密相连。确保锚具中的夹片在任何情况下不会产生松动或脱落。

3) 按设计要求所有螺栓上的螺母与钢件必须点焊 3 点。点焊中注意保护预应力筋和高密度聚乙烯塑料套管。

（12）对钢构件、锚具防腐处理

对外露的钢构件、锚具，应按设计要求进行防腐处理。

（13）张拉端端部的钢构件、锚具封闭

1) 在两端的张拉端端部根据钢构件外尺寸加工木盒并支模。

2) 用 C35 微膨胀混凝土浇捣密实进行封闭。

30.5.9.4 质量控制要点

1. 质量检验标准

工程质量应符合《无粘结预应力混凝土结构技术规程》（JGJ 92）、《钢结构工程施工质量验收规范》（GB 50205）、《建筑工程预应力施工规程》（CECS 180）、《混凝土结构后锚固技术规程》（JGJ 145）、《混凝土结构工程施工质量验收规范》（GB 50204）的有关规定。

2. 质量要求

（1）对预应力钢绞线的检验及要求

1) 进场检查，对进场的预应力钢绞线，应按照《预应力混凝土用钢绞线》（GB/T 5224）标准规定，检验其力学性能。按《无粘结预应力钢绞线》（JG 161）和《无粘结预应力筋专用防腐润滑脂》（JG 3007）标准规定检查预应力筋外包层材料和内灌油脂的质量。

2) 铺设检查，检查预应力筋的下料长度和其摆放位置的准确性和牢固程度是否满足设计和规范要求。铺设完后的两端头外露长度应满足张拉设备及配件的需要。

（2）对预应力筋用锚、夹具的质量检验

锚、夹具的质量检验应按《预应力筋用锚具、夹具和连接器》（GB/T 14370）执行。

（3）对钢构件的安装质量要求及检查

1）钢构件的检验按《钢结构工程施工质量验收规范》（GB 50205）执行。钢材应有出厂质量证明，并进行化学、机械性能复试。焊缝应进行超声波探伤。

2）钢构件在工厂加工完毕，经厂方检验合格后，方可运到现场。

3）钢构件到场后经验收后才能进行安装。

（4）对锚固件的质量检查

1）严格按使用说明书使用胶料，计量要准确，按照比例用台秤称量，配胶由专人负责，搅拌要均匀（用搅拌器），配好胶后要在规定时间内用完。

2）钻孔深度、孔径、螺栓处理、配胶等严格按设计要求及材料、工艺要求进行专人验收，合格后方可进行下步施工。

3）在施工现场同种环境下做抗拔试验，抗拔力应达到设计要求。

4）结构胶配料时禁止有水漏入胶桶内。容器应清洁。

5）确保养护质量，保证养护天数。

6）锚固件施工质量应符合《混凝土结构后锚固技术规程》（JGJ 145）的有关规定。

（5）对张拉设备的检验

张拉设备的检验期限，正常使用不宜超过半年。新购置和使用过程中发生异常情况的张拉设备，要及时进行配套检验，并应有标定检验报告。

（6）对预应力张拉的质量检验

预应力部分施工质量应符合《混凝土结构工程施工质量验收规范》（GB 50204）和《无粘结预应力混凝土结构技术规程》（JGJ 92）的有关规定。

30.5.10 混凝土裂缝压力灌浆

既有混凝土结构的裂缝修补时根据现场调查、检测和分析，对裂缝起因、属性和类别进行判断，并根据裂缝的发展程度、所处的位置与环境，对受检裂缝可能造成的危害等作出鉴定，确定修补方法。

混凝土结构的裂缝通常分为：静止裂缝、活动裂缝和尚在发展的裂缝，其中，活动裂缝和尚在发展的裂缝通常需对裂缝观察一段时间，待裂缝发展稳定后，按静止裂缝的处理方法进行修补。

为延长结构实际使用年数，保持结构的完整性，恢复结构的使用功能的需要，常用的裂缝修补方法分为：表面封闭法、柔性密封法、压力注浆法。

表面封闭法：主要针对 $\omega \leqslant 0.3\text{mm}$ 的混凝土表层微细独立裂缝或网状裂纹，采用具有良好渗透性的修补胶液进行封闭处理。

柔性密封法：适用于处理 $\omega \geqslant 0.5\text{mm}$ 的活动裂缝和静止裂缝，沿裂缝走向骑缝凿出 U 形沟槽，用改性环氧树脂或弹性填缝材料充填，并粘贴纤维复合材料封闭表面。

压力注浆法：适用于 $0.05\text{mm} \leqslant \omega \leqslant 1.5\text{mm}$ 的独立裂缝、贯穿性裂缝以及蜂窝状局部缺陷，以一定的压力将修补裂缝用的裂缝修补胶或注浆料压入裂缝腔内处理大型结构贯穿性裂缝、大体积混凝土的蜂窝状严重缺陷以及深而蜿蜒的裂缝内进行补强和封闭。

对因结构承载力不足而产生的裂缝，除对混凝土构件进行裂缝压力注浆的修补外，还要采用必要的加固方法进行结构加固。

混凝土裂缝自动压力灌浆技术是最常用的压力注浆裂缝修补方法。混凝土裂缝自动压力灌浆技术是混凝土裂缝灌浆领域包括材料、机具、施工的一项综合技术，能够针对既有建筑的混凝土静止裂缝 $0.05mm \leqslant \omega \leqslant 2mm$ 进行处理。根据低压注入和毛细原理，依靠自动压力灌浆器的弹簧压力，将配套的灌浆树脂自动注入混凝土微细裂缝或空鼓孔洞部位中，使之充填完全并粘结牢固，实现裂缝修补。混凝土自动压力灌浆技术操作简便，裂缝封堵效果直观，灌浆树脂及其配套材料抗腐蚀及耐久性能极佳，不影响原构件尺度和外观，是应用较多的结构裂缝修补方法之一。

30.5.10.1 材料和机具

1. 材料

主要材料有裂缝修补胶、裂缝注浆料、封缝胶、混凝土界面剂、酒精、丙酮等。

（1）裂缝修补胶

混凝土裂缝修补胶是以低黏度改性环氧类胶粘剂配制的、用于填充、封闭混凝土裂缝的胶粘剂，也称裂缝修补剂。适用于定压注射器注胶和机控压力注胶。当有可靠的工程经验时，也可用其他改性合成树脂替代改性环氧树脂进行配制。若工程要求恢复开裂混凝土的整体性和强度时，应使用高粘结性结构胶配制的具有修复功能的裂缝修补胶（剂）。

裂缝修补胶的使用，要根据工艺要求和低黏度胶液的可灌注性以及其完全固化后所能达到的粘结强度选择，其安全性能指标应符合表 30-24 的要求。

裂缝修补胶（剂）安全性能指标　　　　　表 30-24

检验项目		性能指标	试验方法标准
钢—钢拉伸抗剪强度标准值（MPa）		≥10	GB/T 7124
胶体性能	抗拉强度（MPa）	≥20	GB/T 2567
	受拉弹性模量（MPa）	≥1500	GB/T 2567
	抗压强度（MPa）	≥50	GB/T 2567
	抗弯强度（MPa）	≥30，且不得呈脆性（碎裂状）破坏	GB/T 2567
不挥发物含量（固体含量）		≥99%	GB/T 14683
可灌注性		在产品使用说明书规定的压力下能注入宽度为 0.1mm 的裂缝	现场试灌注固化后取芯样检查

注：当修补目的仅为封闭裂缝修补，而不涉及补强、防渗的要求时，可不做可灌注性检验。

（2）裂缝注浆料

混凝土裂缝注浆料是一种高流态、塑性的、采用压力注入的修补裂缝材料，一般分为改性环氧类注浆料和聚合物改性水泥基类注浆料，适用于机控压力注浆。在既有结构加固工程中应用的注浆料，必须具有不分层、不分化、固化收缩极小、体积稳定的物理特性和粘结特性。

1）混凝土裂缝用注浆料工艺性能要求应符合表 30-25 的要求。

混凝土裂缝用注浆料工艺性能要求   表 30-25

检验项目		注浆料性能指标		试验方法标准
		改性环氧类	改性水泥基类	
密度（g/cm³）		＞1.0	—	GB/T 13354
初始黏度（mPa·s）		≤1500	—	
流动度（自流）	初始值（mm）	—	≥380	GB/T 50448
	30min 保留率（%）	—	≥90	
竖向膨胀率	3h（%）	—	≥0.10	GB/T 50448
	24h 与 3h 之差值（%）	—	0.02～0.20	GB/T 50119
23℃下 7d 无约束线性收缩率（%）		≤0.10	—	HG/T 2625
泌水率（%）		—	0	GB/T 50080
25℃测定的可操作时间（min）		≥60	≥90	GB/T 7123
适合注浆的裂缝宽度（ω）		1.5mm＜ω≤3.0mm	3.0mm＜ω≤5.0mm 且符合产品说明书规定	

2）聚合物改性水泥基类注浆料其安全性能指标应符合表 30-26 的要求。改性水泥基注浆料中氯离子含量不得大于胶凝材料质量的 0.05%。

修补裂缝用聚合物水泥注浆料安全性能指标   表 30-26

检验项目		性能或质量指标	试验方法标准
浆体性能	劈裂抗拉强度（MPa）	≥5	GB 50367 附录 G
	抗压强度（MPa）	≥40	GB/T 2567
	抗折强度（MPa）	≥10	GB 50367 附录 H
注浆量与混凝土的正拉粘结强度（MPa）		≥2.5，且为混凝土破坏	GB 50367 附录 F

（3）封缝胶

沿裂缝表面涂刮，对裂缝表面进行封闭，材料性能及工艺要求见表 30-27：

裂缝封缝胶材料性能   表 30-27

材料名称	配比	用量	工 艺	性能特点
快干型封缝胶	100∶(2～5)	沿缝刮一道	按配合比拌匀甲乙组分，立即封缝和粘底座，刮严实，确保裂缝封死、底座粘牢。封缝胶现配现用，每次不超过 200g，夏季乙组分适当减少	硬化快，5～20min 固化；强度高、粘结牢，封缝的 1～3h 后即可进行压力灌浆
高强封缝胶	单组分	0.5kg/m² 密闭	一般基层如混凝土、抹灰砂浆、涂料墙面可直接涂刮于裂缝表面；对表面有粉灰的基层如批刮腻子层、石膏砌块、石膏条板或油漆等特殊面层应先作适当处理，根据不同基层选择石膏板渗渗剂或混凝土界面处理剂等涂刷一道，然后再涂刮封缝胶。封缝胶干燥后可在上面做涂料或其他装饰	高弹封缝胶系单组分膏状体，开盖即用，涂刮时不流淌下坠，手感舒适、操作自如，与基层有良好附着力

2. 机具

自动压力灌浆器是一种袖珍式、可对混凝土微细裂缝进行自动灌浆注入的新型工具，该机具轻便灵巧，不用电、无噪声、操作简便，有以下两种型式，见图 30-30。该机具配有灌浆底座、灌浆连接头（注浆嘴）、灌浆堵头、灌浆软管等配件。灌浆器擦拭干净后能够重复使用。在灌浆时根据裂缝长度可数个或数十个同进并用，不断注入注浆料，并可用肉眼直接观察和确认注入情况，质量易于保证与控制。

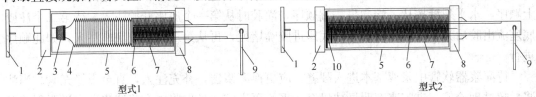

型式1　　　　　　　　　　　　　　　　型式2

图 30-30　自动压力灌浆器构造

1—底座；2—前盖；3—连接头；4—软管；5—筒体；6—拉杆；7—弹簧；8—后盖；9—拉环；10—橡胶垫

30.5.10.2　施工方法

1. 施工准备

（1）现场准备

搭设施工操作平台。沿结构构件裂缝方向两侧各约 100mm 范围将所有装饰层全部剔除干净，露出坚实的骨料新面，并将表面清理干净；对裸露的混凝土构件进行全面检查，观察裂缝状况及分布情况，调查结构概况、裂缝产生原因及发展情况；确定并标注裂缝宽度，核实混凝土厚度，检查有无漏水、泛白情况；用 10 倍放大镜对裂缝宽度进行测量并标注在裂缝上方，如有贯穿裂缝要注明。

（2）基底处理

沿裂缝方向清除裂缝表面的灰尘、浮渣等，然后用空气压缩机将裂缝内的灰尘吹出，并把裂缝表面清理干净，必要时用棉丝蘸酒精擦洗表面；对于表面收缩裂缝及露筋等现象，采用修补砂浆进行封闭修复处理，并将修复砂浆面层压光；将修复、打磨过的混凝土表面清理干净并保持干燥。对潮湿或有水的基层涂刷界面剂，使基层干燥不透水。

2. 压力灌浆

（1）配料

根据裂缝宽度和修补要求选择注浆料，并根据注浆料的甲、乙组分按重量配比倒进混合容器，搅拌至颜色均匀，随配随用，一次配胶量不宜超过 500g，以 40～50min 用完为宜。

（2）封闭裂缝，安设底座

根据裂缝情况选择注浆口位置，一般选在容易注入的部位，如裂缝较宽处、裂缝分支汇合处等，注浆口距离相隔 200～400mm 为宜，裂缝越细，注浆口距离越短，并在裂缝交汇处、裂缝转角处需留设注胶口。在注浆口位置贴上普通胶带。对于板、梁、柱等构件的贯穿裂缝需在构件两侧留设注浆口，且交错布置。裂缝底座安放位置见图 30-31。

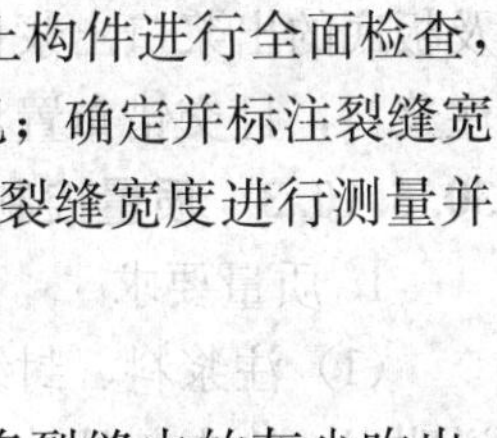

将调好的封缝胶涂于裂缝表面，用刮刀刮严，确保裂缝完全

图 30-31　裂缝底座安设示意图

1—裂缝；2—底座

封闭，封缝胶厚度为 1mm 左右，宽度为 20～30mm。揭掉预留孔的胶带，用封缝胶将底座粘于进胶口上，底座的圆孔一定要与裂缝的注浆口对准。每米裂缝留出 1～2 个底座作为排气孔及出浆口，水平裂缝留在两端末梢裂缝较细的部位。待封缝胶完全干燥后，即可开始注浆。

（3）裂缝注胶

将灌浆器安设到底座上，放松弹簧，利用弹簧压力自动注浆。一般竖向裂缝按从下向上顺序，水平裂缝按从一端向另一端顺序，灌胶时从第一个底座开始注入，待第二个注胶底座流出胶后为止，然后将第一个底座进胶嘴堵死，再从第二个注胶底座注入，如此顺序进行。

待灌浆器软管中浆液基本进入裂缝，应更换灌浆器，补充注入，直至裂缝充满。当注浆量超过理论值，进胶速度明显减慢至几乎不再进胶，且出浆口有浆液流出，说明裂缝已充满，这时用堵头将出胶口堵严，灌浆器保持注浆状态以防浆液倒流，待浆液初凝，可卸下灌浆器。24h 内不得扰动注胶底座，2～3d 后可拆除底座，剔除高出基层的封缝胶，恢复基层原状。

（4）贯穿裂缝注浆

对于楼板出现的贯穿裂缝，应对板底用封缝胶进行封闭，并留设少量出浆口，以便观察注浆效果，板面留设注浆口做法同常规裂缝处理，注浆从板上部进行，注浆时观察板面及板底的出浆口出浆情况。对于混凝土梁、柱等构件出现的贯通裂缝，需在裂缝两侧留设注浆口，且交错布置，注浆从构件两侧同时进行，至注浆饱满。

30.5.10.3 质量控制要点

1. 质量要求

（1）注浆料、封缝胶应符合材料质量要求。裂缝注浆料进场时，应认真阅读产品使用说明书，检查其品种、型号、出厂日期及出厂检验报告等相关资料；当有恢复截面整体性要求时，尚应对其安全性能和工艺性能进行见证抽样复验。

（2）改性环氧类注浆料的双组分胶液，使用时按重量比使用。一定要搅拌均匀，搅拌后立即注入，随配随用。

（3）每条裂缝必须留设排气孔或出浆口，否则无法灌实。灌浆时应肉眼观察浆液注入情况，确保裂缝灌注密实。对于宽度均匀的裂缝采用同一种型号的即可完成，在宽度差距较大时，应将不同型号的注浆料配合起来使用，以使不同缺陷的部位都得以饱满合理的填充。

（4）封缝工序必须确保质量，如有漏浆部位要及时封堵。

（5）操作工人必须经过培训，施工前先做样板，验收合格后方可大面积施工。

（6）对于结构承载力不足、处于运动和不稳定扩展状态的裂缝，应先考虑加固和补救措施后，方可采用压力灌浆法进行修补。

2. 裂缝修补检测

（1）当加固设计为恢复结构的使用功能，提高其防水、抗渗能力，混凝土裂缝修补完成，胶粘材料到达 7d 固化期时，可用浇注压力水观察或蓄水观察的方法进行检验，蓄水观察以蓄水 24 小时不渗漏为合格；也可立即采用超声波法或取芯法进行检测，当采用超声波探测时，其测定的浆体饱满度不应小于 90%；当采用取芯法时，钻芯前应先通过探测避开钢筋，在裂缝中部随机钻取直径 D 不小于 50mm 的芯样，检查芯样裂缝是否被胶体填充密实、饱满、粘结完整。

（2）当加固设计对修补混凝土结构裂缝有补强要求时，应当在胶粘材料到达 7d 固化期时，立即采取钻取芯样进行检验，钻孔位置应取得设计同意，芯样检验采用劈裂抗拉强度测定方法。当检验结果符合下列条件之一时判为符合设计要求：

1）沿裂缝方向施加的劈力，其破坏发生在混凝土内部；

2）破坏虽有部分发生在界面上，但这部分破坏面积不大于破坏面总面积的 15%。

30.5.11 钢筋阻锈剂

钢筋阻锈剂是通过电化学腐蚀过程使钢筋表面的钝化膜保持稳定或能在钢筋表面形成保护膜，以阻止或减缓钢筋锈蚀，实现提高钢筋混凝土结构耐久性、延长其使用寿命的有效措施的化学物质。对既有钢筋混凝土结构、构件，在其表面使用具有渗透性、密封性和滤除有害物质功能的外涂型钢筋阻锈剂，能很好地实现减缓钢筋锈蚀和对锈蚀损坏的修复，延长既有钢筋混凝土结构、构件的使用年限。掺加内掺型钢筋阻锈剂的混凝土或砂浆用于对既有钢筋混凝土结构进行修复。在下列情况下，应进行阻锈处理：

（1）结构安全性鉴定发现下列问题之一时：

1）承重构件混凝土的密实性差，且已导致其强度等级低于设计要求的等级两档以上；

2）混凝土保护层厚度平均值不足《混凝土结构设计规范》（GB 50010）规定值的 75%；或两次抽检结果，其合格点率均达不到《混凝土结构工程施工质量验收规范》（GB 50204）的规定；

3）锈蚀探测表明内部钢筋已处于"有腐蚀可能"状态；

4）重要结构的使用环境或使用条件与原设计相比，已显著改变，其结构可靠性鉴定表明这种改变有损于混凝土构件的耐久性。

（2）未作钢筋防锈处理的露天重要结构、地下结构、文物建筑、使用除冰盐的工程以及临海的重要工程结构；

（3）委托方要求对已有结构、构件的内部钢筋进行加强防护时。

30.5.11.1 钢筋阻锈剂分类

（1）按使用方式分类，见表 30-28。

按使用方式分类　　　　　　　　　　　　　　表 30-28

分 类	使 用 方 式	适 用 部 位
内掺型	作为外加剂掺入混凝土或砂浆	混凝土构件外增作混凝土保护层或修复
外涂型	通过渗透作用进入混凝土构件内部，到达钢筋表面	所有混凝土构件

混凝土结构钢筋的防锈，宜采用外涂型钢筋阻锈剂。对掺加氯盐、使用除冰盐和海盐以及受海水侵蚀的混凝土承重结构加固时，必须采用外涂型钢筋阻锈剂，并在构造上采取措施进行补救。外涂型钢筋阻锈剂主要有喷涂、刷涂、滚涂等操作方法。

（2）按作用方式，分为烷氧基类和氨基类，见表 30-29。

按作用方式分类　　　　　　　　　　　　　表 30-29

烷氧基类钢筋阻锈剂		氨基类钢筋阻锈剂	
检验项目	合格指标	检验项目	合格指标
外观	透明、琥珀色液体	外观	透明、微黄色液体
浓度	0.88g/mL	相对密度（20℃时）	1.13
pH 值	10~11	pH 值	10~12
黏度（20℃时）	0.95MPa·s	黏度（20℃时）	25MPa·s
烷氧基复合物含量	≥98.9%	氨基复合物含量	>15%
硅氧烷含量	≤0.3%	氯离子 Cl^-	无
挥发性有机物含量	<400g/L	挥发性有机物含量	<200g/L

（3）按形态分类，分为粉剂型和水剂型。内掺型钢筋阻锈剂有粉剂型和水剂型两种，外涂型钢筋阻锈剂主要为水剂型。见表 30-30。

按 形 态 分 类　　　　　　　　　　　　　表 30-30

性　能 ＼ 形　态	粉剂型	水剂型
外观	灰色粉末	微黄透明液体
pH 值	中性	7~9
密度	—	≥1.23
细度①	≥20%	—

注：① 细度指筛孔净空 0.246mm 筛余百分率。

水剂型钢筋阻锈剂可混入拌合水中使用，同时应扣除与所加液体钢筋阻锈剂等量的水。

粉剂型钢筋阻锈剂可干拌，也可拌入拌合水中使用，需延长拌合时间不少于 3min，在保持同流动度的条件下适当减少。

（4）按化学成分分类，见表 30-31。

按化学成分分类　　　　　　　　　　　　　表 30-31

分类	主　要　成　分	作　用
阳极型	亚硝酸钙、亚硝酸钠、铬酸钠、重铬酸钠、硼酸钠、硅酸钠、磷酸钠、苯甲酸钠、二氧化锡、钼酸钠等	缓解钢筋腐蚀
有机型	高级脂肪酸胺、羧酸盐类、磷酸盐类、锌盐、乙二胺、二甲基乙醇胺、乙基马来酰亚胺、氨基甲酸胺、羟基磷酸盐、黄原胶、季磷盐、亚硝酸二环己胺、有机胺类、有机表面活性剂等	缓解钢筋腐蚀，使用安全
复合型	通过渗透作用，进入到混凝土内部到达钢筋表面	将两种缓蚀剂组合使用，可以显著提高阻锈效果

阳极型钢筋阻锈剂当在氯离子浓度大到一定程度时会产生局部腐蚀和加速腐蚀，所以，对混凝土承重结构破损界面的修复，不得在新浇筑的混凝土中采用以亚硝酸盐类为主成分的阳极型钢筋阻锈剂。

30.5.11.2 材料与设备

1. 钢筋阻锈剂的选用

（1）按照环境对钢筋和混凝土材料的腐蚀机理，将钢筋混凝土结构所处环境分为五类，见表 30-32。

环 境 类 别　　　　　　　　　　　　　　　表 30-32

环境类别	名　称	腐蚀机理
I	一般环境	保护层混凝土碳化引起钢筋锈蚀
II	冻融环境	反复冻融导致混凝土损伤
III	海洋氯化物环境	氯盐引起钢筋锈蚀
IV	除冰盐等其他氯化物环境	氯盐引起钢筋锈蚀
V	化学腐蚀环境	硫酸盐等化学物质对混凝土的腐蚀

注：一般环境指无冻融、氯化物和其他化学腐蚀物质作用的环境。

（2）环境对钢筋混凝土结构的作用程度采用环境作用等级表达，环境作用等级的划分见表 30-33。

环 境 作 用 等 级　　　　　　　　　　表 30-33

环境作用等级 环境类别	A 轻微	B 轻度	C 中度	D 严重	E 非常严重	F 极端严重
一般环境	I-A	I-B	I-C	—	—	—
冻融环境	—	—	II-C	II-D	II-E	—
海洋氯化物环境	—	—	III-C	III-D	III-E	III-F
除冰盐等其他氯化物环境	—	—	IV-C	IV-D	IV-E	—
化学腐蚀环境	—	—	V-C	V-D	V-E	—

（3）对于既有钢筋混凝土结构工程，按照以下规定选用钢筋阻锈剂：

当混凝土保护层因钢筋锈蚀失效时，宜选用掺加内掺型钢筋阻锈剂的混凝土或砂浆进行修复。

当环境作用等级为 III-E、III-F、IV-E 时，应采用外涂型钢筋阻锈剂。

当环境作用等级为 III-C、III-D、IV-C、IV-D 时，宜采用外涂型钢筋阻锈剂。

当环境作用等级为 I-A、I-B、I-C 时，可采用外涂型钢筋阻锈剂。

当环境作用等级为 III-C、III-D、IV-C、IV-D、I-A、I-B、I-C，且存在下列情况之一时，应采用外涂型钢筋阻锈剂：

1）混凝土的密实性差；

2）混凝土保护层厚度不满足《混凝土结构工程施工质量验收规范》（GB 50204）的规定；

3）锈蚀检测表明内部钢筋已处于有腐蚀可能的状态；

4）结构的使用环境或使用条件与原设计相比，发生显著改变，且结构可靠性鉴定表明这种改变会导致钢筋锈蚀而有损于结构的耐久性。

（4）钢筋阻锈剂的性能指标应符合表 30-34 的规定，其技术指标根据环境类别确定，并应根据使用方式不同，分别符合表 30-35 和表 30-36 的规定。

外涂型钢筋阻锈剂的性能指标   表 30-34

检验项目	合格指标	检验方法标准
氯离子含量降低率	≥90%	JTJ 275
盐水浸渍试验	无锈蚀，且电位为 0～−250mV	YB/T 9231
干湿冷热循环试验	60 次，无锈蚀	YB/T 9231
电化学试验	电流应小于 150μA，且破坏检查无锈蚀	YBJ 222
现场锈蚀电流检测	喷涂 150d 后现场测定的电流降低率≥80%	GB 50367

注：对亲水性的钢筋阻锈剂，宜在增喷附加涂层后测定其氯离子含量降低率。

内掺型钢筋阻锈剂的技术指标   表 30-35

环境类别	检验项目		技术指标	检验方法
Ⅰ、Ⅲ、Ⅳ	盐水浸烘环境中钢筋腐蚀面积百分率		减少 95% 以上	JGJ/T 192
	凝结时间差	初凝时间	−60～+120min	GB 8076
		终凝时间		
	抗压强度比		≥0.9	
	坍落度经时损失		满足施工要求	
	抗渗性		不降低	GB/T 50082
Ⅲ、Ⅳ	盐水溶液中的防锈性能		无腐蚀发生	JGJ/T 192
	电化学综合防锈性能		无腐蚀发生	

注：1. 表中所列盐水浸烘环境中钢筋腐蚀面积百分率、凝结时间差、抗压强度比、抗渗性均指掺加钢筋阻锈剂混凝土与基准混凝土的相对性能比较；
　　2. 凝结时间差技术指标中的"−"号表示提前，"+"号表示延缓；
　　3. 电化学综合防锈性能试验仅适用于阳极型钢筋阻锈剂。

外涂型钢筋阻锈剂的技术指标   表 30-36

环境类别	检验项目	技术指标	检验方法
Ⅰ、Ⅲ、Ⅳ	盐水溶液中的防锈性能	无腐蚀发生	JGJ/T 192
	渗透深度	≥50mm	
Ⅲ、Ⅳ	电化学综合防锈性能	无腐蚀发生	

注：电化学综合防锈性能试验仅适用于阳极型钢筋阻锈剂。

2. 机具

常用机具为秤、滚子、喷雾器、钢丝刷、空压机等。

30.5.11.3　施工方法

1. 内掺型钢筋阻锈剂

（1）施工准备

对于既有建筑应先剔除结构已被腐蚀、污染或中性化的混凝土层，暴露出混凝土结构基层。采用除锈剂或钢刷清除钢筋表面锈层。

混凝土配合比设计采用工程使用的原材料，当使用水剂型钢筋阻锈剂时，混凝土拌合水中要扣除钢筋阻锈剂中含有的水量。混凝土在浇筑前，要确定钢筋阻锈剂对混凝土初凝和终凝时间的影响。

（2）内掺型钢筋阻锈剂施工

当损坏部位较小、修补较薄时，宜采用砂浆进行修复；当损坏部位较大、修补较厚时，宜采用混凝土进行修复。

根据加固构件的设计尺寸支设模板，并留设进浆口。按照普通混凝土施工要求浇筑掺有钢筋阻锈剂的混凝土。

混凝土或砂浆的搅拌、运输、浇筑和养护执行《混凝土质量控制标准》（GB 50164）的规定。

（3）加入钢筋阻锈剂的钢筋混凝土技术性能见表 30-37（参考《钢筋混凝土阻锈剂》JT/T 537）。

加入钢筋阻锈剂的钢筋混凝土技术性能表   表 30-37

项 目			技术性能
钢 筋	耐盐水浸渍性能		无腐蚀
	耐锈蚀性能		无腐蚀
混凝土	凝结时间差	初凝	−60～+120min
		终凝	
	抗压强度比	7d	>0.90
		28d	

注：1. 表中所列数据为掺钢筋阻锈剂混凝土与基准混凝土的差值或比值。

    2. 凝结时间指标："−"表示提前，"+"表示延缓。

2. 外涂型钢筋阻锈剂

（1）施工准备

1）拆除原有的装饰层，露出原混凝土结构基层。

2）基底处理：

① 对混凝土表层出现剥落、疏松、蜂窝、腐蚀、露筋、孔洞等劣化现象部位，先将劣化部位剔除，露出坚实的混凝土基层后，用专用的混凝土修补料进行修补。

② 对外露并已经锈蚀的钢筋，先采用钢丝刷对钢筋进行除锈后，再用修补料进行修补。

③ 清除混凝土表面的粉尘、油污、涂料、脏物等，可用高压水枪彻底清洁，在干燥、清洁的基层涂刷将达到最佳效果。

（2）外涂型钢筋阻锈剂施工

先根据设计要求及拟涂刷的面积，确定涂刷用量。在清理后的混凝土结构基层进行涂刷。涂刷前，混凝土龄期不少于 28d，局部修补的混凝土，其龄期不少于 14d。根据现场实际选择采用喷涂、刷涂及滚涂方法进行施工，直至浸透。并根据基层实际状况采用不同的涂刷遍数。当需要多遍涂刷时，宜在前一遍涂刷干燥后再进行。每一遍喷涂后，均要采取防止日晒雨淋的措施。施工完成后，宜覆盖薄膜养护 7d。

30.5.11.4 质量控制要点

（1）钢筋阻锈剂进场必须有产品合格证、产品使用说明、出厂检验报告和性能检测报告，并经现场见证取样复试合格后方可施工。同一进场、同种型号的钢筋阻锈剂，每 50t 应作为一个检验批，不足 50t 应作为一个检验批。每检验批的钢筋阻锈剂应至少检验一次。验收合格后密封避光存放。

（2）基底处理应符合技术要求，并经现场验收合格后方可施工。

（3）钢筋阻锈剂应连续、均匀涂刷，不得漏刷和少刷，并根据设计要求保证用量。

（4）室外施工应避免雨天及大风天气，在阳光直射下应采取遮阳措施，混凝土表面温度应控制在 5～45℃范围内。

（5）工具和容器使用前应保持干燥，施工完后立即用清水清洗干净。

（6）在每次涂刷前，将涂刷部位对施工人员进行明确交底，当日完成交底部位的所有构件的涂刷，涂刷部位干燥后由检查人员确认后进行标注，并形成施工记录。

(7) 对露天工程或在腐蚀性介质的环境中使用亲水性阻锈剂时，需要在构件表面增喷附加涂层进行封护。

(8) 外涂型钢筋阻锈剂的检测：通过对既有混凝土结构喷涂阻锈剂前后量测其内部钢筋锈蚀电流的变化，对该阻锈剂的阻锈效果进行评估。

1) 评估用的检测设备和技术条件应符合下列规定：

① 应采用专业的钢筋锈蚀电流测定仪及相应的数据采集分析设备，仪器的测试精度应能达到 $0.1\mu A/cm^3$。

② 电流测定可采用静态化学电流脉冲法（GPM），也可采用线性极化法（LPM）。当为仲裁性检测时，应采用静态化学电流脉冲法。

③ 仪器的使用环境要求及测试方法应按厂商提供的仪器使用说明书执行，但厂商必须保证该仪器测试的精度能达到使用说明书规定的指标。

2) 测定钢筋锈蚀电流的取样规则应符合下列规定：

① 梁、柱类构件，以同规格、同型号的构件为一检验批。每批构件的取样数量不少于该批构件总数的 1/5，且不得少于 3 根；每根受检构件不应少于 3 个测值；

② 板、墙类构件，以同规格、同型号的构件为一检验批。至少每 $200m^3$（不足者按 $200m^3$ 计）设置一个测点，每一测点不应少于 3 个测值；

③ 露天、地下结构以及临海混凝土结构，取样数量应加倍；

④ 测量钢筋中的锈蚀电流时，应同时记录环境的温度和相对湿度。条件允许时，宜同步测量半电池电位、电阻抗和混凝土中的氯离子含量。

3) 喷涂阻锈迹效果的评估应符合下列规定：

① 应在喷涂阻锈剂 150d 后，采用同一仪器（至少应采用相同型号的测试仪）对阻锈处理前测试的构件进行原位复测。其锈蚀电流的降低率应按式（30-4）计算：

$$锈蚀电流的降低率 = \frac{I_0 - I}{I_0} \times 100\% \tag{30-4}$$

式中 I——150d 后的锈蚀电流平均值；

I_0——喷涂阻锈迹前的初始锈蚀电流平均值。

② 当检测结果达到下列指标时，可认为该工程的阻锈处理符合本规范要求，可以重新交付使用：

a. 初始锈蚀电流 $\geqslant 1\mu A/cm^2$ 的构件，其 150d 后锈蚀电流的降低率不小于 80%；

b. 初始锈蚀电流 $< 1\mu A/cm^2$ 的构件，其 150d 后锈蚀电流的降低率不小于 50%。

30.5.12   钢绞线网片—聚合物砂浆复合面层

钢绞线网片—聚合物砂浆复合面层加固法是指在被加固混凝土构件表面固定高强钢丝绳网片，并用聚合物砂浆粘合，形成具有整体性复合截面的直接加固法。它通过提高原构件的配筋量，外加层与原构件共同受力，协调变形，从而达到结构补强的效果。

钢绞线网片—聚合物砂浆复合面层加固法适用于钢筋混凝土梁、板、墙、柱构件的加固，对钢筋混凝土梁和柱的外加层采用三面或四面围套构造，见图 30-32、图 30-33；对板和墙采用单面或对称的双面外加层构造，见图 30-34、图 30-35。

图 30-32　四面围套的外加层

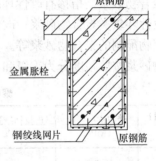

图 30-33　三面围套的外加层

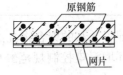

图 30-34　单面外加层

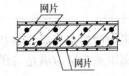

图 30-35　外加层

钢绞线网片—聚合物砂浆复合面层加固法施工便捷，外加层对结构外观和形状影响不大，有技术优势，但限于加固机理和加固层材料的原因，被加固混凝土结构的长期使用环境温度不应高于 60℃，现场检测被加固构件的混凝土强度等级不得低于 C15。

30.5.12.1　材料与机具

1. 材料要求

(1) 钢绞线网片由高强度钢丝绳和卡口经工厂专门制作而成，高强度钢绞线分高强度不锈钢绞线和高强度镀锌钢绞线两种。

高强度不锈钢丝含碳量应不大于 0.15%，硫、磷含量均应不大于 0.025%；高强度镀锌钢丝硫、磷含量均应不大于 0.03%。高强度镀锌钢丝的锌层重量及镀锌质量应符合《钢丝镀锌层》(GB/T 15393) 对 AB 级的规定。高强度不锈钢绞线和高强度镀锌钢绞线的强度标准值、设计值应符合表 30-38 的要求。

高强度不锈钢绞线和高强度镀锌钢绞线的物理性能　　　　　表 30-38

种 类	符 号	高强度不锈钢绞线			高强度镀锌钢绞线		
		钢绞线公称直径(mm)	抗拉强度标准值(MPa)	抗拉强度设计值(MPa)	钢绞线公称直径(mm)	抗拉强度标准值(MPa)	抗拉强度设计值(MPa)
6×7 +IWS	ϕ_r	2.4～4.0	1800	1100	2.5～4.5	1650	1050
			1700	1050		1560	1000
1×19	ϕ_s	2.5	1560	1050	2.5	1560	1100

钢绞线网片的外观质量：钢绞线网片表面不得有油污，钢绞线应无裂纹、无死折、无锈蚀、无机械破损、无散开束，卡口由钢绞线同品种钢材制作，应无开口、脱落，网片的主筋与横向筋间距均匀。

（2）聚合物砂浆是指掺有改性环氧乳液或其他改性共聚物乳液的高强度水泥砂浆，主要品种有改性环氧类聚合物砂浆、改性丙烯酸酯共聚物乳液配制的聚合物砂浆和乙烯—醋酸乙烯共聚物配制的聚合物砂浆等。

聚合物砂浆按照强度分为Ⅰ级和Ⅱ级，物理性能应分别符合表 30-39 的要求。

聚合物砂浆的物理性能

表 30-39

检验项目 砂浆等级	劈裂抗拉强度 （MPa）	正拉粘结强度 （MPa）	抗折强度 （MPa）	抗压强度 （MPa）	钢套筒粘结抗剪 强度标准（MPa）
Ⅰ 级	≥7.0	≥2.5，且为 混凝土内聚破坏	≥12	≥55	≥12
Ⅱ 级	≥5.5		≥10	≥45	≥9

聚合物砂浆内严禁含有氯化物和亚硝酸盐成分；配置砂浆的聚合物乳液，其挥发性有机化合物和游离甲醛含量应满足《民用建筑工程室内环境污染控制规范》（GB 50325）的要求。

（3）界面处理剂：一般为聚合物砂浆配套使用的乳液，经界面处理剂处理过的基层能够增强聚合物砂浆与混凝土表面的粘结力。

（4）配套材料：指端部拉环、固定钢绞线网片的专用金属胀栓、U 形卡具以及界面保护砂浆等。界面保护砂浆是当被加固结构表面有防火要求时，对外加层进行防护的材料。

（5）材料储运保管与检验：储运时注意防潮，避免和化学物质及有机溶剂等有害物质接触。不同品种、规格、等级的产品应分别存放。进场材料应有出厂合格证、检测报告、耐火检验报告和用于验证主材间及配套材料间匹配加固效果的型式检验报告，进场材料应按规定取样复试。端部拉环、专用金属胀栓、U 形卡具应在使用前逐个进行外观检查。

2. 施工机具

主要有手持电钻、钢绞线网紧线器、钢丝剪、砂浆搅拌器，抹灰常用工具，剔凿清理用簪子、锤子、钢丝刷、毛刷、小型空压机、手持电动打磨机、高压水枪等。

30.5.12.2 施工方法

1. 施工准备

（1）对原构件的装饰现状和基本结构状况进行全面细致勘察，编制加固施工方案。

（2）按照施工方案搭设操作架，安装垂直运输机械，准备机械设备和工具，接通水源、电源，根据施工图纸提出材料计划，明确材料的规格、数量、进场日期和验收标准。

2. 工艺流程

定位放线→混凝土基层打磨修补处理→钢绞线网片固定→基层浮尘清理→涂刷界面剂→聚合物砂浆分层抹压→湿润养护。

3. 操作要点

（1）放线定位

核对加固构件与设计图纸尺寸的偏差，无误后，按图纸要求放线定位，确定加固范围。

（2）基层处理

清除加固构件的装饰层，露出混凝土结构基层，对有锈蚀的钢筋进行除锈，修补混凝土的缺陷，对光滑坚实的混凝土表面凿毛，将表面的粉尘吹干净。

（3）钢绞线网片的安装

1）钢绞线网片下料：确定钢绞线网片规格时，应量测被加固构件的实际尺寸，根据钢绞线绷紧时长度变化造成的施工余量、设计要求的网片搭接和端头网片错开锚固的构造要求以及每个网片易于安装等综合因素确定。钢绞线网片应有加工配料单，各种形状和规格的钢绞线网片应加以编号。

对钢绞线进行剪裁时钢绞线断口处的钢丝不得散开。

2）钻孔：按照设计要求在适当位置钻孔，打孔时应注意避让构件原有钢筋和预埋管线，避免或减少损伤原结构。端部锚栓进入被加固结构深度应不小于 60mm，其他锚栓进入被加固结构深度应不小于 40mm。对局部修补的混凝土表面，必须在修补材料具有强度后再打孔，以免破坏基层。

3）钢绞线网固定：根据绷网的部位进行绷网方向的确认，一般平行于主受力方向的钢绞线在加固面外侧，垂直于主受力方向的钢绞线在加固面内侧。固定网片前，先在网片的主筋端部安装拉环，相邻两根钢绞线可共用一个拉环，作为一个固定点，拉环要扎紧钢绞线头，每个拉环的夹裹力一致，安装后仔细检查每个拉环，如有松动或脱落进行更换。先安装网片一端，将专用金属锚栓穿过端部拉环锤击至已钻好的孔中，U 形卡具卡在锚栓顶部和拉环之间，避免网片滑落，固定好后，用紧线器拉紧钢绞线另一端，绷网的松紧程度以用手推压受力钢绞线松开后无任何弯曲变形发生，或用手握紧相邻两根钢绞线有弹性为宜，张紧后用专用金属锚栓将其固定在结构另一端，在网片的纵横网线交叉空格处用专用金属胀栓和 U 形卡具固定，固定点呈梅花形布置，间距应符合设计要求，安装完的网片应平直、不低垂，网线间距均匀，纵横向垂直。

钢绞线网片外保护层厚度不应小于 10mm，钢绞线网片与构件表面的空隙宜在 4～5mm，施工时可视实际情况于网片和基层之间放置同品种聚合物砂浆预制垫块。

（4）基层清理养护

用压缩空气和水交替冲洗混凝土表面，被加固构件表面应保持湿润干净，喷水养护至少 24h 后进行界面剂施工。

（5）界面剂施工

基层养护完成后即在基层和网片上涂刷界面剂，界面剂按产品说明书要求配置，搅拌均匀，随用随配，涂刷之前，基层表面不得有明水，界面剂应涂刷均匀。

（6）聚合物砂浆抹灰

聚合物砂浆配制：按产品说明中配合比要求配制聚合物砂浆，砂浆存放时间不得超过 30min，每次搅拌的砂浆不宜过多，应随用随配。

第一层聚合物砂浆抹灰：一般在界面剂涂刷后 1h 内抹第一遍聚合物砂浆。施工时应使用铁抹子用力赶压密实，使聚合物砂浆透过网片与被加固构件基层紧密结合，第一遍抹灰厚度不宜过厚，以基本覆盖网片为宜，抹灰后，表面应拉毛，为下层抹灰做好准备。

后续聚合物砂浆抹灰：后续抹灰应在前次抹灰初期硬化时进行，后续抹灰的分层厚度不超过 6mm 为宜，抹灰要求挤压密实，使前后抹灰层紧密结合，直至设计厚度，表面用铁抹子抹平、压实、压光。

（7）养护

常温下，聚合物砂浆施工完毕 6h 后，采用严密包裹塑料布保湿养护措施，养护时间为 7~14h，在养护期间加固部位严禁扰动。聚合物砂浆层未达到硬化状态时，不得浇水养护或直接受雨水冲刷。特殊情况的养护应参照设计要求或产品说明书要求进行。

30.5.12.3　质量控制要点

（1）操作人员应持证上岗，施工单位应有加固资质及相应的施工经验，应严格按照设计图纸和有关规范进行操作，保证施工质量。

（2）不得使用主成分及主要添加剂成分不明的聚合物砂浆，不得使用无出厂合格证、无标志或未经进场检验的材料。

（3）原构件表面处理、钢绞线网片安装、聚合物砂浆抹灰，对各关键工序施工的质量及时进行检查，每道工序施工前应先做样板，验收合格后方可大面积施工，检验批验收合格后，方可进行下道工序施工。对存在的问题做到早发现、早处理。

（4）不宜在雨天及 5 级以上大风中进行聚合物砂浆抹灰，冬期施工时，施工温度应在 5℃以上，且基层表面温度应保持 0℃以上；夏季应采取措施防止烈日暴晒，气温不应高于 35℃，做好保湿养护工作。

（5）预留管道孔洞应事先明确定位，严禁在后期施工切断钢绞线。

（6）钢绞线—聚合物砂浆复合面层加固工程的质量检验标准，可按界面处理、钢绞线网片安装、聚合物砂浆面层施工三个分项工程进行质量验收，检验项目可参照《钢筋焊接网混凝土结构技术规程》（JGJ 114）、《建筑装饰装修工程质量验收规范》（GB 50210）和《建筑结构加固工程施工质量验收规范》（GB 50550）的基本规定执行。

30.5.13　绕丝加固

绕丝加固法是在梁柱构件外表面按一定间距连续、均匀缠绕经退火后的钢丝，然后在构件表面喷射或浇筑混凝土的加固方法，可以提高被加固构件的承载力，约束构件斜裂缝发展。

30.5.13.1　材料与机具

1. 材料

主要材料有退火钢丝、钢筋、混凝土、焊接材料、植筋用胶粘剂、钢筋除锈剂等。

2. 机具

主要有剔凿清理用錾子、锤子、钢丝刷、毛刷、空压机、高压水枪、手持电动打磨机、手持电钻、电焊机、混凝土喷射机、靠尺等。

30.5.13.2　施工方法

1. 工艺流程

基层处理→剔除局部混凝土→界面处理→绕丝施工→混凝土面层施工→混凝土养护。

2. 施工要点

（1）基层处理

清除加固构件的装饰层，露出混凝土结构基层。对有锈蚀的钢筋进行除锈，修补混凝土的缺陷，对光滑坚实的混凝土表面凿毛，錾去尖锐、突出部位，但应保持其粗糙状态，将表面的松动的骨料和粉尘清除干净。

（2）剔除局部混凝土

按设计的规定，凿除绕丝、焊接部位的局部混凝土保护层。其范围和深度大小以能进行焊接作业为度；对矩形截面构件，尚应凿除其四周棱角进行圆化处理；圆化半径不宜小于 40mm，且不应小于 25mm。然后将绕丝部位的混凝土表面凿毛，并冲洗洁净。

（3）界面处理

原构件表面凿毛后，应按设计要求涂刷结构界面胶（剂），界面胶（剂）的性能和质量应符合《建筑结构加固工程施工质量验收规范》（GB 50550）的规定，涂刷工艺和涂刷质量应符合产品说明书的要求。

（4）绕丝施工

绕丝前，应采用多次点焊法将钢丝、构造钢筋的端部焊牢在原构件纵向钢筋上。若混凝土保护层较厚，焊接构造钢筋时可在原纵向钢筋上加焊短钢筋作为过渡。

绕丝应连续，间距应均匀，在施力绷紧的同时，每隔一定距离用点焊加以固定。绕丝的末端也应与原钢筋焊牢。绕丝焊接固定完成后，尚应在钢丝与原构件表面之间未绷紧的部位打入钢片以楔紧。

（5）浇筑、喷射混凝土面层

1）混凝土浇筑前涂刷同等级水泥浆或界面剂，或提前 24h 浇水，将原构件表面润透。

2）混凝土面层的施工，可选用喷射法或浇筑法，宜优先采用喷射法施工。钢丝的保护层厚度不应小于 30mm。

3）采用喷射法施工时，其施工要点参见 30.5.7 "喷射混凝土"，采用浇筑法施工时，其施工要点参见 30.5.8 "加大混凝土截面加固"。

（6）混凝土养护

加固构件宜包裹（缓拆模板、外包塑料薄膜等）养护，也可涂刷养护剂养护。包裹应严密，保湿养护时间不少于 14d。

30.5.13.3　质量控制要点

（1）应严格按照设计图纸和有关规范进行操作，保证施工质量。

（2）绕丝用钢丝进场时，应按《一般用途低碳钢丝》（GB/T 343）中关于退火钢丝的力学性能指标进行复验。其复验结果的抗拉强度最低值不应低于 490MPa，并应符合设计要求。不得有机械损伤、裂纹、油污和锈蚀。

（3）严格控制钢丝制作和安装的施工质量，满足《建筑结构加固工程施工质量验收规范》（GB 50550）的相关规定。

（4）采用浇筑法施工面层混凝土时，混凝土应符合设计要求并有良好的流动性，浇筑时禁止加水和擅自添加外加剂，施工质量应符合《混凝土结构工程施工质量验收规范》（GB 50204）的规定。

30.5.14　砌体或混凝土构件外加钢筋网—砂浆面层

外加钢筋网—砂浆层加固法是对砌体构件外加钢筋网—高强度水泥砂浆面层或对混凝土构件外加钢筋网—水泥砂浆层的双面（或单面）加固方法。砌筑墙体通常作双面加固，俗称夹板墙，见图 30-36。夹板墙可以较大幅度地提高墙体的承载能力和抗侧刚度。

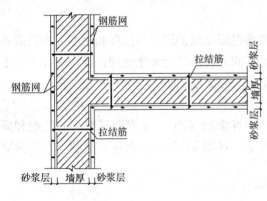

图 30-36 纵横墙双面加固

30.5.14.1 材料与机具

1. 材料

（1）主要材料：钢筋、干拌砂浆、火烧丝、界面剂等。砌体或混凝土构件采用普通砂浆或复合砂浆时，其强度等级必须符合设计要求。

（2）进场材料应有产品合格证和相关的试验报告，并应按规范要求进场复试，合格后方可使用。

2. 机具

主要机具有錾子、电锤、钢筋加工机械（切断机、调直机等）、抹灰常用工具等。

30.5.14.2 施工方法

1. 工艺流程

基层处理→界面处理→钢筋网片制作安装→钢筋网砂浆层施工→养护。

2. 施工要点

（1）基层处理

凿去原墙表面的抹灰层，用钢丝刷刷除碎末灰粉，对于清水墙，应剔除已松动的勾缝砂浆，深度不小于 10mm。剔凿完毕，用清水冲洗干净。

（2）界面处理

原结构构件经剔凿、修整、清理、冲刷干净以后，按设计要求喷涂界面剂。设计对原构件表面有湿润要求时，应顺墙面反复浇水润湿，并应待墙面无明水后再进行面层施工。若设计无此要求，不得擅自浇水。

（3）钢筋网片制作安装

钢筋网的直径宜为 $\phi 4 \sim \phi 8$；网格间距不宜小于 150mm，也不宜大于 500mm，钢筋网片的钢筋间距应符合设计要求。钢筋网片可点焊也可绑扎，竖筋靠墙面，钢筋网片与原构件表面的净距为 5mm，钢筋网片间的搭接宽度不小于 100mm。

钢筋网片应按设计要求用拉结钢筋与墙体连接固定。对于双面加固的墙体，钻孔穿筋后拉结筋两端应弯折成 S 形，将两面钢筋网片勾连绑扎为一体，并用水泥素浆灌孔。对于单面加固的墙体，锚筋一般采用化学植筋，植筋深度不小于 $20d$，d 为钢筋直径，钢筋端应后弯钩，与钢筋网片勾连绑扎为一体。拉结钢筋间距宜为 $1000 \sim 1200mm$，且呈梅花状布置。

钢筋网四周应与楼板、梁、柱或墙体连接，可采用锚筋、插入短筋、拉结筋等连接方法。

当钢筋网的横向钢筋遇有门窗洞口时，单面加固宜将钢筋弯入窗洞侧边锚固；双面加固宜将两侧横向钢筋在洞口闭合。

（4）抹水泥砂浆层

加固砂浆，宜选用强度等级为 32.5~42.5 级的硅酸盐水泥或普通硅酸盐水泥，砂浆稠度在 70~80mm，强度等级不小于 M10。

抹水泥砂浆前，应提前 24h 将墙面浇水润透，待墙面表面阴干后再进行抹面，按施工规程分层抹至设计厚度，每层厚度 10～15mm，当设计厚度 t≤35mm，宜分 2～3 层抹压，第一层揉匀刮糙，第二、三层再压实抹平。当 t>35mm 时，尚应适当增加抹压层数。

当厚度大于 45mm 时，面层宜采用细石混凝土喷射法施工，混凝土强度等级宜采用 C15 或 C20，其施工要点参见 30.5.7 "喷施混凝土"。

（5）水泥砂浆层养护

水泥砂浆终凝后，墙体面层应每天浇水 3～5 遍，以防止表面干裂。

30.5.14.3　质量控制要点

（1）钢筋网安装及砂浆面层的施工，应按先基础后上部、自下而上的顺序逐层进行；同一楼层尚应分区段加固；不得擅自改变施工图规定的程序。

（2）钢筋网与原构件的拉结采用穿墙 "S" 筋时，"S" 筋应与钢筋网片点焊，其点焊质量应符合《钢筋焊接及验收规程》（JGJ 18）的规定。

（3）钢筋网与原构件的拉结采用种植 Γ 形剪切销钉、胶粘螺杆或尼龙锚栓时，其孔径及孔深应符合设计要求；其植筋质量应符规范规定。

（4）穿墙 "S" 筋的孔洞、楼板穿筋的孔洞以及种植 Γ 形剪切销钉和尼龙锚栓的孔洞，均应采用机械钻孔。

（5）施工质量应满足《建筑结构加固工程施工质量验收规范》（GB 50550）的相关规定。

30.5.15　外包钢加固

外包钢加固法是对现浇钢筋混凝土梁柱、砌体柱及窗间墙外包型钢（角钢或槽钢）的加固方法，二者共同工作，整体受力。适用于使用上不允许增大混凝土截面尺寸，而又需要大幅度提高承载能力和抗震能力的钢筋混凝土梁、柱构件加固及砌体柱和窗间墙加固。外包钢加固使用面广，但加固费用较高。下面以混凝土构件为例介绍外包钢加固法的施工技术。

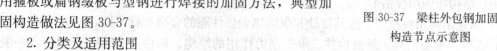

图 30-37　梁柱外包钢加固
构造节点示意图

30.5.15.1　构造与分类

1. 基本构造

外包钢加固法是沿梁长、柱高方向每隔一定距离，用箍板或扁钢缀板与型钢进行焊接的加固方法，典型加固构造做法见图 30-37。

2. 分类及适用范围

外包钢加固法分为湿式外包钢和干式外包钢，见表 30-40。

外包钢加固法分类一览表　　　　　　　　　表 30-40

序　号	分　　类		
1	湿式外包钢法	粘贴法	乳胶水泥粘贴法
			结构胶粘贴法
		灌注法	改性环氧树脂胶粘剂灌注法
2	干式外包钢法		

　　湿式外包钢加固法是用乳胶水泥或改性环氧树脂水泥砂浆把型钢粘贴在原构件角部，并用钢缀板（或箍板、U 形螺栓套箍等）加强，再抹 20mm 厚水泥砂浆保护（或做防腐防火处理）的加固方法。

　　干式外包钢加固法是结构柱采用外包型钢加固，当型钢与原柱间无任何连结，或虽填塞水泥砂浆，但仍不能确保结合面剪力有效传递时，称为干式外包钢加固法。

　　当采用化学注浆外包钢加固时，型钢表面温度不应高于 60℃；当环境具有腐蚀性介质时，应有可靠的防护措施。

30.5.15.2　材料与机具

　　1. 材料要求

　　(1) 水泥

　　1) 混凝土结构加固用的水泥，其强度等级应不低于 42.5 级。

　　2) 当混凝土结构有耐腐蚀、耐高温要求时，应采用相应的特种水泥。

　　3) 配制聚合物砂浆用的水泥，其强度等级不应低于 42.5 级，且应符合聚合物砂浆产品说明书的规定。

　　(2) 混凝土

　　1) 结构加固用的混凝土，其强度等级应比原结构、构件提高一级，且不得低于 C20。

　　2) 结构加固用的混凝土，可使用商品混凝土，但所掺的粉煤灰应为 I 级灰，且烧失量不应大于 5%。

　　3) 结构加固工程选用的聚合物混凝土、微膨胀混凝土、喷射混凝土，应在施工前进行试配，经检验其性能符合设计要求后方可使用。

　　(3) 钢材及焊接材料

　　1) 不得使用无出厂合格证、无标志或未经进场检验的钢材以及再生钢材。

　　2) 混凝土结构加固用的钢板、型钢、扁钢等应采用 Q235 级（3 号钢）或 Q245 级（16Mn）钢材；对重要结构的焊接构件，若采用 Q235 级钢，应选用 Q235－B 级钢。焊条型号应与被焊接钢材的强度相适应。

　　3) 采用的原材料及成品应进行进场验收，凡涉及安全、功能的原材料及成品应按规范规定进行复验，并应经见证取样、送样，复试合格后使用。

　　(4) 乳胶水泥砂浆应根据加固工程的具体要求进行配合比试验。

　　(5) 结构加固用胶粘剂

　　1) 承重结构用胶粘剂，按其韧性和耐湿热老化性能的合格指标不同，一般分为 A 级胶和 B 级胶。重要结构、悬挑构件、承受动力作用的结构、构件，应采用 A 级胶，一般结构可采用 A 级胶或 B 级胶。

　　2) 必须采用专门配制的改性环氧树脂胶粘剂，其安全性能指标见本章表 30-14。

　　3) 不同品种的胶粘剂对不同材料表面有不同的粘结性能，需选择合适的胶粘剂品种，以获得理想的粘结效果。不同胶粘剂的钢—钢粘结抗剪强度试验平均值参见表 30-41。

　　4) 钢筋混凝土承重结构加固用的胶粘剂，其钢—钢粘结抗剪性能必须经湿热老化检验合格。对不熟悉或质量有怀疑的胶粘剂，必须进行见证抽样的湿热老化检验，且不得以其他人工老化试验替代湿热老化检验。

不同胶粘剂的钢—钢粘结抗剪强度试验平均值　　表 30-41

胶粘剂名称	JGN-Ⅰ 结构胶	JGN-Ⅱ 结构胶	YJS-Ⅰ 结构胶	AC 结构胶	CJ-Ⅰ 结构胶	WSJ 结构胶	法 31 号 结构胶
钢—钢粘结抗剪试验平均值（MPa）	18.0	15.0	17.0	16.0	16.0	18.0	15.0

5）寒冷地区加固混凝土结构使用的胶粘剂，应具有耐冻融性能试验合格证书。

2. 机具设备

外包钢加固所用的主要机具设备见表 30-42。

主要机具设备表　　表 30-42

序号	名称	用途	序号	名称	用途
1	磁力钻机	钢板成孔	6	小型台秤	配胶计量
2	空压机	清理	7	钢丝轮	打磨混凝土、型钢、钢板
3	吹风机	加热、清理	8	角磨机	打磨混凝土面、角钢内侧
4	电锤、水钻	混凝土成孔	9	等离子切割机	切割型材和钢板
5	注胶泵	压力注浆	10	电焊机	用于焊接

30.5.15.3　施工方法

根据施工工艺不同湿式外包钢加固法又分为粘贴法和灌注法。

1. 粘贴法——湿式外包钢加固粘贴法

（1）乳胶水泥粘贴湿式外包钢加固法：在原混凝土梁、柱角部用乳胶水泥粘贴角钢进行加固的方法，详见图 30-38。

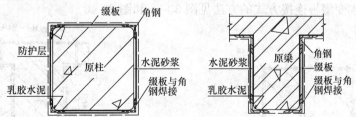

图 30-38　乳胶水泥粘贴法示意图

因乳胶水泥砂浆具有不耐潮湿，不耐低温，不耐老化，不能长期置于户外等缺点，工程应用上有一定的局限性。

（2）结构胶粘贴湿式外包钢加固法：在原混凝土结构四角用结构胶粘贴角钢和钢板的加固方法。下面以 JGN 结构胶为代表，详细阐述结构胶粘贴湿式外包钢加固法。

1）JGN 结构胶特点及适用范围

① JGN 结构胶使用时间较早、应用较广、产品性能安全可靠，是目前加固施工中较常见的胶种。其各项强度指标见表 30-43。

JGN 结构胶的粘结强度　　表 30-43

被粘基层 材料种类	破坏特征	抗剪强度（MPa）			轴心抗拉强度（MPa）		
		试验值 (f_v^0)	标准值 (f_{vk})	设计值 (f_v)	试验值 (f_t^0)	标准值 (f_{tk})	设计值 (f_t)
钢—钢	胶层破坏	≥18	9	3.6	≥33	16.5	6.6

续表

被粘基层材料种类	破坏特征	抗剪强度（MPa）			轴心抗拉强度（MPa）		
		试验值(f_v^0)	标准值(f_{vk})	设计值(f_v)	试验值(f_t^0)	标准值(f_{tk})	设计值(f_t)
钢—混凝土	混凝土破坏	$\geqslant f_v^0$	f_{cvk}	f_{cv}	$\geqslant f_{ct}^0$	f_{ctk}	f_{ct}
混凝土—混凝土	混凝土破坏	$\geqslant f_v^0$	f_{cvk}	f_{cv}	$\geqslant f_{ct}^0$	f_{ctk}	f_{ct}

注：混凝土的抗剪强度试验值 f_{cv}^0 和标准值 f_{cvk}、设计值 f_{cv} 及混凝土的轴心抗拉强度标准值 f_{ctk} 及设计值 f_{ct}，按《混凝土结构设计规范》规定采用。

② 应用范围：适用于承受静力作用的一般受弯及受拉构件；基层混凝土强度等级必须≥C15。可采用此加固方法时，以环境温度不超过 60℃，相对湿度不大于 70%，及无化学腐蚀的使用条件为限，否则应采取有效保护措施。

2）工艺特点

① 需大幅提高承载力大型工程，加固钢构件常采用强度较高的 16 锰钢，角钢型号也较大，一般有 L200×14、L180×12、L160×12、L125×12、L100×12 等，钢板厚度采用 6mm、8mm、10mm、12mm、14mm 等。

② 焊工、粘钢工技术水平、熟练程度要求高，施工程序复杂，各工序的组织与配合非常重要，协调、组织能力要很强。

③ 粘结质量控制难。根据 JGN 胶的特点，在 60℃ 以上温度时，剪切强度下降 20% 以上，而 16Mn 钢熔透焊需要 1000℃ 以上温度，要求必须先粘后焊，除局部乳胶水泥砂浆粘贴、交错施焊、边焊边降温等措施外，还需调整缀板的连接方式，避免高温焊接对结构胶的影响。改变缀板连接方式的方法见图 30-39 和图 30-40。

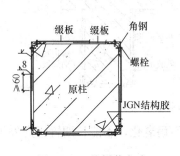

图 30-39 柱拼装方式

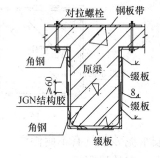

图 30-40 梁拼装方式

3）工艺流程

定位、放线→混凝土结合面处理（钢件结合面处理、下料制作）→预贴→卸荷→配制胶液→钢件粘贴→固定加压→缀板焊接、焊缝探伤→固化→验收→钢件防腐、防火处理。

4）防护架、操作架搭设

① 梁底架体搭设：沿梁长度方向，搭设架高距梁底 1.2～1.5m 防护、操作架。

② 柱架体搭设：柱周搭设方斗架，供焊接人员使用，操作面满铺 50mm 厚松木脚手板，当钢构件超重、工人无法挪动时，通过定滑轮将各部分吊装就位，然后将其焊接在一起，形成加固框架。

5）定位、放线及混凝土结合面处理

在钢筋混凝土梁、柱上弹线，标出粘钢位置线，按此位置线进行混凝土结合面处理。混凝土面用金刚石钻头角磨机打磨平整，并磨去混凝土老化层、油污、灰浆等，阳角磨出弧度与角钢内角相吻合的小圆角，按照设计要求在梁、柱上钻胀栓孔（钻孔位置要避开梁、柱内钢筋），清理粉尘，保持结合面洁净。

6）钢件结合面处理、下料制作、预贴

① 依据设计图纸及混凝土构件上胀栓的实际尺寸在被粘钢板上放线钻孔。

② 对结合面进行打磨，除去表面锈迹，并磨出金属光泽，打磨出的粗糙度越大越好，打磨纹路与钢件受力方向垂直。

③ 缀板加工：梁两侧及柱各个侧面上每条缀板加工成两块，其中一块的一端切成坡口，用于与角钢对接焊（工厂加工），另一块与角钢搭接焊（现场焊接），钢构件粘胶贴合后，搭接缀板焊为一体。

④ 角钢按设计图纸位置就位，留出胶的空隙，用螺栓临时固定。

⑤ 预贴：涂胶前，应先进行预贴试验，以确保混凝土构件与钢构件结合面吻合、胀栓孔位置合适。

⑥ 缀板与角钢拼装点焊，检查位置无误后，将两侧带有缀板的角钢卸下，按Ⅰ级焊缝要求焊接。

7）卸荷：梁粘钢前采用千斤顶卸荷。对承受均布荷载的梁，应采用多点（至少2点）均匀顶升；对于有次梁的主梁，每根次梁下都要放一千斤顶顶升。顶升一般以顶面不出现裂缝为准或梁跨中最大位移控制在2mm以内。

8）调胶：将JGN结构胶甲乙组分按4：1的比例配制混合。为方便搅拌，调胶前一天将甲、乙组分JGN胶桶倒置，使沉于桶底的石英砂与表面的胶浆自然融合。采用搅拌器或手工搅拌均匀，要求胶内无单组分条块，颜色均匀即可。每次配胶量以本次使用量为准（一般用胶量$10\sim15\text{kg/m}^2$）。

9）粘贴、固定加压：预贴试验合格后，将钢件、混凝土构件结合面用丙酮擦拭2～3次，使之干净、无油污。在钢件和混凝土结合面涂胶，胶层厚度5～8mm，中间厚、边缘薄。

梁加固时，先安装梁下部两角钢，底部用胀栓压紧，两侧用夹具夹紧，再安装上部两角钢，与楼板上钢板用螺栓拧紧，梁两侧用螺栓固定。柱加固时，先安装一侧两角钢，再安装另一侧两角钢，上下端用柱箍箍紧。

立面粘贴时，混合胶液中掺加10％石英砂，调拌均匀，把胶涂在混凝土粘结面上，然后将钢构件按划定部位粘于结构上，固定加压。就位时切不可滑动，动作要轻而稳，较长钢构件安装需多人配合，动作协调一致，使缀板避开混凝土面的胶层。贴好后，用手锤沿粘贴面轻轻敲击钢构件进行检验，如无空洞声，表示已粘贴密实，否则应从外侧塞胶补填。在确定密实后，用膨胀螺栓固定均匀用力加压，以使胶液从钢构件边缘刚好溢出为度。

10）缀板焊接、探伤：将焊接在角钢上的缀板进行搭接焊，缀板焊接时，必须分段交错施焊，应尽量在胶浆初凝前完成。焊接质量达到Ⅰ级焊缝标准，采用K_2探头进行超声波探伤。梁柱节点按设计图制作安装，角钢后焊部分可局部改用乳胶水泥粘贴。

11）固化：固化期间，不得再对型钢进行锤击、移动、焊接。常温条件下（20℃以上）24h 即可拆除夹具或支撑，固化 3d 后即可受力使用，若环境温度低于 15℃，采用人工加温。

12）验收：混凝土基层及钢构件处理、钢构件焊缝、粘贴等工序，在施工完毕后必须进行自检，合格后组织相关部门进行验收。

13）钢件防腐、防火处理：检验合格后，对型钢表面（包括混凝土表面）抹厚度不小于 25mm 的高强度等级水泥砂浆作保护层，可在构件表面先加设钢筋网或点粘一层豆石，然后再抹灰，防其脱落和开裂，也可采用其他具有防腐蚀和防火性能的饰面材料加以保护。

2. 灌注法——湿式外包钢加固

（1）工作原理

在现浇钢筋混凝土梁、柱四角包贴型钢，型钢肢之间沿梁长、柱高方向每隔一定距离，用箍板或缀板与型钢焊接形成钢骨架，然后以改性环氧树脂为粘结材料，并通过压力灌注工艺使钢构件与混凝土结构面间形成饱满而高强的胶层，从而使加固部分与原结构协同工作，以提高其承载力和满足正常使用要求，见图 30-41。

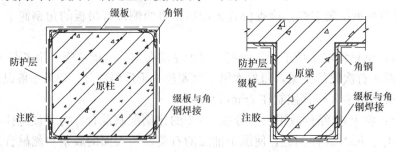

图 30-41　湿式外包钢灌浆加固法

（2）构造要求

1）外粘型钢加固时应优先选用角钢，角钢厚度不应小于 5mm，用于梁和桥架角钢边长不应小于 50mm，对柱不应小于 75mm。常用角钢有 L180×12、L160×12、L200×14、L100×10、L100×8 等。箍板或缀板截面不应小于 40mm×4mm。

2）外粘型钢的两端应有可靠的连接和锚固。

3）当采用外粘型钢加固排架柱时，应将加固的型钢与原柱头顶部的承压钢板相互焊接，对于二阶柱，上下柱交接处及牛腿处的连接构造应予加强。

（3）工艺流程

防护架、操作架搭设→定位放线→混凝土面层打磨处理→钢件加工制作→钢件打磨表面处理→预贴→卸荷→钢件焊接安装→焊缝探伤→埋设注浆嘴→缝隙密封→配制结构胶→压力灌胶→固化养护→检验和验收→钢件防腐、防火处理。

（4）操作要点

基本与"结构胶粘贴湿式外包钢加固法"的操作要点相同，不同之处如下：

1）钢件焊接安装，焊缝探伤检验

预贴试验合格后，将钢件、混凝土构件结合面用丙酮擦拭 2～3 次，保证结合面干净、无油污。按照施工设计图纸要求，以混凝土构件为单元，将钢板、角钢安装焊接组装就位，检查钢件安装偏差。焊缝质量达到Ⅰ级焊缝标准，采用 K 探头进行超声波探伤。

2）安装灌浆嘴、封缝

沿钢件与混凝土之间的缝隙全部用环氧胶泥嵌补严密，在利于灌浆的适当位置钻孔、粘贴浆嘴（通常在较低处）并留出排气孔间距约 1m，待胶泥固结后通气试压。

3）配制结构胶

① 按照设计要求及相关规定确定结构胶的品种，按产品说明书的要求进行配制。

② 结构胶使用前须先将各组分分别在包装桶内搅拌至均匀（结构胶在停放及运输过程中易分层离析）。

③ 另取一个容器将用量较多的组分（主要成分）按比例称量倒入容器，再把其他组分分别称量后混合在一起，用转速为 100～300r/min 的轴式搅拌器搅拌，每台搅拌器至少配备 3～4 个搅拌叶片，应同一方向搅拌，防止产生气泡。搅拌后的胶内要无硬块且颜色均匀，10～15min 后观察无单组分条块，呈黏稠状即可。

④ 每次配胶量以当次使用量为准（一般用胶量 10～15kg/m²）。

⑤ 胶粘剂的固化一般受自身、构件和环境温度限制，一般温度越高固化周期越短。气温较高时，配置的结构胶在 2h 内必须用完。如气温较低，胶液黏度太大，可用水浴将胶适当升温，使其黏度降低，再进行结构胶的配制。

4）压力灌注结构胶

① 将配置好的结构灌注胶注入灌浆泵内。

② 用空压机将灌浆泵内的结构胶以 0.2～0.4MPa 压力从灌浆嘴压入到混凝土与钢件的接触面间。灌注时，从一端依次灌入另一端，当观察到结构胶从另一侧的透气嘴有结构胶溢出时，应停止加压以树脂胶泥封堵透气嘴，再以较低压力维持 10min 左右，立即以胶泥封堵该灌浆嘴与出气嘴，依次灌向另一端，直到灌注满整个接触面。

③ 灌注结构胶应由上至下，由左到右，依次灌注。

3. 干式外包钢法

干式外包钢加固法是用型钢柱进行外包加固，形成型钢框架体系，其特点是型钢与原构件间无任何胶粘剂，或虽填塞水泥砂浆，但不能确保剪力在结合面上的有效传递。由于单独运用干式外包钢法承载力提高量、整体工作性能及受力特点不如湿式外包钢有效，所以干式外包钢常常与外包混凝土（或高效无收缩灌浆料）结合起来形成外包劲性混凝土进行结构加固。

30.5.15.4 质量控制要点

1. 质量控制

（1）施工前，应确认钢材、焊条、配套胶粘剂等的产品合格证、出厂检验报告、复试报告及胶粘剂的抗拉拔试验报告，各项性能指标应符合国家标准的规定。

（2）外包钢加固中界面粘贴性能受材料性能、表面特征及粘结工艺条件等因素影响，其中工艺质量是主要因素，在施工过程中应重点控制。

（3）施工前需做样板，待相关方面验证确认后，方可大面积施工。

2. 质量验收标准

（1）撤除临时固定设备后，应用小锤轻轻敲击粘结钢构件，从音响判断粘结效果或用超声波法探测粘结密实度。如锚固区粘结面积小于 90%，非锚固区粘结面积小于 70%，则此粘结件无效，应剥下重新粘结或采用压力灌胶方法进行补救。

（2）外包钢粘贴质量现场检验按规范要求进行拉拔试验，现场检验应在已完成粘贴加固的结构表面进行。取样原则应符合《混凝土结构加固设计规范》（GB 50367）的要求。

（3）钢件组拼坡口、焊缝、防火防腐的涂装等应符合《钢结构工程施工质量验收规范》（GB 50205）的规定，对全焊透的一级、二级焊缝采用超声波或射线探伤进行100％检查。

（4）对于重大工程，尚需抽样进行荷载试验，一般仅作标准使用荷载试验，将卸去的荷载重新全部加上，其结构的变形和裂缝开展应满足设计及规范要求。

30.5.16 组 合 加 固

组合加固法是指综合运用两种或两种以上加固技术（方法）对现浇钢筋混凝土结构构件进行加固的方法。

30.5.16.1 种类

常用的组合方法有：外包钢—外包混凝土形成的外包劲性混凝土加固法、型钢—混凝土组合梁加固法、碳纤维（CFRP）布和钢板（或角钢）组合加固法、外包钢与预应力法结合形成的预加应力外包钢加固法、焊接粘钢法（把粘钢焊接在原构件主筋上）等。

1. 外包劲性混凝土加固法

外包劲性混凝土加固法分为：干式外包钢—外包混凝土组合加固法与干式外包钢—高效无收缩灌浆料组合加固法，只需较小的增大构件断面尺寸，就能大幅度提高钢筋混凝土结构承载力，较多应用于现浇钢筋混凝土结构柱的加固。

干式外包钢—外包混凝土组合加固法，是干式外包钢加固法和增大截面加固法、锚筋技术的综合运用，基本加固方法详见图30-42。

干式外包钢—高效无收缩灌浆料组合加固法：在柱四角外包角钢，沿柱高方向四面设置缀板，与四个角钢肢焊接，形成钢骨架，然后将30mm厚灌浆料灌入角钢及缀板与混凝土柱之间的空隙内，以加大柱断面使钢骨架和灌浆料与原柱混凝土共同受力，满足设计使用要求，见图30-43。

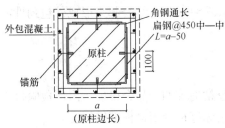
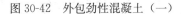
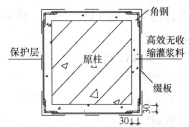

图 30-42 外包劲性混凝土（一）   图 30-43 外包劲性混凝土（二）

2. 型钢—混凝土组合梁加固法

为了大幅度提高原现浇钢筋混凝土框架梁的承载力和刚度，满足截面抗剪要求，采用在混凝土梁（板）底沿其轴线方向增加 H 型钢梁，形成型钢—混凝土组合结构，见图30-44。

3. 碳纤维 (CFRP) 布和钢板 (或角钢) 组合加固法

为了弥补原设计楼板和主次梁支撑处混凝土抗弯承载力和刚度的不足,可采用在板底粘贴碳纤维布、梁顶粘贴钢板的组合加固方法,用于现浇钢筋混凝土梁、板结构加固。

图 30-44 型钢—混凝土组合梁加固

30.5.16.2 材料与机具

1. 材料要求

(1) 水泥、混凝土、钢材及焊接材料、结构加固用胶粘剂的技术性能要求,详见 30.5.15 "外包钢加固"相关内容。

(2) 灌浆料,满足设计及使用要求。

2. 机具设备

(1) 水钻:吸附式金刚石钻孔机、手持式钻机。

(2) 空压机、电锤、注胶泵、吹风机、小型台秤、搅拌器、钢筋探测仪。

(3) 钢丝轮、角磨机、等离子切割机、电焊机等。

30.5.16.3 施工方法

1. 干式外包钢—外包混凝土混合形成的外包劲性混凝土加固法

(1) 工艺流程

基层处理→角钢预拼→钻植筋孔→角钢、缀板拼焊→植筋→钢筋绑扎→支模→浇筑混凝土→拆模→验收。

(2) 操作要点

1) 剔凿混凝土表面,露出坚硬新槎,清除浮石、灰尘等,便于新旧混凝土良好结合。

2) 角钢预拼后,根据植筋位置在原钢筋混凝土构件钻孔,钻孔植筋的施工工艺参见 30.5.5 "混凝土钻孔植筋"。

3) 角钢、缀板的拼焊:构件表面必须打磨平整,无杂物和尘土,施焊钢板(缀板)时,应用夹具夹紧角钢。原柱与所加固的钢板或角钢之间所有缝隙必须用 M15 水泥砂浆灌满。

4) 绑扎外包钢筋网片,将植入短筋与钢筋网片连成一体。

5) 混凝土浇筑:若新浇筑的混凝土壁厚小于 100mm 时,应支模浇筑细石混凝土或采用喷射混凝土,成型后应加强养护。

2. 干式外包钢—高效无收缩灌浆料组合形成的外包劲性混凝土加固法

(1) 工艺流程

基层处理→角钢拼焊→支模→灌注浆料→验收。

(2) 操作要点

1) 基层处理:用角磨机除去构件表混凝土风化层,并将表面凿毛或打成沟槽,深度约为 6mm;柱面亏损处,应剔凿到坚实的混凝土面。对角钢粘贴面进行除锈和粗糙处理,打磨纹路要与角钢受力方向垂直。

2) 模板支设

① 柱角钢拼焊验收合格后,支设模板,使角钢和缀板之间形成封闭空腔。柱支模必

须自上向下进行，避免灰尘颗粒落到缀板下部模板上，影响加固质量。

②柱支模采用包钢内框法，用 50mm×30mm 的方木，按角钢、缀板之间的实测尺寸支内模，方木与柱相接的面要刨平，方木可多次周转使用。模板支设见图 30-45。

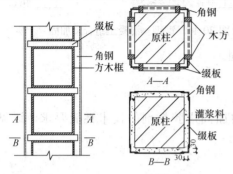

图 30-45 包钢框内芯支模示意图

3）灌浆料浇注

灌浆料是以高强度材料为骨料，以水泥作为结合剂，加水即可使用，具有大流动度、不泌水、不离析、微膨胀、强度高、使用范围广、施工工效高、操作简单等优点，膨胀率大于 0.02%，28d 抗压强度超过 C55 混凝土，在 −100～600℃ 环境下，均能保持良好性能。

浇注灌浆料应自下而上进行，沿柱高每隔 1.2m 将缀板上方木拆除，作为浇注孔，同时拆除对称一侧方木作为出气孔。当灌浆料在出气孔一侧溢满缀板时，表明下部灌浆料已浇注密实。浇注孔和出气孔要随拆随用，及时封堵。灌浆料可随用随拌制，也可连续浇注，直至全部完成。灌注过程中，应保证缀板处浇注密实。灌注时，头步控制高度应不超过 1m。

4）养护

灌浆完毕后裸露部分应及时包裹塑料薄膜进行养护，养护时间不得少于 7d，应保持灌浆部位处于湿润状态。拆模和养护时间及环境温度的关系见表 30-44。

拆模和养护时间及环境温度的关系   表 30-44

日最低气温（℃）	拆模时间（h）	养护时间（d）	日最低气温（℃）	拆模时间（h）	养护时间（d）
−10～0	96	14	5～15	48	7
0～5	72	10	≥15	24	7

5）保护层施工

检验合格后，在型钢表面（包括混凝土表面）抹厚度不小于 25mm 的高强度等级水泥砂浆作保护层，为防止发生脱落和开裂，可在表面先加设钢丝网，然后再分层抹灰，也可采用其他具有防腐蚀和防火性能的饰面材料加以保护。

3. 型钢—混凝土组合梁加固法

型钢—混凝土组合梁加固法是钢梁与原来钢筋混凝土框架梁相互依托，互为支撑，共同工作，协调变形。充分利用钢材与混凝土的强度，有效地解决梁、板承载力和刚度问题，满足截面抗剪要求，而且现场工作量小，施工周期短，对结构净空影响小。

（1）工艺流程

1）混凝土楼板加固流程

型钢梁准备→卸荷→基底处理→梁端节点板制作安装→配胶→粘贴→梁端连接→固定及加压→固化→检查→耐火防锈处理。

2）混凝土框架梁加固流程

型钢梁准备→卸荷→基底处理→打孔→梁端节点板（带短梁）制作安装→长梁固定→

高强度螺栓与短梁连接→植化学螺栓→检查→耐火防锈处理。

（2）操作要点

1）加固施工前，根据节点详图和受力特点策划好加固施工先后顺序。

2）钢梁与混凝土楼板交界面作粘钢处理，端部与混凝土框架梁采用节点板连接固定。梁端与框架梁连接处各设置一块钢垫板，采用化学螺栓固定于混凝土框架梁两侧，垫板上再焊接钢板，焊接钢板与 H 型钢梁采用高强度螺栓连接。

3）混凝土框架梁加固方法是 H 型钢梁与框架梁采用化学锚栓进行连接。为了保证质量，减少现场工作量，在钢梁的两端各设置一个 0.5m 长的短梁，短梁一端与节点板在构件厂焊接，另一端采用高强度螺栓与中间部分钢梁在现场拼接。

4）混凝土框架梁加固中化学锚栓位置的确定：先在混凝土梁上打孔，再根据混凝土梁上孔的位置返到钢梁翼缘上，以保证化学锚栓安装位置的准确性。

另外，在结构改造工程中，常常遇到增设电梯的情况，主要做法是先在框架梁、柱上钻孔，穿入四根钢筋，端头用双螺母拧紧，再用环氧胶泥填塞密实；型钢梁与穿梁、柱锚筋的钢板焊接，同时型钢梁与原楼板间填充无收缩水泥浆，以利于荷载直接传力。

图 30-46 为某办公楼楼板上增设电梯的工程实例。

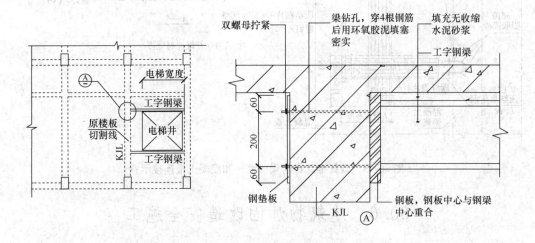

图 30-46 某办公楼新增电梯井型钢组合梁加固节点

4. 碳纤维（CFRP）布和钢板（或角钢）综合加固法

（1）碳纤维（CFRP）布和钢板组合加固法

在楼板板底粘贴碳纤维（CFRP）布和在板顶主、次梁支承处粘贴钢板条的组合加固方法，能弥补原设计楼板中心处和主次梁支承处的混凝土抗弯承载力和刚度不足。

加固方法：通常采用碳纤维（CFRP）布宽 100mm，粘贴长度为楼板的 3/4 净跨；钢板条为 100mm×6mm，在支承处分别外伸，长度相当于楼板的 1/4 净跨，钢板和楼板间用结构胶和 M10 螺杆固定，见图 30-47 和图 30-48。

（2）碳纤维（CFRP）布和角钢组合加固法

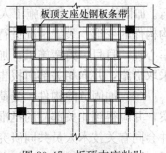

图 30-47 板顶支座粘贴钢板带平面示意

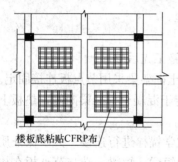

楼板底粘贴CFRP布

图 30-48　板底粘贴 CFRP
布平面示意

图 30-49 是楼板开洞、洞边采用碳纤维（CFRP）布进行加固、与洞边梁采用锚栓角钢固定的典型做法。

（3）施工要点

1）为减轻和消除粘贴钢板后应力、应变滞后的现象，粘贴前宜对构件适量卸荷，以保证钢板可与加固构件有效协同受力。除采用千斤顶卸荷外，还可根据工程实际情况，采用可调丝杠多点顶升的支撑卸荷方式，根据楼板洞口的大小和附近的荷载情况确定可调丝杆数量，绘制支撑平面布置图。

2）其他施工要点详见 30.5.3 "碳纤维粘贴"。

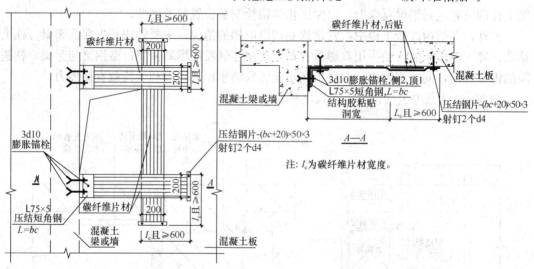

注：l_c 为碳纤维片材宽度。

图 30-49　碳纤维片材与梁（墙）和混凝土板连接示意

30.6　建筑物加固改造安全施工

除了遵守新建工程安全施工各项要求外，既有建筑加固改造的安全施工，还应重点注意以下事项：

（1）灾损建筑物检测鉴定、改造加固，应在预期灾害判定对结构不会造成破坏后进行。加固施工前，各级施工人员应熟悉周边情况，了解加固构件的受力和传力路径，对结构构件的变形、裂缝情况进行检查。若与设计不符或心存疑虑时应及时报告，切忌存在侥幸心理，盲目、野蛮施工；加固施工过程中，出现变形增大、裂缝发展等情况时，应及时采取措施，并向相关部门报告。

（2）加固危险构件、受荷大的构件，应制定切实可行的安全方案、监测措施和应急预案，并应得到相关部门的批准；施工过程中，随时观察，若有异常现象应马上停止操作，并会同有关技术人员共同研究解决，避免发生坍塌、坠落等安全事故。

（3）加固施工前，应切断既有建筑的非施工电源，拆净松动并可能掉落伤人的建筑构配件，排除危险源，消除不安全因素，避免发生次生灾害。

（4）卸载是保证原结构加固后新旧结构共同工作，减少应力滞后的重要手段，是保证施工安全的重要措施，施工时应特别重视卸载工作。卸载包括减轻构件的上部荷载、支顶、调整荷载位置或改变原有荷载的传力路径等方法。卸载措施应保证安全、可靠、简便易行，不影响施工操作；

（5）加固施工涉及其他构件拆改时，要观察分析拆改可能带来的安全隐患，采取措施消除潜在的不安全因素。对拆改、加固可能导致开裂、倾斜、失稳、倒塌等不安全因素的结构构件，加固之前，应采取支顶、设防等安全措施，消除安全隐患，防止事故发生。

对于重要构件的拆卸，为了保证安全，还应采取监控措施。

（6）钢结构的加固施工应保证结构的稳定性，应事先检查各连接点是否牢固。必要时可先加固连接点或增设临时支撑。钢结构负荷加固时，必须对施工期间钢结构的工作条件和施工过程进行控制，确保施工过程的安全。

（7）既有建筑加固工程施工时，若是建筑工程的一部分仍在使用，另一部分建筑需要进行加固改造施工，则需采取有效的隔离、降尘、防护措施，确保人员安全。

（8）既有建筑内的临边、洞口应严格防护，无人作业区域应上锁或封闭，花格吊顶等高危区域有人作业时，上人马道等出入通道口应设专人看守，作业人员应佩戴好个人防护用品，确保安全施工。

（9）应经常检查加固工程搭设的安全支护体系和工作平台，避免因使用时间过长或结构受力发生变化，导致安全支护体系作用减弱、失效，造成事故。

（10）加固材料中易燃易爆和高温性能失效的材料很多，因此，施工现场应严格动火制度，并必须配备消防器材。

30.7 建筑物加固改造绿色施工

既有建筑加固改造的绿色施工，除了遵循新建工程的相关规定外，还应重点做好以下措施。

30.7.1 加强对既有建筑的防护和利用

（1）对既有建筑和周围场地进行调查，对既有建筑及设施再利用的可能性和经济性进行分析，合理安排工期，提高资源再利用率。

（2）加强对既有建筑及周围设施的防护。

既有建筑中不能拆卸的大型设备和贵重物品要制定防护措施或派专人看管，避免因加固施工被损坏。建筑物周边的古树名木要制定保护方案，及时了解、掌握工程周边的通信光缆等重要设施的分布情况并做好标识，加以重点保护。

因施工而需要拆除的植被，尽可能移植。造成的裸露地面，必须及时采取有效措施进行覆盖，对被破坏的植被及时恢复绿化，以避免土壤侵蚀、流失。

（3）施工现场应建立可回收再利用物资清单。既有建筑因加固改造施工需要拆卸的材料、设备及构配件，宜轻拆轻放，对可再利用物资登记造册。力争物尽其用，减少新材料的投入。

可回收再利用物资宜存放在不需加固改造施工、能够妥善保管的库房，避免材料的丢失，也可减少随改造施工场地的变迁来回倒运材料带来的物资损耗。

30.7.2 营造绿色施工环境

加固改造施工中，要确保作业环境的安全，加强操作工人的劳动保护。

（1）深井、地下隧道、管道施工、地下室防腐、防水作业等不能保证良好自然通风的作业区，应配备强制通风设施。

（2）对既有建筑进行拆除、机械剔凿作业、钻孔施工、喷射混凝土及聚合物砂浆配置等高粉尘环境或有毒有害气体作业场所时，作业面局部应遮挡、掩盖或采取水淋等降尘措施，操作人员应佩戴防护口罩或防毒面具。

（3）水钻施工时，既要注意降尘防护，也要注意调节好用水量，杜绝长流水现象，每天做到工完场清。

（4）焊接作业、拆除管路及注浆操作时，操作人员应佩戴防护面罩、护目镜及胶手套等个人防护用品。

（5）配置或使用含有机溶剂型的材料时，必须通风良好，工作场地应严禁吸烟或用明火取暖，远离火源。

（6）施工操作时，作业人员应穿戴工作服、安全帽、防护口罩、乳胶手套、防护眼镜、安全带等所需劳动保护工具，并严禁在现场进食。

（7）作业环境应采取措施，保持通风良好，现场应配备必要的消防器材。

30.7.3 选用环保加固材料

（1）优化设计，选用绿色材料，积极推广新材料、新工艺，促进材料的合理使用。

（2）粘贴用胶粘剂，应通过毒性检验，严禁使用乙二胺作改性环氧树脂固化剂，严禁掺加挥发性有害溶剂和非反应性稀释剂。

（3）溶剂型胶粘剂，其挥发性有机化合物和苯的含量，其限量应满足《民用建筑工程室内环境污染控制规范》（GB 50325）的相关规定。

（4）使用含有有机溶剂型的材料，切忌入口，防止吸入中毒。

（5）加固工程中胶粘剂、阻锈剂等主要成分是有机化学物质，应密封储存，远离火源，避免阳光直射，专人保管，严格实行限量领料。在其运输和使用时，应避免渗漏，污染水土。施工现场存放的油料和化学溶剂应设有专门的库房，地面应做防渗漏处理。

30.7.4 妥善处理施工废弃物

30.7.4.1 拆卸废弃物的处理

加固改造施工剥离既有建筑被加固构件的装饰层，剔凿原结构至露出致密基层，或拆除某些改造部位（件），都会产生大量的建筑垃圾，因此应做好拆卸废弃物的处理。

（1）优化施工方案，积极采取措施，尽量减少拆除工作量及施工固体废弃物的产生。

（2）建筑物内施工垃圾的清运应采用密闭容器运输，严禁凌空抛洒。当多、高层建筑采用垃圾道垂直倒运垃圾时，应检查并保持垃圾通道密闭完好，避免扬尘。

（3）施工现场易飞扬、细颗粒散体材料，应密闭存放。施工垃圾应及时清运并适量洒水，防止对大气污染。材料运输时要防止遗洒、飞扬，卸运时采取码放措施，减少污染。

（4）施工现场应设置封闭式垃圾站，施工垃圾、生活垃圾应分类存放，拆除工程中产生的大量固体废旧物资应及时整理或回收，并按规定及时清运消纳。

30.7.4.2 加固废弃物的处理

（1）对于有使用时限要求的加固材料，应根据作业条件合理配置，物尽其用，减少废弃物的产生。

（2）剩余的灌浆材料、废弃的油料和化学溶剂、施工中产生的固体废弃物应集中处理，严禁随意倾倒，严禁排入污水管线，防止造成水土污染。

（3）施工现场严禁焚烧各类废弃物。

主 要 参 考 文 献

1 蒋通 译. 被动减震结构设计、施工手册(第 2 版). 日本隔震结构协会编，2008.

2 王玉岭，肖绪文等. 既有建筑结构加固改造技术手册. 北京：中国建筑工业出版社，2010.

3 丁绍祥. 混凝土结构加固工程技术手册. 武汉：华中科技大学出版社，2008.

4 杨宗放，李金根. 现代预应力工程施工(第二版). 北京：中国建筑工业出版社，2008.

5 李晨光，刘航等. 体外预应力结构技术与工程应用. 北京：中国建筑工业出版社，2008.

6 何旭东，申家海. 新华社报刊楼混凝土柱外包钢加固技术，施工技术，2006(3).

7 李砚波. 钢—混凝土组合结构在加固工程中的应用，施工技术，2007(5).

31 古建筑工程

31.1 古建筑概述

31.1.1 总　述

一座典型的中国古建筑的构成是在建筑的下端用砖石砌出一个基座，即台基。在台基之上用柱、梁、檩、椽等组成木构架，作为建筑的主体结构。有时还会在木构架体系中使用斗栱。在台基上围绕木构架砌墙用于围护保温和分隔空间等。用木料做成槅扇，作为门窗或室内空间的分隔。在木构架之上用灰泥、瓦料做成屋顶。用木装修、抹灰、粉饰、砖雕、木雕、石雕、脊饰等作为上述各部位的装饰，或本身就具有使用功能。在木构架和槅扇及其他木装修的表面常常还要涂饰油漆，这既增加了色彩，又能保护木料。在木构架、木装修或墙壁等处往往还要绘制彩画。

中国历史悠久、幅员辽阔，不同的历史时期、不同的地区、不同的民族，建筑形式都会有所不同。在各个历史时期的建筑中，以汉、唐、宋、明、清这几代的建筑最有代表性。在各个地区的建筑中，以北京地区为代表的北方建筑（或称官式建筑）和以苏州地区为代表的江南建筑最有代表性。在各个民族建筑中，以汉民族建筑最有代表性。若论中华民族各时期、各地区和各民族建筑的集大成者，或说最能代表中国建筑风格的，当属清代官式建筑。

本章以清代官式建筑为主要编写对象，按建筑的部位组成和专业分工，分部介绍常见的古建筑在构造做法和施工方面的一般知识。

31.1.2 台　基

古建筑中的台基在建筑形象方面起着至关重要的作用，不像西方建筑那样可有可无。对于"三段式"的建筑意匠，宋代人喻皓将其总结为"三分说"，即"自梁以上（指屋顶）为上分，地以上（指屋身）为中分，阶（指台基）为下分"（《木经》）。台基在古建筑形象方面的突出作用表现在造型和尺度两个方面。台基造型的基本类型有两种，一种是直方型（或方整型），一种是须弥座形式。这两种基本类型还可以演变出它们的叠加形式或组合形式，再加上台基的附属物栏杆和台阶的变化，就使得古建筑的台基式样变得十分丰富。早期的须弥座造型较为简洁，中间部分所占比例较大，至明清时期，线脚变得更加丰富，中间部分的比例缩小，但江南地区的一些须弥座仍保持着唐宋遗风。中国建筑的台基在尺度上表现为既高又宽，这种特征在早期的建筑中表现得尤为突出。明清时期，台基尺度已有所缩小，由"大壮"转向了"适型"。台基高度一般保持在檐柱高的 $1/4 \sim 1/7$。江南园林住宅的台基高度更加"便生",一般不超过檐柱高的 1/10。

稍讲究一点的古建筑,其基座必大部或全部使用石活,尤其是须弥座,多为通体石活。石料具有晶润硬朗的特质,在台基部位的集中使用,使造型更显俊朗清晰,尺度更显舒展大气,而石料的色泽与其他部位的明显不同,更使得台基形象在"三段式"中赫然独立,很好地诠释了中国建筑"三段式"的特点。古代诗文中所说的"红墙碧瓦,玉石栏杆"就是对中国建筑这一典型特性的准确写照。

31.1.3 大 木 构 架

以现代的房屋结构理论而言,木构架的结构体系中应包括斗栱,但在古建筑行业中,习惯上是分开看待的,柱、梁、檩、枋、椽等总称"大木",大木专业系统称"大木作",斗栱专业系统则称"斗栱作"。

丰富的古建筑屋面造型是由丰富的大木构架形式决定的。大木构架的形式虽然多种多样,但最基本的形式却不外六种:单坡面的平台(平顶)形式,两坡面的硬山和悬山形式,以及四坡面的歇山、庑殿和攒尖形式。这六种基本形式及其变化形式再加上建筑的平面变化,以及多重檐的叠加,就可以组合出丰富多变的构架形式。

大木构架的基本受力连接形式是用柱、梁(柁)以搭接方式为主组成排架(今人称之为"抬梁式"),或用柱、穿(枋)相互穿插组成排架(今人称之为"穿斗式")。排架间以檩(桁)、枋相连,形成房屋的基本单元"间",并用以承托屋面木基层。在檩(桁)上以密集的木椽相连,并作为承托瓦屋面的基层。抬梁式的特点是同一排架两柱间的跨度较大,但梁的用料也较大。穿斗式结构的特点正好相反,两柱间的跨度较小但排架方向不必使用大料。抬梁式结构广泛用于北方地区和典型的江南古建筑中,穿斗式结构用于南方的部分地区,如岭南、西南及长江流域的部分地区。在中国建筑木构架形式中,除了抬梁式和穿斗式这两种形式外,还有被今人称为"干式"和"井干式"等较简单的结构形式,但都没有成为木结构形式的主流。

将建筑的外围柱子做成略向内倾斜是历代延续的做法,宋元以前称"侧脚",明清时期称"掰升"。早期建筑的柱侧脚较大,可达到柱高的 3% 左右,明清以后,尤其是清代建筑,柱子掰升已变得较小,一般不超过 1%。宋代的建筑,柱子的高度自明间向两侧逐渐提升,至角柱最高,房脊也因此变成两端翘起的弧状,这种做法称"生起"。一间大殿最多可生起三十多厘米。元代以后,"生起"渐弱,明代生起更小,至清代已不再生起。至今在一些南方建筑中仍保持着的两端上翘的弧状房脊做法就是早期建筑生起做法的遗风。

坡屋面系由檩(桁)的高低不同形成,相邻两檩的高差称"举架"(江南建筑称"提栈",早期称"举折")。早期建筑的屋面坡度较缓,如唐代建筑梁架的中脊高度不到全长的五分之一,至清代至少占到三分之一。与西方建筑平直的坡屋面不同,中国建筑的屋顶呈优美的凹曲形,而这一曲线效果是以木椽连成的折线形坡面为基础做出的。自檐头至屋脊采用不同(逐渐加高)的举架(提栈),木椽自然会随之钉出折线形效果。

屋架上用密集的木椽做成屋檐向外远远地伸出是中国木结构建筑的固定构造法,最初是为了承载厚重的瓦顶和保护土墙免受雨淋,后来成了中国建筑的一大特征。古人用"上栋下宇"描述宫室屋顶,宇就是屋檐,可见这种由木椽形成的结构美给人的印象有多深。

四周都出檐的建筑在转角处的出檐称"翼角"（江南古建筑称"戗角"），翼角椽较普通椽子向上逐渐翘起，在水平方向上形成一优美的曲线，而这一中国建筑中极有代表性的"翘飞"造型，其实也是由角梁的构造方式而自然产生。

从现存实物看，历代大木构架的总体风格是：唐代木构架柱子粗壮，屋架坡度平缓，出檐深远；宋元时期屋架坡度增高，木构架风格趋于柔美华丽；至明清时期，官式建筑屋架坡度更陡，梁架截面宽度尺寸加大，木构架更注重装饰效果。但在地方建筑中，如江南、河南、山西等地区的古建筑仍保留着一些宋代建筑的木构架做法特征。

31.1.4　墙　　体

如前所述，中国建筑有着明显的"三段式"特征。以房屋的整体印象而言，墙体是这一段中最有代表性的。中国建筑的墙体在结构作用方面与西方建筑迥然不同，西方建筑的主体受力体系多以砖石结构为主，而中国建筑的主体受力体系以木结构为主，墙体主要是作为围护结构，中国建筑有着"墙倒屋不塌"的特征和优点。但另一方面，木结构受力体系的过早成熟，反过来又压抑了砖石结构的探索和发展，这导致了在中国（乃至影响到日本、朝鲜等东方国家），以砖石结构为受力体系的建筑形式始终没有成为主流，这种结果又导致了砖石工艺技术在很大程度上转向了模仿木构件的发展方向。例如，用砖石材料仿制梁枋、斗栱等，甚至用砖石仿木塔、仿木牌楼等。

在现代建筑中，墙体大多是垂直砌筑的，但古建筑的墙体则大多要向中心线方向倾斜砌筑，这种倾斜砌筑的做法称为"收分"，清代称为"升"。早期建筑的房屋墙体"收分"很大，一般在墙高的 8% 以上（指每侧墙面），明代以后逐渐变小，至清代晚期，"升"已很小，有时往往小到仅以调整视差为度。"升"的大小还因功能部位的不同而不同，如城墙、府墙较大，房屋墙体较小。有些墙面如山墙里皮、后檐墙里皮等，由于柱子向内倾斜的缘故，有时还需做出"倒升"，即偏离中心线向外倾斜。

虽然制砖工艺在中国早已成熟，且实物证明早期的砖比起明清时期砖的质量毫不逊色，但早期建筑还是习惯大量使用土坯砌墙，直至明代以后这种习惯才有所改变，甚至直到今天，在一些地区仍能见到土墙做法。砖既可以直接砌筑，也可以先经砍磨加工后再砌筑，如官式建筑有经精细加工后砌筑的干摆、丝缝；简单加工后砌筑的淌白，以及不做加工直接砌筑的糙砌等多种做法。江南古建筑则有不做加工的普通砌法和经精细加工后砌筑的"砖细"做法。砖细也叫清水砖或清水砖细。

也许是因为"墙倒屋不塌"，早在用土坯砌墙的时代古人就不太在意砖的摆砌样式对墙体受力的影响，更在意的是摆砌的样式本身。因此，自早期开始就未采用层层卧砌的垒砌方法，而"三平一竖（立砌）"或"一平一竖"等才是常见的垒砌方法。至明清时期，仍然看重的是砖缝的摆砌式样而非受力的合理性，常见的摆砌式样官式建筑有十字缝、一顺一丁、三顺一丁等。在江南古建筑中有实滚墙、花滚墙、斗子墙等多种式样，更是带有着更多的早期砌法痕迹。由于采用了不同规格的砖、不同的砌筑方法以及在结构转折处采用了不同的处理形式，因此，组合出了多种多样的墙面艺术形式。用石料砌墙也是古建墙体的常见形式，有全部采用石料砌筑者，也有砖石混合砌筑者。石料可加工成规则形状后再砌筑，也可不经加工就砌筑。古建墙面还常采用抹灰做法。有趣的是，墙面抹灰既是普通民居的标识，又是宫殿、坛庙建筑礼制、等级的象征，而造成这两者巨大差别的往往仅在于颜色的区分。至于现代仿古建筑，墙面还可以采用镶贴仿古面砖的做法。显而易见，古代建筑具体的建筑式样和构造方式主要是由当时所能使用的材料和工艺决定的。因此，建筑技术是建筑风格的主要影响者。在中国建筑发展史中，由技术决定了的某种建筑风格一旦被确定后，又会作为一种固有模式与技术的继续发展，共同影响着后期的建筑风格，而且这种风格上的演进还会因地区的不同或功能的不同而有所不同。例如，早期用土坯砌墙，为避免雨水冲刷，山墙和后檐墙外都需有木椽伸出。因此，宋元以前的建筑多为四面出檐的式样。明清以后砖墙大量使用，墙面不再怕雨水冲刷，可以直接用砖"封檐"和"封山"。因此，出现了只在房屋的正面一面出檐这样的新式样。但由于这一变化是渐进的，虽在明代就已出现了"封山"做法的硬山建筑，但后檐墙大多还是采用"老檐出"做法，直到清代才改为"封后檐"做法，而在江南等地，直到今天，仍能见到许多四面出檐的硬山建筑。又如，早期因采用土坯砌墙。因此，墙上大多要抹泥灰，无论建筑的等级如何采用的技术都只能如此，而仅在涂饰的颜色上有所区分。明清时期，一方面确已随着材料工艺的改变出现了大量的砖墙形式；但另一方面，在一些重要的礼制建筑、寺庙和宫殿建筑中，仍常采用墙面抹红灰这一古老的做法。

中国古代砌墙大多要分出下碱（下肩）与上身两部分（江南古建筑称勒脚与墙身），上身较下碱（勒脚）要向内稍稍退进一些。下碱（勒脚）至上身（墙身）交接处，往往还要改砌石活，在墙体的转角处或端头处，也常常使用石活。早期的土坯墙或夯土墙易受潮损坏，拐角处易磕碰，而石料可以有效地防止墙体受潮和磕碰。到了明清时期虽然砖已大量使用，但古建筑在砌体的转折部位使用石活早已定型为一种风格，并一直延续至今。

自古以来中国人就喜欢用青砖盖房，不像西方建筑大多使用红砖。这种审美取向决定了中国建筑的外墙以素雅宁静的灰色调为主。外墙如抹灰，则因地区或用途不同而不同。如北方民居用灰或深灰色，北方庙宇用深灰色或红色，江南民居用白色，江南庙宇及一些公共建筑（祠堂、会馆等）用黄色，宫殿坛庙外侧用红色，内侧用黄色等。

31.1.5 斗　栱

斗栱在宋代官书《营造法式》中称"铺作"，在清工部颁行的《工程做法则例》中称"斗科"，在江南古建筑的代表性著作《营造法原》一书中，称"牌科"，民国以来通称斗栱。从严格意义上讲，斗栱也是木构架的组成部分。典型的斗栱是梁架之上具有结构之美的橼檐的承托构件，由数件向外支出的曲木，以及夹隔其间的横向曲木重叠而成。斗栱具有多种功能，例如结构构造功能、装饰功能、标示建筑特性（历史特性、地域特性等）、标示建筑等级、权衡建筑与构件尺度等。斗栱的产生与木构架力求出檐深远、托垫桁檩，使其增加承载能力有关。斗栱的构造源于夏商周时期大型房屋柱梁间的"垫托木"、"助托木"及斜撑等原始助力构件。在秦汉时期已出现了简单的斗栱。经过历代的不断探索，至唐代斗栱构造已完备，技术上已完全成熟，这个时期的斗栱悬挑受力特征明显，形象疏朗硕大。至宋代，斗栱的构造做法形成定制，每个建筑上的斗栱数量增加而单个斗栱的体积变小，形象秀巧。金元时期承袭宋代风格而斗栱体积更小。明代开始求变，其形态总体特征"袭元似清"。明末清初斗栱变革成功，并在构造做法上重新形成了定制。以功能而言，其结构功能减弱而装饰功能增强。这个时期的斗栱虽官式做法与地方做法不尽相同，但总体而言，清代斗栱与历代相比体积最小，分布最密，装饰效果最为华丽，是历代斗栱中最能代表中国建筑的斗栱形象。

清官式斗栱的名类繁多,即使同一种斗栱也会因分类方法的不同而不同。例如,以对应梁架的不同位置命名时,柱上的为柱头科,柱间的为平身科,转角处的为角科;侧重斗栱的分件组合情况时,有单翘单昂、单翘重昂、重翘重昂斗栱等名称;当强调形状特征时,又有麻叶斗栱、溜金斗栱、隔架斗栱、品字斗栱等名称。清官式斗栱以"斗口"为模数。斗口的直观字意是指斗栱最底层构件坐斗的开口宽度。这个宽度有着明确的规定,从1寸起按0.5寸递增至6寸,共有11种规格,选定其中一种规格后,所有构件即可按与斗口的倍数关系推算出具体的长宽厚尺寸。如正心瓜栱规定长6.2斗口,当斗口选定为2寸时,正心瓜栱长应为1尺2寸4分。清官式斗栱模数制的特征还表现在与大木构架的比例关系上,按清代颁行的《工程做法则例》规定,有斗栱的建筑,一旦确定了斗口,大木构架的权衡尺度也就随之确定。例如,檐柱净高规定为60斗口,檐柱径为6斗口,当斗口选定为3寸时,檐柱净高应为18尺,檐柱径应为1.8尺。

斗栱逐层挑出称"出踩"或"出踩"(宋代称"出跳")。确定出踩数目时先将斗栱中心算做"一",如向内外各出一踩则称三踩,如此继续出挑则有五踩、七踩、九踩、十一踩等。典型的清官式斗栱在横向(与桁平行的方向)上主要由栱组成,纵向方面主要由翘、昂和耍头组成,纵横构件交汇在斗上,升则位于翘的端头承托上层构件。

江南古建筑牌科(斗栱)有五类:一类是一斗三升及一斗六升,这类斗栱的特点是平面呈一字状,故又叫一字牌科。二类是十字科,其形态与典型的官式斗栱相同,即主要构件纵横交错,呈十字状。三类是丁字科,这类斗栱从室外看与十字科完全相同,从室内看则类似一斗六升,故其平面呈丁字状。四类是琵琶科。类似官式做法的溜金斗栱。五类是网形科,北方称如意斗栱,其最大特点是相邻的栱或昂呈相互交织状。江南牌科不以斗口为规制,规格也不如官式斗栱那么多,常见者仅三种,即五七式、四六式和双四六式。每种都有其固定的做法规定。五七式之名由坐斗的规格比例而来,即坐斗高五寸七寸。其他分件也都有固定的尺寸,如栱高三寸半厚二寸半,升高二寸半宽三寸半等。各分件自身各部分的比例关系也是固定的,如斗底宽五寸,斗高分作五份,斗腰占三份,斗底占二份等。四六式的规格小于五七式,其所有尺寸均按五七式八折(可适当调整),如坐斗高四寸宽六寸。双四六式是三种规格中最大的,其所有尺寸均比四六式大出一倍,如坐斗高八寸宽十二寸。牌科逐层挑出称"出参",即清官式斗栱的"出踩",确定出参数目时,也是先将斗栱中心算做"一",如向内外各出一参称三出参,如此继续出挑则有五出参、七出参、九出参、十一出参等。

31.1.6 装 修

现代建筑中的装修一词来源于古建筑,但两者的含意不尽相同,现代装修所指部位通常包括室内外墙面、室内地面、吊顶、门窗等,包含的工作有木活、油漆、抹灰、镶贴、裱糊等;而古建筑中的装修仅包含木活,按照《工程做法则例》的规定,装修是指门(板门和槅扇门)窗(槅扇窗)及其周边的槛框(江南古建筑称"宕子"),以及天花木顶槅。在近代的一些书籍中,也有将栏杆、楣子、花罩、博古架及护墙板等木制品列入古建装修的。在清官式建筑中装修专业称"装修作",在宋式建筑中,称"小木作"。在西方古建筑中,门窗是在墙上开出的洞口上安装的,而在中国古建筑中,门窗是安装在柱间的,因而可以做得更加开敞，布置起来也更加灵便。正是由于这两者的不同，西方建筑的立面给人的印象常以墙面效果为主，而中国古建筑的立面效果，除了墙以外，门窗效果给人的印象也很深，尤其是在正立面，门窗的效果往往会起到主导性的作用。有趣的是，尽管西方建筑的门窗位置选择从建筑构造上不如中国建筑那样灵便，但事实上却更加自由随意。中国建筑中，门窗一般只设在房屋的前面，在院落中，四面房屋的门窗大多都朝向中心，围成"四合"形式。山墙和后檐墙上往往不设门窗，尤其是临街的一面墙，住宅建筑更是很少开窗。这种现象是固有的中国早期建筑布局及形态特征的延续，也是中国人内向含蓄性格的必然取向。

装修的式样因所处时代或地域的不同而不同，也因使用功能的不同而不同。例如，唐、宋、明、清历代的式样不同，地方建筑与皇家建筑的式样不同，各地区的装修风格也不相同。即使在同一建筑中，内、外檐装修也不尽相同。

31.1.7 屋　面

屋面外形有硬山、悬山、歇山、庑殿（江南称"四合舍"）、攒尖、平顶六个基本形式及各种变化形式如重檐、多角、盝顶等。与西方建筑的屋顶相比，西方建筑的屋顶一望而知是防雨设施，而中国建筑的屋顶更像是建筑的美丽冠冕。这来自它华丽飘逸的屋檐，优美多变的造型，淡艳相宜的色彩和生动有趣的脊饰。

除了瓦屋面之外，中国历史上还曾创造出其他多种屋面材料作法，例如：茅草屋面、泥土屋面、灰泥屋面、灰屋面、焦渣灰屋面、石板屋面等。在各种材料作法中，以瓦屋面取得的成就最高，瓦屋面中又有筒瓦、板瓦、琉璃瓦等多种形式。在周代已出现了筒瓦屋面，那时的筒瓦尺寸较大，且瓦当为半圆形，秦汉时期开始出现圆形瓦当。宋代以后筒瓦尺寸逐渐变小，明清以后尺寸更小。在五代时期就出现了合瓦（小青瓦）屋面，宋代以后小青瓦屋面更是成为了南方广大地区的一种常见作法。北方则仍以筒瓦屋面为主，至元明以后，华北地区的普通民居逐渐改用合瓦屋面，只是在游廊、影壁及小型的砖门楼等处才使用最小号的筒瓦。清代中期，山西地区的工匠创造了世界独一无二的干槎瓦技术，后流传到河北、河南等地，并一直流传至今。琉璃瓦用于屋面迟始于北魏，后又失传，隋唐又恢复，但只用在檐口或屋脊处。宋、辽、金时期进一步发展，但一般房屋仍习惯用在檐口或屋脊处。明清两代是琉璃技术大发展的时期，清乾隆时期达到极盛。由于工艺技术上的原因，从古至今琉璃瓦的颜色一直都是以黄、绿两色为主。唐宋时期的琉璃瓦以绿色为主，元代沿袭宋代风格，并出现了黑色琉璃瓦。明代沿袭元代风格，黑色琉璃仍有使用，至清代黑琉璃不再用于重要建筑（有特殊寓意的除外）。明清两代，尤其是清代，除仍以黄绿两色为主外，在园林建筑中还使用了其他多种颜色。琉璃瓦一直是封建等级的象征，黄琉璃为皇家独有，亲王、郡王可以用绿琉璃，其他任何人是不能使用琉璃。在普通陶瓦的颜色选择上，如同自古以来喜欢用青砖砌墙一样，中国人喜欢用灰瓦，不像西方人那样喜欢用红瓦，尽管灰瓦比红瓦的烧制工艺更复杂。这种审美取向决定了中国建筑的屋面以素雅宁静的灰色调为主。为与琉璃瓦相区别，凡筒瓦、合瓦等灰瓦屋面通称"布瓦"或"黑活"。

与西方建筑相比，中国的瓦面做法工艺更多。中国不但创造了与西方相似的筒瓦屋面，还创造了底瓦垄和盖瓦垄都用板瓦的"合瓦"屋面，尤其是创造了带釉的瓦（琉璃）

屋面和只用底瓦垄不用盖瓦垄的"干槎瓦"屋面。无论就瓦面的装饰性或工艺技术而言，中、西方相比，中国的水平更高，历代相比，清代的水平最高。

瓦面垫层在古建筑中叫做"背"，其施工过程叫做"苫背"。在北方地区，凡做瓦屋面都要先苫背，清中期以后，屋面苫背发展为更加注重防水功能的施工技术。在南方地区，有苫背的，也有不苫背直接在木椽上铺瓦的。

31.1.8 地   面

古建筑地面的种类主要有：一是砖地面，包括方砖和条砖地面，条砖包括城砖和小砖。经特殊工艺制作，质量极好的方砖或城砖称作"金砖"。二是石地面，包括毛石、块石、条形石、卵石地面等。三是焦渣地面。以焦砟与白灰拌和后铺筑的地面。四是土地面，以原生土筑打的地面，这是历史上最早的地面做法，直到近代仍有使用。五是灰土地面，用黄土与白灰拌和后铺筑的地面。用砖、石所做的地面或用砖、石做地面这一过程，在清官式做法中都称作"墁地"，在江南古建筑中则称"铺地"。

中国建筑的庭院铺地由甬路、散水和海墁组成。散水铺在房子的前后或四周。甬路是院中的道路，在宫殿中称御路。海墁铺在甬路以外。

古建地面，尤其是砖墁地面是很讲究拼缝形式的。例如，同样是方砖地面，在清官式做法中，趟与趟之间必须错半砖（称十字缝），而在江南古建筑中，多做成横竖缝均相通的"井字格"形式。

官式建筑的地面，无论室内还是庭院均以砖墁地居多，宫殿建筑在重点部位用方整石料铺墁。园林庭院除砖料外，也偶用青石板或鹅卵石等铺墁。

江南古建筑室内铺地砖铺地以砖为主，常见的是方砖或黄道砖铺地。用黄道砖铺地时多将砖陡置并拼成图案。在江南古建筑中最讲究的做法是用金砖铺地，这与官式建筑只在重要的宫殿室内才用金砖墁地的习惯有所不同。江南古建筑的室外铺地以石料和砖料为主，园林铺地以石料为主。常见的石地做法有乱石（毛石）地、方整石地、条石地、冰裂纹石板地等。最能代表江南园林庭院铺地风格的是"花街铺地"。这是一种用砖、瓦、各色卵石或陶瓷碎片拼出各式图案花饰的铺地形式。

31.1.9 油   漆

油漆的历史在中国至少已有六千年以上。早期使用的油漆是天然材料，清晚期以后逐渐被现代化工材料所取代。对于传统油漆来说，可细分为两类，一类是油，以桐树籽榨出的油（桐油）为主要材料制成，称光油。另一类是漆，以漆树上流出的乳液（生漆）为主要材料制成，称大漆。南方地区建筑既用光油，也用大漆；北方建筑只用光油，极少用大漆。传统材料无论是光油还是大漆，其质量都优于现代化工油漆，不易开裂、褪色和老化。但制作工艺复杂，价格较贵。

油漆不但能使木构件更有光泽，还可以保护木质，从而延长了建筑的寿命。作为木材表面的涂层，在历史上很长的一段时间内是将油漆直接涂在木材上，至今不少地区仍延续着这种做法。在明代以后，发明了先用砖灰等材料做成基底层（称"地仗"）再涂刷油漆的做法，明末清初又在地仗中增加了麻纤维层。地仗形成的壳层有助于防止木材开裂，其平整细腻的表面更提高了油漆的光洁度。地仗工艺的发明，使得明清官式建筑比历代建筑都更加光彩照人，同时也为彩画工艺水平的提高奠定了基础。

历代都十分重视和讲究油漆的色彩。《考工记》记述夏朝崇尚黑色，商朝崇尚白色，周朝崇尚红色。《礼记》记述春秋战国时"楹（柱）：天子丹（红）、诸侯黝（黑）、大夫苍（青）、士黈（黄）"，说明自古以来油漆色彩与时代习尚、社会等级都有密切的关系。明清以后，色彩更趋丰富，据清工部《工程做法则例》所记载的油漆颜色就有 22 种之多，各地区各民族的油漆颜色也十分丰富，且都形成了各自的用色规律。至清代晚期以后，中国建筑的油漆颜色以红、黑、棕、绿、灰等颜色为主，其中最具中国特色的油漆颜色当属红色。

31.1.10 彩　　画

据考古发现，原始时期就有建筑彩画，文献证明周代已在梁枋上施彩画。秦、汉、南北朝时期图案纹样已十分丰富，到了隋唐时期工艺技法已很成熟，并已形成了彩画制度。宋代彩画进一步完善，出现了五彩遍装、青绿彩画和土朱刷饰三类形式，梁额彩画构图形成定式，彩画工艺中的典型技法退晕与对晕等也已成熟。由官方编修的《营造法式》一书中记录了详尽的彩画内容，说明中国建筑彩画至宋代无论是设计、施工，还是管理；无论是图案、构图、工艺，还是等级制度等比起前代都更加完备。元代在沿袭着宋代彩画风格的基础上，创造出了被后人称为"旋子彩画"的形式，并出现了墨线点金五彩遍装、墨线青绿叠晕装和灰底色黑白纹饰三种装饰等级。明代在元代彩画的基础上继续演变，构图更加严谨，枋心部位的端头造型形成定式，枋心内一般不画纹饰，只平涂颜色（素枋心）。旋花进一步图案化，并形成了具有明代风格的固定式样。"箍头"画法作为构件的端头处理，在明代已经定型。彩画的装饰重点转移到了梁、檩、枋等所谓"上架"（柱头部位以上）的大木构件上。画满彩画的斗栱和柱身已很少见了。从现存实物看，明代彩画的类别以旋子彩画为主，少量为龙纹枋心、锦纹找头彩画。总体色调以青（指群青蓝色）、绿为主。

清代彩画比起前代来说画题和工艺更加繁富，构图和纹饰更趋定型，并产生出了适用于不同建筑环境的多种类别的彩画。虽然在清代早期彩画类别就已十分丰富，但那时是直接按工艺做法或纹饰命名，明确地将清官式彩画按类别划分是清代晚期以后的事，见诸文字更晚，如"旋子彩画"、"和玺彩画"均出自二十世纪三十年代梁思成先生编著的《清式营造则例》一书。至二十世纪八十年代以前，一般认为清官式彩画可分为"和玺彩画"、"旋子彩画"和"苏式彩画"三大类。以后又经一些研究者加以补充，形成了不同的分类方法。清官式彩画的装饰重点是檩（桁）、垫板、檩枋（额枋）、梁及柱头等部位。因此，常称为梁枋彩画。所谓和玺、旋子、苏画及其他类别的分类主要是针对这些构件而言，各类彩画在构图、纹样等方面的规制也主要是针对这些部位而言的。与梁枋相关联的其他部位的彩画多集中在斗栱、天花、椽望、角梁等处。应该说，这些部位的彩画没有太明确的类别划分，只是图案纹样和工艺的选择与上述各类彩画是有着一定的对应关系。以椽头彩画为例，不能说椽头的旋子彩画应当怎么画，而是当梁枋画旋子彩画时，椽头应当怎么画。毋庸置疑，梁枋及斗栱、天花、椽望是明清官式彩画重点或首先应装饰的部位，但在园林建筑或寺庙建筑中，也往往在廊心墙、室内后檐墙及山墙、梁枋间的木板上绘制彩画，这些部位的彩画大多以较自由的壁画形式出现。

除了官式彩画之外，中国各地区各民族也创造出了多种多样的建筑彩画。例如山西、河南、东北、江浙等地区的彩画水平也很高，尤其是山西、河南地区的彩画更为突出，且沿袭了宋代彩画的一些风格特点。与官式彩画相同的是，这些地区的彩画也首先是画在梁枋上。而其他一些地区的彩画的装饰重点往往集中在墙壁或是屋脊等部位。

如果说唐代建筑更多的是表现为一种纯真直率的结构美，宋代转向结构美与装饰美并重，那么明清两代在建筑的装饰美方面表现得尤为突出。色彩是装饰的重要手段，在这一方面，除了琉璃和油漆之外，最重要的就是彩画。在梁枋上遍施彩画是中国建筑的特点之一，而清官式彩画最能代表中国建筑彩画。以清官式彩画为代表的中国建筑彩画的艺术特征主要表现在以下几个方面：1) 色彩以青（指群青蓝色）、绿色调为主，同时又非常艳丽华美、富丽堂皇，色相和明度反差都很大。中国建筑彩画与西方建筑绘画的一个重要区别是，中国建筑彩画敢于将原色不加调兑直接使用。由于有黑色、白色等中性色的协调，退晕的过渡，同时各种颜色又被统一在明度最高的金色（贴金）之下，这就获得了装饰性极强，又十分协调的效果。2) 图案形式多样，内容丰富。同一种图案因工艺不同产生出多种效果，形成了千变万化的装饰美感。3) 构图严密系统。不同的类别有不同的构图方式，种类又有许多等级，各类各等级都有相应的格式、内容、工艺要求和装饰对象。色彩的安排也有相应的规则。4) 工艺独特。仅常见的绘制工艺就多达十几种，诸如退晕、沥粉贴金、切活等，相同的纹饰用不同的工艺绘制后，其装饰效果完全不同。

31.2　瓦石作材料

31.2.1　古建筑常用砖料的种类及技术要求

31.2.1.1　古建筑常用砖料的种类、规格及用途

1. 传统青砖

古建筑采用的传统青砖是以黏土为主要原料，经过成型、干燥、焙烧和洇窑工艺制成的青（灰）色的砖。古建筑砖料可分为条砖类和方砖类。条砖类又可分为城砖类和小砖类。各类砖又可因产地、规格和工艺的不同而产生多种名称。常见古建筑砖料的名称、用途及参考尺寸见表31-1。

现行古建筑砖料一览表（单位：mm）   表 31-1

名称		主　要　用　途	参考尺寸 （糙砖规格）	说　明
城砖	大城样（大城砖）	大式干摆、丝缝、糙砌、淌白墙面；小式干摆下碱；大式地面；檐料；杂料	480×240×130	如需砍磨加工，砍净尺寸按糙砖尺寸扣减 5～30mm 计算
	二城样（二城砖）	同大城砖	440×220×110	
停泥砖	大停泥	大、小式墙身干摆、丝缝；檐料；杂料	410×210×80 320×160×80	
	小停泥	小式墙身干摆、丝缝；小式地面；檐料；杂料	295×145×70 280×140×70	
	四丁砖	仿古建筑淌白墙；糙砖墙；檐料；杂料；墁地	240×115×53	四丁砖有两种，即手工砖和机制砖，机制砖较难砍磨加工

续表

名　称		主　要　用　途	参考尺寸 （糙砖规格）	说　明
地趴砖		室外地面；杂料	420×210×85	
方砖	尺二方砖	小式墁地；博缝；檐料；杂料	400×400×60 360×360×60	如需砍磨加工，砍净尺寸按糙砖尺寸扣减 10～30mm
	尺四方砖	大、小式墁地；博缝；檐料；杂料	470×470×60 420×420×60	
	尺七方砖	大式墁地；博缝；檐料；杂料	570×570×80	
	二尺方砖		640×640×96	
	金砖（尺七～二尺四）	宫殿室内墁地；宫殿建筑杂料	同尺七～二尺四方砖规	

2. 仿古面砖

仿古面砖是以黏土和少量细砂为原料，经钢模冲压成型，并经干燥、焙烧和洇窑工艺制成的青（灰）色面砖，常见的仿古面砖的规格有 3 种：62×250×11、62×280×11、100×400×20。

31.2.1.2　砖的质量鉴别

砖的质量可根据以下方面和方法检查鉴别：

1. 规格尺寸是否符合要求，尺寸是否一致。

2. 强度是否能满足要求，除通过试验室出具的试验报告判定外，现场可通过敲击发出的声音来判别，有哑音的砖强度较低。

3. 棱角是否完整直顺，露明面的平整度如何。

4. 颜色差异能否满足工程要求，有无串烟变黑的砖。

5. 有无欠火砖，甚至没烧熟的生砖。欠火砖的表面或心部呈暗红色，敲击时有哑音。

6. 有无过火砖，尤其是用于干摆、丝缝墙或用于砖雕的砖料，如选用的是过火砖，将很难砍磨加工。过火砖的颜色较正常砖的颜色更深，多有弯曲变形，敲击时声音清脆，似金属声。

7. 有无裂纹。在晾坯过程中出现的"风裂"可通过观察发现，烧制造成的砖内的"火裂"可通过敲击声音来辨别。表面或内部有裂纹的砖会使强度降低，且容易造成冻融破坏。

8. 砖的密实度检查。可通过检查泥坯（干坯）的断面和成品砖的断面鉴别，有孔洞、砂眼、水截层、砂截层及含有杂质或生土块等的砖，其密实度都会受到影响。

9. 有无泛霜（起碱）。有泛霜的砖不能用于基础或潮湿部位，严重泛霜的为不合格的砖

10. 其他检查。如土的含砂量是否过大，是否含有浆石籽粒，是否有石灰籽粒，甚至出现石灰爆裂，砖坯是否淋过雨，砖坯是否受过冻或曾含有过冻土块等。这些现象的存在都会造成砖的质量下降，应仔细观察。

11. 除应检查厂家出具的试验报告外，砖料运至现场后，施工单位应独立抽取样本复试。复试结果应符合相关标准的要求。

31.2.2 常用黑活（布瓦）瓦件的种类及技术要求

31.2.2.1 布瓦瓦件的种类、规格及用途

布瓦瓦件包括瓦件和脊件，是以黏土为主要原料，经成型、干燥、焙烧和洇窑工艺制成的青（灰）色瓦料和脊料。当区别于琉璃瓦时，常称为黑活。布瓦的规格按"号"划分，从大到小排列有头号（又称特号或大号）、1号、2号、3号和10号共五种规格。布瓦的种类及常见尺寸见表31-2。

布瓦一览表（单位：cm）　　　　　　　　　　　　　　　表 31-2

名　　称		常见尺寸	
		长	宽
筒瓦	头号筒瓦	30.5	16
	1号筒瓦	21	13
	2号筒瓦	19	11
	3号筒瓦	17	9
	10号筒瓦	9	7
板瓦	头号板瓦	22.5	22.5
	1号板瓦	20	20
	2号板瓦	18	18
	3号板瓦	16	16
	10号板瓦	11	11
勾头	头号勾头	33	16
	1号勾头	23	13
	2号勾头	21	11
	3号勾头	19	9
	10号勾头	11	7
滴水	头号滴水	25	22.5
	1号滴水	22	20
	2号滴水	20	18
	3号滴水	18	16
	10号滴水	13	11
花边瓦	头号花边瓦		22.5
	1号花边瓦		20
	2号花边瓦		18
	3号花边瓦		16
	10号花边瓦		11

31.2.2.2 布瓦瓦件的质量鉴别

布瓦瓦件的质量可根据以下方面和方法检查鉴别：

1. 规格尺寸是否符合要求，尺寸是否一致。筒瓦"熊头"的仔口是否整齐一致，前后口的宽度是否一致。勾头、滴水、花边瓦的形状、花纹图案是否相同，滴水垂、勾头盖的斜度是否相同。吻、兽、脊件的外观是否完好，造型、花纹是否相同。

2. 强度是否能满足要求。除通过试验检测外，在现场还可通过敲击的声音来判断，有哑音的瓦强度较低。

3. 有无变形或缺棱掉角。

4. 有无串烟变黑。

5. 有无欠火瓦。欠火瓦表面呈红色或暗红色。

6. 有无过火瓦。过火瓦的表面呈青绿色，且多伴有变形发生。

7. 有无裂纹、砂眼甚至孔洞。砂眼、孔洞和较明显的裂纹可通过观察检查发现，细微的裂纹和肉眼看不出的裂纹隐残，要用铁器敲击的办法检查，敲击时发出"啪啦"声的，即表明有裂纹或隐残。

8. 密实度如何。可在现场作渗水试验。将瓦的凹面朝上放置，用砂浆堵住瓦的两端，在瓦上倒水，随即观察瓦下渗水情况，渗出速度快、水珠大的瓦密实度较差。

9. 其他检查。如土的含砂量是否过大，是否含有浆石籽粒、是否有石灰籽粒甚至石灰爆裂，瓦坯是否淋过雨，瓦坯是否受过冻或曾含有过冻土块等。

10. 除应检查厂家出具的试验报告外，瓦件运至现场后，项目部应独立抽取样本进行复试。复试结果应符合相关标准的要求。

31.2.3 琉璃瓦件的种类及技术要求

31.2.3.1 琉璃瓦件的种类及规格

琉璃瓦件包括瓦件和脊件，是以陶土为原料，表面施釉料，经成型、干燥、焙烧制成的瓦料和脊料。琉璃瓦的釉色有多种，以黄、绿两种最常用。清代官式琉璃瓦件的规格尺寸按"样"划分，二样最大，九样最小。二样和三样极少使用。常见琉璃瓦件的种类及规格见表31-3。

常见琉璃瓦件一览表（单位：cm）　　　　　　　　表 31-3

名　称		样数（规格）					
		四样	五样	六样	七样	八样	九样
正吻	高	256～224	160～122	115～109	102～83	70～58	51～29
	宽	179～157	112～86	81～76	72～58	49～41	36～20
	厚	33	27.2	25	23	21	18.5
剑把	长	80	48	29.44	24.96	19.52	16
	宽	35.2	20.48	12.8	10.88	8.4	6.72
	厚	8.96	8.64	8.32	6.72	5.76	4.8
背兽（见表注）	正方	25.6	16.64	11.52	8.32	6.56	6.08
吻座	长	33	27.2	25	23	21	18.5
	宽	25.6	16.64	11.52	8.32	6.72	6.08
	厚	29.44	19.84	14.72	11.52	9.28	8.64
赤脚通脊	长	76.8					
	宽	33					
	高	43					
黄道	高	76.8	五样以下无				
	宽	33					
	厚	16					
大群色（相连群色条）	长	76.8					
	宽	33					
	厚	16					

续表

名　称		样数（规格）					
		四样	五样	六样	七样	八样	九样
群色条	长 宽 厚	无	41.6 12 9	38.4 12 8	35.2 10 7.5	34 10 8	31.5 8 6
正通脊 （正脊筒子）	长 宽 高	无	73.2 27.2 32	70.4 25 28.4	67.4 23 25	64 21 20	60.8 18.5 17
垂兽 （见表注）	高 宽 厚	50.4 50.4 28.5	44 44 27	38.4 38.4 23.04	32 32 21.76	25.6 25.6 16	19.2 19.2 12.8
垂兽座	长 宽 高	51.2 28.5 5.76	44 27 5.12	38.4 23.04 4.48	32 21.76 3.84	25.6 16 3.2	22.4 12.8 2.56
联座 （联办兽座）	长 宽 高	86.4 28.5 36.8	70.4 27 28.6	67.2 23.04 23	41.6 21.76 21	28.8 16 17	23.8 12.8 15
承奉连砖 （大连砖）	长 宽 高	44.8 28.5 14	41 26 13	39 25 12	37 21.5 11	33 20 9	31.5 17.5 8
三连砖	长 宽 高	43.5 29 10	41 26 9	39 23 8	35.2 21.76 7.5	33.6 20.8 7	31.5 19 6.5
小连砖	长 宽 高		七样以上无			32 16 6.4	28.8 12.8 5.76
垂通脊 （垂脊筒子）	长 宽 高	83.2 28.5 36.8	76.8 27 28.6	70.4 23.04 23	64 21.76 21	60.8 20 17	54.4 17 15
戗兽 （见表注）	高 宽 厚	44 44 27	38.4 38.4 23.04	32 32 21.76	25.6 25.6 20.08	19.2 19.2 12.8	16 16 9.6
戗兽座	长 宽 高	44 27 5.12	38.4 23.04 4.48	32 21.76 3.84	25.6 20.8 3.2	19.2 12.8 2.56	12.8 9.6 1.92
戗通脊 （戗脊筒子）	长 宽 高	76.8 27 28.6	70.4 23.04 23	64 21.76 21	60.8 20.8 17	54.4 17 15	48 9.6 13
摔头	长 宽 高	44.8 28.5 14	41 26 9	39 23 8	36.8 21.76 7.5	33.6 20.8 7	31.5 19 6.5
揣头	长 宽 高	38.4 26 7.68	35.2 23 7.36	32 20 7.04	30.4 19 6.72	30.08 18 6.4	29.76 17 6.08

续表

名　称		样数（规格）					
		四样	五样	六样	七样	八样	九样
列角盘子	长			40	36.8	33.6	27.2
	宽			23.04	21.76	20.8	19.84
	高			6.72	6.4	6.08	5.76
三仙盘子	长			40	36.8	33.6	27.2
	宽			23.04	21.76	20.8	19.84
	高			6.72	6.4	6.08	5.76
仙人（见表注）	长	33.6	30.4	27.2	24	20.8	17.6
	宽	5.9	5.3	4.8	4.3	3.7	3.2
	高	33.6	30.4	27.2	24	20.8	17.6
走兽（见表注）	宽	18.24	16.32	14.4	12.48	10.56	8.64
	厚	9.12	8.16	7.2	6.24	5.28	4.32
	高	30.4	27.2	24	20.8	17.6	14.4
吻下当沟	长	33.6	28.3	26.7	24	22	20.4
	宽	21	16.5	15	14.5	13.5	13
	厚	2.24	2.24	1.92	19.2	1.6	1.6
托泥当沟	长	33.6	28.3	26.7	24	22	20.4
	宽	21	16.5	15	14.5	13.5	13
	厚	2.24	2.24	1.92	19.2	1.6	1.6
平口条	长	28.8	27.2	25.6	24	22.4	20.8
	宽	8.64	8	7.36	6.4	5.44	4.48
	厚	1.92	1.92	1.6	1.6	1.28	1.28
压当条	长	28.8	27.2	25.6	24	22.4	20.8
	宽	8.64	8	7.36	6.4	5.44	4.48
	厚	1.92	1.92	1.6	1.6	1.28	1.28
正当沟	长	33.6	28.3	26.7	24	22	20.4
	宽	21	16.5	15	14.5	13.5	13
	厚	2.24	2.24	1.92	1.92	1.6	1.6
斜当沟	长	46	39	37	32	30	28.8
	宽	21	16.5	15	14.5	13.5	13
	厚	2.24	2.24	1.92	1.92	1.6	1.6
套兽（见表注）	长	25.2	23.6	22	17.3	16	12.6
	宽	25.2	23.6	22	17.3	16	12.6
	高	25.2	23.6	22	17.3	16	12.6
博脊连砖	长	五样以上无		40	36.8	33.6	30.4
	宽			22.4	16.5	13	10
	高			8	7.5	7	6.5
承奉博脊连砖	长	46.4	43.2	六样以下无			
	宽	23.68	23.36				
	高	14	13				
挂尖	长	46.4	43.2	40	36.8	33.6	30.4
	宽	23.68	23.36	22.4	16.5	13	10
	高	24	22	16.5	15	14	13

续表

名　称		样数（规格）					
		四样	五样	六样	七样	八样	九样
博脊瓦	长	46.4	43.2	40	36.8	33.6	30.4
	宽	27.2	25.6	24	22.4	20.8	19.2
	高	6.5	6	5.5	5	4.5	4
博通脊（围脊筒子）	长	76.8	70.4	56	46.4	33.6	32
	宽	27.2	24	21.44	20.8	19.2	17.6
	高	31.36	26.88	24	23.68	17	15
满面砖	长	44.8	41.6	38.4	35.2	32	28.8
	宽	44.8	41.6	38.4	35.2	32	28.8
	厚	5.44	5.12	4.8	4.48	4.16	3.84
蹬脚瓦	长	35.2	33.6	30.4	27.2	24	20.8
	宽	17.6	16	14.4	12.8	11.2	9.6
	高	8.8	8	7.2	6.4	5.6	4.8
勾头	长	36.8	35.2	32	30.4	28.8	27.2
	宽	17.6	16	14.4	12.8	11.2	9.6
	高	8.8	8	7.2	6.4	5.6	4.8
滴水（滴子）	长	40	38.4	35.2	32	30.4	28.8
	宽	30.4	27.2	25.6	22.4	20.8	19.2
	高	14.4	12.8	11.2	9.6	8	6.4
筒瓦	长	35.2	33.6	30.4	28.8	27.2	25.6
	宽	17.6	16	14.4	12.8	11.2	9.6
	高	8.8	8	7.2	6.4	5.6	4.8
板瓦	长	38.4	36.8	33.6	32	30.4	28.8
	宽	30.4	27.2	*25.6	22.4	20.8	19.2
	高	6.08	5.44	4.8	4.16	3.2	2.88
合角吻	高	89.6	76.8	60.8	32	22.4	19.2
	宽	64	54.4	41.6	22.4	15.68	13.44
	长	64	54.4	41.6	22.4	15.68	13.44
合角剑把	长	25.6	22.4	19.2	9.6	6.4	5.44
	宽	5.44	5.12	4.8	4.48	4.16	3.84
	厚	1.92	1.76	1.6	1.6	1.28	0.96

注：1. 背兽长宽量至眉毛。

2. 垂兽、戗兽高量至眉毛；宽指身宽。

3. 仙人高量至鸡的眉毛；走兽高自筒瓦上皮量至眉毛。

4. 套兽长量至眉毛。

5. 清中期以前，六样板瓦宽为 24cm，与近代出入较大，文物建筑修缮时应特别注意。

31.2.3.2 琉璃瓦件的质量鉴别

琉璃瓦件的质量可根据以下方面和方法检查鉴别：

1. 规格尺寸是否符合要求，尺寸是否一致。筒瓦"熊头"的仔口是否整齐一致，前后口宽度是否一致。勾头、滴水的形状、图案是否一致，滴水垂、勾头盖的斜度是否相同。吻、兽、脊件的造型、花纹是否相同，外观是否完好。

2. 有无变形、缺棱掉角，表面有无粘疤或釉面剥落，脊件线条是否直顺。

3. 有无欠火现象。可通过敲击判断，声音发闷的为欠火瓦件。欠火瓦件易造成冻融破坏，导致坯体酥粉。

4. 有无过火瓦件。可通过敲击判断。声音过于清脆者为过火瓦件。过火瓦件强度很高，吸水率也较小，但因坯体表面光亮质硬，故不利于釉料附着，易造成釉面脱落。

5. 有无裂纹、砂眼甚至孔洞。砂眼、孔洞和较明显的裂纹可通过观察检查发现，细微的裂纹和肉眼看不出的裂纹隐残可通过用铁器敲击的方法检查。敲击时发出"啪啦"声的说明有裂纹或隐残。

6. 釉面质量如何。有无缺釉、掉釉、起釉泡、局部釉料未融、串色、釉面中有脏物杂质等现象以及严重程度。对色差的挑选：由于烧制时釉料的融化流淌会造成釉层薄厚不均，以及窑内温差对釉色产生的影响，琉璃瓦会不可避免地存在色差。这也正是传统琉璃的一大特点。因此，不必要求釉色完全一致，只能要求"顺色"，即应将釉色相近的瓦挑出，集中使用。

7. 坯体内是否含有石灰籽粒等杂质。

8. 检查厂家出具的试验报告。瓦件运至现场后，可复试。琉璃瓦的抗折强度一般都能满足工程需要，可不再做弯曲破坏荷重复试。可在现场选几块板瓦，反扣在地上，人站在上面瓦不折断就说明瓦的强度可以满足需要。瓦的吸水率和急冷急热有必要复试。对于冻融试验来说，如用于南方地区，可不做复试，如用于北方地区，一定要做复试，如用于东北偏北或国外高寒地区时，试验应按工程所在地的最低温度，而不应按国家标准规定的试验温度进行。

31.2.4 古建筑常用石料的种类及技术要求

31.2.4.1 古建筑常用石料的种类及应用

1. 青白石。青白石是一个含义较广的名词，同为青白石，颜色和花纹相差很大。因此，它们又有着各自不同的名称，如：青石、白石、青石白碴、砖碴石、豆瓣绿、艾叶青等。青白石质地较硬、质感细腻，不易风化。多用于宫殿建筑和较讲究的大式建筑，还可用于带雕刻的石活。青白石中颜色较白的，仅用于少数重要的宫殿建筑、重要建筑的少数重要部位或石塔、经幢等重要构筑物。

2. 汉白玉。汉白玉具有洁白晶莹的质感，质地较软，石纹细腻，因此适于雕刻，多用于宫殿建筑中带雕刻的石活。与青白石相比，汉白玉虽然更加漂亮，但其强度及耐风化、耐腐蚀的性能均不如青白石。汉白玉的实际产量非常少，目前人们所称的汉白玉绝大多数是一种叫做"房山白"的石料。这种石料实际上是青白石中颜色发白、无杂色的一类，而不是真正的汉白玉。

3. 青砂石。青砂石又叫砂石或小青子。呈浅绿色或青绿色。与同样呈青绿色的青白石相比，无晶莹感，石质稍粗糙。青砂石因产地不同质量相差很大，较差者表现为磨损或风化后表面会出现片状层理。青砂石是普通官式建筑（包括民宅等小式建筑和王府、寺庙等大式建筑）中最常用的一种石料。近年来由于产量下降，逐渐被相近颜色的青白石和一种叫做"石府石"（又叫西山石府）的青绿色石料取代，石府石原来主要用于制作石磨，石质细腻坚硬，因此价格较贵。

4. 花岗石。在各地有不同名称，如毛石、豆渣石、金山石、焦山石、粗粒花、芝麻花等等。京城一带的官式建筑所用的花岗石为黄褐色，称虎皮石。花岗石质地坚硬、不易风化，适于用做护岸、地面等，在地方（民间）建筑中，也用做台基和台阶。由于石纹粗糙有颗粒，不易雕刻，因此，不适用于高级石雕制品。

5. 雪花白。雪花白是河北曲阳及山东莱州等地出产的一种石料。雪花白色白而略带青色，有晶莹感，内有雪花状隐纹。用于石栏杆、须弥座等雕刻较多的构件。清代以前，京城一带的官式建筑不使用这种石料，近年来才开始使用。因此，修复文物古建筑时不应使用。由于雪花白与汉白玉有些相似，应注意识别，不要当做汉白玉购买。

6. 凝灰岩类石料。颜色品种较多，有青石、灰石、红石、白石、绿石、绿石、墨石等多种。凝灰岩类石料质感细腻，不易风化，不同品种石质软硬差距较大。产地分布较广，适用于各类古建筑。

31.2.4.2 古建筑石料的挑选

1. 石料的常见缺陷

石料的常见缺陷有：裂缝、隐残（内部有裂缝）、纹理不顺、污点、红白线、石瑕、石铁等。带有裂缝的石料不可选用。敲击声音发闷的说明有隐残，不可用做独立的雕刻构件。如果裂缝或隐残不甚明显，可考虑用在不重要的部位。同木材一样，石料也有纹理。纹理的走向可分为顺柳、剪柳（斜纹理）和横活（横纹理）。纹理的走向以顺柳最好。剪柳较易折，横活最易折断。因此，剪柳或横活石料不宜用作中间悬空的构件和悬挑构件，也不宜制作石雕制品。带有污点或红、白线等外观不佳的石料应选作次要部位的构件。石瑕是指石料表面的干裂纹。日久石料容易从石瑕处断裂。因此，有明显石瑕的石料不应用作重要构件，尤其不应用作悬挑构件和石雕制品。石铁是指在石面上出现的局部发黑（或为黑线），或局部发白（白石铁）而石性极硬的现象。带有石铁的石料不但外观不佳，且该处不易磨光磨齐。重要部位或需磨光的构件应避免选用带石铁的石料。

2. 石料挑选

传统建筑的石料品种选择有一定的习惯性，官式建筑与地方建筑不完全相同，如官式建筑的台明、台阶不用花岗石，小式建筑很少用青白石等。各地的建筑由于古时大多都是就地取材，在用材上也都形成了各自的特点。在运输便利、物流畅通的今天，这些特点很容易被改变。因此，在选购石料时，应注意保持当地的传统风格，尤其是文物建筑和有文物价值的建筑，必须使用与原有材质相同的石料。

挑选石料时应先将石料表面清扫干净，仔细观察有无缺陷，然后用铁锤仔细敲打，击打声音较轻脆者为好料。声音混浊、沙哑或发闷的，表示有隐残或瑕疵，或质地不均匀，应谨慎选用。冬季不宜挑选选石，因为当裂纹内结冰时，也会发出清脆的声音，只能靠仔细观察，难度较大。挑选时还应注意观察石料纹理的走向，以便确定荒料的切割方向，如阶条石、踏跺石、压面石等，石纹应为水平走向，柱子、角柱等，石纹应垂直走向。如纹理不太清楚时，可先用磨头将石料的局部磨光，再仔细观察。

31.2.5 古建筑常用灰浆的种类及技术要求

古建筑常用传统灰浆的种类、主要用途、配制方法及质量要求等，见表31-4。

古建筑常用灰浆一览表　　　　　　　　　表 31-4

名　称		主要用途	配比及制作要点	说　明
按灰的调制方法分类	泼灰	制作各种灰浆的原材料	生石灰用水反复均匀泼洒成为粉状后过筛。现多以成品(袋装)灰粉代替，成品灰粉可直接使用	存放时间：用于灰土，不超过 3～4 天，用于室外抹灰，不超过 3～6 个月。成品灰粉掺水后至少应放置 8 小时再使用，以免生灰起拱
	泼浆灰	制作各种灰浆的原材料	泼灰过细筛后分层用青浆泼洒，放至 20 天后使用。白灰：青灰＝100：13	超过半年后不宜用于室外抹灰
	煮浆灰(灰膏)	室内抹灰；配制各种打点勾缝用灰	生石灰加水搅成细浆，过细筛后发胀而成	不宜用于室外露明处，不宜用于苫背
	老浆灰	丝缝墙、涩白墙勾缝	青灰、生石灰浆过细筛后发胀而成。青灰：生灰块＝7：3 或 5：5(视颜色需要定)	用于丝缝墙应呈灰黑色，用于涩白墙颜色可稍浅
按有无麻刀分类	麻刀灰	素灰	涩白墙、糙砖墙、琉璃砌筑	泼灰或泼浆灰加水调制。砌黄琉璃用泼灰加红土浆，其他颜色琉璃用泼浆灰	素灰是指灰内没有麻刀，但可掺颜色
		大麻刀灰	苫背；小式石活勾缝	泼浆灰加水，需要时以青浆代水，调匀后掺麻刀搅匀。灰：麻刀＝100：5	
		中麻刀灰	调脊；宽瓦；墙面抹灰；堆抹墙帽	各种灰浆调匀后掺入麻刀搅匀。灰：麻刀＝100：4	用于抹灰面层，灰：麻刀＝100：3
		小麻刀灰	打点勾缝	调制方法同大麻刀灰。灰：麻刀＝100：3。麻刀剪短，长度不超过 1.5mm	
按颜色分类		纯白灰	金砖墁地；砌糙砖墙、涩白墙；室内抹灰		即泼灰(现多用成品灰粉)，室内抹灰可用灰膏
	月白灰	浅月白灰	调脊；宽瓦、砌糙砖墙、涩白墙；室外抹灰	泼浆灰加水搅匀。如需要可掺麻刀	
		深月白灰	调脊；宽瓦；琉璃勾缝(黄琉璃除外)；涩白墙勾缝；室外抹灰	泼浆灰加青浆搅匀。如需要可掺麻刀	
		葡萄灰	抹饰红灰墙面；黄琉璃勾缝	泼灰加水后加氧化铁红加麻刀搅匀。白灰：氧化铁红：麻刀＝100：3：4	
		黄灰	抹饰黄灰墙面	泼灰加水后加土黄粉加麻刀搅匀。白灰：土黄粉：麻刀＝100：5：4	

名 称		主要用途	配比及制作要点	说 明
按专项用途分类	扎缝灰	宛瓦时扎缝	月白大麻刀灰或中麻刀灰	
	抱头灰	调脊时抱头		
	节子灰	宛瓦时勾抹瓦脸	素灰适量加水调稀	
	熊头灰	宛筒瓦时挂抹熊头	小麻刀灰或素灰。宛黄琉璃瓦掺红土粉,宛其他琉璃瓦及布瓦掺青灰	
	护板灰	苫背垫层中的第一层	较稀的月白麻刀灰。灰:麻刀=100:2	
	夹垄灰	筒瓦夹垄;合瓦夹腮	泼浆灰、煮浆灰加适量水或青浆,调匀后掺入麻刀搅匀。泼浆灰:煮浆灰=5:5。灰:麻刀=100:3	黄琉璃瓦应将泼浆灰改为泼灰,青浆改为氧化铁红。白灰:氧化铁红=100:6
	裹垄灰	筒瓦裹垄	泼浆灰加水调匀后掺入麻刀。灰:麻刀=100:3	
添加其他材料的灰浆	油灰	细墁地面砖棱挂灰	细白灰粉(过箩)、面粉、烟子(用胶水搅成膏状),加桐油搅匀。白灰:面粉:烟子:桐油=1:2:0.7:2.5	可用青灰面代替烟子,用量根据颜色定
	砖面灰(砖药)	干摆、丝缝墙面、细墁地面打点	砖面经研磨后加灰膏。砖面与灰的比例根据砖色定	
	掺灰泥	宛瓦;墁地	泼灰与黄土拌匀后加水,灰:黄土=3:7	黄土以粉质黏土较好
	滑秸泥	苫泥背	与掺灰泥制作方法相同,但应掺入滑秸(麦秸或稻草)。灰:滑秸=10:2(体积比)	可用麻刀代替滑秸
白灰浆	生石灰浆	宛瓦沾浆;石活灌浆;砖砌体灌浆	生石灰块加水搅成浆状,过细筛除去灰渣	用于石活可不过筛
	熟石灰浆	砌筑灌浆;墁地坐浆	泼灰加水搅成浆状	
月白浆	浅月白浆	墙面刷浆	白灰浆加少量青浆,过箩后掺适量胶类物质。白灰:青灰=10:1	
	深月白浆	墙面刷浆;布瓦屋面刷浆	白灰浆加青浆。白灰青:灰=100:25	用于墙面刷浆应过箩,并应掺适量胶类物质
桃花浆		砖石砌体灌浆	白灰浆加黏土浆。白灰浆:黏土浆=3:7	
青浆		青灰背、青灰墙面赶轧刷浆;布瓦屋面刷浆;琉璃瓦(黄琉璃除外)夹垄赶轧刷浆	青灰加水搅成浆状后过细筛	兑水2次以上时,应补充青灰
烟子浆		筒瓦檐头绞脖;眉子、当沟刷浆	黑烟子用胶水搅成膏状,加水搅成浆	
红土浆		抹饰红灰时的赶轧刷浆;黄琉璃瓦夹垄赶轧刷浆	红土粉兑水搅成浆状兑入适量胶水	可用氧化铁红兑水再兑入适量胶水
包金土浆		抹饰黄灰时的赶轧刷浆	土黄粉兑水搅成浆状兑入适量胶水	

31.3 砖料加工与石料加工

31.3.1 砖 料 加 工

31.3.1.1 墙面砖的加工要点

1. 五扒皮（干摆墙面用砖）

(1) 用刨子铲面并用磨头磨平。现多用大砂轮直接磨平。

(2) 用平尺和钉子顺条的方向在面的一侧划出一条直线来（即"打直"），然后用扁子和木敲手沿直线将多余的部分凿掉（即"打扁"）。

(3) 在"打扁"的基础上用斧子进一步劈砍（即"过肋"），后口要多砍去一些，即应砍"包灰"。城砖包灰不超过 8mm，小砖不超过 7mm。过完肋后用磨头磨肋。

(4) 以砍磨过的肋为准，按"制子"（用木或竹片做成的尺寸标准）用平尺、钉子在"面"（露明面）的另一侧打直，然后打扁、过肋和磨肋，并在后口留出包灰。

(5) 顺着"头"（丁头）的方向在面的一端用方尺和钉子划出直线并用扁子和木敲手打去多余的部分，然后，然后用斧子劈砍并用磨头磨平，即"截头"。"头"的后口也要砍包灰。

(6) 以截好的这面"头"为准，用制子和方尺在另一头打直、打扁和截头，后口仍要砍包灰。

丁头砖只砍磨一个头，另一头不砍。两肋和两面要砍包灰，但只需砍至砖长的 6/10 处，长短和薄厚均按制子。

"转头砖"（转角砖）砍磨一个面和一个头，两肋要砍包灰。"转头"可暂时不截长短，待砌筑时根据实际情况加工。

现代施工中常采用砂轮机、切割机等机械加工方式代替上述部分工序。机械加工的特点是可以提高效率，但精细程度稍差。

2. 膀子面（丝缝墙面用砖）

膀子面与五扒皮的砍磨方法大致相同，不同的是：先铲磨一个肋，这个肋要求与面互成直角或略小于直角，这个肋就叫膀子面。做完膀子面之后，再铲磨面或头。

3. 淌白砖（淌白墙面用砖）

(1) 淌白截头（细淌白）：先铲磨露明"面"（或"头"），然后按制子截头。

(2) 淌白拉面（糙淌白）：只铲磨"面"（或"头"），不截头。

31.3.1.2 地面砖（条砖）的加工要点

墁地用的条砖有大面朝上和小面朝上两种。小面朝上时，砍磨方法与五扒皮的砍磨方法相同。大面朝上时要先铲磨大面，然后砍磨四个肋，四个肋应互成直角。

砍砖前要选择比较细致的一面——"水面"，作为砍磨的正面。地面砖的转头肋应大于墙面砖，其宽度不小于 10mm。地面砖的包灰可小于墙面砖，一般不大于 5mm。

31.3.1.3 砖加工的技术要点与质量要求

(1) 砖加工的质量是决定墙面外观质量的直接原因，如果砖加工的质量不好，砌墙时就很难提高墙面的外观质量。因此，砖加工和砌砖最好能安排同一组人员完成，可以加强砖加工人员的工作自觉性，一旦墙面外观出现问题时，也容易分清责任。

（2）事先选派技术好的工人精心砍制出"官砖"（样板砖），以"官砖"为尺寸比对标准。

（3）需制作多个"制子"的，每个"制子"都应以"官砖"为标准，而不应以制作好的前一个"制子"为标准。在加工过程中，要经常以"官砖"为标准校对复核"制子"，尺寸如有改变应重新制作"制子"。砍砖的人员较多时，专业质检员宜配备"官制子"，以便随时检查操作者的"制子"准确度。

（4）磨面应打磨充分，局部和整体都应平整。

（5）在搬运、加工、成品码放等过程中，自始至终都应尽量保护砖的棱角不受损坏。

（6）包灰尺寸不应过大，尤其是机械加工更应注意。

（7）砖肋不应砍成"棒锤肋"或"剪子股"，否则会造成砖缝不严。

（8）每块砖的规格尺寸都应尽量准确，尤其是不能小于官砖尺寸，否则会造成砖缝不严。

（9）转头、八字砖的角度应准确、一致。异形砖的角度、形状应准确。

（10）干摆、丝缝墙及细墁地面砖料加工质量的允许偏差和检验方法见表31-5。

干摆、丝缝墙及细墁地面砖料允许偏差和检验方法　　　　　　表 31-5

序号	项　　目			允许偏差（mm）	检 验 方 法
1	砖面平整度			0.5	在平面上用平尺进行任意方向搭尺检查和尺量检查
2	砖的看面长宽尺寸			0.5	用尺量，与"官砖"（样板砖）相比
3	砖的累加厚度（地面砖不检查）			+2 负值不允许	上小摆，与"官砖"（样板砖）的累加厚度相比，用尺量
4	砖棱平直			0.5	两块砖相摆，楔形塞尺检查
5	截头方正	墙身砖		0.5	方尺贴一面，尺量另一面缝隙
		地面砖		1	
6	包灰（每面）	城砖	墙身砖（6mm）	2	尺量和用包灰尺检查
			地面砖（3mm）		
		小砖方砖	墙身砖（5mm）	2	
			地面砖（3mm）		
7	转头砖、八字砖角度			+0.5 负值不允许	方尺或八字尺搭靠，用尺量端头误差

31.3.2 石 料 加 工

31.3.2.1 石料表面的加工要求分类

不同的建筑形式或不同的使用部位，对石料表面往往有着不同的加工要求。石活的加工手法有许多，对于成品而言，以什么手法作为最后一道工序的，就叫什么做法。例如，打完道后以剁斧作为最后一道工序的，就叫剁斧做法。但剁完后以后又继续打道并以此交活时，就叫打道做法。常见的几种做法如下：

1. 打道

打道是指用锤子和錾子在已基本凿平的石料表面上依次凿打，使表面显露出直顺且宽窄相同深浅一致的沟道。打道分打糙道与打细道两种做法。打细道又叫"刷道"。同为打道做法，糙、细两种做法的差异很大。打糙道是各种手法中最粗糙的一种，多用于井台、路面等需要防滑的部位，而刷细道是非常讲究的做法。糙、细之分由道的密度决定，在一寸长的宽度内打 3 道叫"一寸三"，打 5 道叫"一寸五"。以此类推则有"一寸七"、"一寸九"等。"一寸三"和"一寸五"属糙道做法，是普通建筑石活中的常见手法。少于"一寸三"的打道，大多是用在石料的初步加工阶段，作为表面的处理手法，仅用在井台、桥券底等少数部位。"一寸七"以上属细道做法，是比较讲究的石活的常见手法，也常用于普通建筑的挑檐石、腰线石的侧面。一寸之内刷十一道以上的做法则属于非常细致讲究的做法，很少采用。

2. 砸花锤

锤顶表面带有网格状尖棱的锤子叫花锤，石料经凿打，已基本平整后，用花锤进一步把表面砸平称砸花锤。经砸花锤处理的石料表面，类似现代装饰石材表面烧毛的效果。多用于铺墁地面，也常见于地方建筑中。

3. 剁斧

剁斧是指在经过加工已基本平整的石料表面上，用斧子剁斩，使之更加平整，且表面显露出直顺、匀密的斧迹。剁斧是清代官式石活的一种较常见的表面处理方法，近年来已成为最常见的做法形式。

4. 扁光与磨光

扁光是指用锤子和扁錾子将石料表面打平剔光。如改用"磨头"（砂轮）磨平磨光，则称磨光。经扁光的石料，表面平整光顺，但不如磨光的石料那样光亮。扁光或磨光多用于石雕或须弥座、陈设座等。

5. 做细与做糙

做细与做糙都是指石活加工的基本要求。做细是指应将石料加工至表面平整、规格准确。露明面应外观细致、美观。不露明的面也应较平整，不应有妨碍安装的多出部分。剁斧、砸花锤、打细道、扁光和磨光手法都属于做细的范围。例如，露明处采用剁斧，不露明处采用打细道，即为做细。做糙是指石料加工得较粗糙，规格基本准确。露明面的外观基本平整，但风格疏朗粗犷。用于不露明的面时，可以更粗糙，但也应符合安装要求。打糙道和一般的成形凿打都属于做糙的范围。

31.3.2.2 石料加工的技术要点与质量要求

（1）传统石活的表面加工采用何种工艺手法有一定的习惯性，在实际施工中往往改变了原有的手法，常见的现象如：石料文物表面原状为扁光的，常被改为磨光做法；又如传统做法的腰线石外侧往往采用打道工艺，台阶、台明、地面牙子石等处也常采用打糙道或打细道工艺，而这些在施工中却大多被改为了剁斧工艺。因此，在加工时应保持石料表面原有的传统工艺特点，尤其是在文物建筑或有文物价值的建筑修缮工程中更应注意保持原做法不变。

（2）剁斧不细密是经常出现的质量通病，克服这一通病的方法是经常修磨斧刃使斧刃保持锋利，剁斧时不能光图快，也不能跳着行剁，应一斧紧挨着一斧剁。为确保斧迹细密，必要时可以多剁几遍。对于外加工的成品石料，应对加工方提出要求并重点对这道工序验收。

（3）在现代施工中，传统的手工加工方式已部分，甚至大部分被机械加工方式所取代，常见的方法是先将石料用机械切割成符合安装要求的规格材料，然后在石料的看面（露明面）采用人工剁斧、打道等方法继续加工，或采用机械加工代替人工打道的方法。机械加工在大幅度地提高了效率的同时，也使石料的加工质量出现了一些新的问题。此外与传统加工方法相比，石料表面的工艺观感效果也会产生一些变化，尤其是对于文物建筑或有文物价值的建筑来说，如不注意，将很难保持原有的工艺特征。因此，在加工时应注意以下几点：

1）用锯床加工代替手工打道做法只能用在具有民族形式的现代建筑中，不宜用在传统建筑中，更不应用在文物建筑或有文物价值的建筑修缮中。

2）采用传统方法加工后，金边是略低于剁斧或打道表面的。现行加工方法常常是将石料锯开后，直接在上面剁斧，四周留出金边，不再用扁子刮金边。因此，造成剁斧表面低于金边的现象，且金边很不整齐。故此，剁斧完成后一定要刮一次金边，使金边低于石料表面，尤其是在文物建筑或有文物价值建筑的修缮工程中，更应保持这一传统的工艺特征。

3）现有的锯成材石料表面常常带有锯痕，继续加工（如剁斧）时应注意将锯痕去掉，不得留有锯痕。如因某种原因（如设计或建设单位要求），表面不再继续加工，只能直接使用光面石料时，应尽量将有锯痕的石料裁开用做边角料，或用在非主要位置上。

4）现行施工中常出现以锯成材光面石料直接作为成品石料的现象，石料表面不再进行剁斧、打道或砸花锤等加工。常被改变做法的部位有踏跺（石台阶）、台明（阶条和陡板）、地面等。施工时应注意避免这一弊病，尤其是文物建筑或有文物价值的建筑，更应注意不要改变原状。

5）在现代锯成材石料上剁斧或打道后的效果，与在手工加工后的石料上剁斧或打道后的效果是有所不同的。前者斧迹间或錾沟间为光平面，而后者的斧迹间或錾沟间为麻面，尤其是当斧迹不够细密或打糙道（錾沟间距较大）时，这一现象更为明显。这既与传统加工方法产生的糙麻效果不同，也不如糙麻的质感效果好。因此，在改进加工方法的同时，也应尽量保持纯正的传统风格，尤其是文物建筑或有文物价值的建筑，更应保持原有的工艺特征。对于剁斧和打糙道的石料，可先用花锤将表面砸一遍，或先将石料表面烧毛，使表面粗麻后再剁斧或打糙道。剁斧做法的也可采用多剁几遍斧的办法，先左、右斜向将光面基本剁掉，再直向剁1～2遍。对于打细道的石料，可先行剁斧至石料表面斧迹细密后，再开始打道。

6）用锯成材石料加工的构件由于不露明的部分没有多余的尺寸，且表面为平整的光面。因此与传统方法相比，不利于与砌体的附着结合，年久容易造成石活移位走闪。因此宜增加一些稳固措施，如铁件拉结、制作仔口等。

（4）成品石活的质量要求

1）不得有明显的裂纹和隐残。石纹的走向应符合构件的受力要求。

2）用于重要建筑的主要部位时，石料外观应无明显缺陷。

3）石料加工后，规格尺寸必须符合要求，表面应洁净完整，无缺棱掉角。外观尚应符合下列规定：

①表面剁斧的石料，斧印应直顺、均匀、深浅一致，刮边宽度一致。

②表面磨光的石料，应平滑光亮，扁光后应平整光顺，无麻面，无砂沟，不露斧印等上道工序痕迹。

③表面打道的石料，道应直顺、均匀、深度相同，无明显乱道、断道等不美观现象，刮边宽度一致。道的密度：糙道做法的每 10cm 不少于 10 道，细道做法的每 10cm 不少于 25 道。

④表面砸花锤的石料，应不露錾印，无漏砸之处。

4）石料加工质量的允许偏差和检验方法见表 31-6。

石料加工质量的允许偏差和检验方法　　　　　　　表 31-6

序号	项　　目		允许偏差	检验方法
1	表面平整	砸花锤、打糙道 二遍斧 三遍斧、打细道、磨光	4mm 3mm 2mm	用 1m 靠尺和楔形塞尺检查
2	死坑数量 (坑径 4mm、深 3mm)	二遍斧 三遍斧、磨光、打细道	3 个/m² 2 个/m²	抽查 3 处，取平均值
3	截头方正		2mm	用方尺套方(异形角度用活尺)，尺量端头处偏差
4	打道密度	糙道(每 100mm 内)	±2 道	尺量检查，抽查 3 处，取平均值
		细道(每 100mm 内)	正值不限，−5 道	
5	剁斧密度(45 道/100mm 宽)		正值不限，−10 道	尺量检查，抽查 3 处，取平均值

注：表面做法为打糙道或砸花锤做法的，不检查死坑数量。

31.4　古建筑砌体

31.4.1　干摆墙的砌筑方法

1. 弹线、样活

先将基层清扫干净，然后用墨线弹出墙的厚度、长度及八字的位置、形状等。根据设计要求，按照砖缝的排列形式（如三顺一丁、十字缝等）进行试摆，即"样活"。

2. 拴线、衬脚

在两端拴两道立线，叫做"曳线"。在两道曳线之间拴两道横线，下面的叫"卧线"，上面的叫"罩线"（"打站尺"后拿掉）。砌第一层砖之前，要先检查基层（如台明、土衬石等）是否凹凸不平，如有偏差，应以麻刀灰抹平，叫做"衬脚"。

3. 摆第一层砖、打站尺

在抹好衬脚的基层（如台明）上按线码放"五扒皮"砖，砖的立缝和卧缝都不挂灰，即要"干摆"。砖的后口要用石片垫在下面，即"背撒"。背撒时应注意石片不要长出砖外，即不应有"露头撒"；砖的接缝即"顶头缝"处一定要背好，即一定要有"别头撒"；不能用两块重叠起来背撒，即不能有"落落撒"。摆完砖后要用平尺板逐块"打站尺"，具体方法是将平尺板的下面放在基层上弹出的砖墙外皮墨线处，尺边贴近卧线和罩线（站尺线），然后逐块检查砖的上、下棱是否也贴近了平尺板，如未贴近或顶尺，应予纠正。

4. 背里、填馅

如果只在外皮干摆，里皮要用糙砖随外皮砌好，即为背里。如里、外皮均为干摆做法，中间的空隙要用碎砖砌实，即为填馅。背里或填馅时应注意与外皮砖不宜紧挨，应留有适当的"浆口"。

5. 灌浆

灌浆要用白灰浆或桃花浆。宜分为三次灌入，第一次灌"半口浆"，即只灌1/3，第三次为"点落窝"，即在两次灌浆的基础上弥补不足之处。灌浆既应注意不要有空虚之处，又要注意不要过量，否则易将墙面撑开。点完落窝后，刮去砖上的浮灰，然后用灰将灌过浆的地方抹住，即抹线（锁口）。抹线可不逐层进行，小砖不超过7层，城砖不超过5层至少应抹线一次。抹线可以防止上层灌浆往下流造成墙面鼓出。

6. 刹趟

灌完浆后，用磨头将砖的上棱高出的部分磨平，并随时用平尺板检查上棱的平整度。刹趟是为了摆砌下一层砖时能严丝合缝，故应同时注意不要刹成局部低洼，当高出的部分低于卧线标准时，则不宜再刹趟。

7. 逐层摆砌

从第二层开始，除了不打站尺以外，摆砌方法都与上述方法相同，同时应注意以下几点：

（1）摆砌时应做到"上跟绳，下跟棱"，即砖的上棱应以卧线为标准，下棱以底层砖的上棱为标准。

（2）摆砌时，可将砍磨得比较好的棱朝下，有缺陷的棱朝上。因为缺陷有可能在刹趟时磨去。

（3）下碱的最后一层砖，应使用有一个大面没有包灰的砖，这个大面应朝上放置，以保证下碱退"花碱"后棱角的垂直完整。

（4）如发现砖有明显缺陷，应重新砍磨或换砖。当发现砖的四个角与周围墙面不在同一个平面上时，应将一个角凸出墙外，即允许"扔活"，但不得凹入墙内，否则将不易修理。

（5）要"一层一灌，三层一抹，五层一蹾"，即每层都要灌浆，但可隔几层抹一次线，摆砌若干层以后，可适当搁置一段时间，后再继续摆砌。

8. 墁干活

墙面砌完后，用磨头将砖与砖之间接缝处高出的部分磨平。

9. 打点

用"砖药"（砖面灰）将砖表面的孔眼及砖缝不严之处填平补齐并磨平。砖药的颜色（指干后颜色）应近似砖色。

10. 墁水活

用磨头沾水将墁过干活和打点过的地方再细致地磨一次，并沾水把整个墙面揉磨一遍，以求得整个墙面色泽和质感的一致。

以上工序可随摆砌过程随时进行。

11. 清洗

墁完水活后，用清水和软毛刷将墙面清扫、冲洗干净，使墙面显露出"真砖实缝"。清洗墙面应尽量安排在墙体全部完成后，拆脚手架之前进行，以免因施工弄脏墙面。

31.4.2　丝缝墙的砌筑方法

丝缝墙与干摆墙的砌筑方法大略相同，不同之处如下：

（1）丝缝墙的砖与砖之间要铺垫老浆灰。灰缝一般为 3～4mm。挂灰时，一手拿砖，一手用瓦刀把砖的露明侧的棱上打上灰条，在朝里的棱上打上两个小灰墩，这样可以保证在灌浆时浆液能够流入。砖的顶头缝的外棱处也应打上灰条。砖的大面的两侧也要抹上灰条。为了确保灰缝严实，可以在已砌好的砖层外棱上也打上灰条（锁口灰）。

（2）丝缝墙可以用"五扒皮"砖，也可以用"膀子面"砖。如用膀子面，习惯上应将砖的膀子面朝下放置。

（3）丝缝墙一般不刹趟。

（4）如果说干摆砌法的关键在于砍磨精确，那么丝缝砌法还要注重灰缝的平直，宽度一致，并要注意砖不能"游丁走缝"。

（5）丝缝墙砌好后要"耕缝"。耕缝所用的工具是将前端削成扁平的竹片或较硬的金属丝制成"溜子"。灰缝如有空虚不齐之处，事先应经打点补齐。耕缝要安排在墁水活、冲水之后进行。耕缝时要用平尺板对齐灰缝贴在墙上，然后用溜子顺着平尺板在灰缝上耕压出缝子来。耕完卧缝以后再把立缝耕出来。

31.4.3　淌白墙的砌筑方法

（1）淌白墙要用淌白砖，根据具体要求用淌白拉面（糙淌白）或淌白截头（细淌白）砖。

（2）用月白灰打灰条（灰只抹在砖棱上），灰缝厚 4～6mm。

（3）每层砌完后要用白灰浆灌浆。

（4）砖缝处理采用"打点缝子"的方法。淌白墙打点缝子要用深月白灰或老浆灰。先用瓦刀、小木棍儿或钉子等顺砖缝镂划，使灰凹进砖内，然后用专用工具"小鸭嘴儿"或小轧子将灰分两次"喂"进砖缝。第二次灰应与砖墙平，随后将灰轧平，然后用短毛刷子沾少量清水（沾后甩一下）顺砖缝刷一下，叫"打水茬子"。这样既可以使灰附着得更牢，又可使砖棱保持干净。轧活与打水茬子要交替进行几次，直至灰缝达到平整、无裂缝，既不低于也不高于砖表面的效果为止。

31.4.4　古建墙面砖缝排列方式

古建筑墙面砖缝的排列形式有多种，其中最常见是十字缝和三七缝（三顺一丁）（图 31-1）。

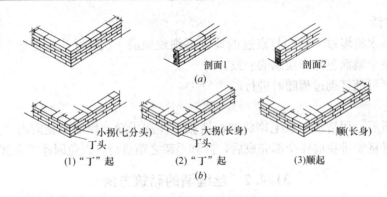

图 31-1　砖缝排列形式
(a) 十字缝；(b) 三顺一丁

31.4.5　墙体砌筑的技术要点与质量要求

(1) 整砖墙面外露砖的排列组砌应符合下列规定：

1) 除廊心墙外，墙的下碱层数必须为单数。

2) 同一墙面的两端若组砌形式相同，则同一层砖的两端转角砖的摆法应相同，如同为丁头或同为七分头摆法。

3) 廊心墙、落膛槛墙、"五出五进"、"圈三套五"、影壁等有固定传统做法的墙面艺术形式，以及砖檐、博缝、梢子、花砖、花瓦墙等有固定传统式样的部位，砖的形制或摆放应符合相应的传统规制。

4) 砖的水平排列应符合传统的排砖规则，不得采用现代"满丁满条"（一层砌丁砖一层砌条砖）做法。以条砖卧砌的槛墙、象眼部位，应采用十字缝排砖方法，不应采用三顺一丁等其他方法。

5) 墀头、象眼、砖砌墙帽、砖券等对砖的卧、立缝有特殊要求的，应符合相应的传统排砖规则。

6) 山墙的山尖式样应与屋脊的正脊形式对应，有正吻的正脊和小式清水脊、皮条脊，应为尖山式样。过垄脊、鞍子脊，应为圆山式样。

(2) 山墙、后檐墙外皮对应柱根的位置应放置砖透风，透风最低处应比台明高 2 层砖（城砖为 1 层）。透风至柱根的一段应留出空当，以使空气流通。

(3) 砌体内的组砌应符合下列规定：

1) 砌体内、外砖（包括砂浆）厚度相同时，每皮均应有内、外搭接措施。厚度不同时，平均每 3 皮砖应找平一次并应有内、外搭接措施。

2) 外皮砖遇丁砖时，必须使用整砖。与之相压接的里皮砖的长度应大于半砖。

3) 砌体的填馅砖应严实、平整，逐层进行，不得以灰浆填充，也不得采用只放砖不铺灰或先放砖后灌浆的操作方法。填馅砖水平灰缝最大不超过 12mm，掺灰泥最大不超过 30mm。

(4) 砌体至梁底、檩底或檐口等部位时，应使里皮砖顶实上部，严禁外实里虚。

(5) 干摆、丝缝墙的摆砌"背撒"，应于砖底两端各背一块石片；砖顶头缝处应背"别头撒"；不得出现叠放的"落落撒"和长出砖外的"露头撒"。

(6) 墙面上需要陡置的砖、石构件，应使用必要的拉结措施（如"木仁"、"铁拉扯"、"铁银锭"等），拉结物应压入背里墙或采用其他方法固定。

(7) 含有白灰的传统灰浆，不得使用灰膏，不得使用失效（如冻结、脱水硬化）的熟石灰，生石灰必须调成浆状，并淀去沉渣后才能使用。袋装石灰粉要用水充分浸泡 8h 后使用。

(8) 砌体灰浆的填充以灌浆方法为主时，应分 3 次灌入，第一次和第三次应较稀。

(9) 掺灰泥、桃花浆等用白灰、黄土掺和的灰浆，白灰的用量不应少于总量的 3/10。

(10) 里、外皮因做法不同存在通缝的砌体（如"五出五进"做法与背里墙、博缝砖与金刚墙、陡板石与金刚墙等），应在原有砌筑方法的基础上，在里、外皮交接部位灌浆，每 3 层至少灌一次，宜使用白灰浆或桃花浆。

(11) 下列情况下应"抹线"（用灰封盖住砖的接缝处，以防止水渗入砌体中）：

1）施工过程中砌体可能会受到雨淋，又无法苦盖时，操作间歇前应抹线。

2）可能渗水的部位（如院墙顶部、硬山墙的顶部、封后檐墙的顶部等），砌砖完成后应使用麻刀灰或水泥砂浆抹线并适当赶轧。

3）灰浆的填充以灌浆为主要方式的砌体，小砖至少每七层，城砖至少第五层宜抹线一次。

(12) 以灌浆为主要砌方式的砌体，每砌高 1m，应间隔 1h 后才能继续砌筑。

(13) 整砖墙的墙面应平整、洁净、棱角整齐。

(14) 琉璃砖的釉面应无破损。

(15) 干摆、丝缝墙面必须用清水刷洗，且必须冲净，露出砖的本色。墙面不得刷浆。

(16) 干摆墙面的砖缝应严密，无明显缝隙。

(17) 墙面灰缝应直顺、严实、光洁，无裂缝和野灰，宽窄深浅一致，接槎无明显搭痕，打点缝子做法的，应先划缝，划缝深度不少于 5mm。打点前应将砖缝湿润。灰缝的材料做法应符合下列规定：

1）丝缝墙的灰缝应使用老浆灰，并应在砌砖时抹在砖棱上，灰缝宽度应为 2～4mm，深 2～3mm。

2）淌白墙的灰缝应使用专用工具"小鸭嘴儿"打点，材料应使用深月白灰或老浆灰，宽度为 4～6mm（城砖为 6～8mm）。灰缝应与砖表面打点平，不得凹进砖内。

3）糙砖墙灰缝的材料做法应符合下列规定：

①应采用原浆勾缝或打点缝子做法。

②采用原浆勾缝时应使用月白灰（文物建筑原来使用白灰的应保持原做法）。直接用瓦刀或木棍儿划成凹缝，不得用现代勾缝工具勾成轧光的凹缝。

③采用打点缝子时应使用深月白灰。用"鸭嘴儿"打点成平缝，不得勾成凹缝。

④小砖的灰缝宽度应为 5～8mm，城砖的灰缝宽度应为 8～10mm。

4）黄色琉璃砖的灰缝应使用红麻刀灰打点，其他颜色的琉璃应使用深月白麻刀灰打点。卧砖墙的灰缝宽度应为 8～10mm，面砖或花饰砖的灰缝宽度应为 3～4mm，灰缝应与砖抹平，不得凹进砖内。

5）砖檐的灰缝应打点成平缝。不得凹进砖内，也不得采用现代清水墙勾缝做法，砖檐（不包括琉璃）灰缝应使用深月白灰，颜色以干后近似砖色为宜。

6) 方正石、条石等石墙的灰缝应使用月白麻刀灰或油灰，仿古建筑可使用水泥砂浆。灰缝应为平缝，不得为凹缝。宽度为 5～20mm。虎皮石墙应使用深月白灰或老浆灰。灰缝应勾成凸缝，不应勾成凹缝，宽度应为 20～30mm。

（18）墙面质量的允许偏差和检验方法见表 31-7、表 31-8。

干摆、丝缝墙的允许偏差和检验方法　　　　　　　　　　　表 31-7

序号	项　　目			允许偏差（mm）	检 验 方 法
1	轴线位移			±5	与图示尺寸比较，用经纬仪或拉线和尺量检查
2	顶面标高			±10	水准仪或拉线和尺量检查。设计无标高要求的，检查四个角或两端水平标高的偏差
3	垂直度	要求"收分"的外墙		±5	用经纬仪、吊线和尺量方法检查
		要求垂直的墙面	5m 以下或每层高	3	
			全高	10m 以下	6	
				10m 以上	10	
4	墙面平整度			3	用 2m 靠尺横、竖、斜搭均可，楔形塞尺检查
5	水平灰缝平直度	2m 以内		2	拉 2m 线，用尺量检查
		2m 以外		3	拉 5m 线（不足 5m 拉通线），用尺量检查
6	丝缝墙灰缝厚度（灰缝厚 3～4mm）			1	抽查经观察测定的最大灰缝，用尺量检查
7	丝缝墙面游丁走缝	2m 以下		5	吊线和尺量方法检查，以底层第一层砖为准
		5m 以下或每层高		10	
8	洞口宽度（后塞口）			±5	尺量检查，与设计尺寸比较

注：1. 轴线位移不包括柱顶石掰升所造成的偏移。
　　2. 要求收分的墙面，如设计无规定者，收分按 3‰～7‰墙高。
　　3. 仿丝缝做法的墙面（用淌白砖砌筑的），应按淌白墙标准检查验收。

淌白墙的允许偏差和检验方法　　　　　　　　　　　表 31-8

序号	项　　目			允许偏差（mm）	检 验 方 法
1	轴线位移			±5	与图示尺寸比较，用经纬仪或拉线和尺量检查
2	顶面标高			±10	水准仪或拉线和尺量检查。设计无标高要求的，检查四个角或两端水平标高的偏差
3	垂直度	要求"收分"的外墙		±5	用经纬仪或吊线和尺量检查
		要求垂直的墙面	5m 以下或每层高	5	
			全高	10m 以下	10	
				10m 以上	20	
4	墙面平整度			5	用 2m 靠尺横、竖、斜搭均可，楔形塞尺检查
5	水平灰缝平直度	2m 以内		3	拉 2m 线，用尺量检查
		2m 以外		4	拉 5m 线（不足 5m 拉通线），用尺量检查
6	水平灰缝厚度（10 层累计）	淌白仿丝缝		±4	与皮数杆相比较，尺量检查
		普通淌白墙		±8	

序号	项目			允许偏差 (mm)	检验方法
7	墙面游丁走缝	淌白截头	2m 以下	6	吊线和尺量检查,以底层第一皮砖为准
			5m 以下或每层高	12	
		淌白拉面	2m 以下	8	
			5m 以下或每层高	15	
8	门窗洞口宽度(后塞口)			±5	尺量检查,与设计尺寸比较

注:1. 轴线位移不包括柱顶石掰升所造成的偏移。
　　2. 要求收分的墙面,如设计无规定者,收分按 3‰~7‰墙高。

31.4.6 镶 贴 仿 古 面 砖

31.4.6.1 镶贴仿古面砖的一般方法

1. 基层处理

基底为混凝土墙面时,先将凸出墙面的混凝土剔平,对于钢模施工的混凝土表面应凿毛,并用钢丝刷满刷一遍,再浇水润湿,如混凝土表面很光滑,应进行"毛化处理"。基底为砖墙面时,抹灰前墙面必须清扫干净,浇水湿润。基底处理完成后,可进行吊垂直、套方、找规矩、贴灰饼、充筋等抹灰准备工作。如墙面面积不大,基底比较平整,也可以在基底处理完成后,直接抹灰。

2. 抹砂浆

先浇水湿润墙面,然后刷一道水泥素浆,浆内宜掺兑增强粘结力的外加剂,紧跟着抹底层砂浆,抹后及时用扫帚扫毛。待第一遍干至六七成干时,可抹第二遍砂浆,随即用木杠刮平,木抹子搓毛,终凝后浇水养护。

3. 排砖、样活

按古建传统排砖组砌方法排砖,确定第一层砖的排列形式。仿丝缝墙面效果的,排砖时应考虑灰缝所占的宽度,灰缝宽度可按 3~4mm 确定。

4. 浸砖

仿古面砖镶贴前应先在水中充分浸泡,时间不小于 3min。

5. 镶贴面砖

用水泥砂浆(或混合砂浆)从下至上镶贴仿古面砖,在最下一层砖下皮位置稳好靠尺,以此托住第一皮面砖,在面砖外皮上口拉水平通线,作为镶贴的标准。

6. 勾缝、清理

仿丝缝墙面做法的应在镶贴时留出 3~4mm 的灰缝。贴完面砖以后,灰缝内填入灰黑色灰浆,并用溜子将灰缝勾平,深浅一致。最后将墙面清扫干净。

31.4.6.2 镶贴仿古面砖技术要点与质量要求

(1) 设计无明确要求时宜采用仿丝缝墙面做法。

(2) 尽量将砖一次贴好,一旦贴好就不要再反复敲砸,否则,很容易造成砖的空鼓浮摆。

(3) 宜将面砖背后用砂轮划毛或将背后凸起的梗条划出几道豁口,可以使得砖与砂浆结合得更牢,有效地防止面砖空鼓脱落。

（4）宜在砂浆中掺胶类物质。这样既能增强与面砖的粘结力，又能堵塞砖内毛隙孔，减轻面砖表面的返碱泛白现象。

（5）在砌墙前，应提前想到因贴砖使墙增厚出现的问题，如贴砖后会使台明的"金边"（退台）减少，甚至消失，还会使砖檐、梢子第一层砖的出挑尺寸减小，甚至消失等。因此，应提前采取相应措施，例如加大砖檐、梢子的出挑尺寸等。

（6）镶贴仿干摆做法的面砖时，应将已贴好的面砖上棱的灰浆擦净后，再贴下一层砖，否则，将会影响砖缝的严密程度。

（7）镶贴前必须将砖充分浸泡，含水率宜接近饱和状态。

（8）墙面贴好后，必须反复浇水养护。浇水的次数以能使墙面持续保持湿润为准。养护时间应不少于两周以上。

（9）仿干摆做法的墙面，尤其是作为室内高级装修的仿干摆墙面，可用砂纸（布砂纸）将砖的相邻处磨平，最后用细砂纸将墙面通磨一遍。

（10）砖至顶部不应出现半层砖，为此应在排砖时提前算好。

（11）散水的墙面在贴砖时，宜在第一层砖以下加贴1～2层，以防止地坪降低后"露脏"。

（12）贴仿古面砖的允许偏差和检验方法见表31-9。

镶贴仿古面砖的允许偏差和检验方法   表31-9

序号	项 目			允许偏差(mm)	检 验 方 法
1	表面平整度			5	用2m靠尺和楔形塞尺检查
2	垂直度	要求收分的外墙		5	用2m托线板检查
		要求垂直的墙面	5m以下	4	
			全高 10m以下	8	
			10m以上	15	
3	阳角方正			2	用方尺和楔形塞检查
4	水平灰缝平直度	2m以内		2	拉2m线，用尺量检查
		2m以外		3	拉5m(不足5m拉通线)用尺量检查
5	相邻砖接缝高低差	3m以内		1.5	用尺量检查，抽查经观察测定的最大偏差处
		3m以上		3	
6	仿干摆墙相邻砖表面高低差	3m以下		1	短平尺贴于表面，用楔形塞尺检查，抽查经观察测定的最大偏差处
		3m以上		2	
7	仿丝缝墙灰缝厚度（灰缝厚度3～4mm）			1	用尺量检查。抽查经观察测定的最大灰缝
8	仿丝缝墙面游丁走缝	2m以下		5	吊线和尺量方法检查
		5m以下或每层高		10	

31.4.7 古建筑石作工程

31.4.7.1 普通台基石活

1. 普通台基石活组成

古建筑的普通台基由下列石活组成：土衬石（土衬）、陡板石（陡板）、埋头角柱（埋头）、阶条石（阶条）、柱顶石（柱顶）（图31-2）。

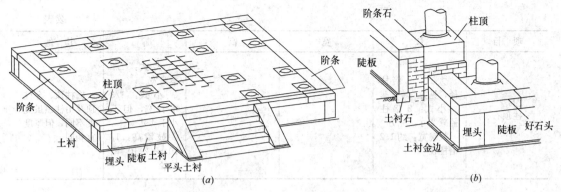

图 31-2 普通台基上的石活

(a) 普通台基示意；(b) 普通台基石活组合

2. 普通台基石活尺寸

普通台基石活尺寸见表 31-10。

普通台基石活尺寸表　　　　　　　　表 31-10

项　目		长	宽	高	厚	其　他
土衬石		通长：台基通长加2倍土衬金边宽 每块长：无定	陡板厚加2倍金边宽 金边宽：大式宽约2寸，小式宽约1.5寸	—	同阶条厚 大式不小于5寸，小式不小于4寸 土衬露明：1~2寸，或与室外地坪齐，必要时也可全部露出	如落槽（落仔口），槽深1/10本身厚，槽宽稍大于陡板厚
陡板石		通长：台基通长减2倍角柱石宽，如无角柱石，等于台基通长 每块长：无定		台明高（土衬上皮至阶条上皮）减阶条厚，土衬落槽者，应加落槽尺寸	1/3本身高，或按阶条厚	与阶条石、角柱石相接的部位可做榫头，榫长0.5寸
埋头角柱（埋头）			同阶条石宽，或按墀头角柱减2寸	台明高减阶条厚。土衬落槽者，应再加落槽尺寸	同本身宽	侧面可做榫或榫窝，与陡板连接
阶条石	好头石	尽间面阔加山出，2/10~3/10定长	最小不小于1尺，最宽不超过下檐出尺寸（柱中至台明外皮），以柱顶石外皮至台明外皮尺寸为宜			
	落心（好头石之间的阶条石）	等于各间面阔，尽间落心等于柱中至好头石之间的距离				
	两山条石	通长：两山台基通长减2份好头石宽 每块长：无定	硬山：1/2前檐阶条宽 周围廊歇山、庑殿及无山墙的悬山建筑：同前檐阶条宽 无廊的歇山、庑殿及有山墙的悬山建筑：可同檐阶条，但一般不应大于山墙外皮至台明外皮的尺寸		大式：一般为5寸或按1/4本身宽 小式：一般为4寸	大面可做泛水 台基上如安栏板柱子，阶条石上可落地栿槽

续表

项　目	长	宽	高	厚	其　他
柱顶石	大式：2 倍柱径，见方 小式：2 倍柱径减 2 寸，见方 鼓镜宽：约1.2 倍柱径			大　式：1/2 本身宽 小式：1/3 本身宽，但不小于 4 寸 鼓镜高：1/10 ～ 2/10 檐柱径	檐柱顶、金柱顶及山柱顶虽宽度不同，但厚度宜相同

31.4.7.2　须弥座式台基石活

1. 须弥座式台基的基本组成

典型的清官式石须弥座由下列石活组成：土衬、圭角、下枋、下枭、束腰、上枭、上枋（图 31-3）。

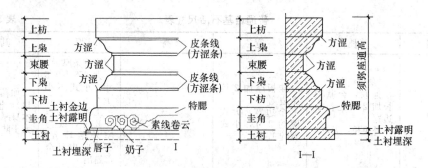

图 31-3　清官式石须弥座的组成及各部名称

2. 石须弥座的尺度确定

清官式石须弥座的高度权衡及各层之间的比例关系，如图 31-4 所示。

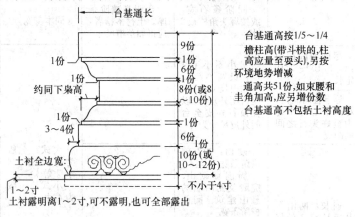

图 31-4　清官式石须弥座的权衡尺度

31.4.7.3　石栏杆

1. 石栏杆组成

清官式石栏杆称栏板望柱或栏板柱子，由地栿、栏板和望柱（柱子）组成（图 31-

5)。台阶上的栏板柱子由地栿、栏板、望柱（柱子）和抱鼓组成（图 31-7）。台阶上的栏板、柱子等因立在在垂带之上，故称"垂带上栏板柱子"，分别有"垂带上柱子"、"垂带上栏板"和"垂带上地栿"。

2. 栏板望柱的尺度确定

栏板望柱的权衡尺度及各部比例关系，如图 31-6、图 31-7 所示。

31.4.7.4 墙身石活

1. 墙身石活组成

常见的墙身石活有：角柱、压面石、腰线石、挑檐石（图 31-8）。

2. 墙身石活尺寸

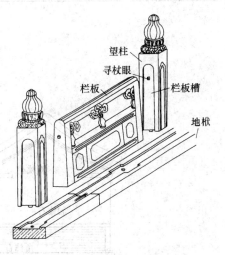

图 31-5 栏板柱子组合示意

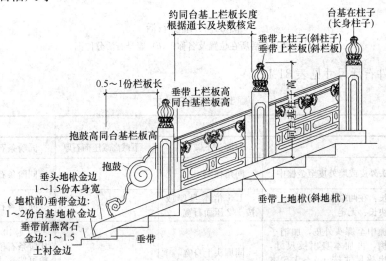

图 31-6 垂带上栏板柱子组成及权衡尺度

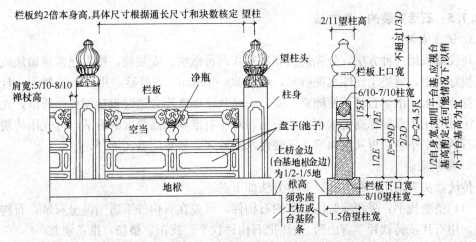

图 31-7 栏板柱子的权衡尺度

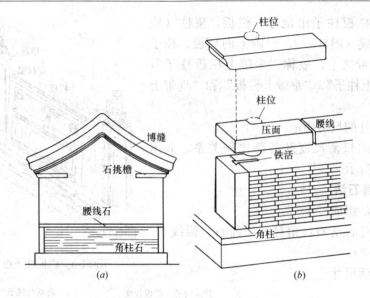

图 31-8 墙身石活

(a) 墙身石活所在位置及名称；(b) 墙身石活分件图

墙身各件石活尺寸见表 31-11。

墙身石活尺寸表   表 31-11

项目	长	宽	高	厚
角柱石		同墀头下碱宽	下碱高减压面石厚	同阶条石厚
压面石	墀头外皮或墙外皮至金檩中	同角柱宽		同阶条石厚
腰线石	通长：在两端压面石之间 每块长：无定	1.5 倍本身厚或 按 1/2 压面石宽		同阶条石厚
挑檐石	金檩中至墀头外皮，加梢子头层檐，再加本身出挑尺寸，本身出挑尺寸按 1.2～1.5 本身厚	同墀头上身宽		约 4/10 本身宽，或按比阶条石稍厚算。大式一般可按 6 寸，小式一般可按 5 寸

31.4.7.5 石活安装的一般方法

1. 铺灰安装

现代常采用这种方法，分先铺灰和后塞灰两种做法。安装前，按古建常规做法或文物原状找好规矩，铺垫干硬性水泥砂浆，厚度 20～40mm。安好后，用夯、锤蹾实，且表面高度符合要求。由于石活不便随意拆安，一旦灰浆厚度不合适时很难调整。所以，先铺灰的方法只适用于那些标高要求不高的石活，对于有准确标高要求的石活，可先用砖块或石块将石活垫平垫稳，再从侧面塞入干硬性水泥砂浆，砂浆应塞实塞严。

2. 灌浆安装

传统做法多采用这种方法，基本方法如下：

(1) 垫稳找平：采用灌浆法安装的石构件，可先在石构件下适当铺坐灰浆，石构件就位后，用石片或铸铁片"背山"，按线把石构件找平、找正、垫稳，准备灌浆。

(2) 灌浆：灌浆前应先勾缝，以避免漏浆。宽缝用麻刀灰勾缝，细缝可用油灰或石膏浆勾缝。灌浆应在"浆口"处进行,"浆口"是在石活的某个侧面位置预留一个缺口,灌完浆后再把这个位置上的砖或石活安装好。为防止内部闭住气体而造成空虚,大面积灌浆时,可适当再留几个出气口。灌浆应使用桃花浆或生石灰浆,灌浆前宜适量灌入清水,干净的石面有利于灰浆的结合,湿润的内部有利于灰浆的流动,从而确保灌浆的饱满。长度在 1.5m 以上的石活、陡板等立置的石活,以及柱顶等重要的受力构件,灌浆至少应分三次进行,第一次应较稀,以后逐渐加稠,每次间隔应在 4h 以上。

(3) 钢连接件的使用:易受到振动的石活(如石桥),立置的石活(如陡板、角柱),不易用灰浆稳固的石活(如地栿、石牌楼),灰浆易受到水浸的石活(如驳岸)以及其他需要增加稳定性的石活(如石券),应使用钢连接件,如使用"银锭"、"扒锔"、"拉扯"等。

(4) 修活、打点:石构件安装后,对石构件的接槎、水平缝等要进行适当的修活、打点。局部凸起不平处,可通过打道或剁斧等手段将石面"洗平"。

(5) 勾缝:石构件安装完成后,应将石活与砖砌体接缝处,用月白麻刀灰或油灰勾抹严实。

31.4.7.6 石活安装的技术要点与质量要求

(1) 仿古建筑采用锯成材石板直接安装的,应尽量不选有明显锯痕的石板,不得不使用时,应将其安排在次要部位,同一部位应安排在相对不显著的位置。例如,用做地面时应安排在人流相对少的地方,用做台阶时应安排在两侧。

(2) 石活背山的材料宜使用硬度不低于原石料的石块或生铁,不宜以砖块背山。

(3) 采用灌浆方法安装的,宜选用生石灰浆,不应选用水泥砂浆,以避免因其收缩而造成内部空虚。

(4) 石活勾缝宜选用深月白灰,不宜使用水泥砂浆(仿古建筑除外)。灰缝应与石活勾平,不得勾成凹缝。灰缝应刷青浆并应赶轧出亮。文物建筑应保持原做法不变。

(5) 采用锯成材光面石活的,安装后应按照传统风格在石活表面做剁斧或打道等进一步加工,不应直接以光面交活(仿古建筑除外),尤其是柱顶石、台明、台阶等部位更,应注意保持石料表面留有斧迹、錾迹这一传统风格。

(6) 安装柱顶石时,其鼓径宜略高于设计标高,待全部安装完成后,再通过剁斧等手法将柱顶石打平。

(7) 安装阶条石、压面石、角柱石、挑檐石等时,应与台帮砖外皮或墙面外皮保持平。不得凸出在墙外。

(8) 安装石活过程中,如发现石活的棱线不能与砖上皮线完全吻合时,应注意不能使石活有凹进墙面的部分,即石面可以凸出在墙面外,但不应凹进墙面内。安装后,要用扁子沿石活边缘将凸出的部分打平。如相差较多,可通过打道、剁斧和刮边等手段对石面再次加工,直至与墙面平且自身外观符合要求为止。

(9) 对于出挑尺寸较多的石活(如石角梁),可采用铁活下托上压的方法以增强其悬挑的稳定性。在下端放置"托铁",石活表面的托铁位置应预先凿出沟槽,以便托铁隐入石活内,表面用灰(颜色近似石色)抹平。有条件者,还可在石活的上端后口放置长"压铁",然后利用砌体或上层石构件将"压铁"压住。

(10) 前檐阶条石(好头石除外)和台阶宜尽量拖后安装,这既有利于成品保护,也便于施工运输。

(11) 石活安装的允许偏差和检验方法见表 31-12 的规定。

石活安装的允许偏差和检验方法　　　　　　　　表 31-12

序号	项　　目	允许偏差 (mm)	检　验　方　法
1	截头方正	2	用方尺套方(异形角度用活尺),尺量端头偏差
2	柱顶石水平程度	2	用水平尺和楔形塞尺检查
3	柱顶石标高	±5 负值不允许	用水准仪复查或检查施工记录
	台基标高	±8	
4	轴线位移(不包括掰升尺寸造成的偏差)	3	与面阔、进深相比,用尺量或经纬仪检查
5	台阶、阶条、地面等大面平整度	5	拉 3m 线,不足 3m 拉通线,用尺量检查
6	外棱直顺	5	
7	相邻石高低差	2	用短平尺贴于高出的石料表面,用楔形塞尺检查相邻处
8	相邻石出进错缝	2	
9	石活与墙身进出错缝(只检查应在同一平面者)	2	

31.5　古建筑砖墁地面

31.5.1　古建筑砖墁地面的种类

在传统施工做法中,用砖铺装地面称"墁地",其种类可按所用砖的规格来区分,也可按铺墁的做法区分。

1. 按砖的规格划分的墁地形式

包括方砖和条砖两大类。方砖类,包括尺二方砖地面、尺四方砖地面、尺七方砖地面等;条砖类,包括城砖地面、地趴砖地面、停泥砖地面、四丁砖地面等。

2. 按做法划分的墁地形式

(1) 细墁地面

细墁地面地面的做法特点:砖料应经过砍磨加工,加工后的砖规格准确、表面平整、棱角挺直。墁好后砖的灰缝很细,表面平整洁净、细致美观、砖表面经桐油浸泡后色泽深沉、坚固耐磨。

细墁地面多用于室内地面,做法讲究的室外地面也可用细墁做法,但一般限于甬路、散水等主要部位,很讲究的做法才全部采用细墁做法。

室内细墁地面一般都使用方砖,按规格的不同,有"尺二细地"、"尺四细地"等不同做法。小式建筑的室外细墁地面多使用方砖,大式建筑的室外细墁地面除方砖外,还常使用城砖。

(2) 糙墁地面的做法特点:砖料不需砍磨加工,地面砖的接缝较宽,砖与砖相邻处的高低差以及地面的平整程度，都比细墁地面显得粗糙一些。

大式建筑多采用城砖或方砖糙墁，小式建筑多采用方砖糙墁。普通民宅可用四丁砖、开条砖等条砖糙墁。

糙墁地面多用于一般建筑的室外。在做法简单的建筑及民居建筑中，糙墁地面也用于室内。

31.5.2 古建筑地面分层材料做法

砖墁地面通常由基底（垫层）、结合层和面层组成。普通的砖墁地多以素土找平夯实后直接作为基底，较讲究的做法可采用 2：8 灰土或 3：7 灰土夯实作为垫层。做法讲究的大式建筑的灰土垫层往往要用两步甚至三步以上。重要的宫殿建筑还常以墁砖的方式做为垫层，层数可由三层到多达十几层，立置与平置交替铺墁。每层砖之间不铺灰泥，每铺一层砖，灌一次生石灰浆，称"铺浆做法"。基底（垫层）至砖底的距离（结合层）可控制在 5cm，局部凹凸偏差不宜超过 1.5cm。砖墁地的结合层大多采用掺灰泥，灰泥比例不小于 3：7。细墁地面在正式铺墁之前还要在泥上浇白灰浆，糙墁地面也可不再浇浆。近年来，也有用灰土代替掺灰泥的，类似现代建筑地面使用的干硬性砂浆。

31.5.3 墁地的一般方法

1. 细墁地面

（1）垫层（基层）处理。挂通线，对已进行整理、夯实的场地作进一步的检查，局部凹凸处要补土或铲平，并再一次夯实。原土地坪如较低，应铺打素土或灰土。室内地面，普通小式建筑可不打灰土，较讲究的做法可打一步灰土。室外地面至少应打一步灰土。文物建筑的地面以多层灰土或墁砖方式为基底的，应保持原做法。

（2）按设计标高抄平。室内地面可按平线在四面墙上弹出墨线，其标高应以柱顶盘为准。廊内地面外侧以阶条石里棱为准。

（3）冲趟。在两端拴好曳线并各墁一趟砖，即为"冲趟"。室内方砖地面，应在室内正中再冲一趟砖。

（4）样趟。细墁地面的砖在墁好后要揭起来再墁一次，墁第一次就叫做"样趟"（墁第二次叫"上缝"）。样趟可以使砖更加稳固，并可提前得知赶至墙边等处时砖的形状尺寸，以便提前加工。样趟从已冲好的一趟砖处开始，例如，室内地面要从明间冲趟处开始，每趟从前檐起手，墁至后檐结束，逐趟墁砖，退至两山墙结束。在曳线间拴卧线，以卧线为标准铺泥墁砖，砖与砖之间应空出砖缝的宽度。

（5）揭趟、浇浆。将墁好的砖揭下来，必要时可逐一打号，以便对号入座。泥的低洼之处可做补垫，然后在泥上泼洒白灰浆。

（6）上缝（第二次里墁砖）。将砖的里口刷湿，随后在砖的里口砖棱处抹上油灰，然后把砖重新墁好，并用蹾锤将砖"叫"平"叫"实。砖棱应跟线，砖缝应严实。

（7）铲齿缝（墁干活）。用竹片将表面多余的油灰铲掉，然后用磨头将砖与砖接缝处凸起的部分（相邻砖高低差）磨平。

（8）剎趟。以卧线为标准，检查砖棱，如有多出（相邻砖错缝），要用磨头磨齐。

以后每一趟都如此操作，全部墁好后，还要做以下工作：

（9）打点。砖面上如有残缺或砂眼，要用"砖药"填平补齐。

（10）墁水活并擦净。再次检查地面相邻砖的高低差情况，如有凹凸不平，要用磨头沾水磨平。磨平之后将地面全部沾水细致地揉磨一遍，最后擦拭干净。

（11）钻生。待地面完全干透后，在地面上均匀地洒满生桐油，并持续一段时间使桐油充分渗入砖内，然后将浮在表面上的油皮刮掉。除不净的油的可用生石灰面（内掺青灰）铺洒在油皮上，两天后可随灰面除净，最后将地面扫干净，用软布反复揉擦地面，直至地面光亮。

2. 糙墁地面

糙墁地面所用的砖是未经加工的砖，其操作方法与细墁地面大致相同，但不抹油灰，也可以不揭趟（称"坐浆墁"）、不刹趟、不墁水活，也不钻生，最后要用白灰将砖缝守严扫净。

3. 庭院地面施工要点

（1）散水要有泛水。散水里口应与台明的土衬石找平，外口应按室外海墁地面找平。

（2）海墁应考虑到全院的排水问题，即地面应有泛水。由于室外地面有坡度，而土衬石是水平的。因此，散水两端的泛水大小是不一样的。

（3）室外地面施工的先后顺序是：砸散水、冲甬路、装海墁（被甬路隔开的地面）。

31.5.4 古建筑地面排砖及做法通则

1. 排砖通则

清官式的地面砖缝应按"十字缝"方式排砖，不应按现代地面的分缝方式排砖。

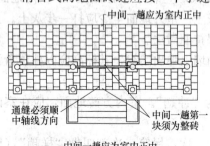

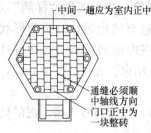

图 31-9 室内及廊子方砖分位

2. 做法通则

（1）室内地面

1）通缝的走向应与进深方向平行。中间的一趟应位于室内正中位置（图 31-9）。

2）门口位置正中一趟的第一块砖应放置整砖，即排砖应从门口开始向里赶排，从中间开始向两边赶排（图 31-9）。

（2）散水

房屋周围的散水，其宽度应根据出檐的远近或建筑的体量决定，从屋檐流下的水最好能砸在散水上。

（3）甬路

分大式与小式做法。小式建筑须用小式做法，大式建筑一般要用大式做法，但在园林中，也可采用小式做法。

1）甬路一般要用方砖铺墁，趟数应为单数，一般不超过五趟。

2）大式甬路的牙子砖可改为石活。

3）小式建筑中的甬路交叉转角处多采用"筛子底"和"龟背锦"做法。大式甬路的交叉转角处以"十字缝"做法为主（图 31-10），大式建筑的园林路面也可采用小式做法。

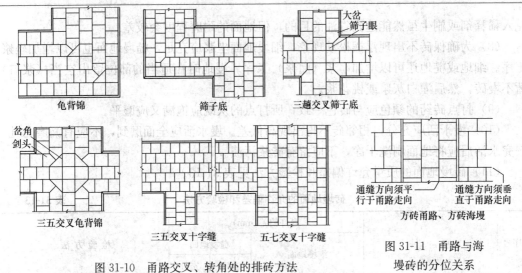

龟背锦　　　　筛子底　　　　三趟交叉筛子底

三五交叉龟背锦　　　三五交叉十字缝　五七交叉十字缝

通缝方向须平行于甬路走向　通缝方向须垂直于甬路走向

方砖甬路、方砖海墁

图 31-11　甬路与海墁砖的分位关系

图 31-10　甬路交叉、转角处的排砖方法

4）甬路排砖从交叉、转角处开始，"破活"赶至甬路边端。

（4）海墁

1）方砖甬路和海墁的关系是"竖墁甬路横墁地"，即甬路砖通缝走向就与甬路平行，而海墁砖的通缝应与院内主要甬路相互垂直（图 31-11）。

2）庭院海墁排砖应从甬路处开始，"破活"应赶排到院内最不显眼的地方。

31.5.5　墁地的技术要点与质量要求

（1）地面施工应尽量安排在工程的最后阶段进行。必须提前施工时，应采取有效的成品保护措施。

（2）冬季严禁室外地面施工，进入冬季前地面应能干透，否则不应安排施工。出现了未干透的情况时，应采取有效的覆盖保温措施。覆盖物应在有阳光的时候打开，晾晒地面。

（3）院内正中十字甬路处是全院显眼的地方，雨后积水最容易被发现，同时这个地方也是拴线时线最容易下垂的地方。因此，坐中的一块方砖宜在原高度的基础上再稍稍抬高一些（如 3mm），与之相邻的砖在相邻的一侧也要随之抬高，即不要形成高低错缝。

（4）园林工程或仿古建筑往往将院墙或房屋的砖散水改为草坪，其渗水不但易使地面受到冻融破坏，对房屋地基也很不利。因此，不应以草坪取代散水。

（5）砸散水应先"样活"，"样活"从"出角"（阳角）开始，即"出角"应为"好活"（整活），且"出角"两侧的砖应对称一致。中间部位也不能出现"破活"（砖找）。无论"出角"，还是"窝角"（阴角）转角处都要用砖立裁（称"角梁"）将两侧隔开，与牙子砖及台明转折处相交时，应砍成"剑头"和"燕尾"。裁牙子要从中间开始，"破活"应赶至两端。

（6）钻生必须在地面砖完全干透的情况下进行，提前钻生会造成颜色不匀和"顶生"现象。

（7）钻生的时间不宜太短。桐油中不得兑入稀释剂。必须是"钻"生，不得"刷"生，即必须将生桐油倒在地上并保持一定厚度，不得采用刷子沾油刷地的方法。在桐油中兑入稀释剂或刷生虽然能达到省油的目的，但地面的耐磨程度会较差。

(8) 为确保砖不出现浮摆松动现象，细墁地面坐浆应充足，糙墁地面也可以增加坐浆工序。细地或糙地还可以增加串浆（灌浆）工序。墁地时在适当的部位留出空当（浆口）暂不墁砖，然后灌白灰浆或桃花浆。

(9) 打点砖药的颜色应与砖色一致，所打点的灰既应饱满又应磨平。

(10) 墁干活应充分，相邻砖不得出现高低差。墁水活应全面磨到，不应有漏磨之处。墁完水活后应将地面刷洗干净，不应留有砖浆污渍。

(11) 砖墁地面的质量允许偏差和检验方法见表 31-13。

砖墁地面的允许偏差和检验方法　　　　　　　表 31-13

序号	项　目		允许偏差(mm)			检验方法
			细墁地面	糙墁地面		
				室内	室外	
1	表面平整	青砖	2	4	7	用2m靠尺和楔形塞尺检查
		水泥仿方砖	3			
2	砖缝直顺		3	4	5	拉5m线，不足5m拉通线，用尺量检查
3	灰缝宽度	细墁地(2mm)	±1			抽查经观察测定的最大偏差处，用尺量检查
		糙墁地(5mm)		1 −2	5 −3	
4	相邻砖高低差	青砖	0.5	2	3	用短平尺贴于高出的表面，用楔形塞尺检查相邻处
		水泥仿方砖	1			

31.6　古建筑屋面

31.6.1　屋面施工流程

31.6.1.1　琉璃屋面施工流程

1. 琉璃硬、悬山屋面施工流程

(1) 圆山（卷棚）式硬、悬山屋面

苫背→分中号垄找规矩（瓦垄平面定位）→边垄（瓦垄高度定位）→调排山脊（垂脊）→调过垄脊（正脊）→瓦面施工（宽瓦）→屋面清垄、擦瓦

(2) 尖山式硬、悬山屋面

苫背→分中号垄找规矩（瓦垄平面定位）→边垄（瓦垄高度定位）→调排山脊（垂脊）→瓦面施工（宽瓦）→调大脊（正脊）→屋面清垄、擦瓦

2. 琉璃庑殿屋面施工流程

苫背→分中号垄找规矩（瓦垄平面定位）→边垄（瓦垄高度定位）→瓦面施工（宽瓦）→调正脊→调垂脊→屋面清垄、擦瓦

3. 琉璃歇山屋面施工流程

(1) 圆山（卷棚）式歇山屋面

苦背→分中号垄找规矩(瓦垄平面定位)→调过垄脊(正脊)→宽边垄(瓦垄高度定位)→调排山脊(垂脊)→翼角宽瓦→调戗脊(岔脊)→瓦面施工(宽瓦)→调博脊→屋面清垄、擦瓦

(2) 尖山式歇山

苦背→分中号垄找规矩(瓦垄平面定位)→宽边垄(瓦垄高度定位)→调排山脊(垂脊)→翼角宽瓦→调戗脊(岔脊)→瓦面施工(宽瓦)→调大脊(正脊)→调博脊→屋面清垄、擦瓦

4. 琉璃攒尖屋面施工流程

苦背→分中号垄找规矩(瓦垄平面定位)→宽边垄(瓦垄高度定位)→瓦面施工(宽瓦)→安宝顶→调垂脊→屋面清垄、擦瓦

5. 琉璃重檐下层檐屋面施工流程

苦背→分中号垄找规矩(瓦垄平面定位)→宽边垄(瓦垄高度定位)→瓦面施工(宽瓦)→调围脊→调角脊→屋面清垄、擦瓦

31.6.1.2 大式黑活屋面施工流程

1. 大式硬、悬山筒瓦屋面施工流程

苦背→分中号垄找规矩(瓦垄平面定位)→宽边垄(瓦垄高度定位)→调排山脊(垂脊)→调过垄脊、大脊等正脊→瓦面施工(宽瓦)→屋面清垄→瓦面屋脊刷浆、檐头绞脖

2. 大式庑殿筒瓦屋面施工流程

苦背→分中号垄找规矩(瓦垄平面定位)→调正脊→宽边垄(瓦垄高度定位)→调垂脊→瓦面施工(宽瓦)→屋面清垄→瓦面屋脊刷浆、檐头绞脖

3. 大式歇山筒瓦屋面施工流程

(1) 圆山(卷棚)式歇山屋面

苦背→分中号垄找规矩(瓦垄平面定位)→调过垄脊(正脊)→宽边垄(瓦垄高度定位)→调排山脊(垂脊)→调戗脊(岔脊)→调博脊→瓦面施工(宽瓦)→屋面清垄→瓦面屋脊刷浆、檐头绞脖

(2) 尖山式歇山屋面

苦背→分中号垄找规矩(瓦垄平面定位)→宽边垄(瓦垄高度定位)→调排山脊(垂脊)→调大脊(正脊)→调戗脊(岔脊)→调博脊→瓦面施工(宽瓦)→屋面清垄→瓦面屋脊刷浆、檐头绞脖

4. 大式攒尖筒瓦屋面施工流程

苦背→分中号垄找规矩(瓦垄平面定位)→调垂脊→安宝顶→宽边垄(瓦垄高度定位)→瓦面施工(宽瓦)→屋面清垄→瓦面屋脊刷浆、檐头绞脖

5. 大式重檐筒瓦下层檐屋面施工流程

苦背→分中号垄找规矩(瓦垄平面定位)→调围脊→调角脊→宽边垄(瓦垄高度定位)→瓦面施工(宽瓦)→屋面清垄→瓦面屋脊刷浆、檐头绞脖

31.6.1.3 小式黑活屋面施工流程

1. 小式筒瓦屋面施工流程

(1) 小式硬、悬山筒瓦屋面

苦背→分中号垄找规矩(瓦垄平面定位)→宽边垄(瓦垄高度定位)→调排山脊(垂脊)→调过垄脊、清水脊等正脊→瓦面施工(宽瓦)→屋面清垄→瓦面屋脊刷浆、檐头绞脖

(2) 小式歇山筒瓦屋面

苫背→分中号垄找规矩(瓦垄平面定位)→调过垄脊(正脊)→宪边垄(瓦垄高度定位)→调排山脊(垂脊)→调戗脊(岔脊)→调博脊→瓦面施工(宪瓦)→屋面清垄→瓦面屋脊刷浆、檐头绞脖

(3) 小式攒尖筒瓦屋面

苫背→分中号垄找规矩(瓦垄平面定位)→调垂脊→安宝顶→宪边垄(瓦垄高度定位)→瓦面施工(宪瓦)→屋面清垄→瓦面屋脊刷浆、檐头绞脖

(4) 小式重檐筒瓦下层檐屋面

苫背→分中号垄找规矩(瓦垄平面定位)→调围脊→调角脊→宪边垄(瓦垄高度定位)→瓦面施工(宪瓦)→屋面清垄→瓦面屋脊刷浆、檐头绞脖

2. 合瓦(小式硬山)屋面施工流程

苫背→分中号垄找规矩(瓦垄平面定位)→宪边垄(瓦垄高度定位)→调披水排山脊或披水梢垄→调合瓦过垄脊或鞍子脊或清水脊或皮条脊等正脊→瓦面施工(宪瓦)→屋面清垄→瓦面、屋脊刷浆

31.6.2 屋 面 苫 背

31.6.2.1 苫背施工的一般方法

1. 传统灰泥背做法

(1) 在木望板上抹一层月白麻刀灰 (护板灰),厚度一般为 10～20mm。护板灰应较稀软,灰中的麻刀也可少一些。

如基层为席箔或苇箔等其他做法,则不用护板灰。

(2) 在护板灰上苫 2～3 层泥背。普通建筑多用滑秸泥,宫殿建筑多用麻刀泥。每层泥背厚度不超过 50mm。每苫完一层泥背后,至七到八成干时要用铁制的圆形拍子"拍背"。拍背可以使泥背层变得更密实,是一道十分关键的工序。

(3) 在泥背上苫 2～4 层大麻刀灰或大麻刀月白灰。每层灰背的厚度不超过 30mm。每层苫完后要反复赶轧坚实后再开始苫下一层。

(4) 在最后一层月白灰背上开始苫青灰背。青灰背也用大麻刀月白灰,苫好后将事先择好的麻刀均匀地铺满灰背表面,并将麻刀层轧入灰背内 (以上工序称"拍麻刀"),拍完麻刀后要用轧子反复轧背,每次赶轧前都要刷青浆。

为加强屋面的整体性,防止瓦面下滑,青灰背表面可采取以下措施:

1) 打拐子与粘麻:在青灰背干至八成时,用"拐子"(梢端呈半圆状的木棍) 在灰背上戳打出许多圆形的浅窝。"拐窝"间可用稀灰将成缕的长麻粘在灰背上,待宪瓦时将麻翻铺在底瓦泥(灰)上。一般建筑也可只打拐子不粘麻。

2) 搭麻辫:搭麻从脊上开始,每苫完一段青灰背,趁灰背较软时将麻匀散地搭在灰背上,然后将麻轧进灰背里。麻辫的下端应搭至屋面的中腰附近。搭麻辫做法多用于坡大高陡的屋顶。

2. 传统灰背的现行做法

传统灰背的现行做法比原来有了较大的简化。通行的方法是在望板上抹一层护板灰,在护板灰上抹 1～2 层滑秸泥背 (近年多改用麻刀泥背),然后再抹一层青灰背,也有在泥背下增加一层现代防水层的。

现代建筑中的仿古屋面，瓦面的垫层有了更大的变化，一般不再做多层灰泥背，而往往只抹2～3层水泥砂浆。有较高防水要求的屋面，往往增加新型防水材料的防水层。如做防水层，应先抹找平层。如防水层易被硬物损坏，应在防水层上再抹一层保护层。如防水层较光滑，应在表面粘上粗砂或小石砾，不适宜粘砂砾的要设置防滑条。超过30mm厚的垫层应分层苫抹，抹好后应反复赶轧。赶轧时不必过分强调垫层的平整度和光亮程度，但应做到表面无裂缝。高陡的坡面应增加防止瓦面滑坡措施。

31.6.2.2 古建筑屋面分层材料做法

常见的屋面分层材料做法如表31-14～表3-18所示。

(1) 用于普通民宅   表31-14

分层做法	参考厚度(mm)	分层做法	参考厚度(mm)
合瓦(影壁、小门楼可为10号筒瓦)		滑秸泥背1～2层	50～80
宪瓦泥	40	木椽、上铺席箔或苇箔	
月白灰背或青灰背1层	20～30		

(2) 用于小式或大式建筑   表31-15

分层做法	参考厚度(mm)	分层做法	参考厚度(mm)
小式用合瓦(影壁、小门楼为10号筒瓦)大式用筒瓦或琉璃瓦		月白灰背1层	20～30
		滑秸泥背1～2层	50～80
宪瓦泥	4	护板灰	10～15
青灰背1层	20～30	木椽、上铺木望板	

(3) 用于宫殿建筑   表31-16

分层做法	参考厚度(mm)	分层做法	参考厚度(mm)
筒瓦或琉璃瓦		麻刀泥背3层以上	50(每层)
宪瓦泥或瓦灰	40	护板灰	10～15
青灰背1层	20～30	木椽、上铺木望板	
月白灰背2层以上	20～30(每层)		

(4) 用于仿古建筑   表31-17

分层做法	参考厚度(mm)	分层做法	参考厚度(mm)
瓦面		水泥砂浆或细石混凝土找平层	30～60
宪瓦灰浆(白灰砂浆、混合砂浆或水泥砂浆)	40	防裂金属网(钢筋混凝土基层可不设)	
		木望板或钢筋混凝土基层	

(5) 用于仿古建筑   表31-18

分层做法	参考厚度(mm)	分层做法	参考厚度(mm)
瓦面		防水层(新型防水材料)	
宪瓦灰浆(白灰砂浆、混合砂浆或水泥砂浆)	40	水泥砂浆或细石混凝土找平层	30～60
		钢筋混凝土基层	
水泥砂浆保护层，表面粘粗砂或小石砾	20		

31.6.2.3 苫背的技术要点与质量要求

1. 苫背施工应注意的几个共性问题

(1) 施工的季节性。深秋季节施工，至少要在上冻一个月前全部完成。未完全干透的灰背一旦冻结就会极大地降低灰背的强度，甚至造成彻底毁坏。夏季施工应避免雨水冲刷，一般不宜安排在雨季苫背，不得不在雨季施工时，应在大雨来临之前用苫布将灰背盖好。

(2) 苫背的总厚度不可太薄，否则，防水和保温效果都不会太好。应分层苫抹，否则，苫背的密实度将达不到要求，防水效果也会较差。

(3) 苫背时每层应尽量一次完成，尤其是最后一层灰背更要尽量一次苫完。如果屋面面积太大无法一次完成时，应对接槎部分（"槎子"）进行如下处理：1）必须留"软槎子"（斜槎），不能留"硬槎子"（直槎）；2）槎子宽度不小于200mm；3）槎子处不刷浆；4）槎子必须为"毛槎"，以用木抹子刹出的毛槎效果最好，最忌将槎子赶轧光亮；5）如果在接槎时感觉槎子"老"（干）了，要用水洇湿，并用木抹子将槎子搓毛。

2. 苫抹泥背的技术质量要点

(1) 泥背每层厚不应大于50mm，总厚超过50mm时，应分层苫抹。

(2) 泥背所用泥应为掺灰泥，泥中应拌和相当数量的麦秸、稻草或麻刀等纤维物。

(3) 苫泥背所用的白灰应符合以下要求：1）不得使用白灰膏；2）泼灰中不得混入生石灰渣；3）如使用生石灰和泥，应先将生石灰调成浆状并滤去沉渣后再兑入泥中；4）袋装石灰粉应经水充分浸泡8h后再使用。

(4) 至七成干后，要用铁拍子拍背。拍背要逐层进行，每层拍背次数不少于3次。

(5) 最后一层泥背拍背后必须晾背，晾至泥背开裂充分后再开始苫抹灰背。

3. 苫抹灰背的技术质量要点

(1) 苫月白灰背或青灰背应使用泼浆灰，不应使用白灰膏。

(2) 灰背每层厚不应大于30mm，厚度超过30mm时，必须分层苫抹。最后一层灰背宜为青灰背做法。

(3) 灰背中的麻刀含量应充足（不少于5%），拌和前应将麻刀充分拆散，拌和应反复充分进行，直至麻刀均匀为止。苫抹时应将"麻刀蛋"（麻刀团）挑出。

(4) 灰背苫抹至最后一层时，宜在表面"拍麻刀"，拍麻刀应使用细软的麻刀绒。麻刀绒必须分布匀密。泼青浆后赶轧，使麻刀绒揉实入骨。

(5) 除护板灰外，每层灰背均应充分赶轧，七成干后赶轧要用小轧子，不得使用铁抹子。最后一层的赶轧遍数从七成干以后算起，不应少于5遍。每次均应先刷青浆。青浆的调制可随灰背的逐渐硬结由稠逐渐变稀。

(6) 瓦前的最后一遍灰背苫完后必须晾背，晾背后发现的开裂处必须重新补抹，补抹前宜用小锤沿裂缝砸成小沟，补抹后确认不再发生开裂时才能开始宽瓦。

4. 屋面垫层使用水泥砂浆、新型防水材料时的要求

(1) 易被硬物碰破的防水材料，表面应抹水泥砂浆保护层。

(2) 表面光滑的防水材料，应采取粘砂砾等防滑措施。

(3) 采用水泥砂浆垫层，又无新型防水材料的屋面，应采取加设金属网、分层苫抹并反复赶轧等措施防止水泥砂浆的开裂。

(4) 坡面高陡的屋面应在找平层或保护层上采取防止瓦面滑坡的措施。可采取下列措

施：1）在表面抹出简单的礓磜形式或防滑埝；2）铺金属网；3）沿屋面纵向放置连通前后坡的钢筋，钢筋平均间距不大于1m。或在混凝土中预埋立置短钢筋，并露出保护层30mm。沿屋面横向放置钢筋，间距不大于1.5m，与纵向筋或预埋钢筋焊牢。

31.6.3　宽　瓦

31.6.3.1　瓦垄定位

1. 平面定位—分中、号垄、排瓦当

这里所说的瓦当是指两垄底瓦之间的空当（间隙），瓦当太大或太小对质量都会产生不利影响，故需经核算确定。由于木瓦口的大小决定了瓦当的大小，因此在有木瓦口的情况下，排瓦当就是核算瓦口的尺寸。瓦口宽度的决定：琉璃瓦应按正当沟长加灰缝定瓦口尺寸；筒瓦按走水当略大于1/2底瓦宽；合瓦按走水当不小于1/3板瓦宽。

（1）硬、悬山屋面

1）在檐头找出整个房屋的横向中点并做出标记（图31-12），这个中点就是屋顶中间一趟底瓦的中点。再从两山博缝外皮往里返大约两个瓦口的宽度，并做出标记。这两个瓦口就是两条边垄底瓦的位置（其中一垄只有一块割角滴子）。上述做法适用于铃铛排山做法，如为披水排山做法，应先定披水砖檐的位置，然后从砖檐里口往里返两个瓦口，这两个瓦口就是两条边垄底瓦的位置。

图 31-12　硬、悬山屋面的分中号垄

2）排瓦当、钉瓦口

在已确定的中间一趟底瓦和两端瓦口之间赶排木瓦口，如不能排出整活，可对临近边垄的几垄瓦口尺寸进行调整。排好后将瓦钉在连檐上。钉瓦口时应注意退雀台，即应比连檐略退进一些。瓦口钉好后，每垄底瓦的位置也就确定了。

3）号垄

将各垄的盖瓦中点平移至屋脊位置，并在灰背上做出标记。

（2）庑殿屋面

庑殿式屋面分为三个部分：前后坡、撒头和翼角（图31-13）。

1）前后坡分中号垄方法：①找出正脊的横向中点。②从扶脊木（或脊檩）两端往里返两个瓦口并找出第二个瓦口的中点。③将三个中点平移到前、后坡檐头并按中点在每坡钉好5个瓦口（图31-13）。④在确定了的瓦口之间赶排瓦口，如不能排出整活，可对临近边垄的几垄瓦口尺寸进行调整。排好后钉好瓦口。⑤号垄：将各垄的盖瓦中点在脊上做出标记。

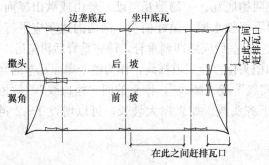

图 31-13　庑殿屋面的分中号垄

2）撒头分中号垄方法：①找出扶脊木（脊檩）正中，并在撒头灰背上做出标记。从扶脊木正中向檐头中正引线，这条中线就是撒头中间一趟底瓦的中线。②以这条中线为中心，放三个瓦口，找出另外两瓦口的中点，然后将三个中点号在灰背上。③将这三个中点平移到连檐上，按中点钉好3个瓦口（图31-13）。由于庑殿撒头只有一垄底瓦和两垄盖瓦，所以在分中的同时，就已将瓦当排好并已在脊上号出标记了。

以上前后坡和两撒头总共12道中线就是庑殿屋面瓦垄的平面定位线。

3）翼角不分中，在前后坡和撒头钉好的瓦口与连檐合角处之间赶排瓦口，应注意前后坡与撒头相交处的两个瓦口应比其他瓦口短2/10～3/10，否则勾头可能压不住割角滴子的瓦翘。如不能排出整活，可对临近连檐合角处的几垄瓦口尺寸进行调整。

（3）歇山屋面（图31-14）

1）歇山前后坡分中号垄：①在屋脊部位找出横向中点，此点即为坐中底瓦的中点。②两端从博缝外皮往里返活，找出两个瓦口的位置和第二块瓦口中点，这个中点就是边垄底瓦中。③将上述三个中点号在脊部灰背上。④将这三中点平移到檐头连檐上并钉好5个瓦口。⑤在钉好的瓦口之间赶排瓦口（图31-14），如不能排出整活，可对临近边垄的几垄瓦口尺寸进行调整。

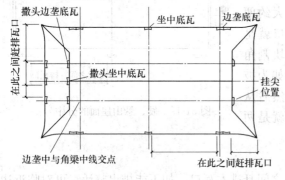

图 31-14　歇山屋面的分中号垄

2）撒头分中号垄方法：

①按照前后坡檐头边垄中点至翼角转角处的距离，向撒头量出撒头部位的边垄中。

②撒头正中即为撒头坐中底瓦中。

③按照这三个中，钉好3个瓦口。

④在这三个瓦口之间赶排瓦口。如不能排出整活，可对边端的几垄瓦口尺寸进行调整。

⑤将各垄盖瓦中平移到上端，并在灰背上号出标记。

3）翼角部分的分中号方法与庑殿屋面的翼角分中号垄方法相同。

（4）攒尖屋面

攒尖建筑，无论是四方、六方，还是八方等，每坡都只分一道中，这个中即坐中底瓦的中，然后往两端赶排瓦口，方法同庑殿翼角做法。

2．高度定位——边垄，拴定位线

在每坡两端边垄位置拴线、铺灰，各宽两趟底瓦、一趟盖瓦。硬、悬山或歇山屋面，要同时宽好排山勾滴。披水排山做法的，要下好披水檐，做好梢垄。两端的边垄应平行，囊（瓦垄曲线）要一致。在实际操作中，宽完边垄后应随即调垂脊，调完垂脊后再宽瓦。

以两端边垄盖为标准，在正脊、中腰和檐头位置拴三道横线，作为整个屋面瓦垄的高度标准。脊上的叫"齐头线"，中腰的叫"楞线"或"腰线"，檐头的叫"檐口线"（"檐线"）。脊上与檐头的两条线又可统称为上下齐头线。如果屋大坡长，可以增设1～2道楞线。

31.6.3.2　宽琉璃瓦

在宽瓦之前应对瓦的质量逐块检查，这道工序叫做"审瓦"。

1. 冲垄

冲垄是在大面积宽瓦之前先宽几垄瓦，实际上"宽边垄"也可以看成是在屋面的两侧冲垄。边垄"冲"好后，按照边垄的曲线（"囊"）在屋面的中间将三趟底瓦和两趟盖瓦宽好。如果宽瓦的人员较多，可以再分段冲垄。这些瓦垄都必须以拴好的"齐头线"、"楞线"和"檐口线"为高度标准。

2. 宽檐头勾滴瓦

勾滴，即勾头瓦和滴子（滴水）瓦。宽檐头勾头和滴子瓦要拴两道线，一道线拴在滴子尖的位置，滴子瓦的高低和出檐均以此为标准。第二道线即冲垄之前拴好的"檐口线"，勾头的高低和出檐均以此为标准。滴子瓦的出檐最多不超过本身长度的一半，一般在60~100mm之间。勾头出檐为瓦头（瓦当）的厚度，即勾头要紧靠着滴子。

两垄滴子瓦之间的空当处（"蚰蜒当"），要放一块遮心瓦（一般用碎瓦片代替，釉面朝下）。遮心瓦的作用是挡住勾头里的盖瓦灰。然后用钉子从勾头上的圆洞入钉入灰里，钉子上扣放钉帽，内用麻刀灰塞严。在实际操作中，为防止钉帽损坏，往往最后扣安。为操作方便，宽檐头勾滴瓦可随宽每垄瓦进行。

3. 宽底瓦

（1）开线

先在齐头线、楞线和檐口线上各拴一根短铅丝（叫做"吊鱼"），"吊鱼"的长度根据线到边垄底瓦瓦翅的距离确定，然后"开线"：按照排好的瓦当和脊上号好垄的标记把线（一般用帘绳或"三股绳"）的一端固定在脊上，另一端拴一块瓦，吊在房檐下。这条宽瓦用线叫做"瓦刀线"，瓦刀线的高低应以"吊鱼"的底端为准，如瓦刀线的囊与边垄的囊不一致时，可在瓦刀线的适当位置绑上几个钉子来调整。底瓦的瓦刀线应拴在瓦的左侧（宽盖瓦时拴在右侧）。

（2）宽瓦

拴好瓦刀线后，铺灰（或泥）宽底瓦（图31-15）。如用泥（掺灰泥）宽瓦，还可在铺泥（术语称"打泥"）后再泼上白灰浆（称"坐浆宽"）。底瓦灰（泥）的厚度一般为40mm。底瓦应窄头朝下，从下往上依次摆放。底瓦的搭接密度应能做到"三搭头"，即每三块瓦中，第一块与第三块能做到首尾搭头。"三搭头"是指大部分瓦而言，檐头和脊部则应"稀宽檐头密宽

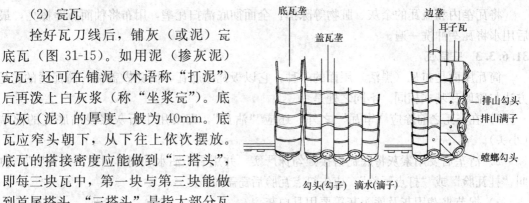

图31-15 宽筒、板瓦示意图

脊"。底瓦灰（泥）应饱满，瓦要摆正，不得偏歪。底瓦垄的高低和直顺程度都应以瓦刀线为准。每块底瓦的"瓦翅"，宽头的上棱都要贴近瓦刀线。宽底瓦时还应注意"喝风"与"不合蔓"的问题。"不合蔓"是指瓦的弧度不一致造成合缝不严，"喝风"是泛指合缝不严，既包括瓦的不合蔓，也包括由于摆放不当造成的合缝不严。

（3）背瓦翅

摆好底瓦以后，要将底瓦两侧的灰（泥）用瓦刀向内抹足抹齐，不足之处要用灰

（泥）补齐，"背瓦翅"一定要将灰（泥）"背"足、拍实。

（4）扎缝

"背"完瓦翅后，要在底瓦垄之间的缝隙处（"蚰蜒当"）用大麻刀灰塞严塞实。扎缝灰应能盖住两边底瓦垄的瓦翅。

按照传统做法，琉璃瓦不勾瓦脸（用素灰勾抹底瓦搭接处）。理由是为了有利于瓦下水分的蒸发，以防止望板槽朽，同时可以确保不弄脏釉面。但近年来发现不少屋面因雨水从搭接处回流造成漏雨。因此，在混凝土板上所做的琉璃屋面，或檐头部分的琉璃瓦还是应勾瓦脸（做法参见宽筒瓦）。

4. 宽盖瓦

按楞线到边垄盖瓦瓦翅的距离调整好"吊鱼"的长短，然后以吊鱼为高低标准"开线"。瓦刀线两端以排好的盖瓦垄为准。盖瓦灰（泥）应比底瓦灰（泥）稍硬，盖瓦不要紧挨底瓦，它们之间的距离叫"睁眼"。睁眼不小于筒瓦高的1/3。盖瓦要熊头朝上，从下往上依次安放，上面的筒瓦应压住往下面筒瓦的熊头，熊头上要挂素灰，即应抹"熊头灰"（又叫"节子灰"）。熊头灰应根据琉璃瓦的颜色掺色，黄色琉璃瓦掺红土粉，其他掺青灰。熊头灰一定要抹足挤严。盖瓦垄的高低、直顺都要以瓦刀线为准，每块盖瓦的瓦翅都应贴近瓦刀线。如果瓦的规格不一致，应特别注意不必每块都"跟线"，要"大瓦跟线，小瓦跟中"，否则会出现一侧齐一侧不齐的状况。

5. 捉节夹垄

将瓦垄清扫干净后用小麻刀灰（掺色）在筒瓦相接的地方勾抹（"捉节"），然后用夹垄灰（掺色）将睁眼抹平（"夹垄"）。夹垄应分糙细两次夹，操作时要用瓦刀把灰塞严拍实（"背瓦翅"）。上口与瓦翅外棱抹平。

6. 清垄擦瓦

将瓦垄内和盖瓦的余灰、脏物等除掉，全面彻底清扫瓦垄，用布将釉面擦净擦亮，最后用水将瓦垄冲洗一遍。

31. 6. 3. 3 宽筒瓦

筒瓦屋面是布瓦（黑活）屋面的一种，它以板瓦做底瓦，筒瓦做盖瓦。筒瓦屋的宽瓦方法与琉璃瓦基本相同。不同之处是：

1）在宽瓦之前除应"审瓦"之外，还应"沾瓦"，即要用生石灰浆浸沾底瓦的前端（小头）。

2）清垄后要用素灰将底瓦搭接处勾抹严实，并用刷子沾水勒刷，叫做"勾瓦脸"，也叫"挂瓦脸"或"打点瓦脸"。应先打点瓦脸后宽盖瓦。

3）捉节夹垄用灰及熊头灰等要用月白灰。

4）筒瓦既可以采用捉节夹垄做法，也可以采用裹垄做法，其方法如下：用裹垄灰分糙、细两次抹，打底要用泼浆灰，罩面要用煮浆灰。先在两肋夹垄，夹垄时应注意下脚不要大，然后在上面抹裹垄灰。最后用浆刷子沾青浆刷垄并用瓦刀赶轧出亮。裹垄原本为查补雨漏时的修缮手法，近些年来才用于成为新作手法，因此文物建筑屋面重新翻修时，还应采用捉节夹垄做法。

5）宽完瓦后，整个屋面应刷浆提色。瓦面刷深月白浆或青浆，檐头（包括排山勾滴）、眉子、当沟刷烟子浆。为保证滴子底部能刷严，可在沾瓦时就用烟子浆把滴子沾好。

31.6.3.4 宽合瓦

合瓦又称阴阳瓦。合瓦屋面的盖瓦多使用 2 号瓦或 3 号瓦。

合瓦屋面的底瓦做法与筒瓦屋面的底瓦做法基本相同，但檐头瓦的滴子瓦应改为"花边瓦"，花边瓦与花边瓦之间不放遮心瓦。

合瓦屋面的盖瓦垄做法：

合瓦屋面的盖瓦也应沾浆，但应沾大头（露明面），且应沾月白浆。

（1）拴好瓦刀线，在檐头打盖瓦泥，安放已粘好"瓦头"的花边瓦。瓦头可为成品，也可在现场预制，其作用是挡住盖瓦花边瓦内的灰泥（图 31-16）。

（2）打盖瓦泥，开始宽盖瓦。盖瓦底瓦相反，要凸面向上，大头朝下。瓦与瓦的搭接密度也应做到"三搭头"。盖瓦的"睁眼"不超过 6cm。瓦垄与脊根处的瓦要搭接严实。

（3）盖瓦宽完后在搭接处用素灰勾瓦脸，并用水刷子沾水勒刷（"打水槎子"）。

（4）夹腮。先用麻刀灰在盖瓦睁眼处糙夹一遍，然后再用夹垄灰细夹一遍，灰要堵严塞实，并用瓦刀拍实。夹腮灰要直顺，下脚应干净利落，无小孔洞（称"蛐

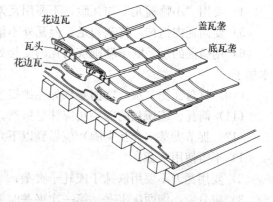

图 31-16 合瓦做法示意

蛐窝"），无多出的灰（称"嘟噜灰"）。下脚要与上口垂直，盖瓦上应尽量少沾灰，与瓦翘相交处要随瓦翘的形状用瓦刀背好，并"打水槎子"，最后反复刷青浆并用瓦刀轧实轧光。

（5）屋面刷青浆。但檐头瓦不再"绞脖"（刷烟子浆），也刷青浆。

31.6.3.5 宽瓦的技术要点与质量要求

（1）瓦件在运至屋面前应集中对瓦逐块"审瓦"。有裂缝、砂眼、残损、变形严重、釉色剥落的瓦不得使用。板瓦还必须用瓦刀（或铁器）敲击检查，发现微裂纹、隐残和瓦音不清的应及时挑出。

（2）筒瓦屋面的底瓦、合瓦屋面的底、盖瓦，在运至屋面前应集中逐块"沾瓦"。沾瓦应做到：

1）底瓦沾浆必须用生石灰浆；

2）每块瓦的沾浆长度不少于本身长的 4/10；3）底瓦应沾小（窄）头，盖瓦应沾大（宽）头。

（3）合瓦屋面的底瓦规格宜盖瓦大一号。例如，2 号合瓦屋面宜使用 1 号板瓦作为底瓦。

（4）瓦垄应符合"底瓦坐中"的原则。瓦面分中时如发现与木工已钉好的椽当坐中有偏差时，应以椽中为准进行调整。

（5）板瓦的摆放应符合以下要求：

1）檐口部位的瓦不应出现倒喝水现象；

2）板瓦应无明显侧偏或喝风现象；

3）板瓦之间的搭接应能"压六露四"（三搭头）。

（6）瓦泥中的白灰应为泼灰或生石灰浆。严禁混入生石灰渣。拌和后应放至 8h 后再

使用。白灰与黄土的比例按4：6（体积比）。

(7) 底瓦泥的厚度不宜超过40mm。

(8) 底瓦以及合瓦屋面的盖瓦必须"背瓦翅"，背瓦翅应使用瓦刀，不宜使用抹子。背瓦翅时应向内稍用力，不实之处应及时补足。

(9) 底瓦以及合瓦屋面的盖瓦必须勾瓦脸，并应做到以下几点：

1) 灰应较稀；

2) 勾瓦脸应在宽瓦之前进行，合瓦的盖瓦勾瓦脸应在夹垄之前进行；

3) 勾瓦脸前应将瓦垄清扫干净，用水洇透；

4) 要用"小鸭嘴儿"勾瓦脸，不要用瓦刀；

5) 要向瓦内抠抹，将灰勾足，但瓦外不留多余灰；

6) 用微湿的短毛刷子勒刷灰与瓦的交接处。应在灰七八成干时进行，不应随勾随打水橰子。

(10) 打盖瓦泥（灰）之前必须先在蛐蜒当处抹灰（泥）扎缝，扎缝灰（泥）应严实。

(11) 筒瓦、琉璃瓦的熊头灰应抹足挤严，不得采用只"捉节"，不抹熊头灰的做法。

(12) 捉节夹垄（合瓦夹腮）应做到以下几点：

1) 不得使用灰膏；

2) 要用瓦刀不要用铁抹子或轧子夹垄；

3) 应分糙、细两次夹垄。第一次夹垄时要用灰将盖瓦内塞严并用瓦刀向内拍实；

4) 第二次夹垄后，应做到瓦垄直顺，下脚应与上口垂直，与底瓦交接处无蛐蛐窝、嘟噜灰（野灰），筒瓦的瓦翅上余灰不宜过多，琉璃瓦的瓦翅上不宜留有余灰，合瓦的瓦翅上余灰不宜过多，且应棱角分明；

5) 夹垄灰七成干后应打水橰子，并应反复刷青浆（黄琉璃刷红土浆）赶轧。夹垄灰应赶轧坚实、光顺、无裂缝、不翘边。

(13) 瓦面刷浆应注意以下问题：

1) 刷浆前应将瓦清扫；

2) 合瓦应刷青浆，筒瓦宜刷深月白浆；

3) 筒瓦屋面应在檐头用烟子浆绞脖，绞脖宽度宜为一块勾头瓦的长度。合瓦屋面不绞脖；

4) 梢垄应刷烟子浆，披水砖的上面也应随之刷烟子浆，侧面及底面应刷深月白浆。

(14) 瓦面和屋脊施工质量的允许偏差和检验方法见表31-19～表31-24。

琉璃屋面的允许偏差和检验方法 **表 31-19**

序号	项　　目		允许偏差（mm）	检 验 方 法
1	底瓦泥厚 40mm		±10	
2	睁眼高度（筒瓦翅至底瓦的高度）	5 样以上高 40mm	+10 5	与设计要求或本表各项规定值对照，用尺量检查，抽查3点，取平均值
		6～7 样高 30mm	+10 5	
		8～9 样高 20mm	+10 5	
3	当沟灰缝	8mm	+7 4	

序号	项　　　目		允许偏差 (mm)	检 验 方 法
4	瓦垄直顺度		8	拉 2m 线，用尺量检查
5	走水当均匀度	4 样以上	16	用尺量检查相邻三垄瓦及每垄上、下部
		5～6 样	12	
		7～9 样	10	
6	瓦面平整度		25	用 2m 靠尺横搭于瓦面，尺量盖瓦跳垄程度，檐头、中腰、上腰各抽查一点
7	正脊、围脊、博脊平直度	3m 以内	15	3m 以内拉通线，3m 以外拉 5m 线，用尺量检查
		3m 以外	20	
8	垂脊、岔脊、角脊直顺度（庑殿带旁囊的垂脊不检查）	2m 以内	10	3m 以内拉通线，3m 以外拉 5m 线用尺量检查
		2m 以外	15	
9	滴水瓦出檐直顺度		10	拉 3m 线，用尺量检查

筒瓦屋面的允许偏差和检验方法　　　　　　　　　　　　　　　　表 31-20

序号	项　　　目		允许偏差 (mm)	检 验 方 法
1	底瓦泥厚 40mm		±10	与设计要求或本表各项规定值对照，用尺量检查，抽查 3 点，取平均值
2	睁眼高度（筒瓦至底瓦的高度）	头～1 号瓦高 35mm	+10 5	
		2～3 号瓦高 30mm		
		10 号瓦高 20mm		
3	瓦垄直顺度		8	拉 2m 线，用尺量检查
4	走水当均匀度		15	用尺量检查相邻的三垄瓦及每垄上、下部
5	瓦面平整度		25	用 2m 靠尺横搭于瓦面，尺量盖瓦跳垄程度，檐头中腰，上腰各抽查一处
6	正脊、围脊、博脊平直度	3m 以内	15	3m 内拉通线。3m 以外拉 5m 线，用尺量检查
		3m 以外	20	
7	垂脊、岔脊、角脊直顺度（庑殿带旁囊的垂脊不检查）	2m 以内	10	2m 以内拉通线，2m 以外拉 3m 线，用尺量检查
		2m 以外	15	
8	滴水瓦出檐直顺度		10	拉 3m 线，用尺量检查

合瓦屋面的允许偏差和检验方法　　　　　　　　　　　　　　　　表 31-21

序号	项　　　目	允许偏差 (mm)	检 验 方 法
1	底瓦泥厚 40mm	±10	与设计要求或本表各项规定值对照，用尺量检查，抽查 3 点，取平均值
2	盖瓦翘上棱至底瓦 高 70mm	+20 −10	
3	瓦垄直顺度	8	拉 2m 线，用尺量检查

续表

序号	项　目		允许偏差 (mm)	检验方法
4	走水当均匀度		15	用尺量检查相邻的三垄瓦及每垄上下部
5	瓦面平整度		25	用2m靠尺横搭于瓦面，尺量盖瓦跳垄程度，檐头中腰、上腰各抽查一点
6	正脊平直度	3m以内	15	3m内拉通线，3m以外拉5m线，用尺量检查
		3m以外	20	
7	垂脊直顺度	2m以内	10	2m以内拉通线，2m以外拉3m线，用尺量检查
		2m以外	15	
8	花边瓦出檐直顺度		10	拉5m线，用尺量检查

31.6.4　琉璃屋脊的构造做法

31.6.4.1　硬、悬山屋面

卷棚式硬、悬山屋面琉璃屋脊的构造做法，如图 31-17 所示。尖山式硬、悬山屋面琉璃屋脊的构造做法，如图 31-18 所示。

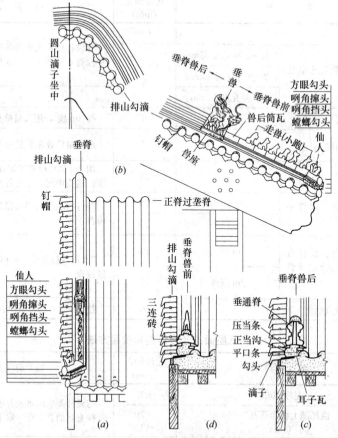

图 31-17　卷棚式硬、悬山屋面琉璃屋脊的构造做法（此例为悬山）

(a) 正立面；(b) 侧立面；(c) 垂脊兽后剖面；(d) 垂脊兽前剖面

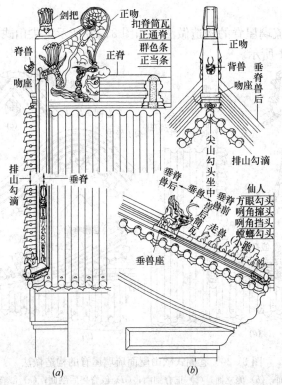

图 31-18　尖山式硬、悬山屋面琉璃屋脊的构造做法（此例为硬山）

(*a*) 正立面；(*b*) 侧立面

31.6.4.2　庑殿屋面

庑殿屋面琉璃屋脊的构造做法，如图 31-19 所示。

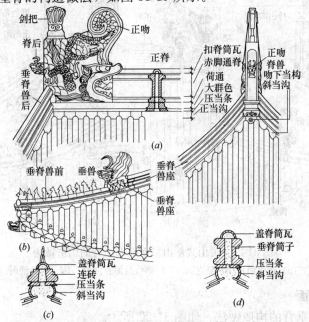

图 31-19　庑殿屋面琉璃屋脊的构造做法（以四样为例）

(*a*) 正脊、正吻与垂脊兽后；(*b*) 垂脊；(*c*) 垂脊兽后剖面；(*d*) 垂脊兽前剖面

31.6.4.3 歇山屋面

卷棚式歇山屋面琉璃屋脊的构造做法，如图 31-20 所示。尖山式歇山屋面琉璃屋脊的构造做法，如图 31-21 所示。

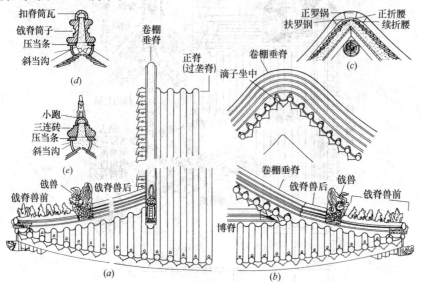

图 31-20 卷棚式歇山屋面琉璃屋脊的构造做法
(*a*) 正立面；(*b*) 侧立面；(*c*) 正脊剖面；(*d*) 戗脊兽后剖面；(*e*) 戗脊兽前剖面

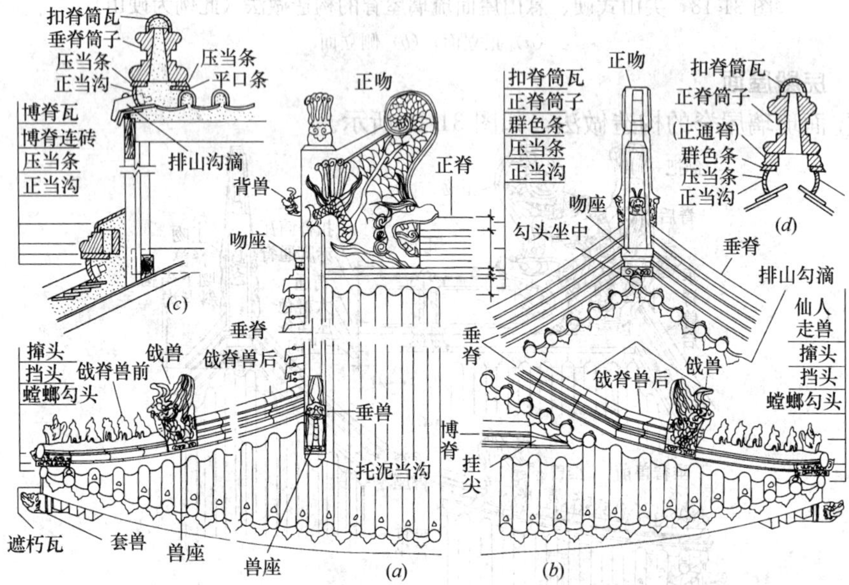

图 31-21 尖山式歇山屋面琉璃屋脊的构造做法
(*a*) 正立面；(*b*) 侧立面；(*c*) 垂脊及博脊剖面；(*d*) 正脊剖面

31.6.4.4 攒尖屋面

攒尖屋面琉璃垂脊的构造做法，如图 31-22 所示。

31.6.4.5 重檐屋面

重檐屋面上层檐的屋脊，与庑殿、歇山或攒尖屋面上层檐的屋脊做法完全相同。无论

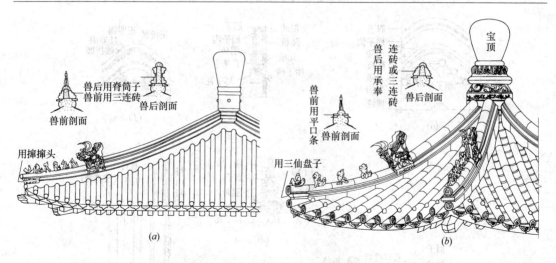

图 31-22 攒尖屋面琉璃垂脊的构造做法

(a) 使用脊筒子的做法；(b) 使用承奉连砖或三连砖的做法

上层檐是哪种屋面形式，下层檐的屋脊做法都是相同的，即都是采用围脊和角脊做法。其构造做法，如图 31-23 所示。

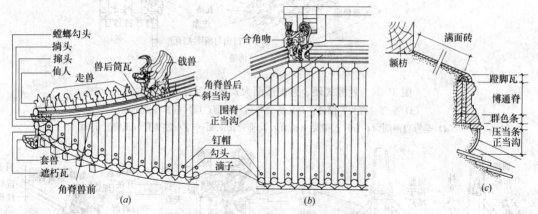

图 31-23 重檐屋面下层檐琉璃屋脊的构造做法

(a) 角脊立面；(b) 围脊立面；(c) 围脊剖面

31.6.5 大式黑活屋脊的构造做法

31.6.5.1 硬、悬山屋面

卷棚式硬、悬山形式的大式黑活屋脊的构造做法，如图 31-24 所示。尖山式硬、悬山形式的大式黑活屋脊的构造做法，如图 31-25 所示。

31.6.5.2 庑殿屋面

庑殿屋面大式黑活屋脊的构造做法，如图 31-26 所示。

31.6.5.3 歇山屋面

歇山屋面大式黑活屋脊的构造做法，如图 31-27 所示。

31.6.5.4 攒尖屋面

攒尖屋面大式黑活屋脊的构造做法，如图 31-28 所示。

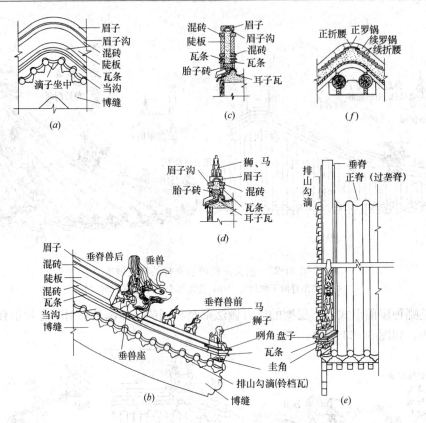

图 31-24　卷棚式硬、悬山屋面大式黑活屋脊的构造做法

(a) 垂脊"箍头"部分；(b) 垂脊兽后与兽前；(c) 垂脊兽后剖面；
(d) 垂脊兽前剖面；(e) 过垄脊（正脊）及垂脊正立面；(f) 过垄脊（正脊）剖面

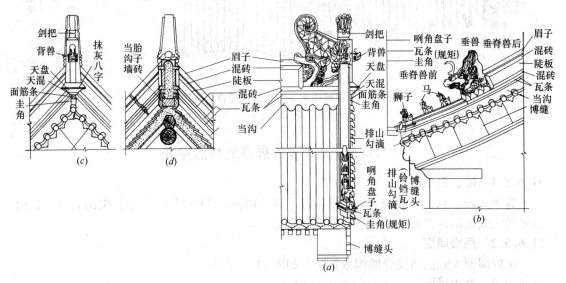

图 31-25　尖山式硬、悬山屋面大式黑活屋脊的构造做法

(a) 正脊及垂脊正立面；(b) 垂脊兽前侧面；(c) 垂脊兽后侧面；(d) 正脊剖面

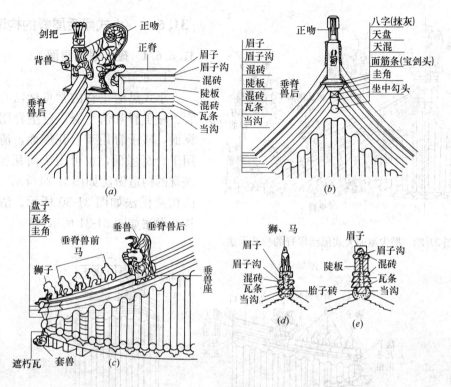

图 31-26 庑殿屋面大式黑活屋脊的构造做法

（a）正脊和垂脊兽后；（b）垂脊兽后与兽前；（c）山面；（d）垂脊兽前剖面；（e）垂兽后剖面

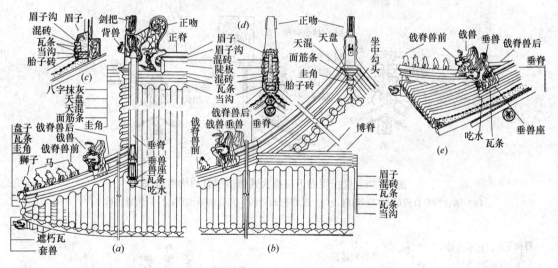

图 31-27 歇山屋面大式黑活屋脊的构造做法（本例为尖山式）

（a）正立面；（b）山面；（c）博脊剖面；（d）正脊剖面；（e）从内侧面看垂脊和戗脊

31.6.5.5 重檐屋面

重檐屋面上层檐的屋脊，与庑殿、歇山或攒尖屋面上层檐的屋脊做法完全相同。无论上层檐是哪种屋面形式，下层檐的屋脊做法都是相同的，即都是采用围脊和角脊做法。其构造做法如图 31-29 所示。

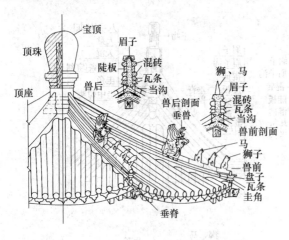

图 31-28 攒尖屋面大式黑活屋脊的构造做法

31.6.6 小式黑活屋脊的构造做法

31.6.6.1 硬、悬山屋面

1. 正脊做法

小式黑活正脊的常见做法有：过垄脊、鞍子脊和清水脊。过垄脊用于筒瓦屋面，鞍子脊用于合瓦屋面，清水脊既用于合瓦屋面，也可用于筒瓦屋面。过垄脊的构造做法如图31-24所示。鞍子脊的构造做法如图 31-30 所示。清水脊的构造做法如图 31-31 所示。

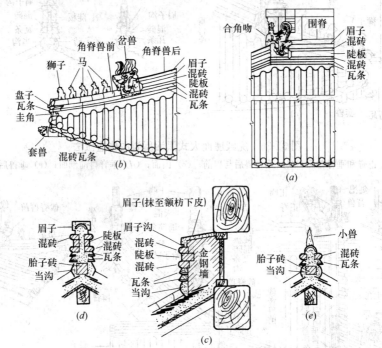

图 31-29 重檐屋面下层檐大式黑活屋脊的构造做法

(*a*) 围脊与角脊兽后；(*b*) 角脊；(*c*) 围脊剖面；(*d*) 角脊兽后剖面；(*e*) 角脊兽前剖面

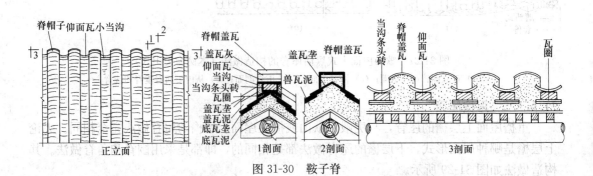

图 31-30 鞍子脊

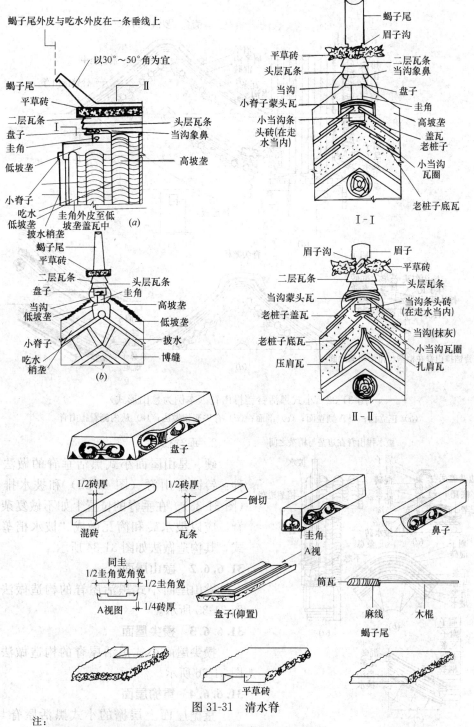

图 31-31　清水脊

注：
1. 圆混砖和瓦条用停泥或开条砖砍制，瓦条也可用板瓦对开代替，即为软瓦条做法。
2. 圭角或鼻子用大开条砍制，宽度为盘子宽度的一半。
3. 盘子用大开条砍制。
4. 蝎子尾其余部分留待安装时与眉子一起完成。
5. 草砖用 3 块方砖（如脊短可用 2 块）宽度为脊宽的 3 倍。

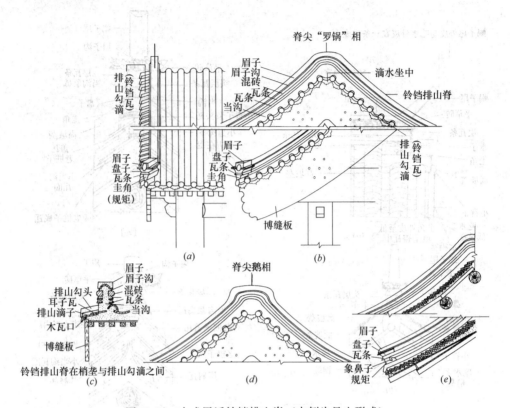

图 31-32   小式黑活铃铛排山脊（本例为悬山形式）

(a) 正立面；(b) 侧立面；(c) 剖面；(d) 脊尖鹅相做法；(e) 从内侧看排山脊

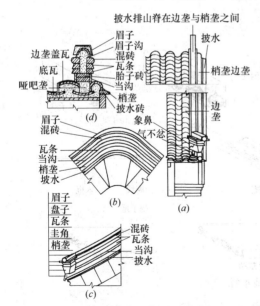

图 31-33   小式黑活拨水排
山脊（本例为硬山形式）

(a) 正立面；(b) 脊尖侧立面；

(c) 垂脊下端侧立面；(d) 剖面

2. 垂脊做法

硬、悬山屋面小式黑活垂脊的做法有两种：铃铛排山脊（图 31-32）和拨水排山脊（图 31-33）。在垂脊的位置上如不做复杂的垂脊，应以拨水砖和筒瓦做成"拨水梢垄"形式，其构造做法如图 31-34 所示。

31.6.6.2   歇山屋面

歇山屋面小式黑活屋脊的构造做法，如图 31-35 所示。

31.6.6.3   攒尖屋面

攒尖屋面小式黑活屋脊的构造做法，如图 31-36 所示。

31.6.6.4   重檐屋面

重檐屋面上层檐的小式黑活屋脊与硬、悬山及歇山、攒尖屋面的小式黑活屋脊做法完全相同。重檐屋面下层檐的小式黑活屋脊的构造做法，如图 31-37 所示。

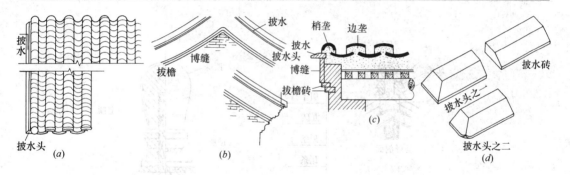

图 31-34 披水梢垄（本例为硬山形式）

(a) 正立面；(b) 山面；(c) 剖面；(d) 披水砖做法

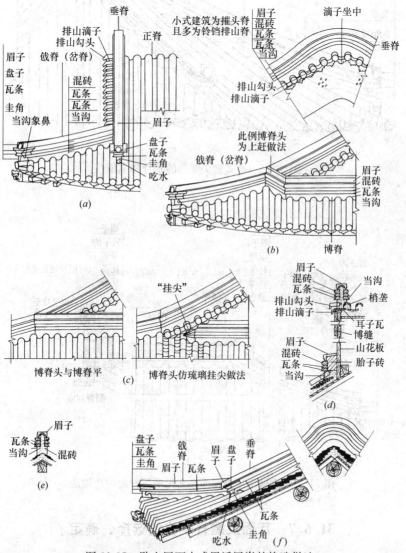

图 31-35 歇山屋面小式黑活屋脊的构造做法

(a) 垂脊、戗脊、正脊正面；(b) 垂脊、戗脊外侧面及博脊正面；(c) 博脊头的不同处理；
(d) 博脊、垂脊剖面；(e) 戗脊剖面；(f) 垂脊、戗脊内侧面

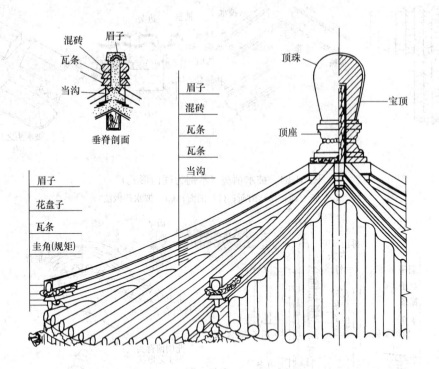

图 31-36　小式攒尖屋面的垂脊和宝顶

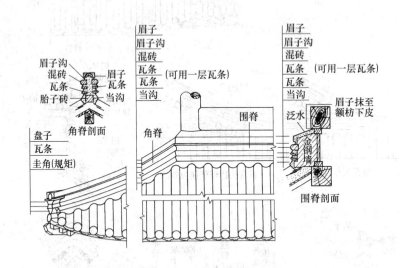

图 31-37　重檐下层檐屋面小式黑活屋脊的构造做法

31.6.7　瓦面及屋脊规格的选择、确定

琉璃瓦及屋脊、吻兽规格的选择，参见表 31-22，筒瓦及黑活屋脊、吻兽的规格选择，参见表 31-23。合瓦规格的选择，参见表 31-24。

琉璃瓦及脊兽规格选择参考表　　　　　　　　　　表 31-22

项　目	选择确定依据
四样瓦	大体量重檐建筑的上层檐；现代高层建筑的顶层
五样瓦	普通重檐建筑的上层檐；大体量重檐建筑的下层檐；大体量的单檐建筑；现代高层建筑及多层建筑中五层以上檐口
六样瓦	普通重檐建筑的上层或下层檐；较大体量（如建筑群中的主要建筑）或普通的单檐建筑；牌楼；现代建筑中的三或四层高檐口
七样瓦	普通或较小体量的单檐建筑；普通亭子；牌楼；院墙或矮墙；墙身高在 3.8m 以上的影壁；现代建筑中的二或三层高
八样瓦	小型门楼；墙身高在 3.8m 以上的影壁；游廊；小体量的亭子；院墙或矮墙
九样瓦	很小的门楼；墙身高在 2.8m 以下的影壁；园林中小型游廊；小型的建筑小品
屋脊与吻兽	1. 一般情况下，与瓦样相同，如六样瓦就用六样的脊和吻兽； 2. 重檐建筑可大一样，如六样瓦可用五样脊和吻兽； 3. 墙帽、女儿墙、影壁、小型门楼、牌楼等，应比瓦样小 1～2 样，如六样瓦用七或八样的脊和吻兽
小跑（小兽）数目	1. 计算小跑数目时，仙人不计入在内；一般最多用 9 个，小跑数目一般应为单数； 2. 一般情况下，每柱高二尺用一个小跑，另视等级和檐出酌定，要单数； 3. 同一院内，柱高相似者，可因等级或檐出的差异而有区别，如柱高同为八尺，正房用 7 个，配房可用 5 个； 4. 墙帽、牌楼、影壁、小型门楼等瓦面短小者，可根据实际长度核算，得数应为单数，但可为 2 个； 5. 柱高特殊或无柱子的，参照瓦样决定数目：九样用 1～3 跑，八样用 3 跑，七样用 3 跑或 5 跑，六样用 5 跑，五样用 5 跑，四样用 7 跑或 9 跑； 6. 小跑的先后顺序：龙、凤、狮子、天马、海马、狻猊、押鱼（鱼）、獬豸、斗牛（牛）、行什（猴），其中天马与海马、狻猊与押鱼的位置可以互换。数目达不到 9 个时，按先后顺序用在前者；小跑与垂（戗）兽之间要用一块筒瓦隔开，小跑下的坐瓦（筒瓦）与坐瓦之间的距离最多不超过一块筒瓦
套兽	应选择与角梁相近的尺寸，宜大不宜小，如瓦样为七样，但角梁宽 200mm，与六样套兽宽度相近，就应选择六样套兽
合角吻（兽）	1. 围脊用博通脊（围脊筒子）的，样数随博通脊； 2. 围脊用承奉博脊连砖或博脊连砖的，合角吻的样数应随之减小； 3. 在已知瓦件尺寸的情况下，根据所选定的做法，查出博通脊或博脊连砖等的高度，以此核算吻样，吻高为博通脊或博脊连砖高的 2.5～3 倍，哪种合角吻的尺寸合适就选哪种

筒瓦及黑活脊兽规格选择参考表　　　　　　　　　　表 31-23

项　目	选择确定依据
特号瓦	大体量重檐建筑的上层檐；檐口高在 8m 以上的仿古建筑
1 号瓦	大体量重檐建筑的下层檐；普通重檐建筑的上层檐；大体量或较大的单檐建筑；檐口高在 6～8m 的仿古建筑
2 号瓦	普通重檐建筑的下层檐；普通的单檐建筑；牌楼；皇家或王府花园中的亭子；檐口高在 5m 以下的王府院墙；墙身高在 3.8m 以上的影壁；檐口高在 5m 以下的仿古建筑
3 号瓦	较小体量的单檐建筑；大式建筑群中的游廊；小体量的亭子；墙身高在 3.8m 以下的院墙、影壁或砖石结构的小型门楼（亦可用 2 号瓦）；牌楼；檐口高在 4m 以下的仿古建筑

项 目	选择确定依据
10号瓦	大型建筑群中的小型建筑小品；小式建筑群中的影壁、亭子、看面墙和檐口高在3.2m以下的小型门楼；仿古院墙及檐口高在2.8m以下的仿古屋面
正脊高	1. 按檐柱高的1/5—1/6； 2. 仿古建筑：10号瓦，脊高40cm以下。3号瓦，脊高55cm以下，2号瓦，脊高约65cm。1号瓦，脊高约70cm。特号瓦，脊高不低于85cm； 3. 影壁、小型砖结构门楼：檐口高3m左右，脊高40cm以下。檐口高4m左右，脊高55cm以下。檐口高4m以上，脊高约65cm； 4. 牌楼：3号瓦，脊高约65cm。2号瓦，脊高约70cm
垂脊、围脊高	按8/10—9/10正脊高
戗脊高	按9/10垂脊高
角脊高	按9/10围脊高
宝顶高	1. 一般情况下，按2/5檐柱高； 2. 楼阁或柱子超高者，按1/3檐柱高； 3. 山上建筑、高台建筑及重檐建筑，可按2.5/5—3/5檐柱高
正吻	1. 按脊高定吻高。先计算出正吻吞口（大嘴）中所含脊件陡板与一层混砖的总厚，稍大于这个厚度3倍的尺寸即是应有的正吻高度，如无合适者，可选择稍小的正吻。如为正脊兽做法，第一层混砖上皮至眉子上皮总高的1.67倍即为正脊兽的理想尺寸； 2. 按柱高定吻高。吻高约为柱高的2/5～2/7，选择与此范围尺寸相近的正吻； 3. 影壁、牌楼、墙帽上的正吻：1)吞口尺寸宜小于陡板和一层混砖的厚度；2)正吻全高不超过吞口高的3倍； 4. 墙帽正脊不用陡板，正吻吞口尺寸按一层瓦条加一层混砖的厚度
垂兽、戗兽	兽高与其身后的垂脊或戗脊之比为5：3
狮马	1. 第一个用狮子，从第二个开始，无论几个都要用马； 2. 狮马高（量至脑门）约为兽高（量至眉）的6.5/10； 3. 数目确定：1)狮马总数应为单数；2)每柱高二尺放一个，要单数，另视等级和出檐定；3)最多放5个；4)同一院内，柱高相似者，可因等级、出檐之不同而有差异；5)墙帽、牌楼、小型门楼等较短的坡面可放2个或1个
套兽	应选择与角梁宽度（两椽径）相近的尺寸，宜大不宜小。如角梁宽20cm，可选用宽稍大于20cm的套兽
合角吻（兽）	1. 核算出陡板和一层混砖的总厚度，选择吞口尺寸与此厚度相近的合角吻，宜小不宜大； 2. 吞口尺寸合角吻高之比约为1：2.5或1：3； 3. 如不用陡板，吞口尺寸应等于一层瓦条和一层混砖的高度； 4. 如因木构件高度所限，合角吻高度需降低时，吞口尺寸可小于上述高度，相差的部分要用砖垫平，表面用灰抹平

合瓦规格选择参考表　　　　　　　　　　　　　表 31-24

规　格	瓦号适用范围
1号合瓦	椽径10cm以上的建筑；檐口高3.5m以上的建筑
2号合瓦	椽径7～10cm的建筑；檐口高3.5m以下的建筑
3号合瓦	椽径6～8cm的建筑；檐口高2.8m以下的建筑；檐口高2.8～3m的建筑用3号瓦或2号瓦

31.6.8　调脊（屋脊砌筑）的技术要点与质量要求

（1）调脊不应使用掺灰泥。屋脊打点勾缝用灰的颜色为：黄色琉璃用红麻刀灰，其他颜色的琉璃以及黑活屋脊用一律用深月白灰。

（2）脊件的分层做法及屋脊的端头形式，应符合古建常规做法或设计要求。

（3）吻兽、小跑及其他脊饰的位置、尺度、数量等应符合古建常规做法或设计要求。

（4）两坡铃铛排山脊交于脊尖处的勾头瓦或滴子瓦的确定：

1）正脊两端有正吻或端头脊饰，使山尖顶部形成"尖山"形式的，应"勾头坐中"；

2）正脊为过垄脊、鞍子脊等，使山尖的顶部形成"圆山"形式的，应"滴子坐中"。

（5）正脊排活应从屋面中点开始。坐中放置脊件后再向两边排活，破活应赶至两端。

（6）屋脊内（琉璃脊筒子内除外）应灰浆饱满，至少每3层用麻刀灰苫抹一次。

（7）陡板等立置的脊件应采取拉结、灌浆等加固措施。

（8）吻兽及高大的正脊内尖设置吻桩、兽桩、脊桩。琉璃脊筒子等大型脊件内宜加设钢筋，并应与脊桩连接。

（9）垂脊、戗脊等斜脊，应在脊内设置防屋脊下滑的钢筋、铅丝等拉结物。

（10）屋脊之间或屋脊与山花板、围脊板、屋脊与墙体等的交接处应严实。交接处的脊件应随形砍制，灰缝宽度不应超过10mm。内部背里材料应饱满密实，并应采取灌浆措施。

（11）黑活屋脊刷浆应符合以下要求：

1）屋脊的眉子、当沟应刷烟子浆，其余部分刷深月白浆；

2）铃铛排山脊：排山勾滴部分应刷烟子浆，其余部分刷深月白浆；

3）披水排山脊：披水砖的上面和侧面应刷烟子浆；

4）披水梢垄：梢垄及披水砖的上面应刷烟子浆，披水砖侧面和底面刷深月白浆。

（12）屋脊直顺度和平直度的允许偏差和检验方法，见表31-19～表31-21。

31.6.9　古建筑屋面荷载及瓦件重量参考

古建各种屋面做法的荷载及瓦件重量，见表31-25～表31-48。

总说明：

1）各种屋脊和吻兽都包括了灰浆的重量；

2）灰浆的种类考虑了多种做法，使用时只要确定了灰浆的种类和脊（或吻兽）的规格，就能查出相应的屋脊（或吻兽）的重量；

3）表31-25除可用于瓦下垫层的重量计算外，还可用于平台屋面及天沟等无瓦屋面的重量计算。使用时只要确定了苫背的种类及厚度，就能查出相应的重量；

4）表31-47、表31-48可用做瓦件运输时的吨位计算依据；

5）各种瓦面重量表不包括苫背垫层的重量和屋木基层（如木椽、望板或混凝土板）的重量，也不包括屋脊所占重量，但包括瓦所用的灰浆重量；

6）各种瓦面、屋脊及苫背垫层重量表中的数据均为湿重量；

7）各表均不包括施工荷载及风、雪荷载；

8）各表是以清官式做法为基础数据测算的。

每平方米苫背垫层重量表（kg）   表 31-25

苫背种类 \ 厚度	1cm	2cm	3cm	4cm	6cm	8cm	10cm	15cm	20cm
护板灰	21								
滑秸泥背 麻刀泥背			60	80	120	160	200	300	400
纯白灰背			45	60	90	120	150	225	300
麻刀灰背（月白灰背或青灰背）		34	51	68	102	136	170	255	340
水泥砂浆	20	40	60	80	120				
水泥白灰焦渣					78	104	130	195	

每平方米琉璃瓦屋面重量表（kg）   表 31-26

瓦样 \ 瓦所用灰浆	掺灰泥	混合砂浆、麻刀灰、白灰砂浆	白灰	水泥砂浆
二样	311	291	271	321
三样	298	279	260	307
四样	283	265	247	292
五样	306	287	267	316
六样	274	257	239	283
七样	249	234	218	257
八样	230	215	201	237
九样	240	226	212	247

每平方米筒瓦与屋面重量表（kg）   表 31-27

瓦面规格 \ 筒瓦所用灰浆	掺灰泥		混合砂浆 白灰砂浆		白灰		水泥砂浆	
	裹垄	捉节夹垄	裹垄	捉节夹垄	裹垄	捉节夹垄	裹垄	捉节夹垄
特号瓦（头号）	306	278	287	264	269	248	315	287
1 号瓦	264	237	246	222	227	206	273	245
2 号瓦	248	222	231	207	214	193	257	229
3 号瓦	254	229	237	215	220	200	262	236
10 号瓦	331	307	314	292	298	278	340	314

每平方米合瓦屋面重量表（kg）   表 31-28

瓦面规格 \ 筒瓦所用灰浆	掺灰泥	混合砂浆、白灰砂浆	白灰	水泥砂浆
1 号瓦	370	350	331	380
2 号瓦	350	331	313	359
3 号瓦	360	342	324	369

每米琉璃正脊重量表 (kg)　　　　　　　　表 31-29

脊内灰浆品种 正脊规格	混合砂浆、麻刀灰、白灰砂浆	白灰	水泥砂浆
四样	439	419	469
五样	294	276	321
六样	231	217	252
七样	187	175	205
八样	163	154	177
九样	144	136	155

注：不包括正吻重量

每米琉璃垂脊重量表 (kg)　　　　　　　　表 31-30

脊内灰浆品种 垂脊规格	混合砂浆、麻刀灰、白灰砂浆	白灰	水泥砂浆
四样	215	200	237
五样	189	176	209
六样	156	145	173
七样	135	126	150
八样	114	106	126
九样	79	73	88

注：不包括垂兽重量。

每米琉璃戗(岔)脊及下檐角脊重量表 (kg)　　　　表 31-31

脊内灰浆品种 戗脊、角脊规格	混合砂浆、麻刀灰、白灰砂浆	白灰	水泥砂浆
四样	189	176	209
五样	156	145	173
六样	135	126	150
七样	114	106	126
八样	79	73	88
九样	71	66	80

注：不包括戗(岔)兽重量。

每米琉璃博脊重量表 (kg)　　　　　　　　表 31-32

脊内灰浆品种 博脊规格	混合砂浆、麻刀灰、白灰砂浆	白灰	水泥砂浆
四样	200	185	222
五样	173	159	193
六样	142	131	158
七样	118	110	131
八样	97	90	108
九样	75	69	85

每米琉璃围脊重量表（kg） 表 31-33

围脊规格＼脊内灰浆品种	混合砂浆、麻刀灰、白灰砂浆	白灰	水泥砂浆
四样	213	199	236
五样	190	176	210
六样	159	148	175
七样	121	112	134
八样	102	95	113
九样	90	83	99

注：不包括合角吻的重量

琉璃正吻重量表（kg） 表 31-34

规格＼所用灰浆	白灰	混合砂浆、麻刀灰、白灰砂浆	水泥砂浆
四样	2065	2156	2292
五样	696	727	774
六样	434	448	468
七样	169	175	185
八样	64	67	73
九样	53	56	60

琉璃垂兽重量表（kg） 表 31-35

规格＼所用灰浆	白灰	混合砂浆、麻刀灰、白灰砂浆	水泥砂浆
四样	256	274	301
五样	214	231	256
六样	121	130	143
七样	96	103	114
八样	66	72	81
九样	53	58	65

琉璃戗兽（岔兽）、角兽重量表（kg） 表 31-36

规格＼所用灰浆	白灰	混合砂浆、麻刀灰、白灰砂浆	水泥砂浆
四样	214	231	256
五样	121	130	143
六样	96	103	114
七样	66	72	81
八样	53	58	65
九样	40	44	50

黑活宝顶重量表（kg）　　　表 31-46

脊的规格 / 脊内灰浆	白　灰	混合砂浆、麻刀灰、白灰砂浆	水泥砂浆
高在 0.8～1.2m(可对应于 3 号或 10 号瓦)	354	367	386
高在 1.3～1.6m(可对应于 3 号或 2 号瓦)	1106	1148	1211
高在 1.7～2m(可对应于 1 号或特号瓦)	2222	2305	2430

琉璃瓦单件重量参考表（kg/块）　　　表 31-47

名称 / 规格	四样	五样	六样	七样	八样	九样
板瓦（机制）	4.0	3.6	2.2	1.8	1.4	1.2
板瓦（手工）	4.6	4.0	3.0	2.6	2.0	1.8
滴水（机制）	4.6	4.0	2.8	2.0	1.6	1.4
滴水（手工）	5.2	4.6	3.3	2.4	1.8	1.6
割角滴水（机制）	2.6	1.4	1.2	1.0	1.0	1.0
割角滴水（手工）	3.7	2.3	2.1	1.4	1.2	1.2
筒瓦	3.0	2.6	2.0	1.7	1.2	1.0
钉帽	0.2	0.2	0.1	0.1	0.1	0.1
满面砖	$\frac{32\times32}{5.2}$	$\frac{30\times30}{5.0}$				
博脊瓦	15.2	12.4	9.9	7.8	5.6	
勾头	4.0	3.0	2.4	2.0	1.4	1.0
方眼勾头	3.6	2.8	2.3	2.0	1.5	1.3
镜面勾头	2.8	2.6	2.0	1.6	1.4	1.0
斜当沟	2.6	1.2	1.0	0.8	0.7	0.6
螳螂勾头	4.1	3.0	2.2	1.8	1.5	1.2
正当沟	1.5	1.1	1.0	0.8	0.6	0.4
托泥当沟	8.4	7.4	5.8	4.6	4.2	3.6
吻下当沟	11.0	9.0	6.2	5.4	4.0	3.0
元宝当沟	1.2	0.8	0.6			
遮朽瓦	2.0	1.4	1.2	1.0	0.8	0.5
斜房檐	3.0	2.5	2.0	1.8	1.6	1.4
水沟头	7.6					
水沟筒	6.6					
赤脚通脊	101					
黄道	31					
大群色	40					
群色条		4.6	3.6	3.0	3.0	2.6
正脊筒		68	50	31.2	28.4	24
压当条	1.1	0.7	0.6	0.5	0.4	0.4

名称＼规格	四样	五样	六样	七样	八样	九样
平口条	1.5	0.7	0.6	0.5	0.4	0.4
垂脊筒	40	32.7	25	20	16.5	13.4
岔脊筒	35	30	21	18	15	11
割角岔脊筒	27	22	19	15	12	9
燕尾垂脊筒	28	23.2	21	17.5	13.5	10
博通脊(围脊筒)	40	30	22.4			
承奉博脊连砖	15	13.4	12	10.5	8.9	6.0
博脊连砖	12.2	10	8.2	6	5.4	4.5
承奉连砖	18	15.6	13	11	9	7.5
三连砖	13.5	10	8.5	7	5.9	3.2
燕尾三连砖	10.2	8.7	7	5.4	3.3	2.8
正通脊(单片)	19	12.8	10	6.4	6	5.5
黄道(单片)	6.5					
大群色(单片)	8.3					
垂脊筒(单片)	16.2	12	8	6.7	6.2	6
岔脊筒(单片)	12	8	6.5	6.2	5.8	5.5
承奉连挂尖	16	14.9	12.6	12	9	8
三连砖挂尖	15.6	14	12.8	9	7.5	6.5
垂兽座	27	15	11.6	5.4	3.8	3.8
垂兽	76	61	25	22	9.4	6.6
垂兽角(每对)	1.6	1.2	0.8	0.6	0.4	0.2
背兽	4	2.8	1	0.8	0.6	0.2
吻座	12	9.2	6	5.2	2.8	2.4
正吻	1384	462	332	119	35	32
剑把	9.2	5.5	4.2	2.4	1.6	0.8
套兽	17.4	11.6	10.2	4.2	3.4	3.0
走兽	6.2	5.0	3.4	3.0	2.1	1.2
撺头	12.8	10.2	8.0	7.0	6.0	5.0
头	8.6	6.6	5.6	4.2	2.6	2.0
咧角撺头	15	12.4	10.0	9.0	8.0	6.5
咧角头	6.9	5.6	4.8	3.2	2.0	1.8
三仙盘子				5.5	4.5	4.0
披水砖		2.5	1.8	1.7		
披水头		2.4	1.7	1.6		
宝顶座		166	85.2	40		
宝顶珠		145	78.2	44.5		

布瓦（黏土瓦）单件重量参考表（kg/块）　　　　　　　　　表 31-48

名称 ＼ 规格	特号瓦	1 号瓦	2 号瓦	3 号瓦	10 号瓦
筒瓦	2.62	1.24	1.00	0.75	0.60
板瓦	2.27	1.20	0.90	0.80	0.65
勾头	3.49	1.65	1.25	0.95	0.75
滴子	3.02	1.70	1.15	0.95	0.80
花边瓦		1.70	1.20	1.05	

31.7　大木制作与安装

31.7.1　木 作 用 料

古建大木构件用料应符合表 31-49 的规定。

大木选材标准　　　　　　　　　表 31-49

构件类别	腐朽	木 节	斜率	虫蛀	裂 缝	髓心	含水率
柱类构件	不允许	活节：数量不限，每个活节最大尺寸不得大于原木周长 1/6；死节：直径不大于原木周长的 1/5，且每 2m 长度内不多于 2 个	扭纹斜率不大于 12%	不允许（允许表面层有轻微虫眼）	外部裂缝深度和径裂不大于直径的 1/3，轮裂不允许	不限	不大于 25%
梁类构件	不允许	活节：在构件任何一面，任何 150mm 长度上所有木节尺寸的总和不大于所在面宽 1/3；死节：直径不大于 20mm 且每 2m 中不多于 1 个	扭纹斜率不大于 8%	不允许（允许表面层有轻微虫眼）	外部裂缝深度和径裂不大于直径的 1/3，轮裂不允许	不限	不大于 25%
枋类构件	不允许	活节：所有活节构件任何一面，任何 150mm 内的尺寸的总和不大于所在面的 1/3，榫卯部分不大于 1/4；死节：直径不大于 20mm 且每延长米中不多于 1 个，榫卯处不允许有节疤	扭纹斜率不大于 8%	不允许	榫卯不允许其他部位外部裂缝和劲裂不大于木材宽厚的 1/3，轮裂不允许	不限	不大于 25%
板类构件	不允许	任何 150mm 长度内木节尺寸的总和，不大于所在面宽的 1/3	扭纹斜率不大于 10%	不允许	不超过后的 1/4，轮裂不允许	不限	不大于 10%
桁檩构件	不允许	任何 150mm 长度上所有活节尺寸的总和不大于圆周长的 1/3，每个木节的最大尺寸不大于周长的 1/6。死节不允许	扭纹斜率不大于 8%	不允许	榫卯处不允许，其他部位裂缝深度不大于檩径 1/3（在对面裂缝时用两者之和）	不限	不大于 20%

续表

构件类别	腐朽	木节	斜率	虫蛀	裂缝	髓心	含水率
椽类构件（重点建筑圆椽尽量使用杉圆）	不允许	任何50mm长度上所有活节尺寸的总和不大于圆周长的1/3，每个木节的最大尺寸不大于圆周长的1/6。死节不允许	扭纹斜率不大于8%	不允许	外部裂缝不大于直径的1/4，轮裂不允许	不限	不大于10%
连檐类	不允许	正身连檐任一面150mm长度上所有木节尺寸的总和不大于面宽的1/3，翼角连檐活节尺寸总和不大于面宽1/5	不允许	不允许	正身连檐裂缝深度不大于1/4，翼角连檐不允许	不允许	不限（制作时）

31.7.2 备料、验料及材料的初步加工

1. 备料

备料是按设计要求，以幢号为单位（如正殿7间、配殿各5间、钟鼓楼各1座等），开列出各种构件所需材料的种类、数量、规格方面的料单，提供给材料部门进行采购或进行加工。

备料要考虑"加荒"，所备毛料要比实用尺寸略大一些，以备砍、刨、加工。

2. 验料

验料就是对所备出的材料质量进行检验，包括检验有无腐朽、虫蛀、节疤、劈裂、空心以及含水率大小等内容。

3. 材料的初步加工

材料的初步加工是指大木画线以前，将荒料加工成规格材的工作，如枋材宽厚去荒，刮刨成规格枋材，圆材径寸去荒，砍刨成规格的柱、檩材等。

梁、枋等方形构件的初步加工，应先选择一个面为底面，首先将底面刮刨直顺、光平，要注意加工后的面绝对不能扭曲。底面刮刨完毕后，再加工侧面，方法是以底面为准，用90°角尺在迎头勾画底面的中垂线，要保证构件两端的中垂线互相平行。然后以中线为准，按材料实用厚度画出左右侧面线。再将迎头的侧面线弹在长身的上下两面，然后按线砍刨去荒，使材料的薄厚符合构件的尺寸要求。如是枋类构件，还应加工第四面，使材料高度也符合要求。如是柁梁一类构件，第四面为梁背，可以不再加工。加工好的木件，应按类别码放整齐，以备画线制作。

柱、檩类圆形构件的初步加工是取直、砍圆、刮光，传统的方法是放八卦线。放八卦线方法如下：将已经截好的柱子（或檩）荒料两端垫平，首先，在圆木两端画出十字中线。两根中线要互相垂直，圆木两端对应的中线要互相平行。图31-38所示为放八卦线的全过程，已画好的十字中线相交于O点，先以O为中心，根据柱（或檩）的直径，在十字中线上分别点出A、B、C、D各点，使AB＝CD＝柱（或檩）径（放柱子八卦线时要注意分清上下端，两端柱径不等），分别过A、B、C、D各点作十字中线的平行线，围成边长等于直径的EFGH正方形。正方形方框以外部分，即是应砍去的部分。两端四方线都放好后，可将应砍去的部分在圆木长身上用墨线弹出来，然后按墨线痕迹将圆木砍刨成

正四方形。四方砍刨完成后再放八方线。用柱（或檩）直径 $2R \times 0.414$，得出长度 l，分别以 A、B、C、D 为中点，以 1/2 为线段在 A、B、C、D 两侧直线上点出各点，然后，把这些相邻的点连起来，构成正八方形；再将迎头八方线按上述方法弹在木件长身上，砍去八方线以外的部分，这时木件已被砍刨成正八方形，再

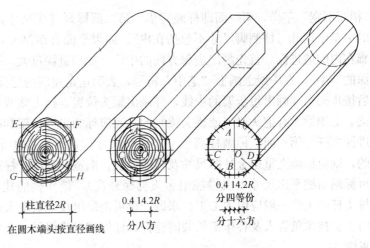

图 31-38 柱、檩放八卦线示意

在八方的基础上放十六方形，砍刨多余的部分，再放三十二边形，直至刨圆为止。

其他构件材料，如垫板、飞椽、望板等也需进行初步加工，加工成需要的规格材料，以备画线、制作。

31.7.3 丈杆的作用与制备

丈杆是古建筑大木制作和安装时使用的一种特殊工具。在大木制作之前，先将建筑物的柱高、面阔、进深、出檐尺寸、榫卯位置都刻画在丈杆上，然后凭着丈杆上刻画的尺寸去画线，进行大木制作。在大木安装时，也用丈杆来校核木构件安装的位置是否准确。凭丈杆来进行大木构件的制作和安装是祖先留下来的传统施工方法。这个方法稳妥可靠，可避免发生差错，而且运用起来很方便，至今仍广泛采用。

丈杆分为总丈杆和分丈杆两种。总丈杆是反映建筑物面阔、进深、柱高等总尺寸的丈杆，它是确定建筑物高宽大小的总根据。分丈杆是反映建筑物具体构件部位尺寸的丈杆，如檐柱丈杆、金柱丈杆、明间面宽丈杆、次间面宽丈杆等，是丈量记载各部具体尺寸和榫卯位置的分尺。

丈杆是用质地优良，不易变形的木材做成的长木杆（一般用红白松或杉木制作），总丈杆较长，断面也较大，一般断面尺寸为 40mm×60mm 或更大一些。它不直接用来画线，而是作为总的尺寸根据。分丈杆的长短，按不同类型构件的长短来定，断面也相对较小，通常为 30mm×40mm 或稍大一些即可。分丈杆是直接用于大木制作和安装的度量工具。

制备丈杆称为"排丈杆"，排丈杆的方法如下：

1. 排总丈杆

大木制作之前，首先要排出总丈杆，方法是将四面刨光的木杆任意一面作为第一面，排面宽尺寸。先排明间，将明间面宽实际尺寸标画在丈杆上，两端线标注中线符号，表明是明间檐柱柱中位置。排完后，注明"明间面宽"字样，然后再标画次间面宽，以明间一端尺寸为准，在另一端画出次间面宽的实际尺寸，画上中线符号，并注明"次间面宽"字样。如梢间与次间面宽不同，再标画梢间面宽；如相同，则应在"次间面宽"处同时注上

"梢间面宽"字样，第一面即标画完毕。第二面标画进深尺寸，进深尺寸即前后檐柱柱头的中至中尺寸（柱侧脚尺寸不包括在内）。如果平面有四排柱，则进深尺寸应是包括前后廊在内的通进深。首先画出进深方向的中线（如果进深过大，丈杆上画不开，可标画通进深的一半），在中线上画上"老中"符号，表明这是建筑物进深的总中线（或脊檩中）。然后按步架尺寸画出每步架的中线，并画出梁头位置，标上截线，分别标明是三架梁、五架梁、七架梁。有抱头梁（或桃尖梁）的，还应标画出廊步架和抱头梁位置，注明这一面是进深丈杆。第三面，标画柱高尺寸。柱高尺寸应包含檐柱和金柱柱高在内，有重檐金柱的，则应标画上重檐金柱的尺寸及榫卯位置。面宽、进深、柱高尺寸标画完毕后。第四面可标画出檐平出尺寸（由檐柱中至飞檐椽外皮），带斗栱的建筑还应标出斗栱出踩尺寸。排丈杆的工作一般应由木工工长来做，也可由班组技术负责人进行。总丈杆排好以后，要由工程技术负责人及各作工长共同验杆，仔细核对确保尺寸准确无误。丈杆的种类及排法见图31-39。

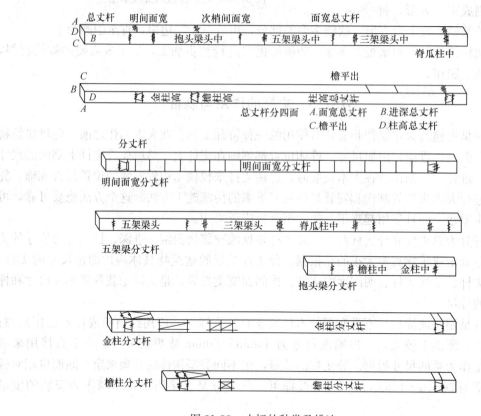

图31-39 丈杆的种类及排法

2. 排分丈杆

总丈杆排完验讫以后，即可排分丈杆。为使用方便，分丈杆最好每类相同构件排1根，如檐柱、金柱、明间面宽、次间面宽、梢间面宽、抱头梁、七架梁、五架梁、三架梁各排出1根分丈杆，并在丈杆上写明同类构件的数量，制作完成一类构件后，就可将这类的分丈杆收存起来备查，以免出现差错。

排分丈杆，要从总丈杆上过线，不要重新画线，以防掐量尺寸不一致或看错尺寸。每排1根分丈杆都要对准总丈杆上的对应尺寸，用方尺过线。分丈杆用途实用，因此，上面的符号也应标画的更加齐全。如排面宽丈杆时，不仅应当画出面宽尺寸，还应画出檩子燕尾榫长度、卯口深度、椽花位置等等。哪条是中线、哪条是截线，都要标画清楚。又如，排进深丈杆，不仅应画出老中、各步架中、梁头外皮位置，还应注明哪是中线、哪是截线等。再如排柱高丈杆，应将上下柱头肩膀线、馒头榫、管脚榫、枋子口、透眼、半眼等各个榫卯位置都要标画清楚，使之一目了然。排分丈杆可由工长，也可由班组技术负责人进行，一般说，谁承担大木画线工作，就应当由他来排丈杆。分丈杆排好后，也要仔细检查，与总丈杆核对，以免出现差错。

丈杆用途很广，在大木制作和安装的全过程中都离不开它，因此，丈杆的使用保管都要有专人负责，不要乱扔，更不得损坏涂改。每次使用丈杆之前，要检查有无损坏或人为破坏，以免造成工程损失。

31.7.4 大木画线符号和大木位置号的标写

1. 大木画线符号及其应用

大木制作第一道工序就是大木画线。大木画线是在已初步加工好的规格料上把构件的尺寸、中线、侧脚、榫卯位置和大小等等用墨线表示出来，然后，工人才能按线进行操作。古建大木制作所用的画线符号有多种，它们分别是：中线、升线、截线、断肩线、透眼线、半眼线、大进小出卯眼线、有用的线、废弃的线（错线），还有表示构件部位的平水线、抬头线、熊背线、滚楞线等。

（1）中线：中线是大木画线时最常用也是最重要的线，俗话说"大木不离中"，离开中线，大木的制作、安装都失掉了依据。中线用于构件长身方向时，一般就是在构件自身居中弹出一条线，线上不用任何符号作为标记。如在制作梁时，首先要画上迎头中线，在梁底和梁背上也要居中弹出中线。制作枋、随梁等构件时也要首先在构件迎头和长身的上下面弹出中线，制作檩子时要在迎头画上十字中线，并在长身上弹出四面中线（上下及两侧面）。制作柱子时，也要在两端头画上十字中线，并在长身弹出四面中线，有侧脚的檐柱，在中线内一侧还要弹出侧脚线，即"升线"。为了区别中线和升线，在中线上画一个"中"字或 ⚹ 符号，这是中线的标记。在排梁架丈杆或制作梁架时，各步架的中要表示出来，为了区别中线和其他线（如梁头截线、垫板口子线等），也要在线上标上 ⚹ 符号。中线还分一般中线和"老中"，所谓老中是指几道中线在一起时，最原始的那条中线，如搭交檩子在梁（或角梁）侧面形成三条中线的交点，称为"老中"，老中线的符号是 ⚹ ，以示同一般中线的区别，一根梁架的总中线，也可用老中符号表示。

（2）升线：是专门用来表示柱子侧脚的线，仅用于外檐柱上，弹在柱子中线里侧。在直线上画四道斜线，用 ⚹ 来表示。大木安装时，这道升线要垂直于水平面，使柱子向内倾。

在直线上画三条斜线 ⚹ 表示截断的意思，称为"截线"，用于构件的端头。在直线上画两条斜线 ⚹ 表示要从这里断肩，多用于各种榫的两侧。同时画了两条线，其中一条正确，一条错误，可在正确的线上画×，"⚹"表示这条线是正确的，在错误的线上画 O，"—○—" 或 "〰〰" 表示这条线已经废弃不用。

　　凿作透眼，在卯眼的边框内画双向对角线 "◫"，表示这里要凿成透眼；凿作半眼，

在卯眼边框内画单向对角线 "◹"，表示这里要凿半眼。大进小出卯眼，是将二者结合至

一起，用 "◫" 表示。剔凿枋子口，在一个梯形枋子口边框内画单向对角线 "◹"，同时，

枋子口的上端要画断肩线或截线。图 31-40 为以上各种线在大木画线中应用的示意图，从

中可以看到各种线的用法。

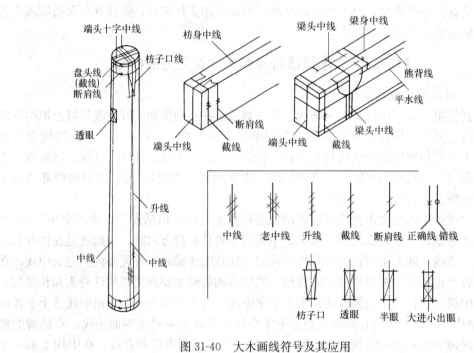

图 31-40　大木画线符号及其应用

　　2. 大木位置号及其标写方法

　　木构架是由许多单件组成的，每一个单件都有它的具体位置。

　　标写大木位置号，首先要在平面上先排出柱子的位置。柱位的排法常见的有两种，一种是从一幢建筑的明间开始向两侧排起，这种编号方法称为 "开关号"。图 31-41（a）是一幢五开间北房建筑平面示意图，上面标有各个柱子的位置名称。运用这种 "开关号" 编排方法时，首先应写明这根柱子是用于那一幢房子的，它在明间的那一侧，还要写明它位于前檐还是后檐，它是什么柱子，写字的一面朝那个方向。如图中①号柱位于明间东侧第一缝，是前檐柱，字写在里侧（柱子上注写位置号时，字都要写在内侧，转角处的柱子字要注在对角线内一侧），写字的一面向北，那么，这根柱子的位置号就应写成："北房明间东一缝前檐檐柱向北"。②号柱的名称就应写成："北房明间西一缝前檐金柱向北"。③号柱应写成 "北房明间西二缝后檐金柱向南"。④号柱应写成 "北房东山柱向西"。⑤号柱写成 "北房东北角柱向西南"。

　　另外一种编排方法，是由一端向另一端编排，这种编号方法叫做 "排关号"。例如，

规定出柱子一律从左侧排起，则柱子名称应注成"前檐一号檐柱"、"前檐二号檐柱"、"后檐一号金柱"、"后檐二号金柱"等。在一般情况下，正南正北的建筑物，多用"开关号"编排位置号，而多角亭、圆亭或其他异形建筑，才采用"排关号"编排位置号。图 31-41 (b) 为八角亭平面，可事先规定好从东南角或西北角作为第一号柱，然后沿顺时针方向排列，分别为 1 号、2 号、3 号……总之，要首先确定柱子的位置。

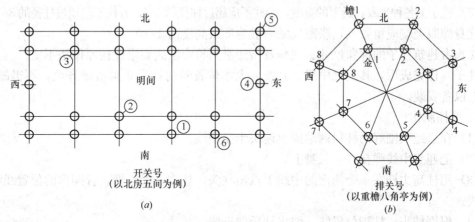

图 31-41　柱子位置号的编排及标注方法
①明间东一缝前檐金柱向北；②明间西一缝前檐金柱向北；③明间西二缝后檐金柱向南；
④东侧山柱向西；⑤东北角檐柱向西南；⑥明间东二缝前檐柱向北

其他构件按同样方法标写，如梁的位置可写成"北房明间东一缝五架梁"、"北房明间西二缝前檐抱头梁"等。

多角亭、圆亭或其他异形建筑梁、枋的注法，应与柱子排号一致，可在枋子的两端分别标上它与哪一根柱相交。编排异形建筑柱位号还可以采用画示意图的方法，事先画出一张平面草图，在上面注明柱子的位置号，安装时将柱子上标写的位置号与草图对照安装，也可以避免差错。

总之，标写大木位置号是一项很重要的工作，不论大木制作或安装时都不可缺少，必须引起高度重视。本节所述大木画线符号以及大木位置号的标写方法，仅限北京地区，至于其他地区以及地方手法，则应因地而异，不能一概套用。

31.7.5　柱类构件制作

柱类构件指各种檐柱、金柱、中柱、山柱、通柱、童柱、擎檐柱等各种圆形、方形、八角、六角形截面的木柱。

柱类构件制作之前，应按设计图纸给定的尺寸和总丈杆（或原构件尺寸）排出柱高分丈杆，并在分丈杆上标明各面榫卯位置、尺寸，作为柱子制作的依据，按丈杆画线。

檐柱或最外圈的柱子必须按设计要求做出侧脚，侧脚大小应符合各朝代有关营造法则或设计要求的规定。如早期古建筑包括檐柱在内的所有柱子均有侧脚时，应按时代做法做出侧脚。

在通常情况下柱子榫卯的规格尺寸及做法应须符合以下规定：

(1) 柱子上、下端馒头榫、管脚榫的长度不应小于柱径的1/4，不应大于柱径的3/10，榫子直径（或宽度）与长度相同。

（2）柱头上端之枋子口，其深度不应小于柱直径的 1/4，不应大于柱直径的 3/10。枋子口最宽处不大于柱直径的 3/10，不应小于柱直径的 1/4。

（3）柱身上面半眼的深度不应大于柱径的 1/2，不应小于柱径的 1/3。

（4）凡柱身透眼均应采用大进小出做法。大进小出卯眼的半眼部分，其深度要求同半眼。

（5）柱子上各种半眼、透眼的宽度，圆柱不应超过柱径的 1/4，方柱不应超过柱径的 3/10。柱身卯眼上端应留胀眼，胀眼尺寸一般为卯眼高度的 1/10。

文物古建筑柱子的榫卯尺寸、规格及做法必须符合法式要求或按原做法不变。

柱子制作完成后，其上之中线、升线、大木位置号的标写必须清晰齐全，不得缺线、缺号，以备安装。

1. 檐柱制作

（1）在已经砍刨好的柱料两端画上迎头十字中线。

（2）把迎头中线弹在柱子长身上。

（3）用柱高丈杆在一个侧面的中线上点出柱头、柱脚、馒头榫、管脚榫的位置线和枋子口线。

（4）根据柱头、柱脚位置线，弹出柱子的升线。

（5）升线弹出后，要以升线为准，用方尺画扦围画柱头和柱根线。

（6）画柱子的卯眼线。小式檐柱两侧有檐枋枋子口，进深方向有穿插枋眼，画枋子口时是以垂直地面的升线为口子中来画线，以保证枋子与地面垂直。柱子画完以后，要在内侧下端标写位置号（位置号的最后一个字距柱根 300mm 左右为宜），然后交制作人员进行制作（图 31-42）。

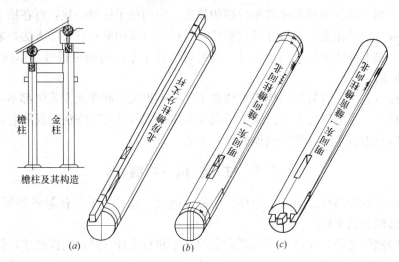

图 31-42 檐柱制作程序举例

(a) 用丈杆点线；(b) 画线；(c) 锯解制作完毕

2. 金柱制作

（1）画迎头十字中线，并在柱长身弹出四面中线，要求同前。

（2）按金柱丈杆上面所标注的尺寸，在中线上点出柱头、柱脚、上下榫以及枋子口、抱头梁、穿插枋卯眼的位置。

（3）按所点各线，分别围画上下柱脖线、上下榫外端截线、枋子口、抱头梁及穿插枋卯眼等线，要注意卯眼方向。

（4）画完以后，在柱内侧标写大木位置号，进行加工制作。

金柱仅有收分，无侧脚，所以只需弹四面中线，画枋子口、卯眼时要按中线搭尺，以保证卯眼垂直于地面。

3. 重檐金柱制作

重檐金柱的画线和制作方法与檐柱金柱相同。但重檐金柱贯穿于两重檐之间，与它相交的构件比檐柱、金柱要多。因此，制作重檐柱，首先要清楚这根柱子在建筑物中的位置，它与其他构件之间是什么关系，有哪些构件与它交在一起？交在什么部位，是什么方向，这些构件与柱子如何安装，节点处应该做什么榫卯才能既符合结构要求又便于进行组装？只有将这些问题都搞清楚，才能进行准确的画线和制作。

图 31-43 为重檐金柱构造和制作示意图。

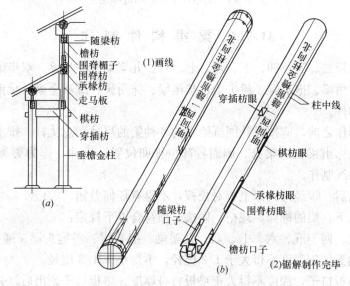

图 31-43 重檐金柱构造及制作示意图

(a) 重檐金柱构造示意；(b) 制作示意

4. 重檐角金柱

重檐角金柱是位于转角部位的重檐金柱。在平面为长方形或正方形的建筑中，它与交角成 90°的两个方向的构件相交。在多角形建筑（如重檐六角亭、八角亭）中，它与夹角为 120°或 135°的两个方向的构件相交，这是它与正身重檐金柱不同的地方。因此，柱上卯口的方向要随构件搭交方向的变化而变化。

假定重檐角金柱与上述重檐金柱同在一座建筑物上，那么，它与其他构件的关系如图 31-44 所示，在建筑物的面宽和进深方向，由上向下，分别有上层檐枋、围脊枋、承椽枋、棋枋与该柱子成 90°角相交。在与面宽进深各成 45°的方向，有斜抱头梁、斜穿插枋与它相交。在斜抱头梁和斜穿插枋的两侧，还有面宽和进深两个方向的正抱头梁和正穿插枋与它相交。此外，在斜抱头梁方向，还有插金角梁穿入这根柱子，构件间的空间关系比较复杂。要将这种卯口错综复杂的构件各部位的线画得准确无误，必须熟悉建筑构造，了解各构件之间的位置关系和尺寸（见图 31-44）。

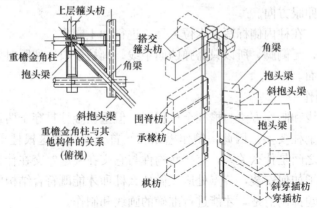

图 31-44　重檐金角柱的构造和制作

31.7.6　梁 类 构 件 制 作

梁类构件系指二、三、四、五、六、七、八、九架梁、单步梁、双步梁、三步梁、天花梁、斜梁、递角梁、抱头梁、桃尖梁、接尾梁、抹角梁、踩步金梁、承重梁、踩步梁等各种受弯承重构件。

梁类构件制作之前，应按设计图纸给定的各种梁的尺寸和总丈杆，排出各种梁的分丈杆，在分丈杆上标出梁头、梁身、侧面各部位榫卯位置、尺寸，作为梁类构件制作的依据，并按丈杆画线制作。

梁丈杆排出后，须经两人以上查对校核，不得有任何差错。

在通常情况下，梁的榫卯、规格、做法必须符合以下规定：

（1）二、三、四、五、六、七、八、九架梁、抱头梁、斜抱头梁、递角梁、双步梁、三步梁等，其梁头檩碗深度不得大于 1/2 檩径，不得小于 1/3 檩径。

（2）梁头垫板口子，深度不得大于垫板自身厚度。垫板口子刻出后，先不要剔除口内木质，待安装时再行剔除。

（3）凡正身部位之梁，其梁头两侧檩碗之间必须有鼻子榫，鼻子榫宽为梁头宽的 1/2。承接梢檩的梁头做小鼻子榫，榫子高、宽不应小于檩径的 1/6，不应大于 1/5。

（4）承接转角搭交檩的梁头，做搭交檩碗，搭交檩碗内不做鼻子榫。

（5）趴梁、抹角梁与桁檩相交，梁头外端必须压过中线，过中线的长度不应小于 1.5/10 檩径（即半金盘）。梁端上皮必须按椽子上皮抹角。大式建筑抹角梁端头如压在斗栱正心枋上，其搭置长度由正心枋中至梁外端头不应小于 3 斗口。

（6）趴梁、抹角梁与桁檩扣搭，其端头必须做阶梯榫，榫头与桁檩咬合部分，面积不得大于檩子截面积的 1/5。短趴梁做榫搭置于长趴梁时，其搭置长度不小于 1/2 趴梁宽。榫卯咬合部分面积不大于趴梁自身截面积的 1/5。

（7）桃尖梁、抱头梁、接尾梁等各种梁与柱相交，其榫子截面宽度不得小于梁自身截面宽的 1/5，不大于 3/10，半榫长度不小于对应柱径的 1/3，不大于 1/2。

梁类构件制作四角须做滚棱，滚棱尺寸为各面自身宽度的1/10，滚棱形状应为浑圆。

文物古建筑梁的规格及做法必须符合法式要求或按原文物建筑做法不变。

梁类构件制作完成后，其上之上下中线、迎头中线、平水线、抬头线、熊背线、滚棱线均应齐全清晰，大木位置号按规定标写清楚，以备安装。

1. 五架梁制作

五架梁画线程序：

（1）将已初步加工完毕的木料在迎头画上垂直平分底面的中线，在中线上，分别按平水高度（即垫板高，通常为0.8檩径）和梁头高度（通常为0.5檩径）画出平水和抬头线位置，过这些点画出迎头的平水线和抬头线。

（2）将两端头的中线以及平水线、抬头线分别弹在梁的长身各面，再以每面1/10的尺寸弹出梁底面和侧面的滚棱线。

（3）用分丈杆在梁底面或背面中线上点出梁头及各步架的中线，并将这些中线用90°方尺勾画到梁的各面，同时画出梁头外端线。梁头长一檩径，剩余的部分截去。

（4）画各部分的榫卯。

（5）制作：梁制作包括凿海眼、凿瓜柱眼、锯掉梁头抬头以上部分、剔凿檩碗、刻垫板口子、制作四面滚棱、截头等各道工序。梁头的多余部分截去后，还要将迎头原有中线、平水线、抬头线覆上，并用刨子在梁头的抬头及两边刮出一个小八字棱，称为"描眉"。梁制作完成后，按类码放，待安装（图31-45）。

2. 三架梁及其附属构件角背和脊瓜柱制作

三架梁放置在五架梁的瓜柱上，三架梁上安装脊瓜柱，辅助脊瓜柱的构件有脊角背。

三架梁制作程序同五架梁，包括画迎头中线、平水线、梁头、海眼、瓜柱眼等，然后按线制作（图31-46）。

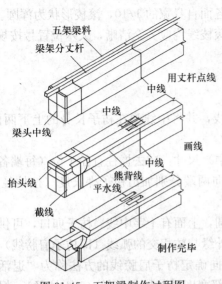

图31-45　五架梁制作过程图

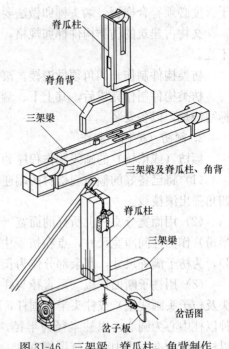

图31-46　三架梁、脊瓜柱、角背制作

三架梁、角背和脊瓜柱做好以后,要将它们组装起来,并且与同组的五架梁、瓜柱装在一起,拼成一组梁架待安装。

31.7.7 枋类构件制作

枋类构件指檐枋、金枋、脊枋、大额枋、小额枋、单额枋、随梁枋、穿插枋、跨空枋、承椽枋、天花枋、棋枋、关门枋等起拉接作用的构件。

枋类构件制作之前,应先按设计图纸给定的尺寸和总丈杆,排出枋子的分丈杆;在丈杆上标出枋子榫卯位置及尺寸,以作为枋类构件画线制作的依据,并按丈杆画线制作。

枋类丈杆排出后,须经二人以上查对校验,不得有任何差错。

1. 枋各部节点、榫卯规格做法

(1) 檐枋、额枋、金枋、脊枋、随梁枋等端头做燕尾榫的枋子,其燕尾榫长度,不应小于对应柱径的1/4,不应大于对应柱径的3/10,榫子截面宽度要求同长度。燕尾榫的"乍"和"溜"都应按榫长或宽的1/10收溜(每面各收1/10)。

(2) 穿插枋、跨空枋等拉结枋,端头做透榫时,必须做大进小出榫,榫厚为檐柱径的1/5~1/4,其半样部分的长度不得大于1/2柱径,不得小于1/3柱径。

(3) 起拉结作用的枋(或随梁),如端头只能做半榫时,其下所施的辅助拉结构件雀替或替木必须是通雀替或通替木。

(4) 用于庑殿、歇山,多角亭等转角建筑的枋在转角处相交时,必须做箍头榫,不得做燕尾榫和假箍头摔,其榫厚不小于柱径的1/4,不大于柱径的3/10。

(5) 承椽枋、棋枋等榫的截面宽度不应小于枋自身宽的1/4或柱径的1/3,榫长不小于1/3柱径。承椽枋侧面椽碗深度不应小于1/2椽径。

(6) 圆形、扇形建筑物的檐枋、金枋等弧形物件,在制作时必须放实样、套样板,枋子弧度必须符合样板。端头榫卯做法要求同上。

文物古建筑的枋类构件榫卯规格,构造做法必须符合法式要求,或按原文物建筑做法不变。

枋类构件制作,四角须做滚棱,滚棱尺寸为各面自身宽的1/10,滚棱形状为浑圆。

枋类构件制作完成后,其上下、端头中线,滚棱线均应齐全清晰,大木位置号按规定标写清楚,以备安装。

2. 额枋(檐枋)制作

额枋(或檐枋)的画线制作程序如下:

(1) 将已备好的额枋规格料两端迎头画好中线,并将中线弹在枋子长身的上下两面,四角弹出滚棱线。

(2) 用面宽分丈杆上所标的面宽(柱子中一中)尺寸,减去檐柱直径1份(每端各减半份)作为柱间净宽尺寸,点在枋子中线上,再向两端分别加出枋子榫长度(按柱径1/4),为枋子满外尺寸,剩余部分作为长荒截去。

(3) 用柱子断面样板(系直径与柱头相等的圆,上面有十字中线、枋子卯口,可供柱头及枋子头画线用)或柱头半径画杆,画出柱头外缘与枋相交的弧线(即枋子肩膀线)这种以柱中心为圆心,以柱半径为半径,向枋身方向确定枋子肩膀线的方法称为"退活"。以枋中线为准,居中画出燕尾榫宽度。燕尾榫头部宽度可与榫长相等(1/4柱径),根部每面按宽度的 1/10 收分，使榫呈大头状。

（4）将燕尾榫侧面肩膀分为 3 等份，1 份为撞肩，与柱外缘相抵；2 份为回肩，向反向画弧，并将肩膀线用方尺过画到枋子侧面，画上断肩符号。

（5）将枋子翻转使底面朝上，画出底面燕尾榫，方法同上面画法。枋子底面的燕尾榫头部、根部都要比上面每面收分 1/10，使榫子上面略大、下面略小，称为"收溜"。榫画完后，画出肩膀线，画法与枋子上面相同。最后，在枋子上面注写大木位置号（见图 31-47）。

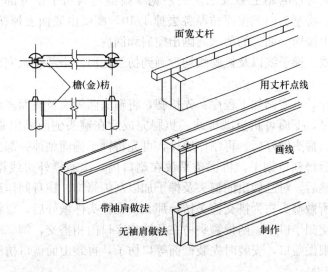

图 31-47 枋的构造与制作

额枋榫有带袖肩和不带袖肩两种不同做法，采用哪种做法，可根据具体情况决定。

额枋制作包括截头、开榫、断肩、砍刨滚棱等工序。

3. 金、脊枋

位于檐枋和脊枋之间的所有枋子都称金枋，它们依位置不同可分别称为下金、中金、上金枋。处于正脊位置的枋子称为脊枋。这些金枋或脊枋，它的两端或交于金柱或瓜柱（包括金瓜柱或脊瓜柱），或交于梁架的侧面（一檩两件无垫板做法，枋子直接交于梁侧，占垫板位置）。

金、脊枋的做法与额枋、檐枋基本相同。两端如与瓜柱柁墩或梁架相交时，肩膀不做弧形抱肩，改做直肩，两侧照旧做回肩。

4. 箍头枋制作

用于梢间或山面转角处，做箍头榫与角柱相交的檐枋或额枋称为箍头枋。多角亭与角柱相交的檐枋都是箍头枋，而且两端都做箍头榫。箍头枋有单面箍头枋和搭交箍头枋两种，用于悬山建筑梢间的箍头枋为单面箍头枋；用于庑殿、歇山转角或多角形建筑转角的箍头枋为搭交箍头枋。箍头枋也分大式小、式两种，带斗栱的大式建筑箍头枋的头饰常做成"霸王拳"形状，无斗栱小式建筑则做成"三岔头"形状。

箍头枋画线与制作程序如下：

（1）在已初步加工好的枋料迎头画中线，并将中线弹在长身上下两面，同时弹上四面滚棱线。

(2) 用梢间面宽分丈杆，在长身中线上点线画线，内一端做燕尾榫与正身檐柱相交，榫长度与肩膀画法同额枋或檐枋。外一端点出檐角柱中心位置，并由柱中心向外留出箍头榫长度，其余作为长荒截去。箍头榫长度，大式霸王拳做法由柱中向外加长 1 柱径，小式三岔头做法由柱中向外加长 1.25 柱径。

(3) 用柱头画线样板或柱头半径画扦，以柱中心点为准，画出柱头圆弧（退活）。在圆弧范围内，以中线为准，画出榫厚（箍头榫厚应同燕尾榫，为柱径的 1/4—3/10）。箍头枋的头饰（带装饰性的霸王拳或三岔头）宽窄高低均为枋子正身部分的 8/10。因此，先应画出扒腮线，将箍头两侧按原枋厚各去掉 1/10，高度由底面去掉枋高的 2/10。箍头与柱外缘相抵处也按撞一回二的要求，画出撞肩和回肩。

(4) 将肩膀线、榫子线以及扒腮线均过画到枋子底面。全部线画完后，在枋子上面标写大木位置号。

(5) 按线制作，可遵循如下程序：先扒腮，将箍头两侧面及底面多余部分锯掉，两侧扒至外肩膀线即可，下面可扒至减榫线。扒腮完成后在箍头侧面画出霸王拳或三岔头形状，并按线制作。箍头做好后，再制作通榫，可先将榫子侧面刻掉一部分，刻口宽度略宽于锯条宽度，然后将刻口剔平，将锯条平放在刻口内，按通榫外边线锯解，两面同样制作，最后断肩。然后，对已做出的箍头及榫子加以刮刨修饰，枋身制作滚棱，箍头枋制作即告完成。如果所做箍头枋为搭交箍头枋，那么，在箍头榫做好后，要将中线过画到榫侧面，按线做出搭交刻半口子，两根箍头枋在角柱十字口内相搭交，刻口时注意，檐面一根做等口，山面一根做盖口，安装时先装檐面等口枋子，再装山面盖口枋子，使山面压檐面（以上均见图 31-48）。

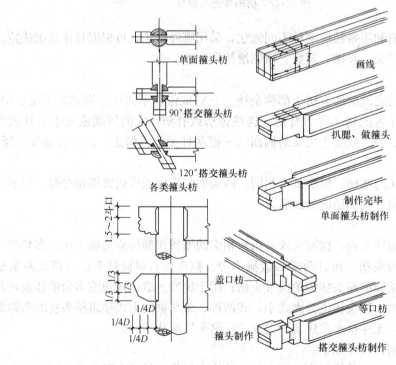

图 31-48 箍头枋的构造与制作

31.7.8 檩（桁）类构件制作

桁、檩类构件指檐檩、金檩、脊檩、正心桁、挑檐桁、金桁、脊桁、扶脊木等构件。

桁、檩类构件在制作之前，应先按设计图纸给定的尺寸和总丈杆，排出檩子分丈杆，在丈杆上标出檩子榫卯及椽花等榫卯位置，以作为檩子制作的依据，并按丈杆画线制作。

1. 檩（桁）的节点、榫卯规格、做法

（1）桁檩延续连接，接头处燕尾榫的长、宽均不小于桁檩直径的1/4，不大于3/10。

（2）两檩（桁）以90°或其他角度扣搭相交时，凡能做搭交榫者，均须做搭交榫。榫截面积不小于檩（桁）径截面积的1/3。

（3）檩（桁）与其他构件（如枋、垫板、扶脊木、衬头木）相叠时，必须在叠置面（底面或上面）做出金盘，金盘宽度不大于檩径的3/10，不小于檩径的1/4。

（4）圆形、扇形建筑的弧形檩，在制作前必须放实样，套样板，按样板制作。檩子弧度必须符合样板。

（5）扶脊木两侧椽碗深度不小于椽径的1/3，不大于椽径的1/2。

文物古建筑桁、檩的榫卯规格及做法必须符合法式要求，或按原做法不变。

檩类构件制作完成后，其上下、两侧中线、椽花线必须齐全清晰，大木位置号按规定标写清楚准确，以备安装。

2. 正身桁檩（檐檩、金檩、脊檩）制作

搭置于正身梁架的桁檩均为正身桁檩，正身桁檩包括檐、金、脊檩（桁）以及正身挑檐桁。

正身檩长按面宽，一端加榫长按自身直径3/10。

画线及制作方法如下：

将已初步加工好的规格料迎头画好十字中线，要使两端中线互相平行，并将中线弹在檩子长身的四面。将面宽丈杆放在檩子中线上，按面宽点出檩子肩膀尺寸，并在一端留出燕尾榫长。

另一端按榫的长度由中线向内画出接头燕尾口子尺寸，并同时画出燕尾榫及卯口线（榫宽同长，根部按宽的1/10收分）。檩两端搭置于梁头之上，梁头有鼻子榫。由于各层梁架宽厚不同，梁头鼻子的宽窄也不同，按檩子所在梁头（或脊瓜柱头）上鼻子的大小，在檩子两端的下口，按鼻子榫宽的一半刻去鼻子所占的部分。要檩子的底面或背面，凡与其他构件（如垫板、檩枋、扶脊木、拽枋等）相叠，都须砍刨出一个平面，目的在于使叠置构件稳定。这个平面称为"金盘"。金盘宽为3/10檩径，如果檩子的上面或下面无构件相叠，则可不做金盘，如金檩，可以仅做出下金盘，脊檩则必须同时做出上下金盘。檩子榫卯画完后，还要在上面按丈杆点出椽花线（椽子的中线位置），并标写大木位置号。

正身檩子制作包括截头、刻口、剔凿卯口、做榫、断肩、砍刨上下金盘，复线等工序。做完后，分幢分间码放待安（图31-49）。

3. 正搭交桁檩制作

所谓正搭交桁檩，指按90°直角搭交的檩子。歇山、庑殿及四角攒尖建筑转角处，两个方向的檩子作榫成90°角互相扣搭相交，称为搭交檩。

搭交檩头做法如下：

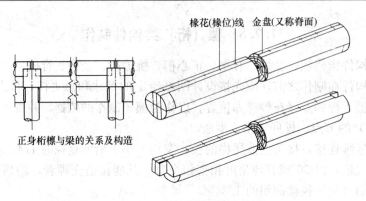

图 31-49 正身桁檩的构造与制作

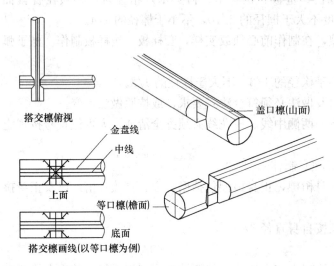

图 31-50 正搭交檩的画线和制作

以面宽中与檩中线交点为准，分别沿檩子长身方向和横向，将檩径宽度分为四等份，中间二份为卡腰榫。用 45°角尺，过两中线交点画对角线，此线为两檩卡腰榫的交线。两檩卡腰，按山面压檐面的规定，檐面一根做等口，刻去上半部分；山面一根做盖口，刻去下半部分。榫卯锯解顺序，先在刻口面，沿对角线下锯，锯至檩中；再沿中线两侧的刻口或刻出口子，深按檩径的一半。最后，沿对角线将搭交榫两腮部分刻透，锯解之后用扁铲或凿子将无用部分剔去，所留即为卡腰榫（图 31-50）。

31.7.9 板类构件制作

板类构件指各种檐垫板、金垫板、脊垫板、山花板、博缝板、滴珠板、挂檐板、由额垫板、木楼板，榻板等。

在通常情况下，板类构件制作必须符合以下规定：

（1）博缝板、挂檐板、榻板等板类构件以窄木板别攒为宽板时，必须在背面（或小面）穿带或镶嵌银锭榫，穿带（或银锭榫）间距不大于板自身宽的 1～2 倍，穿带深度为板厚的 1/3。

（2）立闸滴珠板、挂檐板拼接，立缝须做企口榫；水平穿带不得少于两道。

（3）立闸山花板拼接，立缝必须做企口榫或龙凤榫。木楼板拼接，缝间必须做企口榫或龙凤榫。

（4）博缝板按一定举架（角度）延续对接，其接缝必须在檩头中线上；接头部分必须做龙凤榫，下口做托舌，托舌高不应小于一椽径。

（5）圆形、弧形建筑的垫板，由额垫板在制作前必须放实样、套样板，板的弧度必须合乎样板。

文物古建筑的板类制作必须符合法式要求或按原文物建筑做法不变。

板类构件制作完成后，其位置必须按规定标写齐全、清晰，以备安装。

31.7.10　屋面木基层部件制作

屋面木基层部件包括檐椽、飞椽、罗锅椽、翼角椽、翘飞椽、连瓣椽以及大连檐、小连檐、椽碗、椽中板、望板等。

屋面木基层檐椽、飞椽及翼角椽、翘飞椽、罗锅椽等制作之前，应放置实样、套样板或排丈杆，按样板和丈杆制作。

1. 屋面木基层部件制作

(1) 飞椽制作必须符合一头二五尾或一头三尾的比例（即尾部长度是头部长度的 2.5 倍或 3 倍），不得小于这个比例。

(2) 飞椽制作须头尾套裁，以节约用料。

(3) 明清官式建筑的翼角椽制作必须符合第一根撇 1/3 椽径，翘飞椽撇 1/2 椽径的要求（地方做法可不循此例）。

(4) 翼角大连檐破缝必须用手锯或薄片锯，不得用电锯或厚片锯，以确保起翘部分连檐的厚度。

(5) 罗锅椽下脚与脊檩或脊枋条的接触，面不得小于椽自身截面的 1/2。

(6) 椽碗必须与椽径相吻合，不得有大缝隙。椽碗应连做，除翼角部分外不得做单椽碗。

文物古建筑的椽、飞椽、连檐、瓦口等构造做法必须符合法式要求或按文物建筑原做法不变。

翼角椽、翘飞椽在制作过程中位置号必须标写齐全、清晰，以便于安装。

2. 椽类构件制作

(1) 檐椽、飞椽（附大、小连檐、里口木、闸挡板、椽碗、椽中板）

1) 檐椽即钉置于檐（或廊）步架，向外挑出之椽。与檐椽一起挑出的，还附在檐椽之上的飞檐椽，简称飞椽。檐椽长按檐步架加檐平出尺寸（如有飞椽，则檐椽平出占总平出的 2/3，如无飞椽，则檐椽平出即檐子总平出），再按檐步举架加斜（五举乘 1.12，或按实际举架系数加斜）。檐椽直径，小式按 1/3D，大式按 1.5 斗口。椽断面有圆形和方形两种，通常大式做法多为圆椽，小式做法多为方椽。

2) 飞椽附着于檐椽之上，向外挑出，挑出部分为椽头，头长为檐总平出的 1/3 乘举架系数（通常按三五举），后尾钉附在檐椽之上，成楔形，头、尾之比为 1∶2.5。飞椽径同檐椽。

与檐椽、飞椽相关连的构件还有大连檐、小连檐（或里口木）、闸挡板、椽碗、椽中板等。

3) 大连檐是钉附在飞檐椽椽头的横木，断面呈直角梯形，长随通面宽，高同椽径，宽 1.1～1.2 椽径。它的作用在于联系檐口所有飞檐椽，使之成为整体。

4) 小连檐是钉附在檐椽椽头的横木，断面呈直角梯形或矩形。当檐椽之上钉横望板时，由于望板做柳叶缝，小连檐后端亦应随之做出柳叶缝。如檐椽之上钉顺望板，则不做柳叶缝口。小连檐长随通面宽，宽同椽径，厚为望板厚的 1.5 倍。

5）闸挡板是用以堵飞椽之间空当的闸板。闸挡板厚同望板，宽同飞椽高。长按净椽当加两头入槽尺寸。闸挡板垂直于小连檐，它与小连檐是配套使用的，如安装里口木时，则不用小连檐和闸挡板。

6）里口木可以看做是小连檐和闸挡板二者的结合体，里口木长随通面宽，高（厚）为小连檐一份加飞椽高一份（约 1.3 椽径），宽同椽径。里口木，按飞椽位置刻口，飞椽头从口内向外挑出，空隙由未刻掉的木块堵严。里口木宋代称大连檐，明代称里口木，清代演变为小连檐。

7）椽碗是封堵圆椽之间椽当的挡板，长随面宽，厚同望板，宽为 1.5 椽径或按实际需要。椽碗是在檐里安装修（装修安在檐柱间，以檐柱为界划分室内外）时，用于檐檩之上的构件，它的作用与闸挡板近似，有封堵椽间空隙，分隔室内外，防寒保温，防止鸟雀钻入室内等作用。椽碗碗口的位置由面宽丈杆的椽花线定，碗口高低位置及角度通过放实样确定。椽碗垂直钉在檐檩中线内侧，其外皮与檩中线齐。先钉好椽碗，再钉檐椽，椽从碗洞内穿过，明早期椽碗做法，沿板宽的中线分为上下两半，先安装下面一半，再安檐椽，最后安上面一半，上下接缝处做龙凤榫，做工相当考究。金里安装修时，不用此板。

8）椽中板，是在金里安装修时，安装在金檩之上的长条板，作用与椽碗相同，但做法不同。椽中板夹在檐椽与下花架椽之间，故名"椽中"，它位于檩中线外侧的金盘上，里皮与檩中线齐。板厚同望板，宽 1.5 椽径或根据实际要求定，长随面宽（图 31-51）。

檐椽、飞椽以及椽碗等件制作前都应放实样，套样板，按样板画线，以保证做出来的

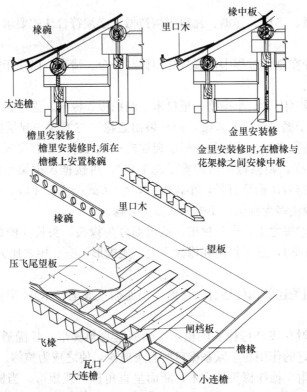

图 31-51 檐椽、飞椽、连檐、瓦口、闸挡板等件构造及组合

所有构件尺寸一致。

（2）罗锅椽

用于双檩卷棚屋面顶步架侧面呈弧形的椽子称罗锅椽。罗锅椽长按顶步架（2～3檩径）加檩金盘一份，断面尺寸同檐椽。罗锅椽制作之前须放实样套样板，按样板制作。放实样程序如下：

先按顶步架大小及檩径尺寸画出双脊檩实样尺寸，做十字中线定出檩中心点。按举架画出脑椽（或檐椽），交于脊檩外金盘、过檩中心，分别作脑椽下皮线的垂直线，两线共同交于 O 点，以 O 为圆心，O 点至脑椽下皮和上皮的垂直距离为半径，画弧，所得即为罗锅椽图样。另一方法为，以檩上皮线向上一椽径，定作罗锅椽底皮线，再以此底皮线，按椽径确定上皮线。两种方法均可。

罗锅椽与脑椽接茬处上皮应平，不应有错茬。为避免造成罗锅椽脚部分过高，常在脊檩金盘上置脊枋条作为衬垫。脊枋条宽0.3檩径，厚为宽的1/3。先将脊枋条钉置在檩脊背上，再钉罗锅椽。如使用脊枋条，在放实样时应一同放出来，套罗锅椽样板时将它所占高度减去（图31-52）。

3. 瓦口类

瓦口是钉附在大连檐之上，专门承托底瓦和盖瓦的构件。瓦口总长按通面宽，明间正中以底瓦座中，每档尺寸大小须根据瓦号及分档号垄的结果确定，如为琉璃瓦，垄宽可按正当沟定。

瓦口有两种，一种为筒瓦屋面所用的瓦口，此种瓦口只有托底瓦的弧形口面，无瓦口山，板瓦屋面所用瓦口还要做

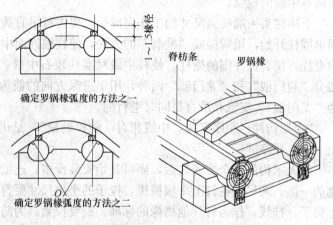

确定罗锅椽弧度的方法之一

确定罗锅椽弧度的方法之二

图 31-52 罗锅椽的构造和制作

出瓦口山，瓦口高按椽径的1/2，厚按高的1/2，带瓦口山的瓦口，高度应适当增加，以保证底盖瓦之间有一定的睁眼（通常为2寸左右）。

瓦口制作要套样板，按样板画线。备料宽度应以对头套画两根瓦口为准。瓦口口面弧度应根据底瓦口面弧度大小确定。瓦口钉置在大连檐之上时，应垂直于地面，不应随大连檐外口向外倾斜，钉瓦口时，一般应比大连檐外楞退进3分（1cm）左右，瓦口底面应随连檐上口刮刨成斜面（图31-51）。

31.7.11 大 木 安 装

将制作完的柱、梁、枋、檩、垫板、椽望等大木构件，按设计要求组装起来的工作，叫大木安装，又称"立架"。

大木安装是一项非常严谨的工作，事前要有充分准备，要有严密的组织，并由几个工种密切配合来共同完成。

大木安装的一般程序和规律，可概括为这样几句话：对号入座，切记勿忘；先内后

外，先下后上；下架装齐，验核丈量；吊直拨正，牢固支戗；上架构件，顺序安装；中线相对，勤校勤量；大木装齐，再装椽望；瓦作完工，方可撤戗。

其中，"对号入座，切记勿忘"是要求必须按木构件上标写的位置号来安装。构件上注写的什么位置，就要安装在什么位置，不要以任何理由掉换构件位置。

"先内后外，先下后上"是讲大木安装的一般顺序，应先从里面的构件安起，再由里至外；先从下面的构件安起，再由下至上。如一座四排柱（内两排金柱，外两排檐柱）建筑，首先要先立里边的金柱以及金柱间的联系构件，如棋枋、承椽枋、金枋、进深方向的随梁枋等。面宽方向若干间，也要从明间开始安装，再依次安装次间、梢间。

遇有平面成丁字、十字、拐角、凸字等形状的建筑物时，应先从丁字、十字的交点或中心部分开始，依次安装。

"下架装齐，验核丈量，吊直拨正，牢固支戗"。在大木构架中，柱头以下构件称为"下架"，柱头以上构件称为"上架"。当大木安装至下架构件齐全（檐枋、金枋、随梁枋等构件都安齐）以后，就暂停安装，此时要用丈杆认真核对各部面宽、进深尺寸，看看有无闯退中线的现象。

上述柱头一端检验尺寸的工作完成后，要进行吊直拨正和支戗的工作。先拨正，从明间里围柱开始，用撬棍或"推磨"的方法，使柱根四面中线与柱顶石中线相对，拨完里面的金柱，接着拨外围的檐柱，使柱中线对准柱顶石中线。明间柱子拨正后，就可以用戗，戗分"迎门戗"和"龙门戗"两种，用于进深方向的戗为"迎门戗"，用于面宽方向的戗为"龙门戗"。支戗和吊直是同时进行的。

"上架构件，顺序安装，中线相对，勤校勤量"，是讲安装上架构件，也是由内向外，由下向上顺序进行。

待大木构件完全装齐之后，即可开始安装椽望、连檐等构件。首先安装檐椽，在建筑物的一面，两尽端各钉上1根檐椽，椽子的平出尺寸要符合设计要求。在椽头尽端上楞钉上钉子，挂线，作为钉其他檐椽的标准。线要拉紧。为防止线长下垂，中间还可在适当位置再钉2～3根檐椽，椽头栽上钉子，挑住线的中段。将线调直后，就可以钉檐椽了。钉椽要严格按檩子上面的椽花线，两人一档进行，1人在上，钉椽子后尾，1人在下，扶住椽头，掌握高低出进。先钉后尾1个钉子，待所有椽尾都钉住以后，将小连檐拿来，放在檐椽椽头，将椽子调正，将小连檐钉在椽头上，小连檐外皮要距椽头外皮1/5～1/4椽径，叫做"雀台"。待全部钉完后，再将所有檐椽与檐檩搭置处钉上钉子，叫做"牢椽"。至此，檐椽钉置完毕，其余花架椽、脑椽，皆按椽花线钉好。椽子钉完后即可铺钉檐头望板。望板的顺缝要严，顶头缝应在椽背中线。每铺钉50～60cm宽，望板接头要错过几当椽子，称作"窜当"。檐头望板钉置一定宽度（超过飞头尾长即可）后就可以钉飞椽，方法略同于钉檐椽。先在檐口两尽端按飞椽平出尺寸的要求各临时钉上1根飞椽，然后在飞椽迎头上楞钉钉子挂线。为避免垂线，中间可以再挑上1～2根，将线调直，即可钉其他飞椽，仍旧两人一档，上面1人在飞尾钉钉，下面1人掌握飞椽头的高低、出进。钉飞椽要注意对准下面的檐椽，为使上下椽对齐，有时需在檐头望板上事先弹出檐椽的一侧边线，然后按线定飞椽。待飞椽全部钉完，即可安装大连檐。大连檐外皮与飞椽头外皮也要留出雀台，约1/4椽径即可。将所有飞椽当子调匀，与檐椽对齐，与大连檐钉在一起，然后再在飞椽中部加钉，与望板和檐椽钉牢，每根加2个钉即可，也称为"牢椽"。飞椽钉完后，接着安闸挡板，然后再铺钉飞头望板和压飞尾望板。

该建筑如为檐里安装修，则应在钉檐椽之前，先将椽碗钉置在檐檩中线内一侧，然后再安檐椽。如为金里安装修，则应在檐椽钉齐后，在椽尾先安椽中板，再钉花架椽。如建筑物为凉亭一类，无须分隔室内外的话，则不必安椽碗或椽中板。

如为四面出檐的建筑，转角部分要安装角梁，钉翼角椽和翘飞椽。如为硬山建筑，大连檐要挑出于边椽之外。挑出长度要略大于山墙墀头的厚度，待瓦工安装戗檐以后，再齐戗檐外皮截去多余部分。

木工全部立架安装工作完成以后，戗杆仍不要撤掉，待瓦工的屋面工程、墙身工程等全部完成以后，再解掉戗杆。如个别戗杆有碍瓦工作业时，可与有关人员商议，得到允许后撤去个别戗杆，或变换支戗位置。

31.7.12　大木构件尺寸表

大、小式建筑各部构件尺寸，详见构件权衡尺寸表（表31-50）。

清式带斗栱大式建筑木构件权衡表（单位：斗口）　　　　　表31-50

类别	构件名称	长	宽	高	厚	径	备注
柱类	檐柱			70（至挑檐桁下皮）		6	包含斗栱高在内
	金柱			檐柱加廊步五举		6.6	
	重檐金柱			按实计		7.2	
	中柱			按实计		7	
	山柱			按实计		7	
	童柱			按实计		5.2 或 6	
梁类	桃尖梁	廊步架加斗栱出踩加6斗口		正心桁中至要头下皮		6	
	桃尖假梁头	平身科斗栱全长加3斗栱		正心桁中至要头下皮		6	
	桃尖顺梁	梢间面宽加斗栱出踩加6斗口		正心桁中至要头下皮		6	
	随梁			4斗口＋1/100长	3.5斗口＋1/100长		
	趴梁			6.5	5.2		
	踩步金			7斗口＋1/100长或同五、七架梁高	6		断面与对应正身梁相等

类别	构件名称	长	宽	高	厚	径	备注
梁类	踩步金枋（踩步随梁枋）			4	3.5		
	递角梁	对应正身梁加斜		同对应正身梁	同对应正身梁		建筑转折处之斜梁
	递角随梁			4 斗口＋1/100 长	3.5 斗口＋1/100 长		递角梁下之辅助梁
	抹角梁			6.5 斗口＋1/100 长	5.2 斗口＋1/100 长		
	七架梁	六步架加 2 檩径		8.4 或 1.25 倍厚	7 斗口		六架梁同此宽厚
	五架梁	四步架加 2 檩径		7 斗口或七架梁高的 5/6	5.6 斗口或 4/5 七架梁厚		四架梁同此宽厚
	三架梁	二步架加 2 檩径		5/6 五架梁高	4/5 五架梁厚		月梁同此宽厚
	三步梁	三步架加 1 檩径		同七架梁	同七架梁		
	双步梁	二步架加 1 檩径		同五架梁	同五架梁		
	单步梁	一步架加 1 檩径		同三架梁	同三架梁		
	顶梁（月梁）	顶步架加 2 檩径		同三架梁	同三架梁		
	太平梁	二步架加檩金盘一份		同三架梁	同三架梁		
	踏脚木			4.5	3.6		用于歇山
	穿			2.3	1.8		用于歇山
	天花梁			6.5 斗口＋2/100 长	4/5 高		
	承重梁			6 斗口＋2 寸	4.2 斗口＋2 寸		
	帽儿梁					4＋2/100 长	天花骨干构件
	贴梁		2		1.5		天花边框
枋类	大额枋	按面宽		6	4.8		
	小额枋	按面宽		4	3.2		
	重檐上大额枋	按面宽		6.6	5.4		
	单额枋	按面宽		6	4.8		
	平板枋	按面宽	3.5	2			
	金、脊枋	按面宽		3.6	3		
	燕尾枋	按出稍		同垫板	1		

类别	构件名称	长	宽	高	厚	径	备 注
枋类	承椽枋	按面宽		5~6	4~4.8		
	天花枋	按面宽		6	4.8		
	穿插枋			4	3.2		《清式营造则例》称随梁
	跨空枋			4	3.2		
	棋枋			4.8	4		
	间枋	同面宽		5.2	4.2		同于楼房
桁檩	挑檐桁					3	
	正心桁	按面宽				4~4.5	
	金桁	按面宽				4~4.5	
	脊桁	按面宽				4~4.5	
	扶脊木	按面宽				4	
瓜柱	柁墩	2檩径	按上层梁厚收2寸		按实际		
	金瓜柱		厚加1寸	按实际	按上一层梁收2寸		
	脊瓜柱		同三架梁	按举架	三架梁厚收2寸		
	交金墩		4.5斗口		按上层柁厚收2寸		
	雷公柱		同三梁架厚		三架梁厚收2寸		庑殿用
	角背	一步架		1/2~1/3脊瓜柱高	1/3高		
垫板角梁	由额垫板	按面宽		2	1		
	金、脊垫板	按面宽		4	1		金脊垫板也可随梁高酌减
	燕尾枋			4	1		
	老角梁			4.5	3		
	仔角梁			4.5	3		
	由戗			4~4.5	3		
	凹角老角梁			3	3		
	凹角梁盖			3	3		
椽飞连檐望板瓦口衬头木	方椽、飞椽		1.5		1.5		
	圆椽					1.5	
	大连檐		1.8	1.5			里口木同此
	小连檐		1		1.5望板厚		
	顺望板				0.5		
	横望板				0.3		
	瓦口				同望板		
	衬头木			3	1.5		

小式（或无斗栱大式）建筑木构件权衡表   表 31-51

类别	构件名称	长	宽	高	厚	径	备注
歇山悬山楼房各部	踏脚木			4.5	3.6		
	穿			2.3	1.8		
	草架柱			2.3	1.8		
	燕尾枋			4	1		
	山花板				1		
	博缝板		8		1.2		
	挂落板				1		
	滴珠板				1		
	沿边木			同楞木或加1寸	同楞木		
	楼板				2寸		
	楞木	按面宽		1/2 承重高	2/3 自身高		
柱类	檐柱（小檐柱）			11D 或 8/10 明间面宽		D	
	金柱（老檐柱）			檐柱高加廊步五举		D+1寸	
	中柱			按实计		D+2寸	
	山柱			按实计		D+2寸	
	重檐金柱			按实计		D+2寸	
梁类	抱头梁	廊步架加柱径一份		1.4D	1.1D 或 D+1寸		
	五架梁	四步架加 2D		1.5D	1.2D 或金柱径+1寸		
	三架梁	二步架加 2D		1.25D	0.95D 或 4/5 五架梁厚		
	递角梁	正身梁加斜		1.5D	1.2D		
	随梁			D	0.8D		
	双步梁	二步架加 D		1.5D	1.2D		
	单步梁	一步架加 D		1.25D	4/5 双步梁厚		
	六架梁			1.5D	1.2D		
梁类	四架梁			5/6 六架梁高或 1.4D	4/5 六架梁高或 1.1D		
	月梁（顶梁）	顶步架加 2D		5/6 四架梁高	4/5 四架梁厚		
	长趴梁			1.5D	1.2D		
	短趴梁			1.2D	D		
	抹角梁			1.2D~1.4D	D~1.2D		
	承重梁			D+2寸	D		
	踩步梁			1.5D	1.2D		用于歇山
	踩步金			1.5D	1.2D		用于歇山
	太平梁			1.2D	D		

类别	构件名称	长	宽	高	厚	径	备注
枋类	穿插枋	廊步架+2D		D	0.8D		
	檐枋	随面宽		D	0.8D		
	金枋	随面宽		D 或 0.8D	0.8 或 0.65D		
	上金、脊枋	随面宽		0.8D	0.65D		
	燕尾枋	随檩出梢		同垫板	0.25D		
檩类	檐、金、脊檩					D 或 0.9D	
	抹脊木					0.8D	
垫板类	檐垫板老檐垫板			0.8D	0.25D		
	金、脊垫板			0.65D	0.25D		
柱瓜类	柁墩	2D	0.8 上架梁厚	按实际			
	金瓜柱		D	按实际	上架梁厚的 0.8		
	脊瓜柱		D～0.8D	按举架	0.8 三架梁厚		
	角背	一步架		1/2～1/3 脊瓜柱高	1/3 自身高		
角梁类	老角梁			D	2/3D		
	仔角梁			D	2/3D		
	由戗			D	2/3D		
	凹角老角梁			2/3D	2/3D		
	凹角梁盖			2/3D	2/3D		
椽望连檐瓦口衬头木	圆椽					1/3D	
	方、飞椽		1/3D		1/3D		
	花架椽		1/3D		1/3D		
	罗锅椽		1/3D		1/3D		
	大连檐		0.4D 或 1.2 椽径		1/3D		
	小连檐		1/3D		1.5 望板厚		
	横望板				1/15D 或 1/5D 椽径		
	顺望板				1/9D 或 1/3D 椽径		
	瓦口				同横望板		
	衬头木				1/3D		

类别	构件名称	长	宽	高	厚	径	备注
歇山悬山楼房各部	踏脚木			D	0.8D		
	草架柱		0.5D		0.5D		
	穿		0.5D		0.5D		
	山花板				1/3～1/4D		
	博缝板		2～2.3D 或 6～7 椽径		1/3～1/4D 或 0.8～1 椽径		
	挂落板				0.8 椽径		
	沿边木				0.5D+1 寸		
	楼板				1.5～2 寸		
	楞木				0.5D+1 寸		

31.8 斗栱制作与安装

斗栱包括各类不出踩斗栱、出踩斗栱，柱头科、角科、平身科、三滴水平座品字科、内里品字科、溜金斗栱，以及藻井等处用作装饰的斗栱等。

各类斗栱制作之前必须按设计尺寸放实样、套样板。每件样板必须外形、尺寸准确，各层叠放在一起，总尺寸符合设计要求。斗栱昂、翘、要头、六分头、麻叶头、栱头卷杀等必须符合设计要求，或不同时期、不同地区的造型特点。

在通常情况下，斗栱榫卯节点做法必须符合以下规定：

（1）斗栱纵横构件刻半相交，要求翘、昂、要头、撑头木等构件必须在腹面刻口，瓜栱、万栱、厢栱等构件在背面刻口。角科斗栱等三层构件相交时，向斜向挑出的构件（如斜翘、斜昂等），必须在腹面刻口，其余二层构件的刻口规定以山面压檐面。

（2）斗栱纵横构件刻半相交，节点处必须做包掩，包掩深度为 0.1 斗口。

（3）斗栱昂、翘、要头等水平构件相叠，每层用于固定作用的暗梢不少于 2 个，坐斗、三才升、十八斗等暗梢每件 1 个。

文物古建筑的斗栱，其尺度、做法、斗饰、尾饰的形状及雕饰纹样等须按法式要求，或按原文物建筑的做法不变。

斗栱分件制作完成后，在正式安装前，须以攒为单位，进行草验摆放，注明每攒的位置号，并以攒为单位保存，以待安装。

31.8.1 清式斗栱的模数制度和基本构件的权衡尺寸

清式带斗栱的建筑，各部位及构件尺寸都是以"斗口"为基本模数的。斗栱作为木结构的重要组成部分，也同样严格遵循这个模数制度。清工部《工程做法则例》卷二十八《斗科各项尺寸做法》，开宗明义就作了如下明确的规定："凡算斗科上升、斗、栱、翘等件长短高厚尺寸，俱以平身科迎面安翘昂斗口宽尺寸为法核算。""斗口有头等材、二等材，以至十一等材之分。头等材迎面安翘昂，斗口六寸；二等材斗口宽五寸五分；自三等材以至十一等材各递减五分，即得斗口尺寸。"这项规定，将斗栱各构件的长、短、高、厚尺寸以及比例关系，讲得十分明确。对于斗栱与斗栱之间的分当尺寸（即每攒斗栱之间的中～中距离），也有明确规定："凡斗科分当尺寸，每斗口一寸，应当宽一尺一寸。从两斗底中线算，如斗口二寸五分，每一当应宽二尺七寸五分。"《则例》的这个规定，使斗栱与斗栱之间摆放的疏密，也有了明确的遵循，可以避免在设计或施工中斗栱摆放过稀过密的问题。

斗栱攒当尺寸的规定，与斗栱横向构件——栱的长度是有直接关系的。清代《则例》规定，瓜栱长度为 6.2 斗口，万栱长度为 9.2 斗口，厢栱长度为 7.2 斗口，这个长度规定，在攒当为 11 斗口的前提下才能成立。如果攒当大于或小于 11 斗口时，瓜栱、万栱、厢栱的尺寸也应随之调整。

关于各类斗栱分件的权衡尺寸，清《工程做法则例》卷二十八作了极其详细的规定。为了便于查找，现将这些构件尺寸列成表 31-52。

清式斗栱各件权衡尺寸表（单位：斗口）　　　　　　表 31-52

斗栱类别	构件名称	长	宽	高	厚（进深）	备　注
平身科斗栱	大斗		3	2	3	
	单翘	7.1(7)	1	2		
	重翘	13.1(13)	1	2		用于重翘九踩斗栱
	正心瓜栱	6.2		2	1.24	
	正心万栱	9.2		2	1.24	
	头昂	长度根据不同斗栱定	1	前3后2		
	二昂	长度根据不同斗栱定	1	前3后2		
	三昂	长度根据不同斗栱定	1	前3后2		
	蚂蚱头(耍头)	长度根据不同斗栱定	1	2		
	撑头木	长度根据不同斗栱定	1	2		
	单才瓜栱	6.2		1.4	1	
	单才万栱	9.2		1.4	1	
	厢栱	7.2		1.4	1	
	桁碗	根据不同斗栱定	1	按拽架加举		
	十八斗	1.8	1		1.48(1.4)	
	三才升	1.3(1.4)	1		1.48(1.4)	
	槽升	1.3(1.4)	1		1.72	

斗栱类别	构件名称	长	宽	高	厚（进深）	备 注
柱头科斗栱	大斗		4	2	3	用于柱科斗栱，下同
	单翘	7.1(7.0)	2	2		
	重翘	13.1(13.0)	*	2		
	头昂	长度根据不同斗栱定	*	前3后2		*柱头科斗栱昂翘宽度的确定按如下公式：以桃尖梁头之宽，减去柱头坐斗斗口之宽所得之数，除以桃尖梁之下昂翘的层数（单翘单昂或重昂五踩者除2，单翘重昂七踩者除3，九踩者除4）所得为一份，除头翘（如无头翘即为头昂）按2斗口不加外，其上每层递加一份，所得即为各层昂翘宽度尺寸
	二昂	长度根据不同斗栱定	*	前3后2		
	筒子十八斗	按其上一层构件宽度再加0.8斗口为长		1	1.48(1.4)	
	正心瓜栱、正心万栱、单才瓜栱、单才万栱、厢栱、槽升、三才升诸件尺寸见平身科斗栱					
角科斗栱	大斗		3	2	3	
	斜头翘	按平身科头翘长度加斜	1.5	2		计算斜昂翘实际长度之法：应按拽架尺寸加斜后再加自身宽度一份为实长
	搭交正头翘后带正心瓜栱	翘3.55	1	2		
		栱3.1	1.24	2		
	斜二翘	按计算斜昂翘实际长度之法定	*	2		*确定各层斜昂翘宽度之法与确定柱头科斗栱各层翘昂宽度之法同，以老角梁之宽减去斜头翘之宽，按斜昂翘层数除之，每层递增一份即是
	搭交正二翘后带正心万栱	翘6.55	1	2		
		栱4.6	1.24	2		
	搭交闹翘后带单才瓜栱	翘3.55	1	2		用于重翘重昂角科斗栱
		栱6.1	1	1.4		
	斜头昂	按对应正昂加斜，具体方法同前	宽度定法见斜二翘*	前3后2		搭交正头昂后带正心瓜栱用于单昂三踩或重昂五踩；搭交正头昂后带正心万栱用于单翘单昂五踩或单翘重昂七踩；搭交正头昂后带正心枋用于重翘重昂九踩
	搭交正头昂后带正心瓜栱或正心万栱或正心枋	根据不同斗栱定	昂1栱枋1.24	前3后2		
	搭交闹头昂后带单才瓜栱或万栱	根据不同斗栱定	昂1栱1	前3后2		
	斜二昂后带菊花头	根据不同斗栱定	宽度定法见斜二翘*	前3后2		

续表

斗栱类别	构件名称	长	宽	高	厚（进深）	备 注
	搭交正二昂后带正心万栱或带正心枋	根据不同斗栱定	昂 1 栱、枋 1.24	前3后2		正二昂后带正心万栱用于重昂五踩斗栱；后带正心枋用于单翘重昂七踩斗栱
	搭交闹二昂后带单才瓜栱或单才万栱	根据不同斗栱定	昂1栱1	前3后2		
	由昂上带斜撑头木	根据不同斗栱定	宽度定法见斜二翘*	前5后4		由昂与斜撑头木连做
	斜桁碗	根据不同斗栱定	同由昂	按搁架加举		
	搭交正蚂蚱头后带正心万栱或正心枋	根据不同斗栱定	蚂蚱头1栱或枋1.24	2		搭交正蚂蚱头后带正心枋用于三踩斗栱
	搭交闹蚂蚱头后带单才万栱或拽枋	根据不同斗栱定	1	2		
角科斗栱	搭交正撑头木后带正心枋	根据不同斗栱定	前1后1.24	2		
	搭交闹撑头木后带拽枋	根据不同斗栱定	1	2		
	里连头合角单才瓜栱	根据不同斗栱定		1.4	1	用于正心内一侧
	里连头合角单才万栱	根据不同斗栱定		1.4	1	用于正心内一侧
	里连头合角厢栱	根据不同斗栱定		1.4	1	用于正心内一侧
	搭交把臂厢栱	根据不同斗栱定		1.4	1	用于搭交挑檐枋之下
	盖斗板、斜盖斗板、斗槽板（垫栱板）				0.24	
	正心枋	根据开间定	1.24	2		
	拽枋、挑檐枋、井口枋、机枋	根据开间定	1	2		井口枋高万斗口
	宝瓶			3.5	径同由昂宽	

斗栱类别	构件名称	长	宽	高	厚（进深）	备 注
溜金斗栱	麻叶云栱	7.6		2	1	
	三幅云栱	8.0		3	1	
	伏莲销	头长1.6			见方1	溜金后尾各层之穿销
	菊花头				1	
	正心栱、单才栱、十八斗、三才升诸件					俱同平身科斗栱
一斗二升交麻叶一斗三升斗栱	麻叶云	12	1	5.33		用于一斗二升交麻叶平身科斗栱
	正心瓜栱	6.2		2	1.24	
	柱头坐斗		5	2	3	用于柱头科斗栱
	翘头系抱头梁或与柁头连做	8（由正心枋中至梁头外皮）	4	同梁高		用于一斗二升交麻叶柱头科斗栱
	翘头系抱头梁或与柁头连做	6（由正心枋中至梁头外皮）	4	同梁高		用于一斗三升柱头科斗栱
	斜昂后带麻叶云子	16.8	1.5	6.3		
	搭交翘带正心瓜栱	6.7		2	1.24	
	槽升、三才升等					均同平身科
	攒当		8			指大斗中一中尺寸
三滴水品字斗栱「平座斗栱」	大斗		3	2	3	用于平身科
	头翘	7.1(7.0)	1	2		用于平身科
	二翘	13.1(13.0)	1	2		用于平身科
	撑头木后带麻叶云	15	1	2		用于平身科
	正心瓜栱	6.2		2	1.24	用于平身科
	正心万栱	9.2		2	1.24	用于平身科
	单才瓜栱	6.2		1.4	1	用于平身科
	单才万栱	9.2		1.4	1	用于平身科
	厢栱	7.2		1.4	1	用于平身科
	十八斗		1.8	1	1.48(1.4)	用于平身科
	槽升子		1.3(1.4)	1	1.72(1.64)	用于平身科
	三才升		1.3(1.4)	1	1.48(1.4)	
	大斗		4	2	3	柱头科
	头翘	7.1(7.0)	2	2		柱头科
	二翘及撑头木（与踩步梁连做）					柱头科

续表

斗栱类别	构件名称	长	宽	高	厚（进深）	备注
三滴水品字斗栱「平座斗栱」	角科大斗		3	2	3	用于角科
	斜头翘		1.5	2		用于角科
	搭交正头翘后带正心瓜栱	翘 3.55(3.5) 栱 3.1	1 1.24			用于角科
	斜二翘（与踩步梁连做）					用于角科
	搭交正二翘后带正心万栱	翘 6.55(6.5) 栱 4.6	1 1.24	2		用于角科
	搭交闹二翘后带单才瓜栱	翘 6.55(6.5) 栱 3.1	1	2		用于角科
	里连头合角单才瓜栱	5.4		1.4	1	用于角科
	里连头合角厢栱			1.4	1	用于角科
内里棋盘板上安装品字科斗栱	大斗		3	2	1.5	系半面做法
	头翘	3.55(3.5)	1	2		系半面做法
	二翘	6.55(6.5)	1	2		系半面做法
	撑头木带麻叶云	9.55(9.5)	1	2		系半面做法
	正心瓜栱	6.2		2	0.62	系半面做法
	正心万栱	9.2		2	0.62	系半面做法
	麻叶云	8.2		2	1	
	槽升		1.3(1.4)	1	0.86	
	其余栱子					同平身科
隔架斗栱	隔架科荷叶	9		2	2	
	栱	6.2		2	2	按瓜栱
	雀替	20		4	2	
	贴大斗耳	3		2	0.88	
	贴槽升耳	1.3(1.4)	1	0.24		

注：本表根据清工部《工程做法则例》卷二十八开列

31.8.2 平身科斗栱及其构造

尽管清式斗栱种类繁多，构造复杂，但各类构件之间的组合是有一定规律的。了解斗栱的基本构造和构件间的组合规律，是掌握斗栱技术的关键。

现以单翘单昂五踩平身科斗栱为例，将斗栱的基本构造和构件组合规律简要介绍如下：

单翘单昂平身科斗栱，最下面一层为大斗，大斗又名坐斗，是斗栱最下层的承重构件，方形，斗状，长（面宽）宽（进深）各 3 斗口，高 2 斗口，立面分为斗底、斗腰、斗耳三部分，各占大斗全高的 2/5、1/5、2/5（分别为 0.8、0.4、0.8 斗口）。大斗的上面，居中刻十字口，以安装翘和正心瓜栱之用。垂直于面宽方向的刻口，即通常所讲的"斗口"，宽度为 1 斗口，深 0.8 斗口，是安装翘的刻口（如单昂三踩斗栱或重昂五踩斗栱，则安装头昂）。

平行于面宽的刻口，是安装正心栱的刻口，刻口宽 1.24(或 1.25)斗口，深 0.8 斗口。在进深方向的刻口内，通常还要做出鼻子(宋称"隔口包耳")，作用类似于梁头的鼻子。在坐斗的两侧，安装垫栱板的位置，还要剔出垫栱板槽，槽宽 0.24 斗口，深 0.24 斗口。

第二层，平行于面宽方向安装正心瓜栱一件，垂直于面宽方向扣头翘一件，两件在大斗刻口内成十字形相交。斗栱的所有横向和纵向构件，都是刻十字口相交在一起的。纵横构件相交有一个原则，为"山面压檐面"，所有平行于面宽方向的构件，都做等口卯(在构件上面刻口)，垂直于面宽方向的构件，做盖口卯(在构件底面刻口)，安装时先安面宽方向构件，再安进深方向的构件。

正心瓜栱长 6.2 斗口，高 2 斗口(足材)，厚 1.24 斗口，两端各置槽升一个。为制作和安装方便，正心瓜栱和两端的槽升常由 1 根木材连做，在侧面贴升耳。升耳按槽升尺寸，长 1.3(或 1.4)斗口，高 1 斗口，厚 0.2 斗口。正心瓜栱(包括槽升)与垫栱板相交处，要刻剔垫栱板槽。

头翘长 7.1(7)斗口，这个长度是按 2 拽架加十八斗斗底一份而定的。翘高 2 斗口，厚 1 斗口。

头翘两端各置十八斗一件，以承其上的横栱和昂。十八斗在宋《营造法式》中称交互斗，说明它的作用在于承接来自面宽和进深两个方向的构件。十八斗长 1.8 斗口，这个尺寸是十八斗名称的来源，即斗长十八分之意。由于它的特殊构造和作用，十八斗不能与翘头连做，需单独制作安装。

栱和翘的端头需做出栱瓣，栱瓣画线的方法称为卷杀法。瓜栱、万栱、厢栱分瓣的数量不等，有"万三、瓜四、厢五"的规定。翘关分瓣同瓜栱，具体做法可见平身科斗栱分件图(图 31-53)。

第三层，面宽方向在正心瓜栱之上，置正心万栱一件，头翘两端十八斗之上，各置单才瓜栱一件，单才瓜栱两端各置三才升一件。正心万栱两端带做出槽升子，不再另装槽升。进深方向，扣昂后带菊花头一件，昂头之上置十八斗一件，以承其上层栱子和蚂蚱头。

第四层，面宽方向，在正心万栱之上安装正心枋，在单才瓜栱之上，安装单才万栱。单才万栱两端头各置三才升一件，以承其上之拽枋，在昂头十八斗之上安装厢栱一件，厢栱两端各置三才升一件。进深方向，扣蚂蚱头后代六分头一件。

第五层，面宽方向，在正心枋之上，叠置正心枋一层，在里外拽万栱之上各置里外拽枋一件，在外拽厢栱之上置挑檐枋一件，在耍头后尾六分头之上，置里拽厢栱一件，厢栱两端头各置三才升一件。进深方向，扣撑头木后带麻叶头一件。在各拽枋、挑檐枋上端分别置斜斗板、盖斗板。斜斗板、盖斗板有遮挡拽枋以上部分及分隔室内外空间、防寒保温、防止鸟雀进入斗栱空隙内等作用。

第六层，面宽方向，在正心枋之上，续叠正心枋至正心桁底皮，枋高由举架定。在内拽厢拱之上，安置井口枋。井口枋高 3 斗口，厚 1 斗口，高于内外拽枋，为安装室内井口天花之用。进深方向安桁碗。

从以上单翘单昂五踩斗栱及其他出踩斗栱的构造可以看出，进深方向构件的头饰，由下至上分别为翘、昂和蚂蚱头。斗栱层增加时，可适当增加昂的数量(如单翘重昂七踩)或同时增加昂翘的数量(重翘重昂九踩)，蚂蚱头的数量不增加，进深方向杆件的后尾，由下至上依次为：翘、菊花头、六分头、麻叶头。其中，麻叶头、六分头、菊花头各一件，如

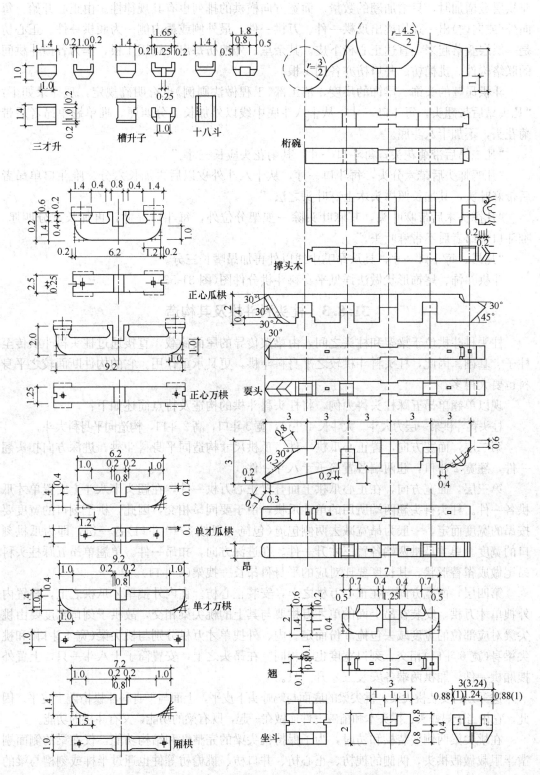

图 31-53 平身科斗栱分件图（单翘单昂五踩）

斗栱层数增加时，只增加翘的数量。面宽方向横栱的排列也有其规律性。由正心开始，每向外(或向内)出一踩均挑出瓜栱一件、万栱一件，最外侧或最内侧一为厢栱一件。正心枋是一层层叠落起来，直达正心桁下皮。其余里、外拽枋每出一踩用1根，作为各攒斗栱间的联络构件。挑檐枋、井口枋亦各用1根。

斗栱昂翘的头饰、尾饰的尺度，清工部《工程做法则例》也有明确规定，现择录如下："凡头昂后带翘头，每斗口一寸，从十八斗底中线以外加长五分四厘。唯单翘单昂者后带菊花头，不加十八斗底。"

"凡二昂后带菊花头，每斗口一寸，其菊花头应长三寸。"

"凡蚂蚱头后带六分头，每斗口一寸，从十八斗外皮以后再加长六分。唯斗口单昂者后带麻叶头，其加长照撑头木上麻叶头之法。"

"凡撑头木后带麻叶头，其麻叶头除一拽架分位外，每斗口一寸，再加长五分四厘，唯斗口单昂者后不带麻叶头。"

"凡昂，每斗口一寸，具从昂嘴中线以外再加昂嘴长三分。"

斗栱斗饰、尾饰形状做法详见平身科斗栱分件图(图31-53)。

31.8.3　柱头科斗栱及其构造

柱头科斗栱位于梁架和柱头之间，由梁架传导的屋面荷载，直接通过柱头科斗栱传至柱子、基础。因此，柱头科斗栱较之平身科斗栱，更具承重作用。它的构件断面较之平身科也要大得多。

现以单翘单昂五踩柱头科为例，将柱头科斗栱的构造及特点简述如下：

柱头科斗栱第一层为大斗。大斗长4斗口，宽3斗口，高2斗口，构造同平身科大斗。

第二层，面宽方向，置正心瓜栱一件，瓜栱尺寸构造同平身科斗栱，进深方向扣头翘一件，翘宽2斗口，翘两端各置筒子十八斗一件。

第三层，面宽方向，在正心瓜栱上面叠置正心万栱一件，在翘头十八斗上安置单才瓜栱各一件。柱头科头翘两端所用的单才瓜栱，由于要同昂相交，因此，栱子刻口的宽度要按昂的宽度而定，一般为昂宽减去两侧包掩(包掩一般按1/10斗口)各一份，即为瓜栱刻口的宽度。单才瓜栱两端各置三才升一件。在进深方向，扣昂一件。单翘单昂五踩柱头科昂尾做成雀替形状，其长度要比对应的平身科昂长一拽架(3斗口)。

第四层，面宽方向，在正心万栱之上，安装正心枋。在内外拽单才瓜栱之上，叠置内外拽单才万栱，安装在昂上面的单才万栱要与其上的桃尖梁相交，故栱子刻口宽度要由桃尖梁对应部位的宽度减去包掩2份而定。内、外拽单才万栱分别与桃尖梁(宽4斗口)和桃尖梁身(宽6斗口)相交，刻口宽度也不相同。在昂头之上，安置筒子十八斗一只，上置外拽厢栱一件，厢栱两端各安装三才升一只。

进深方向安装桃尖梁。桃尖梁的底面与蚂蚱头下皮平，上面与平身科斗栱桁碗上皮平。因此，它相当于蚂蚱头、撑头木和桁碗三件连做在一起，既有梁的功能，又有斗栱的功能。

在桃尖梁两侧安装栱和枋时，为了保持桃尖梁的完整性和结构功能，仅在梁的侧面剔凿半眼栽做假栱头，两侧的拽枋、正心枋、井口枋、挑檐枋等件也通过半榫或刻槽与梁的侧面交在一起。

柱头科斗栱各件做法详见柱头科斗栱分件图(图31-54)。

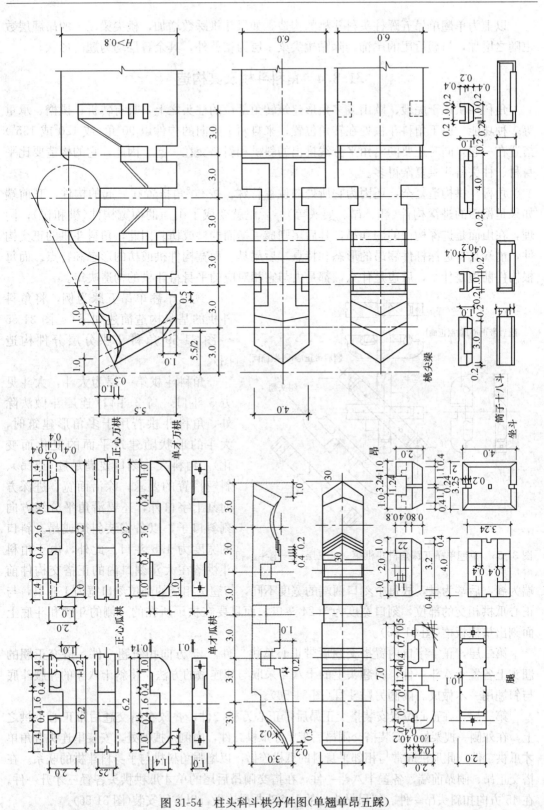

图 31-54 柱头科斗栱分件图(单翘单昂五踩)

以上为单翘单昂五踩柱头科斗栱的构造，如果斗栱踩数增加，桃尖梁以下的昂翘层数也随之增加，昂翘后尾的尾饰，除贴桃尖梁一层为雀替外，其余各层均为翘的形状。

31.8.4　角科斗栱及其构造

角科斗栱位于庑殿、歇山或多角形建筑转角部位的柱头之上，具有转折、挑檐、承重等多种功能。由于角科斗栱处在转角位置，来自两个方向的构件以 90°角（或 120°或 135°）搭置在一起，同时还要同沿角平分线挑出的斜栱和斜昂交在一起。因此，它的构造要比平身科、柱头科斗栱复杂得多。

角科斗栱构造复杂，还因为它所处的位置特殊。按 90°角搭置在一起的构件，其前端如果是檐面的进深构件（翘、昂、耍头等），后尾就变成了山面的面宽构件（栱和枋）；同理，在山面是进深构件的翘和昂，其后尾则成了檐面的栱或枋。因此，角科斗栱的正交构件，前端具有进深杆件翘昂的形态和特点，后尾具有面宽构件栱或枋的形态和特点。而每根构件前边是什么，后边是什么，都是由与它相对应的平身科斗栱的构造决定。

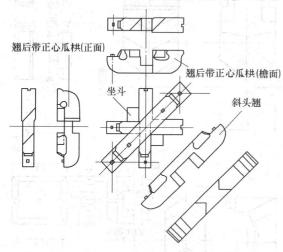

翘后带正心瓜栱(正面)

翘后带正心瓜栱(檐面)

坐斗

斜头翘

现以单翘单昂五踩为例，将角科斗栱的基本构造简述如下（见图 31-55～图 31-59 角科斗栱分层分件构造图）。

角科斗栱第一层为大斗，大斗见方 3 斗口，高 2 斗口（连瓣斗做法除外，角科斗栱若用于多角形建筑时，大斗的形状随建筑平面的变化而变化）。角科大斗刻口要满足翘（或昂）、斜翘搭置的要求，除沿面宽、进深方向刻十字口外，还要沿角平分线方向刻斜口子，以备安装斜翘或昂。斜口的宽度为 1.5 斗口。此外，由于角科斗栱落在大斗刻口内的正搭交构件前

图 31-55　单翘单昂五踩角科斗栱第一、二层——坐斗、翘

端为翘，后端为栱，故每个刻口两端的宽度不同，与翘头相交的部位刻口宽为 1 斗口，与正心瓜栱相交的部位，刻口宽度为 1.24 斗口，而且要在栱子所在的一侧的斗腰和斗底上面刻出垫栱板槽（图 31-55）。

第二层，正十字口内置搭交翘后带正心瓜栱二件，45°方向扣斜翘一件。搭交正翘的翘头上各置十八斗一件，斜翘头上的十八斗采取与翘连做的方法，将斜十八斗的斗腰斗底与斜翘用一木做成。两侧另贴斗耳（图 31-56）。

第三层，在正心位置安装搭交正昂后带正心万栱二件，叠放在搭交翘后带正心瓜栱之上，在外侧一拽架处，安装搭交闹昂后带单才瓜栱二件，内侧一拽架处，安装里连头合角单才瓜栱二件，此瓜栱通常与相邻平身科的瓜栱连做，以增强角科栱与平身科斗栱的联系。在搭交正昂、闹昂前端，各置十八斗一件，在搭交闹昂后尾的单才瓜栱栱头各置三才升一件。在 45°方向扣斜头昂一件。斜昂昂头上的十八斗与昂连做，以方便安装（图 31-56）。

第四层，在斗栱最外端，置搭交把臂厢栱二件，外拽部分置搭交闹蚂蚱头后带单才万

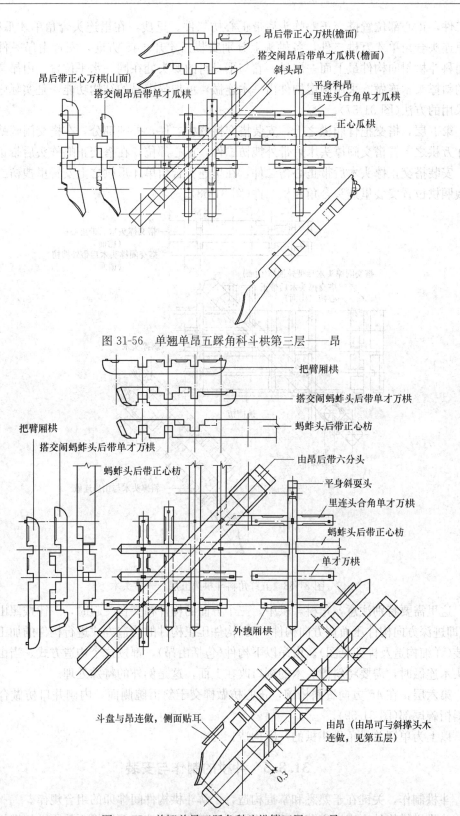

昂后带正心万栱(檐面)

搭交闹昂后带单才瓜栱(檐面)

斜头昂

平身科昂

里连头合角单才瓜栱

正心瓜栱

昂后带正心万栱(山面)

搭交闹昂后带单才瓜栱

图 31-56 单翘单昂五踩角科斗栱第三层——昂

把臂厢栱

搭交闹蚂蚱头后带单才万栱

蚂蚱头后带正心枋

由昂后带六分头

平身斜耍头

里连头合角单才万栱

蚂蚱头后带正心枋

单才万栱

外拽厢栱

把臂厢栱

搭交闹蚂蚱头后带单才万栱

蚂蚱头后带正心枋

斗盘与昂连做，侧面贴耳

由昂（由昂可与斜撑头木连做，见第五层）

0.3

图 31-57 单翘单昂五踩角科斗栱第四层——昂

栱二件，正心部位置搭交正蚂蚱头后带正心枋二件。里拽，在里连头合角单才瓜栱之上，置里连头合角单才万栱二件，各栱头上分别安装三才升。45°方向，安置由昂一件。由昂是角科斗栱斜向构件最上面一层昂，它与平身科的要头处在同一水平位置。由昂常与其上面的斜撑头木连做。采用两层构件由一木连做，可加强由昂的结构功能，是实际施工中经常采用的方法(图 31-57)。

第五层，搭交把臂厢栱之上，安装搭交挑檐枋二件，外拽部分，在搭交闹蚂蚱头后带单才万栱之上置搭交闹撑头木后带外拽枋二件，正心部位，在搭交正蚂蚱头后带正心枋之上，安装搭交正撑头木后带正心枋二件，在里连头合角单才瓜栱之上安置里拽枋二件，在里拽厢栱位置安装里连头合角厢栱二件(图 31-58)。

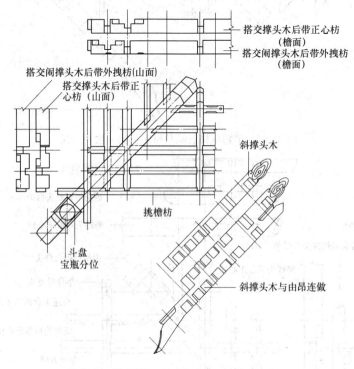

图 31-58 五踩角科斗栱第五层——撑头木

这里需要特别注意，角科斗栱中，三个方向的构件相交在一起时，一律按照山面压檐面(即进深方向构件压面宽方向构件)，斜构件压正构件的构造方式进行构件的加工制作和安装(详细构造及榫卯见图)。由昂以下构件(包括由昂)，都按这个构造方式。当由昂与斜撑头木连做时，需要将斜撑头木的刻口改在上面，这是例外的特殊处理。

第六层，在 45°方向置斜桁椀，正心枋做榫交于斜桁椀侧面，内侧井口枋做合角榫交于斜桁椀尾部(图 31-59)。

以上为单翘单昂角科斗栱的一般构造。

31.8.5 斗栱的制作与安装

斗栱制作，关键在于熟悉和掌握构造，了解斗栱构件间榫卯的组合规律。

斗栱纵横构件十字搭交节点部分都要刻十字卯口，按山面压檐面的原则扣搭相交。角

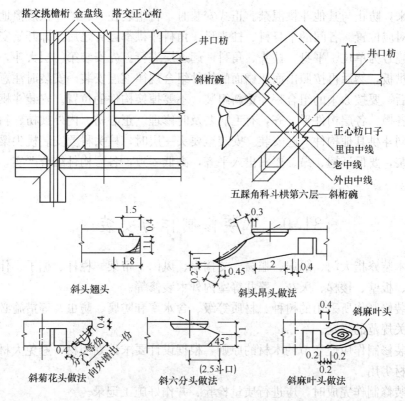

搭交挑檐桁 金盘线 搭交正心桁

井口枋

斜桁碗

井口枋

正心枋口子

里由中线

老中线

外由中线

五踩角科斗栱第六层——斜桁碗

斜头翘头

斜头昂头做法

斜菊花头做法

斜六分头做法

(2.5斗口)

斜麻叶头

斜麻叶头做法

图 31-59 单翘单昂五踩角科斗栱第六层——斜桁碗及斗栱分件图

科斗栱三交构件的节点卯口，也可按单体建筑物的面宽进深方位，采用斜构件压纵横构件，纵横构件按进深压面宽的原则扣搭相交。斗栱纵横构件十字相交，卯口处都应有包掩（俗称"袖"），包掩尺寸为 0.1 斗口。

斗栱各层构件水平叠落时，须凭暗销固定。每两层构件叠合，至少有两个固定的暗销。

坐斗、十八斗、三才升等件与其他构件叠落时，也要凭暗销固定，每个斗（或升）栽销子 1 个。

斗栱杆件与杆件间的榫卯结构及做法，参见图 31-53～图 31-59。

1. 斗栱制作

斗栱制作，首先需要放实样、套样板。放实样是按设计尺寸在三合板上画出 1:1 的足尺大样，然后分别将坐斗、翘、昂、要头，撑头木及桁碗、瓜、万、厢栱、十八斗、三才升等，逐个套出样板，作为斗栱单件画线制作的依据，然后按样板在加工好的规格料上画线并制作。样板要忠实反映每个构件，构件的每个部位，榫卯的尺寸、形状、大小、深浅，以保证成批制作出来的构件能顺利地、严实地按构造要求组装在一起。

斗栱按样板画线的工作完成以后，即可制作。制作必须严格按线，锯解剔凿都不能走线。卯口内壁要求平整方正，以保证安装顺利。

2. 斗栱安装

为保证斗栱组装顺利，在正式安装之前要进行"草验"，即试装。试装时，如果榫卯结合不严，要修理，使之符合榫卯结合的质量要求。试装好的斗栱一攒一攒地打上记号，用绳临时捆起来，防止与其他斗栱混杂。正式安装时，将组装在一起的斗栱成攒地运抵安装现场，摆在对应位置。各间的平身科、柱头科、角科斗栱都运齐之后，即开始安装。斗栱安装，要以幢号为单位，平身、柱头、角科一起逐层进行。先安装第一层大斗，以及与大斗有关的垫栱板，然后再按照山面压檐面的构件组合规律逐层安装。安装时注意，草验过的斗栱拆开后，要按原来的组合程序重新组装，不要掉换构件的位置。安装斗栱每层都要挂线，保证各攒、各层构件平、齐，有毛病要及时修理。正心枋、内外拽枋、斜斗板、盖斗板等件要同斗栱其他构件一起安装。安装至耍头一层时，柱头科要安装桃尖梁。

斗栱安装，要保证翘、昂、耍头出入平齐，高低一致，各层构件结合严实，确保工程质量合格。

31.9 木装修制作与安装

古建筑木装修指大门、隔扇、槛窗、支摘窗、风门、帘架、栏杆、楣子、什锦窗、花罩、碧纱橱、板壁、楼梯、天花、藻井等室内外木装修等。

各类木装修制作所采用的树种、材质等级、含水率和防腐、防虫蛀等措施必须符合设计要求和相关规范的规定。

各类木装修制作应遵守节约木材的原则，根据设计要求计划用材，避免大材小用，长材短用，优材劣用。

各类木装修制作完成时，应进行质量检验、并作好施工记录。

各类木装修制品在运输时，应采取防潮、防暴晒、防污染、防碰伤等措施。

木装修施工应符合《建筑设计防火规范》(GB 50016—2006)的规定。

31.9.1 槛框制作与安装

槛框指古建筑门、窗的外框，这些外框附着在柱、枋等大木构件上，相似于现代建筑的门窗口。古建筑的槛框由垂直和水平构件组成，其中水平构件为槛，垂直构件为框。

古建木装修槛框名称，见图 31-60。

槛框制作主要是画线和制作榫卯，在正式制作槛框之前，要对建筑物的明、次、梢各间尺寸一次实量。由于大木安装中难免出现误差，因此，各间的实际尺寸与设计尺寸不一定完全相符，实量各间的实际尺寸可以准确掌握误差情况，在画线时适当调整。

装修槛框的制作和安装，往往是交错进行的。一般是在槛框画线工作完成之后，先做出一端的榫卯，另一端将榫锯解出来，先不断肩，安装时，视误差情况再断肩。

槛框的安装程序一般是先安装下槛(包括安装门枕石在内)，然后安装门框和抱框。安装抱框时，要岔活，方法是将已备好的抱框半成品贴柱子就位、立直，用线坠将抱框吊直(要沿进深和面宽两个方向吊线)。然后将岔子板一叉沾墨，一叉抵住柱子外皮，由上向下在抱框上画墨线。内外两面都岔完之后，取下抱框，按墨线砍出抱豁(与柱外皮弧形面相吻合的弧形凹面)。岔活的目的是使抱框与柱子贴紧、贴实，不留缝隙。由于柱子自身有收分(柱根粗、柱头细)，柱外皮与地面不垂直，在岔活之前，应先将抱框里口吊直，然后再抵住柱外皮岔活，既可保证抱框里口与地面垂直，又可使外口与柱子吻合，这就是岔活的作用。抱框岔活以后，在相应位置剔凿出溜销卯口，即可安装。岔活时应注意保证槛

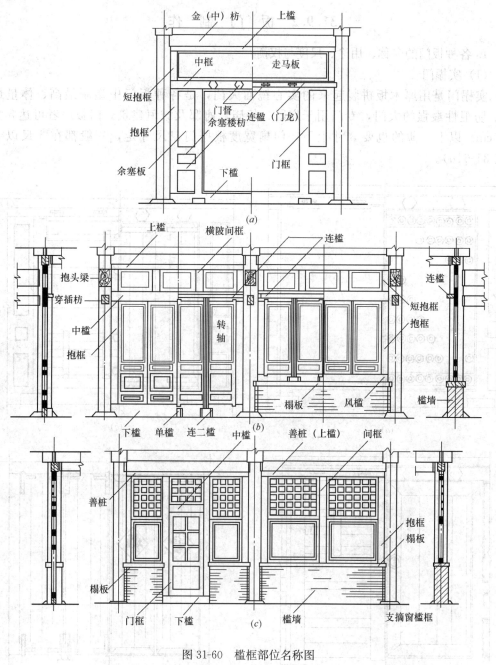

图 31-60　槛框部位名称图

(a)大门槛框部位名称；(b)隔扇槛窗框部位名称；(c)夹门窗槛框部位名称

框里口的尺寸。在安装抱框、门框的同时安装腰枋；然后，依次安装中槛、上槛、短抱框、横陂间框等件。槛框安装完毕后，可接着安装连楹、门簪。装隔扇的槛框下面还可安装单楹、连二楹等件。

其余走马板、余塞板等件的安装依次进行。

槛墙上榻板的安装须在槛框安装之前进行。

31.9.2 板 门 制 作

1. 各种板门的名称、用途、尺度与权衡

(1) 实榻门

实榻门是用厚木板拼装起来的实心镜面大门，是各种板门中型制最高、体量最大、防卫性最强的大门，专门用于宫殿、坛庙、府邸及城垣建筑。门板厚者可达5寸 (15cm) 以上，薄的也要3寸上下，门扇宽度根据门口尺寸定，一般都在5尺以上 (图 31-61a)。

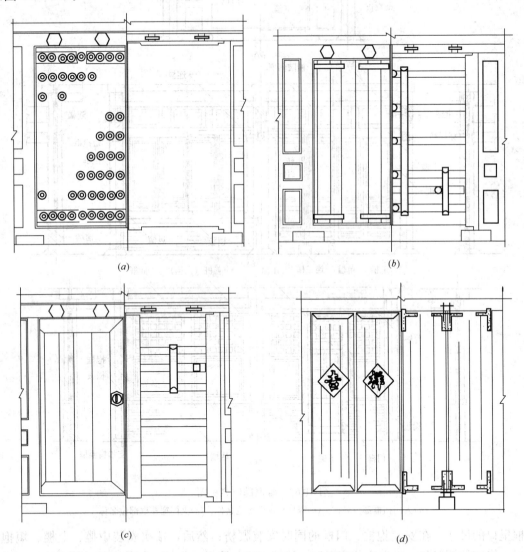

(a) 实榻门；(b) 撒带门；(c) 攒边门；(d) 屏门

图31-61　实榻门、撒带门、攒边门、屏门示意

(a) 实榻门；(b) 撒带门；(c) 攒边门；(d) 屏门

实榻门的构造及各部分尺寸，见图 31-62～图 31-64。

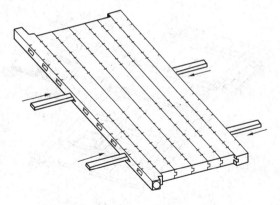

图 31-62　实榻门构造
——穿暗带（抄手带）做法

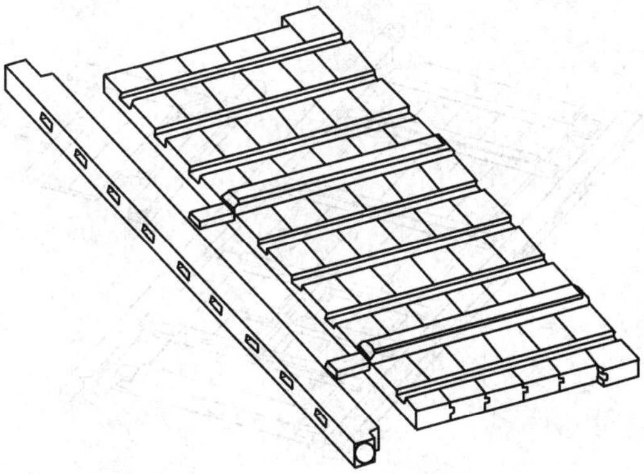

图 31-63　实榻门构造穿明带做法

（2）攒边门（棋盘门）

攒边门是用于一般府邸民宅的大门，四边用较厚的边抹攒起外框，门心装薄板穿带，故称攒边门。因其形如棋盘，又称棋盘门。这种门的门心板与外框一般都是平的，但也有门心板略凹于外框的做法（图 31-61c）。攒边门比起实榻门，要小得多，轻得多。攒边门的尺寸，也是按门口尺寸定。攒边大门构造见图 31-65。

（3）撒带门

撒带门（图 31-61b）与攒边门类似，也由两部分组成：门心板和门边带门轴。它的安装方法同攒边门，需留出上下掩缝及侧面掩缝，按尺寸统一画线后，先将门心板拼攒起来，与门边相交的一端穿带做透榫，门边对应位置凿做透眼，分别做好后一次拼攒成活（图 31-66）。

（4）屏门

屏门（图 31-61d）通常是用一寸半厚的木板拼攒起来的，板缝拼接除应裁做企口缝外，还应辅以穿带。屏门一般穿明带，穿带与门板平。屏门没有边框，为使拼在一起的门板不致散落，上下两端要贯穿横带，称为"拍抹头"。

屏门的安装方式与前三种门不同，是在门口内安装。因此，上下左右都不加掩缝，门扇尺寸按门口宽分为四等份，门扇高同门口高。

2. 各种大门的铜铁饰件及安装

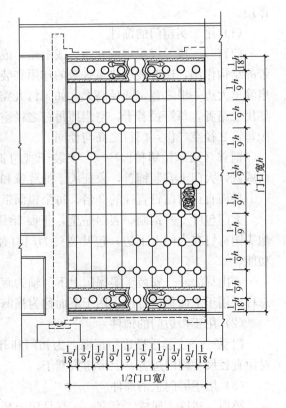

图 31-64　实榻门各部分尺寸

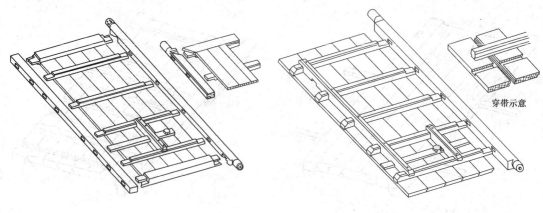

穿带示意

图 31-65 攒边大门构造榫卯图   图 31-66 撒带大门构造示意

铜铁饰件是各种大门的重要附属构件，它们对加固装饰大门、开启门扉等起着重要作用。

（1）用于实榻门的饰件

门钉——按等级规定或九路、或七路、或五路，安装于实榻门正面，起加固门板与穿带的结构作用，还有表现建筑等级的作用和装饰作用。清式《则例》规定："凡门钉以门扇除里大边一根之宽定圆径高大。如用钉九路者，每钉径若干，空当照每钉之径空一份。如用七路者，每钉径若干，空当照每钉之径空一份二厘。如用五路者，每钉径若干，空当照每钉之径空二份，门钉之高与径同。"

铺首（又称铪鈸兽面）——安装于宫门正面，为铜质面叶贴金造，形如雄狮，凶猛而威武，大门上安装铺首，象征天子的尊贵和威严。

兽面直径为门钉直径的 2 倍，每个兽面带仰月千年锦一份。

大门包叶——铜制，表面贴金，正面铪鈸大蟒龙，背面流云，每扇门用四块，用小泡头铜钉钉在大门上下边，包叶宽约为门钉径的 4 倍。大门包叶有防止门板散落及装饰功能。

寿山福海——安装于实榻门上下门轴的旋转枢纽构件，是套筒、护口及踩钉、海窝的总称，用于上面称为寿山，用于下面称为福海，通常为铁质。

（2）用于攒边门的饰件

门鈸——安装于攒边门正面，为扣门和开启门的拉手，一般为铜制，六角形。门鈸对面直径尺寸同门边宽，上带纽头圈子。

（3）用于屏门上的饰件

鹅项、碰铁、屈戌、海窝——都是用于开启门扇的枢纽构件，鹅项安装于屏门门轴一侧。因屏门无门轴，鹅项即门轴，上下各一件，碰铁安装于门的另一边，上下各一件，作为门关闭时与门槛的碰头。屈戌为固定鹅项的构件，海窝相当于大门门轴下的海窝，安装在连二槛上（以上均见图 31-67）。

（4）大门的安装

大门的安装十分简单，只要将门轴上端插入连槛上的轴碗，门轴下面的踩钉对准海窝入位即可。由于古建大门门边很厚，如两扇之间分缝太小，则开启关闭时必然碰撞。因此，在安装前，必须将分缝制作出来，不仅要留出开启的空隙，还要留出门表皮油漆地仗

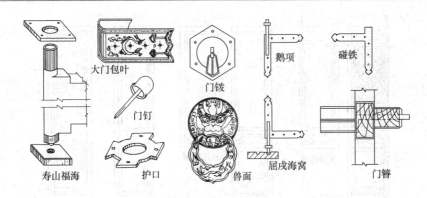

图 31-67 大门铜铁饰件图

所占的厚度（一般地仗为 3～5mm 厚）。分缝须在安装前作好，安装以后，如不合适还可修理。

31.9.3 槅扇、槛窗

1. 槅扇、槛窗的功能、种类及权衡尺度

槅扇，宋代称"格子门"，是安装于建筑物金柱或檐柱间，用于分隔室内外的空间修。槅扇由外框、槅扇心、裙板及绦环板组成，外框是槅扇的骨架，槅扇心是安装于外框上部的仔屉，通常有菱花和棂条花心两种。裙板是安装在外框下部的槅板，绦环板（宋称腰华板）是安装在相邻两根抹头之间的小块槅板。裙板和绦环板上常做各种装饰性很强的雕刻。

明清槅扇自身的宽、高比例大致为 1：3～1：4，用于室内的壁纱橱，宽、高比有的可达 1：5～1：6。每间安装槅扇的数量，要由建筑物开间大小来定，一般为 4～8 扇（偶数）。

明清建筑的槅扇，有六抹（即 6 根横抹头，下同）、五抹、四抹，以及三抹、二抹等，依功能及体量大小而异。通常用于宫殿、坛庙一类大体量建筑的槅扇，多采用六抹、五抹二种，这不仅仅是为显示帝王建筑的威严豪华，更是结构坚固的需要。四抹槅扇多见于一般寺院和体量较小的建筑，三抹槅扇多见于宋代，明清时期较为少见。有些宅院花园的花厅及轩、榭一类建筑，常做落地明槅扇，这种槅扇一般采取三抹及二抹的形式，下面不安装裙板（以上参见图 31-68）。

明清槅扇上段（棂条花心部分）与下段（裙板绦环部分）的比例，有六、四分之说，即假定槅扇全高为 10 份，以中绦环的上抹头上皮为界，将槅扇全高分成两部分，其上占六份，其下占四份。这个规定，对统一各类槅扇的风格有重要作用。

在古建筑中，与槅扇门共用的窗称为槛窗。槛窗等于将槅扇的裙板以下部分去掉，安装于槛墙之上，槛墙的高矮由槅扇裙板的高度定，即：裙板上皮为槛窗下皮尺寸，槛窗以下为风槛，风槛之下为榻板、槛墙。槛窗的优点是，与槅扇共用时，可保持建筑物整个外貌的风格和谐一致，但槛窗又有笨重、开关不便和实用功能差的缺点。所以这种窗多用于宫殿、坛庙、寺院等建筑，民居中是绝少使用槛窗的。

与槅扇、槛窗配套使用的还有横陂、帘架。

横陂是槅扇槛窗装修的中槛和上槛之间安装的窗扇。明清时期的横陂窗，通常为固定

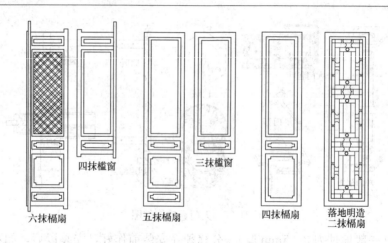

图 31-68　槅扇、槛窗形式举例

扇，不开启，起亮窗作用，由外框和仔屉两部分构成。横陂窗在一间里的数量，一般比槅
扇或槛窗少一扇。如槅扇（或槛窗）为四扇，横陂则为三扇，如槅扇为六扇则横陂为五
扇。横陂的外框、花心与槅扇、槛窗相同。

　　帘架，是附在槅扇或槛窗上挂门帘用的架子。用于槅扇门上的称门帘架，用于槛窗上
的称窗帘架。帘架宽为两扇槅扇（或槛窗）之宽再加槅扇边梃宽一份即是，高同槅扇（或
槛窗），立边上下加出长度，用铁制帘架掐子安装在横槛上（图 31-69）。

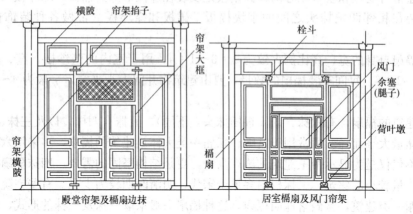

图 31-69　帘架及横陂

　　关于槅扇边梃的断面尺寸，清式则例规定，槅扇边梃看面宽为槅扇宽的 1/10～1/11，
边梃厚（进深）为宽的 1.4 倍，槛窗、帘架、横陂的边梃尺寸与槅扇相同。

　　2. 槅扇、槛窗的基本构造和饰件

　　隔扇、槛窗是由边框、槅心、裙板和绦环板这些基本构件组成的。边框的边和抹头是
凭榫卯结合的，通常在抹头两端做榫，边梃上凿眼，为使边抹的线条交圈，榫卯相交部分
须做大割角、合角肩。槅扇边抹宽厚，自重大，榫卯须做双榫双眼。

　　裙板和绦环板的安装方法，是在边梃及抹头内面打槽，将板子做头缝榫装在槽内，制
作边框时连同裙板、绦环板一并制作安装。

31.9.4　牖窗、什锦窗

古代称墙上开的窗为牖，牖窗有方形、长方形、圆形等。什锦窗是牖窗的一种特殊形式，主要用于园林建筑的隔墙上，起到装饰墙面及框景等作用。什锦窗形式丰富多样，图形多采自生活中常见的器物或图案化了的果实、花卉等，如玉盏、玉壶、花瓶、扇面、寿桃、柿子、石榴、卷书、银锭，五方、六方、双环、套方等（见图 31-70）。

图 31-70　什锦窗与牖窗形式举例

什锦窗主要由窗套和窗心（即边框、仔屉）两部分组成，窗尺寸（贴脸外皮尺寸）一般在 2～3 尺之间，不宜过大或过小。确定窗形要通过放实样解决。什锦窗安装要以图形的中心点为准，而且中心点的高度要与人的视线高度相吻合。

31.9.5　栏杆、楣子的制作与安装

制作栏杆、楣子之前，要对各间的柱间净尺寸进行一次实量，掌握实际尺寸与设计尺寸之间的误差，制作时可根据实际情况适当调整尺寸。

在通常情况下，是将栏杆、楣子做好后整体安装。但有时为了安装时操作方便，也可做成半成品。比如，寻杖栏杆的望柱与建筑物檐柱间相结合的面是凹弧形面，安装时需要砍抱豁（如安装抱框那样）。为操作方便，在制作栏杆时，横枋与望柱之间榫卯入位时可先不要抹䏲胶。将栏杆的半成品运抵现场后，用长木杆掐量柱间实际尺寸画在栏杆上，以确定望柱外侧抱豁砍斫的深度。然后将望柱退下来，进行砍抱豁剔溜销槽等工序的操作，然后再抹䏲胶，将望柱与栏杆组装在一起，在柱子对应位置钉上（或栽上）溜销，用上起下落法安装入位。

楣子与柱子接触面较小，不用此法，可直接掐量尺寸，过画到楣子上，稍加刨砍整修，即可安装。

安装所有栏杆、楣子都必须拉通线，按线安装，使各间栏杆（或楣子）的高低出进都

要跟线，不允许出现高低不平、出进不齐的现象。

寻杖栏杆及其构造（图 31-71）。倒挂楣子和坐凳楣子（图 31-72）。

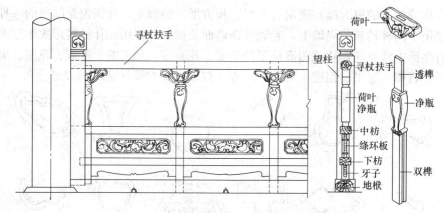

图 31-71　寻杖栏杆及其构造

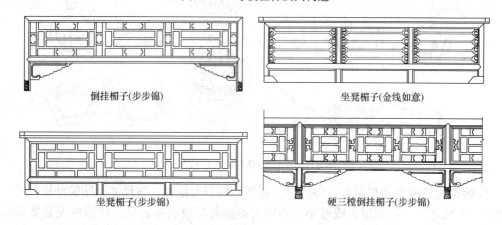

倒挂楣子(步步锦)

坐凳楣子(金线如意)

坐凳楣子(步步锦)

硬三樘倒挂楣子(步步锦)

图 31-72　倒挂楣子和坐凳楣子

31.9.6　花罩、碧纱橱

1. 花罩、碧纱橱的种类和功用

花罩、碧纱橱是古建筑室内装修的重要组成部分，主要用来分隔室内空间，并有很强的装饰功能。由于花罩、碧纱橱做工十分讲究，集各种艺术、技术于一身，又成为室内重要的艺术装饰品。

古建木装修中的花罩有几腿罩、落地罩、落地花罩、栏杆罩、炕罩等，其中落地罩当中又有不同的形式，常见者有圆光罩八角罩以及一般形式的落地罩，各种花罩除炕罩外，通常都安装于居室进深方向柱间，起分间的作用，造成室内明、次、

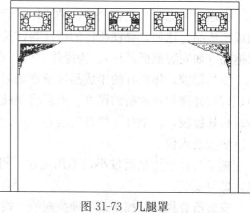

图 31-73　几腿罩

梢各间，既有联系，又有分隔的空间气氛。

几腿罩：由槛框、花罩、横陂等部分组成，其特点是整组罩子仅有两根腿子（抱框），腿子与上槛、挂空槛组成几案形框架，两根抱框恰似几案的两条腿，安装在挂空槛下的花罩，横贯两抱框之间，挂空槛下也可只安装花牙子。几腿罩通常用于进深不大的房间（图31-73）。

栏杆罩：主要由槛框、大小花罩、横陂、栏杆等部分组成，整组罩子有4根落地的边框，两根抱框、两根立框，在立面上划分出中间为主、两边为次的三开间的形式。中间部分形式同几腿罩，两边的空间，上安花罩、下安栏杆（一般做成寻杖栏杆形式），称为栏杆罩。这种花罩多用于进深较大的房间。整组罩子分为三樘，可避免因跨度过大造成的空旷感觉，在两侧加立框装栏杆，也便于室内其他家具陈设的放置（图31-74）。

落地罩：形式略同于栏杆罩，但无中间的立框栏杆，两侧各安装一扇隔扇，隔扇下置须弥墩（图31-75）。

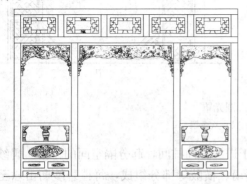

图31-74　栏杆罩

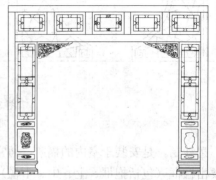

图31-75　落地罩

落地花罩：形式略同几腿罩，不同之处：安置于挂空槛之下的花罩沿抱框向下延伸，落在下面的须弥墩上（图31-76）。这种形式较之几腿罩和一般落地罩更加豪华富丽。

炕罩，又称床罩，是专门安置在床榻前面的花罩，形式同一般落地罩，贴床榻外皮安在面宽方向，内侧挂软帘。室内顶棚高者，床罩之上还要加顶盖，在四周做毗卢帽一类装饰（图31-77）。

图31-76　落地花罩

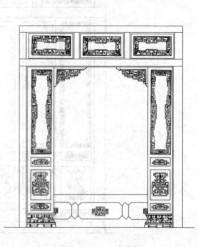

图31-77　床罩

　　花罩中的另一类，是圆光罩和八角罩，其功能、构造与上述各种花罩略有区别。这种罩是在进深柱间作满装修，中间留圆形或八角形门，使相邻两间分隔开来（图 31-78）。

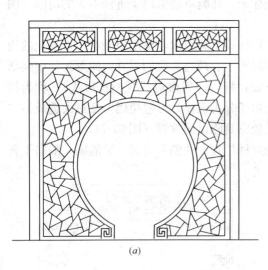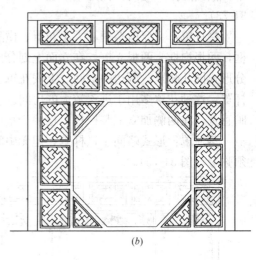

(a)   (b)

图 31-78　圆光罩

(a) 圆光罩；(b) 八角罩

　　碧纱橱，是安装于室内的槅扇，通常用于进深方向柱间，起分隔空间的作用。碧纱橱主要由槛框（包括抱框、上、中、下槛）、槅扇、横陂等部分组成，每樘碧纱橱由六至十二扇槅扇组成。除两扇能开启外，其余均为固定扇。在开启的两扇隔扇外侧安帘架，上安帘子钩，可挂门帘。碧纱橱槅扇的裙板、绦环上做各种精细的雕刻，仔屉为夹樘做法（俗称两面夹纱），上面绘制花鸟草虫、人物故事等精美的绘画或题写诗词歌赋，装饰性极强（图 31-79）。

图 31-79　碧纱橱

2. 花罩、碧纱橱的构造、做法及拆安

室内花罩、碧纱橱都是可以任意拆安移动的装修。因此。它的构造、做法须符合这种构造要求。

花罩、碧纱橱的边框榫卯做法，略同外檐的隔扇槛框，横槛与柱子之间用倒退榫或溜销榫，抱框与柱间用挂销或溜销安装，以便于拆安移动。花罩本身是由大边和花罩心两部分组成的，花罩心由1.5~2寸厚的优质木板（常见者有红木、花梨、楠木、楸木等）雕刻而成，周围留出仔边，仔边上做头缝榫或栽销与边框结合在一起。包括边框在内的整扇花罩，安装于槛框内时也是凭销子榫结合的，通常做法是在横边上栽销，在挂空槛对应位置凿做销子眼，立边下端，安装带装饰的木销，穿透立边，将花罩销在槛框上。拆除时，只要拔下两立边上的插销，就可将花罩取下。

栏杆罩下面的栏杆，也凭销子榫安装。通常是在栏杆两条立边的外侧面打槽，在抱框及立框上钉溜销，以上起下落的方法安装（图31-80）。

碧纱橱的固定隔扇与槛框之间，也凭销子榫结合在一起。常采用的做法是，在槅扇上、下抹头外侧打槽，在挂空槛和下槛的对应部分通长钉溜销，安装时，将槅扇沿溜销一扇一扇推入。在每扇与每扇之间，立边上也栽做销子榫，每根立边栽2~3个，可增强碧纱橱的整体性，并可防止槅扇边梃年久走形。也可在边梃上端做出销子榫安装（图31-81）。

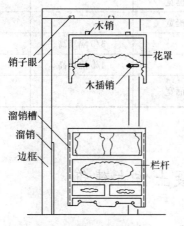

图 31-80 花罩的榫卯构造

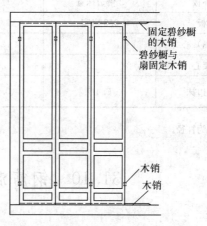

图 31-81 碧纱橱的构造及拆装示意

清式木装修各件权衡见表31-53。

清式木装修各件权衡表 　　　　表 31-53

构件名称	宽（看面）	厚（进深）	长	备注
下槛	0.8D	0.3D	面宽减柱径	
中槛挂空槛	0.66D	0.3D	面宽减柱径	
上槛	0.5D	0.3D	面宽减柱径	
风槛	0.5D	0.3D	面宽减柱径	
抱槛	0.66D	0.3D	面宽减柱径	
门框	0.66~0.8D	0.3D		

构件名称	宽（看面）	厚（进深）	长	备注
间框	0.66D	0.3D		支摘窗间框
门头枋	0.5D	0.3D		
门头板		0.1D		
榻板	1.5D	3/8D	随面宽	
连楹	0.4D	0.2D		
门簪	径按 4/5 中槛宽	头长为 1/7 门口窗	头长＋中槛厚 ＋连楹宽 ＋出榫长	
门枕	0.8D	0.4D	2D	
荷叶墩	3 倍隔扇边梃宽	1.5 倍边梃进深厚	2 倍边梃看面	
榻扇边梃	1/10 隔扇宽或 1/5D	1.5 倍看面或 3/10D		
榻扇抹头	1/10 隔扇宽或 1/5D	1.5 倍看面或 3/10D		
仔边	2/3 边梃看面	2/3 边梃进深		
棂条	4/5 仔边看面 6 分（1.8cm）	9/10 仔边进深 8 分（2.4cm）		指菱花棂 指普通棂条
绦环板	2 倍边抹宽	1/3 边梃宽		
裙板	0.8 扇宽	1/3 边梃宽		
花（隔）心			3/5 隔扇高	
帘架心			4/5 隔扇高	
大门边抹	0.4D	0.7 看面宽		用于实榻 门、攒边门

注：D 为柱径。

31.10　钢筋混凝土仿古建筑

31.10.1　释　义

钢筋混凝土仿古建筑，指的是用钢筋混凝土材料代替木质材料，按古代建筑的形制、尺寸、权衡、比例和外型、色彩建造的仿古建筑。其余，仅求形似，不求神似，仅在檐口、瓦面等处点缀一些古代建筑元素的建筑不能称为仿古建筑。

仿古建筑又可称为当代中国传统建筑。

31.10.2　混凝土替代木质材料的常见部位与做法

混凝土替代木质材料的部位，主要是木构架部分和屋面木基层部分，主要有柱、梁、枋、檩、板、椽、望板等。在对木构建筑的仿建中，不露明的部位（如天花以上的隐蔽部位）可以作简化处理。

斗栱在混凝土仿古建筑中一般已失去结构功能而仅为装饰构件。因此，可以用钢筋混凝土材料，也可以用木质材料。在实际操作中还有用钢板焊制或用玻璃钢材料的，但比较少见。

门窗及其他外檐木装修（如楣子、栏杆、雀替等），则大多仍采用木质材料。近年，也有用塑钢、断桥铝等现代材料仿制古建木门窗的做法。

31.10.3 钢筋混凝土仿古建筑的要义、规范和标准

钢筋混凝土仿古建筑是用钢筋混凝土材料建造的中国传统建筑，它的要义是忠实于传统建筑的形制、尺寸、权衡、比例和外形色彩。应当是高仿、精仿，而不是粗仿、滥仿。钢筋混凝土仿古建筑从设计开始就必须精细到位，有好的设计才能有好的作品。

钢筋混凝土仿古建筑，凡采用钢筋混凝土材料的部分，其外形要按古建筑的形制、尺寸、权衡、比例和外形；其施工工艺应按照钢筋混凝土构件的施工工艺和要求，执行非标准构件的工艺操作程序和标准，钢筋混凝土仿古建筑的质量标准，应当是木结构外形质量标准和混凝土施工质量标准的综合。

凡钢筋混凝土构件与木构件结合部位（如木质斗栱与混凝土部位的结合，木质槛框与混凝土柱、梁的结合，以及木质屋面木基层与钢筋混凝土主框架的结合等），要确保预埋钢件的牢固和安装位置的准确。

凡钢筋混凝土仿古建筑均应有能指导施工的设计图纸，施工过程的实现应当严格按设计和钢筋混凝土施工规范及质量标准进行。

31.11 古建油饰材料

古建传统（清晚期）油饰工程适用于北方地区清官式文物建筑和仿古建筑的室内外地仗工程、油漆（油皮）工程、饰金工程、烫蜡擦软蜡工程、一般大漆工程、粉刷工程等，其中地仗工程的众霸胶溶性单披灰地仗适用于南北方仿古建筑的混凝土面施工。

31.11.1 地仗油水比的确定和要求

（1）传统地仗常用油水比：有两油一水、一个半油一水、一油一水等配比，是地仗施工的主要胶粘剂，即"油满"。油满的油水比是以灰油与石灰水比（曾以灰油与白坯满比），油满的作用见31.11.2古建和仿古建常用地仗材料，油满的油水比，见表31-57。

以前，在古建筑地仗工程施工中曾用两种油水比，为平衡上下架大木油漆彩画的使用周期性，上架大木、椽望、斗栱等部位用一油一水，下架大木因易受风吹雨打、日晒的侵蚀则用一个半油一水，但上架的山花、博缝、连檐瓦口、椽头、挂檐板等部位同样易受侵蚀。因此，油水比按下架大木油水比要求，这是以前地仗施工曾分上下架的原因之一。

（2）地仗工程施工油水比的要求：油灰地仗做法确定之后，依据国家定额（北京地区）、施工规范、文物工程要求，地仗施工的油水比确定为一个半油一水，能满足地仗工程施工进度和质量的要求。因此，作为地仗工程施工的固定油水比（打油满）模式。做净满地仗和其他地区地仗工程施工的油水比，应以设计要求为准或符合地区的要求。

（3）清代中早期净满地仗做法的油水比参考：北京地区清代官式建筑地仗施工的主要材料油满，其"满"为全，是指材料已下齐全，在粗灰、使麻和糊布中只用油满，即为

"净满"，其"净"为纯，指不掺血料，是新木构件地仗前不做斧迹处理和旧地仗油皮上通过斧痕处理继续做地仗的依据。为逐层减缓各遍灰层的不同强度，采用了不固定打油满的模式，从增油撒水到撒油增水的配比，逐层减缓；而在（清晚期的中灰）细灰时，由于工艺的要求掺入了血料（官书初制不用血料），确定了早期地仗的坚固耐久（明代无麻层）。清代油水比的使用，随做法的工序而定，即为不固定油水比，参考如下：

1）两麻一布七灰的油水比是：捉缝灰、通灰、使麻、压麻灰为两油一水，使二道麻、压麻灰为一个半油一水，糊布、压布灰为一油一水，中灰、细灰为一油两水、细灰掺入血料，拨浆灰以血料为主，为打油满4种。

2）一麻一布六灰的油水比是：捉缝灰、通灰、使麻、压麻灰为一个半油一水，糊布、压布灰为一油一水，中灰、细灰为一油两水，细灰掺入血料，拨浆灰以血料为主，为打油满3种。

3）两麻六灰的油水比是：捉缝灰、通灰、使麻、压麻灰为一个半油一水，使二道麻、压麻灰为一油一水，中灰、细灰为一油两水，细灰掺入血料，拨浆灰以血料为主，为打油满3种。

4）一麻五灰的油水比是：捉缝灰、通灰为一个半油一水，使麻、压麻灰为一油一水，中灰、细灰为一油两水，细灰掺入血料，拨浆灰以血料为主，为打油满3种。

5）一麻三灰的油水比（可用于连檐瓦口）是：捉缝灰、使麻为一油一水，中灰、细灰为一油两水，细灰掺入血料，为打油满2种。

6）三道灰的油水比是：捉缝灰为一油一水，中灰、细灰为一油两水，中灰不掺或少掺血料，细灰掺入血料，为打油满2种。二道灰的油水比为打油满1种。

（4）恢复清代的净满地仗做法时，应采用传统不固定的油水比（打油满）模式。

31.11.2 古建和仿古建常用地仗材料及用途

1. 生桐油（俗称生油）

为干性油，目测外观清澈透明，为棕黄色，鼻闻清香，其折光指数（25℃）1.5165，酸值8（不高于），碘指163（不低于），相对密度（15.5℃/15.5℃）0.9400～0.9430，用检测达到二级以上，无混入其他油类的纯生桐油，无杂质及其他异味。钻生前，其干燥速度试验符合要求后再使用。冬季施工，生桐油的存放环境温度不得低于5℃，不得用"睡了"（凝固）的生桐油，应待生桐油"苏醒"（自然溶化）后再用，用于操油、钻生桐油、熬炼光油、灰油、金胶油。

2. 灰油

主要以调配地仗灰而得名。因此，称"灰油"。以生桐油为主按季节加土籽面、樟丹粉熬炼制成。北京集贤血料厂等售货，地仗施工应按季节购用，进场观测外观深褐色，搅动检查有黏稠度和皮头，无杂质及其他异味。专用于打"油满"，作为配制地仗灰的主要胶粘剂。不得使用过嫩的（无皮头）和过老（皮头过大）的灰油。灰油易起皱，光泽差，灰油皮子在闷热高温天气受热易自燃。灰油熬炼的方法和季节配比见31.11.3.1和表31-54。

3. 白面

普通食用白面，进场检查无杂质杂物和硬疙瘩以及受潮霉变，不宜用黏度（筋劲）大的面粉。料房的白面应堆放在架空的木板之上，防止受潮，码放整齐。用于打油满和打面胶糊纸作砖石成品保护。

4. 生石灰

有块状和粉状两种。要用块状生石灰，不得使用粉状熟石灰，经水溶解试验易粉化、温度高为合格。生石灰应存放在干燥的铁桶内。主要用于打油满和发血料及粉刷墙面。《清工部工程做法》按每用 5000kg 生桐油，2500kg 石灰块，2500kg 白面。

5. 石灰水

将生石灰块放入半截铁桶内，泼入清水，粉化后再加入清水搅匀，过 40/目铁纱箩，即可用于打油满。要求石灰水的稠度按每 150kg 灰油不宜少于 20kg 石灰块，以木棍搅动石灰水提出为实白色。要求石灰水的温度为 40℃左右或以手指试蘸石灰水略高于手指温度，避免打的油满面油分离。

6. 油满

先用石灰水和白面烧结调制成"白坯满"，随继加入灰油的调制过程即称打"油满"。应根据工程进度随用随打，油满的表面要用盖水覆盖严实，不得存放过久。使用的油满内不得有结皮、长毛、发酵、发霉和硬块。净满地仗做法时灰层干燥慢、成本高、工期长、坚固延年。油满配合比见表 31-57。传统曾以一个容量的白坯满作为水，加入一个半容量的灰油，即为一个半油一水的"油满"。

7. 血料

（1）用加工的纯鲜猪血和石灰水发制而成的熟血料，作为配制地仗灰的主要胶结材料之一。目测为暗紫红色，手捻有黏性，微有弹性，似软胶冻状或南豆腐状或嫩豆腐状，搅拌呈稠粥状。备用血料在夏季高温天气可存放一两日，要存放在阴凉通风处，否则，易变质泻成血料汤，甚至腐臭、发霉。不得使用或掺用血料渣、硬血料块及变质的血料汤。使用血料应随用随（发制）购，稍棒的血料待回头（将血料放置时间长些泻软再用）后使用在调粗灰中，其他灰遍不得使用。发血料的方法见 31.11.3.2。

（2）清真牛血料：加工发制方法、作用及特性基本同猪血料，因牛羊血料黏性差。为增加其黏性打油满为一个半油一水，调地仗油灰采取粗中灰、使麻糊布增满撒料、细灰增油不撒料的调灰方法。清真油灰配比见 31.11.4.3。

8. 砖灰

以烧制的土质青砖、瓦为原料，呈灰色。要求干燥，不含酸、碱性和砂性，砖灰分粗、中、细三类七种规格，有楞籽灰、大籽灰、中籽灰、小籽灰、鱼籽灰、中灰、细灰。砖灰潮湿时，应晾晒干燥再用。料房存放的砖灰要按规格标识，分别码放在架空的木板上，防止受潮，以便应用。砖灰规格和级配见表 31-55、31-56。

9. 线麻

有人工梳理线麻和机制盘麻。用本色白微有黄头和微有光泽，并具有纤维拉力强的上等柔软线麻，手拉线麻丝不易拉断。不得用过细（似麻绒）的机制线麻或拉力差、发霉的线麻。使用的线麻中不得有大麻披、麻秸、麻疙瘩、杂草、杂物、尘土以及变质麻。梳理线麻的方法见 31.11.3.3。

10. 夏布

使用以苎麻纤维织成的布，布丝柔软、清洁、布纹孔眼微大为佳，每厘米长度内以

10～18根丝为宜，应根据使用部位使用薄厚（布丝粗细）的夏布。不得使用拉力差、发霉及跳丝破洞的夏布。

11. 熟桐油（光油）

为一般光油，呈浅棕黄色，清澈透明，无杂质，搅动检查有黏稠度。专用于调制细灰和调制石膏油腻子，使用时应过 40～60 目箩除去油皮子，不能用于配制颜料光油或罩油，凡有黏稠度的罩油易起皱时，均可用于调制细灰。不能掺用其他油料、稀料或含有其他油漆的光油。

12. 土籽面

土籽有豆粒状和块状，豆粒状为黑褐色，块状为褐色，是一种含有二氧化锰的矿石。用前将干燥的土籽粒，碾碎过 60 目箩成土籽面。一般常用粒状的土籽。采购的土籽面用时要干燥、颜色一致，无杂质、杂物。用于熬炼灰油、漆灰地仗、配水色。

13. 樟丹粉

又名红丹、铅丹，目测呈橙红色，是一氧化铅和过氧化铅混合而成，催干能力比土籽缓慢。熬油时与土籽面配合使用。用时要干燥，无杂质、杂物。

14. 毛竹竿

使用毛竹应干燥宜粗不宜细，用于制作竹轧子、竹钉、竹扁、抿尺，不得用当年新毛竹。

15. 松香水

用汽油 200 号或无铅汽油，用于操底油的稀释，不得使用其他性质的稀释剂。

16. 防锈漆

有铁红防锈漆、红丹防锈漆、樟丹油、锌黄防锈漆、醇酸铁红底漆等，用于预埋钢连接件或钢铁构件表面防锈，使用前要搅匀，涂刷后的涂膜薄厚要均匀亮度适宜，涂刷后10 天内做地仗，有较好的防锈性能。

17. 镀锌白铁、马口铁

用于制作各种大小类型轧子，厚度要求 0.5mm、0.75mm、1mm 不等。应根据轧线规格尺寸选用薄网板厚度，以防轧线变形。

18. 混凝土基层面胶溶性地仗主要材料

（1）氯化锌和硫酸锌溶液：用于混凝土基层含水率微偏高需施工时，通过防潮湿处理后进行施工，方法可采用15％～20％浓度的硫酸锌或氯化锌溶液涂刷数遍，待干燥后除去盐碱等析出物可地仗施工。也可用 15％的醋酸或 5％浓度的盐酸溶液进行中和处理，再用清水冲洗干净，待干燥后再施工。

（2）界面剂：众霸-Ⅱ型为界面剂，具有渗透性，能充分浸润基层材料表面，防止空鼓，增加粘接性能。使用时应有产品合格证书。作用如同混凝土基层面做传统油灰地仗的刷稀底油。

（3）胶粘剂：众霸-Ⅰ型胶粘剂的粘接性能强，加入 791 胶作为混合胶粘剂，配合比为 2∶1，如 791 胶达不到操作（和易性和可塑性）要求时，以众霸Ⅱ型代替，配合比均可1∶1，使用时应有产品合格证书。

（4）其他胶粘剂：胶溶性单披灰地仗表面做溶剂型涂料，其地仗的中灰层、细灰层用聚醋酸乙烯乳胶液时，外檐应用外用乳液，不能用 10℃ 以下的冷水稀释。羧甲基纤维素溶液浓度为 5%，为提高灰层强度应适量加入光油（熟桐油）。

（5）填充料：用强度等级 32.5 以上普通硅酸盐水泥、籽灰、鱼籽灰、中灰，可根据混凝土基层面缺陷的具体情况选用砖灰粒径。其地仗表面选用溶剂型涂料时，面灰主要以中、细灰为填充料。

31.11.3　地仗材料的加工方法及配制

31.11.3.1　熬制灰油的方法

1. 灰油的熬制

应根据春秋两季配合比和"冬加土籽、夏加丹"的技术要点熬炼灰油。

熬炼方法：先将土籽面和章丹粉同时放入锅内炒之去潮，呈开锅冒泡状，待颜色变深潮气全部消失后，再倒入生桐油加火继续熬，用长把的铁勺随时搅拌扬油放烟，油开锅前后颜色由黄中偏红色变驼色至黑褐色时，油温不得超过 180 度，即可试油，试成熟后撒火出锅，继续扬油放烟冷却待用。熬灰油季节配合比见表 31-54

2. 试油方法

将油滴入冷水碗中，成油珠不散，下沉水底而慢慢返回水面，即可撒火，以有充分出锅时间，如油珠不再返回水面，应立即撒火出锅。

熬灰油季节配合比（重量比）　　　　　　表 31-54

季　节	材　料		
	生桐油	土籽面	樟丹
春、秋季	100	7	4
夏季	100	6	5
冬季	100	8	3

3. 熬制灰油注意事项

（1）地仗施工如需熬制灰油时，应经有关部门批准，应远离建筑物和火源并备有个人安全用具（手套、围裙、护袜）和防火设备（如铁锹、铁板、砂子、潮湿麻袋、灭火器材等），方可熬制。

（2）熬制灰油时，放入锅内的土籽面和樟丹粉应炒至潮气全部消失，以防炸响、出沫油溢锅着火；应掌握生桐油的含水率，入锅要少量，灶锅附近应备有凉生桐油（冷油），预防熬油溢锅着火；油开锅后应随时搅拌扬油放烟和观察油的颜色，及时试油以防整锅油暴聚造成经济损失。

（3）夏季熬制灰油每次灰油出锅后，清理洗刷锅内的灰油皮子要随时清除、妥善处理，以防高温天气受热自燃。

31.11.3.2　发血料的方法

先用碎藤瓢子或干稻草揉搓鲜生猪血，将血块、血丝揉搓成稀粥状血浆后，加入适量的清水搅动均匀基本同原血浆稠度，另过罗于干净铁桶内去掉杂质。在稀稠适度的血浆内，进行点 4%～7% 的温度和稠度适宜的石灰水，并随点随用木棍顺一个方向轻轻搅动均匀，待两个小时左右凝聚成微有弹性的及黏性的熟血料，即可使用。

发血料注意事项：

（1）初次发血料先试验，根据血浆稀稠度掌握调整石灰水的温度和稠度及石灰水的加入量，试验成熟再批量发血料，并根据使用要求发制调粗灰的血料和调细灰的血料。

（2）发血料不得使用加过水（由深红色变浅红色）的和加盐（有咸味）的鲜生猪血，经加工（搓好的）的血浆加入清水控制在 15%～20%，血浆起泡沫时可滴入适量的豆油作消泡剂。

（3）目前鲜生猪血可用机械加工，在其他地区发血料应具备卫生条件及废弃物的处理条件。如在室内或搭棚封闭加工操作，废血水血渣可排入污水池。

31.11.3.3 梳理线麻的方法

1. 初截麻

梳麻前先打开麻捲，剁掉麻根部分，顺序拧紧，剁成肘麻（肘麻是指一肘长，即用手攥住麻头绕过肘部至肩膀的长度）为 700mm 左右长。

2. 梳麻

经初截麻后，在架子的合适高度拴个绳套，将肘麻搭在绳套上，用左手攥住绳套部分的麻，右手拿麻梳子梳麻，将麻梳成细软的麻丝存放。

3. 截麻

梳麻后，需根据部位的具体情况（如柱、枋、隔扇）再进行截麻，部位面积较大时按原尺寸使用，部位面积较小时，可截短些。

4. 择麻

截麻后进行择麻，就是将梳麻中漏梳的大麻披和麻中的麻秸、麻疙瘩以及杂草等择掉，使麻达到干净无杂物。

5. 掸麻

麻择干净后，使用两根掸麻杆进行掸麻，用未挑麻的麻杆掸打挑麻的麻杆和麻，使麻达到干净、无杂物和尘土，再将麻摊顺成铺顺序码放在席上，足席卷捆待用。

梳麻注意事项：梳理线麻时应通风良好，并戴双层口罩，注意麻梳子扎手。

31.11.3.4 砖灰加工方法、规格及级配要求

砖灰用青砖、瓦经粉碎分别过箩后，达到不同规格的颗粒及粉末，使用砖灰前同种规格的砖灰，如有杂质或粒径不一致时，油料房要按目数过筛分类再用。砖灰的使用，即根据基层表面的缺陷大小来选用砖灰粒径，又依据部位的地仗做法和工序进行砖灰级配，不可忽视。选用砖灰的规格和级配见表 31-55、表 31-56。

砖 灰 规 格 　　　　　　　　　表 31-55

规格 \ 类别	细灰	中灰	粗　灰				
			鱼籽	小籽	中籽	大籽	楞籽孔径（mm）
目数	80	40	24	20	16	10～12	
粒径（mm）			0.6～0.8	1.2	1.6	2.2～2.4	3～5

注：1. 目数为平方英寸的数。

2. 粒径约控制在表内范围（参考数）。

砖 灰 级 配   表 31-56

	灰 遍	砖 灰 级 配			
1	捉缝灰、衬垫灰、通灰	大籽 45%	小籽 15%	鱼籽 10%	中灰 30%
2	第一道压麻灰	中籽 50%	小籽 10%	鱼籽 10%	中灰 30%
3	第二道压麻灰、填槽灰	小籽 30%		鱼籽 40%	中灰 30%
4	压布灰、填槽灰	鱼籽 60%			中灰 40%
5	轧鱼籽中灰线	鱼籽 40%			中灰 60%
6	中灰	鱼籽 20%			中灰 80%

注：此表为两麻一布七灰做法的砖灰级配参考数。一麻五灰做法的捉缝灰、衬垫灰、通灰的级配参考表中，第一道压麻灰的数据，一麻五灰做法的压麻灰和填槽灰的级配，及三道灰做法的捉缝灰级配参考表中第二道压麻灰的数据。在地仗工程施工中，应根据基层面的实际情况和各部位地仗做法及工序，掌握好砖灰级配，使地仗灰层收缩率小，避免灰面粗糙和龟裂纹、增强密实度。

31.11.3.5 打油满的方法及要求

（1）地仗工程施工的油满油水比为一个半油一水，作为地仗工程施工油满配合比固定模式的依据，文物和设计另有要求应符合文物和设计要求，不得随意撤油增水或增油撤水，不得用反，不得胡掺乱兑。打油满的重量比和容量比见表31-57。

打油满材料配合比   表 31-57

灰 油		石 灰 水		白 面	
重量比	容量比	重量比	容量比	重量比	容量比
150	1.5	100	1	67～75	1

注：1. 打油满的底水和盖水应使用配合比之内的石灰水，不得用配合比之外的石灰水。

2. 人工或机械打油满时，每150kg灰油其白面用量应控制在67～75kg。

（2）配制油满：

1）调制石灰水：按每用150kg灰油，不少于20kg石灰块，将生石灰块放入半截铁桶内，泼入清水，粉化后再加入清水搅匀，过40/目铁纱箩即可。石灰水的稠度以木棍搅动石灰水提出全覆盖木棍为实白色为宜，石灰水的温度40℃左右，或以手指试蘸石灰水略高于手指温度为宜，避免打的油满面油分离。

2）打油满：先将底水倒入容器内，放入定量的白面粉，陆续加入稠度、温度适宜的石灰水，搅拌成糊状，无面疙瘩，颜色成淡黄色（即为白坯满）时，再加入定量的灰油搅拌均匀，即成"油满"，随之将油满表面倒入盖水待用。底水和盖水约各占配比的10%，打白坯满的石灰水约占配比的80%。

3）打油满注意事项：

① 打油满应专人负责，严格按配比统一计量配制，不得随意撤油增水或增油撤水。用成品灰油或熬制的灰油在打油满前要搅匀过20/目铁筛，并将桶底沉淀的灰油中的土籽章丹刮干净过筛，用于油满中。过筛的灰油皮子在阳光暴晒及夏季闷热高温天气受热易自燃，不得随便乱扔，必须随时清除并妥善处理，防止因发热自燃。

② 打油满的底水和盖水，不得使用配合比之外的石灰水，并要控制石灰水的温度和稠度防止油满面油分离。打油满要随用随打，特别是夏季要控制，防止油满结皮、长毛、

发酵、发霉。

③灰油有皮头大小和老嫩之分，皮头大（老）的灰油虽不影响地仗质量，但在打油满时，费时、费力，甚至难以打成油满，如用此油满调地仗灰，入不进灰或不易入灰影响砖灰加入量，操作时达不到使用的要求而影响地仗质量。应在打油满前将10%～20%皮头大的和80%～90%皮头适宜的灰油掺合调均匀后，再打油满。根据调匀的灰油情况还可适量减少白面的加入量，使油满的黏稠度满足调地仗灰的要求。皮头较小或没有皮头（嫩）的灰油，打成的油满调地仗灰黏接力差、干燥慢，操作时油灰发散、粘铁板、不起棱、掉灰粒等，直接影响到地仗的质量，应退回或回锅熬炼再使用。

31.11.4 地仗灰的调配要求及配合比

1. 地仗灰的（油灰和胶溶性灰）配制要求

油料房专职人员对进场材料应严格控制，不合格的材料不得进入材料房。严格按各部位的地仗做法进行配比调制，并符合表31-55、表31-56、表31-57、表31-58、表31-59、表31-60材料配比的要求，地仗灰料配制时要根据工程进度随用随调配，用多少，调配多少。调配油灰时，先将定量的油满和定量的血料倒入溶器内搅拌均匀，然后按定量的砖灰级配分别加入，随加随搅拌均匀，无疙瘩灰即可。调配各种轧线灰和细灰应棒些，调配细灰应选用调细灰的血料（细灰料）和有黏稠度的光油。调配各种灰应满足和易性、可塑性和工艺质量的要求。在油料房存放的油灰表面要用湿麻袋片遮盖掩实，作好标识并按标识认真收发。

2. 地仗灰的调配及使用注意事项

（1）配制地仗灰严禁使用长毛、发酵、发霉、结块的油满，不得使用和掺用血料渣、硬血料块、血料汤及其他不合格的材料。

（2）材料房要保持整齐清洁，容器具要干净并备有灭火器材等。

（3）操作者未经允许不得进入材料房随意材料调配，作业现场剩余的灰料应按标识及时送回材料房。

（4）调配的材料运放在作业现场时，应作好标识，由使用者负责存放适当位置避免曝晒、雨淋、坠杂物，油灰表面要盖湿麻袋片并保持湿度。用灰者应按标识随用，随平整，并随时遮盖掩实，保持灰桶内无杂物、洁净。操作者不得胡掺乱兑。

31.11.4.1 古建、仿古建木基层面麻布油灰地仗材料配合比

古建、仿古建木基层面底布油灰地仗材料配合比，见表31-58。

古建木基层面麻布油灰地仗材料配合比 表31-58

序号	材料类别	油满		血料		砖灰		光油		清水		生桐油		汽油	
		容量	重量	容量	重量	容量	重量	容量	重量	容量	重量	容量	重量	容量	重量
1	支油浆	1	0.88	1						8～12	8～12				
2	木质风化水锈操油											1	1	2～4	1.5～3
3	捉缝灰	1	0.88	1	1	1.5	1.3								

续表

序号	材料\类别	油满 容量	油满 重量	血料 容量	血料 重量	砖灰 容量	砖灰 重量	光油 容量	光油 重量	清水 容量	清水 重量	生桐油 容量	生桐油 重量	汽油 容量	汽油 重量
4	衬垫	1	0.88	1	1	1.5	1.3								
5	通灰	1	0.88	1	1	1.5	1.3								
6	使麻浆	1	0.88	1.2	1.2										
7	压麻灰	1	0.88	1.2	1.2	2.3	2.0								
8	使麻浆	1	0.88	1.2	1.2										
9	压麻灰	1	0.88	1.2	1.2	2.3	2.0								
10	糊布浆	1	0.88	1.2	1.2										
11	压布灰	1	0.88	1.5	1.5	2.3	2.1								
12	轧中灰线	1	0.88	1.5	1.5	2.5	2.3								
13	槛框填槽灰	1	0.88	1.5	1.5	2.3	2.1								
14	中灰	1	0.88	1.8	1.8	3.2	2.9								
15	轧细灰线	1	0.88	10	10	40	37.8	2	2	2~3	2~3				
16	细灰	1	0.88	10	10	39	36.9	2	2	3~4	3~4				
17	涌生	1	0.88									1.2	1.2		

注：1. 此表以传统二麻一布七灰地仗做法材料配合比安排，其中第15、16项的油满比例不少于表中数据的10%
时，其光油的比例改成3~4。

2. 凡一布五灰地仗做法均可不执行表中第6、7、8、9项的配合比；如一麻五灰地仗做法均可不执行表中第
6、7、10、11项的配合比；如一麻一布六灰地仗做法均可不执行表中第6、7项的配合比；如二麻六灰地
仗做法均可不执行表中第10、11项的配合比。

3. 木构件表面有木质风化现象，挠净松散木质后操油，应根据木质风化程度调整生桐油的稀稠度。

4. 凡一布四灰或四道灰糊布条地仗做法用中灰压布的配合比需减少血料0.3的配比。压麻灰、压布灰、中灰
在强度上为预防龟裂纹隐患，可减少血料0.2的配比。

31.11.4.2 古建、仿古建木基层面、混凝土面单披灰油灰地仗材料配合比

古建、仿古建木基层面、混凝土面单披灰地仗材料配合比，见表31-59。

古建木基层面、混凝土面单披灰油灰地仗材料配合比 表 31-59

序号	材料\类别	油满 容量	油满 重量	血料 容量	血料 重量	砖灰 容量	砖灰 重量	光油 容量	光油 重量	清水 容量	清水 重量	生桐油 容量	生桐油 重量	汽油 容量	汽油 重量
1	汁油浆	1	0.88	1	1					20	20				
2	木质风化水锈操油											1	1	2~4	1.5~3.5
3	混凝土面操油							1	1					3~4	2.5~4
4	捉缝灰	1	0.88	1	1	1.5	1.3								
5	衬垫	1	0.88	1	1	1.5	1.3								

续表

序号	材料类别	油满		血料		砖灰		光油		清水		生桐油		汽油	
		容量	重量	容量	重量	容量	重量	容量	重量	容量	重量	容量	重量	容量	重量
6	通灰	1	0.88	1	1	1.5	1.3								
7	轧中灰线	1	0.88	1.5	1.5	2.5	2.3								
8	槛框填槽灰	1	0.88	1.5	1.5	2.3	2.1								
9	中灰	1	0.88	1.8	1.8	3.2	2.9								
10	轧细灰线	1	0.88	10	10	40	37.8	2	2	2~3	2~3				
11	细灰	1	0.88	10	10	39	36.9	2	2	3~4	3~4				

注：1. 此表以传统四道灰地仗做法材料配合比安排，其中第10、11项的油满比例在上下架大木、门窗和连檐瓦口、椽头及风吹日晒雨淋的部位，不少于表中数据的10%时，其光油的比例改成3~4。

2. 凡三道灰地仗做法的配合比执行表中第8、9、11项的配合比，其三道灰的捉缝灰执行表第8项配合比。凡二道灰地仗做法的配合比执行表中第9、11项的配合比。

3. 凡椽望、斗栱、楣子、花活、窗屉等部位的细灰中均可不加入油满，其光油的比例不宜少于3，肘细灰时所用的细灰不得使用中剩余的细灰做肘灰用。

4. 四道灰做法支油浆应符合表31-58的规定，其中灰可减少血料0.2的配比。

31.11.4.3 清真地仗工程油灰参考配合比

1. 麻布地仗油灰配合比

(1) 汁浆＝油满：牛血料：清水＝1.2：1：10

(2) 捉缝灰＝油满：牛血料：砖灰＝1.2：1：1.7

(3) 通灰＝油满：牛血料：砖灰＝1.2：1：1.7

(4) 头浆＝油满：牛血料＝1：1

(5) 压麻灰＝油满：牛血料：砖灰＝1：1.2：1.8（含填槽灰、压布灰）

(6) 中灰线＝油满：牛血料：砖灰＝1：1.2：2

(7) 中灰＝油满：牛血料：砖灰＝1：1.5：2.5

(8) 细灰＝油满：牛血料：砖灰：光油：清水＝1：10：39：4：适量

(9) 潲生＝油满：清水＝1：1

2. 四道灰地仗油灰配合比

(1) 汁浆＝油满：牛血料：清水＝1.2：1：10

(2) 捉缝灰＝油满：牛血料：砖灰＝1.2：1：1.7

(3) 通灰＝油满：牛血料：砖灰＝1.2：1：1.7

(4) 中灰＝油满：牛血料：砖灰＝1：1.5：2.5

(5) 细灰＝油满：牛血料：砖灰：光油：清水＝1：10：39：4：适量

3. 三道灰地仗油灰配合比

(1) 汁浆＝油满：牛血料：清水＝1：1：10

(2) 捉缝灰＝油满：牛血料：砖灰＝1：1.2：1.8

(3) 中灰＝油满：牛血料：砖灰＝1：1.5：2.5

(4) 细灰＝油满：牛血料：砖灰：光油：清水＝1：10：39：4：适量

4. 二道灰地仗油灰配合比

(1) 汁浆 ＝油满：牛血料：清水＝1：1：15

(2) 捎中灰＝油满：牛血料：砖灰＝1：1.5：2.5

(3) 细灰 ＝油满：牛血料：砖灰：光油：清水＝1：10：39：4：适量

注：1. 凡细灰配合比中的油满不得少于数据的10%。

2. 木件表面水锈、糟朽（风化）操油配比为生桐油：汽油＝1：1.5～3，操油的浓度（应根据木质水锈及糟朽（风化）程度调整）以干燥后，其表面既不结膜起亮，又要起到增加木质强度为准。

31.11.4.4　仿古建混凝土面、抹灰面众霸胶溶性单披灰地仗材料配合比

仿古建混凝土面、抹灰面众霸胶溶性单披灰地仗材料配合比（重量）　　　　表 31-60

序号	材料类别	混合胶	众霸Ⅱ型界面剂	砖灰级配		水泥	纤维素溶液	乳液	光油	生油	汽油	清水
1	涂界面剂		1									0.5
2	捉缝灰	2		籽灰 1	鱼籽 1	3						
3	衬垫灰	2		籽灰 1	鱼籽 1	3						
4	通灰	2		鱼籽 2		3						
5	操底油									1	4	
6	轧中灰线			鱼籽 1.2	中灰 2.5		2.5	1	0.6			
7	中灰			鱼籽 1	中灰 2.5		2.5	1	0.5			
8	轧细灰线			细灰 5			2.5	1	0.5			
9	细灰			细灰 4.8			2.5	1	0.5			

注：1. 此表主要适应于仿古建混凝土面众霸胶溶性四道灰地仗做法；三道灰做法则不进行第4项配比。

2. 凡外檐地仗施工应使用外用乳胶液调灰。

3. 纤维素溶液的浓度为5%，无纤维素溶液可以混合胶代替，但配合比应经试验（和易性和可塑性）符合施工要求时，方可施工。

4. 本表的材料配合比，适应于边远地区仿古建混凝土面无血料、灰油、打油满的情况下施工。

5. 混合胶＝众霸Ⅰ型胶粘剂：791胶＝2：1。如791胶达不到操作（和易性和可塑性）要求时，可以众霸Ⅱ型代替，配合比均以1：1。

6. 表中水泥为普通硅酸盐水泥，强度等级42.5以上。

7. 表中第2、3、4项砖灰级配的籽灰粒径可根据基层面缺陷情况适当调整。

8. 为适应北京地区近代文物建筑混凝土面的施工，地仗表面做油漆彩画时，采用表中第1～5项，其表中第6～9项中的材料配合比，应改用表31-59的第7～11项的材料配合比。

9. 仿古建木基层面的麻布油灰地仗材料配合比应参照表31-58的配合比。

31.11.5　古建和仿古建常用油漆材料及用途

(1) 光油

以桐油为主和苏子油熬炼、聚合，从中加入催干剂熬炼制成，为古建油饰的特制光油。分为净油、二八油、三七油、四六油等，是根据生桐油中加入苏子油的比例不同得名，浅棕黄色，清澈透明，较黏稠，光泽大，干燥时间基本同普通油基漆，耐磨、耐水、油膜弹性好、保光性和耐候性好。除用于罩光油外，还用于配制颜料光油和配制金胶油。耐磨性、光亮度不如加入松香的光油好，但油膜弹性稍差。

(2) 颜料光油

用光油和颜料以传统方法配制而成，是传统古建自制的油漆涂料，其品种有限，主要按所加颜料的名称和所配制的颜色命名的，适用于古建、仿古建的油饰。常用颜料光油有如下品种：

1）樟丹油：除用于配制柿红油外，主要用于朱红油、二朱油的头道油和配制柿红油，除起底油、封闭、遮盖、防渗和节约面油外，主要起衬托面油的色彩作用，使银朱油或二朱油的色调明快、鲜艳。油饰牌楼的霸王杠时，涂饰两遍樟丹油后，既起底油作用，还起防锈作用。

2）朱红油（银朱油）：以银朱和光油配制而成，串油的银朱颜料颗粒要细，色彩鲜艳，没有杂质。传统用"正尚银珠"或"合和银珠"串油，用佛山银朱串油不多，出水串油的方法与章丹油相同。现多用上海银朱串油，但颜料不用开水浇沏泡，因颜料轻用煤油稀释研磨后串油，方法同广红土油。用于配制二朱油和古建筑的连檐瓦口、斗栱眼、垫板、花活地、匾托、霸王杠及御用建筑的盖斗板等油饰部位。

3）二朱油：曾以二成银朱油和八成广红土油配制成二朱油，现多用八成银朱油和二成铁红油配制成二朱油，至今颜色尚无定制。据清《工程做法》中使三麻二布七灰和使二麻一布七灰的糙油、垫光油、朱红油饰，是以银朱、南片红土、红土及光油等配制成朱红油饰，其前做法颜色比后做法略艳，相当于银朱油：广红土油＝5：4。按现今颜料配二朱油即银朱油：铁红油约＝5：2.5～3，适用于御用建筑的朱红油饰部位。

4）广红土油（红土子油）：传统以南片红土、红土颜料配制广红土油，现以氧化铁红颜料配制铁红油取代广红土油，但色暗发紫。广红土油耐晒、遮盖力强、不易褪色，色彩稳重适用于古建、仿古建的油饰。

5）柿红油：以红土子油加入适量的章丹油配制而成，比广红土油鲜艳。适用于古建、仿古建的油饰。清代工程做法中记载有柿黄油，以光油、栀子、槐子、南片红土调配而成。

6）洋绿油：清早期用大绿油和瓜皮绿油，清晚期曾用鸡牌绿油。现多用巴黎绿油或用氧化铁绿油或用两绿合一配成。多用于古建、仿古建的飞头、椽肚、屏门、梅花柱子、坐凳油饰，窗屉、绿圆柱子等。

7）黑烟子油：适用于小式建筑的筒子门和做黑红镜油饰。黑色面积大时加少许广红土油。

8）墨绿油：以绿油为主加少许黑烟子油调配而成，适用于小式建筑及铺面房。

9）定粉油：传统以中国粉研细配制定粉油，因以木箱包装，油画作均以原箱粉与光油配制，适用于古建、仿古建的内檐油饰和配色，如瓦灰色，用于黑烟子油的头道油。

10）米黄油：以中国粉配制的定粉油和黄丹油（金黄油）调配而成。清代工程做法中记载以光油、定粉、彩黄、淘丹、青粉调配而成，适用于小式建筑的室内。

11）紫朱油：以朱红油为主（清中早期加黑油）加佛青油和少许黄丹油调配而成，适用于小式建筑。

12）香色油：以黄油为主（早期用采黄加青粉、土子）加白油和少许蓝油调配而成，适用于小式建筑。

13）羊肝色油：以广红土油为主（铁红油需加少许朱红油）加黑烟子调配而成，适用于小式建筑。

14）荔（栗）色油：以广红土油为主加适量黑烟子油和黄丹油调配而成，适用于小式建筑。

15）瓦灰油：以定粉油为主加少许黑烟子调配而成，适用于小式建筑及铺面房。

（3）古建油饰常用颜料品种较多，串油颜料多用矿物颜料，不溶于水、溶剂，具有较好的化学稳定性和物理性能。耐晒，耐磨，遮盖力强，附着力强。

1）樟丹（又名红丹、铅丹）（Pb_3O_4）呈橙红色，结晶形粉，质细，密度较大，是铅的氧化物，具有耐碱性，但在酸中易溶解，防锈、防腐、化学稳定性好，配成的油附着力强，易干燥，使用前需用开水浇沏几遍，将其所含的硝质杂物冲净研细后，方可配制樟丹油使用。可用它调配防锈涂料。操作后要洗手，以防铅中毒。

2）银珠：又名硍朱、朱磦、汞朱，硍朱是鲜红色粉末。"合和银珠"和"正尚银珠"，以"正尚银珠"为上品。为提纯后的三氧化二铁细粉。其色随制造条件不同而变动，于橙光红到蓝光红及紫光红之间，色变的原因由其分子颗粒形状不同的缘故，有较好的化学稳定性，在日光、大气及酸碱类作用下都很稳定。只有在浓酸中加热浸泡时才能把它溶解，其遮盖力及着色性都很强。有块状和粉状两种，质轻色发红，击碎后擦角尖锐有光亮者为上品。串油前，须用清水浸泡研细后除去杂质，现用上海银朱串油。

3）广红土：有南片红土、红土、铁红、铁丹、铁朱、印度红等品种，前两者最佳，是天然红土，色正、附着力强，还具有耐晒、遮盖力强、不褪色等特点，用途广泛，是配制广红土油的颜料。红土子又是刷红墙的原料，但红土着色力差，色彩较灰暗。

4）洋绿（氧化铬绿）：又名巴黎绿，是化学性质不活泼的矿物颜料，在酸碱和硫化物的作用下都不起变化。它具有耐光照、耐高温、耐氧化的特性。洋绿（氧化铬）可以和颜料及胶粘剂（光油、水胶和乳液）相混合。用手试之，如捻细砂，用水浸泡沉淀后，水仍澄清而无绿色，水清者为上品；次者体轻、颗粒如粉、色混略呈黄或蓝黑色，说明内含杂质较多为矾类。串油前须用清水浸泡研细后除去杂质。洋绿具有毒性，在研磨出水和操作后要洗手，以防中毒。

5）氧化铁红（Fe_3O_4）：有天然和人造两种，遮盖力和着色力都很强，有良好的耐光、耐高温、耐大气和污浊气体及耐碱性能，并能抵抗紫外线的侵蚀。是配制铁红油的颜料，又是粉刷中较好及最经济的红色颜料。由于色头原因，古建、仿古建不宜使用色头偏黄和色头偏紫的氧化铁红。

6）中国粉：（即为铅粉）多产于广东韶州故名韶粉，俗名胡粉，适用于配制定粉油的颜料。原箱粉为好的定粉、块粉各半，色白，手捻时发涩，粉不挂手，味酸，适用配制定粉油的颜料，也是彩画施工不可缺少的颜料。

7）铅粉：（天字古塔牌）又名中国粉、白铅粉、铅白粉、定儿粉，适用于配制定粉油的颜料，原箱粉为好的定粉块粉各半，色白，手捻时发涩，粉不挂手，味酸，适用配制定粉油的颜料，也是彩画施工不可缺少的颜料。

8）碳黑（烟子）：是有机物燃烧后的产物，俗名烟子。一般用木柴煅烧的是在氧化不足的情况下得到的，质轻应用酒精配兑，适用于配制黑烟子油的颜料，也是彩画施工不可缺少的颜料。

9）土粉子：土黄色，比大白粉体重；用于调配血料腻子，干后收缩性小。施工中无土粉子时，可用大白粉代替，但不得使用滑石粉。

10）石黄：又名雄黄、雌黄，为三硫化砷，因成分纯杂不同，色彩随之有深浅不同，古人称发深红而结晶者为雄黄，其色正黄，不甚结晶者为雌黄。《本草纲目》有雌黄，即石黄之载，色彩纯正，细腻，遮盖力强。用于串黄油，可兑入微量樟丹和清漆工程调色。

11）生石膏粉：主要用于调配光油石膏腻子，可兑入微量大白粉使油石膏腻子细腻。

12）混色油漆（溶剂型）：仿古建和古建室内装修的油饰，选择外用长油度和通用中油度的醇酸油漆，常用品种有各色醇酸磁漆，各色醇酸调合漆，铁红地板漆。常用颜色有朱红、铁红、绿色、中黄、白色、黑色、蓝色等，其品种性能等参见涂饰工程。

（4）硝基磁漆、底漆：常用颜色为黑硝基磁漆，用于牌匾做硝基漆磨退，仿大漆效果。

（5）稀释剂：用于调整涂料施工黏度，以利施工操作符合施工要求，达到涂层表面平整、光亮、光滑的目的，且不可多加。

1）×6 醇酸稀料：用于作稀释醇酸成膜物质的各种长、中油度醇酸漆。

2）松香水（汽油）、松节油、无铅汽油：起稀释作用，用于操底油及调整油漆施工粘度。

3）煤油：用于稀释上海银朱便于研磨后配制银朱油和用于磨退工艺。

4）白酒或酒精：用于配制黑烟子油。

5）×20 硝基漆稀释剂：防白性比×1 好，主要用于牌匾做硝基漆稀释。

（6）催干剂：又名干燥剂，有固体和液体两种，是一种能够促使可氧化的漆料加速干燥的物质，对干性油膜的吸氧、聚合作用，能起一种类似催化剂促进作用。用量应按要求和配合比加入。否则，就会产生外干里不干，引起返粘、皱皮、易使漆膜老化。

1）土籽：为最古老的催干剂，有豆粒状和块状，豆粒状为黑褐色，块状为褐色，熬炼光油一般常用粒状，是一种含有二氧化锰的矿石，是氧化和聚合作用同时进行的一种催干剂，氧化作用稍强于聚合作用，其表干的活性和透干性都较强，仍需加入其他催干剂配合使用。干后油膜较硬而脆，色深容易黄，不宜使在白漆中。

2）黄丹粉：成分属一氧化铅。为铅催干剂主要是促进聚合反应，使油膜表面和内层同时干燥，油膜干后柔韧，可伸缩，经久性和耐候性好。熬炼光油内加入黄丹粉除起催干作用外，还能使脏物坠底，改变油质颜色，增加美观效果，可串黄油用，清代称金黄油。

3）古干料：液体催干剂是钴、铅和锰催干剂的混合液体，使用量不得超过漆重量的 0.5%。如冬季、低温或阴雨天施工，或油漆贮存过久催干性能减退时，补加催干剂的用量不得超过漆重量的 0.7%～1%。

（7）砂布、砂纸：用于磨腻子、磨油皮，有 1/2 号、1 号、11/2 号。

（8）水砂纸：用于油漆的磨光和磨退工艺。有 200 号、220 号、240 号、260 号、280 号、300 号、320 号、340 号、360 号、380 号、400 号等。

（9）密陀僧与松香：陀僧是清代熬光油所下材料之一，因市场缺（无）货，长时期熬光油已不下陀僧。松香用于熬炼罩光油能提高油膜硬度和耐磨性及光泽，因底层颜料光油的油膜软而面层罩光油的油膜硬，数年后背阴处的面层油膜易出龟裂纹、蛤蟆斑。

（10）原子灰腻子：干燥快和附着力好，可用于仿古建醇酸油漆复找腻子。

（11）川蜡、黄蜡（蜂蜡）、砂蜡、软蜡（上光蜡）、地板蜡：川蜡、黄蜡用于烫蜡；

砂蜡、软蜡用于清色活工艺及磨退工艺；地板蜡用于地板养护。

（12）木炭：传统主要用于楠木古建筑、匾面烫蜡。

（13）其他材料见 31.11.1 和参见涂饰工程。

31.11.6　传统油漆的加工方法及配制

（1）熬光油：

光油：以桐油为主和苏子油熬炼、聚合、加入催干剂制成。分为净油、二八油、三七油、四六油等，是根据生桐油中加入苏子油的比例不同而得名，浅棕黄色，清澈透明，较黏稠，比一般清油光泽大，干燥快、耐磨、耐水、漆膜坚韧、保光性和耐候性相近，适用于配制颜料光油和罩光油。

熬光油用生桐油、苏子油、土籽、黄丹粉、定粉材料，配合比见表 31-61。做罩光油另加松香。熬油前要把土籽、黄丹粉、研细定粉分别入锅焙干，先把苏子油熬沸后，将其均匀的土籽放置勺内，浸入油中颠翻炸透，倒入锅内，再以微火慢熬，随熬随扬油放烟，试油见水成珠搅动抱棍，即为熬成坯油。取净土籽，出锅将烟放尽，直至油凉为止。再熬炼生桐油，开锅后入坯油，随熬随扬油放烟，开锅后下定粉，以微火慢熬，油色发黄时滴油见水成珠，手试拉丝即可出锅，加入黄丹粉，继续扬油放烟，待油凉后即可使用（据记载宋代熬净光油，以取出炸透土籽次下松香化后再下定粉，滴油见水成珠手试拉丝下黄丹去火搅冷使用）。

以苏子油煎坯油时，加热到 190~200℃，煎 3h 方可得到平滑的油膜。熬炼罩光油在熬炼时可加入 0.5~0.8 的松香粉末。在熬制桐油时需加热到 200℃保持 0.5h 或迅速加热到 260℃聚合后，并快速冷却。但容易导致胶化成坨，因此，在熬制加热时应严格控制温度和时间，并在每次熬油 50kg 需储备 30kg 以桐油熬制的嫩点的冷坯油，作为熬光油时骤冷用，以免成胶报废。

熬光油材料配合比（重量比）　　　　　　　　　　表 31-61

季节	材　　　料					
	生桐油	土籽	黄丹粉	密陀僧	研细定粉	老松香粉
春、秋季	100	4	2.5	已不下	0.5	0.5~0.8
夏季	100	3	2.5	已不下	0.5	0.5~0.8
冬季	100	5	2.5	已不下	0.5	0.5~0.8

注：1. 清早期熬光油，每 100 桐油用土籽 6 斤 4 两，黄丹 6 斤 4 两，陀僧 6 两 4 钱折合 200g。

2. 加入松香是为了提高罩光油的油膜硬度和耐磨性及光泽，用松香应经试验好后再入，如用干油松香油膜有回粘感，用四醇松香油膜硬，耐水性、耐碱性、耐候性都比较好。

熬光油注意事项：

1）熬制光油时，应经有关部门批准，应远离建筑物和火源并备有个人安全用具（手套、围裙、护袖）和防火设备（如铁锹、铁板、砂子、潮湿麻袋、灭火器材等），方可熬制。

2）熬光油时用的生桐油、苏子油含水率不大于 1%，土籽、黄丹粉、密陀僧、定粉必须是干燥的，以防炸响溅油及涨锅溢油，导致着火。

3）熬光油时，不能为了避免成胶报废，而采取多加土籽来降温冷却，使所熬光油涂饰后，易出现表干里不干、起皱等质量问题。

（2）颜料串油，传统多用无机矿物颜料串油，根据颜料颗粒粗细、轻重等原因进行分别串油，方法有出水串油、干串油、酒水串油等。其一，出水串油的颜料如巴黎绿、鸡牌绿、章丹、银硃、黄丹及定粉，因矿物质颜料颗粒粗内含硝和杂质，且有毒；必须通过开水漂洗去除硝和杂质，水研磨罗细，再出水串油；定粉颗粒虽细因质重有黏度成块状，需水研磨罗细，进行出水串油；其二，干串油的颜料如广红土、佛青，因颗粒细腻与油融合可直接串油。上海银朱虽细腻、质轻飘浮力略差、与水与油难于融合，可用精煤油闷透，或研细，再串油；其三，酒水串油的颜料如黑烟子，因细腻、质轻飘浮、与水与油难于溶合。因此，需先用酒闷透再用热水浇沏，或直接用加热的酒水闷透，再串油。颜料串油应达到使用质量要求，其方法如下：

1）洋绿、章丹、银珠出水串油

洋绿、章丹、银珠等，串油前需分别先用开水多次浇沏，直至水面无泡沫，使盐、碱、硝等杂质除净。再用小磨研细，待其颜料沉淀后将浮水倒出。出水串油时，在一处逐次加浓度光油，用木棒搅龇，当颜料与油黏合一起时，水被逐步分离挤出，用毛巾将水吸净，陆续加油搅沚使水出净，再根据虚实串油，待油适度盖好掩纸，在日光下晾晒，出净油内水分后待用。

2）干串广红油及用途

将广红土颜料放入锅内焙炒，使潮气出净，再将炒干的广红土过箩倒入缸盆内，加入适量光油搅拌均匀，用牛皮纸掩头盖好，放在阳光下曝晒，使其颜料颗粒沉淀时间越长越好，不得随用随配。油层分净、实、粗三种油，分别按上、中、下三层，使用在不同部位和不同的工序上。上层的净油为"油漂"，做末道油出亮用，中层的油实做下架头、二道油用，下层的油微粗多用于上架檐头。

3）黑烟子酒水串油

将烟子轻轻倒入箩内，盖纸放进盆中，用干刷子轻揉，使烟子落在盆内，筛后去箩。用高力纸盖好，在高力纸上倒白酒或温白酒，使白酒逐渐渗透烟子，再用开水浇沏，闷透烟子为止，揭纸渐渐倒出浮水；并在一处逐次加浓度光油，用木棒搅龇，当烟子与油黏合一起时，水被逐步挤出，用毛巾将水吸净，再陆续加油使水出净，然后根据虚实串油，待油适度后盖好掩纸，在日光下晾晒，出净油内水分后待用。

（3）古建仿古建油漆工程调配色时，应在天气较好，光线充足的条件下进行。所用的油漆类型批量必须相同。配色时，应掌握"油要浅、浆要深"，"有余而不多、先浅而后深、少加而次多"的操作要点，按照各种色漆的配合比，依次称取其数量，再依次将次色、副色调入主色，搅拌均匀，而不得相反，并符合样板和设计要求后，还应掌握催干剂、稀释剂等的加入量。由于多种颜料密度不同，成品色漆或调成的色漆，常常发生"浮色"弊病。因此，在调色时，一般应添加入微量（千分之一）的硅油溶液加以调整，以免发生"浮色"。在油饰工程中用的干颜料，不但要鲜艳，而且要经久耐用。

31.11.7　浆灰、血料腻子、石膏油腻子材料配合比

油漆工程的浆灰、血料腻子、石膏油腻子材料配合比，见表31-62。

油漆工程的浆灰、血料腻子、石膏油腻子材料配合比（重量）　　**表 31-62**

类别/材料	血料	细灰	土粉子	光油	调合漆	石膏粉	清水
浆灰	1	1					
血料腻子	1		1.5				0.3
石膏油腻子				6	1	10	6

注：1. 调配浆灰，应以调配细灰的血料（行话细灰料）调配浆灰，不得行龙。

2. 调配血料腻子时，施工中应使用土粉子，可用大白粉代替，且不得使用滑石粉，外檐墙面用血料腻子要滴入适量光油。

3. 调制寻活的血料腻子，强度不足时可加入血料或滴入适量光油，不得用剩余的腻子做代用品。

4. 调制石膏油腻子，用石膏粉加光油、色调合漆调匀，逐步加清水及微量石膏粉或大白粉调至上劲，速加清水调成挑丝不倒即可。

5. 调制大白油腻子用大白粉加色调合漆调匀，逐步加清水及大白粉调至有可塑性即可。

31.11.8　饰金常用材料及用途

1. 库金箔

明代称"薄金"，清早中期称"红金"，晚清至今称"库金"，又称"库金箔"，颜色发红，金的成色最好，含金量为 98%，又称九八库金箔，库金箔是与 2% 的银和其他稀有材料经锤制而成。由于含金量高色泽为纯金色，因而品质稳定、耐晒、耐风化、不受气候环境影响，色泽经久不变辉煌延年；其中颜色发黄的称"黄金"（似苏大赤），金的成色稍差；清代工程做法中红黄两色金均指"红金"、"黄金"。在古建中常采用库金箔饰金，规格 93.3mm×93.3mm/张和 50mm×50mm/张，厚度只有 0.13 微米左右，光照不得有砂眼。金箔计量按 10 张为一贴，10 贴为 1 把，5 把为 1 包，两包为 1 具＝1000 张。

2. 赤金箔

颜色浅发青白头称赤金箔（似田赤金），又称七四赤金箔，金的成色较差，含金量为 74%，每万张耗金量为 110g，耗银量为 28～30g 和其他稀有材料经锤制而成的。亮度同库金箔，但延年程度远不如库金箔，多用于两色金。外檐用容易受气候环境影响，光泽逐渐发暗，甚至发黑。贴赤金箔后，需在表面罩光油或涂透明清漆防护。规格 83.3mm×83.3mm/张。金箔计量同库金箔。

3. 铜箔

比金箔厚，是近些年来代替金箔用于建筑物的，由于易氧化变黑，需在表面涂透明涂料防护，故不适应环境湿度大的地方。规格为为正方形，有 100 mm×100mm，120 mm×120mm，140 mm×140mm 等。铜箔不宜使用在文物建筑上。

4. 银箔

以白银和其他稀有材料经锤制而成的，规格同赤金箔大小，亮度和延年程度都远不如金箔，主要用于银箔罩漆，是仿金色的一种需求。过去适用于佛像、佛龛和铺面房（轿子铺、药铺、香蜡铺等）的室内装修，此做法不适应建筑物装修，明清漆工常用在器物上。

5. 光油

特制加工的有黏稠度的光油，经试验不易起皱纹的光油，见 31.11.5 常用油漆及材料。

6. 金胶油

以特制加工的有黏稠度的光油为主要材料，加入适量豆油坯或糊粉，即为金胶油，根据使用要求，分隔夜金胶油和爆打爆贴的金胶油，不论配兑隔夜的金胶油，还是配兑爆打爆贴的金胶油，均应在建筑物贴金的部位处进行样板验证，要控制好贴金前后时间，否则影响贴金质量。隔夜金胶油适用于 5～8 月份贴金工程，爆打爆贴的金胶油适用于 9 月份至来年 4 月份贴金工程。好的隔夜金胶油干燥时间在 24 小时后脱滑，从 17（下午一点至来日晨时六点）小时后，开始贴金 7 小时内拢瓢子吸金，金面饱满光亮足。好的爆打爆贴的金胶油一般要求在 10 小时后脱滑，从 5（晨时八点至下午一点）小时后，开始贴金 5 小时内光亮不花为好。因此，使用油金胶在四季中应充分利用夏季的特点，该季节的金胶油结膜后，以手指背触感有粘指感，似油膜回黏，既不过劲，也不脱滑，还拢瓢子吸金，贴金后金面饱满光亮足，不易产生绽口和花。且不可将金胶油内掺入大量成品油漆作为金胶油使用，易造成贴金后的多种通病。传统为了打金胶防止落刷掺入了微量的颜料光油，20 世纪 60 年代以来掺黄或红调和漆。

7. 豆油

又称大豆油，需用粗制豆油，呈黄棕色或红棕色，为半干性油，淡黄色，碘值（120～141），干燥缓慢、涂膜柔韧、不易泛黄、保色性好，不耐碱、不防水，最宜于制造白漆。用豆油改性的醇酸树脂不会变色，如加入等量桐油一起炼制，可改善涂膜干性和耐水性。不得使用提纯的豆油，用豆油前需经熬炼成坯，豆油坯兑入金胶油内起到延缓金胶油干燥时间的作用。

8. 糊粉

将定粉（中国铅粉）放入锅内砂，以温火炒糊后即成糊粉。用于兑入金胶油内起到增强粘度、稠度和催干等（在净光油内起丽色）作用。

9. 棉花

贴金时用于帚金既能帚掉飞金，还可弥补贴金面亏金，使贴金面光亮一致、整齐。

10. 白芨、鸡蛋清

白芨属于药材，中药店有售，要用新鲜的白芨粘性大，调制湿金以白芨、鸡蛋清为胶粘剂，用于拨金或描金工艺中，不宜使用陈旧的白芨，因黏性太小，不能起粘合作用。

11. 黄丹油、红或黄调和漆及酚醛漆

用于金胶油作为岔色防漏刷。

12. 青粉或大白粉及大白块

用于油地打金胶油前呛粉，防止不贴金的油膜吸金；大白块用于贴金时压金箔呛汗手。

13. 毛竹板

用于打样板试验金胶油。

14. 罩光油、丙烯酸清漆、醇酸清漆

用于赤金箔、铜箔透明防护。丙烯酸清漆透明度好金色正。

15. 腰果酚醛清漆、腰果醇酸清漆

为色清漆，透明度有深浅之分，有大漆的某些特点，北京地区多用于佛像、佛龛金箔罩漆。

31.11.9 常用大漆及材料

1. 大漆

又名天然漆、国漆、土漆、生漆。大漆是天然树脂漆的一种，是从漆树身上割取出来的乳白色汁液，经过初步加工滤去杂质称原漆，又称为生漆。经多次过滤再经日晒脱去水分的漆，并经特殊精制而成的纯生漆，叫做棉漆，又叫精致生漆。用生漆或棉漆加入10%～30%坯油的为夹生漆，加入40%以上的坯油时就称为广漆；生漆经过熬炼后，再加适量坯油和加少量未经熬炼过的生漆，称熟漆，或者叫推光漆；还可以加入颜料（如瓷粉、石墨等），配制成各种颜色的鲜艳、光彩夺目的色漆，其变化和用途无穷尽。大漆具有漆膜坚硬、耐久性、耐磨性、耐化学腐蚀、耐热、耐水、耐潮、绝缘防渗性等良好的特点。

2. 推光漆

（T09-9 黑油性大漆）该漆是由生漆、亚麻仁油与氢氧化铁以 100∶5～20∶4 的比例混合，并经加工处理而配成。漆膜耐磨、耐水、耐碱等性能均好，主要用于工艺美术漆器、高级木器家具、牌匾及实验台的表面涂饰。

3. 黑推光漆

（T09-8 黑精制大漆）该漆是将生漆与氢氧化铁加工处理而制成的，漆膜坚硬、耐久性、保光性、遮盖力、附着力均好，并且具有较好的耐磨性。漆膜经推光后黑而有光，可用于工艺漆器，如漆器屏风的装饰，以及用于高级木器制品、牌匾等。

4. 广漆、赛霞漆、金漆、笼罩漆、透纹漆

（T09-1 油性大漆）属于清漆类。该漆的组成是将生漆与油料（如熟桐油和亚麻仁油）加工处理而成。其配比是生漆∶油料＝30～70∶70～30 进行配制。该漆具有耐水、耐温、耐光和干燥快（6h 即可干燥）的特性。主要用于木器家具、工艺漆器、房屋内部表面的涂饰等。

5. 201 透明金漆

（T09-3 油基大漆）该漆未加入颜料之前属于清漆类。是由生漆和亚麻仁油及顺丁烯二酸酐树脂混合，并加入着色剂和有机溶剂加工配制而成。漆膜光亮、能透视出底部的本色及木纹，附着力强、耐水、耐久、耐候、耐烫性能均好，漆膜干燥较快（表干为 4h，实干为 24h）。可用于木器家具、室内陈设物及工艺漆器的贴金、罩光等，也可根据需要调入颜料配制成色漆。

6. 其他材料

桐油、光油、灰油、砖灰、瓷粉、血料、生猪血、黄丹粉、土籽面、夏布、线麻、生石膏粉、熟石膏粉、松香水（97 号汽油）、豆油、精煤油、酒精、黑烟子、酸性大红、酸性品红、黑纳粉等等。

31.11.10 粉刷常用材料

古建和仿古建常用材料有大白块、大白粉、生石膏粉、地板黄、广红土、氧化铁红（色头应同广红土色）、墨汁、32.5 级以上普通硅酸盐水泥、血料、白面、生石灰块、土粉子、熟桐油、纤维素、火碱、众霸-Ⅱ型界面剂、众霸-Ⅰ型胶粘剂、791 胶、青灰、滑

石粉、防水腻子、砂布、砂纸等。

31.11.11 粉刷自制涂料的调配

配制水性涂料和色浆掌握多种颜料密度和各种颜色的色素组合,正确区分主色与次色及配料时各色掺加的次序。配料时要掌握"油要浅、浆要深","有余而不多、先浅而后深、少加而次多"等要领。

1. 面胶大白浆

先将泡好的大白适量加水搅拌成糊状过 80 目细箩后,再将淀粉或面粉适量加水搅拌无疙瘩过 80 目细箩,在搅拌时适量滴入火碱水,逐渐变稠呈浅黄时,继续用力急速搅拌,搅之稠度不变时,陆续加水继续急速搅拌至所需稠度为宜。然后将面胶适量加入素大白浆中,搅拌均匀符合遮盖力和涂刷要求即可。大白:淀粉:火碱水:水 = 25:1:0.3:适量。

2. 包金土色浆(即为深米色浆)

先将适量矿物质颜料(地板黄无红头时加微量广红土)加水溶解后,过 80 目细箩兑入过滤好的素大白浆中至颜色符合要求,加入适量面胶搅拌均匀,符合遮盖力和涂刷要求即可。

3. 喇嘛黄浆

喇嘛黄浆调配方法同包金土色浆,但另加入微量石黄比包金土色浆深,喇嘛黄浆的颜色近似僧衣颜色。

4. 石灰油浆(传统适宜外白墙)

先将块石灰、适量光油、微量大盐同时放入大铁桶内,逐渐加入清水以淹没块石灰即可,待油和水烧熔后,再加清水经搅拌符合喷刷要求和遮盖力,过 80 目细箩即可。配比约:块石灰:光油:大盐:水 = 4:0.5:0.2:适量。

5. 配制外墙色浆

(1) 红土浆(传统适宜外墙):先将广红土加适量水溶解后,兑入血料和微量大盐(也有加胶的)搅拌均匀,过 60 目细箩符合遮盖力和涂刷要求即可,后多用骨胶水或乳胶配兑氧化铁红调配成红土浆。配比约:广红土:血料:大盐:水 = 5:1:0.2:适量。现多用外墙涂料所代替,但色泽应与广红土色泽相符。

(2) 红土油浆(传统多适宜宫墙):在配制石灰油浆的同时加入广红土,附着力差时加血料水,配制方法同石灰油浆,配比约:广红土:块石灰:光油:大盐:水 = 5:1:0.6:0.2:适量。

(3) 青灰浆(传统适宜砖墙冰盘沿、墙裙),配制方法同红土浆,配比约:青灰:块石灰:骨胶:大盐:水 = 2:4:0.3:0.1:适量。但骨胶需先加水泡胀,再加水熬成胶水待用。

6. 成品涂料

用成品涂料调配包金土色涂料时,先将适量地板黄或微量广红土加水溶解后,过 80 目细箩兑入过滤好的白涂料中搅拌均匀,符合颜色(涂料色艳而尖,文物需加黑压艳去尖头)、遮盖力和涂刷要求即可。

31.11.12　常用自制腻子的调配及用途

1. 血料腻子

调配内檐墙面的血料腻子见表 31-62 的配合比，外檐墙心应适量加入光油增加强度和耐水性。

2. 水石膏

用生石膏粉加入清水，在未凝固前用于嵌缝、嵌凹坑，缝隙和凹坑大时，在水石膏内适量加入乳胶，一般用于室内外抹灰面嵌找，抹灰面强度低时，不宜使用水石膏。

3. 大白腻子

用龙须菜胶冻或火碱面胶，或纤维素溶液加入大白粉或滑石粉调配而成，均可适量加入乳胶提高强度，无其他腻子应用防水腻子，一般用于室内粉刷。

4. 众霸水泥腻子

众霸水泥腻子参照实行表 31-63 配合比。一般用于仿古建混凝土面、水泥砂浆抹灰面的外墙涂饰工程、但使用的涂料应具备防酸防碱的性能。

外墙混凝土面、水泥砂浆抹灰面水泥腻子配合比见表 31-63。

外墙混凝土面、水泥砂浆抹灰面众霸水泥腻子配合比　　　表 31-63

序号	材料 类别	众霸-Ⅰ型 胶粘剂	众霸-Ⅱ型 界面剂	791 胶	鱼籽砖灰	强度等级 32.5 水泥	清水
1	涂界面剂		1				2
2	嵌找腻子	1		0.5	适量	2~3	
3	垫找腻子	1		0.5	适量	2~3	
4	满刮腻子	1		0.5		2~4	

31.12　地　仗　工　程

31.12.1　地仗工程的分类及常规做法

31.12.1.1　地仗工程分类

地仗工程按材料性质分净满地仗（为清早、中期工艺做法）、油灰地仗（为清晚期至今沿用的传统地仗工艺做法）、胶溶性地仗（为适应仿古建混凝土面的工艺做法）；按工艺做法分麻布地仗、单披灰地仗、众霸胶溶性单披灰地仗、修补地仗。

31.12.1.2　地仗工程的常规做法

1. 麻布地仗

传统针对大木构件衬地的油灰层中，既有麻层，又有布层的地仗，或只有麻层和只有布层的地仗，均称为麻布地仗。

（1）常做传统麻布地仗有：二麻一布七灰地仗、二麻六灰地仗、一麻一布六灰地仗、一麻五灰地仗、一布五灰地仗、一布四灰地仗和四道灰肩角节点糊布条地仗及三道灰肩角节点糊布条地仗。

(2) 适用范围：传统麻布地仗主要适用于木基层面积大的构件及山花的雕刻寿带部位。如上下架大木构件、栈板墙、罗汉墙、挂檐板、围脊板、各类大门、博缝、隔扇、槛窗、匾额、支条、天花、巡杖扶手栏杆和望柱及横抹间柱、花栏杆的巡杖扶手和望柱、什锦窗的贴脸及边框、木楼梯等部位。

2. 单披灰地仗

传统主要针对大木，而大木分麻布地仗与单披灰地仗两大类工艺做法。只用油灰衬地的称单披灰地仗，这类做法明代地仗较薄，清代至今基本由四道灰完成。所以传统单披灰均指大木做四道灰而言，如连檐瓦口、椽头、椽望、斗栱、花活等部位在做法上不称单披灰。现在人们常将所有不使麻，不糊布的地仗，均称单披灰。设计和技术交底中不能出现连檐瓦口、椽头、斗栱、椽望做单皮灰地仗（即为莫糊做法），交底中允许出现砍单披灰的词语。

(1) 常做传统单皮灰地仗有：四道灰地仗、三道灰地仗、二道灰地仗。

(2) 适用范围：传统单皮灰地仗既适用于木基层面、混凝土面等大面积的部位还适用于小面积的部位，如常做单皮灰地仗的部位有连檐瓦口、椽头、椽望、斗栱、菱花屉、花活、荷叶净瓶、花板、绦环板、牙子、棂条花格、仔屉棂条、花栏杆棂条、美人靠；近些年来基本不做单皮灰地仗的部位有上下架大木构件（除混凝土面构件）、隔扇、槛窗、支条、天花、巡杖扶手栏杆、什锦窗贴脸及边框。

3. 胶溶性单披灰地仗

是近些年来，在不断发扬继承传统技术的同时，为适应仿古建筑的混凝土、抹灰表面的地仗施工，采用传统操作工艺、运用新材料，取得的成功经验，形成了新型材料胶溶性单披灰地仗工艺和做法。根据主要材料胶粘剂的名称命名的，分为乳液胶溶性单披灰地仗，血料胶溶性单披灰地仗，众霸胶溶性单披灰地仗，现施工多采用众霸胶溶性单披灰地仗工艺和做法。

(1) 常做胶溶性单披灰地仗有：四道灰地仗、三道灰地仗、二道灰地仗。

(2) 适用范围：胶溶性单披灰地仗主要适用于仿古建筑的混凝土面较大面积的部位和小面积的部位，如上下架大木、连檐瓦口、椽头、椽望、斗栱等部位。

4. 修补（找补）地仗

根据不同部位地仗做法的不同和损坏程度的不同，而采取不同的地仗修补（找补）施工做法。

(1) 修补（找补）地仗有：二麻六灰地仗、一麻一布六灰地仗、一麻五灰地仗、一布五灰地仗、一布四灰地仗、四道灰地仗、三道灰地仗、二道灰地仗、道半灰地仗等。

(2) 适用范围：同传统麻布地仗、传统单披灰地仗、胶溶性单披灰地仗的适用范围，一般山花、博缝板、下架柱子、槛框、隔扇、踏板、坐凳、各类大门、牌匾额等油活部位的地仗修补较多。

31.12.1.3 地仗的组成及隐蔽验收项目

地仗工艺基本是以一麻五灰工艺原理变通的，根据不同的木基层面需要进行增减麻布或增减灰遍而基层处理随之有变，形成不同的地仗工艺。一麻五灰操作工艺的工序顺序为：斩砍见木、撕缝、下竹钉、支油浆、捉缝灰、通灰、使麻、磨麻、压麻灰、中灰、细灰、磨细灰、钻生桐油。

1. 传统麻布地仗的麻布灰层组成及隐蔽验收项目：

(1) 二麻一布七灰地仗：基层处理、捉缝灰、通灰、使头遍麻及磨麻、压麻灰、使二遍麻及磨麻、压麻灰、糊布及磨布、压布灰、中灰、细灰、磨细钻生桐油。

(2) 二麻六灰地仗：基层处理、捉缝灰、通灰、使头遍麻及磨麻、压麻灰、使二遍麻及磨麻、压麻灰、中灰、细灰、磨细钻生桐油。

(3) 一麻一布六灰地仗：基层处理、捉缝灰、通灰、使麻及磨麻、压麻灰、糊布及磨布、压布灰、中灰、细灰、磨细钻生桐油。

(4) 一麻五灰地仗：基层处理、捉缝灰、通灰、使麻及磨麻、压麻灰、中灰、细灰、磨细钻生桐油。

(5) 一布五灰地仗：基层处理、捉缝灰、通灰、糊布及磨布、压布灰、中灰、细灰、磨细钻生桐油。

(6) 一布四灰地仗：基层处理、捉缝灰、通灰、糊布及磨布、鱼籽中灰压布、细灰、磨细钻生桐油。

(7) 四道灰糊布条地仗：基层处理、捉缝灰、通灰、糊布条及磨布、鱼籽中灰（含压布条）、细灰、磨细钻生桐油。

(8) 三道灰糊布条地仗：基层处理、捉缝灰、糊布条及磨布、中灰（含压布条）、细灰、磨细钻生桐油。

2. 传统单皮灰地仗灰层组成及隐蔽验收项目

(1) 四道灰地仗：基层处理、捉缝灰、通灰、中灰、细灰、磨细钻生桐油。

(2) 三道灰地仗：基层处理、捉缝灰、中灰、细灰、磨细钻生桐油。

(3) 二道灰地仗：基层处理、捉中灰、满细灰、磨细钻生桐油。

(4) 道半灰地仗：基层处理、捉中灰、找细灰、磨细操生桐油。

3. 胶溶性单披灰地仗灰层组成及隐蔽验收项目

同传统单披灰地仗灰层组成及隐蔽验收项目。

31.12.1.4 地仗做法的确定和选择

一般根据建筑物各部位油饰彩画的老化程度和旧地仗破损、脱落、翘皮、裂缝、龟裂等程度，以及木基层风化程度等具体情况周全考虑，确定做法首先考虑：其一，根据现状对木基层处理（如根据木基层风化程度，是否需操油，操什么油好）提出要求；其二，根据纹饰和线型损伤程度提出恢复要求；其三，根据建筑物各部位实际情况要达到的质量要求确定地仗做法；其四，受使用方经济原因确定做法，地区原因确定做法，建设方特殊需要确定做法，依据文物要求确定做法等。现仅按常规确定地仗做法参考如下：

(1) 根据传统麻布地仗的适用范围，一般选择一麻五灰地仗做法较多，但根据下架柱子、槛框、板门类山花博缝及寿带、罗汉墙、风檐板等部位受风吹雨打、日晒等损坏程度的具体情况，可选择一麻一布六灰地仗做法，花活的雀替大边可随上架大木地仗做法。栈板墙、包镶柱子、大门一般可选择二麻一布七灰地仗或一麻一布六灰地仗做法。在仿古建筑中如有混凝土构件与木构件交接安装时，其木构件可选择一麻五灰地仗做法。大式隔扇、槛窗、巡杖扶手栏杆、花栏杆、支条、天花板一般选择一麻五灰地仗做法。小式隔扇、槛窗、支条、巡杖扶手栏杆、花栏杆一般做一布五灰地仗或一布四灰地仗，或边抹做四道灰肩角节点糊布条做法。但旧木裙板、绦环板做一布五灰地仗或新木一布四灰地仗。

凡混凝土构件缺陷大者，或表面有不规则的炸纹（细龟裂纹），应做一布五灰或一布四灰。

（2）根据传统单披灰地仗适用范围，混凝土面缺陷大者选择四、五道灰地仗做法，上下架大木构件可选择四道灰地仗做法，易出现裂缝；连檐瓦口、椽头受风吹雨打常选择四道灰地仗做法；椽望、斗栱、心屉、楣子、菱花、花活等部位多做三道灰地仗做法，新花牙子、菱花、楣子掌、雕刻等可选择二道灰地仗做法；但文物工程经多次修缮，基层处理后表面凹凸不平、线路面目全无、纹饰缺损不清，如椽望三道灰地仗做法难以达到表面基本圆平，可改做四道灰地仗。又如菱花、楪掌、花活等做三道灰地仗难以恢复线路纹饰原状，或改做四道灰地仗或用工乘系数。

（3）根据胶溶性单披灰地仗适用范围，一般混凝土面上下架构件缺陷大者选择四、五道灰地仗做法，混凝土面上下架构件缺陷小者和混凝土面连檐瓦口、椽头、椽望、斗栱等部位多选择三道灰地仗做法，混凝土面基本无缺陷时，可选择二道灰地仗做法。

（4）根据修补（找补）地仗适用范围，一般以建筑物各部位的原地仗做法及损坏的程度确定做法，如原麻布地仗层尚好局部开裂、翘裂、损坏或麻上灰局部龟裂和普遍龟裂或细灰层局部龟裂和普遍龟裂，一般选择将局部开裂、翘裂等损坏处除净旧地仗，做修补一麻五灰地仗做法；麻上灰局部龟裂和普遍龟裂选择掭砍至压麻灰做一布四灰地仗做法时，但应注意灰层强度虽好而原构件木质风化疏散不宜保留灰层（因通过掭砍易将麻层以下灰层震脱层）；如原单披灰地仗局部开裂、翘裂、脱落等缺陷，选择局部除净旧地仗做修补二、三、四道灰地仗做法。总之，要根据具体情况选定常规修补（找补）地仗的某一种地仗做法。

31.12.2 地仗工程常用工具和机具及用途

1. 斧子

应使用专用的小斧子，用于砍活旧地仗清除，新木构件剁斧迹。

2. 挠子

应使用专用的挠子，根据木构件和花活选用大小，用于旧地仗清除挠活。

3. 铁板

用于地仗施工中刮灰、拣灰。以钢板裁成，常用五种规格和一种搭线角铁板，有3寸×6寸、2.5寸×5寸、2寸×4寸、1.5寸×3寸、1寸×2.5寸和2寸×2寸。现规格多种，做什么活用什么规格的铁板，灰层要求平整的不能用有弹性的铁板，花活雕刻、堆字、线活、填地等，每遍灰需多块铁板或用两块不同的斜铁板。要求所用矩形铁板四边直顺、四角方正。

4. 皮子

用于地仗施工中搭灰、复灰、收灰。清代用牛皮制作皮子，现用熟橡胶制作皮子。皮子大者一般为3寸×4寸，基本以手大小为准，厚度一般为3～5mm。皮子分大中小数种规格，又分软硬皮子，在活上分细灰皮子和粗灰皮子，还分细灰皮子、搭灰皮子、中灰皮子，要求根据具体工序不同部位，使用不同的皮子，皮子的皮口直顺厚薄一致。

5. 板子

用于地仗施工中过板子。以柏木板制成，板子一般分大中小三种规格，有二尺四、尺八、尺二或一尺，板子宽度四寸，板子尾部厚六分，口尾厚五分，坡口处不足一分。由于木质板子刮灰时易磨损。因此,要求板子的板口在使用中随时检查直顺。现多用松木板子更易磨损,使用前在生桐油内浸泡多日,干后再使用。

6. 麻轧子

用于使麻工序的砸干轧、水翻轧、整理活。以柏木、枣木树杈制成。

7. 轧子

用于地仗施工中轧线。轧子为轧各种线形的模具,轧子有框线轧子、云盘线轧子、套环线轧子、皮条线轧子、两柱香线轧子、井口线轧子、梅花线轧子、平口线轧子等。轧子用竹板、镀锌白铁、马口铁(0.5~1mm 厚度)制成,竹轧子一般轧有弧度的线形最佳,铁片轧子一般轧直顺的线形最佳。

8. 铲刀

用于地仗施工时撕缝、揎缝、除铲、磨灰、修活等。

9. 剪刀、铁剪刀

用于地仗施工糊布剪布边、剪掩子,制作轧子剪铁片。

10. 鸭嘴钳子、钳子、扒搂子

鸭嘴钳子用于地仗施工制作轧子。钳子、扒搂子用于起钉子。

11. 灰扒、铁锹

用于地仗施工中打油满、调粗、中、细灰。

12. 长短木尺棍

用于地仗施工大木捉缝灰后衬垫灰前的检测及轧线。尺棍最长者以抱框高度或间次面阔为准,最短者为 70cm。

13. 粗细箩、筛子

用于地仗施工中砖灰过滤,过筛。

14. 砂布、砂纸

用于地仗施工中除锈、磨布、小部位磨细灰。有1号、1 1/2号、2号。

15. 粗细金刚石

用于地仗施工中磨活。粗金刚石磨粗灰,细金刚石磨细灰,要求磨活的粗细金刚石块两大面平整,不少于一个侧面棱角方正、整齐、直顺、平整。

16. 糊刷、刷子、生丝

用于地仗施工中开头浆、花活肘细灰、钻生桐油。

17. 粗布、麻袋片

用于地仗施工中磨粗中灰后抽掸活,将麻袋片蘸水再甩掉水珠盖油灰。

18. 半截大桶、把桶、水桶、油勺、小油桶、粗碗

用于地仗施工中盛油满、血料、油灰,盛灰油、盛水、盛砖灰,钻生桐油等。粗碗用于地仗施工中盛灰、拣灰。

19. 抿尺

在地仗施工中临时用毛竹砍制成,代替铁板皮子不易操作的部位,用于燕窝、翼角处抿灰。

20. 大小笤帚

用于地仗施工中磨粗中灰后清扫灰尘及杂物。

21. 抽油器

用于地仗施工中抽生桐油。

22. 砂轮机、角磨机、油石

用于地仗施工中磨斧子、挠子、铲刀，磨修皮子、铁板。角磨机用于混凝土构件除垢及不规矩处的角磨修整，角磨机用于旧木构件砍活，代替挠子除垢不损伤木骨，有利于文物建筑保护。

23. 调灰机

用于地仗施工中打油满、调灰。

24. 80～100cm 长的细竹秆、席子

用于地仗施工中梳理线麻时弹麻，堆放麻。

31.12.3 地仗工程施工条件与技术要求

(1) 地仗工程施工时，屋面瓦面工程、地面工程、抹灰工程、木装修等土建工程湿作业已完工后并具备一定的强度，室内环境比较干燥再进行地仗工程施工。

(2) 地仗工程施工前应对木基层面、混凝土基层面认真进行工种交接验收；基层表面不得有松动、翘裂、脱层、缺损等缺陷；基层强度、圆平直、方正度、雕刻纹饰规则度等应符合相应质量标准的规定。

(3) 凡古建、仿古建当年的土建工程，屋顶（面）的木基层（望板）未做防潮、防水，而直接做苫背（护板灰、泥背和灰背）时，其檐头的望板、连檐瓦口、椽头部位不宜地仗、油漆工程施工，应待来年再进行地仗、油漆工程施工；如当年进行地仗、油漆工程施工，易造成连檐瓦口、望板腐烂，地仗、油漆造成地仗灰附着力差、裂缝、鼓包、翘皮、脱落等缺陷，新木构件含水率高，同样出现此类缺陷。

(4) 地仗施工前应提前搭设脚手架，并以不妨碍油饰彩画操作为准。操作前，应经有关安全部门检查鉴定验收合格后，方可施工。施工中脚手板不得乱动，上架操作人员应保管好手动工具并注意探头板，垂直作业要戴好安全帽。使用机械要有专人保管，由电工接好电源，并做好防尘和自我护工作。

(5) 板门、博缝板基层处理前，应提前拆卸木质（含金属钉）门钉、梅花钉并保存好，以便地仗钻生后安装。上架博缝与博脊交接处应先做好防水漏雨（先钉好铁皮条或油毡条）后，再进行地仗施工。

(6) 施工砍活前，应提前将铜铁饰件（面页）拆卸完毕，方可砍活；地仗施工前，应提前将松动的和高于木材面的铁箍、铆钉等加固铁件恢复（低于木材面5～10mm）原位，方可地仗施工

(7) 天花板砍活前，需拆卸时要认真核查编号，砍活后需整修加固时，要将相关工种遗留问题妥善处理，地仗施工全过程不得损毁号码。

(8) 室内外同时地仗施工前，应将固定的门窗扇安装完毕。搭设脚手架前，如需将活动开启的隔扇、槛窗、板门等，另行搭设脚手架时并固定，以不妨碍操作为准，要通风良好、防雨淋，以便安全操作。防止局部地仗因难于操作遗留质量缺陷。需拆卸时，要认真检查门窗扇之间分缝尺寸并作记录和编号，地仗施工全过程不得损毁号码，以便安装准确，符合使用功能。

(9) 砍活前应对各种线的规格尺寸做好普查记录，并制作成轧子妥善保存，以便按规制恢复。如上架大木彩画为明式时，下架斩砍见木前，应将木作线型（明式眼珠子线）保留，并制成轧子以便恢复。

(10) 地仗工程施工时的环境、温度要求：

1) 施工环境温度不宜低于 5℃，相对湿度不宜大于 60%。

2) 当室外连续 5d 平均气温稳定低于 5℃时，既转入冬期施工。冬期施工应在采暖保温条件下进行，温度应保持均衡，同时应设专人负责开关门窗（如保暖门窗帘）以利通风排除湿气。冬季未采取保温措施，禁止实施地仗工程。当次年初春连续 7d 不出现负温度时，既转入常温施工。

3) 雨期施工期间应制定雨施方案，方可进行地仗工程施工。施操中应防止雨淋，泥浆、颜料玷污，并保持施工操作环境通风、干燥；阴雨季节相对湿度大于 70% 两天以上，不能地仗施工。

4) 施工过程中应注意气候变化，当室外遇有大风、大雨情况时，不能地仗施工。

(11) 地仗工程施工前，基层表面必须干燥。木基层面施工传统油灰地仗时，含水率不宜大于 12%；混凝土、抹灰面基层施工传统油灰地仗时，含水率不宜大于 8%；混凝土、抹灰面基层施工胶溶性地仗时，表面含水率不宜大于 10%；金属面基层做地仗时，表面不能有湿气和不干性油污。

(12) 地仗施工前，应对各部位的木构件进行普查，有构件残缺部分通知木作或楦活者，将残缺部分按原状修配整齐。地仗施工后，达到恢复原状和统一外观质量的要求。如个别木构件变形较大，修配或楦活达不到恢复原状，在地仗施工时，以最佳效果原状恢复，但不得影响相邻构件的原状。

(13) 地仗工程施工时，必须待前遍灰层干燥后，方可进行下遍工序。通灰层出现龟裂纹时，应用同性质的油灰以铁板刮平。干燥后，方可进行使麻或糊布工序，连檐、椽头通灰挠掉重新通灰。压麻灰层出现细微龟裂纹较多时，可进行糊布处理。中灰、细灰遍出现龟裂纹较多时，应挠掉重新中灰、细灰。

(14) 麻布地仗施工中，遇特殊原因临时停工时，应在捉缝灰或通灰工序后停工，不得搁置在麻遍或布遍及其以上工序上。使麻糊布工序前，应完成与麻布拉接相邻部位的灰遍及打磨，使麻糊布工序后，不宜搁置 4d 以上。环境温度 20℃以上相对湿度 60%，在第 3d 内磨麻，磨麻后应风吹晾干 1~2d 在进行压麻灰工序。麻布以上灰遍干燥后，应及时进行下遍工序，以防前遍灰层晾晒时间长产生裂变。

(15) 地仗施工中，凡坐斗枋、霸王拳的上面和斗栱的掏里应不少于一遍细灰及磨细钻生。

(16) 地仗工程下架槛框起轧混线时，混线的规格尺寸应根据建筑物的等级、比例（规格尺寸与柱高、面阔和建筑物的比例要协调）与彩画等级相配。起轧混线的规格尺寸及线形应符合文物、设计的要求，并符合传统规则，混线的规格尺寸参考表 31-64，符合以下要求：

1) 下架槛框需起混线时，线路规格尺寸应以明间立抱框的面宽或大门门框的面宽为依据。立抱框的宽度，以距地 1200mm 处为准。确定框线规格尺寸时，均以 120mm（约营造尺 4 寸）抱框宽度为 2 分线，并以此为基数。抱框面宽每增宽 10mm，其框线宽度应增宽 1mm。确定槛框混线线路规格尺寸的计算公式为：槛框需起混线，线路规格尺寸等于混线基数规格尺寸加增宽混线尺寸。增宽混线尺寸等于每增宽混线尺寸乘（实测框面尺寸减框面基数尺寸）除每增宽框面尺寸。

2）古建筑各间的上槛、小抱框、小间柱及中槛的上线路的规格尺寸，应与立抱框的规格尺寸一致。围脊板和象眼等四周另起套线的规格尺寸，允许略窄于立抱框的线路规格。

3）抱框面宽尺寸较窄时，槛框线路的规格尺寸作适当调整。遇此种情况时，其槛框线路规格尺寸均以 80mm 框面宽度为 20mm 框线做基数，抱框面宽尺寸按每增 10mm，其框线宽度应增宽 1mm。

4）古建群体的槛框线路规格，应结合建筑的主次协调框线宽度。如主座的槛框线路规格，均可与大门的规格一致或略窄于大门的线路规格；配房的槛框线路规格应一致，但应略窄于主座的线路规格；厢房的槛框线路规格略窄于配房；其他附属用房相应类推。

5）大木彩画的等级饰金量为依据。墨线大点金彩画或相应等级者，均可根据古建筑物的等级起混线贴金或起混线不贴金。彩画等级较低者或者说彩画无金活者不宜起混线，特殊要求除外。

6）槛框混线均以大木彩画主线路饰金为起混线和贴金的依据。如墨线大点金彩画或相应等级者，均可根据古建筑物的等级起混线贴金，或起混线不贴金，或不起混线。彩画等级较低者，或者说彩画无金活者，可起混线，不宜贴金，或不起混线，特殊要求除外。

（17）制作白铁轧子时，要依据线型的规格尺寸选用马口铁或镀锌白铁的厚度，以防轧线时线型走样变形。如八字基础线和平口线及混线轧子的铁皮厚度的选用为，规格尺寸 2～24 mm（分线）不宜小于 0.5mm 厚度，25～34 mm（分线）不得小于 0.5mm 厚度，35～40mm（分线）不得小于 0.75mm 厚度，41mm（分线）以上应使用 1mm 厚度。梅花线以柱径 200mm 以内时使用 0.5mm 厚度，柱径 200～300mm 时应使用 0.75mm 厚度，柱径 300mm 以上时应使用 1mm 厚度。皮条线和月牙轧子（泥鳅背）使用 0.75～1mm 厚度，云盘线和绦环线要使用竹板制作的轧子。

（18）地仗工程的做法、油水比和所用的材料品种、质量、规格、配合比、原材料、熬制材料、自制加工材料的计量、调配工艺及储存时间必须符合设计要求及文物工程的有关规定。原材料、成品材料应有材料的产品质量合格证书、性能检测报告。

（19）木基层地仗施工严禁使用非传统性质的地仗灰。

（20）油料房应设在土地面上。如设在砖、石地面时，应先遮挡保护后再进行码放材料和调配，以防造成污染砖、石地面。材料的调配应由材料房专人负责，应严格按配合比统一配制，并随时了解施工现场用料情况，不得减斤减量。油料房要严禁火源，并通风要良好，操作者未经允许不得胡掺乱兑。

（21）调配的材料（各种油灰和头浆）运放在作业现场时，应存放在适当位置和阴凉处，需盖油灰的麻袋片和盖头浆的牛皮纸掩子要保持湿度，不得暴晒、雨淋。用灰者应随用，随平整，并随时遮盖掩实，保持灰桶内无杂物、洁净。操作者不得胡掺乱兑。

31.12.4 麻布地仗施工要点

31.12.4.1 麻布地仗工程施工主要工序

木基层面麻布地仗施工工艺见表 31-64。

木基层面麻布地仗施工工序　　　　　　表 31-64

起线阶段	主要工序（名称）		顺序号	工艺流程（内容名称）	工程做法						
					两麻一布七灰	两麻六灰	一麻五灰	一麻一布六灰	一布五灰	一布四灰	糊布条四道灰
砍修八字基础线	基层处理	斩砍见木	1	旧地仗清除、砍修线口，新木基层剁斧迹、砍线口	+	+	+	+	+	+	+
		撕缝	2	撕缝	+	+	+	+	+	+	+
		下竹钉	3	下竹钉、楦缝（木件修整）、铁件除锈、刷防锈漆	+	+	+	+	+	+	+
		支油浆	4	相邻土建的成品保护工作，木件表面水锈、糟朽操油	+	+	+	+	+	+	+
			5	清扫、支油浆	+	+	+	+	+	+	+
捉裹掐轧基础线	捉缝灰		6	横披竖划、补缺、衬平，灰楞、灰线口	+	+	+	+	+	+	+
			7	局部磨粗灰清扫湿布掸净、衬垫灰	+	+	+	+	+	+	+
	通灰		8	磨粗灰、清扫、湿布掸净	+	+	+	+	+	+	+
			9	通灰、（过板子）、拣灰	+	+	+	+	+	+	+
	使麻		10	磨粗灰、清扫、湿布掸净	+	+	+	+	+	+	+
			11	开头浆、粘麻、砸干轧、潲生、水翻轧、整理活	+	+	+	+			
	磨麻		12	磨麻、清扫掸净	+	+	+	+			
	压麻灰		13	压麻灰、（过板子）、拣灰	+	+	+	+			
	使麻		14	磨压麻灰、清扫、湿布掸净	+	+	+	+			
			15	开头浆、粘麻、砸干轧、潲生、水翻轧、整理活	+	+					
	磨麻		16	磨麻、清扫掸净	+	+					
	压麻灰		17	压麻灰、（过板子）、拣灰	+	+					
	糊布		18	磨压麻灰、清扫、湿布掸净	+	+					
			19	开头浆、糊布、整理活	+			+	+	+	+
	压布灰		20	磨布、清扫掸净	+			+	+	+	+
			21	压布灰、（过板子）、拣灰	+			+	+	+	+

续表

起线阶段	主要工序（名称）	顺序号	工艺流程（内容名称）	工 程 做 法						
				两麻一布七灰	两麻六灰	一麻五灰	一麻一布六灰	一麻五灰	一布四灰	糊布条四道灰
轧中灰线胎	中灰	22	磨压布灰、清扫、湿布掸净	+			+	+		
		23	抹鱼籽中灰、闸线、拣灰	+	+	+	+	+		
		24	磨线路、湿布擦净、刮填槽灰				+	+		
		25	磨填槽灰、湿布掸净、刮中灰	+	+	+	+	+	+	+
轧修细灰定型线	细灰	26	磨中灰、清扫、潮布掸净	+	+	+	+	+	+	+
		27	找细灰、轧细灰线、溜细灰、细灰填槽	+	+	+	+	+	+	+
	磨细灰	28	磨细灰、磨线路	+	+	+	+	+	+	+
	钻生桐油	29	钻生桐油、擦浮油	+	+	+	+	+	+	+
		30	修线角、找补钻生桐油	+	+	+	+	+	+	+
		31	闷水起纸、清理	+	+	+	+	+	+	+

注：1. 表中"＋"号表示应进行的工序。

2. 本表均以下架大木槛框麻布地仗起线所做工艺流程设计，上架大木或不轧线的部位，应依据实际情况进行相应的工艺流程。

3. 一布四布地仗做法和四道灰溜布条做法进行闸线时，可参照一布五灰做法的工序。

4. 支条、天花、隔扇、槛窗、栏杆、垫拱板等木装修不进行第3项的下竹钉。

31.12.4.2 木基层处理的施工要点

1. 斩砍见木

（1）旧地仗清除，在砍活时要掌握"横砍、竖挠"的操作技术要领。用专用锋利的小斧子垂直木纹将旧油灰皮全部砍掉。砍时用力不得忽大忽小，不得将斧刃顺木纹砍，以斧刃触木为度。挠活时，用专用锋利的挠子顺着构件木纹挠，将所遗留的旧油灰皮挠净，不易挠掉的灰垢、灰迹，刷水闷透湿挠干净。但刷水不得过量，必要时可采取顺木茬斜挠，并将灰迹（污垢）挠至见新木茬，平光面应留有斧迹、无木毛、木茬，挠活不得横着（垂直）木纹挠。楠木构件挠活时，应随凹就凸掏着挠净灰垢见新木即可，不得超平找圆挠。旧木疤疤应砍深3～5mm。应掌握"砍净挠白，不伤木骨"的质量要求。挠活时采用角磨机代替挠子除垢不损伤木骨，有利于文物建筑保护，大木构件光滑平整处应剁斧迹。

水锈、木质风化：木件表面及木筋内凡有水锈、槽杇的木质部位，应挠净见新木茬，水锈处木筋深时尽力挠净。木质风化现象应将松散及木毛挠净，凡水锈的部位有木质槽杇需剔凿挖补。

麻布地仗部位的雕刻花活基层处理：旧灰皮清除可采取干挠法或湿挠法，用精小的锋利的工具进行挠、剔、刻、刮，不得损伤纹饰的原形状。

（2）砍修线口：槛框原混线的线口尺寸及锓口，不符合文物要求及传统规则时，应砍修。遇有不宜砍修时，应待轧八字基础线时纠正。需砍修线口或八字基础线口尺寸同"砍线口"尺寸。

(3) 剁斧迹：新木件表面用专用锋利的小斧子垂直木纹揸砍剁出斧迹，剁斧迹的间距10～18mm，木筋粗硬时15～20mm，深度2～3mm。凡疖子直径20mm以上者，应砍深3～5mm。有木疖疤直径20mm以上的，应砍深3～5mm。木疖疤的树脂用铲刀或挠子清除干净，并将木构件表面的标皮、沥青、泥浆、泥点、灰渣、泥水、雨水的锈迹，以及防火涂料等污垢、杂物应清除干净。

(4) 砍线口：槛框凡起混线时，砍线口的线口宽度，为混线规格的1.3倍，正视面（大面）为混线规格的1.2倍，侧视面（小面）为混线规格的一半，槛框交接处的线角应方正、交圈。

2. 撕缝

木结构缝隙内的旧灰迹及缝口应清除干净，新旧木构件3mm以上宽度的缝隙，应撕全撕到并撕出缝口称"V"字形，以扩大缝口宽度1倍为宜。

3. 下竹钉

(1) 下竹钉凡下架柱框、上架大木构件、博缝等新旧木件的裂缝3mm以上宽度应下竹钉，其中旧木件为补下竹钉，缺多少补多少。竹钉用毛竹制成，分单钉、靠背钉、公母钉，竹钉厚度不少于7mm，长度为25～40mm不等，宽度为3～12mm不等，呈宝剑头状，一般常用单钉。要求一道缝隙下竹钉。先下两头，再下中间，数钉同时下击。如缝隙300mm长，竹钉应下3枚。并列缝隙下竹钉应错位下，基本成梅花型，竹钉应严实、平整、牢固，间距（间距150mm±20mm）均匀。严禁漏下、松动，新旧木构件不得下母活（又称母钉）；竹钉形状和下法见图31-82。对于矩形构件（如梅花柱子、板面、槛框、踏板等）宽度、厚度小于200mm×

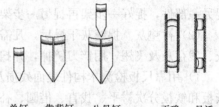

图31-82 竹钉形状和下法

单钉　靠背钉　公母钉　　　正确　母活

100mm时，表面的裂缝150mm左右需下扒锔子，似"II"形状（扒锔钉长为15mm左右，宽为缝隙的1～1.5倍）。两个扒锔子之间的缝隙下一个竹钉。下竹钉不得下硬钉（如3mm缝隙下4mm竹钉为佳，下5mm以上宽度的竹钉为硬下，易撑裂构件），所下竹钉以不松动、能防止木材收缩为宜，但竹钉帽或扒锔子不得高于木材表面。

(2) 揸缝：木件缝隙10mm宽度以上的竹钉与竹钉之间，新木件用竹扁或干木条揸实，旧木件用干木条揸实，不得高于木材表面，并将结构缝和构件松动残缺部分，以及纹饰残缺部分按原状修配成型。

(3) 铁件除锈防锈：应将松动的高于木材面的铁箍恢复原位，箍紧钉牢，帽钉应低于木材面5mm为佳。凡预埋加固铁件（如铁箍、扒锔等）的锈蚀物进行除锈，除污垢，应清除干净。涂刷防锈漆两道应按金属面配套使用。要求涂膜均匀，不得遗漏。

4. 地仗灰施操前的准备工作

(1) 砍下的旧灰皮及污垢杂物应及时清理干净。

(2) 操油、支油浆前，凡与地仗灰施操构件相邻的成品部位进行保护。应对砖墙腿子、砖坎墙、砖墙心、柱顶石等砖石活应糊纸，台明、踏步等刷泥，以防地仗灰污染（有条件时铺垫编织布）。

(3) 木构件表面凡有水锈、糟朽处和木质风化、松散现象，施涂操油要刷严、刷到、刷均匀，操油比例见表 31-58。但操油的浓度应根据木质现状而调整配比以涂刷不结膜、增加木质强度为宜。

5. 支油浆

支油浆前，先将木件表面的浮尘杂物清扫干净，汁浆比例见表 31-58。支油浆用糊刷或刷子涂刷均匀，要求支严刷到、不遗漏、不起亮等缺陷；除异形构件外，不得使用机器喷涂汁浆。

31.12.4.3 捉缝灰

(1) 支油浆干燥后，用小笤帚将表面清扫干净，油灰配比见表 31-58。以铁板捉灰，遇缝要掌握"横掖竖划"的操作要领，并掖满捉实。5mm 以上缝隙和缺陷处，应先捉灰，随后揎入干木条，再捉规矩，并捉成整铁板灰。不得捉蒙头灰，不能捉鸡毛灰。除捉缝隙外，还要补缺、衬平、借圆、裹灰线口，檩背、枋肩及合楞、柱头、柱根要裹贴整齐，柱秧、柱边、框边要贴整齐，找出规矩（含构件和纹饰残缺部分按原状捉齐），斧痕、木筋深而多时要刮平，要刮净野灰、飞翅。严禁连捉带扫荡，不得遗漏。凡新旧隔扇槛窗及门窗肩角节点缝处，除捉缝隙外，捉成整铁板灰，樘子心和海棠盒的心地初步捉平。捉缝灰厚度要根据木件现状掌握，捉缝灰遇竖缝由下至上捉，遇横缝从左至右捉，捉好一部件再捉另一部件，捉好一步架再捉另一步架，直至捉完。

(2) 衬垫灰。捉缝灰干燥后，凡需衬垫灰处，用金刚石打磨平整、光洁，有野灰、余灰、残存灰及飞翅，用铲刀铲掉，并扫净浮灰粉尘后，湿布掸净。

1) 用靠尺板检测木构件表面残损及微有变形等缺陷，油灰配比同捉缝灰。应用皮子、灰板和铁板分次衬平、找直、借圆、补齐成形。分次衬垫灰应在捉缝灰工序中完成，如缺陷稍大，均可在通灰后再分次垫找，为使灰层干燥快，每次衬垫灰层的厚度易薄不宜厚，根据缺陷选用籽灰粒径。

2) 凡木件的局部缺陷在梴活、捉缝灰、衬垫灰时，要达到随木件原形的要求，但不能影响木件整体外观形状，更不能影响相邻木件外观的形状。

3) 捉缝灰时，各种线形的灰线口捉裹掐基本规矩干燥后，对不规矩的八字线口不能砍修时，为避免麻层以上灰层过厚，以专人先轧混线的八字基础线和梅花线的基础线及合棱，八字基础线的线口尺寸同砍线口尺寸。旧隔扇槛窗樘子心（裙板）云盘线地和海棠盒（绦环板）绦环线地，用铁板将心地填灰刮平，拣净野灰、飞翅，秧角干净利落。凡新隔扇、槛窗的云盘线、绦环线，可先用毛竹轧子轧好。凡是新旧隔扇、槛窗轧云盘线、绦环线，应注意风路的均称一致和线肚高为线底宽的 43%。

31.12.4.4 通灰（扫荡灰）

(1) 衬垫灰干燥后，磨捉缝灰用金刚石打磨光洁平整，有野灰、余灰、残存灰及飞翅用铲刀铲掉，并将打磨不能到位的浮籽铲掉。通灰前，扫净浮灰粉尘后用湿布逐步掸净，不得随磨随通灰。

(2) 通灰以搽灰者、过板者、拣灰者三人操作，油灰配比见表 31-58。掌握"竖扫荡"和"右板子"及"俊粗灰"的操作要领。搽灰者先上后下，由左至右用皮子搽灰，并掌握抹横先竖后横，抹竖先横后竖，抹严造实复灰抹匀的操作方法。过板者（如柱）由左向右将灰让均匀，由右向左一板刮灰成活。手持灰板要垂直、劲始终、脚步稳，倒手不停板。拣灰者应掌握"粗拣低"的技术要点，用铁板拣平划痕、接头及野灰。要求凡新木件过板灰层厚度以滚籽灰为度，凡旧木构件过板灰层厚度，基本以滚籽灰为宜。表面要光洁应衬平、借圆、掐直，阴阳角直顺、整齐，不得出现漏板和喇叭口及籽粒粗糙、龟裂、划痕、脱层。

（3）新旧隔扇、槛窗通灰轧泥鳅背，或两炷香或皮条线时（包含使麻做法的支条通灰轧八字基础线），第一步通灰先轧大边、抹头的基础线，轧线前用小皮子抹灰要来回通造严实，覆灰要均匀。轧线应横平、竖直、饱满，拣灰不得拣高，湿拣或干拣线角处要交圈方正，不走线型，线路两侧的野灰、飞翅要拣净。轧线时不宜用马口铁轧子抹灰造灰，以防轧子磨损快、易变形。第二步宜用毛竹挖修成云盘线和绦环线轧子轧基础线。轧线前，用小皮子抹灰要来回通造严实，覆灰要均匀，轧线时轧直线要直，轧弧线要流畅，线路宽窄一致；肩角和风路要均称，线肚高为线底宽的43%，拣净野灰、飞翅。前两步程序完成干燥后，应打磨清扫，湿布掸净。第三步用铁板将边抹的五分、口、碰头、门肘及新隔扇、槛窗的云盘线、绦环线的地刮平、裹圆，秧角、棱角整齐，拣净野灰、飞翅。支条用铁板通灰填槽。

31.12.4.5　使麻

（1）通灰干燥后，局部有龟裂应用铁板刮平。磨通灰用金刚石打磨平整、光洁，无浮籽，金刚石不能到位的浮籽用铲刀铲掉。有野灰、余灰、残存灰及飞翅用铲刀铲掉，打磨后，使麻前由上至下扫净浮灰粉尘，用湿布逐步掸净，不得随磨随使麻。

（2）使麻步骤为开头浆、粘麻、砸干轧、潲生、水翻轧、整理活。头浆、潲生配比见表31-61。分当人员组合一般有五人、七人、九人、十一人、十三人，使麻应按施工面大小及步骤分配人员进行流水配合作业，如十三人的分当组合，既开头浆一人、粘麻一人、砸干轧四人、潲生一人、水翻轧四人、整理活二人。使麻不得使完节点缝的麻干后，再使大面的麻。

1）开浆者掌握要点是先开节点多秧处，少开先拉当，浆匀浸麻面，便轧实整理，然后开大面。开头浆时，用刷子正兜反甩，通长轻顺要均匀，不宜开浆过多以防封皮，并与粘麻者配合操作。

2）粘麻者粘麻的麻丝应与木构件的木丝纹理交叉垂直，麻丝与构件的节点缝（如连接缝、拼接缝、交接缝、肩角对接缝）交叉垂直，木件的断面（桩头、檩头等）可交叉粘或粘乱麻，木构件使麻的麻丝与混凝土构件连接缝拉接宽度不少于50mm。大木粘麻掌握粘横，由上向下甩麻尾，粘竖向左甩麻尾，放松按平薄厚抻匀，亏补打找麻顺均匀；粘上架大木麻时，先使桩帮与檩、垫的拉接麻和桩底与柱头的拉接麻，经整理后粘桩头麻。经整理后，再围绕粘桩帮桩底的麻和粘柱头麻与枋的拉接……经整理活后，随即粘檩垫枋大面的麻。檩垫枋应分两次粘，先粘檩和垫的麻，再粘枋子的麻拉上槛的秧及雀替大边的秧；下架大木粘麻时，先粘柱拉上槛的麻，经整理活后粘上槛的麻拉间柱和立框，经整理活后粘柱与立框的麻，经整理活后粘柱拉中槛的麻，经整理活后粘中槛的麻拉立框和间柱的麻，经整理活后粘柱与立框的麻，经整理活后粘柱拉踏板再拉风槛的麻，经整理活后粘风槛的麻拉踏板，经整理活后再粘踏板及以下柱子的麻至拉下槛，最后粘下槛和拉立框的麻。凡下架大木粘麻的麻丝应裹槛框口和拉横披窗及拉死槅扇的边抹秧；槅扇粘麻时，先粘边框再粘抹头，其麻丝应裹口和拉仔屉秧及绦环板和裙板秧，再使（粘）绦环板和裙板时先粘线路后粘心地。

3）砸干轧者在粘好的麻上，用麻轧子砸横木件的麻时，横着麻丝由右向左先顺秧砸，后顺边砸，再砸大面。砸竖木件的麻时，横着麻丝由下向上顺秧砸，秧和边砸好，后砸大面，逐次砸实以挤出底浆为度。砸干轧且记先砸大面后，砸秧易出抽筋、崩秧现象。遇边口、墙身、柱根等用手拢着麻须往里砸，随砸随拢不要窝边砸，砸干轧时遇有麻披、麻秸、麻梗、麻疙瘩等杂物要择出。刮风时应紧跟粘麻者，快速砸秧，砸边棱，砸中间，防止将麻刮走。

4）潲生者在砸干轧后，有干麻处潲生并做好配合操作，潲生配比为油满：清水＝1：1.2。用刷子蘸生顺麻刷，在砸干轧未浸透麻层的干麻上，以不露干麻为宜，使之洇湿闷软浸透干麻与底浆结合，便于水翻轧整理活。潲生且不可过大，否则，不利于轧实轧平，如底浆薄潲生大麻层干缩后易脱层。不宜用头浆潲生，不利于浸透干麻与底浆结合，不得用头浆加水代替潲生使用，使其降低头浆黏结度。

5）水翻轧者应掌握"横翻顺轧"的技术要领。水翻轧者用麻轧子尖或麻针横着麻丝拨动将麻翻虚，有干麻、干麻包随时补浆浸透，并将麻丝拨均匀，有麻薄漏籽处，要补浆、补麻、再轧实，随后用麻轧子将翻虚的麻，从秧角着手轧实后，顺着麻丝来回擀轧至大面，挤净余浆逐步轧实、轧平。有轧不倒的麻披、麻梗用麻针挑起抻出。局部囊麻层和秧角窝浆处，可补干麻或用干麻蘸出余浆，再进行擀轧挤净，防止麻层干缩后不平易灰厚、易顺麻丝裂纹和秧角崩秧及空鼓，严禁不翻麻而用铁板将麻刮平。

6）整理活者在水翻轧后，用麻压子逐步复轧（擀轧）过程中检查、整理麻层中的缺陷，秧角线棱有浮翘麻要整理轧实；有囊麻层处，秧角有窝浆处，要整理挤净轧实轧平；有露籽、脱截处，要抻补找平轧实；有麻疙瘩、麻梗、麻缕要整理轧平；有抽筋麻，要抻起落实再轧实，麻层要密实、平整、粘接牢固，麻层厚度不少于 1.5～2mm 之间。凡使麻的麻丝应距离瓦砖石 20～30mm，麻层整理好后多余的浆要擦净。麻层不得有麻疙瘩、抽筋麻、干麻、露籽、干麻包、空鼓、崩秧、窝浆、囊麻等缺陷。

31.12.4.6 磨麻

使麻后不易放置时间过长，否则磨麻不易出绒。一般使麻后放置一两天即可磨麻。七、八月份阴雨时，可放置两 3 天麻层干了再磨，不得湿磨麻，也就是说麻层九成干时，磨麻易出麻绒，磨麻应掌握"短磨麻"的操作要领。磨麻时，用刚瓦片或金刚石的楞横着麻丝磨。磨寸麻，基本不磨断表面麻丝为宜，应断斑、出绒，不得遗漏。有抽筋麻用铲刀割断，压麻灰前由上至下，将浮绒浮尘清扫干净，不得随磨随压麻灰。

31.12.4.7 糊布

糊布步骤按开头浆、糊布、整理活进行，头浆配比见表 31-61，混凝土构件与木构件的连接缝，糊布拉接宽度不少于 30mm。操作时由上至下，从左至右。开浆者与糊布者配合操作，开头浆要均匀一致。糊布者应先将布的折边剪掉成毛边，糊布应拉结构的连接缝、交接缝、肩角节点缝（含溜布条做法），明圆柱应缠绕糊布。糊上架大木布时，先小件，后大件（先榫头柱头后糊檩垫枋）。整理活者用硬皮子把浆挤压干净，要求布面密实平整，对接严紧牢固，不露籽，秧角严实，不得顺木件木纹对接缝。栏杆的扶手和上抹抱裹的对接缝，不得放在明显面，阴阳角处不得有对接缝和搭接缝，不得有窝浆、崩秧、干布、死折、空鼓等缺陷。凡下架大木糊布应裹槛框口和拉横披窗，以及拉死槅扇的边抹秧。槅扇糊布时，先糊边框布，再糊抹头布，应裹口和拉仔屉秧，以及绦环板和裙板秧，再糊绦环板和裙板布时，线路和心地一起糊，线路的肩角拐弯死角等处有死折时，用锋利的铲刀将死折拉开再压实。

31.12.4.8 压麻灰（含压布灰）

（1）磨布用 11/2 号砂布或砂纸磨，要求断斑（磨破浆皮），不得磨断布丝或漏磨，有翘边用铲刀铲掉，磨布后由上至下，扫净浮绒粉尘。

（2）压麻灰以搽灰者、过板者、拣灰者三人操作，油灰配比见表 31-61，掌握"横压麻"和"右板子"，以及"俊粗灰"的操作要领，压麻灰一般顺序是先上后下，由左至右横排进行。搽灰者用皮子搽灰，依据灰板长度并掌握抹横先竖后横，抹竖先横后竖，抹严造实与麻绒充分结合，复灰薄厚要抹均匀。过板者手持灰板要与通灰的板口位置错开，灰让均匀垂直构件顺麻丝滚籽刮灰厚度，过板遇秧角稍停错口切直、楞角掐直。拣灰者用铁板将板口，以及抹不到去地方的余灰拣净，并将划痕、漏板飘浮刮平，并掌握"粗拣低"的技术要点。表面光洁要平、圆、直，秧角和棱角直顺、整齐，不得有脱层、空鼓、龟裂纹等缺陷。

31.12.4.9 中灰（按下架分三个步骤进行）

（1）磨压麻灰（含磨压布灰），压麻灰或压布灰干燥后，用金刚石（见工具要求）打磨平整、光洁，秧楞角穿磨直顺、整齐，有野灰、余灰、残存灰及飞翘用铲刀铲掉，并将金刚石打磨不能到位的残存灰、浮籽铲掉。凡属轧线部位由轧线者细心穿磨，磨完后中灰前扫净浮灰、粉尘后，逐步用湿布掸净。

（2）第一步：轧线时的油灰配比见表 31-58，调轧线灰应棒。轧线以搽灰者、轧线者、拣灰者三人完成。轧混线操作方法见轧细灰线，要求灰线与压麻灰（压布灰）粘接牢固，轧混线的鱼籽中灰线轧子（线胎宽度），要小于细灰轧子（定型线）1~2mm。凡隔扇边抹轧线应先轧竖后轧横，即先轧竖两柱香或皮条线，后轧横两柱香或皮条线。表面光洁、直顺、整齐、不显接头，不得有错位、断裂纹、线角倾斜等缺陷。轧线拣灰用小铁板将线路两侧的野灰和飞翘拣净，不得碰伤线膀并掌握"粗拣低"的操作要领。

第二步：轧混线、梅花线、支条的眼珠子线等干后磨去飞翘，进行填槽灰和刮口。轧皮条线、两柱香干后磨去飞翘，进行刮口和五分。轧云盘线、绦环线干后磨去飞翘，进行填地，油灰配比见表 31-58，使用灰板刮灰或铁板刮灰，表面要平整，秧角直顺，不得有空鼓、脱层、龟裂纹等。填槽灰干燥后将其表面和线路，用金刚石块穿磨平整、光洁，扫净浮灰后，用湿布掸净。

第三步：中灰时，油灰配比见表 31-58，平面构件使用铁板刮中灰，应来回刮严，再克骨刮平。圆构件可用硬皮子攒刮中灰应来回造严，再克骨收平圆，圆柱掌握"粗灰连根倒"的操作要领，灰层厚度以中灰粒径为准，不得有空鼓、脱层、龟裂纹等。

31.12.4.10 细灰（按下架分四个步骤进行）

（1）中灰干燥后，磨中灰带铲刀，用金刚石（见工具要求）块穿磨平整、光洁、秧角棱角穿磨直顺、整齐，无接头、野灰、余灰、残存灰，凡属线路由轧线者细心穿磨。磨完后细灰前，由上至下逐步将浮灰粉尘清扫干净，需支水浆一遍或用湿布将要进行细灰的部位逐步掸净掸湿。

（2）细灰不宜细得过多，应根据天气细多少，磨多少。控制在半日内或一日内磨细钻生完成，再细为宜，细灰不得晾晒时间过长。细灰配比参照表31-61，调轧线灰应棒。

第一步：轧各种线时以搂灰者、轧线者、拣灰者三人完成，搂灰者用皮子搂灰，应抹严造实，复灰要饱满均匀。轧线者手持轧子让灰均匀后，用清水清洗轧子，再稳住手腕轧灰线，拣灰者用铁板拣净两侧余灰，拣线处要随线形，可拣高不得拣低。轧云盘线要使用竹轧子。

1）轧混线操作方法是：抹灰者根据轧线者所使用的轧子种类，采用不同的操作方法。如采用铁片轧子时，应从左框上至下用小皮子开始抹灰，再由左上至右转圈抹下来。如使用竹轧子时，应由左框下至上抹灰，再从左上至右转圈抹下来。轧线者右手持铁片轧子，由左框上起手，将轧子的内线膀膀臂卡住框口，坡着轧子让灰，让灰均匀后靠尺棍。轧子在尺棍的上端和下端找准锓口后，固定尺棍。再由上戳起轧子稳住手腕向下拉轧子，向右转圈至右框轧下来；使用传统竹轧子轧线时，应由左框下起手，将轧子大牙卡住框口，坡着轧子让灰，再从左框下戳起轧子，稳住手腕向上提轧子。向右转圈至右框下来；轧线时应注意框与槛的线路锓口一致，否则不交圈不方正。拣灰者在轧过线的部位，用小铁板将线路两侧的野灰和飞翅刮净，不得碰伤线膀，拣线角时分"湿拣"和"干拣"，并掌握"细拣高"的操作要领，传统湿拣线角是用小方铁板，将未干的槛框两条线路交接处，直接填灰按线型找好规矩。现多采取干拣线角是指所有线路轧完干燥后，进行拣线角，方法同湿拣。

2）轧线质量要求：所轧细灰线（混线规格尺寸参照表31-65），表面饱满光洁，直顺，对角交圈方正。曲线自然流畅，肩角匀称。隔扇的云盘线、绦环线、两柱香的线肚高为线底宽的45%；混线要求"三停三平"正视面宽度为线口宽度的90%；梅花线的线肚大小适宜并匀称，平口线为槛框宽度、厚度的十分之一；皮条线总宽度为四份，两侧窝角线尺寸之合与凹槽尺寸相等，两个凸平面尺寸为皮条线总宽度的四分之二，凹槽尺寸与凸平面尺寸一份相等微窄。不得出现接头、断裂纹、龟裂纹等缺陷。

第二步：找细灰，应使用铁板操作。所找细灰的构件为秧角、边角、墙柱边、檩背、柱头、柱根、板口等处要求找细灰，应平整、直顺、薄厚均匀、不得有龟裂纹等缺陷。

第三步：溜细灰，圆构件使用细灰皮子分段、分部操作，掌握"左皮子和细灰两头跑"的操作要领。溜明圆柱细灰时，先溜膝盖以上至手抬高处，抹灰从右里向左抹灰，上下打围脖（上过顶下过膝），抹严、抹实、抹匀，竖收灰，要蹲膝、坐腰、腕子稳、皮口直。待此段细灰干时，分别溜柱子的上段（上步架子）细灰和柱根处（膝盖以下）的细灰。溜上桁条（檩）细灰时，从左插手，根据开间大小分一皮子活、两皮子活、三皮子活，所留接头不宜多，溜细灰不得拽灰、代响。所溜细灰应与中灰结合牢固，无蜂窝、扫道；不得出现龟裂纹、空鼓、脱层等缺陷。

第四步：细灰填槽部位和构件平面宽时，用灰板细灰，构件平面窄时用铁板细灰，凡矩形构件（如霸王拳、将出头、踏板、坐凳面等）掌握"隔一面细一面"的技术要领。

(3) 细灰质量要求：所细的细灰应与中灰结合牢固，表面平整，细灰厚度约2mm。薄厚一致，以磨细灰达到平圆直不漏籽为宜，无蜂窝麻面、扫道，不得出现龟裂纹、空鼓、脱层等缺陷。

31.12.4.11 磨细灰

细灰干后应及时磨细灰，应根据部位选用大小适宜的细金刚石块，要棱直面平，由下而上将金刚石块放平磨，磨好一段，再磨另一段，并掌握"长磨细灰"的操作要领。磨细灰时先穿后磨，大面可竖穿横磨或横穿竖磨，先穿平凸面至全部磨破浆皮，断斑后随即透磨平直，圆柱应随磨随用手摸，以手感找磨圆、平、直。凡平圆大面可用大张对折细砂纸顺木件，将穿磨的缕痕轻磨蹚平蹚圆，秧角、棱角要穿磨直顺、整齐。线路的线口处由专人（轧线者）磨，先磨好线口两侧，线口用麻头磨好，各种线形、线口尺寸、线肚和山花结带，以及大小橔子心地、纹饰应细心磨平、磨规矩，不走样。表面要平、直、圆、光洁，不得碰伤棱角、线帮，不得有漏磨、不断斑、龟裂纹、空鼓、脱层、裂纹、接头、露籽等缺陷。注意大风天不宜磨细灰。磨细灰前后发现有成片的龟裂纹、风裂纹，应及时铲除细灰层，不留后患，重新细灰。

31.12.4.12 钻生桐油

细灰磨好一段，钻生者应及时钻好一段，磨好的细灰不能晾放，以防出风裂纹（激炸纹）。钻生前应将表面的浮粉末清扫干净，柱根处的细灰粉末围柱划沟。钻生时，以丝头或刷子蘸原生桐油搓刷，要肥而均匀，应连续地、不间断地钻透细灰层，钻生桐油的表面应色泽一致。遇细灰未干处和未磨的细灰交接处及线口，要闪开10～20mm。不得采取喷涂法，不得有漏刷、龟裂纹、风裂纹、裂纹、污染等缺陷。仿古建筑钻头遍生桐油内可兑5%的汽油，便于渗入更深的灰层。所磨细灰生桐油钻完渗足后，在当日内，用麻头将表面的浮油和流痕通擦干净，不得漏擦防止挂甲。室内钻生后应通风良好，凡擦过生桐油的麻头，应及时收回，妥善处理。钻生后，严禁用细灰粉面擦饰浮生油及风裂纹（为掩蔽风裂纹，即治标不治本）。

31.12.4.13 修整线角与线形

地仗全部钻生七八成干时，派专人用斜刻刀对所轧线形的肩角、拐角、线角、线脚等处进行修整，特别是对槛框交接处的线角修整，应带斜刻刀和铁板，其规格不小于2寸半，并要求直顺、方正。修线角时先将铁板的90°度角对准槛框交接处横竖线路的外线膀肩角，用斜刻刀轻划90°度白线印，再用斜刻刀在方形的白线印内按线型修整。先修外线膀找准坡度和45°角，再修内线膀坡度和45°角，最后修线肚圆，接通45°角。线角的线型按轧线的线路、线型修整成型并接通后，要交圈方正平直，将全部修整的线角找补生油。

31.12.4.14 古建槛框混线规格与八字基础线口尺寸

古建槛框混线规格与八字基础线口尺寸，见参考表31-65。

古建槛框混线规格与八字基础线口尺寸参考表（单位 mm）   表 31-65

线口名称 线口尺寸 框面尺寸		混线宽度与镊口的要求			八字基础线口宽度与镊口的要求		
		框线规格	正视面 （看面）	侧视面 （进深）	基础线 规格	正视面 （看面）	侧视面 （进深）
古建筑明间 抱框宽度	128	20	18	7	26	24	10
	157	23	21	9	30	27	12
	176	25	23	10	33	30	13
	205	28	25	11	36	33	14
	224	30	27	12	39	36	15

线口名称 线口尺寸 框面尺寸		混线宽度与镊口的要求			八字基础线口宽度与镊口的要求		
		框线规格	正视面 (看面)	侧视面 (进深)	基础线 规格	正视面 (看面)	侧视面 (进深)
古建筑明间 抱框宽度	253	33	30	13	43	40	17
	272	35	32	14	46	42	18
	301	38	35	15	49	45	19
	320	40	37	16	52	48	20
	349	43	40	17	56	52	22
	368	45	42	18	59	54	23

注：1. 表中抱框宽度尺寸，以清营造尺（折 320mm）为推算单位。线型正视面尺寸为看面尺寸，侧视面尺寸为进深的小面尺寸。

2. 凡设计和营建施工混凝土或木框架结构的仿古建筑混线规格尺寸时，参考和运用表中尺寸，即能避免大量的剔凿或斩砍，又能确保结构和油饰质量。

31.12.5 单披灰地仗施工要点

31.12.5.1 木材面单披灰地仗工程施工主要工序

木材面单披灰地仗工程施工主要工序，见表 31-66。

木材面单披灰地仗施工主要工序　　　　表 31-66

起线 阶段	主要工序 (名称)	顺序号	工艺流程	工程做法		
				四道灰	三道灰	二道灰
砍修八字 基础线	斩砍见木	1	旧木构件斩砍见木、砍修线口、除铲等	+	+	+
			新木构件剁斧迹、砍线口	+		
	撕缝	2	撕缝	+	+	+
	下竹钉	3	下竹钉、撣缝	+		
	支油浆	4	清扫、成品保护(糊纸、刷泥)、支浆	+	+	+
捉裹掐轧 基础线	捉缝灰	5	捉缝灰、披、补缺、衬平、找规矩、捉轧灰线口	+	+	
		6	衬垫	+		
		7	磨粗灰、清扫、湿布掸净	+		
	通灰	8	抹通灰、过板子、拣灰	+		
		9	磨粗灰、清扫、湿布掸净	+		
扎中灰线胎	中灰	10	抹鱼籽中灰、轧线、拣灰	+		
		11	磨线路、湿布擦净、填槽鱼籽灰	+		
		12	刮中灰	+	+	+
		13	磨中灰、清扫掸净	+	+	+
轧修细灰 定型线	细灰	14	轧细灰线、填刮细灰	+		
			找细灰、溜细灰	+	+	+
	磨细灰	15	磨细灰	+		
			磨线路	+		
	钻生油	16	钻生桐油、擦浮油	+	+	+
		17	修线角、找补钻生桐油	+		
		18	闷水、起纸、清理	+	+	+

注：1. 表中"+"号表示应进行的工序。

2. 表中二道灰、三道灰、四道灰地仗做法中，连檐瓦口椽头、椽望、斗栱、花活等部位不做剁斧迹、下竹钉工序。

31.12.5.2 混凝土面单披灰油灰地仗施工主要工序

混凝土面单披灰油灰地仗施工主要工序见表 31-67。

表 31-67

混凝土面、抹灰面单披灰油灰地仗施工主要工序

主要工序	顺序号	工艺流程	工程做法		
			四道灰	三道灰	二道灰
基层处理	1	旧混凝土面清除旧地仗	+	+	+
	2	新混凝土面清理除铲及修整	+	+	+
操底油	3	成品保护、新混凝土面防潮与中和处理	+	+	+
	4	操底油	+	+	+
捉缝灰	5	捉缝灰、补缺、找规矩	+	+	+
	6	衬垫	+	+	+
通灰	7	磨粗灰、清扫掸净	+	+	
	8	抹通灰、过板子、拣灰	+	+	
	9	磨通灰、清扫掸净	+		
中灰	10	轧鱼籽中灰线、填槽	+		
	11	刮中灰	+	+	+
细灰	12	磨中灰、清扫掸净	+	+	+
	13	找细灰、轧细灰线、溜细灰、细灰填槽	+	+	+
磨细灰	14	磨细灰、磨细灰线	+	+	+
钻生油	15	钻生桐油、擦浮油	+	+	+
	16	闷水起纸、清理	+	+	+

注：1. 表中"+"号表示应进行的工序。

　　2. 四道灰设计做法要求起线，可按木材面单披灰油、灰地仗施工主要工序增加基础线、轧胎线、轧修细灰定型线工序。

31.12.5.3 木材面、混凝土面四道油灰地仗施工技术要点

1. 新旧木材面和新旧混凝土面基层处理

（1）新旧木基层处理的施工要点，同 31.12.4.2 木基层处理的施工要点。

（2）混凝土构件旧地仗清除和新混凝土构件基层处理

1）混凝土构件砍挠旧地仗清除，在砍活时用专用锋利的小斧子将旧油灰皮全部砍掉，砍时用力不得忽大忽小，深度以伤斧刃为宜。挠活时用专用锋利的挠子将所遗留的旧油灰皮挠净，不易挠掉的灰垢灰迹，用角磨机清除干净。

2）新混凝土基层清理除铲，构件表面的缺陷部位应用水泥砂浆补规矩，并应符合《建筑装饰装修工程质量验收规范》（GB 50210）第 4.2.11 条规定。凸出部位不符合古建构件形状，应剔凿或用角磨机找规矩，如下枋子上下硬棱改圆合棱，硬抱肩改圆抱肩等，应剔凿成八字形，但不得露钢筋，并将表面的水泥渣、砂浆、脱模剂、泥浆痕迹等污垢、杂物及疏松的附着物清除干净，不得遗漏。

2. 凡与地仗灰施操构件相邻的成品部位进行保护

应对砖墙腿子、砖坎墙、砖墙心柱顶石、台明及踏步等应糊纸、刷泥，以防地仗灰污

染（有条件铺垫编织布）。

（1）新混凝土基层含水率大于 8％时，应通过防潮湿处理后施工，方法可采用 15％～20％浓度的氯化锌或硫酸锌溶液涂刷数遍，待干燥后除去盐碱等析出物，方可地仗施工，也可用 15％的醋酸或 5％浓度的盐酸溶液进行中和处理，再用清水冲洗干净，待干燥后，方可进行油灰地仗施工。

（2）混凝土构件做传统油灰地仗前应操油一道，操油配比为光油∶汽油＝1∶2～3，凡混凝土面微有起砂的部位操油配比为生桐油∶汽油＝1∶1～3，混合搅拌均匀。操油前先将表面的灰尘、杂物等清扫干净。操油时用刷子涂刷，应随时搅拌均匀，涂刷要均匀一致，不漏刷。操油的浓度干燥后，其表面既不要结膜起亮，又要增加强度。

（3）木材面、混凝土面四道灰地仗的施工要点，同 31.12.4 麻布地仗第 3 至 4 项和第 8 至 13 项的施工要点。做传统油灰地仗应注意新木材面基层含水率不宜大于 12％和新混凝土基层含水率不宜大于 8％。

（4）混凝土面四道灰地仗和木材面麻布地仗的施工要点，同 31.12.4 麻布油灰地仗相应施工要点，其混凝土面柱子与木材面槛框的交接缝，要求通灰工序后，槛框使麻的麻丝拉接宽度不少于 50mm。

31.12.5.4　檐头部位连檐瓦口、椽头四道油灰地仗与椽望三道油灰地仗施工要点

1. 上架檐头部位的连檐瓦口、椽头做四道灰地仗与椽望做三道灰地仗主要工序顺序为：

基层处理→揎翼角→支油浆→椽望捉缝灰→连檐瓦口椽头捉缝灰→连檐瓦口椽头通灰→连檐瓦口椽头中灰→椽望中灰→连檐瓦口椽头细灰→椽望细灰→磨细灰→钻生桐油

（1）檐头部位旧地仗清除和新旧活清理除铲

1）旧地仗清除，用铲刀或挠子将旧油灰及灰垢挠干净，见新木茬，椽头、椽子旧油灰不易挠掉，可用小斧子掭砍掉，灰垢和灰迹不易挠掉时，刷水闷透灰垢和灰迹再挠干净，并将椽秧、椽子、望板缝隙内的灰垢剔挠干净。凡椽子缝隙应撕成 V 字形，连檐、椽头有水锈处，挠之见新木茬。椽望有外露钉尖盘弯击入木内，不得将钉尖直着砸回。不得有遗留的旧地仗灰、灰垢、灰尘现象。

2）新旧活清理除铲

① 新活清理铲除，用铲刀或挠子、钢丝刷、角磨机将表面树脂、沥青、灰浆点、泥点、泥浆痕迹和雨淋痕迹除铲挠干净，见新木茬，遇缝隙应撕成 V 字形，不得遗漏。有翘木茬应钉牢，椽望的外露钉尖盘弯击入木内，不得将钉尖直着砸回。

② 旧活清理铲除（满过刀），用铲刀或挠子将油皮表面的油斑、蛤蟆斑、油痱子铲挠干净，可用砂纸通磨油皮成粗糙面，并将椽秧、缝隙内的灰垢剔挠干净，有翘皮、空鼓、脱皮、松散的旧地仗铲挠干净，边缘铲出坡口。遇缝隙应撕成 V 字形，有水锈处挠之见新木茬。椽望有外露钉尖盘弯击入木内，不得将钉尖直着砸回。表面浮尘清扫干净。

（2）有松动、短缺的燕窝、闸档板及糟朽的椽头、望板等现象应通知有关人员修整。

2. 揎攒角（翼角）

攒角部位揎活，主要揎老檐椽的斜椽档，呈规律的梯形错台，而每步错台凹面位置应高于绿椽帮上线，先计算尺寸，攒角部位梯形错台尺寸计算方法为：以挨着老角梁的第一根老檐斜椽的总长度÷斜椽的档数＝每斜椽档的错台尺寸。揎斜椽档时，根据计算好的梯形错台尺寸，用锯和小斧子将干木条锯劈成长短、宽窄适宜的尺寸，钉揎在老檐斜椽的椽

档上。一般先揎老角梁与第一根斜椽的窄当，距老檐椽头约 15mm，再由最长的斜椽当揎起，揎至挨着正身椽最短的斜椽当为止，所楦干木条要钉揎牢固。每个攒角梯形错台尺寸分配应基本一致，斜椽当的错台长短允许偏差 20 mm 左右，揎斜椽当的错台凹面位置应在椽高（径）的 1/2 处，凹面位置应高于绿椽帮上线约 3mm，椽当凹面不能高低明显，四角八面应基本一致。老檐方圆椽揎斜椽当凹面严禁与椽肚平行。

3. 支油浆

（1）水锈操油：凡有水锈、木质风化（糟朽）处和旧地仗边缘铲出坡口处及仿古建硅酸岩水泥望板应操油，操油配比为生桐油∶汽油＝1∶1～3，搅拌均匀，用刷子涂刷均匀，不漏刷。操油的浓度待干燥后，表面既不要结膜起亮，又要增加木质强度。

（2）支油浆：表面清扫干净。连檐瓦口、椽头汁浆配比为油满∶血料∶清水＝1∶1∶8～12；椽望汁浆配比为油满∶血料∶清水＝1∶1∶20，搅拌均匀，支油浆时用刷子满刷一遍，椽秧、缝隙内要刷严，表面涂刷要均匀，不漏刷，不污染，不结膜起亮，不宜使用机器喷涂支油浆。

4. 椽望捉缝灰

椽望捉缝灰带铲刀，捉攒角带大小抿尺，材料配合比，见表 31-59 第 8 项，捉椽秧根据椽径可调整籽灰粒径。捉椽望用铁板先贴椽秧掖严刮直，后捉望板柳叶缝及椽子缝隙，并掌握"横掖竖划"的技术要点，应横掖捉严、捉实、刮平，柳叶缝卷翘处掐借顺平，不得有蒙头灰。捉方椽用铁板将缺棱掉角补缺捉整齐，圆方椽凹陷处应找刮平，拣净野灰、飞翅。圆椽盘椽根掖严实，抿抹成马蹄形，方椽根掖严，抿抹成小角。攒角处专人捉灰要规矩，窄椽当用抿尺捉好，应干净利落。不得有粗糙麻面、龟裂纹、脱层、黑缝。

5. 连檐瓦口、椽头捉缝灰

连檐瓦口椽头捉缝灰，材料配合比，见表 31-59 第 4 项，用铁板先捉瓦口和水缝，捉水缝由左至右掖灰捉实，稍斜铁板刮直坡度约 35°左右，坡度一致。捉连檐、椽头遇缝掌握"横掖竖划"的技术要点，连檐凹处衬平棱角补齐，雀台缝严有坡度，飞檐椽头、老檐椽头缺棱掉角要裹补贴齐，同时找正、找方、借圆。拣净野灰、飞翅，不得有粗糙麻面、蒙头灰、龟裂纹、脱层、污染。

6. 连檐瓦口、椽头通灰

（1）捉缝灰干燥后，磨灰者带铲刀，用金刚石通磨一遍，将飞翅、浮籽等打磨掉，下不去金刚石处和有残存余灰、野灰等用铲刀修整齐，打磨后清扫干净，不得遗漏。

（2）连檐瓦口椽头通灰，材料配合比，见表 31-59 第 4 项。用铁板大小要适宜，先将瓦口刮平，刮直水缝坡度一致，拣净野灰。刮连檐通灰要通长反复刮严，滚籽刮平，少留接头并刮平，下棱切齐，拣净野灰。再上下刮飞檐椽头，由正面向四棱备灰，左右刮平，直铁板贴帮切四棱。后通老檐椽头，以铁板由右向左下，再向右转刮灰，由正面向圆棱备灰，左右刮平，直铁板贴帮切圆棱。不得有粗糙麻面、龟裂纹、脱层、污染。

7. 连檐瓦口、椽头中灰

（1）通灰干燥后，磨灰者带铲刀，用金刚石通磨一遍，接头处穿磨平整，将飞翅、浮籽等打磨掉，下不去金刚石处和有残存灰及余灰、野灰等用铲刀铲修整齐，打磨后清扫干净，不得遗漏。

（2）连檐瓦口、椽头中灰，材料配合比，见表 31-59，由左至右分两次返头进行：

第一次由左至右，先进行裹老檐椽头帮，横用铁板转圈抹灰刮圆椽头，正面野灰切齐刮净。同时刮瓦口水缝，刮水缝应斜着铁板直刮，坡度一致，切齐连檐上棱，收净瓦口飞翅。随后用铁板刮飞檐椽头四帮，正面横刮找方，切齐拣净野灰，不得有脱层、龟裂纹、污染，到头返回。

第二次由左至右先刮老檐椽头，横用铁板由右向左下，再向右转刮灰，由正面向圆棱备灰，左右刮平，直铁板贴帮切圆棱，同时刮连檐中灰，横用铁板反复刮严，克骨刮平，下棱切齐，拣净野灰。随后刮飞檐椽头灰，横用铁板左右刮灰，由正面向四棱备灰，上下刮平，直铁板贴帮切四棱。不得有龟裂纹、脱层。

8. 椽望中灰

(1) 椽望缝灰干燥后，望板、椽子有缺陷处，应用捉缝灰的材料配比衬垫规矩。干燥后，磨灰者带铲刀，用金刚石通磨一遍，将飞翅、浮籽等打磨掉，下不去金刚石处和有残存灰及余灰、野灰等用铲刀铲修整齐。打磨后清扫干净，不得遗漏。

(2) 椽望中灰，材料配合比，见表 31-59。

1) 老檐椽望用微硬的皮子中灰，分两次进行：先中椽子后中望板，每根椽子中灰由椽根至椽头一气贯通，两人对脸操作不易出竖接头，椽子干后，再返回用铁板中望板，不能放竖接头或横接头，不得长灰，灰层厚度以中灰粒径为准，并将椽秧、燕窝野灰、飞翅收净，不得有龟裂纹、脱层。

2) 飞檐椽望用铁板中灰，分两次进行：先中椽帮后中望板代椽肚，椽帮中灰横着铁板抹灰靠骨刮平，切齐底棱，拣净望板野灰。刮完椽帮后返回，再刮望板及椽肚，望板中灰以直铁板上抹灰，下刮灰，并将接头和两秧野灰收净。中椽肚横铁板上抹灰下刮灰，靠骨刮平切直两棱。最后刮闸档板及小连檐，拣净野灰、飞翅，不得有龟裂纹、脱层。

9. 连檐瓦口、椽头细灰

(1) 磨檐头中灰干燥后，磨灰者带铲刀用金刚石通磨连檐瓦口椽头和椽望中灰，接头处穿磨平整，磨掉飞翅、浮籽等，下不去金刚石处和有残存灰及余灰、野灰等用铲刀铲修整齐，磨后清扫干净。

(2) 连檐瓦口、椽头细灰材料配合比见表 31-59，由左至右分三次返头进行，细灰薄厚应一致，薄处不少于 1mm，不得有龟裂纹、脱层、污染。细灰不得晾晒时间过长，细灰不宜细得过多，要根据天气，细多少，磨多少，能在半日内或一日内磨细钻生完成，更细为宜。

第一次由左至右，用铁板细水缝时，先将细灰刮严、抹实、抹匀。斜插水缝稳住手腕一气刮直，坡度一致，切齐连檐上棱拣净瓦口野灰，随后用铁板细雀台和飞檐椽头底帮，到头返回。

第二次由左至右，横用铁板进行老檐椽头帮打围脖，裹圆切棱，随后横用铁板细飞檐椽头的两帮灰，刮平切齐棱角，到头返回。

第三次由左至右进行老檐椽头，横用铁板由右向左下抹灰，向右转圆棱备灰，左右刮平，直铁板贴帮切圆棱，同时直铁板进行细瓦口灰，再横用铁板，由左至右抹连檐细灰，让均匀一气刮平，直切上下棱，拣净雀台野灰，再细飞檐椽头灰，横用铁板上下抹灰，向四棱备灰，左右刮平，直铁板切四棱。

10. 椽望细灰

橡望细灰材料配合比见表 31-59，细灰厚度约 1mm，薄厚应均匀。帚细灰时，使用细灰加适量清水做帚灰用，调配均匀以覆盖力强和附着力强为宜，涂刷中随时搅拌。

（1）细老檐椽望用细灰皮子细灰，分两次进行，先细椽子，后细望板。每根椽子细灰由椽根至椽头一气贯通，俩人对脸操作不出竖接头，椽子干后再返回。用铁板细望板不能放竖接头或横接头，不得放厚灰，并将椽秧野灰收净。燕窝处用刷子帚细灰，要帚均匀、帚严、帚到，表面干净利落。

（2）细飞檐椽望用铁板细灰，分两次进行，先细椽帮，后细望板代椽肚，椽帮细灰横着铁板上抹下刮，一气刮平，不得放接头、厚灰，直切底棱，拣净望板野灰，细完椽帮返回。再细望板及椽肚，细望板以直铁板上抹灰，下刮灰，并将两秧刮严，椽肚横着铁板上抹灰下刮灰，一气刮平，不得放接头，直切两棱。最后，将闸档板及小连檐细严实，拣净野灰，表面干净利落。

11. 磨细灰

檐头磨细灰，使用的细金刚石块棱直、面平、大小适宜，代铲刀，并掌握"长磨细灰"的技术要点。

（1）连檐瓦口、椽头磨细灰，先从瓦口开始磨断斑后，穿磨水缝断斑、坡度一致、直顺，金刚石块放平长磨连檐断斑磨平，上下棱角磨直磨齐。随后磨椽头细灰，由外向内转圈，磨面断斑磨平，再磨四帮和圆帮，方椽头磨帮找方四棱磨平磨直，圆椽头磨帮找圆磨棱，然后轻蹚四棱和圆棱（轻磨硬尖棱，俗称倒棱），方椽头方正，圆椽头成圆规矩，大小一致，棱角直顺、整齐。表面不得有不断斑、漏磨、龟裂纹缺陷，基本无露籽、砂眼、麻面、划痕等缺陷。

（2）椽望磨细灰先用金刚石，放平由左至右长磨老檐椽望的望板和圆椽子，基本断斑后，用砂布放平长磨望板取平、圆椽子取圆，椽秧顺直整齐。攒角和燕窝的犄角旮旯，以及盘椽根处，用砂布和铲刀打磨光洁，修磨整齐；再由左至右磨飞檐椽望，放平金刚石长磨望板和方椽子，穿磨断斑后，用砂布放平蹚磨取平。椽秧顺直整齐、方椽棱角直顺整齐，然后用砂布和铲刀将闸档板和小连檐及攒角处打磨光洁，不得有不断斑、漏磨、龟裂纹等缺陷，基本无露籽、砂眼、麻面、划痕等缺陷。

12. 檐头钻生桐油

（1）用丝头或刷子蘸生桐油搓刷，要先钻好连檐瓦口、椽头。钻生桐油遇细灰未干处和未磨的细灰交接处，要闪开 10～20mm。磨好的细灰不能晾放，为防止出风裂纹应及时钻生。钻生桐油时，以细灰磨好一段，钻生者及时钻好一段，搓刷生桐油要均匀，不得间歇，应连续钻透细灰层，连檐瓦口椽头钻原生桐油应肥而均匀，其表面要颜色一致。椽望钻生的表面要颜色均匀一致，不得有漏刷、龟裂纹、裂纹等缺陷。

（2）钻生桐油完成后，应在当日内用麻头通擦将浮油和流痕擦净，表面应光洁，不能有漏擦、挂甲等缺陷。室内钻生后应通风良好，凡擦过生桐油的麻头应及时收回妥善处理。

31.12.5.5 斗栱三道油灰地仗施工要点

1. 斗栱湿清除挠旧地仗和新木基层清理除铲三道灰地仗主要工序

基层处理→垫拱板砍活至钻生桐油→支油浆→捉缝灰→中灰→细灰→磨细灰→钻生桐油

2. 斗栱湿挠清除旧地仗和新木基层清理铲除

(1) 斗栱湿挠旧地仗清除，因此部位彩画颜料多数有毒不易干挠法，常采取湿挠法。用刷子蘸清水刷于表面，以闷透颜料、灰皮及灰垢为宜，刷水不得过量，否则易起木毛。从里到外，由上至下闷透一部分，用挠子挠净一部分，挠时用锋利的挠子一小件一小件地顺着木纹，将闷软的旧油灰挠干净。斗栱雕刻部位用锋利的小挠子，顺着纹饰的木纹掏着轻挠干净，犄角旮旯下不去小挠子处，用小刻刀将颜料灰垢剔刮干净，见新木茬，不得损伤木骨和雕刻纹饰，遇缝隙应撕成Ｖ字形。斗栱起木毛时，待斗栱干燥后，再用锋利的挠子将木毛挠净。斗栱部位采取湿挠或干挠，均要戴口罩操作，防尘防中毒。

(2) 新活斗栱清理除铲，用铲刀或挠子将表面树脂、泥点、泥浆等铲挠干净，遇缝隙应撕成Ｖ字形，不能有遗漏。

(3) 斗栱旧地仗清除后和新活斗栱清理除铲后，有丢失、缺损、变形、松动的木件等缺陷，应通知有关人员修补、拨正、加固。

3. 斗栱部位的垫拱板多做使麻或糊布地仗

其砍活至钻生桐油同 31.12.4 麻布地仗相应施工要点与质量要求。垫拱板地仗施工应同时完成正心拱帮（如使麻时其麻须应拉接正心拱帮上）处。

4. 斗栱支油浆

(1) 斗栱表面的浮尘、杂物等应清扫干净。

(2) 汁浆配比为油满∶血料∶清水＝1∶1∶20，支油浆用刷子由左角科开始，支完平身科支柱头科。斗栱支油浆时，从里到外，由上至下，顺着木件木纹满刷一遍，支油浆过程应随时搅拌均匀，表面涂刷要均匀，刷严、刷到、不漏刷，不结膜。

(3) 旧斗栱做地仗钻生干燥后，彩画后，表面易裂纹，最好做地仗前操稀生桐油。

5. 斗栱捉缝灰

斗栱捉缝灰材料配合比见表 31-59 第 8 项。斗栱捉缝灰宜在垫拱板压麻灰后进行。斗栱捉缝灰时带铲刀，用铁板从里到外，由上至下捉裂缝、节点缝、连接缝，并掌握"横掖竖划"的技术要点，以竖铁板应横掖、捉严、捉实、刮平，不得有蒙头灰。遇微有松动的木件应嵌入木条，牢固后再刮平。升、拱、翘、昂、斗、蚂蚱头、雕刻纹饰等部位残缺处，用铁板补齐棱角，凹面刮平，残缺处补缺、贴齐、找规矩，随形不走样，捉好一处，随时收净野灰、飞翅，再捉另一处，不得遗漏。

6. 斗栱中灰

(1) 斗栱捉缝灰干燥后，磨灰者带铲刀，用金刚石通磨一遍，将飞翅、浮籽等打磨掉，下不去金刚石处和有残存灰及余灰、野灰等缺陷，用铲刀铲修整齐，磨后将表面清扫干净，不得遗漏。

(2) 斗栱中灰，材料配合比见表 31-59，中灰时从里到外，由上至下进行，用铁板将盖斗板或趄（斜）斗板以及以下平面靠骨刮平。升、拱、翘、昂、斗、蚂蚱头、雕刻纹饰等部位中灰，用铁板先将两侧面靠骨一去一回刮平，直铁板切齐棱角，侧面中灰干后，一去一回刮平升、拱、翘、斗的正面，再一去一回刮平昂、蚂蚱头的底面，直铁板切齐棱角，再用皮子将昂的上面抹严收圆，最后用铁板和皮子抹刮拱眼中灰（单材拱清式烂眼边刮坡面，足材拱明式荷包凹面刮平，秧角整齐；单材拱明式烂眼边抹圆面，足材拱清式荷包抹成凸圆面，秧角整齐），棱、秧角整齐利落。斗栱有雕刻纹饰部位用皮子和铁板随形抹刮中灰，棱角、秧角整齐，纹饰规矩，随形不走样。中灰应随时收净野灰、飞翘。

7. 斗栱细灰

(1) 斗栱中灰干燥后，磨灰者带铲刀，用金刚石通磨一遍，将飞翘、浮籽等打磨掉，下不去金刚石处和有残存灰及余灰、野灰等缺陷用铲刀铲修整齐，磨后将表面清扫干净，不得遗漏。

(2) 斗栱细灰，材料配合比见表 31-59，细灰厚度约 1mm，薄厚应均匀。细灰时从里到外，由上至下进行。先细盖斗板或趄（斜）斗板以及以下平面，可用皮子将灰抹严、抹匀，再用铁板刮平。升、拱、翘、昂、斗、蚂蚱头等部位用铁板细灰掌握隔一面、细一面的技术要点。先将两侧面细灰刮平，直铁板切齐棱角，侧面细灰沏干后。再抹严、刮平升、拱、翘、斗、蚂蚱头的正面细灰，然后将昂、蚂蚱头的底面细灰刮平，直铁板切齐棱角。用皮子将昂的上面、圆面烂眼边、凸圆面荷包抹严收圆，收净野灰。用铁板将斜棱烂眼边刮整齐、凹面荷包刮平，收净野灰，最后用铁板细昂嘴。斗栱有雕刻纹饰部位用皮子和铁板随形贴五分，干后抹灰细面，细部纹饰帚细灰，帚严帚到，不掉粉、透底、漏帚。斗栱部位的棱角允许先用角轧子轧细灰棱角，再用皮子细好圆面，用铁板将平面抹严细平。

8. 斗栱磨细灰

斗栱磨细灰，使用的细金刚石块棱直、面平、大小适宜，代铲刀，掌握"长磨细灰"的技术要点。从里到外，先从盖斗板或趄斗板及以下平面，磨基本断斑后用 11/2 号砂布打磨平整、光洁。凡升、拱、翘、昂、斗、蚂蚱头磨细灰时，将金刚石放平，由外向内磨面，按件长短穿磨断斑至平整，棱角、秧角直顺、整齐，下不去金刚石处，用 11/2 号砂布打磨平整、光洁。雕刻纹饰不瞎、不乱，随形不走样，不得碰伤棱角，不得有不断斑、漏磨、露籽缺陷，无砂眼、麻面、划痕等缺陷。

9. 斗栱钻生桐油

用丝头或刷子蘸生桐油搓刷，细灰磨好五攒左右钻生者应及时钻好，磨好的细灰晾放控制在 1 小时左右，搓刷生桐油要均匀，要连续钻透细灰层，不得间歇。钻生桐油的表面应颜色一致，遇细灰未干处和未磨的细灰交接处，要闪开 10～20mm。待细灰干后和细灰交接处磨好后再钻透，不得有漏刷、龟裂纹、裂纹等缺陷，不得喷涂法操作。

钻生桐油完成后，应在当日内要用麻头通擦一遍，并将浮油和流痕擦净，表面应光洁，不能有漏擦、挂甲等缺陷。凡擦过生桐油的麻头应及时收回妥善处理。

31.12.5.6　花活三道油灰地仗施工要点

适用于雀替、花牙子、垂头、荷叶墩、净瓶、云龙透雕花板、绦环板、三幅云、神龛的透雕蟠龙柱、浮雕龙凤樘等雕刻花活部位。

1. 花活湿挠旧地仗清除和新木基层清理除铲三道油灰地仗主要工序

基层处理 → 支油浆 → 捉缝灰 → 中灰 → 细灰 → 磨细灰 → 钻生桐油

2. 花活湿挠旧地仗清除和新木基层除铲

(1) 花活雕刻部位旧油灰皮清除一般采取湿挠。用刷子刷清水闷透旧油灰皮，用锋利的挠子顺木纹挠干净，边框窄木纹短者应轻挠干净，有水锈或木质糟朽处细挠干净，见新木茬。雕刻纹饰用特制锋利小挠子顺着纹饰的木纹细致地掏严，轻挠干净。小挠子下不去犄角旮旯处，用小刻刀将颜料、灰垢、旧油皮剔、刻、刮干净，见新木面。刷清水不得过量，以闷透闷软灰皮为宜，不得损伤雕刻纹饰及原形状，遇缝隙应撕成Ｖ字形并剔净缝内旧油灰，并将表面清扫干净。表面起木毛，待干燥后再过锋利的挠子将木毛挠净。

（2）新花活雕刻木基层清理除铲，用铲刀或挠子将表面树脂、泥点、泥浆等铲挠干净，将表面清扫干净，不能有遗漏。

（3）花活雕刻旧地仗清除后和新雕刻花活清理铲除后，有雕刻纹饰缺损、松动等缺陷，应通知有关人员修整补齐、加固。

3. 花活支油浆

（1）花活雕刻表面的浮尘、杂物等应先清扫干净。

（2）花活雕刻汁浆，配比为油满∶血料∶清水＝1∶1∶20；支油浆用刷子顺着雕刻纹饰及边框满刷一遍，应随时搅拌均匀。纹饰和缝隙内应掏严刷到，表面涂刷均匀。不漏刷，不结膜起皮。

（3）花活雕刻水锈或木质有糟朽（风化）处应操油，配比为生桐油∶汽油＝1∶1～3，用刷子涂刷操油一道，应随时搅拌均匀，涂刷要均匀，不遗漏。操油的浓度待干燥后，其表面既不结膜起亮，又要增加木质强度。

4. 花活捉缝灰

花活雕刻捉缝灰，材料配合比见表31-59第8项。花活的边框凡与麻布地仗连接木件处，在使麻糊布前应事先将缝隙、边框捉好，以便拉接。花活雕刻和边框用铁板捉缝灰时，将缝隙捉严捉实，缺棱短角补齐，纹饰残缺处顺纹饰走向捉找随形，按纹饰层次、阴阳找规矩，随形不走样，干净利落，不遗漏。

5. 花活中灰

（1）花活雕刻捉缝灰干燥后，磨灰者带铲刀，用金刚石通磨一遍，将飞翅、浮籽等打磨掉，下不去金刚石处和有残存灰及余灰、野灰等缺陷用铲刀铲修整齐，打磨后将表面浮灰、灰尘清扫干净，不得遗漏。不得碰损雕刻纹饰。

（2）花活雕刻中灰，材料配合比见表31-59，雕刻纹饰部位中灰时，带铲刀，选用中小铁板将边框和落地平面靠骨刮平切齐。沏干后，将边框五分及纹饰侧面用小铁板随形靠骨贴刮整齐，沏干后将纹饰的平面或翻、转、折、叠面用小铁板顺纹饰靠骨刮平，纹饰的表面为凸圆面时，用小皮子顺纹饰刮圆。纹饰走向规矩，层次、阴阳清楚，随形不走样，棱角、秧角整齐，收净野灰、飞翅，不遗漏。

6. 花活细灰

（1）花活雕刻中灰干燥后，磨灰者带铲刀，用金刚石通磨一遍，将飞翅、浮籽等打磨掉，下不去金刚石处和有残存灰及余灰、野灰等缺陷用铲刀铲修整齐，打磨后将表面浮灰、灰尘清扫干净，不得遗漏，不得碰损雕刻纹饰。

（2）花活雕刻细灰材料配合比见表31-59，边框细灰厚度木少于1mm，薄厚应均匀。帚细灰时使用细灰加适量清水做帚灰用，调配均匀，以覆盖力强和附着力强为宜，涂刷中应随时搅拌。

1）花活雕刻细灰时，边框和多平面处用铁板细灰隔一面细一面，边框的小池子线先轧细灰线再用铁板细面，落地平面用小铁板抹刮平整，边框五分及纹饰侧面用小铁板随形贴刮整齐，纹饰的表面为平面时，用小铁板顺纹饰刮平，纹饰的表面为凸圆面时，用小皮子顺纹饰细平，拣净野灰。

2）凡新花活雕刻和旧花活雕刻，帚细灰能达到质量要求时及透雕花活，用小刷子帚细灰，帚严、帚到、帚均匀。帚细灰干燥后不得手擦掉粉、透底、漏帚。

7. 花活磨细灰

花活磨细灰，使用的细金刚石块棱直、面平、大小适宜，代铲刀和竹刀，用 1 号、11/2 号砂布或砂纸磨细灰，边框掌握"长磨细灰"的技术要点。边框平面用细金刚石块穿磨断斑后，再通长磨平、光洁、棱角线直顺、秧角整齐。用砂布打磨雕刻纹饰部位，按纹饰走向打磨平光，棱角、秧角整齐。雕刻纹饰走向规矩，层次、阴阳清晰，随形不走样，不得碰伤棱角，不得有漏磨、露籽、麻面、砂眼、划痕和不断斑缺陷。

8. 花活钻生桐油

细灰磨好一部分，钻生者以丝头或刷子蘸生桐油搓刷，及时钻好一部分，应先钻好边框，再钻雕刻纹饰，搓刷生桐油要均匀，要连续钻透细灰层，搓刷不得间歇，钻生桐油的表面应颜色一致，不得有漏刷、龟裂纹、裂纹等缺陷，除透雕花活外，不得喷涂法操作。

钻生桐油完成后，应在当日内要用麻头将浮油和流痕擦净，表面应光洁，不能有漏擦、挂甲等缺陷。凡擦过生桐油的麻头，应及时收回，妥善处理。

31.12.5.7　心屉、楣子三道油灰地仗施工要点

适用于隔扇槛窗的窗屉、支摘窗、横披窗、帘架、风门、坐凳楣子、倒挂楣子等装修的心屉、楣子、菱花、棂条（遇表面线形模糊者，恢复原状应按地仗工艺难度确定做法）部位。

1. 仔边、楣子边框三道灰地仗与菱花、棂条二道灰地仗主要工序

基层处理→支油浆→捉缝灰→中灰→细灰→磨细灰→钻生桐油

2. 心屉、楣子清除旧油灰皮和新旧木基层清理除铲

（1）清除旧油灰皮，分两种清除方法：

1）旧地仗灰松散、油皮基本脱落的清除，用铲刀或挠子将心屉、楣子边框的旧地仗灰垢和灰迹及旧油皮挠干净，灰垢和灰迹不易挠掉时，刷水闷透灰垢和灰迹再挠干净，见新木茬，菱花、棂条侧面用 11/2 号砂布打磨和细木锉掏锉干净。

2）心屉的菱花、棂条表面的旧油皮使用化学脱漆剂洗挠清除，应先拆卸、钉牌编号，在场地宽敞的土地面上洗挠，并将窗屉码放在木块或砖块上，离开土地面平稳后洗挠。使用碱液（浓火碱水）脱漆剂或水制酸性、碱性脱漆剂清除旧油漆膜时，戴好橡胶手套和防护眼镜及护鞋，用粗线麻拴成刷子蘸碱液或用刷子蘸水制脱漆剂，反复涂刷于旧油漆面上，待旧油漆面松软后，用铲刀或挠子将油垢铲挠干净（包括秧角、线），见新木茬。用清水将木材面的酸、碱液反复冲刷干净，待木材面干后表面不泛白霜为脱碱干净，洗挠不得损伤木骨。洗挠清除易起木毛，待木材面干燥后，用锋利的挠子或用 11/2 号砂布打磨，将木毛清除干净。心屉的菱花、棂条使用有机溶剂脱漆剂（如 T—1、T—2，T—3）清除旧油漆膜时，应远离易燃物和建筑物，旧油漆膜清除干净后，用稀释剂擦洗一遍晾干。最后，将表面清扫干净，不得有遗留的旧地仗灰、灰垢、油垢、灰尘现象。

（2）新活清理除铲，用铲刀或挠子将表面树脂、灰浆点、泥点、雨淋流痕铲挠干净，见新木茬，再将表面清扫干净，不得遗漏。

（3）心屉、楣子旧油灰皮清除后，菱花和菱花扣、棂条有缺损、松动等缺陷应通知有关人员修整补齐、加固。

3. 心屉、楣子支油浆

(1) 心屉、楣子表面的浮尘、杂物等应先清扫干净。

(2) 心屉、楣子支油浆，配比为油满：血料：清水＝1：1：20。用刷子先边框后菱花、棂条满刷一遍，应随时搅拌均匀，应掴严刷到，涂刷均匀，不漏刷，不结膜起皮。

(3) 心屉、楣子水锈或木质有糟朽（风化）处应操油，配比为生桐油：汽油＝1：1～3，用刷子涂刷操油一道，应随时搅拌均匀，表面应掴严刷到，涂刷要均匀，不漏刷。操油的浓度以干燥后，其表面既不结膜起亮，又增加木质强度。

4. 仔屉、楣子捉缝灰

心屉、楣子捉缝灰，材料配合比见表31-59第8项，心屉、楣子的边框凡与麻布地仗连接木件处，在使麻糊布前应事先将缝隙、边框捉好，以便拉接。心屉、楣子捉缝灰时，用铁板将边框及菱花、棂条肩角、节点缝捉严，边框卧角线、棱角线残缺处补缺、捉整齐，收净野灰、飞翅，不得遗漏。

5. 心屉、楣子中灰

(1) 捉缝灰干燥后，磨灰者带铲刀，用金刚石通磨一遍，将飞翅、浮籽等打磨掉，下不去金刚石处和有残存灰及余灰、野灰等缺陷，用铲刀铲修整齐。打磨后，将表面浮灰、灰尘清扫干净，不得遗漏。

(2) 心屉、楣子中灰，材料配合比见表31-59，边框中灰时带铲刀，先将卧角线或其他线轧好，沏干后用铁板将面靠骨刮平，切齐棱角线，洗挠的旧菱花、棂条如细灰达不到质量要求时，以中灰用铁板将正侧平面满克骨刮平，棂条正面为凸圆面时，用微硬的小皮子刮圆。棱角、线和秧角应干净利落。新旧菱花、棂条用铁板将肩角节点缝捉严、捉整齐，饿茬处补缺刮平，收净飞翅。

6. 心屉、楣子细灰

(1) 中灰干燥后，磨灰者带铲刀，用金刚石通磨一遍，将飞翅、浮籽等打磨掉，菱花用11/2号砂布将飞翅等打磨掉，下不去金刚石处和有残存灰及余灰、野灰等缺陷用铲刀铲修整齐，打磨后将表面浮灰、灰尘清扫干净，不得遗漏。

(2) 心屉、楣子细灰，材料配合比见表31-59，边框细灰厚度木少于1mm，薄厚应均匀。帚细灰时使用细灰加适量清水做帚灰用，调配均匀以覆盖力强和附着力强为宜，涂刷中应随时搅拌。

1) 心屉、楣子部位细灰带铲刀时，先将边框卧角线或其他线的细灰线轧好，沏干后用铁板将面细平，凡雀替头用铁板细灰应隔一面细一面，拣净野灰。洗挠的旧菱花、棂条如帚细灰达不到质量要求时，用铁板和皮子刮细平圆整齐。

2) 新菱花、棂条和洗挠的旧菱花、棂条如帚细灰能达到质量要求时，用小刷子帚细灰，帚严帚到、帚均匀。帚细灰干燥后不得手擦掉粉、透底、漏帚。

7. 心屉、楣子磨细灰

心屉、楣子磨细灰，使用的细金刚石块棱直、面平、大小适宜，代铲刀和竹刀，用1号、11/2号砂布或砂纸磨细灰时，边框掌握"长磨细灰"的技术要点，代铲刀，边框平面用细金刚石块穿磨基本断斑后，通长穿磨平整、光洁，棱角线、秧角整齐，不得有漏磨、碰伤棱角、不断斑缺陷，不宜有麻面、露籽、砂眼、划痕。从下至上用1号、11/2号砂布或砂纸先打磨菱花、棂条部位，按走向打磨断斑平顺光洁，棱角线、秧角应直顺、整齐。

8. 仔屉、楣子钻生桐油

细灰磨好一部分，钻生者以丝头或刷子蘸生桐油搓刷，及时钻好一部分，应先钻好边框，再钻菱花、棂条。搓刷生桐油要均匀，要连续钻透细灰层，搓刷不得间歇，钻生桐油的表面应颜色均匀，不得有漏刷、龟裂纹、裂纹等缺陷，除菱花外不得喷涂法操作。

钻生桐油完成后，应在当日内用麻头通擦一遍，并将浮油和流痕擦净，表面应光洁，不能有漏擦、挂甲等缺陷。凡擦过生桐油的麻头，应及时收回妥善处理。

31.12.6　众霸胶溶性单披灰地仗施工要点

混凝土基层地仗应与面层涂饰、油饰、彩画配套施工。选择众霸胶溶性地仗施工，地仗面层做油饰彩画时，众霸胶溶性地仗的通灰表面应操油，其后两道灰再以传统中灰和细灰为隔层，不得掺用硅酸盐水泥做填充骨料，否则，油饰彩画会受碱性引起皂化反应（咬花、变色、不能耐久）而脱落。

31.12.6.1　众霸胶溶性单披灰地仗工程施工主要工序

混凝土面众霸胶溶性单披灰地仗工程施工主要工序，见表31-68。

混凝土面众霸胶溶性单披灰地仗工程施工主要工序　　　　表31-68

主要工序	顺序号	工艺流程	工程做法		
			四道灰	三道灰	二道灰
基层处理	1	旧混凝土面清除旧地仗	＋	＋	＋
	2	新混凝土面清理除铲及修整	＋	＋	＋
涂界面剂	3	成品保护，新混凝土面防潮与中和处理	＋	＋	＋
	4	涂界面剂	＋	＋	＋
捉缝灰	5	捉缝灰、补缺、找规矩	＋	＋	＋
	6	衬垫	＋	＋	
通灰	7	磨粗灰、清扫掸净	＋		
	8	抹通灰、过板子、拣灰	＋		
操油	9	磨通灰、清扫掸净	＋		
	10	操油	＋	＋	＋
中灰	11	轧鱼籽中灰线、填心	＋	＋	
	12	刮中灰	＋	＋	
细灰	13	磨中灰、清扫掸净	＋	＋	＋
	14	找细灰、轧细灰线、溜细灰、细灰填槽	＋	＋	＋
磨细灰	15	磨细灰、磨细灰线	＋	＋	＋
钻生油	16	钻生桐油、擦浮油	＋	＋	＋
	17	闷水起纸、清理	＋	＋	＋

注：1. 表中"＋"号表示应进行的工序。

　　2. 此表主要以上下架混凝土件操作工序安排。施工时可根据具体部位的实际情况调整程序。

　　3. 四道灰设计做法要求起线，木材面单披灰油灰地仗施工主要工序增加基础线、轧胎线、轧修细灰定型线工序。

31. 12. 6. 2 混凝土构件的交接处与木质构件做麻布地仗

应符合第 31.12.4 的施工要点和木基层面麻布地仗施工工序,见表 31-64 的要求。

31. 12. 6. 3 混凝土面众霸胶溶性四道灰地仗施工要点

(1) 混凝土面旧地仗清除和新混凝土面基层处理:

1) 混凝土构件砍挠旧地仗清除,在砍活时,用专用锋利的小斧子将旧油灰皮全部砍掉。砍时用力不得忽大忽小,深度以不伤斧刃为宜。挠活时用专用锋利的挠子将所遗留的旧油灰皮挠净,不易挠掉的灰垢、灰迹,应用角磨机清除干净。

2) 新混凝土面清理除铲,新混凝土表面的缺陷部位应用水泥砂浆补规矩,并应符合《建筑装饰装修工程质量验收规范》(GB 50210) 第 4.2.11 条规定。凸出部位不符合古建构件形状应剔凿或用角磨机找规矩,如下枋子上下硬棱改圆合楞,硬抱肩改圆抱肩等,应剔凿成八字形,但不得露钢筋,并将表面的水泥渣、砂浆、脱模剂、泥浆痕迹等污垢、杂物及疏松的附着物清除干净,不得遗漏。

(2) 涂界面剂:

1) 凡与地仗灰施搡构件相邻的成品部位要保护。应对砖墙腿子、砖坎墙、砖墙心柱顶石,台明及踏步等应糊纸、刷泥,以防地仗灰污染(有条件铺垫编制布)。

2) 新混凝土基层含水率大于 10% 时,应通过防潮湿处理后施工,方法可采用 15%~20% 浓度的氯化锌或硫酸锌溶液涂刷数遍,待干燥后除去盐碱等析出物,方可进行地仗施工。也可用 15% 的醋酸或 5% 浓度的盐酸溶液进行中和处理,再用清水冲洗干净,待干燥后,方可进行油灰地仗施工。

3) 涂刷界面剂,用众霸 II 型界面剂应根据混凝土面的强度确定稀稠度,配合比参见表 31-60。涂刷界面剂时用刷子涂刷,应随时搅拌均匀,涂刷要均匀一致,不漏刷,界面剂的浓度待干燥后,其表面不得结膜起亮为宜。如个别构件或局部混凝土面的强度不足再补刷一道众霸 I 型胶粘剂。

(3) 混凝土面众霸胶溶性捉缝灰、通灰的配合比

见表 31-60 第 1~4 项,捉缝灰、通灰的施工要点同 31.12.4.3~4 麻布地仗的施工相应要点。

(4) 混凝土面打磨通灰后操油:

1) 磨通灰用金刚石打磨平整、光洁,无浮籽,金刚石不能到位的浮籽用铲刀铲掉,有野灰、余灰、残存灰及飞翅用铲刀铲掉,打磨后由上至下将表面的灰尘、杂物等清扫干净。

2) 操油,配比为生桐油:汽油＝1:4,混合搅拌均匀。操油时用刷子涂刷,应随时搅拌均匀,涂刷要均匀一致,不漏刷。操油的浓度待干燥后,其表面不得结膜起亮为宜。

(5) 混凝土面操油干燥后,如遇混凝土构件与木构件(槛框)交接时,木构件木装修应做传统麻布地仗,此时进行木材面(槛框)做一麻五灰地仗的施工。施工要点同 31.12.4 麻布地仗相应施工技术要点。待槛框使麻工艺时,木构件使麻的麻丝或糊布要求与混凝土构件交接缝拉接宽度不少于 50mm。使麻、糊布的施工要点同 31.12.4.5~7 麻布地仗相应的施工要点。材料配合比见表 31-59 及表注。

(6) 混凝土面中灰前应待木材面的槛框压麻灰(含压布灰)工艺后进行,以便压麻灰(含压布灰),过板子将拉接过麻丝压好。压麻灰(含压布灰)的施工要点同 31.12.4.8 麻

布地仗相应的施工要点。材料配合比见表31-59及表注。

(7) 混凝土面通灰操油干燥后，进行中灰、细灰、磨细灰、钻生桐油时，施工地区无条件使用传统地仗灰，其材料配合比见表31-60第6～9项及表注，施工要点基本同31.12.4.9～13麻布地仗相应的施工要点。凡遇混凝土构件与木构件（槛框）交接时，与木构件传统相应施工要点同步进行，材料配合比见表31-59及表注。

31.12.7　修补地仗施工技术要点

(1) 修补地仗工程的施工工序见表31-64、表31-66、表31-57等的相应工序。

(2) 修补地仗的基层处理、砍活：旧油皮除铲和打磨，旧地仗局部开裂、翘皮、破损处应砍出新茬呈坡口（灰口、麻或布口），砍裂缝处应预留使麻或糊布拉缝的宽度不少于60mm，无松动、松散灰，不得遗漏，不得损伤木骨。凡有缝隙见缝撕缝并将撕缝旧灰剔净，补下竹钉。旧地仗保留麻层或压麻灰层时，颤砍用力要轻而均匀，不得砍伤麻面，保留压麻灰层应基本平整。遇麻层以下灰层强度尚好，而构件木质风化疏松，此时不宜保留麻以下灰层。如回粘旧地仗的底面应有一定强度，基层应干净，用油满或乳胶粘贴牢固。

(3) 修补地仗工程的地仗前应做成品保护工作，捉缝灰前见木骨需支油浆，见木质有水锈、风化糟朽、灰口、麻、布口和旧灰层（如压麻灰层），以及回粘地仗的背面需操稀生油增加强度，遇混凝土面做传统地仗需操油，凡颤砍到麻面时伤麻处应刷头浆补麻，做众霸胶溶性地仗需涂界面剂，其施工要点应符合麻布地仗、单披灰地仗、胶溶性单披灰地仗的要求。

(4) 修补地仗应根据设计要求及旧地仗的做法修补。地仗工程施工条件与技术要求见31.12.3，施工要点见31.12.4～6相应的施工要点。基层新旧灰接槎处与各遍灰之间和麻布之间必须粘接牢固。

(5) 修补地仗工程的油水比见表31-57、油灰材料配合比见表31-58、表31-59，众霸胶溶性地仗材料配合比见表31-60。

31.12.8　地仗施工质量要求

31.12.8.1　麻布地仗、四道灰地仗质量要求

1. 麻布地仗、四道灰地仗主控项目质量要求

(1) 麻布地仗、四道灰（大木及装修）地仗的做法、工艺及所选用材料的品种、规格、质量、配合比、加工计量，应符合文物设计要求和古建操作规程要求，以及现行材料标准的规定。

(2) 麻布地仗、四道灰（大木及装修）地仗的各遍灰层之间和麻或布之间与基层必须粘结牢固；修补新旧麻布地仗、四道灰（大木及装修）地仗的各遍灰层之间与基层及接槎处必须粘结牢固。

(3) 地仗表面严禁出现漏籽、干麻、干麻包、崩秧、窝浆、脱层、空鼓、崩秧、翘皮、漏刷、挂甲、裂缝等缺陷。

2. 麻布地仗、四道灰地仗（大木及装修）一般项目表面质量要求

(1) 表面平整、光洁、色泽一致、接头平整、棱角秧角整齐，合楞大小与木件协调一致，圆面手感无凹凸缺陷，无龟裂纹，彩画部位无麻面、砂眼、划痕，表面洁净。

(2) 线口表面规矩光洁,色泽一致,线肚饱满匀称,线秧清晰,秧角、棱角整齐,线角交圈方正、规矩,曲线圆润自然流畅,风路均匀对称,肩角匀称、规矩;两柱香线、云盘线肚高为线底宽的43%,允许偏差±2%;框线三停三平,正视面宽度不小于线口宽度的90%,不大于94%;梅花线、两柱香线的线肚凸凹一致;皮条线的凸凹线面等分匀称、中间凹面允许窄1mm,两侧卧角线宽窄一致;无接头、龟裂纹、断裂、表面洁净、美观。

(3) 山花结带表面平整光洁,色泽一致,秧角、棱角整齐,纹饰层次清晰、阴阳分明、自然流畅,无龟裂纹、窝灰等缺陷,表面美观、洁净,纹饰忠于原样、无走形。

3. 允许偏差项目质量要求

四道灰、麻布地仗允许偏差项目,见表31-69。

四道灰、麻布地仗允许偏差项目   表 31-69

项次	项目	允许偏差(mm)		检验方法
1	大面平整度 (每延长米)	下架大木	±1	用1m靠尺和楔形塞尺检查
		和木装修上架大木	±2	
2	棱角、秧角平直	下架大木 和木装修 2m以内	±2	拉通线和尺量检查
		2m以上	±3	
	合楞平直	上架大木	±3	
3	五分宽窄度	±2		尺量检查
4	线路平直	2m以内	±1	拉通线和尺量检查
		2m以上	±2	
		4m以上	±3	
5	线口宽窄度	±1		尺量检查

注:1. 框线线口宽度允许正偏差不允许负偏差。

    2. 原木件有明显弯曲、变形缺陷者,地仗表面平整度应平顺,棱角、秧角、合楞平直度应顺平顺直。

31. 12. 8. 2 单披灰地仗(二道灰、三道灰、四道灰地仗)质量要求

1. 单披灰地仗(二道灰、三道灰、四道灰地仗)主控项目质量要求

(1) 单披灰地仗的做法、工艺及所选用材料的品种、规格、质量、配合比、加工计量,应符合文物、设计要求和古建操作规程要求,以及现行材料标准的规定。

(2) 单披灰地仗的各遍灰层之间与基层必须粘结牢固;修补新旧单披灰地仗的各遍灰层之间与基层及接槎处必须粘接牢固。

(3) 地仗表面严禁出现脱层、空鼓、翘皮、黑缝、漏刷、挂甲、裂缝等缺陷。

2. 单披灰地仗(二道灰、三道灰、四道灰地仗)一般项目质量要求

(1) 连檐瓦口地仗表面质量要求

表面平整、光洁,接头平整,色泽一致,水缝坡度一致,棱角直顺、整齐,无裂缝、龟裂纹,无明显麻面、露籽、划痕、砂眼等缺陷,表面洁净。

(2) 椽头地仗表面质量要求

表面平整、光洁,色泽一致,方椽头四棱四角平直、方正、整齐,圆椽头成圆规矩、棱角整齐,不得出现喇叭口;新椽头大小一致、旧椽头大小均匀,无裂缝、龟裂纹、露籽、砂眼、麻面、划痕等缺陷,表面洁净。

(3) 椽望地仗表面质量要求

表面平整、光洁，色泽均匀，望板平整、柳叶缝卷翘处顺平，椽秧严实直顺，盘椽根严实规矩整齐，闸档板、小连檐、燕窝处严实光滑，方椽棱角直顺、整齐，翼角椽档错台规矩，其长短允许偏差 10 mm，凹面规矩深度不低于椽径 1/2 位置、四个翼角基本一致，无裂缝、龟裂纹、黑缝，无明显麻面、露籽、砂眼、划痕，表面洁净。

（4）斗栱地仗表面质量要求

表面平整、光洁、色泽一致，棱角直顺整齐、秧角整齐，无裂缝、龟裂纹、黑缝、露籽、砂眼、麻面、划痕等缺陷，表面洁净。

（5）花活地仗表面质量要求

表面色泽一致，边框平整、光洁，棱角线直顺、整齐，纹饰层次、阴阳清晰，棱角、秧角整齐，纹饰随形不走样，无裂缝、龟裂纹、露籽、麻面、砂眼、划痕，表面洁净。

（6）仔屉、楣子地仗表面质量要求

表面色泽均匀，边框平整，菱花、棂条基本平、光洁，棱角线和秧角直顺、整齐。无裂缝、龟裂纹，无明显麻面、露籽、砂眼、划痕，表面洁净。

（7）单皮灰（二道灰）地仗表面质量要求

大面光滑平整，小面光滑，色泽均匀，棱角直顺、整齐，秧角通顺、整齐，无龟裂纹、接头、麻面、砂眼、划痕。

（8）修补地仗表面质量见麻布地仗和单皮灰地仗，以及众霸胶溶性单皮灰地仗相应的质量要求。

31.13　油漆（油皮）工程

适用于古建筑、仿古建筑的油漆（油皮）工程和混色油漆（溶剂型）工程。室内涂饰（清漆和美术油漆）和水性涂料见涂饰工程的要求。

31.13.1　古建油漆色彩及常规做法

古建筑油饰的设色历代各朝均有定制，常规油饰色彩做法均为明清设色，一般皇帝理政、朝贺庆典的主要殿宇朱红油饰（饰二朱红），寝宫、配殿及御用坛庙朱红油饰（饰略深二朱红），宫中附属建筑及佛寺、道观、神社、祀祠等饰柿红或广红土，王公府邸饰紫朱，衙门官员私第饰羊肝色（红土烟子油），一般的饰黑红镜、墨绿、黑，园林多饰绿色、香色、羊肝色、荔色、瓦灰、红土、紫朱等色彩。

清代《工程做法》中记载油作名色做法较多，仅朱红一色就多种细目。因此，仅以常规油饰色彩做法为列。古建油饰色彩、色彩分配以及绿椽肚的长度，应符合文物要求和设计要求，无文物、设计要求时，应符合传统规则或建设（甲）方的要求。

1. 大式建筑

（1）下架大木（柱子、槛框、踏板）装修：依据建筑等级常做二朱红油（朱红油饰）三道，罩油一道，或做三道广红土油，均可罩油一道或不做罩油。

（2）隔扇、帘架、菱花屉（花园式建筑的棂条心屉均可饰绿色）、山花、博缝、围脊板等部位：随下架大木油漆色彩及做法。

（3）椽望：红帮绿底做法的红帮三道油漆，色彩随下架大木，椽肚做一道绿油，均可罩油一道。绿椽帮高为椽高（径）45％，绿椽肚长为椽长的4/5，大门内檐和室内的绿椽肚无红椽根，廊步一般依据檐檩有无燕窝，有燕窝（里口木）者外留内无红椽根，无燕窝者外无内留红椽根，椽望沥粉贴金应符合设计要求。

（4）连檐、瓦口和雀台做樟丹油打底、二道朱红油、均可罩油一道。

（5）彩画部位的油漆色彩及做法：斗栱部位的盖斗板或趄斗板随下架大木油漆色彩及做法；斗栱部位的烂眼边、荷包、灶火门做三道朱红油；垫板除苏式彩画和旋子彩画等级低者不做油漆外，一般做三道朱红油；花活地一般做三道朱红油；飞檐椽头做三道绿油；牌楼上架大木彩画部位做罩油一道。

（6）面叶：随下架大木油漆色彩为两道油做法，面油表面多做贴金。

（7）实榻大门、棋盘门、挂檐板、罗汉墙常规做三道二朱红油，或做三道红土油，罩油一道。

（8）霸王杠：做三道朱红油。

（9）巡杖扶手栏杆：常规做三道二朱红或红土子油。裙板、荷叶净瓶一般做彩画。

（10）山花、博缝部位：随下架大木油漆色彩，常规三道油做法、均可罩油一道。

（11）额：俗称斗子匾，如斗边云龙雕刻使油贴金（龙、宝珠火焰、斗边库金，做彩云）斗边侧面及雕刻地常规做三道朱红油（贴金处一道樟丹油，一道朱红油，打金胶油贴金，地扣一道朱红油），匾心（字堂）筛扫大青，铜字贴金或镏金。

2. 小式建筑

（1）下架大木（柱子、槛框、踏板）：常规油饰色彩做法同大式下架大木油饰色彩做法。

1）传统有黑红镜做法：柱子、檩垫枋及门窗做三道黑烟子油，槛框的做三道红土子油；柱子、檩垫枋及槛框做三道黑烟子油，门窗做三道红土子油或黑烟子油其凹面（如裙板、鱼鳃板）做红土油点缀。

2）柱子与坐凳楣子色彩及常规做法：圆柱子与坐凳面做三道红土子油，楣子大边做三道朱红油，棂条做三道绿油；梅花柱子与坐凳面做三道绿油，仿古建可做三道墨绿油，楣子大边做三道朱红油，棂条做三道红土油；美人靠色彩多随柱子，有靠背的棂条与柱子红绿岔色之分；垂花门大面全绿凹面做红点缀。

3）各部位或窗屉做斑竹纹彩画时，绿斑竹部位做二道浅绿油，老斑竹部位做二道米色油。

（2）隔扇、菱花窗屉：随下架大木油漆色彩及做法，仔屉棂条随园林做三道绿油。

（3）椽望：红帮绿底做法的油漆色彩、绿椽帮高度和绿椽肚长度要求同大式建筑的要求，廊子的红椽根一般檐檩外有内无，皇家园林的（如颐和园）长廊只限于飞檐椽有红椽根。

（4）连檐、瓦口和雀台樟丹油（仿古建涂娃娃油）打底、二道朱红油、均可罩油一道。仿古建屋面为合瓦，可做三道铁红醇酸调合漆，或三道二朱红醇酸调合漆，均可罩光油一道。

（5）彩画部位的油漆色彩及做法：檩、垫、枋做掐箍头搭包袱彩画时，找头和聚锦部位做三道红土（铁红）油；檩、垫、枋做掐箍头彩画时，搭包袱和找头及聚锦部位做三道红土子油；花活地一般做三道朱红油；飞檐椽头做三道绿油；吊挂楣子的棂条做彩画时，大边做三道朱红油。

（6）屏门、月亮门：常规做三道绿油，仿古建可做三道墨绿油。

（7）巡杖扶手栏杆、花栏杆：做三道二朱红或红土子油。裙板、荷叶净瓶一般做彩画或饰绿油。

（8）牖窗、什锦窗：贴脸常规做三道红土子油，边框做三道朱红油，仔屉及棂条做三道绿油；做黑红镜做法时，贴脸常规做三道黑烟子油，边框做三道朱红油，仔屉或棂条做三道绿油。

（9）门簪：大小式建筑的门簪油饰色彩同下架大木，正面边线及图案饰金同混线，心做刷青或无青。

（10）椽头：飞檐椽头做三道绿油（沥粉后拍二道绿油，贴金后扣绿油一道），做无金彩画时拍二道破色绿油；老檐椽头无彩画时刷群青色。

31.13.2　古建和仿古建油漆常用工具及用途

1. 半截大桶、水桶、大小油桶、大小缸盆：用于调配颜料光油和盛油。

2. 小石磨、毛巾：小石磨用于研磨颜料；毛巾用于出水串油。

3. 铁锅、大小油勺：用于熬油。

4. 细箩：用于过滤油。

5. 布子、丝头：布子用于掸活、擦活；丝头即为生丝，用于搓光油。

6. 油栓：是用牛尾或犀牛尾制作的，俗称牛尾油栓，又称漆栓。做大漆活，也用此工具，规格有五分栓、寸栓、寸半栓、二寸栓、二寸半栓、三寸栓。主要用于搓油后顺油，根据不同部位的面积大小选用。以前属于自制工具，先将牛尾或犀牛尾吊直用水煮，晾干浸透油满，放平顺梳刮直，按规格尺寸薄厚，垫木条压砖，通风晾干满刮漆灰、糊夏布、刮漆灰、刮漆腻子、水磨光，刷两遍退光漆，每遍工序需入阴干燥，使用前开口即能用。

7. 铁板、皮子：用于油漆施工中刮浆灰、刮血料腻子、找油腻子。根据部位大小选用。

8. 刷子：用于油漆施工中帚腻子，仿古建筑涂刷油漆。有五分刷子、1寸刷子、2寸刷子、2.5寸刷子、3寸刷子、3.5寸刷子、4寸刷子。根据部位大小选用。

9. 筷子笔：用于小部位涂刷油漆、齐边、齐角。

31.13.3　油漆工程施工条件与技术要求

（1）油漆工程的做法等级和加工材料、成品材料的品种、质量、颜色应符合设计要求、文物工程的要求及有关规定。颜色的分色无设计和文物要求时应符合传统要求。

（2）油漆工程基层含水率要求：基层表面涂刷油漆时，混凝土、抹灰基层含水率不得大于8%，木基层含水率不得大于12%；施涂水性涂料时，混凝土、抹灰基层含水率不得大于10%。

（3）油漆工程施工气温环境要求：

1）油漆工程的施工气温不得低于5℃以下，相对湿度不宜大于60%。

2）油漆工程施工过程中应注意气候变化，当遇有大风、雨、雾情况时，不能搓刷油漆施工。

3）油漆过程中环境应干燥、洁净，油漆干燥前应防止雨淋、尘土污染和热空气、雾、霜侵袭及阳光暴晒；四级风以上不宜搓刷油漆。气温、环境达不到要求时，应采取相应的采暖保温封闭措施。雨季施工期间，应制定行之有效的防雨措施方案，方可施工。

（4）油漆工程使用的腻子，和易性及可塑性应满足施工要求，应严格按配合比调制，保证腻子与基层和面层的粘接强度，干燥后应坚固，并按施涂材料的性质配套使用；底腻子、复找腻子应充分干燥后，经打磨光滑平整，除净粉尘方可涂刷底、面层油漆涂料。

（5）室外涂饰溶剂型涂料应使用标明外用油漆（即长油度）和标明外用涂料标识的材料及合格证书。自制颜料光油，应使用矿物质颜料，颜料需有质密度及着色力，不得含有盐类、腐殖土及碳质等。

（6）油漆工程所用的油漆在施涂前，均应充分搅拌过滤，避免出现颜色不均（浮色）、粗糙等缺陷。施涂后应盖纸掩。

（7）油饰工程施涂各类油漆涂料时，必须待前遍油漆涂料结膜干燥后，方可进行下遍油漆涂料，每遍油漆应涂刷均匀，表面应与基层粘接牢固。

（8）油饰工程涂刷成品油漆气温 5℃以下和搓刷颜料光油气温 10℃以下，或湿度大的环境中，施涂时，应在太阳升起九点钟以后和下午四点钟以前施涂，但不宜末道成品油漆、颜料光油、罩光油、打金胶油的施涂。搓刷颜料光油、罩光油、打金胶油易出现超亮（呈半透明乳色或浑浊乳色胶状物）时，用砂纸打磨干净或用稀释剂擦洗干净，重新搓油。

（9）油漆工程使用的颜料光油、罩光油和成品油漆应提前打样板，经有关人员认可（含颜色）后实施。其工作粘度必须加以控制，施涂中不得任意稀释。文物建筑工程施涂颜料光油，应符合设计要求的道数和油膜饱满光亮的质量要求，其面油严禁罩清漆。仿古建工程严禁硬度高的面漆与硬度低的底漆配套，否则面漆会发生龟裂的毛病，允许硬度高的醇酸油漆作底漆与硬度低的颜料光油或罩光油作面漆配套。

（10）油饰工程的色彩和色彩分配及红帮绿底做法应符合文物要求和设计要求。传统的红帮绿底要求绿椽帮高为椽高（径）的 45%，绿椽肚长为椽长的 4/5，大门内檐和室内的绿椽肚无红椽根，廊步依据檐檩有燕窝（里口木）者外留内无红椽根，无燕窝者外无内留红椽根。廊子的红椽根一般檐檩外有内无，皇家园林的（如颐和园）长廊只限于飞檐椽有红椽根。如嵩祝寺，历代帝王庙红帮绿底按清中期遗迹恢复的，其老檐椽无红椽根，飞檐椽红椽根为椽长的 1/10，绿椽帮高同传统椽高（径）的 45%。

（11）油漆工程最后的一道颜料光油（面漆）前，门窗的玻璃应安装齐全。凡格扇、推窗、门窗等活动扇的上下口及坐凳楣子大边反手涂刷油漆不少于两遍。

（12）配制颜料光油前，凡出水的颜料需经过出水使颜料中盐、碱、硝等溶于水后易清除干净，用光油逐步挤出颜料中剩余的水分，能减少杂质对油质的破坏，增加油膜的光亮度和色度，达到耐久的装饰效果。

（13）油漆工程所用的原材料、半成品、成品材料均应有品名、类别、颜色、规格、制作时间、贮藏有效期、使用说明和产品合格证；加工材料、施涂现场调制的材料应有严格的设计做法，技术交底，并按其要求及配合比调制。

（14）油饰工程应统一设置材料房，现场使用的加工材料（光油、金胶油、腻子等）、成品漆均应由材料房专职人员统一加工、配兑，施工人员不得胡掺乱兑；油料房要严禁火源，通风要良好。

（15）地仗工程及细木装修必须充分干燥后，无顶生缺陷时，方可进行油漆工程的工序。

（16）油漆施工中的脚手架、脚手板不得乱动，操作时注意探头板，垂直作业要戴好安全帽。

（17）使用机械要有专人保管，由电工接好电源，并做好防尘和自护工作。

31.13.4 古建和仿古建油漆施工要点

1. 传统油漆施工主要工序

溶剂型混色油漆施工要点除涂刷工具使用刷子，涂刷朱红油、二朱油的头道油用娃娃油漆打底和不呛粉及水砂纸打磨外，其他基本同传统油漆施工要点。主要工序见表31-70。

大木、门窗及椽望揩搓颜料光油施工主要工序　　　　　　　表 31-70

序号	主要工序	工艺流程	大木门窗	椽望
1	磨生找刮浆灰	磨生油地、除净粉尘	＋	＋
		找刮浆灰	＋	
2	攒刮腻子	刮血腻子	＋	＋
3	磨腻子	磨腻子、除净粉尘	＋	＋
4	头道油（垫光油）	垫光头道油，理顺	＋	＋
5	找腻子	复找石膏油腻子	＋	＋
6	磨垫光	呛粉，磨垫光，除净粉尘	＋	＋
7	光二道油	搓刷二道油	＋	＋
8	磨二道油 装饰线等贴金	呛粉，磨二道油，除净粉尘	＋	＋
		打金胶油，贴金	＋	
9	光三道油 （扣油）	装饰线和纹饰齐金、搓刷三道光油、理顺	＋	＋
		椽望弹线、搓刷绿椽肚		＋
10	罩光油	呛粉、打磨、罩清光油	＋	＋

注：1. 表中"＋"表示应进行的工序。

2. 如设计做法，椽望沥粉贴金时，沥粉应在第1道工序磨生、弹线后进行，贴金在第9道工序搓刷绿椽肚之后进行，其他工序相同。

3. 椽望搓刷绿椽肚指常规建筑，故宫三大殿为青、绿椽肚（望板和椽肚沥粉贴金）。

2. 磨生油及找刮浆灰

（1）磨生油：地仗表面钻生桐油干燥后，提前用11/2号砂纸将油漆部位打磨光滑、进行晾生（预防地仗钻生外干内不干出现顶生现象）期间闷水起纸，将墙腿子、槛墙、柱门子等糊纸处及柱顶石清理干净，踏板下棱不整齐处，用铲刀和金刚石铲修穿磨直顺、整齐。

（2）未晾生而确认钻生干透后，用11/2号砂纸将油漆部位打磨光滑，并将浮尘清扫掸净，不得遗漏，除椽望、椽花、椽条外其他部位需湿布掸净。

(3) 找刮浆灰：生油地有砂眼、划痕、接头及柱根、边柱等处用铁板找刮浆灰。生油地蜂窝麻面粗糙处用铁板满刮浆灰。找刮或满刮浆灰时，应克骨刮浆灰，要一去一回操作，不得有接头。凡彩画部位和找刮浆灰毛病大处或满刮浆灰的部位，待浆灰干燥，磨浆灰后，需刷稀生油一遍，配比为生桐油：汽油 = 1：2.5，涂刷应均匀，干后不得有亮光，操油处打磨光滑，浆灰配比见表 31-62。

3. 攒刮血料腻子

(1) 平面以铁板刮血料腻子，圆面以皮子攒血料腻子，以一去一回操作，要与细灰接头错开，应刮严刮到，平整光洁，不得刮攒厚腻子和接头，不得污染相邻成品部位。椽花、椽条帚血料腻子要有遮盖力（要起弥补细微砂眼作用），不得遗漏。所攒、刮、帚的血料腻子应有强度手划不得掉粉，彩画施工部位或顶生处不得攒刮血料腻子。腻子配比见表 31-62。

(2) 椽望攒刮血腻子以三人操作，两人对脸操作，平面用铁板刮血腻子，圆面以皮子攒血腻子，要一去一回，并一气贯通不得留横接头，不得刮攒厚腻子，帚血料腻子者用小刷子将椽秧、燕窝、闸挡板秧等处帚匀、帚到，并将野腻子帚开，无黑缝，不得遗漏。不得污染成品部位和画活部位。

(3) 磨血料腻子，用 11/2 号砂纸或砂布打磨腻子，掌握"长磨腻子"的技术要领，表面光滑，大面平整，秧角干净利落，不得有划痕、野腻子、接头、漏磨，并除净粉尘。

4. 头道油（垫光油）

头道油，搓油者用生丝团蘸颜料光油搓，要干、到、匀，顺油者用牛尾栓"横登、竖顺"将油理均匀、理顺；操作（椽望成品油漆）时两人一挡，一人搓一人顺，由上至下从左至右操作。搓柱子油时，每步架应有一挡操作。要求表面薄厚均匀一致，栓路通顺，基本无皱纹、流坠，不得有超亮、透底、漏刷、污染等缺陷；搓刷朱红油、二朱油的部位应垫光章丹油（成品油漆可垫光娃娃颜色油漆）。

5. 复找石膏油腻子

头道油干燥后，用铁板或开刀找刮石膏油腻子或大白油腻子，应细致的按顺序将接头、砂眼、划痕等缺陷找平补齐；应避免出现因地仗及磨细灰造成表面不平，而在头道油后或局部满刮腻子。

6. 磨垫光

腻子干后，油皮表面呛粉，磨腻子并用乏旧砂纸磨油皮表面缺陷，应光滑平整，并用布擦净油皮表面浮物（成品油漆不呛粉）。

7. 光二道油

操作方法同头道油，搓刷均匀到位，不得遗漏；表面基本饱满、光亮，颜色均匀，栓路通顺，分色处平直、整齐，基本无皱纹、流坠，不得有超亮、透底、漏刷、污染等缺陷。

8. 磨二道油、装饰线等贴金

(1) 二道油干燥后，满呛粉，用乏旧砂纸通磨油痱子等缺陷（成品油漆不呛粉，可用 260～320 号水砂纸细磨缺陷），表面平整、光滑、不得磨露底。磨砂纸后将脚手板和地面的粉尘、杂物清扫干净，泼水湿润地面。

(2) 凡有装饰线、门钉、梅花钉、面叶、椽花扣等贴金部位均可刷浅黄油一道，干燥用乏旧砂纸细后，擦净浮物，在贴金部位的边缘呛粉，随后打金胶油，贴金，其方法见31.14饰金工程。

9. 光三道油（贴金部位此道油称扣油）

（1）椽望搓刷绿椽肚前，应先弹椽根通线及椽帮分界线；绿椽肚高为椽高（径）4/9。绿椽肚长为椽长的4/5，翼角通线弧度应与小连椽弧度取得一致。搓刷分色界线应直顺整齐，颜色一致，栓路通顺、翼角处绿椽肚红椽档界线分明，大面、皱纹、流坠，不得有顶生、超亮、透底、漏刷、污染等缺陷。

（2）搓刷三道油

1）搓刷三道油前，彩画（贴金）部位完成后，将脚手板和地面的粉尘、杂物、纸屑清扫干净，泼水湿润地面，用布擦净油皮表面浮物。进行下架三道油施涂，柱槛框与隔扇门窗应分别施涂。

2）搓刷三道油操作方法同头道油，贴金装饰线和纹饰的分色界线应先齐平直、流畅、整齐，随后搓刷大面。油皮表面要求平整光滑，无明显油痱子，饱满光亮，栓路通顺不明显，颜色一致，分色界线平直，曲线流畅，整齐，大面、小面无明显皱纹、流坠，不得有顶生、超亮、透底、漏刷、污染等缺陷。

10. 罩光油（罩清光油）

罩光油前需呛粉（仿古建醇酸油漆不呛粉）、满磨乏旧砂纸，并用布擦净油皮表面浮物和纸屑，不得损伤贴金面；罩光油操作方法同头道油，油皮表面要求平整，饱满光亮一致，栓路通顺不明显，无明显油痱子。大面无小面无明显皱纹、流坠，不得有顶生、超亮、透底、漏刷、污染等缺陷。

31.13.5 古建和仿古建油漆质量要求

1. 大木门窗及椽望地仗基层面搓刷光油及涂饰油漆主控项目质量要求

（1）油漆工程的工艺做法及所用材料（颜料光油、罩光油和混色油漆及血料腻子等）品种、质量、性能、颜色和色彩分配等必须符合设计要求及文物要求。

（2）油漆工程的地仗饰面应平整，油膜均匀、饱满，粘结牢固，严禁出现脱层、空鼓、脱皮、裂缝、龟裂纹、反锈、顶生、漏刷、透底、超亮等缺陷。

检验方法：观察检查，手击声检并检查材料出厂合格证书和现场材料验收记录。

2. 大木门窗及椽望地仗基层面搓刷光油及涂饰油漆

一般项目表面质量要求，见表31-71。

一般项目表面质量要求　　　　　　　　表 31-71

项次	项目	表面质量要求		
		中级油漆	高级油漆	传统光油
1	流坠、皱皮	大面、小面无明显流坠、皱皮	大面、小面明显处无	大面、小面无明显流坠、皱皮
2	光亮、光滑	大面光亮、光滑，小面光亮、光滑基本无缺陷	光亮均匀一致、光滑无挡手感	大小面光亮，光滑基本无缺陷（基本无油痱子）

项次	项 目	表 面 质 量 要 求		
		中级油漆	高级油漆	传统光油
3	分色、裹楞、分色线平直、流畅、整齐	大面无裹楞，小面明显处无裹楞，分色线无明显偏差、整齐	大小面无裹楞，分色线平直、流畅无偏差、整齐	大面无裹楞，小面无明显裹楞，分色线无明显偏差、整齐
4	绿椽帮高 4/9，绿椽肚长 4/5，椽帮肩角与弧线	高、长无明显偏差，椽帮肩角、弧线无明显缺陷	高、长基本无偏差，弧线与小连檐一致、椽帮肩角无明显缺陷	高、长无明显偏差，椽帮肩角、弧线无明显缺陷
5	颜色、刷纹（拴路）	颜色一致、基本不显刷纹	颜色一致、无刷纹	颜色一致、基本不显刷纹（暗拴路通顺）
6	相邻部位洁净度	基本洁净	洁净	基本洁净

注：1. 大面指隔扇、门窗关闭后的表面及大木构件的表面，其他指小面。

2. 小面明显处指装修扇开启后，除大面外及上下架大木视线所能见到的地方。

3. 中级做法：二道醇酸调合漆或一道醇酸磁漆成活或三道醇酸调合漆（含罩光油一道）成活的工程。高级做法指三道醇酸磁漆（含罩光油一道）成活的工程。

4. 弧线或弧度指翼角处的绿椽肚通线，应与小连檐的弧度取得一致。

5. 凡隔扇门的上下口和栏杆坐凳楣的下抹反手面要求不少于一道油漆。

6. 超亮：又称倒光、失光，俗称冷超、热超。光油、金胶油、成品油漆刷后在短时间内，光泽逐渐消失或局部消失或有一层白雾凝聚在油漆面上，呈半透明乳色或浑浊乳色胶状物。搓颜料光油、罩光油和打金胶油严禁超亮，呈半透明乳色或浑浊乳色胶状物时，应用砂纸打磨干净或用稀释剂擦洗干净，重新搓刷光油或打金胶油。

检验方法：观察、手触感检查和尺量检查。

31.14 饰金（铜）工程

饰金（铜）工程，分贴金、扫金、堑金（含描金）三种工艺做法，从质量效果看：堑金的质量最好，金色厚足而耐久；扫金稍次之，面积大要比贴金的色泽度一致；贴金次之，但贴金适用范围广。贴金分撒金、片金、两色金、浑金等做法。主要适用于古建筑、仿古建筑的室内外各类彩画和新式彩画饰金部位及佛像、佛龛、牌匾、框线、云盘线、菱花扣、梅花钉、门钉、山花结带等部位的饰金工程。

31.14.1 饰金常用工具及用途

1. 金夹子、金撑子

属于自制工具，金夹子用毛竹板经铲、刨、泡、磨、锉、粘、修而制成。长度为 170～230mm。用硬杂木做金撑子保护金夹子的尖端，贴金时还可起压金箔的作用。

2. 捻子

以前属于自制工具，是用硬点的头发制作的，有圆的、扁的、大小不同，制作方法同油栓，只是用血料加点油满浸透而已。主要用于打金胶油、齐字、拉各种线。

3. 筷子笔

俗称油画笔，用于打金胶油。

4. 粗碗

用于打金胶时盛金胶油。

5. 麻连绳

用于打碗捞子（一个约 180～200cm）。

6. 金帚子

以前属于自制工具，是用山羊胡子制作的，将根部墩齐蘸蜡拴于木把上，即可使用，与画家使用的抓笔相似。特点是毛长不易弯曲，软硬适度不伤金。主要用于扫金时帚金，一般用于云龙透雕花板、神龛的透雕蟠龙柱、九龙竖额的匾边、浮雕龙凤樘等雕刻花活贴金时帚金。

7. 罗

主要用于盛折好的金箔。

8. 金帐子

用于挡风贴金。

9. 罗金筒

用于制作罗金粉的专用器具，是用粗竹筒做的，为双层合一的筒子，上面敞口，中间层是细罗，下层为竹节封底。

31.14.2 贴金（铜）施工条件与技术要求

（1）贴金（铜）工序应待施贴部位的油漆、涂料、颜色、沥粉必须充分干燥后，方可进行施贴工序。所用的金箔、赤金箔、铜箔的材质必须符合国家相应标准，库金箔不得小于 98％的含金量，苏大赤不得小于 95％的含金量，赤金箔不得小于 74％的含金量。

（2）环境温度要求：

1）贴金施工温度不宜低于 5℃以下，相对湿度不大于 60％。

2）贴金工程应防止雨淋，尘土污染和冷热空气、雾、霜侵袭及阳光暴晒；贴金易在风和日丽的条件下进行，四级风以上应在封闭条件下作业。温度、环境达不到要求时，应采取相应的采暖保温封闭措施。雨季施工期间，应制定行之有效的雨施措施方案，方可进行施工。

3）贴金工程的施工环境应干燥、洁净。

（3）贴金工程使用的加工材料（光油、金胶油等），均应由材料房专职人员统一加工、配兑。贴金过程使用的金胶油不得掺入稀释剂或不相配套的其他材料，更不得胡掺乱兑。

（4）贴金工程应提前 10～20d 先打样板金胶油，并在贴金部位处试验，掌握好金胶油的性能及贴金（铜）箔的准确时间，采取爆打、爆贴金胶油时，认真对待。经有关人员认可后，方可大量配兑施工（打金胶油、贴金）。掌握"夏天过不了的油金胶"的操作要领，即 5～8 月份使用隔夜金胶油（今天打金胶，次日贴金），金胶油内允许掺入 0.1％～0.5％的红或黄调合漆作为盆色用途（以防漏刷）。

（5）贴金工程的基层面应平整光亮（油漆基层面的油漆膜应饱满），油漆基层面打一道金胶油，彩画饰金部位包油黄胶基层面打一道金胶油，彩画饰金部位包色黄胶（用乳胶或骨胶调制的黄胶）基层面要求打两道金胶油。

（6）打金胶油出现超亮（呈半透明乳色或浑浊乳色胶状物）时，用砂纸打磨干净或用稀释剂擦洗干净，重新打金胶油。

（7）铜件带有锈蚀时，可用铬酸去掉氧化铜膜，涂刷铁红环氧底漆或铁红醇酸底漆一遍，再搓刷油漆、打金胶油。传统工艺不做此工序，为增加金属面与底漆和面漆的附着力可参照实行。

（8）贴金操作时，夏季凡手掌易出汗者不宜担任贴金工作。

31.14.3 贴金（铜）施工要点

1. 油漆饰金部位及彩画饰金部位表面贴金（铜）箔施工主要工序

油漆饰金部位及彩画饰金部位表面贴金（铜）箔施工主要工序，见表 31-72。

油漆饰金部位及彩画饰金部位表面贴金（铜）箔施工主要工序 表 31-72

序号	主要工序	工 艺 流 程	彩画基层面饰金（铜）	油漆基层面饰金（铜）
1	磨砂纸	油漆表面细磨，擦净粉尘，彩画沥粉细磨，掸净粉尘	+	+
2	包黄胶	沿施贴部位及纹饰包黄胶	+	+
3	呛粉	施贴相邻部位呛粉		+
4	打金胶	沿贴金部位打金胶油	+	+
5	拆金	拆金、打捆	+	+
6	贴金	按施贴部位纹饰撕金、划金、贴金	+	+
7	帚金整理	对贴金面按金、扰金、帚金、理顺	+	+
8	扣油	装饰线和纹饰齐金、搓刷三道光油、理顺		+
9	罩油	赤金箔、铜箔等罩油封闭	+	+

注：1. 表中"+"表示应进行的工序。

2. 黄胶：指与金（铜）箔近似的颜料和油漆。

3. 彩画部位的油漆基层面或银朱颜色底贴金，均应呛粉。

4. 金胶油、罩油材料不得稀释，但牌楼彩画罩油，一般要求无光泽，需有光泽应符合设计要求。

2. 基层处理

（1）油漆表面饰金部位如槛框的混线、隔扇的云盘线、套环线，牌匾字、博缝山花的梅花钉、绶带面叶、菱花扣等应在二道或三道油漆充分干燥后，对贴金部位及相邻部位的颜料光油表面用乏旧砂纸磨光滑，成品油漆表面用水砂纸蘸水磨光滑，擦净浮物。贴金的基层面要平整光滑，不得有刷痕、流坠、皱纹等缺陷。参照古建和仿古建油漆 31.13.4 相应施工要点。

（2）彩画部位饰金，沥粉工序完成后，并对沥粉加强自检或交接验收合格后，方可刷色、包（码）黄胶、打金胶工序；要求沥粉不得出现粉条变形、断条、瘪粉、疙瘩粉、刀子粉等缺陷，沥粉的粉条缺陷，应在沥粉时随时纠正（铲掉重沥和修整及细磨）。

3. 包（码）黄胶

油漆基层面用浅黄色油漆（即调制与金或铜箔相似颜色的油漆）沿贴金部位涂刷一遍，要求表面颜色一致、漆膜饱满，薄厚均匀，到位、整齐，无裹楞、流坠、刷纹、接

头、漏刷、污染等缺陷。干燥后应用细砂纸满轻磨，并擦净浮物。

4. 打金胶（油）

（1）室内外作业粉尘较多的施工环境，风力较大的天气，应采取遮挡封闭措施，所用金胶油和工具应洁净，方可进行打金胶油工序。打金胶油严禁超亮（失光），出现后打磨后重新打金胶。

（2）油漆基层面饰金部位，除撒金做法外，在打金胶前必须对贴金的相邻范围进行呛粉，防止吸（咬）金造成贴金部位边缘的不整齐。

（3）彩画部位的两色金、三色金和柱子浑金做法中的两色金，即贴库（红与黄）、赤　。在打金胶油时应分开打贴。不得同时打，同时贴，也不得同时打两次贴。

打金胶掌握操作要点是：先打上，后打下；先打里，后打外；先打左，后打右；

　光亮饱满，均匀一致，到位（含线路、沥粉条两侧，绶带、老金边　排子、微小颗粒，不得裹楞、流坠、泅色、接头、串秧、皱

　装进一步检查金（铜）箔材质、密实度、有无糊边变质、砂　折金时，应将每贴金的整边放在左边再折叠金箔，折金不得从中　0mm，再按每10贴一把捆存放罗内，满足两小时以上至半天贴　变质金摘除。

　箔

　握好贴金的最佳时间（金胶油未结膜前不可过早贴金，否则造成金木或　不宜再贴金，否则易造成金花），应以手指背触感有粘指感不粘油，似漆膜　劲，也不脱滑，还拢瓢子吸金，贴金后金面饱满光亮足，不易产生绽口

　贴金时，应掌握"真的不能剪、假的不能撕"的要领，以左手拿整贴金，先从破　，不得先撕夹金纸的折迭处，不得撕窄，允许大于1mm，整条金撕好后，右手拿　子贴金。掌握贴金的操作要领是：撕金宽窄度要准，划金的劲头要准，夹子插金口要　，贴金时不偏拿准，金纸崩直紧跟手，一去一回无绽口，风时贴顶不贴顺，刮风贴金必挡帐。

（3）掌握熟记贴金的操作要点是：先贴下，后贴上；先贴外，后贴里；先贴左，后贴右；先贴直，后贴弯；先贴宽，后贴窄；先贴整，后贴破；贴条不贴豆金；先贴难，后贴易。

7. 帚金整理

贴金后帚金时，用新棉花团在贴金的表面轻按金、轻拢金、轻帚金、理顺金。轻按金，即为将金逐步按实，不抬手随之轻拢金将浮金、飞金、重叠金揉拢在金面。不抬手，随之轻帚金，顺一个方向移动（既能将细微漏贴的金弥补上有能使金厚实饱满）帚好。帚完一个局部或一个图案边缘飞金时，随之就将金面理顺、理平、无缕纹即可，透雕纹饰内用毛笔帚好。贴金表面应与金胶油粘接牢固，光亮足实，线路纹饰整齐、直顺流畅、到位（含线路、沥粉条两侧，绶带、老金边的五分贴到位），色泽一致，两色金界线准确，距

2m 处无金胶痱子，不得出现绽口、崩秧、飞金、漏贴、木花等缺陷。

8. 扣油

油漆部位贴金后，应满扣油一道（面漆），先对装饰线和纹饰齐金，直线扣油应直顺，曲线扣油应流畅，拐角处应整齐方正。不得出现越位或不到位及污染现象，确保贴金的规则度，扣油方法见油漆（油皮）工艺。

9. 罩油

所贴赤金箔、铜箔必须罩油（丙烯酸清漆或清光油）封闭不少于一道。库金箔一般不罩油，如牌楼彩画为防雨淋需罩油，连库金箔一起罩，如框线、云盘线、绦环线、门钉、面叶等贴库金部位，为防游人触摸需罩油，但要符合文物或设计要求。罩油应待贴金后的金胶油充分干燥后进行，罩油内不得掺入稀释剂。罩油表面光亮，饱满，色泽一致，整齐，不得有咬花、流坠、污染及漏罩油等缺陷，严禁超亮。

10. 罩漆

传统金箔罩漆如佛像、佛龛、法器等均罩透明金漆，根据罩漆颜色要求浅时罩漆一道，颜色要求深时罩漆两道。现多采用腰果酚醛清漆、腰果醇酸清漆，金箔罩漆效果同金漆，质量要求同罩油。

31.14.4 撒金做法技术质量要点

（1）撒金做法不做基层处理，直接在油漆表面贴金。

（2）照壁门、屏门、匾及室内椽望做撒金做法，末道油或罩油成膜后贴金，既不呛粉，也不打金胶，贴金光亮即可。

（3）室内椽望做撒金做法时，贴金纵横斜向基本成行、成列，金块方形、三角形不规则，大小 25mm 左右，间距 25cm 左右，但每块金并不在望板和椽肚（方椽）的中间贴。

（4）照壁门、屏门、匾，做撒金做法时，贴金纵横斜向基本成行、成列，金块方形、三角形不规则，大小 25mm 左右，间距 15cm 左右。

31.14.5 扫金做法技术质量要点

扫金做法一般适用于面积稍大的平面，传统扫金多为扫金匾，字做退光漆，匾地扫金，即为黑字金地。做扫匾地的特点是金面饱满光亮足，色泽一致，没有绽口、不花。

1. 金粉的制作方法

用羊毛笔挑起每张库金箔、苏大赤、赤金箔，放入罗金筒子敞口里，用羊毛笔头揉碎中间层细罗的金箔，揉碎的金箔通过细罗进入下层竹节底的，即为金粉。

2. 打金胶油

传统所用金胶油为漆金胶，在退光漆匾地表面打漆金胶。现多在打磨过的黑磁漆或黑喷漆匾地表面打油金胶，扫金时间掌握在以手指背触感有粘指感，似漆膜回黏，此时最拢瓢子吸金，否则，费金而不亮。

3. 扫金

扫金前要把打过油金胶的部位四周围好防风，将罗金筒下层竹节里的金粉倒在匾的一端，然后用金帚子、羊毛板刷或羊毛排笔拢着金粉，向另一个方向移动扫金，但油金胶表面无金粉时，细羊毛板刷或细羊毛排笔不得越位空扫。否则，前功尽弃。扫金后，根据金

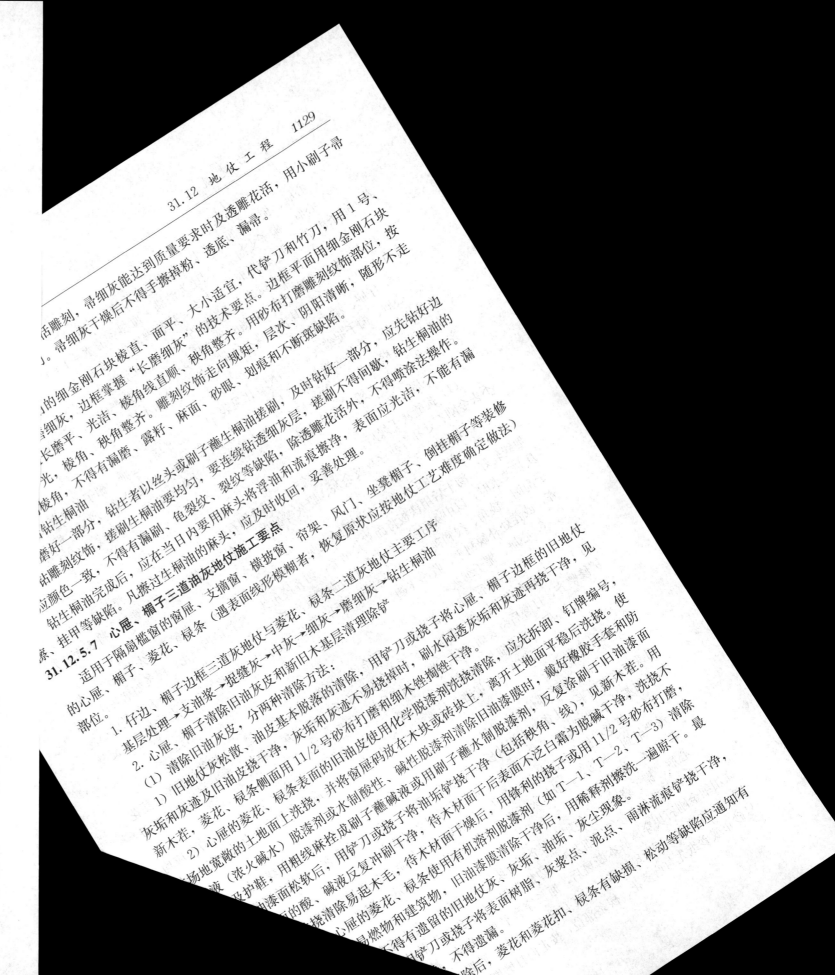

面情况有用大棉花团帚金的。扫金实际的用金量比计算的用金量略省。质量要求扫金匾地金面饱满光亮足，色泽一致，无绽口、不花。

4. 成品保护

扫金后将字面和扫金表面金粉整理干净，不得触摸，需垫棉花封棉纸保护。

31.14.6 泥金、塈金、描金做法技术质量要点

适应于佛龛、佛像、法器、壁画、屏风等。用金量的计算掌握，"一贴、三扫、九泥（塈）金"是指贴金、扫金、泥（塈）金三种不同工艺做法中所需用金量的计算要点。扫金的用金量是贴金的三倍，而泥金或塈金的用金量是扫金的三倍，则是贴金的九倍。

1. 泥金粉的制作方法

泥金粉末是将数张金箔放在细瓷盘内，滴入广胶水，用手指调和研细至胶水干结，倒入开水待胶溶化金末沉底，将胶水倒出。根据要求的金粉末细腻度，再滴入广胶水……反复二至三次将其金箔研成极细的金粉末，最后将细瓷器内的金粉末凉晒干，过细箩待用。由于加工方法似和泥浆所制成的金粉而得名"泥金"，要比箩金筒箩出的金粉细腻。

2. 塈金（泥金）浆的配制

塈金（泥金）浆以新鲜白芨汁液、鸡蛋清为胶粘剂，与泥金的金粉调制成的塈金（泥金）浆，或用箩金筒箩出的金粉调制成塈金（泥金）浆，应充分搅拌均匀，其虚实度以不透底为宜。且记塈金（泥金）浆应随使随配，用多少配多少，不宜存放，否则，造成浪费。

3. 泥金工艺

泥金工艺面积大做浑金时，可根据面积宽窄选用羊毛板刷大小，用羊毛板刷蘸塈金（泥金）浆涂刷均匀，不宜过厚。金面应饱满光亮柔和，色泽一致，整齐，不得流坠、透底、漏刷、掉粉。

4. 描金工艺

描金工艺是在绘制好的图案上或装饰线上描金，选用所需宽度的小捻子或毛笔蘸塈金（泥金）浆描金，质量要求基本同泥金工艺。

还可根据使用要求，选用好的铜粉加稀释剂和清漆调制成的金粉，在图案上描金。如需分色纯金粉颜色较少，因铜粉的目数粗细不同其颜色效果也不同，但亮度不长久易变黑，罩清漆可延长亮度。

5. 塈金工艺

塈金工艺一般适用于彩堆拨金做法或拨金地做法。拨金是一种极为精致的彩画，在有颜色的底上显露清晰的金色纹饰。工艺做法是在平光的油地上，涂均匀的塈金浆（也有打金胶、贴金的）用玛瑙轧子轧平轧光，再涂鸡蛋清一遍。干后以蛋清调好所需颜料着色均匀，潮干时小地打谱子捂盖湿布，再用麻秆加竹签或象牙签做成笔尖状，揭开湿布按图案（熟练者凭记忆或看图样），一点一点地将颜料层拨开，露出金色底，未拨的地方即留下鲜艳的色彩。拨时应随拨、随揭，至全部拨完，图案不走样，金线纹饰流畅、明亮柔和。

31.14.7 油漆彩画工程饰金质量要求

1. 油漆、彩画部位贴金（铜）箔主控项目质量要求

（1）贴金工程的工艺做法和所用材料的品种、质量、颜色、性能及金胶油配兑、图案式样、两色金分配、金箔罩油、罩漆，必须符合设计要求和文物要求及有关材料标准的规定。

（2）贴金工程的基层饰面应平滑，金胶油膜均匀、饱满、光亮、光洁、到位，严禁裂缝、漏刷（打）、超亮、泅、顶生。

（3）贴金工程的金（铜）箔必须与金胶油粘结牢固，严禁裂缝、顶生、脱层、空鼓、崩秧、氧化变质（含糊边糊心）、漏贴、金木等缺陷。金箔罩油、罩漆应色泽一致，严禁咬底、咬花、超亮、漏罩。

检验方法：观察检查并检查产品合格证和金箔检测报告及验收记录。

2. 油漆与彩画部位贴金（铜）箔

一般项目表面质量要求，见表 31-73。

一般项目表面质量要求

表 31-73

项次	项　目	表面质量要求
1	饱满、流坠、皱皮、串秧	饱满，大面无流坠、皱皮、串秧，小面明显处无流坠、皱皮
2	光亮、金胶痱子微小颗粒	光亮足，距离 1.5m 正斜视无明显痱子及微小颗粒
3	平直、流畅、裹楞、整齐	线条平直、宽窄一致，流畅、到位，分界线整齐；大面无裹楞，小面明显处无裹楞
4	色泽、纹理、刷纹	金箔色泽一致，铜箔色泽基本一致，明显处无纹理、刷纹
5	绽口、花	大面无绽口、花，小面明显处无绽口、花
6	飞金、洁净度	大面洁净，无污染、飞金，小面无明显脏活、飞金

注：1. 大小面明显处指视线看到的位置。在检验时，未罩油的饰金面严禁用手触摸。

2. 纹理：是指贴金时金箔与金箔重叠的缕纹未理平。

3. 绽口：是指贴金时的金箔因金胶油黏度不够所形成的不规则离缝。

4. 泅：指金胶油内掺入稀释剂造成金面不亮，渗透扩散彩画颜色变深，不整齐等。

5. 金木：俗称金面发木，是指贴金箔、铜箔等，表面无光泽或微有光泽，甚至既无光泽，又有折皱（贴金时被金胶油淹没）缺陷。

31.15 烫蜡、擦软蜡工程

适用于古建筑各部位（除山花博缝、连檐瓦口、椽头）、牌匾、木装修（花罩）、花活及木地板等。

31.15.1 烫硬蜡、擦软蜡操作要点

31.15.1.1 烫硬蜡、擦软蜡一般要求和工机具

（1）擦软蜡工程的做法、材料、蜡质的品种、质量、颜色、川蜡和黄蜡配比应符合设计要求。

（2）烫硬蜡应有防火措施；烫硬蜡、擦软蜡不得出现斑迹、烫坏木质基层。

（3）新细木制品的木质颜色应一致，不得有外露钉帽、欠茬、翘裂。

（4）大小油桶、粗布、刷子、棉丝、麻头、木炭蜡烘子、电炉倒置烘子、大功力吹风

机等。

31.15.1.2 烫硬蜡、擦软蜡

使用材料见 31.11.5 和 31.11.9～10。

31.15.1.3 硬蜡加工方法及刮腻子、润粉、刷色要求

（1）将硬蜡（用块状川蜡和黄蜡）刨成薄片，再将川蜡内掺入不少于 5% 的黄蜡混合均匀，如硬蜡不能加工成薄片或剩余的蜡粉末，可将硬蜡和黄蜡放在无锈蚀的锅内加热融化成水，过 40 目铜箩滤去杂质，倒入分格的木槽内，待冷却凝结后，将硬蜡刨成薄片待用。对外檐立面木构件和木装修烫蜡，将川蜡和不少于 10% 的黄蜡加热融化成水待用。

（2）木件和木装修润粉、刷水色应符合设计要求，润水粉、刷水色的颜材料应使用石性颜料（加水胶）或酸性染料。

润粉的调配：水粉用大白粉加石性颜料和水胶调配成，油粉用大白粉加石性颜料或色调合漆和光油及汽油调配成。润粉应来回多次揩擦物面，应擦满棕眼。揩擦可逐面分段进行，大面积要一次做成，润粉应熟练做到快速、均匀、洁净的要领。表面颜色一致，无余粉、积粉现象，木纹、线角、纹饰应清晰、洁净。刷水色时应顺木纹逐面刷，表面应颜色一致，不得有接头痕迹。

注意事项：润水粉不得使用素水粉，易造成半棕眼和木纹不清楚；润油粉不宜油大，油性大润粉时粉料不易进入棕眼内。水粉干燥快，易引起木材膨胀起木筋，比油粉清晰度高，但透明度不如油粉好。

31.15.1.4 清色活楠木本色施工工序及操作要点

新旧楠木基层处理 → 撒蜡与涂蜡 → 烫蜡与擦蜡 → 起蜡与翻蜡 → 出亮。

1. 旧楠木基层处理

（1）旧楠木件基层处理时，用钢丝棉或铜丝刷及 11/2 号砂纸将表面的水锈污垢清除干净，呈现楠木本色，不得损伤木骨和雕刻纹饰；如木筋凸起水锈污垢严重时，均可用蒸气压力枪除净，并能除净木筋内的水锈污垢，不损伤木骨和雕刻纹饰，呈现楠木本色并清晰。

（2）新楠木磨白茬：用 11/2 号砂纸或砂布包方木块顺木纹方向打磨平整、光滑、无硬楞。不得出现横竖交错的乱磨痕迹及漏磨现象，并掸干净，表面不得有污迹。

2. 撒蜡与涂蜡

（1）对于不烫蜡的匾字地，应提前用光油和汽油兑成稀底油漆扣一遍，干燥后烫蜡，防止烫蜡进入字地，否则涂绿油、扣油筛扫或打金胶油不易干燥。

（2）将硬蜡薄片均匀地撒于匾面，并将匾字地的硬蜡片用毛笔剔扫干净。立面木件和木装修，用刷子蘸加热熔化的蜡水均匀地涂抹在表面。蜡水温度应适宜，温度高刷毛卷胡，温度低涂抹不均匀易白。

3. 烫蜡与擦蜡

（1）先将烫蜡的木炭烘子点燃，待有火苗不掉火星时烫蜡，也可采用 1500W 电炉倒置烘子，烫蜡由两人共同操作，烫蜡时用蜡烘子将蜡烤化，擦蜡者随时用粗布将烤化的蜡擦均匀，蜡烘子移动要稳逐步烫完。不得将蜡擦在匾字地，不得烫坏木质。

（2）将涂抹在立面木件或木装修表面的蜡未凉前，应随后用大功力吹风机将蜡烤化，再用粗布将烤化的蜡擦均匀，逐步烫完，不得烫坏木质。

4. 起蜡与翻蜡

用牛角板或竹片刀，将多余的蜡刮掉、收回，蜡薄处再撒蜡或涂蜡，翻蜡是用蜡烘子或大功力吹风机再次烫蜡，通过起蜡和翻蜡，使蜡质充分渗入木质内，表面饱满均匀一致。

5. 出亮

用鬃刷或粗布、棉丝反复顺木纹擦理，达到木纹清晰光亮柔和、色泽一致。

31.15.1.5 擦软蜡施工工序及操作要点

施工工序

1. 新旧基层处理→擦软蜡→出亮

2. 新旧基层处理

(1) 磨白茬操作方法同新活烫蜡，如进行润粉、刷色符合设计要求，润粉、刷色方法见 31.15.1.3。

(2) 旧漆面擦蜡养护，用粗布过肥皂水或洗涤灵水，将油污及污垢清洗干净后再过清水。

(3) 重新擦蜡养护用粗布和棉丝将尘埃、尘土擦干净，表面有油污及污垢可用松节油或汽油擦洗干净。

3. 木装修擦软蜡

擦软蜡用棉丝蘸上光蜡或用松节油稀释蜂蜡，在木装修表面按木纹逐面擦严、擦到、擦均匀，秧角窝蜡用竹刀剔净，无漏擦缺陷。

4. 出亮

用棉丝、棕刷在木装修表面按木纹逐面来回擦亮，无蜡缕缺陷。

31.15.2 烫蜡、擦软蜡质量要求

1. 大木及木装修、花活烫硬蜡、擦软蜡表面质量要求

蜡洒布均匀、无露底、光亮柔和、光滑、色泽一致、木纹清晰、厚薄一致，楠木保持原色，表面洁净，无窝蜡、蜡缕等缺陷。

2. 木装修、花活擦软蜡表面质量要求

蜡洒布均匀，无露底，棕眼平整，光亮柔和、光滑，色泽一致、木纹清晰、表面洁净、无斑迹、无蜡柳、窝蜡等缺陷。

31.16 匾 额 油 饰

匾额油饰工艺除包括 31.12~17 外，还包括色彩、字形、拓放字样、灰刻字、堆字、筛扫工艺做法，主要适用于古建筑、仿古建筑的室内外匾、额、楹、包柱对子，统称为"匾"，其主要使用材料、材料加工及调配同 31.11.1~8，只是工艺和使用材料（如黑硝基磁漆代替大漆）及调配略有不同。

31.16.1 匾 额 施 工 要 求

(1) 匾额施工应具备操作场地并防雨，室内施工应通风良好，冬季施工应有保温

措施。

（2）匾额施工应符合设计要求（如材料和材料配比、做法、色彩等）文物工程的要求和及有关规定，并符合地仗、油漆、饰金、烫蜡工程的相应施工要点。

（3）匾额施工砍活前应对匾额的铜字镶嵌或旧匾的字样进行拓字留样，在起卸铜字时不得损坏扒掌，并对铜字和拓字样妥善保管。

（4）匾额施工前应对原匾额的色彩、字形和位置记录保存，对成品匾额未挂匾前应采取保护措施。

31.16.2 匾额种类与色彩

1. 斗子匾

因形状似容量粮食的木斗而得名，斗子匾的匾心多做扫青或刷青，字多为铜胎金字，大多镏金或贴金。斗的四边外口和侧面常规做三道朱红油，斗边线贴库金，或斗边框内浮雕五条龙贴库金。有一种斗子匾的匾心做扫青或刷青，铜字白色，因字横向排列多而扁长。

2. 雕龙匾

其形状同斗子匾，斗边框内雕刻云龙五至九条不等，做浑金的两色金的或龙贴金彩色云的（斗边线都贴金）斗边外口和侧面及雕刻地常规做三道朱红油，匾心做扫青或刷青，铜字贴金或镏金，匾心有印章的大多在中上方为朱红地，其四边和阳字为金色，或四边字地浑金。

3. 花边匾

匾的四边多为规则性图案，常见万字、回纹图案。花边匾有黑地白字赤金花边、绿地白字赤金花边、黑地库金字朱红花边、朱红地白字库金花边，青地库金字浮雕云龙浑金花边等。匾心有印章的大多在中上方，印章地一般随大字颜色，印章四边和字为朱红色。包柱对子多为花边匾格式或平面匾格式，花边匾（有黑地库金字浮雕九条云龙浑金花边）多用于室内。也有匾的四边起线为金，黑地金字，中上方印章三方，两侧印章字阴刻为朱红，地为金，中间印章字和边阳刻为金，地为朱红。

4. 平面匾

此匾应用普遍似平面板，匾面多为黑地金字或金地黑字或白地黑字。大多有落款，落款大多在字头，也有字头字尾均有落款，落款的字随大字色彩。名印章地多为金色，其四边和字为朱红色，也有号章字和边为金色地为朱红。

5. 清色匾

指透木纹的匾，多为木质较好的平面匾。一般为楠木、樟木等刻镂阳字，做本木色，其字多为绿色，但色泽艳（如鸡牌绿）；也有根据木质和上色深浅的不同其字的颜色也不同，清色匾大多做烫蜡或做清漆磨退，其字多为金色、鲜绿色或白色。

6. 奇形匾

指匾形奇特的匾，常见的有扇面匾、卷书匾、套环匾（有三连环匾，青地白字，印章在中上方，金花边）等多种。奇形匾的色彩相对灵活，一般有黑地金字、黑地绿字、白地黑字、朱红地白字、朱红地金字、兰地金字、绿地金字等。一般朱红地、兰地、绿地做撒金，字贴金。

7. 其他匾

堆字匾有黑地金字、青地金字、混金地黑字、扫金地黑字。有的匾地做扫蒙金石字贴金或扫青扫绿，有的匾地做扫玻璃磕字贴金。有的为纸绢匾，多长方形，字名人书写，镶木边框刷油漆。

8. 匾托

既起撑托匾额作用又起装饰作用，匾托一般分金属的和木质的，铁制品多为朱红色，木质的为雕刻花纹其地为朱红色，花纹表面贴金，也有混金的。

31.16.3 匾 额 的 字 形

匾额的字形分原匾额铜字的字形和木刻的字形及灰刻的字形。

1. 铜字

是雕龙匾、斗子匾上的字，笔画断面为平面，铜字的笔画基本相互连接，有分离的笔画以铜带在背面连接，其铜带称扒掌。因此，拆卸前必须对铜字进行拓字样，并包括字与字间距、位置，拓下留样，妥善保管。在油灰地仗的表面将铜字落檀镶嵌于匾面为平刻平阴字。

2. 木刻字

指透木纹匾上的字，在木质较好的木板上直接刻字，一般木刻字为锓阳字，笔画的字墙微有倾斜度，其中间凸起的断面为圆弧面，锓阳字立体感强。木刻阴字极少（多见于石匾、石碑），笔画的字墙垂直其中间凹的断面为圆弧面。

3. 灰刻字

在油灰地仗的表面刻字为平刻锓阳字，一般依据匾额及字体的大小，地仗表层的渗灰厚度一般为 5mm 左右，灰刻字均为锓阳字，笔划的断面字墙微有倾斜度，其字墙的锓口向外倾斜角度约 25°角，中间凸起的断面为圆弧面，锓阳字立体感强。字体大笔划宽 100mm 左右时，笔划中间凸起的断面为平坦圆弧面，锓阳字立体效果稍差。如落款小字笔划宽 2mm 左右时，笔划中间的断面为 "V" 字形，俗称两撇刀。

4. 灰堆字

在油灰地仗的表面，主要用油灰堆成的字为平堆阳字。笔画断面凸起较大为圆弧面，一般依据匾额及字体的大小，掌握笔画宽度、字面弧度和高度与字体大小、笔锋协调。灰堆字效果饱满，立体感极强。

5. 印章

同一般印章一样，分阴刻或阳刻，不同之处是在匾的平面直接刻印章，但号章阴刻多其四边外侧与匾面平。阳刻印章四边外侧呈坡面微低于匾面，名章阳刻多效果突出。

31.16.4 拓 字 留 样

匾额油饰，不论是新字做新匾，还是旧匾旧字做新，或是铜字的匾额做新都要拓字留样。

新字做新匾，是为了防止错刻，以便核对复杂的笔划及笔锋而留样；旧匾旧字做新，是为了防止砍活毁掉旧字而拓字留样便于恢复；铜字的匾额做新，在砍活前需起卸铜字的扒掌，虽然不会损坏，是为了记录原来的字样位置及铜字背面的扒掌与字的连接关系，或两种文字及三种文字的连接关系，以便恢复原来的字样位置。因此，必须事先拓字留样。

1. 拓铜字

起卸铜字的扒掌前，进行拓铜字，又因铜字笔划清楚，棱角整齐突出比较好拓。将事先准备好的高力纸按匾心尺寸裁粘好，然后铺于匾心对正位置固定，用棉花团蘸黑烟子揉擦纸面，遇楞稍重揉，字的边楞便清楚地显现于纸面，拓好铜字样之后，还要拓扒掌，是将起卸的铜字放在已拓好的字样上面，铜字与字样找准位置后，按住不得移动，用铅笔勾画铜字的扒掌形状。字样与扒掌拓勾成一体后，拓原字样是将字样纸翻过来，一般用炭铅笔在纸背面将字迹与扒掌勾描出轮廓，以便拓在匾额上，将拓好的字样保存待用期间，不得遗失。起卸铜字时，不得损坏铜字和扒掌。

2. 拓錾阳字

在砍活前首先将旧匾的字用高力纸拓好，拓字前按旧匾尺寸裁粘好高力纸，然后铺于匾面四边对齐，按住不得移动。用棉花团蘸黑烟子在字的部位揉擦纸面，遇楞稍重揉，字的边楞便清楚地显现于纸面；再进行拓取第二张字样，拓好后将字样保存待用期间，不得遗失。

如旧匾落款小字较多，印章中笔划多或印章小，防止拓字不清楚，可按下例方法操作：按旧匾尺寸裁粘好高力纸，铺于匾面四边对齐，按住不得移动，用水喷湿纸面，再复同样大的干高力纸，用大刷子戳拍字迹后，下层纸便紧贴在匾面和字的笔划上面，揭掉上层纸待下层纸干后，便紧绷贴在匾面字迹十分清楚，用纱布包棉花干蘸油墨或墨汁，在字的部位顺序拍字迹周边，笔划凹面无墨迹为白色，平面为黑色，这样拓字虽说费时，但小字清楚。第二张字样拓好后，将字样保存待用期间，不得遗失。

3. 拓灰堆字

在砍活前也要拓字，因其字表面圆滑，不能直接拓字，首先将灰堆字铲掉，留下原字的底座，保持底座原字棱的形状，再将事先准备好的高力纸按匾心尺寸裁粘好，然后铺于匾心对正位置固定，用棉花团蘸黑烟子拍擦纸面，遇楞稍重拍，字的边楞便清楚地显现于纸面。拓好字样后，将字样保存待用期间，不得遗失。

4. 放字样

一般指新字做新匾或旧匾改新字，新写的字如按匾的规格写，需将字用铅笔或炭铅笔拓描在高力纸上面，并修整笔锋，保留原样以便核对复杂的笔划及笔锋。如新写的字小就需放大，在放大时应考虑到匾额的上下天地、左右留边、字的间距等问题，再进行放大，方法有幻灯放大、打九宫格放大、电脑打印放大、复印机放大；然后，在匾上找准位置后粘贴字样。

31.16.5　斗子匾、雕龙匾额油饰操作质量要点

1. 主要施工工序

拓铜字→起卸铜字→拓扒掌→斩砍见木→撕缝→支浆→捉缝灰→通灰→使麻→磨麻→压麻灰→中灰→细灰→磨细灰→钻生桐油→磨生→刮浆灰→磨浆灰→拓原字样→剔槽→按装→找补地仗→磨细找补生桐油→找补浆灰磨浆灰→刮血料腻子（雕刻处帚血料腻子）→磨腻子→垫光油→光二道油→边抹雕刻包油黄胶→打金胶油→贴金→匾（字堂）心打金胶油→匾（字堂）心扫青→扣油→封匾

2. 拓铜字→起卸铜字→拓扒掌

参照 31.16.4 拓字留样。

3. 斩砍见木→撕缝→支浆

参照实行麻布地仗 31.12.4 相应的施工要点，汁浆材料配合比见表 31-58。

4. 捉缝灰→通灰→使麻→磨麻→压麻灰→中灰→细灰→磨细灰→钻生桐油

参照麻布地仗 31.12.4 相应的施工要点，油灰地仗材料配合比见表 31-58。

5. 磨生→刮浆灰→磨浆灰

钻生桐油干燥后，用砂纸或砂布通磨光滑，打扫干净，平面用铁板靠骨刮浆灰，不得漏刮。干燥后，用砂纸或砂布通磨光滑，打扫干净。

6. 拓原字样

将原字样纸翻过来，一般用炭铅笔在纸背面将字迹与扒掌勾描出轮廓，按原位置固定匾额中心，用布擦拓于匾额上，如字迹不太清楚，再用炭铅笔在匾额上拓描一次。

7. 剔槽→按装

用木凿子按扒掌的轮廓线剔槽，槽的深度略深于扒掌的厚度，然后将铜字按字迹摆好，待扒掌入槽卧好，再用螺旋刀具将扒掌以木螺钉拧紧，铜字便固定好，要求铜字与地仗平，扒掌不得外露。

8. 找补地仗→磨细找补生桐油

剔槽按装铜字后，将槽剔多的部分地仗和扒掌外露的部分，用粗、中、细灰找补平整，然后磨细找补生桐油。参照麻布地仗 31.12.4 相应的施工要点，油灰材料配合比见表 31-58。

9. 找补浆灰→磨浆灰→刮血料腻子（雕刻处帚血料腻子）→磨腻子

参照古建和仿古建油漆 31.13.4 相应的施工要点，材料配合比见表 31-62。

10. 垫光油→光二道油→扣油

参照古建和仿古建油漆 31.13.4 相应的施工要点。

11. 边抹雕刻或铜字包油黄胶→打金胶油→贴金

参照 31.14.3 贴金（铜）施工要点。

12. 匾（字堂）心打金胶油（光油）→匾（字堂）心扫青→扣油→封匾

匾（字堂）心扫青参照 31.16.8 颜料筛扫技术质量要点；扣油（指朱红油）参照古建和仿古建油漆 31.13.4 相应的施工要点。

31.16.6 灰刻镂阳字匾油饰操作质量要点

1. 主要施工工序

拓字→斩砍见木→撕缝→支浆→捉缝灰→通灰→使麻→磨麻→压麻灰→中灰→渗灰→细灰→磨细灰→钻生桐油→磨生→过水→粘字样→刻字→闷水起纸→找补生桐油→刮浆灰→磨浆灰→刮腻子→磨腻子→进行油漆工艺（大漆工艺和贴金工艺，或磨退工艺和贴金工艺）。

2. 拓字

应符合 31.16.4 拓字留样。

3. 斩砍见木→撕缝→支浆

参照麻布地仗 31.12.4 相应的施工要点，汁浆材料配合比见表 31-58。

4. 捉缝灰→通灰→使麻→磨麻→压麻灰

参照麻布地仗 31.12.4 相应的施工要点，油灰地仗材料配合比见表 31-58。

5. 匾背面

进行中灰→细灰→磨细灰→钻生桐油→油漆

参照麻布地仗 31.12.4 相应的施工要点，油灰地仗材料配合比见表 31-58；匾背面油漆时参照古建和仿古建油漆 31.13.4 相应的施工要点。

6. 匾正面中灰

中灰前用金刚石磨压麻灰，应打磨平整光滑，扫净浮灰粉尘后，湿布掸净。

中灰应使用铁板刮靠骨灰，要平整，不得长灰，油灰地仗材料配合比见表 31-58。

7. 匾正面渗灰

渗灰前磨中灰，用金刚石块穿磨平整、光滑，扫净浮灰粉尘后，支水浆一遍。

渗灰材料配合比见表 31-57 的 15 项，其光油的比例改成 3～4，需掺入微量籽灰。匾面渗灰前为便于掌握渗灰的厚度，均可用铁板找细灰贴出板口，干后进行渗灰，用皮子抹严造实，复灰要均匀，再用灰板通长刮平，厚度 3～5mm（以字样大小而定），搭水糊刷或水条帚做划痕，阴干、再细灰。

8. 匾正面细灰

用铁板细灰时，先细四口，平面用铁板干刮细灰，待四口细灰干后，细面用皮子抹严造实，复灰要均匀，用灰板通长刮平，阴干。表面要平整，不得有蜂窝麻面、扫道、接头、龟裂、空鼓、脱层等缺陷。细灰材料配合比见表 31-58 的 15 项，其光油的比例改成 3～4。

9. 匾正面磨细灰

用大块平整的细金刚石穿磨，要长磨细灰，应横穿竖磨或竖穿横磨，要磨断斑，表面平整、四口方正直顺、光洁、整齐，不得出现龟裂纹、漏磨、划痕等缺陷。

10. 匾正面钻生桐油

匾面钻生油时，先将磨下来的细灰面围堆在匾的四边，倒入原生桐油数小时后，用麻头擦净浮油，在室内阴干。匾面垂直无法放平时，钻生桐油参照实行麻布地仗 31.12.4 相应的施工要点。匾面钻生后八九成干时即能刻字。

11. 灰刻锓阳字

灰刻锓阳字匾分六个步骤：磨生油→过水布→粘贴字样→刻字→闷纸→找补生油。

钻生桐油干后，磨生后满过水布，干后找准字样刷稀浆糊，粘贴字样（也有在匾额刻字部位擦立德粉，画十字线垫复写纸，摆放字样，用圆珠笔或铅笔沿字的边缘描画，撤走字样，字体显留在匾额面上，但字体白粉易擦掉刻字，易走形）要上下留天地，左右留边，位置准确，端正匀称，用刻刀刻字先刻字外围，而字面微有倾斜度，其字面的锓口角度约 25°角，注意字面深度和锓口角度一致，铲坡弧度不宜一手持刻刀，字面坡弧度圆滑与字体大小、笔锋协调，不得反刻斜插刀，否则，崩掉字墙及走样，笔锋和碎笔处不得刻乱。刻完后刷水闷纸起净，找补生油。

12. 灰刻锓阳字匾表面质量要求

位置准确，端正匀称，匾地平整光洁，字体光洁，色泽一致，字墙深度和字面坡弧度圆滑，应与字体大小及笔锋协调，字楞和字秧直顺、流畅、清晰、整齐，字面深度和锓口角度一致，刻字忠于原字样，不走样，无龟裂、麻面、砂眼、划痕等缺陷；表面洁净、清晰、美观。检验方法：观察检查并与原字样对照。

13. 刮浆灰→磨浆灰

找补生油干后，磨生用 11/2 号砂纸或砂布通磨光滑，打扫干净，以铁板进行满刮浆灰。应靠骨刮浆灰，要一去一回操作，不得有接头。刮浆灰时连灰刻锓阳字一起埋没，最后用小铁板或竹刀，刮字面和剔字仰，干后磨砂纸。材料配合比见表 31-62。

14. 刮腻子→磨腻子

参照古建和仿古建油漆 31.13.4 相应的施工要点，材料配合比见表 31-62。

15. 匾面施涂油漆工艺（大漆工艺参照 31.17.4 大漆操作要点及质量要求），涂饰黑醇酸磁漆不少于四道磨退工艺，字面打金胶油、贴金参照实行 31.14.3 贴金（铜）施工要点。

16. 匾面喷漆操作工艺

工艺顺序为喷刷头道底漆及打磨→喷刷二道底漆及打磨→喷涂黑硝基磁漆及打磨→磨退→打砂蜡→擦蜡出亮→打金胶油→贴金→封匾

（1）喷刷头道底漆及打磨

打磨血料腻子及掸净后，喷涂或刷涂醇酸底漆要均匀，干后如有复找腻子处，可用原子灰腻子复找，腻子干燥后用 300 号水砂纸蘸水打磨光滑，并用湿布擦净。

（2）喷刷二道底漆及打磨

喷涂或刷涂醇酸二道底漆（细腻，以填平补齐砂眼、划痕或纹道）要均匀，干后用 320 号水砂纸蘸水打磨光滑，并用湿布擦净。

（3）喷涂黑硝基磁漆及打磨

喷涂黑硝基磁漆用香蕉水稀释，喷涂不少于三遍，以达到磨退质量要求为准。前后遍喷漆要横竖交错，光亮均匀一致，最后一遍喷漆应丰满。每遍喷漆干后要用 320 号水砂纸蘸水打磨平整光滑，并擦干净。喷涂时喷嘴距离物面过远，会出现无光泽的漆膜，达不到磨退的质量要求；过近易出现流坠，可控制在 30cm 左右，气压控制在 0.3～0.4MPa 之间，每遍喷漆应后枪压前枪一半（喷过的漆面范围重叠一半）。

（4）磨退→打砂蜡→擦蜡出亮

最后一遍喷漆干后，用 380～400 号水砂纸蘸水或蘸煤油打磨平整光滑，擦干净后无亮星无挡手感。打砂蜡时将砂蜡内加入少许煤油，用纱布包干净的棉纱蘸砂蜡在漆面上来回擦，将每个局部摩擦发热出亮，再用干净的棉纱擦净匾面和字面，然后用干净的棉纱在漆面上打上光蜡或擦核桃油，用洁净的细白棉布或毛巾反复擦蜡发热，直至漆面光亮柔和、光滑平整，无挡手感。

（5）打金胶油→贴金→封匾

字面打金胶油前，用干净的棉纱蘸汽油擦净蜡质。打金胶油、贴金参照 31.14.3 贴金（铜）施工要点，贴金后用洁净的白棉布或毛巾擦净匾面浮物用棉纸封匾。

31.16.7　匾额堆字油饰操作质量要点

（1）主要施工工序：

拓字→斩砍见木→撕缝→支浆→捉缝灰→通灰→使麻→磨麻→压麻灰→中灰→（根据施工要点进行渗灰）→细灰→磨细灰→钻生桐油→磨生→过水→粘字样→堆字→找补生桐油。刮浆灰→磨浆灰→刮腻子→磨腻子→进行油漆工艺（大漆工艺和贴金工艺，或磨退工艺和贴金工艺）。

（2）堆字地仗施工参照灰刻锓阳字匾额地仗 2、3、4、5、6、8、9、10 施工要点。

（3）灰堆字要求木制字胎卧槽时，参照 31.16.5 斗子匾第 7 的施工要点。

（4）拓原字样：是将原字样纸翻过来，一般用炭铅笔在纸背面将字迹拓描出轮廓，按原位置固定匾额心中，用布擦拓于匾额上，如字迹不太清楚，再用炭铅笔在匾额上拓描一次，字样不得遗失。

（5）如要求灰堆字的木制字胎卧槽时，先剔槽，用木扁铲按拓于匾额上的字迹轮廓线外围刻，要求字墙深度一致，铲坡度落平不宜一次到位，卧槽的深度 3mm 左右，不得反刻斜插刀，否则会崩掉字墙及走样，笔锋处不得刻乱。

（6）做字胎：卧槽木制字胎或匾面直接做木字胎，先按字的笔划宽度和高度做成统一标准的木条，但是木条宽度和高度应小于原字样，然后按字的笔划长短截断，用木钻打眼、木条打眼的底部涂油满，按字的笔划粘于槽内或匾面，再将长于木条高度 15～20mm 的圆竹钉涂胶下于木条打眼处，油满与乳胶干后，用木扁铲及木锉修整字胎的字形及笔锋。

另外一种做字胎的方法是在匾面拓描出字迹轮廓上钉钉子，再在钉子上缠绕线麻，做灰，油灰应与线麻和填揎的木条粘结牢固，其他工序同字胎地仗。

（7）字胎地仗：

1）字胎支浆后，用大小斜直铁板捉缝灰，按字形直、曲、圆捉齐补缺。如捉钉子上缠绕线麻的字胎，用大籽灰捉堆。干后用金刚石通磨打扫干净。油灰地仗材料配合比见表 31-58。

2）通灰，以大小不同的月牙形竹轧子进行通灰。拣净野灰，干后用金刚石通磨打扫干净。油灰地仗材料配合比见表 31-58。

3）糊布，用夏布、绸布或高力纸剪成条糊，开头浆要均匀一致，糊布应拉对接缝，整理活者用硬皮子整理布面，要求布面平整、严实牢固、搭接严紧、不露籽灰、不露白、阴角严实，不得有窝浆、崩秧、干布、空鼓等缺陷。头浆配比参照表 31-58。

磨布用砂布磨，要求断斑（磨破浆皮），不得磨破布层或遗漏，扫净浮灰粉尘后，湿布掸净。

4）压布灰，用鱼籽中灰压布，以大小不同的月牙形竹轧子进行压布灰。拣净野灰，干后用金刚石通磨接头、余灰，并用湿布掸干净。油灰地仗材料配合比见表 31-58。

5）细灰，用小皮子抹细灰，先将细灰造严复细灰要均匀，然后用湿布条以两拇指掐住笔划字仰勒光滑，拣净野灰。油灰地仗材料配合比见表 31-58。

6）磨细灰、钻生桐油，用 11/2 号砂纸或砂布按字形细磨，磨好后用小刷子一次性钻透生桐油。

（8）匾额堆字表面质量要求：位置准确，端正匀称，匾地平整光洁，字体光洁，色泽一致；字面弧度和高度应与字体大小及笔锋协调、字秧直顺、流畅、整齐、清晰、堆字忠于原字样，不走样；无龟裂纹、麻面、砂眼、划痕，表面洁净、清晰、美观。

（9）刮浆灰→磨浆灰→刮腻子→磨腻子→进行油漆贴金，参见 31.16.6 灰刻锓阳字匾油饰操作质量要点第 13～15（或见大漆工程和见饰金工艺）。

31.16.8　颜料筛扫技术质量要点

31.16.8.1　匾额扫青技术质量要点

匾额字堂扫青时，要求颜料干燥有利于筛扫与光油粘结。由于佛（大）青颜料体轻、细腻。因此，筛扫佛（大）青时，应掌握"湿扫青"的操作要领。筛扫时，应待额字贴金后，进行筛扫。

1. 主要施工工序

材料配合比见表 31-62。

匾额字堂心垫光浅蓝油→光二道浅蓝油→铜字刷底漆→包黄胶→打金胶油→贴金→扣光油→筛扫→整理→扣油→用纸封或挂匾额

2. 匾额字堂心垫光蓝油→光二道蓝油

参照古建和仿古建油漆 31.13.4 相应的施工要点。

3. 铜字刷底漆→包黄胶→打金胶油→贴金

匾字堂心的铜字需贴金时，刷底漆，应刷铁红环氧底漆或铁红醇酸底漆。包黄胶前，用旧砂纸或旧砂布将蓝油地和底漆打磨光滑，擦干净。打金胶油前，应用旧砂纸或旧砂布将包黄胶打磨光滑，擦干净。呛粉，参照 31.14.3 贴金（铜）施工技术要点。

4. 扣光油

用丝头蘸光油搓均匀，再用油栓及大小捻子或大小筷子笔顺油齐字边。表面要饱满均匀一致、到位、整齐，栓路直顺，不得有超亮、皱纹、漏刷、污染等缺陷。

5: 筛扫

字堂心蓝油地扣完光油即可筛扫，是将罗内的佛（大）青在额地上筛均匀，筛至颜料不洇油为止，即可太阳光晒，使其速干。

6. 整理

筛扫速干后，用羊毛板刷或排笔将表面多余的颜料扫净，色彩沉稳有绒感，色泽一致。

7. 扣油

用毛笔和羊毛刷将匾额的贴金和扣油处的浮物清净，扣朱红油，要求同 4 扣光油。

8. 用纸封或挂匾额

匾额扣油干后，用纸封或挂匾额。

31.16.8.2　牌匾烫蜡、扫绿技术质量要点

牌匾做扫绿做法时，要求颜料干燥有利于筛扫与油粘结。由于洋绿颜料体重、粉末细。因此，筛扫洋绿（鸡牌绿）时，应掌握"干扫绿"的操作要领。筛扫时，应待牌匾地做烫蜡抛光后进行筛扫。

1. 主要施工工序

做清色活本木色施工工序：磨白茬→撒蜡→烫蜡→擦蜡→清扫干净→起蜡→翻蜡→清扫干净→出亮→绿油扣字→磨砂纸→清扫干净→光油齐字→筛扫→阴干→整理→封匾或挂匾

2. 磨白茬

用 11/2 号砂纸或砂布包方木块，顺木纹打磨平整、光滑并掸干净，表面不得有污迹。

3. 做清色活本木色烫蜡出亮施工工序及操作方法

见 31.15 硬蜡、软蜡工程。

4. 绿油齐字

刷油齐字前，先用汽油将匾字地内的蜡擦干净，用大小捻子或大小筷子笔蘸浅绿油齐字，表面均匀颜色一致、整齐，栓路直顺，不得有超亮、皱纹、漏刷、污染等缺陷。

5. 光油齐字

绿油干后，用旧砂纸或旧砂布打磨光滑，擦干净。用大小捻子或大小筷子笔蘸光油齐字，表面要饱满均匀一致、到位、整齐、栓路直顺、不得有超亮、皱纹、漏刷、污染等缺陷。

6. 筛扫

绿油字地扣完光油待六、七成干时进行筛扫，先将箩内的洋绿在字地上筛均匀，筛至颜料不洇油为止，进行阴干。

7. 整理

阴干后，用羊毛板刷或排笔将表面多余的颜料轻扫干净，色彩鲜明有绒感，色泽一致、到位、整齐。用干净布将蜡面浮物擦净出亮，明亮一致。用纸封匾或挂匾。

31.17 一般大漆工程

大漆做法，工序繁复，北方地区需经过窨干。所以明、清宫殿外檐大木少用金漆做法，一般仍以使用桐油为主。因此，适用于古建筑、仿古建筑室内细木装修、高级木器家具、牌匾、化验台等涂刷生漆、广漆、推光漆等工程的施工。

31.17.1 大漆施工常用工具及用途

斧子、挠子、铁板、皮子、板子、麻轧子、轧子、粗碗、刷子、粗细箩、砂布、砂纸、水砂纸、油桶、粗细金刚石、大小笤帚、剪刀、调灰桶、调灰板、腻子板、大中小牛角板、漆栓、排笔等。

31.17.2 大漆施工基本条件要求

大漆施工在自然条件下，当温度在常温 20℃～35℃下，相对湿度在 80% 以上时，如不具备温度、湿度两个条件时，应采取升温保暖和墙面挂湿草席及地面经常浇水保湿的措施，否则不宜施工。

31.17.3 漆灰地仗操作要点

1. 漆灰地仗材料要求

(1) 抄生漆用原生漆。头道抄生漆均可加汽油 10%，最后一道抄生漆不得加汽油。

(2) 捉缝灰、通灰、压布灰、细灰应用生漆加土籽灰或生漆加瓷粉，其比例为 1:1。如使用土籽灰，在调细灰时应用碾细的土籽面。如使用瓷粉，在调压布灰和细灰时，应用碾细的瓷粉。

（3）溜缝、糊布所用的漆灰，应用三份原生漆和一份土籽灰调匀即可。

2. 漆灰地仗的主要工序

油灰地仗的主要工序，见表31-74。

漆灰地仗主要工序

表31-74

项次	主要工序	工 艺 流 程
1	基层处理	旧活斩砍见木、挠、新活剁斧迹、撕缝、清扫、成品保护
2	抄生油	刷生漆、磨平、清扫掸净
3	捉缝灰	捉缝灰、磨平、清扫掸净
4	溜缝	缝子溜布条、磨平、清扫掸净
5	通灰	抹灰、刮灰、拣灰、磨平、清扫掸净
6	糊布	满糊夏布、磨平、清扫掸净
7	压布灰	抹灰、刮灰、拣灰、磨平、清扫掸净
8	细灰	找细灰、轧线、溜细灰、刮细灰、磨平、洗净
9	抄生油	刷生漆、理栓路

注：1. 基层处理时，大木构件均应下竹钉。

2. 凡做漆灰不糊布粘麻时，则不能进行第6项工序，改使麻工序。

3. 漆灰地仗施工操作要点

（1）基层处理参照麻布地仗31.12.4相应的施工要点。

（2）抄生漆：用漆栓蘸生漆满刷一道，应刷均匀，无流坠、漏刷。生漆干后，用11/2号砂纸或砂布通磨光洁，平整，应清扫掸净。

（3）捉缝灰：用铁板将缝隙横披竖划捉饱满，缺楞补齐，捉规矩，遇缝以整铁板灰捉出布口，以使布与灰缝结合牢固。灰缝干后，用金刚石通磨平整，无飞翘、野灰等缺陷，并清扫掸净。

（4）溜缝：先剪去夏布边，再将夏布斜剪成布条，宽度可窄于铁板提出的缝隙布口。按缝隙（含结构缝）布口刷糊布漆，应薄厚均匀，可用轧子将布条轧实贴牢，不得出现崩秧、窝浆。干后用金刚石磨平，无疙瘩为止，随后清扫掸净。

（5）通灰：用铁板通灰一道，圆面用皮子，面积大用板子，应衬平、刮直、找园，干后应金刚石磨平，清扫水布掸净。

（6）糊布：先剪去夏布边，满横糊夏布，不得漏糊，应将夏布轧实贴牢，糊圆柱时应缠绕糊。干后用金刚石磨平，清扫水布掸净（糊布或使麻遍数根据做法而定），如糊两道布应一横一竖为宜。

（7）压布灰：用皮子、板子、铁板横压布一道，应刮平，衬圆，找直。干透后用铲刀修整，金刚石磨平，清扫，水布掸净。

（8）细灰：以铁板找漆灰，将楞角找出规矩（贴秧找楞），过线用轧子轧成型。圆面用皮子溜，接头位置应与压布灰错开。大平面用板子过平，小面用铁板细平。接头应平整，细漆灰厚度约2mm，细瓷粉漆灰由压布灰至细灰需刮二、三道为宜。

（9）磨细漆灰：细漆灰干透后，用细金刚石蘸水磨平、直、圆，棱角整齐，清水洗净。

（10）抄生漆：生漆应刷均匀，无流坠、漏刷。该道抄生漆应随刷随用皮子或水布理开栓路。

（11）漆灰地仗表面的质量见 31.12.8。

31.17.4　大漆操作要点及质量要求

1. 涂饰大漆做油灰麻布地仗、单披灰油灰地仗的施工主要工序

见表 31-64 和表 31-66，材料配比表 31-58 和表 31-59。

2. 涂饰大漆做漆灰地仗

见 31.17.3 漆灰地仗操作要点，涂饰大漆的主要工序见表 31-75。

涂饰大漆主要工序　　　　　　表 31-75

序号	主要工序	工 艺 流 程	中级	高级	地 仗 中级	地 仗 高级
1	地仗浆灰	地仗打磨、浆漆灰			+	+
2	底层处理	起钉子、除铲灰砂污垢等	+	+		
3	打磨	磨砂纸、清扫掸净	+	+	+	+
4	满刮腻子	刮腻子	+	+		
5	打磨	磨砂纸、清扫掸净	+	+		
6	找补腻子	找补腻子、磨砂纸、掸净		+		
7	抄漆面	涂第一遍漆	+	+		
8	打磨	磨水砂纸	+	+		
9	垫光漆	涂第二遍漆	+	+		
10	打磨	磨水砂纸	+	+		
11	罩面漆	涂第三遍漆	+	+		
12	水磨	磨水砂纸	+	+		
13	退光	磨瓦灰浆		+		
14	打蜡	打上光蜡、擦理上光		+	+	+

3. 涂饰大漆所用材料要求

（1）地仗浆灰：漆灰地仗的浆漆灰配比为生漆：细土籽面＝1：1，传统油灰地仗的浆灰配比，见表 31-62。

（2）地仗漆腻子：用生漆加团粉（淀粉）或加石粉，其配合比为生漆：团粉＝1：1.5。

（3）大漆品种的选用、质量、做法应符合设计要求和有关规定。

4. 涂饰大漆操作要点

（1）地仗干透后用 11/2 号砂纸或砂布打磨平整光洁，不得漏磨，清扫干净后用湿布掸净浮尘。

（2）地仗浆灰：平面用铁板，圆形面用皮子，批刮浆灰应满靠骨刮，平整光洁，无飞翘、接头和漏刮缺陷。干后用 1 号砂纸打磨光洁平整，用湿布掸净浮尘。

（3）地仗漆腻子：同批刮浆灰，干后应用 0 号砂纸打磨光滑平整，用湿布掸净浮尘。

（4）底层处理应将表面灰砂、铁锈、污垢、毛刺等缺陷除铲干净，如有钉子应起掉，

使表面平整光滑。如有胶迹应用温热水浸胀，刮磨干净。

(5) 满刮腻子前掸净粉尘应将木缝、钉眼、凹坑、缺角等严重缺陷处嵌补找平，待干后经打磨清理干净后，再满刮腻子。刮时应将牛角刮翘压紧一去一回，腻子应收净，表面无残余腻子，无半棕眼现象，线脚花纹干净利落，无漏刮现象，如有缺陷直至找平为止。

(6) 腻子干燥后，应用 1 号砂纸仔细的打磨腻子，表面光滑平整，无残余腻子。如对木纹有特殊要求时，木纹要清晰。如榆木擦漆做法不得磨掉底色，腻子磨好后应掸净粉尘，如有不平整和缺陷处，则应复补腻子，直至无缺陷。再用砂纸打磨平整光滑为止。

(7) 涂饰头道生漆、二道生漆，用漆刷上漆、理漆方法同传统理顺光油，入阴（入窖）干后应打磨，用 0 号旧砂布或 320 号水砂纸顺木纹打磨，应磨到、磨平、不得遗漏，严禁磨透底。

(8) 罩面漆：上推（退）光漆，用牛角刮翘批漆（开漆），再用漆刷横竖理顺刷理均匀一致。

(9) 磨退应待罩面漆入窖干透后（约 2～3d 实干）。水磨应用 320 号至 400 号水砂纸蘸水打磨，应顺木纹磨长度适宜、刷纹（栓路）平整、光滑为准，楞角轻磨，不得磨透底（磨穿）。退光应用 400 号以上的旧水砂纸或头发团成把蘸瓦灰浆细磨，不得遗漏，直至灰浆变色，手感光滑。漆膜呈现暗光时，再用手掌按住瓦灰浆，将每个局部摩擦发热出亮。

(10) 打上光蜡或川蜡薄片撒在漆面上，用洁净的细白棉布或毛巾反复擦蜡发热，直至漆面光亮柔和，光滑平整，无挡手感。

(11) 匾面推光漆磨退、字贴金：可涂饰一道生漆、推（退）光漆 3～4 道，每涂饰一道推光漆需水磨擦净，最后一道推光漆入窖干透后，均可用羊肝石或灰条蘸水细磨，将亮光磨断斑不得磨透底（磨穿）。出亮时用头发团成把蘸杉木炭粉和水，将每个局部摩擦出亮后擦净，再用手撑摩擦发热出亮，然后进行字打油金胶或打漆金胶，贴金，或再擦核桃油出亮，最后用纸封匾或挂匾。

5. 大漆质量要求

(1) 大漆主控项目质量要求

① 大漆工程所用大漆和半成品材料的种类、颜色、性能必须符合设计要求和现行材料标准的规定。

② 大漆工程的工艺做法应符合设计要求和有关标准的规定。

③ 大漆工程严禁出现脱皮、空鼓、裂缝、漏刷等缺陷。

检验方法：观察、鼻闻、手试并检查产品出厂日期、合格证。

(2) 大漆施涂一般项目

表面质量要求，见表 31-76。

表面质量要求   表 31-76

项次	项 目	表 面 质 量 要 求	
		中 级	高 级
1	流坠、皱皮	大面无，小面无皱皮、无明显流坠	大、小面无
2	光亮、光滑	大面光亮光滑，小面有轻微缺陷	光亮均匀一致，光滑无挡手感

续表

项次	项　目	表面质量要求	
		中　级	高　级
3	颜色、刷纹	颜色一致，无明显刷纹	颜色一致，无刷纹
4	划痕、针孔	大面无，小面不超过3处	大面无，小面不超过2处
5	相邻部位洁净度	基本洁净	洁净

注：1. 中级指罩面漆成活，高级指罩面漆后磨退成活。

2. 大面指上、下架大木表面、隔扇、木器、家具、牌匾、化验台及装修的里外面，其他为小面。小面明显处，指视线所见到的地方。

3. 划痕是指打磨时留下的痕迹。

4. 针孔在工艺设备、化验台及防护功能的物体大漆涂饰中不得出现。

31.17.5　擦漆技术质量要点

榆木擦漆是大漆工艺中的一种工程做法，将榆木制品通过上色、刷生猪血、刮漆腻子、擦漆、揩漆、罩面漆、撑平等工序做成红中透黑、黑中透红的木器制品。

(1) 榆木擦（楷）漆的主要工序应符合以下要求：

基层处理→磨白茬→第一遍刷色→刷生猪血→第一遍满刮漆腻子→通磨→第二遍刷色→第二遍满刮漆腻子→通磨→第三遍刷色或修色→擦漆→细磨→擦漆（2～4遍）及细磨

(2) 基层处理，有钉子应起掉，用锋利的快刀或玻璃片将油污、墨线等刮掉。有的木材需用热水擦，使木毛刺、棕眼膨胀，以利于砂纸打磨。如有胶迹应用温热水浸胀，刮磨干净。

(3) 用11/2号砂纸或砂布顺木纹打磨，平面包裹木块打磨平整光滑。表面无木刺、刨迹、绒毛，棱角无尖棱，无铅笔印、水锈痕迹等缺陷。

(4) 刷色，用酸性大红加水煮搅动溶解，如用酸性品红染料上色可加入微量品绿及墨汁，刷色用羊毛刷涂刷均匀，不宜裹楞，应颜色一致，不得有漏刷、流坠等缺陷，干后严禁溅水点。

(5) 刷生猪血不可稠，要求同刷色。干后用乏旧细砂纸轻磨一遍，并用擦布揩擦干净。干后严禁溅水点，否则，使颜色发花。

(6) 满刮漆腻子前掸净粉尘应将木缝、钉眼、凹坑、缺棱等缺陷处嵌补找平，待干后，经打磨清理干净后，再进行满刮腻子。刮时应将牛角刮翘压紧一去一回，腻子应收净，表面无残余腻子，无半棕眼现象，线脚花纹干净利落，无漏刮现象，如有缺陷直至找平为止。

漆腻子，用生漆加石膏粉和适量颜料水色与适量剩余的水色，基本比例＝4：3：0.5：1.6，调漆腻子时生漆不宜少，刮时腻子发散还易卷皮，使颜色发花。

(7) 腻子干燥后，用1号砂纸仔细的打磨腻子，表面光滑平整，无残余腻子，木纹要清晰，不得磨掉底色及磨露棱角。腻子磨好后，应掸净粉尘，如有不平整和缺陷处，则应复补腻子，直至无缺陷，再用砂纸打磨平整光滑为止。

(8) 第二遍刷色，可在第一遍刷色的基础上加入适量黑纳粉，方法同第一遍刷色。刷色时不得重刷子，色浅的部件可再刷，使整体颜色达到一致。

(9) 第二遍满刮漆腻子及打磨腻子，同第一遍满刮漆腻子，打磨可用 0 号砂纸。

(10) 第三遍刷色或修色同第二遍刷色，修色的水色可略淡些，也可用酒色进行修色，但不宜使用碱性染料，颜色达到设计要求和整体颜色一致的效果。

(11) 如两遍满刮漆腻子，棕眼饱满平整，可不刮第三遍漆腻子。如满刮漆腻子，漆腻子可稀些，满刮应干净利落，无漏刮。干后磨腻子要用 0 号砂纸，腻子磨好后应掸净粉尘。

(12) 擦漆的生漆应事先过滤，小面擦漆用漆刷逐面上漆，刷理要均匀。平面大时用丝棉团擦漆，可用牛角刮翘批漆（开漆），然后用丝棉团揩擦，擦漆、揩漆（同清喷漆擦理方法），生漆干燥快时可掺入适量豆油，揩擦的漆膜要薄而均匀一致，雕刻花活及各种线秧不得有窝漆、流坠、皱纹。

(13) 擦漆入阴（入窨）干后，用乏旧细砂纸磨光滑，不得磨露底层，磨好后擦净。

(14) 擦漆不少于两遍，多则四遍，一般三遍。第二遍擦漆入阴（入窨）干后，可用 380 号水砂纸蘸水细磨、擦净，擦面漆经漆刷理漆后，再用髹板刷进一步理顺，可用手掌肌肉紧压漆面，顺木纹将漆来回揩抹均匀平整，雕刻花活及各种线秧处用手指肚揩抹平，达到无栓路。漆面光滑平整，光亮如镜，漆面干透后黑中透红、红中透黑。

(15) 擦漆质量要求：棕眼饱满，光亮柔和一致，光滑细腻，无挡手感，严禁有漏刷、脱皮、斑迹，不得有裹楞、流坠、皱皮，相邻部位洁净。

31.18　粉　刷　工　程

粉刷工程分传统粉刷（自制涂料）工程和涂料（乳液型）工程，其中水性涂料（乳液型）工程的材料应符合装饰工程的要求。

适用于古建筑、仿古建筑的内、外顶墙混凝土面、抹灰面基层粉刷工程的施工。

31.18.1　粉 刷 常 用 工 具

有开刀、刮板、排笔、小扫帚、小捻子、粗碗、筷子笔、细箩、半截大桶、水桶、大小油桶、喷浆机、高凳等。

31.18.2　粉 刷 施 工 要 求

(1) 粉刷工程所用水性涂料（乳液型）、自制涂料和颜色及墙面花边、色边、花纹和颜色、粉线尺寸应符合文物工程和设计的要求，基层面的质量应符合粉刷工程的相应等级的规定。

(2) 粉刷工程的基层面充分干燥后，方可施工。基层的含水率不宜大于 10%，环境温度不得低于 5℃。

(3) 所用腻子的可塑性应满足施工操作要求，应按配合比调制和使用，保证腻子与基层和面层的粘接强度，并按施涂材料的性质配套使用；底腻子、复找腻子应充分干燥后，经打磨光滑平整，除净粉尘方可涂刷底、面层涂料。

(4) 涂刷水性涂料（乳液型）的基层面疏松时，在刮腻子前后，要涂刷界面剂或操底油一遍，增强涂层附着力。色浆或色涂料在涂刷前应做样板，符合设计要求后方可大面积施工。

(5) 文物粉刷工程做包金土色涂料、墙边刷色、拉线做法或红线切活勾填纹饰等做法时，不宜采用滚涂包金土色水性涂料。仿古建筑如进行滚涂法的涂料，必须流平性好，不得有滚涂凸点，以防拉线、切活勾填纹饰不整齐。

(6) 粉刷工程凡室内吊顶各种板面露有金属螺钉时，钉帽不得高于板面，应涂刷防锈漆。胶合板、石膏板等对接缝宽度不得少于 3mm。嵌缝腻子不宜过软，最好适量加入乳胶，提高粘结度，防止一条缝变两条缝。嵌缝干燥后，应在缝处涂乳胶糊粘 50mm 宽的白色涤棉布带，并粘结牢固。凡板面与大木连接缝处应操油，地仗施工随同连接缝处，使麻和糊布时应在拉接缝处。

(7) 室内粉刷工程应待地仗工程钻生桐油干燥后，或头道油漆完成后进行，室内有彩画时，应在刷色前完成两遍浆或两遍涂料。

31.18.3　粉刷施工操作要点

(1) 混凝土面、水泥砂浆抹灰面、麻刀灰抹灰面施涂内外墙涂料（含自制涂料）施工主要工序见表 31-77。

混凝土面、抹灰面施涂内外墙涂料（含自制涂料）施工主要工序　　表 31-77

序号	主要工序	工艺流程	内墙涂料	外墙涂料
1	除铲	除铲清理、扫净浮砂灰	+	+
2	套胶	拘水石膏，套胶一道	+	+
3	刮腻子	满刮腻子一道	+	+
4	打磨	细砂纸打磨平整、扫净浮尘	+	+
5	刮腻子	满刮腻子一道	+	+
6	打磨	细砂纸打磨平整、扫净浮尘	+	+
7	第一遍涂料	涂刷第一遍涂料		+
8	第二遍涂料	干燥后轻磨、除浮尘、涂刷第二遍涂料		+
9	第三遍涂料	涂刷第三遍涂料成活或喷刷成活		+
10	墙边刷色、拉线	刷绿大边，拉红、白粉线成活	+	

注：1. 表中"＋"表示应进行的工序。

　　2. 外檐墙面必须使用外用标识的涂料，如需加入颜料，应使用矿物质颜料。

　　3. 机械喷涂可不受表面遍数限制，以达到质量要求为准。

(2) 基层处理：新顶墙混凝土面、抹灰面应除净浮砂、灰尘、灰包、污垢，砂纸打磨光滑平整；旧顶墙面除净旧浆底和附着力差旧涂料，不得遗漏，表面不得有旧腻子和粉末，不得出现铲伤墙面灰皮现象。

(3) 拘水石膏：先将缺陷处涂刷清水，然后用开刀将粗碗内的生石膏粉加入适量清水和乳胶搅拌均匀。在未凝固前，嵌找缝隙和凹坑及缺棱，每次用多少调多少，嵌找不得高于墙表面，干后打磨平整。

(4) 套胶：旧顶墙面满刷底胶一道，配比为乳胶和水＝3∶7；如旧抹灰墙面强度低时可操底油一道，配比为光油和松香水＝3∶5～7；混凝土面、水泥砂浆抹灰面要涂界面剂配合比众霸Ⅱ型∶清水＝1∶0.5～1；涂刷时应刷严刷到，不得漏刷。

(5) 刮腻子：用钢皮刮板满刮腻子两道，常用自制腻子的调配及用途见31.11.12。头道干后刮第二道，刮严刮到，不得遗漏，表面平整光洁，易薄不宜厚，表面和秧角干净利落，边角、棱角直顺，整齐，不得有扫道（划痕）脱层、翘皮等现象。

(6) 磨砂纸：刮腻子干燥后，用0号或1号砂纸打磨平整光滑，边角、秧角、楞角直顺，整齐，无扫道（划痕）、砂眼，不得漏磨，除净粉尘。

(7) 刷涂料：刷浆或刷涂料一般采用排笔刷，先上后下，涂面基本均匀，刷纹通顺，不得有接头、流坠、明显刷纹等缺陷，无咬色、返碱、污染现象。

(8) 复找腻子：头遍涂料干后用开刀找腻子，色浆或色涂料的腻子内适量加入颜色。色腻子应浅于色浆或色涂料，将砂眼和轻微不平处、划痕、缺棱短角找平、补齐，复找腻子不宜片大。腻子复找干后，用旧砂纸轻磨平整，并清扫干净。

(9) 刷二遍浆或刷二遍涂料：涂刷头遍浆或涂料干燥后，二遍浆后不得有凹坑、划痕等缺陷。打磨光滑后，再进行涂刷第三遍浆或涂料，涂刷墙面应上下接好，涂刷顶部应顺房间方向刷。涂层均匀，表面平整、光滑，色浆或色涂料颜色一致，与相邻部位分色清楚，秧角、楞角直顺，整齐，无明显刷痕、砂眼、划痕。不得有接头、流坠、掉粉、透底、咬花、漏刷、污染等缺陷。

(10) 喷浆：喷浆成活的墙面应事先刷好分色线及口圈，喷浆内要适量加入古胶水或乳胶。喷涂最后一遍浆需多加入适量古胶水或乳胶，但要防止外焦里嫩和表面胶花。

(11) 墙边刷色、拉线做法和质量要求：

1) 清代《工程做法则例》中墙边刷色、拉线做法为《画描墙边衬二绿刷大绿界红白线》、《墙边刷大绿界白粉黑线》。墙心刷包金土色浆，墙边刷绿色（绿边宽度根据墙面高宽定，常规绿边宽度有120mm、100mm，少有90mm。象眼绿边宽度同墙面，如像眼小绿边宽度视情况而定，但要比例协调、均称、交圈），红白线宽度适墙面高宽定，常见3分线约10mm和5分线为16mm，两线风路为一线宽。墙边少见做法有：青绿边沥粉贴金纹饰红白线及切活勾填纹饰红白线，墙心为包金土色。

2) 墙边刷色、拉线表面平整，粉线肩角交圈，线条横平竖直，宽窄一致，曲线流畅、整齐，颜色一致，无接头、错位、虚花等缺陷，严禁掉粉、透底。

31.18.4 粉刷质量要求

1. 墙面施涂内外墙涂料（含自制涂料）主控项目质量要求

(1) 墙面粉刷工程的做法及材料品名、种类、质量、颜色和花墙边、色墙边拉线的做法、图案、颜色应符合设计要求；符合选定样品的要求，以及文物建筑操作工艺的要求（新产品应附有使用说明书）。

(2) 墙面粉刷工程和墙面花边、色墙边拉线应涂饰均匀、光洁，粘结牢固。严禁脱层、空鼓、裂缝、漏刷、起皮、透底、掉粉。

检验方法：观察、手摸检查，检查产品合格证、性能检测报告和进场验收记录。

2. 墙面施涂内外墙涂料（含自制涂料）

一般项目表面质量要求，见表31-78。

一般项目表面质量要求　　　　　　　　　表 31-78

项次	项　目	表 面 质 量 要 求		
		自制内外墙浆料	外墙涂料	内墙涂料
1	反碱、咬色、疙瘩	允许少量	允许轻微少量	不允许
2	流坠、划痕、砂眼	允许少量	允许轻微少量	不允许
3	颜色、刷纹	颜色均匀一致，无明显刷纹	颜色一致，基本无刷纹	颜色一致，无刷纹
4	分色线平直	允许偏差外 3mm，内 2mm	允许偏差 2mm	允许偏差 1mm
5	与相邻部位洁净度	洁净无明显缺陷	洁净无明显缺陷	洁净

注：1. 表中内外墙涂料指成品内外墙涂料（含乳胶漆）或经配色的成品涂料。

2. 外檐墙面必须使用外用标识的涂料，应使用矿物质颜料（氧化铁类）。

3. 外墙水性涂料或自制水性涂料颜色一般为红土色（即大红墙色）、瓦灰或浅灰色，内墙水性涂料或自制水性涂料颜色一般为白色、米黄色、包金土色、喇嘛黄色等。

4. 粉刷工程无墙边做法时，采取滚涂法的滚点应疏密均匀，1m外正、斜视滚点均匀，不允许连片。

31.19　古建彩画当今常用颜材料种类、规格及用途

古建彩画当今常用颜料种类、规格及用途，见表31-79。

古建彩画当今常用颜材料种类、规格及用途　　　表 31-79

系列	颜材料名称	产地、质量及性质等	于彩画的主要用途	约于彩画运用时期
青色蓝色系列	群青	现代国产化工颜料	从 20 世纪 60 年代初至今，于彩画作为青色颜料被大量广泛运用	
	石青	国产天然矿物颜料，天然铜化物。因人工研制加工颗粒大小的区别，颜色明度各有不同，颗粒大者称头青，其次者称二青，再次称三青或石三青，再再次称四青或青华，但统称为石青	涂刷于彩画某些特定部位的小片地子色及绘白活用色	用于各个时期彩画
	普蓝（彩画行业中亦称毛蓝）	国产化工无机颜料，深蓝色粉末，不溶于水和乙醇。色泽鲜艳，着色力强，半透明，遮盖力较差，耐光、耐气候、耐酸，极不耐碱，颜色持久不易褪色	用于彩画绘制白活及与其颜色配兑小色	多用于清晚期以来的彩画

续表

系列	颜材料名称	产地、质量及性质等	于彩画的主要用途	约于彩画运用时期
绿色系列	巴黎牌洋绿	由德国进口，近代化工颜料（有毒）	代替传统大绿以及以后运用的其他洋绿，主要用做彩画的绿大色及调配有关晕色、小色	从20世纪60年代起一直运用至今
	砂绿	近代国产化工颜料。成细颗粒状，明度较深，色彩不耐久，较易褪色（有毒）	一般仅用做绿色墙边刷饰等	从20世纪50年代至今一直有少量运用
	石绿	国产天然矿物颜料，天然铜化物。因人工研制颗粒大小的不同颜色明度各有不同，其中颗粒大者称为头绿或首绿，其次者称二绿，再次称三绿，再再次称绿华或四绿，但统称为石绿。颜色明度及彩度都较低，颜色柔和，与其他颜色相混合或相重叠涂刷不易产生化学变化，不易褪色，覆盖力较强（有毒）	仅用于涂刷彩画某些特定部位的小片地子色及绘制白活用色	用于各个时期彩画
红褐色系列	上海牌银朱	现代国产化工颜料，学名硫化汞，粉末状，颜色明度较高，色彩鲜艳半透明，有较强着色力，耐酸碱，颜色较持久（有毒）	用做彩画大色及配兑各种小色（用做大色时，应由丹色垫底，罩刷银朱色，本色不能入漆）	从20世纪60年代代替其他银朱，一直运用至今，清代各个时期彩画
	南片红土	国产天然氧化铁红。因清代彩画崇尚我国南方地区生产红土，故称为南片红土。细颗粒状、颜色明度较低、色彩柔和，有耐高温、耐光等优良特性，颜色经久不褪色	用做某些彩画特定部位基底色，因该色有紫味因而有时代替紫色用	清代各个时期彩画
	氧化铁红	现代国产化工颜料，色彩较鲜艳，明度深于广红土，其他基本同于上述广红土	同于上述广红土	自20世纪70年代初，代替广红土较大量地运用至今
	赭石	国产天然赤铁矿物，块状，须经手工研制后使用、颜色半透明、与其他颜色重叠运用不起化学反应，颜色经久不变色	用于彩画白活绘画等	清代各个时期彩画
	胭脂	国产植质颜料，颜色透明鲜艳、不耐日晒、不耐大气影响、不耐久	用于彩画白活绘画等	清代各个时期彩画
	西洋红	由国外进口，植物质颜料，颜色透明鲜艳，不耐晒及大气影响，颜色不耐久	用做白活绘画	从清晚期一直用至20世纪70年代末，后逐渐被国产曙红取代
	章丹	国产化工颜料、桔红色粉末、颜色遮盖力强、耐高温、耐腐蚀、不耐酸、易与硫化氢作用变为硫化铅、若暴露于空气中，有生成碳酸铅变白现象	主要用做彩画朱红色的垫刷底色及某些彩画特定部位地子色等	古建各个时期彩画

续表

系列	颜材料名称	产地、质量及性质等	于彩画的主要用途	约于彩画运用时期
黄色系列	石黄	国产天然颜料，学名三硫化砷，古人称颜色发红结晶者为雄黄，其色正黄，而不结晶者为雌黄。颜色的明度高、彩度中、色彩柔和与其他颜色重叠或混合涂刷不易起化学变化，颜色经久不易褪色（有毒）	用做某些彩画做法的轮廓线、图案攒退及白活绘画等	古建各个时期彩画
	铬黄	国产现代化工颜料，细粉末状，色彩鲜艳，颜色明度略深于石黄（有毒）	多用做低级彩画的主体大线、斗栱轮廓边框线的黄线条	从20世纪60年代延续运用至今
	土黄	国产天然颜料，细颗粒状，色彩柔和、遮盖力强、与其他颜色相重叠或相混合运用，不易起化学变化、耐日晒、耐大气影响、颜色经久不易变色（有毒）	用于某些做法彩画的基底色等	古建各个时期彩画
	藤黄	从印度、泰国等国进口、植物质颜料、颜色透明不耐久、不耐日光（有毒）	主要用于彩画白活绘画	古建各个时期彩画
黑色系列	黑烟子（亦名南烟子）	国产，因清代彩画崇尚运用我国南方地区生产的烟子，因而当时称作"南烟子"，系由木材经燃烧后而产生的无机黑色颜料、细粉末状、质量很轻、覆盖力强，与其他任何颜料相混合或相重叠运用不起化学变化，颜色经久不褪色，不变色	运用于古建彩画某些特定部位的基底色及某些等级做法的轮廓线等	各个时期古建彩画
	香墨	国产，系由松烟、油烟子经深加工入胶做成块状，颜色性质与上述黑烟子基本相同	经研磨后用于彩画白活绘画	古代各个时期彩画
白色系列	中国铅粉（亦名定粉、白铅粉、铅白粉）	国产化工颜料，学名碱式碳酸铅，古建彩画最基本的白色颜料，颗粒状、质量较重、覆盖力强、有毒、与其他颜色相重叠或相混合运用不易变色、颜色耐久	用作某些彩画某些特定部位的底子色、调配各种晕色、拉饰粗细白色线等	各个时期古建彩画
	立德粉	早期由国外进口，20世纪50年代后国产现代化工颜料，白色细粉末状，重量较轻，与洋绿相混合或相重叠涂刷，极易产生化学反应而变色	作为白色颜料于彩画某些特定部有所运用	自20世纪50年代后一直延续有所运用至今

系列	颜材料名称	产地、质量及性质等	于彩画的主要用途	约于彩画运用时期
白色系列	钛白粉	现代产化工颜料，白色细粉末状，质量较轻	作为白色颜料于彩画有所运用（多用做画白活）	自20世纪50年代后一直延续有所运用至今
金属光泽色系列	库金箔（指九八库金箔）	国产，古建彩画一般多运用南京金箔厂或南京江宁金箔厂出产的金箔，该金箔含金98%，含银2%，长宽度规格为93.3mm×93.3mm。金箔色彩黄中透红，明度偏深，经久不易褪失光泽色	按古代彩画法式，贴饰于中、高等级彩画	自清代三寸红金箔断档后，作为替代金箔一直运用至今
	赤金箔（指七四赤金箔）	国产，古建彩画一般多运用南京金箔厂或南京江宁金箔长出产的金箔，该金箔含金74%，含银26%，长宽度规格为83.3mm×83.3mm，金箔色彩黄中透青白，与库金箔比较，明度偏浅，暴露于自然环境中易褪光泽色	按古代彩画法式做法，贴饰于中、高等级彩画。现金，因该金箔易氧化变色，因而凡于彩画中贴饰赤金箔的部位，均须罩净光油加以保护	自清代三寸黄金箔断档后替代黄金箔一直运用至今
其他材料系列	土粉子	国产天然材料，颗粒状、质量较重、不与其他任何颜色相互起化学变化	彩画施工以土粉为主（约70%），以青粉（或大白粉）为辅（约占30%）作为沥粉的干粉填充料	各个时期古建彩画
	大白粉	国产	代替已断档的青粉，用作调制彩画沥粉的部分干粉填充料	于20世纪60年代后，代替青粉，用于调制沥粉
	水胶（亦名广胶、骨胶等）	国产，动物的皮骨熬制而成的粘结胶。水胶经加水熬制后，成较透明的浅褚黄色	传统古建彩画工程中用于调制沥粉、颜色的基本粘结胶	各个时期古建彩画
	光油（特指净光油）	国产，以桐树籽榨取的生桐油作为基本油料，再加入一定量的苏子油及助干材料，经人工熬制的一种树脂油。该油颜色深黄透明，具有较强的粘性，干燥结膜后具有一定韧性光泽亮度，油膜耐久	作为古建彩画一种调制颜色用油及调制沥粉时为防起翘的少量用油	各个时期古建彩画
	油满	由古建专业人员自行调制，主要由一定比例的灰油、白面、生石灰水合成，成较黏稠的糊状	于气候偏冷的季节彩画施工，有的做法用其代水胶，作调制沥粉用	自清初一直延续运用至今

续表

系列	颜材料名称	产地、质量及性质等	于彩画的主要用途	约于彩画运用时期
其他材料系列	聚醋酸乙烯乳液	现代国产化工胶。该胶未干燥时成乳白色,干燥后坚固结实透明,具有一定韧性。对该胶的保存或运用时,必须做到防冻,否则经冰点会失去胶性而变质	作为一种新型粘结胶,较广泛地被试用于调制各种古建彩画颜色及沥粉	自 20 世纪 70 年代起,一直延续使用至今
	白矾(亦名明矾、明矾石)	国产,系天然矾石、六角结晶体、溶于水、透明、尝试有涩感	用做调配胶矾水,用以矾纸(使生纸转变成熟纸)、矾已涂刷的地子色,使之便于做渲染色	各个时期古建彩画
	牛皮纸	国产,褚黄色、具有较强拉力韧性,古建彩画施工一般采用薄厚适中、拉力较强的品种	用做各种彩画起扎谱子用纸	各个时期古建彩画
	高丽纸	早期从高丽国进口,以后国产。产品分手工造及机制造,古建彩画施工崇尚用手工造高丽纸,该纸手感绵软,具有较强拉力韧性,纸色洁白	用做软天花彩画、朽样、刮擦老彩画纹饰等用纸	各个时期古建彩画
	靠背纸	国产,非常薄而半透明	用于过描老彩画纹样	近现代彩画

31.20　颜材料运用选择

(1) 文物建筑彩画修复工程的颜材料选择运用,必须执行国家文物法,必须执行设计对于颜材料的具体要求规定,应当符合具体时期古代建筑彩画所运用颜材料的传统。

(2) 仿古建筑彩画工程的颜材料选择运用,必须执行设计对于颜材料的具体要求规定,亦应当尽量做到符合所仿具体时期古建彩画所运用颜材料的传统。

(3) 无论文物建筑彩画修复工程及仿古建筑彩画工程的颜材料选用,对于已经断档的某些颜材料或因某些物殊客观原因无法实现运用的颜材料,经设计许可,可以选用一定的现代优质新型材料作为替代颜材料,但这些新型颜材料要与被替代的传统颜材料非常接近,并具有基本同等的作用效果。

31.21　颜材料加工与调配

31.21.1　颜材料调配前的再加工

彩画运用的各种颜料,绝大部分都是由市场供应的或成粉末状或成细小颗粒状较纯净的干粉产品,另外,还有一些树脂油类等。这些颜料在施工单位的储存及多次搬运的过程中,不可避免地会落入其他杂物,或因受潮而结成块状,或因保存不善而变质变色,油脂类因放置过久而发生起皮等各种不良现象。当施工调配这些颜料前，必须经再加工后使用。

对于已变质变色颜料或两种以上不同性质颜料，因保存不善已相混且无法相区分的颜料，均应予以报废，禁止用于彩画；对于落入其他固体杂物的颜料及起皮油类，调配前必须过以细箩（其中干粉类一般过以 80 目/cm² 箩，油类过箩可相对较粗些），筛出其中的固体杂物后，方可使用；对于某些本来就成块状的颜料（如定粉），及因受潮形成块状的颜料，须经重新粉碎过箩后使用。

31.21.2 调制颜材料的用胶区别

传统古建彩画调制各种颜材料的用胶基本情况是：普通绝大多数的彩画做法是运用水胶做粘结胶（即指动物质皮骨胶），用做调制沥粉及各种颜料的，对这种用胶做法的彩画，一般统称为"胶做彩画"；少量因特殊需要的彩画做法，以光油代水胶作为粘结胶，只用做调制各种颜材料。对于用光油代水胶做法的彩画，一般统称为"油做彩画"；主要因季节气候原因（如早春、晚秋天气较凉时，但又非冬期施工时）、不便施工原因，以油作的调灰用的油满代水胶（运用水胶极易凝胶）作为粘结胶，只限用做调制沥粉。

31.21.3 水胶溶液的熬制法及运用

各种形状的固体干水胶，于熬制前须先用净凉水浸泡发开。熬制水胶的器具，传统崇尚运用砂锅，不宜运用铁制及其他金属器具。熬制水胶过程中，宜用微火，忌用急火和熬糊（因水胶熬糊后，必然变色及降低水胶应有的黏性）。熬制水胶应熬至沸点，使胶质充分地溶解于水，成为水胶溶液，经过箩滤去杂质后使用。

天气炎热季节，水胶溶液极易发霉变质丧失胶性，为防腐变，每天须将水胶溶液重新熬沸一至两次。

无论入胶调制沥粉或颜色，对水胶溶液必须经加热化开后运用。严禁运用已变质的水胶调制各种颜色材料于彩画施工。

31.21.4 运用水胶调制沥粉及各种颜色方法

彩画普通的做法是以运用水胶作为颜材料的粘结胶。但无论是运用水胶，还是运用其他黏性材料代水胶调制沥粉及各种颜料，其方法是基本相同。下面叙述的是以水胶调制沥粉及各种颜色的方法：

1. 颜材料入胶量的合理运用及控制

由于入胶调制沥粉及各种颜色直接关系到彩画质量优劣的一个关键性的技术问题，故历来的彩画施工中，都非常重视并对这项工作实行严格管理控制，即一般于彩画施工材料房设有施工经验的专业技术人员，不但直接管理及调制各种颜材料，还要在施工中不断跟踪监督对已入胶颜材料，是否被切实合理使用的全过程。因为，体现各种彩画外表色彩画的很多部位的做法，是由多道工序的含胶颜色重叠构成的。

历来彩画施工调制沥粉及各种颜色，其入胶量的总体控制原则是：沥粉的用胶量必须大于各种大色，各种大色的用胶量必须大于各种小色。就是说，由最底层的沥粉起或无沥粉彩画由最底层的基底大色起，至表层，各层颜色的用胶量控制方法，必须是按工序层颜色由大至小的成递减趋势的做法。这是因为如果按工序层颜色的用胶量出现了本末倒置的错误，则必然会出现因表层颜色的干燥等作用所引起的表层颜色抓起底层颜色等质量问题。

入胶调制沥粉及各种颜色，必须做到用胶量适度，否则，必然会因为用胶量过大或偏小，而出现各种不良质量问题。例如，调制沥粉用胶量若过于大，沥粉粉条会出现断裂、翘起乃至脱落。若用胶量偏小，会出现粉条缺乏强度，不坚固，粉条面粗糙不光滑，乃至于其上面蒙刷颜色时被一刷刷起，或当蒙刷颜色干燥后，被表层色抓起的质量问题。

调制颜色若用胶量过大，则色度偏暗不正，色面出现明显胶花及龟裂，严重者甚至会起翘脱落。若用胶量偏小，则色面干燥后，手触摸掉色粉，若在其色面上重叠涂刷它色时，极易泛起底色，出现两层色彩间的相互混色等问题。

热季无论调制成的沥粉及各种颜色，因放置时间稍长，易自行走胶，失去部分胶力作用，故此时施工，每天应由专职人员适度向已调制成的颜材料内补加胶液。

2. 调制沥粉

古建各种有贴金的彩画，其贴金部位的绝大部分做法，都要先进行沥粉，因为纹饰一经沥粉，则凸起于彩画平面，形成浅浮雕式的立体花纹。彩画通过沥粉的作用，不仅要直接体现某些特定的光泽色效果。这种工艺在我国古建和古建彩画中运用，至少已有了千余年的历史。

彩画沥粉的做法，对凡运用水胶作为粘结胶的，术语称为"胶砸沥粉"，对凡运用油满作为粘结胶的，术语称为"满砸沥粉"。无论胶砸沥粉和满砸沥粉，除了它们间的用胶不同外，其他如沥粉材料的合成、调制方式，大体上是相同的，下面以胶砸沥粉为代表，作些基本说明。

胶砸沥粉是以土粉为主（约占干粉直译料的70%）、青粉为辅（约占干粉填充料的30%）、少许光油（约占沥粉总重量的3%～5%）、水胶溶液及适量的清水调合而成。胶砸沥粉所以需用这些成分合成，主要是由于土粉子质地相对较粗硬，可起到填充骨料作用；青粉质地相对较细软，不仅起到填充料作用，还在于沥粉时利于出条、粉条干燥后使粉条面光滑美观，得于体现金箔的光泽作用；光油可起到增加粉条韧性、缓干、防止粉条断裂、使沥粉持久延年等作用；水胶主要起粘结作用；清水可起机动的调解稀稠作用。

调制沥粉分调制沥大粉与沥小粉，所谓沥大粉，即沥粉粉条相对较粗运用的沥粉，如彩画主体大线的箍头线、方心线、皮条线等大线的沥粉。所谓沥小粉，即沥粉粉条相对较细所运用的沥粉，如彩画细部纹饰的龙凤、卡子、卷草等纹的沥粉。

调制具体沥粉的用胶量是因具体实际情况而定，大体的原则方法是沥大粉的用胶量大于沥小粉的胶量，气候偏凉且干燥的季节，为防粉条断裂及利于施沥，沥粉用胶量相对宜小些、稀些。气候炎热且潮湿的季节，为防沥粉走胶及沥粉时不坠条，用胶量相对宜大些，沥粉宜浓些。无论在什么季节调制沥粉，总的要求都以用胶量适度、便于实施，沥粉粉条坚固结实美观，无断裂、起翘，无脱落作为基本质量标准。

每次调制沥粉量应视具体工程的运用及当时的季节情况而酌定，如果沥粉调制过多，放置过久，其内的水胶极易变质。调制沥粉时，必须用加热化开的水胶液。首先把干粉材料、水胶液、光油及少许水倒于一起，用木棒先做缓缓搅和，使几种材料成分初步合拢成膏状，然后用木棒挑着膏状沥粉，在容器内借着其内所含胶的黏力，用力反复多次地做捣砸动作，使胶、油、水与干粉材料相互浸透，并充分地结合于一体后，再陆续加水调和到适宜运用的稀稠度，经实际试沥合格后待用。传承所谓"砸沥粉"，即是因此而得名。

3. 几种主要大色的调制方法

大色指彩画运用量较大的颜色。例如，包括主要用做涂刷彩画大片基底色及其他多种用途的天大青、大绿、洋青（群青）、洋绿、定粉、银朱、黑烟子等色，对于这些颜色，画作都泛称为大色。

调制颜色，术语还通称为"跐色"。调制彩画颜色盛色用的器皿，为防止颜色与器皿间产生化学反应而变色，传统崇尚运用瓷盆、瓷碗或瓦盆等类制品。

由于每种大色的颜色性质各具特点，因而其入胶调制的某些方法亦各有所有同，以下就彩画基本常用的几种主要大色的一般调制方法，作些代表性说明：

（1）调制群青

调制群青的用胶量忌过大，否则，颜色呈暗黑，不能正确地反映出该色的固有色貌。调制方法为将群青干粉置于容器，应由少渐多的视量陆续地边搅拌，边加入胶液，使群青、胶液先黏结成较硬的团状，之后借颜色内已含胶的黏度，用力反复地做以跐搅动作，将团内未浸入胶液的干粉全部跐拉开，使之亦浸湿胶液，再后便加足胶液，以及适量的清水调拌均匀。经试刷，以颜色干燥后，色彩亮丽、遮地不虚花、色面整洁美观结实、手角摸不落色粉、重叠涂刷它色时，两色不混色及好用为基本标准。调制群青色的标准。一般说来，也是代表调制其他大色应达到的标准。

另外，凡易被雨淋构件部位彩画运用的群青色，为防雨淋及使彩画延年持久，一般都要通罩光油，故传统做法则单独调配罩油群青。罩油群青的调配，即于已调制好的群青色内，再加入适量的已调配好的定粉相混合而成。这里所以要加入适量定粉，其作用是以此提高群青的明度，以取得与不罩油群青间明度大体的一致性。因为，若于纯群青色面直接罩油，则明度太暗。势必形成与同建筑彩画的未罩油群青间的，难以接受的色差效果（说明，由于以下的调制其他各种大色的过程、手法及应达到的合格标准，与上述调制群青是基本相同的，故有关这方面的相同内容，则不再做重复叙述）。

（2）调制洋绿

洋绿密度较大涂刷时极易沉淀，为缓解涂刷时的沉淀现象及颜色的牢固耐久。调制时，一般还要加入约 2% ～ 3% 重量的清油或光油；因洋绿色覆盖力相对较弱，为涂刷该大色美观及达到刷色标准，一般要涂刷两遍色成活。因此，调制洋绿色的浓度，一般都特意地略调得稀些。

（3）调制定粉

因定粉相对比其他颜料较重，涂刷该色时，不但有涩皱感，而且色面还极易刷厚，从而使之产生龟裂、爆皮等不良现象。因此，调制定粉的用胶量，应特别注意不要过大。

调制定粉极容易，而且也切忌将颜色"跐泡"（跐泡，即关于调坏了颜色的术语）。以调制定粉为例，所谓被跐泡了，即在入胶调制过程中，因调制操作草率简单或方法不对，离谱所致。其不良现象表现为：水胶、定粉、清水未能较好融于一体、颜色表层浮现许多水胶气沫、颜色中含水量有许多细小颗粒及涂刷颜色不遮地等现象。

入胶跐制定粉过程中，当胶量已基本加足且已经过充分跐制过程，并拧结成硬团后，一般还需经手工反复地搓成条状，然后浸泡于清水中约 2 ～ 3d。用时捞出，并再略加些水胶及适量清水，经加热化开调匀后即可使用。在跐制的过程中，其无论是将已入胶的定粉搓成条以及将已含胶定粉条再于清水浸泡，目的都是为进一步使水胶、定粉及清水充分地融为一体，避免将定粉跐泡，使得调制定粉达到合格质量标准的有效途径。

另外，因某些彩画做法的需要，还有两种特殊调制定粉的方法需作些说明：

方法 1，为特意增强定粉的覆盖力，由定粉约 60% ~ 70%、土粉子约 30% ~ 40% 一并入胶调制，调制法与上述调制定粉相同，术语称此粉为"鸳鸯粉"。

方法 2，其他调制等均与上述调制定粉相同，只是当进行到手工搓定粉条时，每搓一根粉条沾一次香油，使香油亦一同搓进定粉内。此定粉只专用做彩塑人物裸露肉体部分的吊白粉用，术语称此粉为"亮粉"。

(4) 调制黑烟子

黑烟子具有非常体轻不易与水胶相结合的特点。调制黑烟子时，最忌一下子入胶量过急过多。否则，非常容易跐泡而达不到调色要求。正确调制法的关键是，最初入胶必须少量缓慢，渐进式地入胶，并同时做到随入胶，随轻轻搅拌，直至被拧结成硬团，然后再加力经反复地跐搅，使硬团内的烟子全部被胶液浸透后，然后再加足水胶量及适量清水调成。

(5) 调制银朱

调制银朱的方法要求基本与调制黑烟子相同。另外，因调制银朱用胶量的多少，直接关系到银朱色彩的体现。因而传统调制银朱，为使该颜色达到稳重艳丽的效果，相对于调制其他大色而言，一般特意地使其用胶量要略大些。行业中长期口头流传的"若使银朱红，务必用胶浓"的谚语口诀，就是针对调制银朱关于用胶量道理的准确提示。

(6) 几种常用小色的调配及用途

彩画作所称的小色，是相对所运用色中的大色而言的，通常泛指运用量较小、明度较浅的各种颜色。如三青、三绿、粉三青、粉三绿、粉紫、水红、香色、米色等颜色，都被笼统地泛称为小色。

古建各类彩画运用的各种小色，从其颜色的性质方面分析，大体可分为如下三种：

1) 直接运用主要由天然矿物颜色所构成的颗粒较细、明度较浅的石色（如清《工程的法则例》所载述的三青、三绿色）作为小色。

2) 由两种原色（一次色）而调配成的复合色作为小色，例如由银朱色加一定量的定粉所调配成的粉红（亦称硝红）等类小色。

3) 由多种原色（一次色）而调配成的复合色作为小色，例如香色、紫色等类小色。

古建各类彩画，特别是清晚期以来，各类彩画基本常用的主要小色有粉三现场采访、粉三绿、粉此、浅香色等。

粉三青：由洋青（群青）加一定量的定粉（白色）调成。

粉三绿：由洋绿加一定量的定粉调成。

粉紫：由银朱加一定量的群青，加一定量的定粉调成。主要用做细部攒退活的晕色等。

浅香色：由石黄或其他等黄色加适量群青、黑色、银朱或丹色等色调成。

31.21.5 入胶颜色的出胶方法

古建彩画运用的主要颜色，大多是较贵重的天然矿物颜料或化工颜料。在一项彩画工程的施工中，对已入胶调制的这些颜色的运用，不可能一下用完，为不浪费这些已入胶颜色，传统做法利用这些颜色比重大于水及水胶的小于水、溶于水的特点，做好已入胶颜色的出胶工作。

方法是首先用沸开水将含胶颜色浸泡，并充分地跳搅开；再倒入宽裕的开水，用木棍将颜色搅荡多遍，然后静放一段时间由颜色自然沉淀。待颜色沉淀后，慢慢澄出漂于颜色上端的浮水胶色，之后再次向剩余的颜色内重新注入开水，再搅荡，静放沉淀澄出浮水，如此重复约 3～4 遍，当见到上端浮水已基本成清水时，则说明颜色内的胶质已基本出完，然后将湿颜色晾干，备再次重复使用。

31.21.6 配 制 胶 矾 水

胶矾水系由水胶、白矾及清水配制的，配制方法为：由于矾一般成块状，须先砸碎并用开水化开，水胶亦须加热化开，再按具体做法，加入所需要胶矾水的浓度，加入适量的清水，将三者相混合调制均匀即成。

配制胶矾水的基本要求是：胶、矾、水各自的用量适宜，净洁无杂物。在某层地子色上过该胶矾水后，确能起到阻隔作用，即若在该地子色上再着染色时，地子色较结实，得操作，不吸附、不混淆、再渲染色。在生纸上过该胶矾水后，可使生纸转变成可施工用的熟纸，且其熟纸的手感不脆硬，着色时不洇不漏色。

31.22 古建彩画对施工条件的基本要求

(1) 彩画施工，应针对季节气候的变化，建立防雨、防风、防冻等具体相应防范措施。

(2) 无论任何季节、地域的彩画施工，其昼夜气温最低温度不得低于 5℃，以避免彩画颜材料中的粘结胶因气温低，造成"凝胶"，而影响到彩画施工的操作质量，甚至因经冰冻造成颜材料中胶分的变质，而失去应有的粘结作用。

(3) 冬季的彩画施工（指当年 11 月 15 日到来年的 3 月 15 日间的彩画施工），对被施工建筑物，必须搭设暖棚，棚内的昼夜气温最低不得低于 5℃。

无论在任何油作地仗上进行彩画施工，必须待油作地仗充分干透后，方可施工。严禁在未干油作地仗上和含水率超高的构件面施工彩画。

31.23 古建彩画绘制工艺

明代及清代官式彩画做法，其法式规矩是非常严密规范的，等级层次及其适用建筑的范围是非常清晰严明的。如果具体到某种具体彩画做法，无论其对纹饰的运用及画法、设色、工艺等，也是有其许多各自特点的。为说明这方面的问题，以下仅对明、清古建筑官式彩画的基本做法作些扼要的分类表述，参见表 31-80、表 31-81。

31.23.1　明代官式彩画基本做法分类

明代官式彩画基本做法分类　　　　　　　　　　　　　表 31-80

类别及等级顺序名称	使用建筑范围	做法特点及基本要求
1. 金线点金彩画（高等级）	皇宫内主要殿宇和重要坛庙的主殿	彩画全部运用国产矿质颜料，如石青、石绿、银朱等色多数彩画的做法，纹饰设色做以青、绿相间式设色的同时，巧妙地间设以红色方心多为素方心做法，极少量做法亦有做龙纹。 主体框架大线全部沥粉贴金；细部多种多样的旋花，做局部点缀沥粉贴金，彩画绝大部分（椽飞头、宝瓶、金活等除外）一律采用退晕，凡晕色中的最浅色，不用白色
2. 墨线点金彩画（中等级）	皇宫内后、妃居住地殿堂和比较重要的殿宇及各种宗教寺庙的主要殿宇	彩画主体框架大线一律为墨线，其他基本同于上述"金线点金彩画"
3. 无金彩画（低等级）	多见于北方寺庙次要殿宇	无论彩画主体框架大线及细部多种多样的旋花，均为颜色做，不沥粉贴金。其他基本同于上述 1 金线点金彩画

31.23.2　清代官式彩画基本做法分类

清代官式彩画基本做法分类　　　　　　　　　　　　　表 31-81

类别名称	做法等级顺序名称	运用建筑范围	做法特点及基本要求
和玺彩画	龙和玺	只适于皇帝登基、理政、居住的殿宇及重要坛庙建筑	1. 大木彩画按分三停规矩构图，设箍头（大开间加画盒子）、找头、方心。凡方心头、岔口线、皮条线、圭线光等线造型，采用"Σ"形斜线； 2. 细部主题纹饰，主要运用象征皇权的龙纹，并沥粉贴以两色金或贴一色金； 3. 按纹饰部位做青、绿相间式设色。早中期和玺，主要运用国产矿质颜料；晚期和玺逐渐主要改用了进口化工颜料； 4. 彩画主体框架大线（包括斗栱、角梁等部位的造型轮廓线）一律为片金做法（其中斗栱多为不沥粉的平贴金做法）
	龙凤和玺	帝后寝宫及祭天坛庙主要建筑	梁枋大木的方心、找头、盒子及平板枋等部位的细部主题纹饰，相匹配地绘以龙纹、凤纹为特征。其他基本同于上述龙和玺
	龙凤方心西番莲灵芝找头和玺	帝后寝宫等建筑	梁枋大木的西部主题纹饰，其中方心及盒子绘以龙纹盒凤纹，找头分别绘以西番莲盒灵芝为特征。其他基本同于上述龙和玺
	龙草和玺	皇宫的重要宫门及其主轴线上的配殿和重要的寺庙殿堂	梁枋大木的方心、找头纹饰，以及方心、找头、盒子、平板枋等构件，主题绘以龙纹与吉祥草纹，并采用互换排列方式为特征。其他基本同于上述龙和玺
	凤和玺	皇后寝宫及祭祀后土神坛的主要建筑	梁枋大木的方心、找头、盒子及平板枋等部位的细部主题纹饰，主要绘以凤纹为特征。其他基本同于上述龙和玺
	梵纹龙和玺	敕建藏传佛教庙宇的主要建筑	梁枋大木的方心、找头、盒子及平板枋等部位的细部主题纹饰，主要绘以梵纹、龙纹为特征。其他基本同于上述龙和玺

类别名称	做法等级顺序名称	运用建筑范围	做法特点及基本要求
旋子彩画	浑金旋子彩画	清式旋子彩画类中一种极为特殊、等级排位最高的彩画做法。从清代彩画遗存实例中看，大面积的做于梁枋大木彩画，仅见运用于北京故宫奉先殿内檐彩画	大木彩画的构图，设箍头（大开间者，加画盒子）、找头、方心（方心内不设细部纹饰），找头等部位的细部主体纹饰画旋花等类纹饰。凡彩画的主体框架线、旋花等全部纹饰，均沥粉，整个画面不施用其他颜料色，全部贴以金箔
	金琢墨石碾玉旋子彩画	清代作为一类彩画，其中包括各个等级做法的旋子彩画，运用于皇宫、皇家园囿中次要建筑、皇宫内外祭祀祖先的殿堂、重要祭祀坛庙的次要建筑及一般庙宇和王府等建筑。 具体金琢墨石碾玉等级做法，于组群建筑带花的等级排序中，相对适用于低于和玺彩画，高于烟琢墨石碾玉旋子彩画的建筑	1. 大木彩画按分三停规矩构图，设箍头（大开间加画盒子）、找头、方心。细部主体纹饰画具有旋转感的旋花等类纹饰； 2. 主体框架线及旋花等类纹饰的轮廓线，均沥粉贴金，全部纹饰为青、绿叠晕做法； 3. 凡青、绿主色设色，均按彩画的部位做青、绿相间式设色； 4. 不同建筑的彩画，细部主题纹饰的运用有多种，但各种运用方式，原则都是与具体建筑的功能作用相协调统一的
	烟琢墨石碾玉旋子彩画	清代作为一类彩画的运用范围，同于金琢墨石碾玉具体烟琢墨石碾玉做法，于组群建筑彩画的等级排序中，相对适用于低于金琢墨石碾玉，高于金线大点金旋子彩画的建筑	彩画的主体框架线及细部主体旋花等类纹饰的旋眼、菱角地、栀花心、宝剑头沥粉贴金。旋花等类花纹的外轮廓线都为墨线，靠墨线以画以白粉线。主体框架线及旋花等类细部主体花纹全部为青、绿叠晕做法。其他如大木彩画的分三停构图、青、绿主色的设色、细部主题纹饰的运用原则方法等，基本同于金琢墨石碾玉旋子彩画
	金线大点金旋子彩画	清代作为一类彩画的运用范围，同于金琢墨石碾玉具体金线大点金做法等级，于组群建筑彩画的等级排序中，相对适用于低于烟琢墨石碾玉，高于墨线大点金旋子彩画的建筑	彩画的主体框架线及细部主体旋花等类纹饰的旋眼、菱角地、栀花心、宝剑头沥粉贴金。旋花等类细部主体花纹的外轮廓线都为墨线，靠墨线以里画以白粉线。主体框架线（包括箍头线、盒子线、皮条线、岔口线、方心线等大线）一般为青、绿叠晕做法。其他如大木彩画的分三停构图、青绿主色的设色、细主题纹饰的运用原则方法等，基本同于烟琢墨石碾玉旋子彩画
	墨线大点金旋子彩画	清代作为一类彩画的运用范围，同于金琢墨石碾玉。 具体墨线大点金做法等级，于组群建筑彩画的等级排序中，相对适用于低于金线大点金，高于小点金旋子彩画的建筑	彩画的主体框架线及细部主体旋花等纹饰的外轮廓都为墨线，靠墨线以里饰白粉线，所运用盒子一般多为死盒子，旋花的旋眼、菱角地、宝剑头及栀花心沥粉贴金。其他如大木彩画的分三停构图方式、青绿主色的设色方法、细部主题纹饰的运用原则方法等，基本同于金线大点金旋子彩画

类别名称	做法等级顺序名称	运用建筑范围	做法特点及基本要求
旋子彩画	小点金旋子彩画	清代作为一类彩画的运用范围，同于金琢墨石碾玉。具体小点金做法等级，于组九建筑彩画的等级排序中，相对适用于低于墨线大点金，高于雅五墨旋子彩画的建筑	彩画的细部主体旋花等类纹饰，只于旋眼及栀花心粉贴金。其他基本同于墨线大点金旋子彩画
	雅五墨旋子彩画	清代作为一类彩画的运用范围，同于金琢墨石碾玉。具体雅五墨做法等级最低，相对适用于低于小点金旋子彩画的建筑	彩画的全部纹饰做法，不做沥粉贴金，全部由颜料色素做。其他基本同于小点金旋子彩画
	雄黄玉旋子彩画	清代作为一类彩画的运用范围，同于金琢墨碾玉。具体本雄黄玉旋子新画做法，是一种特殊的专用彩画，主要用于炮制祭品的建筑装饰，如帝后陵寝及坛庙的神厨、神库等。其彩画等级相当于雅五墨旋子彩画	大木彩画的基底色，一律涂刷以雄黄色（或土黄色），主体框架线及细部主体旋花等类纹饰造形，由浅青色及浅绿色体现，浅色外绿轮廓线，用白线、圈全部适用颜料色素做，无沥粉贴金。其他基本同于雅五墨旋子彩画
苏式彩画	金琢墨苏式彩画	主要运用于皇家园林的主要建筑	1. 大木彩画分为方心式、包袱式、海墁式三种基本构图形式； 2. 早中期苏画，细部主题纹饰主要运用龙纹、吉祥图案纹为特点，晚期苏画主要绘以写实性给画为特点； 3. 采画基底设色，在运用青、绿主色的同时，还兼用各种中间色； 4. 金琢墨苏画主体线路为金线。细部的各种纹饰，如活箍头、卡子等图案为金琢墨攒退做法。包袱、方心等写实性白活，多绘以线法，窝金地花等，整体彩画的绘制工艺，以非常精细考究为特点
	金线苏式彩画	主要运用于皇家园林的主要建筑，具体到金线苏画，于组群建筑的等级排序中，相对适用于低于金琢墨苏画做法的建筑	大木彩画构图形式经部主题纹饰的运用、彩画基底设色，同于金琢墨苏画。金线苏画的主体线路为金线，活箍头、卡子多为片金或玉做，无论各部位的规矩活及白活绘画做法，就整体彩画而言，相对较低于金琢墨苏画
	墨线（或黄线）苏式彩画	主要运用于皇家园林的次要建筑。具体墨线（或黄线）苏画，相对适用于低于金线苏画做法的建筑	大木彩画构图形式、彩画基底设色同于金线苏式彩画，早、中期墨线、苏画、细部主题纹饰一般多运用龙纹、吉祥图案纹等到晚期墨线（或黄线）苏画，主要绘以定实性绘画为特点。墨线（或黄线）苏画主体线路为墨线（或黄线），箍头多为死箍头，卡子等细部图案为玉做（指攒退活）。各部位的无论规矩活及写实性绘画做法就整体彩画而言，相对都低于金线苏画。大多彩画做法全由颜料色做，少量做法亦有在彩画局部，做些点贴金做法

续表

类别名称	做法等级顺序名称	运用建筑范围	做法特点及基本要求
吉祥草彩画	金琢墨吉祥草彩画（亦称西番草三宝珠金琢墨）	彩画遗存实例仅见于皇宫城门和皇帝陵寝建筑	构图于梁枋两端设箍头，于构件中部绘三宝珠，周围绘硕大卷草，共同构成大形团花，由枋底向两侧展开。侧面于箍头以里的上端各绘一个由卷草组合的岔角形纹饰。其他短、窄构件，宝珠及吉祥草画法，可相应做灵活处理彩画找内的基底设色，统一为朱红色素卷草包瓣沥粉贴金，大草做青、绿、香、紫色攒退；三宝珠外框沥粉贴金，内心做青、绿相间设色攒退。整体彩画以效果简洁粗犷、色彩热烈为突出特点
	烟琢墨吉祥草彩画（亦称烟琢墨西番草三宝珠伍墨）	同于金琢墨吉祥草彩画	其他均同于金琢墨吉祥草彩画，所不同点只是彩画不沥粉贴金，全部由颜料色做
海墁彩画		皇家园林的个别建筑及王公大臣府第花园中的个别建筑	常见有如下三种做法： 1. 在建筑的上下架构件，遍绘斑竹纹，以彩画装饰艺术，创造出一种天然质朴美； 2. 在建筑内檐所有构件，分别涂刷浅黄或清绿底色，在底色上面遍绘各种藤蔓类花卉，以创造出一种写实的自然环境美； 3. 在建筑的上架大木构件或某些部位，遍大青底色，全部绘以彩色流云

31.23.3 各种建彩画工程施工一般涉及的基本工艺、技术要点与质量要求

1. 拓描旧彩画或刮擦旧彩画

古建彩画的设计与施工，为了保留或为按原样恢复修缮某些旧彩画，对于有沥粉纹饰的旧彩画取样，有拓描或刮擦两种方法。

（1）拓描旧彩画

分两个工作步骤：

首先是拓，拓又名捶拓，方法基本与传统的捶拓碑文基本相同。彩画拓片用纸一般用高丽纸，拓前须预先将高丽纸略加喷湿，使其具有柔软性。

捶拓用色，于黑烟子中加入适量胶液，为缓干，一般还需加入少量蜂蜜。

捶拓工具须备两个包有棉花的布包，一是净棉花包，专用做捶卧纸用；另一个是专用做沾色着色用的布包。

捶拓方法，将拓纸蒙于旧彩画面并固定，先用净包对纸面进行全面的反复拍打，将纸卧实，以使旧彩画的沥粉纹凸起于纸面，然后再用含色的布包反复捶拍，沥粉花纹便显现于纸面，取下则成为旧彩画拓片。

其次是描，所谓描，一般泛指真描及拓描。真描，即指对拓片的含糊不清晰的线纹部分作如实加重地复描。拓描是指运用透明或半透明纸，蒙于无沥粉旧彩画的纹饰上面，按其纹饰原样如实地过描。

（2）刮擦旧彩画

亦用高丽纸稍加喷湿，蒙固于旧彩画面，然后用较软的小皮子对纸面反复轻刮，使纸面卧实并凸显出沥粉纹，再用包有黑烟子干粉的布包反复轻擦，则沥粉纹亦可较清楚地显现于纸面，取下亦可作为旧彩画的样片。

以上无论拓描或刮擦旧彩画的工作，都以不损坏、不脏污原旧彩画、样片纹饰清晰、准确，记录详细为准则。

2. 丈量

运用长度计量器具，对要施工彩画构件的长度、宽度作实际测量记录。

3. 配纸

亦名拼接谱子纸，即为彩画施工用的起扎谱子，按实际需要的具体尺寸面积，运用拉力较强的牛皮纸，经剪裁粘接备纸。

配纸要求做到粘结牢固、平整、位置适当、尺寸适度，在配纸的端头标有明确显著，不易磨损掉的（一般要求用墨迹）具体构件或构件部位的名称、尺寸等。

4. 起、扎谱子

起谱子，清代早中期时称为"朽样"，后渐统称为起谱子。起谱子于彩画工程中，是一项相对独立性的工作，即在相关的配纸上。首先，画施工时所依据的标准样式线描图。一项彩画工程可谓谱子为本，彩画谱子起画的正确与否，将直接影响该工程质量的优劣，故起谱子在彩画工程中是一项非常高技术要求，并具有决定性的关键性工艺，为历来的彩画施工所重视。

彩画施工，凡构件或构件部位的纹饰相同，纹饰的占地面积相同，且在彩画上重复出现两次以上的，都做起谱子。谱子的纹饰形象、尺度、风格等，应与设计纹样，与传统旧彩画的原样或与标样一致，并保持其时代风格。

扎谱子，即用针严格地按照起谱子的纹饰，扎成均匀的孔洞，用以通过拍谱子工序（参见下述拍谱子）体现出谱子的纹饰。

扎谱子的针孔不得偏离谱子纹饰，针孔端正，孔距均匀，一般要求主体轮廓大线孔距不超过 6mm，细部花纹孔距不超过 2mm。

5. 磨生、过水

磨生，俗称磨生油地一是用砂纸打磨油作所钻过生桐油，并已充分干透的油灰地仗表层的浮灰、生油流痕或生油挂甲等不良现象；二是使地仗形成细微的麻面，从而利于彩画施工的沥粉、着色等的美观结实。

过水，即用净水布擦拭磨过生油地的施工面，使之彻底去掉浮尘。

无论磨生、过水，都要求做到不遗漏，周到。

6. 合操

油灰地仗经磨生过水后的一道相继工序做法。该工序做法用料，由较稀的胶矾水加少许深色（一般为黑色或深蓝色）合成，均匀涂刷于地仗面。其作用有二：（1）使得经磨生过水已经变浅的地仗色，再由浅返深，利于以后拍拍谱子工序花纹的显示。（2）防止该工序下层地仗的油气上咬该工序以上的颜色，以利于体现及保持彩画颜色的干净鲜艳。

7. 分中

分中，亦称在构件上面标画出中分线。方法即如三角形的一个顶点与对边中点的连线方式。彩画施工中，一般多做于横向大木构件，即把横向构件之长向的上下两条边线做中点并连线。此线即为该构件长向的中分线（同开间同一立面的，长度大体相同各个构件的分中，均以该间最上端构件的分中线为准，向其下方各个构件做垂直画线，即为该间同立面横向各构件统一的分中线）。

横向构件的分中线，实际即构件彩画纹饰成左右对称的轴线，该线都为暂时虚设，只是专用来为拍谱子工序标示出所必须依据码放的准确位置线，尔后一经刷色工序便不复存在。

对分中线的要求必须做到准确、端正、直顺、对称无偏差。

8. 拍谱子

亦名打谱子，即将谱子纸铺实于构件面，用能透漏土粉颗粒的布，包裹土粉和大白粉，经手工对谱子的反复拍打，使粉包中的土粉透过谱子的针孔，将谱子的纹饰成细粉点样的，投放于构件面上去的一项工作。

对拍谱子的要求是使用谱子正确无差错，纹饰放置端正，主体线路衔接直顺连贯，花纹粉迹清晰。

9. 描红墨与摊找活

描红墨，清早中期彩画做法拍谱子以后的一项相继工序工艺。该工艺通过运用小捻子（画工自制画刷）蘸入胶的红土子色，一是描画、校正、补画拍于构件上的不端正、不清晰及少量漏拍谱子粉迹的不良现象纹饰。二是描画出不起拍谱子的，如桃尖梁头、穿插坊头、三岔头、霸王拳、宝瓶、角梁等构件彩画的纹饰。这项工艺的施工，从清代晚期以来逐渐地被"摊找活"工艺所取代。

摊找活，清晚期以来彩画做法，在拍谱子工序后的一项工序工艺，其方法及作用，与上述的描红墨基本相同，不同的只是，改描红墨为用白色粉笔描绘出纹饰。

无论描红墨与摊找活的纹饰，有谱子部分，应与谱子相一致。无谱子的构件部位，应与设计或标样、或与传统法式做法相一致，纹饰清晰准确、齐整美观、线路平直。

10. 号色

古建彩画施工涂刷色前，按彩画色彩的做法制度，预先对设计图、对彩画谱子、对大木彩画的各个具体部位，运用彩画颜色代号，做出具体颜色的标色，用以指导彩画施工刷色。

11. 沥粉

沥粉，是我国传统古建彩画做法中的一种独特的工艺技术，各类古建彩画较高等级的做法，凡贴金处绝大部分一般都先进行沥粉。沥粉是通过运用沥粉工具，经手力的挤压操作，使粉袋内的含胶液的流体状沥粉经过粉尖子出口，按着谱子的粉迹纹饰，沥粘于彩画作业面上的一种特殊纹饰表现方式，凡各种纹饰一经沥粉，则成为凸起于彩画平面的半浮雕式纹饰。彩画做法通过这种工艺，不但直接体现这部分花纹的立体质感，同时更主要的作用还在于通过沥粉能有效地衬托挥影这些花纹所贴金箔的光泽色效果。

就一座建筑彩画沥粉的粗细度而言，粉尖口径大小运用的不同，相对被区分为沥大粉、沥二路粉和沥小粉，其中粉条最粗者称沥大粉，稍细者称沥二路粉，最细者称为沥小粉。一般沥大粉普遍用做沥彩画的主体轮廓大线，沥二路粉和沥小粉，则是有分别地用做沥彩画的细部花纹。

沥大小粉的程序规矩是，先沥大粉，后沥二路粉及小粉。

凡沥粉，都应遵照谱子的粉迹纹饰施沥，做到全面、准确地体现出谱子纹饰的画法特征，不得随意发挥个人的画法风格。沥粉气运应做到连贯一致，粉条表面光滑圆润，粉条凸起度饱满（一般要求以达到近似半圆程度），粉条干燥后坚固结实，沥粉粉条无断条、无明显接头及错茬、无瘪粉、无蜂窝麻面飞翅等各种不良现象。

凡直接沥粉要求必须依直尺操作，不允许徒手施沥。直线沥粉的竖线条应做到垂直；横线条做到平直；倾斜线条做到斜度一致。纹饰端正、对称，线条宽度一致，边线宽度及纹饰间的风路宽度一致。

凡曲线沥粉，纹饰亦应做到端正、对称，弯曲转折自然流畅，线条宽度、边线宽度及纹饰间隔宽度一致。

细部彩画的沥小粉（包括曲线小粉），线条应做到利落、清晰、准确，体现出谱子纹饰应有的神韵。不得出现并条、沥乱、错沥、漏沥等现象。

12. 刷色

即平涂各种颜色。刷色包括刷大色、二色、抹小色、剔填色、掏刷色。

刷色程序应先深刷各种大色，后刷各种小色。涂刷主大色青、绿色，应先刷绿色后刷青色。

因洋绿色性质成细颗粒状，入胶后易沉淀，又因其遮盖力稍差，用做涂刷基底大色时，一般要求涂刷两遍色成活。

彩画刷各种颜色的排列方式，工程施工有设计者，必须做到符合设计要求。无设计者，或做到符合传统彩画的设色制度，或做到符合标样。

刷色应做到涂刷均匀平整，严到饱满，不透地虚花，无刷痕及颜色流坠痕，无漏刷，颜色干后结实，手角摸不落色粉，在刷色面上（颜色干燥后），再重叠涂刷它色时，两色之间不混色。刷色的直线直顺、曲线圆润、衔接处自然美观。

13. 包黄胶

亦简称包胶。包黄胶的用料，包括用包黄色色胶（清代传统彩画的包黄胶由彩黄色加水胶调成）和包黄色油胶（指现代直接运用黄色树脂漆或黄色酚醛漆）两种黄胶。

包黄胶的作用，一是为彩画的贴金奠定基础，通过包黄胶，可阻止下层的颜色对上层以后的打金胶油的吸吮，利于打金胶油的饱满，从而最终有效地衬托贴金的光泽。二是向贴金者标示出打金胶及贴金的准确位置范围。

包黄胶应符合设计等的要求，做到用色颜色纯正、包得位置范围准确、包得严到（要求包至沥粉的外缘）、涂刷整齐平整、无流坠、无起皱、无漏包、不沾污其他画面。

14. 拉大黑、拉晕色、拉大粉

（1）拉大黑

即于彩画施工中，以较粗的画刷，运用黑烟子色画较粗的直、曲形线条。这些粗黑色线，主要用做中、低等级彩画的主体轮廓大线，以及部分构件彩画的边框大线。

（2）拉晕色

晕色，是对包括彩画的各种晕色的总称，一种具体晕色于彩画的运用，是根据这种晕色在色相上基本相同，而在明度上又有明显差别的相关深色而言的。换言之，凡每种晕色，在明度上都必定浅于与这种晕色色相基本机同相关的深色，那么它对这种相关联的深色才能起到"晕"色的作用。例如，三青色作为一种浅青色，与大青色色相相同，则可以作为该深大青色的晕色。粉红色作为一种浅红色与朱红色色相基本相同，则粉红色可以作为明度较深的朱红色的晕色，如此等等。

所谓拉晕色，即泛指于彩画工程中画各种晕色，主要指大木彩画主体大线旁侧或部位构件造形边框以内的，凡与大青色、大绿色相关联的三青色（或粉三青色）及三绿色（或粉三绿色）的浅色带。

晕色做于各种彩画中，若只针对与其色相相同相关的深色而言，可直接地起到对这种深色的晕染艺术效果的作用。对整体彩画而言，可起到丰富彩色的表现层次，使纹饰的表现更加细腻，提高整体色彩的明度，降低各种色彩间的强烈对比，使整体色彩效果趋向柔和统一等各种综合作用。

（3）拉大粉

拉大粉就是用画刷通过运用白色，在彩画施工中画较粗的曲、直白色线条。这些白色线条，被广泛的施拉于彩画的或黑色、或金色、或黄色的主体轮廓大线的侧或两侧。因为，白色在各种色彩中为极色，色彩明度最高，故于上述大线旁拉饰大粉，可使得这些大线更为突出醒目；同时，也亦起晕染晕色作用，使整体彩画加强了色彩感染力。若于金色大线旁拉饰大粉，不仅同时起到上述作用，还起到齐金的重要作用。

由于大粉是依附于各色大线旁而拉饰的一道工序，故拉大粉必须于大黑线或金线或黄线完成以后才可进行。另外，凡于金线旁做有晕色的彩画做法，必须待金大线及其晕色两项工艺内容完成后，才可进行拉大粉。无论拉饰大黑、晕色、大粉，凡直线都要求依直尺（弧形构件的直线，必须依弧形直尺）操作，禁止徒手进行。凡直线条，达到直顺无偏斜、宽度一致。曲形线条弧度一致，对称，转折处自然美观。凡各种颜色的着色，达到结实、手触摸不落色粉、均匀饱满、整齐美观，无虚花透地、无明显接头、无起爆翘起脱落、无遗漏、无不同色彩间的相互脏污等各种不良现象。

15. 拘黑

"拘"是规定的意思。拘黑，主要指于旋子彩画施工中，以中、小型的捻子，运用黑烟子色，按清式旋子彩画纹饰的法式规矩圈画出彩画细部旋花等的黑色轮廓线。

拘黑工艺的实施，当该彩画主体纹饰框架大线完成之后（即拉大黑完成之后）进行，有金旋子彩画当于贴金工序完成以后进行。拘黑起到两个重要作用，一是勾勒出旋花等花纹的轮廓线，二是在有金彩画同时，对其贴金起到齐金作用。

文物建筑旋子彩画工程的施工，还特殊要求于拘黑前，必须第二次套拍谱子，拘黑按谱子粉迹纹饰完成。

凡拘黑纹饰，要求做到符合设计或符合传统法式规矩，线条宽度一致，直线平整、斜度一致、旋花瓣栀花瓣等纹饰体量和弧度一致、纹饰工整对称、不落色。

16. 拉黑绦

拉黑绦（亦称拉黑掏），简单地说，就是指某些等级彩画的某些特定部位拉饰较细的黑色线。古建各类彩画工程，当其主要工序已经完成，约于最后的打点活工序前，在彩画的如下主要部位范围、一般都要做拉黑绦：

（1）在两个相连接构件彩画相交的秧角处（如檩与垫板、大额枋与由额垫板、檩于随檩枋、柁与随柁枋等两个相连接构件相交的秧角处），起自构件此端内侧箍头以里，至彼端内侧的箍头线之间一般要做拉黑绦（其中凡包袱式苏画的黑绦线，须隔开包袱拉绦）。

（2）大木和玺彩画、旋子彩画、苏式彩画，凡彩画主体轮廓大线为金线者，其中和玺彩画指于线光心金线的外侧，圭线光金线于不饰白色线的另一侧、找头圭线及岔口金线于金线的内侧做拉黑绦；金琢墨石碾玉、烟琢墨石碾玉、金线大点金岔口的金线，于金线不饰白粉线的内侧做拉黑绦；金线苏式彩画，于方心岔口金线内侧，找头金圭线内侧、池子岔口金线（指池子外的主线）内侧做拉墨绦。

（3）角梁、霸王拳、穿插枋头、桃尖梁头、三岔头等类构件彩画做金老者，方心、雀替等部位做金老者，均于各金老外圈画黑绦。

（4）各类彩画的青、绿相间退晕金龙眼外椽头，在金龙眼圈画黑绦。

因各种古建彩画在各种建筑构件的表现形式多样复杂，关于彩画应画黑绦的范围，以上仅择其主要的部分予以叙述，至于其他也拉黑绦的彩画部位，在此不再赘述。

彩画的拉饰黑绦，目的主要是用以起到齐色、齐金，增加色彩表现层次，使得彩画效果更加细腻、齐正、稳重、美观等多种重要作用。

拉黑绦应做到位置准确、完整，宽度一致，不脏污其他颜色。

17. 压黑老

"老"，亦称随形老，即包括彩画的方心、箍头、角梁、斗栱、挑尖梁头、霸王拳、穿插枋头等部位，按着这些部位的外形于其中央缩画的，与其部位外形基本相同的各种图形。这些图形，其中凡用黑色画的称为黑老，凡用沥粉贴金表现的称为金老。

压黑老，即用黑色画黑老，由于其所运用的颜色为黑色。该项工艺多于彩画基本完成以后施做，故名。压黑老要做到黑老居中直顺，造型宽窄适度，颜色足实。

18. 平金开墨

该工艺的实施操作，早期一般由描金专业人员完成。随着时间的推移，以后逐渐被画作所取代。

平金开墨，泛指于平贴金的地子面上，运用黑色或朱红色以色线方式，描画出各种具有一定讲究的花纹，对所勾描花纹一般要求做到利落、清晰、准确。

19. 切活

"切活"，清代早中期称为"描机"，以后逐渐改称"切活"。

切活工艺较广泛地运用于清式各类彩画中，尤其多运用于旋子彩画中。如做在活盒子岔角三青、三绿地上的切活、较窄枋底的切活。

以及池子心三青、三绿地上的切活，低等级彩画宝瓶丹色地上的切活等。

切活亦称为"反切"，即于或三青色或于三绿色或于丹色的地子上，通过运用黑色进行有章法的勾线平填操作，使得原先涂刷的三青等地子色，转变成为花纹图形色，尔后所勾填的黑色，却转变成了地子色的一种单纯独特表现纹饰的做法。

彩画施工做各种切活，一般不起谱子，通常要求做到一蹴而就式的成活。由于切活运用的是黑色，一旦切错不易修改。因此，完成好切活纹的前提是要求操作者对各种图案的构成画法，必须具有纯熟的造形能力功底。一般当切较为复杂的图案时，为实现纹饰的准确美观，要做些简单地摊稿再切活，而大多数较简单的切活，都是凭操作者的技能，直接自如地切出各种纹饰造形。

清式各类彩画活盒子岔角的切活规则的要求是，凡设三青基底色者，必须切以卷草纹，凡设三绿基底色者，必须切以水牙纹（水纹）。

彩画的切活，先涂刷基底色，后做切活。切活应做到符合设计要求或文物建筑规程规定、底色深浅适度、纹饰端正对称、主线和子线宽窄适度、勾填黑色匀衬、线条挺拔、花纹美观。

20. 吃小晕

亦名吃小月。运用细毛笔或较细软的捻子，用白色于旋子彩画旋花瓣等纹饰，靠其拘黑线或金色的轮廓线以里，依照其纹饰走向，画出细白色线纹。由于该白线相对于彩画较宽的晕色（亦俗称吃大晕）较细，色彩明度又最高，一经画上去便使整体花纹立即产生醒目提神的明显作用，于彩画做法同样亦起到晕色作用，故名为吃小晕。

彩画行业中，对小晕应达到的标准要求中，历来有"丑黑俊粉"的形容，就是说施工中所拘的黑色花纹，不一定都是规范的、美的。但应通过吃小晕的实施白粉时，对不规范的所谓丑黑部分做应有纠正，使之达到圆、直等俊美。

吃小晕应具体做到线条宽度一致，直线平正，曲线圆润自然，颜色洁白饱满，无明显接头、毛刺。

21. 行粉

亦名开白粉，泛指于彩画细部图案各种攒退活做法中，画较细白色线道工艺，其用笔、用色、作用、要求等，基本与上述"吃小晕"相同，参见上述吃小晕。

22. 纠粉

纠粉，即于已涂刷了某种深色基底色花纹上，做渲染的白色的一种彩画做法。该做法多运用于建筑木雕刻构件部位，如包括花板、雀替、花牙子、三福云、垂头、荷叶垫、净瓶等的低等级彩画的做法。

凡各种木雕刻花纹做纠粉前，都要按彩画的设色规矩，首先垫刷各种重彩地子色，如包括分别垫刷或大青、大绿、深香、紫等色之后，再用毛笔（一般运用两支毛笔作轮换交替式的运用，一支笔专用做抹白色，另一支笔专用做搭清水渲染），沿花纹凡凸鼓面的边缘，做对白粉的渲染，经渲染使白粉的着色形成，其边缘的由最白过渡为虚白，由虚白过渡到已刷深色的色彩效果。由于纠纷是只运用白色对各种深色做渲染的一种做法，通过该做法所装饰的木雕花纹，可产生出一种轮廓清晰醒目、单纯素雅的装饰效果。

对纠粉做法要求做到，渲染白色不兜起已深刷的基底色，对白色要纠得开，白色与基底色间色彩过渡自然美观，无白色流痕，不同颜色间不相互脏污。

23. 浑金、片金、平金、点金、描金

（1）浑金

彩画的着色，如在某种彩画的全部，或在某种彩画的某些特定部位的全部，都以贴饰金箔色为特征的一种彩画做法。古建彩画中，如包括大木沥粉浑金彩画、柱子沥粉浑金彩画、木雕花板及雀替浑金彩画、斗栱浑金彩画、宝瓶沥浑金彩画等。

以沥粉贴两色金的浑金蟠龙柱彩画做法为例，其操作自拍谱子工艺项目叙起，须经过拍谱子、摊找活、沥大小粉、垫光米色油、打金胶贴赤金、打金胶贴库金、贴赤金部位罩光油完成。

浑金做法的彩画，可产生浑厚豪华、高级凝重的装饰效果。

（2）片金

　　体现图案花纹的色彩，经由沥粉、贴金，成金色特征。该做法是清式各类彩画纹饰表现的基本做法之一，如片金龙、凤，片金卡子，片金西番莲等。

　　纹饰的片金做法，是相对于纹饰的其他各种做法而言的，是一种比较粗放式单纯的做法，其操作只须经由沥粉、包黄胶、打金胶贴金完成。由于这种金色纹饰在光的作用下非常显著耀目，多被用做彩画的主体大线、部位构件造型的边框线、金老及各种花纹造形的体现。

　　各种片金花纹图案在整体彩画中不是独立的存在的，它是在由其他各种颜色为背地的衬托下，共同地作用于彩画装饰的，故这种彩画做法可产生金碧辉煌的装饰效果，在古建各类中高等纹饰彩画做法中，被不同程度地普遍采用。

　　(3) 平金，亦称平贴金，多用做斗栱，各种部件彩画的边框轮廓贴金，及雀替彩画的老金边贴金。

　　平金的做法、作用、效果等基本同于片金，不同点只是在做法上免去了其中的沥粉工艺，制作等级略低于上述片金，参见上述"片金"。

　　(4) 点金

　　亦名点贴金，是针对彩画贴金的用金量较为有限，其表现方式的一个笼统的形容词。如对彩画中某些少量花纹的做法，凡成分散撒花式的贴金方式，都可被笼统地称为点金。

　　点金的做法、作用效果基本同于片金（参见上述片金）。只是在装饰效果方面，由于点贴金于彩画在光的作用下，可不同程度地产生于平实中见高级、繁星闪耀的效果感受。

　　(5) 描金

　　以细毛笔，运用泥金做颜色，在某些重彩画法的人物画，或彩画的某些特殊需要的图案，在已涂刷或渲染了其他各种颜色的基础上，勾画较细的如衣纹、图案轮廓等金色线条的操作。

　　无论对彩画图案或重彩人物画的着色，一经描金，便会产生较精致高级的装饰效果。

　　以上凡贴金，包括所述的贴浑金、片金、平金、点金，一般都要求做到，金胶油纯净无杂物，打金胶整齐光亮，无流坠、无起皱、无漏打现象。贴金面饱满、平整洁净、色泽光亮一致，两色金做法金色分布准确，无遗漏、无錾口、无崩秧。于贴金面罩光油严实周到、光亮一致、无流坠起皱。

　　凡描金线纹，要求遒劲准确，符合纹理规范，颜色饱满光亮。

　　24. 彩画贴两色金

　　彩画贴两色金做法，即彩画的贴金，分贴以红金箔（相当于当今的库金箔，以下简称为库金），及黄金箔（相当于当今的赤金箔，以下简称为赤金）的一种贴金做法，多运用于清代中早期高等级的和玺彩画、旋子、苏式彩画等。因建筑、彩画种类、纹饰构成表现等的不同，各个具体贴两色金彩画的做法是不拘一格的。其中较具有共性的一点是，彩画的主体框架大线（包括椽栺头、挑尖梁头、穿插枋头、角梁、斗栱等），一般多普遍地贴以库金。其他各细部纹饰的贴金，一般按可分割的纹饰部位，有的部位纹饰，仍可与其大线的贴库金相重复地贴以库金，有的部位纹饰，则与所贴的库金成相对应式的贴以赤金，使得彩画不同色彩的贴金与其他不同色彩颜色的运用一样，亦能产生色彩明度对比方面的某些意味变化。

　　彩画贴两色金要求做到，做法正确，所打金胶油必须整齐、光亮、线路直顺，不得有流坠、起皱或漏打现象，金箔贴的饱满、无遗漏、无錾口，色泽一致，线路整齐洁净，两色金分布准确。凡贴赤金的部位必须通罩光油，其质量要求基本与上述的打金胶相同。

25. 攒退活

攒退活，是古建彩画细部图案，包括金琢墨攒退、烟琢墨攒退、烟琢墨攒退间点金、玉做、玉做间点金等类具体做法的统称。

攒退活提法中的"攒"，侧重于指图案的着色结果，是通过运用相互作用的多层次颜色（其中主要指运用相互作用的同色相的多层次的晕色）的积聚重叠而言的。其中的"退"，侧重指图案的绘制过程，是由底层向表层按工序的移退式操作方法而言的。

攒退活作为彩画的局部做法，若仅就这个范围从区分其做法等级分析，可相对地分为三种基本常见的等级性做法，它们依次是金琢墨攒退、烟琢墨攒退及玉做。另外，因彩画装饰的具体需要，上述三种基本常见的等级做法外，还往往夹有两种不太常见的做法：一种是等级略高于烟琢墨攒退的烟琢墨攒退间点金；另一种是等级略高于玉做的玉做间点金。

体现攒退活的主要颜色是各种小色（作为晕色），攒退活图案小色的设色，从广泛并非绝对的意义上说，彩画做法等级较高且讲究者，一般由多种小色（如由三青、三绿、粉紫或粉红、黄色、浅香色等）合理搭配式的岔齐颜色。彩画等级较低的做法者，一般由两种小色（常见做法如三青、三绿）岔齐颜色，有的做法甚至只用一种小色设色。

做于某种小色中间或中央或一侧的同色相的深色，称为"色老"，色老于操作中被称为"攒色"或"压色老"。

攒退活图案边缘轮廓色的做法，因做法及做法等级的不同，或体现为沥彩贴金，并于金线以里描白粉线、或圈描墨线，并于墨线以里描白粉线、或只描以白粉线。

由于攒退活图案施描白粉方法的不同，对凡于图案宽向的两侧描以白粉线，两白粉线之间留晕，于晕色的中间攒以深色的做法，术语称为"双夹粉攒退"；对凡于图案宽向的一面描白粉，另面攒深色，中间留晕色的做法，术语称为"筋斗粉攒退"。

(1) 金琢墨攒退图案

图案的外轮廓线以做沥粉贴金为做法特征，其操作自沥粉工艺叙起，须经沥粉、抹小色、包黄胶、打金胶贴金、行白粉、攒色完成。此种图案做法的效果以高级华贵、工整细腻为特点。

(2) 烟琢墨攒退图案

图案的外轮廓线以圈描黑色线为做法特征，其操作自抹小色叙起，须经抹小色、圈描黑色外轮廓线、行白粉、攒色完成。此种图案做法的效果以工整、稳定为特点。

(3) 玉做

图案的轮廓线，以圈描白色线为做法特征。其操作自抹小色叙起（有的做法因为要借小色地为晕色，故须从满涂刷小色地，再经拍谱子叙起），须经抹小色、圈描图案白色轮廓线、攒色完成。此种图案做法的效果以工整、单纯、素雅为特点。

以上各种攒退活的做法及操作，要求做到必须符合设计要求。

攒退的开墨要求做到线条宽度一致、流畅圆润、纹饰端正、对称；攒退活的攒色要求做到，明度适度、足实、宽度适当、整齐一致。

26. 接天地

接天地，是彩画某些白活（写实性绘画）做法涂刷基底色的包括"接天"与"接地"项目工艺的统称。彩画的白活，其中凡画硬抹实开线法、洋抹山水、硬抹实开花卉、硬抹实开或洋抹金鱼等类做法的绘画，都要先做以接天地。

另外，还有一种不大常见接天地做法，其浅蓝色置于画面的上下两端，白色置于画面的中部，此种较特殊接天地做法，仅见用于某些方心、池子画花卉的少量做法。

白活的接天地有两个明显的作用：（1）使画面初步形成为具有一定空间感的写实效果。（2）在整体彩画色彩布局中，与其他不接天地的全部刷成白基地色的各个画面间发生色调对比，从而使彩画的各画面的色彩排列不雷同和具有变化的趣味性。

接天地的刷色要求，原则同于前述"刷色"（参见上述的刷色项目内容），同时还要求做到，所运用的浅蓝色应深浅适度，白色与浅蓝色的衔接润合自然，不骤深、骤浅，无明显刷痕，色彩洁净。

27. 过胶矾水

过胶矾水，是彩画渲染绘画做法中、在已涂刷了某种颜色的地子表面，运用柔软排笔或板刷，涂刷由动物质胶、白矾及清水合成的透明溶液，使之充分地浸透并饱和地子色的一项工艺。某种地子色一经过胶矾水并干燥后，其上面再次重复地做渲染色时，则该地子色不再容易吸收水分，可起到封护起地子色成果，利于再做渲染色的双重作用。

渲染绘画做法的过胶矾水，要求每涂刷一遍颜色（或每渲染一遍颜色）后，只要该着色一遍以后相继仍需要再次地重复做渲染着色时，则其上下两遍的着色之间，都须通过胶矾水一遍。

28. 硬抹实开

硬抹实开，彩画白活写实性绘画的一种绘法，一般多用做画花卉、线法（以画建筑为主的风景画）、人物等画。以此绘法画花卉者，称为"硬抹实开花卉"，画线法者称为"硬抹实开线法"……其他不一而足。

（1）硬抹实开的表现特点

运用硬抹实开绘法无论绘什么为题材的画，虽因作者与作者间的表现风格及方法有某些不尽相同外，大体上仍具有如下几个基本的共同表现特点：

1）为达到较写实的白活绘画效果，从作画开始涂刷基底色时，一般普遍地要做以接天地的技术处理。

2）对所摊稿的各种形象造形，按表现形象色彩的实际需要，先满做平涂各种颜色——即所谓"硬抹"色式的成形着色。

3）对各种题材造形的轮廓线，绝大部分要通过勾线加以肯定，如按所绘物的实际需要，有的要勾以墨线，有的要勾以其他色线。

4）体现各种形象的着色，是经过如平涂色、垫染色、分染色、着色、嵌浅色等多道工序做法完成的。

由于硬抹实开绘法工细考究，按传统作画一般又多采用矿质色，其题材造形的体现是经过勾线及多道次的润色渲染完成的，经这种绘法所绘画的作品，其艺术效果更加写实逼真，其白活绘画的保持年代则更能延年持久。

（2）硬抹实开花卉绘法程序

1）涂刷基底色时并做接天地；2）摊活（描绘画稿）；3）垛抹花卉等底色造形之后并

过以头道胶矾水；4）垫染花头或果实色；5）按所绘物各部位的实际需要，开勾墨线或其他色线的轮廓线；6）在过第二道胶矾水基础上，对花卉的各个部分做以渲染、着色、嵌浅色；7）点花蕊或果实斑点色完成。

（3）硬抹实开线法绘法程序

1）涂刷基底色时并做接天地；2）摊活；3）从远景至近景对景物造形抹色；4）对造形形象分别开勾墨线或其他色线轮廓线；5）在过胶矾水基础上按所绘物各部位的实际需要，分别渲染、着色、嵌浅色完成。

注：若于硬抹实开线法中加画人物者，其人物亦做硬抹实开绘法。方法为，在画面的建筑等景物基本绘完成以后，对人物需先垫抹白色造形，尔后按人物各部色彩的需要，分别抹以各种小色，再经开墨色等轮廓线、过矾水、渲染、着色、嵌浅色、开眉眼至完成。

运用硬抹实开绘法无论绘什么题材的画，其立意、章法、绘法、设色应符合彩画白活表现传统。画花卉形象准确生动，具有神韵、勾线具有力度、渲染色彩层次鲜明，表现工整细腻美观。画线法，建筑造型准确，符合透视原理，直线直顺曲线转折自然，布景具有深远空间感，色彩渲染层次鲜明，表现工整细腻美观。

29. 作染

作染，画作对包括无论绘于何种基底色上的花卉、流云、博古、人物等各种写实性题材形象的表现，其绘法是涉及渲染技法者做法的一种泛称。古建彩画通常多用来画作染花卉、作染流云、作染博古等类绘画。

以基本常见的作染花卉绘法为例，一般又多指绘于某些彩画（主要是苏画）某些特定部位的大青、大绿及三绿、石三青、紫色、朱红等色地上的花卉，这些地上花卉的绘法，基本同于上述硬抹实开花卉的绘法程序，所不同处只是，其基底色中做平涂刷饰，不强调花卉造形的轮廓普遍要做勾线（参见上述"硬抹实开"的有关部分）。

以常见的五彩流云绘法为例，一般多绘于某些彩画（主要是苏画）某些特定部位的大青、深香、朱红色地上，其一般绘法程序为：

（1）用白色先垛出流云造形；（2）对云纹过胶矾水；（3）分色垫染各色五彩云纹；（4）用深色做认色的勾开云纹线完成。

无论绘作染花卉、作染流云等各种作染题材绘画，其表现风格、构图章法、绘法应符合传统，绘画效果具有神韵、自然、色彩鲜丽美观。

30. 落墨搭色

落墨搭色，彩画写实性白活的一种绘法，一般多用作画山水、异兽、翎毛花卉、人物、博古等。该绘法特点，对各种形象的表现，一般都先做以落墨勾线作为绘画造形的墨骨，在墨骨的基础上诸如画地坡、山石、山水树木等类题材形象者，还往往要按表现需要，经皴、擦、点、染（包括用墨色的点染及腾染，如腾染黑色、广红墨色、赭墨色等墨色）等表现技法的实施，进一步刻画形象的质感，此凡施以墨色者，都属于落墨概念的范畴。

至于对各种形象在落墨基础上的着染其他色彩，一般只着染以较透明清淡的色彩，故名为"搭色"，其所搭染之色效果，是以既达到了着色目的，又能以目测直观，仍显现底层之墨骨墨气为度。

运用落墨搭色绘法，无论画什么题材的画，主要是运用墨色表现绘画形象的，而其他色着色，只是作为辅助着色而体现的，故通过该绘法所画之画，可给人以浓郁的水墨书画气效果的感受，作为一种基本绘法，为彩画白活所长期的运用。

落墨搭色绘法是经涂刷白色基底色、摊活、落墨、过胶矾水、着染其他各种清淡彩色等几个主要绘法程序完成的。一般要求该绘法的立意、章法、设色等，应符合彩画白法表现传统，落墨线条具有力度神韵，墨气足实，着色明晰，造形自然生动美观。

31. 洋抹

洋抹，顾名思义，应为外国抹法，它是我国古建彩画白活写实性绘画的表现形式吸收国外绘画技法而逐渐形成的一种新绘法，于彩画的运用约兴起于清代中期，盛行于清代晚期，多用来画洋抹山水、洋抹花卉、洋抹金鱼、洋抹博古等题材和内容。

洋抹的画法特点，以常见的绘于包袱、方心、池子等部位的洋抹山水、花卉、金鱼画为例，涂刷基底色时也同时做接天地，作画一般都是凭着作者纯熟的造形功力（一般不起稿），直接运用颜色抹出所要绘的各种形象，形象表现一般很少或不做勾线，绘出效果追求写实逼真，具有深远感、质感等为目标。

彩画对各种洋抹画的一般要求为，构图布局合理、造形准确生动、符合透视原理、色彩稳重鲜丽、效果真实美观。

32. 拆垛

拆垛，彩画纹饰表现的一种绘法，运用此绘法，于苏画特定部位的各种特定彩色地子上，多绘散点式构图图案，如落地梅、桃花、百蝶梅、皮裘花，以及于某些低等级苏画的某些特定部位的各种特定彩色地子上，绘以藤萝花、葫芦、牵牛花、香瓜、葡萄等较小型的花卉画。另外，于某些低等级苏画的白活中，有时也绘做一些较大型的花鸟画。

拆垛，术语亦称为"一笔两色"作画。绘法特点是运用笔锋很短的圆头毛笔或适宜的捻子，先饱蘸白色，然后于笔端再蘸所需的深色，于调色板上经反复轻轻按压，使笔内所含白色与笔端的深色形成相互有所润合过渡性的色彩效果，再凭作者作画的造形功力，运用此含色笔直接在画面做各种花卉面。其中，凡各种较小圆点花瓣等形，只需经按点即成；对较大面积的图形，除了运用按点方法外，有的甚至还要经某些抹画方法成形；长条形图形（如长条形叶片、花卉枝框等）一般要运用侧锋托笔画成。具体形象表现的需要，为臻于完美，对有些形象的部位，往往还要运用同一色相的深色，有重点地做些勾线和点绘加以强调。

因拆垛用色的不同，对凡只运白色与蓝色进行拆垛的纹饰做法，称为"三蓝拆垛"或"拆三蓝"；对运用白色与其他各种颜色拆垛的做法，称为"拆垛"或"多彩拆垛"。

拆垛应符合彩画传统，章法有聚有散，布局合理，造形生动美观，色彩鲜明。

33. 退烟云

烟云，主要指苏画包袱的边框、方心岔口及池子岔口等部位，其纹饰成由浅至深、由多道色阶线条为构成特征的一种独特表现形式。这些部位纹饰通过退烟云工艺，其色彩表现鲜艳夺目，能产生出一种很强的立体空间感效果，故以烟云作为彩画部位的装饰边框，能非常有效地起到衬托起其部位中心所包含主题纹饰的作用。

早期苏画包袱的烟云，多为单层式的软烟云（构成烟云的线条色阶成弧曲线）画法，烟云的色阶道数多者可达九道左右，各个包袱烟云的用色还比较单一，常见一般只运用黑色或蓝色。清晚期苏画的烟云，无论画法设色都发生了明显变化，画法方面出现在彩画中既主要运用软烟云，亦同时对某些重点包袱兼用些硬烟云（构成烟云的线条色阶成直线形）的画法。凡烟云普遍由烟云筒（烟云内端的部分）和烟云托子（烟云云外端的部分）两部分构成。烟云筒的色阶道数从少至多，可分为三、五、七、九及至十一道的画法，其中以运用五道及七道烟云的画法为多见；烟云托子色阶道数分为三道或五道画法，其中以运用三道画法为多见。一般说来，凡烟云色阶道数多的画法者，用于中高等级的苏画做法，反之用于低等级的苏画做法。

清晚期（尤其表现在清晚期的末期）苏画烟云的设色，一般黑烟云筒配深浅红托子；蓝烟云筒配浅黄、杏黄托子；绿烟筒配深浅粉紫托子；紫烟云筒配深浅绿托子；红烟筒配深浅绿或深浅蓝托子等。

退烟云，即实际操作烟云。无论退各种形式的烟云，退时包括烟云托子的全部及烟云筒相当部分的范围，都必须先统一垫刷白色，之后当退第二道色阶时（关于退硬烟云方法，见以下另论），先留出白阶，再按从浅至深色的退法顺序。每退下道色时，必须留出前道色阶的适宜宽度，并又叠压着前道色阶填色时特意多填出的颜色部分，按色阶道循序渐进地退成。

硬烟云筒退法，烟云筒的色阶表现必须分成横面与竖面而退，术语称为"错色退或倒色退"，即退时两个面之间必须错开一个色阶，直到退完两个面的全部色阶。例如，设烟云筒横面的第一道色阶用明度最浅的白色，则竖面的第一道色阶就不能也用白色，而必须用横面深于白色的第二道色阶色，做竖面的第一道色，按此法竖面的第二道色阶，要用横面的第三道色阶色……直至退完全部色阶色。

硬烟云托子退法分两种：退法一，完全与上述的硬烟筒退法相同。退法二，不分横面竖面，其色阶均自白色阶起，按色阶自浅至深的退成，只是凡色阶的横竖线道退法都必须随顺于硬烟云托子外廓线画法的走向。

凡退硬烟云，一般要求依直尺操作，以实现直线条的横平竖直。无论退软、硬烟云，都要求做到色彩运用准确，符合规矩，明度运用准确，色阶层次清晰分明，过渡自然，不骤深骤浅，宽度、角度恰当，整齐美观。

34. 捻连珠

连珠，一种于条带形地子内、经退晕构成的一个个圆形的并成连续式排列的图案。该图案见于清式各主要类别的彩画，其中广泛地见于清中、晚期苏画箍头的一侧或两侧的带状纹饰。

所谓捻连珠，即运用无笔锋的圆头毛笔或适宜的捻子实际操作连珠。捻连珠操作虽然比较简单，但都是按着一定的操作规范完成的。下面以苏画箍头联珠带捻联珠的规范画法体现为例作一些集中说明：

（1）连珠带的基底设色

凡各种颜色珠子之连珠带的基底色者一律设为黑色

（2）单个珠子退晕的色彩层次构成

就单个珠子的色彩构成而言，一般由白色高光点、圆形晕色及圆形老色三退晕形式构成。

（3）连珠带珠子的设色与其相靠连主箍头设色间的关系

凡某构件的主箍头为青色的，则其旁侧连珠带的珠子，必须做成香色退晕；凡某构件的主箍头为绿色的，则其旁侧连珠带珠子必须做成紫色退晕。

（4）连珠在构件连珠带的放置方法及画法体现

捻连珠前，应首先针对构件的构成情况，统筹规划并确定珠子与珠子间的风路距离，珠子在某构件的数量及大小，珠子在枋底的放置形式，珠子在各构件的表现如何，必须避开构件之棱及构件与构件的相交之秧角。

捻连珠对珠子方向的放置方法为：无论件为横向或竖向，其连珠带的珠子，（含枋底连珠带画法），对连珠带全部长度，要准确规划、设计珠子数量，枋底宽度若置单数珠子的法者，在枋底连珠带的正中处，必须置一个坐中珠子。所谓坐中珠子，即珠子的白色光点、晕色、老色圆形成俯视正投影式的画法。枋底若置双数珠子法者，应于枋底中，相反向两侧方向按序排列。

（5）要求捻连珠达到的基本标准

凡珠子要求捻圆，珠子的直径及珠子间的间距一致，相同长度宽度的联珠带，其珠子的数量一致对称，珠子不吃压旁侧的大线，颜色足实，色度层次清晰。

35. 阴阳倒切或金琢墨倒里倒切万字箍头或回纹箍头

阴阳倒切或金琢墨倒里倒切万字箍头或回纹箍头，多见于苏式彩画活箍头的两种不同等级的箍头做法，于彩画的实际运用，其中金琢墨倒里倒切箍头等级高于阴阳倒切箍头的做法等级。

（1）阴阳倒切万字箍头或阴阳回纹倒切箍头做法

做法特点，纹饰的轮廓线用白粉线勾勒，纹饰的着色不做里与面的区分，无论纹饰的基底色及其晕色，统一运用同一色相，但明度不同的颜色表现，后经切黑、拉白粉完成。其纹饰做法程序，自涂刷箍头内的基地色述起，须经涂刷基底色、用晕色写（即画）万字或回纹、切黑、拉白粉完成。本箍头做法，一般运用于自金线苏画等级以下的各种苏画做法。

（2）金琢墨倒里倒切万字箍头或金琢墨倒里倒切回纹箍头做法

做法特点，纹饰的轮廓线用沥粉贴金线勾勒（靠金线以里亦做拉白粉），纹饰的着色区分为里色与面色的不同而表现，其中纹饰的面色为青色或为绿色，凡为青色的面者其基底色为大青色，晕色为三青。而其里的基底色则为丹色，晕色为黄色；凡为绿色的面者，其基底色为大绿色，晕色为三绿，则其里的基底色为朱红色，晕色为粉红。其纹饰的做法程序，自筹沥粉述起，须经沥粉、涂刷基底色、包黄胶、切黑、拉白粉完成。本箍头做法，一般只用于最高等级的金琢墨苏画做法。

做阴阳倒切的万字，或回纹箍头，做金琢墨倒里倒切万字或回纹箍头要求做到，写纹饰的晕色深浅适度，花纹宽度一致，纹饰端正对称，棱角齐整：万字、回纹的切黑法正确，方向方位正确，线条宽度适度、直顺，切角斜度一致、对称；拉白粉线的方向方位正确、宽度一致、线条平直、棱角齐整、颜色足实。

36. 软作天花用纸的上墙及其过胶矾水

彩画软作天花，一般采用具有一定厚度、拉力较强的手抄高丽纸，因历来市场供应的高丽纸都为生纸（于生纸的作画着色，有向四外散开或渗透的特点），故施工不能直接使用，为把生纸转变成可做彩画的熟纸，则需对该用纸做过胶矾水。

对高丽纸过胶矾水，应将纸张上墙或上板，先用胶水粘实一面纸口，然后用排笔将纸张通刷胶矾水，待纸张约干至七八成时，再用胶水封粘纸张的其余三面纸口，待充分干透后即可施工彩画。

高丽纸过胶矾水，应矾到、矾透，所矾高丽纸以手感不脆硬、着色时不涸、不漏色为准。

37. 裱糊软天花

裱糊软天花，主要指把做于纸上的天花彩画粘贴到天棚上。粘贴方法一般既要在天花的背面涂刷胶，亦要于被粘贴天花的实画面上涂刷胶，涂刷要严到，但刷胶不宜过厚。裱糊天花要求做到端正、接缝一致、老金边宽度一致、不脏污画面、严实牢固。

38. 打点活

打点活，即收拾或料理彩画已基本完成的已做之活。打点活是各种彩画绘制工程的诸多工序已经完成以后的最后一道必不可少的重要工序。通过该工序的工作，包括要对已施工彩画的所有工作成果，如对纹饰的画法、做法、设色等各个方面的质量，要全面地实现了设计的各种具体要求，要符合各具体传统彩画的各项制度及规范要求，要达到该具体彩画应达到的各项质量标准等，要认真全面地逐一检查，对检查中发现的各种质量问题，要一一地加以修改修正，使彩画的绘制全部达到工程验收的水平。

31.24 古建筑绿色施工

31.24.1 古建筑绿色施工概述

与现代建筑施工相比，传统古建筑施工在加工过程、安装过程、装饰装修过程中，存在着更多的手工操作，机械化作业程度相对较低；此外，传统木结构古建筑在单体体量、总体规模、使用功能等方面有一定的局限性；同时，传统古建筑更易符合节地、节能、节水、节材以及环保的要求。

(1) 占用土地资源较少，对周边自然生态干扰较小；

(2) 附属设备少，较多利用自然通风和采光，能耗低；

(3) 用水量小，对地下水资源影响极小；

(4) 因地制宜的预制过程和较短的安装周期便利于材料的合理利用；

(5) 施工污染（扬尘污染、有害气体排放、水土污染、噪声污染、光污染等）较小。

古建筑绿色施工，指在严格执行建筑工程类的相关绿色施工管理规程的同时，针对古建筑传统施工工艺的特点，在施工过程中，采取有效的技术措施，对施工安全、污染排放等作出控制，降低施工活动对环境造成的不利影响，提高施工人员的职业健康安全水平，保护施工人员的安全与健康。

按照古建筑施工工艺划分，在瓦石作业、木作作业、油饰作业和彩画作业过程中，应分别针对下列问题作出有效的控制。

31.24.2 瓦石绿色施工

施工现场进行石材、瓦件、砖等切割和二次加工作业时，应采取封闭、遮挡、洒水等防尘、降尘措施。砂石料场等应及时覆盖，加工棚应设围挡封闭，不使粉尘外泄。

水泥、白灰等易产生粉尘的库房应进行有效的封闭。

从事切割、加工作业的人员在扬尘环境中应佩戴口罩等防尘防护用具。

冲洗打灰机、搅拌机、混凝土泵、手推车以及涂料容器等的施工污水应经沉淀、中和等无害化处理。施工污水应设管道集中排放，不得向市政雨水管道排放（《污水综合排放标准》(GB 8978)）。

石灰渣、青灰渣等应与砖石建筑垃圾分类放置和处理，建筑垃圾与生活垃圾应分类放置和处理。各种垃圾均应正确回收，不得随意消纳。

在瓦石作业过程中，应对机械噪声采取遮挡、限时等措施，并符合相应的施工机具噪声排放标准要求（《建筑施工场界噪声限值》(GB 12523)）。

冬季墙体保温覆盖时，应选择阻燃、无污染的保温材料。

冬季现场取暖，应采用符合环保排放标准的能源。

31.24.3 木 作 绿 色 施 工

杀虫、灭菌、防腐等化学制剂的废弃物，以及其他各种有毒有害固体废弃物应分类存放、有效管理，应进行无害化处理并正确回收。

施工现场的木工操作间应作封闭处理，控制锯末粉尘排放，对刨花、锯末按规定消纳。

木工操作间、油工配料间严禁吸烟或明火作业，必须设置消防设施。

木料堆放、搭设符合要求。

现场从事架上大木安装的人员须采取安全措施（安全帽、安全带）。

进行起重机械吊装作业时，须由持证专业人员指挥和操作。正确选用和使用吊索具。

古建筑大木安装工程所用脚手架多为异型脚手架，要注意以下问题：

(1) 从事脚手架搭拆作业的人员必须符合特殊工种上岗要求。

(2) 脚手架必须使用合格产品。架体制作和组装须符合设计要求并经验收。人员上下通道、材料升降设施、集料平台需符合要求。集料平台设限定荷载标牌，护栏高度不低于 1.5m。

(3) 脚手架基础平整夯实，有排水措施。脚手架底部按规定垫木并加绑扫地杆。

(4) 脚手架操作面要满铺脚手板，设防护栏杆和挡脚板，临边护栏高度应不低于 1.2m。

(5) 脚手架上的物料要避免集中或不均匀堆放。

(6) 进行立体交叉作业时，在同一垂直方向要采取隔离防护措施。

采用钢筋混凝土仿古施工工艺的，执行相应的绿色施工标准。

31.24.4 油 饰 绿 色 施 工

熬制灰油、光油、金胶油的场所，必须具备有效的消防条件和消防设施。如：灶台砌筑要远离建筑物及易燃物，作业现场备有灭火器材和个人防护用具。熬制过程中要掌握现场生桐油的含水率，以防起沫溢锅引发火灾，同时要安排专人负责防火工作。

发血料（加工生猪血）的场所，需具备卫生条件及废弃物的处理条件。如在室内或搭棚封闭加工操作，废血水、血渣应排入污水池。

对上架大木、斗栱、花活、支条天花等彩画部位的地仗进行清除时，应避免干挠法（易扬尘），需采取湿挠发。操作人员要戴口罩以防中毒（剧毒巴黎绿和含铅颜料），要及时洗手（洗澡），发现头晕、恶心、口甜时务必到医院检查。

隔扇槛窗的心屉菱花、棂条等使用化学脱漆剂以及碱液（火碱水）脱漆剂、水制酸性、碱性脱漆剂清除油漆膜时，操作人员必须戴好橡皮手套和防护眼镜及护鞋。所处理的构件要用清水冲洗干净，以木材面干燥后不得出现白霜为准。凡使用以上脱漆剂、有机溶剂脱漆剂（如 T—1、T—2、T—3）清除旧油漆膜时，操作场所应远离建筑物、易燃物和树丛、草坪。

地仗施工中凡浸擦过桐油、灰油、汽油的棉纱、丝团、布子和麻头以及灰油皮子等易燃物，不得随意乱扔，必须随时清除或及时清运出现场，并妥善处理，防止发热自燃。

油漆施工中，凡触摸斗栱、花活、上架大木等彩画部位，以及进行颜料光油的配制和搓刷后，需防中毒（剧毒巴黎绿和含铅颜料），操作人员要及时洗手（洗澡），发现头晕、恶心、口甜时要到医院检查。

预防生漆过敏。漆树和生漆易引起皮肤过敏反应；一是直接污染皮肤或间接污染了皮肤所引起的过敏反应，二是由呼吸道吸入生漆中的挥发物质引起的皮肤过敏反应。前者的预防是避免皮肤直接接触生漆，以及操作后将手擦洗干净，避免接触人体其他部位。后者的预防是有高度过敏者，不宜从事大漆工作，或远离生漆挥发物质污染区，这些人在有风时，不宜在下风向行走。

大漆施工时，需预先戴上医用薄膜手套，无医用薄膜手套时，可用豆油、香油等不干性油涂抹于暴露的皮肤表面。施工后洗手时，应先用煤油将生漆及漆迹擦净，然后用肥皂洗手，清水冲洗干净。如手上仍有生漆的黑色斑迹，一定要清洗干净，还可用1％的硝酸酒精擦净，再用肥皂洗手，清水冲洗干净。

大漆施工期间应加强施工现场的通风，每日工作前后，用2％～5％的食盐溶液或1：500的高锰酸钾溶液，待冷却后擦洗全身一遍，起到预防生漆过敏的作用。

31.24.5   彩画工程绿色施工

古建筑彩画运用的各种颜料大部分对人的身体都有一定的毒害性，其中毒性较大的有洋绿、砂绿、石黄、藤黄、中国铅粉、银朱等。因而，为防范、防止中毒事件的发生，在接触、储存、运输、加工、调配，以及操作使用这些有毒颜料的整个过程中，除事先建立具有可操作性的、有针对性的、严格的制度和措施以外，至少要控制好以下几点：

在过箩筛制各种有毒颜料干粉时，作业人员必须戴防毒面具。

在停止工艺操作，如捣砸、筛细、入胶调制、涂刷等时（如下班或阶段中止操作），作业人员应立即将手洗净，之后方可进行其他事宜。

操作有毒颜料（如藤黄）用于绘画时，绝对严禁口中抿笔。

过箩筛制各种有毒干粉颜料时，必须轻缓操作，严禁用力过猛，防止毒粉飞扬。

彩画施工作业过程中，仅允许将颜色绘于工作面，不得将颜料到处乱涂乱画。

网上增值服务说明

为了给广大建筑施工技术和管理人员提供优质、持续的服务，我社针对本书提供网上免费增值服务。

增值服务的内容主要包括：

(1) 标准规范更新信息以及手册中相应内容的更新；

(2) 新工艺、新工法、新材料、新设备等内容的介绍；

(3) 施工技术、质量、安全、管理等方面的案例；

(4) 施工类相关图书的简介；

(5) 读者反馈及问题解答等。

增值服务内容原则上每半年更新一次，每次提供以上一项或几项内容，其中标准规范更新情况、读者反馈及问题解答等内容我社将适时、不定期进行更新，请读者通过网上增值服务标验证后及时注册相应联系方式（电子邮箱、手机等），以方便我们及时通知增值服务内容的更新信息。

使用方法如下：

1. 请读者登录我社网站（www. cabp. com. cn）"图书网上增值服务"板块，或直接登录（http：//www. cabp. com. cn/zzfw. jsp），点击进入"建筑施工手册（第五版）网上增值服务平台"。

2. 刮开封底的网上增值服务标，根据网上增值服务标上的 ID 及 SN 号，上网通过验证后享受增值服务。

3. 如果输入 ID 及 SN 号后无法通过验证，请及时与我社联系：

E-mail：sgsc5@cabp. com. cn

联系电话：4008-188-688；010-58337206（周一至周五工作时间）

如封底没有网上增值服务标，即为盗版书，欢迎举报监督，一经查实，必有重奖！

为充分保护购买正版图书读者的权益，更好地打击盗版，本书网上增值服务内容只提供在线阅读，不限定阅读次数。

防盗版举报电话：010-58337026

网上增值服务如有不完善之处，敬请广大读者谅解并欢迎提出宝贵意见和建议（联系邮箱：sgsc5@cabp. com. cn），谢谢！